# 寒冷地区
# 抽水蓄能电站工程设计


中水东北勘测设计研究有限责任公司<br>水利部寒区工程技术研究中心　组编

主　编　金正浩　马　军

副主编　孙荣博　郑光伟　王广福<br>栾宇东　于生波

中国水利水电出版社
www.waterpub.com.cn
·北京·

## 内 容 提 要

本书全面系统地介绍了寒冷地区抽水蓄能电站工程的技术与实践，在全面介绍抽水蓄能电站工程设计的基础上，归纳总结了寒冷地区工程的设计经验与实例，内容涵盖了水文、地质、规划、水工建筑物、机电设备、施工、环保、水保、监测等各专业，重点介绍了寒区抽水蓄能电站工程的新技术、新方法、新材料、新工艺和科研成果。

本书既有翔实的理论基础，又有丰富的实践经验总结，适用于从事抽水蓄能电站工程规划、设计、科研、施工、建设管理等专业技术人员，也可为高等院校师生提供借鉴和参考。

**图书在版编目（CIP）数据**

寒冷地区抽水蓄能电站工程设计 / 金正浩，马军主编；中水东北勘测设计研究有限责任公司，水利部寒区工程技术研究中心组编. -- 北京：中国水利水电出版社，2023.10

ISBN 978-7-5226-1237-9

Ⅰ. ①寒… Ⅱ. ①金… ②马… ③中… ④水… Ⅲ. ①抽水蓄能水电站－工程设计 Ⅳ. ①TV743

中国国家版本馆CIP数据核字(2023)第112320号

| 书　　名 | **寒冷地区抽水蓄能电站工程设计**<br>HANLENG DIQU CHOUSHUI XUNENG DIANZHAN GONGCHENG SHEJI |
|---|---|
| 作　　者 | 中水东北勘测设计研究有限责任公司<br>水利部寒区工程技术研究中心 组编<br>主　编　金正浩　马　军<br>副主编　孙荣博　郑光伟　王广福　栾宇东　于生波 |
| 出版发行 | 中国水利水电出版社<br>（北京市海淀区玉渊潭南路1号D座　100038）<br>网址：www.waterpub.com.cn<br>E-mail：sales@mwr.gov.cn<br>电话：（010）68545888（营销中心） |
| 经　　售 | 北京科水图书销售有限公司<br>电话：（010）68545874、63202643<br>全国各地新华书店和相关出版物销售网点 |
| 排　　版 | 中国水利水电出版社微机排版中心 |
| 印　　刷 | 天津嘉恒印务有限公司 |
| 规　　格 | 184mm×260mm　16开本　81.75印张　1989千字 |
| 版　　次 | 2023年10月第1版　2023年10月第1次印刷 |
| 定　　价 | **298.00**元 |

# 编写人员名单

主编：金正浩　马　军

副主编：孙荣博　郑光伟　王广福　栾宇东　于生波

| 篇　　章 | | 字数 | 编写人 | 统稿人 |
|---|---|---|---|---|
| 第一篇　寒冷地区抽水蓄能电站设计概述 | | 16926 | 郑光伟<br>于生波 | 金正浩 |
| 第二篇　水文 | 第一章　水文基本资料 | 4832 | 王成雄<br>邹　浩 | 马　军 |
| | 第二章　径流分析计算 | 13170 | 张永胜<br>黄建辉 | |
| | 第三章　洪水分析计算 | 14048 | | |
| | 第四章　泥沙分析计算 | 28975 | 张永胜<br>刘翠杰 | |
| | 第五章　寒冷地区冰情研究 | 8902 | 张永胜<br>王铁峰 | |
| 第三篇　规划设计 | 第六章　规划设计概述 | 3634 | 樊祥船 | 马　军<br>栾宇东 |
| | 第七章　建设的必要性 | 15173 | | |
| | 第八章　东北电网抽水蓄能电站战略规划布局 | 7824 | | |
| | 第九章　抽水蓄能电站基本参数选择 | 15347 | | |
| | 第十章　辽宁蒲石河抽水蓄能电站<br>可研设计基本参数选择实例 | 36877 | | |
| 第四篇　工程地质 | 第十一章　勘察任务及内容 | 24585 | 王俊杰 | 孙荣博<br>王广福 |
| | 第十二章　勘察方法 | 16508 | | |
| | 第十三章　工程实例 | 36365 | 郑以宝 | |
| 第五篇　建筑物枢纽<br>总体布置 | 第十四章　枢纽总体布置特点及原则 | 10536 | 张　煜<br>逄立辉 | 栾宇东<br>于生波 |
| | 第十五章　枢纽总体布置型式 | 58194 | | |
| 第六篇　上、下水库及<br>大坝设计 | 第十六章　上、下水库布置 | 32697 | 张　煜 | 马　军<br>郑奕芳 |
| | 第十七章　库盆设计 | 138994 | 陈全宝 | |
| | 第十八章　挡水建筑物设计 | 11388 | 董延超 | |
| | 第十九章　泄洪、放空与拦排沙建筑物设计 | 25195 | 刘　涛 | |
| | 第二十章　抗冰冻、抗震与地质灾害防治 | 39511 | 张　煜 | |
| 第七篇　地下厂房系统及<br>开关站设计 | 第二十一章　地下厂房系统布置 | 49170 | 逄立辉<br>宋立民 | 栾宇东<br>于生波 |
| | 第二十二章　地下厂房排水设计 | 13125 | | |
| | 第二十三章　地下厂房洞室围岩稳定分析<br>及支护设计 | 21317 | | |
| | 第二十四章　地下厂房结构设计 | 81657 | | |
| | 第二十五章　开关站设计 | 22317 | 杜文才<br>逄立辉 | |

续表

| 篇 | 章 | 字数 | 编写人 | 统稿人 |
|---|---|---|---|---|
| 第八篇　输水系统设计 | 第二十六章　输水系统总体布置 | 9780 | 范　永<br>刘　锋 | 于生波 |
| | 第二十七章　进/出水口设计 | 86047 | | |
| | 第二十八章　压力水道设计 | 132046 | | |
| | 第二十九章　调压室设计 | 27219 | 杜文才<br>范　永 | |
| 第九篇　水泵水轮机设计 | 第三十章　水泵水轮机型式的选择 | 7624 | 李永恒 | 孙荣博<br>郑光伟 |
| | 第三十一章　水泵水轮机主要技术参数的选择 | 12589 | 田晓军 | |
| | 第三十二章　水泵水轮机运行稳定性研究 | 12937 | 刘海辉 | |
| | 第三十三章　水泵水轮机结构的选择 | 11851 | 王云宽 | |
| | 第三十四章　水力过渡过程计算 | 5795 | 于　洋 | |
| | 第三十五章　水力机械辅助系统设计 | 12888 | 李树刚 | |
| 第十篇　电气一次设计 | 第三十六章　电气一次设计主要内容 | 20122 | 潘　虹<br>彭　倞 | 郑光伟<br>王广福 |
| | 第三十七章　发电电动机及电压设备 | 48731 | 潘　虹<br>吴宝栋 | |
| | 第三十八章　主变压器及高压配电装置 | 6760 | 吴宝栋 | |
| | 第三十九章　厂用电系统及其设备 | 26867 | 吴宝栋<br>彭　倞 | |
| | 第四十章　过电压保护及绝缘配合 | 9887 | 吴宝栋 | |
| 第十一篇　电气二次设计 | 第四十一章　计算机监控系统 | 27253 | 张显伟 | 郑光伟<br>牛聚山 |
| | 第四十二章　继电保护设计 | 21416 | 徐丽英 | |
| | 第四十三章　发电电动机励磁系统设计 | 15366 | | |
| | 第四十四章　低频自启动研究与应用 | 19019 | 张显伟 | |
| | 第四十五章　通信系统 | 22607 | 黎　昕 | |
| | 第四十六章　工业电视系统 | 19078 | | |
| 第十二篇　金属结构设计 | 第四十七章　上/下水库拦污栅及启吊设备 | 11909 | 谢振峰 | 孙荣博<br>王广福 |
| | 第四十八章　上/下水库闸门及启吊设备 | 22583 | | |
| | 第四十九章　尾水系统闸门及启吊设备 | 8479 | | |
| | 第五十章　寒冷地区拦污栅、闸门及启闭设备的冬季运行 | 15569 | | |
| 第十三篇　消防及供暖通风空气调节设计 | 第五十一章　寒冷地区抽水蓄能电站消防设计 | 47044 | 邓安卫<br>张　成 | 栾宇东 |
| | 第五十二章　寒冷地区供暖、通风及空气调节设计 | 65184 | 韩之光<br>程文杰 | |
| 第十四篇　环境保护与水土保持设计 | 第五十三章　环境保护设计 | 34904 | 赵会林<br>李杰年<br>毕望舒 | 马　军 |
| | 第五十四章　水土保持设计 | 20665 | | |

续表

| 篇　　章 | | 字数 | 编写人 | 统稿人 |
|---|---|---|---|---|
| 第十五篇　工程施工 | 第五十五章　施工导流 | 15769 | 朱　辉 | 金正浩 |
| | 第五十六章　工程施工 | 60065 | 刘占军 | |
| | 第五十七章　施工总布置 | 36881 | 朱　辉 | |
| | 第五十八章　施工交通运输 | 17576 | 李佩南 | |
| | 第五十九章　工程施工进度与工期 | 51726 | 刘占军 | |
| 第十六篇　安全监测设计 | 第六十章　概述 | 8354 | 刘　枫<br>马洪亮 | 栾宇东 |
| | 第六十一章　上、下水库监测 | 49047 | 刘　枫 | |
| | 第六十二章　输水系统监测 | 23955 | 刘　枫<br>马洪亮 | |
| | 第六十三章　厂房建筑物监测 | 24982 | 刘　枫<br>蔡洪亮 | |
| | 第六十四章　安全监测自动化系统 | 35965 | 刘　枫 | |
| | 第六十五章　安全监测仪器设备 | 10318 | | |
| 第十七篇　寒冷地区抽水蓄能电站冬季上水库冰冻对电站运行影响分析研究 | 第六十六章　上水库冰层形成及动态特征 | 6788 | 马栋和<br>徐　爽 | 马　军 |
| | 第六十七章　上水库冰冻对水工建筑物的影响 | 12306 | 刘忠富<br>谭　春 | |
| | 第六十八章　上水库冰厚预报方法 | 9735 | 马栋和 | |
| | 第六十九章　寒区抽水蓄能电站上水库运行建议 | 5168 | 马栋和<br>刘忠富<br>谭　春 | |
| 第十八篇　寒冷地区抽水蓄能电站面板堆石坝面板安全运行体系研究 | 第七十章　寒区混凝土面板可控补偿防裂技术研究与应用 | 24547 | 马智法 | 金正浩 |
| | 第七十一章　寒区面板坝面板顶部止水结构改进及施工技术研究 | 30854 | | |
| | 第七十二章　寒区混凝土面板堆石坝垫层料排水及抗冻胀性能研究 | 35536 | 马栋和<br>刘忠富<br>马智法 | |

# 前　言

中水东北勘测设计研究有限责任公司（简称“中水东北公司”）的前身为水利部东北勘测设计研究院，是水利部所属大型骨干国有勘测设计单位，建院以来一直从事水利水电行业工程设计工作，主要承担大江大河及国际界河的流域规划和水利水电建设项目的勘察设计任务。半个多世纪以来，几代中水东北公司人秉承“诚信、创新、卓越”的企业精神，为我国的水电事业做出了卓越贡献。

中水东北公司在黑龙江、松花江、牡丹江、鸭绿江、浑江等流域规划设计的一大批水电站中，大多数处于严寒地区。在工程设计中，中水东北公司直面现实，尊重科学，通过试验研究、摸索实践，归纳总结出寒冷地区建设水电站工程的经验与成果，在寒冷地区工程技术领域始终处于领先地位。为加强寒区水利工程技术的研究与开发，2008 年 3 月，水利部以中水东北公司为依托单位，组建了水利部寒区工程技术研究中心。

自 20 世纪 80 年代开始开展东北地区抽水蓄能站点普查和规划选点工作以来，中水东北公司在 40 多年里，完成勘测设计的抽水蓄能电站总装机容量达 10000MW，其中建成投产的有吉林白山、辽宁蒲石河；在建的有黑龙江荒沟、吉林蛟河、山西垣曲；完成前期设计的有吉林通化、双沟，辽宁桓仁、大雅河、兴城等。通过多年蓄能电站工程勘察设计和科研实践，公司在寒区电站建（构）筑物抗冰冻设计、寒区面板堆石坝设计研究、寒区沥青混凝土防渗心墙设计及低温施工技术研究、大型地下厂房设计、电力系统电源优化和生产模拟研究、现场配合服务等方面，一直位列国内领先水平。

近年来，我国抽水蓄能电站的建设步伐呈现加快趋势，核准开工数量和规模都达到历史新高。2019 年 1 月 8 日，国家电网有限公司宣布河北抚宁、吉林蛟河、浙江衢江、山东潍坊、新疆哈密 5 座抽水蓄能电站工程开工，至此，我国抽水蓄能电站在运、在建规模分别达到 30020MW、43210MW，抽水蓄能电站装机容量跃居世界第一。总体来看，北方地区建设的蓄能电站相对较少，对寒冷地区建设蓄能工程经验总结的不多。虽然蓄能电站与常规水电工程有相同之处，但蓄能电站又有其自身工程特点，如水库库容小、水头高、输水系统长、地下厂房埋深大、机组容量大、转速高等。在寒冷地区建设蓄能电站，由于冬季时间长、气候条件差、工期长、施工复杂，给工程建设和运行带来诸多的不便和困难，所以需要工程设计人员结合工程特点和环境特点，认真研究与实践，不断总结和提高，力求工程安全、稳定、高效地建设和运行。

本书共分十八篇七十二章，在全面介绍抽水蓄能电站工程设计的基础上，着重阐述了寒冷地区抽水蓄能电站工程设计经验，主要内容为：①抽水蓄能电站设计各专业的主要设计内容及先进技术的应用；②寒冷地区蓄能电站设计需重视的关键部位及解决问题的方法；③工程建设过程中的一些实践经验和教训；④寒冷地区工程科研成果的介绍。

工程经验、工程技术是一代代传承、延续下来的，在继承中发展，在发展中创新，不断地总结、探索，才能推动工程技术的进步。中水东北公司依托水利部寒区工程技术研究中心，开展了大量科学技术研究，归纳总结了寒区工程的经验与各位同行共勉，希望对交流抽水蓄能电站建设经验、提高建设水平和推动科技进步产生积极作用，并为从事相关规划、设计、科研、施工和管理等工作的人员提供参考。由于编者水平有限，书中难免有疏漏或不当之处，恳请读者批评指正。

参与本书编著的人员均为中水东北公司各个专业的技术骨干，在编写过程中，编写人员查阅了大量资料、付出了不懈努力，具体编写篇章见编写人员名单。另外，在编写过程中，各个专业的主管、专家、领导给予了指导和帮助，本书是集体智慧的结晶。

**编著者**

2023年5月

# 目　录

## 第五篇　建筑物枢纽总体布置



## 第六篇　上、下水库及大坝设计

## 第七篇　地下厂房系统及开关站设计

## 第八篇　输 水 系 统 设 计



## 第九篇　水 泵 水 轮 机 设 计

## 第十篇　电 气 一 次 设 计

## 第十二篇　金属结构设计



## 第十三篇　消防及供暖通风空气调节设计



## 第十四篇　环境保护与水土保持设计

## 第十五篇　工　程　施　工



## 第十六篇　安　全　监　测　设　计

## 第十八篇　寒冷地区抽水蓄能电站面板堆石坝面板安全运行体系研究

# 第一篇 寒冷地区抽水蓄能电站设计概述

## 一、我国抽水蓄能电站的发展

我国水能资源总量较丰富，但时空分布不均，空间上水力资源分布是西部多、东部少，西部云、贵、川、渝等地水力资源占比重较大；时间上丰、枯季节径流量相差悬殊。经过几十年的努力，我国的水电发展实现了从追赶到引领世界的跨越，从新中国成立初期水电装机容量和年发电量仅为360MW和12亿kW·h，到新中国成立70多年后的今天，水电装机容量和年发电量已经超过$3.52\times10^5$MW和1.2万亿kW·h，均占到了全球1/4以上。

1882年，抽水蓄能电站首先诞生于瑞士，早期是以蓄水为目的，主要用于调节常规水电站的季节性不平衡，大多是汛期蓄水，枯期发电。我国抽水蓄能电站建设起步较晚，20世纪60年代后期，在河北岗南水电站首次引进日本制造的一台11MW能机组，水泵水轮机为可调节叶片角的斜流式机组，发电电动机为变极双速电机，运行效果很好，由此开启了我国抽水蓄能电站建设的步伐。20世纪70年代初，北京密云水电站安装了国内生产制造的2台11MW蓄能机组，但是由于设计制造经验不足，转轮出现破损而停运，蓄能电站机组国产化受到挫折。

随着我国改革开放带来的快速发展，电力需求不断增加，峰谷差进一步拉大，用户对供电质量要求不断提高。为了解决电网调峰能力不足的问题，在20世纪90年代，先后建设了广州抽水蓄能一、二期（8×300MW）；北京十三陵蓄能电站（4×200MW）；西藏羊卓雍湖蓄能电站（4×22.5MW）；浙江天荒坪蓄能电站（6×300MW）等。到2002年这批电站全部建成投产，我国抽水蓄能电站装机容量达5735MW，虽然发展较快，但抽水蓄能机组装机容量仅占总装机容量的1.8%左右。

跨入21世纪后，我国经济建设进入了一轮新的发展期，导致电力负荷迅猛增加并且峰谷差也不断扩大。广蓄、十三陵、羊卓雍湖、天荒坪等蓄能电站投入电网运行后，在电力系统的作用和效益非常明显，使得人们对抽水蓄能有了进一步的认识。另外，风能和太阳能等清洁能源的大规模开发利用，迫切需要以火电为主的电网进行电源结构优化，配置一定规模反应迅速，能够顶尖峰填低谷、调频调相、应急事故备用的抽水蓄能电站。为此我国抽水蓄能电站的建设发展速度进入了快车道，陆续核准开工的抽水蓄能电站数量和规模都达到历史新高。

我国抽水蓄能电站经历了装机容量从小到大，水头从中低到高，机电设备从全部进口到设备全部实现国产化的历程。河南宝泉、广东惠州、湖北白莲河3座蓄能电站主机设备按照“技贸结合，引进技术”的原则实行统一招标，并引进法国阿尔斯通公司的机组及设计制造的关键核心技术，提升国内厂家抽水蓄能机组的研发、制造水平。在消化吸收所获得的抽水蓄能机组设计、制造技术基础上，采取国产化初级模式，在蒲石河、黑麇峰、深圳、呼和浩特等蓄能电站建设中，由国外有经验公司提供技术支持，国内厂商哈电、东电为主进行设计制造，外方负责性能设计和性能保证。响水涧和仙游2座蓄能电站各4台主机设备设计制造、安装指导和调试配合工作全部由国内厂商哈电、东电独立完成。在此基础上，溧阳、仙居、洪屏、敦化、丰宁、绩溪、荒沟等一大批蓄能工程完全实现了蓄能机组国产化，有力地推进了我国抽水蓄能电站建设和相关设备制造的发展速度。

抽水蓄能电站是目前技术最为成熟、可靠、经济的大规模储能电源，在电力系统中，不仅具有调峰、调频调相和紧急事故备用等多种功能，而且具有启停迅速、跟踪负荷敏捷等优势，在吸纳风、光等不稳定清洁能源和保障电网安全等方面的作用也日益突出，从经济性和系统安全性角度考虑，我国电力系统需配置3%～5%的抽水蓄能电站。根据国家“十三五”能源规划中确定的发展目标，全国新开工常规水电和抽水蓄能电站各60000MW左右，到2020年我国抽水蓄能装机达到40000MW，预计到2025年我国抽水蓄能装机容量约90000MW：华北地区装机23000MW、华东地区装机24000MW、华中地区装机16000MW、东北地区装机9000MW、西北地区装机4000MW、南方地区装机14000MW。

根据数据显示，截至2019年底，全国已投产32座抽蓄电站，分布在17个省（自治区、直辖市），总装机30590MW；在建34座抽蓄电站，在建装机46050MW。从区域分布来看，华东、华北、华中、南方电网投产的蓄能电站装机规模基本相当，呈现均衡的局面；东北电网的蓄能相对较少，投产的仅有白山蓄能、蒲石河蓄能电站，正在开工建设的有吉林敦化蓄能电站、黑龙江荒沟蓄能电站、辽宁清原蓄能电站。

## 二、寒冷地区抽水蓄能电站建设的特点

抽水蓄能电站的主要作用是解决电网峰谷之间的供需矛盾，通过抽水和发电两种工况进行能量转换，从世界抽水蓄能电站运行的数据统计来看，其能量转化比率一般在75%左右，俗称“四度换三度”。与常规水电工程相比，抽水蓄能电站能够适应电网不同时段的需求，既是“发电厂”，又是“电力用户”，根据电网需求变换角色；抽水蓄能电站机组出力调整灵活，是系统中调频调相的稳定电源；抽水蓄能电站运行灵活、启停迅速，是系统中最佳的紧急事故备用电源。与其他储能装置或设施相比，抽水蓄能电站具有经济性较高、电能转化效率高、运行寿命长等明显优势，是当前技术条件下与其他电源配合运行的最佳组合。

我国幅员辽阔，由于地理纬度、跨度和海拔高度的不同，形成了五个气候区，即严寒、寒冷、夏热冬冷、夏热冬暖和温和地区。由于区域不同，气候条件的差异、工程建设的环境和运行的条件也不同。

寒冷地区的气候主要指标是：最冷月平均温度为0～－10℃，日平均温度低于－5℃的天数每年在90～145d之间。严寒地区的气候主要指标是：最冷月平均温度低于－10℃，日平均温度低于－5℃的天数每年大于145d。在寒冷的地区建设水电工程，由于冬季时间长、气候条件差、工期长、施工复杂，给工程建设带来诸多的不便和困难。对于抽水蓄能电站来讲，由于库水位变幅较大，水库运行既具有间歇性又具有往复性，寒冷地区冰冻影响比常规水电工程更为明显。

寒冷地区抽水蓄能电站通常具有以下特殊性：

（1）电站建设期冬季施工对工程质量和工期有较大影响，需采取可靠的保障措施。

（2）电站需预留足够的冰冻库容以保证电站正常功能。

（3）水库运行既具有间歇性又具有往复性，电站运行期冬季结冰对水库运行及库岸防护设施的影响较大。

(4) 冰冻对建筑物、边坡等稳定性、耐久性的影响以及冬季对室外排水设施的影响均较大。

(5) 冬季室外机电设备运行有特殊要求。

(6) 环保、水保均需有针对寒区特点的保障措施。

如何克服寒冷地区冬季给蓄能电站建设及运行带来的不利影响，是需要我们不断探索和研究解决的重要课题。

## 三、寒冷地区抽水蓄能电站设计关键点

鉴于寒冷地区抽水蓄能电站具有其特殊性，总结以往工程设计经验，设计中需重视以下关键点。

### (一) 预留必要的冰冻库容

目前我国在寒冷地区新建抽水蓄能电站越来越多，当蓄能电站在投产运行时会不同程度地遇到水库库面结冰问题，库面结冰对有效发电库容有较大影响，侵占有效库容影响电站正常运行功能。虽然抽水蓄能电站冬季运行抽水、发电引起的水库水位变化对冰情有一定的缓解作用，但需要考虑电站由于检修、调度等原因而导致机组停机时间过长，使得水库表面结冰问题。为保证寒冷地区抽水蓄能电站在不同季节、不同时段发电的充足水量，设计中预留一定的冰冻库容是适宜的。

### (二) 上水库冰情观测及影响分析

蓄能电站的上水库库容一般都较小，而坐落在寒区与非寒区的蓄能工程的根本区别在于寒区冬季漫长，库面在隆冬季节时容易封冻，冰冻对工程建筑物结构及其电站运行都会造成不利影响。在漫长的冬季要维持正常蓄能电站运行，首先要了解掌握不同时段的结冰规律以及与电站运行的关系。由于以往仅对水库静冰压力研究较多，而对水位频繁变动情况下的结冰形态和影响研究甚少，几乎没有相应的经验可借鉴。例如，在蒲石河工程中，就针对性地开展了抽水蓄能电站冰冻特性研究，监测冬季库水位往复升降过程中结冰情况及对水库构筑物的影响程度。

冰情现象是热力因素和动力因素共同作用的结果。热力因素主要是太阳总辐射、气温、水温、水面有效辐射、流量（水量）、库岸温度；主要的动力因素是流速、风速、水位升降速率等。对于水体结冰而言，本质上热力因素起主导作用，而动力因素对结冰形态则有明显的影响。由于水体在常规水库与抽水蓄能水库中结冰现象会有一定的差异，由此产生的冰情与冰冻作用必然不同。因此，有必要针对蓄能电站水库在冰层升温膨胀压力即所谓的静冰压力、结冰规律及冰盖特征、进/出水口流速特征及冰块下潜流速等问题进行研究。通过对蒲石河上水库气温、水温特征的观测总结，对上水库冰层的形成及动态、冰盖厚度及其分布、冰的密度、冰的强度分析研究，找出冰压力对面板、止水结构、闸门井和库岸的破坏作用，并建立了水库冰厚的数值预报模型。通过比较分析该模型计算所得值与实际检测值，调整确定模型，从而指导电站停机时对水库冰情影响的分析，进而提出寒冷地区蓄能电站冬季运行的建议。

### (三) 上水库防洪设施的抗冰冻问题

多数抽水蓄能电站上水库流域内没有水文站，且集水面积小，设计洪水多采用水文比

拟法及水文手册法进行复核计算。由于上水库径流、洪水均较小，一般不设置溢洪道，预留一定的防洪库容将相应标准的24h洪水洪量全部蓄存在正常蓄水之上的库容内。

若洪水成果存在一定局限及偏差出现，亦或建设期、运行期内发生较大洪水，直接导致设计洪水参数发生改变，预留的防洪库容不能满足防洪要求，则会给上水库建筑物造成较大安全隐患，导致改变水库调度运行方式，影响正常功能发挥。

因此，需重视上水库泄洪设施的设置和泄洪设施冬季运行维护问题。为避免冬季水库冰盖与泄洪闸门面板冻结一体，使冰压力作用在泄洪闸门上，造成闸门面板发生损坏，影响泄洪闸门正常开启。经综合分析后，设置潜水泵及其喷水管路系统，将库区底部的暖水喷向水面，往返循环喷水于闸门前水面，使库区冰盖与闸门面板间形成不冻区域。潜水泵及其喷水管路系统设置为浮筒式，可实现随着库水位自动升降。该套系统安装运行后，解决了在寒冷的冬季泄洪闸门正面承冰压和背面需破冰的问题。

**（四）混凝土面板堆石坝趾板和面板的防裂、抗冻、耐久问题**

作为面板堆石坝最关键的部位——趾板（面板），在寒冷季节水位频繁变动条件下的抗冻和耐久性问题尤为突出。一般面板中会存在不同程度裂缝，在冰害的作用下，会产生恶果带来安全隐患。

实践证明，在恶劣的气候条件下，仅仅满足面板混凝土强度、抗渗、抗冻指标是远远不够的，必须将混凝土的变形性能和力学性能结合起来研究一种适合本地区特点的新型面板防裂混凝土，从补偿收缩的角度，给出混凝土膨胀的合理范围。从已有资料看，我国对寒冷地区面板堆石坝的趾板（面板）补偿收缩混凝土技术尚未进行系统研究，国外也无相关技术的报道，所以开展该方面的技术研究是很有必要的。

中水东北公司结合东北地区的莲花、蒲石河、荒沟等工程开展了寒冷地区可控补偿防裂混凝土技术的研究。试验研究是从混凝土裂缝产生的机理进行分析，通过在混凝土中掺入膨胀剂、高效减水剂、引气剂、减缩剂、聚丙烯纤维及粉煤灰等技术，进行面板可控补偿收缩混凝土的试验研究，从定量的角度，给出混凝土减缩率大小及限制膨胀率的合理范围。这些研究成果解决了寒区混凝土面板防裂、抗冻等耐久性问题，同时也指导了面板坝面板和趾板的设计与施工。

**（五）进/出水口及地上引水调压室防冰冻设计**

寒冷地区特别是严寒地区抽水蓄能电站的输水系统，若冬季一个时段不运行，会导致上、下进/出水口的闸门井井筒内、通气孔内、进水口前沿以及地上引水调压室内水面形成冰盖。冰盖厚度与当时气温的寒冷程度及停运时间有关，从几十厘米到近于2m不等，将严重影响电站的运行安全。因此，需要对进/出水口以及引水调压室内进行专门的防冰冻设计。

上、下水库进/出水口防冰冻设计，可对闸门井段的井筒及上部的检修室和启闭机室采用封闭和保温，通气孔结构可采用拍门与外部连通。除采取保温措施外，还可以采用压力射流法、压力空气吹泡法、电热法、电磁融冰装置法等防冰或融冰措施。根据工程所在地的气候条件、电站的调度运行、建筑物布置等实际情况，以经济实用、运行维护方便、防冰冻效果好等为原则进行分析研究，确定适合本工程的防冰冻方案。

对于地上引水调压室的防冰冻设计，调压室井筒露出地面部分外部应设置保温材料，

井筒顶盖的设计，应能够保证正常运行时，有足够的补气面积，当冬季一定时段内不运行时，可以将井筒顶盖封闭，形成保温。一般调压室直径较大，若做成一个整体顶盖较为困难，因此，往往采用网格梁将顶盖分为很多区域，各区域内设置盖板。盖板可选择实体盖板或透笼盖板，若采用透笼盖板，在冬季不运行时段可在上面覆以棉被进行保温，运行时将棉被撤下；若采用实体盖板，可设置成手动或电动盖板。

**（六）庞大地下洞室群的冬季施工措施**

寒冷地区蓄能电站地下厂房冬季施工有很多不利因素：庞大的地下洞室群必须有良好的通风环境，由于冬季室外温度很低，新鲜的冷空气进入地下洞室，给正常施工带来一定影响；冬季施工时洞室内曾出现局部结冰，导致衬砌混凝土脱落；引水钢管焊接时，要保持环境温度，通常要封闭保温，但焊接产生的烟气不便排除；由于洞室内外温差较大，造成机电设备“出汗”现象，给安装调试带来很大困难。

针对这些冬季施工遇到的特殊问题，需开展有针对性的研究，提出保障措施：地下厂房与排风竖井洞口加装“隔栅式”门，可关可开，也可在排风竖井井口作局部临时封堵；由于斜井落差较大，冬季洞内外温差很大，空气对流很明显，因此，采取在洞内进行隔离保温，在模板上设置加热板，提高混凝土养护温度，尽量缩短初凝时间；引水钢管冬季焊接时，洞内风很大，其温度达0℃以下，为了保证焊接条件和质量，采取在洞内设置挡风墙，同时加设保温墙，并在钢管焊缝处采用外履带式电加热板进行预热等方法；地下洞室在冬季机电设备安装调试时，采用增加除湿机＋加热器＋局部封闭方法。

**（七）满足冬季室外机电设备运行的基本要求**

蓄能电站与常规水电站一样，有些机电设备裸露在室外，运行环境差，长时间低温下设备会运行不正常甚至损坏。这就要求在设备、仪器选择时要提出相应的技术条件，尽可能满足运行环境要求，否则要采取必要的工程措施。如计算机监控系统的终端设备、水位计、压力传感器、位置移动传感器、油管路、水管路等均需相应运行环境。

远程终端是监测电力设备最关键的硬件部分，它将采集的现场数据发送到监控中心。为保证不同测量点的数据及其变化趋势的准确性，必须考虑终端的运行条件和被监测设备所处的环境，最简单的是要求终端设备性能上满足运行环境的条件。

用于测量水库水位的装置，原来大都采用浮子式水位计，但由于浮子测井冬季水表面结冰，建议改为用压力传感器测量水位。同时安装在进出水口拦污栅前后、闸门前后测量用的也是压力传感器。由于传感器长时间工作在室外，存在着低温压力参数不准的现象，主要是由于传感器所处的环境超出了其适用工作运行温度，使得传感器的线性斜率发生了变化，零位发生明显的偏移，所以在选用传感器时，除考虑测量范围和精度外，还要注意适用工作运行温度。

室外埋设水管路、油管路应按照《室外给水设计规范》（GB 50013）中的有关规定，即管道的埋设深度，应根据冰冻情况、外部荷载、管材性能、抗浮要求等因素确定。一般室外水管路埋深应在本地冰冻层以下0.15m。而室外布设的消防管路、消防池、消防栓应有防冻措施，采取地下布置方式。消防管路埋深在冰冻层以下，也可采用电伴热带敷管保温。消防栓采用直埋伸缩式，布设在地面以下，使用时将其拉出地面工作，比地上式能避免碰撞，防冰冻效果好。

## 四、寒冷地区抽水蓄能电站工程实例

东北地区为我国寒冷地区的典型代表，蒲石河抽水蓄能电站是在东北地区建成的第一座大型纯抽水蓄能电站，位于辽宁省宽甸满族自治县境内，距丹东市约60km，该电站总装机容量为1200MW，单机300MW，共4台机组。上水库挡水建筑物为钢筋混凝土面板堆石坝，最大坝高78.5m，坝顶长714m，上水库总库容为1238万$m^3$，有效库容为1040万$m^3$，死库容95万$m^3$。下水库总库容为2871万$m^3$，有效库容为1255万$m^3$。冰库容226万$m^3$。

蒲石河流域地处辽宁省东部，黄海岸以北约70km，属温带湿润东亚季风气候区。冬季受西伯利亚和蒙古冷高压控制，天气寒冷干燥。据实测资料统计，宽甸站多年平均气温6.6℃，极端最高气温35.0℃，极端最低气温－38.5℃，最大风速24.0m/s，相应风向为WNW。蒲石河稳定封冻期约4个月，多年平均封江日期为11月29日，多年平均开江日期为3月23日，实测最大冰厚0.77m。电站的地理位置大约为40°70′N，从纬度划分来看，该地区冬季封冻时间较长，一年内有相当长的时间段上、下库会产生冰冻。

针对蒲石河抽水蓄能电站的寒区特点，开展了以下研究工作。

### （一）堆石坝垫层料专题研究

上库为混凝土面板堆石坝，库水位变化频繁，水位升降速率为5.33m/h，变化幅度大，其中水位最大变化幅度为32m。水位骤降时，可能出现库水位低于垫层料水位的不利情况，需研究垫层料的排水性和冻胀性（影响排水性和冻胀性的主要因素是级配），保证垫层料在库水位骤降时不会产生反向水压力；冬季负温运行时不会因垫层料冻结对面板产生冻胀力破坏，保证上库混凝土面板堆石坝的正常运行。

### （二）研究趾板、面板混凝土收缩开裂情况

上水库面板堆石坝的趾板是坐落于基岩上的混凝土薄板结构，厚度小而不均匀，施工期裸露，对环境温度和湿度的变化影响较敏感，特别是趾板的基岩凹凸约束作用、气温骤变和混凝土干缩将使趾板的较薄部位产生较大的拉应变，容易产生裂缝而影响混凝土趾板的防渗效果。因此，对于以挡水为主要目的的混凝土面板及趾板防裂就显得尤为重要。解决混凝土收缩开裂的有效方法是使用减缩剂或采用膨胀剂配制补偿收缩混凝土。设计人员开展了寒冷地区可控补偿防裂混凝土技术专题的研究，该试验研究是在不考虑趾板基础约束的前提下，适当考虑混凝土配筋率影响，从混凝土裂缝产生的机理进行分析，通过在混凝土中掺入膨胀剂、高效减水剂、引气剂、减缩剂及粉煤灰等方法，进行可控补偿收缩混凝土的试验，从定量的角度，给出混凝土减缩率大小及限制膨胀率的合理范围。

### （三）解决面板止水受冻破坏问题

寒区的面板坝止水受冰冻破坏的问题一直是业内人员所关注的课题，我国北方地区的一些面板坝如黑龙江莲花电站的止水结构受冰冻破坏严重。由于止水施工技术一直在较低的水平徘徊，如塑性嵌缝材料嵌填不密实，较好的只有80%～90%，有的甚至不到70%，盖板和止水带接头连接效果差，接头强度低，盖板和止水带与混凝土之间的粘贴质量低下，难以密封，等等。在接缝止水的诸多施工技术中，表层塑性嵌缝填料完全由人工嵌填，施工难度大，嵌填密实度偏低的问题一直没有解决，极大地限制了这道关键止水设计

作用的发挥，甚至有的工程这道止水的作用基本丧失。虽然有的研究单位已经开发了嵌填挤出机，且经试用嵌填效果很好，但在现有的完全依赖承包商进行技术推广的模式下，这一技术难以完善和配套，从该技术的提出至今已历经5年，仍不能实现周边缝的挤出嵌填。针对这些问题，探索好的施工模式，配套开发和完善面板坝的接缝止水施工技术，并实现技术集成，是十分必要的。

**（四）上水库库周防护方案**

上水库为天然库盆，三面环山，山岭环抱的洼地。库周岩石为较完整的混合花岗岩。分水岭地段正常蓄水位以下主要由弱～微风化岩石组成，局部为中等透水岩石。库岸分布有三处低矮单薄分水岭，地下水位及相对隔水层顶板均低于正常蓄水位，其余分水岭地段渗径较长，多大于300m，地下水位和相对隔水层顶板多接近或高于正常蓄水位，不具备引起库水外渗的地质条件。故库周不做防渗衬砌，仅对单薄分水岭采取了垂直帷幕灌浆防渗措施。

库区覆盖层较薄，表面为厚0.8～2.0m的壤土夹碎块石，下部为0.8～3.2m厚的花岗岩风化砂，基本上属级配良好砾。但为防止水库运行期，库水位变化、风浪作用下造成库岸的淘刷和库岸再造，对水库运用和机组运行带来不利影响，采取清除覆盖层至全风化花岗岩（风化砂），其上用10cm厚薄层反滤保护，反滤层上铺砌30cm厚干砌石护坡，为稳定岸坡和运行维护方便用12m×12m钢筋混凝土网格梁将全部岸坡网格化。

库岸防护的作用是考虑到抽水填谷时间共6h，机组除检修时间外，一般均为满装机运行，日平均抽水量约$360m^3/s$。库水位在正常蓄水位392.00m至死水位360.00m之间频繁骤升骤降，最大消落深度32m，最大消落速率超过5m/h。使得水库变化区岸坡可能出现不利情况：库水位骤降时，岸坡“内水”外渗，可能造成细粒流失；暴雨及其表面径流冲蚀岸坡；波浪冲刷，可能造成岸坡再造；冬季冰冻对岸坡的冻害，岸冰与库岸泥沙冰结在一起，水位急骤消落时，流向库内和进口，造成泥沙在库内和进口落淤，增加水流含砂量，机组过流部件磨蚀受损，影响机组效率和寿命。

采用钢筋混凝土网格梁＋干砌石的岸坡防护方案，运行多年总体效果良好，但现场观察发现，在坡面较陡和坡面上粘附有大体积冰块时，库水位在上升过程中的浮力作用或库水位降落时冰块的下拉力作用都会造成坡面上的部分块石拔出。块石拔除部位一般都是砌筑不够紧密、缝隙较大、块石之间咬合差的区域。所以寒冷地区抽水蓄能电站的库盆防护设计，要充分考虑冻冰的影响程度，同时还要特别关注施工质量，提出可靠的防护方案。

**（五）解决交通洞结冰、结露问题**

寒冬季节，地下厂房进厂交通洞内温度较低，致使洞内岩壁渗水在排水沟内结冰。交通洞路面下盲沟由于气温低造成排水不畅，局部渗水致使路面结冰影响交通和人员安全。为此在交通洞口设置了保温型电动门，并且在保温门门厅两侧布置了电热风幕，阻止冷空气的侵入。在交通洞口附近和易结冰处设置了电热暖风机，以提高洞内温度和干燥度，使得交通洞路面、岩壁、排水沟运行正常，保证了严寒天气交通和人员出行的安全。

**（六）水电站地面建筑物屋面排水的设计**

水电站地面建筑物一般都采用有组织的排水方式，即将屋面划分若干排水区，按一定的排水坡度把屋面雨水有组织地排到檐沟或雨水口，通过直立雨水管排到散水或明沟中。

在寒冷地区，屋面的天沟及排水进口很容易结冰冻死，通常采用的PVC管在冬季经常冻涨而破裂，造成屋顶积雪和冰块覆盖很厚。丹东太平湾水电站主厂房为此每年在入冬和初春都安排保洁人员进行打扫清理，一段时间后进行维修；蒲石河地面开关站在初冬时，屋面雨雪流动形成冰凌，附着管壁内侧，长时间积累而形成冰坨，将管道完全阻塞，甚至导致排水管破裂，春季冰雪融化造成开关站屋内滴水，墙面浸湿到淌水。根据现实情况，采取了加大屋面天沟的坡度，设置足够的雨水斗，重新调整屋顶排水方案，排水管设置在屋内，然后在室内地面排出屋外，排水管的管径加大，优选抗冻排水材质等措施。

**（七）寒冷工程区的水土保持设计**

蒲石河工程区处于寒冷地区，冬季干冷而夏季湿热，气候变化大，冷暖旱涝明显。最高气温为35℃，最低气温为－38.5℃，多年平均气温为6.6℃。无霜期145d。又是东北地区降雨和暴雨中心，年最多降水量1815mm，最少年降水量659.5mm，年平均降水量为1000～1200mm。

工程建设征占建设用地639.47$hm^2$，水土流失防治责任范围666.17$hm^2$，土石方开挖总量453.43万$m^3$，弃渣总量396.23万$m^3$，形成5个永久弃渣场。新建场内外交通道路22.578km。损坏土地植被总面积394.49$hm^2$。

水土保持设计在总结以往工程的经验和教训基础上，提出“工程化防治、景观化治理、合理化开发和综合性利用”总体思路。在采用新技术、新材料的同时大胆尝试在寒区高陡岩坡使用厚层基质喷附技术、大范围应用三维植被网护坡。经过对试验段的观察及方案论证，研究出一整套适合于寒区高陡岩坡复绿和各类土石质边坡应用三维植被网护坡的新技术、新工艺。

东北寒区以往的边坡防护主要类型有：喷锚、素喷混凝土、框格梁、预制栅格、浆砌石、干砌石等，近年来在高速公路和铁路矮坡防护上比较流行的有植草空心砖、砖砌水泥抹面骨架、预制混凝土骨架、浆砌片石骨架。由于生物气候等原因，东北地区很少采用新兴的厚层基质喷附、三维植被网等边坡复绿技术。

设计在借鉴南方水土保持方面的先进理念、水土流失治理的成功经验基础上，提出在工程高陡岩坡上尝试厚层基质喷附技术，其他各类边坡应用三维植被网，取得了成功，为此，蒲石河电站获得了2016年度国家水土保持生态文明工程称号。

1. 厚层基质喷附技术

厚层基质喷附技术利用锚杆将镀锌铁丝网锚固在高陡岩坡上，然后，利用喷播机械将土壤、肥料、有机质、保水剂、植物种子、粘合剂等混合成植生基材喷射到挂网的岩石坡面上，属于岩体的柔性支护措施。

其主要工序有4项：

（1）预埋根芽。为解决寒区植被生育期短，刚萌发小苗的根不能在喷播当年深入岩层裂隙的问题，挂网前先预埋根芽。

（2）使用黄黏土。利用基础开挖黄黏土弃料代替腐殖土作基材原料，附着性能比腐殖土＋水泥的基材效果好，土壤的酸碱度适中，有利于植物生长。

（3）合理使用种子。一是将常规喷播由第一次不含种子改成两次喷播都含种子；二是将喷播催芽种子改成直接使用种子的方式，避免小苗由于冻害引发一次性受害。

（4）陡峭岩面采取辅助措施。在坡度较大的岩石上，用钢钉锚固木条阻止基材滑落，为过陡坡面植被提供了适宜的立地条件。

在实施中要注意两点：一是要严格控制施工季节。蒲石河工程在施工最佳时间里给小苗2个月的生长时间，若生长期过短，木本植物的幼苗及草本植物将被彻底冻死。二是要恰当地进行植物措施配置。实施豆科禾本科结合、深根系浅根系结合、先锋物种建群物种结合、喜光耐阴物种结合的系列组配。不论哪种组配都把紫花苜蓿作为后续肥源，为植被后续生长提供充足的水肥条件，在施工第二年就实现了全年免管，进入自我繁育自我更新的阶段，与自然生长的植被没有差别。

2. 三维植被网的应用

三维植被网应用一般仅限于在小于45°的坡面应用。坡度大于45°时覆土很快会滚落至坡脚。为此将稻草秸秆加工成草把横挡于坡面并用钢丝固定，使草把间坡度变缓，阻止了覆土下滑，裸露边坡得已实现了复绿。三维植被网应用主要方法如下：

（1）坡面覆土加厚。在45°～55°之间的土石质边坡，用秸秆做成草把横挡于坡面并固定，使之沿等高线形成一道道生物水平阶，用于蓄水保土。

（2）坡面暗管排水：坡面排水基本是利用阻水土埂将汇水引导至一处或几处，从埋设在网垫下面的暗管排出，施工简单、节省投资、景观完整性良好。

（3）坍坡隐性支护。土质坍塌边坡因没有削坡的用地条件，所以按一定纵横距离间距开挖沟槽，槽内填埋浆砌块石骨架，铺设排水暗管，之后再铺设三维植被网，防护效果较好。

蒲石河工程水土保持专项的实施，复垦农地76.63hm$^2$，形成宅基地2.12hm$^2$，节约占地152.68hm$^2$，经济效益和社会效益显著。

# 第二篇 水 文

# 第一章　水文基本资料

## 第一节　水文分析计算的要求和内容

水文分析计算旨在掌握水文基本规律，预估未来水文情势，从而为抽水蓄能电站的规划、设计、施工和运行阶段提供相关水文设计成果。水文设计成果非常重要，不仅关系着工程的规模、安全，还关系着工程建成后所发挥的经济效益、社会效益和环境生态效益。

经过近60年的科学实验和工程实践，我国在大中型水利水电工程规划设计方面积累了丰富的知识和经验，相关设计主管部门制定了水文分析计算相关规程和规范，统一了水文分析计算的技术要求。

抽水蓄能电站在不同设计阶段，内容和深度不一样，对水文分析计算的要求也不同。预可行性研究阶段，需要基本确定主要水文参数和成果；可行性研究阶段，需要确定水文参数和成果；招标设计阶段需补充水文、气象及泥沙基本资料，复核水文成果。

水文计算应重视基本资料。应深入调查研究，搜集、整理、复核基本资料和有关信息，并分析水文特性及人类活动对水文要素的影响。工程位置和临近河段缺乏实测水文资料时，应根据设计要求，及早设立水文测站或增加测验项目。水文计算依据的资料系列应具有可靠性、一致性和代表性。水文计算方法应科学、实用，对计算成果应进行多方面分析，论证其合理性。水文资料短缺或资料条件较差地区的水文计算应采用多种方法，对计算成果应综合分析，合理选定。

根据现行规范要求，抽水蓄能电站水文分析计算主要应包括如下内容：

（1）基本资料的搜集、整理和复核。

（2）气候特性分析及气象要素统计。

（3）径流分析计算。

（4）设计洪水计算。

（5）泥沙分析计算。

（6）水位分析计算。

（7）水位流量关系拟定。

（8）水面蒸发、水温和冰情分析计算。

（9）水情自动测报系统设计。

（10）其他水文要素分析计算。

从已有的抽水蓄能电站设计中水文分析计算内容和计算方法看，一般与常规水电站相同。但抽水蓄能电站建设条件和运行特点与常规水电站有所差异，抽水蓄能电站在径流、洪水、泥沙等方面水文计算存在其特殊性。

## 第二节　基本资料搜集、整理和复核

基本资料是水文分析计算的基础，开展工程设计，应根据工程设计要求和水文计算方法，有针对性地搜集、整理工程所在河流、地区、河段的有关资料，包括流域基本资料、气象资料、水文资料、历史洪枯水调查资料和其他资料等。

### 一、基本资料搜集

**（一）流域基本资料**

抽水蓄能电站水文分析计算应注重收集可能影响流域径流、洪水及泥沙成果的有关资料，包括如下内容：

（1）流域自然地理资料，包括流域的地理位置、地形、地貌、地质、土壤、植被、气候等。

（2）河道特征资料，包括流域的面积、形状、水系、河网密度，河流的长度、比降、河道弯曲度，工程所在河段的河道形态和纵、横断面等。

（3）人类活动影响资料，包括流域已建和在建的蓄、引、提水工程，堤防、分洪、蓄滞洪工程，水土保持工程等。

**（二）气象资料**

气象资料一般包括降水、蒸发、气温、湿度、风向、风速、日照时数、地温、雾、雷电、霜期、冰期、积雪深度、冻土深度、历史天气图、卫星云图等，需根据工程设计要求和采用水文计算方法确定具体气象资料收集内容。

暴雨资料是水文分析使用最多的水文气象资料，特别是缺乏流量资料时，暴雨资料是推求设计洪水的基础，因此，搜集气象资料应特别注意对设计洪水成果影响较大的暴雨资料的搜集，如大暴雨期间的环流形式、天气系统、水汽条件；暴雨的移动规律、常见的暴雨中心位置、降雨历史、时空分布特征等。

暴雨资料主要来源于水文气象系统的实测资料，其基本载体为水文年鉴、暴雨普查、暴雨档案、历史暴雨调查资料及记载雨情、水情和灾情的文献资料。在国家气象站点稀少的地区，要注意搜集群众性和专用气象站的资料，这些资料大多数虽未经整编刊印，却往往记录大暴雨数据。

**（三）水文资料**

水文资料包括水文站网分布，水文系列情况，实测的降水量、蒸发量、水位、潮水位、流量、水温、冰情、含沙量、输沙率、悬移质泥沙颗粒级配、矿物组成，推移质输沙量、颗粒级配，泥石流、滑坡、塌岸及洪、枯水调查考证等。

水文站网分布包括水文测站的数量，类别，集水面积，测站的设置、停测，恢复及搬迁情况，曾经采用的高程系统及各高程系统间的换算关系，测站特性如测验河段及其上下游一定长度河段内的河道形势、顺直段程度、断面形状，河床冲淤变化，各级水位的控制条件（如弯道、卡口等位置）。洪水时漫滩、分流、串沟、死水、回流、横比降、流向变

化，水位流量关系，对测流河段有影响的桥梁、水工建筑物、堆渣及河道疏浚等。

水位、流量、泥沙资料包括国家基本站网及专用水文站、水位站的实测、调查资料。这些资料主要从水文年鉴、水文图集、各省（自治区、直辖市）及流域机构编制的水文统计、水文手册、历史洪枯水调查资料及其汇编中搜集。

**（四）历史洪枯水调查资料**

我国水文测验工作起步较晚，大部分流域水文测验工作在新中国成立之后陆续开展，积累的水文资料系列长度较短，部分中小流域目前仍然缺乏实测水文资料。新中国成立后，各流域和省（自治区、直辖市）均先后开展了大量的历史洪枯水调查和考证工作，调查到许多宝贵资料，并整理出版相关文献。历史洪枯水调查资料经分析考证后，对提高水文计算成果的质量起到很好的保证作用。水文计算时需关注历史洪枯水调查资料的搜集。

**（五）其他资料**

其他资料一般包括工程所处流域及邻近地区已完成的水文资料复核、水文图集、水文查算图表、水文分析计算成果及与工程有关的航运、交通、城建、供水、厂矿等部门的水文观测、水文调查等资料。

## 二、基本资料整理

对于搜集的水文、气象和历史洪枯水调查资料，按测站（水库）分项目进行整理，并进行初步的检查分析，以便及时发现问题，去伪存真，使掌握的第一手资料具有较高的可靠性。对主要的暴雨、径流、洪水、泥沙等资料，除整编刊印的资料外，要注明其来源，精度及存在的主要问题。

对搜集的水文分析计算、研究成果等其他资料，应查明其来源、精度、计算方法和存在问题，并进行系统整理。

## 三、基本资料复核评价

水文计算依据的流域特征和水文测验、整编、调查资料，应进行检查。对重要资料，应进行重点复核，对有明显错误或存在系统偏差的资料，应予以改正，并建档备查。对采用资料的可靠性，应作出评价。

# 第二章 径流分析计算

## 第一节 径流分析计算的要求和内容

年径流分析计算是水资源利用工程中最重要的工作之一，设计年径流是衡量工程规模、经济指标和确定水资源利用程度的重要指标。常规水电站主要利用水量和落差获得水能，发电用水量大，受天然径流量大小的影响程度大。抽水蓄能电站在电网负荷低谷时抽水运行，电网负荷高峰时发电运行，上下移动水体，除了蒸发、渗漏等损失外，基本不耗水。因此，抽水蓄能电站径流分析计算的主要目的是分析来水量是否满足工程初期蓄水和运行期补水的要求。

抽水蓄能电站一般包括上水库、下水库的径流分析计算，当天然径流量不能满足抽水蓄能电站工程所需水量时，还应对补水水源进行径流分析计算。抽水蓄能电站径流分析计算主要包括以下内容：

(1) 径流补给来源及年内、年际变化规律。

(2) 人类活动对径流影响及还原计算。

(3) 径流资料的插补延长和系列代表性分析。

(4) 历年逐月或逐日径流，设计年径流及年内分配，含沙量满足抽水蓄能电站过机泥沙要求的设计期径流及期内分配。

(5) 历年滑动平均满足设计保证率的设计年或时段径流量。

(6) 径流分析计算成果的合理性检查。

抽水蓄能电站水量需求较小，大部分工程所在区域径流量易于满足，因此，抽水蓄能电站径流计算较常规电站而言相对要求不高，可根据具体工程问题确定需要开展的工作内容。

## 第二节 径流还原及资料插补延长

### 一、径流还原计算

径流统计分析要求径流系列具有随机特性，而这种特性只有在未受人类活动影响，河流处于天然状态下的水文资料才能满足要求。因此，径流计算一般采用天然径流系列。当工程设计依据站径流资料受流域水利水电工程兴建、水土保持措施的逐步实施以及分洪、引调水、流域用水等人类活动影响，使径流量及其过程发生明显变化，改变了径流系列的一致性时，应进行径流还原计算，将受影响的径流还原到天然状态。

还原水量包括工农业及生活耗水量、蓄水工程的蓄变量、分洪溃口水量、跨流域引水

量及水土保持措施影响水量等项目，逐年、逐月（旬）进行。当逐年还原所需资料不足时，可按人类活动影响的不同发展时期采用丰、平、枯典型年进行还原估算；当逐月（旬）还原所需资料不足时，可分主要用水期和非主要用水期进行还原估算。

径流还原计算一般采用分项调查法，也可采用降雨径流模式法、蒸发差值法等计算。社会调查资料比较充分，各项人类活动措施和指标落实较好，分项调查法还原计算结果满意度就会更高。

对径流还原计算成果，一般从单项指标和分项还原水量，上下游、干支流水量平衡及降雨径流关系、径流参数地区分布情况等方面，检查其合理性。

### 二、径流资料插补延长

抽水蓄能电站径流分析计算要求径流系列具有代表性、资料系列长度应在 30 年以上。当设计依据站实测径流资料不足 30 年，或虽有 30 年但系列代表性不足时，应进行插补延长。

插补延长年数一般根据依据站或参证站资料条件、插补延长资料精度和依据站系列代表性的要求确定，在插补延长精度允许的条件下，尽可能延长系列长度。

径流资料的插补延长，根据资料条件可采用不同方法计算，一般有以下几种常用方法：

（1）本站水位资料系列较长，且水位流量关系曲线稳定时，采用水位流量关系，由水位资料插补延长径流资料。寒冷地区结冰河流冰期水位流量关系与畅流期差异较大时，可采用改正系数法定线推流。

（2）上下游或邻近相似流域参证站资料系列较长，与设计依据站有一定长度同步径流系列、相关关系较好，且上下游区间面积较小或邻近流域参证站与设计依据站集水面积相近时，可通过参证站与依据站的水位或径流相关关系，用参证站径流资料插补延长依据站径流资料。

（3）设计依据站径流资料系列较短，而流域内有较长系列雨量资料，且降雨径流关系较好时，可通过降雨径流关系，由降雨资料插补延长径流资料。湿润地区流域的年径流量与流域的年降水量往往有良好的相关关系，年降水量宜采用流域面平均降水量，当流域内只有少数测站的降水系列较长时，也可使用降水系列较长的测站的年降水量与设计断面的年径流建立相关关系，如关系较好则可使用，关系不好则难以利用。在某些面积较小流域，有时流域内没有长系列降水观测资料，而在临近流域具有长系列降水资料，可借用临近流域长系列降水资料，建立、分析降雨径流相关关系和相关程度。

利用上述相关插补的方法插补延长的径流资料存在一定误差，对插补延长的资料可从上下游水量平衡、径流模数等方面分析检查其合理性，必要时进行修正。

## 第三节　径 流 分 析 计 算

### 一、径流特性分析

河川径流具有径流的地区分布、径流的季节分配、径流的周期性等特点，抽水蓄能电站径流特性分析主要分析径流补给来源，径流地区组成，径流年内、年际变化规律。

### （一）径流补给来源

河川径流补给来源一般包括降水径流、融冰径流、融雪径流和地下径流等。我国大多数河流的径流主要来源于降水，部分寒冷地区的径流主要补给来源为冰雪融水补给。

降水补给地区的河川径流量主要受气候、自然地理、区域下垫面条件等影响，径流地区分布规律和年内、年际变化规律基本与降雨分布和变化规律一致，年径流深的分布受气候、降水、地形、地质等条件的综合影响，既有地带性变化，也有垂直变化。

冰雪融水补给地区的径流由冰雪融水和降水径流混合组成。冰川对径流有明显的调节作用，冰雪融水径流占较大比重时，径流受气温变化影响有明显的日周期变化，其成因和特性与降水补给的河流有较大的差异。冰雪融水地区的径流取决于降水量的多少和冰雪消融期气温的高低，在分析计算冰雪融水补给地区的径流时，应搜集设计流域冰川面积和储量、季节性积雪、冰川区降水、冰川站和临近地区探空站气温、冰川湖容积、冰坝溃决及冰川考察研究成果等资料，根据资料条件采用相应的方法计算。

### （二）径流地区组成

抽水蓄能电站进行下水库和补水水源径流分析计算时，有时需要分析径流的地区组成。径流的地区组成与补给来源、降雨分布、自然地理等条件密切相关，多雨地区径流丰沛，少雨地区径流较少。

径流的地区组成一般选择工程设计断面或设计依据站以上若干控制性水文站，统计各控制水文站时段平均径流量占设计依据站径流量的比重和产流特点，分析设计依据站以上流域的来水组成特性。

径流地区组成的分析时段长可以是多年、年，也可以是月、季、整个枯水季节或某一指定时段。

### （三）径流年内、年际变化规律

径流具有周期性变化规律，主要反映在年内、年际变化方面。我国绝大多数河流以年为周期的特性非常明显。在一年之内，丰水期和枯水期交替出现，周而复始。又因特殊的自然地理环境或人为影响，在一年的主周期中，也会产生一些较短的特殊周期现象。例如，冰冻地区在冰雪融化期间，白昼升温，融化速度加快，径流较大；夜间相反，呈现出以锯齿形为特征的径流日周期现象。又如担任调峰任务的水电站下游，在电力负荷高峰期间，加大下泄流量；峰期过后，减小下泄流量，也会出现以日为周期的径流波动现象。径流的年际变化也非常明显，往往发生连续丰水段或连续枯水段交替出现的现象，连续2～3年径流偏丰或偏枯的现象极为常见，连续3～5年也不罕见，有的甚至超过10年以上。

径流年内、年际变化规律是抽水蓄能电站初期蓄水设计和运行期补水设计的重要依据因素。径流年内变化一般用时段平均径流量占年平均径流量的年内分配百分比表示，分析时段可以为汛期、非汛期、枯水期、季、月等。径流年际变化受径流的补给来源、降水的年际变化、流域内地形地貌、地质条件等影响，具有随机性、周期性变化规律。年径流的随机性变化特性一般通过统计年径流特征值进行分析，包括年径流均值、变差系数、最大径流量与最小径流量的比值等；年径流的周期性变化特性一般通过差积曲线，分析年径流量的丰、枯变化和周期。

## 二、径流系列代表性分析

径流系列的代表性，是指该样本对年径流总体的接近程度，如接近程度较高，则系列的代表性较好，频率分析成果的精度较高，反之较低。抽水蓄能电站径流分析计算要求系列能反映径流多年变化的统计特征，较好地代表总体分布。

径流系列代表性分析包括设计依据站长系列、代表段系列对其总体的代表性分析。由于总体分布是未知的，无法直接进行对比，只能根据人们对径流规律的认识以及与更长径流、降水等系列对比，进行合理性分析与判断。一般来说，系列越长，样本包含的总体的各种可能组合信息越多，其代表性越好，抽样误差越小。但也不尽然：如系列中的丰水段数多于枯水段数，则年径流可能偏丰，反之可能偏低，去掉一些丰水段或枯水段径流资料，其代表性可能更好；又如，有的测站新中国成立以前的观测精度较低，新中国成立初期使用这些资料可提高资料系列代表性，但随着观测资料系列的积累增长，可能不使用类似观测精度较低的资料，其代表性可能更好一些，但需要对不使用的资料充分分析论证后决定取舍。

径流系列的代表性分析，根据资料条件可采用不同方法计算，一般有以下几种常用方法：

（1）设计依据站径流系列较长时，其代表性可通过滑动平均及均值、变差系数累积均值曲线等分析、了解系列大的丰、枯变化趋势和均值、变差系数趋于稳定的系列长度，为代表段选取提供依据。也可通过对系列的差积曲线变化、时间序列分析等，了解该系列或代表段系列是否包含一个或几个完整的周期，是否处于径流的偏大或偏小时期，以及丰、平、枯和连续丰、枯水径流组成等，评价该系列或代表段系列的代表性。

（2）径流系列较短，而上下游或邻近地区参证站径流系列较长时，可在邻近地区选取与设计依据站水文气象和下垫面条件相似、有长系列径流资料的参证站，分析参证站与设计依据站的径流丰、枯变化规律，计算参证站长系列与设计依据站同步短系列的均值和变差系数，分析参证站相应短系列的代表性，评价设计依据站径流系列的代表性。

（3）径流系列较短，而设计流域或邻近地区雨量站降水系列较长时，可分析雨量站相应短系列的代表性，评价设计依据站径流系列的代表性。用降水资料进行代表性分析时，首先分析降水与径流的同步性、降水和径流的相关程度。关系密切时，可比较降水量长短系列的均值和变差系数，如果两者接近，说明降水的短系列具有较好的代表性，从而认为与短系列降水资料同步的设计依据站径流系列也具有较好的代表性。

当设计依据站径流系列代表性不足而又难以延长时，可通过参证站长、短系列的统计参数或地区综合，对发现偏丰或偏枯的设计依据站系列，参照参证站长、短系列的比例关系，对径流计算进行修正。当难以修正时，应对计算成果加以说明。

## 三、设计径流分析计算

设计径流分析计算一般包括设计径流量计算及设计径流量年内分配的确定。设计径流量可以用年平均流量或年径流总量表示，根据工程区域的资料条件，设计径流量计算可以采用以下几种方法开展。

**（一）有长期实测资料的设计径流计算**

在工程规划设计阶段，当具有长期实测径流资料时，可以通过频率计算方法计算径流设计成果。

实测径流资料是设计径流计算的依据，它直接影响着工程设计精度，因此，对于使用的径流资料应进行可靠性、一致性、代表性审查。

径流计算应采用天然径流系列，当径流受人类活动影响较小或影响因素较稳定、径流形成条件基本一致时，径流计算也可以采用实测系列。

径流的统计时段可根据设计要求选用年、期等。对水电工程，年径流量和枯水期径流量决定着发电效益，采用年或枯水期作为统计时段；而灌溉工程则要求以灌溉期或灌溉期各月作为统计时段等。当统计时段确定后，就可根据历年逐月径流资料，统计时段径流量。若计算时段为年，则按水利年度统计年径流量。水利年度的起讫时间可能每年不同，一般按多年平均情况，以每年某月 1 日为固定起点。将实测年、月径流量按水利年度排列后，计算每一年度的年平均径流量，并按大小次序排列，即构成年径流量的计算序列。若选定的计算时段为特定分期，如最枯 3 个月（或其他时段），则根据历年逐月径流量资料，统计历年最枯 3 个月的径流量，不固定起讫时间，可以不受水利年度分界的限制。同样，把历年最枯 3 个月的径流量按大小次序排列，即构成计算序列。

设计年径流的计算步骤如下：

（1）根据审查分析后的长期实测径流量资料，按工程要求确定计算时段，对各个时段的径流量进行频率计算，求出指定频率的各种时段的设计径流量值。

（2）在实测径流资料中，按一定的原则选取各种代表年。对于灌溉工程只选取枯水年为代表年；对于水电工程一般选取丰水、平水、枯水 3 个代表年。

（3）求设计时段径流量与代表年的时段径流的比值，对代表年的径流过程进行缩放，即得设计的年径流过程。

工程所在地正常的径流量，应是无限长样本的数学期望值。由于实测资料有限，若根据短期资料计算正常径流量，可能引起较大的误差，观测资料越短，误差越大。因此，我国水利水电工程水文计算规范对系列长度有明确的规定，其长度应不小于 30 年。误差的大小除受样本容量影响外，还随各年径流变化性质而定，径流的实际变化，通常用变差系数 $C_v$ 值来表示其统计变化规律，它是径流量的主要统计特征，变差系数 $C_v$ 越大，正常径流量计算值的稳定性越小，确定正常径流量所需的观测资料越长。

为分析年径流量分配的不对称性，用 $C_s$ 表示年径流量偏态系数。在 $n$ 项连续径流系列中，按大小次序排列的第 $m$ 项的经验频率 $P_m$，有实测或调出的特枯水年，应考证确定其重现期。

在实际工作中，我国学者根据实测水文资料经验分布的情况，选配各种不同频率分布线型进行模拟，并根据所选配的曲线与经验分布点据拟合的好坏程度，认为皮尔逊Ⅲ型曲线适用性强，基本满足径流频率计算要求。为统一设计标准，规范建议径流频率曲线的线型采用 P-Ⅲ型，经分析论证，也可采用其他线型。

众所周知，P-Ⅲ型采用均值、变差系数 $C_v$ 和偏态系数 $C_s$ 表示。统计参数一般采用矩法等方法初估，然后用适线法调整确定。唯有在径流频率适线时，应在拟合点群趋势的

基础上，侧重考虑平、枯水年的点据。

年径流频率计算中，$C_s$ 值用 $C_s/C_v$ 值按具体配线情况而定，一般可采用 2～3。

设计径流成果需进行合理性检查，主要对径流系列均值、变差系数 $C_v$ 和偏态系数 $C_s$ 进行合理性检查，一般可借助于水量平衡原理和径流的地区分布规律进行。

(1) 多年平均径流量的检查。影响多年平均年径流量的主要因素是气候因素，而气候因素具有地区分布规律，所以多年平均年径流量也具有地区分布规律。将设计站与上下游站和邻近流域的多年平均径流量进行比较，便可以判断所得成果是否合理。若发生不合理现象，应查明原因，做进一步分析论证。

(2) 年径流量变差系数 $C_v$ 的检查。反映径流年际变化程度的年径流量 $C_v$ 值也具有一定的地区分布规律，我国许多单位对一些流域绘有年径流量 $C_v$ 等值线图，可以检查年径流量 $C_v$ 值的合理性。但是，这些年径流量 $C_v$ 等值线图一般根据大中流域的资料绘制，对某些具有特殊下垫面条件的小流域的年径流量 $C_v$ 可能并不协调，在检查时应深入分析。一般来说，小流域的调蓄能力较小，它的年径流量变化比大流域大些。

(3) 年径流量偏态系数的检查。可以利用 $C_s/C_v$ 值的地理分布规律，来检查 $C_s$ 的合理性。但 $C_s/C_v$ 值是否具有地理分布规律还待进一步研究，尚无公认的适当方法，在我国一般采用 2～3。

**(二) 有短期实测资料的设计径流计算**

设计代表站只有短系列径流实测资料（$n<20$ 年），其长度不能满足规范的要求，如直接根据这些资料进行计算，求得的成果可能具有很大的误差。为了提高计算精度，保证成果可靠性，必须设法展延年、月径流系列。通过展延后的资料系列，仍然可以采用有长期实测资料的设计径流计算方法计算设计径流。

在实际工作中，通常利用径流量或降水量作为参证资料来展延设计站的年、月径流量系列；有条件时，也可用本站的水位资料，通过已建立的水位流量关系来展延年、月径流。

1. 利用径流资料展延系列

(1) 利用与邻近站的径流量相关展延设计站年径流量系列。当设计站实测年径流量资料不足时，往往利用上下游、干支流或邻近流域测站的长系列实测年径流量资料来展延系列。其依据是：影响年径流量的主要因素是降雨或蒸发，它们在地区上具有同期性，因而各站年径流量之间也具有相同的变化趋势，可以建立相关关系。

(2) 以月径流量相关展延年、月径流量系列。由于影响月径流量相关的因素较年径流量相关的因素要复杂，因此月径流量之间的相关关系不如年径流量相关关系好。用月径流量相关来插补展延径流量时，一般精度较低，该方法主要用于实测年份中缺测月份的情况。

2. 利用降雨资料展延系列

(1) 以年降水径流相关法展延年径流系列。考虑到降水是径流形成的主要来源，因此年降水与年径流量存在一定的关系。在南方湿润地区，由于年径流系数较大，年降水与年径流量之间存在较好的相关关系。在干旱地区，年降水量中的很大部分耗于流域蒸发，年径流系数较小，因此年径流量与年降水量之间关系微弱，很难定出相关线，插补的精度较低。

（2）以月降水径流相关法展延年、月径流量系列。有时由于设计站本身的径流资料较短，点据过少，不足以建立年降雨径流关系。另外，在来、用水调节计算时也需要插补展延月径流量。因此，除了建立年降雨径流相关关系外，有时还需建立月降雨径流关系，但两者关系一般不太密切，有时点据甚至离散到无法定相关线的程度。

（3）利用确定性的降雨径流模型插补年、月径流。一般造成降雨径流关系点据离散的原因在于没有考虑流域蒸发和降雨月内分配对径流的影响。如果通过建立确定性降雨径流模型考虑流域的蒸发和降雨过程，可以提高插补年、月径流的精度。

**（三）缺乏实测径流资料的设计年径流计算**

在进行抽水蓄能电站规划设计时，经常遇到小河流上缺乏实测径流资料的情况，或者虽有短期实测径流资料但无法展延。在这种情况下，设计年径流量及年内分配只有通过间接途径来推求。目前常用的方法是水文比拟法和参数等值线图法。

*1. 水文比拟法*

水文比拟法就是将参证流域的水文资料移置到设计流域上来的一种方法。这种移置是以设计流域影响径流的各项因素，与参证流域影响径流的各项因素相似为前提。因此，使用本方法的最关键的问题在于选择恰当的参证流域。参证流域应具有较长的实测径流资料系列，其主要影响因素与设计流域相近，可通过历史上旱涝灾情调查和气候成因分析，说明气候条件的一致性，并通过流域查勘及有关地理、地质资料，论证下垫面情况的相似性，流域面积也不要相差太大。

采用水文比拟法，将参证流域的年、月径流资料移置到设计流域有下列几种情况：

（1）直接移置径流深。最简单的情况是直接把参证流域的设计代表年、月径流深移置到设计流域作为设计代表年的来水过程。直接移置的条件是：①两个流域的年降雨量基本相等；②两个流域的自然地理情况十分相近；③两个流域的面积不能相差太大。

（2）考虑雨量修正。当设计流域与参证流域的自然地理条件相近，但降雨量情况有较大差别时，就不能直接移置径流深，就必须考虑雨量进行修正。

（3）移置参证流域的年降雨径流相关图。首先根据参证流域的降雨和径流资料作出年降雨径流相关图，并移置到设计流域。再由设计流域代表年的降雨量查图得设计流域的年径流深。其逐月径流过程可根据参证流域的月径流分配过程按年径流量同倍比缩放求得。这样做不是简单地移用参证流域多年的降雨径流关系，消除个别资料的偶然影响，可望得到较上述两种方法更符合实际的成果。

（4）移置参证流域的降雨径流模型及其参数。用设计流域的代表年逐日降雨量资料和蒸发资料作为模型的输入，通过计算输出逐日模型的径流深，按月求和即得设计流域的年、月径流过程。该法考虑了降雨的年内分配，因此，比移置年降雨径流相关图求得的年径流深更为精细。由于各月径流深是采用设计流域自己的降雨过程求得的，因此降雨与径流的对应关系较好。该法虽然具有上述一些优点，但枯季各月的径流误差较大。

以上所述，是推求设计代表年的年径流量及其年内分配。当采用长系列操作法进行调节计算时，需要提供历年逐月流量资料，同样可用上述的水文比拟法来推求。

*2. 参数等值线图法*

水文特征值主要指年径流量、时段径流量、年最大降水量、时段降水量，最大1d、最

大 3d 等降水量等。水文特征值的统计参数主要是均值、$C_v$，其中某些水文特征值的参数在地区上有渐变规律，可以绘制参数等值线图。

水文特征值主要受气候因素和下垫面因素影响。气候因素主要指降水、蒸发、气温等，在地区上具有渐变规律，是地理坐标的函数。下垫面因素主要指土壤、植被、流域面积、河道坡度、河床下切深度等，在地区上变化是不连续的、突变的。当影响水文特征值的因素随地理坐标不同而发生连续变化时，利用这种特性就可以在地图上作出它的等值线图。反之，有些水文特征值其值不随地理坐标而连续变化，就无法绘制等值线图。

我国已编制了全国及各种分区的水文查算图表，可供缺乏实测资料流域水文分析计算使用。值得注意的是，用等值线图推求设计年径流，一般适用于 300～5000$km^2$ 流域，对于小（或很大）流域，由于受下垫面因素影响较大，其地理分布规律不明显。

**（四）设计断面径流成果的确定**

一般径流频率计算只可能给出有实测资料水文站的径流分析成果，大多数工程所在地与设计依据的水文站都有一定的距离，如何将设计依据水文站的径流分析成果转换成工程的径流成果，亦很重要。

我国规范规定，当工程地址与设计依据站的集水面积相差不超过 15%，且区间降水、下垫面条件与设计依据站以上流域相似时，可按面积比推算工程地址的径流量。若两者集水面积相差超过 15%，或虽不足 15%，但区间降水、下垫面条件与设计依据站以上流域差异较大时，应考虑区间与设计依据站以上流域降水、下垫面条件的差异，推算工程地址的径流量。

# 第三章 洪水分析计算

## 第一节 洪水分析计算的要求和内容

在规划设计抽水蓄能电站时，必须选择一个相应的洪水作为依据，若此洪水定得过大，则会使工程造价增多而不经济，但工程却比较安全；若此洪水定得过小，虽然工程造价降低，但遭受洪水破坏的风险增大。现行规范《防洪标准》（GB 50201—2014）、《水利水电工程等级划分及洪水标准》（SL 252—2017）对如何选择水工建筑物合适的设计洪水标准进行了明确，相应标准的设计洪水成果是工程防洪安全设计的重要依据。

抽水蓄能电站洪水分析计算包括上、下水库设计洪水以及工程施工期设计洪水，需根据洪水特性和设计需要开展具体计算，主要包括以下计算内容：

（1）各设计频率的年最大和分期最大洪峰流量。

（2）各设计频率的不同历时时段洪量。

（3）各设计频率设计洪水过程线。

（4）设计洪水地区组成计算。

## 第二节 设计洪水分析计算

我国设计洪水的计算方法，根据具体资料条件和工程设计要求，可大致分为以下几种：

（1）设计断面或其上、下游邻近地点具有30年以上实测（含还原）和插补延长的洪水流量资料，并有可靠或较可靠的调查历史洪水资料。经分析，这些资料具有频率分析所要求的统计特性，例如，洪水系列的代表性、一致性等，符合频率计算的基本要求。这时，可以直接采用洪水流量资料进行频率计算。

（2）工程设计河段附近无可供直接采用的流量资料，但工程所在流域和地区具有30年以上实测或插补延长的同步暴雨资料，并且有暴雨洪水对应关系时，假定设计暴雨与设计洪水同频率，可采用频率分析法推求设计暴雨转换成设计洪水。

（3）工程所在流域流量和暴雨资料均短缺时，可依据水文气象和自然地理要素的地区分布特性，采用地区综合法估算设计洪水，例如，各种历时的设计暴雨及其产汇流查算图表、洪水统计特征地区综合经验公式或图册等。

### 一、根据流量资料计算设计洪水

#### （一）资料审查

在应用资料之前，首先要对原始水文资料进行审查，洪水资料必须可靠，有必要的精度，而且具备频率分析所必需的一些统计特性，例如洪水系列中各项洪水相互独立，且服

从同一分布等。

资料审查的内容和年径流量资料相似，即对资料的可靠性、一致性和代表性进行审查。

洪水资料包括实测和调查洪水资料，对实测资料的审查重点应放在资料观测和整编质量较差的年份，以及对设计洪水计算成果影响较大的大洪水年份。注意了解测站的变迁、水尺零点及河道的冲淤变化，流域内人类活动情况等。对调查洪水的审查，应多方面分析论证洪峰流量、洪水总量的数值及重现期的可靠性，并注意不要遗漏考证期内的大洪水。

为使洪水资料具有一致性，要在调查观测期中，洪水形成条件相同，当使用的洪水资料受人类活动如修建水工建筑物、整治河道等的影响有明显变化时，应进行还原计算，将洪水资料换算到天然状态的基础上。

洪水资料的代表性，反映在样本系列能否代表总体分布上，而洪水的总体又难以获得。一般认为，资料年限越长，并能包括大、中、小等各种洪水年份，则代表性较好。

进行系列代表性分析的方法有两种：一种是通过实测资料与历史洪水调查及文献考证资料进行对比分析，看其是否包括大、中、小洪水年份以及特大洪水年份在内；另一种是与本河流上下游站或邻近流域水文站的长系列资料进行对比。如果本河流上下游站或邻近流域水文站与本站洪水具有同步性，则可以认为两站的关系比较密切；如果这些站又具有长期的实测洪水资料，则可用这些长系列资料的代表性来评定本站的代表性。例如参证系列这段时期代表性较好，则可以判断本站同期资料具有较好的代表性。历史洪水调查和历史文献考证水文系列的插补延长，是增进代表性的重要手段。

现行规范中要求实测洪水年数不少于30年。结合我国水文观测的进展情况，年数可以增加，以提高资料代表性。

**（二）资料的插补延长**

洪水分析计算要求洪水系列具有代表性、资料系列长度应在30年以上。资料不足时或为提高资料的代表性，应设法对实测资料和其中缺测的资料进行插补延长。

插补延长时，可根据资料条件采用本站水位流量相关法、与设计参证站流量相关、本站峰量相关、暴雨与洪水相关等方法进行，当相关关系不好时，应设法改善其关系。

**（三）洪水系列统计**

洪水频率一般指某洪水特征值（如洪峰流量等）出现的累计频率。所谓洪水系列统计（选样），是指从每年的全部洪水过程中，选取哪些特征值来组成频率计算的样本系列作为分析研究的对象，以及如何在持续的实测洪水过程线上选取这些特征值。设计洪水计算不应把不同成因、不同类型洪水（如暴雨洪水、融雪洪水或溃坝洪水）的特征值放在同一系列进行频率计算。

对于洪峰流量，每年只选取最大的一个瞬时洪峰流量。若有 $n$ 年资料，就选出 $n$ 个最大洪峰流量，组成洪峰流量的样本系列。

对于洪量，采用固定时段独立选取年最大值法选样，可根据洪水特性和工程设计要求，选定2～3个计算时段。若遇连续多峰型洪水、水库调洪历时较长或下游有防洪错峰要求时，可根据具体情况多选几个时段。

**（四）特大洪水的处理**

所谓特大洪水，通常是指比系列中的一般洪水大得多的稀遇洪水，它可以出现在实测资料系列中，也可以经实地调查或文献考证而获得（又称历史洪水）。

目前，我国河流的实测流量资料系列还不长，只根据实测资料来推算百年一遇、千年一遇等稀遇洪水，难免有较大的抽样误差。而且每当出现一次大洪水后，重新计算的设计洪水就会发生很大变动，使得成果极不稳定。

通过实地调查和文献考证，常可获得一些历史上曾发生过的特大洪水的信息。水利工程设计实践证明，如能很好地应用历史洪水资料，并合理地处理这些特大洪水，就相当于将洪水样本由实测年限 $n$ 延长到调查考证年限 $N$，从而增加了样本的代表性，使得设计成果质量明显提高。

特大洪水和一般实测洪水加在一起，可以组成一个洪水系列，如何利用这样的系列作频率计算，关键在于如何确定特大洪水的重现期，这也是提高计算成果精度的关键。

**（五）设计洪峰、洪量分析计算**

设计洪峰、洪量根据频率曲线分析计算。现行规范中，开展设计洪水计算时，频率计算采用曲线线型一般用皮尔逊Ⅲ型，该线型的偏态系数 $C_s$ 较大（如 $C_s>2$），而又需要计算大频率的设计洪水时，往往可以给出理想的结果。特殊情况，经分析论证后也可以采用其他线型。

皮尔逊Ⅲ型频率曲线的统计参数采用均值 $X$、变差系数 $C_v$ 和偏态系数 $C_s$ 表示，它们分别有其统计意义：均值表示洪水的平均数量水平；变差系数表示洪水年际变化剧烈程度；偏态系数表示洪水年际变化的不对称度。

在洪水频率分析计算中，要求估计的频率曲线与经验点据拟合良好，并希望它具有良好的统计特性。根据我国多年实践经验，估计频率曲线的统计参数可按以下三个步骤进行。

（1）按初步估计参数，可采用矩法估计统计参数。

（2）采用适线法来调整初步估计的参数，以期获得一条与经验点据拟合良好的频率曲线。适线法有两种：一种是先选择适线目标函数（适线准则），然后求解相应的统计函数；另一种是经验适线法。选择适线准则时，应考虑洪水资料精度，并且要便于分析、求解。经验适线法简易、灵活，能反映设计人员的经验，而且为适线方便，按地区规律，经验拟定 $C_s/C_v$ 倍比值。适线时，应尽量照顾点群的趋势，使曲线通过点群中心。如点线配合不佳时，可侧重考虑上部和中部的点据，并使曲线尽量靠近精度较高的点据。对于特点洪水，应分析它们可能的误差范围，不宜机械地通过特大洪水，而使频率曲线脱离点群。

（3）最后确定统计参数。为了避免由个别系列引起的任意性，还应与本站长短历时洪量和临近地区测站统计参数和设计值进行对比分析，分析中应注意各站洪水系列的可靠性、代表性及计算结果的精度。对比分析一般从以下三个方面进行。

1）本站各种成果间的分析对比。从各种历时的洪量频率曲线之间的关系检查，要求不同历时洪量的频率曲线不应相交，并保持合理的间距。洪量的各种统计参数和设计值与历时之间存在一定关系，一般随着历时增加，洪量的均值和设计值也增加，而时段平均流量的均值和 $C_v$、$C_s$ 则减小；但对于连续暴雨次数较多和调蓄作用大的河流，随历时增加，$C_v$、$C_s$ 反而加大。

2）与上下游及邻近地区河流的分析成果进行对比。如气候、地形条件相似，则洪峰、

洪量的均值应自上游向下游递增，其模数则由上游向下游递减。如将上下游站、干支流站同历时最大洪量的频率曲线绘在一起，下游站、干流站的频率曲线应高于上游站和支流站，曲线间距的变化也有一定的规律。

3）根据暴雨频率分析成果进行比较。一般来说，洪水的径流深应小于相应天数的暴雨深，而洪水的 $C_v$ 值应大于相应暴雨量的 $C_v$ 值。

统计参数确定后，用配线法求出洪水频率曲线，在频率曲线上求得相应于设计频率的设计洪峰和各统计时段的设计洪量。

**（六）设计洪水过程线**

设计洪水过程线采用典型洪水过程放大方法推求，使得放大后过程线中的某些特征值（洪峰、时段洪量）等于相应的设计值。

典型洪水过程线是求设计洪水过程线的基础，从实测洪水资料中选择典型洪水应遵循以下原则。

（1）选择峰高量大的实测洪水过程线。因为这种洪水的特征值接近于设计值，放大后变形小，与真实情况较接近。

（2）典型洪水过程应具有一定的代表性。即它的发生季节、地区组成、峰型特征、洪水历时、峰量关系等能反映本流域大洪水的一般特性。

（3）从防洪后果考虑，应选择对工程安全较为不利的典型。一般峰型比较集中，且主峰出现时间偏后的洪水过程对工程较为不利。

有时按上述原则可选出几个典型，则可分别放大，求得几条设计洪水过程线，供调洪计算时选用。

典型洪水过程线放大方法可采用同倍比放大法、同频率放大法，需根据具体工程问题确定采用的放大方法。

## 二、根据暴雨资料计算设计洪水

抽水蓄能电站多数位于山区小流域地区，水文资料特别是流量资料较为欠缺，难以满足根据流量资料计算设计洪水的资料要求，而降雨资料相对丰富，可根据设计暴雨及相应的产汇流方法间接计算设计洪水。

在利用设计暴雨推求设计洪水时，一般假定两者是相同的频率。设计暴雨资料推求设计洪水的过程就是重现流域降雨、蒸发、产流、汇流的自然过程，即总结各阶段各有关因素的变化规律，并进行地区综合后作为设计条件使用。计算过程主要包括设计暴雨计算、产流计算、汇流计算。

**（一）设计暴雨分析计算**

设计暴雨量的计算一般有两种方法：第一种方法是当流域上雨量站较多时，分布较均匀，各站又有长期的同期实测资料，并由此可求出比较可靠的流域平均面雨量时，可直接选用每年指定统计时段的最大面雨量，进行频率计算求出不同时段的设计面雨量，这种方法常称为设计暴雨量计算的直接方法；第二种方法是流域内雨量站稀少时，观测系列短，或同期观测资料较少，无法利用实测资料求得流域面暴雨量，这时只好先求出流域中心代表站的不同时段的点暴雨量，然后借助流域暴雨的点面关系，把流域中心的点设计暴雨量转换为流域相应时段的设计面暴雨量，该方法被称为流域设计暴雨量计算的间接方法。

1. 直接法推求设计暴雨量

在收集流域内和附近雨量站的资料并进行分析审查的基础上，先根据当地雨量站的分布情况，选定推求流域面雨量的计算方法（如算术平均法、泰森多边形法或等雨量线图法等），计算每年各次大暴雨的逐日面雨量，作为不同时段暴雨量统计的基础。

在统计各年的面雨量资料时，经常遇到这样的情况：设计流域内早期雨量站点稀少，近期雨量站点多、密度大，如对系列较短的暴雨资料进行逐一插补，不仅工作量大，而且精度也难以保证。一般来说，以多站雨量资料求得的流域平均雨量，其精度较少站雨量资料求得的为高。为提高面雨量资料的精度，需设法插补展延较短系列的多站面雨量资料。一般可利用近期的多站平均雨量与同期少站平均雨量建立关系。若相关关系好，可利用相关线展延多站平均雨量作为流域面雨量。为了解决同期观测资料较短、相关点据较少的问题，在建立相关关系时，可利用一年多次法选样，以增添相关点据，更好地确定相关线。

在分析计算出流域每年各次暴雨的面雨量基础上，选定不同的统计时段，按独立选样的原则，统计逐年不同时段的年最大面雨量系列。若系列中无特大暴雨值或本流域没有特大暴雨资料，则可进行暴雨调查，或移用邻近流域已发生过的特大暴雨资料，特大暴雨的重现期可通过洪水调查并结合当地历史文献中有关灾情资料的记载来分析估计。一般认为，当流域面积较小时，流域平均雨量的重现期与相应洪水的重现期相近。

系列统计选样后，进行频率分析计算，线型采用皮尔逊Ⅲ型，与采用流量资料计算设计洪水时的频率计算过程一致，合理确定统计参数，推求设计暴雨。根据我国暴雨特性及实践经验，我国暴雨的 $C_s$ 与 $C_v$ 的比值，一般地区 $C_s/C_v \approx 3.5$；在 $C_v > 0.6$ 的地区，$C_s/C_v \approx 3.0$；$C_v < 0.45$ 的地区，$C_s/C_v \approx 4.0$。以上比值，可供适线参考。

在暴雨频率计算时，宜将不同历时的暴雨量频率曲线点绘在同一概率格纸上，并注明相应的统计参数，加以分析比较，检查合理后确定设计面暴雨量。

2. 间接法推求设计暴雨量

间接法推求设计暴雨首先需确定流域中心点的设计点暴雨，再通过点面关系转换为设计面暴雨量。

设计点暴雨根据资料情况可采用两种方法计算：当流域形心处或附近有一观测资料系列较长的雨量站，则可利用该站的资料进行频率计算，推求设计点暴雨量；当流域内缺乏具有较长实测资料的代表站时，设计点暴雨的推求可利用地区暴雨等值线图或参数的分区综合成果。由于地区等值线图往往只反映了大地形的影响，不能很好反映局部地形的影响，因此在地形复杂的山区，应用暴雨等值线图时要特别注意，尽可能搜集近期的暴雨实测资料，对由等值线图查得的数据进行分析比较，必要时做出修正；考虑设计暴雨对设计洪水成果影响很大，宜进行两种方法对比计算，当认为暴雨资料代表性不足时，选择两种方法中计算成果大的作为设计成果。

流域中心设计点暴雨量求得后，要用点面关系折算成流域设计面暴雨量。暴雨的点面关系在设计计算中，又有以下两种区别和用法。

（1）定点定面关系。如流域中心或附近有较长系列雨量资料，流域内有一定数量且分布比较均匀的其他雨量站资料时，可以用流域中心（或附近）站作为固定点，以设计流域

作为固定面，根据同期观测资料，建立各种时段暴雨的点面关系。也就是对于一次暴雨某种时段的固定点暴雨量，有一个相应的固定面暴雨量，选取若干次特大暴雨的固定点暴雨量、固定面暴雨量，并将两者比值加以平均，作为设计计算采用的点面折减系数，据此由设计点暴雨量计算出各种时段设计面暴雨量。当本流域暴雨量资料不多时，如果邻近地区有较长系列的资料，则可用邻近地区固定点和固定流域的或地区综合的同频率点面折减系数。但应注意，流域面积、地形条件、暴雨特性要基本接近，否则不宜采用。

(2) 动点动面关系。根据一场暴雨指定时段的雨量等值线图，自暴雨中心向外，顺次量算各条等雨量所包围的面积 $F_i$ 及其面平均雨深 $\overline{P}_{F_i}$，再计算各 $\overline{P}_{F_i}$ 与暴雨中心点雨量 $P_0$ 之比 $\alpha$ 值，即 $\alpha=\overline{P}_{F_i}/P_0$（称点面折减系数），然后由各对应的 $\alpha_i$ 和 $F_i$ 值就可点绘 $\alpha_i-F_i$ 关系曲线。它们反映了各次暴雨面雨深（量）随面积增大而减小的自然特性，因为不同场次的暴雨中心点和等雨深线是变动的，所以这种暴雨点面关系称为动点动面关系。

**（二）设计暴雨的时程分配**

设计暴雨的时程分配一般用典型暴雨同频率控制缩放的方法。典型暴雨过程，应由实测暴雨资料计算各年最大暴雨量的过程来选择。但如资料不足，也可用流域或邻近地区有较长期资料的点暴雨量过程来代替，或引用各省（自治区、直辖市）暴雨洪水图集中按地区综合概化出的典型暴雨过程（一般用不同时段占暴雨总量的百分比表示）。

**（三）产汇流计算**

流域设计暴雨成果确定后，采用暴雨径流相关、扣损等方法进行相应的流域产流分析计算求出流域设计净雨过程，再通过单位线法、河网汇流曲线法等方法进行流域汇流计算，可求得流域设计洪水过程。由暴雨资料推求设计洪水的过程分析计算工作量较大，过程较为烦琐。

小流域设计洪水是水利、交通、铁路、城镇和工矿企业防洪工程中广泛遇到的问题，其主要特点是：实测暴雨径流资料短缺，甚至无降雨资料，各种计算方法中有关的参数都需要通过地区综合分析确定；服务对象多，要求单一；工程分布广，数量大。小流域面积小，自然地理情况趋于单一，目前国内通过工程实践分析，总结出多种小流域设计洪水计算方法，在进行小流域设计洪水计算时，可通过适当概化和假定，简化小流域设计洪水计算过程。多数抽水蓄能电站水库坝址以上控制流域面积不大，属小流域范畴，可根据设计流域面积大小，采用小流域设计洪水计算方法计算设计洪水。

小流域设计洪水的计算方法概括起来有：推理公式法、地区经验公式法、综合瞬时单位线法等，其中应用最广泛的是推理公式法和综合瞬时单位线法。

1. 推理公式法

推理公式法是基于暴雨形成洪水的基本原理推求设计洪水的一种方法，通过联解如下方程组，求得设计洪峰流量及相应的汇流时间。

$$Q_m=0.278\left(\frac{S_P}{\tau^n}-\mu\right)F \quad t_c>\tau\text{(全面汇流)} \tag{3-1}$$

$$Q_m=0.278\left(\frac{S_P t_c^{1-n}-\mu t_c}{\tau}\right)F \quad t_c<\tau\text{(部分汇流)} \tag{3-2}$$

$$\tau=\frac{0.278L}{mJ^{1/3}Q_m^{1/4}}$$

$$t_c=\left[(1-n)\frac{S_P}{\mu}\right]^{1/n}$$

式中：$S_P$ 为雨力，1h 雨强，mm/h；$n$ 为暴雨衰减指数；$t_c$ 为产流历时；$\tau$ 为最大流量出现时间；$m$ 为汇流参数；$F$ 为流域面积，$km^2$；$L$ 为流域河长，km；$J$ 为流域坡度（以小数计）。

推理公式法计算中涉及 3 类共 7 个参数：即流域特征参数 $F$、$L$、$J$；暴雨特征参数 $S_P$、$n$；产汇流参数 $\mu$、$m$。需要根据资料情况分别确定有关参数，对于没有任何观测资料的流域，需查有关图集。

采用推理公式法计算得到的是设计洪峰流量，根据工程设计需要，可采用概化方法推求设计洪水过程线。

2. 地区经验公式法

根据一个地区内设有水文站的小流域实测和调查的暴雨洪水资料，直接建立主要影响因素与洪峰流量间的经验相关方程，形成计算洪峰流量地区经验公式。

（1）以流域面积为参数的地区经验公式：

$$Q_P=C_P F^N \tag{3-3}$$

式中：$Q_P$ 为频率为 $P$ 的设计洪峰流量，$m^3/s$；$F$ 为流域面积，$km^2$；$N$、$C_P$ 为经验指数和系数。

$N$ 随地区和频率而变化，可在各省（自治区、直辖市）的水文手册中查到。

（2）包含降雨因素的多参数地区经验公式。例如某省山丘区中小河流洪峰流量经验公式为：

$$Q_P=CR_{24,P}^{1.21}F^{0.73} \tag{3-4}$$

式中：$R_{24,P}$ 为设计频率为 $P$ 的 24h 净雨量，mm；$C$ 为地区经验系数；其他符号意义同前。

3. 综合瞬时单位线法

综合瞬时单位线法是把流域对净雨的调节作用视作等效于 $n$ 个串联的线性水库的调节作用，一个单位的瞬时入流通过 $n$ 个水库演进，推求设计洪水。

常用的纳希瞬时单位线完全由参数流域汇流调节系数 $n$ 和流域汇流时间参数 $K$ 决定。因此，瞬时单位线的综合，实质上就是参数 $n$、$K$ 的综合。各省（自治区、直辖市）的《水文图集》或《暴雨径流查算图表》等水文手册中，一般都有相关参数的计算经验公式或参考值，可供查用。

综合瞬时单位线法推求设计洪水过程的步骤总体如下：

（1）根据产流计算方法，由流域的设计暴雨推求设计净雨过程。

（2）将流域几何特征代入瞬时单位线参数地区综合公式求 $m_{1,10}$ 及 $n$（或 $m_2$）。

（3）按设计净雨由 $m_{1,10}$ 求出设计条件的 $m_1$，并由上一步得到的 $n$ 求 $K$（$=m_1/n$）。

（4）选择时段单位线的净雨时段 $\Delta t$，按上节介绍的方法由 $n$、$K$ 求时段单位线。$\Delta t$ 应满足 $\Delta t=(1/2\sim1/3)t_p$ 的条件，$t_p$ 为时段单位线的涨洪历时。

（5）由设计净雨过程及时段单位线求得设计地面径流过程。

（6）按各省（自治区、直辖市）水文手册或有关设计单位建议的计算方法确定设计条

件下的地下径流流量。

（7）地面、地下径流过程按相应时刻叠加，即得设计洪水过程。

## 三、设计洪水的地区组成

洪水的地区组成是指在设计断面洪量已定的情况下，研究设计断面以上干支流控制断面及其区间的来水各占多少。设计洪水地区组成计算方法有典型年法和同频率地区组成法。

### （一）典型年法

典型年法是从实测资料中选择几次有代表性、对防洪不利的大洪水作为典型，以设计断面的设计洪量作为控制，对典型洪水按同倍比方法放大，并按典型洪水各区洪量组成的比例计算各区相应的设计洪量。

该方法简单、直观，是工程设计中常用的一种方法，尤其适用于分区较多、组成比较复杂的情况，但此法因全流域各分区的洪水均采用同一个倍比放大，可能会使某个局部地区的洪水放大后其频率小于设计频率。

### （二）同频率地区组成法

同频率地区组成法是根据防洪要求，指定某一分区出现与下游设计断面同频率的洪量，其余各分区的相应洪量按实际典型组成比例分配。一般有以下两种组成方法：

（1）当下游断面发生设计频率 $P$ 的洪水 $W_{BP}$ 时，上游断面也发生频率 $P$ 的洪水 $W_{AP}$，此时区间发生的相应洪水 $W_{ABR}$ 为

$$W_{ABR}=W_{BP}-W_{AP} \tag{3-5}$$

（2）当下游断面发生设计频率 $P$ 的洪水 $W_{BP}$ 时，区间也发生频率为 $P$ 的洪水 $W_{ABP}$，上游断面相应的洪水 $W_{AR}$ 为

$$W_{AR}=W_{BP}-W_{ABP} \tag{3-6}$$

必须指出，同频率地区组成法适用于某分区的洪水与下游设计断面的相关关系比较好的情况。同时，对于河网调蓄以及其他因素影响较大的河流，一般不能用同频率地区组成法来推求设计洪峰流量的地区组成。

# 第四章 泥沙分析计算

## 第一节 泥沙分析计算的要求和内容

我国北方水土流失严重地区的河流，悬移质泥沙含沙量高、输沙量大；而南方，特别是西南地区，河流中推移质泥沙含沙量较高，因此在这些河流上修建抽水蓄能电站后，由于改变了天然河道的泥沙输移特性，泥沙将在水库内淤积，对电站的运行带来不利影响。工程设计中要研究并提出工程中存在的泥沙问题，分析泥沙淤积可能带来的不利影响，并提出防治措施，使其对工程的影响减到最低限度，发挥工程的正常效益。

抽水蓄能电站的特点，使得其泥沙问题与常规水电站有所差别。抽水蓄能电站需要重点考虑两方面泥沙问题：一是上、下水库库容一般较小，需要重点关注库容淤损，尤其是有效库容的淤损问题，它将直接影响电站的发电效益；二是电站运行水头高，需要重点关注过机泥沙，包括过机泥沙总量、各种过机含沙量持续时间和过机泥沙颗粒组成等，它直接关系到机组过流部件的磨损。

抽水蓄能电站泥沙分析计算包括两大方面内容：一是入库泥沙分析；二是水库泥沙设计。

### 一、入库泥沙分析

上、下水库入库泥沙分析计算主要包括下列内容：

（1）流域产沙、输沙特性分析。

（2）人类活动对输沙量的影响分析。

（3）悬移质输沙量、含沙量计算及其年内分配。

（4）悬移质颗粒级配及矿物组成分析。

（5）床沙取样及颗粒级配分析。

（6）推移质输沙量计算。

（7）成果的合理性检查。

### 二、水库泥沙设计

水库泥沙设计主要包括下列内容：

（1）工程泥沙问题分析。

（2）水库泥沙冲淤计算。

（3）水库泥沙调度方式研究。

抽水蓄能电站工程的泥沙问题分为严重、不严重两类，泥沙问题不严重的工程泥沙分析计算内容可根据具体工程问题需要，适当进行简化。

## 第二节　泥沙系列插补延长

开展泥沙分析计算时，为推求入库泥沙成果、确定泥沙冲淤计算的水沙代表系列，当设计依据水文站资料不足时，应设法进行插补延长。现行规范规定连续泥沙系列宜有20年以上，且要具有一定代表性。

插补延长资料年数一般根据依据站或参证站资料条件、插补延长资料精度和依据站系列代表性的要求确定，在插补延长精度允许的条件下，尽可能延长系列长度。

泥沙资料的插补延长，根据资料条件可采用不同方法计算，常用方法如下：

(1) 流量资料系列较长时，可采用本站流量与输沙率（含沙量）的相关关系插补延长。

(2) 上下游或邻近流域参证站有较长悬移质泥沙资料时，可建立设计依据水文站与参证水文站悬移质输沙量或含沙量的相关关系插补延长。

采用参证水文站插补延长资料时，参证水文站的选取对插补延长资料的精度有重要影响，一般应选取产沙条件相近的水文站。有时参证站流域上的部分地区与设计流域产沙条件相差较大，则建立相关关系时应将不一致地区的沙量扣除。流域下垫面条件变化不大，年内各月水沙关系较好的，可以采用年径流量与年输沙量（输沙率）相关插补、月径流量与月输沙量（输沙率）相关插补等方法。北方河流的洪水和泥沙多由暴雨形成，输沙量与洪水之间存在较好的相关关系，而一年中输沙量主要集中在汛期，可以采用汛期径流量与年输沙量（输沙率）相关插补。

建立水沙相关关系时，有时需考虑有关参数的影响。例如，5月、10月降雨较多时，6—9月常为连阴雨，连阴雨的侵蚀量较暴雨小，可引入5月、10月水量做参数建立相关关系，精度将有所提高；7月、8月多暴雨，而6月、9月则不一定，引入7月、8月水量与6月、9月水量的比值做参数建立相关关系，精度将有所提高。

## 第三节　入库输沙量计算

### 一、输沙特性分析

河流输沙特性，主要指输沙量的时程分配特性和水沙对应的关系，可为合理地制定水库运行方式提供依据。输沙特性分析的主要内容如下：

(1) 含沙量、输沙量年际变化。主要统计多年平均输沙量、含沙量，最大、最小年输沙量、含沙量之间及其与多年平均值的关系，以及连续丰沙年与连续中沙年、少沙年在系列中的分布情况和所占比重等。

(2) 输沙量年内分配和集中程度。主要统计分析多年平均汛期、非汛期、逐月输沙量占多年平均输沙量的百分数，长系列、代表系列最大1d（或最大3d、最大7d）输沙量占该年输沙量百分数，也可以统计分析代表站年洪峰过程输沙量占该年输沙量百分数，或用流量与累积输沙量曲线分析。

(3) 颗粒级配的年内、年际变化。主要统计分析丰沙、中沙、少沙年，多年平均汛期、非汛期的特征粒径变化。

(4) 洪峰与沙峰的对应关系。主要分析流量与含沙量过程的对应关系、洪峰与沙峰的对应关系，以及流量与含沙量相关关系和含沙量历时曲线等。

## 二、入库输沙量计算

水库入库输沙量是初步判断工程泥沙问题严重程度、预估泥沙问题可能对工程带来的影响、开展水库泥沙冲淤计算和泥沙调度研究等工作的重要基础。抽水蓄能电站上、下水库均需进行入库输沙量的计算。

入库输沙量需要在全面分析工程控制流域的产沙地区分布、特性及成因和上游已建、在建水利水电工程、大型水土保持工程及工农业用水等对设计工程所在河段输沙特性的影响基础上，结合区域内泥沙资料的情况，选择相应的方法开展计算。

水库入库输沙量由入库悬移质输沙量和入库推移质输沙量两部分组成，入库输沙量计算内容包括多年平均输沙量、多年平均含沙量、多年平均输沙率、多年平均颗粒级配、平均粒径、中值粒径及矿物组成等泥沙特征值。

**（一）入库悬移质输沙量**

根据资料条件，入库悬移质输沙量计算时可分为两种情况。

(1) 当工程区附近具有较长泥沙资料时，可根据实测泥沙资料进行分析计算。

水库坝址区往往无水文站，需根据设计依据水文站的输沙量成果转换至水库坝址。现行规范规定，设计依据水文站具有 20 年以上连续悬移质泥沙资料时，可直接统计多年平均输沙量；不足 20 年的，宜进行插补延长。设计依据水文站输沙量成果转换至工程坝址时，可按下述方法进行：

1) 坝址与设计依据水文站集水面积相差小于 3%且区间无多沙支流入汇时，入库输沙量、含沙量直接采用设计依据水文站测验资料计算。

2) 坝址与设计依据水文站集水面积相差大于 3%小于 15%时，入库输沙量需要考虑区间来沙影响。当区间为非主要产沙区时，可采用设计依据水文站含沙量和区间流量计算，或用流域面积比计算；当区间为主要产沙区时，可采用区间输沙模数计算。

3) 坝址与设计依据水文站集水面积相差大于 15%时，入库输沙量应考虑含沙量沿程变化的影响。由于抽水蓄能电站多属小流域地区，实测泥沙资料相对较少，区间含沙量沿程变化的影响往往缺乏实测泥沙资料分析。此时，若泥沙问题不严重，可根据流域产沙地区分布特性、区间输沙模数等进行估算，必要时增加一定安全修正值；若泥沙问题严重，需设站进行泥沙测验。

(2) 当工程区附近泥沙测验资料很少或无资料且工程泥沙问题不严重时，可采用下列方法进行估算。

1) 根据临近相似流域的泥沙测验资料，采用类比法计算。类比时需要注意对流域水文气象、产沙相似性等进行分析。

2) 根据工程所在地区输沙模数图估算。各省（自治区、直辖市）水文手册中一般都有输沙模数等值线图，但由于部分省（自治区、直辖市）制作输沙模数图时可依据的泥沙

测验站网资料、水库淤积实测资料较少，等值线图等高距较大，其代表性并不是很好。尤其抽水蓄能电站往往处于小流域地区，此时，应用等值图查算的输沙量成果无法很好地反映工程所在河流的输沙量情况，应用输沙模数图时，需要了解制作输沙模数图采用的资料系列，并结合现场调查、流域产沙分布特性及与临近产沙条件相似流域进行分析比较，检查其合理性，必要时增加一定安全修正值。

3）根据所在地区悬移质输沙量经验公式估算。有些省（自治区、直辖市）水文手册中分析总结了悬移质输沙量估算经验公式，可供设计参考。由于水沙运动的复杂性，这些经验公式难以反映出水沙输移特性的全部影响因素，有很大的局限性。使用这些经验公式时，需要了解建立经验公式采用的资料系列及其在本工程所在河流的代表性和可靠性，对估算成果进行合理性检查，必要时增加一定安全修正值。

**（二）入库推移质输沙量**

由于天然河道上测验推移质的方法不够完善，我国推移质泥沙测验开展较晚，进行推移质泥沙测验的水文站较少，目前仅长江、闽江等个别水文站开展了推移质输沙率测验。因推移质采样器效率系数很低且至今尚未很好解决，难以获取系统的实测资料供设计使用，目前国内抽水蓄能电站设计中很少使用实测资料推求推移质输沙率，往往采用以下四种方法分析确定。

（1）采用推移质输沙率计算。推移质输沙率计算公式是表示在河段输沙平衡条件下输沙率与水力条件的关系式。目前常用的公式有沙莫夫、梅叶-彼得、窦国仁、秦荣昱、肖克里奇等公式。由于各公式建立的条件不同，往往导致同样水力条件下采用不同公式计算得出的推移质输沙量成果相差较大。因此，使用这类公式时要特别注意公式的适用条件，结合本地区推移质输移特性选用公式。

（2）采用推移质与悬移质输沙量比例关系（简称推悬比）估算。推悬比可利用工程所在地区相似河流或水库的测验资料分析确定。

（3）利用流域上、下游或邻近流域已建水库的泥沙淤积调查或测验成果，结合其水库工程特性、工程运用特性、冲淤平衡情况等，并考虑区间产沙分布的差异，估算推移质输沙量。

（4）推移质问题严重的工程，进行推移质输沙试验推算。推移质输沙试验有两种：一是模拟代表河段的天然床沙、水力因素，进行动床模型试验，根据模型比尺建立全断面流量与输沙率的关系；二是模拟代表河段的天然床沙、单宽水力因素，在水槽内进行正态推移质输沙试验，根据模型比尺建立单宽流量与单宽输沙率的关系，据此计算全断面的流量与输沙率的关系。

## 第四节　水库泥沙调度设计

根据泥沙对工程、环境及社会的影响程度，抽水蓄能电站工程的泥沙问题分为严重、不严重两类，泥沙问题严重的工程应研究水库泥沙调度方式，提出对水库运行的要求和应采取的排沙措施。

## 一、水库泥沙调度方式

水库排沙减淤主要有以下三种途径。

**（一）调度水库运行水位排沙**

水库运行实践表明，泥沙在水库中淤积并由库尾向坝前推进过程中，终结达到有冲有淤的动平衡，最终由淤积过程中的淤积比降和冲淤平衡比降，控制淤积高程和淤积量。该比降同水库库区水力因素、水流挟沙能力、泥沙粒径、水库形态等因素有关。一般而言，水库运行水位越低，大量泥沙能被排往下游，库区泥沙淤积量越少；反之水库运行水位越高，库区泥沙淤积量越大。泥沙淤积面到正常蓄水位之间的库容是可供水库长期使用的库容，设置合理的水库控制运行水位，可使大量入库泥沙淤积在死库容或排出库外，减少调节库容内的淤积量。

**（二）设置排沙水位排沙**

具有多年、年、季或日周调节性能的水库，为排沙减淤需要，在汛期或汛期某时段，将运行水位控制在低于正常蓄水位的某高程，该水位称排沙水位，排沙水位可以高于、等于或低于死水位。水库不同时期可以采用不同的排沙水位，取决于不同运行实践需要控制的淤积高程和淤积部位。设计中可根据运行一定年限后需要保持的调节库容和需解决的泥沙问题，以及因降低水位损失效益等综合因素，通过经济效益和方案比较，分析选择排水水位高程。

**（三）设置调沙库容不连续排沙**

调沙库容是水库库容的一部分，设置调沙库容不连续排沙指水库某时段高水位运行，让泥沙暂时在预留的库容内淤积，下一时段在排沙水位（或敞泄）运行，将前时段淤积的泥沙排出，如此冲、淤交替可供长期使用的库容。排沙方式可选择按分级流量控制排沙水位排沙和敞泄排沙两种方式。

综合上述水库排沙减淤途径，水库泥沙调度方式，按排沙时间分为定期、不定期两类，按运行水位分为控制、不控制两类。根据排沙时间、水位调度等，水库泥沙调度方式有以下几种形式。

（1）汛期控制库水位调度泥沙，在整个汛期除汛末数旬蓄水外的大部分时间，水库水位控制在排沙运行控制运行水位运行，非汛期蓄水拦沙运行，这是国内外较多采用的泥沙调度方式。

（2）汛期部分时段控制库水位调度泥沙，是汛期中某一时段，如汛初、汛中、汛末，水库水位控制在排沙运行控制水位运行。其余时间蓄水拦沙运行，并让泥沙在水库的调沙库容内淤积。与汛期控制库水位调沙相比，控制库水位排沙时间短，有利于发挥工程效益。

（3）按分级流量控制库水位调度泥沙，是按入库流量大小分级调度库水位。当入库流量小于分级流量时，水库水位抬高到排沙运行控制水位以上直至正常蓄水位运行，让泥沙在水库的调沙库容内淤积；当入库流量大于分级流量时，水库水位降低至排沙运行控制水位运行，将本时段入库泥沙和前期淤积在调沙库容内的淤积物排入死库容或排出库外。根据河流来水来沙特性和水库担负的任务及库容、地形等条件，分级流量级相应库水位可设

1～3个。

（4）敞泄排沙，又称泄空冲沙，其特点是非排沙期水库蓄水拦沙运行，让泥沙在库内（调沙库容）淤积；排沙期闸孔全部敞开泄流，水库放空，将前期淤积物排出库外。

（5）异重流排沙，主要适用于悬移质泥沙颗粒较细和入库洪峰含沙量大，尤其能产生高含沙水流，水库纵坡降较陡，地形平顺无急剧变化能形成异重流的水库。设计中主要根据异重流形成条件和持续时间，研究异重流排沙的可行性。

水库泥沙调度具体方式见表4-1。

**表4-1　　水库泥沙调度方式**

<table>
<tr><td rowspan="2">水库泥沙调度方式</td><td>全称</td><td>汛期控制库水位调度泥沙</td><td>汛期部分时段控制库水位调度泥沙</td><td>按分级流量控制库水位调度泥沙</td><td>异重流排沙</td><td>不定期敞泄排沙</td><td>定期敞泄排沙</td></tr>
<tr><td>简称</td><td>汛期调沙</td><td>分期调沙</td><td>分级流量调沙</td><td>异重流排沙</td><td>敞泄排沙</td><td>敞泄排沙</td></tr>
<tr><td colspan="2">排沙时间</td><td colspan="2">定期</td><td colspan="3">不定期</td><td>定期</td></tr>
<tr><td colspan="2">运行水位</td><td colspan="3">控制</td><td colspan="3">不控制</td></tr>
<tr><td colspan="2">排沙运行控制水位</td><td colspan="3">设置</td><td colspan="3">不设置</td></tr>
<tr><td colspan="2">调沙库容</td><td>可不设置</td><td colspan="2">设置</td><td>不设置</td><td colspan="2">设置</td></tr>
</table>

## 二、水库泥沙调度方式选择

抽水蓄能电站上库与下库的组合形式较多，出现的泥沙问题也不尽相同。常规情况抽水蓄能电站泥沙调度设计中的重点问题是减少过机含沙量和粗颗粒泥沙，以及防止或减少调节库容淤积。

水库泥沙调度指为控制入库泥沙在水库库区内的淤积部位和高程，达到排沙减淤目的所进行的水库运行水位调度，并利用水力排沙。各类泥沙调度方式都是水力排沙，都要损失部分径流量，从而影响工程效益。因此开展水库泥沙调度设计，需要根据工程所在河流的输水、输沙特性、水库地形、水库特性和功能等条件，综合分析库区泥沙控制、下游河道泥沙控制、综合利用和环境保护要求，兼顾各方利益。泥沙调度方式要与水库特征水位、特征库容、泄流规模选择相协调，与上下游已建、在建或拟先建水利水电工程的水库调度运行相协调，使水库较长期保持有效库容，以有利于水库的长期使用和综合利用效益的发挥为目标，在尽量小地影响工程效益的前提下制定相应的排沙方式。

## 三、水库泥沙冲淤计算

抽水蓄能电站抽水和发电工况往复运行，设计中要考虑上水库、下水库的有效库容泥沙淤积损失和过机泥沙问题，需要开展水库泥沙冲淤计算分析上水库及下水库泥沙淤积分布、有效库容淤积率、过机含沙量和粒径组成、泥沙淤积对水库回水的影响等，开展水库泥沙调度的还需要通过泥沙冲淤计算，预测库区泥沙淤积情况，论证调度方式的效果。

我国早期水库泥沙冲淤计算大多采用经验法。20世纪90年代以后，随着电子计算机的广泛应用、已建库区泥沙淤积观测资料积累及泥沙数学模型的不断改进完善，采用泥沙数学模型进行冲淤计算应用逐渐增多。采用泥沙数学模型计算需要的资料条件较多，往往抽水蓄能电站建设地点为山区小流域地区，水文资料较为欠缺，设计周期内不具备完全补充数学模型计算需要资料观测的条件，对于泥沙问题不严重的工程，目前仍然可采用经验法或类比法计算。因此，我国目前开展水库泥沙冲淤计算常用的方法仍然有三种，分别为经验法、类比法和数学模型法。

以经验计算淤积的方法（以下简称经验法）均为从实际资料总结出来的，具有一定理论基础，所需的水沙边界条件较简单，并经过较广泛的生产应用，若经验公式及其中的参数选择适当，计算成果在宏观上较符合客观事实，有相对的可靠性，且较容易掌握和使用。经验法较常用的为淤积形态法、平衡比降法或美国水库淤积简化计算方法，通过经验公式计算水库的淤积量及相应的淤积形态。此外，经验法还有中国水利水电科学研究院法、黄河勘测规划设计有限公司方法、清华大学水利水电工程系经验模型等经验数学模型。中国水利学会泥沙专业委员会主编的《泥沙手册》，涂启华、杨赉斐主编的《泥沙设计手册》及陕西省水利科学研究所和清华大学合编的《水库泥沙》中，总结了大量的经验法计算公式，采用经验法进行淤积计算时，应充分了解方法的适用条件，合理确定相关参数，有条件时利用工程所在地区的水库淤积量测资料进行验证。

采用上述经验法进行淤积计算时，无法预测过机含沙量和粒径组成，可根据泥沙颗粒级配成果，采用水流挟沙力和泥沙启动流速经验公式估算过机含沙量成果，或通过已建工程过机含沙量与入库含沙量的经验关系、类比法估算等。

类比法淤积计算方法是采用相似河流上已建水库已有的泥沙淤积测验资料，由此建立关系进行类比设计。采用类比法进行淤积计算时，应分析类比水库的入库水沙特性、水库调节性能和泥沙调度方式与设计水库的相似性，并考虑一定的安全裕度，加以修正。

数学模型法是根据建立的水沙运行和河床冲淤基本方程组，按近似计算的条件进行一些简化，联解方程组或逐一求解方程，逐时段计算出水库冲淤数量、冲淤形态、含沙量沿程分布等。目前国内一维、二维泥沙数学模型较成熟，实际工程运用较多，三维泥沙数学模型尚不成熟，实际工程运用很少。数学模型计算方法考虑了冲淤数量变化和冲淤形态变化的相互联系和相互影响，模型计算输出成果详细，适用度高。采用泥沙数学模型进行冲淤计算时，因挟沙水流运动的复杂性，目前应用的泥沙数学模型均尚待进一步完善，且模型中都含有经验或半经验公式和待定参数，存在地区的实用性。因此，在实际应用时，需尽可能地收集已有的基础资料，采用本流域或相似河流已建工程的实测水库泥沙冲淤资料进行模型参数率定和验证，若没有足够资料，可采用相似河流天然河道的冲淤变化及其相应的水沙过程或模型试验资料进行验证，必要时需补充测量或观测相关资料。

综上所述，各类水库泥沙冲淤计算方法均有其优缺点：经验法和类比法计算需要的水沙边界条件和计算过程相对简单，易于掌握和使用，但可靠性较数学模型而言略差，成果输出较为简单；数学模型法计算综合考虑了冲淤数量变化和冲淤形态变化的相互联系和相互影响，成果可靠性相对更高，模型输出成果详细，但计算所需的水沙边界条件较为复杂，依据的基础资料较多，且模型建立和计算过程复杂，不易掌握。设计过程中，可根据水库类型、运行方式、资料条件和关注的泥沙问题等，选择适宜的方法开展计算，对于泥

沙问题复杂和泥沙问题严重的，宜采用多种类型方法或一种类型方法的多种计算模型进行计算，进行不同计算方法的计算成果的敏感性分析，给出计算成果的可能变化范围，合理选取计算应用成果。

由于水沙运动规律的复杂性，无论采用何种计算方法，都要以现有的实测资料为基础来确定冲淤计算中的各种参数，并运用水沙运动基本理论、工程泥沙原型观测资料的研究成果及工程设计经验等对模型计算成果进行合理性检查。检查内容一般有淤积床面比降、淤积部位、淤积高程、淤积量、淤积物粒径、出库沙量、出库含沙量、出库颗粒级配、淤积物密度和水库容积变化过程，或进行不同计算方法计算成果的对比分析等。

## 第五节　蒲石河抽水蓄能电站泥沙分析计算实例

### 一、流域及工程简况

蒲石河为鸭绿江下游右岸的一条一级支流，河流全长121.8km，流域面积1212km²，流域南低北高，最高点高程1270m，河口处高程约30m，最大高差约1200m。河道弯曲狭窄，凹岸一般紧连陡峻的山体，凸岸为河漫滩。河道平均比降为2.44‰，河床多由砂卵石组成，河道比较稳定。

蒲石河抽水蓄能电站由上水库、下水库、地下厂房和输水系统等组成。下水库坝址位于蒲石河下游的王家街村附近，坝址以上集水面积为1141km²，下水库正常蓄水位66.00m，总库容2871万m³，死水位62.00m，死库容1616万m³，有效库容1255万m³。上水库位于蒲石河左岸分水岭以东的东洋河上游泉眼沟沟首，与下水库进出口的水平距离约2500m，上水库坝址以上集水面积1.12km²，流域内多为次生林。

### 二、工程主要泥沙问题

电站所处蒲石河流域属东北地区含沙量较大河流，且地处辽东暴雨中心，暴雨侵蚀地表作用强，使得洪水过程含沙量大，多年平均含沙量0.587kg/m³，实测最大含沙量为19.0kg/m³。电站下水库库沙比为68，库容系数仅为0.017，调节库容较小，如果采用维持正常蓄水位不变的调洪方式，50年后有效库容将因泥沙淤积损失30%以上。蒲石河抽水蓄能电站主要泥沙问题有如下两个：

（1）下水库有效库容泥沙淤积损失问题。

（2）高含沙水流对水轮机组磨蚀问题。

### 三、泥沙资料系列插补延长

电站下水库坝址下游6km处设有砬子沟水文站，砬子沟站集水面积与下水库坝址以上集水面积相差很小，可作为设计依据站。砬子沟站有1958年、1960—1962年、1974—1986年共17年完整的悬移质泥沙资料和1958年以后流量资料，建立砬子沟站的分月水沙关系线，利用流量资料插补延长各月输沙量资料。

另外，由于该流域洪水陡涨陡落，水沙十分集中，电站每天都有一个完整的抽放水过程，因此汛期需逐日进行淤积计算，发生大洪水时需进行逐时计算，为此要对没有实测资料的年份进行逐日、逐时沙量插补。逐日沙量插补方法为按月沙量控制按日流量 $n$ 次方分配（$n$ 为水沙关系指数）；逐时沙量插补方法为以日沙量为控制，按逐时流量的 $n$ 次方进行分配。

## 四、泥沙特性分析

蒲石河流域水沙集中，但沙量较洪量更为集中，主要集中在10～20h内，例如，1979年最大1d输沙量约占年输沙量的70.3%，最大2d输沙量约占年输沙量的97.3%。虽然流域多年平均含沙量为0.587kg/m³，但沙量主要集中在几场大洪水过程中的几天内，其余绝大部分时间水流含沙量很小。统计砬子沟站1958—1993年日平均含沙量，含沙量大于0.5kg/m³的平均每年天数仅为3.9d，最多年份也仅为16d；含沙量大于1.0kg/m³的平均每年天数仅为1.9d，最多年份也仅为9d；其他时间几乎是清水。砬子沟站含沙量大于某值出现天数见表4-2。

**表4-2　砬子沟站含沙量大于某值出现天数的统计成果**

| 含沙量/(kg/m³) | 0.1 | 0.2 | 0.3 | 0.5 | 1.0 | 2.0 | 4.0 | 8.0 |
|---|---|---|---|---|---|---|---|---|
| 总天数/d | 571 | 315 | 230 | 142 | 67 | 23 | 5 | 2 |
| 平均每年天数/d | 15.9 | 8.8 | 6.4 | 3.9 | 1.9 | 0.64 | 0.14 | 0.06 |
| 最多一年天数/d | 54 | 36 | 25 | 16 | 9 | 4 | 2 | 1 |
| 发生年份 | 1964 | 1967 | 1967 | 1964 | 1964<br>1967 | 1964 | 1979 | 1964<br>1979 |

蒲石河流域泥沙主要为暴雨侵蚀地表所致，流域输沙过程与洪水过程相应。统计分析砬子沟站出现瞬时洪峰流量大于1000m³/s年份实测水沙资料，砬子沟站含沙量过程与流量过程形状基本一致，沙峰出现时间与洪峰出现时间对应关系好，实测年份中沙峰出现时间与洪峰出现时间最大相差2h。砬子沟站典型水沙过程线，如图4-1所示。

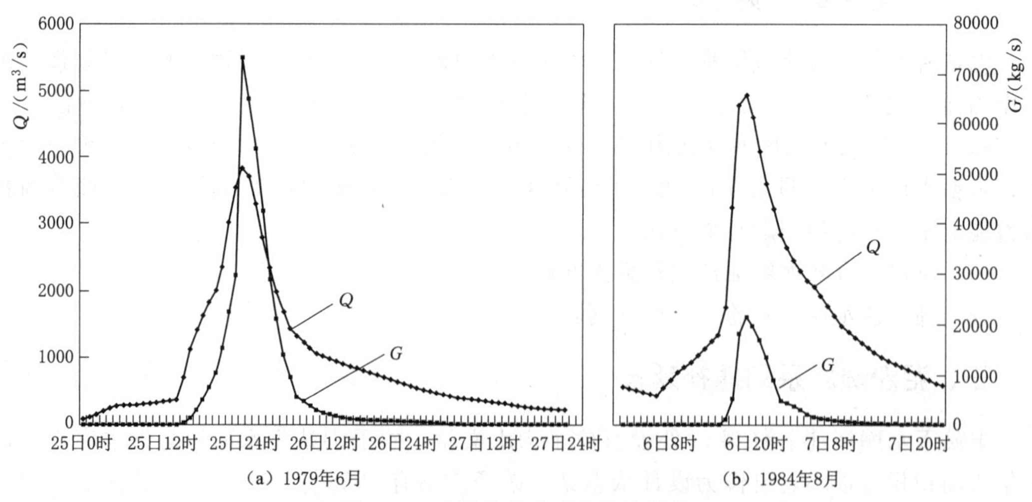


图4-1　砬子沟站典型水沙过程线

## 五、入库输沙量计算

根据插补延长的砬子沟水文站长系列泥沙资料统计，下水库多年平均年入库悬移质输沙量为 43.9 万 t，多年平均含沙量为 0.587kg/m$^3$。

蒲石河流域无推移质泥沙测验资料，中水东北勘测设计研究有限责任公司于 1991 年冬对最上游的门坎哨电站进行水库泥沙淤积测量，并对中游望天岭电站进行了水库淤积调查，估算了门坎哨以上流域及望天岭到梨树园子区间的推移质侵蚀模数。以此为基础估算得多年平均年入库推移质输沙量为 13.3 万 t。另外采用国内较常用的沙莫夫、梅叶-彼得、窦国仁、英格伦-翰生四个经验公式计算年入库推移质输沙量，经验公式估算推移质沙量为 12.1 万～17.5 万 t，与调查估算成果相近，说明采用调查成果估算的入库推移质输沙量成果是合理的，入库推移质输沙量采用 13.3 万 t。

## 六、水沙调度方式研究

### （一）水沙调度研究的目的

实行蒲石河抽水蓄能电站水沙调度研究的目的是通过对进入水库的洪水及洪水挟带泥沙进行科学调度，采取非工程措施减小水库淤积量，特别是下水库有效库容内的淤积量和过机含沙量，达到长期保持有效库容的稳定性和减小水轮机组磨蚀，提高电站经济效益，从而解决工程主要泥沙问题。

### （二）排沙运行方案拟定

结合本流域洪水特性、输沙特性、水库特性和电站功能等条件，下水库具有在汛期大洪水来临时降低库水位进行泄洪排沙的五方面有利条件。

（1）蒲石河流域泥沙主要由暴雨侵蚀地表所致，沙量集中，主要分布在几场大洪水过程中的几天内，其余绝大部分时间水流含沙量很小；同时，流域输沙过程与洪水过程相应，含沙量过程与流量过程形状基本一致，沙峰出现时间与洪峰出现时间对应关系好，具备通过洪水调节达到调节泥沙的优良条件。

（2）下水库设有 7 孔泄洪排沙闸，泄流设备泄洪能力很大，汛期大洪水来临时降低库水位运行时期假使遇到设计或校核标准洪水，其泄流能力满足大坝自身安全运行的要求，从而为水库灵活的排沙调度运行方式创造了条件。

（3）蒲石河抽水蓄能电站不承担供水和下游防洪任务，下水库调节库容较小，库容系数仅为 0.017，汛期降低水位运行后，具备很快蓄水并恢复到高水位运行的条件，对电站效益影响很小。

（4）下水库坝址以上流域已建有完善的水情自动测报系统，可及时、准确地掌握入库洪水情况，为汛期大洪水来临时降低库水位进行泄洪排沙提供了可能。

（5）电站下游至鸭绿江河口距离较短，且为山区，沿河两岸居住和活动的人口稀少，通过建设下游预警系统预警，可保证临时降低水库运行水位、加大放流期间的下游安全。

综合以上条件分析，下水库宜采用非汛期抬高运行水位、汛期降低运行水位的“蓄清排浑”排沙运行方式。

蒲石河抽水蓄能电站下水库泥沙调度以保持调节库容为主要目标，根据流域水沙特性、水库形态和调节性能等分析，采用按分级流量控制库水位调度泥沙方式，即按入库流量大小分级调度库水位，入库流量小于分级流量时，水库水位抬高到排沙水位以上直至正常蓄水位运行，让泥沙在死库容内淤积；当入库流量大于分级流量时，水库水位控制在排沙水位运行，将本时段入库泥沙和前期淤积在死库容内的部分淤积物更多地排出库外。

按分级流量控制库水位调度泥沙需在合理利用汛期大洪水冲沙，又尽可能不影响水库正常发电调度的条件下，合理制定排沙水位及分级流量。

1. 排沙水位

蒲石河抽水蓄能电站最大抽水流量 388.2m$^3$/s，在降低水位运行期间只要保证电站抽水运行时期入库流量大于抽水流量即可满足电站正常运行，考虑下水库正常蓄水位 66.00m，死水位 62.00m，正常蓄水位至死水位的变幅仅 4.00m，为提高排沙运行效果，通过砬子沟站实测洪水资料分析，排沙水位选择死水位 62.00m 合理可行。

2. 分级流量

本流域沙量集中，主要分布在几场大洪水过程中的几天内，且输沙过程与洪水过程相应，其余绝大部分时间水流含沙量很小。在中小水期间降低库水位运行意义不大且有可能影响电站正常运行。根据砬子沟站实测洪水资料分析，平均发生超过 500m$^3$/s 的洪水场次约为 2 次/年，发生超过 1000m$^3$/s 的洪水场次约为 1 次/年，入库流量大于 500m$^3$/s 时满足电站在排沙水位按最大抽水流量运行要求，考虑能合理利用汛期大水冲沙条件，又不影响水库正常发电调度，为对比分析排沙运行效果，分级流量选择入库流量 500m$^3$/s 和入库流量 1000m$^3$/s 两种方案。

3. 非排沙运行期间水位

下水库考虑冬季结冰库容损失问题，在正常蓄水位以下设置了冰库容 226 万 m$^3$。非汛期最高运行水位按正常蓄水位 66.00m 运行，汛期非排沙运行期间可不考虑冰库容，则水库最高运行水位可降至 65.36m。

4. 控制运行方式

控制库水位进行泥沙调度应在涨洪期间尽快降低至死水位。下水库正常蓄水位至死水位间的库容为 1255 万 m$^3$，扣除冰库容后为 1029 万 m$^3$，由正常调度转入按分级流量控制库水位调度泥沙时需将该部分水量排出库外以降低库水位。降水位过快会导致水库下游人造洪峰过大，易造成下游洪灾损失。本流域洪水涨洪历时约为 6～12h，为满足排沙运行需要，综合考虑流域水沙特性和尽量平稳下泄流量，按 4h 均匀腾空库容、逐步降低水位运行方式，腾空库容区间加大下游泄量最大为 715m$^3$/s，不会超过下游安全泄量，对沿江两岸村屯影响不大。

综上分析，按分级流量 500m$^3$/s 和 1000m$^3$/s、排沙水位 62.00m 拟定排沙运行方案，同时为对比分析方案效果，拟定了四个排沙运行方案，具体见表 4-3。

### （三）水库泥沙冲淤计算数学模型建立

1. 泥沙冲淤计算数学模型

泥沙冲淤计算数学模型选择武汉水利电力大学的同时，考虑悬移质泥沙和推移质泥沙的一维恒定不平衡全沙数学模型，利用有限差分法离散一维模型基本方程，充分考虑泥沙运动与河床调整的相互影响，采用直接法联立求解泥沙运动和河床调整差分方程组。

表 4-3 下水库拟定的排沙运行方案

| 方案 | 坝前水位/m | | 运行方式 |
|---|---|---|---|
| | 非汛期 | 汛期 | |
| Ⅰ | 66.00 | 66.00 | 保持不变 |
| Ⅱ | 66.00 | 65.36 | 保持不变 |
| Ⅲ | 66.00 | 65.36 | 当 $Q_{入}>1000m^3/s$ 时，库水位滞后 4h 降为 62.00m |
| Ⅳ | 66.00 | 65.36 | 当 $Q_{入}>500m^3/s$ 时，库水位滞后 4h 降为 62.00m |

注 汛期不考虑冰库容。

2. 水沙边界条件

通过分析砬子沟站径流、泥沙系列，1958—1993 年系列包含两个完整的丰、枯水周期，系列多年平均流量与长系列多年平均流量为 $23.0m^3/s$ 接近，且系列中丰水丰沙、枯水枯沙、中水中沙年分布较好，系列代表性较好。因此，采用 1958—1993 年共 36 年泥沙冲淤分析计算的代表系列。

考虑蒲石河流域洪水陡涨陡落，水沙十分集中，沙量主要集中在几场大洪水过程中的几天内，其余绝大部分时间水流含沙量很小。在大洪水过程中若以日平均水沙资料进行水库冲淤计算则会影响河床冲淤变化计算结果的精度。因此，计算时充分考虑了流域洪水和泥沙特性，将每年划分为 100 个计算时段：其中汛期出现瞬时流量大于 $1000m^3/s$ 的日期，计算时段取 2h；汛期计算时段按流量的变化幅度大小取 1～3d；非汛期计算时段按流量的变化幅度大小取 5～20d。

3. 断面布设及河段糙率

下水库泥沙淤积计算共布设 14 个断面，平均断面间距为 1.353km，其中最大断面间距为 2.615km，最小断面间距为 0.77km。

各河段初始糙率根据调查洪水水面线率定成果，河段初始糙率变化范围一般为 0.023～0.055，平衡糙率采用 0.030，过渡期糙率采用韩其为公式内插确定。

**（四）排沙运行方案比较**

根据拟定的下水库排沙运行方案，以 1958—1993 年共 36 年代表系列为基础，利用建立的下水库泥沙冲淤数学模型分别进行运行 36 年、50 年的泥沙冲淤计算，从下水库泥沙淤积量、过机沙量和粒径、上水库泥沙淤积量等三个方面对比分析各方案的排沙效果。

1. 下水库泥沙淤积量

根据不同方案泥沙淤积计算成果分析，运行水位高，泥沙淤积量大，运行水位低，泥沙淤积量小，不同方案下水库淤积量计算成果如图 4-2 所示。虽然由于各方案运行水位相差较小，下水库泥沙总淤积量相差相对不大，但有效库容内的泥沙淤积量相差较大。方案Ⅰ泥沙淤积量最大，运行 50 年有效库容内淤积量占有效库容的 28.5%。方案Ⅱ汛期运行水位较方案Ⅰ降低了 0.64m，但库内淤积量没有显著改善。方案Ⅲ、方案Ⅳ采取了汛期大洪水时降低库水位的运行方式，排沙比增大，水库淤积量特别是有效库容内淤积量大幅度减少。方案Ⅳ运行 50 年，悬移质泥沙排沙比为 70.6%，有效库容内淤积量仅占有效库容的 2.65%。综上可见，下水库采用汛期临时降低库水位的运行方式，可有效控制有效库容的淤积损失。

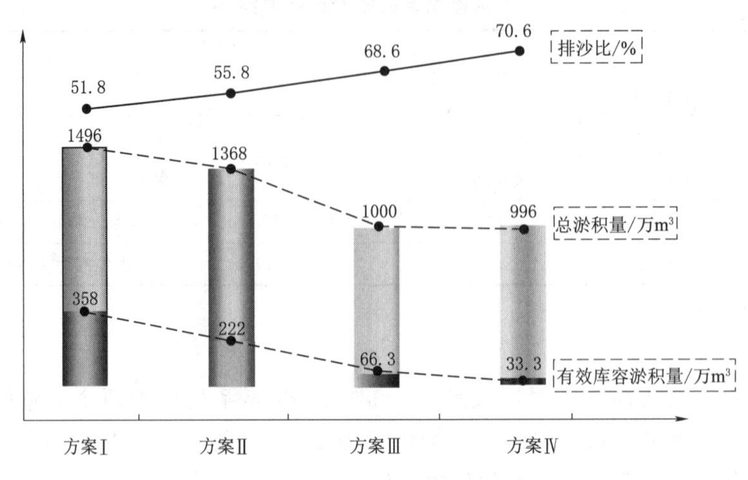


图 4-2　下水库泥沙淤积量计算成果

2. 过机沙量和粒径

根据计算成果分析，高水位运行方案过机沙量较小，颗粒组成较细；低水位运行方案过机沙量增大，颗粒组成略微变粗，且与天然状态的颗粒组成相近。由于蒲石河抽水蓄能电站为低水头枢纽，调节库容小，泄流能力大，大洪水期水库接近天然河道状态，而高含沙量主要集中在汛期大洪水期间的数小时内，因此不同水位运行方案对过机含沙量和粒径的影响不明显。不同方案过机沙量和粒径计算成果见表 4-4。

**表 4-4　　过机沙量和粒径计算成果**

| 项　目 | 方　案 | | | |
|---|---|---|---|---|
| | Ⅰ | Ⅱ | Ⅲ | Ⅳ |
| 抽水过机总沙量/万 $m^3$ | 48.4 | 53.2 | 66.5 | 70.1 |
| 最大过机含沙量/($kg/m^3$) | 15.4 | 15.2 | 17.0 | 16.8 |
| 过机泥沙 $d_{50}$/mm | 0.053 | 0.054 | 0.061 | 0.061 |

各运行方案最大过机含沙量虽然很大，方案Ⅳ可达 16.8kg/$m^3$，但高含沙量出现历时极短，统计过机含沙量大于某值出现时间（成果见表 4-5），50 年内过机含沙量大于 15.0kg/$m^3$ 总历时仅为 2h；大于 5.0kg/$m^3$ 总历时为 22h；大于 1.0kg/$m^3$ 总历时为 140h，平均每年仅为 2.8h，最多年份也仅为 16h；大于 0.1kg/$m^3$ 平均每年为 38h，不到 2d，最多年份为 60h，不到 2d。

**表 4-5　　过机含沙量大于某值的出现时间统计成果（方案Ⅳ）**

| 运行年限/a | 出现历时/h | 含沙量/($kg/m^3$) | | | | | | $S_{max}$/($kg/m^3$) |
|---|---|---|---|---|---|---|---|---|
| | | 15.0 | 10.0 | 5.0 | 1.0 | 0.5 | 0.1 | |
| 50 | 累计 | 2 | 4 | 22 | 140 | 260 | 1888 | 16.8 |
| | 平均 | 0.04 | 0.08 | 0.44 | 2.8 | 5.2 | 37.8 | |
| | 最多一年 | 2 | 4 | 8 | 16 | 24 | 60 | |

3. 上水库泥沙淤积量

各方案上水库淤积量均很小（见表4-6），运行50年上水库总淤积量为13万～24万t，方案Ⅳ上水库淤积量为20万t，仅占上水库调节库容的2%，多年平均淤积量仅为0.4万t，对上水库有效库容无明显影响。

**表4-6　　上水库泥沙淤积量成果**

| 项　　目 | 计算年限/a | 方　　案 | | | |
|---|---|---|---|---|---|
| | | Ⅰ | Ⅱ | Ⅲ | Ⅳ |
| 上水库淤积量/万t | 36 | 11 | 14 | 19 | 15 |
| | 50 | 13 | 16 | 24 | 20 |

**（五）水库回蓄方案分析**

采用汛期降低库水位排沙运行方式，需要在洪水过后退水阶段及时回蓄水量，以保证电站发电用水要求，否则将影响电站经济效益的发挥。为此，需选择恰当的时机回蓄水量，并具有较高的保证程度。根据拟定的下水库四个排沙运行方案，选择对水库回蓄最不利的方案Ⅳ进行回蓄方案分析。

下水库回蓄水量阶段，既要保证洪水过后尽快回蓄至正常蓄水位，又要保证回蓄时如遇电站抽水工况，取水口断面水位满足电站正常抽水运行条件。下水库回蓄阶段所需最大水量为1255万$m^3$，根据流域实测洪水、降水资料，选择峰后无雨或小雨的大、中、小洪水的退水过程，综合分析确定流域的退水曲线，并据此推求退水流量与退水总量关系，并重点考虑流域洪水量级、场次洪水退水阶段含沙量分布特征和回蓄时间等因素，结合电站抽水工况最大抽水流量，拟定了两个回蓄方案。

方案一：下水库回蓄起始水位为死水位62.00m，洪峰过后退水阶段入库流量小于500$m^3$/s下闸蓄水。

方案二：下水库回蓄起始水位为死水位62.00m，洪峰过后退水阶段入库流量小于600$m^3$/s下闸蓄水。

回蓄方案比较时考虑两个因素：一是水库回蓄至正常蓄水位时的时间；二是回蓄阶段遇抽水工况，按回蓄起始时刻下水库水位处于死水位时，遭遇电站按设计最大抽水流量连续抽水运行时间的最不利工况分析下水库可能达到的水位以及低于死水位的情况。

对比分析两种拟定回蓄方案（见表4-7）：两个方案在回蓄时间上都能满足电站正常运行要求；方案一遇最不利工况时水位低于死水位的场次达14场，且最低运行水位不满足下水库进/出水口顶板以上最小淹没水深要求；方案二遇最不利工况时水位低于死水位的场次仅1场，且最低运行水位能满足进/出水口顶板以上最小淹没水深要求。方案二无论从回蓄水量上，还是从不利遭遇组合情况下的水库水位运行条件，均能满足电站正常运行要求，回蓄方案可行。

**（六）排沙运行方案选择**

根据前述拟定的四种排沙运行方案下水库有效库容淤积量、过机沙量和粒径、上水库淤积量的分析成果，下水库采用汛期大洪水来临时降低库水位的运行方式，可有效控制有效库容的淤积损失，且对过机沙量和粒径、上水库淤积量的影响不明显。

表 4-7　　回蓄方案比较成果

| 方案名称 | 回蓄水量 | 回蓄时间/h | | | 低于死水位场次 | 最低运行水位/m |
|---|---|---|---|---|---|---|
| | | 平均 | 最长 | 最短 | | |
| 方案一 | 满足 | 10.4 | 15 | 8 | 14 | 61.36 |
| 方案二 | 满足 | 8.6 | 12 | 7 | 1 | 61.95 |

比较各排沙运行方案成果，方案Ⅳ运行 50 年，悬移质泥沙排沙比可达 70.6%，有效库容内淤积量为 33.3 万 $m^3$，仅占有效库容的 2.65%，减淤效果最好；方案Ⅳ过机沙量和粒径成果与其他方案相比无明显差别，高含沙量过机历时极短，大于 1.0kg/$m^3$ 总历时为 140h，平均每年 2.8h，最多年份也仅为 16h，可满足水轮机磨蚀耐久性要求；蒲石河流域水量充沛，以方案Ⅳ遭遇最不利工况考虑，回蓄水量和回蓄阶段下水库水位均能满足电站正常运行要求。

因此，下水库的排沙运行方案采用方案Ⅳ成果。即：非汛期坝前水位保持 66.00m 不变；汛期入库流量小于 500$m^3$/s 时，坝前水位保持 65.36m 不变；汛期入库流量大于 500$m^3$/s 时，库水位滞后 4h 降为 62.00m；洪峰过后退水阶段入库流量小于 600$m^3$/s 时下闸蓄水，直至回蓄至正常高水位。

**（七）停机避沙运行方案分析**

蒲石河流域水沙集中，根据下水库排沙运行方案分析成果，抽水过机含沙量最大可达 16.8kg/$m^3$，抽水蓄能电站水头远远高于常规水电站，且运行中需频繁地进行抽水和发电操作，高含沙水流对水轮机组磨蚀作用较大。考虑水库高含沙量水流主要集中在汛期大洪水期间数小时内，出现历时极短，50 年计算周期内过机含沙量大于 15kg/$m^3$ 总历时仅为 2h，大于 5.0kg/$m^3$ 总历时为 22h；大于 1.0kg/$m^3$ 总历时为 140h，平均每年仅为 2.8h，在下水库取水口断面出现高含沙量洪水时，电站采取短期停止抽水工况运行，可有效减少过机泥沙的数量和高含沙量水流对水轮机组的磨蚀，达到延长水轮机组使用寿命，提高电站长期运行效益的目的。

1. 停机避沙运行判别指标

蒲石河流域水沙集中，洪峰与沙峰的对应关系好。点绘大水大沙年的入库流量、入库含沙量、取水口断面（3 号断面）含沙量过程线（如图 4-3 所示）可以看出，取水口断面含沙量过程与入库流量过程形状基本一致，沙峰出现时间与入库洪峰流量出现时间符合性较好。鉴于蒲石河抽水蓄能电站尚未开展取水口断面含沙量测验工作，且下水库入库附近亦无水文部门开展含沙量测验，入库含沙量难以短时间内测量，停机避沙运行时机可根据入库流量的大小作为判别指标。

选取砬子沟站 36 年代表系列中出现洪峰流量大于 3000$m^3$/s 的 9 场大洪水，共 18d 历时的输沙量，每场洪水输沙量占当年总输沙量的 40.5%～97.5%，9 场洪水的输沙量占 36 年总输沙量的 69.4%。可见，流域输沙量主要集中在几场大洪水过程中的几天内，高含沙量主要集中在汛期大洪水期间数小时内。

根据下水库泥沙冲淤分析计算成果，统计 1958—1993 年共 36 年系列不同流量级取水口断面的含沙量情况：入库流量在 3000～3500$m^3$/s 之间时，取水口断面含沙量最大，平

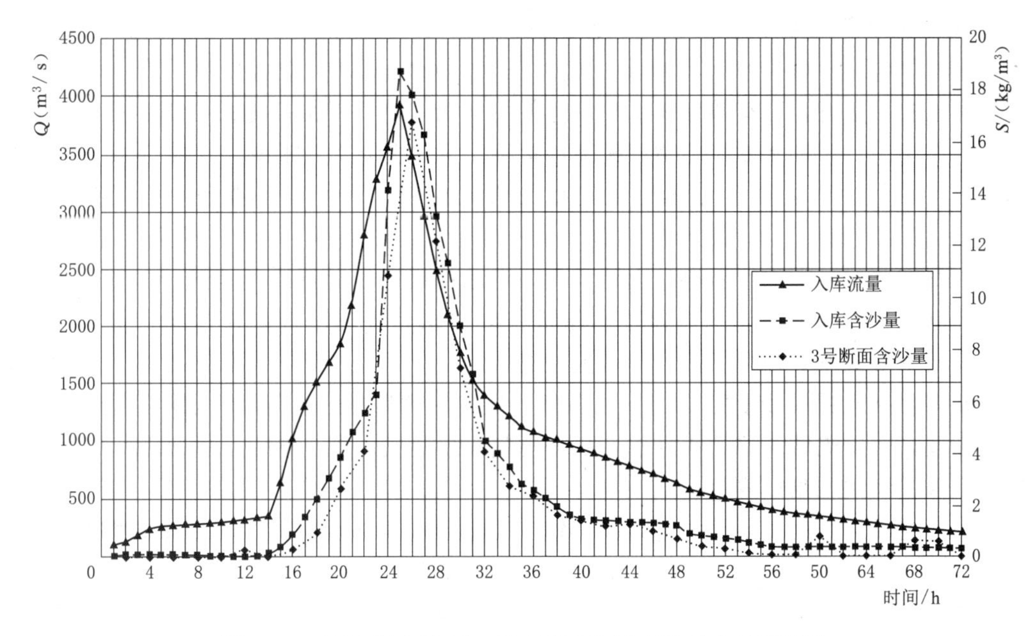


图 4-3　1979 年 6 月 25—27 日蒲石河砬子沟站水沙过程线

均含沙量为 7.39kg/m³；随入库流量级的逐渐减小，相应取水口断面含沙量亦相应减小，入库流量在 2500～3000m³/s 之间时，取水口断面平均含沙量为 4.20kg/m³；入库流量在 1000～1500m³/s 之间时，取水口断面平均含沙量降为 1.44kg/m³。

抽水蓄能电站停机避沙运行，既不能过于频繁，又要满足有效控制抽水工况高含沙水流通过水轮机组。入库流量大于 2000m³/s 时，取水口断面平均含沙量为 5.01kg/m³，过机含沙量较大，36 年中该量级洪水累计出现时间为 154h，平均每年出现时间仅为 4.28h。该量级洪水出现概率不大，且取水口断面含沙量较高。因此，推荐停机避沙运行时机采用入库流量大于 2000m³/s 作为判别指标。停机避沙运行期间停止电站抽水运行工况，同时利用上水库死水位以上水量进行发电工况运行，以减小高含沙水流在下水库进、出水库引水明渠内淤积。

2. 停机避沙运行方案分析

按照入库流量作为判别指标进行停机避沙运行调度，入库流量需根据已建成运行的水情自动测报系统进行洪水预报确定，考虑预报洪水成果与实际洪水成果存在误差因素，并分析流域历年大洪水的实测洪水过程，停机避沙运行具体方案采用当前入库流量大于 1500m³/s，且预报洪峰流量将大于 2000m³/s 时，停止电站抽水运行工况，同时利用上水库死水位以上水量进行发电工况运行。洪峰过后退水阶段入库流量小于 1000m³/s 时，电站可恢复抽水运行工况。

根据确定的停机避沙运行方案，以电站设计的运行工况，模拟 1958—1993 年共 36 年系列停机避沙运行操作，据此统计分析停机避沙运行效果，36 年中共有 8 年 8 场洪水需采取停止抽水工况运行，停机时间共 44h，平均每 4.5 年停机一次，年均停机时间 1.22h，停机期间取水口断面平均含沙量为 4.94kg/m³，可减少抽水过机沙量 30.3 万 t，占 36 年系列总抽水过机沙量的 63.1%。停机避沙运行方案避沙效果良好。

3. 关于抽水蓄能电站停机避沙运行的思考

抽水蓄能电站停机避沙运行减少了电站正常运行时间，对效益发挥具有一定负面影响；但停机避沙运行，可有效延长水轮机组使用寿命，从而对提高电站长期运行效益起到积极促进作用。关于抽水蓄能电站停机避沙运行，无论是从判别指标，还是从保障机组可靠运行可接受的过机含沙量方面均缺乏相关研究成果，现行规程规范中也无相关明确要求。

本书根据蒲石河抽水蓄能电站设计实例，考虑停机避沙运行既不能过于频繁，又要满足有效控制抽水工况高含沙水流通过水轮机组的要求，提出了停机避沙运行推荐运行方式。推荐运行方式有效减少了高含沙水流通过机组，停机避沙运行期间减少抽水过机沙量可占长系列总抽水过机沙量的63.1%。虽然停机避沙效果良好，但因考虑停机避沙运行不能过于频繁，对于流域常遇的小洪水，仍需电站正常运行，机组蜗壳、尾水管、供水管路内出现泥沙淤积问题难以避免。

我国已建成运行的抽水蓄能电站数量较多，鉴于现行规程规范中尚无对抽水蓄能电站停机避沙运行的具体指标要求，建议电站运行管理部门积极总结归纳泥沙问题对抽水蓄能电站正常运行带来的可能不利影响，抽水蓄能电站设计中综合考虑各项可能不利因素，因地制宜地提出电站停机避沙运行方式。

# 第五章　寒冷地区冰情研究

我国冬季寒冷地区，包括东北、西北、华北和西南高寒地区均有河流冰情。一般而言，寒冷地区抽水蓄能电站区别于其他地区工程的特点在于漫长冬季下对水库的冰冻作用，以及由此而产生的各项不利影响。抽水蓄能电站在冬季需要正常抽水、发电运行，寒冷地区抽水蓄能电站开展规划设计时，需要考虑冰情问题。

## 一、水库结冰分析

冰情现象是热力和动力因素共同作用的结果，热力因素主要是太阳总辐射、气温、水温、水面有效辐射、流量（水量）、库岸温度；动力因素主要是流速、风速、水位升降率等。对水体结冰而言，本质上热力因素起主导作用，而动力因素对结冰形态则有明显的影响。常规水库冬季水温在垂向上呈逆温分布，水库水位通常以很缓慢的速度下降，表面流速几乎为0，因此水库的水平和垂直动力条件很弱，其结冰过程是“静态”水体热平衡的结果，一般情况下常规水库的表层水温一旦降到0℃，则在解冻以前，已无回升至0℃的可能。

抽水蓄能电站上、下水库热力因素（主要是水温及分布）和动力条件（主要是水位的升降）与常规水库有明显的不同，上库循环水体抽自下水库的深层，抽水水温可达1～3℃，每一次抽水以后，水库水温都呈等温分布，表层水体都有一个重新在热平衡中降为0℃的过程，这一过程不取决于累计负气温，而只决定于每一次单循环时间内单位水面热损失的强度。如黑龙江省荒沟抽水蓄能电站上库高水位稳定时间约为8h，辽宁省蒲石河抽水蓄能电站在高水位稳定时间约为4h，在气温－20～－35℃的条件下，其表层水温会很快降至0℃并达到过冷却，从而发生结冰现象。

## 二、上水库结冰形态

常规水库由于动力因素很弱，可以形成稳定的封冻冰盖，抽水蓄能电站上水库动力因素活跃，水位上升和下降率都很大，水库水位变幅也很大，受其影响，上水库显然不可能形成稳定的封冻冰盖。

中水东北勘测设计研究有限责任公司在2012—2013年对辽宁蒲石河抽水蓄能电站上水库冰层的形成及动态发展进行了监测及分析。上水库冰层的形成与发展可分为四个阶段。

### （一）初冰阶段

初冰阶段是指日平均气温开始进入零度以下到进入稳定负温阶段。这一阶段的特点是昼夜呈正负温交替，夜间气温较低时在库区靠近挡水建筑物附近形成一层薄（岸）冰层，白天气温上升时，夜间形成的薄冰层受气温和日照影响逐渐融化。水库在形成表面冰层之前，表层水面温度降低，当有风力作用时，将形成混合层，水中产生冰花。冰花量的大小与混合层的厚度有关，如果无混合作用，则水面将很快被薄冰层覆盖。

**（二）冰盖形成阶段**

当昼夜气温达到稳定负温后，库面逐渐形成冰盖。这一阶段的特点表现为气温总体逐渐下降，水库受到抽水、发电往复水流运动和水位的变化等影响，水面紊动会阻止库面稳定的封冻冰盖形成，冰盖在形成之初，一般只是在靠近闸门井和库区不受水流运动影响的位置形成小面积冰盖。

**（三）封冻阶段**

封冻阶段是指冰层全部或基本覆盖库面至冰层开始消融的时段。这一阶段的特点是气温处于全面最低时段，即使电站抽水、发电运行，库水位呈日循环升降，冰层依然有条件覆盖整个库面，只是受水位涨落影响，冰盖在靠近挡水建筑物四周形成挤压破碎带。这一阶段的结冰形态主要由以下三部分构成。

1. 环库岸冰带

在累积冻结的过程中，沿水库冬季高水位形成较稳定的环库岸冰，岸冰冻结于库岸上，不再随水位而升降。在一般水库条件下，通常是岸边的冰厚最大，库心冰厚较小，既往的认识中，认为抽水蓄能电站由于水位变幅较大，岸冰厚度较常规水库为厚，根据苏联基辅抽水蓄能电站上库的资料，岸冰厚甚至可达 3～3.5m。而据蒲石河抽水蓄能电站冰期观测资料分析，上水库冰厚分布规律与常规相反，库心冰厚反而较岸边冰厚大。这种情况说明目前冰情问题研究的深度和广度仍然不足，其基础理论和具体方法上尚不成熟，有待结合实践研究完善。

2. 环库碎冰带

由于高水位时的库面大于低水位时的库面，冻结初期库面形成的薄冰在水位下降过程中，库内浮冰盖将沿环库固定岸冰处断裂，并塌落于库岸上形成分散的碎冰；风也会使库内的浮冰移向库岸，在挤压中也会产生大量的碎冰。环库碎冰带的宽度是不确定的。

3. 库内悬浮冰盖

在上库运行最低水位所包围的冰盖为库区浮冰盖，这部分冰盖较为完整，并始终随库水位变化而周而复始地升降。受抽水水温的影响，悬浮冰盖的冰厚增长缓慢，其厚度小于天然冰厚，根据苏联基辅蓄能水库资料，其厚度约为天然河道冰厚的 1/3。

**（四）冰盖融化阶段**

受水流运动和气温逐渐升高影响，一般在引水洞前方靠近阳坡位置的冰盖开始融化，出现开敞水域，并呈线条状扩展，库区冰盖开始变薄，密度减小，容易破碎，逐渐融化。

## 三、抽水蓄能电站冰情问题

抽水蓄能电站需研究的冰情问题，一是冬季应预留多大冰冻备用库容，二是冰压力引起的水工建筑物的破坏。

**（一）冰冻备用库容**

抽水蓄能电站库容需满足设计工况抽水、发电运行蓄水水量要求，寒冷地区水库库区结冰后会占用一定库容。因此，设计时需考虑结冰问题，根据结冰量成果，预留相应的冰

冻备用库容。

**（二）冰冻对混凝土面板的影响**

抽水蓄能电站上水库由于库水位频繁变动，大坝面板混凝土的冻融次数要比一般水库的冻融次数增多，对面板混凝土强度存在一定影响。根据蒲石河抽水蓄能电站面板混凝土强度的检测结果分析，冰盖活动区的面板混凝土强度较冰盖活动区上部略有减小，但相差不大，强度均满足C30设计要求，受冰冻时间较短，冰冻对混凝土强度影响较小。

**（三）冰冻对止水结构的影响**

上水库坝前易形成薄冰—碎冰带，并随库水位涨落而升降，冰压力作用、冻胀力作用、库水位下降时止水盖板接缝冻结在一起的冰块产生的拖曳力、库水位上升时与止水盖板接缝冻结在一起的冰块的浮力以及冰块对接缝端的撞击、摩擦作用等，会对面板止水结构产生破坏影响。

蒲石河抽水蓄能电站现场观测发现，面板止水结构的接缝处发生了较严重破坏，其他部位的止水盖板基本良好。接缝破坏的特征表现为：破坏的范围出现在库水位变化区内；破坏的部位大多发生在表面止水盖板的接缝处。

**（四）冰冻对库岸块石护坡的影响**

寒冷地区块石护坡破坏的现象比较普遍。造成护坡块石破坏的主要原因是基土冻胀、冰推和风压力。基土冻胀使得护坡坡面局部隆起，加剧了冰压力的推理作用和石块的松动；开库时若遇有大风浪，块石下面的垫层将遭受冲刷，加之风浪对块石的冲击和冰压力的推动作用，往往造成大面积的块石护面破坏。

根据蒲石河抽水蓄能电站的现场调查情况来看，库岸护坡的破坏主要表现为块石从坡面拔起，被拔出的块石有的落入库中，有的落在坡面上。坡面块石被拔出情况有如下四个特点：

（1）块石拔出的分布范围广，几乎在所有水位变动区范围内都具有块石被拔出现象。

（2）多数表现为单块块石被拔出，少数呈小面积多块拔出。

（3）护坡块石被拔出后，护坡形成凹坑，凹坑底部暴露的反滤层受损尚不严重。

（4）岸坡较为平缓的区域块石拔出多，岸坡较陡的区域块石拔出少。

## 四、结冰量估算

一般水库冬季的水位基本不变或变化不大，冰厚的大小主要取决于气温，相关文献中有冰厚计算经验公式，如简化的斯蒂芬公式等。上水库由于抽水、发电运行的影响，水库水位呈周期性升降，因而具有冰层随水位升降而升降，且从下水库抽水运行进入上水库的水流，一般具有水温较高和水温不均匀等特点，对冰层的形成产生影响。

寒冷地区抽水蓄能电站上库结冰量还没有一个成熟的计算方法，由于上库结冰量的计算目的是为冬季预留出冰冻备用库容，所以从目的上来说，精确度要求不高，往往采用估算方案。考虑抽水蓄能电站冰盖厚度比常规水库小，而有些电站岸边冰厚又较常规水库厚，下水库和常规小水库相差不大，因此水库结冰量的计算可采用正常高水位下的面积乘以当地河流天然情况下的历年最大冰厚（或考虑抽水蓄能电站冰盖厚度与常规水库的差异，加乘修正系数）来估计结冰量，并据此预留冰冻备用库容。

## 五、冰压力计算

冰压力是北方寒冷地区水工建筑物设计的一种特殊荷载，水库结冰或春季开河流冰往往可使水工建筑物受到破坏。抽水蓄能电站上库面板主要考虑的是静冰压力，下库一般为低水头大坝，要受到静冰压力和动冰压力影响。

### （一）静冰压力计算

水库冰盖升温膨胀受岸坡和建筑物的约束而产生的对建筑物的作用称为静冰压力，亦称为冰层膨胀压力。实际影响静冰压力的因素十分复杂，在相同条件下，冰层越厚，总冰压力越大；持续时间越长和升温幅度越大，冰压力越大；冰层面积大而开阔，冰压力亦较大。

水库冰压力已有一定的观测和研究，但多数依据的实测资料不多。中水东北勘测设计研究有限责任公司从 20 世纪 70 年代开始进行了冰压力的计算研究工作，并根据 9 座水库的观测资料和国外已有的研究成果，于 1981 年提出了静冰压力计算经验公式，具体如下：

$$P_{b0}=KK_sC_h\frac{(3-t_a)^{\frac{1}{2}}\Delta t_a^{\frac{1}{3}}}{(-t_a)^{\frac{3}{4}}}(T^{0.26}-0.6) \tag{5-1}$$

式中：$P_{b0}$ 为冰层平均膨胀压力，$10^5$Pa；$t_a$ 为早 8 时气温起始值，℃；$\Delta t_a$ 为 8—14 时气温升高增值，℃，连日升温天气取第一天 8 时至第二天（或第三天）14 时的气温增高值，最高气温取值不超过 0℃；$T$ 为与 $\Delta t_a$ 相应的升温持续时间，以小时计，一天升温取 6h，两天取 30h，三天取 54h；$K$ 为综合影响系数，取 3.5 左右；$K_s$ 为覆雪影响系数，无雪时取 1.0；$C_h$ 为与冰厚有关的换算系数。

### （二）动冰压力计算

开河期，冰块在水流和风的作用下向坝前运动，并于建筑物接触，从而产生撞击力，称为动冰压力。可采用如下经验公式计算：

$$P_d=KV_ih_i\sqrt{A_i} \tag{5-2}$$

式中：$P_d$ 为动冰压力，kN；$K$ 为与流冰时冰的极限抗碎强度有关的系数；$V_i$ 为冰块速度，m/s，一般不应大于 0.6m/s；$h_i$ 为流冰冰厚，m，可取最大冰厚的 0.8 倍；$A_i$ 为冰块的面积，$m^2$。

## 六、寒冷地区冰情处理建议

结合中水东北勘测设计研究有限责任公司在开展白山、蒲石河、荒沟、蛟河、垣曲等抽水蓄能电站规划设计及相关调查、观测资料分析和国内外相关分析研究资料，对在寒冷地区开展抽水蓄能电站规划设计和管理运行分享如下建议。

（1）抽水蓄能电站一般上水库库面积相对较小，机组抽放水流量较大，电站抽、放水运行时库水位会交替性地骤升或骤降，水位升降过程中会产生一定的纵向和横向流速，形成水流运动的紊动作用，破坏岸冰和冰盖的形成条件，减小结冰对电站运行的影响。建议抽水蓄能电站冬季运行时采取保证至少 1 台机组每日抽水、发电两个循环运行的措施，这是防止库面形成完整冰盖的最经济有效手段。

（2）低速流场产生的热力作用是防止和减小上水库形成冰盖的关键因素之一。经蒲石河电站观测资料分析，上水库水位保持在 0.7～3.4m/h 时，进出水口附近形成既有竖向升降流动，又有沿水流方向流速分布的低速流场，不易形成完整冰盖。为保证上述流场级别，建议有条件时安排 2～3 台机组运行，至少要有 1 台机组运行。

（3）电站冬季运行停机时间越长，库区冰厚增加越大，静冰压力将大幅增加，对电站护坡、面板和止水结构等影响越大。电站如有长时间停机情况，建议及时采取防冰、破冰或其他措施。

（4）库岸采用块石护坡的电站，建议在冻结期结束后，及时对受损的块石护坡进行修整，修复破坏的护面时应注意块石之间相互咬合紧密、使用块径尽可能大的块石和采取必要的措施，以提高整体抗浮、抗拔能力。

（5）上水库冰冻对面板止水结构影响较大，建议面板止水盖板特别是冬季水位变化区内不宜分缝过多，且接缝必须严密，不留缝隙，接缝强度宜不低于母材的强度。

# 第三篇　规划设计

# 第六章 规划设计概述

## 一、寒冷地区建设抽水蓄能电站存在的问题

我国在寒冷地区新建抽水蓄能电站越来越多，蓄能电站在投产运行时会不同程度地遇到水库库面结冰问题。由于抽水蓄能电站库水位变化频繁且变幅大，库面结冰一方面对有效发电库容有较大影响，另一方面对建筑物防冰害要求较高的特殊部位也会带来较大危害。

冰冻带来的危害问题和防冰害措施抽水蓄能电站与常规水电站有所不同。抽水蓄能电站冬季运行频繁抽水、发电引起的水库水位变化对冰情有一定的缓解作用。通过对严寒地区抽水蓄能电站采取合理的冬季运行方式，比如当周平均气温在零下某一点时，结合电网调峰情况对机组平均每天抽水和发电时间进行调整，适时增加机组运行次数，使冰盖边缘与库岸面板间形成动水带从而减少对建筑物破坏程度及缓解库面结冰程度。

通过对蒲石河抽水蓄能电站实际运行资料分析，由于冬季每天抽水、发电次数较多，上、下水库结冰对有效发电库容危害不大。另外，对冰害要求较高的特殊部位，蒲石河抽水蓄能电站下水库泄洪建筑物闸门前设置了水流扰动设施，再同时结合冰盖边缘与库岸面板间形成的动水带共同作用，基本解决了冰情对建筑物的影响。

## 二、寒冷地区建设抽水蓄能电站设计经验与思考

### （一）设计中的经验

（1）上水库有必要预留冰冻库容。蒲石河抽水蓄能电站上水库没有预留冰冻库容，主要考虑上水库消落深度比较大，水位日变幅频繁，通过机组灵活调度，不易形成冰盖。

从蒲石河抽水蓄能电站投入运行几年来的实际效果分析，上水库冬季运行冰冻的真实情况与前期设计基本符合，但考虑电站由于若干原因而导致机组停机时间过长使得上水库表面结冰，所以，为保证电站在不同季节，不同时段发电的充足水量，在寒冷地区前期设计阶段预留一定的冰库容是适宜的。

（2）发电库容考虑安全系数是必要的。发电库容是发电效益的保证。蒲石河抽水蓄能电站在施工时，由于下水库施工道路、移民安置等占用有效库容约 57.73 万 $m^3$，对电站的发电效益和运行的灵活性造成一定影响。由于设计中考虑了不可预见的情况对库容的不利影响，因此，在设计初期考虑一个安全系数，增加的有效库容基本补充了施工期占用的库容，使电站的发电效益和运行的灵活性得到了保证。

### （二）设计中的思考

1. 关于蓄能电站的选址问题

抽水蓄能电站选址的原则是：①应根据电力系统发展需要为前提；②站址的地形、地

质条件与环境因素，应综合考虑；③注意淹没、移民搬迁、土地占用等主要问题；④注意与地区江河水电规划开发协调一致；⑤水源建设条件。

抽水蓄能电站选址还应考虑以下因素：一是站址应处于负荷中心或者接近负荷中心；二是应具有良好的位能落差和良好的适宜洞挖的地质条件；三是距离城市相对较近；四是单位千瓦造价较低。

2. 关于调洪水位

现行抽水蓄能电站设计时，考虑上水库集水面积小，流域内一般没有水文站，设计洪水多采用水文比拟法及水文手册法进行复核计算。由于上水库洪水较小，蓄能电站上水库一般不设置溢洪道，调洪水位是将相应标准24h洪水的洪量全部放置在正常蓄水之上计算的。若洪水成果存在一定局限及偏差出现，将会直接导致超洪水特征水位情况发生，给上水库建筑物造成较大危害。

2010年蒲石河发生了百年不遇的特大暴雨，经重新复核，24h洪量较原设计值增加了28％～33％左右，使设计及校核洪水位均超过设计标准。针对上述由于水文条件变化而引起的设计洪水量的增加，不得不在运行上采取壅高水位、机组参加泄洪运行的调度方式。上述问题有关部门应在相应设计规范中进一步说明界定，以便在今后抽水蓄能电站前期设计过程中加以参考。

# 第七章 建设的必要性

## 第一节 东北地区社会经济概况

东北地区位于我国的东北部，包括辽宁、吉林、黑龙江三省和内蒙古东部的呼伦贝尔市、兴安盟、通辽市、赤峰市。西南与华北地区相邻，西与蒙古国接壤，东北与俄罗斯隔江相望，东南与朝鲜依鸭绿江为邻，南临渤海湾。地理上处于东北亚的腹心地带，中部是东北平原，西部为大兴安岭，东部为长白山脉。

东北地区陆地面积125.7万$km^2$，占全国陆地面积的13%。东北地区土地富饶，有丰富的矿产资源、海域资源及浩瀚的林海，还有种类繁多的珍稀野生动物。东北是我国重工业生产基地之一，以设备和原料生产尤为重要，主要的工业有钢铁业、汽车制造业、船舶制造业、飞机制造业、军用设备制造业等。

东北地区自南向北跨中温带与寒温带，属温带季风气候，四季分明，夏季温热多雨，冬季寒冷干燥。自东南向西北，年降水量自1100mm降至300mm以下，从温润区、半温润区过渡到半干旱区。辽宁省全年平均气温为7～11℃，年降水量为600～1100mm，无霜期在130～200d；吉林省大部分地区年平均气温为2～6℃，夏季极端最高气温为40.6℃，冬季极端最低气温－45℃，年降水量一般在400～900mm，无霜期130～150d；黑龙江省冬季最低气温达－40℃，夏季最高气温36℃，年平均降水量500～600mm，无霜期只有120d。

中央振兴东北老工业基地政策实施以来，东北三省保持着高速的经济增长。2013年全国由经济快速发展阶段转入结构性调整阶段，面对经济下行压力与全面深化改革的需求，东北三省迎接挑战，把握机遇，经济社会各项指标取得稳步发展，新一轮东北全面振兴即将展开。近年随着全国经济发展方式的转变，东北三省的经济增速放缓，与全国总体经济增速变化趋势一致。2021年，东北三省地区生产总值为55699亿元，总人口9729.8万人。

## 第二节 东北地区能源资源开发利用情况

东北地区一次能源资源相对匮乏，常规能源（包括煤炭、石油、天然气和水能，其中水能为可再生能源，按使用150年计算）探明总储量约972亿t标准煤，其中煤炭资源在能源资源构成中的比例为86.5%，石油为10.7%，天然气为0.1%，水能为2.7%。

### 一、水能资源

中国水能资源，无论是理论蕴藏量还是可开发量，均居世界第一。但东北区域水能资源较为匮乏，技术可开发装机容量为19435MW。

### 二、煤炭资源

东北地区煤炭储量1681亿t。其中，黑龙江、吉林、辽宁三省和内蒙古东部地区煤炭储量分别占全区的10.5%、1.8%、3.5%和84.2%。东北地区的煤炭主要分布在黑龙江省东部、蒙东地区和辽宁省。黑龙江省东部地区煤炭保有储量162亿t，煤种以低磷、低硫、低发热量的褐煤为主；内蒙古东部的煤炭主要分布在呼伦贝尔和霍林河地区，主要为褐煤，其中呼伦贝尔1271亿t，霍林河地区119亿t，均已列入国家规划重点开发建设的大型煤炭基地。辽宁省的煤炭主要分布在沈阳市周围地区，煤种有炼焦煤、褐煤和长焰煤等。

### 三、风能资源

东北是我国风能资源丰富地区之一。东北地区地处北半球中纬度盛行西风带，受西伯利亚及蒙古冷高压、蒙古高原气旋，以及东亚海陆季风和蒙古高原季风影响，其中影响我国的气旋50%都直接影响东北地区，风能资源非常丰富，潜在开发量达到756920MW。其中蒙东地区风能资源最为丰富，赤峰、通辽等地可开发潜力巨大；吉林省风能资源较为丰富，尤以白城和松原地区风能资源最为丰富，极具开发价值；辽宁的沿海地带风能资源也较丰富，潜在开发量为78280MW。

### 四、石油和天然气资源

东北区域含油气盆地大多集中在松辽平原北部、辽河流域盘锦地区、辽东半岛大连地区的近海海域。其中，大庆、辽河和松原等油田都是我国的主要石油开采区，开采时间较长，剩余储量不多并且产量已开始逐年下降；渤海油田生产受资金、技术等方面条件限制，近期大幅度增长可能性不大。东北区域的油气资源主要用来满足工业生产和居民生活需要，不足部分还需从国外进口，现有资源难以满足发电等其他用能需求。

从东北地区能源资源情况来看，可开发的常规水电调峰电源十分有限，东北地区抽水蓄能资源丰富、规划储备站点较多，是最直接可行的可开发调峰电源，为使电网的电源结构经济合理，考虑东北地区能源资源的具体情况，应积极开发调峰性能好的抽水蓄能电站。

## 第三节 能源发展面临的问题

### 一、一次常规能源资源匮乏，对外依存度不断加大

东北地处高寒地区，采暖期长，工业以重工业为主，特别是采掘业、原材料工业比重大，因而耗能量较大。经过长期高强度的开采、挖掘，东北三省的煤炭资源已经进入枯竭

期，东北全区煤炭对外依存度已经超过20%，石油对外依存度已超过35%。总体来看，东北区域属于一次能源匮乏地区，并且随着区内能源开发潜力的衰退和经济社会的快速发展，东北区域能源发展对外的依存度还将不断加大。在当前和今后国内外能源供应日趋紧张的情况下，东北区域能源供应将越来越紧张，能源安全问题突出，能源保障任务十分艰巨。

## 二、能源消费结构有待进一步优化

东北区域能源消费一直以煤炭为主，煤炭占一次能源消费总量的比重保持在60%左右，始终占据主导位置，基本上与世界石油、天然气消费比重相当。近年来东北地区能源消费中一次电力及其他能源消费总量快速增长，其他类型能源消费量变化不大甚至有所下滑，使得东北地区煤炭消费比重呈较高速下降趋势，但仍高于全国平均水平。近年来东北地区以风电和光伏为代表的清洁能源发电机组实现了高速增长，但由于水能资源匮乏，清洁能源比例仍远低于全国平均水平。持续改善能源消费方式，优化调整能源结构，发展清洁高效能源，是东北区域今后能源发展需要着力解决的问题。

## 三、能源利用效率低，节能降耗任务艰巨

东北区域经济发展普遍存在粗放型增长方式，高耗能产业比重大，能源消费结构不合理，能源技术装备水平也比较落后，导致东北区域万元GDP能耗要高于全国平均水平。随着工业化进程及城市化进程的加快，对东北地区的节能降耗工作都造成了较大的压力。加快转变经济增长方式、推进技术革新、提高能源资源利用率将是东北区域能源发展面临的长期且艰巨的任务。

## 四、环保空间日趋紧张，节能减排压力巨大

东北区域的大气污染以煤烟型为主。以煤为主的能源结构引起二氧化硫大量排放，导致了区域酸雨和烟尘污染进一步恶化，生态环境日趋严峻，环保空间日趋紧张。随着地区大气污染相关治理政策的推进以及产业结构的调整，地区大气污染情况有所好转，但随着未来京津冀等核心地区高耗能产业向东北地区转移，在区域经济保持较快增长速度、能源消费总量不断增加的情况下，大幅削减污染物排放量、改善环境质量的压力依然巨大。

## 五、非化石能源发展存在一定技术瓶颈

东北地区水能资源相对匮乏，我国非化石能源电源利用仍以水电为主，近年东北以风电、光伏和生物质为代表的新能源发电机组增长较快，但总量规模依然相对较小，一次电力和其他能源利用仅为地区能源消费总量的11%左右，仍远低于全国平均水平。东北地区风能、光能以及土地资源相对较为丰富，具备大规模开发风电和光伏电站条件，但受资源特性以及现有经济技术水平限制，该类型电源出力具备间歇性与波动性特征，为保障电网的安全以及调峰运行需要不能无限制开发。在现有灵活性调节电源或大规模储能技术出现重大突破前，其未来仍存在不可避免的发展瓶颈。

# 第四节　电力系统概况

## 一、电网现状

东北电网是以火电为主、水电为辅的电网，已覆盖东北地区的辽宁、吉林、黑龙江三省和内蒙古东部的赤峰市、通辽市、呼伦贝尔市及兴安盟地区。按其地理位置可分为三部分：内蒙古的呼伦贝尔市电网和黑龙江省电网构成北部电网，内蒙古的通辽市、兴安盟地区电网和吉林省电网构成中部电网，内蒙古的赤峰市电网和辽宁省电网构成南部电网。目前，东北电网500kV主网架已经覆盖东北地区的绝大部分电源基地和负荷中心；辽吉、吉黑省间500kV联络线均达到4回；蒙东通过1回±500kV直流线路和8回500kV交流线路向辽宁送电。东北电网通过黑河直流背靠背工程与俄罗斯电网相连，额定输送功率750MW；通过鲁固特高压直流和高岭直流背靠背工程与华北电网相连，额定输送功率分别为10000MW和3000MW。

截至2021年年底，东北电网共有500kV变电站82座，变压器146组，容量129963MVA；220kV变电站709座，变压器1362台，容量184090MVA；共有500kV线路254条，线路总长度25540km；220kV线路2316条，线路总长度65664km。

截至2021年年底，东北电网总装机容量为173443MW，其中水电装机为11262MW，约占总装机的6.5%；火电装机为102680MW，约占总装机的59.2%；核电装机为5575MW，约占总装机的3.2%；风电装机为38136MW，约占总装机的22.0%；太阳能装机为15789MW，约占总装机的9.1%。辽宁省、吉林省、黑龙江省、蒙东地区装机容量分别为61641MW、34853MW、39547MW、37402MW。

2021年东北电网全社会用电量完成5188亿kW·h，同比增长6.4%，其中辽宁省全社会用电量为2576亿kW·h，同比增长6.3%；吉林省全社会用电量为843kW·h，同比增长4.7%；黑龙江省全社会用电量为1089亿kW·h，同比增长7.3%；蒙东地区全社会用电量为655亿kW·h，同比增长7.3%。2021年东北电网总发电量5636亿kW·h，同比增长3.9%，利用小时数3397h，比同期下降86h。

## 二、调峰现状

东北电网年最大峰谷差由2006年的8990MW增长到2021年的17670MW。受热电机组比重大、调峰水电装机少的电源结构制约，东北电网低谷调峰十分困难，风电及核电等清洁能源发展空间严重受限，弃风、弃核问题突出。由于东北地区气候寒冷，在冬季供暖期，为保障供热需求，东北电网低谷时段基本没有风电消纳空间，核电机组也不能全方式运行。

## 三、电力电量潮流流向

东北地区的电力负荷主要分布在沿哈尔滨至大连及沈阳至山海关铁路沿线附近的大中城市，这些地区的负荷占全区总用电负荷的60%左右，是东北电网的主要受端。而电源基

地主要分布在内蒙古东部和黑龙江东部。东北地区电源和负荷分布的特点决定了东北电网“北电南送，西电东送”的格局。

辽宁是东北地区的负荷中心，也是典型的受端电网。2021年，辽宁省净受入电量639.87亿kW·h，吉林省净送出电量140.4亿kW·h，黑龙江省净送出电量168.07亿kW·h，蒙东地区净送出电量693.4亿kW·h。2021年东北电网净外送电量约362亿kW·h，其中通过高岭背靠背外送约136亿kW·h，通过鲁固特高压直流外送约265亿kW·h，从俄罗斯受入约39亿kW·h。

### 四、电网调峰运行中存在的主要问题

东北地区气候寒冷，冬季漫长，采暖负荷大。随着供热机组容量及占比进一步增加，受冬季供热、电煤质量等情况影响，火电机组调峰能力下降，系统调峰困难重重。大量风电持续投入对系统调峰和电网安全运行带来极大困难。

2021年年底，东北电网全口径供热机组占比59.2%，而水电和抽水蓄能占比重不足7%，冬季供暖期间，为保供热，供热机组参与调峰的能力有限，电网低谷时段基本依赖大型非供热机组深度调峰来维持系统稳定运行，同时还需限制风力发电。在供热机组比重居高不下、风电快速发展的同时，东北电网发电峰谷差在逐年增大，且峰谷差最大在冬季。而现有及未来一段时期内东北电网这种固有的电源结构很难改变，新增机组仍以风电和供热机组为主，还有核电的投入运行，进一步加剧了东北电网调峰困境，发电厂冬季最小运行方式难以保证。所以，调整电源结构、增加调峰容量将是东北电网紧迫和长期的任务。

## 第五节　电力发展规划

### 一、负荷预测

结合2020年东北电网的最大负荷和用电情况及东北各省“十四五”电网最新规划成果，根据国民经济及社会发展情况，预测东北电网2030年全社会需电量和综合最大负荷分别达到7436亿kW·h和117300MW。根据历年统计资料，东北电网年最大负荷一般出现在12月，最小负荷一般出现在夏季4月、5月。年负荷曲线总体呈扁平的“W”形。

### 二、电源建设规划

根据东北各省区近期相关规划成果，东北电网各水平年电源装机规划详见表7-1。

**表7-1　　东北电网电源装机规划　　单位：MW**

| 序号 | 装机 | 2025年 | 2030年 |
|---|---|---|---|
|  | 合计 | 257122 | 321752 |
| 1 | 水电 | 13305 | 21905 |
| 1.1 | 常规水电 | 8305 | 8305 |

续表

| 序号 | 装机 | 2025 年 | 2030 年 |
|---|---|---|---|
| 1.2 | 抽水蓄能 | 5000 | 13600 |
| 2 | 火电 | 115207 | 115257 |
| 2.1 | 煤电 | 101427 | 101427 |
| 2.2 | 气电 | 4736 | 4736 |
| 2.3 | 生物质 | 9044 | 9094 |
| 3 | 核电 | 6680 | 14560 |
| 4 | 风电 | 89000 | 112600 |
| 5 | 太阳能 | 32700 | 56400 |
| 6 | 储能及其他 | 230 | 1030 |

## 第六节 东北电网电源优化配置分析

### 一、调峰途径分析

随着风光等新能源的大规模发展，东北电网的调峰问题更加严重。从东北电网调峰实际运行来看，可采取的调峰措施主要有水电调峰、火电调峰、燃气机组及抽水蓄能电站调峰。

截至 2021 年年底，东北电网水电容量 11262MW，占系统装机规模比重较小，且开发潜力有限；燃气机组具有启动迅速，可以频繁启停的特点，适于作为短暂调峰及系统的紧急备用，但是运行成本高、大规模兴建燃气轮机可能性不大；燃煤火电机组运行费用高，环保压力大，为实现“30·60”双碳目标，未来煤电发展受到一定影响；目前化学储能在经济性、安全性上的劣势明显，根据相关资料分析，预计到 2030 年化学储能技术不具备成规模的储能调峰能力。抽水蓄能电站不仅具有常规水电站所具备的开停灵活，运行安全可靠，费用低，可适应电网负荷急剧变化的要求等优点，还具有调峰填谷双重功能，同时可改善火电机组的运行条件，降低系统能耗，减小新能源弃电率，抽水蓄能电站是目前比较理想的调峰电源。因此，为解决东北电网调峰问题，提高新能源的利用率，在充分利用水、火电机组调峰能力的前提下，还应加强对抽水蓄能电站等调峰电源的开发建设。

### 二、调峰电源优化配置分析

依据东北电网负荷预测及电源规划，对东北电网 2030 年拟定不同装机组合方案，进行调峰能力平衡分析，由计算结果可知：东北电网 2030 年调峰压力较大，全年均存在调峰缺口，其中控制月（11 月）最大调峰缺口 56769MW，如不新建抽水蓄能电站，系统调峰需求将无法满足。2030 年东北电网要达到电网调峰平衡，在白山、蒲石河、荒沟、敦

化、蛟河及清源蓄能共7100MW容量建成投产，且考虑化学储能容量按东北电网新增新能源容量10%进行配置情况下，仍需要新增较大规模蓄能电站。

## 第七节　东北电网建设抽水蓄能电站必要性分析

### 一、建设抽水蓄能电站是缓解电网调峰困难、提高东北电网调峰能力的需要

根据东北电网现状及电源规划，东北电网无论是现在还是将来都是以火电为主的电网。随着东北电网核电、风电等资源的开发利用，电网调峰越来越困难。抽水蓄能电站的开发建设，有利于提高东北电网的调峰能力，改善东北电网尤其是辽宁电网的调峰状况。

### 二、建设抽水蓄能电站是改善电网电源结构的重要手段

从目前东北电网电源结构来看，水电装机占系统总装机容量比重不足7%，水电比重严重偏低，电源结构明显不合理。电网不得不以燃煤火电机组进行调峰。另外东北地处寒冷地区，电网中不能调峰的热电比重较大，能调峰的火电机组十分有限，电网调峰问题十分突出。

从东北地区资源发展情况来看，可开发的调峰电源十分有限，而抽水蓄能是最直接可行的可开发能源。所以，为改善电网的调峰状况、优化系统电源结构，建设一定规模的抽水蓄能电站是非常必要的。

### 三、建设抽水蓄能电站是节能降耗、优化资源配置、提高电网经济性的需要

抽水蓄能电站跟踪负荷变化的能力强，投入系统后，可充分发挥调峰、填谷双倍解决系统峰谷差的运行特性，有效地改善火电及其他类型机组的运行条件，延长火电机组的使用寿命，减少火电厂的燃料消耗，降低火电调峰率，同时可提高火电装机利用小时数和电网的供电质量。

抽水蓄能电站不仅是良好的调峰电源，还能承担电网的调频、调相和紧急事故备用等任务，给电网带来可观的动态效益。由于抽水蓄能电站的建设，优化电源配置，使系统燃料消耗降低，相应减少了有害气体的排放量，对改善大气环境具有一定的作用。同时，还能极大地带动地方相关产业的发展，为当地带来可观的财税收入和就业机会，促进当地国民经济发展和人民生活水平的提高。因此从改善辽宁省电网和东北电网运行条件、优化和提高系统运行经济效益、降低火电厂的燃料消耗、减少污染物的排放、带动当地经济发展来看，建设一定规模的抽水蓄能电站是非常必要的。

### 四、建设抽水蓄能电站为核电建设提供有利保证

为了满足电网不断增长的负荷需要，减轻对煤炭资源的依赖，东北电网积极开展核电项目建设，截至2021年年底，东北电网核电装机5575MW，根据相关规划，2030年核电

装机将达到14560MW。由于核电具有建设成本高、燃料费用等运行成本低的特点，调峰运行不具经济性。特别是核电反应堆控制具有一定的要求，机组频繁变动发电负荷的运行方式具有一定的技术限制，核电参与调峰存在诸多弊端及风险，而且目前我国正处于核电发展初期，无论从保证核电的经济性还是核电站运行安全，核电宜带基荷运行，不宜参与调峰，远期随着电网核电容量的不断增加，势必给本已调峰就很紧张的电网增加了调峰难度，为保证电力系统的安全稳定运行，提高核电运行的经济性与安全性，需要与核电匹配建设具有调峰、填谷、调频等多种功能的抽水蓄能电站，为电网核电的发展提供有利条件。

## 五、建设抽水蓄能电站为并网风电开发提供有利条件

风力发电是一种清洁可再生的能源，不污染环境，没有燃料运输、废料处理等问题，建设周期短，运行管理方便。东北地区风电资源比较丰富，2021年东北电网风电装机已达38136MW，占电网装机容量的22%，风电已成为东北电网第二大电源。

由于风能存在随机性和不均匀性，风力发电机组的出力具有不连续性及间歇性，无法为电网提供一个稳定的电力供应，将增加系统的调峰需求。而且风电的迅猛发展及间歇性和随机性的特点，加剧电网的调峰运行负担，给电网维持电力平衡带来前所未有的困难，对电网安全稳定运行带来不利影响。抽水蓄能电站的多种功能和灵活性能够弥补风力发电的随机性和不均匀性，不仅可以打破电网规模对于吸纳风电容量的限制，为大力发展风电创造条件；而且可为电网提供更多的调峰填谷容量和调频、调相、紧急事故备用手段，改善其运行条件。

综上所述，为解决东北电网日益严重的调峰问题，改善电网电源结构，提高电网供电质量，为省间输送电提供稳定的电源保障，为核电和风电的开发创造有利条件，东北电网迫切需要兴建一定规模的抽水蓄能电站。东北地区抽水蓄能资源丰富，辽宁、吉林、黑龙江三省分别进行了抽水蓄能电站选点规划，可供开发的资源点较多。所以，为满足东北电网调峰需要，建设一定规模的抽水蓄能电站是十分必要的。

# 第八章　东北电网抽水蓄能电站战略规划布局

## 第一节　抽水蓄能电站规划概况

### 一、辽宁省抽水蓄能电站规划概况

辽宁省是东北地区的主要负荷中心，其负荷水平占东北电网的50%以上。近年来，随着经济的快速发展和人民生活水平的不断提高，辽宁电网电力需求日益旺盛，电网峰谷差逐步加大；同时辽宁电网作为东北电网“西电东送”“北电南送”的受端电网，今后吸纳区外电力的规模将越来越大，为保障受端电网的安全、稳定、经济运行，继蒲石河抽水蓄能电站投产之后，辽宁省仍需建设较大规模的抽水蓄能电站。

辽宁省是东北地区开展抽水蓄能电站工作最早的省份，20世纪70年代初期，中水东北勘测设计研究有限责任公司（简称“中水东北公司”）在辽宁省开展了大量的站点普查工作，并先后两次开展了选点规划工作。

1987年和1988年，中水东北公司与东北电业管理局先后进行了两次现场踏勘，对水头300m以上、容量多在1000MW以上的资源点进行了普查，于1988年提出了《辽宁省抽水蓄能电站普查报告》（300m以上水头，以下简称《普查报告》）。选出了7个开发条件比较好的站址，即花尔楼、永陵、夏家堡、太平湾（蒲石河）、青石岭、步云山和观音阁。

1989年，中水东北公司在《普查报告》所选站址的基础上，再次进行了复查，对100m以上水头，装机容量较大的资源点共复查了34个，选出15个较好站点，通过现场踏勘和大量内业工作，于1990年编制完成了《辽宁省抽水蓄能电站规划选点报告》，推荐蒲石河抽水蓄能电站为第一期工程，并通过水电规划总院的审查，随后按基建程序开展相应前期工作，目前蒲石河抽水蓄能电站1200MW已全部投入运行。

2002年受辽宁省桓仁满族自治县政府委托，中水东北公司在桓仁境内又开展了抽水蓄能电站的普查工作，选出桓仁、云坪山、大雅河3个站址。编制完成了《辽宁省抽水蓄能电站补充选点规划报告》，报告推荐桓仁抽水蓄能电站作为蒲石河之后的近期开发工程，中长期开发青石岭一期、步云山、永陵、青石岭二期、花尔楼、肖家店、云坪山和大雅河抽水蓄能电站，并通过了水电规划总院的审查。

为了进一步做好辽宁省抽水蓄能电站的规划，规范项目前期工作，确保抽水蓄能电站的有序开发，2005年9月受东北电网有限公司委托，中水东北公司重新进行了辽宁省抽水蓄能电站选点规划工作，于2006年8月完成了《辽宁省抽水蓄能电站选点规划报告》（审定本），报告在普查、踏勘的23个站点基础上，层层筛选出青石岭一期、步云山、花尔楼、肖家店、青石岭二期、永陵和摩离红 7 个初选站点，经综合分析选择了青石岭（青石岭一期）、步云山、摩离红 3 个站点作为规划比选站点。经对三个站点的综合技术经济比较，推荐摩离红抽水蓄能电站为第一期工程，并通过了水电水利规划设计总院的审查。

2009 年 8 月北京国电水利电力工程有限公司（以下简称“北京院”）再次开展辽宁省抽水蓄能电站选点规划工作，2012 年 11 月完成了《辽宁省抽水蓄能电站选点规划报告》，确定清原（1800MW）、大连Ⅰ（800MW）、兴城（1200MW）、桓仁大雅河（1600MW）、绥中（900MW）、大连Ⅱ（600MW）和阜新（1200MW）7 个开发条件较好的站点作为规划比选站点，经综合分析比较，推荐清原、大连Ⅰ、兴城和桓仁大雅河 4 个站点作为 2020 年新增站点，同时考虑电源布局需求及站点建设条件，优先建设清原、大连Ⅰ、兴城站点。

## 二、吉林省抽水蓄能电站规划概况

吉林省抽水蓄能电站建设设想提出的早，但起步晚，普查范围较小。1992 年，中水东北公司在第二松花江红石水电站库区进行了蓄能站点的普查，初步提出 15 个站址，对其中的 14 个站址进行了现场踏勘，初步选出 6 个站址进行了重点研究。1993 年 3 月，编制完成了《红石水电站库区抽水蓄能电站站址普查报告》，推荐向阳坡、二昆子沟、车库沟、兴隆屯等 4 个站址。1997 年 10 月，日本国际协力事业集团（JICA）在红石库区进行了抽水蓄能站址补充普查，在 1993 年《红石水电站库区抽水蓄能电站站址普查报告》初选的 6 个站址的基础上增加了红石站址，并进行了深入的设计研究工作。2004 年 10 月，中水东北公司会同丰满发电厂在丰满库区进行了抽水蓄能普查，并于 2005 年 3 月编制了《丰满库区抽水蓄能电站站点普查报告》，该报告推荐丰满东山（丰满）、荒山咀、东塔子等三个站址。

上述普查的范围仅仅局限于红石、丰满库区，受地理位置、地形、工作深度等条件所限，均不能满足电网发展之需要，即使与相邻的辽宁、黑龙江两省相比，与其所处东北地区的腹地的位置、所承担电力输送桥梁的地位明显不匹配。为加快吉林省抽水蓄能电站建设步伐、满足吉林省电网及东北电网调峰需求，为后期开发储备较好的站点资源，2005 年 7 月，受东北电网公司委托，中水东北公司对吉林省全省范围内开展抽水蓄能电站选点规划工作，同时结合东北电网和吉林省电网的电力调峰要求，做到大、中、小型抽水蓄能电站统筹；参考吉林核电建设位置和进程，在站点布局合理的前提下，推荐出建设条件优良、且规模适宜的抽水蓄能电站资源点，并将已完成可研的松江河梯级水电站工程增加双沟蓄能机组（双沟蓄能）及 2007 年 8 月完成的《通化市抽水蓄能电站选点规划报告》一并纳入本次规划统一进行综合比选，并提出《吉林省抽水蓄能电站选点规划报告》（审定本）。通过技术经济等综合比较，结合东北电网及吉林省电网的调峰需要，推荐蛟河、红石抽水蓄能电站为一期工程，双沟蓄能电站应尽早开工建设，敦化、通化站址适时开展前期工作。

## 三、黑龙江省抽水蓄能电站规划概况

黑龙江省抽水蓄能电站资源调查工作开始于 20 世纪 80 年代，中水东北公司于 1988

年提出了黑龙江省境内的10个可能的站址，先后进行了7个站址的现场踏勘；于1989年提出《黑龙江省抽水蓄能电站普查报告》，选出了6个比较好的站址，分别为五常、荒沟、三间房、双鸭山、长江屯和姜窑等站址；于1991年提出了《黑龙江省抽水蓄能电站规划选点报告》，重点研究了五常、荒沟、三间房三个站址，并推荐荒沟站址为一期工程。

2004年7月，东北电网有限公司与北京院签订勘测设计工作合同，同年12月，北京院完成了《黑龙江省抽水蓄能电站选点规划综合报告》（以下简称《选点规划综合报告》）。北京院在普查的29个站址基础上，层层筛选出12个踏勘站址，初步确定尚志、前进、依兰、荒沟等8个站址为开发条件较好的站址。经综合分析各站址的建设条件及东北电网电力发展需求，选择尚志、前进、依兰、荒沟4个站址作为规划比选站址，近期开发工程为荒沟站址。继荒沟站址之后，尚志、前进和依兰站址应是黑龙江电网抽水蓄能建设规划中重点考虑的站址。

## 第二节　抽水蓄能电站建设概况

目前，东北电网已建的抽水蓄能电站仅有吉林白山（300MW）和辽宁蒲石河（1200MW），在建的有黑龙江荒沟（1200MW）、吉林蛟河（1200MW）、吉林敦化（1400MW）、辽宁清原（1800MW）、辽宁庄河（1000MW）。与华北地区和华东地区相比，东北地区抽水蓄能电站发展相对缓慢。

## 第三节　抽水蓄能电站规划布局分析

从东北电网对抽水蓄能电站的需求来看，2030年东北电网要达到电网调峰平衡，在白山、蒲石河、荒沟、敦化、蛟河、清原及庄河蓄能共8100MW容量建成投产，且考虑化学储能容量按东北电网新增新能源容量10%进行配置情况下，仍需要新增较大规模蓄能电站。因此，需要加快东北地区抽水蓄能电站的前期设计工作。

根据历次规划初选的开发条件较好的抽水蓄能站点，有关设计单位先后进行了现场查勘和初步布置，并进行了深入的勘测设计工作，认为其中的15个站点具有地形地质条件较好、水源和抽水电源可靠、交通方便、距离用电负荷中心较近、水库淹没损失小、生态环境影响小，具有较大的社会经济效益。这15个站点总装机容量17600MW，其中辽宁省6个，依次为清原1800MW、庄河1000MW、兴城1200MW、桓仁大雅河1600MW及青石岭1500MW和步云山1000MW，共8100MW；吉林省5个，依次为蛟河1200MW、红石1200MW、敦化1400MW、双沟500MW和通化800MW，共5100MW；黑龙江省4个，依次为荒沟1200MW、尚志800MW、前进1200MW、依兰1200MW，共4400MW。根据有关设计资料统计，在15个站点中，按与用电负荷中心的距离划分，在100km以内的有3个站点，在101～200km的有5个站点，在201～320km的有7个站点。按平均水头划分，水头在100m以下的有1个站点，水头在101～250m的有3个站点，水头在251～400m的有4个站点，水头在401～500m的有3个站点，水头在501m以上的有4个站点。按装机容量划分，装机容量在1000MW以下的有5个站点，在1001～2000MW的有10个站点。东北三省抽水蓄能电站规划站址详见表8-1。

**表8-1　　东北三省抽水蓄能电站规划站址**

| 电站 | 规模/MW | 所在地市 | 距负荷中心 | 额定水头/m | 备注 |
|---|---|---|---|---|---|
| 1. 辽宁省 | 8100 | | | | |
| 清原 | 1800 | 清原县 | 距沈阳100km | 405 | 在建 |
| 庄河 | 1000 | 大连庄河市 | 距沈阳215km | 217 | 在建 |
| 兴城 | 1200 | 兴城市 | 距沈阳320km | 372 | |
| 桓仁大雅河 | 1600 | 桓仁县 | 距沈阳152km | 610.5 | |
| 青石岭 | 1500 | 本溪县 | 距沈阳70km | 468.5 | |
| 步云山 | 1000 | 盖州市 | 距沈阳190km | 254 | |
| 2. 吉林省 | 5100 | | | | |
| 蛟河 | 1200 | 蛟河市 | 距长春185km | 398 | 在建 |
| 红石 | 1200 | 桦甸市 | 距长春200km | 264 | |
| 敦化 | 1400 | 敦化市 | 距长春220km | 672.5 | 在建 |
| 双沟 | 500 | 抚松县 | 距长春240km | 97 | |
| 通化 | 800 | 通化市 | 距长春240km | 170.8 | |
| 3. 黑龙江省 | 4400 | | | | |
| 荒沟 | 1200 | 海林市 | 距哈尔滨240km | 423 | 在建 |
| 尚志 | 800 | 尚志市 | 距哈尔滨85km | 213 | |
| 前进 | 1200 | 五常市 | 距哈尔滨195km | 542 | |
| 依兰 | 1200 | 依兰县 | 距哈尔滨215km | 529 | |
| 4. 东北三省合计 | 17600 | | | | |

# 第九章　抽水蓄能电站基本参数选择

## 第一节　装机容量选择

### 一、概述

抽水蓄能电站的主要任务是承担系统调峰、填谷、调频、调相及紧急事故备用等任务，其装机容量包括工作容量和备用容量。

抽水蓄能电站的工作容量是由其在日负荷图上工作位置所对应的“峰荷容量”或“填谷容量”决定的。“峰荷容量”可以替代其他电源的工作容量，而“填谷容量”只起提高机组负荷率作用，不起替代系统其他电源的工作容量的作用。从这个意义上说，抽水蓄能电站的工作容量应由“峰荷容量”来决定。但在特殊情况下，当系统低谷负荷小于火电机组技术最小出力，迫使部分火电机组停机，使这部分停机机组次日无法跟上负荷需要，要求抽水蓄能电站以“填谷容量”来提高机组负荷率，系统对“填谷容量”的需求比对“峰荷容量”的需求更为迫切时，就有可能使“填谷容量”在决定抽水蓄能电站工作容量中的分量加重，当然，这种情况是种特殊情况，不具有代表性。

可逆机组的容量参数由发电机的输出功率电动机的轴功率来表示，在一般情况下，为了充分发挥可逆电机两种工况的效益，在机组选型时尽量使发电机的输出功率与电动机的轴功率相接近。但在特殊情况下，也可按系统需要，以一种工况为主，另一种工况为辅来选择可逆机组的容量参数。

由于抽水蓄能电站的发电利用小时数较少（一般为日满发 5h），除满发时间外，其余时间（包括抽水时间）均可承担事故备用和负荷备用，在抽水工况下，随时可向系统备用容量。因此一般不需专门设置备用容量，只要在发电所需调节库容之外再增加一部分库容，即可承担上述备用任务。

### 二、影响装机容量的主要因素

影响抽水蓄能电站装机容量的主要因素如下。

**（一）电站自身的能量指标**

抽水蓄能电站自身所能提供的一次循环发电量是决定其装机规模的重要因素。而抽水蓄能电站的一次循环发电量取决于电站上、下水库地形，地质条件所决定的水头和库容的大小。同时上、下水库地形，地质条件，直接关系电站的经济指标，影响装机容量方案比较结果。

抽水蓄能电站在电力系统中的地理位置靠近负荷中心，有利于发挥调频、调相及紧急事故备用等任务，除了可以承担调峰任务以外，还可承担多项任务，适当加大装机容量就显得十分必要。

**（二）电力系统的负荷特性**

抽水蓄能电站所在电力系统的负荷水平和负荷特性决定了系统峰谷差的大小，决定了系统调峰需求及各项动态需求的大小，决定了需要抽水蓄能电站承担调峰、填谷工作容量的大小，因而直接影响抽水蓄能电站的装机规模。

**（三）电力系统的电源组成**

具有一定调节性能的常规水电站常在日负荷图的峰荷位置工作，燃气轮机电站也在日负荷图上占据较高的工作位置，因此系统中调节性能好的常规水电站和燃气轮机电站的多少，直接影响抽水蓄能电站在日负荷图上的位置。抽水蓄能电站在日负荷图上工作位置的高低，决定了抽水蓄能电站工作容量的大小。

## 三、装机容量选择的方法和步骤

抽水蓄能电站装机容量选择关系到电站的建设规模、工程投资及经济效益，并且决定着抽水蓄能电站在电力系统中的作用，是一个十分重要的基本工程参数，需要通过技术经济比较来确定。比较的原则是：在同等程度满足设计水平年电力系统静态需求和动态需求的前提下，系统总费用现值最小。

**（一）拟定比较方案**

根据电站自身的地形、地质条件和水工布置要求，初步拟定上、下水库正常蓄水位和死水位，计算电站日调节电站出力和电量，按照日发电小时数（一般按满发5h）估算电站可能提供的工作容量。在此基础上考虑电站的备用需要，拟定若干个蓄能电站装机容量方案。

**（二）推求各比较方案的蓄能电站上、下水库特征水位**

对每个比较方案进行各月典型日（或冬、夏季典型日）电力电量平衡，求出发电出力过程及抽水入力过程；并进行能量转换计算，确定与各比较方案相应的上、下水库特征水位。

**（三）进行各比较方案的蓄能电站工程投资估算**

进行各比较方案的蓄能电站工程枢纽布置、机电设备及金属结构选择、施工组织规划、工程投资估算。

**（四）推求各比较方案的补充电源装机容量**

根据电力发展规划确定的设计水平年负荷水平、负荷特性及电源结构，对每个装机容量比较方案进行设计水平年各月典型日（或冬、夏季典型日）电力电量平衡计算，确定在同等程度满足设计水平年电力系统需求的条件下，各方案系统各类电源的装机容量，推求各方案补充电源装机容量。

**（五）进行各比较方案的补充电源的投资估算**

根据各比较方案的补充电源的装机容量，计算各方案各类电源新增装机的工程总投资及分年投资。

**（六）进行各方案的电力系统生产模拟计算，推求各比较方案年运行费及燃料费**

根据电力电量平衡求得的各方案各类电源的工作容量，进行电力系统生产模拟计算，推求各方案各类电源发电量及燃料消耗量，并计算相应的年运行费。

**（七）进行经济比较和综合分析**

根据各比较方案各类电源的投资流程及年运行费流程，按照选定的折现率计算各方案总费用现值或年费用现值。

比较各方案费用现值，分析各方案优缺点，通过综合分析选定装机容量。

## 第二节　上、下水库特征水位选择

### 一、概述

抽水蓄能电站上、下水库的特征水位包括以下几部分：

（1）上、下水库死水位，及正常运用允许水库消落的最低水位。

（2）上、下水库正常蓄水位，即正常运用情况下，为满足发电及系统备用要求所应蓄到的最高水位。

（3）上水库正常发电消落水位，即为满足系统正常发电需要（不包括系统备用）上水库消落的最低水位。

（4）下水库正常发电最高水位，即为满足系统正常发电需要（不包括系统备用及供水需求）下水库蓄到的最高水位。

（5）设计洪水位，即遭遇设计标准洪水时的水库最高水位。

（6）校核洪水位，即遭遇校核标准洪水时的水库最高水位。

### 二、选择上、下水库特征水位应考虑的主要因素

**（一）承担电力系统的运行任务**

抽水蓄能电站在电力系统中可以承担调峰、调频、调相和旋转备用等任务，但对于一个具体的抽水蓄能电站来说，承担什么任务是由电站的自身条件和电力系统需要所决定的。抽水蓄能电站在电力系统中承担不同的任务，对上、下水库的库容要求是不同的。一般在设计阶段都要考虑承担电力系统的调峰任务和紧急事故备用任务。在这种情况下，需要根据系统要求抽水蓄能电站承担调峰容量的大小、顶峰时间的长短、系统内最大机组的单机容量以及顶替系统出现的事故容量及时间等，来计算需要的调节库容及备用库容的大小，据此拟定上、下水库的特征水位。

**（二）水库地形地质条件**

上、下水库的地形条件主要体现在库周山脊高低、起伏程度、垭口的高低、分水岭山体厚薄等关系到蓄水位高低的地形因素方面。地质条件主要体现在库岸的基岩岩性、地质构造、风化程度以及覆盖层厚度等关系到水库渗漏、边坡稳定的地质因素方面。往往由于地形、地质条件的限制，水库的蓄水位不宜超过某一高程，超过了不仅工程量大，而且工程难度增大，因而是不合适的。

**（三）水库淹没和环境影响**

水库的蓄水位超过某一高程将淹没大片农田、居民点、名胜古迹或重要设施，造成严重的生态环境问题，这个高程便成为水库蓄水位不宜逾越的高程。

**（四）水库水源条件**

当上、下水库的流域面积很小又无引水条件时，水库的正常蓄水位需考虑水源条件的影响。

**（五）水泵水轮机允许工作水头变化幅度**

水泵水轮机工作水头的变化幅度是有限的，超过了允许范围时，机组运行将出现异常，例如超限度的震动、噪声，转速不同步无法并网等。从机组稳定性来看，根据统计经验，抽水蓄能电站最大扬程与最小水头 $H_{p_{\max}}/H_{t_{\min}}$ 比值宜控制在一定范围以满足机组稳定运行要求。

**（六）水库综合利用要求**

当利用具有综合利用任务的已建水库作为抽水蓄能电站的上水库或下水库时，需要考虑综合利用项目对水库蓄水位的要求，为了减少矛盾，最好不要占用综合利用库容，另设蓄能库容。

**（七）水库蓄水排沙要求**

当泥沙问题较突出时，要充分考虑泥沙淤积的影响和布置排沙设施的要求。

**（八）进水口水工布置水力学要求**

为了改善取水水流条件，要求进水口前沿有足够的水面宽度和死水位以下有一定的淹没深度。确定死水位时必须满足这些要求。

**（九）寒冷地区冬季结冰影响**

严重的结冰会占用一定的有效库容，影响运行效益。因此，严寒地区抽水蓄能电站水库特征水位的确定需要考虑结冰的影响。

## 三、上、下水库特征水位选择方法和步骤

（1）按照选定的装机容量进行各月典型日（或冬、夏季典型日）电力电量平衡，求出发电出力过程及抽水入力过程。

（2）根据进/出水口水工布置要求、泥沙淤积及上、下水库地形条件拟定若干死水位方案。

（3）根据发电出力过程及抽水入力过程，进行能量转换计算，结合地形、地质条件，推求与各死水位方案相应的上、下水库正常蓄水位。

（4）进行洪水调节计算，确定各方案上、下水库设计洪水位和校核洪水位。

（5）进行各方案工程枢纽布置、机电设备及金属结构选择、施工组织设计、工程投资估算。

（6）进行经济比较。由于各水位方案的装机容量是相同的，故各方案的工程效益是相同的，只是比较各方案的投资和运行费即可得出结论。

# 第三节　输水道直径选择

## 一、概述

抽水蓄能电站的输水道包括上水库进（出）水口到厂房前进水球阀和从尾水管到下水

库（出）进水口的输水建筑物。

抽水蓄能电站输水道中的水流方向随着运行工况的改变而变化，发电工况时，由上向下流，抽水工况时，由下向上流。一次循环运行产生双向水头损失，长期造成出力和电能损失是不可忽视的。而输水道的直径是决定水头损失大小的直接因素。当装机容量、上下水库特征水位、水泵水轮机参数、输水道布置等选定之后，输水道中的引用流量是确定的，在这种情况下输水道直径就是确定水头损失的唯一因素（当然地质条件、施工条件及水工布置也有影响，但也都是已确定的）。输水道直径小，工程量和投资小，但电站出力和电量损失大，经济效益小。相反，输水道直径大，工程量和投资大，但电站出力和电量损失小，经济效益大。因此，输水道直径选择实际是一个动能经济比较问题。

## 二、比较方案拟定

在实际工作中一般先按经验公式估算一个输水道直径，然后在此基础上根据地质条件、水工布置及施工要求拟定若干比较方案。

## 三、水头损失计算

抽水蓄能电站输水道的水头损失需分别计算发电工况和抽水工况水头损失，而每种工况的水头损失又包括局部水头损失和沿程水头损失。需根据输水道平面和立面布置逐点逐段进行计算。

### （一）局部水头损失计算公式

$$\Delta H_{Ju}=\xi\frac{Q_X^2}{2gA^2} \tag{9-1}$$

式中：$\Delta H_{Ju}$ 为计算点的局部水头损失，m；$\xi$ 为局部水头损失系数，随计算点的断面变化情况及运行工况不同分别采用相应系数；$Q_X$ 为计算流量，$m^3/s$；$A$ 为计算点输水道过水断面积，$m^2$；$g$ 为重力加速度，$m/s^2$。

根据局部水头损失计算公式，将各点局部水头损失累计，即得输水道方案的局部水头损失。

### （二）沿程水头损失计算公式

$$\Delta H_{yan}=\frac{n^2 lQ_X^2}{A^2R^{\frac{4}{3}}} \tag{9-2}$$

式中：$\Delta H_{yan}$ 为计算段沿程水头损失，m；$n$ 为计算段糙率系数；$l$ 为管道长度，m；$Q_X$ 为计算流量，$m^3/s$；$A$ 为计算段过水断面积，$m^2$；$R$ 为计算段过水断面水力半径，m。

将各计算段的沿程水头损失进行累计，即得各输水道方案总的沿程水头损失。

对于具体计算方案来说，各计算点和计算段的 $\xi$、$n$、$A$、$R$ 等均为已知值，唯有计算流量 $Q_X$ 需根据计算点和计算段所处位置及电站运行方式来确定。将计算计算点和计算段的计算流量代入上述水损公式，可综合成不同运行方式下整个输水道的水头损失计算公式：

$$\Delta H_T=K_TQ_{0t}^2 \tag{9-3}$$

$$\Delta H_P=K_PQ_{0p}^2 \tag{9-4}$$

式中：$\Delta H_T$ 为发电工况综合水头损失，m；$\Delta H_P$ 为抽水工况综合水头损失，m；$K_T$ 为发电工况综合水头损失系数，$s^2/m^5$；$K_P$ 为抽水工况综合水头损失系数，$s^2/m^5$；$Q_{0t}$ 为发电工况主管过流量，$m^3/s$；$Q_{0p}$ 为抽水工况主管过流量，$m^3/s$。

按下列方法推求发电工况主管过流量和抽水工况主管过流量：①进行典型日电力平衡求得电站24h出力过程（包括发电出力和抽水入力）；②根据电站24h出力过程进行能量转换计算，按下式计算发电流量和抽水流量：

发电流量 $$Q_0 = N/9.81\eta_t H_T \tag{9-5}$$

抽水流量 $$Q_0 = \eta_p N/9.81\eta_t H_P \tag{9-6}$$

即可得各时段通过主管的发电流量和抽水流量。

## 四、出力和电量损失计算

### （一）出力损失计算

水头损失引起电站发电出力损失按下式计算：

$$\Delta N_i = 9.81\eta_t Q_{0i}\Delta H_i \tag{9-7}$$

式中：$\Delta N_i$ 为 $i$ 时段的出力损失，kW；$\eta_t$ 为水轮发电机组效率；$Q_{0i}$ 为发电流量，$m^3/s$；$\Delta H_i$ 为 $i$ 时段的水头损失，m。

### （二）电量损失计算

水头损失引起电站发电量损失和抽水电量损失按下式计算：

$$\Delta E_N = \sum_{m=1}^{12}\left(\sum_{i=1}^{24}\Delta N_i \Delta T_i\right)\rho_M T_M \tag{9-8}$$

式中：$\Delta E_N$ 为发电量损失和抽水电量损失，kW·h；$\Delta T_i$ 为时段长度，通常取1h；$\rho_M$ 为负荷月不均衡系数；$T_M$ 为 $M$ 月的天数。

## 五、方案比较

将各洞径方案的出力损失及电量损失以替代电站补充容量来弥补，计算各洞径方案的输水道投资和运行费用及补充容量的建设投资和运行费进行比较。

## 六、输水道直径选择方法和步骤

对各洞径方案进行下列计算：

（1）综合水头损失系数计算。

（2）进行丰、平、枯3个水文代表年的各月典型日电力平衡，确定抽水蓄能电站3个水文代表年各月典型日发电出力过程和抽水入力过程。

（3）进行各水文代表年各月典型日能量转换计算，推求各典型日发电流量过程各抽水流量过程。

（4）分别计算发电出力损失、年发电量损失和抽水电量损失。

（5）计算输水道投资及运行费以及补充火电容量建设投资及运行费。

（6）计算年费用现值，以年费用现值最小为原则，并结合水工布置及施工要求优选方案。计算中对各洞径方案基本相同的部分可忽略不计。

## 第四节　水泵水轮机额定水头选择

### 一、概述

水泵水轮机额定水头的高低影响机组尺寸、重量、运行效率、受阻容量的大小，进而影响电站工程投资及经济效益，额定水头应通过技术经济比较来确定。

抽水蓄能电站在电力系统中主要起调峰作用，同时也起调频、调相、旋转备用等作用，其运行方式取决于在负荷图上的工作位置。对于日调节抽水蓄能电站而言，要考虑电网运行要求蓄能电站出力不受阻的时间长短，要求不受阻时间长，额定水头需定得低一些，反之，则高一些。

### 二、额定水头比较方案拟定

在装机容量确定以后，可以通过电力电量平衡，在满足设计水平年负荷需求的条件下，初步定出蓄能电站的出力过程，从中分析电网运行对蓄能电站的要求，按不同受阻时间拟定额定水头比较方案。

### 三、各方案受阻出力及受阻电量计算

#### （一）典型日受阻出力及受阻电量计算

各方案典型日受阻出力和受阻电量按下列方法计算。

（1）根据选定的装机容量进行电力系统典型日电力电量平衡计算，确定蓄能电站发电出力过程和抽水入力过程。

（2）根据水机专业提供的各额定水头方案与最大水头、额定水头及最小水头相对应的单机流量（包括水轮机及水泵两种工况），按照典型日发电出力过程和抽水入力过程进行能量转换计算，推求各额定水头方案上、下水库日运行水位过程及工作水头过程。

（3）分析发电工况末尾时段的工作水头（发电工况最小水头）与额定水头的对比关系，如果最小水头大于额定水头，则无受阻出力，否则有受阻出力。此受阻出力等于系统要求该时段应发出力与实发出力之差，令其值为 $\Delta N$。相应受阻电量按下述方法计算。

在发电工况末尾时段内用直线插值法试算（向时段初方向倒算），求出达到系统负荷要求应发出力的时刻，该时刻与发电工况末尾时刻之差为受阻时间，该时刻与发电工况末尾时刻的电量差即为受阻电量，按下式简化计算：

$$\Delta E=\Delta N\times\Delta T \tag{9-9}$$

式中：$\Delta E$ 为典型日受阻电量，kW·h；$\Delta N$ 为典型日受阻容量，kW；$\Delta T$ 为典型日受阻时间，h。

#### （二）年受阻电量计算

各方案年受阻电量按下列方法计算。

（1）进行设计水平年各月典型日电力电量平衡计算，推求各月典型日蓄能电站发电出力和抽水入力过程。

（2）进行设计水平年各月典型日能量转换计算，推求各月典型日受阻出力和受阻电量。

（3）根据月负荷率将各月典型日受阻电量换算成月受阻电量，进而求出年受阻电量。年受阻出力取各月典型日受阻出力最大值。

## 四、方案比较

**（一）蓄能电站工程投资和运行费用**

1. 机组设备投资

计算不同额定水头方案的机组直径、相应机组重量及设备投资。

2. 建筑物投资

由于机组直径不同，机组过流量不同，输水道直径亦有差别，厂房尺寸亦不相同，相应工程量和投资亦不相同。分别计算各额定水头方案的不同部分的投资。

3. 蓄能电站运行费用

计算不同额定水头方案的蓄能电站的运行费用。

**（二）替代电站工程投资和运行费用**

（1）根据出力受阻方案的年最大受阻容量，拟定相应替代火电装机容量，并按单位千瓦投资估算替代火电投资。

（2）按替代火电运行费率计算替代火电运行费用。

**（三）各额定水头方案经济比较**

根据各额定水头方案的工程投资流程、运行费流程及选定的社会折线率分别计算年费用现值。以年费用现值最小优选方案。

# 第十章　辽宁蒲石河抽水蓄能电站可研设计基本参数选择实例

## 第一节　装机容量选择

### 一、自然概况

辽宁蒲石河抽水蓄能电站位于鸭绿江右岸支流的蒲石河上，在丹东市宽甸县长甸镇小孤山和古楼乡砬子沟村之间，距丹东市约60km。

电站上水库位于蒲石河左岸分水岭以东的东洋河上游泉眼沟沟首，坝址以上集水面积为1.12km$^2$。坝址处为U形山谷。库周地形较平缓，沿岸地形坡度多为18°～25°，覆盖层较薄，库周断层和节理均不甚发育，库周岩石较完整、坚硬，无大的地质构造，也无永久性渗漏。

电站下水库位于蒲石河下游王家街坝址处，坝址以上控制流域面积为1141km$^2$。此地属于辽东暴雨中心，多年平均降水量为1134.6mm，水量十分丰富，库区内地质情况良好，不存在渗漏、滑坡等问题。

### 二、装机容量比较方案拟定

根据蒲石河抽水蓄能电站工程本身的自然条件、东北电网需求及以往的工作情况，蒲石河装机容量比较拟定1000MW、1200MW、1400MW和1600MW四个方案进行技术经济比较。

### 三、各装机容量方案上、下水库特征水位推求

分别对各装机方案进行设计水平年冬、夏季典型日电力电量平衡，求出蒲石河发电出力过程和抽水入力过程；并进行能量转换计算，确定与比较方案相应的上、下水库特征水位。

根据上、下水库的地形条件、进（出）水口布置及上、下水库泥沙淤积情况，首先确定上、下水库死水位分别为360.00m和62.00m。根据负荷特性分析，各装机方案的发电库容均按水泵满载运行抽水6h，并考虑1.1的安全系数来确定；备用库容均按600MW机组满载运行2h预留。由于蒲石河抽水蓄能电站处于寒冷地区，所以在计算调节库容时考虑了冰库容影响，从而推求出各装机容量方案上、下水库特征水位。经计算，各装机方案的主要设计参数见表10-1。

表 10－1　　蒲石河抽水蓄能电站装机容量比较（各装机方案主要设计参数）

| 项目＼方案 | 1000MW | | 1200MW | | 1400MW | | 1600MW | |
|---|---|---|---|---|---|---|---|---|
| | 上库 | 下库 | 上库 | 下库 | 上库 | 下库 | 上库 | 下库 |
| 正常蓄水位/m | 388.80 | 65.60 | 392.00 | 66.00 | 394.80 | 66.40 | 397.50 | 66.80 |
| 相应库容/万 $m^3$ | 1119.2 | 2767.8 | 1256.0 | 2905 | 1388.5 | 3053.1 | 1518.4 | 3207.5 |
| 死水位/m | 360.00 | 62.00 | 360.00 | 62.00 | 360.00 | 62.00 | 360.00 | 62.00 |
| 相应库容/万 $m^3$ | 227 | 1621 | 227 | 1621 | 227 | 1621 | 227 | 1621 |
| 有效库容/万 $m^3$ | 892.2 | 1146.8 | 1029.0 | 1284.0 | 1161.5 | 1432.1 | 1291.4 | 1586.5 |
| 其中：发电库容/万 $m^3$ | 727.2 | 727.2 | 864.0 | 864.0 | 996.5 | 996.5 | 1126.4 | 1126.4 |
| 备用库容/万 $m^3$ | 165.0 | 165.0 | 165.0 | 165.0 | 165.0 | 165.0 | 165.0 | 165.0 |
| 冰库容/万 $m^3$ | 0 | 254.6 | 0 | 255.0 | 0 | 270.6 | 0 | 295.1 |
| 最大水头/m | 326.5 | | 329.7 | | 332.5 | | 335.2 | |
| 最小水头/m | 287.1 | | 287.4 | | 287.5 | | 287.5 | |
| 设计水头/m | 306.8 | | 308.5 | | 310.0 | | 311.3 | |
| 最大扬程/m | 331.9 | | 334.6 | | 336.3 | | 338.4 | |
| 最小扬程/m | 294.7 | | 294.3 | | 293.9 | | 293.5 | |
| 设计扬程/m | 319.9 | | 320.5 | | 320.5 | | 321.1 | |

## 四、各装机方案投资估算

根据各装机比较方案工程枢纽布置、机电设备及金属结构选择、施工组织规划等，进行各装机方案工程投资估算。各装机方案静态投资详见表 10－2。

表 10－2　　蒲石河抽水蓄能电站各装机方案静态投资　　单位：万元

| 方案＼年份 | 第 1 年 | 第 2 年 | 第 3 年 | 第 4 年 | 第 5 年 | 第 6 年 | 第 7 年 | 第 8 年 | 合计 |
|---|---|---|---|---|---|---|---|---|---|
| 1000MW | 16104 | 19130 | 30531 | 41896 | 48252 | 40637 | 56191 | 50347 | 303088 |
| 1200MW | 16900 | 20135 | 32467 | 45970 | 53385 | 45165 | 63576 | 57409 | 335006 |
| 1400MW | 17645 | 21069 | 34269 | 49853 | 58310 | 49545 | 70739 | 64266 | 365696 |
| 1600MW | 18481 | 22123 | 36299 | 54060 | 63610 | 54230 | 78333 | 71524 | 398660 |

**注**　上述投资只适用于装机容量比较阶段。

## 五、装机方案经济比较

由于蒲石河抽水蓄能电站可研设计较早，所以装机比较采用常规方法。

确定装机方案电源组合方案。为使参与比较的各装机方案具有可比性，以各装机方案同等程度满足电网电力、电量及调峰能力要求为原则。各方案均以辽宁蒲石河抽水蓄能电站装机容量 1600MW 方案的电力、电量及调峰能力为基础，其他方案与此相差部分由系统中的火电容量予以补齐。火电机组的补充容量指标按调峰能力好的机组考虑，调峰能力采用 40％，火电容量替代系数为 1.1，电量替代系数为 1.07。抽水蓄能电站的综合效率按

77%计算。根据以上原则，拟定各方案的电源组合方案。

装机容量经济比较方法采用费用现值法。基准折现率为12%，计算期为38年，其中施工期8年，运行期30年。蓄能电站的年运行费取静态总投资的2.5%。补充火电机组单位千瓦投资采用4500元/kW，火电施工期取4年，火电站年运行费按静态总投资的4%计算。火电站发电标准煤耗为359g/(kW·h)，标煤价格243元/t。

## 六、装机容量选择

根据各装机方案蓄能电站工程及电源组合方案投资，采用上述指标，对各方案进行经济计算，采用费用现值最小法，计算出各方案的经济指标，计算成果详见表10-3。

**表10-3　蒲石河抽水蓄能电站各装机方案技术经济指标**

| 序号 | 项　目 | 方　案 | | | |
|---|---|---|---|---|---|
| | | 一 | 二 | 三 | 四 |
| 1 | 装机容量/MW | 1000 | 1200 | 1400 | 1600 |
| 2 | 机组台数/台 | 4 | 4 | 4 | 4 |
| 3 | 单机容量/MW | 250 | 300 | 350 | 400 |
| 4 | 年发电量/(亿kW·h) | 15.48 | 18.57 | 21.67 | 24.76 |
| 5 | 年抽水电量/(亿kW·h) | 20.10 | 24.12 | 28.14 | 32.16 |
| 6 | 工程静态投资/万元 | 303088 | 335006 | 365696 | 398660 |
| 7 | 电位千瓦投资/(元/kW) | 3031 | 2792 | 2612 | 2492 |
| 8 | 电位电能投资/[元/(kW·h)] | 1.958 | 1.804 | 1.688 | 1.610 |
| 9 | 方案间容量差/MW | 200 | 200 | 200 | |
| 10 | 方案间电量差/(亿kW·h) | 3.09 | 3.10 | 3.09 | |
| 11 | 方案间投资差/万元 | 31919 | 30690 | 32963 | |
| 12 | 补充千瓦投资/(元/kW) | 1596 | 1534 | 1648 | |
| 13 | 补充电能投资/[元/(kW·h)] | 1.033 | 0.990 | 1.067 | |
| 14 | 方案总费用现值/万元 | 1694339 | 1610713 | 1569124 | 1529011 |
| 15 | 总费用现值差（与4比）/万元 | 165328 | 81702 | 40113 | 0 |
| 16 | 总费用现值增加百分比/% | 10.8 | 5.3 | 2.6 | 0 |

## 七、装机容量选择

根据上述计算成果，经综合分析比较，最终选择1200MW装机容量方案。理由如下：

(1) 从经济指标比较结果看，装机容量1600MW方案的费用现值、单位千瓦投资和单位电能投资都是最小的，说明装机容量1600MW方案相对比较经济。

(2) 从东北电网2015年枯水年电力平衡结果看，装机容量1200MW方案时，7月、8月在安排300MW检修的情况下，还应承担209MW、461MW的备用容量，如果装机容量超过1200MW，蒲石河蓄能电站将出现一定的空闲容量。

(3) 从系统接线上看，装机容量1400MW和1600MW方案，如采用一回500kV线路接入系统，传输容量已超过极限，对系统的安全、稳定运行极为不利；如采用两回500kV线路接入系统，则投资和其他指标将明显增加，1600MW或1400MW装机容量方案将不再是经济最优方案。

(4) 蒲石河抽水蓄能电站装机均为4台，装机容量超过1200MW，单机容量将超过300MW，就制造经验而言，水泵水轮机制造厂家较少，大多数厂家没有制造经验；若采用小于300MW机组，1400MW和1600MW装机容量方案机组台数必将增加，使引水系统的工程量及费用相应增加，也会影响方案的经济性。

(5) 装机容量1000MW方案的费用现值、单位千瓦投资和单位电能投资都是最高的，说明装机容量1000MW方案不经济，不可取。

(6) 从地理位置上看，蒲石河抽水蓄能电站位于辽宁省东部，据沈（阳）-抚（顺）-本（溪）-鞍（山）负荷中心的本溪156km，而抽水电源，如铁岭、元宝山等火电厂则在负荷中心的另一侧，可见本电站的地理位置稍偏，抽水、发电对电网的潮流波动影响较大，线路损失电量相对也大一些，因此，本电站的装机规模不宜过大。

总之，总装机容量1200MW，采用4台300MW机组，是世界上普遍采用的机型，技术及制造质量容易保证，有利于引进技术国内制造，并可充分利用一回500kV线路的传输容量，且规模适中。所以，推荐1200MW装机容量方案。

根据电站设计水平年丰、平、枯三个水文年的电力电量平衡及电站综合效率计算，蒲石河抽水蓄能电站年平均发电量18.60亿kWh，年平均抽水电量为24.09亿kWh，电站综合效率为77.2%。

## 第二节　上、下水库特征水位选择

蒲石河抽水蓄能电站的主要任务是为电网填谷调峰。因此，电站上、下水库的水位和库容，是按基本选定的装机容量，在保证电站正常抽水和发电的前提下，以尽量减少工程量和水库淹没损失为原则确定的。

### 一、死水位

上、下水库的死水位均是结合水工布置和地形条件以及泥沙淤积的要求而确定的。

**（一）上水库死水位**

上水库库底高程为326.00m，进/出水口底板高程340.50m，顶板高程356.50m。由于库周植被很好，清库以后库内泥沙淤积甚微。经水工计算，在顶板高程以上预留3.5m的水深，即可保证进/出水口前不出现进气涡流，确定上水库死水位为360.00m，相应死库容为227万$m^3$。

**（二）下水库死水位**

下水库进/出水口底板高程为43.50m，顶板高程59.50m。在顶板高程以上预留2.5m的水深，即可保证进/出水口前不出现进气涡流，为此，下水库死水位确定为62.00m，相应死库容为1621万$m^3$。

## 二、发电库容

根据对东北电网现状和设计水平年负荷特性的分析，周负荷变化一般不大，日内峰谷差变化突现，故确定蒲石河抽水蓄能电站为日调节电站，所以电站的发电库容是根据每日低谷时水泵满载运行的抽水量并乘以1.1的安全系数来确定的。从东北电网各月份负荷低谷情况分析，若按水泵6h满载运行，则发电库容的利用率可达100%。为了提高机组及库容的利用率、降低坝高，蒲石河电站的发电库容按每日水泵满载运行6h的抽水量785万$m^3$，再乘以安全系数1.1确定为864万$m^3$（上、下库相同）。

## 三、备用库容

从东北电网运行部门多年的运行统计资料看，火电机组在热备用状态下带满负荷一般需要45min～1h，当电网出现事故时，火电机组不能马上恢复电网的正常运行。因此，为满足电网需要并留有适当余地，蒲石河抽水蓄能电站在满足正常日填谷调峰需要的库容以外，又在死水位以上为电网提供相当火电600MW机组甩负荷工作2h的事故备用库容，经计算为165万$m^3$。

## 四、蒸发渗漏损失

蒲石河抽水蓄能电站下水库多年平均流量为22.9$m^3/s$，水量比较丰富，而蒸发渗漏损失流量很小，不到0.03$m^3/s$，完全可以由蒲石河的天然径流补给。

上水库多年平均流量为0.024$m^3/s$，年平均蒸发渗漏损失流量为0.083$m^3/s$，亏水流量为0.059$m^3/s$，日平均亏水量总计为0.51万$m^3$，日最大亏水量为1万$m^3$左右，仅占发电库容的0.12%，故不专设水量损失备用库容。

## 五、冰库容

蒲石河抽水蓄能电站位于40°30′N的辽东地区，冬季气候比较寒冷，最大静水结冰厚度为0.77m。

根据寒冷地区抽水蓄能电站冰情资料分析，上水库的水位日变化频繁，变幅较大，不易形成冰盖，但可有冰块浮在水面。根据估算结果，库岸边坡结冰库容为32.3万$m^3$，占事故备用库容的20%左右，结冰期只有3～4个月，在此期间的冰损库容可由事故备用库容保证，不再增设结冰库容。

下水库的水位变幅相对较小，冬季入库流量又小，易在库区形成冰盖，造成冰库容损失，为了保证冬季电站效益不受影响，下水库按冬季库面结冰0.77m的库容损失设置冰库容为255万$m^3$。

## 六、正常蓄水位

### （一）上水库正常蓄水位

根据以上计算成果，将相应上水库的死库容、发电库容和事故备用库容相加，即为发电总库容。经计算为1256万$m^3$，相应水位392.00m，即为正常蓄水位。其调节库容为

1029 万 $m^3$。

**（二）下水库正常蓄水位**

将相应下水库的死库容、发电库容和事故备用库容相加为 2650 万 $m^3$，相应水位为 65.27m，再加上 0.77m 的冰厚，则库水位为 66.04m。经综合考虑，下水库正常蓄水位最后确定为 66m，相应库容为 2905 万 $m^3$，其中冰库容为 255 万 $m^3$。上、下水库特征水位与库容详见表 10-4。

**表 10-4　　上、下水库特征水位与库容**

| 项　　目 | 上水库 | 下水库 |
|---|---|---|
| 1. 正常蓄水位/m | 392.00 | 66.00 |
| 相应面积/$km^2$ | 0.442 | 3.819 |
| 相应容积/万 $m^3$ | 1256 | 2905 |
| 2. 死水位/m | 360.00 | 62.00 |
| 相应面积/$km^2$ | 0.145 | 2.641 |
| 相应容积/万 $m^3$ | 227 | 1621 |
| 3. 调节库容/万 $m^3$ | 1029 | 1284 |
| 其中：备用库容/万 $m^3$ | 165 | 165 |
| 发电库容/万 $m^3$ | 864 | 864 |
| 冰库容/万 $m^3$ | 0 | 255 |

## 七、调洪水位

蒲石河抽水蓄能电站上、下水库主要建筑物均按 200 年一遇洪水设计，千年一遇洪水校核。消能防冲建筑物按百年一遇洪水设计。库区淹没土地按 5 年一遇洪水标准赔偿，居民按 20 年一遇洪水标准赔偿。

**（一）上水库调洪水位**

上水库坝址集水面积只有 1.12$km^2$，千年一遇 3d 设计洪量为 119 万 $m^3$，相应 24h 洪量为 93.2 万 $m^3$，200 年一遇 24h 洪量为 73 万 $m^3$。为了降低电站的运行成本，充分利用天然来水，故这部分洪水可通过发电下泄，并通过减少抽水来恢复上水库的正常蓄水位。因此，上水库不设溢洪道。为了保证大坝安全，设计按水库已蓄满且未发电时，遭遇 24h 洪量的最不利情况考虑，即将 24h 洪量全部装入水库中，计算出上水库各频率洪水水位。计算成果详见表 10-5。

**表 10-5　　上水库调洪成果**

| 洪水频率/% | 0.1 | 0.5 | 5 | 20 |
|---|---|---|---|---|
| 起调水位/m | 392.00 | 392.00 | 392.00 | 392.00 |
| 24h 洪量/万 $m^3$ | 93.2 | 73.0 | 44.4 | 27.2 |
| 调洪水位/m | 394.00 | 393.60 | 392.94 | 392.58 |

**（二）下水库调洪水位**

蒲石河抽水蓄能电站下水库不承担防洪任务，洪水调节的主要目的是保证水工建筑物本身的安全和库区淹没线以上人民生命财产的安全。

1. 泄洪设备

蒲石河电站下水库地处辽东暴雨中心，年降雨量1000mm以上。坝址以上均是山区，坡陡流急，洪水历时短，洪峰、洪量值较大。千年一遇最大入库洪峰流量达12400$m^3/s$，3d洪量达7.24亿$m^3$。为了减轻泥沙淤积对水库有效库容的影响，汛期需降低水位运行，以利于排沙。因此，下水库大坝采用闸坝型式，经泄洪方式比较，选定7孔闸方案，单孔净宽14m，堰顶高程为48.00m。

2. 调洪原则及成果

由于蒲石河下水库有排沙要求，汛期需降低水位运行，所以蒲石河下水库洪水调节起调水位有两种情况，即从正常蓄水位66m和死水位62m开始起调，考虑洪水及发电最不利的组合，当来水小于等于起调水位对应泄流能力时，来多少泄多少，保持起调水位不变；当来水大于起调水位对应泄流能力时，按泄流能力泄洪。不同起调水位洪水调节成果详见表10－6。

**表10－6　不同起调水位洪水调节成果**

| 洪水频率/% | 起调水位/m | 最大入库流量/($m^3/s$) | 最高水位/m | 最大下泄流量/($m^3/s$) | 下游水位/m |
|---|---|---|---|---|---|
| 0.1 | 66.00 | 12860 | 66.00 | 12860 | 57.10 |
| 0.5 | 66.00 | 9950 | 66.00 | 9950 | 55.60 |
| 1 | 66.00 | 8710 | 66.00 | 8710 | 55.00 |
| 2 | 66.00 | 7470 | 66.00 | 7470 | 54.20 |
| 5 | 66.00 | 5850 | 66.00 | 5850 | 53.20 |
| 20 | 66.00 | 3430 | 66.00 | 3430 | 51.10 |
| 0.1 | 62.00 | 12860 | 64.60 | 12590 | 57.00 |
| 0.5 | 62.00 | 9950 | 62.20 | 9950 | 55.60 |
| 1 | 62.00 | 8710 | 62.00 | 8710 | 55.00 |
| 2 | 62.00 | 7470 | 62.00 | 7470 | 54.20 |
| 5 | 62.00 | 5850 | 62.00 | 5850 | 53.20 |
| 20 | 62.00 | 3430 | 62.00 | 3430 | 51.10 |

**注**　最大入库流量中含蒲石河发电流量460$m^3/s$。

## 第三节　输水道直径选择

蒲石河抽水蓄能电站可研报告中推荐的输水系统方案为“一洞四机”方案。根据蒲石河抽水蓄能电站项目建议书评估意见，需进一步比较“一洞四机”和“两洞四机”方案。本次输水道直径选择就是为确定“两洞四机”方案的经济洞径，以配合水工专业进行“一洞四机”和“两洞四机”方案技术经济比较。

## 一、输水系统布置及管道直径方案

蒲石河抽水蓄能电站发电引水系统采用“两洞四机”布置、发电尾水系统采用“一洞四机”布置方式，发电引水洞长685.0m；发电尾水系统与“一洞四机”方案相同，尾水系统主洞长1313m，内径11.5m。

根据经济流速计算，“两洞四机”方案发电引水系统主洞直径拟定了7.6m、8.1m、8.6m和9.1m四个方案。

## 二、输水道直径选择

### （一）水头损失

水头损失计算公式： $$\text{水头损失}=\text{系数}\times Q^2 \tag{10-1}$$

式中：水头损失系数见表10-7；$Q$为输水系统总引用流量。

**表10-7　　各洞径方案平均水头损失系数**

| 洞径方案 | 引水洞直径/m | 发电工况水头损失系数 | 抽水工况水头损失系数 |
|---|---|---|---|
| 1 | 7.6 | $3.5024\times10^{-5}$ | $3.35836\times10^{-5}$ |
| 2 | 8.1 | $3.18034\times10^{-5}$ | $3.05059\times10^{-5}$ |
| 3 | 8.6 | $2.96027\times10^{-5}$ | $2.84897\times10^{-5}$ |
| 4 | 9.1 | $2.79999\times10^{-5}$ | $2.70056\times10^{-5}$ |

### （二）电量损失和容量损失

根据蒲石河抽水蓄能电站在东北电网丰、平、枯三个代表年逐月典型日运行方式，分别计算蒲石河抽水蓄能电站抽水和发电工况的电量损失及容量损失，计算结果详见表10-8。

**表10-8　　抽水蓄能电站经济洞径比较电量、出力损失**

| 洞径方案 | 引水洞直径/m | 发电量损失/(万kW·h) | 抽水电量损失/(万kW·h) | 发电出力损失/MW |
|---|---|---|---|---|
| 1 | 7.6 | 2847.05 | 2899.03 | 23.2 |
| 2 | 8.1 | 2568.14 | 2642.10 | 21.0 |
| 3 | 8.6 | 2380.27 | 2472.86 | 19.4 |
| 4 | 9.1 | 2240.80 | 2347.82 | 18.3 |

### （三）工程投资及经济比较

各比较方案的工程投资采用各洞径方案静态投资不同部分，各方案相同部分未计入。

经济比较采用费用现值法，以同等程度满足系统对电力、电量的要求为准则，电量和容量损失部分采用火电替代。替代火电单位千瓦投资采用4500元/kW。

各洞径方案投资及费用现值计算结果见表10-9。

表 10-9 各洞径方案投资及费用现值

| 洞径方案 | 引水洞直径/m | 静态投资/万元 | 费用现值/万元 |
|---|---|---|---|
| 1 | 7.6 | 30522 | 29614 |
| 2 | 8.1 | 30685 | 28926 |
| 3 | 8.6 | 32495 | 29605 |
| 4 | 9.1 | 34255 | 30425 |

从计算结果可以看出，洞径 8.1m 方案费用现值最低，因此推荐发电引水洞直径 8.1m 方案。

## 第四节 水泵水轮机额定水头选择

根据蒲石河电站在电网中运行特点，正常发电运行时间所需日最大调节库容为 785 万 $m^3$（不含 1.1 的安全库容系数），相应最低发电水位为 370.40m。采用上水库最低发电水位计算的额定水头为 297.3m，电站可满装机发电运行约 4.7h 不受阻。根据当时国内已运行抽水蓄能电站统计资料和运行经验，适当提高额定水头，对机组的安全、稳定及经济运行都有好处。因此，可研阶段对电站的额定水头进行了深入研究。采用机组满发 4.7h、3h 和 2h 相应的上库水位，分别计算了 3 个额定水头方案进行比较，计算成果及相关参数详见表 10-10。

表 10-10 额定水头方案比较成果

| 项 目 | 方 案 | | |
|---|---|---|---|
| | 1 | 2 | 3 |
| 机组满发时间/h | 2 | 3 | 4.7 |
| 相应上库水位/m | 384.00 | 379.50 | 370.40 |
| 额定水头/m | 313.2 | 308.5 | 297.3 |
| 单机引用流量/($m^3$/s) | 107.82 | 109.95 | 115.86 |
| 转轮直径/m | 4.7 | 4.7 | 4.7 |
| 额定转数/(r/min) | 333.3 | 333.3 | 333.3 |
| 额定点效率/% | 92.4 | 92.0 | 90.6 |
| 最大水头/m | 329.6 | 329.6 | 329.6 |
| 最小水头/m | 287.5 | 287.3 | 286.9 |
| 平均水头/m | 308.55 | 308.45 | 308.25 |
| 最大扬程/m | 334.6 | 334.6 | 334.6 |
| 最小扬程/m | 294.3 | 294.3 | 294.3 |
| 最大扬程/最小水头 | 1.164 | 1.165 | 1.166 |
| 最大水头/额定水头 | 1.052 | 1.060 | 1.104 |

注 表中数据为方案比较阶段。

根据表中计算成果对各方案分析比较如下：

(1) 从方案3计算结果看，最大水头与额定水头之比为1.104，大于1.1，与其他两个方案比明显偏高，带部分负荷时会造成机组运行不稳定，振动值超标，以致机组必须避开小负荷区域运行，对满足系统需要显然是不利的。

(2) 由于方案3额定水头偏低，为了与水泵工况参数协调，只能加大导叶开度来使水轮机满发出力，导致水轮机远离最优效率区运行，额定点效率明显下降，较方案2降低了1.4个百分点。另外，导叶和转轮间压力脉动也有增大趋势，而且机组流量明显增加，泥沙磨损程度也会增大些，相比之下，方案3显然是不可取方案。

(3) 从方案1和方案2计算结果看，各项指标相差很小，运行工况均较优越。机组参数大有改善，但方案1较方案2额定点效率仅增加了0.4个百分点。

(4) 从东北电网电力电量平衡结果看，蒲石河抽水蓄能电站投入运行后，每日满装机运行时间最长为4h，最短有1h，一般为2～3h，但满装机运行3h的时间相对多些。

(5) 从国内外102座抽水蓄能电站的统计情况看，有66座机组水轮机额定水头高于算数平均值，占64.7%；有17座等于算数平均值；额定水头低于算数平均值的只占18.6%。

综合上述分析，蒲石河抽水蓄能电站的额定水头选定方案2，机组满发时间按3h考虑。额定水头比算数平均水头略高些。

随着设计工作的不断深入，水头损失和机组效率也在不断优化。经最终资料复核，选定方案的额定水头为308m，相应机组最大引用流量为445.32$m^3/s$，4台机满出力运行时水头损失为7.0m。

# 第五节　初期蓄水及运行方式

## 一、水库初期蓄水计划

### (一) 上水库蓄水

(1) 上水库蓄水对水位升降速率的要求。上水库面板堆石坝及库盆衬砌对水库初次蓄水水位升降的速率有一定要求，水库在330.00～350.00m高程时水位上升速度控制在4m/d，并在350.00m高程停顿3d左右，水位下降速度不大于1m/d，且小于0.5m/h。水库在360.00～375.00m高程时水位上升速度控制在5m/d以内，进行实时监测；370.00～360.00m时水位下降速度不大于1.5m/d、375.00～370.00m时不大于1m/d。水位达到375.00m以上时，上升速度控制在1.5m/d，并在375.50m、383.50m、392.00m高程停顿4～6d，进行实时监测；水位下降速度不大于1m/d，且小于0.5m/h。

2011年11月1日前上水库为天然雨水蓄水，蓄水高程为351.60m，此后启用充水泵向上水库充水，11月3日抽水至360.20m，11月9日抽水至375.10m高程，并完成首次机组抽水。

2012年4月21日蓄水至392.00m高程，按调度运行，水位正常波动。

(2) 上水库蓄水对环境用水影响分析。上水库通过导流洞封堵体内预埋的*DN*200mm不锈钢管，能够满足最小生态放流量0.0242$m^3/s$的要求，因此蓄水对库区及下游基本没

有影响。

### （二）下水库初期蓄水

1. 各种运行工况对水库水位的要求

（1）输水系统充排水试验要求下水库蓄水位 62.00m 以上。

（2）第一台机组发电调试水位要求达到 62.79m。

（3）泄洪排沙闸堰顶高程 48.00m。

2. 理论计算水库蓄水时间

初期蓄水下闸时间定在 2010 年 12 月 31 日，采用 $P=10\%$、$P=25\%$、$P=50\%$、$P=75\%$和 $P=90\%$共 5 个典型年的日径流资料进行分析计算。

初始水位：根据天然来水，水库由天然河道水位壅高至堰顶高程 48.00m 历时 1h 左右，当水位达到 48.00m 后，泄水闸自由溢流来多少泄多少，直到水库下闸蓄水为止。在此期间，对下游生态环境及生活用水基本没有影响。

2010 年 12 月 31 日下闸蓄水，蓄水到死水位历时 88～106d；蓄水到 62.79m 历时 117～193d；蓄水到正常蓄水位历时 155～206d。蓄水期间下游按生态流量 $1.54m^3/s$ 放流。

**表 10-11　　12 月 31 日下闸蓄水方案计算成果（最小下泄流量 $1.75m^3/s$）**

| 序号 | 来水保证率/% | 年份 | 蓄水时间/d | 水库水位/m | 水库库容/万 $m^3$ |
|---|---|---|---|---|---|
| 1 | 10 | 1962 | 88 | 62.00 | 1616 |
| 2 | 25 | 1974 | 83 | 62.00 | 1616 |
| 3 | 50 | 1986 | 105 | 62.00 | 1616 |
| 4 | 75 | 1975 | 87 | 62.00 | 1616 |
| 5 | 90 | 1989 | 106 | 62.00 | 1616 |

**表 10-12　　12 月 31 日下闸各来水保证率年型特征水位蓄水时间**

| 序号 | 特征蓄水位/m | 新测库容/万 $m^3$ | 蓄水时间/d | | | | |
|---|---|---|---|---|---|---|---|
| | | | $P=10\%$ | $P=25\%$ | $P=50\%$ | $P=75\%$ | $P=90\%$ |
| 1 | 起调水位 48.00 | 14 | | | | | |
| 2 | 施工期控制水位 56.00 | 469 | 74 | 42 | 73 | 57 | 77 |
| 3 | 死水位 62.00 | 1616 | 88 | 83 | 105 | 87 | 106 |
| 4 | 1 台机水位 62.79 | 1832 | 117 | 182 | 153 | 192 | 193 |
| 5 | 4 台机水位 64.89 | 2480 | 151 | 184 | 154 | 193 | 195 |
| 6 | 正常高减冰厚 65.36 | 2645 | 153 | 184 | 155 | 194 | 196 |
| 7 | 正常蓄水位 66.00 | 2871 | 155 | 198 | 156 | 194 | 206 |

按不同典型年来水计算，水库由 48.00m 开始蓄水至死水位 62.00m，蓄水时间为 83～106d（3 月 22 日—4 月 14 日）；蓄水至正常蓄水位 66.00m，蓄水时间为 155～206d（6 月 2 日—7 月 23 日）。计算结果表明，蓄水方案对下游生态环境用水，生产、生活用水影响不大；蓄水 62.00m 水位期间，对下游丰发、砬子沟两座水电站发电量有一定

影响，届时可根据实际来水情况和蓄水时间，经详细计算后给予相应的补偿；由 62.00m 水位到正常蓄水位 66.00m 期间，对下游其他用水部门没有影响。

3. 蒲石河下水库实际蓄水方案评价

蒲石河下水库实际下闸蓄水时间为 2011 年 1 月 13 日，比计划延后 13d。5 月 3 日蓄水到死水位 62.00m，历时 109d；5 月 7 日蓄水到 62.79m，历时 113d。蓄水期间下游平均放流量 2.2$m^3/s$。

蒲石河下水库下闸蓄水实际历时与理论计算结果稍有差异，主要是两方面原因造成的。其一，下闸时间不同步，实际比理论滞后 13d，蓄水期间天然入库径流有所减少；其二，下闸期间放流量相差 0.66$m^3/s$。

综上，设计蓄水方案与实际蓄水方案结论基本一致，实际效果证明设计方案可行。

4. 蓄水期水库调度运行方式

(1) 库水位在 48.00m 以上、62.00m 以下时，当入库流量小于等于 1.54$m^3/s$，堰顶自由溢流，来多少泄多少；当入库流量大于 1.54$m^3/s$，用闸门控制下泄泄量为 1.54$m^3/s$，多余水量蓄库。

(2) 库水位达到 62.00m 以上、66.00m 以下时，可由小孤山水电站一台小机控制下泄流量为 1.54$m^3/s$，多余水量蓄库。

(3) 库水位达到 66.00m 以后，当入库流量小于等于 66.00m 水位相应的泄流能力时，用闸门控制洪水来多少泄多少，保持 66.00m 坝前水位不变；当入库流量大于 66.00m 水位相应的泄流能力时，按泄洪建筑物的泄流能力下泄，小孤山水电站机组不参加泄流。

## 二、水库运行方式

### （一）上水库汛期运行方式

当汛期上水库发生不同频率洪水且水库水位由正常蓄水位壅高到 392.50m 时，电站开启一台机组发电 0.52h 或 2 台机组发电 0.26h 泄洪运行，发电下泄水量为 20.6 万 $m^3$，相当于削减设计标准洪水的 22%、校核标准洪水的 16.6%。从蓄水安全鉴定阶段洪水过程线分析，蒲石河上水库洪水 24h 洪量主要集中在 3～4h 以内，占总量的 74.8%左右。表明大洪水时段远大于需要机组泄洪的时间，水库有充足时间进行泄洪度汛，因此，从电站发电泄洪角度分析该度汛方案是安全、可行的。另外，从电力系统对蒲石河抽水蓄能电站运行要求分析，在蒲石河发电厂并入东北电网调度协议中明确“保证蒲石河水库安全，满足水库上下游防护对象安全”的要求，因此，当蒲石河抽水蓄能电站上水库汛期需要泄洪时，电力系统能够满足电站发电运行要求。若水库水位没有达到 392.50m 就开始发电，会产生因后期来水不足、造成水位降到正常蓄水位 392.00m 以下的情况，影响电站正常运行；若水位在 392.50m 以上开始发电运行，虽然同样能够达到控制洪水位的目的，但考虑发电水位越高，对防洪调度越困难，因此，推荐上水库水位达到 392.50m 时，机组发电参与调洪的调度方案。

### （二）下水库汛期运行方式

考虑排沙要求，洪水来临之前需将下水库放空，因此，汛期水库运行方式确定如下：

(1) 当来水（含机组发电流量，下同）小于等于 500$m^3/s$ 时，来多少泄多少，保持水

库正常蓄水位不变。

(2) 当来水大于 $500m^3/s$ 时，泄流量等于来水加上有效库容在 4h 之内放空相应每秒需下泄的流量，此流量为 $902m^3/s$ 左右，总下泄流量最大为 $3000m^3/s$ 左右，根据实际调查统计资料可知，不会超过下游安全泄量，对沿江两岸村屯影响不大。

(3) 当库水位消落到死水位以后，来多少泄多少，保持死水位不变，如果来水大于泄洪设备的泄流能力时，按泄流能力下泄，同时允许水库蓄水。

(4) 洪峰过后，当来水小于等于 $500m^3/s$ 时，水库不再泄流，应使库水位尽快回蓄到正常蓄水位，准备正常运行。

**(三) 电站运行方式**

根据东北电网负荷低谷情况，确定蒲石河抽水蓄能电站从 0 时—次日 5 时共计 5h 为抽水填谷时间，机组除检修时间外，均为满负荷运行，四台机平均抽水流量约 $360m^3/s$。

调峰发电时间根据各月份负荷变化情况而定。冬季一般为 7 时、11 时运行 1～2h，17—21 时，运行 5h，日平均工作容量为 924MW 左右，满装机运行时间一般为 3h 左右；夏季运行时间相对长些，一般情况下 9—12 时运行 4h，15—21 时运行 7h，考虑机组检修等，夏季日平均工作容量为 600MW 左右。

## 第六节　经　济　评　价

### 一、概况

蒲石河抽水蓄能电站位于辽宁省宽甸县境内，距丹东市约 60km。电站总装机容量 1200MW，安装 4 台单机容量为 300MW 抽水蓄能机组，年发电量 18.6 亿 kW·h，年抽水用电量为 24.09 亿 kW·h。电站建成后并入东北电网，承担系统的调峰、填谷及事故备用等任务。

该工程建设期（含筹建期 1 年）为 7 年。第 1 台机组于第 7 年的 2 月初投入运行，截至第 7 年的 12 月末，4 台机组全部投入运行。根据工程概算，工程静态总投资为 410965 万元，总投资为 455225 万元。

依据《国家电力公司抽水蓄能电站经济评价暂行办法实施细则》《投资项目可行性研究指南》及有关法律法规，对该项目进行经济评价。

### 二、国民经济评价

国民经济评价采用替代法进行分析，即以可避免电源方案的投资、固定运行费和可变运行费（含燃料费）作为项目的效益，以设计方案的投资、运行费作为项目的费用，计算各项国民经济评价指标，测定项目对国民经济的净效益，评价项目的经济合理性，并用投入产出法进行了复核。

按设计水平年 2015 年有、无抽水蓄能电站的系统电源优选，确定煤电为替代方案，扣除电力系统中的相同容量部分和燃料消耗后，替代方案容量为 1260MW，替代方案与设计方案相比，系统增加耗煤量 1.24 万 t。

**(一)效益计算**

1. 替代方案投资

根据东北电网设计火电站统计资料分析确定，替代方案单位千瓦投资取 4000 元，静态总投资为 504000 万元，建设期 4 年，分年投资见表 10-13。

**表 10-13　　替代方案分年投资流程**　　单位：万元

| 年份 | 第 4 年 | 第 5 年 | 第 6 年 | 第 7 年 | 合计 |
|---|---|---|---|---|---|
| 投资比例/% | 10 | 30 | 40 | 20 | 100 |
| 分年投资 | 50400 | 151200 | 201600 | 100800 | 504000 |

2. 运行费

运行费率（不含燃料费）取 4%，其中固定运行费占 55%，可变运行费占 45%，经计算替代方案运行费为 20160 万元，其中：固定运行费为 11088 万元，可变运行费为 9072 万元。

3. 燃料费

替代方案系统增加耗煤量 1.24 万 t，标煤价格为 251 元/t，计算燃料费为 311 万元。

**(二)费用计算**

1. 设计方案投资

采用设计概算静态总投资 410965 万元，分年投资见表 10-14。

**表 10-14　　设计方案分年投资流程**　　单位：万元

| 年份 | 第 1 年 | 第 2 年 | 第 3 年 | 第 4 年 | 第 5 年 | 第 6 年 | 第 7 年 | 合计 |
|---|---|---|---|---|---|---|---|---|
| 投资 | 25836 | 47441 | 67155 | 78518 | 53360 | 95019 | 43636 | 410965 |
| 比例/% | 6.29 | 11.54 | 16.34 | 19.11 | 12.98 | 23.12 | 10.62 | 100 |

2. 运行费

设计方案运行费率取 2.5%，其中：固定运行费占 75%，可变运行费占 25%。经计算年运行费为 10274 万元，其中固定运行费为 7706 万元，可变运行费为 2568 万元。

**(三)国民经济评价指标计算**

该项目计算期取 37 年，其中生产期 30 年，社会折现率为 10%，初期效益、费用流量按 30%计入。经计算该项目经济内部收益率为 19.81%，经济净现值为 68791 万元。

**(四)敏感性分析**

国民经济评价可能变化的主要因素为设计方案及替代方案的投资。现对两种因素单独变化时对经济指标的影响进行分析，计算成果见表 10-15。

**(五)国民经济评价结论**

(1) 国民经济评价结果表明，在同等程度满足电力系统需求的情况下，有抽水蓄能电站的设计方案可以替代无蓄能电站燃煤火电机组容量 1260MW，减少系统煤耗量 1.24 万 t，电站全部机组投入正常运行后，每年可为系统节约运行费 10197 万元，其中节约燃料费用为 311 万元，经济效益比较显著。

表 10-15　　敏感性分析成果

| 方　　案 | 经济内部收益率/% | 经济净现值/万元 |
| --- | --- | --- |
| 基本方案 | 19.81 | 68791 |
| 设计电站投资增加 5% | 17.16 | 52430 |
| 设计电站投资增加 10% | 14.72 | 36069 |
| 替代电站投资减少 5% | 17.03 | 49068 |
| 替代电站投资减少 10% | 14.22 | 29345 |
| 替代电站投资减少 17.5% | 10.00 | 0 |

(2) 根据经济指标计算结果，该项目经济内部收益率为 19.81%，大于社会折现率 10%，经济净现值为 68791 万元，远大于 0。敏感性分析结果表明，即使设计电站投资增加 5%到 10%或替代电站投资减少 5%到 10%，经济内部收益率仍大于 10%，经济净现值均大于 0；当经济内部收益率为 10%，经济净现值为零时，替代方案单位千瓦投资约为 3300 元，说明该项目对国民经济的贡献是显著的，具有明显的盈利能力和较强的抗风险能力，在经济上是合理的。

## 三、财务评价

财务评价采用电力系统可避免成本定价方法，测算两部制上网电价，即容量价格和电量价格，对本工程进行财务指标计算，据以判别项目在财务上的可行性。

**(一) 资金筹措及贷款条件**

1. 固定资产投资

本项目固定资产投资为 410965 万元（价差预备费为 0），工程总投资为 455225 万元。该工程建设资金由自筹资金和国内银行贷款两部分组成。根据业主意见，自筹资金为 95000 万元，占总投资的 20.87%，集中安排在前 3 年使用，其余为国内银行贷款，贷款年利率为 5.76%，贷款偿还期为 20 年。自筹资金作为资本金参股分红，资本金回报率为 8%。

2. 流动资金

电站流动资金按 10 元/kW 估算，总计为 1200 万元，其中 300 万元为自有流动资金，其余为国内银行贷款，贷款年利率为 5.31%。流动资金随机组投产投入使用，利息计入发电成本，本金在计算期末一次收回。

3. 建设期利息

建设期利息为固定资产投资在建设期内所发生的利息。借款当年按半年计息，其后年份按全年计息。(初期运行期利息按分摊考虑) 经计算建设期利息为 42244 万元。

**(二) 费用计算**

项目费用包括总投资、发电成本和各项税金。

1. 总投资

总投资包括固定资产投资、建设期利息和流动资金。

2. 发电成本

发电成本包括经营成本、折旧费、摊销费和利息支出。经营成本包括修理费、职工工资及福利费、劳保统筹、住房基金、材料费、库区维护费、库区移民后期扶持基金、抽水电费和其他费用。本次计算又增加了医疗保险和养老保险基金。

发电成本中除库区维护费、库区移民后期扶持基金、抽水电费和修理费中的可变修理费为可变成本外，其余均为固定成本。

成本计算中各项费率取值如下：

（1）折旧率采用5%。

（2）修理费率采用1.5%，其中1.2%为固定修理费率，0.3%为可变修理费率。

（3）职工工资及福利等费率取值：定员人数242人，人均年工资额采用2002年年底统计资料为2.34万元，福利费、劳保统筹及住房基金分别取职工工资总额的14%、17%和10%；医疗保险和养老保险基金分别取职工工资总额的8%和28%。

（4）保险费率取0.25%。

（5）库区维护费和后期扶持基金：库区维护费按厂供电量0.001元/(kW·h）计算；库区移民后期扶持基金按淹没影响总人数897人，每人每年400元计算，提取年限为项目开始投产后10年止。

（6）材料费和其他费用定额：材料费定额取2元/kW，其他费用定额取12元/kW。

（7）摊销费：摊销费包括无形资产和递延资产的分期摊销。计算固定资产投资全部形成固定资产，没有形成无形资产和递延资产，无摊销费。

（8）抽水电费：根据业主意见，本电站抽水电费取0.12元/(kW·h)。

（9）利息支出：利息支出为固定资产和流动资金在生产期内从成本中应支付的借款利息，固定资产投资借款利息依各年还贷情况而不同；流动资金借款利息每年为48万元。

3. 各项税金

项目税金包括增值税、销售税金附加和所得税。其中增值税为价外税。本次计算的电价中不含增值税，仅作为计算销售税金附加的依据。

（1）销售税金附加。销售税金附加包括城市建设维护税和教育费附加，以增值税为基础计征，税率分别采用5%和3%，增值税率为17%。

在计算增值税时应扣除材料费及修理费中的进项税额，修理费中的进项税额按修理费的70%计征。

销售税金附加=(销售收入×增值税率-进项税额)×(城市建设维护税率+教育费附加税率)

进项税=(材料费+修理费×70%)×增值税率/(1+增值税率)

（2）企业所得税。按税法规定，应纳税额按应纳税所得额计算，税率为33%。

应纳税所得额=发电销售收入-总成本费用-销售税金附加

**（三）效益计算**

1. 上网容量和上网电量计算

（1）上网容量=装机容量×(1-厂用电率)×(1-年检修天数/365)×(1-强迫停运率)。式中：厂用电率采用2%；年检修天数为1个月；强迫停运率经分析估算取1%。

经计算：上网容量为1067MW。

（2）上网电量=优化运行年发电量×(1-厂用电率)。

经计算为182280万kW·h，考虑初期运行不稳定等因素，初期运行发电量按正常运行发电量的30%计取。

2. 上网容量价格测算

抽水蓄能电站的容量价格以可避免电源方案的容量总成本为定价依据。容量费用由固定成本、固定税金和投资利润所组成。本电站可避免电源方案同前所述，确定为煤电方案。

(1) 总投资。

1) 固定资产投资。可避免电源方案装机容量为1260MW，单位千瓦投资取4000元，固定资产投资为504000万元。

2) 建设期利息。资本金按总投资的20%考虑，其余为国内银行贷款，贷款年利率为5.76%。据此计算的建设期利息为42712万元。

3) 流动资金。流动资金按固定资产投资的3.5%估算，总计为17640万元。

4) 总投资为以上三项之和，经计算为564352万元，其中固定资产价值为546712万元。

(2) 固定成本计算。固定成本包括：折旧费、摊销费、固定修理费、保险费、职工工资及福利费、劳保统筹、住房基金等，总计为43644万元。计算中各项费率取值如下：

1) 折旧率：6%。

2) 摊销费：暂不计。

3) 固定修理费率：1.25%。

4) 职工人数：参考其他电站一般为0.5～1人/MW，职工定员总人数取800人。

5) 工资定额：采用2002年电网统计值2.34万元/(人·年)。

6) 福利费率、劳保统筹费率和住房基金费率合计取41%。

7) 保险费率：0.25%。

(3) 投资利润计算。

投资利润(税前)＝总投资×资金利润率。

资金利润率取8%。

经计算：替代方案的投资利润为45148万元。

(4) 固定税金计算。固定税金主要为以增值税为基数计算的销售税金附加。

1) 销售税金附加＝增值税×(城市建设维护税率＋教育费附加税率)。

2) 增值税＝容量费用×增值税率－进项税。

3) 容量费用＝投资利润＋固定成本＋附加税。

4) 进项税＝固定修理费×70%×增值税率/(1＋增值税率)。

增值税率为17%；城市建设维护税率取5%；教育费附加税率取3%。

经计算：销售税金附加为1168万元；容量费用为89960万元。

(5) 容量价值。考虑燃煤火电与抽水蓄能电站在厂用电、开停机及跟踪负荷变化等方面存在差别，从同等程度满足电力系统需要来看，应该考虑调整系数。本次计算调整系数取1.1。

容量价值＝容量费用×调整系数＝89960万元×1.1＝98956万元。

（6）容量价格。

容量价格＝容量价值/设计电站上网容量＝98956 万元÷1067MW＝927 元/kW。

3. 电量价格测算

抽水蓄能电站的电量价格是以可避免电源方案的电量总成本为定价依据。电量费用包括可变经营成本、燃料费和可变税金。

（1）可变经营成本。可变经营成本包括可变修理费、材料费、水费和其他费用，总计为 8945 万元。各项费率均按替代方案统计资料取值：

1）可变修理费率为 1.25%。

2）材料费定额取 4 元/(MW·h)。计算中设计电站发电量要考虑燃煤火电与抽水蓄能电站在厂用电方面的差别。本次计算燃煤火电厂用电率取 8%，抽水蓄能电站厂用电率取 2%，经计算替代电站的发电量为 19.69 亿 kW·h（下同）。

3）水费定额取 0.72 元/(MW·h)。

4）其他费用定额取 6 元/(MW·h)。

（2）燃料费。燃料费为有、无抽水蓄能电站系统燃料费差值再加上设计电站燃料费。

有、无抽水蓄能电站系统耗煤量差值为 1.24 万 t，设计电站抽水耗煤量为 74.68 万 t，标煤价格为 251 元/t，经计算替代方案燃料费为 19056 万元。

（3）可变税金。可变税金是以增值税为计算基数的销售税金附加。增值税计算中将燃料费作为进项抵扣。

1）销售税金附加＝(电量费用－燃料费)×增值税率×附加税率。

2）电量费用＝可变经营成本＋燃料费＋销售税金附加。

由以上二式联解，即可算出销售税金附加为 123 万元，电量费用为 28124 万元。

3）电量价值＝电量费用×调整系数，本次计算调整系数取 1。

4）电量价格＝电量价值/设计电站上网电量＝28124/182280＝0.154 元/(kW·h)。

另外，按满足电力工业基准收益率 8%的要求，测算的容量价格为 669 元/kW，电量价格为 0.1121 元/(kW·h)。本次补充设计以可避免成本电价：容量价格 927 元/kW，电量价格 0.154 元/(kW·h)，作为高方案；以满足电力工业基准收益率 8%测算的容量价格 669 元/kW，电量价格 0.1121 元/(kW·h)，作为低方案，分别进行各项财务指标计算。

4. 电站年发电收入

本电站采用电网统一经营核算方式计算年发电收入，即电站年发电收入为电站容量收入和电站电量收入之和。经计算，高方案：容量价格为 927 元/kW，电量价格 0.154 元/(kW·h)，年发电收入为 127002 万元，折算成一部制电价为 0.6967 元/(kW·h)；低方案容量价格为 669 元/kW，电量价格为 0.1121 元/(kW·h)，年发电收入为 91831 万元，折算成一部制电价为 0.5038 元/(kW·h)。

**（四）清偿能力分析**

1. 还贷能力分析

本项目的还贷资金主要为还贷利润、还贷折旧费和计入成本的利息。

（1）还贷利润。

还贷利润＝税后利润－盈余公积金－公益金－应付利润。

税后利润＝利润总额－所得税。

利润总额＝发电销售收入－发电总成本－销售税金附加。

盈余公积金、公益金分别按税后利润的10%和5%计算。应付利润为支付给投资者的红利，股息等。本项目按年末资本金累计的8%计算。

（2）还贷折旧费。按折旧费的90%计算。

（3）计入成本的利息。计入成本的利息是指还贷期产生的利息。

根据借款流程及还贷条件，运用还贷资金按等本金偿还方式进行还本付息计算。计算结果表明按复利计算，20年可还清贷款本息，说明该项目经营期内有偿还能力。

2. 资金平衡分析

计算结果表明本项目第一台机组投产后，每年均有盈余资金。高、低方案整个计算期累计盈余资金分别为1192938万元和472247万元，资金运用情况良好。

3. 资产负债分析

该项目高方案在建设期第7年，资产负债率最高达到78.88%，但机组投产后资产负债率很快下降，到还清贷款本息后，资产负债率只有0.19%，计算期结束时已基本趋于零。低方案在建设期第7年，资产负债率最高达到79.06%，机组投产后资产负债率逐渐下降，到计算期结束时已降为0.19%。说明本项目还债能力较强。

4. 盈利能力分析

通过全部投资和资本金的现金流量计算（基准收益率均为8%），本项目高、低方案全部投资财务内部收益率分别为11.97%和8%；资本金财务内部收益率分别为16.58%和8.86%；若按全部投资财务内部收益率10%测算：则容量价格为793元/kW，电量价格为0.1328元/(kW·h)，相应资本金财务内部收益率为13.09%。以上三个方案的其他各项财务指标计算结果见表10－16。

**表10－16　　财务评估指标汇总**

| 序号 | 项　目 | 计　算　指　标 | | | 备　注 |
|---|---|---|---|---|---|
| | | 高方案 | 低方案 | 中方案 | |
| 1 | 总投资/万元 | 454409 | 454409 | 454409 | |
| 1.1 | 固定资产投资/万元 | 410965 | 410965 | 410965 | |
| 1.2 | 建设期利息/万元 | 42244 | 42244 | 42244 | |
| 1.3 | 流动资金/万元 | 1200 | 1200 | 1200 | |
| 2 | 上网电价/[元/(kW·h)] | 0.6967 | 0.5038 | 0.5971 | |
| 2.1 | 上网容量价格/(元/kW) | 927 | 669 | 793 | |
| 2.2 | 上网电量价格/[元/(kW·h)] | 0.154 | 0.1121 | 0.1328 | |
| 3 | 发电销售收入总额/万元 | 3848174 | 2782467 | 3297770 | |
| 4 | 发电成本费用总额/万元 | 1809398 | 1856917 | 1809500 | |
| 5 | 销售税金附加总额/万元 | 50573 | 36079 | 43087 | |
| 6 | 发电利润总额/万元 | 1988203 | 889472 | 1445183 | |

续表

| 序号 | 项　　目 | 计 算 指 标 | | | 备 注 |
|---|---|---|---|---|---|
| | | 高方案 | 低方案 | 中方案 | |
| 7 | 盈利能力指标 | | | | |
| 7.1 | 投资利润率/% | 18.83 | 11.2 | 14.89 | |
| 7.2 | 投资利税率/% | 23.79 | 14.74 | 19.12 | |
| 7.3 | 资本金利润率/% | 36.21 | 17.74 | 25.54 | |
| 7.4 | 全部投资财务内部收益率/% | 11.97 | 8.00 | 10.00 | 所得税后 |
| 7.5 | 全部投资财务净现值/万元 | 152991 | 0 | 72047 | 所得税后 |
| 7.6 | 资本金财务内部收益率/% | 16.58 | 8.86 | 13.08 | 所得税后 |
| 7.7 | 资本金财务净现值/万元 | 179358 | 14949 | 98364 | 所得税后 |
| 7.8 | 投资回收期/a | 12.56 | 15.50 | 13.80 | 所得税后 |
| 8 | 清偿能力指标 | | | | |
| 8.1 | 借款偿还期/a | 20 | 20 | 20 | |
| 8.2 | 资产负债率/% | 78.88 | 79.06 | 78.98 | 最大值 |

5. 敏感性分析

该项目主要考虑了电站的投资和电价各项敏感性因素单独变化时，对主要财务评价指标的影响。计算成果详见表 10-17。

**表 10-17　　敏感性分析成果**

| 序号 | 项　　目 | 容量价格/(元/kW) | 电量价格/[元/(kW·h)] | 折一部制电价/[元/(kW·h)] | 财务内部收益率/% | 资本金内部收益率/% |
|---|---|---|---|---|---|---|
| 1 | 基本方案（高方案） | 927 | 0.154 | 0.6967 | 11.97 | 16.58 |
| 1.1 | 投资增加 5% | 927 | 0.154 | 0.6967 | 11.54 | 15.96 |
| 1.2 | 投资增加 10% | 927 | 0.154 | 0.6967 | 11.1 | 15.38 |
| 1.3 | 电价减少 5% | 881 | 0.1461 | 0.6619 | 11.33 | 15.42 |
| 1.4 | 电价减少 10% | 834 | 0.1387 | 0.627 | 10.64 | 14.19 |
| 2 | 基本方案（中方案） | 793 | 0.1328 | 0.5971 | 10.0 | 13.08 |
| 2.1 | 投资增加 10% | 793 | 0.1328 | 0.5971 | 9.24 | 11.74 |
| 2.2 | 投资增加 20% | 793 | 0.1328 | 0.5971 | 8.6 | 10.3 |
| 2.3 | 投资增加 30% | 793 | 0.1328 | 0.5971 | 8.0 | 8.91 |
| 2.4 | 电价减少 10% | 714 | 0.1194 | 0.5374 | 8.77 | 10.52 |
| 2.5 | 电价减少 20% | 634 | 0.1065 | 0.4777 | 7.41 | 7.56 |

**（五）财务评价结论**

（1）根据上网电价测算结果，高方案即可避免成本电价：容量价格为 927 元/kW，电量价格为 0.154 元/(kW·h)，折算成一部制电价为 0.6967 元/(kW·h)，与其他抽水蓄能电站比并不高。低方案即按电力工业基准收益率 8%测算的电价：容量价格为 669 元/kW，

电量价格为 0.1121 元/(kW・h)，折算成一部制电价为 0.5038 元/(kW・h) 与电网现行电价相接近，并低于可避免成本电价。若按电网统一还贷测算，在 2002 年底全网售电量 1197.18 亿 kW・h 的基础上，每千瓦时电量只需增加 1 分钱左右，电网是可以接受的。

(2) 从财务评价指标看，高方案全部投资财务内部收益率和资本金财务内部收益率分别为 11.97%和 16.58%，均大于基准收益率 8%，投资回收期为 12.56 年；低方案全部投资财务内部收益率和资本金财务内部收益率分别为 8%和 8.86%，投资回收期为 15.5 年。若按全部投资财务内部收益率 10%测算，容量价格为 793 元/kW，电量价格为 0.1328 元/(kW・h)，折算成一部制电价为 0.5971 元/(kW・h)，相应资本金财务内部收益率为 13.08%，表明本项目盈利能力较强，财务上可行。

(3) 从敏感性分析结果看，不论是以高方案作为基准方案，还是以中方案作为基准方案，敏感性因素变化的临界范围均很大，说明本项目抗风险能力很强。

## 四、综合评价

(1) 该电站静态总投资 410965 万元，单位千瓦投资为 3425 元，单位电能投资为 2.21 元/(kW・h)，单位发电经营成本为 0.214 元/(kW・h)，与国内规模相近的同类电站相比，投资指标较优越。

(2) 该电站建成后，每年可为电网节省运行费约 10197 万元，其中节约燃料费为 311 万元，特别是在提高系统调峰能力，优化电源结构，应付系统突发事故，保障系统安全运行等方面将起到更大的作用。

(3) 该项目的建设不仅可以改善当地环境状况，增加美丽景观，以发展旅游事业，而且将带动地方建材工业和第三产业的发展，促进地方基础设施建设，活跃地区商品市场，增加社会就业机会，对地区国民经济发展将做出一定的贡献。

(4) 随着电力行业的深化改革，电力市场正在发生变化，两部制电价的试行和推进竞争上网的实际情况都将对抽水蓄能电站的建设和运营带来新的挑战和机遇。根据经济评价成果，本电站上网电价比较有竞争力，经济上合理，财务上可行，抗风险能力很强，开发条件较优越，而且经济效益和社会效益都比较显著。

# 第四篇 工程地质

# 第十一章　勘察任务及内容

## 第一节　勘　察　任　务

抽水蓄能电站工程按国家基本建设程序开展地质勘察工作。《水力发电工程勘察规范》规定地质勘察划分为规划、预可行性研究、可行性研究、招标设计、施工详图设计五个阶段进行。为相应设计阶段提供翔实、可靠的工程地质资料。

各阶段的地质勘察工作依据任务书或合同的要求，按《水力发电工程勘察规范》的要求，编制工程地质勘察大纲，其工作内容、深度，满足相应设计阶段的需要。各阶段勘察工作结束，编制工程地质勘察报告及其附图。

## 第二节　抽水蓄能电站工程地质特点

抽水蓄能电站工程地质特点既有常规水电站工程地质问题的一些共性，又有其自身的特殊性。根据其主要建筑物的特点及运行特性，抽水蓄能电站主要具有以下地质特点：

（1）抽水蓄能电站站址一般位于山区，因为抽水蓄能电站要求上、下水库间落差大，距离较小。与常规水电站相比，去上水库的交通非常困难，而且上水库往往是站址区地势的“高点”，此为勘察工作造成诸多困难。

（2）抽水蓄能电站水泵、水轮机的吸出高度值负几十米，甚至近百米，且地下厂房系统均位于下水库最低水位以下几十（或近百）米。这给了解地下厂房、引水隧洞、高压岔管原位的工程地质、水文地质条件、地应力等造成困难，均需要用深钻孔、长探洞、高压压水试验等手段才能获取所需的地质资料。

（3）上水库坝型多为当地材料坝，坝体材料多为堆石，上水库为了满足调节库容需要，往往通过库周（盆）开挖增容（死水位以上）。利用库周（盆）开挖料作为上坝料的地质勘探，是常规电站没有的。上水库往往是无源的水库，水库充水来自下水库，为减少上水库初期充水量，减少上水库工程弃渣占地，往往用回填弃渣减少死库容。

（4）抽水蓄能电站的上、下两个水库具有关联性，上下水库的水平距离 $L$ 和高差 $H$ 的比值小，上、下水库区之间山体地势较陡，一些地面建筑物、隧洞进口的边坡地质问题较多，特别是上下水库之间的连接公路高边坡地质问题更为突出。

（5）抽水蓄能电站的上水库一般地势较高，库容较小，水库渗漏问题尤为重要。因此，选择一个库区地质比较完整、无较大的集中渗漏通道、具有相对隔水层的上水库，可以减少水量损失，降低防渗投资，减少因水库渗漏对附近山体环境的破坏。抽水蓄能电站上水库水位变换频繁且急剧，大幅度的频繁升降过程能带来岸坡稳定地质问题，对不能保证库岸稳定的组成物应予以清除，并进行必要的库岸防护。

（6）抽水蓄能电站下水库与常规电站水库特点基本相同，多利用天然河道成库，勘察的重点是水库的库岸坍岸、浸没、渗漏等地质问题，若库容较小时，还应该调查水库的淤积问题。

（7）抽水蓄能电站输水发电系统多为深埋地下的洞室群，地质条件一般比较复杂，要考虑围岩稳定与地应力问题、引水隧洞围岩与衬砌在高水头内水压力作用下渗透变形等问题。

（8）寒区修建抽水蓄能电站应考虑冻土问题，在工程建设和运行期间可能发生冻胀和融沉作用。工程地质勘察期间应查明其成因类型、分布范围、物质成分、物理力学及热力学性质、含水率等，并应对冻土工程地质条件做出评价。

## 第三节　区域构造稳定性及地震分析

抽水蓄能电站区域构造稳定性及地震研究应包括区域构造背景研究，工程区活断层判定，地震地质环境和地震危险性分析，高山动力反应，建筑物区构造稳定和地震危险性评价。

区域构造背景研究应编制工程研究区小比例尺区域构造地质图及Ⅴ级以上地震震中分布图，了解工作区不小于150km范围地质构造环境和地震环境；调查工程研究区新生代以来地壳变动特性，特别是构造断陷盆地边缘、山前断裂带及两构造单元边界等地区的活动性。

区域构造稳定及地震危险性评价是工程抗震设计的重要依据，选点规划阶段主要是了解、收集区域的地质及地震资料，根据《中国地震动参数区划图》（GB 18306—2015）确定地震动参数。区域构造稳定性分析与评价工作应在预可行性研究阶段完成，因此，本阶段需在进一步收集区域地质、地震资料的基础上，重点对区域构造背景进行研究，查明近场区的区域断裂分布及活动性，并对区域构造稳定性及地震危险性进行评价，确定地震动参数和地震基本烈度。可行性研究阶段根据需要补充区域构造稳定性评价。

对抽水蓄能电站而言，区域构造稳定性涉及上、下水库（坝）和输水发电系统等建筑物，对工程设计有直接影响的因素是地震动参数及其地震基本烈度和站址区的活动断裂分布情况。

地震烈度Ⅶ度及以上地区的大型抽水蓄能电站，应分析潜在震源发震的可能性及其强度，鉴定或复核其地震基本烈度和相应概率的动参数。根据《水力发电工程地质勘察规范》的要求，坝址不宜选在震级为$6\frac{3}{4}$级及以上的震中区或地震基本烈度为Ⅸ度以上的强震区；大坝等主体工程不宜建在已知的活动断层上。因此，抽水蓄能电站规划选点时，应尽量避开在高地震烈度区和主体工程有活动断裂分布的区域。

地震安全性评价一般委托有资质的单位按规程要求进行专题研究，为设计提供地震动参数及相应的地震基本烈度及设计反应谱等。

## 第四节　水库及水工建筑物工程地质勘察

### 一、水库工程地质勘察

#### （一）抽水蓄能电站上水库

抽水蓄能电站的上水库一般修建在地势较高的山顶盆地、洼地、大型冲沟等处，上水

库工程一般具有以下特点：

（1）地形地质条件复杂，库周地形陡峻且可能较单薄，风化、卸荷岩体深，构造发育，库周分水岭地下水位及相对隔水层埋藏较深。

（2）受地形条件、水库水位变幅及装机容量要求的限制，在上水库的天然库容不能满足要求的情况下，有通过库盆开挖进行扩容的，库盆多为人工边坡，自然边坡的应力应变状态发生改变易于产生边坡失稳。库盆开挖后的库岸分水岭往往比较单薄，有时类似于天然堤坝，需要考虑岸坡（内、外侧）岩体的抗滑稳定性。

（3）上水库库容一般较小，运行周期短，一般24h完成一次甚至多次抽水、发电的循环过程。库水位快速升降，变幅较大，使库岸边坡处于恶劣的工作环境中，对水位变动带边坡稳定极为不利。

（4）为避免上水库渗漏造成电能损失，要求周边有较完整的岩体，不允许产生永久性渗漏，水库防渗处理要求要比常规水库严格得多。经改造后的库岸更单薄，地下水位渗径变短，易于发生水库渗漏。

水库勘察包括查明水库区的水文地质条件，对水库渗漏问题进行评价；查明不稳定库岸和潜在不稳定库岸的工程地质条件并进行评价，界定影响区范围；查明覆盖层库岸的工程地质条件，对其塌岸影响范围进行预测，并界定影响区范围；查明可能浸没地段的水文地质工程地质条件，并进行复判，界定浸没影响区范围；查明泥石流发育情况，分析泥石流对工程等的影响程度，提出防治措施建议；分析水库诱发地震的可能性，预测诱发地震位置、最大震级及其对工程和库区环境的影响；对水库移民集中安置点和专项复建工程进行地质勘察与评价。

水库渗漏地段的勘察包括可溶岩地段的勘察和非可溶岩地段勘察。可溶岩区应查明岩溶的发育规律和分布特征，主要岩溶通道的延伸和连通情况，相对隔水层的分布、厚度变化、隔水性能和构造封闭条件，地下水分水岭位置，地下水位和地下水的补给、径流、排泄条件，岩溶发育特征和岩溶渗漏的性质；主要漏水地段或主要通道的位置、形态和规模，岸边地下水低槽的分布和水位等。估算渗漏量，提出防渗处理范围和深度建议。非可溶岩区应查明大的断层破碎带、古河道、单薄分水岭等可能渗漏地段的地质结构及水文地质条件，分析产生水库永久渗漏的可能性。

抽水蓄能电站上水库一般修建在山顶或沟源部位，地势比较高。上水库周围地下水位大多低于上水库正常蓄水位，水库蓄水后与临谷间不存在地下分水岭，库水直接外渗。对于开挖扩容后形成库盆的上水库，周边分水岭地形比较单薄，水库渗漏、库岸边坡稳定问题更加突出。抽水蓄能电站上水库库容一般较小，又无天然径流补给，日渗漏量一般要求不大于总库容的5‰。上水库防渗要求高，因此水库渗漏问题是各勘察阶段的重点与难点问题，无论是全库盆防渗、还是局部防渗，都需要对水库的渗漏性质、渗漏量及渗透稳定问题做出地质评价。

上水库渗漏与否的判断，应首先从上水库类型、基本渗漏形式入手，根据不同类型上水库的水文工程地质条件，采取不同勘察方法，采用全库盆防渗、半库盆防渗以及局部垂直或水平防渗等工程措施。上水库主要类型、渗漏形式划分类型见表11－1、表11－2。

**表 11－1　　　　上水库主要类型划分及其工程地质和水文地质特点**

| 分类依据 | 上水库类型 | 工程地质及水文地质特点表 | 工程实例 |
|---|---|---|---|
| 地形类型 | 天然成库型 | 上水库地形封闭条件好，工程开挖量不大，天然边坡、人工开挖边坡不高，工程地质与水文地质条件良好 | 蒲石河、荒沟 |
| | 山顶台坪型 | 上水库地形封闭条件差，需筑坝围库，开挖量及填筑量均较大，且对防渗要求较高，工程地质与水文地质条件一般 | 张河湾 |
| 天然径流条件 | 有天然径流 | 上水库工程地质与水文地质条件简单 | 广蓄 |
| | 无天然径流 | 防渗条件要求较高 | 宜兴 |

**表 11－2　　　　上水库渗漏形式分类**

<table>
<tr><th colspan="3">渗 漏 形 式</th><th>渗 漏 特 点</th></tr>
<tr><td colspan="3">单薄分水岭型渗漏</td><td>渗径短，易产生渗透破坏问题</td></tr>
<tr><td rowspan="5">库岸渗漏</td><td rowspan="3">构造型渗漏</td><td>风化卸荷带渗漏</td><td rowspan="2">多发生在坝基（肩），渗漏量一般不大，渗透稳定问题比较突出</td></tr>
<tr><td>裂隙密集带渗漏</td></tr>
<tr><td>断层渗漏</td><td>多穿越坝基（肩）及库岸或库底，渗漏量较大，易产生渗透稳定问题</td></tr>
<tr><td rowspan="2">喀斯特渗漏</td><td>溶隙型渗漏</td><td>多发生在单薄分水岭等地段，渗漏量较裂隙型渗漏大</td></tr>
<tr><td>管道型渗漏</td><td>多发生在河间地块，单薄分水岭等部位，渗漏量大</td></tr>
<tr><td colspan="2">库底渗漏</td><td>多为断层渗漏及管道型渗漏</td><td>发生在库底，渗漏量大</td></tr>
</table>

上水库渗漏勘探内容有：库区地形地貌，强透水岩土层、断层破碎带、节理密集带、库周地形垭口、单薄分水岭、古河道的分布和水文地质特征；地形哑口与岩性、构造及库外山坡冲沟的关系；地层岩性分布特征，岩体风化程度及卸荷深度；地质构造分布特征，断层、节理发育程度，岩体完整性；岩体的透水性、地下水动态、库周相对隔水层底板分布与埋藏特征、泉水出露位置和高程、地下水的补排条件与库外联通情况；分析、估算天然库盆的渗漏量，提出防渗处理建议。

对布置有石料场的上水库库盆，料场开挖后，地质条件改变导致地下水位降低，尤其是大面积、大体积开挖形成的库盆，会造成地下分水岭单薄或缺失，可研阶段地下水位的长期观测数据代表不了运行期的地下水位数据，会直接导致防渗失败或防渗形式的改变，应引起足够的重视。

抽水蓄能电站上水库防渗要求高，在勘探工作布置上与常规水电工程存在一定的差异，先对库区进行工程地质测绘，在地质测绘工作中，根据不同阶段采用相应的勘测精度，测绘范围包括整个库区及库外邻谷。要查清地层岩性、地质构造、覆盖层分布及厚度、地表水出露、地下水的分布；查清断层的产状、分布位置、宽度、性状等。

在初步了解库区基本地质条件的基础上，进行钻探工作，水文地质钻孔沿分水岭、地形垭口布置。库盆开挖区和库底也应布置钻孔或平洞、坑槽、浅井和竖井等地质勘察工作。必要时，在渗漏段的分水岭内、外坡布置钻孔，形成水文地质剖面。重点查明库岸岩体的透水性、含水层及相对隔水层的分布情况、地下水位埋深与高程，分析可能产生的渗漏段。对库岸单薄分水岭、山脊垭口、风化卸荷带、喀斯特通道、强透水岩层及大的断层破碎带部位，布置地下水位长期观测孔，钻孔深度应进入稳定地下水位或库底高程以下

20～30m，并应进入相对隔水层（岩体透水率 $q \leqslant 1Lu$ 或 $q \leqslant 3Lu$）顶板以下 5～10m，地下水位长期观测钻孔观测不应少于一个水文年。

不稳定岸坡和潜在不稳定岸坡的勘察应查明库区特别是近坝库区、城镇地段的滑坡、堆积体和潜在不稳定岸坡以及库区巨型滑坡等的分布范围、体积、地质结构、边界条件和地下水动态；分析不稳定和潜在不稳定岸坡在天然状态下的稳定性，预测施工期和水库运行期不稳定和潜在不稳定岸坡失稳的可能性，并应对水工建筑物、城镇、居民点、耕园地、主要交通线路及专项设施等的可能影响做出评价，界定影响区的范围。预测蓄水后边坡稳定性的变化趋势，提出防治措施和长期监测方案的建议。

抽水蓄能电站上水库每天水位变动频繁，变幅较大，在动水位情况下，岸坡在入渗、回渗的动水压力综合作用下，比常规电站的水库边坡破坏机理要复杂得多。在北方寒冷地区，冬季产生的冻胀也会对库周产生不利影响。

库区内库岸边坡包括防渗面板地基开挖边坡、库内料场开挖边坡、进/出水口段较高陡开挖边坡以及自然边坡等。上水库多位于山顶较高部位，地形地貌一般较复杂，库外边坡一般较陡，若有倾向库外的缓倾角软弱结构面存在，则库外边坡稳定尤为重要。

库岸勘察工作包括岸坡的高度、坡度及沟谷的切割情况等地形地貌特征；组成岸坡的地层岩性及其结构情况，层状结构岩体应查明其岩层产状、软弱夹层分布及与岸坡的关系；地质构造的产状、规模及其分布规律，特别是缓倾角结构面的分布情况；岩体风化卸荷程度、厚度，不良物理地质现象的分布情况；组成岸坡岩（土）体的物理力学性质测试；分析各类结构面及其组合与边坡的关系，可能变形破坏的形式，对水库蓄水前后进行岸坡稳定性分析评价，提出防护处理措施。

库岸地质勘察应结合水库区、库区内石料场等地质勘察进行，应以工程地质测绘、钻探、平洞或竖井为主，坑槽探、物探及试验工作为辅。地质测绘工作重点是查明潜在不稳定岸坡、变形破坏及其周围有影响的地段，包括库外边坡的一定范围。对库岸水上和水下天然边坡、工程边坡及分水岭外侧边坡进行勘察，重点查明影响边坡稳定性结构面特性、水位变动带边坡地质条件，勘探孔、洞（井）间距 50～100m，深度应满足边坡稳定性评价深度要求，对控制库岸稳定的主要岩（土）层、软弱夹层或软弱构造带应取样进行必要物理力学性质试验。

存在冻土的库岸边坡，应重点调查因冻土融化可能出现的大型滑坡、崩塌、危岩体及潜在不稳定岸坡的分布位置，并应评价其在天然情况及水库运行后的稳定性。

覆盖层塌岸区勘察应包括查明土的分层、级配和物理力学性质，确定岸坡的天然稳定坡角、浪击带稳定坡角和土的水下浅滩坡角。

预测不同库水位的塌岸影响程度，界定塌岸影响范围，并提出长期观测的建议。预测时应考虑水库的运行方式、风向和塌岸物质中粗颗粒的含量及其在坡脚再沉积的影响。预测计算中，各段的稳定坡角应根据试验成果，结合调查资料选用。

浸没区勘察应包括查明水库周边的地貌特征，潜水含水层的厚度，岩性岩相、分层和夹层，基岩或相对隔水层的埋藏条件，地下水位和地下水的补排条件。查明含水层土的层次、厚度、颗粒组成、物理力学性质、渗透系数、土的毛细管水上升带高度、给水度、饱和度、易溶盐含量、产生浸没的地下水临界深度，并根据水库运行水位和地下水位壅高预测浸没影响范围。查明主要农作物种类、根系层厚度、毛细管水上升带的高度，临界地下水位的实验和观测资料，地区土壤盐渍化和沼泽化的历史及现状。查明城镇和居民区建筑物的基础砌置深度等；查明防护地段的水文地质工程地质条件，当防护区的地面高程低于水库蓄水位时，应对防护工程地基的渗漏、渗透稳定性和防护区内涝及浸没问题进行研究，提出处理措施建议。查明岩溶地区水库邻近的洼地、槽谷的分布、形态、充填、地质构造、岩溶发育与连通情况、地表径流与地下水的补给排泄条件、地下水与河水或库水的水力联系等，预测、界定浸没或内涝的影响范围。

泥石流勘察应包括收集当地水文、气象资料，包括年降雨量及其分配、暴雨时间和强度、一次最大降雨量等。

调查泥石流沟汇水面积，流域内岩性、构造、物理地质现象、新构造活动迹象与地震情况。泥石流形成区、流通区、堆积区的范围、平剖面形态，沟坡的稳定性，形成泥石流的固体物质来源、物质组成、颗粒级配及其启动条件。调查泥石流沟口堆积区堆积物的分布形态、堆积形式、厚度、分层结构、分选特征及颗粒级配等。调查访问历史泥石流活动情况、类型、冲淤、危害性及防治情况。

提出泥石流重度、流速、流量、一次性堆积总量等特征指标，进行泥石流分类。分析评价泥石流对水工建筑物及施工场地和营地、水库淤积、规划移民区的影响和危害程度，并提出综合治理措施的建议。

水库诱发地震潜在危险性预测宜包括可能诱发地震的地段及可能发生诱发地震的类型、最大震级和烈度。水库诱发地震的可能发震地段，可根据库区的地质环境、地应力状态、孕震构造、岩体的导水性、可溶岩分布及岩溶发育情况、发震机理等初步判定。水库诱发地震的强度可根据发震断裂的长度、岩溶发育程度、已有震例的工程类比或区域地震活动水平进行初步估计。

当认为有可能发生水库诱发地震时，应分析库区的地震地质条件，包括深大断裂、活动断层和发震断层及历史地震的情况，库盆的岩性、岩体结构和水文地质结构，断层破碎带的导水性及其与库水的水力联系，岩体风化、卸荷及岩溶发育情况等。预测发生水库诱发地震的类型、可能发震库段及其最大震级。分析评价水库诱发地震对枢纽建筑物及库区环境的可能影响，提出进行水库诱发地震监测的建议。

水库移民集中安置点工程勘察包括调查规划场地的区域构造稳定性及场地的地形地貌、地层岩性、地质构造特征、水文地质条件。查明影响场地稳定的活动性断裂的分布及崩塌、滑坡、变形体、潜在不稳定岩土体、泥石流、岩溶塌陷等不良物理地质现象，评价场地的稳定性和工程建设适宜性。查明规划场地建筑物布置地段地基各岩土层的物理力学性质，提出基础持力层的建议。

专项复建工程的地质勘察应按工程类型和规模，依据相关技术标准规定的内容进行。

**（二）抽水蓄能电站下水库**

抽水蓄能电站下水库要具备满足电站运行的有效库容和水资源条件，一般要求库容不大，根据下水库站址的自然条件，下水库一般分为以下四类：

利用天然河道修建下水库。一般需要设置拦河坝、拦砂坝和泄洪排沙洞等建筑物，需分别查明其工程地质条件。

利用已有水库改建下水库。可能需要进行拦河坝加高、加固水库防渗，以及因水位抬高引起的渗漏、库岸稳定及浸没等相关水库问题。

在大型冲沟、山间盆地、山前平原等非河流地段修建下水库。其工程特点类似于上水库，但较上水库所处地势低，有时设置有水库放空洞。

利用已建水库作为下水库，通常要改变原水库的运行方式，需查明与电站设计相关的工程地质问题，并对改扩建工程进行专门的工程地质勘察。主要勘察内容为收集已建水库（坝）的工程地质资料、施工时的坝基处理资料，论证原大坝的稳定性，还需要对库（坝）区的工程地质条件及坝体在运行期存在的重要工程地质问题进行勘察复核。勘察方法一般采用大比例尺（1：2000～1：500）地质测绘，以坑槽探、综合物探、钻孔为主，根据需要布置平洞或竖井。利用天然水域作为下水库，勘探布置重点在下水库进/出水口。

对修建在天然河道及大型冲沟上的下水库（坝），则类似于常规水电站水库，主要考虑水库渗漏、库岸边坡稳定、固体径流、坝基防渗、溢洪道边坡稳定等工程地质问题。其地质勘察主要内容及方法与上水库基本相同。

在北方寒冷、干旱地区修建的下水库，或在汇水面积较小的冲沟、山前平原修建的下水库，一般存在水库补水问题，应根据设计要求进行补水工程的勘察。

## 二、坝址工程地质勘察

查明河床和两岸第四纪沉积物的分布、厚度、层次结构、组成物质、成因类型等，湿陷性黄土、软土、膨胀土、分散性土、粉细砂和架空层等的分布和河床深槽、埋藏谷、古河道的分布。查明基岩岩性、岩相特征，进行工程地质岩组划分。查明软岩、易溶岩、膨胀性岩层和软弱夹层等的分布和厚度，分析其对坝基或边坡岩体稳定的可能影响。查明坝址区主要断层、挤压破碎带的产状、性质、规模、延伸情况、充填和胶结情况以及断层晚更新世以来的活动性，应特别注意对顺河断层和中、缓倾角断层的调查；进行节理裂隙统计和结构面分级；分析各类结构面及其组合对坝基、边坡岩体稳定和渗漏的影响。

查明岩体的风化、卸荷深度和程度。查明对代表性坝址选择和枢纽建筑物布置有影响的滑坡、倾倒体、松散堆积体、潜在不稳定岩体及卸荷岩体的分布，初步评价建筑物和周边自然边坡的稳定性。查明泥石流的规模、发生条件，初步分析其对工程的影响。

查明坝址区岩土的渗透性、相对隔水层的埋深、厚度和连续性，地下水位、补排关系等水文地质条件，地表水和地下水对混凝土的腐蚀性。

可溶岩区应初步查明岩溶的分布状况和发育规律，主要岩溶洞穴和岩溶通道的规模、分布、连通和充填情况，结合坝址区水文地质条件，分析可能发生渗漏的地段、渗漏类型及对工程的影响程度，并提出处理措施的有关建议。

进行岩土物理力学性质试验。

抽水蓄能电站由于上水库较小或没有天然径流，所以筑坝比在河流上的常规水电站要简单些。但上水库坝址地势较高，两岸坝肩山体比较单薄，岩体风化强烈，地质构造发育。

上水库坝基工程地质问题与常规电站基本相似，主要是围绕坝基抗滑稳定、力学强度、变形模量、渗透稳定及坝基渗漏、建基面的确定，天然建材的种类、质量、储量的问题。勘察阶段必须根据坝址的地形地质条件、可能的坝型及防渗形式，采取不同的勘察手段和方法，以查明坝址的地层岩性、地质构造、软弱夹层、岩体风化卸荷、岩体透水性、地下水位和相对隔水层埋深等水文工程地质条件。

坝址勘察工作包括坝址地形地貌特征，组成坝基的地层岩性及其分布特征。断层、节理的分布规律、规模、性状等，特别重视缓倾角结构面的性状、连通性及分布规律。岩体风化卸荷程度、深度，不良物理地质现象的分布情况。坝址区含水层厚度、地下水位及相对隔水层埋深等，对可能导致坝基强透水和产生渗透变形破坏的集中渗漏带须查明。对坝基抗滑稳定、不均匀变形、渗漏及渗透稳定进行评价，并提出处理措施的建议。

冻土地区在收集当地气象、水文、地温资料的基础上，应查明冻土及融土的平面分布规律、冻土的类型和温度、冻土层的厚度、土的季节冻结与季节融化深度、冻土构造特征、冻胀性、冻结前后地下水位变化、冻土的物理力学和热学性质。对坝基和接头部位强度和渗透性的变化作出评价，并提出冻土融化预防与整治方案的建议，对冻土条件复杂地段应做专门研究，重点调查边坡因冻融作用而产生滑坡和融陷地段。

上水库往往适合修建当地材料坝，特别是对需要开挖增加有效库容的上水库，坝体填筑材料由于受到库区料源的局限，甚至石料成分较为复杂，因此在坝体填筑时需要根据石料的质量情况提出相应的处理措施。

抽水蓄能电站坝址勘察与常规电站坝址的勘察方法和布置原则基本相同，一般以工程地质测绘、钻探、坑槽探为主，对层状岩体构成的坝基需布置平洞、竖井，块状岩体组成的坝基一般可少布置竖井、平洞。覆盖层坝基必须布置竖井。根据需要可以辅助布置一些物探测试工作。此外，对岩（土）体进行室内或现场物理力学性质试验，对断层破碎带、软弱夹层应做渗透破坏试验。勘探工作布置的重点是坝轴线上、下游的辅助勘探线、趾板线等，勘探线上的机钻孔均应进行压水试验，孔深应进入相对隔水层（岩体透水率 $q \leqslant$ 1Lu 或 $q \leqslant$ 3Lu）顶板以下 5～10m，两岸坝坝头及坝轴线延伸的部分钻孔需设置为地下水位长期观测孔，孔深应进入地下水位以下 20m 左右。

## 三、输水系统工程地质勘察

输水系统主要包括上水库进/出水口及上平段（含上库闸门井和引水调压井）、斜井（竖井）、下平段、岔管段和压力钢管段、尾水支洞、尾水主洞、尾水闸门井、尾水调压井和下水库进/出水口。各建筑物位置的初步选择一般是依据地形地质条件的宏观判断和适应枢纽布置的总体要求。

### （一）上、下水库进出水口

抽水蓄能电站上、下水库进/出水口分侧式布置和竖井式布置。侧式布置需要对自然边坡进行工程开挖，存在工程边坡稳定性问题，要求进出水口部位具有较好的进洞地形、地质条件。位置选择一般要求地面坡度大于 40°，但要避开可能产生崩塌的悬崖峭壁，若坡度过缓，则开挖工程量较大。尽量避开断层破碎带和交会带，避开崩塌、卸荷等不良地段。工程地质勘察主要工作为查明进/出水口处的地形地貌、地层岩性、岩体结构、岩体透水性、地质构造、覆盖层厚度、基岩的风化深度和卸荷发育深度等，选择适宜修建进出

水口建筑物、具备成洞条件和边坡稳定的地段作为上、下水库的进出水口位置，并对进出口边坡的稳定性做出初步评价。

下水库进/出水口若为已建工程，还应考虑水下勘察和施工条件。

竖井式进/出水口主要是井口和井壁的围岩稳定问题，要求进/出水口尽可能布置在库底岩体较完整的地段，且距挡水坝上游坡脚和库岸坡脚有一定的距离，防止水流对坡脚的淘刷破坏。

勘察工作应布置钻孔和勘探平洞，钻孔深度宜超过建筑物底板高程，平洞深度宜穿过弱风化带。下水库利用已建水库时，对进出水口围堰应布置钻孔，对改建扩建的工程，应进行专门的工程地质勘察。

**（二）输水隧洞**

输水隧洞勘察的主要内容是洞线的选择，应尽可能避开区域断裂带、活断层、地下水汇集区等对洞室不利的复杂地质条件区段，避免沿洞线发育的主要断层和软弱岩带的走向与洞轴线有较大的夹角。因地质条件限制或枢纽布置的需要不能避开的不良地段，应分段描述围岩稳定性，有条件时进行初步围岩工程地质分类，并提出处理措施建议。

查明隧洞沿线的地形地貌、物理地质现象及其分布。查明隧洞沿线地层岩性，应重点调查松散、软弱、膨胀、可溶以及含放射性矿物与有害气体等岩层的分布。查明隧洞沿线的褶皱、主要断层破碎带等各种类型结构面的产状、规模、延伸情况，评价其对进出口边坡和地下洞室围岩稳定的影响。查明主要含水层、汇水构造和地下水溢出点的位置和高程，补排条件以及与地表溪沟连通的断层破碎带、岩溶通道和采空区等的分布，对隧洞掘进时突然涌水的可能性及对围岩稳定和环境水文地质条件的可能影响做出初步评价。查明隧洞过沟段、傍山洞段和浅埋洞段、压力管道等的覆盖层厚度、基岩的风化深度和卸荷发育深度等，并对其所通过的山体的稳定性做出初步评价。

查明隧洞区的地应力状况，分析其对隧洞围岩稳定、施工及运行的可能影响。进行岩石物理力学性质试验，并进行隧洞工程地质分段和围岩初步分类。

查明调压井布置区的覆盖层分布，基岩岩性，地质构造，风化、卸荷深度以及不良物理地质现象，进行井壁及穹顶的围岩分类；当井口为开敞式布置时，还应查明井口以上边坡的地质条件，评价工程边坡和自然边坡的稳定性，提出处理措施建议。

查明压力管道及岔管布置区上覆岩体的厚度，风化、卸荷深度，岩体完整性和物理力学特性；高水头压力管道尚应调查上覆山体的稳定性、岩体结构特征、高压渗透特性和岩体地应力状态。

查明气垫式调压室布置地段上覆岩体厚度、岩性、风化卸荷深度、构造发育情况、岩体完整性、围岩类别及物理力学特性、岩体地应力状态和高压渗透特性，评价山体抗抬稳定性、围岩抗劈裂稳定性、围岩抗渗稳定性及其闭气性。

提出外水压力建议值。

输水隧洞的勘察以工程地质测绘为主，辅以适量的钻孔和平洞勘察。勘察工作的布置应遵守以下原则：上、下水库进/出水口应有钻孔和平洞控制，平洞深度宜穿过弱风化带，钻孔深度宜到建筑物底板以下一定深度；闸门井、调压井的勘察以钻孔为主，其深度以进入底板以下1.5倍洞径为宜；引水隧洞岔管段应布置钻孔（条件允许可以在地下厂房长探洞内布置），在隧洞埋深段进行高压压水试验，测试岩体的渗透性和劈裂压力值，地下厂房长探洞，宜达到岔管部位。

**（三）高压岔管勘察**

高压岔管一般承受较高的水头，内水压力大。可能引起围岩上台、水力劈裂、渗透破坏，进而危及厂房的安全，其工程结构要承受高达数百米乃至近千米的内水压力，在特殊工况（检修放空）条件下又要承受较高的外水压力，既存在内水压力对围岩条件的破坏，进而恶化水文地质条件，又存在外水对工程结构的危害作用。

常规压水试验不能反映岩体在高压水头作用下的渗透特性，因为在高压水头作用下，岩体中的节理、断层破碎带等有可能张开扩展，从而改变了岩体的富水状态。因此，对于高水头电站，勘察的主要内容为研究岩体在高水头作用下的渗透性能及其高压渗透状态下岩体张开、劈裂临界压力和渗透性，并作出工程地质评价。

## 四、地下厂房系统工程地质勘察

抽水蓄能电站的地下厂房系统由地下厂房、主变洞、尾闸室、母线洞等洞室组成。因机组吸出高度的要求，地下厂房一般均深埋地下，其位置的选择一般首先考虑主厂房工程地质条件，兼顾主变室和尾闸室的工程地质条件。需要进行的地质工作包括地下厂房位置的选取，大跨度地下厂房洞室群的围岩稳定，地应力岩爆、地温、有害气体和放射性，涌水、涌泥等。

各勘察设计阶段的勘察内容和方法按《水力发电工程地质勘察规范》（GB 50287—2016）和《抽水蓄能电站工程地质勘察规程》（NB/T 10073—2018）的要求进行。

地下厂房系统勘察应包括：查明厂址区的地形地貌条件、岩体风化、卸荷、滑坡、崩塌变形体及泥石流等不良物理地质现象；查明厂址区地层岩性，特别是松散、软弱、膨胀、易溶和岩溶化岩层的分布；查明厂址区岩层的产状，蚀变岩带、断层破碎带和节理密集带的位置、产状、规模、性状及其组合关系；查明主要软弱结构面的分布和组合情况，并结合岩体地应力状态评价顶拱、边墙、端墙、岩锚梁和洞室交叉段围岩的局部稳定性，提出处理建议。

查明厂址区的水文地质条件，特别要查明涌水量大的含水层、强透水带以及与地表连通的断层破碎带、节理密集带和岩溶通道，预测掘进时发生突水、突泥的可能性，估算最大涌水量和稳定涌水量。可溶岩地区应查明岩溶的发育规律，主要岩溶洞穴的发育位置、规模、充填情况和富水性。

探测岩层中有害气体和放射性物质的赋存情况，提出防范措施的建议。

查明厂址区岩体及结构面的物理力学性质。

调查勘探平洞中发生的围岩岩爆、劈裂和钻孔岩芯饼裂等现象，进行现场地应力测试，分析岩体地应力状态，研究地应力对围岩稳定的影响，预测发生岩爆的可能性和强度，提出处理措施建议。

根据厂址区的工程地质条件，提出地下厂房位置和轴线方向的建议。

进行围岩工程地质详细分类，提出各类围岩的物理力学参数建议值，评价围岩的整体稳定性，提出支护设计建议。

## 五、主要临时和辅助建筑物勘察

### （一）围堰的勘察内容

查明围堰基岩面起伏变化情况，河床深槽、古河道、埋藏谷的具体范围、深度及形态。

查明围堰河床及两岸覆盖层的厚度、层次，软土层、粉细砂、湿陷性黄土、架空层、矿洞、漂孤石层等的分布情况。

查明围堰水文地质结构，地下水埋深，含水层或透水层和相对隔水层的岩性、厚度变化和空间分布，岩土渗透性。

查明岩溶发育规律，主要岩溶洞穴和通道的分布与规模，岩溶泉的位置和补给、径流、排泄特征，相对隔水层的埋藏条件，提出防渗处理建议。

提出岩土体的渗透系数、允许渗透水力比降和承载力、变形模量、强度等各种物理力学性质参数。

### （二）导流明渠的勘察内容

查明渠道沿线和建筑物场地的地层岩性、地质构造，基岩和覆盖层的分布，重点查明强透水、易崩解、易溶的岩土层、湿陷性黄土、膨胀土、软土、粉细砂和岩溶的分布及其对渗漏、渗透稳定和地震液化的影响。

傍山渠道沿线应查明冲洪积扇、滑坡、崩塌、变形体、泥石流、采空区和其他不稳定或潜在不稳定岸坡的类型、范围、规模和稳定条件。

查明渠道沿线岩土体的透水性、地下水埋深，对渠道的渗漏和渗透稳定做出评价。

查明高填方与半挖半填渠段地基和边坡岩土体的性质及其稳定条件。

应进行渠道工程地质分段，提出各分段岩土体的物理力学性质参数、工程边坡开挖坡比和支护措施及自然边坡的防护处理建议。

应查明外导墙地基覆盖层结构、厚度及性状，基岩岩性，岩体完整性、风化、卸荷深度，断层破碎带和节理密集带的位置、产状、规模、性状及其组合关系。还应查明覆盖层的渗透性和岩基中倾向基坑的中缓倾角结构面发育情况。应评价外导墙覆盖层地基的渗透稳定性和基岩地基的抗滑稳定性，提出处理建议。

应查明内侧边坡的坡体结构，评价沿线边坡的稳定性，提出处理建议。

应查明导流明渠出口边坡的抗冲刷稳定性。

### （三）导流隧洞的勘察内容

查明隧洞沿线的地形地貌、地层岩性、地质构造、岩层的产状、褶皱（褶曲）、主要断层破碎带的分布位置、产状、规模、性状及其组合关系、物理地质现象。隧洞沿线的地下水位（水压）、水温和水化学成分，特别要查明涌水量丰富的含水层、汇水构造、强透水带以及与地表溪沟连通的断层破碎带、节理密集带和岩溶通道，预测掘进时突水、突泥的可能性，估算最大涌水量和稳定涌水量。

探测岩层中有害气体和放射性物质赋存情况。

隧洞沿线当洞线穿越活动断层时，应做专门研究。

可溶岩区应查明隧洞沿线岩溶发育规律，主要洞穴的发育高程、层位、规模、充填情况和富水性。

查明傍山浅埋洞段、过沟段上覆及傍山侧覆盖层和岩体的厚度，岩体风化、卸荷深度和岩体的完整性。

查明隧洞进出口边坡的稳定条件。

分析深埋隧洞的岩体地应力情况，预测岩爆及岩体在高应力条件下发生破坏的可能性、强度和位置以及较软岩塑性变形的可能性，分析深埋隧洞地温情况，预测高地温出现的可能性。

**（四）溢洪道的勘察内容**

查明溢洪道布置地段的地层岩性、断层、节理密集带、主要软弱夹层的分布和岩体风化、卸荷深度；查明岩土体的透水性和地下水位；查明溢洪道两侧，特别是内侧边坡的坡体结构及其稳定条件；查明引渠、泄洪闸、泄槽段、挑流鼻坎等建筑物地基岩体的结构、完整程度及稳定条件；查明下游消能冲刷区和泄洪雨雾区边坡的岩体结构及稳定条件。

**（五）渣场的勘察内容**

应查明堆渣场的地形地貌、地层岩性、地质构造、物理地质现象，特别要调查沟谷泥石流发育情况，分析其对堆渣场安全的影响，评价渣场场地稳定性，提出处理建议。

**（六）营地的勘察内容**

搜集、整理和分析相关的已有资料；查明地形地貌、地质构造、地层结构及成因年代、岩土主要工程性质；查明不良地质作用和地质灾害的成因、类型、分布范围、发生条件，提出防治建议；查明特殊性岩土的类型、分布范围及其工程地质特性；查明地下水的类型和埋藏条件，调查地表水情况和地下水位动态及其变化规律，评价地表水、地下水、土对建筑材料的腐蚀性；在抗震设防烈度 6 度及以上地区，评价场地和地基的地震效应；对各评价单元的场地稳定性和工程建设适宜性做出工程地质评价；对规划方案和规划建设项目提出建议。

## 第五节 天然建筑材料工程地质勘察

### 一、料源的选择

抽水蓄能电站工程与常规水电站工程有一定的区别，坝型多选择当地材料坝，特别上水库更是如此，上水库天然库容一般不能满足设计要求，可以在库区死水位以上选择筑坝石料场，并通过料场开挖达到扩容的目的；另外，输水发电系统多布置在地下，地下洞室也可开挖出一部分石料，为提高经济效益，减小料场开挖和弃渣对环境的破坏，施工过程中应最大限度地利用该部分开挖料，力求做到挖填平衡。当水库区岩石风化严重时，需研究利用全、强风化石料作为筑坝填筑料的可行性。

因此，根据抽水蓄能电站工程的特殊性，其料场的选择一般应遵循以下原则：在经济合理，质量保证的前提下，优先利用工程开挖料或者考虑在库盆内选择石料场，力求满足水库扩容、减少征地和工程建设需求。

抽水蓄能电站的建筑材料主要包括大坝填筑料（堆石料、土料）、防渗用土料及混凝土粗细骨料。料场的勘察应遵循《水电工程天然建筑材料勘察规程》（NB/T 10235）所规

定的勘察程序，各勘察阶段的勘察内容、要求及方法，与常规水电站料场基本相同。

## 二、料场勘探内容

天然建筑材料勘察包括料场的位置、地形地质条件、岩土结构、岩性、夹层性质及空间分布，地下水位，剥离层、无用层厚度及方量，有用层储量、质量，开采运输条件和对环境的影响。对料场开采边坡及自然边坡的稳定条件进行评价，提出处理措施建议。需要时，应进行混凝土天然掺合料的详查。

料场勘探主要采取地质测绘、物探、坑槽探、钻探及洞探等手段。库内土、石料场的地质测绘、勘探及试验，应结合库（坝）区的勘查工作进行，尽可能利用库（坝）区的勘探及试验资料，以较小的工作量达到查明料场质量、储量的勘察目的。

规划、预可研阶段以地质测绘、物探为主，并布置少量坑槽探及钻探，以满足普查、初查的精度要求。可研阶段应满足详查精度的要求，遵循由面到点、由地面到地下、由近到远的原则，先进行地质调查与测绘，然后再因地制宜地综合利用各种勘探手段；勘探点一般采取网格状布置，以坑槽探、钻探为主，适量布置洞探，勘探点间距、深度根据地层岩性、地质构造，及岩体风化程度等进行控制，钻孔深度，当采用物探手段时，应根据地形和岩土物性条件选择物探方法；取样组数和试验项目应根据天然建筑材料的种类、用途、料场面积、均一性和勘察级别等确定。各种天然建筑材料详查储量应达到设计需要量的 1.5～2.0 倍，并满足施工可开采储量的要求。

## 三、料场勘察工作需要注意的问题

天然建筑材料是工程坝型选择、投资控制及工程立项的重要因素，对天然建材进行准确、客观的评价，是工程建设的关键。抽水蓄能电站工程料场的勘察应遵循《水电工程天然建筑材料勘察规程》（NB/T 10235）所规定的各勘察阶段的勘察内容及精度要求。在实际勘探过程中，会出现各种问题，应值得注意。

### （一）砂砾石料场

勘探点采用网格状布置，宜坚持先疏后密的原则，最好是物探、坑探相结合。采用坑探可初步观察到有用层含泥量、颗粒成分、级配等，对容易坍塌的地层，可通过物探的方式加以辅助。抽水蓄能电站的砂砾石料场多在山区河流上，超径石含量往往很多，水下部分一般只能靠大口径钻孔钻进取样，受机械的破坏，通常超径石含量比实际情况低，水下部分的含泥量也偏低。对勘察和料场开采间隔时间较长的砂砾石料场，因自然原因或人为原因，料场可能遭到一定程度的破坏，料场储量和技术指标有可能会发生变化，料场指标与勘察时相差可能较大，使用前需进行复查。

### （二）石料场

寒区抽水蓄能电站的上水库石料场一般位于较古老的山区，地形地质条件多较复杂，沟谷地形多发育，地层一般比较古老，风化不均一，地质构造发育，勘察时应提高勘探精度，适当加密勘探线，避免构造、风化不均等因素造成储量计算误差。

### （三）土料场

对土料厚度较小但全风化层较厚的地层应进行土料、全风化岩体的混合试验，对其可用性进行判断；对不同季节的土料进行分别取样，以了解土料的含水量差异。

**（四）其他**

料场开采条件涉及自然条件、交通条件、环境保护以及当地民风民俗等诸多方面。尽可能避免勘察工作完成后才发现该地属于基本农田或处于自然保护区内，无法进行征地及开采工作，造成审批困难，最后不得不变更料场，导致投资突破限额。因此，建议开采前要做好开采条件调查，对开采与勘察时间间隔较长的砂砾石料场，开采前进行复核工作，避免造成储量不足。

## 第六节　勘　察　成　果

工程地质勘察报告正文包括概述、区域地质背景与地震、工程区地质概况、上水库工程地质条件、发电厂房系统工程地质条件、输水系统工程地质条件、下水库工程地质条件、天然建筑材料、结论与建议。勘察报告的附图和附件宜结合抽水蓄能电站的特点，按照表11－3的规定进行编制。表11－3中“√”表示应提交，“＋”表示视需要而定，“—”表示不要求提交；专门性工程地质问题研究报告是指各阶段为针对某一工程地质问题开展的专项地质勘察而编制的专题报告。

**表11－3　　工程地质勘察报告附图、附件**

| 序号 | 附件名称 | 规划 | 预可研 | 可研 | 招标 | 施工详图 |
|---|---|---|---|---|---|---|
| 1 | 区域综合地质图 | √ | √ | ＋ | — | — |
| 2 | 区域构造纲要及地震震中分布图 | ＋ | √ | √ | — | — |
| 3 | 水库区综合地质图 | ＋ | √ | √ | ＋ | — |
| 4 | 坝址及其他建筑物区工程地质图 | √ | √ | √ | √ | ＋ |
| 5 | 地貌及第四纪地质图 | — | ＋ | ＋ | — | — |
| 6 | 水文地质图 | — | ＋ | ＋ | ＋ | — |
| 7 | 坝址基岩地质图 | — | — | ＋ | ＋ | ＋ |
| 8 | 专门性问题地质图 | — | ＋ | ＋ | √ | √ |
| 9 | 施工地质编录图 | — | — | — | — | ＋ |
| 10 | 天然建筑材料产地分布图 | √ | √ | √ | ＋ | ＋ |
| 11 | 料场综合成果图 | ＋ | √ | √ | ＋ | ＋ |
| 12 | 实际材料图 | — | ＋ | ＋ | ＋ | — |
| 13 | 各比较坝址、引水线路或其他建筑物纵横剖面图 | ＋ | √ | √ | — | — |
| 14 | 选定坝址、引水线路或其他建筑物纵横剖面图 | — | √ | √ | √ | ＋ |
| 15 | 坝基渗透剖面图 | — | ＋ | √ | √ | ＋ |
| 16 | 专门性问题地质剖面图或平切图 | — | ＋ | ＋ | √ | √ |
| 17 | 钻孔柱状图 | ＋ | ＋ | ＋ | ＋ | ＋ |
| 18 | 试槽、平洞、竖井展示图 | ＋ | ＋ | ＋ | ＋ | ＋ |
| 19 | 岩矿鉴定报告 | ＋ | ＋ | ＋ | — | — |

续表

| 序号 | 附 件 名 称 | 规划 | 预可研 | 可研 | 招标 | 施工详图 |
| --- | --- | --- | --- | --- | --- | --- |
| 20 | 地震安全性评价报告 | — | √ | √ | — | — |
| 21 | 物探报告 | + | √ | √ | + | + |
| 22 | 岩土试验报告 | — | √ | √ | √ | + |
| 23 | 水质分析报告 | — | + | + | + | + |
| 24 | 专门性工程地质问题研究报告 | — | + | + | √ | — |
| 25 | 工程区地质灾害隐患评估 | — | + | √ | + | √ |

# 第十二章 勘察方法

## 第一节 工程地质测绘

工程地质测绘是水利水电工程地质勘察的基础工作。其本质是运用地质、工程地质理论，对与水利水电工程建设有关的各种地质现象进行观察和描述，分析其性质和规律，并借以推断地下地质情况，为勘探、测试工作等其他勘察方法提供依据。在地形地貌和地质条件较复杂的场地，必须进行工程地质测绘。其任务是分析其性质和规律，为评价工程建筑物区工程地质条件提供基本资料，并为钻探、洞探、井探、坑槽探、物探、试验和专门性的勘察工作提供依据。

工程地质测绘是认识场地工程地质条件最经济、最有效的方法，高质量的测绘工作能相当准确地推断地下地质情况，起到有效地指导其他勘察方法的作用。

## 第二节 工程物探

物探是一种间接的勘探手段，它的优点是较之钻探和坑探轻便、经济而迅速，能够及时解决工程地质测绘中难于推断而又急待了解的地下地质情况，所以常常与测绘工作配合使用。它又可作为钻探和坑探的先行或辅助手段。但是，物探成果判释往往具多解性，方法的使用又受地形条件等的限制，其成果需用勘探工程来验证。

目前应用的物探方法主要有：电法勘探、电磁法勘探、地震勘探、探地雷达法、弹性波测试、层析成像、水声勘探、放射性测量和综合测井等，在实际应用中应根据地球物理特征，各种方法的特点和现场工作条件，合理选用一种或几种适宜的方法。

### 一、电法勘探

电法勘探是以岩石、矿物等介质的电学性质为基础，研究天然的或人工形成的电场、磁场的分布规律，划分地层、研究地质构造、解决水文工程地质问题的物探方法，也是物探方法中分类最多的一大类探测方法。电法勘探指直流电法，可选用电测深法、电剖面法、高密度电法、自然电场法、充电法、激发极化法等。交流电法称为电磁法勘探。

电测深法主要用于解决与深度有关的地质问题，包括分层探测、局部电性异常体探测、岩土电性参数测试等。分层探测包括覆盖层、地层岩性分层、风化分带等；电性异常体探测包括构造破碎带、喀斯特、洞穴、堤防隐患等。

电剖面法主要用于探测地层、岩性在水平方向的电性变化，解决与平面位置有关的地质问题，包括：构造破碎带、岩性分界线、喀斯特、洞穴等。

高密度电法具有电测深和电剖面的双重特点，探测密度高、信息量大、工作效率高。

自然电场法主要依据地下电化学和流场作用产生自然电场，所以工程中主要用于探测地下水流速流向，也可用于金属管道、桥梁、输电线路铁塔等的腐蚀探测，自然电场法还可用于探测地下水流向和堤防或防渗帷隐患探测。

充电法可用于测试地下水流速流向，也可用于探测低阻目的体的分布情况。低阻目的体包括：黏土或水充填的喀斯特洞穴、含水断层破碎带等。

激发极化法应与电阻率法配合使用，用于地下水探测。探测地下水主要通过探测含水的古河道、古洪积扇、喀斯特地貌、构造破碎带，确定含水层埋藏深度，评价含水层的富水程度。

## 二、电磁法勘探

电磁法勘探，即交流电法勘探，是以地下岩土体的导电性、导磁性和介电性差异为基础，通过研究天然的或人工的电磁场的分布来解决地质问题的勘探方法。电磁法包括（音频）大地电磁法（AMT/MT）、可控源音频大地电磁测深法（CSAMT）和瞬变电磁法（TEM）。

（音频）大地电磁法（AMT/MT）用于探测覆盖层厚度、地层分层、隐伏喀斯特及地质构造、塌滑体厚度、地下水和含水层厚度。

可控源音频大地电磁测深法（CSAMT）用于探测覆盖层厚度、岩性分布、地质分层、地层厚度、隐伏喀斯特及地质构造、塌滑体分布和厚度、地下水和含水层厚度。

瞬变电磁法（TEM）用于探测覆盖层厚度及分层，有一定地质条件地区的基岩分层，基底断裂、破碎带、岩溶，沙漠、干旱地区查找地下水。

## 三、地震勘探

地震勘探是依据岩土体的弹性差异，通过研究人工激发的地震波在岩土层中的传播规律以探测浅部地质构造、划分地层或测定岩土体力学参数的一种地球物理方法。根据地震波的传播方式，可分为浅层折射波法、浅层反射波法和瑞雷波法。

浅层折射波法常用于探测覆盖层厚度，基岩面埋藏深度、埋藏深槽、古河床及其起伏状态，探测隐伏构造破碎带以及测试岩土纵波速度，也可用于覆盖层分层和风化带厚度、滑坡体厚度、松散层中的地下水位探测。不宜探测高速屏蔽层下部的地层结构。

浅层反射波法可进行地层分层、探测隐伏构造、滑坡体、风化带等。不受地层速度逆转限制，可探测高速层下部地层结构，划分沉积地层层次和探测有明显断距的断层。一般情况下，宜选用工作效率高、探测深度较大的纵波反射法，当进行浅部松散含水地层分层探测时，宜选用具有较强分层能力的横波反射法。

瑞雷波法可进行浅部覆盖层分层，确定地层中低速带或软弱夹层、探查基岩埋深和基岩界面起伏形态，探测滑坡体的滑动带和滑动面起伏形态，岩体风化分带，探测构造破碎带；也可进行岩土的物理力学参数测试，饱和砂土液化判定，地下隐埋体探测、地基加固效果评价等。

## 四、探地雷达法

探地雷达可分为脉冲和相控，相控又分为线控和阵控。当前主要为脉冲雷达，脉冲雷达的工作方法主要依据天线的形式和观测方法而定。探地雷达法可选择剖面法、宽角法、环形法、透射法、单孔法和孔中雷达等。

探地雷达在水电水利领域主要用于勘探和工程质量检查。

剖面法较适宜于探测浅埋藏的喀斯特、洞穴、构造破碎带、层间构造带、岩性分界面，也可用于浅部分层和土层内部浅埋藏洞穴、孤石、人工管线、疏松层等的探测。可检测道路路基或面层质量；检测地下洞室混凝土衬砌厚度、脱空、密实度；检测隐藏的锚杆数量；检测混凝土内部缺陷、配筋、预埋件等。一般的地质探测和施工检测可采用连续剖面法。当测线经过的表面凸凹不平、天线不便匀速移动或信号较弱时，应采用点测剖面法。

宽角法可用于测量介质的电磁波传播速度或确定反射界面的深度。

环形法和点测剖面法可用于隧洞掌子面及基桩底部等窄小工作面的探测。

透射法可用于成对钻孔间探测及其他二度体空间的探测。

孔中雷达可探测钻孔周边一定范围内的地质异常或进行地层分层，孔间雷达也可较精确地探测孔间的地质异常体。

## 五、弹性波测试

弹性波测试有声波类和地震波类两种，虽然两种方法都是以弹性波在岩体内的传播特征为理论依据，但由于各有特点，可以相互补充，但不能彼此取代。声波法主要包括单孔声波、穿透声波、表面声波、声波反射、脉冲回波等；地震波法主要包括地震测井、穿透地震波速测试、连续地震波速测试等。

单孔声波可用于测试岩体或混凝土纵、横波速度和相关力学参数，探测不良地质构造、岩体风化卸荷带，洞室松弛圈测试，建基岩体质量及灌浆效果检测等。

穿透声波可用于测试具有成对钻孔或其他二度体空间的岩土体或混凝土波速，探测不良地质构造、岩体风化卸荷带，洞室松弛圈厚度测试，评价混凝土强度，检测建基岩体质量及灌浆效果等。

表面声波可用于大体积混凝土、基岩露头、探槽、竖井及洞室的声波测试，评价混凝土强度和岩体质量。

声波反射可用于检测隧洞混凝土衬砌质量及回填密实度、检测大体积混凝土及其它弹性体浅部缺陷。

脉冲回波可用于地下洞室明衬钢管与混凝土接触灌浆质量检测，也可用于混凝土内部严重缺陷检测。

地震测井可用于地层波速测试，确定裂隙和破碎带位置。

穿透地震波速测试可用于测试岩土纵、横波速度，圈定大的构造破碎、风化、喀斯特等波速异常带，也可检测建基岩体质量和灌浆效果。

连续地震波速测试可用于洞室岩体、基岩露头、探槽、竖井等纵横波速度测试，也可

测试建基岩体质量、划分风化卸荷带。

## 六、层析成像

层析成像（CT）是借鉴医学CT，根据射线扫描，对所得到的信息进行反演计算，重建被测范围内岩体弹性波和电磁波参数分布规律的图像，从而达到圈定地质异常体的一种物探反演解释方法。分为声波速度层析成像（简称声波CT）、地震波速度层析成像（简称地震波CT）、电磁波吸收系数层析成像或电磁波速度层析成像（简称电磁波CT）等。

被探测目的体与周边介质存在电性或波速差异，具有电性差异的应选用电磁波CT，具有波速差异的宜选择声波CT或地震波CT；同时存在电性和波速差异的可根据条件选择其中一种；当条件复杂时，可同时采用两种CT方法。成像区域周边至少两侧应具备钻孔、探洞及临空面等探测条件，被探测目的体宜相对位于扫描断面的中部，其规模大小与扫描范围具有可比性，异常体轮廓可由成像单元组合构成。

声波CT适用于岩土体或混凝土体的声波速度成像，可进行目的体探测、岩体或混凝土体质量检测、灌浆效果检测等。

地震波CT适用于岩土体地震波速度成像，可进行岩体质量分级，圈定构造破碎带、裂隙密集带、喀斯特等波速异常体，坝基开挖质量检测及固结灌浆效果检测等。

电磁波CT适用于岩土体电磁波吸收系数或速度成像，圈定构造破碎带、风化带、喀斯特等具有一定电性差异的目的体。

## 七、水声勘探

目前水利水电工程领域所用的水下探测仪器主要有单频回声测试仪、双频回声测试仪、多波束测试仪、侧扫声呐仪、浅地层剖面仪等。用于水下工程地质探测的主要是浅地层剖面仪。水声勘探可用于水利水电工程的水库、河道、湖泊和浅海深水区的水下地形探测，以及坝址、桥基、港口工程水下地层剖面的探测。

应用条件应满足：被探测地层与相邻层之间具有可产生水声反射的波阻抗差异；进行水下覆盖层分层时，被探测地层不多于3层，且有一定厚度、介质均匀、波速稳定；水下没有卵砾石或卵砾石呈零星分布的松散地层；水流不宜太急、波浪不宜太大，水深宜大于2m。

## 八、放射性测量

工程物探及工程检测中放射性测量包括自然伽马测量（简称γ测量）、α测量、伽马-伽马测量（简称γ-γ测量）、同位素示踪法等，测量方式有地面测量、地面浅孔测量、钻孔测量、环境空气测量等。

γ测量包括γ总量测量和能谱测量，α测量包括氡浓度测量、$^{210}$Po测量、α卡测量。

γ测量和α测量适用于各种环境、地形、地貌，被探测地质构造或现象易于促使天然放射性物质释放与运移，在附近形成放射性异常。探测区宜为岩浆岩或放射性背景值较高的地区，表层均匀、无大范围人工填土，被探测目的体埋藏较浅，无上覆潜水层等屏蔽层。

γ测量可用于测量地下相关放射性核素释放的γ射线，适宜在岩体露头上测量，在地表浮土上测量时，探测深度较浅。γ测量可通过测量地表γ场的分布来寻找隐伏断层破碎带和地下储水构造，辅助地质填图和环境放射性检测等。

α测量可用于测量地下或空气中相关放射性核素释放的α射线，适宜在覆盖土上测量，也可在空气中测量，不宜在阴雨天进行，可通过测量覆盖层中或空气中的氡浓度来查明水文工程地质问题。

γ-γ测量适宜测量近表层或钻孔附近岩土体原位密度和湿度。

同位素示踪法应在单个或多个钻孔中（间）测试地下水流速流向及其他水文地质参数。

## 九、综合测井

综合测井是在钻井完成后，借助于电缆或其他专门的仪器和设备把探测器下到井内而进行一系列的物探方法测量。合理运用测井方法可以弥补钻探取芯率不足，还能够提供更完善更充足的地质资料，可以进一步研究钻井剖面中岩性的变化情况、破碎带分布、含水层的性质以及解决其他一系列问题。

常用的测井包括电测井、声波测井、地震测井、自然γ测井、γ-γ测井、温度测井、电磁波测井、雷达测井、井中流体测量、磁化率测井、超声成像测井、钻孔电视观察、井径测量、井斜测量等。

电测井应在无套管、有井液的孔段进行测试，被探测目的层与上下层之间存在电性差异，且具有一定层厚。主要用于划分地层、区分岩性，确定软弱夹层、裂隙和破碎带位置及厚度，确定含水层的位置、厚度，划分咸淡水分界面，也可用于测试岩层电阻率。

声波测井应在无金属套管、有井液的孔段进行测试，地震波测井宜在无金属套管、有井液的孔段测试，被探测目的层相对上下层应存在弹性波速度差异，且应具有一定层厚。声波测井主要用于划分地层、区分岩性，确定裂隙和破碎带位置及厚度，也可利用测试的声波波速与其他参数一起计算地层岩土的力学指标和孔隙度。

地震测井主要用于划分地层、区分岩性，确定破碎带的位置及厚度，也可进行地层波速测试。

放射性测井无论有无套管及井液均可应用。自然γ和γ-γ测井、磁化率测井均可用于划分地层、区分岩性，确定软弱夹层与裂隙和破碎带，γ-γ测井还可以测试岩层密度、视密度和孔隙度。自然γ测井用于分层时，各层应有自然放射性差异；γ-γ测井用于分层时，各层应有密度差异。

温度测井可用于测试含水层位置及地下水运动状态，还可测试灌浆和水泥固井时水泥回返高度。

电磁波或雷达测井、磁化率测井应在无金属套管的钻孔中应用，被探测目的体具有一定规模，与周边介质存在电磁差异。电磁波测井或雷达测井可用于划分地层和破碎带，也可用于探查近孔壁的隐藏目的体。

井中流体测量应在无套管或有滤管、有井液的钻孔中应用。井中流体测量可用于确定含水层位置及其厚度，测试地下水在钻孔中的运动状态和涌水量；在条件有利时，可估算地下水渗透速度。

钻孔电视观察应在无套管的干孔或清水钻孔中应用。钻孔电视观察主要用于划分地层、区分岩性，确定岩层节理、裂隙、破碎带和软弱夹层的位置和产状，观察钻孔揭露的喀斯特洞穴的情况；也可用于检查灌浆质量，混凝土浇筑质量，井下物体观察等。

超声成像测井宜在无套管、有井液的钻孔中应用。超声成像测井主要用于确定钻孔中岩层、裂隙、破碎带、软弱夹层的位置及大致产状。也可用于检查灌浆质量和混凝土浇筑质量，粗测钻孔直径。

井径测量可用于测试钻孔的井径变化，确定软弱夹层和破碎带位置。井斜测量可用于测试钻孔的倾斜方位和顶角。

## 第三节　坑探及钻探

在地面露头较少、岩性变化较大或地质构造复杂的地方，仅仅依靠地面测绘往往不能查明地质情况，这就需要借助地质勘探工作来了解和获得地下深部的地质情况和资料。工程地质常用的勘探工程有钻探和开挖作业两大类。勘探工程一般都需要动用机械和动力设备，耗费人力、物力较多，有些勘探工程施工周期又较长，而且受到许多条件的限制。因此使用这种方法时应具有经济观点，布置勘探工程需要以工程地质测绘和物探成果为依据。

### 一、坑探

#### （一）平洞

平洞是由地表向山体内部开掘的水平探洞，一般采用钻爆开挖法施工。主要用于查明坝肩、料场、隧洞进口、地下厂房等岩土体的工程地质条件，在平洞中还可以增加各种形式的支洞进行大型原位岩石力学试验。勘探平洞是抽水蓄能电站地下厂房勘察重要方法。

地下厂房探洞是多用途的勘探洞，勘探洞的洞口位置、长度、方向及高程的选择很重要，当勘探洞口位于下水库库区时，洞口高程最好高于下水库正常蓄水位。探洞的布置应以有利于揭露厂房区更多的岩层和断裂带、查明厂房围岩条件及洞内其他勘探工作的开展和不影响未来厂房洞室的稳定等为原则。为保证勘探精度，探洞一般布置在厂房顶拱范围内，并通过地下厂房至高压岔管部位，且在平洞中开挖厂房轴线方向支洞。勘探平洞一般可布置于厂房顶拱以上 30m 附近，也可根据围岩的允许水力梯度，确定勘探平洞的布置高程。当条件不允许时，也可考虑开挖斜井式探洞。

#### （二）探坑、浅井、探槽

探坑、浅井、探槽主要用于松散地层的勘探，用于查明覆盖层的厚度，被覆盖的岩体的岩层产状、地质构造、构造界限以及物理地质现象的界限，或者采集土层和天然建筑材料的试验样品。

### 二、钻探

钻探是利用钻机向地下钻孔以采取岩心或进行地质试验的工作，是直接勘探手段，能可靠地了解地下地质情况，在岩土工程勘察中是必不可少的。钻探在地质勘探工作广泛使用，可根据地层类别和勘察要求选用不同的钻探方法。当钻探方法难以查明地下地质情况时，可采用坑探方法。坑探工程的类型较多，应根据勘察要求选用。

## 第四节　岩　土　测　试

### 一、圆锥动力触探试验

圆锥动力触探试验（DPT）是岩土工程勘察中常规的原位测试方法之一，它是利用一定质量的落锤，以一定高度的自由落距将标准规格的圆锥形探头击入土层中，根据探头贯入击数、贯入度或动贯阻力判别土层的变化，评价土的工程性质。

利用触探曲线可以进行力学分层，评价地基土的密实度或状态、评价地基承载力、确定地基土的变形模量、确定单桩承载力、确定抗剪强度、地基检验和确定地基持力层。

### 二、标准贯入试验

标准贯入试验（SPT）是用质量为63.5kg的重锤按照规定的落距（76cm）自由下落，将标准规格的贯入器打入地层，根据贯入器贯入一定深度得到的锤击数来判定土层的性质。这种测试方法适用于砂土、粉土和一般黏性土。

标准贯入试验用于确定砂土的密实度、黏性土的状态和无侧限抗压强度、地基承载力、土的抗剪强度、土的变形参数，估算单桩承载力、计算剪切波速、评价砂土液化。

### 三、静力触探

静力触探（CPT）是用静力将探头以一定的速率压入土中，利用探头内的力传感器，通过电子量测器将探头受到的贯入阻力记录下来。由于贯入阻力的大小与土层的性质有关，因此通过贯入阻力的变化情况，可以达到了解土层工程性质的目的。孔压静力触探（CPTU）除静力触探原有功能外，在探头上附加孔隙水压力量测装置，用于量测孔隙水压力增长与消散。利用孔压量测的高灵敏性，可以更加精确地辨别土类，测定评价更多的岩土工程性质指标。

静力触探用于查明地基土在水平方向和垂直方向的变化，划分土层，确定土的类别；确定建筑物地基土的承载力和变形模量，以及其他物理力学指标；选择桩基持力层，预估单桩承载力，判别桩基沉入的可能性；检查填土及其他人工加固地基的密实程度和均匀性，判别砂土的密度及其在地震作用下的液化可能性；查找湿陷性黄土地基浸水湿陷的范围和界线。

### 四、载荷试验

平板载荷试验（PLT）是在一定面积的承压板上向地基土逐级施加荷载，测求地基土的压力与变形特性的原位测试方法。它反映承压板下1.5～2倍承压板直径或宽度范围内地基土强度、变形的综合性状。

浅层平板载荷试验适用于确定浅部地基土层承压板下压力主要影响范围内的承载力和

变形参数，估算地基土的不排水抗剪强度。

深层平板载荷试验适用于埋深等于或大于5.0m和地下水位以上的地基土。深层平板载荷试验用于确定深部地基土及大直径桩桩端土层在承压板下应力主要影响范围内的承载力及变形参数。

螺旋板载荷试验（SPLT）是将一螺旋形的承压板用人力或机械旋入地面以下的预定深度，通过传力杆向螺旋形承压板施加压力，测定承压板的下沉量。适用于深层地基土或地下水位以下的地基土。它可以测求地基土的压缩模量、固结系数、饱和软黏土的不排水抗剪强度、地基土的承载力等，其测试深度可达10～15m。

岩石地基载荷试验适用于确定完整、较完整、较破碎岩石地基作为天然地基或桩基础持力层时的承载力。

## 五、现场剪切试验

现场剪切试验可用于岩土体本身、岩土体沿软弱结构面和岩体与其他材料接触面的剪切试验，可分为岩土体在法向应力作用下的沿剪切面剪切破坏的抗剪断试验，岩土体剪断后沿剪切面继续剪切的抗剪试验（摩擦试验），法向应力为零时岩体剪切的抗切试验。

现场剪切试验可在试洞、试坑、探槽或大口径钻孔内进行。当剪切面水平或近于水平时，可采用平推法或斜推法；当剪切面较陡时，可采用楔形体法。

## 六、岩体变形测试

岩体变形测试是通过加压设备将力施加在选定的岩体面上，测量其变形。其方法有静力法和动力法两种。静力法有承压板法、刻槽法、水压法、钻孔变形计法等；动力法有地震法和声波法等。以下仅介绍静力法中的承压板法和钻孔变形计法。

承压板法是通过刚性或柔性承压板施力于半无限空间岩体表面，量测岩体变形，按弹性理论公式计算岩体变形参数。承压板按刚度分为刚性承压板和柔性承压板两种。刚性承压板采用钢板或钢筋混凝土制成，形状通常为圆形；柔性承压板多采用压力枕下垫以硬木或砂浆，形状多为环形。坚硬完整岩体宜采用柔性承压板，半坚硬或软弱岩体宜采用刚性承压板。该方法适用于各类岩体，通常在试验平洞或井巷中进行，也可在露天进行。

岩体变形试验是通过放入岩体钻孔中的压力计或膨胀计，施加径向压力于钻孔孔壁，量测钻孔径向岩体变形，按弹性力学平面应变问题的厚壁圆筒公式计算岩体变形参数。钻孔变形试验适用于软岩～较硬岩。

## 七、土、水腐蚀性测试和环境水质量测试

### （一）土、水腐蚀性测试与评价

水、土有可能对建筑材料产生腐蚀危害。当有足够经验或充分资料，认定工程场地及其附近的土或水（地下水或地表水）对建筑材料为微腐蚀时，可不取样试验进行腐蚀性评价。对常年在地下水位以上的中、碱性土地区，可不取样试验，直接评价为微腐蚀。否则，应取水试样或土试样进行试验并评定其对建筑材料的腐蚀性。土对钢结构腐蚀性的评价可根据任务书要求进行。

混凝土结构处于地下水位以上时，应取土试样作土的腐蚀性测试；混凝土结构处于地下水或地表水中时，应取水试样作水的腐蚀性测试；混凝土结构部分处于地下水位以上、部分处于地下水位以下时，应分别取土试样和水试样作腐蚀性测试。

《岩土工程勘察规范》（GB 50021）、《公路工程地质勘察规范》（JTG C20—2011）、《水力发电工程地质勘察规范》（GB 50287—2006）和《铁路工程地质勘察规范》（TB 10012—2007）对水土的腐蚀性评价不同，勘察应选用相应的规范。

**（二）环境水质量测试与评价**

在一些工程，特别是绿色建筑的勘察工作中，需要提供设计和施工所需要的环境水等资料，需要对环境水的质量进行测试，分析评价环境水的可利用情况。环境水一般包括地表水和地下水。

地表水环境质量指标测试项目分为基本指标项目测试、补充项目测试和特定项目测试。对应地表水五类水域功能，将地表水环境质量标准基本项目标准值分为五类，不同功能类别分别执行相应类别的标准值。

地下水监测项目为：pH 值、氨氮、硝酸盐、亚硝酸盐、挥发性酚类、氰化物、砷、汞、铬（六价）、总硬度、铅、氟、镉、铁、锰、溶解性总固体、高锰酸盐指数、硫酸盐、氯化物、大肠菌群以及反映本地区主要水质问题的其他项目。监测频率不得少于每年两次（丰、枯水期）。

## 第五节　水文地质测试

### 一、抽水试验

岩土工程勘察中抽水试验的目的，通常为查明建筑场地的地层渗透性和富水性，测定有关水文地质参数，为建筑设计提供水文地质资料。往往用单孔（或有一个观测孔）的稳定流抽水试验。因为现场条件限制，也常在探井、钻孔或民井中，用水桶或抽筒进行简易抽水试验。

抽水试验方法可按表 12-1 选用。

**表 12-1　　抽水试验方法和应用范围**

| 试验方法 | 应用范围 | 试验方法 | 应用范围 |
|---|---|---|---|
| 钻孔或探井简易抽水 | 粗略估算弱透水层的渗透系数 | 带观测孔抽水 | 较准确测定含水层的各种参数 |
| 不带观测孔抽水 | 初步测定含水层的渗透性参数 | | |

### 二、压水试验

压水试验主要是为了探查天然岩（土）层的裂隙性和渗透性，为评价岩体的渗透特性和设计渗控措施提供基本资料。

按试验段划分为分段压水试验、综合压水试验和全孔压水试验；按压力点，又称流量-压力关系点，划分为一点压水试验、三点压水试验和多点压水试验；按试验压力划分为低

压压水试验和高压压水试验；按加压的动力源划分为水柱压水法、自流式压水法和机械法压水试验。

## 三、注水（渗水）试验

### （一）钻孔注水（渗水）试验

钻孔注水（渗水）试验是野外测定岩（土）层渗透性的一种比较简单的方法，其原理与抽水试验相似，仅以注水代替抽水。

钻孔注水试验通常用于：地下水位埋藏较深，而不便于进行抽水试验；或在干的透水岩（土）层。

钻孔注水试验包括常水头法渗透试验和变水头法渗透试验，常水头法适用于砂、砾石、卵石等强透水地层；变水头法适用于粉砂、粉土等弱透水地层。变水头法又可分为升水头法和降水头法。

### （二）试坑注水（渗水）试验

试坑注水（渗水）试验是野外测定包气带非饱和岩（土）层渗透系数的简易方法。最常用的是试坑法、单环法和双环法。

# 第十三章　工　程　实　例

## 第一节　水库主要地质问题的处理

水库勘察工作的重点是上水库和坝基的渗漏条件、库岸边坡稳定条件和筑坝条件。

水库地质勘察工作主要包括库（坝）区地形地貌、地层岩性、地质构造、岩体风化及卸荷、地下水位、岩（土）体的透水性及物理力学性质以及不良物理地质作用等水文地质及工程地质条件，评价库（坝）区的渗漏条件及库岸边坡、坝基（肩）的稳定性，对库岸地下水位进行观测、因冻土融化可能产生大型滑坡和不稳定岸坡地段等。水库的勘探应根据库（坝）区的地形地质条件、可能的坝型及防渗形式，分别采取地质测绘、钻探、物探、井（坑）槽探及必要的物理力学性质试验和水文地质试验等勘探手段，查明库（坝）渗漏条件、库岸稳定条件及坝基建基面条件。

为满足地质测绘精度，一般来说，层状岩体构成的库岸、坝基可能存在多层含水层或分布软弱夹层，水文工程地质条件较为复杂，应以钻探、洞探、井探为主，坑槽探、物探为辅；块状结构岩体构成的库岸、坝基，水文工程地质条件要简单一些，应以钻探、物探为主，洞探、井探为辅。

### 一、水库渗漏

#### （一）蒲石河抽水蓄能电站上水库

蒲石河抽水蓄能电站上水库为天然库盆，三面环山。库周分水岭地面高程多为420.00～504.20m，高出设计蓄水位25.00～109.00m。无低矮地形垭口分布，但在东、西、南见有三处地势相对较低矮的单薄分水岭，地面高程分别为434.00～440.00m、425.00～449.00m、429.00～445.00m，分水岭宽度仅230～350m。库周分水岭外侧见有5条走向呈NW向和NE向分布的切割深度70～150m的深沟谷，沟端距上库分水岭一般小于180m，如黄草沟、前眼沟及泉眼沟等。库周外侧边坡陡峻，坡度30°～50°，局部地段呈陡崖，地下水排泄条件良好。库周未见明显的不良物理地质现象。库周正常蓄水位以下覆盖层较薄，一般1～2m，较大冲沟部位3～5m，局部地段7.5m，主要由残坡积含碎块石低液限黏土组成。基岩主要为早元古界混合花岗岩。后期穿插有闪长玢岩、煌斑岩等岩脉。

20世纪90年代对上水库进行了可研勘察，2003—2004年进行了可研补充勘察，技施阶段进行了专门的补充勘察。勘察手段主要是工程地质测绘、钻探、坑槽（井）探，并进行了现场及室内的相关试验工作。

上水库库周分水岭长约3.6km，可研阶段，为查明分水岭部位的地层岩性、地下水位

埋深、含水层的结构与透水特性、相对隔水层顶板埋深等，共布置钻孔13个，总进尺约1688m。根据分水岭的地形特点，钻孔间距一般为105～200m，局部为300～580m。孔深原则上以进入相对隔水层（岩体透水率$q \leqslant 3$Lu）顶板以下5～10m控制，实际上部分钻孔已进入$q \leqslant 1$Lu顶板以下。对正常蓄水位以下深度均进行了钻孔压水试验。此外，分水岭部分局部风化较深，为查明其全风化层的厚度，在垭口部位布置3个竖井，孔深9.5～10.5m。

勘探查明，库周分水岭地段设计蓄水位以下主要由弱～微风化岩石组成，多为微～极微透水岩石。库岸未见通向库外的集中渗漏通道。除东、西、南库岸分布有三处低矮单薄分水岭地段（桩号分别为0＋0.0～0＋745.0、2＋97.5～2＋783.5、3＋200.0～3＋617.4）地下水渗径较短外，其余库岸渗径多大于300m。

设计蓄水位392.00m时，库边线总长约3900m，库周分水岭全长3617.40m。其中地形高程高于450.00m的库段长约1600m，主要位于北西库岸一带，该地段地下水水位及相对隔水层顶板多接近或高于设计蓄水位，不具备库水外渗的地形地质条件；南库岸低矮单薄分水岭（桩号3＋200.0～3＋617.4）一带，地下水位高于设计蓄水位2.00～3.00m，故该地段不存在库水外渗的可能；东、西库岸两处低矮单薄分水岭总长约1431m，地面高程419.00～450.00m，地下水位375.60～408.00m，岩石相对隔水层顶板高程353.00～400.00m，设计蓄水位392.00m以下岩石透水率$q$为3.1～17Lu。虽有局部地段地下水位或相对隔水层顶板低于设计蓄水位，但岩石透水性较弱，渗径较长，故水库蓄水后沿低矮单薄分水岭地段外渗量甚小。初步计算，上述两处库水渗失量均不大。东库岸仅$71m^3/d$，西库岸为$98m^3/d$。此外，库周分水岭地段地下水及相对隔水层顶板高层均高于死水位360.00m，故库水沿死水位以下库盆外渗的可能也不大。

施工详图阶段，结合上水库工程的开挖揭露，上水库库周地下水长观孔，对通过分水岭通向库外形成渗漏通道进行复核。

最终确定上水库防渗方案为：坝基及两岸连接处采用垂直防渗帷幕灌浆，西库岸和南库岸单薄分水岭处进行局部垂直帷幕灌浆处理。单排帷幕灌浆厚度2m，基本孔距2m。坝体及坝面设排水系统，排水沟在左右岸与上坝公路排水系统连接。

技施阶段结合上水库开挖，采用多种方法对水库渗漏进行了专门调查分析工作，并做出了客观评价，采取了相应的防渗处理措施。

1. 查明库周存在3条断层渗漏通道

结合上水库工程的开挖，对上水库库盆及库周分水岭地带进行地质测绘调查，发现前期$F_1$、$F_{103}$断层破碎带沿西库岸通向库外形成渗漏通道，分别于引水明渠、坝址通向库外，在分水岭部位渗漏宽度为26m、10m。

另外，通过开挖揭露出$F_{y3}$断层破碎带，于上库进口通向库外，沿分水岭渗漏宽度20m。上水库区地质图如图13－1所示。

经估算沿上述3条渗漏带库水渗失量为$712m^3/d$。

2. 对重点地段进行水文地质调查

自2004年11月地下洞室群陆续开挖以来，上库泉眼沟、前眼沟和西库岸邻侧的黄草沟等沟内泉水水量断流明显甚至干枯。最明显的是位于地下厂房上部70.00m高程的PD02勘探平洞，于2004年5月前洞内水位为167.00m，随着厂房交通洞、通风洞的开

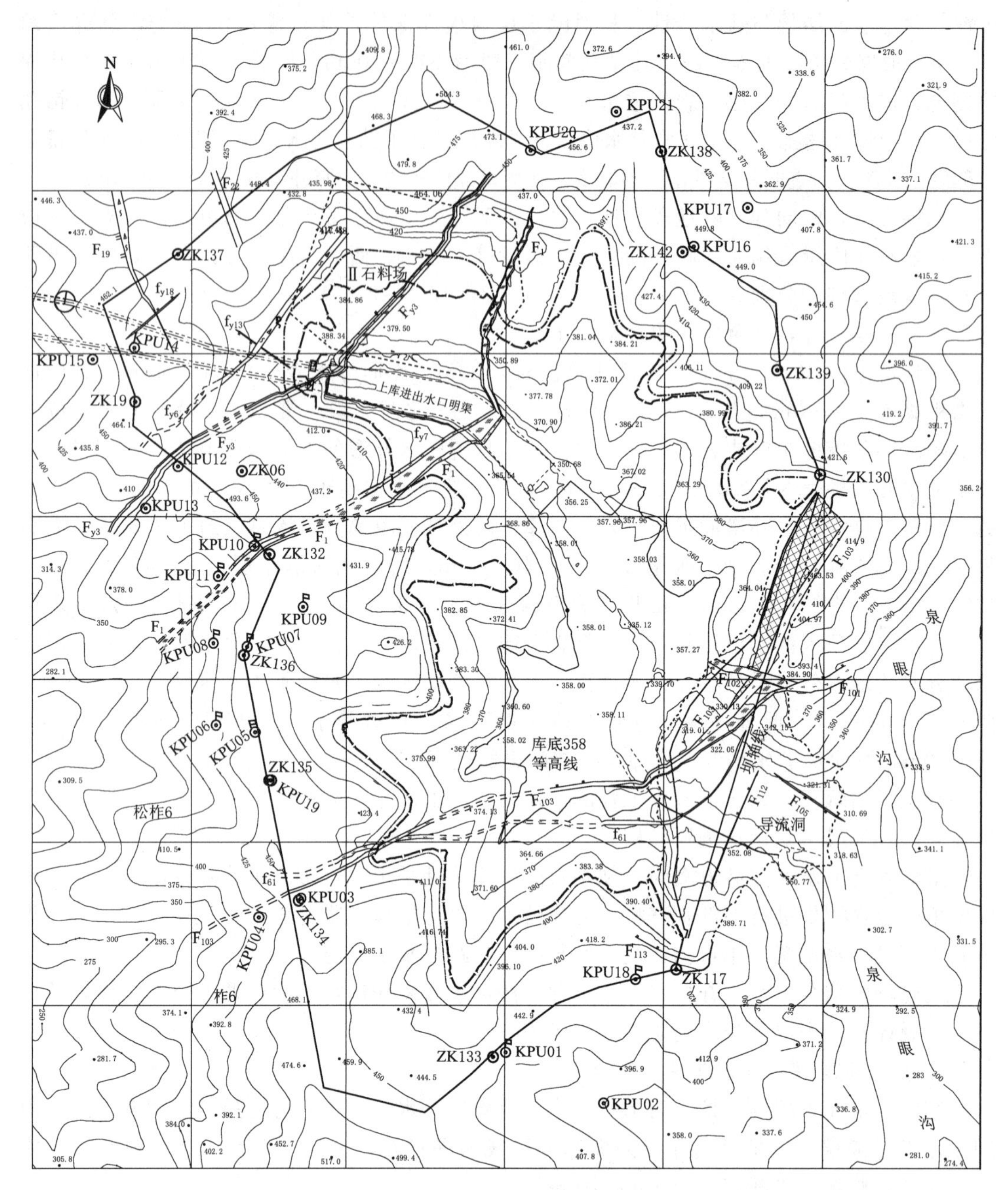


图 13－1　上水库库区基岩地质图

挖，至 2005 年 8 月，洞内水位降至 109.00m，降幅达 58.00m，当 2005 年 11 月厂房交通洞开挖结束，副厂房开始施工时，PD02 勘探平洞成干洞。由此可以说明，上水库与厂洞地段地下水的水力联系密切，也说明地下厂房等洞室群开挖对上库的水文地质条件有所改变。

3. 上水库库周地下水长观孔资料的分析

该阶段库周分水岭一带布置了 21 个长观孔，据长观孔 2006 年 7 月至 2010 年 1 月期间的水位观测成果：东、北库岸地段的 KUP16～KUP14 孔，地下水位一般为 392.00～

414.00m，埋深一般为21～50m，与可研勘探阶段的情况无明显变化；但西、南库岸与可研勘探阶段的地下水位比较，呈大幅下降，如KUP03、KUP05、KUP07、KUP10、KUP12等观测孔的水位降幅多达11.00～28.00m，致使西、南库岸分水岭地段地下水位多低于设计蓄水位16.00～26.00m，从而进一步说明厂洞区地下水的渗流条件及其变化对上水库水位的影响较大。

*4. 灌浆先导孔资料的分析*

库周西、南库岸灌浆先导孔间距约20m，通过对其钻孔岩芯、压水试验透水率的分析，验证了库周存在3条断层渗漏通道的分析是正确的。

通过上述大量的分析工作认为，水库蓄水后，沿库周西、南库岸低矮单薄分水岭地段将产生库水外渗，与前期的地质评价基本一致。

*5. 库周西、南库岸单薄分水岭防渗处理及评价*

（1）根据灌浆检查资料进行防渗效果评价。根据库周分水岭的水文地质条件，对西、南库周分水岭渗漏地段采取了垂直防渗处理，帷幕以深入相对隔水层（$q\leqslant3$Lu）以下3m为原则。帷幕线总长约1214m，防渗帷幕设一排，帷幕灌浆孔距2m，水平方向与右岸坝基防渗帷幕相衔接。上水库库周分水岭灌浆检查孔岩石透水率情况见表13-1。

**表13-1　　上水库库周分水岭灌浆检查孔岩石透水率成果表**

| 工程部位 | 灌浆类型 | 单元数/个 | 检测情况 | | | | |
|---|---|---|---|---|---|---|---|
| | | | 检查孔数量/个 | 设计标准 | 最大值/Lu | 最小值/Lu | 平均值/Lu |
| 西库岸 | 帷幕灌浆 | 24 | 38 | ≤3Lu | 2.8 | 0.25 | 1.2 |
| 南库岸 | | 11 | 22 | | 2.4 | 0.31 | 1.2 |

由表13-1可以看出，帷幕灌浆效果满足设计要求。

（2）根据库周地下水位监测资料进行防渗效果评价。库周分水岭地下水位长期观测孔蓄水前后的观测资料分析如下：

南库岸KUP01、KUP18地下水位高于库水位，KUP02测压管内水位最高为367.60m，最低地下水位为KUP02的344.90m，地下水位呈季节性变化，变化规律基本一致，南库岸地下水位与库水位无明显相关性，分析认为南库岸无库水外渗。

西库岸共布置14个地下水位观测孔KUP03～KUP15、KUP19。其中KUP03、KUP05、KUP19、KUP07、KUP09、KUP10、KUP12、KUP14孔布置在垭口，KUP04、KUP06、KUP08、KUP11、KUP13、KUP15布置在背面山坡。其中KUP09为库内观测孔。西库岸部分测压管地下水位测值过程线如图13-2～图13-5所示。

由图13-2～图13-5可以看出，KUP14、19地下水位为394.70m、403.40m，蓄水前这两个测压管地下水位均高于上水库正常蓄水位无库水外渗；KUP03、KUP05、KUP07、KUP08、KUP10地下水位在352.70～384.70m，低于正常蓄水水位，水库蓄水前地下水位雨季抬升随后下降，规律性明显，水库蓄水后西库岸KUP03～KUP10地下水位抬升了2.00～13.50m，表明西库岸单薄分水岭存在一定渗漏。

东、北库岸布置的4个观测孔，KUP16、KUP20地下水位高程分别为403.40m、

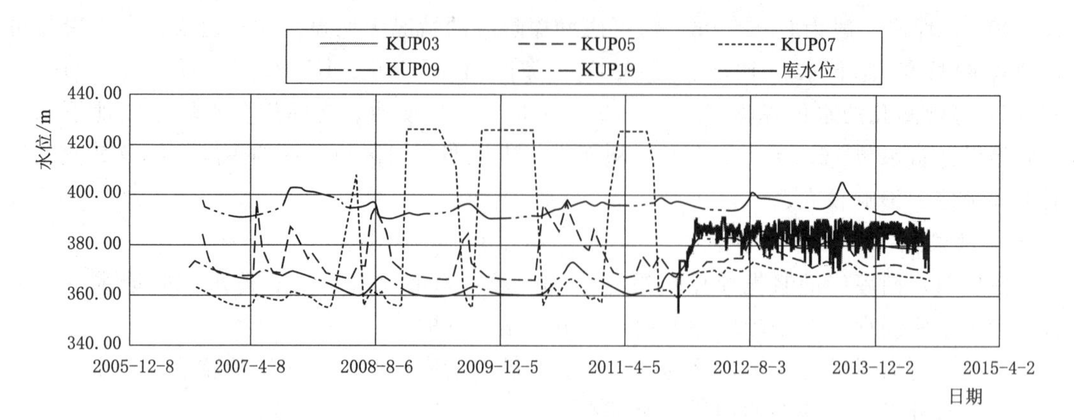


图 13-2　西库岸地下水位测值过程线（KUP03、KUP05、KUP07、KUP09、KUP19）

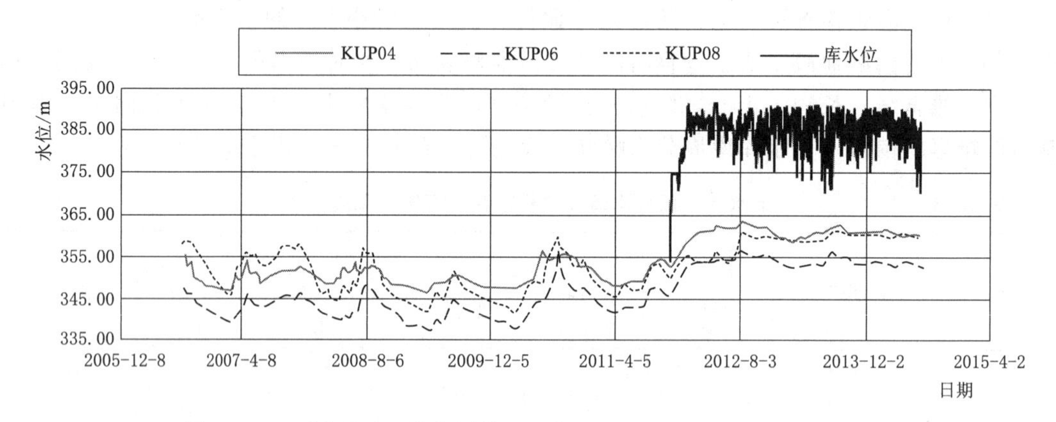


图 13-3　西库岸地下水位测值过程线（KUP04、KUP06、KUP08）

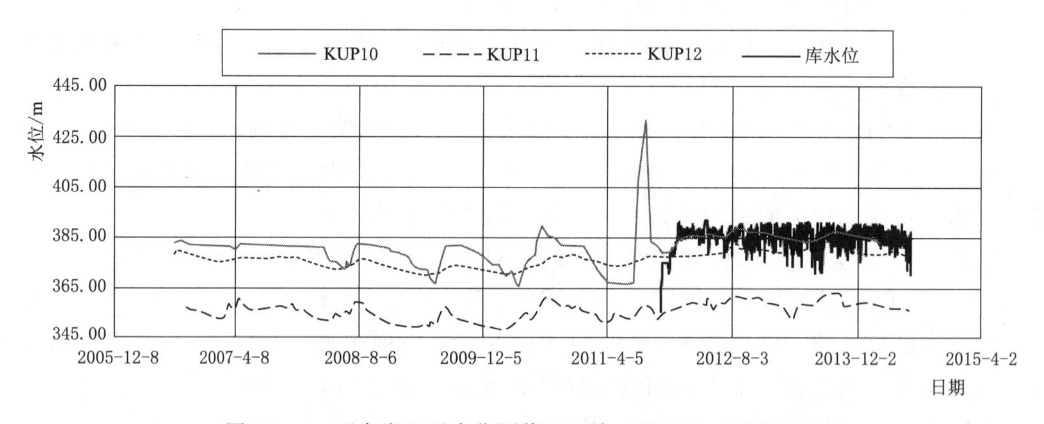


图 13-4　西库岸地下水位测值过程线（KUP10～KUP12）

417.50m，地下水位高于上水库正常蓄水位，KUP17、KUP21 地下水位低于库水位与库水位无明显相关性。北岸在雨季后地下水位抬升，随后下降，表明地下水位受地表水影响明显，与库水位无明显相关性。

综合库岸地下水位监测成果表明，南、东、北库岸与库水位无明显相关性，而西库岸

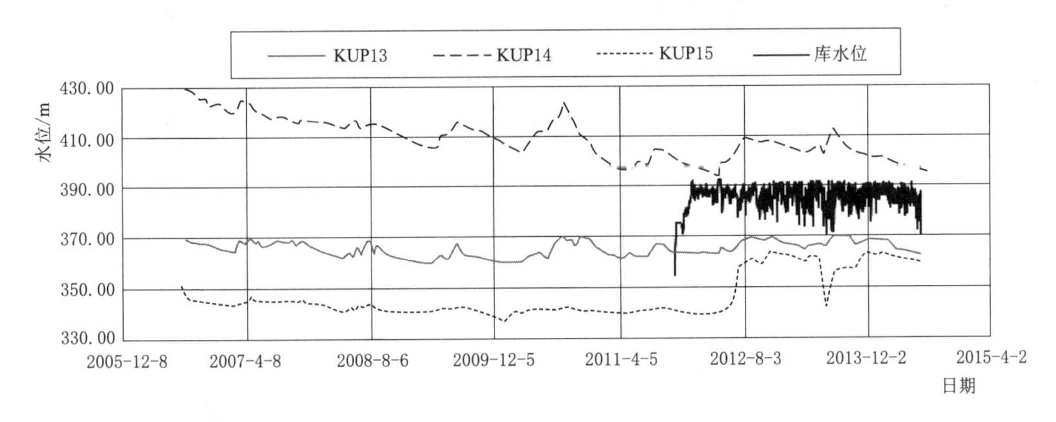


图 13-5　西库岸地下水位测值过程线（KUP13～KUP15）

单薄分水岭地段测压管与库水位存在相关性，分析西库岸库周存在库水外渗。而西库岸存在着 $F_1$、$F_{y3}$、$F_{103}$ 三条较大断层破碎带渗漏通道，地下水位及相对隔水层顶板均低于正常蓄水位，且渗径较短，渗透坡降较大，存在沿断层渗漏的地质条件。

**（二）荒沟抽水蓄能电站上水库**

荒沟抽水蓄能电站上水库为天然库盆，为一南高北低的山间洼地。库底地面高程 610.00～650.00m，库周山体高程多为 700.00～790.00m。库区出露的岩石均为华力西晚期的白岗花岗岩。库底表部覆盖有高液限黏土、碎石混合土及混合土碎石等第四系沼泽、冲积层、坡积层，厚度一般为 10～27m，最深可达 34.5m。库内通过有 30 余条断层，走向多为近南北向和近东西向，多属压性断层，除纵贯库底的 $F_5$ 断层延伸较长外，无横穿分水岭的宽大断层。

根据上水库库周地形地质情况，在库周天然分水岭共布置 6 个钻孔作为地下水位长期观测钻孔，设计孔深至死水位以下，正常蓄水位高程以下进行压水试验，约 122 段。左、右两岸坝头各设长期观测孔 1 个，以压水试验吕荣值连续 3 段小于 1Lu 作为终孔标准，正常蓄水位高程以下进行压水试验，结合库盆三维渗流地质剖面，在库岸 656.00m 高程共布置 2 个钻孔，孔深 50m，正常蓄水位高程以下进行压水试验，约 14 段。结合上水库区左岸岸坡库区石料场勘察，兼顾库区渗流地质剖面，左岸布置两钻孔为地下水位长期观测孔，设计孔深至死水位以下，压水试验约 12 段。

长期观测孔共布置 12 个，如图 13-6 所示，每间隔 10d 观测一次地下水位。观测时间一个水文年。

勘探表明：左侧库岸正常蓄水位以下岩体多呈微风化状态，岩石透水率一般 1.2～3.5Lu，属弱透水岩体，局部岩体透水率小于 1Lu，属微透水岩体。虽有 10 余条断层通过，但多延伸不长，规模不大，且多属压性断层，不构成较强的地下水渗漏带。据左岸分水岭 ZK148、ZK149 两个长期观测孔地下水位观测资料，地下水位一般为 648.00～685.00m，除 ZK148 钻孔附近地下水位略低于正常蓄水位外，其余大部分地段地下水位均高于水库正常蓄水位，故此段库岸永久渗漏问题不大。

河口垭口位于库尾南侧，垭口鞍部最低点高程为 649.00m，低于正常蓄水位，需修建

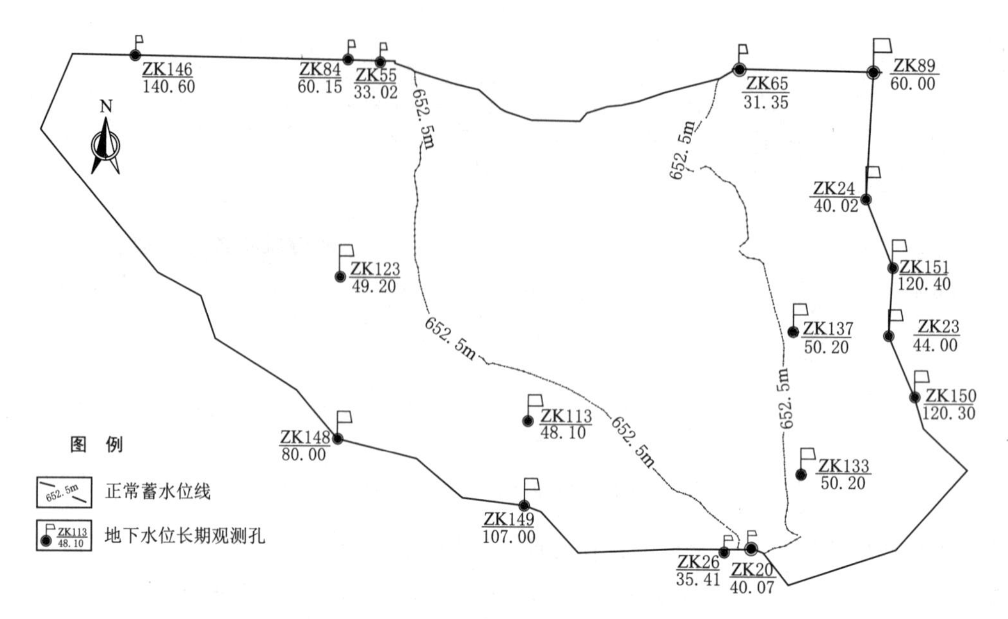


图 13-6 上水库库周长期观测孔布置图

挡水副坝。

右侧库岸正常蓄水位以下起阻水作用的弱、微风化岩石均较完整，其透水率为 0.17～4.3Lu，属弱～微透水岩体。虽有十多条断层通过，但其宽度一般为 0.5m 和 2.4m，多属压性断层，不构成地下水强渗带。据水库右岸 6 个长期观测孔地下水位观测资料，地下水位高程为 698.00～718.00m，高于正常蓄水位，因此，右侧库岸也不存在永久性渗漏问题。

## 二、库岸边坡稳定

荒沟抽水蓄能电站，上库库周地形较平缓，沿岸地形坡度多为 18°～25°，覆盖层较薄，多小于 2.0m，全风化岩厚一般 0.8～2.0m。Ⅱ石料场布置在上水库库内岸坡上，可研阶段，结合石料场勘察，在上水库库岸边坡布置了 12 个钻孔，累计进尺约 530.3m。技施阶段，结合Ⅱ石料场的复核，在库周岸坡布置了 4 个勘探钻孔，进尺 238.2m。

已查明库周断层和节理均不甚发育，且断层和节理的倾角大于 60°。库周岩石较完整、坚硬，未见有不稳定岩体分布。库岸地形坡度平缓，仅 5°～15°，故库底边坡稳定问题不大。自死水位 360.00m 至设计蓄水位 392.00m 之间的水位变动地带高差达 32.00m，该范围内岩石较完整、坚硬，未见倾向库内倾角小于岸坡的不利软弱结构面分布，整体库岸稳定。但在西南侧山坡地段水位变动带（右岸坝肩至上水库引水洞进口之间、面积约 16.9 万 $m^2$），上部为厚 0.8～2.0m 的混合土碎块石，下部为厚 0.8～3.2m 的花岗岩风化砂，由于库水位急骤升降而引起的库岸淘刷作用，致使该地段水库淤积和岸边再造问题比较突出。经估算，坍岸淤积量为 28.6 万 $m^3$，对该处水位变动带范围的岸坡有较大的影响。此外，库周分水岭宽多大于 250m，岩石较完整、坚硬，库外山坡虽较陡，但未见有走向与岸坡近平行，倾向库外的不利结构面组合分布，故认为一般不存在库外边坡稳定问题。

库内边坡稳定则要考虑防渗结构经受每日一次水位骤降和频繁变幅的重复荷载的特殊性，技施设计阶段，对库周护岸基础全风化料及垫层料进行物理力学性质研究，以便为库周护岸进行抗滑和抗渗稳定分析计算提供参数。

## 第二节　坝址主要地质问题的处理

### 一、坝基

#### （一）荒沟抽水蓄能电站勘察上水库坝基

荒沟抽水蓄能电站主坝为钢筋混凝土面板堆石坝，筑坝地段沟谷呈浅U形，正常蓄水位处谷宽约690m。左岸山体比高100～160m，坡度10°～25°，右岸山体比高65～70m，坡度10°～20°，局部为陡崖。高程670.00m以下常见崩塌堆积，沟底局部为沼泽湿地。

坝址区基岩为华力西晚期白岗花岗岩，后期穿插有花岗斑岩岩脉。第四系松散层分布于沟底及两岸山坡，厚度随地貌单元的不同而有所差异，沟底覆盖层厚一般为7～27m，最厚可达34.5m，其中黏土质砂厚一般2～23m，最厚可达30m左右。覆盖于沟底基岩面上连续分布。

可研阶段，坝址区进行1：2000地质测绘，布置土钻370m，机钻孔1542.96m，钻孔沿坝轴线和趾板线布置，间距45～60m，孔深进入基岩面10m，孔内进行注水试验15次，压水试验130段，标贯（触探）试验154次，岩样63组，断层样16组，土样116组，砂砾石样45组，水样26组，并进行了相应的试验工作。

坝基的主要土层定名为黏土质砂，着重对该土层进行了试验工作，天然含水量平均值为17%；干密度平均值为1.75g/cm$^3$；孔隙比平均值为0.543；塑性指数平均值为12.3；土的压缩系数为0.08～0.64MPa$^{-1}$，平均值为0.25MPa$^{-1}$；压缩模量为16.8～2.7MPa，平均值为7.87MPa。渗透系数最大值为$5.21\times10^{-5}$cm/s，最小值为$2.31\times10^{-7}$cm/s，平均值为$1.64\times10^{-5}$cm/s。0.1～0.4MPa条件下，快剪内聚力为0.016MPa，内摩擦角为10.9°，饱和快剪内聚力为0.022MPa，内摩擦角为12.3°，饱和慢剪内聚力为0.035MPa，内摩擦角为15.2°。0.5～2.5MPa条件下，快剪内聚力为0.01MPa，内摩擦角为4.4°，饱和快剪内聚力为0.017MPa，内摩擦角为13.9°，饱和慢剪内聚力为0.012MPa，内摩擦角为24.9°。

招标阶段结合前期的勘察成果，坝址趾板线布置机钻孔6个，孔深以压水试验吕荣值连续3段小于1Lu作为终孔标准，布置压水试验约78段。沟底两个钻孔各取黏土质砂样2组，计4组。左、右两岸坝头各设长期观测孔1个。主坝坝基次堆石区为黏土质砂层，为了查明主坝坝基次堆石区黏土质砂层物理力学性质，论证主坝坝基次堆石区黏土质砂保留的可能性，在主坝轴线下游90m范围内选择12个钻孔，孔深25m，进行黏土质砂的取样、试验工作。

通过招标阶段勘察研究，认为该层黏土质砂实际上是全风化白岗花岗岩，而不属于第四系覆盖层，并改成土状全风化层，鉴于坝体高度不大，经设计优化决定，次堆石区建基于白岗花岗岩土状全风化层上。下游次堆石区建基面提高后，次堆石区沉降略有增大，主堆石区、面板的变形、应力差别不大，均符合设计要求。下游次堆石区建基于花岗岩土状全风化层是可行的。减少了坝基开挖量和回填量，节省了投资。

**（二）蒲石河下水库坝基**

对抽水蓄能电站的上、下水库坝而言，无论是混凝土坝还是当地材料坝，都和常规电站差不多，工作内容和方法基本一致。施工开挖期间，往往通过地质编录、地质巡视来发现坝基存在的地质问题，及时提出处理建议。

蒲石河抽水蓄能电站在下水库大坝集水井开挖时，在下游井壁发现两条对倾的结构面，预测其在＃10坝段形成不利坝基稳定的结构面组合，建议对其进行挖出处理。据＃10坝段开挖揭露，建基面岩石为新鲜的混合花岗岩，坝基出露 $f_1$ 断层，走向与坝轴线近于垂直（顺河向），倾角35°～40°，虽断层宽度较小，但断层面光滑并沿断层面断续分布有片状炭质薄膜。另见一条与 $f_1$ 断层走向相同、倾向相反、倾角为40°的缓倾角节理面，该节理面与 $f_1$ 断层构成上大下小的一楔形体，体积约 $500m^3$，楔形体正值闸墩部位，对坝基抗滑稳定极为不利。经对该楔形体挖除置换混凝土处理，满足建基要求。＃10坝段开挖前后照片如图13-7、图13-8所示。

图13-7　＃10坝段开挖前

图13-8　＃10坝段开挖后

## 二、坝肩

抽水蓄能电站的边坡一般要比常规电站遇到的高边坡问题多，包括水库岸坡、大坝边坡、公路边坡、各地下洞室的进（出）口洞脸边坡，等等。施工期间，结合边坡开挖揭露的地质情况，对主要建筑物边坡进行地质编录，分析预测边坡的稳定性，提出优化设计、边坡处理建议。

下面以蒲石河下水库右坝肩边坡为例说明边坡问题的处理方法。

下水库坝右岸为比高75～180m的陡峻条形山体，谷坡坡度为30°～35°。右坝肩覆盖层厚3～5m，基岩为强～弱风化混合花岗岩。

据可研勘察结果，右岸坝肩130.00m高程以下分布有一宽约90m，厚8～12m的节理卸荷带，带内岩石节理多呈宽张状态，部分已松动。鉴于右坝肩地形完整，且该卸荷带属于表部顺坡向卸荷带，厚度不大，因此，原设计开挖方案是对卸荷带进行挖除处理，开挖坡比1∶1.5。

若按原方案施工，右岸坝肩的山脊将被开挖出一个豁口，既不美观又不环保。因此，施工详图阶段对原开挖方案进行了优化，采用开挖坡比 1∶1，坡形呈锥形，于 99.80m 高程设一宽 1.5m 的马道。

据开挖揭露，该节理卸荷带厚约 10～14m，带内岩石由强～弱风化岩石组成，边坡分布高程为 70.00～120.00m，比高约 50m。边坡内主要见有 $F_{216}$、$f_{29}$、$f_{30}$、$f_{65}$ 四条断层分布，$F_{216}$ 断层宽度 30～40cm，其余断层宽度均小于 20cm。岩体节理较发育，主要见有 3 组：①N10°W/SW∠70°～80°，平行间距 10～50cm，断续延伸；②N20°E/SE∠30°～40°，平行间距 30～50cm，延伸长度 5～10m；③N80°W/NE∠85°，平行间距 1～2m，延伸长度＞2m。上述 3 组节理中①组节理被②组缓倾角节理切割，形成底部滑移面，对右岸坝肩工程地质条件不利。

为此，对边坡进行了锚固、挂网、喷混凝土及坡脚混凝土挡墙处理，处理后边坡整体稳定。

据安鉴时的监测资料，边坡各位移测点位移量一般在 10mm 以下，位移变化较小，边坡稳定。

## 第三节　地下洞室主要地质问题的处理

抽水蓄能电站输水发电系统一般由一个庞大的地下洞室群组成，水道系统承受高水头的内水压力，地下厂房跨度大，地质条件一般比较复杂。施工详图设计阶段的地质工作是为了施工期地下洞室的围岩稳定，以保证后期建筑物安全地运行。该阶段地下洞室的工作主要是通过地质施工来完成的。

地下洞室施工地质主要包括地质巡视与观察、取样与试验、地质预报、地质编录与测绘、围岩评价与验收。具体按照《水电工程施工地质规程》（NB/T 35007）相关条款执行。

下面通过几个实例，了解一下地下工程施工过程中对所遇到地质问题是如何处理的。

### 一、蒲石河引水隧洞下平段 $F_3$ 断层的试验与处理

#### （一）$F_3$ 断层部位下平段地质条件

$F_3$ 断层破碎带为前期在厂房探洞出露的断层。据施工开挖揭露，$F_3$ 断层贯穿 1 号、2 号引水隧洞下平段，走向多与洞轴线交角较大（如图 13－9 所示），断层两侧围岩为新鲜混合花岗岩，岩石较坚硬，节理较发育。$F_3$ 断层规模较大，岩体受构造挤压破碎较严重，其中心带为糜棱状碎块夹碎屑和断层泥组成，宽约 3.5～5m。该断层为逆断层，其两侧影响带下盘宽度为 7～8m，主要为碎块岩夹糜棱岩，上盘为碎裂岩夹碎块，宽度 8～9m。沿断层多处线状滴水。

受 $F_3$ 等断层及节理切割影响，围岩完整性差，开挖时多处沿断层、节理渗水、掉块，沿 $F_3$ 断层出现小塌方，渗水严重，属Ⅲ～Ⅳ类围岩。

#### （二）$F_3$ 断层原位试验

鉴于 $F_3$ 断层通过的下平段最大内水压力为 4.8MPa，在高压水流条件下对引水隧洞围

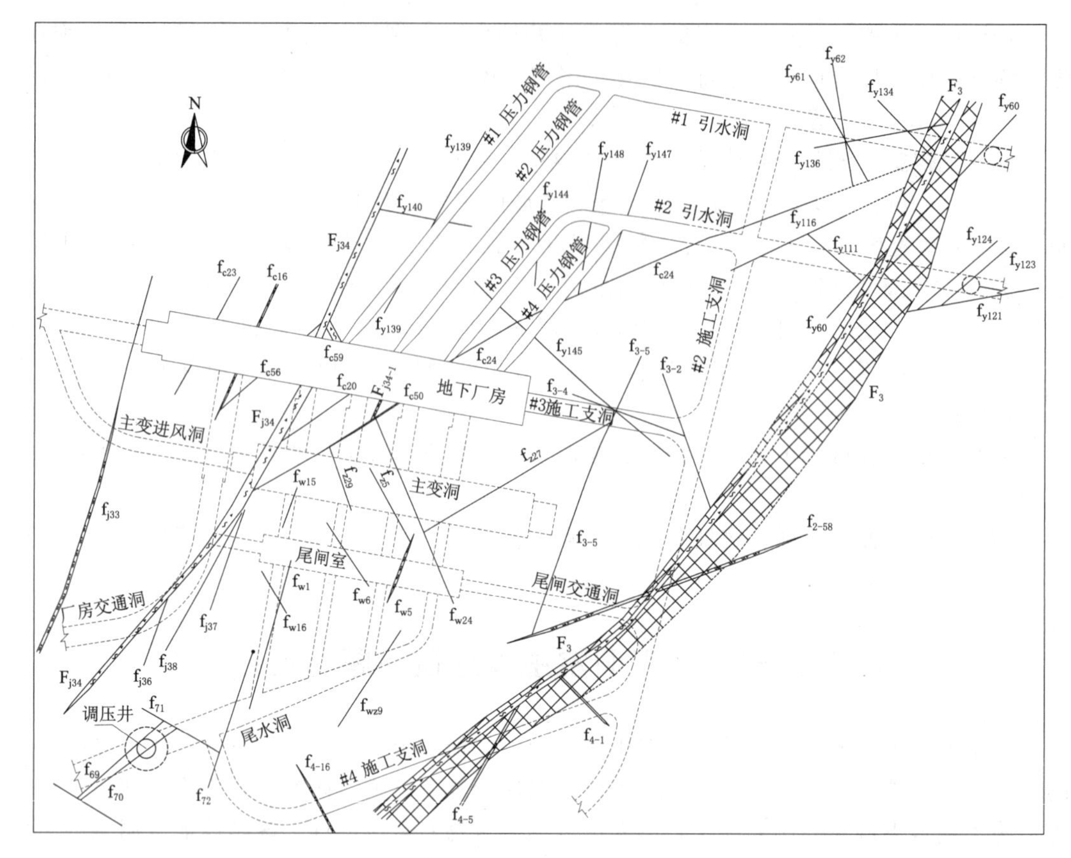


图 13-9　引水系统－2.00m 高程工程地质平切图

岩渗透变形稳定非常不利，甚至对距离较近的厂房等建筑物的稳定也构成威胁。

为进一步研究 $F_3$ 断层的力学性质，在 2 号下平段专门对 $F_3$ 断层进行现场原位变形模量试验工作。共计完成 26 次测试（点），其中，较完整混合岩测点 8 个，接触带测点 8 个，断层泥带测点 10 个。据试验结果，断层带的变形模量大体在 0.11～1.54GPa，其中，以断层泥为主的部位变形模量为 0.11～0.16GPa，而以碎块岩为主的断层带测点的变形模量为 0.30～1.54GPa；断层接触带部位岩体破碎，岩芯不连续或连续性较差，在最大试验压力 6.3MPa 条件下的实测变形模量为 1.36～4.68GPa，断层两侧新鲜完整混合岩在 2.7～6.3MPa 的试验压力下一般为 5.13～6.31GPa。

**（三）$F_3$ 断层破碎带地质参数**

根据试验结果经综合分析整理，$F_3$ 断层与Ⅲ类围岩地质参数见表 13-2。

**表 13-2　　引水洞下平段 $F_3$ 断层与Ⅲ类围岩地质参数**

| 部　　位 | | $K_0$/(GPa/m) | 变形模量/GPa | 抗剪断强度 |
|---|---|---|---|---|
| $F_3$ 断层 | 断层泥 | 0.5 | 0.5～0.7 | $f'$=0.25，$c$=0MPa |
| | 片状岩、碎屑、糜棱岩 | 0.6～0.8 | 0.8～1.0 | $f'$=0.30，$c$=0.1MPa |
| | 影响带（接触带） | 1.0～1.5 | 1.5～2.0 | $f'$=0.80，$c$=0.5MPa |
| Ⅲ类围岩 | | 5.0 | 5.0～6.0 | |

**（四）$F_3$ 断层处理方案**

根据地质提出的建议及地质参数，最终对 $F_3$ 断层通过的下平段处理方案如下：

（1）对 $F_3$ 中心带及两侧各 50cm 宽范围内进行梯形槽挖处理，深度 2m。

（2）对该段顶拱 120°范围进行回填灌浆处理，再进行环向固结灌浆处理，灌浆压力采用 5MPa。

（3）对于受断层影响的 1 号引水隧洞桩号引Ⅰ0＋478.0～0＋514.0 洞段、2 号引水隧洞引Ⅱ0＋482.0～0＋530.0 洞段采用局部钢衬处理。1 号洞钢衬段长度 36m，2 号洞钢衬段长度 48m。为了保证局部钢衬段与混凝土衬砌洞段的平顺连接，在钢衬段前后各设置 5m 长的钢筋混凝土渐缩（渐扩）管。

## 二、蒲石河电站厂房施工开挖中的地质分析预报工作

地下厂房长 173m，宽 25.27m，高达 54m，仅在上、下游边墙就有交叉洞口 12 处，由于厂房规模比较大，地质条件复杂，各交叉口部位的稳定受地质构造的影响非常重要，如果不及时支护极易发生塌方。尤其下游侧边墙有尾水支洞、母线洞多条洞室在此交汇，边墙的稳定问题尤为重要。

根据开挖揭露的地质条件，$F_{j34-1}$、$f_{c2}$、$f_{c20}$ 等规模较大断层出露于下游边墙并经过 1 号、2 号母线洞，厂房交通洞，1 号尾水支洞洞口，同时穿插数条岩脉，岩脉完整性较差，同时受 $F_{j34-1}$、$f_{c2}$、$f_{c20}$ 断层及一组近于平行厂房边墙的节理面切割影响，对厂房下游边墙和上述洞口部位稳定影响较大，而且 1 号母线洞洞口、厂房交通洞洞口、1 号尾水支洞洞口（如图 13－10 所示），当开挖至边墙时发生塌方，对厂房下游边墙的稳定影响较大。

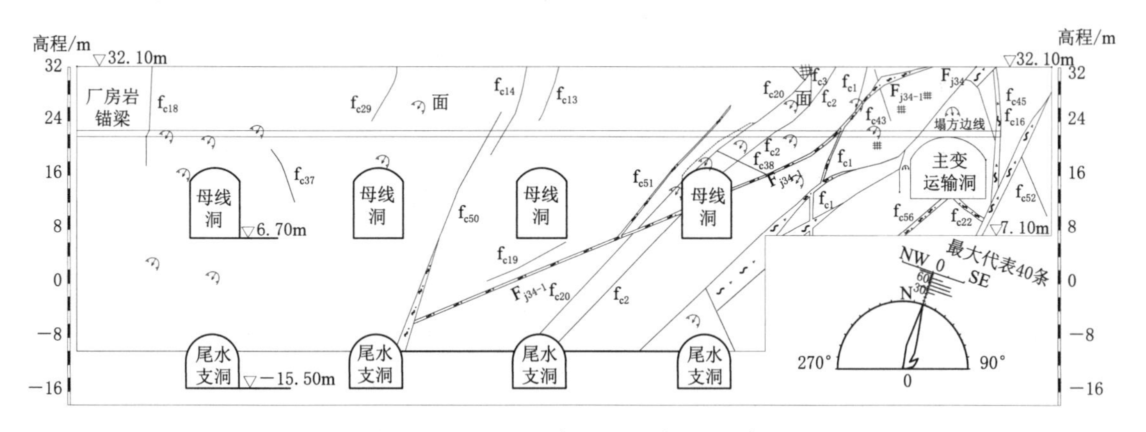


图 13－10　地下厂房工程地质展示示意图

2007 年 12 月下旬，在下游边墙开挖到 10.00m 高程时，由于下游边墙 1 号、2 号机组间部位地质条件较差，存在不稳定块体，且随着厂房下游边墙及母线洞进一步下挖，该部位岩体处于临空，威胁厂房及母线洞的安全。为此，对这一部位发出地质预报，同时提出对该部位岩体采取加固措施的建议。

最终在厂房下游边墙与主变室上游边墙之间对穿二排 1000kN 级锚索，1 号母线洞与

2 号母线洞之间 5 根、2 号母线洞与 3 号母线洞之间 5 根、3 号母线洞与 4 号母线洞之间 3 根，共计 13 根，高程 14.46m 和高程 18.36m 各一排。采取了上述处理措施后，主机间下游边墙整体稳定。否则，继续下挖以后，回过头来再进行支护处理，需要搭设高架，同时浪费了时间、物力、财力，最主要不利于厂房的安全。

## 三、蒲石河电站地下厂房与主变运输洞交叉部位塌方预报与处理

该实例说明，地下洞室开挖时，对不良地段即使提前发出地质预报、会议通知等技术文件，如果不及时采取应对措施，塌方事故也会在所难免。

**（一）地质概况**

厂房主变运输洞布置于安装间下游靠生产副厂房侧，洞轴线和厂房轴线垂直，一端与厂房安装间相通，另一端与厂房交通洞相接，主变搬运洞的右侧（面向进厂方向）与主变洞相通。主变运输洞断面型式为城门洞形，开挖尺寸为 50.0m×11.5m×9.1m（长×宽×高），洞底开挖高程 12.60m，洞顶开挖高程 21.90m。

围岩为新鲜混合花岗岩，岩体节理发育，见有 $F_{j34}$、$f_{j38}$ 等断层，$F_{j34}$ 断层破碎带产状 N20°～25°E，SE∠40°，由糜棱岩夹碎块岩、碎裂岩、石墨变粒岩等组成，性状差；与厂房边墙夹角约 60°～70°；与主变运输洞轴线夹角约 15°～25°，近于平行。$F_{j34}$ 宽度 3～5m，且沿断层渗水严重，最大达 1～2L/min，该断层于主变运输洞左侧拱座处通过，近于平行切割边墙岩体（15°～25°），围岩不稳定，属Ⅳ类围岩。该部位地质剖面详见图 13-11。

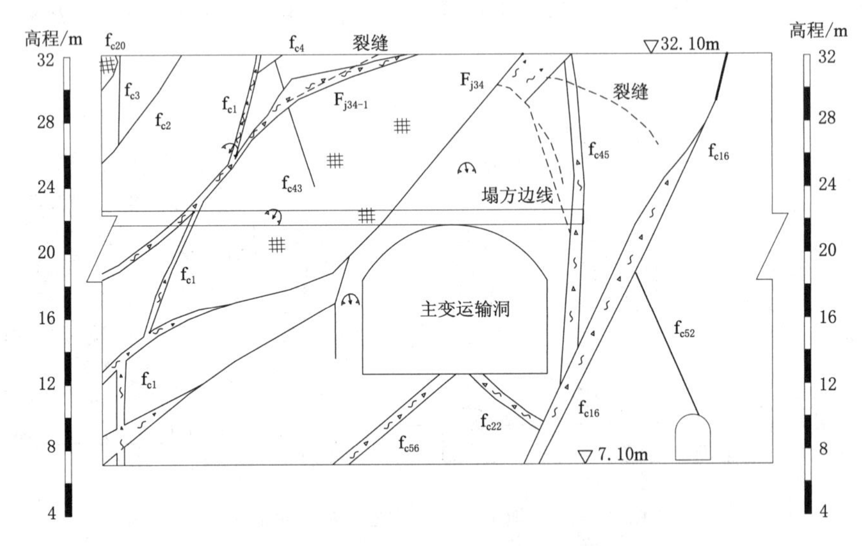


图 13-11　主变运输洞与厂方安装间交汇处地质剖面图

**（二）$F_{j34}$ 断层预报及设计通知**

鉴于主变运输洞与厂房安装间交汇处围岩地质条件较差，自 2006 年 8 月—2007 年 3 月间 7 次以地质预报、设计通知、会议纪要及现场提醒的形式，建议对 $F_{j34}$ 断层采取加强支护处理措施。

**（三）塌方情况**

由于对该部位支护不及时，在 2007 年 5 月 3 日开挖厂房边墙时，已经贯通厂房的主变运输洞先后发生两次较大面积塌方，造成厂房下游边墙塌方范围为桩号 0－32.7～0－42.7，主变运输洞方向塌方段桩号为 0－25～0－50，塌方顶高程 30.30m，塌落拱高度 8.60m，塌方情况见图 13－12。

经对塌方影响范围内进行地质调查，塌方造成厂房下游边墙及上层排水廊道附近出现多处裂缝或变形：

图 13－12　主变运输洞塌方照片

（1）沿 $F_{j34-1}$ 断层桩号 0－37.7～0－26.8；高程 29.20～34.70m 出现羽状裂缝。

（2）$F_{45}$ 附近裂缝，桩号约 0－40～0－43；高程 24.00～28.00m，裂隙宽度为 0.5～5cm；沿桩号 0－40～0－50 之间出现一弧形裂缝，高程在 26.00～30.00m，裂缝宽度 1～3mm。

（3）沿桩号 0－50～0－60 出现一弧形裂缝，高程为 2.00～30.00m，宽 1～3mm。

（4）厂房上层排水廊道桩号 0－50～0－60，高程 30.60～34.60m 段边墙出现多条裂缝，并于桩号 0－50 附近底板发生变形。

**（四）塌方原因分析**

$F_{j34}$ 断层于桩号 0－20～0－50 通过部位，下游边墙里侧 15.0m，高程 30.60m 为排水廊道通过，将 $F_{j34}$ 断层里侧切断，24.00m 高程附近下游边墙形成临空面，当主变运输洞开挖至下游边墙时，$F_{j34}$ 断层沿倾向形成侧向临空面，致使 $F_{j34}$ 断层带内破碎岩石沿断层面塌滑而下。

**（五）塌方段处理**

对塌方部位采取了混凝土回填、预应力锚索、对穿锚杆、加强锚杆加固、工字钢钢拱架支护、混凝土衬砌、加厚贴壁混凝土墙、固结灌浆等处理措施。

（1）对主变运输洞桩号 0－25～0－50 塌方区采用了回填混凝土。

（2）在主变运输洞桩号 0－24.5～0－45.5 段侧壁及顶拱共设置了 10 根预应力锚索加固。

（3）在厂房安装间下游墙厂房桩号 0－4.15～0－31.35 段之间，对穿锚杆将厂房下游墙与主变搬运洞、主变洞间岩体对穿。

（4）在厂房下游边墙桩号 0－55.5～0＋45.3、高程 8.20～23.20m 和厂房下游边墙桩号 0－45.3～0－20.55、高程 8.20～30.20m 以及主变运输洞右侧边墙布置加强锚杆。

（5）对主变运输洞桩号 0－25～0－50 采用 B 型钢拱架支护，对塌方段外 0－7.6～0－25 段采用 A 型钢拱架支护。

（6）对主变运输洞桩号 0－7.6～0－50 进行混凝土衬砌。

（7）考虑到塌方对厂房拱角及岩锚梁有一定影响，在厂房桩号 0－55.5～0－45.3、高程 7.10～24.00m 段下游边墙扩挖 0.85m，加设贴壁混凝土墙；在厂房桩号 0－45.3～0－20.6、高程 7.10～22.60m 段下游边墙也扩挖 0.85m，将原 0.8m 贴壁混凝土墙增至 1.65m（含喷护 15cm）。

（8）对厂房桩号 0－7～0－53 间的下游边墙在厂房上层排水廊道向下打孔进行固结灌浆。

## 四、抽水蓄能电站地下厂房上游边墙片帮的支护处理

该电站的装机容量 300MW，共装机 2 台 150MW 的可逆式机组。为地下式厂房，埋深 109～111m，由主厂房、副厂房、安装间等三个部分组成。厂房长 95m，宽 21.7m，高 50.6m，轴线方向 N45°W，底板建基高程 250.00m，拱顶高程 300.60m。

厂房区围岩岩性主要为新鲜坚硬的混合岩，仅上游边墙桩号 0＋61～0＋95 及左端墙为新鲜坚硬的细粒花岗闪长岩，两种岩性与呈断层接触。

岩体中主要发育节理分别为 N30°E～N40°E/SE、NW∠35°～50°及∠70°～75°，节理间距 60～80cm，局部大于 2m，节理延伸不长。此外，在混合岩中发育有一组节理，产状为 N50°W～N55°W/NE∠60°～75°，节理间距 100～300cm，张开宽度 3～10mm，局部由泥质充填，延伸长度大于 20m。

于厂房区出露的断层有以下三条。

$F_1$ 断层：产状 N5°E～N20°E/NW∠30°～45°。斜穿于桩号 0＋57～0＋95 处，断层出露宽度 10～20cm，由碎裂岩组成，胶结良好，局部夹 1cm 断层泥。

$f_1$ 断层：产状 N50°W/NE∠55°～60°。出露于上游边墙拱脚处及副厂房侧边墙，出露宽度 15～30cm，由碎裂岩组成，局部夹 2～3cm 断层泥。

$f_{95}$ 断层：产状 N10°E～N15°E/NW∠70°～75°。宽度 0.3～1cm，由碎裂岩组成，胶结良好，为细粒花岗闪长岩与混合岩的分界线。

厂房上游边墙围岩岩性主要为新鲜的混合岩，细粒花岗闪长岩脉斜穿于边墙顶部桩号 0＋79、底部桩号 0＋61。$F_1$ 断层出露边墙顶部桩号 0＋60 处，在桩号 0＋71.40 处，斜穿尖灭于细粒花岗闪长岩脉。该断层模较小，性状较好，且与洞轴线交角大，对厂房上游边墙影响不大。$f_1$ 断层顺上游边墙顶部高程出露并尖灭于 $F_1$ 断层，倾向洞内。此外，主要节理为走向 NW 向及走向 NNE 向两组，NNE 向节理与边墙交角近直交，NW 向节理与边墙近平行，且倾向洞内。两组节理组合对厂房上游边墙影响较大。受断层、节理切割影响，边墙局部围岩稳定性较差，属Ⅲ类围岩。施工时在上游边墙沿 $f_1$ 断层、NW 向节理局部发生片帮。

为此，在上游边墙高程 277.00m 和 284.00m 分别布置了两排 17 根（上排 9 根长 17m、下排 8 根长 15m）60t 预应力锚索，并在岩锚梁处增加了系统加强锚杆。采取锚固措施后，经现场载荷试验及机组安装运行，观测上游边墙、岩锚梁处岩体整体稳定。最终系统喷 15cm 厚的 C30 钢纤维混凝土。

据地下厂房锚杆应力、围岩内部位移、锚索锁定应力及围岩渗水压力等综合观测结果分析认为，地下厂房上游边墙处于基本稳定状态。

# 第四节　输 水 发 电 系 统

## 一、高压压水试验

水道方案选定后，根据需要在高压管段及岔管部位的钻孔中，选有代表性试验段进行管道内压力 1.2 倍的专门性压水试验，测试岩体的渗透性及劈裂压力值，试验研究劈裂梯度。

高压岔管一般埋藏较深，达数百米，试验钻孔一般布置在地表或探洞内。若采用地表钻孔，因钻孔深度大，风险较大，需要的时间也较长，遇有破碎的岩体易出现孔内事故，有些孔内事故无法处理，甚至钻孔报废，使试验前功尽弃。为此，条件允许的情况下易在探洞内进行试验。

荒沟抽水蓄能电站是在地表钻孔完成岔管原位高压压水试验的，试验钻孔 1 个，孔深 433.8m，并且一孔多用，还进行了地应力测试、放射性元素检测、有害气体检测、孔内数字成像及声波测井等测试工作。

蒲石河抽水蓄能电站压力管道内水压力水头为 470m，洞中心线高程为－2.00m，埋深约 280～320m。抽水蓄能岔管原位高压压水试验研究是在试验洞内完成的，其工作方法如下：

（1）造孔：试验是在洞内进行的，即在高程 30.60m 厂房排水廊道以 10％的坡度向前延伸至♯2 引水洞与高压岔管的分岔部位布置高压压水试验钻孔 1 个，设计孔深按高压岔管中心线以下 15m 控制，钻孔地面高程为 36.20m，终孔孔深 58.0m。

（2）试段划分：据设计布置，高压岔管中心线设计高程为－2.00m，据此，本次高压压水试验压水试段计划自高程 13.00～－17.00m，即按岔管中心线上下各 15m 控制，共计为 6 段。为了解岔管部位岩体构造发育情况，以便较好地将塞位布置于较完整的岩体上，于试验段范围进行了钻孔数字成像测试。根据钻孔岩芯编录情况，结合数字成像成果，具体布置见表 13－3。

**表 13－3　　高压压水试验试段布置情况**

| 试段编号 | 上塞位/m | | 试段/m | | | 下塞位/m | | 备注 |
|---|---|---|---|---|---|---|---|---|
| | 起 | 止 | 范围 | 高程 | 段长 | 起 | 止 | |
| 第一段 | 22.16 | 23.06 | 23.06～27.54 | 13.12～8.64 | 4.48 | 27.54 | 28.44 | 单循环 |
| 第二段 | 27.54 | 28.44 | 28.44～34.22 | 7.74～1.96 | 5.78 | 34.22 | 35.12 | 单循环 |
| 第三段 | 31.74 | 32.64 | 32.64～39.00 | 3.54～－2.82 | 6.36 | 39.00 | 39.90 | 双循环 |
| 第四段 | 37.92 | 38.82 | 38.82～44.00 | －2.64～－7.82 | 5.18 | 44.00 | 44.90 | 单循环 |
| 第五段 | 42.82 | 43.72 | 43.72～49.00 | －7.54～－12.82 | 5.28 | 49.00 | 48.90 | 单循环 |
| 第六段 | 47.90 | 48.80 | 48.80～54.08 | －12.62～－17.90 | 5.28 | 54.08 | 54.98 | 单循环 |

（3）最大试验压力值的确定：据设计提供的岔管内水压力水头为470m，按1.2系数考虑，确定本次试验的最高压力值为6MPa。

（4）试验阶段、循环次数和试验持续时间：原则上选用6个压力值11个压力阶段。根据钻孔地质编录情况，结合物探钻孔数字成像成果，本次试验6个试段中，以试段四至试段六3个试段岩体完整性相对较好，每个试验段均采用单循环加压方式；试段一至试段三3个试段岩体完整性相对较差，其中试段一至试段二为单循环，试段三为双循环，每循环加压方式如下：1MPa→2MPa→3MPa→4MPa→5MPa→6MPa→5MPa→4MPa→3MPa→2MPa→1MPa→0。

其中，单循环试验临界压力前每级压力稳定读数持续10min，当试验过程中出现异常，即压力-流量（$P-Q$）曲线出现拐点时，每级压力稳定读数应持续30min，加至最高压力时稳定压力读数持续2h；卸压时每级压力稳定读数持续10min。

第三段双循环加（减）压方式为：第一循环读数稳定后每级压力持续30min，加至最高压力时持续2h；第二循环读数稳定后每级压力持续10min，加至最高压力时持续1h；每个循环卸压时每级压力稳定读数持续10min。

试验表明，试验岩体埋深约300m，原始透水率微弱。完整岩体在高压水流作用下，不产生劈裂，渗透性无明显改变；节理（特别是陡倾角节理）较发育的岩体产生劈裂，出现透水率增大现象，增大率一般为1.82～2.13倍，最大为11.46倍，其临界压力为4～5MPa。卸压后裂隙不能完全恢复原状。二次加压循环临界压力下降，透水率略有增大；由于岩体原始透水率很小，劈裂后的透水率大体为1Lu左右。

## 二、充/排水试验过程中的地质工作

抽水蓄能电站蓄水安全鉴定前的一项重要的工作就是输水发电系统的充/排水试验，在充/排水试验过程中，应经常进行地质巡视，收集发生的地质现象，检验和修正前期地质勘察资料，对影响建筑物正常运行或不良地质问题，分析产生的原因，为工程处理提供依据。

具体工作就是在隧洞充/排水的过程中，对其附近的地下洞室或地表进行巡视检查，查看是否存在漏水点，并记录漏水点的位置、水量的变化。在排水结束防控后，最好立即进入隧洞内对其进行检查，查看混凝土衬砌接缝、裂缝有无漏水现象，重点检查引水岔管、隧洞与施工支洞封堵段的漏水情况。根据漏水检查结果，分析漏水原因。

以蒲石河抽水蓄能电站#1、#2压力钢管上部排水廊道及高压压水试验洞渗漏为例，原因分析如下：

压力钢管上部排水廊道平面上平行于压力钢管布置，共三条，#1压力钢管外侧的为#1排水廊道，#2、#3压力钢管间为#2排水廊道，#4压力钢管外侧为#3排水廊道。#1、#2排水廊道底板高程为40.80～30.80m，#3排水廊道底板高程为37.50～30.80m。排水廊道断面为2.5m×3.5m，纵坡坡度为10%（倾向厂房），压力钢管上部排水廊道布置如图13-13所示。

（1）据#1引水系统充/排水试验，于2011年6月28日#2引水洞开始充、排水，当充水至150.00m高程时，发现引水岔管上部的高压压水试验洞内的试验钻孔孔口及围岩

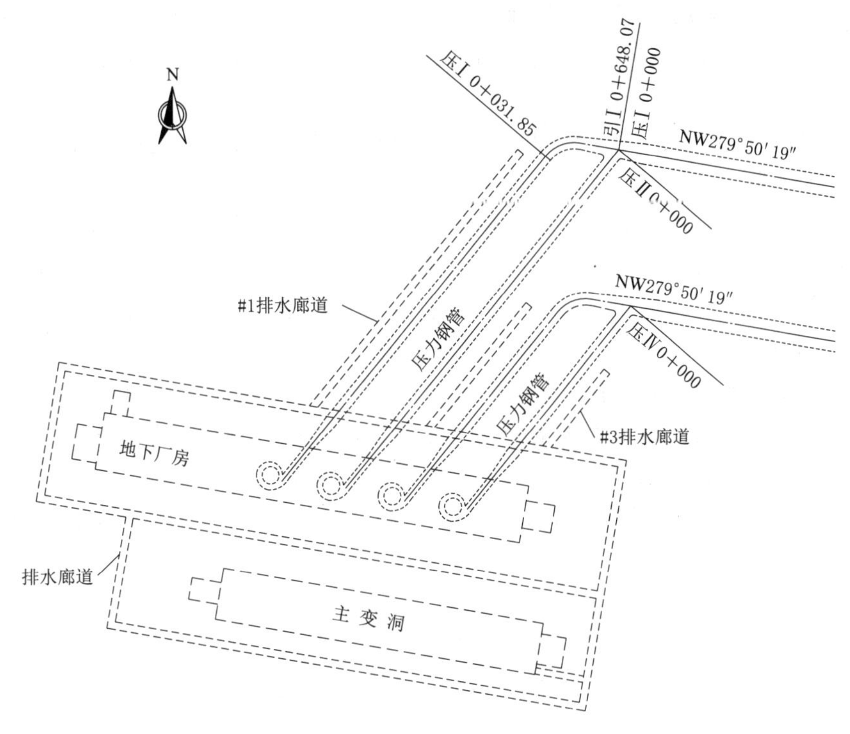


图 13-13　压力钢管上部排水廊道布置图

裂隙、断层开始渗水，随着隧洞水位逐渐升高，孔口冒水，且沿裂隙、断层渗水加大。经隧洞放空检查，＃2 施工支洞与下平段的封堵部位及其他零星部位有不同程度的渗水现象；充/排水试验后对主要部位进行了化学灌浆处理，对高压压水试验钻孔部位进行了扩孔和高压封孔，对试验洞进行全封堵处理，并进行了灌浆。

＃1 引水洞于 2012 年 2 月 28 日开始充/排水试验，充水至 150.00m 高程时，压力钢管上部排水廊道沿裂隙开始出现较大渗水，位于＃1、＃2、＃3 廊道内的三个量水堰 CWE07～CWE09 分别漏水量为 1.57L/s、1.14L/s 和 0.01L/s，充水至 245.00m 高程时，漏水量为 3.63L/s、1.46L/s 和 0.01L/s。当水位达到 383.00m 高程时，流量增大，漏水量分别为 7.87L/s、2.49L/s 和 0.02L/s。可以看出，随着＃1 引水洞洞内水头的升高，＃1、＃2 两个廊道的水量逐渐增大。

排水放空检查发现，＃1 引水压力钢管与砼衬砌段的结合处有渗水、析钙现象，＃1 岔管弧段靠山体一侧沿数条混凝土裂缝均有渗水现象。随后对＃1 岔管部位进行了灌浆处理，处理后三个量水堰实测流量减少至 1.46L/s，处理效果明显。

(2) 灌浆处理后至 2012 年 10 月，压力钢管上部三条排水廊道的总渗漏量最大为 1.92L/s，最小仅为 0.54L/s。自 2012 年 11 月，排水廊道的渗漏量开始增大，截至 2013 年 2 月 26 日，三条排水廊道的总渗漏量由 4.44L/s，增大至 9.20L/s。

2013 年 1 月进入排水廊道内检查结果：＃1 排水廊道距压力钢管起始点约 25m 位置右侧的两个相邻排水孔呈射水，＃1、＃2 排水廊道的横向连接廊道距＃1 排水廊道约 8m 位置的顶拱沿裂隙呈细线状喷水，＃2、＃3 排水廊道横向连接廊道距下游侧约 20m 处的

＃3排水廊道底脚裂隙的渗漏量较原来有所增大，其下游侧的两个排水孔有水涌出，＃2压力钢管侧的排水廊道侧壁有水沿裂隙涌出。另外，上述各部位附近顶拱不同程度的有滴水现象。

此外，2013年6月对＃1、＃2机组进行检修，根据＃1洞排水监测数据，6月3日开始排水时，排水前＃1、＃2排水廊道CWE07、CWE08量水堰的流量分别为1.32L/s、0.5L/s；6月5日下午＃1引水洞水位降至250.00m时，两个量水堰流量分别为0.5L/s、0.4L/s，此时＃1、＃2排水廊道横向连接廊道顶拱未见有渗水，＃2排水廊道左壁渗水量明显减少，右壁漏水点基本没变化，＃1排水廊道其他部位渗水均不同程度减小；6月8日下午＃1水位降到30.00m高程，两个量水堰流量分别为0.26L/s、0.31L/s，再次进排水廊道检查，发现＃1排水廊道仅个别排水孔少量滴水，其余部位基本无水。＃2排水廊道左壁渗水点无水，右壁漏水点水量变化不大（靠近＃3压力钢管侧）。

（3）为了进一步分析压力钢管上部排水廊道渗水的来源问题，2013年6月分别在＃1、＃2廊道及上水库进出水口采取水样进行水质分析，并通过与可研阶段地下水的水质分析进行数据对比来分析渗漏原因。水质分析成果表分别见表13-4和表13-5。

**表13-4　　施工详图设计阶段水质分析成果**　　单位：mg/L

| 名称 | pH值 | 矿化度 | $Ca^{2+}$ | $Mg^{2+}$ | $Cl^-$ | 游离$CO_2$ | $SO_4^{2-}$ | 碱度/(mmol/L) | $Na^+$ | $K^+$ | $HCO_3^-$ | 浊度(FTU) |
|---|---|---|---|---|---|---|---|---|---|---|---|---|
| ＃1水 | 7.44 | 153 | 20.8 | 4.9 | 1.1 | 0.15 | 55.60 | 0.948 | 10.7 | 4.15 | 54.29 | 2.22 |
| ＃2水 | 7.12 | 154 | 20.8 | 4.9 | 1.0 | 0.37 | 58.50 | 0.948 | 9.81 | 3.98 | 52.46 | 2.92 |
| ＃4水 | 7.10 | 151 | 16.0 | 3.8 | 0.94 | 0.22 | 75.00 | 0.860 | 7.44 | 2.94 | 40.87 | 21.4 |

注　＃1水、＃2水分别是在＃1、＃2压力钢管上部排水廊道内采取；＃4水在上水库进出水口采取。

**表13-5　　可研设计阶段厂洞区ZK07号钻孔水质分析成果**　　单位：mg/L

| 取样部位 | pH值 | 总硬度/(mmol/l) | $Ca^{2+}$ | $Mg^{2+}$ | $Cl^-$ | 游离$CO_2$ | $SO_4^{2-}$ | 碱度/(mmol/L) | $Na^++K^+$ | $H_2S$ | $HCO_3^-$ |
|---|---|---|---|---|---|---|---|---|---|---|---|
| ZK07 | 7.4 | 0.53 | 15 | 3.72 | 10.15 | 4.17 | 27.84 | 0.525 | 26.66 | 1.37 | 64.05 |

从表13-4可以看出，＃1、＃2廊道的＃1、＃2水样数据基本一致，与上水库进出水口的＃4水样相比较，$Ca^{2+}$、$Mg^{2+}$，$SO_4^{2-}$含量要低一些。＃1、＃2水样与可研阶段厂洞区ZK07号钻孔地下水比较，硫酸盐含量是可研2倍，$Ca^{2+}$、$Mg^{2+}$含量是可研1.3～1.4倍。

（4）根据围岩外水压力监测资料分析，输水系统＃1引水支洞阻水帷幕（压$_1$0+031.97）位置，混凝土衬砌断面a-a和钢管衬砌断面b-b各布置4支渗压计，共8支，渗压计安装在围岩中。渗压计布置如图13-14所示。渗压计典型压力曲线如图13-15和图13-16所示。

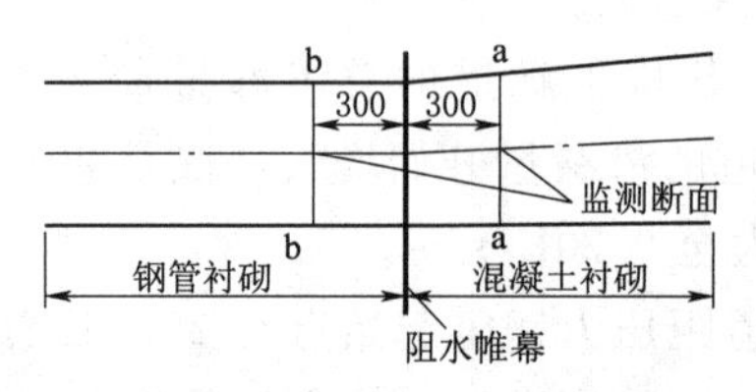

图13-14　＃1阻水帷幕段渗压计布置图（单位：mm）

混凝土衬砌段（阻水帷幕上游）：a-a断面渗压计PS1、PS2最大渗透水压力分别为3722.45kPa（相应水头372.245m，水头高程383.115m）、3701.84kPa（相

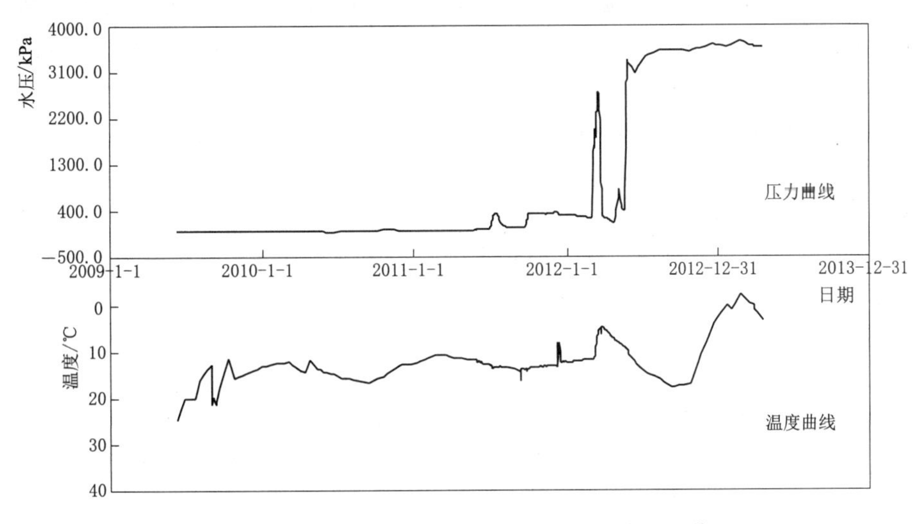


图 13-15 ♯1 引水支洞渗压计 PS2 压力过程线

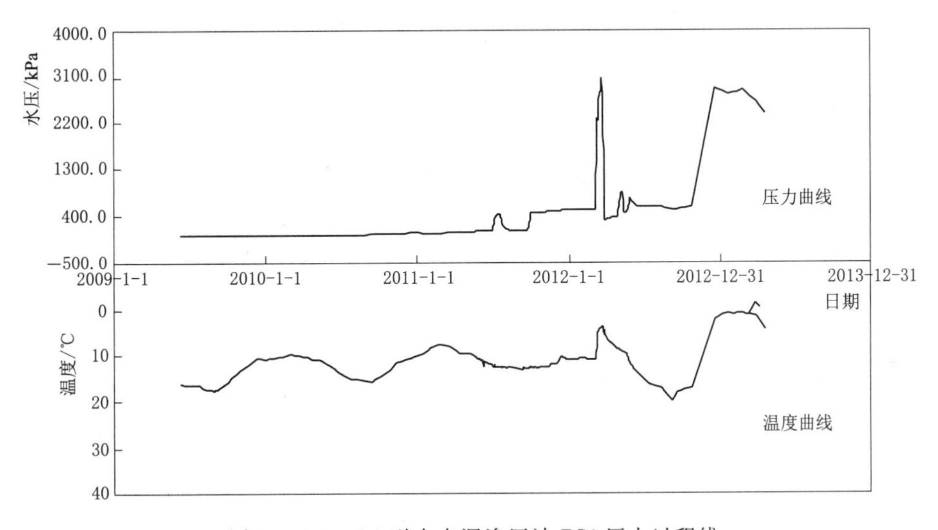


图 13-16 ♯1 引水支洞渗压计 PS6 压力过程线

应水头 370.184m，水头高程 376.304m)，大于设计监控指标值 1000kPa。自 2012 年 3 月 1—18 日，水头骤然增加，2012 年 3 月 18 日至 4 月 7 日附近，水头又骤然下降到骤然变化前的水头；自 2012 年 5 月 17 日至 6 月 2 日，水头又骤然增加，至今保持高水头，期间存在一些变化，渗透水压力为 3475.96～3588.45kPa（相应水头 347.596～358.845m)。

钢管衬砌段（阻水帷幕下游）：b-b 断面渗压计 PS6、PS7 最大渗透水压力分别为 3120.65kPa（相应水头 312.065m，水头高程 318.185m)、2778.46kPa（相应水头 277.846m，水头高程 280.466m)，大于设计监控指标值 1000kPa。自 2012 年 3 月 1—18 日，水头骤然增加，2012 年 3 月 18 日至 4 月 7 日附近，水头又骤然下降到骤然变化前的水头；自 2012 年 12 月 20—25 日，水头又骤然增加，至今保持高水头，期间有所回落，目前渗透水压力为 2088.81～2389.64kPa（相应水头 208.881～238.964m)。

混凝土衬砌段（阻水帷幕上游）的渗透水压力与同部位管道内水压力相当，由于阻水帷幕作用，钢管衬砌段（阻水帷幕下游）比混凝土衬砌段（阻水帷幕上游）的渗透水压力要小1000kPa（相应水头小100m）左右。

渗压计安装在围岩内，出现较高水头，从以下两个方面考虑：

1）整个管道是否存在渗流通道。由于压力管道沿程没有布置其他渗压计，渗流通道不好判断；另外，根据岩石特性，外水形成目前高水头的渗流通道可能性不是很大。

2）管道水后混凝土衬砌段（阻水帷幕上游）出现内水外渗。根据管道充水过程，♯1引水下平段（引10＋592）混凝土衬砌段的混凝土应变出现拉应力增大明显，混凝土出现裂缝的可能性较大，为混凝土衬砌管道出现内水外渗提供了条件。混凝土衬砌段（阻水帷幕上游）和钢管衬砌段（阻水帷幕下游）处出现目前很大的渗水压力，与管道充水相关，判断压力管道混凝土衬砌段出现内水外渗的可能性较大。

综合上述分析，判断♯1、♯2压力钢管上部排水廊道等部位的渗水是内水外渗，位置为♯1引水岔管或♯1压力钢管与混凝土接触部位。

## 第五节　局部危岩体处理

蒲石河抽水蓄能电站下水库进/出口位于一轴向近EW的条形的山坡坡脚处，山体自然坡度为20°～30°。洞脸开挖边坡高约50m，坡顶高程为90.00m，属高边坡。开挖坡比自上而下依次为1∶0.5，至67.00m高程为宽2m的马道，然后为直立坡。进/出水口洞脸型式由方形渐变成圆形，方形最大洞径为16m×17.5m，这种方型对围岩的稳定极其不利。

组成洞脸边坡为强～弱风化岩。洞脸处断层、节理发育。主要发育N55°W/NE∠63°、N30°E/SE∠75°和N65°～75°E/NW∠50°～60°三组节理。坡内主要见有$f_{d1}$、$f_{d2}$、$f_{d6}$、$f_{d8}$、$f_{d9}$、$f_{d10}$等十余条断层通过，详见图13-17，断层与边坡多斜交（23°～65°）。边坡岩体受断层、节理切割，岩体完整性差。于洞脸边坡分布多处不稳定岩体，对边坡稳定影响较大的主要有3处：

不稳定岩体Ⅰ：分布桩号Y＋00～Y＋12.7、高程91.00～80.00m处，由$f_{d9}$、$f_{d8}$两条断层在坡顶相互切割构成一危岩体，该危岩体右侧被$f_{d9}$断层切割，后缘被节理切割，$f_{d8}$断层为底滑面，倾角14°～25°，且该危岩体左邻一NE向冲沟，前缘临空。

不稳定岩体Ⅱ：位于桩号尾1＋165.58、后进洞高程67.00m马道以下，由$f_{d10}$、$f_{d2}$、$f_{d20}$三条断层形成一上小下大的屋脊型不稳定块体，位于洞顶高程57.00m，而且洞径跨度大，对边坡极为不利。

不稳定岩体Ⅲ：位于桩号Y＋12.77～Y＋31、高程91.00～72.00m处，洞脸右侧呈弧形，坡内主要分布$f_{d1}$、$f_{d2}$、$f_{d3}$、$f_{d4}$、$f_{d6}$、$f_{d7}$、$f_{d10}$等断层，受上述断层交叉切割，节理发育。岩石呈碎块状，且风化严重，多呈强风化状态。尤其以$f_{d6}$、$f_{d10}$相互切割构成倒棱形危岩体，该危岩体内侧棱面为延伸较远的$f_{d6}$、$f_{d10}$断层破碎带，其中$f_{d10}$断层夹泥并沿断层渗水，倾角较缓，且沿走向和倾向切割较深远，该危岩体对该处边坡岩体稳定极为不利。

在边坡施工开挖过程中，对上述3处不稳定岩体逐一进行了空间稳定性分析，并由设计进行了稳定计算。对不稳定岩体分别采取了加固措施：不稳定岩体Ⅰ处采用了减载处理，同时，除系统喷锚外，增加随机锚杆加以锚固；不稳定岩体Ⅱ处布置了7根1000kN预应力锚索，同时进行了系统锚杆、加强锚杆、挂网、喷混凝土处理；不稳定岩体Ⅲ处采取了系统锚杆、挂网、喷混凝土处理。采取上述加固措施后，边坡运行整体稳定。

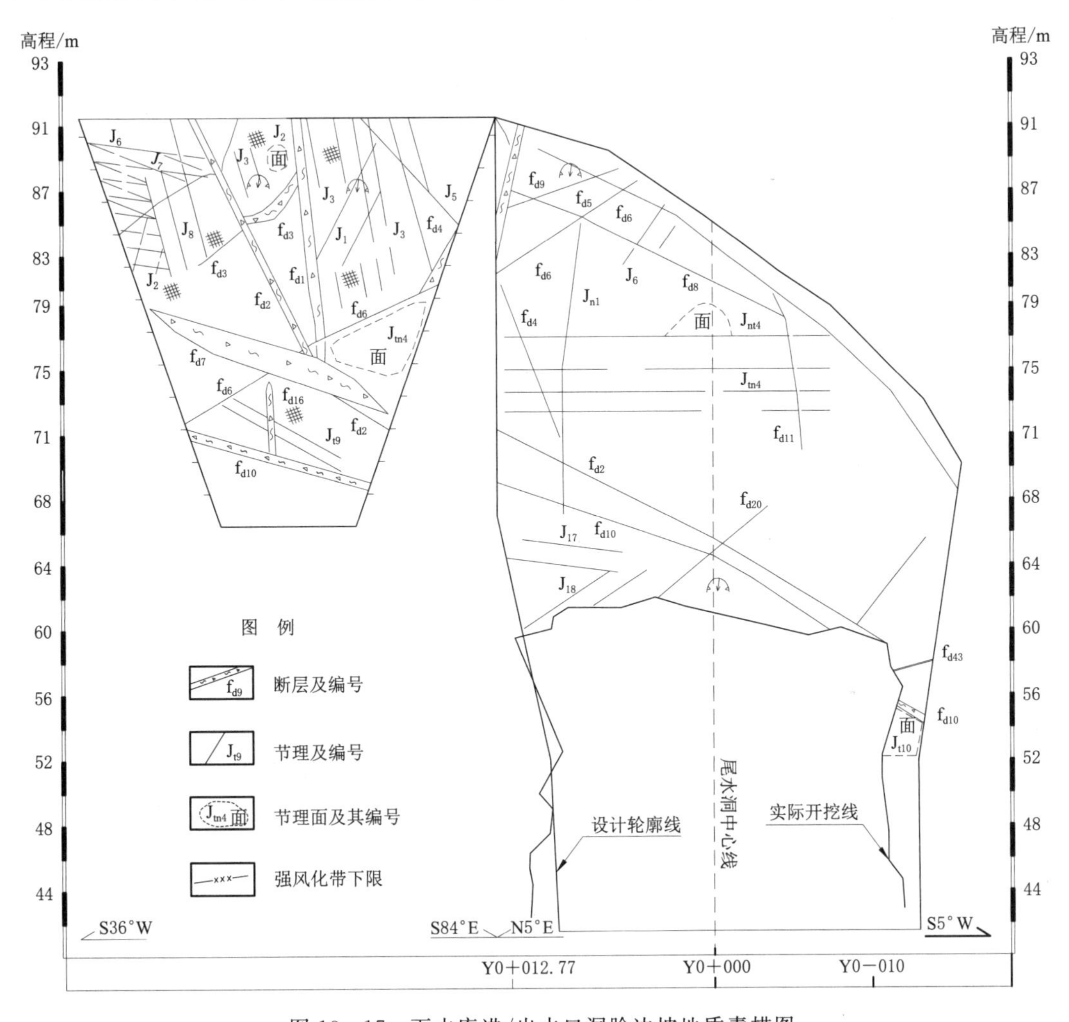


图13-17　下水库进/出水口洞脸边坡地质素描图

# 第五篇 建筑物枢纽总体布置

# 第十四章　枢纽总体布置特点及原则

## 第一节　抽水蓄能电站枢纽总体布置特点

抽水蓄能电站工程总布置通常包括上水库、下水库、输水系统、电站厂房系统、开关站、出线场、场内与对外交通工程等，特殊情况下，还应包括拦排沙工程、补水工程和生态泄放工程等。此外，为顺利进行主要建筑物的施工，需要设置施工导流设施、施工支洞、施工道路等辅助或临时建筑物。枢纽总布置时应充分考虑工程所在区域天然地形和工程地质条件，站在全局整体角度，确保电站总体布置方案在技术和经济上的合理性。

与常规水电工程相比，抽水蓄能电站具备以下特点。

### 一、具备上、下两个水库

抽水蓄能电站是利用电力负荷低谷时的富余电能从下水库抽水至上水库，在电力负荷高峰期再从上水库放水至下水库，因此具有上、下两个水库是其区别于常规水电站的显著特点之一。

抽水蓄能电站枢纽建筑物一般由上水库、下水库、输水系统、电站厂房等组成。上水库一般选在高山山顶或沟源洼地，下水库一般选在有一定集水面积的天然河道上，上、下水库的水平距离越短，天然高差越大，站址条件相对就较为优越。

### 二、水库所需库容相对较小

与常规电站需要大量的水资源和较长期的调节性能不同，抽水蓄能电站多数为日调节或周调节的电站，水量可反复利用，只需少量的水源补充渗漏和蒸发损失，所需库容也相对较小。

因此，水库库址选择时，所需的有效库容仅需满足当日蓄水发电的库容，以及水库蒸发、渗漏损失即可，无须较大的天然径流就可满足建库条件。

当上、下水库均无足够的天然径流汇入时，可布置专门可靠的补水设施，如山西西龙池抽水蓄能电站、宁夏牛首山抽水蓄能电站等通过布置提水泵站等设施进行库水补充。

无可靠补水水源的库址不能作为抽水蓄能电站库址。

### 三、输水系统水头高、*HD* 值大、存在双向过流

相较于常规水电站，抽水蓄能电站输水系统具有水头高、*HD* 值[1]大以及存在双向过

---

[1] *HD* 值为电站作用水头 *H* 和输水管径 *D* 的乘积，通常用来表示输水系统的规模、设计和施工难度。

流特点。

上、下水库具备一定的相对高差是抽水蓄能电站站址选择的首要条件。对同一装机容量的电站，相对高差越大，所需库容越小，输水隧道截面尺寸越小，机组尺寸越小、厂房尺寸亦可减小，从而大幅度减小工程投资。目前国内建设的大多数抽水蓄能电站的工作水头一般多在400～600m之间。

近年来，随着机组研发和制造水平的显著提高，抽水蓄能电站逐步向高水头、大单机容量方向发展，使得输水系统$HD$值不断提高，广州抽水蓄能电站一期和天荒坪抽水蓄能电站钢筋混凝土岔管$HD$值均超过5600$m^2$，英国迪诺威克抽水蓄能电站钢筋混凝土岔管$HD$值达到5700$m^2$。

抽水蓄能电站采用可逆机组，具有发电和抽水两种基本工况，发电时水流从上水库到下水库，抽水时水流从下水库到上水库。为减少输水系统的水头损失，防止结构发生空蚀破坏，就要求上、下水库的进/出水口以及岔管等输水系统建筑物的体形设计能适应水位变幅大、工况变动频繁的特点，保证进出水流平顺，尽可能地减少水头损失。

### 四、输水发电系统布置需考虑电站工况转换频繁的影响

基于电网对抽水蓄能电站的快速响应要求，抽水蓄能电站工况多且转换频繁，因此在各种工况下输水发电系统的布置均应满足水力过渡过程的要求，压力钢管结构设计需考虑双向水流脉动压力的影响，厂房结构布置应考虑机组振动动力响应，并在结构设计上留有余地。

### 五、机组安装高程低，多采用地下式厂房

抽水蓄能电站的可逆式水轮发电机组安装高程低，机组的吸出高度绝对值远大于常规的水轮发电机组，目前国内主要高水头、大容量的可逆式水轮发电机组的吸出高度在－60～－90m甚至更低，正在建设的吉林敦化抽水蓄能电站吸出高度达－94m。由于机组安装高程低，如采用地面式厂房，下水库水位变幅及淹没深度一般较大，为了不使厂房承受较大的浮托力，在地形地质条件下允许的情况下，地下式厂房已成为目前国内外抽水蓄能电站优先考虑的布置型式，我国已建及在建的60余座大型抽水蓄能电站几乎均为地下式厂房。

半地下式厂房可用于作用水头较低的抽水蓄能电站，目前国内仅有溪口（80MW）和沙河（100MW）两座中小型抽水蓄能电站采用此种布置型式。在下游尾水淹没深度不大的抽水蓄能电站，通常可采用地面式厂房布置，如岗南、密云、潘家口和天堂等抽水蓄能电站。

## 第二节　抽水蓄能电站枢纽总体布置原则

抽水蓄能电站枢纽布置需明确各建筑物的功能要求及相互关系，按照各勘测设计阶段要求的设计深度，根据工程区的水文气象条件、地形条件、工程地质和水文地质条件、施工条件、环境影响、征地移民及运行要求等因素，在各单项工程初选条件下，拟定若干个

枢纽布置格局比较方案，通过技术、经济、环境和社会等因素的综合比较，确定经济技术合理的工程最优枢纽总体布置格局。

枢纽总布置的核心内容是选择上、下水库库（坝）址、输水系统线路和厂房位置。枢纽总布置中主要考虑因素包括：根据装机规模和水头确定需要的水库特征水位；满足机组运行稳定需要的上、下库水位变幅与扬程/水头（$H_{p\max}/H_{t\min}$）之间的关系；上、下水库进/出水口的布置；输水发电系统的线路应尽可能短；输水发电系统的线路原则上应避开区域地质构造带，沿山脊布设，避开沟壑等山体深切部位，使输水隧道及厂房洞室群布置于地质条件良好的山体内。

## 一、上、下水库库（坝）址布置原则

抽水蓄能电站上、下水库库（坝）址选择对枢纽总布置格局起到决定性影响，上、下水库库（坝）址确定后输水发电系统的布置范围亦基本确定。同时，上、下水库布置的优劣对工程投资影响亦较大，国内部分已建和在建抽水蓄能电站统计资料表明，上、下水库投资占枢纽建筑物投资的比例为6%～35%，投资占比变幅达到29%，充分体现了不同地形地质条件上、下水库库（坝）址选择对电站经济指标的影响。因此，进行抽水蓄能电站工程总布置时，上、下水库自然条件和工程布置是工程的控制性环节。

上、下水库（坝）址宜选择两库间水平距离较短并能充分合理利用天然高差的方案，工程上采用距高比作为上、下水库库（坝）址选择的主要控制指标，根据目前国内外抽水蓄能电站建设经验来看，距高比小于10可以认为是经济的，距高比小于5是优良的库（坝）址。需要注意的是，距高比并不能完全准确地反映工程的经济性，但采用高水头、短水道的布置可为电力系统提供最佳的快速响应能力及调整机组转速的稳定性。布置上、下水库时，应分析工程区的水文地质条件、岩层和断裂带的透水性、库（坝）渗漏的主要途径及对相邻建筑物的影响。当渗漏对岸坡稳定、地下洞室及相邻建筑物的稳定及电站安全经济运行存在不利影响时，应采取必要的工程措施，为电站提供最佳的快速响应能力。

抽水蓄能电站上、下水库库（坝）址优先选择具备满足库容需求、地形条件良好的高山山顶或沟源洼地作为上水库，并在其附近沟谷河道内布置下水库。如辽宁蒲石河、内蒙古呼和浩特、吉林敦化、安徽响水涧、湖南黑麋峰和吉林蛟河、山西垣曲、辽宁清原、广东惠州等多数已建和在建抽水蓄能电站均按此原则选择上、下水库。

已建的吉林白山、河北潘家口、安徽响洪甸和浙江桐柏抽水蓄能是利用已建水库作为上水库；少数工程利用已建水库作为抽水蓄能电站下水库，在其附近寻找合适的上水库，以节省工程投资，如已建的北京十三陵、河北张河湾、山东泰安、河南宝泉、江苏宜兴、安徽琅琊山和在建的黑龙江荒沟等抽水蓄能电站。同时利用两个已建水库作为上、下水库的，国内已建工程中仅有湖北天堂、安徽佛子岭和吉林白山三座混合式抽水蓄能电站。利用已建水库作为抽水蓄能上水库或者下水库时，应对原水库的开发任务和工程安全进行复核，论证其改建的可行性，同时应取得水库管理主体单位的许可。原水库改建为蓄能水库后，工程等别及运行条件一般将发生变化，尤其是库容较小的水库，需要按照抽蓄电站库水位频繁升降的运行条件对大坝、库岸、边坡及泄洪等相关建筑物安全进行复核，对加固和改建的可行性进行充分论证。此外，还需考虑蓄能电站施工期对原水库运行的影响和管理主体变化等问题。对于制约条件较多的已建水库，改造利用已有水库不一定比新建水库所需工程投资少。

## 二、厂房位置选择及厂区建筑物布置原则

抽水蓄能电站的厂房应以选定的机组型式、装机容量和机组台数为基础，根据地形地质条件，与上、下水库衔接的水力条件，出线场位置，施工及运行管理要求等选择合理的布置型式。主要为地下式，其次为竖井式或半地下式、地面式厂房。近几年，随着地下工程设计和施工水平的提高，大型抽水蓄能电站基本上采用地下式厂房。

根据地下厂房在输水系统中的位置可分为首部式、中部式和尾部式三种布置型式。地下厂房的位置选择应根据地形地质条件、施工条件及工程总布置要求，经技术、经济、环境等综合比较后确定。厂房布置在输水系统首部时，应论证上水库渗漏对地下厂房的影响以及地下厂房排水对可能降低上水库地下水位的影响。厂房布置在输水系统尾部时，应对下水库库水的反渗、厂房扬压力增大的不利影响以及施工条件、机电设备安装等问题进行论证。

厂区地面各种建筑物和设施布置应与工程主体布置相协调，方便运行管理。

厂区建筑物的布置是围绕电站厂房展开的，进行厂区建筑物布置时要充分利用厂区的地形、地质条件，考虑道路交通及施工条件，合理布置地下厂房纵轴线方向、与输水线路之间的关系、地下厂房主要洞室群之间的相对位置；主要洞室的布置方式及洞室间距确定后，因地制宜地进行进厂交通洞、通风洞、开关站、出线洞等附属建筑物的布置。

## 三、输水系统布置原则

根据地形、地质条件，输水系统可选择地下埋管、明管、地下埋管与明管混合的布置型式。为缩短输水系统的长度，减少工程投资，国内外已建成抽水蓄能电站的输水系统大多采用地下埋管布置。

在上、下水库库址，电站特征水位确定后，应该结合上、下水库库岸的地形、地质条件选择合适的进/出水口位置。进/出水口位置的确定除了与常规水电站的进水口位置选择相同外，还要考虑抽水蓄能电站输水系统具有双向水流的特点，在位置选择时要注意进/出水口进流和出流时对周边地形和建筑物的影响，避免在出流时对冲建筑物，同时也可减少进/出水口的水头损失。布置进/出水口时还应考虑施工条件。

输水系统的线路选择需要综合考虑沿线的地形地质条件、施工条件、枢纽布置、工程造价、运行管理等方面影响。针对抽水蓄能电站的输水系统要承受高水头的特点，如若地质条件许可应尽量将隧洞深埋，利用围岩承受内水压力。这样可缩短输水系统的长度，节省工程投资，减少水头损失。在高压隧洞混凝土衬砌段应满足挪威准则、最小地应力准则和水力渗透稳定。

目前国内、外规模较大的抽水蓄能电站中机组台数大都在 4 台及以上，因此引水隧洞就有“一管一机”到“一管四机”选择。“一管几机”应根据电站总装机规模、电站在系统中所占的比重、地形地质条件、机组的制造水平、引水隧洞管径的大小以及引水系统的

施工工期等来确定。通常来讲，引水线路越长、一根管道接的机组越多，投资就会越省。但这样布置会使引水隧洞的尺寸较大，而且如果引水隧洞需要检修，同一引水隧洞上的机组都会停运，对电网的运行影响就会增大。因此引水系统“一管几机”的选择应综合上述有关条件权衡考虑。

抽水蓄能电站的引水系统布置与常规水电站的布置相同。需要引起注意的是抽水蓄能电站的水头往往很高，对于采用钢筋混凝土衬砌的隧洞，引水系统在平面布置时需要关注两洞间的最小距离，保持足够的水力梯度。应重视相邻隧洞放空时一洞有水、邻洞无水时洞间岩壁的水力渗透稳定。考虑到上述因素，一般将地下厂房的安装场布置在主厂房的中部，拉开两条高压隧洞间的距离，以达到保持两洞间岩壁的水力渗透稳定的目的。

抽水蓄能电站的特点是从上水库进/出水口到机组安装高程的高差很大，小则 100～200m，大则约 800m。如何进行上、下平洞间的立面布置，要考虑地形地质条件、水力学条件、水工布置要求、工程投资和施工条件。从水工布置和工程投资的角度来看，采用斜井的方案线路短，工程投资省，但施工条件较差。目前国内采用陡倾角、长斜井的布置方式较多，主要有十三陵、天荒坪、宝泉、桐柏、蒲石河、荒沟等抽水蓄能电站。采用竖井布置的有张河湾、宜兴、泰安等抽水蓄能电站。

与引水隧洞的条数选择一样，根据地下厂房所处的位置不同，尾水隧洞也有条数的选择。一般而言，尾水系统承受的内水压力较低，造价也较低。而且抽水蓄能电站往往选择中部或尾部布置，尾水系统相对较短，所以尾水隧洞的条数往往会等于或多于引水隧洞的条数。对于尾部开发的抽水蓄能电站，如尾水系统布置成单机单管，可以将尾闸事故门布置在下水库的进出水口处，既减少厂房地下洞室的布置难度，又减少闸门上的工作水头。

## 四、注重建筑物的综合利用

抽水蓄能电站的枢纽总体布置是一项涉及多专业协作的系统工程，主要建筑物设计时应考虑交叉专业的布置特点、运行及功能要求，从全局的角度来考虑各功能建筑物的布置和综合利用，在经济合理的基础上以最大程度发挥主要建筑物的功能效用为原则进行枢纽总体布置和结构设计，形成最佳的系统设计方案。施工辅助设施应注重与永久建筑物进行永临结合布置，以较低的工程投资最大限度地对建筑物进行综合利用。如考虑施工期和运行期功能要求，将导流洞与泄洪、供水及放空设施结合布置；将地下厂房施工通道改造为永久洞室；利用施工期地下厂房地质探洞作为半自流排水洞或顶层排水廊道等。吉林蛟河抽水蓄能电站和安徽桐柏抽水蓄能电站下水库泄洪放空洞均采取与导流洞永临结合型式进行布置。黑龙江荒沟抽水蓄能电站将部分施工支洞段作为污水处理室等永久洞室使用。

## 五、工程布置与环境保护

抽水蓄能电站属清洁可再生能源，相较于常规电站，库容小且输水发电系统通常位于地下，总体上对环境的影响较常规水电站要小。但抽水蓄能电站建设对局部生态系统的不利影响不可忽视，尤其是对珍稀动、植物的不利影响，枢纽布置中应充分考虑到环境保护，采取切实可靠的生态保护措施。

抽水蓄能电站的位置大多靠近负荷中心和大城市，因此在库（坝）址选择时应高度关注其与周围敏感区域的协调问题，应尽量避开风景名胜区、自然保护区等敏感区域。环境影响已成为抽水蓄能电站库（坝）址选择的制约性因素之一，可一票否决。依据《国家能源局综合司关于在抽水蓄能电站规划建设中落实生态保护有关要求的通知》（国能综发新能〔2017〕3号）的相关要求，在抽水蓄能电站规划设计阶段需对电站所在地是否存在制约因素进行排查与确认，严格依法推进项目建设，确保电站建设符合生态环保要求。因此在抽水蓄能电站项目前期，就要对项目是否存在制约工程建设的不利因素及环境敏感点进行排查与确认，研究工程施工对环境的影响程度，通过优化工程布局、施工方案和相应的环境保护措施，将其对环境的不利影响降至最低。

美国、日本及欧洲的发达国家对环境保护的重视程度越来越高。美国的康奈尔、兰玲及戴维斯山等抽水蓄能电站由于分别对鱼类、沼泽和自然景观等环境产生不利影响而被否决。美国萨米特和希望山抽水蓄能电站考虑到环境保护影响而放弃利用现有湖泊作为上水库的经济方案，采用在高山顶开挖筑坝新建上水库。日本要求保持河流总径流量不变，即上、下水库大坝基本不拦蓄天然径流，来多少水放多少水，保持原状的径流过程，从而维持自然动态平衡。美国巴德溪抽水蓄能电站建成上水库后，下游的霍华河流量将减少一半，为此在上水库库岸边布置一座多进水口泵站，根据不同时段要求的水温和溶解氧决定取水深度，分别从上水库不同深度取水补入霍华河，以维持河中鲑鱼所需的生长环境。

随着环境保护意识不断提高，越来越多的抽水蓄能电站在枢纽总体布置中贯彻“减弃渣、重生态、求和谐”的新设计理念，通过优化和创新工程布置方案，减少开挖量、弃渣量和施工占地数量，将其尽量布置在水库建设区内并进行治理，降低对生态环境的影响。德国金谷抽水蓄能电站上水库挖填基本平衡，弃料极少，下游坝坡种植草皮覆盖，与周围环境融为一体；下水库主坝上游约2.4km处建造了一座副坝，两坝之间为电站下水库，副坝上游为外库，设置外库的主要目的是避免泥沙入库和环境保护，避免因电站日循环运行使外库水位变幅过于频繁，使库水位相对稳定，有利于植被生长。黑龙江荒沟和山东泰安抽水蓄能电站分别位于柴河林区和风景名胜区，上水库弃渣量大，均采用将弃渣填筑于水库死水位以下和坝后，并对坝后弃渣进行水保绿化措施和景观设计，达到了工程与自然环境的和谐。北京十三陵、浙江天荒坪和广东广州等抽水蓄能电站的上、下水库均已成为当地知名旅游景点，部分渣场已经改建为公园。广东深圳抽水蓄能电站是我国首个在城市中建设的抽水蓄能电站，位于国家5A级生态旅游示范区——东部华侨城旅游景区，四周环绕着密集的工业区和居民区，电站从规划设计到技术实施贯彻全过程生态化，边施工边复绿、对上水库树木最大限度移栽、大面积工区绿化，减少了对森林植被的破坏，有效保护了周边生态环境，采用绿色环保建材和再生建材，减少了对原生环境的影响。

# 第十五章　枢组总体布置型式

## 第一节　抽水蓄能电站类型

抽水蓄能电站通常可根据其径流利用、调节性能和机组型式的不同进行分类。

### 一、按径流利用分类

抽水蓄能电站一般按其上水库径流利用条件和机组构成划分为纯抽水蓄能电站和混合式抽水蓄能电站，这也是工程界最常用的分类方法。

**(一) 纯抽水蓄能电站**

纯抽水蓄能电站的特点为上水库一般无水源或有很少量的天然径流汇入，水源水库多数为下水库，发电厂房布置抽水蓄能机组。

电站运行所需用水在上、下水库间循环使用，上、下水库需要有足够的调节库容，发电用水量和抽水水量基本相等。电站不能作为独立电源，必须配合电网中其他电站协调运行。我国已建和在建的抽水蓄能电站大部分为纯抽水蓄能电站，占比约89%。纯抽水蓄能电站无须大量水源，电站选址相对自由，大多选择靠近负荷中心或电源点处，从而减少输电线路的电能损失。国内已建和在建纯抽水蓄能电站基本情况见表15-1。

表15-1　国内已建和在建抽水蓄能电站基本情况统计表（截至2020年5月）

| 序号 | 所在地区 | 建设地点 | 电站名称 | 机组台数/台 | 单机容量/MW | 装机规模/MW | 建设阶段 |
|---|---|---|---|---|---|---|---|
| 1 | 华北 | 北京 | 十三陵 | 4 | 200 | 800 | 已建 |
| 2 | | 河北 | 张河湾 | 4 | 250 | 1000 | 已建 |
| 3 | | 河北 | 丰宁一期 | 6 | 300 | 1800 | 在建 |
| 4 | | 河北 | 丰宁二期 | 6 | 300 | 1800 | 在建 |
| 5 | | 河北 | 易县 | 4 | 300 | 1200 | 在建 |
| 6 | | 河北 | 尚义 | 4 | 350 | 1400 | 在建 |
| 7 | | 河北 | 抚宁 | 4 | 300 | 1200 | 在建 |
| 8 | | 山西 | 西龙池 | 4 | 300 | 1200 | 已建 |
| 9 | | 山西 | 垣曲 | 4 | 300 | 1200 | 在建 |
| 10 | | 内蒙古 | 呼和浩特 | 4 | 300 | 1200 | 已建 |
| 11 | | 内蒙古 | 芝瑞 | 4 | 300 | 1200 | 在建 |

续表

| 序号 | 所在地区 | 建设地点 | 电站名称 | 机组台数/台 | 单机容量/MW | 装机规模/MW | 建设阶段 |
|---|---|---|---|---|---|---|---|
| 12 | 东北 | 辽宁 | 蒲石河 | 4 | 300 | 1200 | 已建 |
| 13 | | 辽宁 | 清原 | 6 | 300 | 1800 | 在建 |
| 14 | | 吉林 | 敦化 | 4 | 350 | 1400 | 在建 |
| 15 | | 吉林 | 蛟河 | 4 | 300 | 1200 | 在建 |
| 16 | | 黑龙江 | 荒沟 | 4 | 300 | 1200 | 在建 |
| 17 | 华东 | 江苏 | 沙河 | 2 | 50 | 100 | 已建 |
| 18 | | 江苏 | 宜兴 | 4 | 250 | 1000 | 已建 |
| 19 | | 江苏 | 溧阳 | 6 | 250 | 1500 | 已建 |
| 20 | | 江苏 | 句容 | 6 | 225 | 1350 | 在建 |
| 21 | | 浙江 | 溪口 | 2 | 40 | 80 | 已建 |
| 22 | | 浙江 | 天荒坪 | 6 | 300 | 1800 | 已建 |
| 23 | | 浙江 | 桐柏 | 4 | 300 | 1200 | 已建 |
| 24 | | 浙江 | 仙居 | 4 | 375 | 1500 | 已建 |
| 25 | | 浙江 | 长龙山 | 6 | 350 | 2100 | 在建 |
| 26 | | 浙江 | 宁海 | 4 | 350 | 1400 | 在建 |
| 27 | | 浙江 | 缙云 | 6 | 300 | 1800 | 在建 |
| 28 | | 浙江 | 衢江 | 4 | 300 | 1200 | 在建 |
| 29 | | 安徽 | 琅琊山 | 4 | 150 | 600 | 已建 |
| 30 | | 安徽 | 响水涧 | 4 | 250 | 1000 | 已建 |
| 31 | | 安徽 | 绩溪 | 6 | 300 | 1800 | 在建 |
| 32 | | 安徽 | 金寨 | 4 | 300 | 1200 | 在建 |
| 33 | | 安徽 | 桐城 | 4 | 320 | 1280 | 在建 |
| 34 | | 福建 | 仙游 | 4 | 300 | 1200 | 已建 |
| 35 | | 福建 | 厦门 | 4 | 350 | 1400 | 在建 |
| 36 | | 福建 | 永泰 | 4 | 300 | 1200 | 在建 |
| 37 | | 福建 | 云霄 | 6 | 300 | 1800 | 在建 |
| 38 | | 福建 | 周宁 | 4 | 300 | 1200 | 在建 |
| 39 | | 江西 | 洪屏一期 | 4 | 300 | 1200 | 已建 |
| 40 | | 山东 | 泰安 | 4 | 250 | 1000 | 已建 |
| 41 | | 山东 | 文登 | 6 | 300 | 1800 | 在建 |
| 42 | | 山东 | 沂蒙 | 4 | 300 | 1200 | 在建 |
| 43 | | 山东 | 潍坊 | 4 | 250 | 1000 | 在建 |

续表

| 序号 | 所在地区 | 建设地点 | 电站名称 | 机组台数/台 | 单机容量/MW | 装机规模/MW | 建设阶段 |
|---|---|---|---|---|---|---|---|
| 44 | 华中 | 河南 | 回龙 | 2 | 60 | 120 | 已建 |
| 45 | | 河南 | 宝泉 | 4 | 300 | 1200 | 已建 |
| 46 | | 河南 | 天池 | 4 | 300 | 1200 | 在建 |
| 47 | | 河南 | 洛宁 | 4 | 350 | 1400 | 在建 |
| 48 | | 河南 | 五岳 | 4 | 250 | 1000 | 在建 |
| 49 | | 湖北 | 白莲河 | 4 | 300 | 1200 | 已建 |
| 50 | | 湖南 | 黑麋峰 | 4 | 300 | 1200 | 已建 |
| 51 | | 湖南 | 平江 | 4 | 350 | 1400 | 在建 |
| 52 | 华南 | 广东 | 广州一期 | 4 | 300 | 1200 | 已建 |
| 53 | | 广东 | 广州二期 | 4 | 300 | 1200 | 已建 |
| 54 | | 广东 | 惠州 | 8 | 300 | 2400 | 已建 |
| 55 | | 广东 | 清远 | 4 | 320 | 1280 | 已建 |
| 56 | | 广东 | 深圳 | 4 | 300 | 1200 | 已建 |
| 57 | | 广东 | 阳江一期 | 4 | 300 | 1200 | 在建 |
| 58 | | 广东 | 梅州一期 | 4 | 300 | 1200 | 在建 |
| 59 | | 海南 | 琼中 | 3 | 200 | 600 | 在建 |
| 60 | 西南 | 重庆 | 蟠龙 | 4 | 300 | 1200 | 在建 |
| 61 | 西北 | 四川 | 寸塘口 | 2 | 1 | 2 | 已建 |
| 62 | | 陕西 | 镇安 | 4 | 350 | 1400 | 在建 |
| 63 | | 新疆 | 阜康 | 4 | 300 | 1200 | 在建 |
| 64 | | 新疆 | 哈密 | 4 | 300 | 1200 | 在建 |

**注** 寸塘口已停运。

纯抽水蓄能电站上、下水库均要求有足够库容存蓄发电用水，其上、下水库可布置于山区、天然河流、湖泊、岸边洼地、已建梯级水库乃至地下，因而抽水蓄能电站格局组合形式多样、特点各异。

纯抽水蓄能电站主要利用上、下水库之间的天然高差，采用有压引水方式开发，设计水头一般在200～800m之间，由于机组吸出高度较大，因此发电厂房大多选择地下式布置型式。据不完全统计，国内已建和在建的纯抽水蓄能电站中仅浙江溪口和江苏沙河两座纯抽水蓄能电站的发电厂房布置为半地下竖井式，其余工程均采用地下式布置。地面式厂房在我国尚未有工程采用，美国的巴斯康蒂、落基山以及日本的奥清津等电站是为数不多采用地面式厂房的纯抽水蓄能电站。

纯抽水蓄能电站的典型实例为辽宁蒲石河抽水蓄能电站，该电站是我国东北地区建设的第一座大型纯抽水蓄能电站，装机容量4×300MW，为日调节抽水蓄能电站。电站枢纽布置如图15-1所示，上水库位于丹东长甸镇东洋河村泉眼沟沟首，在沟口填筑钢筋混凝土面板堆石坝成库；下水库位于中朝界河鸭绿江支流蒲石河干流下游，在与上水库平面直线距离约 2.5km 的王家街村新建混凝土泄洪排沙闸坝形成下水库；引水系统采用两洞四机布置，尾水系统采用一洞四机布置；地下厂房系统为中部式布置，500kV 开关站布置于厂房西南侧地面。上、下水库坝址处库底高差约 280m，距高比约为 8.9。

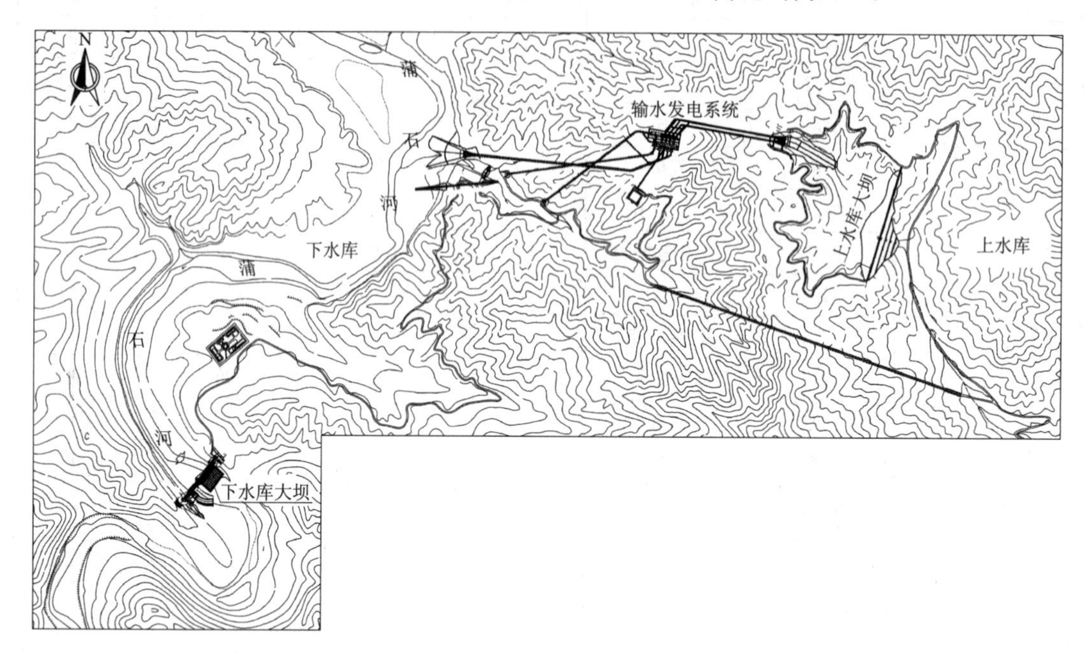


图 15－1　辽宁蒲石河抽水蓄能电站枢纽平面布置示意图

### （二）混合式抽水蓄能电站

混合式抽水蓄能电站一般上水库有较大天然入库径流，发电用水量大于抽水水量，通常结合常规水电站新建、改建或扩建，根据电网发展需要加装抽水蓄能机组而成。电站利用水头多在几十米到 100 多米，两种机组可布置于同一厂房内，也可单独布置。上水库多数为具有天然径流入库的大、中型综合利用水库，如果按常规水电方式运行，发电受综合利用要求限制较大。改建成混合式抽水蓄能电站后，既可满足水库综合利用要求，也能充分发挥抽蓄电站的调节能力，满足电力系统需求。经统计，截至 2019 年年底，国内已建混合式抽水蓄能电站 8 座，暂无在建工程，已建工程的基本情况见表 15－2。

**表 15－2　　　我国混合式抽水蓄能电站统计（截至 2019 年年底）**

| 序号 | 建设地点 | 电站名称 | 机组台数/台 | 单机容量/MW | 装机规模/MW | 投产时间 |
|---|---|---|---|---|---|---|
| 1 | 河北 | 岗南 | 1 | 11 | 11 | 1968 年 5 月 |
| 2 | 北京 | 密云 | 2 | 11 | 22 | 1973 年 11 月 |
| 3 | 河北 | 潘家口 | 3 | 90 | 270 | 1991 年 7 月 |
| 4 | 西藏 | 羊卓雍湖 | 4 | 22.5 | 90 | 1997 年 6 月 |
| 5 | 安徽 | 响洪甸 | 2 | 40 | 80 | 2000 年 6 月 |
| 6 | 湖北 | 天堂 | 2 | 35 | 70 | 2001 年 2 月 |

续表

| 序号 | 建设地点 | 电站名称 | 机组台数/台 | 单机容量/MW | 装机规模/MW | 投产时间 |
|---|---|---|---|---|---|---|
| 7 | 吉林 | 白山 | 2 | 150 | 300 | 2005年11月 |
| 8 | 安徽 | 佛子岭 | 2 | 80 | 160 | 2012年 |

**注**　岗南、密云已停运。

混合式抽水蓄能电站上、下水库的布置型式主要有下列几种。

1. 利用河流已建梯级水库作为上、下水库

利用河流上已建的梯级水库作为抽水蓄能电站的上、下水库，工程布置在已建水库库区内，不产生淹没和移民，工程占地少，环境影响小，具有相对优越的工程建设条件，是一种较为经济的布置型式。我国的吉林白山、湖北天堂、安徽佛子岭抽水蓄能电站，日本的安县抽水蓄能电站和水殿抽水蓄能电站均采用此种布置型式。

白山抽水蓄能电站位于吉林省东部长白山区桦甸市与靖宇县交界的第二松花江上游，是东北地区第一座抽水蓄能电站。电站上、下水库分别利用已建的白山水库和红石水库，地下厂房布置在白山大坝左岸，安装2台150MW可逆式水泵水轮机组，引水系统为“一洞两机”布置，尾水系统为“一洞一机”布置，工程总投资79969万元，单位容量投资2666元/kW，工程经济指标较优，工程布置见图15－2。

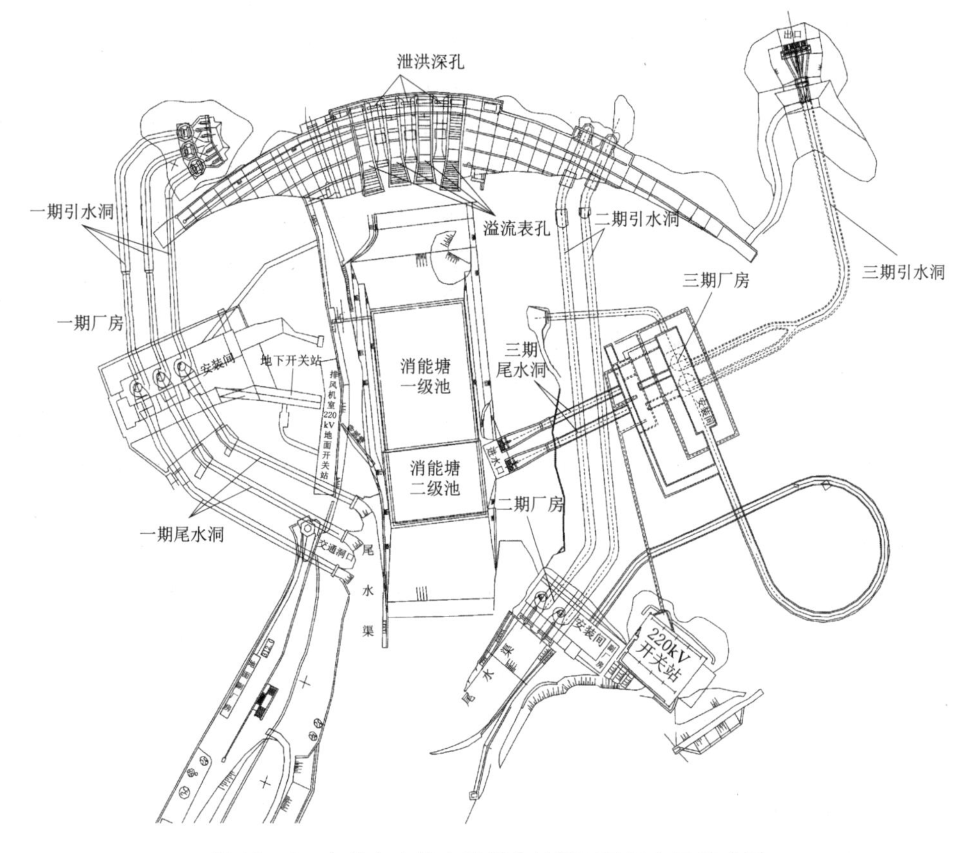


图15－2　吉林白山抽水蓄能电站枢纽平面布置示意图

湖北天堂抽水蓄能电站位于湖北省黄冈市罗田县境内巴水支流天堂河上游，是华中地区第一座抽水蓄能电站。电站上、下水库分别利用天堂河上已建的一级水库和二级水库，引水系统采用一洞两机布置，半埋式地面厂房布置在一级电站尾水河床右侧山脚，安装2台35MW可逆式水泵水轮机组。

安徽佛子岭抽水蓄能电站位于安徽省六安市，上、下水库分别利用淮河支流淠河上游已建的磨子潭水库和佛子岭水库，并在下水库进/出水口下游3km处修建狮子崖过渡性水库，以解决佛子岭水库水位变幅过大，不能满足抽水蓄能电站运行的问题。在佛子岭水库水位较高时，以佛子岭水库作为下水库；在佛子岭水库水位较低时，以过渡性水坝形成的过渡性水库作为下水库。抽水蓄能电站引水发电系统布置在磨子潭水库大坝左岸，引水系统采用“一洞一机”布置，尾水系统采用“一洞两机”布置，地下发电厂房内安装2台80MW可逆式水泵水轮机组，工程布置示意见图15-3。

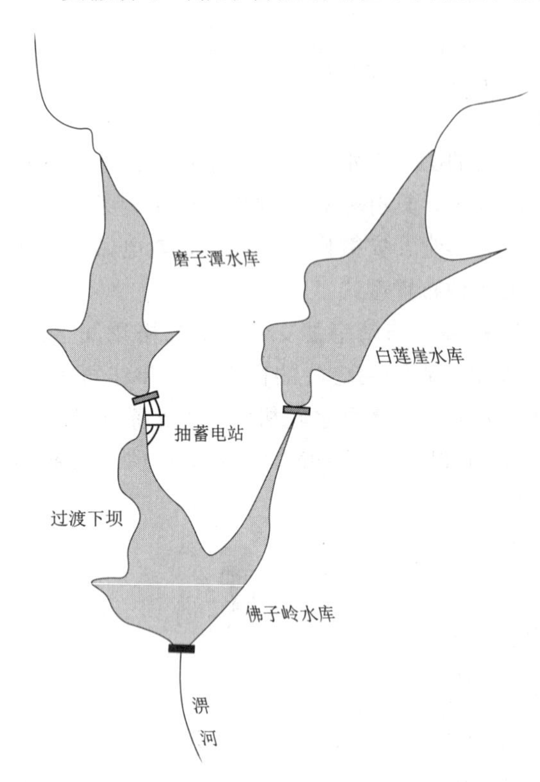


图15-3　佛子岭抽水蓄能电站工程布置示意图

日本的安县抽水蓄能电站和水殿抽水蓄能电站位于本州岛上信浓川支流梓川，均为混合式抽水蓄能电站。两电站上、下水库分别利用奈川渡、水殿和稻核3个梯级水库，其中安县抽水蓄能电站的下水库即为水殿抽水蓄能电站的上水库，安县抽水蓄能电站安装4台103MW可逆式水泵水轮机组和2台105MW常规机组；水殿抽水蓄能电站安装2台61MW可逆式水泵水轮机组和2台61.5MW常规机组。

2. 利用水库及其调节水库作为上、下水库

我国最早建设的岗南抽水蓄能电站（1968年）利用原水利枢纽及其下游已有的反调节池改建而成。岗南抽水蓄能电站位于河北省石家庄市平山县，上水库岗南水库总库容15.71亿$m^3$，是以农业灌溉为主的综合利用水库，在“以水定电”的调度方式下运行，只有下游需要灌溉供水时才能发电。为了解决均匀供水和发电集中用水的矛盾，将电站下游已建反调节水库北堤加高2m，使总库容达到350万$m^3$并作为蓄能下水库，安装1台11MW的抽水蓄能机组，使岗南水电站由季节性电站变成可常年发电电站，不供水时电站可承担电网调峰、填谷任务，提高了电站的效益。

3. 在原水库下游筑坝新建水库

当利用上游已建水库作为上水库，而无下游水库时，则需要筑坝形成下水库。我国的潘家口、密云、响洪甸抽水蓄能电站均利用已建水库作为上水库，在其下游建坝形成下水库。

密云抽水蓄能电站位于北京市密云区的潮白河上。上水库密云水库主要承担北京城市

居民及工农业供水任务，装有4台18.7MW的常规水电机组，并按“以水定电”方式运行。密云抽水蓄能电站利用密云水库作为上水库，在其下游兴建总库容503万$m^3$的下水库，厂房内安装了2台11MW的抽水蓄能机组。密云抽水蓄能电站的建设使密云水库不再受“以水定电”的限制，在系统中发挥了调峰填谷的作用，年均发电量较改造前的0.71亿kW·h增加到1.8亿kW·h，增幅达153%。

潘家口抽水蓄能电站位于河北省迁西县，是我国建设的第一座大型抽水蓄能电站和第一座实际意义上的大型混合式抽水蓄能电站。电站利用已建潘家口水库作为上水库，距主坝下游6km处新建碾压混凝土重力坝形成下水库。坝后式地面厂房安装3台90MW抽水蓄能机组和1台150MW常规水轮发电机组，两种机组布置在同一厂房内，安装高程不同。因为电站的改造扩容，可逆机组与常规机组在高峰期同时工作，将非峰电量大量转移到峰荷时段。此外，可逆机组直接置换出了常规电站里的备用装机，洪水期或者来水量大时，直接作为常规机组利用弃水发电。潘家口抽水蓄能电站，在电力系统中调峰填谷调节容量约344MW，使调峰出力增加了4.6倍，减少了火电机组因参与调峰填谷时产生的能耗比率增高所造成的损失，每年可为国家节约燃料费用0.72亿元，节约替代电站基本建设费2.4亿元以上。潘家口抽水蓄能电站布置示意见图15-4。

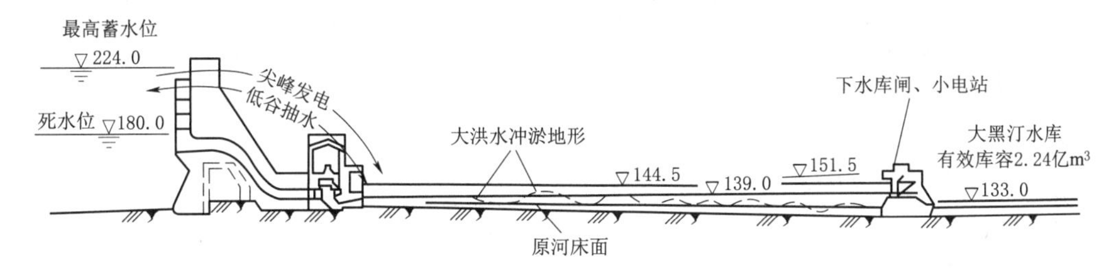


图15-4　潘家口抽水蓄能电站示意图（单位：m）

安徽响洪甸抽水蓄能电站位于安徽省金寨县的西淠河上，为国内第二座大型混合式抽水蓄能电站，电站利用已建的响洪甸水库作为上水库，在上水库大坝下游8.8km的河道上建设混凝土重力坝形成440万$m^3$下水库。左岸新建地下厂房内安装2台40MW抽水蓄能机组，引水隧洞采用“一洞两机”，尾水洞为“一机一洞”。下水库的小电站为河床式电站，安装1台5MW的贯流式机组。

当河流坡降较陡时，为利用更高的水头，抽水蓄能电站可采用引水式开发，此种布置型式比较少见。大屋抽水蓄能电站（Grandmaison）位于法国阿尔卑斯山的欧达尔河上，由其上游的格兰德迈松坝形成上水库，在其下游10km处新建维尼坝形成下水库，上、下水库落差达900m。电站布置一条7.1km长的引水隧洞，由3条平行布置的高压管道通过岔管连接12台机组，在同一厂址的不同高程处分别布置地面和地下两个厂房，分别安装4台153MW常规冲击式机组和8台153MW的4级可逆式水泵水轮机组，总装机容量1800MW。两个厂房之间通过高差约70m的交通竖井连接，枢纽布置紧凑且复杂。大屋抽水蓄能电站布置剖面如图15-5所示。

4. 利用天然湖泊、河流作为上、下水库

羊卓雍湖抽水蓄能电站位于西藏自治区拉萨市西南的贡嘎县，是世界上海拔最高的抽

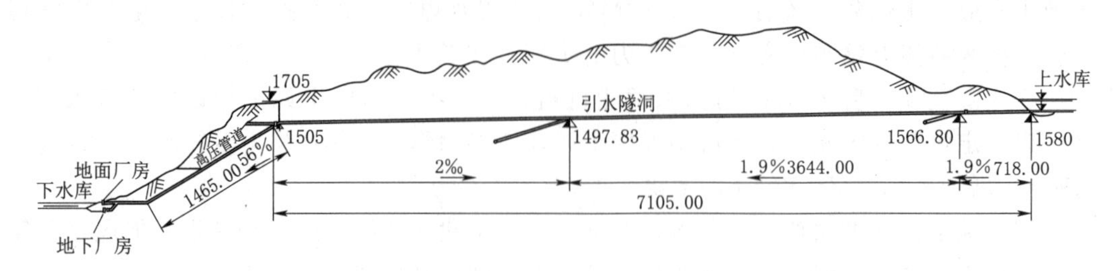


图 15-5　法国大屋抽水蓄能电站纵剖面布置示意图（单位：m）

水蓄能电站。电站上水库利用高原封闭天然湖——羊卓雍湖，流域面积 6100km²，储水量 150 亿 m³，可利用库容 55 亿 m³，多年平均入湖径流量 9.54 亿 m³。每年年内水位变幅 1.23m。下水库利用天然的雅鲁藏布江，羊卓雍湖与雅鲁藏布江的天然落差达 840m，是理想的混合式抽水蓄能电站站址。电站安装 4 台 22.5MW 的蓄能机组和 1 台 22.5MW 常规机组。羊卓雍湖抽水蓄能电站布置如图 15-6 所示。

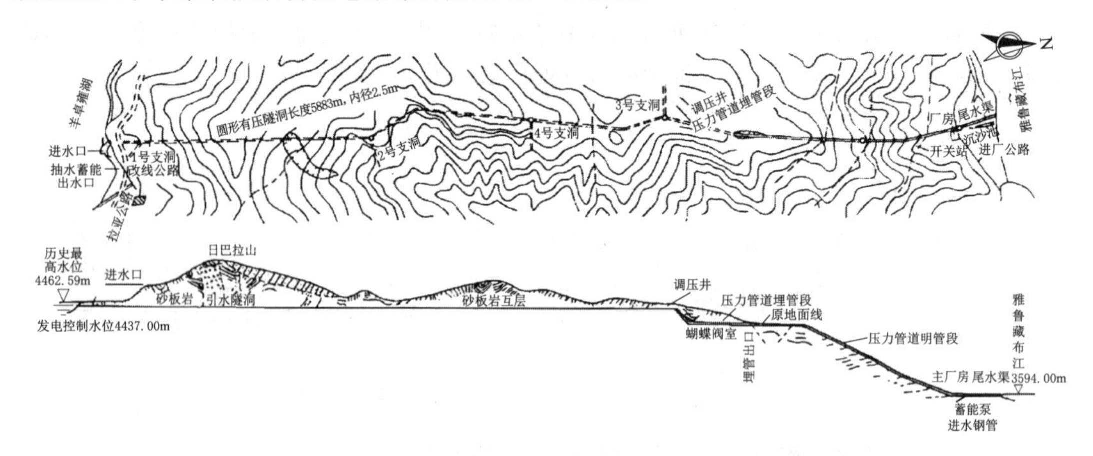


图 15-6　羊卓雍湖抽水蓄能电站布置示意图

## 二、按调节性能分类

抽水蓄能电站按其上水库库容调节性能，即装机满发利用小时数划分为日调节、周调节和年调节抽水蓄能电站。

### （一）日调节抽水蓄能电站

日调节抽水蓄能电站承担一天内电力供需不均衡调节任务，其上、下水库水位变化的循环周期为一昼夜，在系统负荷低谷时吸收电量抽水运行；在电网负荷高峰时放水发电。在电力系统中主要承担日负荷的调峰、填谷及系统备用任务，可改善电网运行条件、提高电网内部火电和核电机组的负荷率及利用小时数、提高电网运行效益。目前我国已建、在建的十三陵、呼和浩特、蒲石河、丰宁、荒沟、清原等绝大多数抽水蓄能电站均为日调节电站，其装机满发利用小时数多数为 5～6h，所需调节库容最小。

### （二）周调节抽水蓄能电站

周调节抽水蓄能电站承担一周内电力供需不均衡调节任务，其上、下水库水位变化的

循环周期为一周，其运行特点是在周内电网负荷较大时增加电站高峰发电时间，在周末负荷低落时利用多余电量增加电站抽水时间，储备更多电能。周调节抽水蓄能电站上水库装机满发利用小时数一般为10～20h，由于调节能力更强，其所需要的调节库容较大。此种类型抽水蓄能电站在发达国家建设较多，我国第一座建成的周调节抽水蓄能电站为广东惠州抽水蓄能电站，目前国内共有已建的惠州、仙游和洪屏一期，在建的阳江、梅州和云霄共6座周调节抽水蓄能电站。

**（三）年调节抽水蓄能电站**

亦称季调节抽水蓄能电站，承担一年内丰、枯季节之间电力供需不均衡调节任务，其上、下水库水位变化的循环周期为一年，其运行方式主要是利用汛期丰沛的弃水调峰电量和后半夜低谷电量抽水到上水库储存电能，在枯水期放水发电，承担电力系统调峰任务。季调节抽水蓄能电站除进行季调节抽水发电运行外，还可根据电网要求进行日调节抽水发电运行，调节能力较周调节更强，因此所需要的上水库库容较大，同时其下水库也应具备满足长时间抽水的水源条件。由于上水库所需库容较大，一般不需要建设下水库，在汛期利用系统多余电力将河流水量抽至上水库，在枯水期向系统供电。季调节抽水蓄能电站的单位投资指标相对略大，工程建设条件要求较高，一般适用于水电所占比重较大、系统内电站调节能力相对较差、枯水期供电紧张的电力系统。西藏羊卓雍湖和安徽佛子岭是我国仅有的两座年调节抽水蓄能电站。

## 三、按机组型式分类

抽水蓄能电站按机组型式分为四机式、三机式和两机式抽水蓄能电站。

**（一）四机式机组**

四机式机组是最早使用的蓄能机组，由抽水机组和发电机组单独组成，由于机组独立，可设计与运行到最佳工作状态，机组效率高，但独立建设泵站和电站，系统复杂，占地和投资较大，已极少采用。

**（二）三机式机组**

三机式机组又称组合式机组，机组由水泵、水轮机和发电电动机组成，三者同轴运转，可以实现发电与抽水工况间迅速切换，水泵和水轮机按各自工况进行设计，机组运行效率也较高，超高水头的蓄能机组常采用三机式布置。由于水泵和水轮机分开布置，使机轴加长，厂房高度加大，设备数量多，因此其工程投资一般比两机式多。我国西藏羊卓雍湖抽水蓄能电站即采用这种三机式机组。

**（三）两机式机组**

两机式机组又称可逆式水泵水轮机，是将水泵和水轮机合并成一台机组，和可逆式电动发电机组合而成的蓄能机组。正向旋转为水轮机工况，反向旋转为水泵工况。由于机组布置结构简单，轴向尺寸大幅缩小，使机械设备和电站建筑物的投资相应减少，是当今抽水蓄能电站的主要机组型式。与常规水轮机相似，可逆式水轮机可分为混流式、斜流式、贯流式和轴流式等。由于使用的水头范围不同，轴流式（一般水头小于20m）和斜流式（水头30～130m）较少用于抽水蓄能电站，贯流式适用于潮汐抽水蓄能电站。混流式机组是目前国内外应用最为广泛的机组型式，根据目前机组的设计制造水平，适用于设计水头30～800m的抽水蓄能电站。我国已建的绝大多数抽水蓄能电站均采用混流式水泵水轮机机组。

## 第二节　工程总体布置选择

### 一、工程等级及洪水标准

抽水蓄能电站工程等级及洪水标准，应按国家现行标准《防洪标准》（GB 50201）、《水电枢纽工程等级划分及设计安全标准》（DL 5180）的有关规定执行。当抽水蓄能电站的装机容量较大，而上、下水库库容较小时，若工程失事后对下游危害不大，则挡水、泄水建筑物的洪水设计标准可根据电站厂房的级别，按“山区、丘陵区水电站厂房洪水设计标准”确定；同时应分别根据上、下水库的库容和坝高所对应的工程等别及挡水建筑物级别，按照相应的永久性挡水和泄水建筑物洪水设计标准，对所选的挡水、泄水建筑物的洪水设计标准进行复核，按照就高的原则确定。

对于建于南方省份（如广东省等）的抽水蓄能电站，由于易受台风影响，局部发生特大暴雨的概率较大，应充分考虑电站所在地区暴雨的影响程度，可适当提高洪水标准。即上、下水库挡水、泄水建筑物的洪水标准可根据《水电枢纽工程等级划分及设计安全标准》（DL 5180）中“山区、丘陵区水电枢纽工程永久性壅水、泄水建筑物的洪水设计标准”规定的上限确定。

对于建在主河道支流上的水库，考虑到大坝失事对下游河道影响较大，其洪水标准不宜低于主河道的防洪标准。

### 二、枢纽总体布置组成

抽水蓄能电站工程总布置包括上水库、下水库、输水系统、电站厂房系统、开关站、出线场、交通工程、拦排沙工程、补水工程及生态泄放工程等。应根据工程区的水文、气象、地形、工程地质和水文地质条件、施工条件、环境保护、征地移民及运行要求等因素，在各单项工程初选的条件下，按照工程总布置的要求，组合成若干个参与比较的枢纽布置方案，从水能利用、地形地质、枢纽布置、工程量、建筑材料、施工条件、施工工期、环境影响、移民安置、工程投资、工程效益和运行条件等方面进行技术、经济综合比较，最终确定抽水蓄能电站总体枢纽布置，使总体枢纽布置格局最优。

**（一）上、下水库**

上、下水库一般主要由挡水建筑物、库盆防渗结构和泄水建筑物组成，根据水库的水源和泥沙条件、检修和生态流量泄放的要求等，上、下水库还包括补水工程、拦排沙工程和生态泄放工程。

上、下水库的成库型式和工程布置，应结合工程建设条件，提出可供比较的方案，根据建库的各项基本资料，经技术经济比较选定。

上、下水库泄水建筑物布置，除应满足洪水安全下泄要求外，尚应分析天然洪水与电站发电或抽水流量叠加的影响，合理选择所需泄水建筑物的类型和布置。

**（二）输水系统**

抽水蓄能电站输水系统工程布置在上、下两个天然落差较大的水库之间，一般多采用

有压引水式开发。

输水发电系统一般由上水库进/出水口、低压引水隧洞、引水调压室、高压引水隧洞、发电厂房系统、尾水调压室、尾水隧洞、下水库进/出水口等组成。

上、下水库进/出水口主要有侧式进/出水口和竖井式进/出水口两种型式，以采用侧式为多。低压引水隧洞、高压引水隧洞和尾水隧洞均为有压隧洞；其中低压引水隧洞和尾水隧洞多采用钢筋混凝土衬砌；而高压引水隧洞则多采用钢板衬砌，高压隧洞也有采用钢筋混凝土衬砌的，如蒲石河抽水蓄能电站和荒沟抽水蓄能电站（在厂房前后一定范围内引水和尾水隧洞通常都采用钢板衬砌）。高压引水隧洞在平面布置上可分为单管单机和一管多机两种形式，在立面布置上有竖井、斜井以及竖井与斜井相组合的布置型式。调压室可单独布置在厂房上游或下游，也可上下游均设，视上下游输水系统长度及调保计算成果而定。

**（三）发电系统**

根据厂房在输水系统中的位置分为首部式、中部式和尾部式三种布置型式。首部式和中部式多采用地下式厂房，尾部式可采用地下式、半地下式（竖井式）或地面式厂房。布置型式主要取决于地形地质条件、施工条件及建筑物之间的协调关系。

对于纯抽水蓄能电站，我国已建成的泰安、琅琊山、响水涧、溧阳和在建的蛟河等抽水蓄能电站采用首部式布置型式；已建的蒲石河、十三陵、张河湾、宜兴、仙游、洪屏一期、广州和在建的敦化、清原、丰宁、文登、垣曲、缙云、云霄、平江等多数抽水蓄能电站采用中部式布置型式；已建的呼和浩特、西龙池、天荒坪、桐柏、白莲河和在建的阜康、长龙山、句容、蟠龙等抽水蓄能电站采用尾部式布置型式；国内仅有溪口和沙河两座抽水蓄能电站采用半地下竖井尾部式布置型式；地面尾部式布置型式目前在我国纯抽水蓄能电站中尚无应用实例。

混合式抽水蓄能电站的布置型式与纯抽水蓄能电站基本相同。坝后式开发的混合式抽水蓄能电站布置型式与坝后式布置的常规水电站相似。厂房可布置在坝后、坝内或布置在岸边，尾水与下水库衔接。

抽水蓄能电站地下厂房主要洞室群和厂区建筑物一般由主副厂房洞、主变压器洞、尾闸洞、开关站以及出线洞、进厂交通洞、通风洞、排水洞等组成。厂房位置的选择、厂区建筑物及厂房内部布置，应考虑工程总布置、水文气象、地形地质条件和机组型式、运行要求及环境等因素通过技术经济综合比较确定。

**（四）拦排沙工程**

目前国内外已建成的抽水蓄能电站的机组缺乏在含沙水流中运行的先例。由于水泵水轮机的相对流速大于常规机组，水泵水轮机对磨损的影响更为敏感，因此在多泥沙河川或溪流上修建抽水蓄能电站时，必须对泥沙问题予以高度重视，尽可能降低和限制进/出水口前泥沙淤积和过机泥沙含量，最大程度改善机组的磨损条件。应因地制宜采取防沙、拦沙、排沙工程措施或主汛期停机避沙运行措施，通过方案比较选定，必要时通过物理模型试验验证。

**（五）补水工程**

抽水蓄能电站上、下水库应充分利用有利的地形和溪流等自然条件，提高入库天然径流量，满足电站在上、下水库间循环用水的水量以及水库和水道渗漏及蒸发水量损失。水源条件是抽水蓄能电站库址选择的重要影响因素之一，若下水库水源不能满足初期蓄水及运行要求时，则在水库枢纽布置时应一并考虑补水工程措施。如西北干旱地区抽水蓄能电站的水源问题应进行专题研究，必要时设置补水工程。

**（六）生态放流工程**

对于在河流上新建的上、下水库，根据下游河道的生态用水规模，研究确定水库的生态放流措施。目前国内已建抽水蓄能电站上、下水库中，当地材料坝坝型大多利用放空洞或导流洞布置生态放流管，混凝土坝坝型则多在坝内（底孔）预埋生态放流管，保障下游河道生态基流的泄放。

**（七）交通工程**

抽水蓄能电站交通工程是枢纽布置中不可缺少的部分，包括连接地方交通干线与工程区的道路、永久进厂公路、上坝交通、上水库与下水库之间的连接道路等。交通工程布置时应综合考虑施工总体布置、施工支洞布置、沿线永久建筑物布置、道路弃渣场布置及对周边环境的影响等因素。隧洞交通在满足施工运输要求的前提下，应考虑永久与临时相结合的可行性。

## 三、工程总体布置选择的主要内容

抽水蓄能电站工程总体布置应综合分析工程区地形地质条件、水文气象及泥沙条件、水源条件、工程施工条件、环境和征地移民等因素，将上、下两个水库同时进行布置研究，在总体布置设计过程中，一般应进行的主要比选工作如下：

（1）上、下水库工程的库址、厂址比选。

（2）上、下水库的坝线、坝型和防渗型式比选。

（3）输水系统的输水线路、供水方式、立面布置和结构衬砌型式比选。

（4）发电厂房位置比选及厂轴选择；开关站位置选择及出线方式比选。

不同工程应根据具体的工程建设条件，合理拟定比选方案开展相应的枢纽建筑物比选工作，图15-7为抽水蓄能电站工程总体布置选择典型流程。

**（一）库（坝）址选择**

1. 库址拟定

具有上、下两个水库是抽水蓄能电站区别于常规水电站的显著特点之一。抽水蓄能电站的库址是指上、下水库所在的河段（沟段）、山间凹地、河岸滩地、台地等位置范围，包括大坝和库区。作为抽水蓄能电站存储水量的工程设施，上、下水库库址的选择对抽水蓄能电站站址选择及枢纽总体布置格局起到决定性影响，上、下水库的库址确定后，输水发电系统的布置范围亦基本确定。上、下水库自然条件和工程布置优化亦是工程的控制性环节，因此，进行抽水蓄能电站工程总布置时，应对上、下两个水库布置同时进行研究。

早期建设的抽水蓄能电站在库址选择时往往倾向于利用现有已建水库作为抽水蓄能电站储水库，并在其附近勘找合适的上、下水库库址，以达到节省工程投资的目的，如北京十三陵、江苏沙河、河北张河湾、山东泰安、安徽琅琊山、江苏宜兴、河南宝泉、湖北白莲河、河北丰宁、江苏溧阳等抽水蓄能电站均利用已建水库作为下水库，安徽桐柏抽水蓄能电站利用已建水库作为上水库。国内已建抽水蓄能电站统计资料表明，是否利用已建水

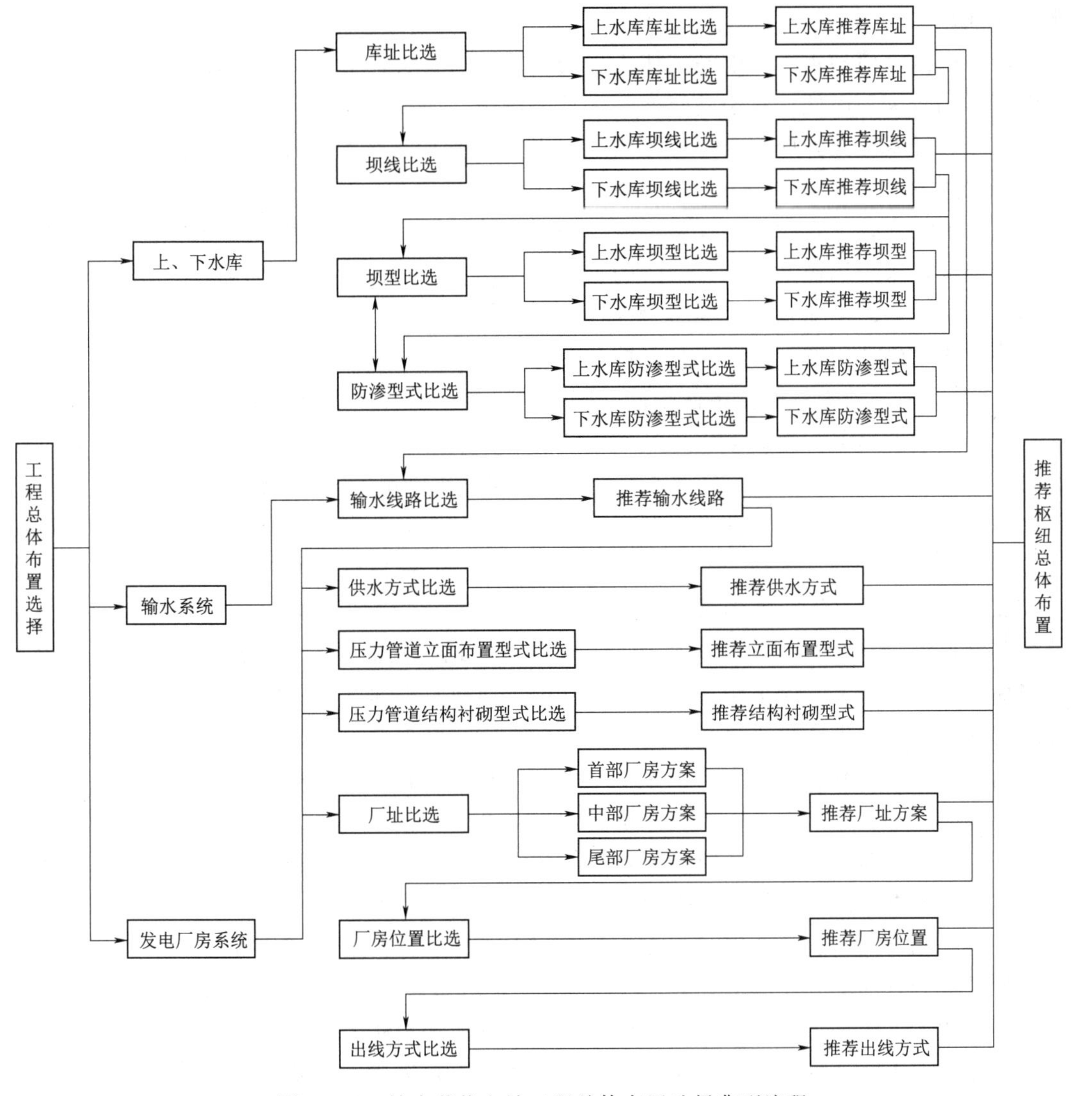


图 15-7　抽水蓄能电站工程总体布置选择典型流程

库作为下水库对投资的影响较小，利用已建水库与新建水库的单位容量投资无明显差别。由于利用已建水库作为下水库时往往要对原大坝进行加高或加固，对水库进行防渗处理，协调综合利用水库在水量分配（包括经济补偿）及水库调度，在经济上不一定具有优势，还可能增加电站运行和管理的复杂性，因此在库址选择时不应以利用已建水库限定上、下水库的选择范围。

选择上、下水库位置时，应重点着眼于上、下水库之间有可利用的自然地形高差、良好的库区工程地质和水文地质条件、满足建造足够库容需求的地形条件、具备合适位置布置进/出水口等影响因素。通过现场查勘，对站址附近进行详查、分析和筛选，初拟若干个比选库址，根据库址的工程建设条件确定比选原则、比选方案及比选流程，从水源条件、工程地质条件、水能利用、工程布置、机电设备、库区淹没损失、环境影响、施工条件及工程投资等方面，对拟定的上、下水库库址进行技术经济综合比较，最终选定上、下水库库址。

根据国内已建抽水蓄能电站主体工程的统计资料分析，上水库的选择对抽水蓄能电站经济性影响较大。因此，对于新建的抽水蓄能电站，通常可先进行上水库库址比选，在选定上水库库址基础上开展下水库库址比选；也可根据上、下水库的拟定库址分析确定若干个组合比选方案，同时对上、下水库库址进行比选。

(1) 上水库。上水库的选择是影响工程总投资的最大因素，也是工程总体布置中的重点。据统计，采用局部帷幕灌浆防渗的上水库的单位容量投资一般不超过 200 元/kW；而采用全库盆防渗的上水库，其天然库容通常较小，防渗衬砌布置要求库盆形状平顺、规整，除防渗衬砌费用增加外，库盆开挖和弃渣量均较大，单位容量投资将大幅增加，可达近 1000 元/kW。若天然库盆条件较差，则上水库的开挖及坝体填筑量将有较大增加。

对于采用全库盆防渗的上水库，在相同装机规模下，水头越高，所需库容越小，全库盆防渗面积相应越小，因此额定水头对上水库经济性的影响较为显著。河北张河湾和江苏宜兴抽水蓄能电站上水库分别采用沥青混凝土面板和钢筋混凝土面板进行全库盆防渗，由于电站额定水头较低（分别为 305m 和 353m），因此需要相对较大的调节库容，库盆防渗衬砌面积较大，加之不利地形条件，使得上水库库容开挖量及坝体填筑量均较大，上水库单位容量投资分别达到 959 元/kW 和 942 元/kW，远超其他采用全库盆防渗的工程。山东泰安抽水蓄能电站上水库采用右库岸钢筋混凝土面板＋左库岸帷幕灌浆＋库底土工膜进行全库盆综合防渗，由于额定水头仅有 253m，远低于其他电站，因此其上水库单位容量投资亦达到 696 元/kW。额定水头仅 126m 的安徽琅琊山抽水蓄能电站上水库采用库岸灌浆帷幕＋库底局部黏土铺盖＋混凝土回填溶洞进行综合防渗，其上水库单位容量投资为 351 元/kW，亦明显高于额定水头较高同类局部防渗工程。内蒙古呼和浩特、山西西龙池和河南宝泉抽水蓄能电站上水库分别采用沥青混凝土面板、沥青混凝土面板、库岸沥青混凝土面板＋库底黏土铺盖进行全库盆防渗，其额定水头分别为 513m、640m、510m，上水库单位容量投资分别为 356 元/kW、385 元/kW、416 元/kW，可以看出，当额定水头相当时，采用不同的库盆防渗型式，其上水库单位容量投资亦基本相当。

因此，上水库选择应首要关注库盆的渗漏性，优先选择不需要进行全库盆防渗和大面积防渗处理的库址；其次，选择天然库盆地形条件良好、无须进行大范围扩库开挖和筑坝填围成水库的库址。此外，上、下水库间具备足够的可利用地形高差也是上水库选择时的重点考虑因素。

(2) 下水库。下水库的选择对抽水蓄能电站的经济性亦有较大的影响，对于新建下水库，不同工程条件单位容量投资差值可达 200 元/kW 以上。根据统计资料，泥沙条件较好，无须设置拦沙坝的下水库单位容量投资通常小于 140 元/kW。若下水库入库泥沙量大，需要布置拦沙坝、拦沙库及泄洪排沙洞和排沙渠，必然导致下水库投资增大。如利用已建张河湾水库作为下水库的河北张河湾抽水蓄能电站和新建下水库蓄能专用库的内蒙古呼和浩特抽水蓄能电站的下水库，单位容量投资分别达到 265 元/kW 和 398 元/kW。河南洛宁、河北丰宁等设置拦沙坝的工程，下水库投资均相对较大。如山西西龙池和宁夏牛首山抽水蓄能电站的下水库，受边界条件限制需采用全库盆防渗，同时水源河流含沙量又较高，其下水库单位容量投资较其他电站显著增加。因此应充分重视下水库的选址，需重点

关注所在河流的含沙量，尽量避免在多泥沙河流上布置下水库。

2. 库址比选

库址比选方案枢纽布置一般遵循以下原则：

（1）各方案采用相同的装机规模及日发电小时数。

（2）各方案的上、下水库均以代表性坝型参与比选。

（3）各方案采用相同的渗控标准。

（4）各方案输水发电系统的布置型式及原则相同。

（5）各方案上、下水库泄水、拦排沙建筑物布置型式及原则相同。

（6）各方案上、下水库扩库开挖应尽量做到土石方的挖填平衡，并减小边坡开挖高度。

（7）各方案特征水位及工作水深的拟定应考虑机组研发及制造难度，控制最大扬程与最小水头比。

为保证库址比选结果的一致性，库址比选应在满足相关功能建筑物布置的协调性、技术可行性、经济合理、方便施工等基本前提下进行方案设计，从工程地质条件、工程布置、机电设备、建设征地和移民、环境保护、施工条件及工程投资等方面，对各比选方案进行技术经济的综合比较。

**（二）坝线选择**

由于抽水蓄能电站的新建水库库容一般较小，因此其坝轴线选择通常应结合坝址区地形地质条件、库盆成库条件以及土石方平衡进行统筹考虑，在选定库址附近开展。

1. 坝线拟定

抽水蓄能电站水库坝轴线布置与常规水电站相似，应结合地形、地质及成库条件，可选直线、折线或外凸曲线，必要时亦可采用曲线围坝成库，以便以较小的工程量获得相对较大的库容。

坝轴线通常按以下原则拟定：

（1）拟定的坝线不影响上、下游已建成电站的正常运行和安全。

（2）拟定的坝线应满足水库调节库容要求，尽量不进行扩库开挖，尽可能扩大水库库容，减少有效库容内水位变幅，为水泵水轮机组的稳定安全运行创造条件。

（3）拟定的坝线应具备布置挡水、泄水等水工建筑物的地形地质条件。

（4）拟定的坝线应兼顾施工导流等枢纽布置条件。

（5）采用当地材料坝坝型时，尽可能结合进/出水口开挖，满足可利用筑坝料的挖填平衡。

（6）拟定的上坝线扩库开挖时不应改变库周分水岭，尽量不开挖或减少开挖单薄库岸和环库公路以上岸坡，避免形成高危边坡。

通过现场查勘，对选定的上、下水库库址附近进行详查、分析和筛选，初拟若干个满足拟定原则的坝轴线作为上、下水库的比选坝线，根据拟定坝线的工程建设条件确定比选原则、比选方案及比选流程，从工程地质条件、水能利用、工程布置、库区淹没损失、环境影响、施工条件及工程投资等方面，对拟定的上、下水库坝线比选方案进行技术经济综合比较，选定上、下水库推荐坝线。

抽水蓄能电站大部分新建上水库是通过在沟（垭）口筑坝或曲线围坝、开挖库盆成库的，其坝轴线（环形坝指主坝坝轴线）通常布置于沟（垭）口较窄处，可选择余地较小，因此，多采用平移、偏转等方式局部调整坝线。上水库一般库容较小，对于在沟谷（垭口）筑坝形成的上水库，挡水坝坝轴线的形状对库容影响较大。一般来说，直线坝轴线的坝体设计和施工较为方便，在库容条件允许时作为设计首选。弧线或折线坝轴线有利于增大库容，也经常被采用。在相同坝高的条件下，弧线或折线坝轴线的水库库容一般较直线坝轴线的库容增大约10%。

英国的迪诺威克抽水蓄能电站上水库，坝轴线均采用接近于半环形，坝轴线长度占水库周边长度比例较大，其布置见图15-8。德国格兰姆斯（Glems）抽水蓄能电站上水库采用半个库周挖山而成，另半个库周进行环形筑坝。天荒坪抽水蓄能电站上水库采用凸向库外的圆弧形坝轴线，使上水库有效库容增加了74万$m^3$，其布置见图15-9。琅琊山抽水蓄能电站上水库为洼地水库，为增加有效库容，坝轴线采用折线布置，折角约为23°，其布置见图15-10。吉林蛟河抽水蓄能电站上水库坝轴线采用三段折线布置，在不影响调节库容的情况下，将坝轴线缩短了105m，减少了大坝开挖及填筑量，其坝线布置见图15-11。浙江长龙山抽水蓄能电站上水库主坝坝轴线采用河床部位为直线，与两岸坝肩以外凸弧线连接的布置型式，相较于直线坝轴线，该坝线可使上水库有效库容增大47万$m^3$，其布置见图15-12。

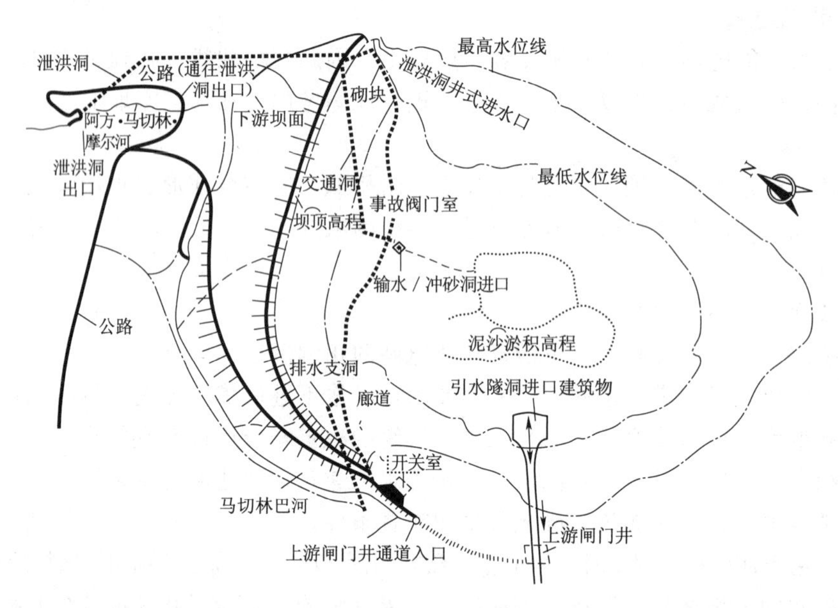


图15-8　英国迪诺威克抽水蓄能电站上水库沥青混凝土面板堆石坝平面布置示意图

当上水库位于山顶或台地时，为了减少水库的土石方开挖，做到土石方挖填平衡，上水库的坝轴线通常沿等高线布置，环形筑坝，局部地段为获取足够的开挖料，也可拉成直线形状。如美国的塔姆索克（Taum Sauk）、卢森堡的菲安登（Vianden，图15-13）、法国的勒万（Revin）抽水蓄能电站上水库均为沿等高线环形筑坝。

采用全库防渗处理的水库，为改善防渗结构的受力条件，库岸宜平顺过渡，在转弯处宜以一定曲率的扇形面或圆弧面平顺连接，坝轴线随地形而变化。如河北张河湾抽水蓄能电站上水库沥青混凝土衬砌坝轴线圆弧半径56～185m，平面布置如图15-14所示。

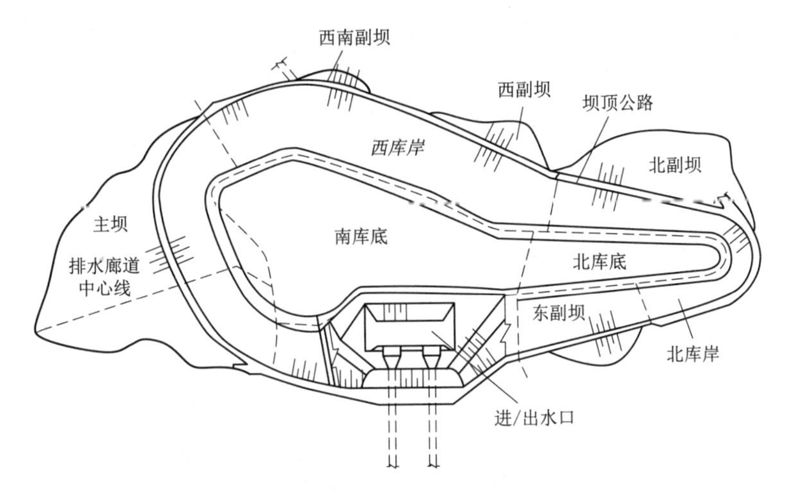


图 15-9　浙江天荒坪抽水蓄能电站上水库主坝坝轴线布置示意图

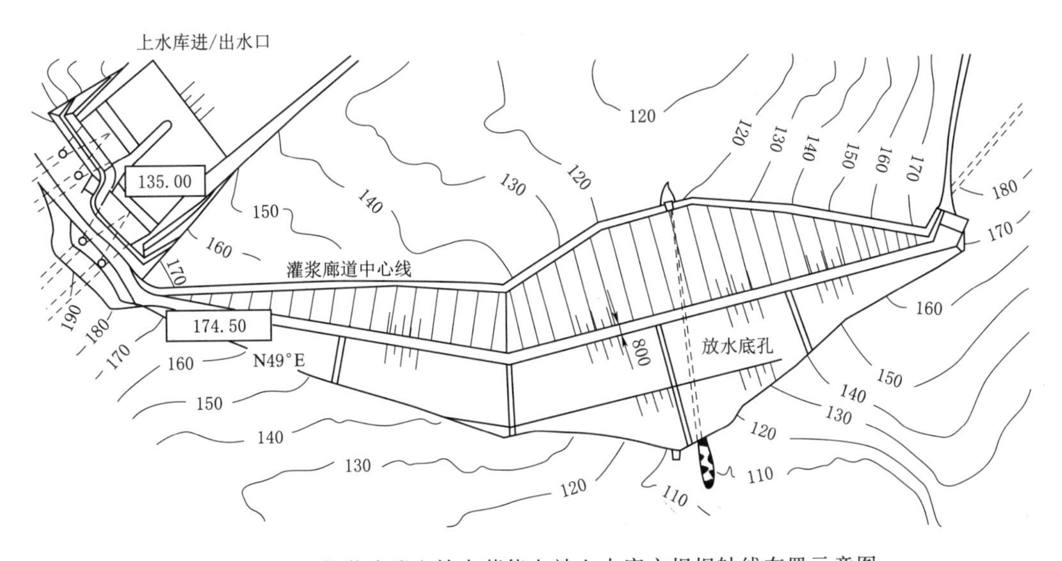


图 15-10　安徽琅琊山抽水蓄能电站上水库主坝坝轴线布置示意图

抽水蓄能电站下水库多在溪流上筑坝形成，其坝轴线选择与常规电站基本相同。

2. 坝线比选

坝线比选方案枢纽布置一般遵循以下原则：

（1）各方案采用相同的装机规模及日发电小时数。

（2）各方案的上、下水库均以代表性坝型参与比选。

（3）各方案采用相同防渗型式及渗控标准。

（4）各方案输水发电系统的布置型式及原则相同。

（5）各方案上、下水库泄水、拦排沙建筑物布置型式及原则相同。

（6）各方案上、下水库扩库开挖应尽量做到土石方的挖填平衡，并减小边坡开挖高度。

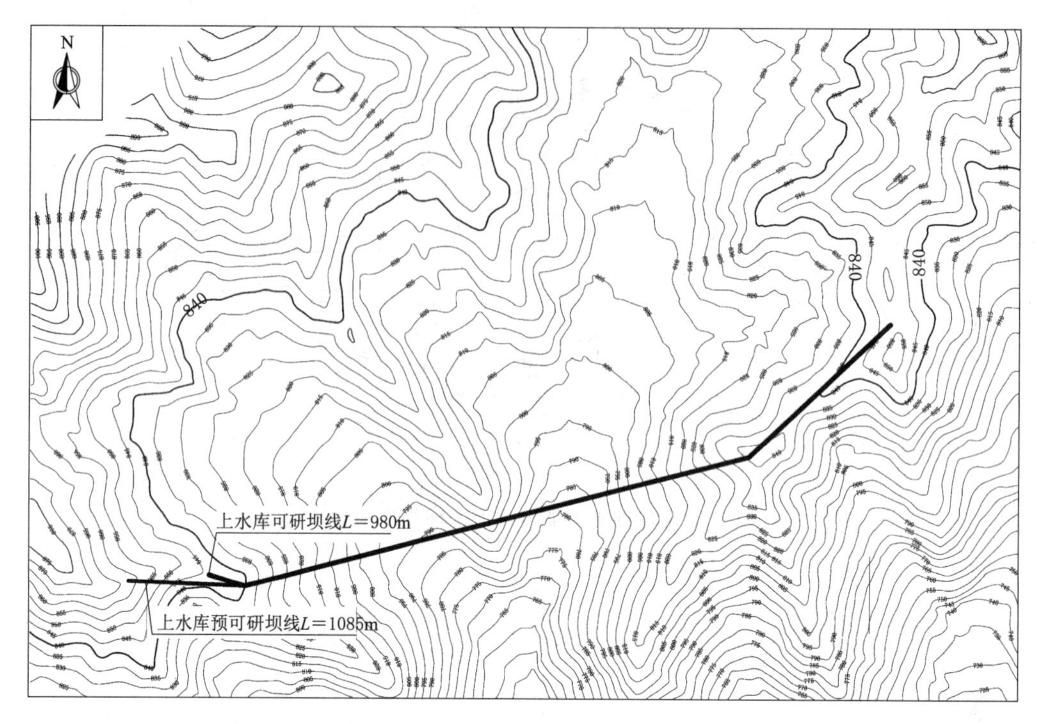


图 15-11　吉林蛟河抽水蓄能电站上水库坝轴线布置示意图

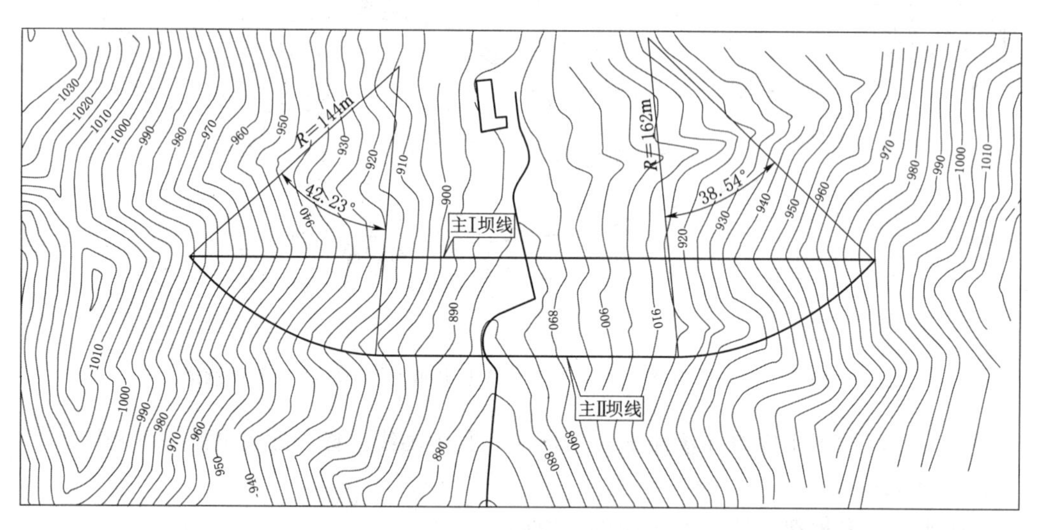


图 15-12　浙江长龙山抽水蓄能电站上水库坝轴线布置示意图

(7) 各方案特征水位及工作水深的拟定应考虑机组研发及制造难度，控制最大扬程与最小水头比。

为保证坝线比选结果的一致性，坝线比选应在满足相关功能建筑物布置的协调性、技术可行性、经济合理、方便施工等基本前提下进行方案设计，从工程地质条件、工程布置、机电设备、建设征地和移民、环境保护、施工条件、主体工程量及工程投资等方面，对各比选方案进行技术经济的综合比较。

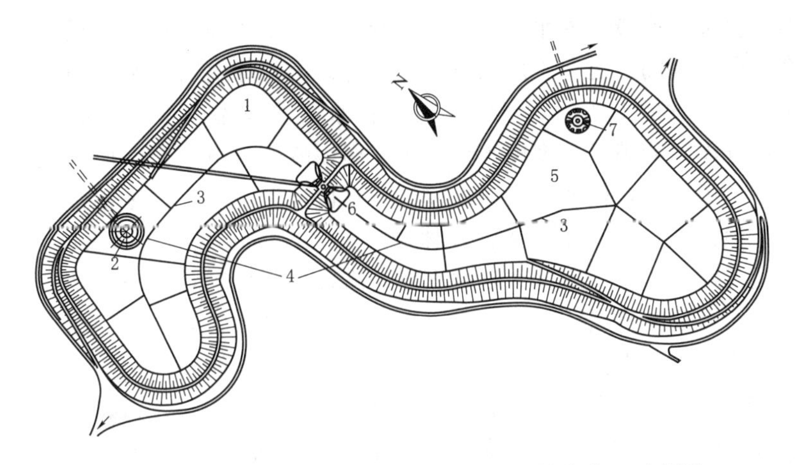


图 15－13　菲安登抽水蓄能电站上水库坝轴线布置示意图

1—1 号上库；2—1 号压力竖进/出水口；3—排水廊道；4—排水廊道出入口；
5—2 号上库；6—2 号压力竖进/出水口；7—3 号压力竖进/出水口

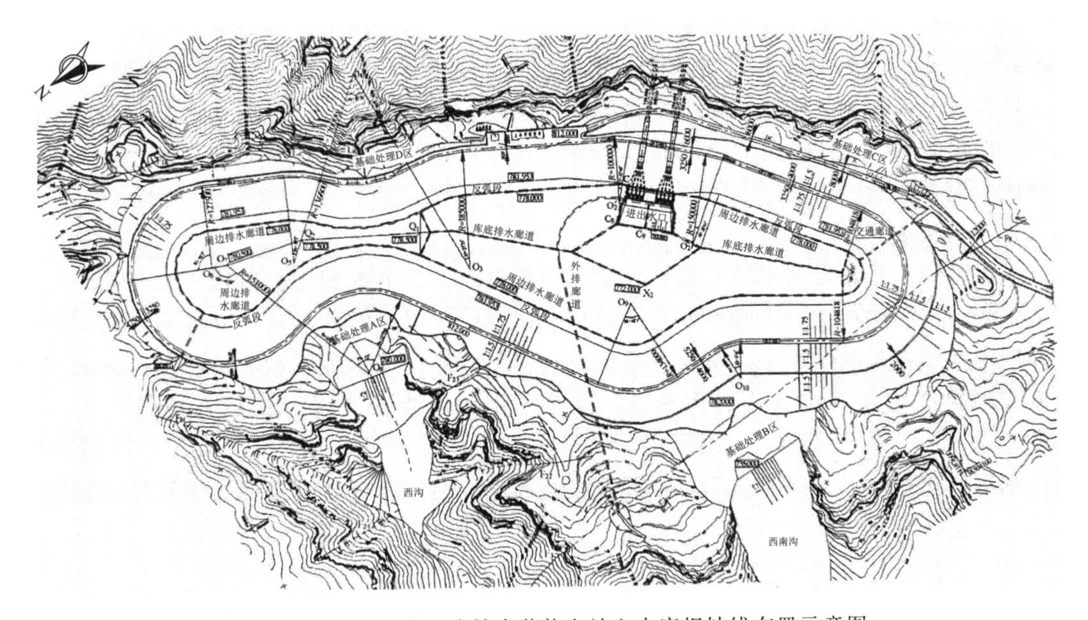


图 15－14　河北张河湾抽水蓄能电站上水库坝轴线布置示意图

## （三）防渗型式及坝型选择

1. 库盆防渗型式选择

抽水蓄能电站水库的防渗要求较高，水库应具有较好的防渗性能，渗流控制也是抽水蓄能电站水库建设的关键技术问题之一。抽水蓄能电站水库由坝体和库盆组成，除坝体本身需进行防渗以外，库盆防渗作为水库防渗体系的一部分同样重要，库盆防渗设计亦是抽水蓄能电站区别于常规水电站的主要设计内容。

在进行防渗型式选择时，应根据地形、地质和库区水文地质等工程条件对库岸的单薄分水岭、垭口和断裂发育段进行重点分析，经充分论证后确定水库的防渗型式。当水库具有足够的天然径流补给或最高库水位远低于库周山岭地下水位，库区地质条件较好，库底及库周不存在永久性渗漏通道，水库天然封闭条件好时，库盆可不采取防渗措施处理，如广东广州抽水蓄能电站的上水库、日本神流川抽水蓄能电站的上、下水库均未设防渗措施；当水库大部分库盆能满足最高库水位低于库周山岭的地下水位，库区地质条件相对较好，断层、构造不太发育，仅库岸垭口部位地下水位埋深较浅，低于正常蓄水位时，可对库盆采取局部防渗措施，辽宁蒲石河、吉林蛟河等多数抽水蓄能电站水库均属此种情况；当库周山岭的地下水位较低，库盆基岩透水率较高，或库岸工程地质条件较差，断层、构造发育，水库存在严重渗漏问题时，应采取全库盆防渗措施，北京十三陵、山西垣曲、山西镇安等抽水蓄能电站采用多种防渗型式进行了全库盆防渗处理。

抽水蓄能电站工程中，水库库岸的防渗主要采用垂直防渗型式和表面防渗型式。全库盆防渗可采用表面防渗型式，表面防渗主要有钢筋混凝土面板防渗、沥青混凝土面板防渗、土工膜防渗和黏土铺盖防渗等；局部防渗可采用垂直防渗型式，垂直防渗主要有灌浆帷幕、混凝土防渗墙、高喷灌浆等。

库盆防渗型式选择时，应根据水库库区地形、地质条件及调节库容要求，在选定的库址基础上进行，一般采用相同的装机规模、特征水位、调节库容及满发利用小时数。因地制宜拟定沥青混凝土面板全库盆防渗、钢筋混凝土面板全库盆防渗、土工膜、黏土铺盖、垂直防渗帷幕及综合性防渗型式等防渗方案，从地形、地质条件、枢纽布置、防渗型式适应性、防渗效果、施工条件、运行检修条件、技术可行性、主体工程量和投资等方面进行技术经济综合比较。

2. 坝型选择

根据国内工程建设费用统计资料，抽水蓄能电站上、下水库工程费用占枢纽建筑物投资比例较高，因此在上、下水库布置中对坝型选择应予以足够重视，尤其是北方寒冷及严寒地区的抽水蓄能电站水库，电站冬季运行过程中可能出现各种不利冰情，其选择的坝型应有良好的抗冰冻适应性，防止冻融、冻胀作用对大坝安全及电站运行效益产生不利影响。

抽水蓄能电站中常用的坝型有：混凝土面板堆石坝、沥青混凝土面板堆石坝、碾压式沥青混凝土心墙坝、黏土心墙坝、混凝土重力坝（常态、碾压）、混凝土拱坝（常态、碾压）等。

抽水蓄能电站上、下水库的坝型选择应与水库库盆开挖、库盆防渗型式、土石方挖填平衡、征地范围、环境影响等因素统筹考虑。

当库盆开挖量较大时，为最大限度地利用开挖料，应按照土石方挖填平衡原则选择坝型，一般优先选择当地材料坝为推荐坝型，并尽可能将料场布置在库内。尤其对于由库盆开挖形成，在沟谷（垭口）筑坝或沿等高线环形筑坝建成的大部分抽水蓄能电站上水库，料场往往距离较远，若采用混凝土坝造价相对较高；当地材料坝可就地取材，在保证库岸稳定的前提下，优先考虑从库盆内取料，同时可扩大有效库容，减小水库消落深度，即使天然库盆库容足够，也可降低挡水建筑物的高度，降低造价。弃料可堆放于水库死水位以下或坝后，尽可能做到挖填平衡，减少对环境的影响。采用全库盆防渗的人工水库，坝型选择时还应考虑坝体与库盆等表面防渗系统需要有良好衔接。

混凝土坝具有上游面不侵占库容、易于布置泄水建筑物、枢纽布置简洁紧凑、地质条件较好时基础防渗处理简单的优势，当地形地质条件合适、造价相差不大时，混凝土坝是一种较优坝型。

下水库设置拦沙坝时，拦沙坝应按照双向挡水条件因地制宜选择坝型。

抽水蓄能电站工程库水位变化频繁，对于日平均温差较大的严寒及寒冷地区，库水冰冻对大坝的安全影响较大，防渗结构对严寒气候的适应性是选择坝型的重要考虑因素。

上、下水库坝型选择时，应综合考虑水文、气象、地形、地质、当地材料、地震烈度、施工、环境及运行要求等因素，拟定合理的坝型比选方案，一般采用相同的装机规模、特征水位、防渗型式与标准、洪水标准、挖填平衡原则等条件，从地形地质条件、枢纽布置、建筑材料、防渗结构特点、施工条件、运行检修条件、工程量和投资等方面，经技术经济综合分析比较后确定推荐坝型。

**（四）输水系统布置选择**

抽水蓄能电站输水系统一般布置在上、下水库之间的山体内，影响布置的因素主要包括：库址、厂址、进/出水口位置、厂房位置、地形地质条件、线路长度、工程规模、生态环境、施工条件及工程投资等。设计时应综合考虑上述因素，在满足工程枢纽布置格局的前提下，结合工程自身特点和实际情况，选择经济技术综合最优的方案。

设计内容包括：上、下水库进/出水口的位置选择、输水线路选择、供水方式选择、立面布置选择和结构衬砌型式选择。

1. 上、下水库进/出水口的位置选择

（1）适应抽水和发电两种工况下的双向水流运动，以及水位升降变化频繁和由此而产生的边界条件的变化。

（2）根据输水系统的布置，结合地形地质条件、施工条件、工程造价和运行管理等方面比较确定进/出水口的位置。上、下水库进/出水口应布置在来流平顺、均匀对称、岸边不易形成有害回流或环流的位置，不宜布置在有大量固体径流的山沟沟口，应避开容易聚集污物的回流区，避免流冰的直接撞击。

（3）根据电站枢纽布置、输水系统布置特点、地形地质条件、水力条件及运行要求等因素，经不同布置方案的技术经济比选，因地制宜选择侧式、竖井式或其他型式进/出水口。

（4）侧式进/出水口位置选择时，最好能直接从水库取水，若通过引水渠取水，引水渠不宜过长，以减少水头损失和避免不稳定流影响。尽量选择地质条件较好的位置，避免高边坡开挖，节省投资。

（5）井式进/出水口位置选择时，周围地形要开阔，以利均匀进流，保证良好的水流流态。应把进/出水口塔体置于具有足够承载力的岩基上，保证塔体的稳定。

2. 输水线路选择

输水线路选择是否合理，对电站的经济性、安全稳定运行影响比较大。输水系统线路选择应符合以下要求：

（1）输水系统线路选择应综合考虑地形地质条件、水力学条件、枢纽总布置格局以及施工条件、运行条件等因素。

（2）输水线路平面走向上应尽量平顺，理论上应选择线路短、工程量少的方案，尽量减小水头损失。

(3) 在满足枢纽总布置要求的前提下，输水系统线路宜选在地质构造简单、岩体完整稳定、水文地质条件有利及施工、交通方便的地区。

(4) 洞线与岩层层面、主要构造断裂带及软弱带的走向应有较大的夹角。要注意不利的工程地质、水文地质条件对输水线路的影响，避开地下水丰富地区。

(5) 输水隧洞沿线上覆岩石厚度、围岩渗透水力梯度和最小地应力应满足相应衬砌型式的要求。

(6) 输水系统进、出厂房的布置，应根据各建筑物之间的相对位置及地质条件，采用相适应的正、斜进出方式。

(7) 电站引水系统和尾水系统应判别是否需要设置调压室。调压室的位置应结合地形地质条件、压力水道布置等因素合理选择。对于上、下水库相距较远，即输水系统距高比较大，需设置调压室时，线路选择时应兼顾调压室的位置。尤其对于高水头、大 $HD$ 值的高压钢管，设置调压室、减少高压钢管的长度往往是经济的，有时甚至对枢纽布置方案有较大的影响。

3. 供水方式选择

电站供水方式可分为“一洞一机”和“一洞多机”两种方式，供水方式的选择与上游引水系统的长度直接相关。供水方式选择应符合以下要求：

(1) 电站供水方式应根据地形地质条件、管径或洞径、衬砌型式、电站运行要求等，通过技术经济论证确定。

(2) “一洞一机”供水方式多适用于电站引用流量较大，水头较低，高压管道长度较短的首部布置方案，如琅琊山、响水涧等抽水蓄能电站。“一洞一机”供水布置方式结构简单，运行方式灵活。当一条管道损坏或检修时，只需一台机组停止工作，其他机组可照常运行。但此种供水方式水道系统土建工程量较大，因而造价较高。

(3) 高水头抽水蓄能电站多采用一洞多机布置，目前“一洞两机”“一洞三机”及“一洞四机”均有采用。“一洞多机”布置方式主管 $HD$ 值往往较大，多适用于地质条件好的电站，如广州、天荒坪、惠州等抽水蓄能电站。这种供水布置方式通常引水隧洞的条数越少越经济，但引水隧洞及机组闸阀一旦出现故障或检修时，需要停机的数量也多，运行不够灵活。目前采用“一洞两机”供水布置方式的抽水蓄能电站最多，如十三陵、桐柏、张河湾、西龙池、宝泉、蒲石河、荒沟等抽水蓄能电站。

(4) 由于高压管道承受内水压力较高，相邻两管间宜保持合理的间距，或采取相应的对策措施。避免出现当一条管运行另一条管施工或放空时，钢筋混凝土衬砌压力管道出现水力劈裂，钢板衬砌压力管道出现外压失稳。

4. 立面布置选择

输水系统高压管道段在立面布置上，有竖井和斜井两种方式。立面布置方式的选择应充分考虑地形地质条件、水力条件、工程总体布置、工程投资和施工条件等因素，经综合比较论证确定。

斜井布置方案水力条件较好，水道长度较短、水头损失小，但施工较为困难。竖井布置施工较为方便，但长度较大，水头损失相对较大。当斜井或竖井较长时，往往在其中间

部位设置中平段，将竖井或斜井分成上、下两段，以方便施工，还可增加工作面，加快施工进度。根据国内已建抽水蓄能工程的施工经验，工程界对斜井、竖井布置施工的难易程度尚未形成统一认识。基于10余年来相继建成广州、北京十三陵、浙江天荒坪等抽水蓄能电站在斜井布置上的工程实践，我国已积累了成熟的长斜井安全快速施工技术。

5. 结构衬砌型式选择

输水系统的衬砌型式主要有钢筋混凝土衬砌、钢板衬砌两种，也有采用预应力钢筋混凝土衬砌和防渗薄膜复合混凝土衬砌的。衬砌型式选择应符合以下要求：

（1）钢筋混凝土衬砌型式适用于地质条件良好，同时满足最小覆盖厚度准则、最小地应力准则、渗透准则的高压隧洞。钢筋混凝土衬砌管道的围岩是承载与防渗的主体，衬砌的主要作用是：保护围岩表面、避免水流长期冲刷发生掉块；减少过流糙率降低水头损失；为隧洞高压固结灌浆提供保护层。

（2）钢板衬砌型式适用于地质条件较差、内水外渗将危及岩体稳定和附近建筑物安全、山岩覆盖厚度较薄、靠近地下厂房的高压水道段。钢板衬砌高压管道对线路上部覆盖厚度的要求不高，选择余地较大。采用钢板衬砌时，钢板作为隧洞承受内水压力的主要结构，其与围岩之间要回填混凝土。混凝土作为传力体，确保钢衬与围岩联合受力。

（3）近厂房段要求均按钢衬进行设计，高压管道与地下厂房之间的钢衬长度应根据地质条件和工程需要而定，一般不小于最大静水压力水头的1/3～1/4。

**（五）发电厂房位置比选及厂轴选择**

地下厂房的厂址、厂轴不仅关系到输水建筑物的形式和布置，也关系到电站安全、稳定运行，对施工期和运行期地下洞室的围岩稳定、支护措施、渗漏排水、交通、出线等均影响较大，应综合考虑地质条件、枢纽建筑物布置、施工条件、运行检修条件等各种因素综合选择厂址、厂轴。

1. 厂房位置选择

地下厂房位置选择主要取决于地形地质条件和输水洞线的布置。抽水蓄能电站输水线路一般较长，地下厂房布置时厂房位置选择比较灵活，通过输水洞线比选拟定输水洞线，按照地下厂房在输水系统中的位置，分为首部式、中部式和尾部式三种布置方式。从枢纽建筑物布置、地质条件、机电设备布置、施工条件、工期及工程投资等方面进行技术经济比较，选择合理的厂房位置。地下厂房位置比选应遵循以下原则：

（1）地下厂房布置应与枢纽布置相协调，满足设备布置、生产运行和节能环保等要求。应综合考虑交通、出线、施工支洞及开关站布置，厂区对外交通便利，方便运行、管理，合理选择场地布置开关站，尽量缩短出线洞长度。

（2）厂房位置应兼顾输水系统的水力特性，尽量使水流平顺、通畅，水头损失小，结合调压室设置，使电站调节性能处于好的区域。

（3）地下厂房应布置在地质条件较优，构造简单、岩体完整、地应力平稳的岩体中，尽可能地避开较大的断层和节理密集带，及地下水丰富的地区，埋深不宜小于2倍洞宽；主体洞室一般以Ⅲ类及以上围岩为主，其比例应大于60%。

（4）地下洞室进、出口位置，应避开风化严重或有较大断层通过的高陡边坡、滑坡、危崖、山崩及其他软弱面形成的坍滑体，宜避开泄洪强雾化区。

2. 厂房轴线选择

地下厂房纵轴线的方向是影响厂房地下洞室群围岩稳定的重要因素，在选定地下厂房平面位置后，地下厂房的轴线选择应遵循以下原则：

（1）兼顾输水系统布置，在地形和地质条件允许的条件下，尽量缩短输水线路。

（2）厂房纵轴线方向与主要构造面（断层、主要节理、层面等）走向的夹角宜大于40°，以利于厂房洞室的稳定。当主要结构面为缓倾角（倾角小于35°）时，对洞室顶拱稳定影响较大，当主要结构面倾角大于45°时，应注意高边墙稳定性的影响。同时也应该注意次要构造面对洞室稳定的不利影响。

（3）厂房纵轴线与地应力最大主应力方向夹角以15°～30°为宜，使洞室开挖后应力释放较小，从而减小侧向压力和变形，有利于高边墙的稳定。

厂房纵轴线也不宜完全平行最大主应力方向，否则对垂直厂房轴线布置的引水洞、母线洞、尾水管等洞室之间的岩柱及主要洞室的端墙围岩稳定不利。

（4）一般当岩石强度应力比大于7时，应以地质构造为主控制厂房纵轴线。

**（六）开关站位置及出线方式选择**

近几年建造的大中型抽水蓄能电站中，开关设备GIS配电装置被普遍采用，其具有占地空间小，运行可靠的优势。GIS开关设备可以布置在地面，也可以布置在地下。地面开关站运行条件较好，可以减少洞挖量，厂区地形较平缓时，一般采用地面户内GIS开关站；当无合适地形条件布置地面GIS时，仅在地面布置出线场。地面开关站（或出线场）与地下主变洞通过出线洞（井）连接，在出线洞（井）内布置高压电缆，出线系统的合理设计关乎电力的顺利送出及消纳。

开关站位置比选与出线方式比选需结合进行，在厂区枢纽总体布置的基础上初拟开关站位置，根据地下主变洞与地面开关站（或出线场）的相对位置关系，研究采用平洞、竖井、斜井或其组合方式出线方案，在初拟开关站位置与出线方式的组合方案后，从地质条件、建筑物布置、机电设备布置、交通条件、施工条件、运行管理及工程投资等方面进行技术经济比较，确定合理的开关站位置及出线方式。开关站位置及出线方式比选应遵循以下原则：

（1）地面开关站宜布置在地质构造简单，风化、覆盖层及卸荷带较浅的岸坡，应避开不良地质构造、山崩、危崖、滑坡和泥石流等地区。

（2）地面开关站占地面积较大，且场内布置GIS室等重要的建筑物，因此宜选择地形较为平缓处，减少开挖量，后边坡的高度也不宜过高。

（3）地面开关站应方便与厂区交通干道连接。

（4）地面开关站宜尽量布置在距离中控楼和业主营地较近的位置，便于后期运行管理。

（5）地面开关站的位置选择应注意减少地表植物破坏，保护生态环境。

（6）与地面开关站位置相关的出线方式设计需满足高压电缆、低压电缆及相关辅助设施的布置需要等功能性要求，还应考虑经济实用、施工方便、运行检修便利。

## 四、工程总布置选择实例

以山西垣曲抽水蓄能电站可行性研究阶段工程总布置选择为例，介绍工程总布置选择时的总体设计思路、工作流程、比选原则等。

**（一）工程总体布置选择**

山西垣曲抽水蓄能电站位于山西省运城市垣曲县境内，电站装机容量1200MW，为一等大（1）型工程，额定水头457m。电站综合效率系数75%。

电站枢纽建筑物主要由上下水库、输水系统、地下厂房系统及地面开关站等建筑物组成。永久性主要建筑物为1级建筑物，永久性次要建筑物为3级建筑物，临时性建筑物为4级建筑物。

1. 工程总体布置选择流程

山西垣曲抽水蓄能电站可行性研究阶段工程总体布置选择工作流程见图15-15。

2. 库址选择

（1）上水库库址选择。

1）库址选择方案拟定。通过现场查勘并结合地质勘探工作成果，上水库库址选择拟定东坪库址（方案一）和关家沟库址（方案二）。

东坪上水库位于东坪村所在的冲沟—关家沟沟首内，采用沥青混凝土面板全库防渗方案。水库正常蓄水位为965.00m，死水位为935.00m，调节库容700万$m^3$，死库容52万$m^3$。上水库天然库容474.3万$m^3$，为满足调节库容要求，筑坝并结合开挖形成库盆，库底回填部分由上到下分别为碎石垫层、过渡层，硬岩、软硬岩混合料。

关家沟上水库位于关家沟村所在的冲沟—关家沟内，采取沥青混凝土面板全库防渗方案。上水库正常蓄水位为930.00m，死水位为907.00m，调节库容756万$m^3$，死库容82万$m^3$。天然库容510万$m^3$，为满足调节库容要求，筑坝并结合开挖形成库盆，库底回填部分由上到下分别为碎石垫层、过渡层，硬岩、软硬岩混合料。

山西垣曲抽水蓄能电站上水库库址比选位置示意见图15-16。

2）比选原则。

a. 采用相同的装机规模（1200MW）及满发利用小时数（5h+1h）。

b. 特征水位及工作水深拟定考虑机组研发及制造难度，控制最大扬程与最小水头比不超过1.20。

c. 两方案坝型均采用沥青混凝土面板全库防渗。

d. 两方案输水系统引水和尾水均采用“两洞四机”的供水方式。

e. 两方案地下厂房均采用中部厂房方案，厂房按装机4×300MW的要求布置。

f. 下水库采用同一坝址，下水库拦河坝采用碾压混凝土重力坝。

3）库址方案比较与选择。关家沟库址位于东坪库址下游0.5km处，两方案的规划指标、调度运行方式相同，水文泥沙、机电设备、施工条件基本相近，东坪库址方案在地形地质条件、枢纽布置、工程总体投资方面均优于关家沟库址方案，经济指标较优。故选定东坪库址方案为上水库推荐库址。

（2）下水库库址选择。

1）库址选择拟定方案。在上水库为选定东坪库址的基础上，下水库库址选择拟定方案一（上坝址方案）和方案二（下坝址方案）。

下水库上坝址位于垣曲县院后村下游约0.5km清水河主河道上。水库正常蓄水位和设计洪水位均为494.50m，校核洪水位494.95m，死水位460.00m，工作水深34.50m。

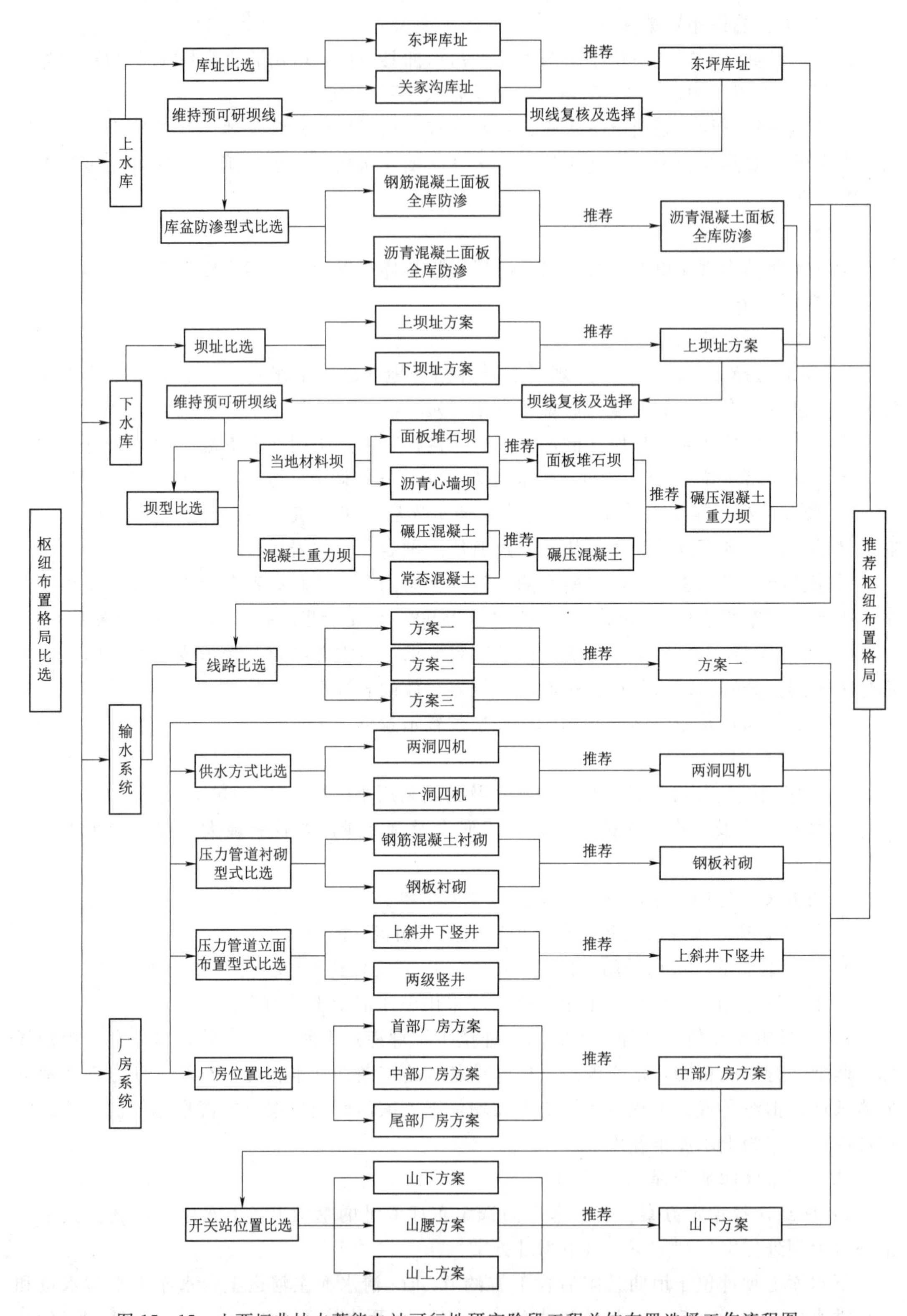

图 15-15　山西垣曲抽水蓄能电站可行性研究阶段工程总体布置选择工作流程图

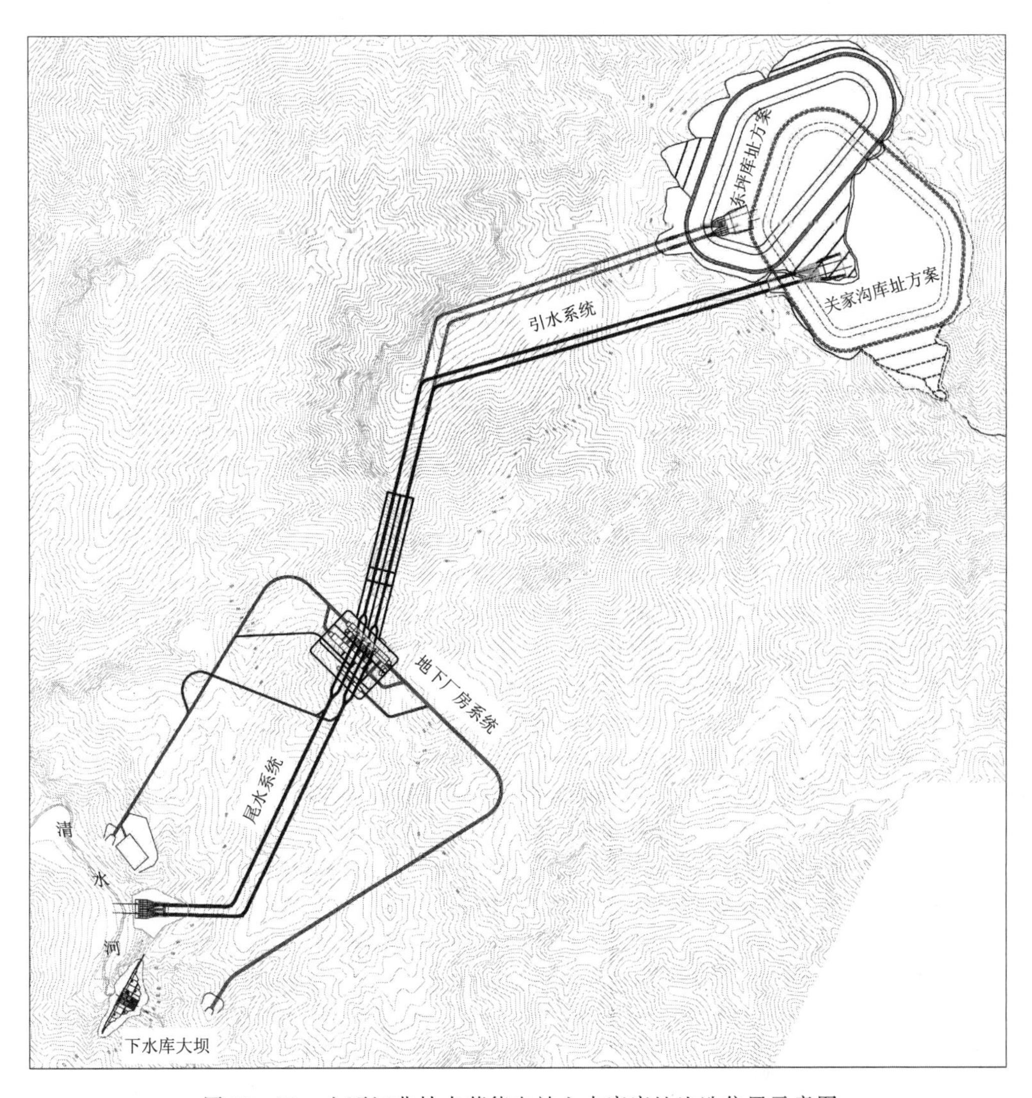


图 15-16　山西垣曲抽水蓄能电站上水库库址比选位置示意图

水库总库容 1065 万 $m^3$，其中死库容 180 万 $m^3$，调节库容 867 万 $m^3$。

下水库下坝址位于下水库上坝址下游约 500m 处。水库正常蓄水位和设计洪水位均为 481.00m，校核洪水位 481.50m，死水位 448.00m，工作水深 33.00m。水库总库容 1028 万 $m^3$，其中死库容 158 万 $m^3$，调节库容 849 万 $m^3$。

下水库库址比选位置示意见图 15-17。

2）比选原则。

a. 采用相同的装机规模（1200MW）及满发利用小时数（5h+1h）。

b. 特征水位及工作水深拟定考虑机组研发及制造难度，控制最大扬程与最小水头比不超过 1.20。

c. 两方案坝型均采用碾压混凝土重力坝，坝身泄洪，局部防渗处理。

d. 两方案输水系统引水和尾水均采用“两洞四机”的供水方式。

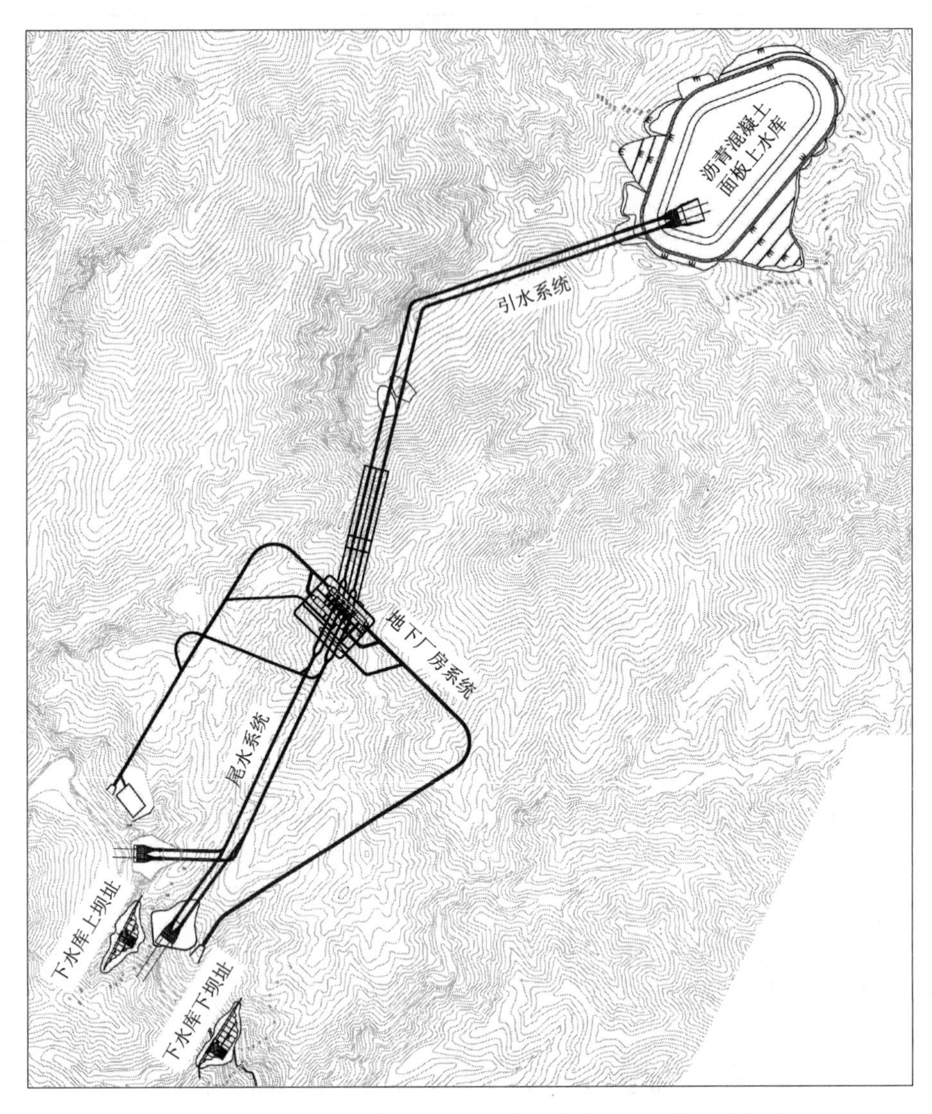


图 15－17　山西垣曲抽水蓄能电站下水库库址比选位置示意图

e. 两方案地下厂房均采用中部厂房方案，厂房按装机 4×300MW 的要求布置。

f. 上水库均采用选定的东坪库址方案，采用沥青混凝土面板全库防渗。

3）库址方案比较与选择。两方案的规划指标、工程地质条件、工程总体布置、机电设备和金属结构、施工条件等基本相当，方案一（上坝址方案）在地形地质条件、拦河坝布置、施工条件、工程量和经济指标等方面均优于方案二（下坝址方案）。因此，选定上坝址方案为下水库推荐库址。

3. 坝轴线选择

（1）上水库坝线选择。在选定东坪库址的基础上，开展上水库坝轴线选择。坝轴线位置的选择遵循以下几个原则：

1）坝轴线位置在东坪库址附近选择，下游最远不能超过关家沟库址。

2）坝轴线长度应尽量短，以节省坝体填筑工程量。

东坪库址坝轴线与关家沟库址坝轴线距离不足500m，可选择余地较小，东坪库址坝轴线位于沟口相对较窄处，地形条件适合布置拦河坝，上移、下移坝轴线长度均会增加，导致坝体填筑量增加。综上分析，上水库坝轴线选定东坪库址沟口地形较窄处布置坝线。

（2）上水库库盆形状比选。上水库采用全库盆防渗布置型式，其库盆布置以满足调节库容、尽量减少库内开挖、充分利用库内开挖石料、不足部分从库外料场开采为原则。

通过调整坝轴线形状，可增大天然库容利用率，减少库内开挖。故拟定规则轴线和不规则轴线两个布置方案，进行库盆形状比选。两方案轴线布置见图15-18。

图15-18　上水库轴线比选两方案环库路轴线示意图

两种库盆形状方案中地形地质条件、枢纽布置格局基本相同，规则库盆方案面板受力条件和施工条件相对较好，不易产生应力集中，防渗可靠性高，直接投资仅比不规则轴线方案略高0.5%，投资基本相当，因此上水库库盆选定规则平顺轴线方案。

（3）下水库坝线选择。在选定上坝址的基础上，开展下水库坝轴线选择。坝轴线位置选择主要考虑以下几个因素：

1）坝轴线位置在上、下坝址之间选择。

2）坝轴线长度应尽量短，以节省坝体混凝土工程量。

3）应尽量选择地形平顺、河道顺直段，以利于拦河坝和坝身泄洪消能建筑物的布置。

4）坝轴线位置兼顾左岸导流洞的布置。

根据坝址处的地形地貌特征，坝轴线上移，地形开阔，有效库容衰减，坝轴线长度及混凝土工程量增大，左岸导流洞长度增加；坝轴线下游约50m处，河谷开始向下游两侧扩散，河床变宽，地形地势降低，坝线长度及混凝土工程量增大。从消能建筑物布置、减轻其对下游两岸边坡及河道转弯处凹岸边坡稳定的影响、节省工程量角度分析，坝线不宜下移。因此，下水库坝轴线选定上坝址方案坝轴线。

4. 防渗型式及坝型选择

（1）上水库防渗型式选择。

1）库盆防渗型式方案拟定。根据上水库库区地形、地质条件及调节库容要求，拟定了沥青混凝土面板全库防渗、钢筋混凝土面板全库防渗两个方案，进行库盆防渗型式比较。

2）比选原则。

a. 采用相同的装机规模（1200MW）、特征水位、调节库容及满发利用小时数（5h+1h）。

b. 上水库库址均采用东坪库址。

c. 仅对上水库建筑工程进行比选，下水库、输水系统、地下厂房系统等不参与。

d. 两方案都遵循库盆布置满足调节库容的前提下，尽量减少库内开挖，并充分利用库内开挖石料，不足部分从库外程家山料场开采的原则。

3）库盆防渗型式选择。两方案地形地质条件、枢纽布置格局基本相同，调节库容均能满足蓄能电站的要求。

两方案技术上均可行、工程投资基本相当。沥青混凝土面板具有防渗性能更好、适应基础不均匀变形能力强、施工摊铺方便、不需分缝和投资较低等优点，因此，选定沥青混凝土面板全库防渗方案为上水库防渗型式推荐方案。

（2）下水库坝型选择。

1）坝型拟定。根据坝址区地形地质条件，结合工程区附近的料源情况，下水库具备修建混凝土重力坝和当地材料坝的条件。

当地材料坝坝型拟定钢筋混凝土面板堆石坝方案、沥青混凝土心墙堆石坝方案；混凝土重力坝方案拟定碾压混凝土重力坝、常态混凝土重力坝。

2）比选原则。

a. 采用相同的装机规模（1200MW）、特征水位、调节库容及满发利用小时数（5h+1h）。

b. 仅对下水库建筑工程进行比较，上水库、输水系统、地下厂房系统等不参与。

c. 两方案筑坝料均取自于溢洪道、下水库进/出水口开挖有用料填筑，不足部分采用料场开采石料，遵循土石方挖填平衡原则。

3）坝型方案选择。两方案施工条件基本相当，各有利弊。碾压混凝土重力坝方案在工程布置、运行维护条件、工程占地和工程投资方面均优于堆石坝方案，因此，推荐碾压

混凝土重力坝作为下水库推荐坝型。

5. 输水系统比选

（1）输水线路选择方案拟定。根据选定的上、下水库位置，结合地形、地质条件，拟定三条输水线路进行比较，其中方案一、方案二输水系统布置在岭沟和麻沟之间的山体内，方案三输水系统线路布置在岭沟和大西沟之间的山体内。

（2）输水线路方案选择。方案一在地形地质条件、输水系统布置、工程量以及工程投资等方面具有明显优势。受引水调压井地形地质条件限制，方案一压力管道较方案二、方案三短，工程投资少，因此，经技术经济比较，选择推荐方案一为输水系统布置线路。

6. 压力管道立面布置方式比选

（1）方案拟定。根据国内部分抽水蓄能电站压力管道立面布置方式设计经验，水头较高的电站压力管道立面大多采用两级竖井或斜井布置。该工程上、下平段高差为445.0m，目前国内生产的反井钻机钻孔最大深度可以达到400m，对于超过400m的竖井和斜井需要采用进口设备，投资较大且制约因素较多，故压力管道立面布置方式采用两级斜井或竖井。因此，压力管道立面布置方式拟定上斜井下竖井和两级竖井两个方案比选。

（2）压力管道立面布置方式选择。高压管道立面布置方案的地质条件相同，两个方案输水系统布置、水头损失、调保参数均满足调保的要求，均能保证电站的安全稳定运行。上斜井下竖井方案的引水洞长度比两级竖井方案短，工程投资少，故引水高压管道推荐采用上斜井下竖井立面布置方案。

7. 压力管道衬砌型式比选

（1）方案拟定。本工程压力管道围岩以Ⅲ～Ⅳ类为主，局部为Ⅴ类，压力管道最大$HD$值为4134$m^2$，不适合采用预应力混凝土衬砌。距离厂房160～200m范围内的压力管道需要采用钢板衬砌。因此，压力管道衬砌型式比选，是对上平段、上斜井、中平洞、下竖井上半段进行钢筋混凝土衬砌和钢板衬砌型式比选。

（2）压力管道衬砌型式选择。压力管道围岩不具备采用钢筋混凝土衬砌良好的地质条件，压力管道大部分洞段上覆岩体厚度不满足要求，且渗漏量较大，不宜采用钢筋混凝土衬砌。国内高于500m水头级、高压管道采用钢筋混凝土衬砌的已建抽水蓄能电站中，已有部分工程出现了渗透破坏，造成了巨大的损失。因此，压力管道选择钢板衬砌。

8. 供水方式比选

（1）方案拟定。该电站装机4×300MW机组，考虑本电站距高比较大，输水系统较长，内水压力较高，高压管道造价高，故只对“两洞四机”“一洞四机”供水方式进行比较。

为方便运行管理、维护，拟定同一方案中引水系统和尾水系统采用相同方式布置，故拟定两个比选方案为：引水、尾水系统均采用“一洞四机”布置方案，引水、尾水系统均采用“两洞四机”布置方案

（2）供水方式选择。经综合分析比较，从电站安全、电网稳定、运行灵活以及钢岔管制作安装等方面“两洞四机”方案具有明显优势，而“一洞四机”的钢岔管规模将大大超

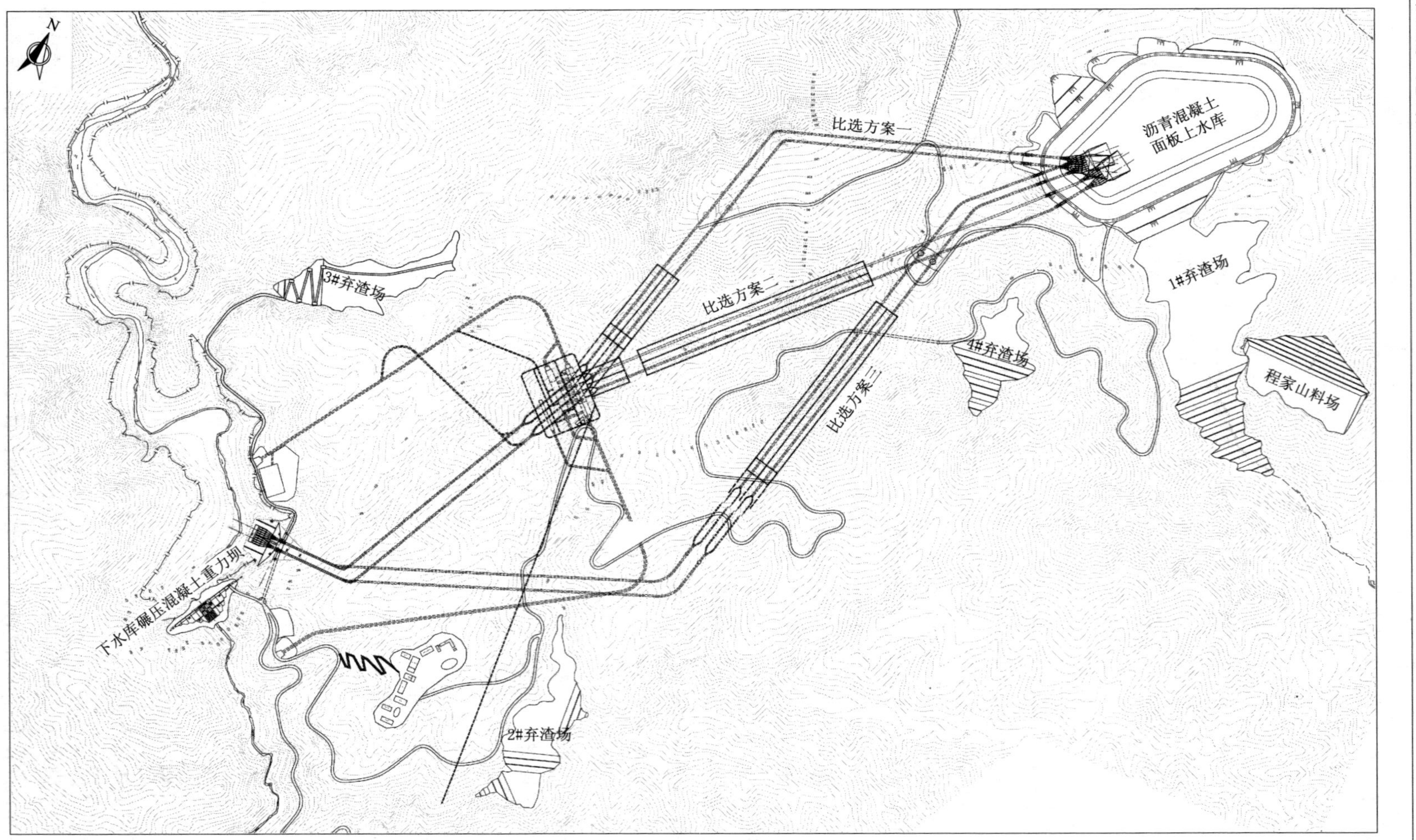


图 15－19　输水系统线路比选各方案平面布置图

越国内外所有工程，存在一定的技术风险，因此选择“两洞四机”供水方式。

9. 经济洞径比选

根据经济流速、水头损失、惯用常数 $T_w$，并参考国内外抽水蓄能电站输水系统设计经验，结合枢纽布置、厂房位置及机组过渡过程计算，分别对钢板衬砌洞段和钢筋混凝土衬砌洞段拟定六个方案进行洞径比选，经过技术经济比较，推荐输水系统洞径方案参数见表 15-3。

**表 15-3　　经济洞径比选推荐输水系统洞径参数**

| 部　位 | 衬砌型式 | 洞径/m |
|---|---|---|
| 引水隧洞 | 钢筋混凝土衬砌 | 6.8 |
| 高压管道上平洞、上斜井 | 钢板衬砌 | 5.8 |
| 高压管道中平洞、下竖井、下平洞 | | 5.2 |
| 引水支管 | | 3.6 |
| 尾水支管 | | 4.7 |
| 尾水支管 | 钢筋混凝土衬砌 | 4.7 |
| 尾水隧洞 | | 6.8 |

10. 地下厂房位置比选

(1) 方案拟定。垣曲抽水蓄能电站地下厂房位于上、下水库之间的山体内，上覆山体雄厚，按照厂房相对于输水线路的位置，拟定了首部、中部、尾部厂房三个比选方案。

(2) 比选原则。

1) 首部方案以不设引水调压室为原则。

2) 中部方案设置引水、尾水调压室，根据地形地质条件，结合引水调压井设置选择合适的厂房位置。

3) 尾部方案以不设尾水调压室为原则。

(3) 地下厂房位置选择。首部、中部和尾部方案的平面布置示意如图 15-20 所示。

经综合对比分析，三个方案施工条件基本相当；尾部厂房方案投资最高，首部方案与中部方案投资基本相当；但首部方案地质条件较差，安全与工期难以保障，中部方案地质条件略优。故推荐地下厂房位置采用中部方案。

11. 厂房轴线方向选择

在确定厂房位置后，考虑结构面、地应力方向对洞室布置的影响，对厂房轴线方向进行选择。

厂房区发育以下 4 组节理，厂房区节理走向如图 15-21 所示。

根据地应力测试结果，属中低等应力场，最大与最小应力差值较小，且围岩强度应力比值较大，地应力对厂房轴线方向的选择不起控制作用。

厂房轴线选取以结构面为主，从断层、节理等优势结构面分析，兼顾输水系统布置，选定厂房轴线方向。

12. 地面开关站位置及出线建筑物布置选择

根据地形地质条件、工程布置及施工道路布置，开关站位置拟定山上方案、山腰方案

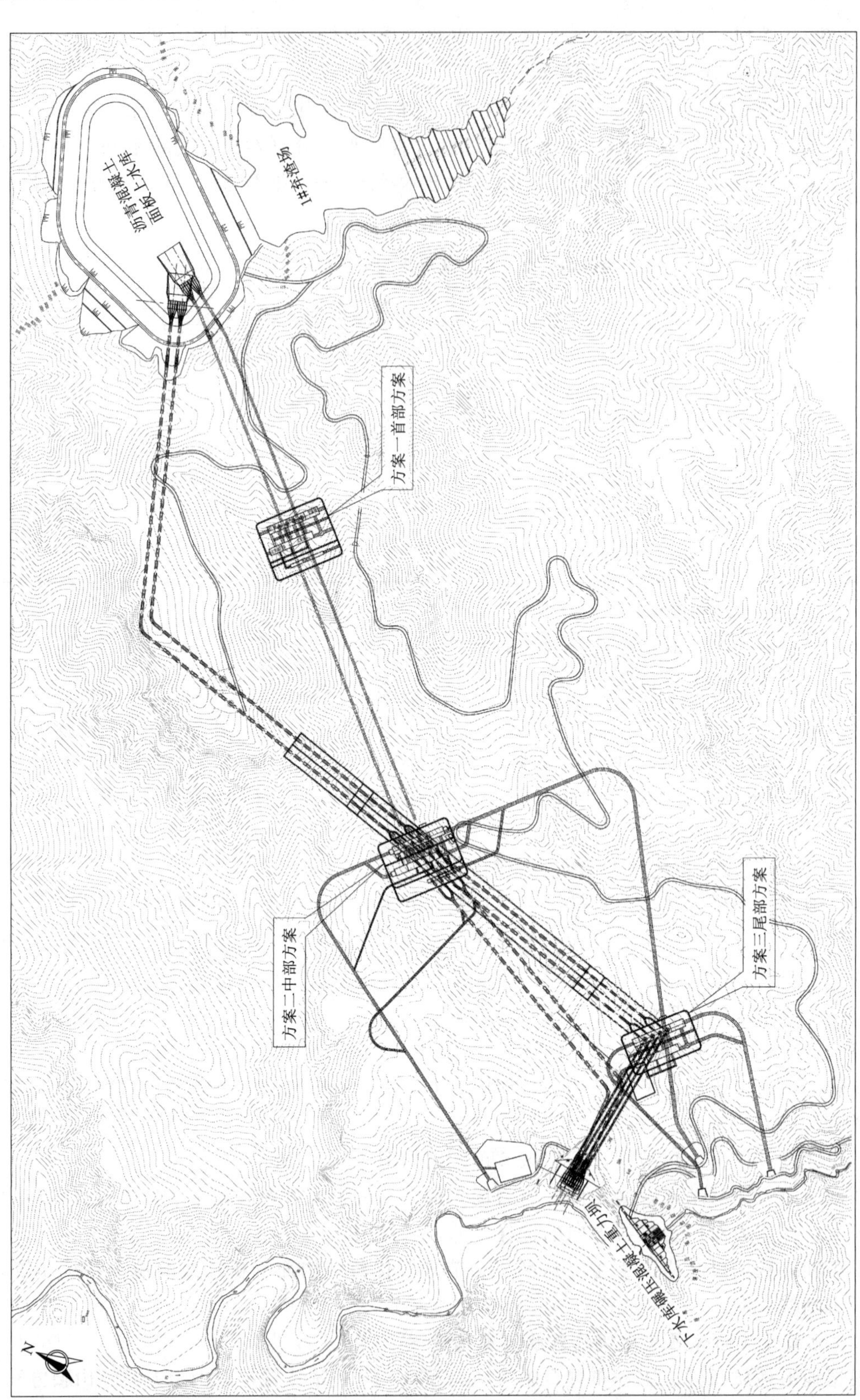

图 15-20　厂房位置选择各方案平面布置图

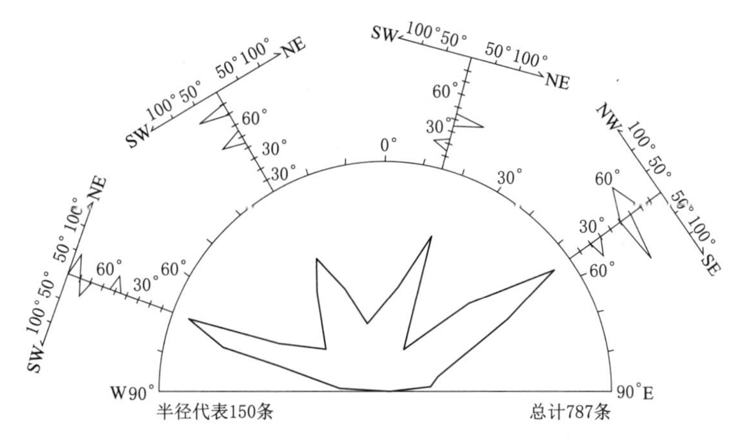


图 15-21　厂房区节理走向图

和山下方案，与开关站位置协调布置的出线方式分别为竖井出线、平洞加竖井出线和平洞出线方案。

从地质条件、建筑物布置、交通条件、施工条件、运行管理及工程投资等方面进行技术经济比较，山下方案出线洞结合通风洞布置方案投资较省，符合“一洞多用”原则，有利于洞室群围岩稳定，方便运行管理，推荐地面开关站位置采用山下方案即通风洞与出线洞结合布置方案。

**（二）推荐方案枢纽总体布置**

经过工程总体布置选择，推荐的方案枢纽总体布置如下：

电站枢纽建筑物主要由上下水库、输水系统、地下厂房系统及地面开关站等建筑物组成。

上水库位于东坪村所在的关家沟沟首，正常蓄水位 965.00m，总库容 775 万 $m^3$，死水位 935.00m，死库容 52 万 $m^3$。上水库采用沥青混凝土面板全库防渗，沥青混凝土面板堆石坝最大坝高 111m，坝长 425m，环库公路长 2148m。下水库位于垣曲县院后村下游约 0.5km 清水河主河道上，正常蓄水位为 494.50m，总库容 1061 万 $m^3$，死水位 460.00m，死库容 180 万 $m^3$。碾压混凝土重力坝最大坝高 81.3m，坝长 215.00m。下水库泄洪系统布置于坝身，由河床坝段的 2 个表孔（10m×14.5m）和 1 个底孔（3.5m×5m）联合泄洪，校核工况总下泄流量 2520$m^3$/s，采用底流消能。

输水系统布置在下水库左岸麻沟和岭沟之间的山体内，距高比为 6.71。引水、尾水系统均采用“两洞四机”布置，地下厂房采用中部式布置，设置引水、尾水调压室。输水系统总长约 3435m，引水隧洞总长约 2325m，采用上斜井下竖井布置方式。地下厂房系统距离上水库进/出水口闸门井约 2km，主副厂房洞、主变室及尾闸洞三大洞室从上游向下游依次平行布置。主副厂房洞开挖尺寸 170.0m×24.5m×54.5m（长×宽×高），厂房交通洞全长 1797m，厂房通风洞全长 1288m。厂房采用自流排水，自流排水长约 2900m。

地面开关站采用户内 GIS 高压配电装置型式，两回出线，布置在下水库上游侧约 300m 处 2 号公路旁山坡上，地面高程 520.30m，场地平面尺寸 175m×36m（长×宽）。高压电缆利用通风兼出线洞出线至地面开关站内电缆廊道。

山西垣曲抽水蓄能电站枢纽平面布置见图 15-22。

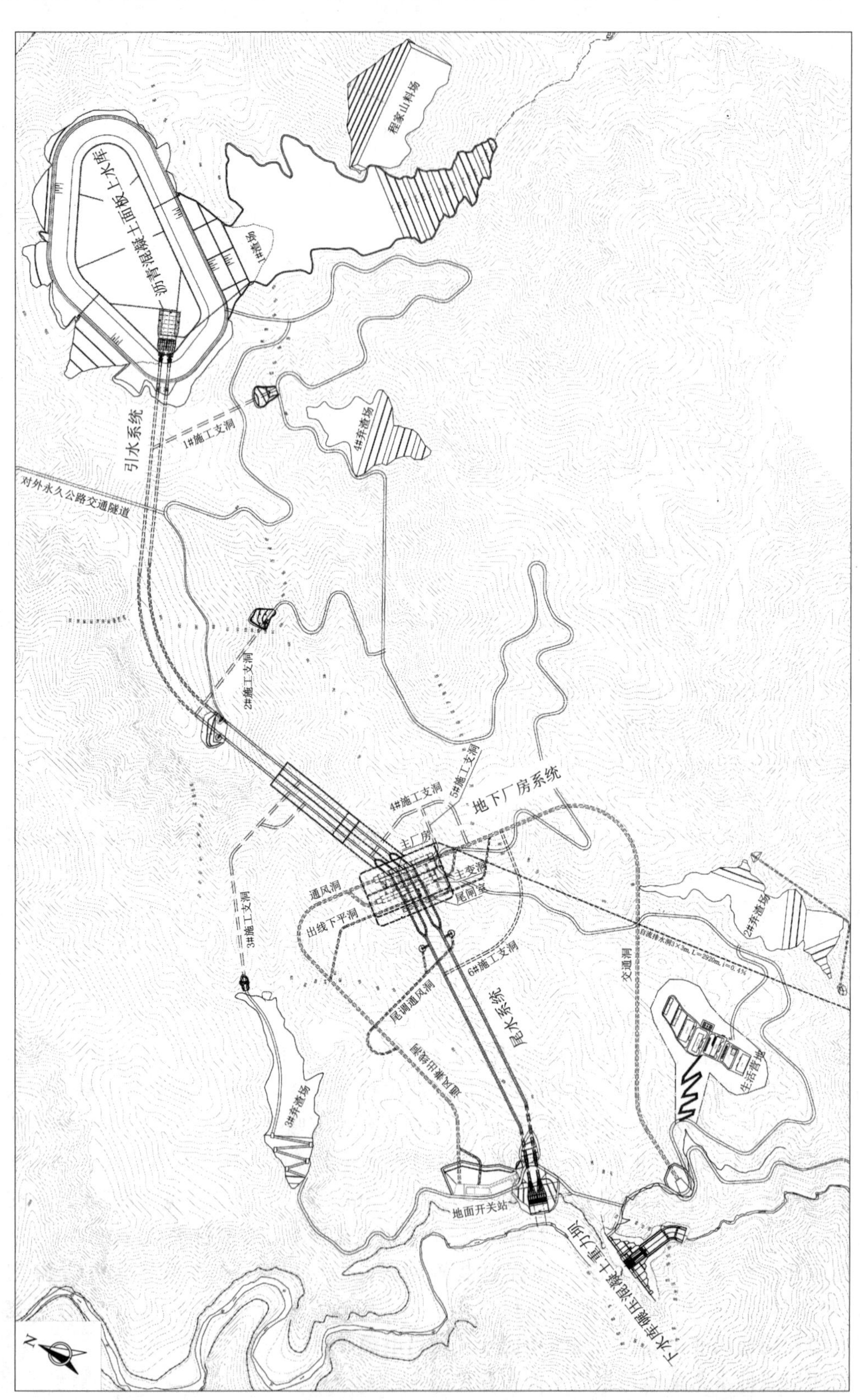


图 15－22　山西垣曲抽水蓄能电站枢纽平面布置示意图

# 第六篇 上、下水库及大坝设计

# 第十六章　上、下水库布置

## 第一节　上、下水库的工作特点

抽水蓄能电站具有上、下两个水库，电站在抽水和发电两个工况间循环运行，水库运用任务较常规水电站水库有所不同，因此抽水蓄能电站的上、下水库主要具有下列几个特点。

### 一、库水位变幅大、升降循环频繁

库水位变幅大且升降循环频繁是抽水蓄能电站上、下水库运行最显著的工作特点。

与常规水电站相比，通常情况下抽水蓄能电站水库库容要小得多。由于抽水蓄能电站主要在电网中承担调峰、填谷等任务，机组在发电或抽水工况下的流量较大，使得水库的水位变幅较大，且变化速率较快。这种大变幅的水位变化几乎是每天都有发生的，水库水位日变幅通常可达10～20m，有些甚至超过30～40m。在机组满发或抽水时，水库水位变化速率通常在5m/h以上，最大可达8～10m/h，如此大的水位变化速率在常规水电站是较难发生的。考虑到机组研发及制造难度，通常对水泵水轮机组的最大扬程与最小水头的比值（$H_{p\max}/H_{t\min}$）有一定的限制，因此上、下水库水位变幅应控制在一定范围内，以保证水泵水轮机组的稳定运行。

已建的山西西龙池抽水蓄能电站下水库最大工作水深为40m，抽水时水位变化速率为6.2m/h；河北天荒坪抽水蓄能电站下水库最大工作水深达到49.5m，其日循环的水位变幅43.5m，抽水工况下水库水位变化速率为8.85m/h；内蒙古呼和浩特抽水蓄能电站上、下水库最大工作水深分别为37m和45m，发电和抽水工况时水位变化速率分别为7.5m/h和8.9m/h。

多数抽水蓄能电站调节性能为日调节，运行方式通常为单循环或双循环，某些电站一天内甚至进行多次短历时的抽水和发电过程，发电和抽水工况的频繁交替，导致抽水蓄能电站库水位升降频繁。北京十三陵抽水蓄能电站库水位每天需历经2～3个升降循环。由于抽水蓄能电站库水位频繁大幅度骤升、骤降，因此对水库库岸边坡和挡水建筑物的边坡稳定要求较高，应能适应库水位的频繁升降并保持稳定。北方寒冷及严寒地区的抽水蓄能电站水库，电站冬季运行过程中还会出现各种不利冰情，库岸边坡和挡水建筑物应有良好的抗冰冻适应性，防止冰冻问题对大坝安全及电站运行效益产生不利影响。

### 二、水库渗控标准要求较高

抽水蓄能电站上、下水库的水位落差较大，水库渗漏不仅会恶化山体原始水文地质条件，也将影响库岸、坝基、输水系统、地下洞室岩体的稳定性，从而对相邻建筑物产生不利影响。同时水库渗漏将产生电量损失，直接影响着电站的综合效率和经济效益。因而对抽水蓄能电站水库的防渗要求较高，水库应具有较好的防渗性能。

下水库具备充足的补水水源是抽水蓄能电站维持运行的基本保障，对于多数建于天然河流上的下水库来说，当补水水源充足时，其渗控标准可低于上水库。当下水库库盆渗漏量过大或者无天然径流、补水水源匮乏时，可能影响到电站的正常运行时，其渗控标准应相应提高。

由于每个抽水蓄能电站水库自身的库容大小、补水水源、渗漏影响、地质条件、防渗型式、施工技术等因素均各有不同，尚无统一的防渗标准，应因地制宜综合考虑上述因素，进行技术经济分析后确定其防渗标准。

### 三、泄洪建筑物布置应考虑天然洪水和电站发电流量叠加的影响

通常纯抽水蓄能电站的集雨面积较小，天然洪水流量较小，发电流量与之相比所占的比重较大，因此上、下水库进行泄水建筑物布置时，除应按常规水电站满足洪水安全下泄的要求以外，尚应分析天然洪水与电站发电或抽水流量叠加的影响，合理选择所需泄水建筑物的类型和布置。

### 四、排水系统应能适应库水位频繁升降影响

由于地下水或防渗结构局部裂缝引起漏水等原因，防渗面板后的坝体或库岸的浸润线可能较高。在库水位发生骤降时，浸润线不会很快随之降低，此时防渗面板受到的反向水压力可能使库岸及库底的防渗面板抬起而损坏，地下水位抬高和库水位骤降一般被认为是发生库岸边坡失稳破坏的主要诱因。因此，抽水蓄能电站必须设置较为完善的排水系统。

抽水蓄能电站上、下水库布置的排水系统应能够适应库水位频繁升降变化，消除或有效控制坝体、岸坡、库底、防渗面板下的孔隙水压力，保证建筑物的稳定性。尤其是寒冷或严寒地区的水库，必须设置完善的排水系统．有效降低地下水位，防止岸坡发生冻胀破坏，保证防渗体结构安全性。

### 五、水库初期运行限制充排水速率

投运初期的抽水蓄能电站上、下水库，为防止过大的不均匀变形和孔隙水压力导致防渗体产生裂缝、坝体损坏或岸坡产生滑坡，在初期蓄水时需要限制水位的升、降速率，使防渗体、岸坡和地基的固结沉降逐渐缓慢地完成，并对水库的初期充排水水位作出必要的限制，分级逐渐提高至正常蓄水位，使坝体和岸坡能逐步适应库水位频繁急剧升降变化，防止一次性蓄至正常蓄水位可能带来的危害。

根据水库水源条件，拟定水库初期蓄水方案，当水源不足时，须专门设置补水工程。

### 六、进/出水口布置需充分考虑双向水流影响

进/出水口的水力条件不仅与进/出水口扩散段体型有关，还受来流和边界条件影响，与附近的地形或库盆形状密切相关。设计时应保证出流时水流均匀扩散，水头损失小；进

流时各级水位下进/出水口附近不产生吸气漩涡和其他有害漩涡，进/出水口附近库内水流流态良好，无有害的回流或环流出现，水位波动小。

为了获得足够的有效库容，抽水蓄能电站水库选择的死水位通常接近库底高程。上、下水库进/出水口均为双向水流，在接近死水位时电站仍能满负荷运行，此时在进/出水口附近局部可能出现较大的流速，由于出流时从水道系统出来的水流流速难以充分扩散，其流速比进流时更大。当库底材料的抗冲能力不足时易发生冲刷破坏。因此需要将进/出水口的布置与库底的防护结合起来一并考虑。通常情况下，在进/出水口引水明渠段设置渐变扩散段降低其流速，同时采用抗冲材料对进/出水口附近加以保护。

## 第二节　上、下水库的基本类型

国内外建设的抽水蓄能电站大多数为纯抽水蓄能电站，为了充分利用地形获得落差，抽水蓄能电站的上水库通常布置在山顶洼地或较为平坦的高地上；下水库通常布置在有可靠水源的河流或湖泊上，以便有足够的水源条件进行初期蓄水和补充库水损失。

### 一、上水库类型

#### （一）利用天然湖泊

有条件时可优先选用高山上的天然湖泊作为抽水蓄能电站上水库，可以大幅度减少工程建设投资。我国台湾的明湖、明潭抽水蓄能电站，以及意大利的昂特拉克抽水蓄能电站即为此种类型。

台湾明湖、明潭抽水蓄能电站分别位于台湾中部日月潭和水里溪地区。日月潭总库容为1.68亿$m^3$，有效库容为1.49亿$m^3$。明湖、明潭两电站都以日月潭作为上水库，两抽水蓄能电站建设后，高水位时水位最大变幅1.2m，两电站发电调节库容分别为790万$m^3$和1200万$m^3$，水头分别为309.00m和380.00m，装机容量共为2600MW，是台湾的主力调峰电源。

除了直接利用天然湖泊作为上水库以外，需要时可通过在湖边修筑堤坝来增加库容，使其作为抽水蓄能电站的上水库，亦可把邻近流域的径流引至水库内，产生附加的发电势能。如意大利的德里奥湖、英国的狄诺威克抽水蓄能电站的上、下水库，均是通过筑坝壅高天然湖泊水位形成的。

#### （二）垭口筑坝

在山顶洼地或山坡沟谷筑一座或多座坝封闭沟口或垭口形成上水库，这也是抽水蓄能电站工程中最常见上水库型式。如已建的广东广州、浙江天荒坪、山东泰安、湖北白莲河、河南宝泉、辽宁蒲石河、浙江仙居、江西洪屏、广东清远等抽水蓄能电站；在建的黑龙江荒沟、河北丰宁、山东文登、安徽绩溪、浙江宁海、福建厦门、河南洛宁、湖南平江、广东深圳、广东阳江等抽水蓄能电站。

#### （三）台地筑环形坝、开挖库盆

上水库亦可布置于地势较高的台地上，多采用筑环形坝、库盆开挖方式形成上水库，此种布置型式多见于国外抽水蓄能电站工程。如美国的拉丁顿（Ludington，建成于1974

年)、落基山抽水蓄能电站（Rocky Mountain，建成于 1995 年)、德国的金谷抽水蓄能电站（Goldisthal，建成于 2003 年)、卢森堡的菲安登抽水蓄能电站（Vianden，1963 年投产)、中国的张河湾抽水蓄能电站（建成于 2008 年）等。

美国落基山抽水蓄能电站上水库（图 16－1）位于落基山顶浅盆形的台地上，采用长 3904m 的环形黏土心墙堆石坝围成面积为 0.89km$^2$ 的上水库，总库容 1510 万 m$^3$，如图 16－1 所示。环形黏土心墙堆石坝平均坝高 24.40m，最大坝高 35.00m。上水库基岩主要为页岩、砂岩等，未风化页岩的渗透性很弱，因此其上水库未进行全库盆防渗，仅在页岩很薄及缺失的区域铺设 3m 厚的黏土作为防渗层。

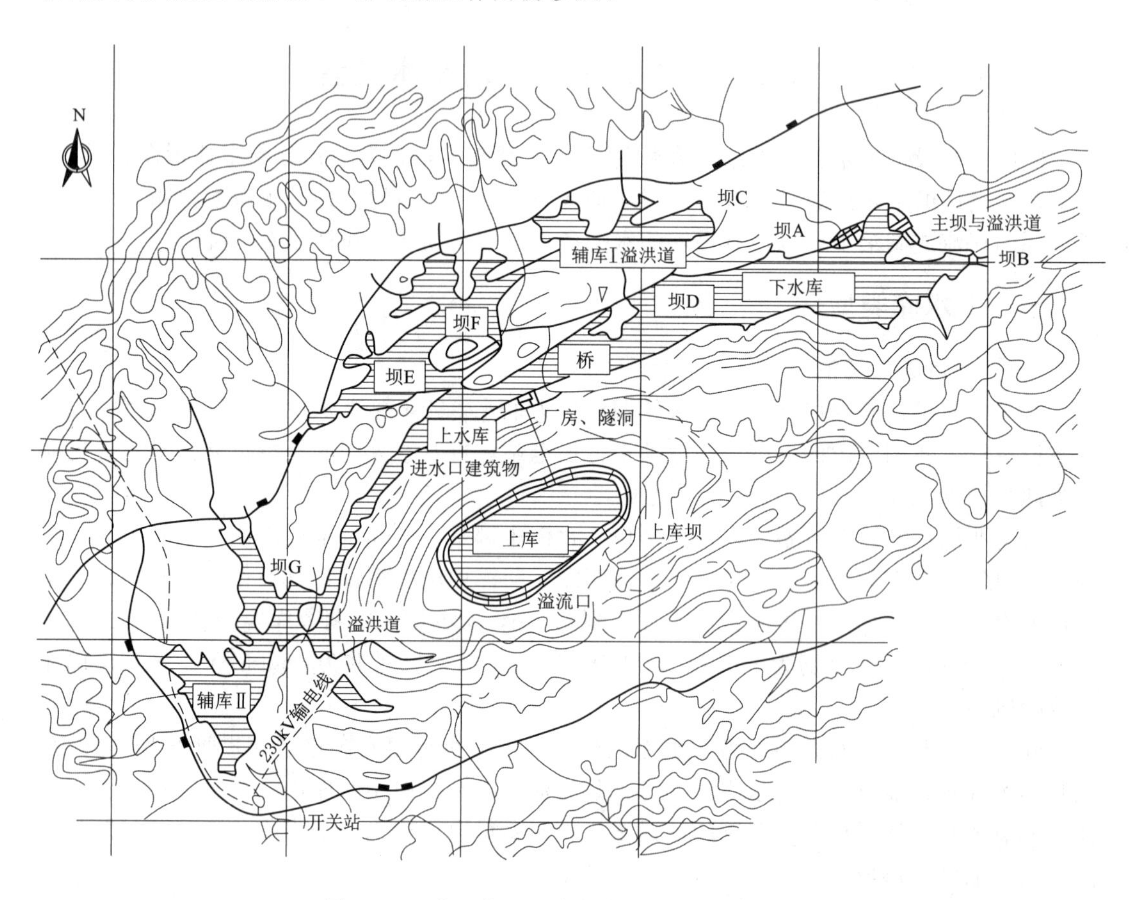


图 16－1　美国落基山抽水蓄能电站平面布置图

张河湾抽水蓄能电站位于河北省石家庄市井陉县测鱼镇附近的甘陶河干流上，装机容量 1000MW。上水库位于下水库左岸的老爷庙山顶，采用开挖筑坝围库而成，正常蓄水位 810.00m，死水位 779.00m，工作水深 31.00m，总库容 770 万 m$^3$，调节库容 715 万 m$^3$。上水库主要由堆石主坝、混凝土副坝、沥青混凝土防渗面板、进/出水口、闸门井、排水廊道系统组成。上水库库顶坝轴线长 2846m，堆石主坝坝顶高程 812.00m，最大坝高（坝轴线处）57.00m，上游坝坡 1：1.75，下游坝坡 1：1.5。上水库全库盆采用简化后的复式沥青混凝土防渗面板防渗，总防渗面积 33.7 万 m$^2$。

### （四）改建原有水库

将原有水库改建为抽水蓄能电站上水库后，水库运行条件将发生变化，特别是库容较小的水库。电站运行会引起库水位大幅度的频繁升降变化，应按照建筑物等级和水库运行要求进行安全复核，必要时加以改建或加固。

桐柏抽水蓄能电站位于浙江省东部天台县岭脚村，上水库利用已建的桐柏电站水库改建而成，总库容 1231.63 万 $m^3$。原桐柏水库主、副坝相连，均为均质土坝，主坝最大坝高 37.15m，水库多年运行正常，防渗效果良好。将该水库改建为抽水蓄能电站上水库后，由于水库运行水位变幅较大，水位骤降时对上、下游坝坡稳定影响较大，不能满足建筑物级别提高后相应的安全系数要求，因此对原有大坝采取了加固措施，采用堆石压坡、放缓后坝坡并增设反滤排水等措施对主、副坝的上、下游面进行加固处理。

## 二、下水库类型

### （一）利用天然的江河湖海

利用天然湖泊作为下水库，是抽水蓄能电站选址时优先考虑的方案之一。如美国的拉丁顿抽水蓄能电站下水库利用北美五大湖之一的密歇根湖，巴德溪抽水蓄能电站利用约卡西湖作为其下水库。日本冲绳海水抽水蓄能电站建成于 1999 年，位于日本冲绳岛北部的国头郡国头村安波川濑原，是世界上第一座利用海水发电的试验性抽水蓄能电站，装机容量 30MW，电站在离海岸 600m、海拔约 150m 的滨海高地上布置一个深 25m、周长 848m 的八角形上水库，其有效库容为 56.4 万 $m^3$，直接利用海洋作为蓄能电站下水库及水源，发电工况海水由上水库经压力钢管进入发电机组后流入太平洋，满负荷可运行 6h。日本冲绳海水抽水蓄能电站断面如图 16－2 所示。

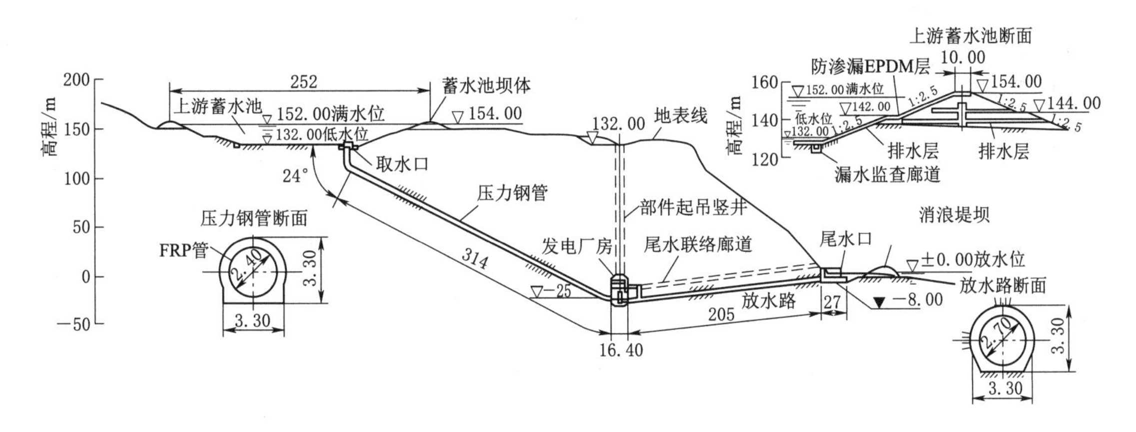


图 16－2　日本冲绳海水抽水蓄能电站断面布置图（单位：m）

### （二）利用已建水库

高山峡谷地区通常已建有较多水库，因此可利用已建水库作为抽水蓄能电站下水库。如已建的北京十三陵、河北张河湾、山东泰安、河南宝泉、江苏宜兴、江苏溧阳、浙江仙居、安徽琅琊山、湖北白莲河和在建的黑龙江荒沟、河北丰宁等抽水蓄能电站均利用已建水库作为其下水库。

河南宝泉抽水蓄能电站位于河南省辉县市薄壁乡大王庙以上2.5km的峪河上，装机容量1200MW。下水库利用峪河上已建成的宝泉水库大坝加高加固改建而成。大坝坝型为浆砌石重力坝，原坝高91.10m，改建后最大坝高107.50m，是国内最高的浆砌石重力坝，大坝建筑物级别由Ⅲ级变为Ⅰ级，防渗要求提高，大坝上游面采用混凝土面板进行防渗，溢流面采用混凝土面层。改造后的宝泉水库正常蓄水位为260.00m，总库容为6850万$m^3$，有效库容为5509万$m^3$。

丰宁抽水蓄能电站位于河北省承德市丰宁满族自治县境内，装机容量为3600MW，具有周调节性能。利用滦河干流上已建成的丰宁水电站水库作为下水库。由于泥沙淤积严重，为使抽水蓄能电站正常运行，通过在原丰宁下水库库尾设置拦沙坝，如图16-3所示，将原丰宁水库分成拦沙库和蓄能专用下水库两部分。

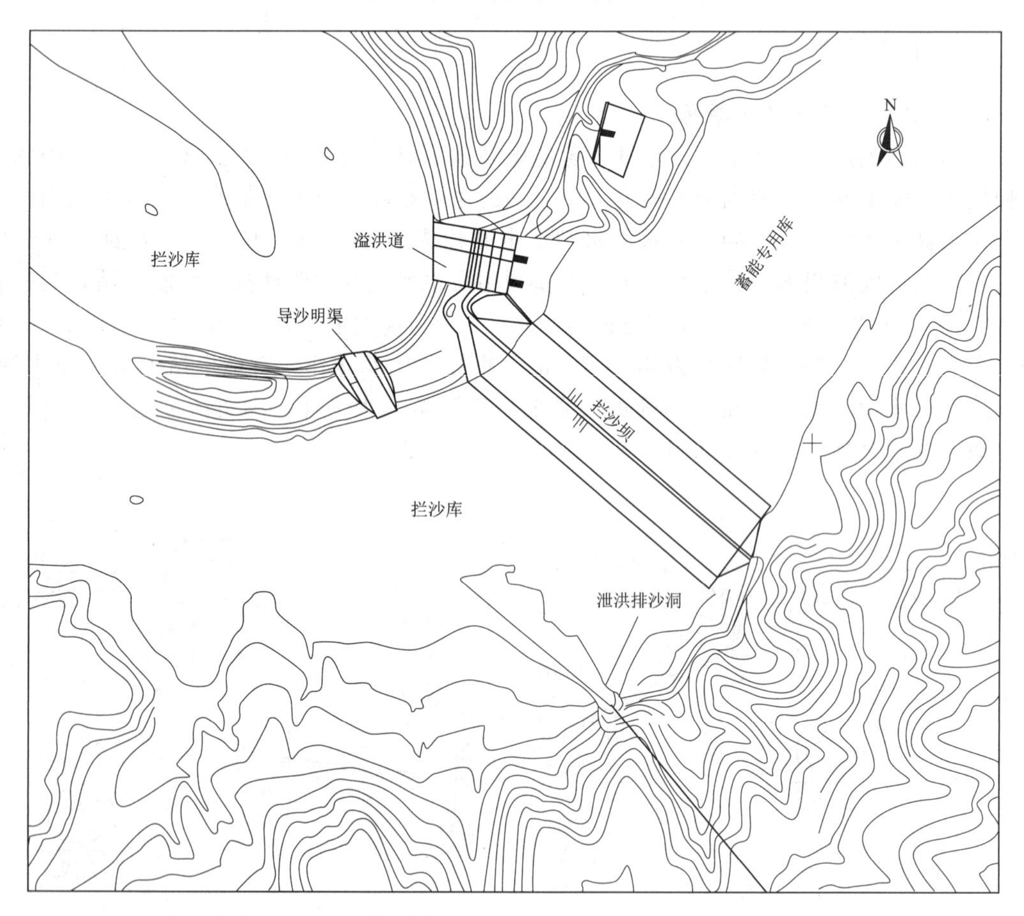


图16-3　河北丰宁抽水蓄能电站下水库拦沙坝及专用库平面示意图

蓄能专用下水库由已建丰宁水电站改造而成，水库正常蓄水位为1061.00m，死水位1042.00m。丰宁大坝坝高不能满足要求，需要改建加高，原有的泄水建筑物等亦需进行改造。改建后的下水库拦河大坝为混合坝型：即左岸混凝土面板堆石坝、右岸混凝土重力坝。坝轴线长度377.7m，其中混凝土坝段长116.4m，最大坝高28m，堆石坝坝段长261.3m，最大坝高51.3m。

溢流坝段采用开敞式溢流堰，溢流堰顶高程 1061.00m，两溢流孔单孔宽 12.5m。原泄洪放空洞洞身不需要改建，但进口建筑物需加高至高程 1066.00m，检修闸门、工作闸门和启闭机需拆除重建。改建后的下水库拦河坝坝区布置如图 16-4 所示。

利用已建水库作为下水库首先要考虑原水库的综合利用要求，应按照建筑物等级和水库运行要求对原水库的开发任务和功能进行复核，论证其改建的可行性，并取得水库管理主体单位的许可。如河南宝泉抽水蓄能电站下水库利用已建宝泉水库，为满足电站运行需要，适当扩大灌溉库容，将原水库正常蓄水位由 244.00m 抬高至 260.00m。

将水库改建为抽水蓄能电站下水库后，水库工程等别及运行条件一般将发生变化，尤其是库容较小的水库，蓄能电站运行会引起库水位大幅度频繁升降，需要对大坝、库岸、边坡及泄洪等相关建筑物安全进行复核，充分论证对其进行加固和改建的可行性。山东泰安抽水蓄能电站利用原大河水库作为其下水库，经复核分析后发现，大坝坝坡稳定在库水位骤降情况下不能满足规范要求，因此对大坝采取了加固处理措施。

此外，利用原有水库作为下水库时还需考虑蓄能电站施工期对原水库运行的影响和管理主体变化等问题。对于制约条件较多的已建水库，收购（或参股）并改造利用已建水库不一定比新建水库所需工程投资少。

**（三）在河流上新建水库**

在河流上新建水库是下水库最常见的布置类型，已建的广东广州、浙江天荒坪、安徽桐柏、湖南黑麋峰、广东惠州、辽宁蒲石河、安徽响水涧、内蒙古呼和浩特、江西洪屏、广东清远和在建的广东深圳、吉林敦化、安徽绩溪、山东文登、浙江长龙山、辽宁清原、福建厦门、河北易县、河南洛宁、浙江缙云、湖南平江、吉林蛟河、福建云霄、山西垣曲等半数以上的抽水蓄能电站下水库均为此种类型。与常规电站不同的是，由于下水库所需库容较小且水量可以重复利用，因此新建下水库的坝址处天然径流只需能够满足初期蓄水和水库渗漏、蒸发损失的补充需要即可。

若下水库水源不能满足初期蓄水及运行所要求的补水量，则应在水库枢纽布置时一并考虑补水工程措施。安徽响水涧抽水蓄能电站下水库位于浮山东侧泊口河内的湖荡洼地，由均质土坝圈围而成，下水库集水面积仅为其库盆本身，因此在水库北堤中部设置箱涵式结构的充水闸，以便于下水库初期充水、运行期补水及下水库降低库水位或库内超蓄时向外泄放库水。山西西龙池下水库补水系统布置在左岸，利用下水库及地下厂房系统施工期供水系统（水泉湾泉水水源）的 4 号高位蓄水池；作为其初期充水及运行期永久性补水水源。宜兴抽水蓄能电站下水库集水面积仅 1.87km$^2$，多年平均径流量 1045 万 m$^3$，上水库集水面积仅 0.21km$^2$，上、下水库天然径流无法满足库水水源要求，采用两级补水泵站，通过横潼河引取三氿河水作为电站初期充水和补水水源。内蒙古呼和浩特抽水蓄能电站为满足下水库补水要求，在拦沙坝上设置 2 根 DN700mm 自流补水钢管。

**（四）岸边洼地筑环形坝或半环形坝、开挖库盆**

意大利的普列森扎诺抽水蓄能电站在河边台地上开挖并修筑环形坝形成有效库容 600 万 m$^3$ 的下水库，采用沥青混凝土面板全库盆防渗，设放空泄水渠排向附近河流。美国的普霍山抽水蓄能电站下水库则利用地下埋深约 760m 处已废弃的矿井形成，其有效库容为 620 万 m$^3$。

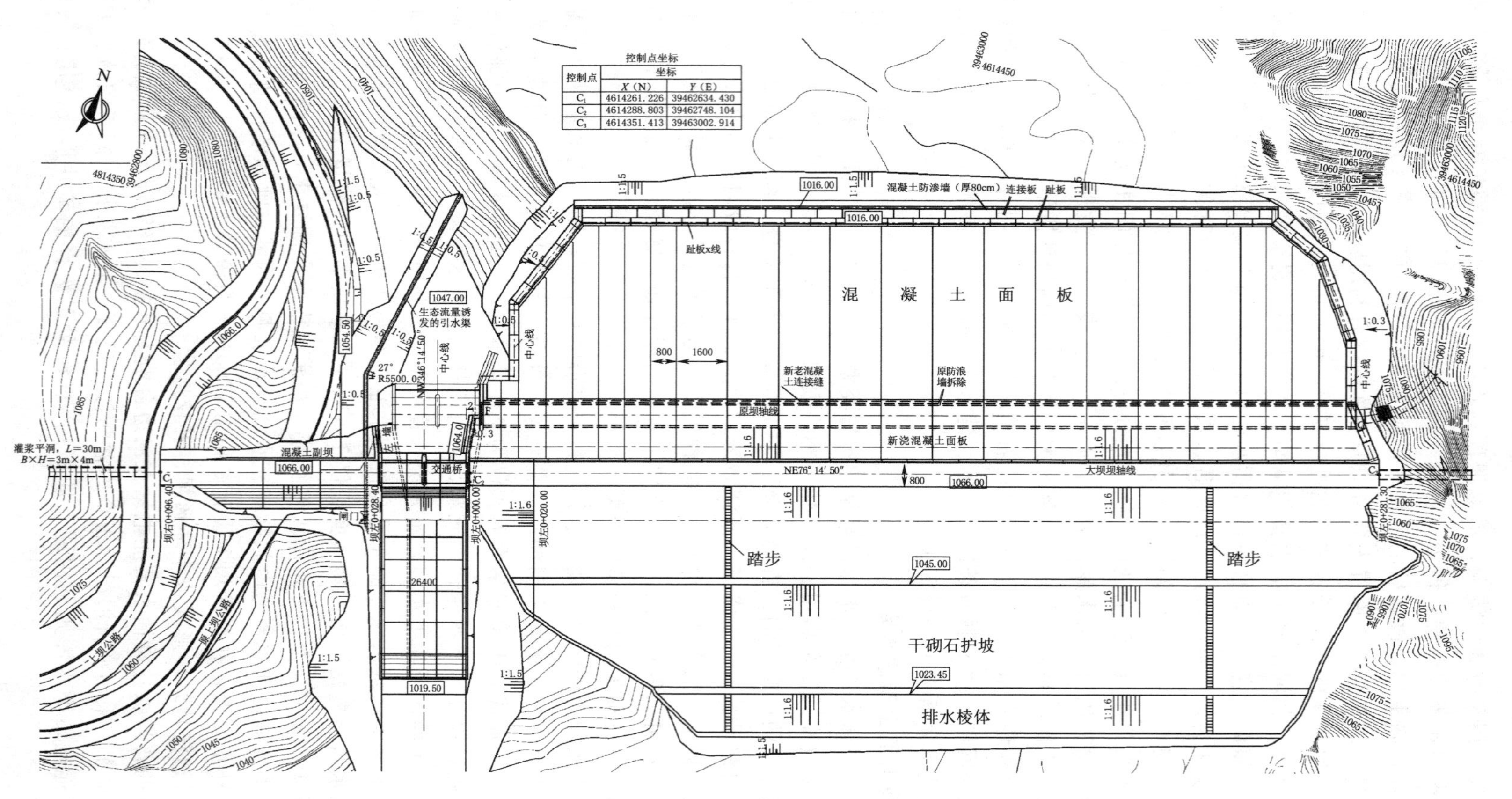


图 16-4　河北丰宁抽水蓄能电站下水库拦河坝坝区平面布置图（高程，m；尺寸，cm）

山西西龙池抽水蓄能电站下水库位于滹沱河左岸龙池沟沟脑部位，距滹沱河约 600m，坝址上游集水面积 1.103 万 $m^2$，水库本身集水面积约 14.7 万 $m^2$，基本无天然径流。采用开挖、拦沟成库，由一座沥青混凝土面板堆石坝主坝、一座混凝土异型重力式挡墙副坝、沥青混凝土面板防渗库岸及沥青混凝土面板防渗库底圈围库盆形成全人工下水库。水库正常蓄水位 838.00m，死水位 798.00m，工作水深 40m，总库容 503.0 万 $m^3$，调节库容 432.2 万 $m^3$，其下水库平面布置如图 16-5 所示。

江苏溧阳抽水蓄能电站下水库位于天目湖景区的沙河水库，为避免电站运行期湖水污染和水位波动过大，在沙河水库相邻侧新建一座均质土坝与沙河水库相隔，最大坝高 13.4m，坝顶全长 813.417m。水库位于沙河水库库尾西侧，其布置东西受沙河水库和对外连接道路限制、南北受原始地形控制，平面布置呈 L 形，通过坝内侧开挖形成库盆，开挖区一带地形平缓，由河流堆积阶地、宽缓的浅冲沟和残丘组成，土石方总开挖量约 2203 万 $m^3$，正常蓄水位 19.00m，与沙河水库汛期平均洪水位相当，相应库容约 1382 万 $m^3$。其下水库平面布置如图 16-6 所示。

内蒙古呼和浩特抽水蓄能电站下水库位于哈拉沁沟与大西沟交汇上游处，由拦河坝和拦沙坝围筑形成，如图 16-7 所示。下水库正常蓄水位 1400.00m，死水位 1355.00m，最大工作水深 45m。哈拉沁沟河属多泥沙河流，为避免泥沙入库对机组的磨损，库盆采用封闭型式。由于清理后的库盆仍不能满足电站所需调节库容的要求，因此对下水库左岸山体进行扩库开挖，开挖处理后下水库调节库容 666.10 万 $m^3$。

## 三、抽水蓄能电站上、下水库组合类型

具备上、下两个水库是抽水蓄能电站的显著特点，由前述上、下水库的主要类型可将我国抽水蓄能电站上、下水库组合类型归纳为以下四种：

### （一）上、下水库均为新建人工水库

抽水蓄能电站上、下水库利用有利工程地形地质条件，新建形成目标单一的专用人工上、下水库，如辽宁蒲石河、山西西龙池、陕西镇安、浙江天荒坪、江西洪屏、广东惠州等抽水蓄能电站。此种类型的抽水蓄能电站近年来得到了广泛应用，是目前我国应用最多的主要组合型式，可以避免利用已建水库时对原有水库的改扩建投入及可能发生的综合利用矛盾，站址选择充分灵活，可优先选择地形地质条件好、距离负荷中心近的优良站址，投资并不一定比利用现有水库的抽水蓄能电站高。

### （二）下水库利用已建水库或天然河湖，上水库为人工水库

利用已建水库或天然河湖作为抽水蓄能电站的下水库，通常可以节约新建水库的费用，水源条件亦有保证，对环境造成不利影响也较小，多数情况下还可节省工程投资，缩短工期。这种抽水蓄能电站水库组合类型在我国亦属应用较多的一种，如北京十三陵、黑龙江荒沟、河北张河湾、浙江仙居、江苏溧阳、河南宝泉、广东深圳等抽水蓄能电站。利用已建水库作为下水库时，应统筹考虑原水库的综合利用要求、运行调度的调整及相应的经济补偿、水工建筑物的改建加固措施、施工期对原水库的影响、水库管理主体单位的许可与变更等问题对工程布置的影响。

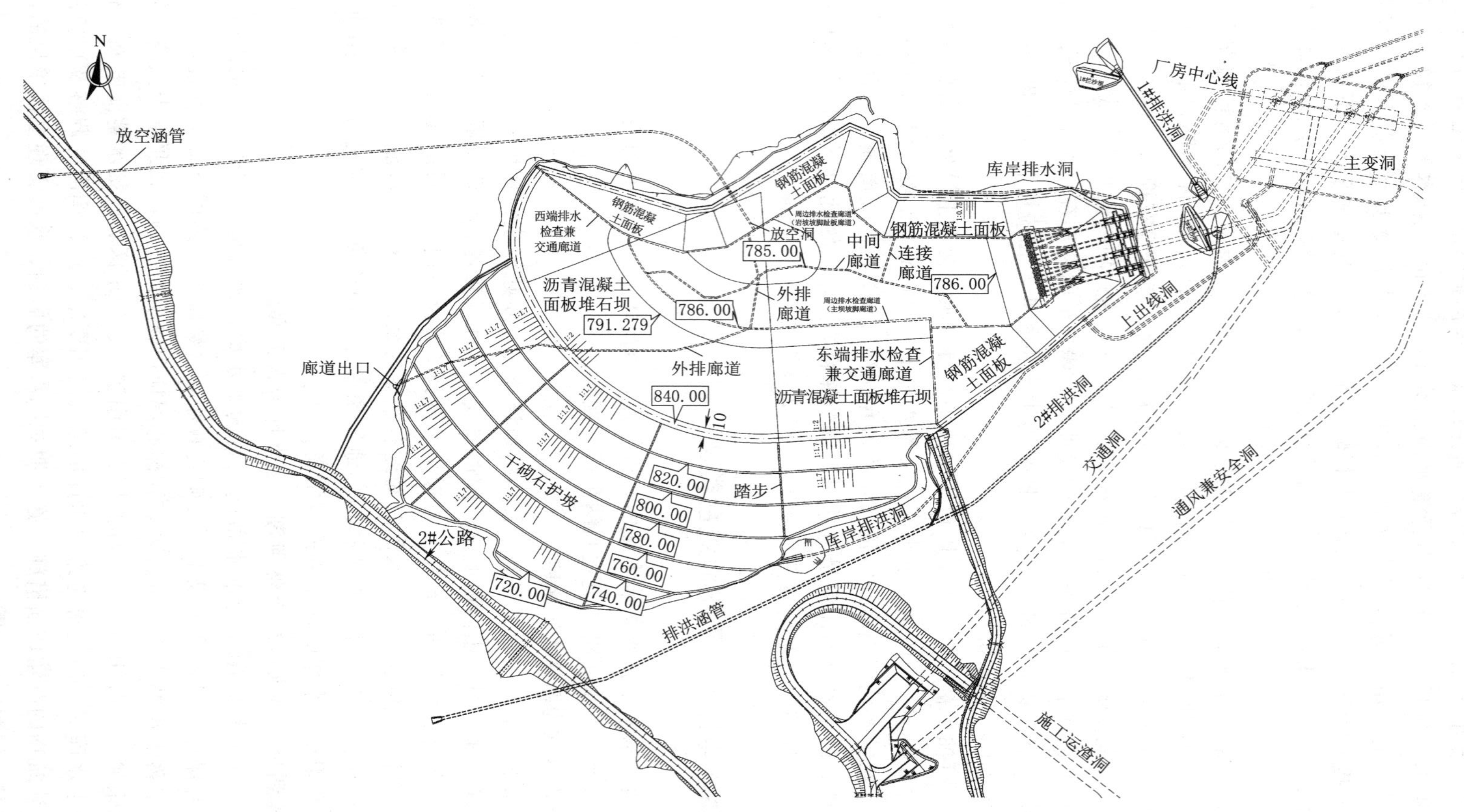

图16－5　山西西龙池抽水蓄能电站下水库平面布置图（单位：m）

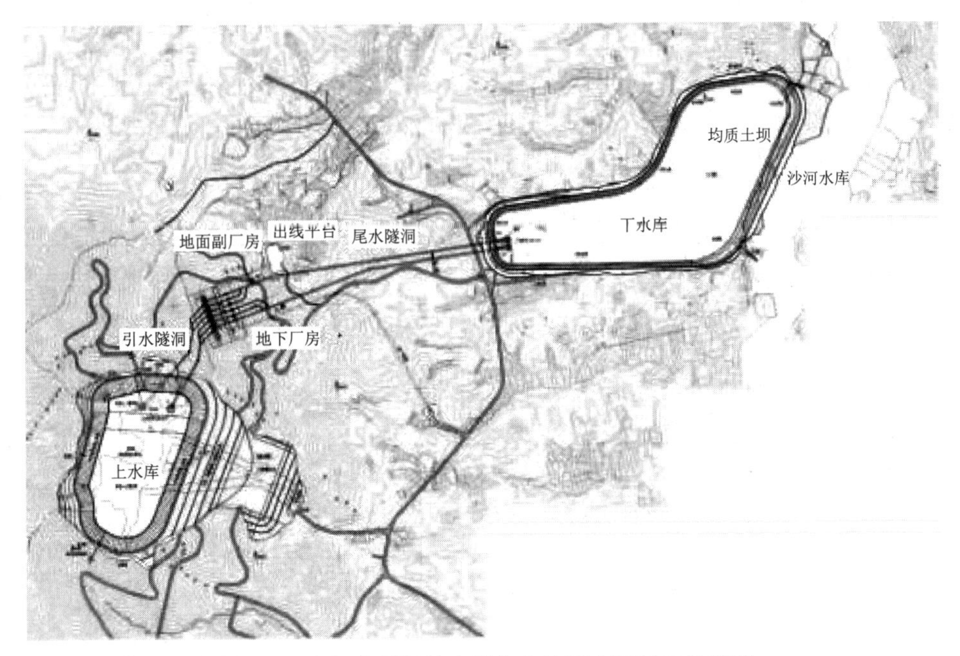


图 16-6　江苏溧阳抽水蓄能电站下水库平面布置图

**（三）下水库为新建人工水库，上水库利用已建水库或天然河湖**

此种组合类型多为混合式抽水蓄能电站，如河北岗南、潘家口和安徽响洪甸等抽水蓄能电站。已建纯抽水蓄能电站中仅有桐柏抽水蓄能电站的下水库为新建人工水库，上水库利用已建桐柏水库改建而成。

**（四）上、下水库均利用已建水库或天然河湖**

抽水蓄能电站直接或通过加固、改建等工程措施利用天然河流上已建成的梯级电站水库作为上、下水库，此组合类型抽水蓄能电站利用水头通常不高，但水量容易保证，由于不需要新建上、下水库，工程布置中主要考虑原有水利工程的制约和抽水蓄能电站本身的要求，需新建工程相对较少，可在一定程度上节省工程投资。这类水库组合目前国内已建工程中仅有吉林白山、湖北天堂和安徽佛子岭

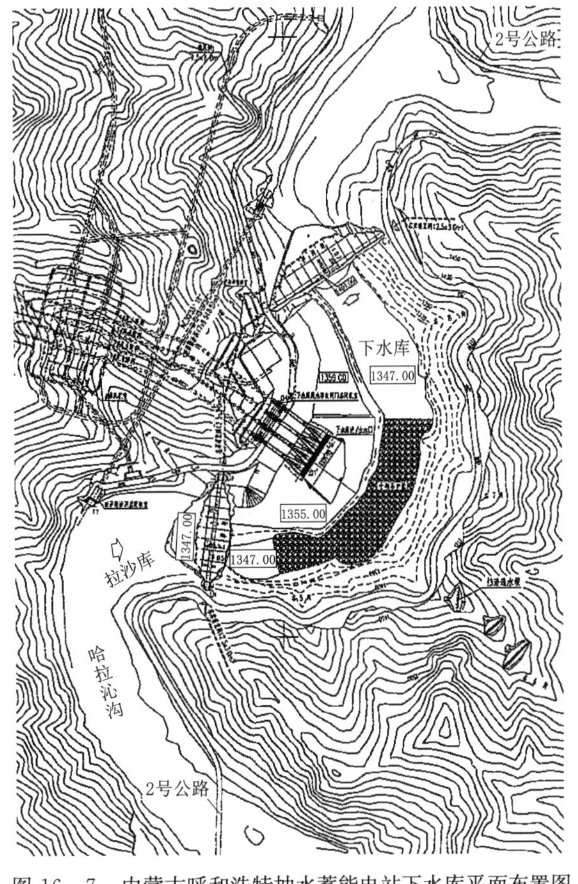


图 16-7　内蒙古呼和浩特抽水蓄能电站下水库平面布置图

三座混合式抽水蓄能电站。

西藏羊卓雍湖抽水蓄能电站是国内仅有的上、下水库均利用天然河湖的工程实例，电站未新建挡水建筑物，分别利用羊卓雍湖和雅鲁藏布江作为电站的上、下水库。

国内已建及在建的抽水蓄能电站上、下水库组合类型统计见表16-1。

**表16-1　　　　国内已建及在建抽水蓄能电站上、下水库组合统计**

| 序号 | 建设省份 | 电站名称 | 开发类型 | 投产年份 | 装机容量/MW | 上水库类型 | 下水库类型 | 组合类型 |
|---|---|---|---|---|---|---|---|---|
| 1 | 河北 | 易县 | 纯蓄能 | 在建 | 1200 | 人工水库 | 人工水库 | (一) |
| 2 | 河北 | 尚义 | 纯蓄能 | 在建 | 1400 | 人工水库 | 人工水库 | (一) |
| 3 | 河北 | 抚宁 | 纯蓄能 | 在建 | 1200 | 人工水库 | 人工水库 | (一) |
| 4 | 山西 | 西龙池 | 纯蓄能 | 2008 | 1200 | 人工水库 | 人工水库 | (一) |
| 5 | 山西 | 垣曲 | 纯蓄能 | 在建 | 1200 | 人工水库 | 人工水库 | (一) |
| 6 | 内蒙古 | 呼和浩特 | 纯蓄能 | 2014 | 1200 | 人工水库 | 人工水库 | (一) |
| 7 | 内蒙古 | 芝瑞 | 纯蓄能 | 在建 | 1200 | 人工水库 | 人工水库 | (一) |
| 8 | 辽宁 | 蒲石河 | 纯蓄能 | 2012 | 1200 | 人工水库 | 人工水库 | (一) |
| 9 | 辽宁 | 清原 | 纯蓄能 | 在建 | 1800 | 人工水库 | 人工水库 | (一) |
| 10 | 吉林 | 敦化 | 纯蓄能 | 在建 | 1400 | 人工水库 | 人工水库 | (一) |
| 11 | 吉林 | 蛟河 | 纯蓄能 | 在建 | 1200 | 人工水库 | 人工水库 | (一) |
| 12 | 江苏 | 句容 | 纯蓄能 | 在建 | 1350 | 人工水库 | 人工水库 | (一) |
| 13 | 浙江 | 溪口 | 纯蓄能 | 1997 | 80 | 人工水库 | 人工水库 | (一) |
| 14 | 浙江 | 天荒坪 | 纯蓄能 | 1998 | 1800 | 人工水库 | 人工水库 | (一) |
| 15 | 浙江 | 长龙山 | 纯蓄能 | 在建 | 2100 | 人工水库 | 人工水库 | (一) |
| 16 | 浙江 | 宁海 | 纯蓄能 | 在建 | 1400 | 人工水库 | 人工水库 | (一) |
| 17 | 浙江 | 缙云 | 纯蓄能 | 在建 | 1800 | 人工水库 | 人工水库 | (一) |
| 18 | 浙江 | 衢江 | 纯蓄能 | 在建 | 1200 | 人工水库 | 人工水库 | (一) |
| 19 | 安徽 | 响水涧 | 纯蓄能 | 2000 | 1000 | 人工水库 | 人工水库 | (一) |
| 20 | 安徽 | 绩溪 | 纯蓄能 | 2020 | 1800 | 人工水库 | 人工水库 | (一) |
| 21 | 安徽 | 金寨 | 纯蓄能 | 在建 | 1200 | 人工水库 | 人工水库 | (一) |
| 22 | 安徽 | 桐城 | 纯蓄能 | 在建 | 1280 | 人工水库 | 人工水库 | (一) |
| 23 | 福建 | 仙游 | 纯蓄能 | 2013 | 1200 | 人工水库 | 人工水库 | (一) |
| 24 | 福建 | 厦门 | 纯蓄能 | 在建 | 1400 | 人工水库 | 人工水库 | (一) |
| 25 | 福建 | 永泰 | 纯蓄能 | 在建 | 1200 | 人工水库 | 人工水库 | (一) |
| 26 | 福建 | 云霄 | 纯蓄能 | 在建 | 1800 | 人工水库 | 人工水库 | (一) |
| 27 | 福建 | 周宁 | 纯蓄能 | 在建 | 1200 | 人工水库 | 人工水库 | (一) |
| 28 | 江西 | 洪屏一期 | 纯蓄能 | 2016 | 1200 | 人工水库 | 人工水库 | (一) |
| 29 | 山东 | 文登 | 纯蓄能 | 在建 | 1800 | 人工水库 | 人工水库 | (一) |
| 30 | 山东 | 沂蒙 | 纯蓄能 | 在建 | 1800 | 人工水库 | 人工水库 | (一) |

续表

| 序号 | 建设省份 | 电站名称 | 开发类型 | 投产年份 | 装机容量/MW | 上水库类型 | 下水库类型 | 组合类型 |
|---|---|---|---|---|---|---|---|---|
| 31 | 河南 | 回龙 | 纯蓄能 | 2005 | 120 | 人工水库 | 人工水库 | (一) |
| 32 | 河南 | 天池 | 纯蓄能 | 在建 | 1200 | 人工水库 | 人工水库 | (一) |
| 33 | 湖南 | 黑麋峰 | 纯蓄能 | 2009 | 1200 | 人工水库 | 人工水库 | (一) |
| 34 | 湖南 | 平江 | 纯蓄能 | 在建 | 1400 | 人工水库 | 人工水库 | (一) |
| 35 | 河南 | 洛宁 | 纯蓄能 | 在建 | 1400 | 人工水库 | 人工水库 | (一) |
| 36 | 广东 | 广州一期 | 纯蓄能 | 1993 | 1200 | 人工水库 | 人工水库 | (一) |
| 37 | 广东 | 广州二期 | 纯蓄能 | 1999 | 1200 | 人工水库 | 人工水库 | (一) |
| 38 | 广东 | 惠州 | 纯蓄能 | 2009 | 2400 | 人工水库 | 人工水库 | (一) |
| 39 | 广东 | 清远 | 纯蓄能 | 2015 | 1280 | 人工水库 | 人工水库 | (一) |
| 40 | 广东 | 深圳 | 纯蓄能 | 2018 | 1200 | 人工水库 | 人工水库 | (一) |
| 41 | 广东 | 阳江一期 | 纯蓄能 | 在建 | 1200 | 人工水库 | 人工水库 | (一) |
| 42 | 广东 | 梅州一期 | 纯蓄能 | 在建 | 1200 | 人工水库 | 人工水库 | (一) |
| 43 | 海南 | 琼中 | 纯蓄能 | 2017 | 600 | 人工水库 | 人工水库 | (一) |
| 44 | 重庆 | 蟠龙 | 纯蓄能 | 在建 | 1200 | 人工水库 | 人工水库 | (一) |
| 45 | 陕西 | 镇安 | 纯蓄能 | 在建 | 1400 | 人工水库 | 人工水库 | (一) |
| 46 | 新疆 | 阜康 | 纯蓄能 | 在建 | 1200 | 人工水库 | 人工水库 | (一) |
| 47 | 新疆 | 哈密 | 纯蓄能 | 在建 | 1200 | 人工水库 | 人工水库 | (一) |
| 48 | 北京 | 十三陵 | 纯蓄能 | 1997 | 800 | 人工水库 | 十三陵水库 | (二) |
| 49 | 河北 | 张河湾 | 纯蓄能 | 2008 | 1000 | 人工水库 | 张河湾水库 | (二) |
| 50 | 河北 | 丰宁一期 | 纯蓄能 | 在建 | 1800 | 人工水库 | 丰宁水库 | (二) |
| 51 | 河北 | 丰宁二期 | 纯蓄能 | 在建 | 1800 | 人工水库 | 丰宁水库 | (二) |
| 52 | 黑龙江 | 荒沟 | 纯蓄能 | 在建 | 1200 | 人工水库 | 莲花水库 | (二) |
| 53 | 江苏 | 沙河 | 纯蓄能 | 2002 | 100 | 人工水库 | 沙河水库 | (二) |
| 54 | 江苏 | 宜兴 | 纯蓄能 | 2008 | 1000 | 人工水库 | 会坞水库 | (二) |
| 55 | 江苏 | 溧阳 | 纯蓄能 | 2016 | 1500 | 人工水库 | 沙河水库 | (二) |
| 56 | 浙江 | 仙居 | 纯蓄能 | 2016 | 1500 | 人工水库 | 下岸水库 | (二) |
| 57 | 安徽 | 琅琊山 | 纯蓄能 | 2006 | 600 | 人工水库 | 城西水库 | (二) |
| 58 | 山东 | 泰安 | 纯蓄能 | 2006 | 1000 | 人工水库 | 大河水库 | (二) |
| 59 | 山东 | 潍坊 | 纯蓄能 | 在建 | 1000 | 人工水库 | 嵩山水库 | (二) |
| 60 | 河南 | 宝泉 | 纯蓄能 | 2007 | 1200 | 人工水库 | 宝泉水库 | (二) |
| 61 | 河南 | 五岳 | 纯蓄能 | 在建 | 1000 | 人工水库 | 五岳水库 | (二) |
| 62 | 湖北 | 白莲河 | 纯蓄能 | 2009 | 1200 | 人工水库 | 白莲河水库 | (二) |
| 63 | 北京 | 密云 | 混合式 | 1973 | 22 | 密云水库 | 人工水库 | (三) |

续表

| 序号 | 建设省份 | 电站名称 | 开发类型 | 投产年份 | 装机容量/MW | 上水库类型 | 下水库类型 | 组合类型 |
|---|---|---|---|---|---|---|---|---|
| 64 | 河北 | 岗南 | 混合式 | 1968 | 11 | 岗南水库 | 人工水库 | (三) |
| 65 | 河北 | 潘家口 | 混合式 | 1991 | 270 | 潘家口水库 | 人工水库 | (三) |
| 66 | 浙江 | 桐柏 | 纯蓄能 | 2005 | 1200 | 桐柏水库 | 人工水库 | (三) |
| 67 | 安徽 | 响洪甸 | 混合式 | 2000 | 80 | 响洪甸水库 | 人工水库 | (三) |
| 68 | 吉林 | 白山 | 混合式 | 2005 | 300 | 白山水库 | 红石水库 | (四) |
| 69 | 安徽 | 佛子岭 | 混合式 | 在建 | 160 | 磨子潭水库 | 佛子岭水库 | (四) |
| 70 | 湖北 | 天堂 | 混合式 | 2000 | 70 | 天堂一级水电站水库 | 天堂二级水电站水库 | (四) |
| 71 | 西藏 | 羊卓雍湖 | 混合式 | 1997 | 90 | 羊卓雍湖 | 雅鲁藏布江 | (四) |

## 第三节　上、下水库的布置原则

上、下水库的成库型式和工程布置，应根据工程区的水文、泥沙、地形、地质等自然条件，综合考虑主要建筑物布置、防渗条件、库容与水位变幅、库岸稳定、施工条件、土石方平衡、寒冷地区冰冻、与环境整体协调等主要因素，结合输水发电系统的布置及运行要求，经技术经济综合比较后，择优选定。

### 一、上、下水库一并进行布置研究

抽水蓄能电站枢纽建筑物一般由上水库、下水库、输水系统、电站厂房等组成。上水库一般选在高山山顶或沟源洼地，下水库一般选在有一定集水面积的天然河道上，具有上、下两个水库是抽水蓄能电站区别于常规水电站最为显著的特点。因此在工程设计时，要将上、下水库一并进行布置研究，综合比较整个枢纽布局的合理性。

由于抽水蓄能电站上、下水库库址对枢纽总布置格局起到决定性影响，上、下水库库址的优劣对工程投资影响亦较大，因此选择上、下水库位置时，要着眼于有足够库容需求的地形条件，库区工程地质和水文地质条件良好，上、下水库之间的自然地形高差的利用等。

### 二、上、下两水库间有足够的可利用自然高差

对于抽水蓄能电站来说，在满足机组制造要求的情况下，上、下两水库间高差越大，可利用水头越高，电站的经济性和效益越显著。因此，充分利用上、下库址间的自然地形条件，获得足够的可利用水头落差，是上、下水库布置的主要任务。

北京十三陵抽水蓄能电站利用已建十三陵水库为下水库，在其左岸山后的沟内兴建上水库，两水库间水平距离约2km，集中天然落差440m以上；黑龙江荒沟抽水蓄能电站利用已建的莲花水库为下水库，上水库利用牡丹江支流三道河子右岸的山间洼地筑坝成库，上、下水库间水平距离约2.7km，集中天然落差410m以上；广东广州抽水蓄能电站上、

下水库均利用天然库盆，两水库间水平距离约3km，集中天然落差500m以上。上述电站均选择水平距离较短的上、下水库，充分利用两库间较高的自然高差，经济指标优越。

## 三、水库有足够的库容和合理的水位变幅

与常规电站需要大量的水源和较长期的调节性能不同，抽水蓄能电站多数为日调节或周调节的电站，水量可反复利用，只需少量的水源补充渗漏和蒸发损失，所需库容也相对较小。由于上水库一般没有天然径流或者天然径流很小，为提高电站运行的灵活性和可靠性，当地形地质条件允许时，根据电网调峰需求，在不影响工程安全、不增加工程难度的情况下，应尽可能预留足够的调节库容。当水库天然库容不足时，应利用扩库开挖增加所需库容，开挖料应进行综合利用，尽量做到挖填平衡，减少弃渣。

根据泥沙条件和检修要求，上、下水库可设置排沙放空和回蓄充水的设施。上、下水库不宜留较大的死库容，可采取工程措施填高库底。

上、下水库布置时，应控制水库水位变幅，使其在合理范围内。水头变幅过大，将使抽水蓄能可逆式机组运行不稳定，降低运行效率。同时库水位的频繁升降直接影响坝体和库岸边坡的稳定。因此，应综合考虑库盆开挖、土石方平衡、库岸边坡及坝体的稳定等条件，综合比较后确定出上、下水库的合理水位变幅。

## 四、水库防渗要求

渗控标准高是抽水蓄能电站特点之一，也是抽水蓄能水库建设的关键技术问题，尤其对于建于山顶或沟首部位的上水库来说，其库周单薄分水岭和垭口的分布、断裂发育程度和岩体渗透性等将直接影响水库的防渗布置与电站的效益。水库的防渗范围应在详细分析地形地质条件和水文地质条件后确定，新建上水库是否需要进行全库防渗处理对工程投资影响很大。库岸地质条件较好，断层构造不发育，仅需进行局部防渗处理是较为理想的上水库；库岸岩石风化严重、分水岭单薄、断层构造发育，地下水位较低，则防渗工程量将大幅增加，采用全库盆防渗处理的水库将对电站的经济性有显著影响。

库盆防渗型式应根据水库库区地形、地质、气温、施工、材料等条件及调节库容要求，考虑建筑物、库岸、坝基等的稳定性和电站循环效率的影响，因地制宜防渗方案，通过技术经济比较后综合选定。

## 五、按照土石方平衡原则进行水库布置与坝型选择

尽可能达到土石方平衡是抽水蓄能电站水库布置与坝型选择的主要原则，土石方平衡与水库特征水位选择、坝型选择、库盆设计等布置直接相关。当抽水蓄能电站水库的天然库容难以满足要求时，需进行库盆开挖获得足够的有效库容，因此抽水蓄能电站水库的坝型通常优先考虑当地材料坝坝型，结合库盆、坝基和进/出水口的开挖料中的可利用量，优化坝体分区设计，以尽可能达到土石方平衡，避免新开料场并减少弃渣，减少工程征地移民和环境影响，有效降低工程投资，增加工程综合效益。

## 六、水库有可靠的水源或补水设施

抽水蓄能电站水库在运行过程中，由于上、下水库的蒸发、渗漏及渗漏会损失一定水

量，为保证上、下水库循环水总量的要求，需要对水库库水进行补充，故其补水水源应可靠。在水库初期蓄水和运行期水量不足时，需要补水。

因此抽水蓄能电站上、下水库设计时，要充分利用有利地形和溪流，增加天然径流量。水源不足时，利用自然条件修建引水工程将其他溪流的径流集中使用，形成多水源的水库联合布置；或者布置专门可靠的补水设施，通过布置提水泵站等设施进行库水补充。

## 七、合理布置泄洪建筑物

抽水蓄能电站上水库多位于高山台地，流域面积通常较小，洪水历时短，洪峰流量较小，大多数电站利用增加正常蓄水位以上坝体超高来蓄存洪量，不单独设置泄洪建筑物。

下水库泄洪建筑物的布置除应满足洪水安全下泄要求外，尚应考虑天然洪水与电站发电或抽水流量叠加的影响，同时按照调度灵活、安全运行和一洞多用的原则，合规合理选择所需泄洪建筑物的类型和位置，一般采用底孔（泄洪洞）与表孔相结合的布置型式。当地材料坝的泄洪建筑物一般采用岸边开敞式溢洪道＋泄洪放空洞的布置型式，泄洪放空洞宜与导流、补水建筑物结合布置，达到一洞多用的目的，节省工程投资；混凝土坝泄洪建筑物多采用坝身开敞式溢流表孔＋中低坝身泄洪孔相结合的布置型式，中低泄洪孔可结合导流、放空及生态放流等功能进行布置，使布置紧凑合理、灵活可靠。

## 八、根据需要设置排沙建筑物

在多泥沙河川或溪流上修建上、下水库时，应对泥沙问题给予充分重视。进/出水口前泥沙淤积和过机含沙量应满足相应设计要求，因地制宜采取防沙、拦沙和排沙工程措施。拦排沙建筑物的布置应结合水库整体布置一并考虑，并通过多方案综合分析比较后确定，必要时通过物理模型试验验证。

## 九、充分考虑库水位骤降对库岸稳定的影响

抽水蓄能电站库水位频繁急剧变化，如水库发生渗漏，将恶化水库水文地质条件，引起库岸和坝体失稳的可能性较一般常规水电站要大，因此在进行上、下水库布置时，应根据水库水文地质条件、岩体和裂隙构造的透水特性，分析库坝渗漏的主要通道及渗漏量，论证水库渗漏对岸坡及相邻建筑物的不利影响，必要时应采取相应的工程措施。

在高山台地围坝建库，受台地面积和地形条件限制，当坝趾距陡崖边缘较近时，应对陡崖边坡稳定性进行评价；并应根据地层岩性、岩体结构，风化卸荷程度等、确定山体周边建坝的安全距离，做好地表防渗和排水设施。

## 十、减小工程对环境不利影响

抽水蓄能电站主要的不利环境影响包括地表水、生态、景观、水土保持的不利影响，有些项目还会遇到对环境敏感区（自然保护区、风景名胜区、水源保护区）、重要的专项、地下水的影响、环境地质问题和环境风险、对原有水库运行产生的影响、对人群健康的影响等。抽水蓄能电站环境影响评价应重视不利环境影响的研究，积极解决不利环境影响问题，同时不能忽视对有利环境影响的认识，促进工程的经济、社会、环境协调发展。

抽水蓄能电站在有些情况下会遇到自然保护区问题，电站建设要与自然保护区规划相协调，在抽水蓄能电站站址选择规划阶段就应避开自然保护区，或是经过论证，将自然保护区调整出项目建设区。如内蒙古呼和浩特抽水蓄能电站，工程区位于大青山自然保护区，本着发展与保护并重的原则，将电站工程区调整出自然保护区范围，同时分别向东、西两个方向扩大了保护区的总面积，基本不改变保护区的结构和功能，又考虑了生态环境保护与经济发展的协调。

上、下水库建筑物布置时要贯彻工程与环境和谐的设计理念，应考虑泄放生态流量等环境保护措施要求，尽量减少对环境的不利影响，并与工程区景观整体规划相协调。山东泰安抽水蓄能电站位于泰山国家级风景名胜区的二级保护区和外围保护区，影响范围主要是樱桃园景区，当时尚属未开发的旅游地。由于电站所在的樱桃园景区与自然、文化遗产集中的登天景区相距较远，不存在交通干扰，仅有的两株白玉兰古树在设计中考虑了保护措施，因此电站的建设未对泰山的自然文化遗产产生不利影响，其工程建设与泰山风景名胜区总体规划是协调的。

## 第四节　上、下水库设计与布置

### 一、水库设计需考虑的主要因素

抽水蓄能电站上、下水库在建筑物布置、防渗、泄洪建筑物设计等方面有着区别于常规水电站的特点。影响其水库设计的因素亦较多，主要有以下几个方面：

**（一）水库库容**

水库布置首先应满足库容要求。抽水蓄能电站上、下水库的形成和工程布置应结合自然条件，根据电站装机规模的需要，满足水库正常运行所需的库容。部分工程的水库地形条件较差（多为上水库），缺乏足够的有效库容，因此需采用扩库开挖与筑坝合围相结合的方式，方可满足电站运行的库容需求。

**（二）地形地质条件**

地形地质条件的优劣对库盆防渗方案及坝型选择、库岸稳定等有决定性的影响。水库渗漏（尤其是上水库的渗漏）对库岸边坡、输水系统和地下厂房系统的围岩稳定、电站的电能损失均有较大影响，其渗漏条件将直接影响坝型、库盆防渗型式的选择及库岸的稳定。应重点对单薄分水岭、垭口、断裂发育部位进行渗漏分析，采取合适工程措施进行防渗处理。深入研究工程地质条件，并据此选择技术可行、经济合理的设计方案。

**（三）土石方挖填平衡**

对于抽水蓄能电站水库，电站进/出水口、坝基、库盆等部位均需进行开挖，设计时应充分考虑利用水库土石方开挖料，使其尽量与坝体填筑量达到平衡，避免另开料场，减少工程弃渣及征地，在有效降低工程投资的同时，有利于增加环境保护和水土保持效益。

**（四）天然洪水与发电流量叠加影响**

与常规水电站不同，纯抽水蓄能电站通常流域面积较小，天然洪水流量小，发电流量与之相比所占比重较大。因此，在泄水建筑物布置时必须考虑电站发电运行工况下天然洪水与电站发电流量叠加的影响，合理选择上、下水库的泄水建筑物的布置型式。对于建于河道上的下水库，其泄洪设施的设置以“尽量减少对电站发电运行的不利影响，下泄流量不超过天然洪峰流量、不加大下游防洪负担”为原则。

对于人工挖填形成的上水库，按照集水面积、洪峰流量论证是否设置泄洪设施。

**（五）进/出水口布置**

抽水蓄能电站采用可逆机组，水流是双向流动的。电站进/出水口的布置既要适应双向水流，又要适应库水位的骤降变化，因此体型设计更为严格。

为了尽量减少工程量，进/出水口顶部的最小淹没水深一般较小，出流时应避免产生环流和对库底的冲刷。

此外，进/出水口的布置还要充分考虑抽水蓄能电站机组过机泥沙要求，进行防沙、避沙设计。

**（六）寒冷及严寒地区的冰冻影响**

在寒冷和严寒地区修建的抽水蓄能电站上、下水库，普遍存在冻融、冻胀等多种冰情冰害，运行过程中可能对水工建筑物安全造成威胁，影响电站的正常运行。

应按照工程所在地的冰情资料，开展水工建筑物抗冰冻设计，选择适应严寒气候的建筑物型式，在确定进/出水口最小淹没水深时还应考虑冰层厚度的影响，并提出机组的冬季调度运行方式。

**（七）环境保护**

在水库布置、坝体设汁中应充分贯彻环保生态的设计理念，重视环境保护的各项要求，尽量利用开挖料达到土石方挖填平衡、减少弃渣、降低边坡开挖高度、重视边坡和大坝下游坝坡的绿化等。

## 二、上、下水库布置

抽水蓄能电站上、下水库设计与常规水电站设计存在着明显差别，这是由抽水蓄能电站独特的工作条件和工作特点决定的。抽水蓄能电站上、下水库布置主要包括以下内容：

**（一）挡水建筑物**

上、下水库挡水建筑物包括主、副坝。

当通过库盆开挖和筑坝围填成库时，应按照土石方挖填平衡原则选择适宜的当地材料坝坝型。坝体断面按照“以料定坝”的原则进行设计，根据开挖料的质量和数量进行坝体断面尺寸和填筑分区设计，以节省工程投资，减小弃渣，降低对环境的影响。

利用风化软岩筑坝料时，坝体应设置排水通道，并进行坝体渗流、稳定、强度和变形等分析计算，根据计算结果核定筑坝材料分区边界。

修建在沟谷纵坡较陡地基上的堆石坝，宜在坝趾及坝基斜坡段适当位置开挖成平台，并对坝体和坝基的稳定性做专门分析论证。

修建在孤立山峰顶部的上水库，当进行高山动力反应测定时，应结合高山动力参数测定成果，进行抗震分析。

位于寒冷及严寒地区的抽水蓄能电站水库，应重点考虑坝型对严寒气候的适应性，并进行抗冰冻设计。

**（二）防渗结构**

水库防渗设计的重点是分析单薄分水岭、垭口、断裂发育部位，提出适宜的防渗处理方案。

当水库地形地质和水文地质条件良好，仅局部岩体风化破碎严重或构造发育时，可采取局部防渗方案，通常采用垂直防渗帷幕，挖除基础断层破碎带以混凝土塞回填，阻断其渗漏通道；当库底和库岸基岩风化破碎严重，断裂构造发育，地下水位低于水库正常蓄水位时，通常采用沥青混凝土、钢筋混凝土、土工膜、黏土铺盖等单一或综合性防渗型式进行全库盆或大面积防渗处理。

抽水蓄能电站对水库有严格的防渗要求，水库的渗流控制设计应做到以下三方面：

（1）保证坝体、岸坡和地下洞室的渗透稳定性，库区渗漏不恶化工程区天然的水文地质条件。

（2）限制或消除库水位骤降在防渗体后产生的反向压力，不产生渗透破坏和结构损坏。

（3）渗漏量应控制在一定范围内，对电站综合循环效率无明显影响。

**（三）排水结构**

为了确保防渗结构在库水位骤降时的稳定性，其下部应设置可靠的排水系统。

与常规水电站相比，抽水蓄能电站上、下水库排水系统显得更为重要，设计亦更为复杂。库水位的骤降可使防渗层后形成反向压力，容易造成防渗结构破坏。尤其是采用全库盆防渗的水库，必须设置完备的排水系统。

排水系统的排水能力要计入通过防渗层的渗流和不通过防渗层的地下涌水量，渗流量和涌水量要通过计算分析确定。考虑到地下涌水分析计算的难度以及资料的可靠性，在开挖施工中要进行现场测试工作，补充完善设计资料。

根据各工程的具体条件，排水设施包括：坝体和坝基排水、岸坡排水、库底排水及检查排水廊道等。为便于检查渗漏通道位置，宜分区设置排水，排水系统各汇流断面的排水能力按汇流叠加量计算。通过计算确定排水纵坡、排水层厚度及透水花管的数量和布置等。地下涌水引入排水系统的暗沟和管路，要设置透水性大且级配良好的反滤料过渡。排水系统的安全系数，要考虑地形、地质、渗漏量分析的可靠性程度和排水淤堵的影响等确定，一般建议采用 $1\times10^{-2}$cm/s 以上。

**（四）库岸边坡防护**

抽水蓄能电站库水位频繁急剧变化，库岸边坡在水位骤降时可能发生失稳破坏，从而影响电站正常运行。

库岸边坡的研究重点部位是单薄分水岭、垭口、断裂发育段。在高山的沟壑或起伏不大的高地修建上水库，应按库水位的变动条件复核水库内、外岸坡的稳定性。根据库址区水文地质条件，分析评价库岸边坡的稳定性，确定边坡支护措施。对库盆内断层破碎带、软弱夹层带、变形特性有明显差别的地层进行处理，避免防渗结构因不均匀变形产生破坏。

对全库盆防渗的水库，库岸应平顺，转弯段宜平顺连接，防渗面板地基软硬交接带，应采取改善不均匀沉降的处理措施。

**（五）泄洪建筑物**

根据地形地质条件、工程总体布置要求和确定坝型，选择水库泄洪方式，确定泄洪建筑物布置和消能方式。

上、下水库泄洪建筑物的布置，考虑天然洪水与电站发电或抽水流量叠加的影响，通常选择合适规模的底孔与表孔相结合的布置型式，使水库的泄洪系统既有一定超泄能力，又具有良好的预、控泄能力，有利于降低挡水建筑物高度、节省工程投资、提高电站运行的灵活性和安全性。当地材料坝的泄洪建筑物一般采用岸边溢洪道＋泄洪放空洞；混凝土坝的泄洪建筑物布置在混凝土坝体上，采用表孔溢流坝和中低坝身泄洪孔相结合形式，达到运用灵活可靠。

溢流表孔可采用有闸门控制或无闸门控制，无闸门控制的溢流表孔采用自由溢流方式，堰顶高程一般与正常蓄水位齐平，运行管理较方便，洪水期来多少水泄多少水，洪水调度灵活，但增加了溢流前缘宽度，抬高堰上水头，工程量增加较多。可结合工程地形地质条件、洪水调度运行要求，综合比较后确定。

**（六）拦排沙建筑物**

国内、外已建成的抽水蓄能电站的机组缺乏在含沙水流中运行的先例，其磨损特性及规律尚待进一步研究与探讨。但由于水泵水轮机的相对流速大于常规机组，水泵水轮机对磨损的影响更为敏感，磨损量是常规水轮机的数倍乃至十数倍。因此，在多泥沙河川或溪流上修建上、下水库时，要因地制宜采取泥沙处理的防沙、拦沙和排沙工程措施，降低或限制进/出水口前淤积高程和过机含沙量，改善机组磨损条件，使其满足相应的设计要求。

**（七）生态流量泄放设施**

根据环境保护措施要求，设置生态放流设施，满足在非汛期及初期蓄水时，大坝下游的生态及灌溉用水要求，并与工程区景观整体规划相协调。

**（八）补水、放空与回蓄设施**

上、下水库应充分利用自然条件，通过工程措施收集天然径流、雨水、水库渗漏水等可利用水源，以补充水库蒸发、渗漏损失。

根据检修要求，上、下水库可设置放空和回蓄充水的设施。为适应初期充水和检修后回蓄的要求，不宜留较大的死库容，必要时，可采取工程措施填高库底。初期充水的水源和充蓄设施宜加以保留。

**（九）交通**

抽水蓄能电站水库库顶道路的宽度在满足交通和大坝构造要求外，尚应满足不同面板材料施工机械操作要求。库顶道路应与工程永久道路衔接。

**（十）其他**

此外，抽水蓄能电站上、下水库还需根据其各自的工程条件，开展建筑物抗冰冻、抗震等结构布置及水库地质灾害防治等设计工作。

# 第十七章 库 盆 设 计

抽水蓄能电站通过开挖围坝形成的人工水库包括坝体和库盆两部分，其设计与常规水电站有所区别，本章主要介绍库盆的防渗、排水及库岸防护设计。

## 第一节 防 渗 方 案 选 择

库盆的防渗设计是抽水蓄能电站水库建设的关键技术问题。根据已建工程的经验，库盆防渗型式选择将直接影响电站的综合效益和投资。

### 一、影响库盆防渗方案选择的因素

进行抽水蓄能电站水库库盆防渗方案选择时通常受以下几方面因素影响。

**（一）地形地质和水文地质条件**

这是影响库盆防渗方案选择的重要因素。地形地质和水文地质条件较好的水库通常可不进行专门库盆防渗处理；地形地质和水文地质条件较差，存在库水外渗，则可视库容条件、水源条件和对电站运行影响程度选择垂直或表面防渗型式。

**（二）水源条件**

抽水蓄能电站水库在运行过程中，需要有一定的补水水源对渗漏和蒸发损失的库水进行补充，当补水水源缺乏或补水成本较高时，宜采用防渗标准和可靠性较高的防渗方案，反之亦然。

**（三）挡水建筑物型式**

抽水蓄能电站水库防渗系统由挡水建筑物防渗系统与库盆防渗系统组成，两防渗体系互相影响并应可靠连接封闭，尤其是对于采取全库盆表面防渗的水库，其坝型选择与库盆防渗型式选择难以分割，通常需考虑库容要求、库岸稳定、土石方平衡等要求同时选定。采用局部防渗处理时，其库岸防渗方案则需考虑与挡水建筑物防渗结构衔接的可靠性。

**（四）库岸坡稳定性**

抽水蓄能电站运行过程中库水位频繁骤升骤降，易引起边坡失稳或风化岩石边坡的崩解，因此当库岸分布有土质或风化破碎的岩石边坡、单薄分水岭、垭口和断裂发育段时，应分析评价库岸边坡的稳定性，选择合适的护岸加固措施，满足库岸稳定要求。

**（五）建筑材料来源**

库盆防渗方案时在满足安全要求的前提下，为达到节省投资，减少环境影响的目的，宜优先选择可充分利用开挖料或当地建筑材料的防渗型式，实现经济、技术的合理统一。

## 二、防渗型式及防渗范围

大部分抽水蓄能电站水库均存在库盆渗漏问题，应根据其水源、地形、地质、气温、施工、材料等条件，应通过技术经济比较，因地制宜选用库盆防渗型式。

**（一）库盆防渗型式**

抽水蓄能电站水库库盆防渗型式可分为垂直防渗、表面防渗和综合防渗三种型式。根据其防渗范围可划分为全库盆防渗及局部防渗。在进行防渗设计时，不同防渗型式需考虑的影响因素基本相同。表17－1给出了国内部分已建及在建抽水蓄能电站水库防渗型式统计表。

**表17－1　　国内部分已建及在建抽水蓄能电站水库防渗型式统计表**

| 序号 | 建设省份 | 电站名称 | 投产年份 | 装机容量/MW | 防渗型式 | |
|---|---|---|---|---|---|---|
| | | | | | 上水库 | 下水库 |
| 1 | 河北 | 丰宁一期 | 在建 | 1800 | 垂直防渗 | 垂直防渗* |
| 2 | 河北 | 抚宁 | 在建 | 1200 | 垂直防渗 | 垂直防渗 |
| 3 | 河北 | 尚义 | 在建 | 1400 | 垂直防渗 | 垂直防渗 |
| 4 | 内蒙古 | 芝瑞 | 在建 | 1200 | 垂直防渗 | 垂直防渗 |
| 5 | 辽宁 | 蒲石河 | 2012 | 1200 | 垂直防渗 | 垂直防渗 |
| 6 | 辽宁 | 清原 | 在建 | 1800 | 垂直防渗 | 垂直防渗 |
| 7 | 吉林 | 敦化 | 在建 | 1400 | 垂直防渗 | 垂直防渗 |
| 8 | 吉林 | 蛟河 | 在建 | 1200 | 垂直防渗 | 垂直防渗 |
| 9 | 黑龙江 | 荒沟 | 在建 | 1200 | 垂直防渗 | 垂直防渗* |
| 10 | 浙江 | 溪口 | 1997 | 80 | 垂直防渗 | 垂直防渗 |
| 11 | 浙江 | 桐柏 | 2005 | 1200 | 垂直防渗* | 垂直防渗 |
| 12 | 浙江 | 仙居 | 2016 | 1500 | 垂直防渗 | 垂直防渗* |
| 13 | 浙江 | 长龙山 | 在建 | 2100 | 垂直防渗 | 垂直防渗 |
| 14 | 浙江 | 宁海 | 在建 | 1400 | 垂直防渗 | 垂直防渗 |
| 15 | 浙江 | 缙云 | 在建 | 1800 | 垂直防渗 | 垂直防渗 |
| 16 | 浙江 | 衢江 | 在建 | 1200 | 垂直防渗 | 垂直防渗 |
| 17 | 安徽 | 响水涧 | 2000 | 1000 | 垂直防渗 | 垂直防渗 |
| 18 | 安徽 | 绩溪 | 2020 | 1800 | 垂直防渗 | 垂直防渗 |
| 19 | 安徽 | 金寨 | 在建 | 1200 | 垂直防渗 | 垂直防渗 |
| 20 | 安徽 | 桐城 | 在建 | 1280 | 垂直防渗 | 垂直防渗 |
| 21 | 福建 | 仙游 | 2013 | 1200 | 垂直防渗 | 垂直防渗 |
| 22 | 福建 | 厦门 | 在建 | 1400 | 垂直防渗 | 垂直防渗 |
| 23 | 福建 | 永泰 | 在建 | 1200 | 垂直防渗 | 垂直防渗 |
| 24 | 福建 | 云霄 | 在建 | 1800 | 垂直防渗 | 垂直防渗 |
| 25 | 福建 | 周宁 | 在建 | 1200 | 垂直防渗 | 垂直防渗 |

续表

| 序号 | 建设省份 | 电站名称 | 投产年份 | 装机容量/MW | 防渗型式 | |
|---|---|---|---|---|---|---|
| | | | | | 上水库 | 下水库 |
| 26 | 山东 | 文登 | 在建 | 1800 | 垂直防渗 | 垂直防渗 |
| 27 | 山东 | 沂蒙 | 在建 | 1800 | 垂直防渗 | 垂直防渗 |
| 28 | 河南 | 回龙 | 2005 | 120 | 垂直防渗 | 垂直防渗 |
| 29 | 河南 | 天池 | 在建 | 1200 | 垂直防渗 | 垂直防渗 |
| 30 | 河南 | 洛宁 | 在建 | 1400 | 垂直防渗 | 垂直防渗 |
| 31 | 河南 | 五岳 | 在建 | 1000 | 垂直防渗 | 垂直防渗* |
| 32 | 湖北 | 白莲河 | 2009 | 1200 | 垂直防渗 | 垂直防渗* |
| 33 | 湖南 | 黑麇峰 | 2009 | 1200 | 垂直防渗 | 垂直防渗 |
| 34 | 湖南 | 平江 | 在建 | 1400 | 垂直防渗 | 垂直防渗 |
| 35 | 广东 | 广州一期 | 1993 | 1200 | 垂直防渗 | 垂直防渗 |
| 36 | 广东 | 惠州 | 2009 | 2400 | 垂直防渗 | 垂直防渗 |
| 37 | 广东 | 清远 | 2015 | 1280 | 垂直防渗 | 垂直防渗 |
| 38 | 广东 | 深圳 | 2018 | 1200 | 垂直防渗 | 垂直防渗* |
| 39 | 广东 | 阳江一期 | 在建 | 1200 | 垂直防渗 | 垂直防渗 |
| 40 | 广东 | 梅州一期 | 在建 | 1200 | 垂直防渗 | 垂直防渗 |
| 41 | 海南 | 琼中 | 2017 | 600 | 垂直防渗 | 垂直防渗 |
| 42 | 重庆 | 蟠龙 | 在建 | 1200 | 垂直防渗 | 垂直防渗 |
| 43 | 新疆 | 阜康 | 在建 | 1200 | 垂直防渗 | 垂直防渗 |
| 44 | 新疆 | 哈密 | 在建 | 1200 | 垂直防渗 | 垂直防渗 |
| 45 | 北京 | 十三陵 | 1997 | 800 | 表面防渗：全库混凝土面板 | 垂直防渗* |
| 46 | 河北 | 张河湾 | 2008 | 1000 | 表面防渗：全库沥青混凝土面板 | 垂直防渗* |
| 47 | 河北 | 易县 | 在建 | 1200 | 表面防渗：全库沥青混凝土面板 | 垂直防渗 |
| 48 | 山西 | 西龙池 | 2008 | 1200 | 表面防渗：全库沥青混凝土面板 | 全库综合防渗：库岸混凝土面板＋库底及坝坡沥青混凝土面板 |
| 49 | 山西 | 垣曲 | 在建 | 1200 | 表面防渗：全库沥青混凝土面板 | 垂直防渗 |
| 50 | 内蒙古 | 呼和浩特 | 2014 | 1200 | 表面防渗：全库沥青混凝土面板 | 垂直防渗* |
| 51 | 江苏 | 宜兴 | 2008 | 1000 | 表面防渗：全库混凝土面板 | 垂直防渗 |
| 52 | 江苏 | 溧阳 | 2016 | 1500 | 全库综合防渗：库岸钢筋混凝土面板＋库底土工膜防渗 | 垂直防渗* |
| 53 | 江苏 | 句容 | 在建 | 1350 | 全库综合防渗：库岸沥青混凝土面板＋库底土工膜 | 局部综合防渗：库岸沥青混凝土面板＋库底黏土铺盖 |
| 54 | 浙江 | 天荒坪 | 1998 | 1800 | 表面防渗：全库沥青混凝土面板 | 垂直防渗 |
| 55 | 安徽 | 琅琊山 | 2006 | 600 | 局部综合防渗：局部垂直防渗＋库底黏土铺盖 | 垂直防渗* |

续表

| 序号 | 建设省份 | 电站名称 | 投产年份 | 装机容量/MW | 防渗型式 | |
|---|---|---|---|---|---|---|
| | | | | | 上水库 | 下水库 |
| 56 | 江西 | 洪屏一期 | 2016 | 1200 | 局部综合防渗：库岸混凝土面板＋帷幕灌浆＋库底黏土铺盖＋库底土工膜 | 垂直防渗 |
| 57 | 山东 | 潍坊 | 在建 | 1000 | 表面防渗：全库沥青混凝土面板 | 垂直防渗* |
| 58 | 山东 | 泰安 | 2006 | 1000 | 局部综合防渗：右岸混凝土面板＋库底土工膜＋左岸帷幕 | 垂直防渗* |
| 59 | 河南 | 宝泉 | 2007 | 1200 | 全库综合防渗：库岸沥青混凝土面板＋库底黏土铺盖 | 垂直防渗* |
| 60 | 陕西 | 镇安 | 在建 | 1400 | 全库综合防渗：库周混凝土面板＋库底沥青混凝土面板 | 垂直防渗 |

* 利用已建水库进行改扩建形成的抽水蓄能电站下水库。

1. *垂直防渗*

抽水蓄能电站工程选址应优先选择工程地质条件相对优良、水库库盆断裂及构造不发育、渗漏问题不严重的库址，经分析库水外渗对库岸和相邻水工建筑物的稳定和安全运行不产生较大不利影响时，宜优先考虑采用垂直防渗方案对库盆进行局部防渗处理，以节省工程投资。垂直防渗是抽水蓄能电站水库应用最多的防渗型式，由表 17－1 可以看出，在统计的 60 个抽水蓄能电站工程中，上、下水库采用垂直防渗型式的分别为 44 个和 58 个，占比分别高达 73.3%和 96.7%。

垂直防渗的主要型式有灌浆帷幕、混凝土防渗墙、高喷灌浆等。我国的抽水蓄能电站水库多数均采用帷幕灌浆，福建云霄等少数抽水蓄能电站采用混凝土防渗墙等其他垂直防渗型式。

垂直防渗的处理措施与常规水利水电工程相比无明显差异，由于抽水蓄能电站库水十分宝贵，通常采用较高的防渗标准。采用垂直防渗型式的水库通常成库条件良好，其防渗范围主要为坝基及坝肩、库周垭口等局部单薄分水岭、断裂构造及岩溶发育等存在集中渗漏的部位。

2. *表面防渗*

当抽水蓄能电站所选库址工程地质条件较差、库盆断层及构造发育、库周山体地下水位低于正常蓄水位、水库渗漏对电站运行、库岸稳定和相邻水工建筑物的稳定和安全运行产生严重不利影响时，则应采取表面防渗对全库盆进行防渗处理，保障电站、水库和相邻建筑物的安全可靠运行。

表面防渗的型式较多，主要区别是防渗材料的不同。我国目前应用较多的表面防渗型式主要为沥青混凝土面板防渗、钢筋混凝土面板防渗、土工膜防渗和黏土铺盖防渗等。其中前两种型式可用于全库各部位作为全库或局部防渗结构，后两种多用作于库底防渗结构。

根据表 17－1，在东北、西北和华北地区建设的 7 座抽水蓄能电站全库盆防渗上水库中，除早期建设的十三陵抽水蓄能电站外，其余 6 座均采用沥青混凝土防渗面板。

3. 综合防渗

综合防渗型式是指采用两种或两种以上防渗型式进行防渗处理的组合型式。当水库库盆各部位渗漏条件差异较大时，可将库盆进行分区分段，详细分析各区段的渗漏问题，提出适合各区段的垂直或表面防渗型式，组合成多个库盆综合防渗比选方案，通过综合比较确定库盆的防渗方案。

综合防渗方案相对于表面防渗型式来说通常会节省部分工程投资，但由于可供比选的组合方案较多，在进行方案拟定和比选时，除考虑一般因素影响外，还应重点考虑不同防渗型式间连接的可靠性、不同施工条件的相互干扰及对工期的影响，通过技术经济综合分析对比，选择较优的防渗方案。两种防渗型式间的连接应开展专门的细部设计研究。

山东泰安抽水蓄能电站上水库所在的樱桃园沟两岸被断裂带分割成各自独立的水文地质单元。左岸山体雄厚，岩石完整，具备良好的不透水性，库周地下水位接近或高于正常蓄水位。左岸大坝趾板基础及山体采用帷幕灌浆方案，帷幕线上游端与廊道基础帷幕相连，下游端延伸至左岸山体相对隔水层内，切断库水绕坝外渗通道；右岸横岭山脊单薄，地下水位低于正常蓄水位，且补给条件较差，水库可能存在垂直向渗漏问题。对右岸库盆进行防渗处理。在综合对比了多种方案后，最终确定右岸钢筋混凝土面板+库底土工膜防渗方案。右岸横岭距坝轴线约 818m 范围的岸坡采用混凝土面板防渗，库底回填石渣区采用复合土工膜进行水平防渗，土工膜与大坝面板及右岸岸坡面板相接，帷幕灌浆沿环库公路延至库尾微弱透水山体中，封闭右岸库水外渗通道。

江西洪屏抽水蓄能电站上水库位于江西省靖安县三瓜仑乡洪屏村高山盆地，为四面环山的近圆形沟源天然盆地，上水库由一座主坝和两座副坝填筑围成。北侧—东南侧库岸山体雄厚，山体地下水位及相对隔水层均高于正常蓄水位，不存在渗漏问题。西北垭口、西侧和南侧库岸段山体地下水位或相对隔水层均低于正常蓄水位。西库岸—南库岸间断层发育且由库盆穿过库岸与库外的低谷连通成为渗漏通道，坝基及坝肩存在渗漏问题，主坝至西南副坝的库盆底部断层构造发育，存在渗漏问题。上水库存在岩体水平渗漏、断层水平和垂直渗漏的问题，在前期勘察过程中，因地下厂房探洞开挖，南库岸地下水位骤降至库底高程以下，形成渗漏漏斗，南库岸断层与地下洞室群间存在连通的渗漏通道。工程采用综合防渗型式进行局部防渗处理，主坝—西副坝基础及西北库岸采用帷幕灌浆；南库岸采用钢筋混凝土面板，底采用库内黏土水平铺盖约 2.7 万 $m^2$、土工膜铺盖约 7 万 $m^2$，西库底局部铺设 2～3m 厚土石混合料，利用细颗粒对断层渗透通道进行淤堵。

**（二）防渗范围**

抽水蓄能电站上、下水库防渗范围应根据地形、地质和库区水文地质条件等，经论证分析确定。

1. 库盆不设防渗措施

当水库有充足的天然径流进行补给、或水库径流补给条件较差但位于高山山谷地带，最高库水位远低于库周地下水位，库区地质条件较好，库底及库周不存在永久性渗漏通道，水库天然封闭条件好时，水库库盆可不采取防渗措施。

如广东广州抽水蓄能电站的上水库、日本神流川抽水蓄能电站的上、下水库均属此种情况，库水难以外渗，库盆均未设防渗措施。

2. 库盆局部防渗

当水库大部分库盆能满足最高库水位远低于库周地下水位，库区地质条件相对较好，断层、构造不太发育，仅库岸垭口部位地下水位埋深较浅，低于正常蓄水位时，可对库盆采取局部防渗措施。我国抽水蓄能电站多数采用灌浆帷幕对库岸进行局部防渗处理，如辽宁蒲石河上水库、黑龙江荒沟上水库、吉林蛟河上水库、广东清远上水库、河北丰宁上水库等；山东泰安、安徽琅琊山、江西洪屏抽水蓄能电站上水库采用灌浆帷幕＋表面的综合防渗措施对库岸进行局部处理。

3. 全库盆防渗

当库周地下水位较低，库盆基岩透水率较大，或库岸工程地质条件较差，断层、构造发育，水库存在严重渗漏问题时，须对库盆进行全面的防渗处理。如已建的河北张河湾、山西西龙池、内蒙古呼和浩特、浙江天荒坪和在建的山西垣曲、陕西镇安等抽水蓄能电站上水库均采用全库盆防渗型式。

## 三、防渗标准确定

由于每个抽水蓄能电站水库自身的库容大小、补水水源、渗漏影响、地质条件、防渗型式、施工技术等因素均各有不同，应因地制宜综合考虑上述因素后确定。

### （一）确定渗流控制标准主要因素

抽水蓄能电站水库的渗流控制标准，应在不影响水工建筑物安全、稳定的前提下，综合考虑水库库容大小、有无径流补给、工程地质条件、防渗型式的可靠性和施工技术水平等因素确定。

确定渗流控制标准时要考虑的主要因素有：

（1）当水库库容较大、有天然径流补给、库盆渗漏不危及其他建筑物运行或山体稳定时可取大值；当水库库容或流域面积较小，无天然径流补给、库盆渗漏对其他建筑物运行或山体稳定有危害时要提高渗流控制标准，可取小值。

（2）控制标准应满足渗透稳定要求。根据地形、地质资料，宜建立工程区渗流模型，按照渗流溢出边界、主要断裂构造、渗透性、地下水状况等分析计算初始渗流场；按照变化的补排关系分析运行期渗流场、渗透流量、地下水位线，研究其对周围建筑物的影响，渗漏对周边建筑物影响大的，其控制标准应取小值，反之可取大值。

（3）防渗型式影响。不同防渗型式对应的渗漏量是有所区别的，表面防渗结构相较于垂直防渗结构，防渗结构的可靠性高，渗透系数小，其标准宜取小值。选择防渗方案的同时需要充分考虑水库渗漏的特点，与类似工程进行类比和总结，最终选取适合本工程的经济合理的防渗型式。

### （二）全库盆防渗标准

日本、德国等国家的渗流控制标准见表 17－2。

国内外已建成的无径流补给、全库盆防渗的上水库，防渗工程处理较好的，其渗漏量基本都控制在此范围内，且库盆实际渗漏量值均小于原设计计算值。国内外已建全库盆防渗水库实际渗漏量统计见表 17－3 和表 17－4。

表 17-2　　国外沥青混凝土全库盆防渗的渗流控制标准

| 序号 | 名　称 | 控制标准 | 备注 |
|---|---|---|---|
| 1 | 日本水利沥青工程设计标准 | 日渗漏量不大于 0.5‰的总库容 | — |
| 2 | 德国沥青防渗控制 | 日渗漏量不大于 0.2‰的总库容 | 习惯控制标准 |

表 17-3　　国内外部分沥青混凝土全库盆防渗实际渗流控制情况

| 序号 | 国家 | 工程名称 | 建成年份 | 总库容/万 $m^3$ | 实际渗漏量/(L/s) | 占总库容比例/‰ | 备注 |
|---|---|---|---|---|---|---|---|
| 1 | 爱尔兰 | 特洛夫山 | 1973 | 230.0 | 6.00 | 0.230 | 有效库容 |
| 2 | 日本 | 沼原 | 1974 | 433.6 | 无滴水 | ≪0.200 | — |
| 3 | 德国 | 瑞本勒特 | 1994 | 150.0 | 无滴水 | ≪0.200 | 改建后 |
| 4 | 中国 | 张河湾 | 2009 | 780.0 | 7.34 | 0.081 | — |
| 5 | 中国 | 西龙池 | 2009 | 469.0 | 4.63 | 0.085 | — |
| 6 | 中国 | 呼和浩特 | 2013 | 680.0 | 3.43 | 0.043 | — |

表 17-4　　国内外部分钢筋混凝土面板全库盆防渗实际渗流控制情况

| 序号 | 国家 | 工程名称 | 建成年份 | 总库容/万 $m^3$ | 实际渗漏量/(L/s) | 占总库容比例/‰ | 备注 |
|---|---|---|---|---|---|---|---|
| 1 | 德国 | 瑞本勒特 | 1955 | 150 | 37.00 | 2.130 | 改建前 |
| 2 | 法国 | 拉古施 | 1975 | 200 | 200.00 | 4.320 | — |
| 3 | 中国 | 十三陵 | 1997 | 445 | 14.16 | 0.280 | 冬季最大值 |
| 4 | 中国 | 泰安 | 2006 | 1108 | 20.00～30.00 | 0.192 | — |
| 5 | 中国 | 宜兴 | 2008 | 538 | 14.00 | 0.228 | — |

统计数据表明：近 1/3 采用全库盆防渗型式的工程实际库盆日渗漏量占总库容的比例在 0.5‰～0.2‰之间，其余 2/3 工程的库盆日渗漏量在总库容的 0.2‰以内。

因此，在不影响相邻水工建筑物安全、综合考虑水库库容大小、有无径流补给、工程地质条件、防渗型式的可靠性、施工因素等，采用全库防渗的水库一般可按库盆日渗漏量不超过总库容的 0.5‰～0.2‰进行控制；对于采用沥青混凝土面板进行全库盆防渗的水库，由于其防渗效果显著，允许的库盆日渗透量甚至可取总库容的 0.2‰～0.1‰。

**（三）局部防渗标准**

采用局部防渗处理的抽水蓄能电站水库，其渗流控制标准可根据有无天然径流补给等条件确定，防渗标准一般在 1～3Lu 范围内。对于上水库，由于抽水成本较高，其帷幕的防渗标准宜从严控制，一般高于常规水电站工程，宜采用 1Lu 甚至更高的帷幕防渗标准。当下水库补水水源充足时，其渗控标准可低于上水库；当下水库库盆渗漏量过大或者无天然径流、补水水源匮乏时，可能影响到电站的正常运行，其渗控标准应相应提高。

# 第二节　混凝土面板防渗

## 一、混凝土面板的应用及特点

### （一）混凝土面板的应用

混凝土面板作为防渗体，最早于19世纪末期应用在抛填式堆石坝中，其后随着碾压堆石筑坝技术的广泛应用，混凝土面板防渗技术得到了高速的发展，不仅应用于堆石坝体的表面防渗，也可应用于岸坡及库底的防渗，特别是应用于抽水蓄能电站全库盆防渗。

我国抽水蓄能电站最早采用混凝土面板作为全库盆防渗的工程是1997年建成的北京十三陵抽水蓄能电站上水库。近年来，混凝土面板以其良好的防渗性、耐久性、施工简便、造价低廉等优点，被许多工程所采用。

国内外已建或拟建采用混凝土面板进行全库盆防渗的抽水蓄能工程实例统计见表17－5。

表17－5　　国内外采用混凝土面板全库盆防渗工程统计

| 序号 | 工程名称 | | 工程所在地 | 建成年份 | 库容/万 $m^3$ | 坝高/m | 面板坡度 | 面板厚度/cm |
|---|---|---|---|---|---|---|---|---|
| 1 | 瑞本勒特 | 上库 | 德国 | 1955 | 150 | | | 20 |
| 2 | 拉古施 | 上库 | 法国 | 1975 | 200 | | | 30 |
| 3 | 十三陵 | 上库 | 北京市昌平区 | 1997 | 445 | 75.0 | 1∶0.5 | 30 |
| 4 | 广州 | 上库 | 广东省广州市 | 2000 | | 43.4 | 1∶0.4 | $30+0.3H$ |
| 5 | 泰安 | 上库 | 山东省泰安市 | 2007 | 1108 | 99.8 | 1∶0.5 | 30 |
| 6 | 宜兴 | 上库 | 江苏省宜兴市 | 2008 | 538 | 75.0 | 1∶0.4 | 40 |
| 7 | 阜康 | 上库 | 新疆维吾尔自治区阜康市 | 在建 | 705 | 133.0 | 1∶0.5 | 40 |

北京十三陵抽水蓄能电站上水库由人工挖填而成，采用30cm等厚钢筋混凝土面板进行全库盆防渗，总库容445万 $m^3$，防渗面积17.5万 $m^2$，面板接缝总长达2万m。工程于1997年建成，投入使用后运行良好。实测全库最大渗漏量：1998年冬季12月为14.16L/s，1999年、2000年冬季渗漏量为7～6L/s，其他季节为0.02L/s。

江苏宜兴抽水蓄能电站上水库总库容530.7万 $m^3$，水库四周沟谷深切，地下水排泄条件较好，库内断层破碎带和岩脉较发育。采用40cm等厚钢筋混凝土面板进行全库盆防渗，防渗面积18.07万 $m^2$。

### （二）混凝土面板的特点

1. 结构布置特点

（1）用于全库盆防渗的混凝土面板通常高度不大，库岸防渗高度通常小于70m，其防渗面板多采用等厚度，一般为30～40cm。

（2）混凝土面板对地形适应性较强，面板的坡度可以较陡，一般为1∶1.3～1∶1.4。与沥青混凝土面板全库盆防渗相比，采用混凝土面板进行全库盆防渗，库盆的防渗面积相

对较小、相应的库容更大。

(3) 混凝土面板防渗体布置在表面，一旦出现裂缝和渗漏，具备检查裂缝和后期修补的条件。

(4) 混凝土面板分缝较多、止水设计复杂。混凝土面板属刚性薄板结构，需要进行分缝分块，并设置止水设施，因此接缝止水设计和施工相对复杂，容易发生破坏，形成渗漏通道。

(5) 混凝土面板适应变形能力较差。由于混凝土面板厚度较薄，刚度较大，其适应变形能力相对较差，容易出现裂缝，不适用于变形较大的土质边坡。

(6) 混凝土面板防渗体位于坝体表面，受外界气温变化影响较大，特别是寒冷地区抽水蓄能电站，面板受冻融循环次数较为频繁，需要特别考虑面板表面的抗冰冻措施，以及表面止水受冰拔力作用的破坏影响。

2. 技术特点

(1) 混凝土面板具有较好的防渗性能、耐高温性能以及抗冲性能，其渗透系数可达到$1\times10^{-8}$cm/s。

(2) 混凝土面板技术成熟、施工速度快，经过几十年的发展，混凝土面板无论在施工工艺、施工设备上都得到了提高，一方面施工受天气影响较小，另一方面面板采用滑模施工，十分灵活，施工速度快。

## 二、混凝土面板设计

### (一) 混凝土面板防渗系统结构型式

采用混凝土面板进行全库盆防渗的水库，由在沟谷（垭口）修筑的混凝土面板堆石坝体与库盆混凝土面板防渗体系组成。

1. 坝体防渗系统结构型式

对在沟谷（垭口）筑坝而成的混凝土面板堆石坝而言，坝体由混凝土防渗面板、垫层、过渡层、堆石体组成。坝体的结构设计与常规混凝土面板堆石坝基本相同，区别在于坝体混凝土面板通过连接板与库底面板连接，无须在趾板上进行基础固结灌浆与帷幕灌浆。坝体混凝土面板结构见图 17－1。

2. 库盆防渗系统结构型式

对库盆而言，防渗体系由表部钢筋混凝土面板和下部排水层两部分组成，库岸坡面混凝土防渗面板与库底混凝土防渗面板之间采用连接板衔接，排水层通常采用碎石垫层或无砂混凝土。无砂混凝土排水垫层主要适用于岩质库岸边坡，但对混凝土面板的约束作用较强，容易引起面板开裂，需加强防裂措施。库岸混凝土面板结构见图 17－2。

3. 连接板结构布置

坝（库）坡面混凝土防渗面板与库底混凝土防渗面板之间采用连接板衔接，以吸收两者之间的不均匀变形。连接板基本不受坡面混凝土面板传来的推力，主要起过渡衔接作用，因此可以坐落于坝体填筑体或排水垫层上。为了给坝（库）坡面板滑模施工提供一个起始工作面，连接板一般顺坝（库）坡上翘长 0.8～1.0m。连接板的宽度一般与坝（库）坡面面板宽度一致，库底部分面板长度通常为 10m 左右。连接板结构如图 17－3 所示。

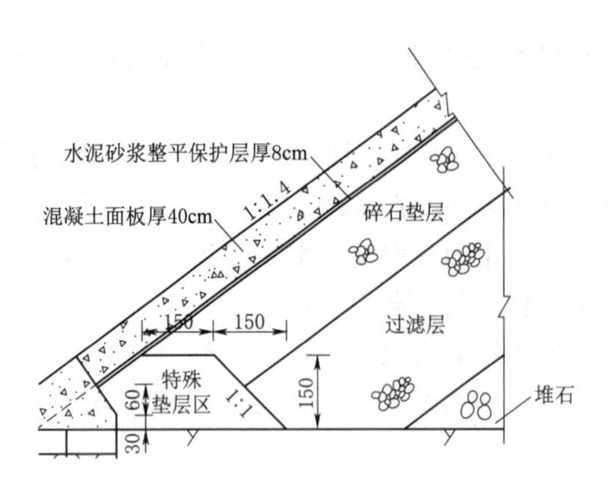


图 17-1　坝体混凝土面板结构简图（单位：cm）

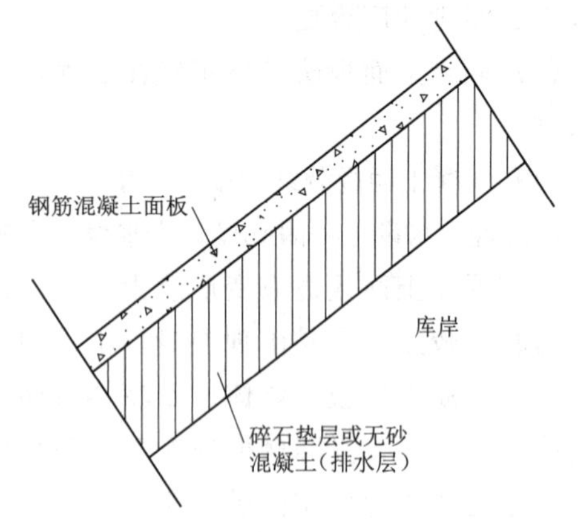


图 17-2　库岸混凝土面板结构简图

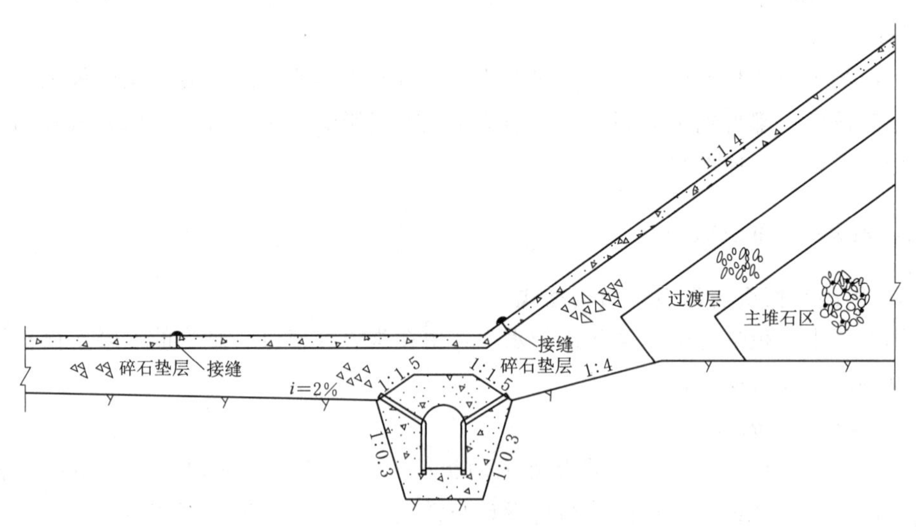


图 17-3　连接板结构简图

**（二）混凝土面板设计要求**

1. 技术性能要求

抽水蓄能电站全库盆防渗所采用的混凝土面板，其设计强度、抗渗性、抗裂性、耐久性、抗冻性以及施工和易性均应满足以下要求。

（1）设计强度。混凝土防渗面板的强度指标反映它的综合性能，其设计强度主要受其承受的水头影响。一般情况下，抽水蓄能电站全库盆防渗所采用的混凝土防渗面板所承受的水头通常小于 70m，相应面板混凝土强度要求不低于 C25。

（2）抗渗性。混凝土防渗面板作为水库主要的防渗结构，抗渗性是其重要的性能指标，要求其渗透系数一般为 $1\times10^{-8}$cm/s。当混凝土防渗面板承受的渗透比降小于 100 时，其抗渗等级宜不小于 W8；当承受的渗透比降为 100～150 时，其抗渗等级宜不小于 W10；当承受的渗透比降在大于 150 时，其抗渗等级宜不小于 W12。

（3）抗裂性。混凝土防渗面板由于厚度小、长度大，极易产生较大的贯穿裂缝，从而

影响其防渗效果。因此，其抗裂性能是混凝土防渗面板的主要指标之一。混凝土防渗面板的抗裂性主要通过其极限拉伸应变体现，一般情况下，抽水蓄能电站所采用的混凝土防渗面板所承受的水头通常小于70m，其极限拉伸值宜大于$80\times10^{-6}$。在面板混凝土中掺入适量聚合物纤维，对防止塑性裂缝和提高混凝土的抗裂性有宜。

(4) 耐久性。混凝土的耐久性直接决定面板的使用年限，对以薄板为主要防渗结构的面板更为重要。影响混凝土防渗面板耐久性的因素较多，如温度变化、水流冲刷、冻融破坏、化学侵蚀、混凝土碳化以及钢筋锈蚀等。在面板混凝土中掺入适量优质粉煤灰，可以提高混凝土的抗裂性和耐久性，增加混凝土的和易性。

(5) 抗冻性。面板混凝土抗冻等级应根据气候分区、年冻融循环次数、结构构件重要性和检修条件等条件确定。对于我国北方寒冷地区的抽水蓄能电站工程，一般情况下其抗冻指标不低于F300，严寒地区需采用F400或更高的抗冻等级。例如荒沟、清原、蛟河、阜康等抽水蓄能电站，其混凝土面板抗冻指标均为F400。

(6) 施工和易性。混凝土防渗面板的施工和易性主要由坍落度来体现，为确保混凝土具有足够的黏聚性，宜振捣密实，且在输送时宜下滑、不离析。混凝土防渗面板一般不允许采用泵送混凝土，当采用溜槽输送时，其坍落度应为3～7cm。

2. 设计注意事项

在混凝土面板防渗设计过程中应重点注意以下问题：

(1) 与常规面板堆石坝不同，整个库盆均采用混凝土面板防渗，坝坡与库底均采用过渡连接板型式，面板基础均坐落在排水垫层上。

(2) 为避免在库水位骤降时渗漏水在面板后产生反向渗压及冬季的冻胀破坏，面板下应设置可以自由排水的排水垫层，排水垫层渗透系数大于$1\times10^{-2}$cm/s。

(3) 在满足防渗要求下，面板应具有较好的柔性，应根据温度、干缩和适应地基变形要求合理地设置分缝。

(4) 根据所选用原材料的性能指标，结合工程所在地区的气候特点、地质条件等因素，选择合理的混凝土配合比，使混凝土面板具有足够的抗渗、抗裂以及抗冻性能，在寒冷地区抗冻性是面板混凝土设计的主要控制指标。

**(三) 混凝土面板结构设计**

1. 面板厚度

面板的厚度应使面板承受的水力梯度不超过200，在满足此条件下，宜选用较薄的面板厚度。寒冷和地震烈度较高的地区宜适当增加面板厚度。

对于抽水蓄能电站来说，由于其承受的水头较小，库岸边坡高度一般不超过70m，可采用0.3～0.4m的等厚面板；用于坝体部位防渗的钢筋混凝土面板，其顶部厚度宜取0.3～0.4m，并向底部逐渐增加，可按式(17-1)计算：

$$t=(0.3\sim0.4)+(0.002\sim0.0035)H \qquad (17-1)$$

式中：$t$为面板的厚度，m；$H$为计算断面至面板顶部的高度，m。

2. 面板坡度

采用混凝土面板进行全库盆防渗的抽水蓄能电站工程，防渗面板的坡度与库岸边坡开挖及填筑坡度密切相关。混凝土面板下部排水层多采用碎石垫层或无砂混凝土，填筑的垫层料坡度一般不能陡于 1∶1.3，因此混凝土面板多采用 1∶1.3～1∶1.5 的坡度。

3. 面板配筋

混凝土面板配筋是为了控制温度裂缝和水泥硬化初期的干缩裂缝，限制这些裂缝的扩展。一般情况下，混凝土面板多为构造配筋。面板配筋可采用单层双向或双层双向配筋，每向配筋率宜为 0.3%～0.4%，钢筋保护层厚度宜为 10～15cm。当采用单层双向配筋时，钢筋可置于面板截面中部或偏上位置。

对于抽水蓄能电站，由于混凝土面板运行条件比较严酷，面板通常采用双层双向配筋，配筋率也有适当提高。为防止面板边缘局部受挤压破坏，还需在面板压性垂直缝、周边缝以及临近周边缝的上、下两侧配置适当的抗挤压钢筋。

**（四）面板混凝土设计**

1. 原材料选择

（1）水泥。面板混凝土宜采用 42.5 级硅酸盐水泥或普通硅酸盐水泥。有条件时，可选用热膨胀系数较低的大坝中热水泥。

（2）骨料。面板混凝土应采用二级配骨料，不仅能减少溜槽入仓时骨料分离，还有利于在较密钢筋情况下混凝土下料及止水处的混凝土浇筑。

粗骨料（石料）的最大粒径不应大于 40mm，含泥量不应大于 1%；细骨料（砂）宜选用级配良好，细度模数为 2.4～2.8、含泥量小于 2%的人工砂。

（3）掺合料。面板混凝土中宜掺入具有一定活性、较小干缩性的粉煤灰及聚合物纤维，以保证混凝土的抗裂性和耐久性，采用的聚合物纤维种类及掺量应通过实验确定。掺入粉煤灰的质量等级不宜低于Ⅱ级，掺量宜在 15%～30%，温和地区宜采用大值、寒冷地区宜采用小值。

（4）外加剂。面板混凝土中掺入外加剂对提高混凝土的性能有显著效果，常用的外加剂主要为引气剂和减水剂。采用外加剂的种类及掺量应通过实验确定，各种外加剂间应具有相容性。

2. 混凝土配合比

（1）水灰比。水灰比是控制面板混凝土抗渗性和耐久性的主要指标，温和地区应小于 0.50，严寒和寒冷地区应小于 0.45。

（2）用水量。用水量反映面板混凝土配合比的设计水平，降低用水量能够提高面板混凝土的耐久性，降低混凝土渗透性。一般情况下，用水量在 150～160kg/m$^3$ 范围内。

国内近年已建或在建的抽水蓄能电站工程采用的防渗面板混凝土原材料参数及配合比见表 17-6。

**表 17-6　　抽水蓄能电站防渗面板混凝土材料参数及配合比统计**

| 项目 | 建成年份 | 防渗面板部位 | 混凝土标号 | 最大骨料粒径/mm | 水灰比 | 坍落度/cm |
|---|---|---|---|---|---|---|
| 十三陵 | 1997 | 全库盆 | C25W8F300 | 40 | 0.44 | 5～7 |
| 泰安 | 2007 | 大坝 | C25W8F300 | 40 | 0.45～0.55 | 4～6 |
| 宜兴 | 2008 | 大坝及岸坡 | C25W8F200 | 40 | 0.39 | 2～4 |

续表

| 项目 | 建成年份 | 防渗面板部位 | 混凝土标号 | 最大骨料粒径/mm | 水灰比 | 坍落度/cm |
|---|---|---|---|---|---|---|
| 蒲石河 | 2012 | 大坝 | C30W10F300 | 40 | 0.45 | 3～6 |
| 荒沟 | 在建 | 大坝 | C35W10F400 | 40 | 0.40 | |
| 文登 | 在建 | 大坝 | | 40 | | |
| 阜康 | 在建 | 全库盆 | C25W12F400 | 40 | | |
| 清原 | 拟建 | 大坝 | C30W12F400 | 40 | | |
| 蛟河 | 拟建 | 大坝 | C30W10F400 | 40 | | |

## 三、分缝及止水

用于抽水蓄能电站全库盆防渗的混凝土面板必须进行分缝止水设计，以适应干缩和基础不均匀沉降变形的影响，避免有害裂缝的产生。混凝土面板接缝主要由坝体防渗面板接缝、库岸防渗面板接缝以及库底防渗面板接缝三部分组成。

### （一）坝体分缝止水设计

坝体防渗面板分缝原则与常规混凝土面板堆石坝的分缝原则基本一致，主要包括混凝土面板与面板之间的垂直缝、混凝土面板与连接板之间的周边缝、连接板之间伸缩缝、坝体混凝土面板与库岸边坡混凝土面板之间垂直缝、面板与防浪墙间的水平缝以及防浪墙之间结构缝。

1. 面板垂直缝

大坝混凝土面板采用滑模施工，为了适应坝体变形和满足施工要求，大坝混凝土面板设置垂直缝。面板垂直缝按照受力情况一般分为张性缝和压性缝两种，其间距应根据库盆形状、面板应力、施工条件等因素综合考虑。库岸或坝坡受压区为压性缝，间距为12～18m；坝肩及库坡曲面段受拉区为张性缝，一般为压性缝宽度的1/2～1/3。在满足温度应力及基础变形的条件下，尽量使分缝尺寸大一些，这样可减少接缝止水的长度，不仅能减小接缝止水的施工难度和造价，也可提高整个面板防渗体系的可靠性，如图17-4、图17-5所示。

面板垂直缝缝内一般设置两道止水，底部布置一道“W”型铜止水，表部柔性填料止水。

2. 周边缝

坝体混凝土面板与连接板之间需设置周边缝。由于全库盆防渗的钢筋混凝土面板坝通常高度不高于70m，周边缝一般设置两道止水，底部一道“F”型铜止水，表部柔性填料止水，如图17-6所示。

3. 连接板伸缩缝

连接板之间设置伸缩缝，与面板垂直缝错缝布置。连接板止水按照周边缝设计，伸缩缝内一般设置两道止水，底部一道“W”型铜止水，表部柔性填料止水。

4. 坝体混凝土面板与库岸边坡混凝土面板之间垂直缝

大坝一侧面板靠在堆石体上，库盆一侧岸坡面板靠在基岩上，二者之间变形不均，所

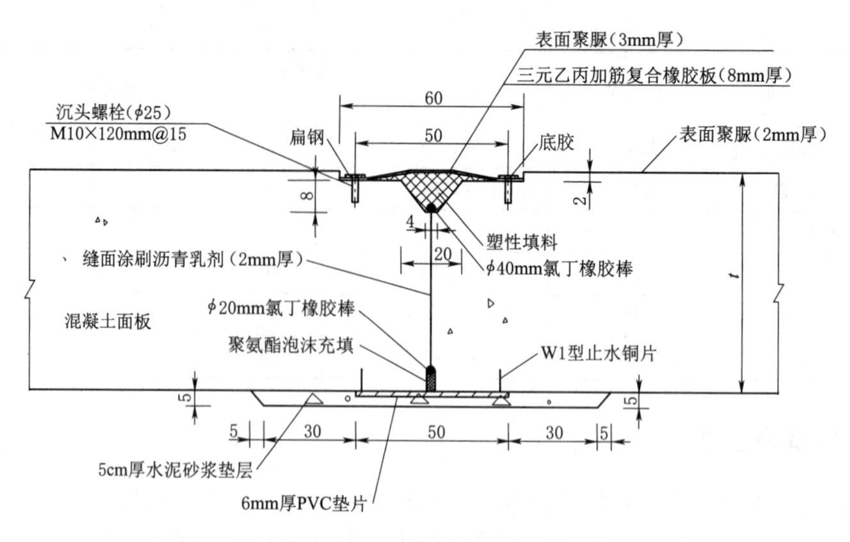


图 17-4　张性缝沉埋式止水示意图（单位：cm）

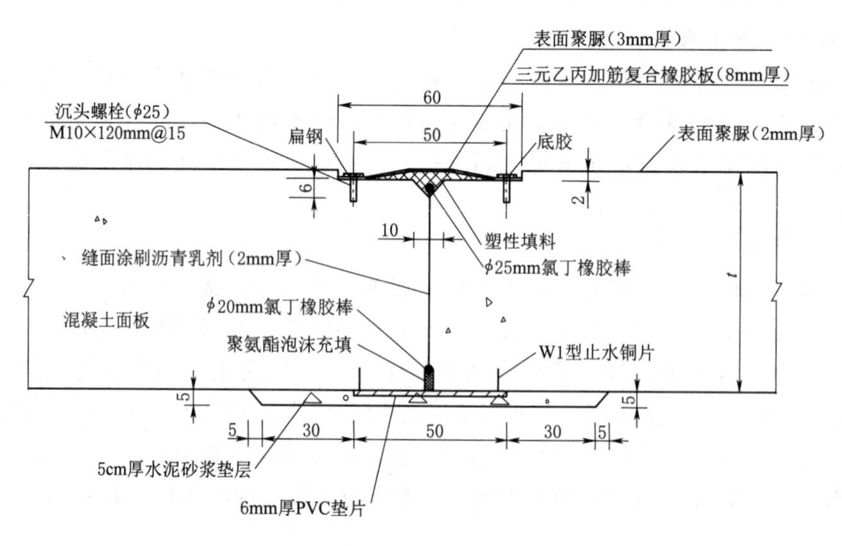


图 17-5　压性缝沉埋式止水示意图（单位：cm）

以二者之间按照周边缝要求设计。垂直缝缝内一般设置两道止水，底部一道“W”型铜止水，表部柔性填料止水，如图 17-7 所示。

5. *面板与坝顶混凝土防浪墙间水平缝*

面板与坝顶混凝土防浪墙之间水平缝通常位移较大，其接缝止水应按周边缝设计，一般设置两道止水，底部一道“W”型铜止水，表部柔性填料止水，如图 17-8 所示。

6. *防浪墙结构缝*

防浪墙之间设置伸缩缝，与面板垂直缝错开，防浪墙内设一道铜止水。

**（二）库岸及库底防渗面板接缝**

库岸及库底防渗面板接缝主要包括库岸坡面板垂直缝、库岸坡脚周边缝、库底面板结构缝、库顶水平缝、库顶防浪墙结构缝。

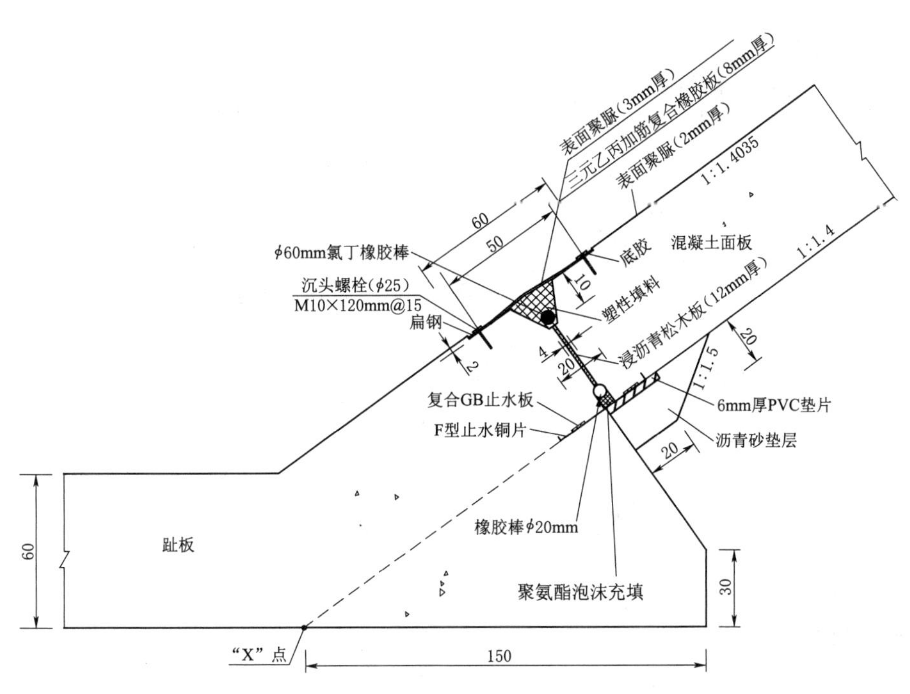


图 17-6　坝体周边缝构造详图（单位：cm）

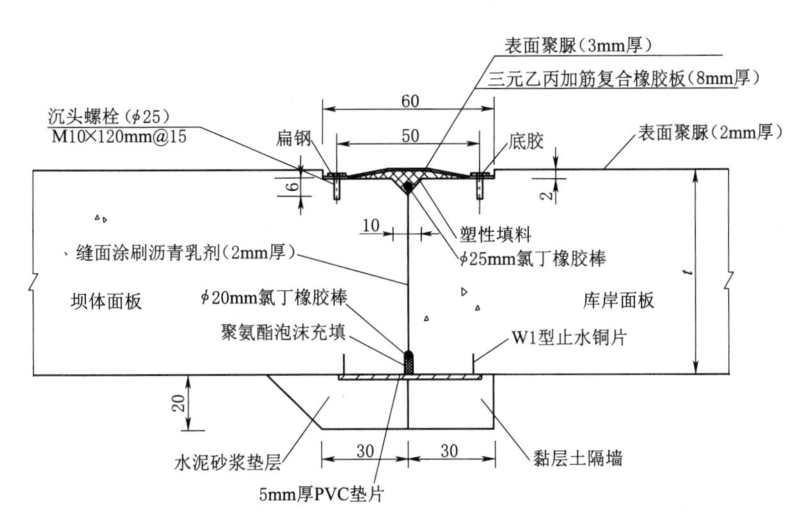


图 17-7　坝体面板与岸坡面板接缝止水示意图（单位：cm）

1. 库坡面板垂直缝

对于采用混凝土面板进行全库盆防渗的抽水蓄能电站上、下水库，一般库坡高度不会高于 70m，因此库坡面板只设垂直缝，不设水平缝。库坡面板垂直缝缝内一般设置两道止水，底部一道“W”型铜止水，表部柔性填料止水。

2. 库岸坡脚周边缝

库岸坡脚即岸坡面板与坡脚排水廊道连接处、混凝土面板与进/出水口等刚性混凝土

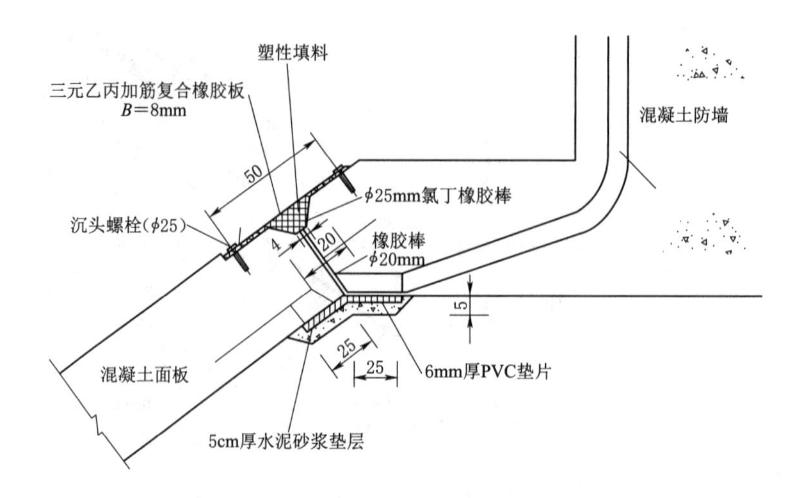


图 17-8 坝体面板与坝顶接缝止水示意图（单位：cm）

连接处均需设置周边缝。周边缝一般设置两道止水，底部一道“F”型铜止水，表部柔性填料止水，如图 17-9 所示。

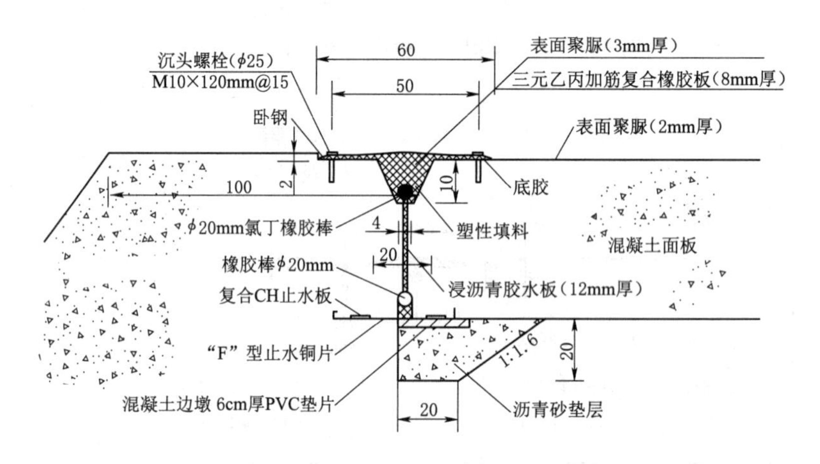


图 17-9 库底面板与刚性建筑物接缝止水示意图（单位：cm）

3. 库底混凝土面板结构缝

库底混凝土面板为了施工浇筑方便，按照一定的结构尺寸进行分缝。库底混凝土面板分缝宽度可与库岸或坝坡混凝土面板宽度相同，长度一般为 20～30m。缝内设置两道止水，底部一道“W”型铜止水，表部柔性填料止水。

4. 库顶水平接缝

库顶缝主要为环库路顶防浪墙与岸坡防渗面板结合部位，缝内一般设置两道止水，底部一道“W”型铜止水，顶部一道塑性填料止水。

5. 库顶防浪墙结构缝

库顶防浪墙之间设置伸缩缝，与面板垂直缝错开，防浪墙内设一道铜止水。

**（三）接缝止水抗冰冻措施**

位于寒冷地区的抽水蓄能电站工程，由于水库地处严寒地区，水库运行条件严酷。水库一旦结冰，水流带动的冰块运动会对坡面面板缝止水结构形成压砸、拉拽和顶托等作用，造成面板表部止水破坏。为避免冬季冻冰对止水结构的破坏，面板垂直缝结构多采用沉埋式止水设计，如图 17-4、图 17-5 所示。即面板缝周边形成低于面板表面 8cm 左右的凹槽，凹槽沿水位变动区布置，将表面型面板缝止水结构埋于面板凹槽内布置，同时对所有周边缝、面板结构缝表面涂刷防护涂料，达到保护面板表面止水的效果。沉埋式表层止水结构减小了结构中凸出高度，有效减小了表层止水与混凝土接触的外露面积，降低了冰层与表面止水的黏结力。

## 四、面板防裂措施及裂缝处理

**（一）裂缝产生机理**

混凝土防渗面板产生的裂缝主要有两类：面板结构性裂缝和混凝土自身裂缝。

面板结构性裂缝主要是由坝体变形过大以及面板受水压力、地震力等外来作用引起。大量面板坝运行实践证明：面板不会因水压力产生结构性裂缝。减免坝体变形过大引起的结构性沉降变形，一般通过要求提高坝体和坝基的密实性，减少荷载作用下的变形来实现。

面板混凝土自身裂缝主要是由于施工过程及运行初期，混凝土水化热温升温降、内外温差、混凝土自身体积变形引起的干缩变形。由温度、湿度等环境因素引起的混凝土干缩，加上基础约束，促使混凝土面板产生裂缝。

**（二）抗裂措施**

为减少或限制防渗面板产生裂缝，主要在面板结构、混凝土材料以及施工温控三个方面采取措施。

1. 结构措施

（1）防渗面板建基面应平整，不应存在过大起伏差、局部深坑或尖角。

（2）采用合理的分块尺寸以及配筋形式，必要时采用双层双向配筋。

（3）在浇筑面板混凝土之前，对垫层坡面涂乳化沥青，以降低对面板底面的约束。当采用碾压砂浆或喷射混凝土作垫层料的固坡保护时，其 28d 抗压强度应控制在 5MPa 左右；当采用挤压边墙作垫层料的固坡保护时，采用低弹性模量的挤压边墙。

（4）面板压性缝顶部的“V”形切口深度不宜大于 5cm，底部砂浆垫层不应侵占面板有效厚度，压性缝铜片止水应降低鼻子高度。

2. 材料措施

（1）优选原材料，优化配合比，提高面板混凝土的抗拉强度和极限拉伸值。面板混凝土应优选外加剂和掺合料，降低水泥用量和用水量，减少水化热温升和收缩变形，保证防渗面板具有较高的抗拉强度和极限拉伸值。必要时，可采用具有收缩补偿作用的防裂剂。

（2）在混凝土中掺入适量的聚合物纤维，可起到一定的阻裂作用。荒沟、蒲石河抽水蓄能电站上水库混凝土面板堆石坝趾板、面板采用可控补偿防裂混凝土，水泥采用大坝中热水泥，在混凝土中掺配粉煤灰、聚丙烯纤维等掺合料，以降低水化热，控制面板裂缝。

3. 施工措施

（1）选择合理的施工时机，施工期应选择在有利的季节和时间浇筑混凝土，尽量避开在高温或负温季节或时段施工，以减轻温度应力的危害。尽量选择在气温变幅较小的低温时段浇筑混凝土，否则应采取一定的温控措施。

（2）确保施工质量，将入仓混凝土振捣均匀、密实，对混凝土混凝达到设计指标，取得预期性能至关重要。

（3）面板混凝土应采取保湿和保温养护措施，直到蓄水为止，或至少 90d。寒冷地区防渗面板还应进行有效的表面保温，直到水库蓄水为止。

**（三）裂缝处理**

通过面板细微裂缝的渗漏量一般不大，由于面板下部设有排水层，因此一般不会产生渗透破坏。裂缝对面板的主要危害是降低其耐久性，产生冻融、溶蚀及钢筋锈蚀等方面问题。防止面板裂缝是面板坝的关键技术之一，必须予以高度重视与认真对待。特别是对于寒冷地区，运行条件严酷，面板裂缝处理的标准更应从严确定。裂缝的处理时机一般选择裂缝张开最大的时候进行，以保证裂缝不会再度张开和发展。

1. 宽度小于 0.2mm 的裂缝

因温度、湿度变化引起的有规律的裂缝，一般宽度不大，通常小于 0.2mm，蓄水后还有闭合的趋势。对于此类裂缝一般仅做表面处理，可采取直接涂刷环氧增厚涂料、聚脲，或表面贴防渗盖片等处理措施。

2. 宽度大于 0.2mm 的裂缝

宽度大于 0.2mm 或判定为贯穿性的裂缝，则需采取化学灌浆与表面封闭相结合的方法。化学灌浆材料要求可灌性好。

## 五、工程实例

新疆阜康抽水蓄能电站为日调节纯抽水蓄能电站，工程位于新疆昌吉回族自治州阜康市境内，电站主要由上水库、下水库、库尾拦沙坝、下水库泄洪排沙洞及放空洞、补水系统，上、下水库电站进/出水口，以及输水隧洞、地下厂房和地面开关站等建筑物组成。如图 17-10、图 17-11 所示。

上水库采用混凝土面板进行全库盆防渗。混凝土面板坝最大坝高 133m（坝轴线处），坝顶长度 414.5m，坝顶宽 10m，上游坝坡 1∶1.4，下游坝坡 1∶1.5，为施工方便，采用 40cm 等厚度面板。

库盆开挖边坡坡度 1∶1.4，采用 40cm 等厚混凝土面板进行防渗，下设无砂混凝土排水层。为了方便施工，库底混凝土面板按照一定的结构尺寸进行分缝，库底面板标准块为 16m×24m（开挖基岩基础上）和 16m×20m（回填堆石基础上）。

防渗面板采用双层双向配筋，每向配筋率 0.6%左右，面板四周设防挤压钢筋。

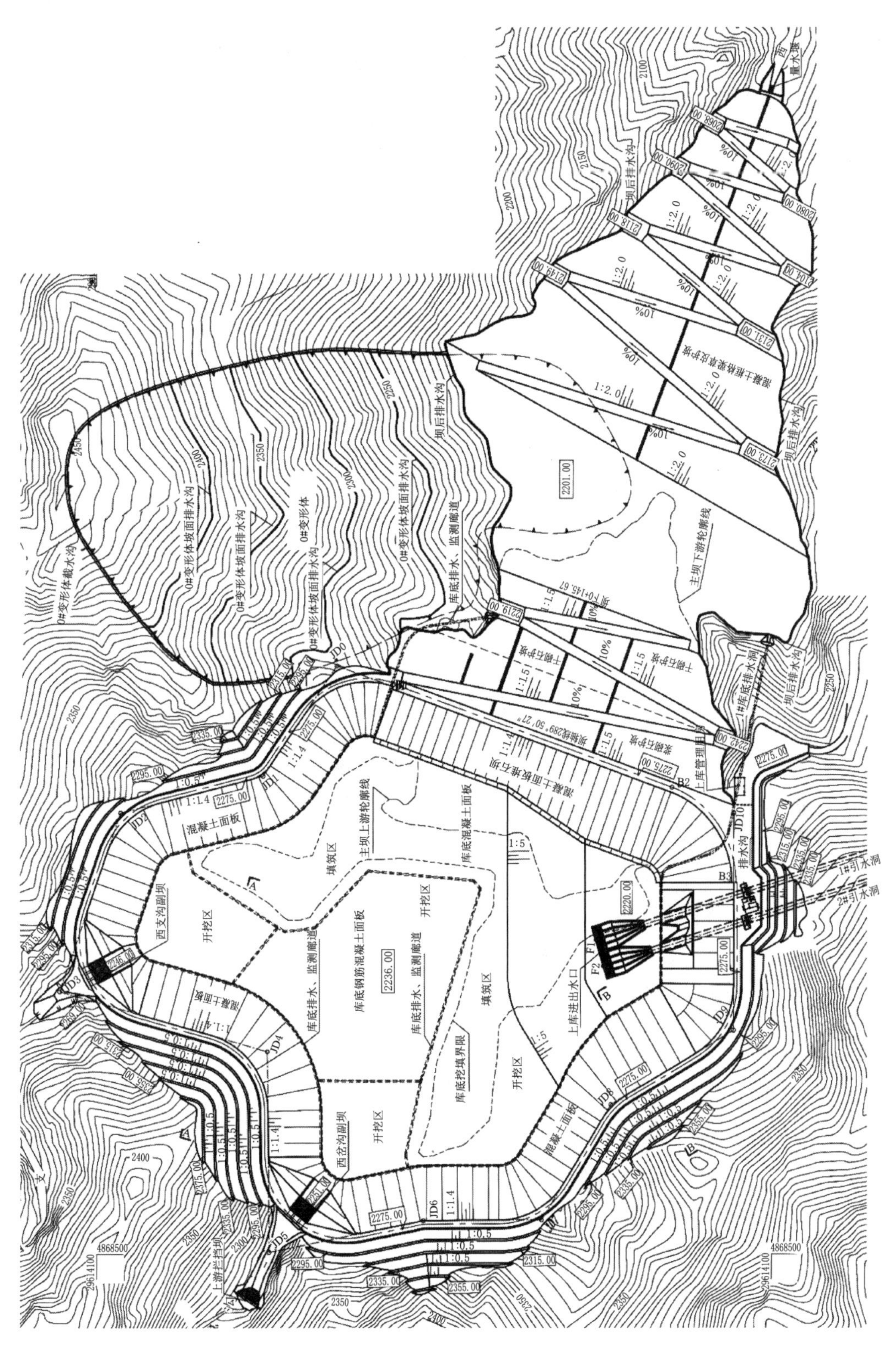


图 17－10　阜康抽蓄上水库平面布置图

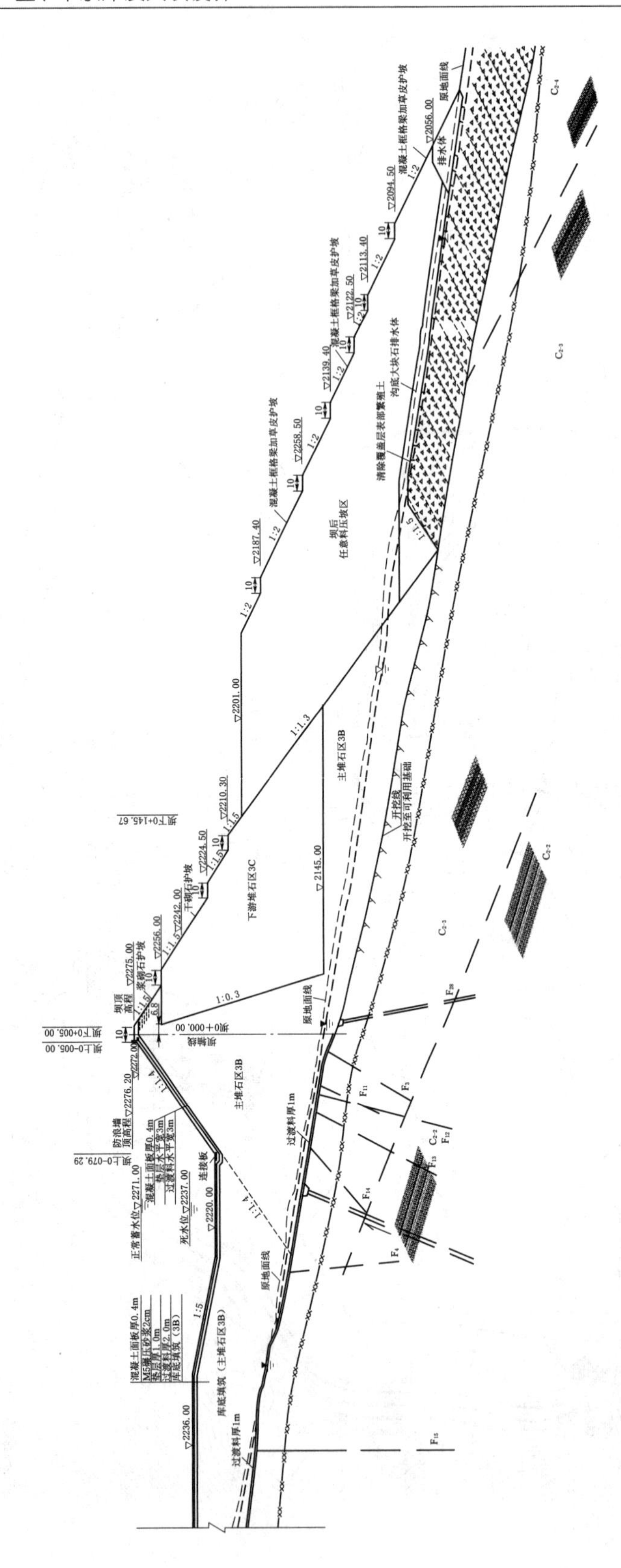


图 17-11　阜康抽蓄上水库剖面图（单位：m）

# 第三节　沥青混凝土面板防渗

## 一、沥青混凝土面板的应用及特点

### （一）沥青混凝土面板的应用

沥青混凝土防渗技术应用于大型水工建筑物兴起于20世纪30年代的西欧各国，至70年代达到高峰期。由于沥青混凝土面板具有防渗性能好、适应变形能力强、施工速度快等优点被广泛用于抽水蓄能电站的防渗工程，特别是全库盆防渗工程中，如德国的格兰姆斯、美国的路丁顿、日本的沼原和蛇尾川等。

我国应用沥青混凝土面板防渗工程起步较晚，20世纪90年代末应用于抽水蓄能电站中，在历经浙江天荒坪、河北张河湾和山西西龙池的工程实践后，至2011年国内水工沥青混凝土面板技术由引进技术进入自主发展阶段。随着沥青加工技术以及施工设备、施工工艺的不断进步，沥青混凝土面板防渗工程在我国得到了飞速发展，尤其是在抽水蓄能电站的全库盆面板防渗工程中。宝泉、西龙池、呼和浩特等抽水蓄能电站工程的建设，为我国在寒冷地区沥青混凝土面板防渗工程的设计和施工积累了宝贵经验。特别是呼和浩特抽水蓄能电站，其上水库地处严寒地区，极端最低气温－41.8℃，创下了世界上抽水蓄能电站沥青混凝土面板防渗工程低温之最。这些工程的建设，均吸收借鉴了国内外水工沥青混凝土的先进技术，采用现代机械设备施工，代表了沥青混凝土面板防渗工程设计和施工的最新技术水平。

国内已建或拟建采用沥青混凝土面板防渗的抽水蓄能工程实例见表17－7。

**表17－7　近年我国采用沥青混凝土面板防渗工程统计**

| 序号 | 工程名称 | | 工程所在地 | 建成年份 | 库容/万$m^3$ | 坝高/m | 防渗部位 | 面板厚度/cm |
|---|---|---|---|---|---|---|---|---|
| 1 | 天荒坪 | 上库 | 浙江省安吉县 | 2000 | 885 | 72.0 | 全库盆 | 20 |
| 2 | 张河湾 | 上库 | 河北省井陉县 | 2007 | 875 | 57.0 | 全库盆 | 26 |
| 3 | 宝泉 | 上库 | 河南省辉县 | 2007 | 730 | 72.0 | 坝面 | 20 |
| 4 | 西龙池 | 上库 | 山西省五台县 | 2008 | 469 | 50.0 | 全库盆 | 20 |
|  |  | 下库 |  |  | 494 | 97.0 | 全库盆 | 20 |
| 5 | 呼和浩特 | 上库 | 内蒙古自治区呼和浩特市 | 2013 | 680 | 43.0 | 全库盆 | 18 |
| 6 | 沂蒙 | 上库 | 山东省临沂市 | 在建 | 856 |  | 全库盆 |  |
| 7 | 易县 | 上库 | 河北省保定市 | 在建 |  | 87.5 | 全库盆 |  |
| 8 | 垣曲 | 上库 | 山西省运城市 | 在建 | 752 | 111.0 | 全库盆 | 18 |

### （二）沥青混凝土面板的特点

1. 结构布置特点

（1）用于全库盆防渗的沥青混凝土面板通常高度不大，库岸防渗高度通常小于70m，其防渗面板厚度一般为20cm左右。

（2）沥青混凝土面板是一种柔性防渗结构，其自身的变形模量较小，面板的变形主要受到其底部堆石体的影响，面板相对而言属于传力结构，而不是承载结构。

（3）为了更好地受力条件和方便施工，沥青混凝土面板一般都采用一坡到底。从施工人员的工作安全和碾压效果考虑，沥青混凝土面板的坡度较混凝土面板平缓，一般不陡于1∶1.7。

（4）沥青混凝土面板适应变形的能力较强，能够适应较差的地基基础条件。特别是在寒冷的气候下，沥青混凝土面板仍具备一定的变形能力。

（5）沥青混凝土面板无须设置结构缝。因此，沥青混凝土面板施工速度快、施工干扰少，并且其外观与周围环境更加协调。

（6）沥青混凝土面板与周边混凝土建筑物的连接较为复杂。

2. 技术特点

（1）沥青混凝土具有极好的防渗性能，设计渗透系数一般小于 $1\times10^{-8}$cm/s。通过已建工程渗漏量的监测数据表明，沥青混凝土面板的渗透系数远小于此数值，几乎可以做到“滴水不漏”。

（2）沥青混凝土同时具有塑性特性与弹性特性，主要受变形和温度条件影响，在高温和长期荷载作用下呈塑性，在低温和短期荷载作用下呈弹性。

（3）沥青混凝土面板受外界温度条件影响较大，针对不同气候条件，需对沥青混凝土面板提出不同的性能要求。高温地区须具备良好的斜坡稳定性能；低温地区需具备一定的低温抗裂性能。内蒙古呼和浩特抽水蓄能电站上水库极端最低气温为－41.8℃，设计要求沥青混凝土的冻断温度为－43℃。

（4）沥青混凝土面板施工速度快、对坝体的施工干扰少，但对施工工艺、施工条件以及施工管理水平要求较高，需要具有一定经验的施工队伍。

（5）沥青混凝土面板缺陷易于检测和修补，修补后短时间内便可投入使用。

（6）沥青混凝土是一种环保无毒的防渗材料，水工沥青混凝土均采用石油沥青，对水质和环境没有污染。沥青混凝土面板对原材料要求较高，特别是对沥青要求较高，国内沥青生产厂家相对较少。近年来国内沥青生产厂家数量大幅增加，沥青质量也得到了明显的改善，使得沥青混凝土防渗面板的适用性得到了显著提高。

（7）沥青混凝土面板造价相对较高。但近年来随着沥青价格的持续降低以及施工设备、施工工艺的不断发展，沥青混凝土面板的造价已经大幅度降低，采用沥青混凝土面板防渗将更具优势。

根据山西西龙池和河北张河湾抽水蓄能电站上水库的工程经验，全库盆沥青混凝土面板防渗的施工速度平均为 2.4 万～2.9 万 $m^2$/月，而采用全库盆混凝土面板防渗的十三陵和宜兴抽水蓄能电站上水库施工速度平均为 1.3 万 $m^2$/月，沥青混凝土面板的施工速度大约是混凝土面板的 2 倍。上述 4 个工程防渗面板单位面积综合造价基本相当。观测资料显示，采用沥青混凝土面板防渗的河北张河湾和山西西龙池抽水蓄能电站上水库的实测渗漏量较小，且全部为进/出水口及山体渗水，沥青混凝土面板渗漏量均为 0，防渗效果显著。可以预见，沥青混凝土面板将成为全库盆防渗的首选型式。

## 二、沥青混凝土面板设计

### （一）沥青混凝土面板防渗系统结构型式

沥青混凝土面板防渗系统分为简式断面和复式断面两种，随着施工技术的不断提高，又出现了简化复式断面。简式断面由封闭层、防渗层和整平胶结层组成；复式断面由封闭层、上防渗层、排水层、下防渗层和整平胶结层组成。

简式和复式两种断面型式，各自优缺点明显。简式断面施工简单、造价低，但由于单层防渗，一旦面板发生损坏产生渗漏，容易对大坝的安全运行造成影响，简式断面多用于中、低坝以及无特殊防渗要求的工程；复式断面施工复杂、造价高，但由于在两层防渗层之间增加了排水层，可以对渗漏作出早期预警，提高了大坝的总体安全性，复式断面多用于高坝、高地震区以及有特殊防渗要求的工程。

对于抽水蓄能电站来说，由于其库岸防渗高度一般不高，大都无特殊防渗要求，简式断面的防渗性就可以满足要求，因此国内用于抽水蓄能电站的沥青混凝土面板大部分采用简式断面。

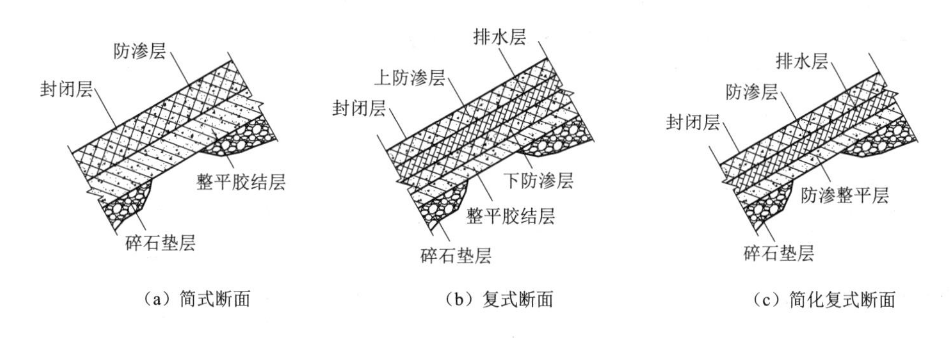


（a）简式断面　（b）复式断面　（c）简化复式断面

图 17－12　沥青混凝土面板断面结构型式详图

**表 17－8　简式断面与复式断面优缺点对比表**

| 断面型式 | 优　点 | 缺　点 | 适 合 范 围 |
| --- | --- | --- | --- |
| 简式断面 | 施工简单、造价低 | 防渗可靠性一般 | 中、低坝及无特殊防渗要求的工程 |
| 复式断面 | 防渗可靠性高 | 施工复杂、造价高 | 高坝、高低震区以及有特殊防渗要求的工程 |

### （二）沥青混凝土面板设计要求

1. 技术性能要求

对沥青混凝土面板的性能要求主要体现在防渗性、变形性、热稳定性、低温抗裂性、水稳定性、耐老化性以及施工性等七个方面，对于寒冷地区的沥青混凝土面板，不仅要重点考虑其低温抗裂性能，还应注意在低温条件下，沥青混凝土面板其他性能指标产生的变化。沥青混凝土面板主要控制指标及评价方法见表 17－9～表 17－12。

（1）防渗性。沥青混凝土面板具有良好的防渗性，其防渗性主要通过孔隙率和渗透系数两种指标控制。在进行沥青混凝土面板防渗设计时，应根据沥青混凝土面板各结构层的功能提出不同的控制要求：防渗层要求渗透系数小于 $1\times10^{-8}$cm/s、芯样孔隙率要求不大于

表 17-9　　沥青混凝土面板防渗层控制指标及评价方法

| 序号 | 项目 | 控制指标 | 评价方法 | 控制要求 | 备注 |
|---|---|---|---|---|---|
| 1 | 防渗性能 | 孔隙率 | 配合比试验 | ≤3% | 芯样 |
| | | | | ≤2% | 马歇尔试件 |
| | | 渗透系数 | | $\leq 1\times10^{-8}$cm/s | |
| 2 | 变形性能 | 弯曲应变 | 小梁弯曲试验 | 根据温度、工程特点和运用条件等通过计算确定 | |
| | | 拉伸应变 | 直接拉伸试验 | | |
| | | 柔性挠度 | Van Asbeck 圆盘柔性试验 | | |
| 3 | 热稳定性能 | 斜坡流淌值 | 斜坡流淌试验 | ≤0.8mm | 1∶1.7/70℃/48h |
| 4 | 低温抗裂性能 | 冻断温度 | 冻断试验 | 按当地最低气温确定 | |
| 5 | 水稳定性能 | 水稳定系数 | 水稳定试验 | ≥0.90 | |
| 6 | 耐老化性能 | 低温延度 | 薄膜加热试验 | | 4℃ |
| 7 | 施工性能 | 马歇尔稳定度 | | | |
| | | 马歇尔流值 | | | |

表 17-10　　沥青混凝土面板整平胶结层控制指标及评价方法

| 序号 | 项目 | 控制指标 | 评价方法 | 控制要求 | 备　　注 |
|---|---|---|---|---|---|
| 1 | 防渗性能 | 孔隙率 | 配合比试验 | 10%～15% | |
| 2 | 热稳定性能 | 热稳定系数 | | ≤4.5 | 抗压强度 $R_{20}$ 与 $R_{50}$ 比值 |
| 3 | 水稳定性能 | 水稳定系数 | 水稳定试验 | ≥0.85 | |

表 17-11　　沥青混凝土面板排水层控制指标及评价方法

| 序号 | 项目 | 控制指标 | 评价方法 | 控制要求 | 备　　注 |
|---|---|---|---|---|---|
| 1 | 防渗性能 | 渗透系数 | 配合比试验 | $\geq 1\times10^{-2}$cm/s | |
| 2 | 热稳定性能 | 热稳定系数 | | ≤4.5 | 抗压强度 $R_{20}$ 与 $R_{50}$ 比值 |
| 3 | 水稳定性能 | 水稳定系数 | 水稳定试验 | ≥0.85 | |

表 17-12　　沥青混凝土面板封闭层控制指标及评价方法

| 序号 | 项目 | 控制指标 | 评价方法 | 控制要求 | 备　　注 |
|---|---|---|---|---|---|
| 1 | 热稳定性能 | 斜坡热稳定性 | | 不流淌 | 1∶1.7/70℃/48h |
| 2 | 低温抗裂性能 | | 冻断试验 | 无裂纹 | 按当地最低气温进行试验 |
| 3 | 变形性能 | 柔性 | | 无裂纹 | 0.5mm 厚涂层/180°对折/5℃ |

3%（对于马歇尔试件要求小于 2%）；整平胶结层渗透系数可达 $1\times10^{-3}\sim1\times10^{-4}$cm/s、孔隙率在 10%～15%范围内；排水层渗透系数要求大于 $1\times10^{-2}$cm/s、碾压后孔隙率不小于 15%。

对于寒冷地区的沥青混凝土面板，为满足其低温抗裂性要求大多采用改性沥青。同普通沥青相比，改性沥青黏度较大，对摊铺、碾压及接缝处理等施工工艺要求更为严格，以

便确保防渗沥青混凝土防渗层孔隙率达到小于3%的要求。

（2）变形性。沥青混凝土面板应具有良好的适应变形的能力，其结构设计应根据不同部位的受力状态，采用不同的设计控制指标。评价沥青混凝土面板变形性能的指标主要为拉伸应变、弯曲应变以及柔性挠度。

拉伸应变通过直接拉伸试验获得，其数值反映沥青混凝土单向受力时的变形能力，主要用于评价坝坡或库底基础相对均匀、面板不均匀变形较小的部位沥青混凝土的变形性能。

弯曲应变通过小梁弯曲试验获得，其数值反映沥青混凝土弯曲受力时的变形能力，主要用于评价面板与刚性建筑物连接处、挖方与填方交界处等面板易出现较大不均匀变形的部位沥青混凝土的变形性能。

柔性挠度通过Van Asbeck圆盘柔性试验获得，其数值反映沥青混凝土适应局部变形的能力。

以上三项控制指标在相应的设计规范中均没有明确的要求，在沥青混凝土面板设计过程中，首先通过有限元计算分析沥青混凝土面板在各工况下的最大拉伸应变、最大弯曲应变以及柔性挠度，然后根据工程特点、气温以及运用条件等因素，并结合以往工程经验，对以上三项控制指标提出合适的设计要求。

对于寒冷地区的沥青混凝土面板，在进行有限元计算分析时，宜采取冬季温度较低的工况，作为设计的控制工况。

（3）热稳定性。沥青混凝土面板应具有良好的热稳定性，热稳定性的评价指标主要为斜坡流淌值和热稳定系数。斜坡流淌值通过斜坡流淌值试验取得，用于评价沥青混凝土面板防渗层和封闭层的热稳定性，要求防渗层沥青混凝土在设计坡度、70℃、持续48h的条件下，斜坡流淌值不大于0.8mm；封闭层在同等条件下，斜坡不流淌。热稳定系数是沥青混凝土试件在20℃时的抗压强度$R_{20}$与50℃时的抗压强度$R_{50}$的比值，用于评价沥青混凝土面板整平胶结层和排水层的热稳定性能，要求其比值不大于4.5。

另外，在进行寒冷地区沥青混凝土面板设计时，斜坡流淌值反映沥青混凝土的斜坡稳定性，与柔性要求是矛盾的，沥青混凝土斜坡稳定性越好，其变形性能越差。对于寒冷地区的沥青混凝土面板，其变形性能较热稳定性能更为重要，因此，对斜坡流淌值的要求不宜过高，满足不大于0.8mm即可。

（4）低温抗裂性。为防止沥青混凝土面板因低温而产生收缩开裂，沥青混凝土面板应具有一定的低温抗裂性能，对于寒冷地区的沥青混凝土面板，应具有足够的低温抗裂性能。

低温冻断试验能够较好地反映沥青混凝土的低温抗裂性能，可以作为评价沥青混凝土低温抗裂性能的主要试验方法。对于沥青混凝土面板，试件冻断时的环境气温，即冻断温度，作为评定沥青混凝土低温抗裂的主要指标。

在进行沥青混凝土面板低温抗裂设计时，一般以设计最低气温作为冻断气温，设计最低气温通常略低于当地极端最低气温。

（5）水稳定性。沥青混凝土水稳定性主要控制指标为水稳定系数，在进行沥青混凝土面板设计时，要求沥青混凝土面板防渗层水稳定系数不小于0.90；要求整平胶结层和排水层水稳定系数不小于0.85。

(6) 耐老化性。沥青混凝土老化主要源自沥青的老化，老化会使沥青混凝土的性能大幅降低，甚至会导致沥青混凝土面板失去防渗效果，影响大坝的安全运行。沥青的老化主要包括运输储存加热过程中的老化、加热拌和，以及摊铺过程的老化以及沥青混凝土使用过程中的老化，其中沥青混凝土拌和过程中的老化最为主要。

薄膜加热试验（TFOT）或旋转薄膜加热试验（RTFOT）是评价沥青老化的方法，薄膜加热试验较好地反映了沥青在拌和过程中的热老化。沥青薄膜加热试验后的低温（4℃）延度对沥青混凝土的低温变形性能和低温抗裂性能影响非常显著，是设计的关键控制指标。

国内部分沥青混凝土面板防渗层技术要求见表17-13～表17-15。

**表17-13　国内部分沥青混凝土面板防渗层技术要求**

| 序号 | 项目 | 单位 | 设计要求 | | | | | | | 备注 |
|---|---|---|---|---|---|---|---|---|---|---|
| | | | 天荒坪上库 | 张河湾上库 | 西龙池上库 | 西龙池下库 | 宝泉上库 | 呼和浩特上库 | 垣曲上库 | |
| 1 | 孔隙率 | % | ≤3 | ≤3 | ≤3 | ≤3 | ≤3 | ≤3（≤2） | （≤2） | 芯样（马歇尔试件） |
| 2 | 渗透系数 | cm/s | $\leq 1\times10^{-8}$ | $\leq 1\times10^{-8}$ | $\leq 1\times10^{-8}$ | $\leq 1\times10^{-8}$ | $\leq 1\times10^{-8}$ | $\leq 1\times10^{-8}$ | $\leq 1\times10^{-8}$ | |
| 3 | 拉伸应变 | % | | ≥0.8 | ≥1.5 | ≥1.0 | ≥0.8 | ≥1.0 | ≥1.5 | 2℃变形速率0.34mm/min |
| 4 | 弯曲应变 | % | | ≥2.0 | ≥3.0 | ≥2.25 | ≥2.0 | ≥2.5 | ≥3.0 | 2℃变形速率0.5mm/min |
| 5 | 柔性挠度 | % | ≥10 | ≥10 | ≥10 | ≥10 | ≥10 | ≥10 | ≥10 | 25℃ |
| | | | （≥2.5） | ≥2.5 | ≥2.5 | ≥2.5 | ≥2.5 | ≥2.5 | （≥2.5） | 2℃（5℃） |
| 6 | 斜坡流淌值 | mm | | ≤2.0 | ≤0.8 | ≤0.8 | ≤0.8 | ≤0.8 | ≤0.8 | 马歇尔试件（设计坡度/70℃/48h） |
| 7 | 冻断温度 | ℃ | | ≤-35 | ≤-38 | ≤-35 | ≤-30 | ≤-45 | ≤-25 | |
| 8 | 水稳定系数 | | | ≥0.90 | ≥0.90 | ≥0.90 | ≥0.90 | ≥0.90 | ≥0.90 | |
| 9 | 极端最低气温 | ℃ | | -24.0 | -34.5 | -30.4 | -18.3 | -41.8 | -17.3 | |

**表17-14　国内部分沥青混凝土面板整平胶结层技术要求**

| 序号 | 项目 | 单位 | 设计要求 | | | | | | 备注 |
|---|---|---|---|---|---|---|---|---|---|
| | | | 天荒坪上库 | 西龙池上库 | 西龙池下库 | 宝泉上库 | 呼和浩特上库 | 垣曲上库 | |
| 1 | 孔隙率 | % | 10～15 | 10～14 | 10～14 | 10～14 | 10～15 | 10～15 | |
| 2 | 渗透系数 | cm/s | $5\times10^{-2}$～$1\times10^{-4}$ | $5\times10^{-3}$～$1\times10^{-4}$ | $5\times10^{-3}$～$1\times10^{-4}$ | $1\times10^{-2}$～$1\times10^{-4}$ | $1\times10^{-2}$～$1\times10^{-4}$ | $1\times10^{-2}$～$1\times10^{-4}$ | |
| 3 | 水稳定系数 | | | ≥0.85 | ≥0.85 | ≥0.85 | ≥0.85 | ≥0.85 | |
| 4 | 热稳定系数 | | | ≤4.5 | ≤4.5 | ≤4.5 | ≤4.5 | ≤4.5 | |

表 17-15　　国内部分沥青混凝土面板封闭层技术要求

| 序号 | 项目 | 单位 | 设计要求 | | | | | | 备注 |
|---|---|---|---|---|---|---|---|---|---|
| | | | 张河湾上库 | 西龙池上库 | 西龙池下库 | 宝泉上库 | 呼和浩特上库 | 洹曲上库 | |
| 1 | 斜坡热稳定性 | | 不流淌 | 不流淌 | 不流淌 | 不流淌 | 不流淌 | 不流淌 | 马歇尔试件(设计坡度/70℃/48h) |
| 2 | 低温脆裂 | cm/s | 无裂纹 | 无裂纹 | 无裂纹 | 无裂纹 | 无裂纹 | 无裂纹 | 冻断温度/2mm厚沥青玛蹄脂 |
| 3 | 柔性 | | | | | | 无裂纹 | 无裂纹 | 0.5mm厚涂层/180°对折/5℃ |

2. 设计注意事项

沥青混凝土面板设计应重点注意以下问题：

（1）沥青面板混凝土的性能主要取决于沥青的性能及所采用的配合比，选择合适的原材料以及合理的混合料配合比，是沥青混凝土防渗面板设计的一项重要工作。

（2）沥青面板与周边刚性建筑物的连接是沥青混凝土防渗面板设计的关键。

（3）沥青混凝土面板防渗性能优异，但其无法承受较大的反向水压力，面板底部的排水设计，是沥青混凝土防渗面板设计的重要部分。

**（三）沥青混凝土面板结构设计**

1. 面板坡度

为了更好地受力和施工方便，沥青混凝土面板一般都采用一坡到底。对于面板坡度，首先应满足填筑体自身稳定的要求，同时还要考虑沥青混凝土面板本身的斜坡热稳定性和施工安全性。从施工人员的工作安全和碾压效果考虑，一般要求其坡度不宜陡于1∶1.7。我国近些年已建、在建及拟建采用沥青混凝土面板防渗的抽水蓄能电站，其沥青混凝土防渗面板的坡度大都在1∶1.75～1∶2.0之间（见表17-16）。

表 17-16　　已建沥青混凝土面板坝坝坡统计

| 边坡坡度 | 数量 | 所占比例/% |
|---|---|---|
| 缓于1∶2.5 | 44 | 15.44 |
| 1∶2.0～1∶2.4 | 9 | 3.16 |
| 1∶2.0 | 82 | 28.77 |
| 1∶1.5～1∶1.95 | 147 | 51.58 |
| 陡于1∶1.5 | 3 | 1.05 |
| 合计 | 285 | 100.00 |

2. 反弧段曲率半径

对于采用全库盆沥青面板防渗的抽水蓄能电站工程，其斜坡至库底的过渡段（反弧段）曲率半径除了应考虑应力应变的要求，还应确保摊铺机能够比较均匀地摊铺。目前，国产轻型沥青混凝土面板斜坡摊铺机，摊铺宽度3m，可适应最小曲率半径为5m。但从改善沥青面板受力条件、确保沥青摊铺和压实质量方面考虑，建议曲率半径在30～50m，条件允许时宜选择大值。见表17-17。

**表 17－17　　　　主要沥青混凝土面板坝坝坡及反弧段曲率半径统计**

| 序号 | 工程名称 | 上游沥青面板坡度 | 下游坝体坡度 | 反弧段曲率半径/m |
|---|---|---|---|---|
| 1 | 天荒坪上库 | 1∶2.0 | 1∶2.0 | 50 |
| 2 | 张河湾上库 | 1∶1.75 | 1∶1.50 | |
| 3 | 宝泉上库 | 1∶1.70 | 1∶1.50 | — |
| 4 | 西龙池上库 | 1∶2.0 | 1∶1.75 | |
| | 西龙池下库 | 1∶2.0 | 1∶1.70 | |
| 5 | 呼和浩特上库 | 1∶1.75 | 1∶1.60 | 30 |
| 6 | 垣曲上库 | 1∶1.75 | 1∶1.60 | 50 |
| 7 | 潍坊上库 | 1∶1.75 | 1∶1.50 | |

3. *面板厚度*

沥青混凝土面板的总厚度包括整平胶结层、防渗层和复式断面的排水层。国内沥青混凝土面板坝面厚度统计分析见表 17－18。

**表 17－18　　　　国内沥青混凝土面板坝面板厚度统计**

| 工程名称 | 坝高/m | 沥青面板断面型式 | 封闭层厚度/mm | 防渗（面）层厚度/cm | 排水层厚度/cm | 防渗底层厚度/cm | 整平胶结层厚度/cm |
|---|---|---|---|---|---|---|---|
| 天荒坪上库 | 72 | 简式断面 | 2 | 10 | — | — | 10 |
| 张河湾上库 | 57 | 复式断面 | 2 | 10 | 8 | 8 | |
| 宝泉上库 | 72 | 简式断面 | 2 | 10 | — | — | 10 |
| 西龙池上库 | 50 | 简式断面 | 2 | 10 | — | — | 10 |
| 西龙池下库 | 97 | 简式断面 | 2 | 10 | — | — | 10 |
| 呼和浩特上库 | 43 | 简式断面 | 2 | 10 | — | — | 8 |
| 垣曲上库 | 111 | 简式断面 | 2 | 10 | — | — | 8 |
| 潍坊上库 | 151.5 | 简式断面 | 2 | 10 | — | — | 10 |

（1）封闭层厚度。封闭层能够减小对空气、水、紫外线的影响，起到保护防渗层的作用，并可防止防渗层受滑落冰雪的磨耗。封闭层应满足斜坡热稳定性和低温抗裂性的要求，表面沥青玛蹄脂封闭层厚度一般为 2mm。寒冷地区的沥青混凝土面板防渗工程，可采用改性沥青或掺入纤维、加喷淋系统等措施防止其流淌。

（2）防渗层厚度。

1）依据水库水头。依据水库水头确定防渗层的最小厚度按照式（17－2）计算：

$$h=C+\frac{H}{25} \tag{17-2}$$

式中：$h$ 为防渗层最小厚度，cm；$C$ 为与骨料质量与形状有关的常数，一般取 6～7cm；$H$ 为防渗层承受的最大水头，m。

2）依据允许日渗透量。依据允许日渗透量确定防渗层的最小厚度按照式（17－3）

计算：

$$h=\frac{Q}{AtkH} \tag{17-3}$$

式中：$h$ 为防渗层最小厚度，cm；$Q$ 为防渗层日渗漏量，$m^3$；$A$ 为防渗层总防渗面积，$m^2$；$t$ 为时间，s，按照一天计算；$k$ 为防渗层渗透系数，m/s；$H$ 为防渗层承受的平均水头，m。

对于抽水蓄能电站，按照式（17－2）计算防渗层最小厚度时，允许的库盆日渗透量可取总库容的 0.2‰～0.1‰。

按照式（17－2）、式（17－3）计算得出的防渗层厚度为最小厚度，在最终确定防渗层厚度时，可考虑地震等其他因素适当增加。

防渗层厚度一般为 6～10cm，宜单层施工。天荒坪、西龙池、张河湾、宝泉、呼和浩特等抽水蓄能电站沥青混凝土面板防渗层均采用 10cm，全部采用单层铺设。

（3）整平胶结层厚度。整平胶结层厚度一般为 5～10cm，对于复式断面，整平胶结层可与防渗底层合并为一层。整平胶结层是防渗层的基础层，要求平整、密实，且有一定的排水能力，宜单层施工。

（4）排水层厚度。对于采用复式断面的沥青混凝土面板，还应计算排水层厚度，排水层厚度由防渗面层的渗水量作为排水层的排水量确定。

1）渗水量计算。单位坝长通过防渗面层的渗水量按照式（17－4）计算：

$$q_f=\frac{k_f}{2\delta_f}\sqrt{1+m^2}H^2 \tag{17-4}$$

式中：$q_f$ 为单位坝长通过防渗面层的渗水量，$m^3/s$；$k_f$ 为防渗面层沥青混凝土渗透系数，m/s；$m$ 为沥青混凝土面板坡比；$\delta_f$ 为防渗面层厚度，m；$H$ 为坝前最大水深，m。

2）排水层厚度计算。排水层厚度按照式（17－4）计算：

$$\delta=\frac{q_f F_s}{k_p i\psi} \tag{17-5}$$

式中：$\delta$ 为排水层最小厚度，m；$k_p$ 为排水层沥青混凝土渗透系数，m/s；$i$ 为排水层渗透坡降，$i=1/\sqrt{1+m^2}$；$\psi$ 为试验系数，取 1.0；$F_s$ 为安全系数，取 1.0～1.3。

（5）加厚层。在沥青混凝土面板局部基础变形大的地方，可能产生较大拉应变，包括库周与库底面板连接部位、基础断层区、库盆挖填交界处、沥青混凝土面板与钢筋混凝土连接部位。通常在这些部位一定范围内采用加厚面板和设置加筋网处理，以增强这些部位防渗面板的抗渗及抗变形能力。见图 17－13。

加厚层材料通常与防渗层相同，厚度一般为 5cm，在加厚层与防渗层间还可增设加筋网，形成加筋层。加筋网可采用聚酯、聚乙烯树脂或玻璃纤维等材料。铺设加筋网前，先在基面上均匀涂上一层乳化沥青，然后将加筋网铺开、拉平，加筋网搭接宽度应大于 25cm，然后再均匀涂一层乳化沥青，待乳化沥青的水分蒸发后，再摊铺沥青混凝土，涂刷乳化沥青应尽量薄，避免导致层间滑移。

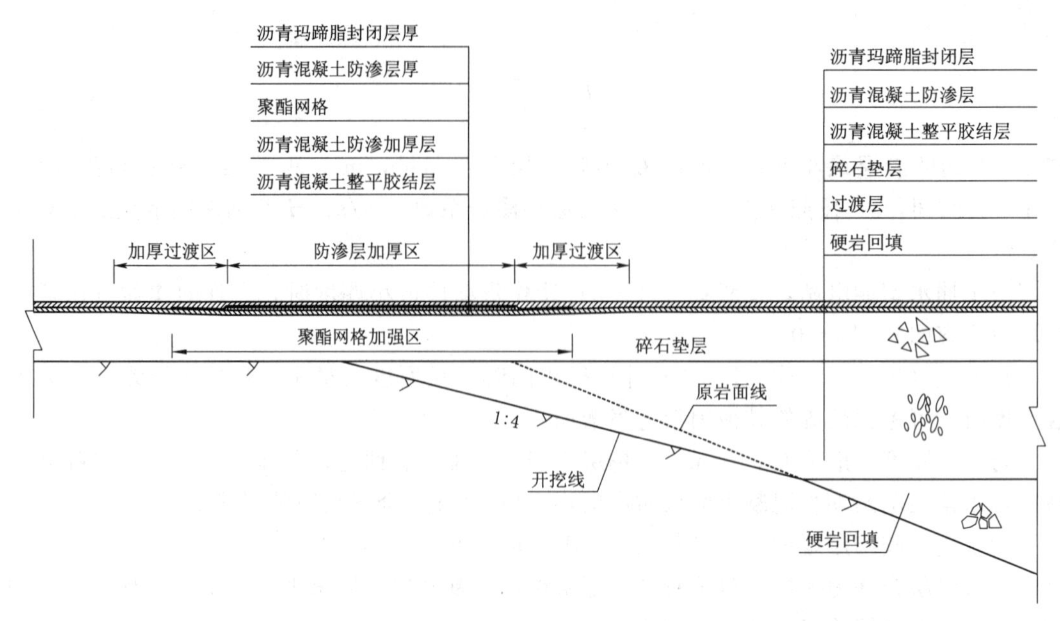


图 17-13　沥青混凝土面板加厚层典型剖面图

**(四）沥青混凝土设计**

1. 原材料选择

沥青混凝土原材料主要由沥青（或改性沥青）、骨料、填料以及掺料四部分组成。

(1）沥青。

1）选择方法。沥青混凝土面板所使用的沥青应为石油沥青，其中防渗层所使用的沥青可选择水工沥青、道路沥青或国外沥青。

在选择沥青产地、品种及标号时，首先根据工程所在地的气温、对沥青混凝土的性能要求、使用条件以及施工要求等因素，确定适用于本工程的沥青技术要求；然后对不同厂家生产的沥青进行质量鉴定，根据质量鉴定成果，初步选择一种或几种符合本工程沥青技术要求的沥青，进行沥青混合比试验；最后根据沥青混凝土配合比试验成果，最终选定本工程所采用的沥青产地、品种及标号。

2）沥青技术要求。目前我国水电工程中常用的几种沥青的技术要求见表 17-19～表 17-23。国内近年沥青混凝土面板坝工程选用的沥青品种及技术指标要求见表 17-24。

**表 17-19　　水工沥青混凝土所用沥青的技术要求**

| 项　　目 | 单位 | 质　量　指　标 | | | 试验方法 |
|---|---|---|---|---|---|
| | | SG90 | SG70 | SG50 | |
| 针入度（25℃，100g，5s） | 1/10mm | 80～100 | 60～80 | 40～60 | GB/T 4509 |
| 延度（5cm/min，15℃） | cm | ≥150 | ≥150 | ≥100 | GB/T 4508 |
| 延度（1cm/min，4℃） | cm | ≥20 | ≥10 | — | GB/T 4508 |
| 软化点（环球法） | ℃ | 45～52 | 48～55 | 53～60 | GB/T 4507 |

续表

| 项　　目 | | 单位 | 质　量　指　标 | | | 试验方法 |
|---|---|---|---|---|---|---|
| | | | SG90 | SG70 | SG50 | |
| 溶解度（三氯乙烯） | | % | ≥99.0 | ≥99.0 | ≥99.0 | GB/T 11148 |
| 脆点 | | ℃ | ≤−12 | ≤−10 | ≤−8 | GB/T 4510 |
| 闪点（开口法） | | ℃ | 230 | 260 | 260 | GB/T 267 |
| 密度（25℃） | | $g/cm^3$ | 实测 | 实测 | 实测 | GB/T 8928 |
| 含蜡量（裂解法） | | % | ≤2 | ≤2 | ≤2 | |
| 薄膜烘箱后 | 质量损失 | % | ≤0.3 | ≤0.2 | ≤0.1 | GB/T 5304 |
| | 针入度比 | % | ≥70 | ≥68 | ≥68 | GB/T 4509 |
| | 延度（5cm/min，15℃） | cm | ≥100 | ≥80 | ≥10 | GB/T 4508 |
| | 延度（1cm/min，4℃） | cm | ≥8 | ≥4 | — | GB/T 4508 |
| | 软化点升高 | ℃ | ≤5 | ≤5 | — | GB/T 4507 |

**注**　SG90沥青主要适用于寒冷地区碾压式沥青混凝土面板防渗层，SG70沥青主要适用于碾压式沥青混凝土心墙和碾压式沥青混凝土面板，SG50沥青主要适用于碾压式沥青混凝土封闭层和浇注式沥青混凝土。

**表17-20　　重交通道路石油沥青质量要求**

| 试验项目 | | 单位 | 质　量　指　标 | | | | | 试验方法 |
|---|---|---|---|---|---|---|---|---|
| | | | AH-130 | AH-110 | AH-90 | AH-70 | AH-50 | |
| 针入度（25℃，100g，5s） | | 1/10mm | 120～140 | 100～120 | 80～100 | 60～80 | 40～60 | GB/T 4509 |
| 延度（5cm/min，15℃） | | cm | ≥100 | ≥100 | ≥100 | ≥100 | ≥80 | GB/T 4508 |
| 软化点（环球法） | | ℃ | 40～50 | 41～51 | 42～52 | 44～54 | 45～55 | GB/T 4507 |
| 闪点（开口法） | | ℃ | ≥230 | | | | | GB/T 267 |
| 含蜡量（裂解法） | | % | ≤3 | | | | | SH/T 0425 |
| 密度（15℃） | | $g/cm^3$ | 实测记录 | | | | | GB/T 8928 |
| 薄膜加热试验（163℃，5h） | 质量损失 | % | ≤1.3 | ≤1.2 | ≤1.0 | ≤0.8 | ≤0.6 | GB/T 5304 |
| | 针入度比 | % | ≥45 | ≥48 | ≥50 | ≥55 | ≥58 | GB/T 4509 |
| | 延度（25℃） | cm | ≥75 | ≥75 | ≥75 | ≥50 | ≥40 | GB/T 4508 |
| | 延度（15℃） | cm | 实测记录 | | | | | GB/T 4508 |

**表17-21　　水工石油沥青技术要求**

| 项　　目 | 单位 | 指　　标 | | | 试验方法 |
|---|---|---|---|---|---|
| | | 1号 | 2号 | 3号 | |
| 针入度（25℃，100g，5s） | ℃ | 70～90 | 60～80 | 40～60 | GB/T 4509 |

续表

| 项目 | | 单位 | 指标 | | | 试验方法 |
|---|---|---|---|---|---|---|
| | | | 1号 | 2号 | 3号 | |
| 延度（5cm/min，15℃） | | cm | ≥150 | ≥150 | ≥80 | GB/T 4508 |
| 延度（1cm/min，4℃） | | cm | ≥20 | ≥15 | — | GB/T 4508 |
| 软化点（环球法） | | ℃ | 44～52 | 46～55 | 48～60 | GB/T 4507 |
| 溶解度（三氯乙烯） | | % | ≥99.0 | ≥99.0 | ≥99.0 | GB/T 11148 |
| 脆点 | | ℃ | ≤−12 | ≤−10 | ≤−8 | GB/T 4510 |
| 闪点（开口杯法） | | ℃ | ≥230 | ≥230 | ≥230 | GB/T 267 |
| 含蜡量（蒸馏法） | | % | ≤2.2 | ≤2.2 | ≤2.2 | SH/T 0425 |
| 灰分 | | % | ≤0.5 | ≤0.5 | ≤0.5 | SH/T 0422 |
| 密度（25℃） | | $g/cm^3$ | 报告 | 报告 | 报告 | GB/T 8929 |
| 薄膜烘箱试验（163℃，5h） | 质量变化 | % | ≤0.6 | ≤0.5 | ≤0.4 | GB/T 5304 |
| | 针入度比 | % | ≥65 | ≥65 | ≥65 | GB/T 4509 |
| | 延度（5cm/min，15℃） | cm | ≥100 | ≥80 | ≥10 | GB/T 4508 |
| | 延度（1cm/min，4℃） | cm | ≥6 | ≥4 | — | GB/T 4508 |
| | 脆点 | ℃ | ≤−8 | ≤−6 | ≤−5 | GB/T 4510 |
| | 软化点升高 | ℃ | ≤6.5 | ≤6.5 | ≤6.5 | GB/T 4507 |

**表 17-22　　气候分区表**

| 气候区名 | | 最热月平均最高气温/℃ | 年极端最低气温/℃ | 备注 |
|---|---|---|---|---|
| 1-1 | 夏炎热冬严寒 | >30 | <−37 | |
| 1-2 | 夏炎热冬寒 | | −37～−21.5 | |
| 1-3 | 夏炎热冬冷 | | −21.5～−9.0 | |
| 1-4 | 夏炎热冬温 | | >−9.0 | |
| 2-1 | 夏热冬严寒 | 20～30 | <−37 | |
| 2-2 | 夏热冬寒 | | −37～−21.5 | |
| 2-3 | 夏热冬冷 | | −21.5～−9.0 | |
| 2-4 | 夏热冬温 | | >−9.0 | |
| 3-1 | 夏凉冬严寒 | <20 | <−37 | |
| 3-2 | 夏凉冬寒 | | −37～−21.5 | |
| 3-3 | 夏凉冬冷 | | −21.5～−9.0 | |
| 3-4 | 夏凉冬温 | | >−9.0 | |

表 17-23　　道路石油沥青技术要求

| 指标 | 单位 | 等级 | 沥青指标 | | | | | | | | | | | | | | | | | 试验方法 |
|---|---|---|---|---|---|---|---|---|---|---|---|---|---|---|---|---|---|---|---|---|
| | | | 160[d] | 130[d] | 110 | | | 90 | | | | | 70[c] | | | | | 50[c] | 30[d] | |
| 针入度（25℃，100g，5s） | 0.1mm | | 140～200 | 120～140 | 100～120 | | | 80～100 | | | | | 60～80 | | | | | 40～60 | 20～40 | T0604 |
| 适用的气候分区 | | | d | d | 2-1 | 2-2 | 3-2 | 1-1 | 1-2 | 1-3 | 2-2 | 2-3 | 1-3 | 1-4 | 2-2 | 2-3 | 2-4 | 1-4 | d | f |
| 针入度指数 PI[b] | | A | -1.5～1.0 | | | | | | | | | | | | | | | | | T0604 |
| | | B | -1.8～1.0 | | | | | | | | | | | | | | | | | |
| 软化点（R&B） | ℃ | A | ≥38 | ≥40 | ≥43 | | | ≥45 | | | ≥44 | | ≥46 | | ≥45 | | | ≥49 | ≥55 | T0606 |
| | | B | ≥36 | ≥39 | ≥42 | | | ≥43 | | | ≥42 | | ≥44 | | ≥43 | | | ≥46 | ≥53 | |
| | | C | ≥35 | ≥37 | ≥41 | | | ≥42 | | | | | ≥43 | | | | | ≥45 | ≥50 | |
| 动力黏度[b]（60℃） | Pa·s | A | | ≥60 | ≥120 | | | ≥160 | | | ≥140 | | ≥180 | | ≥160 | | | ≥200 | ≥260 | T0620 |
| 延度[b]（10℃） | cm | A | ≥50 | ≥50 | ≥40 | | | ≥45 | ≥30 | ≥20 | ≥30 | ≥20 | ≥20 | ≥15 | ≥25 | ≥20 | ≥15 | ≥15 | ≥10 | T0605 |
| | | B | ≥30 | ≥30 | ≥30 | | | ≥30 | ≥20 | ≥15 | ≥20 | ≥15 | ≥15 | ≥10 | ≥20 | ≥15 | ≥10 | ≥10 | ≥8 | |
| 延度（15℃） | cm | AB | ≥100 | | | | | | | | | | | | | | | ≥30 | ≥50 | T0605 |
| | | C | ≥80 | ≥80 | ≥60 | | | ≥50 | | | | | ≥40 | | | | | ≥30 | ≥20 | |
| 含蜡量（蒸馏法） | % | A | ≤2.2 | | | | | | | | | | | | | | | | | T0615 |
| | | B | ≤3.0 | | | | | | | | | | | | | | | | | |
| | | C | ≤4.5 | | | | | | | | | | | | | | | | | |
| 闪点 | ℃ | | ≥230 | | | | | ≥245 | | | | | ≥260 | | | | | | | T0611 |
| 溶解度 | % | | ≥99.5 | | | | | | | | | | | | | | | | | T0607 |

续表

| 指　标 | 单位 | 等级[g] | 沥青指标 | | | | | | | 试验方法[a] |
|---|---|---|---|---|---|---|---|---|---|---|
| | | | 160[d] | 130[d] | 110 | 90 | 70[c] | 50[c] | 30[d] | |
| 密度（15℃） | g/cm³ | | 实测记录 | | | | | | | T0603 |
| TFOT（或 RTFOT）后[e] | | | | | | | | | | T0610 或 T0609 |
| 质量变化 | % | | −0.8～+0.8 | | | | | | | |
| 残留针入度比（25℃） | % | A | ≥48 | ≥54 | ≥55 | ≥57 | ≥61 | ≥63 | ≥65 | T0604 |
| | | B | ≥45 | ≥50 | ≥52 | ≥54 | ≥58 | ≥60 | ≥62 | |
| | | C | ≥40 | ≥45 | ≥48 | ≥50 | ≥54 | ≥58 | ≥60 | |
| 残留延度（10℃） | cm | A | ≥12 | ≥12 | ≥10 | ≥8 | ≥6 | ≥4 | | T0605 |
| | | B | ≥10 | ≥10 | ≥8 | ≥6 | ≥4 | ≥2 | | |
| | | C | ≥40 | ≥35 | ≥30 | ≥20 | ≥15 | ≥10 | | |

a　试验方法按照现行《公路工程沥青及沥青混合料试验规程》（JTJ 052）规定的方法执行。用于仲裁试验求取 PI 时的 5 个温度的针入度关系的相关参数不得小于 0.997。

b　经建设单位同意，表中 *PI* 值、60℃动力黏度、10℃延度可作为选择性指标，也可不作为施工质量检验指标。

c　70 号沥青可根据需要要求供应商提供针入度范围为 60～70 或 70～80 的沥青，50 号沥青可要求提供针入度范围为 40～50 或 50～60 的沥青。

d　30 号沥青仅适用于沥青稳定基层。130 号和 160 号沥青除寒冷地区可直接在中低级公路上直接应用外，通常用作乳化沥青、稀释沥青、改性沥青的基质沥青。

e　老化试验以 TFOF 为准，也可以 RTFOF 代替。

f　气候分区第一个数字代表高温气候区，第二个数字代表低温气候区。

g　道路沥青适用范围：A 级沥青适用于各个等级的公路和任何场合和层次；B 级沥青适用于高速公路、一级公路沥青下面层及以下的层次，二级及二级以下公路的各个层次，也适用于做改性沥青、乳化沥青、改性乳化沥青、稀释沥青的基质沥青；C 级沥青适用于三级及三级以下公路的各个层次。

**表 17-24　　国内沥青混凝土面板坝所采用沥青主要技术指标要求**

| 检验项目 | | | 单位 | 天荒坪上库 | 张河湾上库 | 西龙池上库 | 宝泉上库 | 呼和浩特上库 | 垣曲上库 |
|---|---|---|---|---|---|---|---|---|---|
| 沥青使用部位 | | | | 防渗层及整平胶结层 | 防渗层、排水层整平胶结层 | 防渗层及整平胶结层 | 防渗层及整平胶结层 | 整平胶结层 | 防渗层及整平胶结层 |
| 沥青生产厂家 | | | | | | | | 盘锦辽河石化分公司 | 克拉玛依石化分公司 |
| 沥青标号 | | | | | | | | SG90 | SG70 |
| 针入度（25℃） | | | 0.1mm | 70～100 | 70～90 | 70～100 | 70～90 | 80～100 | 60～80 |
| 软化点（环球法） | | | ℃ | 44～49 | 45～52 | 45～52 | 45～52 | 45～52 | 48～55 |
| 脆点 | | | ℃ | ≤−10 | ≤−10 | ≤−10 | ≤−10 | ≤−12 | ≤−10 |
| 延度 | 15℃（5cm/min） | | cm | ≥150 | ≥150 | ≥150 | ≥150 | ≥150 | ≥150 |
| | 7℃（5cm/min） | | cm | ≥5 | — | — | — | — | — |
| | 4℃（1cm/min） | | cm | — | ≥15 | ≥10 | ≥10 | ≥20 | ≥10 |
| 含蜡量（蒸馏法） | | | % | ≤2 | ≤2 | ≤2 | ≤2 | ≤2 | ≤2 |
| 密度（25℃） | | | g/cm³ | ≥1.0 | 实测 | 实测 | ≥0.98 | 实测 | 实测 |
| 溶解度（三氯乙烯） | | | % | ≥99 | ≥99 | ≥99 | ≥99 | ≥99 | ≥99 |
| 含灰量 | | | % | ≤0.5 | ≤0.5 | ≤0.5 | ≤0.5 | — | — |
| 闪点 | | | ℃ | ≥230 | ≥230 | ≥230 | ≥230 | ≥230 | ≥260 |
| 薄膜加热试验 | 质量损失 | | % | ≤1.5 | ≤1.0 | ≤0.6 | ≤0.6 | ≤0.3 | ≤0.2 |
| | 软化点升高 | | ℃ | ≤5 | ≤5 | ≤5 | ≤5 | ≤5 | ≤5 |
| | 针入度比 | | % | ≥70 | ≥65 | ≥68 | ≥65 | ≥70 | ≥68 |
| | 脆点 | | ℃ | ≤−8 | ≤−8 | ≤−7 | ≤−7 | — | — |
| | 延度 | 25℃（5cm/min） | cm | ≥100 | — | — | — | — | — |
| | | 15℃（5cm/min） | cm | — | ≥100 | ≥100 | ≥100 | ≥100 | ≥80 |
| | | 7℃（5cm/min） | cm | ≥2 | — | — | — | — | — |
| | | 4℃（1cm/min） | cm | — | ≥8 | ≥7 | ≥7 | ≥8 | ≥4 |

（2）改性沥青。对于寒冷地区的沥青混凝土面板防渗工程来说，对沥青混凝土的低温抗裂性能有较高的要求，一般情况下采用普通沥青难以达到设计要求。为此，通常在基质沥青中掺加橡胶、树脂、高分子聚合物、天然沥青、磨细的橡胶粉或者其他材料等改型剂，制成沥青结合料，使沥青的性能得到改善，从而满足设计要求。工程上一般将这种沥青结合料叫作改性沥青。

1）改性沥青的分类及特点。改性沥青一般根据掺加改型剂的种类不同分为三大类：热塑橡胶类、橡胶类和树脂类。见表 17-25。

热塑橡胶类改性沥青在工程上主要以 SBS 改性沥青为主，此类改性沥青在高温、低温条件下，性能都较好，并且有良好的弹性恢复性能。

橡胶类改性沥青在工程上主要以 SBR 改性沥青为主，此类改性沥青在低温下具有很好的性能。

**表 17-25　改性沥青主要技术要求**

| 指标 | | 单位 | SBS（Ⅰ类） | | | | SBR（Ⅱ类） | | | EVA、PE（Ⅲ类） | | | | 试验方法 |
|---|---|---|---|---|---|---|---|---|---|---|---|---|---|---|
| | | | Ⅰ-A | Ⅰ-B | Ⅰ-C | Ⅰ-D | Ⅱ-A | Ⅱ-B | Ⅱ-C | Ⅲ-A | Ⅲ-B | Ⅲ-C | Ⅲ-D | |
| 针入度（25℃，100g，5s） | | 0.1mm | >100 | 80～100 | 60～80 | 30～60 | >100 | 80～100 | 60～80 | >80 | 60～80 | 40～60 | 30～40 | T0604 |
| 针入度指数 $PI$ | | | ≥-1.2 | ≥-0.8 | ≥-0.4 | ≥0 | ≥-1.0 | ≥-0.8 | ≥-0.6 | ≥-1.0 | ≥-0.8 | ≥-0.6 | ≥-0.4 | T0604 |
| 延度（5℃，5cm/min） | | cm | ≥50 | ≥40 | ≥30 | ≥20 | ≥60 | ≥50 | ≥40 | — | | | | T0605 |
| 软化点 $T_{R\&B}$ | | ℃ | ≥45 | ≥50 | ≥55 | ≥60 | ≥45 | ≥48 | ≥50 | ≥48 | ≥52 | ≥56 | ≥60 | T0606 |
| 运动黏度[a]（135℃） | | Pa·s | ≤3 | | | | | | | | | | | T0619、T0625 |
| 闪点 | | ℃ | ≥230 | | | | ≥230 | | | ≥230 | | | | T0611 |
| 溶解度 | | % | ≥99 | | | | ≥99 | | | — | | | | T0607 |
| 弹性恢复（25℃） | | % | ≥55 | ≥60 | ≥65 | ≥70 | — | | | — | | | | T0662 |
| 黏韧性 | | N·m | — | | | | ≥5 | | | — | | | | T0624 |
| 韧性 | | N·m | — | | | | ≥2.5 | | | — | | | | T0624 |
| 储存稳定性[b]离析，48h软化点差 | | ℃ | ≤2.5 | | | | — | | | 无改性剂明显析出、凝聚 | | | | T0661 |
| TFOT（或RTFOT）后残留物 | 质量变化 | % | ≤1.0 | | | | | | | | | | | T0609、T0610 |
| | 针入度比（25℃） | % | ≥50 | ≥55 | ≥60 | ≥65 | ≥50 | ≥55 | ≥60 | ≥50 | ≥55 | ≥58 | ≥60 | T0604 |
| | 延度（5℃） | cm | ≥30 | ≥25 | ≥20 | ≥15 | ≥30 | ≥20 | ≥10 | — | | | | T0605 |

a　表中135℃运动黏度可采用JTJ 052中的“沥青布氏旋转黏度试验方法（布洛克菲尔德黏度计法）”进行测定。若在不改变改性沥青物理力学性质并符合安全条件下易于泵送和拌和，或经证明适当提高泵送和拌和温度时能保证改性沥青的质量，容易施工，可不要求测定。

b　储存稳定性适用于工厂生产的成品改性沥青。现场制作的改性沥青对储存稳定性指标可不作要求，但必须在制作后保持不间断的搅拌或泵送循环，保证使用前没有明显的离析。

树脂类改性沥青在工程上主要以EVA和PE改性沥青为主，此类改性沥青在高温下具有良好的性能。

由于SBS改性沥青在高、低温下性能均较为稳定，因此，SBS改性沥青在水利水电工程中应用较多。

2）改性沥青技术要求。国内沥青混凝土面板防渗工程中采用的改性沥青，多是用于比较寒冷的地区，适用普通沥青难以满足低温抗裂的要求，故而采用改性沥青使沥青混凝土的低温抗裂性能满足设计要求。国内近年沥青混凝土面板坝工程选用改性沥青的技术指标，见表17-26。

**表17-26　国内沥青混凝土面板坝所采用改性沥青技术指标**

| 检验项目 | | | 单位 | 西龙池上库 | 呼和浩特上库 |
|---|---|---|---|---|---|
| 沥青使用部位 | | | | 防渗层 | 防渗层 |
| 沥青生产厂家 | | | | | 盘锦中油辽河沥青有限公司 |
| 沥青标号 | | | | | 改性沥青5号 |
| 针入度（25℃） | | | 0.1mm | ≥80 | ≥100 |
| 针入度指数PI | | | | | ≥-1.2 |
| 软化点（环球法） | | | ℃ | ≥50 | ≥45 |
| 运动黏度（135℃） | | | | — | ≤3 |
| 脆点 | | | ℃ | ≤-20 | ≤-22 |
| 延度 | 15℃（5cm/min） | | cm | ≥150 | ≥100 |
| | 5℃（5cm/min） | | cm | ≥40 | ≥70 |
| 含蜡量（裂解法） | | | % | — | ≤2 |
| 密度（25℃） | | | $g/cm^3$ | — | 实测 |
| 溶解度（三氯乙烯） | | | % | ≥99 | ≥99 |
| 弹性恢复（25℃） | | | % | — | ≥55 |
| 储存稳定性离析，48h软化点差 | | | ℃ | — | ≤2.5 |
| 含灰量 | | | % | ≤0.5 | — |
| 闪点 | | | ℃ | ≥230 | ≥230 |
| 薄膜加热试验 | 质量损失 | | % | ≤1.0 | ≤1.0 |
| | 软化点升高 | | ℃ | ≤5 | ≤5 |
| | 针入度比（25℃） | | % | ≥55 | ≥50 |
| | 脆点 | | ℃ | ≤-18 | ≤-19 |
| | 延度 | 15℃（5cm/min） | cm | ≥100 | ≥80 |
| | | 5℃（5cm/min） | cm | ≥25 | ≥30 |

（3）骨料。沥青混凝土的70%～80%是由骨料构成，骨料对沥青混凝土的性能有着极大的影响。骨料根据粒径的大小分为粗骨料和细骨料两种，粒径大于2.36mm的骨料为粗

骨料、粒径在0.075～2.36mm的骨料为细骨料。粗骨料一般由岩石破碎加工，细骨料一般由人工砂、天然砂加工而成。

1）粗骨料。粗骨料一般采用碱性岩石（石灰岩、白云岩等）破碎的岩石，要求质地坚硬、新鲜，不因加热而引起性质变化，其技术要求应满足表17-27的要求。

**表17-27　粗骨料的技术要求**

| 序号 | 项　目 | 单位 | 指标 | 说　明 |
|---|---|---|---|---|
| 1 | 表观密度 | $g/cm^3$ | ≥2.6 | |
| 2 | 与沥青黏附性 | 级 | ≥4 | 水煮法 |
| 3 | 针片状颗粒含量 | % | ≤25 | 颗粒最大、最小尺寸比>3 |
| 4 | 压碎值 | % | ≤30 | 压力400kN |
| 5 | 吸水率 | % | ≤2 | |
| 6 | 含泥量 | % | ≤0.5 | |
| 7 | 耐久性 | % | ≤12 | 硫酸钠干湿循环5次的质量损失 |

2）细骨料。细骨料可选用人工砂、天然砂等，细骨料应质地坚硬、新鲜，不因加热而引起性质变化，其技术要求应满足表17-28的要求。

**表17-28　细骨料的技术要求**

| 序号 | 项　目 | 单位 | 指标 | 说　明 |
|---|---|---|---|---|
| 1 | 表观密度 | $g/cm^3$ | ≥2.55 | |
| 2 | 吸水率 | % | ≤2 | |
| 3 | 水稳定等级 | 级 | ≥6 | 碳酸钠溶液煮沸1min |
| 4 | 耐久性 | % | ≤15 | 硫酸钠干湿循环5次的质量损失 |
| 5 | 有机质及泥土含量 | % | ≤2 | |

（4）填料。填料是在沥青混合料中起充填作用的粒径小于0.075mm的矿物质粉末，也称作矿粉。通常由石灰岩等碱性石料加工磨细得到，水泥、消石灰、粉煤灰等材料有时也可作为填料使用。

填料一般采用石灰岩粉、白云岩粉等碱性岩石加工的石料，滑石粉、普通硅酸盐水泥、粉煤灰等粉状矿质材料也可作为填料，但需经试验研究论证。填料应不结团块、不含有机质及泥土，其技术要求应满足表17-29的要求。

**表17-29　填料的技术要求**

| 序号 | 项　目 | 单位 | 指标 | 说　明 |
|---|---|---|---|---|
| 1 | 表观密度 | $g/cm^3$ | ≥2.5 | |
| 2 | 亲水系数 | | ≤1.0 | 煤油与水沉淀法 |
| 3 | 含水率 | % | ≤0.5 | |

续表

| 序号 | 项　　目 | | 单位 | 指标 | 说　　明 |
|---|---|---|---|---|---|
| 4 | 细度 | <0.6mm | % | ≤100 | |
| | | <0.15mm | | >90 | |
| | | <0.075mm | | >85 | |

填料在沥青混合料中不仅起到填充作用，还起到增加黏结力的作用。填料中细粒含量越大，对沥青混凝土的力学性能越有利。亲水系数是判定填料性能的主要指标，一般通过煤油与水沉淀法取得，对填料细粒含量有特殊要求的工程，还可以通过激光分析法，检测0.075～0.02mm不同粒径的含量。

（5）掺料。为改善沥青混凝土的物理力学性能，可在沥青混凝土中掺入合适的掺料。掺料作为一种添加剂，其品种和用量应根据沥青混凝土的性能要求，通过试验确定。为便于参考，表17-30列出了水工沥青混凝土常用的掺料品种、功能以及相关的要求。

**表17-30　　掺料的品种、功能及相关要求**

| 序号 | 品　种 | 用途 | 功　　能 | 用　　量 |
|---|---|---|---|---|
| 1 | 消石灰 | 抗剥落剂 | 提高沥青混凝土的水稳定性 | 沥青用量的3%～5% |
| 2 | 普通硅酸盐水泥 | | | |
| 3 | 橡胶 | 抗裂剂 | 提高沥青混凝土低温抗裂能力 | 通过试验确定 |
| 4 | 树脂 | | | |
| 5 | 聚酯纤维 | 稳定剂 | 提高沥青混凝土的热稳定性 | 通过试验确定 |
| 6 | 木质纤维 | | | |
| 7 | 矿物纤维 | | | |

2. 配合比设计

沥青混凝土是由沥青、粗骨料、细骨料及填料组成的混合料，经压实后冷却形成的混合物。其各成分自身的性质及用量比例对沥青混凝土的性能具有极大的影响。国内部分沥青面板坝工程采用的骨料、填料情况见表17-31。配合比设计的目的便是确定沥青、骨料以及填料相互用量的合适比例，以便确保配制的沥青混凝土各项性能指标满足相关工程的要求。

**表17-31　　国内部分沥青面板坝工程采用骨料及填料统计**

| 材料类型 | 天荒坪上库 | 张河湾上库 | 西龙池上库 | 宝泉上库 | 呼和浩特上库 | 垣曲上库 |
|---|---|---|---|---|---|---|
| 粗骨料 | 灰岩碎石 | 灰岩碎石 | 灰岩碎石 | 灰岩碎石 | 石灰岩碎石 | 灰岩碎石 |
| 细骨料 | 天然砂 | 天然砂 | 天然砂 | 天然砂 | 天然砂 | 人工砂 |
| 填料 | 灰岩石粉 | 灰岩石粉 | 灰岩石粉 | 灰岩石粉 | 石灰石矿粉 | 灰岩石粉 |

目前碾压式沥青混凝土面板配合比设计，主要是根据各层沥青混凝土的功能及技术要求，并结合已建工程的设计经验，通过沥青混凝土配合比试验进行比较和选择。对初选的

配合比进行比较试验时，可根据各工程自身的特点，选择关键性能进行配合比试验。例如，寒冷地区的沥青混凝土面板防渗工程，关键性能是低温抗裂性能和低温变形性能；炎热地区的沥青混凝土面板防渗工程，关键性能是高温条件下的热稳定性能。配合比设计过程中，可根据关键性能试验成果，在初选的若干种配合比之中，优选出几种较为合适的配合比，然后进行全面性能配合比试验，进而选出最优的配合比。

碾压式沥青混凝土面板配合比选择参考范围见表17-32。

表17-32　碾压式沥青混凝土面板配合比选择参考范围

| 序号 | 种类 | 沥青含量/% | 填料用量/% | 骨料最大直径/mm | 级配指数 | 沥青质量 |
|---|---|---|---|---|---|---|
| 1 | 防渗层 | 7.0～8.5 | 10.0～16.0 | 16.0～19.0 | 0.24～0.28 | 70号或90号水工沥青、道路沥青或改性沥青 |
| 2 | 整平胶结层 | 4.0～5.0 | 6.0～10.0 | 19.0 | 0.7～0.9 | 70号或90号道路沥青、水工沥青 |
| 3 | 排水层 | 3.0～4.0 | 3.0～3.5 | 26.5 | 0.8～1.0 | 70号或90号道路沥青、水工沥青 |
| 4 | 封闭层 | 沥青：填料=(30～40)：(60～70) | | | | 50号水工沥青或改性沥青 |
| 5 | 沥青砂浆 | 12.0～16.0 | 15.0～20.0 | 2.36或4.75 | — | 70号或90号道路沥青、水工沥青 |

图17-14为沥青混凝土面板配合比设计的流程。

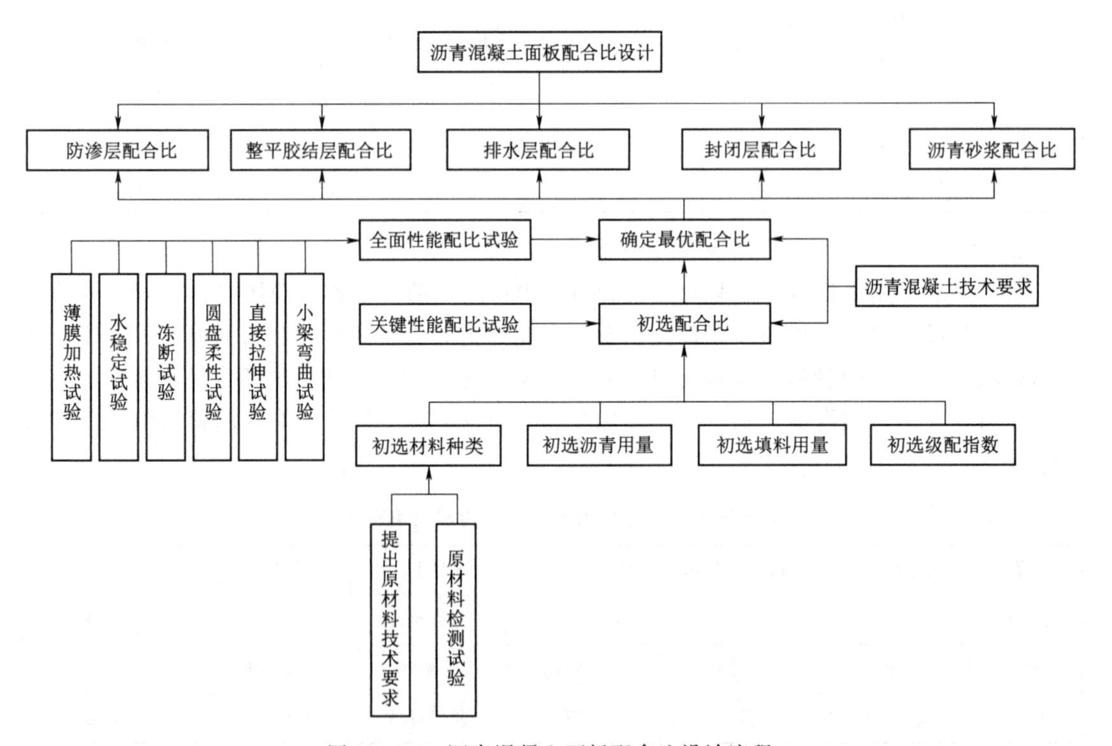


图17-14　沥青混凝土面板配合比设计流程

(1) 原材料选择。首先对工程区范围内可适用的原材料（沥青、骨料、填料以及掺

料）进行质量鉴定，排除指标不满足要求的材料，每一类原材料选择1～2种作为备选原材料，进行进一步优选，有条件的工程初选原材料的数量可以适当增加。

（2）矿料级配选择。计算矿料级配主要采用富勒（Fuller）级配公式（17-6）和丁朴荣提出的矿料级配公式（17-7）两种，国内水工沥青混凝土设计通常采用丁朴荣提出的矿料级配公式（17-7）。

富勒（Fuller）级配公式：

$$P_i=\left(\frac{d_i}{D_{max}}\right)^r \tag{17-6}$$

式中：$P_i$ 为骨料通过孔径为 $d_i$（mm）筛的总通过率，%；$d_i$ 为骨料各级粒径，mm；$D_{max}$ 为矿料最大粒径，mm。

丁朴荣矿料级配公式：

$$P_i=P_{0.075}+(100-P_{0.075})\frac{d_i^r-0.075^r}{D_{max}^r-0.075^r} \tag{17-7}$$

式中：$P_i$ 为骨料通过孔径为 $d_i$ 筛（方孔筛）的总通过率，%；$P_{0.075}$ 为填料用量，即通过0.075mm筛孔的总通过率，%；$r$ 为级配指数；$d_i$ 为某一筛孔尺寸，即骨料各级粒径，mm；$D_{max}$ 为矿料最大粒径，mm。

虽然根据式（17-7）能够确定矿料级配，但实际工程设计过程中，大都是参考以往类似工程经验选择合适的矿料级配，表17-33列出了不同类型碾压混凝土的矿料级配经验范围。

**表17-33　不同类型碾压式沥青混凝土矿料级配范围**

| 矿料级配类型 | 不同筛孔尺寸下总通过率/% | | | | | | | | | | | | 矿料级配指数 |
|---|---|---|---|---|---|---|---|---|---|---|---|---|---|
| | 26.5 | 19 | 16 | 13.2 | 9.5 | 4.75 | 2.36 | 1.18 | 0.6 | 0.3 | 0.15 | 0.075 | |
| 开级配 | 100 | 78.5 | 69.6 | 60.8 | 48.4 | 30.6 | 20.0 | 13.8 | 10.3 | 8.1 | 6.8 | 5.0 | 0.763 |
| | 100 | 85.5 | 78.9 | 72.2 | 62.3 | 46.2 | 35.0 | 27.3 | 22.1 | 18.4 | 15.8 | 10.0 | 0.530 |
| | | 100 | 86.6 | 73.8 | 56.4 | 32.9 | 20.0 | 13.1 | 9.5 | 7.4 | 6.3 | 5.0 | 0.885 |
| | | 100 | 91.0 | 82.0 | 68.8 | 48.4 | 35.0 | 26.3 | 20.8 | 17.0 | 14.6 | 10.0 | 0.614 |
| | | | 100 | 83.9 | 62.5 | 34.4 | 20.0 | 12.7 | 9.0 | 7.1 | 6.1 | 5.0 | 0.964 |
| | | | 100 | 89.1 | 73.5 | 49.9 | 35.0 | 25.7 | 20.0 | 16.3 | 14.0 | 10.0 | 0.669 |
| 密级配（一） | | 100 | 91.0 | 82.0 | 68.8 | 48.4 | 35.0 | 26.3 | 20.8 | 17.0 | 14.6 | 10.0 | 0.614 |
| | | 100 | 94.0 | 87.8 | 78.3 | 62.1 | 50.0 | 41.1 | 34.5 | 29.6 | 25.8 | 15.0 | 0.425 |
| | | | 100 | 89.1 | 73.5 | 49.9 | 35.0 | 25.7 | 20.0 | 16.3 | 14.0 | 10.0 | 0.669 |
| | | | 100 | 92.7 | 81.8 | 63.4 | 50.0 | 40.4 | 33.5 | 28.5 | 24.8 | 15.0 | 0.464 |
| | | | | 100 | 80.5 | 52.1 | 35.0 | 24.9 | 19.0 | 15.4 | 13.2 | 10.0 | 0.744 |
| | | | | 100 | 86.7 | 65.2 | 50.0 | 39.5 | 32.3 | 27.1 | 23.5 | 15.0 | 0.515 |

续表

| 矿料级配类型 | 不同筛孔尺寸下总通过率/% | | | | | | | | | | | | 矿料级配指数 |
|---|---|---|---|---|---|---|---|---|---|---|---|---|---|
| | 26.5 | 19 | 16 | 13.2 | 9.5 | 4.75 | 2.36 | 1.18 | 0.6 | 0.3 | 0.15 | 0.075 | |
| 密级配（二） | | 100 | 94.2 | 88.1 | 78.7 | 62.5 | 50.0 | 40.6 | 33.5 | 27.9 | 23.7 | 10.0 | 0.389 |
| | | 100 | 96.4 | 92.5 | 86.3 | 74.7 | 65.0 | 56.9 | 50.3 | 44.6 | 39.8 | 15.0 | 0.254 |
| | | | 100 | 93.0 | 82.2 | 63.8 | 50.0 | 39.8 | 32.4 | 26.3 | 22.4 | 10.0 | 0.424 |
| | | | 100 | 95.6 | 88.6 | 75.7 | 65.0 | 56.3 | 49.2 | 43.2 | 38.5 | 15.0 | 0.277 |
| | | | | 100 | 87.1 | 65.6 | 50.0 | 38.9 | 31.0 | 25.1 | 20.9 | 10.0 | 0.471 |
| | | | | 100 | 91.8 | 77.0 | 65.0 | 55.4 | 47.8 | 41.5 | 36.4 | 15.0 | 0.308 |

（3）初选配合比。首先参考表 17-32，并结合类似工程经验，初步选定几组沥青含量和几组矿料级配进行搭配组合，形成若干组配合比方案。然后对各个配合比方案进行关键性能配合比试验，根据实验结果，在若干组配合比方案中选取 2～3 组较优的方案作为初选配合比。

（4）确定最佳配合比。针对初选配合比进行全面性能配合比试验，根据试验成果，最终选择最优的配合比，作为设计配合比。由于碾压式沥青混凝土面板坝各层沥青混凝土的性能要求差别较大，因此，需对各层沥青混凝土分别进行配合比设计，确定各自的配合比。

国内部分沥青混凝土面板坝采用的配合比见表 17-34～表 17-36。

**表 17-34　　国内部分沥青混凝土面板坝防渗层配合比**

| 工程名称 | 沥青含量/% | 最大粒径/mm | 配合比/% | | |
|---|---|---|---|---|---|
| | | | 粗骨料 | 细骨料 | 填料 |
| 天荒坪 | 6.8 | 16 | 48.3 | 36.7 | 15.0 |
| 张河湾 | 7.7 | 16 | 41.7 | 46.2 | 12.1 |
| 西龙池 | 7.5～7.8 | 16 | 43.0 | 45.0 | 12.0 |
| 宝泉 | 6.9 | 16 | 50.2 | 38.8 | 11.0 |
| 呼和浩特 | 7.5 | 16 | 26.5 | 68.8 | 4.7 |
| 垣曲 | 7.5（油石比） | 16 | 37.7 | 50.3 | 12 |

**表 17-35　　国内部分沥青混凝土面板坝整平胶结层配合比**

| 工程名称 | 沥青含量/% | 最大粒径/mm | 配合比/% | | |
|---|---|---|---|---|---|
| | | | 粗骨料 | 细骨料 | 填料 |
| 天荒坪 | 4.3 | 22.4 | 73.9 | 19.4 | 6.7 |
| 张河湾 | 5.0 | 16.0 | 45.9 | 43.9 | 10.2 |
| 西龙池 | 4.0 | 19.0 | 83.0 | 13.5 | 3.5 |
| 宝泉 | 4.0 | 19.0 | 70.2 | 22.5 | 6.3 |
| 呼和浩特 | 4.3 | 19.0 | 64.9 | 31.9 | 3.2 |
| 垣曲 | 4.4 | 16.0 | 74.9 | 20.1 | 5.0 |

表 17-36　　国内部分沥青混凝土面板坝封闭层配合比

| 配合比 | 天荒坪 | 张河湾 | 西龙池 | 宝泉 | 呼和浩特 | 垣曲 |
|---|---|---|---|---|---|---|
| 沥青：填料 | | | | | 3.5∶6.5 | 3∶7 |

## 三、与其他建筑物的连接

沥青混凝土面板与基础、岸坡和刚性建筑物的连接部位，是整个面板防渗系统中的薄弱环节，需重点考虑。连接部位的设计，主要是解决不均匀沉陷和相对位移而导致的沥青混凝土面板开裂破坏问题。连接部位的连接形式，可根据水头大小、地基的地质条件、岸坡的地形特点、填筑体的密实程度及变形大小等因素综合考虑。目前常用的接头形式主要有滑动式接头、转动式接头和柔性扩大式接头。

### （一）与基础廊道的连接

当采用全库盆沥青面板防渗时，沥青面板自身形成“U”形的封闭空间，并在库底设有排水廊道，图 17-15 为沥青面板与排水廊道的连接。

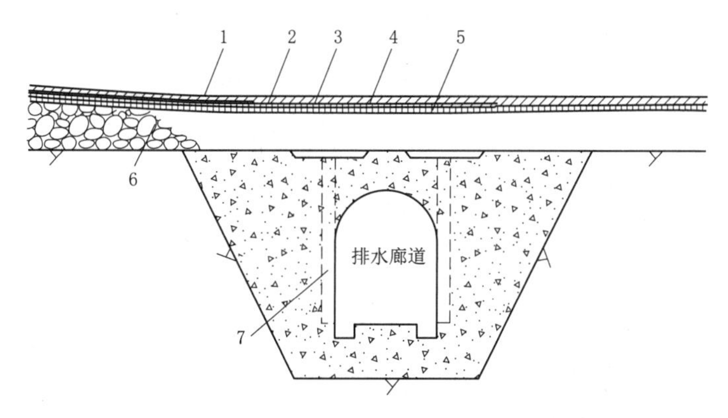


图 17-15　沥青面板与排水廊道连接详图
1—封闭层；2—防渗层；3—聚酯网格；4—防渗加厚层；
5—整平胶结层；6—碎石垫层；7—垫层排水管

### （二）与坝顶的连接

沥青混凝土面板与坝顶的连接一般为沥青混凝土面板与钢筋混凝土防浪墙的连接，此连接部位的施工顺序通常为先进行沥青混凝土面板施工，后进行混凝土防浪墙施工，连接处接缝通常采用沥青玛蹄脂等柔性材料封闭，并在沥青面板顶部圆弧段下一定范围内增设聚酯网格。

图 17-16 为张河湾上库沥青混凝土面板与岸坡的连接、图 17-17 为呼和浩特上库沥青混凝土面板与岸坡的连接、图 17-18 为垣曲上库沥青混凝土面板与岸坡的连接。

### （三）与进/出水口的连接

为尽量减小不均匀沉陷和应力集中，在库底沥青混凝土面板与上、下水库进/出水口钢筋混凝土结构之间设滑动式扩大接头，结构顶部设一凹槽，槽内充填塑性填料，沥青混凝土防渗层延伸到连接部位钢筋混凝土结构凹槽顶。沥青混凝土整平胶结层与沥青混凝土加厚层之间设沥青砂浆楔形体，在沥青砂浆楔形体与连接部位钢筋混凝土结构接触面上铺塑性填料并涂刷沥青涂料。

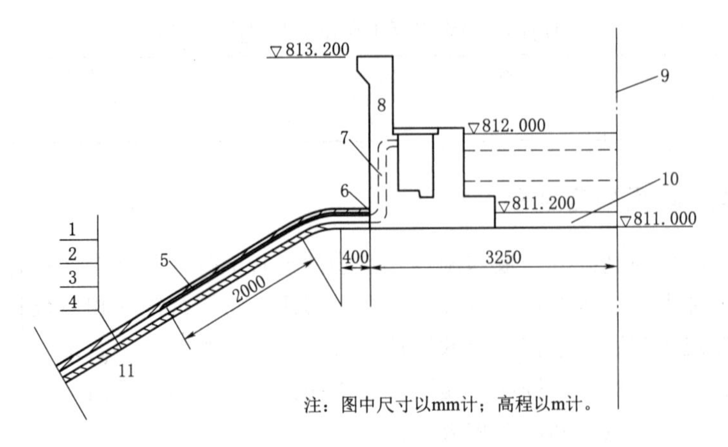


图 17－16　张河湾上水库沥青面板与坝顶连接详图

1—沥青玛蹄脂封闭层；2—防渗面层；3—排水层；4—整平胶结构防渗层；
5—有聚酯网范围；6—沥青玛蹄脂填缝；7—通气管（$\phi$70mm）；
8—防浪墙；9—坝轴线；10—临时碎石路面；11—碎石垫层

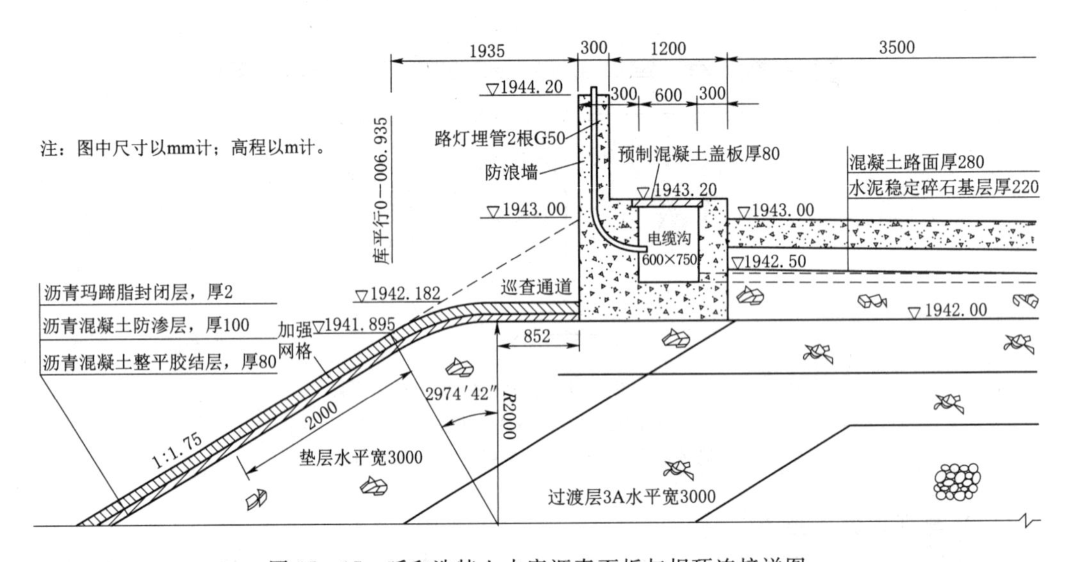


图 17－17　呼和浩特上水库沥青面板与坝顶连接详图

图 17－19 为呼和浩特上水库沥青混凝土面板与进/出水口底板的连接、图 17－20 为垣曲上水库沥青混凝土面板与进/出水口底板的连接、图 17－21 为垣曲上水库沥青混凝土面板与进/出水口闸门井的连接。

## 四、沥青面板裂缝处理

施工质量良好的沥青混凝土面板几乎是滴水不漏的。最容易出现面板裂缝的时期是水库蓄水初期，由于水位快速的升、降引起过大的基础变形，从而导致沥青面板出现裂缝。

沥青混凝土面板的裂缝处理比较方便快捷，为使沥青混凝土面板裂缝能够得到及时有效处理，在面板施工完毕后必须储备一定数量的沥青和混凝土骨料，当运行期出现裂缝

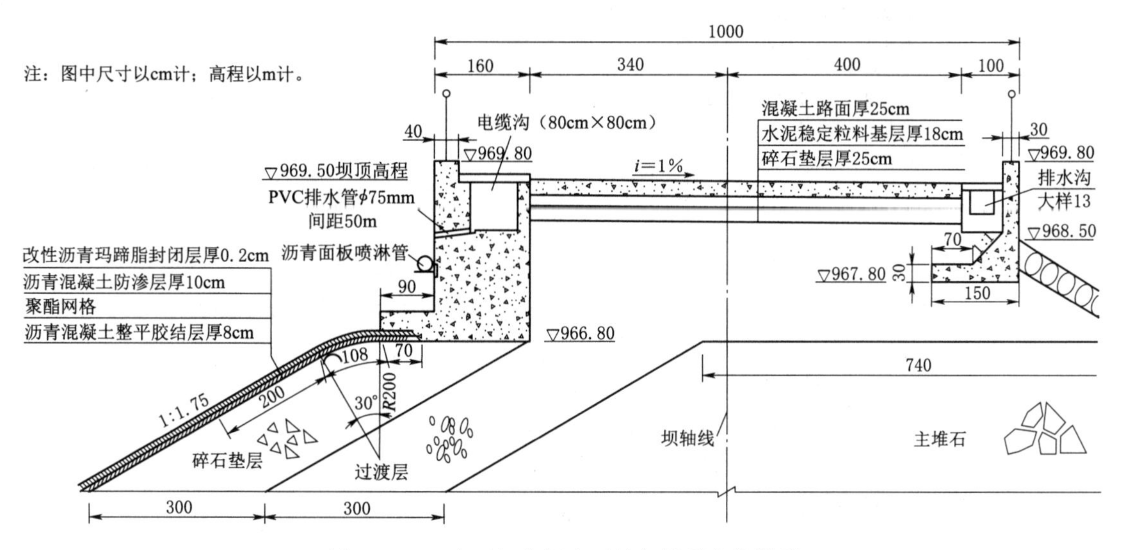


图 17－18　山西垣曲沥青面板与坝顶连接详图

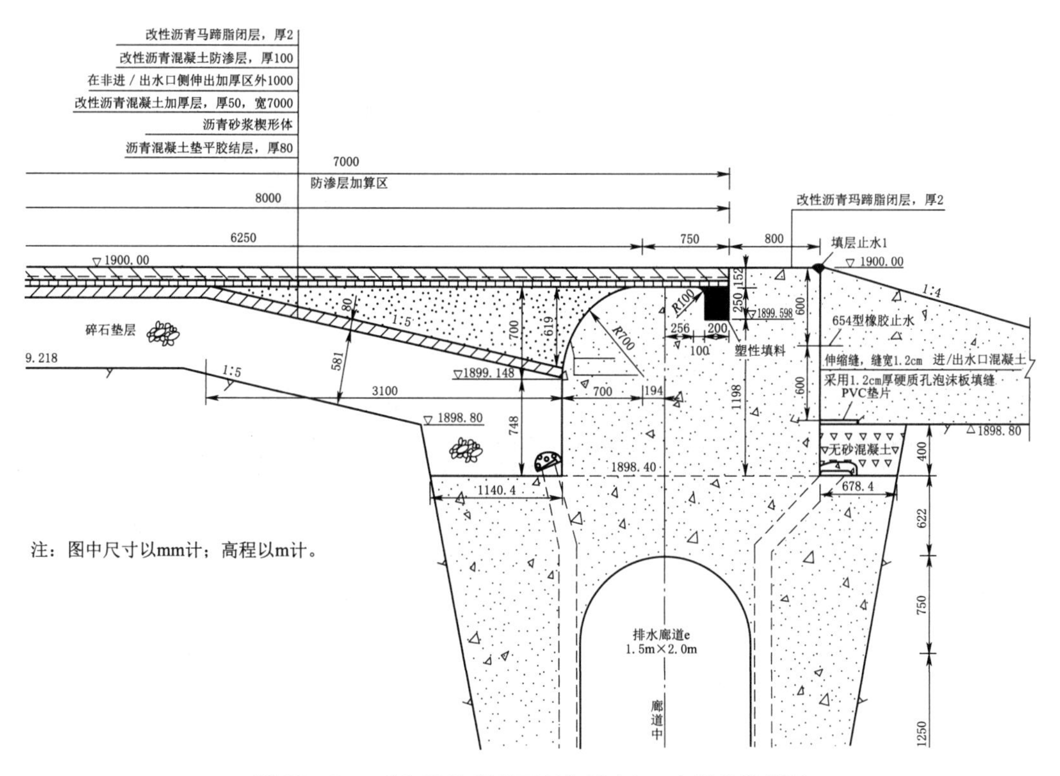


图 17－19　呼和浩特沥青面板与进/出口底板连接详图

后，能够及时进行处理。

对于面板的浅层细微裂缝，经过表面简单清理后，覆盖一层新拌的沥青混凝土加厚层即可；对于深层裂缝，需把裂缝一定范围内的防渗层和整平胶结层挖除，然后重新回填新拌的沥青混凝土，可以用防渗层沥青混凝土代替整平胶结层以方便施工。

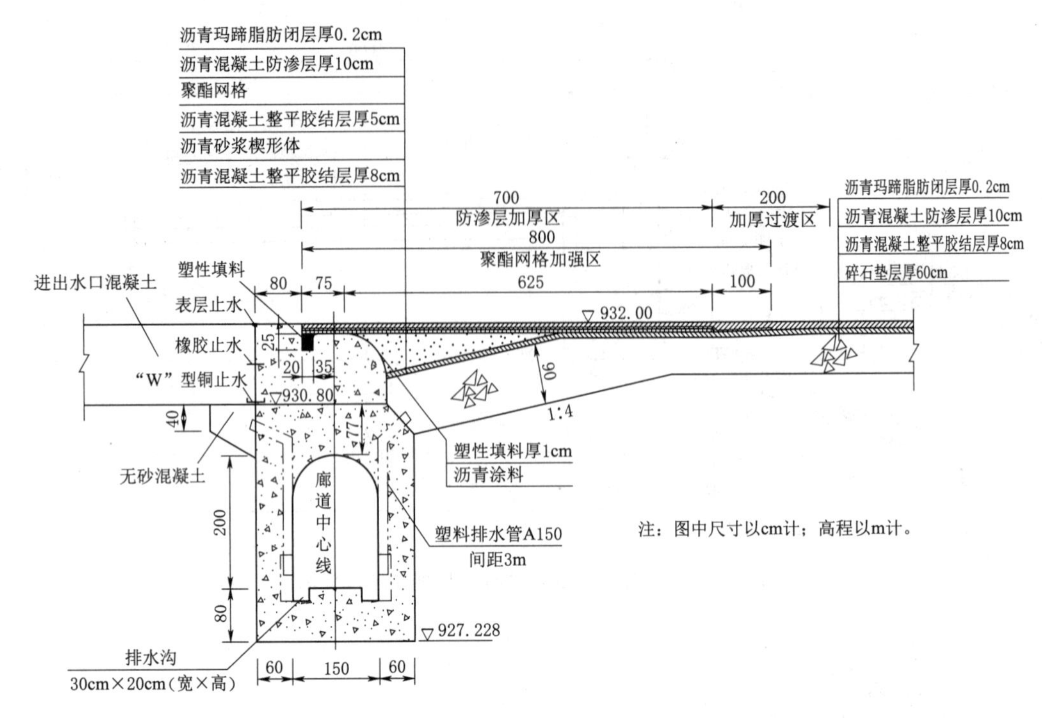


图 17-20　山西垣曲沥青面板与进/出口底板连接详图

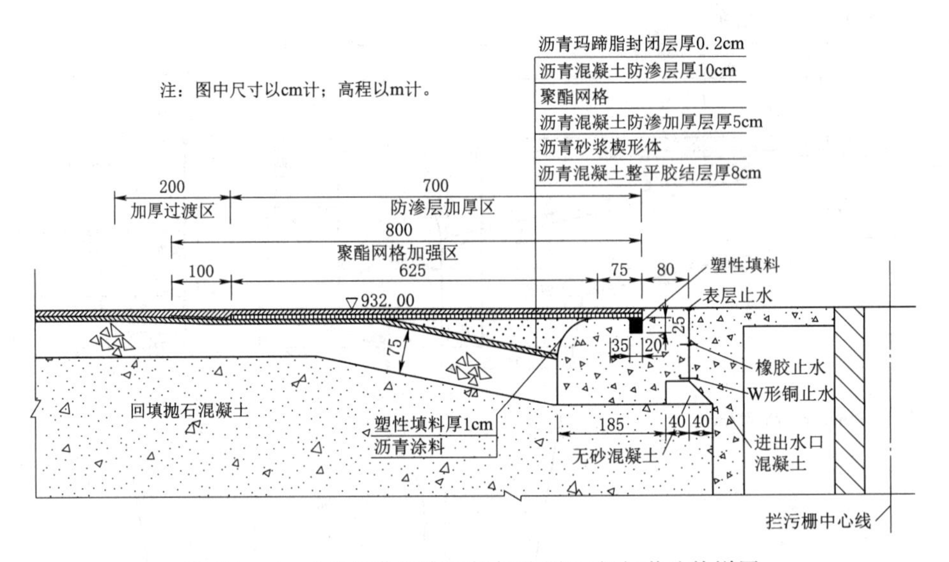


图 17-21　山西垣曲沥青面板与进/出口闸门井连接详图

## 五、工程实例

### (一) 西龙池抽水蓄能电站上水库

山西西龙池抽水蓄能电站位于山西省忻州市五台县境内，滹沱河与清水河交汇处上游约 3km 处的滹沱河左岸，电站装机容量为 1200MW。

上水库坝址位于西闪虎沟沟脑部位，库周由五个浑圆的山包、四个垭口围成。上水库

库盆为方圆形，为全库盆防渗工程，其主要建筑物包括：沥青混凝土面板堆石坝、库盆沥青混凝土防渗面板、排水及交通廊道系统、环库公路及库岸防护工程、进/出水口、库底工业取水口等。上水库采用挖、填成库，库形为方圆形，库内边坡 1∶2，水库正常蓄水位 1492.50m，死水位 1467.00m，总库容为 468.97 万 $m^3$，调节库容为 413.15 万 $m^3$，死库容为 55.82 万 $m^3$。

大坝为筒式沥青混凝土面板堆石坝（包括主坝和 1 号、2 号副坝），利用库盆开挖料堆石填筑，坝顶高程 1495.55m，坝顶宽 10m，主坝最大坝高（坝轴线处）50.85m；1 号副坝最大坝高 18m，2 号副坝最大坝高 15m。主坝和 1 号、2 号副坝上游坡均为 1∶2，下游坡 1∶1.7（不含 1 号副坝）。

上水库采用沥青混凝土面板全库盆防渗，防渗总面积约 21.57 万 $m^2$。其中库岸及坝坡 10.18 万 $m^2$、库底 11.39 万 $m^2$，沥青混凝土总方量约 4.6 万 $m^3$。上水库沥青混凝土铺筑最大斜坡面长约 77m。

上水库沥青混凝土防渗面板采用了两种沥青混凝土材料，即斜坡与其连接库底的反弧段采用改性沥青混凝土，库底采用沥青混凝土。沥青混凝土面板由内至外的结构顺序为整平胶结层、防渗层（包括加厚层）、封闭层组成。其结构组成要求见表 17-37。

**表 17-37　西龙池电站上水库沥青混凝土面板结构组成**

| 部　位 | 结构层 | 材　料　种　类 | | 厚度/cm |
|---|---|---|---|---|
| 库底 | 整平胶结层 | 开级配 | 沥青混凝土 | 10.0 |
| | 防渗层 | 密级配 | 沥青混凝土 | 10.0 |
| | 加厚层 | 密级配 | 沥青混凝土 | 5.0 |
| | 封闭层 | 沥青玛蹄脂 | | 0.2 |
| 岸坡及反弧段 | 整平胶结层 | 开级配 | 沥青混凝土 | 10.0 |
| | 防渗层 | 密级配 | 改性沥青混凝土 | 10.0 |
| | 加厚层 | 密级配 | 改性沥青混凝土 | 5.0 |
| | 封闭层 | 改性沥青玛蹄脂 | | 0.2 |

### （二）呼和浩特抽水蓄能电站上水库

呼和浩特抽水蓄能电站位于内蒙古自治区呼和浩特市东北部的大青山区，距离呼和浩特市中心约 20km。电站枢纽主要由上水库、水道系统、地下厂房系统、下水库组成。电站总装机容量 1200MW，装机 4 台，单机容量 300MW。

上水库全库盆采用沥青混凝土面板防渗，主要包括沥青混凝土面板堆石坝、库盆和排水系统。沥青混凝土面板堆石坝上游坡比 1∶1.75，堆石坝下游坝坡 1∶1.6。库盆防渗总面积为 24.48 万 $m^2$，其中库底防渗面积为 10.11 万 $m^2$，库岸防渗面积为 14.37 万 $m^2$。面板下基础采用碎石垫层，堆石坝段碎石垫层水平宽度 3.0m，岩石边坡开挖段和库底碎石垫层岸 60cm。库底设置长 3056.35m 的排水检查廊道系统，为增强库底排水能力，在库底布置塑料排水盲沟管网系统，收集混凝土面板渗水，并将渗水排入库底排水检查廊道，通过布置于坝基下的外排廊道集中排出库外，见图 17-22。

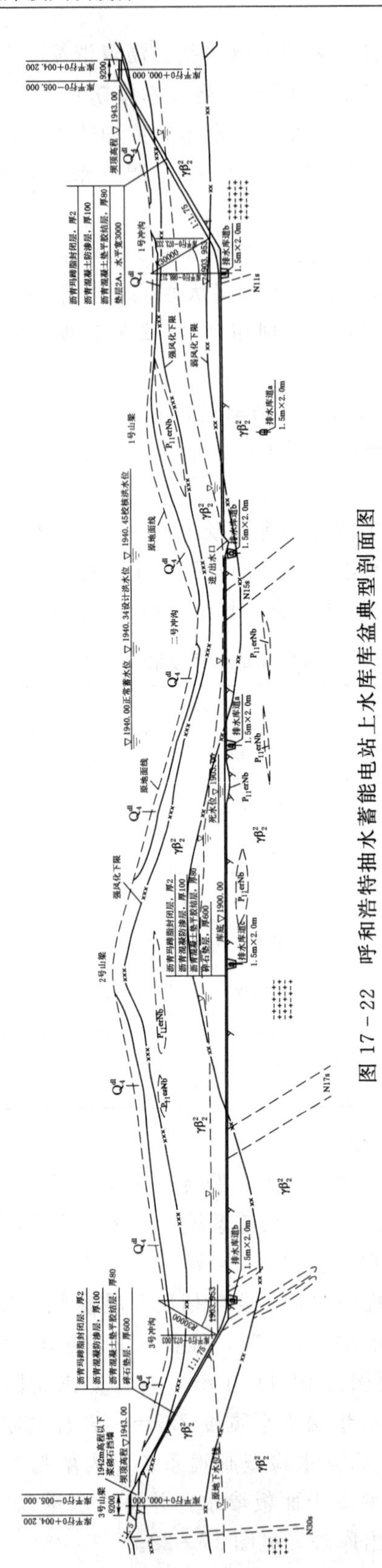


图 17-22　呼和浩特抽水蓄能电站上水库库盆典型剖面图

沥青混凝土面板采用简式断面，整平胶结层采用 8cm，防渗层采用 10cm，封闭层采用 2mm，总设计厚度 18.2cm。沥青混凝土防渗层及整平胶结层分别采用盘锦中油辽河沥青有限公司所生产的改性 5 号沥青和 SG90 沥青，所用矿料选用当地的大理石骨料、八拜村天然砂以及金山水泥厂石灰石矿粉。

上水库于 2013 年 8 月开始蓄水，同年 11 月库水位升至 1907.00m 时停止蓄水，2014 年 10 月再次蓄水，此后库水位一直维持在 1930.00m 以下运行，2015 年 6 月上库水位再次提升，同年 9 月库水位达到正常蓄水位 1940.00m，2015 年 10 月后库水位维持在 1930.00m。自蓄水运行以来，通过对监测数据的分析，大坝总体运行状态正常。

上水库运行后经历的最低气温为－34.9℃、最高气温为 33.0℃。面板防渗层下所测得的最低温度为－22.1℃、最高温度为 38.1℃。上水库沥青混凝土面板经历了高、低温的考验，运行正常。

## 第四节　黏土铺盖防渗

### 一、黏土铺盖的应用及特点

#### （一）黏土铺盖的应用

黏土料具有渗透系数小、自愈性好的特点，是土石坝常用的防渗体。对于抽水蓄能电站全库盆防渗来说，在地形、地质条件合适的情况下，黏土铺盖也是一种较好的防渗方案。但由于黏土的强度指标较低，土体内孔隙水压力不易消散，不适应抽水蓄能电站库水位的频繁变动，因此黏土铺盖一般仅用于库底防渗，库周需要与钢筋混凝土防渗面板或沥青混凝土面板等联合使用，形成封闭的防渗体系。

黏土铺盖防渗最早应用于抽水蓄能电站工程是 20 世纪 70 年代美国的拉丁顿电站，我国黏土铺盖防渗在抽水蓄能电站中应用相对较晚，21 世纪初期，安徽琅琊山、河南宝泉抽水蓄能电站率先在上水库库底采用黏土铺盖防渗。

近年国内采用黏土铺盖防渗的抽水蓄能电站工程统计见表 17－38。

表 17－38　　近年国内采用黏土铺盖防渗的抽水蓄能电站统计表

| 序号 | 工程名称 | | 工程所在地 | 建成年份 | 库容/万 $m^3$ | 坝高/m | 防渗部位 | 铺盖厚度/m |
|---|---|---|---|---|---|---|---|---|
| 1 | 桐柏 | 上库 | 浙江省天台县 | 2005 | 1072 | 37.5 | 库底 | |
| 2 | 琅琊山 | 上库 | 安徽省滁州市 | 2006 | 1744 | 64 | 库底 | 3.0 |
| 3 | 宝泉 | 上库 | 河南省辉县 | 2007 | 730 | 72 | 库底 | 4.5 |
| 4 | 洪屏 | 上库 | 江西省宜春市 | 2016 | 2960 | 43 | 库底 | 2.0 |
| 5 | 溧阳 | 上库 | 江苏省溧阳市 | 2017 | | 161 | 库底 | 4.5 |

#### （二）黏土铺盖的特点

1. 结构布置特点

（1）黏土铺盖对地形、地质条件适应性较强，具有一定的适应地基变形能力，适用于采用挖、填方式形成的水库。

（2）黏土铺盖受料源限制较大，工程区附近黏土储量丰富时，可就地取材。

（3）黏土的强度指标较低，土体内孔隙水压力不易消散，不能适应抽水蓄能电站库水位频繁的大幅变动工况，因此黏土防渗型式一般应用于库底水平防渗，库周需要与钢筋混凝土防渗面板或沥青混凝土面板等联合使用，形成封闭的防渗体系。

2. 技术特点

（1）黏土铺盖防渗性能较好，具有较小的渗透性，渗透系数一般不大于 $10^{-6}$cm/s，虽较混凝土防渗面板渗透系数大，但在保证厚度的前提下，亦可满足要求。

（2）黏土铺盖施工简单，作为较早使用的防渗方式，具备了十分成熟的施工经验。

## 二、黏土铺盖防渗设计

### （一）黏土铺盖防渗系统结构型式

黏土铺盖防渗多用于抽水蓄能电站的库底防渗，其防渗系统组成型式自上而下依次为：顶部黏土保护层、黏土防渗层、反滤层以及底部过渡层，详见图 17-23。

### （二）黏土铺盖设计要求

根据抽水蓄能电站自身的运行特点，在进行黏土铺盖防渗结构设计时，应满足以下要求：

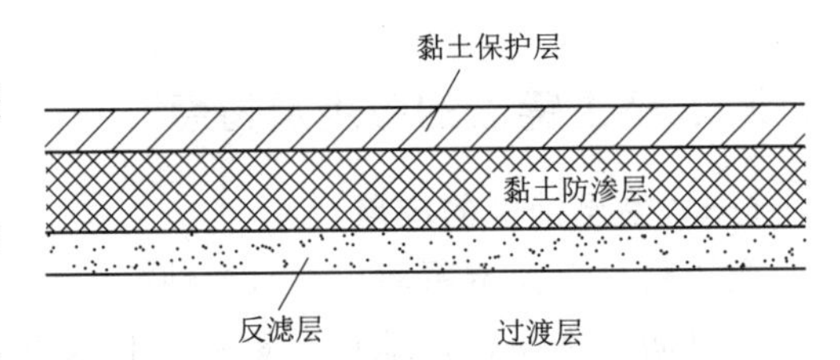

图 17-23　黏土铺盖防渗系统结构型式

（1）黏土防渗层的厚度应满足防渗和渗透稳定的需要。

（2）黏土防渗层下游侧应设置排水反滤层，以降低黏土防渗层下游的反向水压力。

（3）当黏土防渗层布置在斜坡上时，应确保设计边坡坡度满足稳定要求。

（4）黏土防渗层表面应设置防冲、防冻、防干裂保护层。

### （三）黏土铺盖结构设计

1. 黏土保护层

黏土保护层主要起到防冲、防冻以及防裂的作用，在运行期还可作为黏土铺盖的反滤及压重的作用。黏土保护层一般采用石渣料，其粒径不宜过大，厚度一般为 0.3～1.0m。黏土保护层的缺点是一旦黏土层发生渗漏，需将黏土保护层清除后方能进行检查修补。

2. 黏土防渗层

黏土防渗层宜采用有较好塑性和渗透稳定性的黏土，不宜采用塑性指数大于 20 和液限指数大于 40%的冲击黏土、膨胀土、冻土以及分散性黏土。黏土防渗层的厚度与其承受的水头、是否设置反滤层等因素有关，通常黏土防渗层的厚度可为其承受水头的 1/10～1/20，当黏土防渗层下设置反滤层时，可取小值。

3. 反滤层

反滤层能够对黏土防渗层起到很好的保护作用，防止防渗土料流失。反滤层应确保被保护土不发生渗透破坏，保证渗水能够顺畅地排出，不被细粒土堵塞失效，同时还应在防渗黏土层出现裂缝时，黏土颗粒不被带出反滤层，使裂缝能够自行闭合。反滤层应采用质地致密、具有较好抗水性和渗透性的土料。反滤层土料的级配要求、滤土要求以及排水要求，应满足反滤排水关系准则。反滤层厚度一般为 0.5～1.5m。

4. 过渡层

当库底为回填区时，需在反滤层和回填料之间设置过渡层；库底为开挖区时，可不设过渡层。过渡层宜有一定的级配，并与反滤层之间满足反滤准则的要求。过渡层厚度一般为1.0～2.0m。

## 三、与其他建筑物的连接

黏土铺盖防渗在抽水蓄能电站工程中多用于库底防渗，这就要求黏土铺盖与库岸其他防渗体连接紧密，以保证能够形成封闭的防渗系统。一般情况下抽水蓄能电站库底采用黏土铺盖防渗时，库岸防渗多采用钢筋混凝土面板或沥青混凝土面板，二者之间通常采用搭接的连接方式，并且搭接段应保证足够的长度。库底黏土铺盖与岸坡混凝土防渗面板最小搭接长度可按照式（17-8）确定。

$$L=H/J \tag{17-8}$$

式中：$L$ 为黏土铺盖与防渗面板最小搭接长度，m；$H$ 为黏土铺盖所承受的最大水头，m；$J$ 为黏土铺盖与防渗面板接触面允许渗透比降，一般情况下 $J=5\sim6$。

## 四、裂缝处理

### （一）裂缝产生原因及预防

对已建工程中黏土铺盖裂缝的研究分析表明，用于抽水蓄能电站库盆防渗的黏土铺盖，其裂缝产生的原因主要有以下几点：

（1）施工质量存在缺陷。

（2）由于地基不均匀沉降，导致黏土铺盖产生变形破坏。

（3）水库初期蓄水速度过快。

（4）黏土铺盖与周边建筑物连接不牢固。

### （二）裂缝预防措施

为减少黏土铺盖出现裂缝等缺陷，影响整体防渗性能，可以采用以下预防措施：

（1）做好结构设计，尽量消除黏土铺盖可能产生的不均匀沉降。

（2）做好施工组织安排，保证黏土铺盖的施工质量。

（3）控制水库初期蓄水时间，库水位上升速率不宜太快。

### （三）裂缝处理措施

黏土铺盖产生裂缝后一般采用回填灌浆、挖除破坏黏土置换以及上铺土工膜保护等措施。回填灌浆浆液一般为水泥、膨润土、砂和水拌制而成。

# 第五节　土工膜防渗

## 一、土工膜防渗的应用及特点

### （一）土工膜防渗的应用

土工膜作为防渗体在水利水电工程中得到应用最早始于20世纪50年代，1959年意大利Contrada Sobeta堆石坝使用聚异丁烯合成橡胶薄膜，1971年土工膜还用于捷克的

Obecnice 土坝的大坝修复改造。我国土工膜防渗在水利水电工程中应用略晚一些，1965 年桓仁大头坝裂缝处理中首次采用聚氯乙烯沥青膜进行防渗；1980 年陕西西骆峪水库是最早在库盆防渗中采用土工膜的工程。

抽水蓄能电站中采用土工膜防渗的工程较少，国内首个采用土工膜的抽水蓄能电站是山东泰安抽水蓄能电站，其上水库采用土工膜进行库底防渗，土工膜铺设面积为 17.7 万 $m^2$，最大工作水头 36m，蓄水至今运行良好；江苏溧阳抽水蓄能电站上水库采用全库岸钢筋混凝土面板＋库底土工膜的防渗组合体系，库底选用 HDPE 土工膜防渗；在建的江苏句容和江西洪屏亦将土工膜用于上水库库底防渗。

**（二）土工膜防渗的特点**

1. 结构布置特点

（1）土工膜防渗具有极好的适应地基变形的能力，当地基变形较大时，同刚性的混凝土防渗面板相比，土工膜更为合适。

（2）对于抽水蓄能电站全库盆防渗来说，土工膜防渗很少单独使用，通常仅用于库底防渗，需要与钢筋混凝土防渗面板等联合使用，形成封闭的防渗体系。

（3）土工膜防渗的接缝均采用焊接连接，焊缝的焊接质量是土工膜防渗体系成败的关键。由于防渗层顶部设有保护层，当土工膜防渗层出现缺陷时，需将保护层挖除后进行修补，相对于混凝土面板防渗来说，修补较为困难。

2. 技术特点

（1）土工膜防渗系统具有极好的防渗性能，其渗透系数通常不大于 $1\times10^{-11}$cm/s，在保证施工质量的前提下，基本不透水。

（2）土工膜防渗系统施工工序简单、施工速度快、工程投资小。

（3）土工膜防渗系统对原材料要求相对较低，不易受到制约。国内土工膜生产厂家分布广泛、生产工艺成熟，其余保护层及垫层土料均可就近解决。

## 二、土工膜防渗设计

**（一）土工膜防渗系统结构型式**

土工膜防渗系统结构包括上部保护层、土工膜防渗层以及下部支持层，其中土工膜防渗层型式一般分为单层结构和双层结构两种。双层结构一般用于对渗控量要求极其严格的工程，如垃圾填埋场、工业废水废液处理厂等。抽水蓄能电站工程的土工膜防渗系统一般采用单层防渗结构。土工膜防渗系统结构型式见图 17-24、图 17-25。

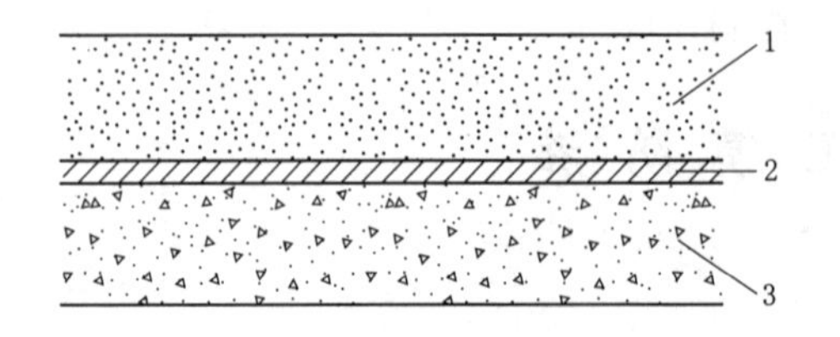


图 17-24　单层土工膜防渗系统结构型式详图
1—上保护层；2—土工膜；3—下支持层

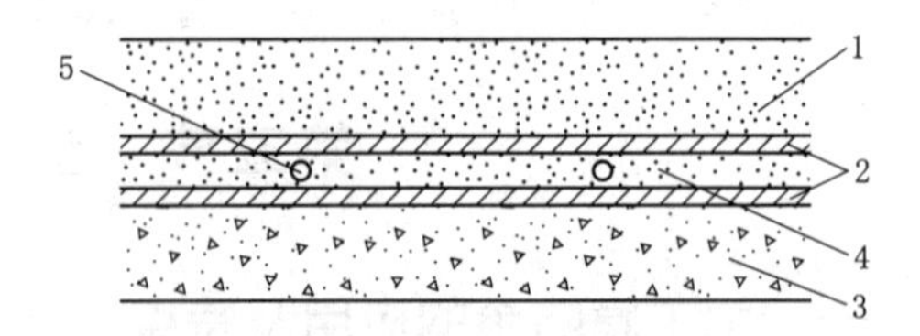


图 17-25　双层土工膜防渗系统结构型式详图
1—上保护层；2—土工膜；3—下支持层；4—排水垫层；5—排水管

### （二）土工膜防渗设计要求

1. 土工膜性能要求

土工膜防渗系统中土工膜的性能包括其本身的特性和其与周边结构物的相互作用特性。土工膜本身的特性包括其物理力学性能指标、抗渗性及耐久性；土工膜与周边结构物相互作用的特性主要包括摩擦强度和耐水压力。

（1）土工膜应具有良好的抗渗透性、抗变形能力和耐久性。其性能指标应满足表17－39中相关规定。

表17－39　土工膜的物理力学性能指标表

| 序号 | 项目名称 | 单位 | 性能要求 | |
|---|---|---|---|---|
| | | | 《土工合成材料　聚乙烯土工膜》(GB/T 17643) | 《土工合成材料　聚氯乙烯土工膜》(GB/T 17688) |
| 1 | 密度 | g/cm³ | ＞0.9 | 1.25～1.35 |
| 2 | 拉伸强度 | MPa | ≥12 | ≥15/13（纵/横） |
| 3 | 断裂伸长率 | % | ≥300 | ≥220/200（纵/横） |
| 4 | 直角撕裂长度 | N/mm | ≥40 | ≥40 |
| 5 | 5℃时弹性模量 | MPa | ≥70 | |
| 6 | 抗渗强度 | MPa | 1.05 | 1.00（膜厚1mm） |
| 7 | 渗透系数 | cm/s | $\leqslant 10^{-11}$ | $\leqslant 10^{-11}$ |

（2）制造土工膜的基本材料应选用透水性低的聚合物，掺加一定量的增塑剂、抗老化剂及润滑剂等外加剂，以调整土工膜的性能、改善土工膜的耐久性和施工特性。在防渗工程中应用最广的是塑料类聚合物土工膜，如聚乙烯土工膜（PE）、聚氯乙烯土工膜（PVC）等。

（3）所采用的土工膜应根据防渗级别和防渗方案的特点进行必要的特性检测，其检测项目应按表17－40执行。

表17－40　土工膜特性检测项目表

| 检测项目 | 防渗级别 | | |
|---|---|---|---|
| | 1级 | 2级 | 3级、4级 |
| 单位面积质量 | ※ | ● | — |
| 厚度 | ※ | ※ | ※ |
| 拉伸强度 | ※ | ※ | ● |
| 断裂伸长率 | ※ | ※ | ● |
| 撕裂强度 | ※ | ● | ● |
| 胀破强度 | ※ | ● | — |
| 顶破强度 | ● | — | — |
| 刺破强度 | ※ | ● | — |
| 渗透系数 | ● | ● | — |
| 抗渗强度 | ※ | ※ | — |
| 抗老化性 | ※ | ● | — |
| 抗化学腐蚀性 | ● | ● | ● |

续表

| 检测项目 | 防渗级别 | | |
| --- | --- | --- | --- |
| | 1级 | 2级 | 3级、4级 |
| 摩擦强度 | ● | ● | — |
| 耐水压力 | ※ | ● | — |

注　1. “※”为必测项目、“●”为根据工程需要确定的检测项目、“—”为不需要检测项目。
　　2. 对于1级、2级斜坡面防渗结构，摩擦强度为必测项目。

(4) 土工膜的耐久性是土工膜防渗系统较为重要的指标之一，土工膜损坏的原因可能由于以下几点：

1) 反聚合作用和分子断裂时聚合物分解，因而失去聚合物的物理性能和发生软化。

2) 失去增塑剂和辅助成分使聚合物硬化发脆。

3) 液体浸渍而膨胀甚至溶解，因而降低力学性能增大渗透性。

4) 液体浸渍或接缝应力过高而使接缝拉开。

聚合物的力学性能随温度的不同而发生变化，温度升高对聚氯乙烯（PVC）土工膜有较大的影响，会加速增塑剂的挥发，使土工膜变硬变脆。因此对于需长期使用的PVC土工膜，上面必须有覆盖层。

(5) 无论在寒冷地区、干热地区，土工膜的强度和伸长率都变化甚微。研究表明，恶劣大气中暴露的HDPE膜，其使用寿命至少20年；土石保护下的薄膜，其使用寿命可达60年（按伸长率估算）或180年（按强度估算）。

2. 土工膜的选择

土工膜防渗层的材料选择应满足以下要求：

(1) 根据工程的使用年限、工作环境、施工条件选择土工膜品种。对于有侵蚀性的工程，应根据侵蚀性液体的性质，选择对该种液体有良好抗侵蚀性的土工膜。

(2) 用于水库库底、坝（岸）坡等铺设与焊接条件较好的防渗层材料，可选择聚乙烯（PE）、聚氯乙烯（PVC）、氯磺化聚乙烯（CSPE）等土工膜。

(3) 对于厚度超过1mm的聚乙烯复合土工膜，因复合加热时边道易产生变形，不易保证焊接质量，应谨慎采用。

(4) 同一个区域宜选用一种材质的土工膜，膜与膜连接时，膜厚度不宜差别过大。

(5) 承受高应力的土工膜防渗层，宜采用加筋土工膜，为增加土工膜的摩擦系数，可采用复合土工膜或表面加糙的土工膜。

常用土工膜材料性能见表17-41。

**表17-41　　常用土工膜材料性能表**

| 材料性能 | 氯化聚乙烯（CPE） | 高密度聚乙烯（HDPE） | 聚氯乙烯（PVC） | 氯磺化聚乙烯（CSPE） | 耐油聚乙烯（PVC-OR） |
| --- | --- | --- | --- | --- | --- |
| 顶破强度 | 好 | 很好 | 很好 | 好 | 很好 |
| 撕裂强度 | 好 | 很好 | 很好 | 好 | 很好 |
| 延伸率 | 很好 | 很好 | 很好 | 很好 | 很好 |
| 耐磨性 | 好 | 很好 | 好 | 好 | — |

续表

| 材料性能 | 氯化聚乙烯（CPE） | 高密度聚乙烯（HDPE） | 聚氯乙烯（PVC） | 氯磺化聚乙烯（CSPE） | 耐油聚乙烯（PVC-OR） |
|---|---|---|---|---|---|
| 低温柔型 | 好 | 好 | 较差 | 很好 | 较差 |
| 尺寸稳定性 | 好 | 好 | 很好 | 差 | 很好 |
| 最低现场施工温度 | −12℃ | −18℃ | −10℃ | 5℃ | 5℃ |
| 渗透系数 | $10^{-14}$ | — | $7\times10^{-15}$ | $3.6\times10^{-14}$ | $10^{-14}$ |
| 极限铺设坡度 | 1∶2 | 垂直 | 1∶1 | 1∶1 | 1∶1 |
| 现场拼接 | 很好 | 好 | 很好 | 很好 | 很好 |
| 热力性能 | 差 | — | 差 | 好 | 好 |
| 黏结性 | 好 | — | 好 | 好 | 好 |
| 最低现场黏结温度 | −7℃ | 10℃ | −7℃ | −7℃ | 5℃ |
| 相对造价 | 中等 | 高 | 低 | 高 | 中等 |

### （三）土工膜防渗结构设计

1. 土工膜厚度

土工膜厚度可按照式（17-9）进行估算。

$$H=Kt \tag{17-9}$$

式中：$H$ 为土工膜设计厚度，mm；$t$ 为土工膜理论计算厚度；$K$ 为土工膜膜厚安全系数。1 级防渗结构 $K=8\sim12$；2 级防渗结构 $K=6\sim10$；3 级防渗结构 $K=4\sim8$；4 级防渗结构 $K=3\sim6$。

对于 3 级及 3 级以上防渗结构土工膜厚度不应小于 0.5mm。

国内已建工程采用土工膜的厚度见表 17-42。

**表 17-42　　国内已建工程采用土工膜的厚度**

| 工程名称 | 工程所在地 | 建成年份 | 水头/m | 土工膜参数 |
|---|---|---|---|---|
| 水口水电站围堰 | 福建省 | 1990 | 26.5 | 0.8mm PVC |
| 竹寿水库大坝 | 四川省 | 1995 | 60.2 | 0.22mm PVC |
| 王甫洲水利枢纽 | 湖北省 | 1999 | 10.0 | 0.5mm PVC |
| 泰安抽蓄电站上水库 | 山东省 | 2006 | 35.8 | 1.5mm HDPE |
| 锦屏一级上游围堰 | 四川省 | 2008 | 44.0 | 0.5mm PE |
| 溧阳抽蓄电站上水库 | 江苏省 | 2017 | 54.6 | 1.5mm HDPE |

2. 下部支持层

土工膜防渗系统中下部支持层的作用是均化受力和排出防渗层膜下渗水，根据下部支持层的材料不同，其需满足的要求也有所不同。

（1）当支持层为土或砂砾石时，其应满足下列要求：

1）对于砂砾石，可清除表面大颗粒，经平整后可直接作为支持层。

2）对于土质基础，应先在整平的基础上铺 20～40cm 厚的透水料垫层，再铺设土工膜防渗层。

3）1 级、2 级防渗结构应在土工膜下加铺一层非织造型土工织物，以加强防刺保护。

（2）当支持层为堆石体（坝体）、库底填渣时，下支持层应包括垫层和过渡层，其应满足下列要求：

1）垫层和过渡层厚度与膜上水头、基础堆石或填渣厚度相关，水头高、填渣厚则支持层厚度大。一般过渡层厚80～240cm，垫层厚30～80cm。

2）过渡层宜采用粒径不小于30cm的填筑料，分层碾压密实。

3）垫层料应级配良好，最大粒径选取与膜厚、水头有关，宜采用不大于20mm的碎石（卵石）与砂的混合料，经碾压密实。垫层料与过渡料之间应满足反滤要求。

4）1级、2级防渗结构应在土工膜下加铺一层非织造型土工织物，以加强防刺防护。

5）库底填渣厚度较大时，为避免沉降产生过大的土工膜应力，宜采取预留沉降的填筑体型。

（3）当支持层为混凝土、基岩时，应符合下列要求：

1）混凝土基础上设置土工膜防渗层，可不设下部支持层，但应对凸起、凹坑等部位进行修平处理，修圆半径不小于50cm，可增设一层非织造型土工织物支垫。

2）岩石基础（库岸开挖边坡、库底基础）上的防渗层，宜设置排水垫层。

3. 上部保护层

土工膜上部保护层一般由上垫层和防护层组成，其作用主要是防止或减少不利环境因素，包括光照老化、流水、冰冻、动物损伤、施工期坠物、风吹覆等影响。上部保护层应满足下列要求：

（1）上垫层宜采用土工织物（单位面积质量为200～500g/m$^2$）或塑料板。

（2）防护层可采用砂土、碎（卵）石土、混凝土板、浆砌块石、干砌块石、土工砂袋等。

（3）位于水库死水位以下的库底防渗层，当死水位深度大于5m、水流流速较小时，上部保护层可适当简化，柔性材料垫层可采用土工织物，压覆层可采用土工砂袋、混凝土预制块、块石等间隔布置，不宜设置土、石类材料全面积覆盖。

（4）土、石类防护层厚度除应满足环境防护厚度要求外，宜为30～150cm，必要时还应满足施工机械作业要求。

（5）坝体表面防渗层宜根据水库区水位运行特点、漂浮物情况，设置保护层（防老化、防冻、防撞）。

（6）防渗级别为3级、4级的工程，经技术论证，可不设上部保护层。

理论上只需上部有12.5cm深度的水或6cm厚的刚性保护层，即可防止土工膜被160km/h的风扬起。山东泰安抽水蓄能电站库底防渗土工膜上部保护层仅采用500g/m$^2$的涤纶针刺土工织物，压重采用土工织物袋装砂，单袋重30kg，间距为1.2m×1.2m。

江苏溧阳抽水蓄能电站上水库采用全库岸钢筋混凝土面板＋库底土工膜的防渗组合体系，库底选用HDPE土工膜防渗，土工膜下部设厚0.6m支持层（0.2m级配砂＋0.4m级配碎石垫层）和1.3m厚排水过渡层，用以均化受力荷载、排泄膜下渗水，详见图17-27。

## 三、土工膜的连接

在抽水蓄能电站工程中，用于库盆防渗的土工膜的连接主要为库底土工膜与坡脚混凝土趾板（或连接板）之间的连接、与廊道等刚性混凝土结构之间连接、与库顶（或坝顶）

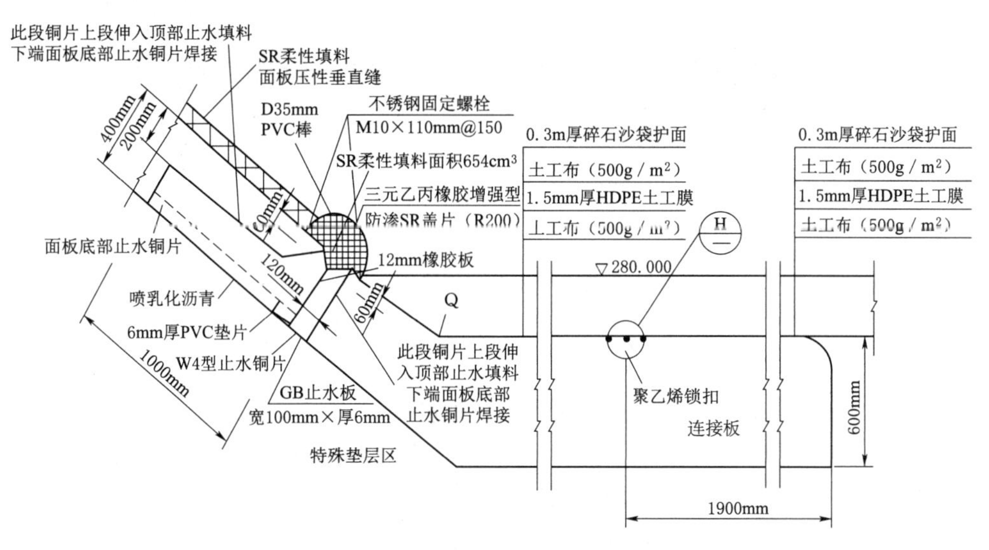


图 17-26 江苏溧阳上水库库岸与库底防渗结构图

之间的连接以及土工膜自身的接缝连接。

防渗土工膜幅与幅之间可采用热熔焊接、化学粘接或嵌固锚接，聚乙烯（PE）土工膜粘接性差，不适合粘接。1 级、2 级防渗结构土工膜采用热熔焊接时，应采用双缝焊接，以便充气检测。土工膜与混凝土刚性结构之间可采用嵌固、螺栓锚固、预埋件焊接或压覆连接。

### （一）土工膜与连接板、趾板的连接

抽水蓄能电站全库盆防渗库底采用土工膜水平防渗时，土工膜可通过混凝土连接板或趾板与面板连接。土工膜与连接板、趾板等混凝土基础结构可采用螺栓锚固连接或焊接的方式。当采取锚固连接方式时，1 级防渗结构还应进行现场压水试验，以检验螺栓锚固连接的防渗效果；当采取焊接方式时，在混凝土结构中沿连接方向，预埋与膜材相同材料的基础埋件，通过热熔焊接的方法连接土工膜和土工合成材料埋件。见图 17-27～图 17-29。

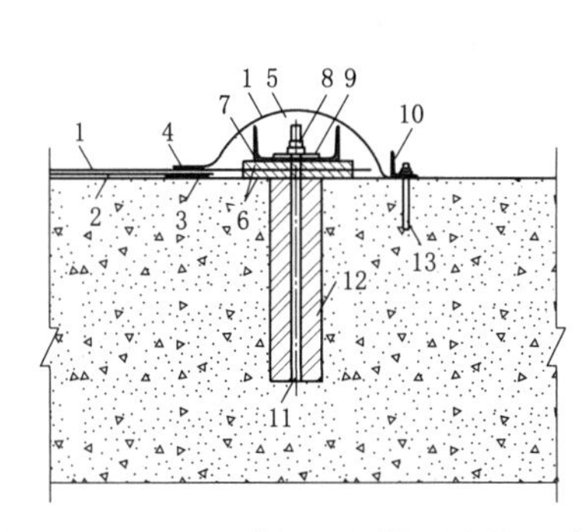


图 17-27 土工膜与趾板锚固连接示意图

1—土工膜；2—土工布；3—土工布与混凝土胶粘；4—焊接；5—塑性填料；6—橡胶盖片（土工膜上下各 1 层）；7—槽钢；8—螺母；9—垫板；10—角钢；11—螺杆；12—二期混凝土；13—螺栓

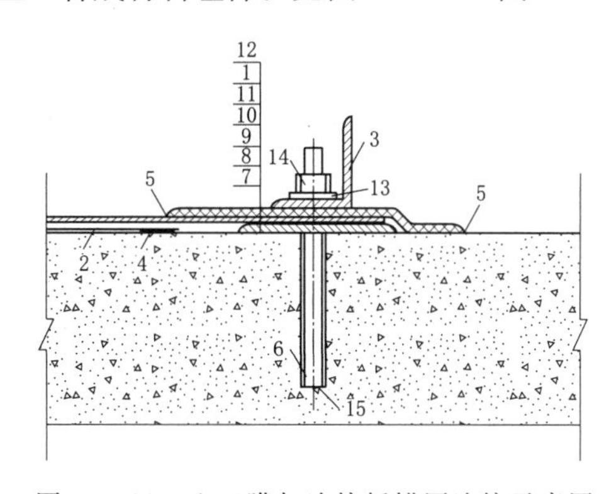


图 17-28 土工膜与连接板锚固连接示意图

1—土工膜；2—土工布；3—角钢；4—土工布与混凝土胶粘；5—封边剂；6—螺杆；7—防渗底胶；8—塑性止水材料找平层；9—防渗底胶；10—防渗胶条；11—防渗底胶；12—橡胶盖片；13—弹簧垫片；14—螺母；15—锚固剂

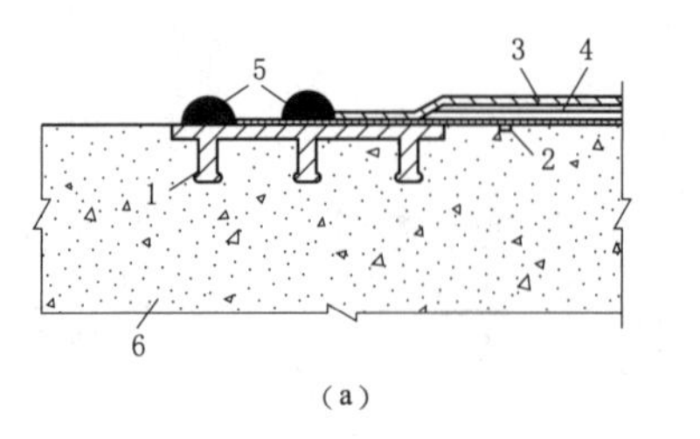


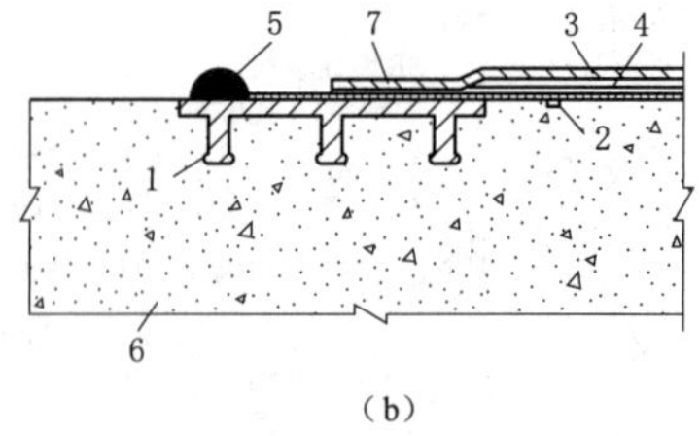


图 17-29　土工膜与趾板、连接板焊接连接示意图

1—土工材料埋件；2—塑料垫片；3—土工膜；4—土工布；5—黏接；6—混凝土；7—热熔焊接

**（二）土工膜与廊道等刚性混凝土结构之间连接**

土工膜与混凝土廊道的连接，可利用其结构二期混凝土对连接处进行压覆，与土工膜相连接的廊道结构分缝止水材料宜与土工膜同材质。见图 17-30、图 17-31。

**（三）土工膜与坝（库）顶连接**

坝（库）顶等高出常水位部位的土工膜与周边结构的连接，可采取压覆、嵌固等方式。见图 17-32、图 17-33。

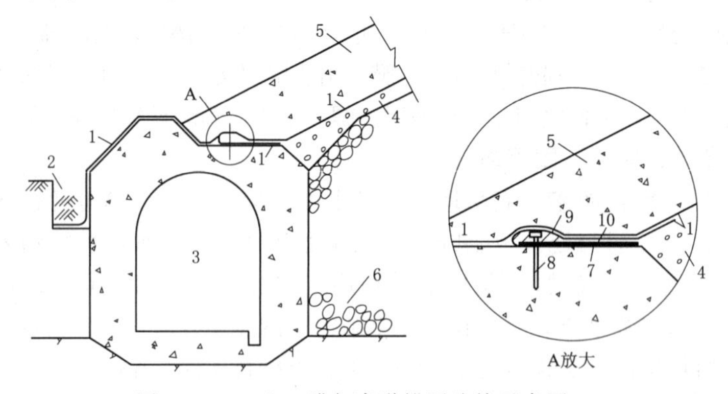


图 17-30　土工膜与廊道锚固连接示意图一

1—土工膜；2—黏土嵌固槽；3—廊道；4—过渡层；5—上保护层；6—堆石体；7—2 层橡胶片；8—锚栓锚固系统；9—柔性止水填料；10—加强土工膜

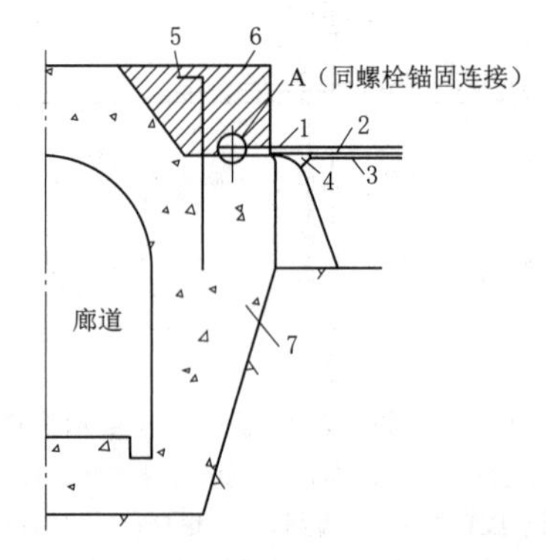


图 17-31　土工膜与廊道锚固连接示意图二

1—土工膜；2—土工布；3—土工席垫；4—粗砂；5—插筋；6—廊道二期混凝土；7—廊道一期混凝土

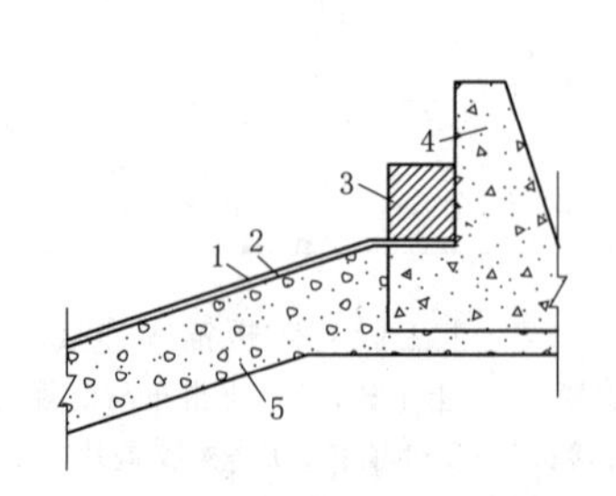


图 17-32　土工膜与坝（库）顶压覆连接示意图

1—土工膜；2—土工布；3—混凝土压覆；4—防浪墙混凝土；5—垫层

### （四）土工膜的分幅连接

对于防渗级别高或防渗可靠性要求高、范围大的土工膜坡面防渗结构，可采取土工膜分幅嵌固锚接形式，以提高防渗层抗滑稳定性，方便运行期检查、维护。逐幅施工嵌固，幅宽可选择9～12m。将幅与幅之间接头嵌固于一期混凝土槽内，连接处覆盖相同材料土工膜，膜与膜之间进行焊接或黏接，设置土工膜结构分区。见图17-34。

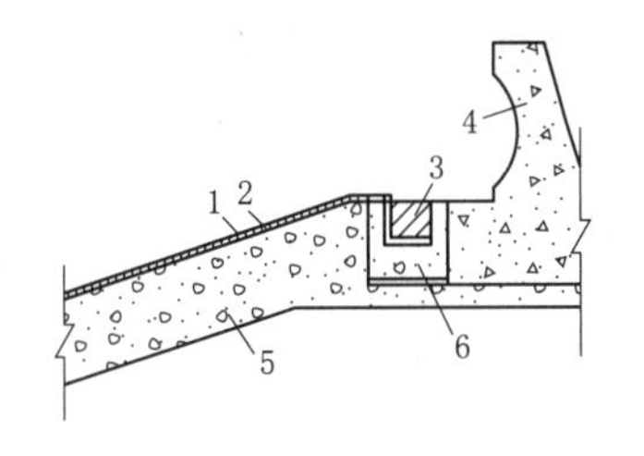

图17-33　土工膜与坝（库）顶嵌固连接示意图

1—土工膜；2—土工布；3—回填混凝土；4—防浪墙混凝土；5—垫层；6—混凝土预制件

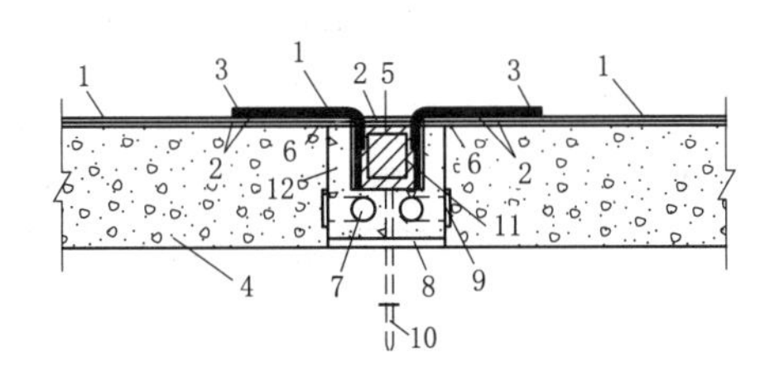

图17-34　土工膜分幅嵌固连接示意图

1—土工膜；2—土工布；3—焊接或黏接；4—垫层；5—回填混凝土；6—缝面盖片；7—排水管；8—砂浆垫层；9—滤网；10—锚栓；11—钢筋；12—混凝土预制件

## 四、排水、排气

在抽水蓄能电站工程中采用的土工膜防渗系统，土工膜防渗层下支持层级配应满足排水能力和水力计算要求，在支持层排水能力不足时，可采用碎石盲沟、土工排水管、无砂混凝土管、复合排水网、土工织物等引流。水库库底土工膜防渗层下设置的排水体系，应通过廊道等排水通道引至坝下。同时排水层一般兼有排气功能。见图17-35。

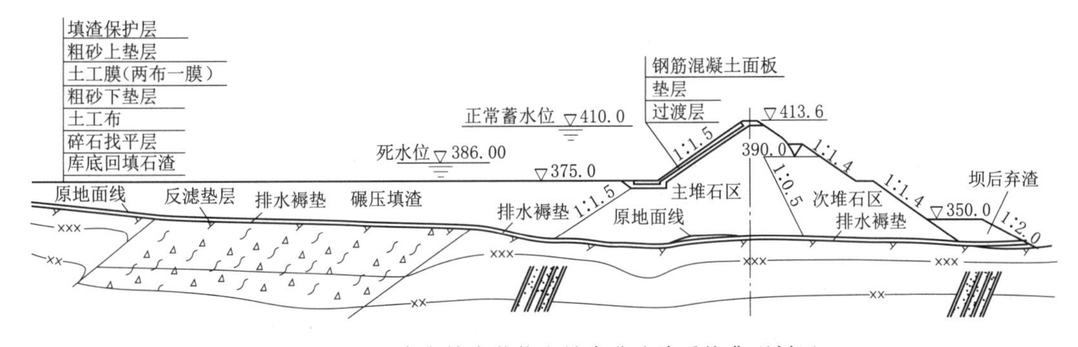


图17-35　泰安抽水蓄能电站库盆防渗系统典型剖面

# 第六节　库岸防渗与防护设计

## 一、库岸防渗设计

### （一）抽水蓄能电站对库岸防渗的要求

抽水蓄能电站水库由大坝和库岸组成，除了坝体本身防渗以外，库岸防渗同样重要。由于上、下水库的水位落差较大，水库渗漏会恶化山体水文地质条件，影响库岸、坝基、输水系统、地下洞室岩体的稳定性，同时水库渗漏将产生电量损失，直接影响着电站的综合效率和经济效益。渗控标准高是抽水蓄能电站特点之一，也是抽水蓄能水库建设的关键技术问题。

抽水蓄能电站工程中，水库库岸的防渗主要采用垂直防渗型式和表面防渗形式。当水库仅存在局部渗漏问题，库岸防渗可采用垂直防渗形式，垂直防渗主要有灌浆帷幕、混凝土防渗墙等，实际工程中多采用灌浆帷幕进行库岸局部防渗处理。国内抽水蓄能电站库岸防渗处理工程实例详见表 17-43。

**表 17-43　　国内抽水蓄能电站库岸防渗处理工程实例统计**

| 工程名称 | 帷幕设计参数 | | | | 防渗形式及部位 |
|---|---|---|---|---|---|
| | 防渗标准/Lu | 排距/m | 孔距/m | 深度/m | |
| 辽宁蒲石河上水库 | ≤3 | 1排 | 2.0 | 20～40 | 西库岸和南库岸单薄分水岭局部布置帷幕灌浆，西库岸长 708.7m，南库岸长 422.8m |
| 内蒙古呼和浩特下水库 | ≤1 | 1排 | 2.0 | 40～60 | 左岸全部及右岸单薄分水的 303m 范围设灌浆帷幕 |
| 广东清远上水库 | ≤3 | 1排 | 1.5 | 20～40 | 除北库岸外其余库岸几乎都设灌浆帷幕，帷幕线长 1330m |
| 河北丰宁上水库 | ≤3 | 2排，1.5 | 2.0 | 10～70 | 库岸渗漏段主要分布在Ⅰ号、Ⅱ号垭口分水岭部位，设灌浆帷幕，帷幕线长 2048m |
| 黑龙江荒沟上水库 | ≤1 | 1排 | 2.0 | | 主坝上游约 500m 处的分水岭上设灌浆帷幕，帷幕线长 380m |
| 吉林蛟河上水库 | ≤3 | 1排 | 1.5 | 15～35 | 上水库左岸 1 号、2 号及 3 号垭口设灌浆帷幕，帷幕线长 1500m |

采用局部防渗处理的抽水蓄能电站水库库岸，其帷幕灌浆的防渗标准与大坝坝基的防渗标准相同，一般在 1～3Lu 范围内。

**(二) 库岸垂直帷幕灌浆设计**

根据库岸帷幕灌浆的防渗标准，确定帷幕布置位置、范围、深度、厚度、孔距、排距等；并初步拟定帷幕灌浆的段长、灌浆压力等主要参数。

抽水蓄能电站库岸帷幕灌浆设计与常规建筑物的坝基帷幕灌浆设计基本相同，参考类似工程的经验，通过灌浆试验确定灌浆参数和灌浆工艺。

*1. 帷幕灌浆厚度*

考虑帷幕的容许渗透坡降和帷幕上水头梯度的关系，帷幕厚度 $T$ 可按以下公式计算：

$$T=\frac{\Delta H}{J} \tag{17-10}$$

式中：$T$ 为帷幕厚度，m；$\Delta H$ 为帷幕上、下游水头差，m；$J$ 为帷幕容许的渗透坡降。

当岩土体渗透性较强，与灌浆帷幕渗透系数差两个量级以上时，灌浆帷幕承受的水头很大，要注意灌浆帷幕的渗透稳定性；当渗透性很强的地质缺陷贯穿灌浆帷幕上下游时，相应部位帷幕灌浆的厚度和强度均必须加强。在确定帷幕灌浆厚度时，宜结合灌浆试验，

进行疲劳压水和破坏压水试验，得出帷幕灌浆的破坏水力坡降等指标，再分析确定帷幕灌浆的厚度和排数。

2. 帷幕灌浆位置及防渗范围

库岸帷幕灌浆的位置应根据地形和地质条件而定，通常库岸帷幕灌浆轴线宜沿库周分水岭或库周环库公路布置。

灌浆帷幕在垂直方向上，根据底部岩体的渗透性，分为封闭式帷幕和悬挂式帷幕。当库岸帷幕下部存在相对的隔水层时，可采用封闭式帷幕，帷幕应深入隔水层3～5m；当库岸帷幕下部相对的隔水层埋藏较深或分布无规律时，可采用悬挂式帷幕，应根据渗流分析、防渗要求，并结合类似工程经验综合研究确定帷幕深度。喀斯特地貌区的帷幕深度，应根据岩溶及渗漏通道的分布情况和防渗要求确定。帷幕线上的溶洞应采用高流态混凝土和水泥砂浆，再进行灌浆处理。

库岸帷幕线长度应根据防渗要求确定。防渗帷幕伸入岸坡内的深度，应根据工程地质和水文地质条件来确定，原则上应达到相对隔水层。对于能接到相对隔水层的帷幕，帷幕线延伸至正常蓄水位与需要接到的岩层的相交处；对于不能接到相对隔水层的帷幕，帷幕线延伸至正常蓄水位与两岸蓄水前地下水位的相交处。如果帷幕延伸很远不经济时，可根据工程要求和两岸岩体条件延伸一定距离，或通过渗流分析确定帷幕暂时的延伸长度，待蓄水后通过渗漏观测，再确定是否需要延长。

3. 帷幕灌浆的排数、排距、孔距

防渗帷幕的排数、排距、孔距应根据工程地质条件、水文地质条件、作用水头及灌浆试验资料选定。抽水蓄能电站水头一般不高，库岸灌浆帷幕一般采用一排灌浆孔就可以满足渗透梯度要求。对地质条件差、基岩破碎带部位和喀斯特地貌区则采用两排或多排孔。帷幕排距、孔距一般为1.5～3.0m，在特殊地质条件处应局部加密。在施工过程中，排距、孔距和灌浆压力及浆液配比等灌浆参数还应该根据灌浆资料适时修正。

在理想条件下帷幕参数理论计算公式如下：

孔距与排距的关系：
$$d=1.15L \tag{17-11}$$

孔距与浆液扩散半径的关系：
$$d=1.73R \tag{17-12}$$

幕厚与排数、孔距的关系：
$$T=(0.87N-0.29)d \tag{17-13}$$

帷幕排数与帷幕厚度、孔距间的关系：
$$N=\frac{T}{0.87d}+\frac{1}{3} \tag{17-14}$$

式中：$d$ 为孔距，m；$L$ 为排距，m；$R$ 为浆液扩散半径，m；$N$ 为帷幕排数；$T$ 为帷幕厚度，m。

帷幕厚度一般常用下述方法估算：单排孔厚度约为孔距的70%～80%；多排孔厚度约为两边排孔之间的距离，再加上边排孔距的60%～80%，有时排距取为1倍孔距进行计算。

帷幕的钻孔方向宜尽可能穿过岩土体主导裂隙。当主导裂隙与水平面所成的夹角较小时，宜采用垂直孔；当主导裂隙与水平面所成的夹角较大时，则宜采用斜孔，其倾斜方向应与主导裂隙的倾斜方向相反，并应结合施工条件确定。

**(三) 工程实例**

1. 辽宁蒲石河抽水蓄能电站

蒲石河抽水蓄能电站上水库库区为山岭环抱的洼地，库周岩石主要为较完整、坚硬的混合花岗岩。库周分水岭地段正常蓄水位以下主要由弱风化岩石～微风化岩石组成，多为微～极微透水岩石，库周分水岭详见图 17-36。库岸未见通向库外的集中渗漏通道。当正常蓄水位 392.00m 时，库周分水岭地下水位及相对隔水层顶板多接近或高于设计蓄水位，不具备库水外渗的地形地质条件。东、西、南岸分布有三处低矮单薄分水岭，局部地下水位或相对隔水层顶板低于设计蓄水位，水库蓄水后存在局部渗漏的可能。

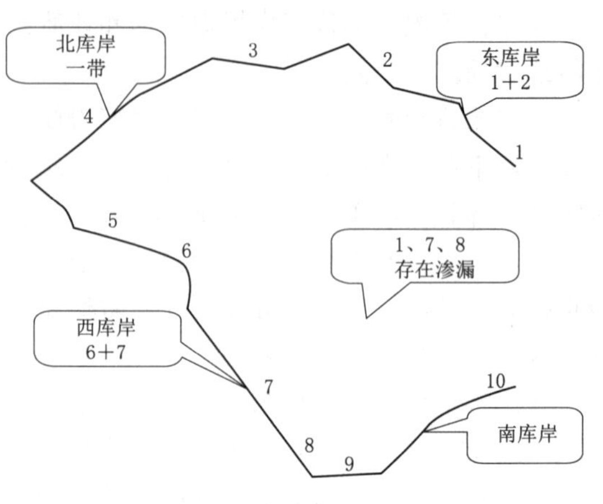

图 17-36　库周分水岭示意图

根据观测资料和库周分水岭地质情况分析，对库岸进行局部帷幕灌浆处理，处理范围为西库岸和南库岸单薄分水岭处，并与大坝右坝端绕渗帷幕相连接，西库岸长 708.7m，南库岸长 422.8m。帷幕孔深要求深入基岩透水率 $q\leqslant 3$Lu 以下 3m 处，帷幕灌浆孔距 2m，帷幕深度 20～40.8m，库周帷幕线总长为 1213.5m，帷幕总进尺 18695m。

2. 荒沟抽水蓄能电站

荒沟抽水蓄能电站上水库库尾的垭口低于正常蓄水位，修筑挡水副坝。库区周边其余地段山体高程多在 700～790m，山体厚度 400～800m，构成库盆的岩石均为白岗花岗岩，分水岭处岩石风化不深，岩体完整，透水性弱。库内虽通过有 10 余条断层，但多延伸不长，规模不大，且多属压性断层，不致构成较强的渗漏带。据库周两岸 16 个长期观测孔地下水位观测资料，除左岸分水岭钻孔附近在枯水期地下水位略低于正常蓄水位外，库周大部分地段地下水位高程高于正常蓄水位。库底及水库周边永久性渗漏问题不大。

根据地勘及水位观测资料，在主坝上游约 500m 处的分水岭上布置库岸防渗帷幕，帷幕深度按 1Lu 以下 5m 控制，两侧至正常蓄水位与地下水位交点处外延 10m 止，帷幕长约 358m，灌浆孔孔距 2m。

## 二、库岸防护设计

抽水蓄能电站具有库水位变幅大、升降频繁的特点，库岸边坡的稳定和防护关系到水库的正常运行，对抽水蓄能电站的建设和运营具有现实意义。通过库岸稳定性的分析，针对库岸水文地质条件变化情况，采取必要的工程措施，可保证水工建筑物的安全，保障电站可靠运行。

**(一) 库岸失稳对抽水蓄能电站的影响**

水库的库岸稳定是抽水蓄能电站工程建设中的主要工程问题之一。水库蓄水运行后，库水位的变动引起库区边坡内渗流场的变化，进而导致应力场的改变，长期作用下对边坡

稳定性不利。抽水蓄能电站水库运行水位变动频繁，水位消落深度大，对边坡稳定影响较大，故对库岸设计要求更为严格。

抽水蓄能电站水库蓄水后，库岸边坡岩土体因淹没而达到饱和，岩土体的抗剪强度降低，孔隙水压力加大，有效应力减小，破坏了原有岩土质边坡的稳定状态，原来处于临界平衡状态或稳定性较差的岸坡可能失稳。

库岸失稳将对抽水蓄能电站带来多方面的影响：

（1）近坝区、近进/出水口区岸坡失稳，将威胁大坝和进/出水口等水工建筑物的安全，进而影响水库正常运行。

（2）库水位骤降，土质库岸边坡可能引起滑坡、塌岸，造成有效库容的减少。

（3）近坝区、近进/出水口区岸坡如果未进行防护，波浪、顺坡水流等将冲蚀、冲刷坡残积土及全风化层，造成水库含沙量增加，进而加重水轮机的磨损。

**（二）库岸边坡稳定分析**

1. 边坡分级和设计安全系数

《水电水利工程边坡设计规范》（NB/T 10512—2021）中规定，抽水蓄能电站库岸边坡边坡按其所属枢纽工程级别、建筑物级别、边坡所处位置、边坡重要性和失事后的危害程度，划分边坡类别和安全级别，见表17－44。

**表17－44　　水电水利工程边坡类别和安全级别划分表**

| 类别级别 | A类（枢纽工程区边坡） | B类（水库边坡） |
| --- | --- | --- |
| Ⅰ | 影响1级水工建筑物安全的边坡 | 滑坡产生危害性涌浪或滑坡灾害可能危及1级建筑物安全的边坡 |
| Ⅱ | 影响2级、3级水工建筑物安全的边坡 | 可能发生滑坡并危及2级、3级建筑物安全的边坡 |
| Ⅲ | 影响4级、5级水工建筑物安全的边坡 | 要求整体稳定而允许部分失稳或缓慢滑落的边坡 |

库岸边坡稳定分析应区分不同的荷载组合或运用状况，采用极限平衡方法中的下限解法时，其设计安全系数不应低于表17－45中的数值。

**表17－45　　库岸边坡允许安全系数**

| 边坡类别及工况<br>边坡级别 | A类（枢纽工程区边坡） | | | B类（水库边坡） | | |
| --- | --- | --- | --- | --- | --- | --- |
| | 持久状况 | 短暂状况 | 偶然状况 | 持久状况 | 短暂状况 | 偶然状况 |
| Ⅰ | 1.30～1.25 | 1.20～1.15 | 1.10～1.05 | 1.25～1.15 | 1.15～1.05 | 1.05 |
| Ⅱ | 1.25～1.20 | 1.15～1.10 | 1.05 | 1.15～1.05 | 1.10～1.05 | 1.05～1.00 |
| Ⅲ | 1.15～1.05 | 1.10～1.05 | 1.05 | 1.10～1.05 | 1.05～1.00 | 1.00 |

针对具体边坡工程所采用的设计安全标准，应根据对边坡与建筑物关系、边坡工程规模、工程地质条件复杂程度以及边坡稳定分析的不确定性等因素的分析，从表17－45中所给范围内选取。对于失稳风险度大的边坡或稳定分析中不确定因素较多的边坡，设计安全系数宜取上限值，反之可取下限值。

2. 计算方法

边坡稳定性分析方法分为定性分析方法和定量分析方法两大类。

定性分析方法主要是通过工程地质勘察，对影响边坡稳定的主要因素、变形破坏方式、失稳的力学机制、已变形地质体的成因及其演化史等进行分析，从而给出边坡的稳定性状况及其可能发展趋势的定性说明和解释。定性分析方法包括自然（成因）历史分析法、工程类比法、边坡稳定性分析数据库和专家系统、图解法、SMR与CSMR方法。

定量分析方法包括极限平衡分析法、极限分析法、滑移线场法、数值分析法。极限平衡分析法是工程中最早应用，普遍使用的一种定量分析方法。极限平衡分析方法包括瑞典（Fellenius）法、毕肖普（Bishop）法、詹布（Janbu）法、摩根斯坦-普莱斯（Morgenstern－Price）法、剩余推力法、萨尔玛（Sarma）法、楔形体法等。不同的破坏方式存在不同的滑动面型式，不同滑坡就需采用不同的分析方法。各类滑坡极限平衡分析方法的对应见表17－46。

**表17－46　各类滑坡极限平衡分析方法对应表**

| 滑坡类型 | 计算方法 |
|---|---|
| 圆弧滑坡 | 瑞典法和毕肖普法 |
| 折线型滑坡 | 剩余推力法、詹布法 |
| 复合破坏面滑坡 | 詹布法、摩根斯坦-普莱斯法、斯宾塞法 |
| 楔形四面体岩质边坡 | 楔形体法 |
| 受岩体结构面控制而产生的滑坡 | 萨尔玛法 |

极限平衡分析法抓住了问题的主要方面，简易直观，易于掌握、应用较广。当滑坡为单一滑动面时，极限平衡法能较合理地评价其稳定性；但当滑坡为复杂的滑动面时，极限平衡法须引入若干假定，计算成果存在一定的近似性，且该方法不考虑岩体的变形与应力，不能够确定相应的变形和应力分布，不能模拟边坡的破坏过程和机理。

对于重要的或工程地质条件复杂的边坡，可假设为连续介质或非连续介质，采用数值方法计算分析边坡的变形、稳定和运动形式。常用的数值计算方法包括有限元法、离散元法、块体元法、有限差分法、流形元法等。

3. 相关规定

（1）土质边坡稳定分析应符合的规定。

1）砂、碎石或砾石堆积物宜按平面滑动计算，抗滑稳定安全系数定义为内摩擦角的正切值与坡角正切值之比。

2）黏性土、混合土和均质堆积物宜按圆弧滑面计算，宜采用下限解法做稳定分析，推荐采用简化毕肖普法求解最危险滑面和相应安全系数，也可以采用詹布法。

3）沿土或堆积物底面或其内部特定软弱面发生滑动破坏时，宜采用下限解法按复合型滑面计算，推荐采用摩根斯坦-普莱斯法，也可采用传递系数法。

4）对于紧密土体或密实堆积物内部的滑动破坏，可采用上限解法做稳定分析，推荐采用能量法（EMU）求解其最危险滑面和相应安全系数。

5）对于均质土边坡或多层结构土边坡，应采用试算法得出最危险滑面和相应安全系数。

（2）岩质边坡稳定分析应符合的规定。

1）对于新开挖形成的或长期处于稳定状态岩体完整的自然边坡，可采用上限解法做

稳定分析，推荐采用条块侧面倾斜的萨尔玛法、潘家铮分块极限平衡法和能量法(EMU)。在计算中，侧面的倾角应根据岩体中相应结构面的产状确定。

2）对于风化、卸荷的自然边坡，开挖中无预裂和保护措施的边坡，岩体结构已经松动或发生变形迹象的边坡，宜采用下限解法做稳定分析，推荐采用摩根斯坦-普莱斯法，也可采用詹布法和传递系数法。

3）对于边坡上潜在不稳定楔形体，推荐采用楔形体稳定分析方法。

4）岩质边坡内有多条控制岩体稳定性的软弱结构面时，应针对各种可能的结构面组合分别进行块体稳定性分析，评价边坡局部和整体稳定安全性。

5）对于碎裂结构、散体结构和同倾角多滑面层状结构的岩质边坡，应采用试算法推求最危险滑面和相应安全系数。

**（三）库岸边坡防护设计**

1. 防护范围

水库库区的边坡按成因分为自然边坡、工程边坡。工程边坡是对自然边坡进行开挖、回填或加固等人为改造后的边坡，按建筑物可分为挡、泄水建筑物边坡、料场开挖边坡、隧洞进出口边坡和厂房建筑物边坡等。

根据各工程实际情况，对在水位快速升降时可能引起坍塌、影响电站运行和水库库容的部位，采取相应的工程措施。抽水蓄能电站库岸防护工程实例详见表 17-47。

**表 17-47　　国内抽水蓄能电站库岸防护处理工程实例统计**

| 工程名称 | | 阶段 | 防护范围及形式 | 防护部位及措施 |
| --- | --- | --- | --- | --- |
| 辽宁蒲石河 | 上水库 | 完建 | 库区内自然边坡和工程边坡，全库盆清理防护形式 | 库岸自然边坡水位变化区进行清理防护，陡库岸部位边坡开挖至强风化岩石上限，并采用挂网锚喷支护，较缓边坡清除 0.5m 厚覆盖层后，采用干砌块石护坡形式。<br>库内工程开挖岩质边坡全部采用锚喷支护，正常蓄水以上土质开挖边坡，采用种植草皮进行固坡 |
| | 下水库 | | 库区内工程边坡，局部库盆清理防护形式 | 库内工程开挖岩质边坡全部采用锚喷支护，正常蓄水以上全风化及覆盖层开挖边坡，采用种植草皮进行固坡 |
| 河北丰宁 | 上、下水库 | 完建 | 库区内工程边坡，局部库盆清理防护形式 | 库内工程开挖岩质边坡全部采用锚喷支护，强风化线以上边坡采用网格梁加强支护 |
| 吉林敦化 | 上、下水库 | 在建 | 库区内工程边坡，局部清理防护形式 | 对库盆内水位变动区的覆盖层全部清除 1m 厚。库内工程开挖岩质边坡仅对局部节理裂隙发育部位进行锚喷支护，正常蓄水以上全风化及覆盖层开挖边坡，采用种植草皮进行固坡 |
| 黑龙江荒沟 | 上水库 | 完建 | 库区内自然边坡和工程边坡，全库盆清理防护形式 | 库岸自然边坡水位变化区进行清理防护，陡库岸部位边坡开挖至强风化岩石上限，并采用挂网锚喷支护，较缓边坡清除 0.5m 厚覆盖层后，采用干砌块石护坡形式。<br>库内工程开挖岩质边坡全部采用锚喷支护，正常蓄水以上土质开挖边坡，采用种植草皮进行固坡 |

2. 防护措施

抽水蓄能电站上、下库水位频繁升降，特别是水位变幅带在自然营力作用下会发生坡面局部变形、松动、塌滑等现象，应采取相应措施控制其扩大发展以免危及边坡整体安全，库岸边坡防护措施主要包括坡面保护与浅表层加固措施。

（1）坡面保护。抽水蓄能电站库岸岩土质边坡坡面保护措施包括：喷混凝土、贴坡混凝土、模袋混凝土、格宾石笼、浆砌石、干砌石＋框格梁、土工织物和植被覆盖等，应结合地形、地质、环境条件和环保要求，选择保护措施，所有坡面保护结构均应保证自身在坡面上的稳定性。

对于表面易风化、完整性差的岩质边坡，可采取喷混凝土并结合表层锚固等措施进行保护。对于稳定性较好，但表层有零星危岩或松动块石的高陡边坡，可采取局部清除、局部锚固和拦石网、拦石沟、挡土墙等措施进行保护。

植被保护可用于岩土质坡面，但应根据不同坡面具体情况选用适宜的防护形式。其主要防止坡面被冲刷、减轻风化作用的程度，兼有坡面景观的绿化作用。随着环境保护意识的增强、绿色概念的加深，坡面增设植被越来越受到工程界的重视。

（2）浅表层加固。岩质边坡浅表层岩体存在不利的层理、片理、节理、裂隙和断层等结构面，不稳定块体和楔体容易发生滑动、倾倒或溃屈等破坏；土质边坡在雨水冲刷、侵蚀等外营力作用下，发生浅层坍塌、滑移等破坏，均应采取工程措施，进行浅表层加固处理。

岩土体边坡浅表层加固措施包括：锚杆、挂钢筋网、喷混凝土、贴坡混凝土、混凝土格构锚固以及土钉墙、加筋土等，应根据岩土体力学特性、边坡结构、边坡变形与破坏机制，因地制宜选择加固措施，并提出设计参数。

对于库岸岩质边坡，浅层岩体完整性较好时，可采用系统锚杆或随机锚杆加固；岩体表层强烈风化破碎时，应采用锚杆、挂钢筋网、喷混凝土或锚杆、贴坡混凝土或锚杆、混凝土格构等组合加固型式。浅层锚杆加固的深度可根据不稳定块体的埋藏深度、岩体风化程度、卸荷松动深度等确定，宜将锚杆布置为拉剪锚杆，根据不稳定块体的滑动方向和施工条件等因素，选择锚固方向和最优锚固角。锚杆的直径和间距应根据不稳定块体下滑力计算分析或通过工程类比确定。当贴坡混凝土、混凝土格构参与抗滑作用时，应对其断面进行抗弯、抗剪计算。贴坡混凝土、混凝土格构应能在边坡表面上保持自身稳定，并与所布置的系统锚固相连接。

对于库岸土质边坡，浅表层锚杆加固的深度，可采用极限平衡法计算搜索最危险滑面的可能产生深度确定。锚杆的间距、排距可根据不稳定土体下滑力计算分析或通过工程类比确定。贴坡混凝土、混凝土格构设计与岩质边坡的要求相同。

3. 排水设计

库岸边坡排水包括地表排水和地下排水两部分。在开挖区内的排水系统，为了使降落在开挖区内的雨水能迅速排走，防止渗入边坡内，应以防渗、汇集和尽快引出为原则；在开挖区外的地表排水系统，应使雨水尽量不流入开挖区，故以拦截、引离为原则。地下排水的原则是“可疏而不可堵”，应该根据水文地质条件、补给来源及方式，合理采用拦截、疏干、排引等排水措施，达到“追踪寻源，截断水流，降低水位，晾干土体，提高岩土抗剪强度，稳定边坡”的目的。库岸边坡综合治理时，应根据地形地质条件因地制宜地进行排水系统设计。

（1）地表排水设计。地表排水应根据边坡的重要性，工程区降雨特点、集水面积大

小、地表水下渗对边坡稳定影响程度等因素综合分析确定，按照 2～50 年一遇降雨强度计算排水流量。受泄洪雾化影响的边坡，对截水、排水沟排水流量设计标准应进行论证和研究。截水、排水沟的断面尺寸和底坡应根据水力计算成果并结合地形条件分析确定。

截水、排水沟布置时，宜将地表水引至附近的冲沟或河流中，并避免形成冲刷，必要时设置消能防冲设施。边坡截水、排水沟宜采用梯形或矩形断面，护面材料可采用浆砌石或混凝土，浆砌石的砂浆或混凝土等级强度不宜低于 C20，护面厚度不宜小于 20～30mm。当边坡表面存在渗水的断层、节理、裂隙（缝）时，宜采用砂浆、混凝土、沥青等填缝夯实，截水、排水沟跨过时，应设跨缝的结构措施。坡顶开口线周边截水沟应在边坡开挖前形成。

（2）地下排水设计。地下排水设计应根据边坡所处位置、与建筑物关系、工程地质和水文地质条件，确定地下截水、排水系统的整体布置设计方案。

边坡地下截水、排水工程措施主要包括：截水沟、排水孔、排水井、排水洞。对于重要边坡，宜设多层排水洞形成立体地下排水系统。必要时，在各层排水洞之间以排水孔形成排水帷幕，各层排水洞高差不宜超过 40m。边坡表层的喷锚支护、格构、挡墙等均应配套有系统布置的排水孔，根据需要设置反滤措施。边坡表层系统排水孔孔径不应小于 50mm，深度不应小于 4m，钻孔上仰角度不宜小于 5°。

堆积层边坡和滑坡体内地下水宜采用排水洞排出。排水洞的布置应考虑到隔水软弱层带、滑面或滑带上盘的上层滞水和下盘承压水的排泄通道。排水洞宜由稳定岩体作为进口，平行滑面下盘布置主洞，垂直滑面的方向布置支洞穿过隔水软弱层或滑带。排水洞尺寸不宜小于 1.5m×2m（宽×高），设有巡视检查通道，应做必要的衬砌保护。排水洞洞底坡度不宜小于 1%洞内一侧应设排水沟，尽量使地下水自流排出坡外。当岩土体渗透性弱，排水效果不良时，洞顶和洞壁应设辐射状排水孔，孔径不应小于 50mm，排水孔应作反滤保护。

当排水洞低于地表排泄通道时，应在洞内布置足够容量的集水井，用水泵集水排出洞外。布置的排水洞应尽量与边坡安全监测用的监测洞和锚固用的锚固洞相结合，达到一洞多用的目的。有条件的情况下，排水洞洞口应尽量布置在边坡开口线以外，具备边坡开挖前实施的条件。

土质边坡或滑坡周边可采用截水沟排浅层地下水。截水沟深度不宜大于 3m，沟内回填透水砂砾石，表部 0.3m 左右厚度以黏性土封填密实。土质边坡或滑坡内可以用排水井降低地下水位，但施工中开挖、支护、排水和运行期间需设置抽排设施，多有较大难度，应慎重采用。

**（四）工程实例**

荒沟抽水蓄能电站为日调节电站，上水库水位最大消落深度 18.5m，水位升速 2.0m/h；水位降速 2.6m/h。

上水库库岸边坡主要有石料场边坡、进出水口边坡、料场范围外边坡。

考虑到上水库库水位频繁骤升骤降，几小时之内发电或抽水时的流量较大，对岸坡稳定影响较大，同时考虑波浪淘刷、顺坡水流冲刷等因素，岸坡松散覆盖物容易被动水带入上水库进/出水口，增加过机含砂量及岩石风化等因素，针对上水库库区不同边坡的地形地质条件、运行和功能要求等各自的特点，分别采用开挖、支护、排水等措施，保证其变形、稳定要求。

1. *库岸地质情况*

荒沟抽水蓄能电站上水库库岸植被十分发育，林木茂密。构成库岸的白岗花岗岩风化不深，岩石坚硬、完整，且结构面无大的不利组合，边坡整体稳定，因此，水库蓄水后不会产生严重坍岸。库水位变动带附近岸坡坡度为3°～14°的缓坡，表部覆盖层厚1～3m，主要由碎石、块石及孤石组成，属强透水层。水库蓄水后，边坡在动水位条件下可能产生小范围表层松散土体塌岸。水库变动带附近坍岸宽度约13～15m，对水库运行影响不大。

2. *库岸防护范围的确定*

寒冷地区水库护坡在冻胀、浪淘作用下破坏严重，根据国内工程经验，冰面高程以上2m范围内为主冻胀区，岸坡破坏最严重。

库岸防护高程按冻胀要求冰面高程以上2m和水库死水位以下1m原则确定，库岸防护顶高程为655.60m，库岸防护底高程为633.00m。

3. *库岸边坡处理措施*

(1) 石料场边坡开挖、防护设计。上水库石料场设在库盆左岸，开挖后底部平台为634.00m。

根据不同的地质条件，对料场开挖边坡采用混凝土板或挂网锚喷支护的防护措施，混凝土板厚度25cm；喷混凝土厚15cm，挂$\phi$6.5@200mm钢筋网，锚杆采用$\phi$25，间排距为2m，锚入岩石4m。同时为了及时排除边坡内积水，降低渗透压力，边坡上设排水孔，孔径$\phi$110，间排距3m，呈梅花形布置，孔深4m。

(2) 料场范围外开挖、防护设计。

1) 陡库岸部位。两岸坝头较陡库岸部位，对该部位的边坡开挖至强风化岩石上限，采用挂网锚喷支护措施，喷混凝土厚15cm，挂$\phi$6.5@200mm钢筋网，锚杆采用$\phi$25，间排距为2m，锚入岩石4m。同时为了及时排除边坡内积水，降低渗透压力，边坡上设排水孔，孔径$\phi$110，间排距3m，呈梅花形布置，孔深4m。

2) 较缓库岸部位。根据上水库左、右岸和垭口自然边坡坡度较缓的实际情况，对于较缓稳定边坡清除0.5m厚覆盖层后，采用20cm厚垫层料+40cm厚干砌块石护坡处理形式。

3) 上水库进/出水口边坡开挖、防护设计。上水库进/出水口全风化岩及覆盖层边坡采用干砌石护坡，厚度为0.3m；微风化、弱风化及强风化岩石边坡采用挂网锚喷支护措施，喷混凝土厚10cm，锚杆采用$\phi$22，间排距2m，锚入岩石4.0m，破碎部位挂$\phi$8@200mm钢筋网。

## 第七节　库盆排水设计

抽水蓄能电站运行期间库水位频繁的大幅升降，很容易形成水位骤降，使防渗层后产生反向水压力，进而造成防渗层破坏。因此，抽水蓄能电站排水系统的设计比常规电站更

为重要，特别是对采用全库盆防渗来说，一般都需要设置完备的排水系统。

## 一、排水系统设计要求

抽水蓄能电站的排水系统设计应满足以下要求：

（1）排水系统应适应库水位频繁升降要求，消除或有效控制坝体、岸坡以及库底防渗护面下的孔隙水压力。

（2）根据地形、地质条件和建筑物布置，对库盆渗漏量和周围山体的涌水量进行估算，确定不同部位的设计排水能力，布置相应的排水设施。

（3）对全库盆防渗水库，应采取避免产生反向水压力破坏的措施，在防渗面板下部设置完善的排水系统；同时在库岸和库底面板下部，设置排水层和检查廊道，排水宜分区设置，集中排出。

（4）排水系统还包括在库顶周边设置雨水收集排泄系统；在库顶支沟设置必要的拦排洪设施；在山体内设置排水系统等。

## 二、排水系统设计

### （一）排水系统布置

采用全库盆防渗的水库，其库盆排水系统通常情况下包括排水垫层（库岸、坝坡及库底）、排水廊道（库底）以及排水盲沟（库底）三部分组成。面板渗水及地下涌水先渗入排水垫层后，再进入库底的排水盲沟，然后汇入库底排水廊道，最后集中排出。库底排水廊道典型剖面如图 17－37 所示。

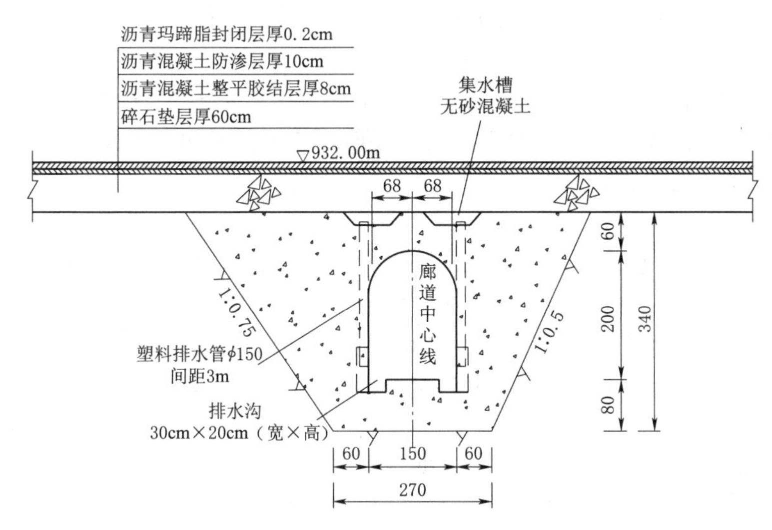


图 17－37　库底排水廊道典型剖面（单位：cm）

### （二）排水能力

排水系统所需的排水能力要计入通过防渗层的渗流和不通过防渗层地下涌水量，渗水量和涌水量要通过分析计算确定。

1. 面板渗漏量

通过库底及库岸（坝坡）面板的渗漏量可分别按式（17－15）、式（17－16）进行估算。库底排水盲沟典型剖面如图 17－38 所示。

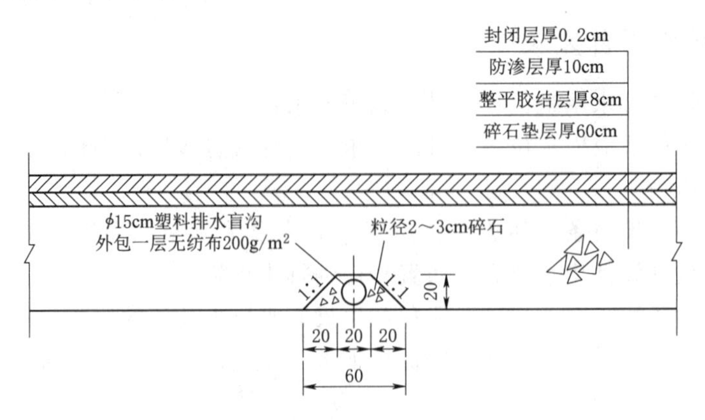


图 17－38　库底排水盲沟典型剖面（单位：cm）

$$Q_1 = K\frac{H}{\delta}A \tag{17-15}$$

$$Q_2 = K\frac{H^2}{2\delta\sin\beta} \tag{17-16}$$

式中：$Q_1$ 为通过库底面板的渗漏量，$m^3/s$；$Q_2$ 为通过库岸（坝坡）面板的渗漏量，$m^3/s$；$K$ 为防渗层的渗透系数，m/s；$H$ 为作用水头，m；$\delta$ 为防渗层厚度，m；$A$ 为防渗面积，$m^2$。

2. 排水垫层最大排水能力

单宽碎石排水垫层的最大排水能力按照式（17－17）计算。

$$q_p = KD\sin\beta \tag{17-17}$$

式中：$q_p$ 为通过单米宽排水垫层的渗漏排水量，$m^3/(s \cdot m)$；$K$ 为碎石垫层的渗透系数，m/s；$D$ 为碎石垫层厚度，m；$\beta$ 为排水垫层底坡面与水平面的夹角。

**（三）排水系统结构设计**

1. 基础排水垫层

（1）垫层材料。抽水蓄能电站因水位变幅大而且频繁，要求渗漏水能尽快排除，排水垫层渗透系数宜不小于 $1\times10^{-2}$cm/s。排水垫层优先选用级配碎石，严格控制粒径不大于 0.075mm 和粒径不大于 5mm 细颗粒含量，并具有渗透稳定性。对采用无砂混凝土作为排水垫层的工程，应注意降低无砂混凝土对面板自由变形产生的约束，减少面板混凝土产生裂缝。

（2）垫层结构。排水垫层的厚度应根据排水能力要求计算确定，并满足施工最小厚度要求。一般情况下，大坝面板以下的碎石垫层水平宽度为 2～4m，过渡层水平宽度 3～4m，库岸边坡面板下的无砂混凝土排水垫层厚度取 30～50cm，库岸碎石排水垫层厚度为 60～90cm，库底碎石排水垫层厚度为 50～80cm，基础较差部位可适当加厚。

确定排水系统所需的排水能力时，应考虑计算误差以及排水系统堵塞的影响，并留有足够的安全裕度。

2. 排水观测系统

为了监测水库的渗漏情况，通常沿库底环库布置排水廊道，并在库底排水垫层中布置

排水盲沟（或排水花管），将渗水汇入排水廊道后，集中排出。同时在排水廊道内设置测压管及量水堰，用以监测库盆渗透压力及渗漏量的情况。

## 三、工程实例

### （一）山西西龙池抽水蓄能电站上水库

山西西龙池抽水蓄能电站上水库采用沥青混凝土面板进行全库盆防渗，库容469万$m^3$，防渗总面积21.57万$m^2$，其中库岸及坝坡10.18万$m^2$，库底11.39万$m^2$。上水库沥青混凝土铺筑最大斜坡面长约77m，库、坝坡坡度约为1∶2，沥青防渗面板承受最大水头为32.7m。

1. 排水系统布置

上水库大坝沥青混凝土面板后碎石排水垫层水平宽度为3m；库岸边坡沥青混凝土面板后碎石排水垫层厚度为60cm；库底碎石排水垫层厚60cm。在库底设置排水兼检查廊道，廊道两侧设置短排水花管与碎石排水垫层连通，将面板的渗漏水集中排到排水廊道。

2. 排水兼检查廊道设计

排水检查廊道包括：库底周边排水检查廊道、库底中间排水检查廊道、进/出水口周圈排水检查廊道、深层排水廊道、外排廊道、安全检查廊道等。设计为城门洞形，尺寸1.5m×2.0m（宽×高）。按平均10m设缝，缝间设一道橡胶止水带。

### （二）呼和浩特抽水蓄能电站上水库

呼和浩特抽水蓄能电站上水库采用沥青混凝土面板全库盆防渗，库容679万$m^3$，库、坝坡坡度均为1∶1.75，沥青防渗面板总面积为24.48万$m^3$，沥青防渗面板承受最大水头为40m。上水库排水系统包括排水垫层、排水管网和排水廊道。见图17－39。

1. 排水垫层及管网设计

坝体沥青混凝土面板后设置水平宽度3m的碎石排水垫层，库岸及库底面板后设置0.6m厚的碎石排水垫层。碎石排水垫层的渗透系数不小于$1\times10^{-2}$cm/s。为增强库底垫层的排水能力，在垫层内水平布置塑料排水盲沟，排水盲沟直接与排水廊道相互衔接。

2. 排水廊道设计

库底排水廊道分为库底排水廊道、连接廊道、外排廊道和安全检查廊道四种。库底排水廊道及连接廊道用于排出渗水；外排廊道负责将渗水集中排出并兼有交通及通风的作用；安全检查廊道共两条，分别位于水库西南及东北侧，与库底周围排水检查廊道相通，便于检查人员的出入和通风。

为方便施工，排水廊道全部采用标准城门洞型，廊道顶部与库底碎石垫层之间空隙回填无砂混凝土。

### （三）山西垣曲抽水蓄能电站上水库

山西垣曲抽水蓄能电站上水库采用沥青混凝土面板全库盆防渗，库容752万$m^3$，库、坝坡坡度均为1∶1.75，沥青防渗面板总面积为32.62万$m^3$，沥青防渗面板承受最大水头为33.8m。上水库排水系统按照部位不同分为坝体、库周以及库底排水三大部分组成。见图17－40。

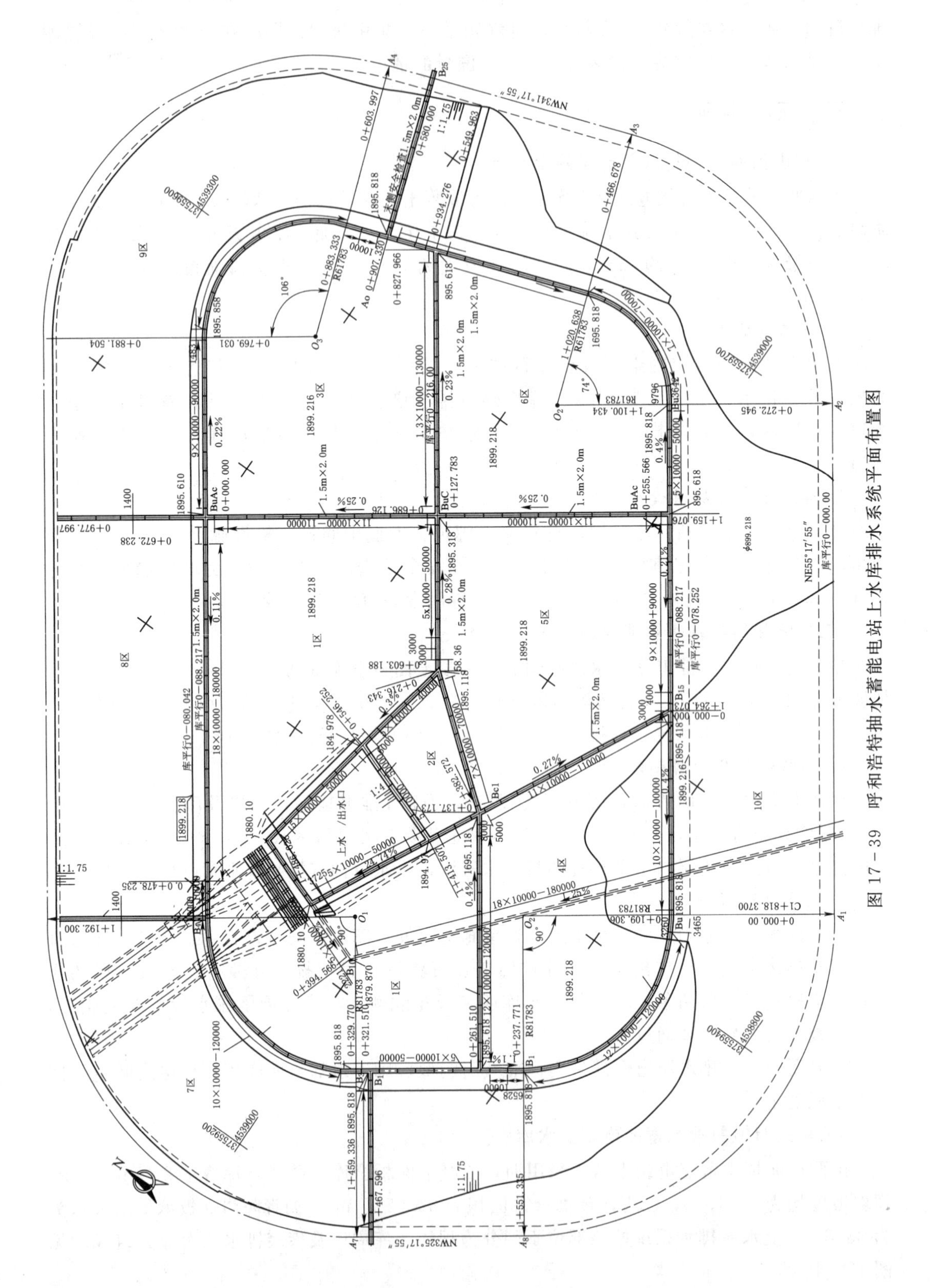


图 17－39 呼和浩特抽水蓄能电站上水库排水系统平面布置图

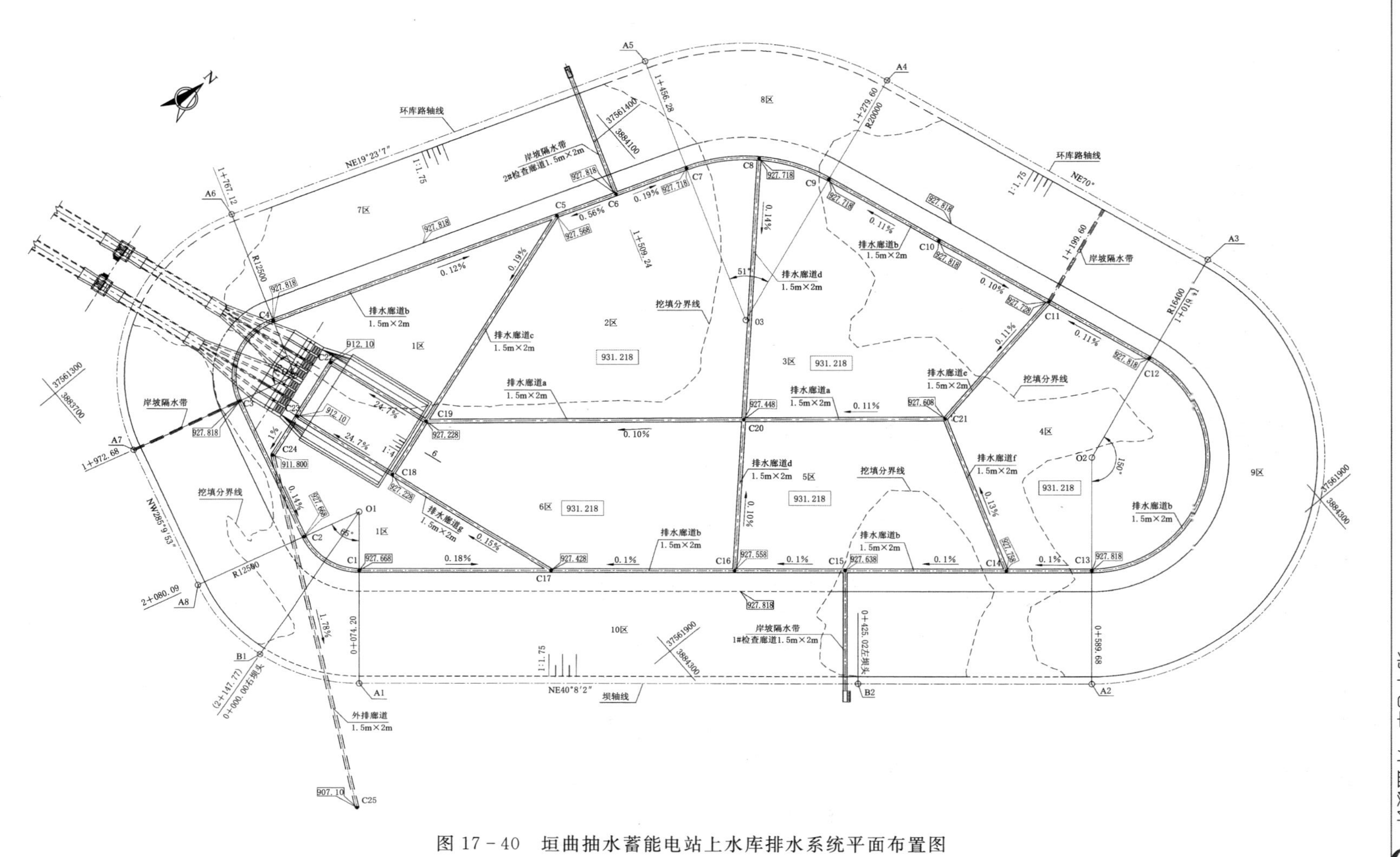


图 17-40　垣曲抽水蓄能电站上水库排水系统平面布置图

1. 排水系统布置

上水库沥青混凝土面板后设置水平宽度3m的碎石排水垫层，库周及库底面板后设置60cm厚碎石排水垫层，碎石排水垫层的渗透系数不小于$1\times10^{-2}$cm/s。在库底设置排水兼检查廊道，坝坡、库周的碎石排水垫层与库底排水垫层相连接，面板渗水通过面板后碎石排水垫层排到坡脚，然后沿库底碎石排水垫层排到库底排水廊道。

排水廊道两侧每3m用直径为150mm的硬质塑料排水管与碎石排水垫层连通，集中面板的渗漏水到排水廊道，通过布置于坝基下的外排廊道集中排出库外。为增强库底垫层的排水能力，在库底碎石垫层内水平布置直径150mm的塑料排水盲沟。塑料排水盲沟间距一般为20m，外包一层200g/$m^2$无纺布，周边采用粒径2～3cm碎石保护，管网直接与排水廊道顶部集水槽相互衔接。

2. 排水廊道及盲沟设计

库底排水廊道分为库底周圈廊道、连接廊道、外排廊道和安全检查廊道，库底周圈廊道、连接廊道沿库底布置，以便排出渗水和监测渗水情况；在坝下设外排廊道，收集所有廊道的渗漏水并将其排至堆石坝下游1号渣场排水沟内。另外在库盆西侧和东侧各设一条安全检查廊道，与库底周圈排水廊道相通，以便检查人员的出入和通风。

排水廊道采用标准城门洞型断面，宽1.5m，高2m，衬砌厚60cm。库底排水廊道、连接廊道两侧设排水沟30cm×20cm（宽×高），廊道顶部与库底碎石垫层之间的集水槽回填无砂混凝土。廊道两侧每隔3m，预埋直径150mm硬质塑料排水管将廊道顶部集水槽与廊道排水沟连通。库底碎石排水垫层与塑料排水盲沟管网收集面板渗水排入库底排水廊道，通过布置于坝基下的外排廊道集中排出库外。

库底共布置137根塑料排水盲沟，排水能力较大，库底排水能力主要受塑料排水盲沟之间垫层的限制，设置排水盲沟后，库底垫层排水能力可达到$6.33\times10^{-2}m^3/s$，大于库底面板渗漏量$5.8\times10^{-3}m^3/s$，故60cm厚库底碎石垫层＋间距20m的排水盲沟能够满足库底面板渗漏排水的要求。

# 第十八章 挡水建筑物设计

上、下水库挡水建筑物设计包括主坝、副坝，大坝应进行渗流、稳定、强度和变形等分析计算。本章结合工程实例介绍挡水建筑物设计的主要内容。

## 第一节 坝型选择

### （一）抽水蓄能电站中常用坝型

抽水蓄能电站中常用的坝型有：混凝土面板堆石坝、沥青混凝土面板堆石坝、碾压式沥青混凝土心墙坝、黏土心墙坝、混凝土重力坝（常态、碾压）、混凝土拱坝（常态、碾压）等。我国部分已建及在建纯抽水蓄能电站上、下水库坝型选择统计如表18－1所示。

表18－1 国内部分已建及在建纯抽水蓄能电站上、下水库坝型

| 序号 | 建设省份 | 电站名称 | 投产年份 | 装机规模/MW | 上水库 | | 下水库 | |
|---|---|---|---|---|---|---|---|---|
| | | | | | 主坝坝型 | 最大坝高/m | 主坝坝型 | 最大坝高/m |
| 1 | 北京 | 十三陵 | 1997 | 800 | 混凝土面板堆石坝** | 75.0 | 黏土斜墙土石坝* | 29.0 |
| 2 | 河北 | 张河湾 | 2008 | 1000 | 沥青混凝土面板堆石坝** | 57.0 | 浆砌石重力坝 | 77.35 |
| 3 | 河北 | 丰宁一期 | 在建 | 1800 | 混凝土面板堆石坝 | 120.3 | 钢筋混凝土面板堆石坝* | 51.3 |
| 4 | 河北 | 易县 | 在建 | 1200 | 沥青混凝土面板堆石坝** | 87.5 | 钢筋混凝土面板堆石坝 | 51.5 |
| 5 | 河北 | 抚宁 | 在建 | 1200 | 混凝土面板堆石坝 | 109.0 | 钢筋混凝土面板堆石坝 | 66.0 |
| 6 | 山西 | 西龙池 | 2008 | 1200 | 沥青混凝土面板堆石坝** | 58.5 | 沥青混凝土面板堆石坝** | 97.0 |
| 7 | 山西 | 垣曲 | 在建 | 1200 | 沥青混凝土面板堆石坝** | 111.0 | 碾压混凝土重力坝 | 81.3 |
| 8 | 内蒙古 | 呼和浩特 | 2014 | 1200 | 沥青混凝土面板堆石坝** | 69.85 | 碾压混凝土重力坝 | 73.0 |
| 9 | 内蒙古 | 芝瑞 | 在建 | 1200 | 沥青混凝土面板堆石坝 | 73.0 | 沥青心墙堆石坝 | 34.0 |
| 10 | 辽宁 | 蒲石河 | 2012 | 1200 | 混凝土面板堆石坝 | 78.5 | 混凝土重力坝 | 34.1 |
| 11 | 辽宁 | 清原 | 在建 | 1800 | 混凝土面板堆石坝 | 89.2 | 钢筋混凝土面板堆石坝 | 48.2 |
| 12 | 吉林 | 敦化 | 在建 | 1400 | 沥青心墙堆石坝 | 54.0 | 沥青心墙堆石坝 | 70.0 |
| 13 | 吉林 | 蛟河 | 在建 | 1200 | 混凝土面板堆石坝 | 54.7 | 钢筋混凝土面板堆石坝 | 41.1 |
| 14 | 黑龙江 | 荒沟 | 在建 | 1200 | 混凝土面板堆石坝 | 80.6 | 钢筋混凝土面板堆石坝* | 71.8 |
| 15 | 江苏 | 宜兴 | 2008 | 1000 | 混凝土面板堆石坝** | 75.0 | 黏土心墙堆石坝* | 50.4 |
| 16 | 江苏 | 溧阳 | 2016 | 1500 | 混凝土面板堆石坝** | 165.0 | 均质土坝 | 11.4 |
| 17 | 江苏 | 句容 | 在建 | 1350 | 沥青混凝土面板堆石坝** | 182.3 | 沥青混凝土面板堆石坝 | 38.0 |
| 18 | 浙江 | 溪口 | 1997 | 80 | 钢筋混凝土面板堆石坝 | 48.5 | 钢筋混凝土面板堆石坝 | 44.2 |

续表

| 序号 | 建设省份 | 电站名称 | 投产年份 | 装机规模/MW | 上水库 | | 下水库 | |
|---|---|---|---|---|---|---|---|---|
| | | | | | 主坝坝型 | 最大坝高/m | 主坝坝型 | 最大坝高/m |
| 19 | 浙江 | 天荒坪 | 1998 | 1800 | 沥青混凝土面板堆石坝** | 72.0 | 钢筋混凝土面板堆石坝 | 95.0 |
| 20 | 浙江 | 桐柏 | 2005 | 1200 | 均质土坝 | 37.15 | 钢筋混凝土面板堆石坝 | 68.25 |
| 21 | 浙江 | 仙居 | 2016 | 1500 | 混凝土面板堆石坝 | 88.2 | 混凝土拱坝* | 64.0 |
| 22 | 浙江 | 长龙山 | 在建 | 2100 | 混凝土面板堆石坝 | 103.0 | 钢筋混凝土面板堆石坝 | 95.5 |
| 23 | 浙江 | 宁海 | 在建 | 1400 | 混凝土面板堆石坝 | 63.6 | 钢筋混凝土面板堆石坝 | 96.1 |
| 24 | 浙江 | 缙云 | 在建 | 1800 | 混凝土面板堆石坝 | 59.2 | 钢筋混凝土面板堆石坝 | 92.6 |
| 25 | 安徽 | 响水涧 | 2000 | 1000 | 混凝土面板堆石坝 | 88.0 | 均质土围堤 | 21.5 |
| 26 | 安徽 | 琅琊山 | 2006 | 600 | 混凝土面板堆石坝 | 64.5 | 原城西水库 | — |
| 27 | 安徽 | 绩溪 | 2020 | 1800 | 混凝土面板堆石坝 | 114.2 | 钢筋混凝土面板堆石坝 | 63.9 |
| 28 | 安徽 | 金寨 | 在建 | 1200 | 混凝土面板堆石坝 | 76.0 | 钢筋混凝土面板堆石坝 | 98.5 |
| 29 | 安徽 | 桐城 | 在建 | 1280 | 混凝土面板堆石坝 | 109.5 | 钢筋混凝土面板堆石坝 | 80.0 |
| 30 | 福建 | 仙游 | 2013 | 1200 | 混凝土面板堆石坝 | 72.6 | 钢筋混凝土面板堆石坝 | 74.9 |
| 31 | 福建 | 厦门 | 在建 | 1400 | 混凝土面板堆石坝 | 62.3 | 钢筋混凝土面板堆石坝 | 95.5 |
| 32 | 福建 | 永泰 | 在建 | 1200 | 黏土心墙堆石坝 | 30.0 | 钢筋混凝土面板堆石坝 | 55.0 |
| 33 | 福建 | 云霄 | 在建 | 1800 | 碾压混凝土重力坝 | 68.2 | 黏土心墙堆石坝 | 68.0 |
| 34 | 福建 | 周宁 | 在建 | 1200 | 混凝土面板堆石坝 | — | 碾压混凝土重力坝 | 108.0 |
| 35 | 江西 | 洪屏一期 | 2016 | 1200 | 混凝土重力坝 | 42.5 | 碾压混凝土重力坝 | 74.5 |
| 36 | 山东 | 泰安 | 2006 | 1000 | 混凝土面板堆石坝** | 99.8 | 均质土坝* | 22.0 |
| 37 | 山东 | 文登 | 在建 | 1800 | 混凝土面板堆石坝 | 101.0 | 钢筋混凝土面板堆石坝 | 51.0 |
| 38 | 山东 | 沂蒙 | 在建 | 1800 | 沥青混凝土面板堆石坝 | — | 钢筋混凝土面板堆石坝 | — |
| 39 | 山东 | 潍坊 | 在建 | 1000 | 沥青混凝土面板堆石坝** | — | 黏土心墙堆石坝 | — |
| 40 | 河南 | 回龙 | 2005 | 120 | 碾压混凝土重力坝 | 54.0 | 碾压混凝土重力坝 | 53.3 |
| 41 | 河南 | 宝泉 | 2007 | 1200 | 沥青混凝土面板堆石坝** | 92.5 | 浆砌石重力坝* | 107.0 |
| 42 | 河南 | 天池 | 在建 | 1200 | 混凝土面板堆石坝 | 118.4 | 钢筋混凝土面板堆石坝 | 100.6 |
| 43 | 河南 | 洛宁 | 在建 | 1400 | 混凝土面板堆石坝 | 87.0 | 钢筋混凝土面板堆石坝 | 110.0 |
| 44 | 河南 | 五岳 | 在建 | 1000 | 混凝土面板堆石坝 | 128.2 | 黏土心墙砂壳坝 | 28.8 |
| 45 | 湖北 | 白莲河 | 2009 | 1200 | 混凝土面板堆石坝 | 59.4 | 黏土心墙堆石坝* | 69.0 |
| 46 | 湖南 | 黑麋峰 | 2009 | 1200 | 混凝土面板堆石坝 | 69.5 | 钢筋混凝土面板堆石坝 | 79.5 |
| 47 | 湖南 | 平江 | 在建 | 1400 | 沥青心墙堆石坝 | 51.5 | 沥青心墙堆石坝 | 70.5 |
| 48 | 广东 | 广州一期 | 1993 | 1200 | 混凝土面板堆石坝 | 68.0 | 碾压混凝土重力坝 | 43.5 |
| 49 | 广东 | 惠州 | 2009 | 2400 | 碾压混凝土重力坝 | 56.1 | 碾压混凝土重力坝 | 61.17 |
| 50 | 广东 | 清远 | 2015 | 1280 | 黏土心墙堆石坝 | 54.0 | 黏土心墙堆石坝 | 72.0 |
| 51 | 广东 | 深圳 | 2018 | 1200 | 碾压混凝土重力坝 | 55.0 | — | — |

续表

| 序号 | 建设省份 | 电站名称 | 投产年份 | 装机规模/MW | 上水库 | | 下水库 | |
|---|---|---|---|---|---|---|---|---|
| | | | | | 主坝坝型 | 最大坝高/m | 主坝坝型 | 最大坝高/m |
| 52 | 广东 | 阳江一期 | 在建 | 1200 | 碾压混凝土重力坝 | 106.3 | 黏土心墙堆石坝* | 55.85 |
| 53 | 广东 | 梅州一期 | 在建 | 1200 | 混凝土面板堆石坝 | 61.0 | 碾压混凝土重力坝 | 85.0 |
| 54 | 海南 | 琼中 | 2017 | 600 | 沥青心墙堆石坝 | 32.0 | 钢筋混凝土面板堆石坝 | 54.0 |
| 55 | 重庆 | 蟠龙 | 在建 | 1200 | 混凝土面板堆石坝 | 52.0 | 钢筋混凝土面板堆石坝 | 79.3 |
| 56 | 陕西 | 镇安 | 在建 | 1400 | 混凝土面板堆石坝** | 125.9 | 混凝土面板堆石坝 | 95 |
| 57 | 新疆 | 阜康 | 在建 | 1200 | 钢筋混凝土面板堆石坝 | 138.0 | 钢筋混凝土面板堆石坝 | 69.0 |
| 58 | 新疆 | 哈密 | 在建 | 1200 | 钢筋混凝土面板堆石坝 | 47.0 | 钢筋混凝土面板堆石坝 | 81.0 |

*　代表该坝型为利用已建水库的原坝型。

**　代表水库采用全库盆防渗。

由表中数据统计可知，在我国抽水蓄能电站新建水库中，约90%的上水库和71%的下水库坝型为当地材料坝，当地材料坝坝型中又以混凝土面板堆石坝为主，在新建水库中约55%的上水库和45%的下水库坝型为混凝土面板堆石坝，如安徽绩溪、浙江长龙山、福建仙游和广东广州等抽水蓄能电站。混凝土面板堆石坝同样适用在东北、华北及西北等寒冷地区抽水蓄能电站中，上、下水库采用混凝土面板堆石坝坝型比例可达到75%和60%，如辽宁蒲石河、黑龙江荒沟、河北丰宁、新疆阜康等。

在统计的14个采用全库盆防渗处理的水库中，10个采用了沥青混凝土面板堆石坝坝型，占比达71%，体现了我国抽水蓄能电站全库盆防渗型式的发展趋势。如浙江天荒坪、河北张河湾、山西西龙池、河南宝泉、内蒙古呼和浩特、山西垣曲等。

当水库流域面积较大，有较大的泄洪规模，下水库选择混凝土坝坝型的较多，如辽宁蒲石河、内蒙古呼和浩特、山西垣曲、福建云霄、河南回龙、江西洪屏、广东惠州和广东阳江等抽水蓄能电站下水库均选择混凝土重力坝。

**（二）坝型选择的影响因素**

大部分抽水蓄能电站上水库由沟（垭）口筑坝结合库盆开挖形成，并在河川或溪流上修建下水库。因此其坝型选择应该综合考虑工程自然条件、库容要求、库盆开挖与防渗型式、泄水建筑物布置、土石方平衡、建设征地和环境影响等因素，经技术经济比较确定。

为满足有效库容需要、改善进/出水口水流流态、全库盆防渗衬砌平顺连接等要求，抽水蓄能电站水库库盆通常需进行大规模开挖，再加上地下输水发电系统洞室群开挖，开挖量巨大。从工程经济性和环境保护角度出发，其坝型选择应结合水库的地形地质条件，以挖填平衡为原则，以“以料定坝”为设计理念，优先选择可利用开挖料的当地材料坝坝型，这是我国当前抽水蓄能电站坝型选择的主要趋势。

混凝土面板堆石坝是抽水蓄能电站中最为常见的当地材料坝，对地形地质条件适应性较好，施工方法成熟，适合抽水蓄能电站库水位频繁大幅变化，且面板后期检修方便，可借鉴工程经验较多，上述特点使其在抽水蓄能电站建设中得到了广泛应用。而北方寒冷地区抽水蓄能电站水库，防渗结构对严寒的适应能力是选择大坝防渗型式的重要因素。混凝土面板堆石坝的防渗结构位于坝体表面，要求结构有较高的抗冰冻能力，可通过提高面板的抗冻等级、在水位变幅区涂刷防水材料等措施解决其防冻问题，故虽然该坝型对严寒地区的适应能力较差，但由于易于修补且有大量寒冷地区可借鉴工程经验，因此在寒冷地区应用较多。

对于需要进行表面防渗的抽水蓄能电站水库，其坝型选择应与库盆防渗型式选择一并研究确定，防渗结构既需要对库水位频繁大幅度变化有较好的适应性，又需要保证坝体与库岸防渗结构连接的可靠性。沥青混凝土面板防渗效果远优于混凝土面板，适应基础不均匀变形能力强、施工摊铺方便、不需分缝等优点。尤其是沥青混凝土面板材料和施工设备国产化取得了快速发展，施工队伍也已逐渐扩大，施工速度和造价已和钢筋混凝土面板相当，因此已成为抽水蓄能电站建设中全库盆防渗处理水库的主力坝型。

当水库库盆内有足够的满足防渗要求的黏土料，而水库库盆本身防渗处理又比较简单时，黏土心墙土石坝是较为合适的选择。此种坝型国外应用较多，如美国的巴斯康蒂、日本的葛野川、神流川、喜撰山及奥吉野等抽水蓄能电站上水库大坝。由于环境保护意识的提高，此坝型仅在我国南方部分黏土料丰富地区的新建抽水蓄能电站水库被采用，如江苏宜兴抽水蓄能电站下水库、广东清远抽水蓄能电站上、下水库、广东惠州抽水蓄能电站上、下水库副坝等。

混凝土坝具有上游不侵占水库库容、易于布置泄水建筑物、坝体布置简洁紧凑的优点，当水库地形地质条件适合时，是一种较好的可供选择坝型。我国新建抽水蓄能电站尚无采用混凝土拱坝实例，多采用碾压混凝土重力坝坝型。上水库采用混凝土重力坝坝型不多，如广东惠州、广东深圳和广东阳江抽水蓄能电站；下水库采用混凝土重力坝坝型较为普遍，如福建周宁、江西洪屏、广东广州、广东惠州和广东梅州（五华）、辽宁蒲石河、内蒙古呼和浩特、河南回龙和山西垣曲抽水蓄能电站等。

由于各抽水蓄能电站的工程条件各异，各坝型均有其各自的技术特点，因此，抽水蓄能电站水库的坝型选择，应因地制宜地综合考虑库容、水文、气象、地形地质、当地材料、抗震设计标准、泄洪、施工、环境及运行要求等因素拟定比选坝型，经技术经济综合比较后选定。

## 第二节　混凝土面板堆石坝

### 一、混凝土面板堆石坝在抽水蓄能电站的应用及特点

#### （一）混凝土面板堆石坝在抽水蓄能电站的应用

自 1850 年混凝土面板堆石坝坝型问世以来，以其坝体断面小、造价低、工期短、施工方便等一系列技术优势，得到广泛运用，已逐渐成为当今水电工程建设的主流坝型之一。1985 年我国先后启动了西北口和关门山两项试点工程，开始引进现代混凝土面板堆石坝筑坝技术，并在此后的 30 年间筑坝技术实现了由引进消化、自主创新到突破发展、

跨步超越的快速发展之路。截至2016年年底，我国已建成坝高30m以上的面板堆石坝约270座，在建、拟建约140座，总数超过400座，占全球面板堆石坝总数的一半以上，最大坝高、工程规模和技术难度等方面均处于世界前列。

北京十三陵抽水蓄能电站是我国第一个采用混凝土面板堆石坝的大型抽水蓄能电站，其后该坝型因其良好的适应性在抽水蓄能电站建设中得到了广泛应用。特别是随着辽宁蒲石河、黑龙江荒沟等一系列寒冷地区抽水蓄能电站的开工建设，表明混凝土面板堆石坝同样适用于我国北方严寒地区抽水蓄能电站工程，并能达到很好的防渗效果，同时为我国严寒地区抽水蓄能电站混凝土面板堆石坝的设计、施工积累了宝贵的技术和工程经验。

混凝土面板堆石坝几乎遍布全国，其安全性、经济性和良好的适应性已得到了普遍的应用检验，也积累了应对各种不利情况的经验和教训，在抽水蓄能电站建设中，已成为独一无二的主力坝型，未来仍有着较好的发展前景。我国已建、在建的抽水蓄能电站中部分采用混凝土面板堆石坝的工程情况见表18-2。

**表18-2　　我国部分抽水蓄能电站混凝土面板坝工程统计**

| 序号 | 工程名称 | | 工程所在地 | 建成年份 | 库容/万$m^3$ | 最大坝高/m | 上/下游坝坡 | 面板厚度/cm |
|---|---|---|---|---|---|---|---|---|
| 1 | 溪口 | 上库 | 浙江宁波 | 1998 | 103 | 37.0 | 1∶1.4/1∶1.3 | 30 |
| | | 下库 | 浙江宁波 | 1998 | 861 | 44.5 | 1∶1.4/1∶1.5、1∶1.6 | 30 |
| 2 | 广州 | 上库 | 广东从化 | 1994 | 2408 | 68.0 | 1∶1.4 | 30+0.3$H$ |
| 3 | 沙河 | 上库 | 江苏溧阳 | 2002 | 262 | 47.0 | 1∶1.4/1∶1.3、1∶1.4 | 30 |
| 4 | 琅琊山 | 上库 | 安徽滁州 | 2006 | 1744 | 64.0 | 1∶1.4 | 40 |
| 5 | 白莲河 | 上库 | 湖北罗田 | 2009 | 2496 | 59.4 | 1∶1.4 | 40 |
| 6 | 黑麋峰 | 上库 | 湖南望城 | 2010 | 961 | 69.5 | 1∶1.4/1∶1.35～1.39 | 40 |
| | | 下库 | 湖南望城 | 2010 | | 79.5 | 1∶1.4/1∶1.44 | 30～50 |
| 7 | 响水涧 | 上库 | 安徽芜湖 | 2012 | 1748 | 88.0 | 1∶1.4/1∶1.42 | 30+0.35$H$ |
| 8 | 蒲石河 | 上库 | 辽宁丹东 | 2012 | 1256 | 78.5 | 1∶1.4 | 30+0.35$H$ |
| 9 | 仙游 | 上库 | 福建莆田 | 2013 | 1735 | 72.6 | 1∶1.4/1∶1.8 | 30+0.3$H$ |
| | | 下库 | 福建莆田 | 2013 | 1798 | 74.9 | | |
| 10 | 仙居 | 上库 | 浙江仙居 | 2016 | 1138 | 88.2 | 1∶1.4/1∶1.22 | |
| 11 | 溧阳 | 上库 | 浙江仙居 | 2016 | 1398 | 165 | 1∶1.4 | 40 |
| 12 | 荒沟 | 上库 | 黑龙江牡丹江 | 在建 | 1193 | 80.6 | 1∶1.4 | 30+0.35$H$ |
| 13 | 清原 | 上库 | 辽宁抚顺 | 在建 | 1522 | 89.2 | 1∶1.4/1∶1.5 | 40～60 |
| | | 下库 | 辽宁抚顺 | 在建 | 1708 | 48.2 | 1∶1.4/1∶1.5 | 40 |
| 14 | 蛟河 | 上库 | 吉林蛟河 | 在建 | 942.5 | 54.7 | 1∶1.4/1∶1.5 | 40+0.2$H$ |
| | | 下库 | 吉林蛟河 | 在建 | 1377 | 41.1 | 1∶1.4/1∶1.5 | 40 |
| 15 | 丰宁 | 上库 | 河北丰宁 | 在建 | 4814 | 120.3 | 1∶1.4 | 30+0.3$H$ |
| | | 下库 | 河北丰宁 | 在建 | 5961 | 51.3 | 1∶1.6 | 30 |

续表

| 序号 | 工程名称 | | 工程所在地 | 建成年份 | 库容/万 $m^3$ | 最大坝高/m | 上/下游坝坡 | 面板厚度/cm |
|---|---|---|---|---|---|---|---|---|
| 16 | 文登 | 上库 | 山东文登 | 在建 | 924 | 101.0 | | |
| | | 下库 | 山东文登 | 在建 | 1282 | 51.0 | | |
| 17 | 镇安 | 上库 | 陕西镇安 | 在建 | 850 | 125.9 | 1∶1.4 | 40 |
| | | 下库 | 陕西镇安 | 在建 | 956 | 95.0 | | |

**（二）混凝土面板堆石坝技术特点**

随着30年来混凝土面板堆石坝在我国水电工程领域的广泛应用，研究并解决了面板堆石坝建设中的一系列关键技术问题，积累了大量的工程实践经验与教训，形成了成熟的具有自主知识产权和标准化体系的混凝土面板堆石坝筑坝技术。

混凝土面板堆石坝发展如此之快，适用领域如此之广，是由自身在技术上的优势所决定的，总体上说它有如下一些特点。

1. 具有良好的抗滑稳定性

建在坚硬岩基或密实砂砾石层上的面板堆石坝，具有良好的抗滑稳定性，迄今还没有发生过堆石体失稳破坏的事例。面板堆石坝常用的坝坡是1∶1.3或1∶1.4，大致相当于堆石的自然休止角，大大低于碾压堆石的内摩擦角，因此其稳定性是有保证的。面板堆石坝一般可不进行稳定分析，而是按照已建工程用类比法选定坝体坡度。

此外，由于堆石体为自由排水材料，在堆石体内不可能形成浸润线和孔隙水压力，对稳定性也是十分有利的。

2. 具有良好的渗流稳定性

由于堆石为非冲蚀性材料，在有渗透水流通过时，不会因细颗粒被带走而发生管涌等渗透破坏问题，因此不存在渗透稳定问题。特别是现代的碾压堆石，堆石填筑一般采用“进占法”施工，碾压堆石本身密实度高，粗粒组成的骨架比较稳定，不会产生较大变形。大量事实已经证明，尽管面板堆石坝施工期挡水或面板漏水有大量水流透过堆石体，但不会因渗透水流而产生显著沉降。

3. 具有良好的抗震性

由于面板堆石坝的整个堆石体都是干燥区，不会因地震产生附加的孔隙水压力，而降低堆石抗剪强度和整体稳定性，因而不会造成堆石体液化和坝坡失稳。在强震作用下，混凝土面板也可能开裂，引起大坝漏水，但这种漏水不会威胁坝体总的稳定性，因为通过面板裂缝的漏水量因垫层反滤作用很容易得到控制，从而安全渗过堆石体。

4. 坝体的变形较小

采用高标准的填筑标准和现代化碾压设备，使得面板堆石坝的变形很小，而且稳定得很快，施工期即可完成绝大部分的沉降变形。

5. 运行维护方便

混凝土面板防渗布置在坝体表面，一旦出现裂缝和渗漏，比较容易进行裂缝检查和后期修补。在不放空水库的条件下，可以利用水下电视进行裂缝检查或潜水作业修补。

6. 对地形、地质条件适应性好

混凝土面板堆石坝适用于各种河谷地形，在已建的混凝土面板堆石坝工程中，既有位于峡谷地区的；也有位于宽阔河谷的；如没有合适的岸边溢洪道位置，在流量不大时，还可采用坝顶泄洪的布置方案，如浙江桐柏抽水蓄能电站。

混凝土面板堆石坝对地质条件的适应性也较好，国内外许多面板坝工程的趾板都建在强风化基岩、砂砾石覆盖层、残积土等深厚覆盖层地基上，只要经过适当的工程处理都可安全运行。

## 二、设计内容及工作重点

### （一）主要设计内容

抽水蓄能电站工程中的混凝土面板堆石坝，需结合其自身的工程条件和功能要求，主要开展以下设计内容：

（1）根据工程条件、装机规模和库容大小，分析确定大坝建筑物级别、洪水设计标准以及抗震设防标准。

（2）根据坝址区的地形地质条件、考虑库容需求、土石方挖填平衡等因素，经技术经济综合比较，选择优化坝轴线布置。对采用混凝土面板进行全库盆防渗处理的水库，宜结合水库地形地质条件、土石方平衡、面板的布置与受力条件，进出水口布置等因素，经技术经济综合分析，选择较优的库盆形状。

（3）坝体结构设计：主要包括确定坝顶高程，上、下游坝坡，坝体断面尺寸，与岸坡的连接方式及坝顶布置；提出合适的坝体材料分区。

（4）筑坝材料设计：主要包括合理选择堆石料分区材料指标（设计级配、容重、孔隙率等）、填筑碾压标准和其他施工技术要求。

（5）面板设计：根据允许水力梯度确定面板厚度；提出混凝土容重、强度等级、抗渗及抗冻指标；确定混凝土的原材料以及配合比。

（6）趾板设计：根据地形地质条件确定趾板建基高程、趾板定线；根据允许水力梯度确定趾板的宽度及厚度；提出混凝土容重、强度等级、抗渗及抗冻指标；确定混凝土的原材料以及配合比。

（7）接缝止水设计：与其他当地材料坝不同，面板堆石坝需要进行接缝止水设计，这也是面板坝工程十分重要的环节。主要包括混凝土面板与趾板之间的周边缝、混凝土面板之间的垂直缝、趾板之间的伸缩缝、面板与防浪墙间的水平缝以及防浪墙之间结构缝等。

（8）基础处理：根据坝址处的工程地质条件和稳定、渗透、强度、变形等特性，提出坝基的建基标准及其缺陷、防渗和排水处理措施。

（9）抗冰冻设计：对于修建在寒冷及严寒地区的钢筋混凝土面板堆石坝，应针对其面板、趾板及接缝止水等防渗结构和垫层料等坝料进行抗冰冻设计。

（10）设计计算：主要包括坝顶高程计算、坝坡稳定计算、坝体抗滑稳定计算（需要时）、渗流计算、应力及变形计算等。对于地震设计烈度7度及以上的高坝，还应进行有限元动力计算分析。

### （二）设计重点

（1）混凝土面板和趾板作为大坝的主要防渗结构，其混凝土应具有耐久性、抗渗性、低收缩性及和易性，在寒冷地区还应有良好的抗冻性。严寒地区抽水蓄能电站的混凝土面板防裂措施标准应从严确定。混凝土面板的裂缝主要由坝体变形、混凝土温度与干缩引起。根据工程具体条件，进行面板防裂的设计与施工措施研究，改善面板混凝土的工作性能。

（2）为适应坝体变形，避免面板开裂，混凝土面板需设置较多分缝，面板接缝止水是大坝防渗体系的重要组成部分，止水效果对大坝运行安全将产生重要影响。抽水蓄能电站防渗标准高，应对面板的接缝止水进行重点设计，尤其对于严寒地区的混凝土面板堆石坝，其接缝位移量在冰拔、冻胀的影响下将增大，止水结构受损破坏问题突出。

（3）对于寒冷地区或抽水蓄能电站混凝土面板堆石坝，为避免面板渗漏后在库水位骤降时，在面板后产生反向水压力及防止垫层冬季冻胀变形，应提高垫层料的排水能力，并对垫层料的级配、填筑标准进行重点研究。

## 三、坝轴线布置

面板堆石坝坝轴线选择应根据坝址区的地形、地质条件，有利于趾板和枢纽布置，并结合施工条件等综合考虑确定。

坝轴线的布置主要考虑节省工程量、便于施工、有利于面板受力与分缝等因素。对于河道型抽水蓄能电站，坝轴线一般采用直线布置，这也是工程量最小的坝轴线，为多数工程所采用。当趾板基础存在不利地形条件、地质缺陷或库盆天然库容不足时，折线或弧线坝轴线也常常被采用。对于采用全库盆钢筋混凝土面板防渗的非河道型抽水蓄能电站水库，坝轴线可以是封闭型曲线。

## 四、趾板选线

面板堆石坝布置最主要的就是选择趾板线。趾板线的选择应按照下列要求进行：

（1）趾板建基面宜置于坚硬的基岩上；风化岩石地基采取工程措施后，也可作为趾板地基。

（2）趾板线宜选择有利的地形，使其尽可能平直和顺坡布置；趾板线下游的岸坡不宜过陡。

（3）趾板线宜避开断裂发育、强烈风化、夹泥以及岩溶等不利地质条件的地基，并使趾板地基的开挖和处理工作量较少。

（4）在深覆盖层上建坝布置趾板时，一般采用混凝土防渗墙进行基础防渗处理，而将趾板置于覆盖层上。根据地基地质特性，做好混凝土防渗墙结构设计，以及混凝土防渗墙与趾板、与两岸连接的布置。

（5）在施工初期，趾板地基开挖后，可根据具体地形地质条件进行二次定线，调整趾板线位置。

## 五、坝体设计

### （一）上、下游坝坡

抛填堆石的自然休止角大约为38°，相当于坝坡1∶1.3，堆石的内摩擦角远大于其自

然休止角，由自然休止角形成的坝坡有足够的安全度。现代薄层碾压技术可以形成较陡的坝坡，但坡度陡于1∶1.3时，坝体上游由小粒径组成的垫层料容易滚落。因此，当筑坝料为质量良好的硬质岩堆石料时，上、下游坝坡可采用1∶1.3～1∶1.4。

软岩堆石料筑坝和软基上建坝或软基有软弱夹层时，坝坡应根据抗滑稳定计算分析确定。在下游坝坡上设有道路时，对道路之间的坝坡可做局部调整，但平均坝坡应不低于上述要求。

由表18-2可以看出，多数抽水蓄能电站混凝土面板堆石坝上游坡比均采用1∶1.4，下游坡比略缓于上游坡比。

对于应用在抽水蓄能电站的混凝土面板堆石坝，特别是上水库的混凝土面板堆石坝，为充分利用库盆开挖料、减少弃渣，坝体下游堆石区大都采用软硬岩混合料或软岩填筑，以期尽量做到挖填平衡。因此堆石坝设计时宜贯彻“以料定坝”的设计思想，按照开挖料的数量和质量进行坝体断面和坝料分区设计。建在沟谷处的混凝土面板堆石坝，受库盆地形条件影响，大坝坝基通常为倾向下游的斜坡，坝体下游坝坡高度会较高，不利于下游坝坡稳定，因此，抽水蓄能电站的混凝土面板堆石坝的下游坡坡度一般较缓。

**（二）坝顶设计**

1. 坝顶宽度确定

坝顶宽度应考虑运行需要、坝顶设施布置、施工设备布置、交通和观测要求等因素确定，坝顶宽度一般可为5～10m，抽水蓄能电站的混凝土面板堆石坝坝顶宽度多为8～10m，高坝和设计烈度大于8度的大坝，宜适当加宽坝顶。

2. 坝顶细部结构设计

为降低坝体高度，以减少坝体堆石的填筑量和面板面积，混凝土面板堆石坝通常在坝顶上游侧设置高防浪墙，一般墙高为4～6m，采用L形，墙顶高出坝顶1.0～1.2m。

防浪墙应设伸缩缝，缝内设止水并与混凝土面板顶部水平接缝止水连接，防浪墙底部高程应高于水库正常蓄水位。

近年来，从美观角度考虑，堆石坝工程坝顶取消防浪墙已成为趋势，可结合坝顶上游侧电缆沟及人行道统一布置。图18-1和图18-2给出了两种典型的坝顶布置型式。

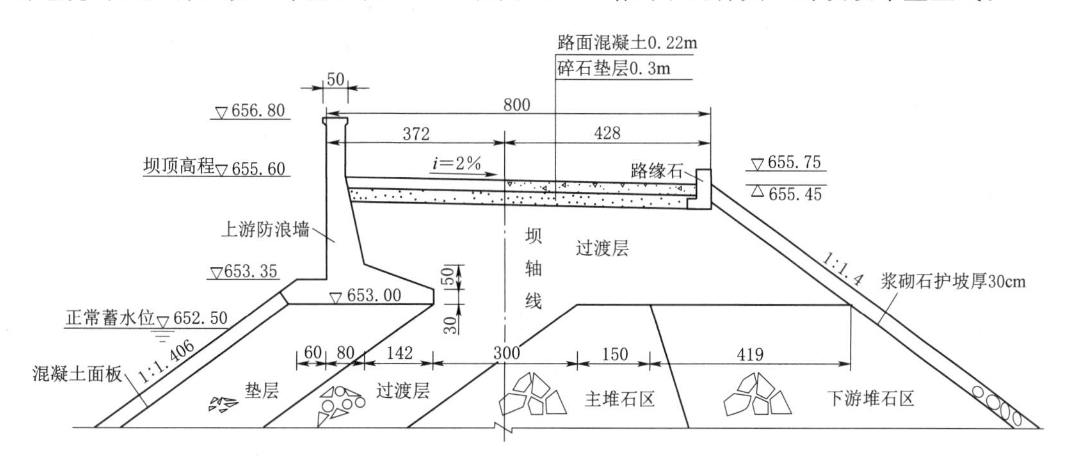


图18-1　黑龙江荒沟抽水蓄能电站上水库主坝坝顶结构图（单位：高程，m；结构尺寸，cm）

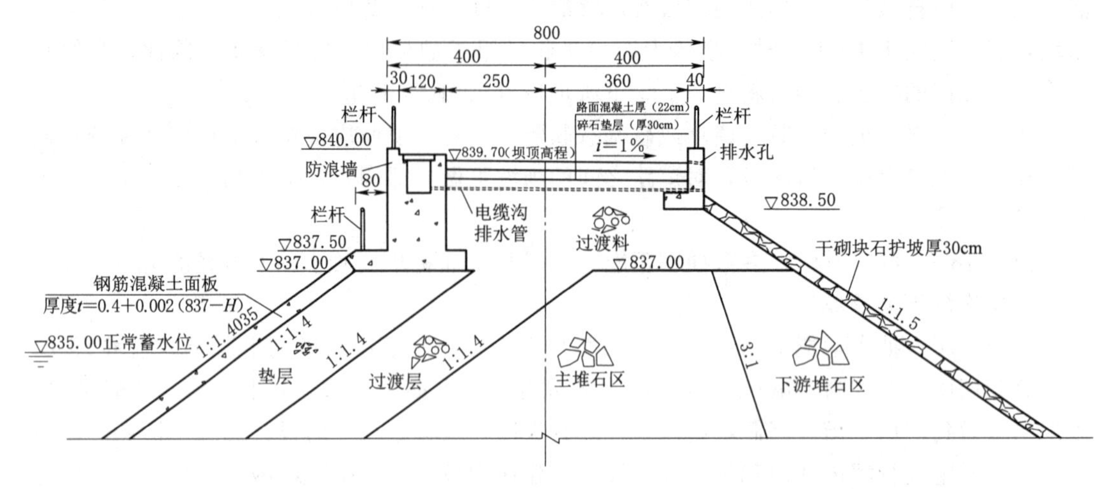


图 18-2　吉林蛟河抽水蓄能电站上水库坝顶结构图（单位：高程，m；结构尺寸，cm）

**（三）坝体分区**

根据地形条件、料源及其变形性质、坝高、施工方便和经济等因素合理进行坝料分区。坝料分区应尽量利用开挖料和近坝区可用料源，有利于变形控制，保证坝体各区之间的变形协调，避免不均匀变形影响面板和接缝的受力状况，保证面板不出现结构性裂缝和止水安全。

坝体从上游向下游各堆石料区的渗透性依次递增（下游堆石区下游水位以上坝料除外），并应满足水力过渡要求。

基岩上坝体分区可按图 18-3 进行，从上游向下游依次为垫层区、过渡区、上游堆石区、下游堆石区、排水区及下游护坡。在周边缝底部设薄层碾压特殊垫层区；面板上游面的下部设上游铺盖及盖重区。当坝址区存在不利的地形地质条件等因素时，坝体可增加增模区、反压平台等其他分区。1 级、2 级高坝的坝体分区应在坝料试验的基础上，通过技术经济比较确定。其他级的坝可通过工程类比确定。

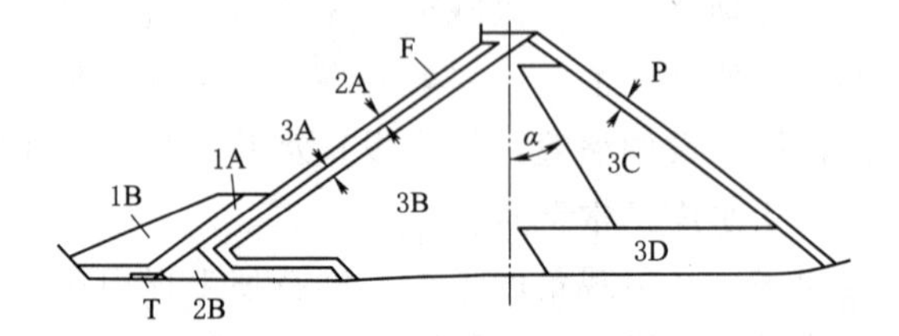


图 18-3　岩基上面板堆石坝典型坝体分区示意图

1A—上游铺盖区；1B—盖重区；2A—垫层区；2B—特殊垫层区；3A—过渡区；3B—上游堆石区；3C—下游堆石区；3D—下游排水区；F—混凝土面板；T—趾板；P—下游护坡；α—上下游堆石区分界面与铅垂线的夹角

1. 垫层料

垫层区的水平宽度应由坝高、地形、施工工艺和经济比较等确定。当采用机械化施工时，垫层区的水平宽度不宜小于 3m。当采用专门铺料措施时，垫层区宽度可适当减小，但需满足渗透稳定要求并相应增大过渡区宽度。垫层区应沿基岩接触面向下游适当延伸，延伸的长度根据基岩特性、岸坡地形、坝高等确定。在周边缝下游侧应设置薄层碾压的特殊垫层区，减少周边缝的不均匀变形。

垫层料应具有连续级配，内部结构稳定或自反滤稳定要求。最大粒径为 80～100mm；

粒径不大于 5mm 的颗粒含量宜为 35%～55%；粒径不大于 0.075mm 的颗粒含量宜为 4%～8%。压实后具有低压缩性、高抗剪强度，并应具有良好的施工特性。

在严寒地区或抽水蓄能电站选择垫层料时，要求其渗透系数要大些，以排水为主。为减少库水位骤降时在面板后产生反向渗压及导致垫层冬季冻胀变形，要求垫层具有良好的排水能力，其渗透系数宜为 $1\times(10^{-3}\sim10^{-2})$cm/s。为满足垫层料的排水要求，往往需要减少其细颗粒含量，因此粒径不大于 5mm 的颗粒含量一般在 15%～40%之间，较《混凝土面板堆石坝设计规范》（SL 228—2013）规定的范围值低。我国部分抽水蓄能及寒冷地区面板坝垫层料的主要特性见表 18－3。

**表 18－3　　我国部分抽水蓄能及寒冷地区面板坝垫层料的主要特性**

| 坝名 | 坝高/m | 垫层区宽度/m | 填筑厚度/cm | 设计干容重/(kN/m³) | 孔隙率/% | 渗透系数/(cm/s) | 级配 | | | 来源 |
|---|---|---|---|---|---|---|---|---|---|---|
| | | | | | | | 最大粒径/mm | <5mm 的颗粒含量/% | <0.075mm 的颗粒含量/% | |
| 溧阳上库 | 165.0 | 3 | 40 | 22.07 | ≤18 | $10^{-2}\sim10^{-3}$ | 80 | 25～35 | 5 | 人工轧制弱风化～新鲜凝灰岩 |
| 宜兴上库 | 138.0 | 2 | 40 | 21.3 | <19 | $\geqslant10^{-2}$ | 80 | | | 人工轧制适应砂岩 |
| 泰安上库 | 100.0 | 2 | 40 | 21.48 | 18 | $5\times10^{-3}\sim1\times10^{-2}$ | 80 | 30～45 | <5 | 新鲜花岗岩洞挖料 |
| 桐柏下库 | 70.6 | 4 | 40 | 20.11 | 20 | $10^{-3}$ | 80 | 30～45 | <5 | 新鲜火山碎屑岩洞渣料加工掺河砂 |
| 琅琊山上库 | 64.0 | 3 | 40 | 21.88 | 18 | $10^{-2}$ | 80 | 30～40 | <5 | 新鲜灰岩开挖料人工掺配 |
| 蒲石河上库 | 78.5 | 3 | 40 | 22.4 | 18 | $\geqslant10^{-2}$ | 100 | 20～35 | ≤5 | 洞挖新鲜混合花岗岩人工破碎 |
| 莲花 | 71.8 | 3 | 40 | 21.09 | | $3.57\times10^{-3}$ | 100 | 20～40 | | 洞渣、轧石掺河砂 |
| 双沟 | 110.5 | 3 | 40 | 22.3 | ≤18 | $10^{-3}\sim10^{-4}$ | 100 | 35～50 | <8 | 565.00m 高程以下 |
| | | | | | | $10^{-2}\sim5\times10^{-3}$ | 150 | 25～40 | <5 | 565.00m 高程以上 |
| 小山 | 86.3 | 2.5 | 40 | 21.48 | 21 | $10^{-3}\sim10^{-4}$ | 80～100 | 35 | <5 | 轧制新鲜安山岩配置 |
| 松山 | 80.8 | 3 | 40 | | 19.5 | $10^{-3}\sim10^{-4}$ | 80～100 | | | 新鲜火山碎屑岩洞渣料加工掺河砂 |
| 荒沟上库 | 83.1 | 3 | 40 | 21.83 | ≤17 | $10^{-3}\sim10^{-4}$ | 100 | 15～35 | <5 | 610.00m 高程以下 |
| | | | | | 17～18 | $1\times10^{-2}\sim5\times10^{-3}$ | 100 | 15～30 | <5 | 610.00m 高程以上 |
| 蛟河上库 | 54.7 | 3 | 40 | 21.64 | ≤18 | $\geqslant5\times10^{-2}$ | 100 | 20～30 | <5 | |

特殊垫层区位于趾板下游侧，所处位置水头最大，其作用为避免因周边缝变形过大引起止水失效产生渗水，因此应注重其选料和压实。特殊垫层区应采用最大粒径不大于 40mm，级配连续且自身渗透稳定，通常是将垫层料中的 40mm 以上颗粒筛除后作为特殊垫层料。对缝顶采用粉煤灰、粉细砂或有自愈作用的堵缝泥浆作为细反滤料。

2. 过渡料

上游堆石与垫层区之间应设过渡区，防止垫层料的细颗粒随渗流进入主堆石区，保护垫层料并使各区填筑料粒径得以过渡，过渡区的水平宽度不应小于3m。

过渡料对垫层料应具有反滤保护作用。采用连续级配，最大粒径宜为300mm。压实后应具有低压缩性和高抗剪强度，并具有自由排水性。过渡料可用洞室开挖石料或采用专门开采的细堆石料以及经筛分加工的天然砂砾石料。

3. 上游堆石料

上游堆石区位于坝轴线及其上游，是坝体最高部位，同时亦为坝体应力最大部位。其基本要求是变形小、与相邻坝料区间变形协调并能满足水力过渡和渗透稳定要求。

上游堆石区与下游堆石区是构成大坝的主体，其设计基本原则应满足料源平衡原则、水力过渡原则和变形协调原则。

上游堆石区可采用从建筑物地基（包括地下洞室）或料场开挖的石料、砂砾石料。坝料设计、与下游堆石区的分界线应根据料源数量和工程特性，在保证坝体安全的前提下，遵循尽可能充分利用料源达到平衡的原则，经过技术经济比较后确定。上游堆石区应尽量选用抗剪强度高、压实特性好的硬质岩料，压实后宜有良好的颗粒级配，最大粒径不应超过压实层厚度，粒径不大于5mm的颗粒含量不宜超过20%，粒径不大于0.075mm的颗粒含量不宜超过5%，并具有低压缩性、高抗剪强度和自由排水性能。

4. 下游堆石料

下游堆石区应分为浸润线以上和浸润线以下两个部分。浸润线以下的下游堆石区，应采用可自由排水、抗风化能力较强的石料填筑；浸润线以上的下游堆石区，可仅考虑满足变形协调要求，对堆石料的要求可适当降低，如采用软硬岩混合料或软岩填筑。

5. 排水区堆石料

排水区堆石体的主要作用是使堆石坝的主体结构处于非饱和状态，因此排水体应有充足的排水能力。排水区应用坚硬、抗风化能力强、软化系数高的堆石料，并应控制粒径不大于0.075mm的颗粒含量不超过5%，压实后应能自由排水。排水区与相邻坝体分区间应设置反滤层，以防止排水区淤堵。

**（四）软岩筑坝料利用**

早期的面板堆石坝对堆石体材料的要求较高，但随着坝体振动碾薄层碾压技术的应用，使堆石体密度增加，堆石体性能得以改善，因而对岩石强度的要求逐渐放宽，有些质量较差的软弱岩石和风化岩也可以用作面板坝填筑材料。

软岩堆石料的坝体分区主要有两种型式：

（1）将软岩堆石料设置在下游干燥区，以避免软岩遇水产生湿化变形等。

（2）大坝主体采用软岩堆石料，但在软岩堆石区的上游侧和底部都设置排水区。

为保证面板堆石坝设计的安全可靠和经济合理，在工程设计中，对于软岩堆石料的利用，要充分考虑面板堆石坝的变形特点和软岩材料的物理力学特性，在此基础上对坝体结构进行分区设计。通过堆石材料的分区，合理调整坝体变形的分布，在保证坝体整体稳定和面板受力均匀的前提下，尽可能地扩大软岩利用区的范围，以达到降低工程造价的目的。

**（五）筑坝材料填筑标准**

为有效控制坝体变形、保证变形协调，垫层料、过渡料、上游堆石料及下游堆石料的填筑标准应根据大坝的等级、坝高、河谷形状、地震烈度及坝料特性等因素，参考同类工程经验，经综合分析论证后确定。

各区坝料填筑标准主要指压实性能指标和施工控制标准，可根据经验初步选定，孔隙率或相对密度宜符合表 18－4 的要求。

表 18－4　　混凝土面板堆石坝坝料填筑标准

| 坝　料 | | 垫层料 | 砂砾石料 | 过渡料 | 上游堆石料 | | 下游堆石料 | |
|---|---|---|---|---|---|---|---|---|
| | | | | | 硬质岩 | 软质岩 | 硬质岩 | 软质岩 |
| 坝高<150m | 孔隙率/% | 15～20 | | 18～22 | 20～24 | 18～22 | 20～25 | 18～23 |
| | 相对密度 | | 0.75～0.85 | | | | | |
| 200m>坝高≥150m | 孔隙率/% | 15～18 | | | 19～22 | | 19～23 | 17～20 |
| | 相对密度 | | 0.85～0.90 | 18～20 | | | | |

特殊垫层区的填筑标准不应低于垫层区。上游铺盖区和压重区的填料根据材料特性、功能要求等提出相应的填筑标准。

施工时应对所采用的筑坝料进行经现场填筑与碾压试验，对碾压参数进行复核和修正，以确定符合施工实际需要的碾压参数，取得最优的压实效果。堆石料加水碾压可以减小粗粒料间的摩擦阻力，软化粗粒料，提高压实干密度，因此应对坝料填筑提出加水的要求，加水量可根据经验或试验确定。严寒和寒冷地区冬季施工不能加水时，应采取措施减小湿化的不利影响，通常可采用减小填筑层厚度和加大压实功能等措施来提高其压实密度。

**（六）混凝土面板设计**

混凝土面板设计主要包括面板厚度、面板配筋、面板混凝土及配合比设计以及细部结构设计等内容，与全库盆防渗的钢筋混凝土面板设计内容相同，详见第十七章第二节“混凝土面板防渗”相关内容。

**（七）混凝土趾板设计**

1. 趾板布置

混凝土趾板作为混凝土面板堆石坝防渗体系的重要组成部分布置在防渗面板的周边，宜置于坚硬、不冲蚀和可灌浆的弱风化～新鲜基岩上。对置于深厚覆盖层、全风化及强风化、强卸荷或有地质缺陷的基岩上的趾板，应采取专门的处理措施。

面板底面线与趾板底面的交点，即是趾板设计、施工的控制点“X”，也称趾板轴线。趾板“X”线在空间上呈一系列的连接线段，折线转角应根据地形、地质条件确定，以最大限度地保证每段趾板都布置在地质条件良好、工程量较小、施工方便的岸坡上，并尽可能以较小的角度转折。趾板定线一般分两次，第一期趾板基础开挖后，可根据实际地形地质条件调整趾板线的布置，必要时可适当调整坝轴线，在施工过程中完成二次定线。

趾板的宽度可根据趾板下基岩的允许水力梯度和地基处理措施确定，其最小宽度宜为 3m。允许的水力梯度宜符合表 18－5 的规定。抽水蓄能电站由于防渗标准较高，通常采用靠近下限值作为水力梯度控制标准。

表 18－5　　趾板下岩基的允许水力梯度

| 风化程度 | 新鲜、微风化 | 弱风化 | 强风化 | 全风化 |
| --- | --- | --- | --- | --- |
| 允许水力梯度 | ≥20 | 10～20 | 5～10 | 3～5 |

基岩趾板的厚度可小于相连接的面板的厚度，但不应小于 0.3m。趾板下游面宜垂直于面板，面板底面以下的趾板高度宜为 0.9m 左右，两岸坝高较低部位可放宽要求。

考虑趾板受基岩约束较强，一般要求基岩上的趾板设置结构缝。趾板结构缝应与面板垂直缝错开布置，并在缝中设止水。

2. 趾板混凝土

趾板混凝土的要求、防裂措施与面板混凝土基本相同，可按面板混凝土进行设计。

3. 趾板配筋

趾板配筋的目的是限裂。岩基上趾板宜采用单层双向钢筋，非岩基上趾板宜采用上下双层双向钢筋。每向配筋率可采用 0.3%～0.4%，钢筋的保护层厚度为 10～15cm。

4. 与基础连接

趾板应用锚筋与基岩连接，锚筋参数可按经验确定。趾板建基面附近存在缓倾角结构面时，锚筋参数应根据稳定性要求或抵抗灌浆压力确定。

**（八）分缝及止水设计**

抽水蓄能电站混凝土面板堆石坝分缝止水设计与常规的混凝土面板堆石坝分缝原则一致，主要包括混凝土面板与面板之间的垂直缝、混凝土面板与趾板之间的周边缝、趾板与趾板之间伸缩缝、面板与防浪墙间的水平缝以及防浪墙之间结构缝。与全库盆防渗的混凝土面板分缝，止水设计内容相同，详见第十七章第二节“混凝土面板防渗”相关内容。

## 六、防冰冻设计

高寒地区混凝土面板堆石坝建设技术是复杂自然条件下筑坝的重要课题之一，也是技术难题之一。我国严寒和寒冷地区建成的面板坝已超过 20 座，部分工程参数见表 18－6。

表 18－6　　我国严寒和寒冷地区面板坝工程统计

| 序号 | 工程名称 | | 工程所在地 | 建成年份 | 库容/万 $m^3$ | 最大坝高/m | 坝址纬度 | 极端最低温度/℃ |
| --- | --- | --- | --- | --- | --- | --- | --- | --- |
| 1 | 泰安 | 上水库 | 山东泰安 | 2006 | 1744 | 64.0 | 北纬 36.2° | －22.4 |
| 2 | 十三陵 | 上水库 | 北京昌平 | 1997 | 445 | 75.0 | 北纬 40.2° | －19.6 |
| 3 | 蒲石河 | 上水库 | 辽宁丹东 | 2012 | 1238 | 78.5 | 北纬 40.4° | －38.5 |
| 4 | 荒沟 | 上水库 | 黑龙江牡丹江 | 在建 | 1193 | 80.6 | 北纬 45.3° | －45.2 |
| 5 | 清原 | 上水库 | 辽宁抚顺 | 在建 | 1522 | 89.2 | 北纬 42.1° | －37.6 |
| | | 下水库 | 辽宁抚顺 | 在建 | 1708 | 48.2 | 北纬 42.1° | －37.6 |
| 6 | 蛟河 | 上水库 | 吉林蛟河 | 在建 | 942.5 | 54.7 | 北纬 43.4° | －44.7 |
| | | 下水库 | 吉林蛟河 | 在建 | 1377 | 41.1 | 北纬 43.4° | －42.4 |

续表

| 序号 | 工程名称 | | 工程所在地 | 建成年份 | 库容/万 $m^3$ | 最大坝高/m | 坝址纬度 | 极端最低温度/℃ |
|---|---|---|---|---|---|---|---|---|
| 7 | 丰宁 | 上水库 | 河北丰宁 | 在建 | 4814 | 120.3 | 北纬 41.6° | −38.1 |
| | | 下水库 | 河北丰宁 | 在建 | 5961 | 51.3 | 北纬 41.6° | −35.8 |
| 8 | 阜康 | 上水库 | 新疆阜康 | 在建 | 705 | 133.0 | 北纬 44.1° | −37.0 |
| | | 下水库 | 新疆阜康 | 在建 | 777 | 69.0 | 北纬 44.1° | −37.0 |

对策措施：

(1) 增大水位变动区面板下游部位垫层区的渗透系数，要求垫层料应具有良好的排水能力，其渗透系数宜为 $1\times(10^{-3}\sim10^{-2})$cm/s，垫层料粒径不大于 5mm 的颗粒含量一般在 15%～40%之间。

(2) 提高面板混凝土抗冻标号，掺高效减水剂和引气剂及粉煤灰，尽量降低水灰比，使含气量达 4%～5%，有的达 5%～7%。

(3) 适当增加面板钢筋含量，必要时采用双层双向配筋。

(4) 改进表面止水与面板混凝土的联结方式，采用适应严寒地区面板坝的表面沉埋式止水结构，避免膨胀螺栓为冰盖拔出破坏。

(5) 面板表面憎水（憎冰）涂料，增加热交换，维持冰面和面板间有一层不冻水。

(6) 选择有利时机浇筑面板混凝土，采取可靠保温措施，避免发生混凝土早冻。

## 七、工程实例

### （一）蒲石河抽水蓄能电站上水库

蒲石河抽水蓄能电站位于辽宁省宽甸满族自治县境内，距丹东市约 60km，电站地处寒冷地区，极端最高气温 35.0℃，极端最低气温−38.5℃。蒲石河抽水蓄能电站是东北电网在建中的第一座大型纯抽水蓄能电站，总装机容量 1200MW，单机容量 300MW。电站枢纽主要由上水库、下水库、输水系统、地下厂房及开关站等组成。见图 18－4。

上水库布置在长甸镇东洋河村泉眼沟沟首，三面环山，在沟口处筑坝成库。上水库正常蓄水位 392.00m，校核洪水位 394.00m，设计洪水位 393.60m，死水位 360.00m，总库容为 1236 万 $m^3$，调节库容为 1124 万 $m^3$，死库容 95 万 $m^3$。

上水库挡水建筑物为钢筋混凝土面板堆石坝，坝顶高程为 395.50m，防浪墙顶高程为 396.70m，最大坝高 78.5m，坝顶宽 10m，坝顶全长 714m。混凝土面板堆石坝上、下游坡比均为 1∶1.4，下游坝坡外为“之”形上坝公路。大坝坝体填筑从上游向下游依次为垫层区、过渡层区、主堆石区及下游堆石区，周边缝下游设有特殊垫层区，主堆石区与基岩之间铺设过渡料。在混凝土面板上游面 336.00m 高程以下设有上游土料铺盖区及盖重区。下游护坡采用 40cm 厚的干砌石。见图 18－5。

钢筋混凝土面板共分 50 块，面板宽度为 14m。面板顶部高程为 392.50m，顶部厚度为 0.3m，底部最大厚度为 0.55m，面板最大长度为 128.5m。面板混凝土标号 C30F300W10，二级配，水灰比小于 0.45。为提高面板混凝土的抗裂性能，面板混凝土采用可控补偿收缩混凝土，采用“聚羧酸系外加剂＋25%掺量的粉煤灰＋8%掺量的新中州

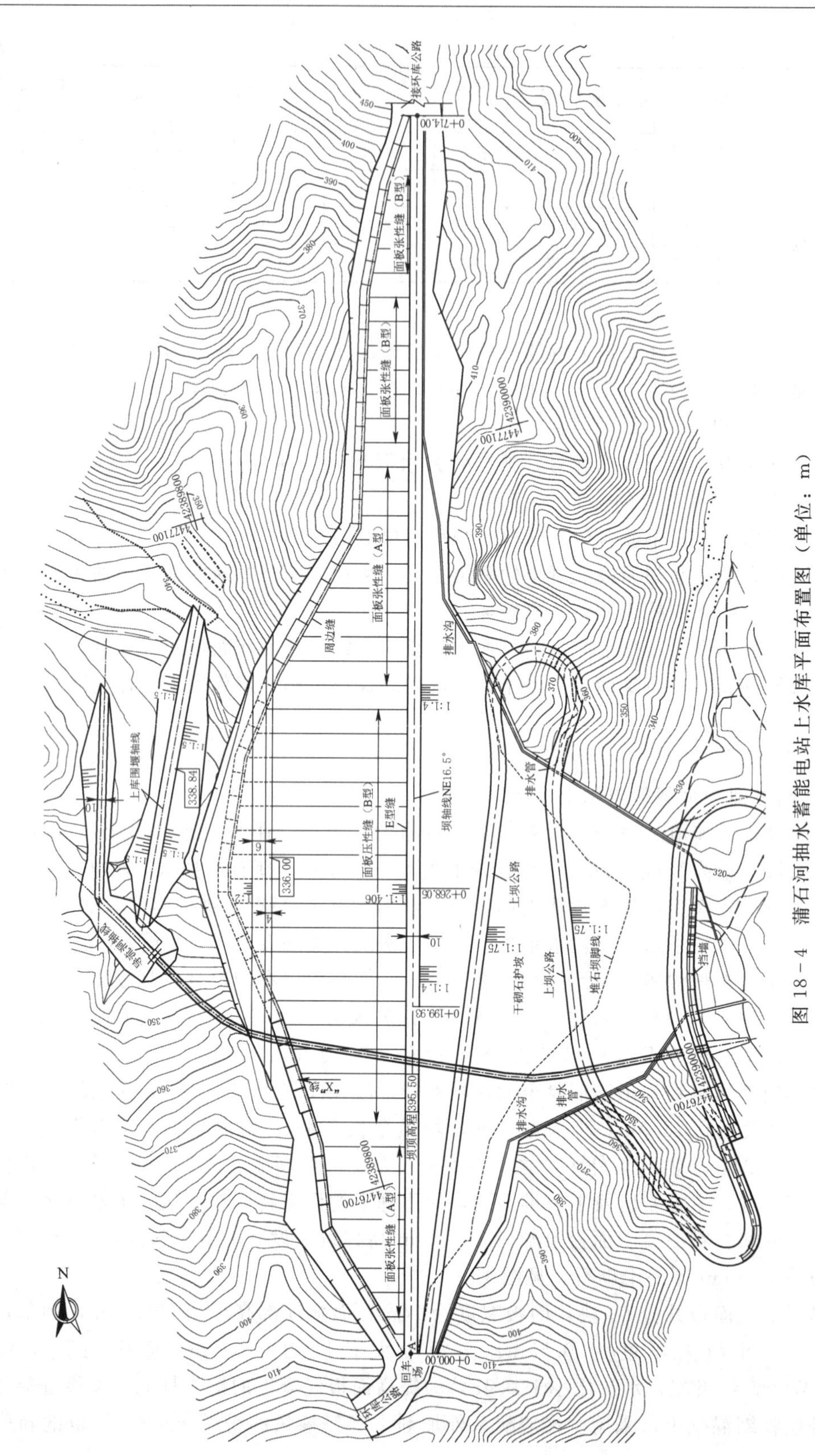


图 18-4　蒲石河抽水蓄能电站上水库平面布置图（单位：m）

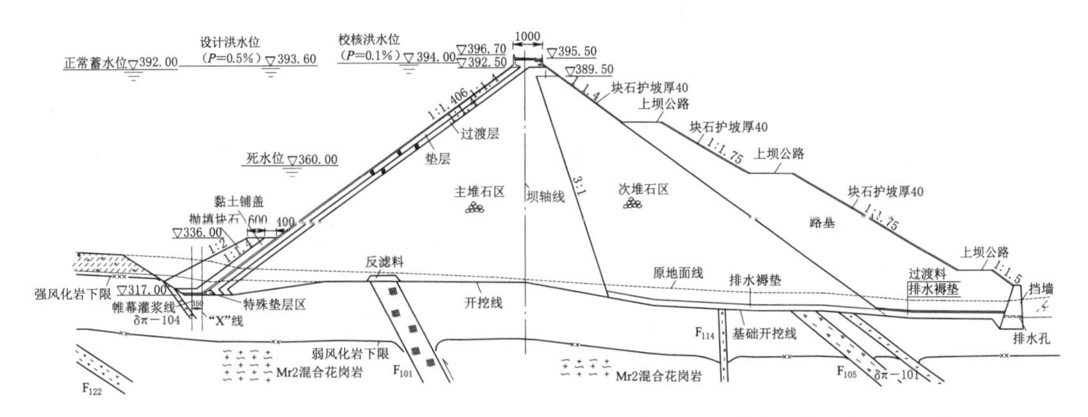

图 18－5 蒲石河抽水蓄能电站混凝土面板堆石坝典型剖面图（单位：高程，m；尺寸，cm）

HEA－1膨胀剂＋维克聚丙烯纤维”的混凝土配合比作为面板施工配合比。

趾板建基在弱风化岩上部，趾板共分57块，伸缩缝基本间距为14m。趾板宽度分为7.5m、6.5m和5.5m，厚度分为0.6m和0.5m，用$\phi$25、间距1.5m、锚入岩石长4m的锚筋将趾板锚固于基岩上。高程355.00m以上趾板混凝土标号为C30F300W8、二级配；高程355.00m以下趾板混凝土标号为C25F200W10、二级配。

**（二）荒沟抽水蓄能电站上水库**

荒沟抽水蓄能电站位于黑龙江省牡丹江市海林市三道河子镇，上水库为牡丹江支流三道河子右岸的山间洼地，下水库利用已建的莲花水电站水库。本工程处于严寒地区，多年平均气温3.2℃，最高气温37.5℃，极端最低气温达－45.2℃。电站枢纽建筑物主要由主坝、副坝、输水系统和地下厂房、地面开关站等组成。电站装机容量1200MW，上水库总库容1161万$m^3$。水库正常蓄水位652.50m，死水位634.00m，设计洪水位653.00m，校核洪水位653.10m。见图18－6。

主坝坝型采用钢筋混凝土面板堆石坝，坝顶高程655.60m，防浪墙顶高程656.80m，坝顶总长度750.00m，坝顶宽8m，最大坝高80.60m。上、下游边坡均为1∶1.4。

在主坝面板上游设土料铺盖作为辅助防渗，顶高程为610.00m，铺盖采用坝基开挖的土状全风化填筑，土状全风化顶部宽5m，其上部回填厚1m的石渣。为减少运距、节省占地及投资，主弃渣场设在面板堆石坝后，主要堆放主坝坝基开挖和护岸开挖弃渣以及临时系统等开挖弃渣。坝后堆渣体内设三道排水棱体。两侧排水棱体断面：底宽3m，排水棱体四周设反滤层；堆渣底部中间排水棱体的底宽为5m，排水棱体内设一条城门洞形钢筋混凝土排水廊道，廊道内径为2m×2.5m（宽×高），壁厚为1.0m。见图18－7。

钢筋混凝土面板顶部高程为653.00m，顶部厚度为0.4m，底部最大厚度为0.67m。面板采用双层双向配筋，设在面板中部。为防止面板边缘局部受挤压破坏，在面板边缘上、下两层配置抗挤压的边缘钢筋。由于该工程处于严寒地区，极端最低气温达－45.2℃，通过提高混凝土标号来提高其抗冻、抗渗、抗溶出、耐久性能，通过掺粉煤灰、微膨胀剂等提高其抗裂性能，面板混凝土采用中热硅酸盐水泥，面板混凝土设计指标：C35F400W10，二级配混凝土，水灰比小于0.45。考虑抽水蓄能电站库水位升降频繁，

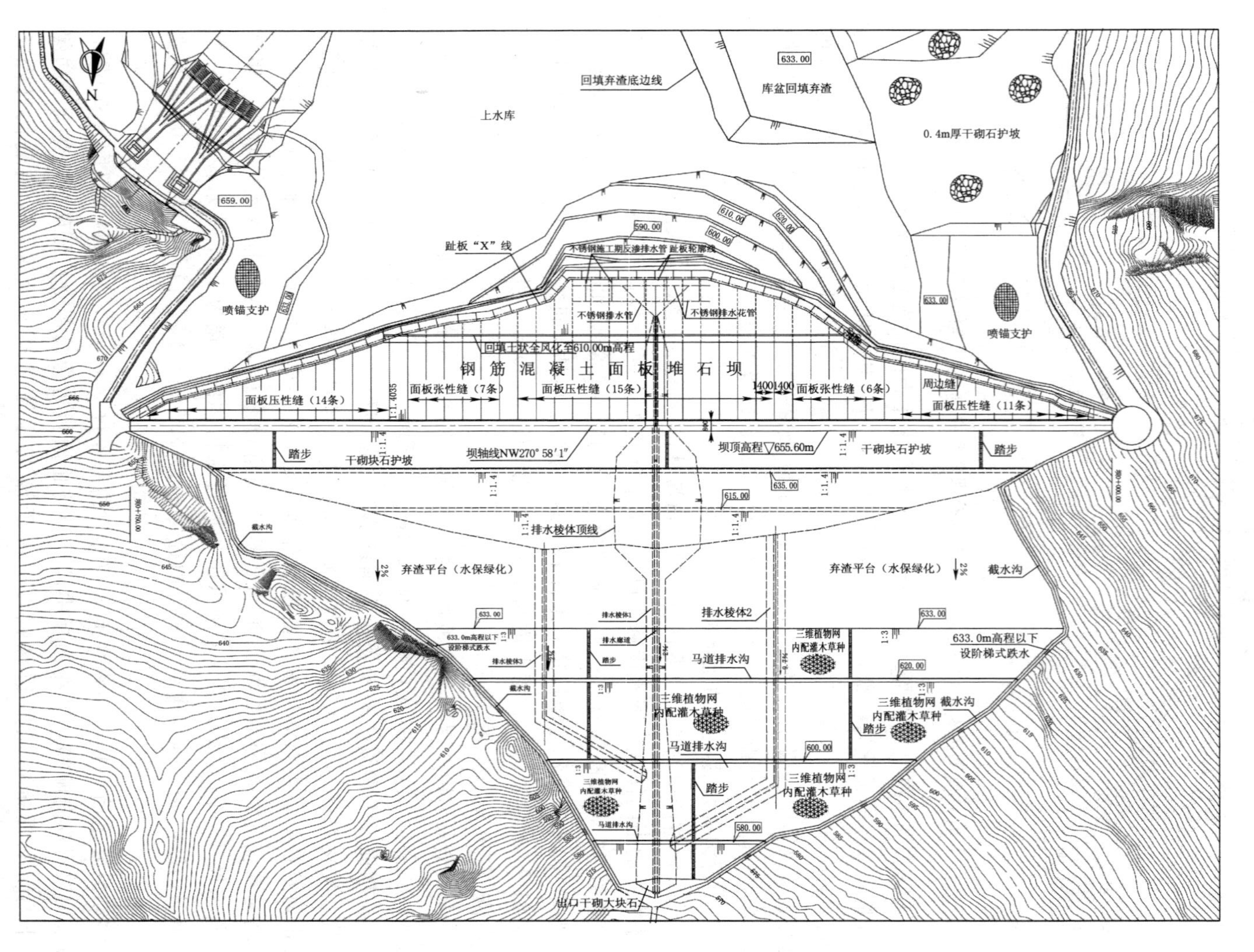


图 18-6　荒沟抽水蓄能电站上水库平面布置图（单位：高程，m；尺寸，cm）

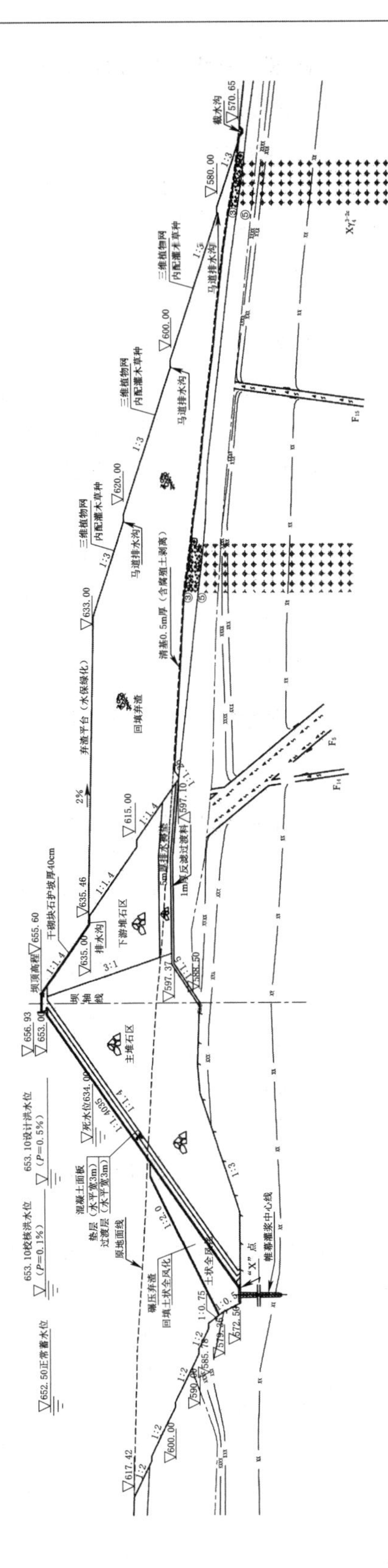

图 18－7　荒沟抽水蓄能电站混凝土面板堆石坝典型剖面图

面板混凝土在冬季运行时易发生冻融破坏，因此除提高库水位运行区面板混凝土抗冻等级外，同时在混凝土面板表面涂刷2mm厚聚脲。

面板间设垂直缝，面板与趾板之间设周边缝，面板与防浪墙之间设水平变形缝，并在缝内设止水。抽水蓄能电站对防渗要求较高，而严寒地区在水位变动区面层止水及固定件易遭到冻胀的破坏而失去固定作用，采用严寒地区面板坝表面设沉埋式止水结构的成功做法，同时对水位变动区的所有结构缝涂刷（手刮）聚脲，以保证面板面层止水免遭破坏。

趾板宽度按水头及所处地段地质条件分为7m、6m和5.5m，厚度相应为0.7m、0.6m。用$\phi$28、间距1.5m、排距2m的锚筋将趾板锚固于基岩上，锚筋锚入岩石深6m。由于工程地处严寒地区，高程632.00m以上趾板混凝土标号为C35F400W10；高程632.00m以下趾板混凝土标号C30F200W10，二级配。为了提高趾板基础部位岩石的完整性，沿趾板全长进行固结灌浆，

趾板处设一排灌浆帷幕，深入1Lu线以下5m。趾板和主堆石区局部建基于弱风化基岩上部，下游堆石区（坝轴线以后）全部建基于土状全风化层上，其他主堆石区建基于强风化基岩上部。

## 第三节　沥青混凝土面板堆石坝

### 一、沥青混凝土面板堆石坝在抽水蓄能电站中的应用

沥青混凝土作为防渗体应用于水利水电工程始于20世纪30年代，世界第一座沥青混凝土面板坝为德国的Amecke坝。20世纪50—80年代，沥青混凝土面板坝在国外得到了广泛应用，兴建了大量的沥青混凝土面板坝工程。随着抽水蓄能电站的建设兴起，沥青混凝土面板以其良好的防渗能力、优异的适应变形能力等优点被广泛采用，如Waldeck（德国）、Dinorwic（英国）、Siberio（西班牙）、Presenzano（意大利）、Goldisthal（德国）、京极（日本）等。据统计，全世界已建成的沥青混凝土面板坝已达300余座。

我国沥青混凝土面板坝起步较晚，始于20世纪70年代，半城子水库是我国最早的寒冷地区沥青混凝土面板坝。近些年来，多用于抽水蓄能电站的全库盆防渗工程中，而单一的沥青混凝土面板堆石坝目前国内较少。

1988年第十六届国际大坝会议的总报告曾提出，沥青混凝土面板堆石坝、混凝土面板堆石坝以及沥青混凝土心墙堆石坝是未来修建高坝的三种适宜坝型。已建成的混凝土面板堆石坝最大坝高已超过200m，相比之下，沥青混凝土面板坝在工程建设方面明显落后。根据国内已建工程的运行情况来看，沥青混凝土面板坝在防渗效果等方面具有混凝土面板坝无法比拟的优越性，特别是在抽水蓄能电站工程中，有着极好的发展前景。

国内已建、在建或拟建的抽水蓄能电站工程中采用沥青混凝土面板坝的实例统计见表18-7。

表 18-7　　近年我国采用沥青混凝土面板的抽水蓄能电站工程统计

| 序号 | 工程名称 | | 工程所在地 | 建成年份 | 库容/万 $m^3$ | 坝高/m | 面板面积/万 $m^2$ | 上/下游坝坡 | 面板厚度/cm | 极端最低气温/℃ |
|---|---|---|---|---|---|---|---|---|---|---|
| 1 | 天荒坪 | 上库 | 浙江省安吉县 | 1997 | 885.0 | 45 | 28.5 | 1∶2.0～1∶2.4/(1∶2.0～1∶2.2) | S：20<br>B：18 | |
| 2 | 张河湾 | 上库 | 河北省井陉县 | 2007 | 770.0 | 57 | S：20<br>B：13.7 | 1∶1.75/1∶1.5 | S：26<br>B：28 | |
| 3 | 宝泉 | 上库 | 河南省辉县 | 2007 | 730.0 | 94 | S：16.6 | 1∶1.7/1∶1.5 | S：20 | -18.3 |
| 4 | 西龙池 | 上库 | 山西省五台县 | 2007 | 468.97 | 55 | S：11.39<br>B：10.18 | 1∶2/1∶1.75 | S：20<br>B：20 | -34.5 |
| | | 下库 | | 2008 | 494.2 | 97 | S：6.85<br>B：4.04 | 1∶2/1∶1.75 | S：20 | |
| 5 | 呼和浩特 | 上库 | 内蒙古呼和浩特市 | 2013 | 679.72 | 43 | S：14.37<br>B：10.11 | 1∶1.75/1∶1.75 | S：18<br>B：18 | -41.8 |
| 6 | 句容 | 上库 | 江苏省句容市 | 在建 | | 182.3 | | | | |
| 7 | 沂蒙 | 上库 | 山东省临沂市 | 在建 | | | | | | |
| 8 | 垣曲 | 上库 | 山西省运城市 | 拟建 | 752.0 | 111 | S：16.65<br>B：15.97 | 1∶1.75/1∶1.6 | S：18<br>B：18 | -17.3 |
| 9 | 易县 | 上库 | 河北省保定市 | 拟建 | | | | | | |
| 10 | 潍坊 | 上库 | 山东省潍坊市 | 拟建 | 874.7 | 151.5 | 35.9 | 1∶1.75/1∶1.5 | S：20 | -23.8 |

注　S—边（坝）坡；B—库底。

## 二、设计内容及工作重点

### （一）主要设计内容

作为在抽水蓄能电站工程中采用的沥青混凝土面板堆石坝，除同其他土石坝一样进行常规设计以外，还需根据自身功能要求开展以下设计内容：

（1）根据工程任务及规模，确定大坝建筑物级别、洪水设计标准以及抗震设防标准。

（2）根据坝址区的地形地质条件、沥青面板与周边建筑物的连接等因素，经技术经济综合比较，确定坝轴线的布置。对于需采取全库盆防渗的水库，还应结合地形条件、土石方平衡、沥青面板的受力条件，经济技术综合比较，选择合适的库盆形状。

（3）坝体结构设计。主要包括确定坝顶高程、坝顶宽度，选择合适的上、下游坝坡，选择合适的坝体分区等。

（4）筑坝材料设计。选择各分区填筑料的级配、压实指标、渗透系数等指标。

（5）沥青面板设计。主要包括沥青混凝土原材料的选择以及配合比的确定；确定面板的结构型式、各结构层厚度、功能要求和技术指标。

（6）基础处理以及排水系统设计。

（7）细部结构设计。主要包括坝顶细部结构设计；沥青面板与岸坡以及周边建筑物的连接设计；对于在高温地区修建的沥青面板坝，还应进行降温喷淋系统设计。

(8) 设计计算。主要包括坝体稳定计算、渗流计算、应力计算以及变形计算等。对于地震烈度较高的工程，还应进行三维动力计算分析。

**(二) 设计重点**

1. 沥青的性能及配合比设计

沥青混凝土的性能主要取决于沥青的性能及所采用的配合比，根据工程所在地的气候条件和工程的具体使用要求，选择合适的原材料以及合理的混合料配合比，是沥青混凝土面板设计的一项重要工作。

2. 沥青面板与周边刚性建筑物的连接设计

沥青混凝土面板自身适应变形能力强，但其与周边刚性建筑物的连接是整个大坝防渗系统中最薄弱的部位。通过对已建工程的检测分析，沥青混凝土面板坝的渗漏多数是发生在此部位。因此，对此连接部位的设计应给予高度的重视。

3. 坝体排水设计和反滤设计

沥青混凝土面板防渗性能优异，但其无法承受较大的反向水压力，而对于抽水蓄能电站来说，库水位频繁起落，若沥青混凝土面板下游排水不顺畅，容易产生较大的反向水压力，使面板发生破坏。因此，坝体内部的排水设计和反滤设计，也是沥青混凝土面板坝设计的重要部分。

## 三、坝轴线布置

沥青混凝土面板堆石坝的坝轴线应根据大坝所在位置的地形地质条件、库盆形状及防渗型式以及与周边建筑物的连接等因素综合考虑确定。

用作抽水蓄能电站全库盆防渗的沥青混凝土面板坝，其坝轴线大多采取折线型、曲线型，以适应库盆形状，并在折点转弯处采用圆弧连接。坝轴线处的转弯半径应能满足沥青面板应力应变及施工要求，一般不小于50m。表18-8为我国已建、在建的沥青混凝土面板坝坝轴线采用的转弯半径。图18-8、图18-9列举了3个工程实例。

**表18-8　沥青混凝土面板坝坝轴线转弯半径统计表**

| 序号 | 工程名称 | | 工程所在地 | 坝轴线转弯半径/m |
|---|---|---|---|---|
| 1 | 天荒坪 | 上库 | 浙江省安吉县 | 80～175 |
| 2 | 张河湾 | 上库 | 河北省井陉县 | 56～185 |
| 3 | 宝泉 | 上库 | 河南省辉县 | 58～170 |
| 4 | 西龙池 | 上库 | 山西省五台县 | 118～170 |
| 5 | 呼和浩特 | 上库 | 内蒙古自治区呼和浩特市 | 150～170 |
| 6 | 垣曲 | 上库 | 山西省运城市 | 125～200 |
| 7 | 潍坊 | 上库 | 山东省潍坊市 | 150 |

## 四、坝体设计

**(一) 上、下游坝坡**

沥青混凝土面板堆石坝上游坝坡的确定原则与沥青混凝土面板坡度要求相同，一般都采用一坡到底。从施工人员的工作安全和碾压效果考虑，要求其坡度不宜陡于1：1.7，一

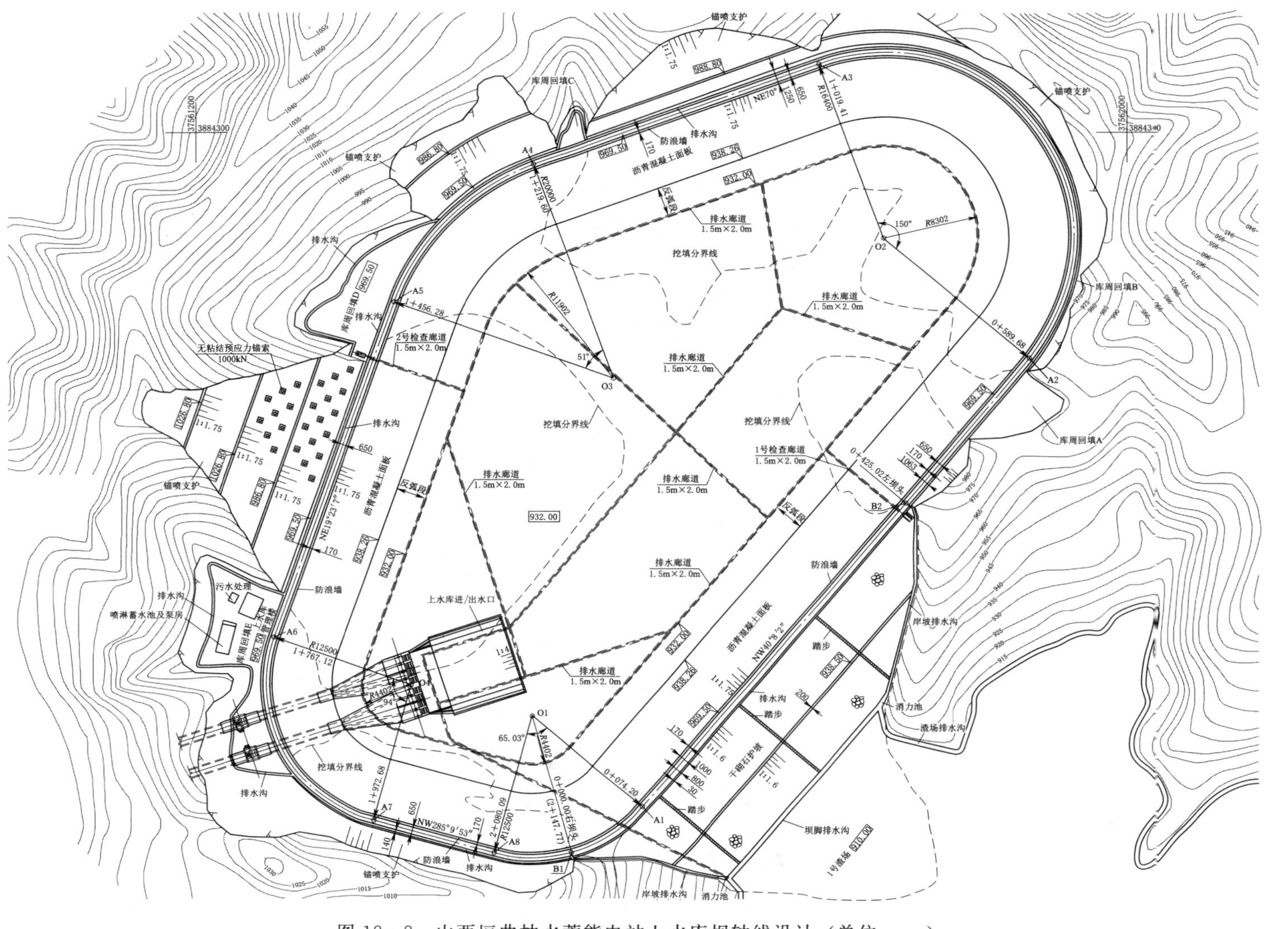


图 18-8　山西垣曲抽水蓄能电站上水库坝轴线设计（单位：cm）

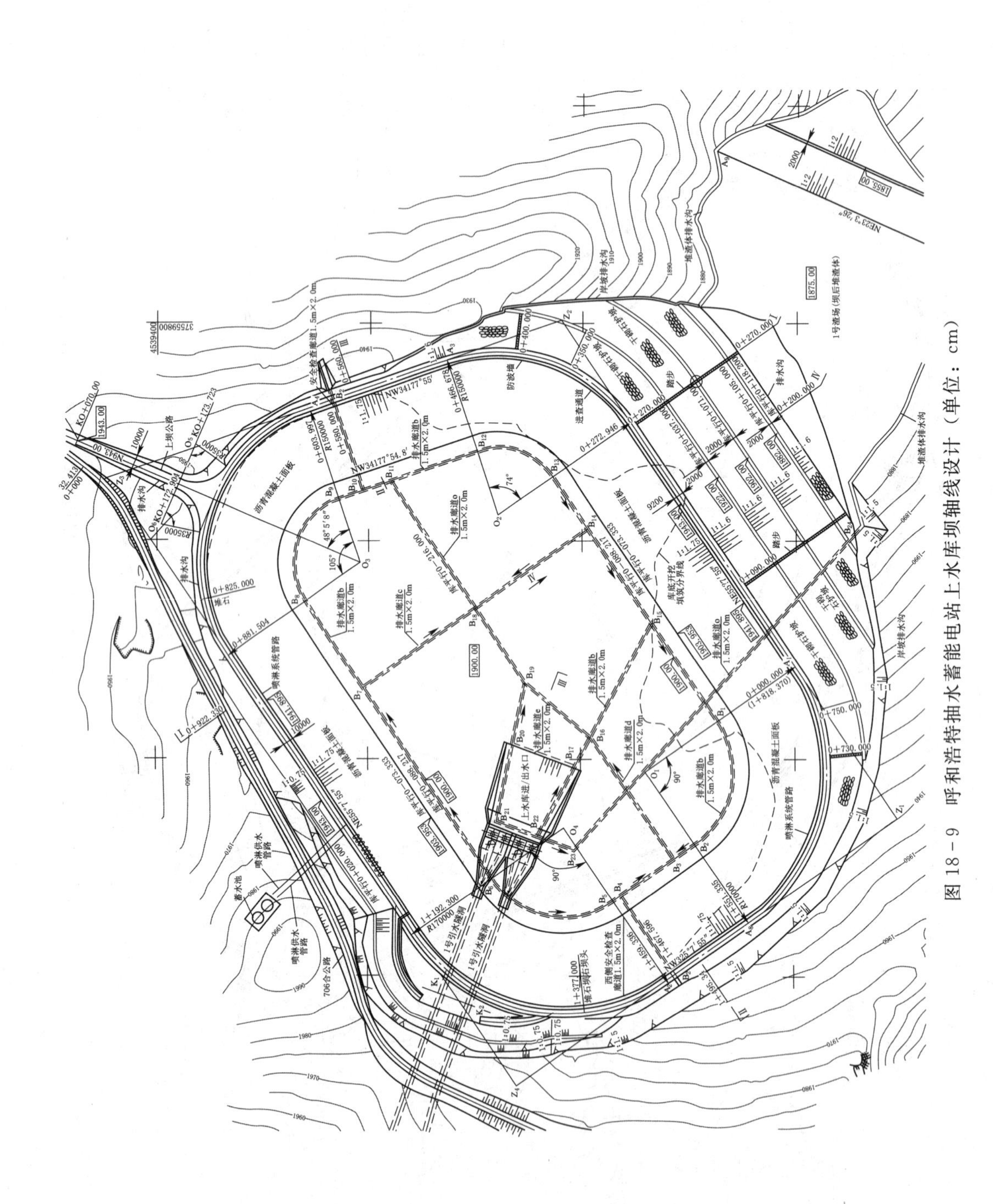


图 18-9　呼和浩特抽水蓄能电站上水库坝轴线设计（单位：cm）

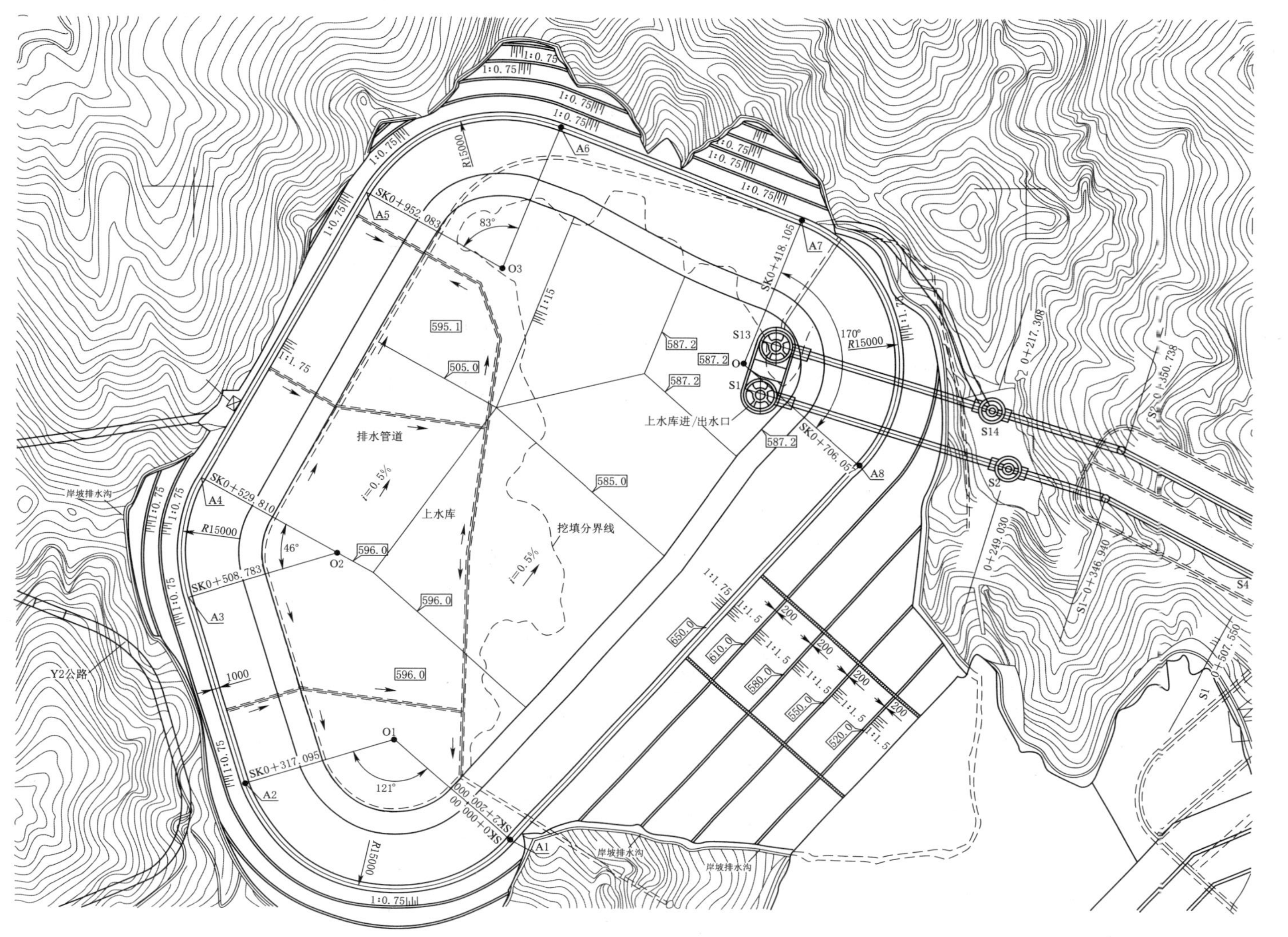


图18-10　山东潍坊抽水蓄能电站上水库坝轴线设计（单位：cm）

般大都在 1∶1.75～1∶2.0 之间。详见第十七章第三节“沥青混凝土面板防渗”相关内容。图 18－11、图 18－12 列举了 2 个工程实例。

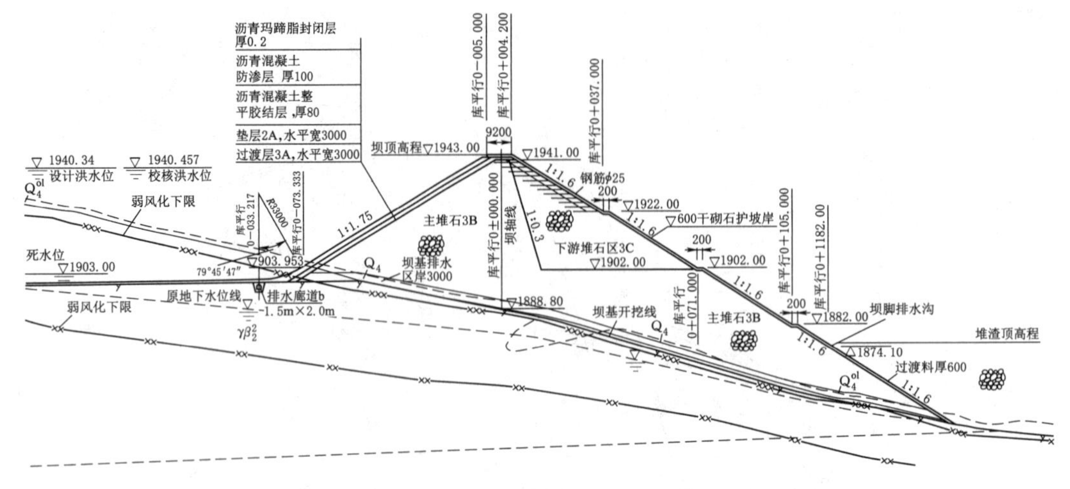

图 18－11　呼和浩特抽水蓄能电站上水库大坝坝坡设计（单位：cm）

沥青混凝土面板堆石坝的下游坝坡可参照混凝土面板堆石坝的下游坝坡进行设计，详见第十八章第二节“混凝土面板堆石坝”相关内容。

**（二）反弧段过渡区的曲率半径**

在沥青混凝土面板斜坡平面转弯处、斜坡与库底连接处，应设置弧面过渡区与平面相切连接，弧面过渡区的转弯半径应满足沥青面板应力应变要求，并使摊铺机能顺利施工，一般要求不小于 30m。

表 18－9 为我国部分沥青混凝土面板坝的坝坡及反弧段曲率半径统计。

**表 18－9　　主要沥青混凝土面板坝坝坡及反弧段曲率半径统计**

| 序号 | 工程名称 | 上游沥青面板坡度 | 下游坝体坡度 | 反弧段曲率半径/m |
|---|---|---|---|---|
| 1 | 天荒坪上库 | 1∶2.0 | 1∶2.0 | 50 |
| 2 | 张河湾上库 | 1∶1.75 | 1∶1.50 | |
| 3 | 宝泉上库 | 1∶1.70 | 1∶1.50 | |
| 4 | 西龙池上库 | 1∶2.0 | 1∶1.75 | |
| | 西龙池下库 | 1∶2.0 | 1∶1.70 | |
| 5 | 呼和浩特上库 | 1∶1.75 | 1∶1.60 | 30 |
| 6 | 垣曲上库 | 1∶1.75 | 1∶1.60 | 50 |
| 7 | 潍坊上库 | 1∶1.75 | 1∶1.50 | |

**（三）坝顶设计**

1. 坝顶宽度确定

坝顶宽度应根据坝顶结构、施工设备布置、交通及观测要求等因素综合考虑，沥青混凝土面板施工时，为满足施工设备布置要求，坝顶宽度一般不小于 8m。因此，对于中、低坝，坝顶宽度可采用 8～10m；对于高坝，坝顶宽度可采用 10～12m。当大坝设计烈度

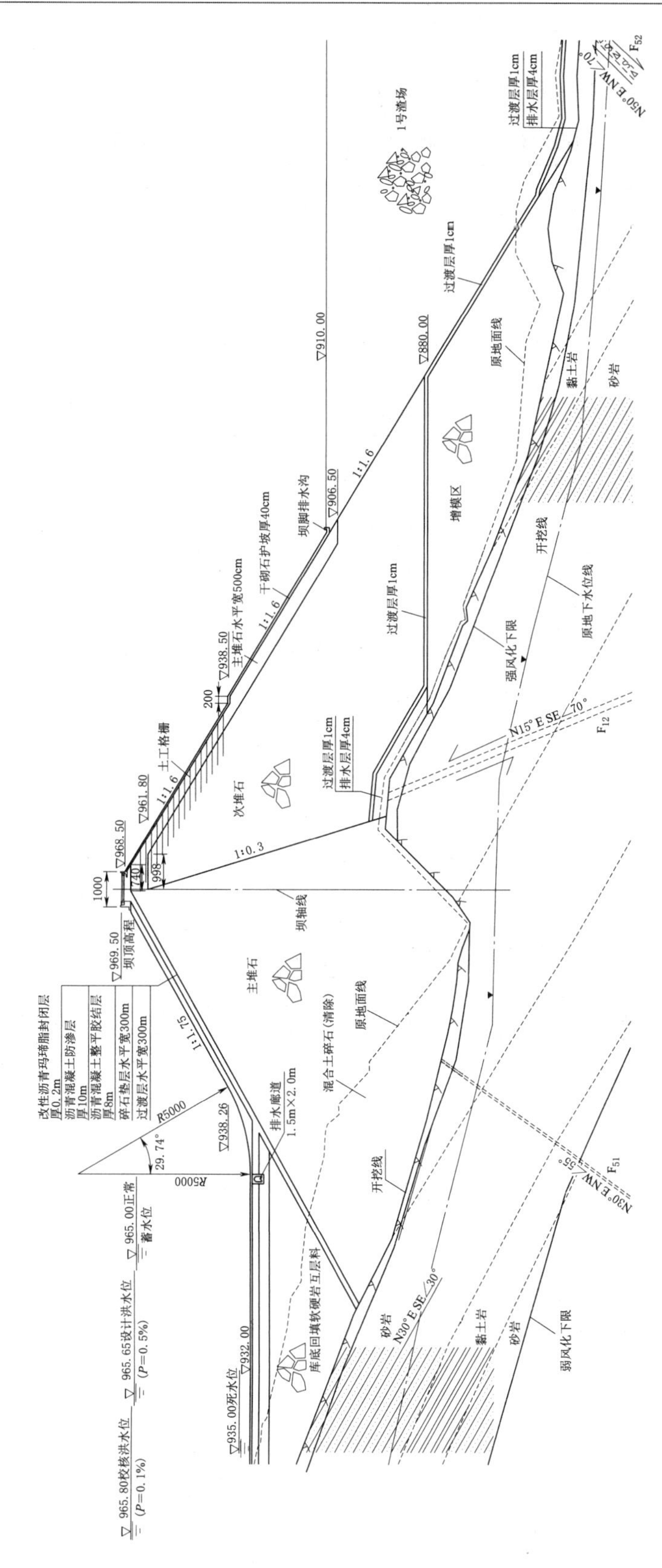


图18-12　山西垣曲抽水蓄能电站上水库大坝典型剖面图（单位：cm）

大于 8 度时，宜适当加宽坝顶。

国内已建或拟建沥青混凝土面板坝坝顶宽度见表 18－10。

**表 18－10　　国内已建或拟建沥青混凝土面板坝坝顶宽度统计表**

| 序号 | 工程名称 | 建成年份 | 坝高/m | 坝顶宽度/m |
|---|---|---|---|---|
| 1 | 天荒坪上库 | 1997 | 72.0 | 10.0 |
| 2 | 张河湾上库 | 2007 | 57.0 | 8.0 |
| 3 | 宝泉上库 | 2007 | 72.0 | 10.0 |
| 4 | 西龙池上库 | 2007 | 50.0 | 10.0 |
|  | 西龙池下库 | 2008 | 97.0 | 10.0 |
| 5 | 呼和浩特上库 | 2013 | 43.0 | 9.2 |
| 6 | 垣曲上库 | 拟建 | 111.0 | 10.0 |
| 7 | 潍坊上库 | 拟建 | 151.5 | 10.0 |

2. 坝顶细部结构设计

坝顶上游侧可设置防浪墙，防浪墙墙顶一般高于坝顶 1.2m。防浪墙底部应高于水库最高蓄水位，当采用可靠连接接头时也应高于正常蓄水位或设计洪水位。

近年来从美观角度考虑，面板坝工程上游防浪墙有逐渐取消的趋势，并结合坝顶上游面电缆沟及人行道统一布置。

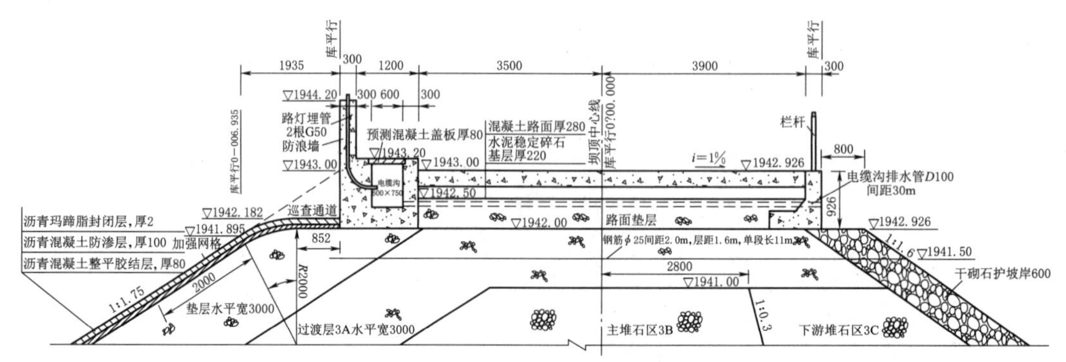


注：图中尺寸以mm计；高程以m计。

图 18－13　呼和浩特抽水蓄能电站上水库大坝坝顶详图

**（四）坝体分区**

沥青混凝土面板堆石坝的坝体分区与混凝土面板堆石坝的坝体分区基本相同，可参照混凝土面板堆石坝的坝体分区进行设计，详见第十八章第二节“混凝土面板堆石坝”相关内容。

**（五）筑坝材料设计**

相较于混凝土面板堆石坝，沥青混凝土面板堆石坝对面板底部垫层要求更高，因此，除垫层料有特殊要求外，其余均可参照混凝土面板堆石坝的坝体分区进行设计，详见本章“混凝土面板堆石坝”相关内容。

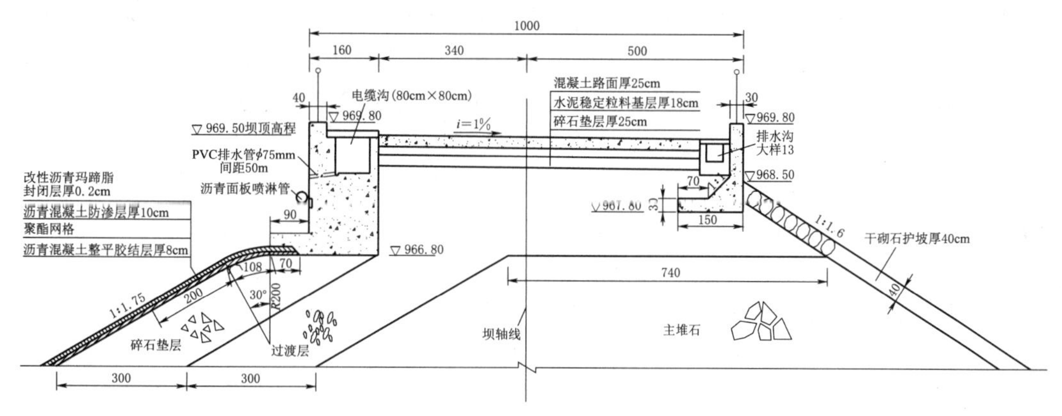


注：图中尺寸以cm计；高程以m计。

图 18－14　山西垣曲抽水蓄能电站上水库大坝坝顶详图

1. 垫层型式

在国内早期兴建的沥青混凝土面板有采用干砌石、无砂水泥混凝土等类型的垫层。随着施工机械的发展及施工工艺的进步，国内工程普遍采用碎石或卵砾石垫层。碎石或卵砾石垫层不仅能够较好地适应坝体的不均匀沉降，还便于施工，缩短工期，我国修建的沥青混凝土面板工程均采用碎石或卵砾石垫层。

2. 垫层厚度

碎石或卵砾石垫层的厚度尚无理论计算方法，但其与坝高、坝坡、坝体变形、排水要求、施工方法以及冻结深度等因素有关。根据工程的经验，与坝体同步水平填筑的碎石垫层一般为 2～4m；对于岩质的库岸边坡，碎石垫层垂直坡面的厚度应不小于 50cm，对于重要工程和高坝应适当加厚。呼和浩特抽水蓄能电站上水库坝坡区碎石垫层水平宽度为 3m，岩坡区及库底垫层厚度为 0.6m；山西垣曲抽水蓄能电站上水库坝坡区碎石垫层水平宽度为 3m，岩坡区及库底垫层厚度 0.6m。

3. 垫层渗透性

垫层应充分考虑排水的要求。沥青混凝土面板下如排水不畅，当库水位骤降时，面板后的水位有可能高于库水位而对面板产生反向水压力，导致面板的破坏。垫层的渗透系数一般在 $10^{-2}\sim10^{-3}$cm/s 范围内，对于有明确排水任务的垫层，其渗透系数不宜小于 $10^{-1}$cm/s。

对于沥青混凝土面板坝的基础垫层，特别是采用全库盆沥青混凝土面板防渗时，不仅要求垫层有良好的透水性，而且还应在垫层中设置排水管、排水暗沟。排水管主要是将面板的渗水引到填筑体外或排水廊道中去；排水暗沟主要是将地下水引出到排水廊道中去。

4. 垫层级配

与混凝土面板坝不同，为防止在水荷载的作用下，沥青混凝土不会被挤压入垫层内，沥青混凝土面板坝的垫层级配要求较高，垫层料最大粒径不宜超过 80mm，粒径不大于 5mm 粒径含量宜为 25%～40%，粒径不大于 0.075mm 粒径含量不宜超过 5%。

5. 垫层变形模量

垫层填筑要求采用振动碾压实，其压实后的变形模量应满足大型摊铺碾压设备所需的 35MPa 的要求。相比钢筋混凝土面板，沥青混凝土面板适应变形的能力更强，因此，对沥青混凝土面板坝来说，更重要的是控制面板基础变形模量变化的均匀性，对基础有突变的部位应进行处理，使垫层的变形模量与基础及相邻部位的变形模量尽可能接近。另外，对承受较高水头的沥青混凝土面板坝垫层，其压实后的变形模量宜适当提高。

6. 垫层整平及保护

垫层表面平整度要求采用3m直尺测量凹凸度不大于30mm为基本要求，垫层表面平整度的要求应与沥青面板各层平整度的要求和厚度允许误差相匹配。

通常在垫层表面喷洒除草剂和乳化沥青。喷洒除草剂的主要作用是确保不会因为有危害性植物破坏沥青混凝土面板，可根据工程具体情况，确定是否需要喷洒以及喷洒何种类型。喷洒乳化沥青，一方面有利于面板与垫层的结合，另一方面是为了保护垫层免受雨水冲蚀，需要注意的是，坡面上过量喷洒乳化沥青反而会在层面结合处形成薄弱面，通常乳化沥青喷洒量为2～4kg/m$^2$为宜。

**表18-11　　国内沥青混凝土面板坝垫层参数统计**

| 工程名称 | 坝高/m | 面板坡度 | 面板厚度/cm | 垫层型式 | 垫层厚度（坝坡/库底）/cm | 渗透系数/(cm/s) | 变形模量（坝坡/库底）/MPa |
|---|---|---|---|---|---|---|---|
| 天荒坪上库 | 72.0 | 1∶2.0 | 20 | 碎石垫层 | 90/60 | | 35 |
| 张河湾上库 | 57.0 | 1∶1.75 | 26 | 碎石垫层 | 100/50 | | 60 |
| 宝泉上库 | 72.0 | 1∶1.70 | 20 | 碎石垫层 | 100/60 | | 45 |
| 西龙池上库 | 50.0 | 1∶2.0 | 20 | 碎石垫层 | 60/60 | | 35 |
| 西龙池下库 | 97.0 | 1∶2.0 | 20 | 碎石垫层 | 100/60 | | 35 |
| 呼和浩特上库 | 43.0 | 1∶1.75 | 18 | 碎石垫层 | 150/60 | $1\times10^{-2}$ | 40/60 |
| 垣曲上库 | 111.0 | 1∶1.75 | 18 | 碎石垫层 | 150/60 | $1\times10^{-2}$ | |
| 潍坊上库 | 151.5 | 1∶1.75 | 20 | 碎石垫层 | 150/60 | | |

**（六）沥青混凝土面板设计**

沥青混凝土面板设计主要包括面板结构型式选择、确定面板厚度、提出沥青混凝土技术要求、原材料选择、沥青混凝土配合比设计以及细部结构设计等内容，与全库盆防渗的沥青混凝土面板内容相同，详见第十七章第三节“沥青混凝土面板防渗”相关内容。

## 五、与其他建筑物的连接设计

**（一）沥青混凝土面板与基础的连接**

当河床基岩裸露或覆盖层较薄时，可采用混凝土齿墙与沥青混凝土面板连接；当河床覆盖层较厚时，沥青混凝土面板通常与混凝土防渗墙或者钢筋混凝土板连接。

图18-15～图18-17为沥青混凝土面板与基础齿墙的连接，其中图18-15为简式面板与无廊道齿墙的连接、图18-16为复式面板与无廊道齿墙的连接、图18-17为复式面板与有廊道齿墙的连接。

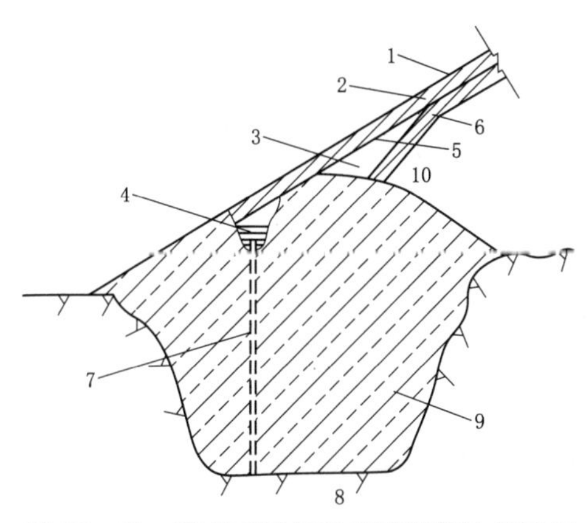


图 18－15　简式面板与无廊道齿墙连接详图

1—沥青玛蹄脂封闭层；2—沥青混凝土防渗面板；3—细粒沥青混凝土楔形体；4—砂质沥青玛蹄脂回填；5—加筋网；6—整平胶结层；7—齿墙伸缩缝止水带；8—岩石；9—混凝土齿墙；10—坝体

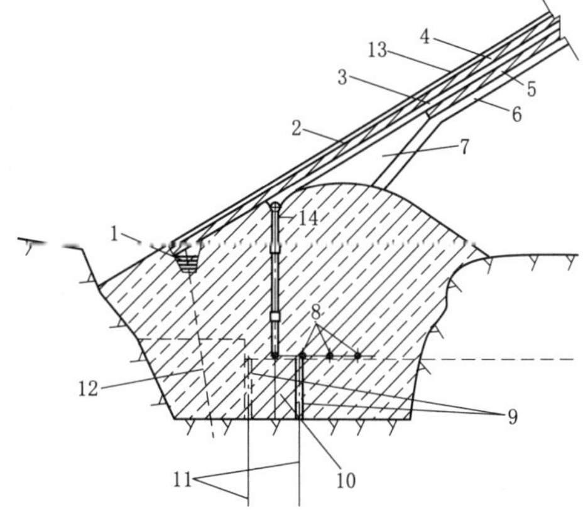


图 18－16　复式面板与无廊道齿墙连接详图

1—砂质沥青玛蹄脂回填；2—沥青混凝土加强层；3—排水层；4—防渗面层；5—防渗底层；6—整平胶结层；7—细粒沥青混凝土楔形体；8—可分段观测的排水管；9—灌浆管；10—齿墙；11—灌浆轴线；12—伸缩缝止水带；13—封闭层；14—排水口

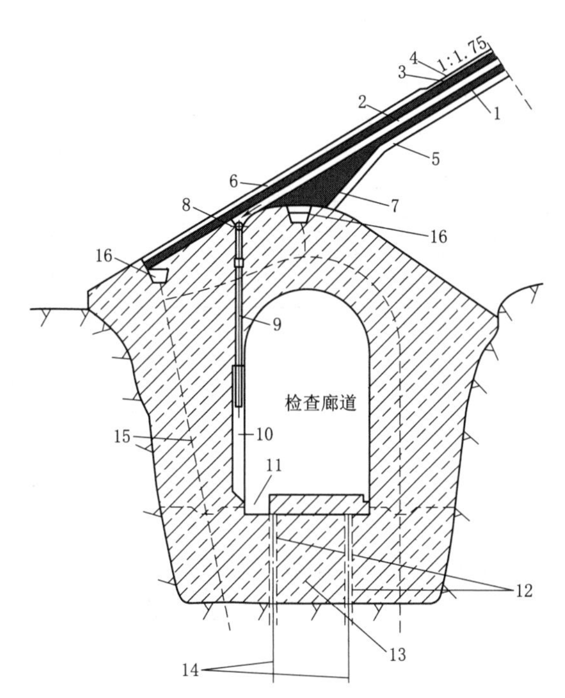


图 18－17　复式面板与有廊道齿墙连接详图

1—防渗底层；2—排水层；3—防渗面层；4—封闭层；5—整平胶结层；6—沥青混凝土加强层；7—细粒沥青混凝土楔形体；8—排水口；9—排水管 10mm；10—排水管壁龛；11—汇水槽；12—灌浆管；13—齿墙；14—灌浆轴线；15—伸缩缝止水带；16—砂质沥青玛蹄脂回填

**（二）沥青混凝土面板与坝顶的连接**

沥青混凝土面板与坝顶的连接一般为沥青混凝土面板与混凝土防浪墙的连接，此连接部位的施工顺序通常为先进行沥青混凝土面板施工，后进行混凝土防浪墙施工，连接处接缝通常采用沥青玛蹄脂等柔性材料封闭。

图 18－18 为张河湾上水库沥青混凝土面板与坝顶的连接、图 18－19 为呼和浩特上水库沥青混凝土面板与坝顶的连接、图 18－20 为垣曲上水库沥青混凝土面板与坝顶的连接。

**（三）沥青混凝土面板与混凝土防渗墙的连接**

沥青混凝土面板与混凝土防渗墙连接时，一般在防渗层与整平胶结层之间增设沥青砂浆楔形体，在接缝表面设置冷底子油涂层、沥青玛蹄脂层和橡胶沥青滑动层，并在接缝顶部设置封头。

图 18－21 为沥青面板与混凝土防渗墙的连接。

**（四）沥青混凝土面板与岸坡的连接**

当沥青混凝土面板堆石坝与岸坡连接

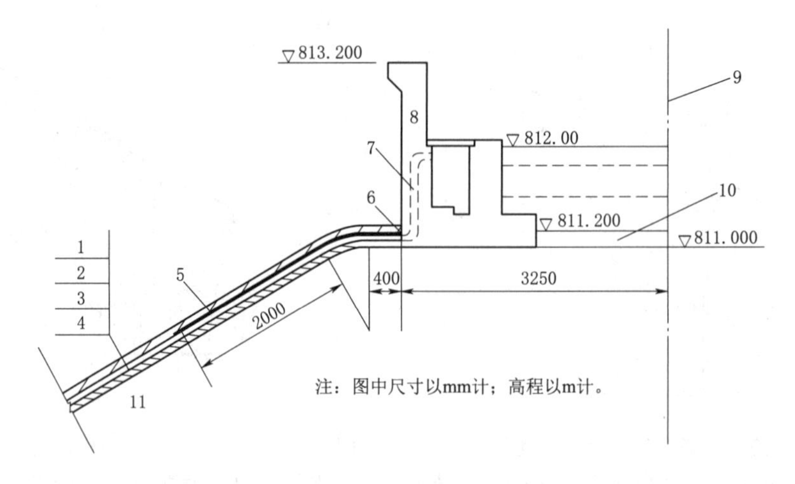


图 18-18　张河湾上水库沥青混凝土面板与坝顶连接详图

1—沥青玛蹄脂封闭层；2—防渗面层；3—排水层；4—整平胶结构渗层；5—有聚酯网范围；6—沥青玛蹄脂填缝；7—通气管（$\phi$70mm）；8—防浪墙；9—坝轴线；10—临时碎石路面；11—碎石垫层

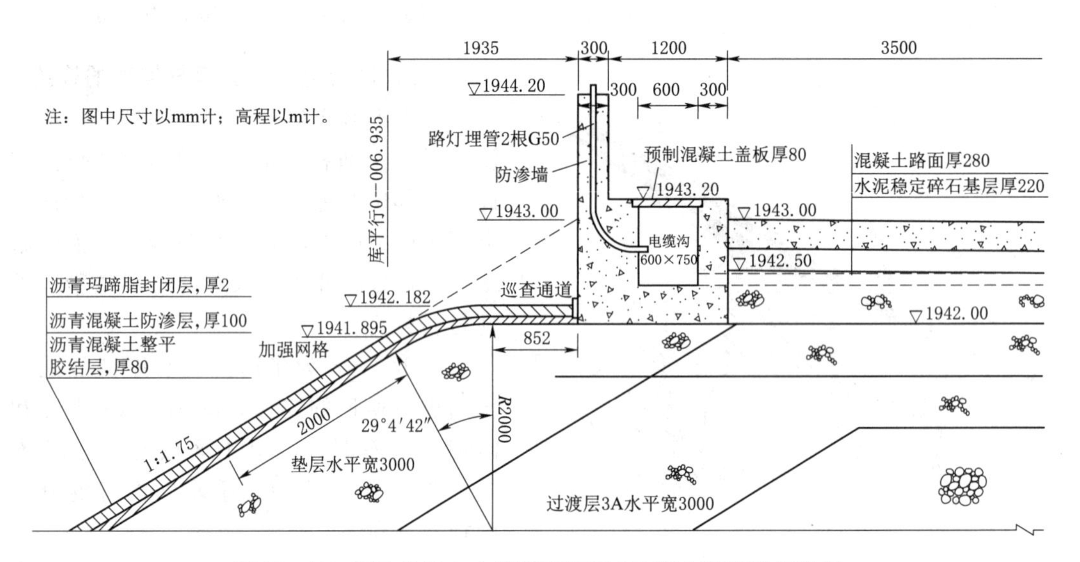


图 18-19　呼和浩特上水库沥青混凝土面板与坝顶连接详图

时，通常情况下沥青面板通过设在岸坡基岩上的混凝土岸墩与岸坡相连接。为使连接处能够适应较大的变形，不会被拉裂，在岸墩和沥青面板之间设置沥青玛蹄脂滑动层。图 18-22 为沥青混凝土面板与岸坡的连接。

## 六、防冰冻设计

### 1. 选用改性沥青，提高沥青混凝土低温性能

对于严寒或寒冷地区的沥青混凝土面板，其设计冻断温度通常较低，采用改性沥青来提高沥青混凝土面板的低温性能，从而保证沥青混凝土面板极低的温度下不发生脆裂。

呼和浩特抽水蓄能电站上水库位于严寒地区，其设计冻断温度达到−45℃，采用普通

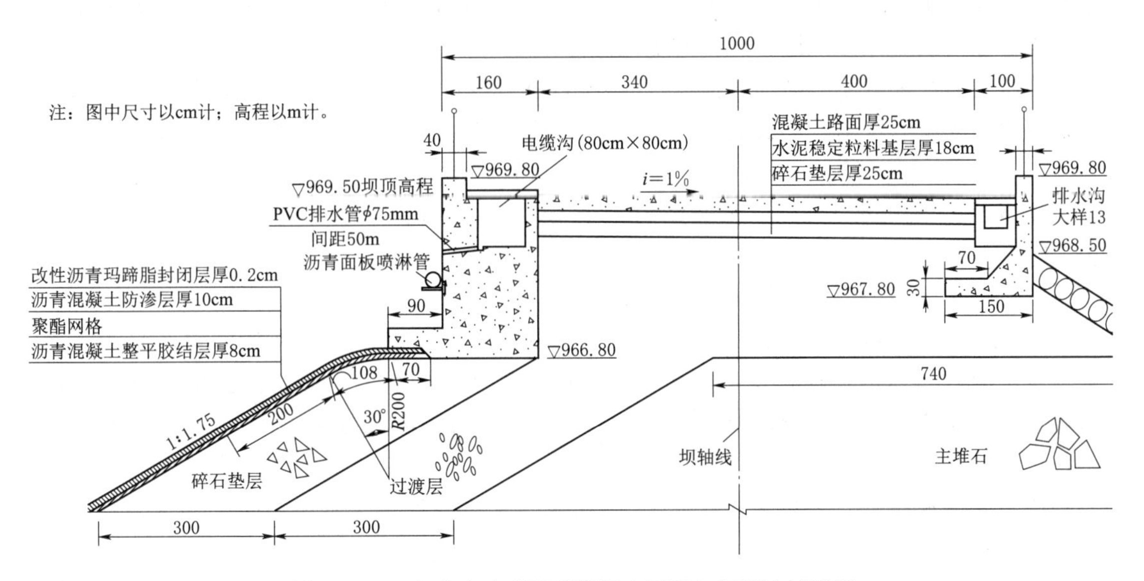


图 18-20　垣曲上水库沥青混凝土面板与坝顶连接详图

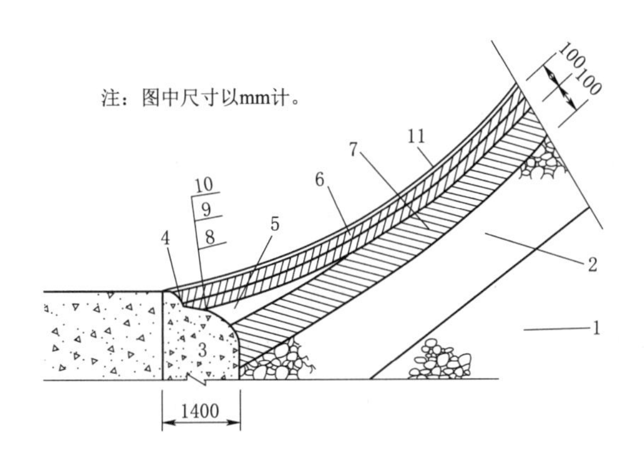


图 18-21　沥青面板与混凝土防渗墙连接详图

1—过渡料；2—垫层；3—混凝土防渗墙；4—封头；
5—沥青砂浆楔形体；6—防渗层（分两层铺筑）；
7—整平胶结层（分两层铺筑）；8—冷底子油涂层；
9—沥青玛蹄脂层；10—橡胶沥青滑动层；
11—封闭层

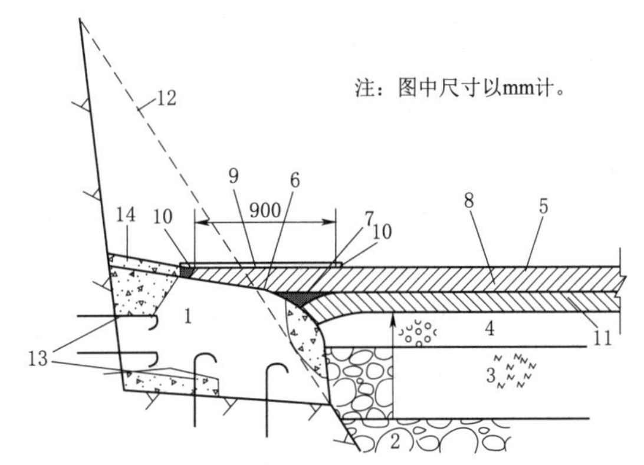


图 18-22　沥青面板与岸坡连接详图

1—混凝土岸墩；2—堆石；3—碎石；4—小砾石；
5—封闭层；6—橡胶沥青玛蹄脂滑动层；
7—细粒沥青混凝土楔形体；8—防渗层；
9—玻璃丝布油毡加强层；10—橡胶沥
青玛蹄脂封头；11—整平胶结层；
12—原岸坡线；13—锚筋；
14—常规混凝土

沥青，其不开裂温度一般为－26.4～－34.7℃，难以满足设计要求。通过混凝土配合比试验，选择 SBS 聚合物改性沥青，其沥青混凝土冻断温度可达到－47℃，满足设计要求。

2. 加强垫层料的排水性能，降低坝体浸润线

抽水蓄能电站库水位骤降频繁，在面板后易产生反向水压力，对于严寒或寒冷地区的

沥青混凝土面板，极易产生冻胀破坏，通过在沥青混凝土面板下部设置透水性较好的垫层料，降低面板后坝体浸润线，从而避免冻胀破坏发生。

山西垣曲抽水蓄能电站沥青混凝土面板与坝体堆石之间设置垫层和过渡层。垫层对面板起到均匀支撑的作用，并兼具排水功能，水平宽度为3m，采用新鲜或微风化石英砂岩加工而成，最大粒径80mm，粒径不大于5mm的含量为20%～35%，粒径不大于0.075mm的含量应小于5%，渗透系数不小于$1\times10^{-2}$cm/s，填筑压实后其孔隙率不大于18%。

3. 控制水库运行方式，阻止冰盖形成

冬季保证一定数量的机组每天正常运行，利用水流流态、风和其他因素引起的水面紊动可以阻止冰盖的形成，保护沥青混凝土面板不造成破坏。在施工总进度安排上，在即将进入冰冻期时，尽量不安排第一台机组发电，在非冰冻期试运行并进行机组消缺工作。

西龙池抽水蓄能电站冬季运行时，4台机组中至少保证有1台机组每天抽水、发电两个循环，当日夜间至次日凌晨抽水3～4h，次日上午发电1～2h，下午抽水1～2h，晚上发电2～3h，每天共运行7～8h。并根据冰清观测和电站实际运行情况，调整运行安排，以避免冰冻情况危及建筑物安全。

## 七、工程实例

山西垣曲抽水蓄能电站上水库大坝位于上水库库区两条支沟交汇处。坝址区的沟谷断面为两岸基本对称的V形，沟底高程842.00～864.00m，正常蓄水位沟谷宽度385～410m。左岸山顶高程995.00m，地形坡度一般18°～38°。右岸山顶高程1030.00m，地形坡度一般30°～48°。

大坝采用沥青混凝土面板堆石坝，坝顶高程969.50m，坝顶宽度10m，主坝轴线长425m，其中桩号0＋000.00～0＋074.20为弧段，转弯半径125m。坝轴线处最大坝高111m。上游坝坡均为1∶1.75，下游坝坡均为1∶1.6。下游坝坡在938.50m高程设马道，宽2m。坝后设有1号渣场，渣场顶高程910.00m。

坝体堆石料分区从上游至下游依次为垫层区、过渡层区、上游主堆石区、下游次堆石区、干砌块石护坡。垫层区及过渡区水平宽度均为3m。次堆石区底部设置4m厚排水层和1m厚过渡层。坝体下游880.00m高程以下设置增模区，增模区与次堆石区之间设1m厚过渡层。次堆石区上部设置5m厚硬岩保护层，下游侧设置水平宽5m的硬岩保护层，防止软岩料发生湿化、崩解等剧烈风化。

在大坝坝顶、坝后下游坝坡、下游两岸坡脚均设置混凝土排水沟，横、纵向排水沟相连接形成坝后排水系统；并与坝后1号渣场排水沟连接形成上水库大坝外部排水系统。

沥青混凝土面板采用简式断面，整平胶结层厚8cm，防渗层厚10cm，表面采用2mm厚沥青玛蹄脂封闭。坝坡与库底采用半径为50m的反弧连接，并在反弧段设置沥青混凝土加厚层和聚酯网格，在面板与防浪墙混凝土连接圆弧部位设置聚酯网格。

山西垣曲抽水蓄能电站上水库大坝剖面、细部结构见图18-23、图18-24。

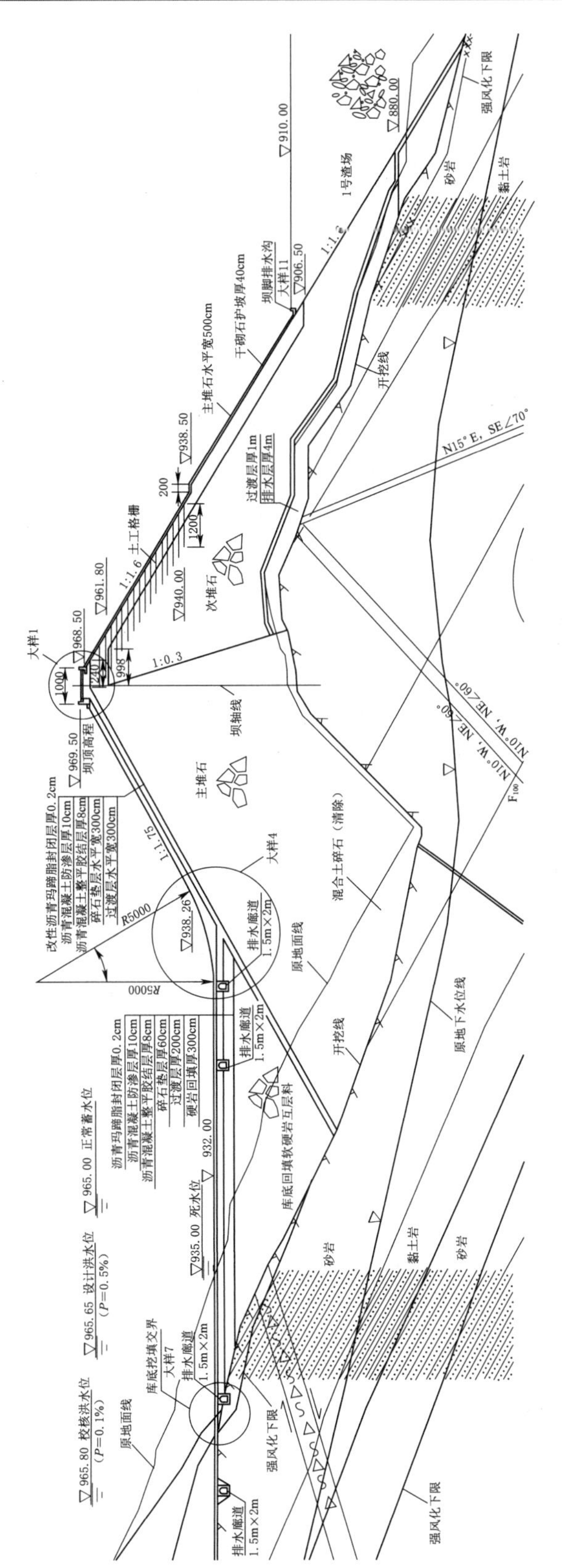


图 18-23　山西垣曲抽水蓄能电站上水库大坝典型剖面图（单位：cm）

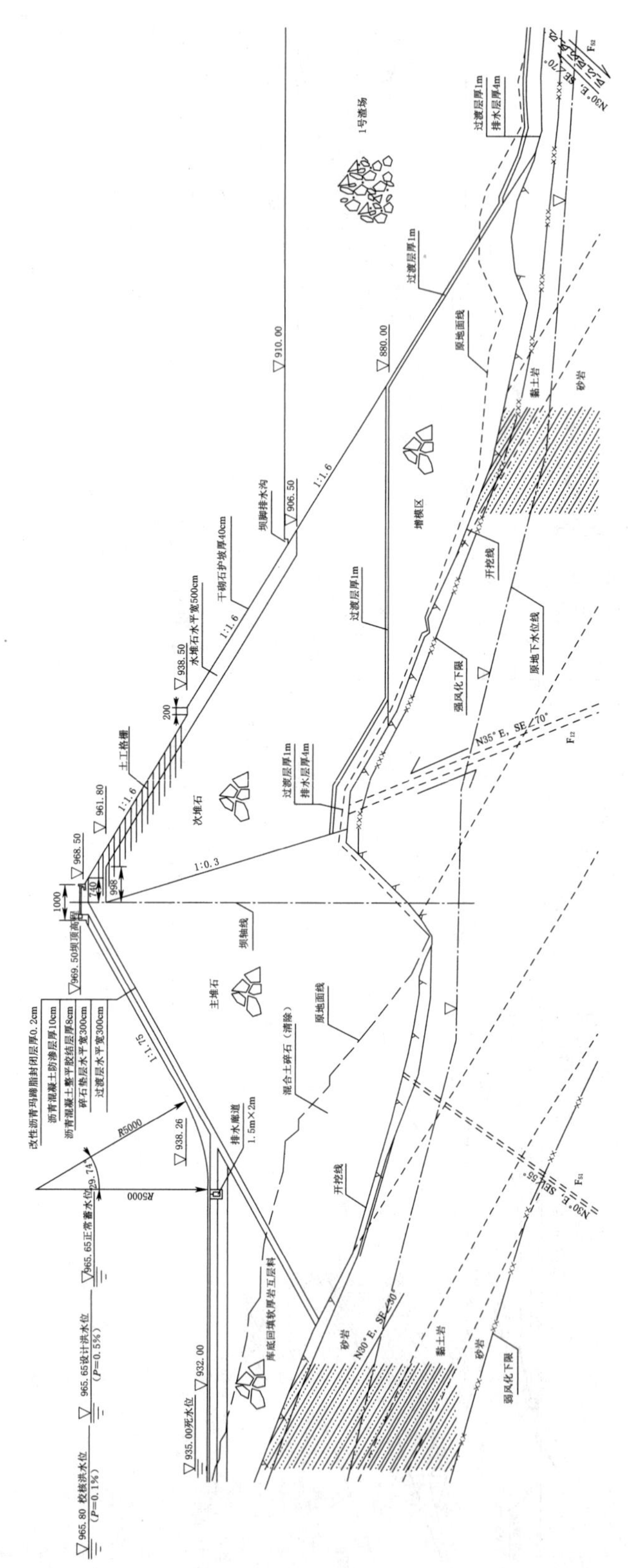


图 18-24　山西垣曲抽水蓄能电站上水库大坝细部结构图（单位：cm）

# 第四节　沥青混凝土心墙堆石坝

## 一、沥青混凝土心墙坝在抽水蓄能电站中的应用及特点

### （一）沥青混凝土心墙坝在抽水蓄能电站中的应用

根据心墙的结构型式可分为碾压式沥青混凝土心墙和浇筑式沥青混凝土心墙。

我国的浇筑式沥青心墙起步较早，国内第一座浇筑式沥青混凝土心墙坝为1973年建成的位于吉林省安图县的白河沥青混凝土心墙坝，之后又相继建成了郭台子（1977年）、西沟（1990年）、象山（1996年）等浇筑式沥青混凝土心墙坝工程。这些工程的建设为我国浇筑式沥青混凝土心墙坝积累了宝贵的经验。

虽然浇筑式沥青混凝土心墙坝在我国得到了一定的发展，但其设计理论及方法上不够成熟，设计与施工均通过类比确定，并且多应用在北方寒冷地区的中、低坝。

我国的碾压式沥青心墙起步略晚于浇筑式沥青心墙，但其发展速度远大于浇筑式沥青心墙。国内第一座碾压式沥青混凝土心墙坝为1974年建成的位于甘肃省的党河碾压混凝土心墙坝。进入20世纪后，随着先进技术和设备的引进，碾压式沥青心墙得到了飞速发展，相继建成了茅坪溪（2003年）、尼尔基（2005年）、冶勒（2006年）、下坂地（2010年）、旁多（2017年）等近百米高碾压式沥青混凝土心墙坝。

国内已建、在建或拟建的沥青混凝土心墙坝工程统计见表18－12。

**表18－12　　近年我国沥青混凝土心墙坝工程统计**

| 序号 | 工程名称 | 所在地 | 建成年份 | 库容/万 $m^3$ | 坝高/m | 心墙厚/cm | 心墙型式 |
|---|---|---|---|---|---|---|---|
| 1 | 西沟 | 黑龙江黑河市 | 1991 | 1.90 | 33.9 | 12～22 | 浇筑 |
| 2 | 象山 | 黑龙江黑河市 | 1996 | 3.02 | 50.7 | 16～40 | 浇筑 |
| 3 | 宝山 | 黑龙江逊克县 | 1999 | 0.42 | 39.3 | 16～24 | 浇筑 |
| 4 | 富地营子 | 黑龙江黑河市 | 2002 | 0.96 | 30.0 | 18～20 | 浇筑 |
| 5 | 茅坪溪 | 湖北宜昌市 | 2003 | — | 104.0 | 50～300 | 碾压 |
| 6 | 尼尔基 | 黑龙江齐齐哈尔市 | 2005 | 86.1 | 41.5 | 50～70 | 碾压 |
| 7 | 冶勒 | 四川雅安市 | 2006 | 29800 | 125.5 | 60～200 | 碾压 |
| 8 | 下坂地 | 新疆喀什 | 2010 | 86700 | 78.0 | 60～200 | 碾压 |
| 9 | 库什塔依 | 新疆伊犁 | 2012 | 15000 | 91.1 | 40～80 | 碾压 |
| 10 | 石门 | 新疆呼图壁县 | 2013 | 7751 | 106.0 | 60～120 | 碾压 |
| 11 | 旁多 | 西藏林周县 | 2017 | 117400 | 41.5 | 50～70 | 碾压 |
| 12 | 敦化上库 | 吉林敦化市 | 在建 | 697.8 | 54.0 | 50～70 | 碾压 |
|  | 敦化下库 |  |  | 753.3 | 70.0 | 50～80 | 碾压 |

沥青混凝土心墙埋于坝体内部，一旦出现渗漏问题时，难以查找和修补，抽水蓄能电站目前采用沥青混凝土心墙坝的工程较少。正在建设的吉林敦化抽水蓄能电站上、下水库均

采用碾压式沥青混凝土心墙坝。因此，本节仅对碾压式沥青混凝土心墙坝进行介绍分析。

**（二）沥青混凝土心墙坝技术特点**

同防渗体位于坝体表面的面板坝相比，沥青混凝土心墙具有以下特点：

（1）沥青混凝土心墙埋于坝体内部，不与外界直接接触，不会受到外界气温等因素的影响，在各种极端温度条件下均可适用。尤其是寒冷地区抽水蓄能电站，防渗结构对寒冷气候的适应能力是选择坝体防渗型式的重要考虑因素。

（2）沥青混凝土心墙沥青含量高、线膨胀系数高、低温抗裂性好。

（3）沥青混凝土心墙密实度较高，防渗性、耐久性较好，具有较好的柔韧性及一定自愈能力，适应基础变形能力较强，不易产生裂缝。

（4）沥青混凝土心墙施工与坝体填筑施工互有干扰，但心墙摊铺施工简单，且易于低温季节施工。

（5）沥青混凝土心墙埋于坝体内部，一旦出现渗漏问题时，难以查找和修补。

## 二、设计内容及工作重点

**（一）主要设计内容**

作为在抽水蓄能电站工程中采用的碾压式沥青混凝土心墙坝，除沥青心墙需重点设计外，其余均按照常规土石坝设计即可。

（1）根据工程任务及规模，确定大坝建筑物级别、洪水设计标准以及抗震设防标准。

（2）根据坝址区的地形、地质条件等因素，经技术经济综合比较，确定坝轴线的布置。

（3）坝体结构设计。主要包括确定坝顶高程、坝顶宽度；选择合适的上、下游坝坡；选择合适的坝体分区等。

（4）筑坝材料设计。主要包括合理选择各分区填筑料的级配、压实指标、渗透系数等指标，特别是沥青心墙两侧的过渡层需重点研究设计。

（5）沥青心墙设计。主要包括沥青混凝土原材料的选择以及配合比的确定；确定心墙的结构型式、厚度、功能要求和技术指标。

（6）基础处理设计。采用碾压式沥青混凝土心墙的工程，通常情况下均无须进行全库盆防渗，仅采取坝基局部垂直防渗即可。

（7）细部结构设计。主要包括坝顶细部结构设计；沥青心墙与基础、岸坡以及周边刚性建筑物的连接设计。

（8）设计计算。主要包括坝体稳定计算、渗流计算、应力计算以及变形计算等。对于地震烈度较高的工程，还应进行三维动力计算分析。

**（二）设计重点**

（1）沥青混凝土心墙设计。沥青混凝土心墙是碾压式沥青混凝土心墙坝设计的重点，重点进行沥青混凝土心墙的布置、厚度以及配合比均设计。

（2）沥青心墙与基础及周边刚性建筑物的连接。沥青混凝土心墙自身适应变形能力强，但其与基础及周边刚性建筑物的连接是较为薄弱的部位，沥青混凝土心墙坝的渗漏多数是发生在此部位。因此，对此连接部位的设计应给予高度的重视。

(3) 沥青心墙两侧的过渡层设计。心墙两侧的过渡层可以有效地协调沥青心墙与坝体之间的不均匀变形，为心墙提供有效的保护和支撑。

## 三、坝轴线布置

对于抽水蓄能电站来说，当上、下水库无须采取全库盆防渗时，可考虑采取沥青混凝土心墙坝。沥青混凝土心墙堆石坝的坝轴线大多采用直线型，当受地、地质条件以及枢纽布置影响时，也可采用折线型。但沥青心墙在折点处易产生裂缝，从而对大坝安全运行造成影响，除非迫不得已时，不宜采用。

## 四、坝体设计

### (一) 上、下游坝坡

沥青混凝土心墙坝的上、下游坝坡应通过坝坡稳定计算确定，影响其坝坡坡度的主要因素有大坝边坡级别、大坝高度、筑坝材料的物理力学指标、坝基的地质条件以及地震情况等，对于抽水蓄能电站来说，还应重点考虑水位骤降工况。我国近年沥青混凝土心墙坝坝坡坡度见表 18－13。

表 18－13　　主要沥青混凝土心墙坝坝坡坡度统计表

<table>
<tr><th>序号</th><th>工程名称</th><th>所在地</th><th>坝高/m</th><th>大坝级别</th><th>上游坝坡</th><th>下游坝坡</th><th>筑坝材料</th><th>抗震设计烈度</th></tr>
<tr><td>1</td><td>茅坪溪</td><td>湖北宜昌市</td><td>104.0</td><td></td><td>1：2.25</td><td>1：2</td><td>石渣混合料</td><td>8度</td></tr>
<tr><td>2</td><td>尼尔基</td><td>黑龙江齐齐哈尔市</td><td>41.5</td><td>1级</td><td>1：2.2</td><td>1：1.9～1：2.2</td><td>砂砾石</td><td>7度</td></tr>
<tr><td>3</td><td>冶勒</td><td>四川雅安市</td><td>125.5</td><td></td><td>1：2</td><td>1：1.8～1：2.2</td><td>堆石</td><td>4度</td></tr>
<tr><td>4</td><td>下坂地</td><td>新疆喀什</td><td>78.0</td><td></td><td>1：2.35</td><td>1：2.15</td><td>砂砾石</td><td>8度</td></tr>
<tr><td>5</td><td>库什塔依</td><td>新疆伊犁</td><td>91.1</td><td>2级</td><td></td><td></td><td></td><td></td></tr>
<tr><td>6</td><td>石门</td><td>新疆呼图壁县</td><td>106.0</td><td></td><td>1：2.2</td><td>1：2</td><td>砂砾石</td><td></td></tr>
<tr><td>7</td><td>旁多</td><td>西藏林周县</td><td>41.5</td><td>1级</td><td>1：2.5～1：2.8</td><td>1：1.9～1：2.1</td><td>砂砾石/堆石</td><td>4度</td></tr>
<tr><td rowspan="2">8</td><td>敦化上库</td><td rowspan="2">吉林敦化市</td><td>54.0</td><td>1级</td><td>1：2</td><td>1：2</td><td>堆石</td><td>6度</td></tr>
<tr><td>敦化下库</td><td>70.0</td><td>1级</td><td>1：2</td><td>1：2</td><td>堆石</td><td>6度</td></tr>
</table>

当坝体高度较高时，应在上、下游边坡设置单级或多级马道，各级马道之间高差宜在20m左右，当马道级数较多时，宜适当放缓坝坡。

### (二) 坝顶设计

1. 坝顶宽度确定

对于沥青混凝土心墙坝来说，坝顶宽度应首先满足沥青混凝土心墙顶部宽度及反滤过渡层布置的需要，同时坝顶宽度还应考虑施工设备布置、交通及观测要求等因素。因此，坝顶宽度宜在以下范围之内：

坝高 $H<30$m，坝顶宽度宜为 5m；

30m$<$坝高 $H<60$m，坝顶宽度宜为 6～8m；

60m<坝高 $H$<100m，坝顶宽度宜为 8～10m；

坝高 $H$>100m，坝顶宽度宜为$\sqrt{H}$。

当大坝设计烈度大于 8 度时，宜加宽坝顶。

国内已建或拟建沥青混凝土心墙坝坝顶宽度见表 18-14。

**表 18-14　　国内沥青混凝土心墙坝坝顶宽度统计表**

| 序号 | 工程名称 | 所 在 地 | 坝高 /m | 坝顶宽度 /m | 心墙厚度 /m | 过渡层厚度 /m |
|---|---|---|---|---|---|---|
| 1 | 茅坪溪 | 湖北宜昌市 | 104.0 | 20.0 | 0.5～1.2 | 2～3 |
| 2 | 尼尔基 | 黑龙江齐齐哈尔市 | 41.5 | 8.0 | 0.5～0.7 | 3 |
| 3 | 冶勒 | 四川雅安市 | 125.5 | | 0.6～1.2 | 3～5.3 |
| 4 | 下坂地 | 新疆喀什 | 78.0 | 10.0 | 0.6～1.2 | 3 |
| 5 | 库什塔依 | 新疆伊犁 | 91.1 | | 0.4～0.8 | 3 |
| 6 | 石门 | 新疆呼图壁县 | 106.0 | | | |
| 7 | 旁多 | 西藏林周县 | 41.5 | 12.0 | 0.7～1.2 | 4 |
| 8 | 敦化上库 | 吉林敦化市 | 54.0 | 8.0 | 0.5～0.7 | 3 |
| | 敦化下库 | | 70.0 | 8.0 | 0.5～0.8 | 3 |

2. 坝顶细部结构设计

坝顶上游侧可设置防浪墙，防浪墙墙顶一般高于坝顶 1.2m。防浪墙底部应高于水库最高蓄水位，当采用可靠连接接头时也应高于正常蓄水位或设计洪水位。

从美观角度考虑，大坝上游防浪墙有逐渐取消的趋势，并结合坝顶上游面电缆沟及人行道统一布置。

图 18-25 为敦化上水库大坝坝顶设计。

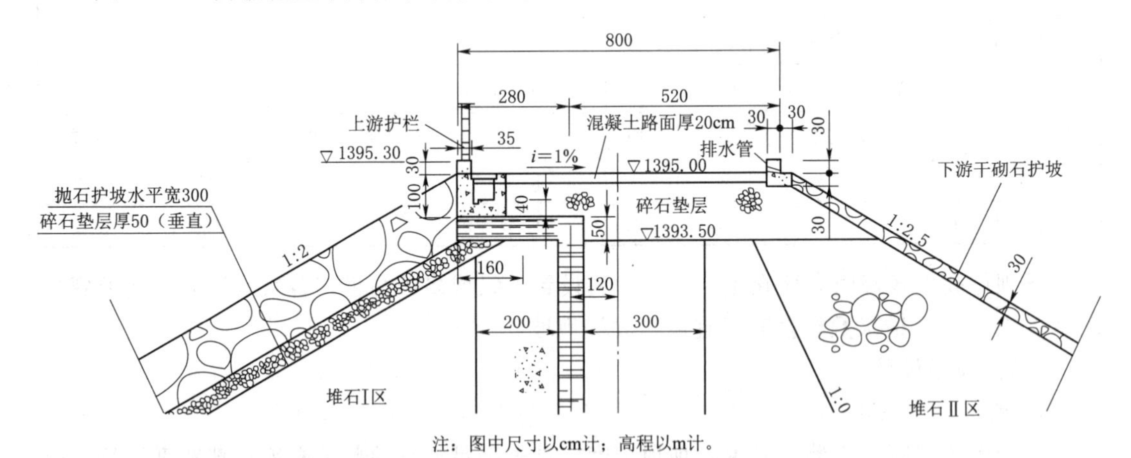


图 18-25　敦化上水库大坝坝顶详图

**（三）坝体分区及筑坝材料设计**

对于沥青混凝土心墙坝来说，坝体分区由上游至下游一般为上游护坡、上游坝壳、上游过渡层、沥青混凝土心墙、下游过渡层、下游排水体以及下游护坡组成。

沥青混凝土心墙两侧与坝壳之间应设置过渡层。相较于普通土质心墙坝，由于碾压式沥青混凝土心墙墙体薄，自身抗力小，过渡层在坝体中主要起荷载传递作用，因此对心墙两侧过渡层要求更高。

过渡层一般采用碎石或砂砾石，要求质密、抗风化、耐侵蚀，颗粒级配宜连续，最大粒径不宜超过 80mm，粒径不大于 5mm 的颗粒含量宜为 25%～40%，粒径不大于 0.075%的颗粒含量不宜超过 5%。过渡层应满足心墙与坝壳料之间变形的过渡要求，且具有良好的排水性和渗透稳定性，具有满足施工要求的承载力。

坝体上、下游过渡层一般采用同一种级配，过渡层厚度一般为 1.5～3.0m，坝高者取大值。地震区和岸坡坡度有明显变化部位的过渡层应适当加厚。

随着机械设备的不断进步，目前可以做到沥青心墙混凝土与两侧过渡料一次性同步摊铺，并同时碾压，使两者形成紧密结合的结构。

## 五、沥青混凝土心墙设计

### （一）沥青混凝土心墙布置

沥青混凝土心墙轴线一般选择在坝轴线山上游一侧，便于与坝顶防浪墙的连接，心墙轴线一般采用直线布置。

对于碾压式沥青混凝土心墙，其布置型式有竖直式、倾斜式和组合式三种，倾斜式心墙的坡度宜为 1：0.2～1：0.4（垂直：水平），组合式心墙折坡点宜选在坝高的 2/3～3/4 处。

### （二）沥青混凝土心墙厚度

沥青混凝土心墙的厚度可根据坝高、工程等级、沥青混凝土的流变特性、施工要求、当地气温以及抗震要求等条件确定。碾压式沥青混凝土心墙顶部厚度不宜小于 40cm，心墙底部的厚度宜为坝高的 1/70～1/110。

沥青混凝土心墙厚度的变化，有等厚型、渐变型和阶梯形三种。一般情况下，低坝一般采用等厚型，中、高坝一般采用渐变型或阶梯形。

国内已建或拟建沥青混凝土心墙坝心墙厚度见表 18-15。

**表 18-15　　国内沥青混凝土心墙坝心墙厚度统计**

| 序号 | 工程名称 | 所在地 | 坝高/m | 心墙厚度/m |
|---|---|---|---|---|
| 1 | 茅坪溪 | 湖北宜昌市 | 104.0 | 0.5～1.2 |
| 2 | 尼尔基 | 黑龙江齐齐哈尔市 | 41.5 | 0.5～0.7 |
| 3 | 冶勒 | 四川雅安市 | 125.5 | 0.6～1.2 |
| 4 | 下坂地 | 新疆喀什 | 78.0 | 0.6～1.2 |
| 5 | 库什塔依 | 新疆伊犁 | 91.1 | 0.4～0.8 |
| 6 | 石门 | 新疆呼图壁县 | 106.0 | |
| 7 | 旁多 | 西藏林周县 | 41.5 | 0.7～1.2 |
| 8 | 敦化上库 | 吉林敦化市 | 54.0 | 0.5～0.7 |
| | 敦化下库 | | 70.0 | 0.5～0.8 |

**（三）心墙顶高程**

沥青混凝土心墙顶高程的确定，与土质防渗体顶高程的确定原则相同。心墙顶部在正常蓄水位或设计洪水位以上的超高一般为0.3～0.6m，且不应低于校核洪水位。当坝体上游设有与沥青混凝土心墙紧密结合的防浪墙时，可不受上述限制，但不得低于正常蓄水位。

考虑到寒冷地区坝顶部位的结构宜发生冻胀破坏及车辆通行等因素，要求沥青心墙顶部设置保护层，保护层厚度应根据坝顶结构型式、当地冻结深度等因素确定。

**（四）心墙技术要求**

碾压式沥青混凝土心墙的技术要求见表18－16。

表18－16　碾压式沥青混凝土心墙沥青混凝土技术要求

| 序号 | 项　目 | 单位 | 指标 | 说　明 |
|---|---|---|---|---|
| 1 | 孔隙率 | % | ≤3 | 芯样 |
|  |  |  | ≤2 | 马歇尔试件 |
| 2 | 渗透系数 | cm/s | $\leqslant 1\times10^{-8}$ |  |
| 3 | 水稳定系数 |  | ≥0.90 |  |
| 4 | 弯曲强度 | kPa | ≥400 |  |
| 5 | 弯曲应变 | % | ≥1 |  |
| 6 | 内摩擦角 | (°) | ≥25 |  |
| 7 | 黏结力 | kPa | ≥300 |  |
| 8 | 抗拉、抗压、变形模量等力学性能 |  | 根据当地温度、工程特点和运用条件通过计算提出要求 |  |

**（五）原材料选择**

碾压式沥青混凝土可选用道路石油沥青。

沥青混凝土心墙所需要的其他原材料的选择（如骨料、填料、掺料），与沥青混凝土面板基本一致，详见第十七章第三节“沥青混凝土面板防渗”相关内容。

**（六）配合比设计**

沥青混凝土心墙混凝土配合比设计的原则和流程与沥青混凝土面板基本一致，详见第十七章第三节“沥青混凝土面板防渗”相关内容。

碾压式沥青混凝土心墙配合比参数范围见表18－17。

表18－17　碾压式沥青混凝土心墙配合比选择参考范围

| 序号 | 项　目 | 单位 | 指标 | 说　明 |
|---|---|---|---|---|
| 1 | 沥青含量 | % | 6～7.5 | 沥青占沥青混合料总重 |
| 2 | 填料用量 | % | 10～14 | 填料占矿料总重 |
| 3 | 骨料最大粒径 | mm | 19 |  |
| 4 | 级配指数 |  | 0.35～0.44 |  |
| 5 | 沥青质量 |  | 70号、90号水工沥青或道路沥青 |  |

## 六、沥青混凝土心墙与其他建筑物的连接设计

沥青混凝土心墙与基础、岸坡以及刚性建筑物的连接，将直接影响大坝的防渗效果和安全运行，必须重视该部位的设计。见图 18-26～图 18-31。

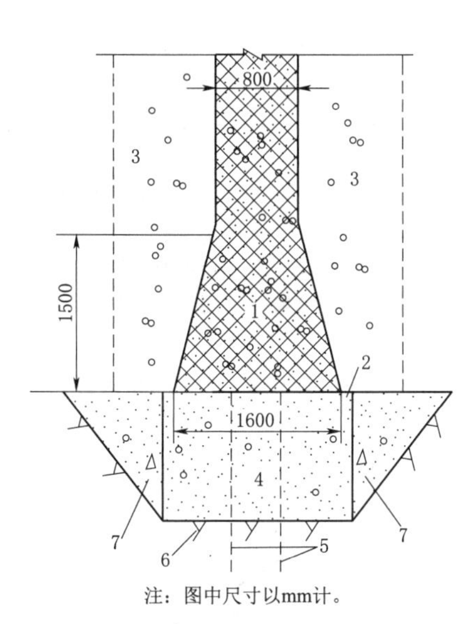


图 18-26　沥青混凝土心墙与混凝土基座连接示意图

1—沥青混凝土心墙；2—砂质沥青玛蹄脂；3—过渡层；4—混凝土基座；5—灌浆帷幕；6—基岩；7—回填砂卵石

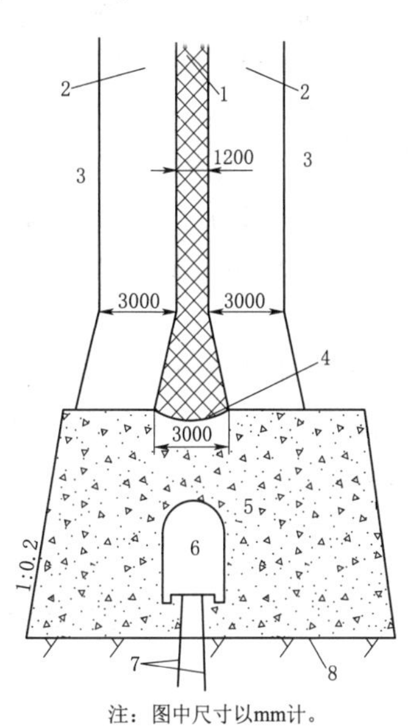


图 18-27　沥青混凝土心墙与坝基廊道连接示意图

1—沥青混凝土心墙；2—过渡层；3—坝壳；4—砂质沥青玛蹄脂；5—混凝土廊道基座；6—廊道；7—帷幕灌浆；8—基岩

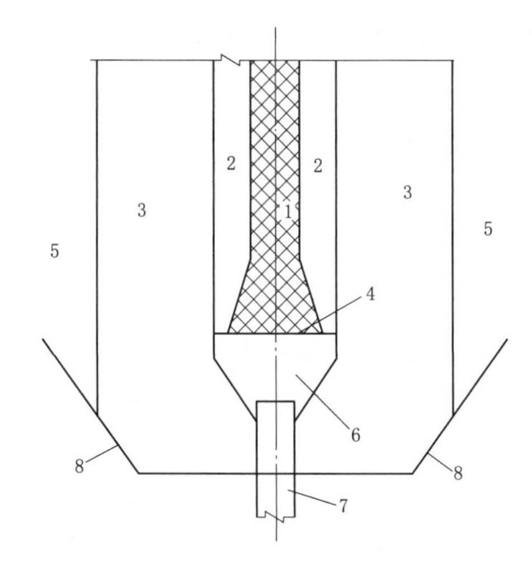


图 18-28　沥青混凝土心墙与坝基防渗墙连接示意图

1—沥青混凝土心墙；2—过渡层 1；3—过渡层 2；4—砂质沥青玛蹄脂；5—堆石坝壳；6—混凝土基座；7—混凝土防渗墙；8—开挖线

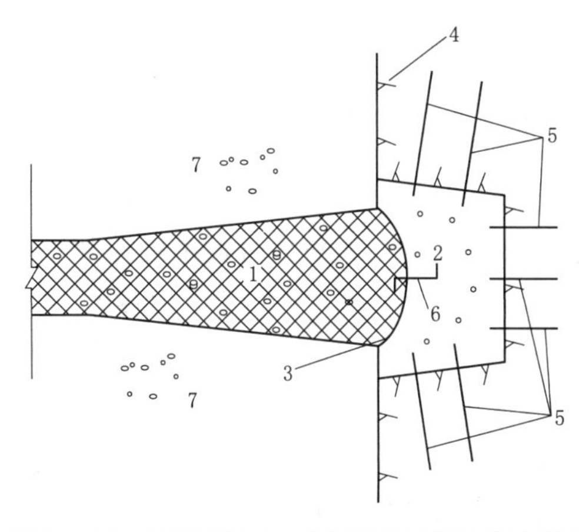


图 18-29　沥青混凝土心墙与岸坡基座连接示意图

1—沥青混凝土心墙；2—混凝土基座；3—砂质沥青玛蹄脂；4—岸坡基岩；5—锚筋；6—止水片；7—过渡层

心墙与基础、岸坡以及刚性建筑物的连接应满足下列要求：

（1）心墙与基础、岸坡以及刚性建筑物的连接，应设置混凝土基座。

（2）连接部位的设计应满足变性及防渗要求，必要时可设置金属止水片。

（3）心墙与岸坡基座及刚性建筑物连接部位坡度不宜陡于1∶0.35（垂直∶水平）。

（4）与基础、岸坡以及刚性建筑物的连接处的沥青混凝土心墙，应采用厚度逐渐扩大的形式连接。

（5）心墙与基座及刚性建筑物连接处的混凝土表面应凿毛，喷涂0.15～0.20kg/m$^2$阳离子乳化沥青或稀释沥青，待充分干燥后，再涂一层厚度为1～2cm的沥青砂浆。

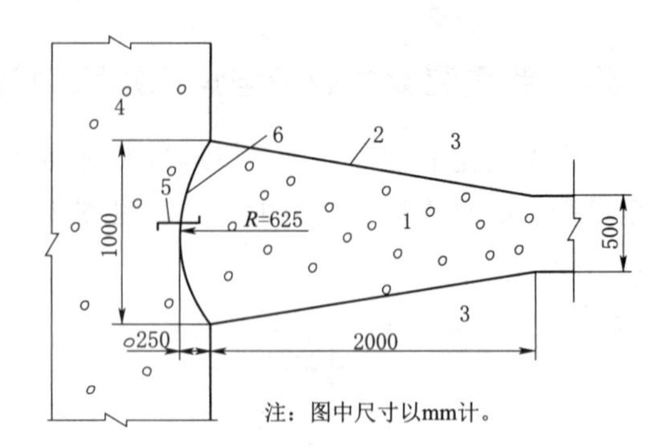


图18-30　沥青混凝土心墙与刚性建筑物连接示意图

1—沥青混凝土心墙；2—心墙侧面加厚部分；3—过渡层；4—混凝土建筑物；5—止水片；6—沥青玛蹄脂

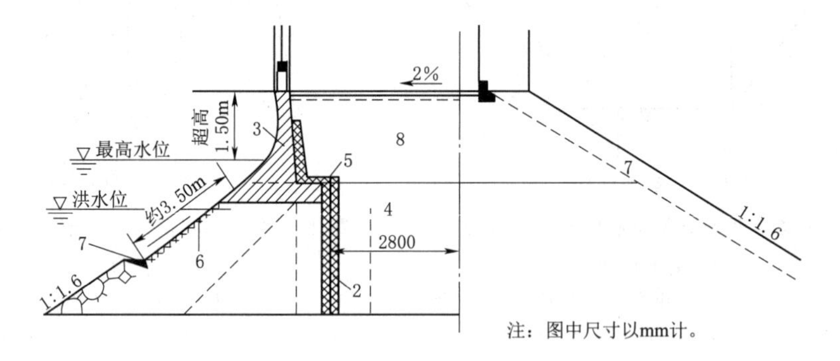


图18-31　沥青混凝土心墙与坝顶防浪墙连接示意图

1—原坝轴线；2—沥青混凝土心墙；3—防浪墙；4—机械填筑；5—沥青玛蹄脂；6—干砌石；7—护坡；8—人工填筑

## 七、工程实例

吉林敦化抽水蓄能电站位于吉林省敦化市北部，工程为一等大（1）型工程，规划装机容量1400MW，装机4台，单机容量350MW。

工程上、下水库挡水坝均为碾压式沥青混凝土心墙堆石坝，上水库正常蓄水位1391.00m，死水位1373.00m，调节库容696万m$^3$；下水库正常蓄水位717.00m，死水位690.00m，调节库容753.3万m$^3$。

上水库大坝坝顶高程1395.00m，坝顶宽度8m，轴线长度948.0m，最大坝高54.0m。大坝上、下游坝坡均采用1∶2.0，坝体填筑材料选用库内料场开挖石料。坝体分区从上游到下游分为：上游抛石护坡＋垫层、堆石Ⅰ区、上游过渡层、沥青混凝土心墙、下游过渡层、堆石Ⅰ区、堆石Ⅱ区、坝基排水层、排水棱体、下游干砌石护坡。

下水库大坝坝顶高程720m，坝顶宽度8m，坝轴线长410m，最大坝高70m。大坝上、

下游坝坡均采用1：2.0，坝体填筑材料选用库内料场开挖石料。坝体填筑材料选用库内料场开挖石料。坝体分区从上游到下游分为：上游抛石护坡＋垫层、堆石Ⅰ区、上游过渡层、沥青混凝土心墙、下游过渡层、堆石Ⅱ区、坝基排水层、排水棱体、下游干砌石护坡。大坝平面布置及典型剖面详见图18－32、图18－33。

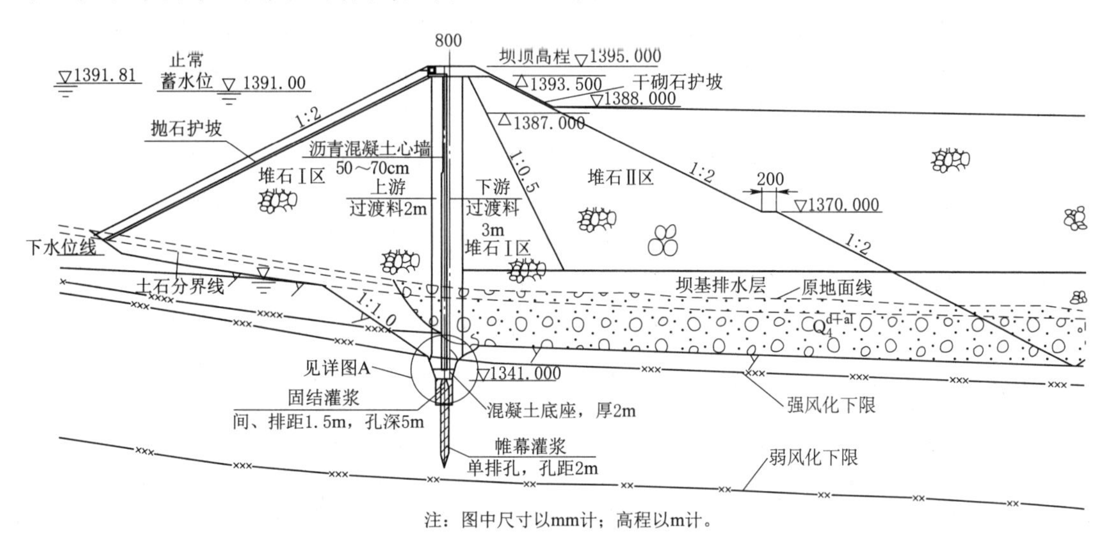


图18－32　敦化上水库碾压沥青混凝土心墙堆石坝典型剖面图

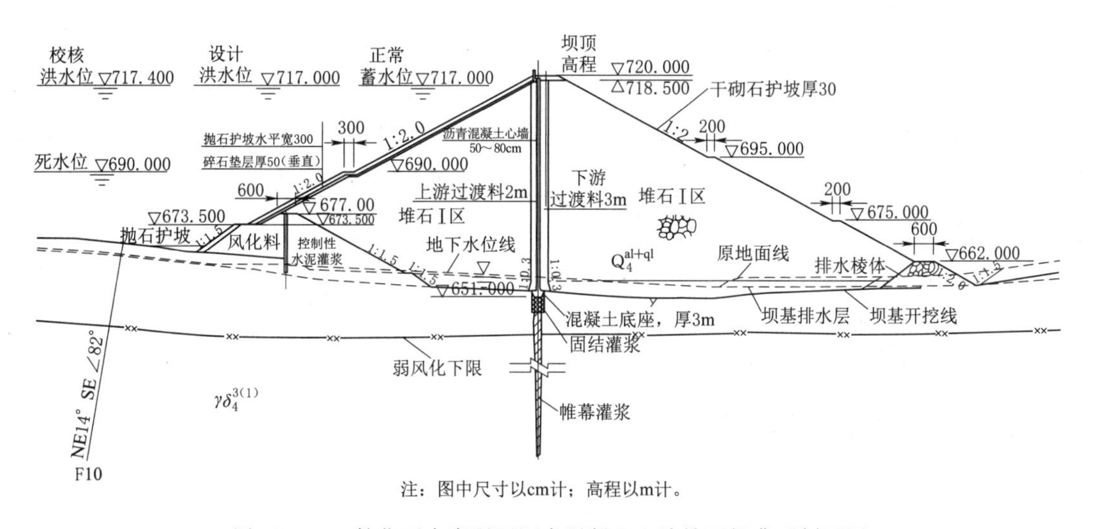


图18－33　敦化下水库碾压沥青混凝土心墙堆石坝典型剖面图

# 第五节　混凝土重力坝

## 一、混凝土重力坝在抽水蓄能电站中的应用

与当地材料坝相比，混凝土重力坝具有上游面不侵占库容、易于布置泄水建筑物、坝体布置简洁紧凑、地质条件较好时基础防渗处理简单的优势，当地形地质条件合适、造价

相差不大时，混凝土重力坝是一种较优坝型。

混凝土重力坝按结构型式分类可分为实体重力坝、宽缝重力坝、空腹重力坝等，20世纪90年代以后，一般不再采用宽缝重力坝、空腹重力坝，而是采用混凝土实体重力坝。根据胶凝材料配比及施工方法不同，又可分为常态混凝土重力坝与碾压混凝土重力坝，碾压混凝土重力坝具有“高掺粉煤灰、低水泥用量、坝体不设纵缝、全断面分层碾压、连续浇筑上升”的技术优势。经过20多年的发展，我国已经成为世界上建造碾压混凝土坝最多的国家，寒冷地区修建碾压混凝土坝的数量也已有10余座。

抽水蓄能电站上水库一般修建在山顶洼地，当天然库容不足时，往往需要扩挖库盆以增加库容，为最大限度地利用库盆开挖料，减少开挖量和施工占地数量，降低对生态环境的影响，达到挖填基本平衡，上水库以当地材料坝居多；作为天然径流的汇入源，下水库一般选在有一定集水面积的天然河道上，当调节库容满足电站装机规模的需要，地形地质条件合适时，混凝土重力是一种较优坝型。国内抽水蓄能电站混凝土重力坝工程实例详见表18-18。

**表18-18　　国内抽水蓄能电站混凝土重力坝工程实例统计**

| 序号 | 工程名称 | 建设阶段 | 水库位置 | 坝　　型 | 坝高/m |
|---|---|---|---|---|---|
| 1 | 河北潘家口 | 已建 | 上水库/下水库 | 常态混凝土低宽缝重力坝/碾压混凝土重力坝 | 28.5 |
| 2 | 广东广州 | 已建 | 下水库 | 碾压混凝土重力坝 | 43.3 |
| 3 | 安徽响洪甸 | 已建 | 下水库 | 常态混凝土重力坝 | 16.0 |
| 4 | 河南回龙 | 已建 | 上水库/下水库 | 碾压混凝土重力坝/碾压混凝土重力坝 | 54.0/53.3 |
| 5 | 吉林白山 | 已建 | 下水库 | 常态混凝土重力坝 | 46.0 |
| 6 | 广东惠州 | 已建 | 上水库/下水库 | 碾压混凝土重力坝/碾压混凝土重力坝 | 56.1/61.17 |
| 7 | 辽宁蒲石河 | 已建 | 下水库 | 常态混凝土重力坝 | 34.1 |
| 8 | 内蒙古呼和浩特 | 已建 | 下水库 | 碾压混凝土重力坝 | 69.0 |
| 9 | 江西洪屏 | 已建 | 下水库 | 碾压混凝土重力坝 | 77.5 |
| 10 | 安徽佛子岭、磨子潭 | 已建 | 下水库 | 碾压混凝土重力坝 | 16.0 |
| 11 | 山西垣曲 | 在建 | 下水库 | 碾压混凝土重力坝 | 77.5 |

## 二、混凝土重力坝布置基本原则

混凝土重力坝布置是以重力坝为中心将其他建筑物和设施联系在一起的综合体。通常，混凝土重力坝布置基本原则如下。

1. 过坝水流尽量顺直归槽

溢流坝段或泄洪孔等泄水建筑物宜布置在河床主河槽部位，使过坝水流能顺直泄入下游河道。

2. 尽量减少开挖和基础处理工程量

为减少开挖工程量，坝基建基面开挖标准按坝体高度采用分级控制。对大坝基础存在断裂带和局部裂隙密集带、较弱夹层等地质缺陷部位，尽量以局部挖除为主，并采用加强固结灌浆、掏（挖）槽回填混凝土、布置跨缝钢筋等综合措施进行处理，避免建基面的整

体下挖。

3. 有效利用峡谷空间使布置协调紧凑

在河谷狭窄、两岸山头高峻而泄洪流量又大的情况下，根据挡水前缘宽度，合理紧凑地布置溢流表孔和泄洪孔。

4. 重视建筑物的综合利用

重力坝布置应正确处理泄水、供水、生态放流及排沙等建筑物之间的关系，协调建筑物布置，达到综合利用。

5. 少占耕地，环境友好，能够最大限度地减少对地表植被的影响

重力坝布置按照节地原则减少耕地占用，协调周边自然环境，减轻环境影响，采取有效措施减少地表植被破坏。

## 三、常态混凝土重力坝设计

### （一）坝体断面设计

在主要荷载作用下，混凝土重力坝的坝基及坝体上游面不出现拉应力，并满足坝体抗滑稳定要求。

混凝土挡水坝段的基本断面呈三角形，其顶点通常在水库最高库水位附近。上游折坡起点高程大多在1/3～1/2坝高左右，上游坝坡宜采用1：0.2～1：0。下游坝坡可采用一个或几个坡度，下游坝坡宜采用1：0.8～1：0.6。

混凝土溢流坝段的基本断面为梯形（或截顶三角形），其顶部为堰面曲线，底部用圆弧曲线与护坦或鼻坎连接，各段间通常采用切线连接。混凝土溢流坝段的上游面宜与挡水坝相一致。

挡水坝段和溢流坝段的断面形态详见图18-34和图18-35。

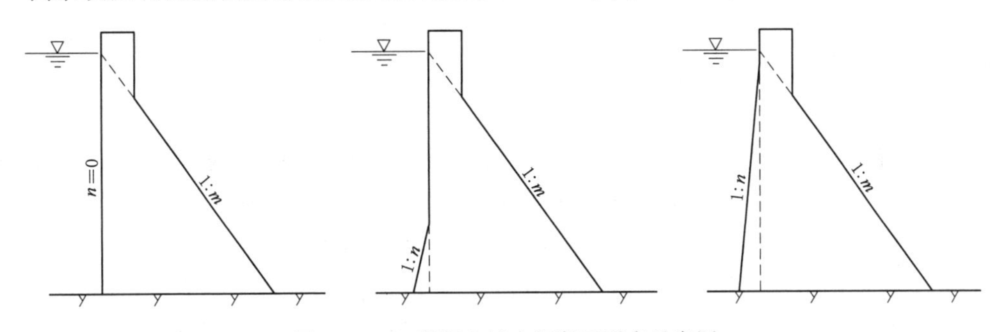


图18-34　混凝土挡水坝断面形态示意图

### （二）坝顶构造

混凝土重力坝坝顶布置应结合工程建筑的总体规划，与周围环境相协调，达到整体美观。与土石坝接头时，坝顶高程需与土石坝坝顶高程衔接。挡水坝坝顶宽度应满足设备布置、运行、检修、施工和交通等功能要求，坝顶最小宽度不宜小于5m。

溢流坝坝顶应结合闸门、启闭设备、操作检修、交通和监测等要求设置坝顶工作桥和交通桥。坝顶桥梁下应有足够的净空，满足排漂和排冰等要求。防浪墙宜采用与坝体连成整体的钢筋混凝土结构，墙身应有足够的厚度以抵挡波浪及漂浮物的冲击，墙身高度可取

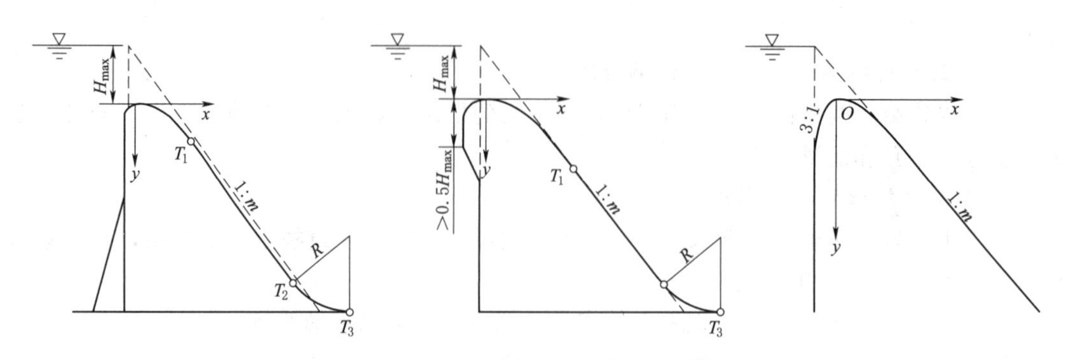


图 18-35　混凝土溢流坝断面形态示意图

1.2m。坝顶路面应具有横向坡度，并设置相应的排水设施。严寒地区，路面横向坡度应适当加大，坝顶下游侧栏杆宜采用不致挡风遮阳和积水的稀疏栏杆。

**（三）坝体材料分区**

1. 材料分区的设计原则

常态混凝土坝大坝材料分区应根据大坝的工作条件、地区气候等具体情况，满足强度、耐久性（包括抗渗、抗冻、抗冲耐磨和抗侵蚀）、浇筑时和易性以及低热性等方面的要求。坝体材料分区的主要原则如下：

（1）在考虑坝体各部位工作条件和应力状态，合理利用混凝土性能的基础上，尽量减少混凝土分区的数量，同一浇筑仓面的混凝土材料最好采用同一种强度等级，必要时不超过两种。

（2）具有相同或近似工作条件的混凝土尽量采用同一种材料指标，如泄洪表孔、泄洪中孔、冲砂孔及导流底孔周边，中表孔隔墙等均可采用同一种混凝土。

（3）材料分区要尽量减小对施工的干扰，要有利于加快施工进度，同时又便于质量控制。

2. 坝体材料分区

常态混凝土坝根据不同部位的工作条件及受力条件，坝体材料一般可分为 6 个区：

（1）上、下游水位以上坝体外部表面混凝土（Ⅰ区），Ⅰ区混凝土主要受大气的影响，运行过程中常年处于干燥状态中，要求该层要有较高的抗冻性。

（2）上、下游水位变化区的坝体外部表面混凝土（Ⅱ区），Ⅱ区混凝土既受水的作用也受大气的影响，要求该层有较高的抗冻和抗裂性。该区受水位变化的影响较多，在寒冷地区的冬季，冰冻对混凝土造成的破坏非常严重，对该区混凝土的抗冻性有严格的要求。

（3）上、下游最低水位以下坝体外部表面混凝土（Ⅲ区），Ⅲ区混凝土因长年浸泡在水下，受水压力的作用会产生大量的渗流，对坝体的安全稳定运行造成不利的影响，要求其有较高的强度和抗渗、抗裂性。

（4）坝体基础混凝土（Ⅳ区），与地基接触的底层混凝土，受上部坝体自重和渗透扬压力作用，要求其有较高的强度和抗裂性。

（5）坝体内部混凝土（Ⅴ区），各种性能都不做过高要求，应注意控制水泥水化发热。

（6）抗冲刷部位混凝土（如溢流面、泄水孔、闸墩、导墙等处）（Ⅵ区），要求该部位

要有高强度、抗冻、抗冲刷和抗侵蚀性。

一般外部混凝土各区厚度最小为2～3m；基础混凝土厚度一般为0.1$L$（$L$为坝体底部长度），并且不小于3m。常态混凝土坝分区详见图18-36。混凝土分区特性要求及考虑的主要因素见表18-19。

**表18-19　常态混凝土坝混凝土分区特性要求**

| 分区 | 强度 | 抗渗 | 抗冻 | 抗冲刷 | 抗侵蚀 | 低热 | 最大水灰比 | 选择各分区的主要因素 |
|---|---|---|---|---|---|---|---|---|
| Ⅰ | + | － | ++ | － | － | + | + | 抗冻 |
| Ⅱ | + | + | ++ | － | + | + | + | 抗冻、抗裂 |
| Ⅲ | ++ | ++ | + | － | + | + | + | 抗渗、抗裂 |
| Ⅳ | ++ | + | + | － | + | ++ | + | 抗裂 |
| Ⅴ | ++ | + | + | － | － | ++ | + | |
| Ⅵ | ++ | － | ++ | ++ | ++ | + | + | 抗冲耐磨 |

注　表中有“++”的项目为选择各区混凝土等级的主要控制因素，有“+”的项目为需要提出要求的，有“－”的项目为不需提出要求的。高地震区重力坝上部结构混凝土强度等级适当提高。

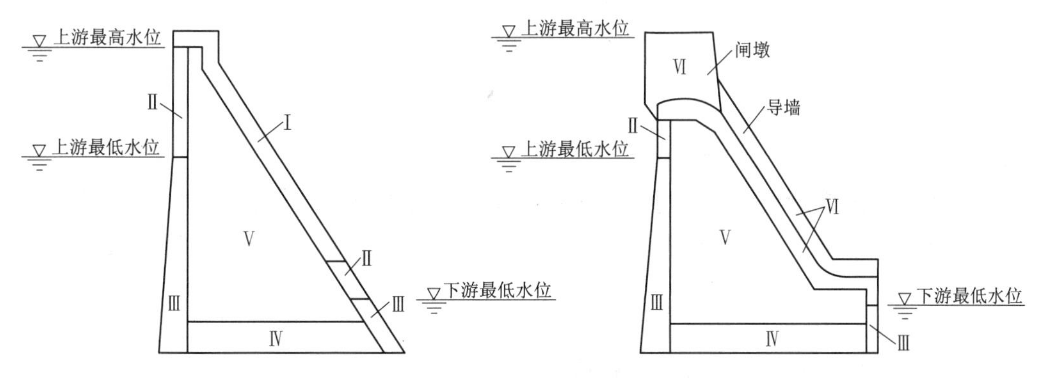


图18-36　常态混凝土坝分区示意图

**（四）坝体分缝**

为减小基岩的约束，降低坝体的温度应力，防止产生裂缝，适应不同岩基分界处地基的不均匀沉降，避免引起坝体内的应力集中，坝体应设置分缝。重力坝坝体内有三种缝，即横缝、纵缝和水平工作缝。

1. 横缝

混凝土重力坝横缝是垂直于坝轴线的竖直缝。横缝的间距与坝基条件、混凝土的降温散热措施、温度应力和施工条件等因素有关。常态混凝土重力坝横缝间距一般为15～20m，超过22m或小于12m时。

2. 纵缝

混凝土重力坝纵缝的方向与坝轴线平行，是临时性温度缝。为便于施工，常用的形式是铅直向的，少数采用斜缝或设置宽槽回填。纵缝间距一般比横缝间距大，二者比例可根据仓面面积限制和尽量减少纵缝数目的原则选定。常态混凝土重力坝纵缝的间距宜为15～30m，条件允许时，宜采用通仓浇筑，块长超过30m应严格温度控制。近年来，由于温度控制和施工技术水平的不断提高，有些高坝采用通仓浇筑，不设纵缝。

3. 水平工作缝

混凝土重力坝是分层浇筑施工的，水平施工缝是上、下层浇筑块之间的结合面。浇筑块厚度一般为1.5～4.0m，在靠近基岩面附近用1.5m左右的薄层浇筑，以利散热，减少温升，防止开裂。上、下层之间常间歇3～7d。纵缝两侧相邻坝块的水平施工缝不宜设在同一高程，以免削弱坝体水平截面的抗剪强度。

**（五）坝体内廊道**

1. 设置要求

坝内廊道和通道需满足下列设置要求：

（1）进行基础帷幕灌浆及在运行期必要时对帷幕进行补强灌浆。

（2）设置坝基排水孔和在运行期对排水孔进行检修。

（3）集中排除坝体和坝基渗水，以及对坝体排水管进行检修。

（4）施工中对坝体进行冷却处理，纵缝、横缝灌浆。

（5）运输、安装与运行深式泄水孔闸门和启闭机。

（6）设置排水集水井，运输和运行水泵和电动机。

（7）对坝体运行情况进行检查，设置各种观测设备，并进行观测。

（8）坝内交通、运输。

（9）坝内通风。

（10）设置各种动力和照明电缆。

在坝体内设置廊道和通道会削弱坝体的强度，而且给施工带来不便。所以在满足运行和施工要求的前提下，应尽可能减少廊道和通道的数目和尺寸，使一个廊道或通道有多种用途。

2. 坝内廊道

坝内廊道主要分基础廊道和坝体廊道两部分。

基础廊道包括基础灌浆廊道、基础排水廊道、基础交通廊道。基础廊道一般位于坝踵附近离上游坝面约1/15～1/10倍坝面上的作用水头处，以满足渗径的要求。廊道底到岩基的混凝土厚度为3～8m，以承受灌浆压力。在两岸岸坡坝段，基础灌浆廊道的纵向坡度一般近似地平行于开挖后的坝基面，但宜缓于45°，并设置扶手。坡度较陡的长廊道，应分段设置安全平台，安全平台间高差一般为15～20m，以便行人休息。当岸坡坝基纵向坡度陡于45°时，可做成竖井，竖井间设平台，平台间高差一般为15～20m，帷幕灌浆和排水孔幕在竖井内进行作业。也可在岸坡岩体内开挖帷幕灌浆隧洞，与基础廊道或竖井连接，使防渗帷幕成为整体。

坝体廊道主要包括排水廊道、检查廊道、观测廊道、交通廊道，纵向检查和排水廊道可同时用作观测廊道。为方便施工，廊道设计成标准断面，为城门洞型。纵向廊道每隔约30m高差设置一层，距离上游坝面的距离为1/15～1/10倍坝面上的作用水头，最小不少于3m。

在寒冷和严寒地区，坝顶观测廊道离坝顶应保持足够的距离，以免顶部混凝土冻裂，坝体的廊道、电梯（转梯）井，均应设置密闭保温门，并应防止其结冰、积雪、结霜；修建高坝时，为保持溢流面干燥而防止溢流面冻融破坏，在下游坝面的混凝土内可设若干层排水廊道。排水廊道距离溢流面距离2～3m，并在廊道内沿坝坡方向钻设排水孔引向下游排水系统，可保持溢流坝面的干燥状态。

对于坝体内的各层纵向廊道，应在两岸岸坡坝段内设竖井或倾斜廊道互相连通，并设有连接平台。如纵向廊道较长，应沿纵向每隔200～300m，在上、下层廊道间设置便梯。对于大中型工程的高坝，在坝体内应设置1～2座电梯，中坝可视需要设置电梯。

廊道可采用圆拱直墙和矩形廊道。基础灌浆廊道尺寸应根据所用钻机尺寸和灌浆工作的空间要求而定，基础灌浆廊道一般宽度为2.5～3.0m，高3.0～4.0m。基础排水廊道一般宽度为1.5～2.5m，高2.2～3.5m，纵向检查、排水、观测、交通廊道最小宽度为1.2m，最小高度为2.2m。

**（六）坝体止水系统**

混凝土重力坝上游坝面（含防浪墙）、溢流坝面、下游坝面最高水位以下部分的横缝中均应设置止水，同时，坝内廊道和各种孔洞穿过纵、横缝处的四周部位均布置止水。对于非溢流坝段和横缝设在闸墩中间的溢流坝段，止水片必须延伸到最高水位以上，排水井则需伸到坝顶。在横缝止水下游，宜设排水孔，直径为30～40cm，通至廊道内。对设在溢流孔中间的横缝止水，过水面一侧止水片上端应与上游坝面的止水相连，同时到溢流坝过水面的距离为1.0～1.5m，且要大于混凝土的冰冻深度。防浪墙的止水设置应与坝体止水相连接，溢流面上的止水需与闸门底坎金属结构埋件相连接以形成封闭，预埋钢件在横缝处中断、止水与钢件用铆钉连接。横缝止水如图18-37所示。

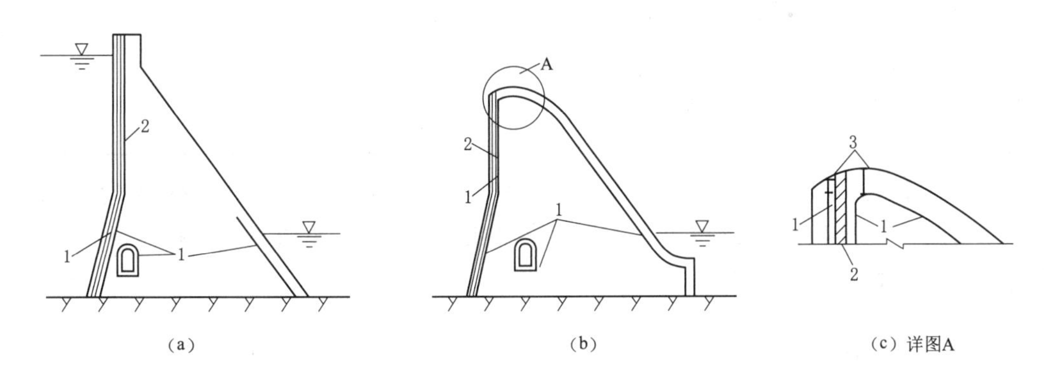


图18-37　横缝止水示意图

1—止水片；2—沥青井；3—闸门底坎金属结构埋件

高坝上游面附近的横缝止水应至少采用两道铜片止水片，中坝第一道止水片应采用铜片，中坝第二道止水片及低坝的止水片可采用塑料止水带或氨丁橡胶、遇水膨胀型橡胶止水带。

**（七）坝体防渗和排水系统**

重力坝上游坝面部分混凝土有防渗要求，应采用抗渗混凝土，其厚度约为1/15～

1/10倍的坝面上工作水头，最小不少于3m。为减小渗水对坝体的不利影响，在靠近坝体上游面需要设置排水孔幕。排水孔幕至上游面的距离，一般要求不小于坝前水深的1/10～1/15，且不小于2.5～3.0m，以便将渗流坡降控制在许可范围以内。排水孔可采用拔管、钻孔或预制无砂混凝土管成孔，间距2～3m，内径15～25cm。渗水由排水孔进入廊道，然后汇入集水井，经由横向排水孔自流或用水泵抽水排向下游。

**（八）温度控制设计**

混凝土重力坝的断面尺寸和体积都十分巨大，属于典型的大体积混凝土结构。为防止大坝裂缝，除适当分缝、分块和提高混凝土质量外，还应对混凝土进行温度控制。

温度控制的目的是防止由于混凝土温升过高、内外温差过大及气温骤降产生各种温度裂缝。

1. 温度控制标准

（1）基础容许温差。基础温差是指坝块基础部位的最高温度与相应区域稳定温度之差。控制基础温差的目的是防止基础约束范围内坝块温度过高，降温时受基础约束产生较大的温度应力而引起基础贯穿裂缝。

常态混凝土28d龄期的极限拉伸值不低于$0.85\times10^4$，施工质量良好、基岩变形模量与混凝土弹性模量相近、短间歇均匀上升时，其基础容许温差可采用表18-20中规定的数值。

**表18-20　　常态混凝土基础容许温差**　　单位：℃

| 浇筑块长度 $L$ | | | | | |
|---|---|---|---|---|---|
| 距基础面高度 $H$ | 17m以下 | 17～21m | 21～30m | 30～40m | 40m至通仓 |
| 0～0.2$L$ | 26～24 | 24～22 | 22～19 | 19～16 | 16～14 |
| 0.2$L$～0.4$L$ | 28～26 | 26～25 | 25～22 | 22～19 | 19～17 |

（2）内外温差控制。控制内外温差目的主要是防止表面裂缝。以往内外温差的控制标准为20～25℃，近年来的实践表明，对于大体积混凝土而言，这样的温差控制仍然会出现大量裂缝，因此建议将内外温差控制在15～20℃。对于具体工程，应根据实际的混凝土的极限拉伸值和线膨胀系数确定。

2. 温度控制措施

采取必要的温控措施，防止坝体产生温度裂缝，具体温控措施如下：

（1）降低混凝土的浇筑温度。

（2）减少混凝土水化热温升。

（3）合理分缝浇筑，减小约束、加快散热。

（4）加强对混凝土表面的养护和保护。

（5）合理确定混凝土的强度等级。

（6）合理安排混凝土浇筑进度，尽量做到薄层、短间歇、均匀上升，避免突击浇筑混凝土。

## 四、碾压混凝土重力坝设计

### （一）碾压混凝土重力坝的特点

碾压混凝土重力坝是将土石坝碾压设备和技术应用于混凝土重力坝施工的一种新坝型，采用振动碾压实的干硬性混凝土修筑大坝。碾压混凝土重力坝的主要特点如下：

（1）坝体采用低水泥用量、高掺粉煤灰的干硬性混凝土，单位水泥用量小。

（2）上游设置专门的防渗层作为坝体防渗主。

（3）通常坝体不设纵缝，而横缝采用切缝机切割。

（4）采用通仓薄层浇筑，设备利用率高，施工速度快。

（5）大仓面施工，可以减少模板用量，提高施工安全性。

（6）工艺程序简单，施工强度高，缩短工期，工程经济性较好。

碾压混凝土重力坝不改变混凝土的基本性质，只改变了混凝土的施工工艺和工序，由于其综合了混凝土坝和土石坝施工快速的特性，具有工期短、造价低等优点，20世纪80年代以来发展速度较快。广东广州抽水蓄能电站下水库；河南回龙抽水蓄能电站上、下水库；广东惠州抽水蓄能电站上、下水库；内蒙古呼和浩特抽水蓄能电站下水库；江西洪屏抽水蓄能电站下水库；山西垣曲抽水蓄能电站下水库等均采用了碾压混凝土重力坝。

### （二）碾压混凝土重力坝的设计要求

1. 防渗结构设计

（1）防渗结构型式。根据我国碾压混凝土筑坝技术的发展，碾压混凝土重力坝坝体防渗型式有常态混凝土“金包银”防渗型式、常态混凝土薄层防渗结构、钢筋混凝土面板防渗结构、碾压混凝土自身防渗、变态混凝土防渗等结构型式、沥青混合料防渗结构和薄膜防渗结构。

为解决碾压层面薄弱和施工不均匀性，提高防渗体的抗渗性，坝体上游面的防渗结构多采用以碾压混凝土自身防渗为基础的联合防渗结构型式，即二级配富胶凝碾压混凝土＋变态混凝土组合防渗结构形式，工程实践表明这种结构能在很大程度上提高层面的结合性能和抗渗均匀性，是我国碾压混凝土坝防渗结构发展的方向。

（2）坝防渗结构设计标准。碾压混凝土重力坝防渗结构设计标准见表18－21。

**表18－21　碾压混凝土重力坝防渗结构设计标准**

| 应用条件 | 挡水高度/m | 抗渗等级 |
| --- | --- | --- |
| 上、下游挡水面 | $H<30$ | W4 |
| | $H=30\sim70$ | W6 |
| | $H=70\sim150$ | W8 |
| | $H=150\sim200$ | W10 |
| | $H>200$ | 大于W10，应进行专门论证 |

（3）二级配碾压混凝土与变态混凝土组合防渗结构设计要点。

1）碾压混凝土是构成防渗结构的主体，其厚度宜为坝面水头的1/20～1/10，最小厚度应能满足施工需要，不宜小于3m。

2）碾压混凝土每个层面上要求铺水泥浆处理，以提高碾压混凝土层面抗渗性。

3）碾压混凝土的上游侧设置变态混凝土防渗层，变态混凝土的厚度一般为0.5～1.0m，变态混凝土的厚度取决于结构和施工的要求，应尽量控制拉模钢筋在坝体内的延伸范围。

4）根据实际工程的情况，变态混凝土内可设置限裂钢筋网限制坝面裂缝开展。

5）变态混凝土与碾压混凝土防渗结构应分横缝，横缝间距一般与坝体分缝间距一致。

2. 坝体材料分区

碾压混凝土重力坝根据不同部位的工作条件及受力条件和运行期的气温环境等因素，坝体材料一般可分为4个区：

(1) 坝体基础垫层混凝土（Ⅰ区），垫层混凝土一般采用常态混凝土，一般厚度为1.0～1.5m。

(2) 坝体上游防渗混凝土（Ⅱ区），坝体上游防渗混凝土可采用常态混凝土或变态混凝土，宜优先采用二级配富浆碾压混凝土与变态混凝土的组合；当采用沥青材料、合成橡胶、聚氯乙烯薄膜等防渗层时，其厚度应根据抗渗性、耐久性、变形特性及与混凝土面的结合情况由试验确定。

(3) 坝体内部混凝土（Ⅲ区）。

(4) 变态混凝土（Ⅳ区），变态混凝土多用于坝体难以碾压密实的部位，如模板附近、上下游坝体表面、与常态混凝土接合部、与岸坡接触的基础混凝土、坝内孔洞周边等部位。

碾压混凝土重力坝材料分区示意如图18-38所示。

3. 坝体分缝

为适应碾压混凝土快速施工的特点，碾压混凝土重力坝一般不设置纵缝。

碾压混凝土重力坝应设横缝。依据国内碾压混凝土高坝横缝间距统计数据，坝体横缝间距一般在15～64m。碾压混凝土重力坝的横缝应根据坝址气象条件、坝基地形地质条件、坝体布置、坝体断面尺寸、温控措施、施工强度等因素，经技术经济比较确定，其间距宜为15～30m。横缝间距应与溢流表孔、泄水孔、发电进水口、通航等建筑物的布置要求相适应。

横缝常采用切缝机具切制、设置诱导孔或隔缝材料等方法形成。

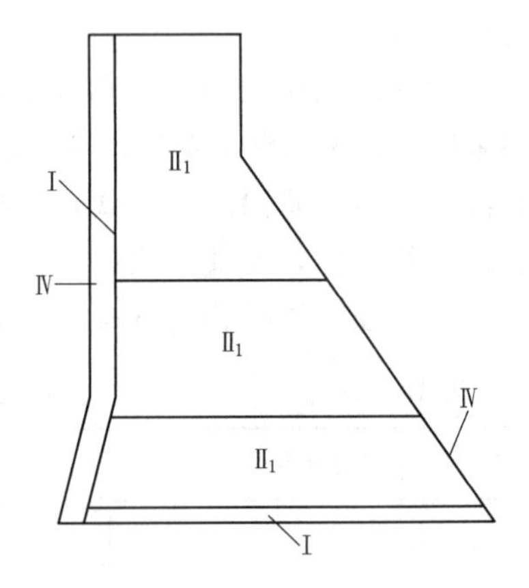


图18-38　碾压混凝土重力坝材料分区示意图

## 五、寒冷地区混凝土重力坝设计要求

在严寒地区由于寒潮频繁，冰冻对混凝土造成的破坏非常严重，一旦出现表面裂缝，极易发展成为贯穿性裂缝。因此对混凝土的抗冻性应有严格的要求。

（1）为限制坝体表面冻胀裂缝和温度裂缝的发展，在坝体上、下游表面及坝顶配置单层双向限裂钢筋。

（2）坝顶观测廊道离坝顶应保持足够的距离，以免顶部混凝土冻裂。

（3）坝体的廊道、电梯（转梯）井，均应设置密闭保温门，并应防止其结冰、积雪、结霜。

（4）修建高坝时，为保持溢流面干燥而防止溢流面冻融破坏，在下游坝面的混凝土内可设若干层排水廊道。排水廊道距离溢流面距离2～3m，并在廊道内沿坝坡方向钻设排水孔引至下游排水系统，可保持溢流坝面的干燥状态。

（5）坝顶路面横向坡度应适当加大，坝顶下游侧栏杆宜采用不致挡风遮阳和积水的稀疏栏杆。

（6）在寒冷季节应对孔口、廊道等通风部位加强封堵；在寒潮来临之前，应及时覆盖好混凝土表面，防止混凝土表面温降梯度过大，产生较大拉应力面开裂，尤应重视冬季的表面保温。

（7）在坝体上、下游表面采用永久性保温措施。表面保温材料选择保温效果好且易于施工的材料，如呼和浩特抽水蓄能电站下水库拦河坝在坝体上、下游表面喷涂聚氨酯保温材料＋聚酯砂浆；蒲石河抽水蓄能电站下水库重力坝表面保温材料采用聚苯乙烯泡沫塑料。

## 六、工程实例

### （一）辽宁蒲石河抽水蓄能电站下水库

蒲石河抽水蓄能电站下水库位于中朝界河鸭绿江右岸支流蒲石河下游的王家街处，坝址在鼓楼子乡王家街村附近。下水库总库容2871万$m^3$，调节库容1255万$m^3$，死库容1616万$m^3$。水库正常蓄水位66.00m；死水位62.00m；设计洪水位（$P=0.5\%$）66.00m，相应下泄流量9950$m^3/s$；校核洪水位（$P=0.1\%$）66.00m，相应下泄流量12750$m^3/s$；消能防冲标准（$P=1\%$）下泄流量8710$m^3/s$。

下水库为混凝土重力坝，坝顶高程为70.10m，坝顶全长为336m，最大坝高34.10m。整个大坝（包括泄洪排沙闸）共分19个坝段，由普通挡水坝段、门库挡水坝段、电梯井坝段、导流底孔坝段及引水坝段组成。泄洪排沙闸共7孔，孔宽14.0m，采用WES实用堰，堰顶高程48.00m，堰体及闸墩长42.0m，预应力闸墩厚度为4.0m。泄洪排沙闸采用下挖式消力池消能，消力池宽122.0m，长66.84m。

坝后式厂房位于16号、17号两个坝段下游侧。主厂房总长度为48.00m，宽15.04m，高27.48m。厂内安装4台水轮发电机组，总装机容量为5200kW。大机组单机容量为2000kW，小机组单机容量为600kW。见图18－39。

1. 坝体分缝及止水

下水库坝体主要按功能及结构要求进行分缝，坝体长度为13～24.3m，在坝体横缝处共设三道止水。其中坝体上游侧设置两道止水，第一道止水为“W”型铜片止水，第二道止水为橡胶止水，坝体下游侧设置一道橡胶止水。廊道在横缝处周边设一道铜止水。泄洪排沙闸坝段堰体表面设置一道“W”型铜片止水。

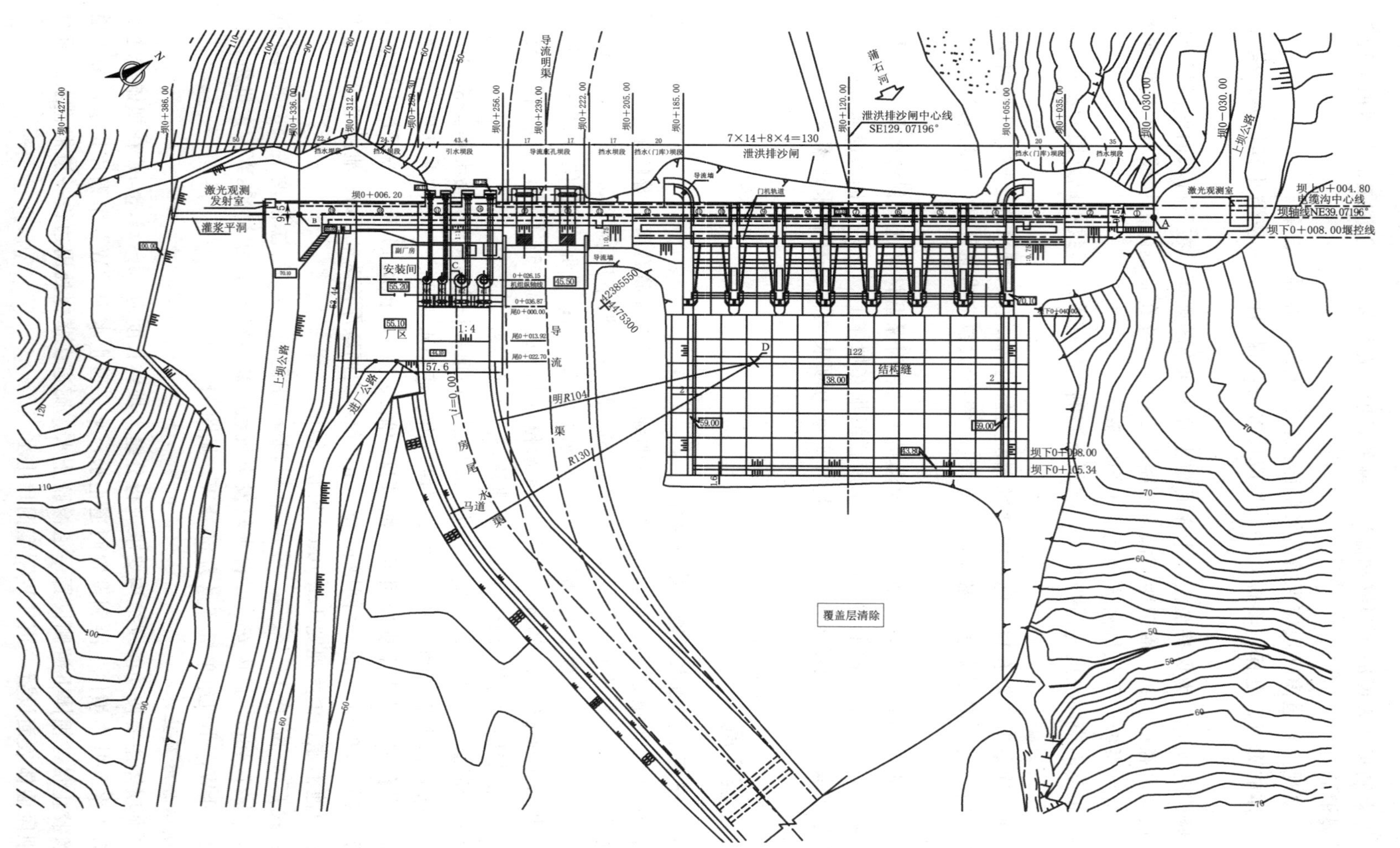


图18-39 下水库主坝平面布置示意图（单位：m）

2. 坝内廊道系统

大坝设有基础灌浆廊道、观测横廊、集水井廊道、电梯井。

基础灌浆廊道、观测横廊、集水井廊道采用城门洞形，断面尺寸分别为 2.5m×3.5m（宽×高）、2.5m×3.5m（宽×高）、4.0m×3.5m（宽×高）。基础灌浆廊道距建基面不小于 2.0m，分别在 3 个坝段设置 $\phi$325 通风管。

3. 排水系统

坝体设有垂直排水系统，排水孔沿基础廊道上游侧垂直布置，排水孔间距为 2.5m，排水孔直径为 150mm。水平排水沟设在基础廊道上、下游侧，廊道上、下游排水沟断面分别为 0.2m×0.2m（宽×高）和 0.2m×0.3m（宽×高），整个坝体的渗水可通过排水沟流入基础廊道的集水井内，再通过水泵将集水排至坝下游。

4. 大坝温控设计

（1）温控标准。由于在汛期，坝体混凝土要经受过水度汛考验，度汛的混凝土龄期有可能超过 28d，需要进行上、下层温差控制。对连续上升坝体且浇筑高度大于 0.5$L$（浇筑块长边尺寸）时，取允许上下层温差上限值；浇筑块侧面长期暴露、上层混凝土高度小于 0.5$L$ 或非连续上升时应加严上下层温差标准，取允许上下层温差下限值。大坝基础部分的温度控制指标见表 18-22。

**表 18-22　　大坝混凝土约束区温控指标**　　单位：℃

| 项　　目 | 允许基础温差 | 稳定温度 | 允许最高温度 | 允许浇筑温度 |
|---|---|---|---|---|
| 强约束区（0～0.2$L$） | 21 | 8.6～10.6 | 29.6～31.6 | 17～18 |
| 弱约束区（0.2$L$～0.4$L$） | 24 | 8.6～10.6 | 32.6～34.6 | 19～20 |

非约束区混凝土浇筑温度不受上表限制，参照其他工程确定混凝土最高允许温度为 36℃。

（2）混凝土温控措施。

1）优化混凝土配合比，提高混凝土抗裂能力，采取混凝土掺加粉煤灰措施，降低水化热温升。

2）高温季节（6 月下旬和 9 月上旬）浇筑混凝土时，要加快入仓速度，采用适当遮阳和喷雾措施，以降低浇筑温度。

3）严格控制混凝土浇筑层厚，基础约束区采用薄层、短间歇、连续浇筑法，浇筑层厚 1.5m；岸坡坝段基础及过水度汛部位浇筑层厚 1.5m；非约束区浇筑层厚 2～3m。

4）工程区寒潮频繁，昼夜温差大，为控制混凝土内、外温差，采用混凝土表面保温措施。永久保温持续时间至少超过一个低温季节。

5）混凝土浇筑完毕后，对表面及时进行养护，在一定时间内保持适当的温度和湿度，形成混凝土良好的硬化条件。

6）每年入秋后将廊道及其他所有孔洞进出口进行封堵保护，以防冷风贯通产生混凝土表面裂缝。

**（二）山西垣曲抽水蓄能电站下水库**

山西垣曲抽水蓄能电站下水库挡水建筑物坝型为碾压混凝土重力坝，最大坝高

81.3m，坝长215.00m，共布置11个坝段，坝体上游坡为直立坡、坝体下游坡坡度为1∶0.75。下水库泄洪系统布置于坝身，由河床坝段的2个表孔（10m×14.5m）和1个底孔（3.5m×5m）联合泄洪，校核工况总下泄流量2520m³/s，消能方式底流消能。见图18-40。

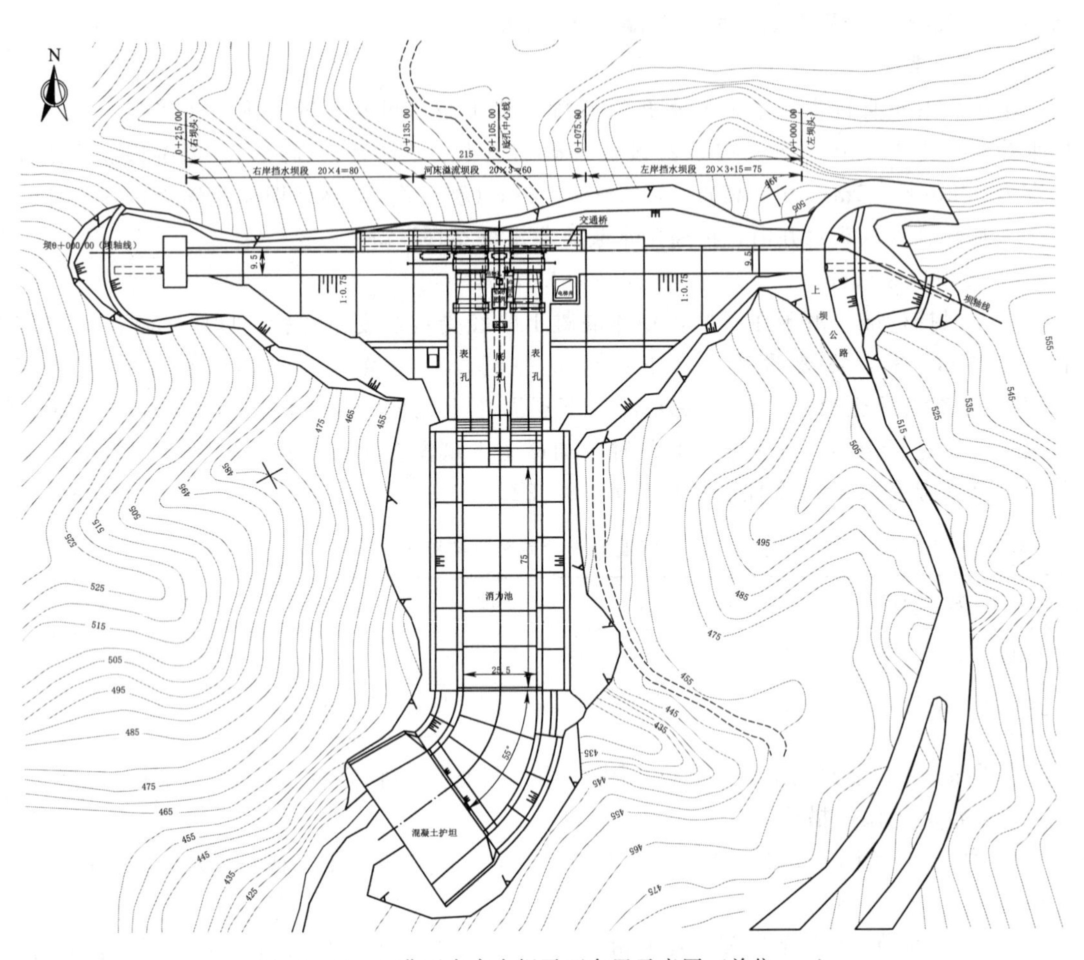


图18-40　垣曲下水库大坝平面布置示意图（单位：m）

1. 坝体分缝及止水

从坝基地形地质条件、坝体布置及断面尺寸、温度应力的影响、施工等方面综合考虑，两岸挡水坝段横缝间距18m、河床溢流坝段横缝间距20m。坝体碾压混凝土不设纵缝，采用通仓浇筑。挡水和溢流坝上游面横缝设置两道铜片止水，止水均位于上游防渗混凝土内，止水底部伸入坝基底部止水坑。挡水坝段下游面最高水位以下设一道铜片止水，止水底部伸入坝基底部止水坑。溢流坝下游坝面设一道止水，延伸至反弧段并与消力池止水连接形成闭合的止水体系。坝基灌浆排水廊道、坝体排水检查廊道及交通、观测廊道穿过坝体横缝处，均在廊道四周设置一道封闭的橡胶止水带。

2. 坝内廊道系统

坝体内共设置两层廊道，底层为基础灌浆排水廊道、上层为排水检查廊道。两层廊道

同时兼做观测廊道及坝内交通廊道，廊道间竖直交通通过一个竖井楼梯和一部电梯连接，并与横向交通廊道、横向观测廊道相连通构成完整通畅的廊道系统。

基础灌浆排水廊道和排水检查廊道断面均为城门洞形，断面尺寸分别为 3.0m×3.5m（宽×高）和 2.5m×3.0m（宽×高）。坝内电梯井断面均为矩形，断面尺寸为 6.4m×6.0m（长×宽），电梯井内设疏散楼梯。

3. 坝体排水系统

坝体排水系统位于上游防渗体下游侧，由排水廊道和竖向排水孔组成。竖向排水孔采用钻孔成孔，距离上游面的水平距离为 3.7m，孔径 150mm，孔间距 3.00m。坝体渗水通过排水孔汇集到基础廊道的排水沟，汇集到集水井，集中抽排往下游。

4. 大坝混凝土分区

大坝上游坝体均采用防渗混凝土，水平宽度 3.0～5.0m，表层采用 0.8m 厚 $C_{90}$20W8F100 富胶凝变态混凝土，内层为相同标号碾压混凝土。

大坝基础防渗混凝土厚 3.0m，采用 $C_{90}$20W8F100 碾压混凝土。基础垫层混凝土采用 0.5m 厚相同标号的常态混凝土垫层。

大坝内部混凝土采用 $C_{90}$15W4F50 碾压混凝土。

廊道、电梯井周边混凝土采用三级配变态混凝土，厚度为 0.8～1.0m。

碾压混凝土重力坝坝体材料分区详见表 18-23。挡水坝段混凝土分区见图 18-41。

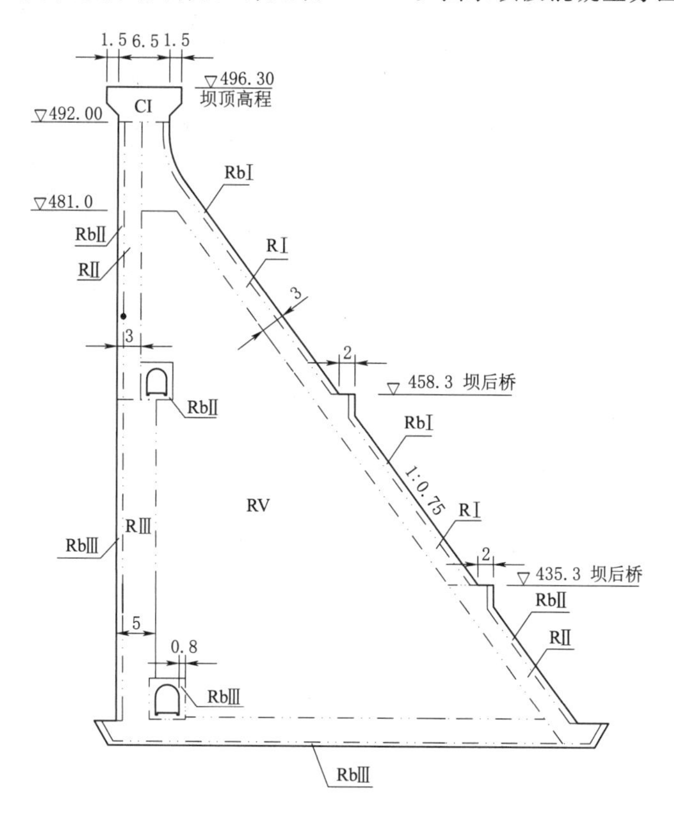


图 18-41　垣曲下水库挡水坝段混凝土分区图（单位：m）

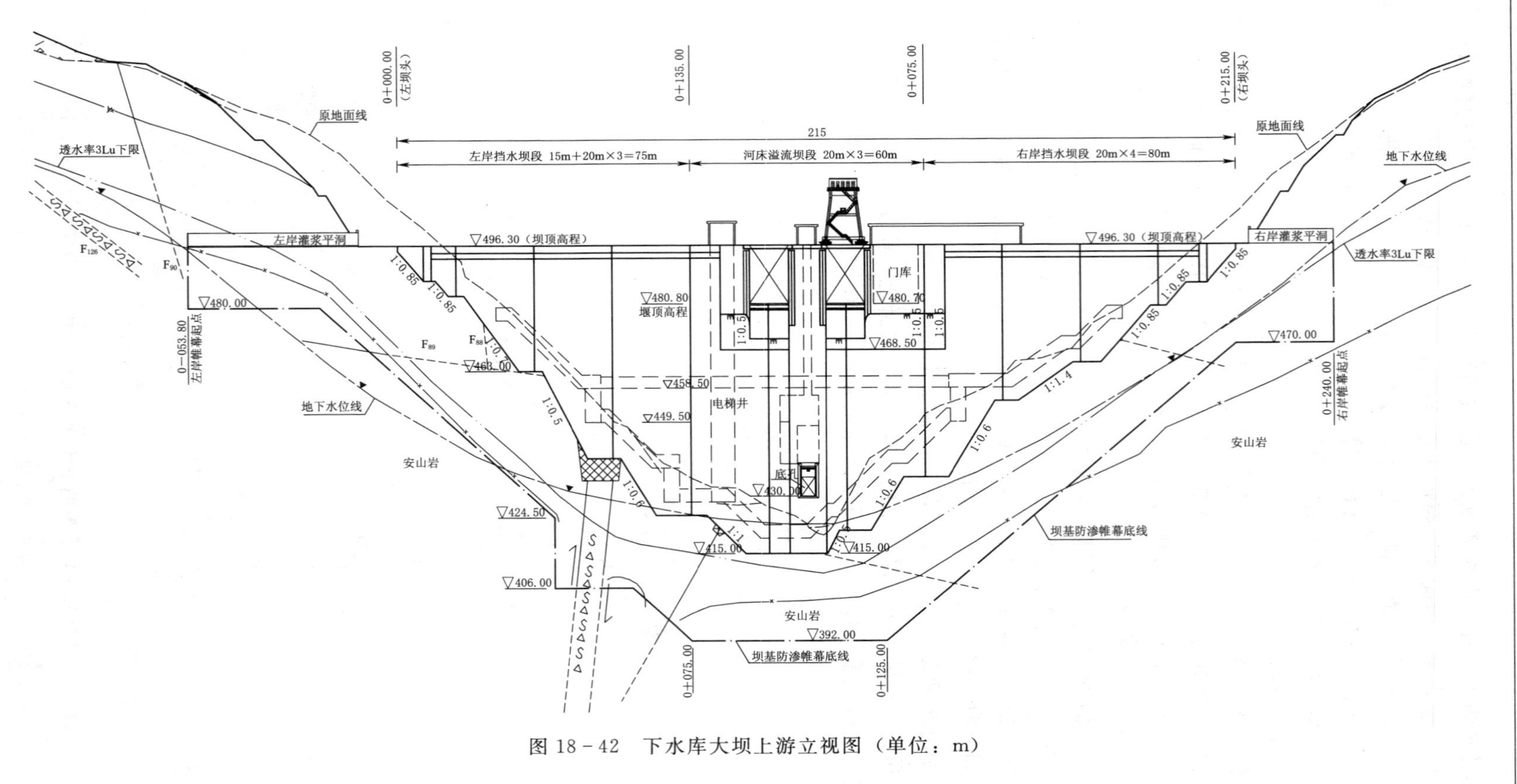


图 18-42　下水库大坝上游立视图（单位：m）

表 18-23　　　　垣曲下水库碾压混凝土重力坝坝体材料分区

| 坝段 | 材料 | 分区编号 | 主要控制指标 | 强度等级 | 抗渗等级 | 抗冻等级 | 级配 | 应用部位 |
|---|---|---|---|---|---|---|---|---|
| 大坝混凝土 | 碾压混凝土 | RⅠ | 抗冻 | $C_{90}20$ | W4 | F100 | 三 | 坝体下游高程 435.00m 以上 |
| | | RⅡ | 抗渗、抗冻 | $C_{90}20$ | W8 | F100 | 二 | 坝体上游、基础以及下游高程 435.00m 以下 |
| | | RⅤ | 强度、低热 | $C_{90}15$ | W4 | F50 | 三 | 内部混凝土 |
| | 变态混凝土 | RbⅠ | 抗冻 | $C_{90}20$ | W4 | F100 | 三 | 坝体下游高程 435.00m 以上表层靠近模板附近 |
| | | RbⅡ | 抗渗、抗冻 | $C_{90}20$ | W8 | F100 | 二 | 坝体上游、基础以及下游高程 435.00m 以下表层靠近模板附近 |
| | | RbⅤ | 强度、低热 | $C_{28}20$ | W4 | F50 | 三 | 内部廊道周围，厚 0.8m |
| | 常态混凝土 | CⅠ | 强度、抗裂 | $C_{90}20$ | W8 | F100 | 三 | 坝顶混凝土和坝基垫层混凝土 |
| | | CⅡ | 抗冲耐磨 | $C_{28}35$ | W8 | F100 | 二 | 溢流堰面、底孔、消力池表面以及闸墩过流侧外表面，厚 0.5m |
| | | CⅢ | 强度、抗冻、抗渗 | $C_{90}25$ | W8 | F100 | 三 | 溢流堰、消力池底板以及冲沙底孔坝段坝体内部 |
| | | CⅣ | 强度、低热 | $C_{28}30$ | W8 | F100 | 三 | 闸墩、消力池边墙内部以及冲沙底孔上游检修门槽 |

## 第六节　其　他　坝　型

在抽水蓄能电站上、下水库中，应用较少的其他坝型还有黏土心墙坝、混凝土拱坝等。

### 一、黏土心墙坝

#### （一）黏土心墙坝在抽水蓄能电站中的应用及特点

1. 黏土心墙坝在抽水蓄能电站中的应用

黏土心墙坝属当地材料坝，对坝基要求较低，由于能充分利用当地材料，较易适应各种不同的地形、地质条件，是应用最为广泛的坝型之一。特别是随着大型碾压施工机械的出现，该类坝型体现出较好的综合经济效益。但由于黏土的强度指标较低，土体内孔隙水压力不易消散，不能适应抽水蓄能电站水位大幅度变动的运行工况，因此在抽水蓄能电站工程中较为少见，特别是寒冷地区，实践经验不多。当抽水蓄能电站工程区附近有足够的黏土材料，黏土料的防渗性能满足设计要求，而水库库盆的防渗处理比较简单，不需要采取全库盆防渗时，黏土心墙坝是一种较为合适的坝型。

国外抽水蓄能电站工程如美国的巴斯康蒂抽水蓄能电站上水库大坝采用 140m 的心墙堆石坝；日本的葛野川、神流川及奥吉野上水库大坝都采用黏土心墙堆石坝；国内抽水蓄能电站采用黏土心墙坝的工程实例不多，如惠州抽水蓄能电站上、下水库副坝均采用黏土心墙堆石；江苏宜兴抽水蓄能电站下水库大坝为黏土心墙堆石坝；广东清远抽水蓄能电站上下水库黏土心墙堆石（渣）坝。

2. 黏土心墙坝的特点

（1）适应各种地形条件。黏土心墙坝的防渗体位于坝体中央，可适应任意的地形，特别是对两岸坝肩陡峭的地形条件，其适应能力更好。从节省工程投资和运行管理角度，黏土心墙坝宜选择坝轴线较短、河谷较窄、便于布置泄水建筑物、便于布置施工场地、方便施工和运行管理的地形。

（2）对地质条件要求较低。黏土心墙坝对地质条件要求较低，既可建在岩基上，也可建在河床覆盖层上。对于岩质基础，应力求建在较坚硬、完整、具有抗水性且透水性弱的岩基上；对于土（软）质基础，应力求建在承载力大、变形小，具有抗水性且透水性的土基上，一般的砂砾石覆盖层是较好的地基。

（3）水位骤降工况坝体上游坝坡影响较大。根据抽水蓄能电站的运行特点，库水位升降速度可达3～6m/h，甚至7～9m/h。这种水位骤降工况变化使心墙上游坝壳的浸润线发生相应的变化。而黏土的强度指标较低，土体内孔隙水压力不易消散，库水位大幅度骤升骤降对坝体上游坝坡稳定有很大的不利影响。

**（二）黏土心墙坝的设计要点**

1. 黏土心墙防渗体设计

（1）黏土心墙结构。黏土心墙的断面应自上而下逐渐加厚，其厚度取决于土料的容许渗透坡降。心墙顶部的水平宽度应考虑机械化施工的需要，不宜小于3m，其底部厚度不宜小于设计水头的1/4。

黏土心墙顶部应在静水位以上，对于正常运用情况（如正常蓄水位、设计洪水位），心墙顶部超高为0.6～0.3m；对于非常运用情况（如校核洪水位），心墙顶部高程应不低于非常运用条件的静水位。当心墙顶部设有稳定、坚固、不透水且与心墙紧密结合的防浪墙时，心墙顶部高程可不受上述限制，但不得低于正常运用的静水位。

同时，考虑沉降影响心墙顶部预留竣工后沉降超高。黏土心墙顶部应设保护层，防止冻胀和干裂。保护层可采用砂、砂砾石或碎石，其厚度不小于所处区域冻深和干燥深度。

（2）黏土心墙防渗土料的要求。

1）防渗性能。黏土心墙防渗土料的渗透系数不大于$1\times10^{-5}$cm/s。

2）水溶盐和有机质含量。黏土心墙防渗土料易溶盐和中溶盐含量（按质量计）不大于3%，有机质含量（按重量计）不大于2%。

3）黏粒含量。黏土心墙防渗土料黏粒含量为15%～30%较好，一般不宜超过40%。黏粒含量太高的土料对含水率比较敏感，压实性能较差。

4）塑性。黏土心墙防渗土料塑性指数为10～20较好，但一般认为塑性指数$I_p>7$就可以作为防渗土料。塑性指数低的土料，对抗裂不利。

5）渗透稳定性。黏土心墙防渗土料渗透稳定性应满足抗渗透变形能力和抗冲蚀能力。在渗流作用下有较好的抗渗透变形能力，即有较大容许渗透比降；发生裂缝后，有较强的抗冲蚀能力。

6）抗剪强度。心墙坝坝坡稳定主要由坝壳材料控制，土料抗剪强度对稳定影响很小。

为满足抗剪强度要求，应避免采用浸水后膨胀、软化较大的黏土。

7）压缩性。土料压缩性大小的控制，需根据大坝的高度、河谷宽高比、两岸坝肩坡度、防渗体边坡坡度及在坝体中位置等诸多因素决定。大坝的高度越高、河谷狭窄、岸坡陡峻等均要求土料有较低的压缩性。黏土心墙坝的心墙越窄越要求土料有较低的压缩性。同时，浸水压缩与非浸水压缩的压缩系数不可相差很大，否则水库蓄水后黏土心墙可能产生较大的沉降，也可能因为过大的不均匀沉降而使防渗体产生裂缝。

2. 反滤层和过渡层设计

反滤层的作用是滤土排水，防止在渗流逸出处遭受管涌、流土等渗透变形破坏、不同层界面处的接触冲刷等；过渡层的作用是避免在刚度相差较大的两种土料之间产生急剧变化的变形和应力。反滤层可以起过渡层的作用，而过渡层却不一定能满足反滤要求。在黏土心墙坝的防渗体与坝壳之间，根据需要与土料情况可以设置反滤层，也可同时设置反滤层和过渡层。

（1）反滤层设计。抽水蓄能电站坝体存在不均匀沉陷，且电站上游水位变化频繁、骤降速度达到5～8m/h，为防止黏土料细颗粒流失现象发生，反滤层设计在工程设计中至关重要。由于上游水位处于经常性的变化过程中，堆石坝黏土心墙上游反滤和下游反滤一样重要，黏土心墙上、下游侧均应设置反滤层。

根据反滤过渡要求，反滤层的级配、厚度和层数宜通过分析比较，选择最合理的方案。对于1级、2级坝还应经过试验论证。反滤层应有足够的尺寸以适应可能发生的不均匀变形，同时避免与周围土层混掺。

反滤层数为1～3层，由级配均匀，耐风化的砂砾、卵石或碎石构成，且每层粒径随渗流方向而增大。反滤料要求质地致密，具有较高且能满足工程运用条件要求的抗压强度、抗水性和抗风化能力，且粒径不大于0.075mm的颗粒含量不宜超过5%。

水平反滤层最小厚度为0.3m，垂直或倾斜反滤层最小厚度0.5m，如采用机械化施工，最小水平厚度视施工方法而定，一般不小于3m。

（2）过渡层设计。当黏土心墙与坝壳料之间的反滤层总厚度不能满足过度要求时，可加设过渡层。当坝壳料为堆石时，过渡层应采用连续级配，最大粒径不宜超过300mm，顶部水平宽度不宜小于3m，采用等厚度或变厚度均可以。

3. 防渗体与混凝土建筑物的连接

黏土心墙坝坝体与混凝土坝的连接，可采用插入式、侧墙式或经过论证的其他型式。一般来说，插入式连接方式简单、可靠、投资低，已建工程中采用插入式较多。坝体与溢洪道等建筑物的连接应采用侧墙式。为了防止沿接触面发生集中渗流，心墙防渗体与混凝土建筑物的接触面应有足够的渗径。当采用侧墙式连接时，心墙防渗体与混凝土结合面的坡度不宜陡于1∶0.25。连接段的防渗体断面宜适当加大，或选用接触黏土填筑并充分压实，且在接合面附近加强防渗体下游反滤层等。严寒地区应符合防冻要求。

## 二、混凝土拱坝

### （一）混凝土拱坝在抽水蓄能电站中的应用

与混凝土重力相比较，混凝土拱坝具有坝体厚度薄，节省工程量、有较强的超载能力和抗震能力等技术优势。但其对形状及地基要求较高，而抽水蓄能电站的上水库一般位于山顶洼地，很难满足拱坝的建坝条件。意大利昂塔拉克抽水蓄能电站上水库大坝为130m高的混凝土拱坝。国内抽水蓄能电站工程中，混凝土拱坝工程实例较少，多为混合式电站中已建的水库大坝，如吉林白山混合式抽水蓄能电站上水库混凝土拱坝，安徽响洪甸混合式抽水蓄能电站上水库混凝土拱坝，浙江仙居纯蓄能抽水蓄能电站下水库混凝土拱坝。

**（二）混凝土拱坝设计要点**

1. 拱坝建坝条件

（1）对地形条件的要求。地形条件是决定拱坝结构型式、工程布置以及经济性的主要因素。理想的地形应是河谷较窄、左右岸大致对称，岸坡平顺无突变，在平面上向下游收缩，坝端下游侧要有足够的岩体支承，以保证坝体的稳定。

拱坝最好修建在对称的河谷，在不对称河谷中也可修建，但坝体承受较大的扭矩，产生较大的平行于坝面的剪应力和主拉应力。可采用重力或将两岸开挖成对称的形状，以减小这种扭矩和应力。

（2）对地质条件的要求。地质条件也是拱坝建设中的一个重要问题。河谷两岸的基岩必须能承受由拱端传来的推力，要在任何情况下都能保持稳定，不致危害坝体的安全。理想的地质条件是：基岩比较均匀、坚固完整、有足够的强度、透水性小、能抵抗水的侵蚀、耐风化、岸坡稳定、没有大断裂等。实际上很难找到没有节理裂隙软弱夹层或局部断裂破碎带的天然坝址，但必须查明工程的地质条件，必要时应采取妥善的地基处理措施。当地质条件复杂到难于处理，或处理工作量太大、费用过高时，则应另选其他坝型。

2. 体型设计

体型设计应综合考虑坝址河谷形状、地质条件、坝体布置、泄洪消能、应力状态、拱座稳定、工程投资和施工条件等因素，通过拱圈线型的优选确定。拱梁分载法及刚体极限平衡法是拱坝体型设计计算的基本方法。设计采用的拱坝体型应满足规范规定的强度、稳定安全要求；应力分布均匀，方便施工，经济合理，安全可靠。中、高拱坝设计，通常需要开展体型优化设计。

3. 拱座稳定分析

据调查分析，拱坝事故绝大多数都是由于拱座的原因引起的，很少因为坝体结构首先破坏。拱座抗滑稳定安全性需要在查清坝址地质条件、坝肩岩体结构、岩体及结构面性状的基础上，分析确定两岸坝肩各种可能的滑移边界及滑移模式，采用刚体极限平衡法逐一进行计算分析和评价；对具有较大不确定性的影响因素，如结构面的产状、力学参数，坝肩抗力体防渗和减排效果等还需要进行敏感性分析。对于高拱坝或地质条件十分复杂的拱坝，除应用刚体极限平衡法外，还应采用三维数值计算方法或拱坝地质力学模型试验等，开展正常作用、超载作用或降强作用等情况下的整体稳定分析，全面评价拱座稳定安全性。对于拱座出露的较大规模断层、剪切破碎带和软弱岩体等不利地质条件，应研究其对拱座抗变形、抗滑稳定的可能影响，并采取挖除、锚固或混凝土置换等措施进行处理，以确保拱坝基础稳定、安全、可靠。

# 第七节　坝基处理与防渗设计

## 一、基础处理

同常规电站相比，抽水蓄能电站一般由上、下两个水库构成。下水库通常拦河筑坝，形成水库，坝基条件与常规电站基本相同，其坝基基础处理亦与常规大坝基础处理措施基本一致；而上水库一般布置在山顶的洼地处，两面或三面环山，大坝建在沟谷处，坝基有可能为倾向下游的斜坡，个别坡度较陡，需做特殊处理。我国抽水蓄能电站上水库一般在斜坡地基上筑坝，如十三陵抽水蓄能电站上水库主坝坝高（轴线/坝顶与坝趾的高差）75m/118m，建坝于1：4斜坡强风化安山岩地基上。于1993年9月填筑完成，1997年8月以后分段蓄水，运行正常。

常规地基的处理本书不做过多介绍，以下主要针对在陡倾地基筑坝的设计重点及基础处理进行分析。

### （一）设计重点

陡坡地基上修筑土石坝，对坝体稳定和变形控制均不利，在设计中需要对坝体稳定和变形作专门论证，并重点研究以下内容：

（1）进行堆石料、堆石料沿倾斜地基基础面及地基下存在的软弱结构面的抗剪强度试验。

（2）分段研究施工期和蓄水期运行的稳定性及坝体变形。

（3）必要时对堆石坝体进行“变形离心模型实验”，复核对坝体整体稳定性和变形的影响。

### （二）处理措施

针对在陡倾地基上修建的土石坝，为减少陡倾地基对坝体稳定和变形造成的影响，通常对陡倾地基采取一些特殊的处理措施。由于每个工程的地基倾角、基础岩性条件、筑坝材料指标等均不相同，具体采取的措施也不尽相同。但无论采取何种措施，最终目的均是确保大坝整体稳定及变形满足要求。通过对国内已建工程的分析研究，对于陡倾地基的处理措施基本包括以下各个方面。

1. 改进坝体填筑分区

山西垣曲抽水蓄能电站上水库大坝位于两条支沟交汇处，坝址区的沟谷断面为两岸对称的V形，坝基面整体倾向下游，倾角为16°～20°。坝址区表层为第四系坡积碎石土，厚度1.5～7.0m；下部基岩为震旦系砂岩和黏土岩，地表揭露断层4条，宽度1.0～3.0m，性状较好。

基础覆盖层压缩模量10～12MPa，承载力200kPa，压缩模量小，承载力较低。为防止坝体沉降变形过大，保证坝体和面板安全，采取以下措施（图18-43）：

（1）对覆盖层进行全部清除，并作平顺处理，不允许有妨碍坝体堆石碾压的反坡和陡坎。

（2）将主坝分为五个区，分别为主堆石区、次堆石区、下游增模区、过渡区以及排水

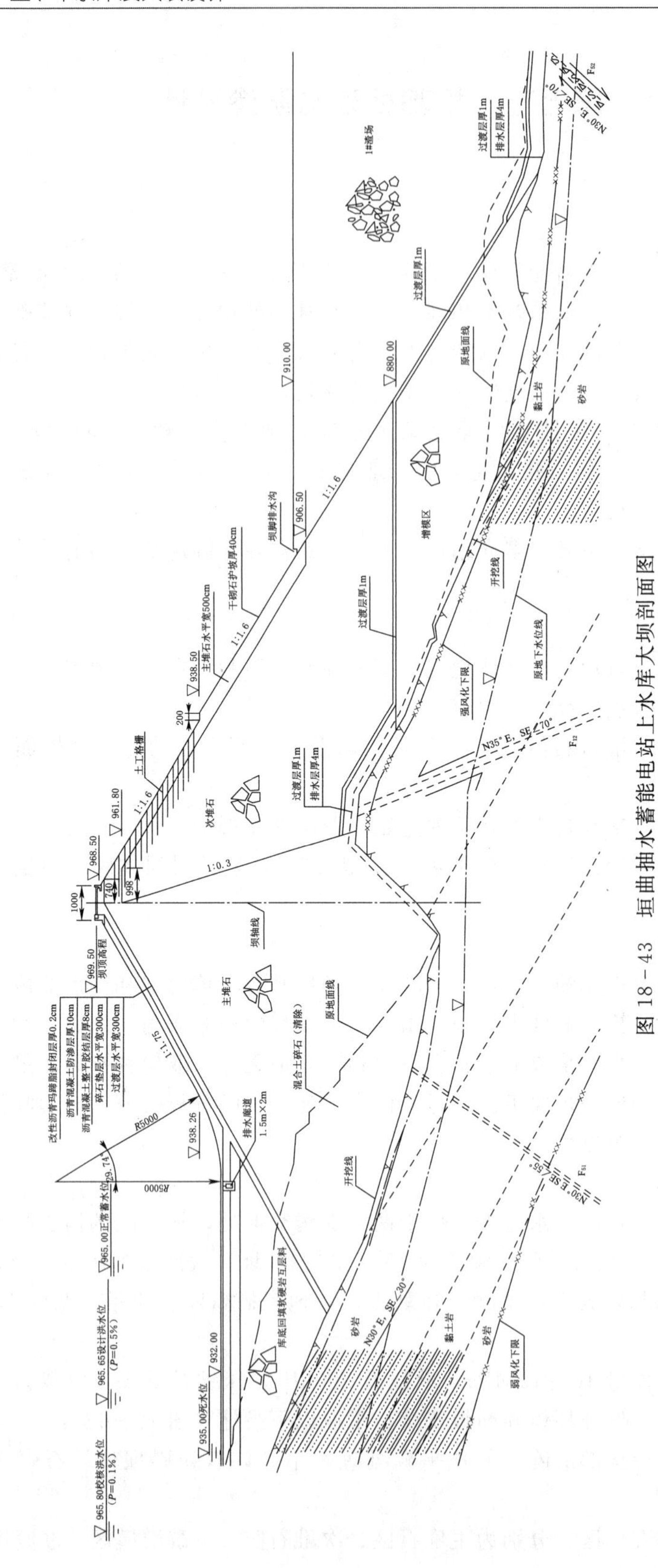


图 18-43 垣曲抽水蓄能电站上水库大坝剖面图

垫层区。其中增模区为大坝下游底部高程 880.00m 以下部位，其筑坝材料及填筑标准均与主堆石区相同。经计算分析，设置增模区后，大坝坝顶沉降量由 1.019m 降低至 0.895m，降低 12％。

2. 增设混凝土挡墙

江苏宜兴抽水蓄能电站上水库大坝位于铜官山主峰北侧沟谷内，坝址区地形向下游成喇叭口形，坝基面整体倾向下游，倾角在 20°以上，局部超过 30°。坝基岩体主要为泥盆系五通组砂岩夹粉砂质泥岩和茅山组石英砂岩夹粉砂质泥岩，岩体层面产状向下游缓倾，倾角 10°～15°。坝轴线处最大坝高 75m，大坝下游坡综合坡比约为 1∶1.4，与陡倾地基面基本平行。

为解决大坝下游较长坝体的不均匀沉降问题，在大坝下游设置混凝土重力挡墙，以减小坝体下游水平长度。混凝土挡墙位于坝轴线下游 135.5m，挡墙墙趾至坝顶最大高差达 138.2m，墙顶高程 381.90m，挡墙最大高度 45.9m，通过设置挡墙将大坝下游坝体水平长度减少 145m（图 18－44）。

堆石料主要为砂岩夹泥岩，泥岩含量相对较多。主坝于 2008 年首台机组投运后，运行正常。

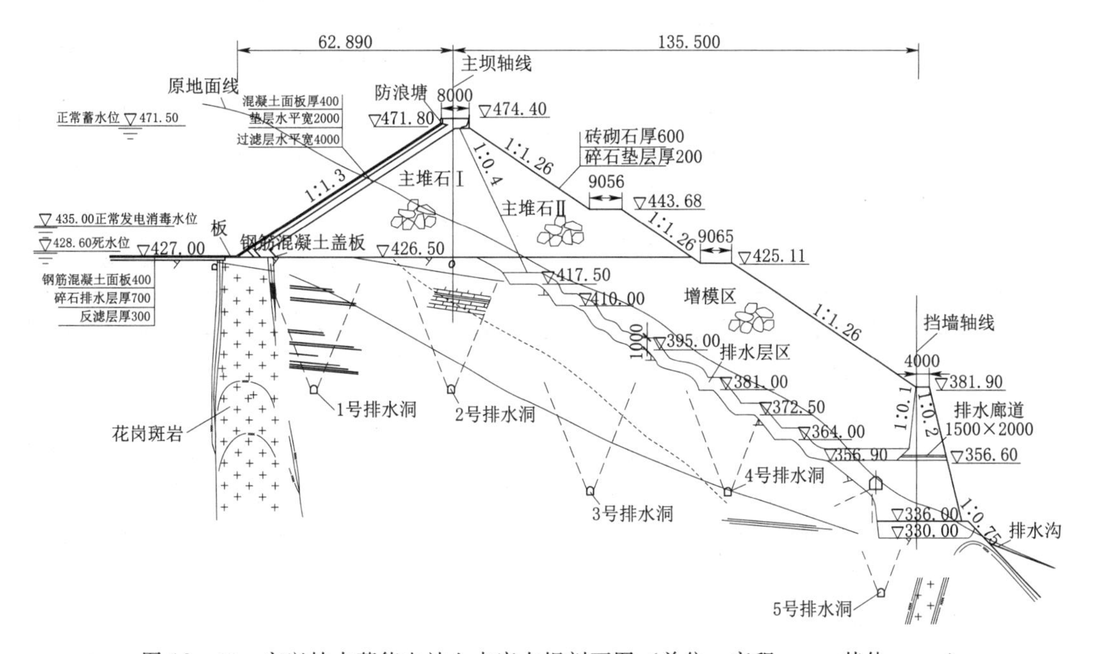


图 18－44 宜兴抽水蓄能电站上水库大坝剖面图（单位：高程，m；其他，mm）

## 二、坝基防渗

### （一）基础防渗型式

对于抽水蓄能电站上、下水库的大坝，当水库采用局部防渗时，需对坝基进行防渗处理，一般情况下多采用坝基帷幕灌浆或混凝土防渗墙等。

国内部分抽水蓄能电站坝基防渗处理措施统计见表 18－24。

表 18-24　　国内部分抽水蓄能电站坝基防渗处理措施统计

<table>
<tr><th>序号</th><th colspan="2">工程名称</th><th>建成年份</th><th>库容/万 m³</th><th>坝　型</th><th>坝高/m</th><th>基础防渗型式</th></tr>
<tr><td>1</td><td>桐柏</td><td>上库</td><td>2005</td><td>1072</td><td>均质土坝</td><td>37.5</td><td>垂直帷幕灌浆</td></tr>
<tr><td>2</td><td>泰安</td><td>下库</td><td>2007</td><td>2993</td><td>均质土坝</td><td>22.0</td><td>混凝土防渗墙</td></tr>
<tr><td>3</td><td>宜兴</td><td>下库</td><td>2008</td><td>577</td><td>黏土心墙堆石坝</td><td>50.4</td><td>垂直帷幕灌浆</td></tr>
<tr><td>4</td><td>白莲河</td><td>上库</td><td>2009</td><td>2496</td><td>混凝土面板堆石坝</td><td>62.5</td><td>垂直帷幕灌浆</td></tr>
<tr><td>5</td><td>响水涧</td><td>上库</td><td>2012</td><td>1663</td><td>混凝土面板堆石坝</td><td>88.0</td><td>垂直帷幕灌浆</td></tr>
<tr><td>6</td><td>蒲石河</td><td>上库</td><td>2012</td><td>1256</td><td>混凝土面板堆石坝</td><td>76.5</td><td>垂直帷幕灌浆</td></tr>
<tr><td>7</td><td>呼和浩特</td><td>下库</td><td>2013</td><td>727</td><td>碾压混凝土重力坝</td><td>73.0</td><td>垂直帷幕灌浆</td></tr>
<tr><td>8</td><td>仙居</td><td>上库</td><td>2016</td><td>1238</td><td>混凝土面板堆石坝</td><td>86.7</td><td>垂直帷幕灌浆</td></tr>
<tr><td>9</td><td>深圳</td><td>上库</td><td>在建</td><td>916</td><td>碾压混凝土重力坝</td><td></td><td>垂直帷幕灌浆</td></tr>
<tr><td rowspan="2">10</td><td rowspan="2">敦化</td><td>上库</td><td rowspan="2">在建</td><td>781</td><td>沥青混凝土心墙坝</td><td>54.0</td><td>垂直帷幕灌浆</td></tr>
<tr><td>下库</td><td>864</td><td>沥青混凝土心墙坝</td><td>70.0</td><td>垂直帷幕灌浆</td></tr>
<tr><td>11</td><td>荒沟</td><td>上库</td><td>在建</td><td>1156</td><td>混凝土面板堆石坝</td><td>80.6</td><td>垂直帷幕灌浆</td></tr>
<tr><td>12</td><td>丰宁</td><td>上库</td><td>在建</td><td>5800</td><td>混凝土面板堆石坝</td><td>120.3</td><td>垂直帷幕灌浆</td></tr>
<tr><td rowspan="2">13</td><td rowspan="2">蛟河</td><td>上库</td><td rowspan="2">拟建</td><td>914</td><td>混凝土面板堆石坝</td><td>54.7</td><td>垂直帷幕灌浆</td></tr>
<tr><td>下库</td><td>1200</td><td>混凝土面板堆石坝</td><td>41.1</td><td>垂直帷幕灌浆</td></tr>
</table>

由表 18-24 可以看出，国内近年来已建或在建的抽水蓄能电站工程，其大坝基础防渗型式多数采用帷幕灌浆防渗。

**（二）帷幕灌浆防渗设计**

帷幕灌浆是最常采用的基岩防渗处理措施。抽水蓄能电站大坝基础帷幕灌浆防渗设计的内容与要求，与常规大坝基础帷幕灌浆设计基本一致。

大坝坝基帷幕灌浆的防渗标准与库岸标准相同，详见第十七章第一节“防渗方案选择”之局部防渗标准。

大坝坝基帷幕灌浆的布置及深度应满足下列要求：

（1）当坝基下存在可靠的相对隔水层且埋深较浅时，可采用封闭式帷幕，防渗帷幕应伸入到相对隔水层内 3～5m。

（2）当坝基下相对隔水层埋藏较深或分布无规律时，可采用悬挂式帷幕，帷幕深度应根据渗流计算确定，一般为 0.3～0.7 倍水头。

（3）两岸坝头部位，防渗帷幕伸入岸坡内的范围、深度以及帷幕轴线的方向，应根据工程地质、水文地质条件确定，宜延伸到相对隔水层处或正常蓄水位与地下水位相交处，并应于河床部位的帷幕保持连续性。

（4）帷幕灌浆的排数、排距及孔距，应根据工程地质条件、水文地质条件、作用水头

以及灌浆试验确定。高坝宜采用 2 排、中低坝可采用 1 排。

(5) 当帷幕灌浆排数大于 1 排时，只需其中一排帷幕的深度达到设计深度即可，其余排的帷幕深度可为设计深度的 1/2～1/3。

(6) 帷幕灌浆孔距一般为 1.5～3.0m，排距可与孔距相同或略小于孔距。

**(三) 混凝土防渗墙设计**

建造在深覆盖层上的当地材料坝，垂直防渗措施通常采用混凝土防渗墙下接灌浆帷幕。在混凝土防渗墙内预埋灌浆管，混凝土防渗墙深入弱风化基岩 0.5～1m，下接灌浆帷幕。

1. 混凝土防渗墙布置

混凝土防渗墙应用于坝基防渗时，墙体与大坝防渗体相连，故其轴线一般随大坝防渗体轴线布置。平面上，为避开不良地质条件或其他原因，防渗墙轴线可布置成折线或曲线型，但直线型是最经济的。

2. 混凝土防渗墙厚度

防渗墙厚度主要由防渗要求、抗渗耐久性、墙体应力和变形以及施工设备等因素确定，其中最重要的是抗渗耐久性和结构强度两个因素。在设计防渗墙厚度时，目前主要通过允许水力梯度和强度两种方法确定。

(1) 按照允许水力梯度确定。当按照允许水力梯度设计防渗墙厚度时，可按照式 (18-1)、式 (18-2) 进行计算。

$$\delta=\frac{H}{J_p} \tag{18-1}$$

$$J_p=\frac{J_{max}}{K} \tag{18-2}$$

式中：$\delta$ 为防渗墙计算厚度，m；$H$ 为防渗墙所承受的水头，m；$J_p$ 为防渗墙允许水力梯度；$J_{max}$ 为防渗墙破坏时最大水力梯度；$K$ 为安全系数。

刚性混凝土防渗墙的 $J_p$ 可达 80～100；塑性混凝土防渗墙的 $J_p$ 可达 50～60。

(2) 按照强度确定。当按照强度设计防渗墙的厚度时，需根据防渗墙的结构型式和工作条件，通过有限元计算分析来确定防渗墙的厚度。当墙体材料为塑性混凝土防渗墙时，应采用非线性有限元方法计算。

3. 与其他建筑物连接

根据大坝防渗体的不同型式，混凝土防渗墙与大坝防渗体的连接可采用不同的型式。当大坝防渗体采用黏土心墙时，防渗墙与黏土心墙的连接型式通常采用插入式；当大坝防渗体采用沥青混凝土心墙时，防渗墙与沥青混凝土心墙通常通过混凝土基座连接；当大坝防渗体为钢筋混凝土面板时，防渗墙通常直接与趾板连接或通过连接板与趾板连接。见图 18-45～图 18-47。

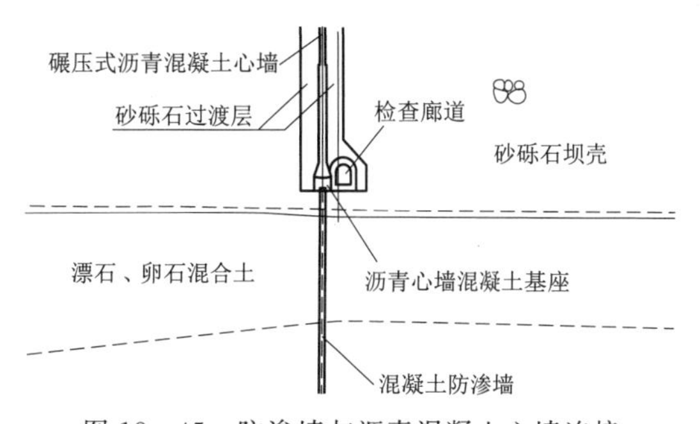


图 18-45　防渗墙与沥青混凝土心墙连接

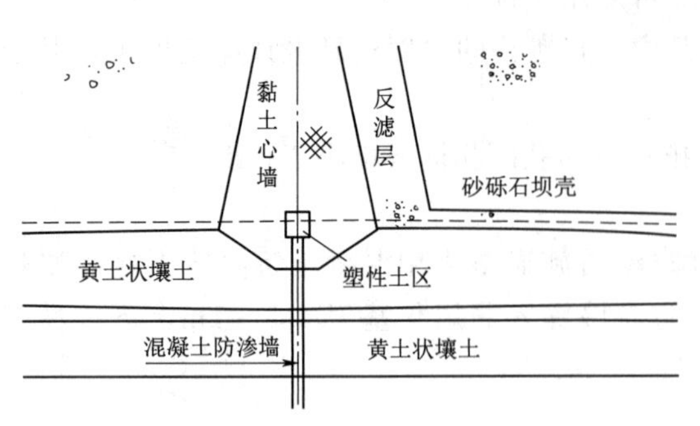


图 18-46　防渗墙与黏土心墙连接

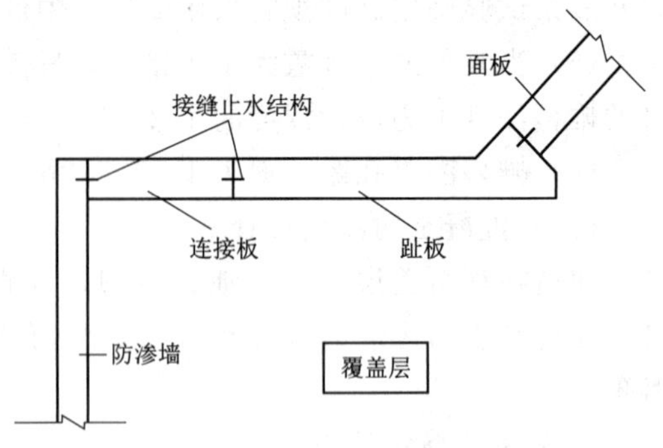


图 18-47　防渗墙与趾板连接

# 第十九章　泄洪、放空与拦排沙建筑物设计

## 第一节　泄洪建筑物设计

### 一、上水库泄洪建筑设计

国内已建的抽水蓄能电站中，上水库大多数是利用高山盆地，水库流域面积通常较小，洪水汇流时间短，洪水过程线显得瘦而尖，校核或设计洪水洪峰流量较小，大多数电站不设置泄洪建筑物。

上水库为日循环水库，一次暴雨持续蓄洪时间不会超过24h，蓄积洪量有限，上水库的特征洪水位为抽水终止到发电工况开始时间段内的设计洪量所对应的水位。通过适当增加坝高和库岸高度、在正常蓄水位以上预留滞洪库容，就可以不设置泄洪建筑物。根据降雨形成的洪水流量，通过在库岸顶部设置排水沟渠排除其汇聚的洪水，也可以不设置泄洪建筑物。

考虑到电站运行中可能发生过量抽水，造成上水库超蓄情况，一旦水位过高而漫坝，就会危及大坝的安全。对于未设泄洪建筑物的上水库应在电站机电控制设计中予以重视，一般设冗余的水位信号器和通信通道加强水库的水位监测，采用计算机控制上水库水位是避免上水库大坝漫顶的重要措施。

对于上水库面积较大，暴雨形成洪峰流量较大的，是否设置泄洪建筑物，应进行技术经济比较确定。通常当流域面积大于4.5km$^2$ 时，需考虑设置泄洪建筑物。用于抽水蓄能电站上水库工程的泄洪建筑物主要有溢洪道、泄洪洞、泄水底孔等。国内部分抽水蓄能电站上水库设置泄洪建筑物的工程实例见表19-1。由统计结果可见，北方寒冷地区的黑龙江荒沟、辽宁蒲石河、内蒙古呼和浩特、辽宁清原电站等上水库，通过增加坝高储存24h降雨洪量，用库顶的超高解决上水库洪水问题而未设泄洪建筑物。

表19-1　国内部分抽水蓄能电站上水库设置泄洪建筑物的工程实例

| 序号 | 电站名称 | 建设阶段 | 流域面积/km$^2$ | 洪峰流量/(m$^3$/s) | | 泄洪建筑物 |
|---|---|---|---|---|---|---|
| | | | | 设计 | 校核 | |
| 1 | 山西洪屏 | 完建 | 6.67 | 125.00 | 172.00 | 坝顶开敞式溢洪道 |
| 2 | 华东桐柏 | 完建 | 6.70 | 150.00 | 208.00 | 岸边溢洪道，有闸门控制 |
| 3 | 河南宝泉 | 完建 | 6.00 | 195.00 | 253.00 | 开敞式自流排水洞/副坝以上洪水不进入库内 |
| 4 | 广东广州 | 完建 | 5.20 | 252.00 | 372.00 | 岸边侧堰溢洪道 |
| 5 | 广东惠州 | 完建 | 5.22 | 174.00 | 211.00 | 坝身自由溢流堰 |

续表

| 序号 | 电站名称 | 建设阶段 | 流域面积/km² | 洪峰流量/(m³/s) | | 泄洪建筑物 |
|---|---|---|---|---|---|---|
| | | | | 设计 | 校核 | |
| 6 | 广东清远 | 完建 | 1.00 | 66.65 | 79.05 | 为降低坝高设置竖井旋流洞泄洪 |
| 7 | 山西西龙池 | 完建 | 1.12 | 4.59 | 7.15 | 水库放空管（兼泄洪） |
| 8 | 山东泰安 | 完建 | 1.40 | 76.00 | 97.30 | 未设泄洪建筑物，在坝顶超高中解决 |
| 9 | 浙江天荒坪 | 完建 | 0.33 | — | — | 库顶以上集水、设置暗渠排泄，未设置洪建筑物 |
| 10 | 北京十三陵 | 完建 | 0.20 | — | — | 未设泄洪建筑物，在坝顶超高中解决 |
| 11 | 安徽琅琊山 | 完建 | 1.97 | 115.00 | 127.00 | 未设泄洪建筑物，在坝顶超高中解决 |
| 12 | 河北张河湾 | 完建 | 0.31 | — | — | 未设泄洪建筑物，在坝顶超高中解决 |
| 13 | 山西西龙池 | 完建 | 0.20 | — | — | 未设泄洪建筑物，在坝顶超高中解决 |
| 14 | 内蒙古呼和浩特 | 完建 | 0.22 | — | — | 未设泄洪建筑物，在坝顶超高中解决 |
| 15 | 山东泰安 | 完建 | 1.43 | 76.00 | 97.30 | 未设泄洪建筑物，在坝顶超高中解决 |
| 16 | 辽宁蒲石河 | 完建 | 1.12 | 102.00 | 143.00 | 未设泄洪建筑物，在坝顶超高中解决 |
| 17 | 辽宁清原 | 在建 | 1.99 | 106.00 | 144.00 | 未设泄洪建筑物，在坝顶超高中解决 |
| 18 | 黑龙江荒沟 | 完建 | 1.48 | 19.00 | 30.00 | 未设泄洪建筑物，在坝顶超高中解决 |
| 19 | 吉林蛟河 | 在建 | 0.95 | 24.40 | 38.90 | 未设泄洪建筑物，在坝顶超高中解决 |
| 20 | 吉林敦化 | 在建 | 2.40 | 39.00 | 54.00 | 未设泄洪建筑物，在坝顶超高中解决 |

## 二、下水库泄洪建筑物设计

### （一）泄水建筑物设计要求

1. 下水库泄洪建筑物布置原则

抽水蓄能电站下水库在发电工况下，有可能出现发电流量和天然洪水叠加的情况。

（1）对于抽水蓄能电站下水库独立成库情况，如下水库拦河坝上游设置拦沙坝，使得拦沙库与蓄能库完全分割，蓄能库独立成库；下水库本身修建于临近主河道的冲沟、阶地等处，不在主河道上时，天然洪水不进入下水库内，不存在发电水量与天然洪量相互叠加的问题，下水库可不设专门的泄洪建筑物，仅布置放空设施，放掉多余的降雨存水即可。

（2）对于建在主河道上的下水库，由于发电流量排放至下水库，下水库洪水调节时必须考虑发电流量和天然洪水的共同影响，为避免电站运行时出现“人造洪水”而对下游造成不利影响，下水库应设置专门的泄洪建筑物，泄放洪水。

2. 下水库泄洪建筑物设计要求

下水库泄洪建筑物设计时要考虑发电流量与洪水的叠加影响，并满足以下要求：

（1）下泄流量不得超过天然洪水流量，即不发生人造洪水。

（2）尽量减少对电站发电的不利影响。

用于抽水蓄能电站下水库工程的泄洪建筑物主要有溢洪道、泄洪（放空）洞、表孔溢流坝、坝身泄洪孔等。国内部分抽水蓄能电站下水库设置泄洪建筑物工程实例见表 19－2。

**表 19-2　　国内部分抽水蓄能电站下水库设置泄洪建筑物工程实例**

| 序号 | 电站名称 | 洪峰流量/($m^3$/s) | | 泄洪建筑物 | 运行方式 |
|---|---|---|---|---|---|
| | | 设计 | 校核 | | |
| 1 | 天荒坪 | 536 | 859 | 侧槽溢洪道（自由流）+放空洞（洞径1m） | 库水位低于堰顶高程时，放空洞泄洪，高于堰顶高程时，溢洪道和放空洞泄洪，泄量不可控，与发电水量叠加，会形成人造洪水 |
| 2 | 桐柏 | 361 | 496 | 坝身溢洪道（自由流）+右岸导流放空洞（洞径2m×3m） | 小洪水时，导流放空洞泄洪，大洪水时，坝身溢洪道参与泄洪 |
| 3 | 泰安 | 1490 | 2200 | 溢洪道（闸门控制） | 考虑发电水量全在下水库时遭遇洪水最不利工况，溢洪道各孔闸门启闭控制 |
| 4 | 张河湾 | 4570 | 8750 | 溢流边孔+泄洪中孔+泄洪底孔+冲沙底孔 | 优先使用泄洪中孔参与泄洪，根据泄量变化，按照冲沙底孔—泄洪中孔—泄洪底孔—泄洪表孔的顺序开启各孔 |
| 5 | 惠州 | 329.83 | 435.5 | 坝身溢流堰（自由流）+放水管（管径1.8m） | 集雨面积小，放水管可预泄大于调节库容的多余水量，遇大洪水时溢流堰泄洪 |
| 6 | 宝泉 | 3490 | 6670 | 开敞式溢洪道，堰顶设3m橡胶坝 | 汛期泄洪前，橡胶坝塌平方式运行，汛后橡胶坝充坝蓄水 |
| 7 | 琼中 | 502 | 678 | 岸边溢洪道（闸门控制）+泄洪洞 | 小洪水时，泄洪洞泄洪，大洪水时，溢洪道参与泄洪 |
| 8 | 蒲石河 | 9950 | 12750 | 泄洪排沙闸 | 考虑洪峰流量大小，泄洪排沙闸各孔闸门启闭控制，汛期通过合理调度排沙 |
| 9 | 蛟河 | 572 | 833 | 岸边溢洪道（闸门控制）+泄洪放空洞 | 小洪水时，泄洪洞泄洪，大洪水时，溢洪道参与泄洪 |
| 10 | 垣曲 | 1680 | 2520 | 表孔2孔+底孔1孔 | 小洪水时，底孔泄洪，大洪水时，底孔、表孔联合泄洪 |
| 11 | 呼和浩特 | 647 | 740 | 拦沙坝将蓄能库与拦沙库隔开，拦沙库设置泄洪排沙洞；蓄能库独立成库，不设置专门的泄洪建筑物，仅设泄洪放空管用于放空检修等需要 | 拦沙库非汛期蓄水沉沙，汛期敞泄排水排沙；蓄能库水位超过设计洪水位时，采用泄洪放空管放水 |
| 12 | 琅琊山 | 2132 | 5160 | 泄洪闸+非常溢洪道 | |
| 13 | 西龙池 | — | — | 不在主河道上，设置库岸排水沟渠、拦沙坝、排沙洞等确保洪水不进入下水库内，库内设置放空洞，特殊时期检修放空使用 | |
| 14 | 响水涧 | — | — | 不在主河道上，设置充水阀，兼具初期充水、运行期补水、泄放超蓄水量的功能 | |

3. 下水库泄洪建筑物布置

下水库泄洪建筑物设计时要考虑发电流量与洪水的叠加影响，在泄洪建筑物布置时，通常采取底孔与表孔相结合的布置方式。表孔通常采用表孔溢流坝或开敞式岸边溢洪道，具有较强的超泄能力，满足较高水位时的泄洪需求；底孔通常采用泄洪底孔（重力坝）或泄洪（放空）洞，具有较好的控泄能力，可根据天然来水情况，及时灵活地泄放入库洪水。通过选择上述合适规模的泄洪建筑物组合，可以保证电站正常发电的调节库容，避免发电水量与天然洪水叠加形成人造洪水，同时有利于降低坝高，节省工程投资，提高电站运行的灵活性和安全性。

抽水蓄能电站下水库泄洪建筑物结构形式应根据地形地质条件，具体工程具体分析。当地材料坝的泄洪建筑物一般采用岸边溢洪道＋泄洪放空洞；混凝土坝的泄洪建筑物布置于坝体上，采用表孔溢流坝＋中低坝身泄洪孔相结合形式，运用灵活可靠。

正槽溢洪道是最常用的岸边泄洪建筑物，其水流条件平顺，结构简单可靠。当两岸山坡陡峻，而又无合适垭口利用，可以布置侧槽式溢洪道，为减少开挖，避免开挖形成高边坡，进口尽量沿着岸坡等高线开挖，可增加溢流前缘宽度，在堰顶高程一定时仍可保持较大的流量，堰顶可不设闸门。由于现代碾压式堆石坝坝体密实、变形较小，坝体变形量大部分在施工期完成，竣工后剩余变形量小且在投运后前几年即基本稳定，当泄洪不频繁、泄量又不大的情况下，堆石坝可考虑采用坝身溢洪，单宽泄量宜控制在 20～30$m^3/s$ 范围内。如安徽桐柏抽水蓄能电站下水库，采用混凝土面板堆石坝坝身溢洪道＋右岸导流泄洪洞的布置型式。

溢流表孔可采用有闸门控制或无闸门控制，无闸门控制的溢流表孔采用自由溢流方式，堰顶高程一般与正常蓄水位齐平，运行管理较方便，洪水期来多少水泄多少水，洪水调度灵活，但增加了溢流前缘宽度，抬高堰上水头，工程量增加较多。溢流表孔是否采用闸门控制，可结合工程地形地质条件、洪水调度运行要求，综合比较后确定。

泄洪洞一般采用短有压式进水口，下接无压隧洞。

**（二）工程实例**

1. 蛟河抽水蓄能电站下水库溢洪道＋泄洪洞布置

蛟河抽水蓄能电站下水库泄洪建筑物采用岸边溢洪道和泄洪放空洞联合泄洪方式，如图 19－1、图 19－2 所示。

泄洪放空洞布置在大坝右岸山体内，同时兼顾施工期导流。泄洪放空洞全长 623m，为进口段设置有压短管的无压泄流隧洞，由进口明渠段、闸门井段、无压隧洞洞身段、出口扩散段及消能段组成。闸门井段长 27m，闸门井内设一道平板检修事故闸门和一道弧形工作闸门，事故闸门孔口尺寸 4m×6m（宽×高），工作闸门孔口尺寸 4m×4.2m（宽×高）。闸门井段后接无压隧洞，采用一坡到底，长 230m，底坡 $i=0.0214$，断面采用城门洞形，尺寸 4.0m×7.3m（宽×高）。无压隧洞出口接明流扩散段。出口扩散段长 20m，泄流净宽由 4m 扩散至 8.2m，扩散角 6°。消能方式采用挑流消能，挑坎下设 15m 长混凝土护坦，护坦下游开挖出水明渠，总长约 100m。

右岸坝端布置一条岸边开敞式溢洪道。溢洪道总长 305m，由进水渠段、溢流堰堰控段、泄槽段、挑流消能段组成。溢洪道进水渠采用喇叭形进口，溢流堰控制段长 23.35m，采用 WES 实用堰，堰顶高程 417.70m，共 1 孔，净宽 7m。溢洪道设平板检修门和弧形工作门各一道。泄槽段长 83m，底坡 $i=0.1024$。为矩形断面陡槽，泄槽宽 7.00m。溢洪道出口采用挑流消能，挑坎下设 15m 长混凝土护坦，护坦下游开挖出水明渠，总长约 89m。

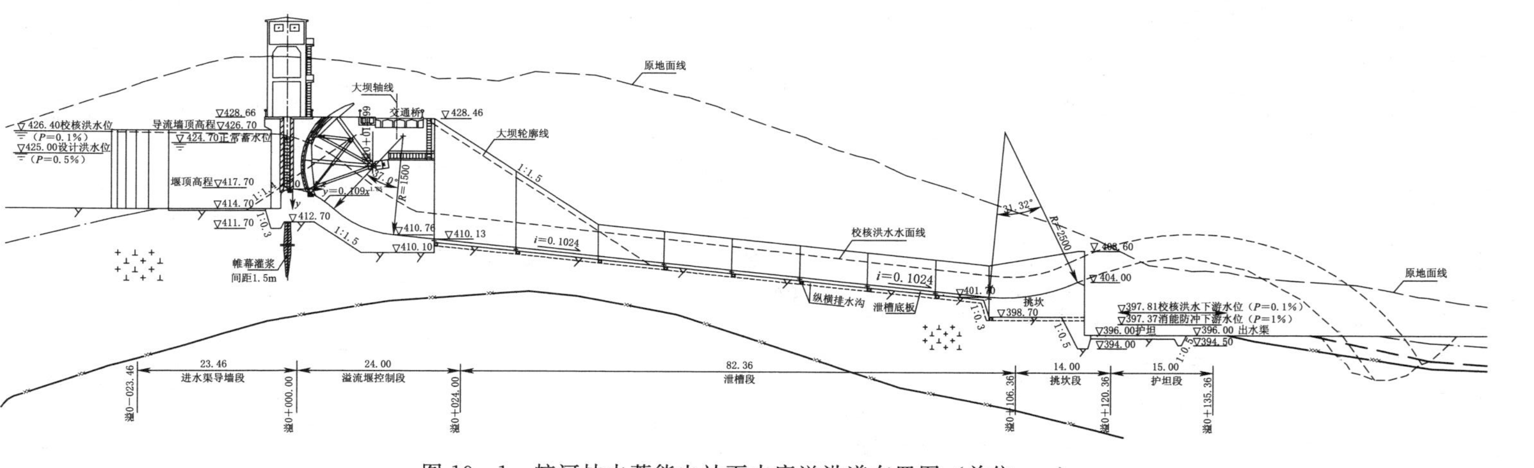


图 19-1　蛟河抽水蓄能电站下水库溢洪道布置图（单位：m）

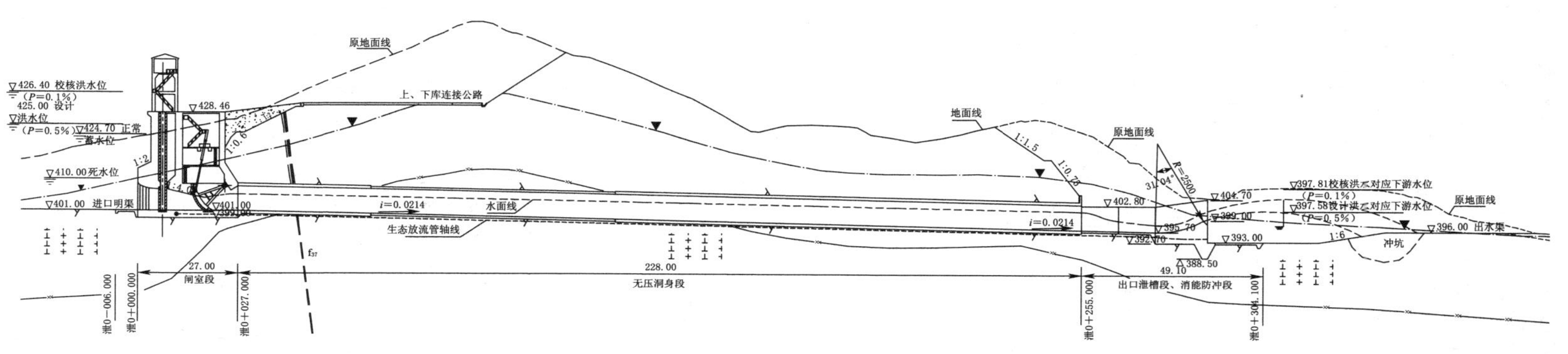


图 19-2　蛟河抽水蓄能电站下水库泄洪放空洞布置图（单位：m）

2. 桐柏抽水蓄能电站下水库坝身溢洪道布置

桐柏抽水蓄能电站下水库混凝土面板堆石坝位于坝体河床部位，泄洪建筑由导流泄放洞及坝身溢洪道组成。设计洪水标准为200年一遇，总下泄流量361m³/s；校核洪水标准为1000年一遇，总下泄流量496m³/s。在发生200～1000年一遇洪水时，关闭泄放洞，洪水由坝身溢洪道通过；泄放洞的主要作用为预泄洪水，使天然洪水不侵占发电有效库容，保证电站正常发电，同时减少坝身溢洪道应用频次。

坝身溢洪道孔口净宽26m，设计最大单宽流量19.08m³/(s·m)。主要由溢流堰进口段、泄槽、挑流鼻坎、护坦、预挖冲坑及出水渠组成，全长约240m。溢流堰采用驼峰堰，净宽26m，共设两孔，每孔净宽13m，中间设宽为1m的中墩，堰上布置交通桥。堰顶高程141.90m，堰上不设闸门。溢洪道泄槽净宽27m，设在堆石坝下游坝坡上，坡比1：1.5，泄槽底板混凝土厚60cm，泄槽下设碎石垫层和过渡层，水平宽分别为2m和4m。泄槽混凝土底板通过锚筋和钢筋混凝土锚固板与坝体堆石连成一体。泄槽与挑流鼻坎衔接，鼻坎建于基岩上，反弧半径8.0m，坎顶高程90.00m，挑射角25°。冲刷坑底部高程73.50m，其下游与出水渠衔接，流入原河床。桐柏抽水蓄能下水库坝身溢洪道剖面见图19-3。

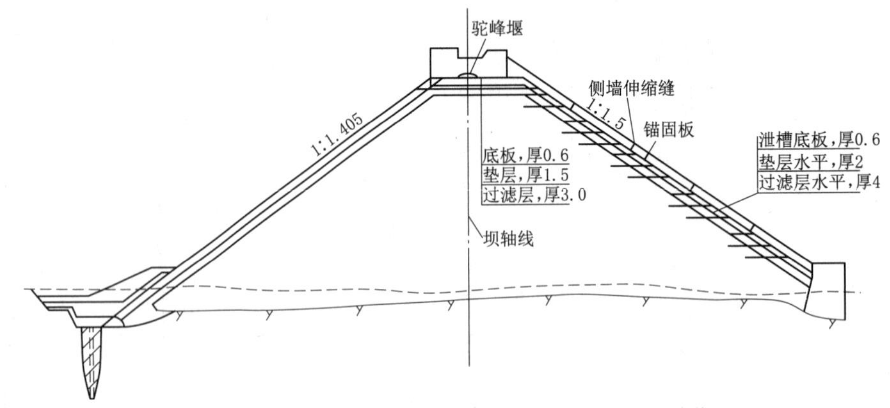


图19-3　桐柏抽水蓄能下水库坝身溢洪道剖面图（单位：m）

3. 垣曲抽水蓄能电站下水库混凝土坝表孔＋底孔布置

山西垣曲抽水蓄能电站下水库大坝为碾压混凝土重力坝，由左岸挡水坝段、河床溢流坝段以及右岸挡水坝段组成。

坝身泄洪系统采用冲沙底孔及溢流表孔联合泄洪，溢流坝段布置在主河床，共三个坝段，总长度60m。溢流表孔采用开敞式溢流堰，共两孔，位于冲沙底孔两侧，孔口宽度10m，堰顶高程为480.80m，设一道平板检修门及一道弧形工作门，溢流堰采用WES实用堰。

冲沙底孔采用无压坝身泄水孔的型式，在承担泄洪任务的同时，兼放空和排沙作用，底孔进口底板高程为430.00m，设一道事故检修闸门和一道弧形工作闸门。底孔进口采用三面收缩的喇叭口形，孔口尺寸为3.5m×5.0m（宽×高）。

溢流坝采用底流消能方式，消力池与反弧段末段相连，为综合式消力池，消力池池长75m、池深10.m、池宽29.50m。为避免下泄水流淘刷消力池尾坎及两岸山坡，对消力池下游范围内的河床及两岸山坡进行扩挖，并采用混凝土板进行防护。

溢流坝剖面见图19-4和图19-5。

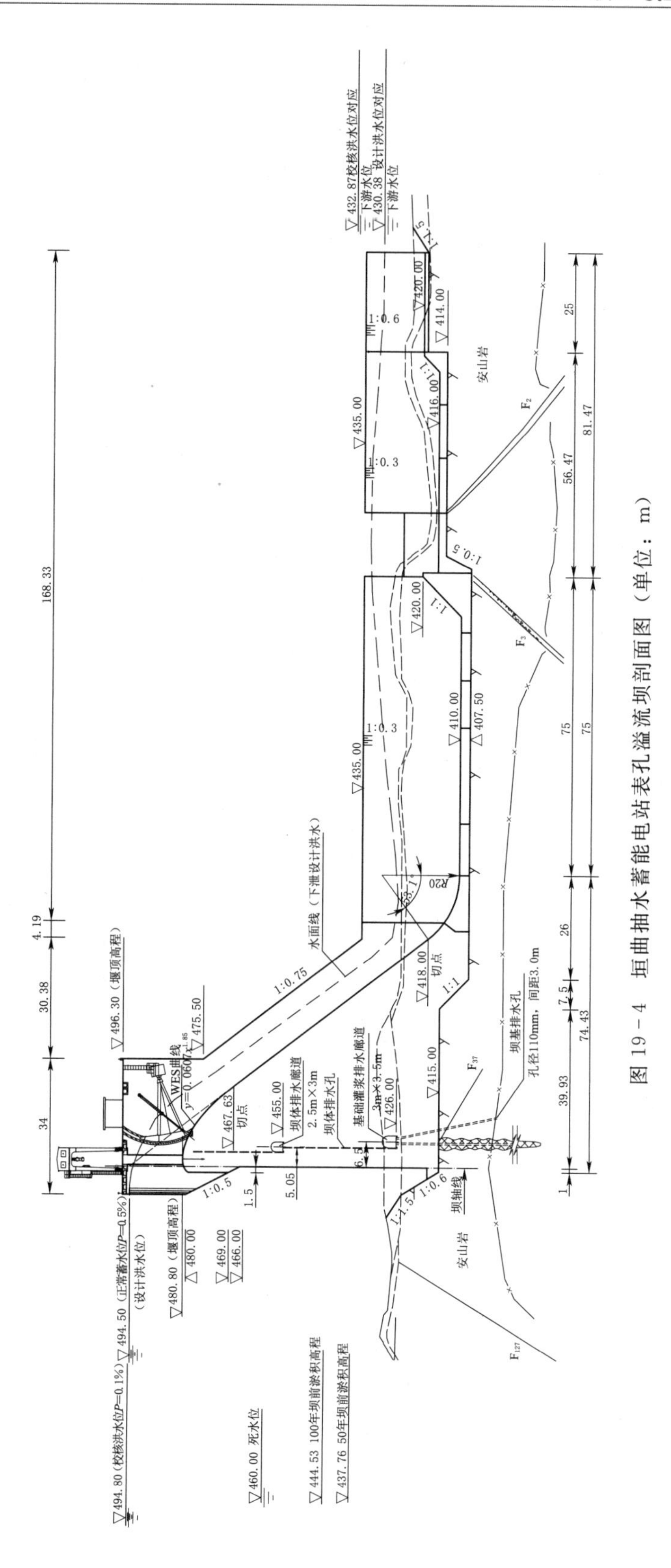


图19-4　洹曲抽水蓄能电站表孔溢流坝剖面图（单位：m）

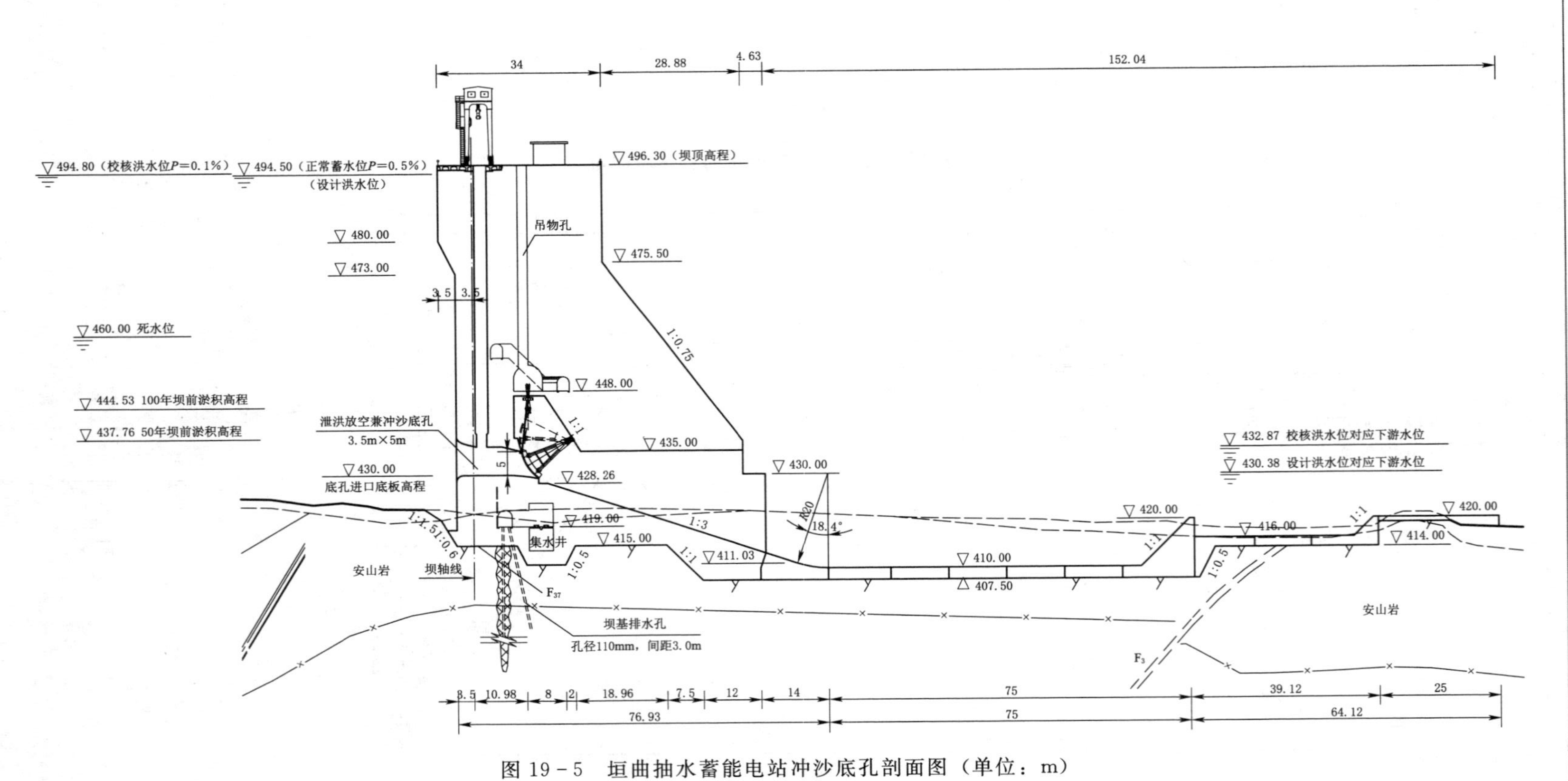


图 19－5　垣曲抽水蓄能电站冲沙底孔剖面图（单位：m）

## 第二节　放 空 建 筑 物

抽水蓄能电站具有调峰填谷、调频调相、紧急事故备用等作用，机组启动与停机过程较为频繁，上、下水库的库水往复流动，库水位具有水位变幅大、变动频繁的特点，在库水位频繁升降作用下，防渗面板、防渗体接头等部位会出现一定宽度和范围的裂缝；库岸喷锚支护和岸坡防护措施也会随时间推移被逐渐削弱而失去作用，边坡稳定安全性从而降低。因为冬季运行条件恶劣，冰冻影响常常会加剧防渗面板的裂缝发展，加速岸坡喷锚支护失效和水工建筑物混凝土的冻融破坏。

由于运行条件和环境（温度、水、冻融等）的变化，混凝土坝往往会产生贯穿性裂缝，削弱坝的整体性，混凝土及止水材料也随着坝龄的增加逐年老化，引起坝体渗漏，导致大坝出现安全问题。当地材料坝发生渗漏异常现象会引起管涌、流土、冲刷甚至溃坝等严重事故。特别是全库盆防渗工程，防渗面板下均设有垫层、过渡料等石料，若局部发生严重渗漏情况而不及时处理，会造成防渗面板下卧层的严重破坏，给修补造成较大困难。通过设置的安全监测设施对水库渗漏情况、边坡变形情况、建筑物受力状态进行有效监测，一旦发现异常情况需及时将水库放空，有效防止事故进一步扩大或恶化。

因此，抽水蓄能电站水库运行一定时间进行放空，对水库大坝混凝土、混凝土面板、库岸边坡及其他水工建筑物进行检查维护是不可避免的，在上、下水库设置放空建筑物是有必要的。每个工程是否设置放空建筑物要结合工程的重要性、工程潜在的风险、坝型、水库特性、放空设施的综合利用、投资和运行维护等方面综合考虑。

### 一、水库放空建筑物的功能

1. 放空水库，对水工建筑物进行检查和维修

根据国内外已建抽水蓄能电站运行的经验，为修复遭受破坏的水工建筑物，要将水库放空而设置放空设施。

2. 根据水文预报预泄洪水，减小洪水对发电的影响

由于抽水蓄能电站水库调节库容相对较小，而机组发电流量大，下水库发生较大洪水，采用泄洪设施泄流不能满足水库运行调度时，放空建筑物可以根据水文预报，参与泄放下水库多余水量，使电站正常发电。

3. 必要时向下游供水

抽水蓄能电站在设计中均必须考虑下游环保生态流量及生产生活供水的要求，设计中将供水和放空功能一并考虑，进行放空设施布置，放空建筑物内设置供水管及阀（闸）门控制下泄流量满足供水要求。

4. 排沙

多沙河流上的下水库，泥沙的长期淤积可能侵占过多的有效库容或淤堵电站进出水口，也需要放水排沙，放空建筑物可考虑兼顾排沙要求。

## 二、上水库放空建筑物

抽水蓄能电站上水库进/出水口一般处于上水库最低位置，死水位至进/出水口之间的库容，一般可通过发电隧洞和机组向下水库放水进行放空检修，不单独设置专门的放空建筑物。如吉林蛟河抽水蓄能电站、内蒙古呼和浩特抽水蓄能电站、黑龙江荒沟抽水蓄能电站均属此类。大部分的抽水蓄能电站的上水库库容一般不大，通过发电隧洞和机组日调节电站仅需几小时就可将上库放空。

有的抽水蓄能电站上水库设置专门的放空建筑物。通常选择设置泄水底孔或泄洪洞等放空建筑物，在发生紧急情况时供水库放空使用。如琅琊山抽水蓄能电站上水库灰岩中岩溶发育，为便于运行期查找和处理渗漏点，在堆石主坝下部设置放水底孔来放空上水库，并承担宣泄大于20年一遇洪水的任务；泰安抽水蓄能电站上水库设置的放空洞兼顾施工导流和汛期泄洪；响水涧抽水蓄能电站上水库主坝在坝下与施工导流设施结合，设置了泄水廊道。

## 三、下水库放空建筑物

抽水蓄能电站下水库一般为水源的来源，集雨面积较大，多数工程设置了专门的放空建筑物。

混凝土坝可结合泄洪、排沙要求，设置放空建筑物；土石坝可充分利用施工导流建筑物改建为放空建筑物。常用的放空建筑物有放空洞、泄洪放空洞、混凝土坝的泄洪放空深孔和放空管等。

### （一）泄洪放空洞

辽宁清原抽水蓄能电站下水库为混凝土面板堆石坝。根据下水库地形地质条件、泄洪规模等要求，确定泄洪建筑物采用岸边溢洪道＋泄洪放空洞联合泄洪方式。泄洪放空洞布置在大坝右岸山体内，同时兼顾施工期导流和运行期放空水库。

泄洪放空洞由进水渠段、短有压隧洞段、闸门井段、无压隧洞段、泄槽段、消力池和护坦段组成。泄洪放空洞总长为526m，采用短有压进口形式，有压段断面尺寸为6m×7m（宽×高），城门洞形，有压洞后设一道平板事故闸门和一道弧形工作闸门。工作闸门之后为无压隧洞，纵坡为2.8%，城门洞形，断面尺寸6m×8m（宽×高）。消能工采用底流消能，为减小出池水流对下游河床的冲刷，在护坦下游至主河床的覆盖层范围增加干砌石石笼海漫及防冲槽。

### （二）混凝土坝放空管

内蒙古呼和浩特抽水蓄能电站下水库由拦河坝和拦沙坝在哈拉沁沟上围筑形成，两坝距离约740m。拦沙坝将下水库分隔为拦沙库和蓄能电站专用下水库，拦沙库负责拦洪排沙，蓄能电站下水库专职发电。蓄能专用下水库为封闭库盆，无径流入库，只需考虑库面内降雨形成的洪水泄洪问题，考虑下水库进/出水口、库岸检修，以及库内排洪清淤，需设放空设施。由于蓄能专用下水库洪量和放空水量均较小，采用泄水建筑物和放空建筑物相结合的坝前式泵排水放空方案。在拦河坝8号坝段中间预埋5根$DN$400mm的泄洪放空钢管，采用一道手动蝶阀控制。当下水库发生洪水或上水库水工建筑物突然发生异常情况，需紧急放空检

查时，通过机组空转向下水库泄放死库容水量，当下水库水位超过正常蓄水位 1400.00m 时，开启泄洪放空钢管，将洪水排往拦河坝下游河道，以降低库水位至下水库正常蓄水位。下水库需要放空时，可用汽车吊或采取其他措施将潜水泵放入下水库，将潜水泵软管与拦河坝坝体泄洪放空钢管连接牢固，使库水通过坝体预埋钢管排往下游。

# 第三节　拦排沙建筑物

## 一、泥沙对抽水蓄能电站的影响和破坏

与常规水电站相比，抽水蓄能电站的库容相对较小，上、下库循环抽放水运行，机组频繁进行启动与停机过程，对泥沙影响较常规水电站敏感，导致其泥沙问题相对突出，主要表现在水库库容损失和电站机电设备磨蚀两个方面。

### （一）水库库容损失

由于抽水蓄能电站运行水位长期保持在正常蓄水位和死水位之间，升降频繁，上水库和下水库水流往复流动，如果没有采取合理有效的输沙排沙措施，电站运行多年后，库区泥沙极易淤积到死水位以上，使得水库有效库容减小，导致库区泄洪排沙等建筑物不能正常使用，进而影响电站的正常运行和经济效益，甚至影响整个电站的安全。

### （二）电站机电设备磨蚀

由于抽水蓄能电站水泵水轮机的相对流速大于常规机组，水泵水轮机对磨损的影响比较敏感。在 200～500m 水头范围内抽水蓄能电站水泵水轮机出口线速度为 70～105m/s，为常规水轮机的 1.7～2.4 倍。相关试验研究发现泥沙对转轮的磨损量与线速度的 2.5～3.5 次方成正比，相同材质的转轮在 200～500m 水头范围、在相同的过机含沙量情况下，水泵水轮机水泵工况的磨损量是常规水轮机的 4～14 倍。抽水蓄能电站抽水运行时，如果过机含沙量较高，特别是洪水期过机含沙量还会相应增大，极易造成水轮机叶片和其他机电设备的磨损破坏，使得水轮机组工作效率下降、电站效益降低、机组维修周期缩短，整个抽水蓄能电站的安全运行也将受到影响。

## 二、拦、排沙建筑物的布置

修建在多泥沙河流上的抽水蓄能电站，为了降低或者避免泥沙问题对抽水蓄能电站的不利影响和破坏作用，首先，应加强流域水土保持，实行减少水土流失的长期治理措，从源头上减少泥沙入库。其次，加强对泥沙基本资料的收集与分析工作，研究制定相应的水沙调度方式，进行泥沙冲淤计算，对水沙条件复杂的工程宜通过物理模型试验或水库泥沙数学模型分析计算，合理确定电站进/出水口断面的淤积高程，提出代表年的含沙量历时曲线、颗粒级配、矿物组成，估算过机泥沙含量。最后，在枢纽布置和建筑物设计时需考虑与泥沙处理的密切关系，根据泥沙淤积对电站进/出水口布置及有效库容的影响，进行泥沙处理方案比选，合理确定有效的拦沙、输沙、排沙的工程措施，保证抽水蓄能电站的安全运行和长远效益。

不同的抽水蓄能电站边界条件不同，水沙条件各异，根据抽水蓄能电站运行特点及相

应存在的泥沙问题实际情况，国内许多的抽水蓄能电站采取拦沙、治沙、排沙等各种措施，尽量减少过机泥沙，并从枢纽布置及水库调度运行方式上来减少入库和过机含沙量，取得了丰富宝贵的工程经验。

抽水蓄能电站水库拦沙排沙建筑物主要有以下几种型式。

**（一）拦沙坝**

库尾设置拦沙坝可将抽水蓄能电站水库分隔为拦沙库和蓄能专用水库，拦沙坝主要任务是拦洪排沙，在施工期拦沙坝还可兼做蓄能专用水库的施工蓄水池坝，运行期用以阻拦上游来的推移质泥沙。如天荒坪抽水蓄能电站拦沙坝建于下水库大坝上游约 2km 处，拦沙坝为浆砌石重力坝，最大坝高 21m，坝长 57m，拦沙库容可供蓄沙 50 年以上。

**（二）拦沙坝＋泄洪排沙洞（明渠）**

库尾布置拦沙坝，同时利用拦沙坝上游地形开挖成过流明渠或泄洪排沙洞，汛期将含沙水流引向大坝下游，以减轻电站进出水口的泥沙淤积和过机泥沙含量。

如内蒙古呼和浩特抽水蓄能电站下水库位于多沙的哈拉沁沟上，下水库的入库沙量由哈拉沁水库下泄沙量和区间沙量构成，多年平均入库沙量为 3.42 万 t，泥沙问题较为突出。为从根本上解决多泥沙河流的泥沙问题，在下水库设置拦沙坝，将下水库分隔为拦沙库和蓄能专用库，拦沙库负责拦洪排沙，蓄能专用库专职发电。拦沙坝为碾压混凝土重力坝，最大坝高 53.5m。泄洪排沙洞布置在左岸，进口位于拦沙坝上游约 210m 处，出口在拦河坝下游约 140m 处，泄洪排沙洞断面尺寸 7m×8m，洞长 605m，泄洪排沙洞按宣泄拦沙坝址处 2000 年一遇洪水设计，校核洪水位时的泄量 $650m^3/s$，采用反弧挑流鼻坎消能。为确保哈拉沁水库砂砾石坝的安全，设计和校核洪水位采用与正常补水水位同高，汛期处于敞泄状态，拦沙库内的洪水和泥沙通过泄洪排沙洞排往拦河坝下游，不进入蓄能专用下水库。

张河湾抽水蓄能电站下水库为了有利排沙，减小机组过机含沙量，充分利用拦河坝上游主河床的弯道和坝前垭口这一地形特点，在距主坝 1.8km 设拦沙坝，在拦沙坝上游垭口设排沙明渠，为使明渠进口水流平顺和减少拦沙坝前回淤影响，拦沙坝布置在排沙明渠进口下游 200m 处，汛期水沙经垭口明渠输送至拦河坝前，由拦河坝的冲沙底孔、泄洪底孔、泄洪中孔泄至下游，起到引水排沙作用。拦沙坝按透水坝设计，无防渗要求，拦沙坝为碾压堆石坝，坝顶高程 481.00m，坝长 381m，上下游坝坡采用 1∶2.0。排沙明渠利用拦河坝上游 200m 处的垭口扩挖而成，明渠总长 401m，由圆弧进口段和直线段组成，排沙明渠按不冲不淤设计，明渠采用复式断面，对岩质开挖边坡进行锚喷支护处理、土质边坡按 1∶3 削坡满足明渠长期运行要求。

**（三）沉沙池**

水流进入主厂房前，先将其抽入沉沙池，将河水沉沙后再进入主厂房蓄能泵。如羊卓雍湖抽水蓄能电站上水库为羊卓雍湖，下库为雅鲁藏布江。由于雅鲁藏布江含沙量较高，抽水运行时，由江边低扬程泵房抽水进入沉沙池，将江水沉沙后再进入主厂房多级蓄能泵，经输水系统抽入羊卓雍湖。沉沙池总长 130m，宽 24m，高 8m，库容约 2.5 万 $m^3$。池内以低隔墙分为 3 厢，定期采用水力冲沙，经试验，拦截粒径不小于 0.1mm 的沉降保证率大于 80%。蒲石河抽水蓄能电站则在下水库进/出水口末端设置沉沙池，作为辅助防沙措施。

**（四）泄洪排沙闸**

泄洪排沙闸是拦排沙设施的重要设施之一，其在河道来水充足时，通过水闸调度，可将泥沙排至下游河道。

如辽宁蒲石河抽水蓄电下水库位多年平均输沙量 61 万 t，悬移质输沙量 43.9 万 t，推移质输沙量 43.9 万 t，多年平均含沙量 0.59kg/m$^3$，汛期洪水时泥沙含量较大，实测最大含沙量 19.0kg/m$^3$。下水库开敞式洪排沙闸共 7 孔，每孔净宽 14m，堰顶高程 48.00m，堰上布置弧形工作闸门。针对来沙量多集中在汛期大洪水时的几天，洪峰和来沙量一致的水沙特点，为减少泥沙淤积，通过灵活调度和合理运用泄洪排沙。经过多年运行，水库采用泄洪排沙闸的排沙、冲沙、拉沙效果较好。

**（五）拦沙坎+避沙调度运行**

对泥沙问题不突出的下水库，可通过优化进/出水口位置，采取在进/出水口设置拦沙坎，结合悬移质含沙量与过机泥沙含量关系分析，根据高水头抽水蓄能机组过机泥沙要求，提出避沙调度运行方式。

在进/出水口上游设置挡沙坎，坎顶高程高于河床泥沙淤积高程，将泥沙阻拦在进/出水口前缘，减少进/出水口部位的直接过机泥沙量，满足机组抽水或放水时的防沙要求。进水口布置时，要考虑泥沙的影响，应注意上、下水库进/出水口的设置，进水口尽量远离沙源。

蒲石河抽水蓄能电站，下水库进/出水口位于鸭绿江右岸支流蒲石河下游黄草沟沟口位置，汛期泥沙含量较大，但历时较短，主要集中在大洪水过程中的几天内，最多一年也只有 16d，其余绝大部分时间河水清澈，含沙量很小。为拦截黄草沟的泥沙和污物进入进/出水口，在沟口设置拦沙坝和排沙洞；同时在下水库进/出水口引水渠中部设置弧形拦沙坎，坎顶高程 59.00m，坎顶宽 1m；为减少机组磨损，考虑避沙要求，下水库采取非汛期抬高水位运行，汛期降低运行水位的“蓄清排浊”的避沙调度运行方式，即洪水来临之前将下水库放空，为保证 50 年有效使用期上、下水库的有效库容，每一次的洪水过程都必须降低至死水位运行，洪水过后再蓄至正常蓄水位。

## 三、拦、排沙建筑物布置工程实例

河北丰宁抽水蓄能电站位于河北省承德市丰宁满族自治县境内，装机容量为 3600MW，具有周调节性能。利用滦河干流上已建成的丰宁水电站水库作为下水库。由于泥沙淤积严重，为使抽水蓄能电站正常运行，通过在原丰宁下水库库尾设置拦沙坝，将原丰宁下水库分成拦沙库和蓄能专用库两部分。

蓄能专用库由已建丰宁水电站拦河坝改造而成，正常蓄水位为 1061.00m，死水位 1042.00m。

拦沙库建筑物包括拦沙坝、泄洪排沙洞以及拦沙库溢洪道。拦沙坝坝型采用复合土工膜防渗心墙堆石坝，坝顶高程为 1066.00m。泄洪排沙洞布置在右岸山体内，采用短有压进口型式，洞长 1966m。拦沙库溢洪道布置在拦沙坝左岸下游山梁处，连通拦沙库和蓄能专用库。为增强排沙效果，在拦沙坝上游左岸山梁处设置一宽约 30m 的导沙明渠，渠底高程与上游河床齐平，上游来水可通过明渠直接流至泄洪排沙洞进口，排沙效果更好。

## 第四节　生态放流建筑物

抽水蓄能电站与常规水电和水库工程一样，其建设会引起河道减水甚至断流的问题，对河流水域生态环境的影响是不可避免的，从电站初期蓄水到工程运行阶段，都需要考虑维护生态流量的问题。

抽水蓄能电站生态流量的需求，主要考虑维持坝下河段的生态系统稳定性、坝下河道水环境质量、坝下灌溉、生活用水的需求。抽水蓄能电站通常设置专门生态放流建筑物，由于抽水蓄能电站大都建在小流量的河流上，上、下水库流域面积通常不大，河道所需生态流量较小（往往小于 $1m^3/s$），生态放流建筑物布置相对简单。根据工程具体情况，生态放流建筑物选型和布置可采取不同形式，上、下水库较多采用生态流量放流管，也有采用生态放流闸和生态放流机组。在条件允许的情况下，上水库还可采用通过上水库环库公路外侧渠道将上游来水导流至坝下河道。在已建和在建抽水蓄能电站工程中，辽宁蒲石河抽水蓄能电站上水库通过导流洞内埋设不锈钢钢管，下水库通过小孤山水电站生态机组向下游泄放生态流量；内蒙古呼和浩特抽水蓄能电站在泄水排沙洞进口段设置旁通生态放流管，绕过泄水排沙洞钢闸门，连通至排沙洞后泄放生态流量；辽宁清原和吉林蛟河抽水蓄能电站下水库结合泄洪放空洞布置生态放流管；辽宁清原抽水蓄能电站上水库将库盆以上来水通过上水库环库公路外侧渠道导流至坝下河道。

# 第二十章 抗冰冻、抗震与地质灾害防治

## 第一节 抗冰冻措施

### 一、冻融破坏的机理及对抽水蓄能电站的影响

#### （一）冻融破坏的机理

水在负温下结成冰，体积膨胀，产生冻结力。寒冷地区的水工建筑物冬季普遍存在冻融、冻胀的作用，使水工建筑物发生不同程度的冻害。

1. 冻胀机理

（1）土体冻胀。土体发生冻胀的基本条件是负温、土质和水，三者相互作用。

就土质来说，当气温条件是负温时，土粒失温的速度比水快，于是土颗粒先冷却，随之水分也冷却。达到起始冻结温度后，土粒吸附的水开始冻结成冰，产生较大的冰结晶力。随着温度继续下降，由于吸附作用将水分拉向冰晶体，冰晶体增大。而原来土粒吸附水厚度变薄，就从下方未冻水分吸引相当部分的水，来平衡土粒的静电引力。在负温的条件下，经过这种重复作用，冰体逐渐增大，下方未冻水分不断补充，土粒发生相对变形，产生冻胀。

（2）混凝土冻胀。水工建筑物混凝土或钢筋混凝土在负温条件下，水泥的细小颗粒或钢筋失热的速度特别快，首先冷却。混凝土结构孔隙中一旦有水分充填，水在负温下结成冰，体积发生膨胀，当这种膨胀作用引起的应力超过混凝土自身强度时，就会产生裂缝并增大吸水性，使混凝土的结构变形而破坏。同样在较温和的季节性冻土地区，随冻融循环次数、水分饱和等条件变化，也存在着混凝土的冻融破坏问题。

2. 冻害成因

冻害涉及气、液、固三相介质之间的关系，冻害成因归纳起来，分为冻胀力、冻融、蠕动变形和冰压力等。

（1）冻胀力。土体或混凝土冻结时，其中的水分冷却成冰，冰吸附未冻水分聚流到冻结锋面，冰晶体急剧增大引起的作用力。冻胀力对建筑物的作用方向不同，一般分为切向冻胀力、水平冻胀力和竖向冻胀力三种。冻胀力损害水工建筑物，使基础土和混凝土的结构发生改变，导致建筑物强度削弱。

（2）冻融。冻融是指负温冻结，温升后融化。多次冻融循环可导致水工建筑物的破坏，特别是水位变化区混凝土表面，冻结产生体积膨胀，融化时，冰体融化成水流出混凝土外，原来的形态不能复原，混凝土弹性模量大大降低，导致钢筋外露和溶蚀，从而加速冻胀破坏，形成恶性循环。

（3）蠕动变形。地基土在负温状态下，冻土冰体会发生塑性变形，体积变小，所产生

的压力会引起冰点不断下降，造成冻土的融化流动。

(4) 冰压力。作用于水工建筑物上的冰压力，分为动冰压力和静冰压力。流冰时产生的压力为动冰压力，流冰冲击水工建筑物，可造成水工建筑物的挤压或剪切破坏。冰层温升膨胀产生的压力为静冰压力，温升时，冰层受力强烈爬坡，与冰层冻结在一起的混凝土板被冰盖上爬带动升高，引起混凝土板拉裂、弯曲而破坏。

**(二) 冻融破坏对抽水蓄能电站的影响**

1. 抽水蓄能电站水库冬季运行结冰形态

常规水库由于动力因素很弱，可以形成稳定的封冻冰盖。而抽水蓄能电站水库动力因素活跃，库水位变化频繁，水位升降速度可达5m/h以上。受其影响，水库显然不可能形成稳定的封冻冰盖。影响寒冷地区抽水蓄能电站水库冰冻的因素很多，其主要因素有气温、风向、风速、库水温度、水流流态及机组运行调度等。根据库水位变化特点，抽水蓄能电站水库结冰形态由四部分构成：

(1) 环库岸冰带：在累积冻结的过程中，沿水库冬季高运行水位所形成的闭合库岸将形成较稳定的环库岸冰，岸冰冻结于库岸上，不再随水位而升降。

(2) 环库薄冰带：当电站停止发电时，库水位静止，水面在短时间的负温作用下结成薄冰。

(3) 环库碎冰带：随着库水位的下降，库内浮冰盖将沿环库固定岸冰处断裂，并塌落于库岸上形成分散的碎冰；风也会使库内的浮冰移向库岸，在挤压中也会产生大量的碎冰。环库碎冰带的宽度是不确定的。

(4) 库内悬浮冰盖：这部分冰盖较为完整，并始终随库水位变化而周尔复始的升降。受抽水水温的影响，悬浮冰盖的冰厚增长缓慢，其厚度小于天然水库的冰厚。

2. 冻融破坏对水工混凝土建筑物的影响

抽水蓄能电站由于库水位频繁变动，水工混凝土建筑物的冻融次数要比一般水库的冻融次数增多。混凝土冻融破坏，显著的外在表现是保护层酥松，由表及里发生片状剥落，应力集中部位出现开裂，导致构件截面积削减，承载能力下降。此外，表层混凝土孔隙率增大、加速碳化，氯盐等有害离子在混凝土中扩散，使钢筋腐蚀进程加快。因此，冻融破坏将降低混凝土水工建筑物的耐久性和结构安全性。

(1) 表层酥松剥落。这种破坏形式一般表现为混凝土表面起毛→砂浆剥落→骨料裸露→脱落。如此由表及里逐层剥蚀。当混凝土构件较薄，冻深大于构件厚度时，就会发生整个断面酥松崩解现象。

(2) 深层冻胀破坏。这种破坏形式在严寒地区时有发生，且危害极大。一般发生在混凝土质量差且易吸水饱和的大体积混凝土内部。

(3) 冻胀裂缝。当混凝土骨料中的吸水率较大时，易发生冻胀裂缝。吸水饱和的骨料受冻时膨胀爆裂，使混凝土发生裂缝。如果冻胀的骨料位于混凝土表面时，则会发生局部胀突现象。

3. 冻融破坏对混凝土面板坝止水的影响

寒冷地区抽水蓄能电站，冬季由于水库水位频繁变动，导致库水表面的冰面在自身重力和水的浮力作用下会上下浮动，在冰拔、冰胀等因素影响下，接缝位移量更大，混凝土

面板坝止水结构受损情况尤为突出。

在水位抬高的过程中，冰面因浮力向上抬升，在冰层冻胀作用下向大坝方向顶推，冰层对面板表面凸起接缝止水产生挤压作用，对止水造成挤压破坏；在水位下降的过程中，冰面因自重下沉，在随着库水位大幅降落过程中折断，冰块会匍匐在面板斜坡面上并沿坡面下滑，冰块对面板及止水产生向下的拉力，会对止水造成拉裂破坏。当水位下降的速率较快，冰面急剧破裂，滞留在面板及止水表面的冰块处于悬空状态，在失稳下滑过程中会对止水产生冲击和挤压，对止水造成砸压破坏。因此，寒冷地区抽水蓄能电站面板坝水位变化区的止水易产生拉裂、挤压和砸伤破坏形式。抽水蓄能电站止水破坏工程实例详见图20－1、图20－2。

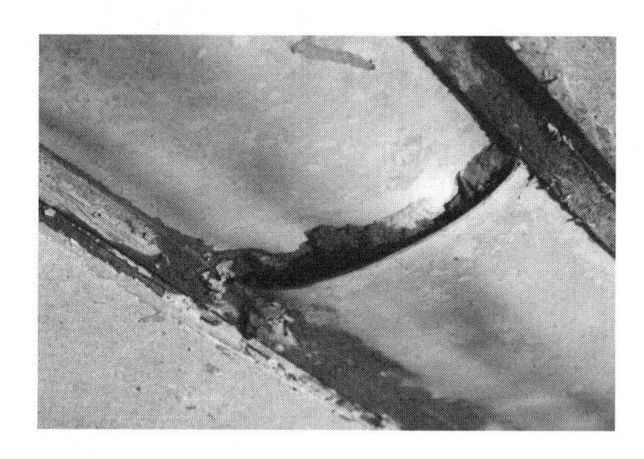

图20－1　水位变化区止水盖板连接处端部破坏

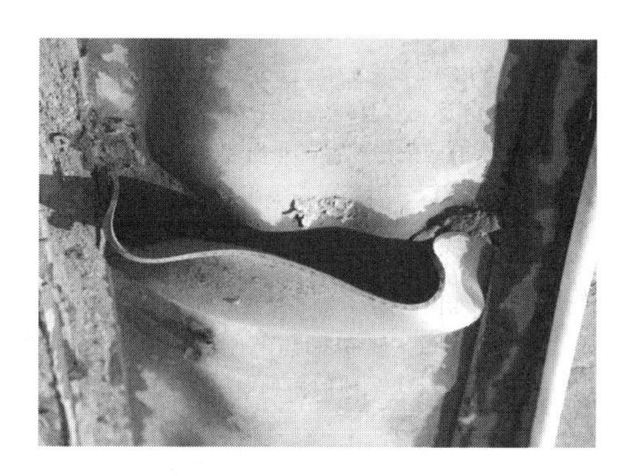

图20－2　水位变化区止水三元乙丙橡胶板接缝翘起破坏

4．冻融破坏对库岸护坡的影响

寒冷地区冬季块石护坡破坏的现象相当普遍，造成护坡块石破坏的主要原因是基土冻胀、冰推和风浪打击。基土的冻胀使得坡面局部隆起，加剧了冰压力的推力作用和石块的松动。开库时若遇有大风浪，块石下面的垫层将遭受严重淘刷，加之风浪对石块的打击，往往造成大面积的块石护面破坏，见图20－3。

图20－3　库岸块石护坡破坏

## 二、抗冻指标的确定

### （一）混凝土抗冻等级

抗冻等级是评定混凝土耐久性的主要指标。寒冷地区水工结构和构件混凝土抗冻等级要求详见表 20－1。

**表 20－1　　寒冷地区水工结构和构件混凝土抗冻等级要求**

| 气候分区 | 严寒 | | 寒冷 | |
|---|---|---|---|---|
| 年冻融循环次数/次 | ≥100 | <100 | ≥100 | <100 |
| 1. 结构重要、受冻严重且难于检修部位：<br>1）水电站尾水部位，蓄能电站进/出水口冬季水位变化区的构件、闸门槽二期混凝土、轨道基础；<br>2）坝厚小于混凝土最大冻深 2 倍的薄拱坝、不封闭支墩坝的外露面、面板堆石坝水位变化区及其以上部位的面板和趾板（墙）；<br>3）冬季通航或受电站尾水位影响的不通航船闸的水位变化区的构件、二期混凝土；<br>4）流速大于 25m/s、过冰、多沙或多推移质过坝的溢流坝、深孔或其他输水部位的过水面及二期混凝土；<br>5）冬季有水的露天钢筋混凝土压力水管、渡槽、薄壁充水闸门井 | F400 | F300 | F300 | F200 |
| 2. 受冻严重但有检修条件部位：<br>1）混凝土坝上游面冬季水位变化区；<br>2）水电站或船闸的尾水渠、引航道的挡墙、护坡；<br>3）流速小于 25m/s 的溢洪道、输水洞（孔）、引水系统的过水面；<br>4）易积雪、结霜或饱和的路面、平台栏杆、挑檐、墙、板、梁、柱、墩、廊道或竖井的单薄墙壁 | F300 | F250 | F200 | F150 |
| 3. 受冻较重部位：<br>1）混凝土坝外露阴面部位；<br>2）冬季有水或易长期积雪结冰的渠系建筑物 | F250 | F200 | F150 | F150 |
| 4. 受冻较轻部位：<br>1）混凝土坝外露阳面部位；<br>2）冬季无水干燥的渠系建筑物；<br>3）水下薄壁杆件；<br>4）水下流速大于 25m/s 的过水面 | F200 | F150 | F100 | F100 |
| 5. 表面不结冰和水下、土中、大体积内部混凝土 | F50 | | | |

**（二）抗冻计算公式**

交通部一航局科研所同南京水科院根据多年的试验研究，总结出混凝土抗冻融能力估算公式。抽水蓄能电站水工结构混凝土抗冻指标可依据这种方法确定，则混凝土的抗冻等级计算公式如下：

$$D = NM/S \tag{20-1}$$

式中：$D$ 为混凝土抗冻等级；$N$ 为混凝土使用年限；$M$ 为混凝土一年遭受的天然冻融循环次数；$S$ 为室内 1 次冻融循环相当于天然条件下的冻融循环次数。

## 三、抗冻措施

**（一）冬季机组调度运行**

影响寒冷地区抽水蓄能电站水库冰冻的因素很多，其主要因素有气温、风向、风速、

库水温度、水流流态及机组运行调度等。除机组运行调度外，其他自然因素不是人力所能左右的，如果机组调度得当，将大大减少上、下水库冰冻危害程度。

根据各电站的冬季运行观测资料，一般抽水蓄能电站按照电网要求调度，基本可以满足冬季防冰的要求，但必须保证电站冬季每天有一定数量机组投运，严冬季节每天往复水流运动不能中断。实践证明寒冷地区抽水蓄能电站按照冬季运行规定运行，每天有一定数量机组投运，严冬季节利用电站每天往复水流运动不能中断，可以阻止上、下水库形成冰盖，最大限度地减少冰盖的厚度，使之不致对建筑物结构、止水等造成破坏性的危害，从而确保电站运行安全。

根据蒲石河抽水蓄能电站2012—2013年冬季运行观测，冬季运行方案为抽水时间安排在23：30至次日5：00，发电时间在15：30—21：00，每天保证2～3台机组发电，至少1台机组发电运行，利用逐日往复水位升降、风和其他因素引起的水面紊动可以防止形成完整的冰盖。低流速场产生的热力作用是防止和减小上水库形成冰盖的关键，通过运行调度实现上下往复式的水流运动，利用低流速场产生的热力作用防止完整冰盖的形成。2012—2013年期间，日最高水位为391.88～376.69m，低于或接近正常蓄水位；日最低运行水位为380.59～370.46m，日变幅为4.82～20.99m。随着库水位的变化和机组投运台数的不同（1～4台），水位升降速度均为0.7～3.4m/h，进/出水口附近实测流速均为0.11～0.24m/s。这样一个低流速场既有竖向升降流速，又有沿水流方向流速分布，观测结果说明，观测期内上库在冬季最低气温－21.5℃的条件下冰厚仅15～23cm，不形成完整冰盖。

十三陵抽水蓄能电站在1995年12月24日至1996年2月8日机组消缺期间，上水库水位长时间保持不动，库面全部封冻，冰盖最大厚度达50cm。只要保证至少有一台机组每天抽水、发电2个循环，即夜间至次日凌晨抽水6～7h，次日上午发电4～5h，下午抽水2～3h，前夜发电4～5h，每天共运行16～20h，上水库就不会形成冰盖。这与苏联基辅抽水蓄能电站冬季运行经验一致，另外基辅抽水蓄能电站比较过电站每日单循环及双循环运行方式，双循环运行方式减少了上水库引水渠中冰的厚度。

**（二）水库库形设计减轻冰情**

抽水蓄能电站上、下水库进/出水口均为双向水流，研究表明，在一定的低温条件和运行方式下，水流紊动作用使进/出水口附近存在一个不结冰或冰盖厚度减薄的区域。十三陵抽水蓄能电站观测资料表明，上水库正常蓄水位对应的库面面积为15.8万$m^2$，没有冰盖出现。下水库进/出水口前形成不结冰区面积有20.4万$m^2$，相当于下水库库面面积的7.9%。基辅抽水蓄能电站上水库库中冰盖与岸坡分开，随水位起落，冰盖厚度0.5m左右；引水渠及岸坡处流速增加，且沿长度和宽度方向流速分布不同，冰的冻结和融解程度不同，使沿水库长度和宽度方向冰盖厚度的分布不均，靠近引水渠及岸坡处的冰盖，厚度减薄。

故在进行库盆形状设计时，应尽量使水流的紊动范围能波及整个库面，对减轻冰情有利。具有深式（或较深式）进水口的大中型水电站很少受到冰块堵塞，但要注意冰花下潜的可能性，国内外的大量冰花下潜临界流速观测成果都比较接近，为0.6～0.7m/s。因此，抽水蓄能电站的进/出水口布置时还要注意预防冰花下潜。

**（三）水工建筑物抗冰冻措施**

收集工程所在地的最冷月平均气温、年平均气温、日平均最低气温、冰情资料、冻土情况等抗冰冻基本资料，为水工建筑物抗冰冻设计提供依据。

为了防止水工建筑物在冰、冻融和冻胀作用下遭受破坏，水工建筑物的防冻融破坏具体措施如下。

1. 提高混凝土抗冻标号

抗冻等级是评定混凝土耐久性的主要指标。根据水工建筑物抗冰冻设计规范的有关规定，寒冷地区水工结构和构件混凝土抗冻等级，应根据其气候分区、冻融循环次数、表面局部小气候条件、水分饱和程度、结构构件重要性和检修条件等选择相应的抗冻等级。

在不利因素较多时，可选用提高一级的抗冻等级。对于严寒地区特殊工程的水位变动区混凝土，抗冻等级可根据实际情况采用比 F400 更高抗冻等级的混凝土。

黑龙江荒沟、吉林蛟河、辽宁清原、新疆阜康等抽水蓄能电站中混凝土面板坝的面板混凝土抗冻标号均采用 F400。

2. 采用合适的抗冻混凝土配合比

(1) 优选原材料。水泥品种及其质量、骨料的品质及其抗冻性对混凝土的抗冻性影响很大。水泥品种和活性对混凝土抗冻性有影响，主要是因为其中熟料部分的相对体积不同和硬化速度的变化，混凝土的抗冻性随水泥活性增高而提高。国内各种水泥抗冻性高低的顺序为：纯熟料硅酸盐水泥＞普通硅酸盐水泥＞矿渣硅酸盐水泥＞火山灰质（粉煤灰水泥）硅酸盐水泥。寒冷及严寒地区的工程对混凝土抗冻性要求较高，水泥应优先采用纯熟料硅酸盐水泥或掺混合材料较少的普通硅酸盐水泥。

影响骨料抗冻性的主要因素是骨料的吸水率和骨料尺寸。如果使用吸水性骨料，而混凝土又处于连续潮湿的环境中，当粗骨料饱水时，骨料颗粒在冻结时排出水分所产生的压力使骨料和水泥砂浆破坏。骨料尺寸越大，受冻后越容易破坏。骨料应选择质地坚实、清洁、级配良好且吸水率低的砂石骨料，对骨料要进行坚固性和抗冻性试验，拌和水不得损害混凝土抗冻性。骨料抗冻性低时可依靠引气剂降低水灰比来弥补。

(2) 控制水灰比。水灰比是决定混凝土强度、抗渗性、抗冻性和耐久性等的基本参数。普通混凝土水灰比越小，混凝土越密实，抗冻性越高，加气混凝土也是如此。因为水灰比越小，可减少混凝土超出水化反应所需的剩余水分及毛细孔隙，水泥砂浆致密，气泡平均直径和气泡平均间距系数越小，抗冻性越高。随着水灰比增大，混凝土孔隙增加，因而渗透性增大，强度和耐久性也随之降低。根据混凝土面板堆石坝设计规范规定，寒冷及严寒地区的面板混凝土的水灰比小于 0.45，我国东北地区大型水电站一般为 0.4～0.45，随气候及运行条件的不同尽量采用小值，甚至更小，例如查龙水电站面板混凝土水灰比为 0.35，莲花水电站面板混凝土水灰比为 0.338。通过对国内部分工程混凝土的抗冻试验资料统计，得到抗冻等级与限值水灰比的关系，见表 20-2。

**表 20-2　　混凝土抗冻等级与水灰比关系**

| 混凝土类型 | 抗冻等级 | | | | | | |
|---|---|---|---|---|---|---|---|
| | F50 | F100 | F150 | F200 | F250 | F300 | F350 |
| 普通 | 0.54 | 0.5 | 0.46 | 0.4 | | | |
| 掺减水剂 | 0.6 | 0.56 | 0.52 | 0.48 | 0.44 | 0.40 | |
| 掺引气剂 | 0.64 | 0.60 | 0.56 | 0.52 | 0.48 | 0.44 | 0.40 |

注　本表适用于 425 号以上水泥。

（3）掺外加剂。外加剂主要指引气剂和减水剂。目前，提高混凝土抗冻性最有效的方法是掺用引气剂。根据试验研究和工程经验，掺引气剂可以显著改善混凝土的和易性，极大提高混凝土抗渗、抗冻和耐久性。最佳抗冻性的含气量一般应在4%～7%范围内，对抗冻要求高的严寒地区取大值。试验表明，掺引气剂混凝土的含气量超过5%，抗冻性的提高是很显著的。但是考虑到含气量太多，改善混凝土抗冻性非常有限，而强度降低和干缩增加则比较多，所以含气量一般在5%左右，且随着最大骨料粒径的不同有所增减。

混凝土的抗冻性不仅与含气量有关，而且与引入气泡的平均直径和气泡的间距系数等性质有直接关系。试验研究结果表明，气泡间距系数不超过200μm可以保证混凝土的抗冻性。在混凝土中掺加引气剂，由于含气量的增加，会使强度降低和干缩增大。但混凝土掺引气剂时，可改善和易性，减少用水量，因此可部分弥补不利影响。

外加剂除了引气剂外，还有减水剂。在混凝土中掺入减水剂后除了减水功能外，同时引入一定数量气泡，因此也可提高混凝土的抗冻性能。由于气泡性质与引气剂不同（含气量较小，气泡间距较大），提高抗冻性的效果不及引气剂。将引气剂与减水剂复合使用，可以兼取两者的优点，弥补各自的不足，因此提高混凝土抗冻性的效果更加突出。使用外加剂，不仅可以提高抗冻性，而且是经济的，并具有许多优点，因此在工业发达国家，例如日本几乎所有混凝土均掺加引气剂。

（4）掺粉煤灰。在混凝土中掺入粉煤灰，不但能部分代替水泥，降低工程造价，而且能改善和提高混凝土的性能，是混凝土的理想掺合料。掺加优质粉煤灰替代一部分砂，可以改善混凝土拌和物的和易性；粉煤灰代替一部分水泥，对降低水泥用量、改善混凝土热学性能和变形性能、减少混凝土温度收缩等有良好效果，从而减少用水量和水灰比，提高混凝土的抗冻性能。

粉煤灰的掺量在一定范围内能够提高混凝土的抗冻性能，但掺量过大对混凝土抗冻性能就会有一定的负面影响。粉煤灰掺量一般情况下不要超过20%。相同条件下，Ⅰ级粉煤灰混凝土的抗冻性能优于Ⅱ级粉煤灰混凝土的抗冻性能。

试验研究表明，水胶比是影响粉煤灰混凝土抗压强度的主要因素。随着水胶比的减小，粉煤灰混凝土试块的强度增大，抗冻融性能提高。当水胶比一定时，随着粉煤灰掺量的增加，粉煤灰混凝土抗压强度和质量损失率均有所降低。当粉煤灰掺量不大于30%时，粉煤灰混凝土的抗冻融性能有所提高，并且随着粉煤灰掺量的增加，粉煤灰混凝土试块的强度和引气剂掺量均减小。粉煤灰混凝土试块的强度越高，满足其抗冻性要求的引气剂掺量就越小，而且达到抗冻性要求所需的引气剂掺量随着粉煤灰掺量的增加而减少。

(5) 掺纤维。在混凝土内掺加化学纤维或钢纤维，纤维均匀地分布在混凝土内部，提高混凝土的强度和抗折性能，从而提高混凝土的抗裂性，同时也使混凝土的抗冻性能得到改善。混凝土面板工程中一般掺加纤维用以限制混凝土开裂和裂缝的扩展，如辽宁蒲石河、黑龙江荒沟抽水蓄能电站等工程的面板采用聚丙烯纤维，琅琊山抽水蓄能工程的面板采用聚丙烯腈纤维。这些工程的试验资料均表明，掺加纤维对面板混凝土抗冻性能有不同程度的提高。

3. 混凝土面板采用可控补偿防裂混凝土

混凝土面板堆石坝的混凝土防渗面板防裂尤为重要。由于混凝土面板是浇筑在垫层斜坡上的薄板，厚度小且不均匀，施工期裸露，对环境温度和湿度变化影响较敏感。寒冷和严寒地区，由于气温温差大和混凝土干缩使面板较薄部位产生较大的拉应变，混凝土面板产生裂缝，影响防渗效果。必要时面板混凝土采用膨胀剂或减缩剂配制可控补偿防裂混凝土，可有效提升面板抗裂能力，控制面板裂缝，提高抗冻能力。

4. 选用改性沥青，提高沥青混凝土低温性能

暴露在空气中的寒冷地区沥青混凝土面板，冬季会遭遇低气温和寒流作用，严寒地区会达到－30℃或更低。低温条件下，沥青混凝土呈现脆弹性材料特性，温降会使面层沥青混凝土产生收缩，受下部沥青混凝土或基础的约束，使面板产生拉应力。当拉应力超过沥青混凝土抗拉强度时面板将开裂。

寒冷地区抽水蓄能电站水库水位变幅大，水位降落速度较快，库岸面板冬季、夏季承受的温度跨度大等工程特点，沥青混凝土面板材料除具备防渗性能、变形性能、热稳定性能、水稳定性能、耐老化性能以及施工性能，还需要具有良好的低温抗裂性能。因此，寒冷地区沥青混凝土面板应重点考虑其低温抗裂性能。

寒冷地区的抽水蓄能电站沥青混凝土面板抗冰冻措施主要是采用改性沥青。如国内寒冷地区的抽水蓄能电站中，河北张河湾水水库、山西西龙池上、下水库、河南宝泉上水库和内蒙古呼和浩特上水库的沥青混凝土面板均采用SBS改性沥青。依托我国自主技术成功建设的内蒙古呼和浩特抽水蓄能电站，上水库地处严寒地区，极端最低温度－41.8℃，采用改性沥青混凝土面板进行全库盆防渗，突破了沥青混凝土低温抗裂技术难题，改性沥青的低温冻断温度可达到－47.5℃，并在材料研发、配合比优化、施工工艺及设备国产化等方面实现了创新发展，为沥青混凝土面板防渗在北方寒冷及严寒地区的应用积累了宝贵经验。

5. 混凝土表面辅助抗冰冻措施

水进入毛细孔和温度降到冰点是混凝土冻融破坏的外因，工程上可考虑在混凝土表面设置辅助防渗材料或保温保湿材料，以提高混凝土防渗性能，提高混凝土表层温度，减少干缩，减少裂缝的产生和控制裂缝发展的规模，从而减轻冻融破坏。

在混凝土结构的表面涂覆一层防护材料，一方面可以降低环境介质对混凝土的侵蚀，另一方面有些防护材料还可以深入混凝土结构的内部，填充部分微裂缝，进而使得混凝土的密实度增加，力学性能及抗冻耐久性能得以提升。

混凝土表面涂层材料很多，如环氧树脂、聚合物水泥基防水材料、改性沥青、有机硅烷、聚脲等，而各种有机硅及其改性产品，由于其对混凝土具有良好的渗透性和黏附性，

并且涂刷后混凝土表面具有很好的疏水性，能有效提高混凝土抵抗有害介质的侵入能力，同时涂刷后不改变混凝土表面颜色，还可提高混凝土的观感质量，所以被广泛用于混凝土的表层处理，以提高混凝土的耐久性能。

寒冷地区抽水蓄能电站混凝土坝一般在水位变幅区涂刷防水材料来解决防冻问题。如黑龙江荒沟、吉林蛟河、辽宁清原等抽水蓄能电站均在混凝土面板堆石坝的面板表面涂刷2mm厚的聚脲来保护混凝土防渗面板；内蒙古呼和浩特抽水蓄能电站下水库碾压混凝土坝表面喷涂5～8cm的聚氨酯保温材料。

6. 混凝土面板堆石坝抗冰冻措施

(1) 表面止水抗冰冻措施。位于寒冷地区的抽水蓄能电站工程，由于水库地处严寒地区，水库运行条件严酷。一旦水库结冰后，水流带动冰块的运动会对坡面面板缝止水结构造成压砸、拉拽和顶托等作用，造成面板表部止水破坏。

针对寒冷地区在水位变动区顶部止水固定件宜遭到冻胀的破坏而失去固定作用，采用适应严寒地区面板坝的表面沉埋式止水结构，即面板缝周边形成低于面板表面8cm左右的凹槽，凹槽沿水位变动区布置，将表面型面板缝止水结构布置于面板凹槽内，同时对所有周边缝、面板结构缝均涂刷防护涂料，达到保护面板表面止水的效果。沉埋式表层止水结构减小了结构中凸出高度，有效地减小了外露与混凝土整体表面的面积，降低了冰层与表面止水的黏结力。

下卧式（或沉埋式）止水设计，见图20-4、图20-5。

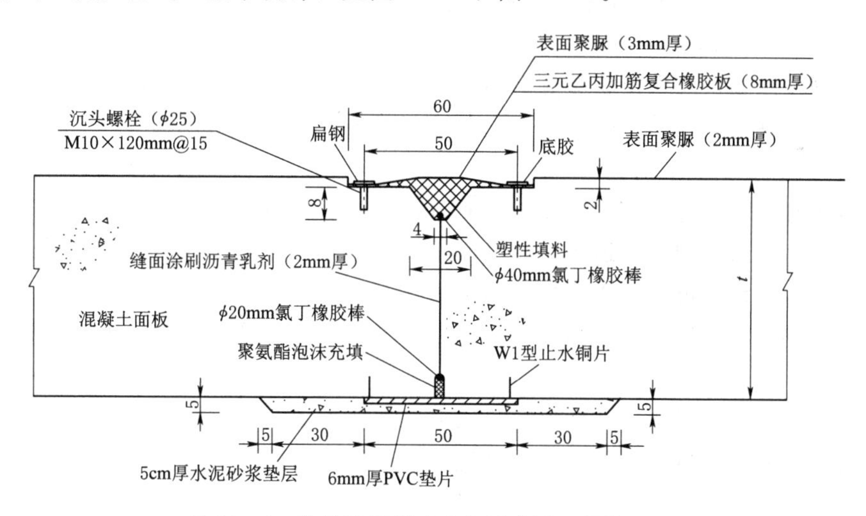


图20-4　张性缝沉埋式止水示意图（单位：cm）

为避免库水位下降时，冰的拖拽力对面板表面止水盖板的破坏作用，面板表面三元乙丙止水盖板的连接必须采用对接或顺向连接，不应采用逆向搭接。

(2) 坝体填筑料抗冻措施。在严寒地区抽水蓄能电站选择混凝土面板堆石坝的垫层料时，应以排水为主，减少库水位骤降时在面板后产生反向渗压和垫层冬季冻胀变形，增大水位变动区面板下游部位垫层区的渗透系数。要求垫层具有良好的排水能力，其渗透系数宜为$i\times(10^{-3}\sim10^{-2})$cm/s。

为满足垫层料的排水要求，往往需要减少其细颗粒含量，因此粒径不大于5mm的

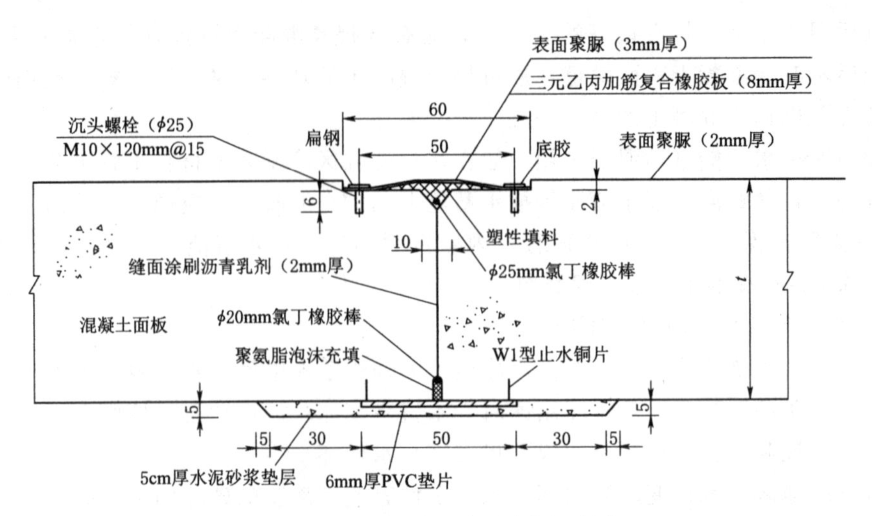


图 20-5 压性缝沉埋式止水示意图（单位：cm）

颗粒含量一般在15%～40%之间。我国寒冷地区部分抽水蓄能面板坝垫层料主要特性见表18-3。

（3）坝体的浸润线宜低于设计冻深线，下游排水、减压设施应采取防止冻结的措施。

（4）混凝土面板表面配置限裂钢筋。为限制混凝土面板堆石坝面板冻裂，在水面变动区及以上的面板钢筋可设置双层双向钢筋网。

7. 混凝土重力坝冰冻措施

（1）坝顶观测廊道离坝顶应保持足够的距离，以免顶部混凝土冻裂。

（2）坝体的廊道、电梯（转梯）井，均应设置密闭保温门，并应防止其结冰、积雪、结霜。

（3）修建高坝时，为保持溢流面干燥而防止溢流面冻融破坏，在下游坝面的混凝土内可设若干层排水廊道。排水廊道距离溢流面距离2～3m，并在廊道内沿坝坡方向钻设排水孔引成下油排水系统，可保持溢流坝面的干燥状态。

（4）坝顶路面横向坡度应适当加大，坝顶下游侧栏杆宜采用不致挡风遮阳和积水的稀疏栏杆。

（5）在寒冷季节应对孔口、廊道等通风部位加强封堵；在寒潮来临之前，应及时覆盖好混凝土表面，防止混凝土表面温降梯度过大，产生较大拉应力面开裂，尤应重视冬季的表面保温。

（6）为限制混凝土重力坝坝体表面冻胀裂缝和温度裂缝的发展，在坝体上、下游表面及坝顶配置单层双向限裂钢筋。

8. 细部结构抗冰冻措施

（1）坝顶防浪墙进行抗冰冻设计时，应计入冰层爬坡及水平冻胀力的作用。

（2）选择适当的结构型式。

防止水工建筑物混凝土结构遭受冰冻破坏，如埋于水下或土中，孔洞封闭，减少外露面等。防止建筑物饱和，如改善坝体排水，防止积雪结冰，避免易受积雪剥蚀的挑檐和凸出线条，将平台和墙、柱、墩的顶部作成排水坡，使构件通风、向阳、远离潮湿空气。有

外观要求时，应充分利用建筑物体形、尺度和混凝土外表质感，并提高对模板和浇筑质量的要求。不宜在外露面再加抹灰装修层。

9. *边坡防护工程抗冰冻措施*

寒冷和严寒地区抽水蓄能电站边坡护坡经常被冰推及风浪所破坏，冰推力、冻胀、冰层融化时形成动冰撞击等是造成边坡护坡局部或大面积破坏的主要原因。冬季水位变化区的库岸边坡，应采取防止冻融作用引起的崩塌或滑坡的工程措施。

库岸边坡防护的宜采用干砌石、混凝土网格梁＋干砌石、混凝土板、模袋混凝土等措施。

干砌石护坡自身耐久性较好，但其整体性差，其作为护坡在冰的作用下，局部存在被冰块带动的问题，但易于修补，维护方便，同时能够及时排出边坡渗水，适应冻胀能力较强。

混凝土网格梁＋干砌石护坡结构具备干砌石的所有优点，其整体性较好，还可提高边坡的稳定性。辽宁蒲石河抽水蓄能电站工程上水库护岸采用此种防护方式，经过多年的运行，只在施工质量较差的部位出现局部干砌块石被冰块带动现象。

混凝土板护坡结构耐久性好，抗冰荷载能力较强，混凝土板的抗冻等级应满足表 20-1 的要求。但混凝土板可能出现局部裂缝和冻融破坏现象，块间采用跨缝钢筋连接，具有一定的适应变形的能力。

边坡防护工程还应加强边坡排水，防止冻胀库岸边坡的破坏。

10. *施工质量控制措施*

混凝土建筑物宜在低温季节浇筑，混凝土入仓温度应加以控制，加强混凝土浇筑过程的质量控制，加强混凝土表面的保湿和保温养护。调查表明，由于施工质量的不好，使混凝土质量不均匀，分离、泌水或振捣不实，出现蜂窝、麻面，或者由于温控、养护不当，产生温度干缩裂缝，从而大大降低混凝土的抗冻性。因此，必须严格控制混凝土的搅拌、浇筑、振捣、养护等工序的施工质量。

## 第二节　抗　震　措　施

抽水蓄能电站上、下水库大坝所采用的抗震措施与常规电站基本一致。位于设计地震烈度在 7 度及 7 度以上地区的抽水蓄能电站，其大坝所采用的抗震措施应根据抗震计算成果，结合其抗震设防标准、坝址区地形地质条件、大坝坝型及筑坝材料性能指标，综合分析后最终确定。当设计地震烈度在 7 度以下时，通常不进行抗震计算，仅需根据工程实际情况采取适当的抗震措施即可。

据统计，国内外抽水蓄能电站所采用的坝型绝大部分为堆石坝和混凝土重力坝，因此，本书仅对土石坝和重力坝的抗震措施做详细介绍。

### 一、堆石坝抗震措施

#### （一）坝轴线布置

对于堆石坝来说，当发生地震时，两岸坝肩易产生张力，导致该部位防渗体产生裂缝。因此，在强震区修建土石坝时，坝轴线宜采用直线或向上游弯曲，以尽量避免发生地震时，两岸坝肩产生裂缝。

**（二）坝型选择**

对于有抗震要求的土石坝来说，宜优先选用堆石坝，不宜选用刚性心墙坝及均质土坝。均质土坝坝体断面较大、浸润线较高，发生震害的概率远大于堆石坝。而刚性心墙坝在地震发生时，刚性心墙与周边坝体之间的变形有较大差异，容易产生裂缝，影响大坝安全运行。

**（三）安全超高**

位于强震区的堆石坝，其安全超高应包括地震坝顶沉陷和地震涌浪高度。

地震涌浪高度与地震机制、震级、水库面积以及坝坡坡度等因素有关，其数值可根据地震设计烈度和坝前水深采用，一般为0.5～1.5m；地震坝顶沉陷一般不超过坝体及坝基总厚度的0.5%～1%。

**（四）坝体断面**

（1）设计烈度为8度、9度时，宜加宽坝顶，放缓上部坝坡。坡脚可采取铺盖或压重措施，上部坝坡可采用浆砌块石护坡，坝顶内部可采用钢筋、土工合成材料或混凝土框架等加固措施。

（2）防渗体与岸坡或混凝土结构的结合面不宜过陡，坡脚变化不宜过大，不得有反坡或突然变坡。

（3）适当增加防渗体及其上、下游面反滤层和过渡层厚度。

**（五）筑坝材料**

（1）选用抗震性能和渗透稳定性较好且级配良好的堆石料筑坝，均匀的中砂、细砂、粉砂及粉土不宜作为强震区筑坝材料。

（2）当设计烈度为8度、9度时，黏性土的压实功能和压实度以及堆石的填筑干密度或孔隙率，宜采用规范范围值的高限。

（3）对于无黏性土，要求浸润线以上材料的相对密度不低于0.75，浸润线以下材料的相对密度根据设计烈度大小适当提高。

（4）对于砂砾料，当大于5mm的粗粒料含量小于50%时，应保证细料的相对密度满足上述对无黏性土压实的要求。

**（六）基础处理**

当大坝基础存在可液化地层时，可选择以下措施：

（1）挖除液化土层并用非液化土置换。

（2）振冲加密、强夯击实等人工加密。

（3）压重和排水。

（4）振冲挤密碎石桩等复合地基或桩体穿过可液化土层进入非液化土层的桩基。

（5）混凝土连续墙或其他方法围封可液化地基。

**（七）其他措施**

据统计，国内抽水蓄能电站所采用的堆石坝以钢筋混凝土面板堆石坝居多，对于地震区的钢筋混凝土面板堆石坝，还应采取以下措施：

（1）加大垫层区的厚度，并采取更厚的垫层料。

（2）在位于受拉区的面板垂直缝内塞入沥青木板或其他具有强度和柔性的填充材料。

（3）适当增加受拉区面板上部的配筋率，特别是顺坡向的配筋率。

（4）当面板分期浇筑时，在施工缝上下一定范围内布置双层钢筋及箍筋。

（5）采用变形性能好的止水结构。

（6）适当增加坝体堆石料的压实密度。

（7）坝体用软岩、砂砾石料填筑时，设置内部排水区，保证排水通畅，在下游坝坡一定区域内采用堆石填筑。

## 二、混凝土重力坝抗震措施

### （一）坝轴线布置

混凝土重力坝坝轴线在平面上出现转折时，在地震作用下转折处相邻坝段间的动力反应差异较大，导致其地震变形难以协调，可能在接缝处出现变形过大导致的接缝止水破坏、局部混凝土挤压破坏。因此，位于地震区的重力坝坝轴线宜取直线。

### （二）坝体断面

（1）位于地震区的混凝土重力坝，其断面体型应简单，坝坡避免突变，顶部折坡宜采用圆弧过渡。

（2）坝顶不宜过于偏向上游，并尽量减轻坝体上部重量，增大坝体上部刚度。

### （三）细部结构

（1）坝顶宜采用轻型、简单、整体性好的附属结构，应力求降低高度，不宜设置高耸的塔式结构。

（2）加强溢流坝段顶部交通桥的连接，并增加闸墩侧向刚度。

（3）当坝体断面沿坝轴线方向有突变时，应设置横缝，并选择变形能力大的止水型式及材料。

（4）对于抗震设防类别为甲类的混凝土重力坝，当设计地震加速度大于 $0.2g$ 时，宜在各坝段间横缝设置键槽或采取灌浆措施，并加强横缝止水设计。

（5）在混凝土重力坝孔口周边、溢流坝闸墩与堰面交接部位等抗震薄弱部位应加强配筋。

### （四）基础处理

位于地震区的混凝土重力坝，其坝基中的断层、破碎带、软弱夹层等薄弱部位应采取工程处理措施，并适当提高底部混凝土等级，必要时在上游坝踵部位适当铺设黏土铺盖。

# 第三节　地质灾害防治措施

## 一、抽水蓄能电站库区常见地质灾害

我国地质灾害种类繁多，分布广泛且发生频繁。抽水蓄能电站工程中常见的地质灾害主要有滑坡、崩塌、泥石流等地表斜坡灾害；边墙或顶拱塌落、岩爆、突水（泥）、软岩塑性变形、瓦斯等地下工程灾害。由于抽水蓄能电站大多数水库库容较小、多为山区型水库，水库诱发地震、浸没、库区大型崩塌滑坡引发的涌浪等地质灾害一般不突出，本书不予赘述。仅对抽水蓄能电站危害较大且最为常见的滑坡、崩塌和泥石流三种地质灾害做简要介绍。

多数抽水蓄能电站上水库结合库容需求、筑坝料土石方平衡以及进/出水口布置等都需要进行库盆开挖，库岸在开挖爆破等施工扰动、暴雨以及运行期库水位频繁大幅度升降等恶劣条件作用下，潜在不稳定岸坡极易沿软弱结构面发生滑坡，从而对水库造成严重危害。滑坡是抽水蓄能电站库盆开挖施工与水库运行期间最常遇到的地质灾害，如果处置不当，将影响库岸的边坡稳定。

建于深切河谷地带的抽水蓄能电站枢纽建筑物，由于岸坡陡峻，边坡岩体结构面较发育，受断层节理切割及风化卸荷的影响等，易形成岩体破碎、风化强烈、稳定性较差的危岩。当枢纽建筑物修建在此类高陡边坡下部时，枢纽建筑物将面临极大的潜在威胁，人为因素或者降雨、地震等自然外力因素可能导致崩塌失稳，给工程施工及运行安全带来直接威胁甚至灾难性后果。

泥石流是指斜坡或沟谷中含有大量的泥沙、块石等固态与液态的混合物，在暴雨或融雪、冰川等激发下产生的特殊洪流。泥石流按其发生的位置，可分为坡面泥石流和沟谷泥石流。抽水蓄能电站下水库多在河流上筑坝形成，库区为地形陡峻的山区，当具备地形地貌、物源和水源条件时，容易孕育形成泥石流沟。由于泥石流具有暴发突然、运动快速、冲击力强、破坏性大、持续过程短的特性，通常顷刻之间造成严重的损失灾害，是抽水蓄能电站建设中常常面临的突出问题，甚至影响库址选择和枢纽布置及其安全性。泥石流对抽水蓄能电站水库的破坏方式主要有：冲入库内引起涌浪或直接冲击坝体，造成坝体损坏或溃坝；携带大量泥沙进入库区侵占水库有效库容，增加过机泥沙含量，恶化机组磨损条件，影响发电机组的运行效率和寿命；淤埋或冲击破坏进/出水口或泄水建筑物等，造成人员伤亡和财产损失；大型或特大型泥石流一次即可造成整个水库破坏，工程瘫痪，损失巨大。

## 二、地质灾害防治

鉴于上述地质灾害对抽水蓄能电站建设的危害，在前期勘察设计阶段，应对各类地质灾害的勘查和防治设计给予充分的重视，以预防为主、避让与治理相结合，全面规划、突出重点，并建立包括监测预警、施工监测和效果监测的全面监测预警体系，制定快速应急响应预案，尽量避免或减少不必要的人员伤亡和财产损失。

### （一）滑坡

#### 1. 滑坡的发育条件和诱发因素

滑坡是斜坡岩（土）体在重力作用下沿软弱结构面（带）整体（或分散）向下滑动，滑坡体的形成是其内部条件与诱发因素相互作用的结果。

（1）内部条件。滑坡体形成的内部条件包括地形地貌、地层岩性和地质构造。

1）地形地貌：存在使滑移控制面得以暴露或剪出的有效临空面，包括前缘临空、一侧临空或两侧临空（条形山脊）。

2）地层岩性：滑坡分布区域内，存在易滑地层或易滑岩组。

3）地质构造：深大断裂带通过的区域、岩层节理裂隙发育部位、存在软弱结构面等地质构造，为滑坡的发育形成创造了条件，同时为地表水的入渗提供了通道。

（2）诱发因素。滑坡体发生的诱发因素包括水的作用、振动作用、加载作用和坡脚削弱的影响。

1）水的作用：水对滑坡影响主要包括降雨、库水位的骤降作用，以及地表水（地下水）的侵蚀，都将不同程度的降低边坡的稳定性，导致库岸边坡发生滑坡。

2）振动作用：包括地震、机械振动或爆破施工对滑坡产生的触发作用。

3）加载作用：包括自然加载和人为加载。

4）坡脚削弱：包括冲刷淘蚀和人为开挖。

其中施工过程中由于人类活动产生的坡脚开挖和边坡体后缘加（堆）载，对库岸边坡的稳定性有着巨大的影响。在边坡体后缘加（堆）载，相当于人为增加坡体下滑力；而在前缘坡脚进行的开挖、消坡，相当于人为减小坡体抗滑力，增大临空条件。这两种工程行为都将降低库岸边坡的稳定性，促使斜坡变形，甚至诱发滑坡。

2. 滑坡的稳定性分析

滑坡的稳定分析一般采用刚体极限平衡法，常用的计算方法有：瑞典条分法、毕肖普条分法、不平衡推力法、块体极限平衡法、詹布法等，可根据滑动面的类型和性质选取。

滑坡的稳定分析应满足以下要求：

（1）选择有代表性的计算剖面，正确划分主滑段、抗滑段和牵引段。

（2）根据滑面（带）条件，按照平面、圆弧、折线，选用正确的计算模型。

（3）当有局部滑动的可能时，除验算边坡整体稳定性外，还应验算边坡的局部稳定性。

（4）有地下水作用时，土质边坡应计入地下水的浮托力和渗透压力；岩质边坡应计入地下水的扬压力和裂隙水压力。

（5）计算中应考虑降雨、地震、人类活动等因素对边坡稳定性的影响。

滑坡稳定计算的计算工况、边坡分级与设计安全系数、计算方法及其他相关规定详见第十七章第六节“库岸防渗与防护设计”有关内容。

3. 滑坡的防治原则

滑坡地质灾害的主要防治原则如下：

（1）预防为主，治理为辅，防、治、养相结合，做到早防、根治、勤养。

（2）中、小型滑坡以整治为主，大、中型性质复杂的滑坡，应采取根治与分期整治相结合的原则，缓慢变形滑坡，应作出全面的整治规划，进行分期治理，并注意观测每期治理工程的效果，以确定下一步措施。

（3）整治滑坡要全面规划，统筹考虑，选择全局最佳方案，严格要求，精心施工，保证质量。

4. 滑坡的预防措施

（1）在斜坡地带进行抽水蓄能电站枢纽建筑物设计前，必须首先做好地质勘察工作，查明有无滑坡体的存在，或滑坡的发育阶段。

（2）在斜坡地带进行开挖或填筑时，必须事先查明坡体岩（土）体条件、地面水和地下水的情况，做好边坡的排水设计。

(3) 施工前做好施工组织设计，制定合理的开挖施工顺序，尽量减少对潜在失稳坡体坡脚的开挖和后缘堆载，合理安排弃渣（土）的堆放场地。

(4) 控制库水位的升降速度，减少库水位骤降对库岸边坡稳定性的影响。

(5) 做好有危险的边坡在施工期和运行期的监测预警工作。

(6) 对于已经查明的大型滑坡，或滑坡群，工程选址时应予以避让；当必须建设时，应制定详细的防治措施，经经济技术论证比选后，慎重取舍。

5. 滑坡的整治措施

滑坡治理措施种类众多，型式多样，工程中常用的措施有削方减载、回填压脚、排水、抗滑桩、预应力锚索、格构锚固、重力式抗滑挡土墙、注浆加固和植物防护等。

(1) 清除滑坡体。对无向上及两侧发展可能得小型滑坡，最好的整治方法是将整个滑坡体予以全部挖除。

(2) 减载与反压。对推动式滑坡，在滑坡体上部主滑体后缘地段削方减载、降低边坡高度、设置马道等措施，可减小滑坡体的下滑力；在滑坡体下部抗滑段和滑坡体外前缘回填土石压脚，以增加滑坡体的抗滑力，都可提高边坡的稳定性。

(3) 排水。排水包括地表水与地下水的治理，按照“上截下排”的原则进行。

1) 在滑坡体周围设置截水沟，切断地下水补给来源，同时使地表水不能进入滑坡体范围内。

2) 在滑坡体范围内设置排水沟、排水孔、排水洞、渗水盲沟等，将地表水及地下水引出滑坡体以外。

(4) 抗滑工程。抗滑工程主要有：抗滑桩、预应力锚索、重力式抗滑挡土墙、注浆加固等。

(5) 坡面防护。坡面防护主要有：格构锚固、植被防护等。

植被防护可作为美化滑坡防治与环境的一种工程措施，通过在坡面种植草、灌木、树或铺设绿化植生带等对滑坡表层进行防护，以防治表层溜塌，减少地表水入渗和冲刷等。植被防护一般与格构锚固、格栅等防护工程结合使用，不作为滑坡稳定性计算因素参与设计。

6. 滑坡防治工程实例

(1) 北京十三陵抽水蓄能电站上水库西库岸不稳定边坡加固处理。北京十三陵抽水蓄能电站上水库采用人工开挖和筑坝的方式挖填而成。在上水库开挖过程中，库盆西北库岸和西南库岸发现多组产状对边坡稳定极为不利的断层和不同岩性的接触带，并发生多次滑坡或塌滑。在库盆西岸存在走向与库顶中心线平行的两组断层，倾向库外，并在库盆开挖面出露。

对西库岸的潜在不稳定边坡，设计采用抗滑桩对西库岸边坡进行加固处理，抗滑桩布置于库顶公路外，平行于库顶中心线，间距8m，抗滑桩截面为2m×3m，桩深20m左右。有限元法稳定性分析及监测结果表明，边坡在加固和防渗处理后，沿断层带滑动的稳定系数比天然状态下大，抗滑桩加固效果明显，边坡安全稳定。

西库岸滑坡加固处理典型剖面见图20-6。

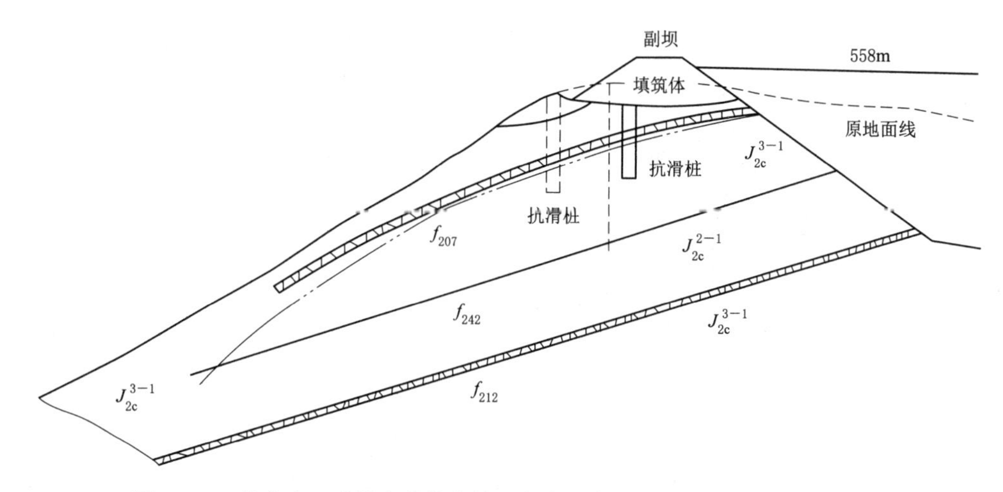


图 20-6　北京十三陵抽水蓄能电站上水库西库岸滑坡加固处理典型剖面图

（2）浙江天荒坪抽水蓄能电站下水库左岸“3·29”滑坡体处理。浙江天荒坪抽水蓄能电站在施工过程中，受连续强降雨等因素影响，下水库左岸坝趾上游 430m 处的库岸发生了突发性滑坡，“3·29”滑坡如图 20-7 所示。

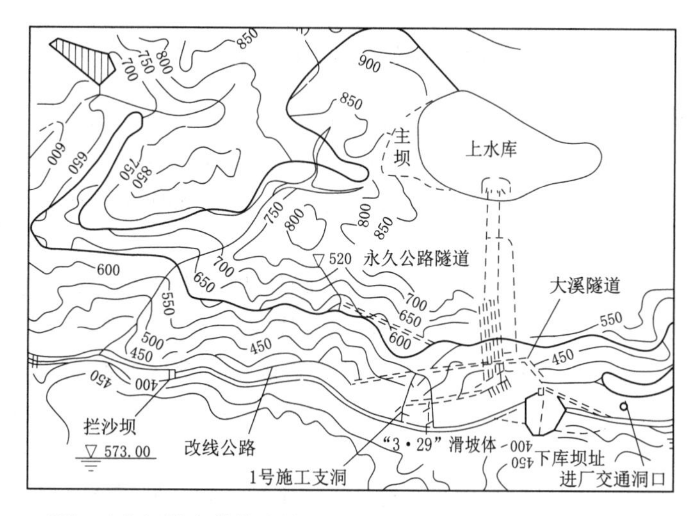


图 20-7　浙江天荒坪抽水蓄能电站“3·29”滑坡平面分布图（单位：高程，m）

滑坡体区域呈锥形分布，平面宽度 120～140m，长 260m，滑动方向由西向东，滑坡体方量约 30 万 $m^3$。滑坡堆积物呈散体，由大小不等块石、碎石掺入黏性土及毛竹组成，最厚处约 30m。下水库受河流下切作用，岩坡陡峻，构造发育并存在多个不利结构面组合，岸坡在外力作用下发生蠕变后，在较大范围内产生风化卸荷破碎岩体，埋深多为 40～85m，空间分布为上部宽厚，下部窄薄，中间外凸，呈头重脚轻形态，如图 20-8 所示。

根据滑坡的形态、结构和特征将其分为 5 个分区，并对滑坡体进行了勘探与观测，多数分区的边坡均处于蠕动状态中，存在潜在可能失稳坡体，需采取工程处理措施。

对滑坡体采取了“削坡减载、强化排水、支护加固、监测预警”的综合处理方案，

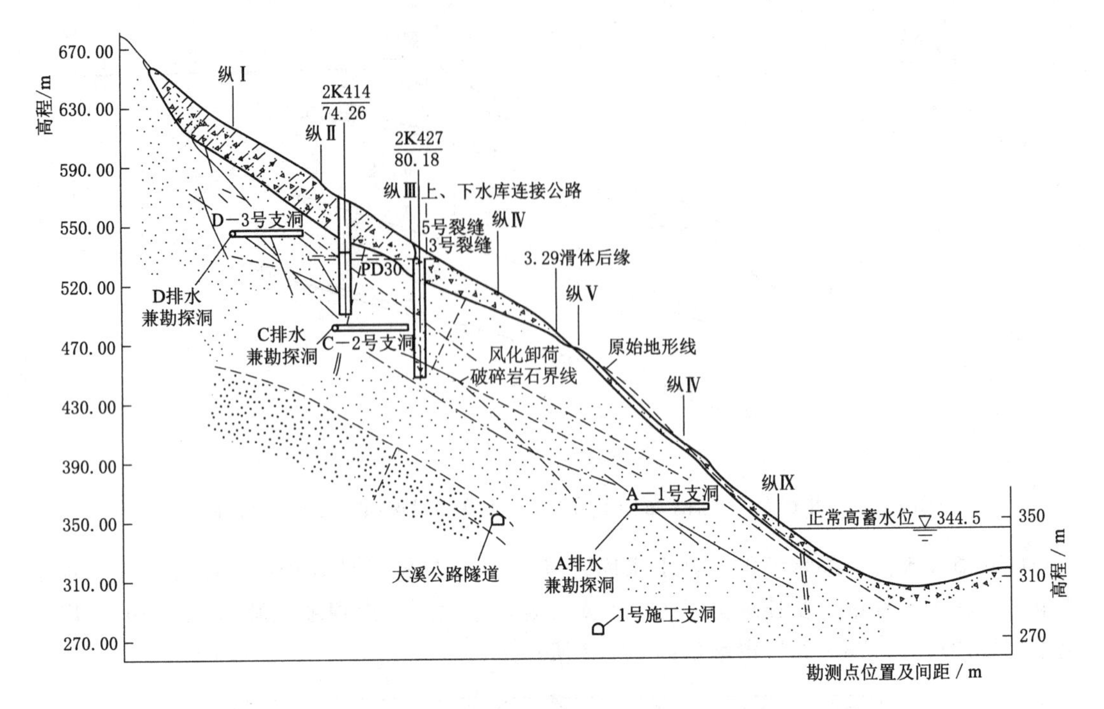


图 20－8　浙江天荒坪抽水蓄能电站“3·29”滑坡体剖面图

为了不影响下水库下闸蓄水时间，处理方案分 2 期实施。一期工程在下水库蓄水前完成，主要为减载开挖、350.00m 高程衡重式挡墙、洞内排水孔、河床中坡积体清挖和锚索锚杆支护；二期工程在下水库蓄水后施工完成，主要处理占工程总开挖量 93%的减载开挖等。

（3）内蒙古呼和浩特抽水蓄能电站下水库出线场边坡滑坡体处理。内蒙古呼和浩特抽水蓄能电站出线场位于下水库左岸拦沙坝与拦河坝之间，沿左岸环库公路布置，与尾水闸门井共用开挖平台，最大边坡高度约 80m。出线场边坡开挖区域断裂发育，以 $f_{905-14}$ 断层为控制性构造，出露宽度 50cm，组成物为碎裂岩和断层泥，断层在地表沿岸坡上的小冲沟出露，延伸到坡顶。

2010 年 10 月 21 日，该平台边坡在开挖爆破施工后出现 3 处岩体开裂，最大开裂宽度超过 1m，裂缝首尾相连，滑坡整体形态清晰，如图 20－9 所示，出线场边坡剖面见图 20－10。

$f_{905-14}$ 断层切过边坡坡脚，断层上部岩体将沿断层结构面产生滑动变形，导致边坡的后缘和侧面山体出现开裂，影响下水库左岸边坡整体稳定。

处理方案为：调整尾水系统洞线走向，将下水库进/出水口及部分尾水隧洞向上游拦沙坝方向整体偏转 20°，完全避开 $f_{905-14}$ 断层对边坡的影响；在保证左岸边坡稳定和下水库调节库容不变的前提下，将左岸环库公路和左岸边坡随下水库进/出水口进行调整；出线场位置保持不变，将平台以上的 $f_{905-14}$ 断层上部岩体全部挖除，调整边坡开挖坡度和支护参数，对坡面进行系统喷锚支护，侧坡断层出露部位布置锚索锚固；左岸库坡出露的 $f_{905-14}$ 断层进行系统的锚索支护，对断层采用混凝土塞封闭，处理后边坡稳定满足规范要求。

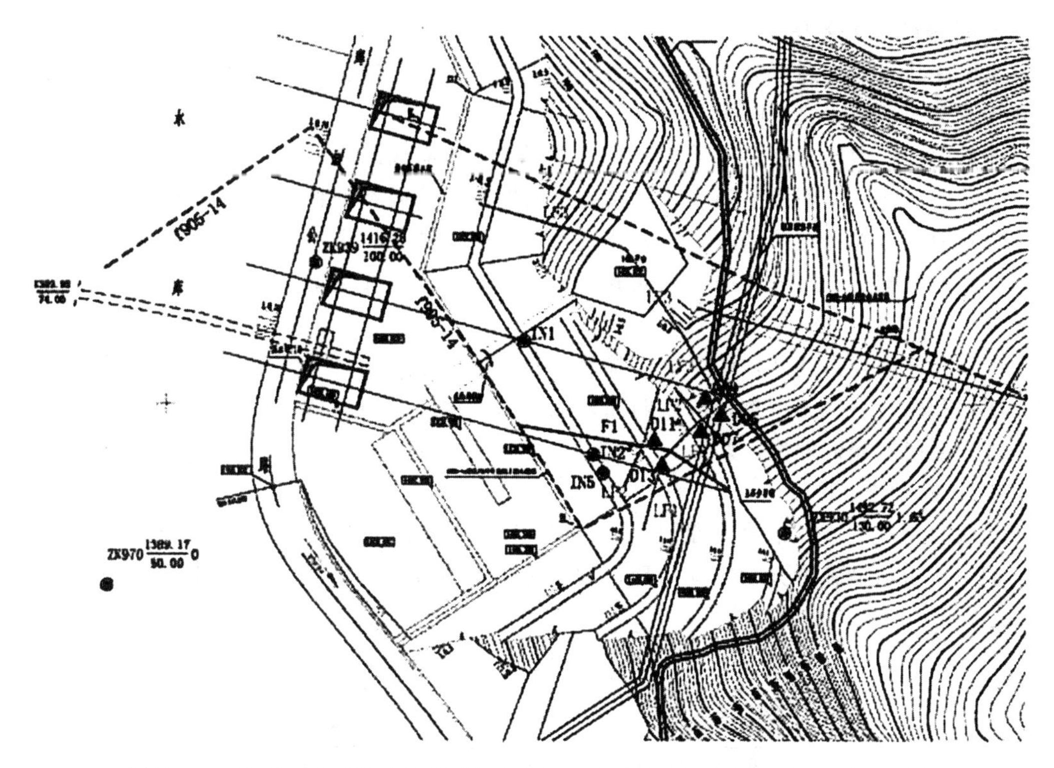


图 20-9　内蒙古呼和浩特抽水蓄能电站下水库进/出水口及出线场地质平面图

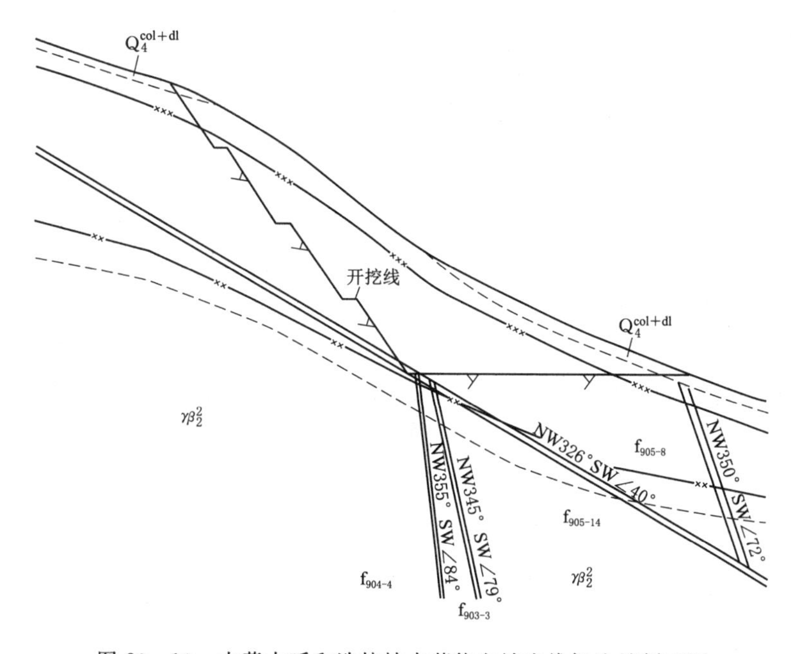


图 20-10　内蒙古呼和浩特抽水蓄能电站出线场边坡剖面图

**（二）崩塌**

1. 崩塌的产生条件

崩塌按其成因机理可分为倾倒式、滑移式、鼓胀式、拉裂式和错断式；按其破坏模式可分为滑塌式、倒塌式和坠落式。

地形地貌、地层岩性、地质构造等条件都可成为崩塌的原因。

（1）地形地貌：崩塌多产生在陡峻的斜坡地段，坡面不平整，上陡下缓。

（2）地层岩性：在节理发育，岩体破碎的情况下容易产生崩塌。

（3）地质构造：当岩体中各种软弱结构面的组合位置处于最不利的情况下，容易产生崩塌。

（4）其他因素：此外，由于昼夜温差、季节的温差变化，促使岩石风化；地表水的冲刷，溶解和软化裂隙充填物形成软弱面；地下水的渗透；地震或开挖爆破等，破坏山体平衡，都会促使崩塌的发生。

2. 崩塌的整治措施

崩塌的治理应该以根治为原则，当不能清除或根治时，可采取综合防治措施。

崩塌的防治措施可分为主动治理、被动防护和预警与预报三类，见图 20－11。

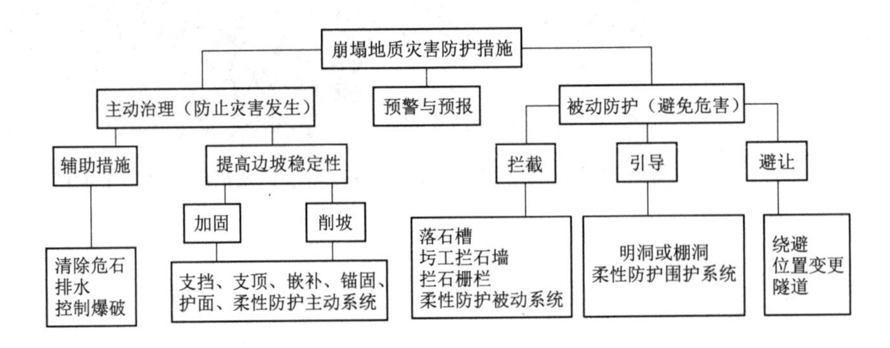


图 20－11　崩塌常见防治措施

（1）主动治理。主动治理是通过排水、削坡、加固等措施，提高边坡的整体稳定性，防止灾害发生。治理方法包括：清除危石、排水、控制爆破、支挡、支顶、嵌补、锚固、护面、柔性等防护主动系统。

（2）被动防护。被动防护是通过拦截、引导、避让等措施，避免崩塌危石造成伤害。处理措施包括：设置落石槽、污工拦石墙、拦石栅栏、柔性防护被动系统等。

（3）预警与预报。为判定危岩或剥离体的稳定性，必要时应对张裂缝进行监测。对有较大危害的大型危岩，应根据监测结果，对可能发生崩塌的时间、规模、滚落方向、途径、危害范围等作出预报。

3. 崩塌防治工程实例

（1）河南宝泉抽水蓄能电站下水库进/出水口及 500kV 开关站边坡危岩处理。河南宝泉抽水蓄能电站工程地处太行山区与豫北平面交接地带，河谷深切，悬谷发育。下水库进/出水口及 500kV 开关站边坡受断层节理切割及风化卸荷的影响，岩体破碎，风化强烈，稳定性差。

500kV 开关站后坡陡崖分布有 L1～L5 共 5 条卸荷张开裂隙形成岩柱，其处理方案为：由于 L4 和 L5 对施工及电站运行影响较小，暂不处理；L1～L3 清除危岩层，同时不允许在开挖爆破过程中出现新的危岩；L1、L2、L3 予以清除危岩体。危岩处理剖面见图 20-12。

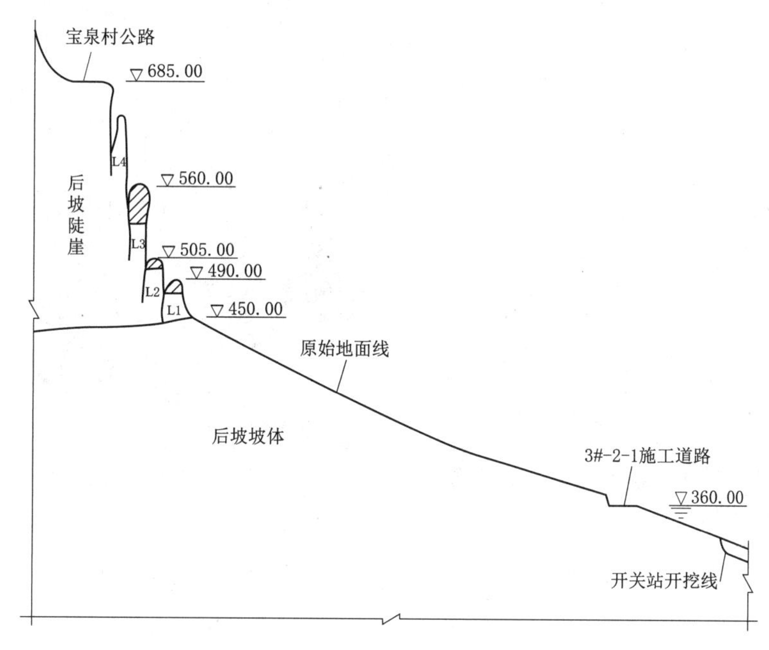


图 20-12　河南宝泉抽水蓄能电站下水库 500kV 开关站后边坡危岩处理剖面图（单位：m）

（2）山西西龙池抽水蓄能电站下水库右侧库岸危岩体处理。山西西龙池抽水蓄能电站下水库工程区地形起伏较大，库岸地形复杂陡峻，垂直向呈陡缓相间的“梯坎”状，陡立的地形坡度大于 70°，高差为 60～300m，长度数十米至几百米，缓坡地段坡度 10°～45°，高差 10～70m；左侧库岸冲沟发育，局部切割呈“墙”状山脊，发育悬谷；右侧库岸则为陡立的岩壁地形。库岸边坡整体稳定性较好，仅局部存在少量残留的分离体和卸荷岩体，在高陡的基岩岸坡上分布有 23 块潜在的不稳定岩体，大部分为柱状或墙状危岩体，崩塌后将直接影响下水库的运行安全。

根据工程区危岩特点，将危岩分为全部挖除和部分挖除两类。全部挖除类又分为两种情况：一种是孤立危岩；另一种是方量小于 2000$m^3$ 的危岩，这两种危岩均需全部挖除。部分挖除类共 7 块。下水库库岸危岩分布如图 20-13 所示。

其中最主要的有 BW2 危岩体，位于下水库进/出水口和地面开关站及副厂房附近库岸陡坡上，以 $F_{118}$ 为后缘切割面形成一座三面临空的柱状分离体。在后缘全水头作用工况下，危岩体安全系数较小，只有 1.103，需对其进行处理，将其挖除至 960.00m 高程之后，安全系数可提高至 1.68，如图 20-14 所示。

**（三）泥石流**

*1. 泥石流形成的条件*

在抽水蓄能电站选址和建设过程中，对工程区内分布的潜在泥石流沟进行识别，对工

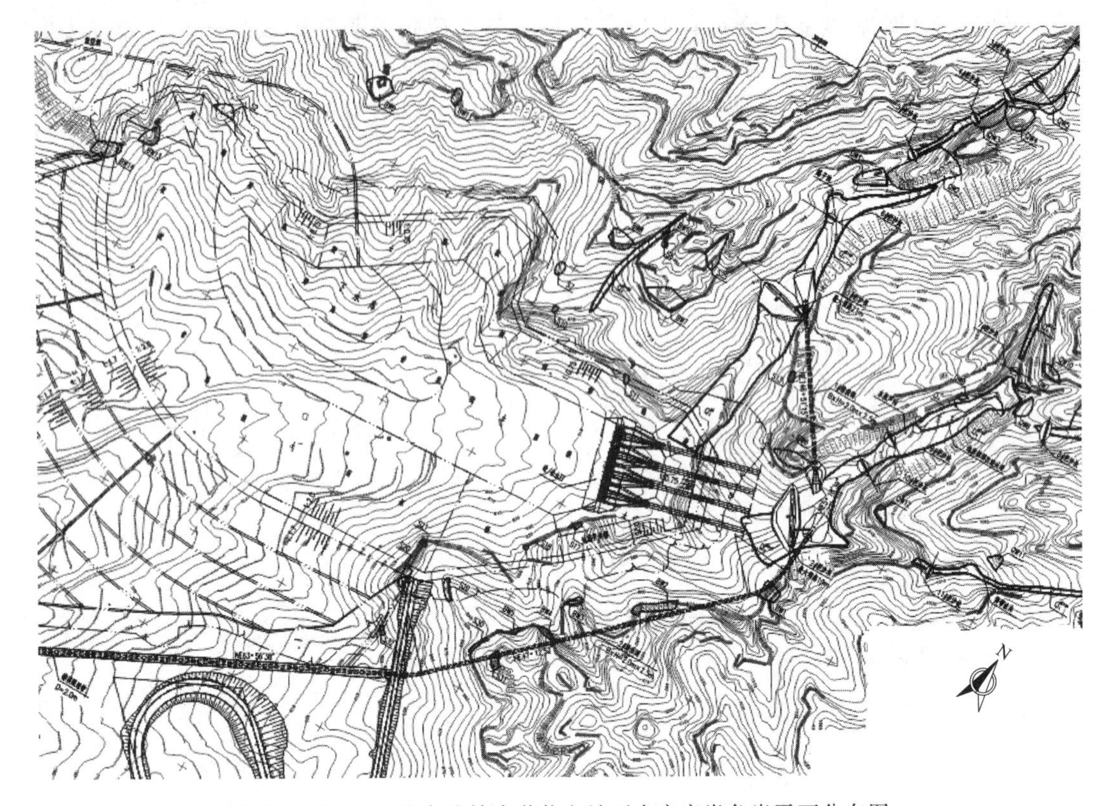

图 20－13　山西西龙池抽水蓄能电站下水库库岸危岩平面分布图

程的布置和安全性具有重要作用。通常情况下，泥石流的形成需要具备物源、地形和水源等基本条件，此三者缺一不可。

(1) 物源条件：必须有一定量的松散土、石。

(2) 地形条件：陡峻的便于集水、集物的沟谷，才能容纳、搬运大量的土、石。

(3) 水源条件：水为泥石流的形成提供了动力条件。如局地暴雨多发地区、有溃坝危险的水库、塘坝下游、冰雪季节性消融区，具备短时间内产生大量来水的条件，有利于泥石流的形成。

2. 泥石流的防治原则

在工程区内遇到不可避免的泥石流沟时，则应积极开展泥石流防治，以减轻或消除泥石流对工程可能造成的危害与影响。泥石流防治原则主要有以下几点：

(1) 根据泥石流的发生条件、活动特点

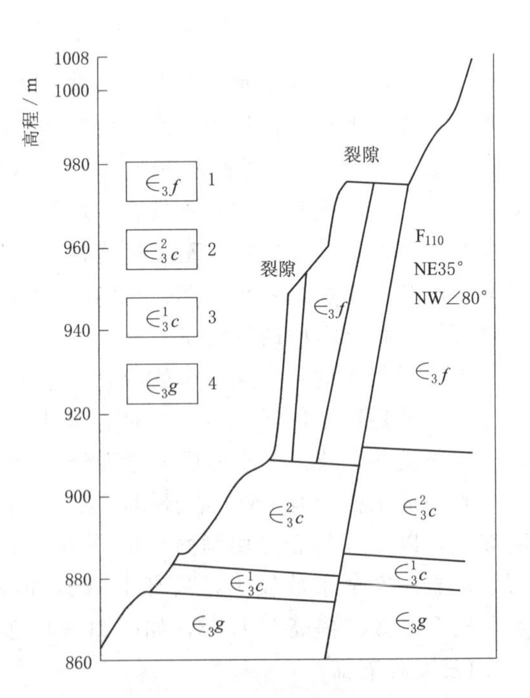


图 20－14　山西西龙池抽水蓄能电站下水库危岩体地质剖面图

及危害状况，全流域统一规划。针对重点，因害设防。

（2）以防为主，防治结合，分阶段实施，近期防灾，远期逐步根治。

（3）因地制宜，讲求实效，以技术成熟、经济节省的中小型工程为主。

（4）以社会和环境效益为主，发挥最大经济效益。

*3. 泥石流的预防措施*

（1）水土保持：包括植树造林、种植草皮、退耕还林等，以稳固土壤不受冲刷，不流失。

（2）坡面治理：包括消坡、挡土、排水等，以防治或减少泥石流的形成。

（3）坡道治理：包括固床工程，如护脚、护底等；调控工程，如改变或改善流路、引水输砂、调控洪水等，以防止或减少沟底岩土体的破坏。

*4. 泥石流的整治措施*

（1）拦截措施：在泥石流沟中修筑各种形式的拦渣坝，如拦沙坝、石笼坝、格栅坝、停淤场等，用以拦截或停积泥石流中的固体物质，减轻泥石流的动力作用。

（2）滞留措施：在泥石流沟中修筑各种位于拦渣坝下游的低矮拦挡坝，拦蓄泥沙、石块等固体物质，减少泥石流的规模；固定泥石流沟床，防止沟床下切和拦渣坝坍塌、破坏；减缓纵坡坡度，减少泥石流流速。

（3）排导措施：在下游堆积区修筑排洪道、急流槽、导流堤等，以固定沟槽、约束水流、改善沟床等。

*5. 泥石流防治工程实例*

（1）新疆阜康抽水蓄能电站工程区泥石流处理。新疆阜康抽水蓄能电站对上、下水库区几条主要支沟发育的部位进行了分析研究，表明在上水库的西岔沟、西支沟以及下水库的白杨河、雪水沟近期发生过一定规模的泥石流，且在沟床的局部宽阔地带具有新近泥石流堆积或泥痕，形成的泥石流属于稀性低频支沟。

上、下水库各支沟的泥石流灾害对挡水建筑物和发电厂房等均不构成威胁，但从工程永久安全运行角度考虑，根据各支沟特点对其进行拦、导、排等工程处理措施，减少其冲刷和淤积。

各支沟泥石流治理的可拦挡容量，按1%洪水频率，沟内一次的泥石流量作为设计依据。根据地形地质条件，为实现水、石分离，对上、下库各支沟分别设置3～4道柔性坝或拦挡坝，只拦截泥石流体中的大块石，而让水流通过网格继续排向下游，削减泥石流动能，促进泥石流在上游自然堆积，从而达到预期的防治效果。建成后应定期进行安全巡视，发现拦挡坝淤满，应及时清理或修建新的拦挡坝。上、下水库泥石流防护布置如图20－15和图20－16所示。

（2）内蒙古呼和浩特抽水蓄能电站下水库固定径流防治。内蒙古呼和浩特抽水蓄能电站下水库右岸有5条支沟汇入哈拉沁沟，支沟覆盖层方量总计约20万$m^3$。山洪暴发时，下水库支沟汇流将挟带碎块石入库，增加水库的淤积。除对两岸支沟内可能入库的固体物源进行清理外，还对右岸支沟采取了如下处理措施：

1）右6沟规模较大，流域长度800m，面积约19.66万$m^2$，沟内植被较好，内有大量的崩坡积碎块石，因估算实际可能产生的固体径流量为8000～10000$m^3$。沟内设3道小

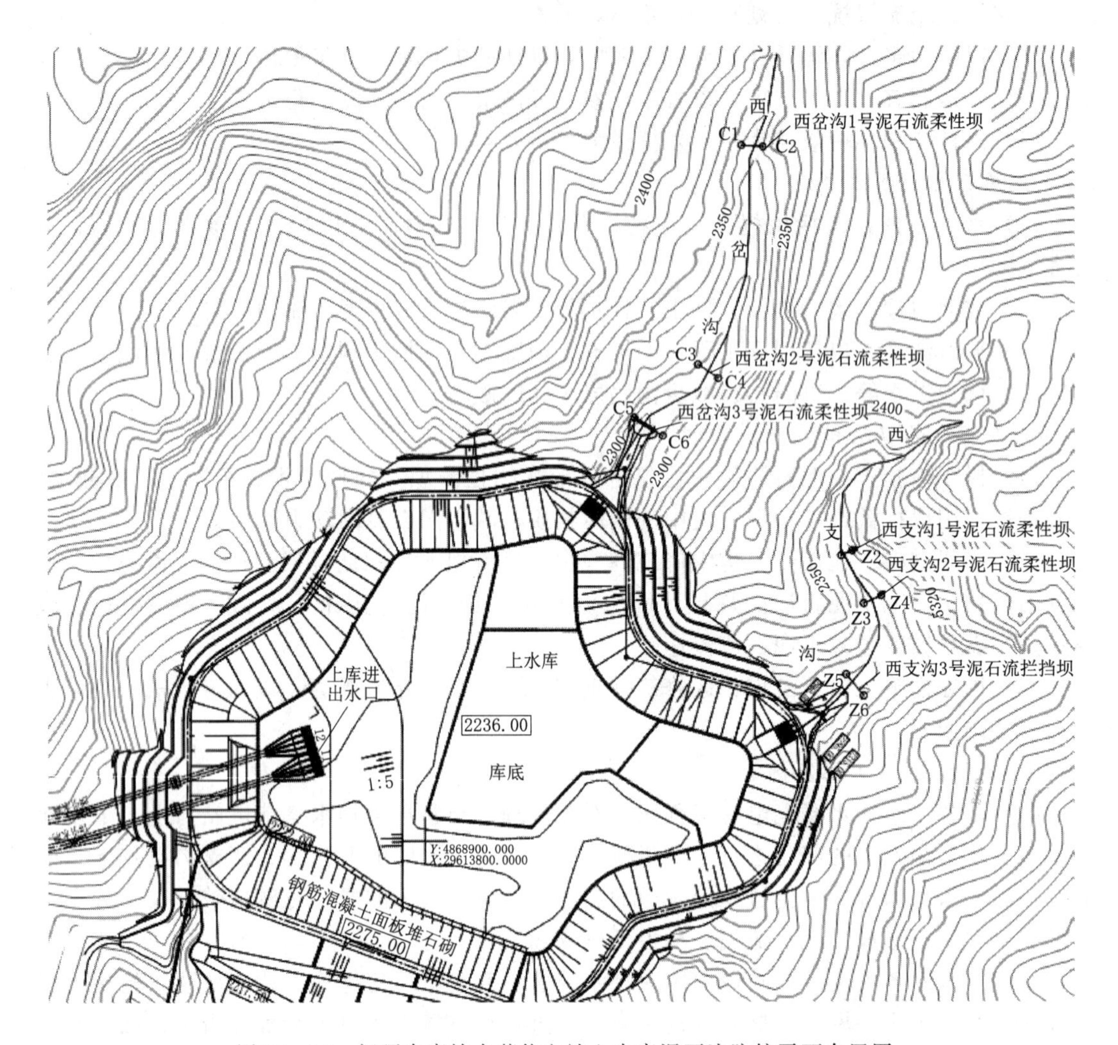

图 20－15　新疆阜康抽水蓄能电站上水库泥石流防护平面布置图

的铅丝石笼透水坝，并在沟口公路边设水平宽 20m 的铅丝石笼护坡，坡比 1∶1，护坡顶高出其后覆盖层 0.5m。

2）在下水库右岸其他支沟沟口砌筑 0.5m 厚的浆砌石护坡，坡比 1∶1，护坡顶高出其后覆盖层 0.5m，为便于排水，在顶部每 1m 留一个 0.5m×0.5m 的缺口。

3）库区左、右岸库顶均设有宽 8.0m 的三级公路，靠山侧设置浆砌石排洪沟，公路临库侧、拦河坝上游侧及拦沙坝下游侧设置封闭的防浪墙，防浪墙高出路面 1.2m。库顶以上开挖边坡喷混凝土支护，每 20m 设一条马道和排水沟。暴雨时山洪漫流由边坡上的排水沟及库岸公路内侧的排洪沟排洪，遇特大暴雨时，库岸公路参与汇流排洪，排往拦沙库或拦河坝下游，确保两岸洪水不入库。

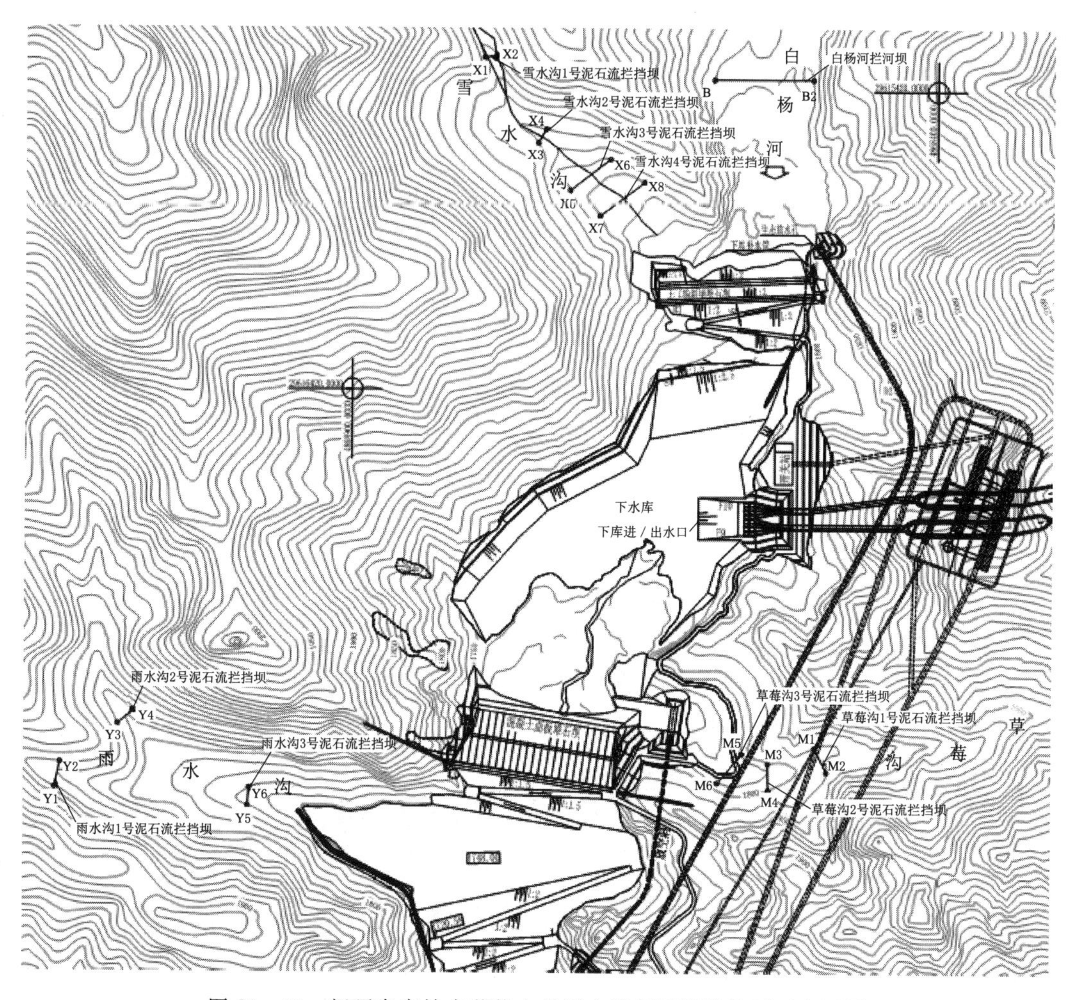


图 20-16　新疆阜康抽水蓄能电站下水库泥石流防护平面布置图

# 第七篇 地下厂房系统及开关站设计

# 第二十一章 地下厂房系统布置

## 第一节 厂房型式简介

### 一、厂房型式

抽水蓄能电站厂房型式按厂房埋藏方式一般分为地面厂房、半地下式厂房和地下厂房。厂房型式的选择受机组吸出高度、地质地形条件、枢纽布置情况、交通、出线、通风等多种因素影响，需综合分析选定。

地面厂房一般适用于机组淹没深度较小的工程，常规、抽蓄机组混合的厂房常采用地面式。由于水泵工况空化特性的要求，抽水蓄能电站可逆式机组需要具有较大的淹没深度，对于地面厂房来说，势必造成开挖深度较大，同时为了满足厂房抗浮稳定要求，需增加厂房的自重。深开挖、大自重均会增加厂房工程量，另外地面厂房的防渗、排水难度也相对较大。虽然国外抽水蓄能采用地面厂房的工程案例较多，但考虑到上述不利因素，国内抽水蓄能电站采用地面厂房的工程不多，大多为早期的小型工程，且机组淹没深度不大，如岗南混合式抽水蓄能电站（1×11MW）、密云混合式抽水蓄能电站（2×13MW）均采用地面厂房，淹没深度均为3.5m；潘家口混合式抽水蓄能电站（3×90MW）采用坝后式地面厂房，淹没深度9.4m；羊卓雍湖抽水蓄能电站（4×22.5MW）、天堂抽水蓄能电站（2×35MW）也采用了地面厂房型式，淹没深度9.0m。

半地下式厂房介于地面厂房和地下厂房之间，由地面和地下两部分组成。地面部分与常规水电站厂房相同，一般有安装场、副厂房、变电站等；地下部分一般包含主机及其部分附属设备。半地下厂房一般分为竖井式和沟槽式两种，也有的电站为竖井和沟槽结合的组合式结构。半地下式厂房适用地基条件范围较广，地基岩石条件较好时可选择竖井式厂房，当地基覆盖层较浅时可选择沟槽式厂房，覆盖层相对较厚时可选择沟槽与竖井结合的组合式厂房。相对于地面厂房而言，半地下式厂房适用于较大的淹没深度，四周的岩石和回填更有利于解决厂房抗浮问题，但由于其布局紧凑、空间狭小，施工难度较大，同时还存在噪声、防渗、排水等难题，国内抽水蓄能电站采用半地下式厂房型式的工程较少，如位于浙江宁波奉化区的溪口抽水蓄能电站（2×40MW）采用了竖井式厂房，机组吸出高度为－23m，竖井内径25.2m，竖井高度31.5m；位于江苏天目湖风景区的沙河抽水蓄能电站（2×50MW）采用了竖井式厂房，机组吸出高度为－27m，竖井内径29m，竖井高度40.5m。

地下厂房适用于机组淹没深度的范围较广，淹没深度的大小对地下厂房的工程量影响较小。地下厂房一般将主机及附属设备、安装场、副厂房及变电站等均布置于地下，地面仅布置开关及出线设备。地下厂房一般不存在厂房抗浮稳定问题，但其存在交通、通风及采光条件等均较差的不利因素，同时防渗、防潮和排水等问题也比较突出。

随着抽水蓄能电站技术的发展，单级混流式可逆机组运用水头也逐步提高，日本葛野川抽水蓄能电站最大毛水头为751m，最大抽水扬程为778m；国内西龙池抽水蓄能电站最大毛水头为695m，最大抽水扬程为703m。高水头、大容量成了近期建设的抽水蓄能电站普遍特点，地下工程的设计和施工技术水平也在逐步地提高。20世纪90年代以后我国建成投产或目前在建的抽水蓄能电站更多地采用地下厂房、单级可逆式机组。如广蓄抽水蓄能电站（8×300MW），机组吸出高度为－70m；十三陵抽水蓄能电站（4×200MW），机组吸出高度为－56m；天荒坪抽水蓄能电站（6×300MW），机组吸出高度为－70m；宝泉抽水蓄能电站（4×300MW），机组吸出高度为－70m；蒲石河抽水蓄能电站（4×300MW），机组吸出高度为－64m。

## 二、抽水蓄能电站地下厂房与常规水电站地下厂房差异

厂区建筑物的组成及抽水蓄能电站地下厂房洞室群的布置与常规水电站差别不大，主要考虑适应地形、地质条件，兼顾输水系统的布置，满足机电设备布置和使用功能，保证工程安全可靠、管理和维护方便，同时考虑经济合理性。

抽水蓄能电站地下厂房与常规水电站地下厂房差异主要是以下几个方面：

（1）机组吸出高度大、安装高程低。

（2）可逆式水泵水轮发电机组，电气附属设备较多。

（3）洞室群规模相对较大，洞室数量相对较多。

（4）防水、防渗及排水要求高，集水井及水泵容量大。

（5）高水头、大埋深，交通、通风及出线难度大。

（6）机组高转速、双向转动，结构刚度要求高，振动及噪声问题突出。

除上述主要差异外，抽水蓄能电站地下厂房还具有地下洞室的一般特点，地下洞室围岩稳定、通风、防潮等问题也受到重点关注，因此应针对关键技术问题开展专题研究，为工程设计提供可靠的科学依据和保障，以优化设计、节省工程投资，保证电站运行的安全性、稳定性和可靠性。

抽水蓄能电站地下厂房设计中，重点考虑的内容包括厂址及厂轴线的选择、洞室群布置、厂房内部布置、洞室围岩稳定分析及支护设计、地下洞室排水系统设计、厂房岩壁吊车梁设计、主要结构抗振设计等。

# 第二节　厂房系统设计标准

## 一、工程等别及建筑物级别

水利水电工程的等别应根据工程规模、效益和在经济社会中的重要性，按其综合利用任务和功能类别或不同工程类型予以确定。抽水蓄能电站工程是以承担电力系统的调峰、调频、调相、黑启动及各类备用任务为主的水电工程，其工程等别一般是根据《水电枢纽工

程等级划分及设计安全标准》(DL 5180—2003)，以水库库容和装机容量规模划分工程等别。我国近期建设的抽水蓄能电站通常是大容量、高水头，上水库的库容相对较小，以装机容量为主划分工程等别的居多，蒲石河、荒沟等抽水蓄能电站均采用装机容量划分工程等别。

水工建筑物分为永久性和临时性两大类，永久性建筑物是指工程运行期间使用的建筑物，临时性建筑物是指施工期间使用的建筑物。水工建筑物级别的划分依据主要是工程等别及建筑物在工程中的作用和重要性，一般划分为5级，永久性主要建筑物与工程等别对应划分为1～5级，永久性次要建筑物及临时性水工建筑物一般为3～5级。

蒲石河抽水蓄能电站工程，电站总装机容量1200MW，按装机容量确定的工程等别为大(1)型工程，上水库总库容为1259万$m^3$，下水库总库容为2871万$m^3$，上、下水库的总库容相对较小，在0.10亿～1亿$m^3$之间，按库容确定工程等别为中型工程。由于水库总库容与装机容量分属不同的工程等别，因此取其中最高的等别，确定蒲石河抽水蓄能电站工程为一等大(1)型工程。其中地下厂房系统中永久性主要建筑物，如主副厂房洞、主变洞、母线洞及500kV电缆出线洞、开关站等主要建筑物均为1级建筑物；地下厂房系统中永久性次要建筑物，如排水廊道、排风竖井及边坡挡墙等其他建筑物均为3级建筑物。

荒沟抽水蓄能电站装机容量1200MW，上水库总库容1193.7万$m^3$。按装机容量划分，本工程为一等工程，工程规模为大(1)型。其中地下厂房系统主要建筑物中的主副厂房洞、主变洞、母线洞、地面开关站、出线兼排风竖井等为1级建筑物；次要建筑物如排水廊道及一般挡墙等为3级建筑物。

## 二、洪水标准

水工建筑物的洪水设计标准，应根据工程所处位置，分山区、丘陵区和平原、滨海区，分别确定，根据《防洪标准》(GB 50201)和《水电枢纽工程等级划分及设计安全标准》(DL 5180—2003)有关规定确定。抽水蓄能电站一般均位于山区或丘陵区，地下厂房洪水设计标准按厂房级别1～5级选定，正常运用洪水重现期为20～200年，非常运用洪水重现期为50～1000年。据统计，除早期建设的岗南、密云、潘家口等小型混合式开发的抽水蓄能电站外，我国20世纪90年代以后建设的广州、惠州、张河湾、蒲石河等纯抽水蓄能电站均为一等或二等工程，厂房建筑物级别分别为1级或2级，对应的正常运用洪水重现期为100～200年，非常运用洪水重现期为500～1000年。

蒲石河抽水蓄能电站装机容量1200MW，按照装机容量，属一等大(1)型工程，永久性主要建筑物为1级建筑物。依据《水电枢纽工程等级划分及设计安全标准》(DL 5180—2003)第6.0.7条规定，“当抽水蓄能电站的装机容量较大，而上、下水库库容较小时，若工程失事后对下游危害不大，则挡水、泄水建筑物的洪水设计标准可根据表6.0.9的规定确定；若失事后果严重、会长期影响电站效益，则上、下水库挡水、泄水建筑物的洪水设计标准宜根据表6.0.4规定的下限确定”。由于本工程上、下水库库容较小，且工程失事后对下游危害不大，故上、下水库挡水建筑物、下水库永久泄水建筑物、输水系统的洪水标准可按1级厂房洪水标准，即200年一遇洪水设计，1000年一遇洪水校核。

抽水蓄能电站地下厂房系统防洪问题主要在地面建筑物部分及附属洞室的地面出口，一般来说地面建筑物主要是开关站及中控楼，附属洞室的地面出口主要是交通洞出口、通风洞出口、出线洞出口及排风洞（井）出口。为防止雨水、洪水倒灌而淹没厂房，各洞口位置避开了深沟陡坡，设计高程均高于校核洪水位，并在进洞段设置一定长度的反坡，坡向洞外。地面建筑物所在的场区及各洞口开挖边坡设截水沟、排水孔、厂区设排水沟等工程措施，将边坡及厂区地表水引至较远的地势较低的沟谷排走。对于靠近沟口布置的洞口及场区，要有针对性地研究防洪措施。

蒲石河抽水蓄能电站根据枢纽布置比选，通风洞口、交通洞口及中控楼依次布置在厂区内天然冲沟—黄草沟右岸。黄草沟两侧支沟发育，南侧支沟长约300～500m，沟内植被很发育，沟底覆盖层不厚，多为3～5m，主要为孤石和碎块石组成，较密实。由于沟较短，集水面积有限，不易形成泥石流。黄草沟北侧支沟中，在厂房交通洞北侧冲沟（中控楼场址下游侧）为NE走向，长约1000m，呈V～U形深谷，部分基岩裸露，支沟南坡陡峻，局部呈陡崖状，于100～160m高程以下坡段有残积物，覆盖层较厚，沟内覆盖层厚达4～6m，为块石夹碎块石，有形成小型泥石流的条件。黄草沟平面示意如图21-1所示。

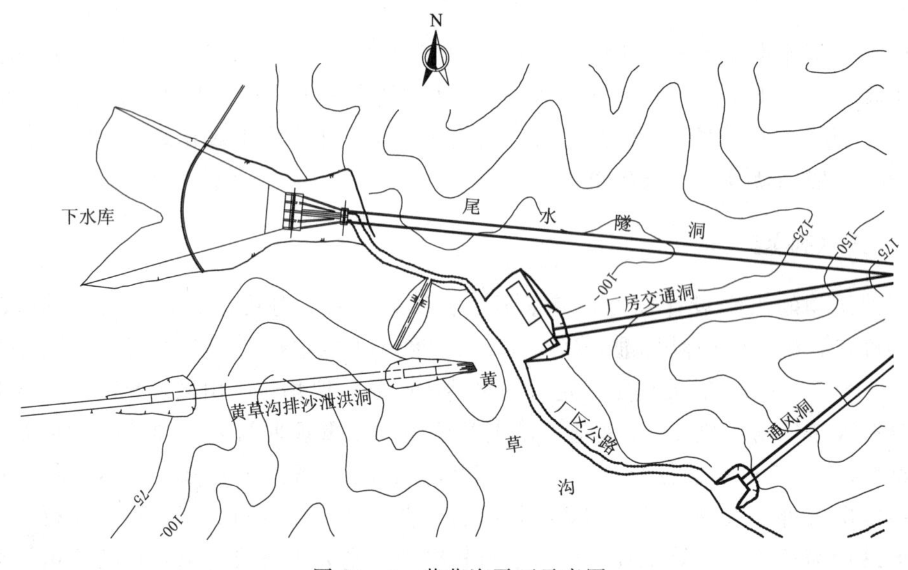


图21-1　黄草沟平面示意图

为了厂前区排水更为顺畅，避免交通洞北侧的黄草沟支沟洪水对中控楼及交通洞口产生影响，有针对性地加强了防洪措施：

（1）厂房交通洞北侧冲沟通过跨路过水涵从进厂公路下方穿越，下游与黄草沟连接。

（2）过水涵洞在临近进厂公路附近设置明集水坑，并对集水坑边坡进行防护。

（3）中控楼场区周边采取挡防措施，设置浆砌石挡墙并在其上设置钢筋混凝土墙梁结构，挡墙外设有截洪排水沟，排水沟与沉水井相连，可有效地抵御偶发的泥石流等灾害。

（4）交通洞进口与进厂公路间设置截、排水沟，雨水经截、排水沟汇集至交通洞进口处的两道暗涵内，两道暗涵净断面分别为1.5m×1.5m和$\phi$1.0m，通过暗涵将汇集的雨

水排入黄草沟。

(5) 为了避免交通洞北侧的黄草沟支沟偶发的小型泥石流对跨路过水涵洞产生不利影响，在过水涵洞上游进口侧设置两道拦渣坎。拦渣坎利用支沟内较大的块石堆砌，同时对局部易塌滑的边坡进行护坡处理，避免暴雨冲刷导致泥石流。

通过排水体系及防护措施的建立，交通洞北侧的黄草沟支沟洪水及小型泥石流不会对中控楼及交通洞进口产生洪水隐患，满足厂房防洪标准的要求。

### 三、抗震设计标准

场地基本地震烈度一般是依据专门的地震安全性评价或《中国地震动参数区划图》(GB 18306) 确定场址区基岩地震动峰值加速度、震动反应谱特征周期，以及相应的地震基本烈度。水工建筑物应能抵御设计烈度的地震作用，应根据其重要性及场地基本地震烈度确定其工程抗震设防类别。

我国目前建设的抽水蓄能电站厂房一般为 1 级或 2 级建筑物，依据《水电工程水工建筑物抗震设计规范》(NB 35047)，当场地基本地震烈度不小于Ⅵ度时，抽水蓄能电站厂房抗震设防类别为乙类；当场地基本地震烈度不小于Ⅶ度时，抗震设防类别为丙类。

对于依据 GB 18306 确定其设防水准的抽水蓄能电站厂房，取场址所在地区的地震动峰值加速度的分区值，按场地类别调整后，作为设计水平向地震动峰值加速度代表值，将与之对应的地震基本烈度作为设计烈度。

对于依据专门的地震安全性评价确定其设防水准的抽水蓄能电站厂房，水平向地震动峰值加速度代表值的概率水准，乙类厂房取 50 年内超越概率 $P_{50}$ 为 0.05；丙类厂房取 50 年内超越概率 $P_{50}$ 为 0.10，且不低于区划图相应的地震动水平加速度分区值。见表 21-1。

**表 21-1　国内部分抽水蓄能电站抗震设防标准表**

| 电站名称 | 建设地点 | 地下厂房等级 | 地震基本烈度（峰值加速度） | 抗震设防类别 | 设计烈度 |
|---|---|---|---|---|---|
| 蒲石河 | 辽宁丹东 | 1 级建筑物 | Ⅵ度 (49gal) | 乙类 | Ⅵ度 |
| 荒沟 | 黑龙江牡丹江 | 1 级建筑物 | Ⅵ度 (13gal) | 乙类 | Ⅵ度 |
| 蛟河 | 吉林蛟河 | 1 级建筑物 | Ⅵ度 (58gal) | 乙类 | Ⅵ度 |
| 垣曲 | 山西垣曲 | 1 级建筑物 | Ⅶ度 (120gal) | 乙类 | Ⅶ度 |
| 宁海 | 浙江宁海 | 1 级建筑物 | Ⅵ度 (44gal) | 乙类 | Ⅵ度 |
| 呼蓄 | 内蒙古呼和浩特 | 1 级建筑物 | Ⅶ度 (168gal) | 乙类 | Ⅶ度 |

## 第三节　厂　区　布　置

### 一、厂区主要建筑物

抽水蓄能电站多采用地下厂房，厂区建筑物一般分为地面和地下两部分：地面部分主要设置地面开关站、各附属洞室出口、中控楼、办公楼等；地下部分由主洞室及相关辅属洞室构成，一般包括主副厂房洞、主变压器洞、尾水事故闸门洞（尾闸洞）、交通洞、通风洞、出线洞及排水洞等，地下洞室群空间纵横交错，规模庞大。

抽水蓄能电站厂区布置与常规水电站基本类似，主要考虑适应地形、地质条件，满足机电设备布置和功能要求，保证工程安全可靠、运行管理方便，同时要考虑施工方便、检修维护便捷，注重经济性、生态环保。

地下厂房洞室群布置是抽水蓄能电站厂区布置中的重要环节，地下厂房洞室群设计的核心问题是合理布置各洞室之间的相对位置、纵轴线方向、与输水管道之间的关系；充分考虑地下厂房洞室群围岩稳定条件，合理选择各洞室之间的距离。围绕主体洞室的位置进行交通洞、通风洞、电缆出线洞等附属洞室布置。

## 二、厂区建筑物布置

### （一）地下厂房主体洞室布置

抽水蓄能电站地下厂房区主要有三大洞室：主副厂房洞、主变压器洞（一般简称主变洞）、尾水闸门洞（一般简称尾闸洞）。地下厂房布置要优先考虑主体洞室的位置选择，即根据厂区地形、地质条件，研究确定主要洞室合适的位置及它们的组合。根据三大洞室的布置，主要分为三类：一洞式、二洞式和三洞式。

一洞式电站即主体洞室仅有一个洞室，较常见于尾水洞较短的尾部式电站，不设置尾水调压室，尾水事故闸门布置在下水库进/出水口处，将机组、主变压器布置在一个洞室内，如日本的大河内抽水蓄能电站。

二洞式电站即主体洞室为两种洞室，一种为较常见于尾水洞较短的尾部式电站，不设置尾水调压室，尾水事故闸门在下水库进/出水口处，主体洞室只有主副厂房洞和主变洞两个洞室，如西龙池、呼和浩特、张河湾等抽水蓄能电站；另一种二洞式是将机组与主变压器室合于一洞，尾水闸门置于尾闸洞内或尾水调压室内，如我国琅琊山，日本的葛野川、神流川等抽水蓄能电站。在一洞式或二洞式的布置中，将水泵水轮机组与主变压器布置在一个洞室内，主变压器布置在主厂房端部。这种布置方式厂房洞室跨度小，边墙上不开设母线洞，有利于洞室围岩稳定。但当机组台数较多时，变压器离机组较远，导致母线较长，因此适用于机组台数较少的电站。

三洞式电站即主体洞室为三个洞室，主副厂房洞、主变洞、尾闸洞三个洞室并列平行布置，首部与中部式厂房中，尾水洞较长，一般在主变压器洞下游布置专门的尾闸洞，这也是国内最常见的一种主体洞室群布置方式，如蒲石河、荒沟、广州、十三陵、泰安、天荒坪、白莲河、宝泉、神流川等抽水蓄能电站。

### （二）主洞室间距

主副厂房洞、主变压器洞与尾闸洞三大洞室之间的距离，主要是根据地质条件、洞室规模及施工方法等因素综合分析确定，应有利于围岩稳定和满足机电设备布置要求。地下厂房洞室群位置一般要选择地质条件较好、岩体强度高的地方。根据《国家电网公司抽水蓄能电站工程通用设计》要求主厂房洞与主变洞岩体厚度不宜小于40m，主变洞与尾闸洞岩体厚度不宜小于30m。对国内部分已/在建工程的统计（见表21-2）也可以看出，主厂房跨度大于20m的，主副厂房洞室与主变洞室之间岩柱厚度与洞室的平均开挖跨度的比

值大多为1.5～2.0，净距一般取35～40m；主变压器洞与尾闸洞，两洞之间的净距一般取25～35m。在地下工程布置中，主厂房与主变室之间距离过小，虽然可缩短母线洞长度，但对厂房的围岩稳定不利，而且不便于机电和通风附属设备布置。但如果增加母线洞和母线长度，则会相应增加工程投资。因此进行三大洞室布置时，需进行必要的三维有限元围岩稳定分析和技术经济比较，在依据通用设计要求的基础上确定合理的洞室间距。

表21-2　　国内部分抽水蓄能电站地下厂房主体洞室间距参数表

| 电站名称 | 围岩类型 | 主副厂房洞开挖跨度/m | 主变压器洞开挖跨度/m | （主副厂房与主变压器洞）间距/m | 间距/平均开挖跨度倍数 | 尾闸洞开挖跨度/m | （主变压器洞与尾闸洞）间距/m |
| --- | --- | --- | --- | --- | --- | --- | --- |
| 仙游 | 凝灰熔岩 | 24.0 | 19.5 | 39.25 | 1.80 | 8.0 | 29.5 |
| 宜兴 | 砂岩 | 22.0 | 17.5 | 40.00 | 2.00 | | |
| 丰宁 | 中粗粒花岗岩 | 26.5 | 20.9 | 40.00 | 1.69 | 14.2 | 49.4 |
| 荒沟 | 白岗花岗岩 | 25.5 | 21.2 | 38.20 | 1.64 | 9.7 | 28.9 |
| 蛟河 | 花岗闪长岩 | 25.5 | 21.2 | 40.00 | 1.71 | 9.7 | 38.6 |
| 敦化 | 正长花岗岩 | 25.0 | 21.0 | 40.00 | 1.74 | 9.0 | 34.9 |
| 阜康 | 石炭系砂岩类 | 24.3 | 19.5 | 40.00 | 1.83 | 8.0 | 30.0 |

**（三）附属洞室布置**

地下厂房除了主厂房、主变压器室、尾闸洞等主洞室外，还需根据交通、出线、通风等要求布置若干附属洞室，其空间纵横交错，使地下厂房系统形成一组洞室群。从岩石力学角度来看，地下洞室群削弱了岩体的完整性，对洞室围岩的稳定造成不利影响，因此应本着地下与地面相结合、临时与永久相结合、一洞多用等原则进行洞室的合理布置。

当地下厂房垂直方向距地表较深，水平方向距地表较远时，为安全起见，地下主厂房应有2条通道通至地表，安全出口设置应符合《水电站厂房设计规范》（NB 35011）和《水电站工程设计防火规范》（GB 50872）的有关规定。由于水平运输通道较垂直的竖井或斜井运输效率高，对运行有利，因此在厂区布置时，运输通道应尽可能采用水平通道，其断面尺寸应满足大件运输及两辆车可并行通行的要求，纵向坡度应满足施工和永久运行需要，各个附属洞室宜从不同的高程进入主厂房，为主厂房开挖创造比较多的工作面，对施工和运行期的通风也有利。

1. 出线洞的布置

抽水蓄能电站主变压器一般布置在地下主变洞内，通过出线洞连接主变压器洞和地面开关站（或出线场），出线洞内布置高压电缆或GIL（即$SF_6$管道母线），其断面尺寸应满足出线布置、交通、通风等要求。

根据地下主变压器洞和地面开关站的相对位置关系，可采用平洞、竖井、斜井或其组合的方式出线。当地下主变压器洞与地面开关站（或出线场）高差较小时，可以优先考虑采用平洞出线。采用平洞（一般坡度不大于12%）布置时，交通、施工、运行均较方便。

国内抽水蓄能电站中仙游、清原、蛟河等电站高压电缆采用平洞出线方式。

当地下主变压器洞与开关站（或出线场）的高差较大时，一般采用竖井、竖井加平洞或斜井、斜井加平洞出线。当竖井高度超过250m时，宜分为二级布置或在电缆竖井合适位置增加耳洞。国内抽水蓄能电站中荒沟电站采用竖井加耳洞的出线方式、丰宁电站采用竖井加平洞的出线方式、泰安电站采用竖井出线方式。

当地面开关站（或出线场）与主变压器洞之间有较长的水平距离时，可采用单一斜井出线。为便于电缆敷设和日常巡视，斜井坡度不宜太大，据已建成工程统计，斜井的坡度一般为24%～32%，上述坡度无法满足施工溜渣要求，需采用卷扬机出渣，使施工工期相对较长。有些电站采用陡坡斜井加平洞出线，施工期平洞段采用汽车出渣，斜井段可溜渣，该种布置方式与一坡到底的缓坡度斜井相比，可以加快施工进度。国内抽水蓄能电站中蒲石河电站采用斜井的出线方式、呼蓄采用斜井加平洞的出线方式。

2. 进厂交通洞布置

抽水蓄能电站由于厂房埋深大，进厂交通的布置受下游水位、运输坡度等条件的限制，一般都较长。为便于交通运输，进厂交通洞最大纵坡不宜大于8%，平面圆曲线半径不宜小于100m，厂前应有平直段。进厂交通洞断面一般由大件运输尺寸控制，如主变压器、蜗壳、桥机大梁、转子、钢岔管等，均有可能成为控制尺寸。国内部分抽水蓄能电站交通洞主要参数见表21-3。

**表21-3　　国内部分抽水蓄能电站交通洞主要参数表**

| 项目 | 开挖尺寸/(m×m) | 净尺寸/(m×m) | 洞长/m | 平均坡度/% | 最大坡度/% | 转弯处的最大坡度/% | 最小转弯半径/m |
|---|---|---|---|---|---|---|---|
| 天荒坪 | 8.2×8.45 | 8.0×8.00 | 695.70 | 5.13 | 7.00 | 0.00 | 35 |
| 桐柏 | 8.8×8.65 | 8.5×8.15 | 570.50 | 3.40 | 6.00 | 2.00 | 80 |
| 蒲石河 | 9.8×8.55 | 9.5×8.00 | 952.07 | 7.00 | 7.80 | 7.80 | 100 |
| 荒沟 | 8.4×7.90 | 8.2×7.50 | 1143.75 | 6.30 | 7.69 | 7.69 | 100 |
| 蛟河 | 8.4×8.55 | 8.2×8.00 | 1709.20 | 4.70 | 5.60 | 5.60 | 100 |
| 宜兴 | 8.6×8.75 | 7.8×8.00 | 1628.00 | 4.50 | 6.50 | 3.50 | 180 |

3. 通风洞布置

通风洞从副厂房端部进入厂房，是厂房排烟通风的主要通道，同时为了满足厂房安全疏散要求，通风洞可兼做安全疏散通道。为便于出渣及交通，通风洞最大坡度控制在9%，平面圆曲线最小半径20m。通风洞的断面尺寸需综合考虑施工、通风、交通等要求确定，多由施工要求控制。当兼做其他用途时，还应满足相应的使用要求，例如敦化和蛟河抽水蓄能电站通风洞与出线洞联合使用，布置时要考虑机电设备尺寸要求。通风洞施工是整个地下系统洞室施工的关键路线，其工期长短将直接影响厂房的施工工期，因此洞口及洞线选择应尽量缩短通风洞的长度。

**（四）地面建筑物布置**

厂区建筑物以地下洞室为主，地面主要布置有开关站以及各附属洞洞室的洞口。

交通洞、通风洞、施工支洞、排水洞等附属洞室洞口宜布置在地质构造简单，风化、覆盖层及卸荷带较浅的岸坡，应避开不良地质构造、山崩、危崖、滑坡及泥石流多发等地区。通风洞、交通洞作为进、出地下厂房主要交通通道，为方便运行管理，洞口宜布置在距离业主生活营地较近处，且与厂区交通干道连接。洞口高程应满足防洪要求。

交通洞洞口是进入电站核心地的入口，在洞口设置门卫及安保设施，洞口段及洞脸设计应针对不同的电站，结合区域环境及建筑风格特点形成相适应的方案。通风洞、施工支洞及排水洞洞口需要进行封闭式管理，分别满足车行和人行需求。

## 三、寒冷地区抽水蓄能电站厂区布置

寒冷地区抽水蓄能电站地下厂房厂区建筑物布置原则与一般抽水蓄能电站类似，具体建筑物的布置型式结合气候条件有其不同的特点。寒冷地区是因高海拔或高纬度形成的寒冷气候区，包括严寒地区和寒冷地区。寒冷地区抽水蓄能电站冬季施工、运行条件严酷，对于地下厂房系统的地下洞室、地面建筑物、附属洞室洞口、开挖边坡及浅埋地下结构，从设计、施工到运行管理都应给予高度重视，避免冻害。

### （一）地下洞室

抽水蓄能电站地下厂房与室外相通的通道有限，需合理组织系统的气流形式，满足地下厂房对温度、湿度要求。特别是位于严寒地区的电站，冬季通风运行尤其重要。由于地下厂房基本是封闭空间，冬季不仅要保证室内环境温度的要求，还要满足人员需要的通风要求。针对此问题，应综合考虑通风系统合理方案，以达到厂房适宜的环境要求。

(1) 按照《水力发电厂供暖通风与空气调节设计规范》（NB/T 35040—2014）的规定，在厂房内设置电热供暖设备，使其室内温度满足规范要求。

(2) 地下厂房布置进风洞，在主副厂房、主变洞、尾闸室等部位布置送风机室、送风机的数量和容量应能按照冬夏两种状态运行。排风竖井的数量和位置要根据各排风系统的距离综合考虑。各排风系统均设风机室，排风机的数量和容量按照冬夏两种状态设置。

(3) 地下厂房运行期在暖通空调设备投运后，其各部位的温度湿度应能够满足暖通规范的要求。但在施工期厂内温度低，湿度大。为保证机电设备的安装和调试正常进行，要采取升温除湿的保障措施。

(4) 交通洞是地下厂房各系统的主要通道，在寒冷地区冬季易结冰，夏季洞内潮湿，或有起雾现象。影响行车和人员的安全，因此要采取措施解决，通过计算冬季洞口处的冷风负荷，确定热风幕和暖风机的数量和容量；为防止洞口结冰，在起雾的季节开启暖风机，提高洞内温度，防止结露。

### （二）地面建筑物

地面建筑物位置宜避开雪崩、高边坡、高地下水位、深积雪或土的冻胀性强的地段。地面建筑物的基础埋深应大于基础设计冻深，浅埋的地下结构如开关站消防水池等应设置在冻层以下，池内表面应有防渗层。

对于寒冷地区地面开关站控制楼及地面排风机房等建筑物，应该积极研究外围结构的保温和节能措施：厂房外墙要根据地区的特点，考虑成本和保温隔热效果等因素，做详细比较后，再选定合适的材料；在建筑物的外观上，建筑构造部位的潜在热工缺陷和热桥部分须予以加强，进而采取相关的技术措施以保证最终围护结构的热工性能；厂房内部可在考虑机器运转时产生的附加热能基础上，合理配备取暖设施。

寒区建筑物的布置朝向对保温通风有很大影响。从节能考虑，首先，选择长方形体形，南北朝向。另外也与当地的主导风向有关，主导风向直接影响冬季室内的热损耗与夏季室内的自然通风。寒区抽水蓄能电站地面建筑物布置在与枢纽布置协调的基础上，考虑施工、交通、管理运行方便等因素，合理布置朝向满足冬季能争取较多的日照，夏季避免过多的日照，并有利于自然通风。

**（三）附属洞室的地面出口**

在气候恶劣的寒冷地区，无论地下厂房系统如何布置，作为地下厂房与外界联系的附属洞室（交通洞、通风洞等）的出口都不可避免地受到外界寒冷气候的影响，产生冻害。寒冷地区抽水蓄能电站附属洞室出口主要冻害问题，包括混凝土衬砌漏水、挂冰；底板渗水、冻胀；排水系统冻结等。洞室出口冻害的产生往往是从防水措施失效和排水通道结冰堵塞开始的，再加之洞口段保温措施不力，产生负温。所以，采取可靠的防排水系统，是寒冷地区附属洞室出口防冻害的关键，而保障防排水系统通畅的关键是采取有效的保温措施。

1. 防排水系统设计

对于防治附属洞室尤其是交通洞洞口冻害问题提出的技术思路，是设置完善且具有保温性能的防排水系统，确保排水系统在冬季不冻结，将围岩内的地下水顺利排出，保证隧洞衬砌不被破坏及洞内运营环境良好。具体工程措施如下：

(1) 衬砌防水系统。寒冷地区交通洞洞口段衬砌混凝土经常与冰冻环境接触，当温度低、温差大时，在冻融循环作用下，混凝土破坏严重。所以，衬砌混凝土应采用抗冻、抗裂和防渗的低温早强高性能防水混凝土，二次衬砌混凝土抗渗等级宜不小于W10，抗冻等级宜不小于F300。具体可以参考《水工混凝土结构设计规范》(DL/T 5057—2009) 中的相关规定。

二次衬砌的施工缝、变形缝是防水的薄弱部位，应该采用组合形式的防水构造，在常规防水设计的基础上增设一道防水措施。例如：在施工缝处采用背贴式止水带与中埋式缓膨胀性橡胶止水条组合形成防水构造。

在初期支护和二次衬砌之间应设置防水板及无纺布，防水板的厚度不小于1.5mm，接缝搭接长度不小于200mm，无纺布单位面积质量不小于350g/m$^2$。防水板搭接缝与衬砌施工缝错开的距离不小于80cm。

无机防水涂料宜用于结构主体的背水面，有机防水涂料宜用于隧道工程的迎水面；有机涂料应具有较高的抗渗性和较好的黏结性；防水涂料宜选用反应型，若采用水乳型，其施工环境温度不得低于5℃。

(2) 保温排水沟。寒冷地区进厂交通洞或通风洞一般采用双侧保温水沟，保温水沟一般浅于当地的最大冻结深度，采用双层盖板，盖板之间设保温材料，其厚度不宜小于35cm，以保证水沟内的水不发生冻结堵塞。典型横剖面如图21-2所示。

保温水沟的设置长度一般应根据交通洞的长度、地水量大小、隧道所处地区寒冷季节最冷月平均气温、水沟坡度等因素综合考虑确定。有条件时可根据隧道内实测气温确定，无实测资料时可按表21-4取值。

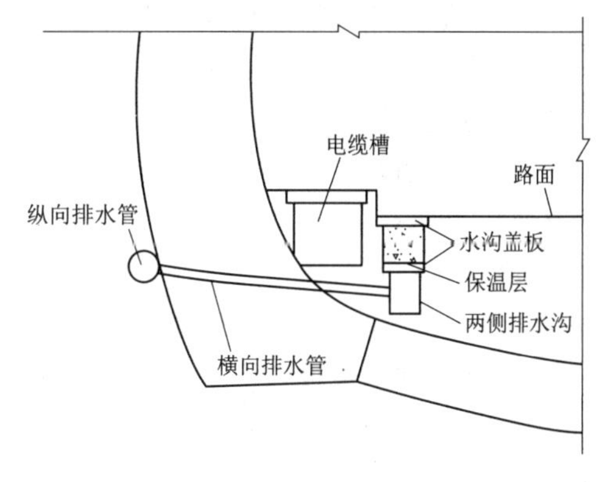

图21-2　保温排水沟典型断面图

(3) 保温出水口。保温出水口是指与洞内两侧保温排水沟相衔接的洞外部分。在洞内排水通畅得以保证的前提下，洞外出水口的排水通畅就显得尤为重要。

保温出水口应选择背风、朝阳、排水通畅的位置设置，纵坡宜大于5%，并尽可能增大排水坡度。出水口外侧铺设岩棉保温层，必要时也应该敷设伴热电缆。隧洞内的水流排出洞外之后，应通过暗沟导入低洼处，暗沟采用明挖法施工，埋置深度在当地设计冻深以下，坡度建议大于5%，且每隔50m设置检查井。

**表21-4　保温水沟设置长度经验取值**

| 最冷平均气温/℃ | 隧道长度/m | 保温水沟设置长度/m | |
|---|---|---|---|
| | | 低洞口 | 高洞口 |
| −10～−12 | ≤800 | 全洞设置 | |
| −10～−12 | >800 | 200～350 | 150～250 |
| −12～−15 | ≤1000 | 全洞设置 | |
| −12～−15 | >1000 | 300～400 | 250～350 |

注　当最冷月平均气温小于−15℃，应根据洞内实测温度或温度场计算结果确定取值。

2. 防冻保温层设计

有时寒区交通洞虽然设置了完善的防排水系统，但是由于防冻保温措施不完善，也会导致排水冻结，引起冻害。

洞内环境气温的控制是寒冷地区抽水蓄能电站进厂交通洞设计中的关键。对多个工程实践的总结表明，隧洞内主要工作面适宜环境温度范围在−5～5℃之间，可以通过不断调节送风温度和风量来实现对隧洞内工作面的环境气温控制。

冬季施工期，应在洞口设置保温大棚及保温门，且四周封闭。门帘采用棉门帘，以减少内、外热交换，同时冬季施工时洞内还可以采取有效的取暖加热措施。运行期采取在交通洞口设置具有保暖设施的永久门卫房，在交通洞进口段合理设置热风幕等防冻措施，既满足安全性方面的要求，又保证了进口段混凝土使用的耐久性。

3. 寒区附属洞室洞口明洞设计

(1) 明洞结构与衬砌厚度应考虑冻胀力经计算确定。

(2) 明洞衬砌应采用自防水的钢筋混凝土，环向及纵向钢筋间距不宜大于15cm。地下水发育的冻胀性围岩地段，衬砌宜采用掺纤维的钢筋混凝土。

(3) 明洞两侧回填土应采用非冻胀性粗颗粒土，厚度一般不小于2.0m。

(4) 明洞回填应做好防水、隔水处理，防止地表水下渗。明洞顶应设挡水坝或截排水沟，防止地表水渗入明洞两侧

(5) 明洞回填层厚度一般宜大于最大冻土深度或根据热工计算设置保温隔热材料。

**(四) 边坡开挖**

寒冷地区抽水蓄能电站地下厂房交通洞、通风洞等对外洞室洞口及开关站场地，对于开挖形成的边坡尤其要做好防护，防止发生冻胀融沉破坏。

(1) 洞顶回填边坡坡度一般考虑回填高度、填料或当地土质的物理力学性质、施工方法等因素，并结合自然稳定山坡形势及力学分析方法综合确定。回填料应采用非冻胀性或弱冻胀性砂性土或砂砾土等粗颗粒土。

(2) 挖方边仰坡坡度宜根据降水、土质及冰冻条件适当放缓，一般不小于1∶1.5～1∶1.75。

(3) 抗滑安全系数不满足要求的边仰坡应采取调整坡率、植物防护、硬性防护、桩基处理、锚钉墙及换填等对策。

(4) 冻胀严重的边仰坡应优选植物防护，当采用网格式或拱式骨架护坡时应采用锚杆。边坡植物防护应选择耐寒、抗旱、耐贫瘠、根系发育的草种和灌木。骨架植物防护采用锚杆结构时，锚杆直径宜为18～32mm，锚杆伸入冻结线以下不小于1.5m。护面墙基础应埋置在冻深以下不小于0.25m，并对基础土质进行冰冻稳定性处理，护面墙前趾应低于边沟铺砌的底面。

(5) 边坡排水通畅可有效缓解冻胀破坏。在开挖线外设置截水沟、马道上设置排水沟，与坡面系统排水孔共同构成边坡的坡面导水系统，截水汇入下库环库公路的排水沟或地势较低的沟谷。完善的排水系统可有效缓解边坡冻胀破坏。

## 四、国内部分抽水蓄能电站厂区布置实例

**(一) 蒲石河抽水蓄能电站**

地下厂房装机4×300MW，水泵水轮机吸出（入）高度 $H_S=-64$m，采用深埋式地下厂房，埋深180～280m。

厂房建筑物分地面和地下两部分：地面部分主要设置500kV地面GIS开关站、地面中控楼、办公楼等；地下部分由主体洞室及相关附属洞室构成洞室系统。

厂区布置平面示意见图21-3。

根据枢纽布置情况，结合实际地形地质条件，蒲石河电站厂房位于上下水库之间山体的中部，主厂房、副厂房、主变压器等均位于地下洞室群内，中控楼位于厂房交通洞进口处。发电引水采用“一洞两机”，尾水采用“四机一洞”。500kV地面开关站及出线场位于厂房西南侧山坡处，高压出线采用电缆斜洞出线。进厂交通洞进口位于厂前区，洞内与厂房安装间相通。

蒲石河的厂前区主要布置有厂房交通洞进口、中控楼、柴油发电机房及排水涵、排水沟、挡墙等建构筑物，厂前区东北侧即黄草沟沟口处，布置有泄洪排沙洞及拦渣坝。

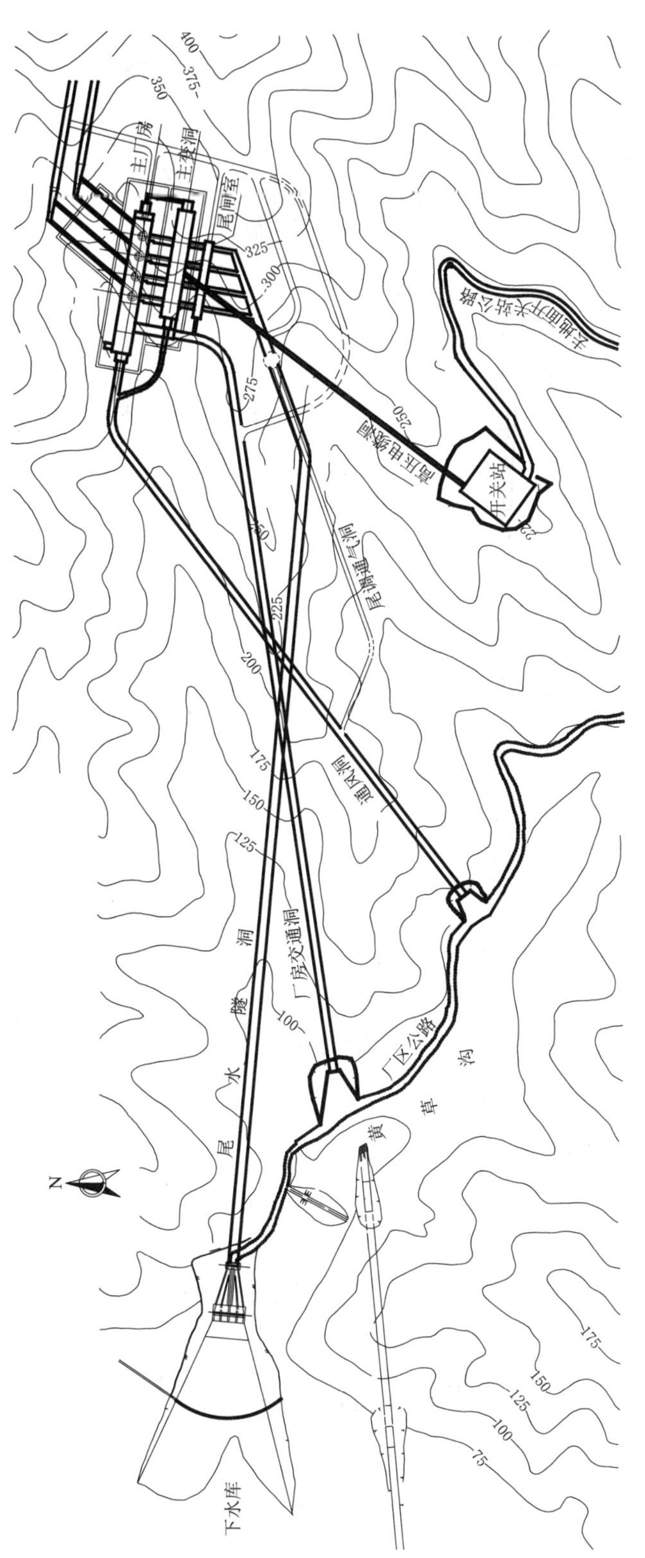


图 21-3　蒲石河抽水蓄能电站厂区平面示意图

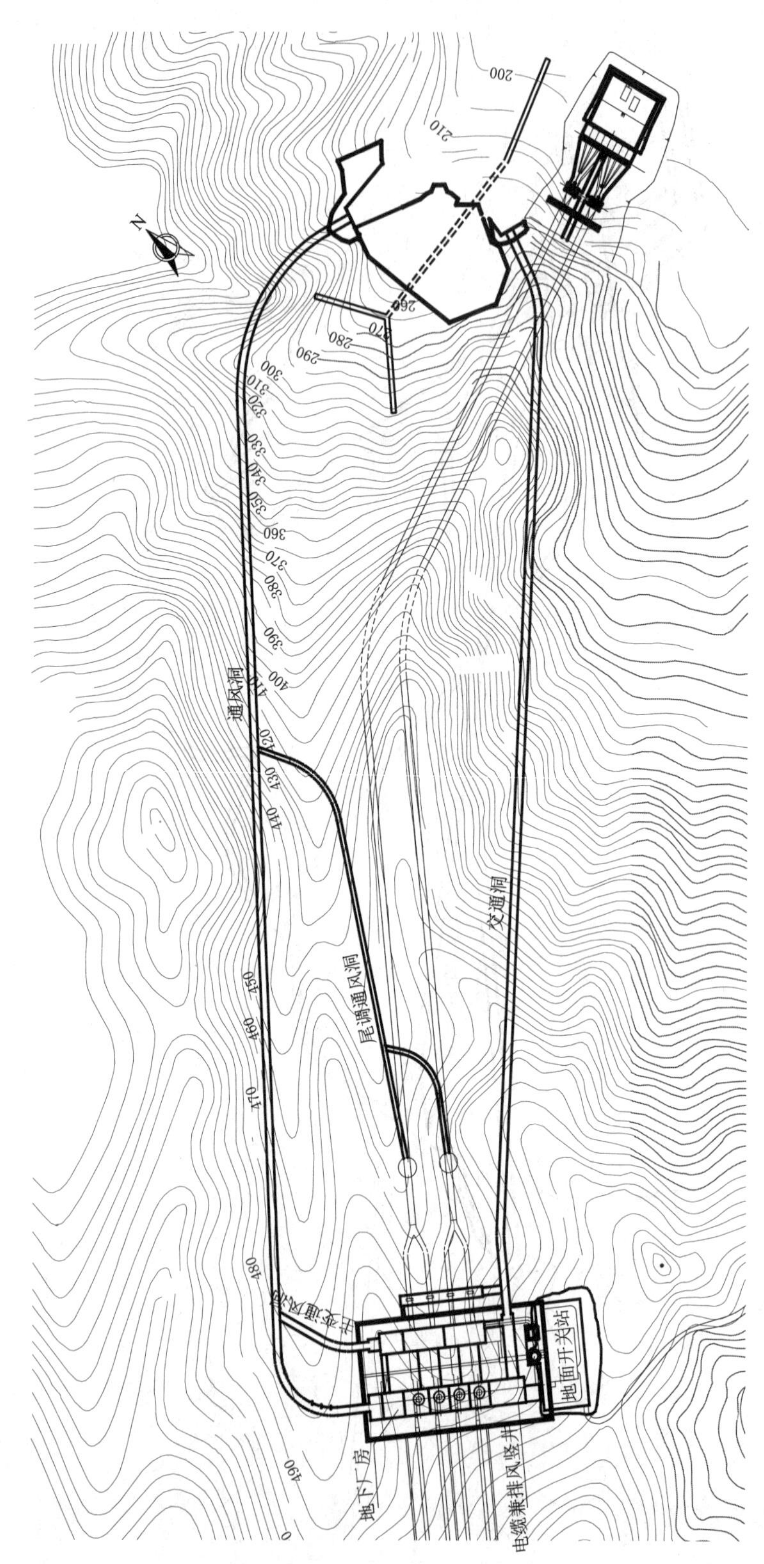


图 21－4　荒沟抽水蓄能电站厂区平面示意图

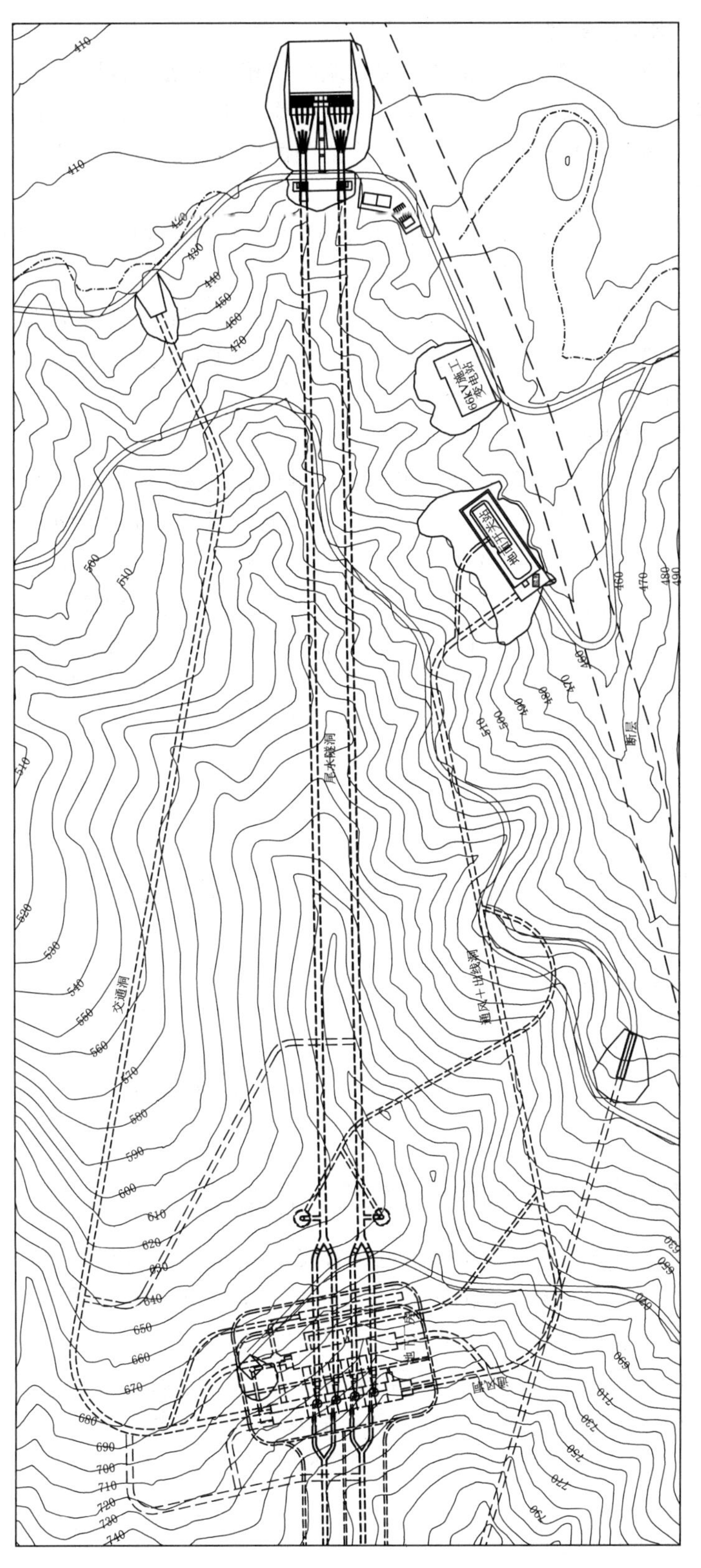


图 21－5　蛟河抽水蓄能电站厂区平面示意图

**(二) 荒沟抽水蓄能电站**

由于受特定条件的制约，工程枢纽主要建筑物的相对位置比较固定，采用三道河子右岸的山间洼地筑坝形成上水库，利用已建莲花水库作为下水库，在上、下水库之间的山体中布置输水发电系统。厂房布置在上、下水库之间的山体范围内，采用中部厂位。

荒沟抽水蓄能电站总装机容量为1200MW，单机容量为300MW，按"一洞两机""两洞四机"方案设计，厂内装有四台可逆式水泵水轮发电机组。水泵水轮机要求的吸出（入）高度（$H_S=-65$m）较大，采用深埋式地下厂房。

电站厂房建筑物分地面和地下两部分：地面部分主要设置500kV地面GIS开关站、地面中控楼、办公楼等；地下部分设置主厂房及其相关附属洞室。

厂区布置平面示意见图21-4。

**(三) 蛟河抽水蓄能电站**

蛟河抽水蓄能电站总装机容量为1200MW，单机容量为300MW，按一洞两机、共两洞四机方案设计，厂内装有四台可逆式水泵水轮发电机组。水泵水轮机要求的吸出（入）高度（$H_S=-75$m）较大，采用深埋式地下厂房。

电站厂房建筑物分地面和地下两部分：地面部分主要设置500kV地面GIS开关站、地面排风机房，各附属洞室地面出口等；地下部分设置主副厂房洞、主变洞、母线洞、交通洞、通风兼出线洞、排风平洞、排风竖井、排水廊道。经厂房位置比选，地下厂房洞室系统采用首部布置方式，地下厂房洞室群布置在距上水库进/出水口闸门井水平距离约700m处。

厂区布置平面示意见图21-5。

# 第四节 厂房内部布置

## 一、厂房内部布置

厂房内部布置应根据水电站厂房型式、机电设备布置、机电设备安装、检修、维护及运行的要求、土建施工设计等条件合理分配尺寸及空间，确定主厂房、副厂房、安装间、主变室等各个区域的布置。

## 二、抽水蓄能电站地下厂房内部布置一般原则

抽水蓄能电站地下厂房布置应根据机电设备安装、运行、检修等方面的要求，结合结构设计，统筹考虑、统一布置。应通过机电设备的合理选型和优化布置，考虑"无人值班，少人值守"等因素，尽可能减小地下厂房洞室的尺寸。

抽水蓄能电站地下厂房机组多采用立轴单级可逆混流式机组，其厂房布置与常规水电站厂房有较大的差别，其机组具有双向运转，启动、停机运行频次高，机组安装高程很低，厂房一般都埋深较大，防潮排水要求较高，附属设备较多等特点。抽水蓄能电站地下厂房布置一般应考虑以下几个方面：

(1) 地下厂房内部布置的一般原则。

1）厂房内部布置应根据机电设备要求、结构设计等进行合理布置，应满足机电设备的布置、安装、检修和维护要求，以及运行管理方便。

2）厂内主要机电设备的布置应做到位置恰当、紧凑、整齐、简洁实用。

3）厂内空间应予充分利用，合理分配各部分占用空间的尺寸，满足顶棚、吊车梁、母线洞等地下结构布置的要求。

4）厂内通风、照明、排水、防潮、通道布置应满足地下运行环境要求。

（2）主厂房主机间的控制尺寸按以下原则确定：

1）主机间的长度和宽度应综合考虑机组台数、水轮机过流部件、发电机及风道尺寸、起重机吊运方式、进水阀及调速器位置、厂房建筑结构要求、日常运行维护和厂内交通等因素确定。

2）水轮机过流部件及机组支撑方式应按制造厂家提供的相关要求资料，结合水工结构要求选择。

3）当机组段长度由水轮机蜗壳尺寸控制时，对金属蜗壳，机组段长度应满足蜗壳安装所需空间要求，最小空间尺寸不宜小于0.8m；如采用充水加压方式浇筑混凝土，尚需考虑安装及拆卸闷头和充水加压装置所需的空间；对混凝土蜗壳以及与混凝土联合受力的金属蜗壳，其混凝土壁厚由强度、刚度及构造需要确定。

4）当机组段长度由发电机及其风道尺寸控制时，机组间距除满足设备布置要求外，还应保留必要的通道宽度。抽水蓄能电站由于水头一般较高，水轮机直径及蜗壳尺寸均相对较小，其机组段长度通常由发电机定子尺寸、风罩结构及辅机设备布置决定。

5）主机间的长度和宽度，应满足起重机吊钩在有效工作范围内吊运机组主要部件、水轮机进水阀等设备以及厂内交通和结构尺寸要求。

6）当水轮机进口主阀布置在主厂房内时，蓄能电站厂房宽度一般取决于蜗壳尺寸及其安装空间、外包混凝土的厚度，以及进水阀本体和其凑合节所需的尺寸；当水轮机进口主阀布置在主厂房外时，厂房宽度一般以水轮发电机层为准，从水轮发电机机墩、风罩外缘算起，考虑运行、检修维护所需要的通道宽度1.0～1.5m，加上布置调速设备或者机旁盘所需要的宽度确定。

（3）主厂房安装间尺寸和布置可按下列原则确定：

1）安装间面积应根据厂房型式、机组结构、安装进度以及一台机组扩大性检修等因素综合确定，并应符合水电站相关机电设计规范的规定。

2）缺乏资料时，安装间长度可取1.25～1.5倍机组段长度；多机组电站，安装间面积可根据需要增大或加设副安装间。

3）安装间应与主机间同宽度，安装间防潮隔墙、吊车梁、顶棚结构宜与主机间相同。

4）安装间布置应与主要设备的进厂运输方式协调，当主变压器需要进入安装间检修时，应设置主变运输通道。

5）安装间布置需要考虑水轮机转体补焊、组装要求倒置的适当位置；考虑检修人员的工作场所及临时放置工具和设备（如电焊机试验仪表等）所需场地面积；考虑安装检修设备起吊次序；一般可不考虑机组与主变压器同时检修的情况。

（4）主厂房高度及厂内各层高程确定：

主厂房高度由水下部分高度（发电机层以下）和水上部分高度（发电机层以上）两部分组成。水下部分高度取决于水轮机安装高程、尾水管高度、蜗壳尺寸、座环的上环下缘面至机坑踏脚板距离、水轮机坑高度及发电机下机架底部至发电机层距离等；水上部分高度取决于发电机的型式和尺寸、励磁机尺寸、发电机转子连轴长、水轮机转轮连轴长、桥式起重机高度及起吊方式、顶棚吊顶高度等。

大部分抽水蓄能电站所采用的混流式水轮机其水下部分高度 $H_1$ 可由下式计算：

$$H_1=h+\frac{b_0}{2}+h_1+h_2+h_3 \tag{21-1}$$

式中：$h$ 为尾水管高度；$b_0$ 为导叶高度；$h_1$ 为座环的上缘至机坑脚踏板距离；$h_2$ 为机坑高度；$h_3$ 为发电机下机架底部至发电机层距离。

当缺乏资料时，$H_1$ 也可由经验公式估算：

$$H_1=0.16D_1+2.8D_1+4 \tag{21-2}$$

式中：$D_1$ 为水轮机直径，m。

水上部分高度 $H_2$ 可由下式计算：

$$H_1=h_4+h_5+h_6+h_7+h_8+h_9+h_{10}+h_{11} \tag{21-3}$$

式中：$h_4$ 为发电机上机架露出发电机层楼面的高度；$h_5$ 为垂直安全距离（一般不小于0.3m）；$h_6$ 为发电机转子连轴长或水轮机转轮连轴长；$h_7$ 为吊装高度；$h_8$ 为吊钩极限位置至吊车轨顶距离；$h_9$ 为吊车总高度；$h_{10}$ 为吊车顶净空，吊车顶距离顶棚吊顶下弦底高度，一般采用0.2～0.5m；$h_{11}$ 为棚吊顶下弦底至顶拱拱顶的距离，根据吊顶结构尺寸、形式及其上部通风管路、检修栈道等布置要求确定。

厂内各层高程的确定一般应遵循以下几方面要求：

1）主厂房内各层高程可根据水电站相关机电设计规范的规定，并应满足机组及附属设备布置、安装检修、运行维护、结构尺寸和建筑空间要求。

2）水轮机安装高程为水电站控制高程，应由水能参数及机组特性，根据水电站相关机电设计规范的规定选定，还应结合厂房位置的地形、地质条件，经技术经济论证确定。

3）水轮机层地面高程应根据蜗壳进口断面尺寸及蜗壳顶部最小混凝土结构厚度确定。

4）发电机层高程由机组尺寸决定，并与上机架的布置方式有关，若发电机上机架采用埋入式，则可增加水轮机层到发电机层的高度。抽水蓄能电站一般采用立轴混流式可逆机组，按机组尺寸要求，发电机层与水轮机层高差较大，一般均在其间设置中间层（母线层），可便于将油、气、水管路系统和电缆分开布置。各层层高可根据机电设备及其附属设备布置情况，在满足安全运行和检修需要的条件下确定。

5）尾水管底板最低点高程与选定尾水管形式有关。尾水管形式对机组效率及机组稳定有较大影响，若其尺寸超过允许变化范围要与厂家事先商定，必要时应重做模型试验。

6）洞室吊顶高程可根据吊顶结构型式、尺寸确定，并应满足起重机部件安装、检修、厂房吊顶、照明设施和建筑装饰等要求。

（5）厂内交通应符合下列规定：

1）厂内交通（包括楼梯、转梯、爬梯、吊物孔、水平通道、廊道等）应满足方便管

理、利于检修、处理故障迅速的要求，并满足消防、通风和安全要求。

2）地下厂房至少应设置两个独立通至厂外露天地方的安全出口，发电机层及水轮机层宜设有贯穿全厂的直线水平通道。

3）主要通道尺寸及楼梯宽度、坡度、安全出口设置等应符合机电、消防设计规范的要求。

4）发电机层、母线层、水轮机层等主要楼层，每间隔1～2个机组段宜设置一个楼梯，全厂不宜少于两个楼梯。

5）廊道尺寸及布置应满足其功能的要求，并应满足交通和防火要求，同时还应注意各层廊道的交通衔接问题。

（6）副厂房布置应根据机电设备布置、维修、试验操作需要和管理自动化水平需要和厂房具体特点，结合考虑下列条件综合确定：

1）副厂房的布置宜遵循集中与分散相结合、地面与地下相结合、管理运行方便的设计原则，通过分析比较确定。

2）凡可以远离主机放置的设备，可利用已有洞室分散布置或置于地面。

3）副厂房内设备布置，应使相关设备联系紧密、布置合理，检修、运行、维护和试验方便。

4）副厂房的水机和电气设备等宜按系统分区布置，避免水机管路、油管、电缆和通风管路等交叉布置、相互干扰。

5）油罐室等荷载较大的房间宜布置在底层或下层，或直接布置在大体积混凝土上或岩石基础上。

6）压缩空气系统的空压机、储气罐及附属设备宜集中布置在专用房间内，并根据需要采取减振、隔音和排污措施，宜直接布置在大体积混凝土上或岩石基础上。

## 三、抽水蓄能电站地下厂房洞室断面形状的选择

### （一）主洞室断面的形状

地下厂房洞室的形状对围岩稳定及应力分布有较大影响。岩石较完整、地应力不太高时，一般采用圆拱直墙式断面，其优点是方便厂内机电设备及其管路系统的布置，洞室施工开挖易控制，锚喷支护的施工较方便，充分利用空间，厂内机电设备及附属设备、管路系统的布置较方便；缺点是拱脚部位存在一定的应力集中现象，并且高而平直的边墙稳定性略差，需采取适当的支护措施。顶拱的矢跨比（顶拱矢高与开挖跨度之比）可结合围岩条件和岩石强度应力比确定，岩石强度应力比小于4时，矢跨比可取1/3～1/3.5，岩石强度应力比为4～7时，矢跨比可取1/3.5～1/4，岩石强度应力比大于7时，矢跨比可取1/4～1/4.5。近年来大多数地下厂房体形设计倾向于采用较高矢跨比，顶拱与边墙直接衔接，不留拱座，以减少应力集中。国内大多数抽水蓄能电站地下厂房洞室的形状采用了此种断面，如蒲石河抽水蓄能电站、仙居抽水蓄能电站、荒沟抽水蓄能电站及深圳抽水蓄能电站（见图21-6）等。

当水平地应力较大或厂房围岩软弱破碎，侧向释放荷载相对较大，地质构造较复杂的岩体，洞室边墙稳定难以保持时，可选用曲线形断面，曲线形体形包括马蹄形、椭圆形和

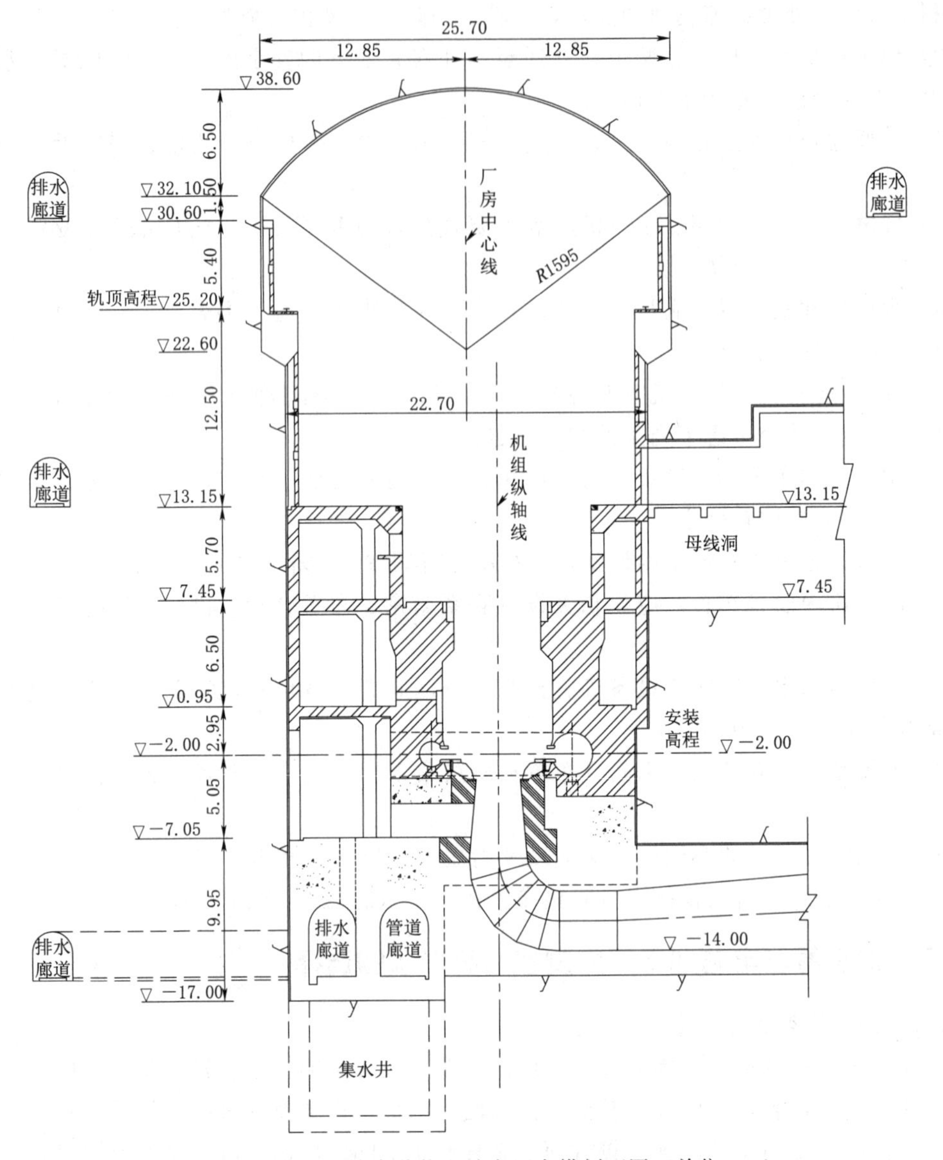


图 21-6　蒲石河抽水蓄能电站主厂房横剖面图（单位：m）

卵形等断面形状。曲线形断面的优点是周边岩体应力分布均匀，能改善围岩的应力状态和稳定性，缺点是施工难度较大。如波兰勃拉布卡-扎尔抽水蓄能电站厂房横剖面采用椭圆形断面（见图 21-7）、德国的瓦尔德克Ⅱ级抽水蓄能电站厂房横剖面采用卵形断面、日本的今市抽水蓄能电站厂房横剖面采用卵形断面（见图 21-8）。

根据厂房上部、中部、下部的布置不同，其边墙可采用斜的或阶梯形，使厂房宽度从上至下逐步变窄。这种体形不仅可减少地下厂房的开挖量，而且可改善边墙应力状态，有利于提高边墙的稳定性。

**（二）洞室断面形状的影响因素**

地下洞室的体型设计，与岩体软弱结构面（岩体层面、构造破碎带等）的性质及岩体

初始地应力密切相关。在软弱结构面很发育的岩体中，若各结构面形成了不利的组合，将围岩分割成松散的岩块，则很可能使洞室顶部或边墙在局部区域出现岩石松动坠落的情况，仅采取调整洞室体形的办法仍不可能达到稳定的目的。这时一般需要同时考虑调整洞室体形与加固围岩（如喷混凝土、现浇混凝土等加固措施）的综合措施，以保证围岩的稳定性。

地下厂房中洞室厂房顶拱的形状设计，应注意岩石节理裂隙的产状及其性质的影响。在水平层状岩石中，若岩层厚度小于0.5m，顶拱一般设计成高拱形。当岩石应力不太高且各向异性不突出，体型顶拱应避免采用小曲率半径，因为曲率半径过小，将会造成应力集中。如岩石应力高，各向异性严重，则可能发生岩层剥落和岩爆问题，此时应慎重考虑设计方案。

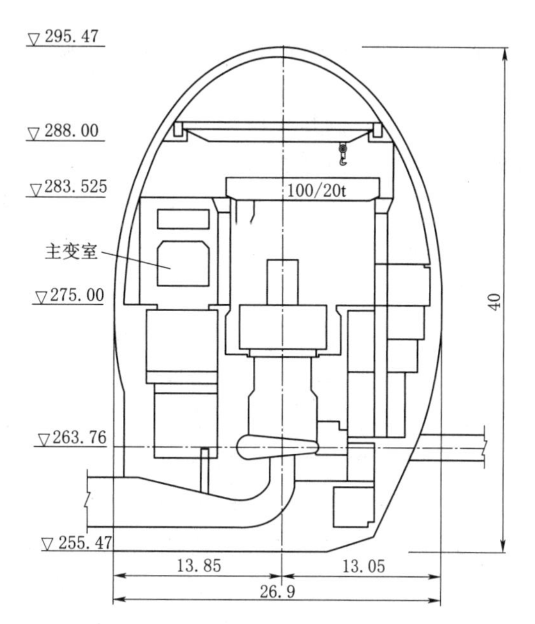


图 21-7　波兰勃拉布卡-扎尔抽水蓄能电站地下厂房横剖面示意图（单位：m）

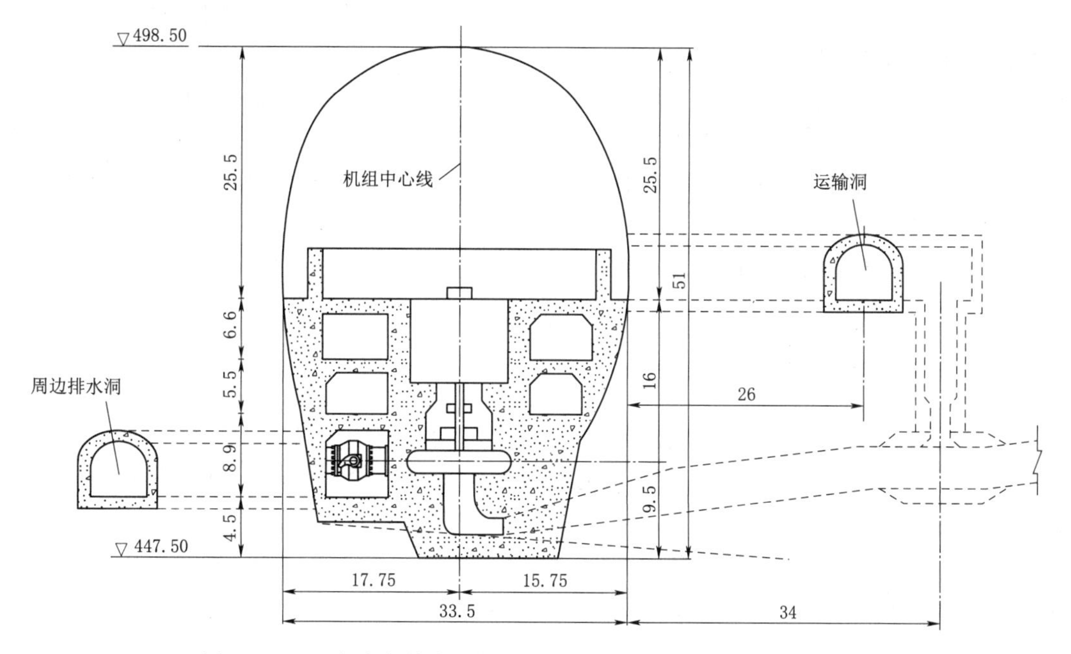


图 21-8　日本今市抽水蓄能电站地下厂房横剖面示意（单位：m）

地应力场对地下厂房体形的影响，表现在其地应力的水平应力成分和所谓的侧压系数（水平应力与垂直应力的比）上，不同的厂房体形适应于不同的应力状态。在一定的侧压系数下，改变厂房体型，便可以将地应力限制在允许的范围以内。

## 四、减小主厂房地下洞室尺寸的主要措施

地下厂房在满足机电设备安全运行要求的前提下，尺寸应尽量小些，特别是减小厂房的跨度和高度，对改善围岩稳定性、减少工程量、降低工程造价有重要意义。厂房尺寸应根据电站的具体条件、具体要求确定，由机电、水工和施工等各专业统筹研究考虑厂房布置，使其紧凑清晰，更好地实现对厂房空间的高效利用。

减小地下厂房尺寸的主要措施有：

(1) 压力钢管斜向进厂。施工安装时，压力钢管轴线不垂直于厂房纵轴线进厂，可减小厂房宽度。如蒲石河抽水蓄能电站就是采用斜向进厂，压力管道与厂房纵轴线夹角采用60°，仙居、仙游抽水蓄能电站也采用了斜向进厂方式。

(2) 将进水主阀单独布置在厂房上游边墙局部开挖的壁龛内，不放宽全厂房总宽度。白莲河抽水蓄能电站、英国迪诺威克抽水蓄能电站均采用此种方式布置。

(3) 将机组中心线靠上游侧或下游侧布置，主要通道集中布置在下游侧或上游侧，这样不但可使厂房宽度减小，而且有利于机组的运行维护。

(4) 厂房顶拱采用高拱形，减小拱座应力集中，可使顶拱开挖宽度减少，顶拱的受力状况也得到改善，对围岩稳定性有利。

(5) 采用岩壁式吊车梁，下部不设吊车柱，以减小厂房宽度。采用这种方式还可以提前安装吊车，进行厂房下部开挖以及浇筑混凝土作业时可以早日用上吊车，为施工创造有利条件。

(6) 改进机墩结构设计，尽可能采用简单的机墩结构，减少占用空间，尽量不因机墩结构而增加厂房的宽度。

(7) 在机电设备选择方面，选用高比转速的混流式机组，水轮机和发电机的尺寸和重量较小，从而减小厂房尺寸；选用先进的桥式起重机，采用高强度钢材的桥机，其本身尺寸小，同时可采用两台起重量较小的桥机并联起吊，或可采用一台配起重平衡梁的桥机，可减小厂房尺寸。

(8) 采用高流速的进口阀门和蜗壳，进而减小进口阀门和蜗壳的尺寸，以达到减小厂房尺寸的目的。

## 五、厂房洞室内部主要布置

### (一) 机组拆卸方式对厂房布置的影响

抽水蓄能电站一般采用单级混流可逆式机组，水泵水轮机转轮的检修拆卸方式有上拆、中拆和下拆三种。

(1) 上拆方式。水泵水轮机转轮在拆除发电机的机架和转子后从上部吊出，机墩、尾水管外包混凝土不用开设设备搬运通道，结构完整性好，但由于转轮检修时需要先拆卸发电机和顶盖，机组设备检修时间较长。

(2) 中拆方式。顶盖和转轮拆卸后由机墩搬运道运至水轮机层，机组检修时机转子可不拆除。中拆方式水泵水轮机部分和发电电动机部分部件相对独立，安装或检修时相互干扰较小，但机墩中要开较大通道，削弱了结构刚度。水轮机层需要留出转轮搬运通道，楼板对应转轮搬运的位置需开设吊物孔。我国已建的天荒坪抽水蓄能电站采用中拆方式。天

荒坪抽水蓄能电站水轮机层布置图如图 21－9 所示，其拆卸通道布置在水轮机层上游侧。

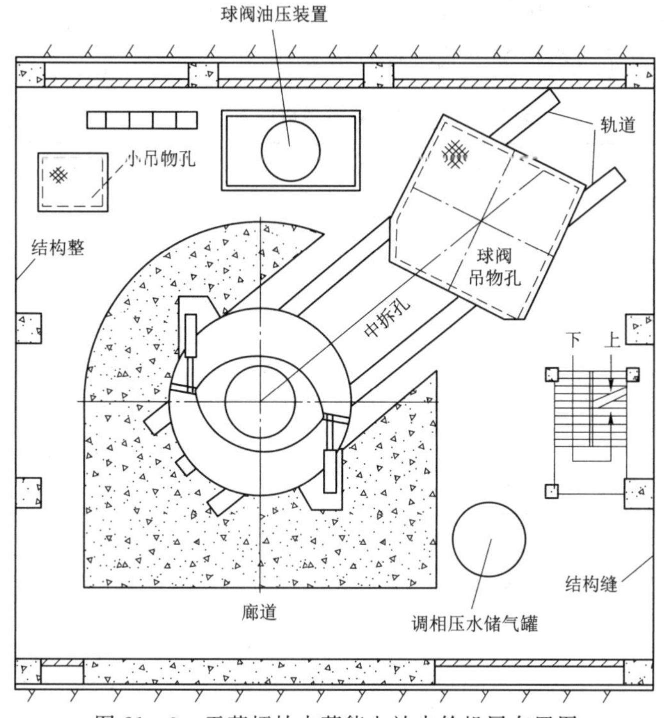


图 21－9　天荒坪抽水蓄能电站水轮机层布置图

(3) 下拆方式。转轮拆卸后由尾水管运出，机组检修时水轮机顶盖和发电机转子可不拆除，尾水管椎管段需开设一个搬运道。下拆方式的尾水管局部为明管，对减振和抗噪不利。广蓄一期采用下拆方式，其底环和尾水管锥管为明管，如图 21－10 所示。

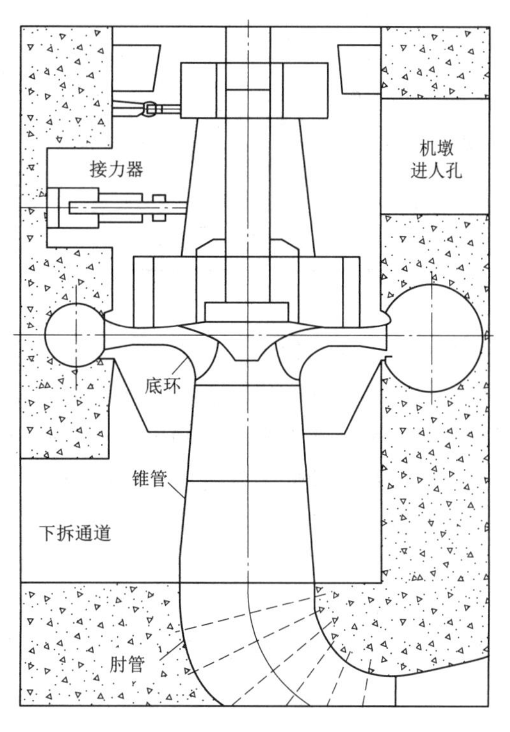


图 21－10　广蓄一期抽水蓄能电站下拆方式尾水管椎管布置

上拆方式优点是机墩、尾水管外包混凝土结构完整，但机组设备检修时间较长；中拆、下拆方式优点是节省检修时间（2～3 周)，特别是对过流机组水质中含泥沙较多的电站，水轮机的检修时间较紧，中、下拆方式有利于机组检修维护，缺点是对机墩或尾水管外包混凝土结构削弱较大，同时为将转轮吊至安装间，需在水轮机层和发电机层楼板上留出吊物孔，厂房整体的完整性和刚度降低，不利于结构稳定。由于抽水蓄能电站一般都具有高转速、高水头、抽水和发电双工况频繁变换等特点，与常规电站相比厂房振动问题比较突出，对结构要求较高，因此，从抽水蓄能机组运行特点，水泵水轮机的转轮检修拆卸方式宜采用上拆方式，且对厂内的布置和结构比较有利。国内大部分抽水蓄能电站采用了上拆方式。

国内抽水蓄能电站机组拆卸方式统计见表21－5。

**表21－5　　国内抽水蓄能电站机组拆卸方式统计表**

| 电站名称 | 装机台数×单机容量/MW | 额定水头/m | 额定转速/(r/min) | 拆卸方式 | 备　注 |
|---|---|---|---|---|---|
| 蒲石河 | 4×300 | 308 | 333.3 | 上拆 | |
| 荒沟 | 4×300 | 410 | 428.6 | 上拆 | |
| 白莲河 | 4×300 | 196 | 250.0 | 上拆 | |
| 呼和浩特 | 4×300 | 521 | 500.0 | 上拆 | |
| 张河湾 | 4×250 | 305 | 333.0 | 上拆 | |
| 黑麋峰 | 4×300 | 295 | 300.0 | 上拆 | |
| 响水涧 | 4×250 | 190 | 250.0 | 上拆 | |
| 仙游 | 4×300 | 430 | 428.6 | 上拆 | |
| 西龙池 | 4×300 | 640 | 500.0 | 上拆 | |
| 琅琊山 | 4×150 | 126 | 230.8 | 上拆 | 整体顶盖 |
| 桐柏 | 4×300 | 244 | 300.0 | 上拆 | |
| 泰安 | 4×250 | 225 | 300.0 | 上拆 | |
| 十三陵 | 4×200 | 430 | 500.0 | 上拆 | |
| 宜兴 | 4×250 | 363 | 375.0 | 上拆＋不完全下拆 | 尾水锥管可下拆 |
| 天荒坪 | 6×300 | 526 | 500.0 | 中拆＋不完全下拆 | 尾水锥管可下拆 |
| 惠州 | 8×300 | 501 | 500.0 | 中拆 | |
| 宝泉 | 4×300 | 500 | 500.0 | 中拆 | |
| 广蓄二期 | 4×300 | 512 | 500.0 | 中拆 | |
| 广蓄一期 | 4×300 | 496 | 500.0 | 下拆 | |

**（二）主机间布置**

抽水蓄能电站地下厂房主机间一般设有发电机层、水轮机层、蜗壳层和尾水管层。由于机组多采用立轴单级可逆混流式，发电机常采用埋入式布置。发电机层与水轮机层之间层高较高，因此在发电机层和水轮机层间设置中间层，即母线层，宜利于设备布置并提高厂房结构的抗震性能。荒沟抽水蓄能电站厂房横剖面布置见图21－11。

抽水蓄能电站厂房主机间内部布置总体相近，一般布置情况如下：

（1）发电机层布置：发电厂布置有球阀吊物孔、小吊物孔、发电机外露部分、机旁盘等主要设备，上部布置桥式起重机。桥式起重机上部设顶棚吊顶，顶棚与厂房顶拱之间一般布置通风管路及人行栈道等。

（2）母线层布置：母线层主要布置有风罩、球阀吊物孔、小吊物孔、主母线以及机组自用电变压器及配电盘、发电机中性点设备、调速器油压装置、发电机定子测温端子箱、在线巡检装置、高压油顶起装置、机组机械支洞柜、制动集尘、推力轴承外循环装置等设

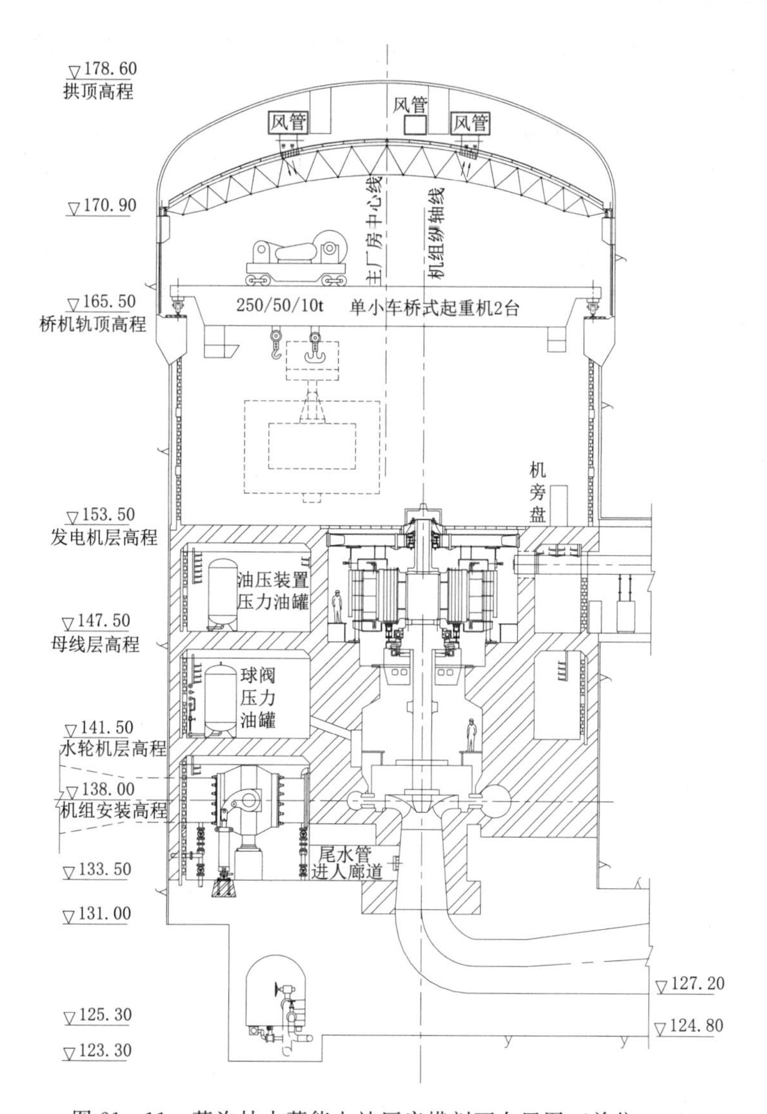


图 21-11　荒沟抽水蓄能电站厂房横剖面布置图（单位：m）

备。风罩外形根据机组要求确定，一般为圆形或多边形。主母线引出线一般向下游母线洞方向；中性点设备一般与主母线对称布置在风罩边；母线层上下游均留有检修巡视通道，主要搬运通道布置于一侧。

（3）水轮机层布置：水轮机层主要布置有机墩、球阀吊物孔、小吊物孔、水导轴承外循环装置、球阀油压装置、调相压水气罐及控制柜、技术供水泵控制盘、水轮机仪表柜测量装置、水轮机端子箱、推力轴承外循环装置等设备。水轮机层上下游均留有通道。机墩外形一般为圆形，也有多边形机墩，机墩上需布置进人门。

（4）蜗壳层布置：蜗壳层一般布置有球阀（当主阀布置在主厂房内时），蜗壳层布置的主要设备一般有主轴密封冷却水、技术供水系统、公用供水、水泵、滤水器、漏油装置等。全厂公用供水管一般布置在上游侧，技术供水泵也靠上游侧布置。

当上水库没有径流补给时，抽水蓄能电站厂房内还需设置专门的上水库充水泵，用于运行起始上库充水及上库、引水系统放空检修后充水，一般一个引水水力系统单元设置一套，布置在蜗壳层。

（5）尾水管层布置：尾水管层是主机间的最低层，一般布置机组检修排水系统水泵、阀门、管路及水淹厂房检测报警装置等。当集水井布置在主厂房内时，一般布置在此层内。

抽水蓄能电站由于各个电站的规模、工程布置、设备型式、运行方式有所不同，不同工程主机间各层布置略有差异。荒沟抽水蓄能电站主机间各层布置见图 21-12～图 21-15。

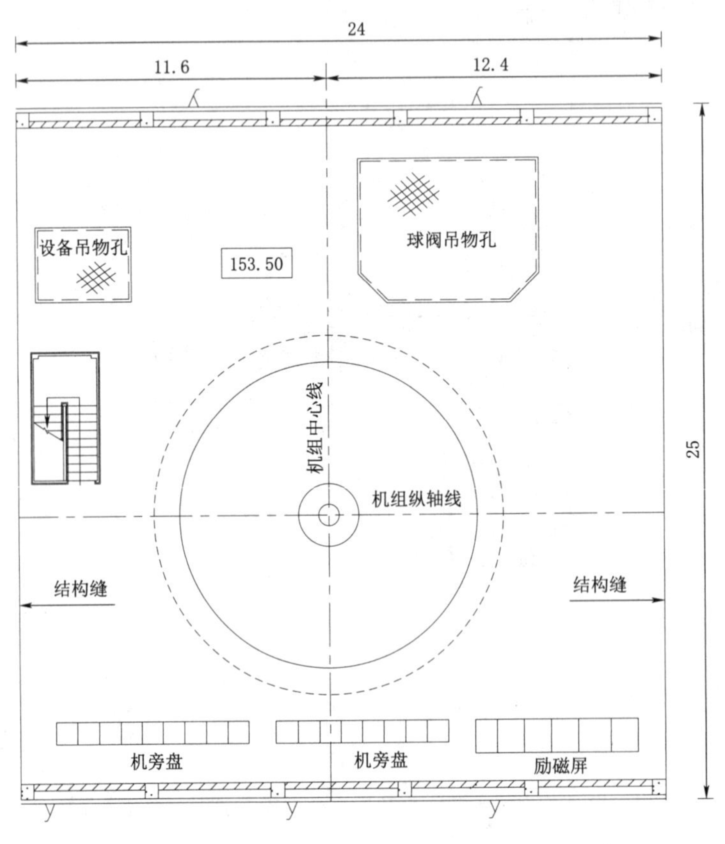


图 21-12　荒沟抽水蓄能电站发电机层布置图（单位：m）

**（三）主阀布置**

主阀的主要作用是当电站水道系统采用一管多机布置时，当机组或机电设备发生事故时，为防止机组飞逸，避免事故扩大，每台机组前的分支管均需装设主阀，事故时可以迅速关闭主阀，截断输水管道内水流；另外当某台机组出现严重漏水或需要检修时，可利用分支管上的主阀截断水流进行检修作业。抽水蓄能电站大部分是高水头电站，而且多数采用一管多机布置型式，基本上都采用机组前分支管上装设主阀。主阀可布置在主厂房内或单独的洞室内。

（1）主阀布置在主厂房内。随着主阀阀体制造和施工安装技术水平的不断提高，国内外实践证明，主阀发生事故并不多见，因此将主阀布置在主厂房内成为一种常用的布置型式。此布置方式可以利用主厂房内的桥式起重机对主阀进行安装及检修，运行管理方便，

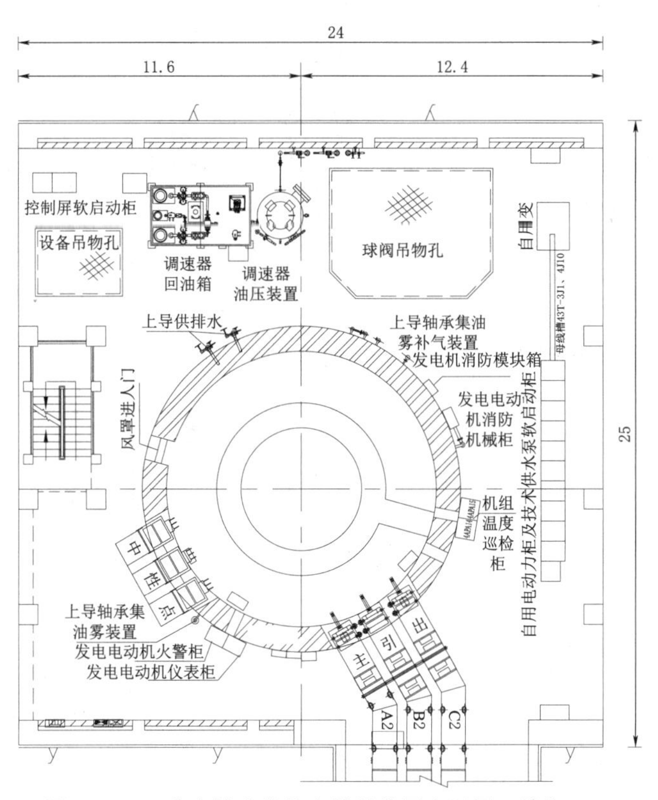


图 21－13　荒沟抽水蓄能电站母线层布置图（单位：m）

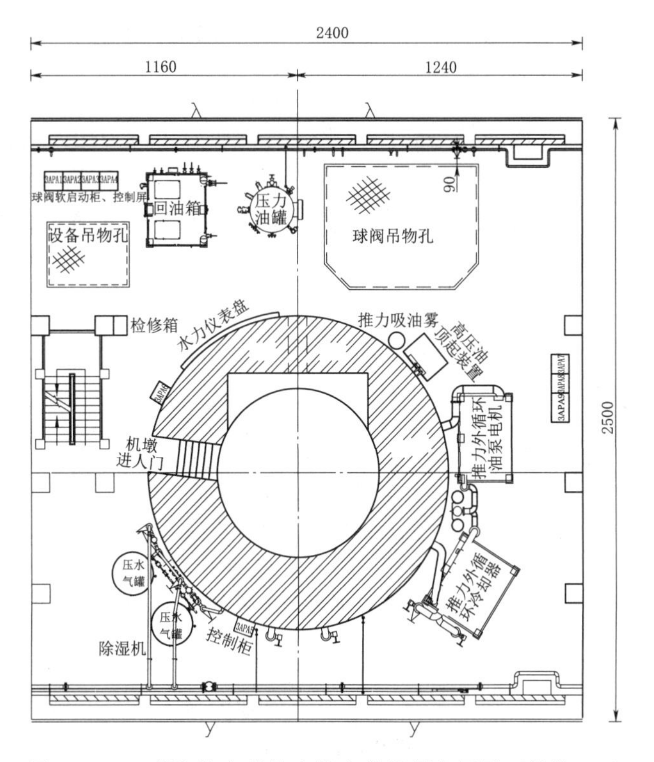


图 21－14　荒沟抽水蓄能电站水轮机层布置图（单位：m）

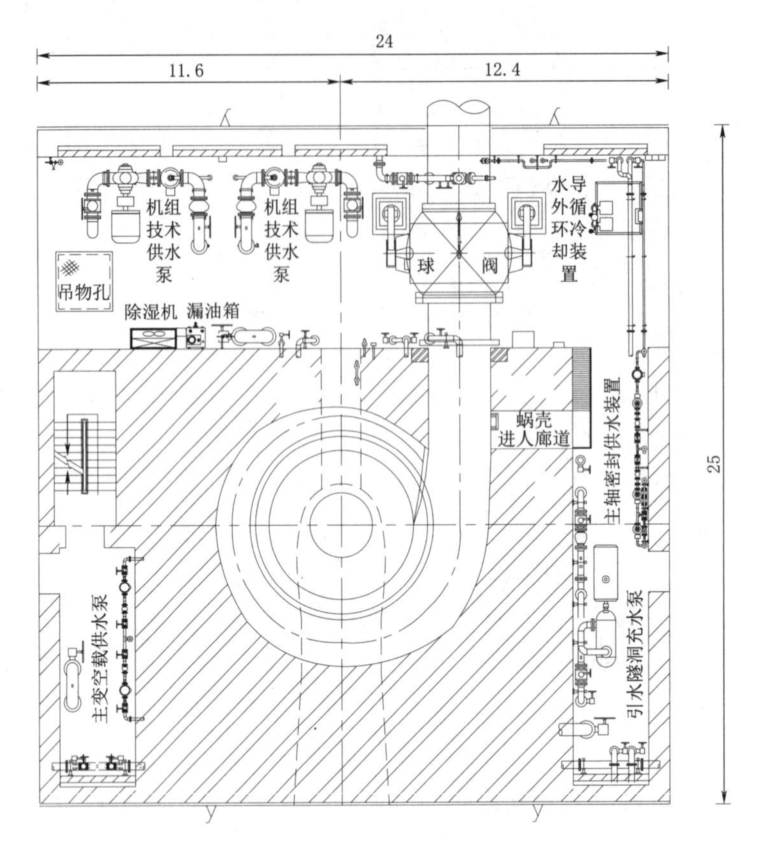


图 21-15　荒沟抽水蓄能电站蜗壳层布置图（单位：m）

空间布置紧凑，但厂房的宽度和桥式起重机的跨度也会有所加大。主阀布置在主厂房内的布置方式，要根据厂区的地质条件、厂内机电设备的布置、压力引水道进厂方向等因素综合考虑。蒲石河抽水蓄能电站主阀即采用了这种布置方式，压力管道斜向进厂，将主阀布置在主厂房内，见图 21-16。荒沟、敦化、仙居抽水蓄能电站工程的主阀布置均采用了此种方式。

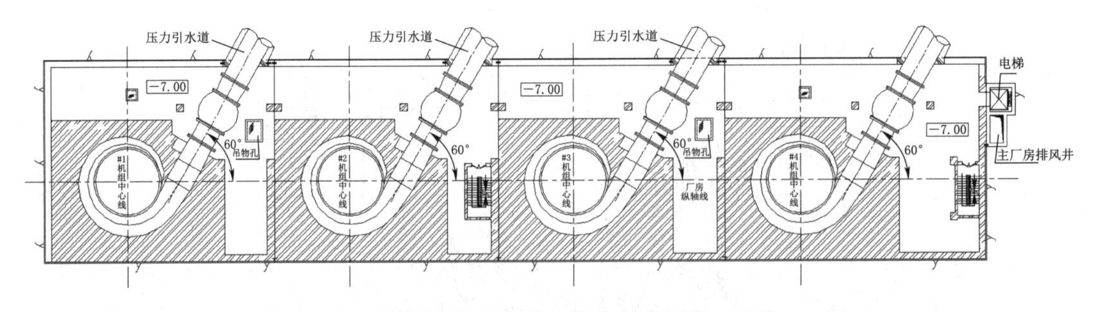


图 21-16　蒲石河抽水蓄能电站主阀布置图（单位：m）

(2) 主阀布置在单独的洞室内。对于机组额定水头相对较小，机组转速低，机组尺寸及主阀直径较大，可考虑将主阀布置在主厂房外单独的洞室内，以减小主厂房宽度，这样对主厂房的围岩稳定有利。主阀布置在单独洞室内，为了安装和检修，需布置桥式起重机

或电动葫芦，并需布置至主阀室的通道和通风系统。发生事故时为尽快排水，还需要设置事故排水洞等设施，因此布置上比较复杂。国内采用这种布置方式的电站有白莲河、羊卓雍湖抽水蓄能电站。

**（四）安装间布置**

安装间是进厂设备卸货及安装、检修机组大件的地方，其面积除根据安装工位的要求确定外，还要考虑施工总进度及安装程序要求，并需充分考虑业主对工程进度提出新的要求所带来的变化。通常安装间采用与主机间相邻的布置形式，地面高程与发电机层同高程。为了与主厂房共用桥式起重机，其跨度应与主机间相同。

安装间一般有两种布置型式：一种是布置在主机间中部；另一种是布置在主机间端部。

当地质条件相对较差时，一般是将安装间布置在主机间中部，这样安装间底部的岩体得以保留，对厂房上下游高边墙有一定支撑作用，从而减小厂房上下游高边墙的长度，对围岩稳定有利。同时，因不受桥机在厂房端部吊钩起吊限制线的限制，安装间面积得到充分利用。另外，对于高水头的抽水蓄能电站，当水道系统采用两个水力单元布置（两洞四机或两洞六机布置方式）时，如此布置可以加大两个水力单元引水管道之间的距离，降低其水力坡度。但下部岩体开挖时，将形成两个基坑，对施工出渣有些影响。同时，需要在安装间下部岩体中单独布设洞室，作为管路、电缆及通风等的联络通道，会使管线系统布置比较集中、复杂，并由于管线等布置均经过安装间底部，其长度将会有所增加。此外安装间布置在主机间中部时，厂房交通洞的进厂方式则要采用正进厂（下游墙进厂）方式，对厂房下游高边墙稳定方面造成不利影响。日本采用该方式布置的电站比较多，如新高潮川、奥吉野、奥多多良木等抽水蓄能电站。我国的十三陵、琅琊山、西龙池抽水蓄能电站地下厂房也采用了这种布置方式。

安装间布置在主机间一端的方式，优点是布置紧凑，管线、通风布置相对简单。抽水蓄能电站安装场轮廓尺寸的确定原则同常规电站，因机组检修时所需安装场的面积小于机组安装期，端部安装间可设置规模较小的副厂房，施工期可作为安装间的一部分，以后改建为副厂房。安装期安装间长度可取为机组段长度的1.5～2倍。当安装间布置在主机间一端时，厂房交通洞的进厂方式既可以采用正进厂（下游墙进厂）方式，也可以采用端进厂（端墙进厂）方式。厂房交通洞采用端进厂时，能避免正进厂对下游高边墙造成的不利影响。我国大多数抽水蓄能电站，如仙居、仙游、荒沟抽水蓄能电站的安装间均采用了这种布置型式。

安装间下部不设副厂房，可较早地形成安装间地面平台，投入使用，开始进行桥式起重机及机组安装，有利于加快施工进度。另外，安装间地面通常情况荷载较大，安装间下部不设副厂房，使安装间底板直接坐落在岩基上，承载能力加大，同时使安装间地面大件摆放位置更加灵活，无须过多考虑安装间下部结构受力承载问题。抽水蓄能电站安装间下部宜避免布置副厂房。

**（五）副厂房布置**

副厂房是各种辅助设备和运行人员工作的场地，分为生产用副厂房和办公用副厂房。生产副厂房一般布置有配电装置室、厂用变压器室、中央控制室、电缆夹层、蓄电池室及继电保护室等。办公用副厂房一般包括运行分场、厂长室、总工程师室及其他班组办公室、资料室等房间。

根据“集中与分散相结合、地面与地下相结合、尽量减少地下洞室”的原则，抽水蓄能电站地下式厂房一般将办公用副厂房布置在地面，生产用副厂房布置在地下。抽水蓄能电站多采用“无人值班，少人值守”的运行方式，中央控制室一般布置在地面，地下副厂房内仅设简易控制室。

抽水蓄能电站地下副厂房一般布置在主厂房的一端，副厂房的宽度和高度与主厂房一致，此种布置方式只需要将主厂房延长一段即可，设计施工均较方便。

副厂房与安装间均布置在主机间端部时，副厂房与安装间可分别设在主机间的两端，也可将副厂房与安装间靠在一起布置在主机间的一端。副厂房与安装间设在主机间的两端时，在永久运行期，运行与安装检修的干扰较少。同时，由于副厂房紧邻首台机组段布置，在施工安装期副厂房和首台机组的设备安装与其他机组段的施工干扰较少，但副厂房的噪声相对较大。副厂房与安装间靠在一起布置在主机间的一端时，副厂房可提前进行施工，对工程提前建成发电有利。同时，由于副厂房与机组段间设有安装间，从减少副厂房的噪声的角度看是有利的，但使运行与安装检修的干扰较大。特别是在施工安装期，首台机的安装运行与其他机组段的施工相互干扰大，当首台机建成发电，而其他机组段还在施工安装时，对首台机的正常运行影响较大。这两种布置方式在我国已建的抽水蓄能电站中都有采用，如荒沟、仙居、泰安抽水蓄能电站采用的是副厂房与安装间分别设在主机间两端的布置型式；蒲石河抽水蓄能电站采用的是副厂房与安装间靠在一起布置在主机间一端的布置型式。从国内情况看，多数抽水蓄能电站采用了副厂房与安装间分别设在主机间两端的布置型式。

副厂房下部各层通常布置污水处理设备、中低压压气机等荷载较大设备。如压气机运行时会产生振动，故通常将压气机布置在基岩基础上；中部各层通常布置厂用变压器、配电盘柜等设备；上部各层布置调试监控、继电保护、蓄电池、UPS 等设备；顶层为通风层。荒沟抽水蓄能电站地下副厂房纵剖面布置见图 21－17。

**（六）母线洞布置**

为了满足抽水蓄能电站调相功能和水泵工况启动要求，母线洞除布置低压母线、发电机断路器、电压互感器（PT）柜等与常规电站相同的设备外，还布置有换相隔离开关和启动母线以及启动母线隔离开关等电气设备。抽水蓄能电站一般电气设备较多，母线洞长度一般为 35～45m。

母线洞内布置可设置为单层布置（底板地面高程与主机间母线层同高程；也可以设置为双层布置，下层地面高程与主机间母线层同高程，上层地面高程与主机间发电机层同高程），荒沟抽水蓄能电站母线洞布置是采用单层布置型式，见图 21－18；蒲石河抽水蓄能电站母线洞布置采用了双层布置型式，见图 21－19。

母线洞单层布置方式，主机间下游墙母线洞洞口相对较小，对主机间下游墙上部岩壁吊车梁结构影响较小，对吊车梁结构有利。但母线洞单层布置时，发电电动机启动母线需吊架安装在母线洞顶拱，以及换相隔离开关及部分换相主母线需安装在钢构平台上，对安装及检修维护不方便，同时电气设备振动较大，不利于设备安全运行。母线洞单层布置

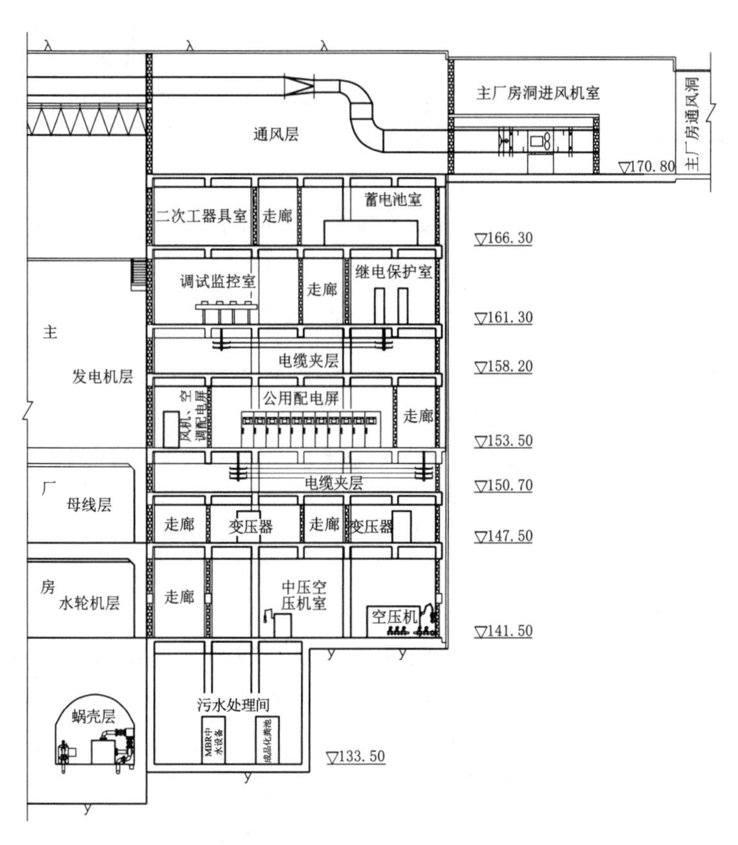


图 21-17　荒沟抽水蓄能电站地下副厂房纵剖面布置图（单位：m）

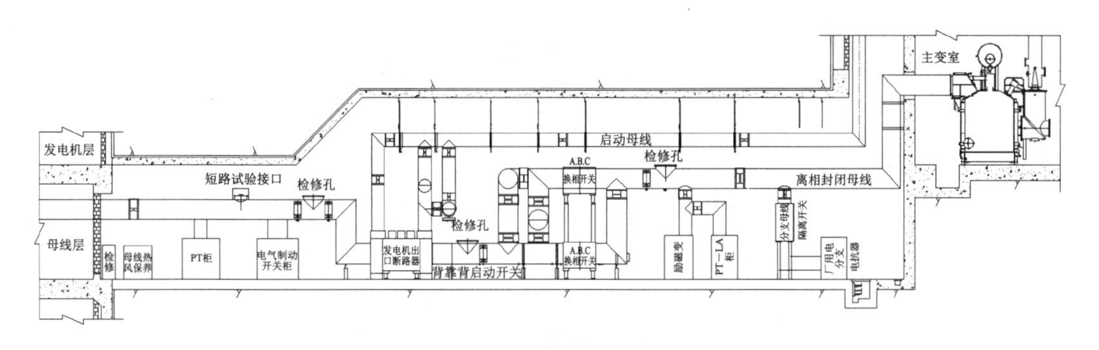


图 21-18　荒沟抽水蓄能电站母线洞布置图

时，通常在母线洞内开设主机间至主变洞的电缆沟，作为主机间至母线洞及主变洞的电缆通道，为减小洞挖宽度，通常电缆沟是布置在母线洞主通道下，给安装调试人员通行造成不便。

母线洞双层布置方式，主机间下游墙母线洞洞口相对较大，对主机间上部岩壁吊车梁结构有一定的不利影响，需对岩壁吊车梁结构进行局部设置加固处理措施。母线洞双层布置方式具有以下优点：主厂房发电机层至主变洞变压器室可形成直通通道，每个机变单元可通过母线洞由主机间发电机层直通主变洞，使方便运行管理；母线洞内设备布置在地

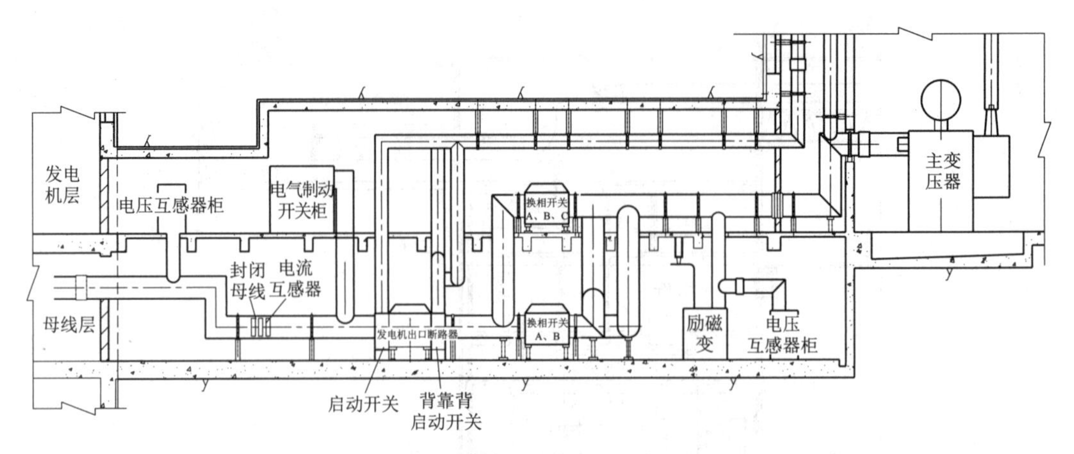


图 21－19　蒲石河抽水蓄能电站母线洞布置图

面，减少支吊架、钢构平台的使用，便于检修维护；母线洞内母线和设备运输、安装方便，布置整齐美观，同时也有利于照明灯具的布置和照明器的维修更换。

**（七）主变压器洞布置**

抽水蓄能电站主变压器洞除布置有与常规电站相同的主变压器、主变运输道、厂用变、地下 GIS 等设备外，为了满足机组水泵工况电动机启动要求，尚需布置启动母线及静态变频启动装置（简称 SFC 系统）。启动母线与 SFC 系统相连，一般布置在主变压器洞上游专门设置的启动母线廊道内。荒沟抽水蓄能电站主变压器洞剖面布置见图 21－20。

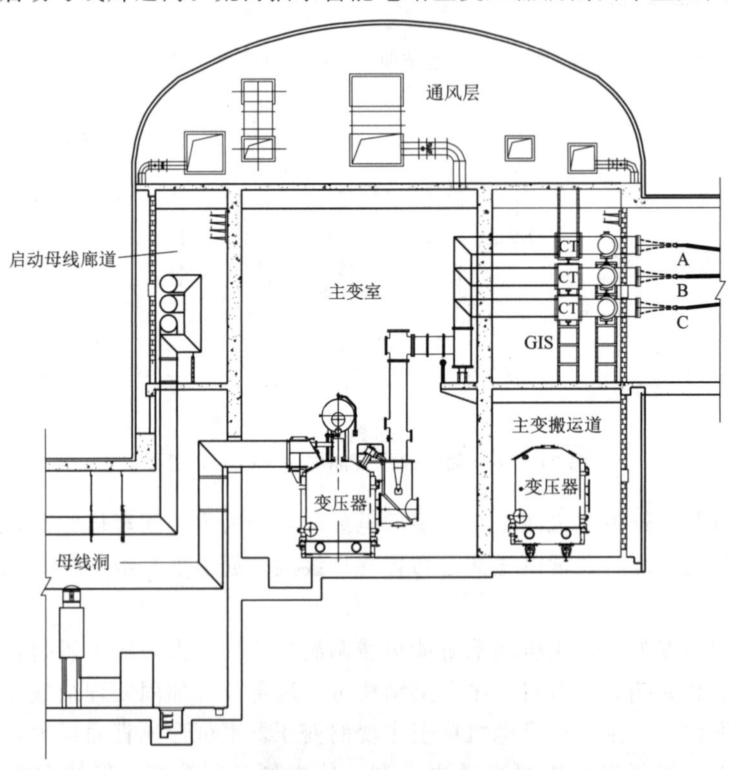


图 21－20　荒沟抽水蓄能电站主变压器洞剖面布置图

SFC 系统通常布置在主变压器洞的一端，系统主要包括 SFC 输入和输出变压器、输入输出断路器、电抗器和整流器等设备。SFC 系统设备通常分三层布置，下层布置起动装置输入输出变压器，上层布置静止变频起动器、电抗器等设备，中间层布置电缆。荒沟抽水蓄能电站 SFC 系统纵剖面布置见图 21-21。

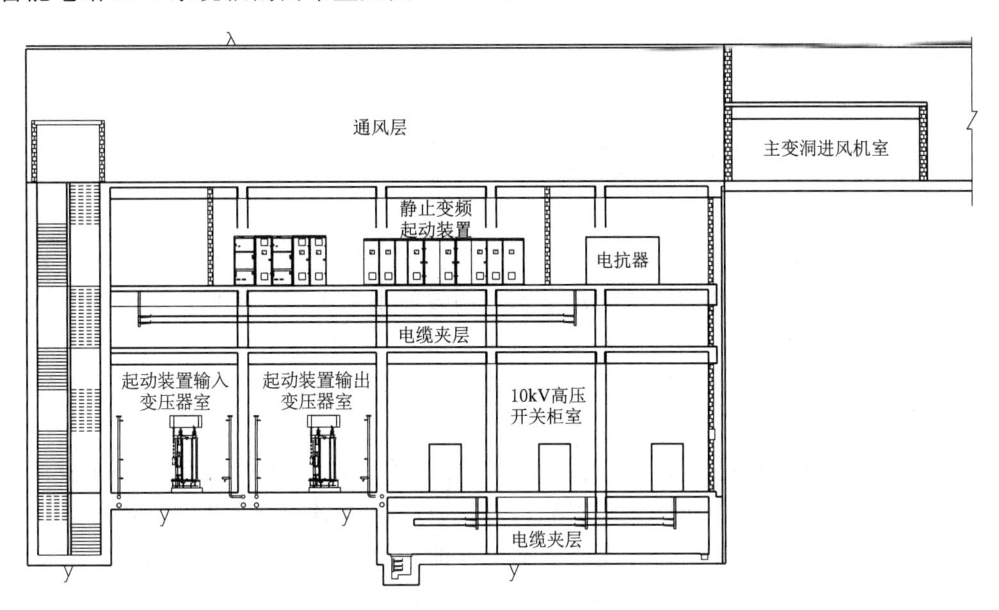


图 21-21　荒沟抽水蓄能电站 SFC 系统纵剖面布置图

**（八）厂内人行交通布置**

厂内人行交通布置主要指主厂房及副厂房各层之间的水平向和竖向交通布置。抽水蓄能电站由于大部分在厂房上游侧布置有主阀，厂房布置通常采用机组中心线尽可能往下游靠的布置型式，使蜗壳外包混凝土紧贴下游岩壁。因此水轮机层以上各层在厂房上、下游侧布置有水平向通道；以下各层多只在厂房上游侧设有水平向通道，通道的宽度应满足设备安装、运行、维护的需要；在主机间布置楼梯；在主厂房布置楼梯，作为竖向交通。竖向交通从发电机层经母线层、水轮机层到达蜗壳层及尾水管层，通过楼梯还可至蜗壳进人门、尾水管进人门等处。主厂房楼梯的布置要考虑便于检修人员携带一些轻便工具上下，坡度要缓，宽度不宜太小。抽水蓄能电站主厂房楼梯布置最好是每个机组段设一部楼梯，方便运行管理。也可两个机组段设一部楼梯，同时楼梯布置尽量相同。副厂房的楼梯布置要考虑方便运行人员管理，设置楼梯的同时可设一部电梯。另外要设置通往吊车梁以及顶棚吊顶的通道等。

# 第二十二章　地下厂房排水设计

## 第一节　地下厂房排水系统布置原则

地下厂房排水设计的目的是减少地下水和高压管道渗漏水渗进厂房和主变洞等洞室，改善地下厂房的运行环境；减少地下水对围岩的不利影响，降低厂房边墙所承受的渗透压力，保障围岩稳定；引排围岩及设备渗漏水，减少潮湿对运行人员和设备运行的影响。对裂隙发育、地下水渗水量大的岩体或靠近水库的地下厂房来说，排水系统布置尤为重要。

地下厂房主要洞室的防渗排水设计应根据工程地质、水文地质条件和工程布置情况确定，厂区排水宜遵循“以排为主，排防结合，高水自流，低水抽排”的原则进行。

(1) 洞室距水库或河床较近时或地下水丰富的地区，应加强水库及河床侧部位的防渗、排水措施，可在洞室群外围与顶部分层设置排水洞，并利用排水洞设防渗帷幕、排水幕，形成厂外排水系统。必要时通过渗流分析研究确定防渗排水措施。地下水丰富或岩体透水性强的地区，宜在主洞室开挖之前，形成厂外排水系统。

(2) 具备自流排水条件的工程，应优先考虑采用自流排水方式。不具备自流条件而采取机械抽排的工程，应根据围岩水文地质条件及防渗排水工程措施合理确定渗漏水量，设置足够容积的集水井和抽排措施，确保厂房“防淹”。

(3) 厂区排水系统的集水井可布置在厂房主洞室外，也可布置于主洞室内，具体应根据工程地质、水文地质条件和工程布置情况确定。当岩体渗水性强、地下水丰富、洞室靠近水库导致渗水量大时，集水井宜在主洞室外单独设置，以利于厂房安全。若设置于主洞室内，应单独布置，并在集水井与厂房连通通道处设置密封门或密封盖板，以防抽排设备发生故障导致水淹厂房。当地下水渗水量较小时，可将集水井布置于主洞室内，并可与厂内渗漏集水井结合，以便于抽排设备的运行管理和维修。

## 第二节　地下厂房排水系统设计

抽水蓄能电站地下厂房排水主要包括围岩渗漏水、设备故障或检修渗漏水、机组检修排水及少量生活污水。机组检修排水一般采用检修排水泵将输水系统内水抽排至下水库，生活污水一般通过专门的污水处理措施处理后排放或回用，本节着重阐述围岩渗漏水、设备故障或检修渗漏水的排水处理。

地下厂房的围岩渗水来源主要包括原有山体地下水及其补给源、上下库渗漏水、输水

系统及调压室渗漏水等；设备故障或检修渗漏水主要包括机组顶盖、水泵、供排水管路等设备故障或检修产生的渗漏水。

随着环保理念加深和经济技术发展，鉴于设备故障或检修易产生含油的渗漏水，含油废水应通过油水分离设备处理后才能回用或排放，因此，宜对围岩渗水和设备故障或检修产生的含油渗漏水进行分离排水设计。

## 一、地下厂房围岩渗水的排水设计

针对具体工程，根据不同的水文地质条件和厂区枢纽建筑物布置，合理设计地下厂房防渗排水系统。

### （一）防渗帷幕的布置

地下厂房周围防渗帷幕的布置应根据地质情况、厂房开发方式、引水隧洞衬砌方式等因素综合考虑，重点封堵及延长渗漏源与厂房洞室之间的渗漏通道。防渗帷幕孔一般布置1～2排，孔距1.5～3.0m。

厂房布置在输水系统首部，一般须在厂房上游设置防渗帷幕，厂房下游距下库及尾水调压室较远，仅需对可能存在的集中渗水通道进行灌浆封堵。厂房布置在输水系统中部，一般厂房离上下库均较远，可不设防渗帷幕，当地下水丰富岩石较破碎时，对高压引水隧洞、尾水洞、尾水调压室等渗水通道需要适当进行灌浆封堵。厂房布置在输水系统尾部，一般在尾闸洞下游或主变压器洞下游（无尾闸洞时）设置防渗帷幕，主厂房上游侧可根据引水隧洞衬砌形式和地质情况考虑是否需要设置防渗帷幕。

### （二）厂区排水系统布置

抽水蓄能电站厂房外围一般视厂区洞室规模及地下水情况，围绕主厂房、主变压器洞等主洞室布置3～4层排水廊道。排水廊道的断面一般受施工最小断面控制，一般可取为3.0m×3.0m，纵向坡度应便于地下水排除。考虑到地下水渗漏通道情况复杂，为了消除和减少主洞室的地下水，排水廊道距离主洞室不宜太远，但又要减少对厂房应力场的影响，一般距离为15～20m。为了增强排水效果，除局部围岩破碎等不稳定地段需衬砌外，排水廊道一般不进行衬砌，并且还采取在洞内打深浅排水孔、在上下层廊道之间设排水孔幕、上层排水廊道向厂房顶拱方向打倾斜排水孔等措施，形成封闭性排水体系。当布置有防渗帷幕时，排水孔幕应设置在防渗帷幕后，先堵后排。排水孔幕中的排水孔间距应通过排水孔幕穿越的岩体透水性、渗水程度分析确定，排水孔孔径为76～140mm，排水孔间距3～5m，对于有集中渗流通道和地质构造带部位宜加密孔距。

荒沟抽水蓄能电站地下厂房采用中部开发方案，地下厂房周围未设置防渗帷幕。厂区排水系统布置情况为：围绕主厂房洞、主变压器洞及尾闸洞布置3层排水廊道，廊道的断面为城门洞型，截面尺寸为3.0m×3.0m；排水孔幕的孔径100mm、间距3m；排水廊道与排水孔幕形成封闭的排水系统。荒沟抽水蓄能电站厂区排水系统剖面布置见图22-1。

敦化抽水蓄能电站地下厂房采用中部开发方案，地下厂房周围未设置防渗帷幕。厂区排水系统布置情况为：围绕主厂房洞、主变压器洞及尾闸洞布置3层排水廊道，廊道的断面为城门洞型，截面尺寸为3.0m×3.0m；上层排水廊道布设的向上斜排水孔幕的孔径90mm、间距4m；3层排水廊道间布设的竖向排水孔幕的孔径76mm、间距4m；排水廊道与排水孔

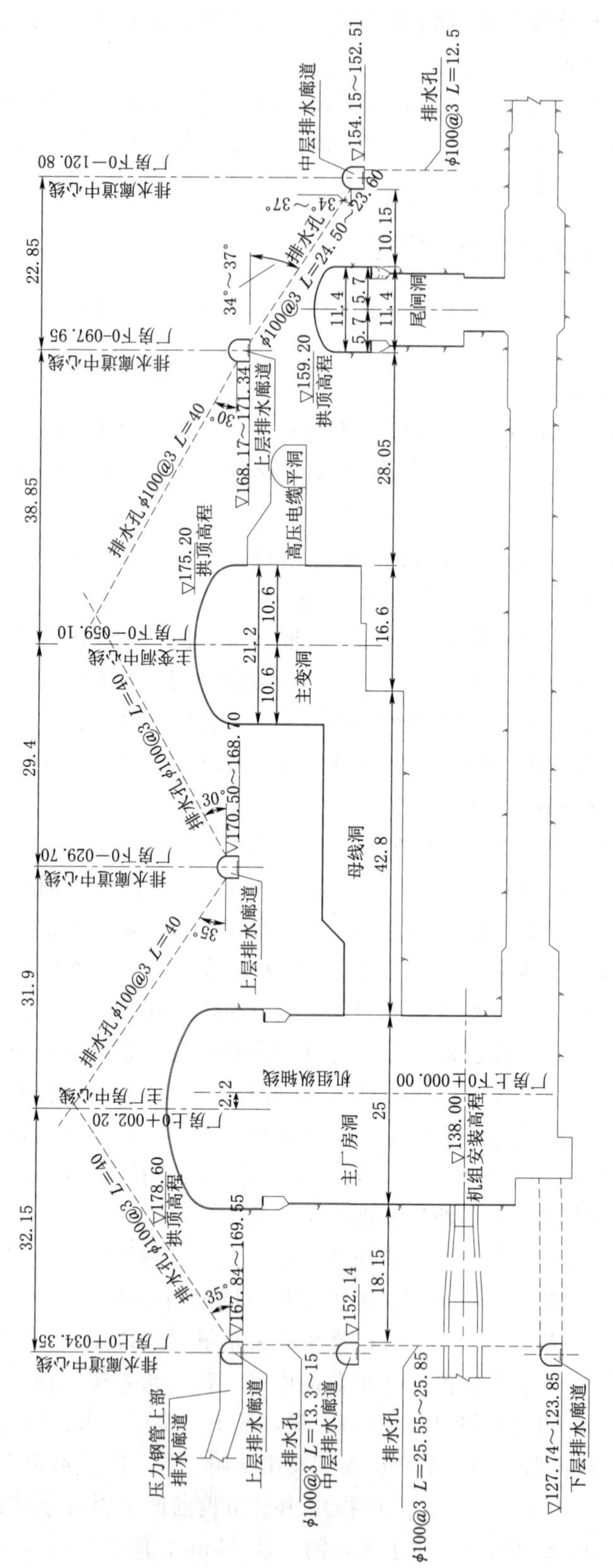


图22-1　荒沟抽水蓄能电站厂区排水系统剖面布置图（单位：m）

幕形成封闭的排水系统。敦化抽水蓄能电站厂区排水系统剖面布置见图22-2。

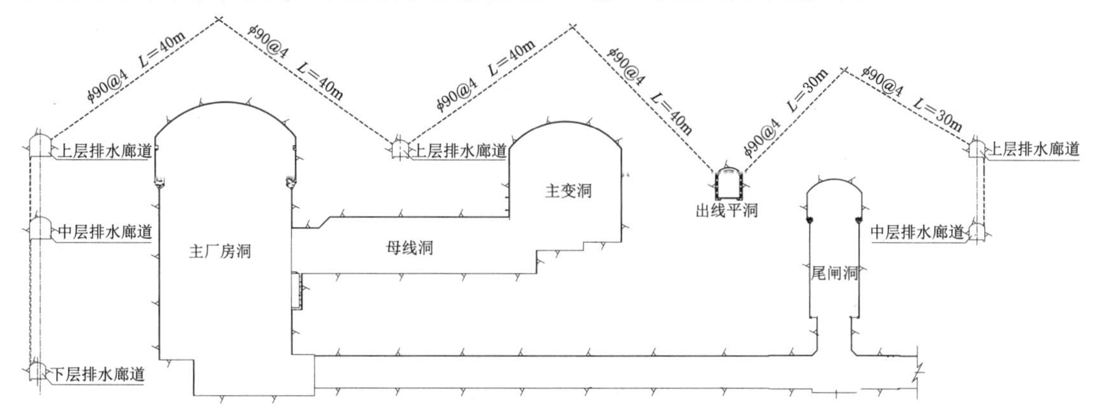


图22-2　敦化抽水蓄能电站厂区排水系统剖面布置图（单位：排水孔孔径，mm；其他，m）

泰安抽水蓄能电站地下厂房采用首部开发方案，地下厂房上游侧设置防渗帷幕。厂区排水系统布置情况为：围绕主厂房洞、主变压器洞及尾闸洞布置3层排水廊道，廊道的断面为城门洞型，截面尺寸为2.5m×3.2m；排水孔幕的孔径65mm、间距3m；在厂房洞室上游侧廊道排水孔上游设置了防渗帷幕，帷幕灌浆孔径65mm、间距3m；防渗帷幕仅在厂房洞室上游侧设置，加强上水库侧防渗、排水措施，同时排水廊道与排水孔幕形成封闭的排水系统。泰安抽水蓄能电站厂区排水系统剖面布置见图22-3。

**（三）厂内排水系统布置**

由于地下水通道较为复杂，工程实践证明，仅仅依靠厂区排水系统往往并不能将地下水全部排除，也就是说厂区排水系统并不能代替厂内排水系统，因此主洞室内仍然需要设置排水系统，即设置厂内排水系统。

地下洞室围岩渗漏水规律性较差，为减少厂房洞室顶拱和边墙在施工期和运行期的渗水、滴水现象发生，有必要设置厂内排水系统。一般在洞室顶拱和边墙按一定的孔距、孔向布设3～8m深的浅排水孔，用来降低地下水渗透压力，并采用纵横交错的排水明、暗槽或排水明、暗管等方式将水引至厂内的排水管、沟等排水系统，将渗漏水汇集至集水井内，再进行集中排水。

排水沟的布置应结合厂内的管路廊道、排水廊道等考虑，一般可将总排水沟和较大的排水沟设置在管路廊道、排水廊道内，以避免排水水流被杂物堵塞。排水沟一般采用现浇混凝土，纵向坡度一般采用5‰，断面可采用梯形或矩形，沟底宽度不宜小于20cm，沟起始点宽度不宜小于15cm。

**（四）地下厂房集中排水方式**

根据地形及水文地质条件，地下厂房集中排水可采用下列三种方式：

（1）利用水泵排水设施抽排至厂外。由于地下厂房埋藏较深，受地形条件和投资因素影响，往往将厂区渗漏水汇集至厂内集水井，利用水泵排水设施抽排至厂外。由于厂区渗水量难以精确估算，集水井的容量应留有足够的裕度。荒沟、蒲石河、蛟河抽水蓄能电站等均是采用这种排水方式。

（2）由排水洞自流排至地表。自流排水方式设施简单、运行费用低、安全可靠，如果

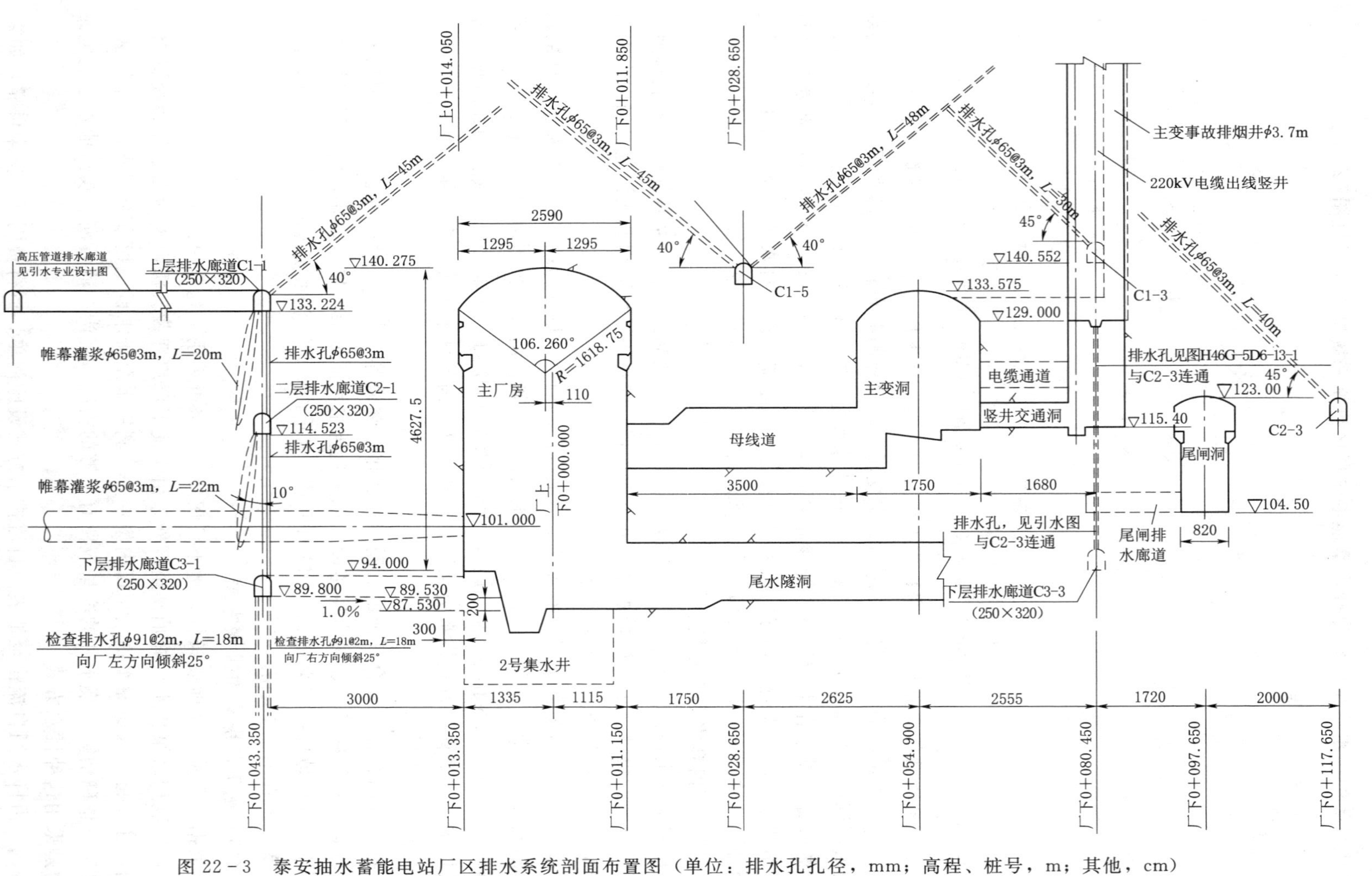


图22-3　泰安抽水蓄能电站厂区排水系统剖面布置图（单位：排水孔孔径，mm；高程、桩号，m；其他，cm）

下库下游具有较低的地势，能够使地下厂房的渗水自流排出，电站设计应优先考虑采用自流排水洞。近几年设计的抽水蓄能电站，如天荒坪、宝泉、西龙池、惠州、敦化抽水蓄能电站均设置了自流排水洞。另外，自流排水洞如提前施工，可作为地下洞室群施工期自流排水系统，大大节约施工期排水费用。在电站运行期，自流排水洞运行维护费用低廉、排水能力大、可靠性高，降低了厂房运行风险。国内部分抽水蓄能电站的地下厂房自流排水洞参数见表22－1。

**表22－1　　国内部分抽水蓄能电站地下厂房自流排水洞统计表**

| 工程名称 | 洞长/m | 断面尺寸/(m×m) | 坡比/‰ |
|---|---|---|---|
| 天荒坪抽水蓄能电站 | 1680 | 3.0×2.8 | 2.75 |
| 惠州抽水蓄能电站 | 4405 | 3.0×3.0 | 4 |
| 敦化抽水蓄能电站 | 2884 | 2.5×3.0 | 4 |
| 清远抽水蓄能电站 | 4780 | 2.8×2.9 | 1 |
| 琼中抽水蓄能电站 | 4655 | 3.0×2.7 | 1.7 |
| 西龙池抽水蓄能 | 1232 | 2.5×3.0 | 1.26 |
| 洛宁抽水蓄能电站 | 2500 | 3.0×3.0 | 1 |

敦化抽水蓄能电站采用自流排水洞排水方式，首先利用排水系统将渗漏水汇集至集水井内，自流排水洞与集水井相连，由自流排水洞将集水井内的水排出厂外。自流排水洞其起始点底板高程为580.00m，洞口高程为568.00m，高差12.00m，坡度为4‰，总长2884m；断面尺寸为2.5m×3.0m，一侧设置排水沟，另一侧为人行通道。

(3)“高水自流、低水抽排”布置方式，即高程较高的渗水自流排放，低高程的渗水汇集到厂内集水井后利用水泵排水设施抽排至地表。宜兴抽水蓄能电站采用这种排水方式。

**(五) 集水井位置**

地下厂房集中排水方式选择集水井抽排至厂外的方式时，集水井位置可布置在主厂房主机间底部，国内大部分已建工程采用此种布置方式，如仙居、蒲石河、泰安抽水蓄能电站；集水井也可布置在主厂房外，一般可在尾闸洞端部设置集水井，如荒沟抽水蓄能电站。

集水井位置布置在主厂房主机间底部时，集水井水泵等设备供电直接由厂内公用电系统供给，不需要设置单独变压器，控制盘柜可布置在主机间端部副厂房内，有利于集中控制和运行管理。但主厂房施工一般位于工程的关键线路上，集水井的底板高程比主机间的底板高程低很多，需在主机间底板开挖完成后再进行集水井的单独开挖，而集水井开挖面积较小，深度较深，存在一定的施工难度，集水井的开挖和混凝土浇筑将会占用一定的直线工期，对主机间尾水管的施工工期影响较大。同时，由于集水井布置在主机间底部，湿度略大，对主机间下层的设备运行环境会有一定的影响。因此，近年来新建工程设计及《国家电网公司抽水蓄能电站工程通用设计地下厂房分册》中均不推荐将集水井布置在主机间内，国网通用设计地下厂房分册中推荐将集水井位置布置于尾闸洞端部。

辽宁蒲石河抽水蓄能电站集水井位置布置在主机间底部，共设置两个集水井，分别位于1号机组段侧及4号机组段侧，集水井平面布置如图22-4所示。

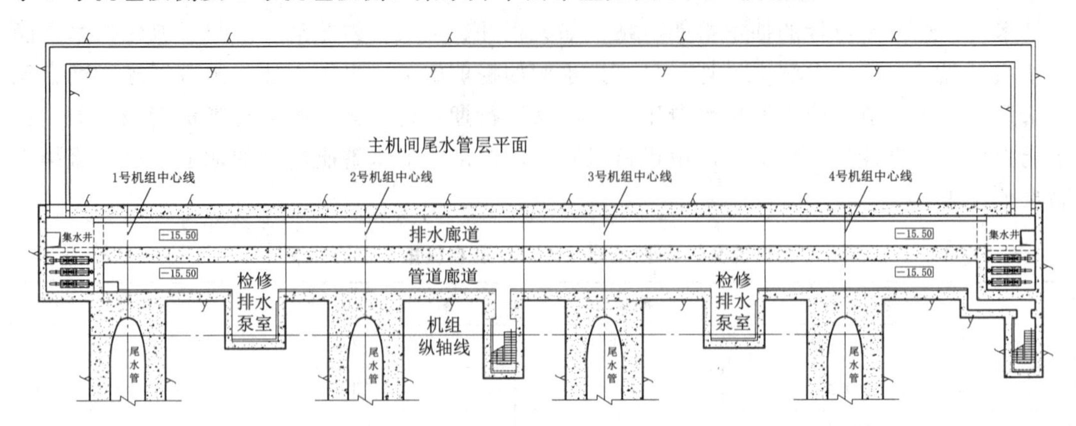


图22-4　辽宁蒲石河抽水蓄能电站集水井平面布置图（单位：m）

集水井位置布置于尾闸洞端部时，其施工不在工程的关键线路上，对工程建设的直线工期以及对主机间下层设备运行环境有利；但集水井距离厂用电公用系统盘较远，故需单独设置配电变压器作为集水井水泵等设备供电电源。黑龙江荒沟抽水蓄能电站集水井布置在尾闸洞左端部，集水井剖面布置如图22-5所示。

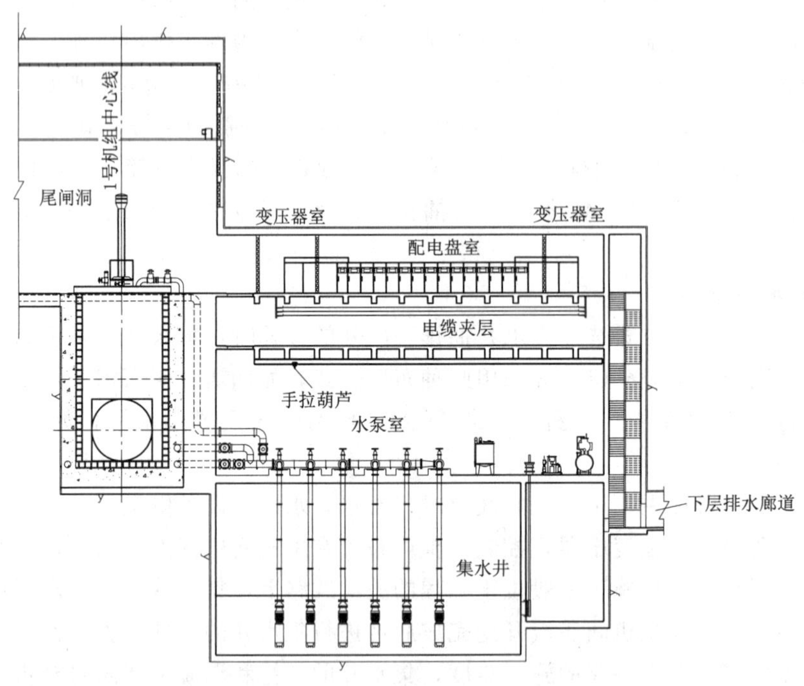


图22-5　黑龙江荒沟抽水蓄能电站集水井剖面布置图

## 二、设备故障或检修渗漏水的排水设计

地下厂房设备故障或检修渗漏水的排水通常是在设备基础周边设置排水沟、排水管等排水通道，将水汇集至集水井内。

由于设备故障或检修渗漏水可能含有油污，从环保要求上是不能直接排出的，因此，集水井内设置两个区域，即污水井及净水井，设备故障或检修渗漏水首先汇集到污水井内，在污水井区域设置含油污水储水箱、油水分离设备、污油贮存设备等。根据油水分层原理，污水井内底部的净水经过反滤后进入集水井净水池，经渗漏排水泵排出厂房。污水井上层的含油污水经过漂浮式吸附器及水泵排入含油污水储水箱，再经油水分离设备将油、水分离，脱油后的净水排入集水井净水池，污油排入污油贮存设备收集在一起，厂内运行人员定期将污油运出厂房再处理。

## 第三节　寒冷地区地下洞室系统排水设计建议

寒冷地区抽水蓄能电站地下厂房围岩渗漏水的排水系统布置与非寒冷地区电站的布置基本一致，但在排水系统地面出口处应进行专门的防寒设计，采用有效的防寒措施，保证洞外温度为负温的情况下，排水出口处不被冻结，排水通畅。

### 一、自流排水洞洞口设计

自流排水洞洞口排水保温防寒是设计关键。首先要确定保温防寒措施的范围，由于岩体本身具有一定地温，如果洞内结构内表面温度大于或等于0℃时，那么结构背后一定不会发生渗漏水冻结，因此可以认为，排水保温防寒措施的设防长度以洞内结构内表面温度0℃为设防终点，通常保温设防长度一般为距离洞口200～500m，即洞口处保温防寒设计范围。

自流排水洞排水防寒可采用保温排水沟、深埋暗沟（涵洞）等措施。保温排水沟是指采用浅埋方式，一般浅于隧洞的最大冻结深度，在隧洞内单侧或双侧设置排水沟，排水沟采用保温材料进行保温，以保证排水沟内的水冬季不发生冻结。保温排水沟一般适用于寒冷地区，保温排水沟一般做法是排水沟设置双层盖板，两层盖板间设有保温材料，保温排水沟大样如图22-6所示。深埋暗沟（涵洞）是指将排水沟（涵洞）置于隧洞内相应的冻结深度以下，利用地温保证排水沟（涵洞）内的水冬季不发生冻结。深埋暗沟（涵洞）一般适用于严寒地区。

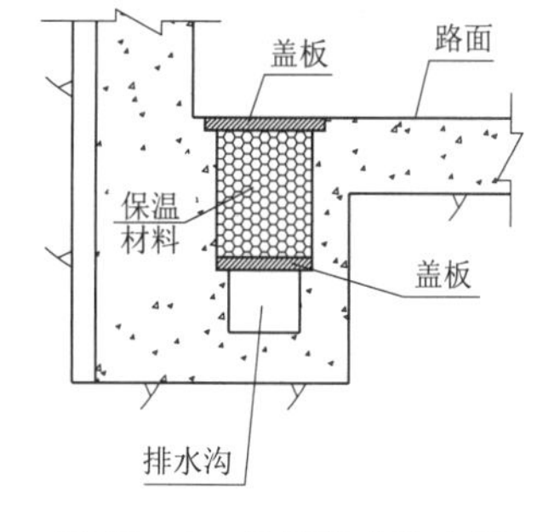


图22-6　保温排水沟布置大样图

自流排水洞洞口一般设置保温门，对洞口进行封闭，以减少洞内的保温设防长度，必要时可增加一些采暖设备提高洞口温度等。自流排水洞洞外部分排水应与洞内保温排水沟、深埋暗沟（涵洞）等排水设施相衔接，洞外排水措施也可采用保温排水沟、深埋暗沟（涵洞）等，出水口应设置保温出水口或置于主河道冻层水面以下。

### 二、集中抽排排水管路出口设计

利用水泵排水设施抽排至厂外方式时，集中抽排排水管出口要保证水冬季不发生冻结。一般情况下，集中抽排方式均是将水排至下水库或尾水调压井内，这时候是不需要额外增加保温防寒措施的；当排水出口需要出露地表时，排水管应深埋至冻结深度以下或者将排水管置于保温管沟内，排水出口应设置保温出水口或置于主河道冻层水面以下，保证排水通畅。

## 三、附属洞室临近地面出口时，排水沟、排水管设计

附属洞室地面出洞口范围，洞室排水沟、排水管可参照自流排水洞及集中抽排排水管的保温防寒措施设计，确保排水沟、排水管内的水冬季不发生冻结。

# 第二十三章　地下厂房洞室围岩稳定分析及支护设计

## 第一节　地下厂房洞室围岩稳定分析

抽水蓄能电站地下厂房一般深埋在地下岩体中，洞室群空间交错，围岩稳定成为地下洞室设计关键技术问题之一。随着抽水蓄能电站建设和岩体力学研究水平的发展，洞室围岩变形破坏机理逐渐被工程设计人员掌握，日益完善的围岩分类方法和三维有限元数值计算手段为洞室的开挖支护设计提供了理论依据，围岩监测技术也使信息化施工成为可能，使支护设计更加合理、安全、经济。

地下厂房洞室围岩稳定分析所需的基础资料，应根据地质勘察、试验成果、监测成果、工程类比等，按不同设计阶段的任务、目的和要求综合分析确定，以满足稳定分析和计算的需要，见表23-1。

表23-1　地下厂房围岩稳定分析主要基础资料

| 序号 | 项目 | 内　容 |
|---|---|---|
| 1 | 厂区地形 | 厂区1：5000～1：1000地形图 |
| 2 | 地质 | (1) 厂区地质构造、岩层界线、围岩分类等；<br>(2) 断层和节理裂隙分布、产状，断层带宽度和填充物性状、物理力学参数，节理裂隙的分布密度和连通率；<br>(3) 厂区地质平面图、剖面图，主要洞室地质纵剖面图 |
| 3 | 岩体力学参数 | 弹性模量、变形模量、泊松比、摩擦角、抗压强度、抗拉强度、容重、软化系数、围岩弹性抗力系数等 |
| 4 | 地应力 | (1) 地应力测点的布置、坐标位置、埋深和高程；<br>(2) 三个主应力的大小，主应力矢量的方位、倾角 |
| 5 | 地下水 | (1) 实测地下水位线分布、地下水补给关系；<br>(2) 各岩层相应的水文地质参数、各层岩体的渗透系数 |
| 6 | 地震 | 地震等级、地震烈度、地震加速度 |
| 7 | 厂区枢纽布置 | (1) 地下厂房洞室的轴线方位及其他洞室的布置；<br>(2) 从进水口到出水口沿线各建筑物的相对关系、各级建筑物与地面的关系 |
| 8 | 地下厂房布置 | (1) 各主要洞室的布置图、轮廓尺寸及洞室间距；<br>(2) 各辅助洞室的布置和尺寸；<br>(3) 渗流计算时，需提供防渗帷幕、排水廊道、排水孔幕等布置，主要洞室的排水设施以及运行期水库、调压室、尾水河段相应特征水位 |

续表

| 序号 | 项目 | 内　　容 |
|---|---|---|
| 9 | 施工开挖方案 | （1）地下洞室开挖施工计划和时间进程表；<br>（2）主要洞室的开挖方式、分层高度以及与母线洞、尾水管、其他附属洞室立体交叉作业的开挖程序；<br>（3）特殊部位的施工开挖要求、主要施工支洞的布置和尺寸 |
| 10 | 支护方式及参数 | （1）支护方式：柔性支护、复合支护、刚性支护；<br>（2）支护参数：喷层材料、厚度，挂网钢筋的直径、间距，锚杆直径、长度、布置间距，锚索吨位、长度、布置间距等；<br>（3）特殊地质条件下支护方式及布置设计 |

## 一、地下洞室围岩稳定影响因素

地下洞室开挖后，改变了原来天然岩体中的应力平衡状态。在初始应力场的作用下，洞周围岩应力重新分布，围岩向洞内变形，甚至出现失稳破坏形态。地下洞室稳定性主要由围岩的应力、变形大小决定，而围岩的应力、变形主要受自然地质因素和工程因素的影响。

### （一）自然地质因素

影响围岩稳定的自然地质因素包括：岩性与岩体结构特征、结构面性质与空间组合、岩石力学性质、地应力、地下水等。

1. 岩性与岩体结构特征

在相同的岩性条件下，松散结构及破碎结构岩体的稳定性最差，此时洞室就越容易失稳。岩体结构特征可简单地用岩体的破碎程度或完整性来表示。某种程度上它反映了岩体受地质构造作用的严重程度。一般情况下，岩体越破碎，则洞室越不稳定，越容易坍塌。

2. 结构面性质与空间组合

结构面性质与空间组合往往是控制着岩体破坏的主要因素，对于地下工程，围岩中存在单一的软弱面，一般不会影响洞室的稳定性。只有结构面与洞室轴线关系不利时，或出现两组或两组以上的结构面不利组合时，才形成易坠落的分离岩块，从而影响洞室的稳定性。

3. 岩石力学性质

在比较完整的岩体中，影响围岩稳定性的主要因素是岩石的力学性质。其中岩石的强度对围岩的稳定性及围岩的破坏形式有着很大的影响，一般来说，强度越高洞室越稳定。强度高的硬岩多表现为脆性破坏，易引起岩爆现象，而强度低的软岩，则以塑性变形为主，具有较为明显的流变现象。

4. 地应力

初始应力对开挖后洞室的稳定性有着较大的影响，开挖引起的应力重分布超过围岩强度及围岩的过分变形会造成地下工程的失稳。

5. 地下水

地下水的影响主要表现为使岩石软化、疏松，或者使充填物泥化、强度降低，并且能够增加动、静水压力等，从而降低地下工程围岩的稳定性。资料表明，地下水对不同类别

的地下工程影响程度有所差异，其中对硬岩组成的围岩隧道稳定性影响较小，对于软岩则影响较大。

6. 特殊地质条件

当地下工程遭遇特殊的工程地质条件（如断层破碎带、强风化带、发育的岩溶区）时，由于构造破碎带往往比较松软破碎，而临近地带的节理裂隙也比较密集，维护围岩的稳定性比较困难。

**（二）工程因素**

主要包括洞室群布置、洞室轴线方位、洞室形状和大小；施工中采用的开挖方法、开挖次序，支护结构的方案、时机等。

1. 上覆岩体厚度

洞室顶部以上的岩体厚度或傍山洞室靠边坡一侧的岩体厚度，应根据岩体完整性程度、风化程度、地应力大小、地下水活动情况、洞室规模及施工条件等因素综合分析确定。主洞室顶部岩体厚度不宜小于洞室开挖宽度的2倍。

2. 洞室断面形状及尺寸

洞室断面形状不同引起围岩松弛的程度也不同，选择围岩应力分布比较均匀的洞形，可以避免过大的应力集中，如马蹄形。洞室断面尺寸对围岩稳定也有一定影响，高度、跨度大的洞室，在围岩中引起应力变化和出现变形的范围也较大。

3. 洞室间距与布置

适当的洞室间距可以使相邻洞室间的塑性区不连通，避免变形破坏，因此各洞室之间的岩体应保持足够的厚度。应根据地质条件、洞室规模及施工方法等因素综合分析确定厚度，不宜小于相邻洞室平均开挖宽度的1～1.5倍，上下洞室间岩石厚度不宜小于小洞室开挖宽度的1～2倍。

4. 开挖步序

大型地下洞室大多采用分步开挖程序。实践证明，分步开挖过程中，洞室断面不断扩大，作业面沿洞轴线方向不断向前推进，在形成洞室过程中，围岩中的应力不断调整并出现相应的变形，不同的开挖步序，围岩中的应力与变形也不同。

5. 支护结构型式

不同的支护结构型式提供给围岩的支护抗力不同，对围岩变形的控制程度不同。需根据围岩和地下水状况、围岩分类、结构面性质和发育情况，并考虑支护结构型式的适应性、经济性、施工可能性等，综合确定支护结构型式。

6. 支护时机

现代支护结构的基本观点是充分发挥围岩自承载能力，支护应适时。支护过早，支护结构就要承受很大的形变压力，支护过迟，围岩会过度松弛而导致失稳。

## 二、围岩稳定分析方法

地下厂房洞室围岩稳定分析的目的，是为了充分发挥围岩自身的承载能力，对围岩稳定性作出评价，提出合理的支护时间和支护方式。地下厂房围岩稳定分析方法，一般包括定性分析和定量分析两类：定性分析法主要包括地质分析法和工程类比法；定量分析法主要包括数值分析法、模型试验法、现场监测法和反馈分析法。

**（一）地质分析法**

如国外的Q系统法和我国的和差计分法等，通过地质勘测手段了解和分析岩体的特性、地质构造、岩体结构与工程关系、岩体地应力和地下水影响等主要因素对围岩稳定的影响。但这些方法都是以对各种地质与工程要素进行综合评分后来判断洞室围岩稳定性，其统计数据多以单洞为主，因此还不太适用于有洞室群特点的水电站地下厂房。

**（二）工程类比法**

目前在地下工程设计中，工程类比法是围岩稳定和支护设计的主要方法。

（1）工程类比应满足下列基本条件：

1）工程规模、工程等级与类比工程基本相同。

2）类比工程的岩体特性、围岩类别、岩体参数和地下水的影响程度等地质条件具有相似性或可比性。

3）岩体的初始地应力场的量级基本相当。

（2）工程类比法的一般步骤：

1）根据拟建工程的地形、工程地质、水文地质情况，确定围岩的类别，初步判断工程的地质环境和属性。

2）根据拟建地下厂房的布置特点和洞室规模，拟定洞室的轴线和地下厂房主要洞室的布置格局。

3）与国内外同类工程相比较，初步拟定主要洞室围岩的支护型式和支护参数。

4）对于洞室规模较小、地质条件优良的，可直接根据类比和经验判断确定支护参数。

5）根据洞室围岩施工期的变形和应力监测，进行反馈分析岩体的稳定性，进一步调整和优化支护参数。

**（三）刚体极限平衡法**

对由软弱结构面切割成的不稳定块体，可采用块体极限平衡法进行稳定分析。不平衡块体分析一般有两种情况。

（1）当采用“滑移型”块体计算时，抗滑稳定安全系数为

$$K_c \geqslant \frac{fN + cA + P_{AS}}{P_s} \tag{23-1}$$

式中：$K_c$ 为稳定安全系数，$K_c \geqslant 1.5 \sim 1.8$；$N$ 为滑移面上的法向作用力；$P_s$ 为平行于滑移面方向的滑动力；$P_{AS}$ 为平行于滑移面的抗滑力；$f$、$c$ 分别为滑移面材料的摩擦系数和黏聚力。

（2）当采用“悬吊型”块体计算时，按全部不稳定块体重量计算支护抗力为

$$K_c \geqslant P_A / G \tag{23-2}$$

式中：$K_c$ 为安全系数，$K_c \geqslant 2.0$；$P_A$ 为滑移面上的法向作用力；$P_A$ 为平行于滑移面方向的滑动力。

**（四）数值分析法**

数值分析法主要采用有限元法、有限差分法，对节理发育岩体可采用离散元法、不连续变形分布法等。有限元法在地下厂房设计中应用比较广泛，包括弹塑性有限元、黏弹性

有限元和弹塑性损伤有限元等。

（1）数值分析法计算模型应满足下列要求：

1）计算模型应符合工程实际，能比较准确地反映区域内的地质因素和工程因素，及地下洞室的体型、施工开挖顺序、支护措施、支护时间等实际工作状态。

2）计算模型应简练、清晰，满足计算精度的要求。

3）计算模型的模拟范围，应满足开挖引起的二次应力场在模型边界处的影响小于初始应力场的3%。

（2）根据不同围岩特性选用合适的力学模型：

1）中硬岩和软岩宜采用弹塑性力学模型。

2）硬岩宜采用弹脆性或弹塑性力学模型。

3）高地应力下的软岩或有流变性质的岩体，宜采用黏弹性力学模型。

**（五）监控量测法**

监控量测法已在地下工程设计施工中广泛采用，特别对高地应力状态的围岩和稳定性差的软弱围岩或跨度较大的地下洞室，采用监控量测法对围岩的应力、变形和支护结构的受力状况进行现场量测，以评价围岩的稳定性和支护结构的安全性，是一种较为直观和实用的设计方法。通过监控量测数据指导洞室后续工作，对支护优化设计具有重要意义。

**（六）模型试验法**

国内常用的模型试验类型，主要有原位模拟洞试验和地质力学模型试验。

（1）原位模拟洞试验是一种直观的方法，其优点是量测数据多、范围大、代表性强，能反映实际洞室的地质构造、地应力情况，并较直观地对地下洞室围岩稳定性和支护效果进行评价。这种模型试验一般用于大型的地下工程，二滩、十三陵抽水蓄能、天荒坪抽水蓄能等大型电站中曾采用，均取得较好的效果。

（2）地质力学模型试验目的是研究洞室围岩的变形、应力、破坏形态和支护效应，评价支护和开挖对洞室围岩稳定的影响等。

在模型材料的选择方面，应根据岩性相似性确定试验材料。如白山水电站地下厂房模型试验，选用石膏加砂作为试验材料。试验内容按侧压力系数的不同分为三组，其成果与有限元法计算和实测结果十分接近。

## 第二节　地下厂房洞室开挖支护设计

### 一、支护原则

（1）地下厂房支护设计应充分发挥围岩自身的承载能力，选择合适的支护方式对围岩进行适时支护。

（2）地下厂房支护设计应遵循以工程类比为主，数值分析和模型试验为辅的原则。

（3）地下厂房支护设计应考虑施工开挖的影响，合理选择施工方法和开挖顺序。

（4）地下厂房在开挖和支护过程中，应进行围岩变位、支护应力的监控量测，并根据施工期围岩监测成果调整支护设计。

(5) 地下厂房支护型式应优先选用柔性支护，施工期临时支护宜与永久支护相结合。

(6) 对特殊地质条件洞段或部位（包括洞室的进出口段、交叉段、洞室之间的岩体），可采用超前支护、刚性支护、固结灌浆等加强支护措施。

## 二、支护型式及适用条件

支护结构的作用在于保持洞室断面的使用净空，防止岩质变差，承受可能出现的各种荷载，保证结构安全。有些支护还要求向围岩提供足够的抗力，维持围岩的稳定。按支护的作用机理，目前采用的支护结构类型大致可归纳为三类，见表 23-2；按布置特性，支护作用类型大致可归纳为四类，见表 23-3。

**表 23-2　支护结构类型**

| 分类 | 说　　明 |
|---|---|
| 柔性支护结构 | 包括喷混凝土、钢筋网喷混凝土、锚杆、钢拱肋、预应力锚索等。既能及时地进行支护，限制围岩过大变形而出现松动，又允许围岩出现一定的变形，同时还能根据围岩的变化情况及时调整参数。在工程中广泛应用，适用各类围岩 |
| 刚性支护结构 | 包括钢筋混凝土衬砌、钢筋混凝土锚墩等，通常具有足够大的刚性和断面尺寸，一般用来承受强大的松动地压。刚性支护通常采用现浇混凝土衬砌，与围岩保持紧密接触，提供支护抗力 |
| 复合式支护结构 | 即组合式支护，系指一次支护采用柔性结构，二次支护采用混凝土或钢筋混凝土结构。适用于单独使用柔性支护难以满足围岩稳定要求的情况 |

**表 23-3　支护作用类型**

| 分类 | 说　　明 |
|---|---|
| 系统支护 | 在初步了解地质资料、洞室布置的基础上，按照围岩分类、洞室规模与型式和工程的重要性等，针对地下厂房洞室群各个洞室的特点，对围岩进行系统性、总体性的支护 |
| 局部支护 | 针对地下厂房中洞室交叉部位、局部的不良地质段或不稳定块体进行的加强支护，特别是在施工阶段，当揭示的地质情况，对洞室局部稳定可能产生不利影响时，应采取及时的支护加强措施。它是对系统支护的补充和完善 |
| 超前支护 | 在施工开挖前施加的支护措施，包括锚杆、锚索、固结灌浆、管棚等支护方法。适用于岩体极差、节理裂隙极为发育、自稳能力低的特殊部位的开挖施工 |
| 随机支护 | 施工开挖过程中，对洞室局部出现的不稳定块体进行的一种及时加强的支护。支护措施和参数主要根据洞室开挖后揭露的地质情况、监测反馈资料和施工条件确定 |

## 三、支护设计方法

根据地下工程的特点和技术水平，现代支护原理主张凭借现场监控测试手段，指导设计和施工，并由此确定最佳的支护结构型式、参数，以及最佳的施工方法和施工时机。因此，地下洞室开挖支护设计要综合采用工程类比法、理论分析法、信息化设计等方法。首先，采用工程类比法确定支护型式，初步拟定支护参数；再根据工程实际情况，选择合适的理论模型进行洞室围岩稳定性分析，验算初拟的支护参数是否合理；施工开挖过程中在

现场进行必要而有效的现场监测，根据监测资料和现场的地质详查结果、施工信息进行必要的反分析，修正计算模型中采用的地质参数，并依据反分析结果进行后续开挖稳定性预测，调整支护参数以适应现场实际情况，支护设计流程见图 23-1。

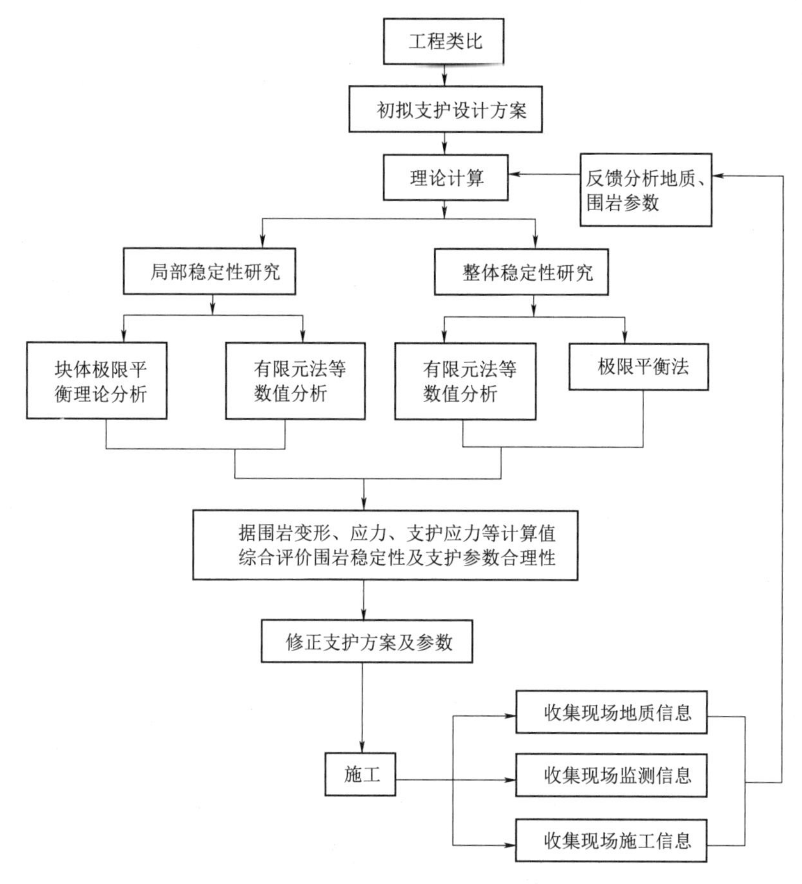


图 23-1　地下厂房洞室支护设计流程图

## 第三节　地下厂房洞室围岩稳定分析及支护工程实例

### 一、蒲石河抽水蓄能电站地下洞室围岩稳定计算分析

蒲石河抽水蓄能电站厂房枢纽区岩性主要为混合花岗岩，局部穿插有闪长玢岩岩脉。岩石新鲜、坚硬，上覆岩体较厚。虽有 40 余条断层破碎带分布，但宽度较小，倾角较陡，多分布于厂房枢纽区的东西两侧，走向多与厂轴交角较大。岩石节理一般不发育，多以陡倾角为主，其主要节理走向与厂轴交角亦较大，多呈微张或钙质胶结。从整体看，厂房枢纽地段岩体尚完整，以块状体结构为主，本区岩体地应力属中等，且最大水平主应力方向与厂轴近平行，对洞室围岩稳定较为有利。

蒲石河抽水蓄能电站地下厂房洞室围岩稳定分析，主要采用二维和三维计算模型相结合的方法进行非线性弹塑性有限元分析。二维计算选取了两个基本剖面，三维计算分析模型的X方向取厂房上游边墙到尾闸室下游边墙距离的5倍左右；Y方向顶部取至山顶，取厂房高度的5倍以上；Z方向取厂房长度的5倍左右。计算范围为1112.95m×733.33m×829.00m。模型包括主厂房洞室、主变室、尾闸室、母线洞、尾水洞等主要地下洞室，模拟主要断层构造。岩体材料的屈服准则采用Drucker－Prager屈服准则，采用ANSYS程序软件进行计算分析。地下洞室开挖采用单元的“死”和“活”设置来近似地模拟开挖过程，地下洞室开挖模拟见图23－2。

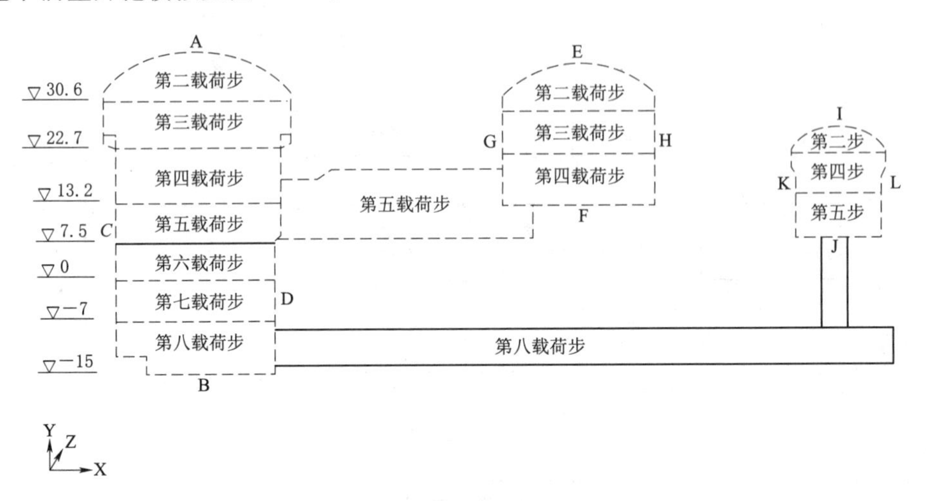


图23－2　蒲石河地下厂房开挖模拟图

地质条件的模拟中考虑了断层$f_3$、$f_4$和$f_9$，洞室模型和断层相对关系见图23－3。

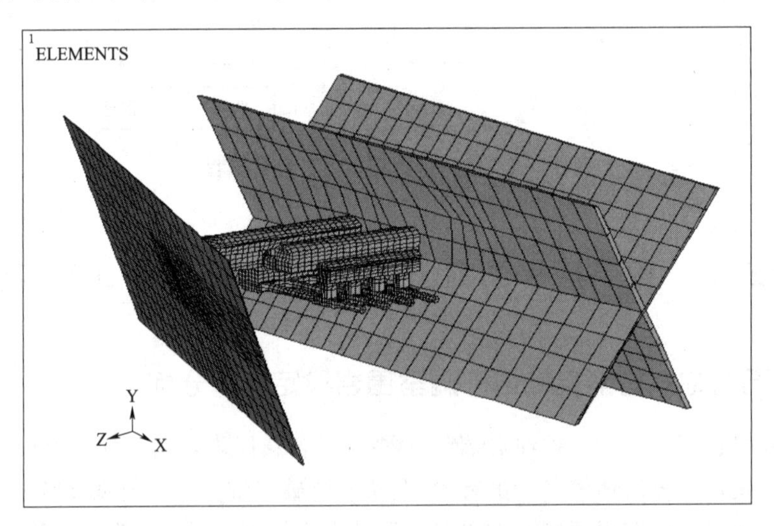


图23－3　地下厂房与断层相对关系图

**（一）计算边界条件、参数及载荷**

（1）边界条件：计算区域顶部为自由边界，四周根据初始地应力资料施加法向侧压力，计算区域底部施加Y方向约束。初始条件：模型无开挖和支护、自重荷载、横向构造地应力。

（2）计算参数：岩体和断层的物理力学参数见表23－4，锚杆和喷混凝土的物理力学参数见表23－5，锚杆参数见表23－6。

（3）计算荷载：考虑自重荷载、横向构造地应力及开挖过程。

**表23－4　　岩体和断层的物理力学参数表**

| 岩石 | 弹性模量 $E$/GPa | 质量密度 /(kg/m³) | 泊松比 $\mu$ | 内摩擦角 $\Phi$ | 黏聚力 $c$ /MPa |
|---|---|---|---|---|---|
| Ⅱ类围岩 | 25 | 2690 | 0.22 | 55 | 1.5 |
| Ⅲ类围岩 | 15 | 2690 | 0.25 | 48 | 1.2 |
| 断层 | 0.03 | 1800 | 0.3 | 20 | 0.6 |

**表23－5　　锚杆和喷混凝土的物理力学参数表**

| 材料 | 弹性模量 $E$/GPa | 质量密度/(kg/m³) | 泊松比 $\mu$ | 直径/mm |
|---|---|---|---|---|
| 锚杆 | 210 | 7800 | 0.3 | 20、22、25、32、36 |
| 混凝土 | 25.5 | 2400 | 0.167 | |

**表23－6　　锚 杆 参 数 表**

| 锚杆/mm | 说　　明 |
|---|---|
| 直径 $\phi$25 | 三洞室顶拱、吊车梁以上侧墙，锚入岩石5.0m |
| 直径 $\phi$36 | 吊车梁部位受拉锚杆，锚入岩石7.0m。上排与水平夹角为25°、下排与水平夹角为20° |
| 直径 $\phi$32 | 吊车梁部位受压锚杆，锚入岩石7.0m。与水平夹角为23.6° |
| 直径 $\phi$22 | 主厂房吊车梁以下、母线洞以上边墙，锚入岩石4.0m。主变室边墙，锚入岩石5.0m |
| 直径 $\phi$20 | 母线洞以上边墙，锚入岩石4.0m。尾闸室边墙，锚入岩石3.0m |

## （二）计算成果

二维模型和三维模型除了模型维数不同外，组内模型的侧压力系数、岩体材料等条件完全相同，根据模型维数、侧压力系数、围岩类别等确定计算方案共12个。

各洞室顶拱、底板、边墙及端墙位移、应力最大值见表23－7和表23－8。

**表23－7　　各洞室顶拱、底板、边墙及端墙位移**　　单位：mm

| 方案 | 主厂房 | | | | 主变室 | | | | 尾闸室 | | | |
|---|---|---|---|---|---|---|---|---|---|---|---|---|
| | 顶拱 | 底板 | 边墙 | 端墙 | 顶拱 | 底板 | 边墙 | 端墙 | 顶拱 | 底板 | 边墙 | 端墙 |
| 1 | 6.6 | 6.0 | 14.4 | × | 5.3 | 8.8 | 4.1 | × | 2.3 | 6.6 | 5.8 | × |
| 2 | 6.8 | 6.9 | 10.8 | × | 5.8 | 8.5 | 3.2 | × | 2.8 | 6.0 | 4.2 | × |
| 3 | 11.0 | 10.2 | 25.2 | × | 8.8 | 14.7 | 7.8 | × | 4.2 | 10.7 | 10.6 | × |
| 4 | 7.1 | 6.1 | 15.0 | × | 6.0 | 9.3 | 4.5 | × | 2.5 | 6.9 | 6.0 | × |
| 5 | 6.4 | 5.9 | 14.4 | × | 5.2 | 8.8 | 4.2 | × | 2.5 | 6.8 | 5.8 | × |
| 6 | 6.4 | 5.9 | 14.4 | × | 5.4 | 8.8 | 4.2 | × | 2.5 | 6.8 | 5.8 | × |
| 7 | 6.4 | 5.9 | 14.4 | × | 5.4 | 8.8 | 4.2 | × | 2.5 | 6.8 | 5.8 | × |
| 8 | 5.4 | 6.7 | 7.9 | × | × | × | × | × | × | × | × | × |

续表

| 方案 | 主厂房 | | | | 主变室 | | | | 尾闸室 | | | |
|---|---|---|---|---|---|---|---|---|---|---|---|---|
| | 顶拱 | 底板 | 边墙 | 端墙 | 顶拱 | 底板 | 边墙 | 端墙 | 顶拱 | 底板 | 边墙 | 端墙 |
| 9 | 6.6 | 6.7 | 14.4 | | 5.4 | 8.8 | 4.1 | | 2.5 | 6.6 | 5.9 | |
| 10 | 4.7 | 8.7 | 14.5 | 4.0 | 6.3 | 8.8 | 8.5 | 3.4 | 2.9 | 5.5 | 9.6 | 3.1 |
| 11 | 5.2 | 9.5 | 10.9 | 2.7 | 6.9 | 9.0 | 6.0 | 2.2 | 3.5 | 5.3 | 6.8 | 2.1 |
| 12 | 7.7 | 13.9 | 24.1 | 9.5 | 10.0 | 13.9 | 14.1 | 7.2 | 4.6 | 9.1 | 16.1 | 6.1 |

**表 23-8　　各洞室周边的应力最大值**　　单位：MPa

| 方案 | 主厂房 | | | | 主变室 | | | | 尾闸室 | | | |
|---|---|---|---|---|---|---|---|---|---|---|---|---|
| | 顶拱 | 底板 | 边墙 | 端墙 | 顶拱 | 底板 | 边墙 | 端墙 | 顶拱 | 底板 | 边墙 | 端墙 |
| 1 | −7.7 | −11.3 | −14.8 | × | −6.3 | −7.6 | −10.6 | × | −6.2 | −6.2 | −10.1 | × |
| 2 | −5.4 | −8.8 | −13.4 | × | −4.9 | −6.1 | −9.9 | × | −4.9 | −5.1 | −9.3 | × |
| 3 | −8.2 | −11.8 | −13.4 | × | −6.6 | −7.3 | −8.5 | × | −6.5 | −6.5 | −9.1 | × |
| 4 | −7.7 | −12.0 | −15.2 | × | −6.3 | −7.6 | −8.7 | × | −6.2 | −6.3 | −13.9 | × |
| 5 | −7.6 | −11.5 | −14.6 | × | −6.4 | −7.7 | −10.5 | × | −6.2 | −6.2 | −10.1 | × |
| 6 | −7.7 | −11.5 | −14.6 | × | −6.4 | −7.7 | −10.5 | × | −6.2 | −6.2 | −10.1 | × |
| 7 | −7.7 | −11.5 | −14.6 | × | −6.4 | −7.7 | −10.5 | × | −6.2 | −6.2 | −10.1 | × |
| 8 | −6.8 | −9.0 | −8.8 | × | × | × | × | × | × | × | × | × |
| 9 | −7.7 | −11.1 | −12.5 | | −6.4 | −7.6 | −10.6 | | −6.2 | −6.2 | −10.1 | |
| 10 | −10.2 | −13.7 | −11.5 | −6.26 | −9.4 | −11.6 | −11.8 | −6.35 | −9.7 | −11.7 | −9.1 | −6.30 |
| 11 | −7.2 | −10.2 | −10.5 | −4.72 | −7.0 | −8.8 | −11.1 | −4.74 | −7.4 | −9.0 | −9.3 | −4.73 |
| 12 | −10.3 | −13.8 | −11.1 | −8.01 | −9.4 | −11.6 | −8.0 | −7.58 | −9.7 | −11.6 | −8.6 | −7.47 |

**注**　应力正为拉，负为压。

### （三）计算成果分析

根据二维模型和三维模型的有限元计算成果分析，对蒲石河抽水蓄能电站地下洞室围岩的整体稳定性得出如下认识：

（1）洞室围岩整体位移符合具有高边墙的地下洞室特点：顶拱随开挖过程逐步下沉，后期轻微上抬，最大下沉量约 8mm；底板随开挖过程逐步上抬，最大上抬量 14mm 左右；边墙为向洞内收敛位移，随着下挖而增大，最大位移量Ⅲ类围岩 25mm 左右。

（2）洞室围岩应力分布随开挖过程逐步由洞周向岩体内部迁移，应力迁移和调整区域主要集中在洞周 1 倍洞径左右范围；开挖过程中洞周未出现显著拉应力，较大压应力主要发生在拱角、底板和边墙中部，其位置随开挖过程变化；最大压应力均在 15MPa 以内。

（3）洞室围岩塑性区仅出现在拱脚、底板和边墙中部等部位，且向洞周岩体延伸深度较浅，一般在 3m 以内。

（4）通过对有支护锚杆和无支护锚杆（毛洞）两种不同条件下围岩稳定计算成果的分析对比，可以得出：①施加锚杆后，在各洞室的拱肩、边墙中部等部位锚杆自身的应力明显增大，说明锚喷支护对岩体加固起了作用。②岩锚吊车梁位于高边墙的中部，岩锚吊车梁锚杆的应力较大。③系统支护锚杆自身的应力在 100MPa 以内，没有出现屈服。

（5）由于模型模拟的较大断层 $F_3$、$F_4$、$F_9$ 均距离厂区较远，它们对洞室围岩的位移、应力影响都不明显。

（6）围岩性状对围岩的变形影响较大：①计算条件相同情况下，Ⅲ类围岩较Ⅱ类围岩的位移有较大增长；最大位移均增长近 40%；二维模型的各洞室最大位移量在 15.0mm 以内，三维模型的最大位移量在 25.0mm 以内。②计算条件相同情况下，Ⅲ类围岩较Ⅱ类围岩的应力变化较小，对应点应力差二维在 9%以内，三维在 3%以内；三维模型的最大应力在－15.0MPa 左右。

（7）通过对不同侧压力系数条件下对比计算成果可以得到：①在侧压力系数从 1.0 降至 0.75 后，边墙的位移量普遍降低，最大位移量降低 25%；顶拱和底板的最大位移量略有增加。②在侧压力系数从 1.0 降至 0.75 后，洞室不同部位岩体应力绝对值普遍降低，绝对值降低量各部位不同，顶拱和底板在 22%～30%范围内，边墙在 5%～9%范围内。

（8）通过有、无渗透压力两种条件下计算成果分析：在水库蓄水条件下，地下渗流场产生的渗透压力，地下厂房四周岩体的应力和位移并未发生明显变化；衬砌结构的安全和地下洞室的渗流稳定是有保证的。

从整体上看，蒲石河地下洞室围岩的应力、位移分布规律性较好，无明显异常区域，围岩处于安全稳定状态。

## 二、蒲石河抽水蓄能电站地下洞室开挖支护设计

蒲石河抽水蓄能电站地下洞室的开挖设计，采用了国内普遍应用的分期开挖方式，自上而下分层开挖，依次先挖顶拱，逐层下挖，逐层锚喷支护。主厂房分七期开挖成型，每期开挖高度为 5～10m；主变室分三期开挖成型，每期开挖高度 7～9m；尾闸室也分三期开挖成型，每期开挖高度 4～9m；三条洞室的开挖平行进行。有限元分析计算中考虑了洞室开挖过程，开挖过程中洞周未出现显著拉应力，厂房开挖后总体位移不大。

蒲石河抽水蓄能电站地下洞室的支护设计，首先根据地质条件（围岩性状、构造、地应力等）进行工程类比，初拟支护设计方案，并以支护方案进行有限元计算分析。根据计算分析成果，工程类比，按半经验、半理论的方式综合确定支护型式和参数。

蒲石河地下厂房系统洞室的支护型式：地下洞室群以采用全喷锚支护设计为主，局部采用喷锚支护与混凝土衬砌相结合的复合支护型式，即以柔性支护为主、刚性支护为辅。蒲石河抽水蓄能电站地下洞室支护典型布置见图 23－4。

### （一）系统支护参数

地下洞室系统实际采用支护参数见表 23－9。

### （二）加强支护措施

对于开挖过程中发现的局部地质条件不好，变形较大的围岩，采取了随机加强支护措施。

（1）根据监测数据显示，由于岩壁高边墙变形不均匀性的原因，岩锚梁与围岩间出现张裂缝，局部接缝开度较大。经综合分析，对厂房上游边墙采取加固处理，即在主机间上游墙（厂房 0＋000.00～厂房 0＋094.90）与上游排水廊道间，设置三排 1000kN 级对穿预应力锚索，每个锚索区段内锚索间距 3.5m，共 70 根。施工完成后，监测资料显示，裂缝没有继续发展，围岩变形趋于稳定。

**表 23-9　　地下洞室系统支护参数表**

| 部位 | | 砂浆锚杆 直径/mm | 砂浆锚杆 长度/m | 砂浆锚杆 间距/m | 喷混凝土厚度/cm | 其　他 |
|---|---|---|---|---|---|---|
| 主机间、副厂房 | 上、下游墙及顶拱，高程13.20m以上 | 25 | 4、6 | 1.5 | 15（C25钢纤维） | |
| | 上、下游墙高程13.20～－7.00m | 25 | 5 | 1.5 | 10（C20）＋70厚混凝土衬砌墙体 | 上游桩号0－009.30～0＋094.90，高程13.20～－7.00m范围内，锚杆直径为25mm，长9m，间排距1.5m；下游桩号0－009.30～桩号0＋094.90，高程13.20～－0.50m范围内，布置锚杆直径为25mm，长9m，间排距1.5m |
| | 上、下游墙高程－7.00m以下 | 22 | 4 | 1.5 | 10（C20） | |
| | 端墙 | 22 | 4 | 1.5 | 10（C20） | 副厂房侧端墙高程10.85～9.36m范围内，锚杆直径为22mm，锚入岩石9.0m，间排距为1.5m |
| 安装间 | 顶拱 | 25 | 4、6 | 1.5 | 15（C25钢纤维） | |
| | 上、下游墙高程22.60m以上 | 25 | 4、6 | 1.5 | 15（C25钢纤维） | 上游侧桩号0－023.65～0－41.65之间和下游侧桩号0－020.15～0－045.30之间，衬砌厚度为0.65m |
| | 上、下游墙高程22.60～13.20m | 25 | 4、6 | 1.5 | 15（C25钢纤维） | 上游侧桩号0－33.80～桩号0－009.30之间，混凝土衬砌厚度1.50m，锚杆直径为$\phi$28mm，长12m，间排距1.5m；上游桩号0－033.80～0－45.30之间，混凝土衬砌厚度0.65m；下游侧桩号0－009.30～0－014.30之间衬砌厚度为0.65m；桩号0－014.30～0－045.30之间，衬砌厚度为1.50m |
| | 上、下游墙高程13.20～7.00m | 25 | 5 | 1.5 | 10（C20） | 与高程22.60～13.20m相同 |
| 主变室 | 边墙及顶拱 | 25、22 | 5、3 | 1.5 | 15（C25钢纤维） | |
| | 端墙 | 22 | 4 | 1.5 | 15（C25钢纤维） | |
| 母线洞 | | 22 | 4 | 1.5 | 10（C20）＋40cm厚混凝土衬砌墙体 | |
| 交通洞 | | 22 | 3 | 1.5 | 15（C25钢纤维） | 进口段、近厂房段及断层部位均采用50cm厚混凝土衬砌墙体 |
| 通风洞 | | 22 | 3 | 1.5 | 10（C20） | 进口段、近厂房段采用50cm厚混凝土衬砌墙体、洞身段断层处采用40cm厚混凝土衬砌墙体 |

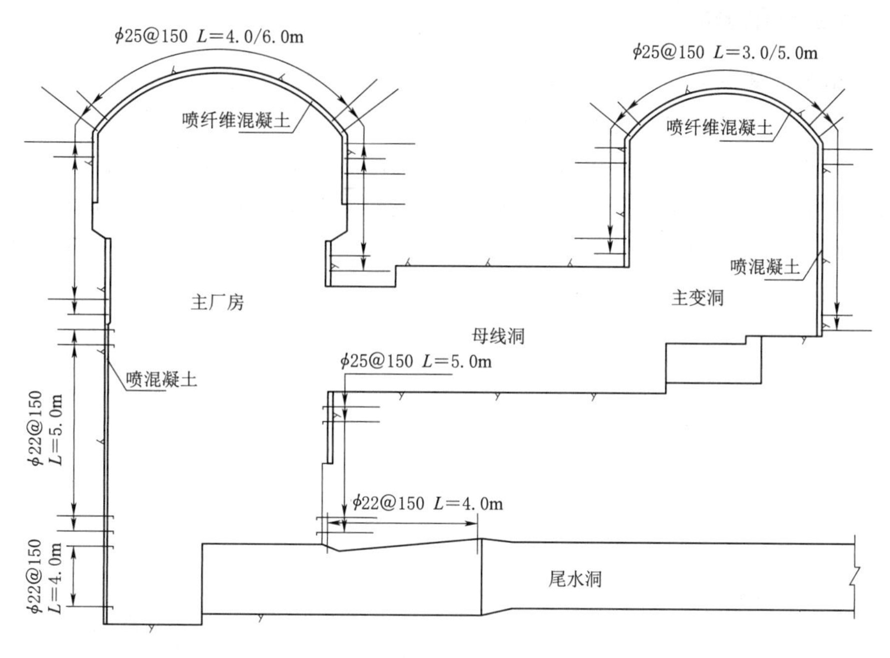


图 23-4　蒲石河地下洞室支护典型布置图

（2）据厂房主机间下游边墙开挖揭露的地质条件和监测数据显示，随着厂房开挖下游边墙有变形增大的趋势，为了保证围岩稳定，在厂房下游墙（厂房 0+000.00～厂房 0+094.90）与主变室上游墙之间，18.36～14.46m 高程范围内，加设了 13 根 1000kN 级的对穿预应力锚索。后期监测资料显示，下游边墙变形趋于稳定。

（3）开挖揭露地质条件表明，四条母线洞遇有 $f_{m3}$、$f_{m4}$、$f_{b8}$、$F_{j34-1}$、$f_{c51}$、$\delta_{\pi1}$ 等断层和岩脉，其间岩体松动变形区较大，重叠应力释放对岩体稳定产生了不利影响。针对实际地质条件，采取了加固处理措施：母线洞口增设钢支撑；同时在母线洞间岩墙 10.22～16.22m 高程范围内，总计加设了 58 根 $\phi$32@300 对穿预应力锚杆。

（4）在厂房上游墙岩脉 $\delta_{\pi3}$、$\delta_{\pi9}$ 出露部位，桩号 0+065～0+085，高程 22.60m 和 23.50m 增设两排 $\phi$28@100，锚深 6m 的加强锚杆，共 42 根。由于岩壁梁超挖现象比较普遍，针对开挖缺陷，在 21.70m 高程以下岩壁增设附加锚杆 3～4 排 $\phi$28@100，锚深 6m。

（5）厂房开挖监测数据显示，受 $F_{i34}$ 断层影响，厂房桩号 0-030.00 该处岩体变形有进一步增大趋势，因此对该区域岩体进行加固处理：上游墙桩号 0-004.00～0-009.30m，高程 13.20～21.70m，增加 $\phi$28 锚杆，长 10.5m，共 6 根。上游墙桩号 0-020.00～0-041.65，高程 21.70～24.88m，增加两排 $\phi$28 锚杆，长 12m，间排距 1.5m，共 29 根。上游墙桩号 0-033.80～0-041.65，高程 6.90～21.70m，增加 $\phi$28 锚杆，长 12m，间排距 1.5m，共 50 根。上游墙桩号 0-041.65～0-045.30，高程 21.70～24.88m，增加 4 根 $\phi$28 的锚杆，单根长 12m。厂房上游边墙桩号 0-023.65～桩号 0-41.65，高程 25.00～31.10m，增设 12 根 $\phi$28 锚杆，长 12m，间排距 3m。

## 三、监测成果分析

地下厂房的监测项目主要有岩体变形、锚杆应力、预应力锚索的应力、地下水渗透压力、厂房渗漏量、岩壁吊车梁结构缝开合度等。

监测资料表明，地下洞室在开挖完成后，锚杆应力增长速率不断减小，大部分锚杆应力已收敛，围岩应力状态已趋于稳定。锚杆应力与围岩变形的观测实测数据大部分小于理论计算值并在设计允许范围内，局部变形较大部位及锚杆应力较大部位，均进行了加固处理，处理后的围岩变形及锚杆应力均趋于稳定状态。

# 第二十四章　地下厂房结构设计

抽水蓄能电站地下厂房结构布置是综合考虑洞室围岩稳定、厂房内部布置、机电设备型式、电站投产运行等要求进行设计的，满足规程规范的规定，经结构计算分析、复核，最终完成地下厂房结构的布置设计。

抽水蓄能电站地下厂房内部主要结构有吊顶、岩壁吊车梁、楼板、梁柱、墙体、风罩、机墩、蜗壳外围混凝土、尾水管，以及基础结构。

## 第一节　地下厂房结构设计内容及基本原则

### 一、结构设计内容

地下厂房内部结构设计首先要进行结构布置，再对各构件进行结构计算分析。进行结构布置设计时，可以先采用工程类比法，参考类似工程，初选结构型式、结构尺寸，针对具体条件、机电设备的要求，在满足规程规范的规定下进行调整，再根据结构计算分析的成果对结构布置、形式、尺寸等进行修改，使最终确定的厂房结构满足强度、变形、裂缝、刚度等要求。

厂房结构的一般结构构件可只做静力计算。对直接承受设备振动荷载的构件如发电机支撑结构，宜做整体动力分析或单体动力计算。计算方法宜采用结构力学法，对于整体或局部复杂结构，除采用结构力学法计算外，宜采用有限元法进行计算分析，必要时可采用结构模型试验验证。动力分析宜采用拟静力法，大型工程或复杂结构，宜采用动力法复核。

厂房各部位混凝土除满足强度要求外，还应根据所处环境、使用条件、地区气候等具体情况分别提出抗冻、抗渗等耐久性要求。

### 二、厂房结构三维有限元分析内容

抽水蓄能电站地下厂房大部分为现浇钢筋混凝土结构，机组运行工况较多，厂房结构复杂，结构设计宜建立厂房结构三维有限元模型（模型一般取一个标准机组段范围建立），进行静、动力计算分析。

地下厂房三维有限元结构分析研究主要任务有结构静力分析、结构关键部位刚度分析、结构动力分析、蜗壳脉动水压力作用下的结构动力响应和结构优化等。

静力分析主要分析厂内结构的应力、应变特点，建立厂房整体结构三维有限元模型，进行静力计算；对蜗壳、尾水管等重要单体混凝土结构在内水压力作用下的力学状态进行静力分析，提出主要构件的配筋及蜗壳监测仪器布置，校核设计计算成果，为结构设计提供依据。

关键部位刚度分析主要针对厂家提出对结构刚度的要求进行，主要计算上机架、下机架、定子机座部位的结构刚度，以控制发电机基础的位移。

动力分析主要包括模态分析、稳态动力响应分析、过渡过程动力分析；主要计算结构自振频率、振型、振幅、应力和各特征点的加速度等，预测机组可能产生的强迫振动频率，进行共振校核并核算动力系数，对结构的合理性做出评价并给出优化措施。

蜗壳脉动水压力作用下的结构动力响应分析主要研究蜗壳内水压力如何向外围混凝土结构传递，从而引起厂房结构的振动。分析振源特性和振动对结构的影响。

## 三、结构设计基本原则

地下厂房内部结构大部分为现浇钢筋混凝土结构，应以《水利水电工程结构可靠度设计统一标准》(GB 50199—2013)、《水电站厂房设计规范》(NB 35011—2016)、《抽水蓄能电站设计规范》(NB 10072—2018)、《水工混凝土结构设计规范》(DL/T 5057—2009)等现行技术规范为依据，按概率极限状态设计原则进行设计。

(1) 厂房混凝土结构的极限状态可分为承载能力极限状态和正常使用极限状态两类。结构按极限状态设计时，应根据承载能力极限状态及正常使用极限状态的要求，分别按下列规定进行计算和验算。

1) 承载能力及稳定：所有结构构件均应进行承载能力计算。必要时应进行结构的抗倾、抗滑及抗浮稳定验算。需要抗震设防的结构，应进行结构构件的抗震承载能力验算或采取抗震构造设防措施。

2) 变形：使用时需要控制变形值的结构构件，如吊车梁、厂房构架等，应进行变形验算。

3) 抗裂或裂缝宽度：使用时要求进行裂缝控制的结构构件，应进行抗裂或裂缝宽度控制验算。

4) 对大型工程和特殊工程，宜进行共振复核、振幅验算、刚度复核和抗震设计。

(2) 厂房混凝土结构设计时，应根据《防洪标准》和《水利水电工程等级划分及设计安全标准》等规范，按水工建筑物的级别采用不同的结构安全级别。结构安全级别与水工建筑物级别的对应关系应按表 24-1 采用，不同结构安全级别的结构重要性系数 $\gamma_0$ 不应小于表 24-1 所列的相应数值。

**表 24-1　水工建筑物结构安全级别**

| 水工建筑物级别 | 水工建筑物结构安全级别 | 结构重要性系数 $\gamma_0$ |
|---|---|---|
| 1 | Ⅰ | 1.1 |
| 2、3 | Ⅱ | 1.0 |
| 4、5 | Ⅲ | 0.9 |

对有特殊安全要求的水工建筑物，其结构安全级别应经专门研究确定。结构及结构构件的结构安全级别，应根据其在水工建筑物中的部位、本身破坏对水工建筑物安全影响的大小，采用与水工建筑物的结构安全级别相同或降低一级，但不得低于Ⅲ级。

（3）厂房结构设计时，应根据结构在施工、安装、运行、检修等不同时期可能出现的不同作用（荷载）、结构体系和环境条件，按下列三种设计状况设计：①持久状况，在结构使用过程中一定出现且持续时间很长的情况，持续期一般与使用期为同一数量级的设计状况；②短暂状况，在结构施工和使用过程中出现的概率较大而持续时间较短的情况，如施工期、检修期等；③偶然状况，在使用过程中出现的概率很小且持续时间很短的情况，如地震等。三种设计状况均应进行承载能力极限状态设计。对于持久状况还应进行正常使用极限状态设计；对于短暂状况可根据需要进行正常使用极限状态设计；对于偶然状况可不进行正常使用极限状态设计。

（4）结构上的作用（荷载）按其作用（荷载）随时间的变异可分为下列三类：①永久作用（荷载）；②可变作用（荷载）；③偶然作用（荷载）。结构设计时，对不同作用（荷载）应采用不同的作用代表值：对永久作用应采用标准值作为代表值；对可变作用应根据设计要求采用标准值、组合值、频遇值或准永久值作为代表值；对偶然作用应按结构使用特点确定其代表值。

（5）厂房结构按承载能力极限状态设计时，应采用下列两种作用（荷载）效应组合：①基本组合，是指承载能力极限状态设计时，永久作用（荷载）与可变作用（荷载）的组合；②偶然组合，是指承载能力极限状态设计时，永久作用（荷载）、可变作用（荷载）与一种偶然作用（荷载）的组合。厂房结构按正常使用极限状态设计时，应采用标准组合（用于抗裂验算）或标准组合并考虑长期作用的影响（用于裂缝宽度和挠度验算）。

（6）动力作用引起的结构内力和变形往往比相应静力荷载引起的内力和变形大，故对直接承受动荷载作用的结构在进行静力计算时应考虑动力系数，其数值可按表 24－2 选取。考虑动力系数增加的荷载，仅分布于直接承受动力荷载的结构，其他部分计算时可不考虑。

**表 24－2　　静力计算时荷载的动力系数**

| 序号 | 动荷载种类 | 动力系数 | 备　注 |
|---|---|---|---|
| 1 | 变压器、门机轮压 | 1.05 | |
| 2 | 起重机竖向轮压 | 1.05 | 起重机水平制动力不乘动力系数 |
| 3 | 机动车辆轮压 | 1.20 | 包括汽车、火车、拖车轮压 |
| 4 | 搬运、装卸重物 | 1.10～1.20 | |
| 5 | 电动机、通风机 | 1.20～1.50 | |
| 6 | 水轮发电机垂直、水平动荷载 | 1.50～2.00 | 圆筒式机墩取小值，环形梁柱式、构架式机墩取大值 |

（7）厂房各部位混凝土除应满足强度要求外，并应根据所处环境条件、使用条件、结构部位、结构型式及施工条件等具体情况分别提出抗渗、抗冻、抗侵蚀、抗冲刷等耐久性要求，进行耐久性设计。

（8）承载能力极限状态设计时，应采用下列设计表达式：

$$KS \leqslant R \tag{24-1}$$

式中：$K$ 为承载力安全系数，按表 24－3 选取；$S$ 为荷载效应组合设计值；$R$ 为结构构件的截面承载力设计值，按相关承载力计算公式，由材料的强度设计值及截面尺寸等因素计算得出。

**表 24-3　　混凝土结构构件的承载力安全系数 K**

| 水工建筑物级别 | | 1 | | 2、3 | | 4、5 | |
|---|---|---|---|---|---|---|---|
| 荷载效应组合 | | 基本组合 | 偶然组合 | 基本组合 | 偶然组合 | 基本组合 | 偶然组合 |
| 钢筋混凝土、预应力混凝土 | | 1.35 | 1.15 | 1.20 | 1.00 | 1.15 | 1.00 |
| 素混凝土 | 按受压承载力计算的受压构件、局部承压 | 1.45 | 1.25 | 1.30 | 1.10 | 1.25 | 1.05 |
| | 按受拉承载力计算的受压、受弯构件 | 2.20 | 1.90 | 2.00 | 1.70 | 1.90 | 1.60 |

注　1. 水工建筑物的级别应根据《水利水电工程等级划分及洪水标准》（SL 252—2017）确定。
2. 结构在使用、施工、检修期的承载力计算，安全系数 $K$ 应按表中基本组合取值；对地震及校核洪水位的承载力计算，安全系数 $K$ 应按表中偶然组合取值。
3. 当荷载效应组合由永久荷载控制时，表列安全系数 $K$ 应增加 0.05。
4. 当结构的受力情况较为复杂、施工特别困难、荷载不能准确计算、缺乏成熟的设计方法或结构有特殊要求时，承载力安全系数 $K$ 宜适当提高。

荷载效应组合设计值 $S$ 按下列规定计算：

1）基本组合。当永久荷载对结构起不利作用时：

$$S=1.05S_{G1k}+1.20S_{G2k}+1.20S_{Q1k}+1.10S_{Q2k} \tag{24-2}$$

当永久荷载对结构起有利作用时：

$$S=0.95S_{G1k}+0.95S_{G2k}+1.20S_{Q1k}+1.10S_{Q2k} \tag{24-3}$$

式中：$S_{G1k}$ 为自重、设备等永久荷载标准值产生的荷载效应；$S_{G2k}$ 为土压力、淤沙压力及围岩压力等永久荷载标准值产生的荷载效应；$S_{Q1k}$ 为一般可变荷载标准值产生的荷载效应；$S_{Q2k}$ 为可控制其不超出规定限值的可变荷载标准值产生的荷载效应。

2）偶然组合：

$$S=1.05S_{G1k}+1.20S_{G2k}+1.20S_{Q1k}+1.10S_{Q2k}+1.0S_{Ak} \tag{24-4}$$

式中：$S_{Ak}$ 为偶然荷载标准值产生的荷载效应。

（9）正常使用极限状态验算应按荷载效应的标准组合进行，并采用下列设计表达式：

$$S_k(G_k,Q_k,f_k,a_k)\leqslant c \tag{24-5}$$

式中：$S_k(\cdot)$ 为正常使用极限状态的荷载效应标准组合值函数；$c$ 为结构构件达到正常使用要求所规定的变形、裂缝宽度或应力等的限值；$G_k$、$Q_k$ 为永久荷载、可变荷载标准值；$f_k$ 为材料强度标准值；$a_k$ 为结构构件几何参数的标准值。

（10）钢筋混凝土结构构件正常使用极限状态验算时，应根据使用要求进行不同的裂缝控制验算。①抗裂验算：承受水压的轴心受拉构件、小偏心受拉构件以及发生裂缝后会引起严重渗漏的其他构件，应按荷载效应标准组合进行抗裂验算。如有可靠防渗措施或不影响正常使用时，也可不进行抗裂验算。②裂缝宽度控制验算：需要控制裂缝宽度的结构构件应按荷载效应标准组合进行裂缝宽度或钢筋应力的验算。构件正截面的最大裂缝宽度计算值不应超过表 8.7-4 规定的限值。

预应力混凝土结构构件设计时，应按表 8.7-4，根据环境类别选用不同的裂缝控制等级：一级，严格要求不出现裂缝的构件，应按荷载效应标准组合验算，构件受拉边缘混凝

土不应产生拉应力；二级，一般要求不出现裂缝的构件，应按荷载效应标准组合验算，构件受拉边缘混凝土的拉应力不应超过混凝土轴心抗拉强度标准值的 0.7 倍；三级，允许出现裂缝的构件，应按荷载效应标准组合进行裂缝宽度验算，构件正截面最大裂缝宽度计算值不应超过表 24－4 规定的限值。

受弯构件的最大挠度应按荷载效应标准组合进行验算，其计算值不应超过表 24－5 规定的挠度限值。

**表 24－4　　结构构件的裂缝控制等级及最大裂缝宽度限值 $\omega_{lim}$**

| 环境类别 | 钢筋混凝土结构 | 预应力混凝土结构 | |
|---|---|---|---|
| | $\omega_{lim}$/mm | 裂缝控制等级 | $\omega_{lim}$/mm |
| 一 | 0.40 | 三级 | 0.20 |
| 二 | 0.30 | 二级 | — |
| 三 | 0.25 | 一级 | — |
| 四 | 0.20 | 一级 | — |
| 五 | 0.15 | 一级 | — |

注　1. 表中的规定适用于采用热轧钢筋的钢筋混凝土结构和采用预应力钢丝、钢绞线、螺纹钢筋及钢棒的预应力混凝土结构；当采用其他类别的钢筋时，其裂缝控制要求可按专门标准确定。
2. 结构构件的混凝土保护层厚度大于 50mm 时，表列裂缝宽度限值可增加 0.05。
3. 当结构构件不具备检修维护条件时，表列最大裂缝宽度限值宜适当减小。
4. 当结构构件承受水压且水力梯度 $i>20$ 时，表列最大裂缝宽度限值宜减小 0.05。
5. 结构构件表面设有专门可靠的防渗面层等防护措施时，最大裂缝宽度限值可适当加大。
6. 对严寒地区，当年冻融循环次数大于 100 时，表列最大裂缝宽度限值宜适当减小。

**表 24－5　　受弯构件挠度限值**

| 项次 | 构件类型 | 挠度限值 | 项次 | 构件类型 | 挠度限值 |
|---|---|---|---|---|---|
| 1 | 吊车梁：手动吊车<br>电动吊车 | $L_0/500$<br>$L_0/600$ | 3 | 工作桥及启闭机下大梁 | $L_0/400$（$L_0/500$） |
| 2 | 渡槽槽身、架空管道：<br>当 $L_0\leqslant10$m 时<br>当 $L_0>10$m 时 | <br>$L_0/400$<br>$L_0/500$（$L_0/600$） | 4 | 屋盖、楼盖：<br>当 $L_0\leqslant6$m 时<br>当 6m$<L_0\leqslant12$m 时<br>当 $L_0>12$m 时 | <br>$L_0/200$（$L_0/250$）<br>$L_0/300$（$L_0/350$）<br>$L_0/400$（$L_0/450$） |

注　1. $L_0$ 为构件的计算跨度。
2. 表中括号内的数字适用于使用上对挠度有较高要求的构件。
3. 若构件制作时预先起拱，则在验算最大挠度值时，可将计算所得的挠度减去起拱值；对预应力混凝土构件可减去预加应力所产生的反拱值。
4. 悬臂构件的挠度限值按表中相应数值乘 2 取用。

## 第二节　地下厂房主要结构布置及设计

### 一、地下厂房结构布置

抽水蓄能电站地下厂房与常规水电站地下厂房相比，其结构布置有较多相似之处，但是，抽水蓄能电站机组安装及运行方式的特殊性（如双向转动、频繁启动等）使其厂房结构布置与常规水电站又有所差异。

地下厂房结构布置应与厂房设备布置相结合，统筹考虑各种设计条件和要求，进行综合设计，一般情况下厂房结构布置需要考虑的因素是：

(1) 工程地质条件。在地下厂房结构布置初期，首先要根据工程地质条件，确定地下厂房开挖断面型式、支护型式、吊车梁形式以及基础处理方式。地下厂房采用的开挖断面通常有马蹄形、椭圆形、卵形、圆拱直墙形等，支护有柔性、刚性或复合式等形式，吊车梁可采用柱式支撑或岩锚式（不设柱），这些结构型式的选择主要依据工程地质条件。在较好的地质条件下，地下厂房多选择圆拱直墙形、锚喷支护和岩锚吊车梁，有利于厂房内部空间利用和结构布置。在较差的地质条件下，为满足围岩稳定要求，多选用曲线形断面、复合式衬砌和柱式吊车梁，其中钢筋混凝土衬砌可兼做厂房楼板支撑结构。

(2) 发电电动机型式。立式发电电动机的竖向支撑是靠推力轴承将力传到机架上，根据推力轴承的位置和导轴承的多少，立式机组可分为悬式和伞式两种结构型式。国内抽水蓄能电站中，广蓄、天荒坪电站采用悬式，十三陵、琅琊山电站采用半伞式。由于发电电动机型式的不同，对厂房高度、支撑结构型式、强度、刚度要求也不同，在进行结构布置与设计时要结合机组设备的特点，确定合理的布置和构造，保证机组安全运行。

(3) 水泵水轮机转轮的拆卸方式。抽水蓄能电站立式机组转轮有上拆、中拆、下拆三种拆卸方式，随着拆卸方式的不同，厂房结构布置、埋件的安装顺序与混凝土浇筑步骤也有所不同。转轮下拆方式要求底环和部分尾水锥管是可拆卸的，不埋入混凝土，在厂房尾水锥管下应布设下拆廊道，并且根据各电站的具体布置确定是否需要设置吊转轮的吊物孔，广蓄一期电站采用下拆方式。转轮中拆方式要求尾水管和底环均埋入混凝土，机组设一段中间轴可以拆卸，在水轮机层机墩侧向开孔，但机墩上开孔尺寸较大，如广蓄二期电站厂房机墩侧向开孔为 6.0m×2.3m（宽×高），天荒坪电站机墩侧向开孔为 5.9m×2.4m（宽×高），对结构刚度、强度有所削弱，需采取结构加强措施。上拆方式与常规水电站相同，应用较普遍，如十三陵、潘家口、荒沟、蒲石河抽水蓄能电站均采用上拆方式。厂房结构应按机组转轮拆卸方式做出相应布置。

(4) 设备安装、检修条件。根据机电、通风等设备布置、安装、检修、吊运等要求，厂房结构需相应布置设备基础、吊物孔、电缆孔或通风孔等，并且根据机组的安装程序，合理确定厂房一、二期混凝土结构分界线以及结构之间的连接方式。

(5) 地下洞室排水防潮要求。地下厂房结构布置时，要根据设备运行湿度要求、洞室围岩渗漏水和机组渗漏水的排放要求，结合厂房布置、通风除湿设备、排水泵选型，设置相应的排水沟、集水井、防潮墙等设施。

(6) 厂房防火防爆要求。地下厂房应根据水利水电工程设计防火规范的要求进行消防设计，同时应根据防火分区的需要进行结构布置，设置防火墙、防火门、孔洞防火盖板等，并对主变室等特殊设备房间设置防爆墙。

(7) 电站投产顺序要求。抽水蓄能电站机组投产运行顺序确定后，应根据施工进度、机电设备安装要求，进行地下厂房结构布置，合理确定安装间等结构尺寸、机组段之间结构连接方式以及附属建筑物的结构型式等，以减小后续投产机组的施工对已投产机组运行

的影响。

(8) 电站运行时环境保护及人体保健要求。抽水蓄能电站地下厂房运行时，振动与噪音应控制在规范规定的标准内。根据此要求，要合理确定结构型式、结构尺寸、结构连接方式、结构与围岩的约束条件以及厂房各层、主副厂房之间的隔音措施等。

## 二、地下厂房内部主要结构设计

### (一) 主机间结构整体设计

抽水蓄能电站地下厂房结构复杂，机组运行工况较多，结构设计宜建立厂房整体结构三维有限元模型，整体模型一般取一个标准机组段范围建立，进行静力计算，并根据应力计算结果选配钢筋。

地下厂房整体三维有限元法计算的基本假定：①将连续弹性体离散为有限个单元，平面问题可以是三角形单元或四边形单元，空间问题可以是四面体单元或六面体单元；②因单元控制的范围较小，可近似构造其位移函数（位移函数法）或应力函数（应力函数法），目前常用的是位移函数法，以节点位移作为待求的未知量；③假定为小变形或小应变问题，应用固体力学变形理论建立几何方程，即单元应变与单元节点位移的关系；④根据广义胡克定律建立单元物理方程，即单元应力与单元应变的关系，由几何方程可建立单元应力与单元节点位移的关系；⑤求得单元应力和应变后，根据能量原理建立单元节点弹性力与单元节点位移的关系，从而得单元刚度矩阵；⑥根据能量原理将作用于单元体积的体积力、作用于单元边界的分布力和集中力转化为单元节点力；⑦作用于单元节点的节点力（外荷载）应与作用于单元节点的弹性力平衡，逐节点建立平衡方程可得出总体平衡方程，这是一组以节点位移为未知量的线性方程组，也可由最小势能原理建立总体平衡方程；⑧将已知的几何边界条件（已知的节点位移）代入总体方程，得到节点位移。

计算模型的网格剖分应考虑下列因素：①精度要求及经费条件，布点愈多，精度愈高，费用愈多；②在应力变化梯度大的区域，如角缘或孔洞附近，网格应细一些；③由细网格到粗网格应逐步过渡；④单元最长边与最短边的长度不应相差太大，并应避免过大的钝角。

蒲石河抽水蓄能电站厂房内安装 4 台机组，选取中间标准段的 3 号进行模拟计算，计算范围水平方向是整个机组段长度、宽度，竖直方向从发电机层地面至尾水管底板底部。排水廊道、管路廊道、尾水管（包括肘管）及外围混凝土、座环、蜗壳、蜗壳外围混凝土、机墩、风罩及各层板梁、厂房边墙和结构柱等，所有混凝土结构及其开孔尺寸较大孔洞均按实际体型尺寸进行模拟。在三维有限元计算模型中，共采用四种单元：①八节点块体单元，用来模拟机墩、蜗壳、座环、尾水管等大体积混凝土结构以及围岩结构；②板壳单元，用来模拟边墙、楼板、风罩和固定导叶等厚度相对较小的板壳型结构；③三维梁单元，用来模拟厂房的立柱结构；④弹簧单元，用来模拟围岩对上下游墙的弹性约束作用。为了合理地处理块体单元和梁板单元间的连接，块体单元采用 6 个自由度的八节点空间单元，以保证单元间的协调性。整体计算模型的节点总数为 28229，单元总数为 36412。计算模型中考虑的孔洞包括机墩进人孔，尾水管进人孔、管道廊道、排水廊道，以及各层楼板上的所有楼梯孔和吊物孔，因此，结构计算网格的划分极为复杂，工作量较大。小型孔洞予以忽略，局部结构也需要根据需要和可能加以简化。主机间结构主要包含了尾水管、蜗壳、机墩、风罩以及边墙、楼板，结构静力计算采用了整体三维有限元计算和单体二维计算相结合的方式，静力计算求出各部位的内力或应力，作为配筋的依据，以保证结构的强度条件。蒲石河抽水蓄能电站主机间结构整体有限元模型见图24-1。

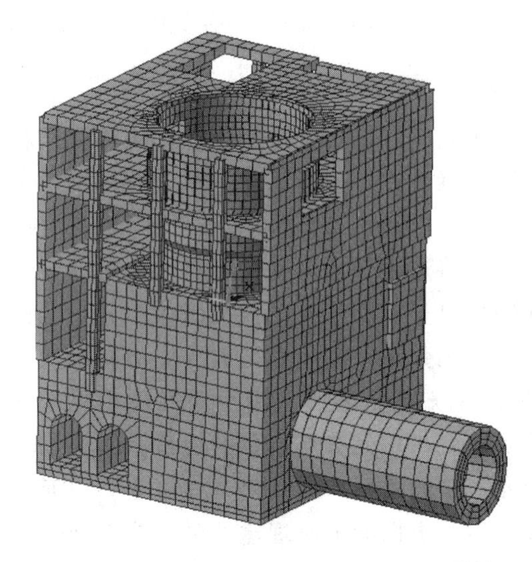

图24-1　蒲石河抽水蓄能电站主机间结构整体有限元模型

**（二）尾水管结构设计**

（1）结构特点与结构型式。尾水管是厂房水下结构的主要承重结构之一，它的内部形状和尺寸由水轮机制造厂通过水力模型试验确定。抽水蓄能电站的尾水管结构与常规电站相比，具有三个显著的特点：①水头一般较高，尾水管尺寸相对较小；②由于双向运行的要求，尾水管在水泵工况兼有进水管道功能；③吸出高度绝对值大，机组安装高程低，尾水管的内水压力远大于常规电站。

尾水管结构一般分成三个部分：锥管段、肘管段及扩散段。抽水蓄能电站尾水管内侧一般均设置钢衬，钢衬通常由机组制造厂提供，可单独承受全部内水压力。钢衬与外围混凝土之间设锚筋连接，以防机组检修时，钢衬在外水压力作用下失稳。尾水管外围混凝土结构厂房以内部分，位于厂房结构的最下部，承受厂房的绝大部分荷载，是厂房的基础结构，尾水管的底板同时也是厂房的基础板。尾水管外围混凝土厂房以外部分，一般在扩散段内，单独在尾水管洞内，与尾水洞相连。

地下厂房的尾水管往往兼做地下厂房下层开挖施工通道，尾水管钢衬外包混凝土的厚度一般由厂房施工及钢衬安装需要确定。

尾水管钢衬底面与混凝土间易出现空腔，为了保证钢衬与外围混凝土紧密结合，尾水管钢衬底板应预留接触灌浆孔进行接触灌浆。

（2）尾水管外围混凝土结构静力分析计算。抽水蓄能电站尾水管结构体型复杂，内水压力较大，钢衬、外围混凝土以及围岩共同受力，难以采用结构力学方法求得结构内力，一般采用有限元法进行外围混凝土结构分析。采用结构力学法计算时，锥管段四周为大体积混凝土，一般按构造进行配筋；肘管段与扩散段厂内部分一般可简化为平面问题考虑，即沿水流方向切成单宽的平面框架，采用结构力学法进行内力计算；扩散段厂房以外部分可按水工隧洞进行结构设计。

尾水管在运行期受力情况由内水压力控制，在检修期（尾水管放空）由外水压力控制。一般取以下几个工况进行分析。

工况1：正常运行，尾水管结构承担正常设计尾水位时的内水压力。

工况2：校核工况，尾水管结构承担水击压力时的内水压力。

工况3：检修工况，放空条件下，尾水管结构承担外水压力。

钢衬与外围混凝土结构有一定宽度的缝隙，缝隙的宽度一般是不均匀的，有限元计算时，难以精确模拟。几个实际工程计算成果对比表明，计入与不计钢衬作用混凝土结构环向拉应力值的差别一般不超过20%。因此，结构计算时，可不考虑钢衬作用，尾水管外围混凝土结构单独受力，计算结果偏于安全。

**（三）蜗壳外围混凝土结构设计**

（1）蜗壳结构型式。蜗壳是水轮机的过流部分，它的尺寸与断面形状由制造厂家根据水力模型试验确定。抽水蓄能电站水头高、蜗壳承受的内水压力大，一般均采用金属蜗壳。蜗壳外围混凝土作为上部结构的基础，其尺寸应满足结构受力和机组运行稳定的要求。根据已建电站的工程经验，厚度一般不小于1.5m，局部最小厚度不应小于0.5倍蜗壳直径，且最小空间尺寸不宜小于0.8m。外围混凝土结构一侧宜紧靠围岩布置，以提高其结构刚度，已建的蒲石河、天荒坪、泰安、桐柏、宜兴、宝泉抽水蓄能电站均采用该种布置型式，蒲石河抽水蓄能电站蜗壳结构布置平面如图24-2所示。

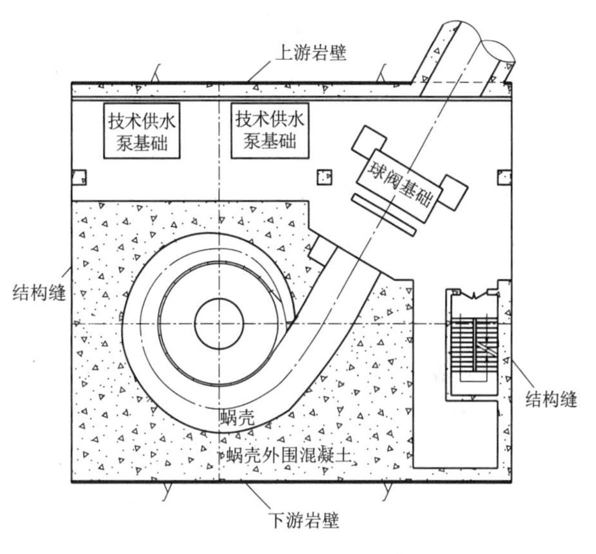


图24-2　蒲石河抽水蓄能电站蜗壳结构布置平面

金属蜗壳的埋入方式有下列三种：①垫层埋入法，在金属蜗壳与外围混凝土之间设置垫层后浇筑外围混凝土，传至混凝土上的内水压力大小应根据垫层设置范围、厚度及垫层材料的物理力学指标等研究确定；②保压埋入法，金属蜗壳与外围混凝土之间不设垫层，在蜗壳内充水保压状态下浇筑外围混凝土，充水保压值宜根据外围混凝土结构等具体条件分析确定；③直接埋入法，金属蜗壳与外围混凝土之间不设垫层，且不加预压，直接浇筑蜗壳外围混凝土，结构计算时按金属蜗壳和外围混凝土完全联合作用共同承受全部内水压力。

抽水蓄能电站机组转速高，运行工况转换频繁，可能致使机组产生较大振动。为了有效控制机组振动，提高机组运行的稳定性，我国抽水蓄能电站蜗壳外围混凝土与金属蜗壳一般采用联合受力的方式，广泛采用金属蜗壳保压埋入外围混凝土的方式，在蜗壳充水保持一定压力的情况下，浇筑外围混凝土，如蒲石河、十三陵、天荒坪、泰安、琅琊山、荒沟等抽水蓄能电站。此种结构型式通过调整蜗壳保压值控制运行期外围混凝土与蜗壳分担内水压力的比例，在保证外围混凝土结构安全的条件下，使其与蜗壳联合承担内水压力，提高蜗壳结构的整体刚度。在机组运行时，金属蜗壳能贴紧外围混凝土，使座环、蜗壳与大体积混凝土结合较好，增加了机组的刚性，也增加了其抗疲劳性能，并可依靠外围混凝土减少蜗壳及座环的扭转变形，抑制或减小机组的振动，有利于机组稳定性。抽水蓄能电站与常规电站相比，蜗壳尺寸较小，一般在厂房内布置有进水主阀，具有设置保压闷头的空间。

充水预压蜗壳结构的工作原理是：充水预压蜗壳是对已经安装好的金属蜗壳施加一定水头的内水压力进行预压，使金属蜗壳发生弹性变形，并在此预压力下浇筑蜗壳外围钢筋混凝土，待混凝土凝固后撤销金属蜗壳内部的水压力，金属蜗壳收缩，在金属蜗壳和外围钢筋混凝土之间形成一个间隙，通常称为保压间隙。机组运行时，内水压力由低至高，金属蜗壳及外围钢筋混凝土结构受力状态将经历金属蜗壳单独受力、金属蜗壳与混凝土联合受力、金属蜗壳与钢筋联合受力等不同阶段：①金属蜗壳单独受力阶段，当工作水头低于预压水头，金属蜗壳变形小于保压间隙，内水压力全部由金属蜗壳承担，外围钢筋混凝土不受力；②金属蜗壳与混凝土联合受力阶段，当内水压力继续升高，达到或超过预压水头时，金属蜗壳变形达到保压间隙，金属蜗壳与外围混凝土贴紧，由于金属蜗壳的刚度小于外围混凝土的刚度，超出预压值的内水压力大部分传给外围混凝土，外围混凝土处于弹性或开裂前的弹塑性阶段，进入弹塑性阶段时变形大幅增加；③金属蜗壳与钢筋联合受力阶段，当内水压力进一步升高，在蜗壳混凝土应力超过混凝土的抗拉强度时，蜗壳外围混凝土开裂，开裂处混凝土不再承受拉力，内水压力由金属蜗壳和钢筋共同承担，金属蜗壳应力呈现一个跳跃阶段，将第二阶段由外围混凝土承担的内水压力大部分传递给金属蜗壳，此时内水压力由金属蜗壳和钢筋按比例分担。充水预压蜗壳结构是联合受力的钢衬钢筋混凝土结构，其工作原理要求钢衬在材料的弹性范围内工作，蜗壳外围混凝土在限裂条件下工作。

根据国内外已建工程实践，蜗壳充水加压的压力控制在机组最大静水头的0.5～1.0倍。研究认为，金属蜗壳与混凝土处于联合受力阶段最有利，保证外围混凝土能约束金属蜗壳，有效吸收机组振动，首先保证在最小水头运行时外围混凝土对金属蜗壳仍有嵌固作用，充水加压的压力应小于最小水头，其比值不宜超过85%。若充水加压的压力大于最小水头，则在最小压力水头运行时，金属蜗壳将处于单独受力阶段，外围混凝土就不能嵌固和约束金属蜗壳。同时为防止混凝土裂缝过多、过宽，配筋量过大，影响结构的刚度和耐久性，外围混凝土承担的水头也不宜过高，建议充水压力与最大内水压力（含水锤压力）的比值宜控制在50%左右。国内部分抽水蓄能电站蜗壳保压值见表24-6。

**表24-6　国内部分抽水蓄能电站蜗壳保压值统计表**

| 电站 | 单机容量/MW | 蜗壳最大内水压力/(MPa，水锤压力) | 蜗壳静水压力/(MPa，未计入水击压力) | | 蜗壳保压值/MPa | | | | 保压时间/d |
|---|---|---|---|---|---|---|---|---|---|
| | | | 最大 | 最小 | 保压值 | 与最大内水压力比值/% | 与最大静水压力比值/% | 与最小静水压力比值/% | |
| 广蓄一期 | 300 | 7.75 | 6.11 | 5.92 | 2.70 | 35 | 44 | 46 | — |
| 天荒坪 | 300 | 8.70 | 6.80 | 6.38 | 5.40 | 62 | 79 | 85 | 14 |
| 广蓄二期 | 300 | 7.75 | 6.11 | 5.92 | 4.50 | 58 | 74 | 76 | — |
| 桐柏 | 300 | 4.20 | 3.45 | 3.24 | 2.10 | 50 | 61 | 65 | 35 |
| 泰安 | 250 | 3.90 | 3.10 | 2.85 | 1.95 | 50 | 63 | 68 | 28 |

续表

| 电站 | 单机容量/MW | 蜗壳最大内水压力/(MPa，水锤压力) | 蜗壳静水压力/(MPa，未计入水击压力) | | 蜗壳保压值/MPa | | | | 保压时间/d |
|---|---|---|---|---|---|---|---|---|---|
| | | | 最大 | 最小 | 保压值 | 与最大内水压力比值/% | 与最大静水压力比值/% | 与最小静水压力比值/% | |
| 琅琊山 | 150 | 2.35 | 1.82 | 1.60 | 0.85 | 36 | 47 | 53 | 22 |
| 宜兴 | 250 | 6.30 | 4.75 | 4.316 | 3.325 | 53 | 70 | 77 | 20 |
| 宝泉 | 300 | 8.35 | 6.41 | 6.08 | 4.00 | 48 | 62 | 66 | 35 |
| 荒沟 | 300 | 7.20 | 5.05 | 4.86 | 3.6 | 50 | 71 | 74 | — |

一般情况下，蜗壳保压周期为28d，在此期间完成外围混凝土浇筑和底部接触灌浆处理，待混凝土达到预期强度后卸压。为了加快施工进度，经论证可适当缩短蜗壳的保压周期，但不得少于14d，即混凝土浇筑后不少于一周方可进行接触灌浆，灌浆处理完一周后才可卸压。

(2) 蜗壳外围混凝土结构静力分析。金属蜗壳与外围钢筋混凝土组成的蜗壳结构，是一种复合材料结构，一个非对称形状特殊的结构，不仅承受具有一定变幅的静水压力和动水压力，还要承受水轮发电机组等固定设备的重量和检修时存在的荷载、结构自重、机墩，以及风罩传来的荷载、水轮机层地面活荷载等，其中内水压力仍为主要荷载。抽水蓄能电站地下厂房内的蜗壳外围混凝土静力计算，可不计算外水压力和温度作用，金属蜗壳作用及作用组合见表24-7。金属蜗壳采用充水预压浇筑混凝土，超过预压水头之后的水压力由外围混凝土分担的比例需要通过模型试验或有限元计算确定。

**表24-7　抽水蓄能电站地下厂房内的金属蜗壳作用及作用组合**

| 蜗壳型式 | 设计状态 | 极限状态 | 作用组合 | 计算情况 | 作用与作用效应 | | | |
|---|---|---|---|---|---|---|---|---|
| | | | | | 结构自重 | 机墩传来荷载 | 水轮机层地面活荷载 | 内水压力 |
| 金属蜗壳 | 持久状况 | 承载能力极限状态 | 基本组合 | 正常运行 | √ | √ | — | √ |
| | 短暂状况 | | | 机组检修 | √ | √ | √ | — |

蜗壳外围混凝土为一空间受力结构，内力计算常用平面框架、有限元等基本方法。工程设计中更多采用有限元法进行结构计算，但平面框架法仍是设计常用的一种简化的设计方法。平面框架法设计是沿蜗壳中心线径向切取若干单位宽度的截面，按平面“Γ”形框架进行内力计算，所取的截面一般为0°、90°、180°包角线等处，而0°截面（蜗壳进口处）往往是控制截面，如图24-3。“Γ”形框架横梁（顶板）可假定为铰支于水轮机座环上，立柱（侧墙）的底端可假定为固定于大体积混凝土顶面，也有将立柱固定于水轮机安装高程计算的，视两者相对刚度而定。切取平面“Γ”形框架计算时，单位宽度系指截面中心线而言，但由于蜗壳形状在平面和剖面（截面）内都是变化的，即顶板

在平面上是扇形结构，在剖面内是变截面梁，故一般应按变截面构件计算，但有时为了简化计算，也可按等截面构件计算。

**(四) 机墩及风罩结构设计**

1. 机墩及风罩结构布置

机墩是水轮发电机组的支承结构，承受着巨大的荷载，是水电站厂房的重要结构之一，它必须具有足够的刚度、强度、稳定性和耐久性。抽水蓄能电站水头高，机组具有双向转动、启停频繁，机组转速高、启停瞬间冲击荷载较大，机墩结构需要有足够的强度和刚度，结构尺寸较大，机墩厚度一般在 3m 左右。机墩的形状一般选用圆筒形或多边形，统称为圆筒式机墩。

转轮采用上拆方式的机组，在上下游均可布置通道。荒沟抽水蓄能电站采用转轮采用上拆方式的机组，机墩结构布置如图 24-4 所示。采用中拆方式的机组，在机墩结构上需开设一个较大的搬运道，对机墩结构的刚度削弱较大，需要采取工程措施，提高结构刚度和抗震性能。天荒坪蓄能电站主机由 KVAERNER-GE 公司制造，采用中拆方式，需在机墩上开一个 5.9m×2.4m 的转轮顶盖搬运道。为了提高机墩的整体刚度，将机墩紧贴下游岩壁布置，内部开设一个廊道，用以布置电缆、水管、风管等，运行通道布置在机墩的上游，如图 24-5 所示。

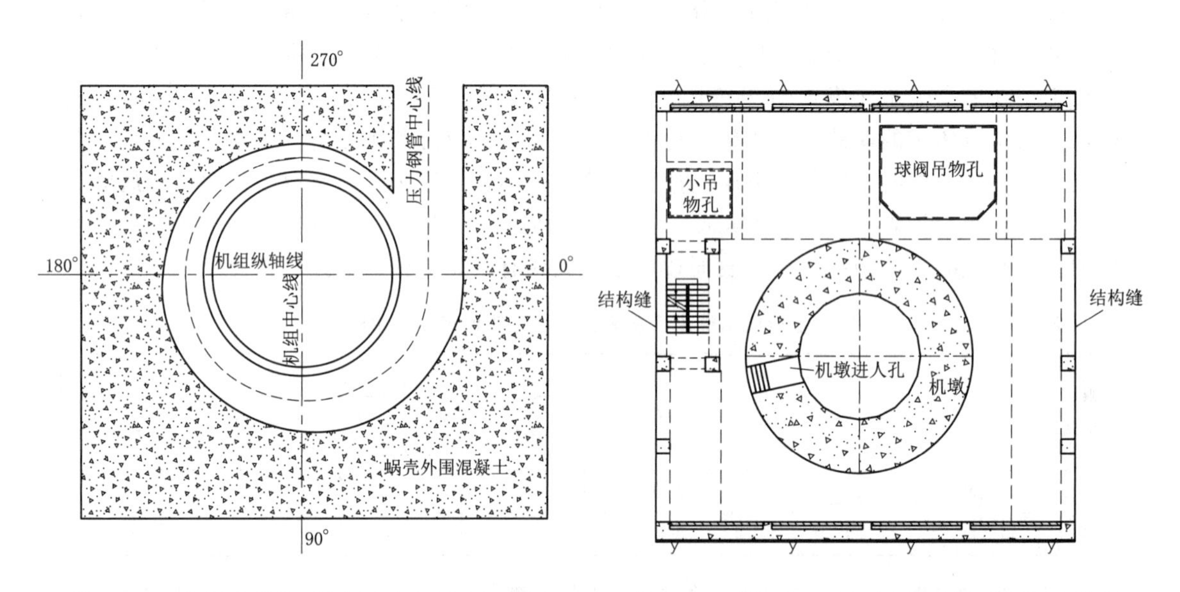


图 24-3　金属蜗壳外围混凝土结构平面示意图

图 24-4　荒沟抽水蓄能电站机墩结构平面布置图

抽水蓄能电站厂房风罩墙一般采用圆筒形或多边形。墙厚度多为 0.8～1.0m，风罩墙主要开有两个孔洞，一个为进人孔，另一个为主母线引出孔，有些工程还开有中性点设备引出孔，其余开孔尺寸均较小。为满足风罩的整体刚度要求，抽水蓄能电站的风罩下部固定在机墩上，顶部同发电机层楼板整体浇筑。荒沟抽水蓄能电站厂房风罩结构平面布置如图 24-6 所示。国内部分抽水蓄能电站机墩及风罩的外形、尺寸见表 24-8。

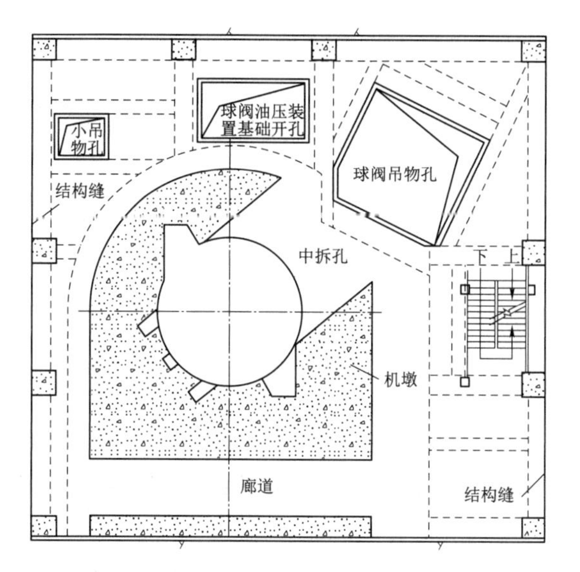


图 24-5　天荒坪抽水蓄能电站机墩结构布置平面图

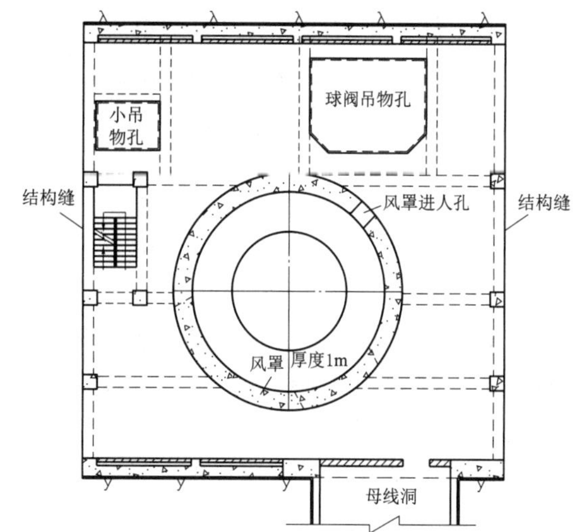


图 24-6　荒沟抽水蓄能电站风罩结构平面布置图

**表 24-8　国内部分抽水蓄能电站机墩及风罩的外形、尺寸表**

| 电站名称 | 机墩形状 | 机墩内径/m | 机墩最小厚度/m | 风罩形状 | 风罩内边距、内径/m | 风罩厚度/m |
|---|---|---|---|---|---|---|
| 天荒坪 | 圆形，下游贴墙布置 | 6.20 | 2.90 | 内外均为八角形 | 10.2 | 1.0 |
| 桐柏 | 圆形 | 6.96 | 3.00 | 圆形 | 12.0 | 0.8 |
| 泰安 | 圆形 | 8.11 | 2.945 | 圆形 | 12.0 | 1.0 |
| 宜兴 | 内部为圆，外部为八角形 | 6.50 | 2.75 | 内外均为八角形 | 10.0 | 1.0 |
| 宝泉 | 圆形，下游贴墙布置 | 6.30 | 3.05 | 圆形 | 9.4 | 1.0 |
| 琅琊山 | 内部为圆，外部为八角形 | 7.00 | 2.50 | 内外均为八角形 | 11.5 | 最薄 0.5 |
| 十三陵 | 圆形 | 5.525 | 2.84 | 圆形 | 9.2 | 1.0 |
| 西龙池 | 圆形，下游贴墙布置 | 6.80 | 2.90 | 圆形 | 10.6 | 1.0 |
| 荒沟 | 圆形 | 7.00 | 3.00 | 圆形 | 11.0 | 1.0 |
| 蒲石河 | 圆形 | 6.90 | 2.90 | 圆形 | 11.8 | 0.8 |

2. 机墩、风罩结构静力分析

(1) 机墩与风罩设计时所需资料：

1) 发电机、水轮机的总装图、基础图以及基础荷载的大小和位置；

2) 发电机出力 $N$、额定转速 $n_n$、飞逸转速 $n_p$、功率因数 $\cos\phi$ 及暂态电抗 $X_z$；

3) 发电机的总重及定子、转子、机架、附属设备重；

4) 水轮机导叶片数 $X_1$ 和转轮叶片数 $X_2$；

5) 水轮机转轮连轴重；

6) 水轮机轴向水推力；

7) 转动惯量 $GD^2$；

8) 发电机定子绕组时间因素 $T_a$；

9）发电机定子线圈内径；

10）转子半数磁极短路时的单边磁拉力；

11）上导中心至转子质心的高度；

12）转子中心至下导质心的高度；

13）机组转动部分质量中心与机组中心的偏心 $e$；

14）冷却发电机的循环空气温度；

15）作用于风罩的千斤顶作用力；

16）正常运行扭矩标准值 $T$、短路扭矩标准值 $T'$。

（2）作用及作用效应组合。结构设计中，静力计算应采用荷载设计值，动力计算应采用荷载标准值，动荷载应乘以动力系数。

1）机墩作用与作用组合：

a. 垂直静荷载：结构自重、发电机定子重、机架及附属设备重、风罩自重、楼板自重及其荷载等。

b. 垂直动荷载：发电机转子连轴重及轴上附属设备重量、水轮机转轮连轴重及轴向水推力。

c. 水平动荷载：由机组转动部分质量中心和机组中心偏心距 e 引起的水平离心力标准值，可按以下两式计算：

正常运行时
$$P_m=0.0011eG_rn_n^2 \tag{24-6}$$

飞逸时
$$P'_m=0.0011eG_rn_p^2 \tag{24-7}$$

式中：$P_m$ 为正常运行时水平离心力标准值，N；$P'_m$ 为飞逸时水平离心力标准值，N；$e$ 为质量中心与旋转中心之偏差，当发电机转速小于 750r/min 时 $e$ 可取 0.35～0.8mm（转速高时取小值），当发电机转速为 1500r/min 和 3000r/min 时 $e$ 可分别取 0.2mm 和 0.05mm；$G_r$ 为机组转动部分总重力标准值，N；$n_n$ 为机组额定转速，r/min；$n_p$ 为机组飞逸转速，r/min。

d. 正常运行扭矩标准值 $T$。无厂家资料时可按下式计算：

$$T=9.75\frac{N\cos\phi}{n_n} \tag{24-8}$$

式中：$T$ 为正常扭矩标准值，N·m；$N$ 为发电机容量，kV·A；$\cos\phi$ 为发电机功率因数。

e. 短路扭矩标准值 $T'$。无厂家资料时可按下式计算：

$$T'=9.75\frac{N}{n_nX_z} \tag{24-9}$$

式中：$T'$为短路扭矩标准值，N·m；$N$ 为发电机容量，kV·A；$X_z$ 为发电机暂态电抗，Ω。

f. 机墩作用与作用组合按表 24-9 采用。

2）风罩作用与作用组合：

a. 结构自重。

b. 发电机层楼板自重及其荷载。

**表 24－9　　机墩作用及作用组合**

| 设计状况 | 极限状态 | 作用组合 | 计算情况 | 作用与作用效应 | | | | | | | |
|---|---|---|---|---|---|---|---|---|---|---|---|
| | | | | 垂直静荷载 | 垂直动荷载 | 温度作用 | 水平动荷载 | | | 扭矩 | |
| | | | | | | | 正常 | 飞逸 | 短路 | 正常 | 短路 |
| 持久状况 | 承载能力极限状态 | 基本组合 | 正常运行 | √ | √ | √ | √ | — | — | √ | — |
| 短暂状况 | | | 机组飞逸 | √ | √ | √ | — | √ | — | — | — |
| 偶然状况 | | 偶然组合 | 半数磁极短路 | √ | √ | — | — | — | √ | — | √ |
| 持久状况 | 正常使用极限状态 | 标准组合 | 正常运行 | √ | √ | √ | √ | — | — | √ | — |
| 短暂状况 | | | 机组飞逸 | √ | √ | √ | — | √ | — | — | — |

注　表中“√”表示应考虑该项荷载或作用，“—”表示无需考虑该项荷载或作用。

c. 发电机上机架千斤顶水平作用力，包括径向推力和切向力，均应乘以动力系数；如近似假定千斤顶水平作用力沿环向均匀分布，其单宽强度 $Q_0$ 可按下式计算：

$$Q_0=\frac{\sum Q}{2\pi r_0} \tag{24-10}$$

式中：$\sum Q$ 为千斤顶各力之和，N；$r_0$ 为风罩平均半径，m。

d. 发电机产生短路扭矩时，发电机层楼板对风罩的约束扭矩 $M_\alpha$ 按下式计算：

$$M_\alpha=fGr_0 \tag{24-11}$$

式中：$f$ 为楼板支承面的摩擦系数，一般取混凝土与混凝土之间的摩擦系数；$G$ 为发电机层楼板作用于风罩顶的垂直力总和，N；$r_0$ 为风罩平均半径，m。

e. 温度作用，应同时考虑均匀温差和风罩壁内外温差。

f. 风罩作用与作用组合按表 24－10 采用。

**表 24－10　　风罩作用与作用组合**

| 设计状况 | 极限状态 | 作用组合 | 计算情况 | 作用与作用效应 | | | | | |
|---|---|---|---|---|---|---|---|---|---|
| | | | | 结构自重 | 发电机层楼板荷载 | 温度作用 | 发电机上机架千斤顶作用 | | |
| | | | | | | | 正常 | 短路 | 飞逸 |
| 持久状况 | 承载能力极限状态 | 基本组合 | 正常运行 | √ | √ | √ | √ | — | — |
| 短暂状况 | | | 机组飞逸 | √ | √ | √ | — | — | √ |
| 偶然状况 | | 偶然组合 | 半数磁极短路 | √ | √ | — | — | √ | — |
| 持久状况 | 正常使用极限状态 | 标准组合 | 正常运行 | √ | √ | √ | √ | — | — |
| 短暂状况 | | | 机组飞逸 | √ | √ | √ | — | — | √ |

3）作用在机墩及风罩上的荷载，其大小、部位与发电机的支承方式、结构及传力方式有关。

悬式发电机的静荷载和动荷载均通过上部的推力轴承传至上机架，再通过定子传给机墩；伞式发电机的静荷载通过定子传给机墩，动荷载由下机架传到机墩；推力轴承安装在水轮机顶盖上的伞式发电机，机墩只承受静荷载，而动荷载通过水轮机顶盖传至水轮机固定导叶座环。在机墩结构设计时，发电机厂家将提供机组作用在定子基础、下机架基础、上机架基础的荷载数值及方向等，不同型式机组以及不同的生产厂家所考虑的荷载也有所不同。

蒲石河抽水蓄能电站机组制造厂家是法国ALSTOM公司，根据机组制造厂家提供的资料，机组运行中在各种工况下的荷载分别作用于定子基础、下机架基础和上机架基础，各基础板的位置及荷载作用方向如图24-7所示，发电机组传至机墩、风罩的荷载见表24-11。

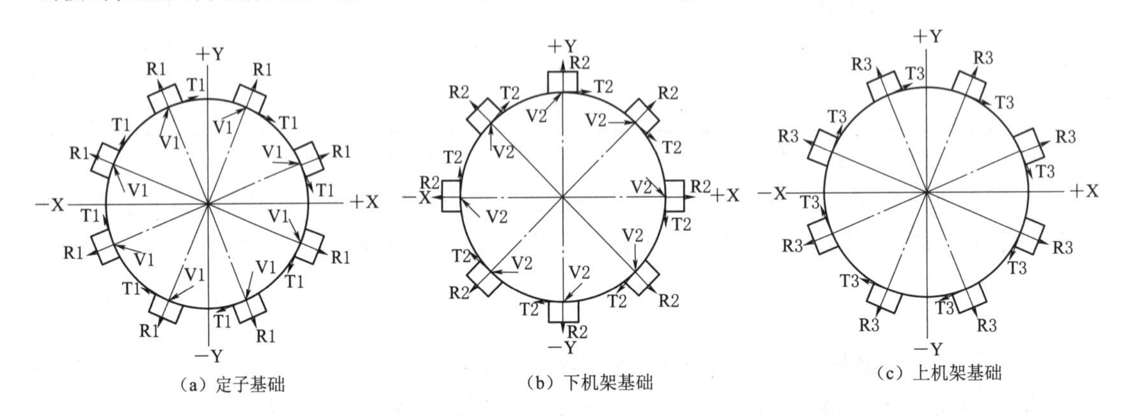


图24-7　蒲石河抽水蓄能电站机墩各基础板位置及荷载作用方向

**表24-11　　蒲石河抽水蓄能电站机墩、风罩机组基础荷载标准值**

| 荷载 / 工况 | 定子基础面 | | | 下机架基础面 | | | 上机架基础面 | |
|---|---|---|---|---|---|---|---|---|
| | R1 径向荷载 /kN | T1 切向荷载 /kN | V1 竖向荷载 /kN | R2 径向荷载 /kN | T2 切向荷载 /kN | V2 竖向荷载 /kN | R3 径向荷载 /kN | T3 切向荷载 /kN |
| 静止 | 72 (静) | | 418 (静) | 20 (静) | | 727 (静) | 6 (静) | 3 (静) |
| 满负荷运行 (发电模式) | 293 (动) | 384 (动) | 418 (静) | 262 (动) | | 727 (静) +188 (动) | 93 (动) | 40 (动) |
| 发电机转子接地 | 914 (动) | 842 (动) | 418 (静) | 1215 (动) | | 727 (静) +188 (动) | 484 (动) | 82 (动) |
| 两相短路 | 481 (动) | 596 (动) | 418 (静) | 242 (动) | | 727 (静) +188 (动) | 6 (动) | 50 (动) |
| 同步失效 | 1497 (动) | 1613 (动) | 418 (静) | | | 727 (静) +188 (动) | | 129 (动)) |
| 瞬时顶推 | 293 (动) | 384 (动) | 418 (静) | 242 (动) | | 727 (静) +600 (动) | 93 (动) | 40 (动) |

**注**　基础荷载包括静荷载和动荷载，其中动荷载尚未考虑动力系数1.5、冲击系数2.0和摆动系数2.5。

(3) 圆筒式机墩静力计算。圆筒式机墩静力计算包括整体强度计算及局部拉应力、孔口应力验算等内容。

1）计算条件及假定：

a. 通常情况是不论机墩顶部的风罩与发电机层楼板采用何种连接方式，计算中均假定圆筒顶部为自由端，底部固结于蜗壳顶板，不考虑蜗壳顶板的变形。

b. 机墩顶部的楼板荷载、风罩自重及机组设备荷载均假定为均布，换算为沿圆筒中心圆周上单位宽度的荷载，$P_0=\sum P_i$ 和 $M_0=\sum P_i e_i$（$P_0$ 为沿圆筒中心圆周上单位宽度上垂直荷载之和，$M_0$ 为沿圆筒中心圆周上单位宽度上垂直荷载相对于圆筒中心圆周的弯矩之和，$P_i$ 为各竖向力，$e_i$ 为各荷载相对于圆筒中心圆周的偏心距），如图 24－8 所示。

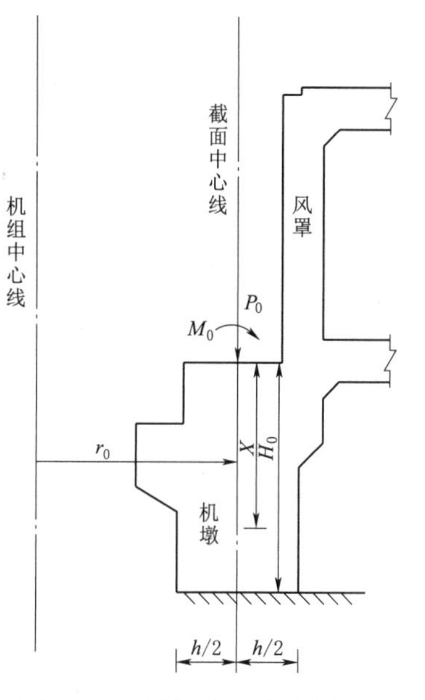


图 24－8 圆筒式机墩计算简图

c. 动荷载应乘动力系数和材料疲劳系数。

d. 扭矩产生的剪应力按两端受扭的圆筒受扭公式计算。

e. 进人孔部位的扭矩剪力按开口圆筒受扭公式计算。

f. 孔边应力集中（正应力）按圆筒展开后的无限大平板开孔公式计算。

g. 不计算温度作用和混凝土干缩应力。

2）垂直正应力计算。

垂直正应力计算式如下：

$$\sigma=\frac{P}{A}\pm\frac{M_x c}{I} \tag{24-12}$$

式中：$P$ 为单位宽度垂直均布荷载设计值，N；$A$ 为单位宽度截面积，$m^2$；$M_x$ 为作用于计算截面上的弯矩设计值，N·m；$c$ 为计算截面上的应力计算点到截面形心轴的距离，m；$I$ 为计算截面惯性矩，$I=l\times h^3/12$，$m^4$。

其中，$M_x$ 按以下两种情况分别取值：

a. 当圆筒高度 $H_0<\pi/\beta$（$\beta$ 值见下面公式计算）时，可近似地按上端自由、下端固定的单宽截条偏心受压构件计算，即将所有的垂直荷载和弯矩化为对截条底部截面中心的弯矩和轴向力，取 $M_x=M_0$。

b. 当圆筒高度 $H_0\geqslant\pi/\beta$ 时，可近似地按无限长薄壁圆筒计算，即将全部垂直荷载化作顶部中心的单位周长弯矩和轴力，则距圆筒顶部 $x$ 处截面的弯矩 $M_x$ 按下式计算：

$$M_x=M_0\Phi(\beta x) \tag{24-13}$$

$$\Phi(\beta x)=e^{-\beta x}(\cos\beta x+\sin\beta x)$$

$$\beta=\frac{\sqrt[4]{3(1-\mu^2)}}{\sqrt{r_0 h}}$$

式中：e 为自然常数；$r_0$ 为圆筒机墩平均半径；$h$ 为圆筒壁厚；$\mu$ 为混凝土泊松比。

$\Phi(\beta x)$ 函数也可根据（$\beta x$）值由表 24－12 查得。由表 24－12 可以看出，离筒顶越远，$M_x$ 越小，数值减小很快，甚至改变正负号，这说明当圆筒顶承受弯矩 $M_0$ 时，仅在离顶端较近处影响较大，离顶端较远处即不发生影响，即其应力分布接近平均应力$\left(\sigma=\frac{P}{A}\right)$。

表 24-12　　**$\Phi(\beta x)$ 函 数 表**

| $\beta x$ | $\Phi(\beta x)$ | $\beta x$ | $\Phi(\beta x)$ | $\beta x$ | $\Phi(\beta x)$ | $\beta x$ | $\Phi(\beta x)$ |
|---|---|---|---|---|---|---|---|
| 0 | 1.0000 | 1.8 | 0.1234 | 3.6 | −0.0366 | 5.4 | −0.0006 |
| 0.1 | 0.9906 | 1.9 | 0.0932 | 3.7 | −0.0341 | 5.5 | 0.0000 |
| 0.2 | 0.9651 | 2.0 | 0.0667 | 3.8 | −0.0314 | 5.6 | 0.0005 |
| 0.3 | 0.9267 | 2.1 | 0.0438 | 3.9 | −0.0286 | 5.7 | 0.0010 |
| 0.4 | 0.8784 | 2.2 | 0.0244 | 4.0 | −0.0258 | 5.8 | 0.0013 |
| 0.5 | 0.8231 | 2.3 | 0.0080 | 4.1 | −0.0231 | 5.9 | 0.0015 |
| 0.6 | 0.7628 | 2.4 | −0.0056 | 4.2 | −0.0204 | 6.0 | 0.0017 |
| 0.7 | 0.6997 | 2.5 | −0.0166 | 4.3 | −0.0179 | 6.1 | 0.0018 |
| 0.8 | 0.6353 | 2.6 | −0.0254 | 4.4 | −0.0155 | 6.2 | 0.0019 |
| 0.9 | 0.5712 | 2.7 | −0.0320 | 4.5 | −0.0132 | 6.3 | 0.0019 |
| 1.0 | 0.5083 | 2.8 | −0.0369 | 4.6 | −0.0111 | 6.4 | 0.0018 |
| 1.1 | 0.4476 | 2.9 | −0.0403 | 4.7 | −0.0092 | 6.5 | 0.0018 |
| 1.2 | 0.3898 | 3.0 | −0.0422 | 4.8 | −0.0075 | 6.6 | 0.0017 |
| 1.3 | 0.3355 | 3.1 | −0.0431 | 4.9 | −0.0059 | 6.7 | 0.0016 |
| 1.4 | 0.2849 | 3.2 | −0.0431 | 5.0 | −0.0046 | 6.8 | 0.0015 |
| 1.5 | 0.2384 | 3.3 | −0.0422 | 5.1 | −0.0033 | 6.9 | 0.0014 |
| 1.6 | 0.1960 | 3.4 | −0.0408 | 5.2 | −0.0023 | 7.0 | 0.0013 |
| 1.7 | 0.1576 | 3.5 | −0.0389 | 5.3 | −0.0014 | | |

3）扭矩及水平离心力作用下的剪应力计算。

a. 扭矩作用下的环向剪应力。

正常扭矩作用下：

$$\tau_{x1}=\frac{T_d r\eta}{J_\rho}\varphi \tag{24-14}$$

短路扭矩作用下：

$$\tau_{x2}=\frac{T'_d r\eta'}{J_\rho} \tag{24-15}$$

$$J_\rho=\frac{\pi}{32}(D^4-d^4)$$

$$\eta'=2\times\frac{1+\dfrac{T_a}{t_1}\left(1-e^{-\frac{t_1}{T_a}}\right)}{1+e^{-\frac{0.01}{T_a}}}$$

$$t_1=\frac{30}{n_{03}}$$

式中：$\tau_{x1}$、$\tau_{x2}$ 为正常扭矩和短路扭矩作用下的环向剪应力设计值，Pa；$T_d$ 为正常扭矩设计值，N·m；$r$ 为计算点至圆筒中心的距离，m；$\eta$ 为动力系数，按动力系数核算结果取值，一般为 1.5～2.0；$J_\rho$ 为机墩断面极惯性矩，$m^4$；$\varphi$ 为材料疲劳系数，一般取 2.0；$T'_d$ 为短路扭矩设计值，N·m；$\eta'$为短路扭矩冲击系数，一般取 2.0；$D$ 为机墩外径，m；$d$ 为机墩内径，m；e 为自然常数；$T_a$ 为发电机定子绕组时间因素，由厂家提供，一般取 0.15～0.45s；$n_{03}$ 为水平扭转自振频率，r/min。

b. 水平离心力作用下的环向剪应力。

正常运行时

$$\tau_{x3}=\frac{P_m\eta\varphi}{A} \tag{24-16}$$

飞逸时

$$\tau_{x4}=\frac{P'_m\eta\varphi}{A} \tag{24-17}$$

式中：$\tau_{x3}$、$\tau_{x4}$ 为正常运行和飞逸时的水平离心力作用下的环向剪应力设计值，Pa；$P_m$ 为正常运行时水平离心力设计值，N；$A$ 为圆环面积，$m^2$；$P'_m$ 为飞逸时水平离心力设计值，N；其余符号意义同前。

c. 机墩进人孔部位环向剪应力设计值。

短路扭矩作用下

$$\tau'_{x2}=\eta'\frac{T'_d(3l+1.8h)}{l^2h^2} \tag{24-18}$$

离心力作用下

$$\tau'_{x4}=\eta\varphi\frac{P'_m}{\frac{\pi}{4}(D^2-d^2)-A_h} \tag{24-19}$$

或

$$\tau'_{x4}=\varphi\frac{c_pA_2}{\frac{\pi}{4}(D^2-d^2)-A_h} \tag{24-20}$$

$$c_p=\frac{1}{\delta_2} \tag{24-21}$$

式中：$l$ 为机墩圆筒中心周长，m；$h$ 为机墩圆筒壁厚度，m；$A_h$ 为圆环上进人孔所占面积，$m^2$；$\delta_2$ 为机墩顶部有单位水平力作用时产生的水平变位；$A_2$ 为离心力引起的水平横向振幅。

d. 机墩强度校核。按第三强度理论进行强度校核：

$$\sigma_{zl}=\frac{1}{2}(\sigma_x-\sqrt{\sigma_x^2+4\tau^2}) \tag{24-22}$$

$$\sigma_{zl}\leqslant\sigma_c/\gamma_d \tag{24-23}$$

式中：$\sigma_{zl}$ 为主拉应力设计值，Pa；$\sigma_x$ 为机墩内、外壁计算点的正应力设计值，Pa；$\tau$ 为机墩内、外壁计算点的剪应力设计值，正常运行时 $\tau=\tau_{x1}+\tau_{x3}$，短路时 $\tau=\tau_{x2}+\tau_{x3}$ 或 $\tau=\tau'_{x2}+\tau_{x3}$，飞逸时 $\tau=\tau_{x4}$ 或 $\tau=\tau'_{x4}$，Pa；$\gamma_d$ 为素混凝土结构受拉破坏结构系数，取 2.0。

当不能满足式（24－23）时，应加大机墩尺寸。

（4）风罩静力计算。

1）计算假定。

a. 发电机风罩一般为钢筋混凝土薄壁圆筒结构，当半径与壁厚之比大于10，且风罩圆筒高度 $H\geqslant\pi S$ 时，[$S=\sqrt{Rh}/\sqrt[4]{3(1-\mu^2)}$，$R$ 为圆筒半径，$h$ 为圆筒壁厚，$\mu$ 为泊松比]，按整体薄壁长圆筒计算。

b. 当风罩与发电机层楼板完全脱开时，按上端自由、下端固定考虑；当风罩与发电机层楼板整体连接时，按上端简支、下端固定考虑。

c. 对作用在风罩顶部的所有荷载均假定为沿圆周均匀分布，将荷载转化为沿圆周单位长度均匀分布的垂直轴向力、水平力和力矩，然后分别计算。

d. 当发电机风罩壁开孔较多且尺寸较大时，则可切取单宽，按Γ形框架计算，但环向应适当加强。

2）内力计算。风罩内力计算主要包括竖向弯矩、环向弯矩、水平法向切力、竖向轴力及环向轴力。以竖向弯矩、竖向轴力按偏心受压构件（截条）配置风罩纵向钢筋；以环向弯矩按受弯构件（环向轴力忽略不计）配置环向钢筋；用水平法向切力校核风罩水平截面的抗剪强度。

圆筒式风罩的内力可根据风罩支承条件和所受作用按《水电站厂房设计规范》（NB 35011—2016）中的附录公式查表计算。

**（五）主厂房楼面结构设计**

主厂房楼面主要有发电机层、母线层、水轮机层、蜗壳层，有些电站根据设备布置和减振需要，在发电机层与母线层之间或机组安装高程附近设置夹层。主厂房楼面具有荷载大、孔洞多、结构布置不规则等特点，内力计算较一般肋形结构复杂。国内抽水蓄能电站楼面主要结构型式有两种：中厚度板梁结构及厚板暗梁结构。中厚度板梁的楼面结构型式可按照肋形结构进行静力计算，厚板暗梁的楼面结构型式可按照无梁楼板进行静力计算。

**（六）岩壁吊车梁结构设计**

吊车荷载通过吊车梁传到岩壁（岩台）上的结构型式，一般统称岩壁吊车梁。岩壁吊车梁是一种既经济又安全的吊车支撑结构，已被广泛应用于抽水蓄能电站地下厂房。岩壁吊车梁是利用锚杆的抗拉拔力和混凝土与岩壁的摩擦力，将钢筋混凝土吊车梁锚固在地下厂房边墙的稳定岩体上，充分利用围岩的承载能力，使钢筋混凝土吊车梁与地下厂房边墙岩体形成一个承载结构。

岩壁吊车梁的优点是有利于施工，当地下厂房开挖至中部时即可施工岩壁吊车梁，并可提前安装和使用吊车，在开挖厂房下部以及浇筑混凝土作业时，就可以利用吊车进行起吊，为施工创造了有利条件，有利于加快土建施工和机组安装进度，缩短工期。岩壁吊车梁受力情况较好、结构简单、不需要设置吊车柱，从而减少主厂房洞室的跨度，节省工程量，所以在地下厂房设计中被广泛采用。

岩壁吊车梁钢固于岩壁，受力工况与牛腿结构相似，不同于一般吊车梁的是，它属受弯曲变形的结构，分析计算中应视为牛腿结构考虑。设计关键是考虑岩壁的稳定性，实现岩壁吊车梁固定于岩壁上，由于围岩的复杂性，对岩壁吊车梁主要是依据工程经验设计，对较重

要的或大吨位的吊车梁宜通过模拟试验确定。

1. 影响岩壁吊车梁稳定的因素

（1）地下厂房岩壁吊车梁处的岩石质量、不利节理裂隙和不良结构面的组合，是影响吊车梁岩石基础稳定的主要因素。

地下厂房围岩或多或少的都存在着节理裂隙，并且分布又无规律，往往将围岩切割成不同形状、不同大小的岩块，岩块的性质和空间组合情况直接影响围岩岩壁的稳定性及传递吊车荷载的能力。岩壁吊车梁必须建筑在边墙围岩稳定的基础上，一般情况，岩壁吊车梁适用于围岩类别为Ⅰ类、Ⅱ类、Ⅲ类的地下厂房中，要求围岩岩体饱和抗压强度大于30MPa，变形模量宜大于8GPa，摩擦系数 $\tan\phi$ 不小于1。对于地下厂房局部Ⅳ类或Ⅴ类围岩的不稳定岩体、不良地质构造，对其进行缺陷处理后仍可采用岩壁吊车梁。其处理的措施一般包括固结灌浆和混凝土塞，用混凝土代替松动圈围岩，将岩壁吊车梁锚固在混凝土的外侧；扩大支承岩壁吊车梁的岩壁结合面，并相应加大岩壁吊车梁尺寸；在缺陷两侧施打深锚杆。

（2）岩壁吊车梁开挖施工技术，合理的施工方案、施工开挖程序、精细的施工工艺，是保证岩壁斜面成型和满足设计要求的关键。

开挖时地应力释放，围岩实质上相当于受外推力作用，特别是在高地应力地区（一般认为，当地应力大于自重应力时），应采取多台阶少药量小炮或打预裂防震孔开挖，逐步地延缓应力释放，避免或减低地应力突然释放而剥落岩壁。同时围岩爆破松弛区深度不易确定，它受爆破方式、药量以及自由面的个数等因素控制，要求施工时尽可能减小松弛区的深度，爆破松弛区的测试方法尚不成熟，一般常采用声波测试方法分析爆破松弛区。

（3）通过布置在岩壁吊车梁上的受拉和受压锚杆，将吊车梁与边墙围岩锚固在一起共同承担外荷载，是保证吊车梁和支座岩体稳定的有效措施。

在厂房下部开挖时岩壁吊车梁锚杆对岩壁有支护作用，在吊车梁投入使用前就已有一定的应力。一般对于均质围岩，这种限制围岩变形在锚杆上产生的应力沿锚杆深部分布，而吊车荷载在锚杆上产生的应力沿锚杆浅部（即沿孔口附近）分布，两者应力峰值在锚杆上并不完全叠加。然而，释放应力分布与地质构造关系密切。地质构造复杂的围岩，岩壁吊车梁受拉锚杆的释放应力分布也非常复杂。根据实际工程的监测资料，受拉锚杆的释放应力往往超过荷载应力。岩壁吊车梁锚杆在承受吊车梁荷载前已承受了较大的围岩释放应力，岩壁吊车梁与岩壁结合面之间存在压应力，释放应力和荷载应力峰值并不是简单地叠加。岩壁吊车梁受拉锚杆两种应力叠加机制非常复杂，设计宜采取一定的工程措施，减少锚杆两种应力的峰值，减少锚杆两种应力叠加范围，尽量避开峰值叠加。岩壁吊车梁锚杆设计应留有一定的余度。

2. 岩壁吊车梁结构设计

岩壁吊车梁设计内容主要包括体型设计、锚固设计和配筋设计。体型设计与锚固设计具有较强的关联性，首先要依据经验初拟几组体型参数和锚杆倾角，然后进行锚固计算，分析锚杆应力对体型参数、锚杆倾角变化的敏感性，确定吊车梁体型和锚杆倾角，使计算的锚杆应力满足要求，再确定锚杆直径、长度和间距等；体型和锚固设计完成后，进行结构计算，最后进行配筋设计。

结构计算方法一般包含刚体极限平衡法和有限元分析计算法。

刚体极限平衡法计算岩壁吊车梁时，是将每单位长度岩壁梁视做刚体，按抗倾覆稳定要求设计岩壁梁的受拉锚杆；按岩壁吊车梁与岩壁的结合面的抗滑稳定要求进行复核。

对规模较大或地质条件复杂、高地应力区、高地震烈度区地下厂房工程的岩壁吊车梁设计宜进行有限元分析计算。有限元分析计算的内容宜包括：施工期地下厂房中下部开挖对岩壁吊车梁锚杆、梁体、围岩和支护结构的作用与影响；运行期吊车荷载作用对岩壁吊车梁锚杆、梁体、围岩和支护结构的作用与影响；岩壁吊车梁安全稳定性的有限元评价等。岩壁吊车梁有限元计算可采用地下厂房整体模型与岩壁吊车梁子模型相结合的分析方法进行，地下厂房整体模型宜考虑工程地形、地质条件（岩性、构造）、地应力场和分层开挖等因素，岩壁吊车梁子模型宜考虑岩壁吊车梁细部构造及模型范围等因素。岩壁吊车梁有限元分析计算应选择合理的力学模型及材料参数，模拟围岩特性与构造、洞室分层开挖及支护、岩壁吊车梁下部交叉洞室开挖及支护等对岩壁吊车梁结构产生的效应，研究锚固区围岩、混凝土梁体、结合面、锚杆的受力、变形特征，以及分布规律。

（1）岩壁吊车梁体型与锚杆布置。岩壁吊车梁基本尺寸断面如图 24－9 所示。

1）岩壁吊车梁的顶面宽度 $B$ 应满足布置和运行条件，可按下式拟定：

$$B=C_1+C_2 \tag{24-24}$$

式中：$C_1$ 为轨道中心线至上部岩壁边缘的水平距离，mm，根据 $C_5$（岩壁吊车梁上部岩壁喷混凝土厚度、防潮隔墙内空隙净宽和防潮隔墙厚度）、$C_6$（桥机端部至防潮隔墙的最小水平距离）和桥机端部到轨道中心的距离综合确定；$C_2$ 为轨道中心线至岩壁吊车梁外边缘的水平距离，mm，一般取 300～500mm，当桥机的轮压较大时取大值，反之取小值；对于特大型桥机，应适当加大。

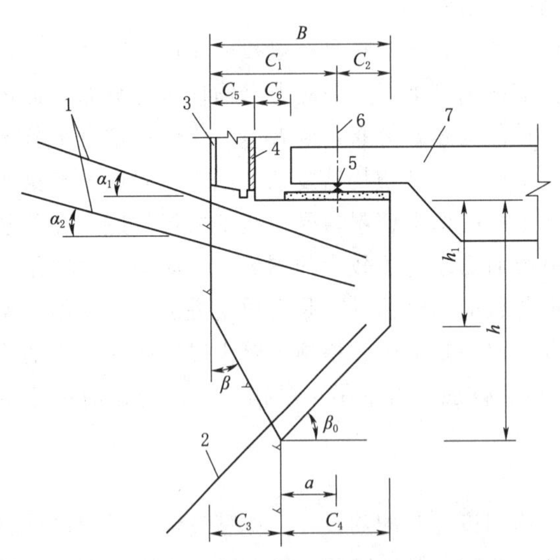


图 24－9　岩壁吊车梁基本尺寸断面图

1—受拉锚杆；2—受压锚杆；3—喷混凝土；4—防潮隔墙；5—轨道；6—轨道中心线；7—桥机；$C_3$—岩壁宽度；$C_4$—悬臂长度；$C_5$—防潮隔墙外边缘至上部岩壁边缘的距离；$C_6$—桥机端部至防潮隔墙的最小水平距离

岩壁吊车梁顶面宽度应考虑运行人员避让桥机所需的空间，一些工程为减小主厂房洞室顶部开挖宽度，$C_6$ 较小，但应大于 0.2m，则需沿岩壁吊车梁纵向每隔适当的距离，取消小范围防潮隔墙，利用 $C_5+C_6$ 的净宽度（应大于 0.6m）设置让车小室。

2）岩壁角 $\beta$ 的取值应综合考虑岩层产状、主要地质构造及节理裂隙的影响，以及岩壁吊车梁截面尺寸、锚杆的布置和受力状况等因素确定，一般为 20°～40°。

当岩壁角 $\beta=90°$ 时，为岩台式吊车梁，锚杆基本不受力，荷载全部由岩台承担，对岩台的承载能力要求较高，厂房顶拱的跨度也要加大，对厂房下部边墙围岩稳定不利，且施工中岩台很难形成；当岩壁角 $\beta=0°$ 时，锚杆处于纯受剪状态，由

于锚杆抗剪强度不高，结构承载能力有限，只适用于吊车荷载较小情况。对于层状岩体上的岩壁吊车梁，其岩壁角 $\beta$ 不应大于岩层的真倾角的余角。一般 $\beta$ 越大，对锚杆受力和抗滑稳定越有利，但会导致吊车梁以上厂房跨度的增加，岩壁斜面施工成型难度加大。

3）岩壁吊车梁外边缘高度 $h_1$ 不应小于 $h/3$，且不宜小于 500mm。

4）岩壁吊车梁梁体底面倾角 $\beta_0$ 宜为 30°～45°。

梁体底面倾角 $\beta_0$ 不宜太大，按一般牛腿设计经验和已建工程岩壁吊车梁的设计实例以及有关研究成果，一般取值范围为 20°～50°，常用 30°～45°。

5）岩壁吊车梁的截面高度 $h$，应符合下式要求：

$$a/h<0.3 \tag{24-25}$$

$$a=C_4-C_2$$

式中：$a$ 为竖向轮压作用点（轨道中心线）至岩壁吊车梁下部岩壁边缘的水平距离，mm；$C_4$ 为岩壁吊车梁悬臂长度，mm；$h$ 为岩壁吊车梁的截面高度，mm。

岩壁吊车梁的截面高度 $h$ 不仅与剪跨 $a$ 有关，还与最大轮压、岩壁角、混凝土与岩壁的结合强度、锚杆布置的最小间距及岩壁斜面的抗滑稳定等多种因素有关。可结合已建和在建工程岩壁吊车梁设计基本参数类比初拟，并满足式（24－24）的要求。

6）岩壁吊车梁岩壁宽度 $C_3$ 宜在 600～900mm 间选取，还需满足 $(0.25\sim0.35)h$ 的要求，岩壁斜面抗剪断参数偏低时，宜取较大值。

岩壁吊车梁岩壁宽度 $C_3$ 的选取，通过对已建和在建工程岩壁吊车梁设计基本参数的统计分析，$C_3$ 的宽度范围 400～1950mm，大多数工程在 600～900mm，$C_3/h$ 比值范围在 0.21～0.71，大多数工程 $C_3/h$ 比值在 0.25～0.35。

7）岩壁吊车梁上排受拉锚杆倾角 $\alpha_1$ 可在 15°～30°之间选取，下排受拉锚杆倾角 $\alpha_2$ 可比上排受拉锚杆倾角 $\alpha_1<5°\sim9°$。

一般岩壁吊车梁受拉锚杆的倾角 $\alpha$ 越小，锚杆受力越小，但对抗滑稳定越不利；$\alpha$ 越大，锚杆受力越大，但锚杆上覆岩层越薄，对锚杆的安全耐久使用越不利。岩壁吊车梁受拉锚杆宜尽量与岩层层面（层状岩体）及比较发育的结构面成较大的交角。

上排受拉锚杆宜靠近岩壁吊车梁顶部布置，其与岩壁吊车梁顶部排水沟底面之间净距不应小于 50mm，锚杆倾角选取应结合地质条件通过多方案综合分析后最终确定。

8）岩壁吊车梁同排受拉锚杆水平间距不宜小于 700mm。当受拉锚杆布置一排不能满足要求时，可布置成两排，上、下两排锚杆宜错开布置，岩壁孔口位置的排距宜取 400～600mm。

一般情况下，当锚杆的间距过密时，受“群锚效应”的影响，锚杆承载力将降低，锚固段被拉坏的可能性增大。《建筑地基基础设计规范》（GB 50007—2011）规定，岩石锚杆的间距不应小于锚杆孔直径的 6 倍，锚杆孔直径宜取锚杆直径的 3 倍，但不应小于 1 倍锚杆直径加 50mm。《水电水利工程岩壁梁施工规程》（DL/T 5198）规定，岩壁吊车梁锚杆宜先注浆后插锚杆，锚杆孔径宜大于锚杆直径 20～40mm。国内已建、在建岩壁吊车梁受拉锚杆直径一般为 28～40mm，则锚杆的间距宜为 504～720mm，不应小于 468～540mm。

当锚杆间距 700mm，在孔位偏差 50mm，锚杆方向角偏差 2°时，只要锚杆入岩长度大于 8.6m 时，就会引起锚杆灌浆施工的串浆。为防止施工允许偏差内锚杆施工串浆，岩壁吊车梁锚杆间距不宜小于700mm。

国内已建、在建岩壁吊车梁受拉锚杆横向间距一般取为500～1000mm，其中大吨位岩壁吊车梁多取为700mm或750mm。当需要布置两排受拉锚杆时，上、下两排锚杆宜错开布置，两排排距宜400～600mm。部分已建工程两排受拉锚杆的间距，如广州抽水蓄能电站为520mm，泰安抽水蓄能电站为450mm，黑麋峰抽水蓄能电站为600mm。

9）单位长度的受压锚杆面积不宜小于受拉锚杆总面积的1/2。

10）国内部分抽水蓄能电站岩壁吊车梁断面设计基本参数见表24-13。

**表24-13　　国内部分抽水蓄能电站岩壁吊车梁断面设计基本参数**

| 编号 | 工程名称 | $P_{max}$ /kN | $C_1$ /mm | $C_2$ /mm | $C_4$ /mm | $\beta$ /(°) | $\beta_0$ /(°) | $h_1$ /mm | $h$ /mm | $\alpha_1$ /(°) | $\alpha_2$ /(°) |
|---|---|---|---|---|---|---|---|---|---|---|---|
| 1 | 回龙抽水蓄能电站 | 430 | 800 | 550 | 800 | 25.0 | 26.6 | 1350 | 1750 | 25.0 | 20.0 |
| 2 | 响洪甸抽水蓄能电站 | 407 | 1100 | 500 | 750 | 37.0 | 33.7 | 1510 | 2010 | 30.0 | 25.0 |
| 3 | 西龙池抽水蓄能电站 | 460 | 1250 | 500 | 1125 | 27.5 | 24.0 | 1750 | 2250 | 25.0 | 20.0 |
| 4 | 张河湾抽水蓄能电站 | 460 | 1250 | 400 | 1050 | 25.0 | 35.0 | 1555 | 2290 | 25.0 | 20.0 |
| 5 | 广州抽水蓄能电站 | 550 | 1250 | 350 | 1100 | 20.0 | 24.4 | 1800 | 2300 | 25.0 | 20.0 |
| 6 | 琅琊山抽水蓄能电站 | 530 | 1300 | 450 | 1081 | 25.0 | 26.6 | 1800 | 2341 | 25.0 | 20.0 |
| 7 | 天荒坪抽水蓄能电站 | 450 | 1450 | 500 | 1250 | 22.5 | 25.6 | 1800 | 2400 | 27.5 | 22.5 |
| 8 | 呼和浩特抽水蓄能电站 | 460 | 1250 | 400 | 900 | 26.6 | 35.0 | 1850 | 2480 | 25.0 | 20.0 |
| 9 | 黑麋峰抽水蓄能电站 | 890 | 1500 | 500 | 1250 | 25.0 | 45.0 | 1350 | 2600 | 25.0 | 20.0 |
| 10 | 白莲河抽水蓄能电站 | 850 | 1375 | 525 | 1200 | 35.0 | 35.0 | 2060 | 2800 | 20.0 | 15.0 |
| 11 | 荒沟抽水蓄能电站 | 460 | 1250 | 500 | 1000 | 30.0 | 35.0 | 2000 | 2700 | 25.0 | 20.0 |
| 12 | 蒲石河抽水蓄能电站 | 865 | 1600 | 700 | 800 | 59.0 | 48.4 | 2280 | 3180 | 25.0 | 20.0 |

（2）岩壁吊车梁承受的荷载。岩壁吊车梁承受的荷载包括：永久作用（荷载）的岩壁吊车梁自重（含二期混凝土自重）、轨道及附件重力和梁上防潮隔墙重力等；可变作用（荷载）的桥机竖向轮压及横向水平荷载。

岩壁吊车梁计算吊车动载试验载荷时可采用1.1倍额定载荷。

岩壁吊车梁荷载中由桥机传来的荷载是竖向轮压及横向水平荷载，荷载计算时通常是将竖向轮压及横向水平荷载等效换算为岩壁吊车梁的单位梁长竖向轮压值及横向水平荷载后作用在岩壁吊车梁上进行计算。桥机一侧轨道上的单个车轮横向水平荷载、单个最大轮压及桥机一侧轨道上轮子数量一般由机电专业根据桥机设计厂家资料提供。

竖向轮压转换的方法有很多种，包括经验法、建立在模型试验基础上的或者与有限元对比计算基础上的一定范围内的扩散等效法（竖向扩散、水平扩散）以及弹性地基梁每米最大地基反力等方法。抽水蓄能电站厂房吊车一般采用桥式起重机，桥机选择单台双小车桥机、两台单小车桥机或两台双小车桥机。如果选择两台桥机，当桥机并车时，只取一台桥机进行分析即可，因为一般两台桥机并车间的轮距较大，非轮压转换计算的特征参数。

岩壁吊车梁的单位梁长竖向轮压标准值可按下列规定计算：

1）当单台桥机一侧作用4个轮子时，如图24-10和图24-11所示，单位梁长竖向轮

压标准值 $F_{vk}$ 可按下列公式计算，取 $F_{vk1}$ 和 $F_{vk2}$ 的大值。

$$F_{vk1}=\frac{P_{max}}{B_1} \tag{24-26}$$

$$F_{vk2}=\frac{2P_{max}}{B_{01}} \tag{24-27}$$

$$B_{01}=B_1+C_1 \tag{24-28}$$

式中：$F_{vk}$ 为单位梁长竖向轮压标准值，kN/m；$P_{max}$ 为在桥机额定起重重量下，作用于岩壁吊车梁顶面的桥机一侧轨道上的单个最大轮压，kN，在吊车动载试验时，单个最大轮压为 $1.1P_{max}$；$B_1$ 为吊车轮距，m；可按设计图样或设备供应商提供的数值采用；$C_1$ 为轨道中心线至上部岩壁边缘的水平距离，m。

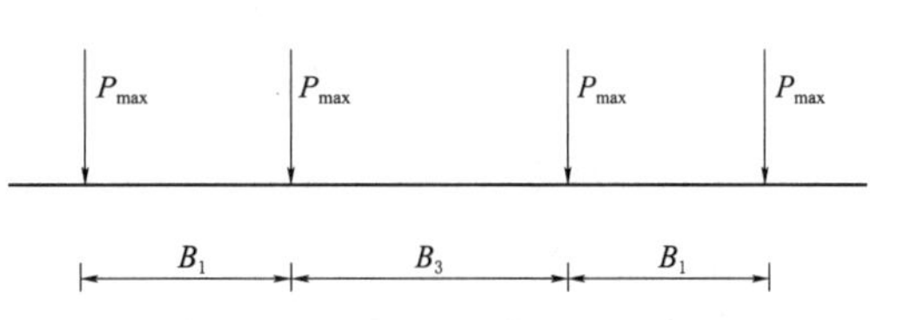


图 24-10　单台桥机一侧作用 4 个轮子时的计算图式一

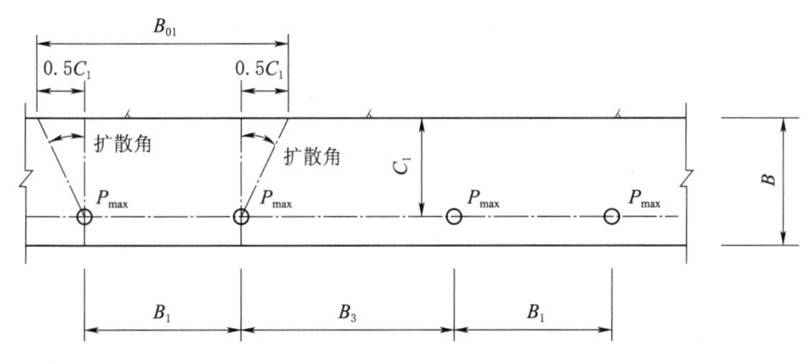


图 24-11　单台桥机一侧作用 4 个轮子时的计算图式二

2）当单台桥机一侧作用 8 个轮子时，如图 24-12、图 24-13 所示，单位梁长竖向轮压标准值 $F_{vk}$ 可按下列公式计算，取 $F_{vk3}$ 和 $F_{vk4}$ 的大值。

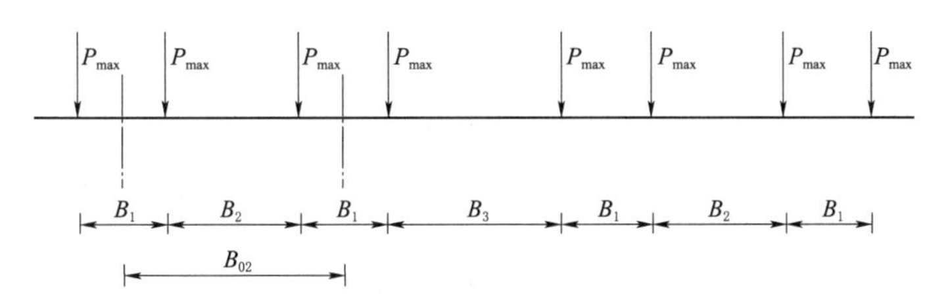


图 24-12　单台桥机一侧作用 8 个轮子时的计算图式一

$$F_{vk3}=\frac{2P_{max}}{B_{02}} \tag{24-29}$$

$$F_{vk4}=\frac{4P_{max}}{B_{03}} \tag{24-30}$$

$$B_{02}=B_1+B_2 \tag{24-31}$$

$$B_{03}=2B_1+B_2+C_1 \tag{24-32}$$

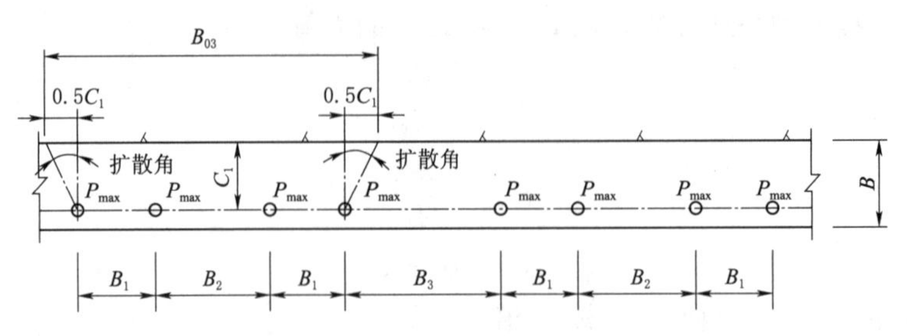


图 24－13　单台桥机一侧作用 8 个轮子时的计算图式二

式中：$B_2$ 为吊车轮距，m，可按设计图样或设备供应商提供的数值采用。

3）当单台桥机一侧作用 12 个轮子时，如图 24－14、图 24－15，单位梁长竖向轮压标准值 $F_{vk}$ 可按下列公式计算，取 $F_{vk5}$ 和 $F_{vk6}$ 的大值。

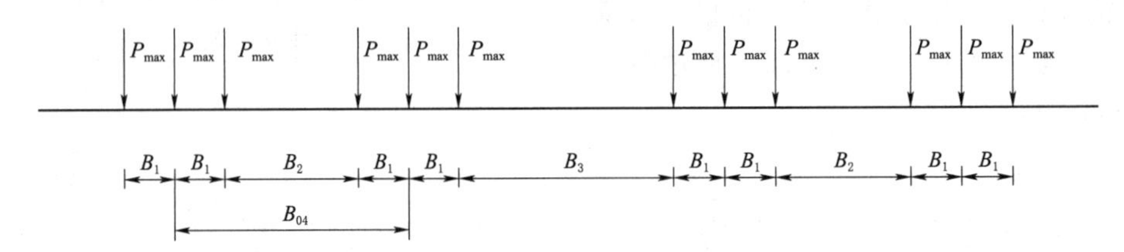


图 24－14　单台桥机一侧作用 12 个轮子时的计算图式一

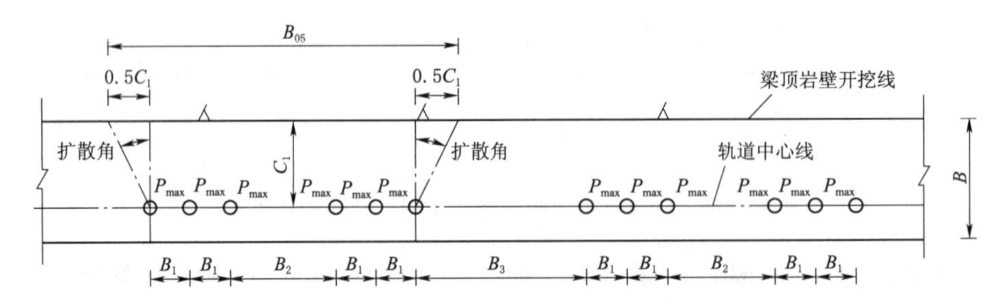


图 24－15　单台桥机一侧作用 12 个轮子时的计算图式二

$$F_{vk5}=\frac{3P_{max}}{B_{04}} \tag{24-33}$$

$$F_{vk6}=\frac{6P_{max}}{B_{05}} \tag{24-34}$$

$$B_{04}=2B_1+B_2 \tag{24-35}$$

$$B_{05}=4B_1+B_2+C_1 \tag{24-36}$$

式中：$B_2$ 为吊车轮距，m；可按设计图样或设备供应商提供的数值采用。

岩壁吊车梁的单位梁长横向水平荷载标准值，可参照上述单位梁长竖向轮压标准值计算公式，将桥机设备制造厂家提供的单个车轮横向水平荷载标准值转换为单位梁长吊车横向水平荷载标准值，也可按下式计算：

$$F_{hk}=2\times10^{-5}\times(m_1+m_2)g\,\frac{F_{vk}}{nP_{max}} \tag{24-37}$$

式中：$F_{hk}$ 为单位梁长吊车横向水平荷载标准值，kN/m，应考虑正反两个作用方向；$m_1$ 为吊车额定起重质量，kg；$m_2$ 为全部小车和吊具的质量之和，kg，不包括桥机大车的质量；$g$ 为重力加速度，$m/s^2$；$n$ 为桥机一侧轨道上吊车轮数。

岩壁吊车梁荷载系数的选取：除抗滑稳定计算外，桥机的竖向轮压和横向水平荷载的作用分项系数均应采用1.10，岩壁吊车梁自重、轨道及附件重力和梁上防潮隔墙重力等作用分项系数均应采用1.05；在做岩壁吊车梁与岩壁结合面的抗滑稳定验算时，上述作用分项系数均应采用1.00；桥机竖向轮压动力系数可采用1.05。

（3）岩壁吊车梁荷载组合。岩壁吊车梁结构设计应按岩壁吊车梁承载能力极限状态设计，可不进行正常使用极限状态设计。岩壁吊车梁承载能力极限状态设计时，应考虑持久和短暂两种设计状况，其作用组合应考虑基本组合，包括考虑设计标准开挖断面、允许超挖值开挖断面和允许岩壁角变化值开挖断面的情况，作用组合应按表24-14的规定进行。岩壁吊车梁的基本组合应包括持久状况和短暂状况下永久作用与可变作用的组合。

**表24-14　　岩壁吊车梁的作用（荷载）组合**

| 设计状况 | 作用荷载 | 作用类别 | | | | | |
|---|---|---|---|---|---|---|---|
| | | 自重 | 轨道及附件重力 | 防潮隔墙重力 | 桥机竖向轮压 | | 桥机横向水平荷载 |
| | | | | | 额定载荷时 | 动载试验时 | |
| 持久状况 | 基本组合 | √ | √ | √ | √ | — | √ |
| 短暂状况 | 基本组合 | √ | √ | √ | — | √ | √ |

（4）岩壁吊车梁刚体极限平衡法结构计算：

1）岩壁吊车梁锚杆计算。岩壁吊车梁上的锚杆应力包括荷载应力和释放应力。设计宜采取措施降低锚杆的这两种应力的峰值，尽量避开这两种应力峰值叠加，以降低锚杆的综合应力、减少对浅表围岩的不利影响。

单位梁长岩壁吊车梁受拉锚杆截面面积应符合下列规定：

$$\gamma_0 \psi M \leqslant \frac{1}{\gamma_d} f_y (A_{s1} L_{t1} + A_{s2} L_{t2}) \tag{24-38}$$

$$A_{s1} L_{t2} = A_{s2} L_{t1} \tag{24-39}$$

式中：$\gamma_0$ 为结构重要性系数，对应于结构安全级别为Ⅰ级、Ⅱ级的岩壁吊车梁，可分别取用1.1、1.0；$\psi$ 为设计状况系数，对应于持久状况、短暂状况，可分别取用为1.00、0.95；$\gamma_d$ 为岩壁吊车梁受拉锚杆承载力计算的结构系数，不应小于1.65；$M$ 为单位梁长竖向轮压、横向水平荷载、岩壁吊车梁自重（含二期混凝土自重）、轨道及附件重力和梁上防潮隔墙重力等荷载的设计值对岩壁吊车梁受压锚杆与岩壁斜面交点的力矩和，N·mm；$f_y$ 为受拉锚杆抗拉强度设计值，$N/mm^2$；$A_{s1}$、$A_{s2}$ 为第一、二排受拉锚杆单位梁长的计算截面面积，$mm^2$；$L_{t1}$、$L_{t2}$ 为第一、二排受拉锚杆到受压锚杆与岩壁斜面交点的力臂，$mm^2$。

岩壁吊车梁与岩壁结合面的抗滑稳定验算应符合下列规定，各荷载均取设计值：

$$\gamma_0 \psi S(\cdot) \leqslant \frac{1}{\gamma_d} R(\cdot) \tag{24-40}$$

$$S(\cdot) = (G + F_v + W)\cos\beta + F_h \sin\beta \tag{24-41}$$

$$R(\cdot) = [(G + F_v + W)\sin\beta - F_h \cos\beta + \sum f_y A'_{si} \cos(\alpha_i + \beta)] \times \frac{f'_k}{\gamma'_f} + \frac{c'_k}{\gamma'_c} A + \sum f_y A'_{si} \sin(\alpha_i + \beta) \tag{24-42}$$

式中：$S(\cdot)$ 为沿岩壁斜面上的下滑力，N；$R(\cdot)$ 为沿岩壁斜面上的阻滑力，N；$F_v$ 为单位梁长竖向轮压设计值，N；$F_h$ 为单位梁长吊车横向水平荷载设计值，N；$G$ 为单位梁长岩壁吊车梁自重（含二期混凝土自重）设计值，N；$W$ 为单位梁长上轨道及附件重力和梁上防潮隔墙重力设计值，N；$\beta$ 为岩壁角，(°)；$\alpha_i$ 为第 $i$ 排受拉锚杆的倾角，(°)；$A$ 为单位梁长岩壁斜面的面积，mm$^2$；$A'_{si}$ 为第 $i$ 排受拉锚杆单位梁长的实配截面面积，mm$^2$；$f'_k$ 为岩壁斜面上抗剪断摩擦系数标准值；$\gamma'_f$ 为抗剪断摩擦系数的分项系数，取 1.7；$c'_k$ 为岩壁斜面上抗剪断黏聚力标准值；$\gamma'_c$ 为抗剪断黏聚力的分项系数，取 2.0；$\gamma_d$ 为抗滑稳定结构系数，不应小于 1.65。

岩壁吊车梁梁体混凝土与岩壁结合面的抗剪断强度 $f'_k$、$c'_k$ 的取值，应以试验峰值强度小值的平均值为基础，结合现场实际情况，参照地质条件类似的工程经验，并可考虑工程处理效果，经地质、试验和设计人员共同分析确定，还应符合现行国家标准《水力发电工程地质勘察规范》的有关规定。

岩壁吊车梁受拉锚杆应锚入稳定的岩体中，岩体中有效锚固段应穿过围岩松动圈，锚入稳定岩体的锚固长度可按计算和工程类比确定，岩壁吊车梁受拉锚杆入岩深度不宜小于该部位系统锚杆的深度，在混凝土内长度应满足钢筋在混凝土内的锚固长度要求。受拉锚杆在稳定岩体内锚固长度应符合下列规定：

$$L_a \geqslant \frac{\gamma_0 \psi \gamma_d \gamma_b f_y A_s}{\pi D f_{rb,k}} \tag{24-43}$$

$$L_a \geqslant \frac{\gamma_0 \psi \gamma_d \gamma_b f_y A_s}{\pi d f_{b,k}} \tag{24-44}$$

式中：$L_a$ 为受拉锚杆在稳定岩体内的锚固段长度，mm；$\gamma_d$ 为受拉锚杆锚固长度计算结构系数，不应小于 1.35；$\gamma_b$ 为黏结强度的分项系数，可取 1.25；$f_y$ 为受拉锚杆抗拉强度设计值，N/mm$^2$；$f_{rb,k}$ 为胶结材料与孔壁的黏结强度标准值，N/mm$^2$，当缺乏试验资料时，可按表 24-15 选取；$f_{b,k}$ 为胶结材料与钢筋的黏结强度标准值，N/mm$^2$，当缺乏试验资料时，可按表 24-16 选取；$d$ 为锚杆直径，mm；$D$ 为锚杆孔直径，mm；$A_s$ 为单根受拉锚杆的截面面积，mm$^2$。

**表 24-15　　水泥砂浆或水泥浆与孔壁间的黏结强度标准值 $f_{rb,k}$**

| 围岩类别 | Ⅰ | Ⅱ | Ⅲ | Ⅳ | Ⅴ |
|---|---|---|---|---|---|
| 黏结强度/(N/mm$^2$) | 1.5 | 1.5～1.2 | 1.2～0.8 | 0.8～0.3 | ≤0.3 |

注　1. 表中数据适用于浆体强度等级为 M30；
2. 表中数据仅适用于可行性研究阶段设计，施工详图设计时应通过试验检验；
3. 岩体结构面发育时，宜取表中下限值。

表 24-16　　水泥砂浆或水泥浆与锚杆间的黏结强度标准值 $f_{b,k}$

| 类　　型 | 黏结强度/(N/mm²) |
|---|---|
| 浆体与锚杆之间 | 2.0～3.0 |

注　1. 表中数据适用于浆体强度等级为 M30；
2. 表中数据仅适用于可行性研究阶段设计，施工详图设计时应通过试验检验。

2）岩壁吊车梁梁体配筋计算。岩壁吊车梁梁体配筋型式见图 24-16。

岩壁吊车梁单位梁长的横向钢筋截面面积 $A_{sv}$，应符合下列规定：

当剪跨比 $a/h_0 \geqslant 0.2$ 时，$A_{sv}$ 应按下式计算：

$$A_{sv} \geqslant \gamma_0 \psi \gamma_d \left( \frac{F_v a}{0.85 f_y h_0} + 1.2 \frac{F_h}{f_y} \right) \tag{24-45}$$

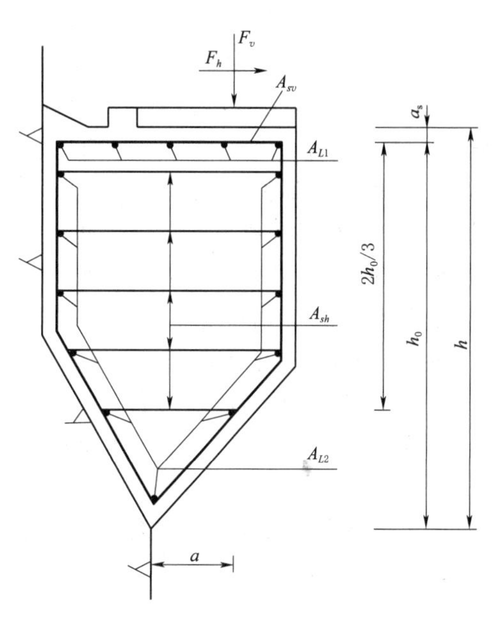

图 24-16　岩壁吊车梁梁体配筋示意图

式中：$A_{sv}$ 为单位梁长横向钢筋的计算截面面积，mm²，为承受竖向力所需的受拉钢筋和承受水平拉力所需的锚筋组成的受力钢筋的总截面面积；$\gamma_d$ 为梁体横向钢筋承载力计算的结构系数，不应小于 1.2；$F_v$ 为单位梁长吊车竖向轮压设计值，N；$F_h$ 为单位梁长吊车横向水平荷载设计值，N；$a$ 为竖向轮压作用点至岩壁吊车梁下部岩壁边缘的水平距离，mm，此时应考虑安装偏差 20mm；$f_y$ 为梁体横向钢筋的抗拉强度设计值，N/mm²；$h_0$ 为岩壁吊车梁截面的有效高度，mm。

当剪跨比 $a/h_0 < 0.2$ 时，$A_{sv}$ 应按下式计算：

$$A_{sv} \geqslant \gamma_0 \psi \left[ \frac{\beta_s (\gamma_d F_v - f_t b h_0)}{(1.65 - 3a/h_0) f_y} + 1.2 \frac{\gamma_d F_h}{f_y} \right] \tag{24-46}$$

式中：$\beta_s$ 为单位梁长受力钢筋配筋量调整系数，取 0.6～0.4，剪跨比较大时取大值，剪跨比较小时取小值；$b$ 为单位宽度，mm，取 1000mm；$f_t$ 为混凝土抗拉强度设计值，N/mm²。

岩壁吊车梁的横向钢筋 $A_{sv}$ 直径不宜小于 16mm，沿纵向的间距不宜大于 250mm。

岩壁吊车梁的横向水平箍筋总截面面积 $A_{sh}$ 应按下式计算：

$$A_{sh} \geqslant \gamma_0 \psi \frac{(1 - \beta_s)(\gamma_d F_v - f_t b h_0)}{(1.65 - 3a/h_0) f_{yh}} \tag{24-47}$$

式中：$f_{yh}$ 为岩壁吊车梁高度范围内的横向水平箍筋抗拉强度设计值，N/mm²。

在岩壁吊车梁伸缩缝两侧各 2m 范围内，横向受拉钢筋及横向水平箍筋截面面积应按前述配筋公式求得的截面面积乘以 1.3。

岩壁吊车梁单位梁长的横向钢筋中承受竖向力所需的受拉钢筋截面面积不应小于

$0.15\% bh_0$。

岩壁吊车梁的横向水平箍筋 $A_{sh}$ 可用水平拉筋或水平U形钢筋替代，且宜布置在梁体上部 $2h_0/3$ 的范围内。钢筋直径不宜小于12mm，竖向间距宜为200～300mm，水平间距不宜大于300mm。在岩壁吊车梁上部 $2h_0/3$ 范围内的水平箍筋的总截面面积不应小于横向钢筋截面面积 $A_{sv}$ 的1/2。当剪跨比 $a/h_0<0.2$ 时，横向水平箍筋的用量还应满足 $\rho_{sh}$ 可不小于0.12%的要求，$\rho_{sh}=\dfrac{A_{sh}}{bS_v}$，$S_v$ 为水平箍筋间距。

岩壁吊车梁的纵向钢筋 $A_L$ 可按构造配置。岩壁吊车梁顶部的纵向钢筋截面面积 $A_{L1}$ 不宜小于全断面面积的0.07%，两侧纵向钢筋截面面积之和 $A_{L2}$ 不宜小于全断面面积的0.13%。两侧纵向钢筋间距宜为250～300mm，均匀布置。周边的纵向钢筋直径不宜小于16mm。

3）岩壁吊车梁施工技术要求。岩壁吊车梁部位的开挖应采用控制爆破技术并预留保护层开挖。岩壁吊车梁部位岩体质量较差时，在岩台斜面开挖前，宜完成斜面以下边墙系统锚喷支护，并设置短锚杆进行预加固。岩壁不应欠挖，超挖不应大于150mm，岩壁角 $\beta$ 偏差不应大于3°。锚杆钻孔孔径应大于锚杆直径20～40mm。锚杆孔位允许偏差为±50mm，锚杆方向角允许偏差为±2°。岩壁吊车梁锚杆应在该部位的系统锚杆施工完成且下一层开挖边墙预裂爆破完成后施工。

边墙喷混凝土时，与岩壁吊车梁接触的岩面应予以保护，防止混凝土喷到该岩面上，降低梁体混凝土与岩壁的黏结强度。

梁体混凝土的浇筑应采取合适的温控措施和施工措施，防止和减少梁体混凝土裂缝产生。

厂房下层爆破开挖应在梁体混凝土达到设计强度等级后进行。在下层及邻近洞室爆破开挖时，应进行控制爆破。爆破对岩壁吊车梁产生的质点振动速度不宜大于70mm/s。

岩壁吊车梁锚杆宜按100%锚杆量对锚杆注浆饱满度和锚杆入岩长度进行无损检测。90%以上锚杆的注浆饱满度不应小于90%，其余锚杆的注浆饱满度不应小于80%。锚杆入岩长度不应小于设计要求的长度。

岩壁吊车梁桥机轨道应具有一定的可调节性，安装后应能适应洞室后续变形，待洞室变形稳定后方可完全固定。

岩壁吊车梁下部附近有交叉洞室时，宜先挖交叉洞室，后下挖厂房洞室，下挖厂房洞室前应完成交叉洞室的锚喷支护施工。

（5）岩壁吊车梁运行期有限元法结构计算实例。采用平面有限元法对荒沟抽水蓄能电站岩壁吊车梁运行期进行有限元法计算：

1）计算假定如下：

a. 围岩、混凝土均与受拉锚杆牢固咬合，没有相对位移；锚杆应力不考虑围岩开挖产生的释放应力，仅考虑吊车梁运行期的荷载应力。

b. 有限元法计算岩壁吊车梁时，在岩壁吊车梁与岩壁结合面顶部存在着应力集中现象，算得的拉应力远远超过混凝土与岩壁结合面的黏结抗力强度，为了消除应力集中问题，岩壁吊车梁与岩壁结合面的应力宜采用有限元等效应力作为评价指标。有限元等效应力是根据有限元计算的应力结果求解结合面（展面）上的内力（弯矩、法向压力、剪力），

再由材料力学方法求得结合面上的应力。

c. 根据以往工程经验，吊车梁与岩壁竖向接触缝的结合情况比较复杂，各部位接触缝的开裂情况均不同，有限元计算中分别采用连续介质模型和间断模型模拟竖向结合面完全黏结和完全分离的情况，实际情况应该介于二者之间。

2）计算参数选取：荒沟抽水蓄能电站地下厂房区围岩多为新鲜白岗花岗岩，埋藏较深，岩体新鲜完整，结构面无明显不利组合，地应力不大，且最大主应力方向又与厂房轴线交角不大，岩体稳定条件较好，基本属于Ⅱ类围岩，新鲜白岗花岗岩变形模量为30GPa，泊松比为0.17。

岩壁吊车梁的混凝土等级为C30二级配，弹性模量30GPa，$f_c$=14.3MPa，两排受拉锚杆采用HRB400钢筋，采用C36@750mm。

3）有限元计算模型。模拟单元：围岩、岩锚吊车梁均采用ANSYS中的平面单元PLANE82进行模拟，该单元可以处理复杂边界情况，可以退化成三角形单元，可以更好地进行不规则图形的网格划分。

建模范围：根据《地下厂房岩壁吊车梁设计规范》（NB/T 35079—2016）条文说明4.4.3条，岩壁吊车梁子模型有限元分析计算范围确定原则如下：水平方向宜向厂房围岩内部延伸至系统锚杆加固区厚度的3倍处，铅直方向由吊车梁顶面和底面宜分别向上和向下延伸至吊车梁全高的4倍处；子模型中吊车梁及其附近区域的网格尺度宜控制在吊车梁高度的1/16以内。

边界约束：围岩除临空面以外的边缘节点均加$X$、$Y$两个方向的约束，为固定铰支座。

连续介质模型：将吊车梁与岩壁的接触缝看作是黏结在一起的，在运行期吊车荷载作用下是不开裂的，此模型成立的前提条件是吊车梁与岩壁的接触缝处的拉应力小于二者交界面的黏结强度，但实际情况可能是局部拉应力已经超出了材料的抗力强度，已经出现局部破坏，相应有限元建模及应力计算结果见图24-17～图24-21。

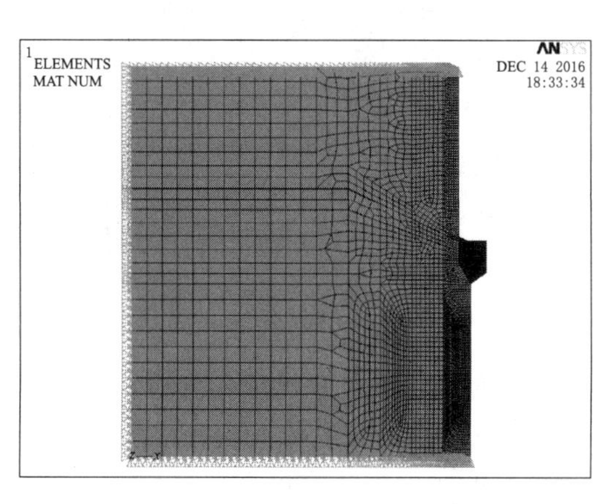


图24-17　有限元整体模型及边界约束条件

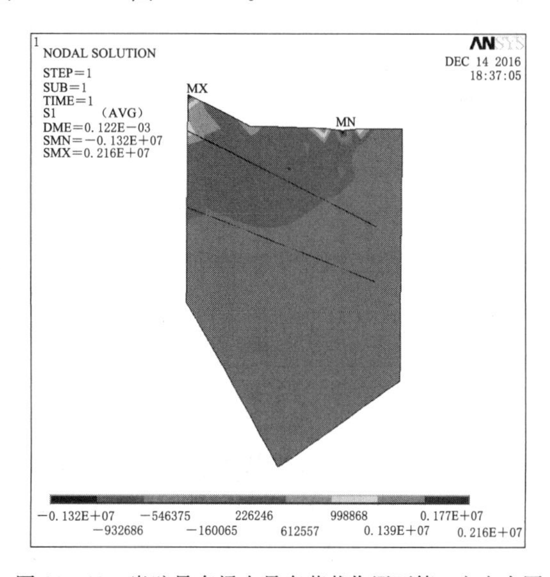


图24-18　岩壁吊车梁在吊车荷载作用下第1主应力图

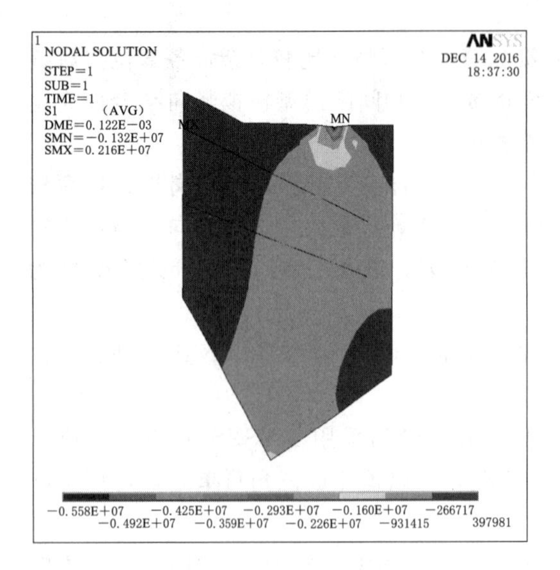


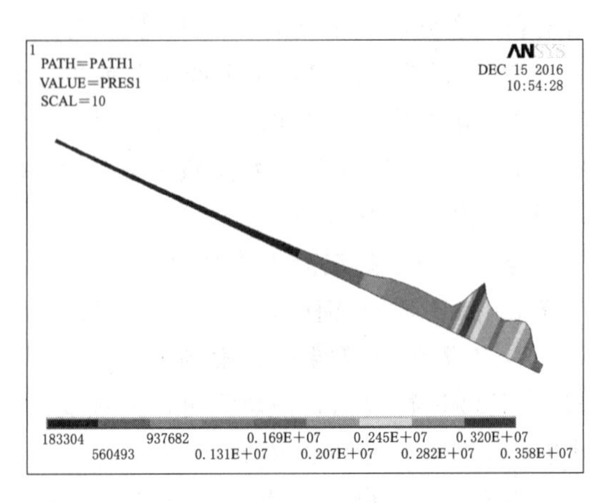


图 24－19　岩壁吊车梁在吊车荷载作用下第 3 主应力图

图 24－20　上排受拉锚杆 Mises 应力分布图

间断模型：将吊车梁与岩壁的竖向接触缝看作是分离的，在运行期吊车荷载作用产生的拉应力完全由上面两排斜拉锚杆来承担，为此，建模时应在吊车梁和竖向岩壁之间预留一个 1cm 宽的缝隙，相应有限元建模及应力计算结果见图 24－22～图 24－26。

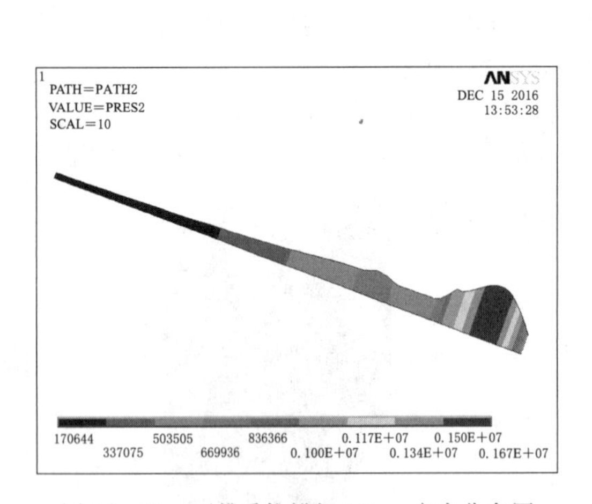


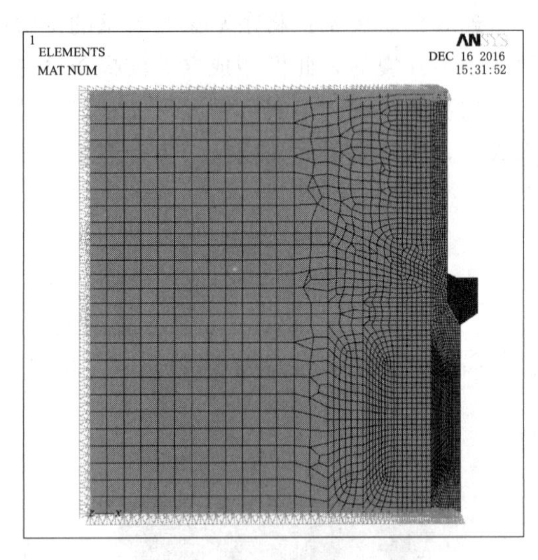


图 24－21　下排受拉锚杆 Mises 应力分布图

图 24－22　有限元整体模型及边界约束条件

受拉锚杆涂抹沥青段模拟：为将孔口附近锚杆的释放应力大大减小，并均化荷载应力，在围岩松动圈范围（1m 厚）内的受拉锚杆采取涂抹沥青包裹塑料布的措施进行处理，认为此范围内的锚杆单元与围岩单元完全脱开，二者之间预留了 0.2cm 的变形孔隙，表示二者在变形过程中没有相互作用。

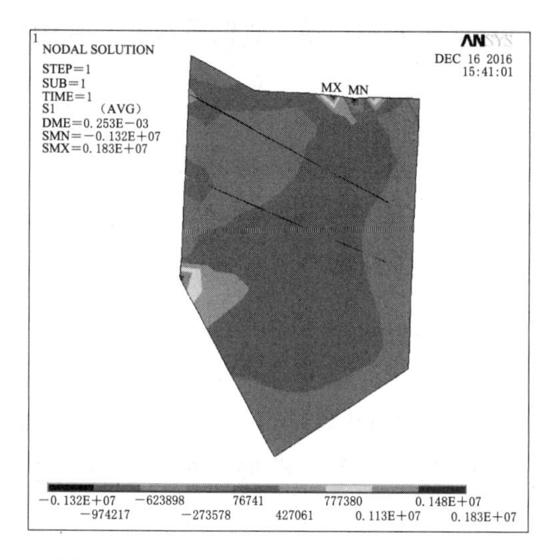


图 24-23　岩壁吊车梁在吊车荷载作用下第 1 主应力图

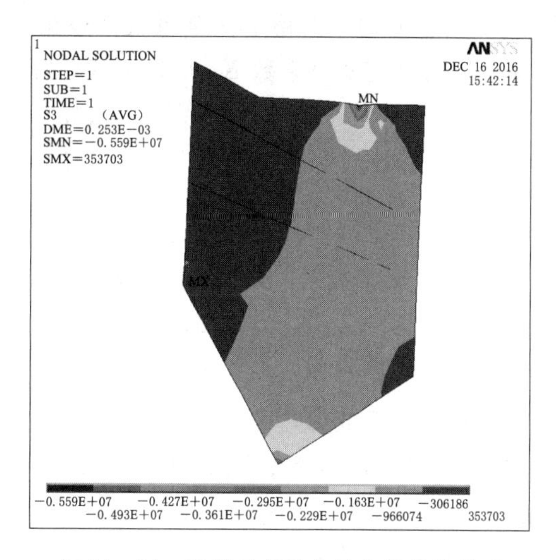


图 24-24　岩壁吊车梁在吊车荷载作用下第 3 主应力图（单位：Pa）

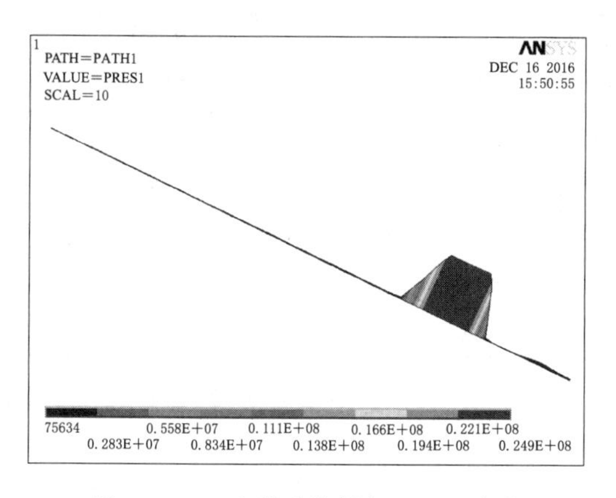


图 24-25　上排受拉锚杆 Mises 应力分布图（单位：Pa）

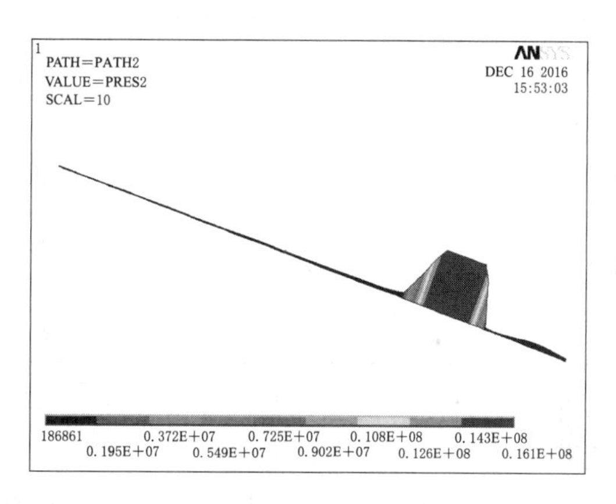


图 24-26　下排受拉锚杆 Mises 应力分布图（单位：Pa）

4）有限元安全评价分析。按《地下厂房岩壁吊车梁设计规范》（NB/T 35079—2016）附录 B 的相关要求对岩壁吊车梁安全性进行有限元分析评价：

a. 岩壁吊车梁受拉锚杆的安全系数。受拉锚杆的安全系数 $K_b$，可采用 Mises 屈服准则（即材料力学第 4 强度理论）确定，按下列公式计算：

$$K_b=\frac{f_{yk}}{\sigma_e} \tag{24-48}$$

$$\sigma_e=\sqrt{3\tau_b^2+\sigma_b^2} \tag{24-49}$$

式中：$f_{yk}$ 为锚杆抗拉强度标准值，N/mm$^2$；$\sigma_e$ 为锚杆 Mises 应力，可以直接从 ANSYS 计算结果中提取，N/mm$^2$；$\sigma_b$ 为锚杆轴向应力，N/mm$^2$；$\tau_b$ 为锚杆横截面上的剪应力，N/mm$^2$。

b. 结合面的抗滑稳定安全系数。根据《规范》附录 B.0.3 条，岩壁吊车梁与岩壁结合面的抗滑稳定安全系数 $K_j$ 应按下式计算：

$$K_j=\frac{\sum_{i=1}^{n}(f'_{ik}\sigma_{i,av}+c'_{ik})A_i}{\sum_{i=1}^{n}\tau_{i,av}A_i} \tag{24-50}$$

式中：$\sigma_{i,av}$ 为结合面上第 $i$ 个单元的平均正应力，$N/mm^2$；$\tau_{i,av}$ 为结合面上第 $i$ 个单元的平均剪应力，$N/mm^2$；$f'_{ik}$ 为结合面上第 $i$ 个单元的抗剪断摩擦系数标准值；参照《水力发电工程地质勘察规范》表 D.0.3－2，Ⅱ类围岩取为 1.10；$c'_{ik}$ 为结合面上第 $i$ 个单元的抗剪断黏聚力标准值，$N/mm^2$，参照《水力发电工程地质勘察规范》(GB 50287—2016) 表 D.0.3－2，Ⅱ类围岩取为 $1.10N/mm^2$；$A_i$ 为第 $i$ 个单元的沿潜在滑移面的面积，$mm^2$；$n$ 为结合面上的单元个数。

c. 有限元安全评价分析结果。

**表 24－17　　荒沟抽水蓄能电站岩壁吊车梁有限元安全评价结果**

| 计算模型 | 计算内容 | 计算结果 |
|---|---|---|
| 连续介质模型 | 第一排受拉锚杆安全系数 | 111.7 |
| | 第二排受拉锚杆安全系数 | 239.5 |
| | 结合面抗滑稳定安全系数 | 10.6 |
| 间断模型 | 第一排受拉锚杆安全系数 | 16.1 |
| | 第二排受拉锚杆安全系数 | 24.8 |
| | 结合面抗滑稳定安全系数 | 3.9 |

由表 24－17 可知，荒沟抽水蓄能电站岩壁吊车梁运行期受拉锚杆安全系数和结合面抗滑稳定安全系数均能满足要求。

2019 年初，荒沟抽水蓄能电站工地现场利用水箱注水作为荷载对岩壁吊车梁进行了负荷试验，位于受拉锚杆自由段的 9 号、11 号测点锚杆应力增量过程线如图 24－27 所示，从监测结果可知，受拉锚杆应力随负荷吨位增加同步增大，增幅较小，基本均小于 2.5MPa，局部最大增量达 3.44MPa，该实测结果与有限元间断模型计算所得受拉锚杆自由段最大拉应力 2.49MPa 基本吻合，也验证了有限元间断模型比较接近工程实际，对岩壁吊车梁结构设计提供了很好的参考。

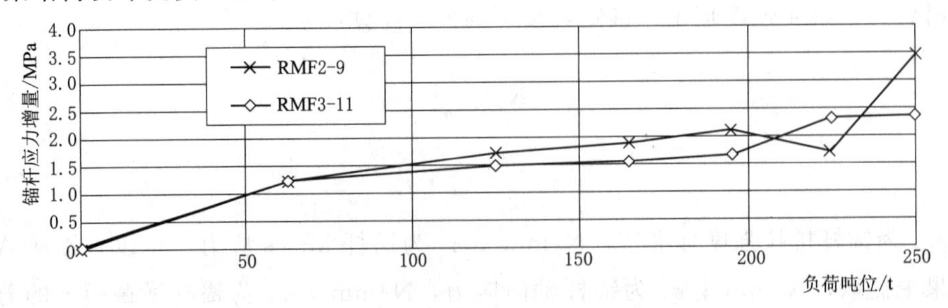


图 24－27　受拉锚杆应力增量典型过程线图

**（七）地下厂房防潮隔墙**

地下厂房洞室防潮隔墙的设置，对降低运行环境的相对湿度有很大的作用，能极大地改善机电设备的正常运行和运行人员工作的环境，有利于机电设备运行的安全和运行人员的健康。地下厂房洞室内设置防潮隔墙还可以利用隔墙与衬砌或岩石之间的空腔布置风道。

防潮隔墙与岩石开挖面或衬砌之间的净距一般为30cm左右，根据空腔空间利用要求可适当增加或减小，但不宜小于15cm。防潮隔墙的形式可以采用预制板隔墙或者砌体隔墙。

防潮隔墙不论是采用预制板隔墙还是采用砌体隔墙，在砌筑过程中难免会有水泥砂浆掉落，岩石开挖面往往也清洗得不干净，岩粉等也会随地下水流下，运行后往往导致底部集水沟、排水孔堵塞，排水不畅，使隔墙后面的水位上升，隔墙内表面潮湿。为解决上述问题，防潮隔墙宜采取下述措施：

（1）在防潮隔墙两柱之间，紧靠隔墙底部排水孔处的设置检查清扫孔，检查清扫孔的尺寸可为50cm×80cm左右，孔口设置活动门，门与孔口之间应结合紧密。

（2）为防止地下水从高处自由落下时飞溅到防潮隔墙上，并渗入到厂房内部，底部1.5m左右高度隔墙的外表面宜用防水水泥砂浆等粉刷，并在底部作一集水沟，集水沟的纵向应有一定的坡度。对于防止地下水外渗更为有效的方式是，在防潮隔墙底部30cm左右高度范围内采用现浇混凝土作为隔墙的基础。

（3）集水沟至厂房底部排水孔若采用预埋管，其直径不宜小于10cm。为便于检修，预埋管应采用直管，其长度要尽可能减短，厂内排水应尽量采用有盖板的排水沟。

（4）防潮隔墙两跨柱之间在柱底部设置连通管，若有一跨的底部排水孔被堵塞时，地下水可以通过连通管从相邻跨的底部排水孔排至厂内集水井。

（5）为防止砌墙时的水泥砂浆等污物堵塞底部排水孔，可在底部排水孔处的集水沟内临时用油毛毡遮盖，防潮隔墙砌筑完毕并将集水沟内的污物清除后，将油毛毡从检查清扫孔取出。

## 第三节　地下厂房结构构造设计

### 一、结构分缝

厂房结构设置永久缝的作用主要是为了适应厂房整体结构在温度变化、混凝土收缩或膨胀、基础约束或因地震产生的水平和竖向位移。

抽水蓄能地下厂房的基础为岩基基础，对厂房结构将产生较大的基础约束应力，为减少下部结构受基础约束产生的温度和干缩应力，必须沿厂房长度方向（纵向）设置永久缝。厂房主机间机组段永久缝根据机组间距和电站规模多采用一机一缝，缝自基础通至厂顶；主机间与安装间、副厂房相邻建筑物之间，均应设置永久缝。对于多机组的厂房，为了减少混凝土干缩和大体积混凝土硬化时水化热温升给结构带来的不利影响，或机组分期安装的需要，可在施工期设置临时缝（施工缝）。临时缝一般应进行凿毛处理，设置键槽和插筋。

永久缝的缝宽原则上应根据厂房温度变形、沉降及抗震构造要求等条件确定。抽水蓄能电站地下厂房，下部结构的永久缝缝宽一般为10～20mm，上部结构的永久缝缝宽可适当加大。

永久缝中应设置可靠的止水设施，止水布置须有利于结构的受力条件。必要时还需设置双层止水或在止水设施后加设排水孔和排水管道。厂房垂直和水平止水必须能形成一条闭合的防渗带。

常用止水材料通常采用紫铜片、不锈钢片、橡胶、膨胀型橡胶、塑料、沥青以及高分子合成材料等，可根据永久缝所处地域的气候环境、作用水头、永久缝的变形情况选用。

永久缝间填充材料一般采用沥青杉板、多层沥青油毡或轻质聚合物材料（闭孔泡沫板）等。

## 二、厂房一、二期混凝土的划分

地下厂房混凝土分期原则：①一、二期混凝土的划分应满足机组设备安装和埋件埋设的净空要求。②机组分期安装的厂房，预留后期安装的机组段，其一期混凝土结构应满足初期运行时的稳定、强度和防渗等要求。③二期混凝土的形状、尺寸，除满足设备埋件和安装需要外，还要满足自身结构的整体性和与一期混凝土结合的可靠性。④厂房上、下游墙和构架在厂房二期混凝土未浇筑和厂房未封顶前，应具备承受相应工况荷载的能力。

地下厂房一期混凝土主要包括安装间，主机间水下部分如厂房底板、尾水管等；二期混凝土主要包括尾水管锥管段、蜗壳、机墩、风罩、水轮机层至发电机层板、梁、柱、墙结构等。

## 三、厂房混凝土浇筑分层块

地下厂房混凝土分层分块应根据厂房结构型式和尺寸、施工进度、混凝土浇筑能力及温控措施等情况，按下列原则确定：①分层分块设计应适应厂房水下结构体形复杂的特点，满足结构的整体性要求，并兼顾方便施工和便于模板的重复利用。②分块面积大小应根据混凝土的生产能力、浇筑方法、浇筑强度和温度控制要求确定，浇筑分块的单个块体应满足温控和防裂要求，且块体长宽比不宜过大，以利于减少混凝土温度应力和干缩应力。③浇筑层厚度应按结构、温控和立模要求确定，同时应满足设备安装和埋件埋设要求。④根据结构尺寸，轮廓形状以及应力情况进行分层分块，避免在结构不利部位分缝，尽可能将浇筑接缝设在应力较小的部位，同时应避免锐角和薄片。⑤施工分缝形式应以错缝为主，须避免上、下层垂直通缝。对于用错缝分块部位，须采取措施防止施工垂直缝面张开后向上、下延伸。错缝水平搭接长度宜取浇筑层厚度的1/3～1/2，且不宜小于300mm。竖向施工缝面上宜设置键槽，键槽面积不应小于竖向施工缝面积的1/3，必要时还应设置并缝钢筋。

地下厂房水下部分混凝土浇筑分层厚度主要根据厂房结构尺寸、轮廓、基础约束、浇筑能力及温控措施等情况确定。基础块厚度一般取1～2m；在基础约束范围以外分层可根

据结构形状、混凝土拌和、运输、建筑能力等因素进行划分，层厚可控制在3～6m。地下厂房水上部分混凝土多为框架结构，体积相对较小、结构较规则，侧面散热条件较好，其浇筑高度可适当加大。一般墙柱结构的浇筑高度可取6～8m。楼面分层按梁底面至梁顶面设置浇筑层。水下部分混凝土分块面积，最大不宜大于300m²，浇筑块体的长度一般以不大于20m为宜，当温控措施有保障时可再适当加长。浇筑块最大面积亦可按下式近似计算：

$$F=\nu[t-(\Delta t_1+\Delta t_2)]/h \tag{24-51}$$

式中：$F$为混凝土浇筑块最大面积，m²；$\nu$为混凝土的生产能力，m³/h；$t$为混凝土凝结时间，h，由实验确定，水泥初凝时间不小于45min，混凝土凝结时间一般在2h左右；$\Delta t_1$为混凝土从出机口至浇筑地点所需的时间，h；$\Delta t_2$为备用时间，可取10min；$h$为每层混凝土浇筑层厚度，可取0.20～0.25m。

水上部分混凝土如楼面宜按机组段形成整浇块，若面积过大可分为两个浇筑块。

在新混凝土浇筑前，首先应使先浇筑块混凝土表面足够平整，并清除施工缝面的乳皮。凿毛处理前的混凝土抗压强度须不低于2.5MPa，施工缝面一般采用机械或人工凿毛等方法进行处理。凿毛后要求用水冲洗干净，并用压缩空气吹干后才可进行后续层、块的浇筑施工，以保证新、老混凝土完整结合。

### 四、减少施工期温度应力的措施

减小地下厂房大体积混凝土结构施工期温度应力的措施可选择下列方式：①采用低热或中热水泥拌制混凝土，合理使用外加剂，改善混凝土级配，优化配合比设计。②采取合理的混凝土分层、分块浇筑措施。③对混凝土骨料进行预冷，加冰或冷水拌制混凝土，缩短混凝土的运输及卸料时间，降低入仓温度。④控制混凝土最高温升，在少数部位中预埋冷却水管，表面流水养护混凝土。

## 第四节　主机间结构动力分析

### 一、动力分析的主要内容及控制标准

水电站厂房为机组的支承结构，机组运行时产生的机械力、电磁力和水力等激振力可能会引起厂房结构的整体或局部振动，尤其抽水蓄能电站具有高水头、大容量、机组高转速、水流双向运转及工况变换频繁等特点，振动能量较常规电站更为突出，振动激励作用在机墩等支承结构中易诱发结构的有害振动。

#### （一）动力分析的主要内容

根据抽水蓄能电站厂房结构的设计经验，厂房主机间结构动力分析主要包括结构的模态分析、振动荷载作用下的响应分析、过渡过程动力响应分析。主要计算结构自振频率、振型、振幅、应力和各特征点的位移和加速度等，预测机组可能产生的强迫振动频率，参照《水电站厂房设计规范》（NB 35011—2016）进行共振校核和动力系数复核；根据《机械振动与冲击人体暴露与全身振动的评价》（GB/T 13441—2007）提出的舒适性的降低界

限（加速度的均方根值）与振动频率（或 1/3 倍频带的中心频率）、暴露时间和振动作用的方向有关等来评价振动对人体的影响，通过上述各方面的计算分析对结构的合理性做出评价并提出改进措施。

**（二）振动控制标准**

目前关于水电站厂房结构的振动控制标准，国内外均无明确规定。我国《水电站厂房设计规范》（NB 35011—2016）提出了对机墩结构的共振、振幅和强度的控制标准，但对于楼板等薄弱构件，以及在诸如脉动压力作用下的厂房振动，缺乏明确的和可操作的技术标准。由于厂房结构既是设备的基础，又是运行人员的工作场所，故应重视机组振动对人体身心健康的影响，这就需要厂房结构具有一定的刚度以削减机组振动的影响。根据近年来抽水蓄能电站的设计经验，对厂房结构提出了在满足振动承载力要求的同时，还能符合人体保健要求的评估指标。

*1. 按结构承载要求建立振动控制标准*

（1）厂房机墩的自振频率复核可参照《水电站厂房设计规范》（NB 35011—2016）执行，即机墩自振频率与强迫振动频率之差和自振频率之比值应大于 20%，或强迫振动频率与自振频率之差与机墩强迫振动频率之比应大于 20%，以防共振，（根据抽水蓄能电站的设计经验，当转速大于 500r/min 时建议适当提高标准，约 1.5 倍以上）。机墩强迫振动频率为发电机正常转速和飞逸转速相对应的两种振动频率，该两种频率均应进行共振复核计算。

（2）厂房机墩强迫振动的振幅应满足《水电站厂房设计规范》（NB 35011—2016）中的规定：垂直振幅不大于 0.15mm，水平横向与扭转振幅之和不大于 0.20mm。

*2. 按设备基础要求建立振动控制标准*

厂房结构是水轮发电机设备的基础，水电行业对水轮发电机组设备基础振动控制标准尚未具体规定，可参照《动力机器基础设计规范》（GB 50040）的相关规定，评估厂房结构的抗振性。该规范关于低转速（机器工作转速 1000r/min 及以下）动力计算的规定见表 24 - 18。

**表 24 - 18　　扰力、允许振动线位移及当量荷载表**

| 机器工作转速/(r/min) | | ＜500 | 500～750 | 750～1000 |
|---|---|---|---|---|
| 计算横向振动线位移的扰力/kN | | $0.10w_g$ | $0.15w_g$ | $0.20w_g$ |
| 允许振动线位移/mm | | 0.16 | 0.12 | 0.08 |
| 当量荷载/kN | 竖向 | $4w_{gi}$ | $8w_{gi}$ | |
| | 横向 | $2w_{gi}$ | $2w_{gi}$ | |

表中对于低转速电机基础的动力计算，在低于 500r/min 时，基础顶面以振动线位移 0.16mm 作为控制限值，这一标准基本与水电站厂房设计规范对机墩的规定一致，可参考使用。

*3. 按人体保健要求建立振动控制标准*

人体保健要求对振动的控制标准，分为听觉和触觉两个方面。关于听觉，《水利水电工程劳动安全与工业卫生设计规范》（GB 50706—2011）中提出了水电站工作场所的噪声

限制值，规定发电机层、水轮机层、蜗壳层等设备房间的噪声限制值为85dB，中央控制室及主要办公场所的噪声限制值为60～70dB。关于触觉，水电行业尚未制定人体保健要求的控制标准。国家电力公司在《抽水蓄能电站厂房振动控制标准和结构减振措施研究》专题报告中，提出了参照《人体全身振动暴露的舒适性降低界限和评价准则》（GB/T 13442—1992）及ISO 2631—1国际标准，建立厂房结构抗振的评估指标。GB/T 13442—1992已经被《机械振动与冲击人体暴露与全身振动的评价》（GB/T 13441—2007）替代。

## 二、结构固有振动特性分析

1. 结构自振频率和振型

结构动力学是研究结构的动力特性及其在外界动荷载作用下响应的理论和方法，主要的理论研究方法是建立结构体系的运动方程，采用有限元法建立结构体系的运动方程：

$$[M]\{\ddot{u}\}+[C]\{\dot{u}\}+[K]\{u\}=\{F(t)\} \tag{24-52}$$

式中：$[M]$ 为结构的质量矩阵；$[C]$ 为结构的阻尼矩阵；$[K]$ 为结构的刚度矩阵；$\{u\}$ 为结构的位移矩阵；$\{F(t)\}$ 为节点荷载列阵；$\{\dot{u}\}$ 为节点速度列阵；$\{\ddot{u}\}$ 为节点加速度列阵。

结构的自振频率和振型是结构体系的固有动力特性，不随时间而改变，在描述一个结构的动力特性或实际测量结构动力特性时必须给出。模态分析用于确定结构的动力特性，无阻尼结构体系的自由振动运动方程：

$$[M]\{\ddot{u}\}+[K]\{u\}=\{0\} \tag{24-53}$$

在特定初始条件下，结构做简谐振动，可写为

$$\{u\}=\{\phi\}\sin(\omega t+\theta) \tag{24-54}$$

对上式求导代入振动运动方程中，得

$$([K]-\omega^2[M])\{\phi\}=\{0\} \tag{24-55}$$

进一步，结构体系的频率方程或特征方程：

$$|[K]-\omega^2[M]|=0 \tag{24-56}$$

上式中 $\omega_i(i=1,2,3,\cdots,N)$ 称为第 $i$ 阶自振圆频率，由公式可知，自振圆频率仅与结构的刚度矩阵 $[K]$ 和质量矩阵 $[M]$ 有关，因此也称固有圆频率；自振圆频率 $\omega_i$ 和自振频率 $f_i$ 有如下关系：

$$f_i=\frac{\omega_i}{2\pi} \tag{24-57}$$

对应于 $\omega_i$（或 $f_i$）的第 $i$ 个特征向量 $\{\phi\}_i=[\phi_1^{(i)},\phi_2^{(i)},\cdots,\phi_N^{(i)}](i=1,2,3,\cdots,N)$ 称为第 $i$ 阶固有振型，简称第 $i$ 阶振型。

当体系有 $N$ 个自由度时，体系存在 $N$ 阶自振频率 $f_i$ 和 $N$ 阶振型 $\{\phi\}_i(i=1,2,3,\cdots,N)$。

结构动力分析就是为了确定结构的动力特性及其在动荷载下的响应，现实中的结构体系都具有分布质量，为无限自由度体系。必须对模型合理简化才能进行动力分析，工

程中常用的方法就是将无限自由度的结构体系处理为有限自由度体系，也就是结构离散化方法，主要有集中质量法、广义位移法和有限元法，而其中用得最多的就是有限元法。特别是随着计算机技术和结构分析软件的推广和普及，基于有限元法的结构动力仿真分析得到了飞速发展，各种结构动力仿真软件也层出不穷，其中推广比较好的就是ANSYS软件。

在利用仿真软件进行抽水蓄能电站地下厂房结构自振频率和振型计算时，考虑围岩对混凝土结构的约束作用，通常有以下两种思路：

（1）考虑厂房周围围岩和厂房混凝土结构一起振动，围岩每侧的计算宽度取1～3倍的厂房宽度，围岩底部为固定约束，其余为周边约束加固定约束或黏弹性约束（具体视周边围岩厚度而定）。

（2）厂房混凝土结构底面节点为固定约束，周边与围岩交界处视围岩的弹性模量大小加弹簧约束。

两种计算思路从本质上说是等效的，只是地下厂房边界条件的处理方法不同。从理论上讲考虑足够范围的岩体更加符合实际、更加科学，但从实用角度，按弹性支撑边界更加直观、方便。

2. 共振复核

在厂房结构的动力分析中，共振是应该提前准确预知和避免的，因为在发生共振时，即使激振力的幅值不大，也有可能产生很严重的振动破坏。共振复核要符合《水电站厂房设计规范》（NB 35011—2016）的要求：机墩自振频率与强迫振动频率之差与自振频率的比值应大于20%，或强迫振动频率与自振频率之差与机墩强迫振动频率的比值应大于20%，防止产生共振。

水电站厂房结构的频率间隔一般都很小，基本每1Hz内都有频率出现。另外，机组运行中的振源多样，特性复杂，频率范围分布很广。所以，厂房结构的动力分析和共振复核十分复杂，且很难错过所有的共振区间，实际工程设计中一般都是避免危害较大共振的发生而允许危害较小共振的存在。

3. 机墩动力系数复核

根据《水电站厂房设计规范》（NB 35011—2016）附录D，在忽略阻尼影响的前提下，机墩动力系数$\eta$可按下式计算：

$$\eta=\frac{1}{1-\left(\frac{n_i}{n_{0i}}\right)^2} \tag{24-58}$$

式中：$n_i$为机墩强迫振动频率，r/min；$n_{0i}$为机墩在相应于$n_i$方向的自由振动频率，r/min。

## 三、机组运行中的主要振源和频率分析

由于抽水蓄能机组振源复杂，特别是水力振动机理复杂，且频率分布较宽，针对某一具体机组，振动的表现形式和出现概率是不同的，必须结合水轮机模型试验成果和机组设计及运行特性加以具体研究。可逆式水轮-发电机组的主要振动原因及振源频率特性可以归纳见表24-19、表24-20。

**表 24-19　　　　抽水蓄能机组主要振动原因汇总表**

| | 振源形式 | 振动状态 | 振动原因 |
|---|---|---|---|
| 水力振动 | 水轮机工况 | 负荷增加时振动同时增大 | 1. 转轮等设计与运行条件不一致；<br>2. 转轮叶片和导叶数量不合适；<br>3. 转轮和导叶之间的距离过小；<br>4. 转轮叶片开口不均；<br>5. 转轮和止漏环的间隙不良，偏心；<br>6. 导叶开口不匀 |
| | | 在低负荷和超负荷时振动增大，伴有音响 | 1. 尾水管内流速不均匀，产生低频回转涡带；<br>2. 空化、空蚀 |
| | 水泵工况 | 在流量偏离效率最高点时，振动增大 | 1. 流量增大时，在导叶的压力面产生脱流；<br>2. 流量减小时，在转轮进口处产生回流 |
| | | 空化发生时，振动加大，伴随噪声 | 叶片吸力面产生气泡，产生压力脉动 |
| 机械振动 | | 在空载低转速时叶片产生振动 | 1. 主轴弯曲或挠曲；<br>2. 推力轴承调整不良；<br>3. 轴承间隙过大；<br>4. 主轴法兰连接不紧；<br>5. 转动部件和固定部件不同心 |
| | | 振动激烈，伴有噪声 | 1. 转轮等旋转件与静止件相碰；<br>2. 转轮水封止水片脱落 |
| | | 随速度上升振动增大 | 旋转体不平衡 |
| | | 随负荷增加振动增大 | 1. 导轴承和推力轴承有缺陷；<br>2. 轴承间隙不等；<br>3. 主轴过细；<br>4. 转子磁轭固定不牢 |
| 电磁振动 | | 转频振动，其频率为转频或转频倍数 | 转子横截面不圆、转子和定子不同心、转子动静力不平衡等，产生不均衡磁拉力，引起机组的振动和摆动 |
| | | 极频振动，其频率为 50Hz 的倍数 | 定子不圆、机座合缝不好、定子并联支路内环流产生的磁势、负序电流引起的反转磁势等 |

**表 24-20　　　　抽水蓄能机组主要振源频率汇总表**

| 振动形式 | 振　源 | 频率计算公式 | 备　注 |
|---|---|---|---|
| 水力振动 | 尾水管内低频压力脉动（小流量和高转速区出现） | $f=0.1f_n$ | $f_n$—转频 |
| | 尾水管内典型低频涡带 | $f=(0.25\sim0.40)f_n$ | $f_n$—转频 |
| | 尾水管内接近转频的涡带 | $f=(0.8\sim1.2)f_n$ | $f_n$—转频 |
| | 尾水管内中频率压力脉动 | $f=(1.8\sim3.6)f_n$ | $f_n$—转频 |
| | 尾水管内高频率压力脉动 | $f=(3.6\sim6.0)f_n$ | $f_n$—转频 |
| | 蜗壳中的不均匀流场 | $f=Zf_nk$ | $f_n$—转频<br>$Z$—转轮叶片数<br>$k$—$k=1, 2, 3, \cdots$ |

续表

| 振动形式 | 振　　源 | 频率计算公式 | 备　　注 |
|---|---|---|---|
| 水力振动 | 导叶后的不均匀流场 | $f=Z_0 f_n$ | $f_n$—转频<br>$Z_0$—导叶数 |
| | 卡门涡 | $f=C\frac{W_2}{D}$ | $C$—系数，$C=0.18\sim0.20$<br>$W_2$—叶片出口边缘的相对流速<br>$D$—叶片出口边缘的厚度 |
| 机械振动 | 转频 | $f=f_n$ | $n$—转频或飞逸转频 |
| | 倍频 | $f=kf_n$ | $n$—转频或飞逸转频<br>$k$—$k=1，2，3，\cdots$ |
| 电磁振动 | 转频 | $f=kf_n$ | $f_n$—转频或飞逸转频<br>$k$—$k=1，2，3，\cdots$ |
| | 倍频 | $f=50k$ | $k$—$k=1，2，3，\cdots$ |

从上述分析来看，可能出现的振源很多，其频率从低频到高频分布极广，这给厂房共振复核和动力设计带来很大困难，因此要抓主要问题。

## 四、结构动力设计

### （一）结构动力计算方法

国内外对厂房结构振动问题主要是研究水电站主厂房振动及其向副厂房的振动传递，结构计算主要采用理论分析和数值计算等方法。理论分析法是采用拟静力法处理动力计算问题，对风罩机墩和蜗壳外围钢筋混凝土结构采取沿圆周切取单位宽度而对结构进行动力计算。主要假定机墩的振动为单自由度体系，在计算动力系数和自振频率中假定无阻尼作用，在计算振幅时假定为有阻尼作用，《水电站厂房设计规范》附录中也推荐采用此法。蜗壳、机墩、风罩和楼板梁等是一个空间结构，取其中某一结构按平面进行分析，所得结果显然难以反映实际情况。随着计算机的迅速发展，采用三维有限元数值计算对厂房进行动力分析得到广泛应用。用数值计算的方法研究结构振动问题，就是用数值方法求解结构的特征值问题和瞬态场问题，具体来说就是求解结构的自振频率和振型以及结构在动力荷载作用下的动态反应。计算整体结构的自振频率是建立在多自由度无阻尼振动体系上的，通常采用模态求解方法。计算机墩组合结构的响应（动位移和动应力）是建立在多自由度有阻尼振动体系上，通常采用拟静力法或谐响应求解方法。

### （二）厂房主机间结构动力计算实例

1. 自振频率及其振型

结构自振频率计算时，考虑两种模型。

模型一：考虑洞室围岩参振情况，周围岩体每侧的计算宽度至少取 3 倍的厂房开挖跨度，即不小于 66m。机组段两侧，考虑结构分缝，各层楼板由立柱支撑，按自由边界处理。岩石的上游侧、下游侧、左侧、右侧和底部边界均为固定约束，岩石顶部加三向弹性支撑，其余自由为边界。

模型二：仅考虑部分围岩，其他围岩约束以三向弹性支撑代替。模型网格剖分见图 24-28 及图 24-29。

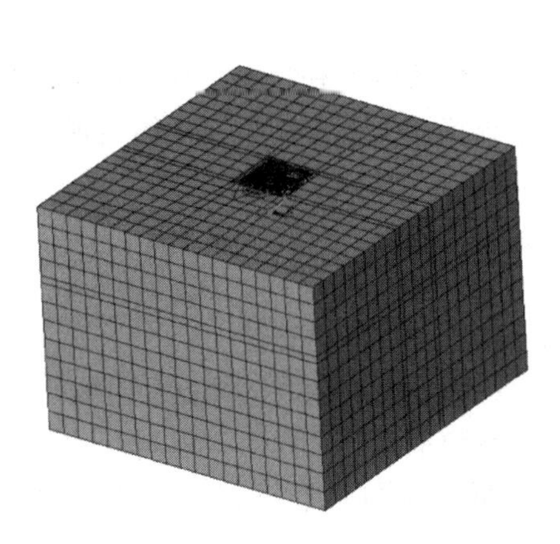
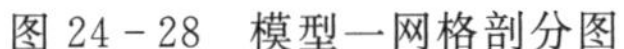

图 24-28　模型一网格剖分图

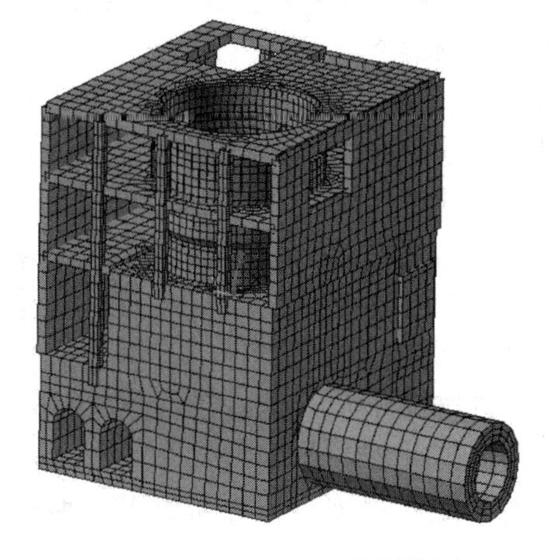

图 24-29　模型二网格剖分图

根据围岩的物理力学参数的不同，两种模型分别与Ⅱ类围岩、Ⅲ类围岩组合，拟定四种方案进行计算：

方案一：采用模型一，围岩按照Ⅲ类围岩计算；

方案二：采用模型一，围岩按照Ⅱ类围岩计算；

方案三：采用模型二，围岩按照Ⅲ类围岩计算；

方案四：采用模型二，围岩按照Ⅱ类围岩计算。

计算结果表明：

（1）方案一、方案二为模型一，厂房的振动多为整体振型。但对于机组振动而言属于内部振源，不易激发厂房的整体振动。与方案一相比，方案二的第 10～20 阶振型以楼板或楼梯间侧墙局部振动为主。随着围岩弹模的提高，相同振型下对应的频率增大，说明围岩对厂房结构的约束作用越强，振动频率越高。厂房整体振动的幅度变小，局部振动的幅度变大。

（2）方案三、方案四为模型二，绝大多数阶次的振型均表现为楼板、楼梯间侧墙或立柱的局部振动，频率范围为 26.64～27.33Hz。与方案三相比，方案四相同振型下对应的频率增大。

（3）边界条件对自振频率及振型的影响较大。当把围岩当作厂房结构的一部分共同计算时，由于地下厂房混凝土结构的整体刚度比较大，而岩石的刚度相对较小，因此许多阶振型皆为厂房整体在围岩中的整体振动，虽然机组运行时所产生的振源不大可能引起这些整体振动，但它也属于地下式厂房可能发生的一种振动型式。当有其他振源产生（比如地震）时，有可能激起此种型式的振动。因此，计算中也不能忽略这些频率。

（4）将围岩的作用简化成弹性支撑，底部不考虑围岩的作用，按固定端考虑后，厂房结构的自振频率显著提高。低阶频率均表现为楼板的局部振型，以后较多出现的还有立柱的振型，且不会出现厂房的整体振型，机组振动引起的结构振动应以此类振动为主。

2. 共振复核

共振复核以《水电站厂房设计规范》（SL 266—2014）为依据，要求结构自振频率和干扰振源频率的错开度大于20%～30%。

共振复核结论：

（1）厂房结构的频率十分密集，基本在每一个个位数内均有频率出现，且很多为局部楼板结构或立柱结构的局部振型；机组运行中的振源特性也十分复杂，可能出现的振源很多，频率从低频（1Hz）到高频（200Hz）的分布极广，难以完全错开所有的共振区间，只能从可能出现的振源频率和结构基本频率的共振复核着眼，解决主要矛盾。

（2）尾水管低频涡带、中频涡带、转速频率、飞逸转速频率、2倍转速频率、导叶数频率及电气高频共振的危险性基本不存在，频率保持有足够的错开度。

（3）机组运行所产生的激振力不可能引起厂房整体刚性振动，无共振的可能。

（4）楼板和立柱的一些高阶振型的频率与叶片数频率错开度较小，但与叶片数频率相近的楼板和立柱振型均为高阶振型，振动时能量低，参与系数小，产生共振的危险性很小。

综上所述，本电站的结构设计从振动的角度分析，若无其他不可预见的机组振动特殊振源出现，将不会发生共振现象。

3. 动力系数复核

根据动力计算成果，对机墩进行动力系数复核，当不考虑阻尼影响时，动力系数 $\eta$ = 1.18、1.12、1.10和1.07。

从振动动力系数分析，由于频率错开度均较大，故共振放大系数较小，没有超过设计手册中所建议的 $\eta=1.5$。综合评价认为：取动力系数 $\eta=1.5$ 进行设计是安全的。

**（三）机组振动荷载作用下厂房动力反应**

抽水蓄能电站相较于常规水电站来说，具有高水头、机组高转速、双向水流和工况变换频繁的特点，致使机组支承结构的机械离心力、电磁不平衡力等机组振动荷载作用显著，进一步诱发的厂房振动效应很大，不仅对土建结构产生破坏，而且影响机组发电设备的正常运行，对厂内运行管理人员的身心健康也造成很大损害。

1. 机组振动荷载

水轮发电抽水机组运行时产生的振动荷载主要有以下三种：

（1）竖向荷载：包括发电机转子连轴重、水轮机转轮连轴重、轴向水推力等。

（2）水平荷载：包括机组偏心离心力、不平衡磁拉力。

（3）扭转荷载：发电机运转时，由于电磁感应引起而作用在定子基础及机架上的电磁扭矩。

以上荷载都作用于机墩上机架基础、定子基础和下机架基础上；动力计算不考虑结构自重、静水压力等静荷载。

2. 计算工况

机组振动荷载作用下厂房结构动力反应计算工况包括两大类：正常运行工况和非常运行工况。非常运行工况一般包括：两相短路工况、机组飞逸工况和半数磁极短路工况等，具体可以参考《水电站厂房设计规范》（NB 35011—2016）的相关规定。

3. 计算方法

第一种方法是采用《水电站厂房设计规范》（NB 35011—2016）建议的拟静力法进行动力计算，即将振动荷载乘以动力系数后按静力法计算；第二种方法是动力法，通常采用谐响应分析方法，假设振动荷载均为简谐荷载，荷载的频率为转速频率，且认为各荷载的分量为同相位的，这也是最不利的一种作用组合。实际工程表明，动力法的计算结果略小于拟静力法的结果。

抽水蓄能电站主要适用于高水头、小流量的情况，地下厂房整体结构尺寸相对较小，钢蜗壳上部混凝土厚度以及机墩厚度相对较大。正常运行工况下，机组动荷载作用下厂房结构各部位的振动位移、速度和加速度均较小，小于规范允许值；各部位的振动应力也较小，小于混凝土的抗拉强度和抗压强度。非常运行工况下，除个别机墩基础处产生应力集中而超过混凝土抗拉强度外，整体上动应力均较小。

蒲石河抽水蓄能电站机组振动荷载作用下厂房动力反应实例：

根据机组制造厂家提供的资料，水轮发电机组运行时在各工况下的振动荷载分别作用于上机架基础、定子基础和下机架基础上。在动力计算中，不考虑自重、水压力等静力荷载的作用，将上述机组动荷载施加在结构的对应位置上，按谐响应法计算结构的动力反应。

（1）计算模型和计算工况。结构动力响应计算考虑以下 4 种工况：

工况 1：正常运行工况；

工况 2：瞬时顶推工况；

工况 3：转子接地工况；

工况 4：同步失效工况。

计算采用谐响应法，即假定机组动荷载均为简谐荷载。计算时，幅值为提供的动荷载标准值，荷载的频率为转速频率，正常运行工况对应的频率为额定转频 5.55Hz，其余三种工况下荷载对应的频率为飞逸转频 8.05Hz，且认为各荷载分量是同相位的。

（2）动力反应计算结果：

1）振动位移。根据现行水电站厂房设计规范，机墩振幅的控制标准为：垂直振幅长期组合不大于 0.10mm，短期组合不大于 0.15mm；水平横向与扭转振幅之和长期组合不大于 0.15mm，短期组合不大于 0.20mm。各工况下厂房各典型部位各方向的最大动位移（振幅）值见表 24-21。

**表 24-21　各工况下厂房各典型部位各方向的最大动位移**　单位：mm

| 部　位 | 方向 | 工况 1 | 工况 2 | 工况 3 | 工况 4 |
|---|---|---|---|---|---|
| 定子基础截面 | 水平 | 0.127 | 0.142 | <u>0.438</u> | <u>0.378</u> |
| | 竖向 | 0.055 | 0.081 | 0.120 | 0.085 |
| 下机架基础截面 | 水平 | 0.121 | 0.136 | <u>0.444</u> | <u>0.276</u> |
| | 竖向 | 0.083 | 0.119 | 0.123 | 0.094 |
| 机墩底部截面 | 水平 | 0.049 | 0.057 | 0.186 | 0.136 |
| | 竖向 | 0.034 | 0.046 | 0.081 | 0.059 |

续表

| 部　位 | 方向 | 工况 1 | 工况 2 | 工况 3 | 工况 4 |
|---|---|---|---|---|---|
| 发电层楼板 | 纵向 | 0.082 | 0.090 | 0.371 | 0.182 |
| | 横向 | 0.076 | 0.086 | 0.343 | 0.176 |
| | 竖向 | 0.048 | 0.063 | 0.150 | 0.079 |
| 母线层楼板 | 纵向 | 0.075 | 0.086 | 0.287 | 0.201 |
| | 横向 | 0.072 | 0.081 | 0.271 | 0.200 |
| | 竖向 | 0.045 | 0.059 | 0.120 | 0.084 |
| 水轮机层楼板 | 纵向 | 0.032 | 0.035 | 0.119 | 0.089 |
| | 横向 | 0.030 | 0.033 | 0.120 | 0.085 |
| | 竖向 | 0.027 | 0.036 | 0.076 | 0.052 |
| 风罩 | 径向 | 0.078 | 0.088 | 0.362 | 0.167 |
| | 环向 | 0.072 | 0.081 | 0.311 | 0.211 |
| | 竖向 | 0.045 | 0.059 | 0.121 | 0.084 |
| 蜗壳 | 径向 | 0.032 | 0.037 | 0.122 | 0.079 |
| | 环向 | 0.035 | 0.039 | 0.134 | 0.100 |
| | 竖向 | 0.034 | 0.046 | 0.090 | 0.060 |

**注**　1. 表中“水平”方向位移指的是水平横向与扭转动位移之和；径向和环向是指以机组大轴为中心的半径方向和环绕方向。

2. 表中带下划线数据表示计算值超过了控制标准。

2）振动速度和加速度。从厂房结构各典型部位各方向的最大均方根速度和最大均方根加速度结果中可以看出：这两种工况下，厂房各典型部位各方向的最大均方根速度和最大均方根加速度均较小，均小于控制标准建议值。正常运行工况下，最大均方根速度和最大均方根加速度分别为 2.17mm/s 和 75.59mm/s$^2$，均出现在下机架基础截面的径向；瞬时顶推工况下，最大均方根速度和最大均方根加速度分别为 4.25mm/s 和 215.05m/s$^2$，均出现在风罩顶部。

3）动应力。从各工况下，厂房结构各典型部位各方向的最大动拉应力值计算结果中可以看出：

a. 在机组正常运行工况下，由于下机架基础处的竖向动荷载较大，因此在下机架基础处产生了较大的竖向动拉应力，最大值为 0.708MPa，但仍小于混凝土的动态抗拉强度。其余部位产生的动应力较小。

b. 当机组发生瞬时顶推时，由于在下机架基础产生了相对较大的竖向动荷载，因此在下机架基础处产生了相对较大的竖向动拉应力，但最大值仅为 1.02MPa，小于混凝土的动态抗拉强度。其他部位的最大动拉应力也大于正常运行工况下的对应值，但相差较小。

c. 当机组发生转子接地时，定子基础截面的径向动荷载和环向动荷载以及下机架基础截面处的径向荷载均比工况 1 大很多，因此在下机架基础截面各方向均产生了较大的动拉应力。其中径向动拉应力最大值为 1.54MPa，大于混凝土的动态抗拉强度，但高应力区的范围均不是很大，且有局部应力集中的因素。

d. 当机组发生同步失败时，由于定子基础处所受的环向荷载和径向荷载比正常运行工况大很多，因此定子基础截面各方向的动拉应力与正常运行工况下相比显著增大。其他部位增加的幅度较小。

**（四）水轮机脉动水压力作用下厂房的振动分析**

在机组运行时，振源的频率特性十分复杂，如水流振源引起的脉动压力，其振动机理复杂，频率分布广，它包括尾水管低频涡带；尾水管中、高频脉动压力；蜗壳、导叶和转轮水流不均匀脉动压力；压力管道中水力振动等。

1. 计算方法

计算方法主要有两种：谐响应分析方法和时间历程响应分析方法。

谐响应分析方法：近似假定蜗壳或尾水管内部全流道的脉动压力是同频率、同幅值和同相位（最不利情况）的简谐荷载，振动荷载的频率为主频率，振动荷载的幅值为测量曲线97%置信度的原型振幅值。将荷载直接作为均布面荷载施加在整个流道内壁上，计算位移、速度、加速度和应力的幅值。

时间历程响应分析方法：将模型试验的压力脉动时程曲线换算成原型数据，直接施加在水轮机蜗壳—尾水管内壁上，作为分布压力激励荷载，计算位移、速度、加速度和应力等时间历程响应。

2. 脉动压力作用下结构振动响应特点

抽水蓄能电站在水轮机和水泵机两种工况下压力脉动的相对幅值最大一般不超过6%，振动频率主要是转速频率及其倍频以及叶片数频率及其倍频。在中低频振动区，振动反应幅值均不超过有关规范所确定的允许振动标准；在高频振动力作用下，振动加速度反应较为突出（加速度与频率的平方成正比），但由于从建筑结构抗振和人体卫生保健的角度评价，对高频振动的反映敏感度均较低，一般都不对高频下的振动加速度反应设定限值。

两种工况下，各部位、各方向的动应力一般都远小于混凝土的抗拉强度。因此，脉动水压力作用下的振动效应，应该更主要地从振动烈度（振动位移、速度或加速度）的角度去评价。

抽水蓄能电站地下厂房在流道压力脉动的作用下，各部位最大振动位移幅值和振动应力幅值随着压力脉动荷载幅值的增大而增大，最大振动速度幅值和振动加速度幅值则随着压力脉动荷载频率的增加而增加。

蒲石河抽水蓄能电站计算时考虑根据厂房结构的特点和压力脉动测量数据的特征，采用谐响应分析法，近似假设振动是主频率下的简谐振动（实际上振动的能量也主要集中在主频区），且蜗壳或尾水管内部全流道的脉动压力是同幅值、同频率和同相位的，这种情况是最危险的情况。

计算工况分为水轮机和水泵两种工况。根据水轮机模型试验资料（共选取5个工况点，水轮机工况3个和水泵工况2个），分别选取脉动水压力幅值较大的情况，作为典型计算工况。

通过几何、运动和动力相似准则，从模型换算到原型，计算出尾水管的压力脉动频率和幅值。对于蜗壳内的压力脉动频率和幅值，根据几个电站的原型和模型测试结果对比分析，其二者脉动频率基本相近，原型脉动压力测量值高于模型试验值，计算时蜗壳内的压力脉动频率和幅值取原型和模型相等。计算方法采用时间历程法，分别计算水泵工况和水轮机工况下水泵水轮机流道脉动压力作用下厂房结构的振动反应，经计算分析，在脉动水压力作用下，厂房各部位混凝土结构的最大位移幅值、均方根加速度以及均方根速度均较小。五种工况下各部位各方向的动应力值均很小，厂房各典型部位的最大动拉应力，均远小于混凝土的动态抗拉强度。在脉动水压力的作用下，厂房结构的动应力水平均不高。

综上所述，通过厂房动力分析可知，厂房结构发生共振的可能性较小，动力放大系数选取合适，结构的振动响应在正常运行工况和特殊工况均能够满足规范、规程要求。

## 第五节　厂房结构的减振措施

主厂房混凝土结构振动的消减一般有两条途径：①改变结构的自振频率，从而避开与机组振源的共振区，降低动力放大系数；②增加结构的刚度，提高其抗振强度，降低振动幅度，控制其在允许范围内。据此，结构优化及抗振措施研究的基本思路是：改变厂房楼板的自由振动频率，避开共振区；增加结构的阻尼，吸收振动能量，消减振动幅值。

（1）厂房的边界处理问题。抽水蓄能电站的地下厂房，无论从整体动力特性或是楼板等局部构件的振动方面分析，边界约束条件越强，对厂房结构越有利。因此充分利用周围岩体的巨大刚度，增加混凝土结构与围岩的连接，把振动力引向岩体是抽水蓄能电站厂房动力优化设计的最重要原则之一。工程中可采用的措施是在与围岩接触的墙、楼板、柱范围内增设锚筋，或在楼板、柱范围内将围岩局部槽挖，槽挖范围内回填混凝土。如蒲石河抽水蓄能电站为了增强主厂房整体结构的刚度和改善抗振特性，要求混凝土边墙紧贴岩壁浇筑，并在上下游柱与岩壁间增设连接锚杆，以加强混凝土边墙或柱与岩壁的连接和边界约束。

（2）机组段分缝形式的选择。当主厂房结构采用常规楼板、上下游周边采用柱作为竖向支撑时，一机一缝结构具有受力明确，避开机组之间相互影响和两个机组段结构物之间产生的相互作用；动力分析简单，使结构受力状态和边界条件较为明确的优点。

（3）楼板的结构型式。在结构振动模态分析中，表现有厂房楼板的竖向振动和下部柱子的振动，因此在保证楼板和框架柱静力计算强度要求的基础上，还要有足够的楼板厚度和梁柱断面，尽量减少框架柱的细长比，减少楼板和柱子的振动。

关于楼板的结构型式，根据理论计算及以往工程实践表明：同等混凝土质量的情况下，板梁结构的刚度和抗振性能好于厚板结构；增大立柱截面尺寸，从动力响应来看，厂房结构的位移减小，在一定程度上可增加结构的安全稳定。

（4）机墩刚度问题（对应于上拆、中拆、下拆检查水轮机转轮方式的结构型式）。机墩是厂房支承结构的关键部位，机墩刚度的大小直接影响到厂房的抗振性能。在国内已建的抽水蓄能电站中，各种检修方式均有成功实例。从结构动力学方面而言，经过对机组不同检修方式的初步研究发现，在结构边界条件、机组段连接方式、楼板结构形式等方面相同的前提下，上拆、中拆、下拆方案对厂房整体结构的自振频率和共振复核的影响不大。但另一方面，不同开孔方式对动力响应（位移响应、加速度响应）的影响是十分明显的。

对于厂房振动最为敏感的楼板而言，中拆方案的竖向位移、竖向加速度均为上拆、下拆方案的1倍左右。从抗振设计原则来说，采用上拆检修方式对混凝土结构抗振是有利的。蒲石河抽水蓄能电站水轮机采用“上拆”方案，进免了在机墩上开拆卸孔，并尽量减小机墩进人孔，从而提高机墩的抗振能力。

（5）蜗壳外包混凝土结构既是机墩的基础，又是嵌固钢蜗壳的结构，因此蜗壳外包混凝土紧贴厂房下游边墙设置，并尽量增加钢蜗壳外围混凝土的厚度，一方面增加了其刚度，另一方面有利于钢筋的放置。另外蜗壳外包混凝土采用“充水保压”的浇筑方式，其一可充分发挥钢蜗壳的承载能力，减小混凝土的应力；其二可使蜗壳外围混凝土与钢蜗壳紧密结合，在稳定机组运行方面可发挥作用。已建的蒲石河及在建的荒沟抽水蓄能电站都采用此种布置方式。

（6）副厂房的振动源自主厂房，应做好主副厂房间结构缝的处理和机组的降噪处理以及隔音防护。为了避免主厂房的振动传递给副厂房，首先要保证主厂房的振动设计满足相应的规程规范要求，其次在主副厂房结构之间的抗振缝采取合理的处理措施。

# 第二十五章　开关站设计

## 第一节　开关站设计概述

开关站是水电站的主要组成部分之一，开关站的选型和布置对电站枢纽布置、电气主接线选择、施工工期、运行维护及设备和土建投资都有直接影响。高压开关站主要采用的型式有敞开式设备、混合式、封闭开关柜及气体绝缘金属封闭开关设备。高压开关站布置型式主要为户内和户外两种。

早期由于开关站电压等级较低，一般均低于220kV，而户内GIS设备造价较高，一般采用户内GIS一次性投资是敞开式开关站的1.5～2.0倍，随着出线电压等级的提高、GIS设备造价降低、征地费用的大幅度提高，采用户内GIS的一次性投资已经相当于或略低于敞开式开关站的一次性投资，而从安装和施工周期、后期运行管理等方面考虑，采用户内GIS型式开关站明显占优，因此，近年来水电工程基本均采用户内GIS开关站型式。

## 第二节　开关站布置

GIS开关设备可以布置在地面，也可以布置在地下。地面开关站运行条件较好，可以减少洞挖量，厂区地形较平缓时，一般采用地面户内GIS开关站。我国的大中型抽水蓄能电站采用该种型式布置的较多，如天荒坪、桐柏、泰安、广蓄二期、宜兴、宝泉、仙游、惠州、西龙池、蒲石河、荒沟等。地面开关站布置应在综合考虑地形地质、建筑物、机电设备布置等主要因素后，最终确定开关站的位置和布置型式。

### 一、布置原则

（1）地面开关站位置选择时尽量利用山地、坡地，如遇陡峻狭窄的地形，可在山坡上半挖半填，应注意避开断层、滑坡、危岩等不利地质区段。此外，还要考虑输电的方向，合理选择开关站的出线架与高压输电塔的相对位置。

（2）地面开关站和出线场位置布置时，应做到高压电缆或气体绝缘母线长度短、土建工程量少，有利于出线、运行管理方便。

（3）为方便开关站（出线场）电缆的铺设安装、通风管路的布设以及建成后的运行检修方便和节省投资，结合地形条件，高压电缆出线洞采用平洞、竖井、斜井或其组合型式，以便于维护检修。

## 二、寒冷地区抽水蓄能电站开关站布置特点

（1）开挖边坡。寒冷地区抽水蓄能电站开关站场地开挖形成的边坡，应做好边坡坡度、防护措施以及边坡排水设计，防止发生冻胀融沉破坏。

（2）建筑物布置。寒冷地区抽水蓄能电站地面开关站厂房在考虑设备布置、出线方向等的基础上尽量朝向南侧，自然进光，即节能减排，又使用舒适。

（3）材料选择。开关站厂房外墙等外围结构的保温和隔热，要根据寒冷地区的特点，从经济上、保温隔热上、外观上做到详细比较后，再选择合适的材料。

## 三、开关站布置实例

开关站和出线洞的布置是厂区枢纽布置的重要内容，需综合考虑厂区的地形地质条件、厂区建筑物各附属洞室的相互关系以及电气设备的布置；大型抽水蓄能电站在可行性研究阶段，需要对其进行专题研究。

### （一）蒲石河抽水蓄能电站开关站布置

蒲石河抽水蓄能电站 500kV 开关站包括 500kV GIS 配电装置和户外出线场两部分，布置在厂房东南侧 216.00m 高程坡地上，平面尺寸为 70.40m×61.30m，出线方式采用斜井出线，地面开关站与地下主变洞之间由高压电缆洞连接，洞内敷设高压电缆。站内设有出线构架、设备支架及 GIS 配电装置室，开关站四周设有环形通道并与对外公路相连接。

500kV 开关站 GIS 配电装置室靠近高压出线洞侧布置，其主体结构为混凝土排架结构，围护结构采用普通烧结砖砌体，平面尺寸为 41.00m×24.00m（轴线），高度为 17.8m，底板厚 0.5m，地基采用天然地基，建基高程为 215.7m，为强风化混合花岗岩。出线场布置于 GIS 室室外南侧，出线一回，地面高程 216.00m，出线场内布置有三排设备支架与一组出线架。变电站四周均设有环形消防通道，围墙周边设置排水沟。

蒲石河开关站实景照片见图 25-1 及图 25-2。

图 25-1　蒲石河抽水蓄能地面开关站实景

图 25-2 蒲石河抽水蓄能地面开关站户内 GIS 实景

**（二）荒沟抽水蓄能电站开关站布置**

荒沟抽水蓄能电站采用户外式500kV GIS地面开关站，根据现场实际地形，开关站采用半挖半填形成。

500kV 开关站包括 500kV GIS 配电装置控制楼和户外出线场两部分，开关站布置在厂房东南侧山顶 510.30m 高程，平面尺寸为 106m×51m，站内设有出线设备构架、设备支架及 GIS 配电装置室，开关站四周设有环形通道并与对外公路相连接。

GIS 室位于两回出线之间，GIS 室西侧（电缆竖井侧）布置有辅助设备房。GIS 室主体结构为排架结构，平面尺寸为 50m×25.2m（轴线），高度约为 17m。室内布置 GIS 配电装置，并设有 10t 的桥机，便于设备的安装、检修。辅助设备房紧邻 GIS 室布置，平面尺寸为 50m×5.6m（轴线），高度约 8.5m，框架结构。辅助设备房分上下两层布置，布置有继电保护室、低压配电室、蓄电池室、通信室及其他辅助设备房间。

**（三）蛟河抽水蓄能电站开关站布置**

蛟河抽水蓄能电站地面开关站布置在下水库进/出水口西南侧朱卷沟沟口附近，地面高程 452.00m，设置交通公路与下水库右岸公路连接。地面开关站场地由开挖而成，平面尺寸为 145m×50m（长×宽），为户内 GIS 高压配电装置型式。地面开关站内布置有 GIS 开关楼、出线场等建筑物。地面开关站布置详见开关站布置图（0022-EH7-6-5-23～24）。

地面 GIS 开关楼长 62.7m，宽 21m，高 18.7m，由 GIS 室和端部副厂房组成。其中 GIS 室分地下高压电缆层和 GIS 层两层布置，端部副厂房分四层布置。

出线场位于 GIS 开关楼西侧，与 GIS 室呈“一”字形布置，主要布置出线构架、电容式电压互感器、避雷器等设备。

围绕 GIS 开关楼及出线场设置了宽 4m 的场内道路，路面为混凝土结构，满足站内运输、交通及消防要求。

## 第三节 开关站主要结构设计

开关站主要结构设计包括户内式（GIS）开关站多层现浇钢筋混凝土框架设计及户外开关站构架结构设计。

### 一、开关站 GIS 室主要结构设计

**（一）GIS 开关站排架**

1. 结构布置

一般地面开关站布置如下：开关站横向平面排架柱根据相关规范选取柱距，柱体尺寸根据桥机荷载及柱间距拟定，各组排架柱间以砖墙为联系体，每组排架柱顶以刚性屋架连接。

2. 计算方法及基本假定

开关站各种主要荷载通过以横向平面排架结构为主要受力骨架传到地基上去，取柱间距 6m 为计算单元。在确定排架结构的计算简图时，有以下计算假定：

（1）屋架与柱顶连接处，预埋钢板焊牢，抵抗转动的能力按铰接节点考虑。

（2）排架柱与基础的连接做法是，在柱基础中预埋插筋，插筋与柱受力钢筋相连，使柱与基础成为整体，因此排架柱与基础连接处可按固定端考虑。

（3）铰接排架横梁的刚度很大，受力后的轴线变形可忽略不计。

（4）排架柱的高度由固定端算至柱顶铰接点处。排架柱的轴线为柱的几何中心线。当柱为变截面柱时，排架柱的轴线为一折线。

（5）排架柱的跨度以厂房的轴线为准，只需在柱的变截面处增加一个力偶 $m$，$m$ 等于上柱传下的竖向力乘以上下柱几何中心线的间距 $e$。

3. 计算参数

（1）设计状况为持久状况，设计状况系数，结构系数。环境条件类别为二类，露天环境。

（2）结构类型：垂直支撑为单层排架结构，水平向与钢制屋面结构铰接。

（3）荷载：风荷载、雪荷载、屋盖荷载及屋面活荷载、吊车荷载。

4. 荷载组合

运行期工况：结构自重（屋盖荷载、柱自重、吊车梁及轨道联结的自重）＋吊车的垂直轮压和水平制动力＋风荷载＋雪荷载和屋面活荷载。

**（二）GIS 开关站吊车梁配筋计算**

1. 计算原则和方法

（1）吊车梁结构按 1 级建筑物设计。

（2）计算时不考虑温度、围岩变位、地下水对结构物的作用。

（3）不计混凝土的温度和干缩影响。

2. 计算参数

（1）最大轮压：最大轮压、单侧车轮数、轮距、横向刹车力。

（2）材料：混凝土、钢筋、钢材。

## 二、开关站构架结构设计

### （一）构架类型

开关站构架按其用途分类有进出线构架、母线架、中央门型架、转角架和变压器组合架等；按其形式和高度可分为 A 型、Π 型、H 型构架等；按其材料性能可分为钢筋混凝土构架、预应力混凝土构架、钢结构构架、钢管或钢管混凝土构架等。

### （二）荷载及其组合

1. 作用在构架上的荷载

（1）导线和避雷线的张力（包括在运行、安装及检修等情况下的张力）$A_1$。

（2）导线、避雷器、引下线、绝缘子串和金属器具、覆冰的重量等 $A_2$。

（3）构架结构自重 $A_3$。

（4）风荷载（包括构架风压及导线、避雷器、引下线、绝缘子串上的风压）$A_4$。

（5）安装检修时的人及工具重 $A_5$（一般为 1.5～2kN）。

（6）地震荷载 $A_6$。

2. 荷载组合

构架应根据电气布置，气象资料及不同工况（运行、安装、检修、特殊）下，可能产生的最不利的受力情况，并考虑到远期发展可能产生的变化，分别按终端构架及中间构架进行设计。

（1）终端构架组合工况：

1）运行工况。取最大风速、覆冰或最低气温时，对构架及基础的最不利荷载，即 $A_1+A_2+A_3+A_4$。

2）安装工况。应考虑构架独立、导线紧线及紧线时作用在梁上的人及工具重，即 $A_1+A_2+A_3+A_4+A_5$。

3）检修工况。对高度不小于 10m 的构架，应考虑单相带电检修作用在导线的人及工具重。三相同时停电检修时，作用在每相导线上的人和工具重不小于 1kN。对出现构架线路一侧只考虑单相带电检修时导线上人的荷载，即 $A_1+A_2+A_3+A_4+A_5$。

4）特殊工况。当考虑地震荷载时，取最大风速、覆冰或最低气温时荷载及地震力，对构架及基础的最不利荷载，即 $A_1+A_2+A_3+A_4+A_6$。

（2）中间构架组合工况：两侧均挂有导线的中间构架，应考虑在运行情况下或导线上人检修情况时所产生的不平衡力。此外，还应考虑在安装或更换导线一侧架线另一侧不架线的最不利荷载。

1）运行工况。取最大风速、覆冰或最低气温时，对构架及基础的最不利荷载，即 $A_1+A_2+A_3+A_4$。

2）安装工况。考虑一侧架线，另一侧不架线，即 $A_1+A_2+A_3+A_4+A_5$。

3）检修工况。$A_1+A_2+A_3+A_4+A_5$。

4）特殊工况。$A_1+A_2+A_3+A_4+A_6$。

（3）单侧打拉线的单杆构架组合工况：

1）未架线前工况。导线、避雷器、引下线、绝缘子串和金属器具、覆冰的重量

等（不考虑张力），即 $A_2+A_4$（最大风速）。

2）架线后（正常运行工况）。即 $A_1+A_2+A_3+A_4$。

荷载组合系数：运行工况取 1.0，安装及检修工况取 0.9，特殊工况取 0.75（如地震）；验算构架安装起吊应力时，结构自重应乘以动力系数 1.5；当变电站构架被用来起吊主变压器钟罩时，起吊重量乘以 1.2。

**（三）构架计算**

1. 静力计算

变电构架一般为空间结构，为便于计算，通常将空间结构简化为平面结构进行计算。简化计算应从实际出发，计算简图要反映结构的主要性能且便于计算。简化的要点如下：

（1）结构体系的简化：当空间结构在某一平面内的杆系结构承担该平面内的荷载时，可以把空间结构分解成几个平面结构进行简化计算。

（2）杆件的简化：在计算简图中，结构的杆件总是用其纵向轴线代替。

（3）杆件间连接的简化：结构中杆件相互连接的部分称为结点，结点通常简化为铰接点或刚结点。

（4）结构与支座间连接的简化：结构与支座的连接按其受力特征通常简化为以下几种支座型式：①滚动支座；②铰支座；③定向支座；④固定支座。

（5）材料性质的简化：变电构架常用建筑材料为钢材、钢筋混凝土、钢与混凝土组合结构（薄壁离心钢管混凝土结构、钢管混凝土结构），在结构计算中，为了简化，对组成构件的材料一般都假设其为连续的、均匀的、各向同性的、完全弹性或弹塑性的。

（6）荷载的简化：作用在实际结构上的荷载型式比较多，根据其分布情况大致可简化为集中荷载和分布荷载两大类。

平面计算可以通过平面程序计算，也可通过结构力学方法进行计算。

2. 空间计算

人字柱通常由钢筋混凝土环形杆、钢管等组成，当柱脚与基础连接采用杯口插入式，计算中可以假定基础为固接；当柱脚与基础连接采用螺栓时，根据不同的构造可以假定为固接，也可以为铰接，一般为铰接居多；柱头两杆拼接采用钢板焊接，中间设剪力板，刚度很大，计算中可视为刚性节点。随着电压等级的提高，变电构架也越来越高，为减少构架柱计算长度，人字柱一般做成多层结构。由于多层人字柱结构内力分析比较烦琐，一般通过计算机程序计算完成。

变电构架按空间杆系结构计算，结构建模时应注意整个结构必须是结构不变体系，所有节点必须是稳定的节点，比如每根交叉腹杆都必须是独立的一根杆单元，不能中断，否则交叉节点在杆件平面外将形成可变体系。在满足工程设计要求的前提下，为加快计算速度，整体建模时可将钢横梁简化成一根杆件（用梁单元模拟），主要用来计算构架柱内力和基础反力，构架梁可以单独计算。

**（四）计算实例**

1. 基本资料

蒲石河抽水蓄能电站人字架柱高度 27m，柱顶横梁长度 30m，人字架柱顶部设置地线柱，高度 8.5m，由两端的人字架柱、柱顶横梁、柱端撑杆和地线柱共同组成一个空间独立门型架，承受设备和导线荷载。

人字架柱及横撑：Q345B 钢材，外径 $D=480\text{mm}$，厚度 $t=10\text{mm}$，分别在 10m、18.5m 高处设置横撑。

柱端撑杆：Q345B 钢材，外径 $D=480\text{mm}$，厚度 $t=10\text{mm}$。

地线柱：Q345B 钢材，外径 $D=377\text{mm}$，厚度 $t=9\text{mm}$。

以上构件的材质均为 Q345B 钢材，质量密度 $\rho=7850\text{kg/m}^3$，截面特性由程序自行计算。

钢横梁：三角形断面，三根主材采用 Q345B 钢材，外径 $D=168\text{mm}$，厚度 $t=8\text{mm}$。三角形底宽 1.8m，高 2.0m，根据截面惯性矩的定义，得：

绕竖向中心轴旋转惯性矩：$I_y=\dfrac{b^2}{2}A=\dfrac{1.8^2}{2}\times 40.21\times 10^{-4}=0.0065(\text{m}^4)$

绕水平中心轴旋转惯性矩：$I_x=\dfrac{2h^2}{3}A=\dfrac{2\times 2^2}{3}\times 40.21\times 10^{-4}=0.0107(\text{m}^4)$

根据结构力学内力计算的原理，在进行结构内力计算过程中，构件间的内力分配主要与构件的线刚度$\dfrac{EI}{l}$有关，变量只有惯性矩 $I$，所以本计算将三角形钢横梁截面等效成等刚度的矩形截面进行等效计算，等效截面宽度 $b=0.496\text{m}$，高度 $h=0.636\text{m}$。钢材弹性模量为 $E=2.06\times 10^{11}\text{N/m}^2$，泊松比 $\nu=0.3$。

2. 计算模型

计算模型不考虑钢横梁的起拱，由于计算目的主要是为了得到构架柱内力和基础反力，在满足计算精度要求的情况下，为减少杆件数量加快计算速度，将钢横梁等效简化为一根矩形截面梁，其他构件都是按实际尺寸和材料模拟。人字柱柱脚与基础连接采用杯口插入式，计算中假定基础为固端约束。

需要说明的是，由于本计算是利用三维梁单元进行有限元内力分析，各杆件的内力结果是基于单元局部坐标系的，$X$ 轴正方向是由杆件起点到终点连线确定，利用右手法则可得局部坐标系 $Y$ 和 $Z$ 轴的正方向，$Y$ 和 $Z$ 轴与截面的两个主惯性矩轴相一致。

3. 计算工况

根据机电专业资料，导线和地线张力的方向与水平面的交角分为上倾和下倾两种情况，风向也分为顺导线方向和垂直导线方向，计算工况见表 25-1。

**表 25-1　　计算工况表**

| 计算工况 | 方案具体内容 |
| --- | --- |
| 张力上倾、顺导线工况 | 导线和地线的张力竖直分量向上，风荷载作用方向顺着导线的走向 |
| 张力上倾、垂直导线工况 | 导线和地线的张力竖直分量向上，风荷载作用方向垂直导线的走向 |
| 张力下倾、顺导线工况 | 导线和地线的张力竖直分量向下，风荷载作用方向顺着导线的走向 |
| 张力下倾、垂直导线工况 | 导线和地线的张力竖直分量向下，风荷载作用方向垂直导线的走向 |

4. 计算过程及结果

由于各工况的模型及荷载加载方式基本相同，仅以“张力上倾、顺导线工况”的计算过程为例予以介绍，出线结构建模和荷载施加见图 25-3，内力计算结果见图 25-4～图 25-9。

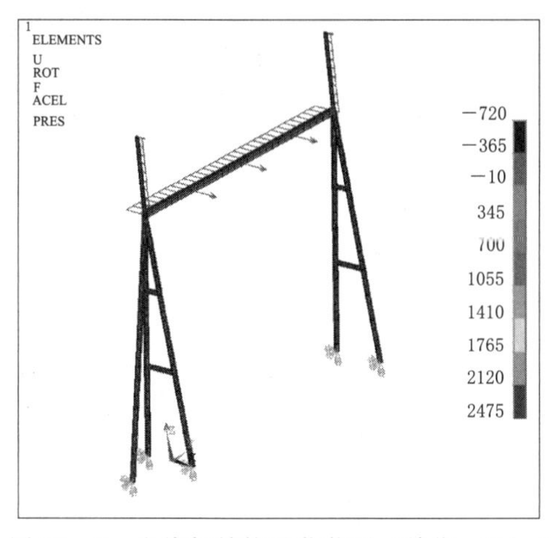


图 25－3　出线架结构及荷载图（单位：N/m）

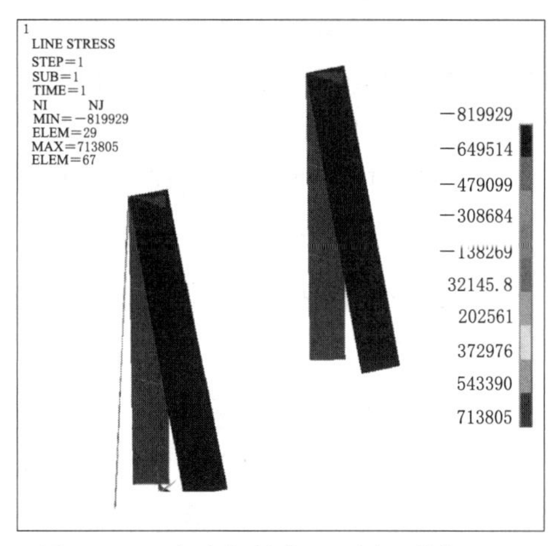


图 25－4　人字架轴力 $F_X$ 图（单位：N）

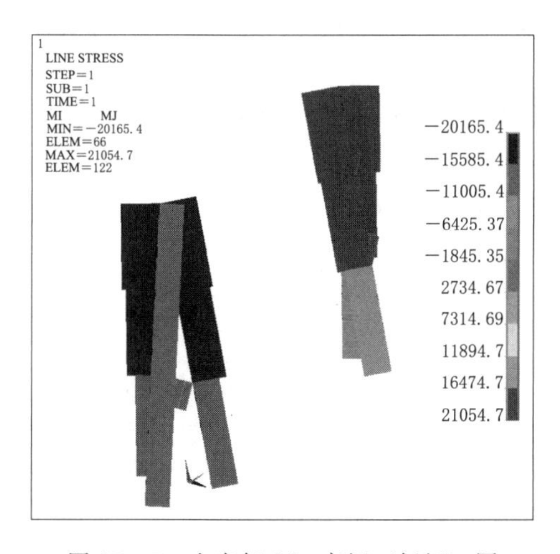


图 25－5　人字架 $M_X$ 弯矩（扭矩）图（单位：N·m）

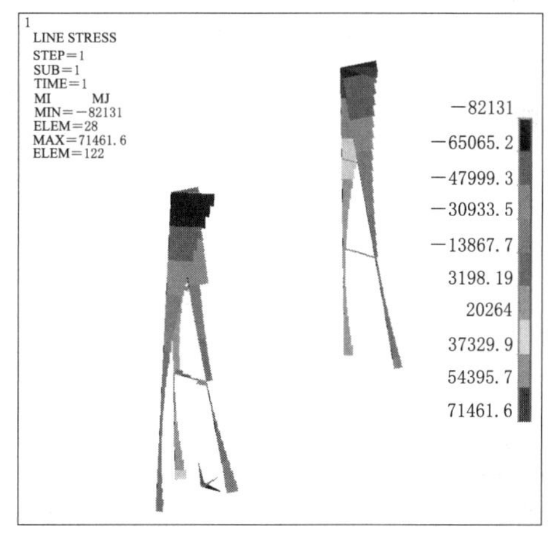


图 25－6　人字架 $M_Y$ 弯矩图（单位：N·m）

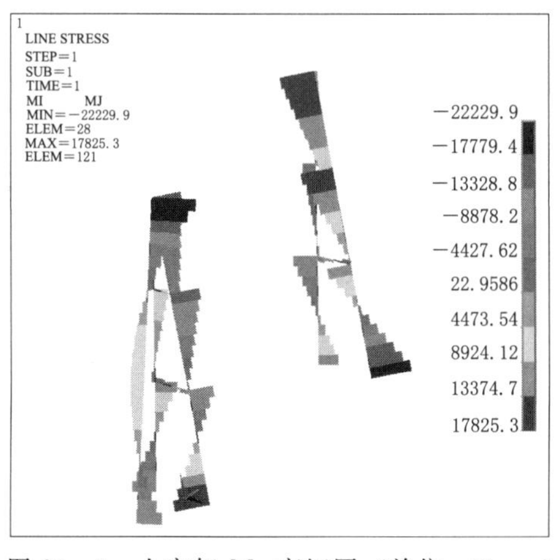


图 25－7　人字架 $M_Z$ 弯矩图（单位：N·m）

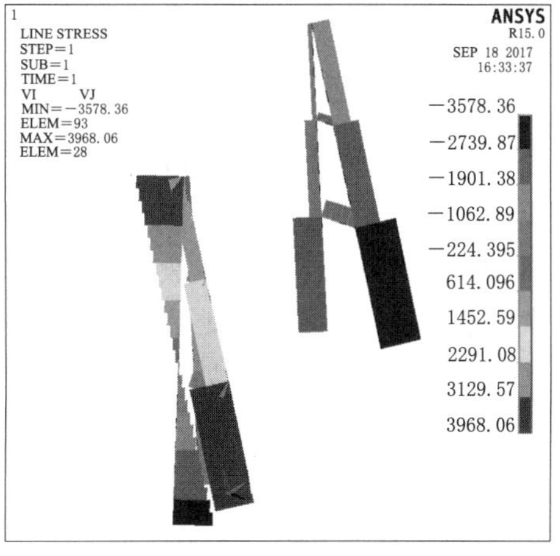


图 25－8　人字架 $SF_Y$ 剪力图（单位：N）

取各工况计算结果的极值作为设计依据，通过以上对蒲石河500kV地面开关站出线构架的内力结果做统计，得出人字柱（含端撑）的内力表和人字柱柱脚基底反力见表25-2、表25-3。

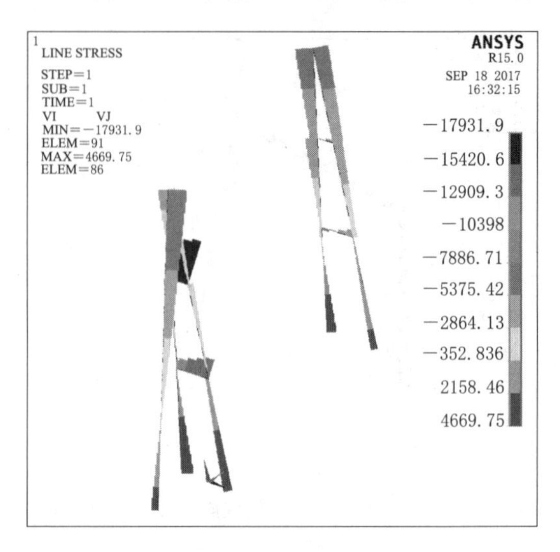


图25-9　人字架 $SF_Z$ 剪力图（单位：N）

## 三、寒冷地区抽水蓄能电站开关站结构设计特点

（1）提高建筑物混凝土抗冻措施。通过采用掺外加剂、控制水胶比、选用优质掺和料、选用纤维膨胀剂等措施得到合适的抗冻混凝土配合比；在开关站地下一层混凝土结构内侧涂覆防护材料，提高混凝土抗渗及抗冻耐久性。

（2）结构布置。为防止积雪结冰，屋顶及建筑物结构面避免设计成易受积雪剥蚀的挑檐和凸出线条；将平台和柱顶部作成排水坡，避免积水；接入开关站GIS室地下一层电缆廊道的顶端预留足够厚度，防止内外温度应力对大跨度顶板产生破坏等。

**表25-2　　人字柱内力表**

| 内力极值 | 轴力 $F_X$ /kN | 扭矩 $M_X$ /(kN·m) | 弯矩 $M_Y$ /(kN·m) | 弯矩 $M_Z$ /(kN·m) | 剪力 $SF_Y$ /kN | 剪力 $SF_Z$ /kN |
|---|---|---|---|---|---|---|
| 最小值 | -830.73 | -20.53 | -82.13 | -27.97 | -7.91 | -17.93 |
| 最大值 | 713.81 | 21.47 | 71.46 | 49.30 | 9.20 | 18.39 |

**表25-3　　人字柱柱脚基底反力表**

| 柱脚位置 | $F_X$/kN | $F_Y$/kN | $F_Z$/kN | $M_X$/(kN·m) | $M_Y$/(kN·m) | $M_Z$/(kN·m) |
|---|---|---|---|---|---|---|
| 端撑柱脚 | -2.82 | 44.23 | 186.55 | -21.08 | 15.43 | 15.61 |
| 受压柱脚 | -95.28 | 9.38 | 825.83 | -54.37 | -21.90 | -11.89 |
| 受拉柱脚 | -81.53 | 8.09 | -690.02 | -42.76 | -24.08 | -13.00 |

# 第四节　开关站边坡设计

抽水蓄能电站地下厂房一般位于高山峡谷区，而地面开关站所需占地面积较大，由于一般修建于山坡位置，实际地形很难有宽旷平坦的场地，故多采用半挖半填形成，开挖时应尽量避免形成人工高陡边坡，同时应做好边坡的防护工作。

## 一、边坡设计内容

### （一）确定边坡类别、安全级别

根据《水电水利工程边坡设计规范》（DL/T 5353—2006），影响Ⅰ级水工建筑物安全

的枢纽区工程边坡和水库边坡级别均为Ⅰ级，影响Ⅱ级、Ⅲ级水工建筑物安全的枢纽区工程边坡级别为Ⅱ级。

**（二）边坡稳定性计算分析**

极限平衡分析法是边坡稳定分析的基本方法，适用于滑动破坏类型的边坡。水电水利工程边坡稳定分析应区分不同的荷载组合或运用状况，其设计安全系数不应低于表25-4中规定的数值，影响Ⅳ，Ⅴ级水工建筑物安全的枢纽工程边坡级别为Ⅲ级。

**表25-4　　水电水利工程边坡设计安全系数**

| 工况 / 工程级别 | 枢纽工程区边坡 | | |
|---|---|---|---|
| | 持久状况 | 短暂状况 | 偶然状况 |
| Ⅰ | 1.30～1.25 | 1.20～1.35 | 1.10～1.05 |
| Ⅱ | 1.25～1.15 | 1.15～1.05 | 1.05 |
| Ⅲ | 1.15～1.05 | 1.10～1.05 | 1.05 |

根据边坡在施工期及运行期所遭遇各种荷载的概率以及作用时间的长短，将边坡上的设计作用分为基本组合、短暂组合和偶然组合三种。边坡设计作用组合工况应分别按持久工况、短暂工况和偶然工况三种情况进行设计，各种作用组合情况下荷载组合关系见表25-5。

**表25-5　　边坡设计工况下荷载组合关系**

| 工　况 | 作用组合 | 荷　载　组　合 |
|---|---|---|
| 持久工况 | 基本组合 | 自重、外水压力、地下水压力、加固力 |
| 短暂工况 | 基本组合 | 自重、外水压力、排水失效或施工用水引起的地下水位增高、加固力 |
| | 基本组合 | 自重、外水压力、降雨引起的地下水位增高、加固力 |
| | 基本组合 | 自重、水库水位骤降、地下水压力、加固力 |
| | 短暂组合 | 自重、外水压力、地下水压力、加固力、爆破作用 |
| 偶然工况 | 偶然组合 | 自重、外水压力、地下水压力、加固力、地震作用 |

**（三）边坡开挖坡型**

根据开关站建筑物布置需要，确定厂区开挖边界；根据地质专业提供的建议结合稳定分析成果，确定典型断面的开挖坡比和开挖坡型；根据边坡高度要求，设置马道。

**（四）边坡排水设计**

边坡排水包括地表排水和地下排水两部分。地表排水建筑物工程措施，按其分布的相对位置可分为开挖区内和开挖区外两种。对于开挖区内的排水，通过在厂区设置排水沟，将降落在开挖区上的雨水迅速排走；在开挖区外的地表排水，通过设置截水沟，将地表水引至附近冲沟或河流中，避免开口线以外的水流入开挖区。

边坡地下截水、排水工程措施主要包括：截水渗沟、排水孔、排水井、排水洞。对于重要边坡，宜设多层排水洞形成立体地下排水系统。边坡表层的喷锚支护、格构、挡墙等均应配套有系统布置的排水孔，表层系统排水孔孔径不应小于50mm，深度不应小于4m，钻孔上仰角不宜小于5°。

**（五）坡面防护**

边坡坡面受损会影响边坡工程安全，应进行坡面保护设计。边坡坡面保护措施包括：喷混凝土、贴坡混凝土、砌石和植被覆盖等，应结合地形、地质、环境条件和环境保护要求，选择保护措施。对于表面易风化、完整性差的岩质边坡，可采取喷混凝土并结合表层锚杆锚固等措施进行保护。植被保护的特点以坡面防冲刷、减轻风化作用的程度为主，兼有坡面景观的绿化作用。随着环境保护意识增强，坡面增设植被的措施日益受到重视。

## 二、边坡设计实例

蛟河抽水蓄能电站开关站位于厂区内朱卷沟左侧的山坡上，开关站所在山梁走向NW向，地形坡度15°～25°。开关站开挖边坡正后侧边坡走向为N56°E，最大开挖高度43m。边坡上部为第四系残坡积含砾粉质黏土、粉土质砾，下部为花岗闪长岩岩质边坡。岩体全风化深度4.5～15.6m，强风化深度7～23.4m，弱风化深度30～40m，地下水埋深2～8m。边坡未发现有较大结构面的不利组合，边坡整体稳定性较好。建议开挖坡比：覆盖层及全风化岩体1∶1.5，强风化岩体1∶0.75，弱风化岩体1∶0.5。

### （一）开挖及边坡支护排水设计

地面开关站后边坡最高43m，考虑水保绿化措施，弱风化及强风化岩体开挖坡比采用1∶1，全风化及覆盖层开挖坡比采用1∶1.5，岩土分界线处设置一级马道，宽2m。岩石边坡支护采用网格梁植草措施，网格梁锚固锚杆$\phi$22，$L$=4.5m，对岩体较破碎处采用喷混凝土C25厚10cm，挂钢筋网$\phi$8@20×20cm，根据地质条件采用随机预应力锚索$L$=25m，$T$=1000kN。

在地面开关站边坡开口线靠山侧设置截水沟，截断边坡以上的坡面水，最终排至路面的排水沟。

### （二）边坡稳定分析

蛟河抽水蓄能电站为一等大（1）型工程，地面开关站为1级建筑物，根据《水电枢纽工程等级划分及设计安全标准》（DL 5180—2003）和《水电水利工程边坡设计规范》（DL/T 5353—2006）中的规定，开关站边坡级别为A类Ⅰ级。根据《水电水利工程边坡设计规范》（DL/T 5353—2006）7.2.4规定："在地震基本烈度为Ⅶ度及Ⅶ度以上的地区，应计算地震作用力的影响"。此工程地面开关站边坡抗震设防类别为乙类，按基本烈度Ⅵ度设防，不计算地震作用力的影响。地面开关站平台正交方向边坡约30m，局部边坡最大为43m，位于平台的东北角，该边坡的坡面呈"凹"形，从结构型式上看不利于边坡的滑动，故地面开关站整体边坡为中边坡。地面开关站边坡拟定的框格梁支护，部分采用喷混凝土C25厚10cm、挂钢筋网$\phi$8@20×20cm支护，局部部位采用随机预应力锚索$L$=25m，$T$=1500kN加固；在边坡开口线靠山侧设置截水沟，截断边坡以上的坡面水。经复核，地面开关站后边坡安全稳定满足要求。

边坡稳定复核计算，主要结构面考虑以下两组优势节理：

（1）产状为N40°～60°E，SE∠65°～85°，可见长度多为3～4m、少量2～3m、最长可达5m，该组节理较发育，局部发育，间距多为20～60cm、少量10～20cm、最大300cm；节理面平直光滑，多闭合，局部张开1～3mm，充填钙质、泥膜、岩屑（连通率65%）。

（2）产状为 N10°～60°W，SW∠5°～30°，走向跨度大，多集中在 N40°～60°W 和 N10°～20°W 两区间，可见长度一般多为 2～4m，少量 5～8m，最长可达 15m。该组节理不发育，间距多大于 100cm，少量 30～60cm；节理面平直光滑，闭合（连通率 30%）。

计算采用岩质边坡稳定分析计算软件 GEO－SLOPE，计算剖面见图 25－10。

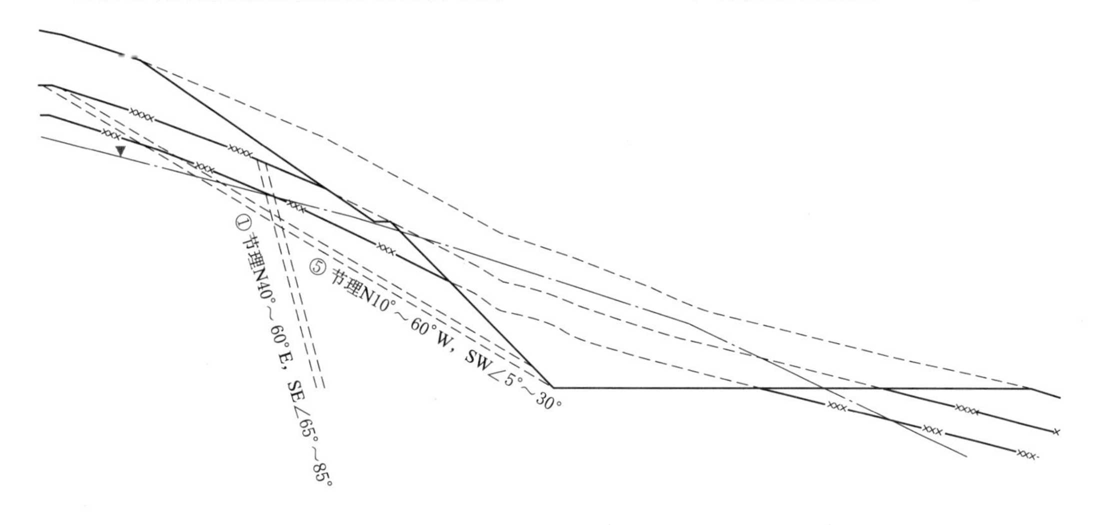


图 25－10　开关站开挖边坡稳定计算剖面图

各岩体力学参数设计采用值见表 25－6，各种工况下的边坡抗滑稳定计算成果见表 25－7。

**表 25－6　　工程区岩体及结构面力学参数设计值**

| 岩体特征 | 干密度 /(g/m³) | 饱和密度 /(g/m³) | 岩体抗剪断强度 | |
|---|---|---|---|---|
| | | | $f'$ | $c'$/MPa |
| 微风化岩石 | 2.67 | 2.67 | 1.10 | 1.30 |
| 弱风化岩石 | 2.67 | 2.68 | 0.90 | 0.90 |
| 强风化岩石 | 2.60 | 2.63 | 0.60 | 0.30 |
| 覆盖层及全风化岩石 | 1.52 | 1.85 | 0.40 | 0.03 |
| 节理 | | | 0.65 | 0.10 |

**表 25－7　　开挖边坡安全系数**

| 计算工况 | 计算剖面安全系数 | A类边坡规范要求安全系数 |
|---|---|---|
| 运行期（持久状况） | 2.18 | 1.30～1.25 |
| 运行期遇暴雨（短暂状况） | 1.98 | 1.20～1.15 |
| 施工期遇暴雨（短暂状况） | 1.98 | 1.20～1.15 |

计算结果表明，在各工况下，不考虑侧滑面的影响，边坡计算安全系数仍然大于规范允许的安全系数，开关站开挖边坡整体稳定。

# 第八篇 输水系统设计

# 第二十六章　输水系统总体布置

抽水蓄能电站输水系统基本上布置在上、下水库之间的山体内。输水系统主要包括进/出水口、压力水道（压力引水道、压力管道、压力尾水道的统称）、上游调压室、下游调压室等。影响输水系统布置主要因素包括上（下）水库进/出水口的位置选择、输水线路选择、供水方式选择、厂房位置选择、立面布置选择和高压管道的衬砌型式选择等。

与常规水电站相比，抽水蓄能电站输水系统具有水头高、*HD* 值大、埋深大以及双向水流等特点。我国已建成的抽水蓄能电站中高压隧洞承受静水头最高的是西龙池抽水蓄能电站，静水头为770m，将要建设的天荒坪第二抽水蓄能电站的高压隧洞承受的静水头将更高，静水头将达848m。国内、外部分抽水蓄能电站高压隧洞承受的最大静水头统计见表26－1。

**表26－1　　国内、外部分抽水蓄能电站高压隧洞承受最大静水头统计表**

| 电站名称 | 装机容量/MW | 最大静水头/m | 电站名称 | 装机容量/MW | 最大静水头/m |
|---|---|---|---|---|---|
| 蒲石河 | 1200 | 327.5 | 响水涧 | 1000 | 279.3 |
| 荒沟 | 1200 | 447.3 | 十三陵 | 800 | 537.3 |
| 蛟河 | 1200 | 425.0 | 宝泉 | 1200 | 640.4 |
| 天荒坪 | 1800 | 680.2 | 溪口 | 480 | 574.8 |
| 天荒坪二期 | 2100 | 848.0 | 太平顶 | 1200 | 646.2 |
| 广蓄一期 | 1200 | 624.0 | 句容 | 1200 | 235.1 |
| 广蓄二期 | 1200 | 613.3 | 蒙特齐克 | 900 | 469.0 |
| 仙居 | 1500 | 546.0 | 迪诺威克 | 1800 | 602.4 |
| 仙游 | 1200 | 540.0 | 赫尔姆斯 | 1050 | 573.0 |
| 桐柏 | 1200 | 344.0 | 巴斯康蒂 | 2100 | 410.0 |
| 泰安 | 1000 | 309.5 | 金谷 | 1060 | 540.0 |

抽水蓄能电站在系统中承担调峰填谷、调频调相、事故备用等任务，电站跟踪负荷能力强，工况转换频繁，要求过渡过程应满足系统调节稳定性和电站快速响应功能。输水系统的纵剖面布置时，应满足抽水和发电工况输水道均不能出现负压的要求。

## 第一节　输水线路选择

抽水蓄能电站输水线路的合理选择，对电站的经济性和运行安全稳定影响较大，输水线路需综合考虑枢纽布置、水文气象、地形地质、水力特性、生态环境、施工条件与运行等条件，通过技术经济比较确定。关于输水线路拟定的原则，国家标准、行业标准、团体标准均有详细的规定，设计时须遵照规程规范的要求。

输水线路选择时，首先根据已选定的上（下）水库库址、装机容量、电站特征水位、机组引用流量等条件，结合上（下）水库库岸的地形地质条件及输水系统双向水流的特点，选择合适的进/出水口位置；然后针对抽水蓄能电站的输水系统要承受高水头的特点，参考国内外已建工程的设计、施工及运行经验，拟定多条输水线路，经过经济技术综合比较选定合理的输水线路布置方案。在地形地质条件许可的情况下，输水隧洞尽量选择深埋大的线路，充分利用围岩承受内水压力，缩短输水线路长度，减少水头损失，节省工程投资。

抽水蓄能电站输水系统一般布置在上（下）水库之间的山体内，输水线路选择是确定枢纽布置格局的重要环节，线路布置的影响因素较多，主要包括：库址、厂址、进/出水口位置、厂房位置、地形地质条件、线路长度、工程规模、生态环境及施工条件等，线路选择时，应考虑上述因素，根据工程自身特点和实际情况，拟定不同的方案，经经济技术综合比较后确定。

输水线路选择。应随着设计阶段的逐步深入，按照各阶段的工作深度要求，提出多个线路布置方案，通过收集整理与线路布置相关的资料，系统地分析各方案的影响因素，尽量避免不利因素组合，最终确定合理的布置方案。

选点规划阶段。主要完成电站选址比较并提出推荐站址。

预可研阶段。针对上阶段推荐站址及审查意见，初步比较并拟定上、下水库库址、厂址、输水线路等。

可研阶段。以初步拟定的库址、厂址及输水线路为基础，根据上阶段的水文、泥沙、工程规模、工程地质等设计资料，结合预可研审查意见，拟定不同的库址、厂址、进/出水口位置及厂房位置，提出不同的库址、厂址与进/出水口的组合方案，即不同的输水线路，布置相应的勘测任务。根据勘测结果，排除有明显制约因素的线路，对剩余可行的各线路方案，结合地形、地质、泥沙、工程布置、水流流态、工程量、施工条件、工程投资、运行条件及工程效益等因素进行经济技术综合比较，选定输水线路推荐方案。

## 一、隧洞的平面布置

输水线路平面布置应根据上（下）水库进/出水口位置、隧洞沿线的地形地质条件、线路长度、电站水头、生态环境、施工条件、是否需设置调压井及厂房位置选择等综合确定，一般考虑线路最短的直线，但是在设计过程中常常会因为各种条件限制而不能保持直线，下面列出影响输水线路平面布置的一些常遇原因。

（1）地形地质条件的原因。对于区域地质条件复杂的工程，要注意不利工程地质构造和水文地质条件的影响，应尽量避开山沟，避开非常破碎软弱的岩层，避开可能发生滑坡的区域，避开地下水丰富地区等。洞线与岩层层面、构造断裂面及软弱带的走向应有较大的夹角，其夹角不宜小于30°。对于层间结合疏松的高倾角薄岩层，其

夹角不宜小于45°。由于地形条件的限制，其夹角小于上列规定者，必须采取工程措施。位于高地应力地区的隧洞，应考虑地应力对围岩稳定性的影响，宜使洞线与最大水平地应力方向一致，或尽量减小其夹角。线路选择应保证压力管道上覆岩石要有足够的厚度。

(2) 施工的原因。对于较长的隧洞，应考虑施工支洞（平洞或竖井）的布置，避免施工掘进时爆破影响其他建筑物的地基等。

(3) 厂房位置选择的原因。发电隧洞的路线常依厂房的位置来确定，尤其是地下厂房，相应的隧洞路线要考虑厂房的施工、运行、交通、出线、尾水等条件。

(4) 调压室设置条件的原因。对于距高比较大、水头较高、*PD* 值较大的电站，设置调压井、减少高压钢管的长度，经济效益较为显著。为兼顾调压室布置，输水线路平面布置往往需经过多次转弯。

(5) 相邻隧洞间距要求的原因。抽水蓄能电站水头往往很高，若高压管道采用钢筋混凝土衬砌时，引水系统平面布置需要重点考虑两洞间的最小距离，保留足够的水力梯度，保证相邻隧洞放空时一洞有水、邻洞无水时洞间岩壁的水力渗透稳定。

## 二、隧洞的纵剖面布置

抽水蓄能电站在系统中承担调峰填谷、调频调相、事故备用等任务，电站要求跟踪负荷能力强，工况转换频繁，要求过渡过程应满足设计系统调节稳定性和电站快速响应的功能。因此，拟定隧洞纵剖面应满足下列原则：

(1) 力求避免出现洞内明、满流交替水流状态。

(2) 抽水蓄能电站多为有压隧洞，确定隧洞的纵坡和高程时，洞顶至少有2m压力水头。

对隧洞纵剖面布置进行技术经济比较时，应进行水力计算，验算在各种运行情况下隧洞高程是否合适。根据各种水位和流量数据计算沿隧洞全长的压力坡线，检查洞顶是否在最低的压力坡线以下至少2m；复核最大、最小水头和流量运行时发生弃负荷和增负荷的水力条件。

## 三、隧洞的纵坡

洞身段的纵坡，可根据运用要求、沿线建筑物的基础高程、上下游的衔接、施工和检修条件等确定。坡度应兼顾以下施工要求：

(1) 有轨运输时坡度以小于1%为宜。

(2) 无轨运输时坡度小于8%为宜，一般不大于10%。

(3) 为满足施工期间单纯自流排水要求，应采用大于0.2%坡度。

(4) 当自下而上开挖斜井时，为便于滑渣，一般用坡角42°～55°。

(5) 当自上向下开挖斜井时，一般以坡角不大于30°为宜；如果采用反井钻机施工，一般坡角可采用50°～90°。

选择斜井坡度时，除考虑施工和地质条件（岩层的走向、倾角、节理裂隙的切割条件等）外，对于无压隧洞还必须考虑水力条件。

## 第二节 供水方式选择

国内、外规模较大的抽水蓄能电站中机组台数大都在4台以上，因此引水与尾水隧洞就有“一管一机”到“一管多机”的可能。“一管多机”应根据电站总装机规模、电站在系统中所占的比重、地形地质条件、机组的制造水平、引水（尾水）主洞洞径的大小及施工工期等确定。

### 一、引水系统供水方式

引水系统的供水方式应根据电站装机台数、高压岔管的 $HD$ 值及引水系统的施工工期等确定。通常来讲，引水线路越长，一根管道接的机组越多，投资就会越省。但这样布置会使引水隧洞的尺寸较大，而且如果引水隧洞需要检修，则同一引水隧洞上的机组都会停运，对电网的运行影响就会增大，因此引水系统“一管多机”的选择应综合上述有关条件权衡考虑。国内、外部分抽水蓄能电站的引水隧洞的条数统计见表26-2。

表26-2 国内、外部分抽水蓄能电站的引水隧洞的条数统计表

| 工程名称 | 引水系统长度/m | 引水隧洞条数 | 机组台数 | 尾水隧洞条数 | 工程名称 | 引水系统长度/m | 引水隧洞条数 | 机组台数 | 尾水隧洞条数 |
|---|---|---|---|---|---|---|---|---|---|
| 天荒坪 | 1160.0 | 2 | 6 | 6 | 迪诺威克 | 2838 | 1 | 6 | 3 |
| 广蓄一期 | 2952.0 | 1 | 4 | 2 | 巴斯康蒂 | 2895 | 3 | 6 | |
| 广蓄二期 | 2723.0 | 1 | 4 | 2 | 蒙特齐克 | 666 | 2 | 4 | |
| 仙居 | 1219.0 | 2 | 4 | 2 | 葛野川 | 3166 | | 4 | |
| 仙游 | 1149.0 | 2 | 4 | 2 | 神流川 | 2445 | 1 | 4 | 1 |
| 桐柏 | 748.0 | 2 | 4 | 4 | 小丸川 | 988 | 2 | 4 | 2 |
| 泰安 | 572.0 | 2 | 4 | 2 | 京极 | 1079 | 1 | 3 | 1 |
| 响水涧 | 476.7 | 4 | 4 | 4 | 奥清津二期 | 2064 | | 2 | |
| 宜兴 | 1242.0 | 2 | 4 | 2 | 锡亚比舍 | 2740 | 2 | 4 | 2 |
| 泰安 | 572.0 | 2 | 4 | 2 | 拉姆它昆 | 842 | 2 | 4 | 2 |
| 明湖 | 3081.0 | 2 | 4 | 4 | 新高赖川 | 3056 | 2 | 4 | 4 |
| 琅琊山 | 404.0 | 4 | 4 | 2 | 普列森扎诺 | 3650 | 2 | 4 | 4 |
| 溪口 | 1538.0 | 1 | 2 | 2 | 奥美浓 | 1770 | 1 | 4 | 2 |
| 明潭 | 3900.0 | 2 | 6 | 6 | 沼原 | 2279 | 1 | 3 | 3 |
| 蒲石河 | 2500.0 | 2 | 4 | 1 | 荒沟 | 2800 | 2 | 4 | 2 |

从统计表可以看出，电站大多采用两条引水管道连接电站所有机组的布置模式，如天荒坪抽水蓄能电站等。

### 二、尾水系统供水方式

与引水隧洞的条数选择一样，根据地下厂房所处的位置不同，尾水隧洞也有条数的选择。一般而言，尾水系统承受的内水压力较低，造价也较低。抽水蓄能电站往往选择中部或尾部布置，尾水系统相对较短，所以尾水隧洞的条数往往会等于或多于引水隧洞的条

数。但蒲石河和琅琊山抽水蓄能电站是两条引水隧洞对应一条尾水隧洞。对于尾部开发的抽水蓄能电站，如尾水系统布置成单机单管，可以将尾闸事故门布置在下水库的进/出水口处，既减少厂房地下洞室的布置难度，又减少闸门上的工作水头。国内、外部分抽水蓄能电站的尾水隧洞的条数统计见表 26-2。

## 第三节　压力管道纵剖面布置

输水系统在立面布置上，有竖井和斜井两种方式。二者的选择主要根据地形地质条件、水力条件、枢组布置要求、工程投资和施工条件等综合考虑。斜井布置方案水力条件较好，水道长度较短使水头损失也较小，但施工较为困难。竖井布置施工较为方便，但长度较大，水头损失相对较大。如果高差过大，往往在竖井或斜井中间部位设置中平段，将竖井或斜井分成上下两段，以方便施工及运行期检修。

根据国内部分抽水蓄能电站压力管道立面布置方式（见表 26-3），水头较高的电站压力管道立面大多采用两级竖井或斜井布置。国内生产的反井钻机钻孔最大深度可以达到400m，对于超过 400m 的竖井和斜井需要采用进口设备，投资较大且制约因素较多。

**表 26-3　　国内部分抽水蓄能电站压力管道立面布置方式**

| 电站名称 | 装机容量/MW | 额定水头/m | 压力管道立面布置方式 | 电站名称 | 装机容量/MW | 额定水头/m | 压力管道立面布置方式 |
|---|---|---|---|---|---|---|---|
| 泰安 | 4×250 | 225 | 一级竖井 | 荒沟 | 4×300 | 445 | 两级斜井 |
| 桐柏 | 4×300 | 240 | 一级斜井 | 呼和浩特 | 4×300 | 521 | 两级斜井 |
| 蒲石河 | 4×300 | 308 | 一级斜井 | 天荒坪 | 6×300 | 526 | 一级斜井 |
| 宜兴 | 4×250 | 363 | 两级竖井 | 宝泉 | 4×300 | 540 | 两级斜井 |
| 清原 | 6×300 | 390 | 两级斜井 | 西龙池 | 4×300 | 640 | 两级斜井 |
| 丰宁 | 6×300 | 425 | 两级斜井 | 敦化 | 4×350 | 655 | 两级斜井 |
| 仙游 | 4×300 | 430 | 两级斜井 | | | | |

抽水蓄能电站的特点是从上水库进/出水口到机组蜗壳进口中心线的高差很大，小则100～200m，大则约 800m。如何进行上下平洞间的立面布置，当然要考虑地形地质条件、水力学条件、水工布置要求、工程投资和施工条件。从水工布置和工程投资的角度看，采用斜井的方案线路短，工程投资省，但施工条件较差。国内采用陡倾角、长斜井的布置方式较多，主要有蒲石河、荒沟、十三陵、天荒坪、宝泉、桐柏、西龙池、黑麋峰、惠州抽水蓄能电站等。采用竖井布置的有张河湾、宜兴、泰安抽水蓄能电站等。导井施工中大多采用反井钻机施工。日本已有 5 座电站的斜井是采用全断面 TBM 开挖的，倾角 37°～52.5°，直径 3.3～3.6m。

隧洞的中心线高程决定于进/出口水位、隧洞的用途、工作条件和地形地质条件，还与隧洞的路线和其横断面尺寸密切相关，经技术经济比较确定。一般首先拟定隧洞的进、出口高程，然后拟定洞线高程。

# 第二十七章　进/出水口设计

抽水蓄能电站的进/出水口同时具有进水和出水的功能。作为输水建筑物的重要组成部分，其一般需要满足以下要求：

(1) 进/出水口的布置，应适应抽水和发电两种工况下的双向水流运动，以及水位升降变化频繁和由此产生的边界条件的变化。

(2) 在各级运行水位下，进/出水口应水流顺畅、流态平稳、水流均匀对称、不产生负流速、尽量减少水头损失，并按运行需要通过所需流量或截断水流。

(3) 进/出水口设计应保证附近库内水流流态良好，无有害的回流或环流出现，不产生有害的漩涡，水面波动小。

(4) 能有效阻止泥沙、污物等进入输水流道系统，严寒地区的进/出水口应有必要的排冰、防冰措施。

## 第一节　进/出水口型式

### 一、进/出水口的主要特点

与常规水电站进水口相比，抽水蓄能电站进/出水口主要有以下特点：

(1) 双向过流。在进水时，作为进水口，应使水流逐渐平顺地收缩；在出水时，作为出水口，又要使水流平顺地扩散。水流在两个方向流动时均应力求全断面流速分布均匀，水头损失小，无脱流和回流现象。因此抽水蓄能电站进/出水口体形轮廓设计要求更为严格，其渐变段尺寸较长。

(2) 拦污栅易发生共振。抽水蓄能电站单机容量常常较大，水道中流速分布也常不均匀，水流易在栅条尾部发生分离，形成漩涡脱落。这不仅会导致水头损失增加，而且如果产生的绕流频率接近拦污栅自振频率，就可能诱发共振，造成拦污栅破坏的事故。

(3) 淹没深度小。抽水蓄能电站的上水库与下水库有时是人工挖填而成的。为了尽量减少工程量，要求尽可能地利用库容，导致水库工作深度大、水库水位变幅亦较大。当水库水位较低时，进/出水口淹没深度较小，容易产生人流立轴漩涡，需要采用消涡梁、栅、板等结构措施，对其进行预防及消减。

(4) 易产生库底和库岸的冲刷。由于抽水蓄能电站库容一般较小，进入进/出水口的水流流速较大，出流时水流如不能均匀扩散，将在水库中形成环流，导致库底和库岸冲刷，并引起进/出水口流量分配不均匀和产生漩涡等不良后果。

## 二、进/出水口的主要型式

根据进/出水口流道是否具有自由水面，进/出水口的型式可分为无压进/出水口和有压进/出水口。抽水蓄能电站因其调峰运行的特点，上下水库的水位变幅均较大、变动较频繁，故其进/出水口一般布置成有压进/出水口。

进/出水口的型式取决于电站总体布置和建筑物地区的地形、地质条件。按工程布置划分，分为整体式布置进/出水口和独立布置进/出水口。整体式布置与坝体相结合，即坝式进/出水口；与厂房相结合，即厂房尾水管出口或延长。独立布置进/出水口位于水库库岸。常见的抽水蓄能电站进/出水口多为独立布置进/出水口。

按水库水流与引水道的关系，独立布置进/出水口可分为侧式进/出水口和竖井式进/出水口。侧式进/出水口的水流接近水平向进入输水管道，一般布置在库岸边，流道相对较短，闸门、隧洞结构所受内水压力相对较低。其进流一般较平顺，水流流向变化小；出流时受扩散角度的限制，流速不易降低，易发生流速分布不均现象但较易调整；防涡要求较高，水头损失一般较小。侧式进/出水口在抽水蓄能电站中被广泛运用，也是我国抽水蓄能电站主要采用的进/出水口型式。按闸门井的位置，侧式进/出水口可分为侧向岸坡竖井式、侧向岸坡式和侧向岸塔式。

竖井式进/出水口水流接近竖直向进入输水管道，一般布置在靠近库中央处，流道相对增长，闸门、隧洞结构所受内水压力相对较高。其进流一般也较平顺，水流流向变化大；出流流速分布受竖井段高度、弯段型式等影响，易出现偏流，流速分布不均且不易调整；水流沿四周进出，过水断面大，平均流速小，防涡要求较易满足，水头损失一般较大。国内采用竖井式进/出水口的工程实例较少。根据进/出水口的井口是否设置盖板，竖井式进/出水口可分为开敞竖井式、半开敞竖井式和盖板竖井式。

抽水蓄能电站进/出水口型式的选择，应根据电站枢纽布置、输水系统布置特点、地形地质条件、水力条件及运行要求等因素，经不同布置方案的技术经济比较，因地制宜地选择侧式、竖井式或其他型式。

## 三、进/出水口的适用条件

### （一）侧向岸坡竖井式进/出水口

侧向岸坡竖井式进/出水口的特点是闸门布置在岸坡上开挖的竖井内，适用于引水道（尾水道）接近水平向进入水库，水库岸边地形较缓、地质条件较好的进/出水口。这种进/出水口结构简单、可靠，不受风浪、冰冻、地震等不利自然因素的影响，可以有效地减少岸边山体的明挖规模。由于竖井布置在山体中，需要注意至启闭机工作平台的交通布置问题。当竖井前至库区内的隧洞段有检修要求时，需要在库岸进洞处另设检修闸门。

采用侧向岸坡竖井式进/出水口的工程有：我国的十三陵、天荒坪（图 27-1）、蒲石河（图 27-3）、荒沟（图 27-4）、宜兴、泰安和日本的奥清津二期等的上水库进/出水口，我国的西龙池、日本的神流川、泰国的拉姆它昆等的下水库进/出水口，我国的桐柏（图 27-2）、琅琊山、宝泉，日本的今市（图 27-5、图 27-6）和葛野川的上、下水库进/出水口等。

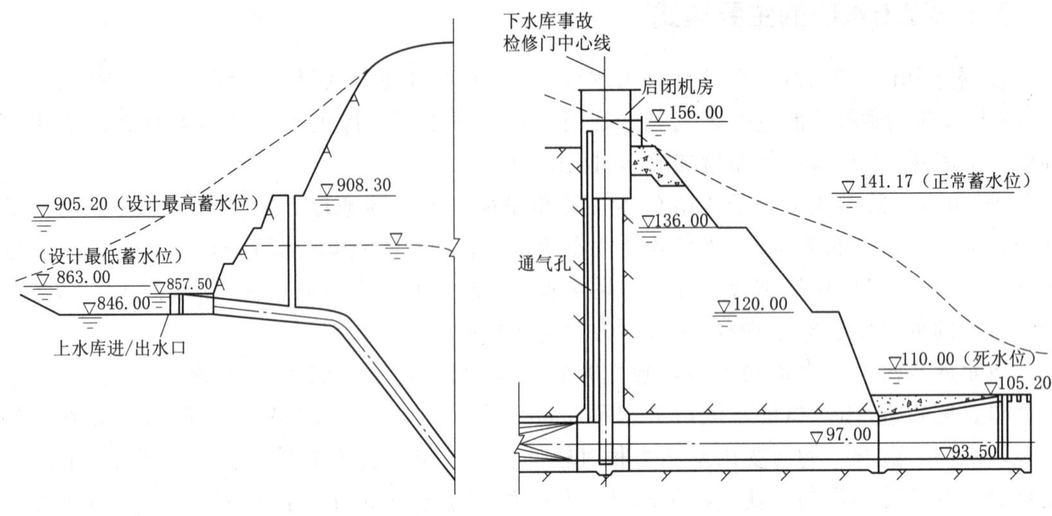


图 27－1　天荒坪上水库进/出水口（单位：m）　　图 27－2　桐柏下水库进/出水口（单位：m）

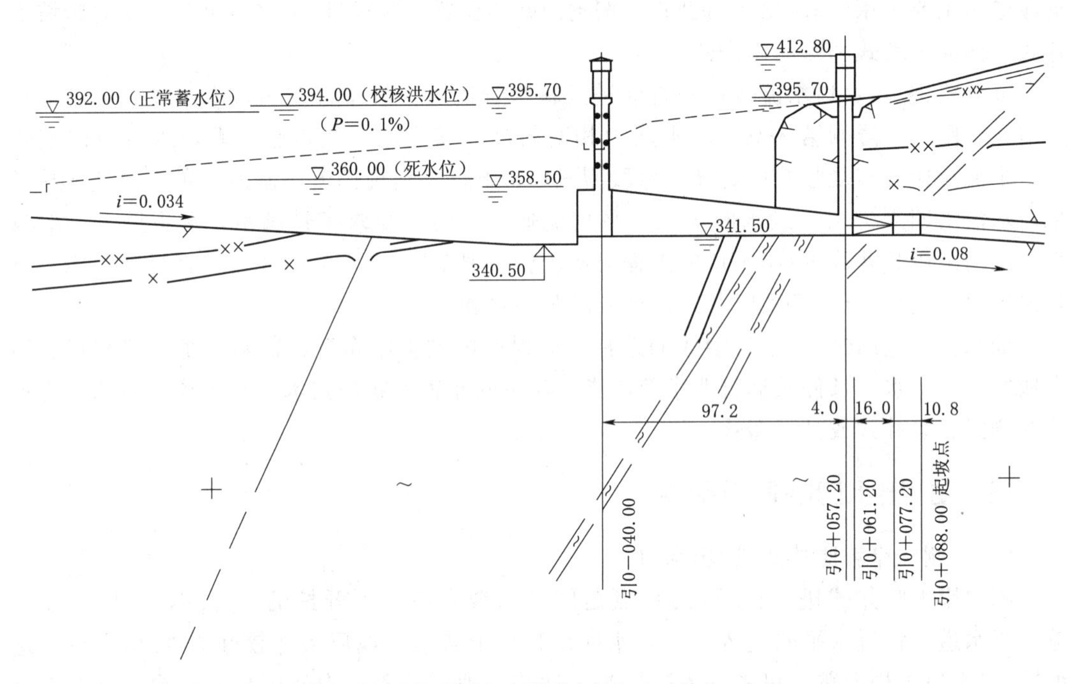


图 27－3　蒲石河上水库进/出水口（单位：m）

**（二）侧向岸坡式进/出水口**

侧向岸坡式进/出水口的特点是闸门槽倾斜布置在岸坡上，适用于引水道（尾水道）接近水平向进入水库，水库岸边地形、地质条件较好的进/出水口。由于进口宽度较大，拦污栅及进/出水口扩散段均布置在山坡外。这种进/出水口结构简单，造价低廉，由于闸门通过启闭机沿斜坡上的门槽上下滑动，故无须建造进/出水塔或开挖竖井。但因为倾斜布置，闸门尺寸和启闭机容量都将增加。

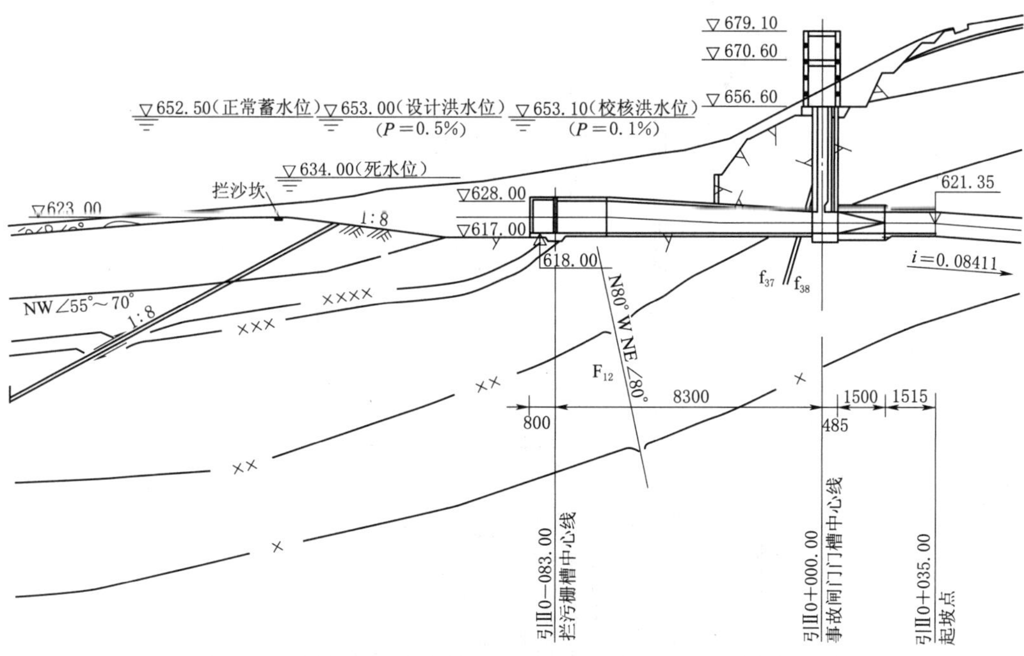


图 27-4　荒沟上水库进/出水口（单位：高程，m；其余为 cm）

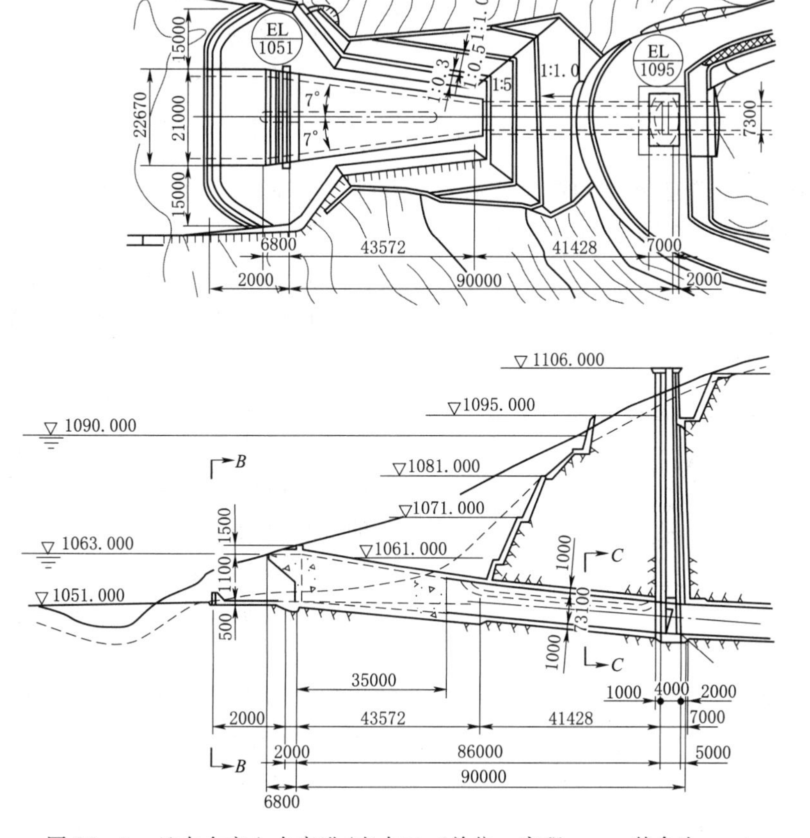


图 27-5　日本今市上水库进/出水口（单位：高程，m；其余为 mm）

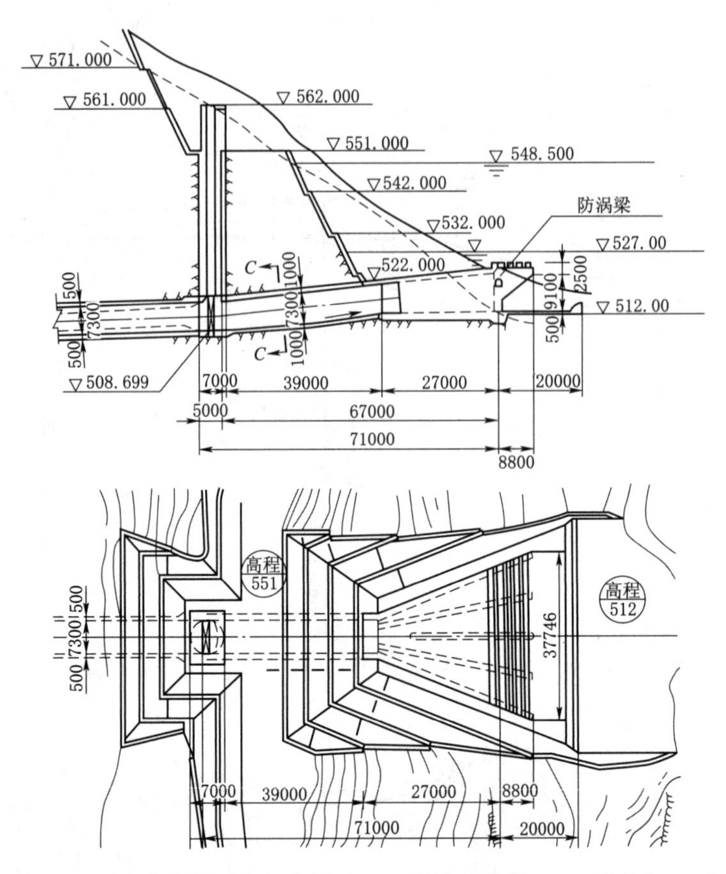


图 27-6　日本今市下水库进/出水口（单位：高程，m；其余为 mm）

采用侧向岸坡式进/出水口的工程有：天荒坪下水库进/出水口（图 27-7）、日本的奥吉野抽水蓄能电站下水库进/出水口等。

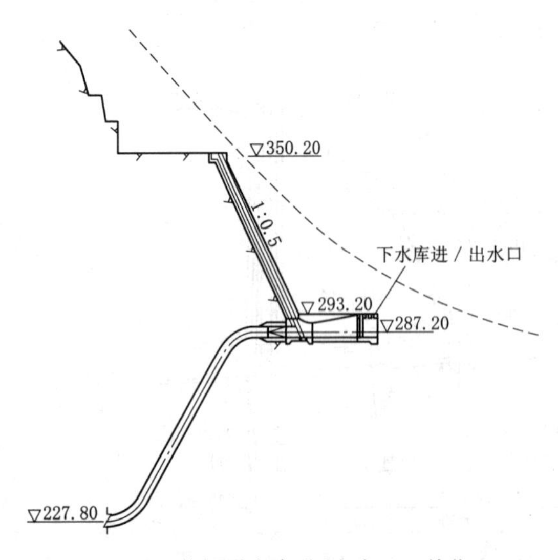


图 27-7　天荒坪下水库进/出水口（单位：m）

### （三）侧向岸塔式进/出水口

侧向岸塔式进/出水口的特点是闸门布置于塔形建筑物内，适用于引水道（尾水道）接近水平向进入水库，水库岸边地形较陡、地质条件较好的进/出水口。这种进/出水口紧靠岸坡布置，闸门布置于塔形的混凝土门井，同时可作为岸坡挡护结构，扩散段和拦污栅段位于塔体以外，拦污栅的启闭检修设施可以根据水位变幅选定。受岸坡地形、地质条件影响，需注意可能出现的高边坡问题。高地震区不宜选用岸塔式进/出水口。

采用侧向岸塔式进/出水口的工程有：广州抽水蓄能电站上、下水库进/出水口，

蒲石河（图 27－8）、荒沟（图 27－9）、十三陵（图 27－10）、泰安（图 27－11）和宜兴下水库进/出水口等。

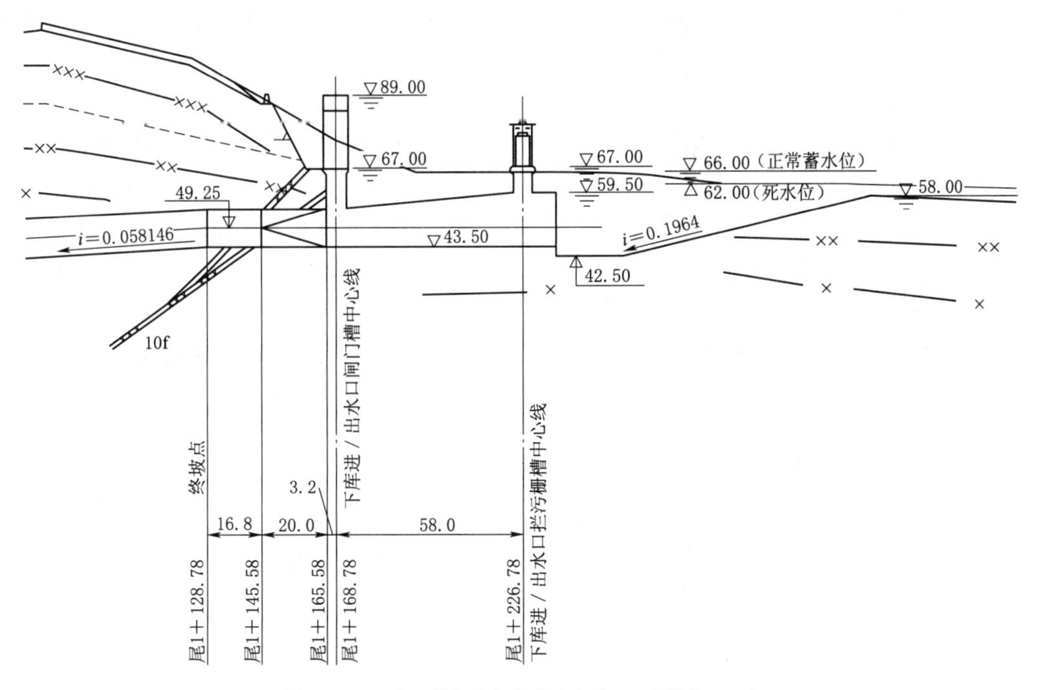


图 27－8　蒲石河下水库进/出水口（单位：m）

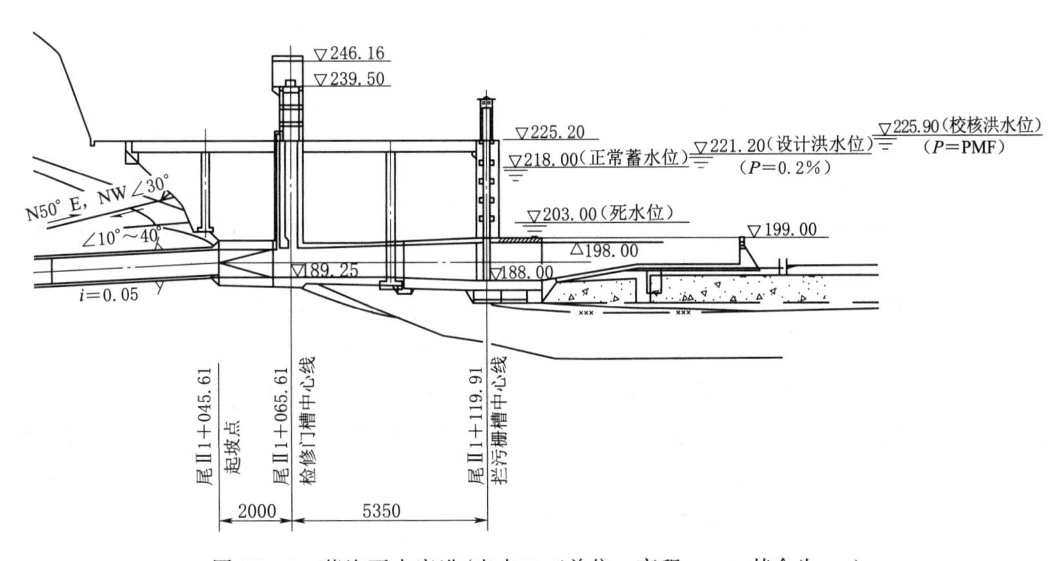


图 27－9　荒沟下水库进/出水口（单位：高程，m；其余为 cm）

## （四）开敞竖井式进/出水口

开敞竖井式进/出水口适用于引水道竖直向进入水库，水库岸边地形较缓、地质条件较差的进/出水口，进口不设置闸门。我国有关规范规定进水口需设置事故或检修闸门，

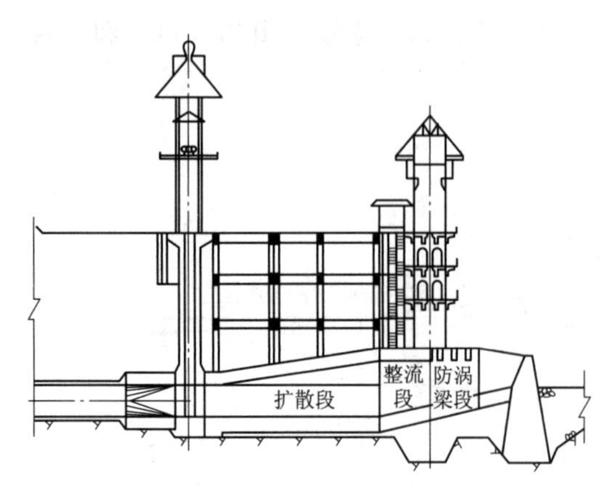


图 27-10　十三陵下水库进/出水口

因此未有此种型式。美国的贝尔斯万普电站（Bear Swamp）、康瓦尔电站（Comwall）、托姆索克（Taum Sauk）电站等均采用此种型式。

根据国内外的工程经验，开敞竖井式进/出水口与盖板竖井式进/出水口相比，漩涡问题要严重得多。在我国碧敬寺抽水蓄能电站竖井式进/出水口的水工模型试验中，进行了开敞竖井式与盖板竖井式的试验比较。试验结果表明，盖板竖井式比开敞竖井式的防涡效果要好得多。因此，宜尽量避免采用开敞竖井式进/出水口。

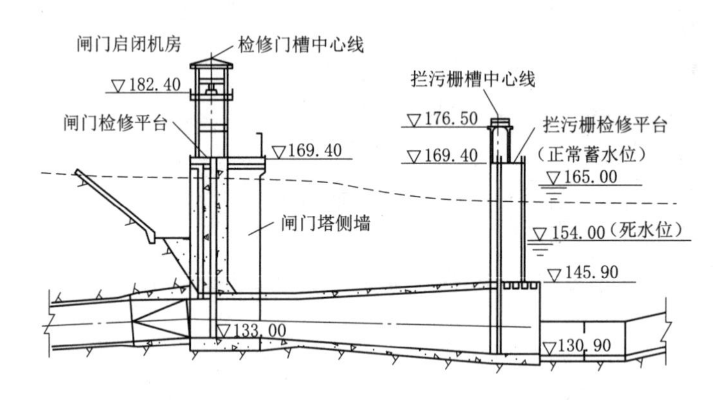


图 27-11　泰安下水库进/出水口（单位：m）

**（五）半开敞竖井式进/出水口**

半开敞竖井式进/出水口适用于引水道竖直向进入水库，水库岸边地形较缓、地质条件较差的进/出水口。如果进口设置圆筒形事故门，则需设置操作平台成为独立于水库中的塔形结构，塔顶操作平台与库岸需交通桥连接。由于抽水蓄能电站的工况变化频繁，水流不断变向，对圆筒形事故门停放在洞口不利，国内很少采用。

国外经常采用半开敞竖井式进/出水口，如美国的腊孔山电站上水库；德国的抽水蓄能电站用得较多，如科普柴韦尔克（Koepchenwerk）电站（图 27-12）、荷尔别格电站（图 27-13）、西班牙的瓦尔德卡那斯（Valdecanas）电站（图 27-14）、法国的列文（Revin）（图 27-15）、卢森堡的维昂登Ⅰ（Vianden Ⅰ）、奥地利的库赫丹（Kuhtai）、比利时的柯图斯邦（Coo-Trois-Ponts）以及日本的矢木泽等电站。

**（六）盖板竖井式进/出水口**

盖板竖井式进/出水口适用于引水道竖直向进入水库，水库岸边地形较缓、地质条件较差的进/出水口。进/出水口闸门设置于水平引水道上，如山西西龙池抽水蓄能电站（图 27-16），上水库进/出水口只设置拦污栅，事故闸门离进/出水口中心线水平距离约 210.0m。此外还有进水口闸门设置于盖板之前、防涡梁之后，如无锡马山抽水蓄能电站

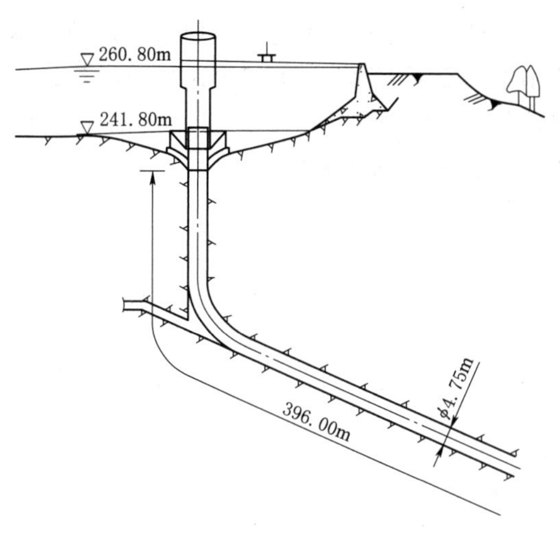


图 27－12　科普柴韦尔克上水库进/出水口

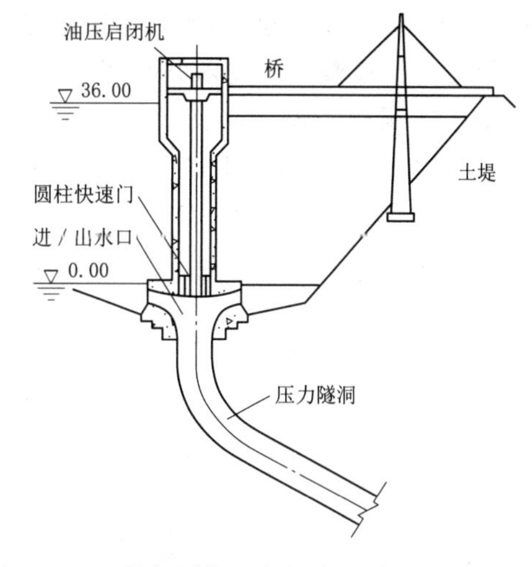


图 27－13　荷尔别格上水库进/出水口（单位：m）

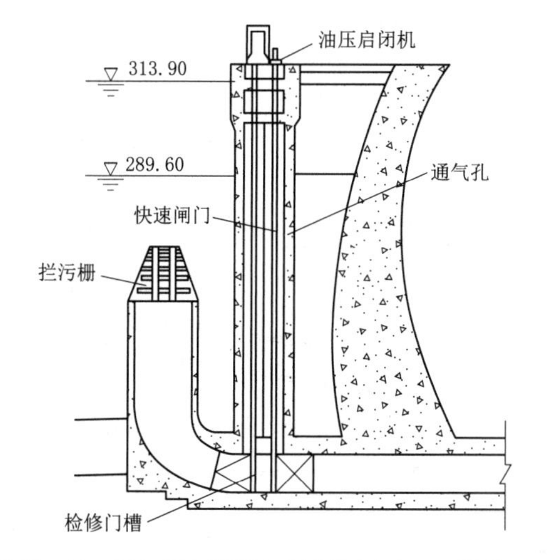


图 27－14　瓦尔德卡那斯上水库进/出水口（单位：m）

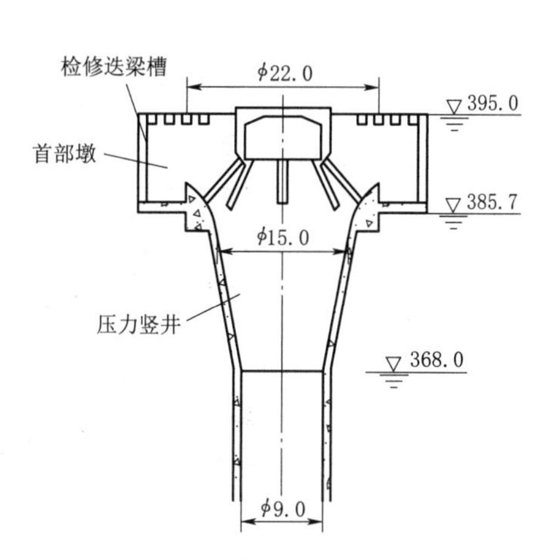


图 27－15　列文上水库进/出水口（单位：m）

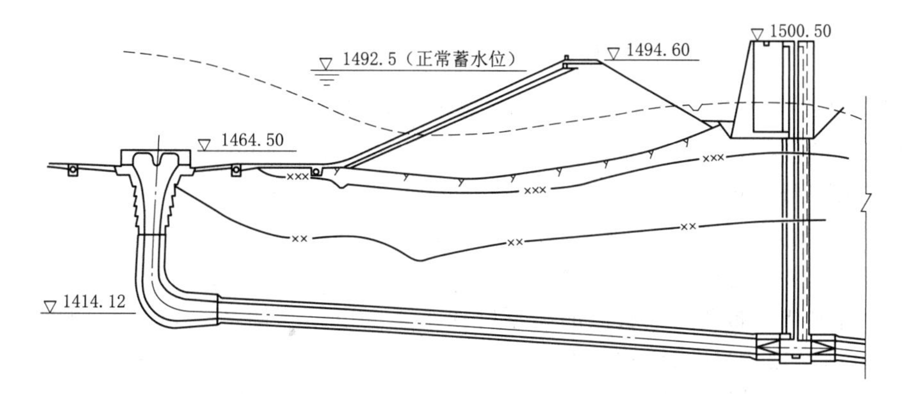


图 27－16　西龙池抽水蓄能电站上水库进/出水口（单位：m）

（图 27－17），上水库进/出水口不设拦污栅；检修闸门置于塔体内，利用水库水位变幅到低水位时进行检修，因此塔井高度较低。溧阳抽水蓄能电站（图 27－18）因坝后地势较低，引水隧洞洞径较大以及引水上平段高程较低而不方便布置闸门，故将闸门布置于进/出水口周边，同时在进/出水口顶部设置框架结构以方便布置闸门启闭机。

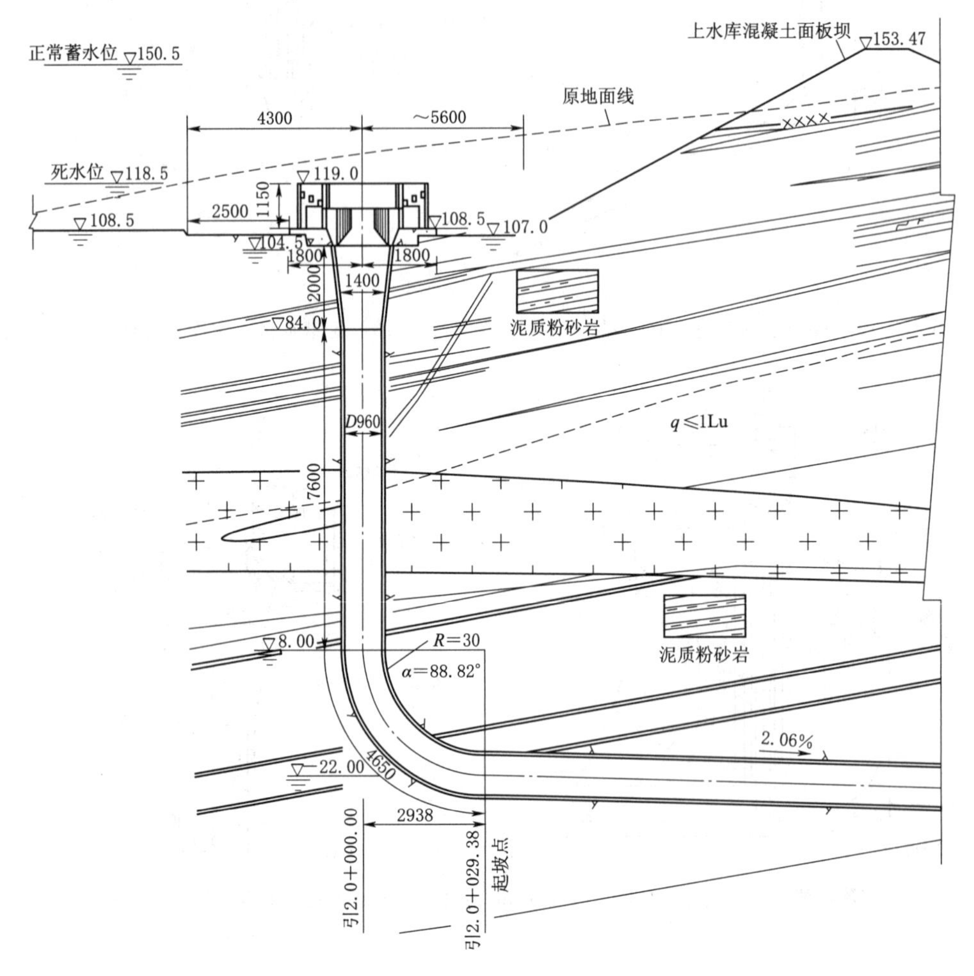


图 27－17　马山抽水蓄能电站上水库进/出水口（单位：m）

盖板竖井式进/出水口在国内外电站中应用较多，如我国的碧敬寺水电站，英国的卡姆洛（图 27－19），美国的巴德溪（Bad Creek）、卡宾溪（Cabin Creek）、马蒂朗（Muddy Run）、落基山（Rocky Mountain），日本的京极等均采用此种类型进/出水口。

**（七）坝式进/出水口**

坝式进/出水口适用于坝后式电站，挡水建筑物为混凝土坝，发电厂房位于坝后，进/出水口与坝结合布置，如我国的潘家口抽水蓄能电站（图 27－20）和印度纳加尔朱纳萨加尔电站。坝式进/出水口的布置和常规电站相同，由于抽水蓄能电站安装高程较低，不太可能将坝后厂房建基面挖得太深，因而要求下库的最低水位满足机组安装高程的要求。

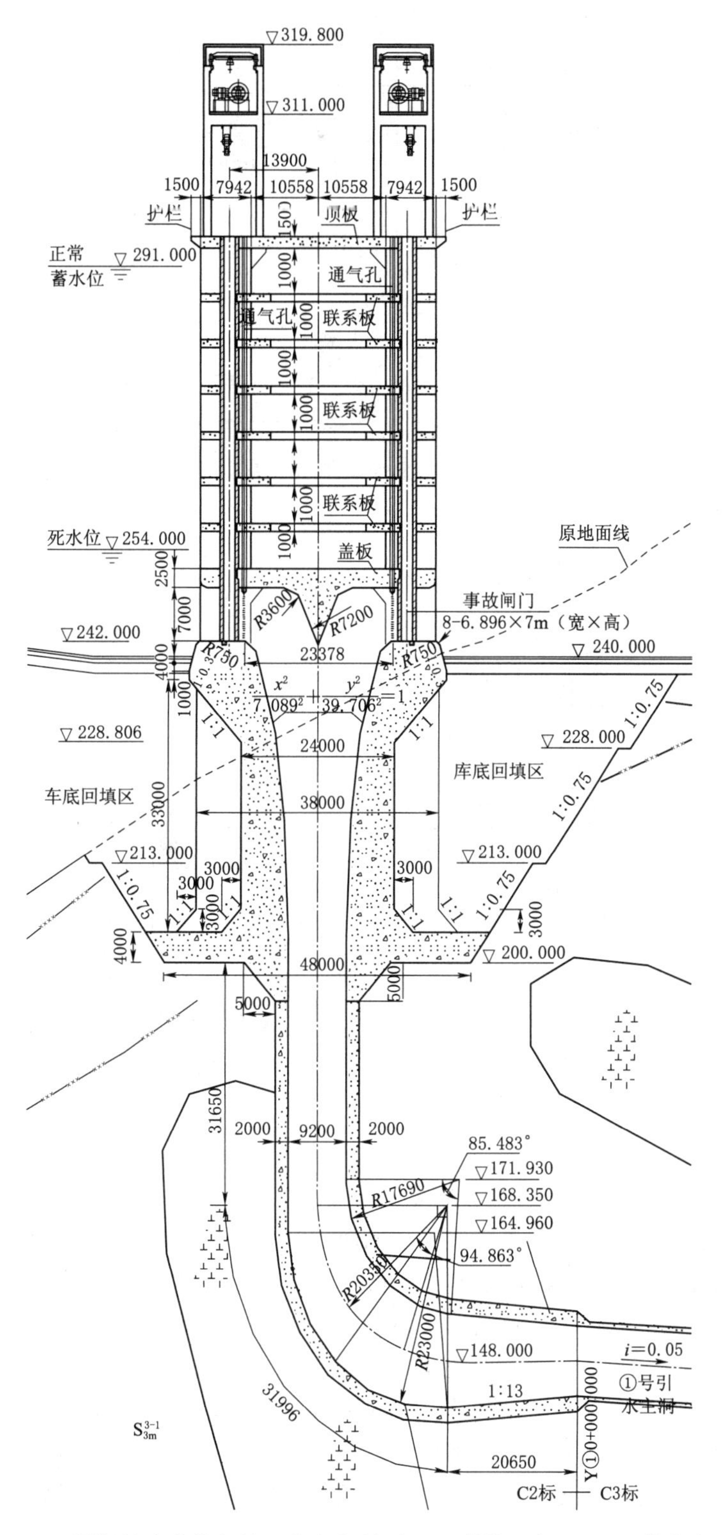


图 27-18 溧阳抽水蓄能电站上水库进/出水口（单位：高程，m；其余为 mm）

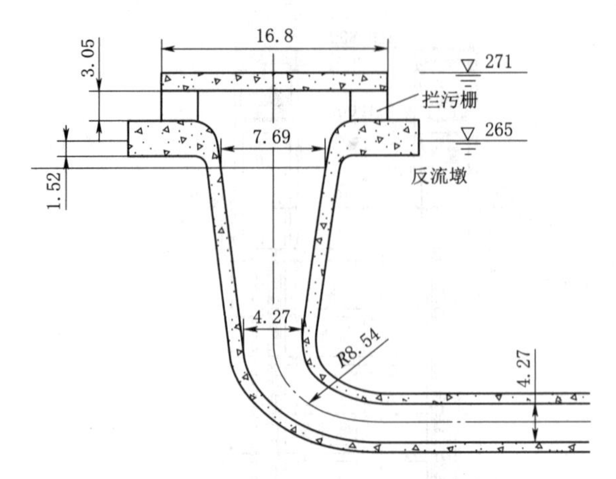


图 27-19 卡姆洛上水库进/出水口（单位：m）

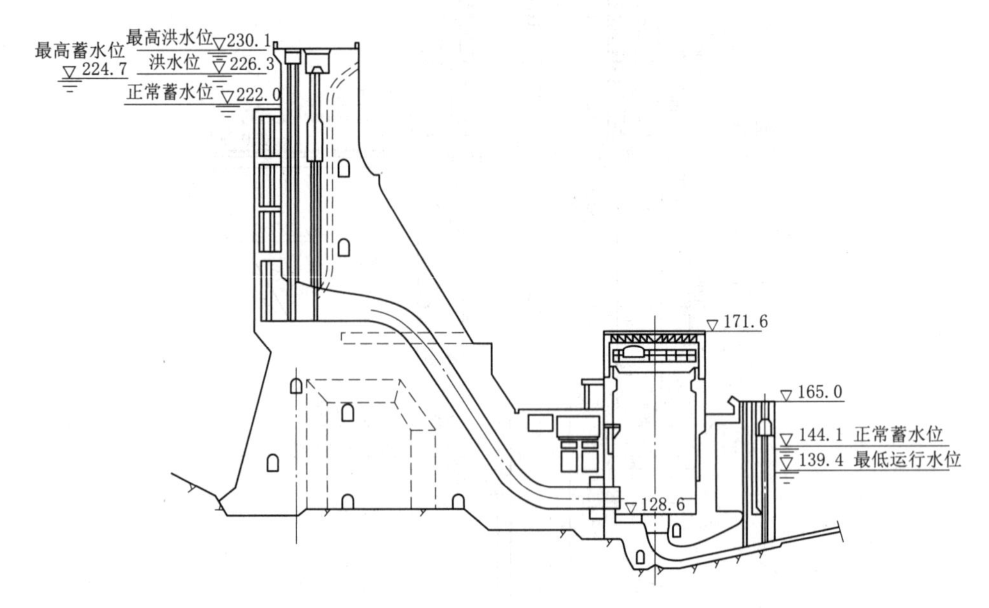


图 27-20 潘家口抽水蓄能电站坝式进/出水口（单位：m）

**（八）下库进/出水口与厂房结合布置**

下库进/出水口与厂房结合布置适用于地面或竖井式地下厂房。下库进/出口为厂房的一部分，和尾水管相结合或尾水管适当延长。如我国的无锡马山抽水蓄能电站（图 27-21）、美国的巴斯康蒂电站、卢森堡的维昂登电站、日本的新成羽电站等。

由于尾水管离机组较近，发电时尾水出流较为紊乱，过栅流速较大，分布不均匀，可能导致拦污栅破坏。美国和日本早期建设的抽水蓄能电站中许多拦污栅出现过振动破坏现象。美国的巴斯康蒂电站，尾水管拦污栅离机组很近，模型试验测得额定流量时过栅流速最高达 4.7m/s，发电时实际出口流速比试验值要大，流态非常不好，拦污栅曾因此发生过严重的破坏。日本的新成羽混合式抽水蓄能电站尾水管拦污栅，由于离机组近，水轮机的漩涡使尾水管中的流速分布不均匀，设计流速 2～4m/s，但破坏部位的实测最大流速达 8m/s。

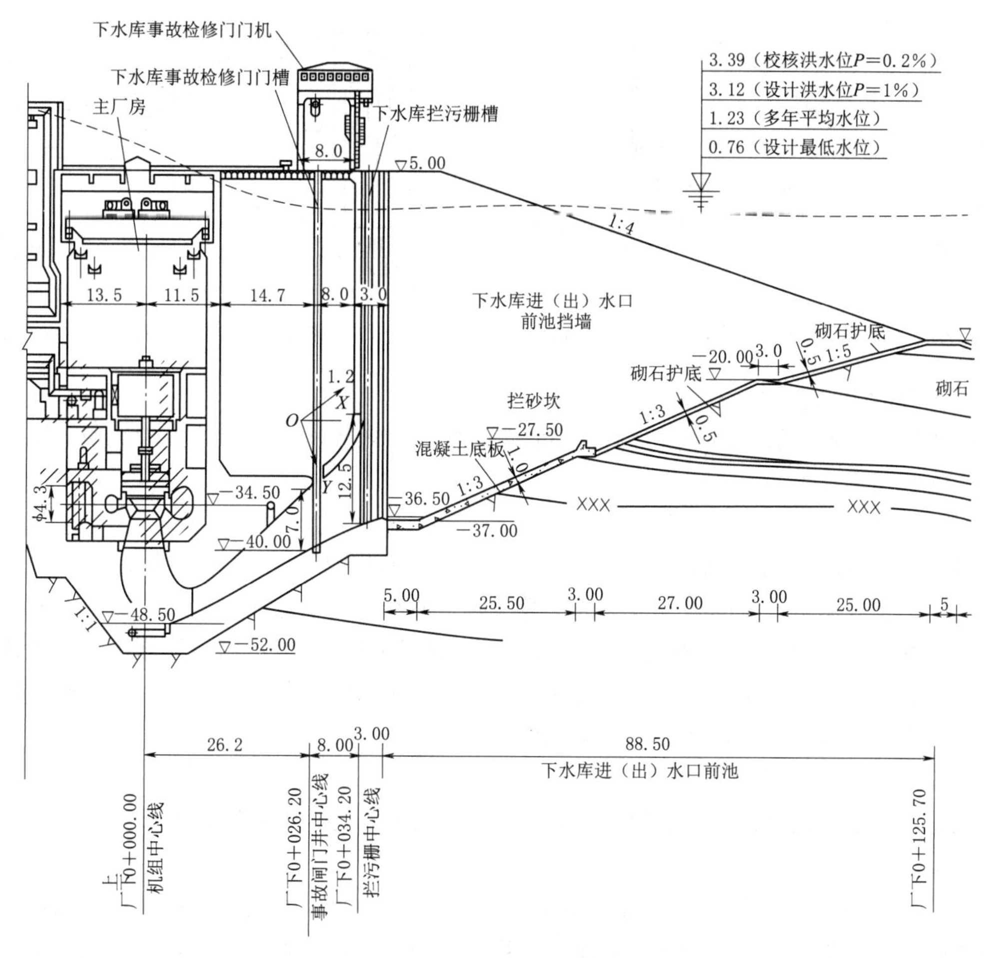


图 27-21　马山抽水蓄能电站下水库进/出水口（单位：m）

## 第二节　进/出水口布置

### 一、进/出水口的组成

#### （一）侧式进/出水口

侧式进/出水口建筑物一般由拦污栅段（防涡段）、扩散段、闸门段、闸后渐变段、操作平台和交通桥等组成；有时为调整水流流态，在拦污栅段和扩散段之间设置调整段；当扩散段和闸门段相距较远时，其间设置隧洞段。在进/出水口最前端通常还设置明渠段、拦沙坎和集渣坑等。侧式进/出水口的组成如图 27-22 和图 27-23 所示。

1. 明渠段

侧式进/出水口常需要在进/出水口最前端设置明渠段，使进/出水口处于地质条件较好的地段，并适应上/下游水库来流方向，改善进/出水条件，使水流顺畅地流入、流出进/出水口。

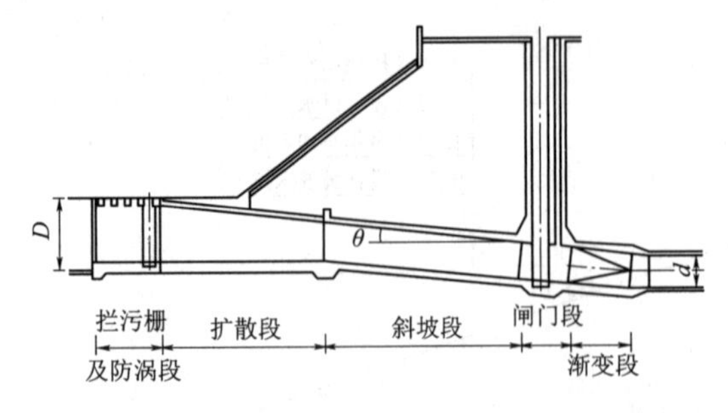


图 27－22　侧式进/出水口的各部分立面组成

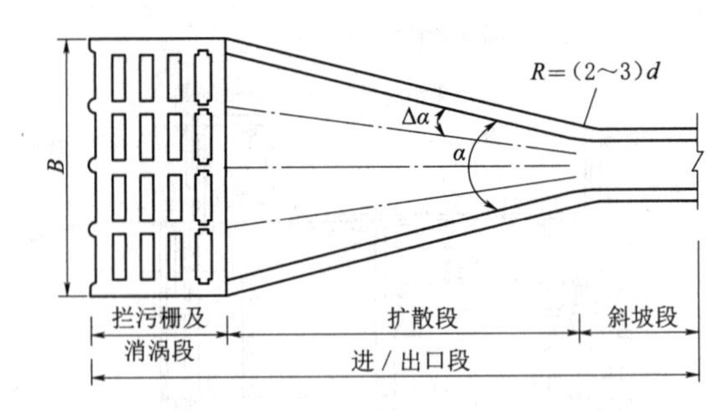


图 27－23　侧式进/出水口的各部分平面组成

2. 拦沙坎与集渣坑

拦沙坎顶高程一般应高于设计淤沙高程，以防泥沙进入输水道内。集渣坑用于沉沙以及便于施工期排水等。

3. 拦污栅段（防涡段）

进/出水口首端一般布置有拦污栅，用以阻拦污物进入输水道。拦污栅段大多设置防涡梁，以防止进流时产生的吸气漩涡进入隧洞内。抽水蓄能电站的上水库，大多没有天然来流，基本没有污物，常不设或设较矮的拦污栅启闭机排架，拦污栅的检修可结合上库的检修进行。抽水蓄能电站的下水库，有污物来源时，必须设置启闭机排架及其操作平台；无污物来源时，可不设或设较矮的启闭机排架。

4. 调整段

调整段位于拦污栅段与扩散段之间，顶板平行底板，有助于消除顶面负流速。

5. 扩散段

扩散段体型是侧式进/出水口水力设计的关键。进流时，流速逐渐增大；出流时，流速逐渐减小。扩散段内常布置多个分流墩，增大水平扩散角，调整流速，并避免水流脱离固体边界。

6. 闸门段

闸门段是进/出水口的重要组成部分，结构比较复杂，在这一段常设置检修闸门、事故闸门、通气孔及旁通充水的管路系统等。闸门段通常布置成进水塔或闸门井，当其布置在山体之外时，称为进水塔；布置在山体之内时，称为闸门井。其断面形状有圆形与矩形两种，仅设事故闸门时可采用圆形断面；检修闸门、事故闸门均设时多采用矩形。闸门段除考虑布置需要外，还应考虑围岩的地质条件。

7. 闸后渐变段

闸后渐变段为连接闸门段与其后输水隧洞的过渡段。

8. 操作平台和交通桥

闸门段顶部的操作平台设在最高水位线以上，作为放置闸门启闭机和启闭闸门的工作场所。它可以做成露天的启闭机排架，也可以做成启闭机房，一般设有专用的起重设备。拦污栅操作平台、塔式进/出水口操作平台还需设置交通桥与公路连接。

**（二）竖井式进/出水口**

国内抽水蓄能电站均采用盖板竖井式进/出水口，其一般由下列几部分组成：盖板、

径向隔墩、进/出水口底板、喇叭口段、竖井直管段、弯管段、连接扩散段等，具体如图 27－24 所示。

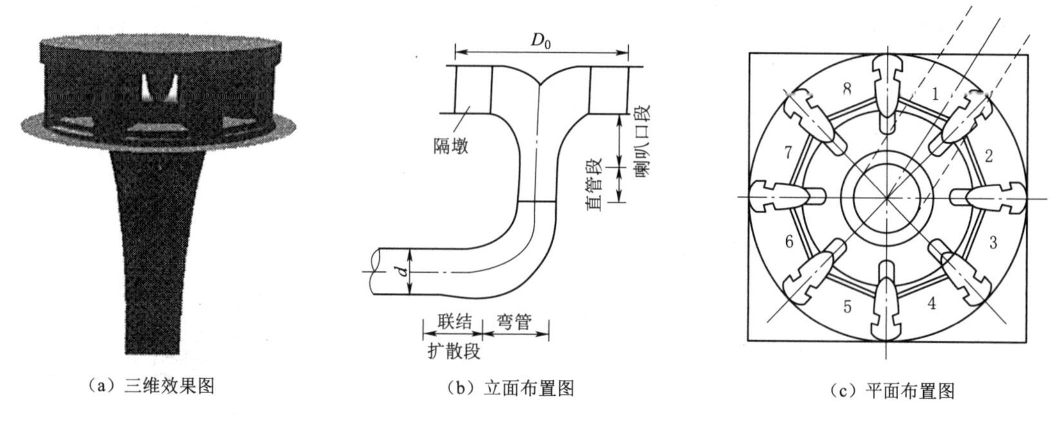


（a）三维效果图　（b）立面布置图　（c）平面布置图

图 27－24　竖井式进/出水口的组成

（1）喇叭口段。根据流量的大小，用径向隔墩在圆周方向分成 4～12 个孔口。

（2）竖井直管段。是喇叭口段与弯管段间的连接段，一般应有适当高度。

（3）弯管段。将竖井直管段与缓倾角的输水隧洞相连接。

（4）连接扩散段。是弯管段与输水隧洞之间的过渡部分。

盖板竖井式进/出水口的其他组成部分还有：隧洞段、闸门段、闸后渐变段、操作平台和交通桥。这些建筑物与侧式进/出水口完全相同。

开敞式竖井进/出水口的组成除没有盖板外，其余均与盖板式相同。其顶部也可设成格栅，如法国雷文抽水蓄能电站的竖井式进/出水口。应该尽量避免采用开敞式竖井进/出水口，因为即使淹没深度较大，多数开敞式竖井进/出水口仍存在吸气漩涡。美国金祖抽水蓄能电站，当采用开敞式竖井进/出水口时，若淹没水深较低，模型中会出现吸气漩涡；当在其顶部增设一个直径 30m 的盖板后，漩涡随即消失。

有些竖井式进/出水口在喇叭口段之上设置了闸门塔，塔内设有圆筒形闸门、启闭机，闸门塔通过交通桥与库岸（或大坝）连接。闸门塔布置在喇叭口段之上的主要原因是：弯管段直接与倾角较大的引水道相接，直管段一般较深，闸门段不便于设在引水道上，否则闸门井深度较大（在百米以上）。卢森堡维安登抽水蓄能电站的引水道倾角为 26°；爱尔兰特罗夫山抽水蓄能电站的引水道倾角为 28°；联邦德国的新考琴沃克抽水蓄能电站的引水道倾角为 23°，如图 27－25 所示。

## 二、进/出水口位置选择

抽水蓄能电站进/出水口的位置应根据枢纽布置、输水系统布置、水流流态、地形地质条件、施工条件、工程造价和运行管理等方面，经综合技术经济比较后确定，且应符合以下基本原则：

（1）进/出水口宜布置在来流平顺、均匀对称的库岸处，并与周边地形及相邻建筑物相协调，同时应满足下列要求：①不应布置在有大量固体径流的山沟沟口；②应避开容易

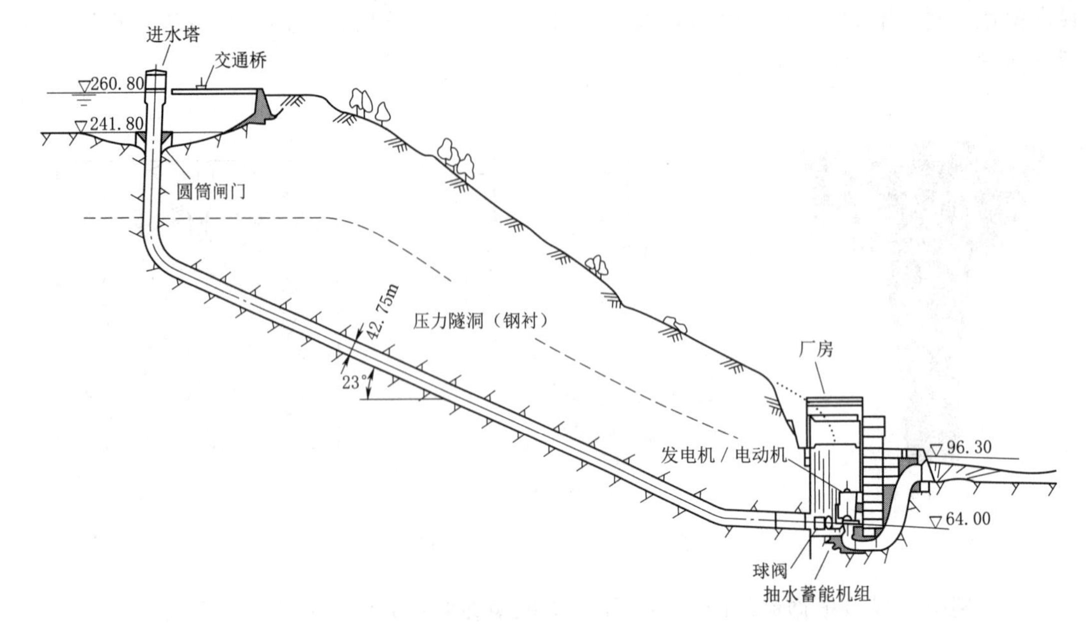


图 27-25　新考琴沃克电站的上水库竖井式进/出水口（单位：m）

聚集污物的回流区；③应避免流冰和漂木的直接撞击；④应选择地质条件良好的地段，避免高边坡开挖，减少开挖量和处理量，节省投资；对于难以避开的高边坡等不良地质条件，应对边坡进行稳定分析，采取合适的边坡处理措施。

（2）侧式进/出水口位置选择时，最好能直接从水库取水，若通过引水渠取水，引水渠不宜过长，以减少水头损失和避免不稳定流影响。尽量选择来流平顺、河面开阔、出流扩散均匀、水头损失小的位置，避免水流流向突变，形成回流和环流。同时也避免因地形造成的进/出水口水流不对称，形成偏流。

（3）竖井式进/出水口位置选择时，周围地形需开阔，利于均匀进流，以保证良好的水流流态。进/出水口塔体应布置于具有足够承载力的岩基上，保证塔体的稳定。

（4）进/出水口位置应远离泥沙淤积体推进方向的区域，例如含有大量推移质的支流或山沟附近。在多泥沙河段上，进/出水口宜选在弯曲河段凹岸的起弯点下游附近；当有较高的防污或防冰要求时，宜选在直线河段上。抽水蓄能电站水头一般较高，而且泥沙双向过机，对过机含沙量的要求远高于常规水电站，故应对泥沙问题给予重视。

（5）进/出水口应方便与输水系统的其他建筑物相衔接，使输水系统布置顺畅、线路较短，同时进/出水口位置宜远离压力隧洞转弯段。

（6）为保证进/出水口的顺利施工和管理方便，进/出水口应选择具备可靠电源和良好交通运输条件的位置，应有设备安装和检修场地，并与其他建筑物相互干扰少。

（7）在已建水库中布置进/出水口时，所选位置应便于施工及运行管理。在不影响现有建筑物正常运行的前提下，应尽量利用已有的道路、场地等有利条件，结合布置进/出水口，节省投资。

（8）进/出水口的位置选择应经济合理，必要时应进行技术经济比较。

## 三、进/出水口底板高程

由于抽水蓄能电站库水位在工作深度内变化频繁，故一般布置成有压进/出水口。抽水蓄能电站有压进/出水口底板高程应按最低运行水位、进水口高度、最小淹没深度、泥沙淤积程度、冰盖厚度和防涡梁顶淹没深度等因素决定。水库最低运行水位一般指死水位、极限死水位或者最低发电水位。

**（一）最小淹没深度**

有压进/出水口的顶高程应在水电站运行中可能出现的最低水位以下，并有足够的淹没深度，以保证不进入空气和不产生漏斗状吸气漩涡，且保证进/出水口沿线不产生负压。因为进/出水口产生的贯通式漏斗漩涡会将污物卷入，堵塞拦污栅，压坏栅体，影响电站的正常运行；同时空气进入后面的压力引水（尾水）管道，将引起建筑物的振动。因此设计中引入最小淹没深度的概念，作为有压进/出水口设置高程的上限。

若因为布置原因，进/出水口不能满足最小淹没深度要求时，应在水面以下设置防涡梁（板）和防涡栅等防涡措施，防涡措施不得妨碍均匀、顺畅出流。对于大型或重要工程的有压进/出水口，宜通过水工模型试验确定底板高程。

1. 不进入空气和不产生漏斗状吸气漩涡的最小淹没深度

对于避免进/出水口产生贯通式漏斗漩涡，国内外研究者甚多。其中戈登公式通过矩形水槽试验，较为全面地考虑了孔口流速和孔口尺寸等因素，设计时可以参考使用。

计算不进入空气和不产生漏斗状吸气漩涡的最小淹没深度，可采用戈登公式，如图27－26所示：

$$S=Cvd^{1/2} \tag{27-1}$$

式中：$S$ 为进/出水口最小淹没深度，m；$v$ 为闸孔断面流速，m/s；$d$ 为闸孔高度，m；$C$ 为与进/出水口几何形状有关的系数，进/出水口设计良好和水流对称时取0.55，边界复杂和侧向水流时取0.73。

要求进/出水口在各种运行情况下完全不产生漩涡有时是困难的，因此在通过戈登公式计算的最小淹没深度小于2m时，仍按2m确定最小淹没深度。

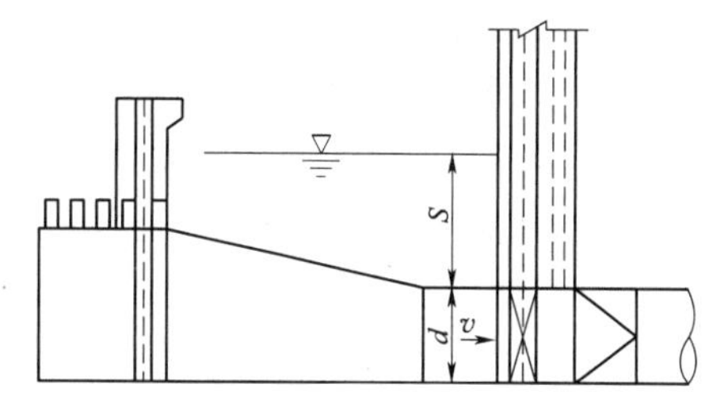

图27－26　戈登公式计算简图

由于影响漩涡的因素比较复杂，还涉及很多因素，如来流方向与进/出水口轴线夹角、地形边界条件等。因为流向不顺和地形边界的急剧变化，容易导致水流形成回流，而回流是产生漩涡的重要条件。因此选择好进/出水口的位置，处理好平面布置，使水流平顺是最为重要的，在此前提下再考虑最小淹没深度等问题。

2. 为保证进/出水口为压力流且不出现负压的淹没深度

为保证进/出水口为压力流且不出现负压的淹没深度可按下式进行估算：

$$S_p=K\left(\Delta h_1+\Delta h_2+\Delta h_3+\Delta h_4+\Delta h_5\frac{v^2}{2g}\right) \tag{27-2}$$

式中：$S_p$ 为不出现负压的淹没深度，m，应不小于2.0m；$\Delta h_1 \sim \Delta h_4$ 为进/出水口喇叭段、拦污栅、闸门槽、渐变段的局部水头损失，m；$\Delta h_5$ 为进/出水口沿程水头损失，m；$v$ 为进/出水口输水道的平均流速，m/s；$K$ 为不小于 1.5 的安全系数。

对于未设上游调压室且引水隧洞上平段较长的抽水蓄能电站，当有压隧洞洞顶最小压力不满足要求时，可采取适当降低进/出水口底板高程和增大引水隧洞纵坡的方式予以解决。由于平板闸门随进/出水口底板高程的降低而加重，即其造价随底板高程的降低而增大，因此进/出水口底板高程还应结合进/出水口孔口尺寸、地形地质条件、现有启闭机的制造水平等做全面的技术经济比较确定。

3. 闸门井内最低涌浪的最小淹没深度

对于闸门井距离水库较远、闸前有较长流道的竖井式进/出水口，应满足闸门井内最低涌浪水位时闸孔顶部的最小淹没深度不小于 2.0m。闸门井内的涌浪应通过水道系统过渡过程计算确定。通过调整闸门井内腔的体形尺寸，使闸孔顶部高程满足闸门井内最低涌浪的最小淹没深度。

**（二）泥沙淤积影响**

在满足最小淹没深度的前提下，有压进/出水口应尽量布置在较高的位置，宜高于进/出水口前水库的设计淤沙高程。这样既可以起到一定的防沙作用，防止泥沙进入输水道内，也可以减小进/出水口土建与金属结构工程量，降低造价，提高电站的经济性。淤沙高程的设计年限应不小于电站的设计使用年限，通常可采用 50 年或 100 年。若水库有冲沙、排沙条件时，设计淤沙高程可采用水库泥沙冲淤平衡高程。

尽量使有压进/出水口底板高程高于水库的设计淤沙高程，关键是对淤沙高程的正确估计。某水电站进水口底板高程 460.00m，运行后进水口前缘淤沙平均高程已达 461.00m，最高达 465.00m，实际淤沙高程远高于进水口底板，这就难免泥沙进入输水系统。

当有压进/出水口底板高程低于设计淤沙高程（或泥沙冲淤平衡高程）时，应在有压进/出水口前沿设置拦沙坎。在多泥沙河段上，有害的悬移质泥沙和部分跳跃式推移质会越过拦沙坎进入进/出水口，因此还应设置排沙、沉沙和冲沙措施，保证进/出水口处于排沙漏斗范围内的沉沙高程以上。

**（三）冰盖厚度影响**

对于冰情严重地区的抽水蓄能电站进/出水口，可采用结冰盖的运行方式。此时，按照公式计算出的进/出水口最小淹没深度，还应考虑叠加相应冰盖厚度后再采用；且进/出水口必须淹没在冰盖底面稳定水位以下不小于 2m。

通过统计分析部分寒冷地区抽水蓄能电站进/出水口冬季实际运行情况，如呼和浩特抽水蓄能电站、蒲石河抽水蓄能电站、西龙池抽水蓄能电站、张河湾抽水蓄能电站和十三陵抽水蓄能电站，可以发现：

（1）在机组正常运行的情况下，上下水库均不会形成完整的冰盖，但部分电站会在上水库进/出水口区域形成冰水混合变动带。

（2）一旦出现机组较长时间的停运，进/出水口前侧会形成完整的冰盖，此时进/出水口为结冰运行状态。

因此为保证安全运行，规定抽水蓄能电站进/出水口必须淹没在冰盖底面稳定水位以下不小于 2m。

**（四）防涡梁顶淹没深度**

为保证安全运行，常规地区电站防涡梁顶最小淹没深度不小于 0.5m；寒冷地区，还应考虑叠加相应的冰盖厚度。

**（五）工程实例**

荒沟抽水蓄能电站上水库因进/出水口无天然径流，不存在淤积问题，所以上水库进/出水口底板高程按满足最小淹没水深条件，同时考虑冬季运行 1.65m 冰盖厚度确定。上水库死水位 634.00m，进水口不产生吸气漏斗所需的最小淹没水深为 7.18m。上水库进/出水口闸门孔口底板高程 618.00m，顶板高程 624.70m，实际淹没水深为 7.65m，大于最小淹没水深，防涡梁顶高程 629.00m，考虑冰盖厚度后梁顶最小淹没水深 3.35m，满足防涡梁顶最小淹没水深要求。

十三陵抽水蓄能电站下库进/出水口的最小淹没深度计算值为 5.37m，而实际淹没深度取为 5.80m。考虑到漩涡的复杂性，在进/出水口的上方设置了 3 根 2.00m×1.30m（高×宽）、间距 1.20m 的防涡梁，用以破漩涡。实际运行表明，进/出水口在进水时无环流，无漩涡，出水时无翻花，达到设计预期要求。

## 四、进/出水口体型设计

抽水蓄能电站进/出水口体型设计要保证其有较优的水流条件、较小的水头损失，并满足设备布置的需要。此外，还应使进/出水口结构尽量简化，以便于施工。

**（一）侧式进/出水口体型设计**

1. 扩散段体型尺寸

（1）扩散段长度 $L$。为使隧洞来流经扩散段调整，到其末端处的流速分布达到拦污栅的水力设计要求，扩散段应有足够的长度。根据国内外 29 个抽水蓄能电站有关资料统计，有 20 个工程的扩散段长度在 (4～5)$d$（$d$ 为隧洞直径）范围内。

（2）顶板扩张角 $\theta$。扩散段的纵剖面，宜采用顶板单侧扩张式，顶板扩张角 $\theta$ 宜在 3°～5°范围内选用；当 $\theta>5°$时，宜在扩散段末（拦污栅侧）接一段平顶的调整段，其长度 $l$ 可取扩散段长度 $L$ 的 0.4 倍。

（3）平面扩散角 $\alpha$。扩散段的平面扩散角 $\alpha$ 宜在 25°～45°范围，应根据管道直径、布置条件、流量的大小、地形和地质条件、电站运行要求等因素经技术经济比较选定。

（4）单孔流道扩散角 $\Delta\alpha$。为避免扩散段内的水流在平面上产生分离，应采用分流隔墙将扩散段分成多孔流道。每孔流道的平面扩张角宜小于 10°，孔数 $n$ 一般为 2～4 孔，也有的多至 6 孔。

（5）单孔流道宽度 $b$。每孔流道在扩散段起始处的宽度，对于二隔墙三孔道的布置，中间孔道宽宜占总宽的 30%，两边孔道占 70%；对于三隔墙四孔道的布置，中间两孔道宽宜占总宽的 44%，两边孔道占 56%；此可作为初拟尺寸的参考依据。

（6）分流隔墙布置。分流隔墙墩头形状以尖形或渐缩式小圆头为宜，其末端与拦污栅墩相接。三隔墙布置时，中间的隔墙宜从起始处后退约 0.5$d$ 布置。分流隔墙应使各孔流道的过流量基本均匀，相邻边、中孔流道的流量不均匀程度不宜超过 10%。

（7）扩散段起始处布置。在扩散段起始处，扩散段与上游直线段间平面上应采用曲线连接，其半径可用（2～3）$d$（$d$ 为隧洞直径）。

（8）扩散段末端面积。扩散段末端的过水断面面积，应按照满足拦污栅的过栅流速和布置要求确定。

侧式进/出水口体型如图 27－27 所示。

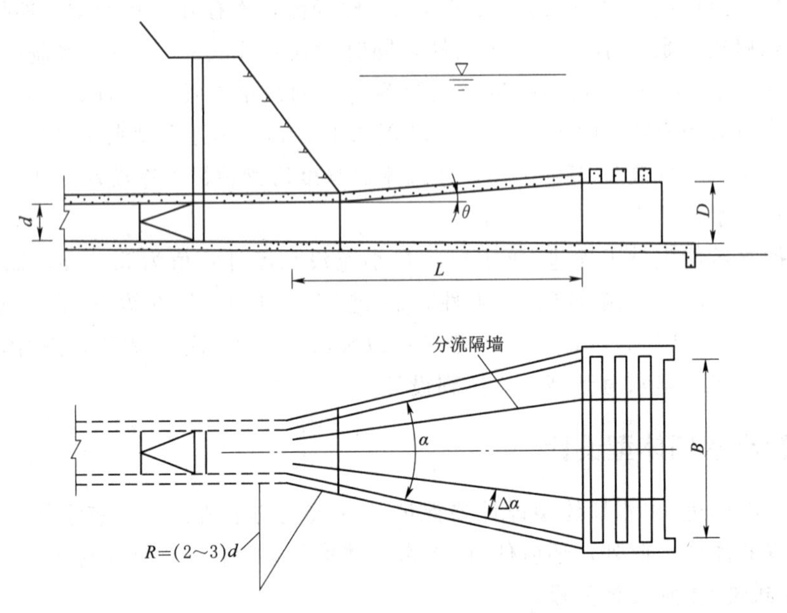


图 27－27　侧式进/出水口体型图

日本抽水蓄能电站进/出水口扩散段体型尺寸实例见表 27－1，我国抽水蓄能电站进/出水口扩散段体型尺寸实例见表 27－2。

**表 27－1**　　日本抽水蓄能电站进/出水口扩散段体型

| 电站名称 | | 隧洞 $d$/m | 扩散段 | | | | $L/d$ | 过栅流速 $v$/(m/s) | $v_{max}/\overline{v}$ |
|---|---|---|---|---|---|---|---|---|---|
| | | | $L$/m | $n\times b$/(m×m) | $\theta$/(°) | $\alpha$/(°) | | | |
| 上水库 | 太平 | 5.2 | 20.8 | 4×4.50 | 45 | 5.77 | 4.0 | 0.92 | 2.93 |
| | 玉原 | 5.5 | 22.0 | 4×4.25 | 32 | 5.71 | 4.0 | 0.90 | 2.80 |
| | 奥矢作Ⅰ | 7.3 | 30.0 | 3×10.00 | 37 | 5.14 | 4.1 | 0.78 | 3.33 |
| | 南原 | 7.2 | 44.0 | 3×10.80 | 32 | 2.99 | 6.1 | 0.83 | 2.79 |
| | 本川 | 6.0 | 20.0 | 3×6.00 | 30 | 0 | 3.3 | 1.30 | 2.46 |
| | 第二沼泽 | 7.2 | 37.5 | 4×8.75 | 42 | 1.22 | 5.2 | 0.89 | 2.02 |
| 下水库 | 太平 | 5.2 | 35.3 | 2×9.00 | 25 | 9.01 | 6.8 | 0.64 | 3.13 |
| | 玉原 | 6.7 | 21.0 | 3×6.67 | 33 | 2.73 | 3.1 | 0.90 | 3.40 |
| | 奥矢作Ⅱ | 7.3 | 29.2 | 6×4.50 | 37 | 3.33 | 4.0 | 0.96 | 1.60 |
| | 南原 | 5.4 | 33.0 | 3×6.90 | 28 | 3.64 | 6.1 | 0.70 | 3.14 |
| | 本川 | 6.0 | 19.5 | 3×6.00 | 30 | 2.94 | 3.3 | 1.11 | 2.25 |

注　表中 $b$ 为单孔流道在扩散段末端（拦污栅孔口处）的净宽。

表 27-2　　我国抽水蓄能电站进/出水口扩散段体型

| 电站名称 | | 隧洞 | 扩　散　段 | | | | | 调整段长度 | $L/d$ |
|---|---|---|---|---|---|---|---|---|---|
| | | $d$/m | $L$/m | $n\times b$/(m×m) | $\theta$/(°) | $\alpha_1$/(°) | $\alpha_2$/(°) | $L$/m | |
| 上水库 | 十三陵 | 5.2 | 25.84 | 4×4.2 | 34.000 | 4.870 | 0 | 10.00 | 4.969 |
| | 广蓄一期 | 9.0 | 53.90 | 4×7.5 | 34.400 | | 0 | — | 6.000 |
| | 广蓄二期 | 9.0 | 43.45 | 4×7.5 | 34.400 | | 0 | — | 4.830 |
| | 天荒坪 | 7.0 | 36.00 | 4×5.0 | 34.880 | 6.290 | 0 | — | 5.140 |
| | 张河湾 | 6.5 | 31.50 | 4×5.0 | 33.060 | 5.440 | 0 | 12.40 | 4.846 |
| | 泰安 | 7.5 | 38.40 | 4×6.5 | 34.130 | 4.800 | 3.0 | 12.35 | 5.120 |
| | 宝泉 | 6.5 | 30.00 | 4×5.0 | 34.380 | 2.860 | 0 | 11.00 | 4.615 |
| | 蒲石河 | 8.1 | 89.80 | 2×7.5 | 5.674 | 4.970 | 0 | — | 11.090 |
| | 桐柏 | 9.0 | 36.40 | 4×5.5 | 28.800 | 7.000 | 0 | — | 4.044 |
| | 呼和浩特 | 6.2 | 32.00 | 4×4.7 | 29.420 | 5.000 | 0 | 13.00 | 5.160 |
| | 琅琊山 | 6.0 | 25.00 | 3×6.0 | 29.990 | 6.280 | 0* | — | 4.667 |
| | 宜兴 | 6.0 | 29.00 | 4×5.0 | 36.680 | 5.848 | 0 | — | 4.833 |
| | 荒沟 | 6.7 | 55.85 | 4×5.5 | 21.530 | 3.382 | 0 | 15.46 | 8.336 |
| | 沙河 | 6.5 | 27.00 | 4×4.0 | 27.870 | 6.860 | 0 | — | 4.154 |
| 下水库 | 十三陵 | 5.2 | 27.00 | 4×4.5 | 34.000 | 6.540 | 0 | 10.00 | 5.192 |
| | 广蓄一期 | 9.0 | 53.90 | 4×7.5 | 34.400 | | 0 | — | 5.990 |
| | 广蓄二期 | 9.0 | 43.45 | 4×7.5 | 34.400 | | 0 | — | 4.830 |
| | 天荒坪 | 4.4 | 25.00 | 2×4.8 | 21.100 | 8.500 | 0 | — | 5.680 |
| | 张河湾 | 5.0 | 25.00 | 3×4.2 | 23.720 | 5.710 | 0* | — | 5.000 |
| | 泰安 | 7.5 | 38.40 | 4×6.5 | 34.130 | 4.800 | 3.0 | 12.35 | 5.120 |
| | 宝泉 | 6.5 | 36.14 | 4×5.0 | 27.910 | 2.800 | 0 | 7.00 | 5.560 |
| | 蒲石河 | 11.5 | 51.11 | 4×7.5 | 14.190 | 5.030 | 0 | — | 4.444 |
| | 桐柏 | 7.0 | 28.50 | 3×5.0 | 23.400 | 7.000 | 0 | — | 4.071 |
| | 呼和浩特 | 5.0 | 25.00 | 3×4.0 | 22.180 | 4.570 | 0 | 7.70 | 5.000 |
| | 琅琊山 | 8.1 | 32.00 | 4×6.0 | 35.360 | 4.090 | 0 | — | 3.951 |
| | 宜兴 | 7.2 | 30.00 | 4×4.5 | 29.330 | 6.843 | 0 | — | 4.167 |
| | 荒沟 | 6.7 | 35.50 | 4×5.5 | 31.310 | 2.020 | 2.02 | — | 5.299 |
| | 西龙池 | 4.3 | 25.00 | 3×4.5 | 26.120 | 5.030 | 0 | 10.00 | 5.814 |

注　表中 $b$ 为单孔流道在扩散段末端（拦污栅孔口处）的净宽，$\alpha_1$ 为顶板纵向扩散角，$\alpha_2$ 为底板纵向扩散角（0* 表示底板虽然不是水平，但不扩散）。

2. 防涡设施体型尺寸

为防止产生吸气漩涡，宜在防涡段（扩散段末端）上方设置防涡设施。可采用防涡梁、防涡浮排、倾斜防涡板、防涡梳齿板等措施。

(1) 防涡梁。数目应不少于 3 根，宜选用 4～5 根，流量大的进/出水口宜选用根数较多；防涡梁的间距以 0.5～1.2m 为宜，梁高以不小于 1.0m 为宜。防涡梁有矩形和平行四边形（多采用45°倾角）两种型式，如图27－28所示。

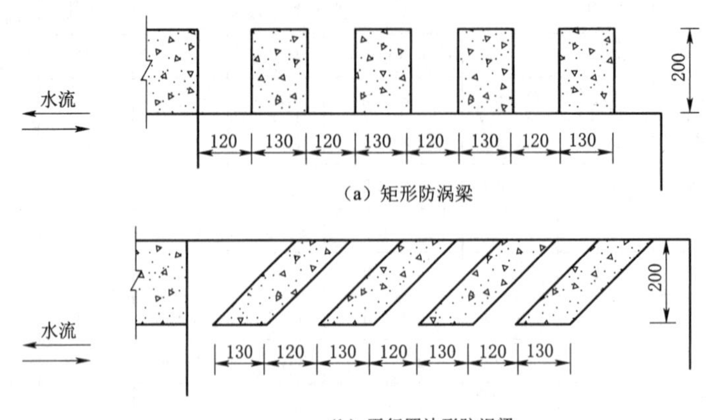


图27－28　防涡梁布置示意图（单位：cm）

（2）防涡浮排。用浮排覆盖进/出水口上方水面，防止产生漩涡，浮排随水面升降而升降，防涡效果较好，但其结构稍显复杂，且容易受漂浮物的影响，应用不多。

（3）倾斜防涡板。根据试验，进/出水口上方常有一漩涡发生区，将进口洞面做成倒坡（可用胸墙将水体隔离）也能减少漩涡的发生。图27－29所示为某电站的倾斜防涡板设计。斜板可消除进/出水口前垂直向下的水流，从而防止漩涡发生，斜板的倾角应不大于60°。

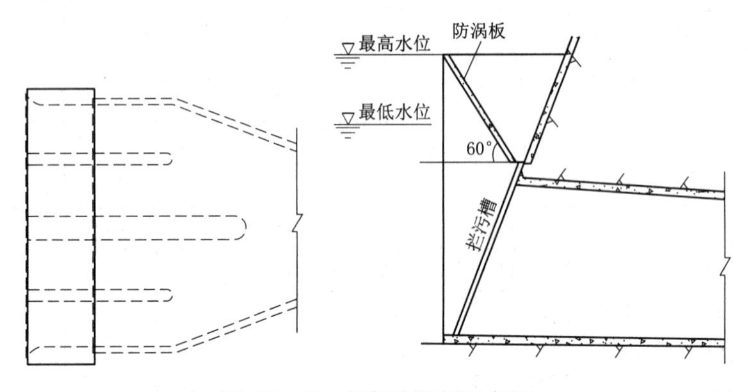


图27－29　倾斜防涡板示意图

（4）防涡梳齿板。某抽水蓄能电站上库进/出水口模型试验中设置的防涡梳齿板，即在进口第一道防涡梁与拦污栅之间的水流通道中加设防涡梳齿板，梳齿板每孔5片等间距布置，每片厚度15cm。梳齿板增加了漩涡转动的阻力，对消减漩涡有明显作用。

日本抽水蓄能电站进/出水口防涡梁体型尺寸实例见表27－3，我国抽水蓄能电站进/出水口防涡梁尺寸实例见表27－4。

3. 其他要求

（1）靠近进/出水口的压力隧洞宜尽量避免弯道，或把弯道布置在离进/出水口较远处，以期减小弯道水流对进/出水口出流带来的不利影响。连接平面转弯与进/出水口的直线段隧洞长度不宜小于3～4倍洞径，连接立面转弯的直线段隧洞长度可适当减小。

表 27-3　　日本抽水蓄能电站进/出水口防涡梁体型尺寸

| 电站名称 | | 隧洞 | 防　涡　梁 | | | | 隧洞流速 /(m/s) |
|---|---|---|---|---|---|---|---|
| | | $d$/m | 高 $h$/m | 宽 $b$/m | 间距 $s$/m | 根数 $n$ | |
| 上水库 | 太平 | 5.2 | 2.0 | 1.0 | 1.0 | 2 | 5.84 |
| | 玉原 | 5.5 | 1.0 | 0.8 | 0.4 | 5 | 5.81 |
| | 奥矢作Ⅰ | 7.3 | 1.5 | 1.0 | 1.0 | 6 | 5.59 |
| | 南原 | 7.2 | 1.0 | 0.8 | 0.6 | 6 | 6.24 |
| | 本川 | 6.0 | 1.5 | 1.2 | 0.8 | 4 | 4.95 |
| | 第二沼泽 | 7.2 | 1.5 | 1.0 | 0.8 | 3 | 6.14 |
| 下水库 | 太平 | 5.2 | 无 | | | | 5.84 |
| | 玉原 | 6.7 | 1.0 | 0.8 | 0.4 | 5 | 3.91 |
| | 奥矢作Ⅱ | 7.3 | 1.5 | 1.0 | 0.8 | 4 | 5.59 |
| | 南原 | 5.4 | 1.0 | 0.8 | 0.5 | 5 | 5.55 |
| | 本川 | 6.0 | 1.5 | 1.2 | 0.8 | 3 | 4.95 |

表 27-4　　我国抽水蓄能电站进/出水口防涡梁尺寸

| 电站名称 | | 隧洞 | 防　涡　梁 | | | |
|---|---|---|---|---|---|---|
| | | $d$/m | 高 $h$/m | 宽 $b$/m | 间距 $s$/m | 根数 $n$ |
| 上水库 | 十三陵 | 5.2 | 2.0 | 1.20 | 1.3 | 3 |
| | 广蓄一期 | 9.0 | 2.5 | 1.80 | 1.4 | 3 |
| | 广蓄二期 | 9.0 | 2.5 | 1.80 | 1.4 | 3 |
| | 天荒坪 | 7.0 | 1.5 | 1.00 | 1.2 | 3 |
| | 张河湾 | 6.5 | 2.0 | 1.30 | 1.2 | 3 |
| | 宝泉 | 6.5 | 2.0 | 1.50 | | 2 |
| | 蒲石河 | 8.1 | 1.0 | 0.50 | 1.4 | 5 |
| | 桐柏 | 9.0 | 1.5 | 1.20 | 1.0 | 5 |
| | 呼和浩特 | 6.2 | 2.0 | 1.20 | 1.3 | 3 |
| | 荒沟 | 6.7 | 1.0 | 0.67 | 1.0 | 4 |
| | 琅琊山 | 6.0 | 1.5 | 1.10 | 1.0 | 3 |
| 下水库 | 十三陵 | 5.2 | 2.0 | 1.20 | 1.3 | 3 |
| | 广蓄一期 | 9.0 | 2.5 | 1.80 | 1.4 | 3 |
| | 广蓄二期 | 9.0 | 2.5 | 1.80 | 1.4 | 3 |
| | 天荒坪 | 4.4 | 1.5 | 1.00 | 1.1 | 3 |
| | 张河湾 | 5.0 | 2.0 | 1.30 | 1.2 | 3 |
| | 宝泉 | 6.5 | 2.0 | 1.50 | | 2 |
| | 蒲石河 | 11.5 | 1.0 | 0.50 | 1.4 | 5 |
| | 桐柏 | 7.0 | 1.2 | 1.00 | 0.9 | 4 |
| | 呼和浩特 | 5.0 | 2.0 | 1.20 | 1.3 | 3 |
| | 琅琊山 | 8.1 | 2.0 | 1.60 | 1.4 | 3 |
| | 荒沟 | 6.7 | 1.0 | 0.67 | 1.0 | 7 |
| | 西龙池 | 4.3 | 1.5 | 1.00 | 1.2 | 3 |

(2) 进/出水口的底板与压力隧洞段的坡度差较大时，扩散段底部易出现负流速；坡度差太小时，扩散段顶部易出现负流速。因此其坡度差建议选用3%～5%。

(3) 对地面或竖井式厂房布置，当下水库进/出水口与尾水管结合布置时，应参照已建工程经验，研究抽水蓄能电站在不同运行工况下出流对拦污栅可能产生的影响。

**(二) 竖井式进/出水口体型设计**

竖井式进/出水口的体型设计应遵循下列原则：

(1) 靠近进/出水口的水平隧洞段长度不宜小于5$d$ ($d$ 为隧洞直径)。

(2) 水平隧洞与弯管之间的连接扩散段宜采用顶、底板双向扩散的锥形管。其长度宜大于或等于弯管段起始断面直径 $D_S$，单侧扩散角 $\alpha_t$ 宜在3°～7°之间。

(3) 弯管段宜采用先扩散后收缩的纺锤体体型，弯管段的半径宜取 (2～3)$d$ ($d$ 为隧洞直径)；弯管段末端断面直径宜满足 $D_e \geqslant d$，末端流速宜满足 $V_e \leqslant 5\text{m/s}$ (或相应的弗劳德数 $Fr = V_e/\sqrt{g}D_e \leqslant 0.6$)，且末端与首端断面比 $A_e/A_S = 0.6 \sim 0.7$。

(4) 竖井直管段宜有适当的长度，长度不宜小于 (2～3)$d$ ($d$ 为隧洞直径)。当无直管段或直管段甚短时，则从弯管末端 (或附近) 以平缓的曲线 (或直线) 逐渐扩张成喇叭口段，直至所需高程。

(5) 喇叭口段宜采用1/4椭圆形曲线，椭圆的长短轴之比宜在4～6范围内；喇叭口段也可采用其他曲线。

(6) 盖板直径 $D_0$ 的大小，应根据流量、竖井直管段直径、过栅流速及其分布等条件，经综合比较确定。

(7) 进/出水口拦污栅底板或堰坎与周边库底高差应大于2.5m，并满足防沙要求；孔口最大设置深度还应结合孔口尺寸和考虑现有启闭机的制造水平等确定。

竖井式进/出水口体型如图27-30所示。

**(三) 其他部位体型设计**

1. 明渠段设计

抽水蓄能电站进/出水口的明渠段一般采用梯形断面。明渠段的底部高程一般低于进/出水口底板高程1.0～2.0m，作为集渣坑和沉沙池。如十三陵上水库明渠段底部高程低于进/出水口底板高程2.0m；蒲石河上、下水库明渠均低于1.0m；荒沟上水库低于1.0m。明渠段底部宽度可等于或略大于进/出水口宽度，两侧坡度依据地质条件确定。

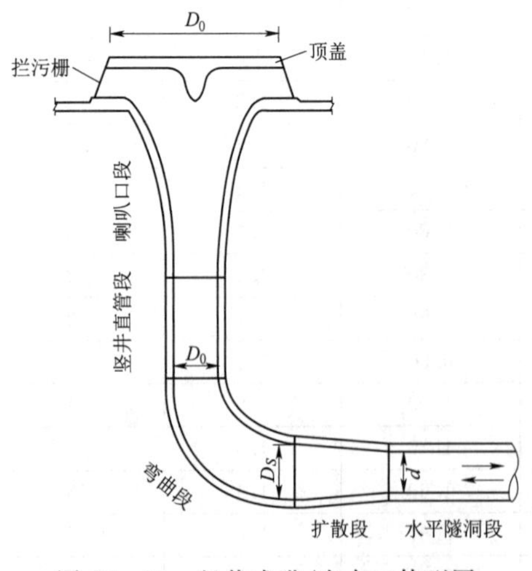

图27-30 竖井式进/出水口体型图

明渠段的断面尺寸应满足流速要求，按经济流速1～2m/s复核明渠段断面尺寸。若明渠段是在覆盖层内开挖而成，则渠内流速应小于抗冲流速，一般控制在0.6～0.9m/s，也可在增设衬砌后采用较大的渠内流速，但不宜超过经济流速。此外，明渠段的过流能力应大于或等于进/出水口的过流能力。

进/出水口前明渠段宜有 1～2 倍渠宽的直线段，渐变段长度不宜小于 2 倍的水深。明渠段较长时，应通过水力学计算和技术经济比较确定其纵坡和体型尺寸。

2. 拦沙坎高度

进/出水口设置拦沙坎时，水流的过坎流速不应大于坎前淤沙的起动流速。

进/出水口前拦沙坎的高度，有按水深的百分比计算的，如《水电站进水口设计规范》(DL/T 5398)；也有直接规定坎高的，如《水利水电进水口设计规范》(SL 285)；还有按大于水库设计淤沙高程一定高度的，如《抽水蓄能电站进/出水口设计导则》；而且具体数值差异很大。对于抽水蓄能电站，一般规定拦沙坎的坎顶高程应高于水库设计淤沙高程并考虑一定的安全裕度。十三陵和张河湾抽水蓄能电站下水库进/出水口拦沙坎顶高程分别比淤沙高程高 1.5m、3.5m。

3. 闸门段设计

闸门段体型主要根据所采用的闸门、门槽型式以及结构的受力条件而决定。闸门孔口宜采用矩形断面，其宽度一般小于或等于引水道直径，高度一般等于或稍大于引水道直径。从结构设计角度考虑，闸门宜取窄高形，但闸孔过于狭长，不利于与其后水道衔接，故闸孔宽高比宜取 1∶1～1∶2，且闸门孔口面积不宜小于后接水道的过水面积。闸门段的长度常取决于闸门及启闭的需要，并考虑引水道检修通道要求。

受限于闸门及启闭设备的制造能力，大型水电站闸门孔有时用中墩分成两孔，以减小闸门尺寸，如蒲石河抽水蓄能电站下水库进/出水口检修闸门（图 27-31）。此时应注意开挖跨度增大后地质条件是否允许，设置中墩后水流流态是否扰动太大。

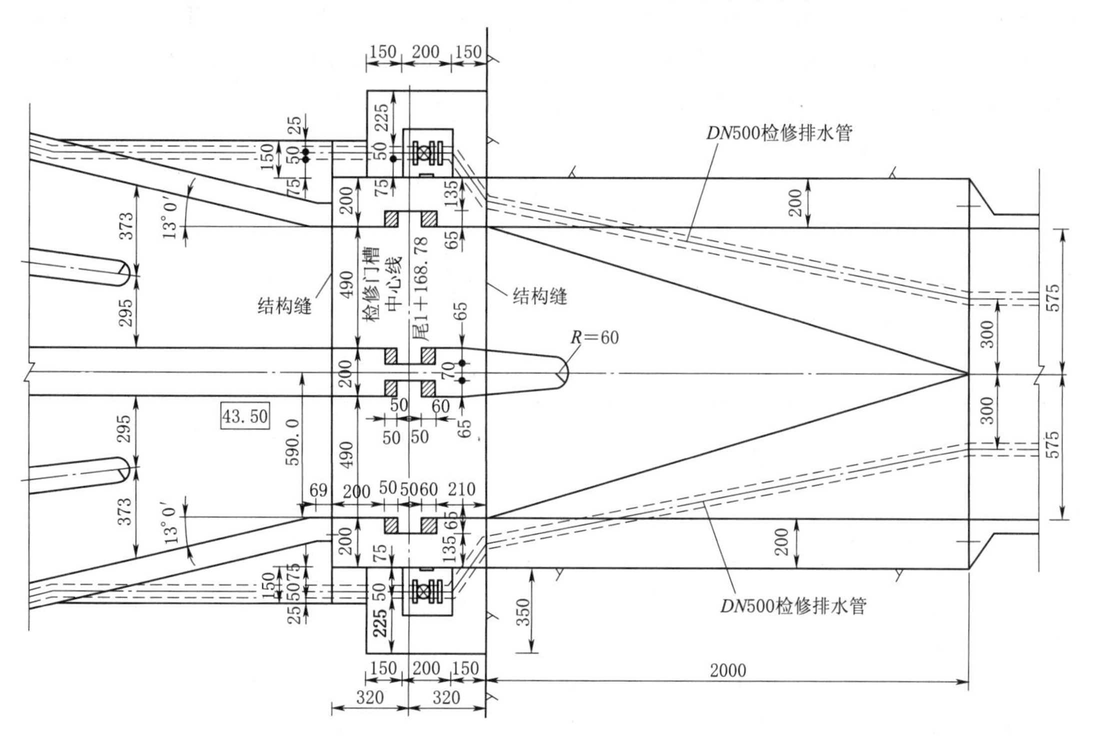


图 27-31　蒲石河下水库闸门段及渐变段平面布置图（单位：高程、桩号，m；其余为 cm）

4. 渐变段体型

闸后渐变段是由进/出水口向有压输水道过渡的连接段，其断面面积和流速应逐渐变化，使水流不产生涡流并尽量减少水头损失。矩形变圆形通常采用在四角加圆角过渡，如图 27-32 所示。

渐变圆弧的中心位置和圆角半径 $r$ 均按直线规律变化。按以往经验，渐变段长度 $L$ 一般为后接压力隧洞直径的 1～2 倍。对于抽水蓄能电站，渐变段不宜采用平面收缩（扩散）式布置，宜采用与洞径 $D$ 相同的等宽等高布置，即渐变段起始尺寸 $B=H=D$，收缩（扩散）角等于 0；若因为布置或其他原因采用收缩（扩散）式体型，流道的收缩（扩散）角应取较小值，并且不得大于 10°。

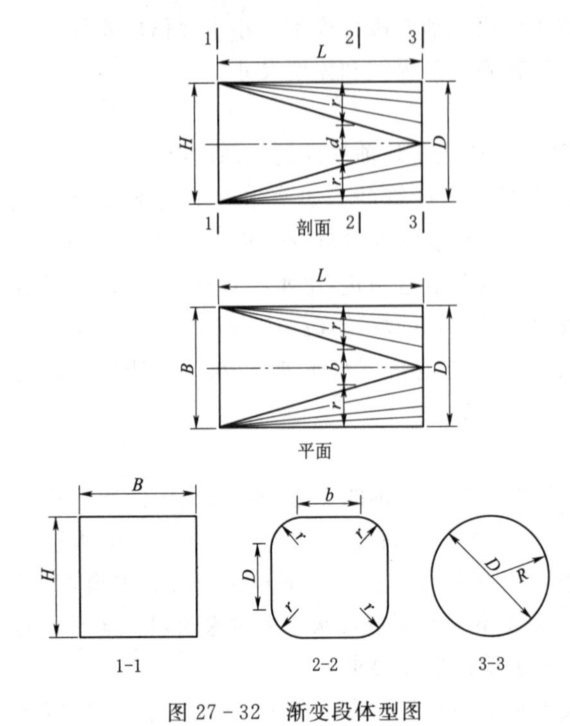


图 27-32　渐变段体型图

蒲石河上水库进/出水口的闸后渐变段长 15m，由 7.50m×8.10m（宽×高）矩形断面渐变至直径 8.1m 的圆形断面；下水库渐变段长 20m，由 11.80m×11.50m（宽×高）矩形断面渐变至直径 11.5m 的圆形断面（图 27-31）。荒沟上、下水库进/出水口的渐变段均长 15m，上水库由 6.70m×6.70m 方形断面渐变至直径 6.7m 的圆形断面，下水库由 7.50m×7.50m 方形断面渐变至直径 6.7m 的圆形断面。

5. 操作平台高程

(1) 平台安全超高。操作平台高程在水库静水位以上的安全超高应按下式计算：

$$y=R+e+A \tag{27-3}$$

式中：$y$ 为操作平台安全超高，m；$R$ 为最大波浪爬高，m；$e$ 为最大风壅水面高度，m；$A$ 为安全加高，m，按表 27-5 确定。

表 27-5　　操作平台安全加高值 $A$　　单位：m

| 特征水位 \ 进/出水口建筑物级别 | 1 级 | 2 级 | 3 级 | 4、5 级 |
|---|---|---|---|---|
| 设计洪水位 | 0.7 | 0.5 | 0.4 | 0.3 |
| 校核洪水位 | 0.5 | 0.4 | 0.3 | 0.2 |

最大波浪爬高 $R$ 和最大风壅水面高度 $e$ 可按《碾压式土石坝设计规范》(SL 274) 附录中的公式计算。

(2) 操作平台高程。整体式布置进/出水口的操作平台高程应与坝顶高程相同。

独立布置进/出水口的闸门操作平台高程、设置永久起吊设备的拦污栅检修平台高程，应按以下运用条件计算，并取其最大值：①设计洪水位加设计洪水位时的安全超高；②正

常蓄水位加设计洪水位时的安全超高；③校核洪水位加校核洪水位时的安全超高；④邻近的挡水建筑物顶（或环库公路）高程；⑤对于距离水库较远、闸前有较长流道的闸门竖井式进/出水口，闸门井操作平台顶高程还应满足闸门井内最高涌浪水位时，安全超高不小于0.5m。

因为有些工程的正常蓄水位高于设计洪水位，如小浪底工程，所以增加了正常蓄水位加设计洪水位时的安全超高的组合情况。操作平台高程一般与邻近的挡水建筑物顶（或环库公路）高程一致，该布置方式利于后期运行管理，实际工程中采用较多。

## 五、主要设备和设施

### （一）拦污栅设置及过栅流速

1. 拦污栅设置

抽水蓄能电站一般在进/出水口设置拦污栅，其作用是阻止污物进入进/出水口。同常规水电站一样，为保证机组的正常运行，应结合工程布置和上、下水库污物源实际情况，研究在上、下水库进/出水口设置拦污栅的必要性和设置方式。

（1）当上、下水库为人工开挖填筑而成，集水面积较小，无径流补给，且污物较少，也无高坡滚石和泥石流等不安全因素时，经论证后可以考虑不设置拦污栅。从资料来看，国内只有琅琊山抽水蓄能电站上水库进/出水口没有设置拦污栅。

（2）上、下水库虽然符合上述条件，但由于流量较大，为拦截非自然污物，仍需设置一道拦污栅。拦污栅宜采用固定式或活动紧固式，可不配置专用的启闭设备，必要时可采用临时启闭设备进行检修。荒沟、十三陵和天荒坪抽水蓄能电站上水库，西龙池抽水蓄能电站上、下水库等均采用此种做法。

（3）利用天然河道或湖泊修建的上、下水库，其进/出水口均应设置活动式拦污栅，并结合水工建筑物的布置、拦污栅的清污及本身的检修维护要求等，合理配置专用的永久启闭设备和备用拦污栅。由于抽水蓄能电站的抽水和发电工况转换时，水流流向相反，对拦污栅本体有自动清污的作用，故很少设置永久清污设施。

（4）竖井式进/出水口一般位于水库底部，淹没于死水位之下，孔口辐射形分布，孔顶有盖板，孔口呈梯形倾斜布置，拦污栅设在倾斜孔口上，一般设置固定式拦污栅。

拦污栅的启闭设备应结合拦污栅在上、下水库中的布置而定。

（5）当采用固定式或活动紧固式拦污栅时，可利用水库低水位或水库放空时段进行检修，拦污栅可采用临时启闭设备起吊，此时无须设置高排架检修平台。

（6）当拦污栅布置在岸边或者需要设置专用的高排架检修平台时，拦污栅一般采用移动式启闭机来起吊。

2. 平均过栅流速

拦污栅孔口面积取决于过栅流速，而过栅流速直接涉及清污的难易、水头损失的大小以及拦污栅振动的强弱。拦污栅孔口处流速应分布均匀，各工况下流速的不均匀系数（最大流速和平均流速之比）不宜大于1.5（不应大于2.0）。拦污栅设计应防止在扩散段扩散不充分、有近乎向上的射流；同时应避免在同一工况（抽水或发电）下，经过拦污栅的水流出现反向流动。

限制过栅流速，主要是为了减少水头损失以及便于清污。我国抽水蓄能电站平均过栅流速一般采用0.8～1.0m/s，当拦污栅淹没较深时取下限值，淹没较浅时取上限值。需要注意的是，上述规定的平均过栅流速指的是过栅毛流速，相应的平均过栅净流速不宜大于1.4m/s。《水电站进水口设计规范》（DL/T 5398—2007）规定，平均过栅净流速不宜大于1.2m/s，该取值来源于1985年十三陵电站考察组对意大利和瑞士的四座抽水蓄能电站考察后得出的结论。根据相关资料报告，该过栅流速值为按拦污栅孔口毛面积计算所得，即平均过栅净流速不宜大于1.2m/s的取值是偏小的。十三陵、天荒坪、琅琊山等的过栅净流速均大于1.2m/s，张河湾下水库过栅净流速达1.64m/s，这些电站经过多年运行，拦污栅均未发现破坏现象。

对于污物来源较少的抽水蓄能电站，适当提高过栅流速是可行的。如日本的神流川抽水蓄能电站上、下水库进/出水口平均过栅流速从原设计的1.00m/s提高到1.43m/s，但经模型试验验证水力条件也能满足相关要求。日本抽水蓄能电站进/出水口拦污栅过栅流速见表27-1；国内部分抽水蓄能电站进/出水口拦污栅过栅流速见表27-6。

**表27-6　　国内部分抽水蓄能电站进/出水口拦污栅过栅流速**

| 序号 | 上库进/出水口 | | | 下库进/出水口 | | |
|---|---|---|---|---|---|---|
| | 电站名称 | 拦污栅尺寸 $n\times b\times h$/(m×m×m) | 过栅流速/(m/s) | 电站名称 | 拦污栅尺寸 $n\times b\times h$/(m×m×m) | 过栅流速/(m/s) |
| 1 | 天荒坪 | 4×5.0×10.00 | 1.01 | 天荒坪 | 2×4.80×7.00 | 1.00 |
| 2 | 宜兴 | 4×5.0×9.00 | 0.90 | 宜兴 | 4×4.50×10.80 | 0.83 |
| 3 | 惠州 | 4×7.5×13.00 | 0.72 | 惠州 | 4×7.50×13.00 | 0.72 |
| 4 | 宝泉 | 4×5.0×8.50 | 0.82 | 广州一期 | 4×5.50×10.00 | 0.62 |
| 5 | 张河湾 | 4×5.0×9.50 | 0.99 | 西龙池 | 3×4.50×6.50 | 0.62 |
| 6 | 沙河 | 4×4.0×9.75 | 0.77 | 十三陵 | 4×4.50×6.67 | 0.90 |
| 7 | 溪口 | 2×4.0×4.90 | 1.00 | 琅琊山 | 2×8.20×11.50<br>2×9.00×11.50 | 0.69 |
| 8 | 蒲石河 | 4×7.5×16.00 | 0.96 | 蒲石河 | 4×7.50×16.00 | 0.96 |
| 9 | 板桥峪 | 4×7.0×15.00 | 0.77 | 回龙 | 3×3.40×4.50 | 0.80 |
| 10 | 镇安 | 4×5.8×9.75 | 1.02 | 镇安 | 4×5.80×11.60 | 0.73 |
| 11 | 阜康 | 4×5.0×10.00 | 0.90 | 阜康 | 4×5.00×11.00 | 0.75 |
| 12 | 溧阳 | — | — | 溧阳 | 4×6.25×15.00 | 0.89 |
| 13 | 绩溪 | 3×5.5×12.50 | 1.05 | 绩溪 | 3×5.50×12.50 | 0.89 |
| 14 | 荒沟 | 4×5.5×10.00 | 0.78 | 荒沟 | 4×5.50×10.00 | 0.78 |

美国的巴斯康蒂上水库进/出水口，在抽水工况时限制过栅流速不超过0.6m/s；意大利的抽水蓄能电站过栅流速最大、最小比例控制在1.5。根据意大利几个抽水蓄能电站的统计，抽水时平均过栅流速为0.54m/s，最大为达罗多抽水蓄能电站的0.76m/s。

**（二）引水及尾水闸门设置**

同常规电站一样，抽水蓄能电站进/出水口的闸门按其工作性能分为三类：检修闸门、

事故闸门和工作闸门。检修闸门是供输水建筑物及其设备正常检修之用，只能在静水中启闭；事故闸门用作意外事故之应急，允许在静水中开启，但必须在动水中关闭；工作闸门在动水中开启和关闭。

进/出水口需装设何种闸门，可根据进/出水口型式、输水道类型和长度、输水道上是否装有主阀，以及对进/出水口下游建筑物的保护要求而定。抽水蓄能电站进/出水口的闸门与常规电站相比没有重大差别。但抽水蓄能电站的进/出水口要适应发电和抽水两种工况，而且工况变换频繁，因此在选用和设计闸门时要注意双向水流的影响。

抽水蓄能电站进/出水口的闸门设置原则如下：

1. 引水系统闸门

（1）当引水系统采用埋藏式高压管道且在进厂前设置工作主阀（球阀或蝶阀）时，应在上水库进/出水口或引水隧洞的适当位置设置一道事故闸门，也可以将事故和检修两功能合为一体，设置事故检修闸门；若引水隧洞和高压管道地质条件好，衬砌可靠，施工质量得以保证，能确保无事故存在，也可仅设置一道检修闸门。

事故闸门的作用是在引水道放空检修时，闭门挡住上库来水；或在引水道、机组主阀出现事故的情况下，如压力钢管爆裂、导叶无法关闭等，能动水闭门切断水流，避免事故进一步扩大。事故闸门和检修闸门相比，本身工程量相差很小，只是增加了闸门的启闭力，启闭机的规模有所增大，但提高了电站运行的安全可靠性。

国内抽水蓄能电站除天荒坪电站上水库进/出水口设工作闸门外，其他各电站均设置事故闸门。国外抽水蓄能电站也有设置两道闸门或不设置闸门的实例。如英国迪诺威克电站、德国金谷电站，上水库进/出水口设置检修闸门和事故闸门各一道；法国的雷文、日本的沼原和奥矢作电站，进口未设闸门，隧洞检修与上水库放空维护同时进行。

（2）当引水系统采用高压明管（如宁波溪口抽水蓄能电站）或浅埋式高压管道时，每条高压管道前应设置检修闸门和工作闸门各一道。

（3）当机组未设置进水阀或由于地下厂房的其他原因，要求闸门能够快速动水闭门时，每台机组应设置检修闸门和工作闸门各一道。

2. 尾水系统闸门

（1）对于长尾水系统，应在每台机组尾水支管的适当位置设置一道尾水事故闸门；在尾水隧洞和下水库进/出水口衔接处的适当位置设置一道检修闸门。实际工程中，尾水事故闸门大多布置在尾水肘管和尾调室之间的支管处。

（2）对于短尾水系统，应在每条尾水道和下水库进/出水口设置一道尾水事故闸门；在事故闸门的下水库侧设置一道检修闸门；若经过论证，尾水事故闸门具备维修条件，也可不设检修闸门。

国内某抽水蓄能电站曾因为技术供水系统的阀门爆裂，出现过水淹厂房的事故，而恰恰该电站的尾水闸门为检修闸门，不能动水关闭到底，造成了事故的扩大。所以国内抽水蓄能电站尾水闸门几乎都采用能够动水闭门的事故闸门。

3. 扩散段检修闸门

如果进/出水口扩散段出现事故也要维修，为避免长时间放空水库，减少发电损失，应结合水工建筑物和拦污栅的布置，通过技术经济比较后，设置一道检修门与拦污栅共槽。十三陵、张河湾、琅琊山等电站的上水库进/出水口拦污栅槽均设计成闸门门槽形式。

**（三）通气孔布置和面积计算**

在输水隧洞进行充水或放空过程中，闸门后需要排气和补气，特别是动水下门时，无补气设施会引起输水隧洞局部真空而经受负压，并可导致管道和门叶振动，因此有压管道进/出水口闸门后必须设置通气孔。

1．通气孔布置

当闸门采用后止水时，闸门后应布置独立的通气孔；当闸门采用前止水时，可利用闸门井作为通气孔，此时门楣护面的高度应满足下门时的工作要求。

通气孔布置原则如下：

（1）要有利于安全操作和正常运用。

（2）通气孔的上口高程应高于水库最高水位，并应高出检修平台一定安全高度且与启闭机室分开，以免在补、排气时气流进出影响安全；通气孔的上口应有防护罩，在北方冬季要注意防止孔口结冰影响气流出入。

气锤（气浪）是压力水道中发生的一种压缩气体的剧烈运动。严重时，压缩气体经水电站进/出水口的通气孔或进人孔冲出，引起进/出水口向外喷水，水柱可高达 10m。这种现象一旦发生，破坏力极大，严重威胁进/出水口建筑物和运行人员的安全以及电站的正常运行。据对 51 座已建水电站的统计，其中有 21 座水电站（占 41%）的进/出水口先后发生过气锤喷水，有的进/出水口还接连不断地发生气锤喷水。

1968 年 5 月 27 日，某水电站 3 号机启动试运行半小时，水压从正常的 61.23N/$mm^2$ 下降到 3.33N/$mm^2$。此时工作人员意识到进水口闸门未开而慌忙提门。由于闸门提得太猛，水压发生剧烈周期性变化，使洞内水流从通气孔喷出，射向闸门室，门窗被冲坏，门槽上的钢梁被掀起。

某水电站进水口的通气孔，其管道上口通向下游，因充水阀的充水行程调整过大，先后发生过三次气锤喷水。最严重的一次发生在 1983 年 3 月，3 号机大修后应进行管道充水，但操作人员误认为管道有水，便快速提门运行，结果造成气锤喷水，喷射到下游 110kV 开关站，引发双母线接地，发生重大事故。

鉴于已建电站存在的上述情况，故对通气孔的上口位置做了相应规定。

（3）通气孔的下口应尽量靠近闸门下游面，并应设在门后管道顶板最高位置，以便在任何工况下均能充分通气，有效地减少负压。

（4）通气孔体形应力求平顺，避免突变，在必须转弯处，应适当加大弯道半径，以减少气流阻力。

（5）有条件时可将通气孔与检查孔结合共用。

2．通气孔面积计算

抽水蓄能电站进/出水口快速下门过程中，闸后水流逐渐脱顶，通气孔下口外露并开始补气。随着隧洞内水面不断下降，进气量增大，至闸门关闭瞬间通气量达到最大。在闸门从全开到全关的动水下降过程中，水道系统的流量由开始时的机组控制逐渐变为闸门控制，闸后水流也从满流转变为明流。因此，水电站进/出水口闸门下降中的通气，是随着

闸门下降而发生的一个过程。

由于缺乏可靠的实测资料，迄今为止通气孔面积计算尚无简捷实用的理论计算公式。通气孔（井）最小有效面积常用下列公式之一进行计算：

$$A_{a1}=\frac{K_aQ_a}{1265m_a\sqrt{\Delta p_a}} \tag{27-4}$$

$$A_{a2}=\frac{\beta_aQ_a}{v_a} \tag{27-5}$$

式中：$A_{a1}$、$A_{a2}$ 为通气孔（井）最小有效面积，$m^2$；$K_a$ 为安全系数，可采用 $K_a=2.8$；$Q_a$ 为通气孔进风量，近似取为隧洞最大流量，$m^3/s$；$m_a$ 为通气孔流量系数，采用通气阀的通气孔可取 $m_a=0.5$，无阀通气孔可取 $m_a=0.7$；$\Delta p_a$ 为隧洞内外允许气压差，其值不得大于 0.1MPa；若通气孔能保证不被污物、冰块等堵塞，$\Delta p_a$ 可采用计算值，但不得小于 0.05MPa；$\beta_a$ 为通气率，无阀通气孔取 $\beta_a=0.4\sim0.6$，闸门孔口处流速 $v<4.5$m/s 时可取 $\beta_a=0.4$，4.5m/s$\leqslant v\leqslant$6m/s 时可取 $\beta_a=0.5$，$v>6$m/s 时可取 $\beta_a=0.6$；$v_a$ 为允许风速，可取 $v_a=50$m/s。

通气孔面积可按闸门后水道面积的 4%～9%选取，若通气孔喷水所造成的危害较大，宜取较大的通气孔面积比。

我国已建的一些水电站进/出水口通气孔面积多数是闸门后水道面积的 5%～7%。这些工程已运行多年，有些曾经历过快速下门的考验，实际运用情况良好。蒲石河电站上、下水库进/出水口闸门均采用前止水，利用闸门井作为通气孔。荒沟电站上水库进/出水口通气孔尺寸为 1.0m×3.3m，占闸门后水道面积的 9.4%；下水库通气孔尺寸为 0.9m×2.0m，占闸门后水道面积的 5.1%。

## 第三节　进/出水口水力设计与模型试验

### 一、侧式进/出水口水力设计

#### （一）水头损失系数计算

侧式进/出水口由扩散段及其末端的拦污栅和防涡梁组成，如图 27-33 所示。在扩散段内由分流隔墙分成几孔流道，其孔数视工程规模和扩散段的平面扩张角而异。从流体运动的角度来说，侧式进/出水口属渐扩管（出流）或渐缩管（进流）。对于给定的进/出水口的水头损失大小而言，其水头损失是出流时的渐扩流动工况大于进流时的渐缩流动工况。上库进/出水口的抽水工况与下库进/出水口的发电工况，都属渐扩管出流流动工况。进/出水口体型确定和水头损失大小主要取决于此工况的水力条件。

如图 27-33 所示的布置，列断面 1-1 和 2-2 间的能量方程：

$$\frac{p_1}{\gamma}+\frac{v_1^2}{2g}=\frac{p_2}{\gamma}+\frac{\alpha v_2^2}{2g}+h_f \tag{27-6}$$

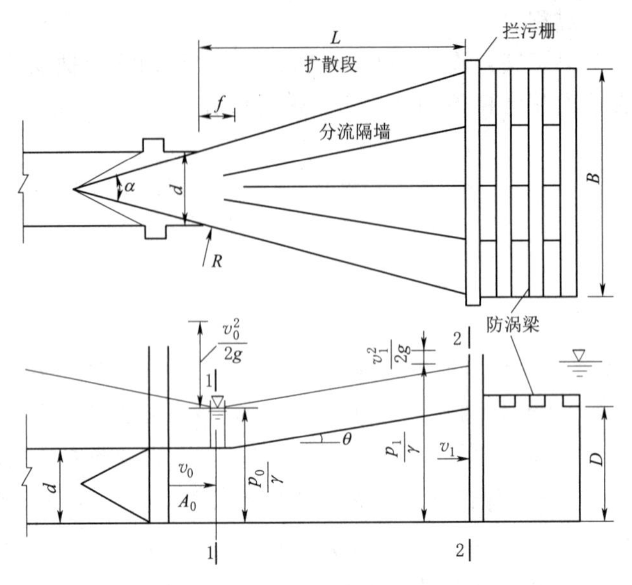


图 27-33　侧式进/出水口布置简图

$$h_f=\xi_g v^2/(2g) \tag{27-7}$$

式中：$p_1/\gamma$ 为断面 1-1 的水头，m；$p_2/\gamma$ 为断面 2-2 的水头，m；$\alpha$ 为动能系数；$h_f$ 为局部水头损失，m；$\xi_g$ 为阻力系数，即局部水头损失系数。

代入连续方程后可得

$$\frac{\dfrac{p_2}{\gamma}-\dfrac{p_1}{\gamma}}{\dfrac{v_1^2}{2g}}=\left(1-\frac{A_1^2}{A_2^2}-\xi_g\right)=\eta_g \tag{27-8}$$

$$\xi_g=1-\frac{A_1^2}{A_2^2}-\eta_g \tag{27-9}$$

当 $A_1/A_2=1$ 时，有 $\xi_g=-\eta_g$，即为等断面管道均匀流动的情况。上述推导中均假设断面流速分布系数 $\alpha=1.0$。从式（27-9）不难看出，$\xi_g=f(A_1^2/A_2^2,\ \eta_g)$，而 $A_1/A_2$ 事实上隐含着扩散段长度 $L$、顶板（或包括底板）扩张角 $\theta$ 以及 $d/D$、$d/B$ 等因素，当然也应包括扩散段内分流隔墙所形成的阻力因素。$\xi_g$ 值通常由模型试验确定，表 27-7 为现有文献中常见的一些工程进/出水口的 $\xi_g$ 值。

由表 27-7 可见，$\xi_g$ 值差别很大，以出流工况而论，最大者达 0.80，最小者为 0.19，个别的进、出流的 $\xi_g$ 值接近甚至相等，十分可疑。导致 $\xi_g$ 值明显差异的原因有以下几个方面：

（1）计算 $\xi_g$ 时所取断面位置不同。如图 27-33 所示，作为进/出水口的局部水头损失计算，在列能量方程时应为断面 1-1 和断面 2-2，或者断面 2-2 位于进/出水口之后的水库中。但在实验中有不少是包括从来流隧洞末端圆变方渐变段，以及门槽、闸门井段、闸门井后的直段等处的水头损失，有的工程甚至有两道门槽。

表 27-7　　部分抽水蓄能电站进/出水口模型试验的 $\xi_g$ 值

| 库别 | 国家 | 电站名称 | 水头损失系数 $\xi_g$ | | 库别 | 国家 | 电站名称 | 水头损失系数 $\xi_g$ | |
|---|---|---|---|---|---|---|---|---|---|
| | | | 进流 | 出流 | | | | 进流 | 出流 |
| 上水库 | 美国 | 戴维斯 | 0.30 | 0.80 | 下水库 | 英国 | 迪诺威克 | 0.23 | 0.45 |
| | 美国 | 北田山 | 0.30 | 0.40 | | 日本 | 大平 | 0.19 | 0.19 |
| | 英国 | 卡姆洛 | 0.24 | 0.36 | | 英国 | 卡姆洛 | 0.16 | 0.22 |
| | 中国 | 广州 | 0.19 | 0.39 | | 中国 | 广州 | 0.20 | 0.39 |
| | 中国 | 张河湾 | 0.27 | 0.41 | | 中国 | 张河湾 | 0.40 | 0.57 |
| | 中国 | 琅琊山 | 0.23 | 0.31 | | 中国 | 琅琊山 | 0.19 | 0.27 |
| | 中国 | 西龙池 | 0.59 | 0.58 | | 中国 | 西龙池 | 0.23 | 0.33 |
| | 中国 | 十三陵 | 0.21 | 0.35 | | 中国 | 十三陵 | 0.22 | 0.33 |
| | 中国 | 宜兴 | 0.18 | 0.48 | | 中国 | 宜兴 | 0.15 | 0.43 |
| | 中国 | 天荒坪 | 0.25 | 0.33 | | 中国 | 天荒坪 | 0.34 | 0.44 |
| | 中国 | 蒲石河 | 0.21 | 0.67 | | | | | |

（2）扩散段内各孔流道分流量不均匀对 $\xi_g$ 的影响最为明显。为了研究各孔道分流量不均匀对 $\xi_g$ 值大小的影响，表 27-8 收集了若干工程试验资料，这些工程的进/出水口都无负流速出现。由表 27-8 可见相邻的中孔与边孔（或反之）的过流量之比 $K$ 是影响 $\xi_g$ 值的主要因素，可初步归纳为：$K<1.1$，$\xi_g=0.34\sim0.36$；$K=1.1\sim1.3$，$\xi_g=0.42\sim0.44$；$K\geqslant2$ 时，$\xi_g$ 达 0.5 以上。由此可以提出一个对孔道间分流效果的判别标准，即 $K<1.1$ 便可认为是良好的侧式进/出水口布置，其 $\xi_g=0.34\sim0.36$。一般情况下，进/出水口 $\xi_g$ 为 0.4 左右较适宜。

（3）此外，还有试验中测量精度和模型比尺等方面的影响。

表 27-8　　部分抽水蓄能电站进/出水口模型试验的 $\xi_g$ 值

| 电站 | 库别 | $\xi_g$ | $K$ | $\theta$/(°) | 电站 | 库别 | $\xi_g$ | $K$ | $\theta$/(°) |
|---|---|---|---|---|---|---|---|---|---|
| 十三陵 | 上水库 | 0.35 | 1.06 | 5.26 | 十三陵 | 下水库 | 0.33 | — | 6.54 |
| 沙河 | 上水库 | 0.42 | 1.31 | 2.30 | 沙河 | 下水库 | 0.55 | 1.95 | 2.30 |
| 琅琊山 | 上水库 | 0.31 | 1.31 | 5.49 | 琅琊山 | 下水库 | 0.27 | — | 3.59 |
| 张河湾 | 上水库 | 0.41 | 1.03 | 5.44 | 张河湾 | 下水库 | 0.57 | 1.08 | 3.43 |
| 蒲石河 | 上水库 | 0.67 | 2.38 | 7.23 | 荒沟 | 下水库 | 0.43 | 1.13 | 2.02 |
| 西龙池 | 下水库 | 0.33 | 1.62 | 5.03 | 响洪甸 | 下水库 | 0.44 | 1.14 | 5.00 |

## （二）扩散段体型设计

1. 扩散段长度

设置扩散段旨在使隧洞来流经扩散调整至末端口门处的流速分布达到拦污栅的水力设计要求。理论上扩散段是水平和竖向都扩张的一个空间结构，如图 27-34 所示。从工程设计角度来说，一个良好的扩散段，在出流时应使拦污栅口门断面的流速分布较均匀、无负流速，且水头损失小。影响扩散段水流的因素有水平和垂直扩张角、分流隔墙以及进、

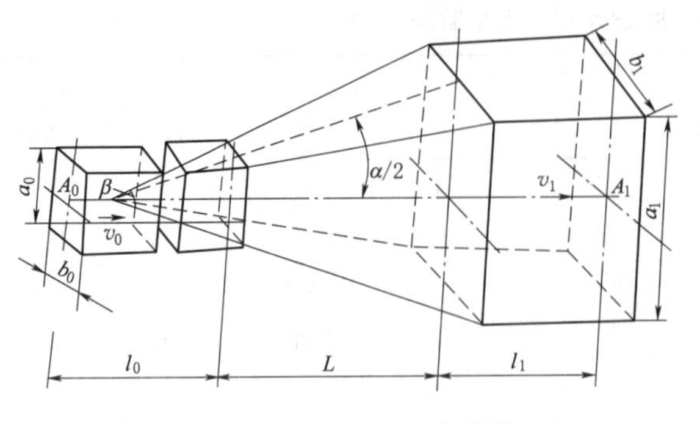

图 27-34　矩形截面渐扩管

出流的边界条件等。根据国内外 29 个工程统计资料表明，有 20 个工程的 $L/d$ 集中在 4～5 的范围内，占总数的 2/3 强，与之相对应的 $A_1/A_0=4$～5.5。设 $v_0=5\text{m/s}$，而过栅流速为 1.0m/s，其 $L/d$ 为 4～5.5。而少数 $L/d$ 大者，说明过栅流速取值偏小。

2. 顶板扩张角 $\theta$

从水流运动特性来看，扩散段内的流动属于有压缓流的扩散阻力问题，如图 27-33 所示工程采用的侧式进/出水口布置与图 27-34 所示的矩形断面渐扩管的流动相类似，是一个三维的扩散流动。图 27-34 中扩张角 $\alpha/2$ 相当于图 27-33 中 $\theta$。根据有关研究，在雷诺数 $Re>4\times10^5$ 时，矩形渐扩管最佳特性为 $\alpha=10°$～6°（相当于图 27-33 中 $\theta=5°$～3°），$\xi_g=0.28$～0.18，$A_1/A_0=4$，$L/d=5.7$～9.4。“最佳特性”的物理含义是：为了将管道的小截面过渡到大截面（流体的动能转化为压力能）而且做到尽量减小全压损失，安装平顺扩散的管道——渐扩管。在渐扩管中，当扩张角小于一定值时，随着截面面积的增大其平均流速降低。相对于小（初始）截面上速度的渐扩管的总阻力系数，要比相同长度、横截面等于渐扩管初始截面的等截面的阻力系数小。对实际抽水蓄能电站进/出水口而言，由于受工程布置条件制约，扩散段很难符合上述“最佳特性”要求，特别是分流隔墙的存在会导致水头损失增加，阻力系数要增大。因此，抽水蓄能电站侧式进/出水口的水力设计研究，是在满足工程布置要求和具有分流隔墙条件下，优化给出具有较小阻力系数的扩散段体型。

日本一些工程进/出水口扩散段顶板扩张角 $\theta$ 及有关参数见表 27-1。由表 27-1 可见，除个别工程之外，大多数工程 $2°\leqslant\theta<6°$；如果除去其中的中隔墙延长将扩散段一分为二的几个工程，其余大多为 $2°<\theta<7°$。上述资料表明，一般情况下 $\theta$ 在 3°～5°范围内选择是合适的。

国内的有关研究表明，隧洞来流底坡的大小对进/出水口顶板扩张角的选择是有影响的。试验时依托工程的隧洞底坡 $i=0.0433$（相当于 2.48°），顶板扩张角 $\theta=6.83°$，两者相差 $\Delta\theta=4.4°$，水流在顶部没有产生分离。据此分析得出，不出现分离的临界扩散角 $\theta_k=5.1°$～4.1°。这个结果与上述分析结论相一致。

3. 平面扩张角 $\alpha$

通常认为扩散段内每孔流道的最大扩张角（$\Delta\alpha$）以不超过 10°为宜。此乃来自无分流隔墙的平面有压扩散段的试验成果。对于实际工程的进/出水口而言，分流隔墙的起点位于来流对称处，而扩散段长度 $L/d$ 约为 4～5，在水流不致发生分离的范围内，且有隔墙的导流作用，因此每孔流道的扩张角 $\Delta\alpha>10°$应是允许的。对日本 18 个工程进/出水口每孔流道扩张角的资料统计，单孔流道的扩张角 $\Delta\alpha\geqslant10°$的有 12 个，占 63%，最大者为 15°；$\Delta\alpha\geqslant11°$的有 5 个，占 26.3%。由此可以认为，$\Delta\alpha$ 的选择范围可适当放宽到 12°。

日本神流川抽水蓄能电站上库进/出水口修改设计方案的 $\Delta\alpha=11.25°$，实验表明水流

没有产生分离。由于采用 $\Delta\alpha=11.25°$，4 孔流道的扩散段的水平扩张角达 45°，扩散段长度由原来的 44.5m 缩短至 22.9m，节省了工程量。事实上由于分流隔墙的存在约束了扩散水流，有利于防止水流产生分离；虽然加大了局部阻力，但缩短了扩散段长度，减小了水流的沿程损失，两者相抵总的水头损失变化不大。

4. 分流隔墙

分流隔墙的布置是否得当是影响阻力系数大小和流速分布均匀性的关键因素。除应适当选择隔墙头部形状和合理的竖向扩散角度外，更重要的是分流隔墙在首部的合理布置。扩散段起始断面常与来流管道尺寸相同，通常宽度不大，三道或二道隔墙只能在这样窄的范围内布置，既要避免过分拥挤，又要起到有效均匀分流作用。分流隔墙的布置原则如下：

（1）扩散段内分流隔墙的数目，以每孔流道的分割扩张角 $10°\leqslant\Delta\alpha<12°$ 为宜。

（2）分流隔墙头部形状以尖型或渐缩式小圆头为宜。这是适应减少水头损失和避免在首部布置上过于拥挤所需要的。此外，在扩散段起始处两侧边墙连接处须修圆，如图 27－23 所示。

（3）分流隔墙在扩散段首部的合理配置，受来流条件，特别是流速分布影响，而流速分布与布置条件（如有无弯道、底坡、断面变化、门槽等）和边界层发展有关，这正是难以做到使流量在各孔流道达到均匀分配的根源。根据现有的研究成果，对于二隔墙三孔道的布置，中间孔道宽应占 30%，两边孔道占 70%；对于常见的三隔墙四孔流道的布置，宜采用中间两孔占总宽的 44%，两边孔占 56%为宜，或者说单一中间孔道宽度 $b_c$ 与相邻边孔宽 $b_s$ 之比 $b_c/b_s\approx0.785$，可作为初拟尺寸的参考。应当指出，上述流道间的宽度比是就隔墙首部间的距离而言。由于隔墙有一定厚度，且在平面上渐扩布置，实际的流道间最小间距可能在首部后的某一位置。注意调整这一间距对改善各流道间的流量比例会更有利。三个隔墙在首部的布置，可能有以下两种情况：

（4）当上游隧洞直径大（如 10m 左右或更大）时，通常从扩散段前检修门（或事故检修门）的尺寸考虑，可将闸门分为两孔，这样闸孔中墩自然延长到扩散段内将其一分为二。若中墩两侧孔道仍需加设隔墙，就成为单个隔墙的布置问题。

（5）对于常见的扩散段内三隔墙四流道布置，沙河进/出水口试验中就隔墙在首部七种布置方案的对比试验结果认为，中间隔墙在首部适当后退形成凹型布置最优，见图 27－35（g）。中间隔墙的缩短程度 $f/d\approx0.5$，如图 27－33 所示。这种布置的特点是，避免三隔墙齐平于首部形成拥挤不利分流，并使局部水头损失加大。呈凹形布置有利于各孔道分流量均匀。当然，其前提是中、边孔在入口处的宽度比例必须适当。

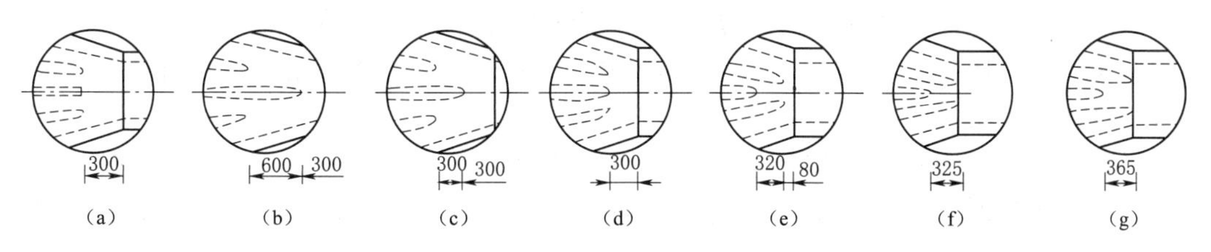


图 27－35　沙河水电站各试验方案分流墩形状与布置图（单位：cm）

**（三）过栅流速及口门流速分布**

日本18个工程进/出水口拦污栅进流流速的统计资料表明，过栅流速超过1.0m/s的有3个，最大者新高濑川为1.7m/s，最小者为0.4m/s。新高濑川进/出水口曾进行模型试验，工程运行后没有漩涡等问题发生。

拦污栅水力设计主要是考虑过栅水头损失和振动两方面的问题。根据拦污栅局部水损系数公式，当过栅流速为1.0m/s时，局部水头损失很小。可见在正常情况下，过栅水头损失可忽略不计。

拦污栅的水头损失只有在栅上挂污堵塞时才体现出来，而这又是个很难定量估算的问题，故而才会有栅前栅后按几米的水压差来设计的经验数据，栅前栅后的水压差表征水头损失。有些抽水蓄能电站的上、下水库为人工开挖围筑而成，相对于天然河道来说，污物来源要少得多，因此有的工程不设拦污栅。从这个意义上来说，对污物来源少的抽水蓄能电站进/出水口，适当提高过栅流速是可取的。日本神流川电站上水库进/出水口的过栅流速从原设计的0.74m/s提高到1.43m/s，试验得到的$v_{max}$=4.3m/s。该电站已建成投运，显示了抽水蓄能电站拦污栅设计的新趋势。

拦污栅口门断面最大流速与平均流速之比$v_{max}/\overline{v}$的控制问题是蓄能电站进/出水口与常规水电站进水口在水力特性上最明显的区别之处。表27-1中列出了日本部分工程进/出水口的资料，其$v_{max}/\overline{v}$的平均值为2.714，大于2.5的占2/3。而根据国内部分工程的资料，其$v_{max}/\overline{v}$最大者为3.17，最小者为1.22。

现有文献对$v_{max}/\overline{v}$的要求并不一致，有1.5、2.0、2.25、2.5等不同的取值。其中2.25为国外学者Sell于1971年提出。国内有关学者提出，拦污栅的最大设计流速，应考虑流速分布不均匀性，建议取2.5m/s。按过栅平均流速1.0m/s计，$v_{max}/\overline{v}$为2.5。

$v_{max}/\overline{v}$的物理意义是表征过栅水流的集中程度，以及由此而产生的对拦污栅的局部冲击问题。图27-36为荒沟抽水蓄能电站进/出水口两个流道拦污栅口门处三条垂线的流速分布，以及将口门划分为四个象限的出流量所占的百分比。由图27-36可见，在同一个扩散段内，相邻两孔流道水流分布的均匀程度不同，第2孔道的主流明显从口门上方流出，显示出流动的复杂性。

日本奥清津抽水蓄能电站于1978年投运后，第7年、第10年、第12年相继三次检查拦污栅，发现有不同程度的损坏，运行15年后进行更换。检查发现，拦污栅受损伤部位与水工模型试验所呈现的主流流速分布状况大体相符。

奥清津抽水蓄能电站进/出水口水工模型试验得到的$v_{max}\approx$2.4m/s，修复更换拦污栅时，拦污栅按$v_{max}$=4.5m/s设计，为模型实测最大值的1.9倍。就拦污栅设计而论，$v_{max}/\overline{v}$取值还包含拦污栅抗振设计的安全储备问题，包括需考虑进/出水口水流往复运动，引起金属结构的疲劳、锈蚀、试验误差等因素。于是问题归结为满足拦污栅抗振安全要求条件下设计流速的选择问题。

天荒坪抽水蓄能电站下水库进/出水口拦污栅按$v_{max}$=3.07m/s进行抗振设计，日本神流川抽水蓄能电站拦污栅按5m/s设计。故建议抽水蓄能电站进/出水口拦污栅最大设计流速可在2.5～5m/s范围选用，视工程规模、布置条件（如来流隧洞是否有弯道、隧洞底坡的大小、扩散段顶板扩张角、拦污栅尺寸）等合理选用进行抗震设计。

发电工况：

原型：第二孔（2号孔道）：水位－203.00m，流量4×87.9m³/s

| 112.77 | 90.21 | 90.37 |
|---|---|---|
| 86.65 | 85.66 | 88.51 |
| 75.31 | 117.21 | 96.01 |
| 52.09 | 59.53 | 69.39 |
| 45.46 | 41.84 | 47.87 |

$\overline{v_2}=77.82$

$v_{max}=117.21$，$v_{min}=41.841$

$v_{max}\sqrt{v}=1.52$，$v_{min}\sqrt{v}=0.57$

| +22% | +19% |
|---|---|
| −26% | −15% |

主流：上部偏左，百分数为象限流速与断面平均流速的差值比率。

$\dfrac{\overline{v_2}}{\overline{v_1}}=1:1.070$

第一孔（1号孔道）：水位－203.00m，流量4×87.9m³/s

| 83.69 | 96.52 | 79.75 |
|---|---|---|
| 83.69 | 79.75 | 63.97 |
| 91.58 | 105.38 | 81.72 |
| 79.75 | 101.43 | 85.86 |
| 63.97 | 81.72 | 69.89 |

$\overline{v_1}=83.14$

$v_{max}=105.38$，$v_{min}=63.97$

$v_{max}\sqrt{v}=1.27$，$v_{min}\sqrt{v}=0.77$

| +5% | −4% |
|---|---|
| −2% | +1% |

主流：左上部

图 27－36　荒沟水电站进/出水口模型试验拦污栅口门流速分布（单位：m/s）

### （四）进/出水口防涡

由于抽水蓄能电站发电、抽水工况转换频繁，水库水位变幅大，如何避免发生有害的漩涡，是研究进/出水口水力设计颇受关注的问题之一。

尽管人们对漩涡有不同的分类标准，但串通吸气漩涡是有害的，且必须防止。影响漩涡发生、发展的因素很多，诸如进/出水口前来流方向和流速分布、环流强度、体型尺寸、库岸地形及进/出水口与相邻建筑物的形状、孔口淹没深度等。由于模型试验存在缩尺影响，使得通过试验做出准确预报的可能性大为降低。正是由于问题复杂性和不确定性，迄今孔口淹没深度的确定尚只能依靠经验公式进行估算。防止串通吸气漩涡的最小淹没深度，以戈登公式的应用较为普遍。

出于电站运行安全可靠的考虑，通常在进/出水口上方设防涡设施。从防涡有效性来说，以设置能随库水位浮动的格栅式浮排为最佳，但由于结构稍嫌复杂，加之易受漂浮物的影响，所以通常采用防涡梁。迄今对防涡梁的根数、间距及高度等的研究并不充分，表27－3为日本11个工程进/出水口防涡梁资料，国内部分工程资料见表27－4。

由表27－3和表27－4可见，梁高1～2m不等，国内工程以2m者居多；梁宽0.8～1.2m，变化不大；但梁的间距从0.4～1.4m不等，国内工程以1～1.4m为多；而梁的根数相差更大，最少者2根，多者6根或7根。考虑到漩涡在进/出水口上方是游移的，根数太少（例如2根）其效果值得怀疑。因为一旦产生串通吸气漩涡很容易从防涡梁前方潜入。防涡梁的间距若偏大，漩涡有可能从梁间潜入；间距若缩小，漩涡有可能从梁前方潜入。至于梁高应该说主要是结构自身强度的需要。

综上可以认为，防涡梁的数目应不少于3根，宜选用4～5根，流量大的进/出水口宜选用根数多；防涡梁的间距以0.5～1.2m为宜，梁高以不小于1.0m为宜。当然，最终设计应以模型试验为准，梁在结构上必须满足相应设计要求。

此外，防涡梁有矩形和平行四边形两种型式，如图 27－28 所示。有关的研究认为：采用矩形防涡梁，增加对漩涡的干扰，使之频繁消失，但很快又重新形成漩涡；采用平行四边形防涡梁，断面形状（倾角 45°）顺应水流方向，使进水口水流更加顺畅，同时增大了对进口上方水流的阻力，可有效抑制强漩涡发生，防涡效果更好。

**（五）应注意的几个问题**

（1）当进/出水口前的来流隧洞有弯段时，消除弯道水流对扩散段流速分布不均匀性的影响应予以关注。来流弯道水流对有压扩散段内流速分布和各孔道流量分配的影响不容忽视，尤其当斜（竖）井弯道后隧洞有一定底坡呈仰角出流时。解决问题的途径有：①在弯道与扩散段间尽可能布置适当长度的直线洞段，使流速分布得到调整；②尽量减小来流隧洞的底坡，避免大角度的仰角出流；③扩散段内中间的分流隔墙应从起始处后退约 0.5$D$ 布置，以避免扩散段入口处水流拥挤；④渐变段不宜采用平面收缩式布置，宜采用与洞径相同的等宽、等高布置。

当来流隧洞有水平弯道时，主要靠调整扩散段起始处分流隔墙的间距，使各孔道的分流量尽量均匀。神流川电站下库进/出水口的试验成果如图 27－37 所示。该进/出水口前有一半径 $R$＝300m 的水平弯道，原设计按常规的分流隔墙间距布置，各孔道流量分配很不均匀；按水平弯道横向流速分布状况调整分流隔墙的间距后，使孔道流量分配均匀性得到明显改善。

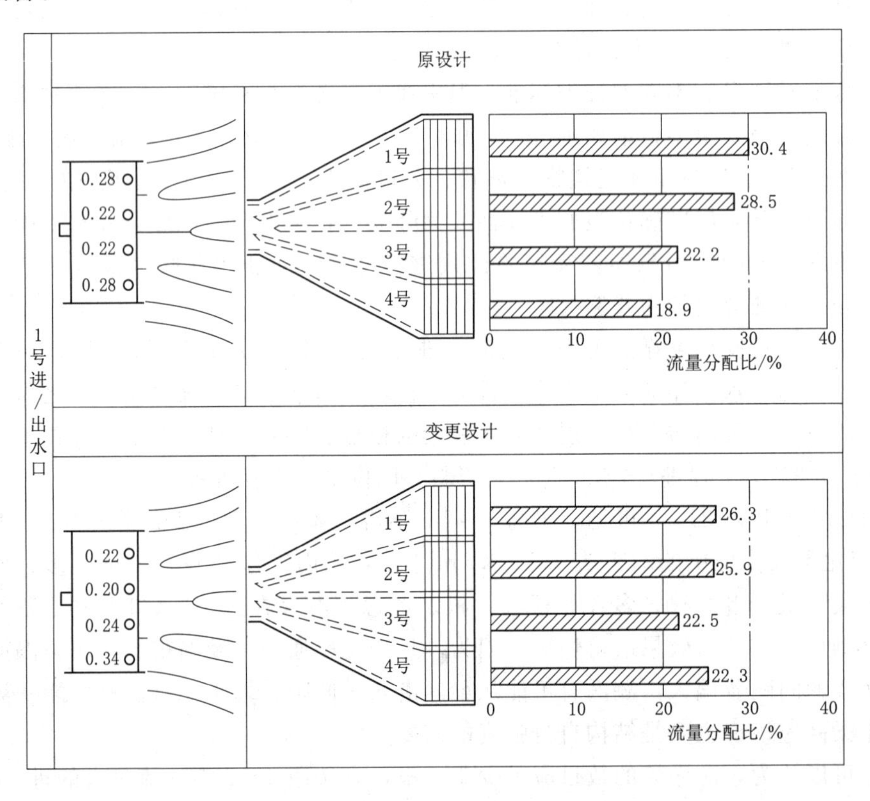


图 27－37　神流川电站下库 1 号进/出水口孔道流量分配

（2）在扩散段末端接一段水平顶板整流段的布置是值得推荐的。平顶整流段的作用在于适当减小扩散段长度，即在顶板水流尚未产生分离之前就使之进入起梳整作用的平直段，在该段内不存在扩散段内的压力递增现象，从而起到消除局部负流速、平顺水流、调整流速分布的目的。事实上也等于减小了有效扩张角，使得真实的扩张角小于渐扩管仰角 $\theta$。整流段长度宜取扩散段长度 $L$ 的 0.4 倍左右。

（3）当进/出水口前的来流管道底坡较陡（尤其是坡比大于1：10）时，其对扩散段末口门断面流速分布的影响，特别是口门顶部可能出现负流速问题，值得重视和研究。这是因为水流在扩散段内受边界约束呈有压扩散流动，一个适宜的顶板扩张角使顶部不产生负流速。当水流至扩散段末端口门处顶部突然失去约束，这时口门上部流线突然由受边界约束的有压流改变成受重力作用的明渠流动，出流底坡越大（陡），变成明流后水体所受重力在倾斜底板方向的分量越大，这个分力阻止水流沿原有边界继续有效扩散，导致原本受边界约束的来流上部流线失去约束后开始坦化，加之口门处的突然扩散作用，可能是造成有压扩散段末端口门处顶部易出现负流速的主要原因。若来流为水平管道出流，那么只要顶板扩张角适当，在口门处流线坦化和突然扩散的影响要比大坡度的倾斜出流弱得多，从而不易产生负流速。

（4）进/出水口扩散段可以做成平顶。侧式进/出水的扩散段，通常多布置成顶部（单向）扩张式，也有采用顶、底板双向扩张式布置，目的在于通过扩散段纵、横向的扩张，在一定布置拦污栅处流速有所降低。

日本神流川电站下水库进/出水口优化设计研究成果见表 27-9。通过试验研究和计算分析，提高了过栅设计流速（即扩散段末端断面流速），使 1 号进/出水口的长度缩短了 24%，扩散段末端宽度减少了 22%；而顶板都是水平的，即扩散段高度均为 8.2m（1号）。这种修改布置的特点是把一个三维的扩散段简化成二维结构，工程布置得以简化。从水头损失的角度来说不会带来明显影响，只是拦污栅设计为满足抗振安全系数的要求，将栅条刚结支承的间距由原设计的 525mm，缩小至 350mm。

**表 27-9　日本神流川电站下水库进/出水口优化设计研究成果**

| 进/出水口编号 | 隧洞直径/m | 原设计扩散段 | | | | 修改采用扩散段 | | | |
|---|---|---|---|---|---|---|---|---|---|
| | | $L$/m | $B$/m | $D$/m | $v_{出}/v_{进}$ | $L$/m | $B$/m | $D$/m | $v_{出}/v_{进}$ |
| 1号 | 8.2 | 47.0 | 43.6 | 8.2 | 1.0/0.75 | 35.5 | 33.8 | 8.2 | 1.34/0.94 |
| 2号 | 6.1 | 32.5 | 29.0 | 6.1 | 1.1/0.78 | 25.5 | 23.8 | 6.1 | 1.44/1.02 |

注　$L$ 为扩散段长度；$B$、$D$ 分别为扩散段末端宽度和高度；$v_{进}$、$v_{出}$ 为扩散段末端断面的进流和出流速度。

## 二、竖井式进/出水口水力设计

竖井式进/出水口的进、出流均呈有压缓流流动。为防止进流时出现有害漩涡，在顶部通常设置直径为 $D_0$ 的顶盖。$D_0$ 根据流量、压力管道直径、过栅流速等条件，经综合比较确定。

竖井式进/出水口的水力设计在于解决好在出流工况下，来自弯管垂直向上的水流主流向上直冲顶盖，然后折向四周布置的孔口流出的问题。另有部分水体沿喇叭口向四周扩散，遇喇叭口处边界条件的改变，局部产生水流与边界分离。流经弯管的水流作为来流条件，受弯道水流离心力的影响，主流偏向弯管凹侧（外侧），流速分布不均匀，欲将其调整得均匀，则需要相当长的竖井直管段，在实际工程中常难以做到。于是便形成平面上的偏流，即出流流量集中由部分孔口流出，其余孔口出流量较少。在出流孔口的垂线流速分布上，呈现上部流速大，底部出现负流速。其结果不仅增大了实际过栅流速和水头损失，并导致库内流态紊乱，水面波动剧烈，库底若有泥沙也可能随负流速带入竖井内。单圆弧（等半径）弯管竖井式进/出水口出流时的流速分布如图 27－38 所示。由图可见，由于来流出现偏流导致各孔出流量很不均匀，顶部最大点流速相当于断面平均流速的 6.5 倍，同时下部出现负流速。

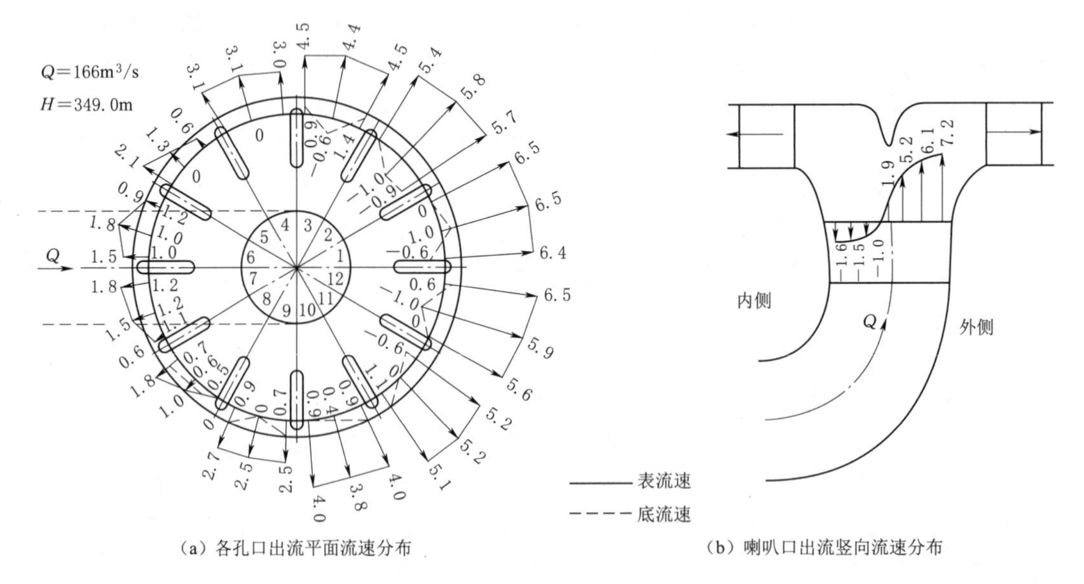


(a) 各孔口出流平面流速分布　　(b) 喇叭口出流竖向流速分布

图 27－38　单圆弧（内径相等）弯管竖井式进/出水口出流时的流速分布（单位：m/s）

弯管末端断面流速分布的调整，可通过设置导水板，在适当部位加设局部贴角调整流向等措施来实现。考虑到工程应用，以改变弯管体型，即将常见的单圆弧（等半径）弯管改成肘型弯管为宜，参见图 27－39。这一布置的特点是：

(1) 在来流压力管道 $d$ 与弯管起始断面 $D_s$ 间设置锥形连接段，其长度大于或等于 $D_s$。该段的半扩散角可在 3°～7°选用。这种布置旨在降低弯道进口流速，削弱弯道段水流离心力的强度。例如，当半扩散角为 7°时，直径为 $D_s$ 处的平均流速可较压力管道的平均流速降低约 40%。

(2) 肘形弯管其末端直径 $D_e>d$，且有断面面积比 $A_e/A_s=0.6\sim0.7$，$v_e\leqslant5$m/s（或相应的弗劳德数 $Fr\leqslant0.6$）。水流在肘管内先扩散后收缩，对弯管末端流速分布的均匀化会有良好的效果。

(3) 弯管段与喇叭口之间宜设适当长度的直管段，用以调整水流，其上部的喇叭口段与之呈渐扩式或平顺连接；当无直管段或直管段甚短时，则从弯管末端（或附近）逐渐扩张成喇叭口段，直至所需高程；喇叭口可采用椭圆曲线或其他曲线。

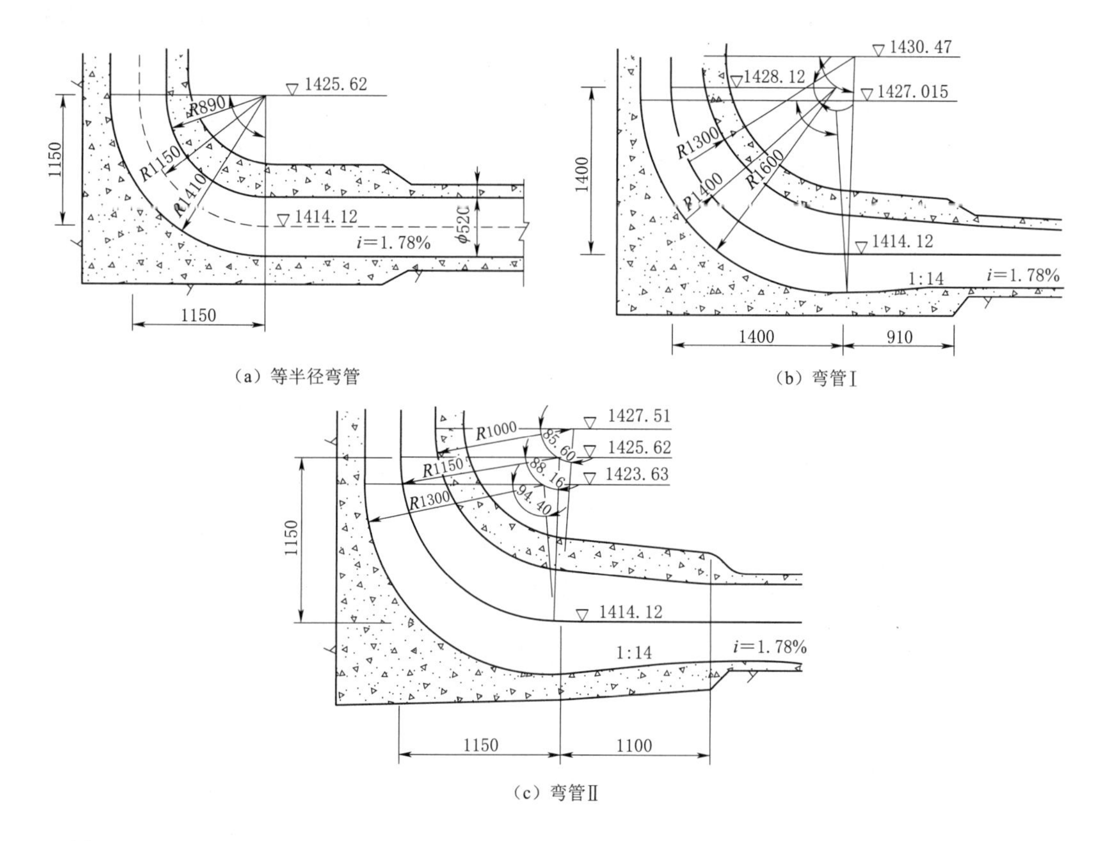


图 27－39　西龙池电站上库竖井式进/出水口三种弯管段体型图（单位：高程，m；其余为 cm）

西龙池抽水蓄能电站上库竖井式进/出水口设计时，进行了物理模型和数学模型研究。图 27－39 为三种弯管段体型图，其中图（a）为单圆弧（等半径）弯管，$A_e/A_s=1.0$；图（b）为弯管Ⅰ，$A_e/A_s=0.64$；图（c）为弯管Ⅱ，$A_e/A_s=0.59$。试验得到了出流时的进/出水口损失系数，弯管Ⅰ布置为 0.53（其中弯管部分为 0.21），弯管Ⅱ布置为 0.64（其中弯管部分为 0.31）。进流时前者为 0.51（其中弯管部分为 0.36），后者为 0.53（其中弯管部分为 0.39），且各孔口流量分配较均匀。分析表明，就出流而论，单就弯管以上的进/出水口来看，两者的损失系数分别为 0.32（弯管Ⅰ）和 0.33（弯管Ⅱ），几近相同，主要差别在于弯管损失系数，前者为 0.21，后者为 0.31。弯管Ⅱ布置其弯管部分损失系数的增大，恰好说明 $A_e/A_s=0.59$ 的肘形弯管使该处水头损失加大，显示出通过弯道的水流扩散，掺混后才使得流速分布得到了有效调整。从各孔口出流流量分布来看，弯管Ⅰ布置为 6.9%～20.3%（平均应为每孔占 12.5%），弯管Ⅱ布置则为 9.4%～15.2%，改善十分明显。

应用二维 $k-\varepsilon$ 模型对三种弯管体型的进/出水口进行水力计算，结果如图 27－40 所示。对于图 27－40（a）等半径弯管，流经弯道的水流在凸侧已出现分离，至喇叭口上部流速分布仍未调整好；图 27－40（b）弯管Ⅰ的弯道处流速分布状况虽较等半径弯管有所改进，但均匀性仍稍差，故而有前述各孔出流量不均匀的结果；而图 27－40（c）弯管Ⅱ

的布置 $A_e/A_s=0.59$，在弯管末端其流速分布就比较均匀，至喇叭口处各孔出流流量分配为 9.4%～15.2%。

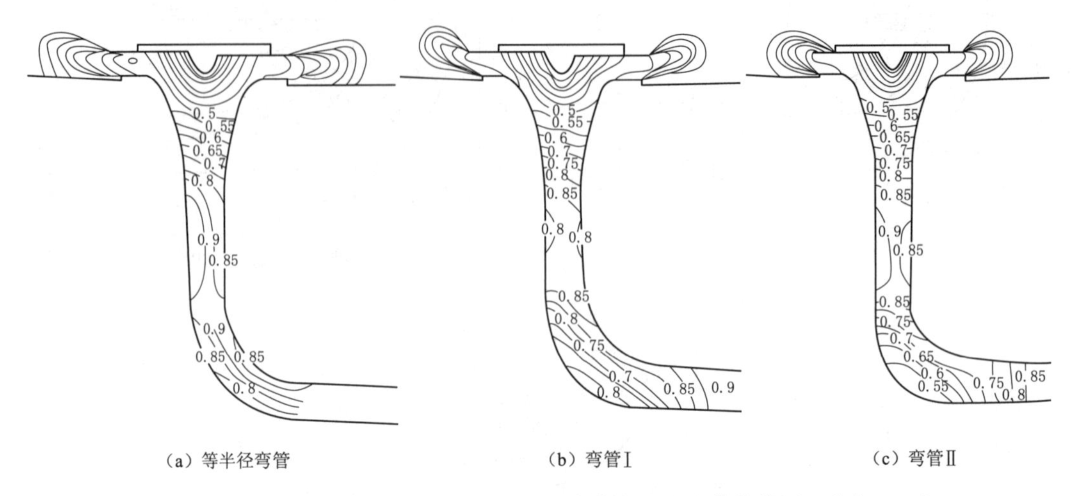


图 27－40　西龙池电站上库进/出水口三种弯管出流流速等值线图（单位：m/s）

碧敬寺抽水蓄能电站竖井式进/出水口水工模型试验成果如图 27－41 所示。其中 $A_e/A_s=0.57$。试验表明，在该布置条件下，各孔出流分配基本均匀，且无负流速出现。

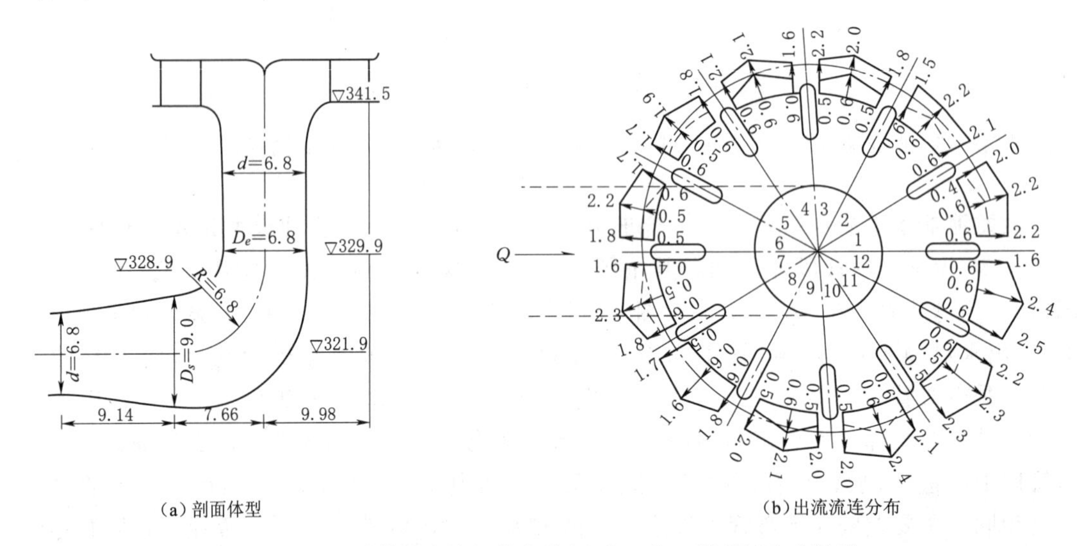


图 27－41　碧敬寺电站竖井式进/出水口水工模型试验成果图

总之，我国在竖井式进/出水口水力设计方面的研究成果不多，在按上述成果初拟的基础上，合理的设计体型需通过水工模型试验确定。

## 三、数值模拟在水力设计的应用

近年来，计算流体力学在抽水蓄能电站进/出水口的水力设计中得到了应用。为使水工模型试验更具针对性，可以先进行数值模拟计算，初步确定一个较为合理的体型，在此基础上开展水工模型试验，有时还进行对比计算，以相互验证。

数值计算采用不可压缩流体的 Navies－Stokes 方程（动量守恒），导出时间平均的雷诺方程、连续方程为基本方程，紊流模型采用标准 $k-\varepsilon$ 模型。$k-\varepsilon$ 模型包含 5 个模型，通用常数即 $C_\mu$、$C_{1\varepsilon}$、$C_{2\varepsilon}$、$\sigma_k$ 和 $\sigma_\varepsilon$，分别取 0.09、1.44、1.92、1.0 和 1.3。计算方法采用 VOF（Volume of Fluid）法。该方法是在固定网格下求解不可压缩、黏性、瞬变和具有自由面流动的一种数值方法。适用于两种或多种互不穿透流体间界面的跟踪计算。

图 27－42 为日本神流川抽水蓄能电站下水库进/出水口段的数值解析计算与模型试验结果对比。该项工作主要研究在来流为水平弯道布置的条件下，通过调整有压扩散段首部分流隔墙的布置间距，使各孔道出流量分配达到较均匀的目的。

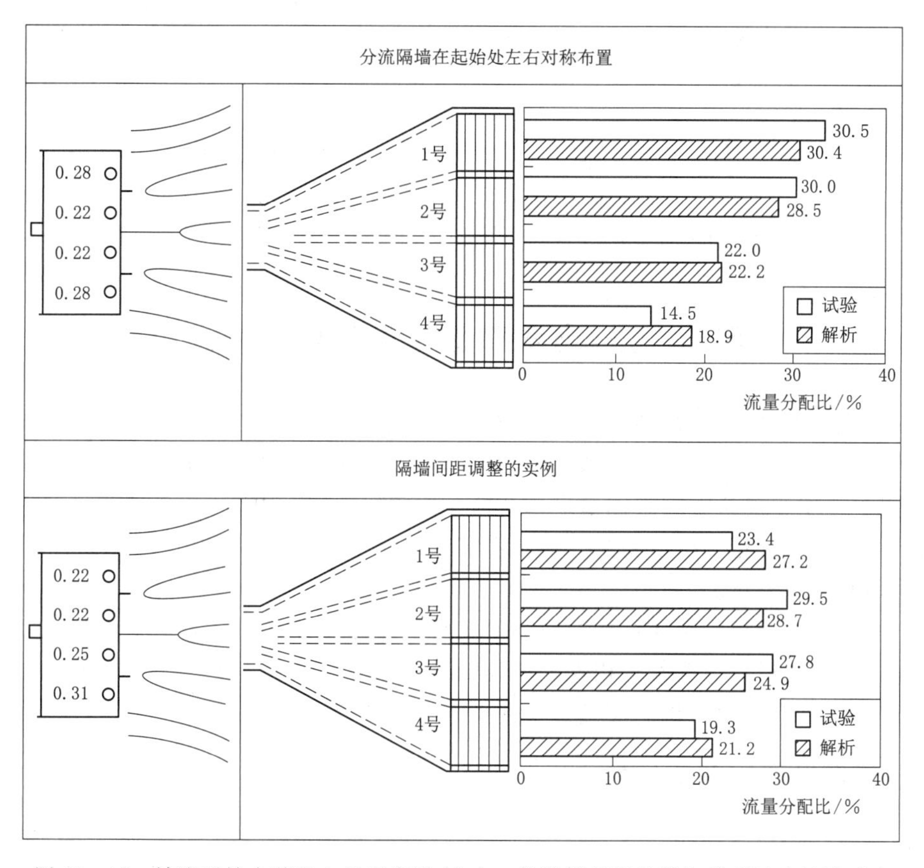


图 27－42　神流川抽水蓄能电站下库进/出水口的数值解析计算与模型试验结果对比

图 27－43 为西龙池抽水蓄能电站上水库进/出水口段的数值解析计算与模型试验结果对比。该研究首先利用二维 $k-\varepsilon$ 模型计算了弯道体型对流场的影响（图 27－40），在此基础上用三维 $k-\varepsilon$ 模型分析喇叭口段的流场，给出孔口的流速分布和流量分配比。

综上可见，数值模拟计算用于进/出水口的水力设计已取得有益的成果，尽管是复杂的三维计算，但计算成果可供不同布置体型方案的比较和优化，可对最终体型的确定提供有力的支持。可以认为采用数值模拟和模型试验相结合的方法是解决好进/出水口水力设计的有效途径。

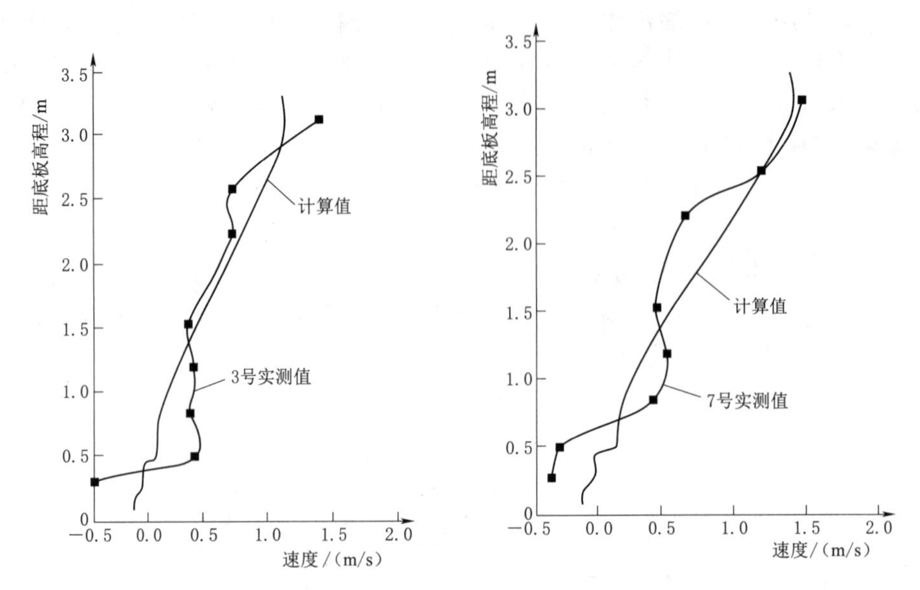


图 27－43　西龙池电站上库进/出水口的数值解析计算与模型试验结果对比

## 第四节　进/出水口整体稳定与结构设计

抽水蓄能电站进/出水口整体稳定与结构设计的范围除包括进/出水口主体建筑物外，还包括防沙、防污、防冰等相关建筑物，对于岸式进/出水口还有边坡工程等。

进/出水口主体建筑物的整体稳定与结构设计应包括以下内容：

(1) 整体稳定分析。抗滑稳定、抗倾稳定和抗浮稳定计算。

(2) 地基应力计算。

(3) 整体结构设计。整体结构的应力（内力）计算、分缝、分层分块、止水设计等。

(4) 局部构件设计。混凝土构件配筋设计。

对于土基上的进/出水口尚应进行渗透稳定与地基变形计算。

### 一、作用及作用效应组合

#### (一) 主要作用

抽水蓄能电站进/出水口承受的作用可以分为永久作用、可变作用和偶然作用等三类，具体见表 27－10。不同型式的进/出水口，承受的荷载并不相同，实际计算时可根据各工程的具体情况分析判断。

拦污栅及其支承结构的设计荷载主要是栅面上下游压差、清污机设备重量、漂浮物撞击力、地震惯性力、地震水压力以及结构自重等。设计荷载的大小与上游漂浮物的构成及数量、拦污栅布置型式、清污方式等因素有关，在寒冷地区还有冰冻问题。

拦污栅在正常情况下水头损失仅数厘米，承受的水压力很小，但设计时应考虑可能堵塞的情况。拦污栅构架按全部承受均匀压差考虑，这只能在全部淹没且无泥沙荷载情况下才是准确的。在这种情况下，顶板和底板将同样承受压差。在调查的 48 座水电站中，有

表 27－10　　主要作用分类

| 序号 | 作用分类 | 作用名称 | 序号 | 作用分类 | 作用名称 |
|---|---|---|---|---|---|
| 1 | 永久作用 | 结构自重（包括其上的永久设备重） | 10 | 可变作用 | 雪荷载 |
| 2 | | 岩石压力和土压力 | 11 | | 风荷载 |
| 3 | | 其他永久作用 | 12 | | 温度作用 |
| 4 | 可变作用 | 设计运行水位时的静水压力 | 13 | | 其他可变作用 |
| 5 | | 拦污栅前、后设计水压差 | 14 | 偶然作用 | 校核运行水位时的静水压力 |
| 6 | | 设计运行水位时的扬压力 | 15 | | 校核运行水位时的扬压力 |
| 7 | | 设计运行水位时的浪压力 | 16 | | 校核运行水位时的浪压力 |
| 8 | | 泥沙压力 | 17 | | 地震作用 |
| 9 | | 冰压力 | 18 | | 其他偶然荷载 |

半数以上（共 26 个）的进/出水口曾发生过不同程度的拦污栅堵塞，其中有 4 个进/出水口拦污栅压差达 6～7m，有 2 个达 11～12m。因此，抽水蓄能电站拦污栅前后的设计水压差，应比常规水电站取大一点，一般按 5～7m 考虑。

**（二）作用效应组合**

抽水蓄能电站进/出水口承载能力极限状态设计时，作用的基本组合和偶然组合应按照表 27－11 的规定进行计算。设计时应根据进水口的不同型式和受力状况，确定各自最不利的作用效应组合。

表 27－11　　承载能力极限状态作用效应组合

| 设计状况 | 作用组合 | 计算工况 | 作用名称 | | | | | | | | | | |
|---|---|---|---|---|---|---|---|---|---|---|---|---|---|
| | | | 自重 | 静水压力 | 扬压力 | 泥沙压力 | 浪压力 | 风压力 | 冰压力 | 土压力 | 雪荷载 | 地震作用 | 其他 |
| 持久状况 | 基本组合 | 正常蓄水位 | √ | √ | √ | √ | √ | √ | — | √ | √ | — | √ |
| | | 设计洪水位 | √ | √ | √ | √ | √ | √ | — | √ | √ | — | √ |
| | | 正常骤降 | √ | √ | √ | √ | √ | √ | — | √ | √ | — | √ |
| | | 冰冻工况 | √ | √ | √ | √ | — | √ | √ | √ | √ | — | √ |
| 短暂状况 | 基本组合 | 完建未挡水 | √ | — | — | — | — | √ | — | √ | √ | — | √ |
| | | 检修工况 | √ | √ | √ | √ | √ | √ | — | √ | √ | — | √ |
| 偶然状况 | 偶然组合 | 校核洪水位 | √ | √ | √ | √ | √ | √ | — | √ | — | — | √ |
| | | 地震工况 | √ | √ | √ | √ | √ | — | — | √ | √ | √ | √ |

注　1. 本表供进/出水口整体稳定、地基应力计算以及整体结构设计时采用。
2. 表中“土压力”尚应包含边坡体对进水塔的作用。
3. 地震工况下静水压力、扬压力和浪压力按正常蓄水位计算。

正常骤降指进/出水口建筑物正常运行时常遇库内水位降落，如发电时的上库水位降落等。大部分抽水蓄能电站上、下水库库容一般较小。电站运行时，水库水位变幅和单位时间内的水位变幅均很大，这种水位的变化每天都要重复进行，且日变幅超过 30m 甚至 40m 的情况也不罕见。由于水位大幅度的骤升骤降，对进/出水口建筑物以及相应边坡的适应能力要求较高，故在设计时应考虑骤降工况。

在施工和检修工况下，抽水蓄能电站进/出水口应按承载能力极限状态短暂状况的基本组合及正常使用极限状态的标准组合进行设计。对于土质地基渗透稳定、地基沉降计算以及局部构件设计等应根据实际作用情况，各自确定其不利的作用效应组合。

## 二、整体稳定及地基承载力

抽水蓄能电站进/出水口大多建立在岩基上，其基础稳定主要是伸出山坡外的拦污栅段、扩散段的稳定，其他均与常规水电站相同。

进/出水口应进行沿建基面的整体抗滑稳定计算、整体抗倾覆计算、整体抗浮稳定计算和地基承载力计算。对于存在深层软弱面的地基，尚应核算深层抗滑稳定。如果是位于土基上的建筑物，计算要复杂得多，还需计算沉降。

**（一）抗浮稳定性**

抽水蓄能电站进/出水口抗浮稳定性可按下列公式进行计算：

$$K_f=\frac{\sum W}{U} \tag{27-10}$$

式中：$K_f$ 为抗浮稳定安全系数，见表 27－12；$\sum W$ 为基础计算面上的扬压力之和，kN；$U$ 为基础计算面上的全部重力之和，不含设备重力，kN。

水库水位骤降工况，计算时可以部分考虑底板混凝土和基岩的黏聚力、排水孔作用，底板锚筋可作为安全储备。当采用全库盆防渗且进/出水口也需防渗，不能设置排水孔时，考虑锚筋作用并计入底板混凝土和基岩的黏聚力。

当进/出水口建筑物从最高水位骤降至最低水位时，底板部分的浮托力来不及迅速消散，承受着较大的上浮力，致使进/出水口抗浮稳定得不到满足，可采用挖槽方式，将整个伸入水库中的进/出水口部分嵌入岩石中，并在底板上设减压孔（无防渗要求），并将底板与基础、墙身与两侧岩石锚固成整体。

复核检修工况下整体抗浮稳定时，有关垂直力总和一项，应只计算混凝土的实际重量，对设备重量一律不予计算，因为设备是可拆卸的，而且在总量中所占的比例不大，故予以忽略。

**（二）抗滑稳定性**

抽水蓄能电站进/出水口整体抗滑稳定性可按下列抗剪断强度计算公式或抗剪强度计算公式计算。式中的 $f'$、$c'$及 $f$ 值，应根据室内试验及野外试验的成果，经工程类比，按有关规范分析研究确定。

抗剪断强度计算公式为

$$K'=\frac{f'\sum W+c'A}{\sum P} \tag{27-11}$$

抗剪强度计算公式为

$$K=\frac{f\sum W}{\sum P} \tag{27-12}$$

式中：$K'$为按抗剪断强度计算的抗滑稳定安全系数，见表 27－12；$f'$为滑动面的抗剪断

摩擦系数；$c'$为滑动面的黏聚力，kPa；$A$ 为基础面受压部分的计算截面积，$m^2$；$\sum W$ 为全部荷载对滑动面的法向分值（包括扬压力），kN；$\sum P$ 为全部荷载对滑动面的切向分值（包括扬压力），kN；$K$ 为按抗剪强度计算的抗滑稳定安全系数，见表 27－12；$f$ 为滑动面的抗剪摩擦系数。

电站进/出水口建基面以下，往往会隐藏不良地质构造、剪切破碎泥化带（简称为软弱夹层）和软弱下卧层等缺陷，对建筑物的整体抗滑稳定不利。浅埋的缺陷可予挖除，若埋藏较深且范围较大，不便挖除时，应作深层抗滑稳定分析计算，再根据计算结果作相应处理。

计算中关于软弱滑动面的 $f$ 或 $f'$、$c'$参数取值的合理与否，对于计算结果有很大影响。工程实例表明，当深层滑动面为软弱夹层，而且分布范围广，大多数已经泥化时，在确定 $f'$、$c'$参数时，不能仅采用常规试验值（即屈服值、峰值），还宜采用流变试验的残余抗剪强度值（或简称残余强度）进行计算。

要论证深层抗滑稳定，往往需要做大量工作，因此选择进水口建筑物位置时，应力求避免选择在有大范围软弱夹层的地基上。

**（三）抗倾覆稳定性**

对于土质地基上的进水口，因建基面上不允许出现拉应力，因此可不用计算抗倾覆稳定；对于岩石地基上独立布置的进水口，因建基面上允许拉应力为 0.1MPa，因此应验算其抗倾覆稳定。进/出水口整体抗倾覆稳定性可按下列公式进行计算：

$$K=\sum M_s/\sum M_o \tag{27-13}$$

式中：$K$ 为抗倾覆稳定安全系数，见表 27－12；$\sum M_s$ 为建基面上抗倾覆力矩总和；$\sum M_o$ 为建基面上倾覆力矩总和。

抗倾覆计算中，如果合力的作用点位于建基面截面核心范围内，建基面将不出现拉应力，也就不存在倾覆问题。

**（四）基底应力**

抽水蓄能电站进/出水口基底的法向应力可按下列公式进行计算：

$$\sigma=\frac{\sum W}{A}\pm\frac{\sum M_x y}{J_x}\pm\frac{\sum M_y x}{J_y} \tag{27-14}$$

式中：$\sigma$ 为建基面上法向应力，其允许应力见表 27－13；$\sum W$ 为建基面上全部荷载（包括或不包括扬压力）的法向分力总和；$\sum M_x$、$\sum M_y$ 为建基面上全部荷载（包括或不包括扬压力）对计算截面形心轴 $x$、$y$ 的力矩总和；$x$、$y$ 为计算截面上计算点至形心轴 $y$、$z$ 的距离；$J_x$、$J_x$ 为计算截面对形心轴 $x$、$y$ 的惯性矩；$A$ 为厂房地基计算截面受压部分的面积。

拦污栅段和扩散段一般都不高，底板面积也较大，基底应力和倾覆稳定一般都不需核算，只有在拦污栅段上有较高排架，对拦污栅进行检修时才需核算。

**（五）整体稳定及地基应力安全标准**

当抽水蓄能电站进/出水口建基面为岩石地基时，沿建基面整体稳定安全标准应按表 27－12 采用；当建基面为土质地基时，应满足相关规范要求。

表 27-12　　岩石地基上进/出水口整体稳定安全系数

| 建筑物级别 | 抗滑稳定安全系数 | | | | 抗倾覆稳定安全系数 | | 抗浮稳定安全系数 | |
|---|---|---|---|---|---|---|---|---|
| | 抗剪断公式 | | 抗剪公式 | | | | | |
| | 基本组合 | 特殊组合 | 基本组合 | 特殊组合 | 基本组合 | 特殊组合 | 基本组合 | 特殊组合 |
| 1、2 | 3.0 | 2.5 | 1.10 | 1.05 | 1.35 | 1.20 | 1.10 | 1.05 |
| 3、4、5 | 3.0 | 2.5 | 1.05 | 1.00 | 1.30 | 1.15 | 1.10 | 1.05 |

当抽水蓄能电站进/出水口建基面为岩石地基时，建基面允许应力标准应按表 27-13 采用。

表 27-13　　岩石地基上进/出水口建基面允许应力　　单位：MPa

| 建筑物级别 | 建基面最大压应力 | | 建基面最大拉应力 | |
|---|---|---|---|---|
| | 基本组合 | 特殊组合 | 基本组合 | 特殊组合 |
| 1、2 | 小于地基允许压应力 | | 不得出现 | 0.1 |
| 3、4、5 | | | 0.1 | 0.2 |

当抽水蓄能电站进/出水口建基面为土质地基时，基底平均应力应小于地基允许承载力，基底最大应力应小于地基允许承载力的 1.2 倍；建基面上不允许出现拉应力。

当抽水蓄能电站进/出水口建基面为土质地基时，基底法向应力不均匀系数的允许值可按表 27-14 采用。

表 27-14　　土质地基上进/出水口基底法向应力不均匀系数允许值

| 地基土质 | 荷载组合 | | 地基土质 | 荷载组合 | |
|---|---|---|---|---|---|
| | 基本组合 | 特殊组合 | | 基本组合 | 特殊组合 |
| 松软 | 1.5 | 2.0 | 坚实 | 2.5 | 3.0 |
| 中等坚实 | 2.0 | 2.5 | | | |

注　1. 对于重要的进水口，基底法向应力不均匀系数的允许值宜适当减小。
2. 对于地震情况，不均匀系数的允许值可适当增大

抽水蓄能电站运行的特点是每天都要从正常蓄水位骤降至低水位；当骤降水深较大时，基底扬压力是控制因素。当地质条件较好时，常在底板设置冒水孔（钻通底板的排水孔），以减小或消除高水位骤降时的扬压力，例如桐柏、天荒坪抽水蓄能电站上、下水库进/出水口底板的排水孔。

桐柏抽水蓄能电站上水库进/出水口底板排水孔布置如图 27-44 所示。

基础岩石较差时，或采用全库盆防渗，进/出水口底板作为库盆防渗的一部分时，则可结合库底防渗排水，在基底建排水系统，将基底渗水排至库外，减小或消除基底扬压力。如十三陵、宜兴、泰安抽水蓄能电站上水库基底均建有排水设施。

十三陵抽水蓄能电站底板的扬压力，假定在正常蓄水位运行时不计底板扬压力，因此骤降时底板也无扬压力。在放空检修时，底板扬压力按正常水位水头进行折减，折减系数为 0.25。

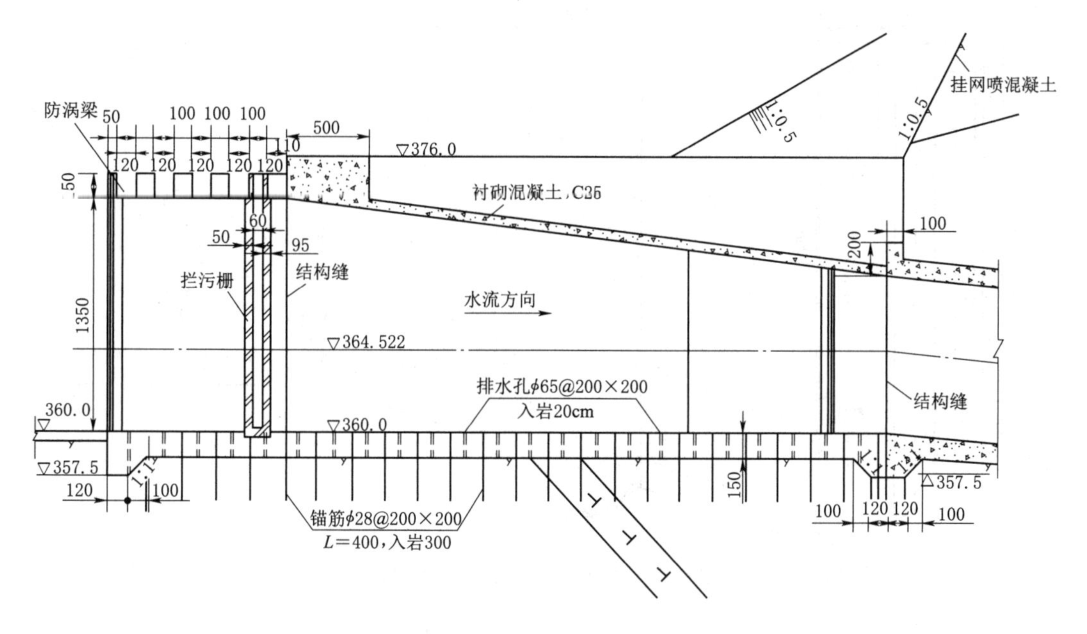


图 27-44　桐柏抽水蓄能电站上水库进/出水口底板排水孔布置图（单位：高程，m；其余为 cm）

## 三、进/出水口结构设计

抽水蓄能电站的进/出水口结构计算可采用结构力学方法进行，大型或重要工程的进/出水口宜采用有限元法分析计算。

**（一）侧式进/出水口的拦污栅段和扩散段**

抽水蓄能电站输水系统侧式进/出水口的拦污栅段和扩散段为多孔箱形闭合框架结构，其内力计算方法较多：

（1）假定地基反力，按箱形闭合框架进行结构计算。

（2）假定底板以上框架固定在底板上，先计算上部框架，底板按弹性地基梁计算。

（3）采用弹性地基上的框架结构计算。

随着计算技术的提高，多采用 SUPER、ANSYS 有限元法计算。

当采用弹性地基上的框架结构计算时，一般按平面结构处理，以垂直水流方向切取断面，采用结构力学方法进行计算。计算可按弹性地基上有关程序进行，如边墩两侧有岩石或开挖后回填混凝土，可按平面有限元进行计算。大型或重要工程的进/出水口也可同时进行整体结构有限元分析计算。有抗震要求的还需做动力分析，以进一步验证进/出水口结构的受力状况和作为结构配筋的依据。

进/出水口布置如图 27-45、图 27-46 所示。防涡梁旁的剖面Ⅰ-Ⅰ可以简化为弹性地基上的倒框架梁，两侧边墩及中间分隔墩顶端视作铰接。扩散段的断面Ⅱ-Ⅱ简化为弹性地基上的框架梁，计算简图如图 27-47 所示。

**（二）竖井式进/出水口**

竖井式进/出水口的径向隔墩、盖板、底板常布置为一个整体结构，如西龙池上库进/

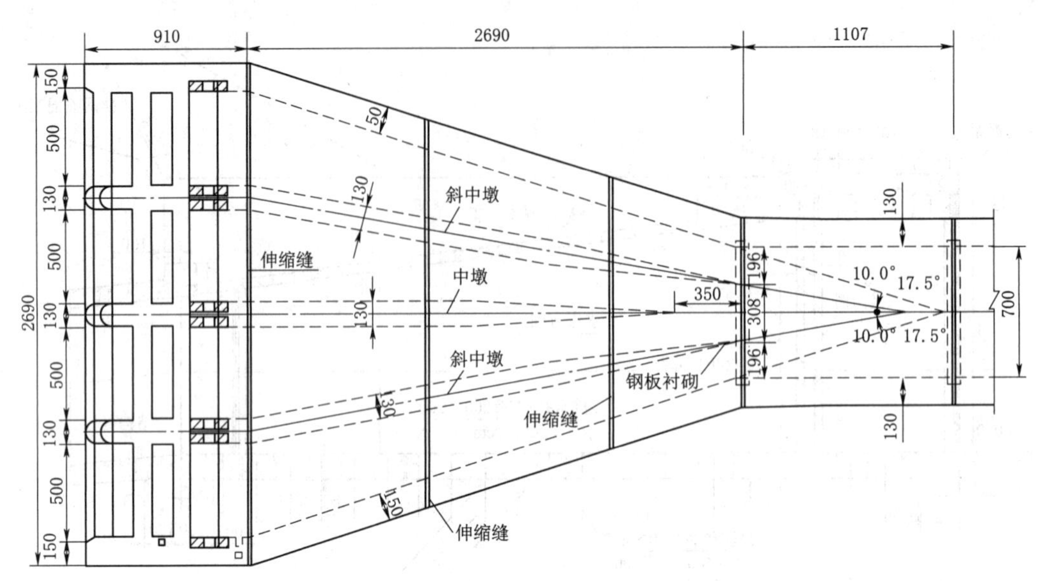


图 27-45　进/出水口平面布置图（单位：高程，m；其他，cm）

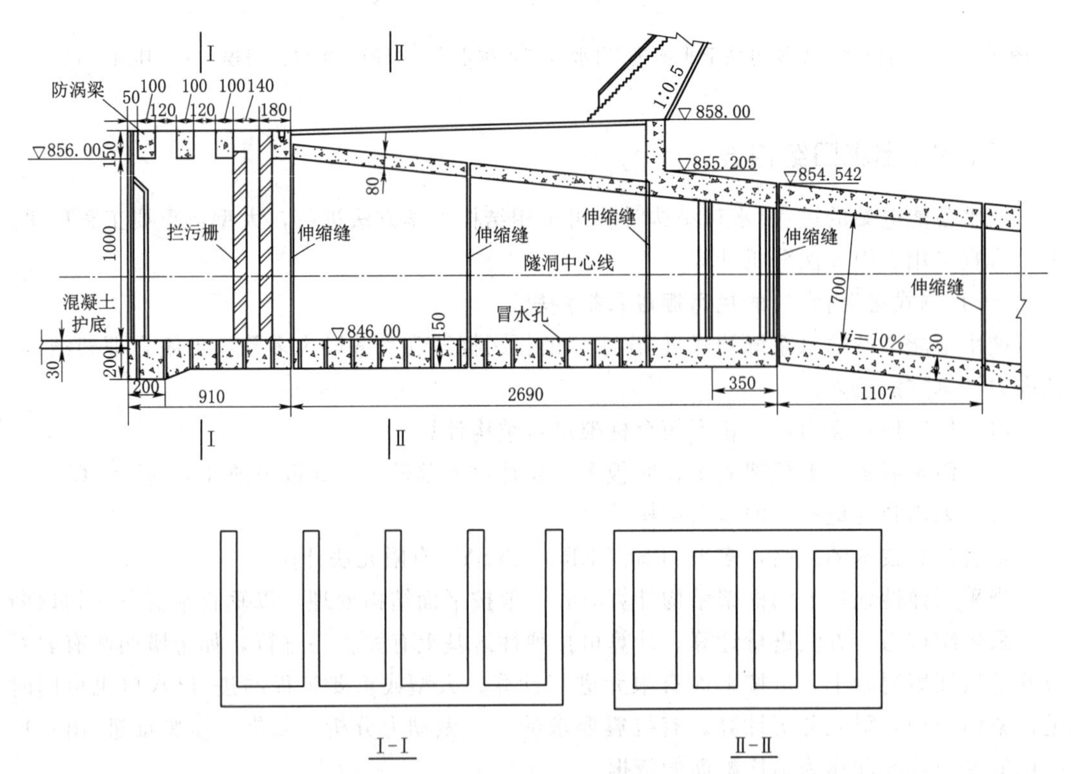


图 27-46　进/出水口剖面布置图（单位：高程，m；其他，cm）

出水口。竖井式进/出水口常采用 ANSYS 有限元法进行结构计算，计算时应考虑盖板顶部和底部的水头差。

**（三）闸门井井身与闸门塔塔身**

闸门井井身采用圆形结构时，其结构、配筋计算可参照《水工隧洞设计规范》（DL/T

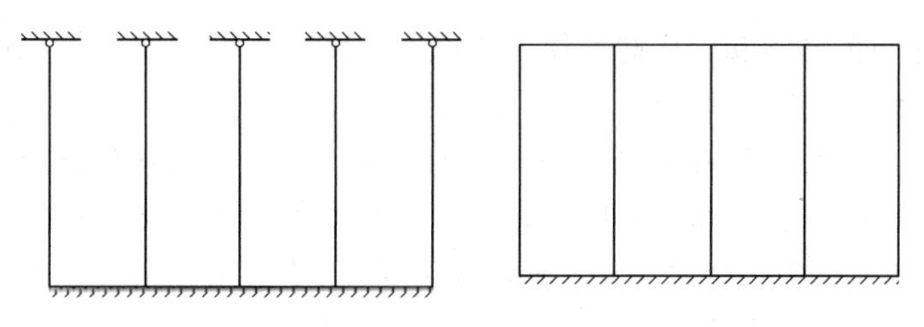

图 27-47　计算简图

5195）或《水工隧洞设计规范》（SL 279）的规定执行。矩形结构的井身，可利用对称性采用结构力学法计算，或采用 SUPER、ANSYS 有限元法计算。

进水塔塔身一般四周无约束，按闭合框架结构计算。

**（四）闸门井井座与闸门塔塔座**

闸门井井座可采用变位法或角变位移法计算杆端内力；用初参数法或铁摩辛柯公式计算边墙、底板任一点内力。

进水塔塔座可视具体情况将模型进行简化，按弹性地基上的倒框架或弹性地基梁（板）进行计算。

**（五）拦污栅排架与闸门启闭机排架**

拦污栅排架与闸门启闭机排架可按结构力学方法计算内力。

有些工程在拦污栅段顶部设有拦污栅起吊平台，例如广蓄上、下水库和琅琊山抽水蓄能电站下水库进/出水口，视拦污栅段与起吊排架柱刚度之比，两者相差 10 倍以上可分别进行计算，上部拦污栅起吊排架固定在拦污栅分流墩上。

## 第五节　进/出水口防沙、防污及防冰冻设计

### 一、防沙设计

抽水蓄能电站进/出水口防沙设计应结合枢纽总体布置，从以下几方面综合考虑：

（1）防沙设计所需的泥沙资料应包括推移质输沙量、悬移质的含沙量、泥沙粒径、级配、硬度、容重及其运动规律，并应掌握库区泥沙的淤积形态和淤积高程。

进/出水口是否需要防沙、采取什么样的防沙措施以及防沙措施的规模大小，都决定于河流的泥沙资料。因此正确地解决电站进/出水口的防沙问题，必须充分掌握河流泥沙的基本情况。设计时既要弄清河流现在的泥沙量，又要考虑上游未来泥沙来量的可能变化（例如自然环境的改善和上游水库的兴建等）。应恰当估计上游水土保持的实效，防止不切实际的防沙设计和失误。

（2）合理选择进/出水口位置，避开泥沙淤积区。对于岸边式进水口，应尽可能将进水口布置于冲刷岸，即弯曲河道的凹岸，最有利位置为弯道顶点下游附近。

（3）多泥沙河流上修建抽水蓄能电站，进/出水口前泥沙淤积和过机含沙量应满足设计要求。对于多泥沙河流上的大型或重要工程的进/出水口，防沙方案必要时宜通过水工模型试验或泥沙模型试验研究确定。

（4）进/出水口的防沙和水库防淤应统筹规划，根据水库地形、库区淤积形态和进/出水口底板高程等因素考虑排沙设施。

进/出水口防沙与枢纽防沙是局部与整体的关系，尤其是多泥沙河流上，应在枢纽防沙总体规划指导下进行进/出水口的防沙布置。防沙设计应估计治沙措施的实效，考虑上、下游梯级电站的相互影响，统筹规划水库防淤和进/出水口防沙问题。如需设置排沙底孔时，其位置和高程的选定应使排沙漏斗足以控制进/出水口，以满足“门前清”的要求。所谓“门前清”，是通过进/出水口附近的排沙设施放水拉沙，使电站进/出水口前形成一个冲刷漏斗，以降低泥沙淤积高程，保证门前为清水。

（5）合理选择进/出水口底板高程，在满足最小淹没深度的前提下，尽可能将进/出水口底板设置于水库泥沙冲淤平衡高程之上。进/出水口底板无法设置于水库泥沙冲淤平衡高程之上时，应采取“导、拦、排、沉、冲”结合的措施，保证进/出水口“门前清”。

通常的防沙措施有：“导”，将泥沙导离进/出水口；“拦”，将泥沙阻拦在进/出水口前缘；“排”，将进/出水口前的泥沙排往下游；“沉”，将越过进/出水口的泥沙沉淀在沉沙池内；“冲”，将沉沙池内的泥沙冲往下游。

（6）进/出水口的防沙设施可采用拦沙坎、冲沙闸、排沙孔或者排沙廊道以及排沙洞等，宜根据工程实际和技术经济比较选定。

## 二、防污设计

抽水蓄能电站进/出水口防污设计应根据河流污物状况，从以下几方面综合考虑：

（1）防污设计应调查收集污物的来源、种类、数量和漂移物随时程变化的规律等资料，因地制宜制定防污措施。

应对有关河流污物的资料进行调查和分析判断，不同类型的污物其漂移特征是不同的。如带泥水草，既有漂浮于水面的，又有半沉没状态的；又如山区河流岸坡崩塌而来的树枝和杂草，来势猛，数量大。只有全面掌握各种污物的漂移特征，才能有针对性地采取预防措施。

（2）防污设计应满足下列要求：

1）进/出水口位置应避开容易聚积污物的回流区，避免正对漂浮污物运移轨迹的主轴线，防止污物直接撞击进/出水口。

2）防污措施应结合进/出水口水流流态，设置拦污、清污设施，及时清除污物，以防污物堵塞进/出水口拦污栅。同时可设置导污、排污设施，将污物导向排污道并排到下游，或者打捞上岸边进行处理。

（3）主要防污设施有拦污栅、浮式拦漂排以及相应的清污设施。可采取门前捞漂、机械清污或提栅清污等清污方式。拦污设施、清污方法和清污设备均应适应河道的污物特性并相互协调和配套。

（4）拦污栅和清污平台的布置应便于清污机操作和污物的清理及运输。为快速清理和及时运走污物，要求有一定的场地用以临时堆放污物。

（5）多漂污河流上的进/出水口应在拦污栅前后安装测量压差的仪器，以掌握污物堵塞情况，便于及时清理，防止拦污栅堵塞、破坏。

（6）必要时，在拟定水库运行方式时应考虑防污、排污要求。合理的运行方式有利于防止污物。当污物来量多时，适当抬高水库运行水位，可以减少污物进入进/出水口的机会。

## 三、防冰设计

严寒地区抽水蓄能电站进/出水口的防冰设计应从以下几方面考虑：

（1）防冰设计应首先掌握冰情资料。防冰设计所需的冰情资料包括：冰期、流冰特征和流冰量；冰块大小和冰层厚度；电站进/出水口的冬季运行要求等。

严寒地区河流上进/出水口的设计，应进行整条河流冰情资料的调查和分析，包括水面封冰、流冰和冰坝等。流冰的方式有冰块和冰团，其漂浮特征和对建筑物的危害是不同的，调查中应区分清楚。

（2）进/出水口的防冰设计应满足下列要求：

1）进/出水口位置应避开流冰的主运移线路，避免其直接撞击进/出水口。

2）及时清理流冰，防止冰块堵塞进/出水口，妨碍其正常取水。

3）进/出水口结构计算时，应考虑冰压力对建筑物的不利影响。防止静冰压力和动冰压力损坏进/出水口建筑物。

4）保证进/出水口拦污栅、闸门、启闭机及通气孔等有关设备设施正常运行。结冰期仍需运行的工程，要求相关设备能正常操作运行，必要时应采取保温和采暖措施，不能因冰害影响运行，更不能造成事故。

（3）预防或减轻进/出水口冰害可采取下列措施：

1）调节水温、加热设备或建造暖房。

调节水温可通过压缩空气和潜水泵抽水实现。利用压缩空气调节水温是将压缩空气从置于水面下的喷嘴喷出，许多小气泡成柱状上升，把深部较暖的水带到水面，使水面水温高于冰点，防止结冰。采用压缩空气防冰，水库水温有一定梯度时方能有效。

加热设备是通过热水箱、蒸汽箱或电热器等装置对闸门和门槽进行加热。

2）人工或机械破冰，使水面不结冰或使冰盖脱离进/出水口，以消除冰压力。

寒冷地区河流结冰是不可避免的，结冰所造成的危害也是严重的。冬季长时间停止运行的水库形成冰盖时，应采取人工或机械破冰；同时定期启闭闸门等设备，保证正常运行。

3）利用隔板（如泡沫板）缓冲，以减小冰压力。

4）泡沫法和水流扰动。

5）将拦污栅等设备没入水下，避开冰冻层是防止冻结的有效措施。某水电站处于高寒地区，最低气温－50.8℃，冰层厚度 1.2～1.5m，进/出水口上缘没入水下 2.5m 深，无其他防冰措施，运行十几年未发生过结冰引起的设备问题。

6）预防初冬的流冰，最好是调整运行方式，抬高上游水位，降低流速，使水面及早形成冰盖。

（4）冰冻地区的进/出水口设计还应符合《水工建筑物抗冰冻设计规范》的有关规定。

# 第二十八章　压力水道设计

## 第一节　压力水道的衬砌类型和经济断面

### 一、压力水道的衬砌类型

世界各国的抽水蓄能电站地下压力水道衬砌类型可分为以下七类：钢筋混凝土衬砌、钢板衬砌、预应力混凝土衬砌、防渗薄膜复合混凝土衬砌、素混凝土衬砌、玻璃纤维强化塑料管（FRP）衬砌和不衬砌隧洞。其中以钢筋混凝土衬砌、钢板衬砌和预应力混凝土衬砌的应用为多，其他四种衬砌应用较少。

采用哪种衬砌，主要根据管道所承受的内外水压力、工程及水文地质条件、埋置深度、围岩地应力、对其他建筑物的影响、工程造价以及施工条件等决定。岩石好、埋藏深的压力水道，可采用钢筋混凝土衬砌；岩石较差、埋藏较浅的地方则采用钢板衬砌。几种衬砌类型的特点及适用条件如下：

**（一）钢筋混凝土衬砌**

钢筋混凝土衬砌是低压隧洞常见的衬砌型式，较少用于高压隧洞。但由于混凝土衬砌在经济上的优点，在一些抽水蓄能电站高压隧洞中也有采用，例如英国的迪诺维克、美国的赫尔姆斯与巴斯康蒂、中国的广蓄一期和二期以及蒲石河和荒沟等抽水蓄能电站。近几年钢筋混凝土衬砌在新建抽水蓄能电站高压隧洞中采用不多。

高压隧洞采用钢筋混凝土衬砌，围岩是防渗与承受内水压力的主体。混凝土衬砌的作用主要是保护围岩表面，避免水流长期冲刷使围岩表层应力状态发生恶化掉块，减少过流糙率，降低水头损失，为隧洞高压固结灌浆提供表面封闭层。钢筋混凝土衬砌适用于地质条件良好（以Ⅰ类、Ⅱ类围岩为主）、围岩透水性较小，同时满足相关设计准则要求的高压隧洞。选择这种型式的衬砌，必须满足下列条件：

（1）上覆岩体厚度满足上抬理论，即内水压力不超过洞顶岩体覆盖的重量。当岩石容重为25kN/$m^3$时，隧洞顶部的岩体覆盖厚度应不小于0.4倍的内水压力水头。若地表面倾斜，还应根据挪威准则考虑地表坡角的影响。

（2）满足最小地应力条件，即围岩初始最小主应力应大于隧洞内水压力。仅满足上抬理论，并不能放心地采用钢筋混凝土衬砌；反之，在某些情况下即使不满足上抬理论，也可以采用钢筋混凝土衬砌。这是因为上抬理论公式并没有考虑岩石本身的弹性（变形）模量、泊松比、强度和裂隙等情况。在地质情况较好的地区，用上抬理论来判断，不会有什么问题；但当围岩的弹性模量较小、裂隙发育时，即使满足上抬理论，围岩也可能会在内水压力作用下产生较大的变形，而且不一定有足够大的地应力来平衡灌浆压力。因此选用

钢筋混凝土衬砌还应满足最小地应力条件，使围岩在内水压力作用下不会开裂，尽管这并不等于衬砌本身不会开裂。

(3) 满足渗透稳定要求，即内水外渗量不随时间持续增加或突然增加。高压隧洞虽然满足了覆盖厚度的要求，但在一定压力的渗透水长期作用下，岩体仍有可能会产生渗透破坏。

(4) 做好回填和固结灌浆。由于混凝土收缩和温度的影响，钢筋混凝土衬砌和围岩之间总会出现间隙；隧洞的爆破开挖也会使围岩出现一个松动圈。为使水压力能够有效地传至围岩，需要进行灌浆设计。当围岩的弹性模量高、完整性好时，做一般的回填和固结灌浆即可；但当围岩比较软弱、完整性不好时，则需进行高压固结灌浆。

**(二) 钢板衬砌**

钢衬是传统的地下高压管道衬砌型式，其优点是糙率小，耐久性强，能做到完全不透水，而且可以依靠自身结构来承受全部内水压力。在地质条件较差且埋藏深度较浅的情况下，往往只能采用钢板衬砌。一般情况下，地下埋管要通过回填混凝土和灌浆，将一部分内水压力传至围岩，从而与围岩联合受力，减少钢衬的壁厚。因此抽水蓄能电站的高压管道以用钢衬管道为多。但是钢衬管道也有它的缺点，即造价较高，承受外压的能力较差，高强厚壁钢板在隧洞内的焊接也存在一些特殊的问题。

承受水压特别高的压力水道，还可以采用箍管。箍管就是在普通钢管外面套上高强钢锻制的钢箍，在工厂内用热法或冷法将钢箍套上，钢箍对钢管产生预压应力而本身承受预拉应力。在内水压力作用下，高强钢箍和钢管合理分担水压，二者都达到各自的容许应力。由于高强钢箍承受了相当一部分内水压力，故普通钢管壁厚一般不大于35mm。箍管是意大利高压钢管的主要型式，而在其他国家用得较少。

意大利奇奥达斯抽水蓄能电站采用箍管，其压力钢管的 $HD$ 值为4320m$^2$，钢管最大壁厚34mm，采用容许应力220N/mm$^2$ 的普通低合金钢制作。由于带钢箍的管节是在工厂制作的，工地只焊接普通钢管拼接的环缝，且管壁厚度相对较薄，这样避免了高强钢管工地焊接的困难，总的用钢量也大为节省。但是箍管承受外水压力的能力较差，近年来意大利趋向采用隧洞内明放的箍管，以使箍管完全不受外水压力。

当遇到下列情况时，压力水道可采用钢板衬砌：

(1) 围岩地质条件差，内水压力大或地下水位低，导致渗漏量较大的洞段。日本奥清津抽水蓄能电站引水隧洞，周围地下水位低于隧洞高程且围岩破碎，为减少渗漏量，引水隧洞大部分采用钢衬。呼和浩特抽水蓄能电站尾水隧洞，最大静水压力为127m水头，对尾水隧洞而言压力较大。尾水隧洞中部有规模较大的断层切割，围岩Ⅲ～Ⅴ类且间隔分布、透水性好，因此这部分洞段选用钢板衬砌。

(2) 围岩地质条件差，内水外渗将影响山体稳定和附近建筑物安全的洞段。为防止隧洞渗水降低山体构造面岩体的物理力学参数，确保山体稳定和附近建筑物安全，应采用钢板衬砌。伊朗锡亚比舍抽水蓄能电站引水隧洞，在地质条件较差的部位采用钢板衬砌，以防隧洞渗水引起锡亚比舍村附近发生大规模滑坡。

(3) 围岩地质条件差，渗漏恶化地质条件，影响上水库安全的洞段。十三陵抽水蓄能电站上库进/出水口至引水闸门井之间的隧洞段，位于上水库岸坡下，受断层切割，围岩属Ⅳ类。为防止引水隧洞内水外渗对上库岸坡、混凝土面板产生不利影响，减少内水外渗水量，采用钢板衬砌。

(4) 山岩覆盖厚度较薄的洞段。在山岩覆盖厚度较薄的洞段，洞顶的岩体厚度不足以平衡内水压力水头，易发生安全事故，应采用钢板衬砌。

(5) 靠近地下厂房的洞段。抽水蓄能电站地下厂房埋深大、防渗要求高。尾水隧洞起始段与主厂房、母线洞、主变压器室等距离较近。为防止渗水威胁洞室安全，尾水隧洞均在厂房下游一定范围内采用钢板衬砌。蒲石河抽水蓄能电站尾水支洞，从尾水管出口至尾闸室前渐变段均采用钢板衬砌，钢板衬砌长为 54.75m。荒沟抽水蓄能电站为保持地下洞室干燥，从尾水管出口至尾闸室前渐变段均采用钢板衬砌，钢板衬砌段长 71.75m。

**（三）预应力混凝土衬砌**

对防渗要求较高或上覆岩体厚度不足的压力水道，钢筋混凝土衬砌通常难以满足其防渗要求，此时可采用预应力混凝土衬砌。预应力混凝土衬砌能充分利用围岩的承载能力、混凝土的抗压能力和钢筋的抗拉强度，在结构和经济上都十分有利。预应力混凝土的强度等级不应低于 C30，施加预应力时其强度应大于设计强度的 75%。

预应力混凝土衬砌的种类很多，根据产生预应力的方法可分为两大类：一类为依靠围岩约束，用灌浆方法来产生预应力的混凝土衬砌，如白山工程；另一类是配置加载装置，用机械方法产生预应力，如小浪底工程和隔河岩工程。灌浆方法又可分为内圈环形灌浆式、环形管灌浆式、钻孔灌浆式等；机械方法又可分为环锚式、钢箍式、拉筋式、挤压式等多种。我国采用的灌浆式预应力衬砌多为钻孔式；机械式预应力衬砌主要是环锚式，属后张式预应力。上覆岩体厚度满足水力劈裂要求时，可采用灌浆式预应力衬砌，否则宜采用机械式预应力衬砌。

不论灌浆式还是机械式预应力衬砌都应采用圆形断面，且宜采用光面爆破。当开挖断面有较大超挖时，宜先进行回填修复。预应力衬砌的预应力效果（如有效预压应力大小、预压应力分布的均匀程度、预应力的施加条件等）与衬砌圆环断面是否规则有直接关系。若衬砌圆环厚度不均匀，预应力分布就会不均匀；对灌浆式预应力衬砌而言，施加预应力时应使圆环与围岩脱开，否则施加不了预压应力；对机械式预应力衬砌而言，为克服径向应力会降低预应力效果，还会使外侧环向拉应力增加。

预应力衬砌结构需满足两种强度条件。在内水压力、预应力与其他荷载组合作用下，衬砌中的拉应力应小于混凝土的允许拉应力。无内水压力作用时，在预应力与其他荷载组合作用下，衬砌中的压应力应小于混凝土的允许压应力。

*1. 压浆式预应力衬砌*

压浆式预应力衬砌利用混凝土和围岩之间的缝隙进行高压灌浆，对衬砌事先形成一定的预压应力，用以抵抗隧洞运行时内水压力和温度影响产生的拉应力，保证混凝土不出现裂缝，与钢衬相比可节省投资 50%～70%。由于预应力的产生和保持都要通过围岩来实现，因此这种衬砌对围岩有较高的要求，即围岩能承受灌浆压力或经工程处理后能承受灌浆压力，且隧洞上覆岩体应满足最小覆盖厚度要求。

压浆式预应力衬砌厚度应根据施加预应力时衬砌不被压坏为原则，一般可取隧洞内径

的 1/12～1/18（洞径小时用大值，洞径大时用小值），最小衬砌厚度不宜小于 0.3m。注浆压力应根据在最大内水压力下衬砌中不出现拉力的原则确定，一般不小于最大内水压力的 2 倍。同时要确保灌浆过程中衬砌结构的内缘切向压应力小于混凝土轴心抗压设计强度的 0.8 倍。国内外部分压浆式预应力衬砌的厚度见表 28-1。

**表 28-1　国内外部分压浆式预应力衬砌的厚度**

| 工 程 名 称 | 内径 $d$/m | 衬砌厚度 $t$/m | $d/t$ |
|---|---|---|---|
| 英古里（苏联） | 9.50 | 0.5 | 19.00 |
| 拉耳（南斯拉夫） | 5.00 | 0.3～0.4 | 16.70～12.50 |
| 戈尔登（澳大利亚） | 8.20 | 0.6 | 13.70 |
| 瓦因别尔格（德国） | 3.50 | 0.4 | 8.75 |
| 雷扎赫（德国） | 4.90 | 0.4 | 12.25 |
| 费斯捷尼奥格（英国） | 3.25 | 0.6 | 5.40 |
| 白山原型试验（中国） | 8.60 | 0.6 | 14.30 |
| 白山 1 号引水洞（中国） | 8.60 | 0.6 | 14.30 |

压浆式预应力衬砌应先对围岩进行固结灌浆，提高围岩的完整性和承担内水压力的能力，提高围岩的物理力学指标，使预压应力的形成和保持达到设计要求。固结灌浆完成后再在围岩和混凝土衬砌之间灌注清水，使二者完全脱开，称之为开环。开环是预应力灌浆的重要环节，通过开环后形成的环缝才能施加注浆预压的作用。通常的做法是先在较低压力下（一般为 0.5MPa）冲洗灌浆孔，吸水量稳定后再逐渐提高压力并使之达到开环，以保证注浆压力均匀作用于衬砌外表面上。

压浆式预应力衬砌的浆材宜采用膨胀性水泥。注浆孔应沿衬砌周边均匀布置，其深度不宜太深，能够使浆液在隧洞周边均匀分散即可。注浆孔的间排距宜采用 2～4m，直径 5m 以下的隧洞每排宜设 8～10 孔，直径 5～10m 的隧洞每排可设 8～12 孔。注浆段的长度宜采用 2～3 倍的洞径。

白山水电站压力隧洞内径 7.5m，衬砌厚度 0.6m，混凝土强度等级 C20，设计孔口灌浆压力 0.9MPa，实际采用灌浆孔口压力 2.0MPa。天生桥二级水电站引水隧洞内径 8.7m，衬砌厚度 0.6m，混凝土强度等级 C20，设计所需孔口灌浆压力 1.2MPa，实际灌浆孔口压力 2.0MPa。从白山水电站和天生桥二级水电站实例可说明，实际采用的灌浆压力应大于设计需要值，保证隧洞结构在正常运行时仍处于受压状态，使隧洞结构不出现开裂。以上两工程均已运行多年，至今尚未发生任何问题。

*2. 环锚式预应力衬砌*

环锚式预应力衬砌充分利用了混凝土抗压强度较大的特点，通过在衬砌中布置一定数量的环形锚束，当混凝土达到设计强度后对环形锚束施加张拉力，使衬砌获得一定的预压应力，以抵消一部分或全部由内水压力产生的拉应力。环锚式预应力衬砌的应用不受围岩条件限制，在围岩不具备承担内水压力或局部不满足覆盖厚度要求的洞段都可应用。根据国内、外工程经验，环锚式预应力混凝土衬砌可比钢衬节省投资 20%～30%，但是受锚具布置的限制，能实现的 $HD$ 值一般在 2000m² 以下。

环锚式预应力混凝土衬砌分为有黏结后张预应力和无黏结后张预应力，设计时宜优先选用无黏结后张预应力。根据我国工程实践经验，采用有黏结后张预应力技术时，预埋波纹管堵塞现象严重，张拉时断丝和滑丝时有发生，施工程序复杂，结构应力不均匀，易引起混凝土裂缝。无黏结后张预应力不仅减少了张拉前穿绞线的工序，而且可在混凝土衬砌内形成更加均匀的环向压应力场。由于摩擦系数的减小，大大提高了预应力的效率，且有效地减少了锚具槽附近小圆弧处的应力集中和工程量。小浪底工程采用无黏结预应力系统较原有黏结预应力设计节省了约 50%的锚具和相应的工程量，在 4320 束锚束张拉中仅有 3 股钢丝由于液压千斤顶中的工具锚夹片受力不均而断裂，断丝率极小。总之，无黏结预应力混凝土衬砌具有经济合理、可靠性高、施工简便等特点，宜优先使用。

环锚式预应力混凝土衬砌的厚度不宜小于 0.6m。预应力锚束位置对预应力的分布有较大影响，锚束越靠近衬砌外侧布置，在衬砌上产生的径向拉应力越小，所以锚束不宜布置在衬砌中心线以内。锚束的间距应由计算决定，不宜大于 0.5m。锚束与孔道间的摩阻系数越大，预应力损失越多，减小摩阻系数是提高预应力效果的有效措施。锚具位置宜错开布置。完成后，应对衬砌与围岩间进行全断面接触灌浆。

我国小浪底排沙洞、山西西龙池引水上平洞均采用后张法无黏结预应力衬砌；清江隔河岩引水洞和天生桥一级引水洞采用后张法有黏结预应力衬砌。小浪底工程排沙洞长约 1105m，内径 6.5m，衬砌厚度 0.6m，洞内最大静水头 123m，采用无黏结预应力混凝土衬砌，减少了张拉工作量，预应力分布更加均匀。

**（四）其他类型衬砌**

*1. 防渗薄膜复合混凝土衬砌*

这种衬砌把防渗薄膜，如薄钢衬或者聚氯乙烯（PVC）止水材料夹在两层混凝土之间，所以它的止水效果可以与钢衬媲美，但造价却比钢衬便宜得多。衬砌迎水侧内层混凝土一方面保护薄膜不被破坏；另一方面承担外水压力，使防渗薄膜不因外压而破坏。防渗薄膜复合混凝土衬砌的设计原理和混凝土衬砌基本相同，仍是将全部或大部分内水压力传给围岩，因此围岩仍需要满足挪威准则、最小地应力准则等要求。这种衬砌型式在奥地利等国用得比较多。

奥地利库泰抽水蓄能电站的引水隧洞，最大静水压力为 480m 水头，最大动水压力约为 740m 水头，在斜井下弯段前后共 400m 长的隧洞段，采用了混凝土加止水薄膜的衬砌。该高压隧洞内径 4.0m，混凝土衬砌厚 40cm，止水薄膜由 3mm 的 PVC 加上 400g/m² 的聚丙烯织物层组成，预应力灌浆压力为 3.5MPa。由于在倾角较大的斜井中固定止水薄膜比较困难，所以高压隧洞采用这种衬砌方式的很少。但在西欧一些国家的低压隧洞（一般接近于水平或倾角很小）中，还是有比较广泛的应用。

奥地利霍斯林抽水蓄能电站的水头 744m，高压管道长约 900m，内径 3.7m，为倾角 42°的斜井。管道采用 6mm 厚的钢管，内侧是 18cm 厚的 C40 高强混凝土。管节先在工厂预制，然后像安装钢管那样运入斜井安装。钢板外侧与岩壁间有 5cm 的间隙，用高强度砂浆回填。衬砌与围岩间采用高压预应力灌浆，灌浆压力为 4MPa。薄钢板在衬砌结构中主

要起止水作用，但也可以承担少量的内水压力。

2. *玻璃纤维强化塑料管（FRP）衬砌*

玻璃纤维强化塑料管（FRP）具有优良的抗海水腐蚀性，比带涂层的钢管更难附着海洋生物。FRP管外回填粉煤灰水泥浆，这种回填料流动性好、不易离析、不需要振捣。日本冲绳海水抽水蓄能电站就采用了FRP管。

3. *素混凝土衬砌*

以往国外工程界认为高压隧洞的混凝土衬砌可以不配置钢筋，因为混凝土衬砌本身只能承担0.3～0.5MPa的内水压力，绝大部分内水压力都是靠围岩承担，即使配置钢筋也对混凝土的承载能力改善不大。如英国迪诺威克抽水蓄能电站的引水隧洞直径10.5m，尾水隧洞直径8.25m，均采用素混凝土衬砌。伊朗锡亚比舍抽水蓄能电站引水隧洞直径5.7m，除断层和软弱岩层外，均采用0.50m厚的素混凝土衬砌，但配置了构造钢筋。根据我国有压隧洞多年实际运行的经验和情况，认为隧洞混凝土衬砌配置钢筋或构造钢筋还是必要的，它能防止隧洞衬砌产生裂缝后发生掉块剥落。

4. *不衬砌隧洞*

不衬砌隧洞主要是利用围岩的自稳能力、承载能力和抗渗能力，在常规水电站中运用较多。如我国广西天湖水电站引水隧洞的最大内水压力为6.17MPa，采用了不衬砌隧洞，运行良好；国外还有内水压力10MPa左右的隧洞也采用了不衬砌。从理论上说，抽水蓄能电站也可以像常规电站一样，采用不衬砌的地下高压隧洞。有些国外专家也对某些抽水蓄能电站提出过这样的建议，例如挪威是这样大量使用不衬砌压力隧洞的国家。但是大多数专家认为，由于抽水蓄能电站输水道的流速比较高，而且要经受抽水和发电两个方向的水流和水头损失，因此即使岩石条件比较好，也不宜采用不衬砌高压隧洞。

在相同的流量下，如果两种不同糙率的管道沿程损失相等，可以根据管道的直径与糙率的关系得出，不衬砌隧洞的直径要大1/3，面积要大80%左右，不衬砌隧洞就有些不经济。当采用隧洞掘进机开挖时，糙率将比用一般的钻爆法施工时小，可以减少不衬砌隧洞的断面面积。但如果隧洞不是很长，使用掘进机就并不经济。目前世界上已建的抽水蓄能电站采用不衬砌高压隧洞的数量很少，一方面是经济原因，另一方面也可能是由于各国的习惯做法。

## 二、压力水道的断面和尺寸

压力水道的横断面形状和尺寸，应根据隧洞的工程及水文地质、地应力情况、围岩加固方式、施工方法、工程造价、水力条件、工程运行、发电效益损失等因素，经技术经济比较后确定。

### （一）压力水道的断面形状

圆形断面水力学条件好、受力均匀且不易产生应力集中，计算简单，故有压隧洞宜采用圆形断面。施工期围岩二次应力调整后，圆形断面的应力状态有利于发挥围岩的自稳能力；运行期圆形断面可更好地发挥衬砌与围岩的联合承载作用。抽水蓄能电站的引水、尾水隧洞均为有压隧洞，国内的抽水蓄能电站均采用圆形断面。

当洞径较小，或因为施工方便和安装钢管、埋设管路的需要时，隧洞的开挖断面可采用底板水平的马蹄形断面。如张河湾抽水蓄能电站尾水隧洞，内径5.0m，衬砌混凝土厚0.5m，为便于埋设机组供水与排水管道、安装钢管，开挖形状采用底板水平宽度为4.6m的马蹄形断面。

抽水蓄能电站输水系统的管线一般较长，高压管道承受的内水压力较大，单位长度投资亦较大。而低压隧洞承受的内水压力较小，单位长度投资亦较小。为降低工程造价，在水头损失相同的情况下可适当提高高压管道的流速，降低低压隧洞的流速，在隧洞沿线采用不同的管径组合和衬砌型式，但变化不宜太频繁。国内抽水蓄能电站的引水、尾水隧洞一般都采用单一管径。

不同管径或衬砌型式之间应设置渐变段，其边界应采用平缓曲线。渐变段圆锥角宜采用6°～10°，对于承受双向水流的抽水蓄能电站应取小值。渐变段长度不宜小于1.5倍洞径，两渐变段之间的隧洞长度不宜过短。渐变段分扩散段与收缩段两种型式。当扩散段前后两端的断面面积比一定时，扩散段长度增加，其扩散角就会减少，这样就减少了水流与洞壁分离的程度，因水流紊乱而引起的局部水头损失也可大大降低，所以扩散段圆锥角越小越好。对收缩段而言，因水流始终充满整个洞段而不会与洞壁分离，所以增加其长度对局部水头损失的影响较小。

**（二）压力水道的经济断面**

压力水道洞径的大小对发电工程的造价和效益影响很大。在地质条件相同、引用流量一定的情况下，加大隧洞断面尺寸，开挖方量和衬砌工程量亦加大，投资相应增加，但断面平均流速减小，隧洞水头损失相应减小，电站的动能效益随之增加。反之，缩小隧洞断面尺寸，投资相应减少，但断面平均流速增大，隧洞水头损失相应增大，电站的动能效益随之减少。因此压力水道的洞径应经技术经济比较后确定。

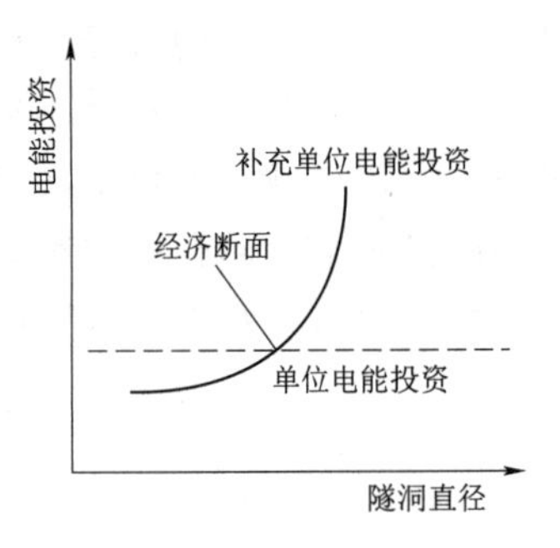

图28-1　洞径与造价的关系

技术经济比较应根据经验公式、类似工程经验初步拟定几个断面方案，并控制输水系统的水头损失大小。随着隧洞断面尺寸的增加，补充单位电能投资亦逐渐增加，补充单位电能投资最接近电站本身单位电能投资的方案即是最经济的断面方案，如图28-1所示。经技术经济比较确定的圆形断面直径不宜小于2.0m。

由于根据技术经济比较确定洞径时，计算工作量较大，特别是在工程设计前期，还存在着许多不确定因素。因此可采用经验公式法、工程类比法和水头损失百分率法等，初步拟定压力水道的断面尺寸。

1. 经验公式法

压力水道经济洞径可按下列公式初步确定：

$$D=\sqrt[7]{\frac{KQ_{\max}^{3}}{H}} \tag{28-1}$$

式中：$K$为计算系数，混凝土隧洞取5.2；钢管在5～15之间，也常取5.2（钢材较贵、电价较廉时$K$取较小值）；$D$为混凝土隧洞或钢管的经济直径，m；$Q_{\max}$为隧洞最大引用流量，$m^3/s$；$H$为电站设计水头，m。

2. 工程类比法

在隧洞过水流量已定的情况下，隧洞断面尺寸取决于洞内流速。流速愈大所需的横断面尺寸愈小，但水头损失愈大，故压力水道的流速有一个经济值称为经济流速。工程类比法即参考国内外类似工程，初拟经济流速，再根据设计引用流量确定压力水道的洞径。由于抽水蓄能电站相对于常规水电站来说，一般水头较高，因此经济流速要比同等规模常规水电站大。国内外部分抽水蓄能电站压力水道流速见表28-2。

表28-2　国内外部分抽水蓄能电站压力水道流速

| 国家 | 工程名称 | 额定水头/m | 发电流量/($m^3$/s) | 引水隧洞 | | 引水钢管 | | 尾水钢管 | | 尾水隧洞 | |
|---|---|---|---|---|---|---|---|---|---|---|---|
| | | | | 洞径/m | 流速/(m/s) | 洞径/m | 流速/(m/s) | 洞径/m | 流速/(m/s) | 洞径/m | 流速/(m/s) |
| 中国 | 广蓄 | 510.0 | 62.88×4 | 9.0 | 3.95 | 3.5 | 6.54 | 9.0 | 3.95 | 9.00 | 3.95 |
| 中国 | 桐柏 | 240.0 | 145.00×2 | 9.0 | 4.56 | 5.5 | 6.10 | 7.0 | 3.77 | 7.00 | 3.77 |
| 中国 | 宝泉 | 540.0 | 70.25×2 | 6.5 | 4.23 | 3.5 | 7.30 | 4.4 | 4.62 | 8.20 | 2.66 |
| 中国 | 西龙池 | 624.0 | 55.88×2 | 4.7 | 6.44 | 2.5 | 11.39 | 4.2 | 3.82 | 4.20 | 3.82 |
| 中国 | 明湖 | 316.5 | 95.00×2 | 7.0 | 4.93 | 4.0 | 7.56 | 5.5 | 4.00 | 5.50 | 4.00 |
| 中国 | 十三陵 | 430.0 | 53.00×2 | 5.2 | 4.99 | 2.7 | 9.47 | 5.2 | 4.99 | 5.20 | 4.99 |
| 中国 | 泰安 | 225.0 | 132.20×2 | 8.0 | 5.26 | 4.8 | 7.31 | 6.0 | 4.67 | 6.00 | 4.67 |
| 中国 | 天荒坪 | 526.0 | 67.60×3 | 7.0 | 5.27 | 3.2 | 8.40 | 4.4 | 4.45 | 4.40 | 4.45 |
| 中国 | 宜兴 | 363.0 | 79.00×2 | 6.0 | 5.59 | 3.4 | 8.70 | 5.0 | 4.00 | 7.20 | 3.88 |
| 中国 | 仙游 | 430.0 | 80.20×2 | 6.5 | 4.83 | 3.8 | 8.33 | 4.8 | 4.40 | 7.00 | 4.20 |
| 中国 | 仙居 | 437.0 | 99.20×2 | 7.0 | 5.16 | 4.2 | 7.16 | 5.2 | 4.67 | 7.40 | 4.62 |
| 中国 | 马山 | 127.0 | 158.00×2 | 9.6 | 4.37 | 5.6 | 6.42 | 7.5 | 3.58 | 7.50 | 3.58 |
| 中国 | 琅琊山 | 126.0 | 135.90×1 | 6.0 | 4.81 | 5.4 | 5.94 | 6.2 | 4.50 | 8.80 | 4.47 |
| 中国 | 蒲石河 | 326.0 | 111.40×4 | 8.1 | 4.33 | 5.0 | 5.68 | 5.0 | 5.68 | 11.50 | 4.29 |
| 中国 | 荒沟 | 410.0 | 84.10×4 | 6.7 | 4.77 | 3.9 | 7.04 | 4.7 | 4.85 | 6.70 | 4.77 |
| 英国 | 迪诺威克 | 518.0 | 65.00×6 | 10.5 | 4.50 | — | — | — | — | 8.25 | 2.43 |
| 美国 | 腊孔山 | 286.0 | 131.00×4 | 11.0 | 5.50 | — | — | — | — | 10.60 | 5.94 |
| 日本 | 新高濑川 | 229.0 | 161.00×2 | 8.0 | 6.45 | — | — | — | — | 6.40 | 5.00 |
| 日本 | 奥吉野 | 505.0 | 48.00×3 | 5.3 | 6.53 | — | — | — | — | 3.10 | 6.36 |
| 日本 | 本川 | 528.0 | 70.00×2 | 6.0 | 4.95 | — | — | — | — | 6.00 | 4.95 |
| 日本 | 奥矢第一 | 161.0 | 78.00×3 | 7.3 | 5.59 | — | — | — | — | 7.30 | 5.59 |

根据国内外已建抽水蓄能电站压力水道的设计流速统计资料，钢筋混凝土衬砌的引水隧洞经济流速一般为4～6m/s，部分工程甚至达到6～7m/s；钢筋混凝土衬砌的尾水隧洞经济流速一般为3.5～5.5m/s；引水压力钢管的经济流速为6～9m/s，部分工程甚至达到9～11m/s；尾水压力钢管可采用与尾水隧洞相同的经济流速。

同一工程尾水隧洞的流速一般小于或等于引水隧洞的流速。有时为满足调节保证（如蜗壳最大压力、尾水管最小压力)、机组快速响应、机组运行稳定等要求，抽水蓄能电站输水系统还需要增大洞径，以降低流速。

3. *水头损失百分率法*

由于抽水蓄能电站输水系统的管线较长、设计水头较高，故其水头损失可能比常规水电站要大一些。美国土木工程学会《土木工程导则》第五卷指出：“对一个引用水头为300m的抽水蓄能电站，水头损失达12～15m是可以接受的，即水头损失百分率可达4%～5%。”因此，抽水蓄能电站初拟管径时，可控制输水系统水头损失为电站设计水头的2%～5%。国内部分抽水蓄能电站的水头损失百分率见表28-3。从表中可以看出，水头损失百分率多在这个区间内。

**表28-3　　国内部分抽水蓄能电站水头损失百分率**

| 工程名称 | 十三陵 | 天荒坪 | 呼和浩特 | 响水洞 | 张河湾 | 桐柏 |
|---|---|---|---|---|---|---|
| 水头损失率（%） | 4.05 | 2.00 | 2.38 | 2.52 | 2.78 | 1.88 |
| 工程名称 | 宝泉 | 西龙池 | 泰安 | 蒲石河 | 荒沟 | |
| 水头损失率（%） | 2.55 | 3.30 | 4.29 | 2.44 | 2.88 | |

## 第二节　钢筋混凝土衬砌隧洞

钢筋混凝土衬砌的作用是：减少糙率，降低水头损失；保护围岩表面，避免水流长期冲刷使其应力状态恶化而掉块；为隧洞高压固结灌浆提供表面封闭层；承受围岩压力，或与围岩共同承受内、外水压力及其他荷载；减少内水外渗。

对于最大静水压力超过一定数值的高压隧洞，钢筋混凝土衬砌将在内水压力作用下，产生贯穿性开裂而成为透水衬砌，类似于不衬砌隧洞。此时，围岩是承载与防渗的主体，而钢筋混凝土衬砌的切向应力为零，只能传递径向应力。

### 一、隧洞围岩承载设计准则

水工压力隧洞的周边围岩由于地应力场的存在，实际上是一个预应力结构体。要使其成为一个安全承载结构，就必须要有足够的岩层覆盖厚度以及相应足够的地应力量值，而且还应具有足够的抗渗性能和抗高压水侵蚀能力。

根据压力隧洞的设计经验总结，钢筋混凝土衬砌隧洞主要有四个常用的围岩承载设计准则，即挪威准则、雪山准则、最小地应力准则和围岩渗透准则。

**（一）挪威准则**

挪威准则也叫最小覆盖厚度准则，它是一种经验准则。其原理是要求隧洞最小上覆岩体重量不小于洞内静水压力，再考虑1.30～1.50的安全系数，保证围岩在最大静内水压力作用下不发生上抬。挪威准则公式如下：

$$L \geqslant \frac{F\gamma_w H}{\gamma_r \cos\beta}F \tag{28-2}$$

式中：$L$ 为计算点到地面的最短距离（算至强风化岩石下限），m；$\beta$ 为山坡的平均坡角，

$\beta>60°$时取$\beta=60°$；$H$ 为洞内的静水压力水头，m；$\gamma_w$ 为水的容重，kN/m$^3$；$\gamma_r$ 为岩石容重，kN/m$^3$；$F$ 为安全系数，一般取 1.30～1.50。

最初挪威准则只要求隧洞的岩石垂直覆盖厚度 $h>0.6H$。于 1968 年拜尔特（Byrte）电站 303m 水头的不衬砌水工斜隧洞失事后，该准则经过修正计入了山坡倾角 $\beta$ 的影响。于 1970 年 Askora 电站 200m 水头的斜井发生事故后，该准则进一步修正为现在的挪威准则。

当有压隧洞洞身部位岩体最小覆盖厚度不能满足挪威准则时，应采取工程措施，确保隧洞具有足够的强度及抗渗能力。挪威准则参数见图 28－2。

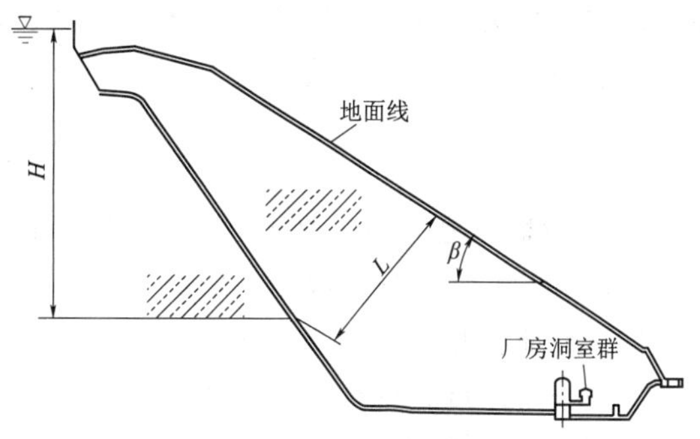


图 28－2　挪威准则参数图

在应用挪威准则时，应对两侧有深沟切割的山梁、局部凸出的地形进行修正，把等高线取直修去凸出地形，然后再按修正后的地面线来计算覆盖厚度。因为这部分自重对整个山体抵挡渗漏、对区域地应力场的形成作用不大，而往往局部凸出山体使最小覆盖厚度 $L$ 取值偏大，趋于不安全。

有压隧洞的进/出口段，在采取合理的施工程序和工程措施后，能保证施工期及运行期的安全时，对岩体最小覆盖厚度不作具体的规定。

**（二）雪山准则**

对于比较陡峭的地形，特别是山坡坡角大于 60°，且隧洞高程的水平向存在临空面的地形，水平侧向覆盖厚度常常起着控制作用，这时需要采用雪山准则作为补充判断。雪山准则是按上抬理论，确定混凝土衬砌高压隧洞洞线铅直覆盖厚度 $C_{RV}$；水平向（侧向）岩体覆盖厚度要满足按铅直上覆岩体厚度的 2 倍以上；中间用直线连接起来，山坡的地面线应在此范围之外。雪山准则公式如下：

$$C_{RH}=2C_{RV},C_{RV}=\frac{H\gamma_w}{\gamma_r} \qquad (28-3)$$

式中：$C_{RV}$ 为铅直覆盖厚度，m；$C_{RH}$ 为水平（侧向）覆盖厚度，m；$H$ 为洞线上该处静水头，m；$\gamma_w$、$\gamma_r$ 为水的容重、岩石的容重。

雪山准则参数见图 28－3。

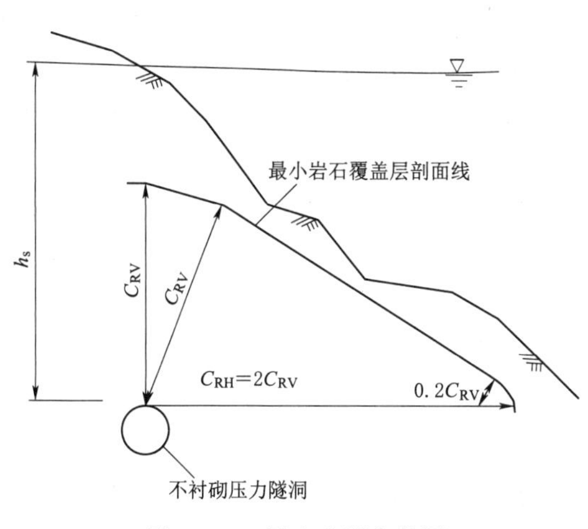


图 28－3　雪山准则参数图

雪山准则从弹性理论上考虑了岩体铅直自重在水平向产生的侧向应力水平。按照弹性理论半空间体的求解，水平应力等于 $\mu/(1-\mu)$ 倍的垂直应力，即大约为垂直应力的 0.5 倍左右。因此要得到足够的水平侧向岩体压重，其侧向岩层覆盖厚度应是铅直向厚度的2倍左右。

**（三）最小地应力准则**

挪威的德隆汉姆大学在修改挪威准则的同时，为了求得更合理、更通用的设计准则，提出了最小地应力准则。最小地应力准则要求高压隧洞沿线任一点的围岩最小初始主应力 $\sigma_3$ 应大于该点洞内静水压力，并有1.20～1.30倍的安全系数，防止发生围岩水力劈裂破坏。所谓水力劈裂是原有岩体裂隙在高压水的作用下抬动张开，裂隙宽度的增加使渗水量突然增大或随时间而增大。水力劈裂是由于地质结构面的法向地应力无法抵抗高内水压力而造成的，故无法通过灌浆充填裂隙进行修补。

最小地应力准则的公式如下：

$$\sigma_3 \geqslant F\gamma_w H \tag{28-4}$$

式中：$\sigma_3$ 为最小地应力，MPa；$\gamma_w$ 为水容重，单位取0.01MPa/m；$H$ 为计算点的内水静水头，m；$F$ 为安全系数，一般取1.20～1.30。

最小地应力相对于内水压力要有一定的安全裕度，其可能直接影响到围岩长期渗透稳定性的安全可靠度，确保围岩的内水外渗总量长期稳定在一个较小的数值。因此对于安全系数 $F$ 的数值，挪威一般取1.30～1.50，法国电力公司取1.50，美国则认为应大于1.30，我国一般取1.20～1.30。

围岩的最小地应力一般受岩体裂隙面上的法向应力控制。对水工隧洞而言，其沿线初始最小地应力的大小决定了围岩是否有足够的预压应力来承担内水压力，水工隧洞是否能安全稳定运行。因此，最小地应力准则是围岩承载设计准则中最核心的判断准则，是对围岩这种预应力结构承载力的定量判断。重要工程必须进行工程区的地应力测试，通过测试了解地应力的实际分布规律，然后根据实测成果用有限元回归分析得出隧洞沿线的地应力分布，再据此调整隧洞的埋深和结构布置。

除地质构造作用特别强烈的地区外，围岩地应力值一般由岩层覆盖厚度对应的自重所决定，因此只要确保足够的岩层覆盖厚度，一般就能保证足够的最小地应力值。在工程前期或工程等级较低而没有进行地应力测试的情况下，可以采用挪威准则和雪山准则，对隧洞沿线的最小地应力作出基本判断。对大多数工程而言，运用这两个准则确定的隧洞布置型式是安全经济的。但是考虑到地质结构面上的法向应力并不绝对与自重应力相关，有些工程即使满足了岩层最小覆盖厚度，仍然出现了水力渗透破坏现象。因此，对于等级较高的水工隧洞，仅用挪威准则和雪山准则进行判断是不够的，应按最小地应力准则进行复核判断。

张有天在2002年第9期的《水利学报》上发表的文章《论有压水工隧洞最小覆盖厚度》中，列出了一些国外工程发生水力渗透破坏的实例：

（1）哥伦比亚的Chivor引水隧洞，围岩为陡倾角的沉积岩，地面坡度为25°，最大内水水头310m，最小埋深200m。隧洞按挪威准则计算的安全系数为1.58，但在斜井上弯段产生水力劈裂，形成渗漏水，衬砌也产生大量裂缝。

（2）美国的Rondout供水隧洞，围岩为石灰岩，有充填泥的溶洞，斜井处地面坡度为0°，内水压力200m水头，最小埋深100m。斜井混凝土衬砌按挪威准则计算的安全系数为1.35，但在最小埋深处破坏。

(3) 挪威的贝尔卡（Bjerka）电站，$L/H$ 值达到 0.8，远远超过了挪威准则的要求，但还是发生了严重的渗漏。分析其原因，主要是一组平行于河岸的陡倾角节理（倾角 80°～90°）与另一组平行于河岸的缓倾角剪切面（倾角 10°～20°）相互切割山坡，构成易滑动棱体，在渗水作用下山坡发生了严重的渗透变形，导致破坏。

**（四）围岩渗透准则**

挪威准则和最小地应力准则都是从受力角度考虑问题，而没有考虑到围岩的抗渗性。虽然最小地应力水平与围岩的抗渗性有密切关系，但是还不够全面。水工隧洞设计中还应注意在高压渗透水作用下可能发生的围岩水力击穿现象。所谓水力击穿就是原岩体裂隙内的充填物质随一定压力和流量的渗透水带走，使得渗水量持续或急剧增加，围岩的承载能力大大降低。此时岩体裂隙并没有抬动张开，虽然可以通过灌浆充填裂隙进行修补，但是存在时间效应问题。

水力击穿与水力劈裂现象有所区别，但造成的出水影响有些类似，隧洞结构设计中应充分考虑到这一点，通过围岩渗透准则来补充完善。围岩渗透准则的原理是要求检验岩体及裂隙的渗透性能，是否满足渗透稳定要求，即内水外渗量不随时间持续增加或突然增加。渗透准则判别标准一般包括两个方面内容，一是根据《水工隧洞设计规范》以及法国常用准则规定，在设计内水压力作用下隧洞沿线围岩的平均透水率 $q \leqslant 2\text{Lu}$，经灌浆后的围岩透水率 $q \leqslant 1\text{Lu}$；二是根据以往工程经验，Ⅱ～Ⅲ类硬质围岩长期稳定渗透水力梯度一般控制不大于 10～15。从理论上说，只要围岩区域最小地应力水平足够大，即使有局部低应力区和渗透性强的区域，通过不大于最小地应力的高压固结灌浆也是可以改善岩体抗渗性的。法国的围岩渗透性与采用工程措施准则见表 28-4。

**表 28-4　法国的围岩渗透性与采用工程措施准则**

| 围岩渗透性 /Lu | 相关指数 $n$ | 渗透性随压力周期性变化 | 工程处理要求 |
|---|---|---|---|
| <0.5 | 1 | 渗透性不增加 | 不需要钢衬；仅做低压接触灌浆 |
| | 2～3 | 渗透性不增加 | 不需要钢衬；做固结灌浆 |
| | >4 | | 钢衬 |
| | 1～4 | 渗透性增加 | 不需要钢衬；高压灌浆，灌浆压力 $P > P_w$（该处所承水压力）；查清渗漏通道，灌浆并做检查 |
| 0.5～2.0 | 2～4 | | 高压防渗灌浆，灌浆压力 $P > P_w$，若灌浆后渗漏量仍不减少，采用钢衬 |
| >2.0 | | | 钢衬 |

注　表中 $n$ 为 $Q = AP^n$ 幂函数关系式中的 $n$（$Q$ 为渗透流量、$P$ 为渗透压力、$A$ 为常数）。

从表中可以看出，当围岩的天然透水率大于 2Lu 时，高压管道宜采用钢衬。若隧洞只有局部区域围岩透水率大于 2Lu，且沿线平均值小于 2Lu 时，要查清大于 2Lu 的区域围岩在隧洞运行水压下是否会发生非弹性渗透变形，即是否满足最小地应力准则。若这种危险渗漏不会发生，则可以通过高压灌浆来改善局部围岩的渗透性和地质缺陷，从而可以采用透水衬砌。法国的蒙特齐克（Mooteric）抽水蓄能电站，我国的天荒坪，泰安、桐柏、蒲石河、荒沟等抽水蓄能电站都应用这一准则确定不衬砌或混凝土透水衬砌的隧洞范围，运行情况良好。

**（五）工程实例**

1. 蒲石河抽水蓄能电站

蒲石河抽水蓄能电站引水高压钢筋混凝土衬砌隧洞，其最大静内水压力值约为 393m 水头。输水系统基岩主要为轻微风化的混合花岗岩，岩石坚硬，属较完整块状岩石，地下建筑物大部分埋藏在新鲜岩石中。岩体基本为Ⅱ～Ⅲ类围岩，其平均透水率多小于 1Lu，属微透水岩体，满足围岩渗透准则的要求。

引水隧洞的上平段、上斜井、中平段、下斜井段的最小地应力均大于静内水压力的 1.5 倍，满足最小地应力准则的要求；下平段、岔管段及高压支管段的最小主应力为 5.40MPa，而其内水压力为 3.93MPa，最小主应力与洞内静水压力比值为 1.37，满足最小地应力准则的要求。

根据工程实际布置的最大静内水压力隧洞段，其对应的山坡平均坡角 $\beta=32°$，最大内水静水压力 $H=393$m 水头，水容重 $\gamma_w=10\text{kN/m}^3$，岩石容重 $\gamma_r=27.0\text{kN/m}^3$，当安全系数 $F=1.5$ 时，按挪威准则计算公式为

$$L\geqslant(\gamma_w\times H\times F)/(\gamma_r\times\cos\beta)=(10\times393\times1.5)/(27.0\times\cos32°)=257\text{m}$$

工程中隧洞到强风化岩石下限的最短距离 $L=266$m，安全系数为 1.55，满足挪威准则对上覆岩体厚度的要求。

2. 荒沟抽水蓄能电站

荒沟抽水蓄能电站引水高压钢筋混凝土衬砌隧洞，其最大静内水压力值约 514m 水头。洞区基岩为华力西晚期白岗花岗岩，后期穿插有少量的花岗斑岩岩脉。白岗花岗岩与岩脉岩质坚硬，岩体较完整，基本为Ⅱ～Ⅲ类围岩。据钻孔压水试验，洞身部位围岩透水率一般小于 1Lu，属微透水岩体，满足围岩渗透准则的要求。

引水隧洞的上平段、上斜井、中平段、下斜井段的最小地应力均大于静内水压力的 1.5 倍，满足最小地应力准则的要求；下平段、岔管段及高压支管段的最小主应力为 6.58MPa，而其内水压力为 5.14MPa，最小主应力与洞内静水压力比值为 1.28，满足最小地应力准则的要求。

根据工程实际布置的最大静内水压力隧洞段，其对应的山坡平均坡角 $\beta=19°$，最大内水静水压力 $H=514$m 水头，水容重 $\gamma_w=10\text{kN/m}^3$，岩石容重 $\gamma_r=25.2\text{kN/m}^3$，当安全系数 $F=1.5$ 时，按挪威准则计算公式为

$$L\geqslant(\gamma_w\times H\times F)/(\gamma_r\times\cos\beta)=(10\times514\times1.5)/(25.2\times\cos19°)=324\text{m}$$

工程中隧洞到强风化岩石下限的最短距离 $L=340$m，安全系数为 1.58，满足挪威准则对上覆岩体厚度的要求。

3. 国内外其他抽水蓄能电站

国内外部分抽水蓄能电站围岩承载准则的应用见表 28－5。

表 28-5　　国内外部分抽水蓄能电站围岩承载准则的应用

| 电站名称 | 地质条件 | 静水头 $H$/MPa | 最小地应力准则 | | 围岩渗透准则 | | 挪威准则 | | |
|---|---|---|---|---|---|---|---|---|---|
| | | | 最小地应力/MPa | 安全系数 $F$ | 平均透水率/Lu | 渗透稳定标准/Lu | 最小埋深 $L$/m | 山平均坡角/(°) | 安全系数 $F$ |
| 天荒坪 | 凝灰岩 | 6.67 | 8.20 | 1.23 | <1.00 | 2 | 330 | 40.0 | 0.985 |
| 泰安 | 混合花岗岩 | 3.10 | 5.02 | 1.67 | 0.45 | 2 | 260 | 12.0 | 2.200 |
| 桐柏 | 花岗岩 | 3.38 | 5.90 | 1.75 | 0.60 | 2 | 305 | 40.0 | 1.740 |
| 宝泉 | 花岗片麻岩 | 6.40 | 8.20 | 1.28 | 1.65 | 2 | 580 | 24.0 | 2.200 |
| 响水涧 | 花岗岩 | 2.75 | 3.50 | 1.27 | <1.00 | 2 | 250 | 22.5 | 2.100 |
| 仙游 | 花岗斑岩 | 5.40 | 7.00 | 1.29 | 0.40 | 2 | 410 | 44.0 | 4.450 |
| 广蓄一期 | 花岗岩 | 6.10 | 7.50 | 1.23 | <1.00 | 2 | 400 | 23.0 | 1.600 |
| 广蓄二期 | 花岗岩 | 6.10 | 7.30 | 1.20 | <1.00 | 2 | 370 | 23.0 | 1.480 |
| 蒲石河 | 混合花岗岩 | 3.93 | 5.40 | 1.37 | <1.00 | 2 | 266 | 32.00 | 1.550 |
| 荒沟 | 白岗花岗岩 | 5.14 | 6.58 | 1.28 | <1.00 | 2 | 340 | 19.0 | 1.580 |
| 美国 Rocky mountain | 灰岩 | 2.38 | — | — | — | — | 105 | 27.0 | 1.060 |

## 二、钢筋混凝土衬砌结构设计

### （一）作用及作用效应组合

作用泛指使结构产生内力、变形、应力、应变等反应的所有原因，包括直接作用和间接作用。围岩的松动压力、自重、水压力等属于直接作用；另外一些如地应力以围岩变位的方式、弹性抗力以约束隧洞变位的方式作用于隧洞，属于间接作用。

1. 地应力及围岩压力

地下结构是由围岩及其加固措施构成的统一体，二者一般是不宜分开考虑的。如衬砌、喷混凝土等是从外部加固围岩，限制围岩的过大变形；锚杆、灌浆等措施是从岩体内部加固围岩，以提高围岩强度及其完整性。因此在地下工程设计中，应充分考虑围岩的自稳能力和承载能力。

地下结构设计中所涉及的围岩作用，应根据岩体结构类型及其特征按下列情况分别考虑：①对于整体状、块状、中厚层至厚层状结构的围岩，主要作用应为岩体初始地应力及局部块体滑移产生的荷载；②对于薄层状及碎裂、散体结构的围岩，主要作用为围岩压力。

隧洞的开挖解除了部分围岩的约束，围岩内原始的应力平衡和稳定状态被打破，岩体向洞室内部变形，围岩中产生了地应力的重分布。为了避免施工干扰，混凝土衬砌的浇筑总要在开挖完成后相当一段时间才能进行。故在隧洞混凝土浇筑时，对于没有喷锚支护的洞段，地应力已经得到充分释放；对于设有喷锚支护的洞段，地应力和支护力之间已达到平衡。所以在衬砌结构计算中一般不考虑地应力。

在地应力释放以后，坚硬而完整的围岩不会出现开裂和坍塌的情况；但在重力的作用下，由于构造面的切割而形成的岩块，可能发生向洞内的坠落或滑移。岩块的重力或其分力形成了作用于支护结构的围岩压力。松软的围岩由于岩体的强度很小，不能承受开挖后急剧增大的应力变化而产生塑性变形。隧洞围岩由于应力松弛形成一个应力降低区域，岩体发生向隧洞内部变形。变形如果超过一定数值，就会出现围岩失稳和坍塌。失稳和坍塌的岩体以重力形式构成了作用于支护结构的围岩压力。

不同性状的围岩坠落或滑移的方式不同，因此围岩压力的计算方法也不相同：

(1) 薄层状及碎裂、散体结构的围岩压力可采用松散介质理论按下式计算，并根据开挖后的实际情况进行修正。

$$q_{vk}=(0.2\sim0.3)\gamma_R B \tag{28-5}$$

$$q_{hk}=(0.05\sim0.10)\gamma_R H \tag{28-6}$$

式中：$q_{vk}$ 为垂直均布围岩压力标准值，kN/m$^2$；$\gamma_R$ 为岩石容重，kN/m$^3$；$B$ 为洞室开挖宽度，m；$q_{hk}$ 为水平均布围岩压力标准值，kN/m$^2$；$H$ 为洞室开挖高度，m。

(2) 块状、中厚层及厚层状结构的围岩，可根据围岩中不稳定块体的重力作用确定围岩压力标准值。

(3) 自稳条件好、开挖后变形很快稳定的围岩，可不计围岩压力。一般在变形小于0.2mm/d时可认为基本稳定；在有长期观测（大于3个月）成果时，观测后期全月平均小于0.1mm/d时可认为是稳定的。

(4) 不能形成稳定拱的浅埋洞室的围岩压力，宜按洞室拱顶上覆岩体的重力作用计算围岩压力标准值，并根据施工所采取的措施予以修正。

(5) 初期支护对于阻止隧洞顶部塌落拱的形成及侧向围岩的下滑都起着良好作用。若能证明初期支护使围岩处于基本稳定或已稳定状态时，可不计或少计围岩压力。

(6) 当围岩压力的作用效应有利于结构受力时，可不考虑围岩压力的作用。

2. 内水压力

隧洞不同部位的内水压力取值，应按该部位可能出现的最大内水压力确定。最大内水压力包括静水头、调压室涌浪压力水头、水击压力及脉动压力等。对基本组合的内水压力值，特征水位取正常蓄水位及其组合；对特殊组合的内水压力值，特征水位取校核洪水位及其组合。

设有调压室的低压隧洞，静水位线以下至隧洞衬砌内缘顶部的距离，称为静水压力水头；静水位线以上至隧洞压力坡线的距离，称为涌浪压力水头。静水压力水头和涌浪压力水头共同构成隧洞的均匀内水压力，其组成见图28-4。

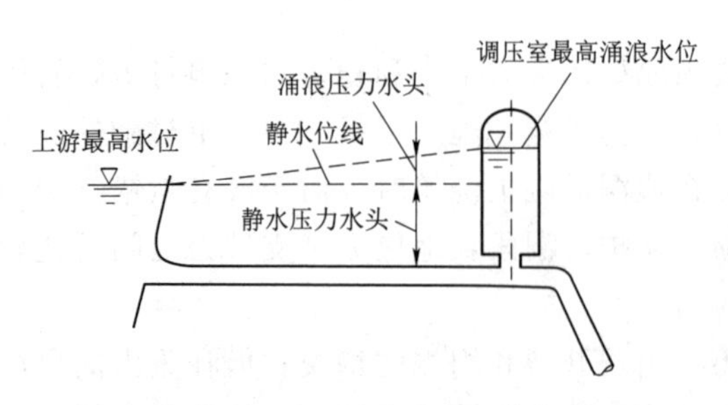

图28-4 均匀内水压力分解图

调压室下游高压隧洞中不同部位的内水压力标准值由调保计算决定。

对于不设调压室或调压室反射水击不充分的隧洞，应计入水击压力。

抽水蓄能电站的引水隧洞，还应考虑脉动压力的作用，附加5%～8%的安全裕度。

3. 外水压力

外水压力标准值可采用地下水位线以下

的水柱高乘以折减系数估算。

未设置排水措施的混凝土衬砌隧洞，外水压力折减系数 $\beta_e$ 可根据围岩地下水活动情况和地下水对围岩稳定的影响，按照《水工隧洞设计规范》（SL 279—2016）的规定取值。

设置排水措施的水工隧洞，可根据排水效果和排水措施的可靠性对外水压力水头作适当折减，其折减系数可采用工程类比或渗流计算分析确定。

缺少外水压力资料时，考虑到有压隧洞内水外渗，外水压力可按内水适当折减。

工程地质、水文地质条件复杂及外水压力较大的深埋隧洞，外水压力应专门研究。

4. 弹性抗力

围岩的弹性抗力不同于作用在围岩上的其他作用，它属于被动力的范畴。只有当结构发生向围岩的变位时它才产生，其存在增强了衬砌结构的承载能力。

隧洞围岩的弹性抗力一般用弹性抗力系数 $k$ 来表征，其意义是圆形断面的隧洞受到均匀内水压力，隧洞半径增长一单位距离时，岩壁上受到的压力强度。当隧洞半径为 1m 时，称为单位弹性抗力系数，用 $k_0$ 表示。

$k$ 与 $k_0$ 的换算公式为

$$k=k_0/r_0 \tag{28-7}$$

式中：$k$ 为围岩的弹性抗力系数，$kN/m^3$；$k_0$ 为围岩的单位弹性抗力系数，$kN/m^3$；$r_0$ 为隧洞的衬砌外半径，即开挖半径，m。

因为围岩厚度小于 3 倍开挖洞径时，围岩的应力场与设计假设的无限弹性介质内的应力场相差较大。遇到这种情况，$k$ 值宜适当降低，甚至不考虑 $k$ 值，即取 $k=0$。

隧洞进出口部位的 $k$ 值一般比在同等地质条件下洞内所取的 $k$ 值较低。在断层破碎带附近和地下水活动较烈的地段一般也取较低的 $k$ 值。

5. 作用效应组合

抽水蓄能电站压力水道的作用及其分项系数见表 28-6。承载能力极限状态设计时，作用效应组合见表 28-7。正常使用极限状态设计时，作用效应组合见表 28-8。设计时应根据压力水道的受力状况，确定最不利的作用效应组合。

**表 28-6　　作用及其分项系数表**

| 作用分类 | 作 用 名 称 | 作用分项系数 |
|---|---|---|
| 永久作用 | 1）围岩压力、地应力 | 1.0（0.0） |
| | 2）衬砌自重 | 1.1（0.9） |
| 可变作用 | 3）正常运行情况的静水压力 | 1.0 |
| | 4）最高水锤压力（含涌浪压力） | 1.1 |
| | 5）脉动压力 | 1.3 |
| | 6）地下水压力 | 1.0（0.0） |
| 偶然作用 | 7）校核洪水位时的静水压力 | 1.0 |

**注**　除非经专门论证，否则当作用效应对结构受力有利时，作用分项系数取括号内的数字。

表 28-7 承载能力极限状态作用效应组合表

| 设计状况 | 作用组合 | 主要考虑情况 | 作用类别 | | | | | |
|---|---|---|---|---|---|---|---|---|
| | | | 岩石压力 | 衬砌自重 | 静水压力 | 水锤压力 | 脉动压力 | 地下水压力 |
| 持久状况 | 基本组合 | 抽水蓄能电站的压力水道正常运行情况 | 1) | 2) | 3) | 4) | 5) | 6) |
| 偶然状况 | 偶然组合 | 抽水蓄能电站的上游压力水道校核洪水位运行情况 | 1) | 2) | 7) | 4) | 5) | 6) |

表 28-8 正常使用极限状态作用效应组合表

| 设计状况 | 作用组合 | 主要考虑情况 | 作用类别 | | | | | |
|---|---|---|---|---|---|---|---|---|
| | | | 岩石压力 | 衬砌自重 | 静水压力 | 水锤压力 | 脉动压力 | 地下水压力 |
| 持久状况 | 标准组合 | 抽水蓄能电站压力水道正常洪水位运行情况 | 1) | 2) | 3) | 4) | 5) | 6) |

### (二) 高压水工隧洞设计

输水隧洞是抽水蓄能电站水道系统的重要组成部分，一般可分为引水隧洞、高压隧洞和尾水隧洞。高压隧洞是指内水压力水头不小于 100m 的隧洞。引水隧洞和尾水隧洞一般为低压隧洞，其内力、配筋和裂缝宽度计算均按《水工隧洞设计规范》（SL 279—2016）的规定执行，本书不再另行叙述。

但需要注意的是，随着抽水蓄能电站向大容量、高水头方向发展，机组吸出高度增大，安装高程很低，出现了抽水蓄能电站尾水隧洞最大内水压力超过 100m 水头的工程实例，如蒲石河抽水蓄能电站为 114m，荒沟抽水蓄能电站为 108m。

1. 计算方法

隧洞衬砌的结构计算是确定衬砌断面尺寸的重要依据之一。由于隧洞衬砌是埋置于岩体中的构筑物，它在受力变形过程中与围岩相互约束作用。这种共同作用使衬砌结构计算复杂化，即使进行大量的计算，也不一定能够得出完全切合实际的结果。衬砌的计算应与围岩类别相适应，不同的类别应当采用不同的计算理论。

（1）在围岩相对均质，且岩体覆盖厚度满足四个常用的围岩承载设计准则时，有压圆形隧洞可按厚壁圆筒法进行计算，此时内水压力采用面力假设。厚壁圆筒法的力学观点明确，计算方法简单，计算成果切合实际，在工程设计中得到了广泛的应用。

采用厚壁圆筒法计算时，除非洞口段和地质条件特别差的地段，计算中都应考虑围岩的弹性抗力。当隧洞周边围岩厚度小于 3 倍开挖直径时，其抗力需经论证确定。由于围岩的弹性抗力决定于衬砌结构的位移，而求得结构的位移又是计算的目的，这造成计算的困难。因此，可以把内水压力分解为均匀内水压力和隧洞满水压力。均匀内水压力采用厚壁圆筒理论进行计算；隧洞满水压力（也包括其他作用）则通过假定岩石抗力的分布方式，采用结构力学方法计算。

在均匀内水压力作用下，按衬砌允许开裂（限制裂缝宽度）的原则进行计算，分别验算其承载能力极限状态和正常使用极限状态（裂缝开展宽度），可以获得较好的计算结果。

衬砌厚度应大于施工允许的最小厚度，单层钢筋混凝土衬砌最小厚度不宜小于0.3m，双层钢筋混凝土衬砌最小厚度不宜小于0.4m。

（2）对于高压隧洞或重要的隧洞，宜采用有限元法计算。

将衬砌与围岩当作一个整体，是研究围岩与衬砌联合作用的方法。岩体千变万化，加上断层、节理、层面等地质构造的存在，使其更加复杂，而对这些构造面又必须加以重视。有限元对这些复杂情况基本上能模拟，可得出较为符合实际的分析结果，因而成为水工隧洞应力分析的工具。

有限元模型模拟高压管道可分为二维有限元及三维有限元模型。二维有限元模型采用平面应变单元模拟衬砌围岩及断层；三维有限元模型用厚壳等参单元模拟衬砌，用杆单元模拟钢筋、岩石锚杆，用八结点等参单元模拟围岩及断层等。二维有限元模型的计算结果与三维相比较通常偏于安全。

（3）平行布置多条隧洞时，衬砌计算必须考虑相邻隧洞开挖引起的岩体应力变化、衬砌强度变化和运行条件（如一洞有水邻洞无水）等因素导致的各隧洞间相互影响，并满足渗透稳定，此时可采用有限元方法计算。

（4）隧洞断面尺寸较大以及内外水压力较高时，经论证可采用体力假设，按透水衬砌进行计算。

水压力是高压水工隧洞的主要作用。对于水压力的作用有两种假设，即面力假设和体力假设，二者最根本的区别在于渗流的性质。如果隧洞衬砌与围岩阻止了稳定渗流场的形成，水压力以静力的形式作用于隧洞衬砌的内表面，这就是面力假设。体力假设认为，混凝土衬砌和岩体都是透水结构，水流在这些结构中形成稳定的渗流场。渗流场内产生与水压力梯度成正比的渗流体积力，体积力作用于岩体和衬砌，从而又影响了应力场。

体力假设理论试图以更广泛视角，观察、解释所出现的问题，具有一定的合理性。但其作用机理和计算方法较为复杂，因此需进行专门论证。广蓄二期工程高压隧洞，洞径8.0～8.5m，最大内水压力725m水头，按透水衬砌理论设计，采用有限元法模拟衬砌与围岩的三维渗流场，于1998年工程第一台机组发电至今，隧洞运行良好。

2. 竖井、斜井和弯段设计

水工隧洞按照倾角（洞轴线与水平面的夹角）可划分为平洞、斜井和竖井三种类型。斜井、竖井与平洞结构的不同之处，主要在于围岩压力的差异和如何合理地选取截条作结构计算。竖井的内力计算常取水平截条，忽略衬砌自重和围岩压力。

斜井的结构计算是垂直轴线取截条，因此衬砌自重和垂直围岩压力应取其分力进行计算，侧向围岩压力和满洞水重则按截条的斜高 $H$ 进行计算，见图28-5（a）。荷载确定后，衬砌的内力计算与平洞相同。

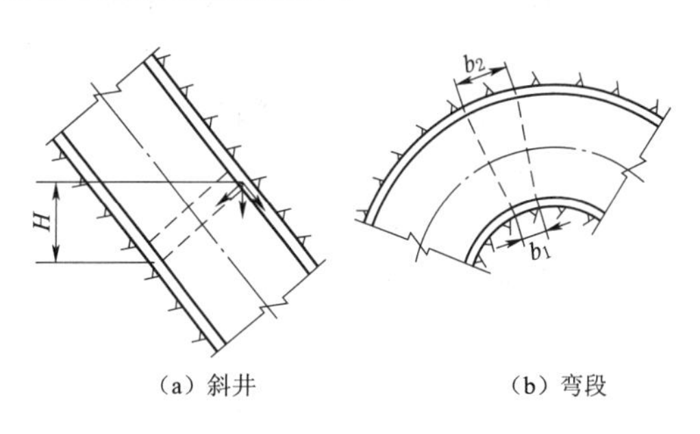

（a）斜井　（b）弯段

图28-5　斜井和弯段示意图

引水隧洞弯段的弯曲半径应考虑施工方法和大型施工设备的要求。弯曲半径不宜小于3倍的隧洞直径，竖井的弯曲半径也不宜小于3倍的隧洞直径。弯段的计算常与直段隧洞一样取单位宽度的截条计算。当隧洞弯段的曲率半径小于3倍洞径时，例如水电站的压力水道在纵断面上常急剧转弯，这种转弯设计时，宜沿转弯半径方向取变宽度的截条计算，如图28-5（b）所示。

**（三）工程实例**

1. 蒲石河抽水蓄能电站

蒲石河抽水蓄能电站引水隧洞从上弯段进口至引水岔管进口为高压隧洞段，全长653.45m，其中斜井段长433.17m，下平段长220.28m。此段隧洞采用钢筋混凝土衬砌，最大静水头为393m，考虑水锤压力后，最大设计水头为506m，隧洞内径8.1m，衬砌厚度0.5～0.6m，混凝土强度等级C20W6。

本段隧洞全部位于新鲜混合花岗岩内，水平段在岔管前有$F_4$、$F_3$、$F_{11}$三条主要断层，交角均与洞轴近于垂直。岩体坚硬完整，基本为Ⅱ～Ⅲ类围岩，最小水平主应力为4.88～9.24MPa，沿深度方向逐渐增加，无明显的应力集中现象。

本工程隧洞按1级建筑物限裂设计，裂缝开展宽度限值取0.25mm，计算方法采用《水工隧洞设计规范》（DL/T 5195—2004）中推荐的厚壁圆筒法，取控制工况进行配筋计算，分布筋均为$\phi$14@20，主筋及裂缝宽度计算结果见表28-9。

根据计算结果可知，蒲石河抽水蓄能电站引水高压隧洞地质条件较好，承载能力极限状态计算结果均为构造配筋，结果由裂缝宽度控制。

**表28-9　引水高压隧洞衬砌配筋计算成果表**

| 部　位 | 围岩类别 | 衬砌厚度/cm | 钢筋计算面积/mm² | | 最终配筋方案 | | 裂缝宽度/mm |
|---|---|---|---|---|---|---|---|
| | | | $f_i$ | $f_o$ | 内层钢筋 | 外层钢筋 | |
| 引水斜洞段（EL110m以上） | Ⅱ～Ⅲ | 50 | 675 | — | $\phi$22@10 | — | 0.17 |
| 引水斜洞段（EL110m以下） | Ⅱ～Ⅲ | 60 | 825 | 825 | $\phi$25@15 | $\phi$20@15 | 0.19 |
| 引水下平段 | Ⅱ | 60 | 825 | 825 | $\phi$25@15 | $\phi$25@15 | 0.15 |

2. 荒沟抽水蓄能电站

荒沟抽水蓄能电站引水高压隧洞包括上斜洞、中平洞、下斜洞和下平洞。本段隧洞采用钢筋混凝土衬砌，最大静水头为514m，考虑水锤压力后，最大设计水头为720m，隧洞内径6.7m，衬砌厚度0.6m，混凝土强度等级C30W10F50。

隧洞围岩为华力西晚期白岗花岗岩，后期穿插有少量的花岗斑岩岩脉。白岗花岗岩与岩脉岩质坚硬，岩体较完整，除下平段为Ⅳ类围岩外，其余基本为Ⅱ～Ⅲ类围岩。隧洞全线埋深较大，最小覆盖厚度满足挪威准则和最小地应力准则，围岩不会发生水力劈裂，具备采用钢筋混凝土衬砌的条件。

本工程钢筋混凝土衬砌设计采用《水工隧洞设计规范》（DL/T 5195—2004）及《水工钢筋混凝土设计规范》（DL/T 5057—2009）推荐的厚壁圆筒法，按限制裂缝开展宽度不超过0.2mm的原则进行设计。计算工况包括运行工况和检修工况两种，计算结果由运行工况控制。隧洞内水压力由静水压力和水击压力组成，内水压力根据输水系统水力过渡过程计算结果采用；因计算结果由运行工况控制，外水压力取较小值，山岩压力根据不同

围岩分别考虑。

经过分析计算，除下平段Ⅳ类围岩以外，其他洞段均为构造配筋。上斜洞采用内外双层配筋 $\phi$22@20；下斜洞采用内层配筋 $\phi$25@15，外层配筋 $\phi$22@15；下平洞采用内外双层配筋 $\phi$25@15；分布筋均为 $\phi$14@20。高压隧洞下平段Ⅳ类围岩配筋截面高达 390cm$^2$，施工难以实现，因此采用局部钢板衬砌。

3. 国内其他抽水蓄能电站

国内部分抽水蓄能电站引水高压管道，其钢筋混凝土衬砌配筋计算参数和结果见表 28-10。

**表 28-10　　国内部分抽水蓄能电站高压隧洞衬砌参数**

| 工程名称 | 部位 | 洞径/m | 衬砌厚度/m | 静水头/m | 主筋 | 分布筋 |
|---|---|---|---|---|---|---|
| 天荒坪 | 上平段 | 7.0 | 0.6 | 74.49 | $\phi$25@20 | $\phi$22@25 |
| | 斜井 | | 0.5 | 665.95 | $\phi$25/$\phi$28@20 | |
| | 下平段 | | 0.5 | 677.70 | $\phi$28@20 | |
| 桐柏 | 上平段 | 9.0 | 0.5 | 51.8 | $\phi$22@15 | $\phi$16@20 |
| | 斜井 | | | 330.5 | | |
| | 下平段 | | | 341.3 | | |
| 泰安 | 上平段 | 8.0 | 0.6 | 78.7 | $\phi$25@20 | $\phi$22@20 |
| | 竖井 | | | 277.7 | $\phi$25@20/15 | |
| | 下平段 | | | 307.7 | $\phi$25@15 | |
| 宝泉 | 上平段 | 6.5 | 0.5 | 57.2 | $\phi$25@15 | $\phi$22@20 |
| | 中平段 | | | 383.8 | $\phi$25@20 | |
| | 下斜井 | | | 637.5 | $\phi$25@20/15 | |
| | 下平段 | 7.0 | 0.5 | 637.5 | $\phi$25@15 | |

## 三、防渗与排水设计

钢筋混凝土衬砌隧洞的防渗和排水设计，应根据隧洞沿线围岩的工程地质和水文地质条件及设计要求，结合具体情况，综合分析选用堵（衬砌、灌浆）、截（设置防渗帷幕）、排（设排水孔、排水廊道）等综合处理措施。

### （一）有压隧洞防渗与排水设计

外水压力控制衬砌结构安全时，宜设置排水孔、排水管或排水洞降低外水压力。

有压隧洞应根据渗流场分析复核衬砌结构在检修工况的工作状态，确定是否采用设置排水孔作为降低外水压力的工程措施。有压隧洞设置排水孔时应注意内水外渗。若围岩裂隙发育并夹有充填物时，应在排水孔中设置软式透水管阻止岩屑随水带出。在不良地质洞段不宜采用排水孔排水。

排水管常在有压隧洞衬砌结构中采用，并形成暗排水。排水以盲沟为主，先在开挖面沿线布置排水孔，为降低固结灌浆对排水效果的影响，常在排水孔内布设置排水盲材。插入排水盲材后，再与开挖面布置的纵、横向交错的盲沟连成网络的暗排水系统，并沿洞轴线引至洞外或厂房附近集中排出。排水孔可根据围岩水文地质条件布置，一般孔深为5～8m，孔距为3～5m。横向盲沟排水垂直洞轴线布置，间距一般为5m。沿洞轴线可布置三道纵向盲沟排水，分别布置在开挖断面的两腰和底部。

外水压力过高时，为保证有压隧洞的衬砌结构安全，防止外水对厂房上游的渗透稳定影响，可在有压隧洞附近平行、正交或斜交洞轴线设置排水洞，并在排水洞内设置一定孔深和一定数量的排水孔集中排水。结合隧洞固结灌浆的施工条件和进度要求，也可利用该排水洞对隧洞进行高压固结灌浆，达到加固隧洞围岩的完整性和排水的双重目的。排水洞通常不做衬砌，较大断面的排水洞和地质条件较差的排水洞可做间断衬砌或全衬砌后布设足够的排水孔，以保证衬砌结构安全和排水通畅。排水洞的断面尺寸以满足洞室开挖施工要求和便于检修为准。

排水系统的数量和尺寸理论上应根据排水效果和排水量来确定。由于水文地质资料准确性往往不够理想，故常按工程类比设置。同时，设置排水设施后，仍需考虑排水可能失效引起衬砌结构附近地下水的流动规律发生变化的特殊工况。在衬砌结构下部平行隧洞轴线不宜设置较大断面的排水管或排水洞，如必须设置时应有充分论证。

**（二）高压隧洞防渗与排水设计**

钢筋混凝土衬砌高压管道的防渗主要靠围岩和衬砌外的高压深孔固结灌浆。由于高压管道的钢筋混凝土衬砌属于透水衬砌，通常不设置降低外水压力的排水措施，而是考虑管道的放空需要，在不同的施工支洞位置布置放空用的排水设施。对于混凝土衬砌的支洞封堵部位通常要考虑堵的措施，即支洞封堵部位不仅要满足稳定要求，而且需进行接触灌浆，堵头的长度要满足最小水力梯度的要求。

对于高压隧洞钢筋混凝土衬砌与钢板衬砌的连接段，应在两者相接部位布置2～3排帷幕灌浆，并在钢板衬砌的首端设止水环，主要目的是阻止内水外渗，减小钢材外水压力，避免钢板衬砌段管道的破坏。排水措施主要是对钢筋混凝土衬砌段与厂房之间的钢板衬砌段而言，一般是在钢板衬砌段的上方布置排水洞，并在排水洞内布置排水孔。在排水洞和排水孔布置时，一定要注意和主洞的距离，防止因水力梯度较大而形成水力劈裂，导致渗透破坏。

## 第三节 压 力 钢 管

为保证在高压水头作用下，发电厂房的安全运行，与厂房直接相连的上下游管道通常采用压力钢管。钢管可以做到完全不透水，而且可以完全靠自身结构来承受内水压力，并具有过流糙率小、耐久性强、可以经受较大流速等优点，因此邻近发电厂房段的抽水蓄能电站压力管道，特别是上游压力管道至今均采用钢管。

抽水蓄能电站的压力管道分为地下埋藏式钢管（简称地下埋管）和明管两种主要形式。由于抽水蓄能电站机组安装高程较低，多采用地下厂房的布置形式，因此压力管道采用地下埋管的工程实例较多。国内的有十三陵、广蓄一二期、蒲石河、荒沟等抽水蓄能电站。国外著名的有美国的巴斯康蒂抽水蓄能电站、英国的迪诺威克抽水蓄能电站、日本的神流川与葛野川抽水蓄能电站等。采用明管的实例相对较少，比如西藏羊卓雍湖抽水蓄能

电站、浙江宁波溪口抽水蓄能电站（局部明管）等。

## 一、压力钢管材质选择

### （一）抽水蓄能电站钢管的材质

水电站压力钢管所用钢材应根据钢管结构型式、钢管规模、使用温度、钢材性能、制作安装工艺要求以及经济合理等因素选定。抽水蓄能电站具有比常规水电站更高的内水压力，其频繁的工况转换还带来了频繁的水锤作用，因此作为抽水蓄能电站输水压力钢管的钢材，除考虑常规机械性能和化学成分外，还应具有良好的低温冲击韧性和焊缝裂纹敏感性，即良好的可焊性、低温稳定性、塑性和抗冲击韧性等。

用于抽水蓄能电站压力钢管的材质主要有普通低合金钢、调质高强钢、非调制低焊接裂纹敏感性高强钢等。

1. 普通低合金钢

普通低合金钢主要是在普通低碳钢中，增加了作为脱氧剂的硅和锰的含量，或加入钒、铌、钛等微量合金元素，以改善钢的性能。普通低合金钢属500MPa级钢材范畴，对地下埋管而言，其应用上限 $HD$ 为 $2000m^2$ 左右。按照《低合金高强度结构钢》（GB/T 1591）和《锅炉和压力容器用钢板》（GB 713），抽水蓄能电站压力钢管可采用下列钢种：Q355－C、D及Q390－C、D级低合金结构钢；Q345R级压力容器钢等。

对比GB/T 1591和GB 713可知，同类同等级的容器钢，其化学成分和力学性能指标的要求基本相同，但在化学成分的硫、磷含量以及冲击韧性指标等方面，容器钢的要求更严格一些。根据不同工程的实际情况，钢管设计时可选用结构钢，也可选用容器钢。由于明管及岔管与其他管型相比受力状况较复杂，存在较大的轴向应力、环向应力以及局部应力，而且明管一旦破坏危害较大，因而推荐明管及岔管采用容器钢或非调质低焊接裂纹敏感性高强钢。

我国抽水蓄能电站500MPa级低合金钢板一般采用Q345R级压力容器钢。

2. 调质高强钢

调质是一种费工、费时、成本较高的热处理工艺，是高强钢冶炼生产过程中的一个重要手段。通过调质可以进一步提高钢材的强度，改善其韧性。调质高强钢系经淬火加回火处理的相变强化材料，淬火以提高钢的强度，回火以增加其韧性。但因为这类钢具有较高的淬硬性且又经过回火处理，因此必须严格控制焊接工艺，以防恶化热影响区材质。

调质钢又因其合金成分和含量之不同而分为不同类别，现分述如下：

（1）Si－Mn系列调质钢。对Si－Mn系列钢材，进行淬火加回火处理可获得屈服强度达500MPa以上的钢材，日本生产的SM570Q和美国的A537CL2属此类钢种。它具有良好的焊接性能，脆性破坏危险性小。自20世纪70年代以来，在日本的蓄能电站压力钢管中得到广泛应用。近来在我国的大型压力钢管中也被较多采用。这类钢材的适用最大 $HD$ 值约为 $3000m^2$。

（2）高强调质钢。这里主要指的是在国际上已广泛应用并已列入正式标准的800MPa级的高强钢，如日本的SHY685系列、美国的ASTM A517GrF钢以及欧洲的S690Q系列。由于这种钢含有改善钢材性能的合金成分，又经过调质处理成为回火马氏体组织，因此它既有高的强度，又有良好的韧性，很适合于大 $HD$ 值（可达 $4500m^2$）的压力钢管。

随着我国高水头和大容量电站的建设日益增多，在部分已建水电站中已开始使用高强钢。国产高强调质钢有国家标准《压力容器用调质高强度钢板》（GB 19189），抽水蓄能电站中可采用 07MnCrMoVR、07MnNiCrMo－VDR 等压力容器用调质高强钢。国家标准还有《高强度结构用调质钢板》（GB/T 16270），此标准列入了 Q460、Q500、Q550、Q620、Q690、Q800、Q890 和 Q960 等 8 种强度等级的钢板，每一种强度等级下划分为 C、D、E、F 四种质量等级，分别保证在不同温度时具有规定的冲击韧性。同一强度等级下其化学成分中的硫、磷含量百分率递减，其他化学成分的含量则相同。限于强度更高的高强钢在我国压力钢管中的使用经验尚不多，故《水电站压力钢管设计规范》（NB/T 35056）中只列入了抗拉强度为 800MPa 级左右的 Q460～Q690 前 5 级的高强钢。至于 1000MPa 级钢已经在国外工程上采用，比如日本的神流川和小丸川抽水蓄能电站。

3. 非调质低焊接裂纹敏感性高强钢

国内研发了适用于制作水电站压力钢管、焊接性非常优异的非调质低焊接裂纹敏感性高强钢 Q460CF～Q800CF 等 6 种强度等级的钢板。这种钢板在不预热或低预热的情况下焊接不出现裂纹，国际上称为 CF（Crack Free）钢。其主要特点是具有较低的焊接裂纹敏感指数（$P_{cm}$）、低碳当量、优异的焊接性能，同时具有低碳含量、高纯净度、高强度、高韧性等特点。

非调质钢的发展是微合金化技术、热机械处理及其冷却技术发展的结晶。与调质钢相比，它具有节约能源、提高生产效率、提高钢板质量的优势。CF 钢已有冶金行业标准《低焊接裂纹敏感性高强度钢板》（YB/T 4137）可供参考选用。本标准基本涵盖了国内各钢厂研发的低焊接裂纹敏感性高强钢，如鞍钢的 ADB610、舞钢的 WDB620（非调质钢系列）等钢材。上述高强钢在我国水电站压力钢管中已有应用。

从 YB/T 4137 中所列钢材的化学成分看，不同强度等级的非调质低焊接裂纹敏感性高强钢的碳含量均低于容器钢和低合金钢，硫、磷含量与容器钢基本相当，但低于低合金钢的相应指标。非调质低焊接裂纹敏感性高强钢均具有较高的强度等级，且不同温度下的冲击功指标也较高，但随着强度等级的提高，钢材的断后伸长率则逐渐降低。考虑到 Q800CF 的断后伸长率相对较低，根据 CF 钢在压力钢管中的应用情况和有关专家的建议，《水电站压力钢管设计规范》（NB/T 35056）只列入了抗拉强度为 800MPa 级左右的 Q460CF～Q690CF 前 5 级的高强钢。

4. 钢管材质选择

当钢板超过一定厚度后，不仅给钢管的加工制作带来困难，而且规范规定钢板焊接后还需要进行焊后消除应力热处理。该工序不仅容易引起高强钢板的回火脆化、硬化、裂缝等材质劣化现象，而且工艺复杂，耗费资金，影响工期。因此，为了免除焊后相应热处理的工序，需要通过提高钢板材质的强度等级来减少钢板厚度。

压力钢管材质选择一般按照以下原则：通过结构计算，若 500MPa 级低合金钢板厚度超过 38mm，则需要跳挡为 600MPa 级高强钢；若 600MPa 级高强钢厚度超过 50mm 时，则需要再向上一强度等级的高强钢跳档，而且钢板厚度也宜控制在 50mm 以内。

国内外部分抽水蓄能电站压力钢管设计主要参数见表 28－11。

**表 28-11　　国内外部分抽水蓄能电站压力钢管设计主要参数表**

| 国家 | 电站名称 | 设计水头/m | 主/支管直径/m | HD值/$m^2$ | 埋管段 | | 按明管计算的埋管段 | | 厂内明管段 | |
|---|---|---|---|---|---|---|---|---|---|---|
| | | | | | 钢材种类 | 厚度/mm | 钢材种类 | 厚度/mm | 钢材种类 | 厚度/mm |
| 日本 | 葛野川 | 1198 | 2.85/2.1 | 3414/2516 | HT80 | 42～56 | | | | |
| 日本 | 神流川 | 653 | 4.60/2.3 | 3004/1502 | 1000MPa | 62 | 1000MPa | 75 | 1000MPa | 75 |
| 中国 | 泰安 | 410 | 4.80/3.0 | 1968/1230 | 16MnR | 30 | 600MPa | 42 | 600MPa | 42 |
| 中国 | 宜兴 | 650 | 3.40/2.4 | 2210/1560 | 600MPa | 32 | 600MPa | 48 | 600MPa | 54 |
| 中国 | 桐柏 | 440 | 5.50/3.1 | 2420/1364 | 16MnR | 26 | 600MPa | 44 | 600MPa | 46 |
| 中国 | 十三陵 | 685 | 3.80/2.7 | 2603/1850 | 600MPa | 38 | 800MPa | 42 | 800MPa | 42 |
| 中国 | 广蓄二期 | 770 | 3.50/2.1 | 2695/1617 | 600MPa | 32 | 600MPa | 42 | 600MPa | 42 |
| 中国 | 天荒坪 | 887 | 3.20/2.0 | 2838/1774 | 16MnR | 32 | 800MPa | 42 | 800MPa | 42 |
| 中国 | 宝泉 | 864 | 3.50/2.3 | 3026/1988 | 16MnR | 34 | 600MPa | 48 | 800MPa | 48 |
| 中国 | 蒲石河 | 495 | 5.0 | 2475 | Q345D | 34～54 | B610CF | 58 | B610CF | 46 |
| 中国 | 荒沟 | 720 | 3.9 | 2808 | Q345D | 36～48 | 800MPa | 52 | 800MPa | 52 |

**注**　蒲石河抽水蓄能电站的厂内明管直径缩为 2.95m。

### （二）钢材的保证条件

压力钢管用钢材除满足钢材国家标准规定的化学成分和力学性能等技术要求外，还应满足下列条件：

（1）需经冷弯的构件应进行冷弯试验。

（2）需经焊接的构件，应保证焊接性及焊接接头部位的韧性，包括所用的焊材与母材及焊接方法、焊接工艺等相匹配。焊接接头的强度不应低于母材强度标准值。

（3）冲击韧性指标、冲击试验温度和取样部位及取样方向等，应按相应钢材国家标准的规定执行，各工程亦可根据具体运行条件另提补充要求。

（4）各工程根据具体运行条件，经论证后对主要受力构件钢材的应变时效敏感性系数提出要求。钢材在产生一定的塑性变形后，经过一段时间（保持在室温或较高温度下），其强度和硬度升高而塑性下降的现象，称为应变时效。经应变时效后的冲击功降低越多，则应变时效敏感性系数越大，钢材出现塑性应变后发生破坏的可能性就越大。我国现行钢材国家标准及行业标准均未提应变时效的要求，但鉴于在钢管工程破坏的实例中，曾检测出所使用的钢材应变时效敏感系数偏大，为此提出这一要求。低合金钢的应变时效敏感系数一般在 40%以下。

（5）对沿钢板厚度方向受拉的构件，应对 $Z$ 向性能提出要求。其钢材的技术要求应符合现行国家标准《厚度方向性能钢板》（GB/T 5313）的规定，且对每一张原轧制钢板进行检验。如内加强月牙肋岔管的肋板，其 $Z$ 向性能要求如下：板厚为 $35 \leqslant t < 70$、$70 \leqslant t < 110$、$110 \leqslant t < 150$(mm) 的钢板要求 $Z$ 向性能级别分别为 Z15、Z25、Z35。

（6）钢板的超声波检测可根据工程实际情况提出具体要求。钢板如需超声检测，其合格标准为：低合金钢应符合Ⅲ级，高强钢（即标准屈服强度下限值≥450MPa，且抗拉强度下限值≥570MPa 的低碳低合金高强钢）应符合Ⅱ级，厚度方向（$Z$ 向）受力的月牙肋或梁等所用的低合金钢和高强钢均应符合Ⅰ级。高强钢和板厚大于60mm的低合金钢应要求钢厂逐张进行超声检测。

## 二、地下埋管设计

### (一)地下埋管布置原则

按抽水蓄能电站地下厂房位置来划分，厂房上游侧与蜗壳进水阀相接的钢管为引水压力钢管，厂房下游侧与机组尾水管相接的钢管为尾水压力钢管。一般引水压力钢管承受内水压力较高，尾水压力钢管承担的内水压力则相对较小。

1. 引水压力钢管长度的确定

由于混凝土衬砌在高内水压力作用下不能有效地防止内水外渗，因此围岩成为承载和防渗的主体。在高压作用下，围岩内部形成渗流场，位于枢纽布置中最低位置的地下厂房洞室就成为一个可能的渗流排泄基面。所以不透水衬砌(钢衬)的长度，对控制厂房的渗流量和防止岩体渗透破坏就非常关键。表28-12给出了国内外若干抽水蓄能电站引水压力钢管长度的一些指标参数值。

表28-12 国内外抽水蓄能电站引水压力钢管长度参数

| 国家 | 电站名称 | 混凝土隧洞条数×直径/m | | 钢衬起点静水头 $H$/m | 钢衬条数×直径/m | 钢衬起点上覆围岩厚 $Y$/m | 钢衬长度 $X$/m | $Y/H$ | $X/H$ |
|---|---|---|---|---|---|---|---|---|---|
| | | 主洞 | 支洞 | | | | | | |
| 英国 | 迪诺威克 | 1×9.50 | 6×3.80 | 590 | 6×3.30 | 400 | 140～114 | 0.68 | 0.24～0.19 |
| 美国 | 赫尔姆斯 | 1×8.23 | 3×3.81 | 576 | 6×3.81 | 350 | 152<br>120<br>50 | 0.61 | 0.26<br>0.21<br>0.09 |
| 美国 | 腊孔山 | 1×10.67 | 4×5.34 | 350 | 4×5.34 | 270 | 30 | 0.77 | 0.09 |
| 美国 | 北田山 | 1×9.30 | 4×4.20 | 270 | 4×4.20 | 200 | 30 | 0.75 | 0.11 |
| 美国 | 巴斯康蒂 | 3×8.70 | 6×5.50 | 407 | 6×5.50 | 315 | 191 | 0.78 | 0.47 |
| 法国 | 蒙特齐克 | 2×5.30 | 4×3.80 | 430 | 4×2.70 | 400 | 80 | 0.93 | 0.19 |
| 法国 | 列文 | 1×9.00 | 2×7.00 | 277 | 2×5.20～4×2.64 | 176 | 282 | 0.63 | 1.02 |
| 西班牙 | 拉瑞诺 | 2×5.00 | 4×3.00 | 350 | 4×3.00 | 350 | 150 | 1.00 | 0.43 |
| 中国 | 广蓄 | 2×8.00 | 4×3.50 | 542 | 4×3.50 | 465 | 135 | 0.86 | 0.25 |
| 中国 | 天荒坪 | 2×7.00 | 6×3.20 | 680 | 6×3.20 | 460 | 185～233 | 0.68 | 0.27～0.34 |
| 中国 | 泰安 | 2×8.00 | 4×4.80 | 310 | 4×4.80 | 270 | 73.6～85 | 0.87 | 0.24～0.27 |
| 中国 | 桐柏 | 2×9.00 | 4×5.50 | 343 | 4×5.50 | 375 | 108～142 | 1.09 | 0.31～0.41 |
| 中国 | 仙游 | 2×6.50 | 4×3.80 | 539 | 4×3.80 | 425 | 110～140 | 0.79 | 0.20～0.26 |
| 中国 | 天荒坪二期 | 2×6.80 | 6×3.00 | 850 | 6×3.00 | 737 | 340～369 | 0.87 | 0.40～0.43 |
| 中国 | 响水涧 | 4×6.40 | 4×5.30 | 273 | 4×5.30 | 251 | 86 | 0.92 | 0.31 |
| 中国 | 宝泉 | 2×6.50 | 4×3.50 | 639 | 4×3.50 | 663 | 97～120 | 1.04 | 0.15～0.19 |
| 中国 | 蒲石河 | 2×8.10 | 4×5.00 | 391 | 4×5.00 | 313 | 81～152 | 0.80 | 0.21～0.39 |
| 中国 | 荒沟 | 2×6.70 | 4×3.90 | 514 | 4×3.90 | 406 | 246 | 0.79 | 0.48 |

从表 28-12 可以看到：钢衬起点处上覆岩体厚度变化较大，钢衬长度也相差甚多，钢衬长度与水头比值最小为 0.09，最大为 1.17。有些抽水蓄能电站甚至全洞线采用钢衬，比如我国的十三陵、西龙池抽水蓄能电站，日本的小丸川抽水蓄能电站等。

因此，钢衬长度最终的选择取决于上覆岩体厚度、地应力大小、围岩渗透性、地质构造等多方面因素，归纳埋藏式引水压力钢管的布置基本原则如下：

（1）按照充分利用围岩承载的设计思想，结合工程枢纽布置和地形地质条件，根据挪威准则、最小地应力准则和围岩渗透准则确定围岩能安全承载的极限位置，定为钢筋混凝土衬砌隧洞段的末端，以此作为引水压力钢管的起始位置，从而确定引水压力钢管的长度。

（2）根据围岩渗透允许水力梯度，并参考国内外抽水蓄能电站压力钢管长度选择的经验，引水压力钢管段长度一般不小于最大静水头的 1/4～1/3。

结合地下厂房上游段围岩的结构面分布情况以及地下水开挖出露情况，取由上述两个原则确定钢管长度的最大值。

*2. 尾水压力钢管长度的确定*

由于与机组尾水管相接的尾水支管上方一般是由主厂房、母线洞、主变压器室等组成的地下洞室群，支管顶部上覆岩层厚度较小，常常不满足 3 倍支管洞径。为了防止尾水支管内水外渗影响地下厂房内机电设备的正常运行，保证发电厂房区成为一个干燥舒适的生产工作环境，一般在地下洞群区下方采用不透水钢衬，其长度根据地下洞室的外排水防渗系统布置来确定，要保证环地下厂房区防渗排水系统的封闭。

尾水钢衬末段距地下厂房的距离建议不宜小于最大作用水头的 1/2；同时，尾水钢衬末段距主变室等洞室距离建议不小于 20m。尾水钢衬范围，最终应根据地下洞室群的布置、地质条件、内水压力等因素综合考虑确定，既防止渗漏影响厂房安全，也避免出现水力劈裂。部分抽水蓄能电站尾水洞钢衬长度统计见表 28-13。

**表 28-13　国内外抽水蓄能电站尾水压力钢管长度参数**

| 序号 | 工程名称 | 尾水洞静水头 /m | 厂房下游钢衬长度/m | 序号 | 工程名称 | 尾水洞静水头 /m | 厂房下游钢衬长度/m |
|---|---|---|---|---|---|---|---|
| 1 | 广蓄一期 | 85.09 | 75.50 | 6 | 泰安 | 72.40 | 60.00 |
| 2 | 十三陵 | 65.35 | 116.00～127.00 | 7 | 蒲石河 | 77.50 | 54.75 |
| 3 | 张河湾 | 78.90 | 72.00 | 8 | 荒沟 | 88.45 | 71.75 |
| 4 | 琅琊山 | 45.40 | 30.00/101.00～113.00 | 9 | 迪诺威克（英国） | — | 69.00 |
| 5 | 桐柏 | 72.85 | 40.00～60.00 | 10 | 本川（日本） | — | 100.00 |

### （二）地下埋管结构计算原则

引水压力钢管可分为厂内明管和地下埋藏式钢管两部分。厂房上游边墙和球阀之间钢管段为厂内明管，厂房上游的钢管段埋于岩体中为地下埋管。尾水压力钢管则均埋于岩体中。

压力钢管一般采用围岩分担内水压力设计，但下列地段除外：①厂房洞室的开挖影响区（松弛区）；②地层覆盖厚度较小的部位以及破碎带等岩体性质较差的地段；③隧洞交汇点等地段；④需要固结灌浆等费用较高、采用围岩分担内水压力设计无优越性的地段。

总结白山、蒲石河、荒沟抽水蓄能电站等工程以及国内外其他工程，抽水蓄能电站压力钢管结构计算的一般原则如下：

(1) 根据压力钢管设计规范规定，厂内明管内水压力全部由钢管承担，钢板抗力限值按明管抗力限值再降低10%～20%取值，以策安全。此外，厂内明管除满足环向拉力强度外，对与其上、下游端相连接管段处的局部应力应予以复核。

(2) 厂房上游边墙上游3倍钢管直径范围段钢管按明管设计，其内水压力全部由钢管承担，钢板抗力限值取明管抗力限值。

(3) 厂房上游边墙上游3倍钢管直径处至厂房边墙上游约25m之间钢管段，按埋管设计，但不计围岩弹性抗力，即$K_0=0$，钢板抗力限值取地下埋管抗力限值。

(4) 厂房上游边墙上游25m以外段钢管考虑与围岩联合来载，按埋管设计，考虑施工缝隙与温降缝隙，合理选择围岩弹抗值$K_0$，钢板抗力限值取地下埋管抗力限值。

(5) 与施工支洞相交的压力钢管段，按埋管设计，但不计围岩弹性抗力，即$K_0=0$，钢板抗力限值取地下埋管抗力限值。

(6) 考虑到尾水压力钢管顶部布置有主变洞、母线道等洞群，上覆岩体较薄，一般不满足规范规定的3倍开挖洞径的埋管计算要求，所以尾水钢管按明管设计，用明管抗力限值。

(7) 钢衬壁厚以运行期的内水压力作为控制条件，以检修期的外水压力作为复核条件。一般抗外压屈服能力可以通过使用外加劲环、设置钢衬贴壁外排水系统与排水廊道系统等来得到保证。

**(三) 地下埋管设计荷载取值**

1. 设计内水压力

(1) 引水压力钢管。设计内水压力的确定是为了进行钢管的强度和壁厚计算。引水压力钢管的设计内水压力按钢管所承受的最大静水压力，即上水库正常蓄水位与压力钢管下平段中心线高程的差值，再附加水力过渡过程产生的最大水击压力上升值。此时，一般不考虑引水管道的水头损失，对于特别长的引水管道，水头损失很大，应作专门研究。

水锤作用力可采用不同工况下的水力过渡过程计算求得，但常常在压力钢管结构设计之时，电站机组还没有完成采购，影响水锤作用力值的机组全特性曲线、调速器参数以及机组$GD^2$值等重要参数均没有最终确定，再加上模型水轮机和原型机特性存在不可避免的差别以及计算模型、边界等影响，因此计算所确定的水锤压力不会特别精确。结合几个抽水蓄能电站压力钢管设计内水压力取值与真机甩负荷/断电试验的经验，考虑到设计内水压力的略微提高，虽然将使钢管工程量及造价也随之提高，但与整个工程投资相比影响非常小，却能为将来机组到货可能存在的一些技术数据变动以及研究机组导叶最优关闭规律留有余地，也可以给设计和运行带来非常大的方便。所以钢管设计内水压力在参考水力

过渡过程计算成果的基础上，一般取不小于1.3倍最大静水压力，再考虑机组甩负荷压力脉动影响和计算误差而附加一个安全裕度（约5%～8%），即设计内水压力取不小于1.35～1.38倍的最大静水压力。十三陵抽水蓄能电站的安全裕度取值为最大静水压力的5%。

（2）尾水压力钢管。尾水压力钢管设计内水压力的计算方法与引水压力钢管基本相同。

由于其最大静水压力相对较小，若其值小于100m水头，则考虑水锤作用后的设计内水压力值建议取1.3～1.6倍最大静水压力。

2. 设计外水压力

（1）引水压力钢管。确定外水压力数值，是一个较复杂的问题，因为天然地下水位与工程区的地形、地质、水文地质及气象条件等密切相关，还常随着季节而变化。当上水库和引水系统充水运行后，由于上水库渗流边界和引水隧洞内水外渗对山体地下渗流场的影响，可能使地下水位抬高，最终将形成一个平衡的山体地下渗流场。而在发电隧洞放空检修的情况下，压力钢管将承受渗透过来的外水压力。该外水压力的取值对压力钢管的抗外压稳定计算有很大影响，需要结合排水设施可能起到的排水效果分析研究确定。

总结国内已建抽水蓄能电站钢管检修期外水压力取值方法，建议如下：①假定钢管运行期地下水位线接近极限——地表。考虑到高压管道顶部排水廊道的排水作用，排水廊道底高程至高压管道取全水头。排水廊道底高程至地面高程段的外水压力，可根据工程地质条件以及有关地下水活动状态，按照《水工隧洞设计规范》外水压力折减系数表选取折减系数，一般可选取0.2～0.6。钢管的外水压力值为上述两值相加，总值保证不小于管道顶部覆盖厚度的1/2，即以“即使地下水位抬升到地表，钢管的抗外压稳定安全系数仍大于1”为原则。②根据广蓄和天荒坪抽水蓄能电站的实测资料显示：引水压力钢管外水压力与原勘探钻孔测得的地下水位线无明显联系，而与隧洞内水外渗直接相关，即隧洞的外水压力值可以由内水压力来确定。可根据实测或类比分析确定围岩渗流损失系数，考虑到内水外渗和外水内渗两次渗流损失，则有：钢管的外水压力值=最大静内水压力值×$(1-\text{围岩渗流损失系数})^2$。③建立工程区的三维渗流场模型。岩体渗流模型一般采用等效连续介质分析，把工程区山体地下水位观测资料作为初始边界条件，对工程区内各层岩体、主要地质结构面的渗透特性进行尽可能真实的反演模拟，并通过渗流分析预测电站运行期的工程区渗流场特征，计算出引水压力钢管范围的外水压力。

综合分析上述三种方法确定的成果，最终确定合理的设计外水压力值。

如果由于工程布置的原因，引水压力钢管周边没有条件设置排水廊道系统，则鉴于钢衬的不透水密闭特性，无论其周边围岩的渗透系数多小，钢衬外水压力达到全荷载只是时间问题，静水压力传递不能折减。《水工隧洞设计规范》中的外水压力折减系数表不适用于钢管衬砌。因此钢衬的外水压力设计值就应该取地下水位以下的全水头和内水水头的全水头压力中的较大值。

国内外工程压力钢管设计外水压力取值实例见表28-14。

国内外一些抽水蓄能电站建成运行后，对外水压力进行了实测。日本喜撰山抽水蓄能

**表 28－14**　　**压力钢管设计外水压力取值实例**

| 设计外水压力取值 | | 工程实例 | 主要思路 |
|---|---|---|---|
| 钢管中心至上水库蓄水位 | | 日本的喜撰山（管壁排水）、读书第二、池园上段钢管 | 管段距水库近；沿管壁外侧发生轴向渗流的可能性 |
| 相当于管顶覆盖厚度的水头 | | 加拿大的 Kemano、Bersimis；<br>法国的 Roselend La Bathee；<br>日本的奥吉野、奥多多良木（均无排水）；日本的玉原和、奥矢作第二（均为管壁排水和岩壁排水） | 地下水位抬升的极限；<br>长期使用排水设施可能恶化 |
| 按比例折减管顶覆盖厚度的水头 | 50% | 日本的沼原（岩壁排水）；<br>中国的十三陵（岩壁排水和排水洞） | 考虑排水效果；即使失效，抗外压稳定安全系数仍大于 1 |
| | 30% | 日本的今市、新高濑川（均为管壁排水和岩壁排水） | 考虑排水效果；<br>采用电模拟法测定 |
| 固定外压值 | 0.5MPa | 卢森堡的 Vianden | 试验洞实测最大值 0.147MPa |
| | 0.4MPa | 日本的下乡（岩壁排水和排水洞）；<br>日本的新丰根（管壁排水） | 考虑排水效果 |
| 50%内水压力 | | 秘鲁的 Huinco | 考虑排水系统作用 |
| 不专门考虑外水压力 | | 巴西的 Cubatao（原计划管壁排水） | 实际无排水，而增厚钢衬 |
| 勘测期推测地下水 | | 中国的一些引水式电站 | 管道距水库较远，渗水不会引起地下水位上抬 |
| 排水洞以上外水折减，排水洞以下全水头 | | 中国的张河湾抽水蓄能电站 | 考虑排水洞的排水效果 |
| 厂内明管按一个大气压；埋管按管顶覆盖层岩层厚 20% | | 中国的广蓄一期 | 明管考虑钢管内外气压差 |
| 排水廊道以上外水折减 0.3，排水廊道以下全水头，再加一个大气压 | | 中国的天荒坪抽水蓄能电站 | 考虑排水洞的排水效果；考虑钢管内外气压差 |
| 施工期、运行期、检修期外水压力最大值，再考虑折减 | | 中国的泰安抽水蓄能电站 | 考虑检修放空时的瞬时外压；考虑排水洞的排水效果 |

电站有两条压力管道，1 号钢管设置外排水，2 号钢管没设外排水；管道周围围岩紧密，进行了回填灌浆和接触灌浆。采用孔隙水压力计测定渗透水压力，1 号钢管外水头平均值为 4.6～9.5m，2 号钢管外水头平均值为 12.2m，管内静水头约为 220m。日本读书第二电站，在管外埋设孔隙水压力计，大约在一年后，测定最大外水头不超过 4.5m，而按库水位设计的外水头为 94m。瑞士 Newdatz 电站，进行地下水位观测，运行四年后，在三叠纪地层部分地下水位恢复到修建管道前的状态。澳大利亚 Tumut 1、Tumut 2 电站，运行五年后测得地下水位均大大低于修建前水位。十三陵抽水蓄能电站压力管道，运行十年后实测地下水位大大低于原始地下水位。

由上可见，实测地下水位结果极不一致，难以定量分析。设计者只能采用偏于安全的数值，并拟定可靠的排水措施，以利提高钢管的抗外压稳定安全裕度。

(2) 尾水压力钢管。由于尾水压力钢管顶部不到2～3倍开挖洞径的范围内有庞大的厂房洞室群及其周围完备的排水系统，因此来自山体的地下水压力基本上不可能会有效地传递到尾水压力钢管的外壁，形成外水压力。尾水压力钢管的外水压力主要来自钢管衬砌和混凝土衬砌交界面处——混凝土衬砌隧洞段的内水外渗对尾水压力钢管形成的外水压力。在考虑了钢管首段止水环、帷幕灌浆以及周围排水孔幕的防渗截排系统的作用后，设计一般可以考虑取尾水隧洞最大静水压力值×(0.2～0.4) 的折减系数作为尾水压力钢管的外水压力值。

**(四) 地下埋管承受内压结构分析**

抽水蓄能电站压力钢管的管壁厚度，可根据《水电站压力钢管设计规范》中的推荐公式与前述的计算原则，分别按埋管或明管进行计算。管壁厚度计算公式，规范中已有明确推荐。下面对结构分析中要注意的其他问题进行说明。

1. 埋藏式钢管

(1) 围岩对内水压力的分担率。当埋藏式钢管同时满足缝隙判别条件和覆盖围岩厚度条件 $H_r \geqslant 6r_5$ 时，可根据围岩物理力学指标，容许围岩承担部分内水压力。由于围岩的未知因素很多，或者存在局部不良地质条件，难以确保符合理论计算状态，设计时宜限制围岩对内水压力的分担率。一般原则是“即使围岩实际未分担内水压力，由内水压力引起的钢管应力也不能超过钢材的屈服点”，即所谓的“明管控制准则”。对处于厂房围岩松弛区内和施工支洞影响范围内的钢管，围岩分担率宜取为零。当管径较大，围岩很不均匀时，宜辅以有限单元法分析。十三陵抽水蓄能电站压力钢管计算时，围岩分担率上限为45%。

由于岩体并不是各向同性的完全弹性体，通常都呈现塑性变形、蠕变等非线性性状。此外，在钢管与混凝土衬砌间存在各种因素产生的间隙。如何在计算中反映这些因素，则是围岩分担内水压力理论中的重要问题。在进行内水压力作用下的应力分析时，应注意围岩的弹性模量、塑性变形系数和缝隙值的选取。为了有效且安全地利用围岩分担内水压力，必须充分掌握围岩物理力学特性（尤其是弹性模量和塑性变形系数)，对于大型压力管道除应进行必要的地质勘探外，还应进行原位试验。试验的方法有平板载荷试验、平洞压水试验、洞内弹性波探测和孔内载荷试验等。前两项是主要试验手段，但它们的试验结果得到的围岩特性值仅能反映其试验位置特性，为了使其与管道沿线地质条件相对应，则还应根据情况在不同位置选择进行其他试验和现场地质调查，以便掌握全面情况。

(2) 围岩参数的使用。在设计中如何应用试验成果，是一个集经验、经济、安全于一体的综合性问题。根据日本文献统计，在11座抽水蓄能电站钢管道中，其围岩弹性模量（部分为变形模量)，有8个以平板荷载试验的结果为计算依据。而对所得试验值的评价，以最小值或以下值作为设计值的有5个工程，取平均值与最小值之间的有3个工程，按不同部位取最小值或平均值的有1个工程，取比该部位更差的围岩等级处的试验平均值的有2个工程。所有数据均考虑了安全系数，最大者仅为7.5GPa，可见设计者的安全意识。

关于塑性变形系数，尽管这些工程试验结果差别较大，但大多采用 0.5，地质条件差的采用 1.0（由平板载荷试验直接求变形模量的四个工程除外）。

（3）初始缝隙。

1）通水降温缝隙。原则上应取安装时钢管温度与通水后的最低水温之差。但前者与地温、混凝土水化热温升及施工期洞内通风情况等有关，难于准确确定。在日本，多数工程估计通水温降为 15～20℃。十三陵抽水蓄能电站钢管设计系按多年平均气温与最低水温之差，近似选用了 15℃。实测温差表明，此值偏小，适宜数值尚待进一步分析研究。但对于埋置深度很大的钢管，无疑还须考虑到地温梯度。

2）施工缝隙。因施工不良而造成的缝隙，其数值因施工方法、施工质量和施工部位而异。十三陵抽水蓄能电站钢管原位模型水压试验，测得充水前钢管与混凝土间的缝隙值，中部和底部为 0～0.1mm，顶部为 0.265mm。混凝土与围岩间的缝隙平均值为 0.19mm。为此在计算中取等代温降 10℃作为施工缝隙值（0.23～0.32mm）。与通水降温缝隙合计为等代温降 25℃缝隙值（0.57～0.78mm）。实际上，由于十三陵抽水蓄能电站钢管外侧系采用添加 UEA 膨胀剂的混凝土回填，因此施工缝隙值很小。据充水期原型观测显示，多数测点钢管与混凝土间隙为 0，少数顶部或底部间隙达 0.50mm 左右，最大值为 0.54mm，说明设计综合取值尚偏于安全。

实际施工中，由于混凝土自身的收缩和混凝土施工措施不当等原因，在水平段钢管的底部会存在局部的脱空，通常都是通过接触灌浆处理。即使采用接触灌浆，仍然有局部脱空存在，致使管壁外围存在不均匀缝隙，在结构设计中需予以考虑。

2. 厂内明管

厂内明管岩壁约束端局部应力复核，是通过对约束端三种假设（绝对刚性的约束条件假设、无限域线弹性的约束条件假设、有限域线弹性轴对称的约束条件假设）分别按明钢管平面应变和非平面应变进行的计算分析。通过计算，可得出以下结论：绝对刚性的约束条件假设下的当量应力＞无限域线弹性的约束条件假设下的当量应力＞有限域线弹性轴对称的约束条件假设下的当量应力。

明钢管在岩壁约束端处的管壁局部应力，可以按下式表达：

（1）平面应变情况：

$$\sigma_A = \pm 1.652\beta' \frac{p_i \times r}{\delta}\text{（纵向弯曲应力，内壁+，外壁−）} \tag{28-8}$$

$$\sigma_\theta = (1-\beta')\frac{p_i \times r}{\delta}\text{（环向应力）} \tag{28-9}$$

参数 $\beta'$ 的取值：对于绝对刚性的约束条件假设 $\beta' = 1.0$。

对于无限域线弹性的约束条件假设：

$$\beta' = \frac{1 - \dfrac{\delta\Delta_0}{(1-\mu_s^2)r^2} \times \dfrac{E_s}{P_i}}{1 + \dfrac{1+\mu_c}{1-u_s^2} \times \dfrac{\delta}{r} \times \dfrac{E_s}{E_c}} \tag{28-10}$$

对于有限域线弹性轴对称的约束条件假设：

$$\beta'=\frac{1-\dfrac{\delta\Delta_0\times E_s}{(1-\mu_s^2)r^2P_i}}{1+\dfrac{\left[1+\mu_c+\dfrac{2r^2}{h^2(1+2r/h)}\right]\delta E_s}{(1-\mu_s^2)r\times E_c}} \tag{28-11}$$

式中：$P_i$ 为内水压力；$r$ 为钢管半径；$\delta$ 为钢管壁厚；$\Delta_0$ 为初始缝隙；$E_s$、$\mu_s$ 为钢材的弹性模量及泊松比；$E_c$、$\mu_c$ 为混凝土或围岩的弹性模量及泊松比；$h$ 为混凝土厚度。

（2）非平面应变情况：

$$\sigma_A=\pm1.816\beta\frac{p_i\times r}{\delta}\text{（纵向弯曲应力，内壁＋，外壁－）} \tag{28-12}$$

$$\sigma_\theta=(1-\beta)\frac{p_i\times r}{\delta}\text{（环向应力）} \tag{28-13}$$

参数 $\beta$ 的取值：对于绝对刚性的约束条件假设 $\beta=1.0$。

对于无限域线弹性和有限域线弹性轴对称的约束条件假设：

$$\beta=\mu_s^2+(1-\mu_s^2)\beta' \tag{28-14}$$

式中：$\beta'$ 是对应的平面应变情况参数。

（3）约束成立条件与当量应力。上述约束条件假设成立的条件是 $\Delta_w>\Delta_0$，即钢管的总径向变形 $\Delta_w$ 大于钢管外壁与混凝土内壁之间存在的初始间隙 $\Delta_0$。也就是应满足下述表达式：

$$\frac{\delta\times\Delta_0}{(1-\mu_s^2)r^2}\times\frac{E_s}{P_i}<1.0 \tag{28-15}$$

若 $\Delta_w<\Delta_0$，则说明钢管在内压作用下，其管壁的径向扩张不足以闭合 $\Delta_0$，约束便不起作用，管壁应力与一般的明钢管相同。

按各种约束条件的假设，计算约束端处的管壁局部应力，并计算用以校核管壁强度的当量应力。岩壁约束端当量应力的表达式：

$$\sigma_{\rm eq}=\sqrt{\sigma_A^2+\sigma_\theta^2-\sigma_A\sigma_\theta} \tag{28-16}$$

3. 近厂房段钢管

（1）止推环计算。近厂段钢管止推环剪应力的计算公式如下：

$$\tau_{\rm f}=\frac{N}{h_cl_w}\leqslant\beta\times f_{\rm f}^w \tag{28-17}$$

式中：$N$ 为轴向压力，$N=PA$＝设计水压力×钢管横面积；$h_c$ 为角焊缝的有效厚度，采用直角角焊缝 $h_c=0.7h_f$，$h_f$ 为较小焊角尺寸；$l_w$ 为角焊缝的计算长度，取实际长度减去 10mm；$\beta$ 为正面角焊缝的强度设计增大系数，直接承受动荷载，则 $\beta=1.0$；$f_f^w$ 为角焊缝的强度设计值。

(2) 锥管段壁厚计算。在压力钢管进入厂房前的一小段范围内，钢管直径减到与球阀尺寸接近的程度，以减薄钢板厚度和与球阀连接，而其上游钢管内径逐渐地适当放大，以减少水头损失。因此，压力钢管一般都设有锥管段，其通常按埋管计算，但围岩弹性抗力取 0。

锥管段钢管壁厚规范中没有明确的计算公式，可以根据《小型水电站机电设计手册》中的锥管段壁厚估算公式进行初步估算。因锥管部位受力较为复杂，需要对锥管部位进行强度复核。锥管段壁厚估算公式：

$$\delta=\frac{K_2 pD}{2[\sigma]\phi\cos\varphi}+c \tag{28-18}$$

式中：$K_2$ 为锥管与其他管节连接时，连接处应力集中系数，可近似取 1.1～1.25；$D$ 为钢管平均直径，可近似取内径；$\phi$ 为焊缝系数；$\varphi$ 为锥管的半锥顶角；$c$ 为锈蚀裕量，一般取 2mm。

锥管承受内水压力 $P$、轴向力$\Sigma A$ 及法向力引起的弯矩$M$。计算时，因锥管较短，管两端弯矩 $M$ 可取等值，法向力引起的剪力影响不大，可近似忽略。锥管段中，不同部位的管壁应力不同，应力最大的截面为图 28-6 中的截面Ⅰ-Ⅰ和Ⅱ-Ⅱ。

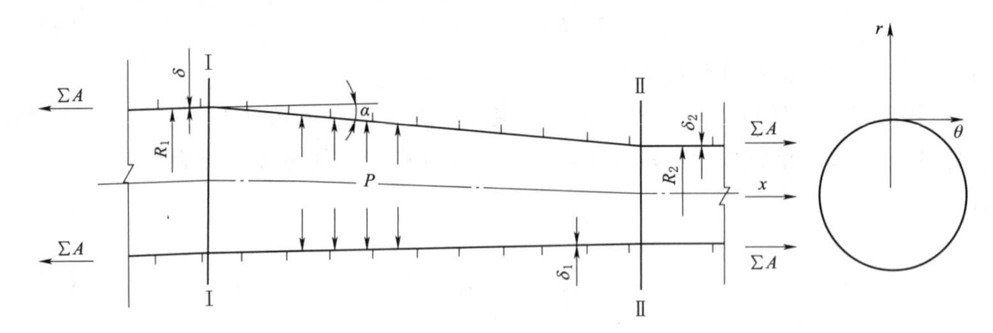


图 28-6 锥管强度复核简图

按第四强度理论，当量应力计算公式如下：

$$\sigma=\sqrt{\sigma_x^2+\sigma_\theta^2-\sigma_x\times\sigma_\theta+3\tau_{x\theta}^2} \tag{28-19}$$

**(五) 地下埋管抗外压稳定分析**

地下埋管的破坏大多是外压失稳破坏。地下埋管的抗外压稳定分析主要包括设计外压值的确定、计算公式的选取等方面。

1. 设计外压值的确定

对于地下埋管而言，外荷载主要是施工期的围岩压力、流态混凝土压力、灌浆压力、钢管内外的气压差以及检修期的外水压力等。其中钢管内外的气压差和检修期的外水压力为运行期作用的荷载，在放空条件下为控制性荷载，其余为施工期的临时荷载，两者不叠加，通常取运行期荷载和施工期荷载的大值作为结构设计的控制荷载。

地下埋管段的围岩压力应在隧洞开挖期，通过喷锚支护来使围岩完成自身承载，即地下埋管结构设计中不考虑承担围岩压力荷载。

混凝土浇筑时，流态混凝土所产生的外压与浇筑速度有关。对大 $HD$ 钢管而言，因受

运输条件的限制，其速度不会很快（十三陵抽水蓄能电站钢管混凝土浇筑速度约为15m/d)。即使按10m段长的液态混凝土计，其形成的压力也只有0.2MPa左右。而且施工期流态混凝土压力属于临时荷载，可以通过钢管内加内支撑以及调整浇筑程序等措施加以解决，所以施工期流态混凝土压力可以不作为钢管外荷载设计值。

钢板与混凝土间的接触灌浆多采用0.1～0.2MPa。混凝土与围岩间空隙的回填灌浆压力一般取0.3～0.5MPa。为了强化与改善开挖松弛区及围岩性状而进行的固结灌浆压力，则需视设计者的意图及具体条件确定。与流态混凝土压力一样，施工期灌浆荷载也属于临时荷载，同样可以通过钢管内加内支撑、合理布置灌浆孔塞、控制灌浆压力、调整灌浆程序等措施加以解决，所以其他可以不作为钢管外荷载设计值。

钢管内外的气压差为压力钢管放空检修瞬间在管内产生的负压，通常保守考虑取一个大气压，可以按0.1MPa计。

由上可见，对大HD钢管而言，施工期荷载可采用加临时支撑等措施加以解决。除特殊情况外，控制外压稳定的主要因素是检修期的外水压力。

*2. 计算公式的选取*

抽水蓄能电站的地下埋管一般分为不设外加强结构的光面管和设置加劲环的钢管。不同的结构有不同的外压稳定计算方法。

光面管计算临界外压可采用经验公式或阿姆斯图兹公式。当安全系数不满足要求时，一般考虑设置加劲环。设置加劲环的钢管需要复核加劲环间管壁抗外压稳定和加劲环自身的抗外压稳定。加劲环间管壁的临界外压计算，采用米赛斯公式。上述计算公式，《水电站压力钢管设计规范》已有明确推荐，本文不再赘述。

**（六）地下埋管排水设计**

地下埋管考虑围岩分担部分内水压力后，钢管壁厚减薄，有可能受控于抗外压稳定。外水压力是长期作用于钢管的外荷载，对于外水压力较高的地区，降低钢管外水压力对地下埋管就显得尤为重要，因此需设置排水措施减小作用于钢管上的外水压力。至于排水效果，则要结合实际充分考虑岩体渗流的特点进行分析。排水设计除借鉴已建工程实例外，还宜进行有排水的渗流场分析。

压力钢管降低外水压力的排水措施通常分为直接排水系统和间接排水系统。直接排水系统是指在钢管外壁布置的排水措施，能直接将钢管外侧的渗水排出，对降低钢管外水压力最有效。但由于回填混凝土和围岩内灌浆结石的含钙物质析出造成的堵塞可能会使排水失效，需要定期清理且清理困难，通常只将其作为安全储备。间接排水系统是指在距钢管一定距离，为降低钢管地下水而布置的排水洞或排水孔等措施，也可利用已有的施工支洞进行排水。可在排水洞壁布置排水孔以达到降低钢管周围地下水位的目的，这是普遍采用的钢管外排水措施。

下面介绍几种典型的排水型式。

*1. 岩壁排水系统*

岩壁排水是一种紧贴岩壁（即开挖面）布置的管网状排水系统，压力钢管的排水系统沿开挖的洞壁布置，每条高压钢管均设置岩壁排水系统。沿高压钢管走向设4根外排水管，分别位于高压钢管横断面的45°、135°、225°和315°，每隔6.0m设一排水孔，如图 28-7 所示。四根外排水管均通向厂内自流排水洞，将渗入管内的渗水排入自流排水洞。

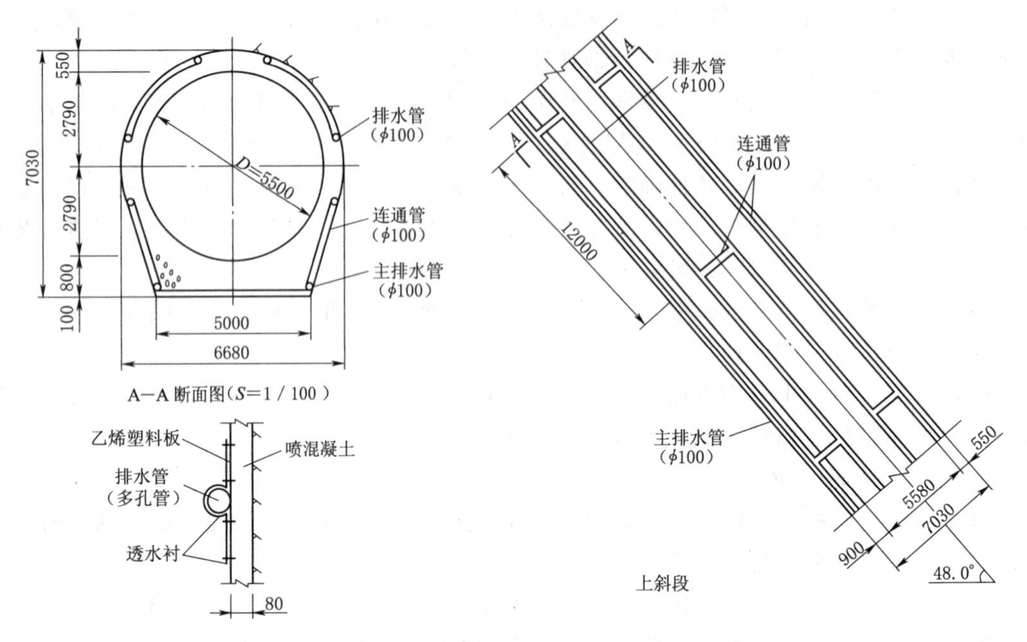


图 28-7 典型的岩壁排水系统（单位：mm）

800MPa 级高压钢管段则采取 U 形环向排水槽，间距为 6.0m，在高压钢管四角的 U 形槽处用纵向排水管连通并通向自流排水洞。

另一种岩壁排水则是在岩壁上布置系统的排水孔，孔内设置外包无纺布的排水管，各孔内的排水管引入与钢管轴线平行布置的排水主管，排水主管最终自施工支洞或厂房引出。采用这样的排水方式时，应注意根据出水点的位置布置随机排水孔。

岩壁排水系统在十三陵抽水蓄能电站有所应用。

2. 钢管贴壁外排水系统

常用的钢管贴壁外排水设计方法有以下两种。

(1) 在紧邻钢管外壁布置 2 根或 4 根纵向镀锌排水管，在完成钢管外混凝土衬砌和各种灌浆后，每隔一定距离通过钢管壁上预留的孔洞，钻孔沟通这些排水管，用来排除钢管外壁可能的渗水，降低直接作用在钢管外壁的外水压力，保证钢管的抗外压稳定。这种方法在日本抽水蓄能电站以及天荒坪、桐柏抽水蓄能电站中有所应用。但由于排水管可能会被析出的钙质堵塞失效，其长期作用与效果存在问题，因此设计常常把它作为附加的安全设施，不在钢管外压计算中给予考虑，即在外水水头的取值上一般不考虑钢管贴壁外排水管的降压作用。

这种钢管贴壁外排水系统存在以下缺点：①增加工程投资和施工工期；②需要在钢管壁上多开设孔洞，后期又需要封堵，增加了一道损伤钢管的施工工序，同时也多了一项可能的施工质量纰漏；③钢管排水孔大间距的系统布置与钢管外壁施工缝隙以及地下水渗流裂隙随机分布的矛盾，使得钢管外排水管的有效性降低；④排水管的存在，使钢管外施工

空间更小，可能影响钢管外回填混凝土施工质量，从而影响钢管与围岩的联合承载，降低钢管的安全性；⑤随着回填混凝土和围岩内灌浆结石钙质的析出，定期清理的困难，使得排水管作用的永久性存在疑问。

基于以上因素的分析，一般认为在布置了完备的钢管排水系统后，再布置钢管贴壁外排水管的必要性不大。当然对于高水头多管道电站，为了在一条压力管道放空检修而相邻压力管道充水发电过程中，给放空的引水压力钢管增加一道抗外压保护措施，也有些抽水蓄能电站钢管仍旧布置了钢管贴壁外排水措施。

(2) 钢管外壁排水系统由纵向排水角钢和环向集水槽钢共同组成。在钢管外壁沿钢管轴线方向布置数根纵向排水角钢，角钢倒扣在钢管上，与钢管外壁点焊，非点焊部位用工业肥皂涂封或在角钢外壁用无纺布粘贴。角钢应在钢管外壁均匀布置并避开灌浆孔。每隔一定距离设置环向集水槽钢，将纵向排水角钢相连，钢衬首部的集水槽钢应位于钢衬首部止水环之后。槽钢倒扣于钢管外壁，与钢管外壁点焊，非点焊部位用工业肥皂涂封。角钢插入集水槽钢内，在尾部集水槽钢底部接出两根纵向 $\phi$100 镀锌排水管，向下游引至厂房底层排水廊道或厂房内集水井。具体参见图 28－8。

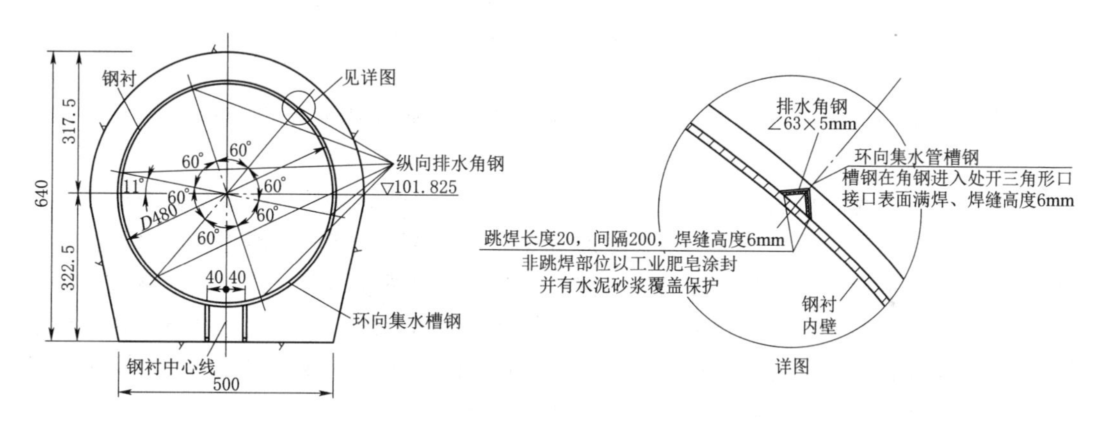


图 28－8　钢管贴壁外排水典型断面图

这种布置的钢管贴壁外排水系统，既避免了钢管管体的开孔损伤等不利因素，又使钢管外排水管的点排水模式优化为贴壁角钢的线排水模式，改善了钢管的外排水效果，而且相对增加了钢管外侧安装空间，方便施工。广蓄二期和泰安抽蓄工程就使用了这种贴壁外排水方式，具体见图 28－9。

该钢管贴壁外排水系统仍必须考虑钙化和杂物引起的管道阻塞问题。减少阻塞的办法之一就是在钢管外排水系统出口设置阀门，使得钢管外排水系统仅在压力管道放空检修期间打开排水，而在绝大部分的电站运行期间内将其出口阀门关闭，排水系统内没有水流流动，使其处于静止带压状态。

3. 廊道外排水系统

为了防止在高压混凝土衬砌隧洞邻近的地下埋管外侧积累高外水压力，降低地下水位，最可靠的措施就是在地下埋管上方开挖断面不大的排水廊道体系，在排水廊道内再布置垂直或水平的排水孔以及防渗帷幕。排水廊道的防渗排水体系的设置主要目的是防止钢衬的外压失稳及地下厂房防潮防水。防渗排水的设计原则应该是针对被保护建筑物

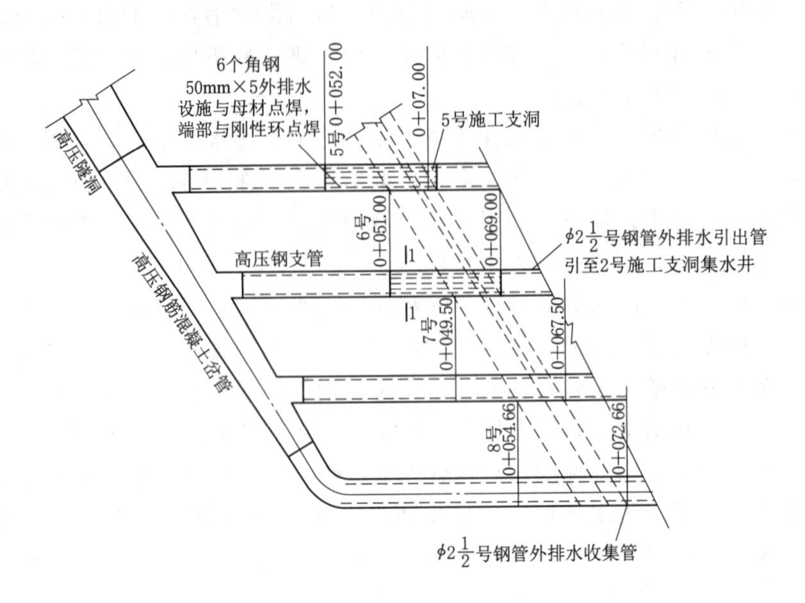


图 28－9　广蓄二期钢管贴壁外排水布置示意图

实施远截近排，在不产生围岩渗透水力破坏的条件下，保护引水发电建筑物的安全或工作条件。

针对设计需要保护的引水钢衬和地下厂房，设计的原则应该是以引水钢衬起始点对应的顶部排水廊道为界，该界线为一条关键的防渗排水分界线。其上游侧为高压水围岩承载区，应该重点承载防渗，包括水工高压隧洞内的系统固结灌浆和钢衬顶部排水廊道下挂的帷幕灌浆等，尽可能确保高压水封闭在该界线的上游侧围岩内。因此该区域不宜采取排水措施或存在地质探洞，因为排水或地质探洞空腔将增加高压水承载区围岩的水力梯度，对引水隧洞围岩承载不利，也与围岩承载设计准则不符。

引水钢衬起始点顶部的廊道一般既为排水廊道，也兼为帷幕灌浆廊道。该道帷幕灌浆是高压水围岩承载区与排水保护区的分隔帷幕，其作用是减小围岩渗透性及提高围岩的抗水力击穿能力，尽量使隧洞内水渗流经过帷幕，是渗流控制的重要组成部分。在廊道底高程和位置的选择上要注意其水力梯度，排水洞和混凝土管道之间的距离应满足水力劈裂的要求。广蓄二期工程曾因该廊道位置过低而发生廊道沿节理面层状射水，而后作了堵塞处理。对于Ⅱ～Ⅲ类硬质围岩区，一般该廊道布置要与底部的引水下平段和上游侧的引水斜井或竖井段保持不大于 10～15 的水力梯度要求，并不应垂直向下或向上游侧布置排水孔。因此该廊道的布置不能迁就探洞，而且工程前期在布置勘测探洞的过程中也要考虑到这些因素，尽可能避免后期过大的探洞封堵工作量。

地下埋管起始点顶部排水廊道的下游侧为排水保护区，应该重点排水保护，包括网状排水廊道系统本身以及系统排水孔。即在廊道上方设置“人”字形排水孔，排水孔间距一般为 3～6m，孔径 65～90mm。广蓄一期工程钢管排水洞布置见图 28－10。另外还可以通过设置山体地下水位长期观测孔，以监测高压水道穿过的区域在建前及建后的地下水位变化，为评估高压隧洞和覆盖山体的稳定安全提供判别依据。

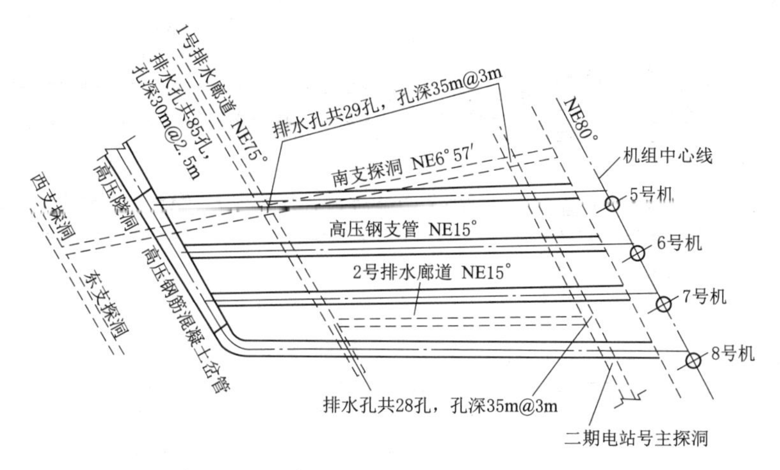


图 28-10　广蓄一期钢管排水洞布置示意图

高压水在经过围岩承载区的重重阻隔和渗透衰减后，剩余的漏网之水，应采取及时排走的措施，确保被保护建筑物（如地下厂房、引水钢管等）不承受过高的渗压或出漏过大的渗水。但是排水系统设置既要起排水减压作用，同时应控制合适的水力梯度，确保排水量是长期稳定的，且渗出水不夹带出围岩内的细小颗粒，其总量对电站发电效益影响也不大。

4. 蒲石河抽水蓄能电站钢管排水布置实例

蒲石河引水压力钢管的排水系统主要包括钢管管壁及岩壁排水、在压力钢管上方设置排水廊道等工程措施。

蒲石河引水压力钢管管壁及岩壁排水系统，由环向集水管和纵向排水管组成。环向集水管排距 2.8m，纵向集水管沿横断面均匀布置 6 根，于厂房上游墙出露，并引至厂房集水井。集水管、排水管均采用等效孔径为 0.02～0.025mm 的特殊软式透水管。蒲石河引水压力钢管管壁及岩壁排水系统措施，见图 28-11。

压力钢管排水廊道与厂房排水廊道结合，廊道内排水方式采用自流排水。钢管排水廊道平面上平行于压力钢管布置，共三条，位于压力钢管上方 36～40m。排水廊道断面为 2.5m×3.5m，纵剖面上布置 10%的底坡（倾向厂房）。排水廊道首端位于压力钢管起始部位，并通过断面为 2.5m×3.5m 的廊道（轴线垂直压力钢管）将三条排水廊道相连，末端接入厂房上层排水廊道。排水廊道向下不设置排水孔，为降低压力钢管部位上方的地下水位，在排水廊道上方设置了人字形排水孔，孔距 3m，孔深 35m，孔径 $\phi$10cm。蒲石河引水压力钢管排水廊道系统措施，见图 28-12。

## （七）地下埋管细部设计

### 1. 地下埋管与混凝土衬砌隧洞接缝处结构

钢筋混凝土衬砌隧洞和钢衬接缝处由于二者刚度不同，在高内水压力作用下接缝容易被拉裂，可能会造成内水外渗现象，外渗水容易沿混凝土和围岩接缝、混凝土和钢衬接缝以及围岩裂隙等向引水钢衬段渗漏，威胁钢衬外压稳定的安全。对钢筋混凝土衬砌隧洞和钢衬接缝处的结构及施工分缝处理的设计应重视，除应进行帷幕灌浆外，还需要进行详细的细部设计。

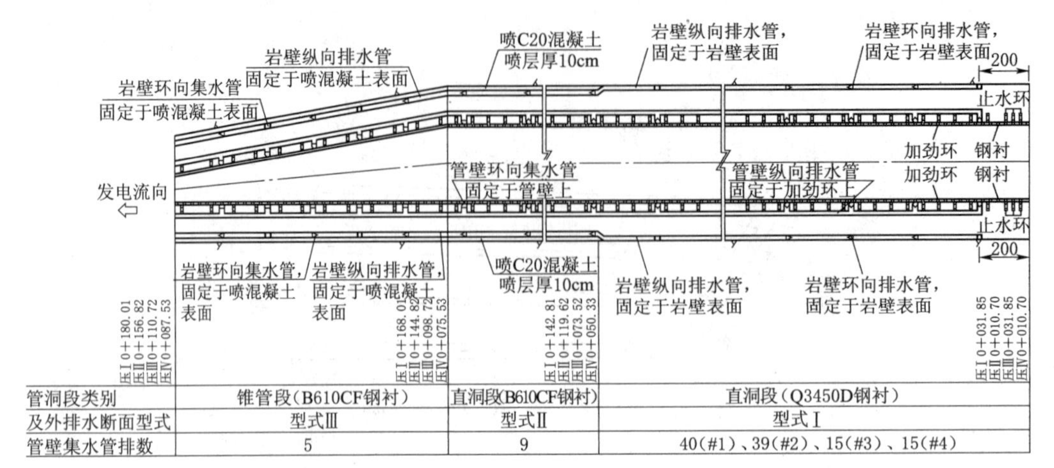


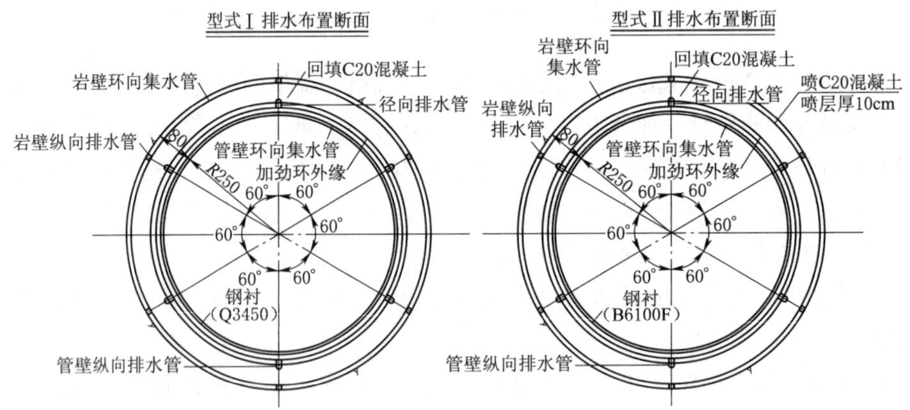


图 28－11　蒲石河抽水蓄能电站钢管管壁及岩壁外排水布置图

为尽量使混凝土衬砌和钢衬变形相容，接缝处岔管钢筋延伸入钢衬（40～50）$d$ 长度（$d$ 为钢筋直径），并配置双层钢筋，见图 28－13。相应将钢筋混凝土衬砌隧洞和钢衬施工分缝设置于钢衬段内（40～50）$d$ 处，钢管首部段（40～50）$d$ 长度回填混凝土和钢筋混凝土衬砌隧洞段混凝土一起整体浇筑。

2. 地下埋管凑合节设计

钢管凑合节是用于连接已焊接固定好的两段钢管。凑合节一般有两种形式：

（1）直管压入式凑合节。这种凑合节钢管的宽度较现场实际凑合节处的宽度大，安装时将事先加工好的凑合节钢管宽裕部分在现场划线割除，然后将其推入使之与两端钢管顺利凑合，再用两条对接焊缝焊接。这种形式设计安装方法简单，容易施工；其缺点是由于凑合节的最后一条环缝属于封闭焊缝，焊接时两端钢管已固定，无收缩余地，这条环缝在焊接时就存在较大的内应力，焊接过程中应进行预热和后热，并用机械锤击减少其残余应力。直管压入式凑合节详图参见图 28－14。

天荒坪、泰安抽水蓄能电站工程的引水钢管以及宜兴抽水蓄能电站工程的尾水钢管凑合节均采用直管凑合直接压入，用两条对接焊缝焊接。

（2）套筒式凑合节。这种凑合节的宽度短于实际凑合节宽度的 80～120mm，这短

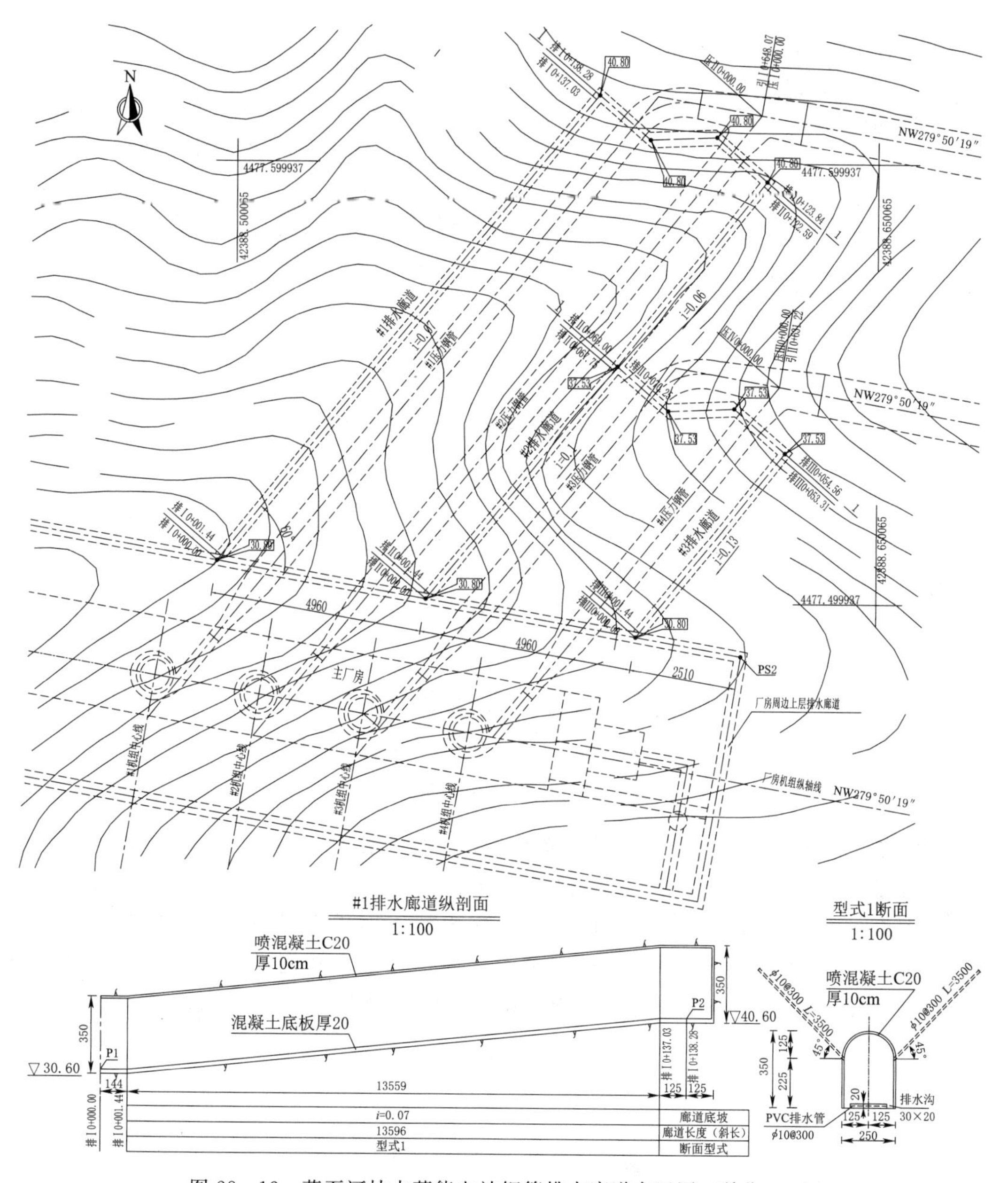


图 28-12 蒲石河抽水蓄能电站钢管排水廊道布置图（单位：m）

少的 80～120mm 空隙，就靠一节长约 400mm 的短套管来连接封闭，并在空隙中填塞钢板导流。该种连接方式制作安装难度较高，上下游侧钢管与套管的圆度要严格保持一致，短套管的周长应大于被套钢管周长 12mm，才能使其顺利套入，但是能大大缓解钢管焊接应力。套筒式凑合节的最大优点是将直接压入式凑合节的环缝为对接焊缝，变为套筒和钢管之间的角焊缝。由对接焊缝变成搭接角焊缝，焊接应力大大减少，焊接时不容易出现裂纹。中间钢板的填塞焊接主要起导流板的作用，并与灌浆孔塞起类似作用——防渗堵漏。

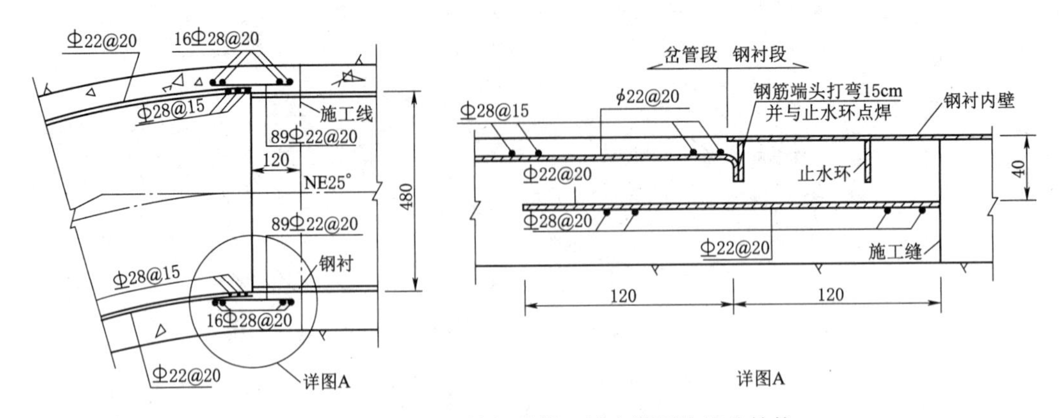


图 28－13　地下埋管与混凝土衬砌隧洞接缝处结构

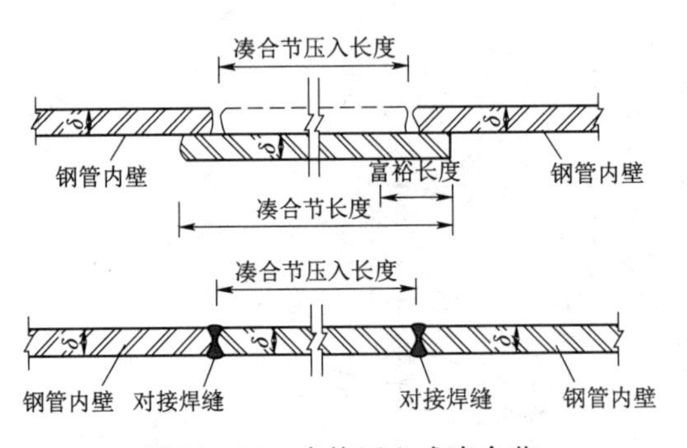


图 28－14　直管压入式凑合节

实际安装过程中，套筒式外钢管先角焊缝焊接于上游侧钢管，当下游侧凑合节钢管安装推入套筒钢管内后，再焊接另一侧角焊缝，最后进行中间钢板的填塞焊接。这样在中间钢板的填塞焊接过程中产生的焊接内应力就不会传递到两侧的主钢管上，而只是传递到套筒钢管上，而且事先焊接定位的套筒钢管把中间钢板填塞焊接的空间尺寸事先固定，尽可能减少对接焊过程中热胀冷缩产生的内应力。套筒式凑合节详图参见图 28－15。

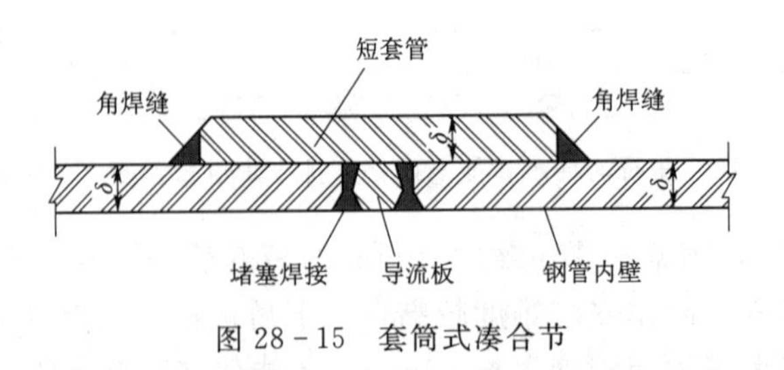


图 28－15　套筒式凑合节

桐柏抽水蓄能电站工程的引水钢管凑合节采用套筒式凑合。

3. 地下埋管加劲环设计

光面管一旦局部失稳，即使邻近管段的外水压力小于钢管失稳的临界压力，也会沿洞线方向迅速蔓延，引起大范围的失稳破坏。因此为了避免钢管外压失稳事故大范围扩大，

即使抗外压稳定计算说明不需要设置加劲环，仍建议每隔 10～20m 距离设置一道加劲环。对钢管结构抗外压能力影响较大的是加劲环间距、钢衬厚度，加劲环高度和厚度对其影响相对较小，而减少加劲环间距显然比增加钢衬厚度要经济。

研究表明设置低而密的加劲环，不仅可以提高钢管的抗外压能力，而且可以提高钢管的抗内压能力。加劲环间距较大时，钢衬在加劲环处往往会产生较大的局部应力，低而密的加劲环能有效地改善钢衬受力均匀性。若采用低而密的加劲环，则由于加劲环不高，也相对增大了现场安装作业的空间，有利于钢管底部混凝土浇筑。

钢管加劲环不仅被用来增强抗外压稳定，而且在钢管直径大于 5.0m 时，可作为施工期保证钢管椭圆度的辅助设施，方便钢管的运输、安装和回填管外混凝土，简化或省略钢管临时内支撑。因此，对于大直径钢管（直径大于 5.0m）即使从钢管自身结构刚度出发，设置加劲环也是很有必要的。

4. 地下埋管防腐设计

钢管防腐设计主要包括钢管表面预处理设计以及防腐涂料与厚度的选择。

(1) 钢管表面预处理设计。钢管表面预处理设计包括表面清洁度和表面粗糙度两项指标的拟订。钢管内壁和明管外壁经喷射或抛射除锈后，除锈等级（表面清洁度）应符合《涂装前钢材表面锈蚀等级和除锈等级》（GB/T 8923）标准中规定的 Sa2.5 级，应用照片目视比较评定。表面粗糙度应达到 $R_z$40～70μm，用样板目视比较评定或仪器测定。对于与回填混凝土直接接触的埋管外表面，应清除浮锈、油渣和其他杂物，除锈等级达到标准中规定的 Sa1 级。钢管表面处理应采用喷射或抛射除锈，所用的磨料应清洁干燥，喷射用的压缩空气应经过滤，除去油水，磨料选用天然石英砂、人造金刚砂两种。

(2) 防腐涂料与厚度的选择。钢管防腐蚀措施主要有金属喷镀和涂料两大类。由于采用金属喷镀进度没有保证以及造价太高，因此抽水蓄能电站压力钢管一般均采用涂料防腐。涂料的选择一般应考虑面漆应能长期承受高压水的侵蚀，且短期暴露于大气中而不致损坏；底漆应适应于施涂面漆种类，且与钢管壁面应具有良好的黏结性能。

结合天荒坪、泰安、桐柏等抽水蓄能电站压力钢管防腐涂料的选择，一般压力钢管内壁表面防腐：采用涂料防腐，先涂环氧富锌防锈底漆，漆膜厚度（干）60～75μm；再涂厚浆型环氧煤沥青防腐面漆，总漆膜厚度（干）不小于 500μm，其中进厂段流速高于 10m/s 的厂内明管段内壁总漆膜厚度（干）不小于 700μm。压力钢管外壁表面防腐：①厂内明钢管外壁喷涂环氧富锌底漆，漆膜厚度（干）60～75μm；再涂厚浆型环氧沥青防腐面漆，总漆膜厚度（干）不小于 250μm。②埋管外壁喷含少量减水剂、防锈剂的水泥浆防腐，厚度不小于 2mm。

针对钢管的防腐涂料选择还存在另一种讨论，即水下钢结构防腐涂料底漆一般不推荐采用环氧富锌漆，而推荐采用环氧树脂漆。原因是环氧富锌漆与钢板的黏结力小于环氧树脂漆与钢板的黏结力，而且长期的水下环境，锌的电化学保护功能不能很好发挥。若涂料层有破损，有水条件会与锌发生反应，而使涂层迅速起泡破坏。另外环氧富锌漆的一次喷涂厚度一般只有 40～60μm，不像环氧树脂可以一次到 250μm，增加了施工喷涂工序。表 28-15 为一些压力钢管防腐涂料建议方案。

表 28-15　　压力钢管防腐涂料建议　　单位：μm

| 涂料种类 | 埋管内壁 | | | | 厂内明管外壁 | |
|---|---|---|---|---|---|---|
| | 方案 A | | 方案 B | | 潮湿的地下室内环境 | |
| | 种类 | 厚度 | 种类 | 厚度 | 种类 | 厚度 |
| 底漆 | 环氧煤焦油沥青漆 | 175 | 超强环氧树脂漆 | 250 | 厚浆环氧树脂漆 | 175 |
| 中间漆 | 环氧煤焦油沥青漆 | 175 | — | — | — | — |
| 面漆 | 环氧煤焦油沥青漆 | 150 | 超强环氧树脂漆 | 250 | 厚浆环氧树脂漆 | 175 |
| 厚度总计 | 500 | | 500 | | 350 | |

## 三、明管设计

大多数抽水蓄能电站水头高，安装高程低，常采用地下压力管道；个别电站由于地形、地质条件和施工条件的原因采用明管布置。抽水蓄能电站明管设计原则基本同常规水电站，本文不再赘述。下面介绍几个明管设计的工程实例：

**（一）明潭抽水蓄能电站**

明潭抽水蓄能电站位于中国台湾中部的日月潭附近，以日月潭天然湖泊为上水库，下水库在水里河筑坝形成。电站总装机容量 1600MW，单机容量 267MW。

输水系统包括上水库进（出）水口、两条直径 7.5m 的引水隧洞、阻抗式调压井、两条压力钢管和钢岔管、尾水洞、下水库进（出）水口等。由于地形条件，隧洞洞线必须穿过淘石峡谷，跨河段采用管桥（即混凝土拱桥支撑每条钢管）穿过山谷。钢管两端埋入隧洞一定长度。暴露在外的钢管按明管设计，使用厚度 35mm 的 SM53 钢板，在钢管暴露部分也安装了普通套筒伸缩接头以适应温度变化。电站平面布置及输水系统剖面布置见图 28-16。

为保证钢管安全运行，设置以下附属设施：

（1）通过安装闭路电视监测系统使运行人员在距跨河段下游约 2km 的中控室里能清楚地观察输水管暴露部分的情况。

（2）在输水管暴露部分安装超声波流量计测量输水管水流速度和流量。如果暴露部分发生断裂而导致大量水外流，报警系统将自动行使中控室内的运行人员报警的功能。同时警报系统将起动进水口处控制系统，紧急关闭事故闸门，避免水流进入隧洞。

（3）因为输水管暴露部分位于整个隧洞线的最低高程，为了进行隧洞充水和排水，在输水管暴露部分设置排水和通风设施。

**（二）西藏羊卓雍湖抽水蓄能电站**

羊卓雍湖抽水蓄能电站引羊卓雍湖水至雅鲁藏布江边利用 840m 天然落差发电，抽取雅鲁藏布江水入湖蓄能。电站总装机容量 112.5MW，单机容量 22.5MW，其中 4 台立轴三机式蓄能发电机组，1 台常规立轴冲击式机组。

压力管道全长 3044m，由埋管、明管及厂区岔支管系统组成。埋管段长 754m，由上平段、斜井段和下平段组成，出口设蝴蝶阀。明管段总长 2290m，沿蝶阀室至厂房间条形山脊敷设，沿线布置了 20 个镇墩。管道平均纵坡 16.7°，最大纵坡 33.6°；每个镇墩下游设双法兰套筒式伸缩节，每隔一个镇墩设一个进人孔，沿线共布置 18 个伸缩节和 9 个进

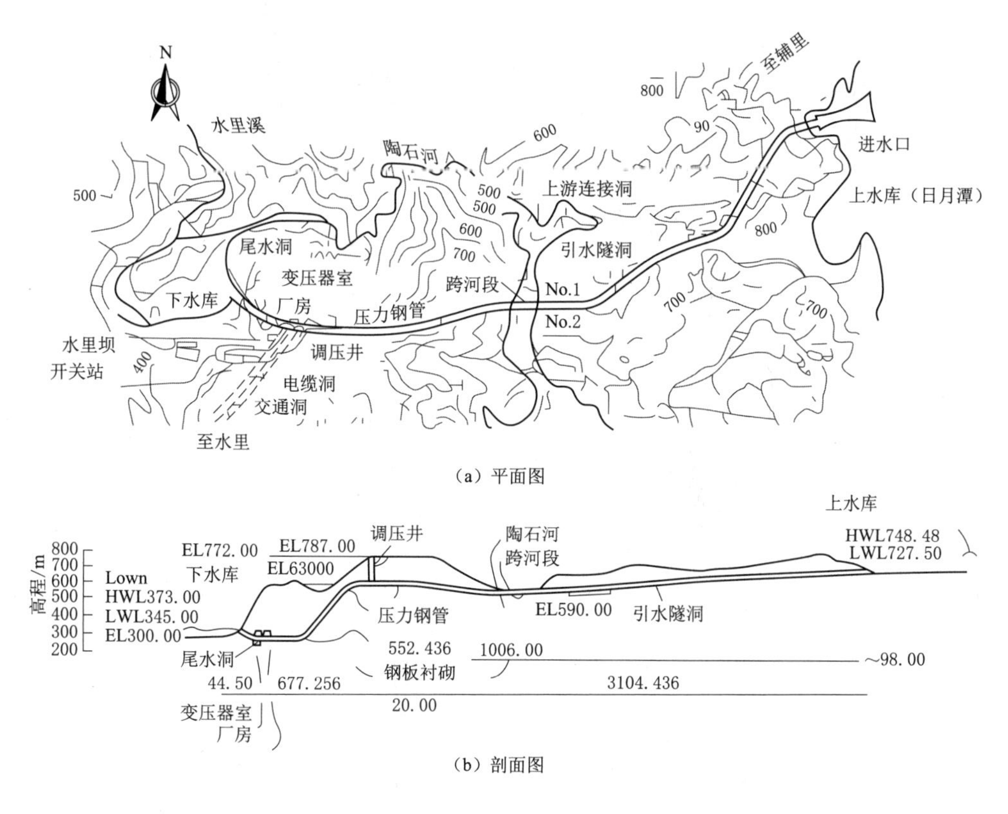


（a）平面图

（b）剖面图

图 28－16　明潭抽水蓄能电站总体布置图

人孔。明管外径自上而下由 2.3m 经 2.0m 缩至 2.1m，最大设计内水压力 10MPa，管内流速 4～5.1m/s。中水头段钢管采用日本 SPV355 钢材制造，高水头段采用日本 HS610U 及 HS610MOD 钢材制造。明管管壁厚度首端 20mm，末端 54mm。

该电站地处高寒山区，羊卓雍湖平均水温 7℃，最低水温－0.2℃，多年平均气温 2.6℃，极端最低气温－25℃。冬季运行明管内小流速或停机时易结冰，轻则减少过流能力，重则冰层脱离堵塞喷嘴引起瞬间水击压力突升或机组转速不稳，影响电站安全稳定运行。为此进行了明管保温防冰设计。采用 8cm 厚聚氨酯泡沫保温材料外敷于明管外壁，外加玻璃钢保护壳。电站总体布置见图 28－17。

**（三）溪口抽水蓄能电站**

溪口抽水蓄能电站位于浙江省宁波市溪口镇。电站总装机容量 80MW，由 2 台单机容量为 40MW 竖轴混流可逆式水泵水轮发电机组成。电站发电最大、最小（净）水头分别为 268m、229m，设计水头 240m，发电最大引用流量 69$m^3$/s，水泵最大、最小扬程分别为 276m 和 242m。输水系统由进口、引水隧洞、调压室、压力钢管和尾水洞等部分组成。压力钢管内径 3.2m，长 639.4m，在平面上为一直线，立面上顺坡布置。钢管沿程设 5 个镇墩，在第 5 个镇墩后以斜洞降至水轮机组安装高程与月牙肋岔管连接。电站总体布置见图 28－18。

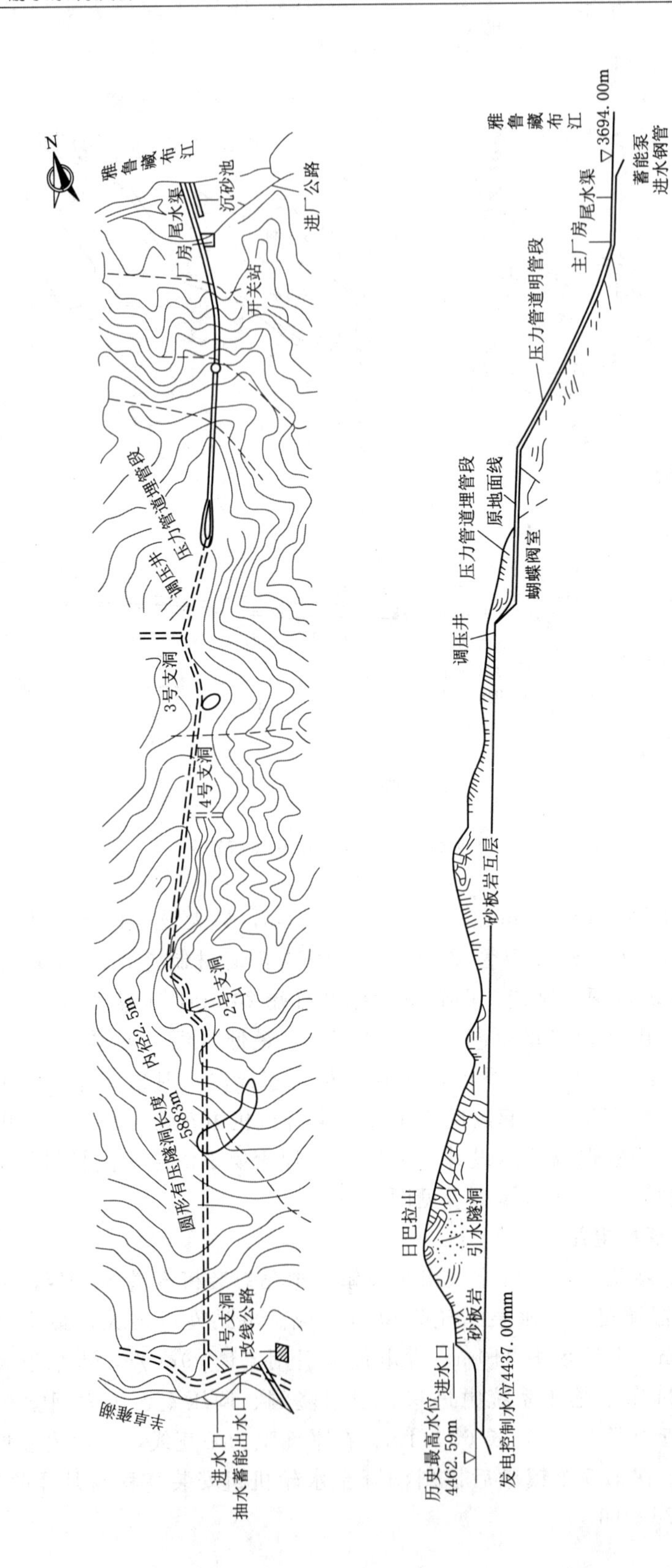


图 28－17　西藏羊卓雍湖抽水蓄能电站总体布置图

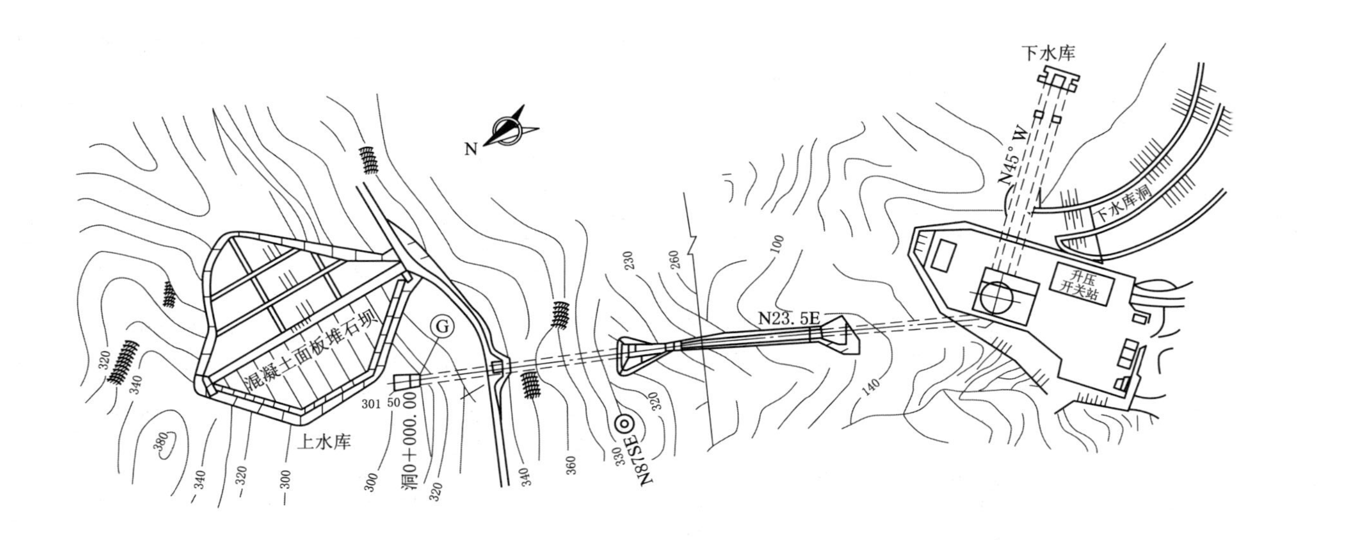


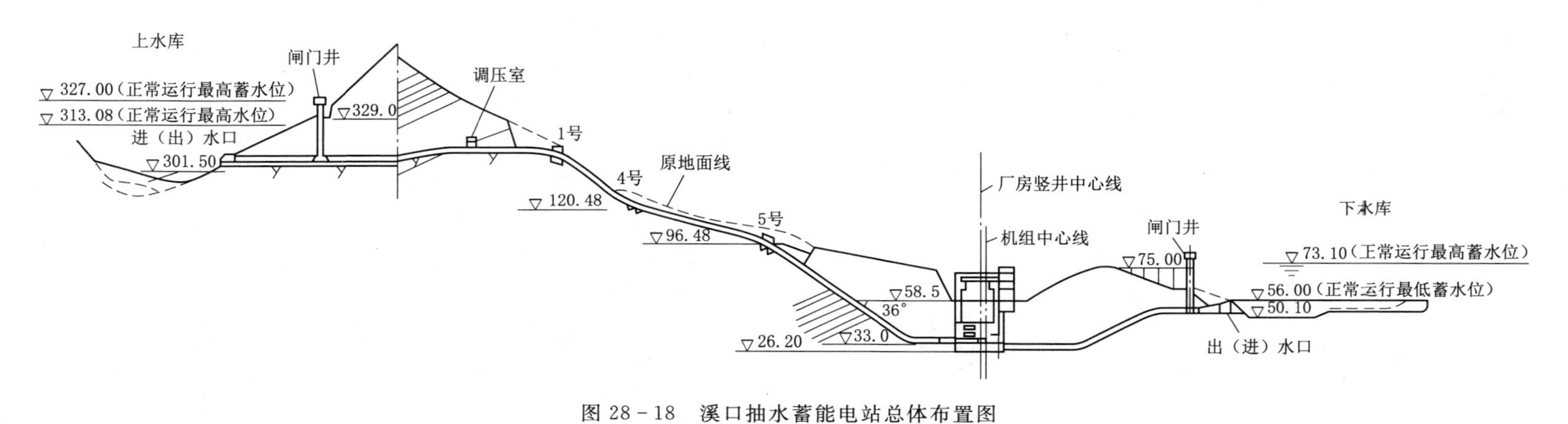


图 28-18 溪口抽水蓄能电站总体布置图

# 第四节　岔　　管

## 一、岔管分类

抽水蓄能电站输水系统一般均采用“一洞多机”的布置型式，主洞（管）与支洞（管）需采用分岔洞（管）连接，连接过渡段称为岔管。我国抽蓄电站将位于厂房上水库侧输水系统（引水系统）的岔管称为引水岔管，位于厂房下水库侧输水系统（尾水系统）的岔管称为尾水岔管。

当抽水蓄能电站输水系统较长，地下厂房采用首部或中部开发方式时，输水系统可能同时拥有引水岔管和尾水岔管，如广州抽水蓄能电站一期、二期工程，宜兴抽水蓄能电站工程；当地下厂房采用尾部开发方式时，由于尾水隧洞较短，常采用单机单洞的形式，即尾水系统不设岔管，如天荒坪、桐柏等抽水蓄能电站工程；也有的工程由于输水系统较短，引水系统和尾水系统均不设岔管，如琅琊山抽水蓄能电站工程。

从岔管主洞与支洞数量关系来划分，有采用一分二的，即一条引水主洞分为两条引水支洞（或两条尾水支洞合并为一条尾水主洞），如桐柏、泰安、宜兴、宝泉等抽水蓄能电站工程；有一分三的，即一条主洞分为三条支洞，如天荒坪抽水蓄能电站工程；也有一分四的，即一条主洞分为四条支洞，如广州抽水蓄能电站一期、二期工程，惠州、蒲石河抽水蓄能电站尾水岔管。

由于水电站岔管结构复杂、距厂房近、失事后果较严重，为工程安全起见，早期的水电站工程常采用钢岔管分岔。现代的抽水蓄能电站具有水头高、流量大的特点，输水系统洞径及岔管规模相对大，抽水蓄能电站发电用水系利用电网电能从下水库抽水到上水库的，为提高电站效率，要求输水系统双向水流的水头损失均要尽量小。高水头抽水蓄能电站安装高程较低，当地形、地质具备条件时，将抽水蓄能电站厂房布置为地下厂房具有较大的优势，地下厂房需要适当的岩石覆盖厚度，导致引水岔管位置距外部的距离通常大于常规水电站。因此，抽水蓄能电站岔管选型需考虑的因素较常规水电站多。

现代的抽水蓄能电站岔管 $HD$ 值大，采用钢岔管时，如不考虑围岩分担内水压力，则钢岔管需要的钢板一般较厚，材料耗费量大，焊接工艺复杂，国内加工制造水平尚达不到要求。国内几个大型抽水蓄能电站工程的钢岔管均由国外承包商制作，存在成本高、运输困难等问题。即使如此，高水头大流量抽水蓄能电站引水系统布置时，往往还需在钢岔管前较大幅度降低引水主洞直径，从而将钢岔管几何尺寸缩小到可经济制作加工及运输的水平，这样将导致输水系统的水头损失明显增加。此外，为了将整体制作好的钢岔管运到厂房上游安放处，需较大程度上扩大用于岔管运输的洞室规模，增加投资。

在抽水蓄能电站输水系统设计中，若采用钢筋混凝土岔管替代钢岔管，利用围岩来承担内水压力，可以达到方便施工、降低投资的目的，但必须符合下列要求：

（1）所处位置地质条件良好，围岩以Ⅰ、Ⅱ类为主，并处于地下厂房围岩开挖爆破影

响范围以外。

（2）应确认岔管位置处围岩初始最小地应力大于该处管内设计静水压力，并对围岩构造做加固处理。

（3）岔管上部、侧部具有足够能承受内水压力的岩石覆盖，其与相邻洞室的间距应按水力劈裂要求确定。

采用钢筋混凝土引水岔管的工程实例有蒲石河和荒沟抽水蓄能电站。

引水岔管下游紧接压力钢支管，同一水力单元引水岔管下游多条压力钢支管单位长度合计造价通常高于引水岔管上游一条引水主管的单位长度造价，因此，无论对于钢筋混凝土岔管还是钢岔管，在满足岔管设计、运行要求的前提下，岔管的位置越接近厂房，则引水主管越长、引水支管越短，越经济。但钢筋混凝土岔管距厂房越近，则意味着围岩的渗透比降越大，引水系统的高压水渗入地下厂房的可能性越大。因此，钢筋混凝土岔管距地下厂房的距离，需结合地质条件进行详细的分析和技术经济比较。

对于钢岔管，因岔管前后的引水主管和引水支管均为钢板衬砌，如钢岔管按明岔管设计，不考虑与围岩联合承担内水压力，则钢岔管应尽量靠近厂房布置，此时比较经济。国内已有的工程考虑钢岔管与围岩联合作用承担内水压力，来减少钢岔管管壁厚度，如宜兴抽水蓄能电站引水钢岔管。在这种情况下，对钢岔管区域围岩的有效埋深、围岩地质条件等具有一定要求，钢岔管是否还要最大程度靠近厂房布置，则需作具体的分析。尾水岔管由于承担的内外水压力相对较低，一般采用钢筋混凝土衬砌。

## 二、钢岔管

抽水蓄能电站由于水头较高，部分电站引水岔管区域围岩不能同时满足“三大准则”，即最小覆盖准则、最小地应力准则和渗透稳定准则，引水岔管不能采用钢筋混凝土衬砌，而采用钢板衬砌岔管（即钢岔管）。按加强方式分，水电站钢岔管有三梁岔管、月牙肋岔管、贴边岔管、球形岔管、无梁分岔等多种结构型式。布置形式有：非对称Y形、对称Y形和三岔管。内加强月牙肋岔管也称EW型岔管，是由瑞士EscherWyss公司开发的，内加强月牙肋岔管具有受力明确合理、设计方便、抽水发电双向水流流态好、水头损失小、结构可靠、制作安装容易等特点，在国内外大中型常规和抽水蓄电站中得到广泛的应用，如西藏羊卓雍湖、北京十三陵、江苏宜兴、山西西龙池、河北张河湾、江苏溧阳、内蒙古呼和浩特、江西洪屏等抽水蓄能电站。下面主要针对抽水蓄能电站埋藏式月牙肋钢岔管设计展开叙述。

目前国内已建成工程的钢岔管绝大多数按明岔管设计，即使类似十三陵抽水蓄能电站深埋在地下的钢岔管，设计时也按钢岔管单独承受全部内水压力设计。但十三陵抽水蓄能电站，日本的奥美浓、奥矢作等内加强月牙肋钢岔管原型观测资料证明钢岔管围岩分担内水压力的作用是明显的。若干已建和拟建的几个抽水蓄能电站采用了与围岩联合受力设计埋藏式钢岔管的设计理念，为国内与围岩联合受力埋藏式钢岔管设计开了先河。江苏宜兴抽水蓄能电站钢岔管为国内第一个已投入运行的采用与围岩联合受力设计的埋藏式钢岔管，并在工厂内完成了国内第一个超大型的原型钢岔管水压试验。国内已建的大型钢岔管主要参数见表28-16。

表 28-16 国内已建的大型钢岔管主要参数

| 工程名称 | 运行年份 | 布置 | 岔管型式 | 分岔角/° | $HD$/$m^2$ | 设计水头/m | 主管管径/m | 支管管径/m | 岔管壁厚/mm | 月牙肋板厚/m | 设计状态 |
|---|---|---|---|---|---|---|---|---|---|---|---|
| 十三陵 | 1995 | Y形 | 对称月牙肋 | 74 | 2600 | 686 | 3.80 | 2.70 | 62<br>SHY685NS | 124<br>SUMITEN780 | 岔管单独受力 |
| 羊卓雍湖 | 1996 | 卜形 | 不对称月牙肋 | 64 | 2400 | 1000 | 1.86 | 1.61/1.20 | 60<br>HS610 | 150<br>HS610 | 明岔管 |
| 宜兴 | 2007 | Y形 | 对称月牙肋 | 70 | 3120 | 650 | 4.80 | 3.40 | 60<br>800MPa 级 | 120<br>800MPa 级 | 联合围岩受力 |
| 西龙池 | 2009 | Y形 | 对称月牙肋 | 71 | 3553 | 1015 | 3.50 | 2.50 | 56<br>800MPa 级 | 120<br>800MPa 级 | 联合围岩受力 |
| 张河湾 | 2008 | Y形 | 对称月牙肋 | 70 | 2678 | 515 | 5.20 | 3.60 | 52<br>800MPa 级 | 120<br>800MPa 级 | 联合围岩受力 |

**(一) 埋藏式内加强月牙肋钢岔管体形设计原则**

(1) 水电站压力钢管设计规范建议钢岔管分岔角宜取 55°～90°，根据西龙池抽水蓄能电站岔管试验研究成果，岔管局部水头损失系数随分岔角的增大而增加，当分岔角小于75°时，分岔角对发电工况水头损失系数较小。综合考虑水力和结构特性的影响，在条件许可的情况下，建议分岔管在 65°～75°之间选择更为合适。

(2) 钝角区腰线转折角 $C_1$ 和支管腰线转折角 $C_2$ 不宜大于 15°；若整个岔管壁厚相同，则较小直径的支管腰线转折角可适当放大，但不宜大于 18°；最大直径处腰线转折角 $C_0$ 不宜大于 12°。

(3) 最大公切球半径 $R$，宜取主管半径 $r$ 的 1.1～1.2 倍。

(4) 管节长度（或环缝焊缝间距）不宜小于下列各项之大值：①10 倍管壁厚度；②300mm；③$3.5\sqrt{rt}$，其中 $r$ 为钢管内半径，$t$ 为钢管壁厚。

(5) 通过体形优化使管壳应力尽量减小，且各点应力分布尽量均匀；根据类似工程经验，最大直径处腰线转折角处管壳的应力最大，体形优化时应尽量减小其转折角。

(6) 岔管主管、支管中心线宜布置在同一高程上。

(7) 肋板肋宽比可按《水电站压力钢管设计规范》(NB/T 35056) 给出的肋板宽度参考曲线，在初选分岔角的前提下确定。肋板厚度宜取壁厚的 2～2.5 倍。

(8) 大型岔管管壁直设计为变厚，相邻管节的壁厚之差不宜大于 4mm。

(9) 重要工程岔管体形宜进行水力学模型试验验证，使其水流条件好、水头损失小。

(10) 重要工程岔管宜进行三维有限元应力变形计算，优化体型，分析管壳及月牙肋的应力和变形。

(11) 重要工程岔管宜进行水压试验，测试水压试验工况岔管应力分布规律，与原型观测应力计的测试成果相互印证，有利于消除钢岔管的尖端应力以及岔管施工附加变形，保证岔管安全运行。

(12) 钢材用量最省，在初步确定岔管主管和支管直径、管壳和月牙肋壁厚、腰线转折角、最大公切球直径等前提下，可采用水电站钢岔管计算程序进行体型优化、管壳

展开。

**（二）钢岔管允许应力确定**

《水电站压力钢管设计规范》（NB/T 35056）规定了明岔管（包括完全露天的明岔管和埋在露天镇墩中的岔管）的允许应力值，对整体膜应力、局部膜应力（月牙肋两侧3.5$\sqrt{rt}$及转角点处管壁）和月牙肋应力取值等做了比较明确的规定。但《水电站压力钢管设计规范》对埋藏式钢岔管结构系数的取值未有明确规定，规范印制本中提到“岔管的$\eta$应按表列明管$\gamma_d$增加10%采用”，后来在更正表中改为“岔管的$\gamma_d$应根据其主管按表列相应管型$\gamma_d$增加10%采用”，按明管整体膜应力、局部膜应力和局部膜应力＋弯曲应力对应的结构系数，分别为1.6、1.3和1.1。但是规范仅能查出地下埋管的整体膜应力对应的结构系数，取值为1.3，局部膜应力和弯曲应力对应的结构系数无从推求。通过对两本规范进行对比分析，并根据类似工程岔管应力取值的经验，可以认为抽水蓄能电站埋藏式钢岔管各部位允许应力对应结构系数取值按明管增加10%是合适的，具有较强的可操作性和安全性。当然钢岔管允许应力取值也同样应按“明管准则”限制围岩分担率。所谓“明管准则”是指即使不考虑围岩分担内水压力作用，岔管最大峰值应力也不超过材料的屈服强度。

**（三）埋藏式钢岔管管壁厚度计算**

钢岔管设计厚度取用与钢岔管体形设计同样重要，重要工程的钢岔管管壁厚度计算不仅应按NB/T 35056进行结构计算，还应进行三维有限元应力应变计算，故岔管管壁厚度宜综合考虑结构分析法和三维有限元的计算结果。

1. 结构分析法计算

埋藏式月牙肋岔管管壁厚度计算可按NB/T 35056中的相关规定进行。

2. 三维有限元计算

明岔管计算可以用多种现有的有限元通用程序进行，但埋藏式岔管计算通用程序会遇到一些问题。岔管计算要保证得到正确的结果，首先要在几何描述上能正确反映岔管板壳结构的特点。要达到满意的计算精度，网格形态要好，且网格和结点数宜多。计算模型应能反映岔管外的回填混凝土和围岩实体，不仅要考虑围岩弹性抗力各向同性和缝隙均匀分布，也应考虑固岩弹性抗力各向异性和缝隙不均匀分布的影响。

埋藏式钢岔管受到内水压力作用的机理是：岔管结构的不均匀变形使得钢岔管某些部位与回填混凝土相接触并通过开裂的混凝土将内水压力传递到围岩上，产生的接触反力作用在钢岔管上，并抵消部分内水压力，客观上起到了分担内水压力的作用，因钢岔管的不均匀变形，故钢岔管与围岩的接触区域难以确定。因此钢岔管与围岩联合受力属于非线性接触问题。钢岔管三维有限元计算应对围岩弹性抗力和缝隙进行敏感性分析，并应按“明管准则”复核和限制围岩分担率。

**（四）钢岔管加工制作**

钢岔管加工制作、焊接施工非常重要。从已建和在建的几个抽水蓄能电站的钢岔管制作情况统计，十三陵、西龙池抽水蓄能电站，虽然HD值较高，岔管壁较厚，但岔管的本体尺寸较小，运输条件不受限制，一般在工厂进行钢岔管加工制作、焊接，并内进行水压试验，然后整体运到电站现场进行安装。

随着国内大型抽水蓄能电站建设中高压岔管向高水头大 HD 值发展，钢岔管壁也越来越厚，给钢岔管制作、焊接施工带来挑战，随着高强厚板加工、焊接方面工艺的逐步发展，钢岔管的加工制造已比较成熟。

**（五）钢岔管水压试验**

《水电站压力钢管设计规范》（NB/T 35056）（以下简称《规范》）规定钢岔管宜进行水压试验（经论证亦可不作水压试验）。通过水压试验消除钢岔管的尖端应力以及岔管施工附加变形，并与结构力学、三维有限元计算的应力结果相互对照，为以后的其他类似工程提供技术依据和参考。《规范》同时规定："工厂水压试验的压力值应取正常运行情况最高内水压力设计值（含水锤）的 1.25 倍，且不小于特殊运行情况下的最高内水压力"，这主要是针对明岔管提出的，对于按照与围岩联合受力设计的埋藏式钢岔管，其水压试验压力值如何确定没有规定，但显然不能套用《规范》对明岔管所作的规定。

根据业内人士认为，水压试验对消除钢岔管的尖端应力有好处，所以在水压试验压力确定时宜尽量采用较高压力，最大试验压力的确定宜按照"结构任意一点的等效应力不超过材料的屈服强度"的原则控制，要求在钢岔管水压试验进程中应适当布置应力和变形测试点，以保证钢岔管水压试验的安全，同时又能最大限度地降低焊接残余应力。根据类似工程钢岔管水压试验的经验，水压试验应分级加载，缓慢增压，各级稳压时间及最大试验压力的保压时间不应短于 30min，水压试验水温不宜低于 5℃，环境温度不宜低于 10℃。

关于月牙形内加强肋钢岔管，过去曾对多个抽水蓄能电站该类型的钢岔管结构模型进行了多次明管或埋管水压试验研究和计算分析，但从一些模型试验测试成果与计算成果比较的结果来看，仍有明显的差异，有必要进一步研究探讨。下面就北京十三陵、西龙池抽水蓄能电站和宜兴抽水蓄能电站的原型钢岔管的水压试验研究作一简述。

1. 十三陵抽水蓄能电站钢岔管结构模型水压试验

十三陵抽水蓄能电站修建于北京市昌平县十三陵水库左岸山体内，利用该水库为下水池，另在山上人工开挖上水库，最大水位落差 481m。该电站装设四台 200MW 单级混流可逆式水泵水轮机组。第一台机组于 1995 年末投产，第四台机组于 1997 年 7 月 1 日并网运行，迄今电站运行良好。

电站采用双水道系统，采用一管两机布置方式，两根主管直径为 5.2～3.8m，长约为 850m，在距厂房上游边墙约 30m 处，各分岔为两根直径 2.7m 的支管，末端变径为 2.0m 与球阀前置节相连。管道最大设计水头为 686m，最大 *HD* 值达 2600m·m，由于管路沿线围岩地质条件不良，所以全线采用钢衬。钢岔管采用 SHY685NS－F 钢（800MPa 钢），壳板厚度为 62mm，肋板厚度为 124mm。为进一步考察钢岔管的应力分布、变形及整体超载能力，并与有限元计算成果相互验证，以便改进设计，同时通过岔管模型的制作，摸索高强钢的焊接工艺和加工特性，特做了结构模型，比尺为 1∶3，并进行了结构模型水压试验；为了验证设计及明确钢板和焊接接头的可靠性和安全性，同时还可以消除某种程度的焊接残余应力，钢岔管还在工厂进行了原型水压试验；以便了解埋置状态下岔管工作状态，并为今后设计提供参考资料，在 2 号岔管外边缘关键部位设置了铜板计、渗压计及温度计，由电缆连至厂房观测间读值。该岔管深埋于地下，但设计不考虑围岩抗力分担的影响，经充水期原型观测表明，围岩实际具有分担内水压力的作用，如果设计上考虑 10%～

15%的围岩分担率，是可以获得较好的经济效益，钢岔管的制作、焊接难度会减小许多。

2. 西龙池抽水蓄能电站钢岔管结构模型水压试验

山西西龙池抽水蓄能电站位于山西省五台县境内，总装机容量为1200MW，安装4台单机容量为300MW的水泵水轮机组，电站额定水头为640m。输水道引水系统采用一管两机的供水方式，在距厂房上游边墙54m左右布置高压岔管，岔管采用内加强月牙肋钢岔管，主管直径为3.5m，支管直径为2.5m，最大公切球直径4.1m，分岔角为75°，*HD*值为3552.5m·m，采用800MPa级高强调质钢制造，壳体最大厚度为56mm，月牙肋板厚120mm。西龙池抽水蓄能电站工程钢岔管在有限元结构计算分析的基础上，为进一步研究埋藏式钢岔管的受力特点，验证三维有限元结构分析成果，进行了岔管现场结构模型试验。通过对钢岔管实际工作状态进行模拟，合理选取设计参数，研究围岩分担规律，确定分担比例。岔管结构模型按几何相似原则设计，比尺为1∶2.5，岔管模型主管直径为1.4m，支管直径为1.0m，最大公切球直径1.64m，采用16MnR钢制造，壳体最大厚度为22mm，月牙肋板厚48mm。岔管管模型由主管段、岔管段、支管段、主管端锥管段、人孔、支管段封头、阻滑环及附属管路系统等组成。

岔管模型试验分别进行明管和埋管状态下的打压试验，通过岔管明管和埋管状态观测成果的对比分析，确定围岩分担内水压力效果。明管状态打压试验的目的，主要是对岔管应力状态进行观测。埋管状态试验除对岔管应力状态进行观测外，还对影响岔管与围岩联合作用的因素进行观测。主要观测项目有：内水压力及水温的测试、管壁应力和应变测试、岔管变形测试、缝隙值的观测、混凝土应变及温度观测、回填混凝土微膨胀效果的观测、各部分压力传递的观测、压力与进水量的测试等。通过该试验基本验证了内加强月牙肋钢岔管围岩分担内水压力规律，为西龙池抽水蓄能电站钢岔管设计提供更充分的依据。在埋管状态下，由于围岩的约束作用，使模型钢岔管管壳应力集中程度大为消减，且应力分布的均匀程度大为改善，内、外壁应力差值也大为减少。埋管状态下模型钢岔管围岩分担内水压力作用是很明显的，便于材料强度的充分发挥，有利于节约工程投资，减少钢岔管的制作安装难度。西龙池抽水蓄能电站钢岔管考虑围岩与岔管联合作用后，钢岔管管壳最大厚度可由按明管状设计的68mm减少到56mm，肋板从150mm减少到120mm，钢岔管用钢总量可减少22%，大大降低了钢岔管的制作安装难度，并节约了工程投资，经济效益是比较明显的。

3. 宜兴抽水蓄能电站原型钢岔管水压试验

宜兴抽水蓄能电站原型钢岔管水压试验是国内第一个超大型的原型钢岔管水压试验。在水压试验过程中，在钢岔管内、外管壁布置了一定数量的应变片、位移传感器等观测仪器进行水压试验测试工作。试验最大压力值的确定，按照“结构任意一点的应力峰值不超过材料的屈服极限”的原则控制。

水压试验方式，两个钢岔管主管对接，四个支管采用锥管连接过渡与钢闷头对接，形成密闭容器，钢闷头为椭圆形闷头，管口直径为2.0m，水压试验后割除两端闷头，整体运至现场安装。水压试验过程中，整个钢岔管水平卧放于数个鞍形支架上，岔管底点离地600mm，支架植根于混凝土中，有足够的刚性。钢岔管水压试验状态照片。

整个水压试验准备工作充分，测试点布置合理，应变片防潮和管内测试线防水密封理想，测试应变片成活率达到100%，各压力循环下测试数据规律性较好。水压试验过程中残余应力测试采用压痕法和盲孔法两种测试方法，两种方法测试结果基本一致，基本反映了所测部位的焊接残余应力的真实状况。比较水压试验前后岔管所测部位的残余应力测试结果，可以发现原始焊接残余应力较高的测点（超过500MPa）经水压试验后，应力峰值明显降低，最大降幅可达10%～40%，说明水压试验对消减钢岔管焊接残余应力峰值起到了一定的效果。水压试验过程中，进水量—压力、应力—压力和位移—压力均成良好的线性关系，说明在水压试验过程中，岔管整体处于弹性变形状态，整个测试系统的非线性误差得到了较好的控制。水压试验过程中，试验压力5.42MPa时，月牙肋板腰部内缘实测应力达488.3MPa，接近材料的标准屈服值下限（490MPa）。水压试验过程中未发生钢岔管本体渗漏和焊缝开裂现象，说明钢岔管结构及焊缝经受了水压试验的考验，质量较好。该次水压试验取得了较完整的试验数据和经验，为今后其他钢岔管的优化设计提供了科学依据，使钢岔管设计更加完善。

## 三、钢筋混凝土岔管

### （一）钢筋混凝土岔管位置选择

高压输水管道设计过程中，若采用钢筋混凝土衬砌代替钢板衬砌，必须要求管道上方具有一定的岩石覆盖厚度作为钢筋混凝土岔管成立的基本条件，其目的是保证岔管区域具有一定的地应力，以避免高水头作用下围岩发生水力劈裂，产生严重渗漏。钢筋混凝土岔管对地形、围岩地质条件的要求与高压隧洞是一致的，需同时满足“三大准则”，即挪威准则、最小地应力准则和围岩渗透准则。由于引水岔管下游紧接引水支管，再下游即为地下厂房（国内只有极少数大型抽水蓄能电站工程布置为地面厂房，如马山抽水蓄能电站工程），因此岔管位置选择与地下厂房位置选择密切相关，引水岔管的位置选择往往与地下厂房位置结合在一起进行综合比选。可行性研究设计阶段，需布置地质长探洞到达地下厂房及岔管位置（长探洞布置在岔管上方一定高度之上），并测试岔管区域地应力，获得一定数量的地应力测量值，配合地应力场有限元反演回归分析，分析岔管区域地应力分布。必要时还需进行高压渗透试验，以验证岔管区域围岩抗高压渗透性能，这些勘测试验工作往往是和设计工作同步进行的。在设计方面，预可行性研究阶段通过综合比较后，应明确引水发电线路，并得到设计审查部门同意。可行性研究阶段在复核预可行性研究阶段选取的引水发电线路的基础上，通过技术经济综合比较后确定地下厂房和引水岔管位置。必要时，引水发电线路可进行小幅度调整，如超出地质长探洞控制范围，还需适当补充勘探工作，如加深探洞和开挖支探洞。按地下厂房在引水发电线路中的前后位置，一般可分为厂房首部开发、中部开发和尾部开发等方案。在拟订地下厂房比选各方案过程中，需仔细分析地形地质的特点，同时拟订出引水岔管形式，并优先考虑采用钢筋混凝土岔管。当受地形地质条件限制，钢筋混凝土岔管不成立时，才考虑布置钢岔管。

当承受高水头的引水岔管采用钢筋混凝土岔管形式时，岔管的钢筋混凝土衬砌结构在高内水压力作用下，衬砌混凝土将开裂，内水压力沿衬砌裂缝外渗，因此岔管部位的围岩将与混凝土衬砌一起承担内水压力。根据国内、外利用围岩承载相关工程的设计经验，要使围岩能够作为承担内水压力的结构物，岔管区域围岩应满足以下基本条件：

（1）岩质坚硬，为新鲜岩石。其变形模量不小于衬砌混凝土的弹性模量，在高内水压力作用下，围岩径向变位较小，混凝土衬砌出现的裂缝将受到围岩的约束限制。

（2）围岩的透水性微弱，钻孔压水试验的渗透率宜小于 1Lu，或者通过灌浆处理后能达到小于 1Lu 的要求。

（3）岔管区域内无成规模的断层或大裂隙穿过，断层内应无夹泥充填。

（4）岔管区域围岩内无节理密集带，裂隙不发育。

（5）具有足够的岩石覆盖厚度，围岩应具有一定的初始地应力场，以抵抗水力劈裂。

（6）围岩裂隙、节理或岩脉中的充填物质能够保证渗透稳定性，水力梯度小于允许值，在渗流水的作用下不产生溶出性侵蚀。

勘测设计过程中，对输水线路地形条件、引水岔管区域围岩的地应力、抗渗性能的试验和鉴别过程，尾水岔管内外水压力均较小，比较容易满足上述要求，对岔管位置选择要求相对较低。

**（二）钢筋混凝土岔管体形设计**

1. 岔管体形平面布置

抽水蓄能电站输水系统岔管存在正、反流向水流分岔、合股的复杂运行工况，体形布置设计要求综合考虑机组不同运行台数组合情况下，选择局部水头损失相对较小的方案，同时还应考虑结构合理、施工和运行方便等因素。通常岔管平面布置有“一管两机”正对称“Y”形分岔布置和“一管两机”或“一管多机”的不对称单侧“卜”形分岔布置两种。

当引水或尾水系统在岔管段平面布置对称且岔管采用“二管两机”布置时，宜采用正对称“Y”形分岔布置，其优点为有利于水流分岔，合流、水头损失小，结构对称、受力均匀，施工也比较方便。当引水或尾水系统在岔管段平面布置不对称，或引水系统采用“一管三机”布置，无法布置为“Y”形岔管时，可将岔管布置为不对称单侧“卜”形。当输水系统采用“一管四机”布置时，理论上可以通过二次分岔，即将岔管设计为 1 大 2 小三个对称“Y”形岔管达到分流或合并水流的目的。这种布置水流必须连续通过 2 个对称“Y”形岔管，水流经过二次偏折，条件较复杂，水头损失也随即增加；另一方面岔管段长度也显著增加，故工程上较少采用。美国 RockyMt 抽水蓄能电站引水岔管采用了“一管三机”不对称“Y”形的布置方式，具有自身特色。“一管四机”岔管常布置为不对称单侧“卜”形，在广州抽水蓄能电站和惠州抽水蓄能电站“一管四机”岔管平面布置中使用过。

2. 岔管体形立面布置

在岔管立面体形布置上，广州抽水蓄能电站一期工程岔管采取主、支管轴线同在一水平面的上、下对称布置，这种体形基本沿用了钢岔管的布置方式。由于主管最低点较支管底面低，不利于施工和运行检修时洞内排水，需抽水或另置一套布置于主管底部的专用排水管阀系统，用以排除支管底部高程以下的主管底部积水。天荒坪抽水蓄能电站岔管立面布置将主支管底部拉平在同一高程上（主、支管中心线在不同高程），形成立面体形不对称的平底岔管，这样可以自流排水，无需另设一套专用排水管阀系统。此种平底岔管体形相对复杂一些，施工模板和布筋也稍添困难，但省掉一套排水系统，又方便施工和运行检修排水，尤其是运行期水道检修需要向电网调度申请停电将水道放空，而电网批准停电的时间又十分有限。平底岔管布置对缩短排水时间，增加检修的有效工时，更为有利，故随后建设的蒲石河、荒沟、桐柏、泰安、宝泉及广蓄二期均采用了平底岔管。

3. 岔管体形

(1) 总体布置。钢岔管体形为了满足相邻管节的拼接要求，对岔管体形有比较严格的要求，如“卜”形钢岔管做成底平就难以实现。而混凝土岔管在现场立模板，局部可以现场调整体形。理论上，只要有利于水流平顺，混凝土岔管可以设计成任意体形。抽水蓄能电站岔管要考虑双向水流条件下都能做到较小的水头损失，因此对岔管的设计要求高于常规水电站单向水流的岔管。国内的抽水蓄能电站混凝土岔管，当采用一分二的方式时，基本采用类似月牙肋钢岔管的形式，即岔管采用一段圆柱管与主管相接、两段锥管与支管相接，可称之为“相贯线”型岔管。当岔管采用一分三或一分四的方式时，采用了类似贴边钢岔管的形式，即主锥管沿水流方向布置，分岔管利用支锥管与主锥管相接。此外，美国巴斯康蒂抽水蓄能电站引水岔管采用分岔处以“分流墩”分流，分流墩后以方变圆渐变段与分岔支管连接的方式，分流墩前部采用钢板护面，可称之为“分流墩”型岔管。国内泰安抽水蓄能电站工程岔管设计时，设计人员曾研究过类似巴斯康蒂抽水蓄能电站岔管体形，“分流墩”位置比巴斯康蒂抽水蓄能电站更靠前，并进行了水工模型试验。试验结果表明，“分流墩”型岔管水头损失稍大于“相贯线”型岔管。同时设计人员担心岔管承受内水压力作用时，“分流墩”型岔管的“分流墩”承受过大的拉应力，最终没有被采用。至今为止，也没有见到国内其他工程采用“分流墩”型岔管。惠州抽水蓄能电站岔管设计中，经技术经济多方面的比较，推荐方案采用在引水主管圆柱体直接分岔出支锥管的方式，即将常规布置的圆锥主管形式改为等径圆柱主管形式，与20世纪90年代英国建成的迪诺威克抽水蓄能电站引水岔管类似，值得借鉴和学习。由于新建的抽水蓄能电站都将混凝土岔管做成底平形式，实际体形与钢岔管体形已有了较大的区别，即使是“相贯线”型混凝土岔管，真正意义上的公切球也并不存在。

(2) 分岔角。岔管水工模型试验表明，岔管水头损失随分岔角增大而增大，分岔角越小水头损失越小。但分岔角过小时会导致岔管锐角区过长。锐角区是岔管受力条件最差的区域，锐角区过长会导致开挖松动区过大，运行过程中易被破坏。根据工程经验，建议分岔角取45°～60°较合理。当引水主管与引水支管的交角不在这个范围之内时，可以在岔管前的引水主管或岔管后的引水支管上适当调节方向，从而将岔管的分岔角调整在合理的范围内。宜兴抽水蓄能电站尾水主管和支管交角为65°，通过合理调整支管布置，将岔管的分岔角调节为52°。

(3) 锥顶角。锥顶角越大，岔管越短，锥顶角越小，岔管越长。锥顶角与通过岔管的水流方向和流速有关，锥顶角对水流从主管流向支管（即分流）不敏感，而对从支管流向主管的水流（即合流）比较敏感。试验表明，锥顶角大于7°，水流从支管流向主管且超过一定流速时，易发生水流脱离边界的现象，同时主流与管壁之间会出现回流区，水头损失增大。因此，建议控制锥顶角在5°～7°内比较合适。

(4) 相贯线。正对称“Y”形混凝土岔管主管和支管中心线在同一平面时，主管和支管的相贯线是平面曲线。对称“Y”形混凝土岔管变化为底平后，两支锥管之间的相贯

线（锐角处）仍可保持平面曲线，但主管与支锥管之间的相贯线（钝角处）变为空间曲线；底平的不对称单侧“卜”形岔管，无论是两支锥管之间的相贯线还是主管与支锥管之间的相贯线，均为空间由线。这些相贯线的三维坐标均可以通过数值分析或三维作图方法求出，但从工程实际的应用角度考虑，其必要性不是很大。实际现场立模时，只要将主、支锥管的起点、方向、锥顶角等准确确定，相贯线可以在现场近似获得，即使采用平面曲线替代空间曲线，对结构和水力条件等造成的影响也甚微，几乎可以忽略不计。

（5）修圆处理。锐角和钝角相贯线处如果不修圆，会形成应力集中，长期水流冲刷，尖角处混凝土也容易剥落。因此，实际工程中，常采用修圆的措施改善局部应力，修圆半径随高程变化而变化，修圆后局部体形用准确的数值表示比较困难，需现场通过立模控制。

天荒坪抽水蓄能电站引水岔管水工模型试验中对岔管是否修圆进行了对比试验，测得单机在运行水头时的损失系数修圆前后相差不多。因此，修圆对水流条件改善意义不大，主要对结构有利，但修圆半径不宜过大，应避免导致扩大锥管扩散角。

4. 水工模型试验

岔管处承受发电、抽水双向水流作用，水流流态较为复杂。为寻求在双向水流时流态和结构受力均较佳的体形，在可行性研究阶段可针对岔管作局部水工模型试验，以验证设计所选体形的合理性。水工模型试验一般要求如下：

（1）模型比尺：1∶20～1∶25。

（2）岔管上下游段模拟长度不得小于10倍相应管径。

（3）测定岔管各种工况组合的水头损失和流速，并提供双向的水头损失系数。

（4）测定岔管各种工况下岔管主要断面的流速分布及相对压差，并描述流态。

（5）观察岔管转角处的水流流态，有无水流分离现象以及产生负压气蚀的危险。

（6）根据岔管的流态及水头损失情况，判断设计提供的岔管分岔角、锥管的收缩角和锥管长度等是否合适及如何改进，必要时需进行岔管优化体形的模型试验，供设计参考。

5. 三维数值模拟分析

混凝土岔管体形比导流洞、泄洪洞的体形复杂，但由于岔管内流速较低和压力较大，不存在高速水流、空蚀等问题。体形设计的主要问题是保证双向水流工况下有较好的流态，避免出现水流回旋区，尽量降低水头损失。随着国内一些大型抽水蓄能电站混凝土岔管的兴建，通过水工模型试验对岔管分流与汇流水力学研究日趋成熟，同时数值计算模拟方法也已经成为研究流体力学各种物理现象的重要手段。国内对岔管的数值模拟进行了深入的研究，在宜兴、马山、仙游抽水蓄能电站等工程中通过物理模型试验与数学模型计算进行对比，发现选用合适的数学模型和计算边界，数值计算反映的水流运动规律与物理模型吻合，数值计算水头损失的变化规律与物理模型试验相似，数值较物理模型试验略小。可见水头损失系数数值模型计算值较水工模型试验结果小10%～30%。因此，当采用数值模拟所得水头损失系数时，可将计算成果放大20%左右。可以认为在钢筋混凝土岔管这种特定的水力学问题上，数学模型已基本具备替代水工模型试验的可能性，计算软件可采用通用的大型流体计算软件如FLUENT等。

**（三）钢筋混凝土岔管结构分析**

钢筋混凝土岔管的结构设计目前尚无成熟的方法，主要采用结构常规方法和有限元法。

1. 结构常规方法

岔管结构常规分析假定岔管某一段为无限弹性体内的厚壁圆筒，根据《水工隧洞设计规范》进行钢筋应力和衬砌裂缝宽度计算，验算在给定配筋数量的情况下，衬砌裂缝宽度是否满足预先规定的裂缝宽度。

2. 二维有限元方法

美国哈扎公司担任广蓄设计咨询工作，在广蓄混凝土岔管设计中提出如下观点：

(1) 当岔管承受内水压力时，由于围岩与衬体共同承受内水压力，而岔管埋于良好的岩体中，围岩刚度远远大于衬体的刚度，所以围岩承受绝大部分内水压力。故岔管衬体的几何形状不连续性的影响是次要的，二维数学模型可以满足内水压力作用下的岔管分析。

(2) 当岔管放空时承受外压作用，岔管衬体的几何形状不连续性，使岔管在外压作用下的设计显得极为重要，故需用三维数学模型进行计算。

广蓄一期岔管采用二维有限元计算隧洞标准断面及岔管断面，其内水压力值725m水头，围岩容重2.6t/m$^3$时，水平与垂直地应力比值0.57。分别计算内水压力和地应力作用下的有关量值，然后将两者叠加。计算中不考虑高压固结灌浆的残余有效预压应力的影响，这样处理是偏于安全的。计算内水压力作用，在岔管断面衬体内的切向主应力变化从2220kN/m$^2$（压应力）到12000kN/m$^2$（拉应力），故除主管、支管相交处外，混凝土均开裂。

计算结果还表明，采用二维有限元计算隧洞标准圆断面与岔管断面的在内水压力与地应力所引起的围岩应力值叠加后，两者最大围岩主应力值仅差10%，地应力值大于内水压力产生的主拉应力数值，围岩具有足够的地应力来抵抗运行时可能产生的水力劈裂。

3. 三维有限元方法

由于常规计算分析只能将岔管简化为平面问题处理，尤其承担外水压力时偏安全。岔管受力是较典型的三维应力问题，因此，重要的混凝土岔管常采用三维有限元作进一步分析。采用三维非线性有限元方法，能反映岔管的空间受力特性，又能较好地模拟材料的非线性性质及围岩与衬砌的联合受力情况。

(1) 计算软件与计算步骤。用于钢筋混凝土岔管三维有限元计算的软件有大型通用有限元计算分析软件ABAQUS、ANSYS等以及各科研单位、院校自行编制的计算软件。计算范围应取所关心区域的5～6倍，如主管内径7～9m，衬砌厚度0.6～0.8m，固结灌浆最大孔深8m左右，则计算范围应取约边长100m的立方体。如岔管附近有较大的断层，也应在建模时尽可能模拟。计算步骤应模拟实际施工过程，可分为原始地应力场计算、岔管开挖后形成的围岩二次应力场、岔管钢筋混凝土衬砌完成后承受内水压力后形成的三次应力场计算。有时还要分析输水系统放空后，混凝土岔管在外水作用下的应力场。岔管钢筋混凝土衬砌是在岔管开挖完成、围岩变形稳定后才施工完成的，不应考虑围岩对衬砌的变形压力。原始地应力并不作用在后期完成混凝土衬砌结构上。否则，原始地应力将对混凝土衬砌结构首先施加强大的预应力，最终造成承受内水压力时岔管的应力比实际应力小，计算结果偏不安全，无论采用通用有限元软件或自编有限元软件分析岔管应力时，都

必须注意这个问题。

(2) 承担内水压力作用时的受力模型。内水压力作用。对地下钢筋混凝土岔管设计中如何对待内水压力的问题，主要有面力理论和体力理论（透水衬砌理论）两种。面力理论假定衬砌不透水，将内水压力作为面力来计算衬砌和围岩应力，对开裂后的衬砌按限制裂缝宽度配置。工程实践表明，面力理论对中低压隧洞的设计是适宜的，当内水头大于150m时，衬砌在高内压作用下必然开裂，内水通过裂缝外渗，成为体力作用在衬砌及围岩上。在体力理论中，钢筋混凝土岔管按体力理论进行设计，围岩成为内压的主要承担者，这就要求采用这种理论设计时，必须有良好的围岩条件，使其在高内水压力作用下不会发生大的水力劈裂，造成严重渗漏。如果工程不满足上述围岩条件，在高压岔管中便不能采用钢筋混凝土衬砌形式，而应采用钢板衬砌或其他衬砌形式。体力理论将内水压力以体力的形式作用于衬砌和围岩，能够考虑围岩应力场和渗流场的相合作用，合理地反映了衬砌在内水外渗作用下的受力特点和开裂破坏规律。

外水压力作用。外水压力是钢筋混凝土衬砌岔管的主要荷载之一，外水压力作用下岔管的稳定性是衬砌设计的控制条件之一。传统设计假定外压整圈均布作用于衬体外缘，不考虑围岩承担外水压力的作用，让衬砌独立承担外压，这是偏于安全考虑。考虑到混凝土和围岩间固结灌浆所引起的内锁效应和锚杆的锚固作用，围岩也应参与抵抗了一部分外水压力，衬砌受外水压力作用机理尚未有更合理的解答，广蓄工程岔管设计计算中在考虑岔管抵抗外水压力作用时，采用了如下的假定：经过对原混凝土与围岩接触面的接触灌浆及对应力释放区的高压固结灌浆后，混凝土衬砌被与非常粗糙的隧洞开挖面有效地内锁。因此，混凝土衬体不能单独作为厚壳处理。由于内锁效应的结果，作用在混凝土衬体上的外压力亦会传递到围岩上。这样，就可以假定相当于50%的混凝土衬体厚度的岩圈参加抵抗外压力。考虑到超挖后混凝土衬体厚度的增加，最后确定抵抗外压力的围岩与混凝土衬体等厚，即相当于衬体等厚度围岩与衬体结合共同抵御外水压力作用。国内其他一些抽水蓄能电站引水钢筋混凝土岔管计算外水压力时也应用了这个假定。

无论采用面力理论还是体力理论，有限元分析关注的重点都不应是混凝土岔管本身的应力，而是关注围岩拉应力深度范围。如果岔管围岩地应力场大于内水压力，尽管在内水压力作用下，岔管混凝土基本上处于受拉状态，且主应力将大大超过衬砌混凝土的抗拉强度，衬砌将开裂。但岔管外围围岩仍将处于受压状态，表明工程是安全的，不会出现岩石劈裂现象。围岩弹性模量越大，约束混凝土岔管变形的能力越强，则围岩拉应力深度越浅；反之，围岩拉应力深度越深。如果岔管围岩地应力场小于内水压力，随着内水压力增大，围岩拉应力深度将增加，岩石将出现劈裂现象，表明工程处于不安全状态。

**(四) 钢筋混凝土岔管配筋**

承受高水头的钢筋混凝土岔管要和围岩共同承担内水压力，放空时独立承担外水压力。因此，岔管结构设计的主要任务是保证岔管洞室开挖施工期的安全和永久运行时衬砌与固岩结构紧密结合，防止内、外水压作用下衬砌掉块危及机组安全。为了达到这一目的，配置适量的钢筋是必要的。正如前文所述，配筋的主要目的是限制裂缝宽度，因此，通过结构计算在裂缝宽度满足要求的前提下，应尽量只配置单层钢筋，以利于钢筋绑扎、混凝土浇筑，特别是后期灌浆钻孔。虽然岔管的配筋计算尚没有成熟的方法，但已有许多工程的成功经验可以借鉴。裂缝宽度允许可按 0.2～0.3mm 控制。

## 第五节　压力水道灌浆设计

### 一、钢筋混凝土管道灌浆设计

#### （一）回填灌浆

钢筋混凝土衬砌结构顶部在施工中存在缝隙或空腔的原因有两个：①混凝土浇筑和凝结过程中由于自重作用和收缩（或干缩），使混凝土与围岩之间形成缝隙；②开挖岩面不平整以及局部超挖，形成凸凹不平的岩面，正常浇筑时在衬砌结构的顶部与岩面之间形成缝隙或空腔。

回填灌浆的目的是使衬砌与岩石紧密贴合，以便使岩石承受大部分由衬砌传递来的内水压力，同时保证衬砌混凝土与围岩形成有效的联合受力体。因此不论围岩的性质如何，坡度较缓的斜管或水平管道衬砌顶部均应进行回填灌浆。在工程实际中，坡度≥45°的斜管的顶拱都能保证浇筑密实，无需对其顶拱进行回填灌浆。

回填灌浆的设计内容包括灌浆范围、孔距、排距、灌浆压力及浆液浓度等，应根据隧洞的衬砌结构型式、运行条件及施工方法等综合分析确定，并提出灌浆材料、工艺和检查标准等。对于塌陷、溶洞、较大超挖等部位，为保证灌浆效果，要求预埋灌浆管和排气管，其预埋管的数量和位置要根据实际情况确定。

回填灌浆的设计，一般根据经验和规范可参考以下规定：

（1）回填灌浆的范围宜在隧洞顶部或顶拱中心角 90°～120°，其他部位视衬砌浇筑情况确定。灌浆孔可按梅花形布置，间排距可取 3～6m，在坍塌深度达 1m 以上的范围内每 2m$^2$ 至少布一个孔，洞顶有较大坍塌处可先用块石、碎石或卵石等填塞并预埋灌浆管和排气管。

（2）钻孔直径不小于 38mm，或衬砌内预留短管或设法留孔（管径 40～60mm）。为钻透衬砌，确保回填灌浆质量，灌浆孔应深入围岩 10cm。

（3）钢筋混凝土衬砌的回填灌浆压力可采用 0.3～0.5MPa。

（4）灌浆工作采用逐步加密法：第一次序灌奇数排，第二次序灌偶数排；或第一次序每 4 倍排距灌一排，第二次序灌每 2 倍排距的孔，第三次序才灌偶数排。某一排的灌浆应自下而上向上两个孔（对称）同时施灌，直到相邻孔或高处孔冒出浓浆（接近或等于注入浆液的水灰比）为止，堵塞低处孔，改从高处孔灌浆，直至结束。在规定的压力下灌浆孔停止吸浆后，延续灌注 10min，即可结束灌浆。

（5）灌浆工作应在衬砌混凝土强度达设计强度的 70%以上方可进行。对于设计中已考虑不能承受灌浆压力的衬砌，灌浆工作应在拆模前进行并安设必要的支撑。

（6）回填灌浆形成的水泥结石应满足弹性模量、填充率、密实度、透水性的设计要求。灌浆材料通常采用与衬砌相同品种的水泥，强度等级不低于 P. O32.5。遇大量吸浆情况时，才考虑掺加砂、石粉或其他掺合料，掺量由试验确定。用水泥砂浆时，砂的粒径不

超过 3mm，砂的用量不超过水泥重量的 200%。塌方段的顶拱空腔较大时宜灌注高流态混凝土和水泥砂浆。

（7）回填灌浆的水胶比采用 0.6 或 0.5，压力由小到大逐渐增加。

（8）回填灌浆的检查标准：在设计压力下不吸浆或在 10min 内注入水胶比为 2 的浆液不超过 10L 即为合格。

**（二）固结灌浆**

固结灌浆的目的是加固围岩，减少岩石压力，提高围岩的完整性和弹性抗力和围岩抗渗性能，减少渗透量（地下水渗入隧洞或隧洞中的水渗入岩石），防止衬砌混凝土受到侵蚀性的地下水作用等。围岩是否需要进行固结灌浆应根据工程地质和水文地质条件以及运用要求，通过技术经济比较确定。

若确定要采用固结灌浆措施，应根据围岩承受的内水压力、隧洞洞径，分段确定灌浆压力值和灌浆孔深，同时根据各部位的地质结构面情况，确定灌浆排距和灌浆钻孔角度，使钻孔尽可能多地与地质结构面相交，保证良好的灌浆效果。

固结灌浆的设计，一般根据经验和规范可参考以下规定：

（1）固结灌浆应在回填灌浆结束 7d 后进行，水泥强度等级不低于 P. O32.5，一般用纯水泥浆，灌注岩溶裂隙处时可用水泥砂浆，若第二次序及以后次序也用水泥砂浆时，砂的粒径不应大于 1mm，砂的含量由试验确定，灌浆方法一般与回填灌浆相同，可用逐步加密法。

（2）灌浆前必须用压缩空气和清水交替对钻孔进行冲洗，冲洗压力可为灌浆压力的 80%，并不大于 1MPa，冲洗完成后做简易压水试验，做压水试验的孔数一般不少于灌浆总孔数的 5%。

（3）固结灌浆的排距、孔距、孔深和灌浆压力应由灌浆试验确定，一般情况下固结灌浆的排距宜采用 2～4m，每排不宜少于 6 孔，孔位宜对称布置，灌浆深度一般大于 0.5 倍隧洞直径（或洞宽），灌浆压力可采用 1～2 倍内水压力。

（4）灌浆材料应根据围岩工程地质、水文地质条件和隧洞的工作条件选定。一般有水泥浆、水泥砂浆或掺粉煤灰等水泥混合材。在完整围岩区域或经过普通水泥灌浆后的微细裂隙岩体，可用超细水泥，确保结石抗压强度和抗渗性能。地下水具有侵蚀性时，应采用抗侵蚀作用的水泥。

试验表明，矿渣硅酸盐水泥和火山灰质硅酸盐水泥比普通硅酸盐水泥抗侵蚀性更好，在环境水有侵蚀性的灌浆工程中可以使用，但因其含有矿渣或火山灰，浆液过稀时易于离析，故浆液水灰比不宜大于 1。

随着化学灌浆的发展，聚氨酯类、环氧树脂类、水玻璃类以及丙烯酸盐类等化灌材料越来越多应用于水利工程中，并取得了比较好的效果。由于化灌材料单价相对较高，有的工程不单纯采用化学灌浆，而是采用与水泥灌浆相结合的复合灌浆，如惠州抽水蓄能电站引水隧洞采用了复合灌浆，取得了不错的效果。

（5）固结灌浆的水胶比比级分：3、2、1、0.6（或 0.5），也可以采用 2、1、0.8、0.6（或 0.5），一般情况下由稀到浓不应越级。

（6）结束标准。当停止吸浆或吸浆量保持稳定且不超过 1L/min，继续以最大灌浆压力灌注 30min 即可结束灌浆。

（7）质量检查。应在灌浆完毕 28d 后钻孔作压水试验或声波检查。检查孔不应少于灌浆孔总数的 5%，可视地质条件对曾出现事故和估计有问题的部位加强检查。

对有特殊要求的固结灌浆可通过工程类比和现场试验确定各项参数。

**（三）高压固结灌浆**

抽水蓄能电站钢筋混凝土衬砌隧洞承受较大的内水压力，大部分内水压力将通过衬砌传递给围岩，围岩成为主要的承载结构。开挖爆破形成一定范围的松动圈、岩体内部裂隙和孔隙以及局部的不良地质构造等均对围岩的承载不利。为了加固隧洞围岩、封闭隧洞周边岩体裂隙，提高隧洞围岩的整体性和抗变形能力，增强围岩抗渗能力和长期稳定渗透比降，从而减小内水外渗，防止相邻水工建筑物发生水力渗透破坏，使围岩成为承载和防渗的主体，对高压隧洞进行系统固结灌浆是非常必要的。

高压固结灌浆作用在混凝土衬砌上的有效预压应力，还可将钢筋应力限制在一定的范围内，使混凝土衬砌的裂缝开展宽度得到控制。对高压管道围岩应力释放区的高压固结灌浆，将使管道围岩的地应力得到调整，起到加强围岩与混凝土衬砌的联合作用。高压灌浆产生的对混凝土衬砌及灌浆区围岩的预压应力作用，以及有利的地应力调整，增加了高压管道的安全度。

对穿越断层的高压管道，更应做好对管道周围断层区域的固结灌浆，以提高该区域围岩的整体性及抗渗性。固结灌浆是加固穿越断层区域的高压管道的主要工程措施，增大混凝土衬砌厚度及增加配筋量与固结灌浆相比为次要工程措施。

高压灌浆参数应根据输水隧洞内水压力的变化分区选定。应根据压水试验结果，初步确定高压灌浆参数，确定灌浆材料和配比，论证灌浆在细微裂隙中形成有足够强度的结石的可行性。必要时需用扩散性好、强度高的灌浆材料，确定整个高压灌浆的合理灌浆程序。

对高水头、大洞径的高压管道的固结灌浆，一般分为两步：浅孔低压固结灌浆和深孔高压固结灌浆。浅孔低压固结灌浆的压力为 1～2MPa，孔深 2～3m（包括混凝土衬砌厚）；高压固结灌浆是灌浆压力大于或等于 3MPa 的水泥灌浆。浅孔低压固结灌浆的目的有三点：①处理混凝土与岩石之间的接触缝隙，使之接触紧密；②加固因爆破而产生的岩石松动圈；③为深孔高压固结灌浆提供较为坚固的塞位。

浅孔低压固结灌浆，排间、排内不分序，但应从底拱孔先开灌。宜将本区段孔全部钻好才开灌，以利于排气及浆液扩散。灌浆过程中如发生串浆现象则不堵塞串浆孔，而把主灌孔移至串浆孔施灌，若多孔串浆则联灌。深孔高压固结灌浆，按排间分序、排内分序，即分奇数孔及偶数孔，从底拱灌至顶拱。

高压固结灌浆的设计，根据经验和规范可参考以下规定：

*1. 灌浆压力的选择*

灌浆压力是保证灌浆质量的最重要的参数之一。一般灌浆压力越高，浆液扩散范围越大，浆液能够注入的围岩缝隙宽度越小，灌浆效果越好。国内外灌浆的趋势是，在保证围岩不发生水力劈裂的前提下，应尽可能选用较高的灌浆压力，以便更有效地克服浆液自身黏滞阻力和在岩体裂隙中的流动阻力，提高灌浆效果。通常根据高压管道承受的内水压

力、围岩最小地应力和围岩类别等综合确定固结灌浆的最大压力。水工隧洞的固结灌浆压力可采用1～2倍内水压力，低压隧洞取高值，高压隧洞取低值，既要达到浆液充分充填，又要防止采用过高的灌浆压力造成围岩劈裂或衬砌结构破坏。一般来说，高压固结灌浆的最大灌浆压力宜等于或略大于高压管道静水头，并应小于围岩最小主应力。国内抽水蓄能电站钢筋混凝土管道采用高压固结灌浆，均取得了良好的效果，其高压固结灌浆主要参数见表28－17。

**表28－17　　国内抽水蓄能电脑钢筋混凝土高压管道固结灌浆压力**

| 序号 | 电站名称 | 管道最大设计水头/m | 静水头/m | 最大灌浆压力/MPa |
|---|---|---|---|---|
| 1 | 广蓄一期 | 725 | 610 | 6.1 |
| 2 | 广蓄二期 | 725 | 610 | 6.5 |
| 3 | 天荒坪 | 870 | 680 | 9.0 |
| 4 | 泰安 | 400 | 309 | 5.0 |
| 5 | 惠州 | 750 | 627 | 7.5 |
| 6 | 宝泉 | 800 | 640 | 8.0 |
| 7 | 蒲石河 | 506 | 393 | 5.0 |
| 8 | 荒沟 | 720 | 514 | 8.0 |

十三陵抽水蓄能电站运行十年后例行放空检查发现，引水隧洞共有13条裂缝，裂缝宽度均小于0.2mm；1号尾水隧洞存在75条裂缝，其中有19条裂缝的宽度大于0.2mm，最大裂缝宽度为0.8mm左右，且大部分裂缝为贯穿性裂缝；2号尾水隧洞普查长度为875m，共发现纵向裂缝80条，总长度约1200m，环向裂缝38条，总长度为626.12m，裂缝宽度为0.2～0.8mm，大部分宽度在0.5mm左右，宽度大于0.2mm的纵向裂缝共47条，总长为337.08m，裂缝深度较深，部分已贯穿衬砌。引水隧洞和尾水隧洞同为钢筋混凝土衬砌，二者承受的内水压力均在0.6MPa左右。引水隧洞的围岩以$Ⅲ_b$和Ⅳ类为主，尾水隧洞围岩以Ⅱ类、Ⅲ类为主，尾水隧洞岩石条件好于引水隧洞。两条洞段均进行了固结灌浆，引水隧洞的固结灌浆压力为1.0～1.4MPa，尾水隧洞为0.5MPa。由此可见提高固结灌浆压力对于限制裂缝具有明显的效果。

2. 固结灌浆孔深、孔向和间距选择

根据理论分析和数值计算可知，一般Ⅲ、Ⅳ类围岩条件下的水工隧洞主要内压承载区约为隧洞开挖半径的1.0～1.5倍，这也是经济合理的隧洞围岩灌浆深度，应对该区域重点灌浆，以提高其力学和防渗性能并形成可靠的预压应力圈。因此，隧洞固结灌浆孔深一般深入围岩1.0～1.5倍隧洞开挖半径。

随着对高压隧洞设计施工经验的积累和原型观测的分析，对于完整性好、渗透系数小的Ⅰ、Ⅱ类围岩洞段，灌浆孔的深度有减小趋势。广蓄二期高压隧洞的灌浆有水泥灌浆和化学灌浆两种，水泥灌浆借鉴一期工程的经验，根据Ⅰ、Ⅱ类围岩吸浆量少、爆破松动圈小的实际情况，把入岩孔深调整为2.5m。

固结灌浆孔向一般布置为径向，但当围岩结构面产状明确时，应根据围岩结构面产状与分布确定有效孔向。高压固结灌浆间排距一般为2～3m。由于水工隧洞承载内水压力，其围岩有效承载厚度约为隧洞开挖半径的 1.0～1.5 倍，因此在相同的工程造价条件下，固结灌浆钻孔短而密布置的性价比优于长而稀布置。

3. *灌浆浆液类型的选择*

为了确保围岩固结灌浆质量，控制灌浆浆液性能指标也是非常重要的环节。

针对裂隙型围岩的固结灌浆浆液类型主要分两类：第一类是从稀到浓的多级水灰比浆液，浆液水灰比一般为 2、1、0.8、0.6（或 0.5）等四级，配套自稀到浓的浆液变换控制灌浆施工工艺。第二类是添加少量膨润土等掺合料的稳定浆液，浆液水灰比一般为 0.6～1。稳定浆液是指具有较小析水率、较低凝聚力和良好流动性的中等浓度的浆体。具体的标准为 1000mL 的浆液，在 2h 内析出的清水量应小于 5%（水泥浆液的 Marsh 漏斗黏度在 20～40s 之间），配套采用单一水灰比灌浆施工工艺。这两种灌浆浆液类型的主要区别是开灌浆液水灰比与变浆施工工艺。

当采用多级水灰比浆液时，浆液开灌水灰比的选择，应根据现场围岩地质条件灵活选用，以求达到最佳效果。一般对宽大裂隙地层适用较浓浆液灌注，对细小裂隙地层则适用相对较稀浆液灌注。在地下水或存在渗流条件下，应采用不分散型浓浆；在无地下水围岩，则可采用适当稀的浆液。一般开灌水灰比应根据灌前压水试验确定：①当围岩渗透系数 $q \leqslant 5$Lu 时，可采用水灰比 2 左右的浆液开灌；②当围岩渗透系数为 5Lu$<q\leqslant$10Lu 时，可采用水灰比 1 左右的浆液开灌；③当围岩渗透系数 $q>$10Lu 时，可采用水灰比 0.8 左右的浆液开灌。

单一水灰比的稳定浆液常常与纯压式高压固结灌浆配套使用。一般当灌浆压力大于 3～4MPa 的高压灌浆，由于受孔口灌浆塞稳压能力的限制，较难实现在较大的灌浆塞内插入两个灌浆管（一个进浆管、一个出浆管）进行孔内循环式灌浆。即使在技术上能够实现高压孔内循环式灌浆，也由于施工工艺复杂、工效低、费用高等而很难在大规模隧洞系统高压灌浆中推广应用，因此一般均采用在较小的灌浆塞内插入一个灌浆管的纯压式灌浆。

在纯压式高压固结灌浆中，若围岩地质条件比较均一、可灌性较好。为了避免在长时间的纯压式灌浆过程中，浆液在钻孔中不循环流动，浆液泌水和离析后改变注入浆液实际的水灰比，影响灌浆浆液性能和灌浆效果，甚至造成浆液在钻孔和管路中沉淀而发生事故，灌浆浆液可考虑采用稳定浆液。这种稳定浆液具有水泥颗粒沉淀较少、稳定性好的特点，可以以单一水灰比浆体代替多级水灰比的灌浆程序，简化了工艺，避免了浪费，施工工效得到提高，灌浆施工质量也相对容易得到保证。

若围岩是可灌性较差的细微裂隙地层，则即使采用纯压式灌浆，低稠度、低黏度、低凝聚力的多级水灰比浆液也是优选方案之一，可以通过多级水灰比浆液与单一水灰比稳定浆液之间的现场灌浆试验来比选，要综合考虑包括施工工效、灌浆压力、设计扩散半径要求、灌浆效果、膨润土等掺合料采购方便性等各方面因素后合理选择。

为了获得耐久的灌浆效果，一般还要求浆液结石设计强度大于 15MPa。

4. *水泥细度的选择*

影响水泥浆液对围岩裂隙注入能力的主要因素之一是水泥颗粒粒径。水泥浆液由于颗粒粒径的限制，难以灌入一些细微裂隙，一般认为灌浆浆液颗粒的粒径应小于裂隙宽度的

1/3～1/5才易奏效。普通硅酸盐水泥的平均粒径约为0.02mm，最大粒径在0.044～0.1mm之间，比表面积约为3000～4000cm²/g。研究表明普通水泥颗粒不是堵塞细小缝隙，就是在细小缝隙周围构成桥链，阻碍其他颗粒进入，因此若采用比表面积在3000～4000cm²/g普通水泥浆液灌浆，则难以灌入裂隙宽度小于0.5mm的岩体。而超细水泥的平均粒径约为0.003～0.006mm，最大粒径约0.012mm，比表面积可以到7000～8000cm²/g，对于裂隙宽度为0.05～0.2mm的细微裂隙岩层具有良好的可灌性和抗渗性，大大提高围岩裂隙的灌入度，增强了围岩灌浆防渗效果。

故灌浆浆液中水泥细度是影响灌浆质量的主要因素之一。在较完整围岩区域或经过前序普通水泥灌浆后的细微裂隙岩体，若为了进一步增加其防渗性能，经现场灌浆试验和技术经济比选后，可选择超细水泥浆进行后序高压固结灌浆。

## 二、压力钢管灌浆设计

### （一）压力钢管灌浆开孔

钢管开孔灌浆的目的是为了提高钢衬外回填混凝土和围岩的密实性，增加围岩弹性抗力，减少钢衬与回填混凝土以及回填混凝土与围岩间的缝隙，提高钢衬与围岩联合承载的能力，增加钢衬运行的安全性。但钢管开孔灌浆毕竟要在一定程度上损伤钢管管体，并增加后期封堵灌浆孔的施工工序，多了一道可能的施工质量纰漏和返工修补可能，也增加了施工工艺的复杂性、工程投资以及施工工期。广蓄一期电站的钢板衬砌曾因灌浆孔封孔焊接质量而做放空检修。因此，在高强钢板上开灌浆孔，应避免削弱钢衬强度和带来封孔焊接上的困难。

封堵灌浆孔常用的方法有两种，分别是螺塞胶结和螺塞焊接。英国迪诺威克抽水蓄能电站的灌浆孔采用黏结剂封堵，黄河小浪底水电站的灌浆孔采用环氧胶黏结。螺塞胶结的缺点是其耐久性问题值得考虑，而螺塞焊接的缺点是焊接高温使钢管外侧已经回填的潮湿混凝土水分汽化，导致熔敷金属的扩散氢含量增大，而外侧混凝土和水分的存在，又加大了焊缝冷却速度，这些均容易产生焊接裂缝。因此，钢管设计开孔灌浆前，需要仔细研究省略开孔灌浆而适当增加钢管壁厚与钢管开孔灌浆的经济技术对比，以便得出最合理和安全的设计。

在围岩完整性较好的硬岩地区，考虑到围岩天然的高弹性抗力以及固结灌浆前后对围岩弹性抗力影响较小等因素，压力钢管可以不进行开孔灌浆而采用管外预埋管回填、接触灌浆并研究膨胀混凝土的应用，或仅在钢管顶、底部开为数极少的孔进行回填和接触灌浆。若在竖井或斜井钢衬段，由于回填混凝土质量保证率较高，则可以取消钢管开孔灌浆。

在围岩完整性较差的硬岩地区，考虑到围岩天然的弹性抗力较低，是否需要开孔灌浆应专门研究。若增加钢管壁厚的经济代价不大，则应尽量避免开孔灌浆。若研究论证钢管开孔灌浆是非常有必要的，能较大幅度地提高围岩弹性抗力，那么在开孔灌浆的同时，必须充分考虑现场施工的各种情况，精心设计好灌浆孔塞结构，为施工提供方便，从而保证施工质量，避免高压内水通过灌浆孔塞可能的缝隙外渗，威胁钢管的安全。根据有关工程经验，钢管灌浆孔的封堵塞采用图28-19的封堵方法，经多个抽蓄工程的实际应用证实，这样的灌浆孔封堵塞设计是安全可靠的。

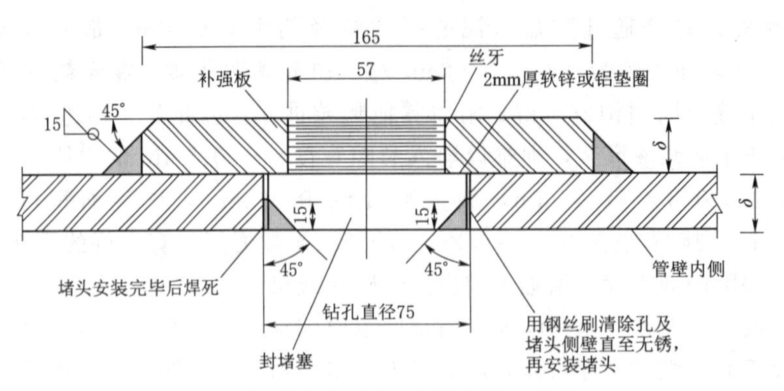


图 28-19 钢衬灌浆开孔及封堵样图（单位：mm）

钢管灌浆孔塞需要专门采购钢棒来加工，但是采购与钢衬母材相同材质的 Q345R 或 600MPa、800MPa 强度等级的钢棒常常较难。此时钢管灌浆孔塞选材问题就主要取决于对钢管灌浆孔塞作用的认识。灌浆孔塞主要是堵塞止漏，不是结构补强，开口的结构补强由孔口的外补强板完成，因此钢管灌浆孔塞才可以采用胶结或焊接但不是熔透焊，因为它只需要防渗止漏即可，是堵塞止漏结构，不是承载受力结构。根据这样的认识，灌浆孔塞的钢棒材质不一定要等同于钢管结构主体钢管材质，包括冲击韧性以及强度，可以采用强度等级略低于钢衬母材的钢种，如 Q235B 钢材。

**（二）压力钢管灌浆**

地下埋管的灌浆包括回填灌浆、接触灌浆、固结灌浆和帷幕灌浆等四项。其灌浆顺序一般按照回填灌浆→固结灌浆（帷幕灌浆）→接触灌浆的顺序进行。回填灌浆、接触灌浆与固结灌浆可在同一孔中分序进行，但在进行固结灌浆时应设置封堵栓塞。对高强钢压力管道的灌浆设计，应视其钢材性能确定适用的灌浆方式。

1. 回填灌浆

回填灌浆的目的是将浆液灌入围岩和混凝土之间的空隙，使结构与围岩形成整体，可靠地将内水压力传递给围岩。地下埋管段衬砌顶拱 120°范围内难以浇筑密实，应在混凝土衬砌达到 70%设计强度以后进行回填灌浆，灌浆压力宜为 0.1～0.2MPa，但不得大于钢管抗外压临界压力。回填灌浆浆液水灰比为 0.5，水泥浆中一般外掺 3%～4%的轻烧 MgO 微膨胀剂，以便尽可能地减少钢衬外包混凝土与围岩之间的缝隙；若衬砌顶拱与围岩间存在较大空腔，必须采用水灰比较低的稠浆。

回填灌浆一般只在压力管道平段或坡度较缓的斜井段实施。上马岭水电站斜井倾角为 32°，衬砌破裂后挖开，发现顶拱空洞长达 2m。而在坡度≥45°斜井和竖井中，较容易将混凝土回填密实，所以没必要实施。回填灌浆的施工方法，有预留灌浆孔和外设纵向管路系统灌注两种。我国以往多采用预留灌浆孔法，利用固结灌浆孔对钢管顶拱进行回填灌浆。但因此法存在后期封堵困难和占用直线工期等问题，尤其在高强钢板上开设灌浆孔，封堵时还会产生焊接裂纹，更是一个新增的疑难问题。纵向管路系统灌注法，可以避免上述问题，但对灌浆效果尚缺乏直接的检查手段，只能依靠严格的施工管理来保证，这是此法的不足之处。

十三陵抽水蓄能电站钢管中、下平段均为高强钢板，采用了纵向管路灌浆系统。“系

统”以混凝土浇筑段为单元，每个单元一般分为三个小区，各设 $\phi$40mm 灌浆管和排气回浆管一套，管路平行布置于洞的上部，出口选择相对最高点。灌注以逐区后退的方式进行，灌浆压力为 0.4MPa，以回浆管口冒浆后，延续灌浆 5min 为结束条件，经过端面检查和少量原型观测，说明灌浆的质量和效果是好的。应当指明的是，本钢管回填灌浆浆液中掺入了 UEA 膨胀剂，掺量为胶凝剂总量的 10%，目的是利用其膨胀压力，减少乃至消除外侧初始间隙。

2. 固结灌浆

固结灌浆的目的是将浆液灌入围岩松弛区和裂隙，以改善围岩性状，提高围岩分担率和抗渗性。固结灌浆主要针对隧洞周边围岩的爆破松动圈加固。根据日本研究，当用掘进机开挖时，受扰动区岩石区的厚度约为 0.3m 左右；若用钻爆法开挖，则大致为 0.5～1.3m。在钻爆法开挖的隧洞中，受扰动区岩石的变形模量实际上小于周围完整岩石的变形模量，固结灌浆就是为了提高隧洞近层围岩的变形模量，以便提高围岩荷载分担率，增加地下埋管的承载安全度。

固结灌浆一般在回填灌浆完成 7d 和混凝土衬砌浇筑 28d 以后进行，灌浆压力一般为 2～3MPa，排距 3m，钻孔入岩深度不超过 3m，浆液水灰比 0.6～1。钻孔方向应根据围岩结构面产状研究确定，以期尽可能多穿越结构面，提高灌浆效果。

从日本实测资料看，实施固结灌浆效果是明显的。今市抽水蓄能电站在岩面喷混凝土后进行低压（0.3～0.5MPa）固结灌浆，灌浆后变形模量为灌浆前的 1.5 倍。喜撰山抽水蓄能电站，采取在回填混凝土后用预留灌浆孔灌注的方法实施，经通水时量测，进行接触灌浆和固结灌浆的部位围岩分担率为 0.63～0.74；而只进行接触灌浆的部位，围岩分担率为 0.56～0.67。木曽抽水蓄能电站经高压（0.5～1 倍设计内水压）灌浆后，围岩的弹性模量由 4GPa 提高到 10GPa，由此可见固结灌浆的效果。尽管有这些实例，但日本在实际设计中并未对固结灌浆改善围岩的效果加以考虑，而只是作为一种安全裕度。另据日本 11 座地下埋管资料统计，其中也只有 4 座做了固结灌浆，其余 7 座未做。主要是考虑高强钢灌浆孔的封堵、费用和工期比较以及围岩弹性模量取值的相对准确程度等。同理，十三陵抽水蓄能电站压力钢管也未进行固结灌浆。

3. 接触灌浆

接触灌浆的目的是充填钢管与混凝土之间的缝隙。由于缝隙并非均匀分布，脱空位置难以预料，故无法预先设置灌浆孔，一般根据现场敲击脱空情况确定接触灌浆范围，根据需要临时开孔（一个进浆，一个排气）。接触灌浆宜安排在温度最低时段进行，其灌浆范围为压力钢管段底部 60°～120°，钻孔宜采用磁座电钻，孔径一般为 10～12mm，浆液水灰比 0.5～0.6。接触灌浆压力 0.1～0.2MPa，必须保证钢管在接触灌浆中变形不超过设计允许值。灌浆完成 7d 后，可再用敲击法或钻孔法进行检查。凡经过灌浆使单独一个区的脱空面积不大于 0.5～1.5$m^2$，缝隙厚度不超过 0.5mm 就可以定为合格。经验收合格后用 $\phi$8～10mm 的圆钢打入钻孔封堵并在口部满焊。

由于接触灌浆孔位为现场临时确定，施工期洞内有时还存在积水，从而加大了封堵的困难；而且经敲击检查呈鼓声的区域，钻孔后有时也灌不进浆液，反而增加了安全隐患；因此应慎重考虑接触灌浆的取舍。当采用焊接性能良好、延伸率较高的钢板时，可以考虑设置接触灌浆孔；对于焊接裂纹敏感性较高的高强钢板应该慎用，因为灌浆孔补强、封孔等容易引起钢管应力集中或焊缝裂纹。这时应考虑采用管外预设管路进行灌浆，或者宁可增加施工缝隙计算值、增加钢管壁厚，避免接触灌浆工序。

日本11座电站地下埋管中就有10座未进行接触灌浆。十三陵抽水蓄能电站地下埋管采用掺入UEA膨胀的混凝土回填，也省略了接触灌浆，效果良好。张河湾、西龙池的高压钢管段均采用预埋灌浆管路的方法进行接触灌浆，小浪底压力钢管则采用管底预埋FU-KO管进行多次重复接触灌浆。

4. 帷幕灌浆

钢筋混凝土衬砌隧洞和钢衬接缝处在高内水压力作用下接缝容易被拉裂，可能会造成内水外渗现象，威胁钢衬外压稳定的安全。设计对二者接缝处的结构及施工分缝处理应重视，除应进行详细的细部设计外，还需要进行帷幕灌浆设计。因此，应在压力钢管与钢筋混凝土隧洞相接部位，布置2～3排帷幕灌浆，灌浆孔深度为6～10m，以各相邻钢管首端围岩形成完整、连续的防渗帷幕为准，排距2～3m左右，以阻隔钢筋混凝土衬砌段的高压渗透水对压力钢管段的渗透。

为进一步保证引水钢筋混凝土隧洞段与钢衬相接段的防渗能力，钢筋混凝土隧洞侧的水泥帷幕灌浆完成7d后，在靠近钢衬处再增加两排化学灌浆。化学灌浆孔位与原帷幕灌浆孔错开，钻一个孔灌一个孔，化学灌浆孔入岩3m，塞位距孔口0.6m。化学灌浆材料采用HKG系列环氧灌浆材料或以环氧树脂、酮脂肪胺为主要体系的EAA新型防渗补强材料，灌浆压力为1.2～1.5倍静内水压力。

## 三、钢筋混凝土岔管灌浆设计

### （一）灌浆的作用

在抽水蓄能电站引水系统中，钢筋混凝土岔管是最接近厂房（一般为地下厂房）的承受高水压的透水结构，因此岔管区域围岩的抗渗性能好坏至关重要，关系到渗透的稳定性，甚至于边坡和厂房等结构的安全。为减少高压内水外渗对地下厂房、下游山坡及引水钢支管的不利影响，同时提高围岩承载能力，减少混凝土裂缝宽度，需对高压引水岔管围岩进行高压灌浆。此外由于岔管处跨度较大，内水压力作用下变形较大且不均匀，为提高围岩可灌性和灌浆质量，岔管围岩宜采用超细水泥灌浆。

广蓄一期电站岔管最小的围岩变形模量：松动区域为$17\times10^3$MPa，非松动区域为$25\times10^3$MPa。经高压固结灌浆后，上述数值增至$32\times10^3\sim35\times10^3$MPa，或者更高一些。这样，围岩的变形模量能与混凝土弹性模量$31.8\times10^3$MPa相当。

《水工隧洞设计规范》（DL/T 5195—2004）明确规定：“岔洞部位应进行高压固结灌浆。经灌浆后，应满足在设计压力作用下，围岩的透水率≤1.0Lu。”

### （二）灌浆深度

主管段灌浆深度可与下平段相同；支管段灌浆深度可取4～5m；主岔段灌浆深度可按其跨度作为洞径匡算，深度可控制在8～9m以内。如开挖过程中揭露有断层、节理密集带等不利的地质构造通过岔管，或在岔管附近通过，则应针对地质构造专门布置加强灌浆措施，如加密灌浆孔排距和孔距、加深灌浆孔、采用斜孔加大灌浆孔与不利结构面的交角

等，目的是封闭不利结构面，阻止内水外渗。

**（三）灌浆孔布置**

灌浆孔排距和孔距可根据浆液在围岩中的扩散范围确定，一般认为浆液在围岩中扩散范围约为3～4m，考虑部分重叠，灌浆孔孔距和排距可取2.5～3m。每排灌浆孔数的确定方法并没有统一规定，实际操作中有的工程按基岩面（即灌浆孔起点）孔距2.5～3.0m确定，也有的工程按在浆孔终点孔距2.5～3.0m确定，差异较大，有时孔数可相差一倍。建议基于如下原则确定灌浆孔数：即认为至少在灌浆深度的中部，应通过固结灌浆形成封闭的帷幕。以圆形断面为例，可用下式估算每环灌浆孔数：

$$N=\pi\times(D+0.5L)/a \tag{28-20}$$

式中：$N$ 为每环灌浆孔数；$D$ 为开挖洞径；$L$ 为灌浆孔深；$a$ 为浆液扩散范围，一般可取2.5～3.0m。

主岔部位可根据上述原则，按每个断面的实际轮廓计算每环灌浆孔数，并绘制灌浆孔位图提交施工。最终的灌浆孔排距和孔距，需通过生产性灌浆试验确定。

**（四）灌浆压力**

《水工隧洞设计规范》（DL/T 5195—2004）建议："固结灌浆的压力，可取岔洞处静水头的1.2倍。"实际设计中可根据具体情况调整，如岔管部位地应力较高，但节理裂隙较发育，建议采用较高的灌浆压力，但最大不超过静水头的1.5倍；如岔管承担的内水压力较高，围岩完整但最小地应力富裕不大，接近最小地应力的灌浆压力易发生岩体劈裂，灌浆压力应慎重选择，建议灌浆压力可采用岔管最大动水压力。

天荒坪抽水蓄能电站钢筋混凝土岔管灌浆压力采用最大静水压力的1.5倍，广州抽水蓄能电站钢筋混凝土岔管灌浆压力则采用1倍最大静水压力。

## 四、封堵体灌浆设计

封堵体属于大体积混凝土。由于混凝土的干缩使其周边同围岩（或原衬砌）之间存在缝隙，这些缝隙即是渗水通道。沿围岩出现的绕渗，不仅增加渗漏量（过大时使堵头失效），而且绕过堵头的渗流可能造成围岩软弱结构面或充填物的溶蚀，进而导致围岩渗透破坏、封堵体承载力的下降。沿封堵体顶部和周边缝漏水以及沿围岩绕渗是封堵体失败或失事的主要原因之一。因此，封堵段的固结灌浆、回填灌浆、接缝灌浆和接触灌浆是确保封堵体安全运行的重要手段。

封堵体的灌浆布置、灌浆压力、浆液浓度等灌浆参数，应根据工程地质及水文地质条件、作用水头大小、封堵体型式、封堵体工作条件以及施工方法等分析确定。封堵段固结灌浆间排距一般为2～3m，深入围岩一般不小于3m，灌浆压力可取与封堵体相连的主洞洞段相同。

封堵体顶部需进行回填灌浆，必要时应根据环境温度、施工工艺、封堵材料、封堵体的体积和体形等具体情况，进行封堵体变形（收缩）稳定后的二次回填灌浆。在灌浆设计时宜考虑二次灌浆问题、留好灌浆条件。封堵体的二次回填灌浆可以与接缝灌浆及接触灌浆结合进行。

封堵体的接缝灌浆和接触灌浆应在混凝土达到稳定温度或裂缝充分张开后进行。

# 第六节 封 堵 体 设 计

水工隧洞的探洞、施工支洞需进行封堵，封堵体将成为永久水工建筑物的组成部分，在运行中同围岩和混凝土共同承担水压力。

封堵体的位置应根据围岩的工程地质和水文地质条件以及已有的支护、衬砌情况、相邻建筑物的布置及运行要求等分析确定。

## 一、封堵体的型式

封堵体型式有瓶塞形、短钉形、柱形、拱形等。瓶塞形封堵体能将压力均匀地传至洞壁岩石，受力情况好，被广泛采用。短钉形开挖较易控制，但钉头部分应力较集中，受力不均匀，不常采用。柱形封堵体依靠自重摩擦力及黏聚力达到稳定，有压隧洞较少采用，常用于无压隧洞。拱形封堵体混凝土用量少，但对岩石承压及防渗要求较高，可用于岩体坚固防渗性较好的地层。隧洞封堵体型式如图 28-20 所示。

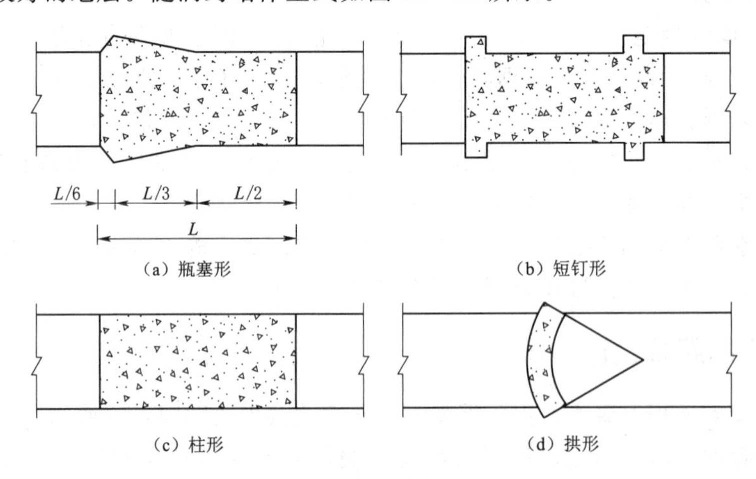


图 28-20 隧洞封堵体型式

封堵体的体形和长度应根据封堵体所承受内水压力的大小、地质条件、施工方法、封堵材料、运行要求，并考虑施工工期等综合因素分析确定，应在安全可靠的前提下尽量简单实用。封堵体的选型一般应考虑下列三个因素。

### (一) 水头因素

一般中高水头水工隧洞的封堵应尽量选用超载能力较强的瓶塞式封堵体，低水头水工隧洞的封堵可选用体形较简单的等截面柱状封堵体。

### (二) 断面因素

方圆形断面隧洞应尽量选用瓶塞式封堵体，其齿槽与隧洞可同时开挖，并且对于衬砌段可随衬砌进行混凝土浇筑以及灌浆等。圆形隧洞特别是采用掘进机开挖的圆形隧洞应尽量采用等截面柱状封堵体，以简化施工。

### (三) 施工因素

隧洞封堵一般施工期工期较紧，因此选用结构简单的体形尤为重要。

## 二、封堵体的受力特性

封堵体承受的基本荷载主要有：水压力、渗透压力、自重以及地震荷载等。除此之外，封堵体周边还存在综合围压。综合围压主要表现在以下几个方面：

**（一）围岩应力重分布的影响**

洞室开挖后，出现第一次应力重分布，表现为洞周某一范围内的切向应力增大而径向应力减小，洞壁处径向应力为零。

隧洞封堵蓄水后，其周边的岩石处于饱和水状态，围岩应力的水平分量和垂直分量之比发生变化，由此带来洞周各点将发生收敛变形，即产生第二次应力重分布，第二次应力重分布的结果将导致封堵体承受一定的围岩压力。

**（二）灌浆应力的影响**

混凝土浇筑完成后，封堵体必须进行回填灌浆，必要时还要进行二次回填灌浆，有时还需要进行围岩的固结灌浆和周边的接触灌浆。灌浆后，在封堵体周边必然产生附加径向应力，从而使封墙体与围岩间出现相互作用的弹性抗力。不少工程的原型观测结果表明，即使考虑了混凝土和围岩徐变以及浆液结石收缩等因素造成的应力松弛，接缝部位的灌浆残余应力仍可保持初始应力的40%～70%。

**（三）混凝土内掺入复合型膨胀剂后带来的挤压影响**

为简化施工，许多工程的封堵体均采用了膨胀混凝土。采用膨胀混凝土，不仅可以抵消混凝土的收缩变形，而且还可对围岩产生0.2～0.3MPa的压应力。

## 三、封堵体的结构稳定性分析

直接与水库接触的隧洞封堵体，设计级别应与挡水建筑物的设计级别一致。隧洞探洞、施工支洞的封堵体，应与所在隧洞的设计级别一致。

水工隧洞封墙体稳定性分析方法可以分成三大类，包括经验公式、刚体极限平衡法、有限单元法。

**（一）经验公式**

（1）有压隧洞封堵体长度按照混凝土封堵洞径或洞宽的3倍以上确定。

（2）按照挪威经验公式，即：

$$L \geqslant (3\sim5)H/100 \tag{28-21}$$

式中：$L$ 为封堵体长度，m；$H$ 为设计水头，m。

（3）按照下式公式计算：

$$L \geqslant HD/50 \tag{28-22}$$

式中：$L$ 为封堵体长度，m；$D$ 为洞径或洞宽，m；$H$ 为设计水头，m。

上述经验公式过于简单，没有考虑到荷载、隧洞断面大小、形状等影响封堵体稳定性的各种因素，原则上只能用来初步估算封堵体长度。封堵体结构、围岩性质等因素复杂的情况不能以此公式来设计。

**（二）刚体极限平衡法**

（1）冲压剪切公式：

$$L \geqslant \frac{P}{[\tau]S} \tag{28-23}$$

式中：$L$ 为封堵体长度，m；$P$ 为作用在封堵体的迎水面上的水压力，kN；$[\tau]$ 为混凝土与围岩接触面的容许剪应力，取 0.2～0.3MPa；$S$ 为封堵体剪切面周长，m。

（2）按承载能力极限状态确定的抗滑稳定公式：

$$\left.\begin{aligned} &\gamma_0 \psi S(\cdot) \leqslant \frac{R(\cdot)}{\gamma_d} \\ &S(\cdot) = \sum P_R \\ &R(\cdot) = f\sum W_R + cA_R \end{aligned}\right\} \tag{28-24}$$

式中：$\gamma_0$ 为结构重要性系数，对应于结构安全级别为Ⅰ、Ⅱ、Ⅲ级的隧洞支护可分别取 1.1、1.0、0.9；$\psi$ 为设计状况系数，对应于持久状况、短暂状况、偶然状况，可分别取 1.0、0.95、0.85；$S(\cdot)$ 为作用效应函数；$R(\cdot)$ 为支护的抗力函数；$\gamma_d$ 为结构系数，取 1.2；$\sum P_R$ 为封堵体滑动面上承受的全部切向作用之和，kN；$f$ 为混凝土与围岩的抗剪断摩擦系数；$c$ 为混凝土与围岩接触面的抗剪断黏聚力，kPa；$\sum W_R$ 为封堵体滑动面上全部切向作用之和，向下为正，kN；$A_R$ 为除顶拱部位（90°～120°）外，封堵体周边与围岩接触面积，$m^2$。

刚体极限平衡法具有清晰的力学概念和正确的力学原理，公式涵盖了荷载、断面尺寸、形状以及围岩与封堵体间的黏聚力、摩擦系数等诸多因素，是封堵体稳定性设计的基本方法。其缺点是没有考虑封堵体与围岩变形的相互作用的影响，在高水头工况下，变形对稳定性的影响建议用有限单元法进行论证。

封堵体周边有效接触面系数 $\alpha$ 的取值应综合考虑混凝土、围岩的性质及施工质量。封堵体与围岩或混凝土的接触面包括顶面、底面和侧面。即使通过灌浆，顶部接触面也不可避免地出现脱空或脱离，因此封堵体稳定计算中，不计顶拱黏聚力。由于重力作用，封堵混凝土底部接触面能够保证接触密实，故底面接触面有效面积系数 $\alpha$ 取 1。侧向接触面受封堵混凝土的断面形状、浇筑质量、收缩性能、接触面条件（如岩石开挖面、混凝土衬砌的凿毛情况等）、接触灌浆及接缝灌浆质量等影响较大，因此，侧向接触面有效面积系数 $\alpha$ 要根据工程具体情况确定。不同工程的封堵体稳定计算时，侧向接触面有效面积系数 $\alpha$ 取值也不尽相同，如隔河岩水电站工程导流洞临时封堵体侧向接触面有效面积系数 $\alpha$ 取 0.3，水布垭水电站导流洞封堵体侧向接触面有效面积系数 $\alpha$ 取 0.8，芹山水电站导流洞封堵体侧向接触面有效面积系数 $\alpha$ 取 0.8。

同时，容许剪应力 $[\tau]$ 的取值也要考虑混凝土、围岩的性质及施工质量等因素的影响。

**（三）有限单元法**

1. 整体安全系数法

根据有限元计算结果得到接触面上的法向应力 $\sigma_n$ 与沿滑动面的剪应力 $\tau$，通过对所有接触面单元积分，计算封堵体的整体安全系数，即：

$$K = \frac{\sum(\sigma_{ni} A_i f + cA_i)}{\sum \tau_i A_i} \geqslant [K] \tag{28-25}$$

式中：$K$ 为潜在滑动面抗剪断安全系数；［$K$］为围岩抗剪断安全系数，一般取 1.2～1.5；$f$ 为抗剪断摩擦系数；$c$ 为黏聚力，kPa；$\sigma_{ni}$、$\tau_i$ 为潜在滑动面某单元的法向应力（压应力）和切向应力，kPa；$A_i$ 为滑动面某单元面积，$m^2$。

2. 点安全系数法

点安全系数是局部区域的安全系数。总的设计思路是：如果所有的局部区域都处于安全稳定状态，那么结构的整体也一定是安全的。点抗剪断安全系数为

$$K=\frac{\sigma_{ni}f_i+c_i}{\tau_i}\geqslant[K] \tag{28-26}$$

式中：［$K$］为围岩抗剪断安全系数，一般取 1.0～1.2；$f_i$ 为抗剪断摩擦系数；$c_i$ 为黏聚力，kPa；$\sigma_{ni}$ 为潜在滑动面某单元的法向应力（压应力），kPa；$\tau_i$ 为潜在滑动面某单元的切向应力，kPa。

承受高内水压力的封堵体，宜进行有限元分析。采用有限元法进行封堵体稳定计算，是将隧洞、围岩及封堵体划分为若干实体网格后进行求解，其优点是可以考虑封堵体与围岩的变形协调和应力分配，比较客观地反映围岩应力和渗透压力的影响。

相对于刚体极限平衡法，由于有限单元法考虑了封堵体和围岩的相互作用，故相对而言是一个精确的方法。但对于设计而言，计算比较复杂，工作量大。为了能与刚体极限平衡法的结果进行比较，建议首先采用线弹性有限单元法进行计算分析，所得的安全系数可以用刚体极限平衡法的安全系数容许值来评判。在有限单元法的计算过程中，不仅要合理模拟封堵体和围岩材料的性质，特别还要注意正确模拟荷载的作用过程，如重力荷载，因为其在施工过程中就已存在，与后期的水压力不同，所以重力荷载宜只考虑其引起的应力。另外，封堵体与围岩的接触面的力学性质在某些情况下也应专门模拟，如还有锚杆、灌浆等加固措施，计算时也宜适当模拟。

使用点安全系数来控制封墙体的稳定性偏于保守，不建议作为设计的依据，可以作为校核。这是因为在封堵体迎水面的周边上剪应力比较大，很难满足点的安全系数。

在完成线弹性有限元的设计计算工作后，为能了解封堵体的力学工作状况，建议再用非线性有限单元法进行分析，以全面论证上述设计的可靠性。进行非线性分析时，同样要合理模拟加载过程，尤其是接触面单元的模拟及力学参数的取值。

对于复杂的封堵体结构，如封堵体迎水面与封堵体轴线不垂直、封堵体成锥体、围岩质量低等情况下，建议用有限单元法进行稳定性设计。

## 四、封堵体的渗透稳定性分析

### （一）简化计算公式

简化计算公式为

$$H/L\leqslant[k] \tag{28-27}$$

式中：$L$ 为封墙体长度，m；$H$ 为设计水头，m；［$k$］为围岩容许的水力绕渗渗透系数。

简化计算公式的优点是公式简单，计算方便。缺点是过于简化，不能反映实际的渗流情况，围岩容许水力绕渗渗透系数的取值不易确定，过分依赖经验。上式可以作为初步设计的估算。

**（二）数值分析方法——有限单元法**

对于围岩结构复杂、透水性强、封堵体周边接触不良等情况，可用有限单元法进行渗流分析。对于岩体根据其结构性质可采用各向异性或各向同性的等效介质模型；对混凝土封堵体可采用连续的各向同性介质模型；特别对封堵体周边接触面，根据施工质量，建议采用专门的模型进行模拟，如用薄层单元，或裂隙渗流模型进行模拟。

根据有限元的计算成果，如渗流场的分布、最大水力梯度、渗流量等结果来评判渗流稳定性条件是否满足。

### 五、其他措施

根据工程实践，封堵体混凝土设计和施工还应考虑采取如下措施：

（1）当洞轴线穿过坝体防渗帷幕线时，封堵体要设置在防渗帷幕线上，与其成为整体，满足坝体防渗要求。

（2）设置灌浆廊道的封堵体，其前段实体封堵长度不足时，可能导致实体封堵体沿灌浆廊道周边的抗冲切安全强度不够，形成潜在破坏面。因此，应复核廊道前段实体封堵体的长度。

（3）当封堵体与隧洞衬砌搭接时，搭接长度应不少于2m，在搭接范围内应进行环向止水设计。有了不少于2m的搭接长度，封堵体首部的原衬砌结构就形成一种防渗面板，这对控制渗流有帮助。

（4）如封堵长度不满足抗摩阻要求，可采用洞周设锚杆。

（5）为了减小封堵体周边的缝隙，封堵混凝土可采用微膨胀混凝土，并尽可能减少单位水泥用量。

（6）做好配合比设计，尽量加大骨料粒径，并掺入适量的粉煤灰。

（7）大体积封堵体混凝土建议采取有效的温控措施，如控制入仓温度、低温浇筑、合理分层分块、减少水泥用量、采用低热水泥、掺粉煤灰、设循环水降温等。

（8）当封堵体的长度大于20m时，可取消横缝而采用错台浇筑法。

## 第七节　水道系统充排水试验

抽水蓄能电站上下游压力水道系统均须进行充排水试验，试验目的是发现问题、消除隐患。特别是在地质条件不理想时，进行充排水试验是必要的，它可以为混凝土衬砌、钢板衬砌、灌浆设计及施工提供比较可靠的依据。

### 一、上游水道充排水试验

当抽水蓄能电站上水库有天然来水时（或上水库能提前蓄水时），上游水道可利用上水库进/出水口闸门的充水阀充水。当上水库不具备充水条件时，则可利用在厂房内设置的专用多级水泵充水。

上游水道系统充水，尤其钢筋混凝土衬砌隧洞的初期充水，必须严格控制充水速率，并划分水头段分级进行。每级充水达到预定水位后，应稳定一定时间，待监测系统确认安

全后，方可进行下一水头段的充水。钢筋混凝土衬砌水道充水速率一般可取 5～10m/h，全钢衬压力管道充水速率一般为 10～15m/h。钢筋混凝土衬砌水道每级水头宜取 80～120m，全钢衬压力管道每级水头宜取 120～150m，每级稳压时间宜取 48～72h。

对钢筋混凝土衬砌水道系统的放空，应控制最大外水压力与水道内水压力之差，小于高压隧洞设计外水压力。放空时应分水头段进行，根据国内外经验，放空速率一般控制在 2～4m/h，根据外水位的变化情况选定。对于钢衬高压管道，其放空条件应控制在钢管设计外水压力范围之内。

## 二、下游尾水道充排水试验

下游尾水道可利用下水库进/出水口闸门充水阀充水，充水速率一般为 3～5m/h，分两级进行，每级稳压时间宜取 48～72h。放空速率按与上游水道相同原则控制。

# 第二十九章 调压室设计

## 第一节 调压室的作用和设置条件

### 一、调压室的作用

抽水蓄能电站调压室的作用，主要是保证过渡过程满足系统的调节稳定性和电站的快速响应功能。

抽水蓄能电站在系统中主要承担调峰填谷、调频调相、事故备用等任务，电站跟踪负荷能力强，事故响应速度快，工况转换频繁。当电站运行工况、出力或入力发生变化时，会引起输水管道内的流量和机组转速的变化。当流量和转速变化频繁或在短时间内发生时，管道末端流速和压力随之急剧变化，在管道内发生水击现象。调压室一方面防止水击压力传入输水隧洞，另一方面改善机组运行条件。前一种作用主要针对输水系统发生的大波动过渡过程，后一种针对负荷小幅变化时输水系统发生的小波动及水力干扰过渡过程。

调压室对水击压力的调节作用在输水系统较长的抽水蓄能电站中非常突出，此类电站多在靠近厂房的引水道末端设置调压室，用以缩短压力水道长度，有效地减小由于压力水道中水体惯性引起的水击压力。调压室实际上相当于增加了一个更靠近厂房的自由水面，可以像水库一样反射并削弱水击波。对于地下厂房的尾水系统来说，在靠近机组尾水管的位置设置调压室，可将尾水隧洞分成两段，从而使尾水道避免发生液柱分离的现象。在保证机组安全稳定运行方面，调压室可减小水击压力值并有效地限制水击波的传播，使机组调节保证满足机组特性的要求，同时将改善机组在负荷变化时的运行条件，增强电站运行稳定性，提高供电质量。

根据以上分析，调压室的功用可归纳为以下三点：①防止过大的水击压力传播到压力输水道中去；②减小高压管道（尾水为压力管道）中的水击值；③当负荷变化时改善机组的运行条件。国内、外部分抽水蓄能电站调压室统计见表 29－1。由表 29－1 可见：

（1）国内、外很多抽水蓄能电站根据其枢纽布置的需要，布置了上游调压室、下游调压室或者上、下游双调压室。国内的十三陵、广蓄一期二期、宜兴、惠州一期、二期等工程布置了上、下游双调压室系统；中国台湾明湖、西龙池、白莲河、呼和浩特等工程布置了上游调压室（西龙池为上游闸门室兼调压室）；琅琊山、泰安、蒲石河、溧阳等工程布置了下游（尾水）调压室；天荒坪、桐柏、张河湾、宝泉、响水涧等工程则未布置调压室。日本的今市，意大利的埃多洛、奇奥塔斯等工程布置了上、下游双调压室系统；日本的沼原、奥美浓、新高濑川、奥吉野，意大利的普列森扎诺、洛维娜，法国的大屋、格兰德迈松，

美国的巴斯康蒂，英国的迪诺威克等工程布置了上游调压室；法国的蒙特奇克，美国的腊孔山等工程布置了下游（尾水）调压室；西班牙的拉莫拉等工程则未布置调压室。

（2）绝大部分抽水蓄能电站的调压室采用阻抗式或阻抗和水室组合式。国内目前已建成和在建的抽水蓄能电站调压室均采用阻抗式或阻抗和水室组合式，国外工程也是以阻抗式或阻抗和水室组合式布置居多。由此可见，相对于简单式、水室式、溢流式、差动式和气垫式等型式，阻抗式或阻抗和水室组合式是当今抽水蓄能电站调压室型式设计的主流。

**表 29-1　　国内、外部分抽水蓄能电站调压室统计**

| 国家 | 工程名称 | 装机容量/MW | 第一台机投运年份 | 调压室部位 | 调压室型式 | 有关尺寸、数据及说明 |
|---|---|---|---|---|---|---|
| 中国 | 北京十三陵 | 800 | 1995 | 上游调压室 | 双室阻抗式 | 引水道一洞两机布置，每个水力单元布置一个上游调压室。上室内径 10m，高 15m；下室内径 7～7.5m，长 23m；竖井内径 7m，高 82.5m；阻抗孔内径 3.7m，隧洞内径 5.2m |
|  |  |  |  | 下游调压室 | 单室阻抗式（上室） | 尾水道两机一洞布置，每个水力单元布置一个下游调压室。竖井内径 8m，高 70.8m；上室断面 8.0m×9.2m（宽×高） |
|  | 广蓄一期 | 1200 | 1992 | 上游调压室 | 阻抗上室式 | 引水道一洞四机布置，布置一个上游调压室。引水隧洞内径 9.0m；竖井（大井）内径 14m，高 65.8m；上内径 25m，高 10m；阻抗孔内径 6.3m；竖井与隧洞连接管（升管）内径 8.5m，长 15.5m |
|  |  |  |  | 下游调压室 | 阻抗上室式 | 四条尾水支管合并为两条尾水分管，再合并为一条尾水隧洞。调压室布置在尾水分管部位，布置两个尾水调压室。尾水隧洞内径 8.0m；尾水支管内径 4.0m；尾水分管内径 5.6m；竖井内径 14m，高 58.5m；上室断面为 6.5m×5.5m，长 37m；竖井与隧洞连接管内径 5.6m，长 47.5m；阻抗孔内径 4.0m |
|  | 广蓄二期 | 1200 | 1998 | 上游调压室 | 阻抗式 | 引水隧洞内径 9.0m；竖井（大井）内径 14m，高 65.8m；上室内径 25m，高 10m；阻抗孔内径 6.3m；竖井与隧洞连接管（升管）内径 8.5m，长 15.5m |
|  |  |  |  | 下游调压室 | 阻抗式 | 四条尾水支管合并为两条尾水分管，再合并为一条尾水隧洞。尾水隧洞上布一个调压井。尾水隧洞内径 9.0m；尾水支管内径 4.0m；尾水分管内径 5.6m；竖井内径 18m，高 58.5m；上室断面为 6.5m×5.5m，长 37m；竖井与隧洞连接管内径 5.6m，长 47.5m；阻抗孔内径 4.0m |
|  | 安徽琅琊山 | 600 | 2006 | 下游调压室 | 阻抗式 | 尾水道两机一洞布置，每个水力单元布置一个下游调压室，布置于分岔部位。竖井内径 16m，高 68.5m；阻抗孔内径 5.0m（闸门槽和内径 3.2m 阻抗孔合计）；尾水支管内径 7m；尾水隧洞内径 8.1m |
|  | 广东惠州（一期、二期） | 2400 | 2008 | 上游调压室 | 阻抗上室式 | 一洞四机，引水隧洞内径 8.5m；上平段末左侧 15m 处调压室上室、大井、连接管内径分别为 26m、22m、8.5m，高分别为 11m、70m、114.25m；阻扰孔直径 6.3m |
|  |  |  |  | 下游调压室 | 阻抗上室式 | 四机合一洞布置，调压室位于尾水隧洞左侧 15m 处。尾水支管直径 4m；尾水隧洞直径 8.5m；上室断面为 6.7m×8.5m（宽×高），长 20m；大井、连接管直径分别为 20m、8.5m，高分别为 80m、74m、49m；阻抗孔直径 6.3m |

续表

| 国家 | 工程名称 | 装机容量/MW | 第一台机投运年份 | 调压室部位 | 调压室型式 | 有关尺寸、数据及说明 |
|---|---|---|---|---|---|---|
| 中国 | 山西西龙池 | 1200 | 2007 | 上游调压室 | 阻抗式 | 一洞两机布置。距竖井式上水库进（出）水口约210m处布置闸门井兼调压井。引水隧洞内径4.7m；闸门井底部门槽孔口（阻抗孔口）断面5.7m×1.1m（长×宽）井身截面面积27.46m$^2$，高69.98m；再往上到顶部截面面积为85.08m$^2$ |
|  | 河北张河湾 | 1000 | 2007 |  |  | 未设置调压室 |
|  | 江苏宜兴 | 1000 | 2007 | 上游调压室 | 阻抗上室式 | 一洞两机中部厂房布置，尾水两机合一洞。引水隧洞内径6m、5.6m、5.2m；引水支管内径3.4m；调压室（闸门井兼）位于上水库进（出）水口下游约230m处；阻抗孔（闸门底部孔口）面积10.94m$^2$；井身面积59.5m$^2$ |
|  |  |  |  | 下游调压室 | 阻抗上室式 | 尾水支管内径5.0m；尾水隧洞内径7.2m；调压室位于尾水岔管下游约35m处隧洞外侧15m处；阻抗孔为升管，内径4.6m，高25.9m；大井内径10.0m，高77m |
|  | 浙江桐柏 | 1200 | 2005 |  |  | 未设置调压室 |
|  | 山东泰安 | 1000 | 2005 | 下游调压室 | 阻抗上室式 | 一洞两机首部厂房布置，尾水两机合一洞。支管内径6.0m；尾水隧洞内径8.5m；调压室位于尾水岔管下游约28m处；阻抗孔为升管，内径5m，高28.4m；大井内径17.0m，高62m |
|  | 湖北白莲河 | 1200 | 2008 | 上游调压室 | 阻抗式 | 一洞两机布置。调压室距上水库进（出）水口约1045m。引水隧洞内径9.0m；调压室升管直径9.0m，高约25m；阻抗孔设在升管顶部，直径5.0m；大井直径22.0m |
|  | 河南宝泉 | 1200 | 2008 |  |  | 未设置调压室 |
|  | 内蒙古呼和浩特 | 1200 | 2009 | 上游调压室 | 阻抗上室式 | 一洞两机尾部厂房布置，尾水单机单洞。调压室距上水库进（出）水口约640m的引水隧洞上平段末端。引水隧洞内径6.2m；高压管道内径5.4m、4.6m、3.2m；抗孔直径4.3m；竖井内径9.0m，高74.72m；上室断面尺寸为25.5m×9.0m（长×宽），高10m，两上室间隔墙厚3m |
|  | 辽宁蒲石河 | 1200 | 2010 | 下游调压室 | 阻抗式 | 一洞两机中部厂房布置，尾水四机合一洞。支管内径5.0m；尾水隧洞内径11.5m；调压室位于尾水岔管下游约55m处：阻抗孔为升管，内径7.5m，高27.75m；大井内径20.0m，高84m |
|  | 安徽响水涧 | 1200 | 2011 |  |  | 未设置调压室 |
|  | 江苏溧阳 | 1500 | 2012 | 下游调压室 | 阻抗式 | 一洞三机布置，尾水三机合一洞首部厂房布置。尾水支管内径6m，尾水隧洞内径10m；尾水调压室位于尾水岔管下游26m和52m处；调压室升管直径10.0m，高约38m；阻抗孔设在升管顶部，直径5.0m；大井直径20.0m |
|  | 台湾明潭 | 1000 | 1985 | 上游调压室 | 阻抗上室式 | 竖井内径12m，高86.5m；上室内径30m，高12.5m；阻抗孔内径3.2m；隧洞内径7m |

续表

| 国家 | 工程名称 | 装机容量/MW | 第一台机投运年份 | 调压室部位 | 调压室型式 | 有关尺寸、数据及说明 |
|---|---|---|---|---|---|---|
| 日本 | 今市 | 1050 | 1988 | 上游调压室 | 阻抗水室式 | 引水一洞三机布置，尾水三机合一洞中偏尾部厂房布置。引水隧洞内径7.3m；隧洞后高压管道内径5.5m；竖井内径9m，高65m；上室宽7.3m，高12.3m，长84m；下室宽7.3m，长50m |
| | | | | 下游调压室 | 阻抗上室式 | 尾水调压室位于尾岔分叉点；尾水支管内径4.2m；下游调压室阻抗上室式尾水隧洞内径7.3m；阻抗孔直径4.1m；大井直径8m，高85.11m；上室直径15.4m，高25.2m |
| | 本川 | 614 | 1982 | 上游调压室 | 水室式 | 上室宽7m，高5.5～7.5m，长88m；竖井内径6～7.5m，高87m；下室宽7m，高5.57.5m，长35m；斜井内径6.0m，长44.77m，隧洞内径6m |
| | | | | 下游调压室 | 阻抗上室式 | 一洞两机首部厂房布置，尾水两机合一洞。支管内径6.0m；尾水隧洞内径8.5m；调压室位于尾水岔管下游约28m处；阻抗孔为升管，内径5m，高28.4m；大井内径17.0m，高62m |
| | 沼原 | 690 | 1973 | 上游调压室 | 阻抗水室式 | 一洞三机布置，尾水单机单洞尾部厂房布置。调压井位于引水上平段末端，井下分岔。引水隧洞内径6.3m，分岔后钢管管径为3.62.4m；竖井内径7m，高95m；上室直径15m，高22m；下室直径7m，长60m |
| | 奥美浓 | 1036 | — | 上游调压室 | 阻抗式 | 下部斜井内径7m，长82.03m；上部竖井内径11m，高58.45m，隧洞内径7m |
| | 新高濑川 | 1280 | 1979 | 上游调压室 | 阻抗式 | 隧洞内径8m；竖井内径15m，高98m；阻抗孔内径4m，流量系数0.8，进、出相同 |
| | 奥吉野 | 1242 | 1978 | 下游调压室 | 水室式 | 竖井内径5.3m，高82.3m；下室长60m，内径同竖井；隧洞内径5.3m |
| 意大利 | 普列森扎诺 | 1000 | 1987 | 上游调压室 | 差动式 | 地面以下内径13.5m，高51m；地面以上内径18m，高25m；结构比较复杂，属于升管与大室分别与隧洞连接型式 |
| | 埃多洛 | 1000 | — | 上游调压室 | 阻抗上室式 | 竖井内径18m，高105m；上室断面宽8m，高9.7m，长67m；阻抗孔内径2.9m；隧洞内径5.4m |
| | | | | 下游调压室 | 简单式 | 竖井内径18m，高约45m；连接管内径5.5m，与尾水隧洞相同 |
| | 奇奥塔斯 | 1184 | 1981 | 上游调压室 | 差动水室式 | 两井中心距65m，升管内径6.1m（与隧洞同），大室内径13m，上室容积1000$m^3$，下室容积4200$m^3$ |
| | | | | 下游调压室 | 双井水室式 | 两个竖井，各为内径5.8m，中心相聚70m，顶部上室容积1000$m^3$，中部下室容积2000$m^3$，上、下室与两竖井连通 |
| | 洛维娜 | 148 | 约1918 | 上游调压室 | 差动上室式 | 升管内径3.3m，大室内径10m，隧洞内径2.9m。与奇奥塔斯共厂房，共下游调压室 |

续表

| 国家 | 工程名称 | 装机容量/MW | 第一台机投运年份 | 调压室部位 | 调压室型式 | 有关尺寸、数据及说明 |
|---|---|---|---|---|---|---|
| 法国 | 大屋 | 1854 | 1986 | 上游调压室 | 阻抗式 | 竖井内径10m，井高200m；隧洞内径分段为7.7m、6.9m和5.4m |
| | 蒙特奇克 | 900 | 1982 | 下游调压室 | 双井上室式 | 尾水洞直径8.5m；竖井内径8m，高81.5m；两竖井之间设公用上室，上室直径9.1m，长73m，容积5000m$^3$ |
| | 格兰德迈松 | 1200 | 1986 | 上游调压室 | 阻抗式 | 竖井内径10m，高200m；隧洞内径分别为7.7m和6.9m |
| 美国 | 巴斯康蒂 | 2100 | 1985 | 上游调压室 | 简单式 | 竖井内径13.4m，高103m；隧洞内径8.6m |
| | 腊孔山 | 1370 | 1978 | 下游调压室 | | 断面13.4m×27.4m，高141m；尾水隧洞主管内径10.6m |
| 英国 | 迪诺威克 | 1728 | 1983 | 上游调压室 | 阻抗上室式 | 竖井内径30m，高65m；上室长80m，宽40m，深14m；阻抗竖井内径10m，高度35m；隧洞内径10.5m |
| 西班牙 | 拉莫拉 | 630 | 1989 | | | 未设置调压室 |

## 二、调压室的设置条件

调压室设置应在水力过渡过程计算、电站运行稳定性及调节品质分析的基础上，考虑电站在电力系统的作用、地形、地质、压力水道布置、地下厂房位置等因素，进行技术经济比较后确定。

输水系统布置时应根据水力学计算的初步结果，判断是否需要设置上（下）游调压室。上（下）游或上、下游调压室布置应结合输水系统的地形地质条件以及地下厂房的位置，综合考虑选择。虽然抽水蓄能电站的装机规模大，但由于水头高，机组稳定运行的条件容易满足，故有许多电站未设调压室。国内、外部分抽水蓄能电站压室设置的统计见表29-1。像天荒坪、桐柏等抽水蓄能电站，虽然没有设置调压室，但上（下）游进/出水口的闸门井还是起到了一定的调压室的作用。在确定闸门井平台的高程时也要考虑闸门井的涌浪高度，防止水流从闸门井口溢出。

为了充分发挥调压室的作用，调压室的位置应尽量靠近厂房。对设置下游调压室的电站，需要和厂房洞室群的围岩稳定综合起来考虑。有些电站若尾水调压室的设置处于可设不可设的范围。而设置尾水调压室后给厂房洞室群的围岩稳定、尾水系统的施工带来了麻烦，则可以像宝泉抽水蓄能电站那样，经过技术经济比较后通过加大尾水隧洞的断面，从而减小尾水系统的水流惯性时间常数，达到取消尾水调压室的目的。

### （一）设置上游调压室的初判

上游调压室的主要作用为：①利用调压室的自由水面反射水击波，缩短压力管道的长度，减少管道中的水流惯性，从而减小压力管道、水轮机过流部件的水击压强；②改善水

轮机在负荷变化时的运行条件及系统供电质量。

设置上游调压室的初步判别条件为

$$T_w > [T_w]$$

$$T_w = \frac{\sum L_i v_i}{gH_r} \tag{29-1}$$

式中：$T_w$ 为上游压力水道的水流惯性时间常数，s；$[T_w]$ 为 $T_w$ 的允许值，一般取 2～4s；$L_i$ 为上游压力管道及蜗壳各段的长度，如有分岔管时，可按最长的一支管道考虑，m；$v_i$ 为相应管段内的平均流速，m/s；$H_r$ 为设计水头，m；$g$ 为重力加速度，$m/s^2$。

对于在电力系统单独运行或者机组容量在电力系统中所占比重超过 50%的水电站，$[T_w]$ 宜用小值；对于比重小于 20%的水电站，$[T_w]$ 可取大值。

调压室设置与否对机组运行稳定性亦有较大影响，而机组运行稳定性与压力水道水流惯性时间常数 $T_{w1}$、机组加速时间常数 $T_a$ 等密切相关，因此可按下式进一步判断是否需要设置调压室：

$$T_{w1} \leqslant -\sqrt{\frac{9}{64}T_a^2 - \frac{7}{5}T_a + \frac{784}{25}} + \frac{3}{8}T_a + \frac{24}{5} \tag{29-2}$$

$$T_a = \frac{GD^2 n^2}{365N} \tag{29-3}$$

式中：$T_{w1}$ 为上、下游自由水面间压力水道的水流惯性时间常数，按式（29-1）计算，其中 $L_i$、$v_i$ 分别为压力管道、蜗壳、尾水管及尾水管延伸段的长度及平均流速，s；$T_a$ 为机组加速时间常数，s；$n$ 为机组的额定转速，r/min；$N$ 为机组的额定功率，kW；$GD^2$ 为机组的惯性矩，$t \cdot m^2$。

**（二）设置下游调压室的初判**

下游调压室的作用是缩短压力尾水道的长度，减少机组丢弃负荷时尾水管进口的真空度，避免出现水柱分离。以尾水管内不产生液柱分离为前提，一般按下式初步判断设置下游调压室的必要性：

$$T_{ws} = \frac{\sum L_{wi} v_i}{g(-H_s)} \tag{29-4}$$

式中：$T_{ws}$ 为压力尾水道及尾水管的水流惯性时间常数，s；$L_{wi}$ 为压力尾水道及尾水管各段的长度，m；$v_i$ 为压力尾水道及尾水管各段的平均流速，m/s；$H_s$ 为水轮机吸出高度，m。

当 $T_{ws} \leqslant 4s$ 时可不设下游调压室；当 $T_{ws} \geqslant 6s$ 时应设下游调压室；当 $4s < T_{ws} < 6s$ 时应详细研究设置下游调压室的必要性。

最终通过水力过渡过程计算验证，考虑涡流引起的压力下降与计算误差等不利影响后，在机组丢弃全负荷时应满足尾水管进口处的最大真空度不大于 8m 水柱的要求。大容量机组宜适当增加安全裕度。高海拔地区尾水管进口处的最大真空度还应做高程修正，每 900m 高程最大真空度降低 1m。

## 第二节　调压室基本型式

### 一、调压室的基本布置方式

调压室有以下几种基本布置方式，见图 29－1。

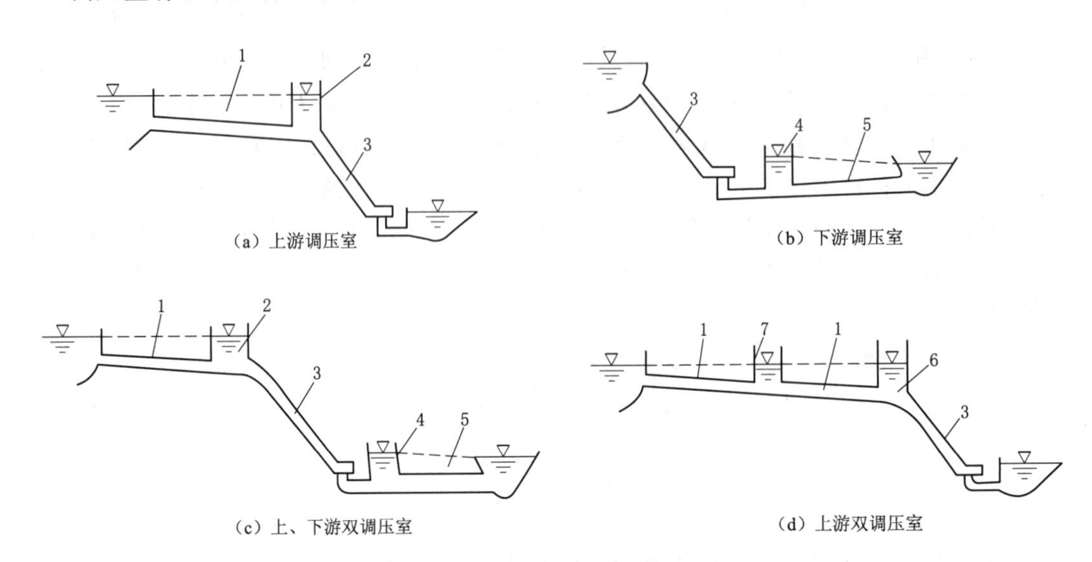


图 29－1　调压室的基本布置方式

1—压力引水道；2—上游调压室；3—压力管道；4—下游调压室；5—压力尾水道；6—主调压室；7—副调压室

**(一) 上游调压室（引水调压室）**

调压室位于机组上游，一般位于上平段末端或引水道进口闸门处。在尾部地下厂房布置中较为常见，见图 29－1（a)。山西西龙池、湖北白莲河、内蒙古呼和浩特、台湾明潭，日本沼原、奥美浓、新高濑川、奥吉野，意大利普列森扎诺、洛维娜，法国大屋，英国迪诺威克等抽水蓄能电站均布置了上游调压室。

**(二) 下游调压室（尾水调压室）**

调压室位于机组下游，一般尽量靠近机组布置。在有长尾水洞的首部地下厂房布置中较为常见，见图 29－1（b)。安徽琅琊山、山东泰安、辽宁蒲石河、江苏溧阳，法国蒙特奇克，美国腊孔山等抽水蓄能电站均布置了尾水调压室。

**(三) 上、下游双调压室系统**

两个调压室串联在机组上、下游的系统。在拥有长引水和长尾水输水道的中部地下厂房布置中较为常见，见图 29－1（c)。北京十三陵、广蓄一期、广蓄二期、江苏宜兴、广东惠州一期、广东惠州二期，日本今市、本川，意大利埃多洛、奇奥塔斯等抽水蓄能电站均布置了上、下游双调压室系统。

**（四）上游双调压室系统**

两个调压室串联在机组上游的系统，见图 29-1（d）。这种布置方式一般应用于低水头电站，应用较少，抽水蓄能电站中的应用未见报道。

**（五）其他布置方式**

其他布置方式还有并联和串、并联（混联）调压室系统等。应用较少，抽水蓄能电站中应用未见报道。意大利奇奥塔斯和洛维娜抽水蓄能电站共用一条尾水隧洞和尾水调压室，是比较特别的布置。

## 二、调压室的基本类型

根据工作特点和结构型式，调压室的基本型式有以下几种，见图 29-2。

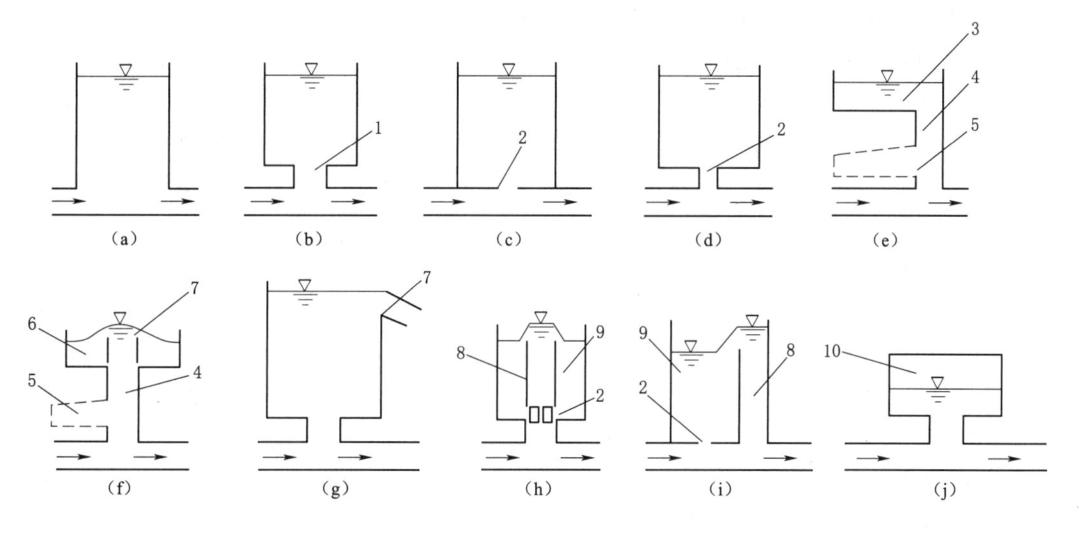


(a)、(b) 简单式；(c)、(d) 阻抗式；(e)、(f) 水室式；(g) 溢流式；(h)、(i) 差动式；(j) 气垫式

图 29-2　调压室的基本类型

1—连接管；2—阻抗孔；3—上室；4—竖井；5—下室；6—储水室；7—溢流堰；8—升管；9—大室；10—压缩空气

**（一）简单式调压室**

其特点是自上而下具有相同的断面，见图 29-2（a）。结构简单，反射水锤波好，但正常运行时水流通过调压室底部的水头损失较大，故调压室底部常用连接管与引水道连接，以减少上述水头损失，见图 29-2（b）。连接管直径常与引水道的直径相同。

简单式调压室适用于水头较低的中、小型抽水蓄能电站。水头低，需要的稳定断面大，采用简单式调压室也不致出现过大的水位波动幅值，但由于波动衰减较慢，在国内、外抽水蓄能电站中应用较少。国内目前均没有采用简单式，意大利埃多洛抽蓄下游调压室和美国巴斯康蒂抽蓄上游调压室采用了简单式。

**（二）阻抗式调压室**

底部有小于引水道断面的孔口或连接管的调压室，见图 29-2（c）、图 29-2（d）。阻抗式调压室与简单式调压室的区别在于阻抗式调压室底部孔口或连接管面积小于其下引水道的断面面积，而简单式调压室连接管的面积大于或等于其下引水道的断面面积。阻抗式调压室在同样条件下比简单式调压室的波动振幅小，衰减快，但对水锤波的反射效果不如简单式调压室。

阻抗式调压室在国内、外抽水蓄能电站中应用最多，国内建成和在建的抽水蓄能电站全部采用阻抗式，国外采用阻抗式的也很多，究其原因，主要是阻抗式调压室布置简单，造价低，相对于其他类型的调压室如溢流式、差动式等类型的调压室，阻抗式调压室设计、施工难度都不大，波动振幅小，衰减快，较好地满足了抽水蓄能电站负荷变化迅速，工况转换频繁的特点。

**（三）水室式调压室（双室式调压室）**

由一个断面较小的竖井和上下两个断面扩大的储水室组成的调压室，见图 29-2（e）、图 29-2（f）。上室供甩负荷时蓄水使用，下室供增加负荷和上游低水位甩负荷的第二振幅时补充水量使用。水室式调压室适用于水头较高、运行稳定面积要求较小、水库工作深度较大的水电站，并宜做成地下结构。水室式调压室往往和阻抗式、差动式等相结合。日本本川、奥吉野抽蓄上游调压室采用了水室式；北京十三陵抽蓄上游调压室采用了阻抗＋双室式；意大利奇奥塔斯抽蓄上、下游调压室分别采用了差动水室式和双井水室式；其他如广蓄一期、泰安、呼和浩特等较多的抽水蓄能电站均采用了阻抗上水室结构，未设置下室。

**（四）溢流式调压室**

溢流式调压室顶部有溢流堰，用以限制甩负荷时的最大水位升高，见图 29-2（g）。从溢流堰溢出的水量可排至山谷或下游河道，亦可设上室储存，待水位下降时经汇流孔返回竖井。溢流式调压室常由双室式调压室加溢流堰组成。国内抽水蓄能电站未采用这种型式，国外尚未见报道。

**（五）差动式调压室**

差动式调压室由大、小两个竖井组成。两个竖井可以布置成同心结构，见图 29-2（h）。也可将小井置于大井的一侧或置于大井之外成双井式，见图 29-2（i）。同心结构的大小井间需设较多支撑，结构复杂，差动式调压室主要采用后者布置。差动式调压室在常规水电站中应用相对较多，国内抽水蓄能电站未采用这种型式。国外意大利采用差动式较多，普列森扎诺上游调压室采用了差动式，其升管和大井分别与隧洞连接；奇奥塔斯上游调压室采用差动水室式；洛维娜上游调压室亦采用差动上室式（奇奥塔斯和洛维娜共用下游调压室）。

**（六）气垫式调压室**

气垫式调压室又称气压式、封闭式调压室，是一种利用封闭气室中的空气压力限制水位高度及其变幅的调压室，见图 29-2（j）。室内气压一般高于一个大气压，故能压低调压室内的稳定水位，降低调压室的高度。在调压室水位变化过程中，室内气压随水位的升降而增减，故气室的存在又能抑制水位波动的振幅。气垫式调压室适于做成深埋的地下结构。

挪威已成功修建了 10 座有气垫式调压室的引水式常规水电站。于 2001 年中国国家电力公司正式立项委托有关科研设计单位结合自一里水电站（常规水电站，130MW）进行气垫式调压室研究，研究成果应用到自一里水电站设计中，还推广应用到了小天都

(240MW)、木座、金康等常规水电站中。国内有关科研设计单位对抽水蓄能电站引水系统设置气垫式调压室也进行了初步探讨，但国内、外抽水蓄能电站尚未有设置气垫式调压室的实践。

**(七) 组合式调压室**

组合式调压室是指根据水电站的具体情况，吸取上述两种或两种以上基本类型调压室的特点组成的调压室。组合式调压室综合了各种类型调压室的优点，应用较为广泛，阻抗上室式、阻抗双室式、差动上室式均属于组合式调压室。

## 第三节　调压室涌波计算

抽水蓄能电站调压室的涌波计算工况多而复杂，除了应考虑相应于发电及抽水两种工况的丢弃负荷和水泵断电、导叶拒动情况外，还要考虑调压室涌波水位的动态组合问题。

抽水蓄能电站调压室最高涌波水位，由下列工况计算确定：

(1) 上游调压室。上水库校核洪水位，共一调压室的所有发电机组在满负荷运行时，突然丢弃全部负荷，导叶紧急关闭；上水库正常蓄水位，共一调压室的发电机组启动，增至满负荷后，在进入调压室流量最大时丢弃全部负荷，导叶紧急关闭。

(2) 下游调压室。下水库校核洪水位，共一调压室的抽水机组在扬程最小、抽水流量最大时，突然断电，导叶全部拒动；下水库正常蓄水位，共一调压室的抽水机组启动，达到最大流量后，在进入调压室流量最大时突然断电，导叶全部拒动。

呼和浩特抽水蓄能电站上游调压室最高水位工况为：上水库正常蓄水位 1940.0m；下水库死水位 1355.0m，两台机组同时启动增至满负荷后，当流入调压井流量最大时，突然同时甩负荷，导叶紧急关闭。相应最高水位计算值为 1948.84m。

泰安抽水蓄能电站下游调压室最高水位工况为：上水库死水位 386m，下水库校核洪水位 167.2m，一台机组正常抽水运行，另一台机组启动抽水，在流入尾水调压室流量最大时两台机组抽水断电，导叶拒动，相应最高水位计算值为 179.915m。

惠州抽水蓄能电站一期上游调压室最高水位工况为：上水库正常蓄水位 762.0m，下水库死水位 205.0m，四台机组同时启动，在流入上游调压井流量最大时同时甩负荷，导叶关闭，相应最高水位计算值为 780.41m；下游调压室最高水位工况为：上水库死水位 740.0m，下水库正常蓄水位 231.0m，四台水泵在最小扬程下启动，在流入尾水调压井流量最大时全部断电，导叶拒动，球阀关闭，相应最高水位计算值为 250.74m。

抽水蓄能电站调压室最低涌波水位，由下列工况计算确定：

(1) 上游调压室。上水库最低水位，共一调压室的抽水机组在最大抽水流量时，突然断电，导叶全部拒动；上水库最低水位，共一调压室的抽水机组，最小扬程，机组启动，达到最大流量后，在流出调压室流量最大时，突然断电，导叶全部拒动。

(2) 下游调压室。下水库最低水位，共一调压室的发电机组满负荷运行时，突然丢弃全部负荷，导叶紧急关闭；下水库最低水位，共一调压室的发电机组启动增至满负荷后，在流出下游调压室流量最大时，丢弃全部负荷，导叶紧急关闭。

呼和浩特抽水蓄能电站上游调压室最低水位工况为：上水库死水位 1903.0m；下水库正常蓄水位 1400.0m，两台机组在扬程最小时同时启动，当流出调压井流量最大时突然断电，两台机组导叶拒动，相应最低水位为 1869.20m（大井底板高程 1866.08m）。

泰安抽水蓄能电站下游调压室最低水位工况为：上水库死水位 386m，下水库校核洪水位 167.2m，一台机组正常抽水运行，另一台机组启动抽水，在流入尾水调压室流量最大时两台机组抽水断电，导叶拒动，相应最低水位计算值为 135.392m（大井底板高程 125.70m）。

惠州抽水蓄能电站一期上游调压室最低水位工况为：上水库死水位 740.0m，下水库正常蓄水位 231.0m，四台水泵在最小扬程下同时启动，在流出调压井流量最大时全部断电，导叶拒动，球阀关闭，相应最低水位计算值为 716.11m（大井底板高程 700.0m）。

从以上统计可以看出，各抽水蓄能电站调压室最高、最低涌波出现的工况均符合一般规律，且大部分抽水蓄能电站调压室最高、最低涌波由组合工况控制。需要注意的是，在对抽水蓄能电站运行工况分析研究后，认为不存在共一调压室的所有机组（或水泵）同时启动或同时甩负荷（或断电）时，亦可按机组（或水泵）逐台开启或部分机组（或水泵）丢弃负荷（或断电）考虑；如果机组调度在水库校核或设计洪水位时不再运行，可以考虑以正常蓄水位作为调压井涌波计算的高水位。

抽水蓄能电站调压室的涌波计算，发电工况可按照常规水电站调压室的涌波公式计算；抽水工况突然断电，导叶全部拒动时的涌波计算，在厂家已提供全特性曲线的情况下，可采用计算输水系统过渡过程的特征线法，亦可采用图解演算求得抽水工况机组突然断电、导叶拒动场合的水泵流量随时间变化的过程，并按此作为边界条件进行涌波计算。在厂家未提供机组全特性曲线的阶段，可采用简算法。《规范》附录 C 有较详细的计算说明。

调压室水力计算的解析法具有计算简单、节省时间的优点，但在公式推导中作的假定较多，因之精度较差，并且由于它不能求出调压室水位变化的过程，故只在预可行性设计阶段中应用。各种类型调压室解析法计算公式在有关书籍中均有描述。几个高校均开发拥有了较成熟的输水系统及机组过渡过程计算程序，各设计单位也引进了有关程序，调压室涌波大都通过程序计算拟订。需要注意的是，计算抽水蓄能电站调压室的最高、最低涌波水位时，发电工况压力水道的糙率取值同常规水电站的调压室；抽水工况，压力水道的糙率值经分析取用。

## 第四节　调压室基本尺寸确定

调压室的各部分尺寸，由水力计算确定，它应满足以下要求：①调压室的断面应当满足机组调节稳定的要求，室中任何的水位波动都应当是衰减的；②除溢流式调压室外，任何运行条件下，不允许水从调压室上部溢出，即调压室顶部应在最高涌波水位以上并有一定裕度，或者水涌出上室后可以返回；③在任何条件下，不允许有空气进入压力管道，空气进入压力管道后，可能引起运转上的极大困难，甚至危及压力管道的安全。故压力管道

顶部应在调压室最低涌波水位以下并有一定裕度。

抽水蓄能电站调压室类型以阻抗式以及阻抗和水室结合的调压室为主。现主要叙述这两种调压室的基本尺寸确定。

## 一、调压室稳定断面的确定

上游调压室的稳定断面面积 A 按托马（Thoma）准则计算并乘以系数 K：

$$A=KA_{th}=K\frac{LA_1}{2g\left(\alpha+\frac{1}{2g}\right)(H_0-h_{w0}-3h_{wm})} \tag{29-5}$$

$$\alpha=h_{w0}/v^2 \tag{29-6}$$

式中：$A_{th}$ 为托马临界稳定断面面积，$m^2$；$L$ 为压力引水道长度，m；$A_1$ 为压力引水道断面面积，$m^2$；$H_0$ 为发电最小毛水头，即对应上下游最小水位差的毛水头，m；$\alpha$ 为自水库至调压井的水头损失系数；$v$ 为压力引水道平均流速，m/s；$h_{w0}$ 为压力引水道水头损失，m；$h_{wm}$ 为调压室下游压力管道水头总损失（包括压力管道和尾水管道），m；$K$ 为系数，一般可取 1.0～1.1。

上述公式部分参数说明：$L$ 为调压井底部中心线至进水口之间引水隧洞长度；$A_1=\sum L_iA_i/L$；$H_0$ 为上库死水位和下库正常蓄水位的差值；在计算水头损失 $h_{w0}$ 和 $h_{wm}$ 时，压力引水道宜用最小糙率，压力管道可用平均糙率，以策安全；计算水头损失时，取用的流量应与 $H_0$ 值相对应。

上式同样适用于压力尾水道上单独设置的下游调压室，需要将压力引水道改为压力尾水道，压力管道改为尾水管后的延伸段（尾水管出口至下游调压室之间的压力水道）的长度、断面面积、水头损失系数等数值，用 $\alpha$ 代替 $\left[\alpha+\frac{1}{2g}\right]$。

式（29-5）除去系数 $K$ 实际上是在单独运行的电站中，不考虑电力系统和水轮机效率变化等的影响，波动稳定所需要的调压室最小断面（也称托马临界断面）。在建立托马稳定条件时，做了如下一些假定：波动相当小；未考虑调压室底部流速水头的影响；水轮机效率为常数；电站单独运行等。这些假定都各有一定的近似性。对于大波动的稳定条件，由于波动振幅较大，运动的微分方程不再是线性的。对于非线性波动的稳定问题还得不出可供应用的严格的理论解答；对于有连接管的调压室，调压室底部流速水头对波动衰减有利；由于调压室临界断面决定于水电站在最低水头运行的工况，这时水轮机的效率变化存在对波动衰减不利的因素；电站投入电力系统运行，由于可由系统各电站的机组共同保证系统出力为常数，因而减少了抽水蓄能电站容量变化的幅度，有助于波动的衰减。

考虑以上的有利和不利因素，如果抽水蓄能电站水头较高，调压室位置地形地质条件比较有利，调压室断面不成为制约输水系统布置的因素，则可按照托马断面拟定调压室稳定断面，考虑控制涌波可以适当放大调压室断面；如果水头较低，或者调压室位置地形地质条件不利于设置大断面调压室，则可以从电力系统的条件及本电站担负的作用等，并结合水力机械过渡过程计算研究，适当减小调压室稳定断面。

对于上、下游均设有调压室，在负荷变化时，上、下游调压室波动方向相反，产生波动振幅的不利叠加。因此，各自所需的稳定断面面积较单独设置调压室时大，且彼此影响。上、下游稳定断面面积相近时尚需复核共振问题。

下面对有关抽水蓄能电站调压室断面设计举例说明。

呼和浩特抽水蓄能电站上游调压室：该电站采用尾部厂房布置，引水道一洞两机，尾水单机单洞，调压室位于距上水库进（出）水口约640m的引水隧洞上平段末端。引水隧洞内径6.2m；调压井后压力钢管道内径5.4m、4.6m，钢管道在厂房上游约78m处分叉，分叉后钢管内径3.2m。发电最小静水头 $H_0$ 为503m，相应流量为64.6m$^3$/s。计算得到的稳定断面直径为4.3m，小于引水隧洞直径6.2m，最终确定大井直径为9.0m。

泰安抽水蓄能电站下游调压室：该电站采用首部厂房布置，引水道一洞两机，尾水两机合一洞，调压室位于尾水管后约161m处（尾水岔管下游28m处）的尾水隧洞首端。引水隧洞内径8.0m，引水支管内径4.8m，尾水支管内径6.0m，尾水隧洞内径8.5m。输水系统总长度为2065.6m，其中上游引水系统总长572.6m，下游尾水系统总长1493.0m。发电最小静水头 $H_0$ 为221m，相应流量为121.4m$^3$/s。计算得到的大井稳定断面直径约13m，最终确定大井直径为17.0m。

抽水蓄能电站水头较高，一般水头大于150m，因此调压室的稳定断面均不是很大。白莲河和惠州的上游调压室大井直径22m，是已建成和在建的抽水蓄能电站中直径最大的。抽水蓄能电站调压室一般位于地下，为减少调压室的规模，降低施工难度和工程量，设计往往通过适当增加大井（或上、下室）断面来控制调压室的涌浪振幅，以此来降低调压室的整体高度。泰安抽水蓄能电站尾水调压室大井直径分别进行了12、13、14、15、16、17、18、19、20、21m情况下的比较，本着在满足机组小波动稳定要求的同时，适当加大大井直径，有利于改善电站运行条件和机组调节性能的原则，确定大井直径为17m。呼和浩特和泰安抽水蓄能电站的过渡过程计算均表明，适当加大大井直径，对调压井最高涌浪水位影响不大，但能够有效提高调压井最低涌浪水位。因此，对于调压井大井断面是否加大，需要根据调压室所在位置的地形地质条件和建筑物布置等综合分析。

## 二、调压室阻抗孔尺寸的确定

阻抗式调压室阻抗孔尺寸选择的基本要求是能有效抑制调压室的波动幅度和加速波动的衰减，同时能有效传导和反射水击波，不恶化压力水道的受力状态。较适宜的阻抗孔口直径，应使调压井底部隧洞的最大水锤压力，基本等于调压室出现最高涌浪水位时所产生的压力，同时调压井底部隧洞的最小水锤压力也不低于最低涌浪水位的压力。

根据有关统计和试验，当阻抗孔面积小于压力水道面积的15%时，压力水道末端及调压室底部的水击压力才会急剧恶化，而孔口面积大于压力水道面积的50%时，对抑制波动幅度与加速波动衰减的效果则不显著，在特长的压力水道中收效更微。

国内、外部分抽水蓄能电站阻抗式调压室阻抗孔取值见表29-2。从表中可以看出，绝大部分调压室阻抗孔和压力水道的面积比为0.2～0.5。

表 29－2　　国内、外部分抽水蓄能电站调压室统计

| 电站简称 | 隧洞直径/m | 阻抗孔直径/m | 阻抗孔与隧洞面积比 |
|---|---|---|---|
| 十三陵 | 5.2 | 3.7 | 0.51 |
| 广蓄一期 | 9.0（上游）<br>8.0（下游） | 6.3（上游）<br>4.0（下游） | 0.49（上游）<br>0.25（下游） |
| 广蓄二期 | 9.0（上游）<br>9.0（下游） | 6.3（上游）<br>4.0（下游） | 0.49（上游）<br>0.20（下游） |
| 琅琊山 | 8.1 | 5.0 | 0.38 |
| 惠州 | 8.5（上游）<br>8.5（下游） | 6.3（上游）<br>6.3（下游） | 0.55（上游）<br>0.55（下游） |
| 西龙池 | 4.7 | 5.7×1.1（长×宽） | 0.36 |
| 宜兴 | 7.2（下游） | 4.6 | 0.41 |
| 泰安 | 8.5 | 5.0 | 0.35 |
| 白莲河 | 9.0 | 5.0 | 0.31 |
| 呼和浩特 | 6.2 | 4.3 | 0.48 |
| 蒲石河 | 11.5 | 7.5 | 0.43 |
| 溧阳 | 10.0 | 5.0 | 0.25 |
| 明湖 | 7.0 | 3.2 | 0.21 |
| 日本今市 | 7.3 | 4.1 | 0.32 |
| 日本本川 | 6.0 | 3.2 | 0.28 |
| 日本新高濑川 | 8.0 | 4.0 | 0.25 |
| 意大利埃多洛 | 5.4（上游） | 2.9 | 0.29 |
| 意大利塔洛罗 | 5.5 | 3.5 | 0.41 |

阻抗孔直径的选择需要进行专门的计算比较，一般可在面积比0.2～0.5之间选择3～4个阻抗孔直径进行分析计算比较。呼和浩特抽水蓄能电站在可行性研究阶段进行了引水调压井水工模型试验研究，拟定了3.5m、3.9m、4.3m三个阻抗孔直径方案进行模型试验，并结合模型试验得出的阻抗孔水头损失系数进行过渡过程计算。计算结果表明：当阻抗孔口直径采用4.3m时，分别对应于最高、最低涌浪控制工况，计算结果最接近孔口选择的控制条件；此时调压井底部节点的最大测压管水头最小，与调压井的最高涌浪水位最接近，即调压井反射水锤的效果最好；作用在调压井底板上的双向压差最小。泰安抽水蓄能电站尾水调压室阻抗孔直径分别进行了4.2、4.6、5.0、5.4、5.8、6.2m情况下尾水调压室反射水锤波性能的比较，最终确定阻抗孔直径为5.0m。

## 三、调压室上室尺寸的确定

根据调压室所在位置的地形地质条件，调压室上室有的采用露天布置，有的采用地下布置。无论采用何种布置，都需要注意以下几点：

（1）上室的平面形状以各边相差不大为好，这样的上室能较灵敏地适应水位的变化，长条形的上室对充水和放水的反应都不够灵敏，采用这样的上室，应对其水力现象作进一步研究。

(2) 上室的底部高程应不低于上游（或下游）最高设计水位，以充分发挥上室的作用，上室的位置越高所需容积越小，在一般情况下，上室宜做的大而浅。

(3) 上室底部应有不小于1%的纵坡倾向大井，便于顺利排空。

(4) 露天布置的上室应特别注意防渗，以免造成边坡失稳，危及调压室本身及相邻建筑物的安全。

(5) 建于地下的上室考虑洞室围岩稳定，宜做成长廊形，上室在最高涌浪水位以上的通气面积应不小于压力水道面积的10%。

泰安抽水蓄能电站尾水调压室上室最低高程170.0m，高于下水库校核洪水位167.20m。上室面积和底板高程分别进行了底板高程为170m、171m、172m、173m情况下上室面积从350～700$m^2$的计算比较，最终确定上室底板高程为170m，上室面积为600$m^2$，上室断面为12m×12m城门洞形。

呼和浩特抽水蓄能电站引水调压室上室位于地表，调压室平台高程1939.0m，两个隧洞上室在平台上设置成一个高约10m的长方形水池，水池净宽9m，长54m，水池中间设置厚3m的隔墙。

### 四、调压室下室尺寸的确定

调压室的下室一般都具有细长的形状，断面为圆形或城门洞形，以城门洞形应用较多。设计下室时应注意以下问题：

(1) 下室的宽度一般等于竖井的直径，以便与竖井连接，下室的底部应有不小于1%纵坡倾向大井，以便在必要时排空下室；其顶部应有不小于1.5%的反坡，在下室充水时便于空气向大井逸出。因此下室与大井连接处的高度大于下室末端的高度。

(2) 下室的轴线和引水道的轴线在平面上尽可能垂直或成较大的交角，以保证下室和引水道间的围岩稳定。

(3) 下室的顶部应在最低静水位以下，底部应在最低涌浪水位以下，对下室的容积、高程和形状的设计等应特别仔细，必要时应进行模型试验。

(4) 需要较大容量的下室时，下室一般较长，可以将下室分两部分对称于大井布置。

## 第五节　调压室结构、灌浆、排水等设计要求

抽水蓄能电站引水调压室一般采用露天布置，尾水调压室一般布置在地下靠近地下厂房处。为保证调压室整体稳定，调压室围岩自身的稳定非常重要，因此，调压室应尽量设置于具有良好地质条件的Ⅱ类、Ⅲ类围岩中，围岩应有足够厚度，具有良好的整体稳定性。

Ⅱ类、Ⅲ类围岩中调压室的主要荷载是内水压力。调压室放空时，衬砌外壁存在外水压力作用。调压室采用钢筋由凝土衬砌时，承受外水压力的能力较强，破坏的可能性不大。衬砌自重一般影响不大，特别是直井部分，常由衬砌与岩体的摩擦力所维持，计算时可忽略。此外尚有施工期的灌浆压力、混凝土收缩引起的应力，运行期的温度应力和地震

力等。结构设计时应区分不同的荷载组合，如正常运行工况、施工工况、检修工况等。井筒、底板、升管可按潘家铮著的《调压井衬砌》计算薄壁圆筒和底板。露天的上室可按钢筋混凝土结构设计有关文献计算。

调压井结构计算采用如下计算假定：①将大井井壁衬砌视为与围岩紧密结合的等半径垂直圆筒，井底衬砌视为与基岩紧密结合的环形板，两者视为刚性连接。围岩作为弹性体，当衬砌受力后向围岩方向变形时，围岩产生弹性抗力作用在衬砌上。因此，大井计算采取的是衬砌与围岩分开考虑的结构力学方法。②圆筒衬砌为等厚的整体结构（不留永久缝），底板衬砌为等厚度的整块平板。与调压室断面尺寸相比，两者均属薄板结构，宜用薄壳或薄板理论求解。因底板具有相当的挠曲刚度，其挠度远小于它的厚度，故底板变形属“小挠度”问题。③底板受井壁圆筒传来的对称径向应力所产生的变形，与圆筒的扰曲变位相比可忽略不计，故底板只有垂直变形而无水平变位。④围岩弹性抗力与变形的关系采用文克尔假定。

阻抗孔和大井衬砌段衬砌厚度一般不小于 60cm，衬砌混凝土应采用锚筋（兼锚杆）与围岩牢固连接，锚筋锚入岩石和混凝土均应有足够的长度。

调压室衬砌段沿全高应对围岩进行全面的固结灌浆处理，保证围岩的整体性。固结灌浆压力尽量采用较高的灌浆压力（不低于 1MPa），灌浆孔入岩孔深根据围岩性状确定，但应不小于 3m。在正常蓄水位以上井壁应设置排水孔，正常蓄水位和最低涌波水位之间一般不设排水孔。

调压井井口宜设检修观察平台，平台靠井口侧设一圈防护栏杆，调压井内可不设爬梯。阻抗孔（或升管）与尾水隧洞相交部位宜设置钢筋混凝土加强梁。

# 第九篇 水泵水轮机设计

# 第三十章　水泵水轮机型式的选择

## 第一节　水泵水轮机型式

最早的抽水蓄能机组是分置式，即分别采用抽水机组和发电机组，这种结构型式也称为四机式机组。后来发展到水泵和水轮机共用一台发电电动机，分别联接在电机的两端，形成三机式或组合型机组，如我国西藏的羊卓雍湖抽水蓄能电站机组即采用三机式结构。从20世纪40～50年代起，开始将水泵和水轮机合为一体，与发电电动机联接在同一根轴上，形成可逆二机式机组。

可逆式抽水蓄能机组是将水轮机兼作水泵，发电机兼作电动机，一套机组既可用来发电，又可用来抽水，只是旋转方向相反。相对三机式或四机式机组，可逆式机组具有结构简单、布置方便、便于控制、经济性好、适用性强等优点，因此得到了广泛的应用和快速的发展，已成为现代抽水蓄能电站采用的主要机组型式。

可逆式机组分为单级和多级可逆机组两种，以单级为主。随着应用水头的不同，又可分为混流式、斜流式、轴流式及贯流式可逆机组。由于抽水蓄能电站的效益随水头的提高而明显增高，所以在各种型式的水泵水轮机中，混流可逆式应用最多，尤其是单级混流式水泵水轮机具有适应范围宽、造价低、结构简单、运行维护方便等特点，在国内外应用广泛。多级混流式水泵水轮机适用于高水头抽水蓄能电站，可用于800m水头以上。多级混流式水泵水轮机的各级转轮都没有导叶，发电运行时出力不能调节，对调峰运行不利，且充气压水困难，因而要求起动装置应具有很大的起动力矩，只能在容量很大的电网中应用。

根据机组转速可逆式机组还可分为定转速机组和变转速机组，国内外绝大多数可逆式机组都是定转速机组，即无论发电工况还是抽水工况，机组运行转速都是恒定不变的。变转速机组是指抽水时水泵水轮机的转速在一定范围内可以连续变化。由于可变速机组具有大幅度调节抽水电量、高速控制有功功率和无功功率、大幅提高机组综合效率和系统运行稳定等优点，在日本和欧洲得到了大力发展。我国已经在河北丰宁抽水蓄能电站开始建设变转速机组。

北方寒区的白山、蒲石河、呼和浩特等抽蓄电站和在建的敦化、阜康、芝瑞、蛟河等抽水蓄能电站的机组均采用单级单转速混流可逆式水泵水轮机。在建的河北丰宁抽蓄电站12台机组中，10台为常规的单级单转速混流可逆式水泵水轮机，2台为单级变转速混流可逆式水泵水轮机。

## 第二节　可逆式水泵水轮机技术的发展趋势

自20世纪70年代大规模兴建抽水蓄能电站以来，抽水蓄能电站机组的设计和制造技术得到了很大的发展和提升，具体表现如下：

## 一、高水头化

抽水蓄能机组正在朝着高水头化发展，因为抽水蓄能电站的单位千瓦造价通常随水头的提高而降低，当单机容量不变时，水头提高则引用流量可以减小，使上、下水库容积、地下厂房开挖尺寸、输水隧洞及压力管道直径减小，从而减少土建工程量。对于相同容量的机组，水头提高则转轮直径减小，转速提高，从而降低机组设备重量，降低机电设备投资。

20 世纪 70 年代日本沼原抽水蓄能电站的水泵水轮机最大扬程能够达到 528m；80 年代初投运的南斯拉夫巴其纳巴斯塔（Bajina Basta）抽水蓄能电站最大水头达到 600m，水泵最大扬程为 621m；90 年代保加利亚查依拉（Chaira）抽水蓄能电站最大水头 677m，最大扬程达 701m。

已投运的抽水蓄能电站，单级混流式水泵水轮机应用水头最高的电站为日本的葛野川抽水蓄能电站，最大毛水头为 751m，最大扬程为 778m，单机出力为 400MW。

国内抽水蓄能电站的建设在 90 年代后期发展较快，已投运的西龙池抽水蓄能电站水泵最大扬程达到 703m，在建的吉林敦化抽水蓄能电站水泵最大扬程达到 712m。

据分析，单级可逆式机组最大水头可望达到 800～900m。水头进一步提高则需采用多级可逆式机组。1983 年意大利投运的埃多洛（Edolo）抽水蓄能机组（8×125MW），水泵水轮机采用 5 级式，最大水头达 1256m。

## 二、高转速化

随着研发技术的发展和制造水平的提高，水泵水轮机的比转速水平也不断提高。20 世纪 60 年代国外生产的水泵水轮机比速系数 $K_p$ 值在 2500 以下，70 年代设计制造的水泵水轮机的 $K_p$ 值在 2500～3500 之间，20 世纪 80—90 年代设计制造的水泵水轮机的 $K_p$ 值提高到 2900～3800。80 年代投产的南斯拉夫巴其纳巴斯塔（Bajina Basta）水泵水轮机，最大扬程达 621m，其比转速仍采用 70 年代适用于 500m 段机组的 27m·m$^3$/s。最大扬程达 701m 的保加利亚查依拉（Chaira）水泵水轮机，其比转速为 26.44m·m$^3$/s，相当于 500m 段机组的比转速。日本东芝公司 90 年代提出高水头水泵水轮机的 $K_p$ 值上限为 4000 左右，如日本神流川和小仓电站分别为 3960 和 4160，国内广蓄一期为 3873。

## 三、大容量化

随着电力系统负荷的增长和电网的扩大，电网对调峰、备用的要求日益提高。从降低单位千瓦投资和提高抽水蓄能电站的经济效益考虑，都要求蓄能机组向大容量化的方向发展。自 20 世纪 70 年代以来，单级混流式水泵水轮机的单机容量呈增加趋势。80 年代最大单机容量为美国巴斯康蒂（Bath County）抽水蓄能电站的 457MW 机组，于 1999 年投运的日本葛野川电站水泵工况最大入力达 412MW（可变速机组），于 2005 年投运的日本神流川电站水轮机工况最大功率达 482MW。

在国内的抽水蓄能电站中，单机容量为 300MW 的单级水泵水轮机较为普遍。已投运

最大单机容量的浙江仙居抽水蓄能电站，其单机容量达到375MW。

## 四、可变速

可变速机组是指抽水时水泵水轮机的转速在一定范围内可以连续变化，可实现在任何扬程下均能使水泵水轮机处于最优工况。另一方面，在发电时通过交流励磁来控制水泵水轮机转速，实现有功功率和无功功率的独立控制，以达到高效、稳定及经济运行的目的。

可变速机组有以下优点：

（1）在系统扰动时，可在非常短的时间内发出/吸收无功和有功，以进行电压和频率控制，起到稳定系统的作用。日本大河内电站400MW可变速机组0.2s内可改变出力32MW或入力80MW，这在当前风电、光伏等这些自身不具备调节能力的新能源上网容量高速增加的背景下，显得尤为重要。

（2）通过改变转速，可以调整水泵水轮机运行区域，使水泵水轮机具有更高的运行效率，也使水泵水轮机能够适应更宽的水头变幅，同时，有效改善压力脉动和空化性能，提高机组运行稳定性。日本盐源电站可变速机组实测表明，机组稳定运行出力范围可从50%～100%扩大至40%～100%；50%出力时，水泵水轮机效率可提高3%；机组振动振幅比定速机组减少50%。

（3）可在水泵工况运行时调节输入功率，实现抽水工况自动频率调节。可更快地跟踪负荷，提高机组的快速响应能力。由于转速可调，并网时间大幅缩短。可使水泵工况起动时输入功率最小，减少对电网的冲击。

在开发变速抽水蓄能机组方面，日本和欧洲已走在前面。1990年，日本矢木泽电站投运了世界上首台85MVA可变速抽水蓄能机组；1993年，日本大河内电站投运了当时世界上最大的两台395MVA的变速抽水蓄能机组。2004年德国金谷电站投运了两台340MVA的变速抽水蓄能机组。2014年，日本葛野川电站投运了世界上最大的两台475MVA的变速抽水蓄能机组。

相比之下，国内可变速蓄能机组技术的开发才刚刚开始，2017年5月，丰宁抽水蓄能电站二期首次招标采购了两台300MW的变速抽水蓄能机组。

# 第三节　水泵水轮机技术的主要特点

自1882年在瑞士的苏黎世修建了世界上第一座抽水蓄能电站以来，抽水蓄能技术已有百余年的历史。随着世界各国经济的发展，在工业发达的国家中，其大电网早已形成，电力系统中大容量的火电机组、核电机组及清洁能源机组的容量和数量在不断增加，抽水蓄能电站已成为大电网电源构成中不可缺少的组成部分。随着抽水蓄能电站建设的发展，许多相关的技术都有很大的进步，目前水泵水轮机主要技术特点体现如下：

## 一、高性能化技术

### （一）CFD数值分析计算技术

在水力设计中，已广泛采用考虑水流黏性的设计方法，通过计算机数值分析对水泵水轮机的通流部件进行优化并预估其水力性能。

CFD 数值分析技术可对蜗壳、固定导叶、活动导叶、转轮、尾水管等过流部件进行单独或联合流态分析，通过计算出的压力场、速度场、流场等结果对通流部件的水力性能进行预测，并可对“S”区特性、驼峰区裕量、压力脉动、空化性能、过渡过程等进行数值计算分析，预测其性能。

CFD 数值分析技术的应用提升了计算精度、水力性能及可靠性。

**（二）结构设计技术**

高水头水泵水轮机的一个关键问题是转轮、导叶、顶盖、蜗壳、座环等主要结构件的刚强度、变形和振动问题。在大容量高水头水泵水轮机的结构设计中，普遍采用三维 CAD/CAE（3D－CAD/CAE）设计技术。结构件作出三维设计模型后，进行三维有限元分割，然后进行强度、刚度、变形、振动等各种解析。例如，转轮固有频率计算、固定导叶强度计算等。同时还可进行结构件的优化和材料的优选。

在结构设计中强调极限性流态设计与强度设计互相协调的原则。例如，在转轮叶片和活动导叶的设计中，将流体设计中得到的压力分布直接作为外力对待，进行结构分析；将叶片根部应力集中部位的疲劳强度评价与使用材料的疲劳试验数据进行对比，确定无损探伤的容许缺陷尺寸。

在高水头大容量转轮的结构设计中，不仅要考虑静止水压和高速下转轮离心力产生的静态压力，而且特别重视转轮叶片与活动导叶叶栅间干涉形成的周期性压力脉动所产生的振动应力，采用动态解析法分析水压脉动和水中转轮的共振特性以避开转轮共振区。

## 二、高可靠性技术

现代抽水蓄能机组的发展趋势是追求高可靠性和易于维护，使用灵活和高效率。与常规水力发电设备相比，由于电力系统要求蓄能机频繁地实现各种运行工况的快速转换，因此可靠性便成为抽水蓄能机组最重要的技术指标。

**（一）真实扬程试验**

超高扬程时，加振模式和频率一旦与转轮的固有振动频率相一致，就会引发共振，产生大的变动应力。该加振水压是因与活动导叶的干涉而发生，在时间和空间上是周期性变动的，这就会明显地损害转轮强度的可靠性，所以需要调整水中转轮的固有振动数，以避免在长时间运行时的额定转速下的共振。虽然理论上用解析的方法求出转轮与流体的联动共振是可能的，但是，实际上很难得到实用的精度。因此，对水泵水轮机转轮，利用真实扬程模型进行试验是有必要的，模型可同时满足叶栅干涉、加振力、频率、水中物体附加质量、水中共振等相似条件。真实扬程试验可确保水泵水轮机在苛刻条件下的稳定运行。

**（二）实尺模型试验**

为解决高水头水泵水轮机的关键问题——水密封问题，验证及掌握机组部件的性能、强度可靠性和耐久性等，对相应部件进行实尺模型试验。例如转轮上下止漏环实尺模型试验、主轴水密封实尺模型试验、活动导叶轴端水密封实尺模型耐久性试验、顶盖水密封模型试验、调相运行工况下转轮室漏气试验等。

# 第三十一章　水泵水轮机主要技术参数的选择

## 第一节　单机容量的选择

抽水蓄能电站的装机容量确定后，单机容量和机组台数的选择应结合电力系统对电站的要求、上下水库调节特性、水头、流量特性与运行方式、过机泥沙特性、枢纽布置条件、机组设计制造难度、大件运输条件、电气设备选择及布置条件、施工工期的控制和影响条件等因素，经综合经济技术比较后确定。

世界抽水蓄能机组最大单机容量已达470MW，国内投产抽水蓄能电站机组单机容量达375MW。随着电网和蓄能电站的建设发展，单机容量呈进一步增大趋势，但应注意的是过大的单机容量在泵工况投入电网运行时会对电网频率造成一定的冲击，其影响不可忽视。在我国，拟建、在建及已投运的蓄能机组单机容量以300MW为主，类同的单机容量的确有利于标准化的建设、管理、运营以及设计制造，但需注意在不同水头段下不同的单机容量和机组参数的组合其优越性是不同的，需进行详细的经济技术比较来确定适合的单机容量。国内外大容量抽水蓄能电站水泵水轮机主要参数见表31-1。

表31-1　　大容量抽水蓄能电站水泵水轮机主要参数

| 序号 | 电站名称/所在地 | $N_{t\max}/N_{p\max}$ /MW | $H_r/H_{p\max}$ /m | $D_1$ /mm | $n_r$ /(r/min) | 投运年份/制造厂 |
|---|---|---|---|---|---|---|
| 1 | 仙居/中国 | 382.7/413.0 | 447.0/497.0 | 4800 | 375.0 | 2016/哈电 |
| 2 | 清远/中国 | 326.5/325.4 | 470.0/510.0 | 4360 | 428.6 | 2015/东芝 |
| 3 | 叶冲/韩国 | 408.2/ | 449.4/491.3 | 4532 | 400.0 | 2009/阿尔斯通 |
| 4 | Kokura/日本 | 362.0/ | 448.0/500.0 | | 450.0 | 2007/东芝 |
| 5 | 神流川/日本 | 482.0/525.0 | 653.0/728.0 | 4385 | 500.0 | 2005/东芝、日立 |
| 6 | 葛野川/日本 | 412.0/460.0 | 714.0/782.0 | 4477 | 500.0 | 1999/东芝 |
| 7 | 奥多多良木/日本 | 370.0/388.0 | 407.3/426.2 | 4860 | 360.0 | 1998/三菱 |
| 8 | 三冲/韩国 | 362.0/373.2 | 423.4/431.4 | 4943 | 360.0 | 1994/阿尔斯通 |
| 9 | 今市/日本 | 360.0/361.0 | 524.0/573.0 | | 428.6 | 1984/东芝 |
| 10 | 海姆斯/美国 | 408.4/414.0 | 495.0/541.0 | 5240 | 360.0 | 1983/日立 |
| 11 | 腊孔山/美国 | 377.0/399.0 | 286.6/323.0 | 4926 | 300.0 | 1979/日立 |

# 第二节　额定水头的选择

## 一、额定水头的选择原则

抽水蓄能机组的额定水头选择应根据电站的特征水头、机组特性、电站运行方式、电力电量平衡以及抽水、发电工况容量平衡等综合分析确定，还应考虑水头/扬程变幅、机组运行稳定性和效率。从国内已建和在建抽水蓄能电站设计以及各主机厂家的技术交流中，水轮机工况额定水头选择有提高的趋势，一般最大水头与额定水头比值不大于1.1。

国内某知名机组制造厂认为，蓄能电站设计中在注意控制水头变幅的同时，选择的额定水头（$H_r$）越靠近算数平均水头（$H_{taver}$），则越有利机组的水力学设计。一般情况下，额定水头与算数平均水头的比值（$H_r/H_{taver}$）控制在0.98～1.04之间比较合理。

根据对国外102座抽水蓄能电站的统计，有66座抽水蓄能电站的额定水头高于算数平均水头，17座抽水蓄能电站额定水头与算数平均水头相同，19座抽水蓄能电站额定水头低于算数平均水头。而低于算数平均水头的均为水头变幅较小的。

## 二、额定水头选择与机组运行特性的关系

水轮机工况额定水头直接关系到水泵水轮机容量、机组尺寸和电站运行的稳定性。通常，额定水头越高，水轮机工况的运行范围就会越靠近最优效率区，越有利于水泵水轮机组参数的优化和运行稳定性的提高。较低的额定水头，达到额定出力时要求转轮直径就要大些；同时，随着额定水头的降低，水轮机运行区将向高单位转速偏移，即偏离水轮机工况最优点更远，水轮机压力脉动值可能要更大些；同时，最小运行水头偏离最优点越远，距离不稳定运行区就越近，水轮机工况空载启动稳定性保证的难度也将增大。水轮机额定水头的选定受电站的运行条件和电网系统对水泵水轮机组运行参数要求等因素的限制很大。就水力设计而言，合理的水轮机额定水头将有利于开发特性优良、稳定性好的水泵水轮机。

# 第三节　比转速和额定转速的选择

## 一、比转速及比速系数

水泵水轮机行业中，常以水轮机比转速、水泵比转速、水轮机比速系数 $K_t$ 和水泵比速系数 $K_p$ 等来表征机组参数水平的高低和经济性。其中，比速系数是反应机组参数水平和经济性的一项综合性指标；它一方面直接影响电站机电设备投资、电站土建投资等经济特性；另一方面，又影响机组模型转轮开发、真机机组加工制造、运输、安装和电站安全稳定运行等机组特性。水泵水轮机比转速可以用水轮机工况的比转速 $n_{st}$ 表示，也可以用水泵工况比转速 $n_{sp}$ 表示。

## 二、比转速和额定转速总体选择原则

（1）比转速应以水泵工况为基础，综合考虑水头/扬程、空化特性、水质条件、综合加权平均效率、运行稳定性和制造水平等技术条件，合理选择。

（2）对于过机含沙量大和建在高海拔地区的电站，应选用较低水平的比转速。

（3）应对大容量、高水头/扬程水泵水轮机的稳定性（包括振动、摆度、压力脉动、空载不稳定S区等）进行充分论证研究。

（4）根据统计公式计算的比转速和比速系数，参照近期投运的国内外相近水头抽蓄机组的设计和制造水平，结合发电电动机同步转速及制造厂推荐转速，综合考虑效率和埋深，经技术经济比选后最终确定额定转速。

## 三、比转速和额定转速的主要选择方法

### （一）统计曲线法

根据对国内外多座电站的比转速的参数统计，归纳和给出水轮机和水泵两个方向下的回归曲线，参见图31－1和图31－2。在实际的比转速选择过程中，可以根据统计曲线，结合电站实际容量和水头、扬程参数，给出合理的比转速范围区间。一般以水轮机最大水头工况和水泵最低扬程工况下参数来衡量水泵水轮机比转速和比速系数水平高低。从图31－1和图31－2看出，在电站水头参数和机组单机容量确定情况下，机组水轮机工况下的比转速就会对应一个较为合理的参数区间，可以根据水泵和水轮机工况的比转速公式反算出其对应的合理转速范围值。根据以往电站经验，对于水轮机工况，其对应比速系数不宜超过2500，最高限制2650，也很少有电站参数超过此参数水平。在水泵方向，其比速系数不宜超过3700，最高限制不应该超过4000。

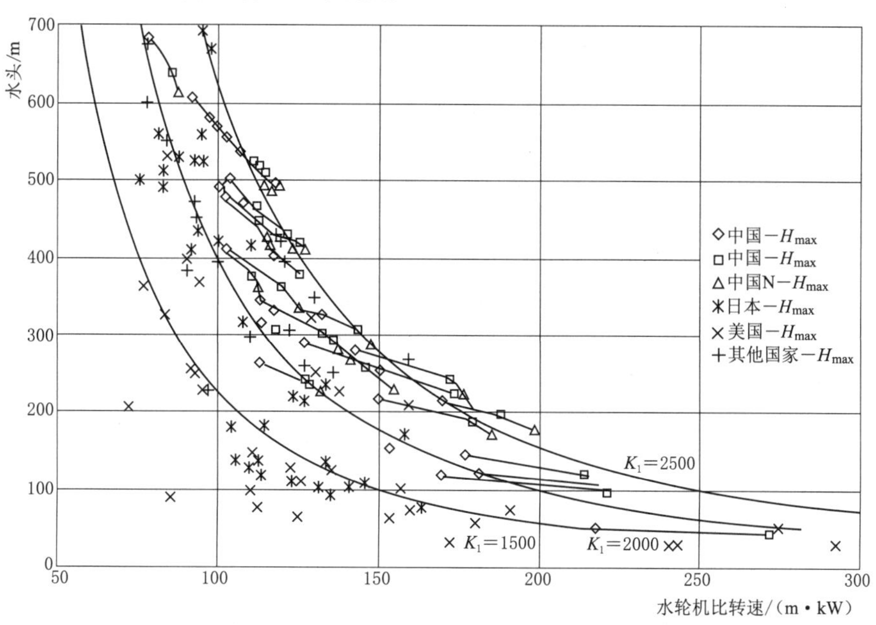


图31－1　水轮机工况比转速统计曲线

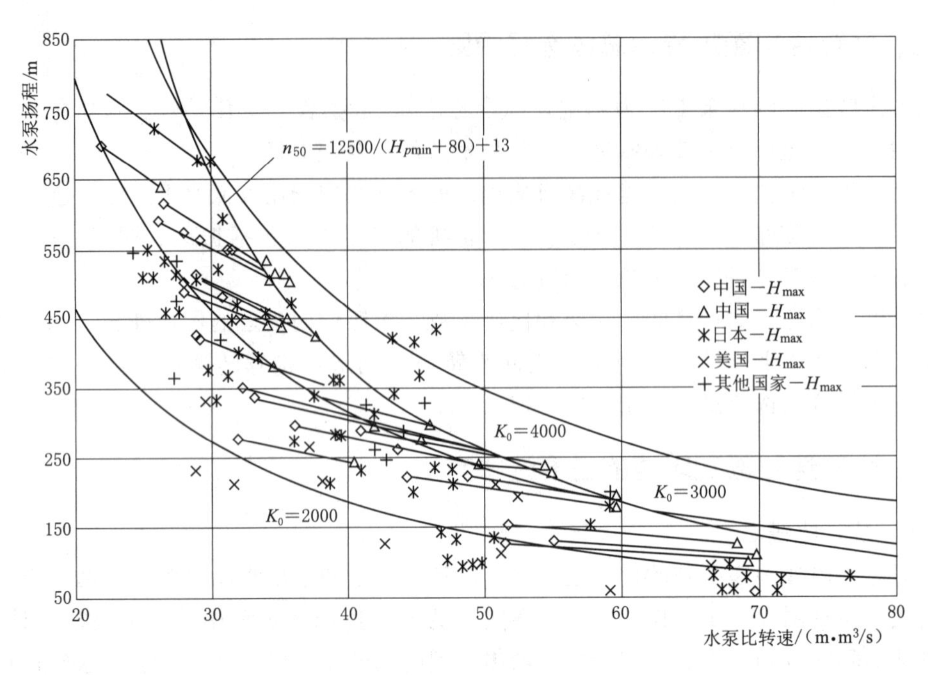


图 31-2 水泵工况比转速统计曲线

### (二) 统计公式法

一般机组比转速可采用表 31-2 和表 31-3 中的公式进行初步估算，其中水泵工况可用最小扬程进行计算，水轮机工况可用额定水头进行计算。由于这些公式来源和统计时间不同，计算值相差较多，实际选择时可初步选取这些公式的计算结果的平均值，和相似电站的参数水平比较后初定比转速。

**表 31-2　　常用的计算水轮机工况 $n_{st}$ 统计公式**

| 公式来源 | 计算公式 | 公式来源 | 计算公式 |
|---|---|---|---|
| 北京院(1978—1985 年) | $n_t=6860H_r^{-0.6874}$ | 塞而沃(意大利) | $n_t=1825H_r^{-0.481}$ |
| 清华大学 | $n_t=16000/(H_r+20)+50$ | 咨询公司(20 世纪 90 年代) | $n_t=28158H_r^{-0.938107}$ |
| 日本公司 | $n_t=20000/(H_r+20)+50$ | | |

注　表中 $H_r$ 为水轮机工况额定水头（m）。

**表 31-3　　常用的计算水泵工况 $n_{sp}$ 统计公式**

| 公式来源 | 计算公式 | 公式来源 | 计算公式 |
|---|---|---|---|
| 北京院(1978—1985 年) | $n_q=1714H_p^{-0.6565}$ | 塞而沃(意大利) | $n_q=564.5H_p^{-0.48}$ |
| 清华大学(1954—1984 年) | $n_{sp}=600/H_p^{0.5}$ | 美国 | $n_q=750/H_p^{1/2}$ |
| 东芝公司 | $n_q=12500/(H_p+100)+10$ | 中国水电顾问公司 | $n_q=905.75H_p^{-0.526607}$ |
| 富士公司(最大) | $n_q=856H_p^{-0.5}$ | | |

注　表中 $H_p$ 为水泵工况最小扬程（m）。

### (三) 工程类比法

抽水蓄能电站的建设发展，已基本涵盖了 700m 水头段以下水泵水轮机参数，因此对

于比转速的选择，参考同类工程类比具有一定的准确性。表 31－4、表 31－5 为国内外水泵水轮机的主要设计参数。

**表 31－4　　部分国内混流式水泵水轮机主要参数**

| 序号 | 电站名称 | 机组台数 | 单机容量/MW | 转速/(r/min) | 出力/MW | 水轮机工况 | | | 水泵工况 | | | $H_s$/m |
|---|---|---|---|---|---|---|---|---|---|---|---|---|
| | | | | | | $H_{tmax}$/m | $H_{tr}$/m | $H_{tmin}$/m | $H_{pmax}$/m | $H_{pmin}$/m | 入力/MW | |
| 1 | 广蓄Ⅰ期 | 4 | 300 | 500.0 | 306.0 | 537.2 | 496.0 | 496.0 | 550.0 | 514.5 | 326.00 | －70 |
| 2 | 十三陵 | 4 | 200 | 500.0 | 204.0 | 474.8 | 430.0 | 418.2 | 488.6 | 440.4 | 218.00 | －56 |
| 3 | 天荒坪 | 6 | 300 | 500.0 | 306.0 | 607.0 | 526.0 | 520.0 | 614.6 | 533.2 | 336.00 | －70 |
| 4 | 桐柏 | 4 | 300 | 300.0 | 306.0 | 283.7 | 244.0 | 230.2 | 288.3 | 237.6 | 312.00 | －58 |
| 5 | 泰安 | 4 | 250 | 300.0 | 255.0 | 253.0 | 225.0 | 212.4 | 259.6 | 223.6 | 274.00 | －53 |
| 6 | 宜兴 | 4 | 250 | 375.0 | 255.0 | 410.7 | 363.0 | 335.2 | 420.5 | 352.3 | 275.00 | －60 |
| 7 | 张河湾 | 4 | 250 | 333.3 | 255.0 | 345.0 | 305.0 | 282.8 | 350.1 | 294.9 | 268.00 | －48 |
| 8 | 西龙池 | 4 | 300 | 500.0 | 306.0 | 687.7 | 640.0 | 611.6 | 703.0 | 634.0 | 319.60 | －75 |
| 9 | 惠州 | 8 | 300 | 500.0 | 306.1 | 553.6 | 517.4 | 506.0 | 564.0 | 512.1 | 330.00 | －70 |
| 10 | 宝泉 | 4 | 300 | 500.0 | 306.0 | 566.9 | 510.0 | 487.3 | 573.9 | 528.6 | 497.90 | －70 |
| 11 | 白莲河 | 4 | 300 | 250.0 | 306.0 | 213.7 | 197.0 | 178.3 | 222.1 | 222.7 | 191.00 | －50 |
| 12 | 白山 | 2 | 150 | 200.0 | 139.0 | 123.9 | 105.8 | 105.8 | 130.4 | 123.0 | 108.20 | －25 |
| 13 | 天堂 | 2 | 35 | 157.9 | 36.1 | 51.6 | 43.0 | 35.9 | 53.0 | 53.0 | 38.50 | －9.6 |
| 14 | 黑糜峰 | 4 | 300 | 300.0 | 306.0 | 331.5 | 295.0 | 268.2 | 337.6 | 315.0 | 276.20 | －50 |
| 15 | 蒲石河 | 4 | 300 | 333.3 | 306.1 | 328.0 | 308.0 | 288.0 | 335.0 | 325.0 | 295.00 | －64 |
| 16 | 呼和浩特 | 4 | 300 | 500.0 | 306.0 | 580.4 | 521.0 | 491.8 | 590.1 | 550.5 | 508.40 | －75 |
| 17 | 响水涧 | 4 | 250 | 250.0 | 254.0 | 219.3 | 190.0 | 172.1 | 222.3 | 213.4 | 179.56 | －54 |
| 18 | 仙游 | 4 | 300 | 428.6 | 306.1 | 471.4 | 430.0 | 412.3 | 479.3 | 436.9 | 424.27 | －65 |
| 19 | 溧阳 | 6 | 250 | 300.0 | 255.0 | 290.0 | 259.0 | 227.0 | 295.3 | 263.1 | 238.80 | －57 |
| 20 | 仙居 | 4 | 375 | 375.0 | 382.7 | 492.2 | 447.0 | 420.9 | 502.9 | 475.2 | 437.31 | －71 |

**表 31－5　　部分国外混流式水泵水轮机主要参数**

| 序号 | 电站名称 | 机组台数 | 转速/(r/min) | 出力/MW | 水轮机工况 | | | 水泵工况 | | | $H_s$/m |
|---|---|---|---|---|---|---|---|---|---|---|---|
| | | | | | $H_{tmax}$/m | $H_{tr}$/m | $H_{tmin}$/m | $H_{pmax}$/m | $H_{pmin}$/m | 入力/MW | |
| 1 | 沼原 | 3 | 375.0 | 230 | 500.0 | 478 | 422.0 | 528.0 | 458.0 | 250.0 | －46.0 |
| 2 | BearSwamp | 2 | 225.0 | 298 | 229.0 | 210 | 201.0 | 241.0 | 209.0 | 249.0 | －21.3 |
| 3 | 奥多多良木 | 2 | 300.0 | 310 | 406.0 | 374 | 338.0 | 423.9 | 374.8 | 314.0 | －47.5 |
| 4 | Ohira | 1 | 400.0 | 256 | 512.0 | 490 | 470.0 | 545.0 | 509.0 | 269.0 | －51.0 |
| 5 | 太平 Ohira | 1 | 400.0 | 256 | 512.0 | 490 | 467.0 | 545.0 | 509.0 | 275.0 | －51.0 |
| 6 | Okutataragi | 2 | 300.0 | 310 | 406.0 | 388 | 338.0 | 424.0 | 366.8 | 314.0 | －47.5 |
| 7 | 南原 | 2 | 257.0 | 318 | 317.5 | 294 | 250.5 | 340.5 | 280.6 | 350.0 | －46.0 |

续表

| 序号 | 电站名称 | 机组台数 | 转速/(r/min) | 出力/MW | 水轮机工况 | | | 水泵工况 | | | $H_s$/m |
|---|---|---|---|---|---|---|---|---|---|---|---|
| | | | | | $H_{tmax}$/m | $H_{tr}$/m | $H_{tmin}$/m | $H_{pmax}$/m | $H_{pmin}$/m | 入力/MW | |
| 8 | 奥清津 | 4 | 428.6 | 340 | 490.0 | 470 | 432.0 | 512.0 | 461.0 | 280.0 | −53.0 |
| 9 | 玉原 | 4 | 428.6 | 309 | 524.0 | | 467.0 | 559.0 | 505.1 | 310.0 | −65.0 |
| 10 | 本川 | 2 | 400.0 | 307 | 557.4 | 530 | 507.0 | 576.6 | 530.9 | 320.0 | −67.0 |
| 11 | Heims | 3 | 360.0 | 358 | 532.0 | 495 | 436.0 | 541.0 | 448.0 | 357.0 | −61.0 |
| 12 | 下乡 | 4 | 375.0 | 260 | 421.0 | 387 | | 440.0 | 392.0 | 270.4 | −51.0 |
| 13 | 葛野川 | 4 | 500.0 | 412 | 728.0 | 714 | 681.0 | 778.0 | 722.0 | 438.0 | −98.0 |
| 14 | 神流川 | 6 | 500.0 | 460 | 695.0 | 653 | 617.0 | 728.0 | 677.0 | 469.0 | −104.0 |
| 15 | Brasimone | 2 | 375.0 | 169 | 384.3 | 378.0 | 334.0 | 392.0 | 365.0 | 150.0 | −35.0 |
| 16 | 清平 | 2 | 450.0 | 206 | 473.0 | 452.0 | 438.0 | 499.0 | 474.0 | 206.0 | −52.0 |
| 17 | Drakensburg | 4 | 375.0 | 269 | 451.7 | 422.0 | 411.0 | 473.5 | 420.5 | 270.0 | −65.0 |
| 18 | Bajina Basta | 2 | 428.6 | 294 | 600.3 | 554.3 | 497.5 | 621.3 | 531.7 | 310.0 | −54.0 |
| 19 | Obrovac | 2 | 600.0 | 140 | 550.0 | 517.0 | 510.0 | 559.0 | 546.0 | 118.0 | −43.0 |
| 20 | 恰依拉 | 4 | 600.0 | 200 | 676.8 | 626.1 | 578.0 | 701.0 | 613.4 | 220.0 | −62.0 |

## 第四节　吸出高度选择

水泵水轮机吸出高度选择需综合考虑水泵水轮机的空化特性和土建投资，同时还要考虑过渡过程中尾水管最小压力值。一般情况下，抽水蓄能电站土建工程往往先于机组设备招标，因此，在机组定厂、机组特征参数确定前，需要凭经验选择水泵水轮机吸出高度。吸出高度越小，水泵水轮机安装高程越低，水泵水轮机抗空化性能越好，但电站的土建投资越大；如果吸出高度过大，水泵水轮机抗空化性能差，过流部件上易空蚀，严重时还会影响水力效率，产生噪声和压力脉动。在吸出高度具体计算时，一般参考经验公式、经验曲线、国内外已建电站资料和机组制造厂的技术方案等综合确定。机组招标时，吸出高度作为水力开发设计的边界条件，要求初生空化系数小于电站空化系数。

在早期水泵水轮机应用过程中就发现，水泵工况运行时的转轮空化比水轮机工况下空化更加严重。在设计时一般认为如果水泵工况空化可以满足，则水轮机工况也是可以满足的。研究也表明，转轮首先空化区域一是其沿叶片表面的压力最低点，另外是叶片进口因脱流引起的局部低压区。水泵水轮机在水轮机工况时，转轮叶片低压区在叶片出口 $D_2$ 处，叶片进口脱流区在叶片进口 $D_1$ 处；水泵工况运行时叶片的低压区和叶片脱流区均在叶片进口 $D_2$ 处，形成了低压区叠加，叠加后叶片水泵工况出口处压力较水轮机工况时更低，转轮更容易出现空化现象。特别是高水头水泵水轮机其空化的侵蚀趋势发展很快，应确保水泵水轮机在整个运行范围（包括频率变化）不发生空化，在设计中须留有足够的淹没深度。

计算吸出高度的常见统计公式见表 31－6。

**表 31－6　计算吸出高度的各统计公式**

| 公式来源 | 统计公式 |
| --- | --- |
| 《抽水蓄能电站设计导则》(DL/T 5028) | $H_s=9.5-(0.0017n_{st}^{0.955}-0.008)H_{t\max}$ |
| 水电工程咨询公司 | $\sigma_p=0.00524n_q^{0.918}$ |
| R. S. Stelzer(美国) | $\sigma_0=0.00137n_q^{4/3}$(初生) |
| 斯捷潘诺夫(俄罗斯) | $\sigma_p=0.00121n_q^{4/3}$ |
| Voith 公式 | $\sigma_p=0.1(3.65n_q/100)^{4/3}$ |
| 东芝公司 | $H_s=10-(1+H_p/1200)(K_p^{4/3}/1000)$ |

注　$H_s$ 设计计算时取 $\sigma_p=\sigma_0$。

由统计公式计算最高和最低扬程下的吸出高度，结合相应下库水位可得机组安装高程。

比转速与转轮的空化系数成正比，随着比转速的增大，转轮的空化系数也增大。图 31－3 为国内外多个电站统计的水轮机比转速与空化系数的关系曲线。

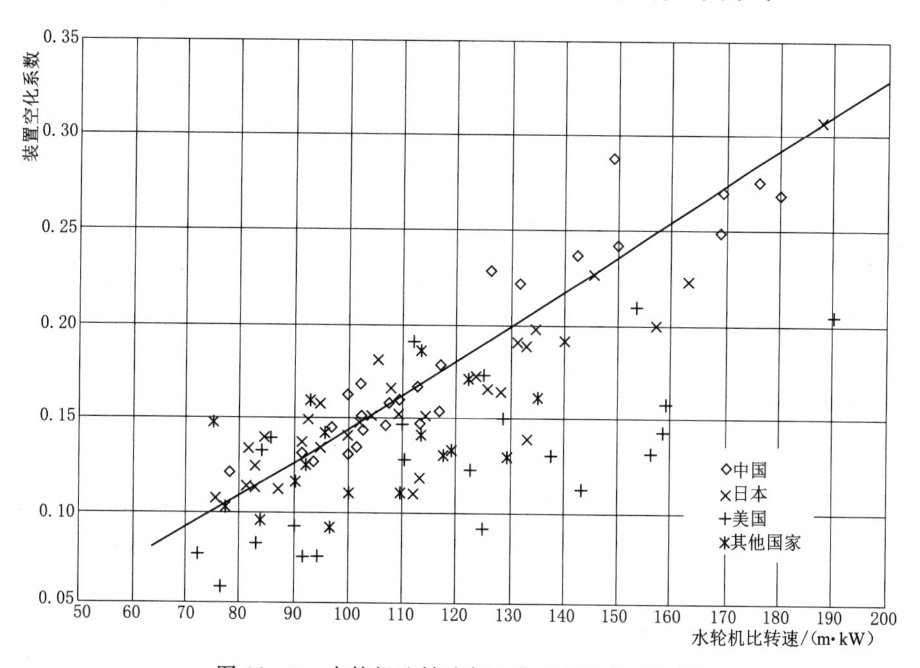


图 31－3　水轮机比转速与空化系数的关系曲线

在计算吸出高度时，无论是统计公式或是统计曲线，均有其局限性，一般作为参考。吸出高度的确定还应更多结合相似电站取值和各制造厂家推荐值，以及相近水头段模型试验情况，考虑水头变幅，满足过渡过程计算中尾水管最小压力控制要求，防止机组过渡工况下的尾水管水柱分离，从而最终确定安装高程。抽水蓄能电站地下厂房机组埋深对土建工程量及造价影响较小，在兼顾自流排水洞设置，以及交通洞、施工支洞等隧洞合理坡度的前提下，可适当增加吸出高度裕度，降低安装高程，确保机组完全无空化运行。

# 第三十二章　水泵水轮机运行稳定性研究

## 第一节　影响水泵水轮机稳定运行的因素

随着我国抽水蓄能电站建设的高速发展，投运蓄能机组越来越多，一些机组运行过程中出现并网困难、部分负荷强振、低水头空载运行不稳定等机组稳定性问题。其中，影响水泵水轮机稳定运行的主要因素如下：

### 一、水头变幅

对于水泵水轮机来说，水头变幅是指水泵工况最大扬程和水轮机工况最小水头的比值K。水头变幅与上下库水位消落深度和输水系统水力特性有关。一般高水头电站K值较小，低水头电站K值要大些，这是因为对于同样装机容量的蓄能电站，低水头电站需要较大的库容来满足更大的过机流量，相应会产生较大的水位消落深度。

单转速混流式水泵水轮机的水头变幅不宜过大，主要是受水泵工况限制。尽管单转速机组在水轮机工况运行时导叶有较好的调节性能，允许较大的水头变幅，但在水泵工况运行时导叶调节作用极小，高效率区狭窄，过大的扬程变幅将导致效率急剧降低、振动强烈、运行不稳定和抽不上水。

### 二、额定水头

额定水头的选择也影响机组运行稳定性。抽水蓄能电站的水泵水轮机既要作水轮机运行，又要作水泵运行，其水力设计必须兼顾两种运行工况。但由于水泵工况无法通过控制导叶开度来调节流量和输入功率，同时，水泵的高效区较窄，所以总是先以水泵工况为主进行水泵水轮机的水力设计，再用水轮机工况校核。由于水泵水轮机特性和输水系统水力损失的原因，造成水轮机工况总是偏离最优效率区运行。如果额定水头选择不合理，水泵水轮机的额定水头选得过低，会使水轮机工况的高出力运行范围偏离最优效率区，不利于机组运行稳定性的提高。

### 三、水轮机工况“S”特性

在Q11～n11四象限曲线上，有一条力矩$M=0$曲线，称零力矩线或飞逸曲线。该线与最大水头、最小水头交点之间的部分线段代表空载工况，与空载工况线段相交的等导叶开度线的斜率应小于零，若斜率大于或等于零，则空载工况处在不稳定的“S”区。

在“S”特性曲线中，机组在同一转速下对应三种不同单位流量，其中一个为负值，在“S”区域内这种正负关系的转换会导致转矩产生正反两个方向，造成水泵水轮机运行

的不稳定。很明显，导叶开度越大，“S”特性越明显。

水泵水轮机在“S”区内运行时，通常会经历水轮机工况、制动工况和反水泵工况，并会在三种工况之间来回转换，造成机组转速来回摆动，从而导致机组并网困难或甩负荷后不能达到空载稳定。

因为低水头运行区域更接近“S”区，故水轮机工况空载运行不稳定主要是指低水头空载运行不稳定。

### 四、泵工况驼峰特性

水泵水轮机水泵工况特性曲线中，在水泵高扬程、小流量区域，由于叶轮低压侧出现耗能严重的二次回流，扬程随着流量的减小而急剧下降（$H/Q$ 扬程特性曲线出现正斜率），然后又逐渐上升，此区域称作水泵水轮机的驼峰区。

驼峰特性是水泵水轮机的固有特性之一，是水泵高扬程区域不稳定运行的内在因素。如果驼峰区起始点（驼峰区最小扬程）与水泵最高运行扬程没有裕度，会导致水泵在高扬程工况的启动过程困难和操作运行的不稳定。

驼峰区裕度一般定义为：在最大扬程、正常运行最小频率范围内，$H/Q$ 对应的点与驼峰区的开始点之间的裕度。

### 五、压力脉动

压力脉动是衡量水泵水轮机稳定性的重要因素。压力脉动的产生是由于作水轮机运行时偏离最优工况，叶片正面或背面脱流形成漩涡，继而在尾水管形成涡带而产生的，也是由于作水泵运行时偏离最优工况，转轮出口水流撞击导叶，导叶片正面或背面脱流形成漩涡而产生的。一般而言，导叶与转轮之间的压力脉动最大，尾水管内的压力脉动最小。

## 第二节　提高水泵水轮机稳定运行的措施和方法

### 一、控制水头变幅

对抽水蓄能电站而言，水头变幅是指水泵工况最大扬程和水轮机工况最小水头的比值 $K$，$K=$(上库正常蓄水位－下库死水位＋同一输水洞相连全部机组同时抽水时的水头损失)/(上库死水位－下库正常蓄水位－同一输水洞相连全部机组同时按最大负荷发电时的水头损失)。可见控制水头变幅就是控制上下库消落深度和水头损失，其中，上下库消落深度取决于库容曲线，水头损失与输水系统的布置方式（单机单管或一管多机）、水力特性和引用流量有关。

仅从控制水头变幅而言，希望上下水库库盆越大越好，距高比越小越好，输水系统尽量单机单洞布置，单机容量不宜过大。实际在进行方案比选过程中，还是装机容量、投资效益和机组运行稳定性的矛盾和平衡。

为保证机组稳定运行，国内外行业主管部门根据自己的工程经验，都对水头变幅进行了限制。

表 32-1 为美国垦务局曾建议的单转速水泵水轮机水泵工况扬程变幅。

**表 32-1　　美国垦务局建议单转速水泵水轮机最大与最小扬程比**

| 水泵比转速 $n_{sp}$ /(m·m$^3$/s) | <29 | 30～39 | 40～68 | >68 |
|---|---|---|---|---|
| 水轮机比转速 $n_{st}$ /(m·kW) | <105 | 110～140 | 145～250 | >250 |
| $H_{p\max}/H_{p\min}$ | 1.16 | 1.28 | 1.50 | 1.85 |

表 32-2 为我国已建的一些抽水蓄能电站单转速混流式水泵水轮机水泵工况最大扬程和水轮机工况最小水头的比值（$H_{p\max}/H_{t\min}$）。可见，随着运行水头的提高，水头变幅总体呈减小趋势。

**表 32-2　　我国一些抽水蓄能电站单转速混流式水泵水轮机的最大与最小水头比**

| 电厂 | 西龙池 | 天荒坪 | 广蓄一期 | 十三陵 | 张河湾 | 蒲石河 | 白山 | 桐柏 | 泰安 | 响水涧 | 琅琊山 | 沙河 | 天堂 |
|---|---|---|---|---|---|---|---|---|---|---|---|---|---|
| 额定水头/m | 640.0 | 526.0 | 500.6 | 430.0 | 305.0 | 300.0 | 105.8 | 244.0 | 225.0 | 181.0 | 126.0 | 97.7 | 43.0 |
| 比转速 $n_{st}$/(m·kW) | 86.0 | 110.0 | 117.0 | 115.0 | 132.0 | 132.0 | 170.1 | 172.0 | 174.0 | 175.0 | 214.0 | 221.0 | 271.0 |
| $H_{p\max}/H_{t\min}$ | 1.13 | 1.16 | 1.08 | 1.11 | 1.21 | 1.16 | 1.23 | 1.24 | 1.16 | 1.31 | 1.28 | 1.29 | 1.37 |

《抽水蓄能电站设计导则》（DL/T 5208—2005）建议单转速混流式水泵水轮机最大与最小水头变幅比与水轮机工况比转速关系见表 32-3。

**表 32-3　　$n_{st}$ 与 $H_{p\max}/H_{t\min}$ 关系**

| $n_{st}$/(m·kW) | <90 | 90～120 | 120～200 | 200～250 |
|---|---|---|---|---|
| $H_{p\max}/H_{t\min}$ | ≤1.15 | ≤1.25 | ≤1.35 | ≤1.45 |

国内抽水蓄能电站建设的最大主体单位国网新源公司内控标准还要更高一些。如《抽水蓄能电站工程通用设备》中建议 200～300m 水头段水头变幅不大于 1.26，300～400m 水头段水头变幅不大于 1.23，400～500m 水头段水头变幅不大于 1.20，500～600m 水头段水头变幅不大于 1.17，600～700m 水头段水头变幅不大于 1.15，700～800m 水头段水头变幅不大于 1.14。

当然，通过控制水头变幅进而提高水泵水轮机稳定性，还需注意这样一个实际情况，即理论水头变幅与实际运行水头变幅的差异。以蒲石河电站为例，水泵水轮机最大扬程 334m，若按对应上库死水位 360m 的最小发电水头 288m 计算，水头变幅比为 1.16；若按对应上库正常运行最低水位 370.4m 的发电水头 298.9m（设计规划值）计算，水头变幅比为 1.12。对于大多数抽水蓄能电站而言，事故备用是其基本功能之一，而实际运行过程中，上库水位都不会或很少会下降至死水位，那么用死水位对应的最小水头计算的水头变幅的实际意义就不大。结合近年来一些抽水蓄能电站对最小水头稳定性指标考核的力度逐步加大，如洪屏、绩溪、敦化、丰宁等抽蓄电站水轮机空载运行时，要求导叶与转轮之间的压力脉动（峰峰值）不大于 12%，对于某些电站的水泵水轮机水力设计来讲最大水头和

额定水头工况点相对容易保证，最小水头就很难满足要求，或者说要牺牲其他的指标才能满足。所以再次提出建议，应按对应上库正常运行最低水位的发电水头，亦即正常运行的最小水头来计算水头变幅比并初步评估其稳定性。同时，建议对对应上库死水位的理论最小发电水头的稳定性指标适当放松考核，以期将水泵水轮机综合水力性能优化到符合实际运行规律的区域。

## 二、选择合理的额定水头

对单转速混流式水泵水轮机来说，水泵水轮机的设计要兼顾水泵工况和水轮机工况。因水泵工况不能通过控制导叶开度大小来调节流量和输入功率，且高效率区窄，所以水力设计上一般先按水泵工况设计，再按水轮机工况校核。由此，易产生水轮机工况总是偏离最优区运行。一般来说，如选择较高的额定水头将使水轮机工况的运行范围更靠近最优效率区，其加权平均效率也越高，并且有利于机组参数的优化和机组的稳定运行。如果水轮机额定水头选得太低，要求转轮有很大的过流能力，使得水轮机工况偏离最优工况区较远，压力脉动值增大，机组的振动和噪声变大，低水头运行时水轮机工况空载稳定性差，小负荷时效率低，不利于机组的稳定运行。

额定水头的选择与电站的水头变幅有关。混流式水泵水轮机对水头和扬程的变幅较敏感，如果电站的水头变幅较大，将影响水泵小流量区和水轮机低水头运行时的水力稳定性能，同时加大水泵水轮机水力效率、空化及空载并网“S”形特性等指标保证的难度，可能会造成某些运行工况不稳定，使空蚀、振动、噪声等情况加重，因此对于水头变幅较大的电站，尽可能提高额定水头是很有必要的。国内外十几座抽蓄电站的水头变幅统计结果见图 32－1、图 32－2。

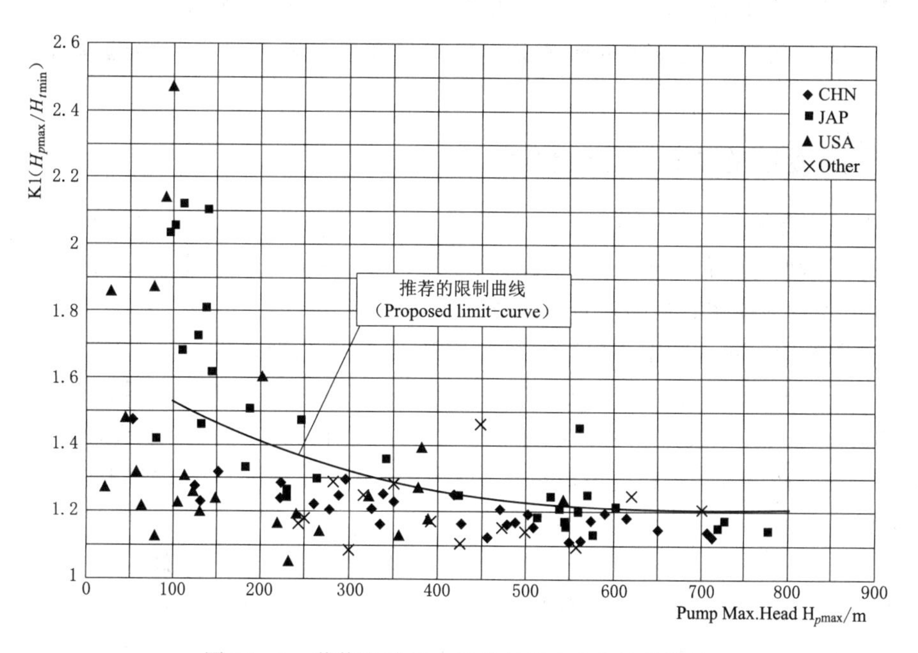


图 32－1　蓄能电站最大扬程与最小水头比值统计

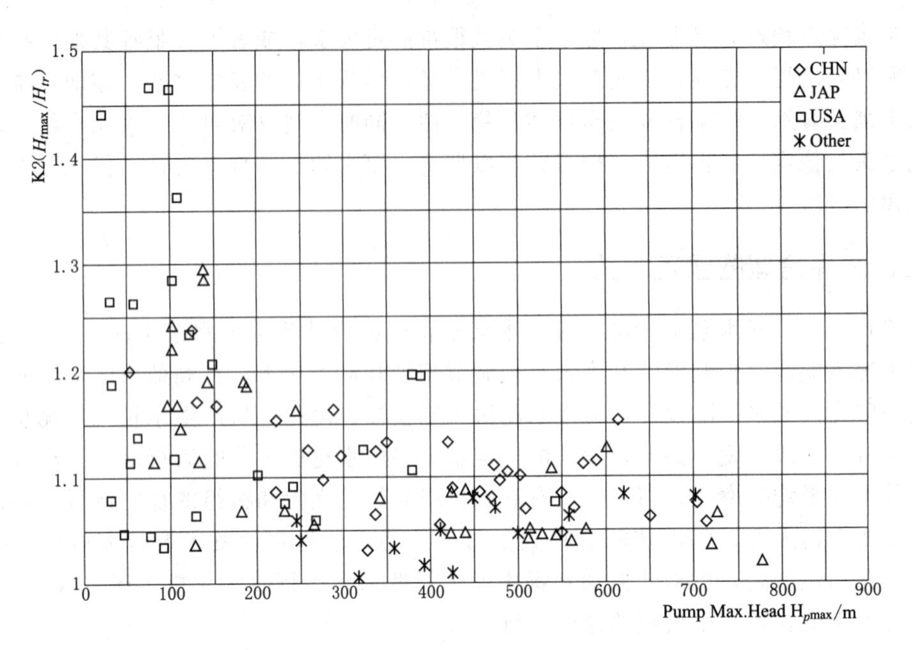


图 32-2　蓄能电站最大水头与额定水头比值统计

对世界上102座抽水蓄能电站的统计资料分析显示，有66座电站的额定水头高于算术平均水头，19座略低于算术平均水头，17座与算术平均水头相同，而略低于算术平均水头的抽水蓄能电站都是水头变幅较小的电站。

当然，额定水头也不能一味提高，还要考虑出力受阻情况。额定水头抬高，电站出力受阻时间和受阻容量增加，会削弱电站在系统中承担的调峰能力，实际应通过抽水蓄能电站水轮机工况发电过程模拟分析机组可能的受阻容量，从而选择合适的额定水头。

## 三、确保足够的“S”区安全余量

对于常规水电机组，其空载工况远离不稳定的“S”区，或没有不稳定的“S”区，因此不存在并网困难等问题；对于高水头混流可逆式水泵水轮机，其空载工况很接近不稳定的“S”区，设计时应留有足够的安全余量。

根据工程经验，正常频率变化范围内的“S”区安全余量选择，对于200～300m水头段水泵水轮机，不宜小于20m；对于300～400m水头段水泵水轮机，不宜小于25m；对于400～500m水头段水泵水轮机，不宜小于30m；对于500～600m水头段水泵水轮机，不宜小于35m。初步统计，相当于最小水头的7%～11%，当然，最终还是取决于水头变幅和其他相关因素。

对于投运后水泵水轮机出现的“S”区空载不稳定现象，比较有效的解决方案采用非同步导叶，即采用一对或多对对称布置的不同步导叶预开启一定的角度，使其他导叶获得一个较小的开度，从而改善“S”特性，提高机组稳定性。非同步导叶仅在水轮机工况启用，而水泵工况正常，故不影响水泵特性。

## 四、保证驼峰区安全裕度

为避免机组运行的不稳定性，需要合理规定驼峰区安全裕度。但驼峰区安全裕度并非越大越好，因为要求抽水蓄能电站在系统频率低于50Hz、同时上水库水位最高时启动水泵抽水本身就是极低概率的情况，而较小的驼峰区安全裕度可以减小水泵水轮机直径，提高水泵水轮机综合效率，降低水泵入力；同时，可以改善水泵水轮机空化性能和稳定性，提高水轮机空载稳定性。

根据国内已投运水泵水轮机运行情况，正常频率变化范围内驼峰区安全裕度保证值控制在2%左右较为适当，这样既能保证足够的扬程裕度，又兼顾了水泵水轮机整体性能的提高。

## 五、控制压力脉动

由于受模型试验条件的限制，尤其是无法模拟水泵水轮机涡带频率与输水系统振动频率的共振影响，还无法将模型试验压力脉动值定量地转换为真机压力脉动值。但从模型试验和真机试验的测试结果来看，两者之间存在较大的关联，尤其是在模型试验时出现较严重压力脉动时，真机试验也往往会出现同样的结果。所以，压力脉动的控制主要还是通过前期在招标文件中提出具体要求，主机厂通过先进的模型转轮水力开发手段来控制压力脉动，并在模型试验中进行验证。一个典型的400m水头段水泵水轮机压力脉动控制保证值见表32-4。

**表32-4　　典型的400m水头段水泵水轮机压力脉动控制保证值**

| 序号 | 项　目　名　称 | 单位 | 保证值 |
|---|---|---|---|
| (1) | 尾水管管壁压力脉动（峰峰振幅$\Delta H$）$\Delta H/H$ | | |
| | 水轮机最优工况运行时 | % | 2 |
| | 水轮机额定工况运行时 | % | 3 |
| | 水轮机部分负荷或空载运行时 | % | 4 |
| | 水泵工况运行时 | % | 2 |
| (2) | 导叶与转轮之间的压力脉动（峰峰值振幅$\Delta H$）$\Delta H/H$ | | |
| | 水泵工况在整个运行扬程范围内运行时最大值 | % | 6 |
| | 水泵最优工况运行时 | % | 4 |
| | 水泵工况零流量运行时 | % | 15 |
| | 水轮机最优工况运行时 | % | 5 |
| | 水轮机额定工况运行时 | % | 6 |
| | 水轮机75%～100%负荷运行时 | % | 7 |
| | 水轮机75%负荷运行时 | % | 8 |
| | 水轮机50%～75%负荷运行时 | % | 9 |
| | 水轮机50%负荷运行时 | % | 10 |
| | 最大水头水轮机0%～50%负荷运行时 | % | 12 |

续表

| 序号 | 项 目 名 称 | 单位 | 保证值 |
|---|---|---|---|
| | 最大水头至额定水头水轮机 0%～50%负荷运行时 | % | 15 |
| | 额定水头至最小水头水轮机 0%～50%负荷运行时 | % | 16 |
| | 最大水头水轮机空载运行时 | % | 12 |
| | 最大水头至额定水头水轮机空载运行时 | % | 12 |
| | 额定水头至最小水头水轮机空载运行时 | % | 12 |
| (3) | 顶盖与转轮之间的压力脉动（峰峰值振幅 $\Delta H$）$\Delta H/H$ | | |
| | 水泵工况在整个运行扬程范围内运行时最大值 | % | 3 |
| | 水轮机额定工况运行时 | % | 2 |
| | 水轮机部分负荷或空载运行时 | % | 4 |
| (4) | 蜗壳进口压力脉动（峰峰值振幅 $\Delta H$）$\Delta H/H$ | | |
| | 水泵工况在整个运行扬程范围内运行时最大值 | % | 5 |
| | 水轮机额定工况运行时 | % | 4 |
| | 水轮机部分负荷或空载运行时 | % | 8 |

## 六、效率加权因子的影响

众所周知，水泵水轮机加权平均效率是主机采购评标和投运考核验收的重要考评因素，所以也成为主机厂研发转轮时考虑的最关键因素之一。这其中，买方招标文件中加权因子的确定是否科学就显得非常重要。如果前期预设的加权因子与电站实际投运后的运行方式不一致，会直接影响电站综合循环效率，同时，也会使机组的整体运行工况偏离最优工况，降低整体稳定性。而水泵水轮机运行加权因子的确定是相当复杂的，涉及电站功能和任务、运行方式、电站特性、电力系统调度方式等诸多因素，往往无法通过经验公式或经验曲线简单确定。实际上，很多蓄能电站主机标文件中的水泵水轮机加权因子的分布都非常相似，有相互参考的因素。但在实际设计过程中，仍然需要注意电站的一些独有的特性。蒲石河电站通过对 2012—2018 年六年的实测数据分析，发现电站平均循环效率达 81.8%，高出可研设计（77.2%）4.6 个百分点。蒲石河水轮机工况加权因子见表 32－5。

**表 32－5　　蒲石河水轮机工况加权因子**

| $W_{ij}$ $P_i$ / $H_j$/m | 100%$P_r$ | 90%$P_r$ | 80%$P_r$ | 70%$P_r$ | 60%$P_r$ | 50%$P_r$ | 合计 |
|---|---|---|---|---|---|---|---|
| 288 | 0 | 1.5 | 3 | 1.5 | 1 | 0.5 | 7.5 |
| 298 | 0 | 3.5 | 5 | 2.5 | 1 | 0.5 | 12.5 |
| 308 | 7.5 | 7.0 | 6.5 | 6 | 3 | 1 | 31 |
| 318 | 9 | 8.5 | 8 | 7.5 | 4.5 | 1.5 | 39 |
| 328 | 1 | 2 | 3 | 2 | 1.5 | 0.5 | 10 |
| 合计 | 17.5 | 22.5 | 25.5 | 19.5 | 11 | 4 | 100.0 |

研究发现，蒲石河投运六年来，机组大部分时间都在高水头区域运行，很少降低至正常消落最低水位。同时，机组都满载或接近满载运行，十分贴切预设的加权因子，既提高了电站平均循环效率，也提高了机组运行稳定性，取得了非常出色的运行效益。

表 32－5 和表 32－6 中，$w_{ij}$ 为对应 $P_i$、$H_j$ 的效率加权因子，$P_i$ 为输出功率，$H_j$ 为净水头，$P_r$ 为额定功率。

相比之下，荒沟电站预设的水泵水轮机加权因子又有明显不同，因荒沟电站下库为多年调节的拥有 $42\times10^8m^3$ 库容的莲花水库，水库绝大多数时间运行在正常高以下一段窄幅的水位。在某些月份，下库水位基本上恒定不变的，这与大多数蓄能电站下库特性迥然不同，反映到加权因子，就是最小水头附近区域的运行因子进一步降低。荒沟水轮机工况加权因子见表 32－6。

**表 32－6　荒沟水轮机工况加权因子**

| $H_j$/m \ $W_{ij}$ \ $P_i$ | $50\%P_r$ | $60\%P_r$ | $70\%P_r$ | $80\%P_r$ | $90\%P_r$ | $100\%P_r$ | 合计 |
|---|---|---|---|---|---|---|---|
| 405 | 0.2 | 0.2 | 0.2 | 0.2 | 0.2 | 0 | 1 |
| 410 | 0.5 | 0.5 | 1 | 2 | 2 | 3 | 9 |
| 415 | 0.5 | 0.5 | 2 | 4 | 7 | 6 | 20 |
| 420 | 0.5 | 0.5 | 2 | 7 | 9 | 10 | 29 |
| 425 | 0.5 | 0.5 | 2 | 4 | 6 | 5 | 18 |
| 430 | 0.5 | 0.5 | 2 | 2 | 3 | 2 | 10 |
| 435 | 0.5 | 0.5 | 1 | 1 | 2 | 2 | 7 |
| 440 | 0.5 | 0.5 | 0.5 | 0.5 | 0.5 | 0.5 | 3 |
| 445 | 0.5 | 0.5 | 0.5 | 0.5 | 0.5 | 0.5 | 3 |
| 合计 | 4.2 | 4.2 | 11.2 | 21.2 | 30.2 | 29 | 100 |

# 第三十三章　水泵水轮机结构的选择

## 第一节　水泵水轮机拆装方式

水泵水轮机的可拆卸部件包括转轮、顶盖、主轴、水导轴承、主轴密封、导叶及其操作机构、导叶接力器等部件。蜗壳、座环、机坑里衬和尾水锥管以下部分一般埋入混凝土中，底环/泄流环和尾水锥管则根据水泵水轮机拆卸方式确定是否埋入混凝土。

水泵水轮机的拆卸方式可分为上拆、中拆和下拆三种，如图 33－1～图 33－3 所示。三种拆装方式优缺点比较如下。

### 一、上拆方式

拆装方式：水泵水轮机可拆部件通过发电机定子内空拆出。

优点：布置紧凑，机组轴线短，轴线调整相对简单，轴系稳定性好，机组运行振动和噪音较小，可降低厂房高度，厂房结构较简单。

缺点：需要将发电电动机转子、机架等部件吊出机坑，顶盖一般需分瓣，水泵水轮机部件装拆时间较长。

### 二、中拆方式

拆装方式：水泵水轮机可拆部件通过水泵水轮机层机墩通道拆出。

优点：不需拆发电电动机部件就可拆卸水泵水轮机部件，可缩短检修工期。

缺点：需增加中间轴，机组轴线加长，增加轴线调整难度；需在机墩中开较大通道，对土建结构不利，土建投资相对加大，对防治厂房的振动和噪音有一定负面影响。

### 三、下拆方式

拆装方式：水泵水轮机可拆部件通过尾水管锥管处的下部通道拆出。

优点：无中间轴，拆装时间短，顶盖一般不需拆卸。

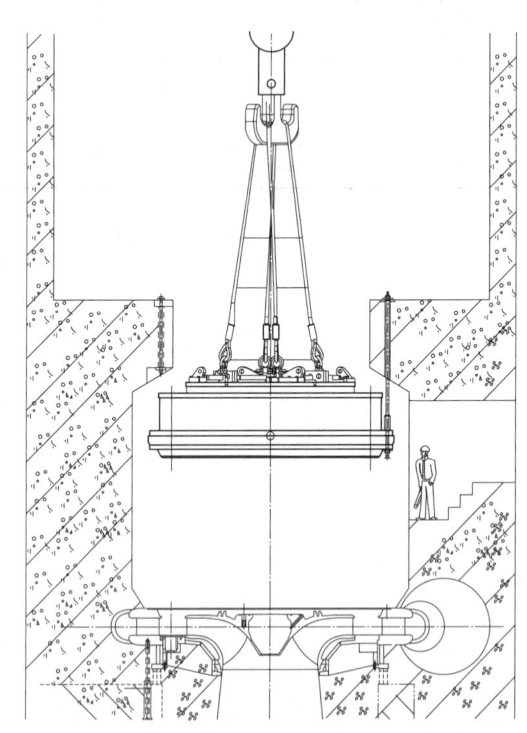

图 33－1　上拆方式顶盖吊装图

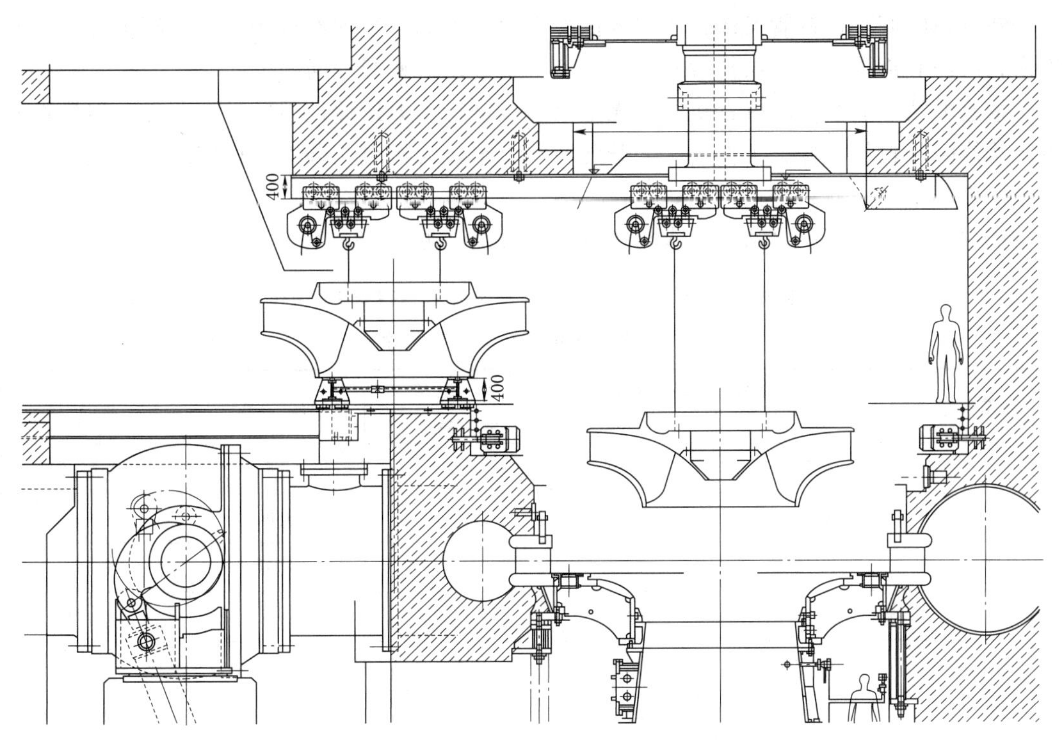


图 33－2　中拆方式转轮吊装图

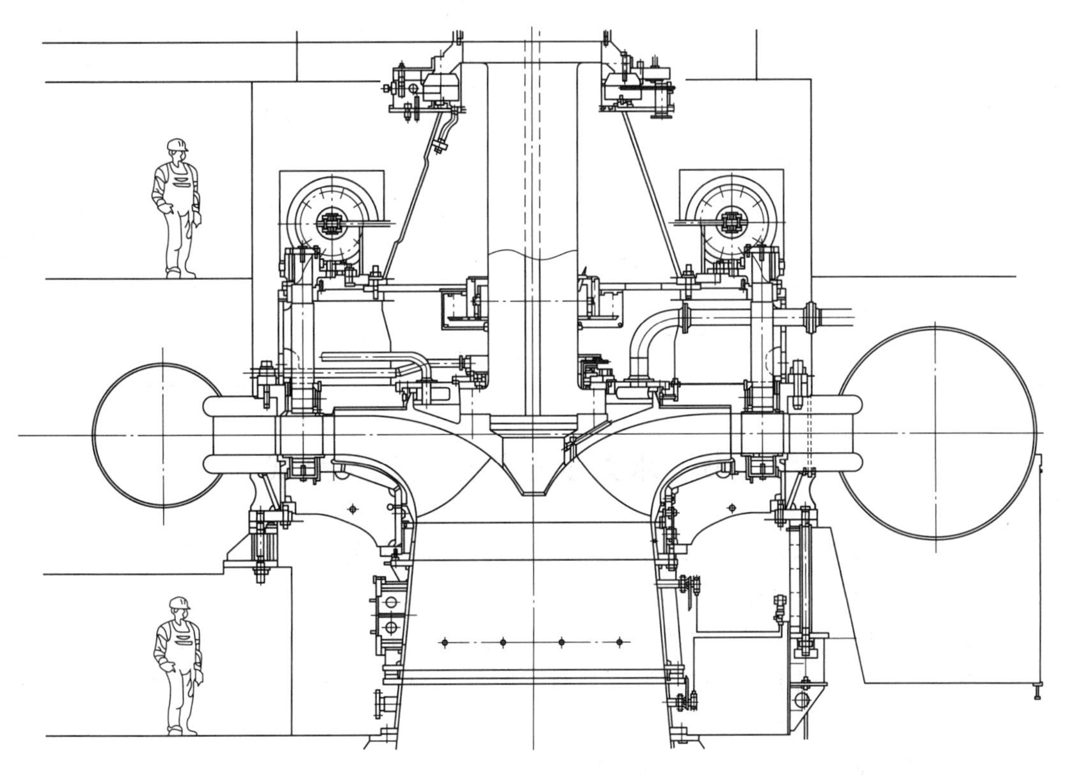

图 33－3　下拆方式水轮机横剖面图

缺点：因底环、锥管等部件不埋入混凝土中，可能会增加部件振动，缩短下导叶轴承寿命；厂房底部设通道，结构较复杂，可能带来振动、噪音等问题。

抽蓄电站一般水质较好，机组按无空化运行进行水力设计，因此过流部件一般磨蚀轻微，检修间隔较长，修补工作量小。若无特殊要求，为机组长期安全稳定运行并创造良好电站工作环境，一般首选上拆方式。

国内寒区抽水蓄能电站水泵水轮机拆卸方式统计见表 33-1。

**表 33-1　国内寒区已建和在建抽水蓄能电站单机容量 150MW 以上水泵水轮机拆卸方式统计**

| 电站名称 | 装机台数×单机容量/MW | 额定水头/m | 额定转速/(r/min) | 拆卸方式 | 投产时间/(年-月) |
| --- | --- | --- | --- | --- | --- |
| 十三陵 | 4×200 | 430 | 500.0 | 上拆 | 1997-6 |
| 白山 | 2×150 | 113 | 333.3 | 上拆 | 2000-6 |
| 泰安 | 4×250 | 225 | 300.0 | 上拆 | 2007-1 |
| 西龙池 | 4×300 | 640 | 500.0 | 上拆 | 2008-12 |
| 张河湾 | 4×250 | 305 | 333.3 | 上拆 | 2008-12 |
| 蒲石河 | 4×300 | 308 | 333.3 | 上拆 | 2012-9 |
| 呼和浩特 | 4×300 | 521 | 500.0 | 上拆 | 2015-6 |
| 敦化 | 4×350 | 655 | 500.0 | 上拆 | 在建 |
| 丰宁 | 6×300 | 425 | 428.6 | 上拆 | 在建 |
| 荒沟 | 4×300 | 410 | 428.6 | 上拆 | 在建 |
| 镇安 | 4×350 | 440 | 375.0 | 上拆 | 在建 |
| 阜康 | 4×300 | 484 | 428.6 | 上拆 | 在建 |
| 芝瑞 | 4×300 | 443 | 428.6 | 上拆 | 在建 |
| 文登 | 6×300 | 471 | 428.6 | 上拆 | 在建 |
| 易县 | 4×300 | 347 | 333.0 | 上拆 | 在建 |

## 第二节　水泵水轮机主要结构型式

单级立轴混流式水泵水轮机一般由下列部件组成：转轮、主轴、主轴密封、水导轴承、顶盖、导水机构、底环/泄流环、蜗壳、座环、尾水管的锥管。

水泵水轮机的可拆卸部件包括转轮、主轴、主轴密封、水导轴承、顶盖和导水机构等部件。蜗壳、座环和尾水管的锥管以下里衬一般埋入混凝土中，底环/泄流环和尾水管的锥管则根据水泵水轮机拆卸方式确定是否埋入混凝土。

典型单级立轴混流式水泵水轮机结构见图 33-4。

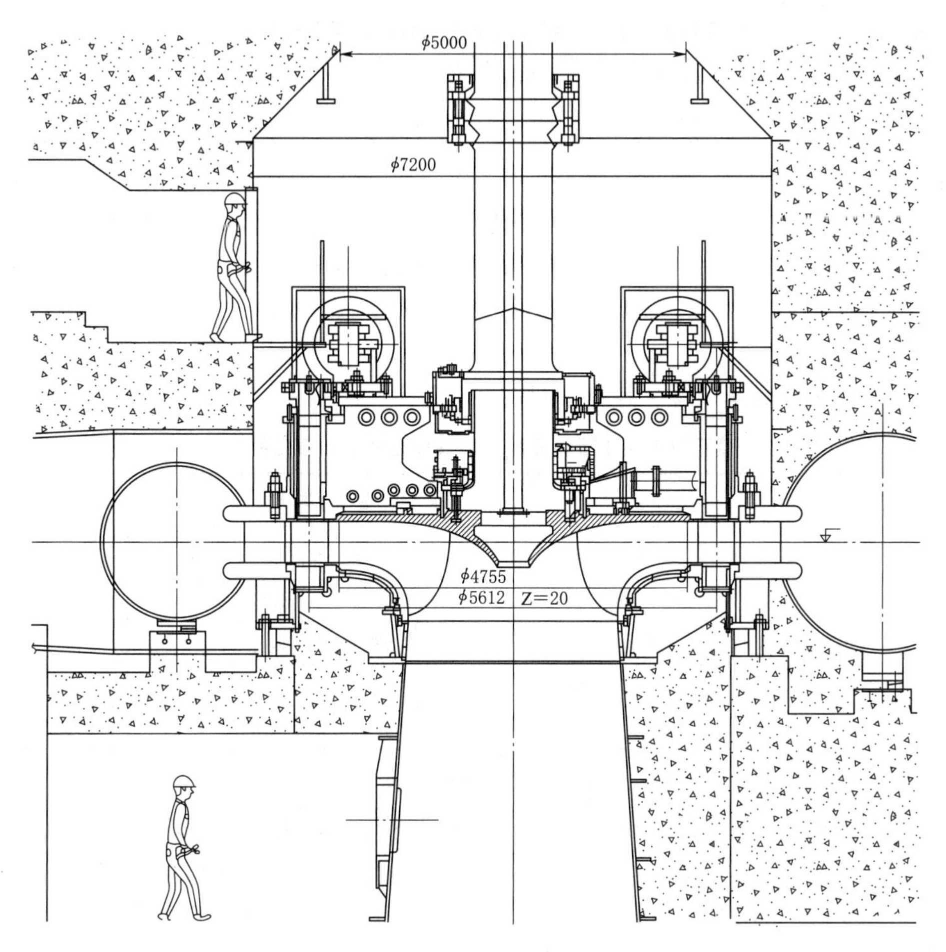


图 33-4　典型单级立轴混流式水泵水轮机结构图

## 第三节　泥沙磨蚀对水泵水轮机通流部件的影响

本节依托蒲石河水泵水轮机泥沙磨蚀试验和机组参数分析论证成果，初步研究泥沙磨蚀对水泵水轮机通流部件的影响。

### 一、蒲石河电站的泥沙情况

#### （一）蒲石河天然河道泥沙特征值

| | |
|---|---|
| 多年平均含沙量 | 0.587kg/m$^3$ |
| 实测瞬时最大断面平均含沙量 | 19kg/m$^3$ |
| 最大日平均断面平均含沙量 | 8.82kg/m$^3$ |
| 多年平均悬移质输沙量 | 43.9 万 t |
| 悬移质泥沙中值粒径 | 0.062mm（1994 年实测） |

悬移质泥沙颗粒级配（据 1994 年汛期实测资料分析成果）见表 33-2。

表 33-2　　悬移质泥沙颗粒级配（小于某粒径沙重百分数 $P$）

| $d$/mm | 0.5 | 0.25 | 0.10 | 0.05 | 0.025 | 0.01 | 0.007 |
|---|---|---|---|---|---|---|---|
| $P$/% | 99.7 | 98.3 | 93.7 | 32.3 | 10.6 | 3.9 | 2.7 |

悬移质泥沙平均粒径 0.071mm（1994 年实测）。

蒲石河天然河水含沙量主要集中在大洪水的某几天，其中最大 1d 输沙量占年输沙总量的 70.3%，最大 2d 输沙量占年输沙总量的 97.3%。含沙量大于 0.1kg/m$^3$ 的天数平均每年为 15.9d，含沙量大于 0.5kg/m$^3$ 的天数平均每年为 3.9d，含沙量大于 1.0kg/m$^3$ 的天数平均每年为 1.9d。

**（二）过机泥沙颗粒级配（表 33-3）**

表 33-3　　蒲石河水文 3 断面泥沙级配（即过机泥沙颗粒级配）

| $d$/mm \ $P$/% \ 建库年限/a | 小于某粒径沙重百分数 $P$/% | | | | | | | | |
|---|---|---|---|---|---|---|---|---|---|
| | 0.007 | 0.01 | 0.025 | 0.05 | 0.1 | 0.25 | 0.5 | $d_{50}$ | $d_{max}$ |
| 10 | 4.63 | 6.54 | 16.31 | 42.14 | 99.00 | 99.99 | 100 | 0.057 | 0.5 |
| 20 | 4.55 | 6.41 | 15.85 | 40.77 | 99.00 | 99.99 | 100 | 0.058 | 0.5 |
| 30 | 4.01 | 5.66 | 14.27 | 38.47 | 98.88 | 99.99 | 100 | 0.059 | 0.5 |
| 50 | 3.95 | 5.62 | 14.14 | 37.85 | 98.57 | 99.98 | 100 | 0.061 | 0.5 |

综上，可以看出蒲石河电站泥沙特性有如下特点：

（1）天然河水含沙量特征值较大，但其主要集中在大洪水的某几天的几个小时内，其中最大 1d 输沙量占年输沙总量的 70.3%，最大 2d 输沙量占年输沙总量的 97.3%。

（2）过机含沙量比天然河水含沙量小很多，天然河水多年平均含沙量 0.5870kg/m$^3$，过机多年平均含沙量仅为 0.0057kg/m$^3$。

（3）最大过机含沙量 50 年内出现历时仅为 2h。

## 二、蒲石河电站水泵水轮机泥沙磨蚀试验

为了解过机泥沙对水泵水轮机的破坏程度，慎重选择机组参数，东北勘测设计研究院与水利水电科学研究院于 20 世纪 90 年代合作开展了蒲石河电站水泵水轮机泥沙磨蚀试验和机组参数分析论证研究工作。

试验方法采取渐变收缩断面小水洞试验和旋转喷射试验，得到磨蚀率表达式：

$$P=KW^nS^m$$

式中：$P$ 为磨蚀率，mm/h；$W$ 为相对速度，m/s；$S$ 为含沙浓度，kg/m$^3$；$n$ 为 2.53；$m$ 为 0.86；$K$ 为磨蚀系数。

磨蚀深度：

$$h=P\cdot T$$

式中：$T$ 为磨蚀时间，h。

参照泥沙条件（过机泥沙中值粒径、硬质颗粒所占百分比、汛期过机平均含沙量）和蒲石河电站相近的水轮机和水泵磨蚀情况，对 $K$ 值进行了修正。修正后的 $K$ 值，考虑了试验室条件无法模拟的水流情况，如泥沙颗粒相对于叶片流面的冲角，流道中可能产生的

旋涡和脱流等。磨蚀率表达式如下：

对导叶和转轮：　　　$P_1=5.62\times10^{-7}S^{0.86}W^{2.53}$(mm/h)

对止漏环：　　　$P_2=1.84\times10^{-7}S^{0.86}W^{2.53}$(mm/h)

## 三、泥沙磨蚀对水泵水轮机通流部件的影响

### （一）磨蚀深度计算结果

按试验成果给出的通流部件磨蚀表达式，计算水泵水轮机各部位磨蚀深度见表 33-4。

**表 33-4　　　水泵水轮机各部位磨蚀深度计算结果**

| 磨蚀深度/mm　运行方式<br>磨蚀部位 | 不避沙运行 | 洪水期避沙运行 1～2d |
|---|---|---|
| 叶片进口边（外缘） | 16.1 | 5.7 |
| 叶片出口边 | 15.6 | 5.7 |
| 导叶靠转轮处下部 | 9.6 | 3.5 |
| 止漏环 | 2.9 | 1.1 |
| 转轮外缘处的上冠下环外侧面 | 17.7 | 6.4 |

### （二）水泵水轮机大修周期预估（仅考虑泥沙磨蚀的影响）

水泵水轮机大修周期预估见表 33-5。

**表 33-5　　　水泵水轮机大修周期预估**　　　单位：年

| 评估方法 | 不避沙运行 | 避沙运行 |
|---|---|---|
| 按转轮叶片磨蚀深度超过 8mm 计算 | 17.9 | 50.5 |
| 按上冠下环磨蚀深度超过 10mm 计算 | 20.3 | 56.3 |
| 按机组效率下降 1.5%计算 | >15 | >30 |

## 四、预防泥沙磨蚀采取的措施

为减少水泵水轮机的泥沙磨蚀，可采取以下一种或多种措施：

### （一）设计措施

(1) 严格控制过机泥沙含量。

(2) 装置空蚀系数留有足够裕度，以减少泥沙磨蚀与空蚀破坏的联合作用。

(3) 量使水泵低扬程区落在高效区，以减少水轮机运行水头范围与高效区的过大偏差。

(4) 合理提高水轮机额定水头，优化水轮机的运行范围。

(5) 优化转轮水力设计水平。

### （二）结构措施

(1) 采用转轮中拆结构。

(2) 加强顶盖和底环刚度，减少导叶上下端面的泥沙磨蚀。

(3) 上下止漏环不采用迷宫式和台阶式，合理取材，可拆可换。

(4) 对易磨蚀部位，采用高速燃氧喷涂、渗氮或其他表面强化措施。

**(三) 运行措施**

采取避沙运行方式。

**(四) 蒲石河电站实际采取的措施**

首先，在大汛期的几天内（一般是三天内）采取避沙运行。采取避沙运行方式后，蒲石河电站泥沙问题已经得到基本解决。在此基础上，机组吸出高度选择留有了足够裕度，并将水轮机额定水头提高至算术平均水头附近，在设计措施上进一步为机组提供良好的运行环境。蒲石河电站机组几次大修检查发现，水泵水轮机转轮和其他过流部件没有发生明显的泥沙磨蚀破坏。

# 第三十四章 水力过渡过程计算

## 第一节 水力过渡过程计算的方法

抽水蓄能电站得到了蓬勃发展。但由于机组安装高程低、输水管道/隧洞一般也较长，同时，机组工况转换频繁，水泵水轮机存在不稳定“S”特性问题，因此，抽水蓄能电站的水力过渡过程十分复杂。和常规水电站相比，其过渡过程除具有一般水电站特性外，还具有其特殊性：

第一，抽水蓄能机组多为高扬程可逆式机组，其全特性曲线和一般水轮机或水泵全特性曲线差异较大，水泵水轮机全特性曲线中存在着明显的“S”特性，对过渡过程计算有较大的影响。

第二，工况转换复杂且频繁，以满足负荷跟踪和事故应急的需要，抽水蓄能机组具有5种基本工况，即静止、发电、发电方向调相、抽水、抽水方向调相，各种工况间的变化排列组合多达20余种，机组需要在较短的时间内经常改变工况以适应电网的不同需要，一般情况下工况变换为每天数次。因此，研究抽水蓄能电站的过渡过程特性对机组能否安全、稳定和高效运行起重要作用。

水电站水力过渡过程计算关系到电站人员、设备以及建筑物的安全，一旦机组工况转换工程中出现机组飞逸、顶盖、蜗壳进人门、尾水管进人门等重要部件的紧固螺栓断裂，流道连通水管路爆裂，将会造成水淹厂房的严重事故，因此在各个设计阶段都必须引起高度的重视。根据水电水利规划设计总院颁布的《水电站输水发电系统调节保证设计专题报告编制暂行规定（试行）》，可行性研究阶段审定的调节保证设计成果是电站输水系统结构设计、机组招标设计、质量监督检查、机组启动验收试运行、枢纽工程安全鉴定与专项验收以及指导电站安全运行等的基本依据，不得随意变更。因此，可研阶段的包括调节保证设计在内的水力过渡过程计算对整个电站的安全设计尤为重要。

水力过渡过程计算方法有解析法、图解法和数值算法等。在水力过渡过程计算领域，国际上普遍采用的是计算机数值解法，它具有迅速、准确、通用性强等多种优点。对于抽水蓄能水力过渡过程的数值计算，既可采用基于外特性曲线的特征线解法，也可以采用基于内特性解析的特征线解法。国内外研究学者大多采用外特性数值算法，这种方法需给出水轮机全特性曲线。而在预可研、可研阶段、招标设计阶段，机组制造厂商尚未开展针对本电站的水力模型开发工作，因此仅能借鉴相近水头段水泵水轮机模型开展过渡过程计算工作，而基于水泵水轮机有别于常规水轮机的特性，仅仅水头段相似并不能保证结算结果的可用性，或者说采用同一水头段的不同转轮计算结果有时差异很大。因此，还要考虑水头变幅、额定水头、S特性、水泵工况流量特性等方面的相似，这给抽水蓄能电站的前期设计工作带来较大困难。我国著名学者常近时教授提出了基于内特性数值计算的新方法，这种方法不需要已知水力机械规定的特性曲线，它根据严格的几何和结构关系导出非线性控制方程组，并利用数值算法得到动态工况参数的变化规律。

## 第二节　水力过渡过程计算应注意的问题

由于抽水蓄能电站输水系统复杂，机组安装高程低，机组工况转换频繁，水泵水轮机可能存在不稳定“S”特性问题，水力过渡过程十分复杂，计算时应注意以下问题。

### 一、计算软件的选用

根据《水电站输水发电系统调节保证设计专题报告编制暂行规定（试行）》，在调节保证计算专题设计时，应至少采用两种不同计算软件进行计算对比分析。通过两种不同软件进行对比分析计算，能够使计算结果更加可靠。

### 二、调节保证设计参数的选择

调节保证设计参数分为水力过渡过程计算控制值、水力过渡过程计算值、调节保证设计值等。其中水力过渡过程计算控制值是以现行规范推荐值为基础，结合工程实际与经验确定的用于水力过渡过程计算时的限制性参数值，选取可参考《抽水蓄能电站水力过渡过程计算分析导则》（T/CEC 5010—2019）；水力过渡过程计算值是针对选定工况进行水力过渡过程计算得出的成果值；调节保证设计值是对水力过渡过程计算值进行修正后确定的设计成果。

调节保证设计值应在水力过渡过程计算值的基础上，考虑计算误差和对压力脉动进行修正后确定的。对于抽水蓄能电站，可行性研究设计阶段可参考《抽水蓄能电站水力过渡过程计算分析导则》（T/CEC 5010—2019）执行。

（1）机组蜗壳进口最大压力调节保证设计值，应在水力过渡过程计算值基础上，按甩负荷前净水头的5%～7%压力脉动和压力上升值的5%～10%计算误差修正。如果已取得实际采用的水泵水轮机模型特性曲线，可适当降低或不考虑计算误差。

（2）机组尾水管进口最小压力调节保证设计值，应在水力过渡过程计算值基础上，按甩负荷前净水头的2%～3.5%压力脉动和压力上升值的5%～10%计算误差修正，修正后不应小于－0.08MPa。

（3）机组尾水管进口最大压力调节保证设计值，应在水力过渡过程计算值基础上，按甩负荷前净水头的1.5%～3.5%压力脉动和压力上升值的5%～10%计算误差修正。

（4）输水发电系统建筑物调节保证设计值应符合《水电站调压室设计规范》（NB/T 35021）和《水电站压力钢管设计规范》（NB/T 35056）。

### 三、计算工况的选择

为实现输水系统设计的技术经济合理性，在进行水力过渡过程大波动计算时，将计算工况分为设计工况和校核工况。设计工况为在电站正常运用范围内不利的水力过渡过程计

算边界条件下，电站正常运用（包括开停机、增减负荷、正常工况转换以及稳定运行等状态）或正常运用时考虑一个偶发事件（设备故障、电力系统故障等）引起的过渡工况；校核工况为在上述条件下考虑两个相互独立的偶发事件引起的过渡工况。调节保证设计过程中一般不考虑三个独立的偶发事件或设备故障叠加引起的过渡过程工况。

调节保证设计应遵循“确保安全、留有裕度”的原则。对调节保证设计工况，输水系统运行过程中可能出现的水力过渡过程极值应不超过调节保证设计值；对调节保证校核工况，应控制不出现无法预测后果的运行状态，保证机组与输水建筑物结构不产生破坏。

抽水蓄能电站为满足系统安全运行需要，自身运行工况变化频繁，不可避免地会出现一些组合运行工况，机组的调保参数除了在常规危险的计算工况中需要满足要求外，根据组合运行工况出现的几率大小，也应满足相应的计算控制要求。考虑所有运行中可能出现的组合运行工况，会导致调保计算工作量剧增，主要考虑无法控制的组合工况，如相继甩负荷，增负荷过程中的甩负荷等。

## 四、模型转轮的影响

在可研等前期设计阶段，主机制造厂商尚未开展针对该电站的水力模型开发工作，因此不具备有针对性的水泵水轮机模型全特性曲线。在该阶段，一般借鉴相近水头段水泵水轮机模型全特性曲线来开展水力过渡过程计算工作，但由于水泵水轮机存在着“S”特性影响，不同转轮的特性曲线对水力过渡过程计算结果的影响比较显著。水泵水轮机甩负荷后，机组很快由水轮机区进入制动区，而后很快又进人反水泵区，在“S”特性曲线附近来回振荡，当导叶开度逐渐减小至零时，流量特性曲线上的轨迹线跌落至横坐标轴上，而力矩特性曲线上的轨迹线进入至零力矩线上，这一过程表明水泵水轮机“S”特性对水力过渡过程计算有较大影响，而“S”特性又与水头变幅、水泵流量特性、驼峰区余量等涉及转轮开发的因素有着相互制约的关系。实践算例也充分说明仅仅是水头段相近，并不能保证计算结果的可靠性。

由此可知，选取与其转轮比转速相近的转轮模型特性曲线是电站水力过渡过程计算的必要条件，但却不是充分条件。在工程前期设计时，争取主机厂提前介入是最好的选择，否则，就要在选择参考其他工程全特性曲线上下功夫。

## 五、机组转动惯量的影响

通常情况下，机组 $GD^2$ 增大，对于过渡过程计算结果是有利的。对于常规水电机组而言，如果关闭规律不变，流量变化主要源于导叶开度的变化，转速变化对其影响很小，因此机组 $GD^2$ 增大主要是体现在转速最大上升值的减小，对压力控制值影响不大。但是对于抽水蓄能电站，由于可逆式机组的转轮全特性曲线“S”特性的影响，导致机组的转速发生变化，而这可能是引起流量、压力变化的重要因素。机组 $GD^2$ 增大，虽然能使转速最大上升值减小，但是转速上升、下降的过程均减缓，致使机组在关闭过程中较长时间地滞留在高转速区（“S”区），易诱发压力脉动。

## 六、导叶关闭规律的影响

对于抽水蓄能电站来说，由于机组的“截流特性”，致使机组最大转速上升率通常比较容易满足控制要求，而导叶关闭规律对蜗壳进口最大压力、尾水管进口最小压力的影响比较大。和常规机组不同，水泵水轮机特性曲线存在较陡的“S”区，较小的转速变化，会导致较大的流量变化，从而在输水系统中产生较大的水锤。对于抽水蓄能电站而言，较长的关闭时间不仅意味着转速上升过大，也意味着机组将在高转速区停留时间较长，如果运行工况长时间地滞留在不稳定的“S”区，那么就会诱发剧烈的压力脉动。

在可研等前期设计阶段，机组没有选定，转轮特性一般选用相似机组的模型综合特性曲线，接力器行程与导叶开度之间关系也是近似表示，所以计算结果存在一定的不确定性。同时，机组实际运行时的导叶关闭规律受到调速系统本身性能影响，不可能与调保计算结果完全一致，特别是对于分段折线关闭规律，由于优化参数较多，影响尤为明显，再加上输水系统与机组本身存在的某些不确定的时变因素，都可能使优化得到的关闭规律偏离优化目标，给电站安全运行带来隐患。所以，前期设计阶段的导叶关闭规律应尽可能简单，最好是采用一段直线关闭规律。如不能满足调节保证值要求，还是宜通过调整输水系统参数来实现目标值，以给后期机电设备采购和安全运行留有空间。

# 第三十五章 水力机械辅助系统设计

## 第一节 技术供水系统设计

### 一、供水对象及作用

技术供水对象是电站运行的各种机电设备，主要包括水泵水轮机-发电电动机组、水冷式变压器、水冷式空压机、静止变频起动装置（SFC）等。技术供水的作用是对运行设备进行冷却或润滑，有时将高压水作为液压操作能源（如进水球阀密封操作水）。

水泵水轮机-发电电动机组需要技术供水的部位主要有各轴承冷却器、空气冷却器、主轴密封润滑、上/下止漏环冷却润滑等；水冷式变压器的技术供水应满足空载和有载两种工况的不同冷却用水要求；充气压水系统的中压空压机多为水冷式，需要冷却水；有时候，静止变频起动装置（SFC）和油压装置也需要冷却水。

对主要供水对象及其作用分述如下：

#### （一）空气冷却器

发电电动机大多采用密闭式循环空气冷却方式，用流动的空气作为冷却介质，带走运行过程中因电磁损耗和机械损耗而产生的热量。空气冷却器是一个热交换器，冷却水由一端进入空气冷却器，吸收热空气中的热量，从另一端排出。

如果密闭式循环空气冷却系统中的热量不能及时散发出去，会降低发电电动机的效率。即进风温度较低时，发电电动机效率较高；反之，效率降低。而且，局部温度过高会破坏线圈的绝缘，影响使用寿命，甚至引起电机事故。因此，空气冷却器的冷却效果对机组高效、安全、稳定运行非常重要。

#### （二）推力轴承和导轴承油冷却器

机组在运行时的机械摩擦损失以热能的形式集聚在轴承中。轴承是浸没在透平油里的，热量由轴承传入轴承油槽内的油中。油槽内油的冷却方式有两种：一种是内部冷却，即将冷却器放在油槽内，冷却水通过冷却器带走热能；另一种是外部冷却，即利用油泵将润滑油抽到外置的油冷却器，完成与冷却水的热交换过程。国内投运蓄能机组多采用外部冷却方式。

良好的冷却效果是维持轴瓦、润滑油的温度在正常范围、防止润滑油劣化、延长轴承使用寿命、保证机组安全运行的重要保证。

#### （三）水冷式变压器

抽水蓄能电站多为地下厂房，主变压器布置在主变洞内，考虑通风条件不好，一般采用水冷式变压器。

水冷式变压器分为内部水冷式和外部水冷式两种。将冷却器装置在变压器的绝缘油箱内部的称为内部冷却式；外部水冷式也称为强迫油循环水冷式，就是采用油泵将变压器油箱中的运行油加压送入设置在变压器体外的油冷却器，与通入的冷却水进行热交换从而达到冷却目的。抽水蓄能电站使用的水冷式变压器多为外部冷却式。

**（四）其他供水对象**

主轴工作密封需要供给润滑水；上/下止漏环需要供水同时起到冷却和润滑作用；水冷式静止变频起动装置（SFC）工作时需要接通冷却水；水冷式空压机需要供给润滑水；有的油压装置也需要供给冷却水以防止油温过高。

**（五）技术供水的作用**

综合上述供水对象，技术供水的作用主要分为两种，即冷却和润滑。冷却作用主要指在冷却器中通过一定流量的水，与空气或油进行热交换而带走热量，达到维持正常运行温度的要求；润滑作用主要是将清洁水通入主轴工作密封或上/下止漏环部位，作为润滑介质，防止干摩擦和磨损现象的发生。

## 二、用水设备对供水的要求

各种用水设备对供水的要求，体现在流量、水压、水温和水质等几个方面。

**（一）流量**

无论是冷却作用还是润滑作用的技术供水，要达到预期的效果，必须满足对供水流量的要求。用水设备对供水水量的要求，在工程前期设计时往往需要设计单位根据经验公式、统计曲线或图表等，参考相似的同类型机组的资料，初步估算出设备的用水量；工程实施阶段，在设备订货后由制造厂提出。

**（二）水压**

供水应达到一定的水压要求，以保证达到必要的流量，从而满足冷却或润滑的需求。

对于主轴工作密封润滑水，水压应不小于制造厂提出的最低压力，从而保证润滑可靠，并有效减轻或防止磨损。对上/下止漏环的冷却和润滑水的要求，与主轴密封润滑水相同。

对于机组空气冷却器和油冷却器，供水压力应满足管路系统通过所需要的流量的要求，以保证冷却效果。冷却器的压力上限，是根据管网水力过渡过程计算结果和冷却器铜管强度提出的。采用自流减压供水时，应在减压阀后设置安全泄压阀，以保证水压力不超过上限。进口水压的下限，应足以克服冷却器内部压降及排水管路的水头损失，从而保证通过必要的流量。

对于水冷式变压器，如果发生冷却器水管破裂，就会使油水混合，造成很大的危险。所以对水冷式变压器的冷却水压控制要求非常严格。按照制造厂要求，冷却器进口处水压不得超过油压，以保证即使冷却水管破裂，也只能允许油进入水中，而水不能进入油中。必要时，在技术供水引到冷却器前采用减压措施并设置安全阀，以确保安全。

**（三）水温**

水温是技术供水系统设计中的一个重要因素，通常按夏季经常出现的最高水温考虑。

水温与很多因素有关，如水源、取水口深度、当地气温变化等。大多数电站以进水温度为25℃作为设计依据。根据我国各水电站水库水温的实测资料及实际运行情况，大部分水电站均能够获得25℃以下的进水水温。只有少数南方地区水库的夏季水温超过25℃的时间较长。

水温对冷却器的影响很大，由于水温增高，冷却器的尺寸增大，在增加制造成本的同时，还会带来布置上的困难。如水温增高3℃，冷却器高度将增加50%。如果水温超过设计温度，会使发电机无法发出设计预期的功率。

对北方地区的水电站，水库水温常年达不到25℃，应对用水量进行折减。一般情况的工程前期设计近似计算，可按水温每降低1℃，水量约减少2.5%考虑。

**（四）水质**

技术供水对水质的要求，主要体现在以下几个方面：

（1）水中不含有悬浮物。悬浮物会堵塞管道，影响导热。

（2）含沙量不大于50g/L，含沙粒径在0.025mm以下。

（3）暂时硬度大的水在冷却器内的较高温度下易形成水垢，从而降低冷却器的传热性能，同时影响水管的过流能力。为避免形成水垢，冷却水的暂时硬度不宜大于8度。

（4）pH过大或过小的水，都会腐蚀金属管道。为防止腐蚀管道和用水设备，要求技术供水的pH值为中性，不含游离酸、硫化氢等有害物质。

（5）对主轴密封、水冷轴承润滑水，含沙量和悬浮物必须控制在0.1g/L以下，含沙粒径在0.1mm以下；且润滑水中不得含有油脂及其他对轴承和主轴有腐蚀性的杂质。

总之，应根据管道和设备的腐蚀、结垢和堵塞等情况来检查水质。

### 三、水源及供水方式

抽水蓄能电站因其水头高，技术供水一般均采用单元水泵供水方式，从每台机尾水洞取水后由水泵加压经过机组各用水部位后排回尾水洞。在取水口与排水口布置时，应保持一定的距离以避免形成热短路现象。

对于像SFC冷却器、水冷式空压机冷却器、消防、生活用水等一些不允许水压过高的间歇性公共用水用户，采用尾水取水、自流集中供水方式。公共用水系统的取水口分别设在某两台机的尾水隧洞出口闸门外，同时设有一根供水总管，作为技术供水的备用水源。

## 第二节　排水系统设计

排水系统分为检修排水系统和渗漏排水系统。

对于抽水蓄能电站，由于机组安装高程远低于尾水位，出于安全考虑，检修排水系统与渗漏排水系统应分开设置。对于设有自流排水洞的电站，排水系统的水均可通过自流排水洞排至厂外，对于没有自流排水洞的电站，排水系统的水需通过水泵抽排至厂外。

考虑地下厂房安全，对于地形条件允许的地下厂房，应尽力设置自流排水洞，将地下洞群室渗漏排水和检修排水通过自流方式排出。

## 一、检修排水系统

检修排水系统的功能是：在机组检修前，排除机组进水阀至尾水事故闸门之间的积水及进水阀和尾水事故闸门的漏水；在引水隧洞和压力钢管检修前，排除上库检修闸门至进水阀（对于一洞多机的引水系统，包括所有与引水隧洞相连的机组的进水阀）之间的水及上下游挡水设备的漏水；在尾水隧洞和尾水支洞（如有）检修前，排除下库检修闸门至尾水事故闸门（对于一洞多机的尾水系统，包括所有与尾水隧洞相连的机组的尾水事故闸门）之间的积水及上下游挡水设备的漏水。

检修排水包括直接排水和间接排水两种方式。直接排水是将规定范围流道内的积水通过自流排水洞排至厂外或用排水泵直接抽排至厂外；间接排水是将检修积水先排至检修集水井，再用水泵排出。考虑到抽水蓄能电站厂房多为地下厂房，机组安装高程远低于尾水位，从安全角度考虑，检修排水系统推荐采用直接排水方式。检修排水泵宜布置在主厂房尾水管层。

对于标准两洞四机的电站，机组或引水隧洞检修时，应将水抽排至尾水隧洞中。同时，两条尾水洞应具备互排功能，以便一条尾水洞检修时，能将水排入另外一条尾水洞内。

检修排水泵的台数不应少于两台，不设备用泵。其中，至少应有一台泵的流量大于上下游闸门总的漏水量。检修排水泵的流量应根据单台机组的检修排水量和所需排水时间确定。排水时间宜取 4～6h，对于长尾水隧洞或者长引水洞的电站，排水时间可加长至 8～12h 或者更长。水泵的扬程根据取水口至排水口之间的高程（水位）差和水力损失之和并考虑适当的裕量确定。

## 二、渗漏排水系统

厂房渗漏排水系统的功能是将厂房内各部位的设备渗漏水和地下厂房围岩渗水汇集到集水井，再通过自流排水洞或用水泵抽排至厂外。

设备渗漏水主要包括顶盖及主轴密封漏水、进水阀及伸缩节渗漏水、SFC 冷却水排水、水冷式空压机冷却水排水、机组检修期间主变空载冷却水排水、气水分离器和储气罐排污水、机组或隧洞检修排水后上下游挡水设备漏水、厂房和机电设备水消防后排积水、空调器冷却水排水、厂房污水处理后排水、发电电动机机坑内冷凝水、水泵水轮机机坑渗漏水、厂内设备检修冲洗用水，以及供排水系统的水泵、阀门、管路、管件渗漏水和冷凝水等。

一般情况下，考虑排水安全性和地下主厂房生产环境舒适度，渗漏集水井优先考虑设置在尾闸洞。对于没有尾闸洞的电站，集水井可设置在副厂房端部。集水井的有效容积一般按汇集 30～60min 总渗漏水量确定，对于抽水蓄能电站，应适当加大。

渗漏排水工作泵的流量应按集水井的有效容积、渗漏水量和排水时间等确定。排水时间宜取 20～30min。工作泵的台数应按排水量确定，备用泵的总排水量不宜小于工作泵总排水量的 50%，且备用泵不宜少于两台，备用泵的流量、扬程宜与工作泵相等。由于抽水蓄能电站多为地下厂房，考虑突发事故下的防水淹厂房因素，应适当加大备用泵的排水容

量。水泵扬程根据水泵取水口至排水口的水位差及水力损失确定，对于具有长尾水洞的抽水蓄能电站，渗漏排水宜直接排至下游最高尾水位以上。如设有尾水调压井，排水口建议设在尾水调压井内最高涌浪水位以上，这样，既可防止尾水倒灌水淹厂房、弱化水锤效应，也解决了寒冷地区冬季冰冻问题。缺点是扬程提高，增加能耗，但与获得的安全效应相比，还是值得的。渗漏排水泵可选用潜水泵或长轴深井泵，考虑地下厂房防水淹厂房因素，潜水泵更有优势。如选用长轴深井泵，应另设一台潜水排污泵。

工作泵和备用泵宜采用各自独立的排水干管连接尾水系统。抽水蓄能电站多采用多台水泵并联方式连通至同一个排水总管，一旦其中一台水泵后的止回阀（或泵控阀）发生爆裂，管道廊道会在短时间内淹没，止回阀（或泵控阀）后的截断阀无法进行关闭操作，造成所有水泵排水短路，从而进一步扩大事故。

考虑工作条件和位置重要性，与尾水系统相连的第一处阀门应采用双不锈钢阀门，阀门压力等级应按该处最大水锤压力并考虑适当余量确定。

有些寒区蓄能电站（如尾水一洞多机电站），需要将排水总管（有时候也包括厂内公用技术供水管）引接至下水库最低尾水位以下，此时，应注意在下库进出水口设检修阀门，以防止管路在厂内爆管时或更换与尾水相连的第一个阀门时具备挡水/检修条件。

由于机组水泵工况造压启动后的排水气压力很高，排气管宜直接接至集水井内，且集水井盖板上应开有足够的泄压孔口。如不便接至集水井内，也可排至排水廊道，但应进行适当的消能、减噪处理，并采取相应的安全措施，防止其对人员和建筑物造成危害。

考虑到环保因素，集水井至少应设置一级油水分离井，并设置油污处理装置，含油污的水不得直接排至尾水，水质要求应满足国家环境保护相关标准。鉴于国家水环境保护标准日趋严格，有些电站下库属于一级水源地，甚至不允许进行任何工业水排放，渗漏排水系统应考虑将厂内设备检修冲洗用水、发电电动机机坑内冷凝水、水泵水轮机机坑渗漏水、厂房和机电设备水消防后排积水以及其他可能遭受油污染的水单独排放至一个独立的集水井内，不向下游排放，定期由水车拉出厂外处理。

## 第三节　压缩空气系统设计

压缩空气系统分为中压压缩空气系统和低压压缩空气系统。

### 一、中压压缩空气系统

中压压缩空气系统一般包括 8.0MPa 和 1.6MPa 两部分。8.0MPa 中压压缩空气系统包括水泵水轮机水泵工况启动压水及机组调相用气和调速器油压装置、球阀油压装置补气。1.6MPa 中压压缩空气系统包括水泵水轮机主轴密封检修用气和取水口清污吹扫用气。

水泵工况启动压水及机组调相用气一般选用组合供气方式，即中压空气压缩机全厂共用，压水气罐每台机组单独设置，储气罐之间可以各自独立，也可以通过管道连通。为便于空气压缩机的运行控制，且有利于系统的安全性，水泵工况启动压水及机组调相用气系统宜设置 1 只平衡储气罐。空气压缩机的台数选择按照电站用气量需求和布置空间综合考虑，并应设置至少1台备用压气机。

油压装置补气采用集中供气方式，为了提高空气干燥度，采用二级压力供气方式，供气压力为6.3MPa，气源从8.0MPa中压气系统平衡储气罐减压供给。考虑供气可靠性，在油压装置储气罐前后设一路旁路，以便储气罐检修时油压装置补气系统能够实现补气功能。

抽水蓄能电站机组安装高程低，低压供气压力不能满足检修密封供气要求，因此单独设置了1.6MPa中压储气罐。1.6MPa中压气系统可单独设置空气压缩机，也可由8.0MPa中压气系统平衡储气罐减压供给气源。

中压空气压缩机总容量应满足如下要求：电站全部水泵水轮机完成一次压水操作后，空压机能够在2h内使储气罐压力恢复到正常工作压力下限值；水泵工况还应考虑其中电站一半机组作水泵工况15min调相旋转备用的漏气量和其中电站一半机组作调相运行的漏气量；另外还应同时考虑调速器和进水阀油压装置补气的用气量。一次压水用气量包括电站全部水泵水轮机作水泵起动（或调相）时，从水面下压开始到发电电动机并网的全过程总用气量，一次压水操作的时间宜取1min。对于低水头且机组台数大于4台机的抽水蓄能电站，空气压缩机的排气量选择可根据电站实际情况选取。对于高海拔地区压气机的排气量要按照海拔高程进行修正。

水泵工况启动压水及机组调相储气罐容积应按照空压机不启动、储气罐的压力从工作压力下限开始至允许最低压力之间，能够完成不少于2次压低水面操作设计。压低水面到规定水位时，尾水管内的最大压力应按可能的最高尾水位确定。考虑到储气罐在连续两次压水后可能出现过低温现象，应对储气罐压水后的最低温度、材质和强度进行复核，以保证运行安全。

平衡储气罐的容积不宜小于1台机组压水气罐总容积的0.5倍。油压装置补气储气罐的容积应按照压力油罐内液面上升150～250mm时所需要的运行补气量确定。检修密封储气罐和清污吹扫储气罐的容积可以参考类似抽水蓄能电站的经验设置。

## 二、低压压缩空气系统

低压压气系统包括机组制动用气和厂内吹扫以及维护检修用气，工作压力为0.8MPa。

机组制动用气主要用于机组停机时的制动用气。维护检修用气主要用于风动工具用气。低压压气系统均采用集中供气方式，单独设置低压空气压缩机，制动用气和维护检修工业用气各单独设置储气罐。为增加制动用气的可靠性，维护检修用气储气罐可作为制动储气罐的备用罐。

制动用气和维护检修工业用气所用低压空气压缩机可分别设置，也可集中设置。考虑维护检修工业用气方便需要，宜设置1台移动式压气机。制动用气和维护检修工业用气各自设置单独的储气罐。

制动用气和维护检修工业用气所用低压空气压缩机分别设置时，制动空气压缩机的容量应按电站可能同时制动机组同时制动后，压气机在10～15min内恢复储气罐压力选取。维护检修空气压缩机的容量应按同时投入使用的风动工具耗气量选取。当电站水泵水轮机-发电电动机组台数小于4台时，一般考虑2～3个最大气量的风动工具同时使用；当电站水

泵水轮机-发电电动机组台数为 4 台及以上时，一般考虑 4 个最大气量的风动工具同时使用。

制动储气罐容积应按在压气机不启动情况下，电站可能同时制动机组同时制动、罐内的压力保持在最低制动气压以上的要求进行选择。维护检修工业用气储气罐的容积按照稳压要求选择，可参考类似工程经验选取。

# 第十篇 电气一次设计

# 第三十六章　电气一次设计主要内容

## 第一节　电站在电力系统中的特点及作用

电力生产的特点就是“随用随发、不能储存”，用户用电多，发电厂就要多发电，用户用电少，电厂就少发。电能的产、供、销是平衡且同时完成的。发电厂发的电（产），经过电网的输送分配（供），输送到用户使用（销）在瞬时完成。这样通常往往会出现用电高峰时电力不足，用电低谷时又用不完的情况，特别是我国近年来大力发展风电、光伏等新能源电站，电源消纳及电网波动问题日趋严重，而建设抽水蓄能电站正好可以解决以上诸多问题。

抽水蓄能电站可简单分为三个部分。抽水：当电网电力负荷处于低谷时，将下水库的水抽至上水库，消耗电网中的多余电能。蓄能：将水的势能储存在上水库中。发电：当电网电力负荷出现用电高峰时，通过上下水库的落差，进行发电。抽水蓄能电站双向工作原理见图 36－1。

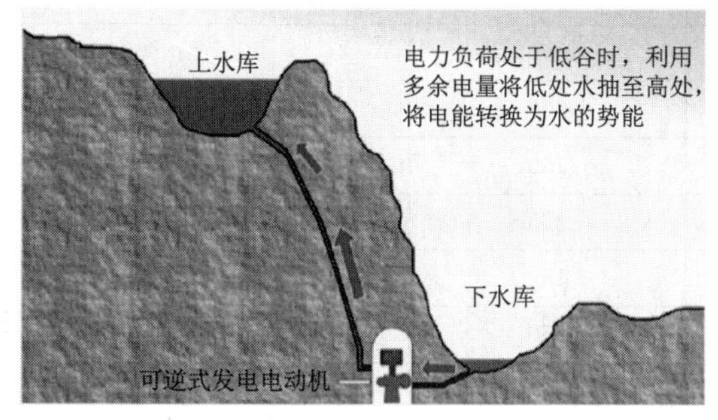

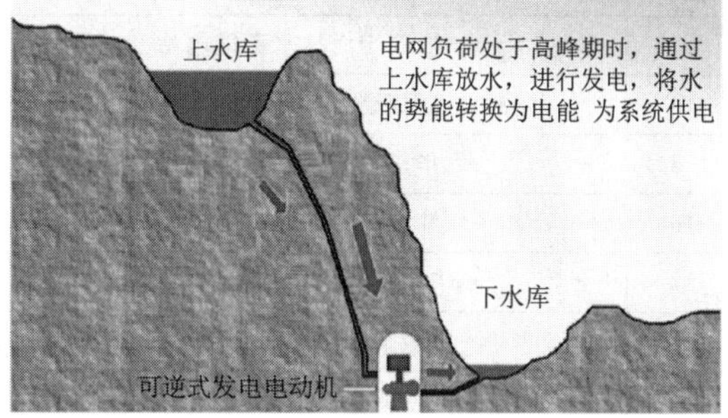


图 36－1　抽水蓄能电站双向工作原理示意图

因此，抽水蓄能电站在电网中又被亲切地称为“蓄电池”“调节器”“稳压器”。可与火电、核电、新能源电站等配合运行，对电网进行调峰、填谷及兼做电网紧急事故电源，可有效减少火电机组开停机次数，节省额外的燃料消耗；保障核电站平稳运行，延长核电机组运行寿命；提高电网对新能源（风电、太阳能）发电等波动性电源的消纳能力，具备启停迅速、运行灵活可靠、可快速响应负荷变化的优势，将电能在时间上重新进行分配，也实现了电能的有效存储，并有效调节了电力系统生产、供应、使用之间的动态平衡。抽水蓄能电站是以水为介质，可重复利用的清洁能源，所以合理的配置抽水蓄能电站，可减小电网潮流，降低电力系统事故率、提高供电可靠性，使我国电网成为高质量、稳定的坚强电网。

# 第二节　电站接入系统方案

截至2019年年底，国家电网及南方电网旗下的已投运、在建、拟建的抽水蓄能电站接入电压情况的不完全统计见表36－1。

**表36－1　　全国已投运、在建、拟建的抽水蓄能电站接入电压情况一览表**

| 序号 | 电站名称 | 单机容量/MW | 台数 | 接入电压/kV |
|---|---|---|---|---|
| 1 | 北京十三陵抽水蓄能电站 | 200 | 4 | 220 |
| 2 | 潘家口抽水蓄能电站 | 900 | 3 | 220 |
| 3 | 河北张河湾抽水蓄能电站 | 250 | 4 | 500 |
| 4 | 河北丰宁一期、二期抽水蓄能电站 | 300 | 12 | 500 |
| 5 | 保定易县抽水蓄能电站 | 300 | 4 | 500 |
| 6 | 山东泰山抽水蓄能电站 | 250 | 4 | 220 |
| 7 | 山东泰山二期抽水蓄能电站 | 300 | 6 | 500 |
| 8 | 山东文登抽水蓄能电站 | 300 | 6 | 500 |
| 9 | 山东沂蒙抽水蓄能电站 | 300 | 4 | 500 |
| 10 | 山西西龙池抽水蓄能电站 | 300 | 4 | 500 |
| 11 | 华东天荒坪抽水蓄能电站 | 300 | 6 | 500 |
| 12 | 浙江仙居抽水蓄能电站 | 382.7 | 4 | 500 |
| 13 | 浙江宁海抽水蓄能电站 | 350 | 4 | 500 |
| 14 | 浙江缙云抽水蓄能电站 | 300 | 6 | 500 |
| 15 | 华东宜兴抽水蓄能电站 | 250 | 4 | 500 |
| 16 | 江苏句容抽水蓄能电站 | 225 | 6 | 500 |
| 17 | 华东琅琊山抽水蓄能电站 | 150 | 4 | 220 |
| 18 | 安徽响水涧抽水蓄能电站 | 250 | 4 | 500 |
| 19 | 安徽响洪甸抽水蓄能电站（混合式） | 40 | 2 | 220 |
| 20 | 安徽绩溪抽水蓄能电站 | 300 | 6 | 500 |
| 21 | 安徽金寨抽水蓄能电站 | 300 | 4 | 500 |
| 22 | 福建仙游抽水蓄能电站 | 300 | 4 | 500 |
| 23 | 福建厦门抽水蓄能电站 | 350 | 4 | 500 |
| 24 | 福建周宁抽水蓄能电站 | 300 | 4 | 500 |
| 25 | 河南宝泉抽水蓄能电站 | 300 | 4 | 500 |
| 26 | 河南天池抽水蓄能电站 | 300 | 4 | 500 |
| 27 | 河南洛宁抽水蓄能电站 | 350 | 4 | 500 |
| 28 | 湖北白莲河抽水蓄能电站 | 300 | 4 | 500 |
| 29 | 湖南黑麋峰抽水蓄能电站 | 300 | 4 | 500 |
| 30 | 江西洪屏抽水蓄能电站 | 300 | 4 | 500 |

续表

| 序号 | 电　站　名　称 | 单机容量/MW | 台数 | 接入电压/kV |
|---|---|---|---|---|
| 31 | 重庆蟠龙抽水蓄能电站 | 300 | 4 | 500 |
| 32 | 辽宁蒲石河抽水蓄能电站 | 300 | 4 | 500 |
| 33 | 辽宁清原抽水蓄能电站 | 300 | 6 | 500 |
| 34 | 白山抽水蓄能电站（混合式） | 15 | 2 | 220 |
| 35 | 吉林敦化抽水蓄能电站 | 350 | 4 | 500 |
| 36 | 吉林蛟河抽水蓄能电站 | 300 | 4 | 500 |
| 37 | 黑龙江荒沟抽水蓄能电站 | 300 | 4 | 500 |
| 38 | 内蒙古赤峰抽水蓄能电站 | 300 | 4 | 500 |
| 39 | 陕西镇安抽水蓄能电站 | 350 | 4 | 330 |
| 40 | 新疆阜康抽水蓄能电站 | 300 | 4 | 220 |
| 41 | 秦皇岛抚宁抽水蓄能电站 | 300 | 4 | 500 |
| 42 | 山东潍坊抽水蓄能电站 | 300 | 4 | 500 |
| 43 | 山西垣曲抽水蓄能电站 | 300 | 4 | 500 |
| 44 | 浙江衢江抽水蓄能电站 | 300 | 4 | 500 |
| 45 | 浙江磐安抽水蓄能电站 | 300 | 4 | 500 |
| 46 | 安徽桐城抽水蓄能电站 | 320 | 4 | 500 |
| 47 | 新疆哈密抽水蓄能电站 | 300 | 4 | 220 |
| 48 | 广州抽水蓄能电站一期 | 300 | 4 | 500 |
| 49 | 广州抽水蓄能电站二期 | 300 | 4 | 500 |
| 50 | 广东惠州抽水蓄能电站 | 300 | 8 | 500 |
| 51 | 广东清远抽水蓄能电站 | 320 | 4 | 500 |
| 52 | 广东深圳抽水蓄能电站 | 300 | 4 | 220 |
| 53 | 海南琼中抽水蓄能电站 | 200 | 3 | 220 |
| 54 | 广东阳江抽水蓄能电站 | 400 | 6 | 500 |
| 55 | 广东梅州蓄能电站 | 300 | 8 | 500 |

根据表 36－1 的数据，可以直观地看出，绝大多数抽水蓄能电站的接入系统方案均以 500kV 一级电压接入电网，少数电站以 220kV 或 330kV 接入电网。主要是由于抽水蓄能电站建成后在系统中承担调峰、填谷、调频、调相和事故备用任务，对电网的安全运行发挥着至关重要的作用，因此多数电站都建设在电网的负荷中心、大型火电站、核电等主网网架的枢纽变电所附近并以辐射的方式直接接入电力系统的主网架上，这样不仅可以缩短输电距离，增加单回线路的输送容量，进而减少出线回路，简化电站的高压侧接线，最终实现供电可靠和降低抽水蓄能电站的投资的双重目的。

以东北地区的抽蓄能电站为例，蒲石河抽水蓄能电站（4×300MW）出线电压 500kV，出线 1 回，接入丹东地区的 500kV 丹东北变电所，线路长约 58km；辽宁清原抽水蓄能电站（6×300MW）出线电压 500kV，出线 2 回，接入 500kV 抚顺变电所，线路长约 95.6km；吉林敦化抽水蓄能电站（4×350MW）出线电压 500kV，出线 1 回，接入 500kV 吉林东变电所，线路长约 115km；黑龙江荒沟抽水蓄能电站（4×300MW）出线电压 500kV，出线 2 回，“π”接至方正变至林海变（荒沟变）的 500kV 线路上。

## 第三节 电气主接线设计

### 一、概述

电气主接线设计是一个电站的核心设计内容，需要考虑电站的装机规模、台数，接入系统的电压等级、出线回路数、距离和负荷性质等不同因素，同时枢纽布置、厂房布置、设备选型、继电保护、计算机监控系统等均涉及到对工程整体投资的影响，是一项复杂的综合性系统工作。

抽水蓄能电站与常规水电站的根本区别就是能够利用电网中的多余电能，通过发电电动机组，将低位的水抽至高处，将电能转换为水的势能暂时储存；当电网需要电能时，再利用水的自然落差将势能转换为电能，当抽水蓄能电站处于发电工况时与常规水电站无异，因此抽水蓄能电站的电气主接线与常规水电站的主接线设计原则基本一致，仅在抽水时作为电动机运行工况有其特殊性，要考虑启动、换相等。

### 二、主接线设计基本要求与设计原则

#### （一）可靠性

抽水蓄能电站适于调频、调相，稳定电力系统的周波和电压兼事故备用，因此，保证供电的可靠性是对主接线最基本的要求。对其可靠性提出了以下要求：

（1）任何断路器检修，不影响对系统的连续供电。

（2）任何一进出线回路断路器故障或拒动以及母线故障，不应切除一台以上的机组和相应的线路。

#### （二）灵活性

抽水蓄能电站应能灵活、简单、迅速地转换运行方式，以应对电源侧（核电、太阳能和风电、火电、常规水电等）和负荷侧（用户的随机用电需求）的不稳定性对电网造成的冲击，尽可能的缩小影响范围。

#### （三）经济性

在主接线设计时，可靠性与经济性有时会互相矛盾，若提高主接线可靠、灵活，必将导致投资增加，所以必须把技术与经济两者综合考虑，在满足供电可靠、运行灵活方便的基础上，尽量使设备投资费用和运行费用为最少。

### 三、接线形式

#### （一）抽水蓄能电站主接线的特点

抽水蓄能电站通常不承担所在地区的供电负荷，电站的母线也不允许穿越功率通过，且出线电压等级高，出线回路数少，电站的主接线都趋于简单化。

### （二）发电电动机与主变压器接线

机-变组合方案应满足以下规定：①《电力系统设计技术规程》（DL/T 5429—2009）第5.2.3条规定。系统的总备用容量可按系统最大发电负荷的15%～20%考虑，事故备用为8%～10%，但不小于系统一台最大的单机容量。②《水力发电厂机电设计规范》（DL/T 5186—2004）第5.2.2条规定。发电机与主变压器最大组合容量应不大于所在系统的事故备用容量，即发变组最大容量不大于系统装机容量的8%～10%。

以电站装机4台300MW发电电动机，接入系统电压500kV为例，在满足以上要求下，机-变组合通常有以下三种接线方式可以选择：

1. 单元接线

1台发电电动机与1台变压器组合，在主变高压侧以1回线接入开关站，全厂共4组机-变单元组合，接线简图见图36－2。

该方案接线简单、清晰，故障影响范围最小，运行可靠灵活、检修维护方便，继电保护简单。发电电动机-变压器组合单元中任何元件故障或检修，仅引起该单元停运，故障或检修影响范围小。但是很明显500kV高压侧进线间隔数量多，相应增加了500kV电力电缆、开关设备和土建的投资。

2. 联合单元接线

1台发电电动机与1台变压器组合，然后将相邻2个单元在变压器的500kV侧进行联合，组成联合单元接线，在高压侧以1回线接入开关站，全厂共2组联合单元组合，接线简图见图36－3。

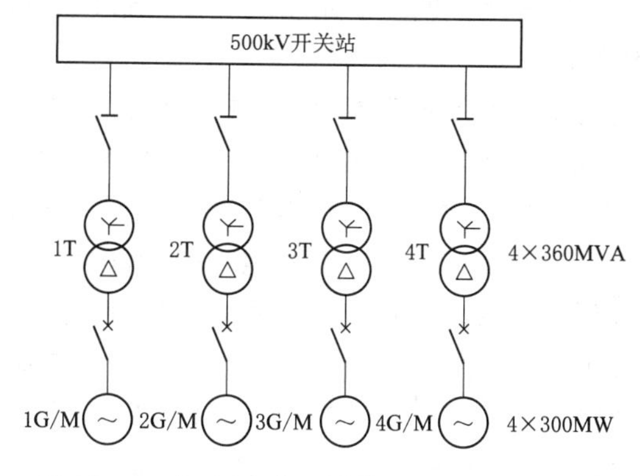

图36－2　电动机-变压器单元组合接线示意图

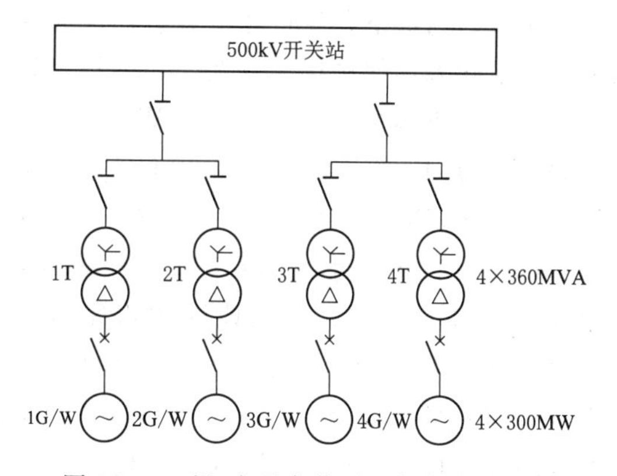

图36－3　机-变联合单元组合接线示意图

该方案主变压器数量与单元接线方案相同，但减少了2回500kV侧高压侧进线，故而减少了2个500kV断路器间隔和2回高压电缆等相关设备，简化高压侧接线，不仅有利于设备布置，同时减少了土建的投资。但是较单元接线方案在主变高压增加了一段500kV联合母线，一台主变压器故障或检修时，需要倒闸操作，将造成同一联合单元的另一台机组短时停运；任一联合单元出线回路设备检修或故障将导致全厂1/2容量停运。可靠性不如单元接线方式。

3. 扩大单元接线

2台发电电动机与1台变压器组合，在高压侧以1回线接入开关站，全厂共2组扩大单元组合。考虑到机组容量较大，为降低发电机回路的短路电流，以便于发电机电压回路设备的选择以及大多数蓄能电站的运行条件及变压器的制造情况，扩大单元通常采用单相低压侧双分裂变压器，因此全厂布置有6台变压器，接线简图见图36-4。

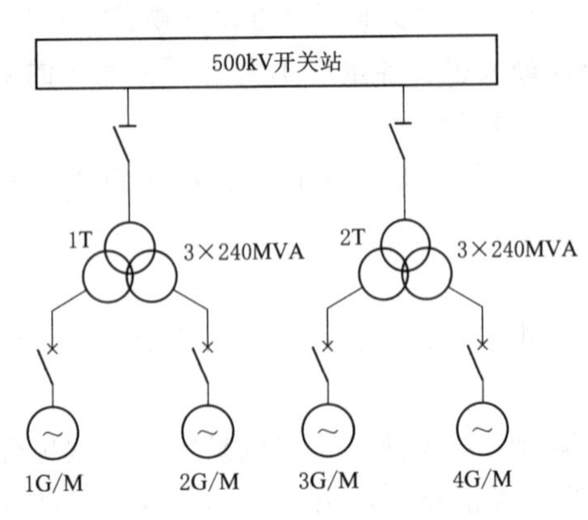


图36-4 机-变扩大单元组合接线示意图

与单元接线方案比较，减少了2台主变压器，相应减少2回500kV侧高压侧进线和2回高压电缆等相关设备，简化了高压侧接线，但故障影响范围也大于单元接线；与联合单元接线方案比较，高压侧接线及故障范围大致相同。主要是减少了2台主变压器，但三相组合式低压双分裂变压器低压侧有六根离相封闭母线，布置需要考虑一定的空间。油管路系统复杂，后期运行维护困难，国内制造厂生产制造经验有限。而且变压器在现场安装工作量大，现场安装和试验条件均不如在制造工厂厂内，具有这种现场安装经验的制造厂商较少；若按单相变压器型式考虑，则主变台数为6台，数量较多，单相变压器的低压侧和中性点连接复杂，布置困难，地下主变洞室占地面积增大，增加土建工程量。

综上所述，单从技术角度比较，机变组合各方案中，单元接线最优，扩大单元最劣，但方案必须还应综合考虑各接线方案的可比机电设备投资、土建投资及年运行费等综合因素，在相同前提下，经过经济分析，单元接线经济性最差，扩大单元接线居中，联合单元最佳。因此采用何种接线方案，还要视工程具体情况而定。

国内单机容量为200～300MW，装机台数超过2台的抽水蓄能电站，机变组合多数采用联合单元接线，如：东北地区的荒沟（4×300MW）、蒲石河（4×300MW）、敦化（4×350MW）、蛟河（4×300MW）、清原（6×300MW）；华北地区的张河湾（4×250MW）、丰宁一期、二期（12×300MW）、垣曲（4×300MW）、西龙池（4×300MW）、赤峰（4×300MW）；西北地区的哈密（4×300MW）、镇安（4×350MW）、阜康（4×300MW）；西南地区的蟠龙（4×300MW）；华中地区的白莲河（4×300MW）、黑麋峰（4×300MW）、宝泉（4×300MW）、天池（4×300MW）、洛宁（4×350MW）；华东地区的天荒坪（4×300MW）、宜兴（4×250MW）、响水涧（4×250MW）、绩溪（6×300MW）、仙游（4×300MW）；华南地区的广州一期、二期（8×300MW）、清远（4×320MW）、惠州（8×300MW）、深圳（4×300MW）等多个抽水蓄能电站。

**（三）高压侧接线**

据统计国内抽水蓄能电站高压侧出线回路数以1～2回居多，辽吉黑三省所处的寒冷地区所有的抽水蓄能电站出线均在2回以下。例如：荒沟2回、蒲石河1回、敦化1回、蛟河1回、清原2回。由此可见抽水蓄能电站的高压侧出线回路都有同一个特点：出线回路数少。

2020年2月，国家电网新开工的抽水蓄能电站——山西垣曲抽水蓄能电站（4×300MW）以500kV一级电压、2回出线接入系统。该电站从装机规模、出线电压、出线

回路数等方面在国内抽水蓄能电站中都具有较强的代表性，根据推荐的发电电动机与主变压器的采用联合单元组合接线，对电站500kV侧接线选取了四角形接线、内桥形接线、单母线分段接线、双母线接线、二分之三接线（见图36-5～图36-9）共5个方案进行比选。

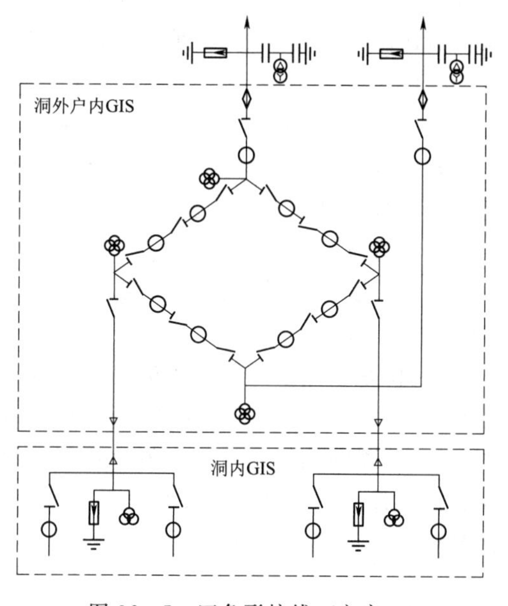


图36-5　四角形接线（方案一）

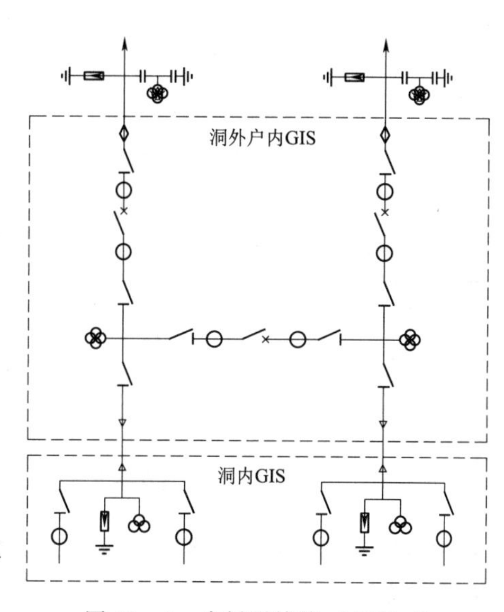


图36-6　内桥形接线（方案二）

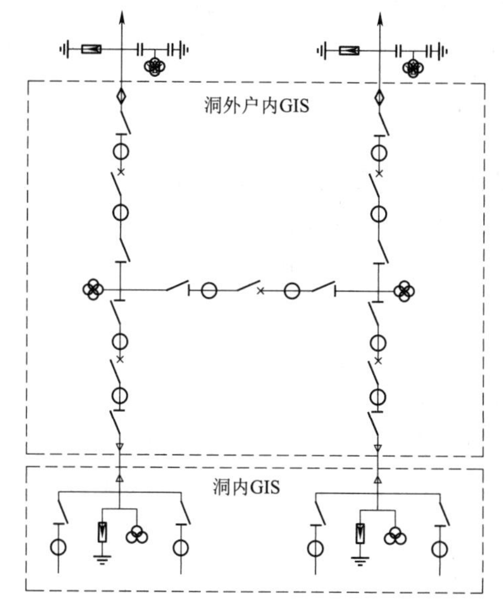


图36-7　单母线分段接线（方案三）

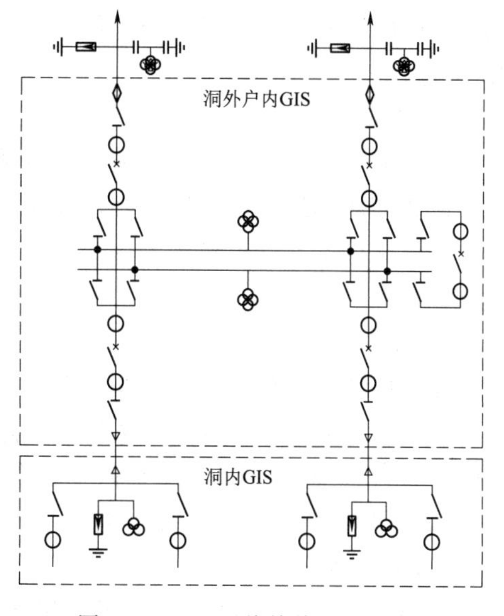


图36-8　双母线接线（方案四）

1. 技术性比较

（1）方案一：

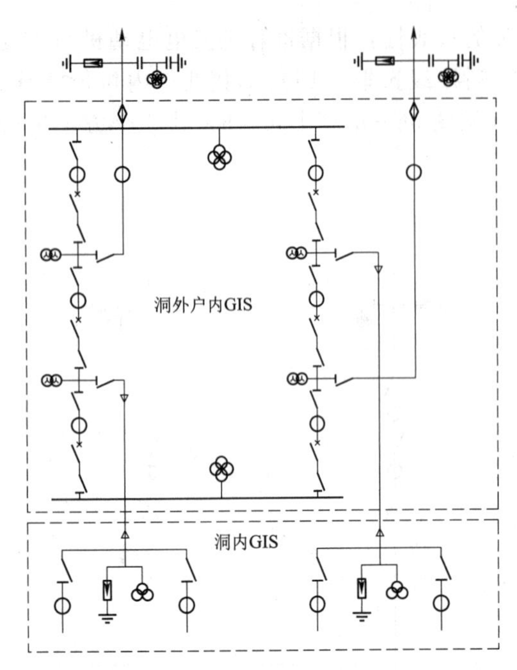

图 36-9 二分之三接线（方案五）

1）任一断路器检修，不需中断供电，不影响全厂功率送出。

2）闭环运行，任一断路器或角内回路元件故障，需切除 1/2 容量或一回送出，经切换可以全部恢复供电；任一角外回路元件故障，需切除 1/2 容量或一回送出，经切换不能全部恢复供电。

3）任一断路器或角内回路元件检修，而另一元件故障，需切除 1/2 容量或一回送出，经切换不能全部恢复供电。

（2）方案二：

1）出线断路器检修，线路需较长时期停运。

2）桥联断路器故障，暂时全厂停机，经切换可以恢复供电，但两个回路需解列运行。

3）桥联断路器检修，再发生出线断路器或回路元件故障，切除 1/2 容量。

4）出线断路器检修，再发生另一出线断路器故障，切除全厂容量。

（3）方案三：

1）出线断路器检修，仅影响本回路容量送出；机组断路器检修，切除 1/2 容量。

2）母线及所连接的设备检修或故障，只影响该段母线所连的回路供电。

3）分段断路器故障，暂时全厂停电，断开隔离开关后，两段母线解列运行，检修时也可解列运行。

（4）方案四：

1）出线断路器检修，仅影响本回路容量送出；机组断路器检修，切除 1/2 容量。

2）母联断路器故障，全厂停机，经切换可以恢复全厂供电。

3）任一元件检修，再发生元件故障，需切除 1/2 容量或全部容量，且不能部分或全部恢复供电。

（5）方案五：

1）任一断路器检修，不需中断供电，不影响全厂功率送出。

2）正常运行时，任一断路器或环内回路元件故障，需切除 1/2 容量、一回送出或 1/2 容量和一回送出，经切换可以全部恢复供电；任一环外回路元件故障，需切除 1/2 容量或一回送出，经切换不能全部恢复供电。

2. 经济性比较

500kV 侧各接线方案经济比较的前提条件，主变压器及其高压侧 GIS 联合单元设备均布置于洞内，主变高压侧至开关站（洞外户内 GIS 设备）之间的连接，采用 500kV 交联聚乙烯绝缘电力电缆，GIS 开关站至户外出线场之间的连接，采用 500kV $SF_6$ GIS 母线，各方案的经济比较成果见表 36-2。

表 36-2　　500kV 侧接线各方案经济比较成果表　　单位：万元

| 序号 | 项　目 | 方案一 | 方案二 | 方案三 | 方案四 | 方案五 |
|---|---|---|---|---|---|---|
| 1 | 各方案土建可比投资合计 | 8296 | 8296 | 8589 | 8589 | 8885 |
| 2 | 同布置形式各方案土建可比投资差值 | 0 | 0 | 293 | 293 | 589 |
| 3 | 各方案机电设备可比投资合计 | 11456 | 9637 | 11520 | 11820 | 14104 |
| 4 | 同布置形式各方案机电设备可比投资差值 | 0 | −1819 | 64 | 364 | 2648 |
| 5 | 各方案机电设备加土建可比投资合计 | 19753 | 17934 | 20110 | 20410 | 22990 |
| 6 | 同布置形式各方案可比投资差值（不计运行费） | 0 | −1819 | 357 | 657 | 3237 |
| 7 | 同布置形式各方案可比投资百分比（不计运行费） | 100.00% | 90.79% | 101.81% | 103.33% | 116.39% |
| 8 | 30 年维护费折现值 | 6321 | 5833 | 7080 | 7103 | 8065 |
| 9 | 综合总投资（5+8） | 26074 | 23767 | 27190 | 27513 | 31055 |
| 10 | 同布置形式各方案综合可比投资差值 | 0 | −2306 | 1117 | 1439 | 4981 |
| 11 | 同布置形式各方案综合可比投资百分比 | 100.00% | 91.15% | 104.28% | 105.52% | 119.10% |
| 12 | 综合总投资差值（相对方案一） | 0 | −2306 | 1117 | 1439 | 4981 |

3. 可靠性计算

500kV 侧各方案可靠性计算涵盖了连续性、充裕度和安全性三个方面，具体包括：

（1）连续性指标：给出了任一回出路判据下的故障率（次/a）；年平均故障停电时间（h/a）；故障概率；可用率；不可用率。

（2）充裕度指标：给出了系统的期望故障受阻电力 EPNS（MW/a），期望故障受阻电能 EENS（MWh/a）。

（3）安全性指标：给出了任一台、二台及所有机组停运的故障率（次/a）；年平均故障停电时间（h/a）；故障概率；可用率；不可用率。

可靠性的要求，可分为元件故障考虑和在设计故障条件下，对非故障停运回路数（或事故扩大范围限制）的要求，具体包括：

（1）元件故障考虑。为便于分析问题，将接线中的元件，归纳为两类，即断路器和回路。架空线路、PT、CT、隔离开关、高压电缆、主变、母线等分别包含在回路中；断路器故障，只考虑其拒动故障。

（2）设计故障条件下，对非故障停运回路数（或事故扩大范围限制）的要求。

1）设计故障条件。将运行状态分为正常运行和（任一断路器）检修（时）运行两种状态，对两种运行状态下的故障，考虑如下：

正常运行，即无任何断路器检修时，考虑双重故障，但不考虑两个回路同时故障的情况，即只考虑一个回路故障的同时，断路器发生故障（拒分、拒合）的情况。

检修运行，即任一断路器检修时，只考虑发生单一故障，即：只考虑回路或断路器故障，不考虑回路故障同时又发生断路器拒动故障的情况。

2）对非故障停运回路数（或事故扩大范围限制）的要求：

正常运行时，不应长时间中断向系统供电；若发生全厂停电，应能经切换迅速恢复送电；检修运行时，切除容量不超过全厂容量的1/2；发电电动机与主变压器最大组合容量应不大于所在系统的事故备用容量。根据可行性研究阶段的设计深度及要求，装机容量750MW及以上的电站应对电气主接线进行评估。

各方案比较运用清华大学电机系开发的"发电厂/变电所电气主接线可靠性评估软件"（Station and Substation Reliability Evaluation - Tsinghua University，SSRE - TH），同时参考中电联电力可靠性管理中心及中国电力可靠性年报中主要设备可靠性参数的发布，对拟选的方案进行了可靠性计算和分析。计算用元件可靠性参数见表36-3。

**表36-3　　计算用元件可靠性参数**

| 元　件 | 短路故障率 | 断路故障率 | 修复时间 | 计检率 | 计检时间 |
|---|---|---|---|---|---|
| 架空线 | 0.154 | 0 | 20 | 0.674 | 133.04 |
| 500kV断路器 | 0.05 | 0.014 | 24 | 0.274222188 | 49.01 |
| 发电机断路器 | 0.042 | 0.015 | 80 | 0.2 | 80 |
| 隔离开关 | 0.001 | 0 | 20.28 | 0.1 | 53.78 |
| 电缆 | 0.001 | 0 | 240 | 0.15 | 2.91 |
| 变压器 | 0.027 | 0 | 220 | 0.65 | 122.65 |
| 水轮发电机组 | 7.18 | 0 | 45 | 0.2 | 480 |
| 电气连接点 | 0 | 0 | 0 | 0 | 0 |

可靠性计算指标主要包括安全可靠性指标和充裕度指标。由"电气主接线500kV侧方案可靠性计算书"得出各方案之间安全可靠性和充裕度方面的优劣排序，计算结果分别见表36-4和表36-5。

从可靠性指标比较分析的结果来看，500kV侧组合各方案中，四角形接线最优，二分之三接线最劣；充裕度方面仍是四角形接线最优，二分之三接线最劣。

**表36-4　　按安全可靠性指标各方案优劣排序**

| 数据及方案说明 | 排序指标 | | | 排序趋势 |
|---|---|---|---|---|
| | 年停运时间 | 故障概率 | 故障频率 | |
| 500kV侧方案 | 四角形接线<br>内桥形接线<br>单母线分段接线<br>双母线接线<br>二分之三接线 | 四角形接线<br>内桥形接线<br>单母线分段接线<br>双母线接线<br>二分之三接线 | 四角形接线<br>内桥形接线<br>单母线分段接线<br>双母线接线<br>二分之三接线 | 优<br>↓<br>劣 |

**表 36-5　按充裕度指标各方案优劣排序**

| 数据及方案说明 | 排序指标 | | 排序趋势 |
|---|---|---|---|
| | 期望故障受阻电力指标 | 期望故障受阻电能指标 | |
| 500kV 侧方案 | 四角形接线<br>内桥形接线<br>单母线分段接线<br>双母线接线<br>二分之三接线 | 四角形接线<br>内桥形接线<br>单母线分段接线<br>双母线接线<br>二分之三接线 | 优<br>↓<br>劣 |

4. 结论

综合上述经济技术比较，无论计与不计运行费的情况下，方案一经济性较好，略高于方案二；技术上的可靠性和运行的灵活性满足电站的使用要求。在闭环运行时，任一元件故障不会造成全厂停机；任一元件检修，不影响电站功率送出和与系统的连接，所以，可以作为推荐方案。

方案二，无论计与不计运行费的情况下，经济性最好，综合投资最低；技术上虽然符合电站的使用条件，但其运行的灵活性和可靠性与方案一相比较差，特别是当桥断路器故障，将造成电站全部停机，其后果是严重的。所以，方案二与方案一相比，在综合投资上最节省，而在技术上存有突出缺点的条件，故不应作为推荐方案。

方案三，无论计与不计运行费，其经济性都不好，与方案二相比综合投资较大，虽然增加了一个断路器元件，但并没有更好的运行的灵活性和可靠性，因当一断路器元件检修时，会使电站失去 1/2 容量，而母线故障也将失去电站全部容量，其缺点也很突出的。所以，从经济和技术两方面均不宜推荐此方案。

方案四，无论计与不计运行费，其经济性都不好，与方案三相比综合投资较大，增加了一个断路器元件和一段母线，当出线断路器元件检修时，会影响本回路容量送出；机组断路器检修，切除 1/2 容量。任一元件检修，再发生元件故障，需切除 1/2 容量且不能全部恢复供电。所以，从经济和技术两方面均不宜推荐此方案。

方案五，无论计与不计运行费，其综合投资最高，分别高出方案一 16.39%～32.71%（对不同设备、不同布置形式）；而技术性与方案一相比，仅表现在当其一断路器元件检修时，再发生另一断路器元件故障后，此方案可以经过短时切换，使电站全部容量送出。针对这一优点，由于此种故障的几率很小，不应视为主要考虑因素，并且对此电站而言，短时切除电站部分容量还是允许的，而可靠性方面为五个方案中最劣。

## 四、应用实例

对于进出线回路数在 4 回的抽水蓄能电站四角形接线是一个成熟的接线方式，若进出线回路为 3 回可采用三角形接线。在国内有大量的应用实例，蒲石河（4×300MW）、敦化（4×350MW）采用三角形主接线，见图 36-10；荒沟（4×300MW），洹曲（4×300MW）、张河湾（4×250MW）、仙游（4×300MW）、宝泉（4×300MW）广蓄一、二期（8×300MW）等采用四角形主接线，见图 36-11。

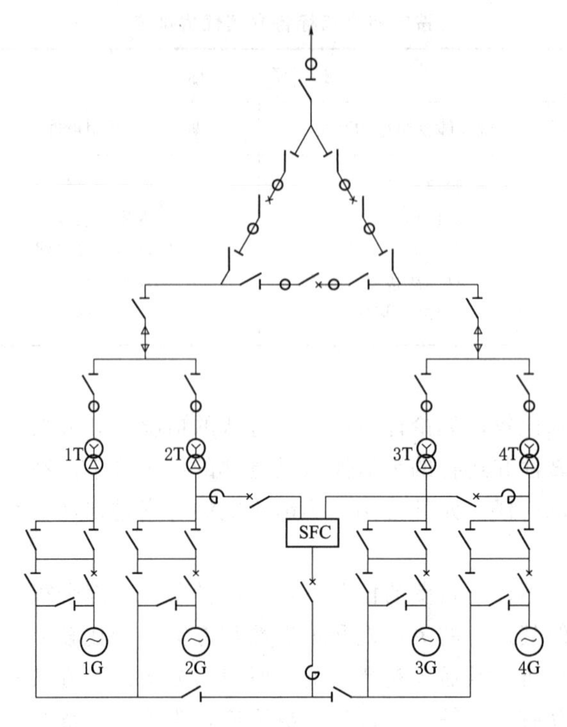


图 36-10　三角形电气主接线图

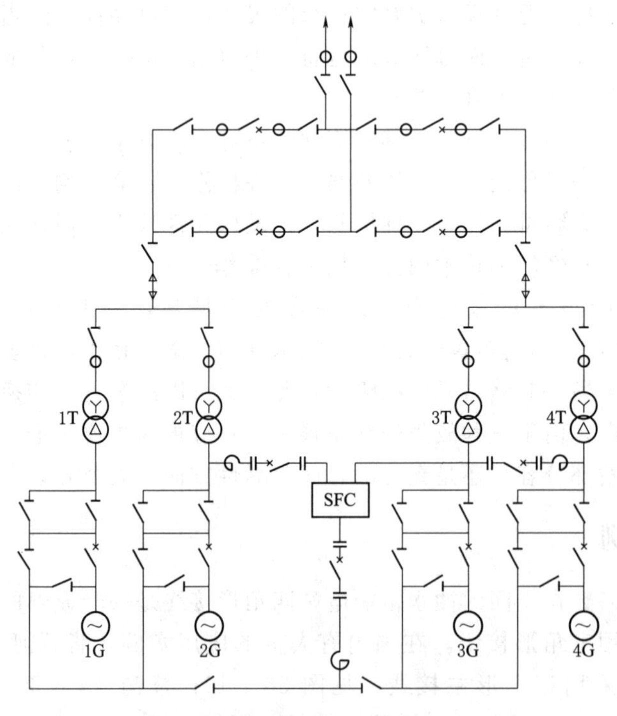


图 36-11　四角形电气主接线图

# 第三十七章　发电电动机及电压设备

## 第一节　发电电动机

### 一、发电电动机的结构型式

立式发电电动机的两种主要种结构型式为悬式（即推力轴承位于转子上方的上机架处）和半伞式（即推力轴承位于转子下方的下机架处）。

此外，因荷重机架在转子下部，其跨度较悬式结构的小，故可减轻定子机座和荷重机架的重量。但因其推力轴承直径较大，故推力轴承损耗比悬式的大。

悬式机组的优点：机组径向机械稳定性较好，轴承损耗较小，维护、检修方便。近年来，由于广泛采用了无轴结构（分上端轴、发电机转子中心体和下端轴三部分）和抽屉式油冷却器。使伞式机组可以在吊转子时不拆推力轴承、不吊转子可以检修推力轴承以及轴承采用外循环冷却等一系列便于维护检修的措施，伞式结构的应用范围不断扩大。表 37-1 所列的是国内外部分抽蓄工程关于机组容量、转速的发电电动机结构的统计表。东北高寒地区几座抽水蓄能电站发电电动机实例见图 37-1～图 37-3。

表 37-1　　国内外部分抽蓄工程实例

| 电站名称 | 单机容量/MVA | 额定转速/(r/min) | 结构型式 |
|---|---|---|---|
| 巴吉拉·巴斯塔 | 330.0 | 428.6 | 半伞式 |
| 玉原 | 335.0 | 428.6 | 半伞式 |
| 清远 | 356.0 | 428.6 | 半伞式 |
| 今市 | 390.0 | 428.6 | 半伞式 |
| 桐柏 | 334.0 | 300.0 | 半伞式 |
| 罗东德Ⅱ | 310.0 | 375.0 | 半伞式 |
| 广蓄Ⅰ期 | 334.0 | 500.0 | 半伞式 |
| 广蓄Ⅱ期 | 334.0 | 500.0 | 悬式 |
| 西龙池 | 334.0 | 500.0 | 半伞式 |
| 仙游 | 333.3 | 428.6 | 悬式 |
| 洪屏 | 333.3 | 500.0 | 悬式 |
| 宝泉 | 334.0 | 500.0 | 悬式 |
| 天荒坪 | 334.0 | 500.0 | 悬式 |
| 宜兴 | 278.0 | 375.0 | 悬式 |

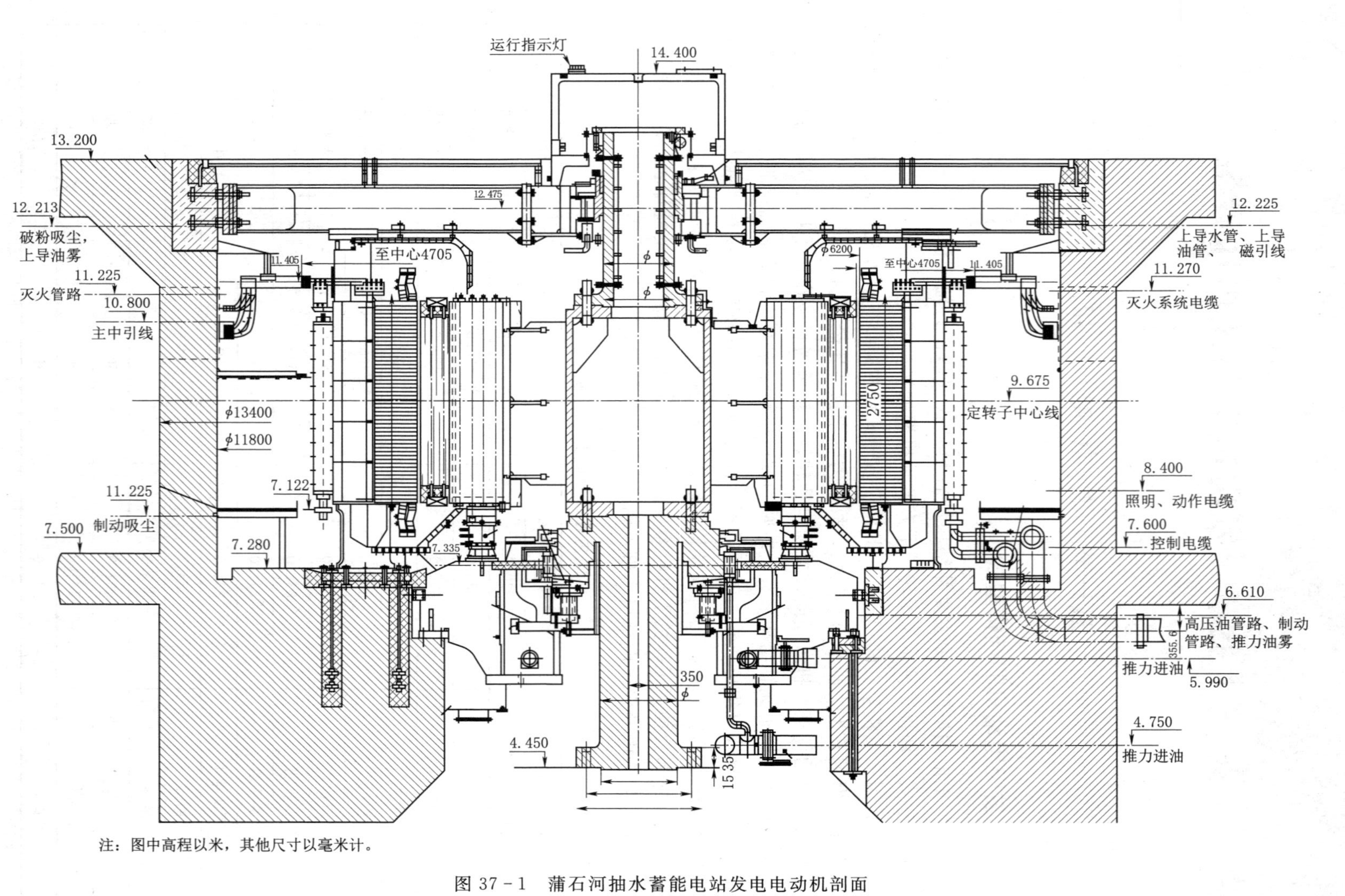


注：图中高程以米，其他尺寸以毫米计。

图 37－1　蒲石河抽水蓄能电站发电电动机剖面

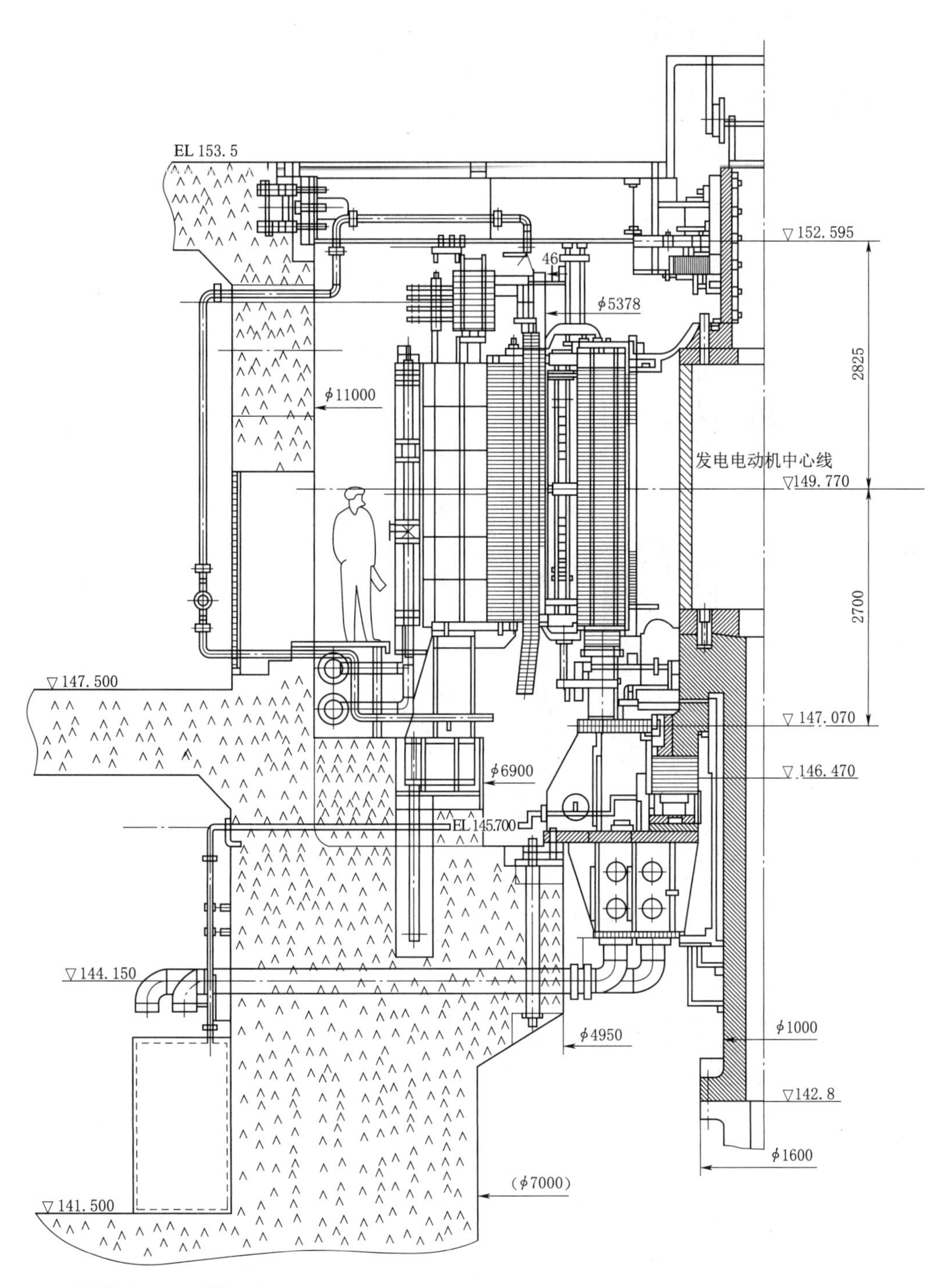


注：图中高程以m计，其他尺寸以mm计。

图 37－2　荒沟抽水蓄能电站发电电动机剖面

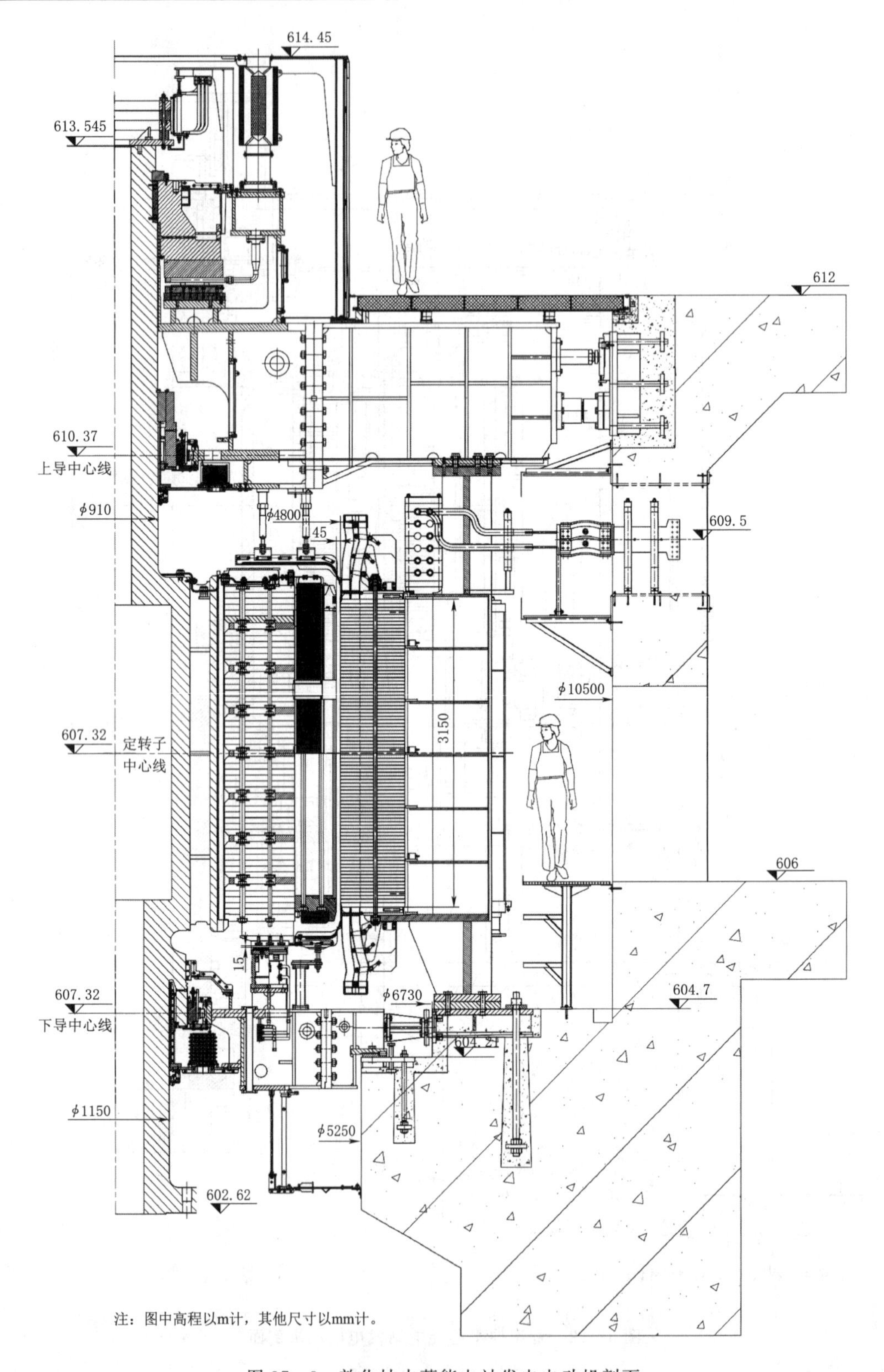


图 37-3 敦化抽水蓄能电站发电电动机剖面

可见，半伞式和悬式各有特色，在不同工程均有应用实例。各主机制造厂商对两种形式均有推荐。因此具体选用何种结构形式，还需经认真对比，从机组运行的稳定性和可靠性最优为目的进行多方论证，同时还要考虑制造厂商的特长、经验和业绩来进行详细的比选。

## 二、通风冷却方式

机组冷却方式有密闭式自循环磁轭径向通风冷却和外加风机强迫循环风冷却两种。密闭式自循环磁轭径向通风冷却利用转子转动时转子支架幅板成为离心式风机叶片，将冷风压入转子铁芯风槽，冷却转子铁芯和磁极，然后通过气隙进入定子铁芯风槽，冷却线槽及定子铁芯，热风经过水冷却器后变为冷风，流经电机上下风道时冷却定子线棒端部，被转子吸入完成闭合循环。其优点是无外加风机，噪声小。外加风机强迫循环风冷却则利用外加风机将冷风压入转子磁轭通风道内，然后通过定子铁芯、水冷却器进入风机完成一个循环。其特点是冷却效果好，电机的极容量可以做得很大，但是噪声较大、损耗大。这两种方式都有应用，如寒冷地区的蒲石河、荒沟、宝泉、十三陵采用密闭式自循环磁轭径向通风冷却，而广蓄Ⅰ期、Ⅱ期则采用外加风机强迫循环风冷却。经市场调研，目前几乎所有厂商均有能力制造密闭式自循环磁轭径向通风冷却的相当规模的发电电动机。

## 三、发电电动机主要参数选择

### （一）额定容量

抽水蓄能电站的机组不同于常规水电站，它有两种运行工况：发电、抽水。两种工况下容量也不相同，所以对发电电动机额定容量选择时因考虑水泵水轮机作为水轮机工况和水泵工况时的出力与入力尽量平衡的原则。

### （二）额定功率因数

《发电电动机基本技术条件》（GB/T 20834—2014）第5.2条款发电电动机额定功率因数选择：①发电工况不低于0.9（过励）。②电动工况不低于0.975（过励）。《水轮发电机机基本技术条件》（GB/T 7894—2009）第5.3条款中的有关规定，水轮发电机的额定功率因数宜为：额定容量大于250MVA，但不超过650MVA者，不低于0.9（滞后）。

另外，发电电动机额定功率因数与电站接入系统方式、电压等级、送电距离、系统中无功功率的配置、电站运行方式及发电机的造价等因素有关，原则是在满足电力系统需要的情况下，尽量提高额定功率因素。

### （三）额定电压

发电电动机的额定电压在不考虑其他因素的情况下，电压越低，耐压水平也越低，对机组的制造和造价而言都更有利。但是低电压势必带来大电流，对发电电机电压设备（发电机断路器、封闭母线、换相开关等）选择会产生较大影响。

以单机容量300MW为例，额定电压可选用15.75kV、18kV和20kV，这三种额定电压对应的工作电流值分别为12830A、11226A、10103A。目前成熟的成套GCB和换相开关设备额定电压为24kV，额定电流值为13500A，从GCB和换相开关设备方面而言，三个电压等级均可。

根据发电机电压回路离相封闭母线（IPB）的额定电流标准档和厂家咨询的情况可分为12500A、15000A两种规格。机组额定电压为15.75kV时，需采用额定电流为15000A这一挡，不仅会提高母线设备造价，而且会增大长期运行时的损耗，增加运行费用。若采用18kV和20kV额定电压，对IPB的选择更为有利。

另外还有个重要考虑因素，即：机组的支路数对槽电流的影响。槽电流太小，表明发电机有效材料的利用较差、不经济；槽电流太大，将导致铜损及附加损耗增加，从而使槽绝缘温差增大，在工艺上由于线圈表面增大，使制造较复杂。针对不同工程特性，还需要具体分析论证，进行专项研究。例如黑龙江荒沟抽水蓄能发电电动机定子支路数，经福伊特、东芝、阿尔斯通、安德里茨、哈电、东方几大国内外主机设备制造商对其进行了详细模型计算和理论分析，并与国内专家技术交流及调研，最终采用4支路方案。

## 四、寒冷地区工程案例

东北第一座纯抽水蓄能电站——蒲石河抽水蓄能电站，位于辽宁省丹东市宽甸满族自治县境内，电站距丹东市约60km。电站装有4台可逆式发电电动机组，单机容量为300MW，总装机容量为1200MW。电站年平均发电量为18.60亿kW·h，年发电利用小时数为1550h，年平均抽水电量为24.09亿kW·h，年抽水利用小时数为2008h。

### （一）蒲石河发电电动机结构介绍

（1）机组采用具有上、下导轴承的半伞式结构。发电电动机采用三段轴（含转子中心体）结构。发电电动机具有2个导轴承和1个推力轴承：转子上方设有上导轴承，转子下方设有下导轴承和推力轴承。推力轴承和下导轴承布置在下机架上。

（2）发电电动机定子和转子均采用闭路循环的空气冷却系统冷却，利用发电电动机转子的风扇作用来促使空气循环产生足够风量，设计风量为$130m^3/s$。

风洞内设有8台空气冷却器，在一台退出运行后，机组各部分温升不超过规定的允许值。冷却器和水管路的设计压力为1.6MPa。

（3）定子机座采用分瓣结构（4瓣），在安装场组合后用螺栓把合并点焊，再进行叠片和下线。定子铁芯采用低损耗（B=1T时50Hz单位损耗1.05W/kg）、高导磁率、无时效、叠片系数高、机械性能优质的冷轧硅钢片。硅钢片两面涂F级绝缘材料。

定子铁芯外径为7390mm，内径为6200mm，长度为2750mm。定子机座外径为8576mm，内径为6672mm，高度为4869mm。铁芯叠片交错叠制，采用分段压紧形式。

定子绕组采用单匝、双层，Roebel换位，主引出线和中性点引出线的绝缘均按线电压设计。绕组的端箍采用非磁性材料，绕组的接头采用银-铜焊工艺。定子绕组导体应为电镀铜，纯度不低于99.9%。绕组为3个并联分支。

（4）转子由中心体、磁轭和磁极组成，转子在现场组装，起吊采用平衡梁套辅助轴的方式。

转子支架中心体为圆盘式焊接结构，由轮毂和9个立筋组成。转子支架和磁轭间的连接采用切向键和径向组合键的连接方式，以保证在任何工况和转速下，转子的圆度、同心度及气隙的均匀度。磁轭冲片采用高强度优质薄钢板，磁轭高度2880mm。磁极铁芯采用高强度冷处理优质薄钢板冲片，磁极冲片采用T尾结构固定在磁轭上，并采用楔形键使其紧固，磁极结构的设计可以使其不必吊出转子或拆上机架就能吊出磁极。磁极绕组的绝缘为F级。磁极线圈采用铜排缠绕成型结构，极间连接为柔性连接，接触面镀银。磁极冲片采用双T尾结构固定在磁轭上。转子装有纵、横向阻尼绕组。

（5）主轴为分段轴结构，采用高强度优质钢锻制而成，并进行热处理。主轴与轮毂及水泵水轮机轴均采用螺栓连接。

（6）推力轴承位于转子下方，与下导轴承组成组合轴承，安装在下机架上，总负荷1009t。推力轴承采用自身泵（镜板泵）外循环冷却方式，3个油冷却器放置于水泵水轮机层风洞外，设计压力为1.6MPa。推力瓦共有12块，均为巴氏合金瓦，采用支柱螺钉弹性盘支撑结构。下导轴瓦共有12块，为可调式巴氏合金瓦。

推力轴承设有高压油顶起装置，除设一台交流高压油泵外，还设一台直流高压油泵（7.5kW）。在事故情况下，允许不投入高压油减载装置能安全地进行发电工况下的启动和发电及电动工况下的停机，以及在冷却水中断情况下允许机组在额定状态下运转15min而不损坏，轴承各部位温度不超过允许的最高值，并能正常停机。

（7）上导轴承为油浸、自润滑、可调中心支撑的分块瓦结构，其摩擦面上浇铸一层巴氏合金。8块导瓦采用楔子板固定，通过调整楔子板在瓦背轴向楔入的深度来改变瓦的间隙。

（8）上机架由中心体和8个斜支臂焊接而成。上机架支臂的传力设计采用联合受力的办法。在保证稳定的情况下，尽可能减小机坑混凝土墙所受的径向力。上机架设计考虑在不拆下集电环的情况下即可取出上导轴承和油冷却器，并在不拆除上机架的前提下能够取出空气冷却器。

（9）下机架为圆环型8支臂焊接结构，可以从定子内整体吊入或吊出。下机架的上环上装有8个机组制动闸瓦。

（10）机组各部位设置感温元件，压力计和油位计，示流信号器，检测机组振动和摆度检测器、局部放电检测系统等，信号送入计算机监控系统和现地控制盘（LCU）上，可随时监视温度、振动和摆度。

（11）每台机组均设置粉尘吸收装置，收集在制动时产生的制动粉尘，消除制动块粉屑对定子和转子的污染。

（12）8个空气冷却器沿定子机座外围对称布置，气流由内向外通过冷却器。该系统冷却效果均匀、冷却效率高、通风损耗小、噪声低、安全可靠、安装维修方便。

（13）风洞内布置8台空间加热器，均匀地布置在风洞内定子周围，以使机组随时可以投入运行。加热器的设计容量可保证机组风洞内温度高于风洞外温度5K。

（14）每台发电电动机设置一套水喷雾灭火装置。该装置可自动和手动投入。

**（二）蒲石河发电电动机主要参数介绍**

蒲石河抽水蓄能电站发电电动机详细技术参数见表37－2。

**表 37－2　　蒲石河抽水蓄能电站发电电动机详细技术参数表**

| 编号 | 名　　称 | 参　　数 |
|---|---|---|
| 1 | 型式 | 三相凸极、可逆式同步电机 |
| 2 | 额定容量 | |
| 2.1 | 发电工况 | 334MVA |
| 2.2 | 电动工况 | 322MW（轴输出） |
| 3 | 额定电压及调整范围 | 18±5%　kV |
| 4 | 额定功率因数 | |
| 4.1 | 发电工况 | 0.9 |
| 4.2 | 电动工况 | 0.98 |
| 5 | 额定频率 | 50Hz |
| 6 | 短时工作频率 | |
| 6.1 | 发电工况 | 49.5～51Hz |
| 6.2 | 电动工况 | 48.5～50.5Hz |
| 7 | 额定转速 | 333.3r/min |
| 8 | 绝缘等级 | F |
| 9 | 温升限值及温度 | |
| 9.1 | 定子绕组 | 77.5K |
| 9.2 | 转子绕组 | 90K |
| 9.3 | 定子铁芯 | 77.5K |
| 9.4 | 集电环 | 80K |
| 9.5 | 推力轴承及导轴承 | ≤75℃ |
| 9.6 | 飞逸转速下 | |
| 9.6.1 | 推力轴承温度 | ≤80℃ |
| 9.6.2 | 导轴承温度 | ≤80℃ |
| 10 | 效率 | |
| 10.1 | 额定效率不小于 | |
| 10.1.1 | 发电工况 | 98.65% |
| 10.1.2 | 电动工况 | 98.78% |
| 10.2 | 加权平均效率不小于 | |
| 10.2.1 | 发电工况 | 98.45% |
| 10.2.2 | 电动工况 | 98.74% |
| 11 | 绕组绝缘水平 | |
| 11.1 | 1min 工频耐受电压 | |
| 11.2 | 定子 | 39kV |
| 12 | 起晕电压 | |
| 12.1 | 定子单个线棒 | 27kV |

续表

| 编号 | 名　　称 | 参　　数 |
| --- | --- | --- |
| 12.2 | 每相绕组对地 | 19.8kV |
| 13 | 噪声水平 | 80dB |
| 14 | 可靠性指标 | |
| 14.1 | 可用率 | 99.5% |
| 14.2 | 平均无故障工作时间（MTTF） | 18000h |
| 14.3 | 大修间隔时间 | >10a |
| 14.4 | 退役前使用年限 | >50a |
| 14.5 | 定子绕组使用年限 | >40a |
| 15 | $GD^2$ | 9000t·m$^2$ |
| 16 | 临界转速 | >582r/min |
| 17 | 飞逸转速 | 485r/min |
| 18 | 进相容量 | |
| 18.1 | 发电工况 | 145.6Mvar |
| 18.2 | 电动工况 | 66.5Mvar |
| 19 | 最大调相容量 | |
| 19.1 | 发电工况 | 225Mvar |
| 19.2 | 电动工况 | 162Mvar |
| 20 | 励磁方式 | 静止可控硅励磁 |
| 21 | 电负荷 | 797A/cm |
| 22 | 槽电流 | 7142A |
| 23 | 旋转方向 | |
| 23.1 | 发电工况 | 俯视顺时针旋转 |
| 23.2 | 电动工况 | 俯视逆时针旋转 |
| 24 | 最大推力负荷 | |
| 24.1 | 发电机额定工况时 | 637t |
| 24.2 | 发电机最大功率时 | 650t |
| 24.3 | 电动机额定工况时 | 637t |
| 24.4 | 过渡过程时 | 958t |
| 25 | 冷却方式 | 闭路循环空气冷却系统 |
| 26 | 灭火方式 | 水喷雾灭火 |
| 27 | 制动方式 | 电气制动、机械制动 |
| 28 | 定子重量（包括基础及预埋件） | 300t |
| 29 | 转子重量（带轴） | 450t |
| 30 | 发电电动机总重量 | 885.5t |
| 31 | 发电电动机电磁参数对比 | |

续表

| 编号 | 名 称 | 参 数 |
| --- | --- | --- |
| 31.1 | 直轴同步饱和电抗（$X_d$） | 0.946 |
| 31.2 | 直轴同步不饱和电抗（$X_{d0}$） | 1.022 |
| 31.3 | 直轴饱和瞬态电抗（$X'_d$） | 0.294 |
| 31.4 | 直轴不饱和瞬态电抗（$X'_{d0}$） | 0.31 |
| 31.5 | 直轴饱和超瞬态电抗（$X''_d$） | 0.20 |
| 31.6 | 直轴不饱和超瞬态电抗（$X''_{d0}$） | 0.242 |
| 31.7 | 交轴同步电抗（$X_q$） | 0.672 |
| 31.8 | 交轴饱和超瞬态电抗（$X''_q$） | 0.21 |
| 31.9 | 负序电抗（$X_2$） | 0.202 |
| 31.10 | 零序电抗（$X_0$） | 0.111 |
| 31.11 | 交轴超瞬态电抗与直轴超瞬态电抗之比（$X''_q/X''_d$） | 1.05 |

## 第二节 发电电动机中性点设备

抽水蓄能电站特点之一是发电电动机单机容量大，机端设备多，母线较长，致使整个发电机电压回路的对地电容值偏高。当发生发电电动机定子单相接地故障时，导致回路中的电容电流值偏高，接地短路故障电流过大，当超过允许范围值时会烧损定子，并可能引起匝间短路，危害机组安全。目前比较成熟的做法时采用中性点经单相变压器高阻接地，即：发电机中性点通过二次侧接有电阻的接地变压器接地，实际上就是经大电阻接地，变压器的作用就是使低压小电阻起高压大电阻的作用，这样可以简化电阻器结构、降低造价。大电阻为故障点提供纯阻性的电流，同时大电阻也起到了限制发生弧光接地时产生的过电压的作用。该装置在寒冷地区工程中的应用以荒沟工程为例。

荒沟抽水蓄能电站是国内在建的纬度最高的抽水蓄能电站，位于东北三省之一的黑龙江牡丹江地区海林市三道河镇，该电站总装机 4 台，单机容量 4×300MW。该电站的单机容量及装机台数在国内抽水蓄能电站具有一定的代表性，下面介绍一下该电站发电机中性点的选择过程。

### 一、系统设计参数

发电机电压/容量 18kV/334MVA

根据哈尔滨电机厂提供的资料，发电机定子绕组三相对地电容 $C_1=3.114\mu F$

根据 ABB 公司提供的发电机出口断路器高压侧及主变低压侧换相开关三相对地电容 $C_2=(0.13+0.13)\times3=0.78\mu F$

根据华东列电封闭母线厂家提供离相封闭母线三相对地电容 $C_3=0.00776\times3=0.023\mu F$

根据衡阳变压器厂提供的主变压器低压侧三相对地电容 $C_4=0.008\times3=0.024\mu F$

根据国电南瑞提供励磁变压器高压侧及厂高变高压侧三相对地电容 $C_5=(0.01+0.00057562)\times3=0.032\mu F$

## 二、设计依据

《水力发电厂过电压保护和绝缘配合设计技术》(NB/T 35067—2015)

《发电机接地保护导则》(IEEE_C37.101—2006)

《发电机中性点经变压器接地成套装置技术条件》(T/CSEE 0094—2019)

## 三、发电机回路对地电容电流计算

$$I_C=\frac{U_N}{Z_C}=U_N\cdot\omega C=\frac{18000}{\sqrt{3}}\times2\times3.14\times50\times3.973\times10^{-6}=12.96\text{A}\qquad(37-1)$$

式中：$I_C$ 为发电机三相对地总电容电流，A；$C$ 为发电机三相对地总电容，$\mu$F；$\omega$ 为角频率，$\omega=2\pi f$；$U_N$ 为发电机额定电压，kV。

## 四、接地变压器装置选型计算

### （一）发电机中性点故障电流的选取

参考《发电机接地保护导则》(IEEE_C37.101—2006) 中表 2 所述，发电机中性点采用高阻接地时，接地故障点电流应控制在 10～25A 以内。根据《发电机中性点经变压器接地成套装置技术条件》(T/CSEE 0094—2019) 中第 5.2.1 条，单相接地故障电流宜控制在 15A 以内，因此在本设计中，选择发电机中性点高阻抗接地装备将发电机出现单相接地故障时的故障点电流限值在 15A 以内。

考虑到实际工程中存在误差，误差按照 10%计算，取发电机单相接地故障点电流选取为 $I_f=13$A。

故障点电流由两部分组成，即电阻电流 $I_R$ 和补偿后的电容电流 $I'_C$。按这两个电流取值相等，其电流值大小为

$$I_R=I'_C=\frac{13}{\sqrt{2}}=9.19\text{A}$$

补偿电感电流：

$$I_L=I_C-I_R=12.96-9.19=3.77\text{A}$$

流过接地变压器一次侧电流：

$$I_1=\sqrt{I_L^2+I_R^2}=\sqrt{3.77^2+9.19^2}=9.93\text{A}$$

### （二）接地变压器

为防止发电机发生单相接地时，中性点接地变压器产生较大的励磁涌流，变压器额定电压的选择不宜低于发电机额定电压，接地变压器的一次电压取发电机的额定电压。

1. 接地变压器的选择

变压器容量与其工作时间有关，可按下式计算：

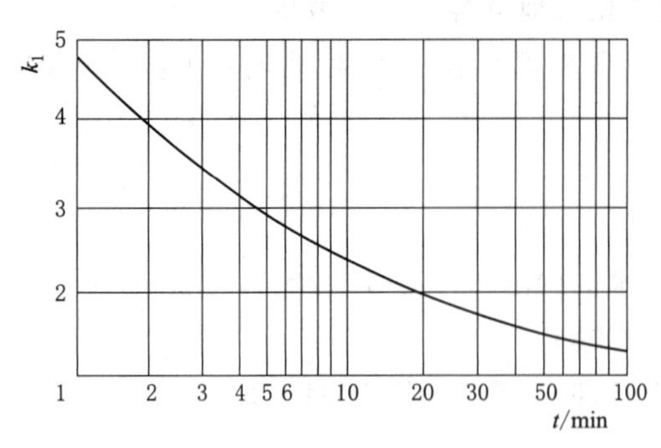

图 37-4　变压器故障运行时间和过负荷系数曲线图

$$S=\frac{U_1\times I_1}{k_1}=\frac{18\times 9.93}{2.35}=76.06\text{kVA} \tag{37-2}$$

式中：$S$ 为变压器容量，kVA；$U_1$ 为变压器额定电压，kV；$I_1$ 为发电机单相接地时接地变一次侧电流，A；$k_1$ 为过负荷系数，故障运行时间按照 10min，查图 37-4 曲线，过负荷系数取 2.35。

按容量标准取接地变压器额定容量为 100kVA。

实际过负荷系数　$k_1=\frac{U_1\times I_1}{S}=\frac{18\times 9.93}{100}=1.79$

故选择接地变压器应满足以下要求：

| | |
|---|---|
| (1) 型式 | 单相、环氧浇注、干式变压器 |
| (2) 一次侧额定电压 | 18kV |
| (3) 二次侧额定电压 | 0.5kV |
| (4) 额定容量 | 100kVA |
| (5) 变比 | $K=U_1/U_2=18/0.5=36$ |
| (6) 过负荷系数 | 1.79/10min |
| (7) 一次侧耐压 | |
| BIL，峰值 | 125kV |
| 工频耐压，有效值（1min） | 55kV |
| (8) 二次侧耐压 | |
| 工频耐压，有效值（1min） | 5kV |
| (9) 抽头（一次侧额定电压的百分数） | ±2.5% |
| (10) 绝缘等级 | F 级 |
| (11) 温升（40℃环境温度） | 100K |

(12) 过载 1.79 倍额定容量情况下，经 10min，其绕组平均温度小于 250℃

变压器的额定值，试验和特性应符合 ANSI C57.12、NEMA TR1 或 GB 6450、GB/T 10228、GB/T 17211 等有关条款的规定。

2. 结构概述

变压器引线和抽头的支撑应使所有的重量不由线圈负担，线圈应支撑牢固。铁芯应严格夹紧以避免运输中位移或运行时的振动。套管应为高质量瓷件或环氧树脂，从变压器至发电机中性点的连接应为单相母线，接地变柜内应提供与其连接的布置空间。母线的引入口的位置应与整套接地装置的设计相配合，并应提供固定母线的支架。内部的高压连接应按定子绕组的全线电压绝缘。高压绕组为密闭式，与二次绕组之间对地静电屏蔽。变压器应整体密封于一单独的金属防尘外壳内。除铁芯、绕组和封闭的外壳外，所有的钢制部件

应为热浸渍镀锌钢。

**（三）二次电抗器和二次电阻器**

1. 二次电抗器和二次电阻器的选择

根据本节的“（二）接地变压器”中计算的接地变次侧等效一次侧电阻电流和电感电流，可以计算出接地变二次侧相应的电阻电流和电感电流分别为：

$$I_{R2}=I_R\times K=9.19\times 36=330.84\text{A}$$

$$I_{L2}=I_L\times K=3.77\times 36=135.72\text{A}$$

发电机发生单相接地故障时的中性点电压为相电压，此时接地变压器二次回路参数：

$$U_{2F}=U_2\div\sqrt{3}=500\div\sqrt{3}=288.7\text{V}$$

$$I_2=I_{R2}+I_{L2}i=330.84+135.72i$$

$$Z_2=U_{2F}\div I_2=0.747+0.306i$$

考虑变压器的有功损耗通常不超过额定容量的 2%，即 100kVA×0.02=2000W

则等效电阻：

$$R_P=\frac{PU^2}{S^2}=\frac{2000\times 0.5^2}{100^2}=0.05$$

在高感抗接地装置中，为减小接地变压器短路阻抗的影响造成补偿效果的不准确，要求其短路阻抗通常不超过 3%，则二次侧阻抗电压值：

$$U_k=U_2\times 3\%=500\times 0.03=15\text{V}$$

接地变额定二次电流：

$$I_2'=S\div U_2=100\div 0.5=200\text{A}$$

二次侧短路阻抗：

$$Z_k=U_k\div I_2'=15\div 200=0.075\Omega$$

二次侧漏抗：

$$Z_{1k}=\sqrt{Z_k^2-R_P^2}=\sqrt{0.075^2-0.05^2}=0.056\Omega$$

减去接地变压器短路阻抗后的二次阻抗：

$$Z_2'=Z_2-R_P-Z_{1k}=(0.747-0.05)+(0.306-0.056)i=0.697+0.25i$$

按照二次电阻器和二次电抗器并联连接，则：

$$Z_2'=\frac{R_2\cdot X_L i}{R_2+X_L i}$$

$$R_2=0.79\Omega X_L=2.2\Omega$$

式中：$R_2$ 为接地变压器二次电阻器电阻值，Ω；$L_2$ 为接地变压器二次电抗器电抗值，Ω；$U_2$ 为接地变压器二次侧电压，0.5kV；$P$ 为接地变压器总损耗，W。

2. 二次电阻器

（1）电阻型式应为栅格式结构，材质为镍铬合金，无感制作。

（2）额定电阻值为 0.79Ω（冷态），电阻值调整允许范围在−15%～+15%以内，并能满足精度调整。额定工作电压为 $0.5/\sqrt{3}$kV。额定发热功率 86.5kW。

（3）电阻应能耐受额定电流 10min；此时的电阻材料温度小于 700℃。

（4）电阻器的抽头数量不少于 5 个。电阻器的对地绝缘 1min 工频耐压值（有效值）

不小于5kV。

(5) 所有电阻元件应与其固定件和地完全绝缘，电阻元件的绝缘瓷件允许温度应大于1200℃。

(6) 电阻元件应无螺栓接头，全部采用焊接。

(7) 联接螺栓应为不锈钢或铜材。

(8) 电阻应设置在单独的框架内。

(9) 接地变压器与电阻器间的连接，采用铜母线。

(10) 电阻器的对地绝缘应为1000V级。

3. 二次电抗器

(1) 额定电抗为2.2Ω (25℃)，额定电感量为7mH (电抗值允许范围在−15%~+15%以内)，并能满足精度调整。额定工作电压为$0.5/\sqrt{3}$kV。额定发热功率40.5kW。

(2) 二次电抗器的允许通过电流时间为1min。

(3) 二次电抗器有抽头不少于5个。电抗器的对地绝缘1min工频耐压值 (有效值) 不小于5kV。

(4) 变压器与电抗器间的连接，采用铜母线。

(5) 联接螺栓应为不锈钢或铜材。

**(四) 隔离开关**

(1) 型式：户内，单相，$GN_{19}$-24/400A。

(2) 额定电压：24kV。

(3) 额定电流：400A。

(4) 耐压水平：符合GB 311。

(5) 操作方式：在柜上手、电动操作。

(6) 柜前操作：带辅助开关，有常开、常闭辅助接点各2对。

**(五) 电流互感器**

一次电流互感器：LMZ-0.5　20/1A。

## 五、注意事项

发电机中性点采用二次带负载变压器的成套装置，该系统广泛应用于大中型电站的发电机组中，但要注意发电机起励升压前一定要检查接地变压器上端的中性点接地刀闸处于合闸室状态。

# 第三节　静止变频启动装置 (SFC)

我国抽水蓄能电站的建设与发展较欧美、日本等发达地区和国家相比，起步较晚，20世纪80年代以来，在认真执行国家水电发展规划，吸收国外先进技术的基础，国内抽水蓄能才开始快速发展，兴建了广蓄Ⅰ期、北京十三陵、浙江天荒坪等一批大型抽水蓄能电站，在2005年开始通过蒲石河电站项目接受法国阿尔斯通公司技术转让，实现机组国产化。因此在机组启动方式上也走了“捷径”。

国内抽水蓄能电站可逆式机组的特点是单机容量大，因此机组启动方式不宜采用全压或降压启动方式，这种方式机组并网时对机组本身和电网均会产生较大冲击；若采用同轴小电机启动方式，虽然对机组与电网影响较小，但正常运行时小电机需一直“陪伴”机组空转，降低机组的效率，同时这种方式也增加机组的总高度，影响轴系稳定，也影响厂房高度，所以这种方式在国外新建抽水蓄能电站中基本也不采用，首选采用静止变频启动装置（SFC），国内电站则一步到位。

抽水蓄能电站静止变频启动装置（SFC）在变频启动时是利用晶闸管变频器产生频率可变的交流电源对发电电动机机组进行启动，其特点：

（1）SFC 调速范围可以从电机的静止状态到 110%额定转速，在此调速范围内 SFC 工作效率不会降低。

（2）SFC 启动可使起启动电流维持在同步电机要求的额定电流以下，相当于软启动装置，不会冲击电网，运行安全可靠。

（3）SFC 满足抽水蓄能电站的发电电动机组在电网电力调峰过程频繁启动要求。

## 一、SFC 在高寒地区电站中的应用

蒲石河抽水蓄能电站设有 1 套静止变频启动装置（SFC），可连续逐一启动本电站的 4 台机组。SFC 由法国 ALSTOM 公司供货，包括以下设备：输入侧断路器、电流互感器、电压互感器、输入变压器、可控硅整流器（电网桥）和逆变器（电机桥）、直流平波电抗器、输出侧断路器、输出变压器、三位旁路开关、输出电抗器、暂态过电压吸收器、冷却系统、控制、保护和监测信号系统、机组的转子位置测量系统，上述设备之间连接用 XLPE 电缆。变频器的额定功率为 19000kW，输入、输出变压器的额定容量为 24000kVA。整流桥为 12 脉冲，逆变桥为 6 脉冲，输出频率范围为 0～52.5Hz。为限制 SFC 输入、输出端的短路电流，分别在其输入、输出回路处各设有一组限流电抗器。

SFC 成套装置布置在主变洞右端，其中输入/输出变压器分别布置在主变洞二层各自单独的房间内；启动回路开关柜、SFC 整流装置、SFC 输出交流电抗器及直流平波电抗器、冷却单元、连同操作控制设备一同布置在主变洞四层。进出线均采用电缆连接。SFC 输入变压器与输出变压器室与 GIS 室之间设有电缆夹层。

静止变频启动装置（SFC）接线图见图 37－5。

## 二、SFC 技术特性

（1）机组在转轮室压水情况下启动。

（2）机组从静止至额定转速加速时间不大于 4min，同期并网时间不大于 2min。

（3）SFC 装置可满足机组频繁启动的要求，其热周期满足连续满载运行 60min，紧接静止 60min，并考虑一定的裕度。SFC 装置可在 60min 内成功启动 4 台机组，并允许其中有两次启动失败。

（4）满足合同规定的工况转换时间的要求。

（5）SFC 的可用率不低于 99.9%，平均无故障时间大于 40000h。

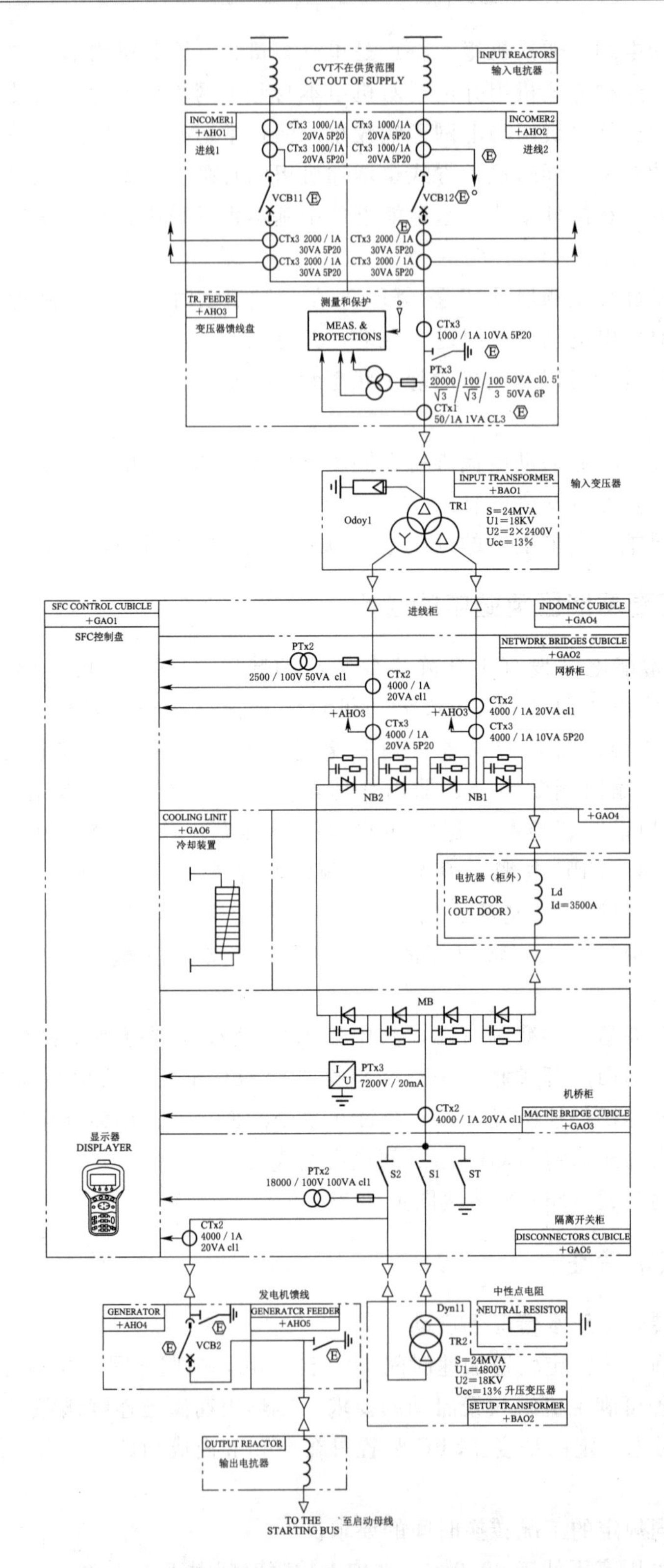

CVT不在供货范围
CVT OUT OF SUPPLY
INPUT REACTORS
输入电抗器
INCOMER1
+AHO1
进线1
INCOMER2
+AHO2
进线2
CTx3 1000/1A 20VA 5P20
VCB11
VCB12
CTx3 2000 / 1A 30VA 5P20
TR. FEEDER
+AHO3
变压器馈线盘
测量和保护
MEAS. & PROTECTIONS
CTx3 1000 / 1A 10VA 5P20
PTx3
50VA cl0. 5
50VA 6P
CTx1 50/1A 1VA CL3
INPUT TRANSFORMER
+BAO1
输入变压器
TR1
Odoy1
S=24MVA
U1=18KV
U2=2×2400V
Ucc=13%
SFC CONTROL CUBICLE
+GAO1
SFC控制盘
进线柜
INDOMINC CUBICLE
+GAO4
NETWDRK BRIDGES CUBICLE
+GAO2
网桥柜
PTx2
2500 / 100V 50VA cl1
CTx2 4000 / 1A 20VA cl1
CTx2 4000 / 1A 20VA cl1
+AHO3
CTx3 4000 / 1A 20VA 5P20
CTx3 4000 / 1A 10VA 5P20
NB2
NB1
COOLING LINIT
+GAO6
冷却装置
+GAO4
电抗器（柜外）
REACTOR
（OUT DOOR）
Ld
Id=3500A
MB
PTx3
7200V / 20mA
机桥柜
CTx2 4000 / 1A 20VA cl1
MACINE BRIDGE CUBICLE
+GAO3
显示器
DISPLAYER
PTx2
18000 / 100V 100VA cl1
S2
S1
ST
隔离开关柜
DISCONNECTORS CUBICLE
+GAO5
CTx2 4000 / 1A 20VA cl1
发电机馈线
GENERATOR
+AHO4
GENERATCR FEEDER
+AHO5
VCB2
中性点电阻
NEUTRAL RESISTOR
Dyn11
TR2
S=24MVA
U1=4800V
U2=18KV
Ucc=13% 升压变压器
SETUP TRANSFORMER
+BAO2
OUTPUT REACTOR
输出电抗器
TO THE
STARTING BUS
至启动母线


图 37－5　SFC 接线图

（6）使用寿命大于40a。

## 三、SFC主要元件参数

| | |
|---|---|
| （1）额定电压 | 18kV±10% |
| （2）变压器视在功率 | 24MVA |
| （3）SFC额定功率 | 19MW |
| （4）SFC输出电压 | 0～19.8kV |
| （5）输出频率 | 0～52.5Hz |

## 四、输入变压器参数

输入变压器的作用是使电源电压和SFC额定电压相匹配，为SFC可控硅元件提供合适的工作电压，同时它隔离电源回路和整流器回路，也可限制故障短路电流并减少整流器产生的谐波电压对电源包括厂用母线电源侧的影响。

输入变压器的主要技术参数如下：

| | |
|---|---|
| （1）容量/型式 | 24MVA/户内、三相三绕组、硅油浸式、自然冷却 |
| （2）额定一次电压 | 18kV |
| （3）额定二次电压 | 2×2.4kV |
| （4）额定频率 | 50Hz |
| （5）绝缘水平 | |
| 一次侧 | |
| 工频耐压（1min，有效值） | 50kV |
| 雷电冲击耐压（峰值） | 125kV |
| 二次侧 | |
| 工频耐压（1min，有效值） | 20kV |
| 雷电冲击耐压（峰值） | 60kV |
| （6）短路阻抗 | 13% |
| （7）接线阻别 | Dd0/yn1 |

输入变压器布置在主变洞二层端部，可以搬运到安装场检修。它的两端均以电缆连接，分别接至输入断路器柜和SFC柜。

## 五、输出变压器参数

输出变压器的主要技术参数如下：

| | |
|---|---|
| （1）容量/型式 | 24000kVA/户内、三相双绕组、硅油浸式、自然冷却 |
| （2）额定一次电压 | 4.8kV |
| （3）额定二次电压 | 18kV |
| （4）额定频率 | 50Hz |
| （5）绝缘水平 | |
| 一次侧 | |

工频耐压（1min，有效值）　　20kV

雷电冲击耐压（峰值）　　60kV

二次侧

工频耐压（1min，有效值）　　50kV

雷电冲击耐压（峰值）　　125kV

（6）短路阻抗　　13%

（7）接线阻别　　D，yn11

输出变压器布置在主变洞二层端部，可以搬运到安装场检修。它的两端均以电缆连接，分别接至输出断路器柜和 SFC 柜。

## 六、可控硅整流器和逆变器

可控硅整流桥为六相 12 脉冲，逆变桥为三相 6 脉冲，每臂并联支路数为 1；整流桥每桥臂串联可控硅元件个数为 3，其中 1 个为冗余；逆变桥每桥臂串联可控硅元件个数为 4，其中 1 个为冗余。

可控硅整流器和逆变器柜布置在主变洞四层。

## 七、直流电抗器

直流电抗器主要作用是抑制直流回路的谐波，降低直流脉动率在一定的可接受的范围，使逆变器稳定运行，同时起降低故障电流初始增长率的作用。

直流电抗器的主要参数如下：

（1）型式户内、单相、干式、铝线、空芯自然风冷

（2）电感量　　2.2mH

（3）额定电流　　3500A

（4）冷却方式　　自冷

直流电抗器也布置在主变洞四层，直流电抗器两端均以电缆分别与整流桥和逆变桥连接。

## 八、暂态过电压保护装置

在正常运行的操作和故障情况下，SFC 回路会产生某种程度甚至危险的过电压。SFC 整流桥和逆变桥交流侧各设一套暂态过电压保护装置。其型式为单相避雷器和电容器并联方式。

## 九、冷却系统

SFC 装置的可控硅阀和其他部件在换流运行过程中会产生大量的损耗发热。

SFC 冷却方式采用水冷方式，冷却水系统分一次冷却水（即内部去离子冷却水）系统和二次冷却水（即外部循环冷却水）系统，整流桥和逆变桥臂中的可控硅阀等主要发热元件均由去离子水直接冷却，去离子水的热量通过水/水换热器再由二次冷却

水带走，其他次要的发热元件，如母排等，由装在整流柜和逆变柜中空气/水换热器将热量带走。

## 十、SFC控制保护系统

SFC控制保护系统采用一体化的数字式设备，与LCU5配合，完成机组在抽水工况的启动控制。配备了输入/输出变压器、整流器/逆变器的差动、过流、过负荷、过压/欠压、接地等保护和测量仪表、故障指示灯等。可将机组从静止状态加速到额定转速。SFC控制保护系统的核心是SFC控制柜中的数字式可编程控制器（PLC）。

**（一）SFC控制系统**

在现地模式下，通过安装在SFC控制柜GA01上的小屏幕显控单元，对SFC以分步操作方式进行控制。

在远方模式下，计算机监控系统通过机组公用LCU5与GA01上的数字式可编程控制器相连。正常情况下SFC设置在远方自动控制方式，即由计算机监控系统地下机组公用设备现地控制单元LCU5控制（通过硬布线与串行通信接口）。

**（二）SFC保护系统**

为了确保SFC装置安全可靠运行，SFC及其辅助设备设有下列保护和自诊断功能：

（1）电流速断、过电流保护。

（2）输入变压器保护：差动、瓦斯、温度、压力释放、油位、油混水、火灾等保护。

（3）输出变压器保护：瓦斯、温度、压力释放、油位、油混水、火灾等保护。

（4）冷却单元保护：差压、温度、电阻率、流量、电源消失等保护。

（5）整流桥逆变桥保护：温度、风压、过电流、低电压脉冲消失等保护。

（6）辅助设备电源系统保护。

（7）SFC控制系统自诊断。

SFC控制系统将根据上述保护动作的性质分别用于发信号、事故停机、紧急事故停机。

# 第四节　离相封闭母线及附属设备

## 一、离相封闭母线的特点

离相封闭母线是广泛应用于200MW及以上发电机引出线回路及厂用分支回路的一种大电流传输装置，采用离相封闭母线的目的是：

（1）减少接地故障，避免相间短路。大容量发电机出口的短路电流很大，给断路器的制造带来极大困难，发电机也承受不了出口短路的冲击。封闭母线因有外壳保护，可基本消除外界潮气。灰尘以及外物引起的接地故障，提高发电机运行的连续性。母线需要分相封闭，也杜绝相间短路的发生。

（2）消除钢构发热。敞漏的大电流母线使得周围钢构和钢筋在电磁感应下产生涡流和环流，发热温度高、损耗大，降低构筑物强度。封闭母线采用外壳屏蔽可以根本上解决钢构感应发热问题。

(3) 减少相间短路电动力。当发生短路很大的短路电流流过母线时，由于外壳的屏蔽作用，使相间导体所受的短路电动力大为降低。

(4) 母线封闭后，便有可能采用微正压或热风保养运行方式，防止绝缘子结露，提高设备运行安全可靠性。

(5) 母线外壳在同一相内包括分支回路采用电气全连式并采用多点接地使外壳基本处于等电位接地方式大为简化并杜绝人身触电危险。

(6) 封闭母线由工厂成套生产，质量较有保证，运行维护工作量小，施工安装简便，而且不需设置网栏，简化了结构，也简化了对土建结构的要求。

## 二、离相封闭母线及附属设备的布置

封闭母线及相关附属设备布置的原则是为了减少电能损耗和提高发电机回路的可靠性，在保证厂用电及母线配套等设备连接可靠的情况下，封闭母线的长度应尽可能的短。因此在设计时应充分考虑发电机电压回路的电压互感器、避雷器、厂用变压器、励磁变压器、SFC等设备的合理布置，以缩短主回路、分支回路母线的长度。

蒲石河抽水蓄能电站18kV离相封闭母线连接设备有：发电电动机断路器及启动隔离开关、换相开关、PT/LA柜、励磁变压器柜、限流电抗器柜、PT柜、电气制动断路器柜、启动母线分段隔离开关、500kV升压变压器等，为使升压变压器备尽量靠近发电机组，从而缩短离相母线的长度，设计时将发电机主引出方向定位于－Y向，这样保证了主引出出线平直、顺畅，母线最短，并考虑到母线洞内机压设备较多，将母线洞分两层布置：下层布置断路器、换向开关、励磁变及电压互感器等；上层布置电动制动开关、换向开关等。合理利用高差进行设备布置，缩短各分支母线的长度。蒲石河抽水蓄能电站离相封闭母线横剖面布置图见图37－6。

## 三、离相封闭母线及附属设备主要技术参数

### (一) 离相封闭母线主要技术参数

蒲石河抽水蓄能电站离相封闭母线的主要技术参数见表37－3。

### (二) 离相封闭母线内的电流互感器

| | |
|---|---|
| (1) 型式 | 单相，户内，浇注绝缘，母线式 |
| (2) 额定电压 | 20kV |
| (3) 额定频率 | 50Hz |
| (4) 设备最高电压/额定绝缘水平 | 24/68/125kV |
| (5) 额定短时耐受电流/时间 | 100kA/1s |
| (6) 额定峰值耐受电流 | 300kA |
| (7) 变比误差 | ±1% |
| (8) 绝缘等级 | F |
| (9) 安装位置 | 主变低压侧、主引出线侧、中性点引出线侧 |

(10) 其他主要技术参数详见表37－4。

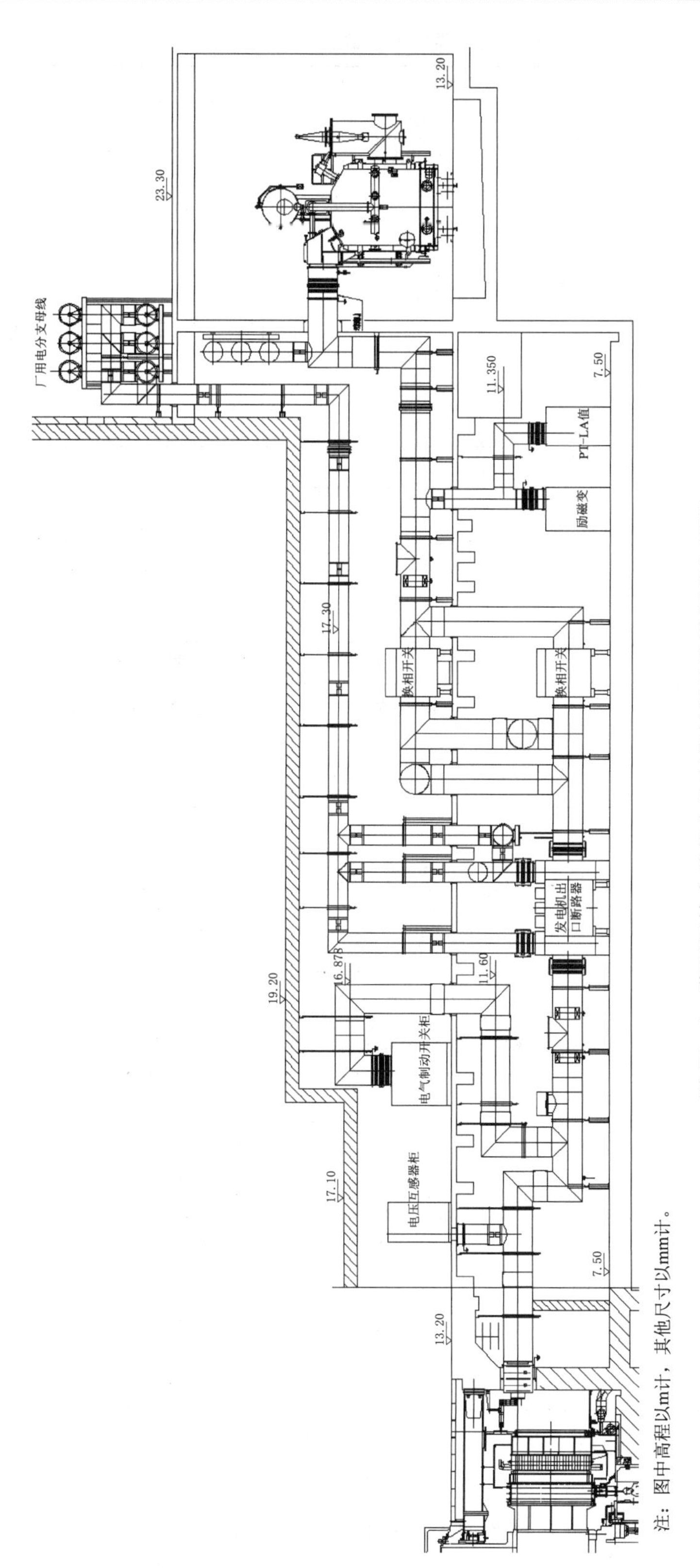


注：图中高程以m计，其他尺寸以mm计。

图 37－6　蒲石河抽水蓄能电站离相封闭母线横剖面布置图

表 37-3　　离相封闭母线主要技术参数表

| 序号 | 参数名称 | | 主回路（包括中性点回路） | 启动回路、厂用电分支 |
|---|---|---|---|---|
| 1 | 设备工作电压 | | 20kV | 20kV |
| 2 | 额定电流 | | 14000A | 1500A |
| 3 | 额定频率 | | 50Hz | 50Hz |
| 4 | 额定短时耐受电流（有效值）及持续时间 | | 100kA（3s） | 160kA（3s） |
| 5 | 额定峰值耐受电流 | | 300kA | 450kA |
| 6 | 允许温升 | | | |
| | 导体 | | 48K | 48K |
| | 外壳 | | 28K | 28K |
| | 导体连接处 | | 63K | 63K |
| 7 | 绝缘水平 | | | |
| | 额定 1min 工频耐受电压 | | 68kV | 68kV |
| | 额定雷电冲击耐受电压（1.2/50μS） | | 125kV | 125kV |
| 8 | 材料 | 外壳 | 圆形铝管 99.96% | 圆形铝管 99.96% |
| | | 导体 | 圆形铝管 99.96% | 圆形铝管 99.96% |
| 9 | 外壳 | 外径 | 1050mm | 700mm |
| | | 厚度 | 8mm | 5mm |
| 10 | 导体 | 外径 | 500mm | 150mm |
| | | 厚度 | 14mm | 10mm |
| 11 | 冷却方式 | | 自冷 | 自冷 |
| 12 | 母线外壳防护等级 | | IP66 | IP66 |
| 13 | 相间距离 | | 1400mm | 1400mm |

表 37-4　　电流互感器主要技术参数表

| 序号 | 变比 | 准确级 | 容量/VA | 单位 | 数量 | 备注 |
|---|---|---|---|---|---|---|
| 1 | 15000/1A | 5P20/0.5 | 30VA | 台 | 12 | |
| 2 | 15000/1A | 5P30/TPY | 30VA/10VA | 只 | 12 | |
| 3 | 15000/1A | 0.2S/5P30 | 30VA | 只 | 36 | |
| 4 | 15000/1A | 5P30/0.2S | 30VA | 只 | 12 | |
| 5 | 15000/1A | 5P30/5P30 | 30VA | 只 | 12 | |
| 6 | 200-400-600/1A | 5P20/5P20 | 30VA | 只 | 8 | |

### （三）电压互感器柜及避雷器柜

电压互感器及避雷器柜采用全封闭金属铠装、单相抽出式。电压互感器、避雷器及高压熔断器均装于单相柜内。柜体布置在母线洞下层。柜内主要设备技术参数为：

1. 电压互感器

| | |
|---|---|
| (1) 额定电压 | 18kV |
| (2) 最高电压 | 20kV |
| (3) 额定频率 | 50Hz |
| (4) 变比 | $18/\sqrt{3}/0.1/\sqrt{3}/0.1/\sqrt{3}/0.1/3$kV |
| (5) 额定容量 | 30VA/30VA/30VA |
| (6) 准确级 | 0.2/3P/3P |
| (7) 连接方式 | Y/Y/Y/Y |
| (8) 绝缘水平 | |
| 一次绕组：冲击耐压（峰值） | 125kV |
| 1min 工频耐压（有效值） | 68kV |
| 二次绕组：1min 工频耐压（有效值） | 2kV |

2. 熔断器

| | |
|---|---|
| (1) 额定电压 | 18kV |
| (2) 额定电流 | 0.5A |
| (3) 额定频率 | 50Hz |
| (4) 额定开断容量（三相） | 5500MVA |
| (5) 最小熔断电流 | 25A |

3. 氧化锌避雷器

| | |
|---|---|
| (1) 型号 | Y5W－23/51 |
| (2) 系统标称电压 | 18kV |
| (3) 额定电压 | 23kV |
| (4) 持续运行电压 | 18kV |
| (5) 额定频率 | 50Hz |
| (6) 标称放电电流 | 5kA |
| (7) 雷电冲击残压 | 51kV |
| (8) 爬电比距（按 20kV 计算） | ≥2cm/kV |

## 四、注意事项

(1) 当离相封闭母线直线段较长或在基础沉降处应设置外壳波纹管伸缩节，可实现水平、垂直两个方向自由度的调节，不仅能满足母线因热胀冷缩引起的伸缩要求，还可以对由于基础沉降所引起的误差进行补偿。

(2) 由于机组运行时产生震动，母线固定在风罩上不宜采用瓷质绝缘子，容易造成绝缘子断裂，因此此处宜采用硅橡胶绝缘子。

(3) 在与其他设备连接处，母线外壳装设绝缘橡胶波纹管以实现电气隔离，避免母线外壳环流对设备的影响；内部导体连接均采用铜编软连接，可消除设备运行时产生的震动对母线的影响。

# 第五节 发电电动机断路器、换相开关、启动开关设备

## 一、发电电动机断路器

发电机断路器装设在发电机与主变压器之间，将发电机与变压器分成两个独立单元，采用不同的独立继电保护装置；当发电机源发生故障时，可以快速切除机组，避免机组继续提供故障电流，造成事故扩大，同时不影响主变倒送厂用电；当系统源发生故障时，可以避免系统故障电流对机组的冲击，保护机组，因此设置发电机断路器是十分必要的，即增加了保护选择性，也减少了故障范围。

发电机断路器的选型应考虑额定电压、额定电流，额定短路开断电流和直流分量的大小、短路时间、失步开断电流、瞬态恢复电压上升率，以及机械性能、电寿命、布置、维护等方面的因素。特别是发电机断路器与普通断路器开断直流分量能力大不相同。由于发电机的电感值较系统相对要大，当发生三相故障时，回路中的直流分量较大，《高压交流发电机断路器》(GB/T 14824) 中要求发电机断路器开断能力为发电机源对称短路电流峰值的 110%，最大非对称开断能力为对称短路电流峰值的 130%。而普通断路器的直流分量一般为 20%。

抽水蓄能电站的发电电动机断路器装置是一套包含：断路器、隔离开关、接地开关、启动隔离开关、保护电容器、避雷器等诸多元器件的成套装置。这也是与常规水电站发电机断路器的根本区别。

## 二、换相开关

换相开关一般采用断路器或隔离开关。对于机组容量较小的蓄能电站可以采用断路器，对于大型机组的蓄能电站，国内外工程普遍采用三相五极隔离开关。

换相开关装设在主变压器高低压均可。若装在高压侧，换相开关每一次操作前都要先断开高压断路器，抽水蓄能电站在电力系统中调峰填谷、每天开停机次数较多，需要频繁开机停机，因此高压断路器需要频繁开、合，而高压断路器一般机械寿命都较短，故一般不采用高压侧换相。换相开关设置在发电电动机断路器与主变低压侧之间，厂用电源、励磁电源、SFC 电源可以从主变低压侧换相开关的外侧引接，这样不论机组是抽水还是发电，厂用电源、励磁电源、SFC 电源的相序不必进行换相，有利于提高厂用电电源的可靠性，也不影响电站的高压侧接线和布置。换相开关设置在主变低压侧也是国内蓄能电站普遍采用的一种方式。

## 三、启动开关设备

前面内容介绍过大型抽水蓄能电站的发电电动机普遍采用 SFC 启动为主，背靠背（BTB）同步启动（利用本电站的 1 台机组暂时以发电工况启动另外 1 台抽水工况机组）为辅的启动方式，因此需对这两种启动方式分别设置启动隔离开关，即：拖动开关和被拖动开关。母线隔离开关应具有开断启动母线充电电流的能力，并保证合分小电流时的过电压不超过 2.5 倍相电压。

## 四、高寒地区工程案例

发电电动机断路器、换相开关、启动开关设备普遍应用于中水东北公司设计的东北高寒地区的蓄能电站设计中，例如：东北第一座抽水蓄能电站，也是东北第一座混合式抽水蓄能电站——白山抽水蓄能电站，东北第一座大型纯抽水蓄能电站——蒲石河抽水蓄能电站，国内首例发电电动机组定子绕组采用4支路对称的抽水蓄能电站——荒沟抽水蓄能电站以及2020年批复开工建设的吉林蛟河抽水蓄能电站。

以下着重详细介绍一下蒲石河电站中发电电动机断路器、换相开关、启动开关设备的详细参数。

### （一）发电电动机断路器

蒲石河电站发电电动机断路器产品型号为HECPS-3S，由ABB有限公司制造，原产地瑞士。

发电电动机断路器采用SF6气体绝缘、卧式、户内分相封闭、自然冷却、三相联动型式，操动机构采用液压弹簧储能机构，电动、手动，并能远方和现地三相机械和电气联动操作。含启动隔离开关、检修接地开关，为一体式结构。

发电电动机断路器布置在母线洞第一层，见图37-5。

1. 断路器主要技术参数

| | |
|---|---|
| （1）额定电压 | 24kV |
| （2）最高工作电压 | 24kV |
| （3）额定频率 | 50Hz |
| （4）工作频率范围（电动工况启动时） | 20～52.5Hz |
| 　20～45Hz开断电流 | 55kA |
| 　＞45Hz开断电流 | 100kA |
| （5）额定电流 | 13500A |
| （6）额定峰值耐受电流 | 300kA |
| （7）额定短时耐受电流/持续时间 | 100kA/3s |
| （8）额定短路关合电流（峰值） | 300kA |
| （9）额定短路开断电流 | 100kA |
| ——发电电动机侧 | |
| 　对称短路电流 | 80kA |
| 　非对称短路电流 | 167kA |
| 　直流分量百分数 | 130% |
| 　首开相系数 | 1.5 |
| 　振幅系数 | 1.5 |
| 　瞬态电压上升率 | 2.0kV/μs |
| 　峰值电压 | 46.6kV |
| ——系统侧 | |
| 　对称短路电流 | 100kA |

| 项目 | 参数 |
|---|---|
| 非对称短路电流 | 146kA |
| 首开相系数 | 1.5 |
| 振幅系数 | 1.5 |
| 瞬态电压上升率 | 5.5kV/μs |
| 峰值电压 | 46.6kV |
| （10）额定失步开断能力 | |
| 对称开断交流分量（有效值） | 82kA |
| 首开相系数 | 1.5 |
| 振幅系数 | 1.5 |
| 瞬态电压上升率 | 4.7kV/μs |
| 峰值电压 | 98.2kV |
| （11）操作循环顺序 | |
| 机械操作 | CO－30s－CO |
| 开断额定电流 | CO－3min－CO |
| 开断短路电流 | CO－30min－CO |
| （12）时间参数 | |
| ——额定工况下 | |
| 全开断时间 | ＜67ms |
| 固有分闸时间 | (34±5)ms |
| 合闸时间 | (37±5)ms |
| ——低控制电压和最低操作液压下 | |
| 最大合闸时间 | ＜67ms |
| 最大开断时间 | ＜(34±5)ms |
| ——三相不同期性 | |
| 合闸操作（相间） | ＜2ms |
| 分闸操作（相间） | ＜2ms |
| （13）额定绝缘水平 | |
| ——1min 工频耐受电压（有效值） | |
| 相对地 | 80kV |
| 断口间 | 80kV |
| 辅助回路 | 2kV |
| ——雷电冲击耐受电压（1.2/50μs 全波，峰值） | |
| 相对地 | 150kV |
| 断口间 | 150kV |
| （14）寿命 | |
| 机械操作不检修次数 | 20000 次 |
| 开断短路电流次数 | 5 次 |
| 额定电流合分次数 | 1300 次 |

负荷电流在0～1500A之间合分次数　　20000次

负荷电流在4000A的合分次数　　4000次

免维护期限　　20年

（15）温升

环境温度40℃，主触头的温升（额定电流下）　　65K

外壳和机架的温升（额定电流下）　　30K

（16）$SF_6$年漏气量　　<0.2%

（17）噪声水平（包括操动机构）　　110dB（A）

（18）特性参数

——最高运行电压下开断空载变压器励磁电流　　100A

——操动机构型式　　液压弹簧

额定操作电压　　DC 220V

功率　　660W

——静态垂直荷载　　4×80kN

——动态荷载　　4×13kN(水平)/4×15kN（垂直）

——尺寸（长×宽×高）　　3312mm×4990mm×2750mm

——相间距离　　1400mm

——质量　　9500kg

2. 断路器主要性能

（1）断路器在最高运行电压下能合分主变压器（360MVA）空载励磁电流与500kV挤包绝缘电缆（长约520m）电容电流之和，其最大暂态恢复电压不超过2.5倍额定相电压。

（2）断路器能耐受操作时断口间3倍最高相电压的工频恢复电压，并能可靠地开合失步状态下50%的额定短路开断电流，失步开断角180°，暂态恢复电压上升率不大于6.3kV/μs。

（3）噪声水平（包括操动机构）

在空载条件下，分闸和合闸操作时距离断路器每相边缘1.5m的外包围面上任一点的冲击噪声水平不超过110dB（A）。

（4）断路器在频率为20～52.5Hz范围内能可靠工作。在电动工况启动过程中，启动回路发生短路时，断路器能可靠开断。

（5）断路器配置能反应断路器分合闸位置是否正确的监测装置。

（6）断路器每相外壳的防护等级为IP64。

（7）断路器带有$SF_6$压力监测和指示装置。

3. 启动隔离开关主要技术参数

启动隔离开关采用单极、金属外壳封闭、电动操作、三相机械联动、垂直滑动式梅花触头、与断路器为一体式结构设置。

（1）额定电压　　24kV

（2）最高工作电压　　24kV

（3）额定电流　　4000A/30min

(4) 额定频率　　50Hz

(5) 工作频率范围（电动工况启动时）　　20～50Hz

(6) 额定峰值耐受电流　　450kA

(7) 短时耐受电流（有效值）/时间　　160kA/3s

(8) 操作和控制电源　　AC 380V、DC 220V

(9) 绝缘水平

　　1min 工频耐受电压（有效值）　　80kV

　　雷电冲击耐受电压（峰值）　　150kV

(10) 机械操作次数　　20000 次

(11) 合分操作时间　　＜2s

(12) 操动机构型式　　电动机

(13) 额定操作电压　　AC 380V

(14) 功率　　1130W

4. 启动隔离开关主要性能

(1) 断路器两侧的隔离开关一组用于 SFC 启动，一组用于背靠背启动。

(2) 隔离开关为电动操作，但配有手动操作装置供检修和调整时间。在现地控制柜内装设隔离开关合分位置指示器，隔离开关和断路器及接地开关之间设有电气及机械闭锁装置。

5. 检修接地开关主要技术参数

检修接地开关采用户内、空气绝缘、单相单投、三相联动型式，与断路器为一体式结构设置。

(1) 额定电压　　24kV

(2) 最高工作电压　　24kV

(3) 额定短时耐受电流/持续时间　　100kA/3s

(4) 额定峰值耐受电流　　300kA

(5) 额定频率　　50Hz

(6) 绝缘水平

　　1min 工频耐受电压（有效值）　　80kV

　　雷电冲击耐受电压（峰值）　　150kV

(7) 关合时间　　≤3s

(8) 无检修操作次数　　20000 次

　　——额定操作电压（交流）　　400V

　　——功率　　550W

6. 检修接地开关主要性能

(1) 接地开关仅作检修用，每台断路器两侧和换相开关外侧各安装一组三相接地开关。

(2) 接地开关配置三相联动的电动操作机构，并能现地手动操作。接地开关与发电电动机断路器和换相隔离开关之间除了有可靠的防误操作电气联锁外，还有机械钥匙联锁，

机构应能在全开和全关位置锁住。

(3) 接地开关分别安装在发电电动机断路器及换相隔离开关的同一外壳内。并设有观察孔能直观地观察触头位置。

(4) 接地开关带有7对备用辅助接点，所有控制和闭锁回路，均安装在发电电动机断路器的现地控制柜内。

**(二) 换相隔离开关**

换相隔离开关采用户内、空气绝缘、三相五极式、封闭型、自然冷却、电动操作型式，圆柱水平滑动式梅花触头型结构。在母线洞中分两层布置，下层A、B、C三相、上层B、A两相（与下层A、B换相)，C相为共用相。发电时，下层ABC三相处于合闸位；抽水时，上层B、A相及下层C相处于合闸位；停机时三相五极五极全部处于分闸位。换相隔离开关为ABB瑞士有限公司制造。

1. 换相隔离开关主要技术参数

(1) 额定电压 24kV

(2) 最高工作电压 24kV

(3) 额定频率 50Hz

(4) 额定电流 13500A

(5) 额定短时耐受电流/时间 100kA/3s

(6) 额定峰值耐受电流 300kA

(7) 合/分时间 ≤2s

(8) 绝缘水平

——1min工频耐受电压（有效值）

相对地 80kV

断口间 88kV

——雷电冲击耐受电压（1.2/50μs全波，峰值）

相对地 150kV

断口间 165kV

(9) 开、合小电容电流 100A

(10) 开、合小电感电流 100A

(11) 不检修操作次数 20000次

(12) 免维护期限 20年

(13) 操动机构型式 电动机

额定操作电压 AC 400V

功率 1130W

(14) 相间距离 1400mm

(15) 三相尺寸（长×宽×高） 2100mm×4228mm×2713mm

(16) 质量 3400kg

2. 换相隔离开关主要性能

(1) 换相隔离开关配有机械的“发电—分—抽水”位置指示器、指示灯和便于检查触头位置的窗口。

（2）换相隔离开关配有手动操作装置，以作检修和调整之用。

（3）换相隔离开关操动机构为电动和手动，可远方也可现地实现三相电气联动操作。

（4）换相隔离开关设有“现地—远方”选择开关和控制开关按钮。选择开关和控制开关位置信号接点能送至计算机监控系统。

**（三）启动开关设备**

回路主要包括起动回路离相封闭母线、母线式隔离开关等设备。启动母线分段隔离开关采用户内、单极、空气绝缘、三相联动、单极驱动、电动操作、带金属外壳封闭，并适合与离相封闭母线连接的结构型式，产品型号为SC300RB，为法国SDCEM公司制造。该设备布置在主变洞第四层（23.3m高程）。

1. 设备主要技术参数

| 项目 | 参数 |
|---|---|
| （1）额定电压 | 24kV |
| （2）最高工作电压 | 24kV |
| （3）额定电流 | 1250A |
| （4）额定频率 | 50Hz |
| （5）工作频率范围（电动工况启动时） | 0～52.5Hz |
| （6）绝缘水平 | |
| 1min工频耐受电压（有效值） | 60kV/70kV |
| 雷电冲击耐受电压（峰值） | 125kV/145kV |
| （7）额定峰值耐受电流 | 450kA |
| （8）额定短时耐受电流（有效值）/时间 | 160kA/3s |
| （9）合、分闸时间 | <10s |
| （10）机械操作次数 | 10000次 |
| （11）允许温升 | |
| 空气中铜触头（有镀银层） | 50K |
| 导体连接处（有镀银层） | 50K |
| 外壳及机架 | 25K |
| （12）操动机构 | |
| （13）型式 | MR80 |
| （14）额定操作电压 | DC 220V |
| （15）功率 | 30W |
| （16）相间距离 | 1200mm |
| （17）重量 | 2500kg |

2. 设备主要性能

（1）隔离开关为电动操作，操作电源AC 380V/220V控制电源采用DC 220V，并配有手动操作装置以备检修和试验时用。

（2）隔离开关及操动机构的底座或外壳上装设有直径不小于12mm的铜质接地螺栓，连接截面应满足额定短时耐受电流要求。

（3）隔离开关各相的合闸不同期性应能方便地调整，在合闸时应保证接触可靠。

（4）隔离开关配有机械“合、分”位置指示器、指示灯和便于检查触头位置的窗口。

（5）隔离开关配有现地“分、合”控制开关。隔离开关与接地开关之间除有的电气闭锁外，还有机械闭锁；隔离开关之间、隔离开关与相应断路器之间设有电气闭锁。隔离开关在分闸或合闸位置设锁定装置。

（6）隔离开关单独配有现地控制箱，控制箱还设置现地-远方选择开关和控制按钮。选择开关位置信号能送至计算机监控系统。

（7）隔离开关装设有检修接地开关。检修接地开关能三相联动操作，其额定电压、频率、绝缘水平、峰值耐受电流和短时耐受电流均同隔离开关一致。

## 第六节　电气制动开关设备

抽水蓄能机组运行工况转换多、机组启停次数频繁导致制动次数多。由于机械制动方式制动过程中存在制动闸块磨损大、产生粉尘污染定子线圈和噪音大等弊病，而电气制动则可以避免上述弊病，改善机组运行条件，延长使用寿命，减少检修工作量和强度。当机组转速为50%额定转速时，投入电气制动，当转速下降到额定转速的5%～10%时，投入机械制动至停机，以保证推力轴承的安全运行，同时也防止了导水叶漏水造成机组在极低转速下的蠕动。

自20世纪60年代以来，国内已有多个电站的发电机采用电气制动，其电气制动开关主要为隔离开关和断路器两种形式；断路器性能较好，但价格昂贵；隔离开关结构简单，价格低，但制动开关投入时要关合1.1～1.3倍的发电机额定电流，因合闸时电流较大、动作（停机）频繁或动作速度低等原因而容易烧损触头，普通的隔离开关不具备此功能，应选用快速或带有引弧触头的开关。因此，对于抽水蓄能电站这种频繁启停的工况而言，为保证机组运行安全，选用断路器作为发电电动机电气制动开关更为合适，在国内抽水蓄能电站中也普遍应用。如：西龙池、宝泉、白莲河、张河湾、惠州、蒲石河、白山、荒沟等多个抽水蓄能电站的制动开关均采用断路器。

以蒲石河抽水蓄能电站为例，电气制动开关采用断路器设备，由ABB瑞士有限公司制造。

断路器采用户内式、$SF_6$气体绝缘、封闭式、液压弹簧操动机构、三相联动，并附带金属封闭外罩柜体，与封闭母线连接。见图37－7。

图37－7　电气制动开关（断路器）外形图

### （一）主要技术参数

| | |
|---|---|
| （1）额定电压 | 21kV |
| （2）最高工作电压 | 21kV |
| （3）额定电流 | 6300A |

| | |
|---|---|
| （4）回路短时工作电流 | 15000A |
| （5）回路电流持续时间 | 10min |
| （6）额定频率 | 50Hz |
| （7）额定峰值耐受电流 | 190kA |
| （8）额定短时耐受电流（有效值）/时间 | 63kA/3s |
| （9）绝缘水平 | |
| ——1min 工频耐受电压（有效值） | |
| 相对地 | 60kV |
| 断口间 | 70kV |
| ——雷电冲击耐受电压（1.2/50μs 全波，峰值） | |
| 相对地 | 125kV |
| 断口间 | 145kV |
| （10）分、合闸时间 | ＜48ms |
| （11）操作电源 | DC 220V |
| （12）机械操作次数 | 10000 次 |
| （13）操动机构型式 | 液压弹簧 |
| （14）额定操作电压 | DC 220V |
| （15）柜重量 | 2700kg |
| （16）柜外形尺寸（宽×深×高） | 3900mm×2250mm×2353mm |

**（二）设备主要性能**

（1）在环境温度为＋40℃时，电气制动断路器承载回路短时工作电流，主触头的最热点和所有其他载流元件的温升不超过 65K，外壳和机架的温升不超过 30K。

（2）电气制动断路器密封在金属壳体内，与封闭母线连接处导体和外壳设置可拆卸的伸缩节。

（3）在外壳对应断口处设置活动罩（门）以备检修用。

（4）电气制动断路器能三极机械联动，保证合闸的同期性和合闸后的可靠接触，保证分闸后分闸状态的可靠性。

（5）电气制动断路器和发电电动机断路器之间有可靠的电气闭锁。

（6）操动机构采用液压弹簧型式，能现地“合—分”控制开关和远方三相联动操作，并互为闭锁。

（7）操动机构有电动和现地手动的分、合闸装置，并在操动机构上装设分、合闸按钮和能反映分、合闸位置的指示器；并将其信号送至计算机监控系统。

# 第三十八章　主变压器及高压配电装置

## 第一节　主　变　压　器

主变压器是电站中极其重要的一个设备，对于主变压器的选型主要从变压器容量、调压方式、变压器型式、冷却方式等几个方面考虑。

### 一、额定容量选择

对抽蓄能电站而言，主变压器具有双向功能，发电工况时是升压变压器，当处于抽水工况时是降压变压器。《水力发电厂机电设计规范》（DL/T 5186—2004）的第5.4.1条“蓄能电厂主变压器额定容量应根据发电工况输出的额定容量或电动工况输入的额定容量，以及相连接的厂用电变压器、启动变压器、励磁变压器等所消耗的容量之总和确定”，对蓄能电站的主变压器容量也提出了明确要求。结合《导体和电器选择设计技术规定》（DL/T 5222—2005）和《电力变压器　第7部分：油浸式电力变压器负载导则》（GB/T 1094.7—2008），主变压器额定容量应在考虑主变所连接设备负载特性及正常使用寿命情况下选择。以目前在建的黑龙江荒沟抽水蓄能电站（4×300MW）为例：

发电工况时发电机的额定功率为300MW，额定容量为333.3MVA；抽水工况时电动机额定容量约333.3MVA，高厂变额定容量约6.3MVA，SFC输入输出变压器额定容量约24MVA，励磁变额定容量约2.34MVA。当电站处于抽水工况时，总负荷为365.94MVA，应选择容量为400MVA主变压器，但考虑到SFC为短时运行负荷，且变压器允许短时过载，因此主变压器最终额定容量选定为360MVA。

东北第一座纯抽水蓄能电站—辽宁蒲石河抽水蓄能电站（4×300MW）于2012年9月4台机组全部投入商业运行至今，经过多年运行，主变压器（360MVA）运行良好，也验证了变压器容量的选择是合理的。

### 二、调压方式选择

抽水蓄能电站是系统的“稳压器”，电站运行工况复杂多变，电压波动范围较大，一般采用无励磁变压器；发电电动机具有调相和进相能力，通常的调压范围在－5%～＋5%之间，变压器调压范围常规选择为：550±2×2.5%（无励磁调压），但目前东北地区已投运、在建的抽蓄电站的变压器调压范围实际情况如下：

辽宁蒲石河抽水蓄能电站（4×300MW）：550－2×2.5%（无励磁调压）

辽宁清原抽水蓄能电站（6×300MW）：530±2×2.5%（无励磁调压）

吉林敦化抽水蓄能电站（4×350MW）：536±1×2.5%（无励磁调压）

吉林蛟河抽水蓄能电站（4×300MW）：536±1×2.5%（无励磁调压）

黑龙江荒沟抽水蓄能电站（4×300MW）：550－2×2.5%（无励磁调压）

由此可见，电站的主变压器的调压范围最终还需要满足电力系统的实际要求，在进行变压器设备招标前一定要与接入系统落实清楚此项参数。

### 三、冷却方式选择

抽水蓄能电站的主变压器通常布置在地下主变洞内，空间狭小，散热条件较差。另外绝大多数电站的厂用电源、启动电源均取自主变低压侧，有系统倒送电要求，主变压器一直处于带电状态，空载损耗和负载损耗大，对散热条件也有较高要求。即使电站处在高寒地区的地下，也难以满足风冷的要求，因此对于布置在地下洞室内的主变压器通常采用强迫（或导向）油循环水冷却方式。

### 四、水冷却器在高寒地区抽水蓄能电站的工程实例

蒲石河抽水蓄能的装机 4 台，单机容量 300MW，机变组合采用联合单元接线，电站共设有 4 台额定电压为 500kV、额定容量为 360MVA 的三相双线圈强油循环水冷、高压侧带无励磁分接开关的铜绕组升/降压电力变压器，制造商为常州东芝变压器股份有限公司。主变压器低压侧经油/空气套管与 18kV 离相封闭母线相连，高压侧通过油/SF6 套管与 GIS 相连。主变压器中性点采用油/空气套管引出直接接地。4 组水冷却器紧靠每台主变压器的右端头布置。冷却器装置由一组热交换器即油水冷却器组成，油水冷却器选用德国 GEA 产品。该组冷却器附有电动机驱动的油泵用以驱动变压器油循环，并有足够容量以保证变压器能在额定负荷下连续运行而不超过规定的温升。冷却器数量 4 组，其中 3 组工作，1 组为备用。冷却器能根据主变负荷大小，自动投入或退出运行。投运近 10 年，运行状况良好。

## 第二节　气体绝缘全封闭组合电器（GIS）

近观国内外大部分抽水蓄能电站的高压配电装置几乎都采用气体绝缘全封闭组合电器，简称为 GIS。GIS 设备的特点：

（1）小型化：采用绝缘性能卓越的 $SF_6$ 气体做绝缘和灭弧介质，大幅度缩小占地体积。

（2）可靠性高：带电部分全部密封于惰性 $SF_6$ 气体中，提高了设备可靠性。

（3）安全性好：带电部分密封于接地的金属壳体内，因而没有触电危险。$SF_6$ 气体为不燃烧气体，所以无火灾危险。

（4）杜绝对外部的不利影响：带电部分以金属壳体封闭，对电磁和静电实现屏蔽，噪音小，抗无线电干扰能力强。

（5）安装周期短：小型化的实现使得在工厂内进行整机装配和试验合格后，可以以单元或间隔的形式运达现场，因此可缩短现场安装工期，又能提高可靠性。

（6）维护方便，检修时间短：因其结构布局合理，灭弧系统先进，大大提高了产品的

使用寿命，因此检修周期长，维修工作量小，而且由于小型化，离地面低，因此日常维护方便。

早先由于GIS设备依靠进口，设备价格高，与敞开式设备相比，一次性设备投资大。但敞开式设备占地面积大，开挖量大，GIS占地面积小，场地开挖少，而抽水蓄能电站多数处在地质条件复杂的山区，土建费用高；且GIS设备的安装、维护工作量远远小于敞开式设备，可靠性大大优于敞开式设备，并且随着GIS设备的国产化，价格大幅降低，综合考虑各种因素，在抽水蓄能电站中采用GIS设备的无论从技术性还是经济性都更为合理。

东北地区所有抽水蓄能电站高压配电装置均采用GIS设备。如已投运的白山、蒲石河；在建的荒沟、敦化、清源，拟建的蛟河等电站。

## 第三节　高压引出线型式

抽水蓄能电站地面GIS开关站与地下洞室内的主变高压侧GIS设备之间连接型式一般有XLPE高压电缆和SF6管道母线（GIL）两种型式。

### 一、XLPE高压电缆

目前市场上生产的超高压XLPE电力电缆结构大体相同，其结构由内向外为：导体、导体屏蔽层、绝缘层、绝缘屏蔽层、金属屏蔽与金属护层、外护套。XLPE电缆载流量与其他类型电缆一样，与电缆敷设方式、环境、密度有关。

根据对一些已建工程采用XLPE电缆时的安装方法了解以及与厂家的技术交流，电缆都是采用单根整体敷设的方案，即在电缆敷设的路径中通过设置的传送机等设备将整根电缆输送到位，然后再根据需要将电缆固定到支架上。对于出线平洞和斜井的方案，电缆可布置在洞壁，敷设相对简单。

### 二、SF6管道母线（GIL）

GIL低损耗、大容量的电能传输特点，特别适合短距离、大容量电能的传输。

GIL采用分相绝缘。制造段长度主要受运输条件和安装条件限制，制造长度最长可达18m，一般工程应用为8～12m，国内制造厂的制造长度为8m。

GIL主要由以下部分组成：导体、支撑绝缘子、锥形绝缘子、绝缘气体、外壳。

由于结构的特点，GIL载流量比XLPE电缆大。根据资料，国内外厂家生产的GIL中，最低额定电流为3150A；最高额定电流达8000A。

GIL在工厂制造的直段长度为8～12m，各组件（直段、弯头等）在工厂组装后进行试验，然后组件两端加盖密封，并充以微正压干燥空气或氮气，以防止运输过程和工地暂存期潮气或灰尘的进入。安装过程中先通过小型桥机或电动葫芦将每段GIL运送到指定地点，然后再逐段连接，最后一并充入$SF_6$气体。

### 三、两种型式的对比

GIL输送能力和可靠性高于XLPE高压电缆，但GIL的价格远远高于高压电缆，笔者在某工程中询价，GIL 的单位长度价格是高压电缆的 7～8 倍。从经济性而言，并不十分合理。另外高压电缆的安装、运行维护配套的设置较为简单。GIL 由于采用 $SF_6$ 绝缘，因此需配套安全监测系统，还需要配套相应的通风系统。综合考虑，高压电缆的性价比优于 GIL。

我国国内除张河湾抽水蓄能电站的高压引出线采用 GIL 外，其他抽蓄工程基本都采用高压电缆作为高压引出线，经多年运行，高压电缆的可靠性也得到充分验证。

高压引出线采用高压电缆时，在设计时一定要考虑合理蛇行敷设方式，并在两端预留备用段。预留长度至少应满足电缆终端一次大修的要求。

### 四、高寒地区抽水蓄能电站的高压引出线

白山抽水蓄能电站高压引出线采用 220kV 电力电缆，供应商为河北宝丰电线电缆有限公司，共 2 回路，6 根电力电缆（每根电缆长约 361m，总长约 2166m）220kV 电缆自主变压器洞室引下至主变压器洞室下的高压电缆廊道，并沿高压电缆廊道敷设直至白山二期水电站的 220kV 开关站。

蒲石河抽水蓄能电站高压引出线采用 550kV 电力电缆，供应商为日本 VISCAS，共 2 回路，6 根电力电缆（每根电缆长约 547m，总长约 3280m）。电缆由主变洞 GIS 联合母线室引出，经高压电缆斜洞敷设至地面开关站 GIS 室下电缆廊道，与地面开关站内 GIS 设备相连。

荒沟抽水蓄能电站高压引出线采用 550kV 电力电缆，供应商为青岛汉缆，共 2 回路，6 根电力电缆（每根电缆长约 633m，总长约 3800m）。电缆由主变洞 GIS 联合母线室引出，经高压电缆竖井（兼通风竖井）敷设至地面开关站 GIS 室下电缆廊道，与地面开关站内 GIS 设备相连。

## 第四节 户外出线场设备

纯抽水蓄能电站的户外出线场通常与 GIS 开关站一同布置在地面，出线场的主要设备包括：氧化锌避雷器、电容式电压互感器。通过钢筋铝绞线，将 GIS 出线 $SF_6$/空气套管、避雷器、电容式电压互感器连接在一起，接入送电线路。

户外出线场设备布置及选型应满足《水力发电厂高压电气设备选择及布置设计规范》的要求。

# 第三十九章　厂用电系统及其设备

## 第一节　厂用电电源及电压选择

### 一、抽水蓄能电站厂用电特点

抽水蓄能电站工程枢纽建筑物主要由上、下水库及其进/出水口、地下输水洞室系统、地下厂房洞室系统、高压电缆廊道及地面开关站（含出线场）等地面附属建筑物组成。蓄能在电网中具有举足轻重的作用，随时接受电网的调度，启动或停止机组的运行，一旦出现问题，会带来重大损失。另外由于抽蓄电站的主要建筑物都在地下，通风、照明、排水系统的需要长期、稳定的运行才能保证人员的安全，因此也对蓄能电站的厂用电电源的可靠性提出了更高的要求。

### 二、厂用电电源

抽水蓄能电站的厂用电分为工作电源，备用电源，保安电源，黑启动电源四种。

厂用电工作电源首先考虑从发电电动机电压母线引接，即：从换相开关和主变低压侧之间引接。另根据《水力发电厂厂用电设计规程》（NB/T 35044—2014）第 3.1.1 条对厂用电工作电源的引接方式及配置规定如下："水电厂发电机变压器组合方式采用联合单元接线，宜从每个联合单元中的任一台变压器低压侧引接一厂用电工作电源。当联合单元组数量在 2～3 组时，至少从 2 组联合单元引接"。

备用电源一般将工程建设期的施工变电站在工程建设结束后进行改造并永久保留，为厂用电提供外来 10kV 厂用电源，作为电站的备用电源。

水淹厂房危及人身和设备安全的水电厂应设置厂用电保安电源，其电源通常选用柴油发电机组。

当以上电源全部失去时，为确保站可以自启动，需设置 1 套黑启动电源。根据《水力发电厂厂用电设计规程》和《抽水蓄能电站设计导则》规定，在地面装设一台柴油发电机组作为电站的应急电源。为保证电源的供电范围和灵活性，考虑直接将柴油发电机接至高压厂用电母线。

### 三、厂用电电压

抽水蓄能电站的规模普遍较大，用电负荷点多，各点负荷容量大，且布置分散，距离地下厂房较远，若只采用 0.4kV 一级电压供电，许多用电负荷在供电距离、电压降等方面远超出低压供电的允许范围，无法满足全厂用电负荷的供电要求，通常采用两级电压供电，即 10kV/6.3kV 和 0.4kV。

## 第二节　高压厂用电接线设计

### 一、基本情况

根据枢纽各负荷分布情况，抽水蓄能电站的厂用电基本上都分为地上和地下接线系统。

地下接线系统中的负荷主要包括：机组自用电、公用电、照明、电热（空调）、渗漏排水、检修用电等。

地上接线系统主要包括：GIS 开关站、下库进/出水口及下库坝、生产综合楼、生活区、上库进/出水口、柴油发电机组等。

### 二、设计标准及相关行业规定

(1)《抽水蓄能电站设计导则》(DL/T 5208—2005)。

(2)《水力发电厂机电设计规范》(DL/T 5186—2004)。

(3)《水力发电厂厂用电设计规程》(NB/T 35044—2014)。

(4)《水电站机电设计手册》(电气一次）的有关设计原则和计算公式。

(5) 国家电网公司下发的《国家电网公司水电厂重大反事故措施》（国家电网基建〔2015〕60 号)。

(6) 国家电网公司下发的《关于开展防水淹厂房专项复核的通知》(国家电网基建水电〔2016〕99 号)。

(7) 国网新源控股有限公司下发的《防止水电厂水淹厂房专项反事故补充措施》。

### 三、设计方案

设计方案之一以 2020 年国家电网批复 5 个抽水蓄能电站之一的位于东北寒冷地区的吉林蛟河抽水蓄能电站新建工程为例。

蛟河抽水蓄能电站位于吉林省蛟河市境内，下水库库址位于漂河干流上。站址距长春市公路里程 275km，距吉林市公路里程 145km，距蛟河市公路里程 50km。

电站装机容量 1200MW，安装 4 台单机容量 300MW 的立轴单级混流可逆式水泵-水轮机。电站主接线为三角形接线，以一回 500kV 接入系统。在地面设置 500kV 开关站，采用户内封闭组合电器 GIS。电站建成后在系统中将承担调峰、填谷、储能、调频、调相和紧急事故备用任务，并具备黑启动能力。

根据电站的基本情况、遵照相关基本原则及要求，该工程高压厂用电接线拟定以下三个方案进行比选。

**(一）方案一**

本方案共分四段母线。其中地下接线系统为三段（Ⅰ、Ⅱ、Ⅲ段）10kV 母线，地上接线系统为一段（Ⅳ段）10kV 母线。Ⅰ、Ⅱ、Ⅲ、Ⅳ段母线之间均设置母联断路器联络。

具体方案见图 39－1。

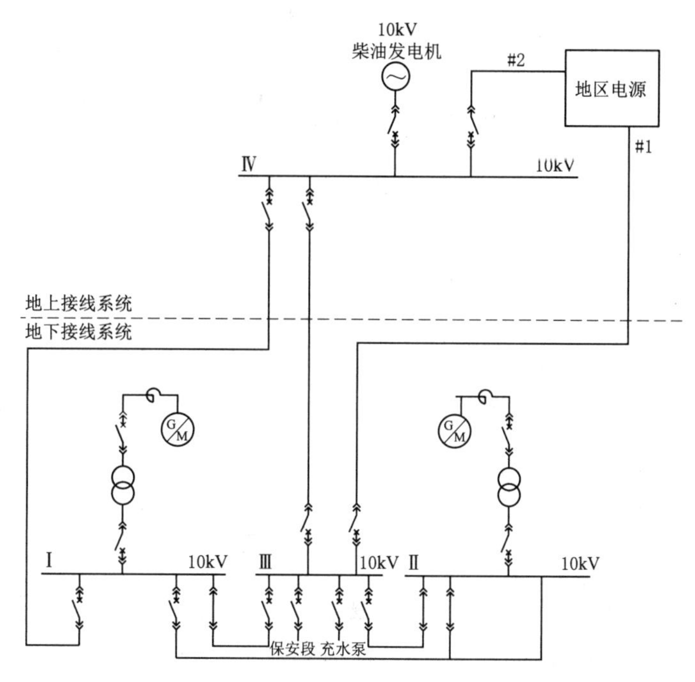


图 39－1　方案一高压厂用电接线示意图

本方案地下接线系统三段母线间设置母联断路器联络。从＃2、＃4 两台机机端（不与 SFC 输入变接点相同）各引接一回厂用电源，经高压厂用变压器降至 10kV 后分别接至Ⅰ、Ⅱ段母线作为工作电源，并设Ⅲ段母线作为地下接线系统的备用和保安电源段，其备用电源引自地区电源＃1，保安电源引自地上Ⅳ段母线。地下负荷中的自用电系统、公用电系统、照明、电热、渗漏排水系统、检修用电等均从Ⅰ、Ⅱ段母线对称引接。保安变、充水泵负荷则从Ⅲ段母线引接。

地上接线系统设置一段（Ⅳ段）母线，布置在开关站内。正常工作时，Ⅳ段母线由Ⅰ段母线供电。地上负荷中的 500kV 开关站、下库进/出水口及下库坝、生产综合楼、生活区、上库进/出水口等负荷则分别从Ⅱ、Ⅳ段母线对称引接。保安电源（10kV 柴油发电机）接入Ⅳ段母线。水淹厂房备用电源引自地区电源＃2，也接入Ⅳ段母线。

本方案引接至Ⅰ、Ⅱ段的高压厂用变压器和地区电源变压器容量均为全厂负荷总容量的 100％。

**（二）方案二**

本方案共分五段母线。其中地下接线系统为三段（Ⅰ、Ⅱ、Ⅲ段）10kV 母线，地上接线系统为两段（Ⅳ、Ⅴ段）10kV 母线。各母线之间均设置母联断路器联络。具体方案见图 39－2。

本方案地下接线系统三段母线间设置母联断路器联络。其中从＃2、＃4 两台机机端（不与 SFC 输入变接点相同）各引接一回厂用电源，经高压厂用变压器降压至 10kV 后分别接至Ⅰ、Ⅱ段母线作为工作电源，并设Ⅲ段母线作为地下接线系统的备用和保安电源

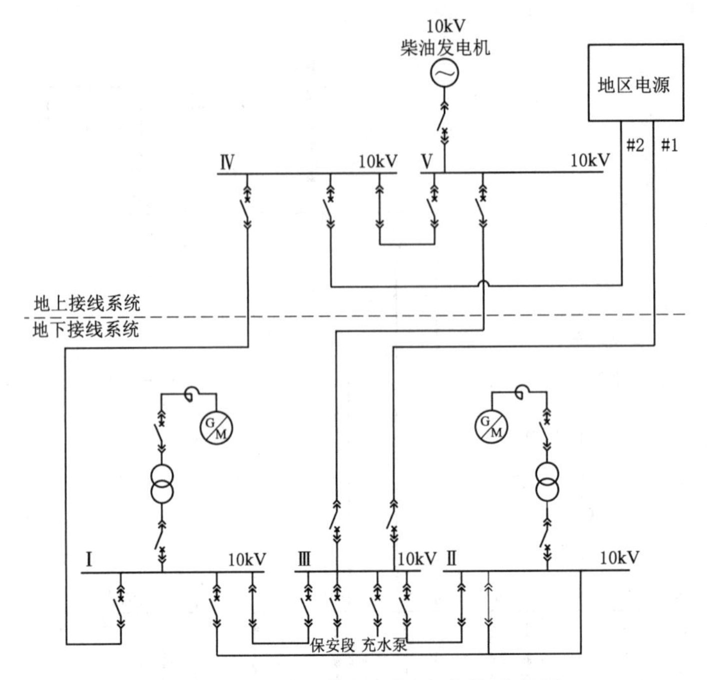


图 39－2　方案二高压厂用电接线示意图

段，其备用电源引自地区电源＃1，保安电源引自地上Ⅴ段母线。地下负荷中的自用电、公用电、照明、电热、渗漏排水系统、检修用电等均从Ⅰ、Ⅱ段母线对称引接，保安变、充水泵负荷则从Ⅲ段母线引接。

地上接线系统设置两段母线，布置在开关站内。其中Ⅳ段为工作段，Ⅴ段为保安段，两段母线间设置母联断路器联络。正常工作时，Ⅳ段母线与Ⅴ段母线母联合闸，并由Ⅰ段母线供电。地上负荷中的500kV开关站、下库进/出水口及下库坝、生活区、上库进/出水口等负荷则分别从Ⅱ、Ⅳ段母线对称引接，而生产综合楼的电源则由Ⅱ、Ⅴ段母线对称引接。保安电源（10kV柴油发电机）接入Ⅴ段母线。水淹厂房备用电源则引自地区电源＃2，接入Ⅳ段母线。

本方案引接至Ⅰ、Ⅱ段的高压厂用变压器和地区电源变压器容量均为全厂负荷总容量的100％。

**（三）方案三**

本方案共分四段母线。其中地下接线系统为两段（Ⅰ、Ⅱ段）10kV母线，地上接线系统为两段（Ⅲ、Ⅳ段）10kV母线。各母线之间均设置母联断路器联络。具体方案见图39－3。

本方案地下接线系统两段母线间设置母联断路器联络。从＃2、＃4两台机机端（不与SFC输入变接点相同）各引接一回厂用电源，经高压厂用变压器降压至10kV后分别接至Ⅰ、Ⅱ段母线作为工作电源，厂用电备用电源引自地区电源＃1，接入Ⅰ段；保安电源引自地上Ⅳ段母线，接入Ⅱ段。地下负荷中的自用电、公用电、照明、电热、渗漏排水系统、检修均从Ⅰ、Ⅱ段母线对称引接；充水泵从Ⅰ母线引接，保安变则从Ⅱ段母线引接。

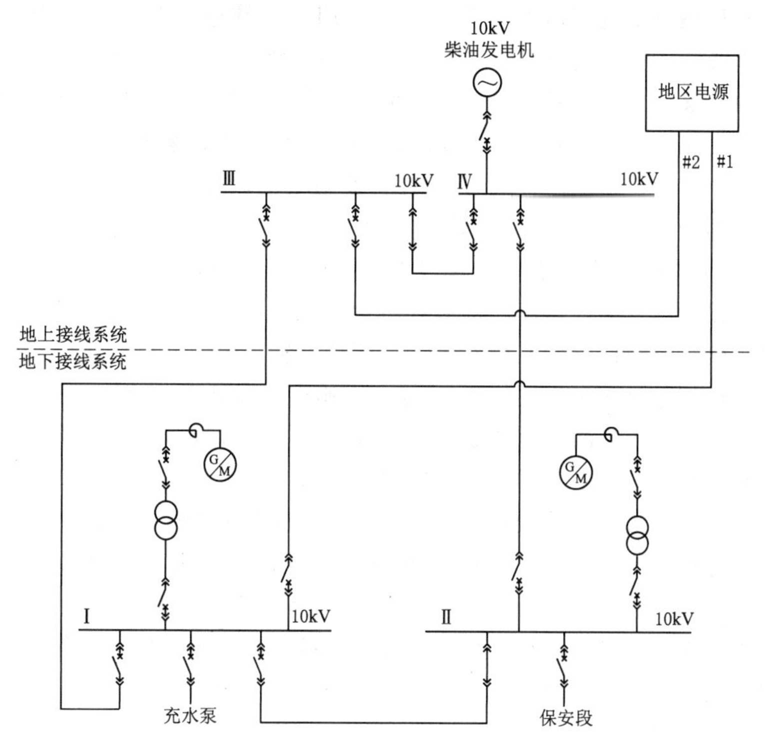


图 39－3　方案三高压厂用电接线示意图

地上接线系统设置两段母线，布置在开关站内。其中Ⅲ段母线为工作段，Ⅳ段母线为保安段，两段母线间设置母联断路器联络。正常工作时，Ⅲ段母线与Ⅳ段母线母联合闸，并由Ⅰ段母线供电。地上负荷中的500kV开关站、下库进/出水口及下库坝、生活区、上库进/出水口等负荷则分别从Ⅱ、Ⅲ段母线对称引接，而生产综合楼的电源则由Ⅱ、Ⅲ段母线对称引接。保安电源（10kV柴油发电机）接入Ⅳ段母线。水淹厂房备用电源则引自地区电源＃2，接入Ⅲ段母线。

本方案引接至Ⅰ、Ⅱ段的高压厂用变压器和地区电源变压器容量均为全厂负荷总容量的100％。

**（四）各接线方案技术比较**

方案一，从厂用电供电可靠性上看，高压厂用电系统电源分别由两台发电电动机机端、地区电源以及10kV柴油发电机提供，形成一个闭环。10kV母线共分四段，每段母线都有独立电源，又都分别与其他母线有联络。考虑厂用电运行工况，两台高压厂用变压器每台的容量按厂用电最大计算负荷的100％选择。当机组全停或抽水工况时可由500kV系统倒送电。另有地区电源＃1作为厂用电的备用电源。Ⅳ段母线布置在开关楼内，地上负荷中的500kV开关站、下库进/出水口及下库坝、生产综合楼、生活区、上库进/出水口的另一回电源均可以引接于此段母线，这种接线清晰明了。水淹厂房备用电源（地区电源＃2）和保安电源（10kV柴油发电机）均接入Ⅳ段母线，运行倒闸时操作不够灵活，将这两种电源接至同一母线上给闭锁操作带来很大困难，尤其是在水淹厂房时不灵活的缺点更为突出。

方案二，从厂用电供电可靠性上看，高压厂用电系统电源分别由两台发电电动机机端、地区电源以及10kV柴油发电机提供，形成一个闭环。10kV母线共分五段，每段母线都有独立电源，又都分别于其他母线由联络。考虑厂用电运行工况，两台高压厂用变压器每台的容量按厂用电最大计算负荷的100%选择。当机组全停或抽水工况时可由500kV系统倒送电。另有地区电源＃1作为厂用电的备用电源。Ⅳ段和Ⅴ段母线布置在开关楼内，地上负荷中的500kV开关站、下库进/出水口及下库坝、生产综合楼、生活区、上库进/出水口的另一回电源均可以引接于Ⅳ段母线，而生产综合楼的另一回电源则由Ⅴ段母线引接。该方案接线略复杂。水淹厂房时可由地区电源＃2接入，全厂停电时可由柴油发电机启动送电。接线清晰使得倒闸操作灵活，闭锁设置简单，全厂接线可靠性最高。

方案三，从厂用电供电可靠性上看，高压厂用电系统电源分别由两台发电电动机机端、地区电源以及10kV柴油发电机提供，形成一个闭环。10kV母线共分四段，每段母线都有独立电源，又都分别于其他母线由联络。考虑厂用电运行工况，两台高压厂用变压器每台的容量按厂用电最大计算负荷的100%选择。当机组全停或抽水工况时可由500kV系统倒送电。另有地区电源＃1作为厂用电的备用电源。Ⅲ段和Ⅳ段母线布置在开关楼内，地上负荷中的500kV开关站、下库进/出水口及下库坝、生活区、上库进/出水口的另一回电源均可以引接于Ⅲ段母线，而生产综合楼的另一回电源则由Ⅳ段母线引接。该方案地下系统接线较清晰，但可靠性略差。机端电源、地区电源＃1、保安电源分别接至Ⅰ、Ⅱ段母线，无备用和保安段。

**（五）推荐方案**

综合上述情况，各方案均满足电站厂用电供电需求，同时保证了地上区域负荷的供电。但方案一地上系统将水淹厂房备用电源和保安电源接至同一母线使得接线不够灵活，地下系统失电时倒闸操作复杂。根据现阶段抽水蓄能电站厂用电负荷特点，对于地面负荷中的生产综合楼等可靠性要求增强，此种方案可靠性较方案二略差。方案二在水淹厂房或地下系统失电时以及全厂停电时，可满足各种工况负荷用电需求，操作灵活、方便，在可靠性和灵活性上均最优。方案三地下系统接线与方案一、方案二比较可靠性差，与方案一、方案二比较灵活性较差，并且各方案之间经济投资差值不大。因此，从厂用电运行的可靠性、灵活性、经济性等方面综合考虑，方案二最优。该方案经过多位专家审查，亦认为方案二为最经济可靠的方案。其他同规模的新建抽水蓄能电站工程也可以借鉴该方案。

## 四、寒区其他工程高压厂用电接线简介

白山抽水蓄能电站是在已建的白山水电站和红石水电站基础上，并在原有“抽水蓄能泵站”前期工作基础上，经过论证在技施设计阶段增加少量投资的情况下，使机组具备发电功能，以白山水库作为上库，红石水库作为下库，最终建设成为东北第一座抽水蓄能电站，也是混合式抽水蓄能电站，

白山常规水电站共装有5台单机容量为300MW水轮发电机组，其中白山一期电站安装3台机组，白山二期电站安装2台机组，白山抽水蓄能电站总装机容量335MW，安装2台单机容量为167.5MW可逆式发电电动机组，利用白山二期现有的220kV开关站接入系统。抽蓄工程由泵站改为电站于2002年复工建设，2007年完工。

蒲石河抽水蓄能电站于2006年开工建设，2011年已全部完工。

荒沟抽水蓄能电站于2014年开工建设，预计2021年投产。

三座蓄能电站的基本情况不同、建设时期也不同，如白山、蒲石河建设较早，设计标准较荒沟略低，因此三座蓄能电站的厂用电接线略有差异，并不相同。

**（一）白山抽水蓄能电站高压厂用电接线设计**

白山抽水蓄能电站厂用电工作电源2回，分别引自白山二期电站6.3kV高压厂用电母线4G和5G。4G与5G的电源分别引自白山二期高压厂用电变压器21B和26B。21B连接在一期开关站220kV白梅甲线上，26B连接在二期开关站220kV母线上。白山抽水蓄能电站厂用电系统采用6.3kV和0.4kV二级电压，6.3kV高压厂用电母线分为两段6G和7G，并设母联断路器。正常时Ⅰ、Ⅱ分段运行。

2006年6月为提高白山一期、二期及蓄能电站厂用电系统的可靠性，确保白山电站厂用电系统的安全运行，对白山电站全站的厂用电系统进行改造，新增一个高厂变27B作为厂用电源。全站厂用电系统改造后，再引一回厂用电源线路作为蓄能电站的保安电源即8G段，供紧急事故备用。

白山抽水蓄能电站高压厂用电接线简图见图39-4。

**（二）蒲石河抽水蓄能电站高压厂用电接线设计**

蒲石河抽水蓄能电站高压厂用电供电方式采用2台（编号21T、22T）电压18/10kV的三相干式变压器，编号21T高厂变的18kV侧电源由＃1、＃3机端经18kV限流电抗器和高压开关柜引接；编号22T高厂变的18kV侧电源由＃2、＃4机端经18kV限流电抗器和高压开关柜引接。

电站10kV厂用电系统由三段母线组成，即Ⅰ段、Ⅱ段和Ⅲ段，采用单母线三分段（环形），即Ⅰ段和Ⅱ段为厂用电工作母线，电源分别引自21T和22T高压厂用变压器的10kV侧，地区电源接至Ⅲ段。

工作母线Ⅰ段、Ⅱ段互为备用，工作母线Ⅰ段、Ⅱ段母线与备用电源母线Ⅲ段母线之间为第二备用。

Ⅲ段为厂用电备用电源母线，电源分别引自66kV小山变电所的10kV侧和作为保安、黑启动电源的柴油发电机组。Ⅲ段母线同时还作为2台上库充水泵的工作电源。

蒲石河抽水蓄能电站高压厂用电接线简图见图39-5。

**（三）黑龙江荒沟抽水蓄能电站高压厂用电接线设计**

荒沟抽水蓄能电站厂用电工作电源分别从＃2和＃4发电电动机机端的18kV发电电动机回路机端厂用电抗器外侧引接，数量为2回，相互独立，通过2台18/10kV高压厂用变压器降压至10kV，分别接至布置在地下的两段10kV Ⅰ、Ⅱ段工作母线上，两段母线互为备用。工作母线Ⅰ段、Ⅱ段母线与设置在地下的10kV Ⅲ段母线分别连接，作为工作电源的第二备用，其电源由布置在地面的10kV Ⅳ母线引来。Ⅳ段电源从保留的35kV施工变电所的10kV母线引接1回电源作为厂用电近区备用电源；另设1台10kV柴油发电机组作为保安电源接至10kV Ⅳ母线上。

荒沟抽水蓄能电站高压厂用电接线简图见图39-6。

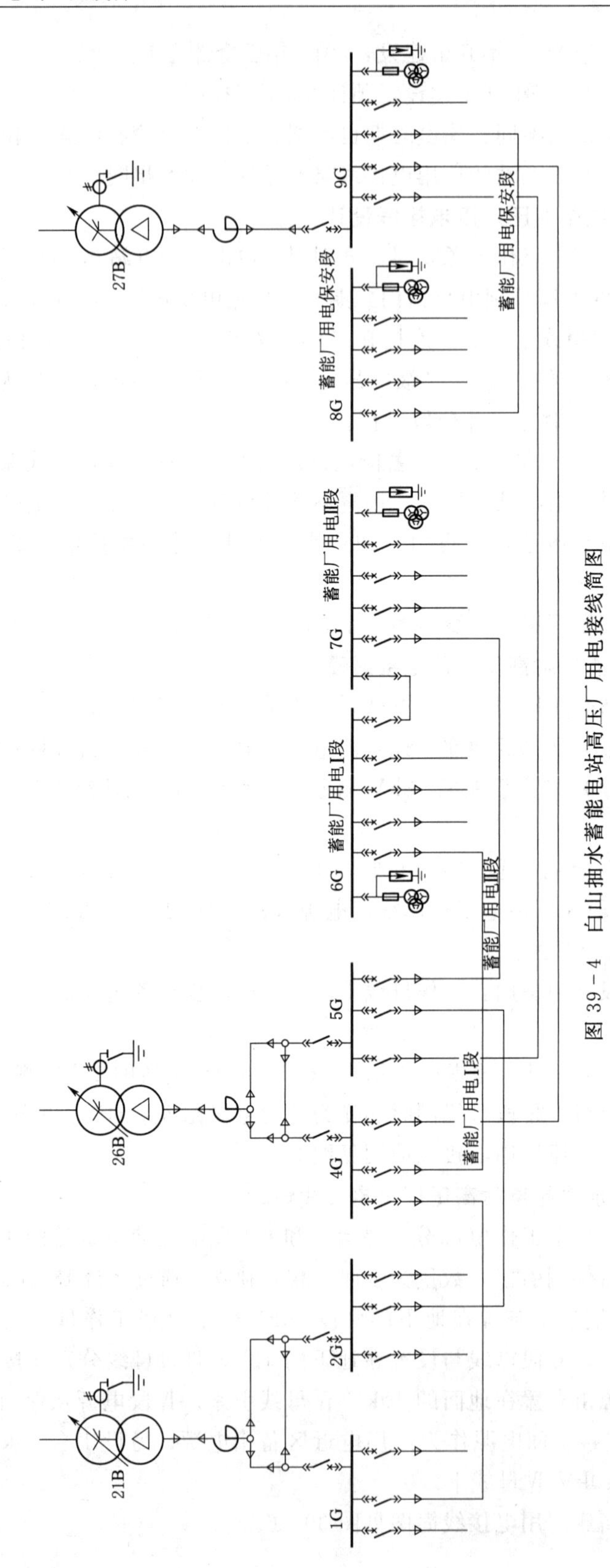


图 39－4　白山抽水蓄能电站高压厂用电接线简图

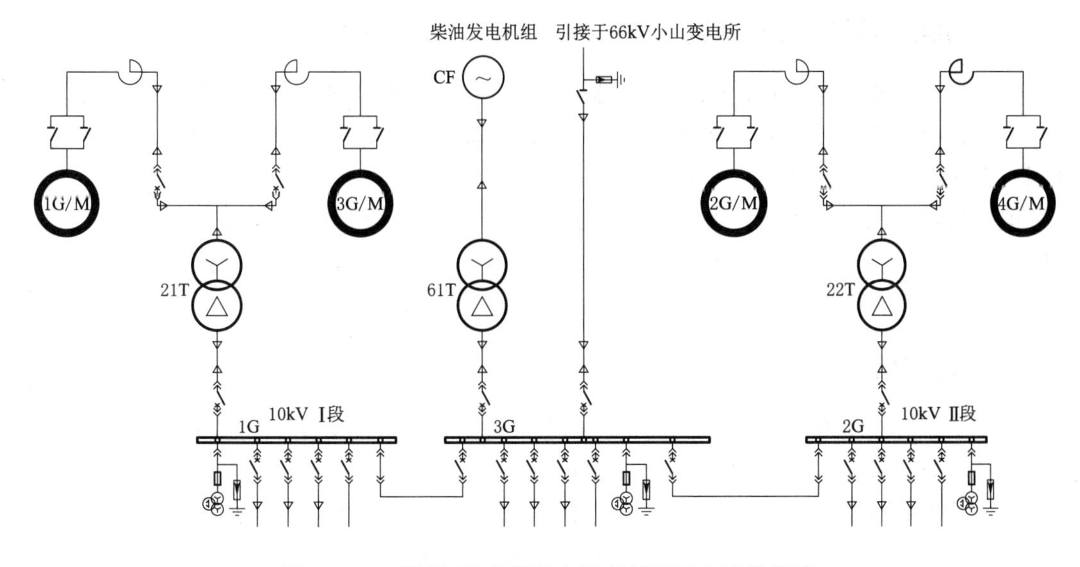

图 39－5　蒲石河抽水蓄能电站高压厂用电接线简图

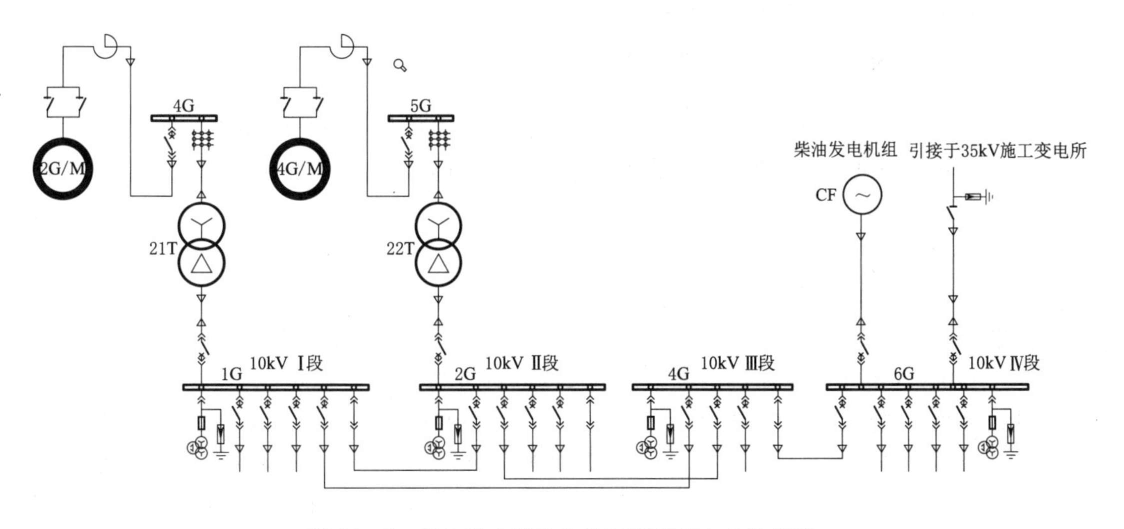

图 39－6　荒沟抽水蓄能电站高压厂用电接线简图

## 第三节　0.4kV 厂用电系统接线设计

抽水蓄能电站的 0.4kV 厂用电系统基本与常规水电站一致，根据电站的装机规模，电站采用机组自用电、厂内公用电、照明等分开供电的方式，另外根据枢纽负荷分布，包括：上/下水库、地面开关站、生产控制楼、尾水闸室、进出水口、大坝等各部位的供电。例如蒲石河抽水蓄能电站的 0.4kV 厂用电系统：

## 一、机组自用电系统接线

0.4kV 机组自用电为单母线 4 分段接线，母线间设置联络断路器及备用电源自动投入装置，正常时分段运行，互为备用。采用 4 台 630kVA、10/0.4kV 的干式变压器，电源分别引自 10kV 高压厂用电母线Ⅰ段和Ⅱ段。

电站机组自用电分为主屏和负荷屏，二者分开布置，采用电力电缆连接。机组自用电主屏连同 4 台自用电变压器布置在副厂房 4 层的自用电配电装置室内，机组自用电负荷屏为单母线，布置在主厂房母线层对应各自机组段的上游侧。

## 二、公用电系统接线

0.4kV 公用电为单母线 4 分段接线，相邻母线间设置母联断路器及备用电源自动投入装置，正常时 4 段母线分段运行，互为备用。采用 4 台 1250kVA、10/0.4kV 的干式变压器，电源分别引自 10kV 高压厂用电母线Ⅰ段和Ⅱ段。厂内通风、排水、空压机、消防、检修、起吊设备、GIS 开关站等用电负荷另设有动力配电分屏，其电源均取自公用电主屏。公用电主屏连同 4 台厂内公用电变压器布置在副厂房 4 层的公用电配电装置室内。其他动力配电分屏就近布置在各自的负荷集中处。

## 三、厂内除湿、空调、通风配电系统

厂内除湿、空调、通风系统均采用 0.4kV 各自独立单母线供电，电源均取 0.4kV 公用电主盘，其中通风和空调为双回路供电，除湿为单电源供电，均布置在副厂房二层电热变压器室内。

## 四、厂内电热系统

本电站为地下厂房，考虑电热负荷随季节运行等特点，故此专门设立了 1 台 10.5kV/0.4kV、400kVA 电热变压器，电源由厂内 10kV 的Ⅱ段高压厂用母线引取。0.4kV 侧采用单母线接线，电热变压器的 0.4kV 侧接至由 3 面电热主屏。厂内分散各处的电热负荷电源均取自电热主屏。电热主屏连同 1 台电热变压器布置在副厂房 4 层的电热配电装置室内。电热主屏经电缆线路分别接至各场所设置的电热配电箱，再由电热配电箱向各电热器供电。

## 五、地面开关站配电

地面开关站采用单母线接线，设 3 面 0.4kV 动力屏，其电源引自地下厂房 0.4kV 公用电主盘的不同母线，采用双回路供电，两回电源互为备用。

## 六、尾闸室配电

尾闸室采用单母线接线，设 4 面 0.4kV 动力屏，其电源引自地下厂房 0.4kV 公用电主盘的不同母线，采用双回路供电，两回电源互为备用。

## 七、上水库进出水口及大坝供电系统接线

上库进出水口距离电站较远，其配电系统采用10.5kV电压双电源供电，两回电源互为备用。电源分别由厂内10.5kV的Ⅰ段、Ⅱ段高压厂用母线引取，采用交联聚乙烯电力电缆经高压电缆廊道引至地面开关站，再经1.3km架空线路引至上库进出水口配电房。上库进出水口0.4kV主配电系统采用单母线断路器分段接线，0.4kV侧Ⅰ段、Ⅱ段母线由4面动力屏组成，另设1面联络屏，作为上库进出水口、照明等的供电电源。5面动力配电主屏连同2台400kVA、10.5/0.4kV配电变压器以及2面负荷开关柜等均布置在上库进出水口的配电房内。

为保证汛期上库进出水口供电可靠，电站设有一台400kW移动式柴油发电机，从而满足各种工况上库进出水口的供电要求。

上库大坝配电系统采用10.5kV单电源供电。电源由上库进出水口10kV线路终端杆的电缆终端处引接，采用交联聚乙烯电力电缆沿上水库环库公路电缆沟敷设至综合楼附近，经10kV电缆埋管至综合楼配电室内。在综合楼配电室设置2面10kV高压开关柜，1面为进线开关柜，1面为配电柜，配电柜内装有1台50kVA干式变压器。上库大坝0.4kV配电系统设一段母线，由3面0.4kV动力配电屏组成，对上库大坝的用电负荷供电。

## 八、下库进出水口及坝区供电系统接线

下库进出水口配电系统采用10.5kV电压供电，电源由厂内10.5kV的Ⅰ段高压厂用母线引取，采用交联聚乙烯电力电缆经交通洞引出，沿公路直埋敷设至下库进出水口配电室。下水库进出水口0.4kV配电系统设一段母线，由2面0.4kV动力配电屏组成，连同1台250kVA配电变压器和1面高压负荷开关柜布置在下水库进出水口配电室内，对下水库进出水口的用电负荷供电。

下水库坝区配电系统采用10.5kV电压双电源供电，两回电源互为备用。电源分别由厂内10.5kV的Ⅰ、Ⅱ段高压厂用母线引取，经3.2km架空线路引至下库坝区。下水库0.4kV主配电系统采用单母线断路器分段接线，0.4kV侧Ⅰ、Ⅱ段母线6面动力屏组成，其间设1面联络屏，作为大坝泄洪排沙、廊道排水、坝上照明等的供电电源。7面动力配电主屏连同2台630kVA、10.5/0.4kV配电变压器以及2面负荷开关柜等均布置在下库坝左岸集控楼的配电室内。为保证汛期供电可靠，电站设有一台400kW移动式柴油发电机（上下库等地共用），从而满足各种工况下库坝区的供电要求。

## 九、厂前区生产综合楼

厂前区生产综合楼采用10.5kV电压双电源供电，两回电源互为备用。电源分别由厂内10kV的Ⅰ、Ⅱ段高压厂用母线引取，经1.05km电力电缆引至生产综合楼。0.4kV主配电系统采用单母线断路器分段接线，两段母线设有备投装置，互为备用，作为生产控制楼动力配电、电热、照明、空调等的供电电源。动力配电主屏连同2台500kVA、10.5/0.4kV配电变压器以及2面负荷开关柜等均布置在一层的配电室内。

# 第四节　保安电源系统设计

## 一、概述

当电站可能与电力系统及厂用电外来电源失去联系，致使机组无法启动恢复厂用电，为避免全厂事故停电时影响大坝度汛安全或厂房被淹等人身和设备安全而设置的向保安负荷供电的专用电源称为保安电源。

当电站在事故停电的情况下，确保不发生人身安全及主要设备事故和水淹厂房等的必要负荷称为保安负荷，如：厂房的渗漏排水、厂房必要的通风设备、事故照明等负荷、电站消防水泵、事故排烟风机、消防电梯等消防用电负荷、电站上、下水库大坝泄洪设施（如有）等用电负荷。

电站的保安电源应根据电站所处的地理位置，选取合适的、可靠的电源。

## 二、保安电源设置原则

### (一) 独立性

该电源与机组及其厂用系统相对独立，不受其干扰。

### (二) 可靠性

该电源设备和配电故障几率低，能实现自动启动，自动投入成功率高。

### (三) 电能质量

事故状态情况下，保安电源能保证事故保安负荷的正常运行状态，在大功率电动机起动状态下的电压、频率均能满足厂用电技术规范的要求。

### (四) 维护工作量小，经济效益好

## 三、保安电源的引接

保安电源的引接方式主要分为以下几种：

(1) 从邻近的水电站引接。

(2) 从附近电网引接。

(3) 电站专门设置小水电机组。

(4) 柴油发电机组。

一般来说，抽水蓄能电站专门设置小水电机组作为保安电源的，无论从技术性还是经济性均不太合理，因此不建议采用。我国抽水蓄能电站，保安电源的引接方式为上述 (1)、(2) 或 (4)；对于混合式抽水蓄能电站一般采用 (1)、(4)，纯抽水蓄能电站一般采用 (2) 或 (4)。

## 四、寒冷地区电站保安电源设置案例

白山抽水蓄能电站保安电源取至白山二期水电站的 220kV 开关站。

蒲石河抽水蓄能电站保安电源设置的 1 台 0.4kV 柴油发电机组并配套 1 台 0.4/10kV

升压变压器提供。

黑龙江荒沟抽水蓄能电站保安电源设置的1台10kV柴油发电机组提供。

## 第五节　黑启动电源系统设计

### 一、蓄能电站黑启动的必要性

所谓黑启动是指整个电力系统突发故障，导致大面积停电后，系统处于全“黑”状态，不依赖别的网络帮助，通过系统中具有自启动功能的发电机组启动，带动其他无自启动能力的发电机机组，逐步使电力系统恢复，避免事故扩大的一种方式。例如2008年5月12日，我国四川发生的里氏8.0级大地震，导致电网崩溃，电站与电力系统瞬间失去联系，许多水电站被迫停机，厂用电工作电源，系统备用电源全部失去。地震之后有大量山石滚落到江河里，阻塞了原有的河水流动，形成了多达34处的堰塞湖，堰塞湖的水位迅速上升，此时震区的多个电站泄洪泄水设施却失去电源无法工作，有可能导致重大洪灾及次生灾害。因此黑启动电源对电力系统而言尤为重要。

我国抽水蓄能电站建设事业快速发展，蓄能电站装机容量大，大多建立在负荷中心接入主网，且蓄能机组启动迅速，响应及时，机组自静止到并网发电所需时间短，因此许多蓄能电站被选定为电网事故时黑启动的主选电源，可避免常规水电站长距离输电过程中出现的系统稳定问题，另外先启动大容量机组并网，可迅速恢复重要负荷和给其他小网提供电源，有利于提高小网的稳定性，从而加速电网恢复过程。所以抽水蓄能电站自身配置稳定可靠的黑启动电源更为重要。

### 二、黑启动主要负荷

抽水蓄能电站机组黑启动的主要负荷包括：

（1）机组启停和正常运行时所需要用电负荷，如：机组调速油压装置、机组冷却水技术供水泵、励磁风机等。

（2）主变压器冷却系统等电气设备所需用电负荷。

（3）电站直流系统用电负荷，如：继电保护、操作、控制、励磁、通信等。

（4）其他影响人身电站机组设备、建筑物安全所必需的等用电负荷。

### 三、黑启动电源的选择

抽水蓄能电站的黑启动电源基本都采用柴油发电机机组。主要原因有：

（1）柴油发电机组的设备比较简单、辅助设备少、重量轻，若选用移动式的，更加灵活便捷、方便移动。

（2）柴油发电机组的单机容量从几十千瓦到几千千瓦，根据用途和负载可选择的容量范围大，便于各种工况下、不同容量的选择。

（3）响应时间快速，柴油发电机组起动一般只需要几秒钟，在应急情况下可在1min内带全负载，在正常工作状态下仅在5～10min内带到全负载；柴油发电机组的停机过程也很短，紧急状态下可即使停机，正常状态的停机过程不超过 3min，可频繁起停。

综上，柴油发电机组很适合作为电站的黑启动电源。抽水蓄能电站黑启动电源也可由保安电源兼作，但最大容量应按保安负荷与黑启动负荷的大者取之。

### 四、寒冷地区电站黑启动电源实际配置情况

蒲石河抽水蓄能电站黑启动电源与保安电源共用一套电源，由于早些年 10kV 柴油发电机成本太高，经济型较差，因此蒲蓄电站的黑启动电源采用 1 台 0.4kV 柴油发电机组，并配套 1 台 0.4/10kV 升压变压器升压至 10kV 接入保安兼黑启动电源母线。

随着技术的发展，现有 10kV 柴油发电机组的成本逐年下降，直接采用 10kV 柴油发电机组经济技术性更有优势，因此目前在建，新建的抽水蓄能电站黑启动电源多数直接采用 10kV 柴油发电机组，接至高压厂用电母线。如黑龙江荒沟、吉林蛟河、山西垣曲等抽水蓄能电站均采用此方式。

## 第六节　厂 用 电 运 行 方 式

抽水蓄能电站一般从机端引接 2 回工作电源，并就近从地方变电所引接 1 回电源，另外配置 1 台 10kV 柴油发电机组作为保安电源兼黑启动电源。因此蓄能电站高压厂用电系统一般分为三段或四段，其中工作电源为Ⅰ、Ⅱ段，备用电源、保安电源、黑启动电源接至同一段母线时为Ⅲ段，例如蒲石河抽水蓄能电站；当备用电源与保安电源、黑启动电源独立设置时，保安电源、黑启动电源为Ⅳ，例如荒沟抽水蓄能电站。

下面以荒沟抽水蓄能电站为案例，详细阐述该电站的厂用电运行方式。

### 一、高压厂用电接线情况

（1）18kV 高压系统运行方式：＃2 机组带 21T 运行，接 10kV 母线Ⅰ段；＃4 机组带 22T 运行，接 10kV 母线Ⅱ段。

（2）10kV 高压厂用电系统共设四段母线，其中地下三段（Ⅰ、Ⅱ、Ⅲ段），地上一段（Ⅳ段），采用单母线分段接线。各母线之间均设置母联断路器联络。高厂变 21T 接入 10kV 母线Ⅰ段，高厂变 22T 接入 10kV 母线Ⅱ段，10kV Ⅲ段母线作为地下备用段由地上Ⅳ段供电，地区电源及柴油机接入地上母线Ⅳ段，作地上备用和保安电源段。接线简图见图 39－6。

### 二、高压厂用电运行方式

根据接线情况，经分析高压厂用电系统运行方式共分为 5 种工况：

（1）工况 1：正常运行时，21T 和 22T 分别带母线Ⅰ和Ⅱ段工作，联络断路器 1G7、1G8、2G7 均分闸断开；联络断路器 3G1 分闸，联络断路器 6G1 合闸，地区电源进线断路器 6G4 合闸；保安备用电进线断路器 6G2 合闸；柴油发电机进线回路的负荷开关 6G6 设定常合闸，柴油发电机自带的断路器 DGP1 分闸（要求 6G4 与 DGP1 互为闭锁）。正常运行方式下，Ⅳ段带电，作为热备用；Ⅲ段不带电，作为冷备用。工况 1 运行方式见图 39－7。

（2）工况 2：Ⅰ段母线或Ⅱ段母线失电工况，当Ⅰ段母线或Ⅱ段母线任一失去电源时，

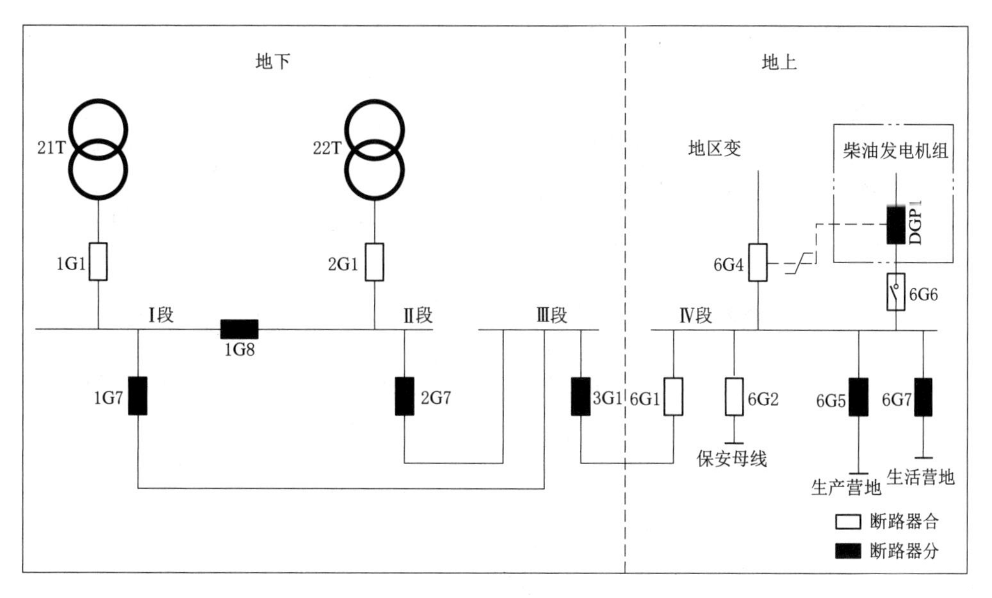


图 39－7　工况 1 运行方式简图

Ⅰ段和Ⅱ段母线相互备自投，相应的 1G1 或 2G1 分闸，联络断路器 1G8 合闸。工况 2 运行方式见图 39－8。

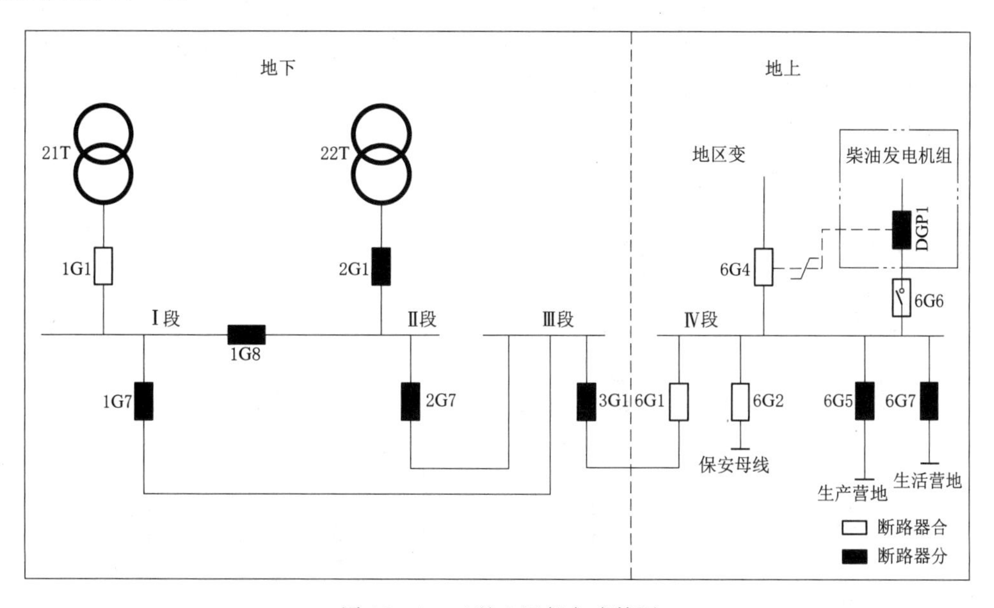


图 39－8　工况 2 运行方式简图

（3）工况 3：Ⅰ段和Ⅱ段母线同时失电工况，当 21T 和 22T 故障或失电均不能带母线Ⅰ和Ⅱ段工作，进线断路器 1G1 和 2G1 均分闸，联络断路器 1G8 分闸，联络断路器 1G7、2G7 合闸，联络断路器 3G1 合闸（Ⅳ段已带电）；此时，地区电源通过Ⅳ段和Ⅲ段母线向Ⅰ和Ⅱ段母线供电，柴油发电机机自带的断路器 DGP1 分闸。工况 3 运行方式见图 39－9。

（4）工况 4：21T、22T 及地区电源均失电工况；机组、系统及备用电源均失电，电

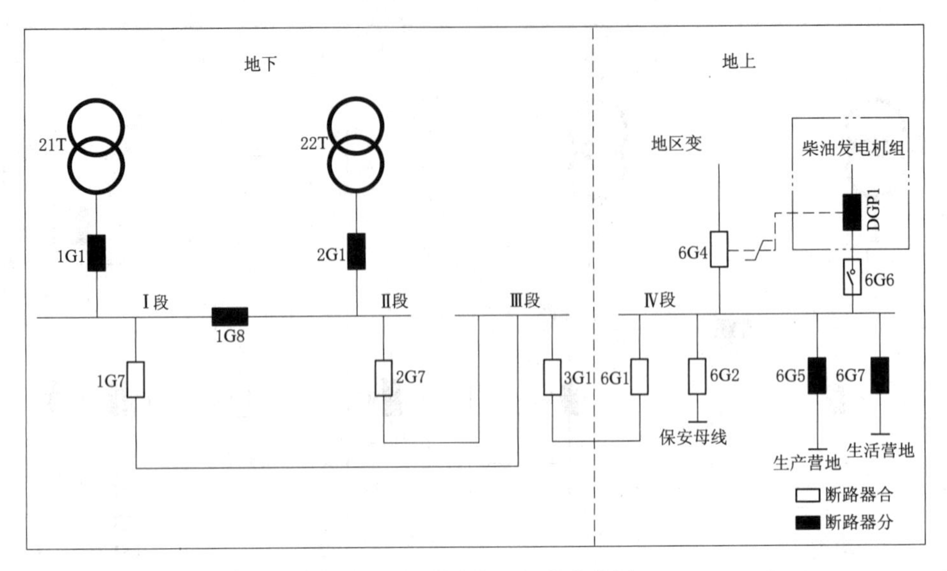


图 39－9 工况 3 运行方式简图

源进线断路器 1G1、2G1 和 6G4 均分闸；此时，联络断路器 1G7、1G8、2G7、3G1、6G1 均分闸，保安备用电进线断路器 6G2 位于合闸，由柴油发电机通过保安变压器（51T）给厂内保安段母线供电。负荷开关 6G6 位于常合闸，启动柴油发电机，其自带的断路器 DGP1 合闸。柴油发电机仅带厂内保安负荷和生产营地保安负荷，断路器 6G5 须在切除生产营地非保安负荷，同时断开 8G 与 1G9 的连接电缆后，手动合闸。工况 4 运行方式见图 39－10。

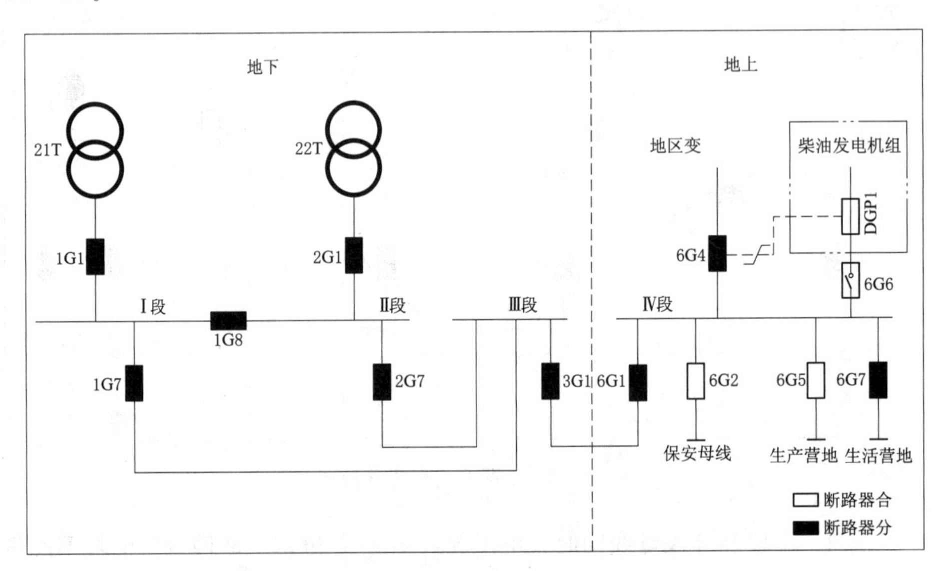


图 39－10 工况 4 运行方式简图

（5）工况 5：若发生水淹地下厂房工况（地下厂房 10kV 系统均不能正常工作）时，联络断路器 6G1 分闸，保安备用电进线断路器 6G2 分闸。此时，地区电源进线断路器

6G4 合闸，由地区电源供给地上母线Ⅳ段，再由Ⅳ段给生产、生活营地供电，断路器 6G5 和 6G7 手动合闸（要求 6G5、6G7 与 6G1 设定闭锁）。工况 5 运行方式见图 39－11。

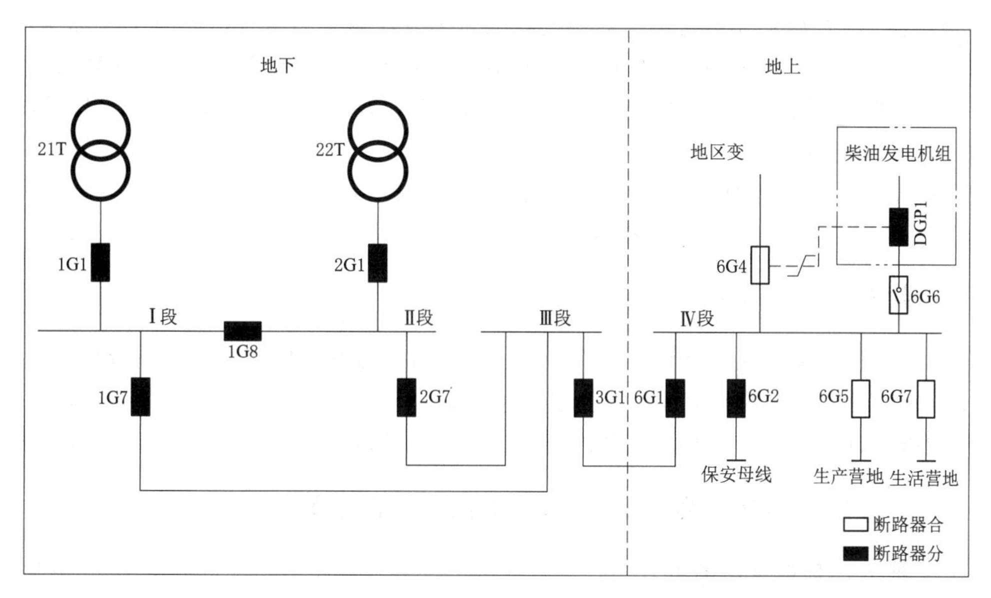


图 39－11　工况 5 运行方式简图

# 第七节　柴油发电机组容量选择

## 一、在电站中的作用

柴油发电机组在电站中主要有两种用途，一是担任重要设备的保安电源，负荷主要有：厂内的渗漏排水系统、直流系统的充电电源（含通信）、地下厂房通风及事故照明、大坝的泄洪设施等。二是担任黑启动电源，负荷包括机组油压装置油泵、技术供水泵、励磁、机组启动的继电保护装置、主变冷却负荷等。

对柴油发电机容量选择时不考虑保安、黑启动这两种同时出现的可能，最大负荷根据保安负荷、黑启动负荷两种中最大的进行选择计算。

## 二、影响柴油发电机容量选择的因素

### （一）环境因素

环境因素对柴油发电机的实际输出功率有直接影响，如：海拔高度、外界气压、温度、湿度等。当外部环境条件不同时，应按照国家有关规定对柴油发电机组的输出功率进行校正。

### （二）电压降因素

确定柴油发电机组容量时，除考虑应急负荷总容量之外，还应着重考虑单台电动机或成组电动机自启动时对母线电压降不低于额定电压 75％的要求。

影响电压降的因素有电动机容量、回路所用的电缆长度、供电电压等级。抽水蓄能电站多为地下厂房，考虑到通风、消防等因素，柴油发电机组一般都布置在地面，距离地下的负荷较远，导致电缆长度较长，若采用0.4kV直接供电，压降损失必然较大。若柴油发电机机组机端为0.4kV，为解决此问题，通常另外配置一台0.4kV/10kV升压变压器，接至专用的10kV母线进行供电，例如蒲石河抽水蓄能电站；或直接采用10kV柴油发电机机组，例如荒沟抽水蓄能电站。这两种方式都可以有效降低对柴油发电机组出口压降。

**（三）加载能力**

柴油机的首次加载能力校验：制造厂保证的柴油发电机组首次加载能力，应不低于额定功率的50%。为此要求柴油机的实际输出功率，应不小于2倍初始投入的起动有功功率。

## 三、柴油发电机容量选择计算

柴油发电机容量选择计算详细过程，除了依据《水力发电厂厂用电设计规程》规程中附录F“柴油发电机组的容量计算”要求，还应借鉴《民用建筑电气设计规范》和《工业与民用配电设计手册》中对柴油发电机组容量选择计算的有关规定。

## 四、寒冷地区抽水蓄能电站柴油发电机组实际配置

**（一）蒲石河抽水蓄能电站**

蒲石河抽水蓄能电站柴油发电机组担任电站的保安兼黑启动电源，经负荷统计分析计算，保安负荷715kW，黑启动负荷536kW，按两者的最大容量选择，并对最大单台电动机（175kW）起动进行校验，综合外部环境因素、持续1h运行状态下输出功率校验、首次加载能力校验，最终选定一台容量为800kW柴油发电机，并通过1台容量1000kVA，电压比为0.4kV/10kV升压变压器将电压升至10kV，接入电站10kV Ⅲ段，即保安兼黑启动母线段。

**（二）荒沟抽水蓄能电站**

荒沟抽水蓄能电站经负荷统计分析计算，保安负荷1160kW，黑启动负荷472kW，按两者的最大容量选择，并对最大单台电动机（260kW）起动进行校验，综合外部环境因素、持续1h运行状态下输出功率校验、首次加载能力校验，最终选定一台容量为1670kW柴油发电机，其出口采用10kV电压等级，接入电站10kV Ⅳ段，作为电站的保安兼黑启动电源。

# 第四十章　过电压保护及绝缘配合

## 第一节　过 电 压 保 护

### 一、基本概况

抽水蓄能电站的建筑物的组成与常规水电站差别不大，差别为抽水蓄能电站基本都是地下厂房，通过高压电缆与地面开关站连接。地下厂房内主要由主、副厂房洞室、主变洞室（兼地下开关站室）、尾闸室、主变运输洞、母线洞、高压电缆洞等组成。

### 二、直击雷保护

抽水蓄能电站的主要电气设备，如发电电动机组、主变压器、厂用电等均布置在地下洞室内，因此，地下部分无须考虑防直击雷保护措施；而地面开关站内的出线构架上架设的避雷线，保护范围基本能够涵括整个地面户外出线设备。并在地面建筑物的屋顶设置避雷带，作为建筑的防直击雷保护措施。

### 三、防止雷电波侵入保护

蓄能的主变及主变高压侧 GIS 设备布置在洞内，开关站 GIS 设备及户外出线场敞开式设备布置在地面，为了防止从线路侵入的雷电过电压并结合防止操作过电压对电气设备的损坏，在架空线与敞开式设备的连接处装设了 1 组线路型氧化锌避雷器；在地下每组主变联合单元母线上各装设 1 组电站型 GIS 封闭式氧化锌避雷器，这种保护接线方案在各种情况下的过电压水平均较低，绝缘配合裕度较大，故障率低，具有很高的可靠性，已被蓄能电站普遍采用。

### 四、发电电动机的过电压保护

为防止来自主变压器高压绕组的雷电波的静电感应电压危及低压绕组绝缘，在每台主变低压侧各装设 1 组氧化锌避雷器。

### 五、架空线的过电压保护

蓄能电站的备用电源一般取至地区变电所，通常采用架空线路引接。为避免架空线路遭雷击产生的侵入波对厂用电设备的影响，在所有架空线路与电缆连接处均装设有户外型金属氧化锌避雷器，同时在地下厂房每段母线上均装设氧化锌避雷器，开关柜内装设过电压吸收装置等进行保护。

## 六、工频过电压保护

《电力系统设计技术规程》中对线路的工频过电压倍数有明确规定，当超过允许值时需要采取安装高压电抗器的措施解决。应根据电站的接入系统情况进行复核。

以蒲石河抽水蓄能电站为例，电站接入丹东北变电所的500kV线路长度为58km，按规定500kV线路的工频过电压水平，母线侧不超过1.3PU，线路侧不超过1.4PU。经计算，单机带1回500kV线路运行的时，故障点为电站出线的丹东北变电所侧，故障类型为单相接地故障跳三相和无故障跳三相，计算结果见表40－1。计算结果表明，在线路不配置高压电抗器的情况下，发生上述的故障时电站500kV出线工频过电压倍数不超过允许值。

表40－1　　工频过电压计算结果表

| 线路名称 | 故障类型 | 电站侧 | 丹东北变侧 |
|---|---|---|---|
| 500kV蒲丹线 | 单相接地故障跳三相 | 1.058PU | 1.087PU |
| 500kV蒲丹线 | 无故障跳三相 | 1.188PU | 1.191PU |

## 七、操作过电压保护

操作过电压与电网的运行方式、故障类型、操作对象有关。受操作过程中其他多种随机因素的影响，设计对操作过电压进行了定性分析。并按照规程规范在线路出口处装设了1组线路型氧化锌避雷器，这也是近些年来工程中普遍采用且行之有效的限制操作过电压的措施。

# 第二节　绝　缘　配　合

电站的绝缘配合是根据系统中可能出现的各种电压和避雷器的特性，决定被保护设备的绝缘水平。按照国家标准对绝缘配合的要求，考虑保护设备配置和参数，选择合适电气设备的雷电和操作冲击绝缘水平，以相应的避雷器保护水平为基础进行绝缘配合，其全波额定雷电冲击耐压与避雷器标准放电电流下的残压间的配合系数取1.4，额定操作冲击耐压与避雷器操作过电压保护水平间的配合系数不应小于1.15，并且实际过电压水平与设备绝缘水平之间的绝缘配合裕度满足设备安全运行的要求。

蒲石河抽水蓄能电站、黑龙江荒沟抽水蓄能电站的主要电气设备的绝缘水平见表40－2；电气设备绝缘水平与避雷器保护水平配合见表40－3，从表中可以看出500kV设备绝缘配合满足规程规范要求。

表 40-2　　主要电气设备绝缘水平

| 项目名称 | | 系统标称电压（kV，有效值） | 设备最高电压（kV，有效值） | 雷电冲击耐受电压（kV，峰值） | 操作冲击耐受电压（kV，峰值） | 工频耐受电压（kV，有效值） |
|---|---|---|---|---|---|---|
| 550 GIS | | 500 | 550 | 1675/1675+450（相对地/断口间） | 1300/1175+450（相对地/断口间） | 740/740+315（相对地/断口间） |
| 550kV 电缆 | | 500 | 550 | 1675 | 1240 | 600 |
| 主变压器 | 高压绕组 | 500 | 550 | 1550/1675（全波/截波） | 1175 | 680 |
| | 低压绕组 | 18 | 19.8 | 125/140（全波/截波） | | 55 |
| | 中性点 | 35 | 35 | 325（全波） | | 140 |
| 离相封闭母线（IPB） | | 20 | 24 | 125 | | 50/68（整体/绝缘子） |
| 发电机出口断路器 | | 20 | 24 | 150/150（相对地/断口间） | | 80/80（相对地/断口间） |
| 10kV 厂用变压器（一次侧） | | 10 | 12 | 75 | | 35 |

表 40-3　　电气设备绝缘水平与避雷器保护水平配合表

| 500kV 设备绝缘水平（kV）（雷电/操作） | 线路避雷器（kV）（雷电/操作） | GIS 避雷器（kV）（雷电/操作） | 配合系数（雷电/操作） |
|---|---|---|---|
| 550kV 电缆 1675/1240 | 1063/901 | | 1.58/1.38 |
| 550kV GIS 1675/1300 | 1063/901 | | 1.58/1.44 |
| 主变压器 1550/1175 | | 1046/858 | 1.48/1.37 |
| 国家标准 | | | ≥1.4/1.15 |

# 第三节　接 地 系 统 设 计

## 一、基本条件

抽水蓄能电站一般以高电压等级接入主网，系统短路电流较大。另外寒冷地区抽水蓄能电站大部分建在岩石较稳定的山区，因此电站整体土壤电阻率高，综合以上因素，电站的系统入地短路电流都比较大，其接地设计较为复杂和困难，需结合工程实际情况，充分利用好自然接地体、人工接地网、接地装置、阵列接地极和立体接地网沉湖等措施，对接地方案进行全方位考虑和论证。

## 二、接地装置

接地网的设计应充分利用自然接地体和人工接地体两部分构成。对于混合式抽水蓄能电站更应该合理的利用已有的常规水电站的接地网。纯抽水蓄能电站接地系统设计以人工接地网为主，同时应充分利用大量潮湿部位的水工建筑物钢筋和金属结构部件作为接地体使之与人工接地网连接，达到降低电站工频接地电阻的目的。

人工接地网包括主厂房接地网、上水库大坝及库区接地网、下水库坝区接地网、上水库进/出水口接地网、下水库进/出水口接地网、地面开关站接地网、洞口中控楼接地网等。

自然接地体包括主厂房、主变洞、尾闸室、引水洞、尾水洞等处的锚杆、结构钢筋、闸门门槽、金属构件及压力钢管等。

蓄能电站的地面开关站接地网、上水库进/出水口接地网、下水库进/出水口接地网与主厂房接地网距离较远，为减少了连接电阻，一般采用铜绞线替代接地扁钢，将在高压电缆道、引水洞、尾水洞接地网两端的连接。

### 三、接地电阻允许值

电站的全厂工频接地电阻应根据电站实际入地短路电流的大小进行计算，结果应满足《水力发电厂接地设计技术导则》（NB/T 35050—2015）中 4.1.1 条，有效接地系统的水力发电厂接地装置的接地电阻宜符合 $R\leqslant 2000/I$ 的规定。对于在高土壤电阻率地区或其他严重情况下，当接地装置要求做到规定的接地电阻值在技术上难以实施、经济上极不合理，可放宽至符合 $R\leqslant 5000/I$，但应做好均压、隔离等措施确保电站的安全运行。

### 四、降低接地电阻的措施

蓄能电站接地电阻值普遍偏高，很难达到规范允许值。为降低接地电阻一般可以采取扩大接地网面积、深井接地、加降阻剂等降低电阻措施。但降低接地电阻措施也要因地制宜，采用经济合理的方案。当经济上极为不合理的，也可以采用增设水平均压带、增加接地网孔数、适当改变土壤地质环境、下库两岸阵列布置接地网、沉湖铜覆圆钢立体接地笼等接地设计方案代替造价较高的降阻方案。

## 第四节　寒冷地区抽水蓄能电站接地设计

### 一、白山抽水蓄能电站

#### （一）接地设计

白山抽水蓄能电站属于混合式抽水蓄能，其接地网由白山一期（右岸）电站接地网、二期（左岸）电站接地网、大坝泄洪消能塘接地网和蓄能电站接地网等四部分连接起来构成统一的接地总网，利于降低总接地网的接地电阻。

蓄能电站位于地下，建筑物四周全部是岩石，岩石的电阻率较高，为满足大接地短路电流工频接地电阻值的要求，充分利用水工建筑钢筋和金属结构作自然接地体。此外在进水口扩散明渠处敷设水下接地网。在电站消能塘混凝土面下面敷设水下接地网，制造人工接地体，以降低总接地网的接地电阻值。

#### （二）接地电阻

（1）接地电阻允许值。蓄能电站接地系统为多重互联的接地网构成，考虑到白山一

期、二期连接在一起作为一个总的接地网，经计算，其接地电阻允许值不大于 0.62Ω。

（2）接地电阻计算值。经计算结果为蓄能电站总接地电阻为 1.18Ω，全厂总接地电阻为 0.92Ω。

（3）接地电阻实测值。经现场实测结果白山综合接地电阻值为 1.1Ω，大于允许值和计算值。

（4）处理措施。白山抽水蓄能电站除利用自身的人工接地网和自然接地外，还利用已有的白山水电站接地网，最终接地电阻仍达不到允许值的要求。但采取扩大接地网面积、深井接地、加降阻剂等降低电阻措施又很难实现，根据规范要求，在高土壤电阻率地区，当接地装置要求作到规定的接地电阻值在技术、经济上极不合理时，接地电阻值可以放宽，以接地装置电位（$E_w=IR$）不超过 5000V 为宜。因此根据各部位的实际情况，在电站工作人员经常活动的地区，如主变压器室、厂房地面、交通洞、SFC 室等部位全部敷设均压接地网，降低跨步电势和接触电势，采取防高电位引出和低电位引入等安全措施，保证电站正常运行和故障时的人身及设备安全。

## 二、蒲石河抽水蓄能电站

### （一）接地设计

蒲石河抽水蓄能电站属于纯抽水蓄能，人工接地网接地体均采用－50×5 镀锌接地扁钢，各接地网之间采用不少于 2 根的－50×5 镀锌接地扁钢连接，其中主厂房接地网布置面积约为 6000$m^2$、上水库大坝及库区接地网布置面积约为 20000$m^2$、下水库坝区接地网布置面积约为 15000$m^2$、上水库进/出水口接地网布置面积约为 10000$m^2$、下水库进/出水口接地网布置面积约为 2000$m^2$、地面开关站接地网布置面积约为 4200$m^2$、洞口中控楼接地网布置面积约为 5000$m^2$。

自然接地体包括主厂房、主变洞、尾闸室、引水洞、尾水洞等处的锚杆、结构钢筋、闸门门槽、金属构件及压力钢管等。

地面开关站接地网、上水库进/出水口接地网、下水库进/出水口接地网与主厂房接地网距离较远，在高压电缆道、引水洞、尾水洞接地网内敷设两条铜绞线（TJ－50）连接两端的接地体，减少了连接电阻，铜绞线与钢接地线之间采用热熔焊。

因排水廊道比较潮湿，为降低接地电阻，充分利用厂房上层和中层排水廊道并在其内采用了降阻剂（在宽为 20cm，深为 10cm 的槽内添加降阻剂包裹接地扁钢）。

在地面开关站避雷器附近设置了 5 根长度为 2500mm 的 G50 垂直接地极，以降低冲击接地电阻。

另外在地下厂房、地面开关站及交通洞口中控楼附近敷设的均压带或接地帽沿，以保证跨步电位差及接触电位差满足安全要求。

### （二）接地电阻

（1）接地电阻允许值。本电站接地电阻允许值，经计算全厂工频接地电阻（$R\leqslant 2000/I$）应不大于 0.38Ω。

（2）接地电阻计算值。根据电站的土壤、水和岩石电阻率，结合水工建筑特点，尽量利用水下水平接地网，充分利用开关站周围的面积，计算出全电站的工频接地电阻约为 0.666Ω。

(3) 接地电阻实测值。由于入地短路电流、接地电阻在计算时，所取参数均为最保守值。工程整体结束后，经现场实测，蒲石河抽水蓄能电站总的接地电阻为 0.18Ω，满足规范要求的允许值和设计要求的计算值。

## 三、荒沟抽水蓄能电站

本工程的接地装置由自然接地体和人工接地体两部分构成，自然接地体包括引水系统的钢筋混凝土管、压力钢管；尾水系统的钢筋混凝土管、压力钢管；钢筋混凝土衬砌的地下主厂房、母线洞、主变洞和尾闸室；高压电缆平洞及竖井等。人工接地体包括上水库进/出水口接地网；上水库坝区接地网；下水库进/出水口接地网；500kV 地面开关站、交通洞口生产综控楼均压接地网等。

根据《水力发电厂接地设计技术导则》(NB/T 35050—2015) 中第 4.1.1 条规定，有效接地系统的水力发电厂接地装置的接地电阻宜符合 $R \leqslant 2000/I(\Omega)$，根据接入系统资料，荒沟抽水蓄能电站接地电阻不应大于 2000/12335＝0.162Ω。工程计算结果，荒沟抽水蓄能电站接地电阻值为 0.28Ω，不能满足接地装置工频接地电阻值的要求。

根据本电站所处地理位置地质条件，厂房、主变洞基岩电阻率达 2700～4700Ω·m，属高电阻率地区，若接地网接地电位按 2000V 考虑，则电站接地装置总的接地电阻值要达到 $R \leqslant 0.162\Omega$ 比较困难。

根据《水力发电厂接地设计技术导则》(NB/T 35050—2015) 中第 4.1.3 条规定，在高土壤电阻率地区或其他严重情况下，当接地装置要求做到规定的接地电阻值在技术上难以实施、经济上极不合理，接地装置电位可以放宽，以接地装置电位不超过 5000V 为宜，并在设计接地网时，需验算接触电位差和跨步电位差，保证符合规范要求。

根据以上规定，荒沟抽水蓄能电站属高土壤电阻率地区，其接地电阻可放宽至，5000/12335＝0.41Ω，即高土壤电阻率的荒沟抽水蓄能电站接地电阻不应大于 0.41Ω 即可。为保证水电站正常运行和故障时的人身及设备安全，首先采取各种措施降低接地电阻，还利用化学降阻剂敷设引外接地网或采取其他均压、分流等措施。同时，采取相应措施保证电站的接触电位差、跨步电位差在安全范围内。

投运前，对整个接地网进行工频接地电阻实测，同时对 500kV 地面出线场、GIS 开关站室、主变室、洞内 GIS 室、高压电缆平洞及竖井、交通洞口生产综控楼、进厂交通洞等入口处进行接触电位差和跨步电位差的实测（其接触电位差不应超过 324V、跨步电位差不应超过 474V）。并根据实测结果，分析研究是否需采取降阻、均压措施。

# 第十一篇　电气二次设计

# 第四十一章　计算机监控系统

## 第一节　系统特点及设计原则

抽水蓄能电站在电力系统中承担着调频、填谷、调相和旋转备用等功能。具有调节峰谷负荷速度快、稳定电网频率、电压、改善电网供电质量等特点，提高了电网运行的灵活性和可靠性。在电网容量不断扩大的今天，抽水蓄能电站与火电、核电配合，可使火电站增发电量并减少煤耗，使核电站能保持稳定负荷长期运行，提高火、核电设备利用率，发挥较大的经济效益。

### 一、计算机监控系统特点

（1）全站监控系统的配置增大。抽水蓄能电站除具有常规水电站的发电、调相、停机等工况外，还有水泵抽水、水泵调相等工况。机组的工况转换流程多达20余种，运行设备也增加许多。如变频启动设备（SFC）；启动母线及换相开关设备；尾闸控制及闭锁系统；上、下库水力测量系统等，LCU的数量增加，使得抽水蓄能电站计算机监控系统的监测点显著增多。

（2）对监控系统的可靠性要求提高。抽水蓄能电站的“削峰填谷”“事故备用”等功能，决定了机组日启停频繁。仅机组从静止工况到抽水工况，就要经过转轮室充气压水、机组转子拖动、同期并列、转轮室排气造压及导叶开启抽水等复杂操作。由于机组运行工况多，控制流程繁杂，要保证电站设备安全稳定运行，要求对计算机监控系统网络结构、硬件性能、软件功能、数据库及其实时性、人机界面等的可靠性提出更高要求。

（3）监控系统通信功能更复杂。机组水泵工况的启动方式一般以变频启动为主，同步背靠背拖动为辅的2种方式，水泵启动过程中涉及2套LCU设备的同步协调控制，对于4台机组的电站，LCU的组合方式可达十多种。要求作为被启动机组的LCU通过网络采集机组公用LCU或拖动机组LCU的数据，发送相应控制命令，通过调速器和励磁装置实现频率、电压调整、满足同期并列，并切除拖动源。可见监控系统网络通信功能较常规机组更复杂。

（4）抽水蓄能电站的应用软件功能凸显最优发电和抽水联合控制要求。在常规水电站优化水库调度是经济运行的主要功能。而抽水蓄能电站的最优经济运行也是业内人士探讨和急需解决的问题。由于蓄能电站上库库容较小，为了保证足够的“削峰”发电时间，设计水头一般都选在算术平均值附近，使得抽水蓄能电站的水能利用率在75%以上。所以蓄能电站的经济运行就要求计算机监控系统的应用软件将包括许多新的内容。如将机组流量特性汇成曲线，换算为不同水头时段的动力特性。根据系统负荷要求，确定机组在相应水头下最优流量曲线，组合相应的机组投入，以降低抽水功耗，提高发电效率。在多台机组同时抽水时，选定最优的抽水组合方式，达到抽水的总耗能量最小。总之，抽水蓄能电站计算机监控系统的功能除应充分考虑其机组控制工况多、控制及监测信号量大，可靠性要求高等特点，监控系统设计中机组最优运行和最优发电与抽水联合控制功能是必须考虑的问题。

## 二、计算机监控系统设计原则

根据抽水蓄能电站的运行特点和计算机控制技术的发展状况，监控系统在方案设计时考虑以下原则：

（1）在满足高可靠性、可用性、实用性和良好的可维护性并兼顾经济性的基础上，按着国际先进水平和“无人值班（少人值守）”的运行要求进行设计。电站监控系统采用的监控模式，不再设置常规集中监控设备。但考虑电站机组运行安全的要求，机组现地控制单元中应配置用于水力机械事故保护的简化的独立继电器接线或可编程控制器（PLC）。发生重要的水机事故或现地控制单元冗余系统全部故障或工作电源全部失去时，水力机械事故停机的独立继电器接线或 PLC 应能执行完整的停机过程控制。

（2）计算机监控系统采用开放式环境下的分层分布式结构，具有可扩展性。开放技术遵循众多国际标准，包含的内容涉及系统硬件、系统软件及系统集成、系统应用等诸多方面。系统设备的配置应适应监控技术迅速发展及用户在使用监控系统中不断提出新的应用要求特点。良好的开放性和可扩展性，对于保护用户投资，方便用户技术更新换代和增加新的应用功能具有十分重要的意义。

分层分布一方面是指物理结构的分层分布，另一方面是指系统功能、数据库等的分布。对于抽水蓄能电站的监控，水泵工况 SFC 拖动多台机组，BTB 启动过程中要全部机组两两组合，协调工作，所以抽水蓄能电站监控系统在考虑功能和结构的分层分布外，也须考虑到一些集中协调控制的因素。

（3）监控系统采取冗余技术来实现系统的可靠性。采用冗余技术是提高监控系统可靠性的重要手段之一，监控系统主机和操作员工作站现在一般都采用双机冗余结构，对于现地控制装置可根据机组容量大小及其在电力系统中的作用地位，并考虑性能价格比因素，选择异构型冗余，同构性冗余或交叉冗余等方式。

主机及操作员工作站、调度通信工作站均采用双机冗余热备结构，监控系统网络采用双光纤冗余配置，LCU 采用双冗余电源、双冗余网络模件、双 CPU 热备方式配置。系统内的局部故障不影响现场设备的正常运行，系统的平均无故障时间（MTBF）、平均停运时间（MDT）、平均检修时间（MTTR）各项性能指标均满足部颁《水电厂计算机监控系统基本技术条件》及《水力发电厂计算机监控系统设计技术规定》的要求。

（4）计算机监控系统的通信满足国家经贸委颁布的《电网与电厂计算机监控系统及调度数据网络安全防护规定》、国家电力监管委员会颁布的《电力系统安全防护规定》及“发电厂二次系统安全防护指南”和“电力二次系统安全防护总体方案”等文件和规定的要求，并进行软、硬件隔离。

（5）系统应采用运行成熟、可靠性高、抗干扰能力强、适应现场环境的标准化硬件、软件、网络设备，且具有提供备品备件和长期技术服务支持的供应商。

（6）软件采用模块化、结构化设计，为系统的规模扩充、功能增加、提供技术保障。

（7）人机接口功能强，界面友好，易于操作和维护。

（8）抽水蓄能电站按照“无人值班”（少人值守）方式设计，满足以下基本要求：

1）抽水蓄能电站应具有远程控制和监视功能，在不能实现远方直接控制机组时，可通过电站中央控制室对机组实现控制与监视。

2）抽水蓄能电站设备的选择应保证质量优良、运行可靠、安全稳定。应有完备、可靠、安全的技术措施支撑。

## 第二节　监控系统结构功能与性能指标及流程设计

### 一、监控系统基本结构

抽水蓄能电站计算机监控系统结构配置充分体现分层分布特点，系统分为电站控制层和现地控制层2级。电站控制层是电站的控制核心，通常按监控功能分布设置监控节点，由各节点完成对全站运行设备的监控与管理功能，其重点强化其配置和功能以及数据的处理、存储能力。现地控制层通常按电站设备的布置设置现地控制单元，可在脱离电站控制层的情况下独立地完成对所属机电设备的自动监控。

在保证系统可靠性和实时性的前提下，监控系统内外设备信息交换尽量采用数字化、网络化通信，并以以太网和现场总线为主要的网络形式，尽量减少控制电缆及其带来的隐患和安装维护工作量，同时增加信息交换量，增强通信能力。但对于开机主要条件和涉及电站运行安全及事故的I/O量，保留硬布线连接。

### 二、监控系统网络结构设计

#### （一）监控系统网络概述

抽水蓄能电站计算机监控系统网络通常采用冗余结构，站控级与现地控制级间、站控级各节点间及现地级各LCU间采用冗余节点网络连接，任一节点故障退出或正常维护检修不影响对电站设备的安全监控。通常采用以太网，电站控制级与现地控制单元（LCU）之间、现地控制单元之间通过冗余以太网进行通讯，通讯协议为TCP/IP网络协议，在电站控制级退出运行后现地控制单元仍能实现独立运行。现地控制单元与其他计算机控制子系统之间通过现场总线进行信息交换，对于无法采用现场总线进行通信的设备采用硬布线I/O进行连接。另外，对于重要的安全运行信息、控制命令和事故信号除采用现场总线通信外，还通过I/O点直接连接，以实现双路通道连接，确保运行安全可靠。

#### （二）网络结构设计

蓄能电站计算机监控系统站控级与现地控制级间、站控级各节点间及现地级各LCU

间采用网络连接。网络设计有两种选择：一是星形网络，二是环形网络。星形网拓扑结构是用一个节点作为中心节点，其他节点直接与中心节点相连构成的网络；环形结构由网络中若干节点通过点对点的链路首尾相连形成一个闭合的环，数据在环路中沿着一个方向在各个节点间传输，信息从一个节点传到另一个节点。

（1）星形网优点：

1）故障诊断和隔离容易：中央节点对连接线路可以逐一隔离进行故障检测和定位，单个连接点的故障只影响一个设备，不会影响全网。

2）网络响应时间短：由于信息源在星网中穿过节点少，网络的响应时间短。

3）网络扩展能力强：新添加或移动节点，仅影响该节点通信，不影响整个网络。网络建设的节点可以分批建设、分批接入，现场投运组网时，先期的网络建设与后续的网络建设完全独立，每一次的网络建设都可以实现完整的调试，后续现地 LCU 交换机接入主交换机的时间也可以随时根据投产的实际需要调整。机组台数越多，需要接入的现地 LCU 越多，星形网络相比较环形网络在这方面的优势就越明显。

（2）星型网缺点：

1）可靠性低：单个节点故障，该节点通信故障。

2）网络光缆和电缆用量较多。

（3）环形网优点：

1）可靠性高，单个节点故障，环网解列为星网，不影响通信。

2）网络光缆和电缆用量较少。

（4）环形网缺点：

1）环形网络前期投资比较大。建立一个环形网络，接入环网的交换机设备和 LCU 同时上马，动工。但是实际上，抽水蓄能计算机监控系统是分批投产的，所有 LCU 同时具备上马和投运条件的情况比较少，为了与上位机系统的主交换机形成环网运行调试，需要重复拉线，增加无谓的光纤投资。机组台数越多，则该项的重复投资和浪费则越大。

2）环形网线路上若出现 2 个故障点，则计算机监控系统网络无法自愈，并且 2 个故障点之间的所有节点也全部处于脱网状态，受影响的范围扩大，增加了计算机监控系统网络的不稳定性和数据的损失。

3）在工程实际应用过程中，水电站的水轮机组每年都需要检修，检修时，环网网络无法连接，影响整个计算机监控系统的网络正常运行。

（5）冗余的星型网、环形网相结合的网络结构。在网络结构中，采用双主干环网配置，每个主干环上按地理位置设有中控楼、开关站、主厂房以及下库坝、地区变电所等多个环网交换机，中控楼交换机以星型方式接入所有上位机以及中控 LCU、下库 LCU 等；主厂房交换机以星型方式接入各机组 LCU、公用、厂用 LCU、抽水启动 LCU 等；开关站交换机以星型方式接入开关站 LCU、上水库 LCU 等。

这种方式既兼顾了双环网的快速自愈性能，又满足了工程上灵活的 LCU 接入的需要。性价比高，稳定可靠，并且可以很好地保护用户的投资。国内蓄能电站已有采用主干环形光纤通信网结构，实现星型网、环形网功能相结合的实际案例。

## 三、监控系统主要功能

**（一）电站级功能**

（1）数据采集和处理：对全电站机电设备的电气量和非电气量以及运行信息定时或随机进行采集，经处理后及时储存并更新数据库。

（2）安全监测：对全厂主要机电设备运行状态和运行参数进行巡回检测、越限报警、趋势分析、事故追忆和显示记录。

（3）电站优化运行：根据机组特性曲线和上下库水位情况实现电站的优化运行。

（4）控制与调节：操作员可在操作人员工作站上通过人机接口（鼠标或键盘），或者监控系统根据调度的命令（包括 AGC、AVC 等）自动进行控制和调节。

1）机组开、停操作，同期并网，工况转换操作。

2）机组或全厂的有功功率及频率调节，机组或全厂的无功功率及电压的调节。

3）断路器、隔离开关、接地开关、换相和起动隔离开关、短路制动开关的投入与分断，系统断路器同期并网等。操作程序有可靠的防误闭锁措施。

4）全厂公用设备的起动、停止或上升/下降操作。

（5）数据通信：通过冗余总线网络进行内部通信；通过路由器实现与调度端控制系统通信。

1）提供系统自诊断和容错功能。

2）事故处理指导和恢复操作指导。

3）程序开发及运行人员培训。

**（二）现地控制级功能**

（1）机组现地控制单元主要功能如下：

1）数据采集和处理：采集水泵水轮机及其附属设备、发电电动机及其附属设备、发电机电压设备、主变压器及其附属设备、机组进水球阀、机组配电系统等设备的模拟量、开关量和脉冲量，完成数据处理任务后，存入数据库，根据需要上送电站控制级。

2）状态监视：通过人机接口，在现地控制单元显示机组、主变的主要电气量和温度量以及有关设备的状态或参数及主要操作流程，并对机组的启停操作、机组工况转换过程及故障报警信号进行监视。

3）控制：正常运行时，LCU 接受电站控制级的命令进行控制和调整，当电站控制级退出或通信中断的情况下，LCU 能独立工作，完成机组的闭环控制，保证机组安全运行。机组的控制包括：水轮机发电机组的起动及工况转换，正常停机，事故停机，紧急停机，背靠背起动，SFC 起动、零起升压等。

4）通信：完成与电站控制级和其他 LCU 的数据交换，实时上送电站控制级所需的过程信息，接收电站控制级的控制和调节命令。接收电站的卫星同步时钟系统（GPS）的对时信号，保持与电站控制级同步。机组现地控制单元设有以太网通信口和串行通信口，与调速系统、励磁系统、机组/主变保护等进行通信。

5）自动诊断功能。

（2）厂内公用设备、变频起动设备、开关站设备、上库公共设备、施工变电所设备、下库公共设备、下库坝设备和中控楼公共设备等现地控制单元主要功能如下：

1）数据采集和处理：各公用 LCU 分别采集各自监视控制范围内设备的模拟量、开关量和脉冲量，完成数据处理任务后，存入数据库，根据需要上送电站控制级。

2）状态监视：通过人机接口，在现地控制单元显示主要电气量以及有关设备的状态或参数及主要操作画面，并对越限报警信号进行监视。

3）控制：正常接受电站控制级命令，进行控制操作，当电站控制级退出或通信中断的情况下，LCU 能独立工作，完成对所控设备的闭环控制，保证所属设备的安全运行。

4）通信：完成与电站控制级的数据交换，实时上送电站控制级所需的过程信息，接收电站控制级的控制和调节命令。接收电站的卫星同步时钟系统（GPS）的对时信号，保持与电站控制级同步。现地控制单元设有串行通信口，厂用电系统的电流、电压和直流系统等详细信号均通过串行通信口采集。

5）自动诊断功能。

## 四、监控系统主要性能指标

### （一）系统主要性能指标要求

计算机监控系统性能主要包括实时性、可靠性、可维修性、可用性、可变性及系统安全性等方面。

1. 实时性

计算机监控系统设备的实时性反映在系统的各种响应时间上，包括微处理机处理、存储器存储、数据采集及处理、通道传输、软件等的速度或效率，同时还应考虑故障时重载对响应时间的影响。

（1）单元级 LCU 响应时间。单元级 LCU 响应能力满足对于生产过程的数据采集时间或控制命令执行时间的要求。

1）状态和报警点采集周期：≤1s。

2）模拟量采集周期：电量≤1s，非电量（包括温度量）≤1s。

3）事件顺序记录点（SOE）分辨率：≤1ms。

4）LCU 接受控制命令到开始执行的时间小于 1s。

5）从任何一个 LCU 采集到的变化数据送到主机数据库的时间小于 1s（随机），小于 2s（定时）。

6）时钟同步精度分辨率小于 1μs。

（2）主控级的响能力。主控级的响能力满足系统数据采集、人机接口、控制功能和系统通信的时间要求。

1）主控级数据采集时间包括单元级 LCU 数据采集时间和相应数据再采入主控级数据库的时间，后者不超过 1s。

2）人机接口响应时间：

a. 调用新画面的响应时间：全图形显示不大于 1s。

b. 在已显示的画面上实时数据刷新时间从数据库刷新后算起不大于 1s。

c. 操作员发出执行命令到控制单元回答显示的时间不超过 1s。

d. 报警或事件产生到画面字符显示和发出音响的时间不超过1s。

3）主控级控制功能的响应时间：

a. 有功功率联合控制功能执行周期为3s～1min可调。

b. 无功功率联合控制功能执行周期为3s～3min可调。

c. 自动经济运行功能处理周期为5～30min可调。

d. 站控级自动控制命令执行的响应时间即从控制命令发出到现地级控制点执行该控制命令的时间不超过1s。

4）主控级对调度系统数据采集和控制的响应时间满足调度系统的要求。

a. 所有传送信息的变化响应时间≤2s。

b. 事件顺序记录（SOE）分辨率：≤1ms。

5）双机（工作站）切换时间：双机热备用，切换时应无扰动、实时数据不丢失、实时任务不中断。

2. 可靠性

系统可靠性要求任何设备的任何故障均不应影响其他设备的正常运行，同时也不能造成所有被控设备的任何误动或关键性故障。系统设备的故障平均间隔时间MTBF是考察设备可靠性的重要参数。

（1）站控级各工作站或计算机（含磁盘）的平均无故障时间（MTBF）大于30000h，交换机设备、现地控制单元装置大于50000h，其他设备大于25000h。

（2）对于设备运行中MTBF的考核值可以考虑以设备正式投运后的两年时间为计算期限，其中包括正常停机时间。如果故障的处理时间超过规定的维修时间，则计算期限相应延长。采用制造厂提供的合格的备件来更换故障组件。

（3）监控系统的使用寿命为15年以上。

3. 可维修性

（1）可维修性参数平均修复时间（MTTR）由制造厂提供，当不包括管理辅助时间和运送时间时，一般在0.5h以内。

（2）制造厂应采取下列措施以提高设备的可维修性：

1）设备具有自诊断和故障寻找程序，按现场可更换部件的水平来确定故障位置。

2）有便于试验和隔离故障的断开点。

3）配置合适的专用安装、拆卸工具。

4）互换件或不可互换件有识别措施。

5）预防性维修不引起磨损性故障。

6）提高硬件的代换能力。

4. 可利用率

（1）计算机监控系统在最终验收时的可利用率不得低于99.99%。

（2）考核系统可利用率的计算表达式为：

$$A=\text{可使用时间}\div(\text{可使用时间}+\text{维修停机时间})\times 100\%$$

式中：$A$为可利用率；所有时间的单位均为小时（h）。

(3) 可使用时间＝考核（试验）时间－维修停机时间。

(4) 考核（试验）时间（h）

本系统设备在“现场交接证书”签发后即开始进入可利用率的考核时间，考核时间取8760h。

(5) 维修停机时间（h）

1) 维修停机时间包括故障维护时间、影响设备使用的预防性维修时间和扩充停机时间。

2) 故障维修时间仅计算检查故障和处理故障设备使其恢复正常运行的时间，它不包括通知和安排维修人员时间，不包括等待备件和维修工具的时间。但对于重复性故障，其故障维修时间取故障发生到处理结束的全部连续时间。

3) 维修停机时间中所含现地控制单元的故障维修时间按所有现地控制单元故障维修时间总和除以现地控制单元总个数的商进行计算。

4) 可不计入故障维修时间的设备故障有：非关键性故障（不影响监控系统运行或不需要停机维修的故障）、冗余部件中不影响功能的故障。

5) 维修停机时间按规定的考核时间范围进行统计。

**（二）某电站计算机监控系统主要性能指标**

计算机监控系统系统性能保证如表41－1～表41－5所示。

**表41－1　　系统性能保证表**

| 序号 | 参数名称 | 参　　数 | 单位 |
|---|---|---|---|
| 1 | 系统可用率 | 不小于99.99 | % |
| 2 | MTBF | 不小于50000 | h |
| 3 | 实时数据库更新时间 | 不小于1 | s |
| 4 | 控制命令响应时间 | 不大于1 | s |
| 5 | 新画面调用响应时间 | 不大于1 | s |
| 6 | 动态数据刷新时间 | 不大于1 | s |
| 7 | 事件分辨率 | 不大于1 | ms |

**表41－2　　主控级计算机性能保证表**

| 序号 | 参数名称 | 参　　数 | 单位 |
|---|---|---|---|
| 1 | 主存储器容量 | 不小于4×73 | GB |
| 2 | 存储周期 | 不大于2 | ns |
| 3 | 存取时间 | 不大于2 | ns |
| 4 | 辅助存储器容量 | 不小于4×73 | GB |
| 5 | 主振频率 | 等于1600 | MHz |
| 6 | MTBF | 不小于50000 | h |
| 7 | MTTR | 不大于0.5 | h |

表 41-3　　现地控制单元性能保证表

| 序号 | 参数名称 | 参　数 | 单位 |
|---|---|---|---|
| 1 | 存储容量 | 不小于 64 | MB |
| 2 | 扫查周期 | 不大于 15 | ms |
| 3 | 数字量输出接点容量 | 不小于 50 | W |
| 4 | 数字量输出接点工作电压 | 等于 24 | V |
| 5 | 模拟量输入、模/数转换精度 | 等于 12 | Bit |
| 6 | MTBF | 不小于 60000 | h |
| 7 | MTTR | 不大于 0.5 | h |
| 8 | 整机消耗功率 | 不大于 600 | W |

表 41-4　　网络系统性能保证表

| 序号 | 参数名称 | 参　数 | 单位 |
|---|---|---|---|
| 1 | 30～500MHz 电磁场辐射抗干扰能力 | 等于 10 | V/m |
| 2 | 共模抑制比 | 不小于 90 | db |
| 3 | 差模抑制比 | 不小于 60 | db |
| 4 | 总线最大传输距离 | 等于 65 | km |
| 5 | 相邻站间最大距离（100Mbps） | 等于 65 | km |
| 6 | 传输速率 | 等于 100 | Mbps |
| 7 | 通信介质 | 光纤、双绞线 | |
| 8 | 通信规约 | TCP/IP | |

表 41-5　　LCU 不间断电源性能保证表

| 序号 | 参数名称 | 参　数 | 单位 |
|---|---|---|---|
| 1 | 失去交流电源后可持续供电时间 | 等于（由直流供电） | h |
| 2 | 切换时间 | 等于 0 | ms |
| 3 | MTBF | 不小于 60000 | h |
| 4 | MTTR | 不大于 0.5 | h |

## 五、计算机监控流程设计

### （一）机组监控单元控制流程设计要求

由于大型抽水蓄能机组运行工况多，控制流程复杂，机组操作频繁，对监控系统的可靠性和成功率的要求很高，因此，对大型抽水蓄能机组关键控制流程提出了如下要求：

（1）模块化结构化：为了流程编写、修改方便，且节省内存，应将流程模块化，每一个工况转换流程都是由几个子流程模块组合而成。控制流程应根据现场实际需要进行编写，并可通过人机接口添加需增加的控制流程或修改原有的流程，以扩充和完善监控系统的控制功能。

(2) 执行灵活：在操作人员发出机组操作命令后，监控系统可以自动按照预先设定的流程完成全部的操作，也可以在操作人员干预下进行现地单步操作。

(3) 运行可靠：每一功能和操作都需提供检查和校核，防止不合理的或非法的命令输入。控制流程的每一步操作，均设置启动条件或以上一步操作成功为条件，仅当条件具备后，才解除对下一步操作的闭锁，允许下一步操作，当操作命令有误时能自动闭锁并产生报警，保证监控系统的正常运行，极大地提高了可靠性和容错能力。

(4) 安全优先：停机命令优先于发电、发电调相和抽水、抽水调相命令，一旦停机命令被选中，其他控制命令均被禁止；各种工况转换中，如果单步操作延时故障，将直接调用事故停机控制流程，使机组停机。

**(二) 监控系统控制流程结构**

根据控制流程结构需求，将抽水蓄能电站机组流程分割成如下运行工况：静止、旋转备用（空载）、发电、发电调相、抽水调相、抽水等 6 种稳态运行工况；黑起动 1 种特殊态运行工况；停机热备、背靠背拖动、背靠背抽水、SFC 抽水 4 种暂态运行工况；机组空转作为 1 种次暂态运行工况。稳态和特殊态运行工况能够作为操作员选择目标，暂态和次暂态运行工况则不能作为操作员选择目标，这样，整个机组控制流程便可以全部模块化，每种工况转换流程都可以由几个子流程模块组合而成。抽水蓄能电站机组流程结构见图 41-1～图 41-3。

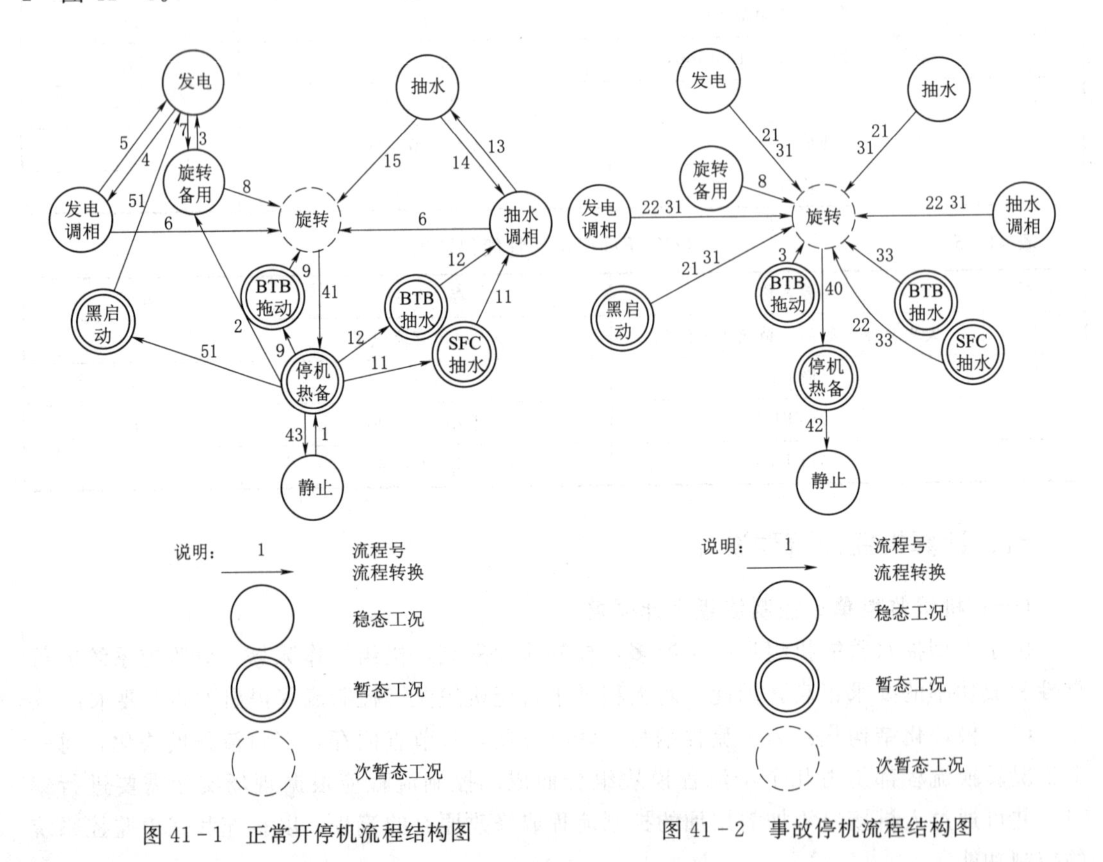


图 41-1　正常开停机流程结构图　　图 41-2　事故停机流程结构图

## （三）抽水蓄能电站机组流程转换

1. 确定各种工况的转换条件

抽水蓄能电站机组流程从一种工况转换到另一种工况（停机除外）都先判断转换条件是否满足，只有转换条件满足时才执行相应工况转换流程；而且，每分步前都再次判断转换条件是否满足，只有转换条件满足时才继续执行相应工况转换流程；此外，控制流程的每一步操作均设置操作条件，仅当操作条件具备后，才解除对下一步操作的闭锁，允许下一步操作。

2. 确定各种工况转换的时间

控制流程的每一步操作均设置执行时间监视，若在规定时间内该步操作受阻，反馈条件未具备，则输出报警信号，并退出控制流程，同时调用事故停机控制流程，使机组停机。

3. 确定工况转换表

机组监控流程从一种工况到另一种工况转换，需要调用一个或几个子流程，根据监控系统控制流程结构，确定每一种工况转换所需子流程的代号和组合顺序，生成工况转换表，这样便于编写模块化控制流程，节省监控内存，调用方便可靠。例如某抽水蓄能电站机组由静止工况转为旋转备用工况，根据正常开停机流程结构图，先调用“机组静止”转“停机热备”子流程 1，再调用“停机热备”转“旋转备用”子流程 2。1+2 即机组由静止停机工况转为旋转备用工况的子流程组合。某抽水蓄能电站机组其他工况转换子流程如表 41－6 所示。

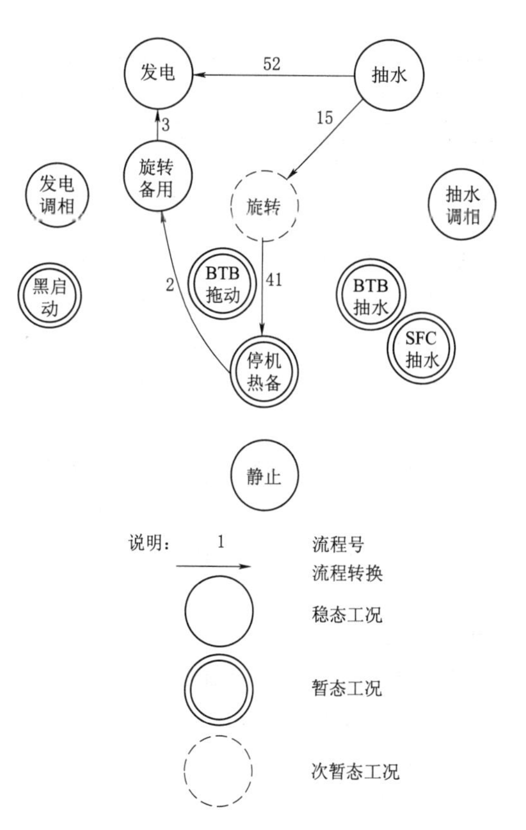

图 41－3　抽水转发电流程结构图

表 41－6　　某抽水蓄能电站机组工况转换表

| 目标态<br>初始态 | 静止 | 旋转备用 | 发电 | 发电调相 | 黑启动 | 抽水 | 抽水调相 | 机械停机 | 电气停机 |
|---|---|---|---|---|---|---|---|---|---|
| 静止 | × | 1+2 | 1+2+3 | 1+2+3+4 | 1+51 | 1+11+13<br>或 1+12+13 | 1+11<br>1+12 | × | × |
| 旋转备用 | 8+41+43 | × | 3 | 3+4 | × | × | × | 21+40+42 | 31+40+42 |
| 发电 | 7+8+41+43 | 7 | × | 4 | × | × | × | 21+40+42 | 31+40+42 |
| 发电调相 | 6+41+43 | 5+7 | 5 | × | × | × | × | 22+40+42 | 31+40+42 |
| 黑启动 | 7+8+41+43 | × | × | × | × | × | × | 21+40+42 | 31+40+42 |
| 抽水 | 15+41+43 | × | 15+41+2+3<br>或 52 | × | × | × | 14 | 21+40+42 | 31+40+42 |
| 抽水调相 | 6+41+43 | × | × | × | × | 13 | × | 22+40+42 | 31+40+42 |
| SFC 抽水 | 17+41+43 | × | × | × | × | × | × | 22+40+42 | 33+40+42 |

续表

| 目标态<br>初始态 | 静止 | 旋转备用 | 发电 | 发电调相 | 黑启动 | 抽水 | 抽水调相 | 机械停机 | 电气停机 |
|---|---|---|---|---|---|---|---|---|---|
| BTB 抽水 | 17+41+43 | × | × | × | × | × | × | 33+40+42 | 33+40+42 |
| BTB 拖动 | 17+41+43 | × | × | × | × | × | × | 32+40+42 | 32+40+42 |

注　×表示不能直接转换。

某抽水蓄能机组控制共设有 10 种机组控制性质：旋转备用、发电、发电调相、抽水调相、抽水、停机、机械事故停机、电气事故停机、黑启动、抽水转发电（正常）和抽水转发电（紧急），其控制优先级设置为：电气事故停机＞机械事故停机＞停机＞旋转备用＝发电＝发电调相＝抽水＝抽水调相＝BTB 拖动＝抽水转发电（正常）＝抽水转发电（紧急）＝黑启动。

为了方便运行、调试与检修，抽水蓄能机组 LCU 设置了远方/现地自动/现地单步/检修 4 位置带钥匙把手，这样，抽水蓄能机组流程既可以实现机组工况的全自动转换，也可以分步自动转换。单步设置原则为：既方便调试与检修，又能够保证机组安全可靠运行。

4. 编制控制流程

抽水蓄能电站现地控制单元 PLC 通常采用流程图编程软件，先设计控制流程图，把生成的图形转化为顺控语言，并可预编译为汇编代码，下载到 PLC 中，然后通过交互式界面对流程进行调试。

某抽水蓄能电站采用 MB 系列 PLC 的 MBPro 编程软件，该编程软件提供两种编程语言：梯形图和流程图。在联机情况下，可以直接修改梯形功能模块的参数，也可增删功能模块，具有“所见即所得”可视化的编程功能，与设计单位设计的控制流程非常类似。当控制流程设计完成时，即意味着编程的结束。可视化的编程功能还包括顺控流程调试图形化显示，支持单步执行方式；流程的加锁、解锁；流程执行的异常陷阱处理；通过顺控流程的预编译，确保流程正确执行。

5. 水泵启动控制说明

水泵启动采用 SFC 水泵起动为主用水泵启动方式，背靠背水泵启动为备用水泵启动方式。

（1）SFC 水泵启动控制说明。

1）在机组控制画面的“拖动机选择”菜单中选择“SFC”拖动命令。

2）在机组控制画面的“机组操作”菜单中选择“抽水”命令，运行人员通过人机界面实时监视 SFC 水泵启动控制流程执行情况。

3）机组 LCU 自动执行 SFC 水泵启动控制流程，并自动调用抽水启动 LCU 的 SFC 启动控制流程，协调配合完成 SFC 水泵启动控制。

4）当机组水泵启动并网后，机组 LCU 自动调用抽水启动 LCU 的 SFC 停止控制流程，使 SFC 退出。

（2）背靠背水泵启动控制说明。

1）在机组控制画面的“拖动机选择”菜单中选择“＊号机组”拖动命令。

2）在机组控制画面的“机组操作”菜单中选择“抽水”命令，运行人员通过人机界

面实时监视背靠背水泵启动控制流程执行情况。

3）机组 LCU 自动执行背靠背水泵启动控制流程，并自动调用拖动机组 LCU 的背靠背拖动控制流程，协调配合完成背靠背水泵启动控制。

4）当机组水泵启动并网后，机组 LCU 自动调用拖动机组 LCU 的停机控制流程，使拖动机组停机。

## 第三节　二次系统安全防护

计算机监控系统应遵守《电力二次系统安全防护规定》国家电力监管委员会五号令等有关规定，具有安全防护功能，为防范黑客、病毒及恶意代码等对电力二次系统的侵害和攻击，防止内部或外部用户的非法访问、操作、获取信息，防止安全等级较低的系统（如非生产控制区的系统、办公区的系统）对监控系统安全运行的干扰。避免由此引发的电力系统事故，保障电力系统的正常稳定运行，电厂制定了二次系统的安全防护方案。

监控系统应具有对其内部故障的安全防护功能，在发生系统软件或硬件故障时，不应造成对所属设备的安全运行出现误控。监控系统内部信息交换应根据具体情况采取必要的访问控制。

监控系统应具有外部系统通信安全防护功能。除了对电站设备进行远方运行监控的调度外，监控系统应设计为禁止任何其他外部系统对其内部进行登陆访问的系统。监控系统与外部系统的信息交换应仅在监控系统指定的路由器上进行，该路由器与监控系统网络的联结及与外部系统的联结应设置满足安全防护功能要求的安全防护设施。

### 一、安全防护原则

电力二次系统安全防护的总体原则为“安全分区、网络专用、横向隔离、纵向认证”，以保证电力监控系统和电力调度数据网络的安全。

监控系统应严格执行《电力二次系统安全防护规定》（〔2004〕电监会 5 号令）及《关于印发〈电力二次系统安全防护总体方案〉等安全防护方案的通知》（电监安全〔2006〕34 号）的要求，进行安全防护。安全防护实施方案须经过上级信息安全主管部门和相应电力调度机构的审核和验收。

### 二、安全防护措施

(1) 安全分区。电厂监控系统总体架构横向划分为安全Ⅰ区、安全Ⅱ区和管理信息大区等部分；纵向划分为过程层、单元层和厂站层。各纵向分层之间通过过程层网和厂站层网相互连接。电厂在单元层部署各类现地自动化系统。

生产控制大区可以分为控制区（安全Ⅰ区）与非控制区（安全Ⅱ区），计算机监控系统（安全Ⅰ区）与非控制区（安全Ⅱ区）之间应采用具有访问控制功能的设备、防火墙或者相当功能的设施，实现逻辑隔离。

安全Ⅰ区部署计算机监控上位机系统、继电保护、现地监控、调速、励磁、辅机、微机五防等系统；部署自动发电控制（AGC）、自动电压控制（AVC）、经济调度控制（EDC）等智能应用组件。

安全Ⅱ区部署机组状态监测、变压器状态监测、发电计划节能考核等应用组件，在线监测应用程序。

（2）电站计算机监控系统通过电力广域网与网调、省调的通信，必须加装经过国家指定部门检测认证的电力专用纵向加密认证装置或者加密认证网关及相应设施。

某抽水蓄能电站计算机监控系统对省调、网调的调度通道采用两套冗余通信工作站，接于电站级双星形数据网，每台通信工作站接一套经电网检测认证的电力专用纵向加密认证装置，再经通信路由器接于电网专用调度数据通道。

某抽水蓄能电站保信子站数据、电量计费系统数据、PMU 数据等通过一块数据网接入装置接入数据网一平面和二平面。数据网接入点均为网调，至网调配置 2 路 2X2M SDH 通道。

数据网接入设备及网络安全设备，每套设备包括：2 台路由器、2 台接入交换机、2 台纵向加密认证装置及网线等设备。

电站内系统互联及与调度端系统连接遵守《全国电力二次系统安全防护总体方案》、《××电网二次系统安全防护工作指导意见》以及《××网调二次系统安全防护实施方案》，确保数据的保密性及安全性。二平面与一平面接入方式相同。

（3）监控系统与外部网络（如电站管理信息系统、水情自动测报系统等）的连接必须有物理隔离和其他安全措施，根据国家电力监管委员会《电力二次系统安全防护规定》的要求，配置经国家指定部门检测认证的电力专用横向单向安全隔离装置。

某机组状态监测系统的状态数据服务器与监控系统之间通过硬件防火墙进行横向隔离；状态数据服务器与 Web 通过公网传输状态信息要经过纵向隔离加密装置，保证数据安全。

（4）电站主计算机、调度通信工作站、厂内通信工作站等应使用安全加固的操作系统。加固方式包括：安全配置、安全补丁、采用专用软件强化操作系统访问控制能力，以及配置安全的应用程序。安全加固操作系统应为通过国家电网安全实验室测评的合格产品，并获得公安部颁发的计算机信息系统安全专用产品销售许可证。

## 第四节　监控系统与现地设备的连接

监控系统中，现地监控系统的各 LCU 分别负责与机组的励磁、调速、机组辅助设备、水力机械保护系统、电气测量、非电量测量、变压器辅助设备、排水系统和空气压缩系统控制、同期系统、断路器、隔离开关、接地开关等的就地监控系统的接口。监控系统接收这些设备的运行信息并通过运行信息对运行设备进行控制与调节。考虑电站运行的可靠性及安全性，在监控系统或某一现地 LCU 退出运行时，电站设备的就地控制系统与继电保护系统能够保证电站设备继续安全运行。

### 一、LCU 与励磁系统接口要求

（1）励磁系统应提供无源输出节点接入 LCU。励磁系统事故要求跳闸或紧急停机的

输出常开接点，应接入 LCU，也可由继电保护对 LCU 提供相应的接点。

（2）励磁系统接入 LCU 开关量：调节器运行状态。正常、故障、现地/远方位置。运行模式。自动电压调节/励磁电流调节、冗余调节器选择位置。调节器Ⅰ或Ⅱ信号。磁场断路器合/分位置、励磁调节上/下限、过励/欠励限制动作、设定值超限、励磁系统已具备开机条件、启励开关合闸位置信号、调节器Ⅰ或Ⅱ投入、PSS 投/退、紧急切换至励磁电流调节、励磁系统事故跳闸停机、励磁已具投入电气制动条件、电源消失等信号。

（3）励磁系统接入 LCU 模拟量：励磁变温度 RTD、励磁电压、励磁电流、无功/电压给定；

（4）LCU 输出励磁系统开关量：开机、停机、增无功/电压、减无功/电压、磁场断路器合/分、PSS 投/退、投电气制动、调节方式选择（自动电压/励磁电流等）。

（5）手动停机、紧急停机启动灭磁的输入信息（应为常开接点）应以硬布线方式接入励磁系统。

（6）蓄能机组励磁系统调节器为冗余结构，两个调节器一般采用公用的接口与 LCU 连接，包括 I/O 接口与通信接口。

（7）励磁调节器一般不设置卫星的对时接口。励磁系统的 I/O 连接至 LCU 的信息应在 LCU 给出时间标志。

（8）LCU 通过励磁调节器的接口对机组进行调节，通过改变励磁调节器的无功/电压给定装置对机组进行增减无功和电压。LCU 增减机组无功/电压宜采用差值信号输出。LCU 投/退时不应影响调节器工作及造成机组无功/电压的波动。

## 二、LCU 与调速系统接口要求

（1）机组的调速器接受 LCU 给定值进行调节，以给定值与调节器给定值之差或与现发电值之差进行调节。只有在调节器的给定值等于 LCU 的设定值后，或机组发电值等于给定值后，调节器才不再需要 LCU 的输出调节信号。LCU 可平稳地投/退，包括 LCU 故障自动退出而不影响机组的运行状态。

（2）调速系统接入 LCU 开关量：

调速器的运行状态、现地、远方位置、自动、手动位置及各种定值，油泵运行状态，油压系统现地、远方位置，压力油压异常、压力油压过低，集油槽油位过低信号，导水叶位置、导水叶锁定投入、导水叶锁定切除，紧急停机电磁阀动作、过速限制器动作信号，漏油槽油泵（含备用泵）运行状态、油位过高信号等。

（3）LCU 输出调速系统开关量：开机、停机、增有功、减有功、紧急停机、关过速限制器、开过速限制器、投入导水叶锁定、切除导水叶锁定等信号。

（4）LCU 输出至调速系统模拟量：上水库水位、下水库水位、有功功率、频率等信号。

（5）调速系统的两个调节器一般应采用公用的接口与 LCU 连接，包括 I/O 接口与通信接口。调速系统以 I/O 输出至 LCU 的信息均在 LCU 给出时间标志时，调速器可不设置卫星的对时接口。否则调速器应有卫星的对时接口。

（6）调速系统事故及低油压要求停机及跳闸的输出应为常开接点，应首先保证对水力机械保护结线及继电保护接线的接入，当调速系统不可能再提供与之相同的输出接入LCU时，可由水力机械保护结线或继电保护接线对LCU提供相应的接点。

### 三、LCU与继电保护的接口要求

（1）继电保护系统应独立于现地控制单元LCU，在现地控制单元LCU退出运行时继电保护系统可独立运行。

（2）继电保护的各种保护动作时及保护装置故障时应以开关量方式接入LCU。由于继电保护作用的停机或跳闸输出是以硬布线方式接入调速系统、励磁系统及断路器的跳闸回路。所以LCU一般不再重复输出继电保护的停机或断路器事故跳闸命令。

（3）LCU输出的开关量为保护动作后的远方复归，断路器正常操作的合、分命令等。

（4）电站计算机监控系统主控级可通过保护及故障信息管理系统的通信口取得需要的相关信息。

## 第五节 计算机监控系统国产化实践

### 一、某蓄能电站成功采用国产化的监控系统

抽水蓄能电站工况转换复杂，起停频繁，输入输出信息量大，一直以来我国大型抽水蓄能电站的监控系统均由国外主机厂商成套供货。

设计总结了抽水蓄能电站采用国外计算机监控系统的经验和教训，针对国外监控系统在关键技术上以及备品备件供应上存在的问题，提出监控系统单独招标，并大胆采用了国内自行研制的监控系统。在系统硬件设计中，采用了南瑞集团公司研制的以MB80智能可编程控制器为核心的EC-2000监控系统。软件基于Windows NT/2000平台，采用面向对象的技术和方法，遵循TCP/IP、SQL、ODBC、COM/DCOM、ActiveX、C++、Office、IEC-1131-3、OPC等国际标准，得到广泛的商用软件工具支持，系统功能齐全，技术先进，操作简便，维护量小。MB80系列PLC是南瑞公司MB系列智能可编程逻辑控制器家族中的中、高档产品。MB80具有以下特点：

（1）高性能的主控CPU模件。CPU模件采用符合国际标准IEEE P996.1的嵌入式技术，采用64位微处理器，支持MMX指令集扩展，主频300MHz以上；大容量的电子硬盘及内存；软件采用实时多任务的嵌入式操作系统。具有强大的数据处理能力、运算能力以及通讯处理能力。

（2）全智能化的I/O模件。完成数据采集、数据处理，同时具有自诊断功能，保证在工业现场的恶劣环境下稳定运行。

（3）开放、标准的通讯网络。提供10M/100M以太网接口，支持Modbus/TCP规约。

（4）强大的RS-232/RS-485串口通信功能。串口通信模件提供8个标准的RS-232或RS-485通信接口，每个串口均支持可编程方式。现场总线网络：内部通讯采用安全可靠的CANbus现场总线，通信速率快、抗干扰能力强且易于扩展。

（5）可靠的双机热备冗余。支持双 CPU 模件、双以太网、双机热备冗余方案，实时备份数据，控制更加可靠。无需编制任何程序，免维护。

（6）方便实用的现地人机接口。提供了与触摸屏的串行通信接口，支持 Modbus 通讯协议。可与多种触摸屏直接连接。

（7）界面友好、功能强劲的编程软件 MBPro MB80 PLC 与其他 MB 系列 PLC 使用同一编程软件 MBPro，该软件除支持梯形图等传统编程方式外，还支持可视化的编程语言——流程图编程，并且不同语言编写的程序之间可互相调用。尤其是采用流程图编程，即使没有任何编程经验或从未学过其他编程语言的初学者也可轻松掌握。

## 二、监控系统测温方案的实践

设计与生产厂家密切配合，精心研究系统配置，优化输入、输出信号的内容及数量，根据监控系统功能，积极协助收集主机、励磁、调速、球阀、SFC、主变、挡水闸门等设备控制流程；提供全厂公用设备、辅助设备监控要求及流程；参与主辅设备控制流程的协调与配合；提出电站监控系统控制流程和控制策略。例如：外商 ALSTOM 要求机组所有 RTD 测温点都作用于跳闸、停机，总数近百点，增加了误动的几率。为了防止 RTD 误跳闸，国内曾采取过一些措施，但都存在某些不足。例如“3 取 2”判断法，不适用于测点少的部位；“延时滤波”法会使保护的实时性变差；“升温速率限值”及“合理上限值判断”需要根据运行经验确定限值。

图 41-4 是某电站 2011 年 12 月 15 日 4 号发电电动机下导轴瓦 5 号测温电阻的温度变化曲线。该 RTD 测温电阻由于引线接触不良，电阻呈脉冲变化态，既不是短路，也不是断线，监控检测到的温度值最高达 252.9 度，越限时间可达数分钟，测控装置的 RTD 断线闭锁措施和延时滤波都毫无作用；测温曲线有时刚好超过跳闸限值，合理上限值判断法不起作用。根据抽水蓄能机组同一部位 RTD 测点少的特点，为此，我们提出“动态上升

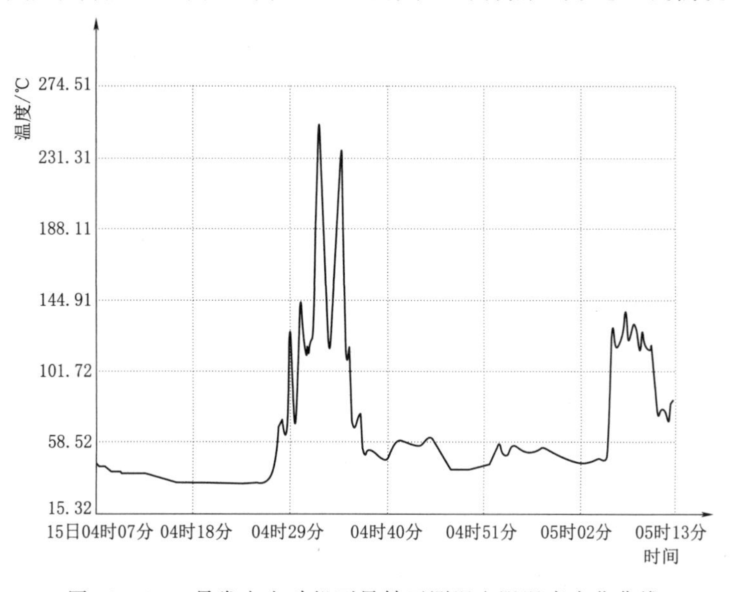


图 41-4　4 号发电电动机下导轴瓦测温电阻温度变化曲线

率”防止温度跃变的判断法，表达式为：（当前温度－4s前温度）＜（2s前温度－6s前温度）＊3＋0.5）。该逻辑为“每4s的温度爬升率小于2s之前的温度爬升率的3倍”。也就是说，监控系统总是不断以当前温度上升率（相对前4s）与前2s温度上升率（相对前6s）相比较，如果超过一定限值（例如3倍），则判为错误信息，立即闭锁该点输出，发测点故障报警信号。直到机组停下后退出闭锁。如果同一点多次发生温度爬升率异常升高的情况，可考虑对该点进行检修。该方案优点是上升率的限值是动态的，轴瓦故障时，即使测点温升很快也不会被闭锁，直至报警、跳闸；若测点本体故障，即使温度在报警线以下，只要检测到变化率不正常，就可将测点退出。“动态上升率”建模编程投入后，运行效果很好。有效减少了RTD测点误停机概率。

某抽水蓄能电站计算机监控系统经过系统设计、制造、安装调试以及运行考验，证明抽水蓄能电站采用国产化计算机监控系统是成功的。该抽水蓄能电站成为基建工程中，首次采用国产化计算机监控系统的抽水蓄能电站。相信该电站监控系统的投产有利于降低监控系统设备投资和维护成本，促进民族工业的发展，打破国外公司垄断中国抽水蓄能电站控制系统的局面。

# 第四十二章　继 电 保 护 设 计

## 第一节　继电保护的特点

抽水蓄能机组具有运行工况多，且转换频繁的特点，除发电运行工况外，蓄能机组还有发电调相、抽水调相、抽水运行、电气制动、变频启动、背靠背启动等多种工况。抽水工况运行时，发电机作为电动机运行，转子反向旋转，电压、电流相序与发电工况相反。继电保护装置需要根据工况条件，进行相序匹配，使差动保护、失磁保护、失步保护、负序过电流保护和低阻抗保护等与相位和相序有关的保护都采取措施，以保证保护系统的正确运行。

另外，由于蓄能机组较常规发电机组增加了变频启动装置、启动母线、换相刀闸等设备，机组水泵工况同步启动过程中，机组和连接母线都流过低于工频的电流、电压。继电保护装置、电压互感器、电流互感器等在低频率下必须保证测量精度，避免误动和拒动，则是抽水蓄能机组继电保护必须应对的问题。

水泵工况下，机组作为同步电动机运行，同步发电机的大部分保护都需保留，还需增设低功率保护、低频保护等针对同步电动机的保护外，水泵方向调相、发电方向调相、背靠背启动、电制动等各种稳定工况或过渡工况需要投入的保护也各不相同，保护装置需根据工况信息确定保护的投退。

## 第二节　继电保护及自动装置的基本配置

### 一、概述

蓄能电站各主设备和线路、短线的继电保护的配置，均按《继电保护和安全自动装置技术规程》、《水力发电厂继电保护设计导则》（国家电网生〔2012〕352号）、《关于印发〈国家电网公司十八项电网重大反事故措施〉修订版的通知》和《国家电网公司十八项电网重大反事故措施》（修订版）防止继电保护事故的有关规定进行。

全厂继电保护设计按设备电压等级、性能及布置情况，划分为发电电动机保护、变压器保护、500kV短线路保护、500kV线路保护，以及安全自动装置、故障录波和保护信息管理系统、厂用电系统保护等。发电电动机保护和主变保护除通过IEC－60870－5－103规约分别与四台机组LCU实现通信外，还与保护管理机相连形成一个独立的系统，通过该管理系统的上位机可以对机组和主变保护进行监视以及整定值设定等。

## 二、发电电动机、主变压器继电保护

发电电动机和主变压器的继电保护分别配置。主保护及后备保护均实现双重化（A套、B套）；A、B套保护通过跳闸矩阵出口继电器的两个不同触点，同时作用GCB的2个跳闸线圈，以确保故障情况下主设备安全切除。

### （一）发电电动机继电保护

为了限制定子短路时产生的较大的故障电流，对定子绕组、铁芯、绝缘造成损坏，并要求尽量快速消除故障，避免设备的损坏及造成经济损失。

短路电流可以由外部电力系统通过发电电动机出口断路器流入，也可以由发电电动机其本身产生，尤其是发电电动机单元通过母线连接到相关的其他机组单元，会产生联锁的严重故障。快速的切除事故对于保护未有事故的相关机组的暂态稳定性也是很重要的。

发电电动机继电保护功能配置如下：

1. 纵差保护

通常情况下，机组内部短路时其气隙磁场的分数次谐波和其他谐波很强，即使在稳态情况下，由于气隙中存在不同转向，转子绕组中有很大的感应电流，使得定子绕组内部短路的稳态电流也很大．对于外部短路，虽然机组会对短路点提供较大的短路电流，但机组保护也不应反映区外故障而动作。所以发电电动机差动保护应具有一定的灵敏性和选择性。

某电站机组差动保护采用具有独特的比率制动式“四折线”特性，包括基本差动段（I-DIFF）分支、比率制动段，比率制动段和差动速动段（I-DIFF）分支。当外部故障产生的穿越性大故障电流引起CT饱和时，差动保护采取了所谓的“附加稳定区”的措施，以防止差动保护误动作。

2. 发电电动机横差保护

横差保护装置采用测量发电电动机中性点并联分支的差电流来检测定子匝间短路。为了提高灵敏度，应设三次谐波抑制器。能够反映匝间及其他非对称性故障等。保护装置测量灵敏准确，整定范围为0.003～1.500A，动作时间约20ms，三次谐波滤过比大于80。

3. 95%定子接地保护

定子接地出现的频率比较高，大型机组的接地阻抗通常都比较大。为了检测发电电动机绕组的接地故障，在中性点配置过电压继电器和过电流继电器，来测量定子回路的基波零序电压和中性点接地电流。由发电机机端95%左右的零序过电压保护（U0＞）和/或零序过流保护（I0＞）构成对定子绕组范围的95%保护。

4. 100%定子接地保护

通过外加20Hz低频交流电源型（100%）定子绕组单相接地装置，保护发电机定子、主变低压侧以及厂高变高压侧范围内的单相接地，能够反映定子100%绕组接地故障。外部信号发生器和带通滤波器产生的20Hz正弦波电压和发电电动机基波电压的特性不相同。当在定子接地故障时，通过中性点接地变压器注入定子绕组的电压和采集到的接地电流引入保护装置，实现本保护功能。

5. 发电电动机低电压过流保护

发电电动机过流取自中性点定子电流，低电压取自机端。定时限过电流保护I＞段引

入低电压条件，通过监视电压的正序分量并将它作为探测短路电流的辅助条件。过电流保护为记忆型，以防止因短路电流的衰减过快而使保护中途返回。

6. 负序过流与转子表层过负荷保护

负序电流保护检测三相感应电机的不平衡负载，负序保护可以用于检测电流互感器回路的开断、故障和极性等。它也能用于检测幅值小于负载电流的单相和两相故障。

负序保护设置有告警段、定时限跳闸段以及反时限（热累积）动作段，只要测量的负序电流值大于保护对象允许的负序电流连续运行值 I2，保护装置就会开始计算负序电流的发热。一旦负序电流与时间的某种乘积关系大于不对称因子 $K$，反时限热特性保护就会动作跳闸。保护在电制动工况闭锁。

7. 过电压保护

发电机过电压保护，其整定值根据定子绕组绝缘允许过电压能力来决定并选择电压的测量值。两段式定时限过电压继电器作为励磁调节器故障引起的发电电动机定子持续过电压的保护。整定值应与励磁调节器过电压限制的整定相配合，以保证强励的额定工况下不致误动。过电压保护宜动作停机或解列灭磁。

8. 过负荷保护

保护采集发电机机端电流，在保护中设有定时限段和反时限（考虑热累积和散热）段，定时限段用于启动报警信号，反时限段用于匹配定子绕组的热积累过程，可作用于延时发信号或动作于自动减负荷。

9. 转子一点接地保护

转子接地保护多采用乒乓式和注入式原理，由于注入式在机组未加励磁的情况下，也可以监视转子绝缘，所以采用的较多。西门子公司采用独特的 1～3Hz 低频方波注入式原理，利用外部低频方波发生器产生的 1～3Hz 信号通过高阻值（40kΩ）的电阻耦合单元注入转子回路，然后将注入电压和采集到的接地电流引入保护装置中，灵敏度高达 80kΩ。保护能连续不断地监测励磁绕组的对地绝缘值，如发生一点接地，可以指示故障点接地过渡电阻值。

10. 失磁保护

发电机失磁时，电动势在衰减过程中，因为输出功率不变，所以功率角不断地加大，造成机组失步，定子电流增大，机端电压降低。根据发电机失磁的特征，失磁保护可采用定子判据和转子判据。定子判据作为主判据采用静稳极限图；转子判据作为辅助判据充分考虑了励磁系统的低励下限。它在机组各种运行工况下能正确动作，而在可恢复型系统振荡、低励磁运行、外部短路故障以及电压互感器二次回路开路或短路等情况下，都能可靠地防止误动。

11. 轴电流保护

轴电流对轴承和其他部件的损坏程度取决轴电流的大小。为防止轴承和其他部件损坏，需配置轴电流保护。主机厂提供轴电流检测（轴 CT）和谐波滤波装置及继电器构成的轴电流保护，以上保护通过接点引入保护装置，并设置相应的动作信号或动作跳闸。

12. 失步保护

发电机与系统不能保持同步运行时，将发生不稳定振荡。为能正确测量振荡中心位置，并可分别实时记录区内、区外振荡滑极次数。当振荡中心处于发电机组内部时，失步引起的振荡电流将引起发热、定子绕组端部受到很大应力，造成机械损坏。具有选择失磁保护闭锁的功能，当电压互感器回路断线时应闭锁装置并发出报警信号。

13. 电压相序保护

为了监视机组启动过程中换相开关的正确性，在机组启动频率升至90%左右额定频率时，投入运行工况的检测元件来验证机组电压相序与选定的旋转方向是否一致。若检测不一致，保护动作闭锁机组起动控制回路并发出信号。保护仅在机组起动过程中投入，当机组并入电网后保护装置即退出。

14. 低功率保护

机组运行在电动工况时若突然失电，输水系统的水流将反向流动，机组即时也会反向运转，对机组造成损伤。保护装置中设置一个监视正方向有功低功率的功能。它随机监视发电电动机从电网吸收的有功功率是否低于某个设定的门槛值。用于保护机组在水泵运行时，有功功率的意外消失。保护装置在水泵工况导叶开启后投入，发电工况时保护闭锁，同时在PT断线时闭锁输出。

15. 逆功率保护

蓄能机组在发电工况并入电网后，若运行在S区很可能进入反水泵异常工况，使机组向系统吸收有功功率。保护装置通过电压和电流基波的对称分量很准确地计算出有功功率。从而真实地反映发电机的带载情况，保护作用于停机。保护在电动工况和调相工况时应予以闭锁。

16. 低频保护

保护装置用于水泵工况和水泵调相时电源突然消失的保护，同时作为电动工况低功率保护的后备，动作于解列、灭磁、停机。保护装置应在机组抽水、抽水调相工况下投入。

17. 低电压保护

发电电动机在抽水工况、抽水调相运行时可能会出现电源电压下降或电源消失的异常情况，为避免出现对机组造成损伤，通过检测三相相间电压的低电压保护，动作于切除发电电动机组并灭磁、停机。

18. 次同步过流保护（低频过流保护）

机组作为拖动机组或被拖动机组刚启动时段频率很低，机组差动保护不能发挥作用．设置低频特性更佳的次同步过流保护，可以在运行频率范围从2Hz到约10Hz。（电气制动时保护闭锁）时段保护机组安全运行。当机组频率稳定运行时该保护装置退出。

在采样频率10Hz以上时，所有的短路保护，诸如过电流保护、阻抗保护和差动保护都能正确的动作，并且具有与额定频率时相同的灵敏度。

19. 断路器失灵保护

保护通过检测断路器是否不再有电流（是在预定的足够长的断路器完成动作的时间后）来检验发电机断路器是否正确动作。保护采用三相电流和精确稳定的延时电路，即使在不利的CT饱和的情况下，也不受电流幅值及可能出现的直流分量的影响。保护作用于重跳发电机断路器和相应的500kV断路器，并将故障机组停机。

**（二）主变压器继电保护配置**

对于运行的蓄能电站主变压器针对故障和异常运行状态，应配置相应的继电保护。每台主变保护设两面盘，一般布置在发电机层每台机机旁，各种保护分别装于两面盘上。具体配置如下：

1. 主变差动保护

主变设双重差动保护，一套为主变大差，装于1面盘，另一套为变压器小差，装于保护另1面盘。变压器小差动保护电流信号取自主变低压侧，无保护换相问题。主变大差电流信号取自发电机出线封闭母线，与发电机完全差动保护区域相重叠，保护装置根据机组运行工况，通过保护装置软件解决保护换相问题。保护装置具有躲过励磁涌流和外部短路所产生不平衡电流能力，采用TPY电流互感器，解决了电流互器在感暂态过程中饱和问题，进一步保证了保护装置仍能保证区内故障快速动作，区外故障不动作。保护动作跳开相关两台机组GCB和主变高压侧的断路器。

主变差动回路包含厂用变分支与SFC回路分支，而这些回路的CT变比很小，而发电机回路CT的变比较大，超出差动保护CT适配极限，在这些CT回路串接中间变流器，变比为1/10A和1/5A，以适应差动要求。

2. 主变零序过流保护

保护作为中性点直接接地方式下的主变压器高压侧绕组接地和线路单相接地故障的后备保护。保护分两段，每段设二个时限，第一个时限起到缩小故障的作用。保护动作于跳主变高压侧相关两台断路器和相关两台机组GCB，并停机。

3. 复合电压过流保护

主变压器装设复合电压过流保护，作为主变压器过流保护的后备保护，同时在发电电动机断路器断开时，作为低压侧短路的后备保护。保护经延时动作于跳开主变压器高压侧断路器和相关两台机组GCB，并停机。

4. 主变过激磁保护

作为对频率降低和电压升高引起的变压器工作磁密过高而导致变压器铁芯损耗增加而导致铁芯温度升高，铁芯的绕组导线、油箱壁、金属件产生涡流损耗，形成过热。保护由两段组成，低定值经延时动作于信号，高定值经延时动作于跳开主变压器高压侧断路器和相关两台机组GCB，并停机。

5. 主变低压侧单相接地保护（64T－B）

保护由7UM612实现：装置采用测主变压器低压侧基波零序电压的方法，来检测主变压器低压侧发生单相接地故障。装置应设有三次谐波抑制器，延时动作于跳开主变压器高压侧断路器和相关两台机组GCB，并停机。

6. 主变本体保护

变压器本体保护由大功率继电器逻辑组成，设置独立的电源回路和独立的出口跳闸回路。保护动作于跳主变高压侧断路器和相关两台机组GCB，并停机。变压器本体保护包括：轻瓦斯、重瓦斯、压力释放、冷却水保护、油温度、绕组温度等。

**（三）励磁变保护**

1. 励磁变电流速断保护

在励磁变高压侧装设的电流速断保护，作为变压器内部绕组及高压侧引出线相间短路故障的主保护，瞬时作用于停机及断开相关联断路器。

2. 过电流/过负荷保护

励磁变装设的过电流保护用于检测变压器高、低压侧绕组及引出线和相邻元件的相间故障，保护带时限动作于停机。

**（四）机组故障录波装置**

在每台机组旁布置1面机组故障录波盘。

故障录波装置主要采集机端电压、主变低压侧电压、主变高压侧电流、主变零序电流、机端电流、横差电流、中性点电流、接地变电流、励磁变电流及发电机励磁电流、励磁电压等模拟信号；采集机组保护动作、磁场断路器、隔离开关和断路器位置等开关量信号。

## 三、500kV系统保护

抽水蓄能电站高压出线多为500kV电压等级，电站500kV系统继电保护设备主要包括线路保护装置、断路器保护装置、远方跳闸装置、断路器辅助保护装置、故障录波器、故障测距装置、安全自动装置（包括振荡解列系统、同步相量测量系统）以及继电保护及故障信息管理子站系统等。

**（一）500kV线路保护**

电站500kV出线，应配置两套全线速动数字保护，主保护及后备保护采用一套装置实现，每套线路保护柜中含远方跳闸就地判别装置等；

两套主保护采用不同路由的复用光纤通道。保护瞬时跳500kV断路器和相关机组GCB，并停机。

**（二）500kV电缆短线路保护**

连接地下主变和地面开关站的500kV电缆配置两套完全独立的全线速动数字分相电流差动保护功能。装置保护区域内故障，瞬时跳500kV电缆所连接的500kV两台断路器和相关两台机组GCB，并停机。每回500kV电缆配置2套光纤电流差动保护，保护装置两端之间用单模光纤电缆连接。

**（三）500kV断路器保护**

对于角形接线500kV系统，每台断路器均配置微机型断路器保护盘1面，盘内装有：断路器失灵起动及自动重合闸、三相不一致保护、死区保护、充电保护及分相操作箱等。断路器的跳闸闭锁、合闸闭锁、SF6低气压闭锁、三相不一致保护及防跳回路都由开关本身和机构箱中的回路实现，重合闸闭锁由线路保护柜分相操作箱中的相关回路实现。

**（四）500kV全封闭配电装置T区保护**

针对500kV开关站3/2接线或角形接线（四角以上）方式下采用GIS组合电器时，为了防止GIS T区母管发生永久故障时线路保护重合于故障引起GIS母管的再次受损，通常采用出线配置CT，线路保护动作范围不包含GIS串内CT与出线CT之间故障，对GIS串内CT与出线CT之间T区故障需考虑配置三端差动保护方案完成线路投入运行方式下T区故障的保护，采用两端差动保护方案完成对线路退出运行方式下线路隔刀及串内CT

之间故障的保护，采用配置过电流原理的线末保护完成对线路退出运行方式下线路隔刀及出线 CT 之间故障的保护。

**（五）故障录波装置**

为了分析 500kV 系统事故及保护动作情况，设置 1 套故障录波装置，具有记录模拟量、事件量、功率及 GPS 对时、故障信息综合分析处理、故障信息远传的功能。

故障录波装置主要采集 500kV 线路电压和电流，以及 500kV 保护动作信号和断路器状态信号。

**（六）同步相量测量系统**

在电站内设置同步相量测量控制装置，用于测量机组和 500kV 线路的相关变量。电站地下厂房布置 1 面子站机柜，集中采集发电机出口三相电压、三相电流、励磁电压、励磁电流、机组转速、导叶开度、发电机键相等信息；地面开关站布置有功角测量主机柜，用于采集 500kV 线路的三相电压和三相电流信息。

地面开关站同步向量测量装置通过光缆与地下厂房同步向量测量装置连接，并经网络接口分别接入数据网络接入框，实现信息上送省调或网调。

**（七）500kV 系统稳定装置**

电站根据系统稳定计算需要，配置失步解列装置或其他系统稳定装置。保护跳开 500kV 线路的断路器和相关机组 GCB。

## 四、厂用电继电保护装置

抽水蓄能电站厂用电控制保护系统包括洞内厂高变保护测控以及 10kV 自用变、公用变、照明变、电热变保护测控；洞外上下水库进出水口、中控楼、下库坝供电线路的保护测控；10kV 母线备用电源自动投入；0.4kV 自用电、公用电、照明电母线电压测控及备用电源自动投入等。厂用电系统的测量、信号、控制与保护，采用具有遥信、遥测、遥控及保护功能的四合一保护测控一体化装置，分散布置在配电柜上，通过 100Mbit 光纤连接到保护管理机，再与全厂监控系统接口。

**（一）厂高变保护测控**

厂高变配置差动保护、高压后备保护、低压后备保护、非电量保护及本体测控装置。高低压断路器既可以在保护屏实现手动合跳闸，又可以在全厂监控系统操作员工作站下发命令，通过本体测控装置遥控执行远方合跳闸。变压器断路器位置信号、变压器电气量、温度量及保护装置信号由遥测遥信上传到全厂监控系统。

**（二）10kV 保护测控**

10kV 自用变、公用变、照明变、电热变保护测控装置选用站用变保护测控装置，装置具有电压、电流保护；接地保护；非电量保护；过负荷报警以及独立的操作回路及故障录波功能。

**（三）分段断路器充电保护及备用电源自动投入**

根据抽水蓄能电站厂用电接线：机组自用电、照明电、上水库进出水口、下库坝等处均为两段母线供电，两段母线分段断路器配有备用电源自投装置。实现两段母线备用电源自投逻辑功能，实现分段断路器的过流保护和测控功能。

**（四）厂用保护测控装置与计算机监控系统（CSCS）的接口**

厂用保护测控装置通过屏蔽双绞线就近与以太网交换机连接，通过光缆将分布在高厂变配电室、10kV 开关柜室、400V 开关柜室等处的以太网交换机连接成 100M 双以太网。最终与厂用电保护管理机相连，并通过通信控制器与全厂计算机监控系统接口。

## 第三节　发电电动机变压器组继电保护设计中的优化

### 一、继电保护运行工况的切换逻辑设计

抽水蓄能电站运行工况复杂，不同运行工况需要配置不同的继电保护，需要不同的定值，需要不同的保护跳闸输出。继电保护装置输入的电压、电流的相位应与机组运行工况相适应。保护在非正常运行工况应被闭锁。目前传统的做法是由计算机监控系统提供运行工况条件或外部搭接逻辑，实现保护投入和闭锁功能。由于继电保护对可靠性的要求远大于监控系统，在事故情况下，需要继电保护 100%可靠动作，而监控系统很难满足这一要求。为使继电保护不依赖监控而独立运行，设计单位与德国西门子公司合作，利用供货的保护装置本身具有的开关量输入通道及逻辑编程功能，将发电机出口断路器 Q0、被拖动开关 Q91、拖动开关 Q92、换相开关 Q9、短路开关 Q6、中性点接地开关 QE、导叶位置开关等状态信号，经过逻辑组合，编制出抽水运行工况、抽水调相工况、发电运行工况、发电调相工况、电气制动工况、抽水起动工况等。

例如某机组背靠背启动拖动工况，机组以发电机拖动另一台机组泵工况启动，其换相开关 Q9 切除，与本单元主变低压侧隔离；拖动开关 Q92 合闸，将拖动机组与启动母线联通。另外，从安全考虑，加入机组短路开关 Q0 为必要条件，并且加入中性点接地开关 QB 合闸为辅助条件，逻辑关系图见图 42－1。图中所定义的工况可能不完全反映机组实际工况，但能够涵盖了机组的运行工况，装置用于投入或闭锁保护。由于控制逻辑的输入信号直接来自一次设备，保护装置直接参与逻辑运算，与计算机监控系统送出的工况条件相比，具有简单、可靠、实用等特点。图 42－2 是利用上述工况设计的保护投入或闭锁逻辑图。

### 二、发电机变压器纵联差动保护的配置及优化

我国早期建成的抽水蓄能电站，发电机、变压器分别配有纵联大差及小差保护各一套，大差保护的保护范围包含被起动母线和起动母线，当机组抽水工况启动时，由于大差回路中存在启动电流，该电流约占发电机额定电流 10%，会使差动保护灵敏度降低或引起误动。当机组水泵工况启动时，必须将大差保护退出。如若小差保护又因检修退出时，发电机、变压器将无法继续运行。为解决此类问题，国内相继提出一些改进方案。

**（一）增加保护的冗余度**

发电机、变压器分别配置两套大差及两套小差动保护。发电机装设纵差保护（87GM－A、

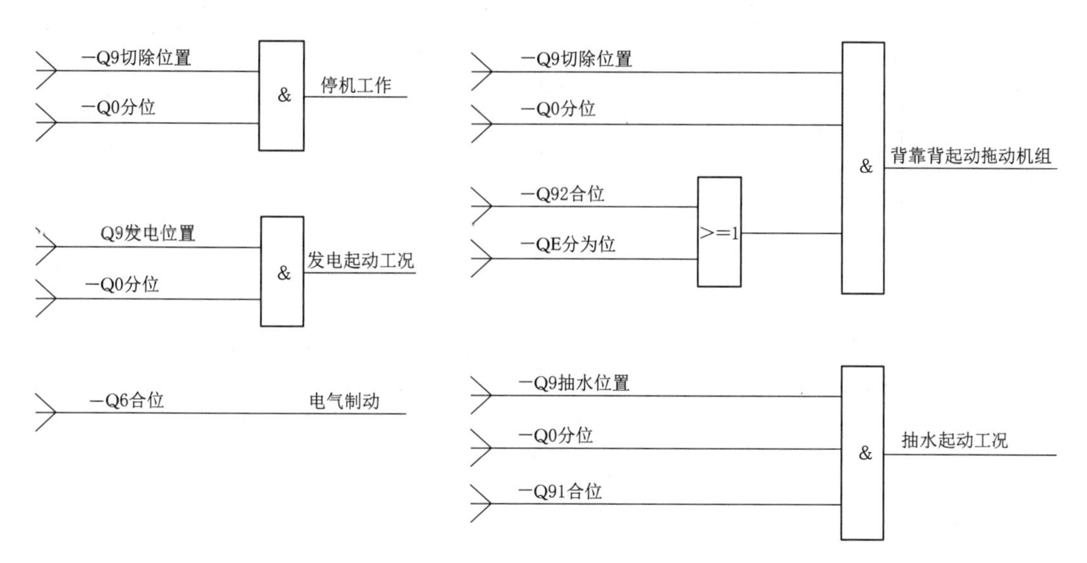


图 42-1　几种工况的逻辑关系图

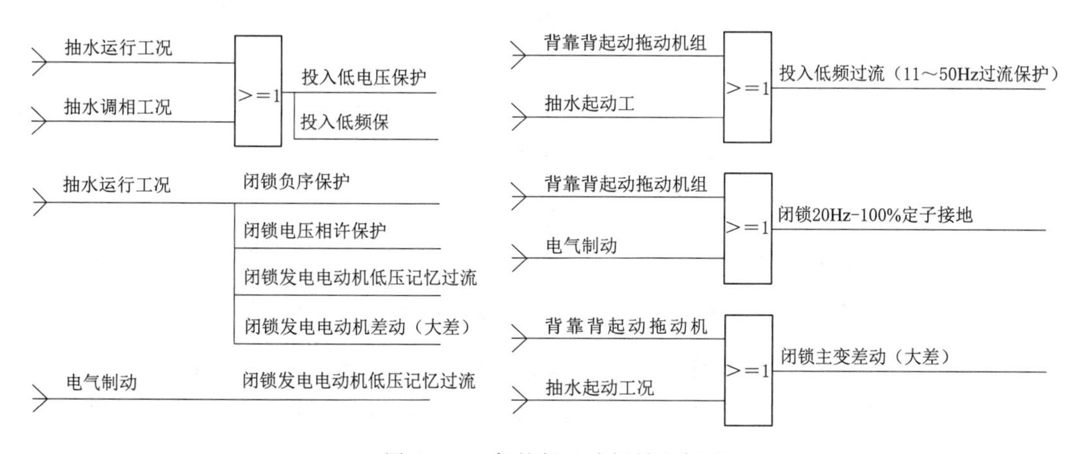


图 42-2　保护投入或闭锁逻辑图

87GM′-A、87GM-B、87GM′-B)，其中 87GM′-A、87GM′-B 保护范围包含被拖动开关 Q91 和拖动开关 Q92 及其相关母线，在同步拖动和被拖动过程中退出。保护动作于停机；

变压器装设纵差动保护（87T-A、87T′-A、87T-B、87T′-B）作为主变压器内部及引出线短路故障的主保护。保护装置应能满足多端 CT 接入要求。其中 87T′-A 和 87T′-B 保护范围包含换相开关、被拖动开关 Q91 和拖动开关 Q92 及其相关母线，在同步拖动和被拖动过程中退出。保护瞬时动作于断开主变压器各侧断路器并停机。保护配置方案见图 42-3。

增加保护冗余度的方案的优点是：使用一套保护装置硬件设备和使用三组电流互感器，通过软件编程，可组成大差、小差两套保护，相互切换。正常运行于大差保护，在同步拖动和被拖动过程中退出大差，投入小差。保证发电机、变压器等设备始终具有两套主保护。

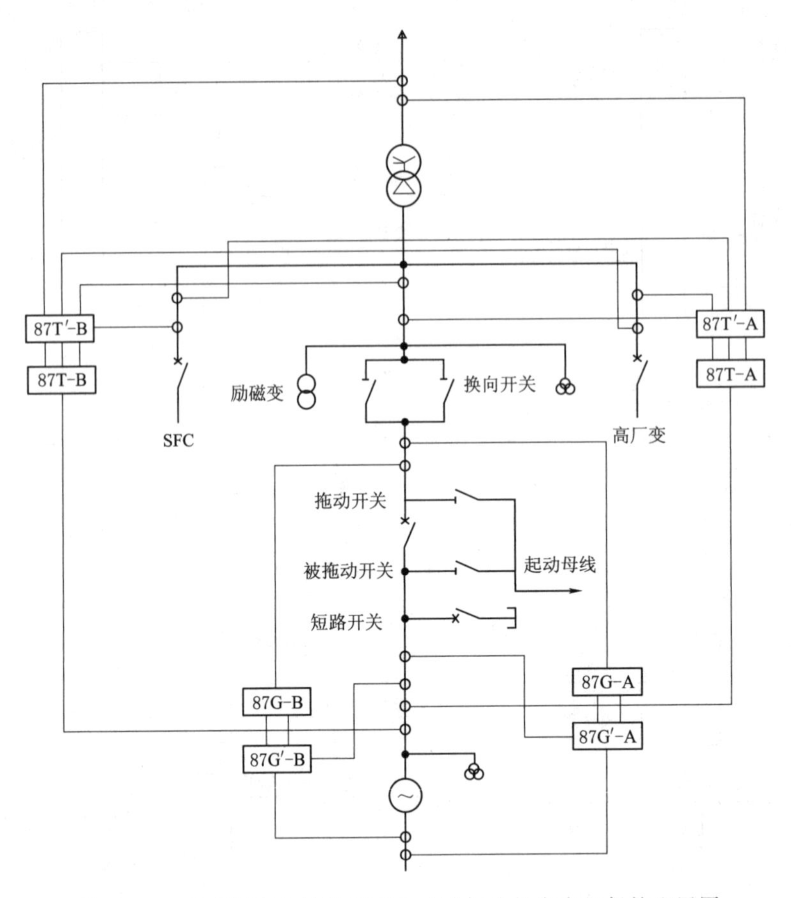


图 42-3　具有两套大差及两套小差动保护的发变组保护配置图

该方案的缺点是增加了保护装置运行软件的开销，还需要在发电机主引出母线上增加4套电流互感器（12只）及其引出电缆，不但增加建设投资，而且增加了外部接线的复杂性。

**（二）改变微机差动保护的运算条件，控制差动保护装置的保护范围**

微机型主变继电保护装置一般采用多端电流输入。每端输入电流的极性、相位、量程等都可通过软件编程实现灵活控制，还可以通过外接开关量闭锁各端输入电流不参与保护运算（西门子电气公司7UT635差动保护就具备此功能）。据此，我们可以分析抽水蓄能机组的两种运行工况：

当机组处于被拖动工况时，其GCB处于分闸状态；当机组处于拖动工况时，其换相开关处于分断状态。在上述两种工况下，发电动机与主变低压侧处于分断状态。对于主变压器4端电流差动保护，发电电动机母线支路CT电流应该为0，发电电动机侧CT电流不参与主变差动回路的电流运算，主变压器4端电流差动保护变为3端电流差动，主变差动高压侧电流、SFC支路电流及高厂变支路电流仍然构成完整差动保护，不影响变压器继电保护功能。整套保护不需退出。保护范围由发电机支路CT处退到断路器（或换相开关）的上断口。

该方案优点是接线简单，保护范围不受小差CT位置的影响，从图42-4可见，励磁

变、换相开关及主变低压侧电压互感器等均不会退出，保护范围大。某抽水蓄能电站安装调试期间，已按上述方案对主变大差保护进行了修改，运行情况良好。

总结上述工程经验，抽水蓄能电站发变组纵差动保护的配置如图 42-4 所示。主变差动保护配置 2 组大差，发电机差动保护配置 2 组小差，发电机差动保护与主变差动保护的两组电流互感器在发电机出口与短路开关区间重叠配置。发电机差动保护可运行于任何工况，不必加闭锁条件；主变两组差动保护采用支路电流投/退控制方式，当保护运行于拖动工况、被拖动工况或电制动工况时，用保护外部形成的工况控制条件（见图 42-2），将主变保护装置发电机支路 CT 电流退出，改变主变差动保护的保护范围，保证主变保护的正常运行。

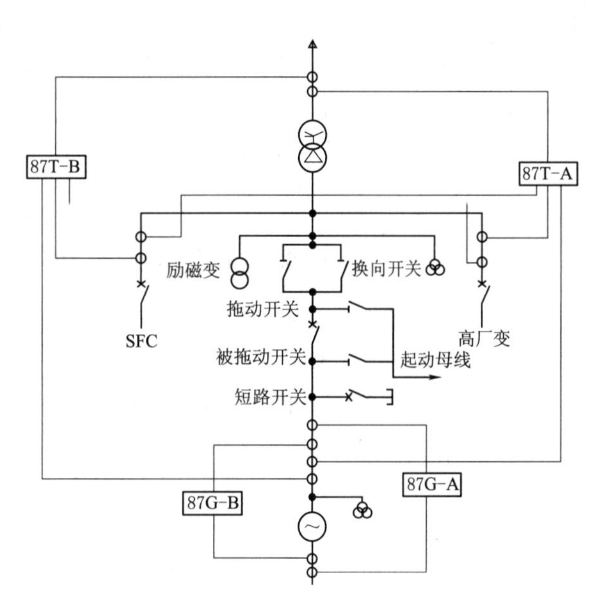


图 42-4　优化的发变组纵差动保护配置图

## 第四节　保护用电流互感器参数选择计算

### 一、保护用电流互感器的配置

保护用电流互感器的性能应满足继电保护正确动作的要求。首先应保证在稳态对称短路电流下的误差不超过规定值。对于短路电流非周期分量和互感器剩磁等的暂态影响，应根据互感器所在系统暂态问题的严重程度、所接保护装置的特性、暂态饱和可能引起的后果和运行经验等因素，予以合理考虑。

抽水蓄能电站装机容量较大（多数为 300MW 及以上），出线电压较高（多数为 500kV）。对于 500kV 系统保护、高压侧为 500kV 的变压器差动保护和 300MW 级及以上发电机变压器组差动保护用的电流互感器，由于一次时间常数较大，短路电流中非周期分量将引起电流互感器铁心饱和，导致差动保护误动或拒动。因此，在选择此类保护用电流互感器时，宜选用满足暂态特性要求的 TP 类互感器。

500kV 线路保护宜选用 TPY 级电流互感器，按考虑重合闸的两次工作循环进行暂态特性验算。保护校验故障电流 $I_{pcf}$ 按保护区末端短路电流考虑。

断路器失灵保护不宜使用 TPY 级电流互感器，可选用 TPS 级或 5P 等电流可较快衰减的互感器，但应注意防止互感器饱和时电流检测元件拒动。

高压侧为 500kV 的变压器差动保护回路，500kV 侧宜选用 TPY 级电流互感器，低压侧宜选用同类 TPY 级电流互感器；容量为 300MW 级及以上的发电机差动保护回路，宜选用 TPY 级电流互感器。

TPY 级电流互感器准确度参数包括：额定一次电流（$I_{pn}$）；额定二次电流（$I_{sn}$）；对称短路电流倍数（$K_{ssc}$）；一次电路时间常数 $T_p$；工作循环：C—O 或 C—O—C—O。

满足 TPY 级准确度条件的设计参数（即产品铭牌值）有：暂态面积系数（$K_{td}$）；二次时间常数 $T_{sn}$；二次绕组电阻（75℃）$R_{ct}$。

## 二、TPY 级电流互感器准确度参数的选择

### （一）一次电路时间常数 $T_p$ 计算

1．发电电动机一次时间常数 $T_{pg}$

300MW 及以上抽水蓄能发电电动机变压器组一次时间常数根据设备实际参数计算。对于发电电动机差动保护，主变低压侧短路相当于外部短路。差动保护不应误动。其一次时间常数 $T_{pg}$ 为

$$T_{pg}=L_g/R_g=X''_d/\omega R_g$$

式中：$X''_d$ 和 $R_g$ 分别为发电机次暂态电抗的饱和值及定子绕组在 75℃时的直流电阻标么值。

2．变压器一次时间常数 $T_{pt}$

对于变压器差动保护，发电机出口侧短路相当于其外部短路。主变差动保护不应误动。其一次时间常数 $T_{pt}$ 为

$$T_{pt}=L_t/R_t=X''_t/\omega R_t$$

式中：$X''_t$ 和 $R_t$ 分别为变压器短路电抗及绕组在 75℃时的直流电阻标么值。

3．发电机变压器组一次时间常数 $T_{pgt}$

根据短路点不同按设备一次时间常数归算短路支路的一次时间常数。如对发电机变压器组的主变压器高压侧短路，发电机变压器组提供短路电流的时间常数应为 $T_{pg}$ 和 $T_{pt}$ 的综合值。一般粗略计算，考虑二者相近，可取其平均值。

$$T_{pgt}=(T_{pg}+T_{pt})/2$$

由于主变高压侧短路时，发电机经过主变电流流经的阻抗为发电机与主变阻抗之和，电流直流分量的衰减规律也由此阻抗之和决定。故该短路电流时间常数也可按如下方法计算：

$$T_p=L_\Sigma/R_\Sigma$$

$$L_\Sigma=X_\Sigma/2\pi f=X_\Sigma/314=(X_g+X_t)/314$$

$$R_\Sigma=R_g+R_t$$

$T_{pgt}=X_\Sigma/314R_\Sigma=(X_g+X_t)/314\times(R_g+R_t)$（取标幺值），一般取 240～280ms。

### （二）额定对称短路电流倍数 $K_{ssc}$ 确定

额定对称短路电流倍数暂态条件下额定一次短路电流（$I_{psc}$）与额定一次电流（$I_{pn}$）之比，即

$$K_{ssc}=I_{psc}/I_{pn}$$

式中：$I_{pn}$ 为发电机及主变低压侧电流互感器额定一次电流；$I_{psc}$ 为选取不同短路点流经电流互感器的一次短路电流。$I_{psc}$ 应参照不同短路点电流互感器的保护校验系数 $K_{pcf}$ 最大值

并流适当余度选取，一般发电机及主变低压侧电流互感器 $I_{psc}$ 不超过 6；高压侧及线路 $I_{psc}$ 为 20～25。

## 三、TPY 级电流互感器准确度参数校验

### （一）TPY 级电流互感器准确度参数确定

TPY 级电流互感器准确度参数确定有两种方法：其一是按系统要求确定互感器参数，工程订货由设计单位提出 TP 电流互感器有关规范，包括 $K_{ssc}$、$T_p$、$R_b$ 及工作循环参数，由制造部门进行互感器设计并优化参数，提供能满足用户要求的互感器及有关参数，如 $K_{td}$、$R_{ct}$、$R_{bn}$ 及 $T_s$ 等；其二是已知电流互感器的有关参数，如 $K_{ssc}$、$T_p$、$T_s$、$K_{td}$、$R_{ct}$、$R_{bn}$ 等，根据实际 $T_b$ 校验其性能是否满足实际对称稳态短路电流倍数及规定工作循环的要求。

### （二）校验方法

应校验互感器参数能否满足系统要求。校验的原则是互感器的暂态误差不能超过继电保护所要求的范围值。电流互感器的额定等效二次极限电动势 $E_{al}$ 应大于保护要求的等效二次感应电动势 $E'_{al}$。

额定等效二次极限电动势 $E_{al}$ 为

$$E_{al} \approx K_{ssc} K_{td} (R_{ct} + R_{bn}) I_{sn}$$

式中各参数，如 $K_{ssc}$、$K_{td}$、$R_{bn}$ 及 $R_{ct}$ 等可由制造部门提供的规范（或铭牌）中查出。

保护要求的等效二次感应电动势 $E'_{al}$ 为

$$E'_{al} = K'_{td} K_{pcf} (R_{ct} + R_b) I_{sn}$$

式中：$K'_{td}$ 为实际要求互感器的暂态面积系数，根据系统的实际参数 $T_p$、按实际负荷修正过的 $T_s$ 及实际工作循环；$K_{pcf}$ 为保护校验系数；$R_b$ 为互感器实际外接负荷。

如 $E_{al} \geqslant E'_{al}$ 则能满足工作循环中不会饱和的要求。

当 $E'_{al} \geqslant E_{al}$ 时，则应调整工程参数，使之 $E'_{al} \leqslant E_{al}$ 满足误差要求，否则，现有互感器的准确度条件不能满足工程要求，即需提出新的定货技术条件。

当上述各种情况要求的电流互感器等效二次极限电动势 $E'_{al}$ 均小于其额定等效二次极限电动势时，则 $E_{al} \leqslant E_{aln}$。

互感器暂态误差（ε）的最大值可按下式计算：

$$\varepsilon = K_{td} \omega T_s \times 100\% \leqslant 10\%$$

式中：$\omega$ 为角频率，1/s；$K_{td}$ 为按照工程实际准确度条件计算的暂态面积系数；$T_s$ 为按照工程实际准确度条件计算出的二次时间常数；ε 应在实际应用情况下的误差不超出 10%。

# 第四十三章　发电电动机励磁系统设计

## 第一节　发电电动机励磁系统特点

### 一、概述

抽水蓄能机组可运行于发电机模式、电动机模式、背靠背（BTB）发电机模式、背靠背（BTB）电动机模式、静止变频启动模式（SFC）、电制动模式、黑启动模式等。根据电网调度的要求，在运行中需要经常进行各种工况的转换，对励磁系统提出了较常规机组具有更复杂、更高的功能要求。

### 二、励磁系统设备配置与常规机组的区别

抽水蓄能机组一般都采用主变压器低压同期接线，励磁系统采用晶闸管自并励磁方式。励磁系统由励磁变压器、三相全控整流桥、灭磁开关、转子过电压保护及数字式调节器等构成。与常规机组励磁系统不同的是：对于机组出口装有机组断路器（GCB）的电站，抽水蓄能机组励磁变压器接于主变低压侧，即GCB外侧，励磁电源取自电力系统，所以无论机组是运行在发电机状态，还是运行在电动机状态，机组励磁电源的相位及同步触发脉冲均不变，始终与电网相序一致。不需要另外提供起励电源。机组停机电制动时，无需另设置电制动变压器。并且励磁变压器低压侧需装设交流进线断路器，确保停机时整流屏不带电。而常规发电励磁系统的励磁变压器布置于GCB内侧（发电机侧），机组正常运行时的励磁电源取自发电机机端。当机组电气制动停机时，需另设置电气制动电源及电制动变压器。

**（一）适应多种运行模式的选择和切换**

常规机组励磁系统一般按固定模式运行，抽水蓄能机组励磁系统可按以下方式运行：发电滞相（第Ⅰ象限）、发电进相（第Ⅱ象限）、电动进相（第Ⅲ象限）、电动滞相（第Ⅳ象限）。运行极限曲线占据了4个象限。还包括发电调相、电动调相等工况。励磁系统必须满足机组的全部运行工况。励磁调节器需要通过外部开关量输入条件选择运行模式，包括“抽水模式”“发电模式”“SFC模式”“电制动模式”“背靠背模式”“线路充电模式”等。对于每种控制模式，励磁系统都会先接受电站监控系统的指令，根据指令对应相应的运行工况，启用一套相应的运行参数和控制策略。

**（二）机组SFC拖动时对励磁系统的要求**

机组作为电动机采用SFC方式启动时，首先监控系统向励磁系统发出SFC启动指令，励磁调节器闭合灭磁开关，调节器进入SFC运行状态，励磁设定为恒电流方式（ECR），

整定值为额定励磁电流的55%左右。同时打开SFC控制接口准备接收SFC发来的控制信号。SFC通过控制接口向励磁系统发送起励控制指令，并获取发电机转子位置信息，进入启动流程。拖动机组由静止向水泵工况运行，当机组转速达到95%额定转速时，励磁系统由控制励磁电流（ECR）转换为电压闭环调节（AVR）及系统电压跟踪运行方式。机组同期系统进行转速及电压的调整，在满足同期条件后并网，开始水泵调相工况运行。SFC则在机组并网后自动退出。

**（三）背靠背拖动时两台机组励磁系统的协调配合**

背靠背同步启动方式是利用两台机组，即拖动机组与被拖动机组通过启动母线形成的电气轴来传递拖动力矩。首先拖动机组需断开中性点接地刀闸，合上拖动刀闸，合上机组GCB；被拖动机组合上拖动刀闸，换相开关在抽水方向。两套励磁装置均设定为恒电流调节方式，电流分别设定为额定励磁电流的60%左右和50%左右。其中拖动机组略大于被拖动机组。拖动机组和被拖动机组都同时投入励磁。拖动机组（发电机）启动旋转时，将被拖动机组（电动机）拖起同步旋转。当转速达到额定转速95%以上时，被拖动机组励磁控制方式切换至自动电压调节（AVR）方式，由同期系统进行转速及电压的调整，机组在满足同期条件后并网进入抽水或抽水调相运行工况。拖动机组根据设定转至停机或发电工况运行。

**（四）励磁系统内置式电气制动功能**

抽水蓄能机组通常一天要启停2～3次甚至更多。当机组与系统解列后，机组在停机过程中由于转动部件具有较大的转动惯性，使机组较长时间处于低速运转状态，将对推力轴承和制动瓦、制动环造成损坏。为了克服机械制动的缺点，蓄能机组宜采用电气制动和机械制动联合作用停机的方法。

目前蓄能机组电气制动应用最多的、最成熟的方法是：发电机定子三相短路电气制动。机组执行正常停机程序后，励磁系统要经历先逆变灭磁，跳开机端GCB，转子自然减速，当转速下降到50%额定转速时，合上机端的电气制动开关，将机组定子三相短路，励磁在电制动模式下，给转子加上一个恒定的直流电流，使发电机定子短路电流为额定电流的0.8～1.2倍，使定子绕组中的短路铜损耗产生制动力矩，其方向与机组的惯性力矩方向相反，制动力矩与机组的其他阻力矩一起作用使机组转速下降到5%左右，然后再加机械制动作用使机组停机。

抽水蓄能机组由于励磁变压器连接于主变压器低压侧，机组停机时励磁变依旧带电，这样就不需要另外提供电制动电源，而且制动力矩大，机组停机时间短，所以电气制动是抽水蓄能机组普遍采用的制动方式。

常规机组虽然也可以实现电制动功能，由于励磁变压器连接在机端，机组停机后励磁变压器失去电源，需要增加单独的制动设备，包括制动变压器等，制动变电源取自厂用电。

## 第二节　励磁系统设计

### 一、概述

抽水蓄能机组应优先采用自并励静止整流励磁方式。励磁电源通常取自主变压器低压母线。励磁电源取自电网。励磁系统应满足机组及电力系统不同运行工况的要求。

励磁系统的的有关参数及技术条件，应符合《大中型水轮发电机静止整流励磁系统及装置技术条件》（DL/T 583）的有关规定。

## 二、励磁系统基本配置

励磁系统需配置以下设备：励磁变压器、励磁变压器高低压侧电流互感器、励磁变压器低压侧断路器、晶闸管三相全控整流器、灭磁装置、直流起励装置、直流电缆、过电压保护装置、励磁调节器、控制保护监视信号系统等。

**（一）励磁变压器**

（1）型式：单相、户内式、金属外壳封闭、自然冷却、干式变压器。

（2）绝缘耐热等级：H 级。

（3）线圈运行最大温升：≤80K。

（4）噪声水平：≤55dB（满载运行，距变压器本体 0.3m 处）。

（5）联接方式：Y，d11 或满足励磁系统自身要求。

（6）变压器高、低压绕组之间应设有金属屏蔽并接地。励磁变压器额定容量应达到计算容量的 1.25 倍。

（7）每相应设有一个绕组温度监测指示器。该指示器应带有两对独立的电气接点，分别作用于报警和跳闸。

（8）高低压侧电流互感器：

1）型式：单相户内、环氧浇注绝缘

2）配置：高压侧每相配置 3 个电流互感器，其中 2 个用于保护，1 个用于测量；低压侧每相配置 4 个电流互感器，其中 2 个用于保护，2 个用于测量；互感器变比及容量根据实际情况计算确定。

**（二）晶闸管整流器**

（1）晶闸管整流器采用三相桥式全控整流电路。晶闸管在阻断时，应能按下列公式承受耐压：

$$U_W=\sqrt{2}\times 2.75\times U_{Trsek}\times 1.3 \tag{43-1}$$

式中：$U_W$为晶闸管耐受电压；$U_{Trsek}$为励磁变二次电压。

（2）当一个晶闸管组合件退出运行时，应满足包括强励在内的最大出力运行。当 50% 的晶闸管桥退出运行时，应保证发电电动机能带额定负荷和额定功率因数连续运行，并自动限制强励。

（3）整流器应设有主、备用冷却风扇，当主用冷却风扇故障时，备用冷却风扇应自动投入运行。风扇运行引起的噪音应不大于 70dB（距风机 1m 处）。

（4）机组在额定工况运行下，机端突然发生三相短路时，晶闸管元件不应损坏。

**（三）交流侧断路器**

在励磁变压器低压侧应装设一台手车式快速断路器，断路器额定值应不小于励磁变低压侧最大连续电流，并能可靠地切断励磁变低压侧最大短路电流。

**（四）磁场断路器**

磁场断路器应优先采用快速灭弧直流断路器。磁场断路器应满足 ANSI/IEEE C37.18

的要求，灭磁系统应能满足包括空载及满载误强励、机组三相短路等最严重的工况要求。其额定值应不小于最大连续励磁电流，并能在强励状态下及励磁回路短路时，可靠地断开励磁回路。

**（五）灭磁电阻及磁场过电压保护**

灭磁电阻应优先采用非线性电阻，非线性电阻元件荷电率不大于60%，其容量应满足在20%的非线性电阻组件退出运行时，仍能满足在尽可能短的时间内释放强励状态下贮存在发电电动机励磁绕组中的能量。灭磁过程中，励磁绕组反向电压一般不低于出厂试验时励磁绕组对地试验电压幅值的30%，不高于50%。采用非线性电阻（可与灭磁电阻合一）、晶闸管跨接器过电压保护装置，励磁绕组过电压的瞬时值不得超过励磁绕组出厂试验时对地耐压试验电压幅值的70%。

**（六）备用起励回路**

备用起励回路用于主变低电压侧失电，系统要求机组黑启动开机发电时使用。起励电源为DC220V。

**（七）励磁调节器**

（1）励磁调节系统应设有从电源到脉冲形成单元都相互独立的双调节通道，每个调节通道设有自动电压调节（AVR）和自动励磁电流调节（FCR）功能。在其中一个通道退出运行时，励磁系统应能满足机组发电起动、电动工况起动、电制动和并网等要求。

（2）在双调节通道之间，以及每个通道的AVR、FCR之间应设有双向自动平衡跟踪装置。应能自动和手动进行双通道之间，以及每个通道的AVR、FCR之间的切换。

（3）励磁调节器应采用PID调节规律，参数应有较宽的调整范围，根据发电和电动两种工况设置不同的参数。设有如下励磁电流控制功能：

起始励磁控制功能；SFC起动控制功能；背靠背发电驱动控制功能；背靠背水泵起动控制功能；电气制动控制功能等。

（4）为了满足机组在各种工况下安全运行，励磁调节系统的每个通道还应设有下列辅助功能单元。各辅助功能应便于在面板上整定。包括：

最大励磁电流限制器；强励反时限限制器；过励磁限制器；欠励磁限制器；电压/频率限制；定子电流限制；自动电压跟踪；无功电流补偿；恒功率因数控制；电力系统稳定器（PSS）等。

（5）励磁调节器微处理机主要参数：

1）64位或以上的工业用微处理机。

2）平均无故障时间应大于40000h。

3）微处理机应有足够的存储器容量和输入输出接口；软件应能满足多级中断响应；采用通用高级计算机语言和梯形图逻辑。

4）数字式励磁调节系统应设有完善的自检功能和容错功能。

**（八）辅助电源**

（1）两个励磁调节通道中的每个励磁调节器均采用两路电源（一路直流和一路交流）供电。

（2）励磁系统控制回路电源采用直流电源，励磁调节系统备用电源应采用厂用交流电源。励磁调节系统的主、备用电源的自动切换，不应对调节系统运行产生任何扰动。

(3) 励磁冷却风机电源及励磁系统试验电源应采用厂用 AC380/220V 电源。

**(九) 母线及连接电缆**

(1) 励磁变低压侧交流断路器柜与励磁整流柜之间应采用全绝缘浇注母线连接。

(2) 励磁柜至转子绕组之间采用直流电缆连接，正、负极应分别设置单独电缆，母线及电缆需根据实际情况进行选型计算。

## 第三节　进口励磁系统设计复查和优化

### 一、某蓄能电站机组励磁系统简介

某抽水蓄能电站机组励磁系统采用晶闸管静止整流励磁系统，由励磁变压器、励磁变压器低压侧断路器、微机励磁调节器、晶闸管整流器、自动灭磁装置、过电压保护装置、起励装置以及为满足励磁系统正常安全运行所需的控制、保护、测量表计、信号等设备构成。励磁系统包括调节柜 1 面、功率柜 3 面、交流开关柜 1 面、直流开关柜 2 面、碳化硅灭磁柜 1 面及励磁变压器等设备。励磁调节器采用冗余的微机型励磁调节器。励磁系统能满足机组发电起动、抽水变频起动、停机电制动和并网等要求。励磁系统采用 ALSTOM 产品。

励磁系统主要参数如下：

| | |
|---|---|
| 额定励磁电流 | 1712A |
| 最大励磁电流 | 1884A |
| 空载励磁电流 | 948A |
| 额定励磁电压 | 290V |
| 正向顶值电压 | 580V |
| 顶值电流 | 3424A |
| 顶值电流时间 | 10s |
| 励磁变压器 | |
| 型式 | 干式，三个单相 |
| 绝缘等级 | H 级 |
| 温升 | 100K |
| 额定容量 | 3×600kVA |
| 电压阻抗 | 6% |
| 额定电压 | 18kV/640V |
| 结线组别 | Yd11 |

### 二、某蓄能电站励磁系统的复查和优化

励磁装置是保障发电电动机安全可靠运行的重要部件之一，优良的励磁控制系统可以保证发电电动机可靠安全运行。近年来，国内励磁系统时有严重故障发生，造成重大损失。为保证发电电动机可靠运行。在励磁设备投产之前，通常需对励磁厂商的计算稿和产

品设计图进行复核审查。

某蓄能电站励磁系统由外商ALSTOM供货。按照国内大中型水轮发电机静止整流励磁系统及装置技术条件相关标准和计算方法对励磁变压器、交直流断路器、整流元件、灭磁电阻等关键设备的参数进行计算复核。发现该蓄能电站机组励磁系统功率整流元件及直流侧磁场断路器的参数选择存在问题，并实施了优化。

**（一）励磁系统晶闸管参数复核和优化**

该蓄能电站机组励磁系统中整流桥的并联支路数为3，正常三柜并联运行。要求当一柜退出运行时，励磁系统保证机组在所有运行方式下（包括强励在内）均能连续运行，根据三相全控整流桥单个晶闸管通态平均电流计算公式，考虑电流储备系数、电路系数、温度、风速、环境温度等系数及双柜均流系数，晶闸管通态平均电流 $I_p$ 计算如下：

$$I_p \geqslant K_{sa} K_{ji} I_d \tag{43-2}$$

式中：$K_{sa}$ 为电流储备系数，取2；$K_{ji}$ 为电路系数，三相全控桥取0.367；$K_2$ 为风速系数，5m/s取1；$K_4$ 为海拔系数，40℃取1；$K_6$ 为风速降低，温度上升取0.9；$K_s$ 为环境系数，40℃取1；$I_d$ 为设计强励顶值电流，3426A。

外商ALSTOM提供的励磁整流装置选用晶闸管通态平均电流为1350A，当一桥故障退出时不能满足励磁系统强励运行的要求。在设计联络会上经与阿尔斯通交涉后，将晶闸管改为BISD-210H，通态平均电流为2115A，满足了安全运行需要。

**（二）对磁场断路器的优化**

本工程采用的磁场断路器是移能型灭磁开关，发电机励磁回路示意图见图43-1。它在灭磁过程中尽可能少地吸收磁场及电源能量，利用其开断弧熄弧，磁场能量由灭磁电阻吸收，这个过程称作移能换流灭磁。移能换流灭磁的必要条件是将发电机的励磁电流转换到灭磁电阻中，按“ANSI/IEEE　C37.18标准”要求的磁场断路器的最大遮断电压即最大断流弧压应该为

$$U_b \geqslant U_r + U_d \tag{43-3}$$

式中：$U_b$ 为磁场断路器保证换能所需的最大开断弧压；$U_r$ 为最大（强励）励磁电流 $I_r$ 流过 $R_r$ 时，其两端最高残压；$U_d$ 为最大（强励）电源电压峰值。

对于采用SiC非线性灭磁电阻，理想的工况是磁场断路器QF1开断后，其断口弧压 $U_b$ 迅速上升并到达足够大的数值，满足正确移能换流条件，断口电流 $I_b$ 全部转移到灭磁电阻中，断口电弧迅速熄灭，而且不再复燃，一次断流成功。这种情况断路器断口吸能最少，触头和灭弧室的烧损小，维护工作量小，断路器寿命长。

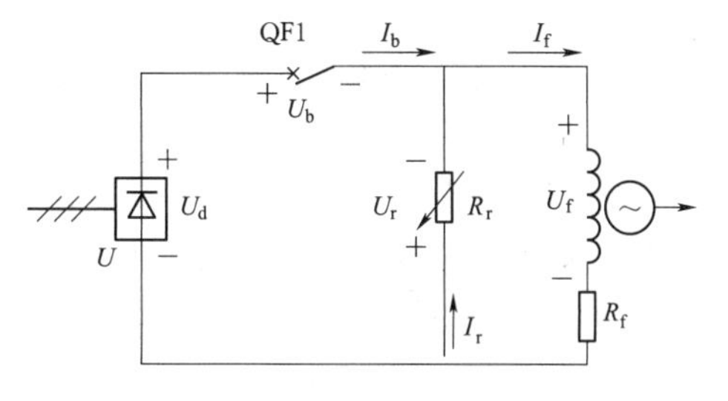


图43-1　发电机励磁回路示意图

励磁系统应当使发电机在各种最严重故障下能可靠灭磁，保证发电机安全。灭磁系统参数的计算应当考虑最严酷的工况。$U_b$ 考虑发电机空载误强励中励磁整流装置可能输出

的高电压。根据励磁事故分析：发电机空载误强励机端电压可升高到1.5倍额定值，并考虑峰值，励磁整流装置失控误强励输出励磁电压峰值为

$$U_b=U_{2n}\times1.414\times1.5\times0.9=640\times1.5\times1.414\times0.9=1222V$$

$I_{fp}$应当考虑励磁整流装置输出误强励励磁工况，励磁整流装置输出误强励电流值是3倍额定励磁电流值，即

$$I_{fp}=3I_{fn}=3\times1713=5139A$$

灭磁电阻$R_r$两端的最高残压$U_r=C(I_{fp})^{\beta}$

该蓄能电站灭磁电阻由48个并联的SiC非线性电阻组成，按最不利情况20%非线性电阻退出时，为48×0.8=38个并联非线性电阻。

根据ALSTOM计算书中SiC灭磁电阻伏安特性计算式的系数，$C$值应采用最大值，$C=194.33$，$\beta=0.4342$。

灭磁初瞬向SiC灭磁电阻立即转移上述全部励磁电流所需要的转子反向电压为

$$U_r=C(I_{fp})^{\beta}=194.33\times(5139/38)^{0.4342}=1636V$$

按ANSI/IEEE C37.18标准要求的磁场断路器的最大遮断电压即最大断流弧压应该为：$U_b\geqslant U_r+U_d$，即：$U_r+U_d=1636+1222=2858V$，$U_b\geqslant2858V$。

但实际ALSTOM为该蓄能电站发电电动机选用磁场断路器，型号为CEX71-2000，最大遮断电压为1200/1500V，远小于应有值2858V，安全裕度系数$K_2=(1200/1500)/2858=0.420/0.525$。而且，最大遮断电压1500V，还小于励磁整流装置失控误强励时SiC灭磁电阻上通过3倍额定励磁电流值时的电压峰值1636V，也就是说发生这种严重事故灭磁初瞬，在较长时间内转子电压不能反向使磁场断路器触头中的励磁电流快速转移到SiC电阻中去，很可能会发生烧毁磁场断路器甚至整套励磁盘的可能，显然这是十分不安全的。经与阿尔斯通供货商沟通，将该蓄能电站机组磁场断路器改为CEX06-2000-4.2，开断电压为3000V，满足机组各种工况安全运行要求。

## 第四节　励磁系统国产化研制与应用

### 一、概述

2006年以前，国内已建成投产的大中型抽水蓄能电站中，主机设备基本从国外供货，励磁系统由主机厂配套，机组励磁系统，均由国外厂商供货，如阿尔斯通公司、ABB公司、奥地利伊林公司（ELIN）等多家公司。

为填补机组励磁系统国产化的空白，白山抽水蓄能电站在励磁系统设备采购中，先引进一套国外励磁系统，消化吸收国外先进技术和制造经验，第二套再应用国产励磁设备。第一套设备采用瑞士ABB UNITROL 5000励磁系统，第二套设备在消化吸收ABB UNITROL 5000基础上，由广州电器科学研究院通过技术合作方式，以EXC9000型励磁系统作为研制平台，开发出具有完全自主知识产权国产化产品。计算机监控系统性能保证如表43-1所示。

**表 43-1　　　　白山抽水蓄能电站机组励磁系统相关参数**

| 参数名称 | 发电工况 | 电动工况 | 备　注 |
|---|---|---|---|
| 额定功率/A | 145.2MW | 167.5MW | |
| 额定电压 | 13.8kV | | |
| 额定电流 | 6903A | 7818A | |
| 额定功率因数 | 0.88 滞后 | 0.91 | |
| 额定励磁电压 | 232V | 242V | |
| 额定励磁电流 | 1537A | 1603A | |
| 空载励磁电压 | 94V | 94V | |
| 空载励磁电流/A | 909 | 909 | |

白山抽水蓄能电站两套励磁系统分别于 2005 年 6 月、2006 年 5 月交付安装。第一台机组励磁系统于 2006 年 6 月成功完成了 SFC 启动，背靠背发电、背靠背电动、电制动等多工况的试验，交付运行。第二台机组励磁系统于 2006 年 7 月完成了发电、电动、电制动以及两台机背靠背拖动等多工况的试验，投入商业运行。设备运行情况良好，两套系统各项技术指标均达到或超过国家和部颁标准的要求。

## 二、白山蓄能电站国产化励磁系统特点

(1) 全系统数字化、功能软件化，DSP 数字信号处理技术、可控硅整流桥智能均流技术、高频脉冲列触发技术、低残压快速起励技术、完善的通讯功能和智能化的控制、显示、传输、调试手段。

(2) 励磁系统内部互联采用现场总线（CAN 总线）技术，通信实时性好、速度快、容量大，硬件简单，接线简化、维护方便。适应抽水蓄能励磁装置 I/O 信号多的特点，既可利用已有的硬件资源，也可通过总线扩展。本项目国产励磁装置实现了对外输出信号组态控制，方便地实现了两套励磁系统对外输出信号保持一致。

(3) 友好完善的人机界面、灵活多样的对外接口方式。配备智能通信协议转换模块，实现不同的通信规约，满足白山电站全厂监控系统复杂接口需要。

(4) 完善的调试软件。可在线修改调节器参数，进行相关的功能试验、自动记录试验结果，无须修改软件，可灵活设定输出开关量的定义。适用于抽水蓄能励磁装置参数测量数量多，调试复杂的需求。

(5) 良好的电磁兼容性能，并通过了国家级试验室的电磁兼容性检验。

## 三、白山蓄能电站国产化励磁系统结构及功能

整套励磁装置由调节柜、功率柜、灭磁柜、交流进线柜及励磁变压器等组成。装置基本调节运行方式为自动方式和手动方式，控制规律为 PID+PSS2A 模式。选用带全屏触摸功能的触摸屏，作为人机界面，不仅用于运行操作和维护，操作简便，同时具有数字量、模拟量、通信状态和系统运行状态显示，视觉效果良好。

励磁调节柜由两个完全独立的调节和控制通道，每个通道内包含一个 AVR 自动电压

调节单元和一个FCR励磁电流调节单元。励磁调节器核心控制器件为COMPACT PCI32位总线工控机，主要用于实现励磁系统的调节、逻辑控制功能。

调节器采用PID＋PSS控制模式。主要功能包括交流采样算法，余弦移相，定时调节，恒发电机机端电压的自动调节功能，恒发电机转子电流的手动调节功能，叠加的恒无功调节，叠加的恒功率因数调节，限制功能，V/f限制，过励限制，欠励限制，定子电流限制，最大磁场电流限制，最小磁场电流限制等。监测功能包括PT断线，电源故障，调节器软件故障，调节器硬件故障，脉冲故障，整流桥故障报警，转子过热报警，励磁变超温报警，通讯故障报警等。保护功能包括V/f保护，转子过流保护，失磁保护，励磁变过流保护，励磁变超温跳闸等。

可控硅整流桥由2个三相全控桥并联构成。按照$n-1$原则进行配置，单柜额定输出电流2000A，强励电流4000A可持续20s。晶闸管元件制造商为英国Mitel公司，元件型号：DCR1476SY。允许结温：125℃。通态平均电流：1770A。反向峰值电压：4000V。在每个功率柜内安装有1套智能控制系统，实现工况检测智能化、工况显示智能化、信息传输智能化、风机控制及柜体均流智能化。

励磁系统正常停机采用逆变灭磁，事故停机采用跳磁场断路器并通过ZnO非线性电阻灭磁。过电压保护由CROWBAR跨接器实现。灭磁开关型号为ABB E2N MS 2000A/1000V。断口数量为4个。非线性电阻为3串48并，残压1350V。

EXC9000励磁系统充分吸收了国外励磁系统的先进技术理念，经现场各项试验技术指标满足国家相关励磁标准要求，励磁系统的对外接口及内在逻辑控制规律均与进口设备保持一致，在发电、水泵、背靠背、电制动工况起停、运行等全部通过试验，结果表明，国产化励磁系统完全能够满足抽水蓄能电站多工况运行的要求，其具备的性能指标与控制技术完全可以与进口设备相比。

EXC9000励磁系统通过安装后的现场调试、试验，机电设备各性能指标均达到并优于国家标准，满足白山抽水蓄能机组的运行要求，至2006年12月15日投入运行以来该系统运行稳定。

EXC9000励磁系统在白山抽水蓄能电站成功应用，填补了国内抽水蓄能电站无国产励磁设备的空白，为振兴民族工业做出了贡献。

# 第四十四章　低频自启动研究与应用

## 第一节　电站低频自启动功能及抽蓄电站在电力系统事故备用中的作用

### 一、水电站低频自启动传统的解决方案

水力发电厂一般都具有低频自启动功能，利用电站计算机监控系统开机控制功能，增加一套系统频率测量仪表。电站运行人员人工将一台机组 LCU 设为低频自启动备用状态，计算机监控系统自动检测系统频率变化，当系统频率低于整定值时，立刻自动启动该备用机组投入发电，实现机组低频自启动功能。

某抽水蓄能电站低频自启动功能设计初期，曾一度考虑采用该方案，该方案优点是利用监控设备，不需要增加太多的投资，结构简单。但该方案存在诸多缺点：

水电站低频启动的低频继电器的频率定制不够灵活，整定采用“逐次逼近”式的方案，这种方案预先估计系统的功率缺额，在电力系统发生事故，系统频率下降的过程中，按照不同的频率整定值动作，装置的启动频率一旦设置好，就不再随运行方式和故障而改变。很难适应电网实际可能出现的运行方式和可能发生的功率缺额故障。

以某抽水蓄能电站为例，机组启动从静止状态到发电空载状态转换的时间为 170s，电网低频故障启动发电机后，经历了近 3min 的时间，电网频率及频率变化率都发生了很大变化，需要重新检查发电机投入有功功率的必要性。

监控系统必须花费大量资源监测系统频率。频率测量精度低，无法防止由于系统短路故障、系统振荡故障、负荷反馈等因素引起频率异常；装置可靠性差。只能用于中小型水电机组低频自启动。不适用于抽水蓄能电站复杂的频率控制。

### 二、抽水蓄能电厂的特点和在电力系统事故备用中的作用

众所周知，抽水蓄能电厂具有发电及抽水两种功能，抽水蓄能电站既是负荷又是电源，运行灵活、启停方便，具有很好的黑启动能力，是电网安全防御的保安电源。抽水蓄能电厂在低谷时段利用电网多余的电力和电量抽水，在高峰时段利用低谷所抽的水量发电，同时承担电网调频、调相（或电压支持）、事故备用、黑启动等辅助服务功能。抽水蓄能电厂机组巨大的转动惯量、调速器灵活的调频功能以及快速工况转换能力使其在电力系统事故备用中发挥巨大作用。

理论研究表明：当电力系统发生有功功率不平衡时，将出现一系列动态响应，以重新达到新的发电及负荷功率平衡。一般在发生扰动后瞬间，由于发电机功角无法突变，其输

出功率变化与整步功率成正比，各发电机间功率变化按各自同步系数分配；扰动发生0.5～2.0s后，随系统频率降低，发电机转子释放能量，限制频率衰减速度，按机组相对惯量值重新分担功率缺额：扰动发生2～3s后，发电机调速器逐渐响应并改变原动机输出功率。发电机电功率增加，调出旋转备用容量；扰动发生几十秒至几分钟内，通过校正联络线功率及系统频率偏差，在可控发电储备范围内，恢复系统频率。

随着电力系统的不断扩大，大容量核电机组的投入，风电等新能源装机容量的迅速增加。电力系统在取得很高经济效益的同时，在某些方面也削弱了在大扰动下系统维持频率稳定性的能力。如果发生恶性频率事故，则波及面更广，影响更大。以风电为例，由于风机无法对系统频率有效响应，旋转动能无法提高电网惯量。在电网发生有功缺额时，电网惯量越低，系统频率降低就越快；一方面由于风电机组的易失去性，短路故障引起的冲击可能引起风电机组低压保护动作，当系统频率低于49.0Hz时，风电机组很有可能因低频保护退出运行。导致系统更大的功率缺额，将加剧系统频率下降的趋势。如果电力系统调频装置不能快速释放旋转备用容量，使系统频率尽快恢复，那么低频减载作为保证电网安全稳定运行“三道防线”的最后一道防线，能有效地阻止系统频率继续下降，从而避免系统出现频率崩溃、电压崩溃等事故，以保证系统安全运行。

低频切负荷方案普遍存在需切除大量生活用电负荷且控制代价较大的问题。加之新推出的《电力安全事故应急处置和调查处理条例》（国务院令第599号）以电网减供负荷作为电力安全事故等级评定的重要指标，电力企业在事故控制处理过程中应考虑在保证电网安全稳定的前提下尽可能少切或不切生产生活用电负荷，降低频率控制代价。抽水蓄能电站低频切泵可使电网频率控制代价有效降低。因此，研究抽水蓄能电站低频故障下合理切除抽水负荷是十分必要的。

## 第二节　低频控制系统设计作用

### 一、某抽水蓄能电站低频控制系统设计

在制定相应的低频减载、低频切泵方案时应检测频率变化和运行于水泵状态的抽蓄机组容量，估算故障引发的可能有功功率缺额，事先设定功率缺额门槛值，当实际功率缺额不小于门槛值时，直接切除所有运行于水泵工况的抽蓄机组，进入常规低频减载环节；要根据频率变化率和频率变化值，判断是否启动低频切泵与低频减载协调优化方案；考虑抽蓄机组是否能快速地由水泵工况转发电工况以及所需的转换时间，充分利用抽蓄机组的快速调节特性；通过快速工况转换，可大大缩短系统事故备用投切速度，特别在故障引起大的有功缺额后，通过快速低频切泵，甚至紧急地由抽水运行转发电运行（相当于在短时间内投入所切抽蓄机组双倍容量的有功功率），大大降低了有功缺额，可遏制事故的进一步恶化。能显著改善与平衡电力系统的负荷功率需求，提高系统的供电质量和经济效益。

某抽水蓄能电站低频控制系统功能设计包括智能化低频切泵；智能化低频快速发电；过频紧急控制等。为此，要求低频控制系统具有智能、安全、可靠、经济、实用等特点。

具体方案选为电站计算机监控系统 AGC＋专功能启动装置方案。该方案选用电力系统频率紧急控制装置或安全稳定控制装置作为测频启动元件，按照抽水蓄能电站低频控制的要求，对装置的软件进行开发，成为专功能启动装置。该装置通过专用测频模块检测系统频率变化，具有很高的测频精度及抗干扰能力，装置与监控系统的远方控制站接口，检测机组的运行状态、负荷数值。当系统频率异常时，自动选择跳机顺序，将抽水机组迅速切除。并向监控系统发出跳机信号，通过监控系统执行停机。当电力系统频率降低时，如果电站机组没有运行在抽水状态或抽水机组切除后，系统频率仍未恢复时，装置向监控系统发出低频启动发电机信号。监控系统 AGC 接受该信号后，自动选择备启机组，执行开机，向系统提供有功功率，恢复系统频率。该方案既利用了低频启动装置的高可靠性又发挥了计算机监控 AGC 控制的灵活性。

## 二、低频减载方案整定的内容和要求

低频减载方案的整定包括对基本轮和特殊轮各轮频率定值、延时、功率切除量的确定。基本轮的任务就是在不过切负荷的情况下尽快制止频率下降，尽可能地使频率恢复到接近正常频率。基本轮应快速动作，为了防止在系统振荡或电压急剧下降时误动作，一般可带 0.2～0.5s 的时限。基本轮一般按频率等距分级，每级切负荷量分别确定；特殊轮的任务是在防止基本轮动作后，避免频率长时间悬停在某一不允许的较低值或防止频率缓慢降低，特殊轮经一定时延动作，使频率值尽快恢复至 49.5～50Hz。特殊轮通常按时间分级。

低频减载方案的整定应保证在各种运行条件和过负荷条件下均能有效防止系统频率下降到危险点以下；在较短时间内使频率恢复到正常值，不出现超调或悬停；切除的总负荷尽可能小，用实时信息来判断是否应该加速切除负荷。

自适应低频减载主要是即在系统有功功率缺额较大时加速切负荷，进而尽早抑制频率快速下降，防止出现频率不稳定而造成的破坏事故。

装置采用直接测频法测频，即硬件测频。再通过相应的软件算法获得被测信号频率及其变化率。在电力系统发生事故，系统频率下降的过程中，按照不同的频率整定值顺序切除负荷，以达到稳定系统频率的目的。

**（一）低频减载装置基本技术条件**

（1）额定直流电源：220V

允许偏差：－20％～＋15％

纹波系数：不大于 5％

（2）额定测频电压：100V/$\sqrt{3}$（相电压）、100V（线电压）

（3）额定频率：50Hz

（4）交流电源：220V，50Hz，允许偏差为－20％～＋10％

（5）环境温度在－5～＋40℃时，装置应能满足规范所规定的精度；

环境温度在－10～＋45℃时，装置应能正常工作。

（6）在雷击过电压、一次回路操作、系统故障及其他强干扰作用下，不应误动和拒动。装置快速瞬变干扰试验、高频干扰试验，辐射电磁场干扰试验、冲击电压试验和绝缘试验应至少符合国标。装置调试端口应带有光电隔离。

(7) 装置应具有直流电源快速小开关，与装置安装在同一柜上。装置的逻辑回路应由独立的直流/直流变换器供电。直流电压消失时，装置不应误动，同时应在装置内部有输出触点以起动告警信号，且直流消失和装置故障信号应分开。直流电源电压在80%～120%额定值范围内变化时，装置应正确工作。在直流电源恢复（包括缓慢的恢复）到80%$U_e$时，直流逆变电源应能自动启动。直流电源波纹系数≤5%时，装置应正确工作。拉合直流电源以及插拔熔丝发生重复击穿火花时，装置不应误动作。直流电源回路出现各种异常情况（如短路、断线、接地等）时装置不应误动作。

(8) 装置应具备对各套装置的输入和输出回路进行隔离或能通入电压进行试验的措施。

(9) 装置的主要电路、装置异常及交直流消失等应有经常监视及自诊断功能以便在动作后起动告警信号、远动信号、事件记录等。

(10) 装置中跳闸出口回路动作信号及起动信号的触点应自保持，在直流电源消失后应能维持动作。只有当运行人员复归后，信号才能复归，还应有远方复归功能。用于远动信号和事件记录信号的触点不应保持。

(11) 装置中任一元件损坏时（出口继电器除外），装置不应误动作。

(12) 跳闸出口回路采用有触点继电器。跳闸出口继电器触点应有足够容量，跳闸出口继电器触点的长期允许通过电流应不小于5A，在电感负荷的直流电路（$\tau$<5ms）中的断开容量为50W。信号继电器触点的长期允许通过电流应不小于2A，在电感负荷的直流电路（$\tau$<5ms）中的断开容量为30W。

(13) 装置应有足够的跳闸出口触点，满足断路器跳闸、起动故障录波和远动信号等的要求。

(14) 装置装设的出口跳闸继电器，其动作电压应在的55%～70%范围直流电源电压之间，动作时间不大于5ms，其他直流继电器动作电压应在50%～70%直流电压之间。各装置中的时间元件的刻度误差，在本条款中所列的工作条件下应小于60ms。

(15) 所提供的装置应能与500kV故障信息管理子站或与监控系统连接，供方应提供符合国家电网公司要求的通用规约文本。装置向子站或监控系统提供的信息包括：装置的运行定值及控制字；装置的当前运行定值区；装置的动作信号、动作时间；装置的自检状态，自检出错的类型，出错时刻；装置的当前压板状态；装置的当前模拟量。提供的装置应能保证接入变电所其他厂家的子站或监控系统，必要时应提供规约转换装置（包括在投标报价中），装置需具备2组通信接口（包括以太网或RS-485通信接口）和打印机接口。

(16) 装置应具有事件记录、故障录波功能，为分析装置动作行为提供详细、全面的数据信息。

(17) 事件记录内容应包括动作原因、动作时间、动作前后的模拟量（含频率）和开关量。

(18) 故障录波内容应包括输入模拟量（含频率）和开关量。应能保证发生多重复杂故障或装置频繁起动时不丢失装置动作的记录信息。应能存储6次以上最新动作报告，每个报告应包含启动前0.2s至启动后20s的数据，数据应满足事故分析需要。数据记录存

储数据的时间可根据实际需要加长，不限于20s。应能保证在装置直流电源消失时，不丢失已记录信息。装置记录的动作报告应分类显示。

（19）供运行、检修人员直接在装置显示屏调阅和打印的功能，便于值班人员尽快了解情况和事故处理的装置动作信息；供专业人员分析事故和装置动作行为的记录。装置记录的所有数据应能转换为GB/T 22386—2008规定的电力系统暂态数据交换通用格式。

（20）装置应具备通信网络对时和卫星时钟对时功能。应具备IRIG-B（DC）、脉冲对时等功能，并通过屏柜端子排接线。

**（二）对低频自启动装置的具体要求**

（1）装置应具有独立的低频、低压功能投入和退出回路，并具有独立的投退压板。

（2）装置应适用于某电站500kV三角形单回路出线，切负荷及启动机组出口不少于18个，应能接入三路PT电压，采用三取二判断。当三路PT均正常时，必须两路都符合动作条件时，低频才能动作；当其中一路异常时，自动按正常的那两路PT电压进行判断。

（3）在线监视电网电压、频率及它们的变化率，独立判断低频低压事故，实现低频停止抽水和低频启动发电机组。

（4）装置可以自动根据频率降低值切除部分或全部抽水负荷。低频启动出口至少设置2个基本轮、1个特殊轮。

（5）本装置具有根据df/dt加速启动发电机组的功能，在启动第一轮时可加速启动第二轮或二、三两轮。

（6）具有根据df/dt、du/dt闭锁功能，以防止由于短路故障、负荷反馈、频率或电压的异常情况可能引起的误动作。具有PT断线闭锁功能。

（7）装置的定值应采用一次值。装置中需要用户整定的定值应尽量简化；需要运行人员进行功能投/退，可以在装置中设置相应的压板，远方修改功能的投/退必须经硬压板控制。

（8）装置打印的定值清单应与装置显示屏显示的实际内容一致。实际执行的定值应与显示屏显示、装置打印的内容一致。

（9）装置在正常运行时应能显示母线电压测量值，相关的数值显示为一次值。

（10）频率继电器的最小整定级差应不大于0.01Hz；基本轮出口动作延时应可在0.1～99.99s范围内进行整定，时间级差应能整定到0.01s；特殊轮出口动作延时应可在0.1～99.99s范围内进行整定，时间级差应能整定到0.01s。df/dt最小整定级差应不大于0.1Hz/s，定值范围不小于0～20.0Hz/s。

（11）装置的实时时钟及主要动作信号在失去直流电源的情况下不能丢失，在电源恢复正常后能重新正确显示并输出。

（12）在正常情况下，装置不应出现程序走死情况，当装置因受干扰进入死循环或“死”机后，应由硬件检查，并发出装置复归信号，让装置重新进入正常工作状态。

（13）无论是开关量输入还是输出，计算机与外部的信号交换都须经光电隔离、继电器转接、带屏蔽层的变压器磁耦合等隔离措施，不得有直接电的联系。

（14）装置出口动作回路应使用硬件和软件的多重判据以提高安全性。

（15）装置的采样频率应不小于每周 24 点。

## 三、低频自启动装置控制策略

### （一）低频自启动装置的设定

低频自启动装置的频率设定、启动顺序等参数均由电网调度给定。考虑设低频切除水泵和低频启动发电机两种功能，以便低频时快速切除正在抽水的水泵负荷，可抑制系统频率下降；快速启动发电机组，向系统补充必要有功功率。

系统频率降低时应充分利用系统的旋转备用容量，只有稳态频率低于 49.5Hz 时，自动减载装置才能投入，避免系统因发生短路故障以及失去供电电源后的负荷反馈引起装置误动。

低频切泵、低频自启动设 4 个基本轮，每轮启动频率定值（$F_1-F_4$）、启动延时（$T_{f1}-T_{f4}$）。根据《电力系统自动低频减负荷技术规定》：抽水蓄能机组抽水工况下低频跳闸定值宜适当高于低频减负荷第一轮定值。

当系统频率下降过快时，装置应根据频率的下降率（$-df/dt$）整定值 $D_f$ 及延时 $T_{fa}$，加速第二轮或加速第二轮、第三轮动作。

自动减负荷装置动作后，为防止某些特殊情况，系统频率长期停留在 49.0Hz 以下，设置一个特殊轮，动作频率为 $F_s$，长延时为 $T_{fs}$。四个基本轮定值均按级联切机控制，优先切除处于抽水的机组，抽水机组全部切除后或无抽水运行机组时，启动处于备用状态或调相状态的机组发电。低频切泵、低频自启动功能动作逻辑接口图见图 44-1。

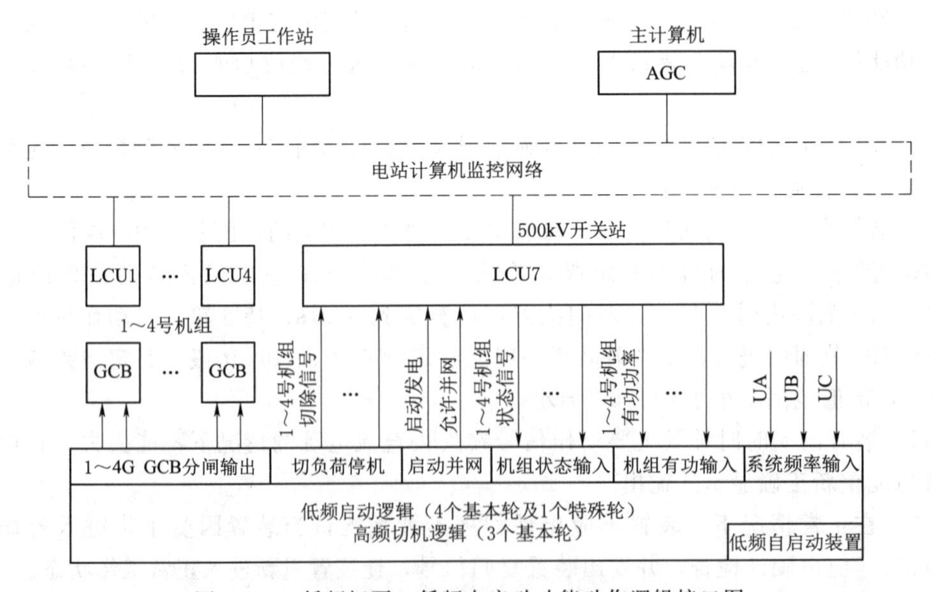


图 44-1　低频切泵、低频自启动功能动作逻辑接口图

**（二）低频自动减载的判别式**

$f \leqslant 49.5\text{Hz}$，$t \geqslant 0.05\text{s}$ 低频启动；

频率下降 $f \leqslant F_1$，延时 $t \geqslant T_{f1}$ 低频第一轮动作；

若频率下降率：$D_{f1} \leqslant -df/dt < D_{f3}$，$t \geqslant T_{fa2}$ 切第一轮，加速切第二轮；

若频率下降率：$D_{f2} \leqslant -df/dt < D_{f3}$，$t \geqslant T_{fa23}$ 切第一轮，加速切第二、三轮；

频率下降 $f \leqslant F_2$，$t \geqslant T_{f2}$ 低频第二轮动作；

频率下降 $f \leqslant F_3$，$t \geqslant T_{f3}$ 低频第三轮动作；

频率下降 $f \leqslant F_4$，$t \geqslant T_{f4}$ 低频第四轮动作；

以上四轮基本轮按级联减频顺序动作。

特殊轮的判别式为：

$f \leqslant 49.5\text{Hz}$，$t \geqslant 0.05\text{s}$ 低频特殊轮启动；

频率下降 $f \leqslant F_s$，$t \geqslant T_{fs}$（$T_{fs}$ 为长延时）低频特殊轮动作，动作逻辑独立于前四轮。

**（三）防止装置误动的闭锁措施**

（1）低电压闭锁。当正序电压<$0.15U_n$ 时，不进行低频判断，闭锁出口。

（2）频率下降变化率闭锁。当 $-df/dt \geqslant D_{f3}$ 时，不进行低频判断，闭锁出口。$df/dt$ 闭锁后直到频率再恢复至启动频率值以上时才自动解除闭锁。

（3）频率差闭锁，当各相频率差超过 0.2Hz 时，不进行低频判断，闭锁出口。

（4）频率值异常闭锁。当 $f < 40\text{Hz}$ 或 $f > 60\text{Hz}$ 时，认为测量频率值异常。闭锁出口。

**（四）防止低频过切负荷的措施**

在低频减载实际动作过程中，可能会出现前一轮动作后系统的有功功率已经不再缺额，频率开始回升，但频率回升的拐点可能在下轮动作范围之内，导致频率上升超过了正常值。为此，在每一基本轮动作的判据中增加“$df/dt > 0$”的闭锁判据，可以有效防止过切现象发生，即每一基本轮同时满足以下三个条件时才能动作出口：

（1）$f \leqslant F_n$；

（2）$df/dt \leqslant 0$；

（3）$t \geqslant T_{fn}$。

式中 $n$ 表示第 $n$ 轮，$n=1 \sim 4$。

**（五）低频切除泵工况机组的原则**

（1）当低频切泵动作后，应按照预先设定的切泵台数直接出口。每台机组出口断路器需两副跳闸输出接点，分别作用于断路器的两个跳闸线圈；另一副信号节点送计算机监控，执行停机控制。

（2）低频启动装置具有跳闸排序逻辑，依次切除运行在泵工况机组。切泵排序原则为：投入抽水运行时间最长的泵组优先切除（装置应记录机组每次投入泵工况的时间，机组停止抽水后，计时清除）。

（3）当电站无抽水泵组可切除而低频自启动装置仍需切除负荷时，低频自启动装置可输出“启动第一轮发电”信号送计算机监控系统。

(4) 计算机监控系统AGC收到“启动第一轮发电”信号后，根据电站当前发电设备运行状态，自动判断选择需要启动发电的机组及启动顺序。将1～2台机组逐台处于旋转备用状态。

(5) 低频自启动装置设发电并网的频率门槛定值，当装置向监控发出启动发电机组命令时，若电网频率低于门槛定值，经延时向监控装置发出“允许并网信号”。

(6) 计算机监控系统AGC检查“允许并网信号为1”时，可将发电机逐台并网，带给定负荷；若“允许并网信号为0”时，机组将不再并网。

(7) 若电网频率很低，有功缺额较大时，低频自启动装置向监控系统发“启动第二轮机组发电”信号。

(8) 计算机监控系统AGC收到“启动第二轮发电”信号后，根据电站当前发电设备运行状态，自动判断需要启动发电的机组及启动顺序。将所有可控机组逐台处于旋转备用状态。

(9) 计算机监控系统AGC检查“允许并网信号为1”时，可将发电机逐台并网，带给定负荷。直至“允许并网信号为0”时，机组将不再并网。

## 四、电站计算机监控系统AGC低频启动功能

### (一) 计算机监控系统的设定

计算机监控系统AGC增加低频自启动功能，接受低频自启动装置输出继电器的控制信号，执行低频停泵减负荷、低频启动发电机组的逻辑操作。包括低频命令接受、命令可靠性判断，低频命令执行，信号反馈、人机联系等。

计算机监控系统的操作员工作站增加低频自启动人机联系画面，显示四台机组的运行状态、检修状态、健康状态、AGC设定状态，设置单台机组自启动的投/退控制键。电厂值班运行人员可根据调度要求，设定机组参与或退出低频自启动。

机组低频自启动动作后，监控系统一定要有声光提示，操作员工作站要能够自动推出相应画面，值班员应对机组启动过程密切关注。立即与电网调度联系。按照电网调度要求，参与系统低频事故处理。

### (二) 计算机监控系统低频启动机组发电的原则

计算机监控系统主站从远方站$LCU_7$接收到低频自启动装置“机组频率异常切除”信号时，应通过相应机组LCU，执行紧急停机程序，使机组处于停机备用状态。

计算机监控系统主站从远方站$LCU_7$接收到“低频启动第一轮机组发电”命令后，检查系统频率低于49.5Hz；无抽水运行机组；有停机备用机组或调相运行机组时，可执行“启动第一轮机组发电”。依次启动1～2台机组。

低频启动发电机组排序的原则为：机组运行健康状况良好且停机时间较长的机组，优先启动。

机组启动到“旋转备用态”，检查低频自启动装置送来的“允许并网信号”，若该信号为1，则执行同期并网流程，使发电机并入电网，有功功率按调度要求设定。

若有“启动第二轮发电机组”命令，可依次启动所有可控机组发电运行，机组启动到“旋转备用态”。经延时（相对于第一台发电机组并网时间）检查低频自启动装置的“允许

并网信号”，若该信号为1，则执行同期并网流程，使发电机并入电网，有功功率按调度要求设定。

**（三）启动流程**

执行低频自启动发电的机组的状态可以是“停机备用态”，也可以是“抽水调相态”或“发电调相态”。特殊情况下也可以从“抽水状态”快速转发电状态。“停机备用态”执行的优先级别最高，其次是“发电调相态”“抽水调相态”。“抽水状态”优先级别较低。机组低频启动转换流程见图44-2。

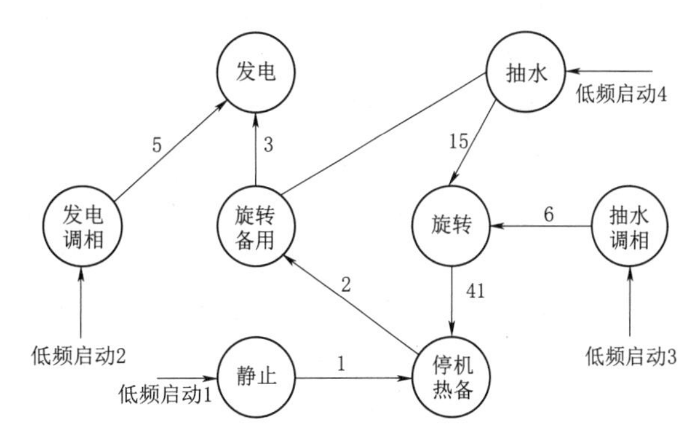

图44-2　机组低频启动转换流程

（1）机组“停机备用状态“的低周波自启动。机组“停机备用状态”的低周波自启动流程与正常静止开机发电工况转换流程基本相同，只是下发开机令的方式不同。前者是调度员下令，后者是低频自启动装置自动下令。启动流程如下：

1）机组执行监控流程SQ01静止—停机热备流程。

2）执行监控流程SQ02停机热备—旋转备用流程。

（2）机组“发电调相状态”的低周波自启动。机组运行于“发电调相状态”时，收到低周波自启动命令，应执行发电调相转发电流程：

1）执行监控流程SQ5发电调相—旋转流程。

2）机组直接带150M有功负荷。

（3）机组“抽水调相状态”的低周波自启动。机组运行于“抽水调相状态”时，收到低周波自启动命令，应执行如下流程：

1）执行监控流程SQ6抽水调相—旋转流程。

2）执行监控流程SQ41旋转—停机热备流程。

3）执行监控流程SQ02“停机热备”—“旋转备用”流程。

（4）机组“抽水状态”的低周波自启动流程。机组运行于“抽水状态”时，收到低周波自启动命令，应执行“抽水”转“旋转备用”流程。

1）执行监控流程SQ15“抽水”—“旋转”流程。

2）执行监控流程SQ41“旋转”—“停机热备”流程。

3）执行监控流程SQ02“停机热备”—“旋转备用”流程。

由于机组“旋转备用”转“发电”过程需要同期并列，占用时间较长，当机组处于“旋转备用”状态后，应根据系统的实时频率确定机组是否需要并网发电，以免系统过频。计算机监控检查低频自启动装置“允许并网”信号，若该信号为1，则执行同期并网流程。

4）机组由“旋转备用”转“发电空载”，执行监控流程SQ03。

5）发电机并入电网后，负荷按频率自动调整。

## 五、高频切除发电机机组功能

**（一）基本要求**

系统因某种原因高于50.5Hz时，应投入高频切除发电机组的控制。高频切除发电机设有3个基本轮，各轮之间相互关联，出口定值按切除1～4台可整定。切除发电机顺序按发电机所带有功功率，由大至小进行切除。以上3个轮次延时时间均可整定。

**（二）高频控制的判别式**

系统频率 $f \geqslant 50.5\text{Hz}$，$t \geqslant 0.05\text{s}$ 过频启动；

频率上升 $f \geqslant F_{H1}$，$t \geqslant T_{FH1}$ 过频第一轮动作；

频率上升 $f \geqslant F_{H2}$，$t \geqslant T_{FH2}$ 过频第二轮动作；

频率上升 $f \geqslant F_{H3}$，$t \geqslant T_{FH3}$ 过频第三轮动作。

以上3个基本轮按级联升频顺序动作。

**（三）防止高频误动作的闭锁措施**

（1）低电压闭锁。当正序电压$<0.15U_n$时，不进行高频判断，闭锁出口。

（2）频率上升变化率 $f/\mathrm{d}t$ 闭锁。当 $\mathrm{d}f/\mathrm{d}t \geqslant D_{Fbs2}$ 时，不进行过频判断，闭锁出口。$\mathrm{d}f/\mathrm{d}t$ 闭锁后直到频率再恢复至启动频率值以下时才自动解除闭锁。

（3）频率值异常闭锁。当 $f<40\text{Hz}$ 或 $f>60\text{Hz}$ 时，认为测量频率值异常。则不进行低频判断，并立即闭锁出口。

**（四）防止高频过切机的措施**

与低频控制类似，在每一轮动作的判据中增加“$\mathrm{d}f/\mathrm{d}t<0$”的闭锁判据，可以有效防止过切现象发生，即每一轮同时满足以下三个条件时才能动作出口：①$f \geqslant F_{Hn}$；②$\mathrm{d}f/\mathrm{d}t \geqslant 0$；③$t \geqslant T_{FHn}$。

式中 $n$ 表示第 $n$ 轮，$n=1\sim3$。

**（五）高频切除发电工况机组的原则**

当高频切除发电机动作后按照出口定值切机台数直接出口。每台机组出口断路器需两副跳闸输出接点（与切泵输出公用）；一副信号节点送计算机监控，（与切泵输出公用）执行停机控制。

依次切除运行在发电工况机组，切发电机组排序原则为发电输出功率最大的机组或投入发电运行时间最长的机组优先切除；（装置应记录机组处于发电工况的时间，机组停止发电后，计时清除）。

当电站无发电组可切除时，装置可输出信号接点送计算机监控系统。

## 六、低频启动装置与监控系统输入输出接口

低频启动装置除直接采集系统电压输入信号外，还与监控系统LCU接口，实现电站低频自启动功能。信息交换如下：

（1）模拟量：监控系统$\text{LCU}_7$模拟量输出通道提供4～20mA模拟量信号送低频自启动装置的模拟量输入通道。包括：4台发电电动机组有功功率；低频启动装置作为发电机高频切机输出控制的排序。

（2）开关量输入输出接口：监控系统 $LCU_7$ 开关量输出通道提供设备状态信号送低频自启动装置的开关量输入通道。包括：4 台机组抽水状态、发电状态；监控系统 1 号～4 号机组低频控制功能投入状态。低频启动装置计算水泵运行时间，作为水泵低频切机输出控制的排序。

低频自启动装置开关量输出通道提供如下信号送监控系统 LCU7 的开关量输入通道。包括：低频自启动装置功能投入低频自启动装置闭锁；低频自启动装置异常低频自启动装置跳闸；频率异常切除 1 号～4 号机组 GCB 信号；频率异常启动第一轮机组发电；允许机组并网信号。实现电厂计算机监控系统 AGC 与低频自启动装置功能配合与互动。

## 第三节　结　　语

本项目根据抽水蓄能机组运行的特点和规律，分析各种工况对电网频率的影响，提出低频自启动的控制策略。在低频自启动功能设计中，增加了低频切泵功能。在故障引起大的有功缺额后，通过快速低频切泵，甚至紧急地由抽水运行转发电运行，可快速降低系统有功缺额，可遏制事故的进一步恶化。

本项目采用电力系统广泛应用的安稳控制装置，不仅安全可靠，智能化频率测量，可以计及实际电网动态频率特性的自适应式低频启动、低频减载优化整定。可有效防止过切、误切机组或负荷。

电站计算机监控系统 AGC 参与低频自启动功能，使机组低频启动更加灵活、智能。使电站可用机组全部参与低频启动，使机组可以从任何可用状态迅速转为发电状态。提高了电站事故备用能力。

考虑到低频启动发电机组，需要一定延时，为防止发电机组投入可能发生电网过频，本系统增加了发电机并列频率预测功能。只有电网频率允许，才能并列、带负荷。另外，为防止电网过频，本系统设置了过频切除发电机功能，根据发电机负荷大小，自动排列停机顺序，有计划切除有关发电机组。

目前抽水蓄能电站参与电力系统低频启动尚缺乏经验。通过本工程研究，为实现电站低频自启动系统的功能搭建软、硬件平台，为抽水蓄能电站参与电力系统低频自启动提供经验。

# 第四十五章　通　信　系　统

## 第一节　通信系统组成

水电厂通信系统包括水电厂厂内通信、系统通信、对外通信、防汛通信、水情自动测报系统通信、应急通信和厂内综合线路网络。

水电厂厂内通信包括以下部分：厂内生产调度通信，厂内生产管理通信，应急通信。

系统通信包括以下部分：水电厂与电力系统调度部门或电力其他单位之间的调度和管理通信。

对外通信包括水电厂至当地公用通信网通信局之间的通信。

通信业务可包括以下内容：语音业务应包括调度电话、生产管理电话；数据业务可包括生产调度信息、行政管理信息、办公自动化信息等；视频业务包括会议电视、视频监视系统等。

### 一、水电厂厂内通信

水电厂厂内通信在水电厂内部提供可靠的语音业务传输通道，主要包括厂内生产调度通信、厂内生产管理通信和水电厂应急通信。

**（一）厂内生产调度通信**

厂内生产调度通信是保证电厂生产和安全可靠运行的重要手段。利用厂内生产调度系统，值班人员可以随时与电站各生产部门进行电话沟通；发生事故时，值班人员利用它指挥各部门迅速排除故障；设备检修时，利用它通报设备检修情况并协调各部门的配合工作。厂内调度通信系统的设置要求安全可靠、便于使用和维护。

厂内生产调度通信系统一般选用数字程控调度交换机作为主要调度通信手段。数字程控调度交换机应选用满足调度功能要求的“长市合一”型数字程控交换机，能与现有通信网内各种传输设备有效连接并可靠工作，应具有强拆、强插、代答、组呼/群呼、缩位拨号、回叫、会议、转移、保持、录音等功能，具有迂回路由、闭塞路由、重找路由、路由重试等功能。调度交换机应配备功能齐全、操作简便的智能调度台。

数字程控调度交换机与其他电话交换机互联时，应选用合适的中继方式；宜采用2M数字中继接口，当交换机容量较小时也可采用4W E&M或模拟用户接口。与电网调度交换机局间中继应为双向中继电路，应采用DOD1＋DID全自动直拨中继方式。其他中继方式可采用2M数字中继接口、环路中继接口、4W E&M中继接口、模拟用户接口中的一种或多种。

**（二）厂内生产管理通信**

水电厂的生产管理通信主要作为电站内部各行政管理部门之间以及电厂与所在地区各

有关单位之间通信联系之用。

厂内生产管理通信交换机可与生产调度交换机合并使用，采用调度行政合一型调度总机，交换机内部可分群设置。数字程控用户交换机应满足生产管理、办公自动化、通信网管等系统语音、数据、视频等业务的需求。

数字程控用户交换机的选型应符合《专用电话网进入公用电话网的进网条件》和程控用户交换机接入公网的有关技术要求和规定；应提供多种接口，包括模拟用户接口、数字接口、环路中继接口、2/4W E&M 接口、2M 数字接口等；与公网的中继方式应采用全自动入网方式。

厂内生产管理通信交换机的容量应按水电厂的管理体制、人员分布及数量等因素选择确定。当水电厂生活基地距厂区较远时，可在水电厂生活基地单独设置用户交换机，其容量可按生活基地的规模和需要确定。当水电厂生活基地距厂区较近时，可与厂内生产管理通信合用一套用户交换机。

保安配线设备（总配线架）的容量应包括厂内生产管理用户交换机的用户数量、中继线路的容量、生产调度交换机和系统通信及其他用户所占用的线路容量；可按线路总容量的 1.5～2 倍确定。分线设备的容量可按用户数的 1.2～1.5 倍确定。

数字复用设备之间、数字复用设备与程控交换设备之间的配线连接应采用数字配线架。光缆与光通信设备或光系统设备之间的配线连接应采用光纤配线架。

数字程控用户交换机是厂内生产调度及行政管理通信的核心。以某抽水蓄能电站为例，站内设置 1 套数字程控调度总机，用来完成厂内生产行政管理通信。数字程控调度总机选用以色列塔迪兰电信设备有限公司 Coral IPx3000 系列产品。同时配置 1 套智能调度操作台、时标数字录音系统和维护终端及相应的配线设备。全厂共设置 120 个厂内调度电话用户，60 个行政电话用户，电话线由附近的电话分线箱或音频配线架引出。

数字程控用户交换机具有调度行政合一功能，总容量 1024 线，主机板、交换网板、信号音板、二次电源均冗余配置，具备双路直流电源输入，且能自动切换。

程控调度总机共配置 7 个 2M 中继，其中 2 个对集控中心通信，1 个对当地电信局，4 个留作备用。2M 中继支持中国一号、七号信令和 Qsig 信令。此外配置 24 个 4W E/M 中继、24 个二线环路中继和 256 个模拟用户接口（带来电显示）。

**（三）水电厂应急通信**

大、中型水电厂应设置应急通信，应急通信最少应配置卫星便携式电话设备，可采用 VSAT、铱星、欧星、海事卫星通道。

当采用 VSAT 通信方式时，宜选择点对点或点对多点的方式，工作频段选用 Ku 波段，点到多点双向通信方式宜选择星形网的网络结构。

## 二、接入电力系统通信

水电厂电力系统通信设计根据审查通过的接入系统设计院的设计成果进行，主要是完成电站与电力系统主管部门、调度部门之间的生产管理和生产调度通信以及电站与出线对端变电所之间的通信联系。

电力系统通信包括调度电话、生产管理电话、远动信息、保护信息等。

同一条输电线路上的两套继电保护或安全自动装置信号宜采用两种不同的通信方式进行传送。当只采用光纤通信方式时，应考虑两条不同路由的光纤通道。在只有一条光缆路由时，应完全独立安排在不同的纤芯上。当只采用电力线载波通信方式时，应分别安排在不同相的导线上。

电力系统通信一般采用沿电力线开设 OPGW 光纤通信或电力载波方式。

某抽水蓄能电站接入系统通信方案：主通道采用 STM－16（2.5Gb/s）光缆通信电路，电路保护方式为1＋1。备用通道采用 STM－16（2.5Gb/s）光缆通信电路，电路保护方式为 1＋0。该电站不新增网管系统，新增光设备纳入原有电路的已有 INC－100ms 网管系统。该电站新增 1 台 SDH 622Mb/s 光端机，地区光传输华为网，同时为了满足综合数据网设备的组网需求，新增 SDH 622Mb/s 光端机上各配置 1 块 155Mb/s 的光接口板，新增光设备纳入当地电力部门原有华为 T2000 网管统一管理。

该抽水蓄能电站配置 1 套独立的程控交换机作为电力系统专用调度总机。设备选用以色列塔迪兰电信设备有限公司 Coral IPx3000 型数字程控交换机。Coral 数字程控综合业务交换机具有电力系统入网许可证，系统可提供一个开放的、宽带的 ISDN 通信平台，丰富的接口和信令以及完善的功能可以保证满足所有的通信要求。系统容量能够从 20 端口方便扩容至 4024 端口，系统主处理器采用 Intel 公司产品，交换矩阵为 1024×1024，满足系统今后的扩容要求。Coral 交换机系统软件提供了一百多个系统基本功能，用户可以在需要使用时选择相关功能定义代码，即可激活相关功能，如：呼叫转移、呼叫代答、三方通话、呼叫等待、缩位拨号、会议电话、区别振铃、紧急呼叫、热线电话、预约回叫、恶意呼叫追踪等。调度总机采用双总线结构，无阻塞单“T”交换矩阵，具有模块化结构，板卡通用、插槽通用。设备具有 19 英寸双层子架结构，每两层子架之间的公共单元板（如电源、主控制器、群控交换矩阵、公共服务等卡板）可分别插在不同的子架上互为备用，保证系统的可靠运行。全机采用集中加分散的双重控制方式工作。主控系统双机、双网，热备份保护，采用镜像存储专用技术，无间隙切换。Coral 交换机具有强大的组网功能，具有 2MBPS E1 数字中继 A 接口、ISDN 30B＋D PRI 中继接口、ISDN 2B＋D BRI 中继接口、2/4W E&M 中继接口、2 线环路中继（FXO、FXS）接口、接入网模块光纤接口、IP 中继接口和 IP 网关接口等接入能力。Coral 交换机具有完备的信令系统，包含 7 号信令系统、Q.931、QSIG、DSS1、ETSI 等 ISDN CCS“Q”信令系统、数字/模拟 E&M 信令系统、MFC、DTMF 记发器信令系统、模拟用户信令（小号信令）系统、中国 1 号及 R2 CAS 信令系统。具有直达路由、迂回路由自动连选及多路由保护功能，同时具有 IP 网关和 IP 中继接口卡，可实现全 IP 组网及宽带、窄带混合组网。

### 三、对外通信

水电厂对外通信主要完成水电厂对当地电信部门的通信。一般情况下，当地电信部门负责提供当地电信部门至水电厂的通信线路和通信传输设备。

例如，某抽水蓄能电站利用生产调度行政合一的数字程控调度总机通过厂内光纤通信环网，经附近生活基地接入当地电信公网，沟通电站的对外通信。

## 四、厂内综合线路网络

厂内综合线路网络主要包括枢纽各建筑物内部的光（电）缆敷设和枢纽各建筑物间的光（电）缆通信线路。

光（电）缆通信线路的设计应依据电站枢纽布置、通信用户的分布、通信设备的安装位置、地理条件、电站枢纽内电缆沟或电缆廊道规划等进行综合考虑。

光（电）缆线路的敷设方式有架空、直埋、管道、墙壁及沿电缆沟（廊道）敷设等，采用何种敷设方式视具体情况经过比较确定。

寒冷地区地埋光（电）缆线路应在非冬季时间施工，光（电）缆埋深应在冻土带以下。

例如，某抽水蓄能电站厂内光缆网络包括洞口中控楼、地下厂房、500kV 开关站、66kV 施工变、上水库进出水口、下水库进出水口、下库坝和生活基地等 8 个地点之间的光缆线路，除交通洞口中控楼至下水库进/出水口段是直埋式光缆线路外，其余各段皆为架空敷设或沿电缆架敷设 ADSS 光缆或阻燃防鼠光缆，全部采用 G. 652 单模光纤。

# 第二节　通　信　方　式

选择的通信方式应遵照水电厂所在地区电力系统的规划，经技术经济比较后确定。所选通信方式应保证电力系统调度、水电厂内部、远方集控中心等各种信息安全可靠地传输。

通信方式包括有线通信和无线通信两种方式。有线通信方式可选择光纤通信、电力线载波通信等，无线通信方式可选择微波通信、卫星通信、移动通信、短波及超短波通信。

在选用无线通信方式时，其使用频率和工作频带应符合中华人民共和国工业和信息化部颁发的《中华人民共和国无线电频率划分规定》的要求，并应按有关规定报无线电管理部门批准。

系统通信应根据电网对本电站接入电力系统通信的要求确定，目前以数字光纤为主，也可选用电力线载波、微波通信、移动通信、卫星通信等通信方式。

施工通信应根据工地施工总布置选择合理的通信方式，应保证施工工地内部、施工工地对外及施工期间防汛通信的要求，一般都利用电信公网实现。

## 一、光（电）缆及终端设备的选择

### （一）光缆的选择

接入系统引下光缆的光纤型号应与接入系统 OPGW 光缆或 ADSS 光缆中的光纤型号一致。新建 SDH 长途光缆传输工程中常用的单模光纤有两种，即 G. 652 和 G. 655 光纤。G. 652 光纤为单模光纤，可用于 1310nm 和 1510nm 两个波长区。G. 652 光纤包含四个子类，即 G. 652A、G. 652B、G. 652C 和 G. 652D。其中 G. 652A 光纤主适用于传输速率不大于 2. 5Gbit/s 的系统；G. 652B、G. 652C 和 G. 652D 光纤主要适用于传输速率不大于

10Gbit/s 的系统；当单波系统传输速率达到 10Gbit/s 时，则需加色散补偿。G. 655 光纤主要适用于速率不小于 10Gbit/s 的 TDM 传输系统和 WDM 传输系统。

业务量较大的主干光缆应用高速率、多信道的 WDM 系统时，宜选用 G. 655 光纤。厂内通信业务量较小，一般选用 G. 652 单模光纤即可。

应用 G. 652 型光纤时，局内或短距离通信宜选用 1310nm 工作波长，长距离通信宜采用 1510nm。应用 G. 655 型光纤时，应选用 1550nm。

光缆护层结构应根据敷设地理环境、敷设方式和保护措施确定。光缆护层结构选择应符合下列规定：

（1）直埋光缆：PE 内护层＋防潮铠装层＋PE 外护层，或防潮层＋PE 内护层＋铠装层＋PE 外护层，宜选用 GYTA53、GYTA33、GYTS、GYTY53 等结构。

（2）采用硅芯管或管道保护的光缆：防潮层＋PE 外护层，宜选用 GYTA、GYTS、GYTY53、GYFTY 等结构。

（3）架空光缆：防潮层＋PE 外护层，宜选用 GYTA、GYTS、GYTY53、GYFTY、ADSS、OPGW 等结构。

（4）水底光缆：防潮层＋PE 内护层＋钢丝铠装层＋PE 外护层，宜选用 GYTA33、GYTA333、GYTS333、GYTS43 等结构。

（5）局内光缆：非延燃材料外护层。

（6）防蚁光缆：直埋光缆结构＋防蚁外护层。

**（二）电缆的选择**

厂内生产调度、生产管理通信系统的电缆网络应以交接配线方式为主，辅以直接配线方式。厂内通信音频电缆的选择应符合以下规定：

（1）当沿建筑物墙面明敷或沿电缆桥架敷设时，宜采用全塑屏蔽型通信电缆。选用全塑电缆时应采用铝塑综合电缆护套，室内成端电缆和室内配线电缆必须采用非延燃型电缆。

（2）当管道敷设或室内短距离敷设时，宜采用全塑屏蔽型通信电缆，不应选用铠装电缆。

（3）当直埋敷设时，宜采用钢带铠装电缆。

（4）当架空敷设时，宜采用屏蔽型通信电缆。

（5）用户线室内敷设时，可采用普通电话线或网线；室外敷设时，应采用少对数电缆，不宜采用普通电话线。

（6）对沿管道、电缆沟、隧道敷设的电缆应采用阻燃型电缆。

（7）电缆容量应根据用户的需要及配线方式确定，在充分提高电缆芯线使用率的基础上，选用适当容量的电缆，并预留 20%左右的备用线对。

（8）无外护层电缆可使用于管道或架空电缆，架空电缆线路可选用自承式电缆；有外保护层的单、双层钢带纵包电缆及双层钢带纵包电缆及双钢带绕包电缆可用于埋设电缆线路，单层细钢丝、单层粗钢丝绕包电缆可用于水下电缆。

（9）缆线径应采用 0.4mm，特殊情况下可采用 0.6mm。

**（三）终端设备的选择**

（1）光配线架应符合《光纤分配架》（YD/T 778—2006）的有关规定。

（2）新配置的ODF容量应与引入光缆的终端需求相适应，外形尺寸、颜色应与机房原有设备一致。

（3）光纤终接装置的容量应与光缆的纤芯数相匹配，盘纤盒应有足够的容积和盘绕半径，易于光纤盘留。

（4）ODF内光缆金属加强芯固定装置应与ODF绝缘。

## 二、光（电）缆线路敷设安装

线路路由应避开可能因自然或人为因素造成危害的地段，尽量选择在地质稳固、地势较平坦的地段。

厂内通信光（电）缆应尽可能利用厂内已有的电缆沟（道）敷设或采用与10kV厂内输电线路同杆架设的敷设方式。

光（电）缆可在电缆廊道、电缆沟、电缆竖井内的电缆支架上敷设，其位置应尽量远离电力电缆，可与控制电缆等弱电电缆敷设于电缆廊道、电缆沟、电缆竖井的同一侧电缆架上，并位于控制电缆下方。

光（电）缆在穿越公路或轨道、埋深过浅或路面荷载过重、地基特别松软或有可能受到强烈震动的地方、有强电危险或干扰影响需要的保护情况下应采用穿钢管保护。

安装墙壁光（电）缆时，建筑物内应不低于2.5～3.5m，外墙不低于3.5～4.5m。

厂前区通信光（电）缆必须采用地下电缆沟道或直埋电缆方式敷设，不得采用架空方式敷设。生产办公楼等要求配线隐蔽美观的建筑物内，宜采用暗配线敷设方式。

要求管线隐蔽的光（电）缆线路、无电缆沟道可利用以及采用架空光（电）缆有困难时，应选用直埋光（电）缆线路。

埋式光（电）缆的埋深不小于0.8m。埋式电缆上方应加覆盖物标保护，并设标志。埋式光（电）缆穿越公路、铁路、沟渠时，应穿金属钢管保护。

电站内保护光（电）缆的暗管应采用镀锌钢管，办公楼可采用镀锌钢管或阻燃硬质PVC管。

架空光（电）缆线路杆路的杆间距离，应根据地形情况、气象条件、线路负荷、用户需要等因素确定。厂区杆距一般为35～40m，厂区外杆距一般为45～50m。

架空光（电）缆、埋式光（电）缆、墙壁光（电）缆、通信管道与其他建筑物的最小净距和架空光（电）缆在各种情况下架设的高度、架空光（电）缆交越电气设施会接近的最小净距应满足《水力发电厂通信设计规范》（NB/T 35042—2014）的要求。

架空光缆杆线强度应符合《架空光（电）缆通信杆路工程设计规范》（YD 5148—2007）的相关要求。利用现有杆路架挂光缆时，应对杆路强度进行核算，保证建筑安全。

新设杆路应采用钢筋混凝土电杆，杆路应设在较为定型的道路一侧，以减少立杆后的变动迁移。

杆路架挂的光（电）缆吊线不宜超过三条，在保证安全系数前提下可适当增加，一条吊线上宜挂设一条光（电）缆。如果都距离很短，电缆对数小，可允许一条吊线上挂设两条电缆。

架空通信线路不宜于电力线路合杆架设，在不可避免时允许和10kV以下的电力线路合杆架设，且必须采取相应的技术防护措施，此时电力线与通信电缆间净距应不小于2.5m，且电缆应架设在电力线路的下方。

## 三、光纤通信

光纤通信作为水电站内部或对外语音、数据或图像通信的一种传输平台和手段，已经成为信息传输的主要方式。光纤通信具有传输容量大、性能稳定、传输质量高、安全保密性强等优点。

### （一）传输模型

（1）两个用户（通道端点）国内标准最长参考通道 HRP 为 6900km。其中核心网（包括长途网和中继网）最长参考通道 HRP 为 6800km。

（2）对于 SDH（同步数字系列）数字段（HRDS），HRDS 分别为 420km、280km、50km，其中 420km、280kmHRDS 应用于主干网络干线传输系统，50kmHRDS 应用于地区网络和一般中继传输工程。

（3）同步数字系列传输速率应符合表 45-1 的规定。

**表 45-1　SDH 信号比特率与最大通道容量**

| SDH 等级 | 比特率/(kbit/s) | 最大通道容量（等效话路） |
|---|---|---|
| STM-1 | 155520 | 1890 |
| STM-4 | 622080 | 7560 |
| STM-16 | 2488320 | 30240 |
| STM-64 | 9953280 | 120960 |

### （二）传输系统组织与局站设置

（1）确定组网结构的主要因素：业务量需求为决定性因素；网络的层次划分及定位；光缆网的组织情况，如光缆路由、纤芯使用等；网络安全保护策略；对今后网络扩容、升级的考虑。

（2）对于速率低于 STM-64 的系统，再生段设计距离应同时满足系统所允许的衰减和色散要求。

衰减受限再生段距离计算应采用 ITU-T 建议 G.958 的最坏值法：

$$L=(P_s-P_r-P_p-\sum A_c)/(A_f+A_s+M_e) \tag{45-1}$$

式中：$L$ 为再生段距离，km；$P_s$ 为 S（MPI-S）点寿命终了时的光发送功率，dBm；$P_r$ 为 R（MPI-R）点寿命终了时的光接收灵敏度，dBm，BER$\leqslant 10^{-12}$；$P_p$ 为最大光通道代价，dB；$\sum A_c$ 为 S（MPI-S）、R（MPI-R）点间活动连接器损耗之和，dB；$A_f$ 为光纤平均衰减系数，dB/km；$A_s$ 为光纤固定熔接接头平均衰减，dB/km；$M_e$ 为光缆富裕度，dB/km。

色散受限系统再生段计算：

$$L=D_{max}/|D| \tag{45-2}$$

式中：$L$ 为色散受限再生段长度，km；$D_{max}$ 为 S（MPI－S）、R（MPI－R）间设备允许的最大总色散值，ps/nm；$D$ 为光纤色散系数，ps/(nm·km)。

（3）对于速率为 STM－64 的系统，再生段设计距离应同时满足系统所允许的衰减、色散及极化模色散的要求。

（4）电力系统光纤传输系统可设置为终端站、下话路站、再生中继站三种站型。站址应根据网络结构、业务等需求合理设置。工程的终端站、下话路站应设置在网、省、地区调度通信中心所在地或网络节点所在的发电厂或枢纽变电站，配置的设备可分别选用终端复用器（TM）、分插复用器（ADM）和数字交叉连接设备（DXC）。再生中继站的站址应尽可能地设置在发电厂或变电站内。

**（三）传输系统设备技术**

（1）SDH 技术：为避免出现系统容量大与节点下电路能力小的矛盾，无论是复用段保护还是通道保护，环上的节点数量都不宜太多，否则对设备能力和投资都是浪费。环上节点个数少，将来升级造成的影响和代价也相对比较小。对核心层及汇聚层来讲，每个环上的节点数最好不超过 6～7 个。

（2）MADM 技术：MADM 设备除了能完成传统 SDH ADM 设备的功能外，还能提高设备交叉能力和高速接口处理能力，实现一台设备同时支持多系统、多保护倒换方式。为避免应用过程中的保护故障，MADM 设备应具备同时支持对不同的系统采用完全独立的保护倒换机制，MADM 设备应具有高密度支路接入能力和高阶、低阶交叉连接能力。

（3）MSTP 技术：MSTP（多业务传送节点）是指基于 SDH 平台，同时实现 ATM、TDM、以太网等业务的接入、处理和传送，提供统一网管的多业务节点。典型的 MSTP 设备均支持 E1、FE、STM－N、ATM、GE 等接口。MSTP 可以满足电站从 ATM 承载方式向 IP 承载方式过渡的要求。MSTP 完全能够满足设备多样化的接口要求。MSTP 能通过 ATM 交换、ATM 汇聚以及 ATM VP ring 保护等功能进一步提高电站业务的传输效率和传输安全可靠性。这种技术在电站内部通信应用较多。

（4）城域 WDM 技术：包括粗波分复用（CWDM）和城域 OADM 技术。CWDM 技术采用的波段宽，传输距离短，与干线网用的 WDM 设备有很大差别，从应用和维护的角度考虑，都不是十分可取。城域 OADM 环传输技术是一种在 WDM 系统上，为信号提供保护和调度的技术，具有较高的建设成本，保护机制不十分完善，而且灵活性较差，波长的调度将有可能影响系统的优化，甚至重新设计。因此，在电站中目前不宜采用。

**（四）辅助系统**

SDH 光纤传输系统的工程设计时，应同步开展辅助系统的设计。辅助系统包括网络管理系统、公务联系系统和同步系统。

SDH 网络管理系统由网络管理系统（NMS）、网元管理级系统（EMS）、子网管理级系统（SMS）及本地维护终端（LCT）。子网管理级系统（SMS）是 NMS 的子层，完成大部分网络管理级工程。本地维护终端（LCT）可用于 SDH 系统设备安装初始化，也可对 SDH 设备进行日常维护。

新建SDH传输系统同步区的划分应与通信网管理一致，当干线工程经过同步中心时，应从同步区中心引接定时信号。当干线工程不经过同步区中心时，应从工程所经过的本同步区内某一大站干线系统中导出定时信号。若上述两项均不具备时，可从同步区内其他定时供给系统引接定时信号。

站间公务联络系统用于光纤传输系统的维护与运行，一般设置两条公务联络系统，一条用于终端站及转接站间，另一条用于隶属管辖区内各传输站间。对于设置有网元管理级系统及子网管理级系统的局站，第一条公务联系通道应延伸到网管中心。对于规模较小的工程可只设置一条公务。公务联络系统具备选自呼叫和会议呼叫两种方式。

**（五）网络保护与恢复**

网络保护与恢复应根据具体工程条件、网络结构和业务等级确定。

环型网保护方式可选用通道保护环（二纤单项、双向）、复用段共享保护环（二纤双向或四纤双向）。环内各站点间业务量较大、环上传输节点数量（≤16）较多时，宜选用复用段共享保护环；当业务需求量已达到需建立两个或以上二纤双向复用段共享保护环时，可采用四纤双向复用段共享保护环。

线性、星型和树型网保护方式宜选用多业务分担方式；单一系统时，可选用1+1的复用段保护方式。

传送电网调度实时数据网的复用站间光纤通道，除应符合《电力系统通信设计技术规定》（DL/T 5391）的有关规定外，还应满足其光设备应为冗余配置；传输接口应采用$N\times$2Mbit/s（$N\geqslant1$），不得与其他信号共用PCM终端。

**（六）光纤通信组网实例**

光纤通信网络的物理拓扑结构包括线性、星形、树形、环形及网状网等五种基本形式。国家级干线传输网、大区干线传输网宜采用网状网、环形和星形结构多种类型相结合的复合网结构。省市级干线宜为网状网和环形网。线形网是SDH中比较简单、经济的一种网络拓扑型式，它由涉及通信的节点串联起来，并使首末两点开放，线性网的两个端点称为终端节点，常采用终端复用器（TM），中间节点称为分/插节点，采用分插复用器（ADM）。

SDH最大的优点就是网络性和自愈，它的线性应用并不能将它的这些特性充分发挥出来，因此若有可能，尽量将SDH设备组成环形网，将涉及通信的所有节点串联起来，并收尾相连，没有任何开放节点。在SDH环形网中每个节点由分插复用器（ADM）构成，具有分插能力。SDH环形网最大的特点是具有自愈能力。SDH环形网除SDH设备本身外还要求光缆敷设采用不同路由以加强网络的可靠性。

例如，国内某抽水蓄能电站接入光传输系统SDH设备支持通道保护、复用段保护（MSP）、子网连接保护（SNCP）、双节点互连保护（DNI）等多种保护方式。光通信站全部为下话路站。电站采用L-16.2光接口。光设备上配置2块2M电接口板，每块板配置32路2M接口。为满足调度自动化数据网通道的要求，新增的光端机上配置1块10M/100M 8端口以太网接口板。新增光设备的站点配置具有选呼和群呼功能的公务电话。PDH信号的帧结构符合ITU-T建议G.704、G.751等，STM-1、STM-4、STM-16信号的帧结构及开销字节符合ITU-T G.707建议。SDH设备能提供开销（SOH和POH）

的外部和内部接入能力，并能在不中断业务的情况下提供所需开销通路应用。公共板件（如交叉板、主控板、时钟板、电源板等）采用冗余配置，热备工作方式。设备线路侧采用 STM-16 光接口，支路侧可以提供 STM-4 电接口、STM-1 光/电接口、2M 电接口等，STM-16 光方向不少于 8 个。支路接口在支路侧可以进行任意配置，在改变或增减支路口时不会对其他支路的业务产生任何影响。设备具有多业务传送能力，支持 ATM 155Mb/s、622Mb/s 光接口、快速以太网接口、千兆以太网光接口等。支持 VC-4 和 VC-12 级别的交叉连接。设备高阶交叉连接能力不小于 256×256 VC4，低阶交叉连接能力不小于 2016×2016 VC12。交叉连接方向不少于：群路到支路，支路到群路，群路到群路，支路到支路。连接类型为单向、双向、广播。能直接上下 2M 业务，单板上下 2M 数量不低于 32 个，并提供 1∶$N$ TPS 保护（$N\geqslant4$）。一旦检测到符合开始倒换的条件后，设备保护倒换可在 50ms 内完成。完成倒换动作后向同步设备管理功能报告倒换事件。

根据该抽水蓄能电站特点，在洞口中控楼、地下厂房、500kV 开关站、66kV 施工变、上水库进出水口、下水库进出水口、下库坝和生活基地等 8 个地点之间设置厂内光纤通信环网。8 个光纤通信站的所有光纤通信设备皆选用 SDH55M 一体化光端机，每套光端机均为双光口配置，通过光缆连接组成 SDH 自愈环网。该 SDH 自愈环网具备保护倒换功能，采用二纤单向通道保护环方式。该结构环网由 2 根光纤组成，其中 1 根用于传输业务信号，称主用光纤，另一根用于保护，称备用光纤。基本原理采用 1+1 的保护方式，1+1 保护方式的保护系统和工作系统在发送端两路信号是永久相连的，接收端则从收到的两路信号中择优选取。优点是双发选收，实现简单，倒换速度快，因不使用自动保护倒换（APS）协议，倒换时间一般少于 30ms。

该抽水蓄能电站厂内光纤通信网 8 个光纤通信站内的光纤通信设备皆采用 SDH55M 系列设备，双光接口配置，光接口类型为 L1.1，8 个光纤通信站内共设置 10 套光传输设备，皆配置相应数量的 2M 接口的电支路，并分别配置 2 个 10M/100M 以太网接口，各站皆配置相应数量的智能 PCM 设备，每个智能 PCM 设备内部包含所有时隙的全交叉矩阵，可与同类型设备联合组网。各通信站设备数量为交通洞口中控楼配置 3 套一体化光端机，3 套智能 PCM 设备，1 套综合配线系统，其余 7 个通信站皆各配置 1 套一体化光端机，1 套智能 PCM 设备，1 套综合配线系统。电站采用中兴通讯股份有限公司生产的 ZXMP S200 与 ZXMP S330 一体化光端机进行通信网络的组建。利用 ZXMP 系列设备具备交叉能力强、可以在 1 个子架内实现多方向光信号优势，在 1 套 ZXMP 系列设备实现多个逻辑网元，逻辑网元可以是 ADM、TM、REG 类型，实现大容量业务上下，便于各类业务管理，利用 ZXMP 系列设备强大的升级能力，建设 SDH55M 速率自愈环，通过更换光板，就可以平滑升级为 622Mbit/s 速率自愈环。选用的智能 PCM 设备的型号为 BX10。该系统以大容量交叉连接矩阵为核心，集成了数字/模拟接入、复用、交叉连接、传输功能于同一平台。BX10 采用了标准化结构框架，开放式智能总线，结构简单，功能强大。BX10 通过基于 PCM 技术的综合业务接入平台提供话音，数据及交叉连接（DXC1/0）等业务，将所接入的业务通过复用及交叉等处理后直接进入 SDH 设备光口。

根据该抽水蓄能电站各地点在枢纽的位置，组网采用线性网和环形网两种方式均可。为保证电站各系统传输的可靠性，采用环形网结构。对于个别不能采用环网接入的站点采用线形网接入。厂内光纤通信采用 SDH 自愈环网结构，能够保证环网中任意一处光缆出问题时，各站点信号都能通过环网另一侧光缆线路迂回传输，保证了信息传输的可靠性。

由于该抽水蓄能电站光纤通信系统只传输语音信号，业务量较小，所以选用 SDH155M 一体化光端机实现组网功能。SDH155M 设备采用中兴通讯股份有限公司生产的 ZXMP S200 与 ZXMP S330 设备来进行通信网络的组建。

在设备使用上，利用 ZXMP 系列设备具备交叉能力强、可以在 1 个子架内实现多方向光信号优势，在 1 套 ZXMP 系列设备实现多个逻辑网元，逻辑网元可以是 ADM、TM、REG 类型，实现大容量业务上下，便于各类业务管理。

利用 ZXMP 系列设备强大的升级能力，本工程建设 155M 速率自愈环，通过更换光板，就可以平滑升级为 622Mbit/s 速率自愈环。

ZXMP 系列设备所提供的保护倒换方式十分丰富，包括网元内部的关键单板（如电源时钟板和交叉板）的 1+1 热备份保护；电支路 1∶$n$ 保护，链路的 1+1 保护；环网的二纤单向通道保护、二纤双向复用段保护；高低阶子网连接保护；四纤双向复用段保护环；逻辑子网保护等常用保护方式；同时，可通过双节点互连保护（DNI）实现对跨环业务的保护倒换。

ZXMP S200 提供 64×64VC-4 的高阶交叉能力，2037×2037 VC 12 的低阶交叉能力；ZXMP S330 高阶交叉能力为 128×128VC 4，低阶交叉能力为 2016×2016VC 12。

BX10 PCM 接入设备作为接入、传输一体化综合业务接入平台。该系统以大容量交叉连接矩阵为核心，集成了数字/模拟接入、复用、交叉连接、传输功能于同一平台。BX10 设备支持供电单元的 1+1 热备份，支持主控板 E1 通道保护，极大地提高了系统地可靠性。作为接入传输一体化综合业务接入平台，具有汇接局、端局、用户交换机、交叉连接、单双端数字中继、单双端数字环路、数据复用/解复用、信令转换、信令交叉转接等功能；可为其他交换机的单双端设备提供信令转发及数据通路的永久连接。BX10 提供包括 FXO（环路中继）接口，FXS（用户线）接口、EM 2/4 线接口、热线电话接口、磁石电话接口、载波接口、摩尔斯代码接口；同向 64K 数据接口、V.35 数据接口、RS232/485 数据接口及以太网接口等接口，既可以提供多种音频、数据业务的接入，也可以提供 SDH STM-1 及 PDH 光传输，简化了接入网络结构。

**（八）微波通信**

微波通信（Microwave Communication），是使用波长在 1mm～1m 之间的电磁波进行的通信。该波长段电磁波所对应的频率范围是 300MHz（0.3GHz）～300GHz。

微波通信不需要固体介质，直接使用无线微波作为介质进行的通信，当两点间直线距离内无障碍时就可以使用微波传送。微波通信具有容量大、质量好的特点并可传至很远的距离，因此是国家通信网的一种重要通信手段，也普遍适用于各种专用通信网。

微波通信系统的设计主要包括微波通信系统路由、断面的设计、微波传输质量的设计、微波设备的选型等。

微波通信采用视距传输，由于微波站设在地面上，而地球表面是个曲面，还可能受到高山、建筑物等地形和地物的影响，所以微波传播的距离不可能很远。为了实现远距离通信，一般每隔 40～50km，设置一个微波中继站，组成一条微波通信电路。数字微波通信

具有抗干扰性强、信道噪声不累积、设备集成化、功耗低、体积小等特点。但是地面微波接力通信易受外界电磁场的影响，且受地面影响较大，有时不得不在高山上设站或采用高塔或缩短站距，电路投资较大。

微波通信系统由一系列微波站组成，各站按照功能不同，通常划分为终端站、中继站、枢纽站等几种站型。微波站的基本设置有天线塔、天馈线系统、发射机、接收机、复用设备、监控设备和供电设备等。

## 四、电力线载波通信

电力线载波通信是利用输电线路作为传输媒介的通信方式，是电力系统特有的一种通信方式，它具有可靠性高、造价低、可与输电线路同期建设、使用方便、覆盖面与电力系统一致等特点，特别适用于电力系统中的发电厂的电力系统调度电话、调度自动化和远动，以及在被保护的输电线路两端间传输保护和安全自动装置的信息，因此对于通道数量不多，或采用其他通讯方式存在困难的情况下，可采用电力线载波通信。

水电站的电力线载波通信设计应根据整个电力系统通信的规划设计或水电站接入电力系统管理部门的载波频率规划进行。

电力线载波电路是由输电线路、结合设备、加工设备、高频电缆及电力线载波终端设备等组成。一般将输电线路、高频电缆、结合滤波器、耦合电容器、线路阻波器等称为电力线载波通道或高频通道。

330kV 及以下电压等级宜采用相地耦合方式，500kV 及以上电压等级宜采用相相耦合方式。

线路阻波器与电力线串联，连接在耦合电容器与电力线的连接点和变电所之间，或接在电力线的分支处，其作用是阻止高频载波信号向不需要的方向传送，用以构成高频载波通信和高频保护通道。

线路阻波器主要由能通过全部线路电流的强流线圈、调谐元件和保护元件组成。线圈的电感值为 0.2～2mH。主要参数有频带、连续电流、短路电流及阻抗等。

耦合电容器连接在结合滤波器和电力线之间，具备承受高电压的性能。作用是将高频载波信号引入，把工频电流和高频载波信号分开。耦合电容器的通频带宽度取决于耦合电容器的电容量，耦合电容器的容量分为 3300pF、3500pF、4500pF、5000pF、7500pF、10000pF、15000pF、20000pF 等。

结合滤波器与耦合电容器一起组成带通滤波器，有效地传送高频载波信号，抑制带外干扰，使输电线路和高频电缆的阻抗匹配，并可保证人身和设备的安全，使耦合电容器泄漏的工频电流接地。结合滤波器由接地刀闸、避雷器、调谐元件等组成。

高频电缆连接结合滤波器的次级端子和载波机，按照载波机输入端的不同阻抗要求，可选用不对称电缆（同轴电缆）和对称电缆。电缆的阻抗值，同轴电缆一般为 75Ω，对称电缆一般为 150Ω。我国主要采用同轴电缆。

## 五、通信电源

水电厂通信系统需设置独立、可靠的通信专用电源。当专用供电电源主电源故障，必须无间断切换切换至备用电源。当电厂发生事故时，通信电源不得中断。

通信专用供电电源电压为DC－48V或AC－220V，通信设备宜采用DC－48V供电，计算机等辅助设备宜采用AC－220V供电。厂内通信DC－48V电源采用通信用高频开关电源，主要由交流配电、直流配电、整流设备及监控单元等组成。

厂内通信电源的交流输入采用经双回路取自厂用电的不同母线段的交流电源，两路电源主备工作方式，经切换送入系统，一部分提供给整流器，另一部分作为备用输出。交流经配电单元送入整流器，整流器将交流进行交/直流变换后成为直流输出，并接于机架汇流母排，集中送至直流配电单元。整流模块的数量应为$N+1$（$N<10$时，$N$为满足通信设备供电的整流模块数）。通信用高频开关电源应具有接入两组蓄电池的装置，具备对电池均充充电及浮充充电功能。蓄电池组的输入与整流器输出汇流排并联，以保证整流器无输出时，蓄电池组能向负载供电。直流配电完成直流的分配和蓄电池组的接入，整流器的输出经汇流排接入直流配电单元，配电单元为负载分配不同容量的输出。

整流器、交流配电单元和直流配电设有监控单元，完成对整流器、配电单元参数的检测与控制。前台监控模块与交直流监控单元、整流器通过总线进行通信。

例如，某抽水蓄能电站在洞口中控楼、500kV开关站、地下厂房和生活基地均设有通信用高频开关电源和通信蓄电池，用来给通信设备供电。上水库进出水口、下水库进出水口、下库坝三个地点则利用DC－220V/DC－48V直流变换器给通信设备供电，66kV施工变利用原有高频开关电源及蓄电池给通信设备供电：

洞口中控楼：48V/90A高频开关电源2套，48V/300Ah蓄电池2组；

500kV开关站：48V/90A高频开关电源2套，48V/300Ah蓄电池2组；

地下厂房：48V/30A高频开关电源2套，48V/100Ah蓄电池2组；

生活基地：48V/30A高频开关电源1套，48V/100Ah蓄电池1组。

洞口中控楼和500kV开关站设有电力系统系统通信设备，属于重要通信站点，为保证其可靠性，均采用两套独立的通信电源设备给通信设备供电，两套通信电源在物理上完全独立。通信用高频开关电源采用经双回路取自厂用电不同母线段的交流电源作为主电源，正常工作时由整流设备将输入交流电源整流后给通信设备供电，当两回输入交流电源失电后，由蓄电池组直接给通信设备供电。

洞口中控楼、500kV开关站通信电源设备均采用中兴ZXDU58 T301（V4.1）组合电源系统，采用相同的配置。地下厂房和生活基地采用中瑞生产的ZR－DUM－48V/30A高频开关电源。

# 第四十六章　工 业 电 视 系 统

## 第一节　工 业 电 视 系 统 介 绍

工业电视监视系统是水力发电厂辅助集中监控的重要手段，它集视频及多媒体通信、网络通信和自动控制等技术为一体，实现远距离监视机组、开关站、变压器、电缆通道、大坝及闸门等主要机电设备和重要设施，能把计算机监控系统反映不出来的被监视部位的真实外貌、运行数据和相对关系等直观地反映出来，可及早发现设备运行过程中可能出现的各种事故隐患。

### 一、系统组成

工业电视系统组网主要分为模拟视频工业电视系统、模数混合工业电视系统和全数字化工业电视系统三类。

模拟视频工业电视系统属于早期视频监控系统，由模拟摄像机、传输系统、矩阵管理主机、画面分割器、长时间录像机、监视器以及操作键盘组成。通过视频矩阵主机可以将来自摄像机的视频图像显示在监视器，并能用键盘进行切换和控制或将图像信息录像到磁带；远距离图像传输采用模拟光纤，利用模拟光端机进行视频的传输。由于系统视频信号的采集、传输、存储均为模拟形式，因此质量较高。但是由于图像信息采用视频电缆以模拟方式传输，一般传输距离不能太远，主要应用于小范围内的监控，监控图像一般只能在控制中心查看。目前此种方式市场已经淘汰。

模数混合工业电视系统由模拟摄像机、传输系统、硬盘录像机、管理服务器、监视终端和监视器组成。模数混合工业电视系统的核心是硬盘录像机，硬盘录像机是图像存储处理的计算机系统，具有对图像及语音进行录像、录音、远程监视和控制的功能，集合了录像机、画面分割器、云台及镜头控制、报警控制、网络传输等五种功能于一身。模拟摄像机信号通过视频电缆（或模拟视频光端机及光缆）传输至硬盘录像机进行数字化处理和存储，网络上的计算机可通过以太网调取硬盘录像机内的数字图像信息并通过硬盘录像机对远端摄像机进行控制。模数混合工业电视系统是前些年市场主流成熟的组网方案。

全数字化工业电视系统由网络摄像机、传输系统、存储系统、管理服务器、监视终端和监视器组成。全数字化工业电视系统前端摄像机为网络摄像机，网络摄像机将图像信号在本身设备上就转化为以太网数字信号进行输出，以太网内的任何计算机在授权后都可经对网络摄像机视频信号进行调用和存储。全数字化的优点是组网灵活，扩容方便，不受地域和摄像机数量的限制，但是由于前些年没有国际统一标准，网络摄像机生产厂家的设备彼此兼容性很差，所以难以大范围推广。近些年由于网络摄像机国际标准不断出台，越来越多不同厂家的网络摄像机兼容性不断改善，全数字化工业电视系统已逐渐取代模数混合工业电视系统的趋势。

## 二、系统功能要求

应具备对监视对象、监视范围进行有效的图像（音频）探测、采集、传输、控制、切换、显示、分配、记录、存储和重放等功能。

控制系统应能进行自动或手动操作，对摄像机、云台、镜头、防护罩等设备进行各种遥控操作。

能根据事先预设，自动切换图像、将指定图像画面在指定的监视器或大屏幕上显示。图像显示循环切换时间可自由设置。

当监控点发生报警时，如非法闯入、火灾报警、手动报警等，应能自动推出关联的摄像机图像，同时启动数字录像机。

可实现多区域内移动物体侦测，当异常情况发生时，能自动跟踪监测物体，同时能自动录像、报警等。

使用以太网方式对任意视频图像进行实时录像，具有多种报警录像功能。

系统设备应具有自诊断功能，当设备自身产生故障、或发生被盗时可向中心设备报警。

系统应具有权限登陆、认证管理等功能。

系统应具有的扩展和升级能力：可根据需要增加前端设备摄像机、监视器、图像监控终端；系统软件及应用软件应能远方升级；应具有二次开发软件包，扩展所需功能的能力。

对可能发生水淹厂房的漏水部位宜单独增设摄像头，摄像头具有防水功能，并自带大容量存储卡，便于事故录像和事后分析。

## 三、设备选择

前端设备的最大视频（音频）探测范围应满足现场监视覆盖范围的要求。

摄像机的选型应满足监视目标的环境照度、安装条件、安全管理和传输控制等因素的要求。

监视目标的最低环境照度不应低于摄像机靶面最低照度的50倍。

应采用适应环境条件的摄像机防护罩，以满足灰尘、湿度防护的要求。

选择适合的宽动态范围的摄像机以满足环境照度的变化，当必须逆光摄像时，宜选用具有自动电子快门的摄像机。

摄像机应安装在不宜受外界损伤的位置，安装位置不应影响现场人员的正常活动，同时摄像机的监视范围应能满足需求。

要求美观或监视要求不高的场合可选用隐蔽性较强的半球形摄像机。

照度变化大或日夜全天监视要求均较高的场合，宜选用彩色转黑白摄像机。

在蓄电池室、油库、油处理室、柴油机房等有爆炸危险区域内应采用防爆摄像机。

监视固定目标的摄像机，可选用固定焦距镜头；监视远距离目标时可选用长焦镜头；在视角范围较大或需要改变监视目标的视角，可选用变焦距镜头；视角较大或监视目标离摄像机距离过近，可选用广角镜头。

变焦镜头的选择：为监视目标细节，在将镜头调节至最长焦距时应满足被监视场景细节清晰显示的要求；为监视范围全景，在将镜头调节至最短焦距时应满足被监视场景范围的要求，并宜选用具有自动聚焦、自动光圈功能的变焦镜头；变焦镜头的变焦、聚焦响应速度应与监视目标的移动速度和云台的转动速度相适应。

云台的载重应能完全承载摄像机、镜头、防护罩及其配件组成的总重量，云台的负载能力应大于实际负载的1.2倍。

监视对象为固定目标时，宜配置手动云台；监视场景范围较大时，应配置电动遥控云台，云台的转速及转动角度应与摄像机的功能要求及监视目标相匹配，云台停止转动时，应具有良好的自锁性能，水平及垂直转角回差不应大于1°。

根据需要，可选择多台监视器组成的电视墙或与水力发电厂监控系统共用大屏幕或投影设备，但应做好不同系统设备之间的安全隔离。

控制设备应能手动/自动对摄像机、电动云台的各种动作进行控制切换，对所有视频信号可在指定监视器上进行固定或轮巡显示。

## 四、传输线路的敷设

无机械损伤的建筑物内的传输线路宜采用沿墙明敷设的方式，在要求管线隐蔽的建筑物内应采用暗管敷设的方式。

在电缆桥架上敷设的视频电缆应与动力电缆分层敷设，穿管敷设的视频电缆不应与交流电源电缆共用一根电缆管。

与动力电缆平行或交叉敷设时，间距不应小于30cm。

视频电缆宜采用穿管暗敷或采用线槽的敷设方式。当穿越强磁场时应采用穿金属管暗敷的方式。

水力发电场枢纽各区域之间传输线的敷设应尽量利用水力发电厂的电缆廊道、电缆沟等电缆通道。

## 五、设备布置

前端设备的布置位置应根据监视需要分别布置在水力发电厂各重点生产区域。

摄像机宜安装在监视目标附近且不易受外界损伤的地方，安装位置不应影响现场设备运行和人员的正常活动。室内安装高度宜距地面2.5～5m，室外安装高度宜距地面3.5～10m，且不低于3.5m。

摄像机安装的位置应保证能够对监视目标进行有效监视。

摄像机镜头应从光源方向对准监视目标，应避免逆光安装；当需要逆光安装时，应降低监视区域的对比度。

工业电视系统控制中心宜设置在电站的中控室内；控制设备组柜安装时应布置在中控室或就近的设备盘室内。

根据系统监视区域的划分，在不同的区域可布置本区域现地设备的控制柜，以完成区域摄像机信号的采集。

运行人员与监视器之间的距离宜为屏幕对角线的4～6倍。

传输设备应设置在易于检修和保护的区域，宜靠近前/后端的视频设备。

### 六、防雷接地及电源

系统选用的设备应满足电子设备的雷电防护要求。

系统应有防雷击措施，所有引至室外的电缆均应设置过电压防雷保护装置。

系统的接地宜采用一点接地方式，接地装置应满足系统抗干扰和电气安全的双重要求，且不得与强电的电网零线短接或混接。系统单独接地时，接地电阻应不大于4Ω。

系统宜采用AC 220V 50Hz电源供电。供电范围应包括系统内所有设备及辅助照明设备。

系统专有设备所需的电源可利用全场UPS电源或自带UPS电源。自带UPS电源标称容量应大于系统使用功率的1.5倍及以上。

前端设备供电应合理配置；宜采用集中供电方式，距离较远的前端设备可就近供电，但设备应设置电源开关、熔断器及稳压等保护装置。

电源应具有防雷和防漏电措施。

## 第二节　电站工业电视系统

### 一、工业电视系统设计方案

以某抽水蓄能电站为例，介绍一下工业电视系统的组成和布置方案。该蓄能电站设置一套模数结合的工业电视系统，能够满足电厂生产运行、消防监控及必要的安全警卫等方面需要。系统通过前端设备对每个监视点实时监视，摄像头将采集到的实时图像信息通过视频电缆或光缆汇集到指定的地点，通过图像采集设备对视频信号进行数字化处理，然后根据生产调度的需要进行正常记录和存储。监视终端可通过网络视频服务器及前端系统进行实时监视和调看所存储的数字化录像文件。系统可实现对网络中所有视频信号的传输、存储、回放、切换、报警联动、控制等各种功能。

系统可经Internet网络或局域网将图像数据上传至上级监控中心，以便上级监控中心值班人员进行远程指挥和调度监控。

该蓄能电站共设置66套前端设备，分别布置在交通洞口中控楼、地下厂房、500kV开关站、上水库进/出水口、下水库进/出水口、下库坝等处。上述各地点间有厂内干线光缆连接，均设有ODF配线架，各地点间工业电视系统信号均通过厂内干线光缆传输。其中交通洞口中控楼、地下厂房两个地点设有图像采集设备。下水库进/出水口和下库坝视频信号通过视频光端机传送至交通洞口中控楼存储，500kV开关站、上水库进/出水口视频信号通过视频光端机传送至地下厂房存储。交通洞口中控楼、地下厂房、500kV开关站

间设有 100M/1000M 以太网通道用于传输数字化的视频信号。500kV 开关站设有电力系统光端机，厂内以太网视频信号在 500kV 开关站通过电力系统光端机传送至集控中心。监视中心站设在交通洞口中控楼，地下厂房和集控中心作为分中心站，功能与中心站相同。

## 二、工业电视系统设备布置

该蓄能电站工业电视系统共设置前端监控点 66 处，分布在全厂各重要生产部位，其中配置室内枪型摄像机 17 套，室内快球摄像机 41 套，室外快球摄像机 8 套。监视中心站设在电厂交通洞口中控楼。在地下厂房和集控中心设置分中心站。

电站的前端设备（摄像机、镜头、编码器、云台、护罩、支架）分别布置在交通洞口中控楼、地下厂房、500kV 开关站、上水库进/出水口及其启闭机闸门、下水库进/出水口、下水库大坝集控楼、下水库大坝等重要生产部位。

电站工业电视系统在交通洞口中控楼设置 2 套网络硬盘录像机、1 套以太网交换机、1 个四路视频光端机对下水库进/出水口方向，1 个四路视频光端机和 1 个双路视频光端机对下水库大坝控制楼方向，1 套工业电视电源设备，这些设备集中布置在交通洞口中控楼通信机房，并且与通信机房内的光纤通信设备共用 1 个机柜，供电电源为单回路 AC 220V。在交通洞口中控楼中控室还设置 1 套工业电视监控终端、1 个液晶监视器。另 2 套工业电视监视终端分别布置在厂长办公室和总工办公室。

在地下厂房调试监控室设置 4 套网络硬盘录像机、1 套以太网交换机、1 套监控终端、1 个四路视频光端机对 500kV 开关站方向，1 个四路视频光端机对上水库进/出水口方向，1 套工业电视电源设备，这些设备集中布置在地下厂房的副厂房调试监控室，调试监控室单独设置 1 个工业电视屏，供电电源为单回路 AC 220V。

在下水库大坝集控楼继电保护室设置 1 个双路视频光端机和 1 个四路视频光端机对交通洞口中控楼方向，1 套工业电视电源设备，这些设备与继电保护室内的厂内光纤通信设备共用 1 个机柜，电源取自电工二次 UPS 电源，单回路 AC 220V。

在下水库进/出水口设置 1 个四路视频光端机对交通洞口中控楼方向，1 套工业电视电源设备，电源取自现地，单回路 AC 220V。

在上水库进/出水口配电房设置 1 个四路视频光端机对地下厂房方向，1 个双路视频光端机对闸门启闭机方向，1 个双路视频光端机对上水库大坝方向，1 套工业电视电源设备，这些设备与配电房内厂内光纤通信设备共用 1 个机柜，电源取自电工二次 UPS 电源，单回路 AC 220V。

在 500kV 开关站继电保护室设置 1 个四路视频光端机对地下厂房方向，1 套工业电视电源设备，这些设备与继电保护室内的厂内光纤通信设备共用 1 个机柜，电源取自电工二次 UPS 电源，单回路 AC 220V。

电站交通洞口中控楼至地下厂房、下水库进/出水口、下水库大坝集控楼之间，地下厂房至 500kV 开关站、上水库进/出水口之间的工业电视信号皆利用上述地点间的厂内光缆线路传输，上水库进/出水口至启闭机闸门之间的工业电视信号利用地埋光缆传输，下水库大坝集控楼至下水库大坝之间的工业电视信号利用地埋光缆传输。

## 三、工业电视系统设备组成

该蓄能电站工业电视系统设备型号和数量详见表 46－1。

**表 46－1　　某抽水蓄能电站工业电视系统设备表**

| 序号 | 名　称 | 规格和型号 | 单位 | 数量 | 制造厂/原产地 |
|---|---|---|---|---|---|
| 一 | 前端设备 | | | | |
| 1 | 一体化彩色转黑白摄像机 | WV－CZ362 | 套 | 17 | 日本松下 |
| 2 | 室内快球 | AD－726－27 | 套 | 41 | 美国 AD |
| 3 | 室外快球 | AD－726－47 | 套 | 8 | 美国 AD |
| 4 | 室内防护罩、云台及支架 | TK－1301 | 套 | 17 | 美国 AD |
| 5 | 解码器 | TK－1631 | 套 | 17 | 美国 AD |
| 6 | 射灯 | AS－485DD | 套 | 5 | 国产 YSST |
| 7 | 室外立柱及立柱基础 | | 套 | 3 | 国产 |
| 8 | 防雷击过电压保护装置 | LDY－XA230BC | 项 | 8 | 上海雷迅 |
| 二 | 中心站设备 | | | | |
| 1 | 网络硬盘录像机 | AD－28016AN－HD | 套 | 6 | 美国 AD |
| 2 | 以太网交换机 | 3CBLSG24 | 套 | 2 | 美国 3COM |
| 3 | 以太网交换机 | 3C16479CS | 套 | 1 | 美国 3COM |
| 4 | 监控终端 | DELL Precision T5500 | 套 | 5 | 美国 DELL |
| 5 | 液晶监视器 | U2410 | 台 | 1 | 美国 DELL |
| 6 | 4E1 转以太网设备 | DH4010 | 套 | 2 | |
| 三 | 传输设备 | | | | |
| 1 | 四路视频光端机 | ME－T/R4100 | 对 | 4 | 澳洲 MATRICS |
| 2 | 双路视频光端机 | ME－T/R2100 | 对 | 2 | 澳洲 MATRICS |
| 3 | 视频电缆 | SYV－75－5 | km | 9.5 | 国产 |
| 4 | 控制电缆 | RVVP2×1.0 | km | 9.5 | 国产 |
| 5 | 电源电缆 | RVV2×1.0 | km | 9.5 | 国产 |
| 6 | 地埋光缆 | GYTA－4 | m | 700 | 合资 |
| 7 | 室外型控制箱 | | 套 | 2 | 国产 |

## 四、主要设备选型及功能说明

### （一）系统总体功能

工业电视系统能独立工作，中控室控制中心、厂长终端、总工终端以能通过广域网或局域网对前端设备进行远程遥控，访问历史数据，图像进行数字化压缩，数据能上网共享，在没有发出发送指令时，图像数据不会传到中心网段。系统要求高度可靠性。

本工程工业电视系统能达到：

（1）人机接口响应时间：调用新画面的响应时间≤1s。

（2）图像清晰度：470电视线。

（3）所有视频可同时在D1的分辨率下实现25帧全速解码（PAL制式25帧/s，NT-SC制式30帧/s）。

（4）系统监控管理层级：3级。

（5）最高图像分辨率：D1（704×576）PAL。

（6）网络通信协议：TCP/IP，Multicast。

（7）控制接口：RS232/RS485。

（8）图像切换响应时间：≤1s。

（9）控制响应时间：≤1s。

（10）可靠性指标：系统设备平均无故障工作时间（MTBF）≥100000h。

（11）环境指标：系统保证室内设备能在环境温度－5～－50℃之间，日气温最大变化为20℃，湿度90%下正常运行。室外设备应保证在为－40℃气温条件下能正常运行。

**（二）彩色转黑白一体化摄像机**

枪型摄像机选用日本松下具有低照度黑白模式的WV－CZ362彩色转黑白一体化摄像机。该设备具有23倍光学变焦和10倍电子变焦镜头，使用高清晰度模式，在彩色模式下水平清晰度达到510线；在黑白模式下达到570线（WV－CZ362）。该设备在照度低至1Lux时，仍能传输全彩色图像；WV－CZ362的黑白图像传输的最低照度则为0.03Lux，是进行24h监控的理想工具。另外，该设备具有隐蔽区遮挡，移动检测等超越的功能。

主要规格参数如下：

有效像素：752（H）×582（V）像素

水平扫描频率：15.625KHz

垂直扫描频率：50.00Hz

视频输出：1.0V[p－p]PAL复合信号/75Ω

水平清晰度：480线以上（彩色，NORMAL）
　　510线以上（彩色，HIGH）
　　570线（黑白）

垂直清晰度：400线以上

最低照度：（彩色）1Lux（SENS UP OFF，AGC HIGH）

最低照度：（黑白）0.06Lux（PIX SENS UP OFF，AGC HIGH）
　　0.03Lux（PIX SENS UP B/W，SENS UP OFF）

变焦速度：手动模式下大约为4.5s（望远/广角）

聚焦速度：手动模式下大约为5s（远/近）

光圈：自动（可选择开/关）/手动

最大光圈比：1∶[1.6（广角）～3.0（望远）]

焦距：3.79～83.4mm

视角：H：2.6～52.3℃　V：2.0～39.9℃

电子快门：1/50（关）自动

电子灵敏度提升：最大32倍，自动/固定

镜头类型：23倍光学变焦＋10倍电子变焦

光圈比：F1.6～22

工作环境温度：－10～＋50℃

自动聚焦：手动/STOP AF/自动

移动检测器：开/关

昼/夜输入：最大5.0V DC关（OPEN或4V DC～5V DC）/开（OV 0.2mA）

报警输出：最大输出16V DC 100mA关（OPEN）/开（OV）

黑白模式：自动/开/关

隐私区域：开/关，最多4个区域

控制方式：同轴/RS485/电压控制/A-D控制

**（三）室内外快球一体化摄像机**

室内外快球选用23X光学变焦的美国AD726系列室内外快球一体化摄像机。

AD726系列智能高速球形摄像机是高性能数字信号处理（DSP）摄像机，自带变焦镜头，内置云台和数字解码器。可任意迅速定位及连续追踪扫描，实现了真正意义上的全方位、无盲点监视；可以自动适应环境明暗和目标远近的变化；采用全数码控制，设计精巧简单，最大限度地减少了系统部件之间的连接，既提高了系统的可靠性又便于安装和维护。使用精密步进电机驱动，运转平稳、反应灵敏，定位准确；可提供128个预置位和6条巡航轨迹，具有两点间线扫功能。

主要规格参数如下：

扫描方式：2∶1隔行扫描

图像传感器：1/4″隔行扫描CCD

像素：PAL 758×592（450K），NTSC 758×592（450K）

镜头：F1.6～F3.8　$f$=3.6～82.8mm

视场角：广角，54°　远焦，2.5°

聚焦范围：0.01m（远端）～1.0m（近端）

最低照度：彩色模式（带红外滤波片）：1Lux（NTSC：1/60s，PAL：1/50s）

　　　　　0.1Lux（NTSC：1/2s，PAL：1/1.5s）

黑白模式（去除红外滤波片）：0.02Lux（NTSC 1/4s，PAL 1/3s）

水平线数：540TVL

视频输出：复合信号1.0Vp-p/75Ω

光学变焦：23X

数字变焦：1～12倍可调

聚焦：自动/手动（远端-近端）

快门速度：自动：默认设置手动：PAL 1/1.5～1/30000s，NTSC 1/2～1/30000s

光圈：自动/手动

**（四）解码器**

解码器选用美国AD公司生产的TK1631型解码器设备。

TK1631型解码器采用微处理器来解码控制信号，实现控制摄像机及外围设备的控制

器。解码器是监控系统中的前端控制设备，通过解码器可实现对方向云台、变焦镜头、辅助开关等设备的控制。宽范围的操作温度要求，完善的自检功能和安全控制功能。

继电器电路控制变焦镜头的光圈、聚焦、变焦。

TK1631 解码器通信接口电路采用可恢复保险丝以及电压瞬间态抑制器保护技术，通信方式为 RS-485 半双工，信号传输距离 1500m。

TK1631 解码器支持市场上多种较流行的矩阵主机系统和数字主机系统，目前支持协议的有：PELCO-P、PELCO-D、Panasoic、Philips、SAMSUNG、RM110、CCR-20G、KALATEL、KRE-301、VICON、ORX-10、DALLES、AB、Pearmain、KONY、SISO 等。

**（五）数字视频光端机**

视频光端机选用澳洲 MATRICS 系列数字视频光端机设备：ME-T/R2100 二路、ME-T/R4100 四路。

澳洲 MATRICS 系列数字视频光端机是通过一根单模光纤传输两路实时视频信号和一路反向数据，可达到真正的广播视频传输品质，同 NTSC PAL，SECAM 制式兼容。支持 RS-232，RS-422，RS-485 数据接口及所有主要的数据通信协议。

主要规格参数如下：

视频带宽：5Hz～10MHz

微分增益：＜1.5%

微分相位：＜0.7°

信噪比：＞60dB

倾斜度：＜1%

数据接口：RS-232，RS-422，RS-485

数据格式：NRZ，RZI，Manchester，双向制

操作方式：单工

通讯速率：DC-1M 的串行传输速率（NRZ）

工作波长：单模 1310nm，1550nm WMD

光器件：激光二极管或 PF 激光器/PIN

光纤连接器：FC/PC

**（六）嵌入式网络硬盘录像机设备**

存储采集设备选用美国 AD-28016AN-HD 系列高清嵌入式网络硬盘录像机。该设备采用低功耗高性能嵌入式专用微处理器及嵌入式实时多任务操作系统（RTOS）；支持多种不同的录像方式（手动录像、定时录像、移动录像、报警录像）；录像回放检索便捷，多级快进、快退、支持单帧图像回放及图片转换；采用增强型 H.264/MPEG-4 压缩编码技术，具有功耗低、速度快、图像清晰、压缩比高的优点、在相同画质条件下，占用硬盘空间是 MPEG-1 压缩算法的 1/3～1/6；支持多种分辨率显示，支持流协议（RTP/RTCP、RTSP），支持 TCP/IP、UDP 协议；具备 1/2/4/9/16 路外部开关量报警输入，4 路开关量输出；移动侦测报警，每路视频可单独设置 64 个检测区域；实现报警联动，报警时，可联动录像、开关、声光告警、电子地图切换，控制摄像头到指定位置，自动向设

定的授权计算机发送报警信息及相关的视频图像；兼容多种云台解码器通信协议，实现对云台镜头的控制；兼容多种球形摄像机通信协议，实现对球形摄像机的控制；兼容多种报警接口箱通信协议，接收外部报警信息及对辅助设备进行的控制；可与其他监控系统互联（如安防、消防、门禁），实现系统间报警联动；采用三级用户管理，一般用户只能观看授权的摄像头及录像；水印技术，防止图像被删除和篡改。

主要技术参数：

视频压缩标准：H.264

模拟视频输入：4/8/16 路，BNC（电平：1.0Vp－p，阻抗：75Ω），PAL/NTSC 自适应

音频压缩标准：OggVorbis

音频输入：4/8/16 路，BNC 接口（电平：2Vp－p，阻抗：1kΩ）

图像监视分辨率：PAL：704×576　NTSC：704×480

VGA 输出：1 个，分辨率：1024×768/60Hz，1024×768/70Hz，1280×1024/60Hz

回放分辨率：4CIF/DCIF/2CIF/CIF/QCIF

视频输出：2 路，BNC（电平：1.0Vp－p，阻抗：75Ω）

视频帧率：PAL：1/16～25 帧/s，NTSC：1/16～30 帧/s

压缩输出码率：32～2048kbps，可自定义，最大 6144kbps

音频输出：2 路，BNC 接口（线性电平，阻抗：600Ω）

音频输出码率：16kbps

硬盘驱动器类型：8 个 SATA 接口，每个接口支持容量大于 2TB 的硬盘

网络接口：1 个，RJ45 10M/100M/1000M 自适应以太网口

串行接口：1 个 RS 232 接口（用于参数配置、设备维护、透明通道）；
　　　　　1 个 RS 485 控制接口（用于云台控制）；
　　　　　1 个 RS 485 键盘接口（用于专用控制键盘）

报警输入：16 路开关量

报警输出：4 路开关量

**（七）网络交换机**

交换设备选用美国 3COM 品牌 3C16479CS 24 口千兆以太网交换机和美国 3COM 品牌 3CBLSG24 24 口千兆以太网交换机（带千兆单模光口）。Baseline 系列交换机开箱即用，无需任何配置，自动 MDI/MDIX 端口识别和适配以太网络线缆类型，可有效地减少因线缆问题而导致的网络故障，简化安装，端口速率自适应功能，可有效优化网络性能。

主要参数如下：

交换机类型：千兆以太网交换机

传输速率：10Mbps/100Mbps/1000Mbps

网络标准：IEEE802.3x、IEEE 802.3、IEEE 802.3u、IEEE 802.3ab

端口数量：24

传输模式：全双工/半双工自适应

交换方式：存储-转发

包转发率：10Mbps：14800pps，100Mbps：148800pps，1000Mbps：148800pps

背板带宽 48Gbps

MAC 地址表 32k

网管功能：即插即用非网管操作

**（八）监控终端主机**

监控终端主机选用 Dell Precision T5500 国际知名品牌 PC 工作站

设备配置：

Intel(R)Xeon(R)E5504 2.00GHz/4MB L3 Cache/14.8GT/s

Intel(R)X5520 Chipset

4GB(4×1GB)DDR3 SDRAM Memory,1066MHz,ECC

512MB PCIe x16 nVidia Quadro FX580,DisplayP ort,DVI Capable

500GB Serial ATA(7200RPM－8MB Cache)Hard

Intergrated Broadcom © 5754 Gigabit Ethernet 1Controller

Intergrated 1984 Hi－Def Audio CODEC & ESB2

Integrated AC97/Hi－Def dig controller

16X Max DVD＋/－RW with Dual Layer Write Capab

Dell(TM)Enhanced Multimedia USB Keyboard(S1implified Chinese)

戴尔(TM)USB 光电鼠标(2 键带滚轮)1

All SATA drives,Non－RAID,1 drive total co 1

用于 Precision N 系列的系统资源盘

# 第十二篇　金属结构设计

抽水蓄能电站一般由上水库、输水系统、安装有机组的厂房和下水库等建筑物组成。抽水蓄能电站的上水库是蓄存水量的工程设施，电网负荷低谷时段可将抽上来的水储存在库内，负荷高峰时段由水库将水放下来发电。输水系统是输送水量的工程设施，在水泵工况（抽水）把下水库的水量输送到上水库，在水轮机工况（发电）将上水库放出的水量通过厂房输送到下水库。厂房是放置蓄能机组和电气设备等重要机电设备的场所，也是电厂生产的中心。抽水蓄能电站无论是完成抽水、发电等基本功能，还是发挥调频、调相、升荷爬坡和紧急事故备用等重要作用，都是通过厂房中的机电设备来完成的。抽水蓄能电站的下水库也是蓄存水量的工程设施，负荷低谷时段可满足抽水的需要，负荷高峰时段可蓄存发电放水的水量。

抽水蓄能电站的上、下水库进出水口、输水系统中均设置了相应的金属结构设备，但由于抽水蓄能电站双向运行工况及其高水头的工作条件，使得抽水蓄能电站的金属结构设备布置方案、结构设计及操作条件等方面与常规电站的金属结构设备有着明显的差异。一般来说，上水库进/出水口依次布置的金属结构设备包括：一道拦污栅及其启吊设备（可以不设置永久启吊设备），一道闸门（事故闸门或检修闸门）及其启吊设备；下水库进/出水口依次布置的金属结构设备包括：一道拦污栅及其启吊设备（可以不设置永久启吊设备），一道闸门（事故闸门或检修闸门）及其启吊设备；尾水系统金属结构设备包括尾水闸门及其启吊设备；有的工程还包括上下水库的泄洪、导流等金属结构设备，这些部位的金属结构设备与常规电站的设置无异。

本章主要介绍抽水蓄能电站系统的金属结构设备布置及设计特点，特别是寒冷地区的金属结构设备的设计。

# 第四十七章　上/下水库拦污栅及启吊设备

## 第一节　拦　污　栅

抽水蓄能电站上/下水库拦污栅是用来拦阻水流中所挟带的污物（浮冰、树枝、树叶和杂草等），使有害污物不易进入引水道内，保护机组、闸门、阀及管道等不受损害，使机组或其他设备与结构物顺利运行的金属结构设备。

### 一、拦污栅的设置

在《抽水蓄能电站设计导则》（DL/T 5208）规范中规定："上、下水库进/出水口应根据上、下水库构筑型式及污物源的实际情况确定设置拦污栅的必要性。当上、下水库由人工开挖筑坝而成又无污染源（包括高坡滚石、泥石流等）的情况下，其进/出水口可不设置拦污栅"。而最新出版的《抽水蓄能电站设计规范》（NB/T 10072）规范通过调研国内已建和在建的多座抽水蓄能电站，将此规定修订为："上、下水库进/出水口应设置拦污栅。当上、下水库由人工开挖筑坝而成又无污染源，经论证其进/出水口可不设置拦污栅。"

上、下水库进/出水口是否需要设置拦污栅主要与污物源（包括高坡滚石、泥石流等）有关。根据对国内多座抽水蓄能电站上、下水库进/出水口拦污栅的设置情况统计，目前仅有一座电站的上水库未设置拦污栅，其余电站的上、下水库进/出水口均设置了拦污栅。比如有的抽水蓄能电站的上、下水库是利用天然河道筑坝而成，具有一定的积雨面积，汛期也有一定的污物入库，故在上、下水库进出水口都设置了拦污栅；有的抽水蓄能电站是利用原有的水库作为上水库续建的混合式抽水蓄能电站，其上水库进出水口处没有单独设置拦污栅，而是在新、老电站进水口上游侧库区内设置一道拦污栅，既可拦污，又可拦渔船。有的抽水蓄能电站上水库属于人工开挖填坝而成，无积雨面积，无污物源，也无高坡滚石和泥石流等不安全因素存在，本可以不设置拦污栅，但考虑到避免意外杂物进入机组，同时由于处于旅游胜地，为了避免非自然因素带来的麻烦，故也设置了拦污栅。

### 二、拦污栅的设计

#### （一）拦污栅栅体材料的选择

目前国内在寒冷地区已建及在建的抽水蓄能电站的拦污栅均为深式进水口拦污栅，其材料均为Q235B或Q355B。

#### （二）拦污栅结构设计

拦污栅设计荷载应根据河流污物性质、数量和清污措施确定。引水发电系统拦污栅，

宜采用水位差 2～4m 设计；分层取水进水口拦污栅，宜采用水位差 2～4m 设计；抽水蓄能电站拦污栅可采用水位差 5～7m 设计，特殊情况应具体分析确定。污物较多、清污条件差时，宜适当提高设计水头差。

拦污栅是由栅面和支承框架构成。栅面是数块栅片连接排列而成。每块栅片宽 1～2m，栅片由平行置放的金属栅条连接而成，连接的方式有螺栓连接和焊接连接两种。螺栓连接的拦污栅，栅片和栅条均可拆卸和更换，其栅片是用长螺栓将平行置放的栅条贯穿于一起。为了保持栅条间距，在栅条间设置等距的间隔环，长螺栓两端用螺帽旋紧。栅片用 U 型螺栓固定在支承框架上，见图 47－1。这种结构型式的拦污栅由于连接螺栓容易锈死，故连接螺栓和螺帽应采用镀锌防腐蚀处理。

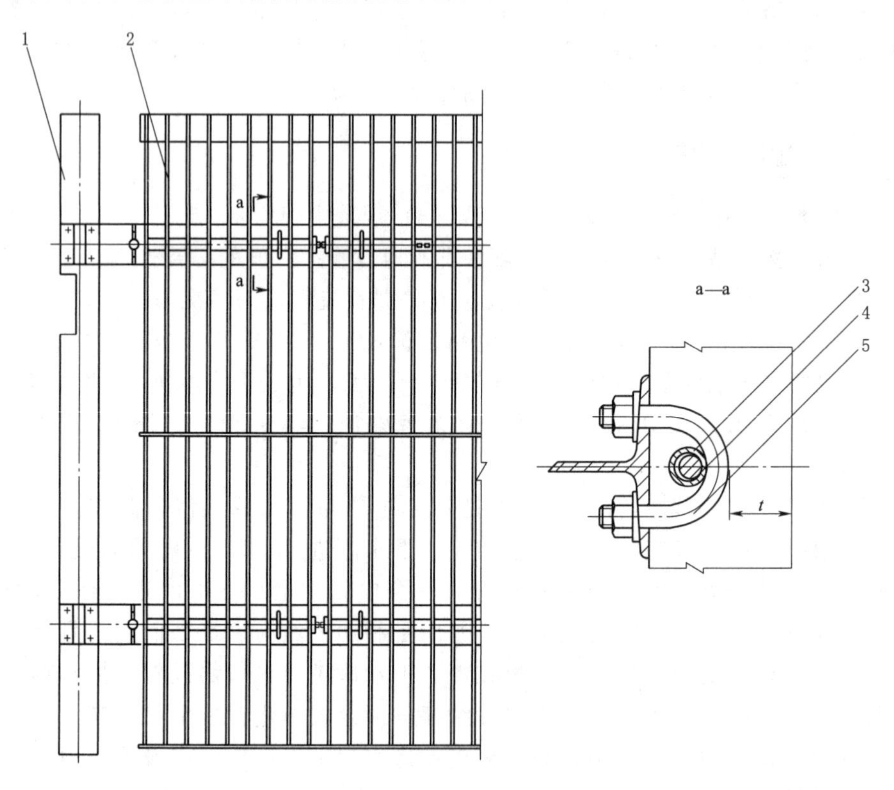


图 47－1　螺栓连接的拦污栅

1—框架；2—栅条；3—长螺栓；4—U 型螺栓；5—间隔环

焊接连接的拦污栅（图 47－2）是不可拆卸的焊接结构，其栅条与开有槽口的肋板焊接在一起构成栅片，栅片上的栅条则直接焊在支承框架上，形成了栅面。这种结构型式的拦污栅，其优点不仅可以加强拦污栅的整体刚度，同时也简化了制造拦污栅的工艺流程；缺点是栅条多为角焊缝连接，抗疲劳能力差，在动载下易出现裂纹，为此应注意焊接质量；由于栅条不可拆卸，故栅条破坏后，也不易修复。栅条一般用扁钢制成，其截面常为矩形。

抽水蓄能电站的拦污栅栅条厚度应根据抗震计算和强度计算而确定，并应考虑锈蚀厚度适当加厚；同时依据规范要求抽水蓄能电站的拦污栅栅条宽厚比宜大于 7。

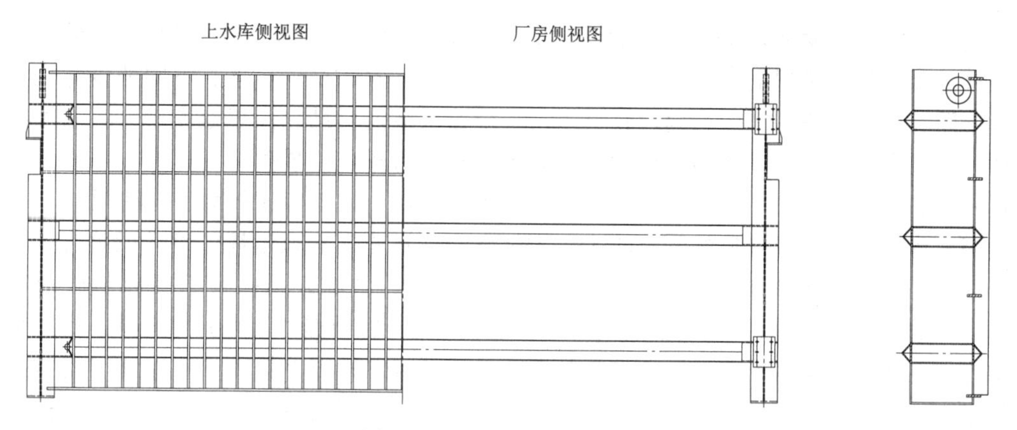


图 47-2　焊接连接的拦污栅

拦污栅支承框架的结构与平面闸门一样，由主梁、边梁、纵向联结系和支承等组成。国内的抽水蓄能电站大部分都将拦污栅主梁、纵梁的双向迎水面设计为近似流线型，其目的是为了减小水流对拦污栅产生的局部阻力和降低其尾迹中大尺度旋涡的紊动强度，提高拦污栅的抗振性能。拦污栅主梁的断面形状的设计，包括已建及在建的多个抽水蓄能等电站均采用了双腹板箱形梁断面结构，腹板与翼缘端部尽可能平齐布置。由于采用箱形梁结构，腹板处不存在突变，故改善了局部水流条件。

对于栅条而言，将其双向迎水面设计为近似流线型，理想形状是两端带圆头的扁钢，对提高拦污栅的抗振动性能有一定好处，特别是将会大大降低拦污栅的局部水流阻力，但因为栅条数量较多，两端圆头的加工量相当大，造成投资增加。现国内通常的做法是在栅条的两端（迎水面）使用刨边机开对称的三角形钝边，同时相对于加工圆头来说，可以节省相当大的加工量，并且能够满足水力学条件的要求，也可采用反扣等边角钢，或焊接半圆钢管等措施，详见图 47-3。

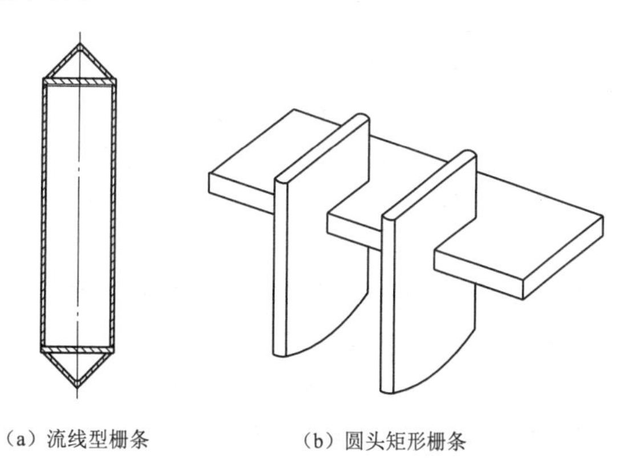


图 47-3　抽水蓄能电站拦污栅的主梁与栅条

另外，拦污栅框架的斜撑等纵、横向连接系应避免使用，如要使用，应尽量采用钢管等外形近似流线形构件，应避免采用大尺寸节点或不使用节点板，各构件连接部位应避免尺寸过大。同时，值得注意的是，考虑防腐设计常做出密封式箱型结构，当水头较大时，需验算其腹板的局部稳定性，并采取加肋等必要措施。

**（三）拦污栅支撑和栅槽的设计**

国内已建和在建的抽水蓄能电站的活动式拦污栅均采用滑动支撑，但滑块的型式和材料的选择则各不相同。一般认为滑块的弹性模量越大，对减弱拦污栅的振动越有利，但由于抽水蓄能电站不同于常规水电站，拦污栅是双向过水的，因此，抽水蓄能电站的拦污栅与栅槽之间是有顶紧要求的，一般是不允许出现间隙的，因此如果选择弹性模量大的材料，可能会增加拦污栅的启闭容量。基于以上原因，不同的设计单位、不同的设计人员采用了不同的设计方法。如国内建设较早的某一个抽水蓄能电站，由于建设较早，采用的是活动拦污栅孔口就位后，采用不锈钢材料紧固件将拦污栅与栅槽顶紧的方法，一直运行状态良好，但涉及到将来拦污栅检修和维护时的水下拆卸、切割等比较棘手的问题。

国内将栅槽设计成楔形的相对较多，如某工程进水流侧的轨道埋件设计成垂直的，出水流侧在孔口及以上的部位埋件轨道设计为 1∶100 的斜坡。当拦污栅底部与底槛存在 250mm（该值与栅条净距有关）的间隙时，支撑滑块与栅槽埋件接触间隙为零。拦污栅在自重作用下和以后运行的影响，支撑滑块最大有 2.5mm 的压缩量，从而保证了栅体与栅槽的紧密接触。为了保证滑块有足够高的弹性模量以减轻振动以及有较小的摩擦系数以降低启闭容量，选用了当时的新材料作为支撑滑道，且该产品还有很低的吸水膨胀率，保证了长时间处于水下时的滑块压缩量不至于过大。

栅槽楔形槽设计需要注意的是，栅体要平稳入槽，尽可能避免出现冲击，否则在楔形体的放大效应下，导致启栅负荷增大，会影响启闭机正常运行。

国内也有不采用楔形栅槽的设计实例，即采用了类似常规水电站拦污栅的设计方式，只是为了保证拦污栅与栅槽紧密接触，在滑块上加橡皮垫块，以保证有 2～4mm 的预压缩量。对于活动式拦污栅栅叶的节间间隙，是否留有类似常规电站的节间约 10mm 的间隙，对拦污栅的振动影响不大。

**（四）栅条稳定临界荷载计算**

拦污栅除栅体要进行强刚度计算外，拦污栅的栅条也要进行强度及稳定性计算。受均布荷载的悬臂梁，长方形断面的栅条临界荷载应按式（47－1）计算：

$$P_L=\frac{12.85}{l^2}\sqrt{EI_yGI_d} \tag{47-1}$$

式中：$P_L$ 为栅条整体稳定的临界荷载，$P_L \geqslant kql$，N；$k$ 为整体稳定安全系数，$k=2$；$q$ 为栅条单位长度上的荷载，N/mm；$l$ 为栅条的跨度，mm；$E$ 为钢材的弹性模量，N/mm$^2$；$G$ 为钢材的剪切模量，N/mm$^2$；$I_y$ 为栅条对 $y$ 轴惯性矩，$I_y=h\delta^3/12$，mm$^4$；$I_d$ 为栅条断面的抗扭惯性矩，$I_d=h\delta^3/3$，mm$^4$；$h$ 为栅条断面高度，mm；$\delta$ 为栅条断面厚度，mm。

受均布荷载的简支梁，长方形断面的栅条临界荷载应按式（47－2）计算：

$$P_L=\frac{28.3}{l^2}\sqrt{EI_yGI_d} \tag{47-2}$$

式中符号意义同式（47－1）。

**（五）拦污栅栅条振动计算**

拦污栅的动力核算主要包括水流干扰频率（或称卡门涡列频率）、单根栅条的和整扇拦污栅叶固有频率的计算，并由此判断发生共振破坏的可能性及确定相应的设计处理措施。

水流干扰频率（垂直于水流方向）的分析计算一般采用斯特劳哈尔方程计算见下式：

$$f=Sr\frac{v}{\delta} \tag{47-3}$$

式中：$f$ 为涡流脱落产生的干扰频率，Hz；$Sr$ 为斯特劳哈尔数，是一个无量纲系数，当迎水面为矩形时，宜采用0.19～0.23，流速大、高厚比大者取大值；$v$ 为过栅流速，mm/s，有试验时为实测最大过栅净流速，否则采用2.25倍平均过栅净流速，过栅的平均出水流速一般认为不宜大于1.2m/s，最大出水流速不宜大于平均流速的1.5倍；$\delta$ 为栅条断面厚度，mm。干扰频率与过栅最大过栅净流速成正比，最大过栅流速无法采用纯计算的方法获得，一般通过模型试验确定。水流干扰频率与栅条的厚度成反比，也就是栅条刚度越大，就越能避免共振。这也是抽水蓄能电站拦污栅采用5m以上水头差的根本原因。

单根栅条的固有频率按下式计算：

$$f_n=\frac{\alpha}{2\pi}\sqrt{\frac{EI_y g}{Wl^3}} \tag{47-4}$$

式中：$f_n$ 为单根栅条固有频率，Hz；$\alpha$ 为固端系数，两端简支条件下等于9.87，两端固定条件下等于22.79．当栅条两端在支撑梁上，宜采用17～18；$E$ 为栅条材料的弹性模量，N/mm$^2$；$I_y$ 为栅条对 $y$ 轴惯性矩，mm$^4$；$g$ 为重力加速度，mm/s$^2$；$W$ 为栅条在水中的有效重量，N；$l$ 为栅条的跨度，mm。

实际应用中，栅条的支承条件往往既非固定，又非完全简支，同时栅条是作为整体栅叶中的一个构件，其自振特性必然会与单独情况下有所不同。对于栅条在水中的有效重量根据规范的规定按下式计算：

$$W=V\left(W_s+\frac{b}{\delta}W_0\right) \tag{47-5}$$

其中：$V$ 为栅条支点间体积，mm$^3$，$V=1h\delta$，$h$ 为栅条断面高度，mm；$W$ 为栅条在水中的有效重量，N；$W_s$ 为栅条材料的容重，N/mm$^3$；$b$ 为栅条净距，mm；$W_0$ 为水的容重，N/mm$^3$；$\delta$ 为栅条断面厚度，mm。

整扇栅叶的固有频率的计算一般采用有限元分析的方法获得，但由于其边界条件较复杂，数学模型的建立与实际情况可能存在偏差，影响其准确性。同时，由于整扇栅叶的固有频率远低于栅条的固有频率，国内各设计单位一般都未作计算。有学者对拦污栅水弹性流激振动问题进行了深入的研究，将拦污栅作为整体结构，考虑栅条与联系件之间的动力耦联、水体的耦联影响，结论认为单根栅条的固有振动频率公式用于计算整扇栅叶自振特性误差较大，所以，对整扇栅叶进行有限元分析或流固耦合计算是可取的。

由于拦污栅周围的流体运动是三维非恒定流动，流场中既有脱体旋涡，又有湍流运动，流体结构复杂。栅条共振不仅取决于拦污栅处的流速，而且还取决于衡量的间距、栅条之间的连接方式、栅条形状以及栅条间距等。一般均认为与水流干扰频率、单个栅条的固有频率、整扇栅叶的固有频率三者的数值有关系。对栅条而言，其固有频率 $f_n$ 应大于涡流脱落干扰频率 $f$，$f_n/f$ 不小于2.5时便认为是安全的。对于整扇栅叶框架的水平梁和纵梁而言，是其固有频率远远低于栅条的固有频率，但也应力求使之远离 $f$，才能认为是安全的。

**（六）拦污栅防振措施**

从以上公式可以看出，降低栅条涡流脱落产生的干扰频率 $f$ 或提高单根栅条的固有频率 $f_n$，使固有频率 $f_n$ 远大于涡流脱落干扰频率 $f$ 可避免共振破坏。因此，在拦污栅设计时，可以从以下几方面采取措施：

（1）减小过栅流速，以降低水流雷诺数，从而避免尾流进入前述的紊流状态，并减低大于涡流脱落干扰频率。在水工布置时选用合理的进出口体型，尽量使孔口断面的流速分布均匀，以降低最大过栅流速。

（2）优化栅条断面，试验表明，断面前后翼缘是流线型的栅条振动最小，方形次之，半圆形最大；此外，从阻力系数的角度分析，断面前后翼缘是方形时相对较大，半圆形次之，流线型最小。因此理论上流线型是最佳的栅条断面，但实际应用时还需结合结构、工艺综合考虑后确定。

（3）适当加强栅条结构刚度，加大栅条、框架截面尺寸，加强栅条与框架结构的连接，提高结构的整体刚度。常规水电站拦污栅设计水位差一般按照 2～4m 设计，抽水蓄能电站的拦污栅可采用水位差 5～7m。栅条应与主梁直接焊接，为降低栅条的支承跨度，在栅条的支承主梁间设置水平支承次梁，水平支承梁的两端分别与边梁和纵梁焊接，从而大大提高了栅条的刚度。鉴于国外许多拦污栅均在栅条焊接处损坏，应对焊接质量和焊接残余应力的消除提出要求。

（4）强化拦污栅框架的支承结构。相关下水库拦污栅模型试验结果显示，支承越强，整体结构的基频值越大，做成刚性支承最好。但是，刚性支承方式不利于栅叶吊出栅槽进行清污和检修，水下拆装非常困难，因此，目前行业多采用活动式支承结构，同时采用橡胶垫块支承，楔形门槽等措施将栅叶挤紧在栅槽中，以不影响栅叶的正常启吊为度。

（5）拦污栅在正反双向水流作用下的振动特性是一个极为复杂的问题，虽然通过一些模型试验研究已积累了一定的规律，但模型和实际仍然存在差异。尽管模型及原型试验成果和运行实践表明目前国内拦污栅抗振设计方法是有效并安全的，但仍需要更多的研究为将来抽水蓄能电站拦污栅的设计提供更多的依据，进一步提高和完善设计水平。

## 第二节　上/下水库拦污栅启吊设备

关于拦污栅启闭设备的设置：依据《抽水蓄能电站设计规范》（NB/T 10072）规范规定，上/下库存在低水位或放空时段，且该时段满足拦污栅维修要求时，拦污栅宜采用固定式或活动紧固式，可不配置专用的永久启闭设备。否则，拦污栅应采用活动式，并结合水工建筑物的布置，通过技术经济比较后合理地配置专用的永久启闭设备和确定备用拦污栅的数量。由于大中型抽水蓄能电站基本上都是由电网直接调度，并且工况变换频繁，拦污栅的检修维护时段不能太长，所以配置专用的永久启闭机设备和备用栅叶是必要的。备用栅叶的数量不宜过多，一般情况下，每种相同孔口尺寸的拦污栅只需配备一扇栅叶便可满足逐孔检修和维护的替换要求。

大部分抽水蓄能电站的上水库拦污栅均未设置永久启闭设备。例如某抽水蓄能电站工程在可研阶段采用设置永久启闭设备方案，技施阶段，设计对该电站上水库进/出水口拦污栅检修平台设置启闭门机的必要性做了进一步研究，并经各方重新讨论确定，取消了拦污栅永久启闭设备，并对拦污栅结构进行了相应的改变。

# 第四十八章　上/下水库闸门及启吊设备

抽水蓄能电站上水库进/出水口设置闸门的功能是为引水隧洞和机组进水阀检修时截断上水库水，尤其在进水阀出现漏水或爆管时，需要落下闸门。同样在机组运行时，机组调速系统和进水阀都失灵时，也需要紧急关闭进出水口闸门。依据规范的规定，当引水隧洞和高压管道无快速保护要求，可不设快速闸门，一般均在上水库进出水口的上平段设置一道事故闸门；若高压管道采用明管，应设置一道快速闸门和一道检修闸门。国内抽水蓄能电站仅天荒坪电站上水库进出水口设置了快速闸门，其他抽水蓄能电站均在上水库进出水口设置一道平面事故闸门，荒沟抽水蓄能电站上库事故闸门布置见图 48-1。

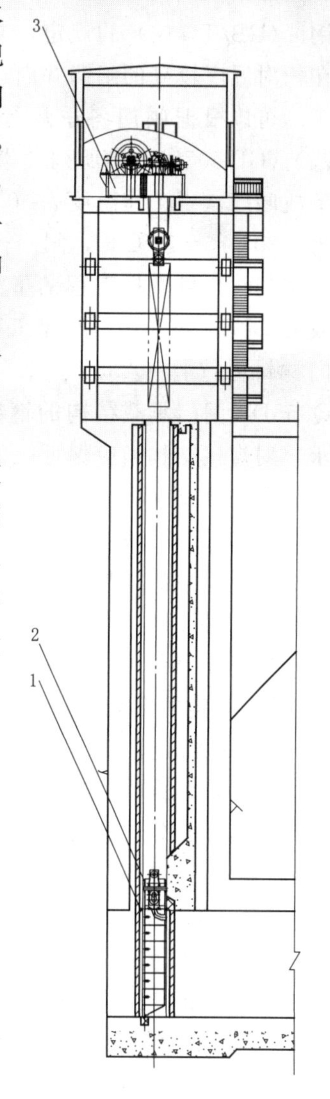

图 48-1　荒沟抽水蓄能电站上库事故闸门布置

1—事故闸门；2—事故闸门埋件；3—固定卷扬

对于长尾水系统，应在下水库进出水口衔接处设置一道检修闸门，国内外已建的电站基本上都采用这种布置，也完全满足工程运行维修的要求。对于短尾水系统，在机组尾水事故闸门的下水库侧要不要设置一道检修闸门的问题，主要是涉及到机组尾水事故闸门本身的检修维护时段有没有安全保证的问题，这需要结合每个电站的实际情况而定。

## 第一节　闸　门　设　计

### 一、作用在闸门上的荷载

作用在闸门上的荷载可分为基本荷载和特殊荷载两类，基本荷载主要有下列各项：①闸门自重（包括加重）；②设计水头下的静水压力；③设计水头下的动水压力；④设计水头下的浪压力；⑤设计水头下的水锤压力；⑥淤沙压力；⑦风压力；⑧启闭力；⑨其他出现机会较多的荷载。特殊荷载主要有下列各项：①校核水头下的静水压力；②校核水头下的动水压力；③校核水头下的浪压力；④校核水头下的水锤压力；⑤风压力；⑥动冰、漂浮物和推移物的撞击力；⑦启闭力；⑧地震荷载；⑨其他出现机会很少的荷载。闸门设计时，应将可能同时作用的各种荷载进行组合。荷载组合分为基本组合和特殊组合两类。基本组合由基本荷载组成，特殊组合由基本荷载和一种或几种特殊荷载组成。

## 二、平面闸门门体及零件材料

闸门主要承载结构的钢材应根据闸门的性质、操作条件、连接方式、工作温度等不同情况选择其钢号和材质，其质量标准应分别符合《碳素结构钢》（GB/T 700）、《低合金、高强度结构钢》（GB/T 1591）、《锅炉和压力容器用钢板》（GB 713）、《桥梁用结构钢》（GB/T 714）的规定，并根据不同情况选用。闸门冬季运行环境比较复杂，有些闸门在相对温度较高的闸门井内运行，有些闸门有冬季启门要求，运行时间段不一定是最冷月等。可以根据闸门冬季运行的实际工况，采用《民用建筑供暖通风与空气调节设计规范》（GB 50736）中所列“累年最冷月平均温度”，确定工作温度后，对于大型工程重要的事故闸门，当工作温度 $t>0$℃，闸门材料可选择 Q235B、Q355B 或 Q390B；当工作温度为$-20$℃$<t\leqslant0$℃时，闸门材料可选择 Q235C、Q355C 或 Q390D；当工作温度 $t\leqslant-20$℃时闸门材料可选择工程的事故闸门，当工作温度 $t>0$℃，闸门材料可选 Q235D、Q355D 或 Q390E。对于中、小型工程选择 Q235B、Q355B；当工作温介于$-20$℃$<t\leqslant0$℃时，闸门材料可选择 Q235C、Q355C；当工作温度 $t\leqslant-20$℃时，闸门材料可选择 Q235D、Q355D。闸门承载结构的钢材应保证抗拉强度、屈服强度、伸长率和硫、磷含量符合要求，对焊接结构尚应保证碳的含量符合要求。主要受力结构和弯曲成形部分钢材应具有冷弯试验的合格保证。沿厚度方向有受拉要求的板材，材料性能应符合《厚度方向性能钢板》（GB/T 5313）的规定。

承受动载的焊接结构钢材应具有相应计算温度冲击试验的合格保证。承受动载的非焊接结构，必要时，其钢材也应具有冲击试验的合格保证。

闸门支承结构（包括主轨）的铸钢件可采用《一般工程用铸造碳钢件》（GB/T 11352）规定的 ZG230－450，ZG270－500，ZG310－570，ZG340－640 等铸钢，也可采用 JB/T 6402 规定的 ZG50Mn2，ZG35Cr1Mo，ZG34Cr2Ni2Mo 等合金铸钢。闸门铸铁件应符合 GB/T 9439 规定的各项要求。

闸门吊杆轴、连接轴、主轮轴、支铰轴和其他轴可采用《优质碳素结构钢》（GB/T 699）规定的 35 号、45 号钢，也可采用《合金结构钢》（GB/T 3077）规定的 40Cr、42CrMo、35CrMo 合金结构钢。

闸门止水板及支承滑道所采用的不锈钢宜采用《不锈钢热轧钢板和钢带》（GB/T 4237）规定的 12Cr18Ni9 或 12Cr18Ni9Si3 不锈钢。闸门结构及泄水孔道钢衬，选用不锈钢或不锈钢复合板时，宜选用《不锈钢冷轧钢板和钢带》（GB/T3280）规定的 06Cr19Ni10、022Cr19Ni10、022Cr19Ni5Mo3Si2N、022Cr22Ni5Mo3N 不锈钢。

闸门止水材料可根据运行条件采用橡胶水封、橡塑复合水封或金属水封。橡胶水封或橡塑复合水封的性能指标应符合规范的规定。

闸门支承和零件采用铜合金时，性能应符合《铸造铜及铜合金》（GB/T 1176）的规定。支承滑道（块）采用铜基镶嵌固体润滑材料、工程塑料合金材料等，以及轴承采用增强聚四氟乙烯材料、钢基铜塑复合材料或铜基镶嵌固体润滑材料等，性能应符合规范的规定。

焊条、焊丝应符合《非合金钢及细晶粒钢焊条》（GB/T 5117）、《热强钢焊条》（GB/T 5118）、《不锈钢焊条》（GB/T 983）的规定。焊接材料应采用与母材金属强度相适应的焊丝和焊剂。

## 三、平面闸门结构布置及设计

### （一）平面闸门结构布置

闸门梁系宜采用同一层的布置方式，并应符合制造、运输、安装、检修维护和防腐蚀施工等要求，根据工程的具体情况闸门也可采用球节点式、焊接式等空间管桁梁系。平面闸门可按孔口型式及宽高比布置成双主梁或多主梁型式。主梁布置应符合下列要求：主梁宜按等荷载布置；主梁间距应适应制造、运输和安装的条件；主梁间距应满足行走支承布置要求；底主梁到底止水距离应符合底缘布置要求；工作闸门和事故闸门下游倾角不应小于30°；当闸门支承在非水平底槛上时，夹角可适当增减。当不满足30°的要求时，应采用适当补气措施；部分利用水柱的平面闸门，上游倾角不应小于45°，宜采用60°。平面闸门边梁应采用实腹梁型式，滑动支承宜采用单腹板式边梁，简支轮支承宜采用双腹板式边梁。

### （二）平面闸门结构设计

闸门结构设计计算，应根据规范规定的计算原则，并应按规范规定的荷载，及实际可能发生的最不利的荷载组合情况，按基本荷载组合和特殊荷载组合条件分别进行强度、刚度和稳定性验算。结构设计计算方法的选择应确保计算结果准确可靠。闸门承载构件和连接件，应验算正应力和剪应力。在同时承受较大正应力和剪应力的作用处，还应验算折算应力。对高水头闸门主梁如有必要可按薄壁深梁理论校核。受弯构件最大挠度与计算跨度之比，潜孔式工作闸门和事故闸门主梁，不应超过1/750；露顶式工作闸门和事故闸门主梁，不应超过1/600；检修闸门和拦污栅主梁，不应超过1/500；次梁，不应超过1/250。受弯、受压和偏心受压构件，应验算整体稳定和局部稳定性。闸门构件的长细比应符合以下要求：受压构件容许长细比，主要构件，不应超过120；次要构件，不应超过150；联系构件，不应超过200；受拉构件容许长细比，主要构件，不应超过200；次要构件，不应超过250；联系构件，不应超过350。面板及其参与梁系有效宽度的计算应符合下列要求：为充分利用面板强度，梁格布置时宜使面板长短边比$b/a>1.5$，并将长边布置在沿主梁轴线方向；面板局部弯曲应力，可视支承边界情况，按四边固定（或三边固定一边简支，或两相邻边固定、另两相邻边简支）的弹性薄板承受均布荷载计算；面板与主（次）梁相连接时应考虑面板参与主（次）梁翼缘工作，当面板布置在下游侧时，面板宜与主（次）梁腹板直接焊接；验算面板强度时，应考虑面板局部弯应力与面板兼作主（次）梁翼缘的整体弯应力相叠加。

闸门承载构件的钢板厚度或型钢截面不得小于下列规格，小型工程的闸门，可不受此限：工6mm的钢板；∟50mm×6mm的等边角钢；∟63mm×40mm×6mm的不等边角钢；工12.6的工字钢；[8的槽钢。

### （三）平面闸门支承结构设计

平面闸门行走支承型式，应根据工作条件、荷载和跨度选定。工作闸门和事故闸门宜采用滚轮或滑道支承。检修闸门宜采用滑道支承。轮式支承宜采用简支轮；当荷载不大时，可采用悬臂轮；当支承跨度较大时，可采用台车或其他型式支承。滚轮硬度应略低于轨道硬度。当轮压较大时，应对滚轮、轨道的材料及其硬度和制造工艺进行专门研究。闸门上布置多滚轮时，为调整滚轮踏面在同一平面上，宜采用偏心轴（套）。作用在滚轮上的最大设计荷载，应按计算最大轮压考虑一定的不均匀系数，对于简支轮和设有偏心轴（套）的多滚轮，可取1.1。采用滑块支承时，应根据构造、形状和接触特性，验算接触应力和连接螺栓强度。工作闸门和事故闸门的支承滑道应根据工作条件和运行特点，选用高比压、低摩阻材料。滚轮的支承轴承可选用圆柱面或球面滑动轴承，滚轮也可选用滚动轴承。

**（四）平面闸门止水装置设计**

闸门止水装置宜设在门叶上。如需将水封设置在埋件上，应提供其维修更换的条件，各部位止水装置应具有连续性和严密性；对于大跨度上游止水的潜孔闸门，顶止水装置应考虑顶梁弯曲变形的影响；应防止潜孔闸门顶水封在启闭过程中的翻卷现象，顶止水压板靠水封头的边缘宜做成翘头形式；闸门水封应有预压缩量，顶、侧水封的预压缩量宜取2～4mm；平面闸门顶、侧水封，可用圆头P形断面型式，对于高水头充压式止水可采用Ω形断面型式；底止水宜采用刀型水封；止水压板的厚度不宜小于10mm，小型闸门可适当减薄；固定水封的螺栓间距宜小于150mm，止水装置宜选用不锈钢或镀锌紧固件。采用不锈钢板制造顶、侧座止水板时，加工后厚度不应小于4mm；止水座板应与所在的埋件做成整体，构造型式应满足止水座板焊接、加工等要求。

**（五）抽水蓄能电站平面闸门结构设计特点**

抽水蓄能电站的上/下水库进出水口平面闸门结构与普通电站闸门型式基本相同，包括门叶结构、支撑结构、止水装置、充水平压装置等；其主支撑型式可用复合材料滑道支承形式亦可采用定轮支撑；侧、顶止水为“P”型橡皮，底止水为“I”型橡皮。但由于抽水蓄能电站上水库蓄水时，因流域面积有限，往往需要利用施工水泵或专设水泵将水从下水库或其他水源抽上去，成本很高，而这时大部分机组尚在安装中，必须利用事故闸门挡水，由于水库的水位上升较慢，要求闸门在空载状态下即保证水封与座板接触良好。因此上水库事故闸门的水封安装应比常规水电站闸门要求更加严格。

## 四、充水平压方式与通气

对于采用充水平压启闭的闸门，为保证闸门平压过程能顺利进行，准确判断闸门平压后的水头差是否满足启门要求，应根据工程运行的具体情况，设置必要的充水平压信号检测装置。

**（一）充水平压方式**

闸门充水平压的方式在国内有旁通阀式、门上设充水阀式（包括充水小门）、小开度提门、闸门节间充水等型式，各种平压方式有其不同的特点及适用条件。

（1）旁通阀充水。旁通阀设置于坝体内或进水闸的闸墩内，闸门前的库水通过旁通阀流至闸门后面，水流由管道闸阀控制，一般在阀室设两道阀，前面为检修闸阀，后面为工作闸阀。其操作平台设于坝体廊道内或闸墩顶面。这种平压方式具有简化门叶结构，且直径选择不受门叶结构限制的特点，但也存在操作维修不便，造价高等缺点，当要求充水量大，水头高，门叶上设充水阀困难时可采用这种平压方式。

（2）小开度提门充水。这种充水方式适用于孔口尺寸较小，水头较小的闸门，以及布置充水阀有困难时。但这种充水方式会增大启闭机容量，而且由于小开度过流会使闸门产生振动，故一般较少采用。

（3）闸门节间充水。这种充水方式往往是利用闸门的上下分节处，形成孔口过流。这种方式的充水断面大，可缩短充水时间，而且结构简单，操作维修方便，不需设充水阀。由于充水时只提上节门，所以启闭机容量增加较少，也不增加启闭机扬程。根据国内10余座利用节间充水平压闸门的调查，对于小于30m水头的闸门，采用节间充水对增大充水流量，减少充水时间，降低水位差，具有明显效果。其中，黑龙江莲花水电站进水口6m×14m－62m检修闸门投入运行10多年来，经常运用水头为58～59m，实际节间充水处水头为48～49m，是高水头下实现节间充水比较成功的例子。由于检修闸门节间充水不能中途停止充水、节间充水量大且难以控制等缺点，对一些有特殊要求的工程要慎用。如抽水蓄能电站的上库进/出水口事故闸门、下库进/出水口检修闸门等仍建议采用充水阀充水。

（4）门上设充水阀。这种充水方式的结构形式较多，当闸门止水为前止水时，在闸门上开小门或设充水阀，这种结构较复杂；当闸门为后止水时，则在门上设充水管及阀体（或阀盖）。充水阀的操作应和闸门启闭机联动，充水管的直径应根椐充水容积，要求充满的时间等因素来确定。这种充水方式，因操作维修较方便，所以应用较广。

闸门充水阀宜采用平盖式、闸阀式、柱塞式等，可按下列要求选择：闸门下游止水，设计水头不高且不经常使用，宜采用平盖式；闸门下游止水，设计水头较高，宜采用柱塞式；闸门上游止水，宜采用闸阀式；充水阀装置的螺栓、螺母等连接件宜采用不锈钢材料；充水阀设计选型时，应根据闸门具体结构及操作要求等条件做相应的补充设计。

为保证闸门充水时门后能排气顺畅，气体不发生压缩现象，提出充水阀时的水流不能封堵通气孔下端。对进口会发生淤积的闸门，为避免淤积影响闸门充水，充水设施的选择应考虑淤积问题。

**（二）闸门的通气**

以上几种充水方式在国内的大小水利工程上均被采用，闸门采用节间充水平压时，一般情况下门体会发生振动，而引起振动的原因很多，有时与水流脉动压力有关，有时则与闸门本身的结构、刚度及支承等情况有关。而闸门振动对设计来说是应绝对避免的。减少闸门充水振动的措施主要有：加强闸门的整体刚度，减少闸门零部件产生振动从而引起门体的振动；创造良好的通气条件，通气充分是减少闸门节间充水时窄缝过水水流脉动压力引起闸门振动的关键。

对潜孔式闸门包括工作闸门、事故闸门和检修闸门，如门后闸门槽、竖井或出口等不能充分通气时，必须在紧靠闸门下游处顶部设置通气孔。对通气孔的要求是：面积足够，位置适宜，通气均匀，安全可靠等。通气孔上端与启闭机房分开，以保证安全运行。有些工程由于通气孔与机房联在一起，以致发生事故，影响安全运行。设于泄水管道中的工作闸门或事故闸门，其门后通气孔面积可按经验公式（48－1）、式（48－2）计算，也可按半理论半经验公式（48－3）、式（48－4）计算：

$$A_a \geqslant \frac{Q_a}{[v_a]} \tag{48-1}$$

$$Q_a=0.09v_wA \tag{48-2}$$

$$\beta=\frac{Q_a}{Q_w}=K(Fr-1)^{[a\ln(Fr-1)+b]}-1 \tag{48-3}$$

$$Fr=v/\sqrt{9.81e} \tag{48-4}$$

式中：$A_a$ 为通气孔的断面面积，$m^2$；$Q_a$ 为通气孔的充分通气量，$m^3/s$；$[v_a]$ 为通气孔的允许风速，m/s，采用 40m/s，对小型闸门可采用 50m/s；$v_w$ 为闸门孔口的水流速度，m/s；$A$ 为闸门后管道面积，$m^2$；$\beta$ 为气水比，通气流量与泄水流量之比；$Q_w$ 为闸门一定开启高度下的流量，$m^3/s$；$Fr$ 为闸门孔口断面的弗劳德数；$v$ 为闸门孔口断面平均流速，m/s；$e$ 为闸门开启高度，m；$K$、$a$、$b$ 分别为各区间的系数，见表 48-1。

**表 48-1　　　　半理论半经验公式系数**

| 管道类型 | 区间号 | 门后管道长度/管道净高度 /m | $Fr$ 的范围 | $\beta=K(Fr-1)^{[a\ln(Fr-1)+b]}-1$ | | |
|---|---|---|---|---|---|---|
| | | | | $K$ | $a$ | $b$ |
| 设平面闸门的压力管道 | Ⅰ | 6.10～10.66 | 3.96～20.30 | 1.158 | 0.112 | −0.242 |
| | | | 3.87～3.960 | 1.0154 | 0 | 0 |
| | Ⅱ | 10.66～27.40 | 1.94～6.290 | 1.0150 | 0.035 | 0.004 |
| | | | 1.61～1.940 | 1.0152 | 0 | 0 |
| | Ⅲ | 27.40～35.78 | 1.91～17.190 | 1.042 | 0.039 | 0.008 |
| | | | 1.38～1.910 | 1.0413 | 0 | 0 |
| | Ⅳ | 35.78～77.00 | 1.08～15.670 | 1.1300 | 0.028 | 0.144 |
| 设弧形闸门的无压管道 | Ⅴ | 6.10～10.66 | 4.57～32.590 | 1.342 | 0.173 | −0.438 |
| | | | 3.49～4.570 | 1.0153 | 0 | 0 |
| | Ⅵ | 10.66～27.40 | 1.70～18.06 | 1.0540 | 0.019 | 0.013 |
| | | | 1.56～1.70 | 1.0515 | 0 | 0 |
| | Ⅶ | 27.40～35.78 | 2.45～10.81 | 1.073 | 0.053 | 0.070 |
| | Ⅷ | 35.78～77.00 | 2.33～8.310 | 1.170 | 0.182 | −0.019 |

引水发电管道快速闸门门后通气孔面积可按发电管道面积的 4%～9%选用，事故闸门的通气孔面积可酌情减少；检修闸门门后通气孔面积，可根据具体情况选定，不宜小于充水管面积。

闸门节间过水部位的结构应使水流通畅，尽量避免直角形状；节间充水开度的准确控制；如能在设计中把握住这几点就能比较好的解决闸门节间充水时的振动问题。

而在抽水蓄能电站中，除少数电站外，上、下水库进/出水口闸门充水平压方式基本采用充水阀充水平压，主要原因在于充水阀重量较轻，当充水过程中发生事故时，充水阀可以动水下落封闭孔口，防止事故的进一步扩大。若采用节间充水平压方式时，上节闸门宜具备动水闭门的能力，以应对充水期间动水关门的要求。

## 五、上水库进/出水口事故闸门的锁定

依据规范的要求：当闸门悬挂在闸门井顶部时，应使闸门的底缘高于上水库的最高运

行水位，闸门下部的正向、反向和侧向支承均应位于门槽内。当闸门处于水体中时，必须论证机组甩负荷时所产生的涌浪对闸门的影响，当闸门停放在门楣附近时，还应考虑机组频繁工况转换对闸门造成晃动的影响。闸门（启闭设备）应设置可靠的并能满足远方自动闭门操作要求的锁定（制动）装置。

抽水蓄能电站事故闸门受电站计算机监控系统的控制，并要求实现远方自动闭门，因此其锁定装置应能够达到自动操作，锁定装置的电控系统必须纳入到启闭机的电控系统中去，且应相互闭锁。

某抽水蓄能等电站考虑到抽水蓄能电站工程等级高、上下库距离远、闸门重量大等实际情况，进/出口事故（检修）闸门在检修平台上门叶左右侧各设有1台电动锁定装置用于锁定闸门，防止卷扬式启闭机的制动器失效导致门叶下落引起事故和方便操作。上库事故闸门正常处于全开位，比锁定位高一定高度，即锁定梁与门叶锁定台间有一定的间隙，并要求闸门下滑100mm后能自动复位，这样锁定装置可以在远程控制解锁后闸门可以关闭，而不需要先提升闸门后解锁锁定装置，再关闭闸门。电动锁定装置采用进口的电动推杆操作，并可手动解除推杆与锁定梁的连接，手动翻转锁定梁以达到解锁的目的。国内有些工程的设计是在固定卷扬式启闭机上增加工作制动器外第2套制动器，作为安全锁定措施。

国内另一抽水蓄能电站由于中控室至上水库启闭机室地理位置相隔较远，闸门控制回路走线需穿过副厂房、低压电缆洞、附属用房、GIS室以及GIL竖井、上水库电缆通道，环境复杂加上有小动物出没，控制回路有破损甚至接地的风险，从而导致闸门非计划下落关闭，一旦机组运行，则会引发闸门冲毁，流道和机组受损甚至水淹厂房的事故。为防止事故发生，对上水库闸门进行改造，安装自动锁定梁系统。在闸门两侧铺设轨道，轨道上铺设带有轮子的锁定梁，锁定梁通过电机驱动沿轨道动作。当闸门提升至全开位置时锁定梁自动投入，卡在闸门的凹槽处对闸门进行锁定，防止闸门意外下落。当闸门需要下落时自动锁定梁退出，收到锁定梁退出信号后闸门再下落至全关状态。电站上水库闸门在正常运行时，起升和降落无任何锁定装置。在球阀系统或压力钢管需进行检修时，将闸门落下后作为隔离点，为防止闸门被误操作提起，在闸门井处手动架设两根工字钢作为闸门锁定装置；在检修任务完成后，闸门需提起前，手动将工字钢撤除。

该抽水蓄能电站基于对闸门正常运行时不能异常落门、事故情况时能正确落门和检修时不能提门的要求，上水库闸门要加设的自动锁定梁需具备：闸门联动、自动投退、能制动闸门、闸门动力电源独立等。锁定梁的组成由承重梁（即主梁）2件；端梁（含端部缓冲装置）4件；车轮组（分主动轮和被动轮均含方形轴承座，共4套主动轮和4套被动轮）；齿型联轴器8套；传动轴4件；变速箱2台；电动机2台；限位器4件；限位尺2件；电控箱1套（含控制线路和供电电源）。

该抽水蓄能电站上水库事故闸门锁定梁的控制原理：

闸门现地控制柜内PLC控制锁定梁电动机及接收闸门位置信号。即当闸门上升至限位位置时自动停止，PLC给锁定梁控制箱一个闸门锁定指令，控制箱内接触器吸合，两台电动机分别启动两侧锁定梁向闸门方向移动，当移动至锁定位置时两侧限位尺碰触限位开关，限位开关接通，切断控制箱接触器电源，电动机停止运行，闸门锁定。

当需要落闸时，PLC 首先给锁定梁控制箱一个闸门锁定梁打开指令，锁定梁控制箱接触器吸合，两台电动机同时运行，两侧锁定梁向闸门锁定梁打开方向移动，当移动至预置打开位置时两侧限位尺碰触限位开关，限位开关接通，PLC 切断控制箱接触器电源，电动机停止运行，锁定梁处于打开位置，闸门开始下闸运行。

## 第二节　上/下水库进/出水口闸门启吊设备

### 一、启闭力计算

启闭机型式应根据闸门型式、尺寸、孔口数量及运行条件等因素，按下列要求选用：靠自重或加重关闭和要求在短时间内全部开启的闸门宜选用固定卷扬式启闭机或液压启闭机；需要短时间内全部开启或有下压力要求的闸门宜选用液压启闭机；孔数多且不需要同时局部均匀开启的平面事故闸门和检修闸门宜选用移动式启闭机，启闭机台数应根据开启闸门的时间要求确定，并考虑有适当的备用量，布置门式启闭机应兼顾坝面金属结构设备及大坝的检修需要；需要下压力的小型闸门宜选用螺杆式启闭机；选用启闭机的启闭容量不应小于计算启闭力，平面闸门启闭力计算方式如下：

动水中启闭的闸门启闭力计算应包括闭门力、持住力、启门力的计算：

(1) 闭门力计算　按式（48-5）计算。计算结果为正值时，应加重，加重方式有：加重块、水柱或机械下压力等；为负值时，依靠自重可闭门。

$$F_w = n_T(T_{zd} + T_{zs}) - n_G G + P_t \tag{48-5}$$

(2) 持住力计算　按式（48-6）计算：

$$F_T = n'_G G + G_j + W_s + P_x + P_t - (T_{zd} + T_{zs}) \tag{48-6}$$

(3) 启门力计算　按式（48-7）计算：

$$F_Q = n_T(T_{zd} + T_{zs}) + P_x + n'_G G + G_j + W_s \tag{48-7}$$

(4) 滑动轴承的滚轮摩阻力　按式（48-8）计算：

$$T_{zd} = \frac{P}{R}(f_1 r + f) \tag{48-8}$$

(5) 滚动轴承的滚轮摩阻力　按式（48-9）计算：

$$T_{zd} = \frac{Pf}{R}\left(\frac{R_1}{d} + 1\right) \tag{48-9}$$

(6) 滑动支承摩阻力　按式（48-10）计算：

$$T_{zd} = f_2 P \tag{48-10}$$

(7) 止水摩阻力　按式（48-11）计算：

$$T_{zs} = f_3 P_{zs} \tag{48-11}$$

式中：$F_w$、$F_T$、$F_Q$ 分别为闭门力、持住力和启门力，kN；$n_T$ 为摩擦阻力安全系数，可采用 1.2；$n_G$ 为计算闭门力用的闸门自重修正系数，可采用 0.9～1.0；$n'_G$为计算持住力和启门力用的闸门自重修正系数，可采用 1.0～1.1；$G$ 为闸门自重，kN，当有吊杆时计入吊杆重量；计算闭门力时可不计吊杆的重量，门重可采用浮重；$W_s$ 为作用在闸门上的

水柱压力，kN；$G_j$ 为加重块重量，kN，闸门闭门力和底部防渗漏计算时扣除浮力作用；$T_{zd}$ 为支承摩阻力，kN；$P$ 为作用在闸门上的总水压力，kN；$r$ 为滚轮轴半径，mm；$R_1$ 为滚动轴承的平均半径，mm；$R$ 为滚轮半径，mm；$d$ 为滚动轴承滚柱或滚珠的直径，mm；$f$ 为滚动摩擦力臂，mm，按表 48－3 确定；$T_{zs}$ 为止水摩阻力，kN；$P_{zs}$ 为作用在止水上的压力，kN；$f_1$、$f_2$、$f_3$ 为滑动摩擦系数，计算持住力取小值，计算启门力、闭门力取大值，按表 48－3 确定。

（8）上托力　包括底缘上托力及止水上托力；作用在闸门上的动水压力，可按下列规定计算：当闸门在动水中工作时，作用在闸门上的动水压力包括时均值及脉动值。脉动值的作用和影响应按动力系数考虑。垂直作用于闸门面板的时均动水压力可按静水压力分布计算；当采用如图 48－2 所示之底缘形式时，上托力可按式（48－12）计算：

$$P_t=\gamma\beta_t H_s D_1 B_{zs} \tag{48-12}$$

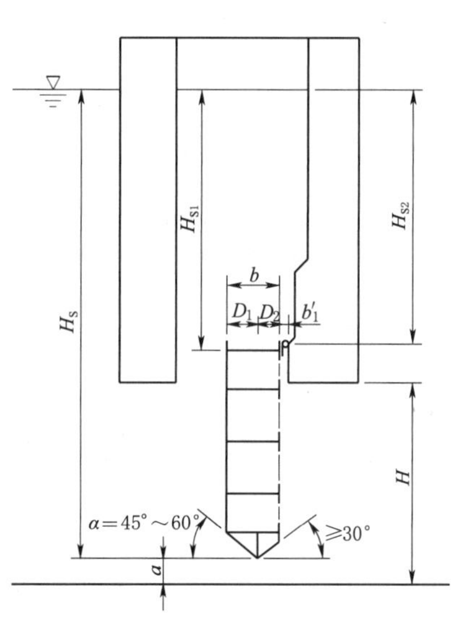


图 48－2　闸门底缘示意图

式中：$P_t$ 为上托力，kN；$H_s$、$D_1$ 为见图 48－2，m；$B_{zs}$ 为两侧止水距离，m；$\gamma$ 为水的容重，kN/m³；$\beta_t$ 为上托力系数，可按表 48－2 确定。当验算闭门力时，按闸门接近完全关闭时的条件考虑，上托力系数取 $\beta_t=1.0$，当计算持住力时，按闸门的不同开度考虑，$\beta_t$ 可参照表 48－2 取用，特殊情况应通过水工模型试验论证。

**表 48－2　　上托力系数 $\beta_t$**

| $\alpha$/(°) | $a/D_1$ | | | | |
|---|---|---|---|---|---|
| | 2 | 4 | 8 | 12 | 16 |
| 60 | 0.8 | 0.7 | 0.5 | 0.4 | 0.25 |
| 52.5 | 0.7 | 0.5 | 0.3 | 0.15 | — |
| 45 | 0.6 | 0.4 | 0.1 | 0.05 | — |

注　1. $a$—闸门开启高度，m；$D_1$—闸门底止水至上游面板的距离，m；$\alpha$—闸门底缘的上游倾角，见图 48－2；

2. 本表中上托力系数 $\beta_t$ 值适用于闸后明流流态，且对泄水道闸门，$0<a<0.5H$（$H$ 为引水道的孔高）；对电站快速闸门，$0<a<a_k$（$a_k$ 为电站快速闸门关闭时闸后明满流转换临界开度，根据已建工程类比或参考有关试验研究报告计算，必要时通过水工模型试验确定，在一般情况下，按 $a_k=0.5H$ 估算）。

（9）下吸力　下吸力可按式（48－13）计算，溢流坝闸门、水闸闸门和坝内明流底孔闸门当符合下游倾角不应小于 30°，上游倾角不应小于 45°时，且下游流态良好、通气充分时，可不计下吸力：

$$P_s=p_s D_2 B_{zs} \tag{48-13}$$

式中：$P_s$ 为下吸力，kN；$D_2$ 为闸门底缘止水至主梁下翼缘的距离，m；$p_s$ 为闸门底缘 $D_2$ 部分的平均下吸强度，可按 20kN/m² 计算，当流态良好、通气充分、下游倾角不应小于30°、上游倾角不应小于45°要求时，可适当减少。

表48-3　摩擦系数

| 种类 | 材料及工作条件 | | 系数值 | |
|---|---|---|---|---|
| | | | 最大 | 最小 |
| 滑动摩擦系数 | 钢对钢（干摩擦） | | 0.50～0.60 | 0.15 |
| | 钢对铸铁（干摩擦） | | 0.35 | 0.16 |
| | 钢对木材（有水时） | | 0.65 | 0.30 |
| | 钢基铜塑复合材料滑道及增强聚四氟乙烯板滑道对不锈钢，在清水中的压强 $q$ | 压强 $q>2.5$kN/mm | 0.09 | 0.04 |
| | | 压强 $q=2.5\sim2.0$kN/mm | 0.09～0.11 | 0.05 |
| | | 压强 $q=2.0\sim1.5$kN/mm | 0.11～0.13 | 0.05 |
| | | 压强 $q=1.5\sim1.0$kN/mm | 0.13～0.15 | 0.06 |
| | | 压强 $q<1.0$kN/mm | 0.15 | 0.06 |
| 滑动轴承摩擦系数 | 钢对青铜（干摩擦） | | 0.30 | 0.16 |
| | 钢对青铜（有润滑） | | 0.25 | 0.12 |
| | 钢基铜塑复合材料对镀铬钢（不锈钢） | | 0.12～0.14 | 0.05 |
| 止水摩擦系数 | 橡胶对钢 | | 0.70 | 0.35 |
| | 橡胶对不锈钢 | | 0.50 | 0.20 |
| | 橡塑复合水封对不锈钢 | | 0.20 | 0.05 |
| 滚动摩擦力臂 | 钢对钢 | | 1mm | |
| | 钢对铸铁 | | 1mm | |

注　轨道工作面粗糙度 $R_a=1.6\mu m$；滑道工作面粗糙度 $R_a=3.2\mu m$。

静水中开启的闸门，启闭力计算除计入闸门自重和加重外，尚应考虑一定的水位差引起的摩阻力。潜孔式闸门可采用1～5m的水位差。对有可能发生淤泥、污物堆积等情况时，尚应酌情增加。大型机组进水口闸门，当充水流量受限，机组漏水量较大，启门水位差降低困难时，经研究后可适当增加。

## 二、上/下水库进/出水口闸门启吊设备

### （一）高扬程固定卷扬启闭机

上水库进/出水口事故闸门的启闭时间无特殊要求时，一般采用高扬程固定卷扬式启闭机操作。

最初的高扬程、大容量卷扬启闭机设计方法是用两台启闭机通过平衡梁组合起来达到所需启闭容量和扬程，带来的问题：①启闭机结构复杂、外形尺寸和自重均比较大、基础面积增加，致使启闭机承载基础构造复杂，且制造安装烦琐；②由于启闭容量大，为减小冲击，额定起升速度较低，起升时间较长，工作效率低；③多数大容量卷扬启闭机操作的闸门其启闭力与闸门自重相差较大，启闭容量大，电机功率大，轻载时电机功率不能得到充分的利用；④电动机采用绕线式电机串电阻启动，电阻数量较多。

目前的高扬程固定卷扬启闭机一般采用变频调速电机，其优点一是利用重载低速、轻

载高速的恒功率变频调速技术，使电机功率得到了充分的利用，且大大缩短了起升时间，提高了工作效率；二是利用电机的恒扭矩变频调速技术进行低频启动，运行平稳，冲击小；三是利用“能量回馈单元”进行“功率返回再生制动”方法，节能环保。

高扬程固定卷扬式启闭机的传动系统一般采用闭式传动，较传统的减速器加单级或多级开式齿轮的传动系统，避免了大模数齿轮的加工问题，最大限度地减小了整机的外形尺寸及重量，且机构效率高、外形美观、制造安装简单，运行噪音小。

起重及冶金用变频调速三相异步电动机变频范围1～100Hz，在额定频率之下（1～50Hz）的调速称为恒转矩调速，$T=Te$，$P\leqslant Pe$；在额定频率之上（50～100Hz）的调速称为恒功率调速，$T\leqslant Te$，$P=Pe$。设计时，首先应根据启闭机操作对象的性质，确定合理的变频调速方式，及启动频率、重载频率、轻载频率和变频位置等，然后根据确定的变频调速方案，确定电动机的功率。

闭式传动机构中，卷筒的支撑形式及卷筒与减速器的连接方式的确定成了整个闭式传动系统设计的重中之重，设计时，首先应根据起升机构布置及减速器的径向力承载能力确定卷筒的支撑型式，针对不同的支撑型式，选择合适的卷筒与减速器的连接方式，连接方式的选择需充分考虑卷筒角位移和轴向位移的补偿。各种连接形式的结构特点、适用场合以及使用注意事项不同，卷筒装置是起升机构重要的组成部分，其性能和工作的可靠性直接影响着启闭机整机的工作性能和质量。

无论采用何种布置，都要求启闭设备必须设置可靠的安全保护装置，包括载荷显示及超载保护装置、高度显示装置、位置限制开关及制动装置。

载荷显示及超载保护装置应具有载荷显示声光报警、超载控制等功能。当起升荷载达到额定值的90%时，载重仪应发出预警信号；达到额定值的105%时，应具有红灯警报显示及蜂鸣音响报警，并自动切断电气控制回路，启闭机停止运行以避免事故。

启闭机应设置起升高度显示装置，该装置应具有全扬程显示和预定位置限制等功能，且其检测元件应保证在断电的情况下不丢失数据信号，来电后仍能显示原闸门开度，因此该检测元件宜采用高精度绝对型编码器，起升高度显示装置的显示仪应采用数据通信方式与电站计算机监控系统进行传递，接口应满足现场总线的连接要求，并应提供通信协议规约。

启闭机除应设置上下极限位置和充水阀充水开度位置限制开关外，同时还应具有至少两个位置开度预置功能，即闸门产生自动降落（出现事故工况）的报警位置和自动停止的机组运行位置控制开关。

采用固定卷扬式启闭机操作时，应设置两套可靠的制动器，即一套为工作制动器，另一套为安全制动器，安全制动器一般多设置在卷筒的末端，采用盘式制动器，这种设置避开了减速器等机械传动系统的不安全因素，其安全可靠度更高。

**（二）液压启闭机**

采用液压启闭机操作时，系统应具有压力检测、油位检测、温度检测、滤油器堵塞报警、闸门开度检测等完善的监测、控制及保护功能，同时应设置两套互为备用的油泵电动机组，工作泵与备用泵能实现自动轮换启动。其中油泵应为正排量型的轴向柱塞泵，由电动机驱动，组成的油泵电动机组应能向系统提供平顺的压力油，且在系统最大压力时能连续工作。电动机电压为380×(1±15%)V，电源频率为50Hz，油泵额定工作压力不小于31.5MPa。同时，油泵电动机组的最大噪声在距电机外壳1m处检测应小于85dBA，油泵及电动机应选用适用于合同设备的高性能产品，油泵、电动机采用在同类型抽水蓄能电站成熟应用的产品。

对于控制阀组，其中流量控制阀应有足够的调节范围以调节液压缸的下降速度。阀的响应时间应少于29ms，在工作压力31.5MPa的情况下阀的内泄漏不大于0.004L/min；溢流阀的容量应足以排出两只油泵的流量而无震动，其整定压力最大不超过上述最大系统压力的120%；其余各控制阀的选用应满足液压系统工作要求，其额定压力和流量应大于实际通过该阀的最高压力和最大流。锁锭缸控制阀组的选用应保证锁锭缸的动作时间不大于30s。换向阀、压力控制阀、流量控制阀、高压球阀、压力传感器等关键元件应选用高性能的优质产品。所有阀组块体应经磷化、镀镍等防腐处理。

液压启闭机油箱应完全密闭，油箱上的各种附件应完好无损，箱内不得残留任何污物；油箱应采用不锈钢制成，箱体上设一个进人孔、液位计、吸湿式空气滤清器、加油口和用于排油的接头，即使在液位变化最快的情况下油箱内的空气也能自由进出。主油箱底部要有坡度以便排油，吸油侧和回油侧要用隔板隔开，以分离回油带来的气泡和脏物，回油侧应设置磁铁串。接到油箱的回油管出口应低于最低液面以防止进气；回油滤油器的额定过流量不得少于其实际过流量的4倍。滤油器应为旁通式并设有过滤报警指示；油箱注入口的过滤精度为100μm，回油滤油器过滤精度为10μm；滤芯强度：吸油管路用的滤芯，压差缓慢加至0.15MPa，回油用的滤芯缓慢加至0.6MPa，保持30s均不应破坏；当滤油器入口压力在10%公称压力与公称压力之间，快速上升下降反复作用，滤油器不应有永久变形、漏油和其他缺陷。

液压启闭机的液压缸体、活塞和活塞杆应为同一个制造商的产品且应成套交付。液压缸的设计应达到或超过招标文件规定的使用特性说明或《电力调度自动化系统运行管理规程》(DL/T 5167)的规定，液压缸按单活塞杆式、双作用、重载条件设计。液压缸在活塞杆外伸端设有吊头和连接销轴并带止推环，其尺寸与型式与闸门吊耳相配。液压缸缸体应优先采用无缝钢管制作，材质应符合或相当于《优质碳素结构钢》(GB/T 699)规定的45号钢或Q355B，缸体机械性能应达到《优质碳素结构钢》(GB/T 699)或《低合金高强度结构钢》(GB/T 1591)规定的正火热处理后性能指标要求。当采用分段焊接时，缸体焊缝部位应经高温回火处理，焊缝按二级焊缝要求，100%焊缝长度进行超声波探伤及外观检查合格，并符合JB1151。凡是采用焊接的部位，均应提供焊缝探伤资料，按照ANSI B46.1液压缸内径表面加工推荐采用珩磨，粗糙度应达到0.4μm以上。活塞杆材料应采用整段材料制作，材料不低于《优质碳素结构钢》(GB/T 699)规定的45号钢，并应经调质热处理。活塞杆应经镀铬处理，机加工后的镀铬层厚度不小于0.1mm，以满足在潮湿空气和长期浸没于水中的要求。活塞材料性能不低于《优质碳素结构钢》(GB/T 699)规定的35号钢。密封圈应选用在同类型抽水蓄能电站成熟应用的优质V形密封圈，应有足够的抗撕裂强度，耐压31.5MPa，并应具有耐水耐油、永久变形小、摩擦系数低、无黏结、抗老化等良好性能，使用寿命应保证在10年以上。液压缸下部还应设置一防渗水密封圈，此密封圈应能承受1.5MPa的水压力。液压缸应配有刮污和防尘圈以便当活塞杆缩

进油缸时清除杆上的污物。在闸门全开情况下通过活塞的内泄漏不得超过 0.002L/min。不允许有任何外泄漏。

对于液压管路的油管、管接头和法兰应采用不锈钢无缝钢管和不锈钢材料。外径大于 50mm 的油管应采用法兰连接，对于小直径油管宜采用管接头连接；油管应尽量短，布置整齐，并保证有必要的伸缩变形。油管悬件太长时应设支架。设置活接头时，应拆装方便，主要油管应能单独拆卸而不影响其他元件。油管应平行布置，少交叉。平行或交叉油管之间至少应有 10mm 间隙，以防接触和振动。液压启闭机的液压油其选择应符合《水电水利工程覆盖层灌浆技术规范》（DL/T 5167）的有关规定，且应适合油泵类型、环境和工作温度、系统压力及启闭机工作特点。液压油应具有合适的黏度、良好的黏温特性和润滑性、抗氧化、无腐蚀作用，不破坏密封材料，并有一定消泡能力（冬夏季液压油牌号相同），还应满足环保要求；试验用油与启闭机工作用油应用同一牌号液压油。

为保证闸门持续保持在既定位置，避免因油缸泄漏等原因引起活塞杆下滑，自动控制系统应能在下滑达到预设值时，自动启动泵站，并将闸门提升至下滑前位置。若继续下滑，主油泵仍未启动，自动控制系统应能启动备用泵、并提升闸门至原位，并声、光报警。如提升仍然无效，闸门继续下滑值达到预设值时，停机并声、光报警。

现地控制柜对应于闸门控制应设有“现地/远方”控制切换开关，“现地”位置时，可手动操作现地控制柜上按钮控制闸门的启闭；“远方”位置时，则接受计算机监控系统的控制信号（无源接点），实现远方控制闸门的启闭。现地控制柜对应于闸门控制还应设有“自动/分步”控制方式切换开关，“自动”位置时，现地控制柜在一个操作命令作用下，连续自动地完成闸门的启闭；“分步”位置时，则在运行人员的不断干预下，手动分步完成闸门的启闭。“自动/分步”控制方式切换开关仅在控制权切换开关处于“现地”位置时才起作用。现地控制屏上能进行油泵的手动、自动操作，备用启动操作；备用自动转换操作，空载启动操作。现地控制屏应设置声光报警系统，当系统出现故障和异常情况时应向电站计算机监控系统发出报警信号，并应有声光显示信号。

液压启闭机主要缺点为检修时需要拆卸拉杆，给设备检修带来不便。

# 第四十九章　尾水系统闸门及启吊设备

对于尾水系统的闸门来说，一般有以下作用：①在机组检修时挡水，便于机组检修时不影响其他机组的正常运行。②减少机组检修时的排（充）水量和排（充）水时间。③防止在故障时，下水库的水通过尾水洞倒灌厂房。对于长尾水系统而言，从国内外的工程实例和有关资料中可以看出，抽水蓄能电站尾水闸门的布置位置主要有三种方式：①闸门布置在尾水肘管出口处；②闸门布置在尾水肘管和尾水调压室之间的支管处；③闸门布置在尾水支管出口处且在尾水调压室内。对于短尾水系统，尾水闸门一般布置在尾水隧洞出口处。国内已建大型抽水蓄能电站多采用方案2，即在每一条尾水支洞各设有一扇平面事故阀门，以保护机组安全运行及机组检修时防止尾水倒灌厂房，并采用液压启闭机操作。尾闸室顶部设桥机用于事故阀门及其埋件、液压启闭机等设备安装与检修蒲石河抽水蓄能电站尾闸金属结构设备布置见图49-1。

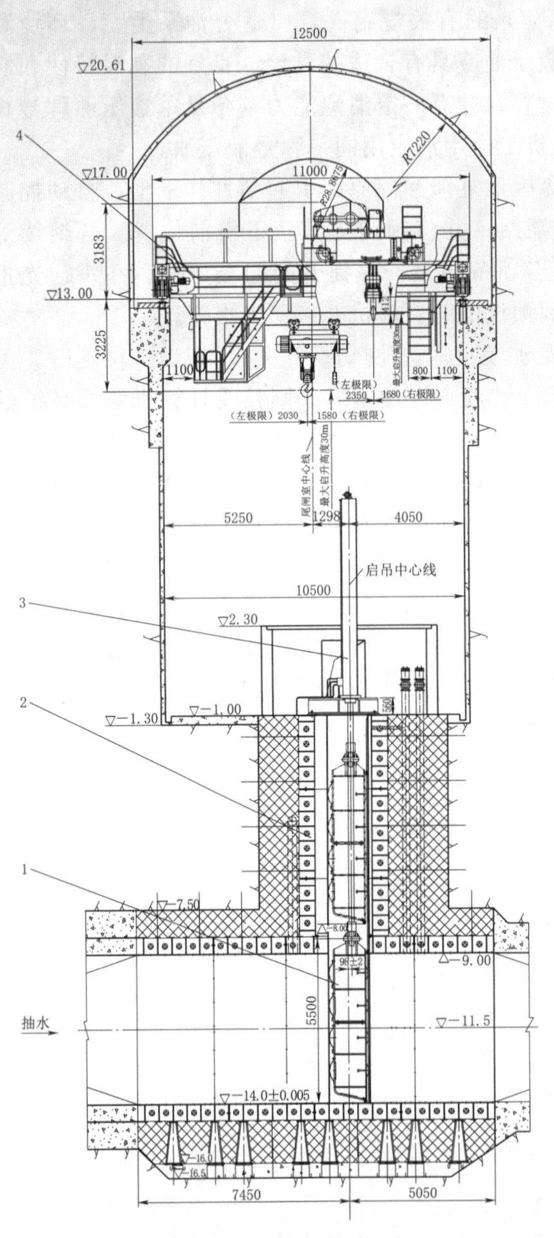


图49-1　蒲石河抽水蓄能电站尾闸金属结构设备布置
1—高压阀门；2—阀门埋件；3—液压启闭机；4—桥机

依据规范规定无论是长尾水系统还是短尾水系统，都应根据机组和厂房的安全要求及事故排水设施的配置情况，通过技术经济比较后确定尾水闸门的性能。关于尾水闸门性质问题，较少见到国外规程规范的具体规定，行业内同仁基本达成共识：抽水蓄能电站机组吸出高度一般都为负几十米或近百米，厂房内的各种引水管路大部分取自尾水，尽管设计计算和选型都留有安全裕度，但制造、安装及运行管理多个环节，若某一环节出现质量缺陷，将会出现水淹厂房的危险，带来的后果比常规水电站要严重许多。而就经费而言，事故闸门与

检修闸门相比，钢材用量差别甚微，制造技术要求大致相同，仅启闭设备规模有一定差别，而由此增加的费用与整个电站投资相比也微不足道，但带来的好处是提高了电站的运行安全。因此，已建及在建抽水蓄能工程的尾水闸门性质均为事故闸门。

## 第一节　尾闸室闸门及埋件结构设计

布置在尾水调压室（井）或下水库进出水口闸门井内的尾水闸门及门槽结构形式与常规电站的事故闸门及门槽相同，闸门的设计水头一般按下水库正常蓄水位确定。

布置在机组尾水管出口、尾水支洞中的尾水闸门，通常采用高压闸阀的结构型式。由于抽水蓄能电站长尾水系统一般都设置尾水调压室，当机组台数较多时，往往采用两台机（或两台以上）共用一个调压室。当一台机检修，尾水闸门挡水时，另一台（或多台）机组正在运行时出现增负荷或甩负荷等情况，这时尾水闸门及门槽壳体、腰箱顶盖将承受较大的水击作用。另外，平时闸门悬吊于腰箱中时，受机组运行产生的涡流冲击和压力脉动的影响，可能会产生振动。因此，设计高压闸阀时，应综合考虑诸多因素的影响。

### 一、尾闸室闸门门体结构材料

由于抽水蓄能电站的引水系统水流频繁改变方向产生脉动对高压阀门有冲击的作用，因此，闸门门体应选择冲击韧性高，热脆性、冷脆性低的材料。

### 二、闸门支承型式

对于目前制造的高压阀门的主支承设计，国内主要采用定轮和滑道两种形式。

采用定轮支承其启闭设备的容量相对降低；而对于线接触定轮而言，采用点接触的双曲滚轮能有效消去制造安装缺陷（如变形挠曲），在水压作用下，上下左右的主轮能自我调整保证都能与轨道接触，减少受力不均匀现象。

无论采用定轮和滑道哪种形式，与常规电站的设计基本相同。主要差别在于反向支承，由于考虑到上游球阀漏水泄压问题，有的工程采用弹性较大的反向支承，如泰安、蒲石河抽水蓄能电站采用弹簧钢片作为反向支承。在球阀泄漏之后，能够在水压作用情况下，高压阀门能下移20～30mm，避免高压阀门承受上库过高的水头压力。

### 三、泄压装置

根据多个抽水蓄能电站的运行经验，设置自动泄压装置是十分必要的。虽然在操作规程和电气控制设计中，均考虑了尾水事故闸门在启闭过程中和挡水状态时机组的工作阀应处于关闭状态，以避免上水库的水压力作用在该闸门上，但是若工作阀出现不能关闭到位等事故，致使闸门直接承受来自上水库的水压力，就有可能造成闸门破坏。因此，设计时应考虑必要的自动泄压措施。

### 四、水封装置

由于考虑高压阀门泄压和封水效果的原因，高压阀门的面板和止水一般布置在厂房侧。国内已建的抽水蓄能电站，无论何种主支承形式，均采用了该种布置方式。水封材料的选择国内电站一般采用与常规电站相同的橡胶止水，但由于高压阀门及埋设件检修条件的要求，橡胶止水应考虑抗老化时间长，抗磨损的优质产品。同时，止水压板厚度较常规电站的止水压板厚度大一些，以防橡皮头翻转。若采用硬止水的高压阀门，由于门槽尺寸相对较小，该区域产生气蚀和振动的危险性较橡胶止水好一些。

## 五、闸门的焊接

高压闸门挡水水头一般较高，所以闸门门叶结构件钢板较厚，若采用焊接方式，焊接前焊件要预热，避免形成裂纹，在机加工前还应消除内应力，以保证结构尺寸的稳定性，必要时应考虑门叶焊后整体消应的处理措施。有的工程为避免门叶在工地拼接时发生过大的焊接变形，门叶的工地拼装采用螺栓连接。

## 六、闸门埋件

高压闸门的埋设件一般由底槛、门槽、腰厢及腰厢顶盖等组成封闭构件，整体尺寸较大，须分段制造。考虑工地焊接变形问题，节间使用螺栓连接，对接缝封焊。对于采用定轮支承的高压阀闸门，如果使用铸钢轨，在结构上很难保证埋设件的封水要求。多数使用厚钢板作为其主轨，同时为了满足主轨接触应力的要求，在厚钢板上另设一条铸钢板，为了克服铸钢件焊接较难和产生变形的问题，应使用螺栓将铸钢板固定在厚钢板上的方法解决。

腰厢顶盖直接承受尾水道内的水压力，水流的脉动对其有很大的冲击作用。通常情况下，腰厢顶盖使用的钢板应有足够的厚度，并且考虑到水流冲击的影响，腰厢和顶盖一般要求退火或人工时效消应处理。

腰厢与腰厢顶盖采用法兰形式用螺栓连接，两者之间加厚垫板（法兰盘），厚垫板与腰厢顶盖配钻螺栓孔（盲孔），根据现场的螺孔位置情况与腰厢焊接在一起；为封水在厚垫板上开密封沟槽，使用O形密封圈密封，确保封水性能良好。腰厢顶盖与液压机机座采用法兰形式连接，在液压启闭机法兰上开设密封沟槽，使用O形密封圈封水。

## 七、旁通充水阀

由于抽水蓄能电站的特殊性，国内各抽水蓄能电站尾水事故闸门的平压均有别于常规水电站事故闸门。其充水平压大都采用旁通阀充水平压。旁通充水阀及管路由两只串联球阀及不锈钢管组成，通过不锈钢管分别连接在尾水门槽上的前、后侧。球阀型式为固定球阀，采用手动和电动两种驱动方式。

## 八、高速排气阀

国内各抽水蓄能电站尾水事故闸门的补气均有别于常规水电站事故闸门。在采用高压闸阀式闸门时，在靠近闸门的机组侧流道顶部设高速自动排气阀，此阀于机组定稿上设置的排气阀共同承担主阀至尾闸室流道内充水时排气，排水时补气。同时，由于腰箱顶盖顶部气体不能通过此排气阀排出，在腰箱顶盖顶部另设一只排气阀，将此部分气体排至尾闸

室，以解决腰箱顶盖小部分气体的排放问题。高速排气阀由球阀及管路组成，采用手动和电动两种驱动方式。

## 第二节　启　闭　设　备

国内目前尾闸室高压阀门不论采用何种支承形式，启闭设备均采用液压启闭机。采用滑道作为主支承的高压闸阀多用 QPPY 型液压启闭机，利用水柱下门，持住力为启闭设备的控制容量。而采用定轮作为主支承的高压阀门，基本上都使用带下压力的液压启闭机操作。

尽管国内采用两种液压机型式的均有实例，但有的设计者认为，采用带下压力的液压机操作高压阀门较为有利，主要原因是当液压机渗漏或因其他原因导致闸门下滑时，也不会导致高压阀门全部关闭，从而导致高压阀门或机组出现重大事故。已建某电站在运行过程中确实出现了类似的事故，由于高压阀门没有全部关闭，仅导致机组出力不足，并未导致更大的事故。

为了检修或更换高压阀门及其埋件的零部件时，在不需要全部拆卸腰厢顶盖和液压机的条件下能够进行。一般的工程均在腰厢顶盖处开设人孔以满足要求。人孔的密封形式与腰厢与顶盖的密封形式类似。

为了满足高压阀门及其埋设件和启闭设备安装和检修的需要，国内工程均在尾闸室顶部布置了桥机。桥机的安装高程由交通洞底部高程、安装最大件尺寸和桥机的上极限确定。桥机的容量和总扬程一般按安装或检修的最重件和所需的最大起升高度确定。最重件的选取，一般按高压阀门及埋件或启闭设备中安装检修的最重件确定桥机的容量。设计中，桥机的容量是按液压机和高压阀门一起启吊确定的。

# 第五十章　寒冷地区拦污栅、闸门及启闭设备的冬季运行

## 第一节　寒冷地区冬季防冰措施

在寒冷地区，冬季封冻期时间长，一年内有相当长的时间段上、下库会产生很厚冰盖层，致使水库闸门和闸墩与冰层牢固冻结在一起。当冰层下的库水位升降变化时，冰层会对闸门和闸墩形成上抬或下拉力；在解冻期间，随着气温的回升及外界其他因素的变化，库区中的大面积冰层膨胀，冰层膨胀压力也会作用在闸门和闸墩上，产生冰弯矩。这两种情况都会使闸门发生多次上抬开启，并产生一定塑性变形，闸门强度遭受破坏乃至出现漏水现象，闸墩还会发生垂直裂缝。形成不均匀的冰压力，影响闸门的正常运行，带来事故隐患。根据《水利水电工程钢闸门设计规范》（SL 74—2019）规定，闸门不得承受冰的静压力。为防止冰荷载对钢闸门的破坏，寒冷地区钢闸门在冬季必须采取防冰冻措施。

我国寒冷地区的冰情研究已取得一定成果，在水工钢闸门防冰措施上也积累了许多经验，许多水库钢闸门也因地制宜采用了不同的防冰措施。目前采取的主要措施有以下几种：

### 一、破冰

采用人工或破冰机械在闸前 2～3m 处冰面开槽，扩冰宽度 0.5m，并露出水面，以达到闸门前保持一条不结冰水域的目的。这是水库防冰技术中最简单、有效的处理方法。但人工破冰费工费力，劳动强度大，效率低，一般在小型水库或冰层厚度不大的场所使用。破冰机械可采用重锤破冰机，机械砸冰。避免人工砸冰，保证水库人员作业的安全。

### 二、保温板防冰

此措施是采用聚苯乙烯保温板覆盖冰层。聚苯乙烯保温是一种高效能绝热材料，导热系数小，重量轻，可以改变局部冰层冻融条件。试验证明，利用保温板保温，保温板下两侧的冰层厚度与自然冰盖层厚度接近，而位于保温板中间的冰层，因保温板的绝热作用，厚度较铺设前降低约 75%，当气温回升时，保温板下的冰层融化速度也较天然冰盖层快。但是保温板一次性投资较大，若反复使用才能使防冰造价降低，而且保温板是脆性材料，非常不易保管。保温板防冰措施的使用方法有两种：

（1）覆盖冰面。当闸前形成厚度达 20cm 左右的冰盖层时（以冰厚可载人为准），将已备好的厚 15cm、宽 300cm 的保温板用模板框固定在闸前冰面上，利用保温板的保温效果

融化冰盖层，消除冰压力。

(2) 保护闸门。即在闸门冰盖层形成之前，根据闸门大小，将合乎闸门尺寸的保温板竖直下放水中紧贴闸门安置，把水面及以下整个闸门保护起来，防止冰荷载对闸门的危害，黑龙江省龙头桥水库使用的就是这种防冰措施。

当采用聚苯乙烯泡沫板保温，而且其热导率 $\lambda_x \leqslant 0.04\text{W}/(\text{m}\cdot{}^\circ\text{C})$ 和体积吸水率 $w_x \leqslant 2\%$ 时，保温板尺寸可按式 (50-1) 和式 (50-2) 计算：

$$\delta_x = 0.15\delta_{i\max} \tag{50-1}$$

$$B = 3.0\delta_{i\max} \tag{50-2}$$

式中：$\delta_x$ 为聚苯乙烯保温板厚度，mm；$B$ 为聚苯乙烯保温板的铺设宽度，mm；$\delta_{i\max}$ 为水库冰盖最大厚度，mm。

## 三、化冰液融冰

采用化学制品融化冰盖层。可以采用乙二醇为基本成分的水溶性化冰液来融化冰盖层。早在上世纪 80 年代英国飞机场就普遍采用过这种方法，能在 1h 内把飞机跑道上的厚冰清除干净，且能保持 24h 跑道上无冰。其作用原理是降低水的冰点，喷洒后使冰立刻变为水。化冰液融冰成本很高，在无任何防冰冻措施的情况下，它可作为紧急处理重点工作闸门重大冰冻事故的一个有效救急措施之一。

## 四、电加热防冰

此措施是在闸门门槽、门叶等部位埋设电热器，通过定时加热或连续加热的方式，使闸门结冰融化，实现电热防冰目的。可保证闸门在严寒气温下，顺利进行开启和关闭的操作。此措施虽然操作简单省力，但耗电量大。

采用电热法防止门叶承受冰静压力作用时，加热元件可采用发热电缆或热敏电阻陶瓷，其三相负载分配应相等，并配置具有温控和保护功能的控制箱。加热元件应均匀地贴紧在门叶结构的面板上，其另一面应全部封闭保温。采用聚苯乙烯泡沫板保温防止门叶受冰静压力作用时，其板厚不应小于 30mm，热导率 $\lambda_x \leqslant 0.04\text{W}/(\text{m}\cdot{}^\circ\text{C})$ 和体积吸水率 $W_v \leqslant 2\%$。可保证闸门在严寒气温下，顺利进行开启和关闭操作。其优点是操作简单省力，缺点是耗电量大。

(1) 门叶电热法防冰冻应采用连续加热。其所需的总功率应包括通过门叶钢板向过冷水中传热、通过门叶钢板向冷空气传热和通过门叶保温板向冷空气传热所需的功率。可分别按下列公式计算。

1) 通过门叶钢板向过冷水中传热所需的加热功率 $N_1$(kW)

$$N_1 = K_{\text{sw}}(t_C - t_{\text{ws}})A_{\text{w}} \tag{50-3}$$

$$t_C = 0.3|t_{\text{k}}| \tag{50-4}$$

式中：$N_1$ 为通过门叶钢板向过冷水中传热所需的加热功率，kW；$K_{\text{sw}}$ 为由门叶钢板向过冷水中的传热系数，$K_{\text{sw}} = 0.233\text{kW}/(\text{m}^2\cdot{}^\circ\text{C})$；$t_c$ 为门叶内部空气加热温度,℃；$t_{\text{k}}$ 为设置地点的极端最低温度平均值,℃；$t_{\text{ws}}$ 为过冷水温度，计算采用 $t_{\text{ws}} = -0.1$℃；$A_{\text{w}}$ 为门叶钢板与过冷水接触的面积，$\text{m}^2$。

2）通过门叶钢板向冷空气的传热所需的加热功率 $N_2$：

$$N_2=K_{sa}(t_c-t_k)A_a \tag{50-5}$$

式中：$N_2$ 为通过门叶钢板向冷空气传热所需的加热功率，kW；$K_{sa}$ 为由门叶钢板向冷空气的传热系数，可取 $K_{sa}=0.025$kW/(m$^2$·℃)；$A_a$ 为门叶钢板与冷空气的接触面积，m$^2$。

3）通过门叶保温板向冷空气传热所需的加热功率 $N_3$：

$$N_3=K_{pa}(t_c-t_k)A_p \tag{50-6}$$

式中：$N_3$ 为通过门叶保温板向冷空气传热所需的加热功率，kW；$K_{pa}$ 为由门叶保温板向冷空气的传热系数，当采用聚苯乙烯泡沫板保温，而且其热导率 $\lambda_x \leqslant 0.03$W/(m$^2$·℃)，厚度 $\delta_c \geqslant 0.03$m 时，可取 $K_{pa}=0.007$kW/(m$^2$·℃)；$A_p$ 为保温板与冷空气的接触面积，m$^2$。

4）门叶内加热所需的总功率可按下式计算：

$$N=K(N_1+N_2+N_3) \tag{50-7}$$

式中：$N$ 为门叶内加热所需的总功率，kW；$K$ 为安全系数，$K=1.2$。

（2）闸门埋件防冰冻可选择定时加热或连续加热的电热法。典型的加热埋件结构可见图 50-1。埋件空腔内可放置电热管、电热板、发热电缆、热敏电阻陶瓷等作为加热体，加热腔体形成封闭的加热室，使埋件表面冻结的冰层与加热室之间产生热交换并将其融化。电热元件的的接线部分放在加热室的外部保温层，并避免与腐蚀性、爆炸性气体接触。保持出线端部应采取可靠的绝缘措施，防止出现短路，并应将外壳有效接地。空腔周围与混凝土接触的三面设保温夹层，夹层内灌以聚氨酯发泡进行保温，对腔内热量进行有效隔离，使热量尽量通过埋件工作表面散发，减少加热过程对闸墩混凝土的不利影响。为有效控制加热体内的温度，在埋件侧轨里，埋入温度传感器，进行温度的监控。为了防止渗漏，埋件应在工厂内进行密封试验。埋件电热法防冰冻的加热计算可按以下方法进行。

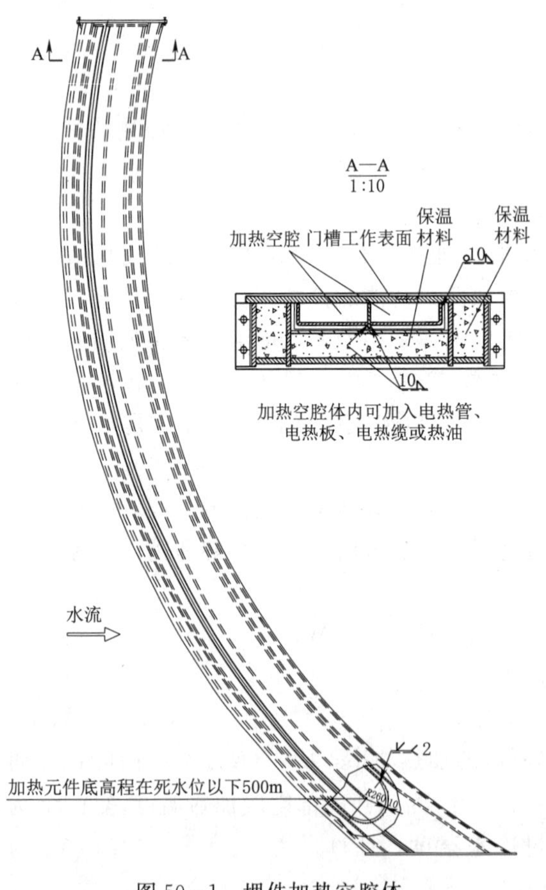


图 50-1　埋件加热空腔体

1）定时加热。只要求融化钢埋件工作表面上一定厚度的冰，所需加热功率可按式（50-8）计算：

$$N=170(1-0.006t_k)\delta_i A_a/T \tag{50-8}$$

式中：$N$ 为加热功率，kW；$t_k$ 为设置地

点的极端最低温度平均值，℃；$\delta_i$ 为需要融化的冰厚，m；$A_a$ 为钢埋件加热面积，$m^2$；$T$ 为拟定的加热时间，h。

2）连续加热。不允许部分在空气中和部分在水中的钢埋件工作表面上结冰时，其加热功率可按式（50-9）计算：

$$N=0.03(1-2t_k)A_k+0.3A_w \tag{50-9}$$

式中：$A_k$ 为空气中的钢埋件加热面积，$m^2$；$A_w$ 为过冷水中的钢埋件加热面积，$m^2$。

实现电热法加热，效率比较高的是近年来发展比较快的伴热电缆。伴热电缆，即自控温伴热电缆（self-limiting heating cable）是一种新一代的带状恒温电加热器，由于它的发热元件的电阻率具有很高的正温度系数（Positive Temperature Coefficient），简称PTC材料。它是一种将导电粒子分散到高聚合物产品中制得的导电高分子复合材料，是一种半导体。这种聚合物在升温或熔解时体积会明显增大并导致凝结的导电粒子之间距离拉大，切断了部分导电通道，其电阻随即增大。因此，它能够自动限制加热时的温度并随被加热体系的温度自动调节输出功率而无任何附加设备。由于发热元件是相互并联的，所以这种电缆可以按所需长度任意截取并允许多次交叉使用，并允许多次交叉重叠而无高温过热点及烧毁之虑。

由于热电缆的自调节功率的特性、防止过热、使用维护简便及节能等优点，在加拿大和美国的寒冷地区广泛应用于管道保温、道路融雪、罐加热、建筑物融雪、住房地热、电车轨道防冰、大坝表面除冰、水利闸门防冰等。

对于弧形闸门侧导板，当沿着弧形轨迹布置电加热体时，存在的主要问题是更换比较麻烦。因此，首先应该保证加热体的寿命要长（至少10年以上），并按照不容易更换的部件应保证不经常更换的原则进行考虑。根据冰岛、加拿大等国一些水利工程应用实例来看，当环境温度达到－30～－40℃时，弧门埋件侧导板内加热体的功率可达0.5kW/m以上。

伴热电缆的规格很多，如圆形、扁形等等。可以根据用途不同，选择合适的规格。电压等级也随用途不同而不同，一般为单相或三相交流，从110V到5000V不等。

## 五、潜水泵扬水防冰

用潜水泵取深层温水扬至表层进行交换，形成一股强烈上升的温水流，此股温水流能溶化冰层，并防止形成新冰层。温水流的上升又使水面在一定范围内产生扰动，也利于防止水面结冰，达到闸前水域不冻目的。潜水泵置于水中，将铠装胶管的一端与水泵出口连接，另一端与射流管连接，射流管上方钻有 $\phi$3mm小孔，间距30cm。射流管最好置于水面上方，其优点是水路的布置和调整较简单，效率也高，两孔闸门为一个控制单元。

可根据闸门前不冻水面宽度和长度、潜水泵放置水深度、当地最低气温和最大风速、饱和水汽压等参数，经计算适当选取。此方法还分两种：一是喷水管布置在水面下方，二是喷水管布置在水面上方。喷水管布置在水面下方时，水管路布置和调整比较复杂。采用喷水管布置在水面上方压力水射流法，见图50-2。其优点是水路的布置和调整较简单，效率也高。

采用压力水射流法防止静冰压力对门叶的作用时，所提供的水温不应低于0.4℃，压

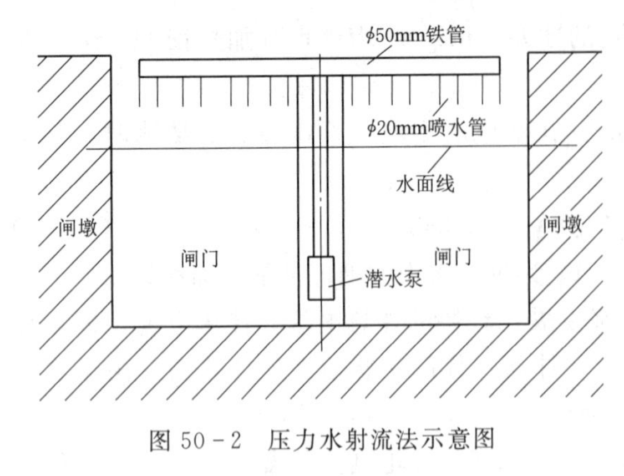

图 50-2　压力水射流法示意图

力水射流法防止静冰压力对门叶的作用可按下列公式进行计算。

（1）冰盖下水温补给的热流量 $Q_h$：

$$Q_h=0.6Q_pt_w \tag{50-10}$$

式中：$Q_p$ 为潜水泵流量，$m^3/h$；$t_w$ 为潜水泵放置水深 $H_p$ 处的水温，℃。

（2）冰盖下水深 $H_p$ 处的水温应由实测确定。无实测资料时，可采用下列经验公式确定。

$$H_p\leqslant 6m\text{ 时},t_w=0.1H_p \tag{50-11}$$

$$H_p>6m\text{ 时},t_w=0.15H_p \tag{50-12}$$

式中：$H_p$ 为冰盖下放置潜水泵处的水深，m。

（3）水气交界面的辐射、蒸发和对流的全部热流量损失强度可按下列公式进行计算：

$$S=0.014\times(9.5-t_k) \tag{50-13}$$

式中：$S$ 为水气交界面的全部热流量损失强度，$kW/m^2$；$t_k$ 为设置地点的极端最低温度平均值，℃。

（4）冰盖下水温补给的热流量应满足下式要求

$$Q_h>SB_0L_0 \tag{50-14}$$

式中：$B_0$ 为不冻水面宽度，m，可取 $B_0=0.5\sim1.0m$；$L_0$ 为不冻水面长度，m。采用集中布置时，$L_0$ 为全部孔口加闸墩宽度；采用单独布置时，$L_0$ 为单个孔口宽度。

（5）潜水泵的流量可按下列公式选择，其扬程应满足 $H\geqslant 2H_p$，且 $H_p\geqslant 5m$。

$$Q_p>0.023\times(9.5-t_k)B_0L_0/t_w \tag{50-15}$$

（6）射流管上的射流孔射流速度可按下列公式计算：

$$V_0=0.16V_ch_g/d \tag{50-16}$$

式中：$V_0$ 为射流孔的出口流速，m/s；$V_c$ 为到水面或到冰盖下的射流冲击速度，可采用 $V_c\geqslant 0.3m/s$；$h_g$ 为射流管放置水深，m；$d$ 为射流孔直径，m。

（7）潜水泵的功率可按下列公式计算：

$$N=0.6Q_pV_0^2 \tag{50-17}$$

式中：$N$ 为水泵功率，kW。

（8）射流管放置水深 $h_g$ 应在现场进行调试，以确定达到水泡直径最大、化冰效果最好的放置水深。射流管应能随库水位变动而保持其最佳放置水深。

（9）冰盖的融化速度可按下列公式计算：

$$V_b=0.18d^{0.62}V_0^{0.62}t_w/h_g \tag{50-18}$$

式中：$V_b$ 为冰盖的融化速度，m/h。

## 六、液体循环加热破冰法

液体循环加热多为循环导热油加热法，除具有门槽结构外，还要增设液体循环管路，

加热泵站及油箱。

早期采用的加热体，由于经常出现爆裂现象，影响了系统的的正常运行，也增加了维护成本。随着技术发展，一些高性能加热体和导热油的应用，使加热系统的性能有了较大提高。

采用导热油做加热介质加热装置一般采用满足绿色环保要求的全封闭式结构，运行安全可靠。能保证闸门在－40℃条件下正常操作。利用自动控制技术，根据外部环境温度，对加热介质的温度、压力、流量进行实时控制，使加热系统根据调度运行要求及环境温度实现运行自动化，并使系统功耗降至最低，满足节能要求。系统温度、压力、各元件的工作状态可以远程传送至中控室，除了现地控制，还可以在中控室内对系统进行远程控制。近几年采用循环导热油加热法加热埋件的工程实例比较多，实际运行状态良好。

液体循环加热法系统原理图如图 50－3 所示。

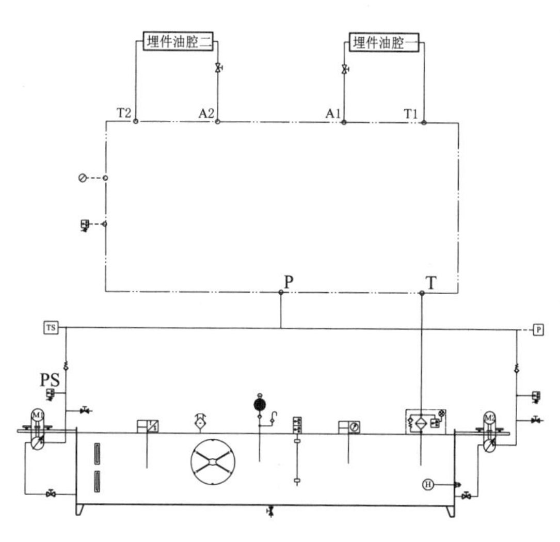

图 50－3　加热系统原理图

实现液体循环加热，效率比较高的是发展比较快的热管技术。热管技术是美国 Los Alamos 国家实验室的 GM. Grover 于 1963 年发明的一种称为“热管”的传热元件，它是依靠自身内部工作液体相变来实现传热的高效率传热元件，其导热能力超过任何已知金属的导热能力。

一般热管由管壳、吸液芯和端盖组成，热管内部处于负压状态，充入适当沸点低、容易挥发的液体。管壁有由毛细多孔材料构成的吸液芯，热管一段为蒸发端，另外一段为冷凝端。当热管一段受热时，毛细管中的液体迅速蒸发，蒸汽在微小的压力差下流向另外一端，并且释放出热量，重新凝结成液体，液体再沿多孔材料靠毛细力的作用流回蒸发段，如此循环不止，热量由热管一端传至另外一端。这种循环是快速进行的，热量可以被源源不断地传导开来。

热管技术以前被广泛应用在宇航、军工等行业，后来逐渐在民用领域得到越来越多的应用。国内也开始将热管融冰、防冰技术用于闸门和埋件的抗冰冻，在南水北调等工程中进行了一些尝试，很有发展前景。

## 七、压力空气吹泡法

此方法需用空压机等设备，因此价格较贵，且耗电量大，其操作、养护、维修复杂，易出故障。停机后，由于系统漏气至使供气管从喷气嘴进水而冻住，从而整个系统瘫痪。

采用压缩空气吹泡法防止静冰压力对门叶的作用时，压力可取 $P=0.6\mathrm{MPa}$，喷嘴淹没水深可取 $H=2\sim5\mathrm{m}$，应由试验确定。

压力空气吹泡法防冰应设两台压压机并联，互为备用。

压力空气吹泡法可按压力水射流法的计算方法计算，但其中的水温应改为气温。

压力空气吹泡法所用的空压机生产率可按下式计算：

$$Q=Knb_0q_a \tag{50-19}$$

式中：$Q$ 为控压机生产率，$m^3/(m\cdot min)$；$n$ 为闸门孔口个数；$K$ 为安全系数，可取 $K=1.2$；$b_0$ 为闸门孔口单孔净跨，m；$q_a$ 为消耗气流量指标，可取 $q_a=0.03m^3/(m\cdot min)$。

压力水射流法或压力空气吹泡法可采用各孔闸门同时定时或多孔闸门分段定时射流或吹泡，不应采用连续射流或吹泡。

压力水射流法的射流管或压力空气吹泡法的吹气喷嘴与闸门门叶外缘的距离宜大于 3m。

表 50－1 列出了国内外已建工程寒冷地区比较常用的闸门冬季运行防冰冻措施，可供参考。

**表 50－1　部分国内外工程防冰冻措施**

| 工　程　名　称 | 闸门运行最低温度/℃ | 防冰冻措施 | 备　注 |
|---|---|---|---|
| 吉林丰满三期扩建工程永庆反调节水库 | －35 | 循环导热油 | 闸门埋件防冰 |
| 黑龙江大顶子山航电枢纽工程 | －37.7 | | |
| 吉林哈达山水利枢纽工程 | －37.8 | | |
| 吉林两江水电站 | －40 | 压力水射流法 | 闸门防冰 |
| 大连引碧入连供水工程 | －7.8 | 电热法 | 闸门及埋件防冰 |
| 河北引滦入津工程 | －21.7 | 循环热油 | 闸门埋件防冰 |
| 北京三家店 | －10 | 电热法 | 闸门及埋件防冰 |
| 甘肃龙渠水电站 | －25 | 电热法 | 闸门及埋件防冰 |
| 青海省牛板筋 | －25 | | |
| 加拿大的 St. Mary 水坝 | －40 | 伴热电缆 | 闸门及埋件防冰 |

## 第二节　寒冷地区拦污栅、闸门及启闭设备的冬季运行

### 一、拦污栅的冬季运行

对于抽水蓄能电站，为保证位于严寒地区的抽水蓄能电站在冬季的正常运行，对于上、下水库进/出水口拦污栅、闸门及启闭机等设备，除了应结合当地环境条件按照规定选择有关零部件的材质外，还应根据设备的工作条件、在水工建筑物中的位置及冬季运行工况等具体情况，采取必要的防冰冻和保温措施。

根据国内在严寒地区已建的常规水电站多年运行的情况表明，大型水电站深式进水口拦污栅不会被冰凌、冰块堵塞。有一定库容的中小型水电站，只要拦污栅在最低运行水位以下 2～3m，一般也不会被冰凌、冰块堵塞。

## 二、上、下水库进/出水口闸门及启闭设备的冬季运行

某抽水蓄能电站于1995—1996年冬季，在＃1机投入运行之前，进行了机组消缺处理，从1995年12月24日至1996年2月8日进行机组消缺，在严冬季节使上库水位停留在542.00m左右达一个半月之久，上库库面全部封冻，冰盖厚度达26～50cm，向阳区较薄，背阳区冰层最大厚度为50cm。在冰的静压力作用下，厚区冰盖向薄区位移，这种位移直接剪切面板表层止水的不锈钢压板，致使西坡北段542.00m高程部位面板接缝表层止水损坏10余处。上水库全面防渗的安全要求是不允许发生类似破坏的，全库封冻对面板安全运行造成严重威胁。当机组消缺处理工作结束后，沿上库周边人工破冰，电站投入正常运行，冰块逐渐融化。

基于1995—1996年冬季上库结冰对防渗面板接缝止水结构破坏的教训，刘连希等研究了上库冬季防冰冻的多项措施，特别是针对抽水蓄能电站水流往复运行的特点——水位交替性的消落和急剧上充，利用水流造成紊动和不同水温的水交换来解决上水库的冬季冰冻问题。结合电网调峰填谷的需要，制定了十三陵抽水蓄能电站冬季运行规定：保证电站有一台机组至少每日抽水、发电2个循环，即当日夜间至次日凌晨抽水6～7h，次日上午发电4～5h，下午抽水2～3h，前夜发电4～5h，每日共运行16～20h，可确保冬季电站正常运行和防渗面板的安全。

另一水库建设初期，底孔闸门冬季破冰采用人工操作方式，即在库区水面结冰后，人工使用冰镩直接凿冰，在闸门前开凿出不结冰带，防至闸门被挤压破坏。由于人工破冰危险性大，工作人员劳动强度大，1995年改用了机动船结合人工破冰，机动船结合人工破冰方法是在机动船船头安设防撞的钢制骨架，在水面结冰较薄时，利用机动船冲撞结冰，在28孔溢洪道前形成一条2～3m宽的破冰通道；再利用船往返航行，搅动表面水体，使之保持不结冰，达到阻断库区冰层挤压闸门的作用。

有学者针对寒区抽水蓄能电站的运行特点，提出保证电站冬季正常运行的两点设想：①需要在冰盖下保持稳定的水面，这也就意味着要求上、下库在冬季运行期间能够保持有天然径流或其他水源补充。建议一种工程布置方式，可以设想将上、下库引水道（用于发电）和尾水道（用于抽水）分开设置（非寒区两者是共一的，即头尾相连）分别建在相距一段距离的天然河流或上库为狭长山谷，通过修建拦蓄坝和泄水设施来调节水位，这样上、下库就可以分别在不同地点的冰盖下抽水和发电了。这样建成的抽水蓄能电站较非寒区常规抽水蓄能电站在工程布置上有所不同，不妨称之为分置式抽水蓄能电站。②采用常规抽水蓄能电站工程布置（引、尾水道共一），加大上、下库库容，保持足够的水深，使得上、下库进/出水口在冬季进流时始终淹没在深水下，破碎的冰盖始终漂浮在水面上。

实践证明，进/出水口在最大运行水位以下有足够的淹没水深，进口表面流速很小时，寒冷地区抽水蓄能电站按照冬季运行规定运行，利用电站往复水流运动，是阻止上、下水库冰盖形成或减薄冰盖厚度最为经济和有效的措施。

## 三、泄洪设备表孔弧门的冬季运行

有些抽水蓄能电站设有泄洪设备，特别对于北方寒冷地区抽水蓄能电站，如果不采取防冻措施，会产生如下状况：若弧门出现结冰现象，会导致弧门水封变形漏水；冰层的巨大压力通过弧门直接作用在弧门的铰支座上，压裂铰支座；冰的巨大侧压力将弧门支开，造成弧门开启事故。我国东北某电站曾发生过因弧门前结冰，导致弧门被冰的上抬力开启的事故。因此，冬季必须在结冻的弧门前采取防冻措施，避免以上事故的发生。表孔弧门门前防冰的方法与前面的列举的方法类似，包括：①人工破冰法，就是人为地将结冰层打开，防止弧门结冰。人工破冰费用比防冻吹冰费用低得多，但人工破冰危险性高，容易发生事故。②压缩空气吹冰法，是指在水库的深处利用空压机喷出的压缩空气，形成一股强烈的上升温水流，它能溶化冰层，防止结成新的冰层。防冻吹冰系统一般包括两台空压机、两个贮气罐、管网及控制元件等，整体费用较高。③电加热融冰法，是利用电伴热的手段在弧门上形成一个不冻的温水区域。其缺点主要是存在电伴热水下绝缘问题，一旦绝缘失效势必引起系统短路，导致事故的发生。④热管传热破冰法，是采用新颖的高导热性的传热器件达到破冰的目的。受传热器件安全可靠性和经济性的影响，此种方法还处在理论和实验室的研究阶段。⑤水泵扰动破冰法，是利用潜水泵把水抽上来，经过钢管上的小孔将水射出，从而形成连续不断的水流，达到防止局部水面结冰的目的，这种方法存在的问题是当水位变化时须调整水泵入水深度，一旦调整不及时水面即会结冰，目前寒冷地区大部分水电厂采用此种方法，而且将此方法进行了改进。增加了自动升降系统的设计，在浮筒的作用下，破冰装置始终漂浮于水面上，潜水泵与水面保持固定的距离。增加了定位导向系统的设计，在实现了装置自动升降功能的基础上，为避免装置的大范围游动，增加了一套升降限位机构。在排水干管两侧加装了两只导向环，在门槽上部用槽钢向下固定一根钢丝绳做牵引，钢丝绳下端固定一只圆柱形重锤做配重，用于拉紧钢丝绳，形成一个导向索道，起到升降导向的作用。

在冰冻期需要操作的闸门，多采用电热法对门槽埋件以及必要时对门叶进行加热，并根据气候条件和闸门操作要求选择定时或连续加热运行方式。比较传统的做法是采用高性能导热油，通过全封闭式埋件结构内管道系统和循环管路与加热泵站实现液体循环加热。管路导热效率比较高的是所谓热管技术。它依靠发热体相变来实现传热的高效率传热元件，其导热能力超过任何已知金属的导热能力。过去热管技术多用于宇航、军工等行业，后逐渐在民用领域得到应用，用于闸门和埋件的抗冰冻还刚起步，经验不多。电热法还有一种发热体是碳纤维发热电缆。由于发热体的电阻率具有很高的正温度系数，能够自动限制加热时的温度并随被加热体系的温度自动调节输出功率而无任何附加设备。由于其自调节功率的特性、防止过热、使用维护简便及节能环保等优点，在我国北方地区开始得到应用。如黑龙江寒葱沟水库已经运用多年，效果良好。蒲石河抽水蓄能电站，经过调查研究，结合该工程实际情况分析比较，对弧门前冰冻采用压力水射流法，即每孔弧门门前均采用设置潜水泵，利用喷射水流扰动水面并带动深层温度较高的水对流，不断提高表层水面的温度，使闸门前的一定范围内形成不结冰的水槽，从而保证闸门不承受库区冰盖静压力并使冰盖与闸门分离，不影响闸门正常启闭；对冬季有可能操作的一孔弧门埋件采用传统的用高性能导热油为介质的电热法融冰。

# 第十三篇　消防及供暖通风空气调节设计

# 第五十一章　寒冷地区抽水蓄能电站消防设计

## 第一节　消防系统简介

### 一、消防系统

抽水蓄能电站由于其工艺特点，整个生产过程具有生产场所分散、生产设备自动化程度高、运行管理人员少及地下厂房消防救援相对困难的特点。因此，针对电站建筑的特殊性，建立高效消防指挥系统、配置完备的室内外防火与安全疏散系统、火灾探测与重点部位联动灭火系统、室内手动灭火系统、防排烟系统及灭火救援系统是保证生产安全运行的重要措施之一。

电站应建立健全的消防指挥体系。应当成立专门组织机构、健全消防系统管理制度及拟定消防预案。应当设置专门的消防电话、通信系统。在消防控制室内，每班不得少于2人昼夜值班。按计划经常组织人员进行消防技能演练、培训，定期维护消防设施，做好信息记录，保证各项消防设施始终处于性能良好状态。

电站应当配备完整、高效的室内外消防设施。根据生产场所（或建筑物）的火灾危险性、耐火等级、建筑规模、易燃易爆设备布置情况及消防救援的难易程度，配置满足规范要求、高效的室内外防火与疏散及火灾自动报警与灭火设施。一旦有火警信号反馈到消防控制室，值班人员甄别信号为“真”后，应立即将火灾报警联动控制开关转入自动状态（已处于自动状态的除外），同时，拨打“119”向上级消防部门报警、通报情况，并且通知电站消防系统负责人。值班人员立即启动消防预案，迅速通过消防广播发出通知，建筑物内的工作人员沿着疏散指示撤离至安全区域。同时，值班人员根据火险情况，指挥采取相应的灭火手段，将火险及早灭除。

抽水蓄能电站多处于深山峡谷之中，周边社会力量、专业消防队和企业专职消防队是电站消防安全的有效保障。

### 二、建（构）筑物组成与特性分析

电站建（构）筑物具有自身的行业特性，深入研究抽水蓄能电站建（构）筑物的总平面布置、单体平面布置特点，对于选择适当的消防设施、形成有效的消防系统是一项非常重要的基础工作。

**（一）建（构）筑物的组成**

电站的建（构）筑物从性质上可分为生产类、辅助生产类及生活类三大类建筑，一般生产类和辅助生产类建筑物大约 20 幢左右，其总平面位置根据抽水发电工艺要求确定，通常集中分布在上、下水库大坝、上、下水库进/出水口、地下厂房、交通洞地面出口（以下简称厂前区）、地面开关站 8 个区域内。生活类建筑物数量根据电站定员人数设置，形成现场辅助生产生活营地。

电站的生产类建筑物包括上、下水库闸门启闭机及其配电室、地下发输变电厂房（以下简称地下厂房）、地面开关站 GIS 室、柴油发电机房、生产控制楼及坝上集控楼等。电站的辅助生产类建筑物包括坝上观测房、坝上数据发射室、坝上数据接收室、隔离库、恒温恒湿仓库、普通物资仓库、实验楼、生产管理办公楼及档案馆等。生活类建筑物包括宾馆、宿舍、食堂及活动中心等。

**（二）建（构）筑物特性分析**

1. 主要生产建筑物布置

（1）地下厂房。地下厂房洞室系统以主厂房洞室为核心进行布置。副厂房位于主厂房的端部，与主厂房呈直线布置；一般地，主变洞平行布置于主厂房的下游侧，并且，通过母线洞与主厂房连接；尾闸室平行布置于主变洞的下游侧。几大洞室分别通过交通洞、通风洞、出线电缆斜（或竖）井与室外地面直接相通。

几个主要洞室的建设规模及洞内平面布置分述如下：

主厂房：由主机间、安装间及其安装间下副厂房组成。安装间一般位于主机间发电机层的端部或中部，安装间的下游侧（发电机层）与交通洞直接相连。其中，主机间共计 5 层，由上至下分别为发电机层、母线层、水轮发电机层、涡壳层及尾水管层。安装间下面布置一层副厂房，包括油罐室、油处理室、中、低压空压机室及通风机室等。一台 300MW 电动发电机组，每层的建筑面积约 $600m^2$，安装间的平面尺寸由摆放或维修发电机组及其辅助设备的构件尺寸确定，对于 300MW 电动发电机各组件的平面放置面积约 $900m^2$。因此，一般 4 台电动发电机组的主厂房建筑面积约 $12000m^2$。

电动发电机贯穿主机间各层，采用防火墙和甲级防火门与各层分隔。

主厂房内疏散楼梯的数量与位置由安全疏散距离要求确定，一般 4 台机组可设置于主机间的两端，6 台机组则应设置在主机间的两端及其中部。

副厂房：由各种配电、控制、通信设备及其辅助设备用房、通风机室等组成，通常 6～9 层，一般 4 台电动发电机组的副厂房建筑面积约 $3000m^2$。

消防控制室、中控室应布置在发电机层，并且靠近疏散楼梯间、主厂房安装间，以方便消防指挥和保证疏散通道畅通无阻。

副厂房顶层与通风洞相接，可直达洞外地面；副厂房在发电机层通过安装间也可到达交通洞。

副厂房内一般设置一部客货两用电梯，疏散楼梯的数量根据每层建筑面积、同时值班人数及安全疏散距离 3 个因素来确定，当满足如下条件时，可设置一个疏散楼梯间：

1）每层的建筑面积≤$500m^2$。

2）同时值班人数≤10 人。

否则，应设置 2 部安全疏散楼梯。疏散楼梯的平面位置应便于与通风洞相通。双向疏散走道长度≤100m，袋形走道长度≤22m。

主变洞：油浸式主变压器室、变频启动装置变压器室及其附属设备室、GIS室所在的生产洞室。一般分4层设置，由下至上分别为母线层、主变压器搬运廊道层（楼板高程与发电机层相同）、电缆夹层及GIS设备室。其中，主变压器室、变频启动装置变压器室贯通主变压器搬运廊道层和电缆夹层。一般4台电动发电机组的主变洞建筑面积约11000m²。

主变洞的顶部与通风洞相连；在发电机层，主变洞一端通过主变搬运洞与交通洞连接，另一端通过排水廊道与交通洞相通。

主变洞内疏散楼梯的数量与位置由安全疏散距离要求确定，注意安全疏散距离≤50m。

母线洞：电动发电机至主变洞之间的母线通道，每机一洞，一般1～2层，每洞的建筑面积约500m²。洞内布置封闭母线、电压互感器柜、励磁变压器柜等。

尾闸室：尾水闸门生产场所，单层厂房。一般4台机组尾闸室的建筑面积约1000m²。在发电机层，通过尾闸室通风/出渣洞与交通洞相连；在其地面高程，通过施工支洞可到达交通洞。

根据安全疏散距离≤60m控制疏散楼梯的数量，第二安全出口可利用联系上下尾闸室通风/出渣洞和施工支洞。

厂房内丙类生产场所详见表51-1。

**表51-1　　地下厂房丙类生产场所**

| 丙类生产场所名称 | 部位 | 火灾种类 | 备　注 |
|---|---|---|---|
| 中间油罐室、油处理室 | 安装间下副厂房 | B类 | 1. 每间中间油罐室总储油量≤200m³，单罐储油量≤50m³。<br>2. 透平油闪点87℃ |
| 调试监控室、蓄电池室、直流设备室、电缆夹层、电缆廊道、交接班室等 | 副厂房 | A类、E类 | |
| 油浸式变压器室、变频启动装置变压器室 | 主变洞 | B类、E类 | 1. 绝缘油闪点120℃。<br>2. 单台储油量××t |

（2）地面开关站GIS室。地面开关站GIS室建筑面积约1500m²，单层（局部二层）厂房。主要生产场所为单层的GIS室，局部二层内布置消防水泵房、配电间、蓄电池室、直流设备室及继电保护盘室。

厂房内丙类生产场所详见表51-2。

地面开关站的GIS室建筑面积≥250m²时，应设置2个直接对外出口，消防水泵房应临近疏散楼梯，该楼梯应直接到达室外。

**表51-2　　地面开关站内丙类生产场所和防火措施**

| 丙类生产场所名称 | 部位 | 火灾种类 | 备　注 |
|---|---|---|---|
| 继电保护盘室 | 局部二层 | E类 | |
| 蓄电池室及直流设备室 | 局部一层 | C类、E类 | |

(3) 柴油发电机房。柴油发电机房建筑面积约 60m²，地上一层。室内布置柴油发电机房、储油间及控制室，该建筑物为丙类生产场所。

(4) 生产控制楼。生产控制楼由消防控制室、中控室、继电保护室、计算机室、直流电源室、通信室、电源室、值班室等组成，如果结合办公管理类用房，建筑面积约 2500m²，层数可根据具体地址情况，宜设置为 2～4 层。

与办公管理用房结合的控制楼按功能分类属综合楼，每层不少于两个安全出口，至安全出口之间的安全疏散距离≤40m，袋形走道的长度应≤22m。局部高起部分不超过 2 层、2 楼层人数之和≤50 人、每层建筑面积≤200m² 时，高出部分可设置 1 部疏散楼梯，但至少应另外设置 1 个安全出口直通符合人员安全疏散的平屋面。

2. 建筑物的特性分析

(1) 按建筑物的使用功能。按照建筑物的使用功能分析，可将电站建筑物分为厂房建筑、仓库建筑和民用建筑。

生产类建筑均为厂房建筑，辅助生产类中隔离库、室外油库、永久设备仓库为仓库类建筑，实验楼、生产管理办公楼及档案馆为民用建筑中的公共建筑。生活类建筑物均为民用建筑中的公共建筑。

(2) 按建筑规模。对于抽水蓄能电站的建筑物，除地下厂房为大型建筑物外，其余均为中型或小型建筑物。

(3) 按灭火扑救难易程度。地下厂房地处深山之中，仅通过隧道与地面联系，并且，厂房洞室结构复杂，灭火救援较为困难。其他地上建筑物均为单或多层建筑物，灭火救援相对容易。

## 第二节　消　防　设　计

### 一、室外防火设计

建筑物的火灾危险性、建筑高度（或层数）、消防救援的难易程度是决定建筑物耐火等级的主要参考因素，设计的建筑物满足使用功能、具有足够抵抗火灾能力、造价经济合理，是工程设计人员长期追求的目标。

**(一) 火灾危险性、耐火极限及耐火等级**

1. 火灾危险性

火灾危险性：根据生产中使用或产生物质的性质及其数量等因素划分的火灾危险程度，分为甲、乙、丙、丁、戊 5 种。

同一座厂房或厂房内的任一防火分区内有不同火灾危险性生产时，厂房或防火分区的火灾危险性类别应按较大火灾危险性确定；当生产过程中产生的易燃、可燃物的量较少，不足以构成爆炸或火灾时，可按实际情况确定。

在抽水蓄能电站地下厂房内，油浸式主变压器室和变频启动装置变压器室使用闪点 120°绝缘油，而油罐室储存闪点 87°透平油，均为丙类液体。但是，由于油浸式变压器室、变频启动装置变压器室、油罐室均采用了防火分隔和固定或移动式灭火器，并且，这部分

面积占整个厂房面积的比例很小，因此，地下厂房的整体火灾危险性为丁类。其中，主副厂房火灾危险性分类为丁类，主变洞的火灾危险性分类为丙类，尾闸室的火灾危险性分类为戊类。

地上厂房包含丙、丁及戊类火灾危险性建筑物。其中，柴油发电机房的火灾危险性为丙类，地面开关站 GIS 室、试验楼及液压启闭机及其配电室、大坝监测类建筑物的火灾危险性类别为丁类，卷扬启闭机、消防水泵房为戊类建筑。仓库包括甲、丙、丁 3 种火灾危险性建筑物。其中，隔离库的火灾危险类别为甲类，恒温恒湿仓库和透平油（或绝缘油）库的火灾危险性类别为丙类，普通物资仓库的火灾危险性类别为丁类。

对于地下厂房、地面开关站、生产控制楼、坝上控制楼及柴油发电机房内的易燃易爆的丙类生产场所，应将之设计为专门的防火隔间，并且，配置相应的防火、灭火、火灾探测、报警及消防联动设施。

2. 耐火极限

指在标准耐火试验条件下，建筑构件、配件或结构从受到火的作用时起，至失去承载能力、完整性或隔热性时止所用的时间，用小时表示。

建筑构件的耐火极限一般以二级耐火等级建筑物中楼板的耐火极限作为基准，其耐火极限为 1h，比它重要构件的耐火极限较楼板的耐火时间长，比它重要性差的构件的耐火极限短，同等重要的构件具有相同的耐火极限。例如：二级耐火等级建筑物内梁、安全出口——楼梯间及柱的耐火极限分别为 1.5h、2h、2.5h，而房间隔墙、非承重外墙、吊顶的耐火极限分别为 0.5h、0.5h、0.25h，与楼板重要性相同的疏散楼梯、疏散走道两侧隔墙及屋顶承重构件的耐火极限均与楼板的耐火极限一致。

3. 耐火等级

是建筑物耐火性能的标志性指标，由组成建筑物的主要构件的耐火极限决定。

建筑物的耐火等级共分四级，其中，一级耐火等级建筑物的耐火能力最强，而四级耐火等级建筑的抵抗火灾能力最弱。建筑物的耐火等级一般与建筑物的重要性、火灾危险性、建筑高度（或层数）、火荷载密度、扑救难易程度等因素有关，但是，电站建筑物使用年限长，耐久性要求高。因此，重要部位的建筑物一般采用钢筋混凝土结构结构，普通辅助生产、生活建筑物则采用框架填充墙结构或砌体结构，其建筑构件的耐火极限均能满足一、二级耐火等级建筑物的要求。因此，电站的建筑耐火等级仅分为一级和二级，其中，地下厂房和柴油发电机房采用一级耐火等级的建筑物，其他建筑物的耐火等级为二级。

电站建筑物内建筑构件的耐火极限详见表 51-3。

**表 51-3　电站建筑物内建筑构件耐火极限一览表**　单位：h

| 耐火等级<br>建筑构件名称 | 墙与柱 | | | | | | 梁 | 楼板与楼梯 | 屋顶承重构件 | 吊顶（包括吊顶格栅） |
|---|---|---|---|---|---|---|---|---|---|---|
| | 防火墙 | 柱、承重墙 | 楼梯间电梯井的墙 | 疏散走道两侧的墙 | 非承重外墙 | 房间隔墙 | | | | |
| 一级 | 3.00 | 3.00 | 2.00 | 1.00 | 0.75 | 0.75 | 2.00 | 1.50 | 1.50 | 0.25 |
| 二级 | 3.00 | 2.50 | 2.00 | 1.00 | 0.50 | 0.50 | 1.50 | 1.00 | 1.00 | 0.25 |

**注**　表中建筑构件除二级耐火等级的吊顶可采用难燃烧体材料外，其余构件均应采用不燃烧体材料。

**（二）防火间距**

1. 防火间距

防止着火建筑在一定时间内引燃相邻建筑，便于消防扑救的间隔距离。

当一幢建筑物发生火灾时，往往通过飞火、热辐射、热对流3种方式对相邻建筑物产生影响，为了避免建筑物被其相邻着火建筑物引燃的现象发生，同时，方便消防救援开展工作，须在建筑物之间设置一定距离——防火间距。

2. 确定防火间距的方法

根据建筑物及其相邻建筑物的火灾危险性类别、建筑高度（或层数）、耐火等级及消防救援的难易程度来决定建筑物之间的防火间距。防火间距的最小数值应满足表51－4。

**表51－4　　电站建（构）筑物之间的防火间距**　　单位：m

| 建筑物名称与耐火等级耐火等级 | | | 单、多层丙类厂房 | 单、多层丁戊类厂房 | 单、多层丙类仓库 | 单、多层丁类仓库 | 单、多层戊类仓库 | 民用建筑 | |
|---|---|---|---|---|---|---|---|---|---|
| | | | | | | | | 单、多层 | 高层（二类） |
| | | | 一、二级 | 二级 | 二级 | 二级 | 二级 | 二级 | 二级 |
| 单、多层丙类厂房 | | 一、二级 | 10 | 10 | 10 | 10 | 10 | 10 | 15 |
| 单、多层丁类厂房 | | 二级 | 10 | 10 | 10 | 10 | 10 | 10 | 13 |
| 单、多层戊类厂房 | | 二级 | 10 | 10 | 10 | 10 | 8 | 10 | 13 |
| 甲类仓库（1项）（储量≤5t） | | 二级 | 12 | 12 | 12 | 12 | 12 | 25 | 50 |
| 地面油罐室（储量≤5t） | | 二级 | 10 | 10 | 10 | 10 | 10 | 10 | 13 |
| 单、多层丙类仓库 | | 二级 | 10 | 10 | 10 | 10 | 10 | 10 | 15 |
| 单、多层丁类仓库 | | 二级 | 10 | 10 | 10 | 8 | 10 | 10 | 13 |
| 单、多层戊类仓库 | | 二级 | 10 | 10 | 10 | 10 | 8 | 10 | 13 |
| 民用建筑 | 单、多层 | 二级 | 10 | 6 | 10 | 10 | 10 | 6 | 9 |
| | 高层（二类） | 二级 | 15 | 9 | 15 | 13 | 13 | 9 | 13 |

建筑物之间的防火间距应为相邻建筑物之间的最近距离，当外墙有可燃性突出构件时，则应从其凸出部分外缘算起。

场区围墙与场区内的建筑物的间距不宜小于5m，围墙两侧建筑物的防火间距应满足GB 50016中相关规定。

3. 防火间距不足时的应变措施

（1）将建筑物相邻普通外墙变为防火墙。

1）厂房之间及厂房与丙丁戊类仓库之间的防火间距：

a. 两座厂房（或厂房与仓库）相邻较高一面外墙为防火墙，其防火间距不限。但是，甲类厂房之间应≥4m。

b. 相邻两座高度相同的一、二级耐火等级厂房（或仓库）建筑中，相邻任意一侧为防火墙且屋顶的耐火极限≥1.00h时，防火间距不限，甲类厂房之间应≥4m。

c. 两座一、二级耐火等级的厂房（或厂房与仓库），当相邻较低一面外墙为防火墙且较低一座厂房（或仓库）的屋顶无天窗、屋顶的耐火极限不低于1.00h，或相邻较高一面

外墙的门窗洞口等开口部位设置甲级防火门、窗或防火分隔水幕或防火隔热卷帘（甲级防火卷帘＋水幕）时，丙、丁、戊类厂房之间（或厂房与仓库之间）的防火间距应≥4m，甲、乙类厂房之间的防火间距应6m。

d. 两座丙、丁、戊类厂房（或厂房与仓库）相邻两面外墙均为不燃烧墙体，当无外露的可燃烧性屋檐，每面外墙上的门、窗洞口面积之和均不大于外墙面积的5%，且门、窗洞口不正对开设时，其防火间距可按上表的规定减少25%。

2）仓库之间防火间距：

a. 两座仓库相邻较高一面外墙为防火墙，且总占地面积不大于GB 50016—2014中表3.3.1中规定的允许最大占地面积时，其防火间距不限。

b. 两座仓库的相邻外墙均为防火墙，其防火间距可以适当减少。但是，丙类仓库之间的防火间距应≥6m，丁戊类仓库之间的防火间距应≥4m。

3）耐火等级均为一、二级时，丙、丁、戊类厂房（或丁、戊类仓库）与民用建筑的防火间距：

a. 当较高一面外墙为无门、窗洞口的防火墙，或比相邻较低一座建筑屋面高15m及以下范围内的外墙均为无门窗洞口的防火墙时，防火间距不限。

b. 相邻较低一面外墙为防火墙，并且，屋面无天窗或洞口、屋面的耐火极限≥1.00h，或相邻较高一面外墙为防火墙，并且，墙上开口部位采取了防火措施，其防火间距不应小于4m。

（2）改变建筑物的火灾危险性类别。即调整建筑物的功能，使之火灾危险性类别得到调整，从而改变建筑物间的防火间距。

（3）改变建筑物的耐火等级，缩短防火间距。

（4）设置独立的室外防火墙。当无法将建筑物的相邻任意一侧外墙改为防火墙时，可设置独立的室外防火墙，达到减少建筑物间防火间距的目的。

对于抽水蓄能电站，地上厂房类建筑物均为单（或多）层建筑，火灾危险性为丙、丁、戊类，建筑物耐火等级为一级或二级，因此，建筑物之间的防火间距间距应≥10m。隔离库为甲类仓库，储存少量酒精烧瓶和桶装汽油（≤5t），与邻近丙丁戊类厂房（或仓库）的防火间距应≥12m；永久设备仓库、地面油罐室为单（或多）层仓库，其火灾危险性为丙类，与邻近厂房或仓库之间的防火间距应≥12m，与生产管理办公楼、实验楼之间的防火间距应≥25m；管理办公楼、实验楼等多层公共建筑之间的防火间距应≥6m。

**（三）消防车道**

消防车道应结合日常生产生活及安全疏散道路设置，并且，满足消防车取水、灭火所需到达的部位，同时，还需满足消防车通行的横截面尺寸、行走的最小转弯半径及承载消防车的满载重量。

1. 消防车道应到达的部位

为保障各幢生产建筑物的防火安全，消防车应能到达地面各幢建筑物的出入口处，并沿着地面厂房如地面开关站GIS室、生产控制楼、柴油发电机房等设置环路或仅沿着一条长边设置6m宽的消防车道，并且，在道路的尽端或在距离尽端不超过30m距离处设置回车场。对于地下厂房，当交通洞长度＜40m时，消防车道可只到达进场交通洞的地面入口处，否则，应借助交通洞到达地下各个洞室，同时，还需在交通洞内设置回车场地。

2. 消防车道的构造要求

对于1500～3500MW的抽水蓄能电站，一般配置一辆中型水罐消防车，其外形尺寸为9m×2.5m×3.2m，最大满载重量31.2t，消防车的最小转弯半径9m。

(1) 道路基本尺寸与承载力。单车道的横截面尺寸不应≤4m×4m，双车道的横截面尺寸不应≤6m×4m，车道内侧最小转弯半径应≥6.26m，车道路面应能承载20t/$m^2$。

(2) 道路与建筑物的距离与道路坡度。消防车道靠近建筑物外墙一侧的边缘距离建筑物外墙不宜小于5m，且消防车道的纵横综合坡度不宜大于8%。

(3) 回车场尺寸。尽端回车场可为方形、T形停车场，平面尺寸分别为15m×15m、22m×5m。

**【实例51-1】** 蒲石河抽水蓄能电站厂前区：

蒲石河抽水蓄能电站厂前区选址于交通洞地面出口处的山坡上，山坡东西走向，为向阳坡。根据生产需要和自然地形，电站厂前区内设有生产控制楼、柴油发电机房与消防水泵房、检修工作间及门卫室4幢建筑物，生产控制楼横跨交通洞地面出口两侧布置，其东侧为检修工作间（未建），其北侧为柴油发电机房与消防水泵房，其西南侧为厂前区大门处设有门卫室。厂前区总平面布置见图51-1。

由图中可见，生产控制楼与检修工具间的防火间距为10m，与柴油发电机房的防火间距为11.95m。厂前区采用尽端式道路，主干道7.0m宽，支道最窄路宽4.0m，主或支道上方4.0m高度内物障碍物，并且，每条道路的末端设有不小于15.0m×15.0m方形或18.0m×13.0mT型回车场。

## 二、室外灭火救援设计

### (一) 室外消火栓

地面建筑物周围均设置室外消火栓。进厂交通洞应在厂房入口处40m范围内设置室外消火栓，消火栓的设置应便于消防车取水且不得影响交通。

室外的消防管道敷设采用直接埋地式，管道最小管顶覆土应至少在冰冻线以下0.3m，同时综合考虑车辆荷载、管道材质及管道交叉等因素确定直埋方案。交通洞口设置的地上式室外消火栓处如温度小于5℃，应设置干式消火栓系统。

### (二) 消防水源

抽水蓄能电站的消防水源应根据具体情况灵活选择。一般地，地面开关站则从主变洞消防环管上取水泵入专用消防水池；其他设有消火栓的地面建筑，可从机井中抽水，也可就近从江河中取水；但是，消防水源注入消防水池的流量必须保证48h内注满所需消防水量。

室外埋地的消防水池应有防冻措施。水池应覆土保温，池顶覆土深度应尽量在冰冻线以下，确保水池最高水位在冰冻线以下，在人孔处设保温井口及保温井盖。

### (三) 消防站

抽水蓄能电站多建设在深山峡谷之中，地下厂房深埋于上下水库之间的群山里，地上散布开关站、交通洞地面出口处的厂前区、上下水库大坝及其进出水口、现地生产生活区，

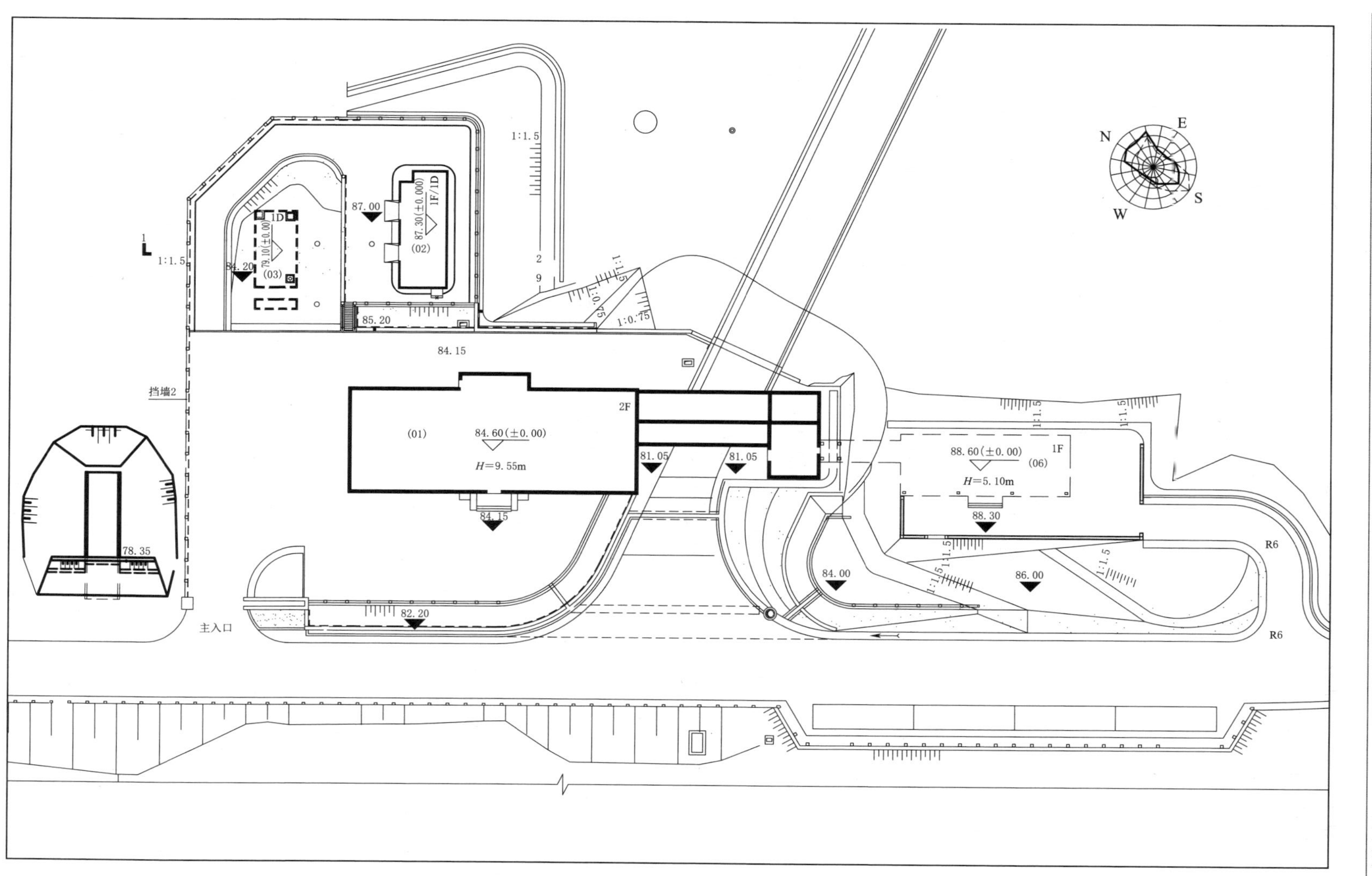


图 51-1　厂前区总平面布置图

其中，地下厂房、厂前区、地面开关站及现地生产生活区为消防救援的主要区域。

1. 消防站的设置条件与标准

（1）设置条件。根据《中华人民共和国消防法》、《水利工程设计防火规范》（GB 50987）的相关规定，装机容量1500MW的电站应设置1辆中型（≥10t）水罐消防车，装机容量为3500MW的电站应设置1辆中型（≥10t）水罐消防车和1辆泡沫消防车。同时，应配备消防站，以为消防人员工作、生活、训练、消防通信指挥及储存消防车和消防物资提供必要场所。

（2）标准。参照《城市消防站设计规范》（GB 51054）的要求建设抽水蓄能电站的消防站，同时充分利用现地生产生活营地内的居住、文化娱乐设置及仓库等，消防站的规模应至少设置一个班次消防人员的办公、休息设施、消防通信、执勤器材用房及专业训练场地和设施。

2. 消防站的选址

抽水蓄能电站多处于深山峡谷之中，人烟稀少，消防车的额定行车速度90km/h，但是，盘山公路道路弯曲迂回，需考虑道路曲度系数1.3～1.5。

（1）位置适中。地下厂房、生产控制楼、下库坝集控楼、地面开关站、柴油发电机与消防水泵房、现地辅助生产生活区是抽水蓄能电站的主要消防保护场所，消防站到上述场所的距离应当控制在接警后5～10min内，这5～10min应包括接到指令出动时间$t_1$=1min、行车到场时间$t_2$=4～9min。取消防车车速90km/h，道路曲度系数1.3～1.5，因此，消防车距离最远保护建筑物的距离应为$S$=9km；当然，能控制消防车车速60km/h，距离2.67km之内效果更好。

（2）场地要求。场地尺寸满足4600～7800m$^2$，坡度≤1%，其中，训练场地包括≥60m的跑道、≥1000m$^2$的模拟训练场地及篮球场地。如果消防站附近有篮球场地，则可不在消防站内单独设置。

（3）其他要求。

1）消防车库距其出车道路红线≥15m。

2）消防车道的纵横综合坡度≤8%。

**【实例51-2】** 蒲石河抽水蓄能电站消防站：

a. 选址

消防站位于现地生产生活区主大门东侧，距离重点保护建筑物：地下厂房安装间大门、厂前区生产控制楼、厂前区柴油发电机房、开关站、下水库左坝头集控楼、上水库大坝北坝头综合楼及现地生产生活区内最远建筑物的距离分别为3.0km、2.0km、2.08km、4.08km、1.42km、0.65km、4.48km，以90km/h的车速，考虑道路曲度、坡度等因素，可保证在接警5min内赶到失火现场。

b. 建设规模

消防站由警务楼和训练场地、出车场地、油库、移动式柴油发电机及化粪池组成，总用地面积3250m$^2$，警务楼建筑面积555m$^2$，警务楼临电站对外道路而建，消防车库门距道路路肩边线35.5m。

参照《城市消防站建设标准》（JB 152—2011）的规定，本消防站将所有建筑设施分

为当班执勤必备设施和其他设施两类，总建筑面积1707m²。当班执勤必备设施设置于消防站警务楼内，其他设施设置于消防站综合楼、♯2食堂消防站活动中心内，财务由公司办公楼内的公司财务部管理，训练器材库和被装营具库则设置在恒温恒湿仓库中。油库单独设置于消防站警务楼的南侧。

消防站警务楼为二层建筑物，二级耐火等级。内设有1台5t水罐消防车和1台10t水罐泡沫消防车车库、通信与办公室、清洗、烘干、呼吸器充气室、执勤器材库（丁类）与器材修理间、配电室、厕卫间、干部备勤室、消防队员备勤室及门厅等。

## 三、建筑物防火设计

### （一）防火分区

定义：在建筑内部采用防火墙、楼板及其他防火分隔设施分隔而成，能在一定时间内防止火灾向同一建筑的其余部分蔓延的局部空间。

防火分区应沿着建筑空间在水平和竖向两个方向进行适当分隔，形成满足规范要求的各个相对独立的空间，用以阻止火灾在建筑内的传播，同时，为人员的安全疏散和扑灭火灾创造条件。

防火分区确定方法：防火分区应根据建筑物的火灾危险性分类、耐火等级、建筑高度（或层数）及灭火扑救难易程度来确定。

对于电站的地上辅助生产类厂房，均为小型建筑物，其耐火等级为一、二级，因此，单体建筑物均可为整个建筑物为一个防火分区。现地生产生活区内民用公建均为小型建筑物，应以2500m²为界线控制建筑物内防火分区规模。

对于地下厂房，由于建筑结构复杂、疏散路线长，各洞室内设备布置各具特点，应分主厂房与母线洞、副厂房、主变洞、尾闸室分别探讨。主厂房内电动发电机从尾水管层至发电机层竖向采用钢筋混凝土防火墙及其上的甲级防火门与相邻空间分隔开来，并在其顶部设有雨水喷淋自动灭火装置。主厂房内其余部分火灾危险性较小，因此，贯穿水电厂房“大空间、局部防火分隔”的设计理念，将主厂房的每层设为一个防火分区，而不考虑每层的建筑面积大小。副厂房为全厂控制、监控设备生产场所，设备多、层高小、值班人员集中，可参照GB 50872的相关要求以2000m²为界线控制副厂房防火分区的规模，但是，仍推荐每层一个防火分区为妥。主变洞内的油浸式主变压器室、变频启动装置室为丙类油设备室，采用防火隔墙、耐火极限1.5h楼板及其甲级防火门与其他部位隔开，每层一个防火分区。尾闸室为一个防火分区。

**【实例51－3】** 蒲石河抽水蓄能电站地下厂房的防火分区：

本电站采用“无人值班，少人值守”的运行管理方式，运行人员集中在厂前区生产控制楼和丹东生活、办公基地的办公楼内监视和控制生产运行过程，地下厂房内的不定期巡视人员数量很少。本工程将主厂房、副厂房、母线洞和主变洞、尾闸室分别设立为独立的防火单体，单体间用防火墙分隔，防火墙上的门均为甲级防火门或耐火时间为3.00h的防火防烟卷帘门（设有控制背面温升喷头）。满足《水利水电工程设计规范》（SDJ 278—1990）* 第4.1.2条、第4.2.2条、第4.2.3条及第4.2.5条规定。

按照《水利水电工程设计规范》（SDJ 278—1990）第4.1.2条的规定，主厂房的防火分区面积不限。但是，鉴于本地下厂房所处的实际环境和发电机层设有水平吊车厂房层高大、有利于人员疏散的工艺特点，采用疏散楼梯间连通主厂房各层，即在发电机层以下各层采用防火隔墙和甲级防火门围合楼梯间，楼梯间内空间与发电机层联通；同时，采用同样方法将贯通主机间各层的发电机与其相邻部位分隔，从而使得母线层、水轮机层、蜗壳层及尾水管层各自形成一个防火分区，而发电机层则与发电机混凝土壳体内的部分及楼梯间内部分为一个防火分区。副厂房采用封闭楼梯间连通上下各层，故副厂房每层均为一个防火分区。满足《水利水电工程设计规范》（SDJ 278—1990）第 4.2.4 条的要求，

主变洞的顶层设有水平吊车，层高大有利疏散，采用封闭楼梯间连通各层，每层为一个防火分区。尾闸室为单层厂房，为一个防火分区。

**（二）安全疏散**

在火灾环境条件下，人们由于恐惧、紧张等因素的影响，逃生时往往向明亮处、习惯的安全出口处逃跑，一旦遭遇烟火又往往向反方向奔逃。因此，建筑物内应设置便捷、双向安全疏散通道，并且，沿着疏散路线和安全出口设置安全疏散照明标志，保证建筑物内的人员能安全地疏散到室外或安全区域。

安全疏散通道：指采用防火隔墙、楼板、楼梯等与建筑物内的其他空间相隔离、在规定时间内保证人员安全撤离建筑物的水平和垂直通道。

安全出口：指保证人员安全疏散的楼梯间或直通室外地面的出口。对于地下厂房，除了各洞室内的疏散楼梯间外，连通地面的交通洞、通风洞、出线电缆斜井（或竖井）及自流排水隧洞均为地下厂房的直通地面安全出口。但是，在出线电缆斜井或竖井内，应采用耐火极限 2.00h 的防火隔墙将电缆与疏散通道隔离开。

安全疏散距离：平面上任意一点到安全出口的直线距离。

安全疏散设施由安全出口数量、出口宽度、安全疏散距离组成。其中，安全出口的数量应每个防分火区或防火分区的每一层不少于 2 个出口，且出口应分散不同方向设置，2 个安全出口间的距离应不小于 5m。

对于特殊设备房间安全出口数量、位置应符合如下要求：

（1）中央控制室、继电保护盘室、辅助盘室、配电装置室、通信设备室、计算机室、GIS 室的面积超过 250$m^2$ 时，应在房间的两端分别设置安全出口，当房间长度大于 60m 时，应在房间中部在加一个安全出口。

（2）附设在建筑内的消防水泵房，应设置在地下二层以上，并设直通室外的安全出口。

（3）附设在建筑内的消防控制室，宜设置在建筑物的首层或地下一层，并宜布置在靠外墙部位。

（4）油罐室的安全疏散出口不宜少于 2 个，当油罐室的面积不超过 100$m^2$ 时，可设置 1 个，安全疏散出口的门为甲级防火门。

抽水蓄能电站采用“无人值班、少人值守”的运行管理方式，厂房内的值班人员很少。因此，疏散宽度按照人员疏散的构造宽度设置即可，即：门洞口净宽度≥0.9m，楼梯梯段净宽度≥1.1m，走廊净宽度≥1.2m。

厂房内任意一点的安全疏散距离应符合表 51 - 5；厂前区、现地辅助生产生活区内民

用建筑的安全疏散距离应满足表 51－6。

**表 51－5　　抽水蓄能电站厂房内任一点至最近安全出口的直线距离**　　单位：m

| 建筑物名称 | 生产的火灾危险性类别 | 耐火等级 | 单层厂房 | 多层厂房 | 地下或半地下室 |
|---|---|---|---|---|---|
| 厂房 | 丙类 | 一级 | 80 | 60 | 主变洞．50 |
| | 丁、戊类 | 二级 | 不限 | 不限 | 主厂房：60；副厂房：50；尾闸室：60 |

丁类火灾危险性的地上单、多层厂房火灾危险性较小，人员较少，扑救容易，因此，安全疏散距离不限；丙类火灾危险性厂房的可燃物较多，因此，安全疏散距离较丁类厂房稍加限制为 50m。

地下厂房灭火救援及其困难，主要是依靠消防自救。但是，考虑到地下厂房各洞室功能单一、火灾危险场所集中布置，并且，各洞室的火灾荷载较大的生产场所都采取了防火分隔措施和相应的固定或可移动的灭火设施、工作人员少且熟悉工作环境、火灾监测与自动报警及消防联动系统完善等工程特点，将主厂房的安全疏散距离设为 60m。这样人员从尾水管层以 1m/s 的正常平均疏散速度行至发电机层安全出口的距离约 110m，即接近 2min。副厂房较主厂房的工作人员和电气设备更加集中，故安全疏散距离稍加严格限制为 50m。主变洞内火灾荷载最大、层数少、工作人员少，因此，应参照《建筑设计防火规范》(GB 50016) 中丙类厂房的要求，将安全疏散距离限制为不大于 50m。尾闸室为戊类厂房，因此，安全疏散距离可参照主厂房设置。

**表 51－6　　民用建筑内房间疏散门至最近安全出口的直线距离**　　单位：m

| 建筑物名称 | | 耐火等级 | 位于 2 个安全出口之间 | 袋形走道 | 备注 |
|---|---|---|---|---|---|
| 办公楼、宿舍、食堂等 | 单、多层 | 二级 | 40 (35)【45】 | 22 (20)【27】 | |
| | 高层 | 二级 | 40 (35)【45】 | 20 (18)【27】 | |

注　1. 圆括号内数值用于开敞式楼梯间，方括号内数值用于开敞式外廊。
　　2. 建筑内全部设置自动喷水灭火系统时，表中数值（圆括号内数值除外）可增加 1/4。

**【实例 51－4】** 蒲石河抽水蓄能电站地下厂房的安全疏散：

1) 安全出口数量

主厂房：在发电机层（13.20m 高程）有一经过交通洞直达室外的安全出口，还有一通过副厂房→通风洞→室外地面的安全出口，以及通过主厂房东侧山墙上的排水廊道→交通洞的辅助疏散出口。发电机层以下各层均有至少两部疏散楼梯作为安全出口。

副厂房：副厂房各层间均有两部封闭楼梯间。副厂房西端的楼梯间在顶层直通通风洞，通过此洞可到达室外地面。在 13.2m 楼面高程及母线层副厂房可通过与主厂房之间防火墙上的甲级防火门疏散。

主变洞：在 13.20m 高程平面（即发电机层）除了有一经过主变搬运洞→交通洞直达室外的安全出口外，还可经过排水廊道→交通洞→室外的疏散路线。在 7.50m 高程处，设有一部疏散楼梯与主变洞♯2 楼梯连通，每个母线洞的北端墙上均设有一个通向主机间的安全出口。符合《水利水电工程设计规范》(SDJ 278—1990) 第 4.2.3 条的规定。主变洞的 19.20m 高程和 23.30m 高程平面均有三部封闭楼梯间与 13.20m 高程主变洞平面上下联通。局部高起部分——主变洞进风机室可通过通风联络洞、封闭楼梯间分别向通风洞和主变洞疏散。

尾闸室：在13.20m高程处，通过尾闸通风/出渣洞与交通洞相连；在－1.00m高程，通过♯2施工支洞连同交通洞。室内有一部钢梯联通上下两个高程的地面，

为尾闸室的第二安全出口。

2）安全疏散距离

主厂房的设计最长安全疏散距离为52.25m<60m，符合《水利水电工程防火设计规范》(SDJ 273—1999）第4.2.5条的规定。副厂房的设计最长安全疏散距离为12.10m<50.00m，主变洞的最长设计疏散距离为44.92m<50m，符合前述规范的4.2.6条的规定。

3）疏散宽度

本厂房的楼梯梯段净宽为≥1.1m，主副厂房的走廊宽度为2.6m，主变洞内走廊宽度为5.8m，最小净高度≥2.2m，最小疏散门宽度为1.0m。满足疏散宽度的要求。

**（三）建筑构造**

在生产类厂房内，油浸式变压器室、透平油油罐室及其油处理室、通信室、继电保护室、蓄电池室、直流设备室、控制室、消防水泵房室及其疏散楼梯间、疏散通道的维护构件均应选择相应的耐火极限。

1. 防火隔墙与楼板

除了防火墙、承重墙及安全疏散通道上的防火隔墙外，易燃易爆设备房间、通信、控制设备房间及消防水泵房等的隔墙、楼板的耐火极限也是生产建筑物的防火重点。

（1）耐火极限≥3.00h防火隔墙、1.50h楼板：

油浸式主变压器室、油浸式电抗器室、油浸式消弧圈室、透平油油罐室及油处理室及其储油间、柴油发电机房及其储油间等。

（2）耐火极限≥2h防火隔墙、1.50h楼板：

消防控制室、消防水泵房、固定灭火装置室，此处的固定灭火装置室应除去。

（3）耐火极限≥2h防火隔墙、1.00h楼板：

1）中控室、继电保护盘室、辅助盘室、防酸隔爆式蓄电池室、自动和远动装置室、电子计算机房、通信室等控制、通信室。

2）动力电缆、控制电缆电缆室、电缆廊道（或竖井）、独立变压器检修间。

（4）耐火极限≥1h防火隔墙：

电力电缆、控制电缆室、电缆廊道和竖井。

2. 防火门

电站内的巡检、值班人员数量很少，因此，电站内的平开防火门均为自闭式防火门。

（1）甲级防火门。

1）防火墙上的门：

a. 水平防火分区之间的防火墙上的门；

b. 竖向防火分区防火墙—机墩外壳上的检修门。

2）易燃易爆设备用房门：

油浸式主变压器室、油浸式电抗器室、油浸式消弧圈室、绝缘油油罐室、透平油油罐

室及油处理室及其储油间、柴油发电机房及其储油间。

3）配电、控制、保护及通信类设备用房门：

配电装置室、消防控制室、中控室、继电保护盘室、辅助盘室、防酸隔爆式蓄电池室、自动和远动装置室、电子计算机房、通信室等控制、通信室、消防水泵房。

4）开敞空间内楼梯间出口门：

a. 主机间内楼梯间在发电机层出入口；

b. 主变洞内楼梯间在GIS层出入口。

（2）乙级防火门。

1）各层楼梯间门；

2）丙类设备用房：电缆室、通风空调机房、空压机室。

（3）丙级防火门。

电力电缆廊道、竖井进、出口部位、管道井上检修门。

3. 孔洞封堵

（1）变形缝。地下厂房各机组之间、主副厂房之间的结构缝均需采用防火、防水型变形缝做法，以保证形成各自独立的防火分区。

（2）吊物孔。吊物孔盖板做法有两种：

1）采用耐火极限同孔洞所在楼板的成品钢盖板。

2）钢盖板下涂刷超薄型耐火极限同孔洞所在楼板的防火涂料，盖板与楼板孔口之间的缝隙采用防火条填塞。

（3）管线穿墙或楼板缝隙。针对缝隙位置、宽度，参照GB 23864—2009防火封堵材料的做法对各种孔洞、缝隙进行防火封堵。

4. 挡油槛或储油池

（1）油浸式主变压器室和变频启动装置变压器室。抽水蓄能电站的油浸式变压器单台储油量均达几十吨，并且，一般4～6台左右，因此，应当在每台油浸式变压器下设置储油坑，并设置集油池。

1）储油坑和集油池的容积：

储油坑的容积应按单台设备20%油量设置，集油池容积应为最大一台变压器100%油量＋水喷雾灭火水量，当设有油水分离设施时，可不考虑水喷雾灭火的水量。

2）储油坑的构造做法：

a. ≥300mm钢筋混凝土侧壁和地板；

b. 设DN150mm排油管通至集油池；

c. 储油坑平面尺寸应大于变压器外轮廓1.0m；

d. 上部装设金属格栅，栅条净距≤40mm，并在其上铺设250mm厚鹅卵石层，鹅卵石粒径应为50mm～80mm。

3）集油池构造做法：

a. ≥300mm钢筋混凝土侧壁和地板；

b. 集油池应设置排水、排油设施。

（2）厂房内的油罐室。应设置挡油槛或专用事故储油池。挡油槛内（或专用事故储油池）的容积应≥单个最大油罐的容积，当设有水喷雾灭火系统时，挡油槛内的容积应为单个最大油罐容积+灭火水量容积。挡油槛的高度不应高于0.2m以方便巡检人员行走，因此，单个最大油罐容积小时，可仅设挡油槛；而当单个最大油罐容量大时，则应设置挡油槛和设置专用事故储油池，在此种情况下，挡油槛仅用作防止少量泄露油扩散的应急措施。专用事故储油池做法参照储油坑。

5. 楼梯间形式

（1）地下厂房。主厂房属丁类厂房，顶层厂房空间高度达20多米，厂房顶棚内配置事故排烟系统，火灾发生时，可连续地排除火灾烟气，至温度达到280℃时关闭。安全疏散通道主要有：交通洞、通向副厂房的防火门及排水廊道。在主厂房内设疏散楼梯，发电机层以下各层通过楼梯与发电机层联通，此楼梯满足主厂房内各层出现火灾时，主厂房内工作人员安全疏散的要求。

副厂房为工作人员集中的场所，同时值班人员数不超过10人，由于经常有人员停留，应采用防烟楼梯间。采用防烟楼梯间对于消防救援人员救援更加安全。不经常有人员停留的非地面副厂房应选择封闭楼梯间。

主变洞的厂房结构类似于主厂房，楼梯间形式同主厂房。主变洞的火灾危险性为丙类，楼梯间采用封闭楼梯间——顶层第一个楼梯缓台处设防火墙+甲级防火门封闭，入口出为甲级防火门，楼梯间内正压送风，该种楼梯间可保证工作人员的疏散安全。

尾闸室内联系地面与交通联络洞的楼梯为第二安全出口，因此，可以采用钢楼梯，但是，楼梯净宽度应≥0.9m，楼梯坡度≤45°，且设置0.9m高栏杆。

（2）地上丙类单、多层厂房采用封闭楼梯间，余采用敞开楼梯间。

（3）地上民用建筑，除宾馆、6层以上的办公楼、宿舍采用封闭楼梯间外，余均采用敞开式楼梯间。

6. 消防电梯

建筑高度大于或等于32m并设置电梯的高层副厂房，每个防火分区内宜设置一部消防电梯（可与客、货梯兼用）。非地面副厂房当从最低一层地面到最顶层屋面高度超过32m并设置电梯时，每个防火分区内宜设置一部消防电梯。

消防电梯应符合现行国家标准《建筑设计防火规范》（GB 50016）的有关规定。

**（四）建筑装修**

1. 建筑室内装修

室内装修是通过将装修材料置于基层建筑构件上达到美化环境目的的一种方法，装修材料燃烧性能的优劣，直接影响到火灾蔓延速度，因此，装修材料的燃烧性能必须满足所处室内环境的要求。

室内装修设计主要包括顶棚、墙面、地面、隔断、固定家具、织物及装饰件七大类构件，对于工业建筑，如厂房和仓库等建筑物，由于其内部装饰材料较少，所以，仅对顶棚、墙面、地面及隔断材料的燃烧性能加以限定。

（1）装修材料的燃烧性能。根据《建筑材料燃烧性能分级方法》（GB 8624）的规定，将常规的装修材料的燃烧性能分为4级：A级（不燃材料）、$B_1$级（难燃材料）、B2级（可燃材料）、$B_3$级（易燃材料）；塑料材料按照GB/T 2406.2的规定，$B_1$的OI≥

30%、$B_2$ 的 OI≥26%，防火涂料按照《防火涂料性能及分级标准》（ZBG 51004—1985）进行分级。《建筑内部装修设计防火规范》（GB 50222）中仅使用了 A 级、$B_1$ 级及 $B_2$ 级的装修材料。

对于 4 种复合装修构造的燃烧性能，《建筑内部装修设计防火规范》（GB 50222）作出了规定如下：

1）安装在钢龙骨上的纸面石膏板，可作为 A 级装修材料使用。

2）当胶合板表面涂覆一级饰面型防火涂料时，可作为 $B_1$ 级装修材料使用。

3）单位重量小于 300g/m$^2$ 的纸质、布质壁纸，当直接粘贴在 A 级基材上时，可作为 $B_1$ 级装修材料使用。

4）施涂于 A 级基材上的无机装饰涂料，可作为 A 级装修材料使用；施涂于 A 级基材上，湿涂覆比小于 1.5kg/m$^2$ 的有机装饰涂料，可作为 B1 级装修材料使用。涂料施涂于 $B_1$、B2 级基材上时，应将涂料连同基材一起按本规范附录 A 的规定确定其燃烧性能等级。

（2）常用建筑材料的燃烧性能。常用建筑装修材料燃烧性能详见表 51-7。

**表 51-7　　常用建筑装修材料燃烧性能表**

| 序号 | 材料类别 | 燃烧性能等级 | 材料举例 |
|---|---|---|---|
| 1 | 各种部位 | A | 花岗石、大理石、水磨石、水泥制品、混凝土制品、石膏板、石灰制品、黏土制品、玻璃、瓷砖、马赛克、钢铁、铝、铜合金等 |
| 2 | 顶棚材料 | B1 | 纸面石膏板、纤维石膏板、水泥刨花板、矿棉装饰吸声板、玻璃棉装饰吸声板、珍珠岩装饰吸声板、难燃胶合板、难燃中密度纤维板、岩棉装饰板、难燃木材、铝箔复合材料、难燃酚醛胶合板、铝箔玻璃钢复合材料等 |
| 3 | 墙面材料 | B1 | 纸面石膏板、纤维石膏板、水泥刨花板、矿棉板、玻璃棉板、珍珠岩板、难燃胶合板、难燃中密度纤维板、防火塑料装饰板、难燃双面刨花板、多彩涂料、难燃墙纸、难燃墙布、难燃仿花岗岩装饰板、氯氧镁水泥装配式墙板、难燃玻璃钢平板、PVC 塑料护墙板、轻质高强复合墙板、阻燃模压木质复合板材、彩色阻燃人造板、难燃玻璃钢等 |
| 4 | | B2 | 各类天然木材、木制人造板、竹材、纸制装饰板、装饰微薄木贴面板、印刷木纹人造板、塑料贴面装饰板、聚酯装饰板、复塑装饰板、塑纤板、胶合板、塑料壁纸、无纺贴墙布、墙布、复合壁纸、天然材料壁纸、人造革等 |
| 5 | 地面材料 | B1 | 硬 PVC 塑料地板，水泥刨花板、水泥木丝板、氯丁橡胶地板等 |
| 6 | | B2 | 半硬质 PVC 塑料地板、PVC 卷材地板、木地板氯纶地毯等 |
| 7 | 装饰织物 | B1 | 经阻燃处理的各类难燃织物等 |
| 8 | | B2 | 纯毛装饰布、纯麻装饰布、经阻燃处理的其他织物等 |
| 9 | 其他装饰材料 | B1 | 聚氯乙烯塑料、酚醛塑料、聚碳酸酯塑料、聚四氟乙烯塑料。三聚氰胺、脲醛塑料、硅树脂塑料装饰型材、经阻燃处理的各类织物等。另见顶棚材料和墙面材料内中的有关材料 |
| 10 | | B2 | 经组燃处理的聚乙烯、聚丙烯、聚氨酯、聚苯乙烯、玻璃钢、化纤织物、木制品等 |

（3）对建筑物内重要的、易燃易爆及贵重设备用房的装修材料要求。

1）全部采用燃烧性能 A 级的装修材料。

a. 消防水泵房、排烟机房、固定灭火系统钢瓶间、配电室、油浸式变压器室、通风和空调机房等，其内部所有装修均应采用 A 级装修材料。

b. 无自然采光楼梯间、封闭楼梯间、防烟楼梯间的顶棚、墙面和地面均应采用 A 级装修材料。

c. 建筑物内的厨房，其顶棚、墙面、地面均应采用 A 级装修材料。

2）吊顶、墙面采用燃烧性能 A 级材料、地面和隔断采用燃烧性能 B1 级材料。

a. 大中型电子计算机房、中央控制室、电话总机房等放置特殊贵重设备的房间，其顶棚和墙面应采用 A 级装修材料，地面及其他装修应采用不低于 B1 级的装修材料。

b. 建筑物内设有上下层相连通的中庭、走马廊、开敞楼梯、自动扶梯时，其连通部位的顶棚、墙面应采用 A 级装修材料，其他部位应采用不低于 B1 级的装修材料。

c. 图书室、资料室、档案室和存放文物的房间，其顶棚、墙面应采用 A 级装修材料，地面应采用不低于 B1 级的装修材料。

d. 地上建筑的水平疏散走道和安全出口的门厅，其顶棚装饰材料应采用 A 级装修材料，其他部位应采用不低于 B1 级的装修材料。

e. 当厂房的地面为架空地板时，其地面装修材料的燃烧性能等级，除 A 级外，应在本章规定的基础上提高一级。

3）变形缝、配电箱及消火栓的装修要求。

a. 建筑内部的变形缝（包括沉降缝、伸缩缝、抗震缝等）两侧的基层应采用 A 级材料，表面装修应采用不低于 B1 级的装修材料。

b. 建筑内部的配电箱不应直接安装在低于 B1 级的装修材料上。

c. 建筑内部消火栓的门不应被装饰物遮掩，消火栓门四周的装修材料颜色应与消火栓门的颜色有明显区别。

d. 建筑内部装修不应遮挡消防设施、疏散指示标志及安全出口，并不应妨碍消防设施和疏散走道的正常使用。

（4）对普通房间装修材料燃烧性能的要求。工业厂房内部各部位装修材料的燃烧性能等级要求详见表 51－8；仓库应参照相同火灾危险性分类的工业厂房的内部装修标准，详见表 51－9；现地辅助生产生活营地内的各幢民用建筑所选装修材料的燃烧性能详见表 51－10。

**表 51－8　　抽水蓄能电站厂房内部各部位装修材料的燃烧性能等级**

| 厂房分类 | 建筑规模 | 举　例 | 燃烧材料燃烧性能等级 | | | |
|---|---|---|---|---|---|---|
| | | | 顶棚 | 墙面 | 地面 | 隔断 |
| 丙类厂房 | 地下厂房 | 主变洞 | A | A | A | $B_1$ |
| | 高度≤24m 的单层、多层厂房 | 生产控制楼、坝顶集控楼、柴油发电机房 | $B_1$ | $B_1$ | $B_2$ | $B_2$ |
| 无明火的丁、戊类厂房 | 地下厂房 | 主厂房、副厂房、尾闸室 | A | A | $B_1$ | $B_1$ |
| | 高度≤24m 的单层、多层厂房 | 闸门启闭机室、开关站 GIS 室、消防水泵房、坝上发射/接收室 | $B_1$ | $B_2$ | $B_2$ | $B_2$ |

**表 51-9　　抽水蓄能电站仓库内部各部位装修材料的燃烧性能等级**

| 仓库分类 | 建筑规模 | 举　例 | 燃烧材料燃烧性能等级 | | | |
|---|---|---|---|---|---|---|
| | | | 顶棚 | 墙面 | 地面 | 隔断 |
| 甲类仓库 | 单层仓库 | 隔离库 | A | A | A | A |
| 丙类仓库 | 多层仓库 | 恒温恒湿仓库 | $B_1$ | $B_1$ | $B_0$ | $B_0$ |
| | 单层仓库 | 透平油罐室 | $B_1$ | $B_1$ | $B_2$ | $B_2$ |
| 丁类仓库 | 单层仓库 | 普通备品仓库 | $B_1$ | $B_1$ | $B_2$ | $B_2$ |

**表 51-10　　抽水蓄能电站民用建筑内部各部位装修材料的燃烧性能等级**

| 建筑分类 | 建筑规模 | 举例 | 燃烧材料燃烧性能等级 | | | | | | | |
|---|---|---|---|---|---|---|---|---|---|---|
| | | | 顶棚 | 墙面 | 地面 | 隔断 | 固定家具 | 窗帘 | 帷幕 | 其他 |
| 办公、试验楼建筑 | 多层建筑 | 办公楼、试验楼 | A | $B_1$ | $B_1$ | $B_1$ | $B_2$ | $B_2$ | | $B_2$ |
| 档案类建筑 | 多层建筑 | 档案馆 | $B_1$ | $B_1$ | $B_2$ | $B_2$ | $B_2$ | $B_2$ | | $B_2$ |
| 餐饮、娱乐类建筑物 | 单、多层 | 食堂、活动中心 | A | $B_1$ | $B_1$ | $B_1$ | $B_2$ | $B_2$ | | $B_2$ |
| 非住宅居住类建筑 | 多层建筑 | 宾馆、宿舍 | A | $B_1$ | $B_1$ | $B_1$ | $B_2$ | $B_2$ | | $B_2$ |

**【实例 51-5】** 蒲石河抽水蓄能电站地下厂房室内装修见表 51-11。

**表 51-11　　地下厂房室内装修表**

| 厂房部位 | 房间名称 | 地面 | 踢脚 | 墙面 | 天棚 | 备注 |
|---|---|---|---|---|---|---|
| 主厂房 | 主机间、安装间 | 磨光花岗岩（燃烧性能A级） | | 4.5厚防火型铝塑板（A1级） | 防火彩板耐酸瓷板（燃烧性能A级） | 钢屋架刷防火漆，耐火极限1.5h |
| | 楼梯间 | 磨光花岗岩（燃烧性能A级） | 磨光花岗岩（燃烧性能A级） | 白色涂料二遍（燃烧性能A级） | 白色涂料二遍（燃烧性能A级） | 楼梯为不锈钢扶手，燃烧性能A级 |
| | 母线层、水轮机层 | 耐磨玻化砖（燃烧性能A级） | 玻化砖（燃烧性能A级） | 白色涂料二遍（燃烧性能A级） | 白色涂料二遍（燃烧性能A级） | |
| | 尾水管层、蜗壳层 | 耐磨玻化砖（燃烧性能A级） | 玻化砖（燃烧性能A级） | 白色涂料二遍（燃烧性能A级） | 白色涂料二遍（燃烧性能A级） | |
| 副厂房（端部） | 调试监控室、交接班室、监测室、 | 耐磨玻化砖（燃烧性能A级） | 玻化砖（燃烧性能A级） | 白色涂料二遍（燃烧性能A级） | 白色涂料二遍（燃烧性能A级） | 轻钢龙骨铝合金格栅吊顶 |
| | 卫生间 | 防滑地砖（燃烧性能A级） | | 面砖（燃烧性能A级） | 白色涂料二遍（燃烧性能A级） | 轻钢龙骨 |

续表

| 厂房部位 | 房间名称 | 地面 | 踢脚 | 墙面 | 天棚 | 备注 |
| --- | --- | --- | --- | --- | --- | --- |
| 副厂房（端部） | 设备房间、库房 | 耐磨玻化砖（燃烧性能A级） | 玻化砖（燃烧性能A级） | 白色涂料二遍（燃烧性能A级） | 白色涂料二遍（燃烧性能A级） | |
| | 楼梯间 | 磨光花岗岩（燃烧性能A级） | 磨光花岗岩（燃烧性能A级） | 白色涂料二遍（燃烧性能A级） | 白色涂料二遍（燃烧性能A级） | |
| | 通风机室、污水室、消防水泵室 | 耐磨玻化砖（燃烧性能A级） | 玻化砖（燃烧性能A级） | 白色涂料二遍（燃烧性能A级） | 白色涂料二遍（燃烧性能A级） | |
| | 蓄电池室、直流设备室 | 耐酸瓷板（燃烧性能A级） | 耐酸瓷板（燃烧性能A级） | 耐酸瓷砖耐酸瓷板（燃烧性能A级） | 白色涂料二遍（燃烧性能A级） | |
| 主变洞 | 13.2m高程除楼梯间以外的所有房间 | 磨光花岗岩板（燃烧性能B1级） | 磨光花岗岩板（燃烧性能A级） | 白色涂料二遍（燃烧性能A级） | 白色涂料二遍（燃烧性能A级） | |
| | 楼梯间 | 磨光花岗岩板（燃烧性能A级） | 磨光花岗岩耐酸瓷板（燃烧性能A级） | 白色涂料二遍（燃烧性能A级） | 白色涂料二遍（燃烧性能A级） | |
| | 7.5m、19.20m、23.30m高程平面除楼梯间以外的所有房间及进、排风机室 | 耐磨玻化砖耐酸瓷板（燃烧性能A级） | 玻化砖耐酸瓷板（燃烧性能A级） | 白色涂料二遍（燃烧性能A级） | 白色涂料二遍（燃烧性能A级） | |
| 尾闸室 | 闸室 | 细石混凝土耐酸瓷板（燃烧性能A级） | 水泥砂浆耐酸瓷板（燃烧性能A级） | 白色涂料二遍（燃烧性能A级） | 白色涂料二遍（燃烧性能A级） | |
| | 钢梯 | | | | | |

2. 建筑外墙保温防火

（1）厂房与仓库建筑。抽水蓄能电站的地上厂房与仓库建筑均为单、多层建筑物，建筑高度一般不超过24m，当保温层与基层墙体、装饰层之间无空腔时，可采用$B_1$级燃烧性能的保温材料；建筑外墙上门、窗的耐火完整性应≥0.5h，并在外保温系统中的每层设置水平防火隔离带。防火隔离带采用燃烧性能为A级的材料，高度不应小于300mm。

（2）民用建筑。人流密集场所，如宾馆、宿舍、食堂、活动中心的外墙应采用燃烧性能A级的保温材料。

1）保温层与墙体基层无空腔。当建筑物高度≤24m时，可采用燃烧性能不低于B2级的保温材料，建筑外墙上门、窗的耐火完整性应≥0.5h。

当建筑物高度介于24m和50m之间时，应采用燃烧性能B1级的保温材料，建筑外墙上门、窗的耐火完整性应≥0.5h。

在外保温系统中的每层设置水平防火隔离带。防火隔离带采用燃烧性能为A级的材

料，高度不应<300mm。

2）保温层与墙体基层或装饰层有空腔。当外墙装饰石板或玻璃幕墙时，保温层与装饰层之间需留有空腔，以方便安装装饰板和排除缓霜或渗漏水。在此种情况下，可分两种情况选择保温板：

当建筑物高度≤24m时，可选择B1级燃烧性能的保温板，但是，建筑外墙上门、窗的耐火完整性应≥0.5h。如选用A级燃烧性能的保温材料，则可选择节能保温窗。

当建筑物高度>24m时，应选择A级燃烧性能的保温材料。

（3）常用外墙保温材料。

1）燃烧性能A级保温板。

A级燃烧性能外墙保温板包括憎水岩棉板、岩棉保温装饰一体板、陶瓷纤维板等，其中，憎水岩棉板是以玄武岩及其他天然矿石等为主要原料，经高温熔融成纤，加入适量黏结剂，固化加工而制成的，在900℃时融滴很少，并且无烟气、无毒，其优异的防火、隔热、防水、防潮、防蛀性能和适中的价格，使之在建筑外墙外保温市场中得到广泛的应用。

2）燃烧性能$B_1$级保温板。

B1级燃烧性能的外墙保温板包括石墨聚苯乙烯保温板（GEPS）、阻燃型B1级挤塑聚苯乙烯保温板（XPS）、阻燃型$B_1$级模塑聚苯乙烯保温板（EPS）、聚氨酯硬泡复合保温板等，其中，由于阻燃原理的不同，GEPS保温板的防火性能最为稳定，推荐使用。

**【实例51-6】** 蒲石河抽水蓄能电站消防站警务楼外墙保温设计：

消防站警务楼为二层建筑物，框架填充墙结构，外墙外保温材料为80mm厚石墨聚苯乙烯泡沫塑料板，保温板的燃烧性能为$B_1$级，容重$\gamma=18\sim22kg/m^3$。外墙面构造做法如下：

200mm厚粉煤灰空心砌块；

25mm厚1：2.5水泥砂浆打底扫毛或划出纹道；

聚合物砂浆黏结层；

80mm厚$B_1$级石墨聚苯乙烯泡沫保温板（塑料大垫圈固定铆钉数量≮3个/块保温板）；

10mm厚胶粉聚苯颗粒保温浆料；

5～8mm厚聚合物砂浆粘耐碱网格布保护层（首层二布三浆、二层一布二浆）。

注：蒲石河抽水蓄能电站设计完成于2010年，故消防设计采用《水利水电防火设计规范》（SDJ 278）。

## 四、建筑物灭火设计

地下厂房消防给水系统分为消火栓给水系统和水喷雾给水系统。地下厂房的消防水源取自公用设备供水总管。

**（一）消火栓系统**

消火栓系统分为室内消火栓系统和室外消火栓系统。

地下厂房及开关站设置室内消火栓，其他建筑物应根据《建筑设计防火规范》（GB 50016—2014）的规定确定是否设置室内消火栓系统。地下厂房的消防水源取自公用设备供水总管，分两路向消火栓系统供水。开关站的消火栓系统从地下厂房的消防环管引水。室内消防供水管网为环状，室内消火栓的布置应保证有两支水枪的充实水柱同时到达室内任何部位。

水枪的充实水柱长度：

$$S_K=1.16(H_1-H_2) \tag{51-1}$$

式中：$S_K$ 为水枪充实水柱的长度，m；$H_1$ 为室内最高着火点离地面高度，m；$H_2$ 为水枪喷嘴离地面高度，m，一般取1m。

消火栓的保护半径：

$$R=L_d+L_s \tag{51-2}$$

式中：$R$ 为消火栓保护半径，m；$L_d$ 为水带敷设长度，m；$L_s$ 为水枪充实水柱在平面上的投影长度，m。

消火栓栓口处所需水压：

$$H_{xh}=h_d+h_q=A_dL_dq_{xh}^2+q_{xh}^2/B(mH_2O) \tag{51-3}$$

式中：$H_{xh}$ 为消火栓栓口处所需水压，$mH_2O$；$h_d$ 为消防水带的水头损失，$mH_2O$；$h_q$ 为水枪喷嘴造成一定长度的充实水柱所需水压，$mH_2O$；$q_{xh}$ 为消火射流出水量，L/s；$A_d$ 为水带的比阻；$L_d$ 为水带的长度；$B$ 为水流特性系数。

**（二）气体灭火系统**

地下厂房、生产控制楼及地面开关站GIS室内的中央控制室、计算机室、通信室及继电保护室均需设置气体灭火系统。

火灾报警区域主机能显示气体灭火系统的手动、自动工作状态，当探测器或手动报警按钮发出报警信号后，主机向电站计算机监控系统和图像监控系统转发信号，确定火灾后，主机控制气体灭火系统启动，在延时阶段，停止通风空调，关闭有关部位防火阀，显示气体灭火系统防护区的报警、喷放及通风空调等设备的状态。

防护区灭火设计用量或惰化设计用量：

$$W=K\times V/S\times C_1/(100-C_1) \tag{51-4}$$

式中：$W$ 为灭火设计用量或惰化设计用量，kg；$C_1$ 为灭火设计浓度或惰化设计浓度，%；$S$ 为灭火剂过热蒸汽在101kPa大气压和防护区最低环境温度下的质量体积，$m^3/kg$；$V$ 为防护区净体积，$m^3$；$K$ 为海拔高度修正系数。

系统灭火剂储存量：

$$W_0=W+\Delta W_1+\Delta W_2 \tag{51-5}$$

式中：$W_0$ 为系统灭火剂储存量，kg；$\Delta W_1$ 为储存容器内的灭火剂剩余量，kg；$\Delta W_2$ 为管道内的灭火剂剩余量，kg。

**（三）建筑灭火器**

根据《建筑灭火器配置设计规范》（GB 50140—2005）的要求，为有效地扑救初起火灾，减少火灾损失和保护电站人员的安全，在地下厂房、开关站等各单体建筑物内有关部位配置一定数量的手提式灭火器和推车式灭火器。

计算单元的最小需配灭火级别：

$$Q=K\times S/U \tag{51-6}$$

式中：$Q$ 为计算单元的最小需配灭火级别，A 或 B；$S$ 为计算单元的保护面积，$m^2$；$U$ 为 A 类或 B 类火灾场所单位灭火级别最大保护面积，$m^2$/A 或 $m^2$/B；$K$ 为修正系数。

## 第三节　消　防　设　备

应当汇总各专业的消防设备，形成消防设备表，见表 51－12。表中列明了设备名称、规格及特性说明，为概预算专业计算造价、消防审查提供准确技术数据。

**表 51－12**　　消 防 设 备 表

| 序号 | 设备名称 | 规　格 | 单位 | 数量 | 备　注 |
|---|---|---|---|---|---|
| 1 | 建筑消防系统 | | | | |
| 1.1 | 开关站消防水池 | $200m^3$ | 座 | | GIS 开关站地下 |
| 1.2 | 永久生活区消防水池 | $300m^3$ | 座 | | 永久生活区地下 |
| 1.3 | 开关站消防给水泵 | $Q$＝25L/s　$H$＝40m<br>$N$＝18.5kW | 台 | | GIS 开关站地下泵房（一用一备） |
| 1.4 | 永久生活区消防水泵 | $Q$＝40L/s　$H$＝40m<br>$N$＝45kW | 台 | | 永久生活区地下泵房（一用一备） |
| 1.5 | 高位消防水箱 | $V$＝$24m^3$ | 座 | | GIS 开关站＋永久生活区 |
| 1.6 | 消防稳压设备 | ZL－I－X－7 | 套 | | GIS 开关站＋永久生活区 |
| 1.7 | 室内消火栓 | 单栓 SN65 Φ19 喷雾水枪<br>水龙带 25m | 套 | | 地下厂房＋GIS　开关站＋永久生活区 |
| 1.8 | 试验用消火栓 | 单栓 SN65　Φ19 喷雾水枪<br>水龙带 25m<br>压力表 0～1.0MPa | 套 | | 地下厂房＋GIS　开关站＋永久生活区 |
| 1.9 | 室外地下式消火栓 | SA100/65－1.6 | 套 | | GIS　开关站＋永久生活区 |
| 1.10 | 手提式磷酸铵盐干粉灭火器 | MF/ABC3＊2<br>（灭火剂 3kg） | 组 | | 地下厂房＋GIS　开关站＋永久生活区 |
| 1.11 | 推车式磷酸铵盐干粉灭火器 | MFT/ABC50<br>（灭火剂 50kg） | 辆 | | 地下厂房＋GIS　开关站＋永久生活区 |
| 1.12 | 全程综合过滤器 | 处理流量 $Q$＝45～70t/h<br>过滤精度 50$\mu$m | 套 | | 包括设备主体、滤料、反洗装置、电控柜等水处理成套设备 |
| 1.13 | 柜式七氟丙烷无管网灭火装置 | 100L | 套 | | 地下厂房＋GIS 开关站＋永久生活区 |
| 1.14 | 甲级防火门 | 1500×2400 | 樘 | | |
| 1.15 | 甲级防火门 | 2100×2100 | 樘 | | |
| 1.16 | 甲级防火门 | 1500×2100 | 樘 | | |
| 1.17 | 甲级防火门 | 1200×2100 | 樘 | | |
| 1.18 | 甲级防火门 | 1000×2100 | 樘 | | |
| 1.19 | 乙级防火门 | 1500×2400 | 樘 | | |
| 1.20 | 乙级防火门 | 1500×2100 | 樘 | | |

续表

| 序号 | 设备名称 | 规　格 | 单位 | 数量 | 备　　注 |
|---|---|---|---|---|---|
| 1.21 | 乙级防火门 | 1000×2100 | 樘 | | |
| 1.22 | 乙级防火门 | 1200×2100 | 樘 | | |
| 1.23 | 乙级防火门 | 1200×2400 | 樘 | | |
| 2 | 机电设备消防系统 | | | | |
| 2.1 | 耐火隔板 | EFW-A 型（厚度 5mm、8mm、10mm） | $m^2$ | | |
| 2.2 | 防火包 | PFB-720 | $m^3$ | | |
| 2.3 | 有机防火堵料 | DFD-Ⅲ（A） | $m^3$ | | |
| 2.4 | 无机防水防火砖块 | XFD | $m^3$ | | |
| 2.5 | 防火涂料 | G60-3 | t | | |
| 2.6 | 角钢支架（或扁钢） | L40×40×4（或－40×4mm） | m | | 配套安装螺栓 |
| 3 | 消防应急和疏散指示标志系统 | | | | |
| 3.1 | 自保持荧光灯 | 2×28W，90min | 套 | | 业主营地监控室、上水库值班室、下水库值班室 |
| 3.2 | 通道疏散指示标志灯 | <4W（AC220），自带蓄电池和逆变器 | 套 | | |
| 3.3 | 安全出口疏散指示标志灯 | <4W（AC220），自带蓄电池和逆变器 | 套 | | |
| 3.4 | 通道疏散应急照明灯 | <28W（AC220），自带蓄电池和逆变器 | 套 | | |
| 3.5 | 便携式应急手电筒 | <15W，自带蓄电池和充电器 | 套 | | |
| 4 | 机电设备消防系统设备 | | | | |
| 4.1 | 立式消防泵 | $Q=360m^3/h$，$H=20.66m$，$N=30kW$ | 台 | | 一主一备 |
| 4.2 | 高速水雾喷头 | ZSTWB-100-90 型，$Q=6m^3/h$，$P=0.35MPa$ | 个 | | 主变压器用 |
| 4.3 | 雨淋阀组 | DN200，PN25 | 个 | | 主变压器用 |
| 4.4 | 雨淋阀组 | DN100，PN25 | 个 | | 发电电动机用 |
| 4.5 | Y 型管道滤水器 | DN250，PN25 | 个 | | |
| 4.6 | 手提式干粉灭火器（磷酸铵盐） | MF/ABC5 型，充装量 5kg | 只 | | 主变压器用 |
| 4.7 | 手提式干粉灭火器（磷酸铵盐） | MF/ABC5 型，充装量 5kg | 只 | | 透平油罐室用 |
| 4.8 | 手提式干粉灭火器（磷酸铵盐） | MF/ABC4 型，充装量 4kg | 只 | | SFC 输入输出变用 |
| 4.9 | 止回阀 | DN250，PN25 | 个 | | 不锈钢材质 |

续表

| 序号 | 设备名称 | 规　格 | 单位 | 数量 | 备　　注 |
|---|---|---|---|---|---|
| 4.10 | 自动化元件及表计 | | | | |
| 4.11 | 压力表 | 量程：0～2.5MPa | 只 | | |
| 4.12 | 压力控制器 | 量程：0～2.5MPa | 只 | | |
| 4.13 | 管路系统 | | | | |
| 4.14 | 不锈钢管 | | t | | |
| 4.15 | 不锈钢阀门 | | | | |
| 4.16 | 不锈钢球阀 | DN250，PN25 | 个 | | |
| 4.17 | 不锈钢球阀 | DN200，PN25 | 个 | | |
| 4.18 | 不锈钢球阀 | DN100，PN25 | 个 | | |
| 4.19 | 不锈钢球阀 | DN65，PN25 | 个 | | |
| 4.20 | 针形截止阀 | DN15，PN160 | 个 | | |
| 5 | 火灾自动报警及消防联动控制系统 | | | | |
| 5.1 | 火灾自动报警控制器 | 待定 | 套 | | 地下厂房，开关楼，中控楼，上库区，下库区 |
| 5.2 | 消防联动控制器（含手动控制板） | 待定 | 套 | | 地下厂房，开关楼，中控楼 |
| 5.3 | 联动电源 | 待定 | 套 | | |
| 5.4 | UPS 电源 | 待定 | 套 | | |
| 5.5 | 消防监控工作站及打印机 | 待定 | 套 | | |
| 5.6 | 消防应急广播设备 | 待定 | 套 | | |
| 5.7 | 消防电话总机 | 待定 | 套 | | |
| 5.8 | 点式感烟/感温探测器 | 待定 | 只 | | |
| 5.9 | 防爆型感温/感烟探测器 | 待定 | 只 | | |
| 5.10 | 线型红外光束感烟火灾探测器 | 待定 | 套 | | |
| 5.11 | 光纤测温主机及各类附属设备 | 待 | 套 | | |
| 5.12 | 测温光纤 | 待定 | km | | |
| 5.13 | 线型感温电缆 | 待定 | 套 | | 附终端盒 |
| 5.14 | 火灾应急广播扬声器 | 待定 | 只 | | |
| 5.15 | 消防专用电话分机 | 待定 | 只 | | |
| 5.16 | 手动报警按钮（附电话插孔） | 待定 | 只 | | |
| 5.17 | 声光报警器 | 待定 | 只 | | |
| 5.18 | 消防栓按钮 | 待定 | 只 | | |
| 5.19 | 联动模块 | 待定 | 只 | | |
| 5.20 | 模块箱 | 待定 | 个 | | |
| 5.21 | 接线端子箱 | 待定 | 个 | | |
| 5.22 | 光纤接口设备 | 待定 | 对 | | |
| 5.23 | 各类传输线缆 | 待定 | km | | |

# 第五十二章　寒冷地区供暖、通风及空气调节设计

## 第一节　地下厂房通风空调设计方案

### 一、抽水蓄能电站通风空调设计的必要性及其特点

抽水蓄能电站水头比较高，厂房一般都布置在地下，埋深为100～300m，整个地下厂房处于岩体封闭之中，存在着热、潮、闷等问题。为保证机电设备的安全运行和运维人员的身体健康，要创造良好的运行和工作环境，就必须设置通风空调系统，要消除地下厂房的余热余湿和有害气体，就必须向厂房内送入清洁、干燥的新鲜空气，并排除室内产生的有害气体。一般地下厂房的进风通道有两条，一条是进厂交通洞，一条是进厂通风洞。通风洞前期是用于清除洞室开挖的弃渣，厂房开挖完工后作为送风洞。厂内排风要开挖竖井，根据洞室布置情况单独设置或与电气专业的出线井一起设置。对于大型地下厂房，必须采用有组织的机械送风方式才能保证新风量，并对新风进行过滤和处理，达到规范所规定的温湿度和风速，才能送入不同的房间。在有人值守的房间，例如中控室、通讯机房办公室等，一般温度要在26～28℃，相对湿度为45%～65%，而其他机电设备房间为30～35℃，相对湿度为≤75%。排风系统不但要排除热湿空气和有害气体，还要排除火灾时厂房内的烟气，以利于人员逃生和消防灭火。

由于我国幅员广阔，各地区温湿度差异较大，因此采用的通风空调设计方案也不尽相同。例如在南方地区，夏季温度高，湿度大，送入厂房的空气需降温降湿处理，除机械通风外还要设置冷水机组为电站提供冷源，由空气处理机将处理后的新风送入厂房各部位。为了节省能源，可将室内一部分回风与新风混合处理后再送入厂内，使各部位温湿度符合国家规范的要求。而在西北地区夏季炎热而干燥，因此送入厂房的新风应进行降温加湿处理。东北地区，夏季凉爽而潮湿，相比较厂房的通风除湿更为重要。同时在北方特别是寒冷地区冬季气温较低，对进入厂房的空气要采取加热升温措施，并在厂房内各部位设置电散热器，以保证室内温度满足人员和设备运行的需要。

### 二、地下厂房通风空调方案的论证

#### （一）设计计算参数

要进行地下厂房的通风、空调设计，首先要确定厂房进风温度和通风空调方案的比较及论证，并给出室内外空气的计算参数。

1. 室外空气计算参数

抽水蓄能电站的室外空气计算参数取自该地区的气象站室外气象资料。主要有：

(1) 供暖室外计算温度。

(2) 冬季通风室外计算温度。

(3) 冬季空调室外计算温度。

(4) 夏季通风室外计算温度。

(5) 夏季空调室外计算温度。

(6) 最热月月平均温度。

(7) 最冷月月平均温度。

(8) 年平均温度。

(9) 夏季室外计算相对湿度。

(10) 冬季室外计算相对湿度。

(11) 夏季空调室外计算湿球温度。

(12) 夏季大气压力。

(13) 冬季大气压力。

(14) 夏季室外风速。

(15) 冬季室外风速。

2. 室内空气设计参数

厂房内的温湿度设计标准，根据《水力发电厂供暖通风与空气调节设计规范》(NB/T 35040—2014) 中的有关规定，并结合电站布置特点及供暖、通风空调方式而确定。室内空气设计参数详见表 52-1。

**表 52-1　室内空气设计参数**

| 生产场所 | 夏季 | | | 冬季 | | |
|---|---|---|---|---|---|---|
| | 工作区温度/℃ | 相对湿度/% | 夏季工作风速/(m/s) | 正常运行时工作区温度/℃ | 停机或机组检修时温度/℃ | 相对湿度/% |
| 发电机层 | ≤30 | ≤75 | 0.2～0.8 | ≥10 | ≥5 | ≤75 |
| 母线层 | ≤30 | ≤75 | 0.2～0.8 | ≥10 | ≥5 | ≤80 |
| 水轮机层 | ≤30 | ≤80 | 0.2～0.8 | ≥8 | ≥5 | ≤80 |
| 蜗壳层 | ≤30 | ≤80 | 不规定 | ≥5 | ≥5 | ≤80 |
| 主变室 | 排风温度≤40 | — | — | — | — | — |
| 厂用变、盘柜室 | ≤35 | — | — | — | — | — |
| 母线洞 | ≤35 | — | — | — | — | — |
| 开关室、电抗器室 | ≤35 | — | — | — | — | — |
| 空压机室 | ≤33 | ≤75 | — | ≥12 | ≥12 | ≤80 |
| 透平油罐室 | ≤30 | ≤80 | — | ≥10 | ≥5 | <80 |
| 蓄电池室 | ≤30 | ≤80 | — | ≥10 | ≥5 | <80 |

续表

| 生产场所 | 夏　季 | | | 冬　季 | | |
|---|---|---|---|---|---|---|
| | 工作区温度/℃ | 相对湿度/% | 夏季工作风速/(m/s) | 正常运行时工作区温度/℃ | 停机或机组检修时温度/℃ | 相对湿度/% |
| 电缆室 | ≤35 | — | — | — | — | — |
| 调试监控室 | 26～28 | 45～65 | 0.2～0.5 | 18～20 | 20 | ≤70 |
| 值班室、办公室 | 26～28 | 45～65 | ≤0.3 | 18～20 | 20 | ≤75 |
| 尾水闸门室 | 20 | ≤80 | 0.2～0.8 | ≥8 | ≥5 | ≤80 |

**（二）进风温度的确定**

进风温度对厂房的通风方案确定是一个重要因素，如果进风温度过高，就要对进厂新风进行降温处理。根据《水力发电厂供暖通风与空气调节设计规范》（NB/T 35040—2014）的规定，地下厂房进风温度按最热月月平均温度取值，例如蒲石河抽水蓄能电站为22.4℃，荒沟抽水蓄能电站为21℃。这种设计的取值依据是：

（1）根据国外资料介绍（见苏联鲁比奈教授编著的《地下建筑中的空气调节》），地下工程通风设计计算时，其夏季室外计算温度可采用累年最热月月平均温度，实际上已经考虑了地下深埋厂房围护结构及岩体的热工特性。

（2）按照“室外空气流过地下通风洞时的温降计算方法”（《水电暖通空调技术》1979年第二期）一文中所提供的计算方法。本电站从通风洞进风时，温降后的新风温度基本为最热月月平均温度。

（3）由于本电站主要建筑物设在地下，深埋部位在185～300m处，洞内温度变化受室外环境影响很小。通风洞长约860m，而洞壁的吸热作用，其温降是比较明显的。这样取值也为国内一些电站的温降计算和实测数值所证实，有专家在近两年的夏季对白山和蒲石河抽水蓄能电站通风洞进行温度测量，其实测温度分别为20℃和22℃。

因此寒冷地区的厂房进风温度比厂内主要部位室内空气夏季计算温度低很多，不需要采用降温措施，新风可直接送入厂内。

**（三）通风设计方案的选择**

为了防止热、湿空气或者有害物质向人员活动区散发，防止有害物质对环境的污染，必须从总体规划、水力发电工艺、工作场所和通风组织等方面采取有效的综合预防和治理措施。地下厂房应尽量利用已有的廊道及洞室作为进排风通道，当仍不能满足通风要求时，可另设专用通风道。

1. 机械送排风方案

方案对厂房进行全面通风，进风取自交通洞，通风兼安全洞，系统由主厂房、副厂房、母线洞、主变洞和高压电缆洞、尾闸室送排风系统组成。在各系统设置送风机，经风管、风口送入厂内各部位，排风由各部位排风机经风管和风口由主副厂房排风竖井和高压电缆洞排至洞外。

方案优缺点：

（1）系统相对简单，设备购置和安装投资少，运行耗电较低。通风设备的采购和安装

费用低，运行维护和管理也比较容易。

（2）送风过程中可以对送入厂房的空气进行除尘、加热或降温处理，也可通过部分室内空气再循环，提高送风温度，以利于冬季和过渡季的通风。

（3）易于组织厂房通风气流，保证气流通畅，也易于做到与防排烟和事故通风相结合。根据防火规范的要求，副厂房防烟楼梯间需要正压送风，主厂房发电机层和主变搬运道排烟时应进行补风。

（4）仅靠通风系统对控制室、通讯机房等重要房间的温湿度控制，难以满足规范要求，对于发热量较大的设备房间降温幅度有限。

（5）对比较潮湿的部位，例如水轮机层、蜗壳层等应设置除湿机。

2. 全排风方案

方案进风取自进厂交通洞，全厂不设置送风机，均由自然进风分别流入主副厂房和母线洞、主变洞和高压电缆洞、尾闸室等部位。排风由各部位排风系统的风机经风管和风口由主副厂房排风竖井和高压电缆洞排至室外。

方案优缺点：

（1）系统最简单，设备购置和安装投资及运行耗电最少，运行维护和管理最容易。

（2）难以组织厂房通风气流，容易造成气流短路和死角，因此厂内的热湿空气不能完全排除。

（3）由于没有机械送风设备，空气流速很小，室内的送风开孔尺寸较大，对厂房结构布置不利，而且无法满足防火排烟的设计要求。

（4）由于仅利用进厂交通洞作进风洞，难以对进入厂房的空气进行除尘和加热处理，因此厂房的洁净度和空气参数不能保证。

3. 空气调节＋通风方案

本方案在南方电站应用比较广，以国内某抽水蓄能电站空调布置方案为例。地下厂房采用水冷式冷水机组、循环水泵、软水器、补水箱和定压补水等装置布置在副厂房内。组合式空气调节机组分别布置在主副厂房、安装间副厂房，室外空气分别取自通风兼安全洞和交通洞，空气经空气处理机过滤、降温、除湿等处理后分别送入厂房各部位。有人值守的房间和发热量较大的电器设备房间设置空调末端机组，以消除设备管路的余热余湿。夏季运行以空气调节为主。

特殊部位设置防排烟、事故通风系统。例如：电站发电机层及主变搬运道分别设置排烟系统；副厂房及主变洞防烟楼梯间分别设有防烟系统；主变室、SF6 全封闭组合电器等设备房间设事故后排烟；蓄电池室需要单独设置通风系统。所有排风系统通过排风机、排风管及排风竖井排出厂外。

方案优缺点：

（1）满足厂房内温、湿度的设计和洁净要求，能根据厂房内各部位的温湿度变化进行自动调节。特殊部位的排风系统通过单独设置可满足设计要求。

（2）室内空气通过空气调节末端设备低温冷冻水盘管循环换热时，室内空气经过冷凝从而达到降低室内相对湿度的作用。

（3）由于采用空调系统，通风管路较少；送风温差大，送风系统的管路尺寸小，布置起来比较容易。

（4）满足设备的安全运行及值班人员的舒适度要求。

（5）设备购置和安装投资及运行耗电量很大，运行维护和管理比较复杂。

4. 通风设计方案的确定

通过对上述三个方案的定性分析和比较，可以看出全排风方案虽然投资少，管理方便，但不能保证室内空气设计参数。全空调方案可以满足室内空气参数和洁净要求，并控制和调节灵活、可靠，但投资大。以寒冷地区的蒲石河抽水蓄能电站为例，电站厂房内设置的局部空调系统设备采购和安装费用超过通风系统投资的一半。

对于空气调节＋通风方案，由于蓄能电站厂房散热量大，设备及人员对温湿度要求高，对于南方地区电站，夏季室外计算空调温度都普遍高于30℃，虽然进风洞室有温降效应，但洞室末端温度一般仍会达到26～28℃，如果主厂房区域不采用空调系统，则需采用巨大的风量，否则难以满足规程规定的不高于30℃的要求，而采用巨大风量，对洞室开挖、通风设备布置等都有较大的困难，所以综合比较，南方地区电站主厂房采用空调系统更经济可行。对于北方地区电站，夏季室外计算空调温度较低，使用合理风量的通风系统即可满足主厂房温湿度要求时，可不采用空调方案。

综上所述，在寒冷地区，机械送排风方案投资费用适中，通风气流组织合理，易于同防火排烟相结合。在有人值守的重要房间和电气设备发热量较大的房间，设置局部空调系统。在比较潮湿的部位设置除湿机，完全可以满足厂内的温、湿度要求。以机械送排风为主，局部空调为辅，合理布置除湿设备的方案，实际应用中效果可以满足运行的要求。

## 第二节　供暖、通风及空调设计

### 一、通风设计

#### （一）通风量计算

1. 计算原则

（1）抽水蓄能电站主要承担电网系统中的调峰、填谷任务。一般年份运行时，发电时间为10：30—12：30、17：30—21：30两个时段。抽水时间为23：00—5：00（次日），均为满负荷运行。根据其运行特点，通风系统运行按三班制考虑。

（2）主厂房发电机层、母线层、副厂房电器设备房间、主变压器室、母线洞等按通风排热量计算通风量。

（3）对为排除有害气体为主而进行通风的房间，为保证室内有害物质浓度低于允许浓度，根据有关设计标准规定，通风量按换气次数计算，因此上述房间宜保持负压。

（4）对有事故后需通风要求的场所，采用排风系统兼作事故后通风系统时，排风系统排风量按正常排风量设计，再按事故通风量校核。

2. 计算过程及结果

（1）机电设备发热量计算。抽水蓄能电站厂房得热量来自两方面，一是夏季通过围护

结构传入热量，二是室内机电设备、照明灯具的散热量。

由于抽水蓄能电站地下厂房均采用“无人值守，少人值班”方式，厂房内运行维护人员较少。根据规范规定，人员散热量只有在工作人员比较密集的中央控制室、计算机室、办公室等房间应予计算外，其他设备等房间可不考虑人体散热量。由于地下厂房深埋山体内，夏季建设初期四周岩壁吸热，随着岩石不断被加热，吸热量逐渐降低，热稳定后，吸热量占设备散热量比率越来越小，所以可不考虑结构的吸热量。

地下厂房主要计算机电设备及照明灯具的散热量。厂房内散热量大的主要机电设备有：发电机组、主变压器、强迫油循环水冷式装置、风冷干式变压器、励磁装置、母线、高低压开关柜、中、低压空气压缩机等。另由于地下厂房是一个庞大的洞室系统，所以需要布设大量的照明灯具，且需长期运行，以满足运行和维护的要求，但带来的发热量很大。

目前水力发电站内各种机电设备发热量计算都是按照水利电力出版社的《水电站厂房通风、空调和采暖》（1983 年版）一书中所列公式为依据。根据水电同行业交流，普遍认为如今的设备技术较以前先进性、集成化程度高，设备损耗散热量应较以前有所降低，但目前水电行业通风空调和采暖的热负荷计算依据还没有更新，故本书仍以目前资料进行计算。

（2）发电机组散热计算。大型发电机组散热来源主要是铁损耗、铜损耗、机械损耗和各类机械摩擦损耗。由于大型发电机组普遍采用密闭式冷却系统，机组运行时产生的部分热量被冷却系统的介质带走，部分经发电机盖板周边缝隙和机壳内部分高温空气散发到厂房空间。所以水轮发电机组散热是由缝隙漏风散热、机壳散热的形式，以对流和辐射的方式传到厂房空间。

机组盖板传热量 $Q$，参见《水电站厂房通风、空调和采暖》：

$$Q=K\times F\times(t_{dj}-t_n)(\mathrm{W}) \tag{52-1}$$

式中：$K$ 为发电机盖板传热系数，可取 6.40W/(m$^2$·℃)；$F$ 为发电机盖板传热面积，m$^2$；$t_{dj}$ 为发电机盖板内的平均风温，℃；$t_n$ 为夏季室内温度，℃。

漏风传热量 $Q$，参见《水电站厂房通风、空调和采暖》：

$$Q=X_L\times L\times\rho\times c(t_{dj}-t_n)(\mathrm{W}) \tag{52-2}$$

式中：$X_L$ 为漏风量占发电机冷却循环总风量的百分比，取 0.4%；$\rho$ 为空气密度，kg/m$^3$；$c$ 为空气比热，取 0.28W/(kg·℃)。

$$L=\frac{1000Ne\dfrac{1-\eta}{\eta}}{0.28\Delta t\cdot\rho}(\mathrm{m^3/h}) \tag{52-3}$$

式中：$L$ 为发电机冷却循环总风量，m$^3$/h；$Ne$ 为发电机额定出力，kW；$\eta$ 为发电机效率，取 98%；$\Delta t$ 为通过冷却器前后的空气温降，℃。

**【实例 52-1】** 某抽水蓄能电站厂房装机 4 台，每台 300MW。

机组盖板传热量：$Q=6.4\times62\times3.14\times(43-28)\times4=43272\mathrm{W/h}$

漏风传热量：$Q=0.4\%\times\dfrac{(3\times10^8)\times(1-0.98)}{0.28\times0.98\times20\times1.13}\times0.28\times(43-28)\times4\times1.13$

$=73469W/h$

(3) 变压器散热计算。

变压器散热有两种形式，一种是变压器采用了强迫油循环水冷式，其热损耗大部分由冷却水带走，变压器油温度高于室内气温向周围散热。另一种是风冷式干式变压器，其发热有两部分，一部分是电流通过线圈绕组时的发热，叫做铜损，其最大值相当于产品样本中的短路损耗。另一部分是铁芯在交变电流和磁场作用下引起涡流的发热，叫做铁损，其最大值相当于产品样本中的空载损耗。

强迫油循环水冷式变压器发热量计算公式详见《水电站厂房通风、空调和采暖》：

$$Q=q_u\times F(\mathrm{W}) \tag{52-4}$$

式中：$q_u$ 为油箱单位面积散热量，$\mathrm{W/m^2}$；$F$ 为油箱计算散热面积（底部面积不计）($\mathrm{m^2}$) 由厂家提供，若无厂家资料可按下式计算。

$$q_u=5.5\times(t_u-t_n)\times1.25 \tag{52-5}$$

式中：$t_u$ 为变压器油箱内平均温度，可取65℃；$t_n$ 为变压器室内平均温度,℃。

干式变压器发热量计算公式详见《水电站厂房通风、空调和采暖》：

$$Q=[P_k+P_d(I/I_e)^2](\mathrm{kW}) \tag{52-6}$$

式中：$P_k$ 为空载损耗，kW；$P_d$ 为短路损耗，kW；$I/I_e$ 为变压器的实际电流与额定铭牌电流比值。

**【实例 52-2】** 某抽水蓄能电站厂房一台干式变压器，空载损耗5kW，短路损耗20kW。

**解**：取 $I/I_e=0.9$，$Q=1000\times(5+20\times0.81)=21200(\mathrm{W})$

励磁变压器散热量：

$$Q=[P_k+P_d(I/I_e)^2](\mathrm{kW}) \tag{52-7}$$

式中：$P_k$ 为空载损耗，kW；$P_d$ 为短路损耗，kW；$I/I_e$ 为励磁变压器的二次侧的铭牌额定电流与主发电机在额定状态下工作时的励磁变压器二次侧的实际工作电流比值。

母线散热量详见《水电站厂房通风、空调和采暖》：

$$Q=3I^2R(\mathrm{W}) \tag{52-8}$$

$$I=\frac{N_e}{\sqrt{3}Ue\cos\phi} \tag{52-9}$$

$$R=\frac{\rho l}{F}\chi_j \tag{52-10}$$

式中：$I$ 为流经母线的额定电流，A；$R$ 为每相母线的电阻，Ω；$\rho$ 为母线的电阻系数，与母线的材料和母线温度有关，$\Omega\cdot\mathrm{mm^2/m}$；$l$ 为每根母线的长度 m；$F$ 为母线的截面积，$\mathrm{mm^2}$；$\chi_j$ 为母线的集肤效应系数，表示电流有集中于母线表面的趋势，使导通交流电流后的有效电阻比直流电阻增加的程度，可由电工手册查得；$N_e$ 为发电机的额定功率，kW；$U_e$ 为发电机的额定电压，kV；$\cos\phi$ 为发电机的功率因素。

在计算过程中，采用此公式计算起来很烦琐，需要厂家提供数据较多。如果厂家不能提出电器技术参数时，可以直接由设备厂家直接提供单位长度母线的发热量。

(4) 各种高低压开关柜散热。厂内各种开关柜运行时以辐射和对流的方式向外散热，

每个电器的发热量和电器的数量由电气专业提供。

(5) 灯具照明散热。灯具照明散热尽量采用电气专业提供的照明散热量，当无详细资料时，可采用《水电站厂房通风、空调、采暖》书中详细列出了厂方各部位照明散热量的热指标，计算时可参照表52-2选用。

**表52-2　　某抽水蓄能电站各部位照明散热量表**

| 房间名称 | 照明散热指标 | |
|---|---|---|
| | $W/m^2$ | $kcal/(h\cdot m^2)$ |
| 发电机层 | 15～40 | 12.9～34.4 |
| 中央控制室 | 25～80 | 21.5～68.8 |
| 通讯机房 | 30 | 25.8 |
| 各类试验室 | 15 | 12.9 |
| 其他 | 8～14 | 6.9～12.0 |

(6) 空压机散热。空压机在运行过程中散至室内的热量，是电动机和压缩机散出的。计算空压机电动机功率时要排除备用设备，并根据其运行时间调整空压机的时间利用系数。

电动机散热量：

$$Q=x_f\times x_s\times N\times\frac{1-\eta}{\eta}\quad(\mathrm{kW})\tag{52-11}$$

式中：$x_f$ 为电动机的负荷系数，即最大实际功率与额定功率的比值，一般取0.7～0.9；$x_s$ 为时间利用系数；$N$ 为电动机功率，kW；$\eta$ 为电动机效率，从产品样本中查得。

空压机设备外壳散热量：

$$Q=q\times n\times V\times e\times X_s\tag{52-12}$$

式中：$q$ 为1kg空气经过每级压缩机所散发的热量；$n$ 为压缩机的压气级数；$\rho$ 为空气被压缩前的密度，$kg/m^3$；$V$ 为空气压缩机的额定容量，指排气量，$m^3/h$，$X_s$ 为时间利用系数。

在初步估算时，可按 $Q=(0.18\sim0.25)N\times x_s$ 计算。

(7) 厂房各部位发热量。根据上述公式计算地下厂房各部位发热量填入表52-3中

**表52-3　　抽水蓄能电站地下厂房发热量分配表**

| 生产场所 | 发热量/kW | 备注 |
|---|---|---|
| 主厂房发电机层 | | |
| 主厂房水轮机层 | | |
| 主厂房母线层 | | |
| 空压机室 | | |
| 主变洞 | | |
| 副厂房 | | |
| 母线洞 | | |

（8）厂房通风量计算。抽水蓄能电站主、副厂房的通风量，应根据厂内余热、余湿、有害物浓度和送排风参数等因素计算确定：当同时放散余热、余湿和有害物质时，全面通风量应按其中所需的最大的空气量确定；当放散入室内或室内产生的有害物质数量不能确定时，全面通风量可参照类似房间的实测资料或经验数据，按换气次数确定；设有机械通风的房间，生产、工作场所通风与空气调节系统应保证每人不小于 $30m^3/h$ 的新风量。水轮机层、蜗壳层等厂内潮湿部位的通风量应按排除余湿、余热计算。

当进行厂房气流组织设计时，不应使含有大量热、湿或有害物质的空气流入没有或仅有少量热、湿或有害物质的区域，且不应破坏局部排风系统的正常工作。厂房主要通风系统和进排风通道，应采用有效的防尘、防虫和防水雾措施。

抽水蓄能电站通风量计算如下：

主变压器室、厂用变压器室、配电装置室、电抗器室、断路器室、继电保护盘室、母线洞、电缆夹层（室、廊道）、空气压缩机及贮气罐室等房间或区域，通风量按排除设备余热计算。水泵房通风量应按排除余热、余湿所需的最大空气量确定。为发电机组、主变压器冷却供水的水泵房，水泵常年运行，其通风量应按排除设备的发热量计算确定。

以排除热量为主的通风量计算采用公式详见《水电站厂房通风、空调和采暖》：

风量
$$L=\frac{Q}{\rho\times C_p\times(t_n-t_s)}\quad (m^3/h) \tag{52-13}$$

式中：$Q$ 为室内总显热负荷量，W；$t_n$ 为室内设计温度，℃；$t_s$ 为送风设计温度，℃；$C_p$ 为空气定压比热，可以取 0.28W/kg℃；$\rho$ 为送风空气密度，$kg/m^3$。

**【实例 52-3】** 某抽水蓄能电站主厂房发电机层计算通风量：

$$L=\frac{219141}{0.28\times1.16\times(28-22.4)}=120481m^3/h$$

以排出有害气体和发热量较小房间的排风均按换气次数计算通风量，保证房间换气的需要。通风量按照房间体积与换气次数的乘积计算。抽水蓄能电站主要房间换气要求如下：

油浸式变压器室、电缆夹层（室、廊道）及竖井的事故排风量宜按换气次数不小于 6 次/h。油罐室、油处理室及蓄电池室的机械通风换气次数按表 52-4 的规定确定。进风量为排风量的 80%，排风系统应独立设置，室内空气不允许循环使用。其事故排风量宜按 6 次/h 的换气次数计算确定。

**表 52-4　　油罐室、油处理室及蓄电池室的机械通风换气次数**

| 房间名称 | 换气次数（次/h） | 房间名称 | 换气次数/次/h |
|---|---|---|---|
| 油罐室 | 3 | 防酸隔爆式蓄电池室 | 6 |
| 油处理室 | 6 | 阀控式密封蓄电池室 | 3 |

$SF_6$ 全封闭组合电器室应以机械排风为主。其正常通风量和事故排风量应分别按换气次数不小于 2 次/h 和 4 次/h 计算确定。排风口距室内地面高度应小于 0.3m。

厂房卫生间、盥洗室、浴室等房间，设置机械排风。其通风量宜按换气次数确定。卫生间排风系统宜独立设置。当与其他房间排风系统合用时，应设有防止气味串通的措施。

当采用全面机械通风的主、副厂房有洁净要求时，室内宜保持正压。蓄电池室、油罐

及油处理室、$SF_6$ 全封闭组合电器室应保持负压。

设有全淹没气体灭火系统的中央控制室、计算机房、继电保护盘室等房间，其事故排风量应按换气次数不小于 5 次/h 确定。气体灭火系统的储瓶间应采用机械通风。其事故排风量可按换气次数不小于 12 次/h 确定。

密闭房间的事故排风应设置补风系统。补风量宜大于排风量的 50%。

(9) 计算结果。某抽水蓄能电站经过计算，厂房内主要部位的通风量分配见表 52-5。

表 52-5　　某抽水蓄能电站地下厂房内主要部位通风量分配表

| 生产场所 | 通风量/($m^3$/h) | 备注 |
|---|---|---|
| 主厂房发电机层 | $12.00\times10^4$ | 新风送风量 |
| 主厂房发电机层排烟 | $6.50\times10^4$ | 消防排烟 |
| 主厂房母线层 | $7.50\times10^4$ | 新风送风量，水轮机层，蜗壳层回风 |
| 主厂房水轮机层 | $1.80\times10^4$ | 新风送风量 |
| 主厂房蜗壳层 | $1.20\times10^4$ | 新风送风量 |
| 副厂房 | $5.10\times10^4$ | 新风送风量 |
| 母线廊道 | $8.00\times10^4$ | 四条均布，主厂房回风 |
| 主变压器室 | $7.00\times10^4$ | 新风送风量 |
| 主变搬运道 | $2.00\times10^4$ | 消防排烟 |
| 尾闸室 | $1.35\times10^4$ | 新风通风量 |
| 主变 $SF_6$ 全封闭组合电器室 | $6.00\times10^4$ | 新风通风量 |
| | $9.50\times10^4$ | 事故后排风 |
| 主变附属用房 | $1.40\times10^4$ | 新风通风量 |
| 副厂房楼梯间 | $2.50\times10^4$ | 正压送风量 |
| 高压电缆洞 | $1.50\times10^4$ | 新风通风量 |
| | $1.50\times10^4$ | 事故后排烟 |

### （二）系统布置

1. 气流组织设计

地下厂房通风取得良好的效果，合理的气流组织非常重要，从国内各蓄能电站的设计情况看，主要采用机械送风由主厂房顶拱进入发电机层，发电机层以下各层利用上下游夹墙风道或预埋风管进行串联通风，排风通过母线洞至主变顶拱排出室外，这种形式为气流从温度低的区域流向温度高的区域，新鲜空气串联使用，以减少通风设备容量和风管断面面积。

寒冷地区的蒲石河抽水蓄能电站厂房除顶拱送风外，在发电机层两端也设置送风道，顶拱设置排风管道，平时排风火灾时排烟。发电机层以下各层采用一端送风，另一端排风的形式，中间有母线洞排风，使各层的通风气流均匀顺畅，而副厂房、主变洞、高压电缆洞均采用机械送排风系统，尾闸室采用自然进风，机械排风形式，这样的气流组织形式在许多电站中采用，效果都比较好。

严寒地区在建中的荒沟抽水蓄能电站，通风系统主厂房、主变洞送风取自通风洞，一

端送风，另一端排风，由排风竖井集中排出厂外。各层室外新风横向贯穿本层，同时通过厂房墙面夹层内通风管及通风机实现主机间各层通风换气。母线洞送风取自主机间，由主变洞顶部的排风系统经排风竖井集中排出厂外。副厂房各层送风经由防潮墙送至各层，副厂房排风通过排水廊道，经由排风竖井集中排出厂外。

2. 系统设计

在电站内设置通风系统的部位有地下主、副厂房，主变洞，母线洞，尾闸室，高压电缆洞。

(1) 厂房通风机室、送风洞及排风竖井的布置。抽水蓄能电站地下厂房送排风系统是由送风机室、排风机室、送风洞、送风支洞、通至室外的排风竖井、排风支洞组成。

主副厂房送风机室位于副厂房和厂房送风洞之间；

主变送风机室位于主变洞和主变送风支洞之间；

主厂房排风机室位于小桥机躲避洞和主厂房排风支洞之间；

副厂房排风机室位于副厂房上游侧；

主变排风机室位于主变洞和主变排风支洞之间。

副厂房的排风是利用排风竖井排至地面，在副厂房排风机室上游侧设置的排风竖井直通地面；也可以与主厂房共用一个排风竖井，以节约造价。主厂房及主变洞、尾闸室排风分别通过排风支洞汇至一个排风竖井直通地面。厂房风机室、送排风洞及排风竖井布置见图 52-1。

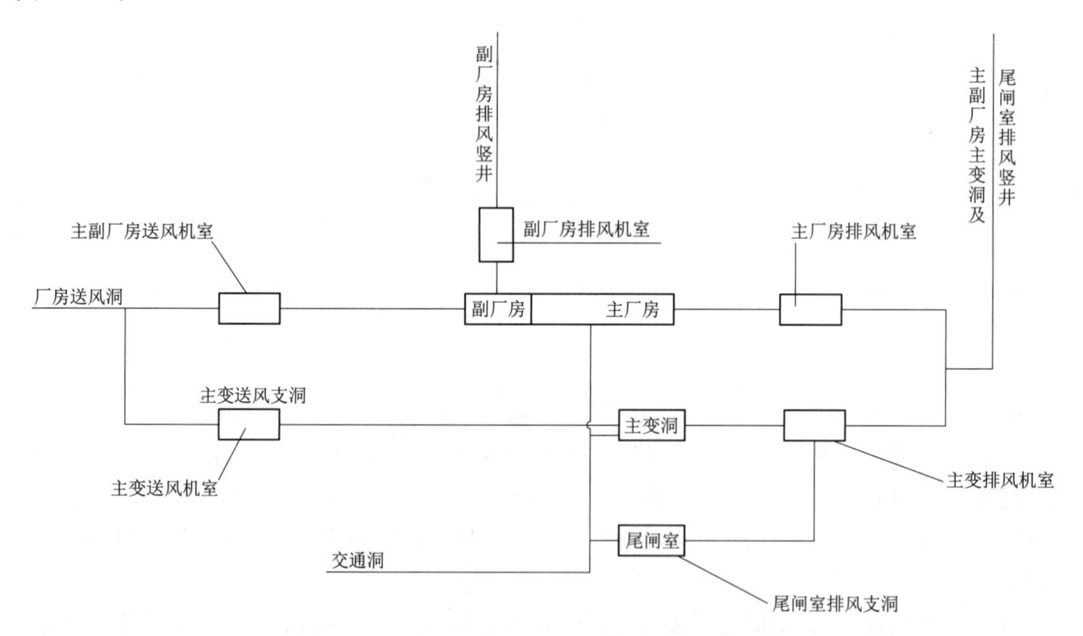


图 52-1　厂房风机室、送排风洞及排风竖井布置图

(2) 地下厂房送排风系统。主厂房进风由厂房通风洞引入，经风机室内的送风机将室外新风由主厂房顶拱和竖井送入发电机层、母线层、水轮机层。在水轮机层，蜗壳层上、下游墙设置通风机，与母线层进行循环通风，升温降湿。主厂房各层排风由风管、风口和竖井排至风机室内，将主厂房的热湿空气和有害气体由排风机经主排风竖井排至室外。

副厂房进风取自通风洞，与主厂房共用一个送风机室。室外新风由送风竖井和风管送至副厂房各层房间。副厂房设置一台小风量送风机，在冬季或主送风机出现故障时为副厂房提供新风。并在送风管路上安装风道式电热器，提高冬季送风温度。副厂房排风由各层风管汇至排风竖井，并引至副厂房顶部的排风机房，由排风机将室内余热排至室外。其中蓄电池室、卫生间设有单独的排风系统，蓄电池室的风机为防爆型。

母线洞进风取自主厂房，每条母线洞均布置排风口、风管和排风机，将洞内余热经主变洞顶拱汇至主变排风机室内，再由排风机排至室外。

主变洞进风由厂房通风支洞引入，经风机室内送风机将新风分别送入各主变室和 GIS 室。排风由各主变室和 GIS 室风管汇入主变洞排风机室内，由排风机将洞内余热和有害气体经主排风竖井排至室外。由于 $SF_6$ 气体比空气重，聚集在室内下部，而室内热空气集中在上部。因此，在通风布置上采用上部排风与下部排风相结合的方式，下部排风口距地面为 0.3m。为防止 $SF_6$ 气体外溢，室内通风保持负压。

尾闸室进风取自进厂交通洞，室内设有排风管路和排风口，室内潮湿空气经风管和排风支洞引至主变排风机室，由室内排风机经主排风竖井排至室外。

地下厂房通风系统流程见图 52-2～图 52-4。

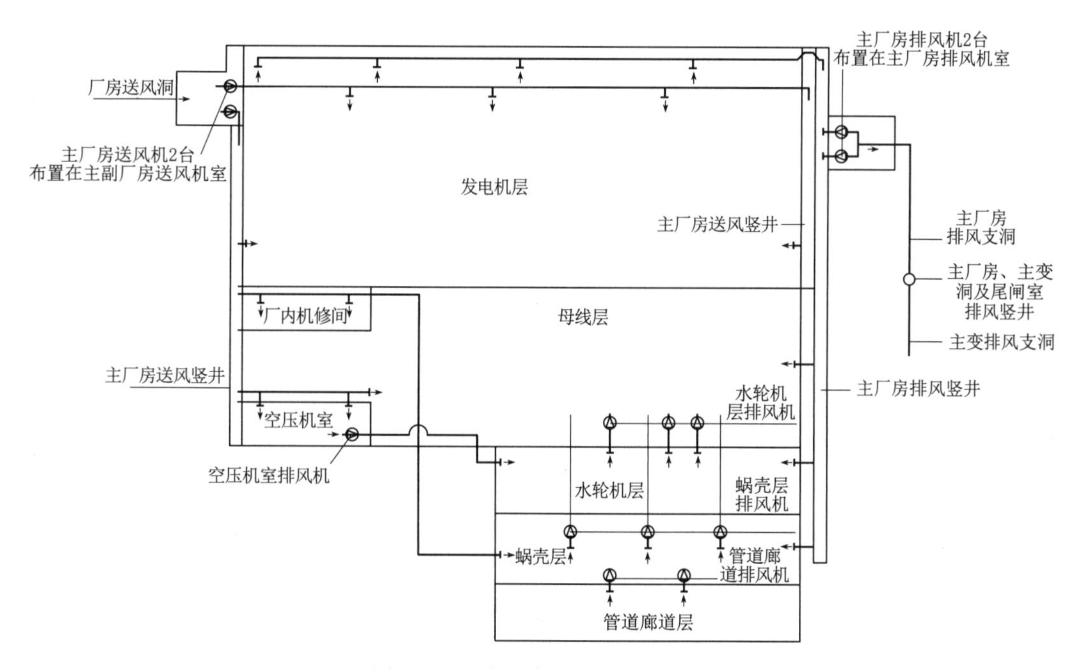


图 52-2　主厂房通风系统流程图

### （三）通风设备材料的选型及控制要求

抽水蓄能电站通常采用离心风机，混流风机，轴流风机，通风时应根据需要的风量、风压选择匹配的通风设备。一般大风量、高风压时选用离心风机。风量大于 30000$m^3/h$，风压大于 500Pa 时，其噪声相对较低，但需要比较大的布置空间，小风量低风压时选用混流或轴流风机，当设备布置受限时，大风量也可采用混流或轴流风机，但要采取有效的消声隔振措施。

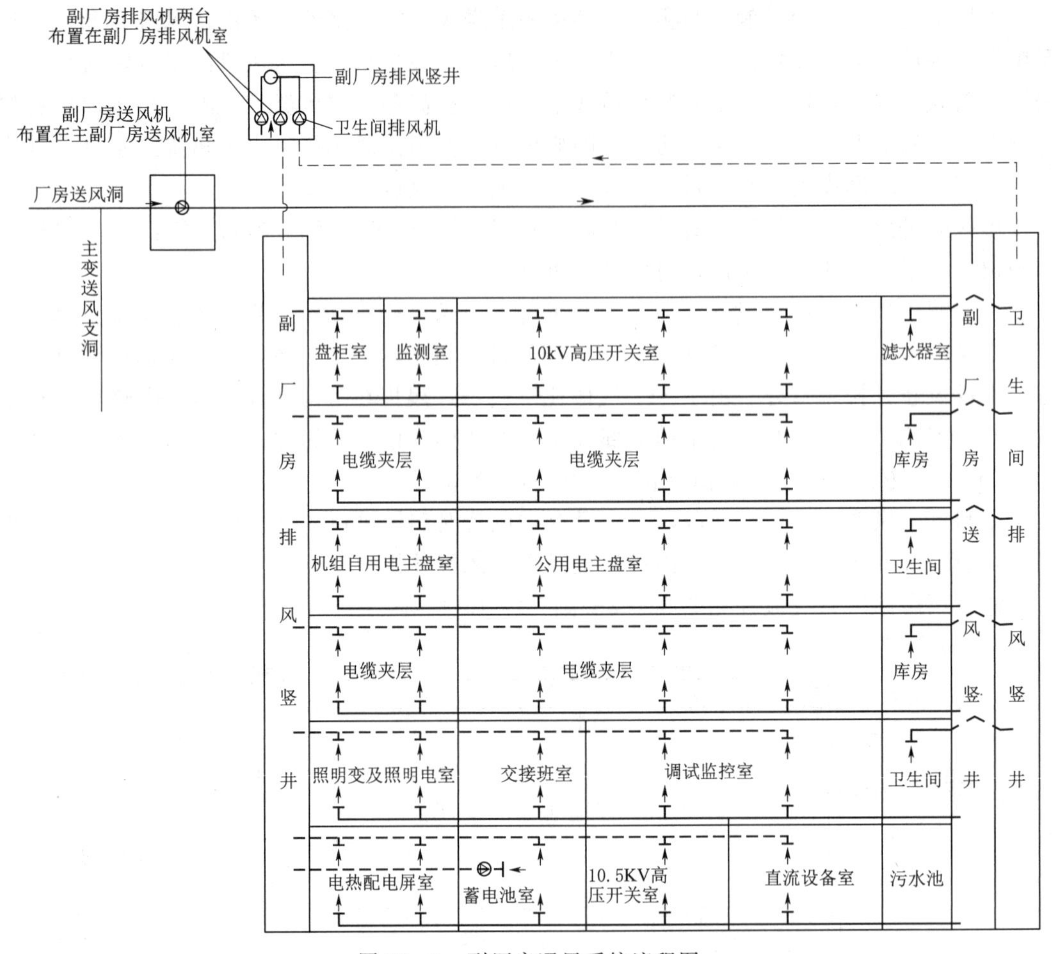

图 52－3　副厂房通风系统流程图

通风系统按照夏季最不利工况，全厂所有发电机满负荷进行设计。一般不设备用风机，但应考虑主通风设备配置两台及以上并联运行。

厂房内的风机均采用现地控制和集中控制，以方便操作和维护检修。有火灾危险性的部位和防排烟风机需要消防联动控制。厂房内各部位设置的温湿度传感器，根据各季节所设定的不同温度可以自动启停风机。

厂房内的通风管路采用不燃、耐腐蚀、强度高、密封性能好的材料，目前主要采用彩钢板风管。

## 二、空调设计

### （一）设计原则

1. 空调系统的设置部位

对于寒冷地区的抽水蓄能电站，因夏季室外空调计算温度较低，机械送排风系统可以满足主厂房温湿度要求，因此不设置空调系统，母线洞进风取自主厂房，但其电气设备较多，散热量较大，应设置一定容量的空调设备。

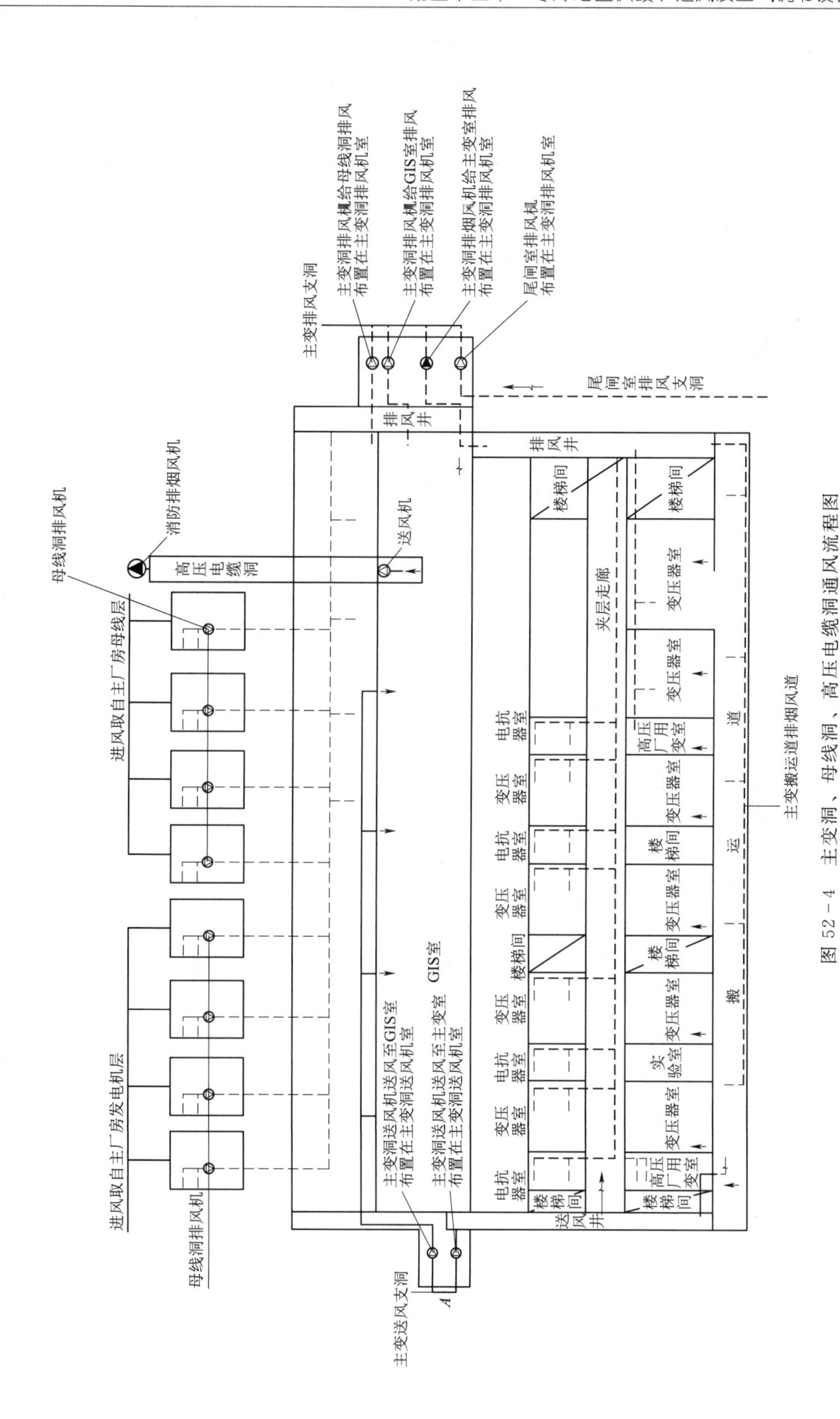


图 52－4　主变洞、母线洞、高压电缆洞通风流程图

主变洞中主变室、电抗器室等设备发热量较大，经计算所需要的通风设备容量和风管尺寸均很大，布置比较困难且温降幅度有限，因此设置空调系统，以降低室内温度。

$SF_6$ 全封闭组合电器室和尾闸室设备散热较少，因此不布置空调设备。

副厂房有人值守的调试监控室、消防控制室，应布置空调设备，并向室内送入新鲜空气，保证人员的舒适性。对于副厂房中散热量较大的电气用房，仅靠通风系统不能完全消除余热，需设置空调系统。

洞外生产控制楼需设置集中空调系统，以满足室内人员和设备对温湿度的要求，特别是中控室、通信机房、计算机室等重要房间，还应配置单元式空调机，防止集中空调系统出现故障或检修时影响设备的安全运行。

2. 空调系统的分类

抽水蓄能电站空调系统一般由冷源、冷媒输送装置、末端空调设备等构成。冷源分为天然冷源和人工冷源，天然冷源有水库低温水、深井水，用完后一般即被排走；人工冷源有水冷和风冷制冷机组，其制冷剂可循环使用。末端空调设备有风机盘管、空气处理机等，为室内送新风和室内换热。

在寒冷地区的抽水蓄能电站空调设备容量较小，运行时间也不长，可采用多联机空调系统和水冷单元式空调机。例如，荒沟抽水蓄能电站在机电设备发热量比较大的母线洞设有水冷式单元空调机组，冷却水取自技术供水管，经过换热直接排至下水库。

多联机空调系统由室外机通过配管连接若干台室内机，室外机采用风冷换热形式，由换热器、压缩机等组成，室内机由直接蒸发式换热器和风机组成，以制冷剂为输送介质，结构紧凑，安装方便。

**（二）空调冷负荷的计算**

一般电站厂房及附属建筑物的热量一是来自围护结构的传热，二是来自室内机电设备、照明、人体散热，而地下厂房的散热主要是后一种。

为了将空调房间的温湿度保持在设计的数值，空调系统须带走一定数量的房间热量，或者说，须向房间提供该数量的冷量，该冷量叫空调的冷负荷。

房间内的热量，部分以对流形式传给室内空气，其余的部分以辐射的形式传给室内设备及围护结构，随后再逐步以对流的形式释放出来，这种蓄热性能使得热量的峰值得到了衰减和延迟，使得冷负荷小于得热量。由于空调房间空气参数在恒温精度内的波动或空调系统的间歇运行，以及输送管道和其他冷量损失，使制冷负荷大于空调冷负荷。也就是说制冷机组的冷量要大于室内空调设备的冷量的总和。

1. 计算方法

（1）通过围护结构形成的逐时冷负荷。

$$CL=K\times F\times(t_{w1}-t_n)(\mathrm{W}) \tag{52-14}$$

式中：$K$ 为传热系数，W/(m² · ℃)；$F$ 为传热面积，m²；$t_{w1}$ 为外墙或屋顶的逐时冷负荷计算温度，℃；$t_n$ 为夏季空气调节室内设计温度，℃。

（2）透过玻璃窗进入的太阳辐射得热形成的逐时冷负荷：

$$CL=K\times F\times(t_{zp}-t_n)(\mathrm{W}) \tag{52-15}$$

式中：$K$ 为传热系数，W/(m² · ℃)；$F$ 为传热面积，m²；$t_{zp}$ 为夏季空气调节室外计算

日平均综合温度,℃；$t_n$ 为夏季空气调节室内设计温度,℃。

（3）人体、照明和设备散热形成的冷负荷。

1）人体散热。

电站厂房人体散热比例很小，但有些副厂房和办公室则不可忽视，其计算按照《水电站厂房通风、空调和采暖》。

$$Q=m\times q(\mathrm{W}) \tag{52-16}$$

式中：$m$ 为各房间经常出现的最多人数；$q$ 为每个人的散热量，W/人。

2）照明散热。

电站厂房各部位的照明散热指标，可以在《水电站厂房通风空调和采暖》表 2-9 中查得，并按正常房间面积进行计算照明散热形成的冷负荷。

**【实例 52-4】** 某抽水蓄能电站调试监控室的面积为 155$m^2$。查表 2-9 其照明散热指标为 60W/($m^2$·h)。

则照明冷负荷：$CL_{zm}=60\times155=9300(\mathrm{W/h})$

3）设备散热。

电站厂房各部位的设备发热量计算方法见 2.1。在表 52-3 中可以查到地下厂房各部位设备的发热量。

2. 空调冷负荷的确定

根据以上公式计算出的得热量，可以确定电站厂房和建筑物的冷负荷。而对于寒冷地区蓄能电站发热量较大的电气房间。由于采用通风与空调相结合的形式，因此空调房间的冷负荷应是得热量减去通风系统带走的热量后的数值。考虑到设备性能，冷量损耗等因素。制冷机组冷量的选取，应有 1.15 倍的富余量。

在电站内设置空调系统的部位有地下厂房的副厂房、母线洞和主变洞，洞口生产控制楼。以某抽水蓄能电站为例，各部位空调冷负荷分配表见表 52-6。

**表 52-6　某抽水蓄能电站各部位空调冷负荷分配表**

| 生产场所 | 冷负荷/(W/h) | 备注 | 生产场所 | 冷负荷/(W/h) | 备注 |
|---|---|---|---|---|---|
| 副厂房 | 63000 | | 洞口生产控制楼 | 44000 | |
| 主变室 | 167000 | | 母线洞 | 243600 | |

**（三）地下厂房及附属建筑的空调系统**

对地下厂房、洞口生产控制楼、有人值守的房间和设备发热量大的部位，均设置多联机空调系统。空调室外机布置在厂房进排风支洞或室外，空调房间顶部安装室内机，室内外机之间采用制冷剂气液管相连。为防止洞口控制楼空调系统出现故障，对中控室、计算机室、通讯机房等重要房间造成影响，在上述房间内设置独立的柜式空调机。

**（四）空调设备配置选型及控制**

空调系统按照夏季最不利工况，全厂所有发电机满负荷运行进行设计。一般不设备用冷源，但应考虑主空调设备的配置两台及以上并联运行，机组之间有轮换使用的可能性。在寒冷地区一般选用多联机和单元式空调机。空调设备应能现地控制和集中控制，包括启停操作，监视、故障报警等功能，实现空调系统的自动控制与调节。

## 三、供暖设计

### （一）设计原则

根据《水力发电厂供暖通风与空气调节设计规范》（NB/T 35040—2014）中规定，累年日平均温度稳定低于或等于5℃的日数，大于或等于90天的地区的水力发电厂的工作场所，应设置全面供暖措施。

对于寒冷地区的抽水蓄能电站，其地下厂房人员经常活动的场所应设置供暖设施。如地下厂房发电机层、主变搬运道、副厂房内部分房间（如中央控制室、消防控制室、计算机房、办公室、值班室、通讯机房、走廊等部位）。洞外中控楼、开关站等地面建筑也应设置供暖设施。

按照规范规定，主厂房应尽量利用发电机组放热风供暖。当不具备放热风条件时，宜采用电热辐射、电热风等其他供暖方式；副厂房宜采用电热辐射、电热风、电散热器、热泵等方式供暖。

发电机组运转过程中，会产生热空气，热空气在机组的线圈及空气冷却器中往复循环。抽水蓄能电站发电机组放热风产生的热量，一天抽水＋发电为10余个小时，在其他时间机组不产生热量。

中央控制室、计算机室、办公室等供暖要求较高的房间，采用低温发热电缆或电热膜、电热风、电散热器；蓄电池室宜采用风道式电加热器热风供暖，电加热设备应布置在邻近房间内；厂房内油处理室应采用密封式电散热器、密闭式电热风供暖，油罐室可不供暖；泵房、空气压缩机室、贮气罐室宜采用中温电热辐射板或电热风供暖；严寒及寒冷地区经常开启的外门，设置热空气幕。

室内空气设计参数表中规定值守室、办公室的温度为20℃，其他部位的温度要求≥10℃，以保证人员的正常工作，并使油压装置、技术供水和消防水管、阀门、水泵等设施能够安全运行。

### （二）供暖热负荷的计算

围护结构的耗热量应包括基本耗热量和附加耗热量，其附加耗热量应按基本耗热量的百分率确定，主要有朝向、高度、风力，外门等附加率，而地下厂房的进风通道有交通洞，进风洞、排水廊道等，而且冬季厂房也要求有一定量的新风，因此冷空气主要通过大门和进风洞进入厂房的。

抽水蓄能电站供暖热负荷主要有：地下围护结构岩壁耗热量、新风或者冷风渗透产生热负荷、水分蒸发的耗热量等。根据《水力发电厂供暖通风与空气调节设计规范》（NB/T 35040—2014）中规定外围护结构厚度超过2m的坝内、封闭厂房，可不计算冬季供暖围护结构的耗热量。设置供暖设施的场所存在水分蒸发耗热量很少，此部分可不计入室内供暖热负荷。由此抽水蓄能电站供暖热负荷主要计算新风和冷风渗透产生热负荷。

1. 围护结构基本耗热量

按照《工业建筑供暖通风与空气调节设计规范》（GB/T 500195—2015）进行计算。

$$Q=\alpha\times K\times F\times(t_n-t_{wn})(\mathrm{W}) \tag{52-17}$$

式中：$\alpha$ 为围护结构的温差修正系数；$K$ 为围护结构的平均传热系数，W/(m$^2$·℃)；$F$

为围护结构的传热面积，$m^2$；$t_n$ 为供暖室内计算温度，℃；$t_{wn}$ 为供暖室外计算温度，℃；注：当已知或可求出冷侧温度时，$t_{wn}$ 可直接用冷侧温度值代入，不再进行 $\alpha$ 值修正。

2. 通风耗热量

按照《水电站厂房通风空调和采暖》进行计算。

$$Q=L\times C_P\times\rho\times(t_n-t_s)(\mathrm{W}) \tag{52-18}$$

式中：$L$ 为通风量，$m^3/h$；$t_n$ 为室内设计温度，℃；$t_s$ 为送风设计温度，℃；$C_P$ 为空气定压比热，kJ/(kg・℃)；$\rho$ 为送风空气密度，$kg/m^3$。

**【实例 52－5】** 某抽水蓄能电站主厂房冬季运行时开启一台送风机，$L=87000m^3/h$，通风室外计算温度 $t_w=-14$℃，进风洞温升 6～8℃则送风温度 $t_s=-8$℃，$t_n=10$℃，$\rho=1.25kg/m^3$。

$$Q=0.28\times1.25\times(10+8)\times87000=548100(\mathrm{W/h})$$

从以上计算可以看出冬季通风耗热量是比较大的，同时发电机组及母线等运行时也放出热量，因此通风系统的开启时间，要与机组运行相结合，这样可以达到节能的目的。对于厂房内发电机层、GIS 室、尾闸室等高大空间的部位，由于热空气聚集在上部，因此采用大功率的电暖风机进行强制对流供暖。并在上部设置通风机，将热空气送至下部，以加快室内空气循环，使各部位温度均衡。

**（三）供暖设备布置**

1. 地下厂房供暖系统

主厂房发电机层、水轮机层设置柜式电暖风机供暖，主厂房各层空间比较大，采用柜式电暖风机进行强制对流，加快室内空气的循环，使各部位温度均衡。

副厂房有运行人员值班，每层房间及走廊和楼梯间均设置电散热器。为了满足副厂房冬季通风的需要，在副厂房顶部设有一台风道式电加热器，提高送风温度。

主变洞电气实验室和走廊设置电散热器，$SF_6$ 全封闭组合电器室布置柜式电暖风机。

尾闸室布置一定数量的电热插座，根据运行和检修时的温度状况设置电散热器。

进厂交通洞口处由于冷空气的进入使地面渗水在排水沟处和地面结冰，影响交通和运输人员安全。因此在入口处应安装保温大门。并在大门两侧设置电热风幕。并在洞口处设置一定数量的电暖风机，以提高洞内的温度。

2. 地面建筑物供暖系统

厂区地面建筑物有生产控制楼等，各房间采用密闭式电散热器供暖。大门处顶部设置电热风幕。

**（四）供暖设备的选型和控制**

电站厂房和附属建筑物，一般采用电热设备如电暖风机、电散热器、风道式电加热器、电热风幕等。

电暖风机可根据室内温度的变化自动启停，设有手动温度调节装置。进行温度控制，配置超温断电保护装置。

电散热器设有手动温度调节装置，功率分档调节器，过热过冷保护装置。

风道式电加热器设有与风机连锁起停的控制装置，配置温度调节装置和超温断电保护装置。

电热风幕配置控制箱，手动控制风幕的启停。

## 四、除湿设计

**（一）设计原则**

抽水蓄能电站地下厂房潮湿主要有以下几个原因：室外空气相对湿度较大，未经处理进入厂房；冷表面（水管表面及墙面）结露；岩体表面渗水以及管路设备连接处漏水。

针对上述原因，系统设计可从下面几个方面考虑：

（1）建立回风通道：潮湿季节或高温高湿天气采取回风运行，避免新风将过多的湿气带入厂房（其他季节为保证厂房空气品质可全新风运行）。

（2）在水轮机层、蜗壳层及其他比较潮湿的部位设置一定数量的除湿机进行局部除湿，改善该区域的空气状况。

（3）对供水管道表面进行保温处理。

（4）防渗水、漏水：地沟加盖板及时清理地面积水，减少其蒸发量。

**（二）除湿量计算**

厂房内散湿量主要有三个方面，一是外高温高湿空气进入厂内温度较低的地区增大了相对湿度、二是积水和潮湿表面的散湿量、三是气态传湿量，即室外空气水蒸气通过厂房围护结构的毛细管进入室内的水分。因此计算散湿量的公式如下：

1. 新风湿量

$$W1=0.001\times G\times(d_w-d_n)(\text{kg/h}) \tag{52-19}$$

式中：$G$ 为进入厂内未经处理的空气量，kg/h；$d_w$ 为厂外空气的含湿量，g/kg 干空气；$d_n$ 为厂内空气的含湿量，g/kg 干空气。

2. 积水或潮湿表面散湿量

$$W2=(6\sim6.5)\times(t_n-t_{sq})\times F(\text{kg/h}) \tag{52-20}$$

式中：$t_n$ 为室内空气的干球温度,℃；$t_{sq}$ 为室内空气的湿球温度,℃；$F$ 为积水或潮湿表面面积，$m^2$。

3. 气态传湿

$$W3=0.001\times F\times G(\text{kg/h}) \tag{52-21}$$

式中：$F$ 为围护结构表面积，$m^2$；$G$ 为围护结单位面积的散湿量，$g/(m^2\cdot h)$。

**【实例 52-6】** 某抽水蓄能电站厂房水轮机层围护结构表面积为 4708$m^2$，单位面积散热量按照《水电站厂房通风空调和采暖》表 4-5 地下电站围护结构单位面积散湿量选取 $2g/(m^2\cdot h)$。$W3=0.001\times F\times g=0.001\times4780\times2=9.4(\text{kg/h})$。

**（三）除湿设备布置**

对于寒冷地区抽水蓄能电站，其地下厂房的水轮机层、蜗壳层、管道廊道层、尾闸室等部位湿度大，温度低，因此采用升温型除湿机，并应设置除湿容量大、低温型的除湿设备。

**（四）除湿设备选型及控制**

对于寒冷地区的抽水蓄能电站可采用升温型除湿机，可有效提高室内温度，工作范围为 5～32℃，可根据室内湿度的变化自动启停。机组设有过载、短路、缺相、过热、高压、低压等保护，以及风机、水泵、防火阀连锁保护。

# 第三节　防烟排烟设计

## 一、设计原则

防烟系统的作用，建筑物一旦发生火灾，能有效地阻止烟气进入到疏散空间，提高人员疏散速度，减少救人救灾的难度。排烟系统的作用，建筑物发生火灾时能迅速启动，及时地把烟气排出室外，使疏散人员和救灾人员不被烟气所困。本节主要论述地下厂房的防烟排烟设计，按照防火规范的要求，地下厂房下列部位应设置防烟排烟设施：

（1）主厂房发电机层的排烟量，按一台机组段的地面面积计算，不小于 $120m^3/(m^2 \cdot h)$。

（2）主变搬运道的排烟量，按一台机组段长度的搬运道地面面积计算，不小于 $120m^3/(m^2 \cdot h)$。

（3）厂房长度超过 40m 的疏散走道的排烟量，当担负一个防烟分区时，其排烟量应按不小于 $60m^3/(m^2 \cdot h)$ 计算，且取值不小于 $15000m^3/(m^2 \cdot h)$；当一个排烟系统担负多个防烟分区时，其排烟量应按同一防火分区中任意两个防烟分区的排烟量之和的最大值计算。

（4）建筑高度大于 32m 的副厂房中长度大于 20m 的疏散走道。

（5）排烟系统的补风机：按补风量大于 50%排烟量选取。

（6）防烟楼梯间及前室，消防电梯间前室或合用前室，封闭楼梯间应设置机械加压送风系统，其计算风量按照《建筑防烟排烟系统技术标准》（GB 51251—2017）计算确定，设计风量不应小于计算风量的 1.2 倍。

## 二、系统布置

### （一）地下厂房防烟设计

1. 防烟系统设置原则

厂房内的防烟楼梯间及其前室、消防电梯前室或合用前室、封闭楼梯间均设置机械加压送风系统，加压送风机布置在专用机房内。

厂房内的防烟楼梯间及其前室，消防电梯前室布置在副厂房，封闭楼梯间布置在安装间副厂房，主变洞，以及主变副厂房。其进风取自通风洞，由各部位的正压送风机和风管分别送至防烟楼梯间，封闭楼梯间及其前室。楼梯间每隔两层至三层设一个常开式百叶送风口，前室则每层设一个常闭式加压送风口，且应设手动开启装置。建筑高度大于 32m 的高层副厂房，应采用楼梯间两点部位送风方式，送风口之间的距离不宜小于建筑高度的 1/2。

机械加压送风系统的设计风量不应小于计算风量的 1.2 倍，其计算风量应由《建筑防烟排烟系统技术标准》（GB 51251—2017）第 3.4.5～3.4.8 条的规定计算确定。当系统负担建筑高度大于 24m 时，其计算值应与表 3.4.2 中的较大值确定。机械加压风量应满足走廊至前室至楼梯间的压力呈递增分布，前室与走道之间的压差应为 25～30Pa。楼梯间与走道之间的压差应为 40～50Pa。当系统余压值超过最大允许压力差时应采取泄压措施。

最大允许压力差由第3.4.9条计算确定。

厂房内机械加压送风管道的材质和耐火极限与排烟风管相同。

2. 防烟系统控制要求

设置了机械加压送风系统的封闭楼梯间、防烟楼梯间、当所在防火分区的火灾确认后，需开启该防火分区内楼梯间的全部加压送风机。

设置了常闭多叶送风口的独立前室，合用前室以及消防电梯前室，当所在防火分区的火灾确认后，需开启该防火分区内着火层及其相邻上下层前室的加压送风口，并同时启动相关联的加压送风机。

在楼梯间上、下各1/3高度处分别设压差传感器，控制加压送风机入口处的电动风阀，调节楼梯间的余压值。前室每层设压差传感器和电动余压阀，当任一层超压时，电控开启该层余压阀泄压。

3. 防烟系统控制方式

机械加压送风系统应与火灾自动报警系统联动，其联动控制应符合现行国家标准《火灾自动报警系统设计规范》(GB 50116—2013) 的有关规定。

加压送风机的启动应符合下列规定：现场手动启动；通过火灾自动报警系统自动启动；消防控制室手动启动；系统中任一常闭加压送风口开启时，加压送风机应能自动启动。

当防火分区内火灾确认后，应能在15s内联动开启常闭加压送风口和加压送风机，并应符合下列规定：应开启该防火分区楼梯间的全部加压送风机；应开启该防火分区内着火层及相邻上下层前室及合用前室的常闭送风口，同时开启加压送风机。

机械加压送风系统宜设有测压装置及风压调节措施。

消防控制设备应显示防烟系统的送风机、阀门等设施启闭状态。

**（二）地下厂房排烟设计**

(1) 厂房排烟设计。主厂房发电机层、主变搬运道、长度超过40m的疏散走道、建筑高度大于32m的副厂房中长度大于20m的疏散走道均设置机械排烟设施。排烟风机布置在专用机房内。

厂房内各部位的排烟系统，其排烟管道敷设在房间上部，由排烟风口、管道与排烟风机相连。火灾时由排烟风机将室内烟气经厂房排风竖井排至室外。

在厂房和主变发生火灾时，高温烟气主要聚集在上述部位顶部。如不及时排烟，会给人员疏散和火灾扑救带来很大困难。据有关专家现场的测试实验，发电机层排烟风量按一台机组段的地面面积不少于$120m^3/(m^2 \cdot h)$确定是正确的。发电机层空间高大宽敞，容烟量大，降温效果明显。烟气层高度降至2m以下超过30min，为人员逃生和火灾扑救赢得时间。主变搬运道排烟风量按每台机组段长度的地面面积不少于$120m^3/(m^2 \cdot h)$计算是足够的。但据此计算的排烟量，火灾时搬运道内的能见度会低于10m，对人员逃生是不安全的，设计时应适当加大排烟量。厂房内其他设置排烟系统的部位，其排烟量按《建筑防烟排烟系统技术标准》(GB 51251—2017) 计算。

(2) 厂房通风系统。厂房通风系统的风管在穿越防火分区处、通风空调机房、重要的或火灾危险性大的房间隔墙和楼板处，以及竖向风管与每层水平风管交接处的水平管段上

均设置70℃关闭的防火阀。当某部位发生火灾时，该层的防火阀关闭，输出关闭信号，连锁通风机停止运行，防止火灾蔓延。

机械排烟系统竖向布置时，排烟风机设于系统上部的专用机房内。排烟口距防烟分区内最远点水平不超过30m；且与附近安全出口相邻边缘之间的水平距离不小于1.5m。垂直风管与每层水平风管交接处的水平管段上配设有280℃可熔断关闭的排烟防火阀。

排烟风机和补风机分别设置在专用的风机房内。

排烟风机入口处的总管上设280℃可熔断关闭的排烟防火阀，该阀与排烟风机连锁，该阀关闭时，排烟风机停止运转。同时，排烟风机与排烟管道的连接部件应能在280℃时连续运行30min，保证其结构完整性。

一个排烟系统负担多个防烟分区的排烟支管上均配设280℃可熔断关闭的排烟防火阀。

机械排烟系统采用金属管道排烟，且排烟管道内设计风速不大于20m/s。

竖向布置的排烟管道，独立设置在专用管道井内，其耐火极限不低于0.5h。

水平布置在吊顶内的排烟管道，耐火极限不应低于0.5h；直接设置在室内的排烟管道，其耐火极限不低于1.00h。

水平布置在走道吊顶内的以及穿越防火分区的排烟管道，其耐火极限不低于1.00h，设置设备用房的排烟管道，其耐火极限不低于0.5h。

穿越防火分区的排烟管道，穿越处配设280℃可熔断关闭的排烟防火阀。

排烟系统按防烟分区设置排烟口，排烟口选用平时常闭型，排烟口的风速不大于10m/s。

补风系统管道耐火极限不低于0.50h，当补风管道跨越防火分区时，管道的耐火极限不应小于1.50h。

补风口与排烟口设置在同一防烟分区时，补风口设在储烟仓的下沿以下，且与排烟口水平距离不少于5m。

防烟排烟系统设计说明中应设置机械排烟系统汇总，见表52-7。

**表52-7　　机械排烟系统汇总表**

| 系统编号 | 系统风量/($m^3$/h) | 系统服务区域 | 换气次数 | 通风设备 | 安装地点 | 补风形式 | 补风量 | 备注 |
|---|---|---|---|---|---|---|---|---|
| P(PY)-BX-1、2 | | | | | | | | |
| PY-FX-1、2 | | | | | | | | |

(3) 排烟系统控制方式。机械排烟系统应与火灾自动报警系统联动，其联动控制应符合现行国家标准《火灾自动报警系统设计规范》(GB 50116—2013) 的有关规定。

排烟风机、补风机的控制方式应符合下列规定：现场手动启动；火灾自动报警系统自动启动；消防控制室手动启动；系统中任一排烟阀或排烟口开启时，排烟风机、补风机自动启动；排烟防火阀在280℃时应自行关闭，并应连锁关闭排烟风机和补风机。

机械排烟系统中的常闭排烟阀或排烟口应具有火灾自动报警系统自动开启、消防控制室手动开启和现场手动开启功能，其开启信号应与排烟风机联动。当火灾确认后，火灾自动报警系统应在15s内联动开启相应防烟分区的全部排烟阀、排烟口、排烟风机和补风设施，并应在30s内自动关闭与排烟无关的通风、空调系统。

当火灾确认后，担负两个及以上防烟分区的排烟系统，应仅打开着火防烟分区的排烟阀或排烟口，其他防烟分区的排烟阀或排烟口应呈关闭状态。

消防控制设备应显示排烟系统的排烟风机、补风机、阀门等设施启闭状态。

## 三、防烟排烟系统设施

### （一）钢板风管在土建管井内的安装

钢板风管板材厚度应符合设计要求，设计无要求时，矩形风管板材的厚度不应小于《通风管道技术规程》（JGJ/T 141—2017）表3.2.1的规定。

矩形钢板风管法兰角钢材料规格应符合表52-8的规定。

**表52-8　　矩形钢板风管法兰角钢材料规格**

<table>
<tr><th>风管长边尺寸 $b$/mm</th><th>法兰角钢规格/mm</th><th>螺栓规格</th><th>铆钉规格</th></tr>
<tr><td>$b\leqslant630$</td><td>∟25×3</td><td>M6</td><td rowspan="2">$\phi4$</td></tr>
<tr><td>$630<b\leqslant1500$</td><td>∟30×3</td><td rowspan="2">M8</td></tr>
<tr><td>$1500<b\leqslant2500$</td><td>∟40×4</td><td rowspan="2">$\phi5$</td></tr>
<tr><td>$2500<b\leqslant4000$</td><td>∟50×5</td><td>M10</td></tr>
</table>

角钢法兰的连接螺栓和铆钉的间距应符合表52-9的规定。

**表52-9　　矩形风管角钢法兰连接螺栓和铆钉的间距**

<table>
<tr><th rowspan="2">角钢规格/mm</th><th colspan="2">螺栓及铆钉间距/mm</th></tr>
<tr><th>微、低、中压系统</th><th>高压系统</th></tr>
<tr><td>∟25×3</td><td rowspan="4">≤150</td><td rowspan="4">≤100</td></tr>
<tr><td>∟30×3</td></tr>
<tr><td>∟40×4</td></tr>
<tr><td>∟50×5</td></tr>
</table>

矩形钢板风管在管道井内安装时楼板留洞要求：①结构楼板的预留孔洞位置应正确，符合设计要求。考虑风管法兰高度及风管保温隔热的余量、现场施工的操作空间等因素，《通风管道技术规程》（JGJ/T 141—2017）规定预留孔洞应大于风管外边尺寸100mm或以上。②对于只有两面或少于两面后砌墙的管道井，通常是按管道井的内尺寸预留楼板洞；或是沿现浇钢筋混凝土墙预留出150mm的承台。③预留楼板洞的四周宜结合楼板做一高出楼板不小于150mm的围堰，便于竖向风管安装。

矩形钢板风管法兰接口不得安装在楼板内。角钢法兰连接的风管，螺栓应均匀拧紧，螺母应在同一侧；法兰垫片不应凸入风管内壁，也不应凸出法兰外。风管应设置不少于2个固定点，支架间距不应大于4m。风管的支架宜设置在角钢法兰连接处，不宜单独以抱箍的形式固定风管，采用型钢支架并使风管重量通过角钢法兰作用于支架上。风管抗震支吊架的设置应符合《建筑机电工程抗震设计规范》（GB 50981—2014）的规定。

风管穿越楼板处，应设置钢制防护套管，防护套管厚度不小于1.6mm，风管与防护

套管之间应采用防火封堵材料封堵严密，穿楼板套管底端与楼板底面平齐顶端应高出楼板面30mm。

风管系统安装完毕后，应按系统类别要求进行施工质量外观检验。合格后，应进行风管系统的严密性检验，漏风量应符合设计要求和《通风与空调工程施工质量验收规范》(GB 50243—2016) 第4.2.1条的规定。

敷设矩形钢板风管的管道井应独立设置。《建筑设计防火规范》(GB 50016—2014) (2018版) 规定管道井壁的耐火极限不应低于1.00h，井壁上的检查门应采用丙级防火门。

为保证风管安装的质量，以及安装便捷性、高效性，最大化合理使用建筑空间，敷设钢板风管的管道井的井壁，应优先遵循多面墙后砌筑的原则，并应在建筑专业的相关图纸上标注明确；尽量避免将钢板风管设置在具有多面现浇钢筋混凝土墙的管道井中，矩形钢板风管的支架型材、螺栓、通丝杆等的规格，以及支架的制作、固定方式等，应由现场的工程技术人员根据风管尺寸、保温隔热层的材料、厚度、做法及荷载等确定，并进行复核计算。

**(二) 防火阀、排烟防火阀和排烟阀**

1. 阀门分类

按阀门控制方式分类见表52-10。

**表52-10　　按阀门控制方式分类**

<table>
<tr><th colspan="2">代号</th><th colspan="2">控　制　方　式</th></tr>
<tr><td colspan="2">W</td><td colspan="2">温感器控制自动关闭</td></tr>
<tr><td colspan="2">S</td><td colspan="2">手动控制关闭或开启</td></tr>
<tr><td rowspan="3">D</td><td>$D_c$</td><td rowspan="3">电动控制关闭或开启</td><td>电控电磁铁关闭或开启电控</td></tr>
<tr><td>$D_j$</td><td>电控电机关闭或开启</td></tr>
<tr><td>$D_q$</td><td>电控气动机构关闭或开启</td></tr>
</table>

注　排烟阀没有温感器控制方式。

按阀门功能分类见表52-11。

**表52-11　　按阀门功能分类**

| 代号 | 功　能 | 代号 | 功　能 |
|---|---|---|---|
| F | 具有风量调节功能 | K | 具有阀门关闭或开启后阀门位置信号反馈功能 |
| Y | 具有远距离复位功能 | | |

注　排烟防火阀和排烟阀不要求风量调节功能。

2. 阀门标记

防火阀名称符号为FHF。排烟防火阀的名称符号为PFHF。排烟阀的名称符号为PYF。

标记示例1：FHF WS$D_j$-F-630×500表示具有温感器的自动关闭、手动关闭、电控电机关闭方式和风量调节功能，公称尺寸为630mm×500mm的防火阀。

标记示例2：PFHF WS$D_c$-Y-$\phi$1000表示具有温感器的自动关闭、手动关闭、电控电磁铁关闭方式和远距离复位功能，公称直径为1000mm的排烟防火阀。

标记示例3：PYF $SD_c$－K－400×400表示具有手动开启、电控电磁铁开启方式和阀门开启位置信号反馈功能，公称尺寸为400mm×400mm的排烟阀。

3. 防火阀的控制策略说明

防火阀一般由阀体、叶片、执行机构和温感器等部件组成。

防火阀一种是电控电磁铁动作的，控制策略见表52－12；另一种是电控电机动作的，控制策略见表52－13。

4. 电动防火阀组的控制策略说明

电动防火阀组是由多个电动防火阀单体拼装而成，每个电动防火阀均是由阀体、叶片、执行机构和温感器等部件组成。

**表52－12　单个电动防火阀（电控电磁铁）控制策略说明**

| 被控对象 | 控制内容 | 控制要求 |
| --- | --- | --- |
| FHF $WSD_c$－K 电动防火阀 | 通断 | 1. 平时呈开启状态；<br>2. 火灾确认后，火灾自动报警系统联动执行机构内的电磁铁通电动作，阀门自动关闭，并输出关闭电信号；<br>3. 当风管内气流温度达到70℃时，温感器动作，阀门自动关闭；<br>4. 阀门可手动关闭、手动复位；<br>5. 具有风量调节功能（可选项） |

**表52－13　单个电动防火阀（电控电机）控制策略说明**

| 被控对象 | 控制内容 | 控制要求 |
| --- | --- | --- |
| FHF WSDj－K 电动防火阀 | 通断 | 1. 平时呈开启状态；<br>2. 火灾确认后，火灾自动报警系统联动执行机构内的电机通电动作，阀门自动关闭，并输出关闭电信号；<br>3. 阀门动作后直流电机驱动复位；<br>4. 当风管内气流温度达到70℃时，温感器动作，阀门自动关闭；<br>5. 阀门可手动关闭、手动复位；<br>6. 具有风量调节功能（可选项） |

电动防火阀组一种是电控电磁铁动作的，控制策略见表52－14；另一种是电控电机动作的，控制策略见表52－15。

**表52－14　电动防火阀组（电控电磁铁）控制策略说明**

| 被控对象 | 控制内容 | 控制要求 |
| --- | --- | --- |
| FHF $WSD_c$－K 电动防火阀组 | 通断 | 1. 平时呈开启状态；<br>2. 火灾确认后，火灾自动报警系统联动每个防火阀单体的执行机构内的电磁铁通电动作，阀门组自动关闭，并输出关闭电信号；<br>3. 当风管内气流温度达到70℃时，阀门组中任一单体内的温感器动作，单体阀门自动关闭时，阀门组将通过现场操作装置自动联动关闭其他阀门单体；<br>4. 电动阀门组可手动关闭、手动复位；<br>5. 具有风量调节功能（可选项） |

表 52-15 电动防火阀组（电控电机）控制策略说明

| 被控对象 | 控制内容 | 控制要求 |
|---|---|---|
| FHF $WSD_j$-K<br>电动防火阀组 | 通断 | 1. 平时电动防火阀组呈开启状态；<br>2. 火灾确认后，火灾自动报警系统联动每个防火阀单体执行机构内的电机通电动作，阀门组自动关闭，并输出关闭电信号；<br>3. 阀门组动作后直流电机驱动复位；<br>4. 当风管内气流温度达到70℃时，阀门组中任一单体内的温感器动作，单体阀门自动关闭时，阀门组将通过现场操作装置自动联动关闭其他阀门单体；<br>5. 电动阀门组可手动关闭、手动复位；<br>6. 具有风量调节功能（可选项） |

5. 排烟防火阀的控制策略说明

排烟防火阀一般由阀体、叶片、执行机构和温感器等部件组成。

排烟防火阀一种是电控电磁铁动作的，控制策略见表 52-16；另一种是电控电机动作的，控制策略见表 52-17。

表 52-16 单个电动排烟防火阀（电控电磁铁）控制策略说明

| 被控对象 | 控制内容 | 控制要求 |
|---|---|---|
| PFHF $WSD_c$-K<br>电动排烟防火阀 | 通断 | 1. 平时呈开启状态；<br>2. 排烟过程中，可通过火灾自动报警系统联动执行机构内的电磁铁通电动作，阀门自动关闭，并输出关闭电信号（此控制方式仅限用于阀门组）；<br>3. 当风管内气流温度达到280℃时，温感器动作，阀门自动关闭，并输出关闭电信号；<br>4. 安装在排烟风机入口处的排烟防火阀关闭时，应连锁关闭排烟风机和补风机；<br>5. 阀门可手动关闭（用于调试和日常维护）、手动复位；<br>6. 具有风量调节功能（可选项） |

表 52-17 单个电动排烟防火阀（电控电机）控制策略说明

| 被控对象 | 控制内容 | 控制要求 |
|---|---|---|
| PFHF $WSD_j$-K<br>电动排烟防火阀 | 通断 | 1. 平时呈开启状态；<br>2. 排烟过程中，可通过火灾自动报警系统联动执行机构内的电机通电动作，阀门自动关闭，并输出关闭电信号（此控制方式仅限于阀门组）；<br>3. 阀门动作后直流电机驱动复位（与2对应）；<br>4. 当风管内气流温度达到280℃时，温感器动作，阀门自动关闭，并输出关闭电信号；<br>5. 安装在排烟风机入口处的排烟防火阀关闭时，应连锁关闭排烟风机和补风机；<br>6. 阀门可手动关闭（用于调试和日常维护）、手动复位；<br>7. 具有风量调节功能（可选项） |

6. 电动排烟防火阀组的控制策略说明

电动排烟防火阀组一般由多个电动排烟防火阀单体拼装而成，每个电动排烟防火阀单体均是由阀体、叶片、执行机构和温感器等部件组成。

电动排烟防火阀组一种是电控电磁铁动作的，控制策略见表 52-18；另一种是电控电机动作的，控制策略见表52-19。

表52-18 电动排烟防火阀组（电控电磁铁）控制策略说明

| 被控对象 | 控制内容 | 控 制 要 求 |
|---|---|---|
| PFHF $WSD_c$-K<br>电动排烟防火阀组 | 通断 | 1. 平时电动排烟防火阀组呈开启状态；<br>2. 当风管内气流温度达到280℃时，阀门组中任一个单体内的温感器动作，单体阀门自动关闭，阀门组将通过现场操作装置自动联动关闭其他阀门单体，并输出关闭电信号；<br>3. 安装在排烟风机入口处的排烟防火阀关闭时，应连锁关闭排烟风机和补风机；<br>4. 电动排烟防火阀组可手动关闭（用于调试和日常维护）、手动复位；<br>5. 具有风量调节功能（可选项） |

表52-19 电动排烟防火阀组（电控电机）控制策略说明

| 被控对象 | 控制内容 | 控 制 要 求 |
|---|---|---|
| PFHF $WSD_j$-K<br>电动排烟防火阀组 | 通断 | 1. 平时电动排烟防火阀组呈开启状态；<br>2. 当风管内气流温度达到280℃时，阀门组中任一单体内的温感器动作，单体阀门自动关闭时，阀门组将通过现场操作装置自动关闭其他阀门单体，并输出关闭电信号；<br>3. 阀门组动作后直流电机驱动复位；<br>4. 安装在排烟风机入口处得排烟防火阀关闭时，应连锁关闭排烟风机和补风机；<br>5. 电动排烟防火阀组可手动关闭（用于调试和日常维护）、手动复位；<br>6. 具有风量调节功能（可选项） |

7. 排烟阀的控制策略说明

排烟阀一般由阀体、叶片、执行机构等部件组成。

排烟阀一种是电控电磁铁动作的，控制策略见表52-20；另一种是电控电机动作的，控制策略见表52-21。

表52-20 单个排烟阀（电控电磁铁）控制策略说明

| 被控对象 | 控制内容 | 控 制 要 求 |
|---|---|---|
| PYF $SD_c$-YK<br>排烟阀 | 通断 | 1. 平时呈常闭状态；<br>2. 火灾确认后，火灾自动报警系统联动执行机构内的电磁铁通电动作，阀门自动开启，并输出开启电信号；<br>3. 阀门可手动开启；<br>4. 阀门动作后可手动复位 |

表52-21 单个排烟阀（电控电机）控制策略说明

| 被控对象 | 控制内容 | 控 制 要 求 |
|---|---|---|
| PYF $SD_j$-YK<br>排烟阀 | 通断 | 1. 平时呈常闭状态；<br>2. 火灾确认后，火灾自动报警系统联动执行机构内的电机通电动作，阀门自动开启，并输出开启电信号；<br>3. 阀门可手动开启；<br>4. 阀门动作后直流电机驱动复位 |

**（三）风管、水管的防火封堵**

1. 技术要求

建筑防火封堵材料应根据封堵部位的类型、缝隙或开口大小以及耐火性能要求等确定。

下列烟气严密性要求较高的建筑或场所的防火封堵部位，应采用防烟效果良好的防火封堵组件：

电信建筑以及设置精密电子设备等。

常用于贯穿孔口的防火封堵材料：

对于环形间隙较小的贯穿孔口，通常指间隙在15～50mm的，宜选用柔性有机堵料、防火密封胶、泡沫封堵材料、阻火包带和阻火圈等及其组合。

对于环形间隙较大的贯穿孔口，一般指间隙大于50mm的，宜选用无机堵料、阻火包，阻火模块、防火封堵板材、阻火包带和阻火圈等及其组合。

环形间隙通常宜采用不燃材料矿棉作为背衬材料填塞并覆盖有机防火封堵材料的做法。

作为背衬材料的矿棉，其容重不应低于$80kg/m^3$，熔点不应小于1000℃，并应在填塞前将自然状态的矿棉预先压缩不小于30%后再挤入相应的封堵位置。

不同防火封堵材料的填塞深度、长度等要求，见《建筑防火封堵应用技术标准》（GB/T 51410—2020）的规定。

阻火圈的燃烧性能、理化性能和耐火性能应符合现行行业标准《塑料管道阻火圈》（GA 304—2012）的规定。

2. 贯穿孔口封堵的设计

对于钢管、铜管等熔点不小于1000℃的金属管道贯穿防火隔墙、楼板和防火墙时，其贯穿孔口的防火封堵应符合下列规定：

当管道外未包覆绝热层时：

环形间隙应采用无机或有机防火封堵材料封堵；或采用矿棉等背衬材料填塞并覆盖有机防火封堵材料；或采用防火封堵板材封堵，管道与防火封堵板材之间的缝隙填塞有机防火封堵材料；

贯穿部位附近存在可燃物时，被贯穿体两侧长度各不小于1.0m范围内的管道应采取防火隔热措施。

对于管道外有绝热层的：

当绝热层为熔点不小于1000℃的不燃材料或贯穿部位未采取绝热措施时，其防火封堵应符合上述本条第一款的规定；

当不符合本款第1项的规定时，环形间隙应采用矿棉等背衬材料填塞并覆盖膨胀性的防火封堵材料；或采用防火封堵板材封堵，管道与防火封堵板材之间的缝隙填塞膨胀性的防火封堵材料。在竖向贯穿部位的下侧或水平贯穿部位两侧的管道上，还应设置阻火圈或阻火包带。

熔点小于1000℃的铝或铝合金等金属管道贯穿防火隔墙、楼板和防火墙时，其贯穿孔口的防火封堵应符合下列规定：

当为单根管道贯穿时，环形间隙应采用矿棉等背衬材料填塞并覆盖膨胀性的防火封堵材料。

对于公称尺寸大于 50mm 的管道，在竖向贯穿部位的下侧或水平贯穿部位的两侧的管道上还应设置阻火圈或阻火包带。

当为多根管道贯穿时，应符合本条第一款的规定；或采用防火封堵板材封堵，管道与防火封堵板材之间的缝隙填塞膨胀性的防火封堵材料。每根管道均应设置阻火圈或阻火包带。

当无绝热层管道贯穿部位附近存在可燃物时，被贯穿体两侧长展各不小于 1.0m 范围内的管道还应采取防火隔热措施。

塑料管道贯穿防火隔墙，楼板和防火墙时，贯穿孔口的环形间隙应采用矿棉等背村材料填塞并覆盖膨胀性的防火封堵材料；或采用防火封堵板材封堵，管道与防火封堵板材之间的缝隙填塞膨胀性的防火封堵材料。对于公称尺寸大于 50mm 的管道，还应在竖向贯穿部位的下侧或水平贯穿部位两侧的管道上设置阻火圈或阻火包带。

耐火风管贯穿部位的环形间隙宜采用弹性防火封堵材料封堵；或采用矿棉等背衬材料填塞并覆盖弹性防火封堵材料；或采用防火封堵板材封堵，风管与防火封堵板材之间的缝隙填塞弹性防火封堵材料。

管道井、管沟、管窿防火分隔处的封堵应采用矿棉等背衬材料填塞并覆盖有机防火封堵材料；或采用防火封堵板材封堵，管道与防火封堵板材之间的缝隙填塞有机防火封堵材料。

多种不同贯穿物混合穿越被贯穿体时，其防火封堵应分别符合《建筑防火封堵应用技术标准》（GB/T 51410—2020）相应类型贯穿孔口的有关防火封堵要求。

**（四）钢板风管的防火保护**

为满足防烟排烟系统风管的耐火极限要求，现常规做法是采用工业一体化硅酸钙复合板风管。工业一体化硅酸钙复合板（以下简称“复合板”）是以防火用无石棉纤维增强硅酸钙板和岩棉板为夹芯层，外表面采用彩钢板做保护层，内表面为铝箔贴面，通过机械化自动复合流水线工艺制成的板材。

彩钢板材应符合现行国家推荐标准《彩色涂层钢板及钢带》（GB/T 12754—2019）的规定。板材厚度不应小于 0.35mm。

彩钢板材表面不得有裂纹及明显氧化层、起皮和涂层脱落等缺陷，且加工时不得损坏涂层。

防火用无石棉纤维增强硅酸钙板（俗称“防火板”）是用硅质钙质材料为主要胶结材料，以非石棉类纤维为增强材料，经成型、加压（或非加压）、蒸压养护制成的板材。具备良好的高温尺寸稳定性能和抗高温开裂性能。制品中石棉成分含量为零。

防火用无石棉纤维增强硅酸钙板的规格、物理性能、力学性能、热稳定性能等应符合现行行业标准《纤维增强硅酸钙板　第 1 部分：无石棉硅酸钙板》（JC/T 564.1—2018）以及相关的协会标准的规定。

复合板采用的岩棉板应符合现行国家标准《建筑用岩棉绝热制品》（GB/T 19686—2015）的规定；燃烧性能不应低于现行国家标准《建筑材料及制品燃烧性能分级》（GB 8624—2012）规定的不燃 A 级。

岩棉板密度、厚度等的选择应满足风管防火保护的要求。复合板的技术参数不应低于表 52-22 的规定。

表 52-22 工业一体化硅酸钙复合板技术参数

| 板材名称 | 芯材表观密度/(kg/m³) | | 芯材厚度/mm | | 导热系数/[W/(m·K)] | | 燃烧性能 | 耐火性能/h |
|---|---|---|---|---|---|---|---|---|
| | 硅酸钙防火板 | 岩棉 | 硅酸钙防火板 | 岩棉 | 硅酸钙防火板 | 岩棉 | | |
| 工业一体化硅酸钙 | 170 | 120±10 | 20±5% | 30±2 | ≤0.055 | ≤0.043 | 不燃A级 | 1.00 |
| | | | | | ≤0.078☆ | | | |
| | 170 | 120±10 | 30±4% | 30±2 | ≤0.055 | ≤0.043 | 不燃A级 | 2.00 |
| | | | | | ≤0.078☆ | | | |

1. 上表中带☆的导热系数的数值是在平均温度为1000℃时的；无☆的导热系数的数值是在平均温度为70℃时的。
2. 表中硅酸钙防火板的测试材质为无石棉漂珠硅酸钙防火板，其质量损失率不大于8.5%，线性收缩率（1000℃×16h）小于或等于1.5%。
3. 表中“耐火性能”指标具有“型式检验（安全性能）”报告。复合板防火包覆的制作要求。

板材放样下料应符合下列规定：

(1) 复合板防火包覆的制作应按照设计施工图纸、合同和相关技术标准的规定以及施工精度、被包覆风管尺寸等，在工厂进行下料加工。

(2) 板材切割的原则：复合板采用机械化连续线生产工艺制作，常见宽度规格为1200mm（或板材宽度为1220mm的），板材长度规格根据被包覆风管的尺寸在线定长下料切割。

(3) 包覆面宜采用整板材料制作，避免拼接。

(4) 板材应采用机械开槽或使用专用刀具进行手工开槽，槽口形式为V形，切割时不得破坏彩钢板表层，且切割缝必须平直。组合采用二片法（通常为L形法），对于大管径风管的包覆宜采用四片法形式。

复合板组装应符合下列规定：

(1) 复合板组装前，应清除板表面的切割纤维、油渍、水渍等。

(2) 风管包覆合缝角接处，采用钢板护角条压接，再用ST4.2的自攻螺钉在护角条上固定，间距不大于150mm。

(3) 钢板护角条采用宽50mm、厚度为1.0mm的镀锌钢板（或钢带）制作。

(4) 包覆风管时，复合板固定在风管50mm×30mm×1.0mm的U型成品轻钢龙骨上。U型成品轻钢龙骨槽里应填塞压实与复合板一致的岩棉材料，由复合板供应商供货。

(5) 包覆风管时，复合板段与段的接缝处应采用防火密封胶密封，且不应有夹心层材料外露。

(6) 包覆中如复合板遇到风管的连接法兰或外加固框时，应根据风管的连接法兰或外加固框的位置、厚度、高度等，用专用刀具在夹心层上剔出安装的槽口。

(7) 包覆风管的支吊架应满足其承重要求，固定在可靠的建筑结构上，不应影响结构安全。

(8) 包覆风管的支吊架型钢材料应按包覆风管的规格和重量选用，并进行复核计算。

(9) 排烟风管、加压送风管和补风风管的包覆风管应按现行国家标准《建筑机电工程抗震设计规范》(GB 50981—2014) 设置抗震支吊架。

## 第四节　供暖、通风、防烟排烟及空气调节设备

应当汇总供暖、通风、防烟排烟及空气调节中的设备形成设备表，表中应列明设备的名称、型号、规格、及特性说明，为概预算专业计算造价、消防审查提供准确技术数据。

以某蓄能电站为例，通风、防烟排烟系统竣工验收设备清单如表 52－23，类似项目可参照。

**表 52－23　　供暖、通风、防烟排烟、空调系统主要设备清单**

| 序号 | 名　称 | 型号规格 | 单位 | 数量 | 备　注 |
|---|---|---|---|---|---|
| 1 | 升温型除湿机 | 除湿量 10kg/h　380V<br>$N=4.11kW$　$Q=2500m^3/h$ | 台 | 16 | 水轮机层主机间 |
| 2 | 升温型除湿机 | 除湿量 8kg/h　380V<br>$N=3.2kW$　$Q=2000m^3/h$ | 台 | 12 | 蜗壳层主机间 |
| 3 | 升温型移动式除湿机 | 除湿量 6kg/h　380V<br>$N=3.3kW$　$Q=1500m^3/h$ | 台 | 4 | 管道廊道层 |
| 4 | 升温型移动式除湿机 | 除湿量 3.8kg/h　380V<br>$N=2.7kW$　$Q=1100m^3/h$ | 台 | 2 | 尾闸室 |
| 5 | 升温型移动式除湿机 | 除湿量 6.3kg/h　380V<br>$N=4.0kW$　$Q=1800m^3/h$ | 台 | 8 | 尾闸室 |
| 6 | 空调室外机 | $N=41kW$　380V<br>$NL=11.52kW$ | 台 | 1 | 厂房通风洞内，副厂房 |
| 7 | 空调室外机 | $QL=32kW$　380V<br>$NL=9.37kW$ | 台 | 1 | 厂房通风洞内，副厂房 |
| 8 | 空调室内机 | $N=0.3kW$ 220V<br>$QL=3.5kW$ | 台 | 2 | 副厂房 13.20m 高程 |
| 9 | 空调室内机 | $N=0.3kW$ 220V<br>$QL=2.7kW$ | 台 | 2 | 副厂房 13.20m 高程 |
| 10 | 空调室内机 | $N=0.3kW$ 220V<br>$QL=11.0kW$ | 台 | 2 | 副厂房 13.20m 高程 |
| 11 | 空调室内机 | $N=0.3kW$ 220V<br>$QL=5.0kW$ | 台 | 8 | 副厂房 22.00m 高程 |
| 12 | 空调室外机 | $N=28kW$　380V<br>$QL=96kW$， | 台 | 2 | 主变洞送排风机室，主变洞 |
| 13 | 空调室内机 | $N=0.3kW$　220V<br>$QL=14kW$ | 台 | 12 | 主变室 |

续表

| 序号 | 名　称 | 型号规格 | 单位 | 数量 | 备　注 |
|---|---|---|---|---|---|
| 14 | 空调室内机 | $N$＝0.3kW　220V<br>$QL$＝9kW | 台 | 8 | 电抗器室 |
| 15 | 壁挂式空调机 | $QL$＝2.5kW　$QR$＝2.9kW<br>$N$＝1kW 220V | 台 | 5 | 下水库集控楼 |
| 16 | 壁挂式空调机 | $QL$＝3.5kW　$QR$＝3.9kW<br>$N$＝1.5kW 220V | 台 | 6 | 下水库集控楼 |
| 17 | 柜式空调机 | $QL$＝6.5kW<br>$NL$＝3.0kW 220V | 台 | 4 | 开关站继电保护室<br>生产控制楼通信机房和辅助盘室 |
| 18 | 空调室外机 | $QL$＝50.4kW　$QR$＝56.5kW<br>$NL$＝12.7kW　380V<br>$NR$＝13.4kW　380V | 台 | 1 | 生产控制楼 |
| 19 | 空调室内机 | $QL$＝2.8kW　$QR$＝3.2kW<br>$N$＝0.1kW　220V | 台 | 15 | 生产控制楼（二层） |
| 20 | 空调室内机 | $QL$＝3.6kW　$QR$＝4.0kW<br>$N$＝0.1kW　220V | 台 | 1 | 生产控制楼（二层） |
| 21 | 空调室内机 | $QL$＝4.5kW　$QR$＝5.0kW<br>$QL$＝50.4kW　$QR$＝56.5kW | 台 | 3 | 生产控制楼（二层） |
| 22 | 电热风幕 | $N$＝15kW　380V | 台 | 1 | 生产控制楼 |
| 23 | 电散热器 | $N$＝3kW　380V | 台 | 23 | 生产控制楼 |
| 24 | 电散热器 | $N$＝2kW　380V | 台 | 32 | 生产控制楼 |
| 25 | 电散热器 | $N$＝5kW　380V | 台 | 26 | 开关站 GIS 室 |
| 26 | 电散热器 | $N$＝3kW　380V | 台 | 9 | 开关站 GIS 室 |
| 27 | 电散热器 | $N$＝2kW　380V | 台 | 87 | 副厂房内 |
| 28 | 电散热器 | $N$＝3kW　380V | 台 | 17 | 副厂房内 |
| 29 | 风道式电加热器 | $N$＝40kW　380V | 个 | 1 | 副厂房顶拱内，<br>长×宽×厚：<br>630mm×630mm×400mm |
| 30 | 电散热器 | $N$＝3kW　380V | 台 | 24 | 主变洞 13.20m 高程 |
| 31 | 柜式电暖风机 | NF-3　$N$＝8～12kW | 台 | 8 | 水轮机层主机间 |
| 32 | 柜式电暖风机 | NF-5　$N$＝12～16kW | 台 | 11 | 发电机层主机间 |
| 33 | 电散热器 | $N$＝2kW　380V | 台 | 22 | 下库坝集控楼、电梯机房 |
| 34 | 电散热器 | $N$＝3kW　380V | 台 | 12 | 下库坝集控楼、电梯机房 |
| 35 | 柜式电暖风机 | NF-5　$N$＝15kW | 台 | 11 | 主变洞 |

续表

| 序号 | 名　称 | 型号规格 | 单位 | 数量 | 备　注 |
|---|---|---|---|---|---|
| 36 | 防爆轴流风机 | BCDZ-NO2.8<br>$N=0.25$kW 380V $Q=2000\text{m}^3/\text{h}$，$H=216$Pa | 台 | 1 | 管道式，玻璃钢，生产控制楼 |
| 37 | 轴流风机 | CDZ-NO6.3F<br>$N=2.2$kW　380V<br>$Q=15858\text{m}^3/\text{h}$，$H=316$Pa | 台 | 1 | 管道式，钢制，高压电缆洞 |
| 38 | 轴流风机 | CDZ-NO4.5<br>$N=3$kW　380V<br>$Q=11396\text{m}^3/\text{h}$，$H=627$Pa | 台 | 6 | 管道式，玻璃钢，开关站GIS室 |
| 39 | 防爆轴流风机 | BCDZ-NO2.8<br>$N=0.25$kW　380V<br>$Q=2136\text{m}^3/\text{h}$，$H=271$Pa | 台 | 1 | 管道式，玻璃钢，开关站GIS室 |
| 40 | 轴流风机 | CDZ-NO2.8<br>$N=0.25$kW　380V<br>$Q=2136\text{m}^3/\text{h}$，$H=271$Pa | 台 | 5 | 管道式，玻璃钢，开关站GIS室 |
| 41 | 消防高温排烟风机 | GYF-I-NO.6<br>$N=5.5$kW　380V<br>$Q=15168\text{m}^3/\text{h}$，$H=744$Pa | 台 | 1 | 钢制，立式，高压电缆洞 |
| 42 | 消声型高效低噪声斜流风机 | GXF-NO7B<br>$N=4$kW　380V<br>$Q=16683\text{m}^3/\text{h}$，$H=679$Pa | 台 | 1 | 钢制，下库坝电梯机房 |
| 43 | 消声型高效低噪声斜流风机 | GXF-NO4B<br>$N=0.55$kW　380V<br>$Q=3075\text{m}^3/\text{h}$，$H=308$Pa | 台 | 2 | 玻璃钢，下库坝廊道 |
| 44 | 消声型高效低噪声斜流风机 | GXF-NO4C<br>$N=2.2$kW　380V<br>$Q=5134\text{m}^3/\text{h}$，$H=1012$Pa | 台 | 2 | 玻璃钢，下库坝廊道 |
| 45 | 防爆轴流风机 | BCDZ-NO2.5<br>$N=0.18$kW　380V<br>$Q=1520\text{m}^3/\text{h}$，$H=216$Pa | 台 | 1 | 玻璃钢，下库坝集控楼 |
| 46 | 消声型高效低噪声斜流风机 | GXF-NO13C，$N=37$kW<br>$Q=84000\text{m}^3/\text{h}$，$H=840$Pa | 台 | 1 | 钢制，主变洞送风机室 |
| 47 | 消声型高效低噪声斜流风机 | GXF-10-Ⅱ<br>$N=18.5$kW　380V<br>$Q=35200\text{m}^3/\text{h}$，$H=1192$Pa | 台 | 1 | 钢制，主厂房排风机室 |
| 48 | 低噪声轴流风机 | CDZ-NO2.8T<br>$N=0.25$kW　380V<br>$Q=2439\text{m}^3/\text{h}$，$H=260$Pa | 台 | 3 | 管道式，玻璃钢，蜗壳层主机间 |

续表

| 序号 | 名　称 | 型号规格 | 单位 | 数量 | 备　注 |
|---|---|---|---|---|---|
| 49 | 低噪声轴流风机 | CDZ-NO3.15T<br>$N$=0.55kW 380V<br>$Q$=3473m$^3$/h，$H$=330Pa | 台 | 3 | 管道式，玻璃钢，母线层主机间 |
| 50 | 消声型高效低噪声斜流风机 | GXF-NO14C<br>$N$=37kW　380V<br>$Q$=114800m$^3$/h，$H$=798Pa | 台 | 1 | 主副厂房送风机室 |
| 51 | 消声型高效低噪声斜流风机 | GXF-NO14C<br>$N$=37kW　380V<br>$Q$=87000m$^3$/h，$H$=1260Pa | 台 | 1 | 主副厂房送风机室 |
| 52 | 消声型高效低噪声斜流风机 | GXF-NO12B<br>$N$=18.5kW　380V<br>$Q$=51000m$^3$/h，$H$=824Pa | 台 | 1 | 主副厂房送风机室 |
| 53 | 消声型高效低噪声斜流风机 | GXF-NO8C<br>$N$=18.5kW　380V<br>$Q$=24700m$^3$/h，$H$=1301Pa | 台 | 2 | 副厂房排风机室 |
| 54 | 消声型高效低噪声斜流风机 | GXF-NO5C<br>$N$=4.0kW　380V<br>$Q$=5000m$^3$/h，$H$=1291Pa | 台 | 1 | 副厂房排风机室 |
| 55 | 防爆轴流风机 | BCDZ-NO2.8<br>$N$=0.25kW 380V<br>$Q$=2700m$^3$/h，$H$=177Pa | 台 | 1 | 直流蓄电池室 |
| 56 | 低噪声轴流风机 | CDZ-NO4T<br>$N$=0.25kW 380V<br>$Q$=6228m$^3$/h，$H$=554Pa | 台 | 3 | 副厂房顶拱 |
| 57 | 离心式屋顶风机 | DWT-Ⅱ-5<br>$N$=2.2kW 380V<br>$Q$=5438m$^3$/h，$H$=485Pa | 台 | 2 | 蜗壳层地面 |
| 58 | 消声型高效低噪声斜流风机 | GXF-5.5C $N$=7.5kW 380V<br>$Q$=18000m$^3$/h，$H$=839Pa | 台 | 1 | 钢制，安装间下副厂房 |
| 59 | 消声型高效低噪声斜流风机 | GXF-NO14C，$N$=37KW<br>$Q$=75000m$^3$/h，$H$=1310Pa | 台 | 2 | 钢制，主变洞排风机室 |
| 60 | 消声型高效低噪声斜流风机 | GXF-NO13C，$N$=30kW<br>$Q$=75000m$^3$/h，$H$=1110Pa | 台 | 1 | 钢制，主变洞送风机室 |
| 61 | 消声型高效低噪声斜流风机 | GXF-NO13C，$N$=37kW<br>$Q$=84000m$^3$/h，$H$=840Pa | 台 | 1 | 钢制，主变洞送风机室 |
| 62 | 消声型高效低噪声斜流风机 | GXF-NO6.5C，$N$=3kW<br>$Q$=15000m$^3$/h，$H$=450Pa | 台 | 4 | 钢制，母线洞 7.50m 高程 |
| 63 | 低噪音轴流风机 | CDZNO3.55，$N$=1.1kW<br>$Q$=5000m$^3$/h，$H$=415Pa | 台 | 4 | 管道式，钢制，母线洞 13.20m 高程 |
| 64 | 消声型高效低噪声斜流风机 | GXF-NO5.5C，$N$=7.5kW<br>$Q$=13500m$^3$/h，$H$=1400Pa | 台 | 1 | 钢制，主变洞排风机室 |

续表

| 序号 | 名　称 | 型号规格 | 单位 | 数量 | 备　注 |
|---|---|---|---|---|---|
| 65 | 低噪音轴流风机 | CDZNO2.5，$N$=0.25kW<br>$Q$=1520m³/h，$H$=216Pa | 台 | 1 | 钢制，厂前区柴油发电机房 |
| 66 | 低噪音轴流风机 | CDZNO4，$N$=2.2kW<br>$Q$=8003m³/h，$H$=495Pa | 台 | 2 | 钢制，厂前区柴油发电机房 |
| 67 | 消防高温排烟专用风机 | GYF-14-Ⅱ<br>$N$=37kW 380V<br>$Q$=87000m³/h，$H$=1261Pa | 台 | 2 | 钢制<br>主厂房、主变室排风机室 |
| 68 | 排烟阀 | 1000×1000 | 个 | 2 | 不锈钢制 |
| 69 | 排烟防火阀 | 1000×1000 | 个 | 2 | 不锈钢制 |
| 70 | 防火阀 |  | 个 | 107 | 不锈钢制 |
| 71 | 消声型高效低噪声斜流风机 | GXF-NO9C，$N$=15kW<br>$Q$=45500m³/h，$H$=732Pa | 台 | 5 | 主变洞、副厂房楼梯间正压送风 |

## 第五节　职业病的防治措施

### 一、主要危害因素分析

抽水蓄能电站在运行期生产过程中，产生和存在的主要职业病危害因素为噪声、工频电场以及地下厂房生产环境中洞体内壁岩体表面析出的氡气。产生的职业病危害因素及其存在的作业岗位（工作场所）、接触人员、接触时间、接触方式以及可能引起的职业病主要包括：

地下洞室存在放射性元素和氡气等有害气体，蓄电池、透平油罐室、$SF_6$ 全封闭组合电器室等在发生事故都能产生有毒气体，使运行人员患肺病或中毒。

高温、高湿、低温会造成人体调节功能失衡，破坏正常的热平衡，易患关节炎等疾病。

设备运行时产生振动和噪声会使人头晕、耳鸣甚至造成耳聋等；而污浊的空气使人感到憋闷、疲倦、食欲不振、工作效率下降。

针对抽水蓄能电站地下厂房和附属建筑物在生产期间会产生一些对运行人员不利的因素，暖通专业通过专业措施解决生产过程中影响人员健康和患上职业病的风险。

### 二、对职业病防护防治的解决方法

抽水蓄能电站按照“无人值班，少人值守”原则，厂房内设自动化系统，以减少接触时间。同时采用效果可靠、运行经济的机械通风与空气调节相结合的设计方案，并辅以局部机械除湿系统。

在全场设置机械通风系统，合理组织气流，保持场内空气清洁新鲜，并保证运行人员的新风量，对产生有毒有害气体的部位，布置独立的通风设备，送风量应为排风量的50%～80%，防止有毒和有害气体外溢。从控制噪声源、阻断噪音传播及在人耳处减弱噪

声等方面采取措施。其主要措施如下：

（1）对运行人员值班室，发热量较大的房间安装空调设备，在寒冷地区安装供暖设备，为人员提供舒适环境，保证电站设备的安全运行。设计有完善的通风、空调系统，使厂房室内工作区温度、湿度设计参数满足《水力发电厂供暖通风与空气调节设计规范》的要求。通风、空调系统设置单独的计算机监控系统，自动监控通风、空调设备。

（2）设计防水防潮设施，减少水汽渗透和滴漏，供水管路尽可能保温，防止管道结露。及时开启通风机排出潮湿气体，在潮湿部位设置除湿机，降低空气中的含湿量。地沟加设盖板并及时清除地面积水，减少水分蒸发。

（3）蓄电池室、透平油库与油处理室采用自然进风机械排风方式，排风量按换气次数不小于6次/h设计，通风设备为防爆型。$SF_6$全封闭组合电器室设强力通风装置，并配置氧量仪和$SF_6$气体泄漏报警仪；$SF_6$气体排放按正常运行和事故泄漏两种工况设计，正常运行时，排风量按不小于2次/h设计；事故泄漏时，排风量按不小于4次/h确定，事故时风机风量的切换由$SF_6$气体泄漏报警装置自动控制。

（4）机械通风系统的进风口位置设在室外空气相对洁净的地方，并设在排风口的上风侧，进排风口的设置间距要满足规范要求。通风空调系统的新风口、回风口处均设置过滤器。

（5）建设单位要求通风及空气调节设备制造厂商对设备本身采取降噪、减振措施；对运行人员常驻的工作房间、通风机房、空调机房，设置双层中空隔音玻璃隔断、隔音墙板、吸音墙面及吸音吊顶等防噪声措施。风机进口与出口设防火软连接和消声器，减少风机产生的噪音的传播。

（6）有效堵塞或密封氡从周围岩层和土壤进入地下厂房的所有通路、孔隙，并加强防止富氡地下水的渗入等，送风道采用全砖砌（或混凝土）风道或专用金属（或复合材料）风管，隔绝氡源。建设项目通风系统各区域防氡换气次数均大于1次/h，排水廊道巡查时，应先进行通风，再用测氡仪检测洞内氡气浓度，达到《地下建筑氡及其子体控制标准》（GBZ 116—2002）规定的200Bq/$m^3$以下时，巡查人员方可进入；巡查期间持续通风，巡查人员随身携带测氡仪，如检测到氡浓度超标，马上撤离。

（7）实施有限空间作业前，须按照先检测后作业的原则，凡要进入有限空间危险作业场所，必须根据实际情况事先准确测定其氧气、有害气体、可燃性气体、粉尘的浓度，氧含量须在18%～23.5%，有害气体、可燃性气体、粉尘的浓度指标须符合相关标准要求，在确保有限空间危险作业场所的空气质量符合安全要求后方可进入。

## 第六节　暖通空调系统设计特点和有关问题的探讨

### 一、设计特点

（1）在寒冷地区抽水蓄能电站厂房的夏季设计采用进风温度在20℃左右，室外新风经过较长的进风洞降温，满足通风计算要求。室外新风可直接送入厂内。但应对洞内空气进行过滤除尘。由于进入人员和车辆很少，利用施工除渣洞作为专门的进风洞，可保持进厂空气新鲜，以机械通风为主，局部空调为辅；合理布置除湿设备的方案在寒冷地区是可行的。其投资适中，系统安装和控制相对简单，可以满足厂内温、湿度的要求。

（2）地下厂房的通风空调系统比较复杂，要达到理想的通风效果，除有完善的设计方案、合理的气流组织、优良的通风空调设备外，还要选择新型适用的风管材料，使室外新风顺畅地送入厂房各部位，将室内热湿空气和有害气体能及时排出。传统的风管由镀锌钢板和无机玻璃钢等材料制作。镀锌钢板风管的优点是，不燃制作方便、内壁光滑阻力小、气密性好、易搬运。缺点是易腐蚀、寿命短、不保温、无消声性能。无机玻璃钢风管，优点是遇火不燃、耐腐蚀、耐高湿、韧性和耐水性好。缺点是质量重、不保温、容易酥裂、年久之后还会飘絮，影响厂内环境。而彩钢板复合风管是传统风管更新换代产品，以保温材料为芯材，其中一面是复合抑菌涂层的铝箔或彩钢，另一面是复合各种色彩的彩钢板制成的复合夹芯板。其优点比较突出。

1）重量轻，是传统钢板风管平均重量的1/3，减轻了安装的劳动强度。

2）无漏风，相比钢板风管咬口的连接方式，本产品采用聚氨酯发泡胶水黏接，充满全部缝隙，没有漏风现象。

3）噪声低，由采用激光微穿孔技术，有效降低噪音。风管上不用设置消声器。

4）节能保温，由于风管设置了保温层，使风管保温一体化，方便安装，节省空间尺寸。

5）免维护，寿命长。由于对其进行防腐处理，能保证使用寿命达到20年。

6）外形美观，风管表面色彩鲜艳。

7）内壁光滑阻力小，外表面坚硬强度高。

8）由于复合材料为不燃A级产品，无烟无毒，满足国家防火标准的要求

通过以上分析可以确认，彩钢板复合风管是目前蓄能电站比较理想的选用风管。

（3）温湿度传感器布置在厂房内各主要部位，通过数据采集器和集中器的连接，将收集的厂房各部位温湿度数据上传至计算机服务器，并根据监测的温湿度变化进行降温除湿。

温湿度传感器为数字一体式传感器，传输精度高，其测温精度：±1%℃，测温范围－50～120℃，报警误差：1%℃。湿度测量范围：0%～100%，精度值为2%。传感器应直接进行数字化输出，并支持联网多点测量。

通过温湿度传感系统与厂房内通风空调设备进行自动控制，根据温湿度的变化，控制通风空调设备的启停。供暖设备可根据设定的温度进行调节和控制，除湿机根据室内湿度的变化进行除湿。

（4）在有人值守的房间和发热量较大的房间设置多联机空调系统，它由一台室外机，带动多台室内机。既可实现各室内机的集中控制，也可单独启动一台运行。室内外机之间采用内冷媒管直接相连，通过制冷剂进行热交换，无二次载体节能效果好。系统启动快，能在较短时间内消除室内余热。因此在寒冷地区的抽水蓄能电站采用多联机空调系统是比较适用的。

多联机占地面积小，安装方便，施工时间短，费用低、与水冷和风冷机组空调系统相比，不需要水泵、水处理装置，水箱、供水管路等。

## 二、有关问题的探讨

无论是已设计和完工的白山三期、蒲石河电站，还是正在设计的荒沟抽水蓄能电站，都会遇到设计和施工配合的问题需要总结，以利于今后不断提高设计水平。

(1) 交通洞的防雾除雾的研究。地下厂房交通洞是通往厂内的重要通道，每天都有人员、车辆进出，其洞室很长。由于洞内比较潮湿，夏季特别是阴雨天，洞内中段易形成雾气。它会影响交通车辆和人员的安全，应采取措施加以解决。

在自然界中，空气中悬浮着大量的水滴或冰晶微粒的集合体，使水平能见度距离降至1km以下时称为雾。对于交通洞内形成的雾是空气自身冷却造成的。在空气进入交通洞后，与岩体发生热湿交换，导致空气温度逐渐下降，相对湿度上升。当降至露点温度时，相对湿度上升至100%，水蒸气凝结成液态。当空气不断进入洞内，水蒸气持续凝结，因而形成了雾。

这种雾的形成除与空气本身含湿量以及环境温度的变化有关外，同时还受到风向和风速的影响。风速过大过小，上下层空气的交换比较短暂，气温不能降低，空气湿度难以达到饱和状态。只有在1～3m/s微风速时，才有适当强度交换，气温下降明显，有利于雾的形成，而交通洞的进风风速刚好在此范围内。

要解决交通洞的起雾问题，应采用防雾为主，除雾为辅，几种措施综合运用的方案。

阻止潮湿空气进入交通洞，由于夏季特别是阴雨天气起雾是室外潮湿空气进入洞内重要因素，可以考虑此时将洞口大门关闭，阻止潮湿空气进入洞内，使其不满足形成雾的条件。由于厂房通风有专门的进风洞，所以关闭交通洞大门对厂房通风没有影响。

设置通风机除雾，由于起雾部位在洞内中部，在此部位可设置通风机。在经常出现雾气的天气开启，加强空气的流动和增大流速，使雾不能形成或将雾气驱散。

加热气流除雾，在夏季阴雨天洞内温度比较低，湿度较大，通过热风幕和暖风机加热洞内空气。使其温度升高，则携带水分能力增强，相对湿度降低，从根源上避免雾气的产生。

(2) 地下厂房在发电前的施工期间湿度比较高，主要原因是施工用水量大，排水系统尚未完全形成，供排水设备及管路也存在渗漏现象。在此期间很多机电设备已开始安装，施工人员也很密集，造成机电设备及管路产生锈蚀和结露，一些精密仪器调试达不到规定的参数，也危害现场人员的身体健康。此时厂房通风系统尚未安装完毕，不能有效的排除潮湿气体，如果能够安装除湿机和供暖设备，提高室内温度，降低相对湿度，将保证设备调试和人员的舒适度。在机组运行发电和各种电气设备的启动后，场内温度将有较快的提升，随着通风系统和除湿设备的运行，排除潮湿气体，厂内的潮湿状况会有很大的改善，因此设计人员在设计供暖除湿系统时，应将施工阶段的供暖除湿设备计入设备采购总量中，在电站建成后此部分设备可作为备用容量使用。

(3) 地下厂房设备管路系统复杂，而通风管道又占据很大的空间。为了避免专业间的“碰车”，就要合理细致的布置管路走向，并留有一定的余地。积极地进行专业间的沟通，互相会签对方图纸，有改动的地方及时通知相关专业。充分利用三维设计，将问题解决在出图之前。尽管这样，在施工过程中还会遇到类似问题，例如：到货设备尺寸增加，土建施工尺寸有误差，通风孔洞没有预留，电气管路和电缆桥架阻碍了通风管道走向等。这就要求设计人员积极地去现场配合，在施工前及时的与监理、施工单位进行技术交底，让各方理解设计意图，发现问题及时解决，避免形成既成事实而很难处理。而设计相关专业也应积极协调，在满足规范和设计要求的前提下，互相理解和让步，以保证工程顺利进行。

# 第十四篇 环境保护与水土保持设计

# 第五十三章　环境保护设计

## 第一节　抽水蓄能电站对环境的影响

抽水蓄能电站与常规水电站主要差别是：常规水电站利用天然来水量发电，而抽水蓄能电站利用循环水发电；抽水蓄能电站所需的库容较小，因此，相对于常规水电站，抽水蓄能电站一方面连续运行时间较短，另一方面淹没损失小、移民少，工程建设和移民等带来的社会环境问题相对较小；除了与常规水电一样，在系统中承担调峰、调频、调相、事故备用等任务外，抽水蓄能电站还通过抽水用电，使电网低谷时段剩余电能转为尖峰时段高效电能，即具有特殊的“填谷”功能在提高电网供电质量的同时，还能改善电力系统中火电机组的运行条件、降低煤耗，同时减少火电的有害气体排放量。

抽水蓄能电站建设地点要求在距离负荷中心较近的山区河流旁，主要环境制约因素为工程建设与自然保护区、世界文化和自然遗产地、森林公园、保护林地、基本农田、饮用水源地、风景名胜区、重要湿地以及其他人文社会关注区等重点保护区域发生矛盾，需要进行充分论证、协调解决好各方关切的问题。

由于抽水蓄能电站上、下水库大多是利用支沟或干流的上游区域新建或利用已建的水库，因而新产生的大坝阻隔作用和运行的环境影响普遍不明显。而环境影响主要发生在施工期，为了减免工程施工对环境的不利影响，采取相应的环境保护措施是非常必要的。

综上所述，抽水蓄能电站属于环境影响相对较小、环境效益较为显著的清洁能源建设项目。

### 一、对水环境的影响

抽水蓄能电站通常位于山区，上、下水库具有较大的落差，河流和库区的水质较好，保护的标准也较高，水环境影响范围主要为上、下水库库区以及水库的回水段和坝下河段。坝下河段的影响范围取决于水功能区划、水文情势和水环境变化等情况。

抽水蓄能电站因其特殊的运行调度方式，水库水温分布规律与常规水电站水库有所不同，频繁的水体交换和水位变动，使水体受掺混作用影响，在春季减缓了表面温度的升高过程，在秋季减缓了表面温度的冷却过程，水库表面温水层加深，库内水体整体温差不大。

抽水蓄能电站初期蓄水阶段，库内基本为天然来水，水质相对较好，电站运行中，频繁的抽、放水对库内水质变化影响有限。电站生产运行基本不产生废水，仅有少量的生活污水经处理后达标排放，不会对下游水体水质产生影响。

大多数抽水蓄能电站上水库汇流面积较小，库周污染源和居民较少，没有工业污染源。电站施工期间主要生产设施和生活营地大多建在下水库施工区，因此，施工期不会对上水库周边的污染负荷带来明显变化。

下水库施工期间，由于河滩地挖取砂石、围堰填筑及截流向水中抛投大量的砂石、筛分系统产生废水等，使水体浊度升高、河水中悬浮物含量增加；混凝土拌和站冲洗及混凝土养护废水中，由于悬浮物含量增加和PH值升高会污染水体；施工区因汽车和机械维修，含油废水如果处理不当排入河道，会对河水造成油类污染；营地的生活污水如不经处理排入河道，会使水体的$BOD_5$、COD、悬浮物以及氨氮等浓度大幅升高，破坏局地水体平衡而造成水体污染。

## 二、对水文情势的影响

抽水蓄能电站水库初次蓄水期间，下游河段水位与流量会发生短时变化，蓄水结束则恢复正常。运行期内水库仅需要补充因蒸发、渗漏损失的水量，由于损失水量很小，对下游河段水文情势影响甚微。

## 三、对生态的影响

### （一）陆生生态

水电站工程建设对陆生生态的影响主要表现为占压土地、损坏植被、破坏动植物的生存环境等问题。

1. 对陆生植物的影响

抽水蓄能电站的施工建设，通过采取施工扰动影响区域临时占地的植被恢复、水库淹没影响区内古树名树和珍稀植物的移植保护等保护、恢复措施后，对陆生植被整体上不会产生大的影响，植物区系组成和植被类型不会发生大的变化，虽然植被覆盖率有所下降，但总体上对该区的陆生植被影响不大。

2. 对陆生动物的影响

因工程建设的征占地、水库淹没影响、施工活动等使陆生动物的休憩、觅食场所和生存条件发生改变，被迫远离原来的栖息地，新的栖息地一些物种的密度会有所增加。随着水域面积的扩大，适水动物物种的数量也会增加。

电站建成后，针阔混交林动物群数量下降，林缘灌丛动物群和居民点动物群数量有所上升。动物群落数量的下降和上升变化幅度较小，不会导致区域的生态失衡。水域面积的扩大也为陆生脊椎动物的物种多样性、均匀性创造了条件，有利于增强区域的生态平衡。

3. 移民安置对陆生生态的影响

集镇和农村移民集中安置点及其专项设施改复建工程，会不同程度的破坏原地表的植被，改变了土地利用类型，将对附近区域植被资源的种类和数量造成影响。

### （二）水生生态

抽水蓄能电站建成后，水域面积规模明显扩大，电站频繁的抽、放水运行，在一定程度上改变了浮游动植物和底栖动物的生存环境，致使浮游动植物和底栖动物种类或数量减

少；水生维管束植物多分布在水流较缓、水位变幅不大的水体中，水库水位的频繁变动，破坏和影响水生维管束植物的生境，会使此类植物数量降低。

抽水蓄能电站的上水库多分布在小流域的沟首位置，天然状态下少有鱼类生存。下水库拦河坝将原河道的生态系统隔断，对洄游性鱼类等资源造成直接的不利影响；区域水体的水温变化对鱼类的生境会有一定影响，使坝下水体和库区水域内的鱼类资源状况将发生改变。

国内外有关研究表明，大多成年鱼类能够适应水位的变化，但当浮游动植物数量减少时，会对鱼类的数量产生不利影响。抽水蓄能电站的建设，除了对洄游性鱼类的阻隔影响外，主要为对幼苗和鱼卵的影响。一些个体较小的鱼类或幼鱼在经过水泵水轮机时会遭受机械性损伤，死亡率增加，造成鱼类的种类和数量的减少。库区和坝下的影响区域如果有鱼类的产卵场，会对鱼类的产卵和幼鱼的成活产生影响，但影响程度有限。总体来说，抽水蓄能电站建设和运行对鱼类的影响有限，在采取相应鱼类保护措施后可以满足环境保护的相关要求。

## 四、对环境空气、声环境及固体废弃物的影响

### （一）环境空气

抽水蓄能电站建设在施工期产生粉尘、扬尘和燃油产生的污染物等影响环境空气质，常见的污染源包括料场开采、砂石料加工、爆破作业、开挖和填筑、交通运输及烟油排放、混凝土拌合等产生的粉尘、废气。一般施工作业区距居民点较远，且地处山区、河旁，地域空旷，对居民影响小，仅有交通线路沿线产生的扬尘对附近的居民有一定的影响。施工作业点及运输线路沿线的施工和运输，使尘土飞扬，危害操作人员的健康，污染大气环境。

环境空气的保护要防治结合，根据附近环境空气敏感目标的位置情况进行施工布置，使施工作业区和交通线路尽量远离居民点等敏感目标；优化施工方法和工艺，使用环保设备，减少污染物的发生量；采取地面硬化、定期洒水、安装设备除尘等措施，防止扬尘的产生。

### （二）声环境

抽水蓄能电站在建设施工过程中，施工噪声对声环境会产生影响，施工活动的噪声声源主要包括钻孔爆破、机械设备运行、车辆运输、施工浇筑、物料加工等，施工噪声源较分散，且大多数噪声源通常距离居民区、学校和办公场所均较远，仅交通道路对沿线居民和施工活动对施工人员有影响，其余对周围声环境影响不大。

对施工噪声的防治，可以采用低噪路面和设备、限制车速、设置隔声屏障、优化施工布置和施工方法工艺等措施，减排降噪。

### （三）固体废弃物

抽水蓄能电站工程的施工人员较多，生活区和施工作业区较分散，且施工工程量较大，产生的生活垃圾和建筑垃圾量也较大，这些垃圾如不处理，对土壤、水质、生态及其他环境造成污染，影响和破坏周围生态环境的整体性、协调性和安全性。

生活垃圾易引起苍蝇、蚊虫滋生及细菌繁衍，为流行病的传播提供途径，危害人群健

康，这类废弃物首先应分类收集，再集中运输进行统一回收或深度处理。有害垃圾含有有毒有害的化学物质，必须经特殊的安全处理，按照相关规定进行专门存放，并交地方有处置资质和能力的单位进行运输和处理。建筑垃圾应尽量回收利用，不能回收利用的可与弃渣统一处理。

### 五、对土地资源的影响

抽水蓄能电站建设提高了下游区域的防洪标准时，对下游的各类敏感点和保护目标也产生了有利的影响。水库淹没区范围内的耕地、林地、草地等土地一般土壤肥沃，属优质土地资源，淹没后对区域的土地资源平衡是一种损失。

工程建设中因工程开挖、料场开采、弃渣堆放、施工设施及道路布置、施工营地等将破坏地表形态，对土壤结构、肥力及物理性质产生一定的影响，加剧土壤侵蚀的程度，降低地表植被的质量和生物量。施工通常需要较平坦的河谷或缓坡区域，这些区域主要为土壤质地较好的耕地、林地和草地，这部分土地资源将损失或土壤质地发生改变，土地耕作层遭到破坏，养分流失，土地生产力下降，受压占影响使土壤密实不利于利用。工程对土地资源的影响，可以通过水土保持的相应措施加以修复，并逐步恢复临时占地范围内土地的原有使用功能。

### 六、对景观的影响

抽水蓄能电站建设对区域景观格局的影响变化主要反映在生态环境变化的空间上。上、下水库的蓄水，使原来以林地、草地、耕地等为主的景观类型转变为以水域为主的景观类型，丰富了区域景观的内容并增加了景观完整度的视觉性。总体上看，抽水蓄能电站建设一定程度上改变了原有的景观格局，增强了整体区域景观的协调性和完整性，对区域景观影响是有利的。所有已建抽水蓄能电站实例均表明，当工程设计与自然环境完美融合时，即能形成一个独具特色的靓丽风景。

## 第二节　环境保护设计

环境保护设计是根据环境影响评价的结果，结合工程的建设特点和自然条件，针对不同的环境影响而采取不同的环境保护措施的设计过程，是促进开发建设项目和生态环境和谐发展的重要保障。

措施的设计，要结合不同区域对环境的不同要求，从保护、恢复、治理、补偿等方面进行综合考虑，并按工程实施的不同阶段，分别提出相应的环境保护设计成果。

### 一、水环境保护设计

#### （一）施工期水环境保护

抽水蓄能电站建设中，将产生施工生产废水和生活污水。生产废水主要包括砂石骨料加工废水、混凝土拌和冲洗养护废水、含油废水、基坑排水、地下洞室施工废水等，生活污水主要为施工营地的施工人员产生的生活污水。

1. *砂石骨料加工废水处理*

砂石骨料主要来源于河道采砂、石料场开采等，原料经破碎等工艺后进行冲洗去杂，废水排放方式为连续排放，此部分废水量较大，一般不含有毒有害物质，污染物主要为SS，浓度一般可达20000～30000mg/L。

在遵循节约水资源的原则下，且抽水蓄能电站所处的山区水体水质一般较好，多不劣于Ⅲ类水质，处理后的各类废水应回用。此类废水处理方法常采用自然沉淀法、凝聚沉淀法和成套设备法。

(1) 自然沉淀法。自然沉淀法是将废水引入平流式沉淀池，利用悬浮物自重较大的特性，使废水在沉淀池中静置一段时间后，取走上层清液回用，底泥进行定期清掏、机械脱水等处理后运至弃渣场等处堆弃或填埋。处理工艺流程见图53-1。

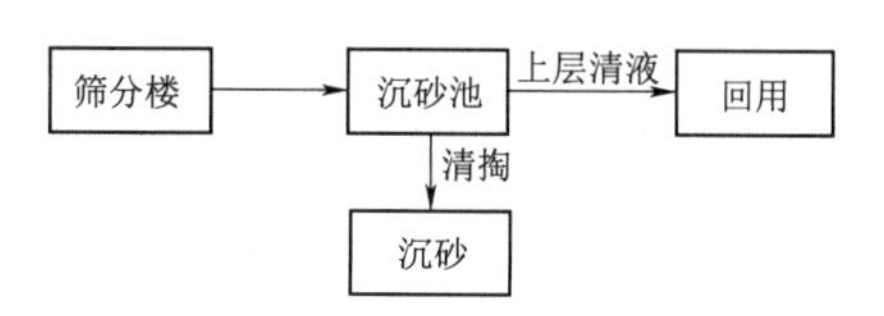


图53-1　自然沉淀法处理的工艺流程图

此种方法处理流程简单，基建和运行简便，但要达到处理标准需要较大规模的沉淀池和更长的静置时间。对于水电站工程，因特殊的施工场地和用料用量的需求，很难满足较大的布置场地和沉淀时间的需求，使处理效果不能达到回用的要求，且沉淀池规模较大，底泥清掏处理较困难，在水电站的建设中，此种方法应用较少。对于场地宽阔易布置沉淀池等设施，且回用水满足静置时间能够达到处理标准的工程，可采用此种方法，降低工程成本。

辽宁蒲石河抽水蓄能电站的砂石骨料加工系统布置在大坝上游的左岸坡地上，在加工系统与河道之间有宽阔的阶地，满足自然沉淀法废水处理的施工布置要求。在砂石骨料加工废水处理中，在阶地上布置二级沉淀池，筛分废水经沉淀后回用。

(2) 凝聚沉淀法。当具有一定的占地面积可以利用但不能完全满足自然沉淀法对场地布置的需求时，可以采用凝聚沉淀法对废水进行处理。

凝聚沉淀法即废水先经沉砂池初步静置除去粗砂，在混合池中与凝聚剂充分混合后进入沉淀池，沉淀后清水回用，污泥进行重力压实或机械脱水处理。处理工艺流程见图53-2。

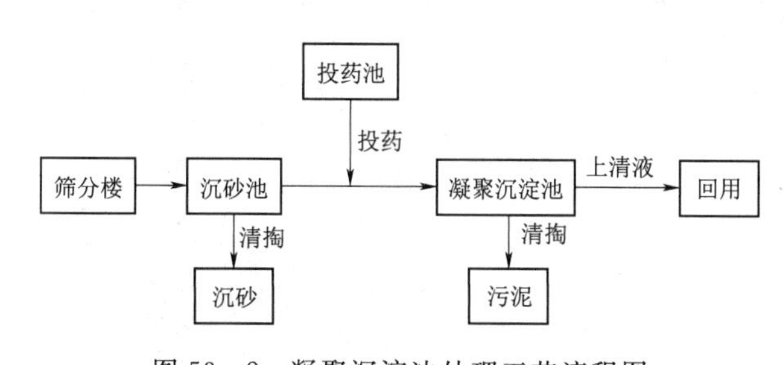


图53-2　凝聚沉淀法处理工艺流程图

凝聚沉淀法处理效果较好，占地相对较少，但需增加投药设备及其运行费用。当污泥产生量大时，需要加大混凝沉淀池的尺寸规模和增加工程投资。

沉淀池中污泥宜采用刮泥机刮泥，泥浆采用耐磨蚀泥浆泵或砂泵提升并通过压力输泥管排除，排除的泥浆采用压滤机等机械方式进行脱水处理。脱水后的泥渣可采用地面堆放、填埋和有效利用等方式，当采用地面堆放方式时应采取相应的工程防护措施。

(3) 成套设备法。成套设备法处理砂石骨料加工系统的生产废水技术在水电水利行业的应用较为广泛，技术较为成熟。处理设备通常采用DH高效（旋流）污水净化器，利用直流混凝、微絮凝造粒、离心分离、动态把关过滤和压缩沉淀的原理，将废水净化中的混凝反应、离心分离、重力沉降、动态过滤、沉渣（泥浆）浓缩等处理技术有机组合集成在一起，在同一罐体内短时间完成废水的多级净化。此种方法利于工程建设对砂石骨料用量强度的需求。

DH 高效（旋流）污水净化器占地面积较小，为自然沉淀法传统处理工艺占地面积的 1/10 左右，废水净化的时间一般少于 30min，净化的效率高，对工程建设的顺利进展起到积极的推进作用。当进水的 SS 浓度达到 60000mg/L 时，设备仍能正常发挥效用，处理后的出水 SS 浓度在 50mg/L 左右。DH 高效（旋流）污水净化器处理废水的工艺流程见图 53－3。

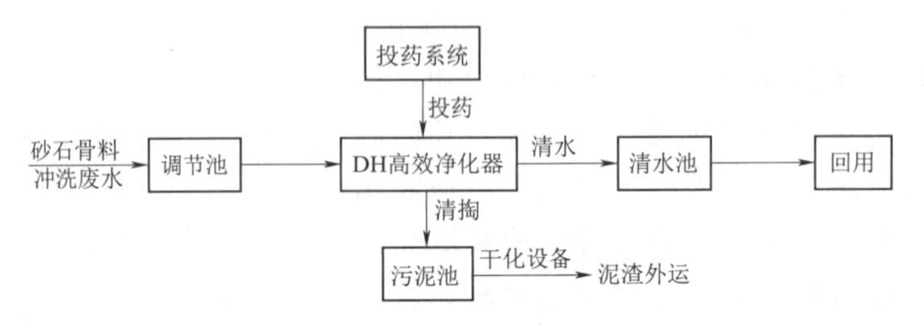


图 53－3　成套设备法处理工艺流程图

成套设备法基建简单，修建的调节池和污泥池也不宜过大，占地面积较小，经 DH 高效（旋流）污水净化器处理后的出水完全满足环境保护的要求，但成本相对较高。

黑龙江荒沟抽水蓄能电站在砂石骨料加工废水处理中采用了成套设备法，选用 DH 高效旋流净化器，将砂石骨料冲洗废水汇入调节池，经泵抽至净化器，同时投加药剂，在净化器内经混凝反应、离心分离、重力分离、动态过滤及沉渣浓缩等过程从净化器顶端将净化后的清水排出送入清水池，接着对清水进行回用或利用其进行反冲洗，从而实现废水的循环利用。浓缩后的沉渣（泥浆）从底部排出至泥浆池，泥浆由杂浆泵抽至压滤机脱水，脱水后的泥饼外运至弃渣场堆放（图 53－4）。

图 53－4　废水处理系统成套设备及水池图

*2. 混凝土拌和冲洗养护废水处理*

混凝土拌和冲洗养护废水主要来源于拌和楼料罐、搅拌机以及地面冲洗、混凝土构筑物的养护等，排放方式为间歇式点型排放。废水呈碱性，pH 值一般为 11～12；污染为主

要为 SS，浓度一般可达 2000～5000mg/L。

此类废水处理方法常采用竖流式沉淀池法、平流式沉淀池法。

（1）竖流式沉淀池法。竖流式沉淀池法是池中废水竖向流动和处理的方法。池体平面图形为圆形或方形，废水由设在池中心的进水管自上而下进入池内，根据测定的 pH 值投加适量的酸性中和剂，悬浮物沉降进入池底锥形沉泥斗中，澄清水从池四周沿周边溢流堰流出。堰前设挡板及浮渣槽以截留浮渣保证出水水质。池的一边靠池壁设排泥管通过静水压力将泥定期排出。其处理工艺流程见图 53－5。

竖流式沉淀池的优点是占地面积小，排泥容易，缺点是深度大，施工困难，造价高，在水电水利的工程建设中应用较少。

辽宁蒲石河抽水蓄能电站工程因可布置环保设施的场地较小，采用了竖流式沉淀池法进行废水处理。

（2）平流式沉淀池法。平流式沉淀池法是利用悬浮物的重力和投加絮凝剂进行絮凝反应等，使废水在通过沉淀池并沉淀后得到处理的一种方法。沉淀池平面为矩形，进出口分别设在池体的两侧，废水在沉淀池中停留时，投加絮凝剂使悬浮物絮凝沉淀，根据检测的 PH 值情况计算并投加酸性中和剂进行中和反应。絮凝后将沉渣排出干化后可运至弃渣场进行填埋处理。此类废水通常在混凝土拌和每台班末排入平流式沉淀池中，静置、絮凝、沉淀、中和至下一台班末排出，沉淀时间一般 6h 以上。沉淀后的清液回用，不足部分可补充新水。其处理工艺流程见图 53－6。

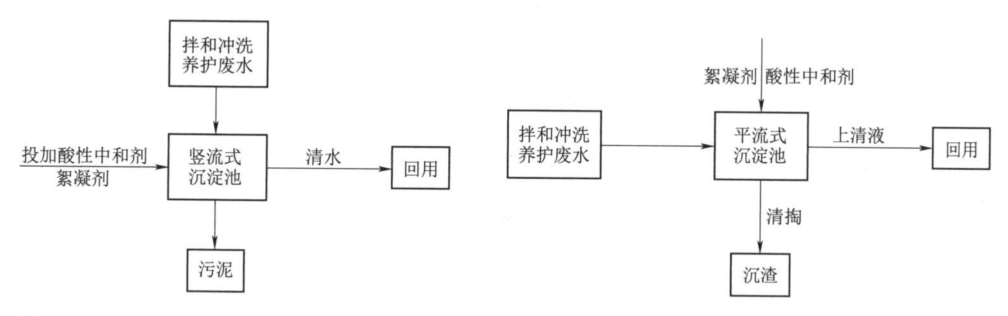


图 53－5　竖流式沉淀池法处理工艺流程图　　图 53－6　平流式沉淀池法处理工艺流程图

平流式沉淀池法沉淀效果较好，使用较广泛，但占地面积较大，适合于工程征地较大、施工布置容易的工程中。

3. 含油废水处理

含油废水主要为机械修配系统产生的废水，主要污染物为石油类、SS 和 COD，石油类浓度一般为 10～80mg/L，SS 浓度为 500～4000mg/L，COD 浓度为 25～200mg/L，此类废水处理方法常采用生物处理法、气浮除油法和成套设备法。

（1）生物处理法。生物处理法是将含油废水汇入集油池，用浮油回收器回收表面油污并与清掏的底泥交由专门的机构进行处理，废水再流经沉淀池，投加 OBT 生物制剂进行生物反应及沉淀净化，上清液回用于自身系统的冲洗等。其处理工艺流程见图 53－7。

此种方法处理含油废水效果基本能满足环保的要求，但其占地面积较大，OBT 生物制剂修复油污水的周期较长，一般可达到 1～3 周，对施工用水量大且较频繁和征占地范

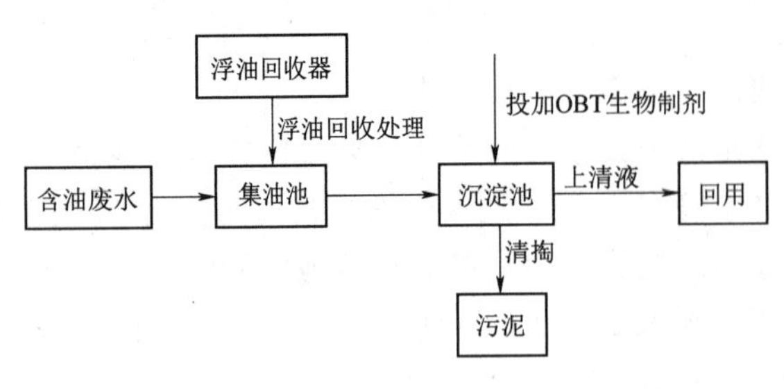


图 53-7　生物处理法处理工艺流程图

围有限的工程不适用。

（2）气浮除油法。气浮除油法是将废水用压缩空气加压到 0.34～4.8MPa，使溶气达到饱和。当被压缩过的气液混合物被置于正常大气压下的气浮设备中时，微小的气泡从溶液中释放出来，油珠即可在这些小气泡作用下上浮，结果使这些物质附着在絮状物中。气固混合物上升到池表面，即被撇出。此方法处理效果好，但需要在处理前投加混凝剂，还必须有空气压缩缸压缩空气，增加了一定的动力和设备，投资大，对于临时的修配站废水处理不太适合。

（3）成套设备法。成套设备法是选择成套高效油水分离器进行含油废水处理，在系统进水口前设置一个集油池收集含油废水，集油池同时还具有一定的沉沙作用，将废水用泵提升到油水分离器中进行油水分离。将分理出的高浓度污油和清掏的污泥收集交给专门处理机构进行处理，将分离出的清液储存至调节池后回用，见图 53-8。

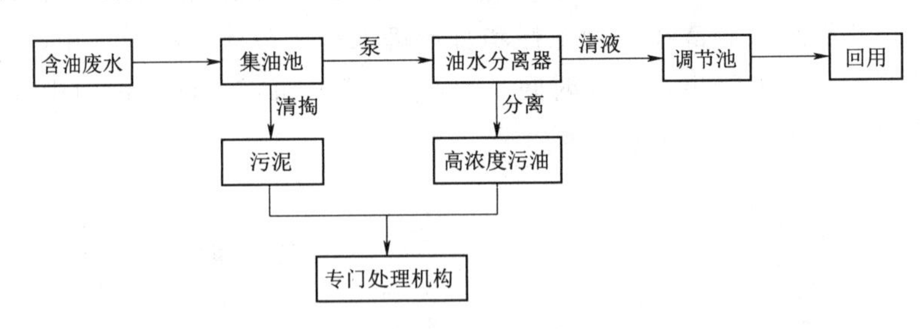


图 53-8　含油废水处理工艺流程图

成套设备法建设费用相对不高，废水处理效果好，且运行周期短，在水电水利工程建设中广泛使用。

4. 基坑排水处理

基坑排水主要包括初期排水和经常性排水。初期排水包括围堰截留的河水、基坑积水和降雨形成的地表径流，水体中污染物种类和浓度与工程所处的河段水体基本相同。经常性排水主要是围堰渗水、混凝土养护废水和降水等，水体 pH 值一般为 9～12，污染物主要为 SS，浓度可达 2000mg/L 左右。

（1）初期排水。对初期排水，工程可不采取特殊的处理措施，仅向基坑投加絮凝剂后静置、沉淀 2h 左右，水体满足综合利用或排放的水质标准要求后用于工程使用或排放。

初期排水总量应按围堰闭气后的基坑积水量、抽水过程中围堰及地基渗水量、堰身及基坑覆盖层中的含水量以及可能的降水量等计算，其中可能的降水量可采用抽水时段的多年日平均降水量计算。

为了避免基坑边坡因渗透压力过大，造成边坡失稳产生坍坡事故，在确定基坑初期抽水强度时，应根据不同围堰形式对渗透稳定的要求确定基坑水位下降速度。

对于土质围堰或覆盖层边坡，其基坑水位下降速度必须控制在允许范围内。开始排水

降速以0.5～0.8m/d为宜，接近排干时可允许达1.0～1.5m/d。其他形式围堰，基坑水位降速一般不是控制因素。

排水时间的确定，应考虑基坑工期的紧迫程度、基坑水位允许下降的速度、各期抽水设备及相应用电负荷的均匀性等因素。一般情况下，大型基坑可采用5～7d，中型基坑可采用3～5d。

（2）经常性排水。基坑初期积水排干后，围堰内外的水位差增大，此时渗透流量相应增大。基坑在施工过程中还有一定数量的施工废水积蓄在基坑内，需要不停地排除，在施工期内，还会遇到降雨，当降雨量较大且历时较长时，其水量也较大。

经常性排水具有污染物浓度较高、排水量相对较大的特点，初期排水完成后，在基坑底部低洼处修建1个矩形沉淀池和1个矩形调节池，池体的容积根据计算的经常性排水量确定。各类来水先汇入沉淀池，向沉淀池内投加絮凝剂，水经静置、沉淀后，再根据水体pH值测定结果确定是否投加酸性中和剂及其用量，将pH值调整到6～9即可。静止时间至少2h以上，以满足循环利用或综合利用的水质标准要求。将静置后的上清液用泵抽送至调节池用于工程的回用等，剩余污泥定期进行清掏，干化后可运至弃渣场进行填埋处理。其处理工艺流程见图53-9。

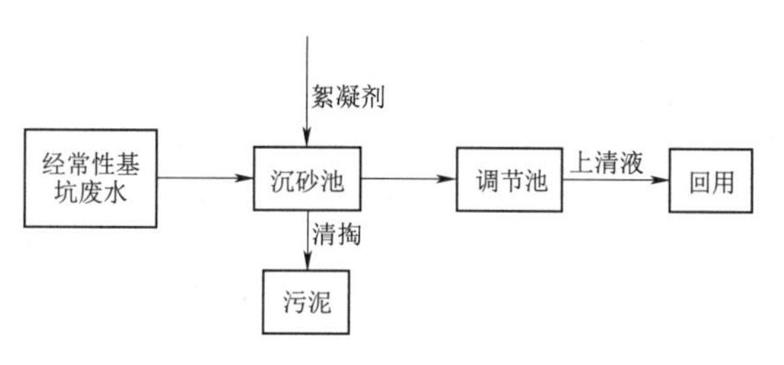

图53-9　经常性排水处理工艺流程图

辽宁蒲石河抽水蓄能电站工程在上下水库的基坑排水处理中，选择排水口附近的平坦开阔区域布置沉淀池和调节池对废水进行处理。在下水库建设过程中对产生的基坑废水设置了沉淀池，废水通过水泵将基坑废水抽至沉淀池，沉淀池容积在500m$^3$左右，保证有效废水沉淀处理的时间后，废水处理效果较好，处理后的清水经滩地砂砾石等二次过滤自渗至河道。上水库基坑废水集水点位置在上水库大坝底部，由高压水泵将废水送至导流底孔后自流入混凝土砌筑的沉淀池中，沉淀池容积约480m$^3$左右，废水经沉淀后全部用于混凝土养护及道路洒水降尘等。

5. 地下洞室施工废水处理

地下洞室施工排水主要由隧洞施工废水和洞室渗水组成。隧洞施工废水主要包括石方开挖、混凝土养护、灌浆等废水，这部分水量相对较固定，废水中主要污染物为SS，SS浓度在2000mg/L以上；局部水体pH值偏高，但此部分水量较少，与其他废水汇合后，pH值通常在允许范围内，但应对水体进行pH监测，一旦发现水体呈碱性，就需对水体进行酸碱中和处理。

抽水蓄能电站位于山区，植被较好，工程区地下水较为丰富，地下洞室施工过程中会产生大量的洞室渗水，但水质较好。

工程施工中可采取一些比较严格的环保施工工艺，对地下洞室产生的废水与洞室渗水实行清污分流，将没有混入生产废水的不受污染、可直接排放的渗水设置单独的集水和排放设施，以降低废水处理规模和处理量；需要进行处理的是地下洞室的生产废水，将生产废水通过主体工程设置的排水系统排送至各施工通道口，在各通道口设废水集水池收集废水，集水池废水通过管道进入成套设备废水处理系统，常采用DH高效（旋流）污水净化法，处理工艺流程同砂石骨料加工系统废水处理的成套设备法。

6. 生活污水处理

生活污水处理方法常采用化粪池法或一体化处理设备法。

（1）化粪池法。因抽水蓄能电站工程施工区较分散，生活污水污染源呈分散式点式分布，有布置化粪池的条件，但单纯的化粪池处理出水水质是无法达到设计和环保要求的。对化粪池的污水用吸粪车定期清掏，并运到田间地头与压滤肥或可生化垃圾混拌进行好氧堆肥。此方案的实施中，建议由建设方牵头与当地政府签署承包合同。化粪池法处理工艺流程见图53-10。

图53-10　化粪池法处理工艺流程图

此种处理方法简单，但处理效果不能完全达到环保的要求，需对从化粪池中清掏物进行好氧堆肥等二次处理，增加运行的成本和复杂性；化粪池处理不当，还易渗漏污染附近水体，对环境产生影响。此种方法应用较少，具有一定的局限性。

（2）一体化处理设备法。目前，生活污水的处理技术已经十分成熟，一体化处理设备众多。常见的处理工艺主要有AO（接触氧化法）、MBR（生物膜法）、SBR（序批式活性污泥法）、CASS（周期循环活性污泥法），其中AO和MBR处理工艺最为常见，应用最广。各种方法、工艺的生活污水处理的流程大体相同，仅是出水水质标准和设备处理的工艺原理有所不同。

1）AO法处理工艺。AO法是接触氧化法的简称，是一种好氧生物处理工艺，由厌氧和好氧两部分组成。在普通污泥活性法前段加入缺氧段、厌氧段，通过污泥中微生物负荷的变化来实现脱氮和除磷的功能。接触氧化池内设有填料，充氧的污水流经淹没填料，通过接触，在微生物的新陈代谢作用下，将污水中的有机污染物等除去，净化水体。

此种方法适用于低浓度的生活污水和具有高可生化性的废水处理中，处理效果稳定，氧利用率高，耐冲击负荷能力强，运行管理简单，但对污水中的脱氮除磷效果稍差，处理后出水可以达到一级B排放标准和医疗行业直接排放标准。

2）MBR法处理工艺。MBR法是生物膜法的简称，此种方法令微生物附着在过滤膜装置上，形成膜状的生物污泥，从而对污水起到净化效果的生物处理方法，是一种将膜分离技术与传统污水生物处理工艺有机结合的一种新型污水处理方法。膜组件置于反应器内，下方布置曝气器，利用水泵的抽吸使注水通过生物膜，曝气产生的气泡带动混合液向上流动，在膜表面产生反应，净化水质。

MBR法可以达到城镇污水排放一级A标准，其处理效果较好，悬浮物和浊度符合标准，可以直接作为非饮用市政杂用水进行回用。此种方法越来越多的被利用，也成为了生活污水处理的主要措施之一。

3）SBR法处理工艺。SBR是序批式活性污泥法的简称，是一种按间歇曝气方式来运行的活性污泥污水处理技术。它的主要特征是在运行上的有序和间歇操作，SBR技术的核心是SBR反应池，该池集均化、初沉、生物降解、二沉等功能于一池，无污泥回流系统。通过对运行方式的调节，在曝气池内进行脱氮除磷反应，耐冲击负荷，处理有机或高浓度

有机废水能力强。对于间歇排放和流量变化较大的场合更为适用。

此种方法反应池内厌氧和好氧状态交替，净化效果较好，但需在排水时配置专门的排水设备，且易产生浮渣。

4）CASS法处理工艺。CASS是周期循环式活性污泥法的简称，是SBR工艺的一种新的形式。其基本结构是在SBR法的基础上，反应池沿池长方向设计为两部分，前部为生物选择区也称预反应区，后部为主反应区，其主反应区后部安装了可升降的自动撇水装置。整个工艺的曝气、沉淀、排水等过程在同一池子内周期循环运行，省去了常规活性污泥法的二沉池和污泥回流系统，同时可连续进水，间断排水。工作过程分为曝气、沉淀和排水三个阶段，运行中可根据进水水质和排放标准控制运行的有关参数，如有机负荷、工作周期、水力停留时间等。

此种方法占地面积较小，生化反应推动力较大，沉淀效果较好，但受异养细菌等影响，硝化菌的生长受影响，加上除磷过程中受到回流混合液浓度的影响较大，脱氮除磷的效果难以提高，进而影响出水的水质。

水电站工程施工区生活营地使用年限有限，污水排放量不大，可采用成套设备进行生活污水的处理。对于抽水蓄能电站，一般施工区每天产生的生活污水量小于500t/d，生物膜法处理工艺应用更为广泛。在辽宁蒲石河抽水蓄能电站的生活污水处理中，选用了生物膜法处理工艺，设备选用地埋式SW一体化旋转生物膜污水处理装置见图53-11。

图53-11　地埋式SW一体化旋转生物膜法污水处理装置图

SW一体化旋转生物膜污水处理装置包括水解酸化、接触氧化、污泥初沉、消毒、污泥二次处理、污泥回流与储存等过程和功能，处理后出水基本满足道路洒水、绿化等杂用水的回用要求，污泥定期清掏并运至渣场等处进行填埋处理。

食堂餐饮的废水含有油污，先经OGA餐饮业含油污水处理器将动植物油分离出后集中收集交由有处理资质和能力的部门进行处理，经油水分离器分离出的污水与其他污水汇入调节池，用泵泵送至SW一体化旋转生物膜污水处理装置进行处理，出水能够达到《污水综合排放标准》（GB 8978—1996）和《城市污水再生利用 城市杂用水水质》（GB/T 18920—2002）中相关规定值。此种方法处理工艺流程见图53-12。

此种处理方法好氧和缺氧交替运行，成功实现污水脱氮；不采用鼓风曝气，避免了鼓

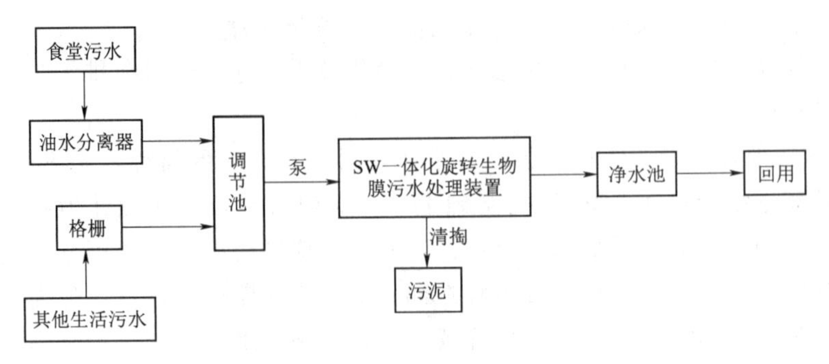


图 53-12　SW一体化旋转生物膜污水处理装置处理工艺流程图

风机带来的噪音污染以及曝气头更换和维修的困难；采用独特的构造方式，最大限度地减少了臭气扩散；妥善选择剩余污泥处理的方案，最大限度地降低了人工操作，保证系统的稳定可靠运行；可编程自动控制，运行管理简单，便于根据实际情况进行运行状态调整，以获得最佳运行效果；一体化设备，最大限度地实现了系统的集成，减少了占地面积。在生活污水处理中的应用极具广泛性。

**（二）运行期水环境保护**

运行期不再产生施工期生产生活废水，但机械设备的检修、主要设备漏油和运行管理人员的起居等将产生废水。

1. 含油废水处理

运行期的机械设备检修、厂房内主要设备漏油等，将可能产生含油废水，虽然总量不大，但对环境的影响不可忽视。

在各主要的检修点、漏油点设置储油坑或排水系统，将含油废水送至集水井进行最终汇集。集水井分隔成两个部分，一部分为污水井、另一部分为清水井，两井底部设置孔洞连接。污水井上方设置在线式水中油监测仪，用以监测污水井内废水中的油浓度。当水中油含量超过0.05mg/L时，应对废水进行处理，选用浮油分离净化器净化污水井表面浮油，并辅以油水分离器吸取污水井内废水进行油水分离，分离后的清水进入清水井，清水井内设置立式深井泵将清水达标排放等处理，收集到的油质运到厂外交由专门的处理机构进行处理。

2. 生活污水处理

运行期，永久办公生活区和厂房地下污水处理系统将产生一定量的生活污水，但通常管理和运行人员不多，产生的此部分废水量不大，可采用一体化生活污水处理设施进行处理，处理工艺、方法及建设可参考施工期生活污水处理措施。运行期的生活污水处理系统建设，也可与施工期的生活污水处理同时考虑，永临结合，提高设施设备的使用率，减少土建和运行管理的费用，使环境保护措施更具适宜性、合理性。

## 二、大气环境保护设计

工程施工废气主要来源于爆破、开挖、物料加工及各类施工机械设备运行、物料运输等，废气中污染物主要为粉尘、CO和$NO_x$，以粉尘为主，影响时段也仅限于施工期。运营期仍存在发电机用润滑油蒸发而产生的$NO_x$，人员采用车尾气。

**（一）开挖、爆破粉尘控制**

施工选择先进、低尘的施工工艺，优化施工方法，尽量采用湿式作业，减少粉尘的产生量；选用带除尘器的钻机等设备提高除尘效果；在开挖、爆破前先向施工扰动区域进行洒水湿表；地下洞室的施工中配备通风机，加速洞内与洞外的空气流通。此外，对施工过程中受大气污染影响的施工人员，应采取必要的劳动保护措施，配备足够的防尘口罩、隔声耳包等保护用品。

**（二）砂石骨料生产系统粉尘控制**

砂石骨料的生产加工在施工工艺上尽量采用湿法破碎的低尘工艺，降低砂石原料运输的落差和距离。细碎车间一般粉尘量不大，可采用喷水雾除尘的措施。在粉尘产生量较大的区域，应配备集气吸尘罩、管路、除尘器、风机和排气管道等除尘设备。

**（三）混凝土拌和系统粉尘控制**

混凝土拌和系统产生粉尘主要部位是水泥煤灰罐、拌和楼等。混凝土的拌和应尽量在密闭的环境中进行，存储罐、搅拌设备、粉料罐等安装收尘箱等降尘设备，选用自动化拌和楼减少粉尘的飞扬，水泥输送管道接口密封。混凝土预制等区域定期洒水抑尘。制定除尘设备的管理制度，加强除尘设备的使用、维修和保养，提高设备的使用寿命和除尘效果。

**（四）道路扬尘控制**

车辆运输等主要引起道路扬尘。对有工程建设要求和敏感区附近应采用混凝土或沥青混凝土路面；对其他的砂砾石路面等加强道路养护，定期对路面进行洒水，成立道路养护、清扫的专门队伍，保持道路的清洁、平整。做好运输车辆的密封和保洁，在物料运输中，采取储罐、密封和苫盖等防护措施抑尘。道路两侧栽植行道树，降低扬尘对周围环境的影响。

**（五）施工场地扬尘控制**

在施工生产区域，地表大部分为砂砾石或土石，各类施工作业扰动地表后极易引起扬尘。对施工场地的物料堆放、临时堆渣等用防尘网等苫盖；用河道水或处理后的中水对地表进行洒水；及时清理地表的渣料等，各类垃圾等要分类堆放并及时运走并处理。

**（六）燃油废气防治**

机械设备的运转和使用产生燃油废气，主要包括 CO、$NO_x$ 和一些颗粒物。机械设备选用符合相关标准的施工机械和运输车辆，执行汽车报废的相关规定，推行强制更新和报废制度，对于发动机耗油多、效率低、排放尾气超标的老旧车辆及时更新；使用符合国家规定的标准燃油；定期或不定期对机械设备排放的尾气进行监测，对未达标的机械设备进行处罚并禁止其使用；对机械设备要定期进行保养、维护，使其达到最佳的运行状态。

## 三、声环境保护设计

施工期噪声主要来源于施工开挖、钻孔爆破、用料加工和运输、设备运行等。一般情况下，施工区噪声的影响范围为声源点周围 200m 区域，交通道路沿线两侧各 200m 的区域。

**（一）声源控制措施**

1. 总体布置要求

尽量使噪声较大的设备设施远离敏感保护目标，并可以充分利用地形、地势等自然隔声屏障降低噪声对环境的影响，将声源尽量布置在低凹处，同时施工作业区布置在远离办公生活区的区域。使用具有降噪功能的环保机械设备，加强各类机械设备的维修保养，保持机械设备润滑，降低机械设备运行时的噪声。

2. 点源控制

各类施工、加工避开夜间施工，对混凝土拌和系统的一些设施设备采用隔声材料封闭、设隔声门窗和其他减振措施，降低噪声对施工人员及周围其他环境敏感目标的影响。严格控制爆破时间，爆破避开夜间居民和施工人员的休息时间，采用先进的爆破技术和环保炸药，降低爆破的声强和减少对水体的污染；每次爆破前15min左右鸣警笛，提示警戒，划定安全范围，防止爆破飞石溅伤等伤害。

3. 交通噪声控制

交通噪声控制主要是通过采取有效的管理措施配合一些辅助措施加以控制。做好施工道路规划，主要施工道路和通过敏感区的道路提高道路的路面标准，采用混凝土或沥青混凝土硬化路面，降低噪声。在交通道路进入居民点等敏感区域的影响区域处设置降速、禁鸣等警示牌，提醒来往车辆减速慢行，车速不超过20km/h，并禁止鸣笛；加强道路养护和车辆维修保养，降低机动车辆行驶时的振动速度；禁止在夜间居民的休息时间段内通行。

**（二）传播途径控制**

传播途径控制主要是通过隔声屏障等阻隔或降低噪声的声强，达到降噪、减噪的目的。

施工区内，破碎机、筛分楼、拌和楼、空压机等强噪声源，施工车间可采用多孔性吸声材料建立隔声屏障、隔声操作间等；施工区外的交通道路沿线敏感区域等可设置隔声屏，包括混凝土砖石结构、金属和合成材料、组合式结构等隔声屏和绿化隔声林带。

**（三）劳动保护控制**

对强噪声源的施工，尽量提高作业的自动化程度，实现远距离的监视操作。在90dB及以上的噪声环境中，施工人员必须使用防护用具。当施工人员进入强噪声环境中作业时，应给每位施工人员佩戴防噪声耳塞、耳罩、防声棉、防噪声头盔等防护工具。

## 四、固体废弃物处理保护设计

固体废弃物主要产生于施工区和移民安置区，包括生活垃圾、建筑和生产垃圾、医疗废物等。各类固体废弃物要分类收集、堆存和处理。医疗废物属于危险品范畴，其处置应交由具有处理许可的医疗废物处理单位进行处置，并执行相应的标准。

**（一）生活垃圾**

生活垃圾可分为有机垃圾、无机垃圾和危险垃圾。

有机垃圾处理常采用回收利用、焚烧、堆肥、设备处理和卫生填埋等处理方法。对可回收利用的竹木、塑料、皮革等进行回收利用，减少垃圾处理量及投资。其他的有机垃圾

中，可生化垃圾可运至田间地头进行堆肥处置或运至永久生活区的一体化生活污水处理设施中与生活污水统一处理；其余垃圾可进行焚烧或运至卫生填埋场进行填埋处理。

无机垃圾常采用回收利用、弃渣填埋等处理方法。对可回收利用的废金属、砖石等尽量回收利用；对其他垃圾可运至弃渣场等进行弃渣堆存处理。

危险垃圾常采用焚烧、填埋和综合利用等处理方法。危险垃圾应交由有相应处理资质和能力的单位进行处理。可回收的废电池、水银温度计、灯管等垃圾，可进行拆解后综合回收利用可用部分，其余部分进行填埋等处理。废药品、油漆、杀虫剂等可进行焚烧处理。

**（二）建筑和生产垃圾**

建筑和生产垃圾主要包括渣土、废砖石和混凝土、废木材、钢筋等，常采用回收利用、弃渣填埋等处理方法。废砖石、废木材和钢筋等，可分类收集并尽量回收利用；渣土、废混凝土等也可经综合考虑用于路基填筑等；其余施工区产生的不含有毒物质的建筑和生产垃圾结合工程弃渣，进行弃渣填埋处理。移民安置区的建筑垃圾中除可回收利用之外的垃圾可能会含有一些细菌、病毒等，处理应参照生活垃圾填埋处理的方式，必要时先进行消毒处理。

**（三）医疗废物**

水电水利工程中，医疗垃圾主要包括棉球棉签、纱布、针头、输液器具和一些废弃药物等，此类垃圾通常具有直接或间接感染性、毒性和其他危害性。此类垃圾处理应进行分类存放、集中储运、消毒灭菌、焚烧及其他处理方法。处置应由取得县级以上人民政府环境保护行政主管部门许可的医疗废物集中处置单位处置。

## 五、生态环境保护设计

生态环境是指与人类密切相关的、影响人类生活和生产活动的各种自然力量或作用的总和，是生物之间和生物与周围环境之间的相互联系和相互作用。生态环境包括陆生生态和水生生态。

**（一）陆生生态**

陆生生态保护的对象为陆地野生的动植物资源，重点为珍稀、保护、濒危、特有的物种及有重要经济和科研价值的野生动植物。水电水利的建设，将对扰动影响区内的动植物产生一定程度的影响，有些影响和破坏是不可逆的，在建设过程中，要求加强环境保护意识，采取必要的补偿、再造、趋避等措施避免或减缓对环境的影响和破坏。

1. 避让措施

对主体工程施工布置进行优化设计，优先选用荒地、滩地、废弃地和劣质地进行施工布置，尽量减少占用林地、牧草地和耕地，避免对生态环境产生较大的影响。

工程施工中，渣场、料场、施工道路尽量避开野生动物集中分布的栖息地；避开野生动物的自然疫源地，防止动物的疫情传播影响人类身体健康。

2. 就地保护措施

对已确定保护的植物设置宣传板和挂牌；当保护对象具有一定的范围规模时，可以设置围栏保护；加强施工期间对保护对象的管理和病虫害防治等工作。

野生动物对环境有较强的应变能力，在施工区因施工的影响，动物自动撤离影响区到附近植被较好的区域选择栖息地。在水库淹没范围内原有的动物栖息地将被淹没不可恢复。在水库蓄水淹没前，可以组织一定的人力，沿着淹没范围轰赶动物，将幼鸟或鸟蛋收集进行人工繁殖和养育；在淹没范围外投食招诱库区内一定数量的动物远离库区。

3. 减缓措施

加强对施工人员及影响区居民的环境保护宣传，禁止捕猎、砍伐等，提高人们的环境保护意识，减轻施工对生态环境的影响。

施工中，严格按照工程设计和施工征占地范围进行施工作业，不得随意扩大施工范围及破坏周围植物和影响周围动物；土石方的开挖、回填和堆弃应尽量避免雨季和大风季节，避免水土流失及其他灾害的发生。

4. 移植补植和挂牌保护措施

通常水库淹没区会有一定数量的珍稀、保护和特有的需保护植物，对此类保护对象的影响将具有一定的不可逆性和侵害性，需要分析周围环境的立地条件和植物的生态特性，采取移植补植或挂牌等防护措施。

对苗木较小移植易成活的树种，选择适宜的区域进行就近移植保护；对植株较大成活率较低的树种，在对立地条件、植物习性、区域生态系统的完整性等条件充分分析的基础上，可以采用引种繁殖、购苗补植等措施，数量不少于需保护的数量。

对移植补植保护的植物应进行挂牌、立标保护，标明植物的树名、科属、保护级别等，并配置有关保护、责任和惩罚等条款说明。牌标可选择木质或不锈钢等环保材料。

辽宁蒲石河抽水蓄能电站因修路而破坏和影响的泉眼沟小流域河谷及两侧、小流域沟首的上水库库区内分布有国家级保护和珍贵植物，主要有黄菠萝、红松、水曲柳和胡桃楸等，工程对此部分树种进行了移植保护。树木移植的地点分别选择在泉眼沟小流域内沿河两侧的河谷和山坡、#5 弃渣场顶部、上水库上坝路的临时施工便道处以及永久办公生活区的绿化区域，选择的地点植物生长条件较好，地势相对平坦和开阔，结合小流域的生态恢复，有层次、有计划地进行国家级保护和珍贵植物的移植保护工作。

5. 补偿措施

工程永久占地大部分面积是不可恢复的，在采取减缓措施后，应对原有生态进行生态补偿。工程占用的林地、耕地、草地等，应根据国家有关的规定，缴纳补偿费用。

6. 生态修复措施

施工临时占地在施工结束后应开展用地修复建设工作，尽量恢复原地表的使用功能。在生态修复中，应注意与周围景观植被相协调，注重乔灌草的搭配，树草种以选择乡土物种为主，在大坝、生活办公区等区域适当考虑景观因素提高植被的标准和恢复等级。

**（二）水生生态**

在通常情况下，抽水蓄能电站建设地点多在中高山区，上水库多为河道或沟道的首部位置，较少存在需要保护的鱼类或鱼类的生境，无过鱼和鱼类增殖设施的建设；下水库所处的河流常为水系的上游或中上游，径流量不大，且河道的天然比降相对较大，需要保护的鱼类或鱼类生境较少见，大多不需建设过鱼和鱼类增殖设施。但当工程区确有需保护的鱼类、工程上游及下游分布有鱼类的重要生境、洄游或迁徙路线经过工程断面的鱼类，则

要采取适宜的过鱼或鱼类增殖设施对鱼类加以保护。

1. 过鱼设施

一般抽水蓄能电站库区狭小，水头较高，地形地势较复杂，不适合布置过鱼设施，但对下水库修建在较为开阔的河道、运行水位变化幅度相对较小的蓄能电站建设中，可根据对洄游性鱼类保护的需要并结合实际情况建设过鱼措施，保护鱼类及其生境。

抽水蓄能电站库区水位变幅较大，受场地布置、流量、鱼类习性等限制不能采取鱼道措施，可采用升鱼机措施。

升鱼机包括进口、集鱼池和运鱼厢和出口等，同时结合集运鱼系统保护洄游鱼类资源。在进口处设置诱鱼水流和具有适当拦阻漂浮物的防护装置，并设置栅网等鱼类止回装置。

2. 鱼类增殖放流站

水电水利工程的建设，将对江河水域的鱼类资源产生影响，为了减轻生态破坏和鱼类资源数目的减少，常采用人工增殖放流鱼类资源的补偿措施。

增殖放流对象选择应遵循“统筹兼顾、突出重点”的原则，优先选择珍稀濒危、特有鱼类及受影响程度较大且难以形成自然群落的鱼类，综合考虑鱼类抗逆性、生境破坏程度、鱼类资源现状、生存繁衍条件和周期长短等因素，进行分析确定增殖放流鱼类的种类和顺序。

站址宜选在抗渗性能良好的基础上，避开山洪、滑坡、泥石流等自然灾害的影响地段，同时要保证水源的水质和水量。

增殖放流站的主要建筑物包括蓄水池、鱼池、车间和办公生活用房等，还包括电气系统、交通等辅助设施。寒冷地区，亲鱼在生产车间越冬的，需在车间配备采暖设施，保证鱼类生长所需的温度，提高鱼类的成活率。

3. 进出水口鱼类保护措施

抽水蓄能电站的运行要通过输水管道频繁的抽放水。放水时会引起进出水口水体的冲击，抽水时会在进出水口水体产生一定的吸力，在进出水口附近有鱼类等水生生物时，会对其产生冲撞损伤或随水体进入水轮机受到机械性损伤。

为了保护鱼类不受电站运行时抽放水的影响，在输水洞的进出水口适宜位置布置拦鱼网或拦鱼电栅，避免或减少鱼类等水生生物靠近进出水口，达到拦鱼和保护鱼类的目的。

拦鱼网可选用化纤等材料，拦鱼网的孔口不宜过大，避免过多的小体型鱼类进入输水洞和发电系统而造成鱼类数量和种类的减少，小孔的大小控制在 2cm×2cm 左右。此种设施投资低，操作简单，在水利水电工程，尤其是水库水位变幅较大的抽水蓄能电站中应用较多。

拦鱼电栅利用电极形成电场，使鱼感电后发生防御性反应后改变游向，避开电场达到拦鱼目的，此种拦鱼设施效果更好，在近几年的常规水利水电工程中应用广泛。

拦鱼设施的布置随主体工程进出水口的进展而适时实施，在第一台机组发电前完成。

4. 其他环境保护措施

为保证河流生态系统生态功能的正常发挥，减免因修筑大坝阻断河流对环境造成的影响，应采取措施，保证生态需水对下泄流量的要求，使水文及水动力变化过程不超过水生生物的耐受范围。

工程设计中通常采用设专门放流设施或利用其他放流设施兼顾放流来保证下泄最小生态流量的要求。

（1）专门放流设施。通过在坝体中或导流洞内埋设排水管道或修建放水涵洞，并设置可控阀门，满足下游河道最小生态流量的需求。管道直径或涵洞尺寸应根据下泄流量的要求和库水位变化等情况计算确定。

（2）利用其他放流设施兼顾放流。利用其他放流设施兼顾生态放流的措施具有较高的经济性和实用性，目前以采用设置生态小机组的替代方案最为常见。在水库蓄水期和正常运行期，通过常规水电小机组发电运行，即可满足坝址下游生态环境对最小放流的要求。

图 53-13　小孤山生态小机组图

辽宁蒲石河抽水蓄能电站工程在下水库大坝下游修建了小孤山水电站小机组，保证环境用水对下泄生态流量的需求。小孤山水电站是利用蒲石河抽水蓄能电站下水库坝壅高水位获得发电水头、利用蒲石河的入库径流获得发电水量进行发电的径流式电站，发电厂房为坝后引水式厂房（见图 53-13）。小孤山水电站的任务主要是保证下游最小生态流量，兼顾发电，最小机组过流 4.33$m^3$/s，满足下游最小引用流量 1.54$m^3$/s 的环境用水要求，同时兼作蒲石河抽水蓄能电站的备用电源。

## 六、人群健康保护设计

人群健康保护是对因水电水利工程建设影响，引起环境改变和加大外来病、地方病传播和流行的几率，给人群健康带来影响所采取的环境保护措施。

人群健康保护主要包括卫生清理与检疫防疫、疾病预防与控制等措施。

### （一）卫生清理与检疫防疫

1. 卫生清理

卫生清理和消毒的范围为施工生产生活区和移民安置区。卫生清理结合库区清理和施工退场进行，重点部位为厕所、粪坑、畜圈、垃圾堆放点和坟墓等。对清理区域的废弃物进行清理，选用石碳酸用机动喷雾消毒。对粪坑、畜圈、垃圾堆放点的坑穴采用生石灰灭菌消毒，并用净土或建筑渣土填平、压实；厕所地面和坑穴用4%漂白粉上清液进行消毒。卫生清理和消毒在施工人员撤场后、库区蓄水前进行。

在施工期间和移民迁入新建安置点前，清除生活区内的杂草、垃圾和积水，保持居住房屋的环境清洁，防止蚊蝇等滋生。对室内外、厕所等场所喷洒药水消毒，有效的控制虫媒传播疾病的途径。进行鼠情监测，灭鼠以药物毒杀为主，应在鼠类繁殖季节与疾病流行季节之前，将鼠药投放到鼠类活动频繁的地点，在投放期间应注意毒饵的补充。

2. 预防检疫

在施工人员进场前和施工期需对施工人员进行体检、抽检并建档。施工人员进场前体

检一次，工程开工后每年进行抽检，抽检通常按施工总人数的20%选取。

移民人群健康保护可由当地政府移民办组织实施，实施以预防为主，尽量杜绝在搬迁过程中突发健康事故，关注重点对象是移民群体中的老弱病残孕幼等弱势群体，关注时段为从搬迁准备起直至入住新居后15日内结束。对移民安置人口中老弱病残孕幼人群在搬迁前后各进行一次必要的体检，加强在移民搬迁过程中的人群健康保护。

在施工营地、移民搬迁过程中和搬迁后要加强疫情监控管理，落实责任人，一旦发现疫情，及时采取治疗、隔离、观察等措施，并将疫情上报。

3. 水源地保护管理

对施工营地和新建移民集中安置点的饮用水源进行监测、保护和管理，防止发生饮用水源污染事件。

抽水蓄能电站的新建集中安置点一般远离城镇等聚集点，通常采用新建水源井集中供水的方式，除了对饮用水质加强监测管理外，还要采取环境保护措施保证水质的安全。

在每处水源地立警示牌一块，牌上简单扼要说明保护条款。环水源井在直径为30m的周边立钢筋混凝土界桩，界桩高2m左右（地上部分1.5m左右），间距3～5m。沿桩从下到上每隔0.3m固定一道铁蒺藜，形成防护网。在防护网内外各植两圈卫生防护林。防护网外为灌丛，株距1～1.5m。防护网内为乔木，株间距2～3m。树种选为当地适生品种见图53-14。

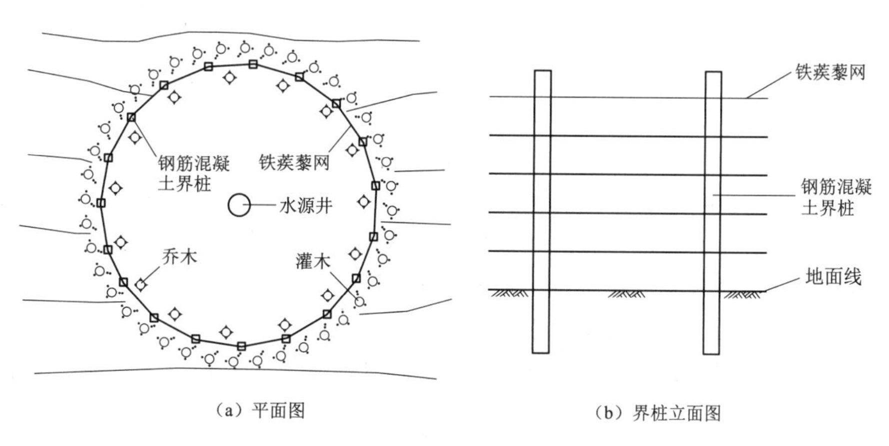


图53-14　水源保护措施配置图

此外，对分散后靠移民户的自建水源井等，要加强环保宣传，要求水源附近不许堆放垃圾和排放污水，并采取封盖等措施防止漂浮物等落入水体。

4. 食品和卫生管理

定期清理和处理公共餐饮场所的废弃物，对食堂等公共餐饮场所的工作人员每年进行健康检查，有传染病带菌者要及时撤离岗位、隔离治疗等。

成立专门的清洁队伍，对施工生活区、办公区的环境卫生进行清扫，定期清理垃圾，运至中转站或处理场进行集中处理。

**（二）疾病预防与控制**

自然疫源性疾病防治对策及措施主要采取以灭鼠为重点的综合性防治方法，并加强疫情的监测，及时掌握疫情动态。施工营地等尽量不要建在水边、仓库旁，提前做好预防和治疗应急方案和制度建设。

虫媒传染病的防治要预防和治疗相结合。加强外来施工人员疾病预防控制。工程施工期间对外来施工人员要做好疟疾的疫情监测。同时，要做好施工生产生活区和移民安置区的环境卫生，加强个人防护，裸露皮肤涂抹避蚊剂，减少人蚊接触。加大灭蚊虫等工作力度，清除蚊虫寄生点，提倡施工人员和移民使用浸过防蚊虫药物的蚊帐。

对介水传染病要加强疫情监测，及早发现并治疗，重视施工区和移民安置区疫情的管理工作。大力开展健康教育，普及卫生防病知识，提高自我保健意识。开展管水、管粪、管饮食、灭苍蝇等综合性防治措施，对病人排泄物及污染物进行消毒等处理。严格执行食品卫生法，对饮食从业人员进行食品卫生知识的宣传和培训。在儿童人群中推广甲肝疫苗接种，提高抗体水平，防止甲肝的暴发流行。

对饮水型氟中毒病的区域，移民安置尽量避开此类疾病区域，且保证移民饮用水中含氟量不超过1.0mg/L；当确定的移民安置区无合适的水源、氟化物含量较高时，应采取除氟等措施。

## 七、寒冷地区环境保护措施

### （一）林蛙保护措施

林蛙属欧洲林蛙的中国亚种，主要分布在我国的北方，尤其在东北寒冷地区的山区分布较多。林蛙是水陆两栖动物，以陆栖为主，是易危物种，一般在每年的9月至翌年的3月冬眠。

在辽宁蒲石河抽水蓄能电站上水库所处的泉眼沟分布有大量的林蛙，因工程的交通道路、上水库的修建等在一定程度上影响和破坏了林蛙的生境，需要对林蛙采取保护措施。

为了保护林蛙的生存环境，减少工程建设对林蛙生存繁衍的影响，更好的保护林蛙的物种，在泉眼沟小流域规划修建生态积水池，提供林蛙生殖繁衍和越冬场所。生态积水池主要布置在河道或河道旁可直接引放水的区域，修建需满足河流不断流、不破坏周围自然环境、河床的坡度不宜过大、就近林蛙活动场所选址等要求。工程在泉眼沟中上游的影响区域共布置生态积水池5座，设计池深不小于2.5m，池底宽≥2m，边坡及池底夯实，池周用干砌石砌筑，砌石可留一定的空隙，便于林蛙的休憩与繁殖。池底要平坦，可铺一层淤泥和石块，便于林蛙的潜伏栖息。

在积水池修建并投入使用后，此区域林蛙的数量由因受工程建设影响大量减少而逐渐增加，经过环境监测和地方百姓反映，积水池使用后的第四年，林蛙的数量基本达到泉眼沟流域原生态的水平，有效地保护了林蛙的物种和数量。

### （二）鱼类增殖放流站建设

寒冷地区鱼类增殖放流站放流的鱼类中，冷水性鱼类占绝大一部分，其增殖和保护措施与常规的鱼类增殖放流站有所差异。

1. 亲鱼驯养培育

（1）因冷水性鱼类需要模拟自然状态，即冬季冰下的流水低温环境，才有利于性腺的发育。因此，需在室外设置一定数量的亲鱼驯养池，池塘深度通常不高于2m，池塘之间

水位落差不大于 20～30cm，有利于鱼类活动和水流自动流入下一个鱼池。

（2）亲鱼驯养池的池底应铺设 250mm 左右的粗河沙，防止鱼类在追赶捕食时致使鱼体受伤。

2. 孵化和稚鱼培育

冷水性鱼类对水质要求高，孵化和稚鱼的培育对水质要求更高。因此，在工艺设计时，孵化设施和稚鱼培育设施的进水前端必须设置过滤装置，养殖用水经过滤后才能进入孵化和稚鱼培育设置。

3. 水温控制

冷水性鱼类对水温比较敏感，水温一般不超过 22℃，因此，亲鱼的培育、鱼卵孵化和鱼苗鱼种的培育需设置必要的控温措施；防止夏季水温过高，降低鱼类存活率，对鱼类的培育造成影响。

4. 鱼苗培育

冷水性鱼类的鱼苗在培育期间不仅对水质有较高要求，还需要流水性环境。因此，在工艺设计时宜采用体积较小的培育缸，因相同水体情况下，体积较小的培育缸水体交换率高，易于控制水流，更接近自然的生态流水环境，利于鱼苗的健康发育。

# 第五十四章　水土保持设计

## 第一节　抽水蓄能电站工程水土保持特点

抽水蓄能电站为点型生产建设项目，一般由上水库、下水库、输水系统、泄洪建筑物、厂房、开关站、水库淹没区、永久道路、临时道路、料场、弃渣场、暂存场（回填料、表土等）、施工生产生活区、移民安置及专项设施迁改建工程等组成。具有占地面积大、土石方挖填数量多、弃渣量大、施工工期长、工程投资多等特点。工程施工活动占压土地、扰动地表、对工程区周边区域产生一定水土流失影响，抽水蓄能电站主要有以下水土保持特点：

（1）扰动面积大，土石方挖填数量多，其开挖、填筑、堆渣等一系列施工活动破坏地表，改变原有地形地貌，原地貌水土保持功能减低。

（2）抽水蓄能电站工程大多建于高山区，工程弃渣量相对较大，对位于山沟内且汇水面积较大的弃渣场，其山洪防护工程措施尤为重要。

（3）抽水蓄能电站场址一般距负荷中心相对较近，对环境保护要求较高，应结合绿化美化、景观及区域旅游等综合因素，确定工程水土保持方案与措施。

（4）抽水蓄能电站上、下水库高差一般为300～600m，气候、降雨、土壤、植被及水土流失状况等自然条件有时相差较大，在水土保持设计中，应充分考虑这些变化因素选用适宜的植物措施。

## 第二节　水土保持设计

抽水蓄能电站项目建设过程中，一般涉及上、下水库、输水发电系统等永久建筑物施工区、生产管理和生活营地建设区、水库淹没区、料场及弃渣场、施工临时道路、施工生产生活区等区域。主体工程建设挖填土石方量较大，建设周期较长，工程建设所需的石料场和堆渣场对地面扰动影响较大、范围较广，水土流失较为严重。

水土保持设计应通过主体工程水土保持评价，结合主体工程设计，充分利用与保护水土资源，注重生态，拟定水土流失防治措施总体布局，分区开展水土保持设计，使水土保持工程和设施与项目区生态、地貌、植被、景观相协调。

### 一、水土流失防治措施设计

根据抽水蓄能电站建设特点、水土流失影响分析以及寒区特殊的自然条件，采取工程措施、植物措施及临时措施相结合的水土流失防治措施体系。

水土保持工程措施主要有：拦挡工程、防洪排水工程、斜坡防护工程和土地整治工程等。

水土保持植物措施主要包括植被恢复、工程绿化（综合防护措施）等。

水土保持临时措施主要包括临时拦挡措施、临时排水措施、临时覆盖措施、临时植物措施等。

**（一）工程措施设计**

1. 拦挡工程

水土保持拦挡工程的主要任务是：稳固弃渣堆积体底脚，防止在降雨和山洪作用下，弃渣体滑坡失稳等灾害发生。拦挡工程主要包括挡渣墙、拦渣堤、围渣堰和拦渣坝等。

抽水蓄能电站多位于山区，渣场类型主要有沟道和坡地型，通常在台地和缓坡地弃渣场修建挡渣墙；沟道弃渣场修建拦渣坝；河道和沟道两岸弃渣场修建拦渣堤；平地弃渣场设置围渣堰。

（1）挡渣墙。挡渣墙一般采用混凝土浇筑或浆砌石砌筑，断面形式有重力式和衡重式两种。根据弃渣堆置形式、地质条件及建筑材料来源等因素选择墙体断面。墙体应按照水工建筑物挡土墙的有关设计要求。同时满足抗滑稳定与抗倾覆稳定要求。

挡渣墙基底的埋置深度应根据地基土质和最大冻土深度等条件确定。地基为土基时，最大冻土深度小于1.0m时，基底应在冻结线以下不小于0.25m；当最大冻土深度大于1.0m时，基底最小埋置深度不小于1.25m，还应将基底到冻结线以下0.25m范围的地基土换填为弱冻胀材料。地基为风化层不厚的硬质岩石地基，基底宜置于基岩表层风化层以下。

为了适应地基不均匀沉陷和温度变化引起的墙体变形，一般10～15m墙长设置一道结构缝，缝间充填沥青木板、聚氨酯或胶泥等柔性材料。

为了降低墙后水位、保证墙体稳定，墙体内应设置一定数量的排水孔，排水孔出口应高于墙前水位，并有不小于5%的纵坡。排水管入口端用土工布包裹进行反滤保护，防止排水管堵塞影响排水效果。

（2）拦渣坝。沟道型弃渣场受沟道洪水影响较大，应按防洪、拦渣要求设置拦渣坝。

拦渣坝布置在堆渣体下游，通常有两种形式：一种是截洪式拦渣坝，另一种是滞洪式拦渣坝。截洪式拦渣坝应用比较普遍，该形拦渣坝仅拦渣不滞洪，既坝址上游来水由排洪涵洞、截洪沟等专门排水设施排泄。

拦渣坝坝址选择应综合考虑以下因素：

1）坝址处沟谷狭窄、坝线较短，且上游沟谷平缓、开阔，拦渣库容较大。

2）沟道两岸岸坡稳定，具有布置排水洞、溢洪道或排洪渠等排水设施的地形地质条件。

3）筑坝所需的当地建筑材料充足、取用便利。

4）拦渣坝建成堆渣后，不会造成下游沟道淤积而影响沟道行洪和下游防洪安全。

拦渣坝坝体断面及结构设计、坝体稳定计算等与碾压式土石坝设计要求相同，拦渣坝基础应满足坝基抗滑稳定和渗透稳定要求。

2. 防洪排水工程

防洪排水工程主要由排洪渠、排洪涵洞和截、排水沟等建筑物组成。防洪排水体系布置应充分利用天然沟道地形，选择平缓且地质条件好、占用林（耕）地少并力求线路布置顺畅。

排洪明渠设计宜采用梯形断面，设计明渠纵坡应与地形及与山洪沟连接条件。高差较大时宜设置急流槽或跌水。排洪渠断面变化时，应采用渐变段过渡。排洪渠进口处宜设置沉沙池，出口平面布置宜采用喇叭口或八字形导流翼墙。

排洪暗渠每隔 50～100m 设置检查井，暗渠走向变化处应加设检查井。排洪暗渠为无压流时，设计水位以上的净空面积不小于过水断面积的 15%。

排洪涵洞类型有浆砌石拱形、钢筋混凝土箱形和钢筋混凝土盖板三种。

截、排水沟一般设于开挖边线上游或填筑边坡与地面相交处，避免上游降雨汇流直接冲刷开挖坡面或堆渣体。截、排水沟一般采用矩形或梯形断面，是否需要衬砌应根据沟内排水流速和土体岩性等因素分析确定。山坡排水沟断面宜采用梯形，岩质山坡可采用矩形断面。土质沟内水流的流速不宜超过最大允许流速，超过时应对沟壁采取冲刷防护措施。在陡坡或深沟地段的排水沟，宜设置跌水或急流槽。

蒲石河抽水蓄能电站黄草沟弃渣场排水工程设计。

黄草沟弃渣场位于天然沟道内，弃渣场设计容量 193.11 万 $m^3$，最大堆渣高度 45m，征地面积 14.03$hm^2$。

黄草沟渣场所堆置的天然沟内常年有天然径流，流量不大，洪水为暴雨汇流形成，每年汛期流量很大。为防止山洪进入弃渣体渗入下游，造成渣场滑坡和泥石流，威胁下游厂房交通洞、通风洞及泄洪排沙洞的安全，必须解决好对渣体的防护及渣场排水问题。

黄草沟弃渣场汇流面积较大，约 3.1$km^2$，共约有 10 条支沟汇入黄草沟，洪峰流量较大。工程实施阶段在可研设计的基础上对黄草沟弃渣场处主沟水文断面设计洪峰流量进行了重新复核，弃渣场主沟末端的洪峰流量见表 54－1。

**表 54－1　　黄草沟弃渣场主沟末端设计洪峰流量成果表**　　单位：$m^3/s$

| 名　　称 | 频　　率 | | |
|---|---|---|---|
| | 2% | 5% | 10% |
| 黄草沟弃渣场主沟末端 | 85.9 | 66.3 | 51.6 |

设计目标是将上游洪水及渣场周围山体汇流全部由排水系统顺利排至下游；渣场顶面填筑高程尽量与进场公路路面高程相协调，确保洪水不上路面，不影响渣场两侧公路的正常运行，使渣场能与周围自然环境相协调。

黄草沟渣场按大型弃渣场进行防护，渣场防洪设计标准为：$P=2\%$（重现期为 50 年一遇），设计流量 $Q=85.9m^3/s$，其防洪排水建筑物的设计等级为 4 级。经方案比选，确定整个弃渣场排水系统总体上由 7 条排水明渠、2 个多级跌水、1 个陡槽式溢洪道、1 个集水坑及 2 个集水井构成。各建筑物排水流量及设计标准见表 54－2。

表 54-2 黄草沟渣场各排水建筑物设计流量一览表 单位：$m^3/s$

| 序号 | 建筑物名称 | 频率 | | 备注 |
|---|---|---|---|---|
| | | 10% | 5% | |
| 1 | #1排水明渠 | 16.0 | 20.6 | 1. 末端布设#1集水坑，再将来水排向#2排水明渠；<br>2. #1集水井位于渣场左侧进场公路HD3涵洞出口处，将来水排向#3排水明渠；<br>3. #2集水井位于渣场左侧进场公路HD4涵洞出口处，将HD4涵洞及#3排水明渠来水排向#4排水明渠；<br>4. 为充分消除高水头落差产生的能量，设计采用了2次多级跌水及1次陡槽溢洪道进行消能 |
| 2 | #2排水明渠 | 24.0 | 30.8 | |
| 3 | #3排水明渠 | 7.0 | 9.0 | |
| 4 | #4排水明渠 | 13.0 | 16.7 | |
| 5 | #5排水明渠 | 27.0 | 34.7 | |
| 6 | #6排水明渠 | 7.0 | 9.0 | |
| 7 | #7排水明渠 | 51.0 | 66.0 | |
| 8 | #1跌水 | 25.0 | 32.1 | |
| 9 | #2跌水 | 47.0 | 60.4 | |
| 10 | 陡槽 | 51.6 | 66.3 | |

3. 斜坡防护工程

斜坡防护是防止边坡滑移、垮塌、维持稳定的工程措施，主要包括削坡开级、砌石护坡和综合护坡等措施。

（1）削坡开级。对有重要影响的边坡，应开展调查或勘探，获取必要资料，进行边坡稳定分析。对不稳定或不具备植被恢复条件的边坡应采取削坡开级措施。削坡开级高度：黄土质边坡不高于6m、石质边坡不高于8m、其他土质和强风化岩质边坡不高于5m。开级台阶宽度可根据植物配置要求确定，土质边坡不宜小于2m、石质边坡不宜小于1.5m，需采取植物措施的，削坡坡度宜结合植物措施的型式分析确定、不应陡于1∶0.75。

（2）砌石护坡。干砌石护坡适用条件：边坡因水冲刷，可能出现沟蚀、溜坍、剥落等现象时可采用干砌石护坡。临水的稳定土坡或土石混合堆体边坡，坡面较缓（坡度为1∶2.5～1∶3.0）、流速小于3.0m/s时，可采用干砌石护坡。

浆砌石护坡适用条件：坡面较陡（坡度为1∶1～1∶2）；地面位于沟岸、河岸，下部可能遭受水流冲刷，且水流冲刷强烈，宜采用浆砌石护坡。

（3）综合护坡。综合护坡是将植物防护技术与工程防护技术有机结合，实现共同防护的一种护坡方法。通常采用砌石、混凝土等形成框格骨架，或采用格宾、混凝土连索砌块、预制高强度混凝土块等铺面做成护垫，然后在框格内、护垫表面植草或栽植藤本植物。

根据工程防护采用的不同材料，主要分为框格护坡、格宾护坡等综合护坡形式。

1）框格护坡适用于各类土质边坡、路堑边坡及渣场边坡强风化岩质边坡也可应用，但每级坡高不宜超过10cm，同时要求边坡深层必须稳定。常用坡度1∶1～1∶1.5，坡度超过1∶1时慎用。结构形式及其布置：框格的常用形式主要有方形、菱形、人字形、弧形。

2）格宾护坡主要用于受水流冲刷或淘刷的边坡或坡脚，挡墙、护坡的基础以及受水影响的库内渣场边坡；宜用于较陡边坡，其他固坡措施较难施工且有绿化要求的边坡，或经常浸水且水流方向较平顺的景观河床的路基边坡等。拟防护的边坡坡体本身必须稳定，格宾护垫需加木桩或土钉加以固定。

4. 土地整治工程

土地整治范围为工程征占地范围内需要复耕或恢复植被的扰动及裸露土地。土地恢复利用方向应根据原土地类型、占地性质、立地条件及土地利用规划等综合确定。

土地整治内容主要包括表土剥离及堆存、土地平整及翻松、表土回覆、田面平整和犁耕、土地改良及水利配套设施恢复等。

**(二) 植物措施设计**

1. 寒区植物措施林草种选择

(1) 应根据基本植被类型、立地类型的划分、基本防护功能与要求和适地适树（草）的原则确定林草措施的基本类型。

(2) 适宜的树种或草种应根据林草措施基本类型、土地利用方向选择。

(3) 弃渣场、料场、高陡边坡和裸露地等工程扰动土地，应根据其限制性立地因子，选择适宜的树（草）种。寒区常用水土保持树种和草种见表 54-3。

**表 54-3　寒区常用水土保持树种和草种**

| 类型 | 种　　类 |
| --- | --- |
| 乔木 | 兴安落叶松、长白落叶松、日本落叶松、樟子松、油松、黑松、红皮云杉、鱼鳞云杉、冷杉、中东杨、群众杨、健杨、小黑杨、银中杨、旱柳、白桦、黑桦、枫桦、蒙古栎、辽东栎、槲栎、紫椴、水曲柳、黄菠萝、胡桃楸、色木、刺槐、白榆、火炬树、山杏、暴马丁香 |
| 灌木 | 胡枝子、沙棘、小叶锦鸡儿、树锦鸡儿、柠条锦鸡儿、柽柳、小叶黄杨、辽东水蜡、紫穗槐、榆叶梅、东北连翘、紫丁香、红瑞木、卫矛、金银忍冬、越橘、杜鹃、杜香、柳叶绣线菊、杞柳、蒙古柳、兴安刺玫、刺五加、毛榛、小黄柳、茶条槭、六道木、黄刺玫、刺五加、蒙古山杏、杨柴 |
| 藤本植物 | 蔓生类：丛生福禄考、旱金莲、连钱草、马蹄金、蔷薇、十姊妹；<br>缠绕类：天门冬、牵牛、金银花、木通、忍冬；<br>吸附类：三叶地锦、五叶地锦、常春藤；<br>卷须类：葡萄、山葡萄、蛇葡萄 |
| 草种 | 狗牙根、苔草、小叶樟、芍药、地榆、沙参、线叶菊、针茅、野豌豆、隐子草、冷蒿、冰草、早熟禾、紫羊茅、防风、碱草、艾蒿、苜蓿、驼绒藜、鹅冠草、黑麦草、羊草、冷蒿 |

2. 植物措施设计

植物措施适用于工程扰动占压的裸露土地及工程管理范围内未扰动的土地，主要包括弃渣场、料场及各类开挖填筑扰动面；永久办公生活区；未采取复耕措施的施工生产生活区、施工道路等临时占地区；移民集中安置区及专项设施复（改）建区。

(1) 平缓地植物措施设计。扰动平缓地主要包括地面坡度 5°以下的弃渣场、料场、裸露地等平缓区域。根据地块土地恢复利用方向，确定相应植物措施类型以及需要的覆土厚度。在土地整治基础上确定整地方式、方法和林草种植方法。以土为主的地块采取全面整地，直接种植林草；以碎石为主的地块，且无覆土条件时，可采用穴状整地带土球苗、客土或容器苗造林；土壤来源困难的，可对植树穴填注塘泥、岩石风化物等造林；砂页岩、泥页岩等强风化地块，宜采取提前整地等加速风化措施，直接种植林草。开挖形成的裸岩地块，且无覆土条件时，可采取爆破整地、形成植树穴并采用带土球苗、容器苗、客土造

林，或填注塘泥、岩石风化物等造林。

成片造林的宜采取混交方式，包括行状、带状、块状和植生组混交。

有积水和盐渍化问题的地块，选择耐水湿树种；靠近水系的，可结合周边景观选择耐水湿的景观植物。

恢复为草地的，疏松土质地块可采用播种或铺草皮；密实土质地块可采取穴植（播）法；风沙地块应在结合防风固沙措施播种。

（2）一般边坡植物措施设计。一般边坡主要包括弃渣场、料场、裸露地等地面坡度为5°～45°的各类边坡。寒区抽水蓄能电站一般边坡多采取种草、喷播植草、铺草皮、种植灌草、喷混植生、客土植生、植生带（毯）、草皮加筋绿化护坡（三维植被网草皮护坡）等。一般边坡植物防护型式及适用条件见表54－4。

**表54－4　　一般边坡植物防护型式及适用条件**

| 防护型式 | 适用条件 |
| --- | --- |
| 种草 | 土质边坡；坡比小于1∶1.25 |
| 喷播植草 | 土质边坡；坡比小于1∶1.25 |
| 铺草皮 | 土质和强风化、全风化岩石边坡；坡比小于1∶1.0 |
| 种植灌草 | 土质、软质岩和全风化硬质岩边坡；坡比小于1∶1.5 |
| 喷混植生 | 漂石土、块石土、卵石土、碎石土、粗粒土和强风化、弱风化的岩石路堑边坡；该方法主要适用于坡比小于1∶1，对于坡比小于1∶0.75也可应用 |
| 客土植生 | 漂石土、块石土、卵石土、碎石土、粗粒土和强风化的软质岩及强风化、全风化、土壤较少的硬质岩石路堑边坡，或由弃渣填筑的路堤边坡；坡比小于1∶1.0 |
| 植生带（植生毯） | 可用于土质、土石混合等经处理后的稳定边坡；坡比小于1∶1.5 |
| 三维植被网护坡 | 各类土质边坡、强风化岩石边坡、土石混合边坡等经处理后的稳定边坡；常用坡度≤1.5、一般不超过1∶1.25，大于1∶1时慎用 |

蒲石河抽水蓄能电站上水库对外衔接路的开挖、填筑边坡及其他路段一处冲刷严重的坡面采用了三维植被网进行防护。首先在平整后的坡面上铺覆10cm左右厚度的表土，三维植被网铺设后，直接在网上撒播或喷播植物种子并撒上厚1～2cm的腐殖土，轻轻耙土使土和种子落入网内空腔孔，再以腐殖土完全覆盖三维网。播种深度应根据土壤的墒情，因地制宜而定。灌草种选择适合当地气候条件的长根系多年生抗性强物种，主要选用白三叶、紫花苜蓿、高羊茅、黑麦草、胡枝子、刺槐、紫穗槐、波斯菊、黑心菊等。为加强复合保护层的效用，要求草籽播种深度应在网垫中。播种后覆土厚度以能盖住网为宜，避免其因阳光暴晒而缩短使用寿命。播种后的土层含水量应以40%～50%为宜，为利于草籽发芽要求给表层土加压。为减少坡面冲刷，尽可能选择在雨季前1个月时开始施工。铺网覆土结束后利用草帘覆盖，用于保湿及防止雨水冲刷。覆盖结束后如未下雨则需每天浇水保持土壤湿润。

（3）高陡边坡植物措施设计。高陡边坡包括料场、裸露地和工程开挖砌筑形成的45°～70°边坡。寒区抽水蓄能电站高陡边坡多采取喷播绿化、客土绿化、生态植生袋等植物措施。

1）喷播绿化措施。适用于降水量大于800mm以上地区，以及具备持续供给养护用水能力的地区。该措施分为水力喷播、厚层基材喷播和植被混凝土生态护坡。主要技术应用条件见表 54－5。

表 54－5　喷播绿化技术应用条件

| 防护型式 | 适用范围 | | | 绿化方向 | 技术特点 |
|---|---|---|---|---|---|
| | 边坡类型 | 坡比 | 高度/m | | |
| 水力喷播植草 | 土质路堤边坡、处理后的土石混合路堤边坡、土质路堑边坡等稳定边坡 | 1∶1.50 | <10 | 草/草灌 | 喷播按设计比例配合草种、木纤维、保水剂、黏合剂、肥料、染色剂及水的混合物料 |
| 直接挂网＋水力喷播植草 | 石壁 | <1∶1.20 | <10 | 草/草灌 | 将各种织物的网（如土工网、麻网、铁丝网等）固定到石壁上，后水力喷播植草 |
| 挂高强度钢网＋水力喷播植草 | 石壁 | 1∶1.20～1∶0.35 | <10 | 草/草灌 | 网下喷一层厚度为 5～10cm 的混凝土作为填层；后水力喷播植草 |
| 厚层基材喷射植被护坡 | 适用于无植物生长所需的土壤环境，也无法供给植物生长所需的水分和养分的坡面 | >1∶0.50 | <10 | 草/草灌 | 首先喷射不含种子的基材混合物，然后喷射含种子的基材混合物，含种子层厚度为 2cm。基材混合物为绿化基材、纤维、种植土及混合植被种子按设计比例与混凝土的混合物 |
| 植被混凝土护坡 | 各种类型的硬质边坡 | 1∶1.00～1∶0.37 | — | 草/草灌 | 采用挂网加筋结合土壤基材与种子导入方式，其核心组分是绿化添加剂，总喷植厚度约 10cm，其中表层（含种子）2cm，基层 8cm |

水力喷播植草：是将客土、纤维、侵蚀防止剂、长效缓释性肥料和种子等按一定比例配合，加入专用设备中充分混合搅拌后，通过喷播机喷射到坡面上形成所需要的生育基础。适用范围一般为坡比≤1∶1.5 的土质、土石混合稳定边坡；配套各种织物的网或挂高强度钢网，适用范围可扩大到≤1∶0.35 各种稳定边坡。

厚层基材喷射植被护坡：是采用混凝土喷射机把基材与植被种子的混合物按照设计厚度均匀喷射到需防护的工程坡面的绿色护坡技术。适用范围一般为坡比≤1∶0.5 的土质岩质稳定边坡。

植被混凝土护坡：是将特定的植被混凝土基材按一定比例配置好，采用喷锚设备将基材喷射至坡面，从而对各种类型的硬质边坡、坡度大于 1∶1 的各种高陡边坡，以及受水流冲刷较为严重的坡体进行植被修复和生态防护的新技术。

蒲石河抽水蓄能电站上水库环库路（含坝头）的路基形式全是半路堑式，水土保持设计对开挖面凸凹不平并伴有小碎石滚落的高陡岩坡采用厚层基质喷附技术绿化。具体做法是：

对比较平整坡面只需清除表面杂物，如坡面凹凸不平，需进行削垫处理；在已处理好的坡面上钻排水孔，在坡面可形成汇水的位置铺埋排水管或砌筑浆砌石排水沟；坡面上用手风钻钻孔，孔径 5～8cm、孔深 10～15cm。将拌合好的绿化用土填埋根芽或用营养土和泥抟成包裹根芽的小泥球后塞入孔洞，孔洞密度 4 株/$m^2$、“品”字形分布；锚杆、挂网施

工。先在坡面上打锚杆孔，然后将机编铁丝格栅网开卷铺挂在坡面上，用锚杆或锚钉固定。主锚杆采用螺纹钢、Φ16×2000mm、“品”字形布设，距离 1.5m。辅助锚杆亦采用螺纹钢、Φ10×400mm、“品”字形布设，距离 0.5m。对于坡度较小（>1∶1）、岩体结构稳定的边坡或已做拱架的陡坡，可不挂铁丝网，需铺设聚乙烯网，坡面小于 60°的不用挂网；喷混材料按比例混合后利用特制喷混机械将混合物加水及 pH 值缓冲剂后喷射到岩面上。喷射分两次进行，首先喷射不含种子的混合料，喷射厚度 7～8cm，紧接着第二次喷射拌有种子的混合料，喷射厚度 2～3cm。喷射混合材料平均厚度 10cm，变幅为 3～15cm；喷射后的坡面用无纺布、草帘、遮阴网或稻草等进行覆盖，用于保湿及防止雨水冲刷；喷播后一般一个月成坪，两个月覆盖率达 70%以上，成坪后可逐渐减少浇水次数，采取蹲苗措施，使其地上部分适当缺水，逼其根系向岩石裂隙中伸展，灌木形成矮粗状，除固结表土外，发达的根系牢牢地抓住岩体使根土的抗剪能力加强，与坡面的锚杆和铁丝网材形成纵横交错的立体防护结构，从而达到既保护坡面又恢复生态的双重目的。3 年后除个别弱风化且陡的立面岩石边坡外，植被覆盖率均可达到 75%以上，基本达到防止暴雨冲刷的要求。

2）坡面客土绿化技术。一般适用于植物生长困难的裂隙发育基岩坡面、硬土质边坡、软岩边坡、风化岩质边坡和其他陡坡。在格状框条、框格、小平台、凿植生槽、钢筋混凝土框架等防护形式中，均可采用此绿化技术。客土绿化措施适用于我国大部分地区，干旱地区应配套灌溉设施。常用坡面客土绿化的主要技术要求见表 54-6。

**表 54-6　　坡面客土绿化的主要技术要求**

| 防护型式 | 适用范围 | | | 绿化方向 | 技术特点 |
|---|---|---|---|---|---|
| | 边坡类型 | 坡比 | 高度 | | |
| 格状框条、正六角形框格 | 泥岩、灰岩、砂岩等岩质边坡，以及土质或沙土质道路边坡，堤坡、坝坡等稳定边坡 | <1∶10 | <10m | 播种草灌<br>铺植草皮 | 框格内客土栽植 |
| 小平台或沟穴修整种植 | 土质边坡、风化岩石或沙质边坡 | <1∶0.50 | 8m<br>开阶 | 乔、灌、缘植物、下垂灌木（浅根、耐干旱贫瘠） | 人工开阶、客土栽植 |
| 凿植生槽 | 稳定的石壁 | <1∶0.35 | 10m<br>开阶 | 灌、攀缘植物、下垂灌木、小乔木 | 植生槽规格长 1～2m、宽 0.4m、深 0.4～0.6m、客土栽植 |
| 混凝土延伸植生槽 | 稳定的石壁 | <1∶0.35 | 10m<br>开阶 | 乔、灌、攀缘植物、下垂灌木 | 植生槽规格长 1～2m、宽 0.4m、深 0.4～0.6m、客土栽植 |
| 钢筋混凝土框架 | 浅层稳定性差且难以绿化的高陡岩坡和贫瘠土坡 | <1∶0.50 | — | 植草 | 框架内客土栽植 |

**注**　高陡边坡不宜种植乔木。

3）生态植生袋绿化。适用于坡比小于 1∶0.35 的土质边坡和风化岩石、沙质边坡，特别适宜于不均匀沉降、冻融、膨胀土地区和刚性结构等难以开展边坡绿化的区域。

坡度较缓的可按照坡面直接堆放；坡度较大时应采用钢索拦挡固定或与框格梁结合。需要配套灌溉设施的，应以滴灌、微喷灌为主，植物措施应以灌草为主，多树种、多草种混播。

**（三）弃渣场设计**

抽水蓄能电站工程建设过程中产生的大量弃土弃渣，需要专门的弃渣场地分类集中堆放，并选用适宜的水土流失防治措施。

弃渣场设计主要包括场址选择、堆置要素确定和防护措施布设等内容。有关渣场选址要求及渣场规划原则已在本书“施工设计篇”中作了阐述。

1. *弃渣场分类*

抽水蓄能弃渣场基本按照弃渣堆放位置处的地形条件来划分，一般分为沟道型、临河型、坡地型、平地型和库区型等五类。各类弃渣场特征见表 54－7。

**表 54－7　　各类弃渣场特征**

| 弃渣场类型 | 特　征 | 备　注 |
|---|---|---|
| 沟道型 | 弃渣堆放在沟道内，堆渣体将沟道全部或部分填埋 | 沟底平缓、肚大口小沟谷 |
| 临河型 | 弃渣堆放在河流或沟道两岸较低台地、阶地和滩地上，堆渣体临河（沟）侧底部低于河（沟）道设防洪水位 | 河（沟）道两岸有较宽台地、阶地或滩地 |
| 坡地型 | 弃渣堆放在河流或沟道两侧较高台地、缓坡地上，堆渣体底部高程高于河（沟）设防洪水位 | 沿山坡堆放，坡度不大于25°且坡面稳定的山坡 |
| 平地型 | 弃渣堆放在平地上，渣脚可能受洪水影响 | 地形平缓，场地较宽广地区 |
| 库区型 | 弃渣堆放在未建成水库库区内河（沟）道、台地、阶地和滩地上，水库建成后堆渣体全部或部分淹没 | 工程区无合适堆渣场地，而未建成水库内存在适合弃渣的沟道、台地、阶地和滩地等地区 |

2. *弃渣堆置*

弃渣场堆置要素主要包括弃渣场容量、堆置高度与台阶高度、平台宽度、综合坡度及占地面积等。

弃渣场容量应与设计堆渣量相适应。影响弃渣场堆渣高度的主要因素是场地原地面坡度和地基承载力。

弃渣应按照一定高度分台阶进行堆置，弃渣堆渣高度 40m 以上，应分台阶堆置，综合坡度宜取 22°～25°，并经整体稳定性验算最终确定综合坡度。采用多台阶堆渣时，原则上第一台阶高度不应超过 15～20m，当地基为倾斜的沙质土时，第一台阶高度不应大于 10m。土质边坡台阶高度宜取 5～10m，平台宽度不小于 2.0m，且每 30～40m 宜设置一道宽 5.0m 以上的平台。混合的碎（砾）石土台阶高度宜取 8～12m，平台宽度不小于 2.0m，且每 40～50m 宜设置一道宽 5.0m 以上的平台。

3. *弃渣场稳定计算*

弃渣场渣体堆渣坡度（综合坡度）应由弃渣场稳定计算确定。4 级、5 级弃渣场，当缺乏工程地质资料时，稳定堆渣坡度应不大于弃渣堆置自然安息角除以渣体正常工况时的安全系数。

弃渣场稳定计算包括堆渣体边坡及其地基的抗滑稳定计算。抗滑稳定应根据弃渣场级

别、地形、地质条件，并结合弃渣堆置形式、堆置高度、弃渣组成、弃渣物理力学参数等选择有代表性的断面进行计算。

4. 弃渣场防护措施布置

不同类型弃渣场的工程防护措施体系参见表 54－8。

表 54－8　　弃渣场主要工程防护措施体系

| 弃渣场类型 | 主要工程防护措施体系 | | | 备　注 |
|---|---|---|---|---|
| | 拦挡工程类型 | 斜坡防护工程类型 | 防洪排导工程类型 | |
| 沟道型 | 挡渣墙、拦渣堤、拦渣坝 | 框格护坡、浆砌石护坡、干砌石护坡等 | 拦洪坝、排洪渠、泄洪隧（涵）洞、截水沟、排水沟 | — |
| 坡地型 | 挡渣墙 | 框格护坡、干砌石护坡等 | 截、排水沟 | — |
| 临河型 | 拦渣堤 | 浆砌石护坡、干砌石护坡等 | 截、排水沟 | — |
| 平地型 | 挡渣墙或围渣堰 | 植物护坡或综合护坡 | 排水沟 | 视弃渣场坡脚受洪水影响情况 |
| 库区型 | 拦渣堤、挡渣墙 | 干砌石护坡等 | 截、排水沟 | — |

（1）沟道型弃渣场防护措施总体布置。

1）弃渣场上游来（洪）水采取防洪排导措施，包括沟道拦洪坝、岸坡或渣体上的排洪渠（沟）、沟道底部的排水（拱、箱）涵（洞、管）、上游的排洪隧洞等。

2）渣体下游视具体情况修建拦渣坝、挡渣墙、拦渣堤等。弃渣场边坡应根据洪水影响、立地条件和气候因素，采取混凝土、砌石、植物或综合护坡等措施。

3）弃渣场顶面宜采取复耕或植物措施。

（2）坡地型弃渣场防护措施总体布置。

1）堆渣坡脚宜设置挡渣墙，或护脚护坡措施。

2）渣体周边有汇水的，宜布设截、排水沟。

3）弃渣场顶部宜采取复耕或植物措施；坡面优先采取植物措施，坡比大于 1∶1 的宜采取综合护坡措施。

（3）临河型弃渣场防护措施总体布置。

1）宜在迎水侧坡脚布设拦渣堤，或设置浆砌石、干砌石、抛石、柴枕等护脚措施。

2）设计洪水位以下的迎水坡面宜采取斜坡防护措施；设计洪水位以上坡面，宜优先采取植物措施，坡比大于 1∶1.5 的宜采取综合护坡措施。

3）渣顶和坡面宜布设必要的截排水措施。

4）渣顶宜采取复耕或植物措施。

（4）平地型弃渣场防护措施总体布置。

1）堆渣坡脚宜设置围渣堰，坡面宜布设截排水措施；不需设置围渣堰时，可直接采取斜坡防护措施，坡脚适当处理。

2）弃渣场顶部宜采取复耕或植物措施；坡面优先采取植物措施，大于 1∶1 坡面宜采取综合护坡措施。

(5) 库区型弃渣场应根据地形地貌、蓄水淹没可能对永久工程建筑物的影响，按沟道型弃渣场和临河型弃渣场防护措施总体布置的规确定是否需要采取相应工程或临时防护措施，防止施工期弃渣流失进入河道。库区型弃渣场一般不采取植物恢复措施，如有需要应结合蓄水淹没前时段水土流失影响分析确定。

## 二、寒冷地区水土保持设计经验

辽宁蒲石河抽水蓄能电站、黑龙江荒沟抽水蓄能电站等均位于寒冷地区，在其水土保持设计中，研发采用了一些适用于当地气候特点边坡防护技术，对于寒区生态环境重建具有一定的指导意义。

### (一) 寒区高陡岩坡应用厚层基质喷附技术

在寒区使用厚层基质喷附技术，最大的问题是植物生育期短，喷播当年萌芽的幼苗不能把根伸入到岩石裂隙中，植物根系不能很好地盘结基材，受冻胀影响，第二年初春，基材很容易从岩坡上脱落，为此设计中研究出一整套防冻、防脱的方法。主要做法如下：

1. 预埋根芽

挂网前，用手风钻按 4～9 个/$m^2$ 的密度在岩面上打孔，每孔预埋 2 株乔灌木根芽。根芽当年就能长到 60cm 左右，可以将基材、岩层交错盘结在一起。

2. 小苗防害

以往第一层喷播的基材不含种子，为防第二层基材脱落影响出苗，设计中将第一层基材也掺和种子，同时还将喷播催芽种子变成直接使用不催芽种植。这两种措施避免了小苗由于冻害或暴雨冲刷引发一次性全部死亡的现象发生。

3. 黄黏土使用

山区腐殖土稀缺，设计中利用基础开挖弃料黄黏土代替腐殖质土作基材原料，按一定比例加入草炭和草纤维，很好地解决了腐殖土匮乏难题。黄黏土附着性能比腐殖质土和水泥的基材效果好，不易脱落，土壤的酸碱度适中，持水性能好，有利于植物生长。

4. 陡峭岩面的辅助措施

在大于 80°的大块岩面上，喷播的基材很难保存，锚固木条阻止基材滑落，为植被的生长提供了适宜的立地条件。

此外，为防暴雨冲刷，在第二层基材喷完后加盖一层聚氯乙烯网，然后再用草帘苫盖，用 8 号铁 U 型钉将其锚固，使其夏防雨冬保温，第二年再掀去草帘。同时要严格控制施工时间，喷播截止日期要与当地初霜日期间距 2 个月左右，给小苗提供足够的生长时间。

### (二) 采取辅助措施，加大三维植被网使用坡度范围

三维植被网是种新型护坡材料，经济实惠，适宜大范围使用。由于三维植被网不能承受外力，对坡面岩土整体稳定性要求高，故通常仅限于应用在小于 45°的坡面上。在辽宁蒲石河电站水土保持设计中，通过试验摸索出一套辅助措施，使三维植被网在 45°～55°坡面防护中成功使用。

1. 秸秆草把固土

在 45°～55°之间的土石质边坡上，用 U 型钉把秸秆捆扎成草把固定在坡面上，使之沿

等高线形成一道道生物水平阶，有效地阻止了表土滑落，有助于植物生长，实现了大面积裸露边坡复绿的目标。

2. 暗管排水

利用阻水土埂，将坡面雨水引导至一处或几处汇集点，通过埋设在网垫下面的暗管将汇水排出，施工简单、景观完整性良好。

3. 坍坡支护

因土质坍塌边坡没有削坡的用地条件，铺网前，采取隐形浆砌石骨架对坡面进行支撑后再铺网，缓解了工程施工用地紧张的问题，防护效果及生态景观非常理想。

4. 植物双保险

在坡面整理时，先用风镐按一定密度开挖小坑，然后埋乔灌木根芽，三维植被网铺设锚固后，撒播草灌木种子、铺覆腐殖土。填埋的乔灌木根芽生长速度很快，一般当年就可以长到60cm以上，撒播的草籽可在40天左右的时间内成坪。一年以后，种子中的木本植物也可以长成30～60cm高，植被覆盖度可以达到100%。

上述措施，克服了陡坡使用三维植被网表土下滑及施工当年植物根系不能伸入岩层的困难，并且很好地解决了施工占地不足的问题。施工2年后，基本实现免管，施工第4年，经现场观察盘根错节的植物根系已将岩石坡面牢牢抓住。

**（三）采用顺坡凿槽引导坡面汇水的排水措施**

为了节约占地，很多情况下是将施工开挖的开口线作为征地线，因此导致工程实施阶段，坡顶不具备布设截水沟的条件。

对于年平均降水量较为丰富的地区，坡面排水显得尤为重要，如何引导坡面汇水，直接关系到水土保持护坡工程的成败。蒲石河、荒沟工程水土保持设计中，在坡顶不具备布设截水沟情况下，采用坡顶阻水坎、防冲绿篱、顺坡凿槽等一系列措施，坡面水土保持防护效果良好、经济实用。

1. 阻水坎

在坡顶沿等高线布设一道底宽20cm、高15cm左右的土埝作为“阻水坎”，并在其表面撒播高羊茅和紫花苜蓿混合草籽，用量20g/m$^2$，然后根据温度、降雨情况在地埂上面覆上地膜，当高羊茅草籽萌发至3叶1心时揭去地膜，温度超过20℃时要对地膜进行遮阳和通风处理。阻水坎可以将坡顶汇水有序引导。

2. 防冲绿篱

在阻水坎的迎水侧紧贴坎壁按株行距10cm×10cm的规格密植2行1年生刺槐和胡枝子小苗，形成防冲绿篱。防冲绿篱可以有效地拦截部分坡顶汇水。

3. 排水沟槽

在坡面按地表径流自然行走的路径随弯就势在岩石上用手风钻开凿顶宽25cm，底宽15cm，深20cm左右“U”形顺坡排水沟槽，并将沟槽汇水口和出水口分别凿成倒“八”和“八”字形，然后用水泥对沟槽进行抹面砌护，使其看上去很像自然形成的流水通道。U型顺坡排水沟槽可以有效地将坡顶汇水引导至坡脚排水沟。

4. 植物墙

在坡面汇水口及沟槽两侧按株行距20cm×20cm的规格密植1～2年生的适合在岩石

上生长的木本植物2～3行，如刺槐和胡枝子小苗等，形成“拦蓄地表径流的植物墙”。植物墙可以对水流起到消能和阻拦作用。

利用坡顶阻水坎和防冲绿篱、汇水口固土防冲“植物墙”、顺坡挖凿的水泥抹面沟槽、出水口浆砌毛石消力等一系列拦、蓄、防、治综合措施，替代了坡顶截水沟，解决了征地不足的问题。

该技术节约占地、施工简便、经济实惠，既能防止坡面汇流对护坡网垫的掀拉及对复绿基材的冲刷，又可避免人工嵌块体给整个山体生态环境带来的阻隔和切割的不利影响，使挖损山体复绿后迅速实现生态系统的完整性、连续性和多样性。

第十五篇 工 程 施 工

# 第五十五章　施　工　导　流

## 第一节　施 工 导 流 方 案

### 一、抽水蓄能电站施工导流特点

抽水蓄能电站施工导流一般涉及上、下两个水库的坝体和两个进/出水口的施工，以及地下厂房系统的防洪度汛。大部分抽水蓄能电站上水库是利用天然地形开挖、筑坝而成，由于坝址处汇水面积较小，枯水期一般无径流，坝体施工仅需对汛期降雨汇水进行导流，导流规模较小、程序相对简单。大部分抽水蓄能电站下水库（包括个别上水库）是依托天然河道建设或利用已建水库经改扩建而成，其大坝施工导流与常规水利水电站工程相似，不再赘述。

抽水蓄能电站上、下水库进/出水口底板通常较低，在设计上必须对其施工导流予以关注。对位于非天然河道上的上、下水库进/出水口，施工导流措施比较简单；对天然河道上新建的上、下水库，其进/出水口施工导流与常规水电站尾水出口相似；对于利用已建水库作为上、下水库并需要对大坝改扩建的，进/出水口施工导流一般结合坝体改扩建施工导流综合考虑，不需要改扩建的，一般采用降低水库水位，并结合围堰或预留岩坎挡水进行施工。

抽水蓄能电站与常规水电站相比地下厂房系统位置更低。因此，做好与厂房相通的交通、通风、电缆等洞口及施工通道入口的防洪保护，防止汛期洪水倒灌厂房的事故发生，是地下厂房系统施工期度汛安全的重点。

抽水蓄能电站的施工导流方案应根据工程地形地质条件、水文特性、枢纽布置和施工特点等，通过对挡水建筑物（围堰、岩坎、岩塞等）与泄水建筑物的规模、施工工期、度汛影响及工程投资等方面的比较，经综合分析比较选定。

### 二、上水库施工导流

抽水蓄能电站上水库大多位于天然山沟内，汇流面积一般较小，枯水期一般无径流，施工期间的洪水主要由降雨汇流形成。针对上水库径流与洪水特点，其导流方式可结合永久泄流建筑物（如库底排水系统通道、永久放空洞等）的布置选定，以减少导流工程量和投资。目前，通常采用的上水库施工导流（排水）方式为：围堰一次性拦断，按照不同导流泄水建筑物，可分为库底（坝底）排水通道排水方式、机械抽排方式、涵洞（管）导流方式、隧洞导流方式等；个别工程则鲜有采用明渠导流方式。

**（一）库底（坝底）排水通道排水**

库底（坝底）排水通道排水方式一般用于库底（坝底）设有永久排水通道系统、汇水面积及洪量较小的上水库。利用库底（坝底）的排水通道作为施工期排水设施时，一般采用竖井接排水通道方式。当库盆施工基本完成且坝体已满足安全度汛要求时，对连接排水通道的竖井段进行封堵。由于该导流方式不需另设专门泄水建筑物，有适用条件的工程应优先选用，这一导流方式在国内抽水蓄能电站上水库施工中已广泛采用。

**（二）明渠导流**

明渠导流方式一般适用于岸坡平缓或河床形状明显不对称的地形条件，通常需要在明渠一侧修建导水墙。明渠导流方式一般只能用于前期导流，后期由于坝段压占明渠，需要有其他导流方式配合，如敦化抽水蓄能电站上水库导流前期采用明渠方式，后期采用机械抽排方式。

敦化抽水蓄能电站上水库坝址以上汇水面积为 2.4$km^2$，汛期洪水主要由暴雨形成。上水库导流标准采用大汛 10 年重现期，设计洪峰流量 13.2$m^3/s$，3d 洪量为 26.8 万$m^3$。上水库初期导流分为两个时段：第一时段自第 2 年 6 月河道截流至第 3 年 6 月 15 日坝体填筑至 1368.4m，共 12.5 个月。拦河坝基坑在上游围堰的保护下全年施工，由上游土石围堰挡水，施工导流明渠泄流。围堰挡水标准采用全年 10 年一遇洪水，相应流量 13.2$m^3/s$，上游围堰挡水位 1370.68m，上游围堰顶高程 1372.00m。本期主要完成上游围堰的施工及闭气、大坝基坑开挖、沥青混凝土施工和 1368.40m 高程以下坝体填筑等工作。第二时段自第 3 年 6 月 16 日至第 3 年 6 月 30 日，本期历时 0.5 个月，由于坝体填筑截断导流明渠，上游围堰挡水，机械抽排导流。围堰挡水标准采用全年 10 年一遇 3d 洪量 26.8 万 $m^3$，堰前水位为 1370.38m，坝前积水按 5d 排干配备水泵，水泵最大排水强度为 2233$m^3/h$。6 月下旬的 10 年一遇的径流量 19.83 万 $m^3$，考虑蒸发后围堰内拦蓄水 19.62 万 $m^3$，上水库机械抽排水量即为围堰拦蓄的径流量，抽排总水量 19.62 万 $m^3$。

**（三）机械抽排**

机械抽排方式适用于汇水面积很小且暴雨洪量不大的上水库。当无其他排水设施可利用时，经分析计算采用水泵抽排能够满足工程施工及度汛要求情况下，宜采用此办法。荒沟抽水蓄能电站上水库的施工期导流采用机械抽排方式，上水库主坝坝址以上汇水面积 1.48$km^2$，拦蓄 10 年重现期暴雨洪水所需库容较小，相应 3d 洪量为 17.5 万 $m^3$。利用坝基开挖弃料黏土质砂填筑基坑上游围堰，堰顶高程 620.0m 时，上游相应容积为 23.64 万 $m^3$。按 10 年重现期 3d 暴雨洪量计算，堰前最高水位为 616.95m，选用 2 台 10sh－6A 型和 3 台 6sh－9 型水泵作为排水设备，额定抽水能力为 1446$m^3/h$，抽排时间需要 5d，满足大坝施工期导流要求。

荒沟抽水蓄能电站上水库施工导流布置见图 55－1。

**（四）涵洞（管）导流**

涵洞（管）导流方式适用于集水面积及洪量较小、机械抽排方式难以满足工程施工和度汛要求的上水库。涵洞（管）通常位于土石坝坝基中，对坝体防渗安全易带来不利影响，并对坝体施工有一定干扰，因此坝下埋管不宜过多，单管尺寸不宜过大。采用此种导流方式时，应考虑导流涵洞与永久放空洞结合，如琅琊山抽水蓄能电站上水库，集水面积为 1.97$km^2$，采用涵洞导流方式，涵洞与永久放空洞结合，涵洞采用 1.6m×1.8m 城门洞

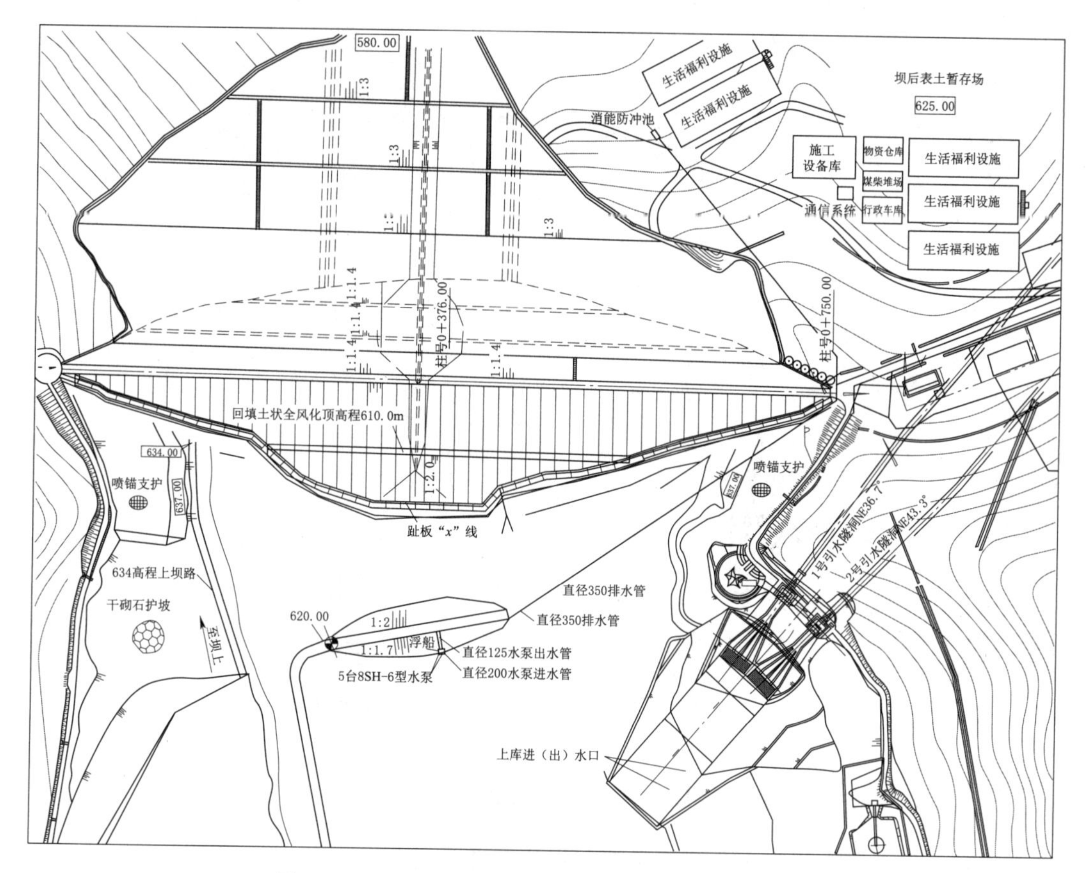


图 55-1 荒沟抽水蓄能电站上水库施工导流布置图

形，设置在混凝土面板堆石坝下的左岸沟底部位。

**（五）隧洞导流**

对于降雨强度、洪峰及洪量均相对较大的上水库，当有适合地形、地质条件布置隧洞时，可采用隧洞导流方式。隧洞一般按照全年导流设置，并尽量与永久放空洞相结合。当围堰不具备将进/出水口一并围入大坝基坑条件，其围堰顶高程不宜超过进/出水口明渠前缘高程，以保证进/出水口在不另修围堰的情况下可全年施工。

蒲石河抽水蓄能电站上水库集水面积仅为 1.2km$^2$，但具有暴雨历时短、强度大，一次降雨形成的洪峰较大的特点，上水库大坝施工采用围堰挡水、隧洞导流施工方案。导流隧洞位于右岸山体内，为城门洞型、断面尺寸 3.0m×3.0m（宽×高）。上水库围堰挡水标准采用 10 年重现期大汛洪水，相应洪峰流量为 45m$^3$/s，根据导流洞泄流能力确定围堰顶高程。

蒲石河抽水蓄能电站上水库施工导流布置图见图 55-2。

**（六）利用永久放空洞（泄水通道）导流**

该导流方式一般用于设有永久放空洞（泄水通道）、集水面积及洪量有限的工程。本着优先考虑永临结合的设计原则，先期建成永久泄水建筑物作为施工期导流泄水通道，可避免新建临时导流建筑物，有利于节省工程投资。

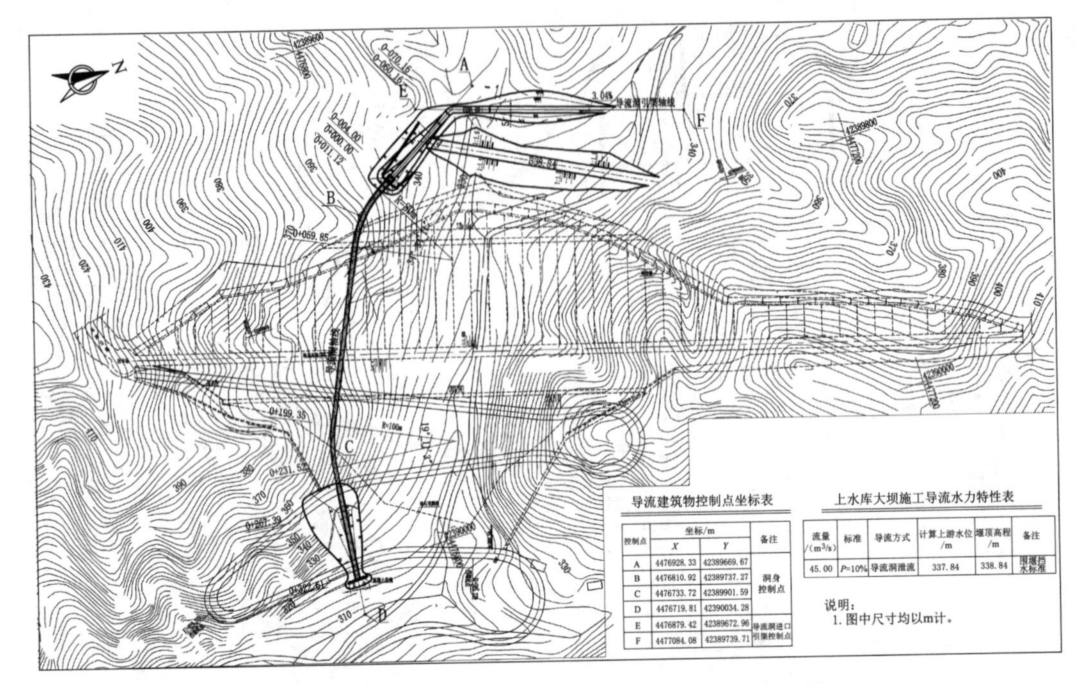


导流建筑物控制点坐标表

| 控制点 | 坐标/m | | 备注 |
| --- | --- | --- | --- |
| | X | Y | |
| A | 4476928.33 | 42389669.67 | 洞身控制点 |
| B | 4476810.92 | 42389737.27 | |
| C | 4476733.72 | 42389901.59 | |
| D | 4476719.81 | 42390034.28 | |
| E | 4476879.42 | 42389672.96 | 导流洞进口引渠控制点 |
| F | 4477084.08 | 42389739.71 | |

上水库大坝施工导流水力特性表

| 流量/($m^3$/s) | 标准 | 导流方式 | 计算上游水位/m | 堰顶高程/m | 备注 |
| --- | --- | --- | --- | --- | --- |
| 45.00 | P=10% | 导流洞泄流 | 337.84 | 338.84 | 围堰挡水标准 |

图 55-2 蒲石河抽水蓄能电站上水库施工导流布置图

## 三、上、下水库进/出水口施工导流方案

### （一）天然山沟上进出水口施工导流与坝体一并考虑

在天然山沟上新建水库由于汇水面积小，进/出水口施工导流的规模一般较小。其施工导流可以与坝体施工一并考虑，导流标准与流量的确定方法与坝体施工导流相同，导流方式也相对简单，通常进/出水口临水库一侧采用小型土石围堰挡水，岸坡一侧设截、排水沟将水排至库内，库内汇水通过坝体施工导流系统排至坝下。敦化抽水蓄能电站上水库进/出水口施工导流采用预留岩坎挡水，基坑全年施工导流方式。上水库进/出水口导流标准采用全年 10 年一遇设计洪水和 10 年一遇 24h 洪量，高压隧洞与厂房地下洞室群贯通后，考虑厂房等地下洞室群度汛需要，度汛标准采用全年 50 年一遇 24h 洪量。

蒲石河抽水蓄能电站上水库进/出水口明渠前缘高程为 350.00m，根据水力计算，在上水库导流洞泄流条件下，同时考虑库区的调蓄，设计暴雨径流量形成的库内水位远低于 350.00m，即使当库内发生 2 年重现期洪水的 3d 径流量为 $71.1\times10^4m^3$ 时，库内水位也达不到 350.00m，满足引水系统施工期临时度汛要求，故不需另外设置导流建筑物。

荒沟抽水蓄能电站上水库采取抽排方式，库内水位低于上水库进/出水口设计高程，通过预留岩坎，以满足引水系统施工期临时度汛要求，不另行设置导流建筑物。

### （二）天然山沟的进/出水口独立施工导流方式

位于天然河道的进/出水口工程施工导流方式根据其实际地形地质条件、建筑物布置和结构形式，通常采用预留岩埂或采用围堰挡水、束窄河床的施工导流方式。敦化抽水蓄

能电站下水库进/出水口施工导流标准采用全年10年一遇设计洪水，相应洪峰流量为 $71.6m^3/s$；尾水洞至厂房地下洞室群贯通后，考虑厂房等地下洞室群度汛需要，导流标准采用全年50年一遇设计洪水，相应洪峰流量为 $145m^3/s$；泄洪洞下闸后，考虑厂房等地下洞室群度汛需要，度汛标准采用200年一遇设计洪水。下水库进/出口底板高程为675.0m，进/出口引水渠起点高程为684.0m，高于下水库坝前全年10年一遇设计洪水位675.81m，无需围堰保护施工。

蒲石河抽水蓄能电站下水库进/出水口采用土石围堰挡水施工，围堰挡水标准按10年重现期大汛洪水设计。因下水库进/出水口距下水库坝址河道距离约3.50km，围堰设计时考虑了下水库导流期间的坝前壅水对下水库进/出水口处的水位影响。地下引水系统施工期临时度汛按50年重现期大汛洪水进行设计，采用在下水库进/出口段预留岩塞的方式满足地下系统施工期临时度汛的要求。

蒲石河抽水蓄能电站下水库进/出水口围堰布置见图55-3。

**（三）位于已有水库的进/出水口施工导流**

在已有水库中修建进/出水口的施工，宜选择围堰全年挡水、原水库泄水建筑物泄流的导流方式；经技术经济比较，也可以选择降低水库水位后枯水期围堰挡水的导流方式；对于降低水库水位带来对原水库功能、生态环境影响难于解决，或者修建深水高围堰难于实现，在进/出水口地形地质条件允许时，可考虑采用预留水下岩塞挡水施工、然后对水下岩塞爆破清除的施工方案。

白山抽水蓄能泵站出水口位于白山左岸坝头附近的水库内，出水口前沿地形较陡。设计考虑了两种导流方案，即方案一：砂砾石围堰方案；方案二：预留岩埂方案。通过经济、技术必选，综合分析，选定砂砾石围堰方案，在围堰保护下进行出水口的施工。出水口覆盖层厚5～20m，基岩为混合岩，全风化带厚约3.0m，半风化带厚约5～8m。土方（覆盖层）开挖：采用132kW推土机集渣，出渣采用 $3m^3$ 装载机装渣，20t自卸汽车运至库内弃渣场，运距0.4km。石方明挖：采用阶梯式分层开挖，预留保护层，阶梯高度4.0～5.0m，用YQ-100型潜孔钻钻孔爆破，保护层开挖采用01-30型手风钻钻孔小爆破。由于出水口基坑狭窄，基底高程390.00m，围堰高程406.43m，高程在399.00m以上部分的出渣采用 $3m^3$ 装载机装渣，20t自卸汽车运至库内弃渣场，高程399.00～390.00m段出渣方案做了汽车出渣方案、简易缆索起重机方案、履带式起重机吊罐方案的比较。经分析比较，此段出渣方式采用 $3m^3$ 装载机装 $3m^3$ 自制罐，由W-4型履带式起重机吊罐至基坑外堆渣，再由 $3m^3$ 装载机装渣，20t自卸汽车运至库内弃渣场（运距0.4km）。石方暗挖：采用手风钻台阶式全断面开挖，$3m^3$ 装载机装 $3m^3$ 自制罐由W-4型履带式起重机吊罐至基坑外卸渣，再由 $3m^3$ 装载机装渣，20t自卸汽车运至库内弃渣场。个别工程在已有水库蓄水前先行建成或部分建成进/出水口，为后续蓄能电站建设创造有利条件。如荒沟抽水蓄能电站利用莲花水电站作为下水库，在莲花水电站下闸蓄水前，已将其进/出水口高程205.00m以下部分施工完成（莲花水电站正常高蓄水位为218.00m，死水位为203.00m）。最初，对下库进/出水口205.00m高程以上的混凝土浇筑，曾考虑过采用降低莲花水库运行水位，使混凝土浇筑具备水上施工的技术方案。但降低莲花水电站运行水位，一方面对水库周边生态环境和电站效益会带来影响，需要相应的

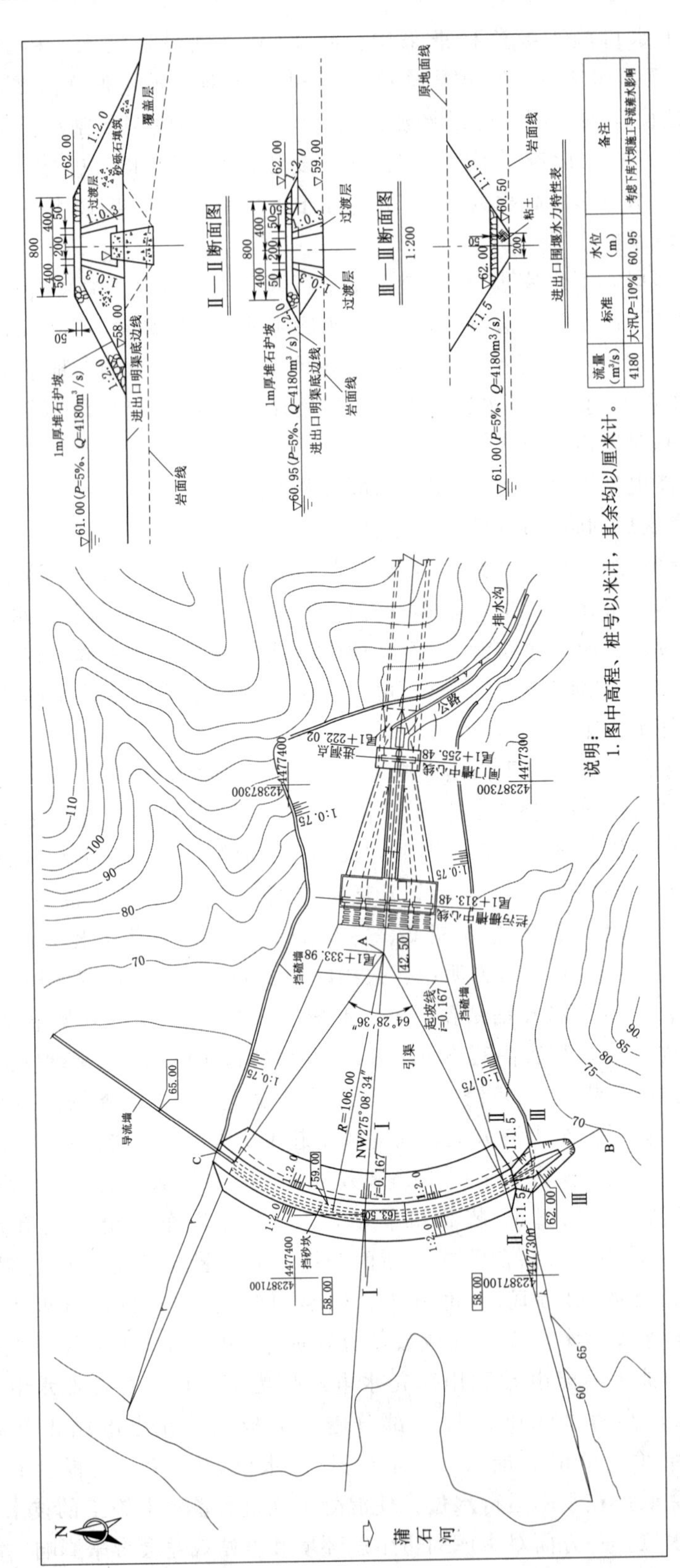


| 流量（m³/s） | 标准 | 水位（m） | 备注 |
|---|---|---|---|
| 4180 | 大汛P=10% | 60.95 | 考虑下库大坝施工导流壅水影响 |

图 55-3 蒲石河抽水蓄能电站下水库进/出水口围堰布置图

经济补偿；另一方面，莲花电站作为当地电网主力调峰电源，必须要征得电站管理方和电网调度部门的同意，实施程序复杂、难度较大。为了不影响工程建设，经多方案技术经济比较，最终选择了搭建水上作业平台，进行水下混凝土浇筑的施工方案。

## 四、施工期度汛

### （一）上、下水库大坝施工期度汛

大坝施工期一般采用坝体挡水度汛方案。汛前坝体填筑施工必须达到度汛水位以上，以确保坝体度汛安全。在导排水建筑物封堵前，利用涵洞、放空洞、导流隧洞等导排水建筑物下泄；导排水建筑物下闸封堵后，对设有永久泄放设施的水库，永久泄放设施可保障大坝安全度汛。但对于大多数抽水蓄能电站的上水库及个别非依托江河修建的下水库，由于集水面积很小，无需永久泄放设施，导排水建筑物下闸封堵后水库即开始蓄水，已无其他排水通道。此时，坝体度汛一般采用相应度汛标准的24h洪量作为控制标准，当坝体拦洪库容大于这一洪量时，大坝可安全度汛，但还应用度汛期相应标准的来水总量与坝体拦洪库容进行对比，如不能满足要求，则应在蓄水期间采用机械抽排方式控制水库蓄水位，以确保大坝度汛安全。

### （二）上、下水库进/出水口施工期度汛

上、下水库进/出水口与水道系统及地下厂房相连通，其施工期度汛主要确保地下厂房正常施工及机电设备安装的施工安全，其自身的施工采用围堰或预留岩坎、岩塞挡水度汛。当进/出水口与地下厂房贯通后，考虑到地下厂房施工的重要性，度汛标准要求较高。

（1）进/出水口不具备闸门挡水条件时，一般采取在引水隧洞、尾水隧洞内预留岩塞挡水；或在尾水洞及引水上平洞内设置钢闷头（或混凝土堵头）等临时挡水设施。在进/出水口工作闸门具备挡水条件之前，严禁拆除上述临时挡水设施，以确保地下厂房施工安全。

（2）进/出水口工作闸门具备挡水条件时，利用闸门挡水度汛具有防御超标准洪水可靠性高、运用控制灵活等优点，在国内抽水蓄能电站施工中被广泛采用。

### （三）施工支洞进口施工期度汛

对于具备单独进口的施工支洞，因其与水道系统或地下厂房相连通，为了保证地下洞室系统正常施工及机电设备安装的施工安全，施工支洞进口位置的选择应尽量避开冲沟、河道边缘或低洼地带，洞口地面应能满足防洪标准要求或洞口前具有布置临时围堰的位置。在施工支洞布置条件允许时，进口底板宜尽量满足预期联通的地下系统工程的度汛要求。同时施工支洞进口应做好导截水设施，防止降雨进入洞内。同时施工支洞纵坡宜倾向洞外，有利于排除洞内渗水，并且防止外水进入地下洞室。

对于施工支洞进口底板高程不能满足相应地下系统的相应度汛标准的要求时，其度汛措施往往采用在洞口填筑草袋土围堰或预留岩坎临时挡水度汛。必要时，也可对施工支洞进口进行临时封堵。

### （四）地下系统施工期度汛

地下系统与地面相连通的独立洞口均应设有度汛措施，保证其施工安全。地下系统施

工期度汛主要是应对围岩渗水对工程施工的影响。地下系统应做好集水、排水设施，当岩石渗水量突然加大后，应能够快速排出洞外。根据地下水的情况，可分别采取堵、排、引、阶等措施，地下水强烈活动的地段，宜采取以堵为主、堵排结合的综合治理措施。排水泵的容量应比最大涌水量大30%～50%，并考虑不小于50%的备用量，同时确保设有备用电源。

## 第二节　寒冷地区施工期排冰

施工期河道的排冰问题是寒冷地区水利水电工程施工特点之一。经常发生武开江的河段，流冰不畅极易形成冰塞或冰坝，削弱导流设施的过流能力，甚至淹没大坝基坑，造成工期延误和经济损失。因此，寒冷地区施工导流过程中需要对流冰所引发的危害予以关注。

### 一、研究施工期流冰应关注的事项

(1) 在研究施工期排冰方案前，应调查收集本河段冰层厚度、开江方式、流冰时段、流冰数量及冰块尺寸等冰情特点和相关资料。

(2) 根据冰情、库容和周边环境、导流建筑物布置型式及水流条件等基础资料，分析研究采取“蓄”“排”或“蓄排结合”的流冰应对措施。蓄冰方案应当具备一定库容和控制下泄水流条件，以免对周边环境安全产生不利影响；排冰方案则要求保证导流建筑物排冰通畅，不能出现卡堵或堆积现象。

(3) 坝址上游附近河段形成的冰坝一旦溃决、对工程施工或导流建筑物的安全影响较大时，需要采取的相应预防措施。

(4) 导流明渠的边坡防护除了抵御水流冲刷外，还要在冰层的顶推和拖拽作用下不被破坏。

### 二、解决流冰的应对方案

#### (一) 蓄冰

当围堰上游有足够库容允许流冰全部滞留，导流泄水建筑物能够控制下泄流量时，应当优先考虑蓄冰方案。通过控制下泄流量使河道水流速度小于最小携冰流速（一般在0.5m/s左右），使冰块滞留在围堰前并不致产生堆积；当导流孔口不具备流量控制条件时，孔口顶部应当保持一定的淹没水深，以防止冰块卡堵孔口。严寒地区蓄冰7～10d后，库内冰量可减少40%～90%，冰的强度可降低30%～70%，残余冰块对施工导流不会有任何危害。

#### (二) 天然河道排冰

当河道流冰量较多，冰块尺寸较大，导致泄水建筑物不能安全排泄时，应采取人工破冰措施，必要时可通过水工模型试验确定人工破冰冰块尺寸。

天然河道开江冰块尺寸具有很大的随机性，武开江河道尤为突出。当导流建筑物孔口尺寸难以满足冰块顺利通过的要求时，需采取人工限制冰块尺寸的措施。例如气温开始回

暖后，在上游河段一定范围内，用沙子撒成条带状，将冰面分布成 2m×3m 的网格，开江时，由于撒砂部位冰层厚度已经变薄，冰层将按照着沙带分布的网格开裂，从以往的工程实例看，此种控制冰块尺寸的方法简单实用、效果较好。

分期导流束窄后的河床宽度应满足流冰通畅，避免上、下游产生冰块堆积形成冰坝。一旦出现冰坝，可采用爆破方法将其排除。围堰超高值应考虑流冰期冰盖滑动、冰块堆积、冰塞及冰坝壅水等影响因素。

实测资料可知，当平均流速小于 0.7～1.0m/s 时，流冰相互插堵容易形成冰盖，从而可以避免出现冰块堆积、冰塞和冰坝壅水等冰害。在地形呈喇叭口形河段或河中有岛可作支撑的河段，当平均流速在 0.7m/s 以下时，可采取布置河绠拦冰的措施，使流冰插堵形成冰盖。

**（三）上、下游建有水库的河道排冰**

如果流冰河段上的在建工程处于下游已建水库的回水末端，由于入库后流速变缓，容易形成冰块堆积造成河道水位壅高，给在建工程的施工安全带来威胁和影响，可结合实际情况采取下列措施：

（1）加高围堰。在确定围堰高程时，考虑下游水库末端形成冰塞冰坝的最高壅水值。

（2）在条件允许时，开河前适当降低下游水库蓄水位，避免水库回水对上游的在建工程凌汛期间排冰产生不利影响。

如果在建工程的上游有已建水库，对施工期排冰则更加有利。上游水库较近且连续放流时，其下游河段一定距离内一般不会结冰或仅有少量冰块，下游枢纽施工期流冰危害程度将会大幅降低；对于冬季基本不放流的上游水库，则冰层完全可以在库内自然融化，从而消除了流冰对下游施工安全带来的影响。

当上游水库距离较远时，则可根据水文冰情预报，利用水库闸门控制凌汛期下泄流量，为下游河道文开江创造条件，避免施工排冰问题。

## 三、排冰实例

（1）蒲石河抽水蓄能电站下水库大坝于 2007 年 11 月进行二期主河床截流后，其导流泄水、排冰通道为两个 6m×5m（宽×高）的导流底孔。根据水文冰情资料，蒲石河稳定封冻期约 4 个月，实测最大冰厚 0.77m，可能出现的最大冰块尺寸为 2m×3m，经测算底孔尺寸可以满足凌汛过冰的要求。实际工程施工过程中，蒲石河均未出现武开江，由于底孔过流流速较大，底孔前也未发生冰塞或冰坝等情况，过水围堰也未受到冰壅的影响，保证了基坑正常施工。在凌汛开江期间未采用人工干预破碎，未出现超过 2m×3m 的冰块，流冰期导流底孔泄流、过冰顺畅。

（2）敦化抽水蓄能电站下水库大坝工程于 2015 年 9 月截流，导流隧洞和下水库永久泄洪放空洞结合布置，断面采用城门洞型，前部分为有压、后接无压隧洞，有压隧洞段长 165.5m，断面尺寸为 3.5m×5m，无压隧洞段长 192.5m。断面尺寸为 3.5m×5m。根据水文冰清资料，平均封冻期 132 天，最大河心冰厚 148cm。导流隧洞断面尺寸满足凌汛过冰的要求，实际施工中未进行采取其他排冰措施，流冰期导流底孔泄流、过冰顺畅。

（3）桓仁水电站于 1959 年春截流后，坝体预留了 4 个宽 9m 的缺口用于排冰，由于上游混凝土围堰拆除时留下4个间距为7m的支墩，故实际过冰为支墩所形成的缺口控制。为保证顺利排泄冰凌，开江前夕在坝前2km的范围内进行人工撒砂，形成2m×3m的长方形网格。1959年春为典型文开江，最大冰厚仅0.54m，开江前夕减为0.3m左右，整个江面已有1/3以上面积扩为清沟。3月23日开江时，冰盖被分割为2m×3m小块，顺利过坝下泄，个别较大冰块因其厚度薄，在缺口破碎后下泄。

（4）白山水电站截流后，围堰堰前库容3500万$m^3$，开江的洪水过程线呈尖瘦型，水库有一定的调蓄作用，故对流冰采用排蓄结合的方法。1977年春对明渠上、下游1.5～2.5km范围进行人工破冰，破冰尺寸按6m×6m，水工模型试验表明，对拱坝坝身9m宽的导流底孔，小于这一尺寸的冰块基本都能顺利通过。下游破冰是为流冰开出一条畅通水道，以防下游产生冰坝壅水，并对下游河段堆积严重处进行了重点破冰。底孔经历4次流冰均未出现堵塞。

（5）青铜峡大坝梳齿在1966—1967年冬季封堵时，主体工程已基本完工，采用排蓄结合方式解决流冰问题，即用电站7条泄水管排冰，当堰前水位较围堰顶高出约0.5m，堰顶流速接近1.0m/s，具备排冰的条件；利用峡谷以上开阔段蓄冰，该库距坝8km河段为峡谷弯道（水面宽300m左右），弯道以上河宽一般为2.0～3.0km，在峡谷弯道处设置障碍物，使冰凌大量蓄滞在上游开阔河段内，下游基本无冰凌流出，工程得以安全度凌。

# 第五十六章　工　程　施　工

抽水蓄能电站主体工程土建部分主要由上水库工程、地下系统工程（包括水道系统和地下厂房系统）和下水库工程三大部分组成，各部分相对独立，其施工特点如下：上、下水库高差较大，施工场地比较分散。库盆、坝基开挖和坝体填筑施工区域相对较小，解决好施工干扰问题显得尤为重要；大跨度地下厂房洞室群规模庞大、空间交叉多，因施工工艺复杂和制约条件多等因素影响，地下厂房系统常常成为控制整个工程施工工期的关键线路；输水系统线路长、高差大、洞径大，施工难度较大。

总体来看，虽然抽水蓄能电站工程枢纽建筑物较多，但各个建筑物本身的施工技术通常较为成熟。

## 第一节　上、下水库施工

寒冷地区受气候影响，一年中上下水库有效施工季节相对较短，给库盆和坝基开挖、堆石体填筑及防渗体施工等均带来一定影响。以下针对寒冷地区较为常见的混凝土面板堆石坝和沥青心墙堆石坝以及库盆的施工技术进行主要介绍。

### 一、库盆和坝基开挖

库盆土石方开挖在总体上遵循先土方后石方、先剥离后开挖、分层自上而下的顺序进行施工。库盆开挖应优先进行进/出水口和坝基部位施工，为进/出水口土建工程和堆石坝填筑尽早提供工作面。

坝基开挖采用自上而下和自下而上相结合的施工程序，主要以保障坝体填筑为前提，按照低料低填、高料高填的原则，尽量提高直接上坝率，减少二次倒渣量，减少对坝体填筑的干扰。

表层覆盖风化层剥离采用自上而下分层开挖，推土机顺地势由高到低集料，在山坡较陡的地方沿山坡横向集料，挖掘机或装载机装车的方法开挖。

对于库盆石方开挖顺序，应先一般土石方再保护层和建基面，保护层和建基面开挖应先库岸后库底。一般石方开挖宜采用梯段微差挤压爆破，分层高度一般为 3～15m，采用风钻、潜孔钻或液压钻钻孔，并根据分层高度及部位采用浅孔梯段爆破、深孔梯段爆破、边坡预裂爆破或光面爆破等爆破开挖方法。并根据库盆岩石特性、开挖梯段高度、坝体堆石料设计级配要求等，通过现场爆破试验确定库盆石方开挖爆破参数。开挖石渣采用正铲、反铲或装载机装自卸汽车直接上坝或运至渣场。

对坝基和库底建基面宜采用预留保护层的开挖方法，对保护层用柔性垫层爆破法或水平预裂法进行钻爆开挖。对岸坡宜采用边坡预裂爆破或光面爆破的开挖方法，以减少超挖和对基础面的扰动破坏，保证基础面的平整度。

寒冷地区的荒沟水电站主坝坝基开挖施工采取自上而下分层开挖，根据节点工期要求和开挖体型的情况，在开挖分区区分界线、适当位置进行先锋槽开挖，目的是尽快地为各区（控制爆破区）提供爆破临空面，以利于开挖施工。基坑保护层以上，大面积石方开挖采用液压钻机梅花形钻孔，2号岩石乳化炸药装延长药包，毫秒微差梯段松动爆破，推土机集碴，反铲装车，15t自卸汽车运碴至弃碴场。为了充分发挥机械生产效率，满足高强度施工要求，根据基坑开挖面积大小和分层开挖的程序要求，沿垂直水流方向将整个开挖基坑分为三个主工作面，主要设备组成一条生产线进行流水作业。保护层预留0.5～1m厚，采用手风钻造水平孔，光面爆破。

荒沟水电站库盆开挖中，表土（腐殖土）剥离采用1.6$m^3$挖掘机将表土（腐殖土）由上而下分层剥离至积渣平台，然后装20t自卸汽车，沿规划中的料场路径运至坝后表土暂存场；利用料部分无用层主要为土层和全强风化岩石层，采用自上而下分区、分块、按梯段开挖的施工程序进行开采。无用层开挖随料场开挖进行，每4.5m一层，开挖料直接由1.6$m^3$液压反铲装20t自卸汽车，沿路径运至库底回填渣场或坝后弃渣体；利用料有用料部分开采依照环库公路高程，每9m一层，分层分区进行开采。

## 二、坝体填筑施工

坝体开挖填筑规划应以坝体填筑施工为主线，开挖工程施工以满足坝体填筑需要为原则进行组织，尽可能提前进行坝体填筑施工，尽量减少坝料的二次倒运量，加快施工工期。坝体填筑施工按照由下游坝趾到上游采用全坝段平起的原则，依次进行上料、铺筑、洒水、碾压各工序施工。

碾压试验是指在工程施工前，在施工现场对所采用的筑坝材料进行现场填筑和压实的试验。由于每一项工程的规模、坝体设计要求、填筑坝料的性质、施工单位的技术装备和施工技术水平等各不相同，加上堆石料粒径较大，室内试验不可能采用原级配进行，因此一般工程都需进行现场碾压试验，以便确定符合施工实际需要的碾压参数，指导施工，以最小的压实功能，取得最优的压实效果。

国内部分已建抽水蓄能电站堆石坝主堆石碾压参数及试验结果见表56-1。

**表56-1　抽水蓄能电站堆石坝主堆石碾压参数及试验结果表**

| 工程名称 | 干密度/(g/cm³) | 孔隙率/% | 碾压参数 | | | |
|---|---|---|---|---|---|---|
| | | | 层厚/cm | 碾重/t | 遍数 | 洒水量/% |
| 广州上水库 | 2.02 | 21.4 | 90 | 10 | 8 | 0 |
| 天荒坪下水库 | 2.10 | 19.6 | 80 | 10 | 8 | 0 |
| 十三陵上水库 | 2.27 | 9.3 | 80 | 15.5 | 8 | 10 |
| 琅琊山上水库 | 2.213 | 18.58 | 60 | 16 | 8 | 15 |
| 张河湾上水库 | 2.0～2.1 | — | 80 | 18 | 8 | 0 |
| 西龙池上水库 | 2.15 | 20.9 | 80 | 18 | 8 | 5 |
| 西龙池下水库 | 2.23 | 18 | 80 | 18 | 8 | 6 |

续表

| 工程名称 | 干密度/(g/cm³) | 孔隙率/% | 碾压参数 | | | |
|---|---|---|---|---|---|---|
| | | | 层厚/cm | 碾重/t | 遍数 | 洒水量/% |
| 泰安上水库 | 2.15 | 17.9 | 80 | 20 | 8 | 15 |
| 宜兴上水库 | 2.10 | 20 | 80 | 18 | 8 | 10 |
| 蒲石河上水库 | 2.16 | 20 | 80 | 20 | 8 | 10～20 |
| 荒沟上水库 | 2.12 | ≤20% | 80 | 26t | 静2振8 | 15% |

坝体堆石坝填筑分三道主要工序，即铺料、洒水和压实。此外还有超径石处理、接坡处理、垫层上游坡面修坡、斜坡碾压和防护、下游护坡砌筑等项作业。

铺填方法主要有三种，即进占法、后退法和混合法。施工中采用何种方法，要根据施工区场面大小、填料粒径大小及级配情况具体确定。一般细料含量较大的垫层、过渡层料，常采用后退法铺料以减少分离，主、次堆石区铺料层厚较大，宜采用混合法铺料。洒水量和碾压遍数根据现场碾压试验确定的参数，即可满足设计要求。

堆石区石料由自卸汽车运输至坝面，沿坝轴线方向采用混合法（后退法＋进占法）卸料，推土机平料，摊铺层厚0.6～1.2m。坝料经人工洒水充分湿润后，10～25t自行式振动碾顺坝轴线方向采用进退错距法碾压。堆石料采取大面积铺料，以减少接缝，并根据坝面大小等情况，组织安排各工序施工，形成流水作业，实现连续高强度填筑施工。

垫层、过渡层与相邻5m范围内的堆石体平起填筑。垫层、过渡层的层厚一般为0.3～0.4m，按一层主堆石、二层过渡层和垫层平起作业。为了保证垫层料和过渡料的有效宽度，上料宜按先垫层料，再过渡料，最后堆石料的顺序进行。坝体每升高3.0～4.5m，用激光制导长臂反铲对其上、下游边坡进行修整，激光反铲削坡的控制底线为垫层坡面设计线以上8～10cm，剩下部分由人工进行精修坡。

坡面每上升10～15m后，对上游坡面再进行二次精确削坡。在人工修整坡面完成后，先分区分片从坝的一侧向另一侧对垫层坡面进行洒水湿润，然后采用10t斜坡振动碾压实。

## 三、寒冷地区冬季坝体填筑施工措施

### （一）分区填筑

由于气候影响寒冷地区有效工期相对较短，为了保证冬季坝体填筑，从而缩短面板坝总工期，根据坝体填筑量、施工进度、导流及度汛要求等因素，通常对坝体填筑采取以下分区措施：

（1）坝体断面分区填筑。当下游坝趾到上游采用全坝段平起难以满足坝体挡水度汛要求时，可将面板后30～40m范围内的垫层、过渡层和堆石体先保持平起上升达到度汛高度，其下游部位堆石体可后期填筑。分期界面坡度不宜陡于1∶1.3，以保证填筑堆石体的稳定和结合部位的碾压质量。

（2）两岸分区填筑。对于河床较为宽阔或岸边有阶地、且坝线较长的面板坝施工，为降低汛前期坝体填筑施工强度，可在导流条件形成前先进行一岸或两岸的坝体填筑，一般先行填筑阶地坝段或处于平缓一岸的坝段。在维持主河道过流的同时进行导流工程施工，待导流工程完成后进行主河道截流。

(3) 趾板施工期分区填筑。坝基开挖处理过程中，趾板基础处理和趾板浇筑要滞后于堆石区基础处理。为不影响坝体填筑，可采取先行填筑次堆石区和部分邻接主堆石区，趾板后预留30～40m宽，待垫层区和过渡区具备填筑条件时，再尽快拉平填筑面。这样分区的高差不能长期存在，也不能以一定高差同步上升。建议高差值不能超过一次垫层修坡高度（10～15m）。

分期填筑的结合部位是薄弱部位，往往容易出现堆石大颗粒集中，漏压、欠压等问题。在前期填筑振动碾压时，靠近外坡30～50cm范围无法碾压，存在一定厚度的松坡，另外在填筑上层料时，还要滚落下一部分石料，从而又增加了松坡的厚度。如一次填料厚度为1.0m时，外坡坡度1∶1.3，则底部有约1.6～1.8m宽处于未压实或半压实状态。而且这部分料卸料时产生离析，细颗粒含量偏低，需在下一期填筑时做接坡处理。

**（二）冬季坝体施工措施**

严寒地区坝体冬季施工时不能洒水碾压，为了保证填筑压实质量，通常采取减少铺料厚度和增加碾压遍数的途径达到坝料的压实指标。如果上述措施仍无法达标，则可以调整填筑料级配，以保证冬季施工的压实效果。

蒲石河工程地处东北严寒地区，上水库大坝填筑需要冬季施工。经现场碾压试验，垫层料与过渡料层厚比暖季减少10cm、坝体堆石层厚减少20cm，碾压遍数在原基础上均增加2遍，即可满足压实指标要求。

位于寒冷地区的荒沟抽水蓄能电站，多年平均气温3.2℃、极端最低气温－45℃，其下水库莲花水电站面板堆石坝坝高71.8m，坝体总填筑量420万$m^3$。暖季坝体堆石料碾压层厚800mm、洒水10%～25%、激振力24.5t自行振动碾碾压8遍；冬季施工碾压层厚600mm、碾压10遍。垫层料由最大粒径为80mm的级配碎石掺配河砂拌制而戚，暖季碾压层厚400mm、洒水量15%、碾压8遍；冬季不洒水条件下，即使减薄层厚、增加碾压遍数也达不到设计干密度要求。因此，调整级配采用最大粒径为80mm的级配碎石掺配砂石加工系统成品砂和小石，旨在增加2～10mm颗粒含量，调整级配后碾压层厚400mm、碾压10遍即可达到设计要求。莲花大坝监测成果表明，施工期坝体沉降量为12cm、约占坝高的0.17%、最大渗漏量8L/s，说明坝体填筑质量是好的。

## 四、钢筋混凝土防渗面板施工

趾板和面板是面板堆石坝防渗体系的重要组成部分，均属薄层混凝土结构。由于趾板与面板施工期长时间暴露在空气中，运行期受冰、水作用和坝体变形的影响，很容易因面板开裂或接缝张开而导致坝体渗漏，甚至会影响到工程经济效益和大坝安全。因此，保证趾板和面板的施工质量，减少裂缝、提高接缝适应变形能力，避免施工期早冻是寒冷地区施工中应着重解决的问题。

混凝土趾板和面板施工具有以下特点：

(1) 面板和岸坡部分的趾板均在斜坡面上施工，作业面较高，施工难度较大；

(2) 由于各种接缝中均设有止水，同时又有钢筋存在，需要多工种进行作业，施工质量要求高；

(3) 趾板施工要求在填筑垫层前完成，而面板施工多在垫层斜坡碾压至坝顶或一定高度后进行，受到度汛影响工期往往很紧，寒冷地区这一问题尤为突出。

**(一) 趾板施工**

趾板施工包括两部分，即趾板基岩开挖和混凝土浇筑。寒冷地区面板坝一般将趾板开挖安排在不适宜浇筑混凝土的季节，先开挖两岸河水位以上部分，截流后再开挖河床部分。根据工程进度安排，也可两岸开挖完成后随即浇筑趾板混凝土，然后填筑坝体堆石料，以减轻截流后第二年的度汛压力。

趾板混凝土浇筑应在基岩面开挖、处理完毕，并按隐蔽工程质量要求验收合格后方可进行。按设计设置的趾板锚筋，可作为架立筋使用。锚筋孔直径应比锚筋直径大15mm，并用微膨胀水泥或预缩细砂浆紧密填塞，砂浆标号不低于20MPa。

在气温转入负温前，趾板混凝土应达到设计标号，提高其抗裂、抗冻能力，否则应考虑采取不拆模板加保温、暖棚等措施，避免遭受初期冻害。

**(二) 面板施工**

混凝土面板采用滑模施工，对于坡度陡于1∶1的混凝土面板一般采用有轨滑模施工，坡度缓于1∶1的混凝土面板可采用无轨滑模施工。坝高较小时可考虑面板一次滑到顶。对于高坝，由于面板斜坡长、面积大，以及考虑面板挡水度汛等因素，面板也可以按高程分期施工。

由于面板混凝土施工工艺的特殊性，要求拌制出的混凝土凝结时间合适；便于坡面溜槽输送，且在输送过程中不离析、不分层，具有黏聚性；入仓后易于振捣，出模后不泌水、不塌陷、不被拉裂。混凝土配合比中需增加砂率，粗骨料5～20mm、20～40mm比例约为60∶40比较合适，也可掺加外加剂来解决。

混凝土面板施工前，先铺设砂浆垫层，然后，安装铜止水、安装侧模、绑扎钢筋，最后滑模就位，进行混凝土面板施工。砂浆垫层是铜止水的基础，其施工精度直接影响到侧模的精度，可用5m长型钢构架作模板，骑分缝线铺筑砂浆垫层，保证砂浆垫层的平整度。铜止水采用铜止水成型机现场冷挤压成型，用铜卷材一次成型到所需长度。铜止水“十”字和“丁”字接头采用工厂退火模压成型制作，以减少现场焊缝，提高接缝焊接质量，避免由于过多焊缝质量缺陷出现的渗漏问题。铜止水安装后，应立即安装侧模，以免铜止水移位。钢筋采用人工现场绑扎。

无轨滑模一般由行走轮（架）、模板和抹面平台三部分组成。滑模的长度根据混凝土面板的分块宽度确定，为了适应混凝土面板不同宽度以及不规则混凝土面板的施工，可采用长度可调的折叠式滑模。折叠式滑模由一块主模板铰接若干块1m长的模板组成，滑模滑升过程中，随着仓面变宽，以1m长的模板为单位逐渐加宽仓内模板，同时卷扬机钢丝绳的牵引点也随之外移。混凝土面板无轨滑模施工示意图如图56-1。

混凝土用搅拌运输车运至浇筑地点。库底采用吊车吊混凝土卧罐入仓，斜坡用溜槽溜送混凝土入仓。根据面板宽度选择溜槽数量，溜槽出口距仓面距离不应大于2m。采用滑模连续浇筑，每次滑升距离应不大于300mm，每次滑升间隔时间不应超过30min，面板浇筑滑升平均速度为1.5～2.5m/h。脱模后的混凝土表面应及时修整和压面，覆盖草袋或布毯，并洒水养护。在安装面板表层止水压板时，不应全部揭开养护布毯，压板安装完成

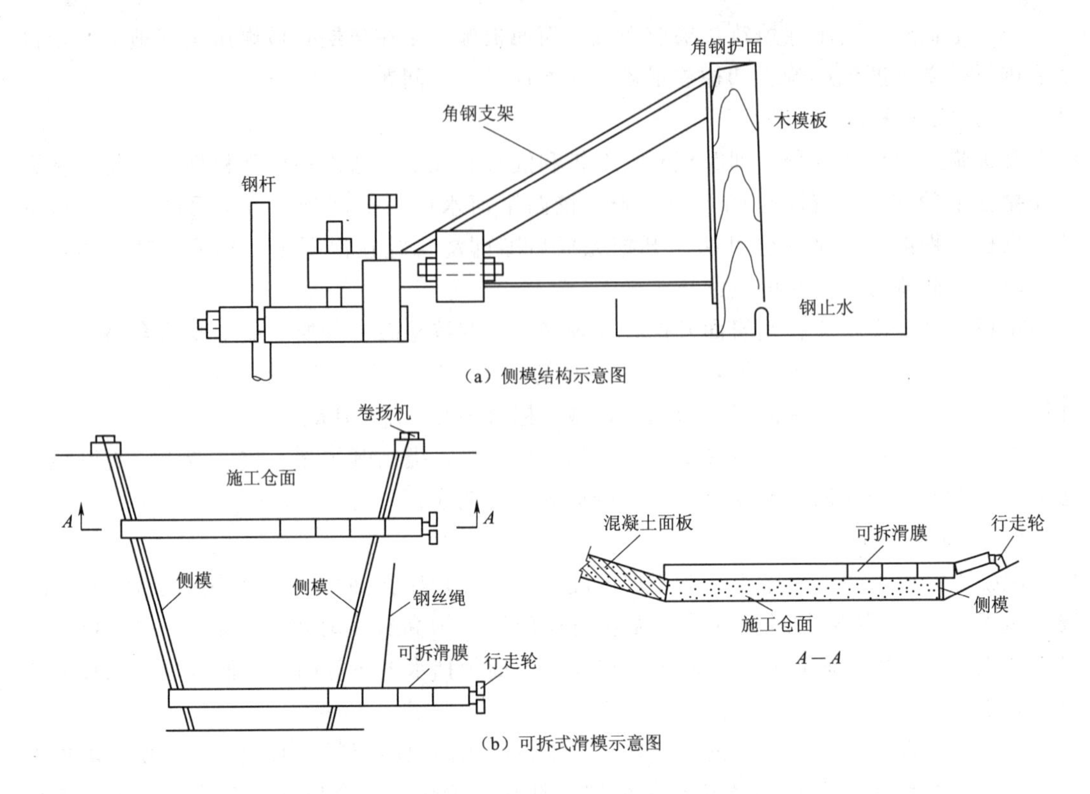


图 56-1　混凝土面板无轨滑模施工示意图

后，应及时将布毯覆盖好。混凝土面板一般宜养护到水库蓄水。

## 五、沥青混凝土心墙施工

### (一) 沥青混凝土防渗心墙特点

碾压式沥青混凝土的渗透系数一般小于 $10^{-7}$cm/s，浇筑式沥青混凝土基本上不透水。沥青混凝土防渗心墙特点如下：

(1) 沥青混凝土防渗心墙设置在坝体内部，墙体不受环境气候影响，耐久性好、抗震能力较强。

(2) 沥青混凝土具有较好的柔性，适应基础和坝体变形能力较强，并具有自愈闭合能力。

(3) 基础处理工作量相对较小，心墙施工工艺简单，能够在低温条件下连续施工，对加快寒冷地区土石坝施工进度作用明显。

(4) 可取代大量防渗土料，对保护耕地、减少占用农田、避免对环境造成不利影响具有重要意义。同时，又可节省工程投资。

### (二) 沥青混凝土心墙施工

沥青混凝土原材料拌制前需进行加热处理，散装沥青在加热罐内采用燃煤加热至150～170℃；骨料由称量系统自动配制流入提升料斗后送入加热桶加热，该系统采用柴油

加热，加热温度为170～190℃。沥青混凝土采用全自动双轴强制式搅拌机拌制，整个拌制过程由微机自动控制，将热骨料与矿粉（矿粉不需加热）干拌15s，再加入热沥青湿拌50s，沥青混凝土混合料出机口温度控制在150～170℃。

沥青混凝土心墙施工以机械摊铺为主，与心墙基座及两岸岸坡砼连接处扩大断面部分采用人工摊铺。

1. 混凝土基础面处理

沥青混凝土心墙底面与基座及岸坡混凝土连接部位是防渗体系的关键，必须对混凝土基础面进行凿毛处理，凿掉混凝土表面的乳皮，并用高压风吹净，保证混凝土面平整、干燥；然后涂刷一层稀释沥青，稀释剂采用汽油，其掺配比例一般采用40：60（沥青：汽油），涂刷后的混凝土表面应为棕色；涂刷沥青玛蹄脂，厚度一般为1～2cm，在施工现场采用人工拌和，对人工砂和矿粉分别加热，温度控制在150～170℃，然后再加入到热沥青（140～160℃）中一起搅拌均匀；混凝土中预埋的铜止水外露表面用热沥青涂刷两遍。

2. 人工摊铺

（1）过渡料铺筑。钢模安装后，用毡布遮盖心墙表面，防止砂石、杂物落入仓面内。采用$1m^3$反铲将掺配好的过渡料初平，人工配合整平，松铺厚度为30cm。心墙两侧的过渡料应同时铺筑，靠近模板部位作业时要特别小心，防止模板走样、变位。

（2）结合面清理与加热。结合面要清理干净，摊铺前用红外线加热器（局部采用煤气喷灯）使接合面加热到70℃以上。当面层为沥青玛蹄脂时不需要加热。

（3）沥青混凝土混合料入仓。沥青混凝土混合料运至坝面后，采用装载机入仓、人工整平，松铺厚度为28cm，误差控制在±2cm内。入仓温度控制在140～170℃。沥青混合料在活动钢模内摊平后将钢模拔出，采用先拆模后碾压的方法，可使沥青混凝土与过渡带形成犬牙交错的断面，利于两者的紧密结合，对防止沥青心墙的塑性变形具有重要意义。

（4）混合料与过渡料碾压。碾压时沥青混凝土混合料最高温度不超过150℃，最低温度不低于110℃。

碾压顺序及方法：采用2台自行式振动碾同时静压心墙两侧过渡料2遍后再动压6遍，最后振动碾压沥青混凝土混合料6遍。振动碾行进速度按30m/min控制。沥青混合料摊铺完成后，用毡布将沥青混合料表面覆盖，其宽度为盖住上下游过渡料各20cm，然后振动碾在毡布上碾压，这样不仅解决了沥青混合料表面污染，而且保持了沥青混合料表面的温度，不产生硬壳。实践证明经过这种方法碾压后的沥青混合料表面“返油”良好，不出现纵向裂缝。由于采用毡布遮盖，解决了沥青混凝土表面的“冷却”问题，所以在用振动碾碾压时，还可以采用边下料、边摊平、边遮盖，集中碾压的方法施工。当摊铺长度达到8～10m时，用振动碾集中碾压，其压实标准以沥青表面“返油”为准。对于振动碾碾压不到的边角部位（如铜止水附近和齿槽边角），采用重锤人工夯实，直至表面“返油”为止。

3. 机械摊铺

机械摊铺作业程序为基础结合面处理（使表面干净、干燥）→测量放线并固定定位金属丝→摊铺机摊铺沥青混合料和过渡料→人工摊铺两侧岸坡扩大段沥青混合料→过渡料碾压→沥青混合料碾压→施工质量检测。

（1）混凝土基础面处理及心墙结合层面清理方法与人工摊铺相同。

（2）测放心墙中线在机械摊铺时尤为重要。采用全站仪每隔5～10m测放并用铁钉标记中点，用金属丝连接各点。在施工中发现在摊铺机行进过程中金属丝易变松而偏离中线，后来改用墨斗在心墙上弹出白线控制中线，效果较为理想。

（3）摊铺机就位。常用的摊铺机械为牵引式沥青混凝土心墙摊铺机，该机械包括自动调频卷扬机和沥青混凝土心墙专用小型摊铺机。采用$1m^3$反铲将卷扬机和摊铺机吊装就位，就位时应注意摊铺机出料口和卷扬机中心线要与心墙轴线吻合。

（4）混合料摊铺。沥青混合料用装载机运至摊铺现场后直接给摊铺机上料，摊铺机行进速度按0.8～1.2m/min控制。摊铺厚度25cm，其允许误差±2cm，摊铺温度为140～170℃。

（5）过渡料铺筑。填筑顺序：心墙沥青混凝土与过渡料的铺筑超前坝壳料2～3层，不高于80cm；混合料摊铺前在心墙两侧准备好过渡料。摊铺机行进路线上的过渡料要人工二次整平，防止摊铺机行进过程中心偏移；紧贴心墙两边50cm宽度过渡料采用人工上料，沥青混凝土摊铺机布料，其他过渡料紧随摊铺机后人工配合机械铺筑，整平。每摊铺段采用毡布遮盖心墙，然后整平碾压。

（6）心墙与过渡料压实。用2台振动碾先同时静压2遍后振压6遍心墙两侧过渡料；接着振压沥青混凝土混合料6遍。振动碾压行进速度以30m/min为宜，初碾时温度不高于150℃；终碾温度不低于110℃。

4. 沥青混凝土施工质量要求与施工过程中应注意的问题

沥青混凝土现场摊铺质量要求见表56-2。

**表56-2　　沥青混凝土现场摊铺质量要求**

| 序号 | 检查项目 | 质量要求 | 备　注 |
|---|---|---|---|
| 1 | 模板轴线偏差 | ±5mm | 人工摊铺 |
| 2 | 摊铺轴线偏差 | ±5mm | 机械摊铺 |
| 3 | 摊铺温度 | 140～170℃ | 每层随时检测 |
| 4 | 碾压温度 | <150℃且>110℃ | 每层随时检测 |
| 5 | 摊铺厚度 | ±20mm | 每层随时检测 |
| 6 | 碾压遍数 | 静2动6 | |
| 7 | 外观 | 无裂纹、蜂窝、麻面、空洞及花白料 | 每层随时检测 |
| 8 | 渗透系数 | $<10^{-8}$ | 渗气仪无损检测 |
| 9 | 密度 | $>2.4g/cm^3$ | 核子密度仪无损检测 |
| 10 | 孔隙率 | ＜3% | 室内马歇尔击实试件孔隙率＜2% |

沥青混凝土施工过程中应注意的问题：

（1）沥青混凝土铺筑应与过渡料平起施工，沥青混凝土心墙铺筑应均衡上升，心墙基面尽可能保持同一高程，避免或减少横缝，当由于客观原因出现横缝，其结合面坡度应缓于或等于1∶3，同时上、下层横缝应相互错开2m以上，横缝处应重叠碾压30～50cm，用振动夯夯至表面返油为止。

(2) 对于连续上升、层面干净且已压实好的沥青混凝土，表面温度大于70℃即可铺筑上层沥青混合料，当下层沥青混凝土表面温度低于70℃时，要进行加热，但加热时间不宜过长，以防止沥青混凝土老化。若已压实沥青混凝土表面有污物，采用人工清铲，无法铲掉的，加热软化后铲除。不合格、因故间歇时间太长或温度损失过大的沥青混合料应及时清除，清除废料时，严禁损害下层已铺好的沥青混凝土。

(3) 对两岸坡接头部位、结合槽、铜止水周围等振动碾不易到达的地方，采用1t振动夯配合重锤人工夯实至“返油”。

(4) 钻孔取芯的部位要随取随盖，尽可能保持孔内洁净并及时回填，回填时，先将钻孔擦干，然后用喷灯将孔壁烘干加热到70℃后再分层人工回填捣实。

(5) 振动碾在心墙上不得急刹车。心墙两侧2m范围内禁止大型机械进入或横跨心墙。

5. 质量控制

沥青混凝土心墙施工是一种热施工，对沥青混凝土的配合比和温度控制等要求较高，施工过程中的质量控制和检测尤为重要。施工过程中应严格执行相关规程规范，对各工序进行全过程质量控制，按照每层为一个单元进行验收签证。沥青混凝土开仓实行联合开仓证制度，即由业主、监理、设计三方联合进行验仓，同意开仓后当场在开仓证上签字。监理和业主对沥青混凝土心墙施工的全过程进行旁站监督，在沥青拌和站和大坝施工现场均安排专人测记沥青混凝土出机口温度、入仓温度、碾压温度等参数。

拌和站质量控制重点：①原材料质量控制；②混合料制备过程中的温度控制及外观检查；③沥青、矿料的计量控制。

摊铺现场质量控制重点：①工序质量控制；②摊铺宽度、厚度控制；③混合料入仓温度、碾压温度控制；④碾压质量控制（密度、孔隙率、渗透系数）；⑤外观检查。

沥青混凝土心墙施工期间分别在出机口和摊铺现场对沥青混合料入仓温度进行检测，每层为一个单元进行抽提试验并进行无损检测沥青混凝土指标如密度、孔隙率、渗透系数等。

## 六、库盆防渗施工

抽水蓄能电站的上水库库盆地势较高，受周边山体和地质构造影响，存在库盆渗漏问题。从已建和在建的抽水蓄能电站的上水库库盆实践来看，多需要进行全库盆或部分防渗处理。上水库库盆防渗型式通常有：帷幕灌浆、防渗墙等垂直防渗型式和钢筋混凝土面板、沥青混凝土面板、黏土铺盖和土工膜组合的库盆表面防渗型式。下面主要介绍沥青混凝土面板和土工膜二种防渗型式的施工。

### （一）沥青混凝土防渗面板施工

1. 沥青混凝土防渗面板下碎石垫层施工及基层处理

对库岸坡上碎石垫层施工可采用下列方法进行：

(1) 卷扬机牵引小车斜坡送料。张河湾电站上库采用全库盆沥青混凝土防渗，库岸斜坡坡比为1∶1.75，斜坡长70m，库岸斜坡面积约19.7万$m^2$，斜坡碎石垫层厚度35cm。采用斜坡送料车进行斜坡碎石垫层摊铺，在库底用装载机将碎石垫层料装入小车，由卷扬机牵引小车自下而上自动撒料，人工平整碎石垫层料，然后用卷扬机牵斜坡振动碾碾压。斜坡碎石垫层摊铺示意图如图 56－2 所示。

图 56－2　斜坡碎石垫层摊铺示意图

(2) 推土机推运摊铺作业。天荒坪电站上库采用全库盆沥青混凝土防渗。库岸斜坡坡比为 1∶2，斜坡长 77～115m，库岸斜坡面积约 11 万 $m^2$。斜坡碎石垫层厚度 90cm，采取分层铺设施工，每层铺设厚度 45cm。铺设作业分段一条一条地进行，每段宽度 12m 左右，推土机自环库公路上料堆取料，分层、分段、顺库岸斜坡面自上而下推运摊铺作业，下行推料进占摊铺，后退上行返回岸顶料堆取料，上下往复运作，直到铺设合格为止。铺层厚度最后超填 5～7cm，作为预留碾压沉降厚度。

在面板铺筑施工前，需对其基层进行处理，包括坡面修整，对土质边坡应喷洒除草剂，垫层表面喷涂乳化沥青等。下卧层表面喷涂乳化沥青或稀释沥青可选用人工涂刷和机械洒布两种方法。

2. 沥青混合料的拌制

在拌制沥青混合料前，需预先对拌和楼系统进行预热，要求拌和机内温度不低于 100℃。沥青混凝土拌和应按试验确定的工艺进行，先加入骨料、填料干拌 15s，然后注入沥青拌和 30～45s，拌和均匀，不出花白料。水工沥青混凝土一般较道路沥青混合料拌和时间增加 10～15s。拌和好的沥青混合料卸入提升斗，并提升至混合料保温储罐储存。

3. 沥青混合料的运输

应合理选择由拌和系统到施工摊铺现场的沥青混合料的运输方式及设备，运输设备必须具有较好的保温效果，且便于混合料的装卸。运输能力应与拌和、铺筑和仓面具体情况的需要相适应。沥青混凝土现场摊铺采用摊铺机，摊铺机条带宽为 3～5m。在岸坡上的摊铺由履带式工作站中的卷扬机牵引摊铺机进行。履带式工作站位于库顶，并可沿环库路移动。工作站具有转运沥青混凝土，牵引在斜坡上运行的喂料车、摊铺机和振动碾，以及水平移动摊铺机等三种功能。

4. 沥青混凝土面板施工

沥青混凝土防渗面板通常采用先库底后斜坡的施工程序。铺筑斜坡沥青混凝土面板，多采用从坡脚到坡顶一级铺设；当斜坡长度过长（不小于 120m），或因导流、度汛需要，

可采用二级铺设。采用二级铺设时，临时断面的坝顶宽度应根据斜坡牵引设备的布置及运输车辆的交通要求确定，一般不小于10～15m。

沥青混凝土防渗面板施工受气象因素影响较大，其受气象因素影响的停工标准见表56-3。多雾地区施工天数尚应考虑雾天影响。

**表56-3　沥青混凝土防渗面板施工受气象因素影响的停工标准**

| 日降雨量/mm | 日平均气温/℃ | | | | |
|---|---|---|---|---|---|
| ≤5 | >5 | <−5 | −5～5 | 5～15 | >15 |
| 正常施工 | 雨日停工 | 停工 | 防护施工 | 风速>四级停工，风速≤四级施工 | 照常施工 |

（1）沥青混凝土面板摊铺施工。库底沥青混凝土采用摊铺机摊铺、分条幅平行流水作业、前铺后盖法施工，条幅宽度可达4～6m。条幅铺设方向一方面取决于垫层的工作面条件；另一方面也要考虑铺设的条幅尽可能长，以减少施工接缝。沥青混凝土运输、转料、喂料等工序同公路沥青混凝土路面摊铺类似。根据防渗面板的设计形式和结构尺寸，沥青混凝土面板摊铺通常采用环形或直线摊铺方式，即用桥式摊铺机或牵引式摊铺机施工。目前，国内外水电工程通常采用沿垂直坝轴线方向直线摊铺的方式，即沿最大坡度方向将沥青混凝土防渗面板分成若干条幅，采用斜坡摊铺机自下而上依次铺筑。为了减少施工接缝，提高面板的抗渗性和整体性，要尽量加大沥青混凝土面板的摊铺宽度。斜坡上沥青混凝土排水层和防渗层的摊铺与库底所采用的方法基本相同，使用的摊铺机、碾压机也一样，所不同的是斜坡上的机械均由坡顶的卷扬机牵引，条幅施工长度与斜坡长度一致。沥青混合料用自卸汽车运至坡顶，卸入卷扬门机的料斗中，经斜坡喂料机将料喂到斜坡摊铺机中，摊铺机自下而上铺筑，当铺到坡顶时，斜坡喂料机被提起，斜坡摊铺机也驶入卷扬门机中，然后三者一起移到下一条带继续施工。

（2）温度控制。沥青混凝土施工的一个重要特点是：温度对沥青混凝土防渗面板的施工质量影响很大，从混合料的制备、运输、摊铺至碾压完毕整个施工过程均有严格的温度要求，天荒坪等工程各层沥青混凝土温度控制标准见表56-4。

**表56-4　天荒坪等工程各层沥青混凝土温度控制标准**

| 分层名称 | 温度控制指标/℃ | | | | | | | | |
|---|---|---|---|---|---|---|---|---|---|
| | 天荒坪 | | 西龙池 | | | | 张河湾 | | |
| | 摊铺 | 碾压 | 摊铺 | 初压 | 复压 | 终压 | 摊铺 | 初压 | 二次压 |
| 整平胶结层 | 140～180 | ≥120 | 140～160 | 130～135 | 10～115 | 90～95 | ≥160 | ≥140 | ≥100 |
| 排水层 | 140～180 | ≥120 | | | | | ≥130 | ≥100 | |
| 防渗层 | 140～180 | ≥130 | 普通：140～160<br>改性：150～170 | 普通：130～140<br>改性：140～150 | 110～130 | 60～95 | ≥160 | ≥140 | ≥100 |
| 封闭层 | 190～210 | | 170～180 | | | | 190 | | |

续表

| 分层名称 | 温度控制指标/℃ | | | | | | |
|---|---|---|---|---|---|---|---|
| | 小　丸　川 | | | | 张　河　湾 | | |
| | 摊铺 | 初压 | 复压 | 终压 | 摊铺 | 初压 | 二次压 |
| 整平胶结层 | ≥130 | 90 以上 | | 55±10 | 150～180 | ≥130 | ≥100 |
| 排水层 | ≥130 | ≥90 以上 | | 55±10 | | | |
| 防渗层 | | 140 以上 | 100±10 | 55±10 | 160～180 | ≥140 | ≥100 |
| 封闭层 | ≥160 | | | | 200±10 | | |

（3）沥青混凝土面板碾压施工。沥青混凝土摊铺后要及时碾压，碾压一般使用双钢轮振动碾。碾压时振动碾不能只在一幅条带上来回碾压数次，而应采用错位碾压方式，平面上从左到右或从右到左依次碾压，斜面上从下到上依次碾压，最后采用无振碾压 1～2 遍，这样保证沥青混凝土表面平整，而且无错台、轮辙现象。沥青混合料各层的碾压成形分为初压、复压、终压三个阶段：

1）初压主要为了增加沥青混合料的初始密度，起稳定作用。一般由中型双钢轮振动压路机（5～10t）完成，静压 2 遍，速度为 1～2km/h。紧跟摊铺机，保持高温碾压，一般初压温度在 130～140℃。

2）复压主要解决压实问题。开始复压温度应在 110～120℃，通过复压达到或超过规定的压实度及表面平整度。由中型双钢轮振动压路机完成。振动压路机采用高频率，低振幅振压 2 遍，速度为 1～3km/h，再由双钢轮压路机碾压 2～4 遍，速度为 1～3km/h。

3）终压主要解决平整度及压路机的轮迹问题。开始终压温度应在 100℃左右，通过终压达到或超过规定的表面平整度。碾压终了温度应不低于 70℃。采用小型双钢轮振动压路机（2～5t）静压 2 遍，速度 1～3km/h。少数不平整处增加 1 遍振压，以无明显轮迹为标准，并达要求的平整度。

4）防渗层的碾压遍数应比整平胶结层相应增加，一般振动碾压 3～4 遍，不振动碾压 4 遍，在保证满足规定的渗透系数和孔隙率的条件下，使其表面光滑。

5）二次碾压完成后，应确认开放端侧的接头坡角，当坡角陡于 45°时，应通过人工采用电动振动板将其矫正至 45°以下。

（4）沥青混凝土封闭层施工。封闭层的涂刷应薄层、均匀，填满防渗层表面孔隙。沥青玛蹄脂封闭层的施工应采用适合于斜坡施工的特制摊铺机，一般采用涂刷机涂刷或橡胶刮板涂刷的方法。沥青玛蹄脂出机口温度 180～200℃，作业气温要求在 10℃以上，涂刷温度约为 170℃以上。涂刷厚度以每层 1mm 左右为宜。

（5）防渗层接缝处理。施工接缝要求防渗层纵、横接缝与整平胶结层纵、横接缝至少错开 0.5m。施工缝的接缝形式有平接和搭接两种，采用大型摊铺机，由于其带有压边器和接缝加热器，因此多采用平接缝。在平接缝中又分斜面平接和垂直面平接两种。由于垂直面平接较斜面平接渗径短，对防渗不利，同时整体性差，故一般应采用斜面平接。防渗层条幅边缘施工接缝应采用 45°斜面平接。为使施工缝结合良好，对受灰尘污染的条幅边缘应清理干净，喷涂薄层乳化沥青。对温度低于 100℃的条幅边缘，摊铺下一条幅前，先将边缘切成 45°角，涂一层热沥青，然后在摊铺机上挂红外线加热器先将接缝面加热，加

热温度控制在100℃±10℃。防渗层接缝分为热缝和冷缝两种。热缝指混合料摊铺时，相邻条幅的混合料已经预压实到至少90%，但温度仍处于100℃以上适于碾压情况下的接缝。其处理方法为：用摊铺机将先铺层接缝处层面边缘切成45°角斜边，然后进行新条幅摊铺，接缝的两边应一起压实。冷缝指在一天工作结束时所形成的接缝，或是某些区域的边缘，需在日后摊铺所形成的接缝。在铺筑施工中，若由于某种原因造成已铺条幅的温度降到100℃以下，也按冷缝处理。冷缝一般采用前处理方法，也可采用后处理方法。前处理方法：靠近边缘10cm不碾压，接缝表面涂热沥青涂层，下条幅摊铺前将冷缝边缘加热至100℃以上，新条幅摊铺完毕后将冷缝进行碾压。后处理方法：新条幅摊铺前在旧条幅边缘45°斜面上直接涂热沥青涂层，然后直接摊铺新条幅，新条幅施工完毕后几天内在冷缝处用红外加热器加热10min，使加热深度不低于6.5cm，然后以小型加热振动夯压平。

(6) 特殊部位施工。面板与刚性建筑物连接部位的施工：沥青混凝土面板存在与进/出水口混凝土、库顶防浪墙混凝土等连接部位接头施工问题。库顶防浪墙与防渗面板连接部位施工可留出一定宽度，防渗面板一直铺设到防浪墙底部，待面板铺筑完成后再浇筑防浪墙混凝土。进/出水口混凝土与沥青混凝土防渗面板接头，要先施工进/出水口混凝土，防渗面板施工时应先将混凝土表面凿毛并清理干净，待干燥后涂一层沥青漆（氧化沥青），嵌入塑性填料止水，最后铺设防渗层。采用1t振动碾或手扶振动夯夯实，对热缝进行重复碾压，搭接10～15cm，对冷缝应按相应施工方法处理。

加筋沥青混凝土就是掺入纤维或在胶结层与防渗层之间夹铺聚酯纤维布（网）的沥青混凝土，铺设加强网格前首先在加厚层或排水层上均匀地涂上一层乳化沥青，然后将网格铺开、拉平，网格搭接宽度应大于30cm；之后，再均匀地涂一层乳化沥青，待乳化沥青中的水分蒸发后，再摊铺其上的防渗层沥青混凝土。摊铺过程应特别注意保护施工面的干燥。当采用多层加强材料时，上下层应相互错开，错距不小于1/3幅宽。

*5. 沥青混凝土面板施工质量控制*

质量控制分为三个方面：①对半成品骨料、填料、天然砂、成品骨料、沥青等原材料进行定期、定量检测；②从现场获取已拌和的沥青混凝土，在实验室测量沥青混凝土中的沥青含量、骨料级配曲线、沥青混凝土比重、容重、孔隙率、渗透系数、马歇尔稳定性及流值；③现场检查，每3000m$^2$至少取1组芯样进行室内试验，同时还用抽真空仪和核子密度仪在现场进行无损检测。

**（二）复合土工膜防渗施工**

上水库库底采用土工膜防渗时，在堆石坝混凝土面板和混凝土面板的底部设置连接板与库底土工膜相连接，在土工膜边界和库尾边界，通过库底观测廊道与基岩相连接，沿库底观测廊道实施20～60m深的帷幕灌浆。

上水库复合土工膜铺设在库底碾压填筑石渣上，该防渗系统自下而上由支持层、复合土工膜、粗砂上垫层、石渣保护层等组成。其中支持层又包括碎石找平层、涤纶针刺无纺土工布及粗砂下垫层。复合土工膜铺设施工质量对上水库工程防渗质量影响较大，应从复合土工膜及土工膜的采购、运输、储存、铺设、焊接缝、周边缝连接处理及质量检测等环节进行控制，确保铺设施工质量。

(1) 铺设施工工艺试验。铺设施工前，应进行工艺试验，通过工艺试验确定施工设备、天气状况、环境温度、下垫层粗砂的含水量、焊接温度、行走速度等参数指标，并编制相应的铺设施工作业操作技术规程和质量管理办法，编制铺设施工进度计划。

（2）复合土工膜铺设施工。

1）下支持层施工。

a. 碎石找平层施工。在库底回填石渣碾压检查验收合格后进行找平层施工，采用自卸汽车直接运料至工作面，人工摊铺并整平、轻型平碾碾压密实，使表面平整，保证土工布与其密贴并不损伤土工布。

b. 土工布施工。碎石找平层施工完毕并经验收合格后，即可进行土工布的铺设施工，按照常规进行土工布铺设施工，保证铺设施工质量。

c. 粗砂下垫层。在土工布铺设结束并经验收合格后进行粗砂下垫层施工，用自卸汽车将粗砂运至工作面，人工摊铺，轻型平碾碾压，并使表面平整等技术指标满足要求。

2）复合土工膜铺设。

a. 铺设前应做好分区铺设规划及备料工作，根据复合土工膜分区分块铺设施工情况，合理制定裁剪的尺寸与规格，并按设计要求预留足够余幅，一般不小于1.5%，以便拼接和适应土石方填筑自然沉降、气温的变化等。复合土工膜焊接前，先对其外观质量进行检查，查看膜面是否有熔点、漏点，厂家接头是否牢固，面层土工布材质是否均匀，留边处是否平整无皱等，发现质量问题经处理合格后才准许投入使用。

b. 复合土工膜施工工艺流程如图56-3所示。

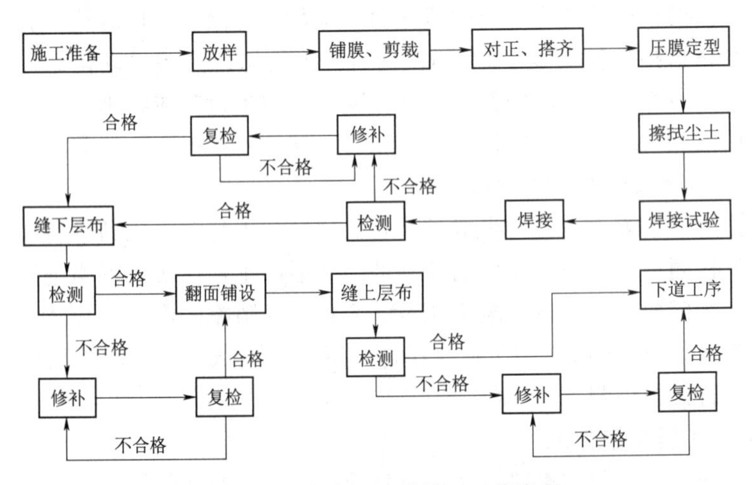


图56-3　复合土工膜施工工艺流程

（3）复合土工膜铺设和焊接。采用设定好的幅面规格，按照规定的顺序和方向进行分区、分块铺设施工。按图放样、正确铺放位置，铺设施工一般在室外气温5℃以上、风力3级以下，无雨、无雪的气象条件下进行，施工环境最高气温以不对施工人员的身体造成伤害为限制温度。施工现场环境应能保证土工膜表面的清洁干燥，并采取相应的防风、防尘措施，以防土工膜被阵风掀起或沙尘污染。若现场风力偶尔大于3级时，应采取挡风措施防止焊接温度波动，并加强对土工膜的防护和压覆。铺设时按设计要求留足搭接宽度，并留有一定的余幅，随铺膜随压，以防风吹。复合土工膜与混凝土面板趾板、进水口底板

和库底廊道连接部位，按复合土工膜从上到下的方向铺设；水平铺设自坡脚向外方向铺设，使接缝方向与最大拉应力方向平行。铺膜时力求平整、张弛适度，复合土工膜与下垫层结合面吻合平整，不留空隙避免人为和施工机械的损伤。

每次开机焊接前，当现场实际施工温度与焊前试焊环境温度差别大于5℃、风速变化超过3m/s、空气湿度变化大时，应补做焊接试验及现场拉伸试验，重新确定焊接施工工艺参数。焊接过程中，应随时根据施工现场的气温、风速等施工条件调整焊接参数。

原则上不允许在环境气温低于5℃的情况下进行焊接施工。在气温低于10℃、高于5℃的情况下焊接时，建议用热风将焊接部位预热至20～30℃，焊接设备的预热时间要适当延长，焊缝应随时覆盖保温，防止骤冷，并应采取措施对完成敷设和焊接的土工膜进行隔离保温。

（4）土工布缝合。HDPE膜焊接合格后进行面层土工布的缝合工作。土工布的缝合宜采用高强维涤纶丝线丁缝法缝合，搭接宽度25cm左右，连接面松紧适度，自然平顺，确保膜布联合受力。土工布连接完成，将第二幅翻回铺好，再依次循环施工。

（5）焊缝质量检测。HDPE膜焊接后，应及时对其焊接质量进行检测。检测部位主要包括全部焊缝、焊缝结点、破损修补部位、漏焊和虚焊的补焊部位、前次检验未合格再次补焊部位等。检测的方法主要有目测、现场检测和室内抽样检测。目测，即表观检查，贯穿土工膜施工全过程，观察焊缝是否清晰、透明，有无夹渣、气泡、漏点、熔点、焊缝跑边或膜面受损等。现场检测采用充气法进行，检测仪器采用气压式检测仪和真空检测仪。

（6）周边缝施工。库盆复合土工膜周边与库岸及坝体连接板、库底廊道和进/出水口拦渣坎底座混凝土连接的周边缝，采用槽钢或角钢及锚栓锚固，回填混凝土。土工膜周边缝固定好后，立即浇筑二期混凝土进行封固；也可在周边缝处涂一层乳化沥青用以加强防渗。

（7）粗砂上垫层施工。复合土工膜铺设施工合格后，进行粗砂上垫层施工，施工速度与土工膜拼接速度相匹配。粗砂上垫层施工方法与下垫层基本相同，在工作面上铺设木板，采用人力推车运输至膜上，人工摊铺，平碾碾压。

（8）石渣保护层施工。石渣保护层采用自卸汽车直接运料至工作面，进占法卸料，推土机铺料，人工辅助摊平，平碾碾压密实。

# 第二节 输水系统施工

## 一、施工通道布置

输水系统是抽水蓄能电站取得落差的主要部位，高差大、线路长是输水系统的主要特点。选择合理的施工通道布置，对避免地下系统其他部位的施工干扰，降低输水系统施工强度，缩短施工工期，实现均衡生产是至关重要的。

### （一）施工通道布置原则

输水系统工程施工通道的布置是否合理，直接影响工程的施工程序、施工安全和施工

进度。输水系统施工通道布置，应根据地下厂房系统及输水系统布置特点，结合施工总布置规划，按以下原则进行施工通道布置：

(1) 施工支洞设置宜遵循“永临结合”原则，尽量利用永久洞室（通风洞、交通洞等）或地质探洞作为施工通道，尽量减少临建投资。

(2) 施工支洞设置宜遵循“一洞多用”的原则，输水系统与地下厂房系统的施工支洞应统筹考虑，统一布置。

(3) 施工支洞布置应满足“平面多工序，立面多层次”的施工组织要求，与关键部位施工程序安排相协调，满足合理规避施工干扰，以保证工程施工均衡、有序进行。

(4) 施工支洞布置需满足各工作面施工的相对独立性，为各主要洞室施工平行作业创造条件，以保证工程施工均衡、有序地进行。

(5) 有利于保证和加快输水系统斜（竖）井段的施工进度安排。

输水系统的引水洞上、下平洞部位应布置施工支洞，如果引水系统设置中平段，该部位也应布置施工支洞。当引水竖井（或斜井）较长，一般超过500m时，根据工期要求可在其中部设置施工支洞。输水系统的尾水隧洞靠近地下厂房部位宜设置施工支洞。水道系统施工支洞布置宜尽量从同一侧进入。

**(二) 施工通道布置及断面尺寸设计**

(1) 施工通道布置应遵守以下规定：

1) 沿洞线的地质条件较好，不影响主体各洞室的结构稳定要求。

2) 洞轴线应选取短线，且有利于临时设施的布置。

3) 通向支洞口的交通运输线路工程量小。

4) 各支洞承担的工程量大体平衡。

5) 洞外有适宜的弃渣场地和布置临时设施的场地。

6) 洞口高程应满足相应的防洪标准。

7) 施工支洞的最大纵坡不宜超过9%，相应限制坡长150m，局部最大坡度不应大于15%。

8) 支洞轴线与主洞轴线的交角不宜小于45°，且应在交叉口设置不小于20m长的平段。

9) 采用单车道时，每200m左右宜布置一个错车道。

(2) 施工通道断面尺寸应满足以下要求：

1) 满足开挖出渣、混凝土浇筑及其他各种运输设备通过所需的净空要求。

2) 满足施工高峰期间各工作面运输强度和支护及人行安全的要求。

3) 考虑施工供风、供水、供电、排水、通风及照明等各类管线布置要求。

4) 根据会车、布置变电设备和排水泵站的需要，对施工支洞进行局部加宽。

5) 运输岔管、钢管的施工支洞，应根据所运物件的单件最大运输尺寸及选定的运输方式确定其断面尺寸。

6) 施工通道双车道一般净断面尺寸布置为7.0m×6.5m（宽×高），单车道一般净断面尺寸布置为5.0m×4.5m（宽×高）。

**(三) 工程实例**

荒沟、敦化、呼和浩特、丰宁、十三陵、西龙池等抽水蓄能电站的高压斜井均设有中

平段，分别在上、中、下平段布置上部、中部和下部施工支洞。敦化蓄能电站引水斜井高差约730m，中间中平段增设一施工支洞。

蒲石河、天荒坪等电站的高压斜井没有设置中平段，天荒坪蓄能电站斜井施工过程中在斜井中部增设了中部施工支洞，作为斜井段的施工通道，保证了引水斜井的顺利施工。

蒲石河电站地下系统施工支洞布置在满足施工进度要求下，考虑地下系统中各主要洞室的施工程序，在充分利用水工永久隧洞作为施工通道的基础上，按上、中、下三个层次规划布置施工通道，同时为满足地下系统施工需要，共设置了7条施工支洞。其中♯1施工支洞和♯6施工支洞由地面进入，♯5施工支洞利用主变洞的通风洞扩挖而成，其他4条施工支洞均在地下永久洞室之间设置，除了♯3施工支洞为主变洞上部施工通道、♯5施工支洞为地下厂房下部施工通道外，输水系统施工利用上下水库进出水口兼做施工通道，并共设有5条施工支洞。蒲石河抽水蓄能电站地下施工通道（支洞）布置示意图见图56－4。

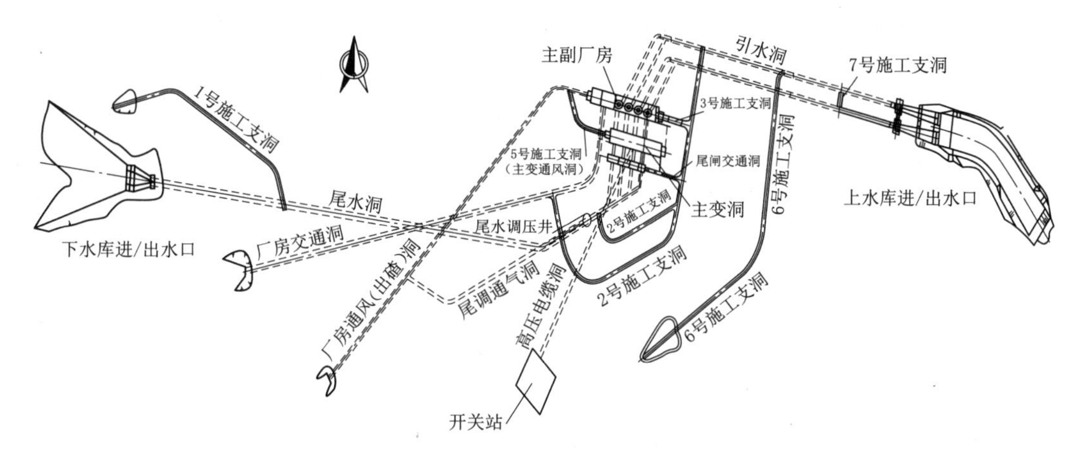


图56－4　蒲石河抽水蓄能电站地下系统施工通道（支洞）布置示意图

## 二、输水系统开挖施工

抽水蓄能电站输水系统开挖施工主要包括进（出）水口开挖、水平输水管道开挖、斜（竖）井开挖、岔支管开挖等。输水系统开挖施工在整个抽水蓄能电站工程施工中至关重要，开挖成型的好坏直接关系到后序混凝土或钢衬等工作量的大小，以及输水管道最终的成型效果。

### （一）平洞开挖

一般情况下，将隧洞中倾角（洞轴线与水平面的夹角）小于6°的划分为平洞。输水系统中的平洞主要包括：引水系统的上平洞、中平洞（部分蓄能电站未设置）、下平洞、引水支洞、尾水系统中的尾水支洞和尾水洞等。

输水系统平洞一般采用周边光面爆破的开挖施工方法。采用钻爆法开挖隧洞时，应根据隧洞的断面尺寸、地质条件、施工技术水平和施工设备性能，研究确定采用全断面开挖或分部分层开挖。洞径在10m以下的圆形断面，跨度在12m以下、高度在10m以下的方圆形断面，宜优先采用全断面开挖；洞径大于10m的圆形隧洞、洞高大于10m或跨度大于12m的方圆形隧洞，宜先挖导洞，然后进行分层分部开挖，导洞设置部位及分层分部尺寸，应根据地质条件、隧洞断面尺寸、施工设备和施工通道等因素经分析研究确定。

1. 钻孔爆破

钻孔施工采用多臂钻凿岩台车、钻孔平台或手风钻钻孔。全断面掘进施工周边孔孔距为50～60cm，周边孔与紧邻的一排孔的距离为65～75cm，周边孔装药不耦合系数为2.0。平洞开挖一般采用大孔径（如 $\phi$102mm）空孔直孔掏槽的形式，进行全断面掘进，非电起爆网络起爆。周边孔钻孔方向要准确，确保开挖表面半孔率不小于80%。

2. 出渣、清理及测量放样

爆破后利用作业台车先进行掌子面的安全处理，而后由装载机将石渣装入自卸车（或机车）运至洞外、弃渣场。如果开挖断面为圆形，为满足出渣运输设备运输要求，出渣时应在底板留有部分石渣，在混凝土施工前清除，但掌子面2m范围内需全部清除，以便准确测量，放出开挖边线及开挖钻孔。放样前应根据设计图纸和有关资料及使用的控制点成果，准备好放样资料，确认无误后方能交付使用。对平洞或小坡度斜井的放样，宜将所使用的基本导线点（或施工导线点）成果转化为当前轴线上桩号、偏中心值形式的工程坐标。出渣完毕后，利用0.6$m^3$ 液压反铲清面。测量放样后，重新开钻，进入下一循环。

3. 临时支护

每一循环系统锚杆及喷混凝土支护及时跟进，采用气腿钻钻孔，利用平台车人工安插锚杆，注浆机注浆。采用混凝土湿喷机进行混凝土喷护。在进行洞室交叉部位开挖时，凡遇几个洞室相交部位的岔口段的开挖，其开挖面必须错开，两个开挖面的错开距离大于30m，并在前者开挖及支护完成后，方可进行后者的开挖。岔口起始段锁口支护后，采用导洞扩大法进行开挖掘进，并采取减震和加强支护措施，以保证岩体稳定。

4. 工程实例

荒沟抽水蓄能电站工程引水系统上、中、下三段平洞开挖洞径为8.7m，主要采用阿特拉斯·科普柯二臂凿岩台车钻孔、全断面毫秒微差爆破、周边孔光面爆破进行开挖爆破施工，3$m^3$ 装载机装20t自卸汽车运至渣场，配备一台1.2$m^3$ 液压反铲进行安全撬挖和扒渣底。

呼和浩特抽水蓄能电站工程引水隧洞上平段开挖断面为7.3m×5.7m（宽×高），分上、下两层进行开挖，上层开挖高度5.7m、下层高度1.6m。上层开挖全部完成后，反向进行下层开挖。开挖采用自制钻孔台车、手风钻造孔、非电管毫秒微差爆破。上层Ⅱ、Ⅲ类围岩采用全断面钻爆掘进，系统支护可滞后开挖10～15m进行；Ⅳ、Ⅴ类围岩采用全断面短进尺开挖或短台阶法开挖，并及时进行支护。上层出渣采用ZLC40装载机装车、15t自卸车运输至渣场。下层采用保护层法（水平预裂）进行爆破开挖，出渣采用反铲装车、15t自卸车运输。引水中平段、下平段采用施工台车结合手风钻造孔、全断面掘进、周边光面爆破。出渣采用2$m^3$ 装载机装车、15t自卸车运输。系统锚杆施工滞后开挖面不大于7.5m，采用手风钻钻孔、注浆机注浆、人工安插锚杆、湿喷混凝土施工方法。节理及破碎带采用超前锚杆支护后开挖，钢支撑及喷锚支护系统及时跟进。

**（二）斜（竖）井开挖**

隧洞中中倾角（洞轴线与水平面的夹角）为6°～75°一般划分为斜井，倾角大于75°划

分为竖井。输水系统中斜（竖）井包括高压管道斜（竖）井、引水调压井及尾水调压井等。

抽水蓄能电站引水系统斜（竖）井具有高差大、长度长、断面尺寸较大、施工难度大等特点，其开挖应尽量创造从井底出渣的施工条件。当具备溜渣条件时，宜先开挖溜渣导井，然后自上而下扩挖，从斜井或竖井底部出渣。断面尺寸较大且井底有通道时，宜选用导井法开挖方案；导井开挖应通过比较一次钻孔分段爆破法、爬罐法、吊罐法、反井钻机法、正导井法、掘进机法或上述几种方法组合确定施工方案。

1. 正导井开挖施工

正导井施工适用于长度短或下部没有施工通道的斜（竖）井，人工正井法开挖正导井深度一般不宜超过100～150m。正导井施工需要提升设备解决人员、钻机及其他工具、材料的运输，垂直运输提升设备一般采用卷扬机牵引吊罐（笼）。石渣运输采用人工装至吊（笼）罐或用抓斗抓渣至吊（笼）罐、卷扬机牵引运输。国内采用人工正井法开挖斜井导井进尺最大的为十三陵抽水蓄能电站2号上斜井，达182m。

2. 爬罐导井开挖施工

爬罐法开挖反导井长度不宜超过400m左右，一般采用正导井与爬罐相结合的施工方案。在上部通道形成后，采用人工法自上而下开挖正导井，导井尺寸与反导井相同，正导井开挖深度宜控制在80m内。在下部通道形成后，采用爬罐自下而上开挖反导井，反导井的断面一般为矩形，其断面面积应大于$4.5m^2$，以满足扩挖出渣需要，防止渣料堵井。爬罐轨道安装前，应先在反导井井口开挖导井，使爬罐能进入斜井段。在正、反导井作业面之间距离不小于2倍洞径时，采用上下双向开挖施工，但爆破时需要避炮；在正、反导井作业面之间距离小于2倍洞径时，反导井停止开挖施工，只进行正导井开挖爆破作业施工，即采用正导井贯通法。目前，国内采用爬罐法开挖斜井导井进尺最大的为西龙池电站上斜井下段，达382m（含22m下弯段）。爬罐反导井开挖施工程序为：下部通道开挖→搭设爬罐安装平台→爬罐轨道安装→爬罐安装→造孔、装药→爬罐下放至安装平台→爆破→爬罐运行安全清撬→接轨→测量放样→出渣→下一循环→导井开挖结束后拆除轨道、爬罐→拆除爬罐安装平台。

爬罐反导井开挖方法如图56-5所示。

3. 反井钻机导井开挖施工

反井钻机开挖导井包括导向孔钻进和扩孔钻进两个程序。反井钻机施工必须具备上、下两个工作面，上部通道开挖结束后，进行反井钻机基础平台施工及钻机的安装。首先用反井钻机在竖井（斜井）中心自上而下钻设直径为200～300mm的导向孔；导向孔完成后，在竖井（斜井）底部安装直径为1.2～1.4m的扩孔钻头，沿着导向孔进行反向扩孔形成导井。一般情况下，第一次导井扩孔完成后，需换成直径为2.0m的扩孔钻头进行导井的第二次扩孔（第二次扩孔也可采用钻爆法进行）。

反井钻机导井开挖施工关键在于导向孔的钻孔质量。在导向孔钻进过程中加设、拆卸钻杆时要特别注意施工方法，钻机压力应适中、均匀，以防钻杆脱落。同时，还需特别注意导向孔偏斜率的控制。反井钻机法开挖斜井导井长度一般不宜超过300m左右，钻孔偏斜控制不超过1.5%；开挖竖井导井深度一般不宜超过350～400m，钻孔偏斜控制不超过

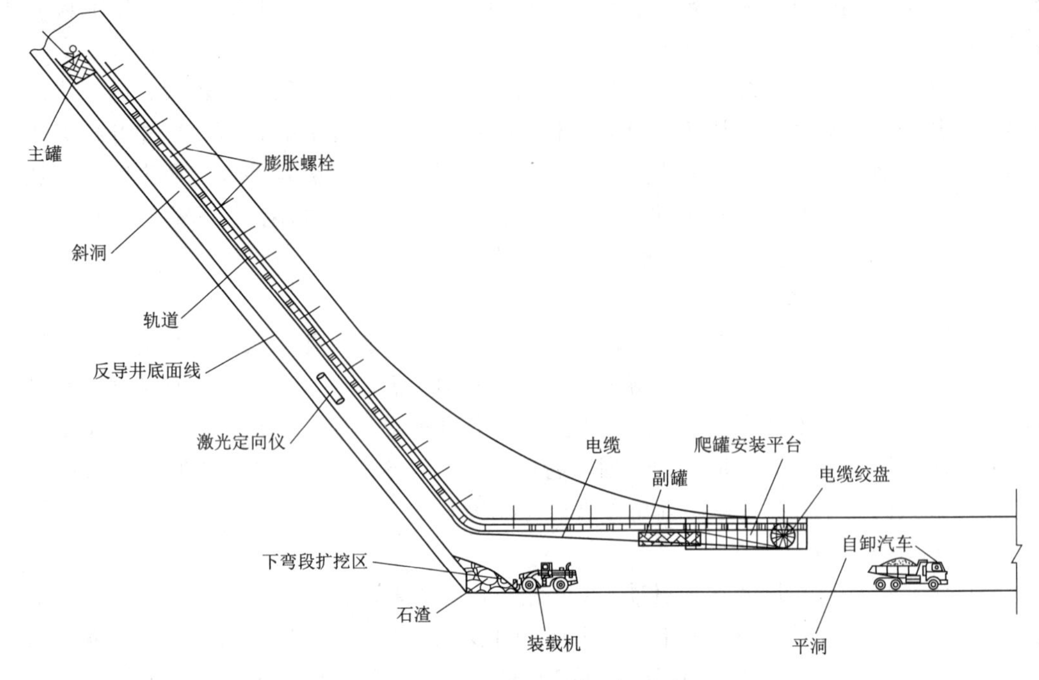


图 56-5　爬罐反导井开挖方法

1.0%。国内抽水蓄能电站采用反井钻机法开挖斜井导井与竖井导井进尺最大的均为荒沟抽水蓄能电站，其下斜井长度 360m、倾角 50°，高压电缆竖井高度为 340m。反井钻机导井开挖施工程序为：上部通道开挖→反井钻机安装→导向孔钻孔施工→扩孔钻头安装平台（下弯段）施工→扩孔钻头安装→安装平台撤出扩孔施工→扩孔钻头拆卸→反井钻机撤除。

反井钻机导向孔、导井开挖方法如图 56-6 所示。

4. 斜（竖）井扩挖施工

导井贯通后，对导井进行清理，然后自上而下进行扩挖。斜井上部 30m 段，采用人工手风钻钻孔爆破扩挖，然后在已扩挖段安装斜井（竖井）扩挖台车，再由布置在上平洞的卷扬机牵引扩挖台车，用扩挖台车自上而下进行斜井（竖井）全断面扩挖（钻爆法）。扩挖掌子面垂直于斜井（竖井）轴线，扩挖石渣由导井溜至斜井（竖井）底部。在竖井扩挖前，应对竖井的顶部（上弯段）进行扩挖，以便安设提升装置（包括桥机、天锚、行走和车等），以承担竖井扩挖、支护材料、设备、人员的运输和钢管的吊装。斜井（竖井）扩挖过程中根据围岩情况，采用系统锚杆和随机锚杆对斜井（竖井）进行喷锚支护，确保围岩稳定和施工安全。

5. 掘进机法（TBM）开挖施工

掘进机法（TBM）开挖施工具有快速、优质、安全、经济、环保等突出优点。在我国水利水电、铁道、交通、矿山、城市地下工程等诸多领域已广泛采用，尤其长隧道开挖施工，掘进机法已成为首选方案。但国内将 TBM 技术应用于抽水蓄能电站开挖施工还尚无先例。在日本抽水蓄能电站建设中，采用 TBM 开挖斜井是一大特点，先后在下乡、盐

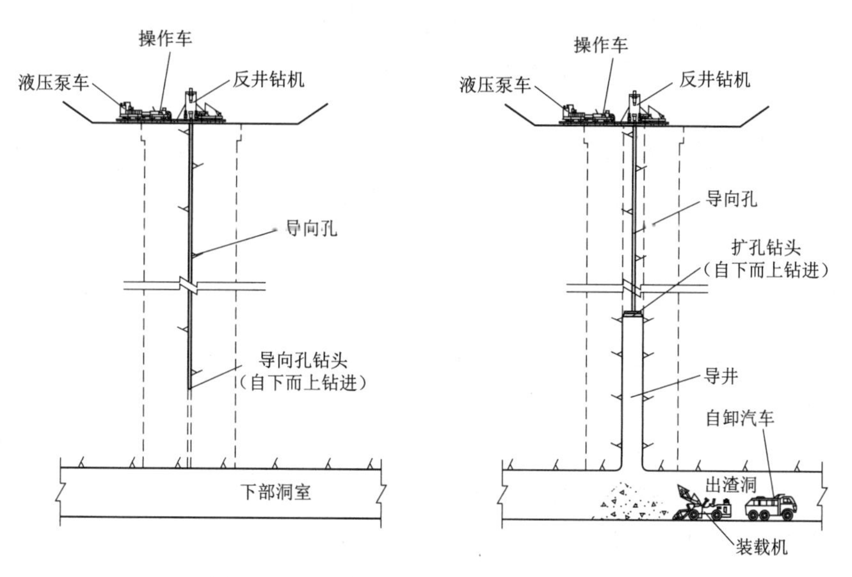


图 56-6　反井钻机导向孔、导井开挖方法

原、葛野川、神流川和小丸川等 5 座抽水蓄能电站上成功应用，上述工程斜井倾角 37°～52.5°、开挖洞径 2.3～7.0m、斜井长 485～961m。

采用普通钻爆法施工斜井，导洞加扩挖综合平均月进尺 30m 左右；根据日本的施工经验，采用 TBM 开挖导洞，然后用 TBM 扩挖斜井，综合平均月进尺 50m；采用 TBM 全断面开挖斜井平均月进尺超过 70m，最大月进尺达 115.5m。葛野川电站 TBM 开挖导洞平均月进尺 115m，最大月进尺 166m，TBM 扩挖斜井平均月进尺 97m，最大月进尺 173m。

TBM 施工斜井在安排施工进度时应考虑设备组装、准备及解体撤出作业的影响。TBM 设备组装和准备需 3～4 个月、其解体撤出也需 1～2 个月。斜井开始一段不能用 TBM，而需采用常规钻爆法施工，此段长度一般为 50～60m。

采用 TBM 施工长斜井可以使工人的作业安全和作业环境得到改善，可以省去长斜洞施工支洞。如果单纯比较 TBM 和钻爆法的开挖单价，开挖长度仅几百米的斜井用 TBM 施工未必经济。但是，当斜井较长时钻爆法施工受爬罐性能、通风排烟等限制，往往要增加 1～2 条施工支洞，如果受地形限制，施工支洞长度可能达 1～2km，还需要建连接支洞的公路，综合比较，TBM 在经济上就可能有利。在考虑工期缩短、人员安全和环境条件改善等因素后，TBM 方案可能会具有吸引力。

**（三）岔管段开挖**

输水系统中岔管段开挖施工方法基本同平洞施工相同，但受岔管结构设计要求，岔管段开挖要求往往高于一般平洞，其开挖要求成形好、平整度高，同时应尽量减少围岩因爆破产生的裂隙。

广蓄电站岔管开挖采用常规钻爆法，按照先主管、后岔管、多循环、短进尺的原则，用凿岩台车严格控制布孔密度、钻孔深度和角度以及炸药单耗，周边实施光爆，锚杆及时跟进，控制围岩变位。

宝泉电站岔管段圆形断面开挖采用“导洞领先、扩挖跟进”的方法；渐变段及马蹄形断面按照“短进尺，弱爆破”的控制要求全断面开挖。考虑给光面爆破提供更好的临空面，导洞开挖断面尺寸为 4m×4.5m。岔管的开挖每个循环钻孔孔深不大于 2.0m，弯段不大于 1.0m。周边光面爆破采用密孔布置，孔间距 45～55cm，严格控制线装药密度一般不超过 150～180g/m，以保证开挖面的半孔率不小于 80%。出渣采用侧翻式装载机装渣、10t 自卸车运至弃渣场。

**（四）进/出水口开挖**

1. 土石方明挖

进/出水口土石方明挖通常采用液压履带钻车钻孔，潜孔钻、气腿钻配合，分层梯段爆破，挖掘机装自卸汽车出渣。

闸门井石方洞挖一般采用正导井法施工。当闸门井较深时，则采用反井钻机先钻导井、再利用导井自上而下钻爆扩挖。石渣由井底部的装载机和自卸汽车经输水平洞出渣。

2. 进/出水口水下岩塞爆破施工

部分抽水蓄能电站利用已建水库作为上、下水库，当库内水深较大且无法降低时，进/出水口开挖必须要在水下完成。在此条件下，进/出水口开挖可采用水下岩塞爆破方法施工。

我国早在 20 世纪 70 年代末，当时的东北勘测设计院就曾在镜泊湖水电站新厂进水口和丰满水电站泄洪兼放空洞进水口两个项目上成功采用了水下岩塞爆破技术，一次爆通成形、效果良好并已安全运用 40 年。当时，丰满泄洪兼放空洞岩塞爆破无论从岩塞规模、库内水深还是与大坝的距离等条件看，其技术难度和风险都很大。设计上在进行大量勘察和一系列试验研究基础上，对进水口结构形式及水利条件、岩塞体型、药室布置及药量控制、爆破震动影响、集渣方式、爆破材料及起爆方式等都作了大量分析计算、论证和比选，并进行了现场模型验证。1999 年响洪甸抽水蓄能电站上水库进出水口施工，也采用水下岩塞爆破技术取得成功。

水下岩塞爆破设计应在做好水下地形测绘和地质勘查工作基础上，研究确定进/出水口的岩塞位置、开口尺寸及岩塞厚度。岩塞厚度必须满足岩塞体在设计水头作用下的安全稳定，通常岩塞的厚宽的选取范围一般为 $H<1.0D\sim1.5D$（$H$ 为岩塞厚度，$D$ 岩塞直径或跨度）。对于采用排孔爆破的工程，经论证岩塞厚度可选为 $H=0.8D\sim1.0D$；岩塞顶部和底部开口尺寸必须满足引水发电流量的要求，具有良好的水力条件。岩塞爆破石渣的处置方法基本上分两类：一类为聚渣；一类为泄渣。根据抽水蓄能电站的特殊性，进/出水口水下岩塞爆破只能选择集渣方式。水下岩塞爆破具有一定风险，因此，应根据实际地质条件，开展水下岩塞爆破专题设计；必要时，应进行专项水下岩塞爆破模型试验，以确保爆破顺利实施、爆破效果满足设计要求。同时，应针对选定的进/出口布置型式和岩塞规模进行专项水工模型试验，以确定集渣坑容量和结构形式。如图 56-7 所示。

鉴于进口岩塞爆破进口的特殊性，为了使岩塞爆破后的周边岩壁成型良好、完整性好和运行期的稳定性高，除了对预留的水下岩塞体及周边岩壁进行固结灌浆处理外，在水下岩塞爆破时，应采用控制爆破技术，如提前于主药包起爆的预裂爆破或滞后于主药包起爆的修整型的光面爆破，既减少岩塞爆破对周边岩壁的破坏，也可以减少爆破振动的影响，

从而保证水下岩塞爆破达到一次爆通、成型优良、振动可控和保证过流的效果。

我国丰满泄水洞进水口位于已建成的丰满水库水面以下20余米，采用水下岩塞爆破技术建成了直径11m的水下进水口，爆成后泄水水量达1129$m^3/s$，岩塞的岩石厚度为15.0m，覆盖层厚度为3.5m，爆破方量3794$m^3$，总炸药用量为4106kg。见图56-8。正式爆破采用了硐室集中药包爆破方案。药包分为三层布置，上层为1号药室，下层为2号药室，中层为3～8号6个药室，并沿岩塞的周边布置一圈预裂防震孔。丰满泄水洞岩塞爆破药包布置见图56-9。丰满泄水洞采用开门聚渣爆破方式，爆破时敞开闸门，同时设有聚碴坑，聚渣坑为靴式，容积为9550$m^3$，渣坑有效利用系数为0.586，满足了正常运行时岩渣在碴坑内的稳定要求，防止岩渣被水流带走。见图56-10。爆破时，大量的岩渣都储存在集渣坑内，少量岩渣随爆破后的水流冲出洞外，对尾水位影响甚微。爆后待洞内水流平稳后，关闭洞内弧形工作闸门切断水流，闸门井处没有严重的井喷现象发生，闸门井金属结构埋件及闸门室上部结构是安全的。丰满爆破采用了较小的爆破指数及单位耗药量，为控制岩塞爆破口形状和减少爆破振动影响，采用了毫秒间隔爆破并在岩塞口四周设预裂孔。爆后经测量与水下检查，证实爆破口尺寸与设计值基本相符。

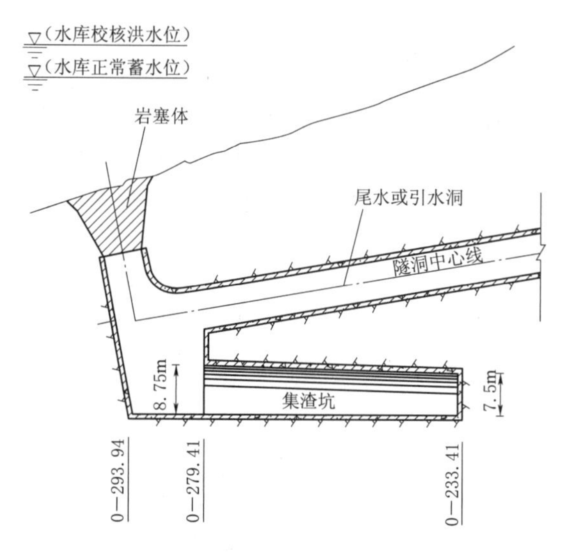


图56-7　进/出水口水下岩塞爆破结构布置示意图

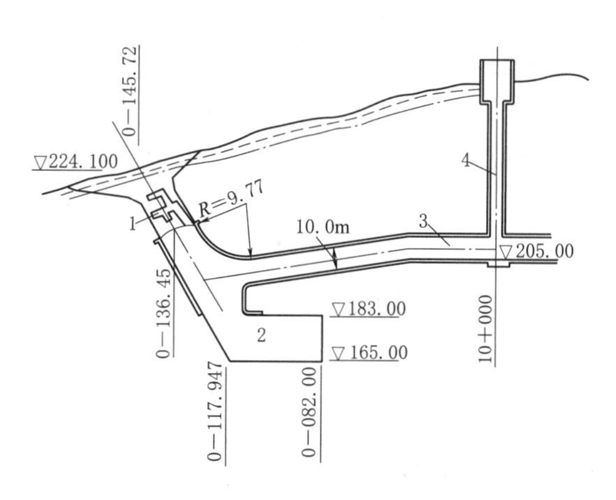


图56-8　丰满泄水洞岩塞爆破进口布置示意图
1—岩塞药室；2—聚渣坑；3—引水洞；4—闸门井

刘家峡水电站洮河口排沙洞工程进口采用水下岩塞爆破施工，其特点为大直径、高水头、厚淤泥覆盖层，这样的岩塞爆破工程国内外尚属首例。岩塞爆破口位于洮河出口，黄河左岸，在正常蓄水位以下70m，覆盖11～58m的厚淤泥层。设计排沙泄流量600$m^3/s$，发电引用流量350$m^3/s$。设计岩塞内口为圆形，内径10m，周边预裂孔的扩散角为15°，岩塞进口轴线与水平面夹角45°，岩塞进口底板高程为1665.68m，岩塞厚度为12.3m，塞体方量2606$m^3$。爆破采用单层7个药室进行塞体爆破，7个药室呈“王”字形布置，上部2个药室为1号、2号药室，中部3个药室为3号、4号、5号药室，下部2个药室为6号、7号药室，为了更好地爆通与成型，将4号药室分解成上、下两部分。集中药室岩石单位耗药量选取$K=1.70kg/m^3$，不同的集中药室根据其作用选用不同的爆破作用指数，

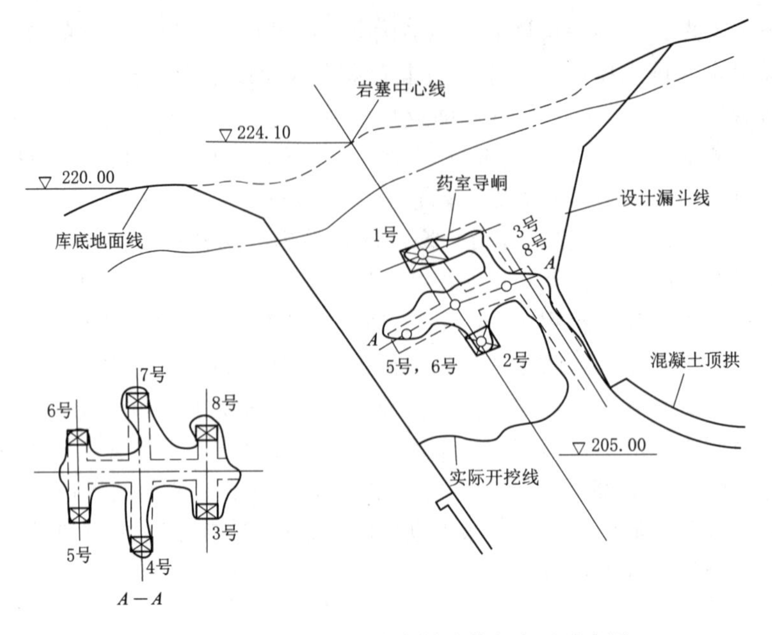


图 56-9　丰满泄水洞岩塞爆破药包布置示意图

淤泥爆破作用指数 $n=0.70$。岩塞爆破分为六响起爆，起爆顺序为：第一响，淤泥钻孔及预裂孔；第二响，掏槽孔；第三响，第一圈主爆破孔；第四响，第二圈主爆破孔；第五响，第三圈主爆破孔；第六响，第四圈主爆破孔。起爆雷管主要采用毫秒微差电雷管，电雷管段别为 1～6 段，每段时间间隔为 25ms。如图 56-11 所示。

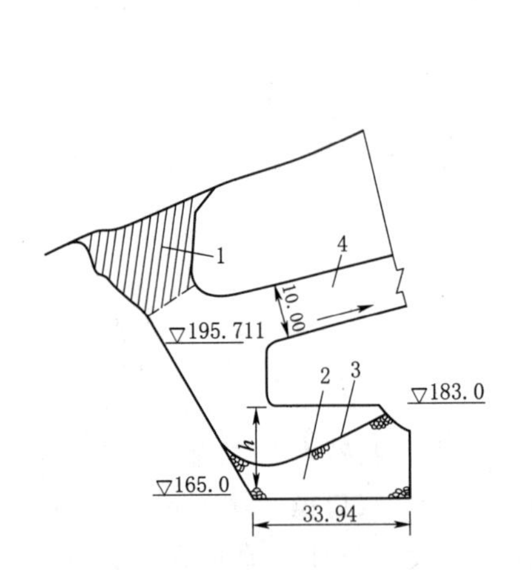


图 56-10　丰满泄水靴式聚渣坑布置示意图

1—岩塞；2—聚渣坑；3—设计堆渣线；4—泄水洞

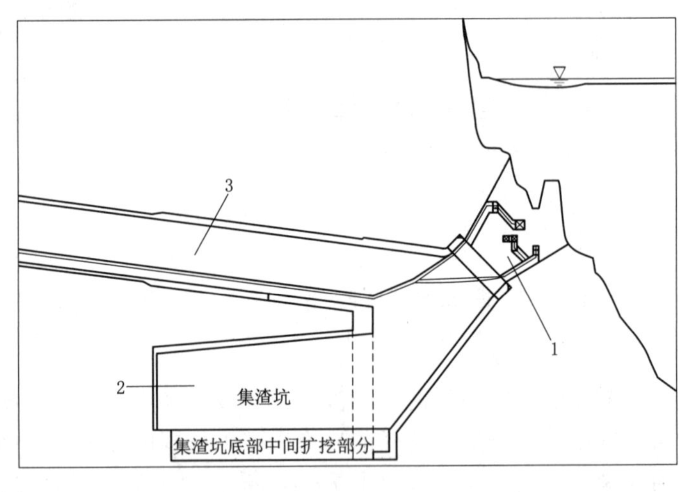


图 56-11　刘家峡水电站洮河口排沙洞岩塞爆破纵断面示意图

1—岩塞；2—聚渣坑；3—排沙洞

兰州市水源地建设工程取水口采用岩塞爆破施工，该工程将刘家峡水库作为引水水源地，向兰州市供水。工程包括取水口、输水隧洞主洞、分水井等。该工程规模为大（2）

型，工程等别为Ⅱ等。进口段洞轴线方向为NE118°，全长约120m，沿水流方向依次布置岩塞段、连接段、聚渣坑、渐变段和水平洞段。水平洞段后接进口闸门竖井，并通过下弯段与主洞连接。岩塞轴线水平夹角45°，进口底高程为1706.00m，边线与轴线夹角10°。岩塞体为近似倒圆台体，内侧面为圆形，与岩塞轴线垂直，内径5.5m，开口尺寸约为8.2m×8.7m，岩塞下缘岩体厚度5.9m，上缘岩体厚度8.6m，岩塞岩体方量约为273m³。见图56－12。聚渣坑底高程为1687.250m，长度20.35m，净宽8.00m，采用圆拱直墙型断面，底板无衬砌。在高程1696.25m处设置1.00m厚横隔板。采用洞内排孔爆破方案：中心设置先锋洞和掏槽孔，周边设置排孔，外轮廓设置预裂（或光面）孔。选取岩石平均单位耗药量$K=1.71\text{kg/m}^3$，爆破网路采用数码雷管起爆和导爆索起爆相结合的混合网路起爆法，将岩塞爆破分为11响起爆。

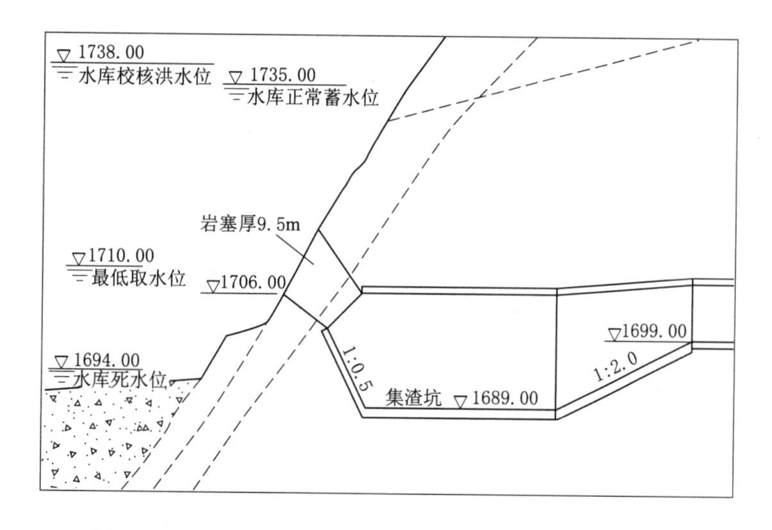


图56－12　兰州市水源地建设工程取水口采用岩塞示意图

## 三、输水系统混凝土衬砌

### （一）平洞混凝土衬砌

平洞混凝土衬砌施工方法常采用以下两种方式：

（1）当洞长超过200m且洞径不变、洞轴线平直时，采用钢模台车比较经济，可缩短衬砌工期。

（2）对直洞较短或遇转弯洞段以及与施工支洞相交洞段，采用钢排架与组合钢模板衬砌方式较合理，每一段衬砌循环时间相对较长。

平洞混凝土衬砌宜采用全断面浇筑施工，混凝土运输采用混凝土搅拌车，经混凝土泵送入仓浇筑。采用全断面钢模台车浇筑施工时，施工前在钢模台车前制作安装一台简易顶拱钢筋安装台车进行顶拱钢筋安装。为防止全断面钢模台车在进行混凝土浇筑时，因混凝土的自重、侧压力、上浮力等产生上下、左右位移，设计钢模台车时要考虑安装抗浮支撑和左、右横向稳定支撑。

**（二）斜（竖）井混凝土衬砌**

抽水蓄能电站引水斜井（竖）井具有长度长、倾角陡的特点，其混凝土衬砌施工技术难度较大。

（1）混凝土运输方式。斜井混凝土运输一般采用有轨运输方式，在斜井内宜自下而上进行轨道的安装，轨道基础可采用钢结构、墩式结构和条形混凝土结构等。竖井混凝土等物料采用垂直提升方式输送，因此需在井口上部设置提升装置。

（2）混凝土衬砌施工。斜井、竖井混凝土衬砌的施工方法分间断式和连续式：间断式为分段衬砌，浇筑一次移动一次模板；连续式为采用滑模施工工艺，自下而上连续浇筑、一次成型。倾角大于45°的斜井应优先采用滑模施工；倾角小于45°的斜井可采用模板台车或滑模施工。斜井混凝土衬砌施工技术根据斜井长度不同会有较大差异。长斜井混凝土和钢筋运输及人员上、下交通宜采用轨道运输车。混凝土入仓一般采用在滑模模体上平台设置混凝土储料斗，混凝土从储料斗放入人工手推车分料，经溜槽、溜筒入仓；短斜井混凝土衬砌施工在斜井内可以采用混凝土泵自下而上输送，也可采用溜管或带盖的溜槽自上而下运输，人员上、下交通可以通过爬梯来解决。如图56－13所示。

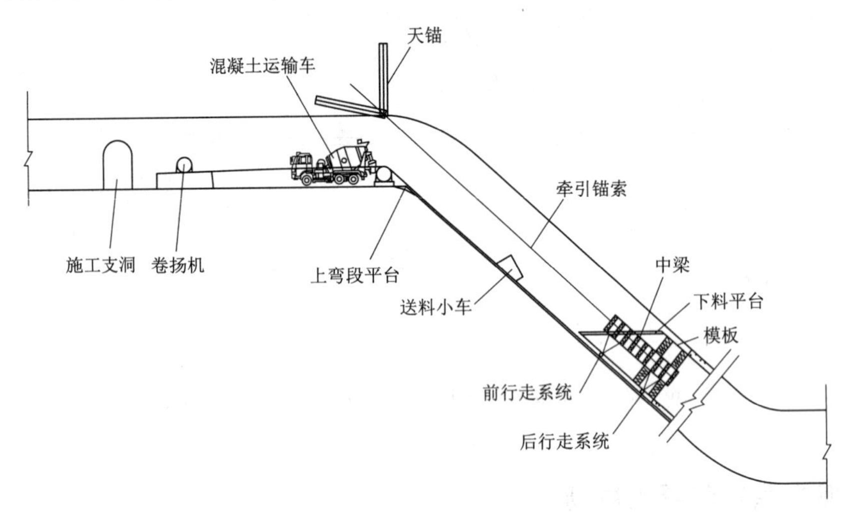


图56－13 斜井连续滑模施工示意图

**（三）引水上、下弯段混凝土衬砌**

引水上、下弯段混凝土衬砌以钢桁架作支撑，采用定型钢模板或木模板进行支模，钢桁架榀数由洞径大小确定，钢桁架中心排距控制在60～80cm之间，顶拱最大间距不大于80cm，桁架之间要用钢筋或型钢连接成一体固定。

**（四）岔管段混凝土衬砌**

岔口处钢筋比较密、空间较小，混凝土浇筑时要多加重视，除多设下料点外，可在模板开辅助振捣孔，利用软轴振捣器辅助振捣。混凝土封底拱时，单侧下料，下料高度要根据分段长度、洞径等因素确定。振捣时要两侧同时进行，下料侧向下推，另一侧要向回拉。底拱中心开辅助振捣孔，以保证混凝土底拱不脱空。混凝土封顶拱时泵管采用后退式（泵管位置与上一混凝土面距离1m左右），每封完一节泵管长度，将前一节拆除退出，

最后一节留在混凝土面内，在顶拱最高点和闭气地点设排气管，以保证顶拱混凝土基本密实。

**（五）进/出水口混凝土衬砌**

在闸门井开挖完后，首先进行闸门井闸室段混凝土衬砌，再进行方形段衬砌以及渐变段衬砌施工。闸门井混凝土衬砌方式可采用滑模进行施工。

闸室段、方形段混凝土每段分三次衬砌，第一次浇筑底板和两侧50cm高边墙，第二次浇筑两侧边墙，第三次浇筑顶拱（含70cm高边墙）。两侧边墙支模采用定型大模板，拉筋固定，底板不支模，顶拱采用脚手架或钢排架支撑模板，模板可采用组合钢模板。

渐变段混凝土衬砌每段分两次进行施工，第一次施工至腰线，即洞衬砌中心线高程，第二次完成腰线至顶拱的衬砌，模板采用定制渐变模板或木模板，底板无模板，利用渐变钢结构排架做支撑，由拉筋固定，在模板上铺土工布，确保混凝土表面质量。

闸门井衬砌大多采用滑模施工，闸室段施工完成后，在井口进行滑模体的安装。闸门井井身段一期混凝土采用无井架、液压滑模施工，滑模模体采用钢结构，为单面内壁模板，模板提升系统由空心式液压千斤顶拉爬杆上升。闸门井井身段二期混凝土采用拉模施工，钢结构框架，组合钢模板，模板高度在1.0m左右，提升采用悬吊在井口钢梁的手拉葫芦。

闸室段、方形段及渐变段底板不进行支模，在混凝土浇筑时可直接入仓，控制好浇筑速度，防止初凝，浇筑到两侧边墙位置的时间要掌握好，防止因混凝土压力使底板鼓起，浇筑完后人工进行抹面。两侧边墙可同时进行浇筑，由溜筒至仓面，浇筑高度每小时30～50cm，左右两侧交互下料，既可控制浇筑速度，又可缩短每段施工时间。

## 第三节　地下厂房系统施工

抽水蓄能电站地下厂房系统主要由主副厂房、主变洞、尾闸室等三大洞室及厂房通风洞、交通洞、母线洞、出线洞（井）、排水廊道等洞室群组成。地下厂房系统施工一般是抽水蓄能电站的施工关键线路，包括厂房开挖、混凝土浇筑、水泵水轮机及发电机组安装及调试等。

### 一、施工通道布置

**（一）布置原则**

地下厂房施工通道布置应根据地下系统工程布置、规模及结构型式、地形地质条件、外部交通条件、工期要求、施工方法等情况，经综合分析比较后确定。施工通道的布置是否合理，直接影响工程的施工程序、施工安全和施工进度。根据地下厂房系统布置和施工总布置规划，按以下原则进行施工通道布置：

（1）施工支洞设置宜遵循“永临结合、一洞多用”原则，尽量利用永久洞室（通风洞、交通洞等）或地质探洞作为施工通道，地下厂房系统与输水系统的施工支洞应统筹考虑，统一布置，尽量减少临建投资。

(2) 施工支洞布置应满足“平面多工序、立面多层次”的施工组织要求，综合考虑各洞室交叉施工影响及关键部位施工程序安排要求，合理规避施工干扰，保证工程施工均衡、有序进行。

**(二) 布置方案及断面设计**

1. 施工通道布置

地下厂房系统的施工通道布置应尽量利用厂房通风洞、交通洞、高压管道下平洞、尾水支洞，并通过综合分析，确定施工支洞的数量和位置。地下厂房施工从顶部到底部一般布置四层施工通道：上层施工通道主要利用厂房顶部通风洞作为厂房和主变洞的上部施工交通；中层施工通道主要利用厂房进厂交通洞作为厂房中部和主变洞下部的施工交通；在进厂交通洞适当位置开设施工支洞可形成进入厂房中下部的施工通道，也可通过压力管道（引水支管）施工支洞经引水支管进入厂房中下部施工；厂房下部施工可以利用尾水施工支洞经尾水隧洞进入厂房下部，也可以在进厂交通洞适当位置开设施工支洞，进入厂房下部施工。如图 56－14 所示。

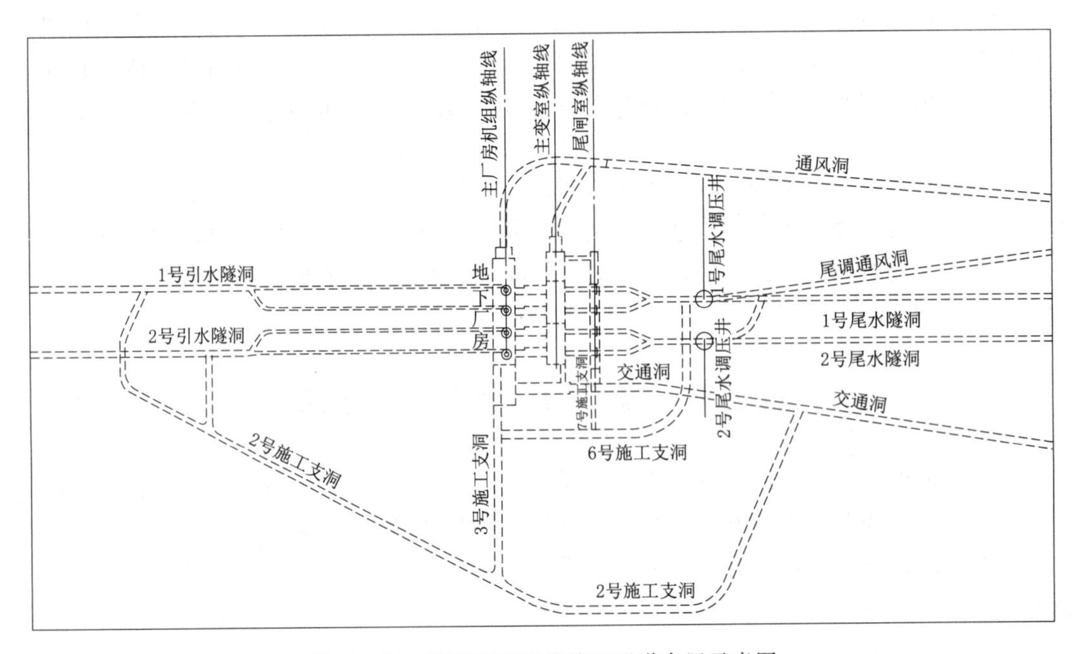


图 56－14　地下厂房开挖施工通道布置示意图

地下厂房洞室上、中、下层排水系统可分别利用通风洞、进厂交通洞及厂房下部施工通道进行施工。

2. 施工通道断面尺寸设计

施工通道断面尺寸应满足开挖出渣、混凝土浇筑及其他各种运输设备通过所需净空尺寸要求；满足施工高峰期间各工作面的运输强度、支护及人行安全的要求；施工供风、供水、供电、排水、通风及照明等各类管线布置要求。

根据会车、布置变电设备和排水泵站的需要，对施工支洞进行局部加宽。运输岔管、钢管、机电设备的施工支洞的断面尺寸应根据所运物件的单件最大运输尺寸及选定的运输

方式确定。施工通道双车道一般净断面尺寸布置为7.0m×6.5m（宽×高），单车道一般净断面尺寸布置为5.0m×4.5m（宽×高）。

**（三）工程实例**

荒沟抽水蓄能电站地下厂房系统施工通道布置根据地下厂房布置特点，利用通风洞、交通洞、尾水支洞、岔管及尾水主洞等永久建筑物。通风洞由地面进入，与厂房左侧排风机室相连，作为厂房上部开挖的施工通道；交通洞由地面进入，与厂房右侧安装间相连，作为厂房中部开挖的施工通道；尾水支洞由厂房下游侧进入，与厂房尾水管层相连，作为厂房底部开挖的施工通道；尾水支洞通过尾水岔管、尾水主洞、6号、3号、2号施工支洞和交通洞与地面相连，作为厂房尾水管层开挖的施工通道。

在充分利用水工永久洞室作为施工通道的基础上，为了满足厂房下部开挖施工需要，增设了3号施工支洞，由厂房右侧安装间底部进入，与主厂房相连，作为厂房下部开挖的施工通道；3号施工支洞可通过2号施工支洞和交通洞与地面相连。见表56-5。

**表56-5　地下厂房开挖施工通道特性**

| 施工通道 | 洞内运距/km | 洞内起点高程/m | 地面出口高程/m | 平均纵坡/% | 车道类型 | 主要作用 |
|---|---|---|---|---|---|---|
| 途经通风洞 | 1.61 | 170.30 | 226.40 | 3.5 | 双 | 厂房上部开挖的施工通道 |
| 途经交通洞 | 1.15 | 153.50 | 226.0 | 6.3 | 双 | 厂房中部开挖的施工通道 |
| 途经3号支洞→2号支洞→交通洞 | 1.56 | 133.50 | 226.0 | 5.9 | 双 | 厂房下部开挖的施工通道 |
| 途经尾水支洞（单车道）→岔管→尾水洞→6号支洞→3号支洞→2号支洞→交通洞 | 2.00 | 127.20 | 226.0 | 4.9 | 双 | 厂房尾水管层开挖的施工通道 |

## 二、地下厂房系统开挖

**（一）施工程序及开挖分层**

抽水蓄能电站地下厂房系统开挖，首先应根据洞室的地质条件和规模、施工通道、施工设备和工期要求等因素合理确定开挖程序；从保证围岩稳定、方便施工、充分发挥施工设备能力和满足工期要求等条件，研究确定开挖分层。

抽水蓄能电站地下主厂房、主变室及尾闸室多呈平行布置、且距离较近，开挖程序一般为主厂房先施工，主变洞及尾闸室后跟进。主厂房上下游边墙常有大小不等的其他洞室穿越，应尽可能先开挖与主厂房相交的“小洞室”，即采用“小洞”进“大洞”的开挖方法。对平行布置的如多条母线洞开挖，应隔条开挖、先后错开，不宜齐头并进。应优先安排地下洞室排风排烟洞等辅助通风设施的施工，以形成自然通风条件。

主厂房开挖通常分6～7层施工，分层高度一般在6～10m，其中第一层（顶拱层）开挖高度应根据开挖后底部不妨碍吊顶牛腿的锚杆施工和不影响多臂钻最佳效率发挥而确定；第二层（岩壁吊车梁层）层高应考虑岩锚锚杆的造孔和安装、吊车梁混凝土浇筑以及下层开挖爆破对吊车梁的影响，一般在吊车梁岩台下拐点以下1.5～2.0m较合适；第三

层（安装场层）开挖以安装场底板高程为控制；第四层（母线洞层）开挖主要以母线洞底板或副厂房底板高程为控制；第五层（压力管道层）主要以引水支管底板或主机段上游岩台的底高程作为控制；第六层（尾水锥管层）开挖主要以厂房底高程为控制；第七层开挖以厂房尾水管槽底高程为控制。

主厂房上部第一、二层开挖，主要利用厂房顶部的通风洞作为施工通道；中部第三、四层开挖，利用厂房进厂交通洞作为施工通道；在进厂交通洞适当位置开设施工支洞或通过压力管道（引水支管）下平段，可形成进入厂房中下部的施工通道，进行第五、六层的开挖；厂房下部第七层开挖，可以利用尾水施工支洞经尾水隧洞进入，也可以在进厂交通洞适当位置开设施工支洞进入。

荒沟抽水蓄能电站主厂房共分七层进行开挖。厂房上部开挖底高程设在岩壁吊车梁底以下 2.0m 处，分两层开挖，层厚分别为 10.0m 和 8.0m；厂房中部开挖分两层，上层开挖至安装间底板、层厚 8.1m，下层开挖至母线层底板、层厚 6.6m；厂房中下部分两层开挖，层厚分别为 7.4m 和 7.5m，开挖至水轮机层底板；厂房底部一次开挖，层厚为 6.2m。厂房开挖分层详见图 56－15。

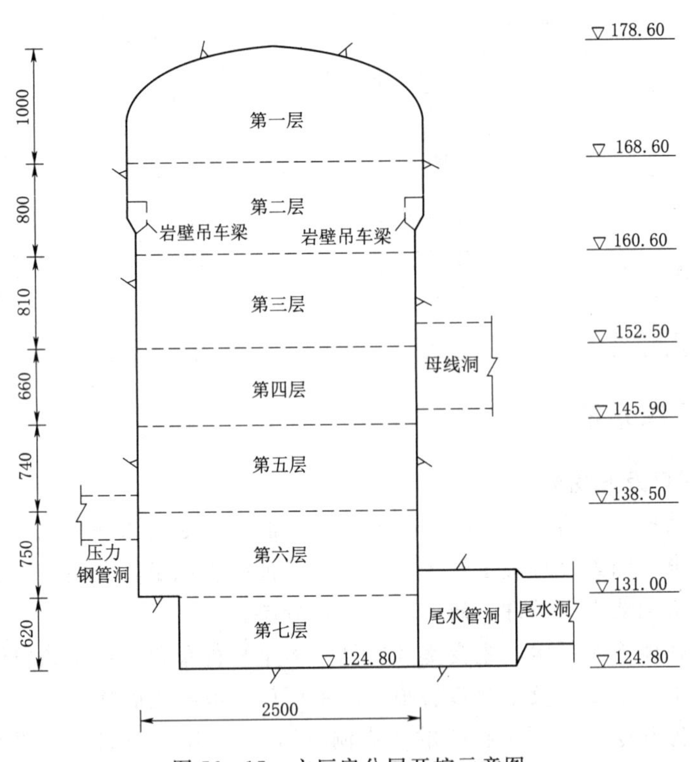


图 56－15　主厂房分层开挖示意图

### （二）主厂房开挖

主厂房开挖施工按照自上而下，开挖一层、支护一层，上一层支护完成后再进行下一层开挖的施工顺序。一般情况下，顶拱层采用中（边）导洞超前、全断面扩挖跟进开挖方法；第二层以下采用两侧预留保护层、中间梯段爆破，或边墙预裂、中间梯段爆破开挖方法。

顶拱层的开挖方式取决于围岩地质条件和洞室跨度的大小。地质条件较好时，一般先开挖中导洞，随后两侧跟进扩大开挖；地质条件较差时，可先掘进两侧导洞，随即进行初期支护，中间岩柱起支撑作用，然后再进行中间预留岩柱的开挖与支护。中导洞尺寸不易过大，通常采用7.0m×6.5m断面，中导洞宜超前两侧扩挖20～30m。

岩壁吊车梁层开挖是高边墙大跨度地下洞室开挖的关键部位和施工难点之一，最重要的是要保证岩壁梁的开挖成型和减少下层开挖爆破对岩壁梁的振动影响。该层一般采用预留保护层开挖，即中间岩体预裂拉槽超前两侧20～30m、两侧保护层开挖跟进。保护层的厚度以中间岩体爆破时产生的松动范围不超过保护层为原则，一般为2.0～5.0m。中间岩体采用潜孔钻垂直钻孔，分段爆破，保护层开挖以浅孔多循环爆破推进。开挖方式有以下两种：

(1) 垂直光爆：保护层开挖在Ⅱ-1区中部槽挖完成后进行，共分为4区依次进行，开挖顺序按Ⅱ-2区光爆→Ⅱ-3区光爆→Ⅱ-4区光爆→Ⅱ-5区光爆进行。在进行Ⅱ-3区光爆前，先完成Ⅱ-5区垂直光爆孔的钻孔（手风钻造孔），Ⅱ-3区垂直光爆超前于Ⅱ-5区光爆10m左右距离。为防止在Ⅱ-3区光爆时对先形成的Ⅱ-5区垂直光爆孔造成影响并塌孔，在Ⅱ-5区垂直光爆孔内插入PVC管进行保护。为避免Ⅱ-4区开挖后下拐点以下岩台基础围岩因应力释放而松弛、剥落，在Ⅱ-4区开挖后，对下拐点以下边墙增设两排预应力锚杆，预应力锚杆完成后再进行Ⅱ-5区光爆。开挖分区见图56-16。

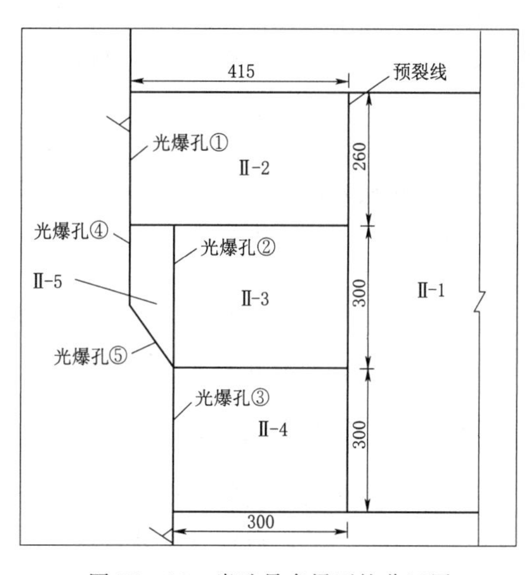

图56-16　岩壁吊车梁开挖分区图

(2) 水平光爆：保护层岩台边线采用水平密孔、小药量，隔孔装药进行光面爆破的方法，保护层内其他孔也采用水平造孔；靠近设计开挖边线的第二排爆破孔可根据围岩的设计情况设计为准光爆孔，以提高边线孔的爆破效果。

为了减小对岩壁吊车梁（锚杆）的扰动，必须在岩壁吊车梁（锚杆）施工前，先对第三层（安装场层）开挖轮廓线进行预裂爆破，并严格控制最大单响装药量。

当母线洞出露时，应先进行母线洞周围系统锚杆及锁口的施工，以减轻母线洞开挖对厂房高边墙围岩稳定带来的不利影响。

**（三）其他洞室开挖**

主变洞和尾闸洞开挖通常分3～4层进行，开挖通道主要利用通风洞、厂房交通洞、尾闸交通洞或施工支洞等。母线洞一般分两层开挖，上层施工通道可由主变洞底部进入，在岩壁吊车梁施工前完成母线洞上部开挖，下层施工可在厂房第四层开挖后，从厂房侧进入。地下厂房系统周边的上、中、下层排水廊道开挖，主要利用通风洞、厂房交通洞和在厂房底部延伸尾水支洞等进入施工。

## 三、地下厂房混凝土浇筑

地下厂房开挖支护完成后，可进行机组段混凝土浇筑。混凝土采用 $6m^3$ 混凝土搅拌运输车运输，厂房内垂直运输主要采用临时施工桥机或永久桥机吊运 $6m^3$ 卧罐入仓。部分混凝土可针对施工部位和施工强度要求，采用其他方式入仓，如厂房肘管层混凝土可经尾水隧洞运输、采用泵送入仓或经厂房底部新增施工支洞运输，溜槽入仓；蜗壳层以下部位混凝土经压力管道运输，卸料后经溜管配短溜槽入仓，也可在母线洞内布置胶带机，混凝土在主变室卸料后由胶带机输送至主厂房，经溜管和短溜槽入仓。

蜗壳外包混凝土应分层、分块、对称进行浇筑。基础混凝土仓面与蜗壳之间保留适当的安装操作空间，蜗壳和水轮机机坑里衬周围混凝土应采用水平薄层浇筑，上升速度不宜超过 30cm/h。每层浇筑高度不宜大于 2.5m。抽水蓄能电站蜗壳外包混凝土应在蜗壳内按设备供货商的要求进行保压浇筑，并在座环上装设千分表观察蜗壳位移情况，以便控制混凝土浇筑速度和顺序。蜗亮打压采用闷头和筒环进行封堵，高压水泵进行加压，蜗壳外包混凝土浇完后至少 21d 再卸压。

岩壁吊车梁混凝土浇筑，应在第二层支护完成、岩壁吊车梁锚杆施工结束、且第三层的周边预裂爆破及中部拉槽爆破完成后实施。上下游岩壁吊车梁混凝土可由左右两端向中间同时组织二个工作面平行作业，采用混凝土搅拌车经通风洞运至施工现场，泵送入仓，按 12～15m 分段进行跳仓浇筑。安装间混凝土在厂房下部开挖阶段采用混凝土搅拌车经交通洞运至安装间平台，泵送入仓。副厂房混凝土可采用混凝土搅拌车经通风洞运输，由设置在副厂房顶部的提升装置垂直吊运入仓，或采用施工临时吊装设备入仓。

## 四、机电设备安装

水泵水轮发电机组安装主要包括尾水管里衬安装、蜗壳安装、水泵水轮机及其附属设备安装、发电机及其附属设备安装、机组调试及试运行。

机电设备的吊装主要采用厂房桥式起重机进行。在永久桥机未安装之前，为了加快施工进度，可采用厂房临时桥机等其他措施进行尾水管吊装。机组设备应在安装场进行大件预组装并编号，按顺序吊人机坑进行总装，以缩短工期。

### （一）尾水管里衬、锥管安装

当厂房尾水管底板及支墩混凝土混凝土达到一定强度后，即可进行尾水管里衬安装和尾水管四周混凝土浇筑；随后进行锥管安装和锥管外围混凝土及蜗壳支墩混凝土浇筑。

### （二）蜗壳安装

蜗壳分两瓣到货，经工地拼装后运抵安装场，进行组装、焊接和检查。座环安装检验合格后，蜗壳挂装直管段和凑合节整体吊入机坑安装、调整、焊接，并进行蜗壳封堵闷头和筒环的焊接，经高压水泵打压试验合格后进行蜗壳混凝土浇筑。

### （三）水泵水轮机及发电电动机安装

水泵水轮机安装主要包括埋件安装、水泵水轮机预装、水泵水轮机总装三个阶段。水泵水轮机安装工艺流程如图 56－17 所示。

发电电动机及其附属设备安装包括现场定子叠片、下线安装、转子装配、上机架及上

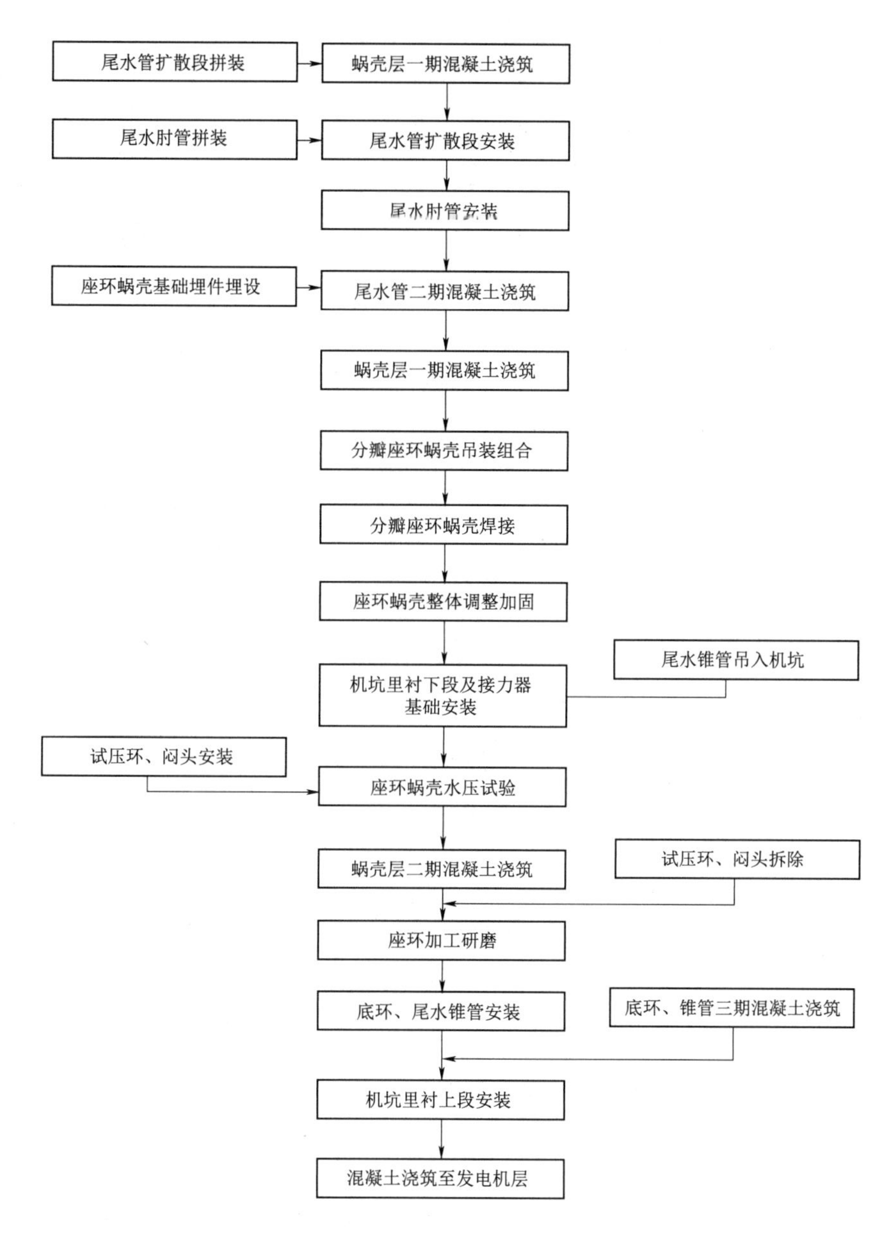


图 56-17　水泵水轮机安装工艺流程图

导轴承装配、下机架及推力轴承装配、下导轴承装配、定子和下机架基础板及基础螺栓安装，空气冷却器及通风冷却系统、机械制动装置、灭火装置、自动化元件及阀门、管路、管件等安装。发电电动机安装程序如图 56-18 所示。

定子可在安装场也可在机坑内叠片、下线。如在安装场组装，采用整体吊装应有定子整体吊装及防止吊装变形的技术措施；如在机坑内组装定子，必须考虑中心测圆架的固定方式、与水泵水轮机导水机构预装的施工干扰问题。装配场地的清洁度、温度、湿度等应满足相关规程规范的要求。

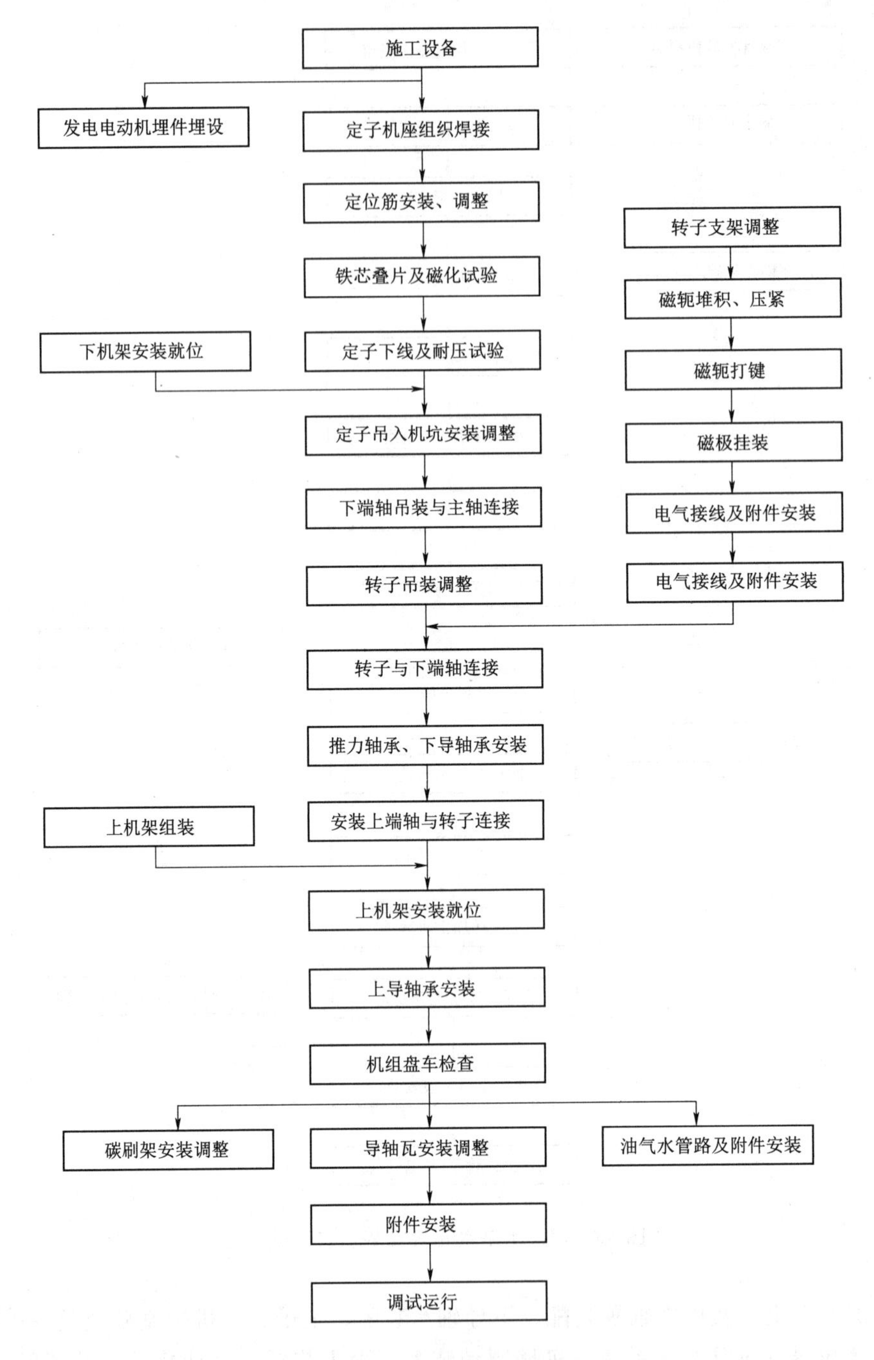


图 56－18　发电电动机安装程序图

机电设备安装与土建混凝土及建筑物装修施工存在大量交叉、平行作业，内部也存在多工种、多工序间的交叉、平行、流水作业，应与土建施工协调好施工程序，综合平衡、合理安排安装进度、缩短安装直线工期。

# 第四节　寒冷地区冬季施工措施

## 一、抽水蓄能电站工程冬季施工的主要项目

寒冷地区的最低月平均气温低于0℃，严寒地区的最低月平均气温达－10℃以下。受气候条件所限，一般土建项目冬季不宜施工。对于寒冷地区抽水蓄能电站工程来说，冬季停工会导致建设工期的延长和工程投资增加。因此，根据寒冷地区气候条件，结合抽水蓄能电站工程建设项目特点，对关键线路上的施工项目采取必要的施工措施，保证冬季施工顺利进行，对缩短建设工期、提早发挥工程效益具有重要意义。

一般而言，抽水蓄能电站施工关键线路由地下系统工程控制，地面工程一般不控制工期。因此，寒冷地区抽水蓄能电站地面工程，冬季停工不会对工期产生影响。而地下系统工程冬季施工相比之下需要投入的施工措施难度较小，费用较低、效果比较明显。

根据我国寒冷地区已建和在建的抽水蓄能电站施工经验，冬季施工项目主要为关键线路上的地下工程施工项目，主要包括：

(1) 石方洞挖。通风洞及地下厂房开挖与支护是关键线路上的施工项目，施工工期较长、且不受冬季气候影响，可以安排冬季施工。交通洞、引水隧洞、尾水隧洞等其他地下洞室的开挖均可全年施工。对有地面出口的隧洞，由于洞口附近受外界气温影响较大，距洞口150～200m范围内的隧洞开挖应尽量避免冬季施工。

(2) 混凝土浇筑。地下厂房一、二期混凝土浇筑是处在关键线路的施工项目，施工工期长，一般需要跨2～3个冬季，应作为冬季施工的主要项目。其他洞室混凝土浇筑可根据施工需要，安排是否冬季施工。

(3) 机电设备及压力钢管安装。抽水蓄能电站机电设备安装是处在关键线路施工项目，一般需要跨2～3个冬季。地下厂房内的机电设备安装和引水系统压力钢管安装，受冬季气候影响较小、可全年施工。

## 二、寒冷地区冬季施工影响因素

### (一) 对洞内开挖及支护的影响

(1) 由于冬季进风为冷空气，使得洞内作业温度偏低，导致开挖与支护施工功效将有所下降。冬季路面积雪结冰，直接影响出渣运输车辆的行施速度。洞口设置的保温措施会延长车辆进出时间。石渣因含水易与车厢冻结，卸渣时需要辅助扒渣。

(2) 寒冷地区冬季施工，供风设备故障率会增高，供水设施必须采取保温措施，避免管内结冰。遇故障停泵时，易造成供水管路冻坏。洞外排水口容易出现结冰堵塞现象，影响正常排水。

### (二) 对混凝土浇筑的影响

(1) 冬季混凝土生产需要对骨料和拌和系统采取加热和保温措施。混凝土拌和时间会适当延长，混凝土生产效率将明显降低。

(2) 冬季路面积雪、结冰，行车速度会明显降低，混凝土运输时间长；冬季洞口设置保温设施，直接影响车辆进出，对混凝土运输时间产生影响。

（3）混凝土运输设备应采取必要的保温措施，以保证混凝土入仓温度。洞内岩面温度低，混凝土养生时间会延长，拆模时间随之延后。

## 三、寒冷地区冬季施工措施

**（一）施工车辆设备的保温**

冬季须搭建车辆设备停放保温棚，保温棚采用封闭结构，进出口位置悬挂保温门帘，棚内应有取暖措施。利用保温被对混凝土搅拌运输车的混凝土罐进行包裹保温，减少运输途中混凝土的热量损失。派专人及时清除车辆、反铲、装载机等设备上粘贴的冻土和石渣。

**（二）供风、供水系统保温**

入冬前对供风管接头及水管外露部分加装保温层。在供水管路的低点及转弯处设置排水阀，以便停工时及时排出管内积水。冬季洞内施工用水优先考虑利用洞内积水。

**（三）混凝土拌和系统保温**

1. 骨料保温措施

（1）骨料仓保温。主要是对混凝土骨料仓隔墙进行加高，并用彩钢板封顶，骨料仓外部墙体用100mm硬聚氯乙烯泡沫板全部封闭保温，骨料仓内部采用暖气供暖。骨料仓里面设一道保温门，外面设置棉门帘保温。

（2）混凝土配料系统及上料皮带的保温。搭设混凝土配料系统及上料皮带保温棚，棚的四周用保温被覆盖，保温被外面全部用100mm硬聚氯乙烯泡沫板封闭保温。保温棚内部用暖气供暖升温，上料口及皮带进、出料口用棉门帘封堵保温。

（3）水泥罐、粉煤灰罐的保温。水泥及粉煤灰罐外表面全部用100mm聚氯乙烯泡沫板封闭，外面再缠绕两层塑料布保温。

2. 混凝土拌和系统的保温

（1）混凝土拌和站搭设保温棚，保温棚四周用保温被覆盖，外面全部采用100mm硬聚氯乙烯泡沫板封闭保温，保温棚内部用暖气供暖升温，上料口和出车口用棉门帘进行封堵保温。

（2）拌和站的管路在入冬前用100mm聚氯乙烯泡沫板、外部缠两层塑料布进行保温。对外加剂库和空压机房供暖保温。

（3）混凝土拌和用水加热。通常采用在拌和系统内设置专用锅炉对拌和用水进行加热，以满足冬季拌和对水温的要求。

**（四）保障冬季混凝土施工质量相关措施**

（1）入冬之前，所有冬季施工措施均应全部落实。根据确定的出机口温度和允许入仓温度等条件，编制详细的混凝土施工温控措施，以保证混凝土质量符合要求。

（2）调整施工配合比，满足混凝土冬季施工要求。冬季混凝土浇筑宜选择在白天进行，尽量避免夜晚施工。

（3）加强对原材料的温度监控。冬季施工用的混凝土骨料应提前运至骨料堆放场，并防止骨料结冰。骨料堆放场封闭，作好防冰雪措施。建立临时储料仓，暂存1d骨料用量，

利用临时储料仓四周火墙对骨料进行加热。

(4) 加强混凝土浇筑仓面的温度控制。仓面清理采用热风枪或机械方法，以浇筑仓面边角（最不利处）表面测温为正温为准，经检验合格后方可浇筑混凝土。混凝土浇筑完毕后及时进行保温养护，适当延长养护和拆模时间。对混凝土施工进行全程测温，设置专业人员对混凝土施工全过程及时进行混凝土内部温度和浇筑温度监控，发现问题及时处理。

荒沟水电站主坝填筑部分部位进行了冬季施工，冬季填筑时不需洒水。主堆石、次堆石填筑厚度由原来的 80cm 一层减至 60cm，压实遍数增至 10 遍，以确保填筑碾压密实。护坡砂浆、垫层料、过渡料均暂停施工。主堆石料填筑与护坡砂浆距离保持 30m 距离开始填筑，填筑采用 1：2 坡比收台阶法进行。

# 第五十七章　施工总布置

## 第一节　施工总布置和施工分区

### 一、施工总布置

施工总布置是对整个工程施工场地、施工交通、施工工厂设施、仓库等在施工期间的位置进行平面上的总体布局安排。施工总布置应根据工程布置特点，结合施工条件和当地社会环境等综合因素，合理规划施工用地范围和施工场区划分。

抽水蓄能电站上下库高差大、地下引水发电系统分布较长，施工总布置一般需要围绕上水库、下水库和地下厂房系统三大主体工程设置施工区。其他零散设施可根据实际情况沿场内交通道路布置。主体施工区内集中设置临时生产或生活设施。

上水库工程由于范围不大，可以和上水库进/出水口、引水系统的上平段及上斜井（或竖井）施工集中设置一个施工区；下水库往往与地下厂房及尾水隧洞施工共用一个施工区；施工区的具体划分应根据工程实际情况进行统筹考虑，合理布置。

抽水蓄能电站施工总布置应遵循因地制宜、因时制宜、有利生产、方便生活、易于管理、安全可靠、节约用地、保护环境、经济合理等原则，妥善解决好前后方、内外部、主体与临建工程、生产设施与生活设施等关系。

抽水蓄能电站施工总布置在工程建设的不同阶段所承担的任务和侧重点是不同的，应该根据施工需要分阶段逐步形成，尽量作好前后衔接，实现前后期结合和重复利用，减少施工占地数量。

在工程准备阶段，施工项目较多且性质差异较大，工作条件差、工期紧张，各种临建设施和永久建筑物的布置关系密切，而此时永久建筑物的设计还未结束，应特别重视枢纽总布置与施工总布置各种建筑物之间的关系，否则将大大增加施工协调的难度，造成浪费或工期延误。

主体工程施工阶段，施工总布置要承接前后期工程，全面规划、统筹安排。工程分标施工时，施工总布置需适应分标规划的需要，尽量减少各个标段之间的穿插与干扰。同时应遵循动态布置原则，充分考虑各标施工进度的衔接情况，研究同一施工场地分标交替利用的可能性。

工程完建阶段，主要应作好管理单位的厂区规划，随着主体建筑物的陆续完工，逐步退还施工占用场地，根据环境保护和水土保持要求，和当地具体情况尽可能作好场地清理、退还占地或复耕、渣场和场地绿化美化、排水防护规划。

施工总布置设计应具备以下基本设计资料：

（1）当地气象资料：历年气温统计成果，分析冬季、夏季施工时段；历年降水量统计资料，分析不同建筑物的施工天数；降雪历时，积雪最大厚度及土壤冻结深度；本地区多风时段及风速、风向，统计大于六级风的历年平均天数。

（2）河段水文资料：多年平均流量，历年实测最大、最小流量；枯水、汛期时段划分及相应各种不同频率流量；该河段含沙量的统计；主要施工区的水位-流量关系曲线。施工厂区主要冲沟、溪流汛期各种频率流量及有关实测资料。

寒冷地区还要分析河流行凌、河床封冻及解冻流水的时段，研究施工期行凌、冰塞用水的影响。

（3）主要施工临建施工场地的地质资料：具体包括地质柱状图、各底层的物理力学性能、地下水、渗透系数、滑坡及地震等有关资料。

（4）工程所在地区行政区划图，施工现场1：2000～1：5000地形图，包括先有交通线路、河流实测水面线、水下地形等测绘资料。

（5）工程所在地国民经济及其发展规划的有关资料。坝址区附近居民和少数民族的生活习惯，各有关部门对工程施工和环境保护的要求。工程区附近可为工程施工服务的建筑、加工制造、修配、运输等企业的规模、生产能力及其发展规划。施工水源、电源、通信现状及其供应能力、治理状况和可能提供的方式。

（6）当地现有水运、公路、铁路的交通运输条件及其发展规划。外来物资的中转条件，现有可利用或新建转运站和重大件运输条件。

（7）当地天然建筑材料的产地、储量、质量及其供应条件，地方生活物资的供应情况。

（8）施工现场土地状况及行政区划归属，收集施工征地有关指标，国家和当地政府有关租用、征地的政策性文件。

## 二、施工分区

施工区布置应满足施工进度和施工工艺的要求，便于各施工区的协调管理，保证工程的质量和进度目标，尽早发挥效益。结合场内交通布置做好土石方平衡规划和弃渣场规划，考虑弃渣流向和地形条件，通常可利用上水库死库容回填和坝后场地作为工程的弃渣场，并合理确定弃渣场的防洪排水标准和水土保持工程措施；最终通过施工总布置方案比选，确定工程施工总布置规划方案。

下水库及地下厂房是抽水蓄能电站建设的重点施工区，也是混凝土施工用量最大的部位，施工区的布置应以砂石骨料的开采、加工、运输及混凝土拌和为主。有条件的工程，砂石料的开采区、筛分或破碎区和混凝土拌和区尽量就近布置，以减少毛料和成品料运输量。同时根据可利用场地情况，围绕混凝土拌和系统集中布置水泥库，钢筋加工厂等施工设施。

施工分区应遵循以下原则：

（1）应根据工程特点、自然条件、施工场地分布情况，结合交通线路布置，按各分区在工程施工中所发挥的作用统一规划。

（2）分区规划应考虑施工分期布置的特点和要求，场地分区应前后衔接合理，避免和减少拆迁重建。

（3）为主题工程服务的施工工厂去应靠近主体工程布置，其他设施科布置在稍远的场地上，以减少干扰和充分利用不同部位的施工场地。

联系密切、相互协作的施工工厂和临建设施，在场地允许的条件下，尽量集中布置。

施工分区规划包括以下重点：

(1) 施工总布置包括以下分区：主体工程施工区、施工工厂区、当地建材开采和加工区、储运系统、大型设备和金属结构安装场地、工程存弃料堆放区、施工管理区和生活区。

(2) 以混凝土坝为主的施工区，施工分区布置应以砂、石开采及加工，混凝土拌和、浇筑为主；以当地材料坝为主的施工区，施工分区布置应以土石料开采、加工、堆料场和上坝线路为主。

(3) 应根据永久上坝和进厂对外交通线路，结合施工分区规划要求，重点研究场内主要交通干线布置。

场内交通规划应遵循以下原则：

(1) 场内交通干线应以永久上坝和进厂对外线路为主进行规划。

(2) 场内交通运输方式的选择应首先与对外交通运输方式相对应，合理衔接，适应地形、地质和水文等自然条件，并满足水工枢纽布置及主体施工要求。

(3) 场内交通线路布置应与场内主要交通干线合理衔接，使大宗物料场内运输便利。主要运输干线应与特殊材料仓库保持一定的安全距离，避开生活和管理区。

寒冷地区抽蓄能电站工程的施工营地尽量考虑布置在阳坡上，以减少冬季低温和降雪冰冻带来的不利影响，利于节能降耗。

部分工程可行性研究阶段施工分区和布置情况见表 57－1。

**表 57－1　　部分工程施工分区特性表**

| 工程名称 | 施工分区 | 各区特性 | | |
|---|---|---|---|---|
| | | 上水库区 | 厂洞区 | 下水库区 |
| 蒲石河抽水蓄能电站 | 分为上水库区、厂洞区、下水库区 | 上水库区主要施工部位为上水库坝、上水库进/出水口、引水洞上水平段。主体混凝土量为 8.43 万 $m^3$，施工高峰人数 1308 人。施工工厂建筑面 $5335m^2$，施工仓库建筑面积 $5569m^2$，施工临时福利设施房屋 $16373m^2$ | 厂洞区主要施工部位为引水系统斜井段、引水系统下平段至下水库进/出水口、地下厂房洞室群、地面开关站及＃1～＃5 施工支洞。主体混凝土量为 16.92 万 $m^3$，施工期高峰人数 2308 人，施工工厂建筑面积 $6104m^2$，施工仓库建筑面积 $18483m^2$，施工福利设施房屋 $31590m^2$ | 下水库区主要施工部位为下水库混凝土重力坝。主体混凝土工程量为 22.86 万 $m^3$，施工高峰人数 1082 人，施工工厂建筑面积 $7379m^2$，施工仓库建筑面积 $6195m^2$，施工临时福利设施房屋 $9720m^2$ |
| 荒沟抽水蓄能电站 | 分为上水库施工区、下水库施工区 | 上水库施工区主要施工部位为上水库进/(出) 水口及大坝面板。上水库施工区，施工工厂（包括供电及通讯设施）总的建筑面积 $4496m^2$，施工仓库建筑面积 $4490m^2$，临时生活及文化福利房屋建筑面积 $14290m^2$，总计：$23276m^2$ | | 下水库区主要施工部位为厂房系统及尾水系统。施工工厂（包括供电及通信设施）总的建筑面积 $7516m^2$，施工仓库建筑面积 $5310m^2$，临时生活及文化福利房屋建筑面积 $28590m^2$，总计：$41336m^2$ |

续表

| 工程名称 | 施工分区 | 各区特性 | | |
|---|---|---|---|---|
| | | 上水库区 | 厂洞区 | 下水库区 |
| 吉林敦化抽水蓄能电站 | 分为上水库施工区、下水库施工区 | 上水库施工区主要规划布置有上水库垫层料及过渡料加工系统、上水库混凝土生产系统、沥青混凝土生产系统、钢筋、木材综合加工厂、施工机械设备停放场、空压站、金属结构拼装场、施工生活营地、临时仓储设施等。上水库施工区施工工厂、仓库及生活营地等临建设施占地面积 $70400m^2$，建筑面积 $9800m^2$ | 厂房及尾水系统施工区混凝土生产系统、钢筋木材综合加工厂、机修汽修站、机械设备停放场、金属结构拼装场和施工仓库占地面积分别为 $7000m^2$、$8500m^2$、$3000m^2$、$2000m^2$、$6000m^2$、$3000m^2$。引水系统施工区机修汽修站、机械设备停放场钢筋木材加工厂及施工营地布置占地面积分别为 $1500m^2$、$2000m^2$、$6500m^2$、$15000m^2$。混凝土生产系统，占地面积为 $3000m^2$。钢管加工厂占地面积 $30000m^2$。金属结构及施工仓库布置占地面积分别为 $2000m^2$、$3000m^2$。机电标施钢筋木材加工厂、机修汽修站和机械设备停放场占地面积分别为 $1000m^2$、$1600m^2$、$1500m^2$ | 下水库混凝土生产系统占地面积 $4500m^2$。下水库沥青混凝土生产系统占地面积 $7500m^2$，沥青混凝土骨料加工系统占地面积 $12000m^2$。下水库机修汽修站及机械设备停放场占地面积分别为 $2000m^2$、$4000m^2$。下水库金属结构拼装场及钢筋木材综合加工厂布置占地面积分别为 $4000m^2$、$5500m^2$。下水库区生活营地建筑面积 $24000m^2$，占地面积 $628000m^2$ |
| 吉林蛟河抽水蓄能电站 | 分为上水库施工区、下水库及地下系统施工区 | 上水库施工区主要满足上水库库盆、上水库大坝、上水库进/出水口、引水隧洞上平段的施工。施工临建设施主要规划布置于上水库库盆东北侧、左坝肩外侧平缓坡地，主要布置施工生活区、施工工厂、施工仓库、垫层料加工系统、混凝土生产系统、施工仓库，总占地面积 3.88 万 $m^2$。高峰施工人数 1645 人，建筑面积 1.30 万 $m^2$，占地面积 3.88 万 $m^2$ | | 下水库及地下系统施工区主要承担下水库大坝、下水库泄洪建筑物、下水库进/出水口、输水发电系统（引水隧洞上平段以下，不含上平段）等主体工程项目的施工。施工临建设施主要布置钢筋加工厂、预制件加工厂、机械修配及汽车保养厂、机械设备停放场、金属结构拼装厂、下水库砂石加工系统、下水库混凝土生产系统及施工仓库，总占地面积 11.2 万 $m^2$。下水库及地下系统区施工期高峰施工人数 2600 人，生活营地建筑面积 2.05 万 $m^2$，占地面积 5.41 万 $m^2$ |
| 山西垣曲抽水蓄能电站 | 分为上水库施工区、下水库施工区及厂道系统施工区 | 上水库施工区上水库施工区施工场地集中布置在上水库坝右岸坝头，生活办公营地建筑面积 $8000m^2$，占地面积 $17600m^2$。混凝土拌和系统、沥青混凝土骨料加工及拌和系统、金属结构拼装场地、钢筋、木材加工厂及机修、汽修站、综合仓库、机械设备停放场及空压站建筑面积 $7480m^2$，占地面积 6.37 万 $m^2$ | 厂道系统施工区施工场地集中布置在业主营地周边，火焰沟附近的缓坡地。生活办公营地、机电设备库、综合仓库及机械设备停放场、混凝土拌和系统、钢筋、木材加工厂及机修、汽修站、钢管加工厂、金属结构拼装场、空压站建筑面积 3.17 万 $m^2$，占地面积 12.61 万 $m^2$ | 下水库施工区施工场地集中布置在麻沟和院后沟缓坡地上。生活办公营地、机修汽修站、机械设备停放场、综合仓库及钢筋、木材加工厂、空压站建筑面积 1.19 万 $m^2$，占地面积 4.28 万 $m^2$ |

### 三、寒冷地区施工总布置应注意的问题

(1) 设计基本资料收集阶段应着重研究工程所在地多年平均气温、历年极端最高和最低气温、多年平均封冻期、冻土深度、冻层、季节划分及特殊恶劣气象情况等气象资料。

(2) 结合主体工程布置情况和施工进度计划，研究论证选定料场的开采、砂石料加工及混凝土拌和系统受冬季影响程度，合理确定料场开采、砂石料供应和混凝土加工方案，尽量减少冬季低气温对主体工程施工的影响。

(3) 工程分区在遵循常规地区设计的基本原则下，考虑寒冷地区特点，充分考虑低气温和冬季施工因素，进行合理分区，尽量减少低气温对各工程分区之间的施工干扰。

(4) 根据工程区实际情况，尽量选择受冬季低气温影响小，日照时间长的向阳坡度布置施工工厂、仓库和临时生活区等施工临时建筑物和工程建设管理及生活区。

(5) 河道沿岸的主要施工场地，应考虑冰冻影响。

(6) 临时房屋设计应合理考虑冻土处理措施和冬季保温方案。

(7) 施工临时公路应尽量布置在向阳坡度，同时路基及路面应针对寒冷地区做针对性设计，以保证冬季施工期间施工临时公路的正常运行。

(8) 工程弃渣场应尽量选择受冰冻影响小的区域，充分考虑弃渣部位冻层和冻土厚度对弃渣场稳定的影响。

(9) 排水线路布置在坚实的地基上，保证水流衔接顺畅的同时，制定合理的防冰冻措施，减少低气温对排水系统的影响。

## 第二节　施工工厂设施

施工工厂的主要任务是：负责加工水电水利工程施工所需的建筑材料；供应施工设备动力和施工供水；建立工地内外的通信系统；承担混凝土预制构件、木模、钢筋的半成品和成品加工；进行施工设备的维修、保养和非标准设备、金属结构件的制作安装等。施工临时工厂及仓库服务于施工，其场地的布置应根据各工程地形及场地条件，采用分散与集中相结合的原则，方便各枢纽建筑物的施工。对于钢筋加工厂、机械修配厂和钢管加工厂等重要的施工辅助企业，应集中布置，靠近主体工程施工区，根据可利用场地的实际情况，尽可能利用宽阔平坦的地段或能适应企业生产工艺布置的地段。

施工工厂布置宜靠近服务对象和用户中心，设置于交通运输和水电供应方便处，避免原材料和产品的逆向运输。厂址地基应满足承载能力的要求，避免不良地址段，尽量减少占耕地。施工工厂布置应满足防洪、防火、安全、卫生和环保等要求。

施工工程的布置和生产能力取决于水工枢纽建筑物和导流工程的工程量、施工特点和施工工期，应满足主体工程施工工艺和高峰期的强度要求。其生产规模的确定是施工工厂设计中的核心问题，原则上在满足工程施工需要的基础上，应充分考虑当地已有工业企业的协作条件和技术支援，以减少某些自建项目或规模。经调查研究，也可结合当地经济建设发展规划与有关部门协议，将部分施工工厂建成自负盈亏、自主经营、独立核算的企业。还应考虑本工程上、下游梯级开发或该地区附近水电水利工程建设需要，有无条件作

为几个工程的共用设施，承担其相应的任务。应做好统筹规划，拟定分期建成的规模。

施工工厂的布置应根据工程区场地条件，采用分散与集中相结合的原则，方便各主体建筑物的施工。对于钢筋加工厂、机械修配厂和钢管加工厂等重要的施工辅助企业，应尽可能利用主体工程附近的宽敞地段集中布置。

施工工厂设施规模及生产能力应满足主体工程施工方法、高峰期施工强度及施工工期要求，建设标准应满足生产工艺流程、技术要求及有关安全规定，既要适应工程分标施工的要求，又能充分发挥其生产能力。

## 一、砂石料加工及混凝土生产系统

### （一）砂石料加工系统

抽水蓄能电站砂石料加工主要用于混凝土骨料。砂石加工系统的数量和布置应结合料源分布、水源及运输条件等因素进行综合必选确定，对产品质量、供应保障要求高的骨料加工系统一般宜布置一套，其位置要兼顾上、下水库和发电厂房及其需要量的权重。

多料场供应的天然砂石料加工系统，一般应尽量设置在主料场附近。抽水蓄能电站混凝土采用人工骨料的较多，当石料场位置距主体施工区不远时，砂石料加工与混凝土拌和系统应尽量就近布置、共用堆料场，以减少毛料和成品料运输量；当采石场距离较远时，可在采石场设粗碎车间，将其他设施布置在混凝土拌和系统附近的适当位置。当地下引水发电系统开挖渣料满足质量要求时，尽量用作混凝土骨料料源，在堆渣场附近布置骨料加工系统。

因混凝土骨料对级配要求严格，一般采用粗碎、中碎、细碎三级破碎、闭路生产的工艺制备粗骨料，制砂一般采用棒磨机湿法生产；粗料多用颚式破碎机，也可采用轻型旋回式破碎机，中细碎可采用圆锥破碎机和反击式破碎机；碎石分级筛分设备采用圆振筛。

吉林敦化抽水蓄能电站下水库为沥青混凝土心墙堆石坝，为保证沥青混凝土骨料的质量，在下水库工程区设置砂石加工系统，对黄泥河的商品砂石料进行二次破碎。系统主要包括中碎、筛分、细碎及矿粉生产系统。中碎车间安置1台PYTB－900圆锥破碎机，处理能力50～90t/h。筛分车间内安装2台圆振动筛，型号为2YA1230，额定处理能力30～80t/h。细碎车间布置1台PLF－750冲击式破碎机，处理能力为10～25t/h。成品骨料经带式输送机运至成品料仓储存。矿粉加工配备1台ZMJ－450柱磨机，生产能力为2～4.5t/h，成品矿粉储存于矿粉罐内。

### （二）混凝土生产系统

由于抽水蓄能电站上、下水库高差大，输水系统长，布置分散，施工所需混凝土的工点多、品种多、但总量少、喷混凝土所占比例较大，各种混凝土的拌和生产宜采用由各主体土建承包商自行建设混凝土生产系统，自行负责运行生产的方式。据统计，当上、下水库，地下厂房，引水系统工程分别设置混凝土生产系统时，采用生产能力为25～90$m^3$/h的拌和站和小型拌和楼居多。对于环保要求特别严格的区域，也可采用集中设置拌和系统供应商品混凝土的模式。

混凝土生产系统的厂址选择，应便于拌和楼（站）接受各种原材料和运送成品混凝土。为减少运输途中混凝土分离、坍落度损失和温度变化，应尽量靠近施工作业地点，如在上水库施工区布置规模稍小的混凝土拌和站，主要满足进水口和引水系统上平段等部位的混凝土浇筑需要。

吉林蛟河抽水蓄能电站上水库混凝土生产系统主要承担上水库大坝、上水库进/出水口、上水库闸门井等部位混凝土生产任务，混凝土总量为 14.71 万 $m^3$，设计生产能力为 $46m^3/h$，选择 1 座 $3\times J_3-1.00$ 搅拌楼。系统成品骨料储量 $1900m^3$，可以满足高峰月混凝土生产 1d 的骨料用量，设置 3 座 800t 水泥罐、2 座 600t 粉煤灰罐，可以满足高峰月混凝土生产 7d 的需用量。系统建筑面积 $382m^2$，占地面积约 $9399m^2$。

荒沟抽水蓄能电站上水库施工区混凝土拌和系统布置在距大坝坝肩右侧约 300m 处，场地高程为 660.00m，主要供应上水库施工区混凝土浇筑。上水库施工区混凝土总量为 12.40 万 $m^3$。上水库施工区高峰月混凝土日平均浇筑强度为 $361m^3/d$，确定本系统生产能力为 $30m^3/h$，三班制生产，选择一座 HZ35－1F1000 型搅拌站，其铭牌产量为 30～$40m^3/h$。水泥采用袋装水泥，系统设袋装水泥仓库，建筑面积为 $470m^2$，储存 600t，可满足混凝土高峰时段连续 5d 的水泥用量。水泥的场内运输采用机械运输方式，骨料仓可储存骨料 800t，满足高峰月 1d 的使用量。根据施工进度安排，上水库施工区安排了冬季混凝土施工，经计算冬季混凝土强度 $20m^3/h$，据此混凝土骨料仓布置了加热排管，管径 50mm，由系统内锅炉房向骨料仓输送蒸汽加热骨料，同时向拌和楼输送热蒸汽，对拌和楼进行保温和加热拌和用水，经计算后需 4t 卧式快装蒸汽锅炉一台。

吉林敦化抽水蓄能电站下水库沥青混凝土系统供应下水库挡水坝的沥青心墙混合料，生产系统的设计生产能力为 $7m^3/h$，布置在下水库挡水坝左岸下游 600m 较为平缓处，靠近东北岔河河岸，根据场地地形条件和交通条件布置高程为 642m，系统包括骨料给料系统、除尘系统、干燥系统、热骨料二次筛分、粉料系统、沥青存储加热系统、搅拌楼、成品料仓组成。系统成品骨料储量为 $1100m^3$，可以满足高峰月混凝土生产 4d 的骨料用量。系统设置 1 座 280t 沥青库，可满足高峰月沥青混凝土生产 8d 的需用量。2 个 10t 柴油罐。系统建筑面积 $600m^2$，占地面积约 $7500m^2$。

## 二、施工风、水、电系统

### （一）施工供风系统

施工供风系统主要是为石方开挖、混凝土施工、灌浆作业、水泥输送和机电设备安装等提供所需的压缩空气，重点是保障石方开挖、混凝土施工和灌浆作业。抽水蓄能电站施工中，压缩空气系统使用时间一般较短，有时需要迁移或改线，供风管网铺设应便于维护和迁移。

### （二）施工供水系统

施工供水系统一般由取水、净水和输配水工程三部分组成。系统布置的主要任务是：选择水源、确定取水位置、取水方式和供水能力；拟定水质净化处理工艺和设施；选定供水系统各建筑物的构成、规模、位置和占地面积；确定整个工程供水系统输、配水干管的走向布局。

由于抽水蓄能电站高差大，施工供水泵站级数多，施工难度及工作量均较大，是前期工程准备阶段的一项重要工作，通常由业主负责建设后提供给主体承包商使用。上水库一

般汇水面积很小，除汛期外平常很少有天然补给水源，同时由于多数抽水蓄能机组调试采用先发电工况后水泵工况的程序，故上水库施工供水系统除满足施工期生产生活用水外，还应满足水库初期充水需要，其规模常由水库初期充水控制。

**（三）施工供电系统**

施工供电系统布置的主要任务是：确定施工期最高负荷，估算各年用电量；确定电源供给方式和变电站位置；确定各降压变电站、自备发电设备及配电所位置；拟定输配电线路走向等。施工供电系统一般属临时工程但如果电站投产后可以与厂用电电源相结合，则施工供电系统的中心变电站应按永久变电站设计。

# 第三节　土石方平衡规划

## 一、土石方平衡调配原则

抽水蓄能电站主体工程土石方挖填量大，合理的土石方平衡调配对提高库盆开挖料直接上坝率，减少中转上坝量和可利用开挖料的损失，保证施工连续、均衡进行，节省工程投资具有重要意义。

抽水蓄能电站工程土石方平衡调配的主要内容是上、下水库土石方开挖与坝体填筑，目标是总量上平衡、开挖和直接利用及二次倒运时间上衔接合理。坝体土石方填筑应尽量利用工程开挖渣料，减少弃渣量。在满足工程施工总进度和库盆开挖工期的前提下，结合大坝填筑工期的要求，根据坝体填筑强度及各部位不同石料开采方量，按挖、填、弃各个环节统筹进行土石方平衡调配。土石方平衡调配规划应遵循以下原则：

（1）坝体土石方填筑及混凝土骨料宜尽量利用工程开挖料，不能直接利用的设置暂存场，经二次倒运后利用。

（2）做到高料高用、合理组织实施。库盆开挖工期安排与大坝填筑进度要求相适应，以最大限度地利用库盆开挖料直接上坝填筑，降低中转上坝填筑量。

（3）库盆和坝基开挖施工中，依据坝体分区对填筑料的不同要求进行爆破，减少可利用料的损失，尽量提高土石方利用率。

（4）根据施工进度确定直接利用、堆存和弃渣数量，做好各施工区平衡调配。

（5）优化调配方向、运输路线、施工顺序，避免流程紊乱或相互干扰。

## 二、土石方平衡调配内容

土石方平衡调配应包括以下内容：

（1）根据施工总进度安排，确定各种开挖利用料的来源和数量。明确各部位及各标段土石方开挖项目、开挖工程量、物料流向、利用量和弃置数量，各部位及各标段土石方填筑项目、填筑工程量、分区分高程要求、开挖利用料来源、直接利用量、中转回采量。

（2）做好料场和利用开挖土石方的调配设计；明确各标段加工开挖利用料的来源、直接加工量、中转回采量和弃置数量。

（3）开挖和直接利用及二次倒运时间上的衔接。

(4) 采取可行的水工设计和施工方案，尽量提高土石利用系数，保证利用量的质量，较少开挖及运输过程中的损失；可根据开挖利用料来源和施工特点，合理计入施工作业损失系数。

(5) 根据工程布置实际情况，做好堆、弃料场的选择、运输线路配置和土石方调配方案。

(6) 工程区堆存、弃渣场的布置位置、需要容量。

(7) 工程开挖料利用及土石方平衡成果。

## 三、土石方平衡调配工程实例

### (一) 蒲石河抽水蓄能电站工程

本工程土方开挖总量为153.727万$m^3$（自然方），石方开挖总量为278.113万$m^3$（自然方，含石料场开挖），土石方填筑总量为226.499万$m^3$（实方）。由于地形条件的限制，本工程各施工区附近弃渣场用地不足，因此，在石料质量满足要求的前提下，在设计上考虑尽量多利用开挖石渣作为坝体填筑料，以减少渣场占地，降低造价。

经过土石方平衡计算，本工程共利用土石方98.955万$m^3$（自然方），主要利用部位为上水库坝和上水库坝库岸及上水库坝导流工程、下水库进出口围堰、下水库坝导流工程及地面开关站等，利用料主要来源于上水库坝、上下水库进/出水口、下水库坝及输水系统、厂洞系统以及施工支洞和地面开关站、下水库坝等的土石方开挖料。本工程除利用料以外的土石方开挖渣料均做弃料处理，合计弃料量465.608万$m^3$（松方）。

本着就近弃渣的原则，根据工程区场地条件设弃渣场四处，即下水库坝下游左岸弃渣场（1号弃渣场）、大安子沟弃渣场（2号弃渣场）、上水库泉眼沟左岸弃渣场（3号弃渣场）、上库泉眼沟右岸弃渣场（4号弃渣场）。结合施工分区的布置，各弃渣场规划如下：

1. 上水库区

上水库区土方开挖量124.646万$m^3$，石方开挖量140.502万$m^3$，石方利用量为48.042万$m^3$（自然方），弃渣量为218.435万$m^3$（自然方），折合松方298.650万$m^3$。上水库区在泉眼沟两侧布置了3号和4号弃渣场，其中3号弃渣场位于上水库坝下650.00m处的一山沟内，弃渣量264.277万$m^3$（松方），4号弃渣场位于上水库坝下泉眼沟右岸，距上水库坝约2.1km，弃渣量34.373万$m^3$（松方）。

2. 厂洞区

厂洞区土方开挖量15.661万$m^3$，石方开挖112.770万$m^3$，其中洞挖86.030万$m^3$，土石方利用量为59.895万$m^3$（自然方），弃渣量为76.685万$m^3$（自然方），折合松方129.103万$m^3$。厂洞区弃渣场位于厂洞区至下库坝公路途中的大安子沟，即2号弃渣场，设计弃渣量116.333万$m^3$（松方），弃渣料来自厂洞区开挖弃料、及部分下水库区开挖弃料。

3. 下水库区

下水库区土方开挖量13.420万$m^3$，石方开挖24.841万$m^3$，石方利用量为2.223万$m^3$（自然方），弃渣量为37.855万$m^3$（自然方），折合松方54.878万$m^3$。厂洞区弃渣场位于下库坝下左岸1.8km左右小安子沟内，为1号弃渣场，弃渣量50.625万$m^3$（松方），

部分弃渣弃至2号弃渣场。

**（二）荒沟抽水蓄能电站工程**

本工程土石方开挖量941.82万$m^3$（自然方），其中土方开挖量288.55万$m^3$（自然方），石方开挖量653.28万$m^3$其中石方明挖537.13万$m^3$，石方暗挖116.15万$m^3$（自然方）。

土石方填筑量352.32万$m^3$（实方），其中坝体堆石方填筑量220.28万$m^3$（实方），坝下排水堆石体及块石护坡填筑72.40万$m^3$（实方），土方填筑为10.34万$m^3$（实方），垫层及反滤料填筑34.93万$m^3$（实方），其他填筑为0.59万$m^3$（实方）。

经土石方平衡计算，荒沟工程共利用土石方334.04万$m^3$（自然方），其中石方利用上坝量198.44万$m^3$（自然方），石方利用骨料量38.44万$m^3$（自然方），石方利用垫层及反滤料量32.17万$m^3$（自然方），其他石方利用量64.99万$m^3$。弃碴量为607.79万$m^3$（自然方）。

根据施工布置及场地条件共布置4个弃渣场，即库盆弃渣场、坝后弃渣场、＃1渣场、＃3渣场，以及利用弃渣填筑下水库平台两处和5号施工支洞进口平台1处，下水库平台为平台1和平台2，分别位于下水库进/出水口的下游和上游。为减少弃碴占地和弃渣场防护工程量，尽量多利用开挖料，并在进度上尽量协调开挖与填筑的时间安排，设置利用料暂存场2处，为下水库骨料暂存场和上水库库盆暂存场。

**（三）吉林蛟河抽水蓄能电站工程**

本工程土石方开挖（包括主体工程、施工支洞工程、施工导流工程、场地平整）总计约921.08万$m^3$（自然方），其中土方明挖232.95万$m^3$，石方明挖564.47万$m^3$，石方洞挖123.65万$m^3$。

土石方填筑总量（包括主体工程、施工导流工程、场地平整等工程）551.47万$m^3$（压实方），其中主体工程填筑329.60万$m^3$，临时工程土石方填筑111.87万$m^3$，均利用工程开挖料。

人工砂石料利用工程开挖料总量87.22万$m^3$（自然方），其中用于制备混凝土骨料62.17万$m^3$，用于制备上水库施工区垫层料14.04万$m^3$，用于制备下水库及地下系统施工区垫层料11.01万$m^3$。

经土石方平衡计算，本工程弃渣共计553.37万$m^3$（松方），其中上水库施工区442.43万$m^3$，下水库及地下系统施工区110.93万$m^3$。根据施工分区、弃渣运输条件，分别弃至各施工区弃渣场。

**（四）山西垣曲抽水蓄能电站工程**

本工程土石方开挖（不计表土剥离）总量为1440.62万$m^3$（自然方），其中：主体工程、导流工程及施工支洞为938.25万$m^3$，下水库围堰拆除为3.23万$m^3$（压实方），永久营地及临时营地为103.74万$m^3$，永久交通及临时交通为83.00万$m^3$，程家山石料场为298.69万$m^3$，乐尧沥青骨料场为13.71万$m^3$。本工程洞挖量140.13万$m^3$，明挖总量1300.49万$m^3$。

主体工程、导流工程、施工支洞、营地及程家山石料场等填筑工程量（含砌石）为650.25万$m^3$（压实方），其中上水库施工区631.68万$m^3$，下水库施工区18.56万$m^3$。

主体工程、施工支洞及导流工程混凝土（含喷混凝土）总量约 87.40 万 $m^3$（不含场地平整及道路工程），垫层料总量 25.31 万 $m^3$。共生产骨料 202.62 万 t，垫层料 56.35 万 t。

经土石方平衡计算，本工程弃渣共计 1037.98 万 $m^3$（松方），其中：上水库施工区 1 号弃渣场 664.59 万 $m^3$、4 号弃渣场 72.20 万 $m^3$，下水库施工区 2 号弃渣场 170.62 万 $m^3$、3 号弃渣场 122.93 万 $m^3$；乐尧弃渣场 7.64 万 $m^3$。

## 第四节　料场选择与开采规划

料场选择与开采规划是抽水蓄能电站施工组织设计的重要内容之一。工程建设主要料场包括土料场、砂砾石料场、岩石料场以及建筑物开挖出的可利用料，这些开采料主要用于坝体及围堰填筑、坝体、库底及围堰防渗体填筑、加工混凝土骨料和砌石等。

料场选择与开采规划应以各料场勘查试验资料及开采运输条件为基础，根据枢纽工程对建筑材料的数量和质量要求，结合施工总平面布置、土石方平衡计算成果和施工总进度及分期进度的要求，通过综合分析和动态调配计算，对料场开采进行方案比较和优化选择，确定经济合理的料场和料源，以达到充分利用当地材料和工程开挖料、减少料场占地、降低工程造价和保护生态环境的目的。

近些年，大型水电工程的料场储量问题引起普遍关注，由于前期料场勘察与设计选择时考虑不足，造成工程实施阶段选定料场储量不能满足工程实际需要，导致补充料场勘察或调整原有开采规划，不仅增加工程投资，也影响到施工进度。因此，料场勘察精度要保证满足不同勘察阶段要求，勘察储量与设计需要量的倍比关系，以及选定料场可采储量与设计需要量的倍比关系均应满足不同设计阶段的要求。

### 一、料场（料源）选择

料场（料源）的选择应遵循以下原则：

(1) 尽量不占或少占农田、保护耕地和环境。减少对现有房屋及建筑物的拆迁和影响；多用水库淹没线以下的料场，以减少占地补偿和植被恢复费用。

(2) 充分体现节约资源、环境友好的设计理念。当建筑物开挖料中有相当数量满足建筑材料质量要求时，应优先考虑充分利用开挖料的可行性和合理性。抽水蓄能电站上、下水库库盆范围内若有可利用的合适土石料时，应优先充分利用，可增大有效库容、减少工程投资。引水系统和地下厂房洞室群的洞挖料质量一般要好于地面石料场，应尽可能用作人工砂石骨料或坝体填筑料。

(3) 确保工程安全、减少干扰。石料场开采涉及大规模爆破作业，爆破产生的震动和飞石有可能对建筑结构和施工安全造成影响。因此，采石场与周围建筑物、交通干线、施工场地要有足够的安全距离，以保障永久工程以及施工人员和施工设备的安全，减少施工干扰。

(4) 统筹考虑，全面安排。料场选用顺序宜遵循“先近后远，先水上后水下，先库区内后库区外”的要求，力求高料高用、低料低用。对工程各种用料和整个工程各阶段用料

统筹考虑，全面安排，以保证不同建筑物在不同施工阶段对不同用料的需求，避免相互争料、停工待料的现象。尽量避免低料运输重载爬坡及上、下游料物交叉使用，尽可能减少二次倒运工作量和暂存场规模。

(5) 料场开采、运输条件相对要好。料场剥采比要小并便于开采，现有公路基本能够满足要求，新建公路里程较短。当附近天然砂砾料储量和级配符合要求时，应优先考虑选用。

## 二、料场开采规划

### (一) 土料场

主要用于土石坝坝体或防渗体、库底及围堰防渗填筑。土料场开采范围和深度应根据土料规划开采量、土料场料物分层特性和天然含水量在平面和立面上的分布及变化规律确定。开采前应做好防洪、排水、加水、道路、土料堆存和施工附属设施的布置。宜先剥离无用层，取用耕地下部的土料时，应做好表面耕植土的存放、复耕规划。

土料场开采时段应根据当地气象条件与土料特性进行选择，合理制定土料开采的有效施工时间。施工期受围堰或坝体挡水、洪水影响的土料场，应在洪水影响前对受影响部位提前进行开采并堆存。采运强度应考虑停采期间土料填筑的需求量。

### (二) 砂砾料场

砂砾料主要用于土石坝、围堰填筑和加工混凝土骨料。由于砂砾料场大多分布于河滩或水下，其开采方式一般分为陆上开采和水下开采。

天然砂砾料场应进行分区开采规划，合理规划使用料场。料场开采布置应根据砂砾料规划开采量、设计级配要求、天然级配分布情况、有用层储量、砂砾料场的河道水文特性及开采条件等因素确定。依据开采设备的实际工作能力确定砂砾料开采深度和开采范围。作为混凝土骨料的天然砂砾料，应进行料场的级配平衡计算分析。如料物的天然级配不平衡，可采取加工工艺措施调整级配。

不受洪水影响的陆上料场和可采储量基本在枯期水面以上的河滩料场，宜采用陆上开采方式。陆上开采应根据当地气象、水文特性及料场的地形条件，规划开采分区，合理选择开采顺序和作业路线，布置开采道路。

砂砾料位于河道常年水位以下、且水深和流速满足采砂船作业要求的，应采用水下开采方式。水下开采需考虑运输砂驳的停靠码头、砂砾料上岸后的运输线等相关设施的布置。有航运要求的河段应注意避免砂砾料开采作业对通航造成影响。汛期或封冻期停采时，应按停产期砂石需用量的 1.2 倍备料，备料场的位置应靠近上坝路线，场地应相对平缓，不受洪水威胁，容量能够满足调度要求。

### (三) 岩石料场

主要用于混凝土骨料制备、坝体和围堰填筑。抽水蓄能电站由于对地形地质条件的特殊要求，决定了工程区附近可利用的岩石料场较多，宜选距用户近、覆盖及风化层薄、岩层厚、储量丰富、便于开采且对施工干扰小的岩石料场。

利用工程开挖石料作为料源时，应分析料源的使用时段、有用料分布与施工时序。应尽量提高可用料的直接利用率，并做好转存规划，提高有用料回采率。

工程开挖料为明挖料时，根据地层岩性、风化界限确定可用岩层，宜选用可用岩层中的弱风化、微风化及新鲜岩石作混凝土骨料加工料源；工程开挖料为洞挖料时，按地层岩性和围岩分类确定可用岩层，宜选用可用岩层中的Ⅰ～Ⅲ类围岩作混凝土骨料加工料源。当地下洞室岩体节理过于发育，岩石过于破碎，而且多处存在岩脉夹层，则不适合作混凝土骨料原石料，应当予以剔除。当混凝土粗、细骨料料源不同时，应分别按粗、细骨料的需要量计算各料源的设计需要开采量。

石料场开采规划应考虑以下因素：

(1) 石料场开采范围宜根据料场的供料要求，勘探储量、岩性分布、地质构造及开采运输等条件确定。

(2) 开采范围较大的石料场应分区进行开采。分区应根据地形地质条件、开采运输方式等确定。覆盖层薄、料层厚、运距近、易开采的区域尽量安排在施工高峰时段开采。

(3) 位于库区范围的石料场，应考虑施工期围堰或坝体挡水、下闸蓄水对料物开采和运输的影响。为减少水位影响，可考虑提前开采料场并进行堆存。

(4) 石料场开采道路布置应兼顾开采、运输及后期支护施工的要求。石料场开采通道设计应与石料流向、开采方式、开采及运输强度、开采及运输设备、运输方式相匹配。

(5) 作为坝料的石料场开采宜按照坝料设计要求，根据料场岩性和风化程度、结合坝料粒径和级配的不同要求进行分区开采。

(6) 料场开采规划的终采平台长度及宽度应与开采条件、开采及运输设备的能力相适应，长度不宜小于50m。终采平台高程应考虑施工期防洪度汛的要求。

(7) 料场开采完成以后，应注意对开采区域的不稳定边坡进行必要的处理，以免引发坍塌或形成泥石流等局部地质灾害，危及料场周边安全。同时，还应对料场开挖后的场地进行整治、绿化或复垦，恢复原来的生态环境。

## 三、料场开采实例

### (一) 蒲石河抽水蓄能电站

经过料源选择综合分析，结合土石方平衡计算和凝土骨料平衡计算成果，蒲石河抽水蓄能电站工程最终选定了王家街Ⅰ土料场、庙台子砂砾石料场和Ⅰ块石料场。

王家街Ⅰ土料场覆盖层用推土机推至料场边缘堆放，有用层土料采用3$m^3$轮胎式装载机装20t自卸汽车运输。

庙台子砂砾石料场料源充足，运距较近，质量能满足要求。覆盖层采用132kW推土机推至料场边缘堆放，有用层水上部分采用推土机集堆，装载机装自卸汽车运输至左岸岸边，再由胶带输送机运至左岸毛料堆；水下部分采用4$m^3$索铲挖掘机开挖装车，运输方式同水上。料场开采时段主要集中在汛前及汛后期，汛期砂石料加工所需毛料主要采取预开采堆存解决。大汛期遇2年重现期洪水时料场被淹没，停采，水小时段也可间歇开采。

Ⅰ块石料场位于上水库泉眼沟左侧山体（下游），距上库坝址约1.0km，Ⅱ块石料场位于上水库进/出水口左侧山体，距上库坝址约1.0km。覆盖层采用132kW推土机集堆，全、强风化层采用手风钻或YQ－100型潜孔钻钻孔，浅孔爆破，装载机装自卸汽车运输

至料场附近堆存。石料开采采用阶梯式分层开挖，梯段高度采用 8～12m。开挖采用 ROC712H 型履带液压钻机及 YQ－100 型潜孔钻钻孔，深孔梯段微差挤压爆破，使爆破后的石料能够满足上坝料填筑级配的要求。爆破后的石料采用 $4m^3$ 挖掘机装 32t 自卸汽车运输上坝。

**（二）荒沟抽水蓄能电站**

经过土石方平衡和料源选择综合分析，荒沟抽水蓄能电站工程副坝所需土料利用主坝基础开挖的第 5 层黏土质砂，不另开采土料场。经过混凝土骨料料源比选，按照国家现行政策、法规应予保护等因素，选择人工骨料方案。混凝土骨料和工程所需石料均来自库盆石料场。

坝基开挖土料直接运输至副坝填筑碾压。库盆石料场覆盖层用 132kW 推土机集堆，自卸汽车运至库盆石料开采区附近暂存。全风化和强风化层用手风钻或潜孔钻钻孔，浅孔爆破，运输方式同覆盖层。石料采用阶梯式分层开挖，采用 CM351 型潜孔钻钻孔，微差挤压爆破，爆破后的石料应符合坝体填筑要求。爆破后用 $5m^3$ 装载机装料，32t 自卸汽车运输上坝。

**（三）吉林蛟河抽水蓄能电站工程**

上水库库盆（上水库库内石料场）开挖平台高程为 809.00m，开挖最大边坡高度 61.00m，开挖区以外现有可利用道路有 16 号公路（环库路）、18 号公路，其中 16 号公路高程为 841.00m，18 号公路高程 790.00～841.00m，开挖区域内设置“之”字路，分别于 16 号公路和 18 号公路相连接，可以满足开采道路布置需要。

上水库大坝填筑料考虑利用上水库库盆工程开挖料中的弱风化及以下，库盆开挖先清除覆盖层，覆盖层剥离采用 132kW 推土机集料，$3m^3$ 挖掘机装 20t 自卸汽车出渣。其中表土运至上水库表土暂存场，无用料运至上水库坝下弃渣场堆存。岩石开挖采用液压履带钻机钻孔、爆破，由 132kW 推土机配合 $3m^3$ 挖掘机装 20t 自卸汽车运输，有用料通过上水库区施工道路直接运输至施工现场，或运至上水库垫层料毛料暂存场，无用料通过上水库区施工道路运至上水库坝下弃渣场。

**（四）山西垣曲抽水蓄能电站工程**

程家山料场作为上水库库内堆石料场的主要补充料场，主要用作主堆石区、增模区、垫层、干砌石护坡、库底硬岩、库周回填区过渡层等硬岩填筑料及砂石加工系统骨料。根据土石方平衡计算，规划开采需要量为 334.08 万 $m^3$（自然方）。料场规划开采底高程为 911.00m，设计开采底高程为 938.00m。顶部开采高程为 1075.00m，规划开采深度 164m，覆盖层开挖坡比为 1∶1.5，弱风化开挖坡比为 1∶0.7，每 20m 设置一级 2m 宽马道，规划开采面积 8.49 万 $m^2$，剥离量 39.82 万 $m^3$，夹层无用料 22.27 万 $m^3$。

程家山料场开挖料中弱风化以下考虑为可用料，程家山料场开挖先清除覆盖层，土质覆盖层剥离料采用 132kW 推土机集料，$3m^3$ 挖掘机装 25t 自卸汽车运至 1 号弃渣场。岩石采用潜孔钻钻孔、爆破，由 132kW 推土机配合 $3m^3$ 挖掘机装 25t 自卸汽车运输，有用料通过 1 号临时路直接运输至上库施工区，或者运至上水库砂石骨料加工系统，无用料运至 1 号弃渣场。

# 第五节　弃渣场规划设计

## 一、弃渣场规划原则

抽水蓄能电站的上水库、引水系统和地下厂房系统开挖量普遍较大，通过骨料平衡计算和土石方平衡计算，尽量利用开挖料后，仍有较多的弃料需运至弃渣场。抽水蓄能电站工程一般距离城市较近，对工程区生态环境保护和水土保持工作要求很高；而且渣场距开挖地点或使用地点的远近、高低直接影响着工程造价。因此，弃渣场规划则显得更为重要。

弃渣场分为可用料临时堆存的存渣场和废弃料永久堆存的弃渣场，渣场选址应结合土石方平衡计算并遵循以下原则进行：

(1) 暂存渣场应选择在靠近渣料使用地附近，便于渣料的运输、堆存和回采，尽量避免或减少反向运输。

(2) 弃渣场尽量选择在靠近开挖作业区并易于修筑出渣道路的山沟或荒地，尽可能不占或少占耕（林）地。

(3) 弃渣场应布置在无天然滑坡、泥石流、岩溶、涌水等地质灾害地区，地基承载力应满足堆渣要求，以免引发渣场基底失稳变形。

(4) 根据工程区地形条件，弃渣场尽量集中布置。尽量选择交通条件较好、易于修建进出渣场道路处。

(5) 在不影响坝体排水的前提下，可紧贴坝体上下游坡脚布置渣场，以尽可能降低工程对周边生态环境的破坏。

(6) 可以考虑在死库容较大的库盆内弃渣，但应以不影响发电、泄水建筑物正常泄洪、施工期导流和安全度汛为前提。

渣场规划应遵循以下原则：

(1) 渣场规划应按开挖地点本着先近后远、先低后高、就近分区的原则进行布置，以缩短出渣运距，减少施工干扰、降低工程造价。

(2) 暂存渣与弃渣应分开堆存，不得混堆，堆弃渣场容积应略大于堆弃料的容量。

(3) 充分利用开挖料平整和填筑平台，为工程建设提供施工场地或营地。工程竣工后应尽量覆盖土料、造地还田，或供城镇建设使用。

(4) 按堆存物料的性状确定分层堆置的台阶高度和稳定边坡，保持堆存料的形体稳定，必要时提前做好弃渣场基底平整和清理。

## 二、渣场治理措施

抽水蓄能电站工程弃渣量较大，弃渣对周边环境会造成不同程度的影响。因此，要按照环境保护和水土保持要求，采取工程措施和植物措施对弃渣场进行治理，做好施工期和永久期的排水和防护等工作，以减少水土流失，保护弃渣场生态环境。渣场防护工程措施包括拦渣工程、防洪排水工程和坡面防护工程等。渣场防护植物措施在水土保持篇章已有叙述，本节仅重点介绍工程措施。

**（一）渣场表土剥离**

弃渣前应对渣场表土进行剥离并集中堆放，暂存在渣场附近的工程区征地范围内，待弃渣结束后回填覆盖。

**（二）拦渣工程**

为了保证堆渣坡脚牢固而不备扰动，防止堆渣滚落，沿渣体坡脚线设置拦渣墙或拦渣坝。拦渣墙一般采用浆砌石材料砌筑，整体稳定性高、可靠度及耐久性较好，并且断面小、工程量少；拦渣坝采用堆石填筑，坝体适应地基变形能力强、透水性好，造价低且便于施工。

**（三）控制堆渣边坡，保证渣体稳定**

弃渣过程中，应严格按照弃渣场规划要求控制堆渣边坡，确保渣体自身稳定，并为渣场防护植物措施提供基本保障。严禁因弃渣不当形成高陡边坡，给渣场安全带来隐患。通常永久堆渣体边坡应为1：1.8～1：2，堆渣体坡面10～20m高差设置一条马道，马道宽度为2～5m。

**（四）设置畅通的排水体系**

畅通的排水体系对保障渣场防洪安全、维护渣体稳定具有十分重要的作用。渣场排水体系分为地表排水和渣体排水两部分，地表排水体系主要是在渣场周围的山坡上设置截流沟、排洪渠、跌水、陡坡急流槽和消力池等引排洪设施，使得渣场以上流域设计洪水能够安全、顺畅排出，免遭山洪冲刷造成泥石流灾害；在渣体的马道上设置排水沟，并与周围排洪渠相连接，渣体表层排水纵坡取1%左右，将渣场降雨形成的地表汇流引致周边排洪渠排出。地表排水体系设计应根据水文资料、结合地形地质条件，选择合理的布置形式和设计参数，保证设计洪水条件下，排水体系能够安全下泄。渣体排水是在渣体下游的拦渣墙或拦渣坝内设置排水通道，从而降低渣体内的浸润线，保证渣体稳定。

**（五）采用合理的坡面防护形式**

渣场护坡一般采用工程措施与植物措施相结合的方法，在弃渣堆置完毕后，对渣体边坡坡面削坡开级、修建马道，对弃渣颗粒较细、抗雨水冲刷能力较弱的渣体坡面，采用铅丝笼压坡的方式保证渣坡稳定，减少水土流失。然后，对渣体坡面和顶部覆盖表土，种植草皮、灌木或复耕。

## 三、弃渣场防洪排水设计

弃渣场防洪排水设计首先应合理确定弃渣场规模和防洪设计标准。根据渣场规模、渣场位置、失事可能对周边环境造成的危害程度等因素选定各渣场设计标准、建筑物等级、稳定安全系数等设计指标，在确定的防洪排水体系布置基础上，对各建筑物结构形式和断面尺寸进行设计与计算，确保渣场治理即经济合理又安全可靠。

**（一）弃渣场规模划分**

根据《水电建设项目水土保持方案技术规范》（DL/T 5419—2009）相关规定，弃渣场规模由弃渣量和渣体最大高度确定；渣场防洪类别根据渣场规模、渣场位置、失事后对周边主体工程、设施及环境影响程度等因素分为四类，具体渣场防洪特性设计要素分类见表57-2。

表 57-2　渣场防洪特性设计要素分类表

| 序号 | 重要性分类 | 特大型 | 大型 | 中型 | 小型 |
| --- | --- | --- | --- | --- | --- |
| 1 | 渣场规模 | 堆渣总量大于300万 $m^3$，或堆渣体最大高度大于150m | 100万～300万 $m^3$，或堆渣体最大高度大于100m | 10万～100万 $m^3$，或堆渣体最大高度大于50m | 10万 $m^3$ 以下，或堆渣体最大高度小于50m |
| 2 | 渣场位置 | 渣场位于冲沟主沟道，上游集水面积大于 $20km^2$ | 渣场位于冲沟沟道，上游集水面积小于 $20km^2$ | 渣场位于山坡、河滩、坑凹 | 渣场位于坡度小于5°的平坦荒地或凹地 |
| 3 | 渣场失事环境风险程度 | 对城镇、大型工矿企业、干线交通等有明显影响 | 对乡村、一般交通、中型企业等有较大影响 | 渣体流失，对环境有一定影响 | 渣体流失，对环境影响较小 |
| 4 | 渣场失事对主体工程风险程度 | 对主体工程施工和运行有重大影响 | 对主体工程施工和运行有明显影响 | 对主体工程施工和运行有影响 | 对主体工程施工和运行没有影响 |

注　渣场防洪特性分类按表中1～4项中任一项的最大值确定。

**（二）弃渣场防洪标准**

渣场防洪标准应根据各渣场具体特性，按以下情况确定：

（1）工程施工期临时堆存有用料的存渣场，根据渣场的位置、规模及渣料回采要求等因素，其防洪标准在5～20年重现期内选用。

（2）库区死水位以下的渣场，根据渣场规模、河道地形与水位变化及失事后果等因素，其防洪标准在5～20年重现期内选用。若蓄水前渣场使用时间较长，经论证亦可提高渣场防洪标准。

（3）工程永久性弃渣场应根据渣场的位置、规模、地形条件、周围环境以及失事后的危害程度等，其防洪标准在5～20年重现期内选用。当渣场安全影响到永久建筑物使用，下游有重要设施，失事后将造成严重后果时，经分析论证后可提高渣场的防洪标准。具体选择可遵照《防洪标准》（GB 50201—2014）的规定，并参考《水电建设项目水土保持方案技术规范》（DL/T 5419—2009）中表D.2执行，见表57-3。

表 57-3　渣场防洪参考设计标准

| 渣场类别 | 特大型 | 大型 | 中型 | 小型 |
| --- | --- | --- | --- | --- |
| 渣场防洪设计标准 | 2%～1% | 5%～2% | 10%～5% | 20%～10% |

**（三）弃渣场排水设施设计标准**

弃渣场排水设施主要布置在渣场表面，引排降雨在渣体表面产生的汇流。排水设施的设计标准可根据渣场实际需要确定，一般采用2～5年一遇（降雨强度）（$P=50\%\sim20\%$）。

**（四）蒲石河抽水蓄能电站黄草沟渣场防洪排水设计**

*1. 弃渣场规模及防洪标准*

黄草沟弃渣场位于黄草沟中部，实际弃渣量为120.0万 $m^3$ 左右，最大堆渣高度为45m。根据《水电建设项目水土保持方案技术规范》（DL/T 5419—2009）中关于渣场防洪特性设计要素的分类规定，黄草沟渣场为大型弃渣场；其防洪设计标准应为 $P=5\%\sim$

2%（即 20～50 年重现期）。

蒲石河流域地处半湿润季节气候区，冬季寒冷降水量很少，夏季炎热多雨。流域内年降水量 1100～1200mm，多集中在 7、8 月份。洪水主要为暴雨形成的径流，具有历时短、瞬时流量大的特点。同时黄草沟渣场位于黄草沟主沟中部，黄草沟为蒲石河一级支流，相应的设计洪水峰值较大。弃渣场容量为 120.0 万 $m^3$，一旦渣场失事后，造成的泥石流、水土流失等会对下游厂房通风洞道路、交通洞及泄洪排沙洞进口产生一定影响和危害，从而会危及地下厂房的防洪安全。

因此，设计确定黄草沟渣场的防洪设计标准为：$P=2\%$（即 50 年重现期），设计流量 $Q=85.9m^3/s$，同时确定黄草沟弃渣场防洪排水建筑物的设计等级为 4 级。

2. 排水系统设计

黄草沟弃渣场排水系统由左岸、右岸排水系统和下游排水渠组成，黄草沟左右两侧来水分别进入左右岸排水系统，经各自排水系统末端的消能工程消减能量、平缓水流后，汇合进入下游排水渠，最终通过泄洪排沙洞排入蒲石河。排水系统布置详见图 5。

左右岸排水系统均由排水渠、跌水、陡坡急流槽和消力池组成。其中左侧排水渠采用钢筋混凝土矩形断面结构，底坡为 0.9%～7%，渠道底宽 3～4m，渠道内最大过流量为 $47.5m^3/s$。为有效降低排水明渠内的水流流速，并且使得排水系统更加适合现有地形坡度，减少工程量，从而节约投资，在 9 号、10 号排水渠之间设置了一处多级跌水，跌水的设计流量为 $42m^3/s$，共分为四级。为保证排水顺畅下泄，在渣场平台末端设置陡坡急流槽，将水流从渣场末端平台（126.00～128.00m）平顺连接至下游沟底（高程为 96.87m），后接底流消能的消力池，设计排水流量为 $49.5m^3/s$。消力池为钢筋混凝土 U 形槽结构，底宽为 4.0m，消力池末端与右侧消力池排水渠汇合，进入下游排水渠。

右侧排水渠钢筋混凝土结构矩形断面，底坡为 4.4%～5.4%，渠道底宽 3～4m，渠道内最大过流量为 $35m^3/s$。为有效降低排水明渠内的水流流速，并且使得排水系统更加适合现有地形坡度，减少工程量，在排水渠 1 号、2 号，之间，2 号、3 号之间各设置了一处多级跌水，自上而下依次为右侧 1 号跌水、右侧 2 号跌水。其中右侧 1 号跌水的设计流量为 $15m^3/s$，分为三级跌水，右侧 2 号跌水的设计流量为 $33m^3/s$，分为四级跌水。为保证排水顺畅下泄，在渣场平台末端设置陡坡急流槽，将水流从渣场末端平台（128.00～131.00m）平顺连接至下游沟底（高程为 97.07m），后接底流消能的消力池，设计排水流量为 $36.4m^3/s$。消力池为钢筋混凝土 U 形槽结构，底宽为 7.0m，底板厚度为 0.80m。边墙高 3.2m，边墙顶宽 0.30m，底宽 0.80m，消力池深 1.0m。

左、右侧洪水经各自下游消力池消能后汇合，进入下游排水渠经过厂前区，通过排沙洞，最终排入蒲石河。下游排水渠梯形断面，底宽 6.0m，边坡为 1∶1.5，采用格宾石笼防护型式。

3. 运行效果

黄草沟渣场防洪排水系统于 2011 年汛前施工完成，已经过几个汛期考验，实际运行效果良好，有序地将黄草沟汇流区域内洪水通过排沙洞排至蒲石河，且避免了汛期洪水对外交通公路交通隧道（黄草沟侧）洞口至厂房通风洞口段公路和地下厂房系统的威胁，为后续大规模弃渣场防洪排水设计提供了经验。

蒲石河抽水蓄能电站黄草沟渣场防洪排水系统布置见图 57-1。

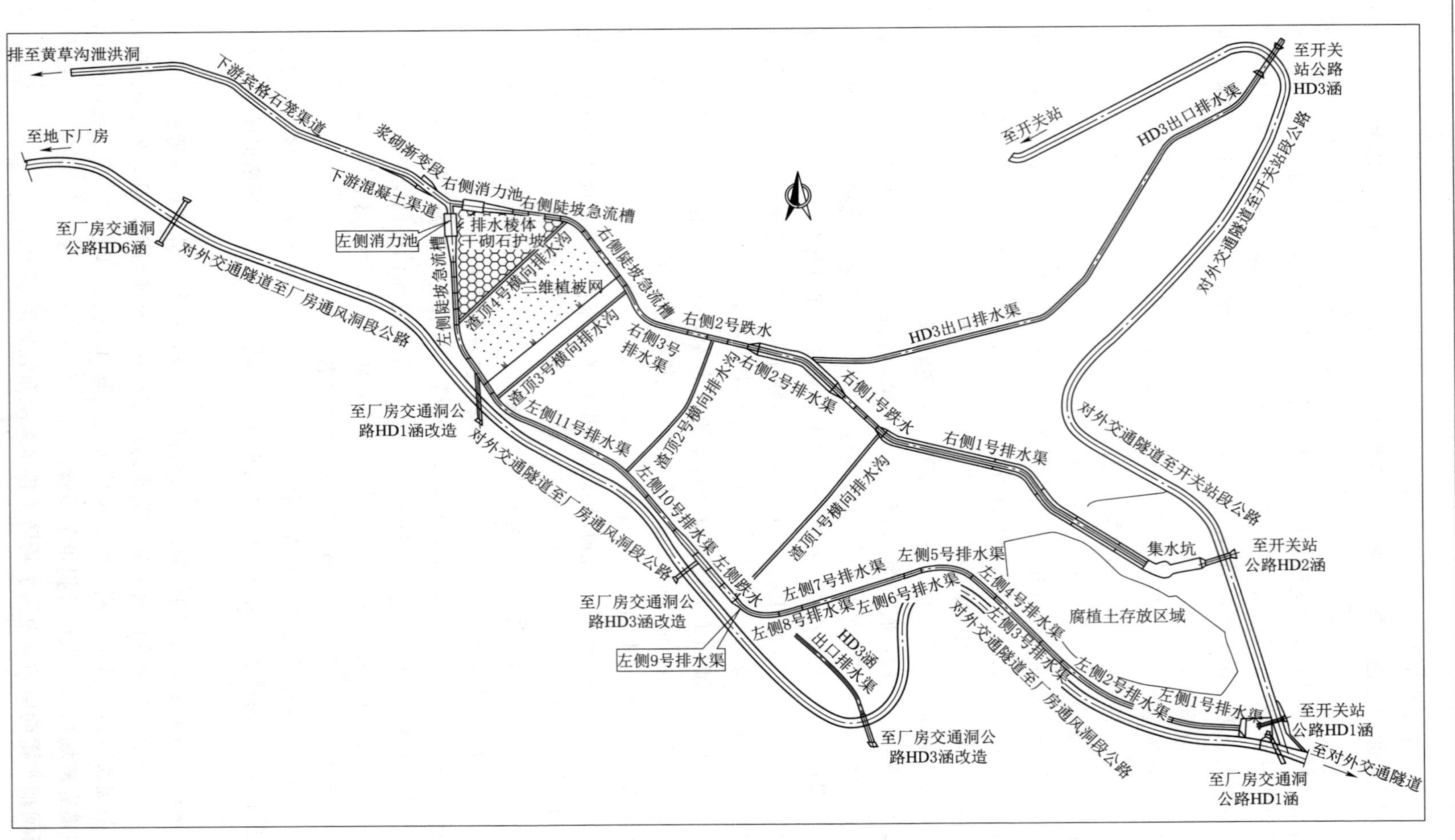


图57－1　蒲石河抽水蓄能电站黄草沟渣场防洪排水系统布置图

# 第六节 施 工 用 地

抽水蓄能电站施工用地应设计包括以下内容：

(1) 施工用地规划应遵照科学、合理、节约、集约用地、便于建设期和运行期管理、方便施工的原则。我国人多地少，耕地资源稀缺，水利水电工程用地需符合土地利用总体规划。建设项目立项要经过充分论证其技术、经济的可行性，对确有必要建设的项目，需综合考虑环境资源、资金等条件，并严格按照国家有关规定确定用地标准，以避免造成投资和土地的重大浪费。特别在地形复杂的山岭地区，施工可利用的场地多为当地群众（特别是少数民族）赖以生存的耕地，施工用地直接关系到移民安置工作的效果和难度，事关重大。

(2) 施工用地宜相互靠近连片规划，避免小块交错穿插。

(3) 施工用地范围应根据场地条件、施工总布置、用地性质、使用时限、征地补偿及移民安置等综合分析确定，并应考虑与地方区划、建设和交通现状及发展规划相结合，宜结合利用，减少矛盾。施工用地范围需根据工程规模、场地地形条件以及用地（建筑物）性质、使用时限等综合因素进行确定。施工用地往往涉及交通线路和若干企事业单位用地，施工总布置一般结合城市规划进行交通和场地布置，尽量避开省级以上政府部门依法批准的需特殊保护的区域，并使基础设施在施工结束后仍可利用。

(4) 根据工程施工用地在使用完成或工程竣工后能否恢复原用途，将工程施工用地划分为临时用地与永久用地两种类型，以利于补偿费用计算和界定工程建设征地工作的开展。施工临时用地与永久用地应统筹规划，工程建设中应优先规划使用永久用地，并宜使临时用地和永久用地相结合。

(5) 工程永久占用地包括工程运行管理必需的陆域和水域，施工期可用于工程施工。

(6) 施工临时用地宜以施工临时设施外轮廓线为基础，考虑安全、维修、施工影响、便于管理等因素确定。水利水电工程场内施工道路、施工临时设施、料场渣场等用地范围建议从工程外轮廓线向外不少于5～20m（规模大的取值趋向上限，规模小的取值趋向下限)。河流水面用地一般包括左、右岸边用地范围至河道中心的区域。

(7) 取料场和弃渣场等用地应优先复垦，并列为临时用地；不能或难以复垦的土地，可列为永久用地。

# 第五十八章　施工交通运输

抽水蓄能电站的自身特性决定了其所在区域地形高差较大，永久建筑物和临建设施点多面广、布置较为分散。由于工程建设所用土石方和建筑材料量巨大、建设周期较长、施工交通运输任务艰巨、运输量巨大，选择合理的对外交通运输方案和施工场内交通道路布置，对保证工程进度、保护环境、节省建设投资有着十分重要的作用。

## 第一节　施工对外交通

施工对外交通工程是指从已建的国家或地方公路干线、铁路站场、港口码头将工程建设物资设备运抵施工工地的运输线路。抽水蓄能电站施工对外交通一般结合永久对外交通分别延伸至场区内上水库、下水库和发电厂房等。

施工对外交通线路必须满足施工期间施工物资高峰运输能力要求和重大件运输条件，同时兼顾运输安全可靠、中转环节少、运输损耗低和运输费用省等方面需求。施工对外交通宜优先采用公路运输方式，经过论证也可采用铁路、水运等其他运输方式或几种方式不同组合。

### 一、对外交通方式

抽水蓄能电站对外交通运输一般为公路、铁路和水路三种方式。公路建设速度快、投资省，对地形的适应性强，与当地公路网连接比较容易，故公路运输是抽水蓄能电站最常见的运输方式；铁路运输能力大，保证率高且运输成本低；水路运输则具有基建工程量小，运输成本低等特点。三种运输方式的优缺点对比见表58－1。

表58－1　三种运输方式优缺点对比表

| 运输方式 | 优　点 | 缺　点 |
|---|---|---|
| 公路运输 | 1. 可独立承担对外交通运输任务；<br>2. 对地形适应性强，基建工程量较小，投资低，工期短；<br>3. 运输灵活性大；<br>4. 运营管理较简单 | 1. 运输成本较高；<br>2. 占地较多；<br>3. 在运输重大件时，已建公路沿线桥梁可能需局部加固 |
| 铁路运输 | 1. 运输量大；<br>2. 外来器材物资运输损失少；<br>3. 受季节和气候变化影响小；<br>4. 运输成本低 | 1. 不能独立作为对外交通运输方案，必须与公路运输相结合；<br>2. 基建工程量大，工期长，投资大；<br>3. 运营管理复杂；<br>4. 后期利用率低 |

续表

| 运输方式 | 优　点 | 缺　点 |
|---|---|---|
| 水路运输 | 1. 基建工程量小，投资低，工期短；<br>2. 运输成本较低；<br>3. 能适应重大件运输要求 | 1. 受气象条件影响较大；<br>2. 常有转运环节，装卸次数较多；<br>3. 须与公路运输配合；<br>4. 运输周期长 |

根据我国水电工程多年的实践经验，公路运输具有方便、灵活、可靠、适应性强、投资少、工期短的特点，可以独立完成抽水蓄能电站施工的运输任务。铁路运输一般不够灵活，适应性较差，且投资大、工期长，且电站建成后利用率较低。水路运输同样存在不够灵活、适应性较差的问题，且河道通航往往受季节影响较大，寒冷地区很少采用。铁路运输和水路运输都难以独立完成水电工程施工的运输任务，必须和公路运输结合使用，或者作为施工交通运输的辅助（或备用）方式。

## 二、转运站

转运站是为了货物运输而在产品产地或集中地至目的地之间所设的中转站。工程建设所需外来物资、器材、设备在运抵工程施工现场前，如运输方式发生变化，需在变化运输方式地点设置转运站。其主要功能是负责装卸、临时保存和转运工作。为节约建设投资，对外来物资的转运需优先利用（或租用）现有设施，可利用的转运设施包括交通运输部门的车站、码头等，也包括附近其他企业的转运站等。拟新建转运站应具备建站条件，转运站规模应根据工程施工期对外运输量、高峰转运强度、转运物资种类、来源、运输条件、仓储方式等确定，应满足技术经济合理、安全可靠的要求，转运仓储规模应与场内仓储统筹考虑。

抽水蓄能电站转运站多设置在火车站、港口码头或公路运输转运站附近，这样可以减少装卸倒运量。转运站一般包括仓库、料棚、堆场、道路、办公及生活福利设施，需要有足够的场地。需要转运的主要是水泥、钢材、木材、机械设备、煤炭、油料及其他，一般情况转运量约占总运输量的60%。转运站的规模与交通运输部门的运输计划密切相关，因此需与有关部门洽商。

抽水蓄能电站外来物资货运量较大，一些重大件亦通过转运站中转后运至施工现场，故转运站的储运能力应满足施工强度及施工运输的要求。不仅如此，转运站的场地规模应有足够的装卸作业、堆料和仓库用地。同时，转运站的位置还要较好地与对外交通运输线路协调。

## 三、对外公路交通

抽水蓄能电站的对外公路不仅需要满足工程本身的运输要求，大多还要兼顾社会车辆的通行任务，其等级一般按照《公路工程技术标准》（JTGB 01—2014）选取，一般为三级或四级公路，结合建成后旅游景区开发，也可选择较高等级路面宽度，但不应超过二级公路标准。施工区内通往上、下库和发电厂房的路段如兼有场内运输任务时，应选用《水电工程对外交通专用公路设计规范》（NB/T 35012—2013）和《厂矿道路设计规范》（GBJ

22—87）所规定的场内道路相应等级。

寒冷地区几个抽水蓄能电站对外交通公路标准见表 58－2。

表 58－2　抽水蓄能电站对外交通公路标准

| 项目 | 道路标准 | 路基宽度/m | 行车道宽度/m | 荷载标准 | 路面形式 | 备　注 |
|---|---|---|---|---|---|---|
| 蒲石河 | 三级 | 10.0 | 8.0 | 汽-超 20<br>挂-120 | 水泥混凝土路面 | |
| 荒沟 | 三级 | 7.5 | 6.0 | 林-50 | 砂石路面 | 利用现有公路 |
| 敦化 | 三级 | 7.5/9.5 | 6.5/8.0 | 汽-40 | 水泥混凝土路面 | |
| 丰宁 | 三级 | 7.5 | 6.5 | 公路Ⅱ级 | 水泥混凝土路面 | |
| | 矿山二级 | 9.0 | 8.0 | 汽-30 | 水泥混凝土路面 | |

抽水蓄能电站道路路线设计，应符合抽水蓄能电站总体规划和总平面布置的要求，并应根据道路性质和使用要求，合理利用地形，选择合适的技术指标。道路路线设计，应综合考虑平、纵、横三方面情况，做到平面顺适、纵坡均衡、横面合理。路线设计应体现环境保护，与当地景观相协调；路线走向尽可能避让不可移动的文物和自然保护区等环境敏感地带。当路线穿越环境敏感区域时，为避免路基开挖或填筑对环境造成较大破坏，宜适当提高路线的桥隧比。对于明挖工程量、边坡防护高度及沟壑填筑量较大的路段，应作桥梁或隧道方案比选。进场道路、上下库连接道路，宜绕避地质不良地段、地下活动采空区，不压或少压地下矿藏资源，并不宜穿越无安全措施的爆破危险地段。进场道路、上下库连接道路设计可适当兼顾地方交通运输的需要；场内道路设计应满足电站长期运营管理需求，并兼顾电站施工期的需求。

## 四、重大件运输

抽水蓄能电站工程重大件运输是外来物资运输的重要组成部分，主要包括机组转轮、水轮机顶盖、球阀、蜗壳带座环及主变压器等。机组转轮、球阀及主变压器等设备必须整体运输，其他机组部件难以实现整体运输时，可以采取分解运输方案。整体制造运输对保证机组的运行质量，减少现场安装工程量和保证工期作用明显，而且还可大幅度节约制造成本。

重大件运输是水利水电工程施工交通运输中比较复杂的问题，重大件运输尺寸超过限界或运输荷载超过途径的桥涵的承载能力时，属超限、超重货物，需采用特殊措施进行运输；对技术性和多部门协调性要求较高的，需有关专业配合进行研究比较。在确定重大件运输方案时，需征求有关专业部门意见，订立有关协议，必要时还需写出专题报告，报请主管部门审批。

重大件运输往往由多种运输方式组成，合理选择运输方式与供货地点的当地交通运输状况密切相关。重大件运输方案选择时，需经过现场调查，了解沿线交通状况及近期发展规划，根据重大件数量、解体后单件重量、运输外形尺寸、承重面积等因素，进行不同对外交通运输方式的技术经济比较后做出选择。重大件运输一般优先选择水路运输方式，水路运输与公路及铁路运输相比，受超限、超重的限制条件较少、运输费用较低。

进行重大件运输方案选择时，应考虑以下影响因素：

（1）运输沿线铁路、水运、公路等现有交通设施的使用状况、交叉建筑物通行标准、车辆荷载等级加固处理措施。

（2）高速公路和大型桥梁的通行条件。

（3）减少重大件转运次数，重大件需分解运输时，应使其对交通干扰最小。

蒲石河抽水蓄能电站工程大件运输包括球阀、水轮机顶盖、蜗壳带座环及主变压器，其中最重设备为主变压器，充氮运输重量为192t，其外形尺寸为8.62m×3.35m×3.85m（长×宽×高）；其次主为球阀，其外形尺寸为6.7m×3.9m×4.7m（长×宽×高），重量为180t；另外蜗壳带座环分瓣，重约35t，外形尺寸7.8m×2.7m×4.6m（长×宽×高）；还有水轮机顶盖，重约108t，外形尺寸为$\phi$6.8m×1.6m（直径×高）。上述机组设备从国外进口，从海上运至大连港，上岸后沿大连→丹东→长甸公路运至工地。大连至丹东路况比较好，可以满足大件运输要求，丹东至工地为三级公路，其间有多座桥梁标准不够，需采取临时加固或修建临时便道等措施解决。设备运输可采用多轴、全液压，自动转向的大型平板车进行运输。

荒沟抽水蓄能电站大件设备经柴河、双桥村、板桥村运至工地现场，运距115km。其中柴河—双桥段为林业一级公路，建于1994年，路面为砂石路面，路宽7.5米，路况良好，沿途共有桥梁10座，涵洞226座。桥梁通过正常载重车辆不存在问题，但当通过大件运输车辆时，需采取临时措施。对于宽4.5m的桥梁，已不能满足大件通过要求，拟采取修建临时道路措施，同时应安排大件在枯水季节运输。对于桥宽在7m以上的桥梁，拟采取临时加固的办法，即在桥面上铺装方木，方木上再铺设工字钢，工字钢上铺设钢板。

敦化抽水蓄能电站工程最重件为主变压器，单相单件运输重量约225t，共4件；最高件为球阀和尾水管肘管，运输尺寸分别为3.5m×6m×4.5m和7.5m×6m×4.5m；最长件为主厂房桥机大梁，运输尺寸24.0m×2.0m×2.5m，共4件；最宽件为蜗壳座环分瓣尾水管肘管、尾水管尾段，运输尺寸分别为11m×6m×3m、7.5m×6m×4.5m、8m×6m×4m。根据重大件运输参数、来源，以及电站周边的交通运输状况，将铁路运输重大件设备尺寸应控制在二级超限范围内，先由铁路运至敦化火车转运站，转汽车运达工地。对于运输尺寸超出火车运输二级超限范围的重大件，采用船舶结合汽车运输方式：先由船舶水运至营口港鲅鱼圈港区，再转汽车运达工地。金属结构都可以分片进行运输，而且能保证其运输尺寸均在汽车和铁路运输的一级超限范围之内。因此先由铁路运至敦化火车站，再转汽车运达工地。

## 第二节　施工场内交通

### 一、施工场内交通布置

抽水蓄能电站建设过程中，施工场区内土石方和建筑材料运输量巨大，作为工程建设期间工地内部各工区之间运输保障的重要环节——施工场内交通，对工程顺畅有序实施具有重要作用。

施工场内交通分为两类：即仅为施工需要设置、工程竣工后即废弃的临时运输线路和在满足施工需求的同时，可以作为运行期场内永久交通的永临结合道路。临时运输线路包括连接大坝基坑、地下工程施工支洞、当地材料料场、堆弃渣场、施工工厂、施工导流设施、生产及生活区的临时道路。场内永临结合路包括上坝公路、环库过坝公路、连接各主体建筑物的场内联络公路。

施工场内交通线按照不同用途通常有开挖出渣线、运料线、坝体施工线，以及为解决各工区之间生产、生活区间的人员交通和设备物资的储存、中转、集散以及为工地消防救护设置的场内交通线等。此外，为施工庞大的地下工程洞室群还需建设大量的地下施工通道，如引水隧洞上下部施工支洞、尾水隧洞系统施工支洞和地下厂房系统施工支洞等。

应结合工程施工总布置及施工总进度要求，进行施工场内交通布置。线路规划应考虑永久公路与临时公路相结合，前期与后期相结合，避免重复建设造成投资浪费。

场内交通系统应以便捷的方式与对外交通衔接，场内交通应以公路运输方式为主，部分专用物资的运输经过技术经济比较，也可采用其他运输方式。场内交通采用公路运输时，应遵循以下原则布置：

(1) 场内永久公路及主要干线公路的防洪标准应符合有关标准要求。

(2) 场内非主要干线的临时道路（包括施工上坝道路、下基坑道路、联系施工支洞和作业面及工区间的临时道路），受地形地质条件限制时，在满足运输安全和施工要求的前提下，其部分技术指标可以适当降低。

(3) 场内施工交通应在分析计算施工期运输量和运输强度的基础上，结合地形地质条件和施工总布置进行统筹规划，在满足施工运输要求的前提下，根据道路里程、工程量、造价、运行维护费用及主要物流方向等因素综合比较确定场内交通布置。

## 二、施工场内交通特点

施工场内交通运输具有运输量大、运距短、运输效率低、单向运输突出、物料流向明确等特点，同时受施工进度控制，运输强度不均衡，对运输保证率要求较高。随着主体建筑物施工结束，大部分场内交通公路将失去使用价值。

国内抽水蓄能电站施工场区运输均以公路为主。公路线路可以在地面坡度较陡的情况下进行布置，爬坡能力高，容易进入施工现场，便于联系高差大、地形复杂的施工地点和场地；易于适应抽水蓄能电站所具有的高差大、地形复杂、天然山坡陡峻的不利条件，同时公路运输可以达到较高的运输量。

施工场内公路一般急弯、陡坡较多，且行车速度低、运输距离相对较短，行走时间亦较短。车辆装卸时间在一次周转时间中所占比重较大，因此线路通过能力多为装卸时间所控制。线路迁建较多，土料场、砂石料场及出渣线路经常随料场的开采和卸料面的变化而调整。坝区线路需适应基坑施工初期到大坝完工各阶段的需要，有时尚需随坝体升高，按不同高程分期形成。基于以上原因，在场内公路设计中，常常要在有限的范围内解决较大的高差和较复杂地形的运输问题，故当布置场内交通的空间受限，地形较复杂时其平面线形和纵断面的技术指标可以适当降低。其等级和技术标准应满足《厂矿道路设计规

范》（GBJ 22—87）和《水电工程施工组织设计规范》（DL/T 5397—2007）中的相关规定。场内道路等级的采用要有一定的灵活性，应根据枢纽工程等级、道路性质、使用功能、道路服务年限、年运量、车型、行车密度、地形条件、行车安全、环保要求、经济合理等因素综合考虑是否提高和降低道路等级。

## 三、场内主要施工道路设计

场内主要施工道路是指连接主体建筑物施工区、料场、渣场、施工工厂、仓储系统、生活区及对外接线等运量相对较大的场内道路。其中，连接主体建筑物和对外公路的施工道路可作为场内永久道路保留使用。

抽水蓄能电站工程主要施工道路在施工不同时段所承担的任务、交通量、主导车型等方面相差悬殊。因此，场内道路等级主要根据年运量或单向小时行车密度划分为一级、二级、三级三个公路等级。在工程施工期间，场内通行车辆多以大型工程车辆为主，道路承受的荷载较大，行车速度较低。一般抽水蓄能电站工程场内道路以节省投资、满足需要为原则，路线线性标准较低。

抽水蓄能电站多建于地势陡峻的山岭重丘区，车速一般为 20km/h。按照相关标准，山岭重丘区三级公路的路宽为 6m（按照车宽为 2.5m 的载重汽车考虑）。由于电站施工期场内交通以大型工程车为主、车宽度较大，如汽-40、汽-60、汽-80 的车宽分别为 3m、3.5m、4m，所以在确定行车道宽度时需采用《厂矿道路设计规范》（GBJ 22—87）、路宽分别为 8m，9.5m 和 10.5m，两侧各设土路肩。从节约投资方面考虑，允许场内施工道路分路段采用不同的车道数。

抽水蓄能电站场内公路的设计洪水频率为 10、25 或 50 年一遇，但部分场内公路的设计洪水标准远高于此，原因在于场内公路除满足相应等级的洪水标准外，还要满足电站构筑物对公路的要求。

场内交通道路的宽度设置，在满足使用功能的前提下，尽量设置较小的宽度，可考虑设置单车道加避车道的形式。

交通量极小、地形地质条件又比较复杂的场内道路，如通往调压室、通风竖井等建筑物的支路，其技术指标可适当调整。

场内道路路基宽度采用 4.5m 时，应在不大于 300m 的距离内选择有利地点设置错车道，并使驾驶者能看到相邻两错车道之间的车辆。设置错车道路段的路基宽度应不小于 6.5m，有效长度应不小于 20m。

场内道路路基设计应重视排水设施与防护设施的设计，取土、弃土应进行专门设计，防止水土流失、堵塞河道和诱发路基病害。路基应根据道路功能、道路等级、交通量，结合沿线地形、地质及路用材料等自然条件进行设计，保证其具有足够的强度、稳定性和耐久性。路基断面形式应与沿线自然环境相协调，避免因深挖、高填对其造成不良影响。抽水蓄能电站场内道路路基排水设计应防、排、疏结合，并与路面排水、路基防护、地基处理以及特殊路基地区（段）的其他处治措施相互协调，形成完善的排水系统。排水设计中，降雨重现期应为 10 年，排水沟设计断面最小净尺寸（宽×高）为 300mm×250mm。场内路基填料选择宜结合抽蓄电站主体工程施工料场，尽量不新增料场。填料的各项技术指标应符合相关的技术规范和标准的规定。土石方平衡应与主体工程统筹考虑。

场内道路路面设计，应根据抽水蓄能电站道路性质、使用要求、交通量及其组成、自然条件、材料供应、施工能力、养护条件等，结合路基进行综合设计，并应参考条件类似的抽水蓄能电站道路的使用经验和当地经验，提出技术先进、经济合理的设计；应根据抽水蓄能电站不同时期的使用要求、交通量发展变化、基本建设计划及投资等，按一次建成或分期修建进行设计。行驶一般载重汽车（包括一般自卸汽车）的道路路面设计，应按现行的有关公路路面的设计规范执行。主要行驶重型自卸车的抽水蓄能电站道路，应以主要重型自卸汽车为标准车。行驶多种重型自卸汽车的道路，应以后轴重最大的主要重型自卸汽车为标准车。当少量重型自卸汽车与较多其他各类汽车混合行驶时，宜以其他各类汽车中后轴重最大的汽车为标准车。路面面层类型通过技术经济论证可选择沥青混凝土或水泥混凝土路面，永临结合的道路在施工期应采用水泥混凝土面层，交通量极小的场内道路可采用砂石路面或泥结石路面。穿越（或邻接）坝区、电站的道路和单车道场内道路的路拱形式，可采用单向直线型路拱。柔性路面结构层可由面层、基层、底基层、垫层等多层结构组成。各类道路应根据具体情况设置必要的结构层，但是，对相当于三、四级公路标准的道路最少也不得低于两层，即面层和基层。

场内道路桥涵设计，应根据抽水蓄能电站道路性质、使用要求和将来的发展需要，按经济适用、安全美观的要求设计；必要时应进行方案比较，确定合理的方案。桥涵型式的采用，应根据地形、地质、水文等情况，并符合因地制宜、就地取材、便于施工和养护的原则。在设计时，应适当考虑农田排灌的需要，对靠近村镇、城市、铁路、公路和水利设施的桥梁，应结合各有关方面的要求，适当考虑综合利用，同时考虑管线布设和大件运输的需求。

抽水蓄能电站道路，当地形、地质、水文、施工等条件适宜且经过技术经济比较确定为合理时，应优先采用隧道。隧道设计应根据抽水蓄能电站道路性质、使用要求，按适用、经济、安全的要求设计，并应进行方案比较，确定合理的方案。高边坡超过 30m 的应进行隧道方案比选，对环境保护有特殊要求的路段宜优先采用隧道方案。

抽水蓄能电站道路相互交叉，进场道路与各级公路交叉，宜采用平面交叉。采取多种措施仍不能满足通行能力或保证交通安全要求时，应考虑采用互通式立体交叉。平面交叉范围内两相交道路应正交或接近正交，且平面线形宜为直线或大半径圆曲线，不宜采用需设置超高的圆曲线。当需要斜交时，交角不宜小于 70°，上下库连接道路、场内道路受地形限制时，交角或适当减小；若交角过小，则次要道路在交叉前后一定范围内应作局部改线。抽水蓄能电站道路与管线（包括管线支架）、渡槽、平台、通廊等交叉时，应符合抽水蓄能电站道路建筑限界的规定，并不得损害道路的结构和设施。

寒冷地区几个抽水蓄能电站的场内主要道路特性见表 58－3。

**表 58－3　　抽水蓄能电站场内主要道路特性表**

| 工程名称 | 道路名称 | 道路等级 | 荷载标准 | 路面宽度 | 路面结构 |
|---|---|---|---|---|---|
| 蒲石河抽水蓄能电站 | 至上水库坝坝头公路 | 场内三级 | 汽－20，挂－100 | 8.0m | 混凝土路面 |
| | 上水库环库公路 | 场内四级 | 汽－20，挂－100 | 6.5m | 沥青混凝土路面 |
| | 黄草沟至下库坝公路 | 场内三级 | 汽－20，挂－100 | 8.0m | 混凝土路面 |
| | 黄草沟至于家堡子公路 | 场内三级 | 汽－20，挂－100 | 8.0m | 混凝土路面 |

续表

| 工程名称 | 道路名称 | 道路等级 | 荷载标准 | 路面宽度 | 路面结构 |
|---|---|---|---|---|---|
| 荒沟抽水蓄能电站 | 上下水库联系路 | 场内三级 | 公路Ⅱ级 | 6.5m | 混凝土路面 |
| | 环库路 | 场内四级 | 公路Ⅱ级 | 6.5m | 混凝土路面 |
| | 库底检修公路 | 场内四级 | 公路Ⅱ级 | 4.5m | 混凝土路面 |
| | 引水调压井顶部公路 | 场内四级 | 公路Ⅱ级 | 6.5m | 混凝土路面 |
| | 开关站公路 | 场内三级 | 公路Ⅱ级 | 6.5m | 混凝土路面 |
| | 至永久生活营地公路 | 场内三级 | 公路Ⅱ级 | 6.5m | 混凝土路面 |
| | 至#4施工支洞进口公路 | 场内四级 | 公路Ⅱ级 | 6.5m | 混凝土路面 |
| | 至爆破器材库道路 | 场内三级 | 公路Ⅱ级 | 6.5m | 混凝土路面 |
| 敦化抽水蓄能电站 | 至上水库引水调压井平台 | 矿山三级 | 汽-30级 | 6.5m | 混凝土路面 |
| | 至尾水检修闸门井平台 | 矿山三级 | 汽-40级 | 6.5m | 混凝土路面 |
| | 至开关站平台 | 矿山三级 | 汽-30级 | 6.5m | 混凝土路面 |
| 丰宁抽水蓄能电站 | 至引水调压井平台公路 | 场内四级 | 公路Ⅱ级 | 3.5m | 混凝土路面 |
| | 下水库右岸环库公路 | 场内四级 | 公路Ⅱ级 | 6.0m | 混凝土路面 |
| | 下水库拦河坝公路 | 场内四级 | 公路Ⅱ级 | 6.0m | 混凝土路面 |
| | 至开关站公路 | 场内四级 | 公路Ⅱ级 | 6.0m | 混凝土路面 |

## 第三节　寒冷地区施工交通

### 一、寒冷地区施工道路设计要点

寒冷地区冬季漫长、气温低且降雪量大，路面积雪在车轮碾压作用下易形成冰面，导致汽车行驶和控制条件变差。因此，寒冷地区抽水蓄能电站冬季施工时，道路运输安全必须予以高度重视。

在新建公路选线时，首先应尽量考虑将线路布置在阳坡上，以尽可能减少冬季冰雪路面的影响长度。由于冰雪路面附着系数低、容易造成溜坡，道路纵坡对冬季施工道路交通安全亦有较大影响，故在《厂矿道路设计规范》（GBJ 22—87）中规定：寒冷冰冻、积雪地区，道路纵坡不应大于8%。同时，《公路工程技术标准》（JTGB 01—2014）中规定：积雪冰冻地区路线最大超高值不大于6%；路面结构应具有一定的厚度以防冻害，路面结构层防冻厚度应符合表58-4的规定。

路基是路面结构的基础。气候环境、水和地质等因素对寒冷地区公路的路基长期性能影响较大，如果采取的工程措施不当，易产生较为严重的路基病害，因此，寒冷地区路基设计要与路基病害防治相结合，遵循预防为主、防治结合的原则，做好路基结构、填料选择、路基处理、防排水及防护等综合设计。在设计中应进行多方案技术经济比较，因地制宜，采取有效的工程处理措施，控制环境变化对路基的影响，防治路基病害。

表 58-4　　水泥混凝土路面结构层最小防冻厚度

| 路基干湿类型 | 路基土类别 | 当地最大冰冻深度/m | | | |
|---|---|---|---|---|---|
| | | 0.50～1.00 | 1.00～1.50 | 1.50～2.00 | >2.00 |
| 中湿路基 | 易冻胀土 | 0.30～0.50 | 0.40～0.60 | 0.50～0.70 | 0.60～0.95 |
| | 很易冻胀土 | 0.40～0.60 | 0.50～0.70 | 0.60～0.85 | 0.70～1.10 |
| 潮湿路基 | 易冻胀土 | 0.40～0.60 | 0.50～0.70 | 0.60～0.90 | 0.75～1.20 |
| | 很易冻胀土 | 0.45～0.70 | 0.55～0.80 | 0.70～1.00 | 0.80～1.30 |

寒冷地区冬春交替时节，路面积雪白天融化、夜晚结冰，如果道路排水不畅，路基含水量大，则会出现道路翻浆现象，影响车辆正常行使。因此，寒冷地区路基排水系统应作为设计重点加以考虑，排水系统包括路面横坡、排水管、渗沟、边沟、排水沟及截水沟等。同时，应注意了解掌握路基土体冰冻深度及冻胀性能等相关资料，分析冰冻对路基的影响，保证路基有足够的强度和稳定性承受路面车辆载荷的作用。对寒冷地区湿类、潮湿类和过湿类路基，为防止路基冻胀，当冰冻线深度达到路基下的冻胀土层时，应在冻胀土层顶部应设置防冻垫层，或用不冻胀土置换冰冻深度范围内的冻胀土，置换材料可选用砂、砂砾或碎石等粗粒料。

寒冷地区的公路涵洞冻融破坏多集中在涵洞进出口及洞身中部，破坏形式主要为进出口挡墙受冻胀土体挤压发生变形；洞身接缝受冻张开，使路基土体易受淘刷发生失稳变形。工程中多采用换填法作为涵洞基础的防冻措施，即用粗砂、碎石等粗粒径料置换天然地基的冻胀土，以消除地基的冻胀危害。

## 二、寒冷地区交通隧洞排水设计

受山体地下水影响，寒冷地区交通隧道表面会出现返潮、渗水、结冰等现象，造成隧道衬砌混凝土的钙质流失和冻融破坏，对隧道衬砌的耐久性带来不利影响。

交通隧道设计是按照《公路隧道设计规范》(JTGD 70—2004)，对于地下水量较丰富隧道的排水措施，主要是在路面结构下设置纵向中央排水沟（管）集中引排地下水；并将衬砌背后地下水经横向导水管引入中心排水沟内（见图 58-1）。

通过工程实践证明，该排水措施有以下不足：

(1) 中央排水沟（管）埋深较大，施工占直线工期，且施工困难，并有可能影响边墙和隧道的稳定。

(2) 路面施工环节多、工艺复杂，施工工期较长。

(3) 工程量大、造价高。

(4) 需设置沉砂池及检查井，清淤时影响交通，运行管理不方便。

建议在地下水较为丰富的寒冷地区，交通隧洞可采用减压排水孔的方式取代中心排水沟。

该措施是在隧道开挖完成后，在路基地下水出露位置以及路基断层、破碎带、裂隙和节理发育等部位的路面下部铺设排水盲管及对应路基两侧排水沟内打一定深度排水孔减压排水，将地下水引至两侧边沟内，而衬砌背后的地下水则通过预埋的环向排水盲管排至两

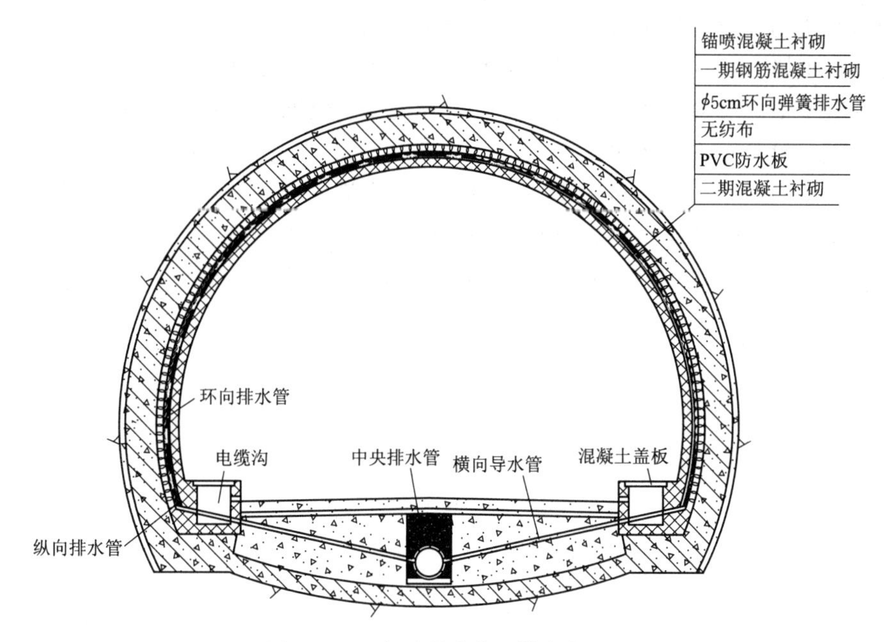


图 58－1　交通隧道典型排水断面图

侧边沟内集中排出洞外。

该措施的优点是减少了路面施工环节，即取消了路面设置的中心排水沟（管）和路面下预埋的横向系统排水管，简化了路面施工程序，减少了工程量，缩短了工程施工工期。该方案已在蒲石河抽水蓄能电站对外交通隧洞设计中采用，且效果良好（见图 58－2）。

## 三、工程实例

蒲石河抽水蓄能电站对外交通隧道总长 2010.24m、最大纵坡 2.55%，隧道横断面采用单心圆断面，行车道宽 8m、混凝土路面，两侧人行道宽各为 1m，最大开挖洞径 13.10m。隧道采用曲墙式衬砌，Ⅲ类围岩段设仰拱，Ⅳ类、Ⅴ类围岩段采用锚喷衬砌，进出口段Ⅲ类围岩及地质条件复杂洞段采用复合式衬砌。

交通隧道施工过程中，洞顶、边墙和底板均出现了多处集中渗漏点，对于基础渗漏点设计采用防水混凝土总体封闭、排水管集中引排至两侧排水边沟；对于洞顶和边墙的渗漏点采用 PVC 板封闭，增设软式排水管引

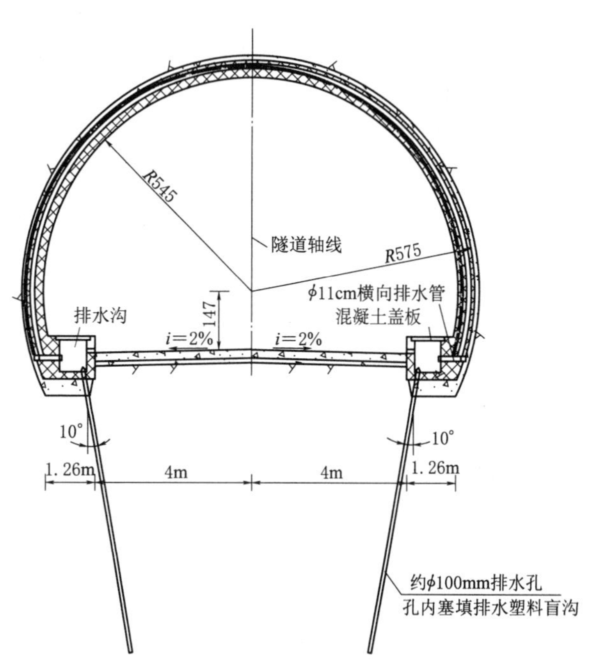


图 58－2　交通隧道减压排水孔式排水断面图

排至两侧排水边沟；上述措施解决了施工期排水问题。

在交通隧道施工时，将顶拱与侧壁漏水点的引排水管引至两侧边沟内，直接埋在路基回填埋石混凝土中。交通隧道实际运行中，发现混凝土路面多处渗水现象，导致冬季局部路面结冰严重，给行车安全带来影响。

为解决以上问题，设计人员提出在路面两侧排水沟内向路基中心打斜向排水孔，将地下水通过排水孔引到两侧排水沟并排至洞外，排水孔间距根据现场实际效果进行确定，最小孔距为1.0m。此方案实施后对解决洞内渗漏结冰等问题效果极佳，为丰富寒冷地区交通隧洞排水设计方案积累了经验。

# 第五十九章　工程施工进度与工期

## 第一节　工程建设周期与工期

根据《水电工程施工组织设计规范》（DL/T 5397—2007）和《抽水蓄能电站设计导则》（DL/T 5208—2005）的相关规定，国内抽水蓄能电站工程建设周期划分与常规水电站相同，分为工程筹建期、工程准备期、主体工程施工期和工程完建期四个阶段。工程总工期为后三个阶段工期之和。根据需要，有些工程准备期和主体工程施工期的工程建设项目可同时进行。有些工程前期建设条件较好，可以不需要留出工程筹建期，直接进入工程准备期建设，如分期开发的二期工程建设等。

### 一、工程筹建期

工程筹建期是从工程核准立项后开始，直到至场外筹建工作结束、场内准备工程开始时为止。在此期间，由项目业主委托的建设单位组建工程筹建机构，负责开展施工征地移民、选择监理单位、进行招标、评标、签订相关施工合同，争取提前开展施工对外交通、供水、供电、通信等四通一平项目建设，为工程承建单位进场开工创造条件。

由于抽水蓄能电站地下洞室系统规模庞大，厂房通风洞、交通洞以及部分施工支洞往往成为场内交通干线的一部分，并属于关键线路工程，对工程总工期起着控制作用。因此，为了节省工期，有的抽水蓄能电站将厂房通风洞、交通洞及部分施工支洞工程提前安排在工程筹建期内开始实施。

根据国内已建抽水蓄能电站经验，工程筹建期大多在12～18个月。筹建期工程主要在露天环境下施工，受气候影响较大，北方寒冷地区每年净工作时间相对较少，筹建期工程工期相对要长，一般为18～24个月。

### 二、工程准备期

工程准备期是从土建工程施工承建单位按合同规定进场，开始场内准备工程之日起至主体工程开始施工时止。工程准备期内主要任务是：完成地下厂房顶部通风洞、进场交通洞、其他施工支洞及施工导流工程；进行场内交通、供水、供电、通信、施工工厂、临时房屋、砂石加工系统和混凝土拌和系统等临时施工设施建设及施工区场地平整，为主体工程开工创造条件。

由于地下厂房系统是控制整个工程施工工期的关键线路，为地下厂房工程施工提供交通条件的厂顶永久通风洞、进场交通洞和其他控制主体施工进度的前期项目，就成为控制准备期的关键施工项目，应统筹合理安排，确保按期完成。

国内已建抽水蓄能电站工程准备期一般为6～12个月。

抽水蓄能电站与常规水电相比，具有土建工程量小、前期筹建准备工程规模较小和周期短，在项目安排上有所搭接等特点。因此，工程筹建、准备期界限往往不太清晰，通常结合在一起统筹考虑，整个前期筹建及准备期工作一般安排1～2年时间，具体时间根据当地自然条件、工程施工总工期要求和施工条件确定。

## 三、主体工程施工期

抽水蓄能电站建设的关键线路一般为：施工征地与移民→场内交通工程→厂顶永久通风洞（主厂房顶拱开挖施工支洞）→厂房顶拱开挖及支护→岩壁吊车梁施工→厂房中、下部开挖及支护→厂房一、二期混凝土浇筑及机组埋件→首台机组安装→无水及有水调试→试运行及投产发电→后续机组投产发电→工程竣工。

抽水蓄能电站主体工程施工期一般是从关键线路上的主体工程（厂房、大坝或引水道）施工开始，至第一台机组开始投产为止。该阶段主要任务是进行主体建筑物的土建施工、金属结构制作与安装及机电设备安装调试等，工程形象面貌要满足第一台机组发电的要求。

由于抽水蓄能电站工程的枢纽建筑物组成和布置基本相同，工程规模也大体相同，因此主体工程工期一般安排为52～60个月之间。寒冷地区抽水蓄能电站的主体工程工期较非寒冷地区抽水蓄能电站受外界自然环境的影响相对要长一些。

蒲石河抽水蓄能电站主体工程施工施工期为：第一年7月初主体工程开工（厂房通风洞开始开挖），第二年4月初上库坝开始填筑及趾板混凝土浇筑，下库坝右岸重力坝段混凝土开始浇筑，11月中旬下库坝河道截流，第三年末上库坝填筑结束，第五年5月末下水库坝导流底孔封堵，第五年8月末上水库坝导流洞下闸封堵，第六年3月底首台机组发电。主体工程施工期为57个月。

荒沟抽水蓄能电站第一台机组具备发电条件工期为第二年7月至第七年3月，共57个月，其中主副厂房开挖24个月、厂房首台机组一、二期混凝土浇筑及埋件安装13.5个月，首台机组安装调试施工21.5个月（与混凝土施工重叠2个月）。

敦化抽水蓄能电站主体工程施工期为：从第2年1月至第6年6月，共54个月。主体工程施工期内基本完成上下水库拦河建筑物、引水系统、厂房及金属结构安装工作，同时完成上、下水库初期蓄水，第1台机组安装、调试及发电。

## 四、工程完建期

工程完建期以第一台（批）机组投入运行或工程开始受益为起点，至工程竣工为止。工程完建期主要完成后续机组的安装调试，挡、泄水建筑物及引水发电建筑物的剩余工作，以及导流建筑物的封堵等。抽水蓄能电站完建期任务主要以后续机组的安装调试和建筑物的尾工为主。

根据目前国内已建抽水电站机组安装实例，后续机组投产运行的时间间隔为3～4个月，工程完建期一般为1～2年。

# 第二节　主体工程施工进度与工期

## 一、上、下水库工程施工进度与工期

抽水蓄能电站的上、下水库与常规水电站相比，库容及坝体工程量均相对较小，一般属非关键线路工程，上、下水库施工工期主要考虑满足机组充水调试及蓄水要求进行安排。在江河上新建上、下水库的工程，其施工控制工期既为拦河坝的建设工期。非依托江河而建的抽水蓄能电站上、下水库，建设工期既为水库库盆开挖、坝体填筑、坝体填筑沉降期及防渗工程施工工期之和，沉降期一般安排 4～6 个月。

### （一）上、下水库开挖与坝体填筑

1. 开挖工期

开挖工期受工程施工条件、工程规模、渣料挖填调配方式、工期要求及施工设备配置影响较大。上、下水库坝基和库盆开挖一般根据开挖深度、开挖工作面尺寸、开挖量和拟定的开挖出渣方法，以及土石方挖填平衡调配要求，估算可能达到的开挖强度，并参考已建工程开挖强度指标，确定开挖工期。

国内已建抽水蓄能电站上、下水库土石方开挖施工强度通常在 20 万～60 万 $m^3$/月的水平，工期安排可根据总进度要求和施工强度进行计算，一般安排 1～3 年的时间。

2. 填筑工期

坝体及库盆填筑工期安排与开挖施工同样受工程施工条件、工程规模、料源、采运条件及施工设备配置等因素影响和制约。国内已建抽水蓄能电站堆石坝填筑强度一般在 20 万～50 万 $m^3$/月，工期安排在 1～2 年时间，填筑工期安排中，通常与开挖工期平行交叉安排，以提高库盆开挖料直接上坝的利用率。

位于寒冷地区的抽水蓄能电站，冬季上、下水库工程在施工工期安排上受气候影响较大，人员和施工机械设备的工效都受到一定限制，对坝体填筑的施工影响要大于对开挖的影响，因此寒冷地区的上、下水库工程工期要长，水库初期蓄水和第一台机组有水调试时间应尽量避免安排在冬季结冰期。

### （二）库盆防渗工程施工工期

非依托江河而建的抽水蓄能电站上、下水库都有库盆防渗的要求。对利用山沟筑坝形成的天然库盆，主要采取帷幕灌浆方式封闭库周，其施工不占用直线工期。对通过开挖和填筑形成的人工库盆，主要采用沥青混凝土面板、钢筋混凝土面板和几种防渗材料综合等防渗形式，其施工需占用水库建设直线工期，工期安排须按蓄水时间要求，与库盆开挖及坝体填筑施工和库盆充水试验统筹考虑。

全库盆沥青混凝土防渗面板施工具有摊铺量大、施工技术水平要求高及施工受气象条件影响大、有效施工时间短等特点，工期安排中要充分考虑雨季和冬季的停工影响。北方寒冷地区根据工程耐久性方面的要求，全库盆防渗更适宜采用钢筋混凝土面板防渗形式。与沥青混凝土防渗面板施工相比，钢筋混凝土面板具有施工技术较成熟、简便，施工受气候条件影响小等特点，工期安排同样要考虑冬季的停工影响。综合防渗规则，根据地形地址条件、环境温度及建筑材料特点，因地制宜对库岸、库底、坝体和坝基采用不同防渗材料组合，其施工程序虽较为复杂，但适应性较强，施工进度一般较单一防渗形式的施工工期略长，在工程上采用逐渐增多。南方地区库盆防渗工程施工工期一般为6～9个月，北方寒冷地区受冬季停工影响，施工工期一般为9～16个月。

## 二、地下厂房工程施工进度与工期

抽水蓄能电站地下厂房洞室跨度大、洞室交叉多，施工程序复杂，各工序间的协调要求较高，因此，厂房土建工程一般是控制发电工期的关键项目。在厂房施工进度安排上应当以关键工序节点为控制点，统筹分析各工序的时间安排，实现平行、交叉作业，以加快厂房的施工进度，为机电设备尽早安装创造条件。

根据国内已建工程经验，依据工程规模及地质条件的复杂程度，地下厂房开挖工期一般为20～24个月（含岩锚吊车梁施工2～3个月），厂房首台机组一、二期混凝土浇筑及机组埋件安装工期一般为12～15个月。

## 三、水道系统长斜（竖）井施工进度与工期

抽水蓄能电站高水头、大机组的发展趋势，决定了水道系统的斜（竖）井长度、高度以及施工的技术难度通常要比常规水电站大很多，一般是控制发电工期的次关键项目。在安排长斜（竖）井施工工期时，应在施工方法研究和施工通道布置的基础上，以减少对关键线路工程的影响、满足机组有水调试要求为目标，进行合理安排。同时，水道系统施工临时通道的封堵及灌浆施工应安排在机组充（排）水试验前3～6个月完成，使水道系统有足够的充（排）水试验和消缺时间。

### （一）长斜（竖）井开挖工期

目前，国内抽水蓄能电站水道系统长斜（竖）井开挖施工，采用反井钻机、阿力马克爬罐等设备开挖导井，然后自上而下分层扩挖支护的施工技术已比较成熟。据已建工程数据统计，斜井长度为500～600m时，若设有中平段或中支洞，采用爬罐法施工反导井，平均月进尺可达50～80m，采用斜井台车人工手风钻光爆正井扩挖、支护，月进尺可达60～90m，综合开挖进尺40～80m，实际开挖总工期一般需1.5～2年。当斜井长度为700～800m时，其开挖支护工期一般需2～3年。

### （二）长斜（竖）井衬砌工期

（1）混凝土衬砌施工工期。混凝土衬砌施工是抽水蓄能电站施工的一个技术难点。目前，国内抽水蓄能电站水道系统长斜（竖）井混凝土衬砌施工一般均采用比较成熟的滑模施工工艺，月平均滑升速度一般都在150m以上。

（2）钢衬混凝土施工工期。高压斜井钢衬安装需要分节运输、洞内拼装并焊接，回填混凝土浇筑要穿插分段进行。目前，国内抽水蓄能电站钢衬安装通常采用的分节长度为6m左右，混凝土回填分段长度一般为6～24m。斜井内钢衬焊接全部采用手工作业方式，工作空间狭窄、作业环境较差。在已建成的抽水蓄能电站中，16MnR钢衬安装及混凝土回填施工，月平均进尺可达40～50m。高等级调质合金钢钢衬安装及混凝土回填施工，月平均进尺在20～35m。

## 四、寒冷地区抽水蓄能电站水道系统工期

寒冷地区抽水蓄能电站由于受冬季气温较低的影响，隧洞衬砌混凝土强度上升较慢，每个衬砌段的施工周期较暖季要长，尤其是对竖井和斜井衬砌混凝土的影响更为明显。因此在安排工期时，应尽量避免在寒冷的冬季进行竖井和斜井混凝土衬砌施工。

国内寒冷地区抽水蓄能电站工程如蒲石河、荒沟等电站引水隧洞及斜（竖）井的施工多采用阿立马克爬罐、反井钻机、多臂钻、钢模台车和滑升模板等常规设备施工，平洞及斜（竖）井的施工进尺见表 59-1。

**表 59-1　　寒冷地区抽水蓄能电站输水系统开挖及混凝土衬砌进尺指标参考表**

| 电站名称 | 施工部位 | 开挖 | | 混凝土衬砌 | | 备注 |
|---|---|---|---|---|---|---|
| | | 断面面积/$m^2$ | 进尺/(m/月) | 衬砌厚度/m | 进尺/(m/月) | |
| 蒲石河 | 引水平洞 | 126 | 60 | 0.6～0.7 | 60 | |
| | 斜井 | 126 | 40～60 | 0.6 | 55 | |
| 荒沟 | 引水平洞 | 50 | 90～100 | 0.6～0.8 | 60～80 | |
| | 斜井 | 50 | 30～50 | 0.6 | 30～50 | |

## 五、水道系统充水试验时间

抽水蓄能电站水道系统充水试验采用分段、多级充水方式进行。引水压力管段根据设计水头常按 25～150m 分级，采用钢板衬砌分级高度可取大值，采用钢筋混凝土衬砌宜取小值，随着水头高度加大分级高度应逐渐减小。充水试验时，水位上升速度应控制在 10m/h 以下，每级稳压 48h 以上；最后一级平库水位后，要稳压 72h 以上。

引水压力管道（高压隧洞）排空速度，取决于外水压力作用下的管道稳定性，充排水试验中的外压应小于管道的设计外压，放空速度按此控制。排水试验分级与充水试验分级相同，排水速度通常控制在每小时水位下降 2～4m。

尾水及蜗壳系统充水试验通常分 2～3 级进行，第一级为尾水隧洞与尾水调压井，利用下水库进/出水口的充水阀为尾水系统充水，充至与下水库水位平齐后，稳压 48h 以上；第二级为机组转轮室及蜗壳等部位，利用尾水调压室事故门的充水阀，给下水库水位以下的尾水制支洞及机组转轮室、蜗壳充水，待充水部位的空气全部排出且平压后，稳压 72h 以上。

## 六、机组安装施工进度与工期

### （一）机组安装施工

抽水蓄能电站机组与常规水电站机组由于工作特性的差异，对安装工艺和技术标准要求更高，因此，机组安装施工工期相对要长。抽水蓄能电站机组安装施工进度，自锥管安装开始到机组安装完成一般需要 16～20 个月（含单项试验时间）。其中钢肘管纯安装工期为 1～3 个月，钢锥管纯安装工期为 0.5～1.0 个月，钢蜗壳安装工期为 1～2 个月（不含打压试验时间）。

**（二）机组调试**

抽水蓄能电站机组调试主要分为无水调试和有水调试两大类，有水调试包括发电工况及泵工况调试两部分。无水调试工期一般安排2～4个月，有水调试工期一般安排2～3个月。

## 第三节 工 程 实 例

### 一、蒲石河抽水蓄能电站工程

蒲石河流域地处半湿润季风气候区，冬季寒冷降水量很少，夏季炎热多雨，据气象资料统计，历年最高气温达35℃，最低气温－38.5℃，多年平均气温6.6℃，年降水量1100～1200mm，多集中在7、8月份。结合工程区域的水文气象资料和施工技术特点，露天场地的混凝土施工的有效时段为每年的4月至10月，地下洞室的混凝土施工可全年进行。

**（一）地下厂房及机电设备安装工程**

1. 地下厂房开挖施工工期安排

蒲石河抽水蓄能电站主厂房洞室（含副厂房）开挖尺寸为165.8m×22.7m×55.60m（长×宽×高）。根据工程计划安排，主体工程施工总进度计划为：自地下厂房顶拱2006年8月初开始开挖至2011年12月末最后一台机组（第4台）投入运行共历时65个月，其中从厂房顶拱开挖至第一台机组发电历时53个月，工程完建期12个月。主体工程关键线路工期为：地下厂房开挖→厂房一、二期混凝土浇筑→水泵水轮机组安装与调试→首台机组发电。

蒲石河抽水蓄能电站工程地下厂房开挖是地下系统施工的控制性关键项目，也是整个工程的控制性关键项目。对于厂房系统混凝土工程来说，首台发电机组高程－7.0m以下一期混凝土浇筑成为整个工程的关键。

地下厂房分为两部分，其中主厂房尺寸为140.20m×22.70m×55.60m（长×宽×高，其中安装间高31.40m），副厂房尺寸为25.60m×22.70m×31.40m（长×宽×高）。

控制工程工期的主机间，分7层开挖，每层高度6～9.5m。厂房上部开挖（即Ⅰ层和第Ⅱ层），高程38.60～22.70m、高15.90m，由通风洞出碴；高程22.70～7.10m为厂房中部开挖，高度为15.60m，分为Ⅲ、Ⅳ两层施工，利用交通洞出碴；高程7.10～－15.00m为厂房下部开挖，高度为22.10m。安装间和副厂房开挖宽度与主机间相同，但开挖总高度较小（仅31.50m），分4层开挖。

主机间和安装间开挖分层见图59－1～图59－3（图中高程单位为m，尺寸单位为cm）。

由图5－1～图5－3可见，厂房上部开挖（即Ⅰ、Ⅱ层），高程38.60～22.70m、高度为15.90m；高程22.70～7.10m为厂房中部开挖，分为第Ⅲ、Ⅳ两层；高度为15.60m；高程7.10～－15.00m为厂房下部开挖，分三层开挖，分两层开挖，即第Ⅵ～Ⅶ层，高度为22.10m。主厂房开挖工期安排见表59－2。

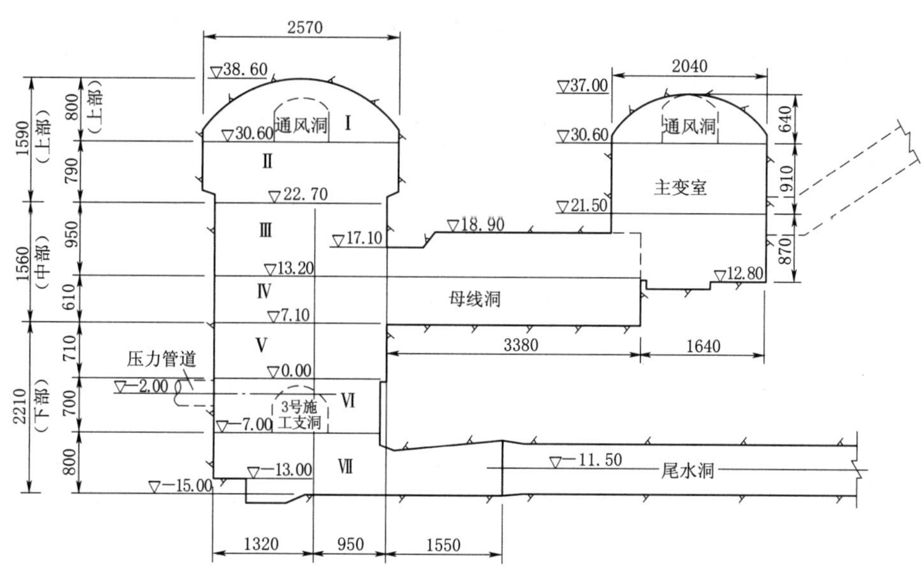


图 59-1　地下厂房主机间段开挖分层图（单位：高程，m；其他，mm）

主厂房地下洞室于 2006 年 8 月开挖，至 2008 年 6 月中旬结束，历时 22.5 个月，完成石方开挖 17.33 万 $m^3$。

由图 59-2 可见，安装间和副厂房段地下洞室开挖宽度与主机间相同，但开挖高度较主机间段小，仅分为 4 层开挖，即第Ⅰ层～第Ⅳ层。因此早于主机间近 6 个月（即 2007 年 11 月中旬）完成开挖并转入施工桥机安装和混凝土浇筑。

在实际施工过程中，由于受厂房交通洞塌方处理的影响，开挖工期有所延长，开挖工期约为 25 个月。

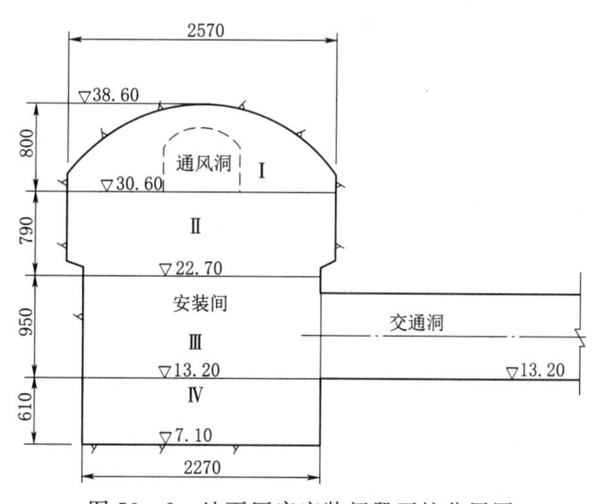


图 59-2　地下厂房安装间段开挖分层图

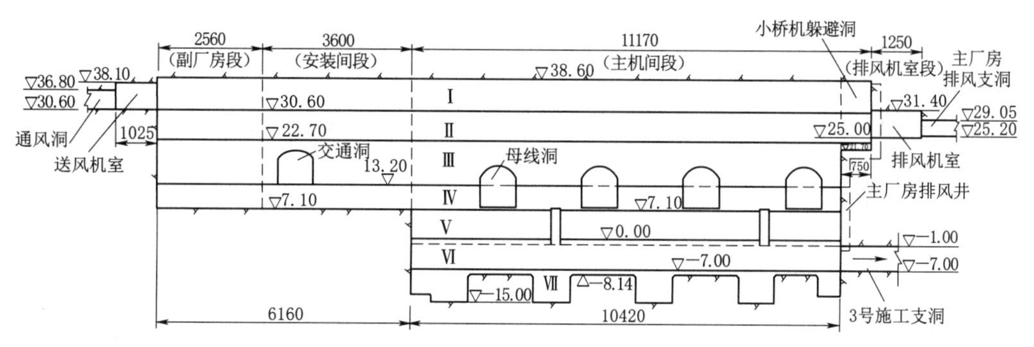


图 59-3　地下厂房开挖分层图（纵断面）

表 59-2　　主厂房开挖施工进度表

| 分层编号 | 高程/m | 开挖用时/月 | 开挖量/($10^4m^3$) | 出渣通道 | 备　注 |
|---|---|---|---|---|---|
| 第Ⅰ层～第Ⅱ层 | 38.60～22.70 | 9 | 6.47 | 通风洞 | 含与岩锚梁平行施工 3 个月 |
| 第Ⅲ层～第Ⅳ层 | 22.70～7.10 | 8 | 6.03 | 通风洞、交通洞 | |
| 第Ⅴ层～第Ⅶ层 | 7.10～－15.00 | 8 | 4.83 | 施工支洞、交通洞、尾水洞、施工支洞 | 与第Ⅴ层开挖搭接 2.5 个月 |

2. 厂房一、二期混凝土浇筑与机组埋件安装

对于厂房混凝土工程来说，首台发电机组的一期混凝土浇筑成为控制整个工程的关键。厂房一期混凝土主要是地下厂房底板、上下游边墙和机组尾水管混凝土，厂房二期混凝土为蜗壳、机墩、风罩以及各层楼板的混凝土，机组埋件主要有尾水管肘管钢衬、机组供排水以及部分电工一次、电工二次的埋件。水轮机埋件安装主要有：尾水管里衬、尾水锥管、底环、座环、蜗壳和机坑里衬等。埋件的供货期和安装期是制约厂房土建施工的关键。

厂房主机间一期混凝土施工于主机间开挖完成后的 2008 年 6 月中旬。结合尾水管钢衬和埋件安装，于 2008 年 9 月末浇筑首台机组的尾水管底板、肘管和扩散段混凝土，2008 年 12 月末完成首台机组一期混凝土施工。至 2009 年 3 月末，厂房一期混凝土浇筑全部结束。

首台机组的二期混凝土结合机组埋件安装于 2008 年 10 月中旬开始，先后进行尾水锥管安装及混凝土浇筑、座环支承墩及蜗壳支承墩混凝土浇筑和座环安装、蜗壳及机坑里衬安装及蜗壳混凝土浇筑、母线层混凝土浇筑和发电机层混凝土浇筑，至 2009 年 8 月中旬首台机组的二期混凝土浇筑全部完成。至 2010 年 3 月末，主副厂房的二期混凝土浇筑全部完成。

厂房一、二期混凝土浇筑及机组埋件安装流程见图 59-4。

根据施工进度安排，从安装首台机组的尾水管肘管段开始，至最后一台机组基坑里衬安装结束，机组埋件安装共历时约 14 个月。

3. 机电设备安装及调试

主机设备安装的主要项目是发电机定子、转子以及水轮机转轮等设备的安装。其中安装间工位的使用情况和设备交货期直接影响安装工程进度。

主机设备到货是主机设备安装的必要条件，而安装间楼板的形成和主桥机的投入使用也是主机设备安装的重要条件。

(1) 水轮机安装。水轮机安装的主要部件有转轮、止漏环、主轴、水导轴承、顶盖以及工作和检修密封设备、导轴承座、导叶控制环、减压孔、检查孔、排气孔与均压装置、止漏环和抗磨板等。

水泵底环和锥管安装及三期混凝土工期为 1 个月，水轮机安装于 2009 年 9 月初开始。2009 年 9 月初转轮吊入机坑内装配，2009 年 9 月末完成顶盖机坑内装配。

导水机构于 2009 年 10 月初开始装配，2009 年 10 月末完成。

主轴、水导轴承、接力器等安装于 2009 年 11 月初开始装配，2009 年 12 月末结束。在此期间发电机定子于 2009 年 11 月末吊入机坑。

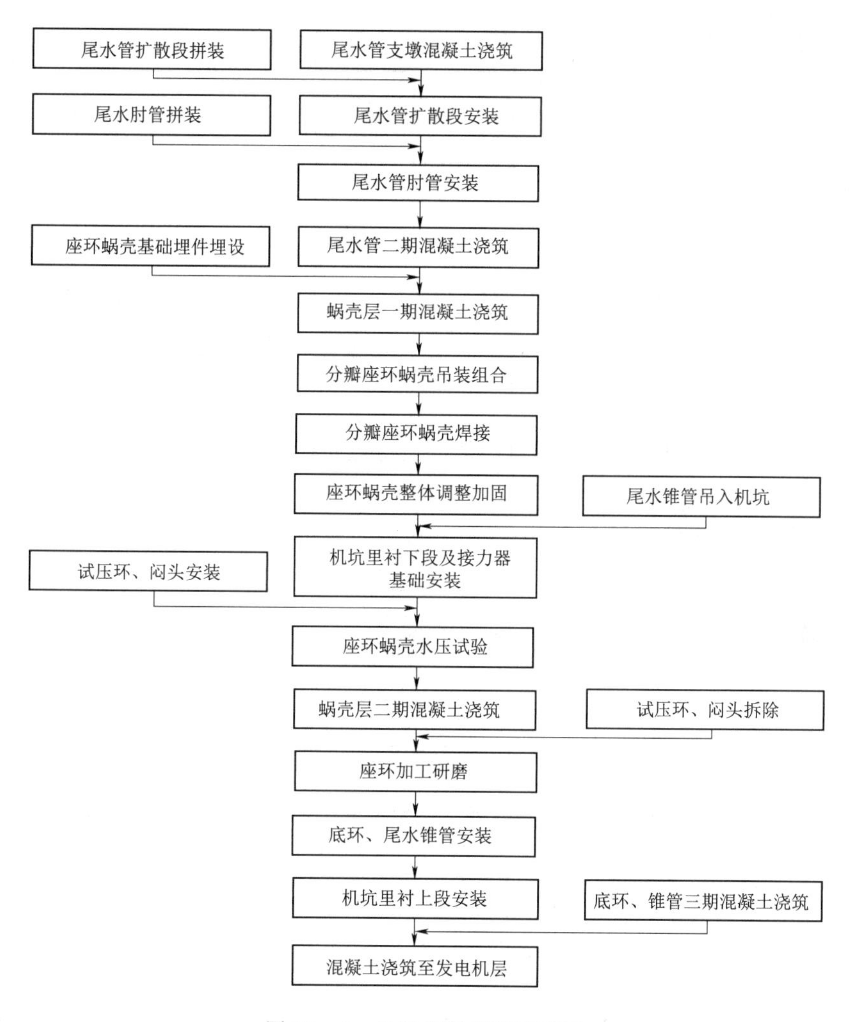


图 59-4 机组埋件安装流程图

转轮及导水机构组装工期共需 60d。

水轮机本体安装工艺流程见图 59-5。

调速系统安装工艺流程见图 59-6。

进水球阀安装工艺流程见图 59-7。

(2) 发电机定子组装和吊装。定子机座分 4 瓣运输，定子在安装场现场整圆组装、叠片和下线，采用定子起吊工具吊入机坑。

首台机组定子于 2009 年 4 月初开始在安装间组装，至 2009 年 11 月中旬完成耐压试验，历时 7.5 个月；定子于 2009 年 11 月末吊入机坑。由于组装、叠片和耐压试验均在安装间进行，不占机坑内的直线工期。

首台机组定子在安装间组装的同时，水轮机底环、转轮、顶盖、导水机构和水导轴承等在机坑内组装完成。

根据后续机组发电间隔时间（间隔时间为 4 个月）和定子组装需要，在安装间布置了两个定子组装工位。

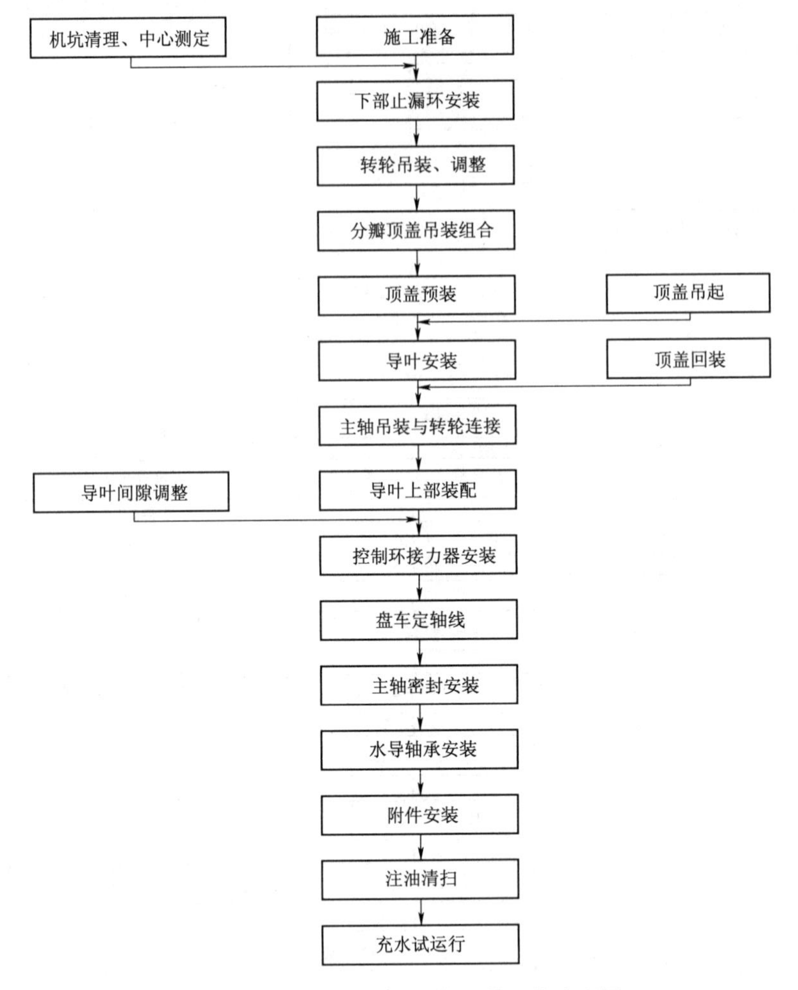


图 59-5　水泵水轮机本体安装工艺流程图

定子组装及叠片工期为 120d，定子下线工期为 105d，共计 225d。

（3）发电机转子组装和吊装。转子由中心体、磁轭和磁极组成。转子中心体与发电电动机主轴在现场法兰螺栓连接，转子在安装间组装。转子起吊采用平衡梁套辅助轴的方式吊入机坑。

首台机组的转子于 2009 年 10 月初至 2010 年 1 月中旬安装，装配工期为 105d，并于 2010 年 1 月末转子吊入机坑。转子在安装间占用工位时间为 4 个月。由于转子组装、叠片等均在安装间进行，因此转子组装时间不占机坑内的直线工期。

（4）机组总装配。发电机其他主要部件有：推力轴承、上下导轴、上下机架等。各部件组装时间如下：

下机架组装工期：15d；推力轴承和下导轴承组装工期：28d；上机架和上导轴承组装工期：20d。

机组总装配于 2010 年 2 月初开始至 2010 年 4 月末结束，工期为 3 个月。根据发电周期的需要，安装场可同时进行 2 个定子与 1 个转子的组装。机组总装配是指发电机转子吊

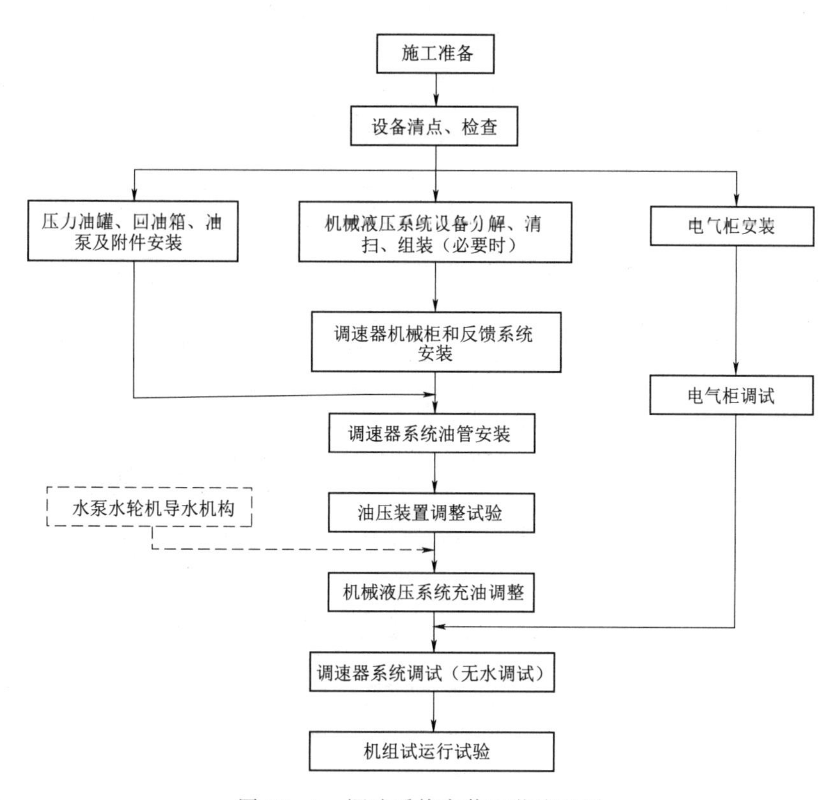


图 59-6 调速系统安装工艺流程图

入机坑后上机架安装、机组联轴、各部轴承的安装调整、轴线调整和与机组有关的辅助设备及油、水、气（电气）系统管路、仪器、仪表的安装调整等各项工作。机组总装配工期：25d。

发电电动机安装程序见图 59-8。

定子组装工艺流程见图 59-9。

定子下线流程见图 59-10。

转子组装工艺流程见图 59-11。

下机架安装工艺流程见图 59-12。

励磁系统安装流程见图 59-13。

静止变频装置安装流程见图 59-14。

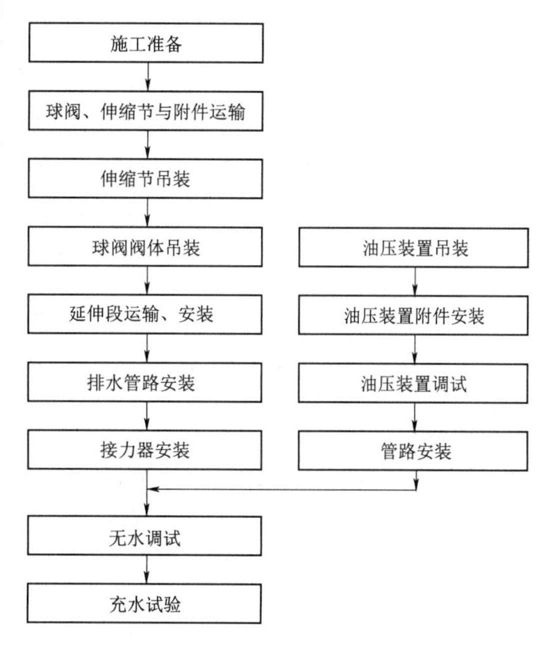


图 59-7 进水球阀安装工艺流程图

(5) 机组调试及试运行。根据进度安排，首台机组在盘车及总装结束后，于2010 年 6 月初进行无水调试，时间为 2 个月。充排水结束后，于 2010 年 8 月初进行机组启动试验，工期为 2 个月；2010 年 10 月初进行机组试运行。在正常情况下 1 个月即可完成机组试运行，考虑到首台机组在试运

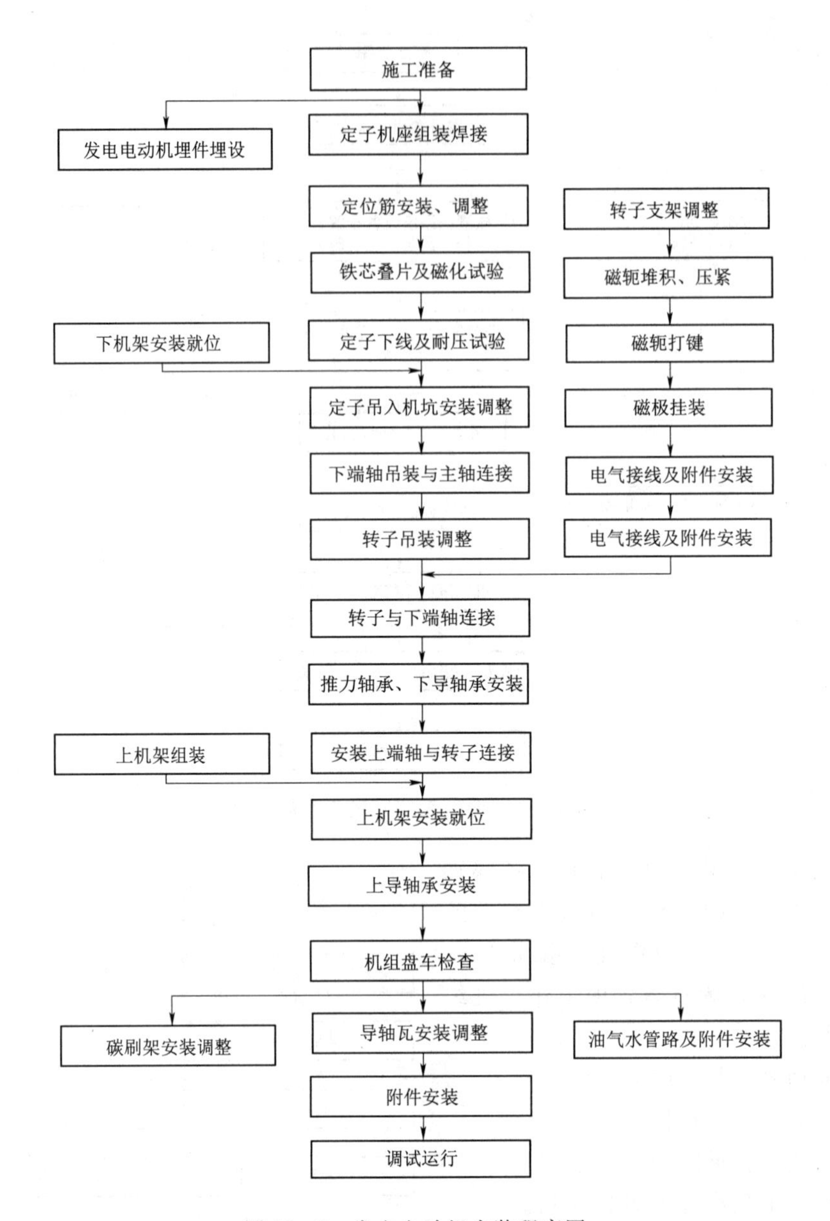


图 59-8　发电电动机安装程序图

行时可能会有一些不确定因素影响试运行，因此机组试运行安排了 3 个月，于 2010 年 12 月末完成，首台机组投产运行。后续机组每隔 4 个月投入运行一台，至 2011 年 12 月末 4 台机组全部投入运行，至此工程全部完工。

（6）厂房桥式起重机安装。根据厂房设备运行需要，设计选择了一台桥式起重机，其主钩起重能力分别为 320t，用于电站的生产及运行。由于上述桥式起重机均为轻级工作制，其大小车的运行速度较慢，且安装时对安装场地条件要求较高。

根据施工进度安排，在主厂房开挖尚未结束时，电站压力钢管由厂房交通洞运入安装间，由桥式起重机吊运至压力管道末端后移入已完成开挖的压力管道。此时虽然岩锚吊车

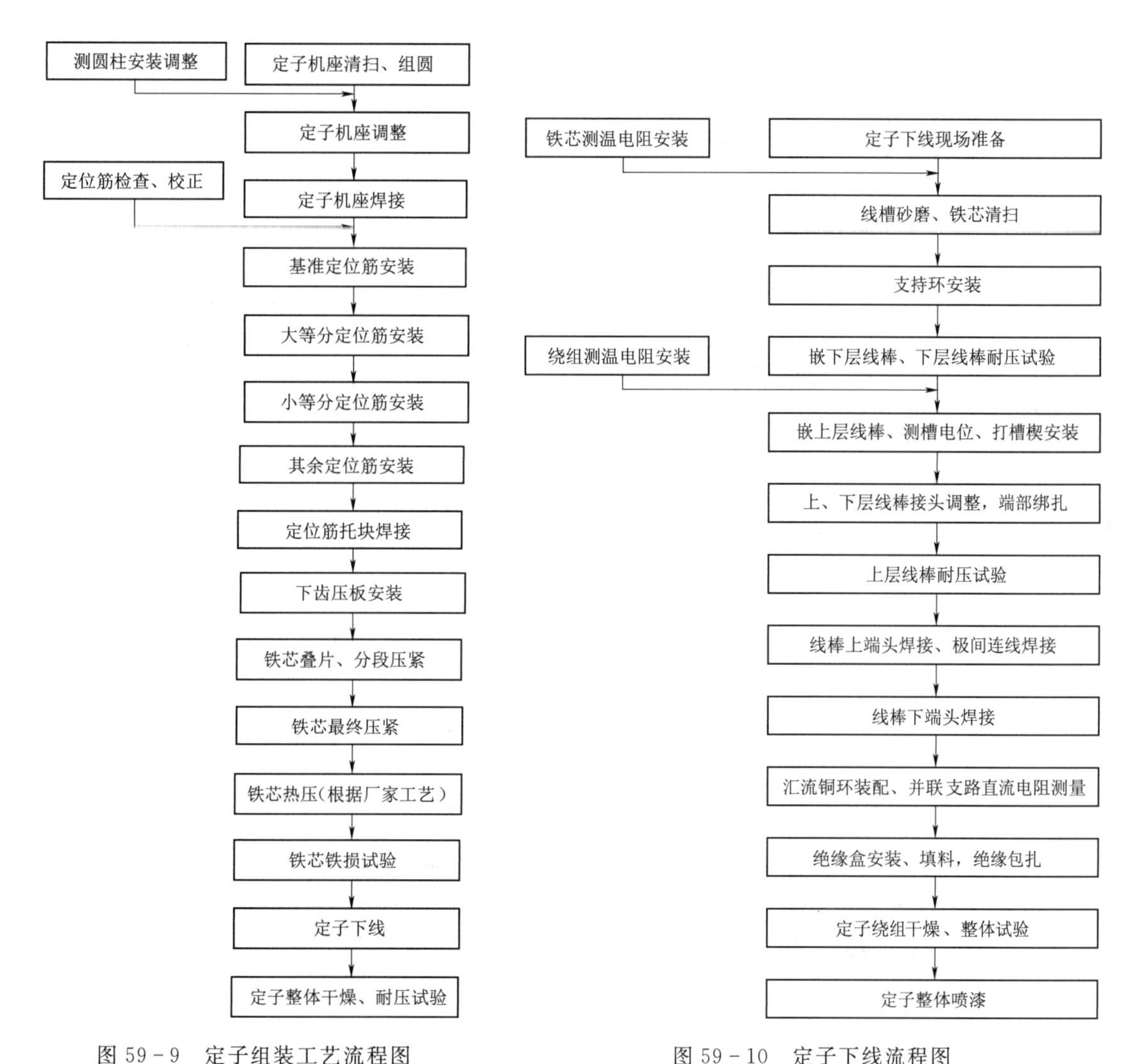


图 59-9　定子组装工艺流程图

图 59-10　定子下线流程图

梁具备使用条件，但安装间混凝土尚未浇筑完成，永久桥机尚未安装，因此需安装一台临时桥式起重机，用于压力钢管的吊运。

另外，由于厂房永久工作桥式起重机大车运行速度仅 20～30m/min，无法满足混凝土浇筑运输需要，因此厂房一、二期混凝土浇筑也需要使用一台的运行速度较快的桥式起重机。

综上所述，地下厂房施工时设置一台能满足压力钢管吊运和厂房一、二期混凝土浇筑施工强度需要的临时桥式起重机，其起重量应不小于 20t，且应满足钢管运输和混凝土浇筑施工的需要。临时桥式起重机在 2008 年 1 月初安装完成，以满足施工需求。此时安装间混凝土尚未完成，但临时桥式起重机对安装条件要求较低，能在此条件下进行安装。

根据厂房设备布置及埋件安装要求，座环开始安装时间为 2008 年 11 月下旬，其重量为 67t，因此要求主钩起重量 320t 的桥式起重机安装必须在此之前完成。为满足上述要求，在首台机组座环安装前完成主钩起重量 320t 的桥式起重机安装。

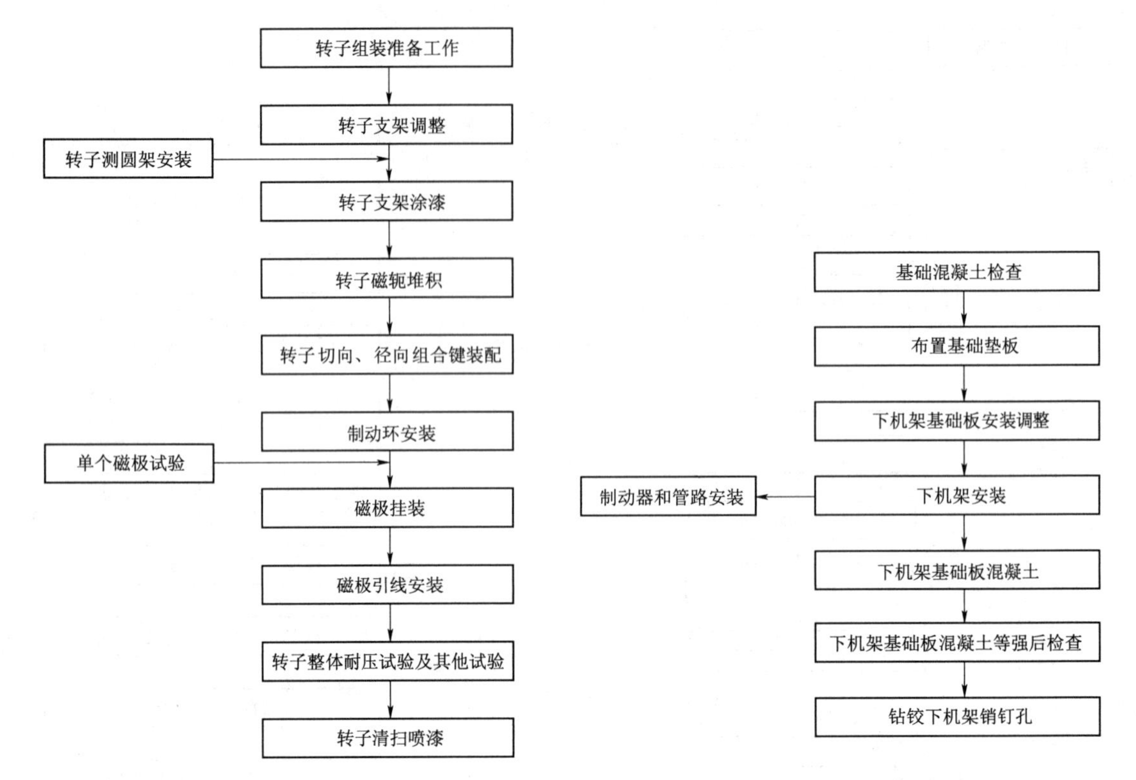


图 59－11　转子组装工艺流程图

图 59－12　下机架安装工艺流程图

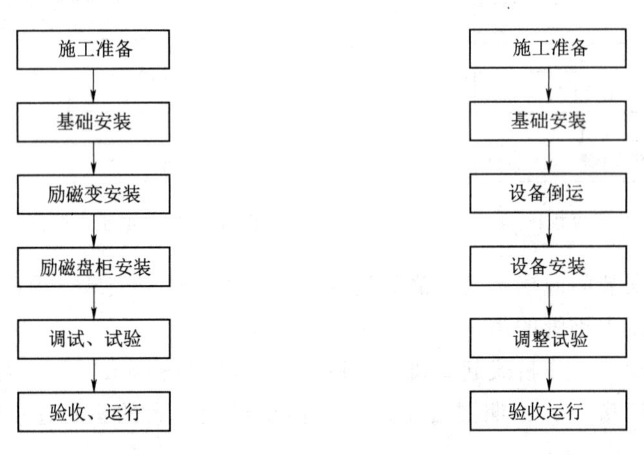


图 59－13　励磁系统安装流程图

图 59－14　静止变频装置安装流程图

(7) 首台机组安装关键线路施工控制节点如下：

2009 年 5 月中旬，座环及蜗壳混凝土浇筑结束；

2009 年 8 月 5 日，发电机层楼板混凝土浇筑结束；

2009 年 11 月 30 日，发电机定子组装完成吊入机坑；

2010 年 1 月末，发电机转子组装完成吊入机坑；

2010 年 5 月初，机组无水调试开始；

2010年6月初，开始进行充水试验；

2010年10月1日，首台机组试运行；

2010年12月31日，首台机组投入运行。

**（二）输水系统的施工工期安排**

输水系统主要建筑物（按发电流向）由发电引水系统及发电尾水系统两大系统组成。发电引水系统采用二洞四机布置，发电尾水系统采用一洞四机布置。

发电引水系统是由上水库进/出水口、引水隧洞上平段、引水隧洞斜井段、引水隧洞下平段、引水高压岔管和压力钢管组成；发电尾水系统由尾水隧洞支洞、尾水岔管、尾水调压井、尾水隧洞主洞、下水库进/出水口组成。

1. 引水系统

（1）引水系统布置。引水系统采用二洞四机布置。引水两主洞间距30～60m（下水平段间距为60m），方位角为NW279°50′19″；引水主洞长约770.00m（沿1号机至分岔点），断面为圆形，开挖直径9.5m，钢筋混凝土衬砌厚0.70m，衬砌后内径8.10m，其中斜井长386m，与水平面呈55°夹角。高压岔管采用钢筋混凝土结构，岔管内径由8.10m渐变至5.00m，断面为圆形，衬砌厚1.00m；后接内径5.00m的压力钢管与蜗壳进口相连。压力钢管位于引水洞岔管后至蜗壳，共四条，方位角均为NE39°50′19″，为埋藏式钢管，长度为112.50～79.30m（包括渐变段），均位于Ⅱ类围岩中，混凝土衬砌厚度为1m，压力钢管内径5.00m，壁厚$\delta=34\sim42$mm，压力钢管后接渐变段与蜗壳相连，渐变段长度为10.00m，内径由5.00m渐变为3.00m，壁厚$\delta=42$mm。

（2）引水系统工期安排。引水系统工程为非关键线路工程，工期围绕着关键线路工程的控制节点进行安排，但斜井施工是引水系统施工的关键工程，直接控制着引水系统的工期。引水洞下平段是斜井下半段和引水岔管及压力钢管段的开挖的施工通道，也是混凝土施工的通道。

引水系统工期安排如下：上水库进/出水口闸门段的土石方明挖和引水洞下平段的开挖，为引水洞上平段及上转弯段和斜井开挖提供条件。与此同时进行通往斜井中部的6号施工支洞开挖施工，将斜井分为上、下两部分施工。引水洞上平洞开挖完成的同时，6号施工支洞也同时完成，届时引水洞斜井的上半段即可开挖，上斜井开挖完成后进行下斜井的开挖（届时下水平段及2号施工支洞也已于施工通道相连接）。斜井上半段的开挖弃渣由6号施工支洞出渣，斜井下半段的开挖弃渣经引水洞下平段→2号施工支洞→厂房交通洞出渣。上述开挖工程完成后，进行引水系统的混凝土施工。引水洞上平段、上转弯段和斜井上半段混凝土的运输通道是引水洞进口斜井下半段混凝土的运输通道为6号施工支洞，下水平段及岔管段的混凝土运输通道为2号施工支洞。

上水平段及上转弯段的混凝土衬砌、灌浆、引水岔管及压力钢管段开挖及混凝土衬砌、钢管安装等工期安排需要围绕着斜井施工和厂房开挖进行安排，并且在保证关键线路工期和不影响斜井施工的条件下完成。

用于引水系统施工的2号施工支洞和6号施工支洞的封堵于引水系统施工完成后进行，但不能影响输水系统的冲排水试验。尤其是2号施工支洞的封堵体，由于下水平段属于高压隧洞，封堵段设计水头达500m，长度达50.7m，封堵段施工的工序较多且要求较高，因此工期相对较长。

引水系统的上水库进/出水口施工为非关键线路工程，在保证输水系统冲排水试验和施工期度汛的要求下，工期可灵活安排。

引水系统施工从2007年4月初开始至2009年12月末结束，历时33个月，具体工期安排见图59-15。

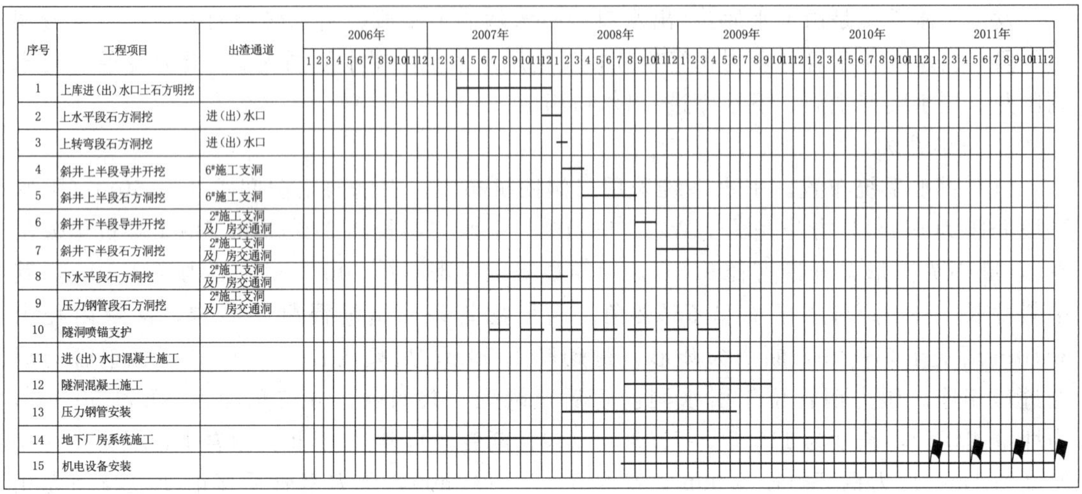

| 序号 | 工程项目 | 出渣通道 | 2006年 | 2007年 | 2008年 | 2009年 | 2010年 | 2011年 |
|---|---|---|---|---|---|---|---|---|
| | | | 1 2 3 4 5 6 7 8 9 10 11 12 | 1 2 3 4 5 6 7 8 9 10 11 12 | 1 2 3 4 5 6 7 8 9 10 11 12 | 1 2 3 4 5 6 7 8 9 10 11 12 | 1 2 3 4 5 6 7 8 9 10 11 12 | 1 2 3 4 5 6 7 8 9 10 11 12 |
| 1 | 上库进（出）水口土石方明挖 | | | | | | | |
| 2 | 上水平段石方洞挖 | 进（出）水口 | | | | | | |
| 3 | 上转弯段石方洞挖 | 进（出）水口 | | | | | | |
| 4 | 斜井上半段导井开挖 | 6#施工支洞 | | | | | | |
| 5 | 斜井上半段石方洞挖 | 6#施工支洞 | | | | | | |
| 6 | 斜井下半段导井开挖 | 2#施工支洞及厂房交通洞 | | | | | | |
| 7 | 斜井下半段石方洞挖 | 2#施工支洞及厂房交通洞 | | | | | | |
| 8 | 下水平段石方洞挖 | 2#施工支洞及厂房交通洞 | | | | | | |
| 9 | 压力钢管段石方洞挖 | 2#施工支洞及厂房交通洞 | | | | | | |
| 10 | 隧洞喷锚支护 | | | | | | | |
| 11 | 进（出）水口混凝土施工 | | | | | | | |
| 12 | 隧洞混凝土施工 | | | | | | | |
| 13 | 压力钢管安装 | | | | | | | |
| 14 | 地下厂房系统施工 | | | | | | | |
| 15 | 机电设备安装 | | | | | | | |

图59-15　引水系统施工进度图

2. 尾水系统

（1）尾水系统布置。尾水系统由尾水支洞、尾闸室、尾水岔管、尾水调压井、尾水主洞和下水库进/出水口组成，为一洞四机布置。其中尾水支洞和尾水岔管位于尾水系统最前端，其中尾水支洞与厂房的蜗壳相连接，是厂房最下层开挖出渣的施工通道。

四条尾水支洞内径为5m，断面为圆形，长93.88～112.24m，厂房尾水管至尾闸室范围内洞段采用钢板衬砌，钢板衬砌长度为54.75m（单洞长），其余部分采用钢筋混凝土衬砌，混凝土衬砌厚度0.8m。四条尾水支洞经尾水岔管合岔后并为一条尾水隧洞，轴线方位角为SW249°50′19″，过调压井后轴线方位角变为NW275°41′35″，整个尾水隧洞主洞长1158.75m，断面为圆形，内径11.5m，均采用钢筋混凝土衬砌，衬砌厚度0.8m。尾水岔管为梳齿型布置，断面为圆形，内径由11.5m渐变为5m，其中岔管主管段长85.75m，轴线方位角为SW249°50′19″，尾水岔管为钢筋混凝土衬砌。

尾闸室位于厂房下游侧，距机组中心线86m，开挖尺寸为130.60m×20.m×23.604m（长×宽×高），4条尾水支洞在其下部通过，并通过尾闸交通洞经2号施工支洞与厂房交通洞相连接。

尾水调压井位于尾水洞前部，尾闸室后139.14m，为阻抗式调压井，井内径20m，高91.07m（含穹顶），调压井井壁采用钢筋混凝土衬砌型式，穹顶采用挂钢筋网的锚喷支护型式。尾水调压井顶部拱脚处设置补气洞与厂房通风洞相连。

（2）尾水系统施工工期安排。尾水系统工程为非关键线路工程，但尾水支管和尾水岔

管的开挖完成时间，决定了厂房最底层即第Ⅶ层的开挖时间，也间接决定了厂房混凝土浇筑的开始时间。因此，尾水系统工期必须围绕着关键线路工程的控制节点进行安排。尾闸室和尾水调压井等为不控制工期的项目，也是调节施工资源的项目，可灵活安排，不影响输水系统的冲排水试验即可。

为保证尾水系统地下洞室以及地下厂房施工期安全度汛，在尾水主洞距下水库进/出水口约 330m 处设一施工支洞（1 号施工支洞），将尾水主洞分为两个施工工作面，一个工作面向地下厂房方向开挖，另一个工作面向下水库进/出水口方向开挖，并在下水库进/出水口前 100m 处设一长度为 30m 岩塞段，用于尾水系统地下洞室施工期度汛，最后完成其开挖及衬砌施工。

下水库进/出水口为工程为非关键线路工程，在保证输水系统冲排水试验和施工期度汛的要求下，工期可灵活安排。

尾水系统施工从 2006 年 8 月开始至 2009 年 11 月末结束，历时 40 个月，具体工期安排见图 59－16。

| 序号 | 工程项目 | | 出渣通道 | 2006年 | 2007年 | 2008年 | 2009年 | 2010年 | 2011年 |
|---|---|---|---|---|---|---|---|---|---|
| | | | | 1月–12月 | 1月–12月 | 1月–12月 | 1月–12月 | 1月–12月 | 1月–12月 |
| 1 | 下库进（出）水口土石方明挖 | | | | | | | | |
| 2 | 尾水隧洞石方洞挖 | 尾1＋168.77～尾1＋139.77 | 下库进（出）水口 | | | | | | |
| | | 尾1＋139.77～尾1＋124.57 | 1号施工支洞 | | | | | | |
| | | 尾1＋124.5～尾0＋831.82 | 1号施工支洞 | | | | | | |
| | | 尾0＋834.24～尾0＋054.39 | 1号施工支洞 | | | | | | |
| | | 尾0＋054.39～尾0＋000.00 | 1号施工支洞 | | | | | | |
| 3 | 调压井导井开挖 | | 2号施工支洞→厂房交通洞 | | | | | | |
| | 调压井扩挖 | | 2号施工支洞→厂房交通洞 | | | | | | |
| 4 | 尾水岔管石方洞挖 | | 2号施工支洞→厂房交通洞 | | | | | | |
| 5 | 尾闸室 | 高程11.90m以上石方洞挖 | 尾闸室通风洞→厂房交通洞 | | | | | | |
| | | 高程11.90～6.90m石方洞挖 | 尾闸室交通洞→2号施工支洞→厂房交通洞 | | | | | | |
| | | 高程6.90～-1.30m石方洞挖 | | | | | | | |
| | | 高程-1.30～-8.00m石方井挖 | 2号施工支洞→厂房交通洞 | | | | | | |
| 6 | 尾水支管石方洞挖 | | 2号施工支洞→厂房交通洞 | | | | | | |
| 7 | 喷锚支护施工 | | | | | | | | |
| 8 | 下库进（出）水口混凝土浇筑 | | | | | | | | |
| 9 | 尾水支、岔管混凝土衬砌 | | | | | | | | |
| 10 | 尾闸室混凝土衬砌 | | | | | | | | |
| 11 | 调压井混凝土衬砌 | | | | | | | | |
| 12 | 尾水洞混凝土衬砌 | | | | | | | | |
| 13 | 地下厂房石方洞挖 | | | | | | | | |
| 14 | 地下厂房混凝土浇筑 | | | | | | | | |
| 15 | 机电设备安装 | | | | | | | | |

图 59－16　尾水系统施工进度表

## （三）上水库大坝施工工期安排

上水库大坝为钢筋混凝土面板堆石坝，坝顶高程为 395.50m，最大坝高 78.5m，坝顶宽 10m，坝顶全长 714m，大坝上、下游坡比均为 1∶1.4。下游坝坡外为“之”字形上坝公路。大坝最大底宽 237.30m。下游护坡采用 40cm 厚的干砌石。上水库坝布置见图 59－17 和图 59－18。

根据上水库坝属于当地材料坝的特点，在工期安排上尽量考虑利用地下厂房和输水系统的开挖料作为填筑料上坝，以降低造价。因此在进度安排上与地下厂房和输水系统的开

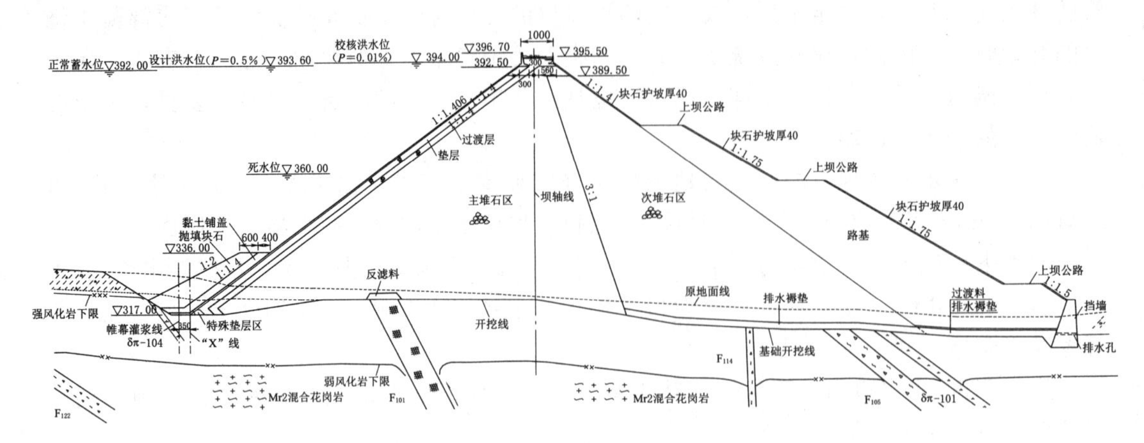


图 59-17　坝体典型剖面

挖相协调，其施工进度安排如下：

首先于 2007 年 4 月至 10 月末进行施工导流工程，进行导流洞和明渠开挖以及导流洞衬砌和护坡施工。

大坝坝肩和坝基开挖从 2007 年 4 月初开始至 2008 年 10 月底结束，在此期间完成坝基断层处理的开挖。大坝坝体填筑于 2007 年 10 月初开始，至 2009 年 6 月底完成；趾板混凝土浇筑安排在 2007 年 9 月中旬至 11 月中旬、2008 年 4—10 月及 2009 年 4—7 月施工，面板混凝土浇筑于 2009 年 7—10 月施工。面板混凝土施工完成后，于 2009 年 11 月至 2010 年 8 月末进行防浪墙混凝土施工（冬季停工），其后陆续进行防浪墙基础以上部分坝体填筑、路面碎石垫层填筑，2009 年 9—11 月进行路面混凝土浇筑。与此同时，于 2010 年 3—10 月进行下游面块石护坡施工。在大坝工程施工完成后，于 2010 年 3 月末导流洞闸门下闸，水库开始蓄水。

库岸处理、环库公路等非控制工程的施工，安排在 2008 年 4 月至 2009 年 10 月间进行。

上水库大坝工程施工从 2007 年 4 月初开始至 2010 年 10 月中旬结束，历时 43.5 个月。

**（四）下水库大坝施工工期安排**

下库为混凝土重力坝，坝顶高程为 70.10m，坝顶全长为 336m，最大坝高 34.10m。整个大坝（包括泄洪排沙闸）共分 19 个坝段。其中 11 个挡水坝段，8 个溢流坝段。下水库大坝左岸上坝公路与对外交通道路相接。

泄洪排沙闸共 7 孔，孔宽 14.0m，堰形 WES 实用堰，堰顶高程 48.0m，堰体中间分缝，堰体及闸墩长 42.0m，预应力闸墩厚度为 4.0m。泄洪排沙闸采用下挖式消力池消能。下水库坝平面布置见图 59-19。

根据当地的气象条件，混凝土年施工期确定为 3 月 1 日至 6 月 30 日和 10 月 1 日至 11 月 30 日。

下水库坝采用分期导流、围堰形式为土石过水围堰。一期在右岸滩地施工，主河床过水；二期施工左岸，利用一期工程形成的底孔导流。主汛期 7—9 月基坑过水，施工进度计划按停工 2 个月考虑。

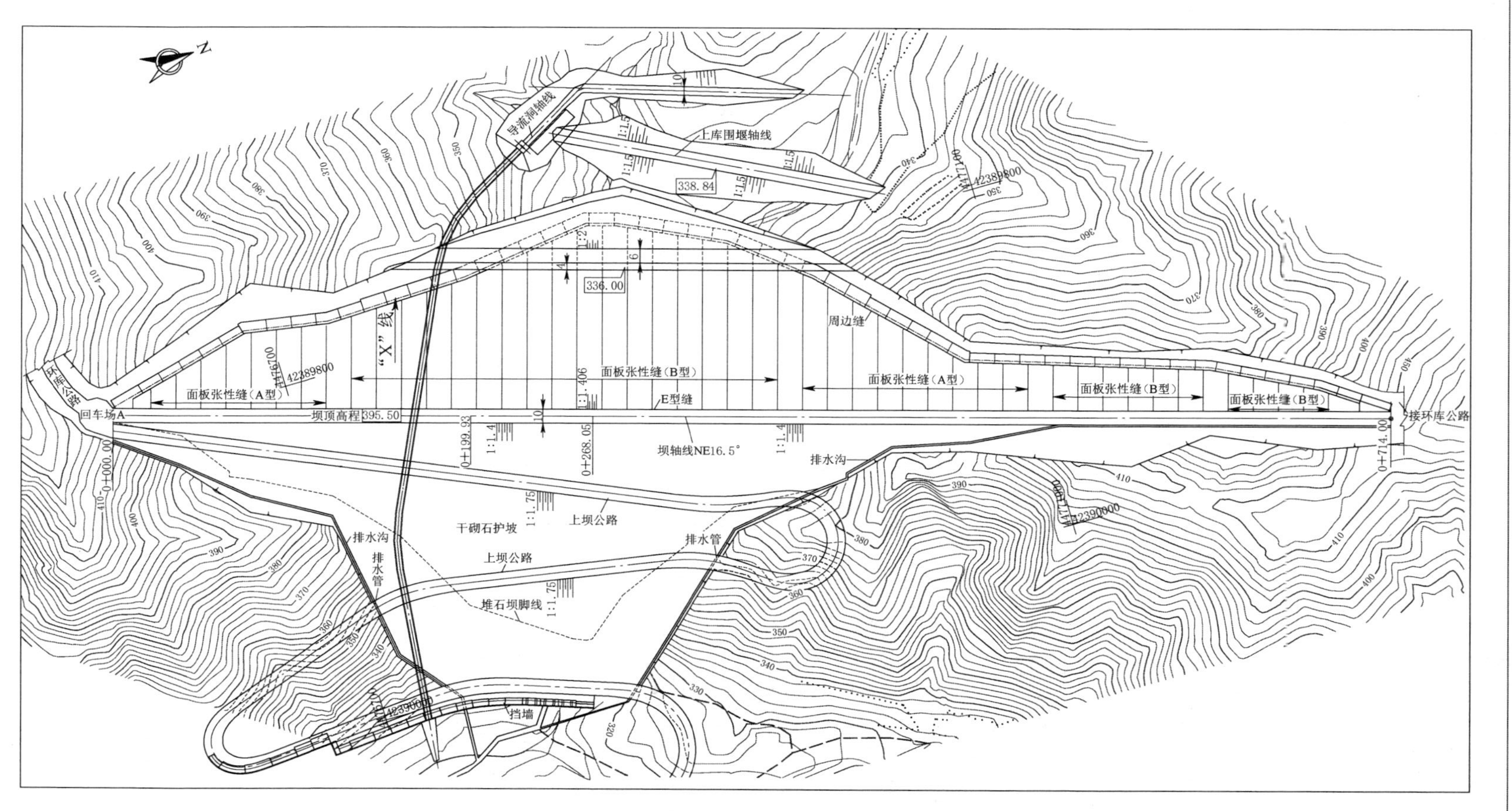


图 59-18　上水库主坝平面布置示意图

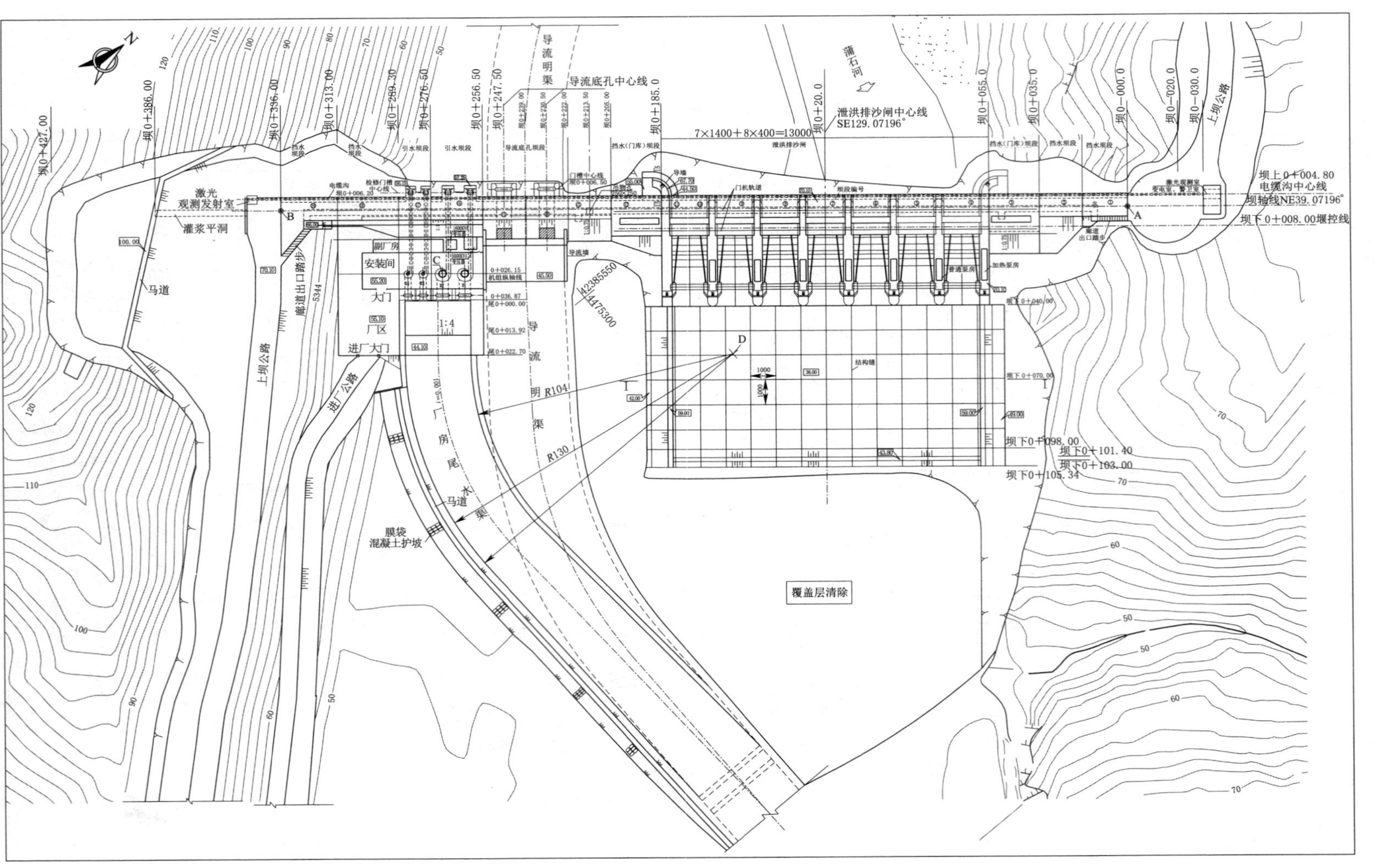


图 59-19　下水库坝平面布置图（单位：m）

一期工程于2006年12月初开始施工，首先进行导流明渠、底孔和纵向混凝土围堰的施工，于2007年3月末结束开挖施工，并在4月初开始右岸坝体混凝土、底孔进出口结构混凝土和纵向围堰混凝土浇筑，至2007年大汛前，底孔进出口结构和纵向围堰形成，同时右岸坝体浇筑至高程56.0m，形成导流底孔。2007年主汛期过水停工，汛后继续进行右岸坝体施工，至2008年6月底基本完成。

二期工程于2007年11月初开始上下游围堰开始进占，并于11月中旬截流，11月底完成围堰闭气及基坑排水。同年11月中旬至2008年3月底进行左岸坝肩、坝基开挖，2008年4月初开始左岸挡水坝段和泄洪排沙闸混凝土浇筑，于2008年大汛前达到高程48.0m，至2009年6月底坝体施工到顶高程70.10m，至2009年10月底大坝土建施工全部完成。

金属结构安装包括闸门埋件和闸门及启闭设备两部分，其埋件安装随相应部位的混凝土浇筑进行。泄洪排沙闸的闸门和启闭设备自2009年4月初开始安装，至同年10月底全部完成，至此下水库具备下闸蓄水条件。同年11月中旬完成导流底孔封堵。2009年11月初导流底孔下闸，至11月末完成底孔封堵和灌浆。

下水库坝工程施工从2006年12月初开始至2009年11月末结束，历时36个月。

**（五）施工工期安排小结**

1. 输水发电系统土建工程施工控制结点

通过对整个输水发电系统施工过程、进度计划的安排和分析可以看出，地下厂房系统的开挖出渣是控制整个工程工期的关键，而厂房交通洞口的出渣能力又是确定地下厂房和附属洞室施工时间的一个重要方面。根据对施工车辆在地下洞室内的行车速度以及每天工作时间的分析，厂房交通洞口每天可出渣为250～280车次，出渣量约1300m$^3$（自然方），即每小时出渣量为60～80m$^3$（自然方）。根据施工进度的安排，引水系统的开挖与地下厂房系统开挖高峰叠加出现石方开挖高峰。高峰时段发生在2007年4月和2008年3月，即地下厂房开始开挖的第二年至第三年，其日开挖量在1300m$^3$（自然方）左右。该部分石渣均由厂房交通洞口出渣，日出渣量达到了厂房交通洞口所能承受的极限。因此在施工进度安排上，对经过施工支洞由厂房交通洞出渣的尾水支管、尾水岔管、尾闸室及调压井的开挖采取了“错峰”的方法，适当调整非关键项目的施工时间。

2. 上库坝和下库坝施工控制结点

由于上库坝为相对独立的混凝土面板堆石坝，其枢纽布置、导流方式、工程规模使得施工工期安排为本工程的非关键线路工程。因此施工安排时只需满足2010年4月初上水库充水的要求即可。但上水库坝施工区工作项目较多，相互之间存在施工干扰问题，注意控制各个工作面的协调施工成为上水库区施工的关键。另外，坝体填筑完成后预留了6个月的沉降期，以保证混凝土面板的沉降量控制在设计允许值范围内。

下库坝为混凝土重力坝，其枢纽布置、工程规模使得施工工期安排为蒲石河工程的非关键线路工程。但坝址处自然条件使其采用了分期导流方式，因此河道截流成为下库坝的施工控制结点。一期基坑内导流底孔的形成及坝体混凝土大汛前所要求达到的高程成为下库坝施工的关键所在。

3. 厂房内桥式起重机的安装顺序

根据厂房设备布置，厂房内桥式起重机（以下简称主桥机）主钩起重量320t，而钢管运输和厂房混凝土浇筑又需要安装临时桥机（起重量为20～30t）。从使用时间上看，首先在安装间混凝土未施工时安装了临时桥机，并使用其吊运引水隧洞下水平段的内衬钢管。钢管吊运完成后，利用临时桥机进行厂房一、二期混凝土浇筑。主桥机在临时桥机的右侧（安装间的右端）安装，在安装期间临时桥机可正常进行厂房混凝土浇筑。主桥机安装完成后即可投入座环等机组埋件安装施工。临时桥机也可辅助用于机组埋件安装施工。

## 二、荒沟抽水蓄能电站工程

荒沟抽水蓄能电站位于黑龙江省牡丹江市海林县三道河子镇，下水库利用已建成的莲花水电站水库，上水库为牡丹江支流三道河子右岸的山间洼地。电站距牡丹江市145km，距莲花坝址43km。电站装机1200MW，单机容量为300MW，共4台机组。电站建成后将在东北电网中担任调峰、填谷、调频和事故备用。

枢纽建筑物主要由上水库及上水库钢筋混凝土面板堆石坝、地下厂房洞室系统、地下输水洞室系统及地面开关站等附属建筑物组成。

荒沟抽水蓄能电站地处寒温大陆性季风湿润气候区，夏季炎热多雨，冬季漫长寒冷，多年平均气温3.2℃；多年最高气温37.5℃；极端最低气温－45.2℃；多年平均降雨量572.7mm，多年平均蒸发量550.4mm，一次降雨历时主要集中在3天内。多年平均风速2.6m/s，最大风速24m/s，多年最大冻土深1.91m。

根据《水电工程施工组织设计规范》（DL/T 5397—2007）中的有关规定，结合工程区域的水文气象资料和施工技术特点，主要工程项目年际有效施工期如下：

（1）露天施工的混凝土、金属结构安装、灌浆工程年际有效施工时段为每年的4—10月。

（2）土方开挖年际有效施工时段为每年的4—11月。

（3）石方开挖施工可全年进行，但冬季施工考虑人员和施工机械的效率减低问题。

（4）采用滑模浇筑混凝土的竖井及斜井年际有效施工时段为每年的4—10月，其他洞内混凝土可全年浇筑，但为了降低保温措施投入，大部分安排在每年的4—11月进行。

### （一）地下厂房及机电设备安装工程

1. 地下厂房开挖施工工期安排

地下厂房的主厂房洞室（含副厂房）开挖尺寸为158.00m×25.50m×55.60m（长×宽×高），根据工程计划安排，主体工程施工总进度计划为：自地下厂房顶拱2015年11月初开始开挖至2021年7月末最后一台机组（第4台）投入运行共历时66个月，其中从厂房顶拱开挖至第一台机组发电历时57个月，工程完建期9个月。主体工程关键线路工期为：地下厂房开挖→厂房一、二期混凝土浇筑→水泵水轮机组安装与调试→首台机组发电。

地下厂房分为两部分，其中主厂房尺寸为134.70m×25.50m×55.60m（长×宽×高，其中安装间高37.70m），副厂房尺寸为24.00m×25.50m×37.70m（长×宽×高）。

控制工程工期的主机间，分7层开挖，每层高度6～10m。厂房上部开挖（即Ⅰ、Ⅱ层），高程178.60～160.60m、高度18.00m，由通风洞出碴；高程160.60～145.90m为厂房中部开挖，高度为14.70m，分为Ⅲ、Ⅳ两层施工，利用通风洞、交通洞出碴；高程

145.90～124.80m为厂房下部开挖，高度为21.10m。安装间和副厂房开挖宽度与主机间相同，但开挖总高度较小（仅37.70m），分4层开挖（第Ⅲ～Ⅶ层）。

主机间和安装间开挖分层见图59-20，(图中高程单位为m，尺寸单位为cm)。

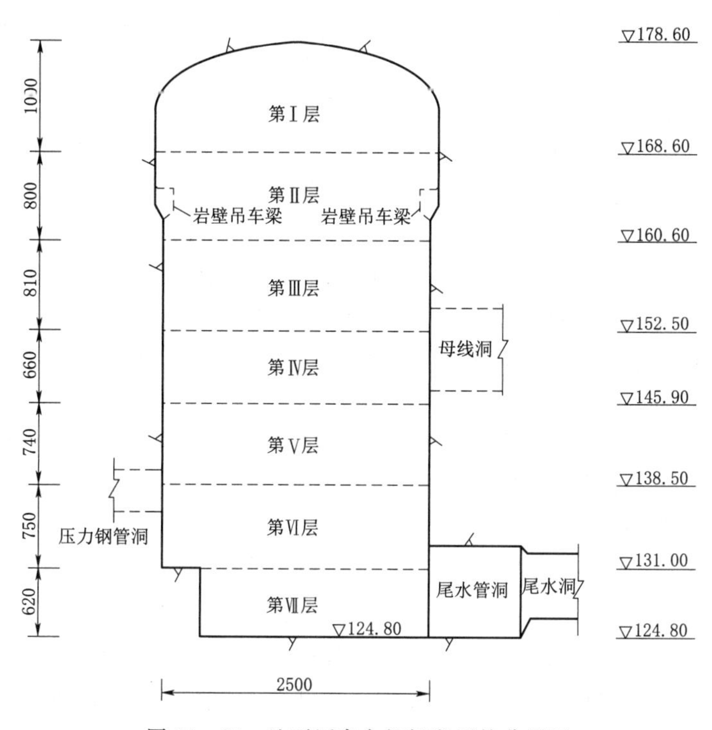


图59-20　地下厂房主机间段开挖分层图

由图59-20可见，厂房第Ⅰ、Ⅱ层开挖（即高程178.60～160.60m），高度为18.00m，层高8～10m；第Ⅲ、Ⅳ层开挖（即高程160.60～145.90m），高度14.70m，层高6.60～8.10m；第Ⅴ～Ⅶ层（即高程145.90～124.80m），高度为21.10m，层高6.20～7.40m。主厂房开挖施工进度见表59-3。

**表59-3　　主厂房开挖施工进度**

| 分层编号 | 高程/m | 开挖时间/月 | 开挖量/万 $m^3$ | 出渣通道 | 备注 |
|---|---|---|---|---|---|
| 第Ⅰ层～第Ⅱ层 | 178.60～160.80 | 8 | 8.23 | 通风洞 | |
| 岩锚梁施工 | | 3 | | | |
| 第Ⅲ层～第Ⅳ层 | 160.60～145.90 | 5 | 4.40 | 通风洞、交通洞 | |
| 第Ⅴ层～第Ⅶ层 | 145.90～124.80 | 9 | 6.50 | 施工支洞、尾水洞、施工支洞 | |

主厂房地下洞室开挖从开始至结束，共历时25个月，完成石方开挖19.15万 $m^3$。

安装间和副厂房段地下洞室虽然开挖宽度与主机间相同，但开挖高度较主机间段小（仅37.70m），分为4层开挖，即第Ⅰ～Ⅳ层。因此早于主机间近6个月完成开挖并转入施工桥机安装和混凝土浇筑。

2. 厂房一、二期混凝土浇筑与机组埋件安装

对于厂房工程来说，首台发电机组的混凝土浇筑同样成为控制整个工程工期的关键。厂房一期混凝土主要包括地下厂房底板、上下游边墙和机组尾水管混凝土和岩锚吊车梁，厂房二期混凝土为蜗壳、机墩、风罩以及各层楼板的混凝土，机组埋件主要有尾水管肘管钢衬、机组供排水以及部分电工一次、电工二次的埋件。水轮机埋件安装主要有：尾水管里衬、尾水锥管、底环、座环、蜗壳和机坑里衬等。

厂房主机间一期混凝土施工于主机间开挖完成后开始厂房底板混凝土浇筑和埋件安装。结合尾水管肘管钢衬和埋件安装，从开始首台机组的埋件安装到首台机组尾水管混凝土浇筑结束，历时 5 个月。

首台机组尾水管混凝土浇筑结束后，开始机组二期混凝土施工。结合尾水锥管、座环、蜗壳、基坑里衬等机组埋件安装，先后进行座环支承墩及蜗壳支承墩、蜗壳、母线层楼板和发电机层楼板混凝土浇筑，至此首台机组的二期混凝土全部完成。首台机组从一期混凝土浇筑结束至发电机层楼板混凝土浇筑完成历时 10 个月。

首台机组从机组埋件安装开始至二期混凝土浇筑施工结束，历时 15 个月。后续机组的二期混凝土根据机组埋件安装顺序和时间安排，于 6 个月后全部完成，至此，机组一、二期混凝土施工全部结束。

3. 首台机电设备安装及调试

首台机组安装历时 14 个月（自座环打磨开始至机组总装结束），机组调试及试运行历时 5.5 个月，其中首台机组分部调试历时 1 个月；机组整组调试为 4 个月；系统倒送电直线工期为 0.5 个月。首台机组经 0.5 个月试运行后投入运行。后续三台机组分别间隔 4 个月相继投产。

**（二）输水系统的施工工期安排**

输水系统主要建筑物（按发电流向）由发电引水系统及发电尾水系统两大系统组成。发电引水系统采用两洞四机布置，发电尾水系统采用一洞四机布置。

发电尾水系统由尾水隧洞支洞、尾水岔管、尾水调压井、尾水隧洞主洞、下水库进/出水口组成。

1. 引水系统

（1）引水系统布置。发电引水系统采用两洞四机布置，由上水库进/出水口、上平段、调压井、斜洞段、引水隧洞下平段、高压岔管和压力钢管组成，两洞中心线间距 47.68～67.50m。1 号、2 号引水隧洞上平段长度 569.08m 和 529.08m，调压井前长均为 494.08m，调压井后长分别为 75.0m 和 35.0m，隧洞底坡均由 7.943%降至 0。

上水库进/出水口位于上水库右岸山坡上，为侧向进流闸门井竖井式布置，由进水渠、防涡梁段、拦污栅段、扩散段、标准段、闸门井段、闸后渐变段等组成。其中闸门尺寸为 6.70m×6.70m，共 2 孔，高 59m。

上平洞与下平洞的连接，采用二级斜洞（与水平面夹角为 50°）布置，中间于高程 425.00m 设置中平洞，用以连接上、下斜洞。引水隧洞断面为直径 6.7m 的圆形，钢筋混凝土衬砌厚度为 0.6m，开挖直径 7.90m。上斜洞、中平洞、下斜洞、两洞中心线间距均为 67.5m。1 号、2 号上斜洞长（含上、下弯段及斜直洞段长度）均为 229.19m，中平洞

长分别为76.68m和46.68m，下斜洞长（含上、下弯段及斜直洞段长度）分别为387.54m和383.76m，下平洞长分别为71.24m和143.72m。

下平段后接“卜”形高压引水岔管，分管内径由6.7m渐变至3.9m，岔管段长度为25m（沿主管轴线方向），采用钢筋混凝土衬砌，衬砌厚度80cm。每个岔管分出两条内径为3.9m的高压引水支管，共四条，其中1号、4号支洞长270.65m，2号、3号支洞长282.03m，近厂房侧264m长的高压引水支管均采用钢板衬砌，其余采用钢筋混凝土衬砌，引水支洞的衬砌（含钢筋混凝土衬砌和钢衬外包混凝土）厚度为80cm。

两个引水调压井分别位于1号、2号引水隧洞上平段后部，为阻抗式调压井，开挖直径为20.40m，高约53.5m，钢筋混凝土衬砌，衬砌厚度1.2m。

（2）引水系统施工工期安排。虽然引水系统工程为非关键线路工程，但是由于斜井和高压引水支管的施工是引水系统施工的关键工程，直接控制着引水系统的工期，并间接影响这关键线路工程项目。

引水系统工期顺序如下：上水库进/出水口闸门段的土石方明挖和引水隧洞下平段的开挖，为引水洞上平段及上转弯段和斜井开挖提供条件；与此同时进行通往中平洞的4号施工支洞开挖和中平洞的施工以及通往下平洞的2号施工支洞开挖和下平洞的施工，利用上述施工通道进行上、下斜井施工。上述开挖工程完成后，进行引水系统的混凝土和钢管安装施工。2号施工支洞和4号施工支洞以及引水洞上、中、下平段为上下转弯段和斜井混凝土的运输通道。

引水隧洞的混凝土衬砌、灌浆、引水岔管及压力钢管段的混凝土衬砌、钢管安装等工期安排需要围绕着斜井和厂房施工进行安排，并且在保证关键线路工期和不影响斜井施工的条件下完成。

用于引水系统施工的2号施工支洞和4号施工支洞的封堵于引水系统施工完成后进行，但不能影响输水系统的冲排水试验。尤其是2号施工支洞和4号施工支洞的封堵体，由于引水隧洞中、下水平段属于高压隧洞，封堵段设计水头高，长度较长，施工的工序较多且要求较高，因此工期相对较长。

引水系统的上水库进/出水口施工为非关键线路工程，在保证输水系统冲排水试验和施工期度汛的要求下，工期可灵活安排。

根据引水系统工程规模及总体工期安排，将其分为以下三条线路进行工期安排，即：①下斜井、部分下平洞和中平洞；②上斜井、部分中平洞和上平洞；③引水调压井及5号施工支洞上游平洞段。围绕着关键节点对各段线路进行综合分析并进行工期安排。

下斜井、部分下平洞和中平洞施工顺序如下：2号、4号施工支洞施工→下平洞和中平洞开挖及喷锚施工→下斜井开挖及喷锚施工→下斜井混凝土衬砌及灌浆施工→部分下平洞和中平洞混凝土衬砌及灌浆→2号、4号支洞封堵及灌浆。

上斜井、部分中平洞和上平洞施工顺序如下：4号、5号施工支洞施工→中平洞和上平洞开挖及喷锚施工→上斜井开挖及喷锚施工→上斜井混凝土衬砌及灌浆施工→部分中平洞和上平洞混凝土衬砌及灌浆施工→4号、5号支洞封堵灌浆。

（3）引水调压井及5号施工支洞上游平洞段施工：5号施工支洞施工→上平洞开挖喷锚→引水调压井开挖喷锚→引水调压井衬砌灌浆→引水调压井上游平洞段开挖喷锚衬砌灌

浆→部分上平洞衬砌灌浆→5 号支洞封堵及灌浆。

引水系统施工从 2015 年 2 月初开始（2 号施工支洞开挖）至 2020 年 4 月末结束（2 号施工支洞封堵），历时 51 个月，其中主体工程（不包括施工支洞）施工时间为 2016 年 2 月（引水调压井土方开挖）至 2019 年 10 月（中平洞衬砌灌浆完成），共计历时 33 个月。

引水系统施工进度见图 59 - 21。

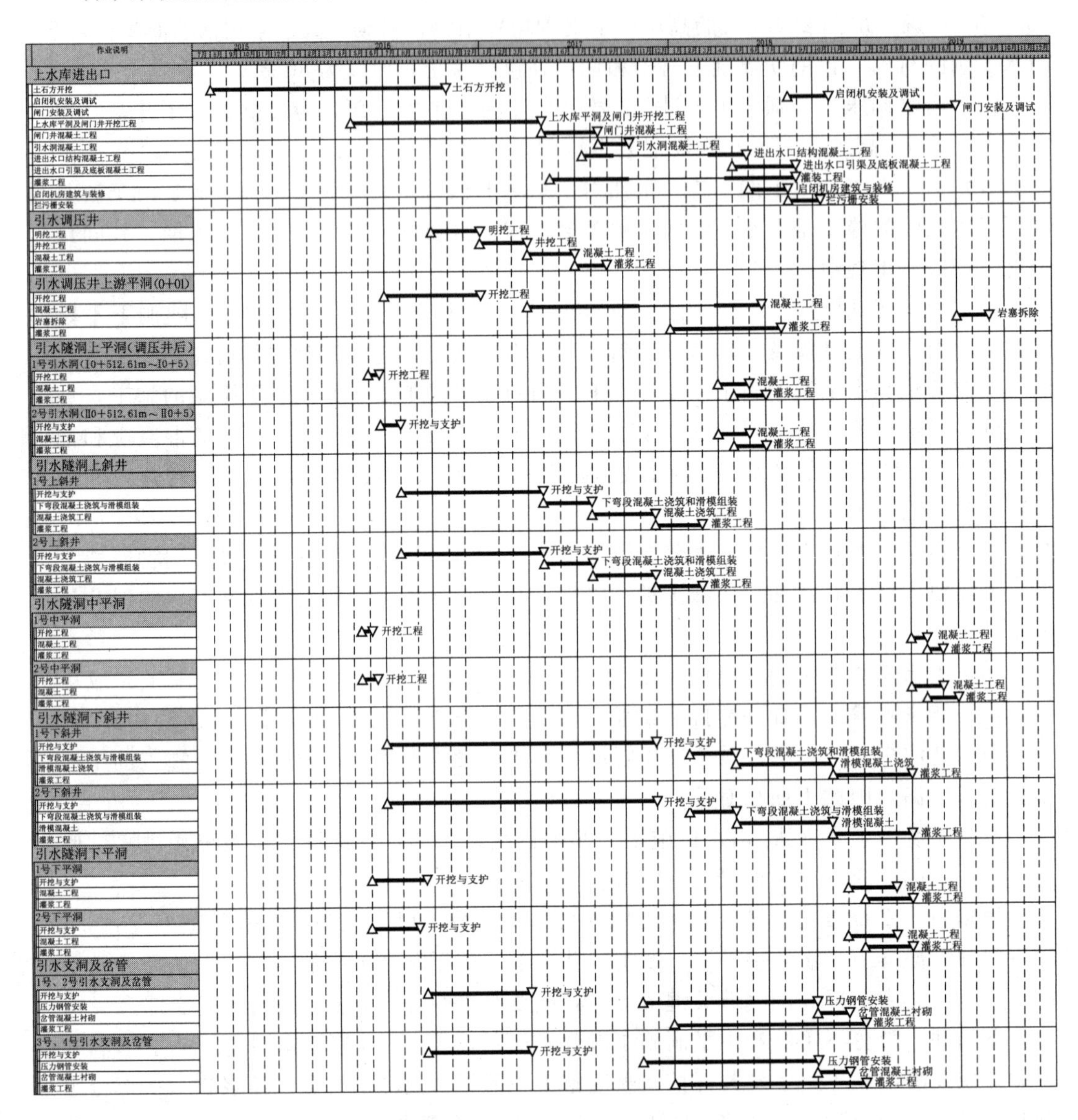


图 59 - 21　引水系统施工进度

2. 尾水系统

（1）尾水系统布置。尾水系统由尾水支洞、尾闸室、尾水岔管、尾水调压井、尾水主洞和下水库进/出水口组成，为两洞四机布置。其中尾水支洞是尾水系统最前端，与蜗壳相连接，是厂房最下层开挖出渣的施工通道。下水库进/出水口工程已于 1996 年完成绝大

部分工程施工，不控制工程工期。

4条尾水支洞内径为4.70m，断面为圆形，长135.96m，尾水管至尾闸室范围内洞段采用钢板衬砌，钢板衬砌长度为92.90m（单洞长），其余部分采用钢筋混凝土衬砌，混凝土衬砌厚度0.6m。每两条尾水支洞经尾水岔管合并为一条尾水隧洞，尾水岔管形式为正Y形，合岔角为50°。岔管支管直径4.7m，主管直径6.7m，岔管段长度18m，采用钢筋混凝土衬砌，衬砌厚度0.8m。

尾水隧洞共两条，长度分别为1048.11m和1070.99m，断面为圆形，隧洞底坡为0和0.066，尾水隧洞内径6.70m，全部采用钢筋混凝土衬砌，衬砌厚度0.6m。

尾闸室位于厂房下游侧，距机组中心线99.40m，开挖尺寸为91.20m×7.2m×22.78m（长×宽×高），4条尾水支洞在其下部通过。尾闸室通过尾闸交通洞经2号施工支洞与厂房交通洞相连接。

尾水调压井位于尾水洞前部，尾闸室后125m，为阻抗式调压井，井内径20m，高60.57m（含穹顶），井壁采用厚1.2m的钢筋混凝土衬砌型式，穹顶采用挂钢筋网的锚喷支护型式。尾水调压井顶部拱脚处设置补气洞与厂房通风洞相连。

（2）尾水系统施工工期安排。尾水系统工程项目主要有尾水隧洞、补气洞、尾水调压井和尾水支洞，为非关键线路工程。但尾水支管和尾水岔管的开挖完成时间，决定了厂房最底层（即第Ⅶ层）的开挖完成时间，也间接决定了厂房混凝土浇筑的开始时间。因此，尾水系统工期必须围绕着关键线路工程的控制节点进行安排。

尾闸室和尾水调压井等为不控制工期的项目，也是调节施工资源的项目，可灵活安排，不影响输水系统的冲排水试验即可。

下水库进/出水口和尾水隧洞末端已于1996年部分完成，下水库进/出水口剩余的少量混凝土浇筑及金属结构安装工程量较少，不控制尾水系统的施工工期，在保证输水系统冲排水试验和施工期度汛的要求下，工期可灵活安排。

根据施工工期安排，两条尾水洞同时施工，开挖时间为2015年3月至2016年9月，月平均进尺约100m，月平均开挖强度为14275m$^3$；尾水洞混凝土衬砌在尾水调压井施工完成后进行，施工时间为2017年4月至2018年10月末，历时计19个月（冬季停工），月平均进尺63m，月平均混凝土浇筑强度为2300m$^3$；灌浆作业滞后混凝土施工2个月结束。

尾调补气洞为两条，其起始端位于通风洞内，末端与两个尾水调压井顶部相接，长度分别为559.17m和140.79m。尾调补气洞是尾水调压井顶部开挖和顶部喷锚的重要施工通道，其开工时间受通风洞施工的影响。经统筹安排，补气洞开挖于2015年4—11月进行，共8个月，月平均进尺120.56m，月平均开挖强度为3300m$^3$，喷锚滞后开挖半个月进行；混凝土衬砌于2015年6月进行，月平均浇筑强度为1000m$^3$。

尾水调压井的施工通道由顶部的补气洞和底部的尾水隧洞构成。尾水调压井施工自2016年6月至2017年9月完成，历时16个月，其中石方开挖月平均开挖强度7625m$^3$；混凝土衬砌安排在2017年4月至2017年7月进行，历时4个月，月平均混凝土浇筑强度3267m$^3$；灌浆作业滞后混凝土施工2个月结束。

尾水支洞共4条，单条长约153.96m，以2号、3号和6号施工支洞为施工通道，也是厂房底部和尾闸室中下部开挖的施工通道。

尾水支洞和尾水岔管施工于2017年1月开始，2019年8月结束。尾水支洞及尾水岔洞于2017年1月开始开挖，2017年4月结束；当尾闸室和地下厂房底层开挖结束后，于2017年5月开始进行尾水支洞和尾水岔管的混凝土衬砌、钢管安装以及灌浆等施工，2019年8月结束。

为保证尾水系统地下洞室以及地下厂房施工期安全度汛，在尾水主洞距下水库进/出水口约330m处设一施工支洞（1号施工支洞），将尾水主洞分为两个施工工作面，一个工作面向地下厂房方向开挖，另一个工作面向下水库进/出水口方向开挖，并在下水库进/出水口前100m处设一长度为30m岩塞段，用于尾水系统地下洞室施工期度汛，当度汛任务完成后再将其开挖和混凝土衬砌施工。

整个尾水系统施工过程中，冬季不安排混凝土浇筑，而是作为自由时间，进行地质缺陷处理及灌浆等工作。

尾水系统施工历时40个月，尾水系统施工工期安排见图59-22。

**（三）上水库大坝施工工期安排**

1. 上水库大坝布置

上水库大坝为钢筋混凝土面板堆石坝，坝顶高程为655.60m，最大坝高80.60m，坝顶宽8m，坝顶全长750m，大坝上、下游坡比均为1∶1.4。上游护坡为钢筋混凝土面板，下游护坡采用30cm厚的浆砌石。坝基开挖量约为158.53万$m^3$，坝体土石方填筑约292.62万$m^3$，另外坝下设有排水涵洞和堆渣体并设有坝后堆渣场。

上水库坝平面布置和坝体典型剖面见图59-23和图59-24。

2. 上水库坝工期安排及关键点

上库坝工程施工历时5年，即2015年至2020年。坝后排水系统施工和坝后堆渣体工期为14个月（2015年5月至2016年6月），坝基开挖10个月（2016年7月至2017年4月，占直线工期），坝体堆石填筑17个月（2017年3月至2018年10月，冬季停工）；坝体堆石在经过一个冬季的沉降后，面板混凝土浇筑在2019年4月中旬至8月中旬浇筑，历时4个月。至此，上水库坝体工程施工完成。

土石方填筑特征见表59-4，上水库坝施工进度安排见图59-25。

**表59-4　土石方填筑特征**

| 项目 | 高程/m | 填筑高度/m | 施工时段/月 | 上升速度/(m/月) | 填筑强度/($m^3$/d) | 填筑量/万$m^3$ |
|---|---|---|---|---|---|---|
| 堆石体填筑 | 575.00～600.00 | 25.00 | 5 | 5.00 | 6969 | 87.11 |
| | 600.00～630.00 | 30.00 | 9 | 3.33 | 5309 | 119.44 |
| | 630.00～653.00 | 23.00 | 3 | 7.67 | 1830 | 13.73 |
| 垫层及反滤料填筑 | 575.00～600.00 | 25.00 | 5 | 5.00 | 319 | 3.98 |
| | 600.00～630.00 | 30.00 | 9 | 3.33 | 560 | 12.60 |
| | 630.00～653.00 | 23.00 | 5 | 4.6 | 748 | 9.36 |
| 合　计 | | | | | | 246.32 |

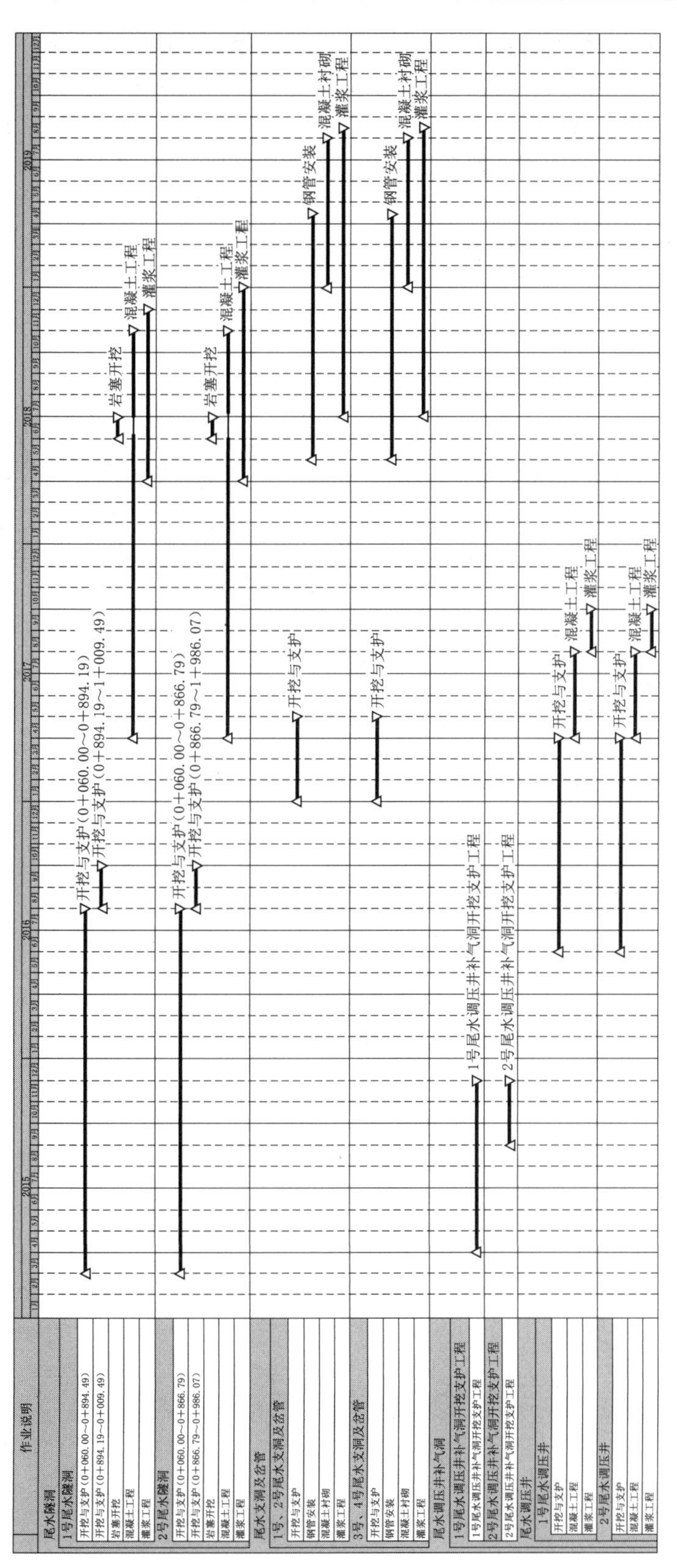


图 59－22　尾水系统施工进度

上述工期安排和石方填筑特征表中可见，从坝基开挖、坝体堆石填筑，到面板混凝土施工强度，均为国内近年同类工程施工水平相近，在正常的施工组织情况下，不会使其成为控制工程下闸蓄水的关键工程。但由于坝后排水系统施工占大坝的直线工期达一年之久，使原本相对"富裕"的大坝工期变得紧张。若工期延后，将影响输水系统的充排水试验和机组有水调试。因此上水库大坝工程虽然为非关键线路工程，但倘若施工组织不好，将有可能转变为控制工程总工期的项目。

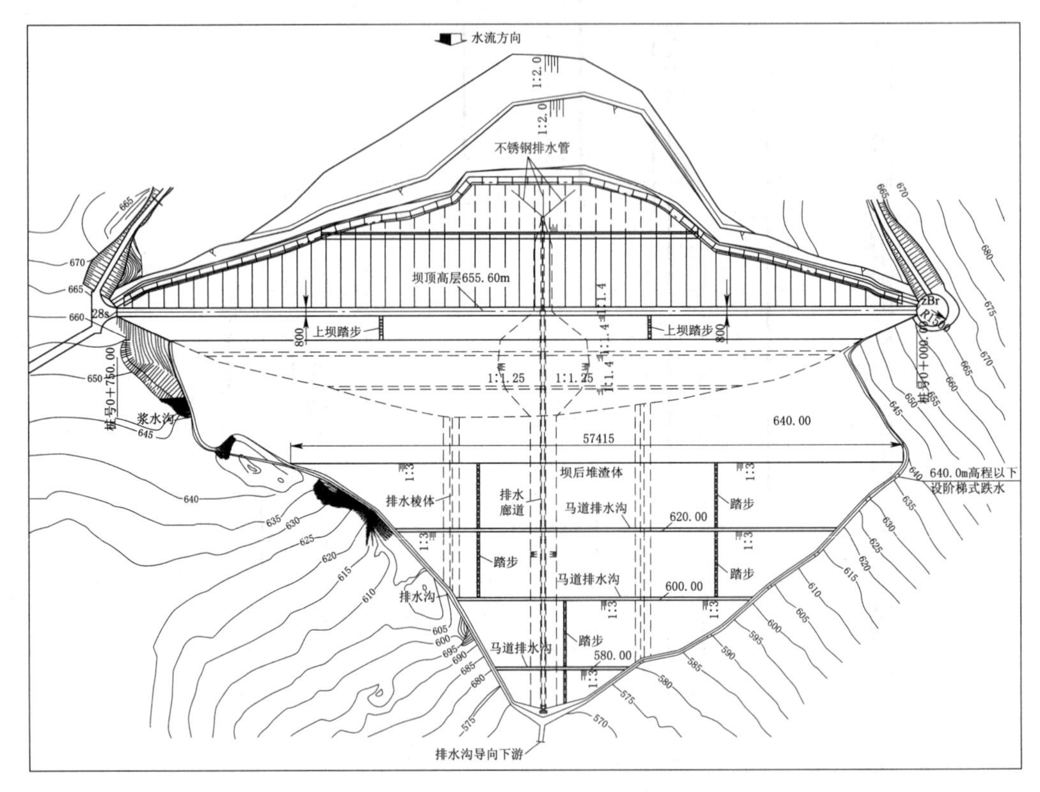


图 59-23　上水库坝平面布置图

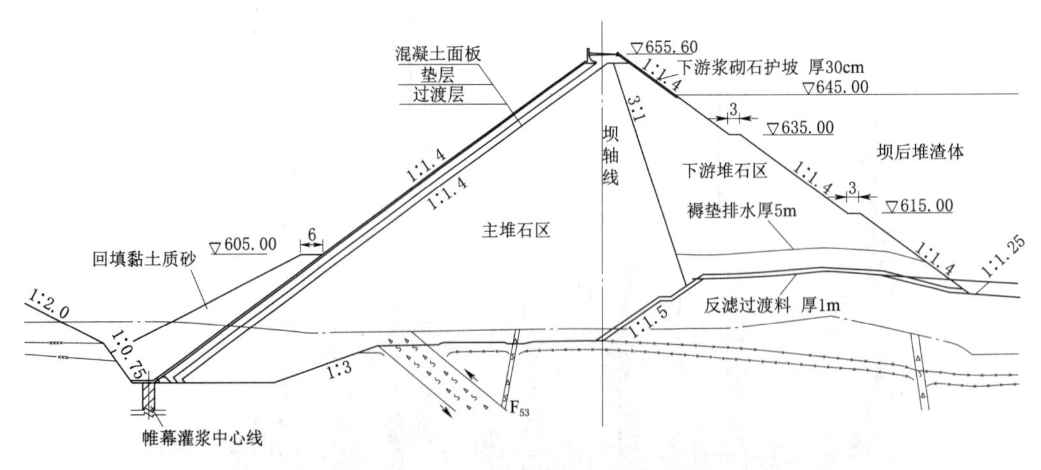


图 59-24　上水库坝坝体典型剖面图

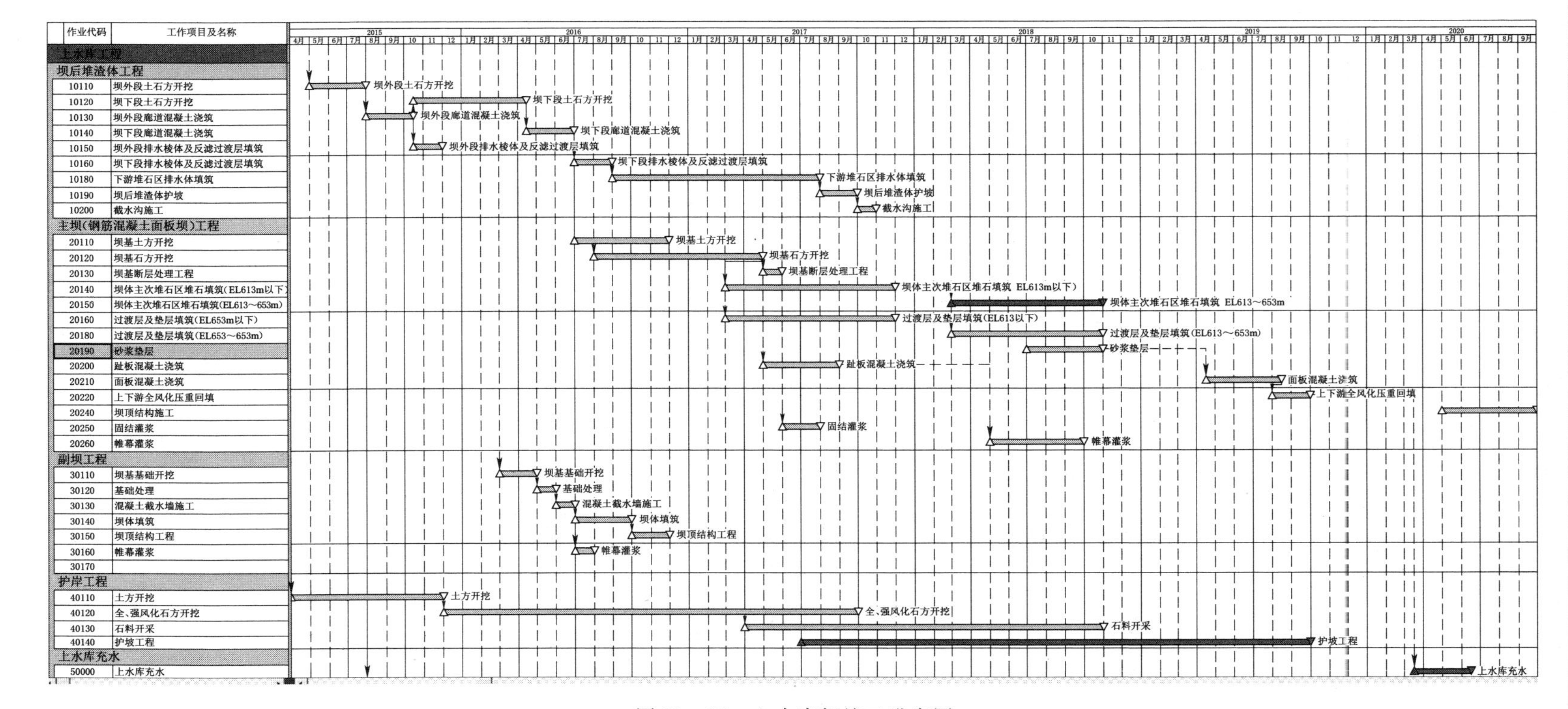


图 59－25　上水库坝施工进度图

第十六篇　安全监测设计

# 第六十章　概　　述

## 第一节　工　程　特　点

寒区与非寒区水电工程的根本区别在于寒区冬季漫长且水库在隆冬季节封冻，冰冻对工程结构及其对水电工程运行造成不利影响，以及由此而产生负面社会经济效益。对并入电网运行的抽水蓄能电站，在漫长的冬季不能完全停止运行，如何面对冰冻对社会和经济所造成的不利影响是我们在规划寒区抽水蓄能电站工程时所必须考虑的问题。

寒区气候条件往往比较恶劣，其工程特点主要有：

### 一、水害、冻害时常出现

冰害是北方高寒地区水电站冬季普遍存在的问题。人类修建水利设施的实践已经有上千年，认识到冰冻的危害并展开系统科学研究的历史至少可以追溯至100多年以前。寒区水库设施受到冰盖冻胀、热胀和气象水文条件影响，在冰力作用下经常遭受破坏，损失惨重。如1966年黑龙江卫星水库建成第一个冬季就由于冻胀将护坡拱翘支起而遭到破坏，重修两年后局部护坡由于冻胀、浪淘作用再次遭到破坏；吉林省太平池水库五次翻修大坝，仍未根治冰冻破坏现象；黑龙江省泥河水库已运行20年，其中1989年被迫完全翻修，近7年又发生了全长4km、宽6m护坡的严重破坏；大庆市红旗泡水库均质黏土坝，主坝全长3478m，冬季经常出现主坝土体冻胀、坝面冰推和冰块爬坡等破坏现象。

### 二、混凝土施工质量受寒冷的影响较大

处于寒冷地区的混凝土结构常因发生冻融循环作用而使结构性能退化，严重影响结构的长期使用和安全运行。

我国许多地方有较长的寒冷季节，由于受工期制约，许多工程的混凝土冬季施工是不可避免的。国内外对混凝土冬季施工理论和方法的探索研究认为，混凝土受冻害损伤可以分为两种情况：①剥落脱皮是由于冻融引起的混凝土表面材料的损伤；②内部损伤是表面没有可见效应而在混凝土内部产生的损害，它导致混凝土性质改变（如动弹性模量降低）。至于新拌混凝土受冻害损伤后则会导致混凝土冻胀破坏。

### 三、施工进度以及安全系数降低

寒区水电工程受漫长寒冷冬季的影响，施工进度势必要放慢；又因工程要承受水害、冻害的影响，其安全系数也相应降低。

## 第二节　安全监测的必要性

水工建筑物建造在地质构造复杂、岩土特性不均匀的地基上，在各种力的作用和自然因素的影响下，其工作性态和安全状况随时都在变化。如果出现异常，而又不被我们及时了解和掌握，任其险情发展，后果不堪设想。1954 年建成的坝高 66.5m 的法国马尔巴塞（Malpasset）双曲拱坝，蓄水后在扬压力作用下，左坝肩部分岩体产生了不均匀变形和滑动。由于没有必要的安全监测设施，结果在管理人员没有丝毫的觉察下，于 1959 年 12 月 2 日突然溃决。短短 45min，使坝下游 8km 处的一兵营 500 名士兵几乎全部丧生，距坝 10km 的一城镇变成废墟，直接经济损失 6800 万美元。意大利瓦依昂（Vajont）拱坝的报废，瓦依昂（Vajont）薄拱坝，坝高 262m，坝顶弦长仅 160m，最大底宽 22.409m，库容 1.5 亿 $m^3$，是当时最高的薄双曲拱坝。大坝 1963 年 10 月 9 日失事。大坝上游近坝库左岸约 2.5 亿 $m^3$ 的巨大岩体突然发生高速滑坡，以约 25m/s 的速度冲入水库，使 5500 万 $m^3$ 的库水产生巨大的涌浪，约有 3000 万 $m^3$ 的水翻越坝顶泄入底宽仅 20m 的狭窄河谷。涌浪在右岸超出坝顶 250m，超出左岸 150m，以巨大流速滚向下游，导致下游 Longarone 镇及附近的几个村荡然无存，死亡约 2500 人。如能在事前运用必要的有效观测手段对这些工程进行监测，及时发现问题，采取有效的措施，上述灾难就可避免。1962 年 11 月 6 日，安徽梅山连拱坝右岸基岩发现大量漏水，右岸 13 号坝垛垂线坐标仪，观测三天内向左岸倾斜了 57.2mm，向下游位移了 9.4mm，且右岸各垛陆续出现大裂缝，经分析是右岸基岩发生错动。对此，及时在垂线仪监测下放空水库进行加固处理，从而避免了一场溃坝事故。1981 年 8 月，黄河上游龙羊峡水电站遇到了 150 年一遇的特大洪水，依靠埋设在围堰混凝土心墙中的 48 支监测仪器，提供的测量数据，表明围堰工作性态正常，使领导做出加高围堰 4m 的抗洪决策，确保了工程安全施工和度汛。1955 年 6 月 12 日在长江三峡的新滩，发生大滑坡，2000 万 $m^3$ 堆积体连带新滩古镇一起滑入江中。可是险区的居民却全部提前安全撤出，无一伤亡，这全靠安全监测所做出的准确预报。上述正反两方面的实例充分地阐明了采用仪器进行安全监测，对建筑物和人民的安危是何等的必要。

安全监测除了及时掌握水工建筑物的工作性态，确保其安全外，还有多方面的必要性。美国垦务局认为，使用观测仪器和设备对水工建筑物及基础进行长期和系统的监测，是诊断、预测、法律和研究等四个方面的需要：一是诊断的需要，包括验证设计参数改进未来的设计；对新的施工技术优越性进行评估和改进；对不安全迹象和险情的诊断并采取措施进行加固；以及验证建筑物运行处于持续良好的正常状态。二是预测的需要，运用长期积累的观测资料掌握变化规律，对建筑物的未来性态做出及时有效的预报。三是法律的需要，对由于工程事故面引起的责任和赔偿问题，观测资料有助于确定其原因和责任，以便法庭做出公证判决。四是研究的需要，观测资料是建筑物工作性态的真实反映，为未来设计提供定量信息，可改进施工技术，利于设计概念的更新和对破坏机理的了解。正是这些必要性，各国都很重视安全监测工作，使其成为工程建设和管理工作中极其重要的组成部分。

## 第三节　安全监测的发展历程

长期以来，工程的安全主要依靠结构物的可靠度设计来保证。但是，水电工程的安全监测起步较晚，它是随着水电工程的失事为人们提供教训后，不断地寻求监测和监测手段而逐步发展起来的。20世纪50年代以来，水电工程界逐步认识到大坝和上部结构的失事多是因为地基失稳引起的，边坡工程、地下工程的事故也是水利体失稳所致。如果能够在事故发生前得到信息，进行准确的判断，及时采取有效的防范措施，便可以制止事故的发生，于是监测工作逐步受到重视。由于岩土体复杂，岩土力学又是一门新的科学，尚属半经验半理论的性质。因此，在时间和空间上对水电工程的安全度做出准确地判断还有很大困难，有关水电工程安全问题的解决，更多地是依靠测试和观测，所以，人们越来越多地把工程安全情况的判断，寄希望于工程建设过程中和竣工后的原位监测。通过监测保证工程的施工、运行安全；同时，又通过监测验证设计，优化设计和提高设计水平。

水电工程的失稳破坏，都有从渐变到突变的发展过程，一般单凭人们的直觉是难以发现的，必须依靠设置精密的监测仪器进行周密监测。为了做到这一步，首先要做出符合实际的观测设计，然而准确地做出一项监测布置和预计一项工程监测需用多少仪器和仪器的类型是很困难的，特别是对工程安全有控制作用的仪器更为困难。因为仪器的选择要考虑整个工程的地质条件，地形地貌特点和岩体的工程技术性质。此外，仪器的埋设、布置和数量，不但依靠计算，还要根据已知条件和分析条件，以工程和工程周围的特性决定。所以，20世纪70年代以来，对于监测项目的确定、仪器的选型、仪器的布置、仪器的埋设技术与观测方法、观测资料的整理分析等项目的研究工作逐步加深。在工程设计中也同时进行监测仪器布置，编写实施技术要求。

20世纪70年代以前，我国水电工程安全监测经验不足，且无规范性的实施方案可循，很难做到经济合理、安全可靠，当然也达不到时间和空间上连续性的要求。盲目布设仪器等造成浪费的现象时有发生；盲目采用进口仪器，或者主观地采用自己习惯的和自制的仪器，造成仪器失效或测得的资料不符合计量标准，无法分析；缺少仪器埋设技术和观测方法标准；有些新仪器虽然性能可靠，但由于实际应用较少，在环境恶劣的水电工程中，不敢使用；用得多的仪器，安装技术要求得不到保证，观测方法又不当，大量的仪器因此而失效，或得不到满意的监测成果。

我国从20世纪80年代初开始，科技攻关和工程实践对所存在的问题进行了广泛而深入地研究，监测设计和监测方法不断地改进。在一些大型工程中深入研究了安全监测布置。一些考虑地质地貌条件、岩体工程技术性质、工程布置、监测空间和时间连续性的要求等因素的安全监测布置原则和方法，相继提出。在充分研究了水电工程安全监测仪器的使用经验和效果、仪器种类和技术性能、质量评定标准的基础上，确认了一批供仪器选型用的仪器。对这些仪器的技术指标、适用条件、稳定性等也有了评定标准。安全监测仪器安装埋设与观测的标准化、程序化和质量控制措施也逐步的形成、完善。相继编制了各种建筑物安全监测规程、规范、指南和手册。

进入20世纪90年代以来，水电工程安全监测手段的硬件和软件迅速发展，监测范围不断扩大，监测自动化系统、数据处理和资料分析系统、安全预报系统也在不断的完善。水电工程设计采用新的可靠度设计理论与方法以来，安全监测成为必要的手段，成为提供设计依据、优化设计和可靠度评价不可缺少的手段，成为工程设计、施工质量控制的重要手段。

二滩、三峡、小浪底等大型水电工程的设计和施工，采用了大批20世纪90年代的先进技术，监测工程的设计、施工、观测、资料整理分析和质量控制基本实现标准化、自动化，监测技术水平有较大的提高，水电工程安全监测以一个新的面貌跨入21世纪。

## 第四节　安全监测设计

### 一、设计目的

寒区抽水蓄能电站工程监测的目的与常规水电站基本一致，均以安全监测为主，同时指导施工，并为设计提供监测信息，是为施工期、运行初期和正常运行期工程建筑物的工作性态进行实时的动态监控，保证不同工况和时期各建筑物处于正常工作状态。一般情况下，寒区抽水蓄能电站工程监测的目的包括：

（1）提供用于为控制各种不利情况下工程性态的评价，以及在施工期、运行初期和正常运行期对工程安全进行连续评估所需的数据资料，及时掌握和提供其物理量定量的变化信息和工程建筑物及地质体的工作状态。

（2）验证与调整工程设计，在施工期随施工过程所取得监测资料，有助于工程设计的验证与调整，通过工程原型实测数据与理论计算及试验预计的工程特性指标的对比分析，便于掌握工程设计的合理程度及供设计修改，同时提供反分析、敏感性分析所需的重要依据，如坝体填筑控制指标、地下围岩支护参数、边坡加固及降水工程措施的调整等。

（3）促进工程技术进步，实测数据是一定边界条件下工程建筑物工作性态的综合反映，因此，可通过类似或同类工程实测数据的反分析与理论研究，进一步完善和促进工程技术进步，为设计和施工累积准确的技术资料及经验，使工程建设更趋于经济、合理。

（4）评价工程的安全性，指导施工及改进施工技术，对可能危及工程安全的初期或发展过程中的险情及未来性态做出预测、预报，以便及时采取相应的工程安全措施。

（5）动态监控工程运行期的工作性态，指导工程运行管理与维护，保证工程经济、安全运行。

### 二、设计原则

（1）紧密结合工程的特点和关键技术问题，有针对性地选择监测项目和工程部位，随施工进程进行监测，通过代表性监测及辅助监测设施，系统、全面、及时地监控工程的工作状况。

（2）各监测设施的布置应紧密结合工程具体条件，既能较全面地反映工程的运行状态，满足规范规定、施工和运行期不同侧重监测需要的项目及功能，又具有针对性，监测重点突出、目的明确；应统筹安排，合理布置相关监测项目，宜选择地质、结构受力条件

复杂或具有代表性的部位设置监测断面，使重点部位的监测项目能够相互校核与验证。

（3）监测项目应根据工程建筑物级别、重要性、设计计算、模型试验成果及温度控制等方面的要求确定。一般在Ⅰ、Ⅱ等抽水蓄能电站主要建筑物设置监测项目。对于不良工程地质和水文地质条件，采用新材料、新结构、新的设计理论（和方法）或新工艺以及工程建设中需要加以监控或验证的建筑物，均宜设置相应的监测项目。

（4）各监测仪器设施的选择，要考虑可靠、耐久、经济、实用，技术性能满足具体工程需要，应具有先进性和便于实现自动化监测。所采用的监测方式、方法应是技术成熟、便于操作的。采用监测自动化系统的同时，宜具备人工测读条件。

（5）应保证在恶劣气候、环境条件下仍能进行必要项目的观测，必要时可设置专门的监测设施，如观测站（房）、观测廊道、施工及观测便道等。

（6）监测仪器设施的安装及数据资料的提供应保证其时效性，满足在不同工程阶段和工况下均能够获得必要的监测成果，以满足各种工程需求。

（7）工程监测应严格按规程规范和设计要求进行，相关监测项目力求同时观测，以便于观测数据资料的对比、统计分析与相互验证。应针对不同阶段的目的要求，突出观测及资料分析的重点，对于观测发现的异常应立即复测，做到观测连续、数据可靠，能够准确反映工程的工作性态，并及时整理分析与上报。

（8）仪器监测应与巡视检查相结合。监测仪器设置力求简捷、经济、实用、针对性强，为工程的安全运行发挥作用。

## 三、设计依据

（1）拟建工程的水文气象、地质条件、建筑物设计资料等。在监测设计之前应熟悉前述资料，以便结合工程特点及其监测要求设置必要的监测项目，确定监测部位及测点间的相应关系。

（2）安全监测技术规范。依据工程实际选择适当的技术规范，技术规范是安全监测设计的科学依据，其中规定了监测断面布置原则、应设的监测项目、测点数量、观测频次及观测精度等，安全监测设计必须满足技术规范的要求。

（3）类似工程设计经验。从类似工程的设计中总结经验，将一些好的做法应用于当前工程，亦是做好安全监测设计的有效途径。

# 第六十一章 上、下水库监测

上水库工程一般是采用挖填建坝围库，大多为面板堆石坝，其天然条件使得坝体可能具有坝基深覆盖层、坝基为倾向下游的斜坡面和劣质料填筑等特点，并根据库区水文和工程地质条件而采用全库或局部防渗形式。下水库工程多数利用天然河流建坝（重力坝）成库，或利用已建水库。当不宜在天然河床修建下水库时，亦有如同上水库型式直接修建下水库，自天然河流引水至库内，该方式修建的下水库，其坝型、布置、防渗和排水结构型式等一般视地形、地质条件而定，与上水库类同，其工程特点、关键技术问题及相应的监测设施与上水库相似。

## 第一节 监测重点及部位选择

### 一、面板堆石坝

#### （一）结构特点

面板堆石坝是以堆石为主体材料，上游面采用钢筋混凝土、沥青混凝土或土工膜等作防渗体的土石坝，属于非土质材料防渗体碾压式土石坝，与混凝土坝相比属于散粒体结构，对地基适应性较好。面板堆石坝主要由上游铺盖、趾板、面板、垫层区、过渡区、主堆石区、次堆石区、排水区和下游护坡等组成。面板堆石坝的荷载传递比较简单，水荷载通过面板依次传递给垫层区、过渡区是承受水荷载的主要支撑体。根据面板坝的特点，面板防渗和面板与堆石体的协调变形若得不到满足，将危及面板坝的安全。

#### （二）重点监测部位

面板坝的安全监测技术对常规的中小型面板坝已非常成熟，但对高坝，特别是在不对称的峡谷地区或深厚覆盖层上修筑的面板堆石坝等，还存在众多技术问题需要研究和解决，是面板坝安全监测的重点。

面板堆石坝监测范围应包括坝体、坝基以及对面板坝安全有重大影响的近坝区边坡和其他与大坝安全有直接关系的建筑物。为使安全监测能更好地为工程服务，布置监测测点时应充分结合工程结构特点、坝区地形地质条件、坝体施工填筑进度安排及监测本身施工干扰等因素进行设计布置。监测设计断面选择、各监测测线或测点的布置间距应考虑施工分层与监测高程的关系、临时断面与面板施工时机控制和监测项目之间的相互呼应验证。在临时断面处设置临时观测站，一旦仪器埋设就位后均能投入监测运行。

面板的横向监测断面亦选在最大坝高处、地形突变处、地质条件复杂处、坝内埋管处等。典型监测横断面的选择：一般不宜少于 3 个；对于坝顶轴线长度大于 1000m 的，宜设置 3～5 个；特别重要和复杂的工程，还可根据工程的重要和复杂程度适当增加。

监测横断面的选取应兼顾面板变形的拉、压性缝区域。以往较多地关注面板拉性缝的监测，在已建工程多发生面板挤压性破坏后，高坝压性缝变形也成为监测重点。对压性缝的监测，一是监测压性缝的变形规律；二是监测嵌入料的变形适应能力。

面板坝的纵向监测断面可由横向监测断面上的测点构成，必要时可根据坝体结构、地形地质情况增设纵向监测断面。

在高程上，高面板堆石坝的面板施工及施工时机是高面板坝填筑技术的关键。高面板坝其面板一般需要 2～3 期施工，每一期面板施工时，堆石体均应有预沉降期和沉降变形量的控制标准。因此，堆石体变形监测断面的选择不仅仅要满足于运行期的要求，还应为面板分期施工提供依据。根据已建高坝统计资料，面板坝监测分层高差不宜超过 40m。

**（三）重点监测项目**

面板坝以堆石体变形、面板挠曲变形、面板周边缝三维变形和竖直缝开合度的变化、大坝及基础渗流量等监测为重点。其中，对堆石体变形的监测包括横向水平位移、纵向水平位移和垂直位移，表面变形与内部变形监测要能相互印证；对面板挠曲变形的监测包括面板挠度、最大位移和面板脱空的监测；对渗流量的监测可判断面板、两岸基础的防渗效果，如果将面板和基础的渗流量分开，可找出渗流量增加的原因和部位。对堆石体内部变形的监测也是整个工程安全监测的重点，它主要反映在检查堆石体的填筑质量、寻找面板施工时机、设计计算对比等，也是大坝安全评价的重要依据。

坝高在 70m 以内的 2、3 级及以下的面板坝，监测项目的布置一般仅对面板表面和堆石体表面变形、面板垂直缝及周边缝变形以及渗流及渗流量等进行监测。

现阶段堆石坝内部变形监测布置常用竖向测点布置和水平分层测点布置两种形式，为减少施工干扰，一般采用水平分层布置方式，结合施工的临时断面，填筑方式、填料上坝交通、面板分期施工预沉降期等要求进行综合比较选择性布置。

## 二、重力坝

**（一）结构特点**

重力坝是历史最悠久的坝型之一，在水压力及其他外荷载作用下，主要依靠坝体自重来维持稳定。人们已在重力坝的设计、施工与运行等方面积累了丰富的实践经验，建筑技术较为成熟。重力坝体积庞大，它通常沿坝轴线用横缝分成若干坝段，每一坝段在结构形式上类似三角形悬臂梁。上游水压力在坝的水平截面上所产生的力矩将在上游面产生拉应力，在下游面产生压应力，而在坝体自重作用下，在上游面产生的压应力足以抵消由水压力产生的拉应力。因此，重力坝又得以满足强度要求。一旦稳定和强度得不到满足，将危及重力坝的安全。

**（二）重点监测部位**

重力坝监测设计应根据工程特点及关键部位综合考虑，统筹安排。其指导思想是以安全监测为主，同时兼顾设计、施工、科研和运行的需要。监测项目布置除了需要控制关键部位外，还需兼顾全局，监测项目宜以“目的明确、重点突出、兼顾全局、反馈及时、便于实现自动化”为基本原则，并结合工程建设进度计划进行统一规划，分项、分期实施。

重力坝监测范围应包括坝体、坝基以及对大坝安全有重大影响的近坝边坡和其他与大坝安全有直接关系的建筑物。一般选择典型的或代表性的横向断面和纵向断面（或测线）进行监测。

监测断面设在监控安全的重要坝段，横断面布置在地质条件或坝体结构复杂的坝段或最高坝段及其他有代表性的坝段。断面间距可根据坝高、坝顶长度类比拟定，特别重要和复杂的工程可适当加密监测断面。

重力坝的纵向测线是平行于坝轴线的测线，需根据工程规模选择有代表性的纵向测线。一般应尽量设置在坝顶和基础廊道，高坝还需在中间高程设置纵向测线。

**（三）重点监测项目**

重力坝安全的重点监测项目是：坝基扬压力、渗流量、绕坝渗流及坝基、坝体变形、坝体温度、坝基应力等。

从重力坝特点来看，由于重力坝坝体与地基接触面积大，因而坝基的扬压力较大，对坝体稳定不利，重力坝失事大多也是由基础引起。因此，应把坝基面扬压力、基础渗透压力、渗流量及绕坝渗流作为重点监测项目。

由于重力坝的失稳模式是滑动或倾覆，而变形监测可了解坝体抗滑、抗倾覆稳定情况以及基础及坝体混凝土材料受外荷载产生的压缩、拉伸等情况，是重力坝安全监测的重点。

由于重力坝体积较大，寒区施工期混凝土的温度应力和收缩应力较大，在施工期对混凝土温度控制的要求较高，因此也需要重视施工期坝体混凝土温度监测。

由于重力坝坝体应力较小，一般只有高坝（≥100m）在地震工况下，才有可能出现对坝体结构产生破坏的应力，因此坝体内部的应力应变不是重力坝安全监测的重点，只需结合计算分析成果对结构特殊的坝体或溢流闸墩、泄流底孔、中孔等部位布置混凝土应力应变、钢筋应力或锚索荷载等监测项目。

## 第二节　变　形　监　测

变形监测项目主要有大坝的表面变形、内部变形、接缝变形、混凝土面板变形、坝基特殊部位变形及库岸位移等。

### 一、表面变形

上下水库表面变形一般采用视准线法和交会法进行观测，建立变形控制网以作为上下水库各建筑物变形的基准点，变形控制网包括平面控制网和水准控制网，网点的具体位置应通过现场勘查后选定。

**（一）视准线法**

视准线是平行于坝轴线建立一条固定不变的光学视线，定期观测各测点偏离该视准线测值的测量方法。视准线监测大坝变形是众多水平位移监测方法中最古老的一种。

视准线的优点是结构简单、投资小、便于布置与维护、观测值直观可靠；缺点是视线

长度及布置位置受光学观测仪器设备的性能影响（宜小于300m），不便于实现自动化监测，需选择合适的观测时段，避免受大气折光的影响。

视准线的布置位置和视线长度应适合不同光学观测仪器设备（经纬仪、全站仪或视准线仪）的工作能力；位置尽量避免坝面大气折光和库区蒸发的影响，一般应布设在坝顶靠近下游的地方，距吊车架、栏杆、坝面等障碍物1m以上。位移测点必须设在两工作基点连成的视准线上，以钢筋混凝土墩的形式直接固定在坝体上。在测点和工作基点测墩的顶部埋设强制对中设备，以便观测时安装活动觇标和固定觇标或棱镜组。

视准线采用的观测方法主要有活动觇标法和小角度法。活动觇标法是将经纬仪（或视准线仪）安置在工作基点A，照准另一基点B（安装固定觇标），构成视准线，该视准线作为观测坝体位移的基准线。将活动觇标安置于位移标点上，令觇标图案的中线与视准线重合，然后利用钢标上的分划尺及游标读取测点的偏离值，即为活动觇标法。要求视准线上各测点均在同一准直线，且测点位移的变化量在活动觇标的量程范围内。活动觇标在重力坝上用得较多。

**（二）交会法**

当重力坝的布置为折线、弧线，致使准直线的布置无法实现时，可在坝顶或下游坝坡需要监测的部位布置表面位移测点，采用交会法进行监测。

交会法是利用2个或3个已知坐标的工作基点，用经纬仪或全站仪测定位移测点的坐标变化，从而确定其水平位移值。交会法包括测角交会法、测边交会法和边角交会法等。

1. 测角交会法

采用测角交会法时，在交会点上所成的夹角最好接近90°，但不宜大于120°或小于60°。工作基点到测点的距离不宜大于200m。当采用三方向交会时，上述要求可适当放宽。测点上应设置觇牌塔式照准杆或棱镜。

2. 测边交会法

采用测边交会法时，在交会点上所成的夹角最好接近90°，但不宜大于135°或小于45°。工作基点到测点的距离不宜大于400m。在观测高边坡和滑坡体时，不宜大于600m。测点上最好安置反光棱镜。

3. 边角交会法

采用边角交会法时，观测精度比单独测角或单独测边有明显提高，对交会点上所成的夹角没有严格要求。工作基点到测点的距离不宜大于1km。交会法测点观测墩的结构同视准线墩，但墩顶的固定觇牌面应与交会角的分角线垂直，觇牌上的图案轴线应调整铅直，不铅直度不得大于4′。塔式照准杆亦应满足同样的铅直要求或安置棱镜。

水平角观测应采用方向法观测4测回（晴天应在上、下午各观测2测回）。各测回均采用同一度盘位置，测微器位置宜适当改变。每一方向均须采用双照准法观测，两次照准目标读数之差不得大于4″。各测次均应采用同样的起始方向和测微器位置。观测方向的垂直角超过±3°时，该方向的观测值应进行垂直轴倾斜改正。

**（三）激光准直法**

直线型大坝亦可采用真空激光准直法进行观测。真空激光准直系统是波带板激光准直装置和真空管道系统的结合。即将装有波带板装置的测点箱与适合大坝变形的软连接的可动真空管道联成一体。管道内气压控制在66Pa以下，使激光源发射的激光在真空中传输，减少大气折光和大气湍流对准直的影响，从而使激光接收装置上测得的大坝变形值更接近真实。该系统能同时观测各测点的水平位移和垂直位移，具有高精度、高效率、作业条件好、不受外界温度、湿度和观测时间的限制等特点。

真空管道系统的设计按照《混凝土坝安全监测技术规范》（DL/T 5178）的要求如下：

（1）真空管道系统包括：真空管道、测点箱、软连接段、两端平晶密封段、真空泵及其配件。

（2）真空管道宜选用无缝钢管，其内径应大于波带板最大通光孔径的1.5倍，或大于测点最大位移量引起象点位移量的1.5倍，但不宜小于150mm。

（3）管道内气压一般控制在66Pa以下。并应按此要求选择真空泵和确定允许漏气速度。

（4）测点箱必须和坝体牢固结合，使之代表坝体位移，测点箱两侧应开孔，以便通过激光。同时应焊接带法兰的短管，与两侧的软连段连接。测点箱顶部应有能开启的活门，以便安装或维护波带板及其配件。

（5）每一测点箱和两侧管道间必须设软连接段，软连接段一般采用金属波纹管，其内径应和管道内径一致，波数依据每个波的允许位移量和每段管道的长度，气温变化幅度等因素确定。

（6）两端平晶密封段必须具有足够的刚度，其长度应略大于高度，并应和端点观测墩牢固结合，保证在长期受力的情况下，其变形对测值的影响可忽略不计。

（7）真空泵应配有电磁阀门和真空仪表等附件。

（8）测点箱与支墩、管道与支墩的连接，应有可调装置，以便安装时将各部件调整到设计位置。

（9）管道系统所有的接头部位，均应设计密封法兰。法兰上应有橡胶密封槽，用真空橡胶密封。在有负温的地区，宜选用中硬度真空橡胶并略加大胶圈的断面直径。

表面变形监测断面的选择，一般根据坝的长短和地质条件选定，通常需要选择两个以上监测横断面。沿河谷的坝体最大横断面常选作主监测断面，根据坝基的地质变化或者河谷的地形变化，选取另一个代表性的断面作为监测横断面。对于坝轴线长度超过300m的，通常布置3个以上监测横断面，除最大横断面作为主监测断面外，在其两岸各选取一个具有代表性的断面作为辅助监测断面。高坝或左右岸岸坡有特殊地形或地质缺陷时，还应增设监测断面。

监测断面一般不少于4个；测点间距，坝长不大于300m的，一般取20～50m；坝长大于300m的，取50～100m；寒区抽水蓄能电站测点墩基础的埋设深度应大于冻土层厚度，以保证监测成果的真实性。

**【实例61-1】** 蒲石河抽水蓄能电站上水库表面变形监测（见图61-1）在坝体下游表面及坝顶共布置了平行于坝轴线的视准线4条，其中坝顶下游侧1条，下游坝坡340.60m高程1条，下游坝坡359.00m高程1条，下游坝坡376.60m高程1条。每条视准线两端各布置1个工作基点和1个校核基点。共计8个工作基点和8个校核基点。

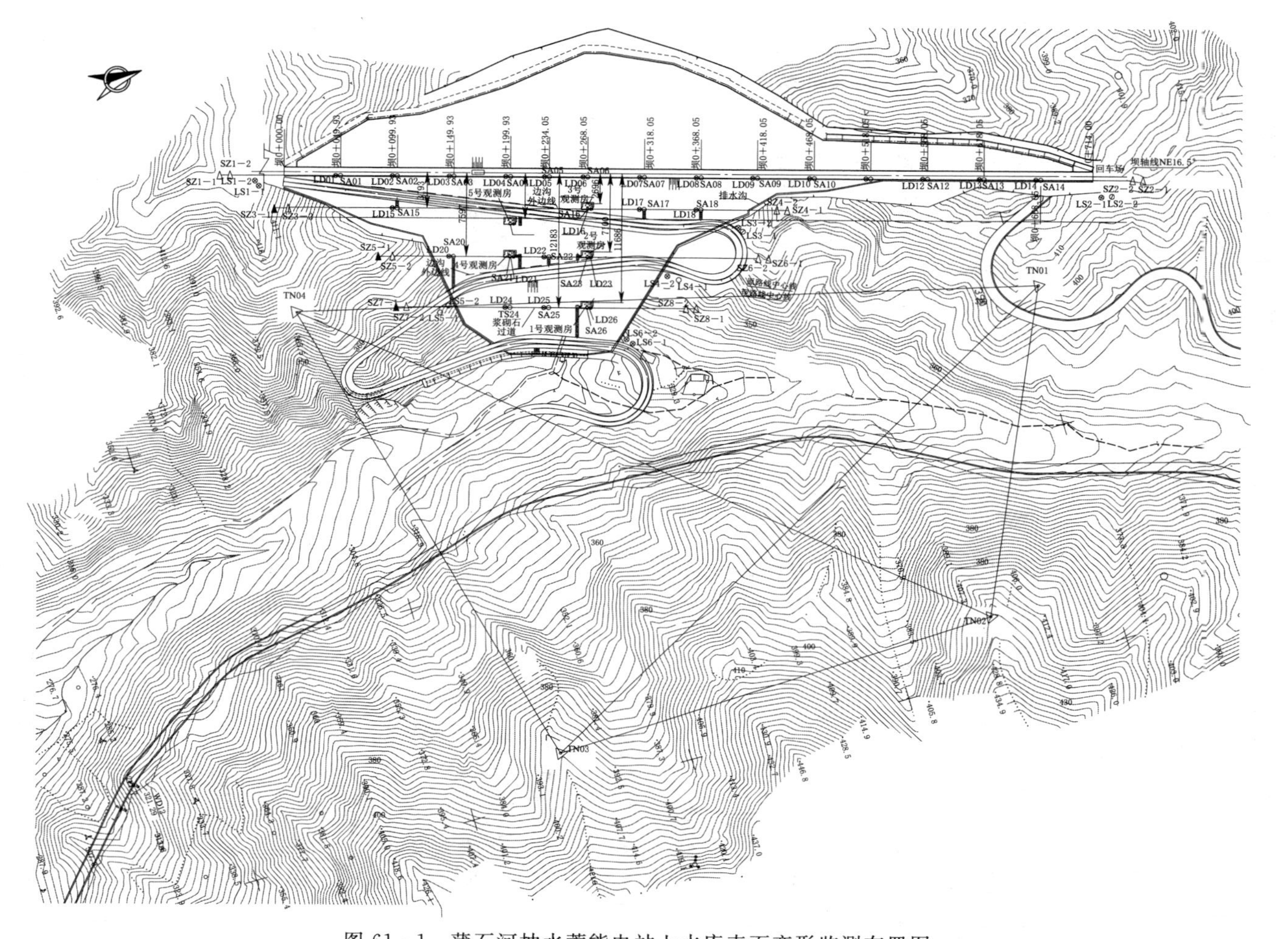


图 61-1　蒲石河抽水蓄能电站上水库表面变形监测布置图

TN—边角网控制点；SZ—视准线工作基点；LS—水准工作基点

由于坝顶视准线长超过700m左右，所以在测点中增设工作基点（SA08），增设工作基点和坝后观测房水平位移利用边角网进行边交会进行观测。水平位移测点间距60m，共布设26个测点。采用精密全站仪及配套设施进行视准线观测。

为了监测施工期坝体水平位移，为内部观测项目提供绝对位移，在坝下游及坝头布置了由4个三角点（TN01～TN04）组成的大地四边形监测三角网，三角网按照一等网施测。

**【实例61-2】** 荒沟抽水蓄能电站上水库表面变形监测（见图61-2）在大坝上下游布置了由10个点（TN01～TN10）组成的边角网，以TN01、TN02为基准点，距离轴线1.1km左右，采用固定基准符合网，根据各个点的坐标进行精度估算，检验最弱点的点位精度能否满足设计要求，三角网按照一等网施测。

**【实例61-3】** 清原抽水蓄能电站上水库表面变形监测（见图61-3）建立三角测量和水准测量的Ⅰ等控制网，共设置平面三角网控制点7个，水准基准点1组（3个水准点），水准网工作基点4个。

**【实例61-4】** 蒲石河抽水蓄能电站下水库大坝，采用倒垂线双金属标系统及真空激光准直系统相结合，监测坝体在水平方向和垂直方向上变形。在坝顶布置一条真空激光准直系统，挡水坝段每个坝段布置一个测点，泄洪冲沙闸坝段，每个闸墩设一测点，共布置19个测点（LA01～LA19）。发射端设在右岸，接收端设在左岸，在坝体左右岸观测房内各设有一套倒垂及双金属标监测系统，见图61-4。

## 二、内部变形

### （一）堆石体内部变形

一般地，当坝高小于70m时，可不设坝体堆石体内部变形监测项目；当坝高大于70m，均应设置堆石体内部变形监测项目。目前堆石体内部变形监测点布置通常采用水平分层测点布置方法或竖向测点布置方法，也可采用水平和竖向结合布置。

高面板坝，变形大，一般情况最大沉降量约为坝高的1%～2%，特别是分期填筑，沉降量的不均匀性将产生面板的脱空，恶化面板的受力条件。对于200m以上的高面板坝，堆石体内部变形监测是整个工程监测的重中之重，包括横向（顺河向）水平位移、纵向（坝轴线方向）水平位移和垂直位移。它的主要作用是全面监测坝体在施工期和运行期的变形性状和发展趋势，以检验堆石体的填筑质量，指导面板施工时机，并与设计计算成果进行对比分析，是评价大坝安全性的最重要指标。

对200m级及其以上的高面板坝，应根据坝址地形条件、计算成果设置内部纵向位移监测线，测点布置宜采用并联方式，并需用垂直位移监测成果对水平位移的测值进行修正计算。

1. 测点布置原则

（1）面板坝堆石体内部变形宜采用水平分层测点布置方式，高坝可在最大坝高断面坝轴线和下游坝面增设竖向布置方式。

（2）当采用水平分层测点布置时，每个典型监测横断面上可选取3～5个监测高程，1/3、1/2、2/3坝高应布置测点，高程间距宜在20～50m，最低监测高程宜高出下游最高洪水位。各高程第一个测点应尽量设在垫层料内，同一监测高程上下游方向测点间距宜按30～50m设置。同一断面各监测高程的测点在竖直方向上应重合，以形成竖向监测线。

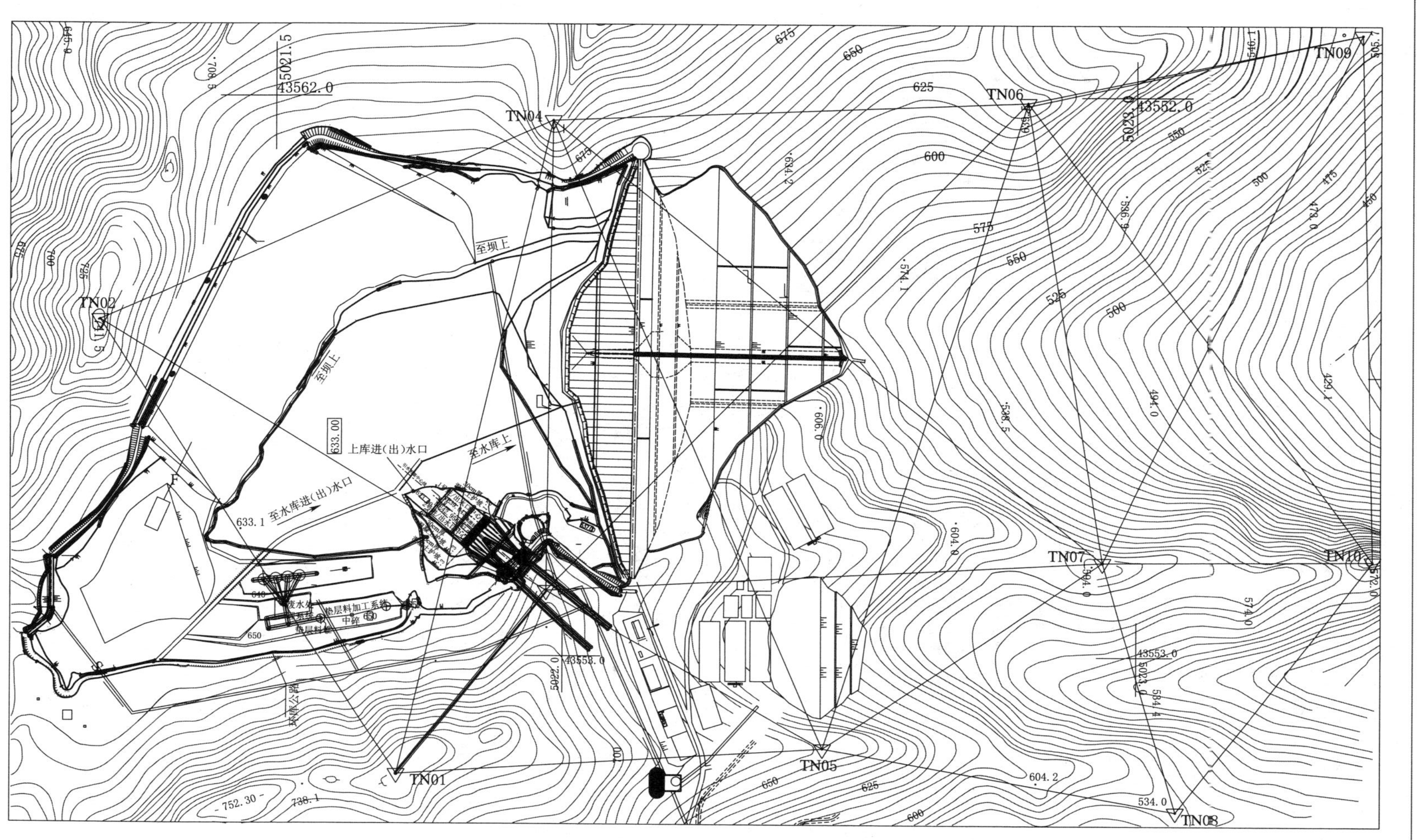


图 61－2　荒沟抽水蓄能电站上水库表面变形监测布置图

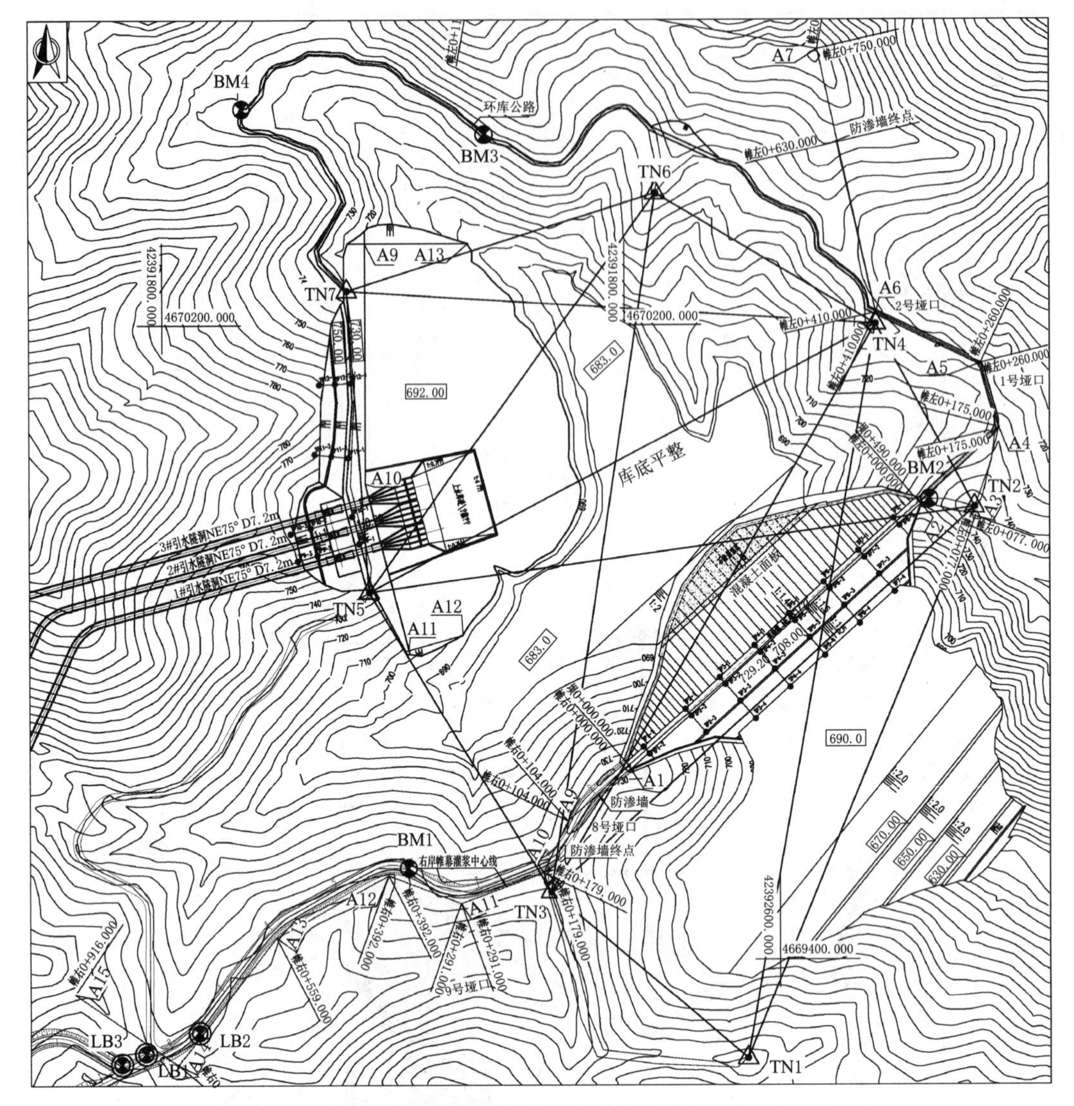

图 61-3　清原抽水蓄能电站上水库表面变形监测布置图
TN6—边角网控制点；LB—水准基准点；BM—水准工作基点

水平位移测点和垂直位移测点宜设在同一位置，监测横断面上同一监测高程水平位移测点一般不宜超过 7 点，垂直位移测点一般不宜超过 8 点。

（3）当采用竖向测点布置方式时，每个典型监测横断面布置 1～4 个竖向测线，宜在坝轴线附近设置一个测线，测线底部应深入基础下的相对稳定点。测线上垂直位移测点间距可设置为 5m 或 10m，最下一个测点应置于坝基表面，以监测坝基的沉降量。

2. 坝体横向位移监测

（1）水管式沉降仪和引张线式水平位移计。横向水平位移和垂直位移宜分别采用引张线式水平位移计和水管式沉降仪进行监测，测点用网格控制，水平位移和垂直位移测点尽量在同一位置上，水平位移测点可较垂直位移测点适当减少；最低高程测线宜高于下游最高洪水位。

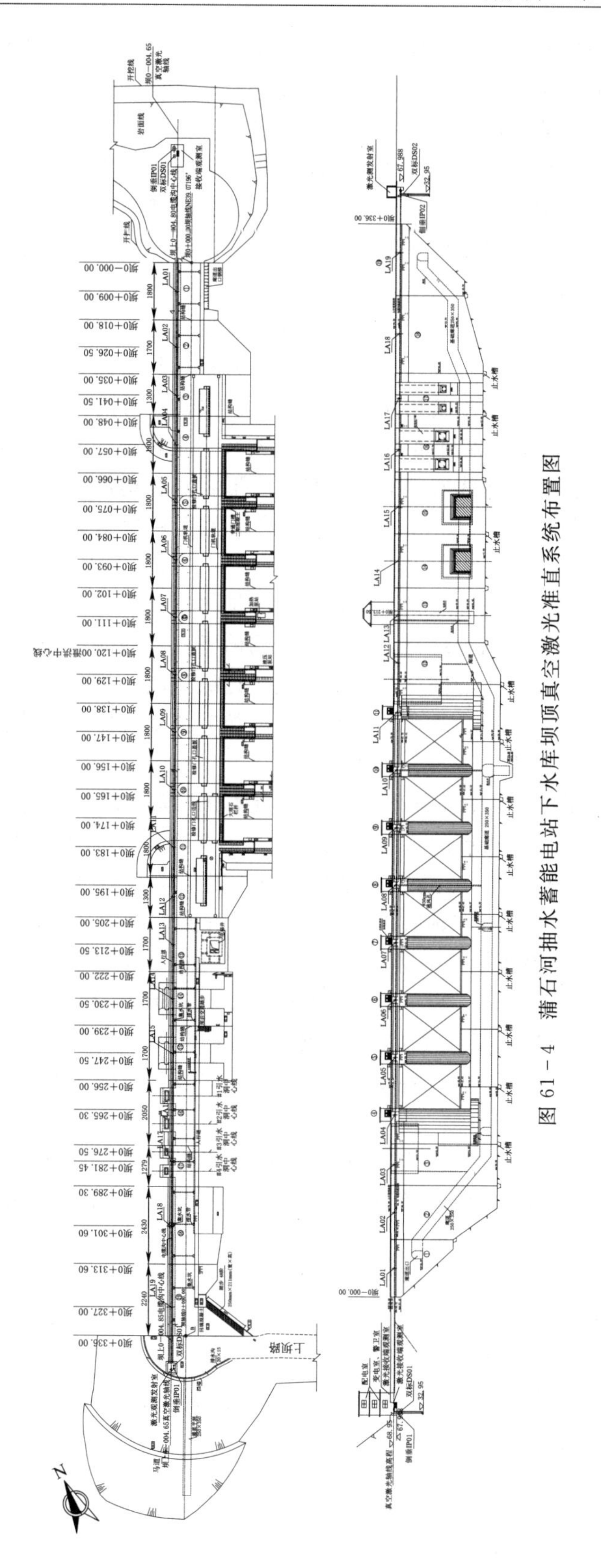

图 61－4　蒲石河抽水蓄能电站下水库坝顶真空激光准直系统布置图

为避免各高程测线的水管式沉降仪的水管形成倒坡，需将垂直、水平位移计条带预先给定一定坡度，其坡度是根据变形计算成果来确定的，坡度一般控制在1%～2%，对有临时监测断面的，后期安装依据第一期的变形量来确定。

水管式沉降仪和水平位移计的设计布置时需兼顾临时断面需要。监测房高度根据仪器设备的安装最小净空、测量量程（即坝体同高程测点最大沉降差）来确定。

内部变形监测点均是相对于坝下游坡测站的相对位移，监测站的位移由平面控制网和精密水准控制网来监测，然后计算出坝体内部各监测点的绝对位移。

（2）竖直向测斜管和测斜沉降管。竖直向测线（竖直向测斜管或测斜沉降管）一般布置在坝顶、下游侧或上游设计水位以上，测线底部为相对不动点，坝体变形均为相对底部的变形，因此测线底部应深入坝基相对稳定处。孔口位于上游的测线在面板施工后可采用转弯角度较大（一般不小于120°）的测管将竖向测线引至坝顶，并对沉降探头匹配合理的重量以方便探头下放测量。测线底部应深入基础变形相对稳定部位，作为相对不动点。测线上沉降环的间距可设置为5～10m。对深覆盖层地基宜在坝基面设沉降环，监测坝基覆盖层的沉降量。

竖直向测斜管或测斜管兼电磁式沉降仪一般随坝体填筑埋设，同时坝面填筑，分为上升埋设（非坑式）和挖坑式两种埋设方式，多采用前者。为使测斜兼电磁式沉降管的刚度尽量与周围介质相当，管周边的回填料应由细到粗逐级过渡。沉降管的孔口及沉降环埋设高程对监测成果分析非常重要，应按二等水准精度控制测量确定。每当大坝填筑上升一层都应测量沉降环和管口高程。

**【实例61-5】** 蒲石河抽水蓄能电站上水库坝体堆石体内部最大断面（0+268.05）的变形监测布置见图61-5。测点的布设按上游主堆石区密，下游次堆石区疏的原则布设。各测点的布置如下：在375.50m高程处每个断面布置1条测线（3点），其中面板与垫层交界处1点，坝轴线处1点，坝轴线下游20.00m处1点；在357.80m高程处每个断面布置1条测线（6点），其中面板与垫层交界处1点，坝轴线上游40m、20m处各1点，坝轴线处1点，坝轴线下游25m、60m处各1点；在339.60m高程处每个断面布置1条测线（8点），其中面板与垫层交界处1点，坝轴线上游60m、40m、20m处各1点，坝轴线处1点，坝轴线下游25m、60m处各1点。3条测线共布置振弦式土体位移计17套，振弦式沉降仪17套。

**【实例61-6】** 荒沟抽水蓄能电站上水库坝体堆石体内部最大断面（0+376.09）的变形监测布置见图61-6。主监测断面内布置4条水平位移测线，其中两条测线为水平测线，分别布置在635.00m高程和615.00m高程，水平布置6套土体位移计，主要用于观测坝体不同位置水平位移分布情况；另2条测线为垂直测线，分别布置在坝下5.3m及坝下35.3m位置，安装测斜管，测斜管底部安装在基岩内，用活动测斜仪进行观测，主要用于观测施工期坝体不同高程的位移分布情况。运行期，坝轴线处测斜管内安装垂直固定测斜仪，用于自动观测运行期坝体不同高程的位移分布情况。布置5条垂直位移观测测线，其中3条测线采用垂直安装土体沉降仪进行监测，分别布置在坝上27.2m、坝下5.3m及坝下35.3m位置，共布置18套土体沉降仪。另两条测线采用在测斜管外安装沉降磁环进行监测，分别布置在坝下5.3m及坝下35.3m位置，沉降磁环间距2.5m，用电磁式沉降仪进行观测。

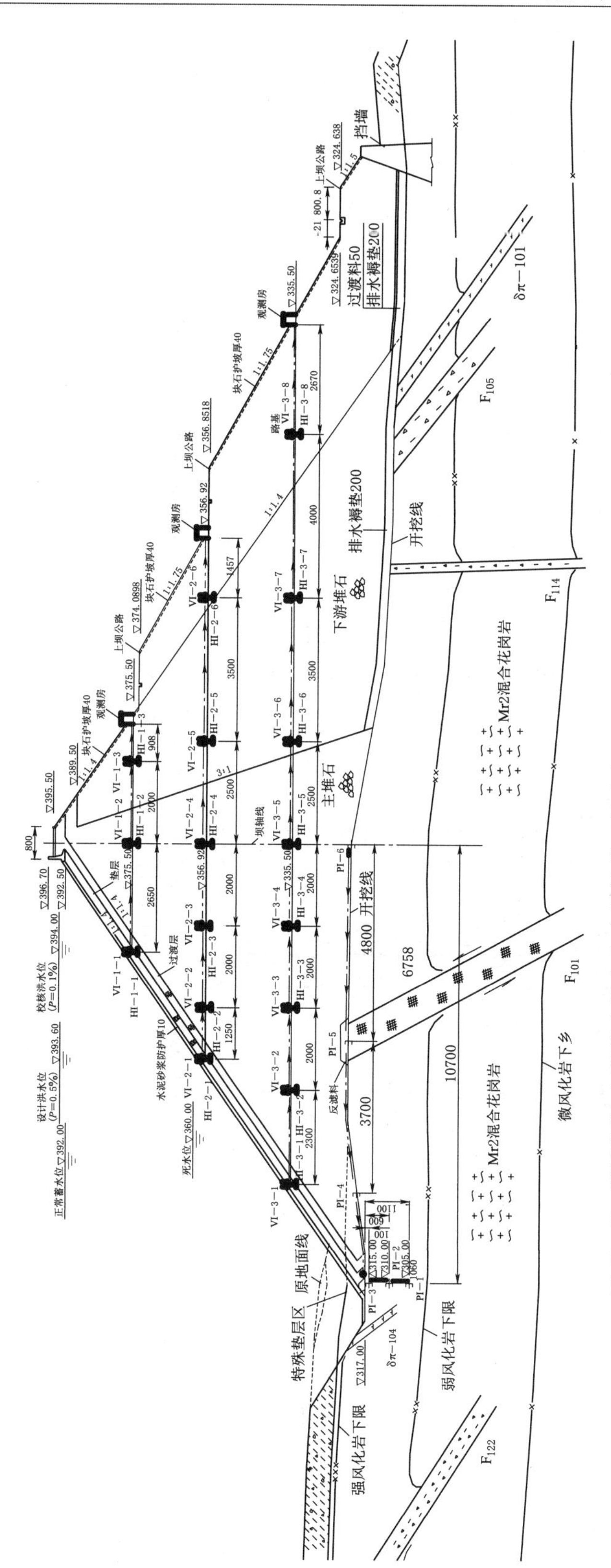


图 61－5　蒲石河抽水蓄能电站上水库坝体堆石体内部最大断面（0＋268.05）变形监测布置示意图

HI—土体位移计；VI—土体沉降仪

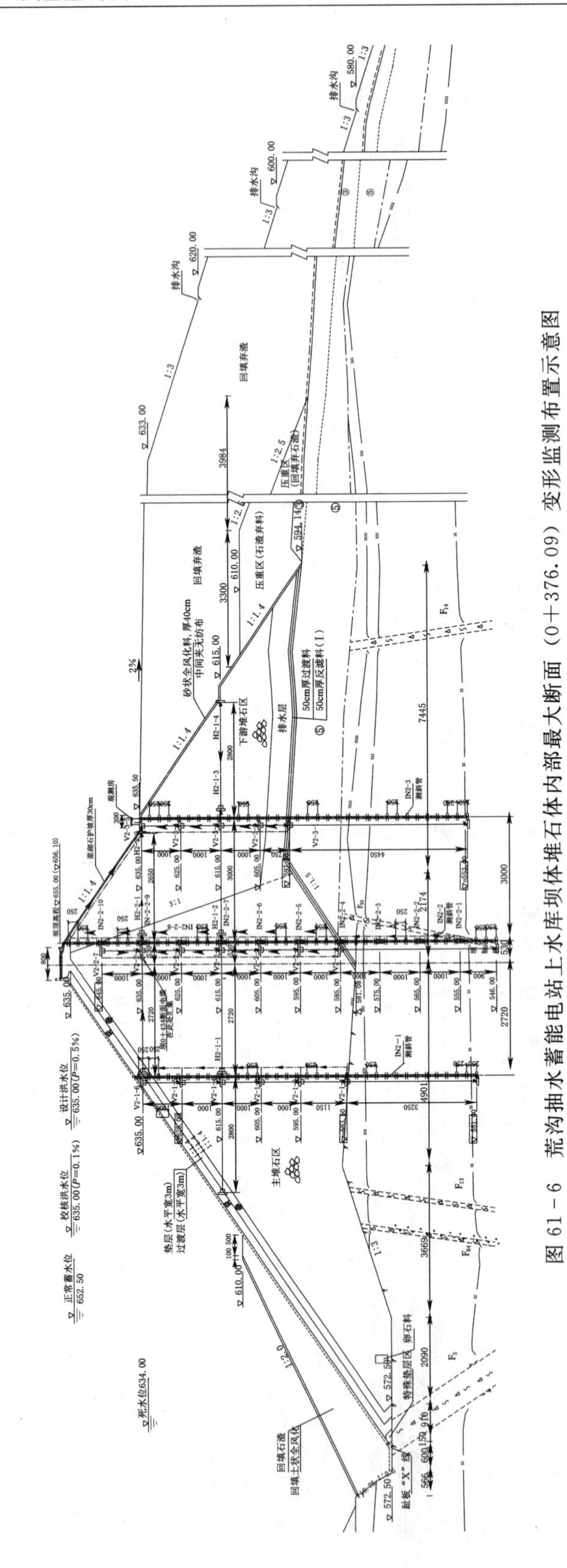

图 61-6　荒沟抽水蓄能电站上水库堆石体坝体内部最大断面（0+376.09）变形监测布置示意图

H—土体位移计；V—土体沉降仪；IN—测斜管

3. 坝体纵向位移监测

(1) 大量程水平位移计。计算成果表明，大多数高面板坝特别是峡谷地区面板坝，坝体沉降和水平位移大致在2/3坝高以上出现左右岸非对称现象，需进行纵向位移监测。纵向位移在测点布置时，应考虑仪器埋设施工对坝体填筑施工干扰较大，测点应尽量少，以能控制纵向水平位移最大值和分布为准。其余部位的纵向水平位移用表面位移监测方法进行观测。测点传感器选用大量程位移计，安装方式一般有串联或并联两种方式。从传感器的工作原理、剪切变形适应性考虑，可将仪器加长杆在每2～4m长度处设一万向节以适应沉降和水平变形。

(2) 固定式测斜仪。纵向位移除用大量程位移计监测水平位移外，还可在水平向同时布置固定式测斜仪，以监测纵向垂直位移。固定式测斜仪一端应固定在坝肩基岩内，测点间距2～5m为宜，一般不宜超过10m。

**(二) 面板接缝位移**

面板接缝位移监测系指对周边缝变形和垂直缝开合度等的监测。

1. 周边缝

周边缝变形有垂直于面板的沉降和在面板内的缝张开与平行缝的剪切等三个方向变形，用三向测缝计可直接测出某一个方向的变形或三个测值，组合计算出三个方向的变形。

三向测缝计的布置需要根据有限元的计算成果布置在位移的最大点，通常剪切位移的最大值出现在两岸岸坡。三向测缝计通常在混凝土施工完毕并有足够强度后埋设，跨周边缝时在趾板和面板上钻孔。

测点一般应布设在正常高水位以下，在最大坝高处（底部）设1～2个点；在两岸坡大约1/3、1/2及2/3坝高处各布置1个点；在岸坡较陡、坡度突变及地质条件差的部位应酌情增加测点。

2. 面板垂直缝

面板垂直缝应布设单向测缝计，高程分布与周边缝一致，且宜与周边缝测点组成纵横观测线。高坝应在河床中部压性缝的中上部增设单向测缝计和压应力计。当岸坡较陡时，可在靠近岸边的拉性缝上布置双向测缝计，同时监测面板间的剪切变形。

接缝位移监测点的布置，还应与坝体垂直位移、水平位移及面板中的应力应变监测结合布置，便于综合分析和相互验证。

3. 建基面与坝体之间接缝

重力坝与基础的结合部位是坝工的一个薄弱环节，也是大坝性态反应敏感的区域，是接缝监测的重点部位。重力坝受水压力的影响，其坝踵一般处于受拉状态，为了了解坝体混凝土与基岩面的结合情况，可在典型横断面的坝踵和坝趾部位、基岩与混凝土的结合处设竖直向测缝计，也可埋设用测缝计改装的基岩变位计或多点位移计，监测坝踵部位的拉应力和坝趾区基岩因压应力产生的压缩变形，判断大坝是否可能倾覆。若坝趾处的基岩变位计成组埋设，即一支垂直、一支倾向上游，还可监测坝体的抗滑稳定。岸坡较陡坝段的基岩与混凝土结合处，可根据结构和地质情况布置单向、三向测缝计或裂缝计。

**(三) 面板挠度及脱空**

对高面板坝应进行挠度变形监测，目前常用的监测仪器为固定式倾斜仪或电平器。布置时底部第一个测点应设置在趾板上或其基础基岩内，顶部最末测点应与面板表面测点同一位置。但根据已建工程的经验，应用效果均不太理想。实际应用时应注意仪器的耐久性和防水性能对测值的影响；注意在面板铺盖以下部位的仪器保护，避免电缆牵引和面板施工干扰；注意挠度曲线的基准即第一支传感器埋设位置及其成功率对整个挠度曲线测值的影响，顶部测点校测及其精度匹配等问题。

对高于100m的面板坝，特别是面板分期施工，应监测面板与垫层料接触位移，监测点宜设在每期面板距顶部5m内，监测断面与堆石体内部变形监测横断面一致，当坝轴线大于300m时，可增设测点。

**【实例61-7】** 蒲石河抽水蓄能电站上水库大坝面板接缝、周边缝及脱空监测布置见图61-7。

**【实例61-8】** 清原抽水蓄能电站上水库大坝面板接缝、周边缝、挠曲及脱空变形监测布置见图61-8。

**（四）基础变形**

当面板坝坝址区为深覆盖层时，应对深覆盖层、基础防渗墙及其与坝体防渗体结合部位进行变形监测，监测内容包括基础覆盖层变形、防渗墙变形等。变形监测应遵守下列规定：

（1）除在典型监测断面设置坝体防渗体变形监测外，还可根据特殊要求增加监测断面。

（2）基础覆盖层变形监测与坝体变形监测统一考虑，坝体下游水位较高时，监测仪器可采用电磁式沉降管、沉降板和杆式位移计等竖向布置方式的仪器。

（3）基础防渗墙变形监测包括防渗墙接触土压力、接触缝开合度、防渗墙挠度等。

（4）基础防渗墙和坝体防渗墙结合部的监测项目和测点布置应根据结构设计的需要进行。

**（五）坝基特殊部位变形**

重力坝基范围内存在断裂或软弱结构面或基础覆盖层时，可采用多点位移计、基岩变位计、多点位移计、滑动测微计及倒垂线等仪器监测基岩的压缩、拉伸变形。

（1）基岩变位计。基岩变位计一般采用测缝计改装而成。若重力坝的建基面岩石较风化或软弱，可在重力坝的坝踵和坝趾部位的基岩垂直钻孔，埋设基岩变位计，监测基岩沿钻孔轴向的变形。

（2）多点位移计。多点位移计用于监测钻孔轴向的变形，其特点是位移传递杆的刚度较小，1个钻孔内可埋设多测点，以监测拉伸变形为主。一般用于监测岸坡坝段基础断层或两坝肩边坡不同深度的变形。

（3）滑动测微计。滑动测微计也用于监测钻孔轴向变形，其特点是精度高，可在整个测孔深度内以米为间隔单位连续监测。但是，需要人工将探头放入钻孔内，逐点测读，观测工作量较大。当重力坝的基础岩性较硬，但节理、裂隙构造密集，需要监测灌浆时的基础抬动情况时，可采用滑动测微计进行监测。

（4）倒垂线。若重力坝有较大的顺河向缓倾角断层或软弱结构面，需要监测基础沿结构面的滑动时，可以在断层或软弱结构面的上下层，即不同深度设置倒垂钱，以监测垂直于钻孔方向的位移。

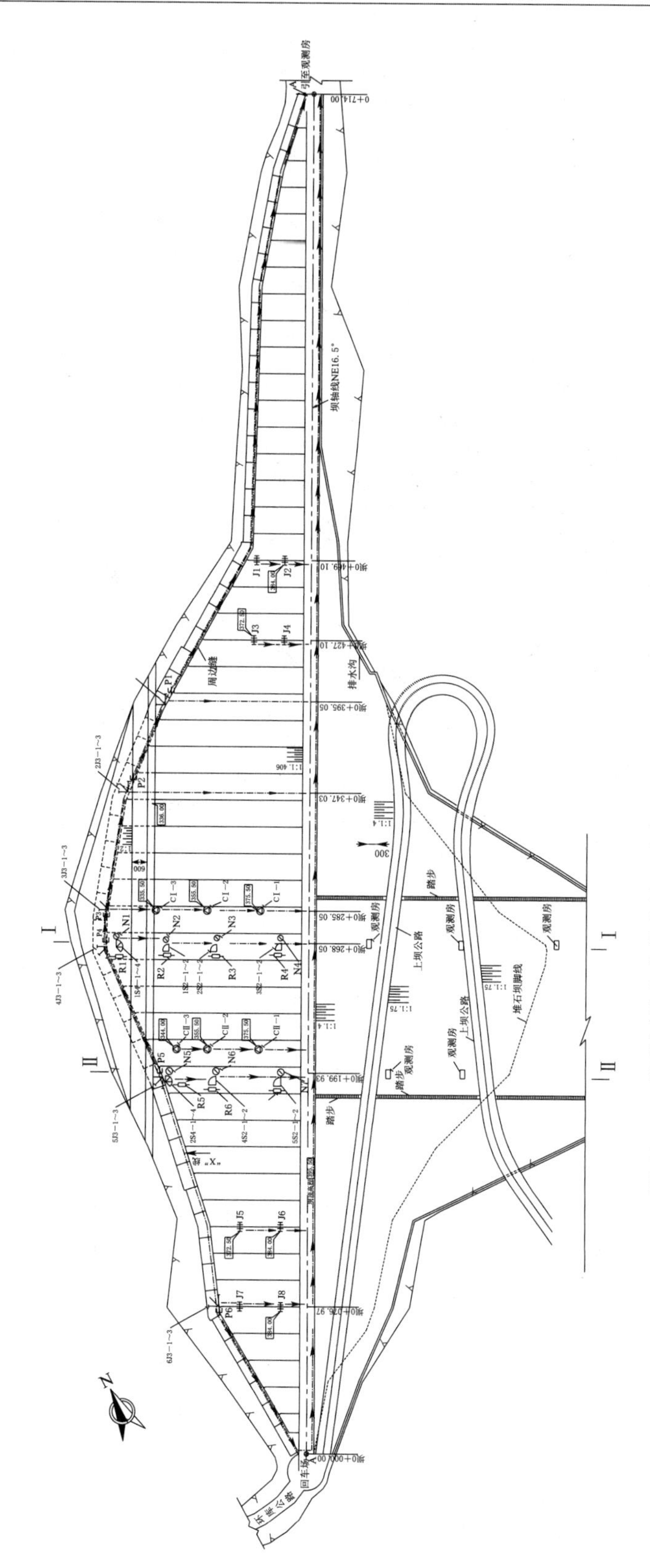


图 61－7　蒲石河抽水蓄能电站上水库大坝面板接缝、周边缝及脱空监测布置图

J—单向测缝计；3J—三向测缝计；CⅠ、CⅡ—面板脱空计

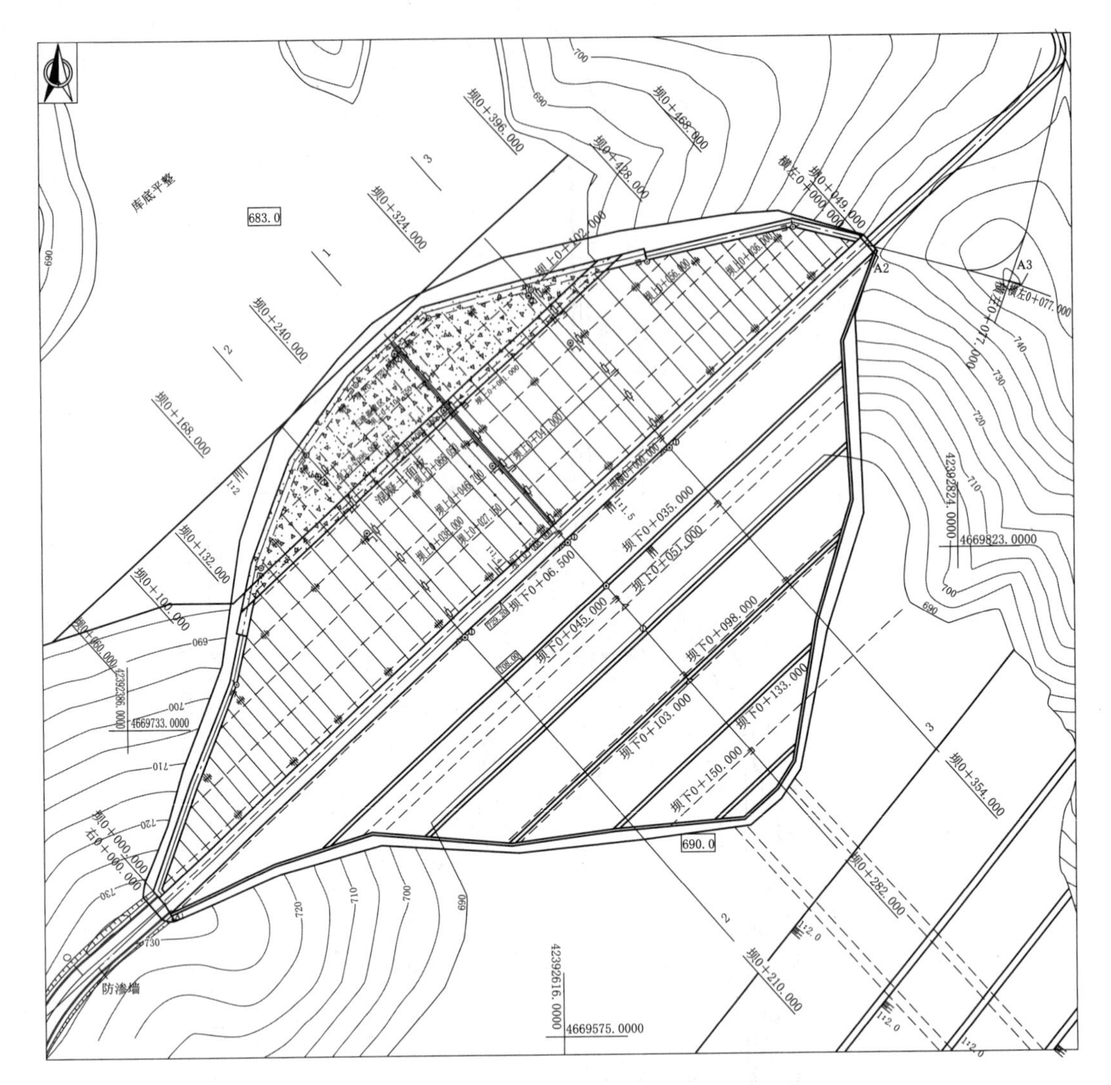


图 61-8　清原抽水蓄能电站上水库大坝面板接缝、周边缝、挠曲及脱空变形监测布置图
M—多点位移计；SAA—阵列式位移计；J—单向测缝计；JR—三向测缝计

**（六）库岸边坡变形**

库岸边坡的变形与稳定主要取决于其工程地质条件，与开挖坡比、地质构造、岩石物理力学性能和潜在滑裂面的抗剪指标、地下水环境有关，除在边坡表面设置表面变形监测点外，常规是采用多点位移计和测斜仪等进行边坡变形监测，同时结合边坡加固处理措施，相应进行锚索锚固力、锚杆应力及抗滑桩结构受力监测，并辅以测压管地下水位监测等。对于多点位移计最深锚点和测斜管底均深入潜滑动面以下一定深度，多点变位计与锚索测力计配套布置时，最深锚固点应比锚索测力计锚固点深。

对于变形、稳定可能危及工程正常安全运行的重点边坡，以及已有成型探洞、边坡后缘拉裂缝的库岸边坡，可考虑采用铟钢丝位移计、滑动测微计及在裂缝两侧设置位移计的方式进行边坡的位移监测。铟钢丝位移计在成型探洞穿过滑坡体的特定工程条件下，可在

洞内结合地质构造，对潜在滑裂面位移进行直接监测。采用滑动测微计监测方式的优点是监测精度高、灵敏性强；而在已有拉裂缝两侧设置位移计是较直观、简便的库岸边坡变形监测方式之一。

## 第三节　渗　流　监　测

面板堆石坝渗流监测分为渗透压力、渗流量及坝内水位线监测，渗透压力监测包括坝基通过帷幕前后的渗透压力、趾板幕后渗透压力及两岸坡渗透压力的监测；渗流量监测包括面板、岸坡及基础渗流量的监测。

面板堆石坝的渗漏部位有面板（面板混凝土自身渗漏及可能出现在裂缝部位）、竖直缝、周边缝、岸坡地下渗漏等，每一项渗流量偏大，都将危及大坝安全，因此监测各项渗流量指标对面板坝安全非常重要。但在实际工程中，要将各项渗流量都能测出非常困难。一是因工程本身结构上难以布设渗漏监测设备，施工干扰较大；二是地质条件，涉及面广；三是降雨影响难以分开。

对于重力坝，渗流主要由重力坝建成后蓄水造成，是在上下游水头差作用下穿过坝体、坝基及两岸坝肩的渗透水流，是监测大坝安全的重要物理量。渗流监测包括扬压力监测、渗流量监测、坝体渗透压力监测、绕坝渗流监测以及渗漏水的水质分析等。

### 一、渗流量

渗流量监测在面板坝工程中是一项非常重要的监测内容，是检验大坝防渗建筑物的防渗效果和地基处理是否满足要求的一项重要指标，或者说是判断大坝安全的重要依据。

面板坝常规的渗流监测方法是在下游坝脚设置量水堰进行渗流量监测；当尾水较低，下游河床较低时采用单个量水堰是监测大坝渗流总量常用并且可靠的方法。

通常情况，当渗流量小于1L/s时，宜采用容积法；当渗流量在1～300L/s之间时，宜采用量水堰法；当渗流量大于300L/s或受落差限制不能设置量水堪时，应将渗透水引入排水沟中，采用测流速法。量水堰测量系统有人工读数和传感器自动观测两种。当采用人工读数量测时，在堰槽内设置水位尺，量测堰口水头，渗流量按标准堰流量公式计算；当采用传感器自动观测时，在堰槽内安装堰流计，自动采集堰口水头，渗流量按标准堰流量公式计算。

**（一）常规渗漏**

量水堰应设在排水沟直线段的堰槽段。该段应采用矩形断面，两侧墙应平行和铅直。槽底和侧墙应衬护防渗。堰板应与堪槽两侧墙和水流方向垂直。堰板应平整，高度应大于5倍的堰上水头。堰口过流应为自由出流。测读堰上水头的水尺或测量仪器，应设在堰口上游3～5倍堰上水头处。尺身应铅直，其零点高程与堰口高程之差不得大于1mm。必要时可在水尺或测量仪器上游设栏栅稳流或设置连通管量测。

测流速法监测渗流量的测速沟槽应满足规定：长度不小于15m的直线段；断面一致；可保持一定纵坡，不受其他水干扰。

用容积法时，充水时间不得少于10s。平行二次测量的流量误差不应大于平均值的

5%。用量水堰观测渗流量时，水尺的水位读数应精确至1mm，测量仪器的观测精度应与水尺测读一致。堰上水头两次观测值之差不得大于1mm。量水堰堰口高度与水尺、测量仪器零点应定期校测，每年至少一次。

**（二）特殊情况渗漏**

对深覆盖层及高尾水位时的渗流量监测，目前仍是一个难题，主要是投入大、效果差，但作为面板坝安全评价重要指标的渗流量，是不可缺少的监测项目。目前已有部分工程实施渗流量分区监测和采用分区计算，或用渗透压力状态定性分析法、钻孔水位定性分析法等来弥补渗流量监测难题。

（1）渗流量分区。根据面板堆石坝筑坝材料的特性，垫层料渗透系数 $k=10^{-3}$cm/s，为半透水区；主堆石料渗透系数 $k=1\sim10$cm/s，为全透水性材料。当面板或垂直缝出现渗漏水，经垫层料反滤后，绝大部分渗入河床内；当周边缝或趾板基础出现渗漏水，经垫层料反滤后，也会沿岸坡后进入河床内。因此，根据渗漏水这一流动规律，坝体渗流量监测可采用多个量水堰进行渗流量分区监测，关键在于将沿坝基坡面流动的渗漏水路径截断，使其进入渗流汇集系统，并将渗漏水送出坝外。

在深覆盖坝基或高水位变幅下，渗流量分区监测尽管不一定能测量总量，但能掌握两岸或特定区域的渗流量，对指导大坝的安全运行会起到重要作用。

分区分段监测渗流量的优点有：可掌握各部位的渗流量，给监控安全运行提供可靠的保障；当渗流量发生突变时，缩小事故查找范围，避免盲目性；可检验左右岸防渗效果、周边缝的止水效果、面板的工作状况。

对分区渗流量监测必须的研究工作：研究截水沟的断面型式，有利于施工，减小对堆石体施工的干扰，保证截水沟的形成；研究截水沟起始点的位置及坡度，以利于所需要截住的水流能顺利汇集到量水堰系统，不溢出进入基坑；研究截水沟在基础上的嵌深，避免和尽量减小岸坡水流沿截水沟的底部进入基坑（在大坝基础处理时，将岸坡部分的植被、覆盖层等全部清除，所有的基础面为基岩，这样也减少了后期经过截水沟的淤积）；研究截水沟的材料，防止截水沟的淤堵，堵住淤泥，又能让水流畅通渗入。

（2）分布式光纤。在20世纪末，随着光纤测温监测技术的发展，利用分布式光纤测温原理来监测垂直缝、周边缝及基础的渗漏点成为可能。由于地基内温差较小，此时可采用对光纤加热处理，提高渗水温度对光纤的敏感性。该方法的优点在于可监测任意部位和同时监测很多部位，但缺点是无法定量监测，只能判断渗漏部位。

（3）分层分区计算分析。在无法布置量水堰或设量水堰投入较大，以及众多的老坝无量水堰设施而改造难度较大等情况下，可采用三维有限元计算的办法，辅助判断渗流量大小。主要根据坝体材料分区和渗透系数特性，基础及防渗处理渗透特性分区等，按区域划分网格，将不同库水位、尾水位、气温等作为外部条件进行计算和分析。

此方法目前还不能作为渗流量监测的有效手段，仅作为辅助手段，主要用于小型工程和已建的无法补建量水堰的老坝工程，也可用于地质条件复杂的大中型工程渗漏研究。

## 二、坝基渗透压力

堆石体是一种强透水材料，坝体内浸润线的位置较低，因此对面板堆石坝渗透压力的

监测主要采用渗压计监测坝基渗透压力。坝基渗透压力监测的重点是趾板附近，一般布置1～3个监测断面，其中最高坝段部位为主监测断面。监测断面上测点宜布置在帷幕后、周边缝处、垫层区、过渡区和堆石区，一般为3～6个点，其中堆石区不少于2个点。对尾水位较低或深覆盖层河床宜增加测点。通常，面板前还有防渗铺盖，在蓄水后可能还有泥沙淤积，因此趾板下灌浆帷幕前也不一定是全水头，可在幕前设置一支渗压计，观测幕前水头是否为库水位。

对岸坡趾板区渗透压力，可在趾板区基础帷幕后，采用坑式埋设方式埋设渗压计，监测趾板区帷幕后的渗透压力，在左右岸趾板区各布置3支渗压计。

依据所监测部位的测值估计数来确定该渗压计量程的最小值，在坝基幕前渗透压力按（0.9～1)$h$ 水头估算、幕后按（0.5～0.7)$h$ 水头估算，$h$ 为水库最高水头（设计值)。

施工期坝体及坝基表面渗压计的安装及埋设方法可采用坑槽法或钻孔法。运行期坝体及坝基（或施工期坝基、绕坝渗流两岸深层）渗压计的安装及埋设方法应采用钻孔法。

## 三、绕坝渗流

绕坝渗流监测应根据地形、地质条件、渗流控制措施、绕坝渗流区渗透特性及地下水情况而定，宜沿流线方向或渗流较集中的透水层（带）设2～3个监测断面，每个断面上设3～4个地下水位测孔（含渗流出口)，帷幕前可设置少量测点。对层状渗流，应分别将监测孔钻入各层透水带，至该层天然地下水位以下的一定深度，一般为1m，埋设测压管或渗压计进行监测。必要时，可在一个孔内埋设多管式测压管，或安装多个渗压计，但必须做好上、下层测点间的隔水设施。

坝体与刚性建筑物接合部的绕坝渗流监测，应在接触边界的控制处设置测点，并宜沿接触面不同高程布设测点。

**【实例61-9】** 蒲石河抽水蓄能电站，上水库大坝渗流监测包括坝基渗透压力、渗流量、绕坝渗流、库周地下水位等监测项目，详见图61-9。

为监测坝体和坝基的渗流状况及趾板灌浆帷幕的防渗效果，在0+268.05和0+199.93的2个监测断面坝基顺流向各布设渗压计3支（PⅠ-4～PⅠ6、PⅡ-4～PⅡ6)，共计6支渗压计。在灌浆帷幕下游侧每个监测断面钻孔埋设3支渗压计（PⅠ-1～PⅠ3、PⅡ-1～PⅡ3)，共布设6支渗压计。

为观测水库运行时垫层料内的渗透压力，同时利用渗压计的测温功能兼测温度，以便为蒲石河抽水蓄能电站上水库混凝土面板坝的运行管理提供依据，特选择0+268.05断面死水位至正常蓄水位之间364.00m、376.00m、388.00m三个高程各布置1支渗压计（PⅠ-7～PⅠ9)。

为结合面板接缝监测成果分析面板的防渗效果，沿周边缝下游垫层料中布设6支渗压计，测点编号为：P01～06，位置与周边缝的三向测缝计相对应。

面板坝的渗漏量是反映面板防渗能力的重要指标，是必测项目。面板坝的实测总渗流量与施工质量、基础处理等情况有关。在下游坝脚处设一集水坑，汇集坝基与坝体渗水，采用量水堰（WE01）对总渗流量进行监测。同时采用量水堰（WE02）对坝体生态放流流量进行监测，保证下游生态用水需要。

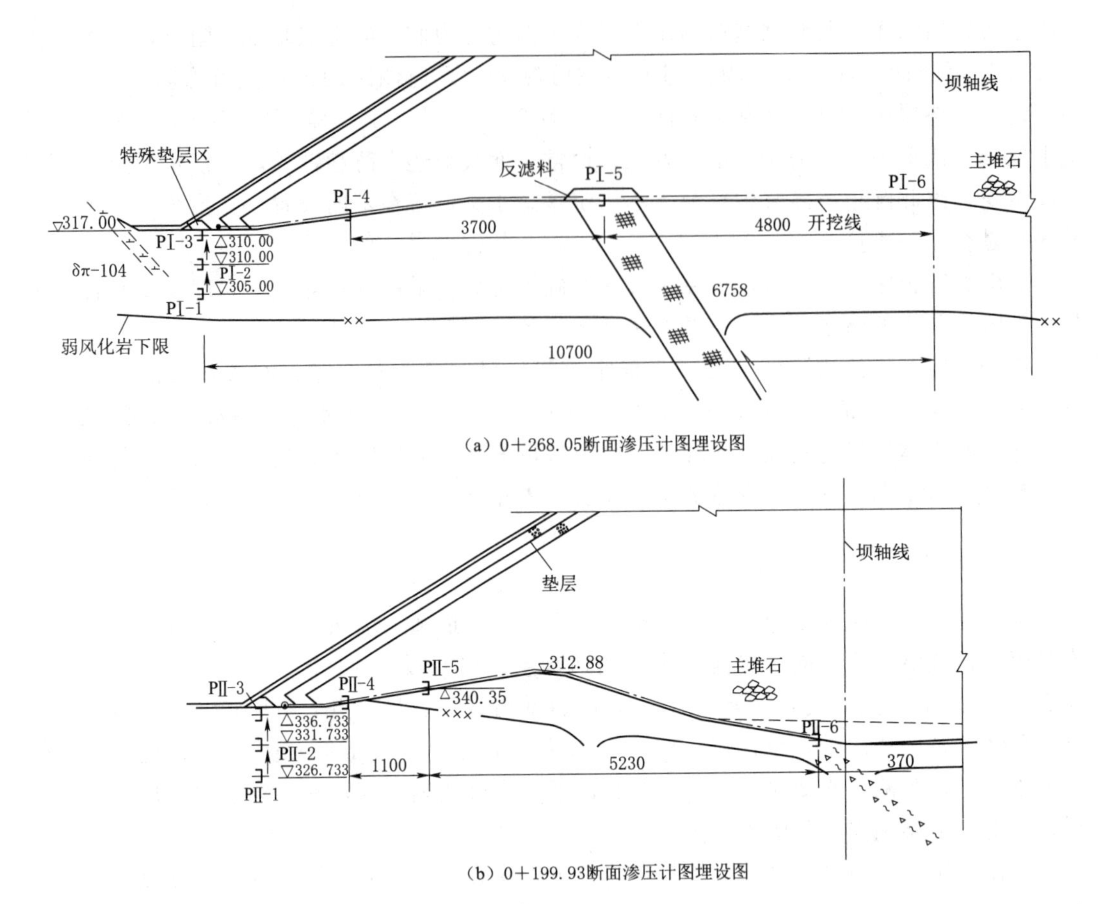


图 61-9 蒲石河抽水蓄能电站上水库大坝坝体、坝基渗流监测仪器布置图（单位：mm）

在两岸坝肩帷幕线下游侧，根据可能产生渗流的流线和梯度方向布设渗流监测孔，右坝头布置6孔测压管HUP01～HUP06，位于下游山坡；左坝头布置6孔测压管HUP07～HUP12，位于下游山坡，共计12孔。

库区地形封闭条件较好，正常蓄水位以下多为透水性较弱的弱～微风化岩石，但库周分水岭部分地段地下水位及相对隔水层顶板低于水库正常蓄水位，存在局部渗漏的可能。当地下厂房及输水系统施工时，有可能会引起上库库周地下水的重新分布或发生其他的变化。综合考虑以上因素，为了掌握地下水位的变化情况，通过在库区重点部位钻孔安装测压管的方法，对上水库库周地下水位的变化进行监测。在满足工程需要的前提下，地质条件薄弱的部位多布置，地质条件较好的部位少布置。在南库岸、西库岸、北库岸及引水洞附近布置监测孔，共布置21孔。

**【实例61-10】** 荒沟抽水蓄能电站，上水库大坝渗流监测包括坝基渗透压力、渗流量、绕坝渗流、库周地下水位等监测项目，详见图61-10。

为监测坝基及坝体的渗流状况及趾板灌浆帷幕的防渗效果，在0+310.95监测断面的坝基布置7支渗压计（P1-1～P1-7）；在0+376.09桩号监测断面的坝基布置8支渗压计（P2-1～P2-8）；在0+434.00桩号监测断面的坝基布置7支渗压计（P3-1～P3-7）；

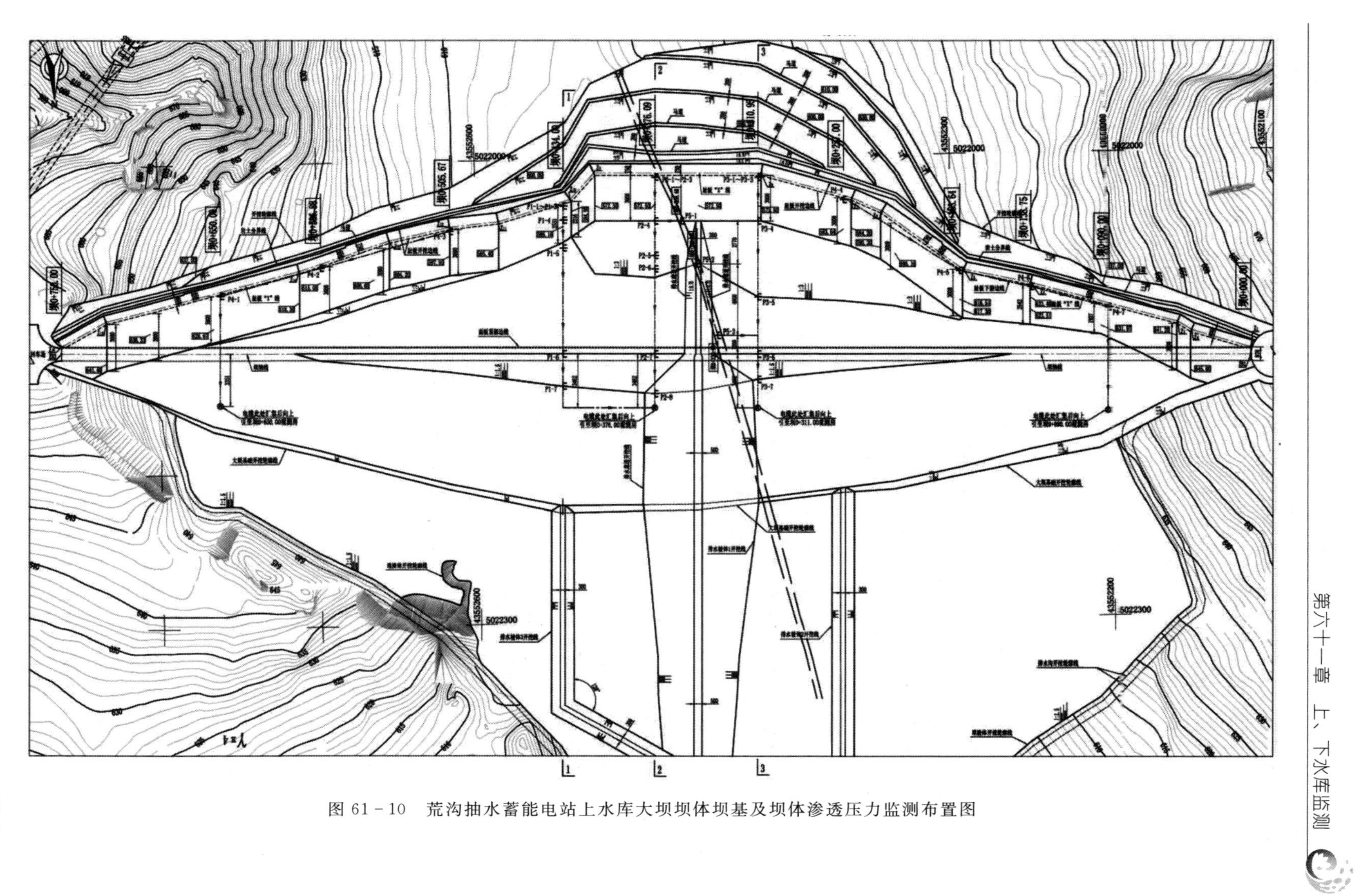

图 61-10　荒沟抽水蓄能电站上水库大坝坝体坝基及坝体渗透压力监测布置图

其中灌浆帷幕后3支渗压计采用钻孔安装方式，按不同深度埋设；0+376.09监测断面渗压计结合F5断层出露及排水体情况进行布置。为监测周边缝止水效果和经处理的地质构造带的渗压情况，结合周边缝接缝监测，在周边缝下游垫层料中布置7支渗压计（P4-1～P4-7）。另沿F5断层实际发展方向布设3支渗压计（P5-1～P5-3）。坝基及坝体渗流监测共布置渗压计32支。

在下游排水廊道内防冻层上游侧布置量水堰一座（WE01），施工期采用水位测针进行观测，监测整个坝体的渗流量情况，运行期安装量水堰微压计实现自动化观测，电缆引至0+376.09监测断面坝后观测房。

为监测绕坝渗流情况，左坝肩灌浆帷幕前布置1个测压管，帷幕后沿可能渗流方向布置6个测压管（UP01～UP06），右坝肩灌浆帷幕前布置3个测压管（UP07～UP09），帷幕后沿可能渗流方向布置6个测压管（UP10～UP15），共布置测压管15个。其中右坝肩输水洞附近测压管，可以监测隧洞开挖后地下水变化情况。

为监测坝后堆渣体水位，选择F5断层出露位置，及另一校核断面，分别布置3个测压管，共布置测压管6个（UP16～UP21）。

根据地质资料：上水库副坝位于库尾河口沟的垭口部位，地下水位低于正常蓄水位；左岸分水岭ZK148钻孔附近在枯水期地下水位略低于正常蓄水位。为监测库周地下水位变化情况，沿库周分水岭确定7个地下水位监测断面，分别布置在分水岭及其上下两侧，共布置水位监测孔26个（UP22～UP47），采用平尺水位计进行人工观测。

### 四、水质分析

在监测渗漏流量的同时，还应选择有代表性的排水孔、量水堰或绕坝渗流监测孔，定期进行水质分析。包括渗流水的物理性质、pH和化学成分分析。其水样的采集均应在相对固定的监测孔、堰口或渗流出口进行。若发现有析出物或有侵蚀性的水流出时，应取样进行全分析；若发现渗水浑浊不清或有可疑成分时，可能是坝基、坝体或两岸接头岩土受到溶蚀后被渗流水带出。这些现象往往是内部冲刷或化学侵蚀等渗流破坏的先兆，应及时进行透明度检定或水质分析。在渗漏水水质分析的同时应对不同深度的库水进行水质分析。

水质分析一般可作简易分析，必要时应进行全分析或专门研究。简易分析和全分析项目见《混凝土坝安全监测技术规范》（DL/T 5178）附录D.4，其中物理分析项目，最好在现场进行。

## 第四节　应力应变及温度监测

### 一、面板应力应变及温度

在面板坝结构设计中，将面板仅作为防渗体来处理，面板不单独承受水荷载作用，仅起荷载传递作用，主要依靠堆石体承担水荷载，面板是按柔性结构考虑，即当面板同过渡料紧密接触时，理论上面板竖向、横向不出现弯矩（一般不考虑面板法向正应力）。面板

施工为分期跳块竖向浇筑，由于堆石体的纵向变形，带动面板向河床中部挤压。另外，由于面板混凝土在浇筑后有一定的刚度，以及面板和堆石体变形的不协调，可能产生脱空，产生负弯矩和挤压使面板承受荷载。因此，应对中高混凝土面板堆石坝的面板进行应力应变和施工期温度监测。

**（一）应力应变**

通常面板为平面应力状态。设计时按平行于坝轴线和顺河向两个正交方向布置混凝土应变计，靠近两岸面板内在45°方向另增加一支应变计，组成三向应变计值，以确定主应力方向，每组应变计宜配一支无应力计。为了不破坏面板的防渗性能，无应力计可设在面板与垫层料接合处，无应力计筒的大口在面板内，筒身可设在垫层料内。典型监测断面应尽量与变形、渗流、应力等监测项目结合起来，以便综合分析。

（1）应变监测的测点按面板条块布置，宜选取河谷最长面板条块及其左右岸坡各一面板条块。对高度超过100m的Ⅰ级坝，宜在可能产生挤压破坏的面板条块增设1个监测断面。测点布置于面板条块的中心线上。面板钢筋计宜布置顺坡和水平两向。

（2）应变测点宜与钢筋应力测点相邻布置，且应在面板最长条块的混凝土应变测点旁布置无应力计。当坝轴线较长，同高程位置受日照影响温差较大时，应适当增加无应力监测的面板条块。

**【实例61－11】** 蒲石河抽水蓄能电站上水库大坝面板应力应变监测（见图61－11）在面板周边可能出现拉应力的部位，布设四向应变计组，在中部的压应力区，布设二向应变计组。四向应变计组由在同一平面内依次相差45°角的4个应变计组成；二向应变计组由互相垂直的2个应变计组成。每组应变计旁埋设1支无应力计。无应力计用于监测混凝土的非应力应变，非应力应变包括由温度、湿度等物理和化学因素共同作用产生的应变。应变计组测量的总应变扣除非应力应变后得到混凝土的应力应变。

根据大坝的特点设置了2个监测断面，桩号分别为0＋268.05（Ⅰ剖面）、0＋199.93（Ⅱ剖面）。为监测混凝土的应力，在两块面板的中性面内共布设2组四向应变计组（1S4－1～1S4－4、2S4－1～2S4－4）、5组二向应变计组（1S2－1～1S2－2、2S2－1～2S2－2、3S2－1～3S2－2、4S2－1～4S2－2、5S2－1～5S2－2）、7套无应力计（N1～N7）；为监测钢筋的应力，在面板的钢筋上布设7支钢筋计（R1～R7）；所有仪器的监测电缆引至监测站。

**（二）施工期温度**

面板混凝土的温度监测，是面板坝监测的辅助项目，主要目的是为施工期面板混凝土温度控制服务。多数情况下，应力应变监测仪器可兼测温度，有需要时也可在面板混凝土中设专门的温度计。

面板上的温度计可同时兼测库水温的分布规律，为环保引水、科学调度出水温度提供了依据。库水温监测点应选择在有代表性和靠近上游坝面的库水中。对于坝高在30m以下的低坝，应在正常蓄水位以下20cm、1/2水深以及库底处各布置一个测点。对于坝高在30m以上的中高坝，从正常蓄水位到死水位以下10cm处的范围内，每隔3～5m宜布置一个测点，死水位以下每隔10～15m布置一个测点，在水位变动区应加密布设。埋设在面板内的温度计，既可用于混凝土温度监测也可用于库水温度监测。

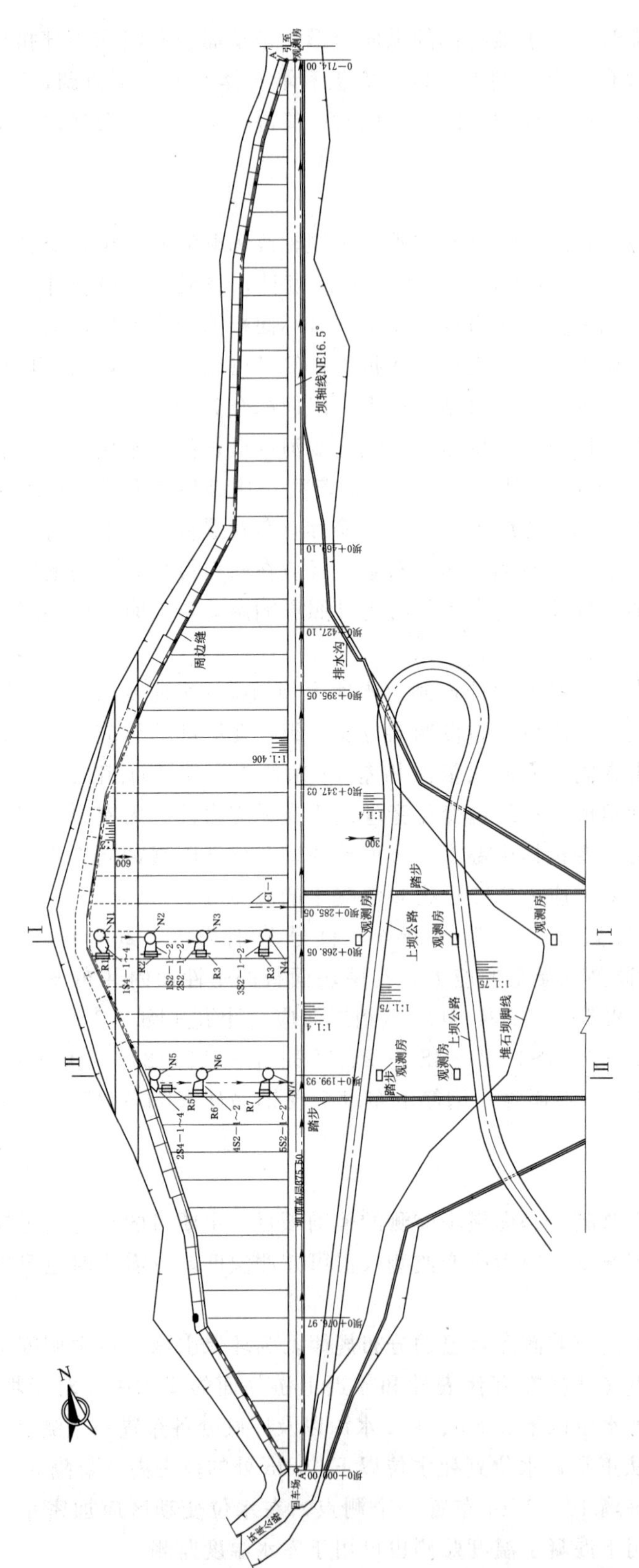


图 61-11　蒲石河抽水蓄能电站上水库大坝面板内部应力应变监测布置图

R—钢筋计；S2—二向应变计组；S4—四向应变计组；N—无应力计

温度监测仪器一般选用深水温度计、电阻温度计、钢弦式温度计等便于实现自动化监测的仪器。

## 二、坝基、坝体土压力

压力（应力）监测应与变形监测和渗流监测项目相结合布置。土压力监测包括对堆石体的总应力（即总土压力）、垂直土压力、水平土压力等的监测。土压力监测断面和测点布置应遵守下列规定：

（1）一般布置1～2个监测断面，其中在最大坝高处应设置1个监测断面。监测断面的位置应同变形监测断面相结合。

（2）根据坝高，每个监测断面可选取3～5个高程，高程的选择与坝体内部变形监测仪器的布置高程一致，必要时可另增设。

土中土压力计的埋设，应特别注意减小埋设效应的影响。必须做好仪器基床面的制备、感应膜的保护和连接电缆的保护及其与终端的连接、确认、登记。土中土压力计埋设时，一般在埋设点附近适当取样，进行干密度、级配等土的物理性质试验，必要时应适当取样进行有关土的力学性质的试验。

## 三、接触土压力

接触土压力监测点沿刚性界面布置。一般布置在土压力最大、受力情况复杂、工程地质条件差或结构薄弱等部位。为了解面板与垫层料之间的应力状况，在内部应力监测所在高程的面板和垫层料之间各布置1支界面土压力计。坝高超过100m的Ⅰ级坝可在每期面板的顶部5m范围内增设界面土压力计，以便与面板脱空计对应分析。

接触式土压力计埋设时，应在埋设点预留孔穴。孔穴的尺寸应比土压力计略大，并保证埋设后的土压力计感应膜与结构物表面或岩面齐平。

在监测断面的过渡料上游侧和坝轴线处堆石体中布置土中土压力计。过渡料中每个测点可布置四向压力计，水平、垂直、平行面板底面和垂直面板底面各1支；坝轴线处每个测点布置两向压力计，水平、垂直各1支。

# 第五节　环 境 量 监 测

## 一、监测项目

环境的改变，会对水工建筑物的工作状态产生很大的影响，环境是影响结构内部应力应变的外在因素，也是大坝安全监测的重要组成部分。与水工建筑物安全监测有关的环境量主要包括库水位、库水温、气温、降雨量、冰压力、坝前淤积和下游冲刷等项目。

上、下游水位（水荷载），是水工建筑物需要承担的主要荷载，外界气象条件包括气温、降雨量等是影响水工建筑物工作状态的主要因素，水位和环境温度是必测项目。对于高坝大水库，由于水库调节周期较长，水库的温度和原河流的水温有很大的不同。库水温和库水位一样，是大坝变形、渗流、应力的主要影响因素，也是大坝运行管理的重要依据，在监测库水位同时，也应进行水温监测。

当大坝建成后，原来河流的输沙平衡遭到破坏，水流夹带的泥沙将会在库区淤积，在坝的下游造成冲刷。为了掌握大坝上游淤积及下游冲刷的规律，以判断其对水库寿命和大坝安全的影响，有必要进行淤积和冲刷监测。

## 二、监测布置

### （一）水位监测

上游水位一般以坝前水位为代表，在坝前至少设置1个测点，但如果枢纽布置包括几个泄水建筑物，彼此又相距较远，则应分别设置上游水位测点。若需监测库区的平均水位，则可在坝前、库周设多个水位测点。

上游水位测点应设在水流平稳，受风浪、泄水和抽水影响较小且便于安装设备和监测的岸坡稳固地点或永久建筑物上。测点距离溢洪设备的距离一般不应大于最大溢洪水头的3～5倍。

下游水位测点应布设在受泄流影响较小、水流平顺、便于安装和观测的部位，一般布设在各泄水建筑物泄流汇合处的下游不受水跃和回流影响的地点。测点宜布设在坝趾附近。当下游河道无水时，可采用测压管监测河道中的地下水位代替下游水位。

水位监测可用自计水位计或水尺进行监测。

### （二）库水温监测

水库的水温随着气温、入库水流温度及泄流条件等变化，不同区域、不同深度的水温也有差异。若监测目的是为了了解水温对坝体结构应力和变形的影响，则库水温度监测位置宜布置在坝体附近，并与坝体应力温度监测坝段一致。设在距上游坝面5～10cm处的监测混凝土上游坝面温度的测点亦可作为水库水温的测点。如果是为了监测库水温对生态环境的影响，则应在水库的不同地点、不同深度选测监测断面，全面布设库水温度监测点。

对于坝高在30m以下的低坝，至少应在正常蓄水位以下20cm、1/2水深处及库底各布置一个测点。对于坝高在30m以上的中高坝，从正常蓄水位到死水位以下10cm处的范围内，每隔3～5m宜布置一个测点，死水位以下每隔10～15m布置一个测点，必要时正常蓄水位以上也可适当布置测点。

库水温监测可用深水温度计、半导体水温计、电阻温度计等进行监测。

### （三）气温监测

气温是空气冷热程度的物理量，是影响大坝工作状态的主要因素之一，特别是对于没有进行混凝土内部温度观测的大坝，在进行资料分析时，气温是不可缺少的自变量。

如气象台站离库较远，则在坝区附近至少应设置一个气温测点；如库区有气象台站时，可以直接利用气象台站观测的气温，但为了便于管理或便于接入监测自动化系统，可在坝区附近设气温监测点。

气温测点处应设置气象观测专用的百叶箱，箱体离地面1.5m，箱内可布置各类可接入自动化系统的直读式温度计或自计温度计。必要时可增设干、湿温度计。

### （四）降雨量监测

降水入渗地表，可能影响大坝的绕坝渗流和坝基渗流的监测成果，是渗流分析的依据

之一。坝区附近至少应设置一个降雨量测站。

雨量测点应选择四周空旷、平坦，避开局部地形、地物影响的地方。一般情况下，四周障碍物与仪器的距离应超过障碍物的顶部与仪器关口高度差的2倍。

雨量测点周围应有专用空地面积，布设一种仪器时，面积不少于4m×4m；布设两种仪器时，面积不少于4m×6m。周围还应设置栅栏，保护仪器设备。

**（五）冰压力监测**

在寒冷地区，库面结冰膨胀会对坝体产生向下游的推力，应进行冰压力的监测。冰压力的监测点一般布置在冰面以下20～50cm处，每20～40cm设置一个压力传感器，并在旁边相同深度设置一个温度计，进行静冰压力及冰温监测，同时监测的项目还有气温、冰厚等。

消冰前根据变化趋势，在大坝前缘适当位置及时安设预先配置的压力传感器，进行动冰压力监测，同时监测的项目还有冰情、风力、风向等。

**（六）坝前淤积和下游冲刷监测**

坝前淤积监测目的是了解因淤积引起的泥沙压力大小和范围，一般可在坝前设监测断面。若要了解库区的淤积，则应从坝前至入库口均匀布置若干监测断面，断面方向一般与主河道基本垂直，在河道拐弯处可布置成辐射状。

下游冲刷监测的目的是了解冲刷范围，以便分析对大坝结构安全的影响。在下游冲刷区域至少应设置3个监测断面。

设计布置时应根据河道水面比降等，确定合适地形测量测图比例尺、基本等高距和淤积剖面测量比例尺。

可采用水下摄像、地形测量或断面测量法等监测坝前淤积和下游冲刷。

## 第六节　巡　视　检　查

### 一、总体要求

在施工期和运行期，各级大坝均须进行巡视检查。每座坝都应根据工程的具体情况和特点，制定巡视检查程序。巡视检查程序包括检查项目、检查顺序、记录格式、编制报告的要求及检查人员的组成职责等内容，可按《混凝土坝安全监测技术规范》（DL/T 5178）第5章和附录B相关要求进行。

巡视检查包括日常巡视检查、年度巡视检查和特殊情况下的巡视检查。

**（一）日常巡视检查**

日常巡视检查是经常性的巡视检查。日常巡视检查应按规定程序对大坝各种设施进行外观检查。

**（二）年度巡视检查**

年度巡视检查是在每年汛前、汛后或枯水期（冰冻严重地区的冰冻期）及高水位低气温时，对大坝进行较为全面的巡视检查。在年度巡视检查中，除按规定程序对大坝各种设施进行外观检查外，还应审阅大坝运行、维护记录和监测数据等资料档案。

**（三）特殊情况下的巡视检查**

特殊情况下的巡视检查是在坝区（或其附近）发生有感地震、大坝遭受大洪水或库水位骤降、骤升，以及发生其他影响大坝安全运用的特殊情况时进行的巡视检查。

巡视检查应根据预先制定的巡视检查程序，携带必要的工程器具进行。参加现场巡视检查的人员应具备相关专业知识和工程经验。巡视检查中发现大坝有损伤，或原有缺陷有进一步发展，以及近坝岸坡有滑移崩塌征兆和其他异常迹象，应分析原因。现场巡视检查后应及时编写巡视检查报告。

日常巡视检查报告的填写要求：内容应简单扼要，可用表单形式，要说明检查时间、范围和发现的问题等，应附上照片及简图。

年度巡视检查报告内容包括：①检查日期；②本次检查的目的和任务；③检查组参加人员名单及其职务；④对规定项目的检查结果（包括文字记录、略图、素描和照片）；⑤历次检查结果的对比、分析和判断；⑥不属于规定检查项目的特殊问题；⑦必须加以说明的特殊问题；⑧检查结论（包括对某些检查结论的不一致意见）；⑨检查组的建议；⑩检查组成员的签名。

## 二、检查内容

巡视检查一般要检查坝体、坝基和坝肩、近坝区岸坡、监测设施等。

**（一）坝体**

（1）相邻坝段之间有无错动。

（2）伸缩缝开合情况和止水的工作状况。

（3）上下游坝面、宽缝内及廊道壁上有无裂缝、裂缝中漏水情况等。

（4）混凝土有无破损。

（5）混凝土有无溶蚀、水流侵蚀或冻融现象。

（6）坝体排水孔的工作状态，渗漏水的漏水量和水质有无显著变化。

（7）坝顶防浪墙有无开裂、损坏情况。

**（二）坝基和坝肩**

（1）基础岩体有无挤压、错动、松动和鼓出。

（2）坝体与基岩（或岸坡）结合处有无错动、开裂、脱离及渗水等情况。

（3）两岸坝肩区有无裂缝、滑坡、溶蚀及绕渗等情况。

（4）基础排水及渗流监测设施的工作状况、渗漏水的漏水量及浑浊度等。

（5）基础灌浆廊道内排水异常情况（水量、颜色、析出物气味等）。

**（三）近坝区岸坡**

（1）地下水露头及绕坝渗流情况。

（2）岸坡有无冲刷、塌陷、裂缝及滑移迹象。

**（四）监测设施**

（1）外露的监测设施（如观测墩、观测点和各种保护装置等）有无倾斜、开裂、错动等损坏情况。

（2）量水堰有无淤堵、流水受阻等情况。

（3）垂线线体有无自由、浮液是否足够。

（4）引张线的线体是否受阻。

## 三、检查要求和方法

巡视检查主要由熟悉本工程情况的工程技术人员参加，并要求相对固定，每次检查前均应对照检查程序要求，做好准备工作。

年度巡视检查和特殊情况下的巡视检查，必须做好下列准备工作：

（1）做好水库调度和电力安排，为检查引水、泄水建筑物提供检查条件及动力和照明。

（2）排干检查部位积水或清除堆积物。

（3）水下检查及专门检测设备、器具的准备和安排。

（4）安装或搭设临时设施，便于检查人员接近检查部位。

（5）准备交通工具和专门车辆、船只。

（6）采取安全防护措施，确保检查工作及设备、人身安全。

检查的方法主要依靠目视、耳听、手摸、鼻嗅等直观方法，可辅以锤、钎、量尺、放大镜、望远镜、照相机、摄像机等工器具进行。如有必要，可采用坑（槽）探挖、钻孔取样或孔内电视、注水或抽水试验、化学试剂测试、水下检查或水下电视、超声波探测及锈蚀检测、材质化验或强度检测等特殊方法进行检查。

每次巡视检查均应按各类检查规定的程序做好现场填表和记录，必要时应附有简图、素描或照片。

现场记录及填表必须及时整理，并将本次检查结果与上次或历次检查对比，分析有无异常迹象。在整理分析过程中，如有疑问或发现异常迹象，应立即对该检查项目进行复查，以保证记录准确无误。重点缺陷部位和重要设备，应设立专项卡片和电子文档。

巡视检查应及时编制报告。年度巡视检查报告应在现场工作结束后20d内提出。特殊情况下的巡视检查，在现场工作结束后，还应立即提交一份简报。

巡视检查中发现异常情况时，应立即编写专门的检查报告，及时上报。各种填表和记录、报告至少应保留一份副本，存档备查。

# 第六十二章 输水系统监测

抽水蓄能电站输水系统主要由进/出水口、引水隧洞、压力管道及岔管、调压室（塔）及尾水隧洞等水工建筑物组成。

## 第一节 监测重点及部位选择

### 一、进/出水口

对进水口的监测布置取决于进/出水口的布置和结构型式。目前，常见进/出水口多为独立的，按水库水流与引水道的关系分为侧式进/出水口和井式进水口。进水口的监测重点为进水口边坡和结构受力。侧式岸坡式和侧向岸塔式进水口由于设计成熟、结构简单，一般不进行应力应变监测。

### 二、引水隧洞

隧洞属地下工程，其支护型式主要有喷锚、钢拱架、衬砌等，衬砌结构型式主要包括钢衬、钢筋混凝土及混凝土环锚衬砌。

施工期可能出现的工程安全问题主要是围岩稳定问题，而围岩能否稳定主要取决于隧洞所处部位的埋深（地应力）、围岩分类、结构面性状和地下水位分布等。对引水隧洞除了水文地质影响围岩稳定外，还要考虑引水洞内高压水外渗对围岩稳定的影响，放空检查时外水压力对衬砌稳定的影响，以及水流冲刷、气蚀等对衬砌造成的影响等。

隧洞周边的地应力主要取决于隧洞的埋深、岩性和地质构造。对浅埋隧洞，影响隧洞围岩稳定的关键因素是结构面几何特征与结构面强度，围岩破坏的表现形式是块体破坏；对深埋隧洞，影响隧洞围岩稳定的关键因素是岩体地应力水平与岩体强度，围岩破坏的主要表现形式是剧烈破坏，如岩爆、塑性大变形等。因此，深埋隧洞和浅埋隧洞地质调查的重点、采用的力学参数、设计计算方法、施工方法以及加固策略和加固时机都不同。

除结合地质条件、支护结构和地下水环境，相应进行围岩变形、支护结构受力监测外，对于钢筋混凝土衬砌结构，需进行钢筋混凝土结构应力、衬砌与围岩接缝开合度监测，并考虑内水外渗及衬砌外部水环境的影响与变化。对于混凝土环锚衬砌结构，与钢筋混凝土衬砌结构一致，因环锚的目的是使衬砌混凝土结构形成环向压应力，限制混凝土结构的裂缝，提高其防渗性能，需结合环锚结构进行钢索及混凝土应力监测。

## 三、调压室

调压室设置在压力水道上，由调压室自由水面（或气垫层）反射水击波，限制水击波进入压力引（尾）水道，以满足机组调节保证的技术要求；改善机组在负荷变化时的运行条件及供电质量。

为确保施工期围岩稳定，必须结合工程地质、水文地质和支护设计情况有针对性的进行监测仪器布置。调压室衬砌外水压力受地质条件、地下水位，引水隧洞及调压室内水外渗等因素的影响，属不确定因素，应对衬砌外水压力、围岩渗透压力进行监测。对于围岩完整、自稳性好、结构简单、设计成熟的调压室衬砌可不设应力应变监测仪器。

当地面调压室为高筒形薄壁结构时，除了对必要的结构应力应变监测外，在高地震区（设计烈度7度以上）可以根据设计反馈或科学研究需要，设强震动反应监测。

调压室涌波水位直接反映调压室的实际运行工况和荷载，能为运行和设计提供最直接有效的信息，应作为调压室的必测项目。

## 四、压力钢管

引水发电系统的压力钢管的结构型式可分为明管、地下埋管、坝内埋管、坝后背管等。压力钢管除了需要监测钢管本身的应力应变外，对埋管还需监测外包混凝土或联合受力的围岩、坝体的应力应变，钢管和外包材料的缝隙变化等；对坝后背管需结合坝体变形，对背管基础变形、钢板应力、钢衬与混凝土缝隙变化，外包混凝土钢筋应力、接缝位移和裂缝及温度进行监测。

# 第二节 进/出水口监测

电站进/出水口根据枢纽布置包括坝体和岸边两种型式。对于坝体进水口应结合坝体结构进行安全监测，一般应对结构主受力钢筋的钢筋应力（含胸墙、弧门支墩）、沿径向的温度梯度和接缝变形等进行监测，具体根据其结构布置与计算分析成果采用钢筋应力计、电测温度计及测缝计进行监测布置。对于岸边进水口，应根据边坡和闸门井开挖的地质条件相应进行边坡变形与稳定、支护措施及地下水环境等监测。对电站进水口闸门井主要进行围岩变形与稳定监测，进水口结构根据其布置与计算分析成果，一般采用钢筋应力计、测缝计分别对结构应力及结构与边坡接缝位移等进行监测，对于进水口段设置围岩帷幕灌浆的工程宜采用渗透压力计进行幕前、幕后渗透压力监测。

**【实例62-1】** 蒲石河抽水蓄能电站上水库进/出水口洞脸边坡受断层、节理切割影响，岩体完整性差，局部部位稳定性差，为及时掌握边坡变形情况，布置三角网对变形监测测点采用边交汇的方法进行观测。在周围山体较稳定的部位布置3个工作基点，在进/出水口边坡布置7个变形监测测点，详见图62-1。

**【实例62-2】** 荒沟抽水蓄能电站下水库进/出水口边坡高度约55m，陡坡；地质剖面图显示，有一条地质断层带 $f_{30}$ 将边坡横向切断，并向下游倾斜，给边坡稳定带来不利因素。为监测边坡体变形情况，根据实际地形条件，选择用多点位移计进行边坡岩体内不同深度的位移变化，沿边坡不同高度方向布置两个监测断面，上层多点位移计同时穿过强风

化线及 $f_{30}$ 断层面，下层多点位移计穿过原地下水位线及弱风化线，两个隧洞边坡共布置多点位移计 4 套，见图 62-2。

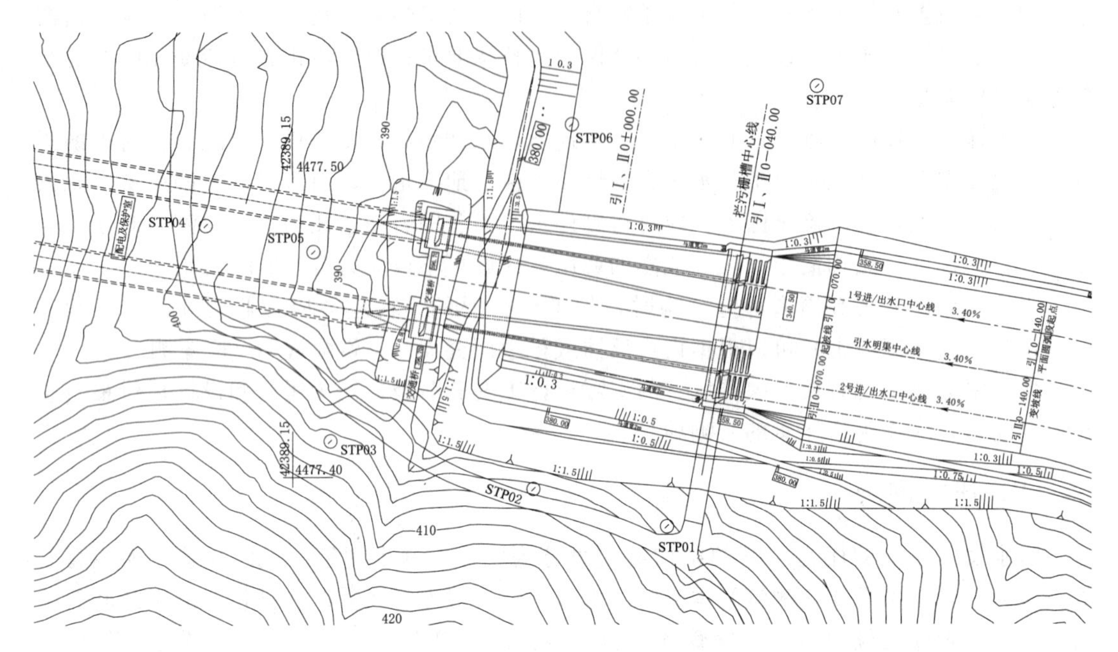


图 62-1　蒲石河抽水蓄能电站上水库进/出水口边坡变形监测平面布置图

STB—工作基点；STP—变形测点

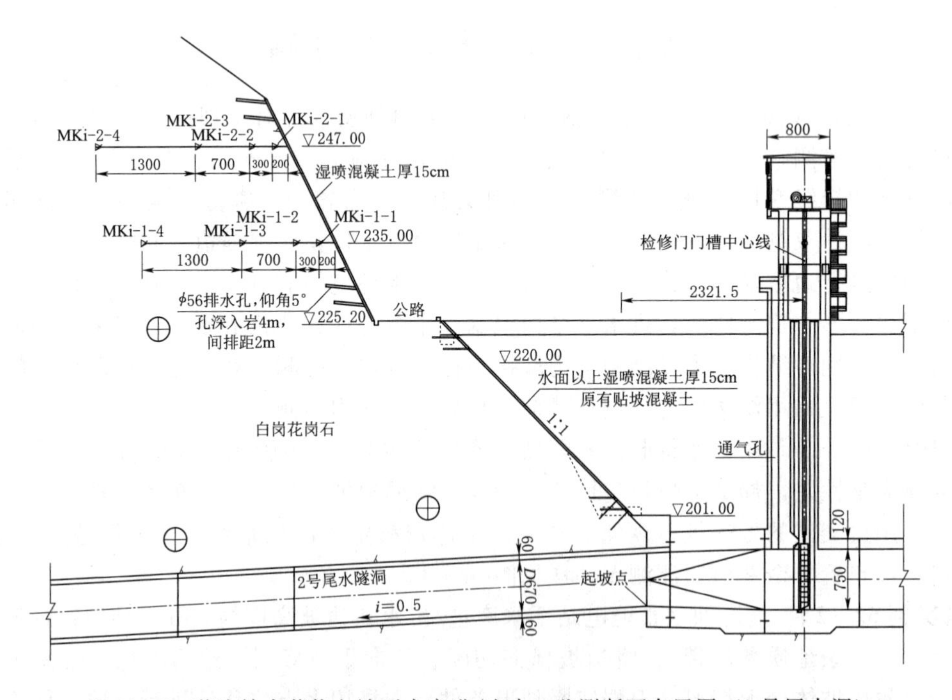


图 62-2　荒沟抽水蓄能电站下水库进/出水口监测断面布置图（1 号尾水洞）

# 第三节　引 水 隧 洞 监 测

根据现行的标准，对隧洞需要设置安全监测项目的条件有：①1 级的引水隧洞；②高压、高流速隧洞（高压隧洞管径 $D \geqslant 4$m，或作用水头 $H \geqslant 100$m，或 $HD \geqslant 400\text{m}^2$）；③跨度大、强度低的隧洞。

监测断面一般分为重点监测断面和辅助监测断面，重点监测断面宜设在采用新技术的洞段、通过不良地质和水文地质的洞段、隧洞线路通过的地表处有重要建筑的洞段，可布置相对全面的监测项目，以便多种监测效应量对比分析和综合评价；辅助监测断面一般仅针对性的布置某项或几项监测项目，主要用于监测少量指导施工或进行安全评价具有重要意义的物理参数，如收敛变形、锚杆应力等。

## 一、围岩变形与稳定监测

隧洞围岩变形与稳定监测包括收敛变形、地表变形及内部变形监测等。

### （一）收敛变形

收敛观测是应用收敛计测量围岩表面两点在连线（基线）方向上的相对位移，即收敛值。隧洞断面收敛监测是施工期围岩稳定的主要监测手段，其监测方法简单，监测成果直观。

当地质条件、隧洞断面尺寸和性状、施工方法等已定时，地下隧洞围岩变形主要受空间和时间两种因数的影响，称为空间效应和时间效应。空间效应是指掌子面的约束作用产生的影响；时间效应是指位移随时间变化的现象。这两种位移是隧洞围岩稳定情况的重要标志，可用来判断围岩稳定情况，确定支护时机，推算位移速率和最终位移值。

根据实测资料统计分析，一般情况下，当开挖掌子面距观测断面 1.5～2 倍洞径后，掌子面的作用基本消除。因此，要求初测观测断面尽量接近掌子面，距离掌子面不宜大于 1m。收敛监测断面间距宜大于 2 倍洞径，一般 50～100m 设一个断面，对于洞口、浅埋地段，特别是软弱地层、地质条件差的地段，量测断面适当加密。

收敛测点及基线的数量和方向应根据围岩的变形条件和洞室的性状与大小确定，一般有 3 点 3 线式、5 点 6 线式、6 点 6 线式，一般在拱顶、起拱线和断面中部布置测点。对于具有高地应力或膨胀性的特殊岩体，还应在反拱（底板）中部布置测点。若围岩局部有稳定性差的岩体，也应该设置测点，遇软弱夹层时，应在其上下盘设测点。收敛测点的布置还与地质构造、岩层与隧洞的角度有关。

### （二）地表变形

对于埋深小于 40m 的Ⅵ～Ⅴ类围岩，还应进行地面垂直位移监测。洞顶地表垂直位移监测，是为了判断隧洞对地面建筑物的影响程度和范围，并掌握地表垂直位移变化规律，为分析隧洞开挖对围岩力学性态的挠动状况提供信息，一般是在浅埋情况下观测才有意义，如跨度6～10m，埋深20～50m的黄土洞室，地表沉降才几毫米。

地表垂直位移一般采用水准仪，按几何水准法监测，内容包括地表下沉、隆起、倾斜等。在地表隧洞顶部和断面两侧，沿线布设水准测点，具体位置视地形及需要而定。起测点可考虑设置在隧道观测段的两侧；水准基点为不动点，一般应根据地质条件、工程影响、监测精度要求等条件综合考虑，布设在距工程1km左右、基础稳定的部位。

**（三）内部变形**

围岩内部变形监测布置可与围岩松动范围监测相结合。围岩内部变形不是必测项目，可根据工程规模、地质构造和科研等综合考虑进行监测布置。一般采用多点变位计和滑动测微计。内部变形监测断面的选择应考虑洞室的埋深、围岩分类、围岩特性、洞身尺寸与形状、施工方法和施工程序等，选择围岩类别较差、地质构造带、洞室交叉部位、洞身进出口上覆岩体较薄部位、体型不利或需要进一步研究的洞段。为减少施工干扰，并监测围岩开挖变形全过程，条件具备时监测布置应尽量利用洞身周围的排水洞、勘探洞或其他先期开挖的洞室超前于监测洞室钻孔预埋。

监测断面内测点的布置与围岩特性和地质条件有关，大量的计算分析成果认为，当最深测点距洞壁大于1倍以上洞跨或超出卸荷影响范围，则可认为该点为不动点，故多点位移计和滑动测微计的最深测点应大于上述范围。对有预应力锚固的部位，最深测点应超过锚固影响深度5m左右。同一钻孔中的测点多少应根据围岩的应力分布、岩体结构特征等地质条件来确定，一般在软弱夹层和断层两侧应各布置一个测点。对浅埋隧洞的监测设备一般布置在中上部。

对深埋隧洞边墙中部的变位往往大于顶部，应根据主地应力方向和地质构造全面布置。因大部分水工隧洞运行期洞内有水，而多点变位计的传感器电缆可引出洞外，运行期还可继续监测，在水工隧道中应用较多。

## 二、围岩应力监测

在高地应力区，为了解隧洞开挖过程中岩石内应力分布及变化情况，沿隧洞断面布置岩石应力观测断面，钻孔埋设岩石应力计，钻孔位于顶部、腰部，钻孔深度在固结灌浆区以外，每孔沿不同深度埋设2～3组应力计（埋设切向和径向应力计）。

岩石应力监测断面根据隧洞开挖显示的地质情况布置，主要布置在地应力较高地段，同时与围岩内部变形监测相对应布置，以便资料的对比分析。

## 三、围岩温度监测

为了解围岩内部温度情况，以便分析温度对监测成果的影响，在不同类别、不同地形地质条件的洞段围岩内布置监测断面，由于渗压计和差阻式锚杆应力等都具有测温功能，围岩内布置渗压计或差阻式锚杆应力计的监测断面可不布设温度计。一般每个监测断面布置2～3组温度计，每组沿围岩不同深度埋设4～5支温度计，分别布置在管壁、混凝土、围岩表面及深部。

## 四、围岩松动范围监测

围岩松动范围监测是指测定由于爆破的动力作用、岩体开挖应力释放引起的岩体扩容两者共同作用下导致的围岩表层岩体的松动厚度。监测成果可以作为锚杆及其他支护设计和围岩稳定分析的依据。通常采用声波法和地震波法观测围岩松动范围。

围岩松动范围监测断面应根据围岩不同岩性、不同施工方法选定，断面内测孔的布置位置基本同锚杆应力，应满足圈定松动范围界线的要求，深度超过预测松动范围。

地震波法监测断面沿平行洞轴线掌子面进尺方向在洞底板和洞壁布置，每个断面设5～10个测点，两测点间距0.5～1m。配合声波法布置时断面和测点布置应与声波法相应。

## 五、围岩支护结构监测

隧洞的支护措施主要有喷锚支护、钢筋混凝土支护、钢材支护、钢拱架支护等。支护结构监测断面应根据支护型式、计算成果、地质条件、设计反馈及科研需要等确定，一般可与围岩内部变形监测断面结合布置，以便相互验证分析。监测项目应根据地质条件和支护结构选择监测项目。

上部岩体浅的软岩或岩石破碎的隧洞，为了防止上部岩体塌落，需采取刚性高的衬砌，尽量控制其变形，保证隧洞的稳定。此时，围岩对支护衬砌结构的压力以及衬砌本身的应力应变也可以作为重点监测项目之一。

如果上部岩体厚，但围岩强度低，围岩可能发生挤出、膨胀变形，此时围岩的变形大，采用刚性支护不能承受围岩过大变形产生的挤压力，易遭受破坏，此时除了需要通过变形监测合理把握支护时间外，还需采取喷锚、钢拱架等柔性支护措施，相应的可根据需要对锚杆和钢拱架应力进行监测。

当岩体较厚、围岩坚硬、裂隙发育、喷混凝土仅起防止岩体表面风化，填平表面凹凸不平的作用，则喷混凝土层可以不进行监测，仅对支护锚杆应力进行监测。

### （一）锚杆应力

锚杆应力计用于监测支护锚杆的轴向受力情况，一般直接布置在支护锚杆上，监测锚杆既要起支护作用，又能监测锚杆随岩体变形而产生的应力，为保证监测的真实性，锚杆应力计的材质、截面面积都应与待测锚杆相同。监测断面位置选择要求与多点变位计类似外，还应在随机布置或加强（增设）锚杆部位选择典型锚杆进行监测，监测锚杆数量应满足相关标准，一般取支护锚杆1%～3%。断面内测点布置一般与变形测点布置一致，在施工过程中，若发现锚杆应力超量程，应考虑补设，若超量程的锚杆数量较多，要考虑增加支护。

锚杆应力计监测的是锚杆的轴向应力，需根据锚杆长度、围岩特性、地质结构等因数布置单点或多点锚杆应力计。一般锚杆长度4m以下，布置单点；4～8m布置2～3点；8m以上，布置3～4点。

**（二）锚索荷载**

在隧洞个别块体结构段需要采用预应力锚索加固时，为了监测预应力锚固效果和预应力荷载的形成与变化，可采用锚索测力计进行监测，监测锚索数量应满足相关标准，一般取支护锚索5%～10%。锚索测力计布置在张拉端的工作锚具与锚垫板之间，在工程锚索中系统地选取典型锚索进行监测，根据全长黏结锚索和无黏结锚索受力特征的不同，为了保证监测值的准确性、真实性，监测锚索应为无黏结锚索。锚索测力计的尺寸应与预应力锚具配套，锚索测力计的量程应与张拉吨位配套。

**（三）钢筋混凝土衬砌结构**

对于钢筋混凝土衬砌结构宜与相应围岩变形一同设置监测断面，具体根据围岩地质条件、支护结构和地下水环境，采用钢筋计、测缝计及渗压计，对衬砌结构钢筋应力、衬砌与围岩接缝变形和衬砌围岩部位的渗透压力进行监测，必要时进行混凝土应力应变监测，其测点宜按轴对称布置，围岩衬砌内的应变计、钢筋计一般应径向和切向方向布置。渗压计测点监测其内水外渗及衬砌结构外部水环境的影响与变化。

对于钢筋混凝土衬砌的无压隧洞，除为保证施工期安全，根据地质条件进行围岩变形与稳定监测外，一般根据工程需要相应进行衬砌结构钢筋应力和衬砌围岩部位的渗透压力监测。

**（四）混凝土环锚衬砌结构**

对于混凝土环锚衬砌结构，除进行衬砌结构应力应变、衬砌与围岩接缝变形及渗透压力的监测外，还需进行锚索预应力荷载监测或进行预应力锚索钢绞线的应力应变分布监测，采用钢索计设置测点，并通过锚索钢绞线的应力来计算锚索锚固力。因该结构预应力锚索是对钢绞线环形两端进行张紧锚固，相邻锚束体锚固点交错，其测点布置需考虑相对锚固点的轴对称性，以及相邻群锚效应的作用与影响。

## 六、水压力监测

水工隧洞水压力监测包括洞内、洞外水压力监测和渗透压力、渗流量等监测。

**（一）洞内水压力监测**

水工隧洞衬砌承受的静内水压力即为该部位承受的库水压力，在不需考虑动水压力、不研究水头损失的情况下，可以不在衬砌内设水压力监测仪器。

内水压力一般采用水位计进行观测，一般测量最大内水压力，布置在最大内水压力附近。为了研究水头损失，或负荷突变的附加水头压力，也可分段布置。

**（二）洞外水压力监测**

水工隧洞外水压力主要是作用在衬砌外侧的水压力，由两部分组成：一部分是内水压力外渗所致，另一部分是山体内固有的地下水。有些高水压隧洞混凝土衬砌为限裂设计，不承担防渗阻水的作用，这种混凝土衬砌在运行时内外水压力平衡，衬砌实际承受的水压力并不大，但是隧洞放空时，若放空速度过快，外水压力没有与内水压力同步消落，则有可能因外水压力过大压坏衬砌，因此一般都要对外水压力进行监测。

隧洞外水压力的监测布置，应根据洞线的工程地质及水文地质情况，在隧洞沿线的山体上布置水位观测孔，监测山体地下水位情况，山体地下水位观测孔可以在隧洞开挖前埋设，以便了解在隧洞开挖工程中及隧洞充水后地下水的变化情况。同时，在具有代表性的监测断面的衬砌外侧围岩中布置渗压计，以了解衬砌承受的外水压力。由于受地质构造的影响，断面上的外水压力是不均匀的，渗压计一般可对称布置在管道的顶部、腰部及底部，也可根据地质构造非对称布置。

**（三）渗透压力监测**

有些高水压隧洞防渗结构的设计理念是通过灌浆加固周边围岩使其成为承载和防渗阻水的主要结构。监测目的是为了解围岩防渗阻水的效果，研究渗透压力分布情况。监测布置需根据隧洞沿线水文地质情况，选择一些具有代表性的监测断面，在围岩内钻孔埋设渗压计，钻孔位置同外水压力，钻孔深度至少深入围岩固结灌浆圈以外，可沿孔深布置2～4支渗压计。

**（四）渗流量监测**

隧洞的渗流量监测点一般设在排水洞、自流排水孔或交通洞内。监测方法包括：在排水孔口监测排水孔单孔渗流量；在集水沟内设量水堰流量计监测分区流量；在集水井内设水位计间接监测总渗流量。

**【实例62-3】** 荒沟抽水蓄能电站引水隧洞围岩收敛变形监测依据现场地质情况，共布设25个收敛断面（1号引水隧洞12个、2号引水隧洞13个）、150条测线，见图62-3、图62-4。

**【实例62-4】** 敦化抽水蓄能电站1号引水洞设置的监测项目主要有围岩变形监测、锚杆应力监测、外水压力监测、衬砌结构的应力应变监测及围岩与衬砌结构的接缝开度监测。其中围岩变形监测、锚杆应力监测设置了4个监测断面，共布置8套多点位移计（三点式）、8套锚杆应力计（两点式），见图62-5。

**【实例62-5】** 蒲石河抽水蓄能电站引水系统监测仪器主要布置在引水洞F3和F4断层出露段、岔管段及尾水洞$F_2$和$F_{2-1}$断层出露段。监测项目主要有锚杆应力监测、衬砌结构的应力应变监测及围岩与衬砌结构的接缝开度监测。

为监测运行期钢筋混凝土衬砌结构在内外荷载作用下的应力应变状态及其安全运行状况。在引水洞斜管的下弯段$F_3$、$F_4$断层附近，选择#1水洞布置一个监测断面，桩号为：引$_1$0+592，在钢筋混凝土衬砌内部布置钢筋计16支，应变计16支，无应力计4支，见图62-6（a）。

在尾水主洞$F_2$断层附近选择1个监测断面，桩号为尾0+200，用以监测运行期钢筋混凝土衬砌结构在内外荷载作用下的应力应变状态及其钢筋应力的变化，布置钢筋计8支、应变计8支、无应力计4支，见图62-6（b）。

为监测高压岔管部位围岩及钢筋混凝土衬砌体运行状态，在2个岔管部位均选择了1个监测断面。每个监测断面布置锚杆应力计3套，衬砌内布置钢筋计16支、应变计16支、无应力计4支。2个监测断面共布置锚杆应力计6套、钢筋计32支、应变计32支、无应力计8支，见图62-7。

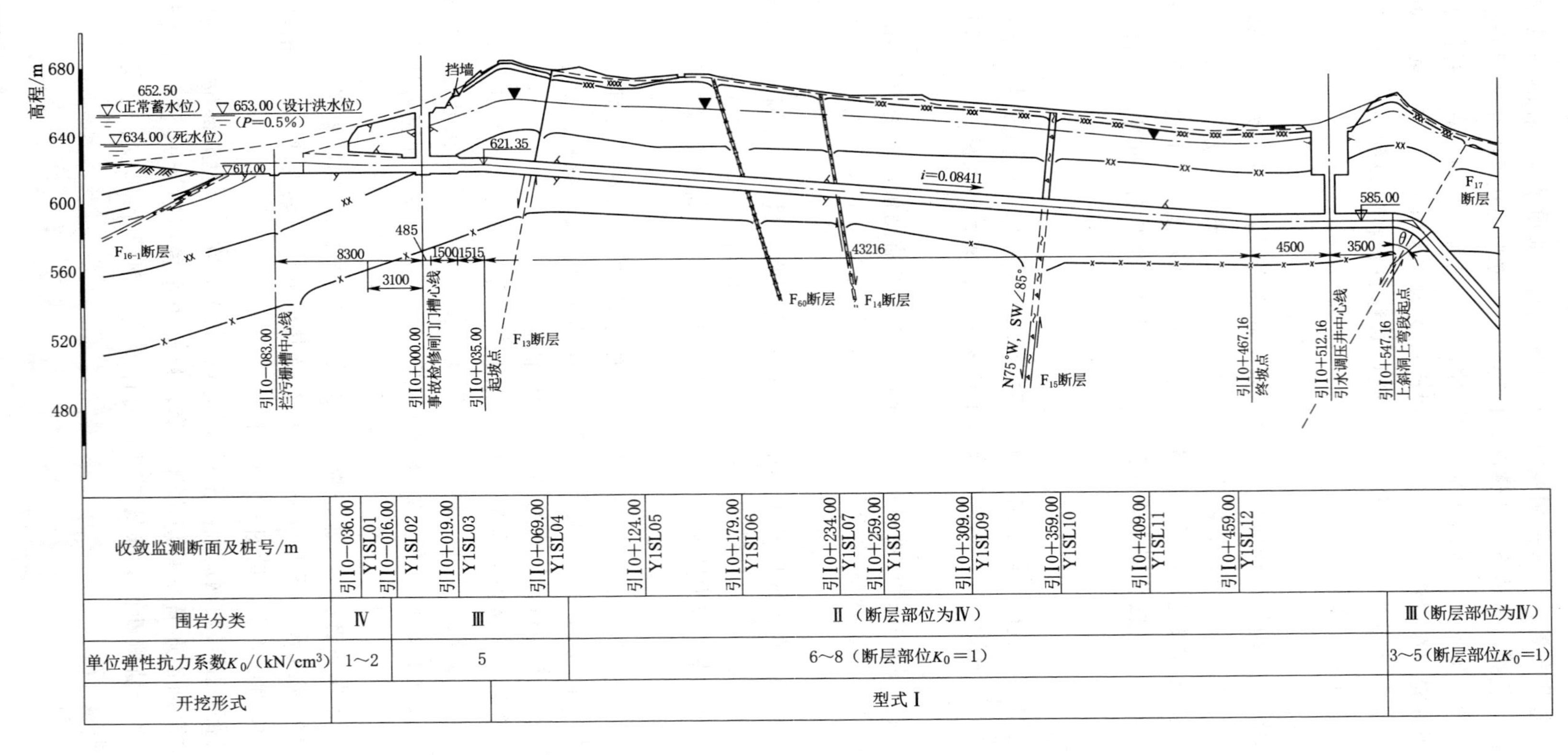


| 收敛监测断面及桩号/m | 引I0−036.00 Y1SL01 | 引I0−016.00 Y1SL02 | 引I0+019.00 Y1SL03 | 引I0+069.00 Y1SL04 | 引I0+124.00 Y1SL05 | 引I0+179.00 Y1SL06 | 引I0+234.00 Y1SL07 | 引I0+259.00 Y1SL08 | 引I0+309.00 Y1SL09 | 引I0+359.00 Y1SL10 | 引I0+409.00 Y1SL11 | 引I0+459.00 Y1SL12 | |
|---|---|---|---|---|---|---|---|---|---|---|---|---|---|
| 围岩分类 | Ⅳ | Ⅲ | | | Ⅱ（断层部位为Ⅳ） | | | | | | | | Ⅲ（断层部位为Ⅳ） |
| 单位弹性抗力系数$K_0$/(kN/cm³) | 1～2 | 5 | | | 6～8（断层部位$K_0$=1） | | | | | | | | 3～5（断层部位$K_0$=1） |
| 开挖形式 | | | | 型式Ⅰ | | | | | | | | | |

图 62-3　荒沟抽水蓄能电站1号引水洞上平段收敛监测布置图（单位：cm）

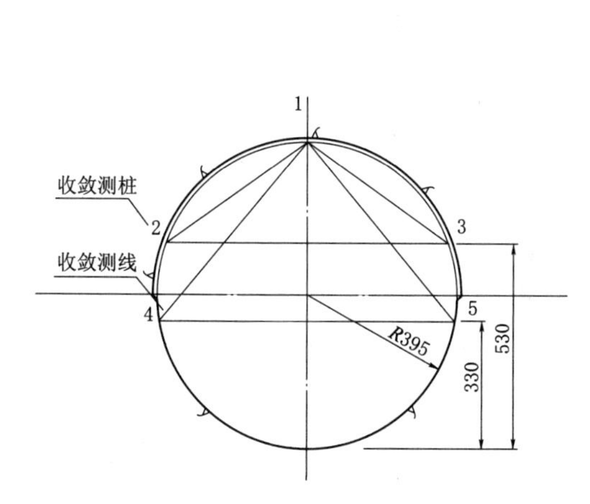


图 62-4　型式Ⅰ收敛监测示意图（单位：cm）

图 62-5　敦化抽水蓄能电站 1 号引水洞围岩变形、锚杆应力监测典型断面布置图

$M^3$—多点位移计；Rm—锚杆应力计

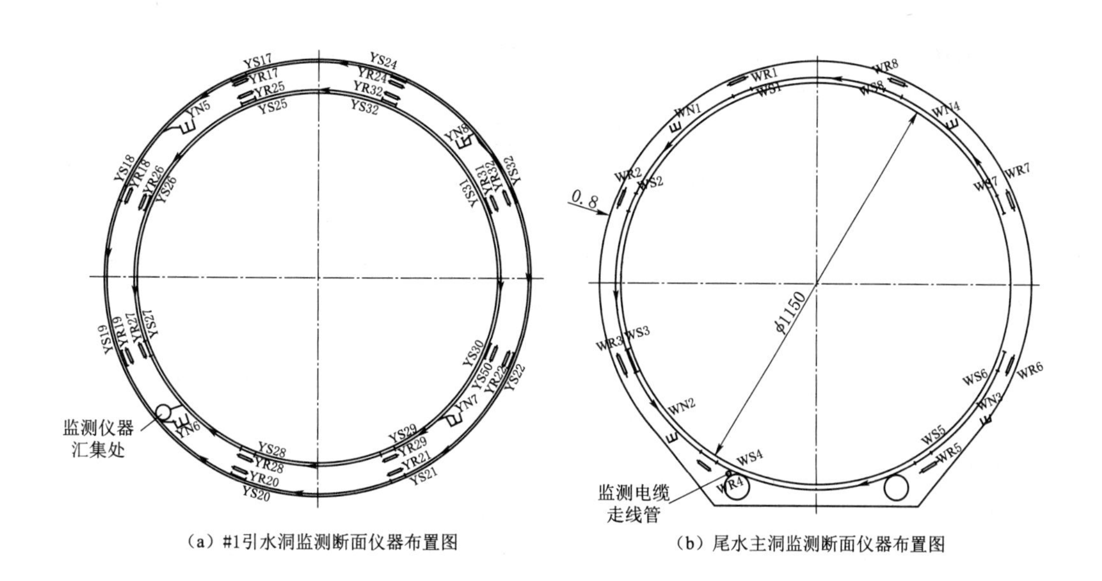


（a）#1引水洞监测断面仪器布置图　　（b）尾水主洞监测断面仪器布置图

图 62-6　蒲石河抽水蓄能电站引水隧洞典型监测断面布置图

YR、WR—钢筋计；YS、WS—应变计；YN、WN—无应力计

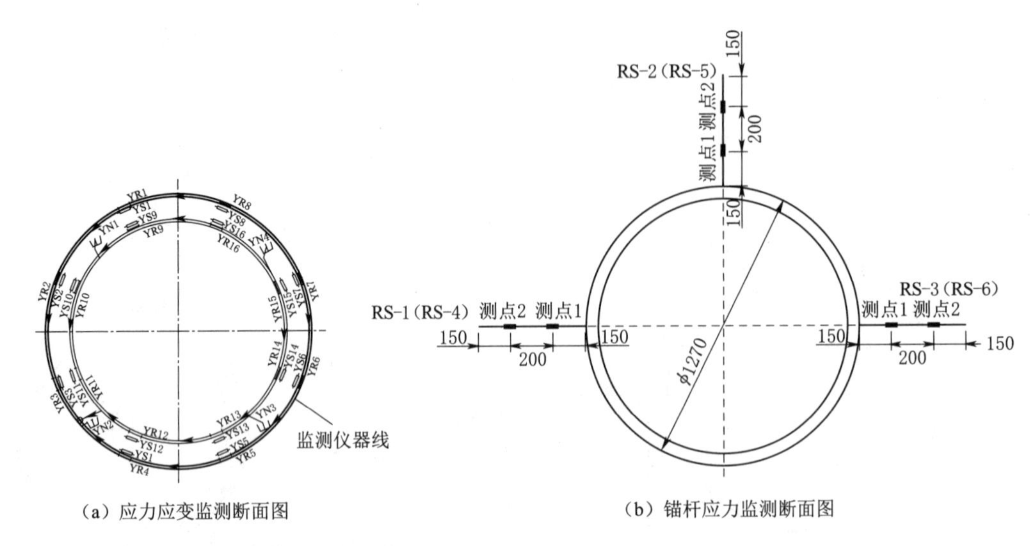


（a）应力应变监测断面图　　（b）锚杆应力监测断面图

图 62－7　蒲石河抽水蓄能电站高压岔管典型监测断面布置图

YR—钢筋计；YS—应变计；YN—无应力计；RS—锚杆应力计

## 第四节　调 压 室 监 测

应根据调压室的结构型式及地形、地质等条件，设置必要的监测项目并及时整理分析监测资料。对调压室需要设置监测项目的有：①1 级、2 级及 3 级调压室；②采用新技术、新工艺的调压室；③位于不良工程地质和水文地质部位的调压室。

地下调压室的监测设计，重点为施工期围岩稳定，必须结合工程地质、水文地质和支护设计情况，有针对性地进行监测仪器布置。调压室衬砌外水压力受地质条件、地下水位、调压室内水外渗等因素的影响，为工程设计的不确定因素，因此应对衬砌外水压力、围岩渗透压力等进行监测；调压井围岩与支护结构的监测布置同一般地下工程围岩稳定和支护结构的监测。

地面以上调压塔宜进行结构倾斜变形监测，一般沿高程在结构表面设置倾角计测点进行其塔身倾斜监测。同时，对位于强震区的调压塔，需根据结构动力分析，在地面以上沿高程设置地震测点进行其结构动力反应监测，并宜在近调压塔地面、顶部和塔身结构表面设置不少于 3 个三方向拾振器测点，进行其他震加速度监测。

调压室涌波水位直接反映调压室的实际运行工况和荷载，能为运行和设计提供最直接有效的信息，应作为调压室的必测项目。在必要时可进行阻抗孔部位及底部结构应力监测及调压井下部结构的涌浪水压力监测。

对气垫式调压室必须进行运行期室内气压和温度监测。对新型结构的调压室还可进行水力学监测，其仪器布置应尽量与模型试验一致。

# 第五节　压力钢管监测

对引水发电系统的压力钢管，需要设置监测项目的情况有：①1、2级钢管；②3级钢管有下述情况之一：电站装机容量大于或等于100MW；管径D≥4m，或作用水头H≥100m，或$HD \geq 400m^2$；采用新材料、新结构、新设计理论和方法或新工艺。

## 一、地下埋管

对于考虑利用围岩分担内水压力的地下埋管，按钢管、外围混凝土和围岩的联合受力分析，其内水压力是由围岩与钢管共同分担。需进行相应钢衬应力、缝隙值、回填混凝土应力应变、围岩压应力、外水压力与排水效果及钢衬温度等监测。应根据地质条件、结构型式、内外水压力等设置监测断面，宜在监测断面内设置测点进行集中监测，以便于对比分析与验证。

在监测断面上的钢板应变计、测缝计和压应力测点直接轴对称布置，虽然计算是以环向应力控制的，但每个测点还是应布置环向和轴向钢板应变计，以监测地质构造对衬砌的影响。

测缝计应布置在顶拱回填混凝土与围岩和底部钢衬与回填混凝土之间；压应力计测点一般设置在围岩表面，可直接监测并定量分析围岩分担的内水压力，并可为施工期的回填灌浆提供定量依据。

渗压计宜直接设置在钢衬与回填混凝土接触面，以取得其钢衬承受的外水压力。渗压计安装时，需注意采取必要的措施保证回填混凝土和灌浆施工时不阻塞测点传感器的透水石影响对外水承压的监测。

对于需要联合受力的钢衬，可对回填混凝土环向和径向应变进行监测，以便分析高压管道回填混凝土裂缝、缝隙值及外水压力对钢衬应力的影响。

对钢衬温度的监测，其电测温度计应靠钢衬设置，并兼测内水温度。

对于按明管准则设计的压力管道钢衬结构，一般需对其钢板应力、缝隙值、外水压力及排水效果进行监测，相应监测项目的断面和测点布置与考虑围岩分担内水压力钢衬结构基本一致。

**【实例62-6】**　蒲石河抽水蓄能电站考虑4支压力钢管结构、位置、运行条件差别不大，选择#2压力钢管作为监测对象，布置1个监测断面，桩号为压20+049，布置钢板计8支、测缝计8支，见图62-8。

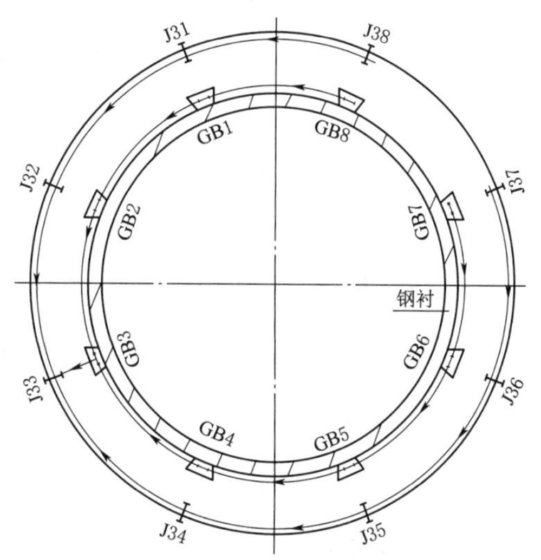


图62-8　蒲石河抽水蓄能电站#2压力钢管监测断面布置图

GB—钢板计；J—测缝计

为监测阻水帷幕的阻水效果及该部位的

外水压力，在＃1压力钢管首部帷幕前后各布置4支渗压计，断面布置见图62－9。

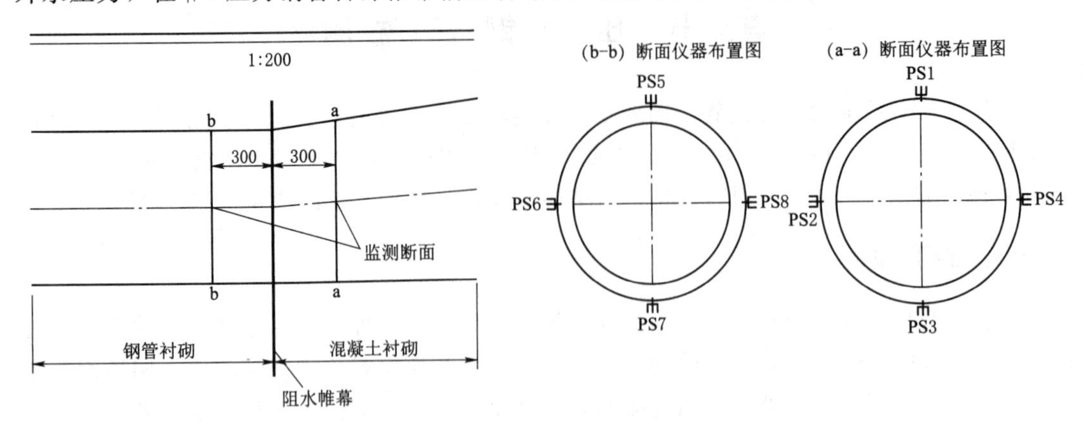


图62－9　蒲石河抽水蓄能电站＃1阻水帷幕监测断面布置图

**【实例62－7】** 敦化抽水蓄能电站1＃压力钢管布置3个监测断面，桩号为$Y_1$1＋672、$Y_1$2＋595、$Y_1$2＋670，设置的监测项目有钢衬应力、接缝变形、回填混凝土应力应变、温度、外水压力与排水效果等监测，共布设钢板计18支、测缝计14支，二向应变计4组、无应力计4支、电测温度计5支、渗压计13支，见图62－10。

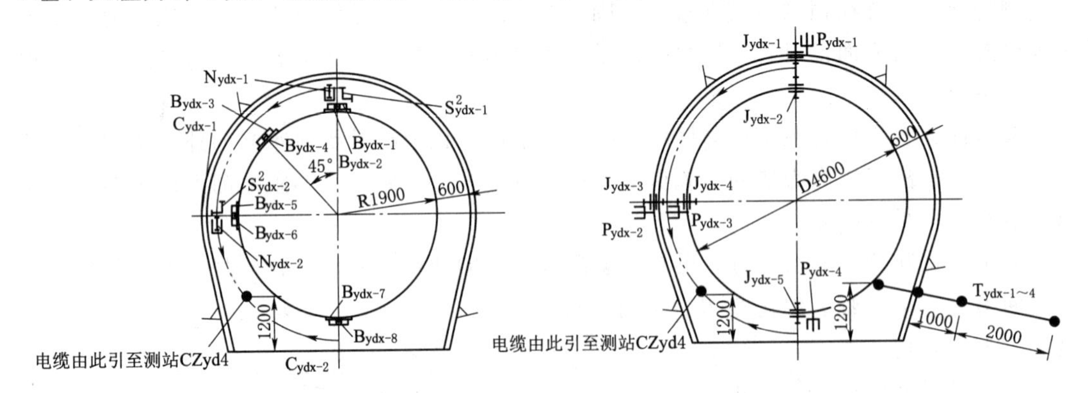


图62－10　敦化抽水蓄能电站＃1压力钢管典型监测断面仪器布置图

B—钢板计；J—测缝计；$S^2$—二向应变计组；N—无应力计；T—电测温度计；P—渗压计

## 二、坝内埋管

对坝内埋管与外围混凝土联合承受内水压力的，除了监测钢管应力、内外水压力、钢管与外围混凝土缝隙外，还需监测外围混凝土和钢筋的应力应变。对全部有铜管承受内水压力的坝内埋管，一般不需对外围混凝土和钢筋的应力应变进行监测。监测断面应选择自受力条件复杂的、需要进行结构计算的控制断面。

## 三、坝后背管

由于坝后背管受坝体变形、温度和内水压力作用，几乎所有已建工程的背管混凝土均不同程度地出现了轴向和环向裂缝，包括为降低背管外包混凝土对内水压力的分担荷载，

为减小外包混凝土环向钢筋应力和控制混凝土裂缝宽度而在钢管与混凝土间设置了柔性垫层的工程等。坝体变形使刚度远小于坝体的背管外包混凝土受力状态极为复杂，远非平面计算所能解决的问题。温度作用也是坝后背管外包混凝土开裂的主要因素之一，温度作用与内水压力叠加使坝后背管的应力和钢筋应力水平很高，已建工程中已有出现在管腰部位外包混凝土外层钢筋达到或超过了屈服极限实例。

坝后背管应根据具体工程特点、已有工程监测资料分析实例和结构计算分析成果，选择靠管顶、管腰及镇墩等部位设置监测断面，结合坝体变形对影响背管结构安全的背管基础变形、钢板应力，外包混凝土钢筋应力、接缝位移和裂缝及温度进行监测，并根据结构需要可进行钢衬与混凝土缝隙值监测。

背管基础变形应结合坝体变形监测进行，一般通过垂线和表面变形监测获取。钢板应力、外包混凝土钢筋应力宜主要进行环向应力监测，温度监测可结合监测断面设置，在出现裂缝后应对其裂缝长度、宽度、深度、方位等边界条件与因素进行监测。必要时采用测缝计监测裂缝的开合度，若压力钢管过厂坝分缝处设置伸缩节，应特别加强该部位的三向位移监测。

坝后背管主要采用钢板应变计、钢筋应力计、测缝计（裂缝计、千分表）、温度计等监测设备进行监测。

## 第六节　巡　视　检　查

巡视检查总体要求及检查方法见六十一章第六节，输水系统工程主要由电站进水口、引水隧洞、调压室及压力钢管等水工建筑物组成。针对引水建筑物特点，视工程实际情况应加强巡视检查的工程部位有以下方面：

（1）隧洞围岩。在施工期随开挖施工应检查围岩地层岩性、断层及裂隙构造发育情况、岩体裂缝、楔形体、局部危岩、地下渗水、喷锚支护结构施工质量，以及施工爆破参数控制等可能影响工程质量和运行安全的隧洞围岩工程隐患。

（2）混凝土衬砌及进水口结构。在施工期和放空期间要注意检查混凝土结构有无蜂窝、麻面、裂缝、位移变形、隆起、塌陷、磨损冲蚀（空蚀）、渗水、腐蚀及表层剥落等现象；有无挤碎、架空、错断；有无钢筋露头及处理情况；接缝止水是否有集中渗水现象；施工支洞的封堵及渗漏情况等。

（3）钢衬结构。要注意检查：钢衬结构焊缝施工工艺、焊接质量、裂缝或损伤钢衬、加筋环及焊缝外观及涂装情况；回填混凝土及接触、回填、固结、帷幕灌浆的施工质量；灌浆孔、施工支洞的封堵及渗漏情况；有无隆起、塌坑情况；排水管出水、排水洞掺水情况等。

（4）机电与金属结构。要注意检查：闸门（包括门槽、支座、止水及平压阀和通气孔等）工作情况，启闭设施启闭工作状况；金属结构防腐、锈蚀情况；电气控制设备、正常动力和备用电源工作情况等。

除对上述结构物、机电与金属结构质量及工作状况等巡视检查外，在施工期和运行期应同时对监测仪器设施等进行检查，除不可修复外，保证使其处于正常工作状态；并同时检查供电、供水、供气、通风及通信设施等是否完好，照明及交通设施有无损坏和障碍等。在充水前应将工程建筑物表面和周围的杂物清理干净；检查进（出）口、引水隧洞（管道）、渠道、尾水隧洞（管道）、调压室（塔）有无堵淤及损伤，控制建筑物及进/出水口拦污设施状况、水流流态；应注意在电站运行期输水系统放空时根据需要可对建筑物结构进行系统全面的巡视检查，认真检查和记录可能存在的安全隐患等，对发现的问题进行妥善处理。

# 第六十三章　厂房建筑物监测

根据发电厂房与挡水建筑物的相对位置及其结构特征，可分为三种基本类型，即河床式厂房、坝后式厂房和引水式厂房。本章着重阐述引水式厂房，引水式电站厂房发电用水来自较长的引水道，厂房远离挡水建筑物，一般位于河岸。如若将厂房建在地下山体内，则称为地下厂房。

## 第一节　监测重点及部位选择

引水式电站岸边厂房运行安全的外部因素包括厂房后边坡的变形与稳定（含地下水环境）、基础变形及渗透压力等，需相应进行安全监测，而对于在软基或地质条件差的基础上修建的地面厂房，宜同时进行表面变形及接缝变形监测。对于岸边地面厂房后边坡变形与稳定、支护措施及地下水环境亦需进行监测。

引水式电站地下厂房是修建在天然岩体内的大型工程建筑物，工程的安全在很大程度上取决于围岩本身的物理力学特性及自稳能力，以及其支护后的综合特性，因此安全监测的重点是地下厂房系统洞室围岩的变形与稳定监测，同时需相应进行岩壁吊车梁、机组支撑结构受力、结构振动及渗流（含地下水）等的监测。

## 第二节　引水式厂房监测

### 一、岸边厂房

对于岸边厂房，可根据需要进行厂房机组支撑结构监测、基础变形监测和基础渗透压力监测。基础变形监测多采用基岩变位计；基础渗透压力监测应结合厂房后边坡地下水环境进行布置，一般在建基面沿顺河向布置测点。对于软基或地质条件较差的岸边厂房，宜结合厂房后边坡或独立进行厂房不均匀沉降监测和接缝位移监测，不均匀沉降监测可按机组段（含安装间）分缝在厂房顶部设置沉降测点，一般每个机组段厂房顶部的4个角部中至少选择3个设置沉降测点。在厂房机组段结构缝内沿高程设置测缝计，进行接缝位移监测。

对于位于强地震区的大型岸边厂房，应结合厂房后边坡进行强震动监测，岸边厂房宜在厂顶、发电机层及地面自由场等设置三分向拾振器，进行地震动峰值加速度的监测。

### 二、地下厂房

地下厂房的特点是埋藏在地下一定深处的天然岩体中，由岩石和各种结构面组合而成

的建筑物，其稳定性取决于围岩本身的物理力学特性及自稳能力和支护后的综合特性。由于围岩存在着节理裂隙、地应力和地下水，经开挖扰动后，围岩应力场重分布、地下水系发生变化，围岩的自稳能力降低，因此通过安全监测获取地下厂房性状变化的实际信息，为及时优化洞室支护结构型式、选择支护参数及改进施工工艺和设计方案提供依据显得尤为重要。水电站地下厂房洞室群一般包括主、副厂房及安装间、引水洞、尾水洞、母线洞、主变开关站、尾水调压井及其他附属洞室，其工程特点是多个洞室汇集在一起，岩石挖空率高，主要洞室跨度大，边墙高，且上、下重叠，五相贯通，结构极为复杂。

厂房的监测重点为主要洞室围岩变形和渗透压力监测、支护应力应变监测、岩壁吊车梁监测、洞室交叉口变形监测及敏感区（如地质缺陷通过部位、洞室间岩柱较薄部位）的变形监测等。监测设施布置应能全面反映和监控主要洞室的工作状态，监测系统应可靠性高，设备维护方便，观测数据采集便利。

**（一）围岩变形**

围岩变形是地下厂房的重要监测项目，通过量测围岩变形来监控洞室的稳定状况并反馈设计，它对验证围岩的稳定性和最终确定支护型式与支护参数具有相当大的作用。围岩变形监测项目主要有收敛变形监测和围岩内部变形监测等。

1. 监测断面的选择

（1）监测断面应按工程的需求、地质条件以及施工条件选择，应注意地下洞室埋深、岩体结构特性、围岩性态、结构物尺寸及形状、预计的变形以及施工方法、施工程序等。通常至少在机组中心线，装配场和厂房两端各取一个监测断面。

（2）监测断面布置要合理，注意时空关系。采取表面与深部结合、重点与一般结合、局部与整体结合，使得测网、断面、测点形成一个系统，能控制整个工程的关键部位。监测断面可分为主要监测断面和辅助监测断面，主要断面可埋设多种仪器，进行多项监测；在主要断面附近设辅助断面，辅助断面埋设仪器少，用于监测断面内对围岩稳定影响较大的效应量，这种布置既保证了重点，又简化了工作面，降低了费用。

（3）在监测断面上，应根据围岩性态变化的分布规律、结构物的尺寸与形状以及预测的变形等物理量的分布特征来布置测点，应在考虑均匀分布、结构特征和地质代表性的基础上，依据其变化梯度来确定测点数量。梯度大的部位，点距要小；梯度小的部位，点距要大。

2. 监测孔（点）的布置

（1）多点位移计测孔（点）的布置。多点位移计用于观测岩体内深部两点之间沿孔轴方向的相对位移。如果最深测点距洞壁大于一倍以上洞跨，或超出开挖卸荷影响范围，则某点相对于最深点（若可近似视为不动点）的位移可近似为绝对位移。对于围岩中有预应力锚固的部位，多点位移计埋设最深点应超过锚固影响深度5m。

测孔一般布置在地下洞室的顶拱、拱座及边墙，有对称和非对称式布置方式，仪器安装分为现埋和预埋两种埋设方式。多点位移计布置时应注意围岩变形的时空关系。对于围岩地质条件较好的地下厂房，顶拱和拱座可适当间隔一个断面布置测孔；对于边墙应加强岩壁吊车梁附近中上部和发电机层以下挖空率较高部位的围岩变形监测。

测点布置应考虑围岩变形的分布、岩体结构等地质条件。同一孔中测点可以是单

点，也可以是多点，点距应根据围岩变形梯度、岩体结构和断层部位等确定。测点（固定锚头）可以是灌浆式的，也可以是机械式的、气压式的或油压式的等。测点锚头应避开裂隙、断层和夹层，放在较坚硬完整的岩石上。大的夹层、断层两侧宜各布置一个锚头。

当洞室周围有排水平洞、勘探平洞或模型试验洞时，宜从这些洞向地下洞室提前钻孔，预埋多点位移计；当覆盖层不厚时，宜从地面向洞室钻孔预埋仪器，以获得在洞室开挖过程中岩体位移变化全过程。

当固定锚头为机械式时，墙上水平测孔宜略向上倾斜5°左右，便于渗水排出；当固定锚头为灌浆式时，测孔应略向下成5°俯角倾斜，以便于灌浆和防浆液外流。

（2）钻孔测斜仪的布置。测斜仪布置应根据围岩应力分布和岩体结构，重点布置在位移最大、对工程施工及运行安全影响最大的部位。同时兼顾其他比较典型或有代表性的部位。

钻孔测斜仪常以铅垂钻孔布置于大型地下洞室的边墙附近，平行边墙或布置于大型地下洞室的出口正、侧面边坡内，观测岩体的变形，监视侧墙或出口边坡的稳定。

大跨度洞室的拱部可以通过附近洞室垂直洞室轴线布置水平测斜管，用水平测斜仪观测拱部位移。

（3）滑动测微计的布置。滑动测微计是观测岩体内部沿孔轴方向两点间相对位移的一种多点位移计，不同的是可以每相隔1m设一个测点。其布置方式可与多点位移相同，测孔方向不限。

滑动测微计常以铅垂钻孔布置于大型地下洞室的顶拱附近，观测洞室顶拱围岩岩体轴向变形。

（4）表面收敛测点布置。对地下厂房收敛变形监测是用收敛计（或激光断面仪、全站仪等）测量洞室围岩表面两点连线（基线）方向上的相对位移，即收敛值，主要监测两洞壁面之间距离变化、顶拱下沉等变形情况。根据监测结果，可以判断岩体稳定状况及支护效果，为优化设计方案、调整支护参数、指导施工以及监控工程安全状况提供技术支撑。

收敛变形观测主要在导洞开挖和拱部开挖边墙较矮时应用，用以观测围岩的初期变形。当洞室开挖空间（跨度和高度）已经很大时，存在观测上的困难，一般不监测；当地下洞室已经支护或投入运行后一般不需要监测。

收敛观测断面应选择洞室中具有代表性、岩体位移较大或岩体稳定条件最不利的部位。观测断面应尽量靠近掌子面。测点（线）应根据监测断面形状、大小以及能测到较大位移等条件进行布置。

为了配合多点位移计观测，收敛测点可布置在多点位移计孔口附近。收敛测点安装一般早于多点位移计的安装，多点位移计安装前的围岩变形量可通过收敛变形监测得到，因此可利用收敛变形监测成果对多点位移计监测的变形进行校核与修正。

**（二）围岩应力及温度**

对围岩应力的监测主要是观测围岩初始应力变化和二次应力的形成与变化过程，用测得的应力信息反馈分析初始应力场。这项观测对于以应力控制的围岩尤其重要。目前的观测方法主要是通过埋入围岩内部的应力计或应变计进行观测。监测仪器一般选择在地质条件较为复杂、围岩应力相对集中的部位沿径向和切向布置，埋设时采用钻孔或挖坑、槽的方式，埋设时要注意：孔（槽）的尺寸在满足埋设要求的基础上要尽可能小；测量变化范围大的仪器需要组装埋设；应力（变）计在岩体内不应跨越结构面。

对围岩温度的监测一般是在监测部位钻孔埋入温度计进行观测。

**（三）围岩松动范围**

对围岩松动范围的监测是指对爆破的动力作用和洞室开挖岩体应力释放引起的岩体扩容影响下的围岩表层岩体的松动范围的监测。通常采用声波法和地震波法监测。开挖爆破前后都要监测，以便对比分析，确定松动范围。监测成果可以作为锚杆及其他支护设计和围岩稳定性分析的依据。

*1. 声波法*

根据工程规模、地质条件、施工方法以及开挖洞室的几何形状，选定有代表性的观测断面，一般应在通过数值模拟、模型试验等分析方法预测的围岩松动范围最大和最小的部位布置测孔。根据需要可布置单孔测试或孔间穿透测试，必要时可预埋换能器。测孔应垂直围岩表面，呈径向布置，孔深应超出应力扰动区即预测的松动区深度，孔径应大于换能器的直径。测孔的数目一般应满足确定围岩松动范围界线的要求。

*2. 地震波法（地震剖面法）*

沿平行洞轴线掌子面进尺方向在洞底板和洞壁布置测线。每条测线 5～10 个测点，两测点间距 0.5～1m。配合声波观测时，断面和测点布置应与声波法相应。

声波法设备简单、便宜，地震波法测线可达数十米，更有代表性，可根据具体情况选定。

**（四）渗流**

地下厂房渗水源主要包括原有山体地下水及其补给源、引水系统渗漏水和库区渗水等。根据不同的水文地质条件和厂区枢纽建筑物布置，地下厂房一般采用防渗帷幕、厂房外围排水系统和洞内排水系统相结合的防渗排水方案，对集中渗水通道则采取适当工程措施（局部混凝土置换，增设防渗帷幕及排水设施等）进行专门处理。为了监测防渗排水效果，需要对洞室围岩的渗透压力和渗流量进行监测。

围岩的渗透压力一般可采用钻孔埋设渗压计的方法进行监测，钻孔深度一般在支护锚杆长度以外，测点宜布置在距钻孔底部 50～100cm 的位置，必要时可沿钻孔深度布置 2～3 支渗压计。此外，还应该充分利用厂房外围排水廊道布设测压管，以监测帷幕防渗及排水廊道的排水效果。

对埋深浅的洞室，可以从地表平行洞壁钻孔，埋设测压管或渗压计；对埋深大的洞室，可以从洞内向围岩钻孔埋设渗压计；如果周围有排水洞、勘探平洞等，也可以利用这些洞室向大型地下洞室钻孔埋设。

地下厂房汇集流量主要包括围岩和机组渗水及机组检修排水。一般需对围岩和机组渗流量进行监测，应尽可能分区设置量水堰。对设有排水系统的，应根据排水系统的布置方式及结构型式，在上、中、下层排水廊道的排水沟、落水管及集水井处布置渗流量监测点。对设有自流排水管的引水钢管段和蜗壳，可在其排水管出口或渗流汇集处设渗流量监

测点。

**（五）支护结构应力应变**

1. 锚杆应力计布置

安装了锚杆应力计的支护锚杆称为监测锚杆，它既要起支护作用，又要监测随岩体变形的锚杆应力。锚杆应力计的直径、材料强度等级应与支护锚杆相同。

（1）锚杆应力计的测孔（点）的布置原则与多点位移计布置原则相同。布置的方式有：按断面布置，监测断面一般和变形监测断面结合布置，锚杆应力监测点宜位于围岩内部变形和锚索荷载监测点邻；按需要或在变形最大的部位随机布置，布置数量一般不硬性规定。

（2）选定的监测锚杆应具有代表性，如代表不同锚杆型号、不同岩性（地段）等。

（3）监测锚杆可布置单个或多个应力测点，测点数量和相互间距离可根据围岩地质条件、洞室结构、锚杆长度和岩体应力梯度等共同确定。一般 4m 以下锚杆布置 1 个测点；4～8m 锚杆布置 2 个测点；8m 以上锚杆布置 3～4 个测点。

2. 锚索测力计布置

对布置有支护锚索的洞室，锚索荷载监测断面一般和变形监测断面结合布置，锚索监测点宜布置于围岩内部变形和支护锚杆应力监测点邻近。锚索测力计布置数量一般为工作锚索 5%～10%，但在关键部位或锚索数量较少的情况下其监测比例可以适当放大。按需要或在变形最大的部位随机布置，布置数量一般不硬性规定。监测锚索应采用无黏结锚索。

3. 应变计和钢筋计布置

当大型地下洞室顶拱设置钢筋混凝土衬砌结构时应设置应力应变监测断面，每个监测断面内可根据顶拱受力方向沿拱圈外缘和内缘布设单向混凝土应变计和钢筋计。如受力方向不明确，则采取成组布置方式，每组沿洞轴向和切向各布置一支同类型监测仪器。测点一般布置在拱顶、45°中心角和拱座处。为了解钢筋和混凝土联合受力情况，应变计布置在钢筋计附近，与钢筋计距离应不小于 6 倍应变计直径。

为了监测施工期和运行期混凝土衬砌的应力分布与变化，在隧洞衬砌沿切向和轴向布置两向应变计组并设温度测点，以了解衬砌的应变变化，从而计算混凝土应力，应变计组一般采用标距不小于 10cm 的应变计；由于衬砌应力的不均匀性，一般在断面上对称布置 4～8 组应变计组。另设温度计 1 支；也可采取非对称布置形式，有特殊要求时可单独布置。

应变计组可根据混凝土衬砌的功能，在地下厂房衬砌混凝土的内表面、中部或外表面布置。

**（六）岩壁吊车梁**

在工程设计中为了减小地下洞室的跨度，节省工程量，有利于洞室围岩的稳定，同时为施工提供方便，将地下厂房桥机、开关站吊车及尾水闸室台车等大型起重设备的支承结构设计采用岩壁吊车梁方案。岩壁吊车梁的结构特点是将吊车轮压荷载经悬吊锚杆和梁底岩台传递给洞壁围岩，因此岩壁吊车梁的监测项目主要是悬吊锚杆应力、梁体与围岩的接缝变形、梁体结构的应力应变、梁底岩台的压应力、梁体变形以及围岩变形等。

1. 锚杆应力

岩壁吊车梁的受力状况主要是通过悬吊锚杆应力来反映。岩壁吊车梁通常在上层设置1～2排承拉锚杆，在下层设置1排承压锚杆，锚杆应力计布置在相应的悬吊锚杆上。锚杆应力计的布置原则：①监测断面一般布置在机组中心线上地质条件较为复杂的部位，如机组间距较大，可在机组间增设锚杆应力监测断面；②同一监测断面的锚杆应力计应在地下厂房上、下游侧对称布置；③根据锚杆长度，单根监测锚杆上可布置2～4个锚杆应力测点，测点位置根据围岩的地质条件和锚杆长度确定，要求最深测点布置在完整岩体中；④为了解承拉锚杆在岩壁吊车梁梁体中的受力情况，可在4测点监测锚杆伸入梁体的部位布置一个测点。

2. 梁体与岩壁接缝位移

梁体与岩壁之间的接缝开合度通过布置在接触面上的界面式测缝计进行监测。梁体在吊车负荷运行过程中将受到较大的、垂直向下的压力，梁体的上部将向厂房内侧发生变形，因此测缝计一般布置在梁体立面和立斜面交界处。根据岩壁吊车梁的规模，立面可布置1～2支测缝计，立斜面交界处布置1支测缝计。

接缝位移监测断面布置同岩壁吊车梁锚杆应力监测断面，测缝计应在地下厂房上、下游侧对称布置。

3. 岩壁吊车梁结构应力应变

岩壁吊车梁结构应力应变监测主要包括监测梁体混凝土应力应变和钢筋应力等，断面布置同锚杆应力计的，上、下游对称布置。其中，梁体钢筋应力的监测布置在梁台主横筋和主竖筋上及梁外侧的周边主筋上。对于规模不大的岩壁吊车梁可不进行混凝土应力应变监测，如需监测可布置3～5组应变计组和配套无应力计，一般布置在梁体的中部和牛腿区域。

4. 壁座压应力

监测吊机等起重设备运行过程中岩壁吊车梁体对壁座的压应力，可在梁体与壁座的接触面上设置界面式压应力计。壁座后应力监测断面设置与锚杆应力计的相同。测点位置根据梁体结构应力计算成果布置在受力最敏感的部位，通常布置在立斜面交界处、斜面和壁座的底部。

5. 梁体及围岩变形

为监测岩壁吊车梁的运行状态，一般在梁体或梁内侧岩壁上布置表面变形监测点，围岩内布置多点位移计。表面变形监测点布置在梁内侧或梁体外侧，以监测垂直位移为主，布置在梁内侧岩壁上，以监测水平位移为主，要求在运行过程中满足通视条件和不影响吊车的运行；多点位移计布置在梁中部位置，孔向以水平或斜向下为主，深度大于承拉锚杆根部1m以上，安装要求在岩壁吊车梁施工前完成。测点或测孔的布置根据岩壁吊车梁部位的工程地质条件确定，或布置在机组中心线上。

**（七）围岩与岩壁吊车梁质点振动速度**

1. 围岩

为了全面评价地下厂房施工爆破对邻近建筑物的影响，特别是边墙存在不稳定块体时可能存在诱发围岩失稳的危害，可以通过对质点振动速度、加速度的测试和分析，为评价

爆破振动对围岩、岩壁吊车梁稳定的影响提供基础资料。通过质点振动速度监测，评价施工单位爆破方案和爆破参数的合理性，将爆破产生的有害效应控制在合理的范围内；获取爆破振动沿不利断面或不安全方向的振动衰减传爆规律，回归爆破振动传爆公式，控制后续开挖爆破施工；验证已有爆破安全控制标准的合理性；了解爆破有害效应对保留岩体和支护结构的影响程度，并对其安全性做出合理评估。

围岩质点振动速度监测应根据不同地下工程的要求进行测点布置，当只需了解某些指定的建筑物的安全程度时，仅在相应建筑物附近表面布设测点即可。当只需了解不同建筑物对爆破振动的响应情况时，应将测点布设在其附近。当需要了解振动强度随距离的衰减规律和确定安全距离时，则布置一条多测点构成的测线。测点布设应遵循的原则如下：

（1）由于爆破地震效应在爆源的不同方位有明显差异，其最大值一般在爆破自由面后侧且垂直于炮心连线方向，因此应沿此方向布设测点。

（2）由于爆破振动的强度随距离的增加呈指数规律衰减，测点间距应近密远疏，可按对数坐标确定测点距离。

（3）为了保障振动强度衰减公式的拟合精度，测点数不宜太少，一般不得少于6个。

2. *岩壁吊车梁*

岩壁吊车梁混凝土与岩石之间的黏结主要依靠范德华力与机械咬合力来实现，将岩体看作一个特大骨料，则在混凝土与岩体的黏结面之间存在一个性质类似于混凝土内部骨料和水泥界面的过渡区，由于过渡区内水灰比大、孔隙多、结晶体大、范德华力小、裂缝多，以及混凝土硬化时的体积收缩，基岩的约束作用导致蒙古结面内出现收缩裂缝，还有温度应力的影响等种种因素，致使黏结面的强度比混凝土本体强度低得多。

岩壁吊车梁在爆破振动作用下，由于不受强烈的冲击波作用，由混凝土及黏结面的力学性能可知，黏结面及梁体混凝土很难被压坏；岩石与混凝土黏结面的抗剪强度为抗压强度的两倍以上，且下半斜面岩台对岩壁吊车梁具有一定的支撑作用，因此黏结面发生剪切破坏的可能性也很小；根据岩壁吊车梁在地下厂房岩台上的位置、结构及受力特点，在岩壁吊车梁与岩台的黏结面顶部，由于应力集中作用，水平向将出现最大拉应力，黏结面很有可能沿水平向被拉坏；爆破振动可能造成岩壁吊车梁的锚杆锚固力降低、梁体混凝土开裂等，将改变梁体的受力状况，影响岩壁吊车梁的稳定性。

（1）每次爆破前根据爆破的药量和周围的环境情况，在距爆破源的水平向和垂直向5～60m范围内选不少于6个监测点，每点为3个测向。

（2）以监控爆破质点振动速度为监测重点。

（3）为获取爆破振动的衰减传播规律的测点，按指数分布在传播方向的直线上。

（4）监测范围至少达60m，并与爆破源不同距离处（10m、15m、20m、25m、40m、60m）分别在侧向及后冲向布置竖直向、水平径向和水平切向三个方向的传感器，进行质点振动速度测试。

（5）岩壁吊车梁下有交叉洞室，如交通洞、施工支洞等。开挖时至少进行一次爆破，因此每次对岩壁吊车梁部位的下斜面上爆破测试时应布置应变片，以测试应力变化情况。

**【实例63-1】** 蒲石河抽水蓄能电站地下厂房设置了4个监测断面，桩号分别为0－030、0＋010、0＋037、0＋060，设置的监测项目主要有围岩变形、围岩松动范围、锚杆应力及

渗透压力等监测，共布设多点位移计（四点式）19套、收敛测桩36个、声波测试孔24个、锚杆应力计41支、渗压计10支，见图63-1。

为了监测运行期岩壁吊车梁的受力情况及工作状态，同时，监测施工期岩体在开挖过程中，岩壁吊车梁及其围岩整体稳定情况，在吊车梁与岩壁之间及岩壁吊车梁混凝土内部布置监测仪器。监测内容包括：锚杆应力、岩壁吊车梁与围岩接缝变形及岩壁吊车梁混凝

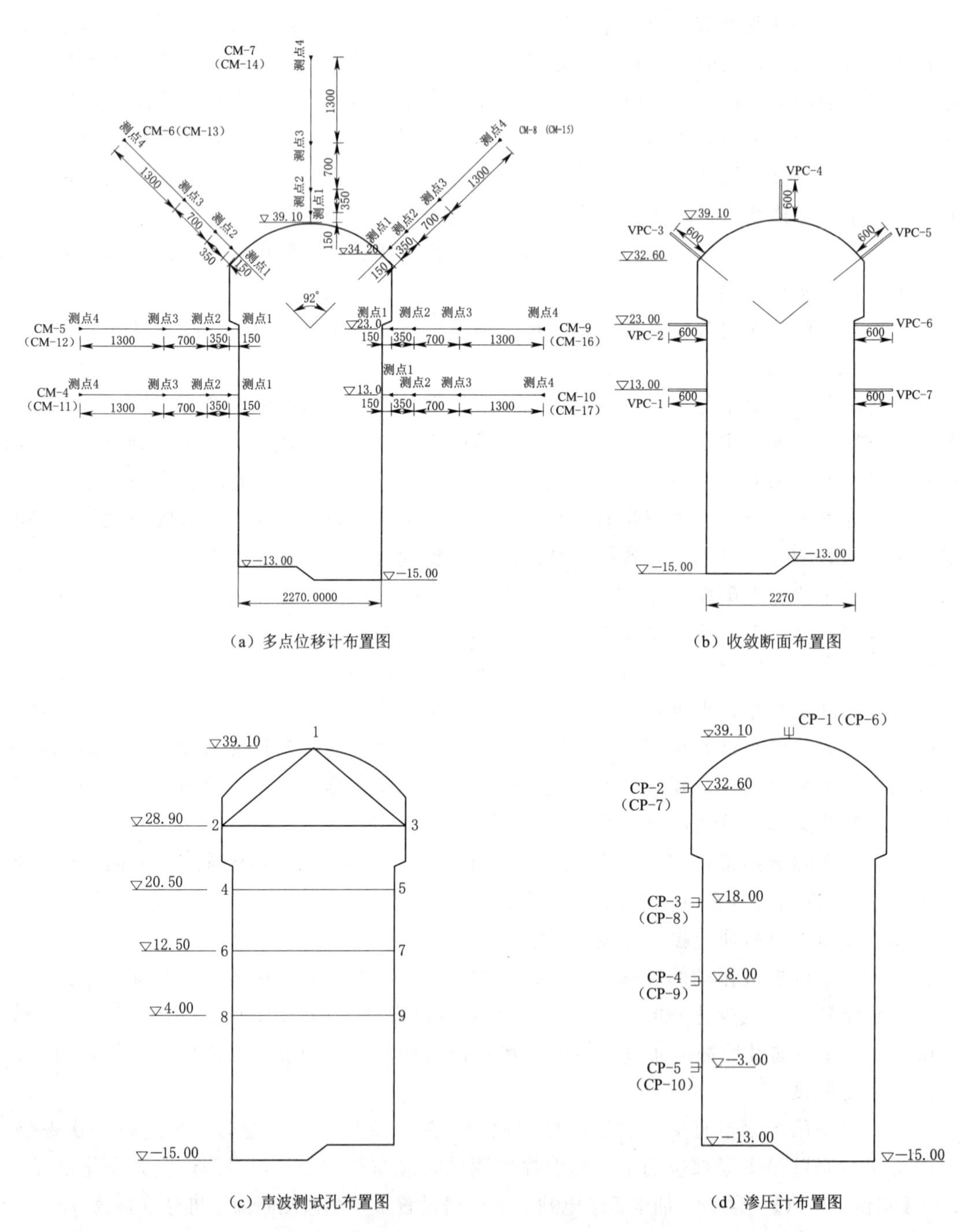


图63-1（一） 蒲石河抽水蓄能电站地下厂房典型监测断面仪器布置图（单位：cm）

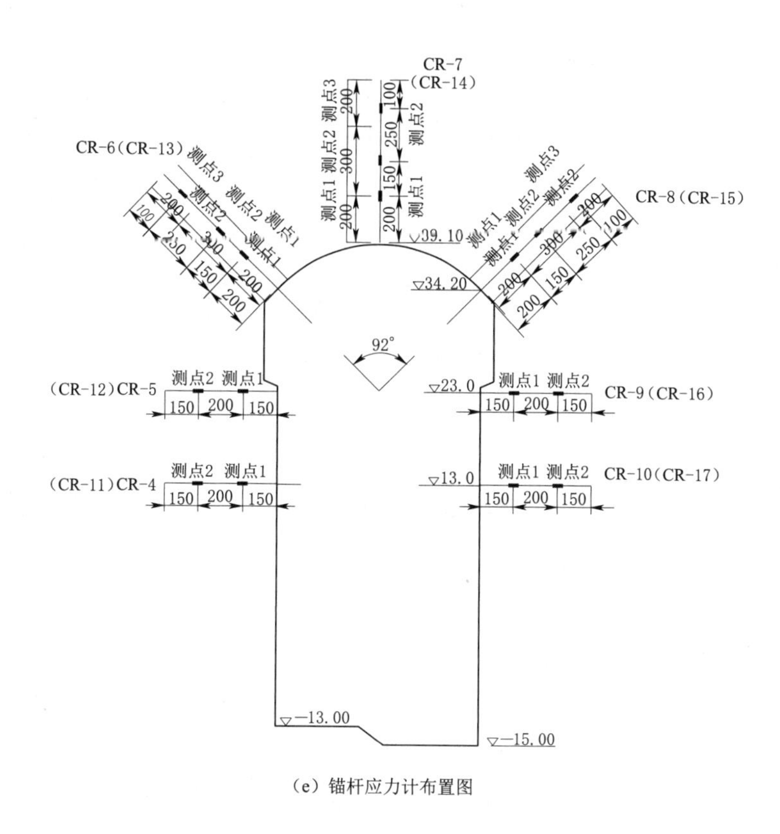


（e）锚杆应力计布置图

图 63-1（二）　蒲石河抽水蓄能电站地下厂房典型监测断面仪器布置图（单位：cm）

土应力应变，共布设锚杆应力计 60 支、测缝计 30 支、应变计 18 支，见图 63-2。

厂房开挖过程中，受 $F_{j34}$ 断层带影响，在主变运输洞与厂房下游边墙交汇处发生了塌方，随着开挖的进行，通过多点位移计及锚杆应力计监测到厂房上下游边墙围岩释放的变形及应力均较大，系统锚杆支护偏弱，此种情况下，厂房上下游边墙增加了若干预应力锚索，约束围岩变形及应力的释放，为监测锚索的实际锚固效果、预应力损失及围岩应力在锚固后的释放情况，在主变运输洞与厂房交汇塌方处布置 2 支，主变室上游边墙相应部位布置 7 支，厂房主机间上游边墙布置 6 支，共增加了 15 支锚索测力计，见图 63-3、图 63-4。

**【实例 63-1】** 敦化抽水蓄能电站地下厂房设置了 6 个监测断面，桩号分别为厂右 0+024、厂右 0+002、厂左 0+022、厂左 0+046、厂左 0+070、厂左 0+107.5，设置的监测项目主要有围岩变形、锚杆应力、混凝土温度及孔隙水压力等监测，共布设多点位移计（四点式）41 套、收敛测桩 48 个、锚杆应力计 123 支、电测温度计 4 支、渗压计 10 支，见图 63-5～图 63-7。

岩壁吊车梁设置了 8 个监测断面，设置的监测项目主要有锚杆应力、钢筋应力、壁座压应力及接缝变形等监测，共布设锚杆应力计 72 支、钢筋计 32 支、压应力计 24 个、测缝计 24 支，见图 63-8、图 63-9。

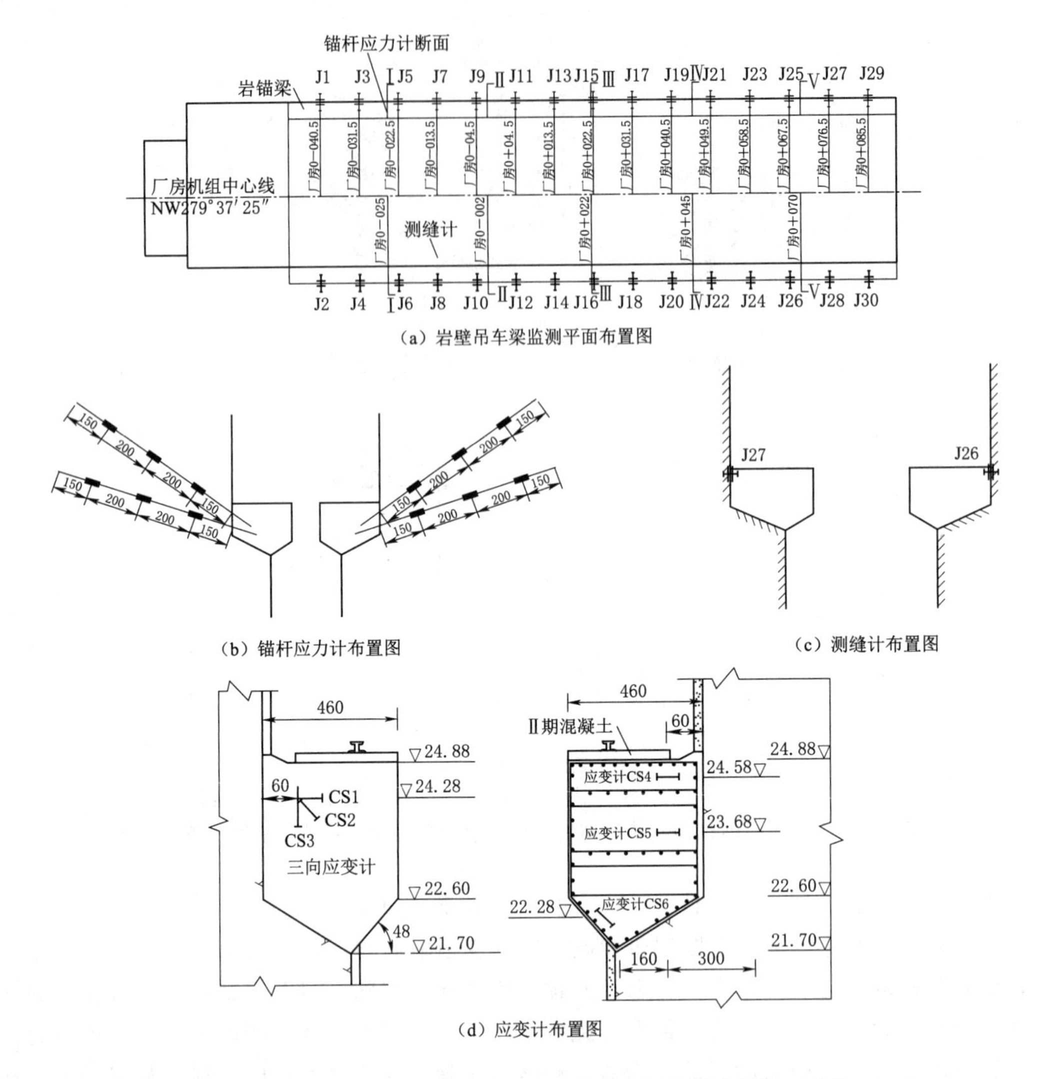


图 63-2　蒲石河抽水蓄能电站地下厂房岩壁吊车梁监测布置图（单位：cm）

### (八) 机组支撑结构

1. 应力应变及温度

水头高、转速快、运行工况复杂的水电站厂房，其机组支撑结构承受的机械离心力、不平衡力矩以及水道脉动压力均很大，其机组周围混凝土支撑结构和受力条件复杂，理论计算难以准确反应结构的受力状态。因此，需进行机组支撑结构应力应变监测，掌握其在电站运行期间的受力及工作状况。

厂房机组支撑结构采用钢筋应力计和混凝土应变计组及无应力计进行监测，宜按监测断面设置测点。具体根据厂房结构计算，一般在尾水管底板、肘管上下游侧，蜗壳进口段、下游侧及厂房中心线方向蜗壳周围，机墩内、风罩楼板结构及厂房上、下游侧等设置测点，宜主要进行钢筋应力监测，可根据需要设置少量混凝土应变计组及无应力计进行监测。

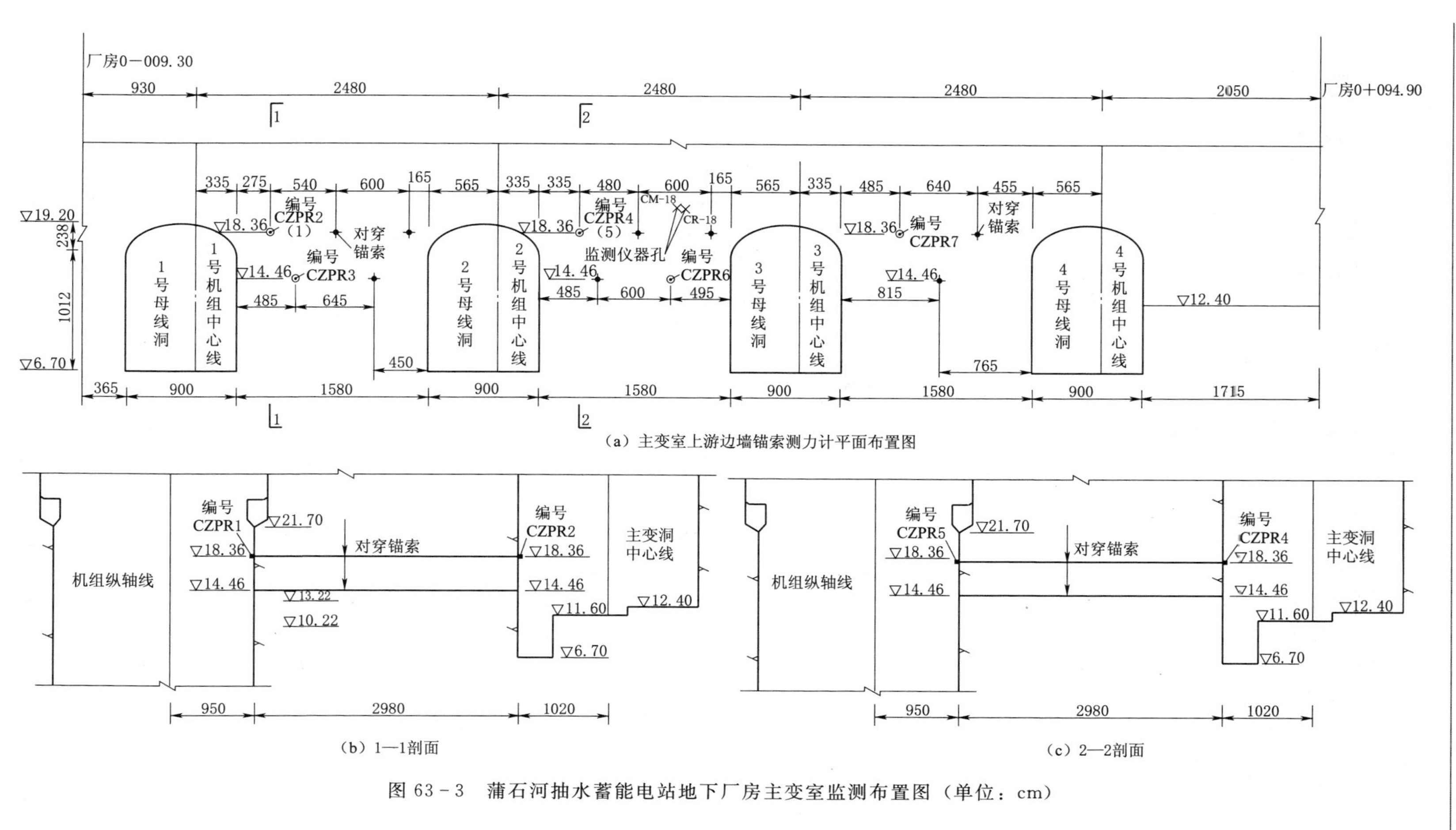


图 63-3　蒲石河抽水蓄能电站地下厂房主变室监测布置图（单位：cm）

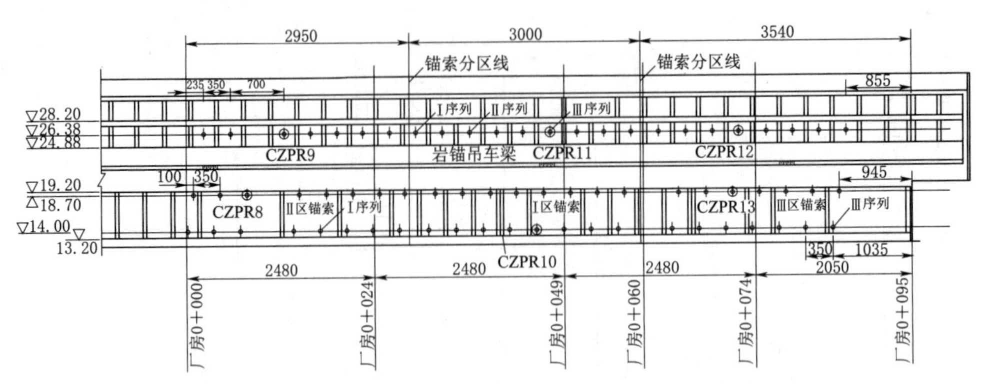


图 63-4　蒲石河抽水蓄能电站地下厂房主机间上游边墙监测平面布置图（单位：cm）

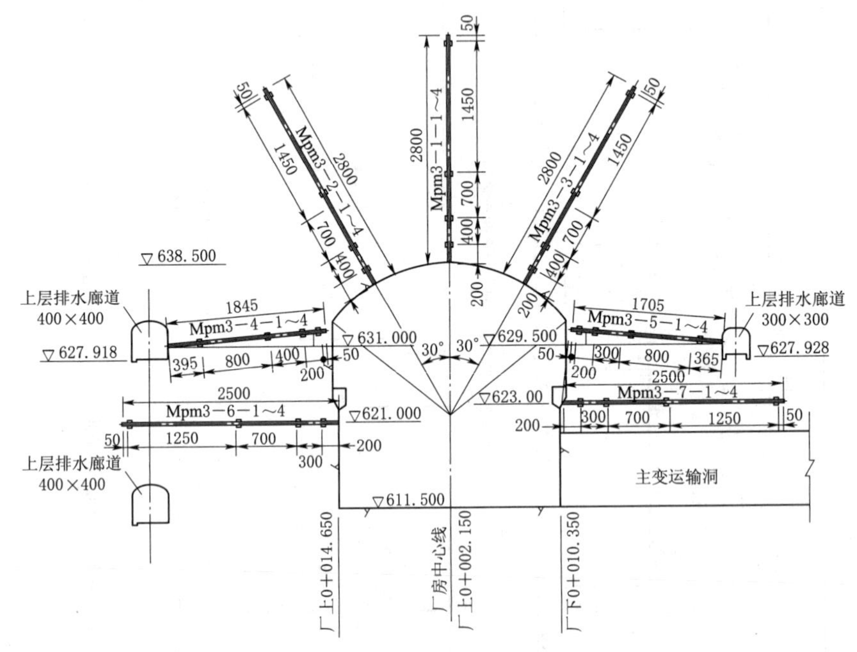


图 63-5　敦化抽水蓄能电站地下厂房围岩内部变形典型监测断面布置图（单位：cm）

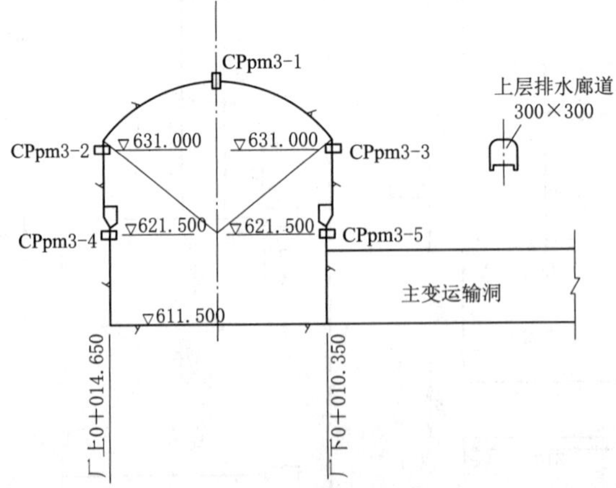


图 63-6　敦化抽水蓄能电站地下厂房围岩收敛变形典型监测断面布置图（单位：cm）

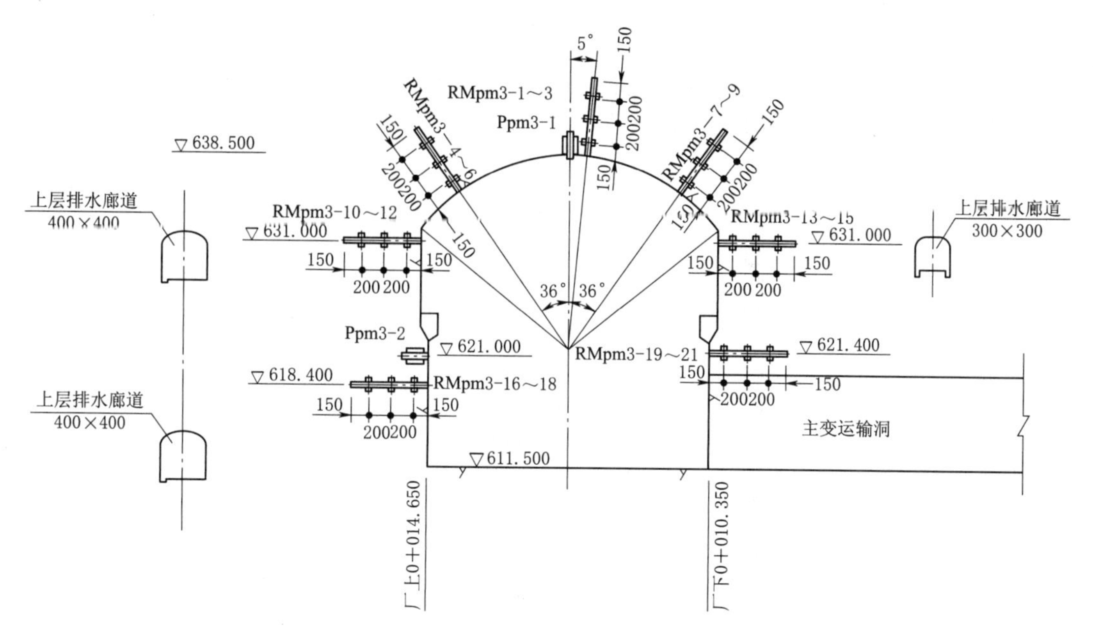

图 63-7 敦化抽水蓄能电站地下厂房锚杆应力及渗流典型监测断面布置图（单位：cm）
RM—锚杆应力计；P—渗压计

对于高水头电站宜进行机组蜗壳钢板应力监测，必要时对蜗壳与外围混凝土的缝隙值进行监测。可按轴对称设置测点，采用钢板应力计和测缝计进行监测。为监测厂房蜗壳混凝土结构在与钢蜗壳联合承载中所起的作用，全面了解蜗壳铜板、蜗壳外包混凝土及钢筋的受力状况以及蜗壳钢板与混凝土接缝开合度变化等，在蜗壳混凝土中布设钢筋计、钢板应力计、测缝计和温度计等监测设备。

**【实例 63-3】** 蒲石河抽水蓄能电站地下厂房机组机墩受到的主要荷载有机组自重产生的压力和弯矩，机组运行产生的扭矩，机组振动产生的附加动荷载等。为了解机墩安全运行状态，在 4 个机墩中选择一个机墩作为代表布置监测仪器，监测运行期钢筋混凝土应力应变情况，在 8 个方向分内外双层布置钢筋计、混凝土应变计，共布设 16 支钢筋计、16 支应变计及 4 支无应力计，详见图 63-10。

2. 振动

在大型水电站厂房结构设计中，要对厂房的动力特性进行分析并采取相应的防振、抗振措施，但由于厂房机组支撑结构振动的复杂性，尤其是对于高水头、高转速、大容量的发电机组来自于机械、水力、电气三种振源情况的不确定性，目前尚无法建立较系统的标准和提出较准确、可靠的工程技术措施，因此对大型机组电站宜进行机组支撑结构的振动动力反应监测。

厂房机组支撑结构振动监测宜采用三分向拾振器，可在水轮机层、机墩、风罩和发电机层及副厂房楼板结构表面布置测点，对其振动速度、位移、加速度及振幅和频率等进行安全监测。同时，为配合厂房机组支撑结构振动监测及理论分析，在机组段结构缝间沿高程设置测点，进行其相应接缝位移监测；对于地下厂房应同时在厂房机组支撑结构与围岩接触缝间，沿上下游侧壁设置测缝计测点。

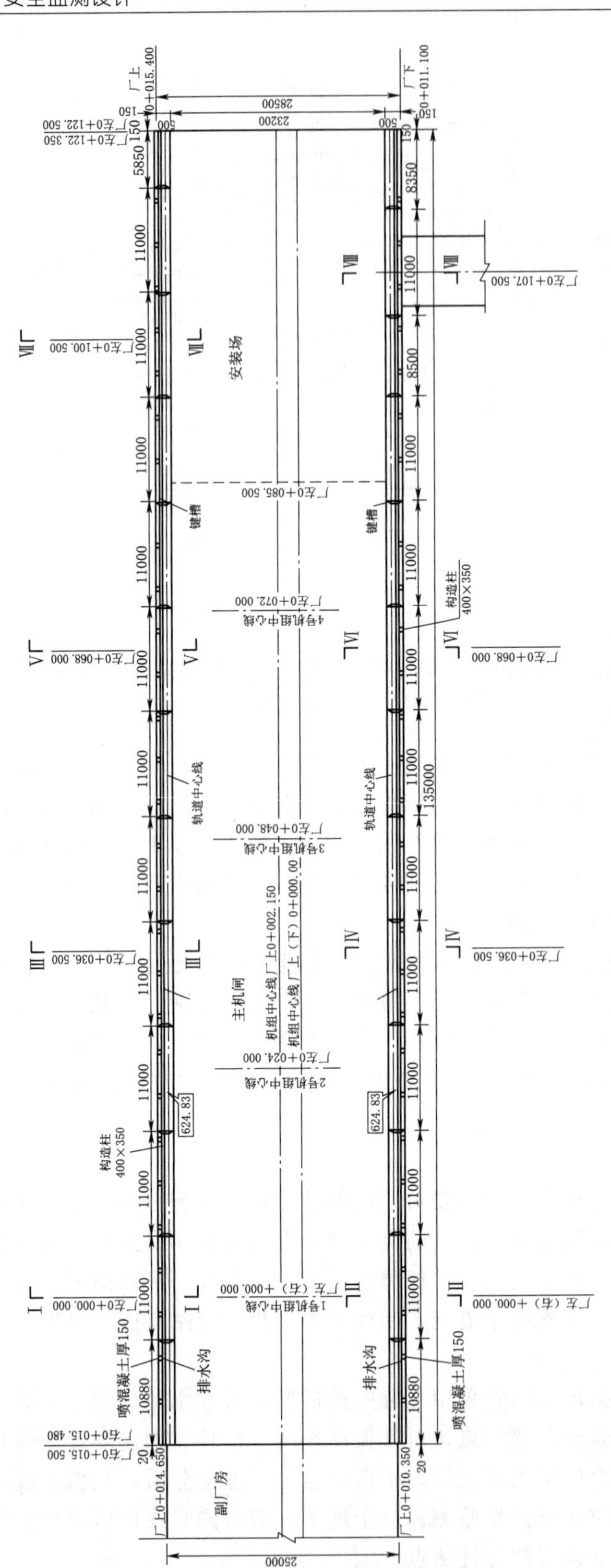

图 63-8　敦化抽水蓄能电站地下厂房岩壁吊车梁监测平面布置图（单位：cm）

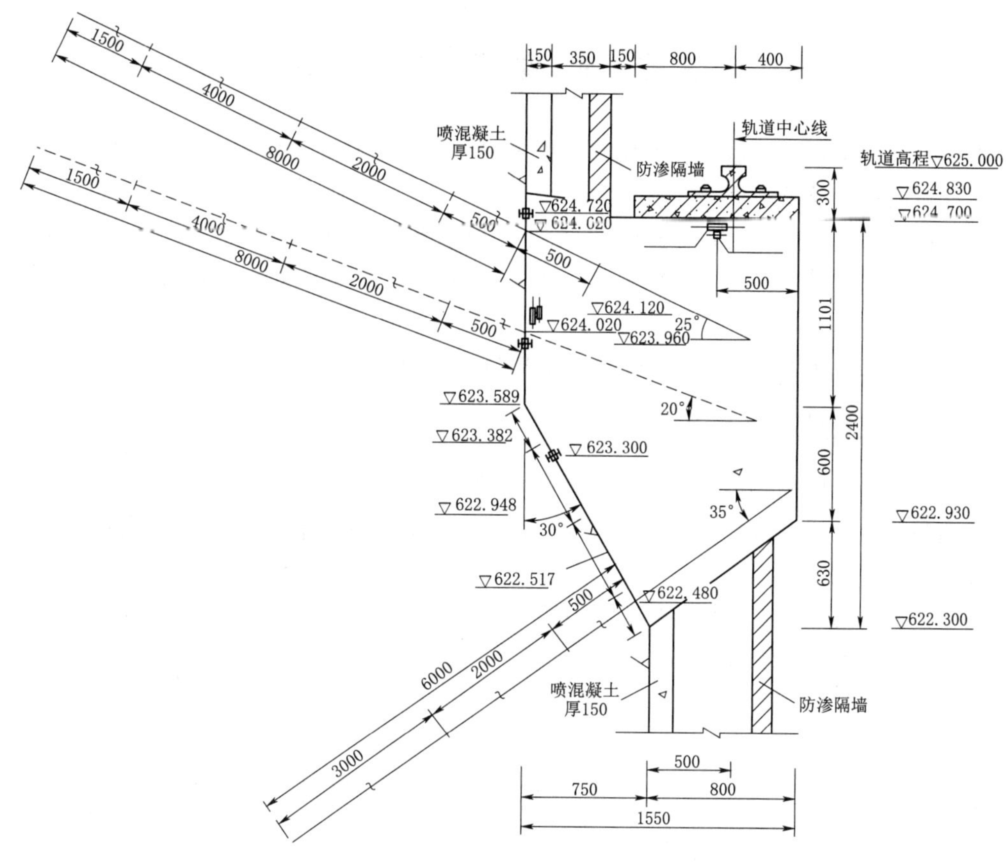


图 63－9　敦化抽水蓄能电站地下厂房岩壁吊车梁典型监测断面布置图（单位：mm）

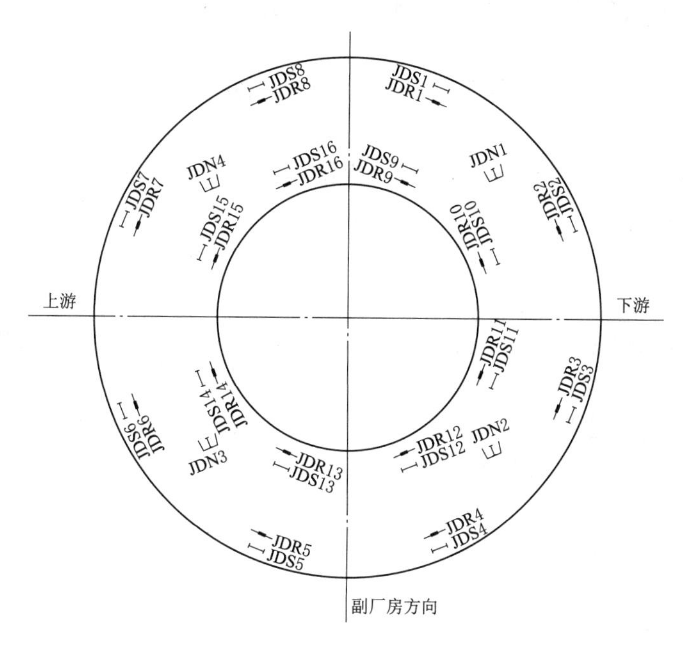


图 63－10　蒲石河抽水蓄能电站 2 号机组监测断面布置图

JDR—钢筋计；JDS—应变计；JDN—无应力计

## 第三节　附属洞室监测

厂房附属洞室包括交通洞、通风洞、排水洞、地质探洞等附属洞室，应以监控施工安全为主要目的设置监测断面。

监测断面设置应选择有代表性的地质地段，包括围岩变形显著、偏压、高地应力、地质构造带，局部不稳定楔形体、地下构筑物重要部位及施工需要对岩体监测的部位等。

监测断面的数量和监测项目，根据围岩特性、工程规模、支护方式等确定。

### 一、变形监测

变形监测包括围岩表面变形、围岩内部变形、接缝开合度，围岩表面变形宜采用收敛计、柔性测斜仪、全站仪进行监测，围岩内部位移宜采用多点位移计监测，围岩与衬砌混凝土接缝开合度应采用埋入式测缝计监测。

变形监测应与洞室开挖同步进行，在变形监测断面靠近开挖面时应及时进行监测仪器安装埋设并进行施工期观测。

### 二、渗流监测

当地质探洞与主洞室有交叉或距离较近时，应在地质探洞内布置渗透压力监测点。

### 三、应力应变及温度监测

在高地应力、地质构造段等不良地质洞段衬砌混凝土内可进行应力、应变及温度监测。

## 第四节　巡视检查

巡视检查总体要求及检查方法见六十一章第六节，但针对发电厂房特点，视工程实际情况应加强对下述部位的巡视检查：

（1）厂房结构。检查混凝土结构有无裂缝、位移变形、渗水、腐蚀、表层剥落等损伤；接缝止水是否有集中渗水现象等。

（2）渗流及排水设施。对于河床式水电站地下厂房，应注重渗流及排水设施巡视检查，河床式电站厂房作为挡水建筑物，应检查上游胸墙及基础渗流、接缝止水效果、基础廊道排水孔及抽、排设施等；地下厂房尤其对具有丰富地下水及高水头压力的工程，应结合厂房及主变周围分层排水廊道及排水系统设施等，对排水效果、围岩渗水等进行巡视检查。

（3）地下厂房岩壁吊车梁。对地下厂房岩壁吊车梁的巡视检查主要在承载试验期间进行，具体检查岩壁吊车梁梁体、混凝土裂缝产生和发展情况、梁体与围岩接缝变形、吊车行走过程中是否出现卡轨等。

# 第六十四章　安全监测自动化系统

## 第一节　实施的必要性

### 一、枢纽安全运行的需要

由于抽水蓄能电站水库总库容一般较大，枢纽的安全运行是保障下游人民的生命财产安全的必要，枢纽一旦失事将造成无法估量的损失。为此，建立一套可靠先进的工程安全监控系统，对于实时监控枢纽工程的安全运行，具有重大意义。

### 二、监测技术发展的需要

随着当今计算机技术的迅速发展及观测技术的不断更新，自动化监测替代人工监测，已成为工程安全监测发展的趋势。现代计算机技术、网络技术、软件工程技术、水工监测和馈控技术等已成功运用在工程安全监测领域。通过建立一套功能齐全、稳定可靠、使用方便的工程安全监测自动化系统，不但可以满足抽水蓄能电站的工程安全监测需要，同时也可以提高安全监测工作人员的业务水平，促进抽水蓄能电站以至全国工程安全监测技术水平的发展。

### 三、生产运行管理的需要

抽水蓄能电站由上下水库、地下厂房及输水系统组成，工程规模大、作业多，同时工程安全监测设置项目比较齐全，测点较多，如果不建立一套完善可靠的工程安全监测自动化系统，仅凭人工观测手段获取观测数据必将产生以下问题：

(1) 由于工程安全监测设置项目比较齐全，测点较多，直接导致人工观测工作量大，观测周期长，无法做到及时掌握工程建筑物的工作性态，保证工程安全运行的要求。

(2) 人工观测采集到的观测数据还需要人工输入计算机中，需要人工进行整理计算，在整理计算过程中如果发现原始观测数据或计算结果有问题，只能回到现场重新观测。

(3) 由于没有相应的数据整编软件，所有的数据整编及管理工作（如观测数据的月报、年报、图形等）都必须由人工完成，导致观测资料整编分析工作强度加大及分析结果无法及时上报。

(4) 由于没有完善的数据综合分析推理软件，整编完成的数据无法进行深入、系统的数据分析工作，不能满足观测数据及时分析的要求。

在枢纽汛期高水位时，要求枢纽观测频次加密，现场观测工作将更为紧张，劳动强度更大。由于人工观测的数据入库比较缓慢，观测数据得不到及时处理，上级主管部门及各级领导将无法及时了解枢纽的工作性态，严重影响流域防汛指挥的调度与决策。

因此，通过建立一套功能齐全、稳定可靠、使用方便的工程安全监测自动化系统，不但能够达到快速完成工程安全监测数据采集工作，做到观测数据快速整编及时分析、及时反馈，同时也可降低现场工作人员工作强度，达到少人值守或无人值守。

## 第二节　设计基本原则

### 一、先进性和可靠性

充分利用现代计算机、自动化和通讯控制先进的软、硬件技术，对抽水蓄能电站工程安全监测实现集成智能的数据采集、数据管理、信息分析和辅助决策，实时监测和馈控枢纽安全运行状况，为抽水蓄能电站及上级有关管理部门对枢纽安全状况做出准确而高效的评判及决策提供可靠的依据，以充分发挥工程的效益。同时也使得本系统在我国水利行业成为先进的、现代化的安全监测自动化管理系统。

系统规划要立足于高起点，高要求，充分借鉴和使用同行业的一些成功开发、管理经验并充分考虑未来工程安全监测的发展趋势和要求，保证整体设计的先进性和系统运行的可靠性。在系统设计和开发过程中，要为系统的扩充和进一步完善提高，以确保其先进性留有充分的余地。

### 二、采用统一管理分步实施的方针

系统实施工作应以抽水蓄能电站为核心，按照“全面规划、分期实施、先易后难、密切协作”和结合电站工程特点的原则开展工作。首先应把硬件设备的实施工作作为整个系统实施的出发点，在硬件设备实施的同时兼顾软件运行环境的实施，以便为前期数据采集系统软件的开发提供测试平台。

硬件设备实施重点放在现有可自动化观测项目完善与纳入统一系统中，硬件设备的选型做到经济合理，对于部分实施资金所需较大的监测项目可采取分步实施，在整个系统实施期间有计划的完成。

软件前期开发工作的重点应放在自动化数据采集软件，结合硬件设备的实施工作将实施后的自动化控制网络纳入一个统一、开放的数据采集系统内，在保证系统准确、快速地处理庞大的观测数据和及时发现、综合判断工程异常特性、预测工程未来状况的功能上，做到及时报警，为建筑物安全评估和上级决策提供依据。

## 第三节　设计范围与目标

为了实现抽水蓄能电站安全监测自动化，使电站安全监测自动化系统的现代化和科学管理达到国内先进水平，必须对工程安全监测自动化系统实施进行全面、系统的总体规划

和设计，以保证未来所建系统的先进性、可靠性和实用性，为抽水蓄能电站创造出更大的经济效益和社会效益。

### 一、设计范围

总体规划设计的范围包括：

（1）对具备实现自动化条件的观测项目实施自动化。

（2）全部自动化监测项目的系统集成，完成安全监测采集网络的构建。

（3）安全监测管理网络系统的构建。

（4）数据库平台的设计与开发，并完成施工期观测数据的录入、整编、平差等后期处理工作。

（5）数据采集、整编及分析软件平台的设计与开发。

### 二、设计目标

根据《大坝安全监测自动化技术规范》《大坝安全监测自动化系统实用化验收细则》等文件并结合国内与国际工程安全监测自动化发展现状，对抽水蓄能电站工程安全监测提出如下目标要求：

（1）根据工程实际采用成熟可靠的技术和设备实现全部可自动化观测项目的自动化观测，并将其纳入一个统一系统。

（2）开发完善的自动化数据采集系统，实现工程安全监测的全面自动化。

（3）利用当前先进的网络技术，开发完善的远程测控系统，通过在现场办公区设立远程监测管理中心站及在长春设立远程维护中心站，实现枢纽工程安全监测系统的远程监测、远程管理及远程维护功能。

（4）建立完善的数据管理体系，开发基于大中型数据库的数据存储、管理系统，实现安全监测数据管理的自动化。

（5）完成枢纽结构性态及安全监控指标的研究、确立及在线分析检验，实现资料分析的自动化。

（6）与电厂 MIS 系统联网并实现观测数据整编结果的 Web 发布。

## 第四节　系　统　构　建

### 一、采集网络实施

为保障工程安全自动化监测系统的先进性、可靠性及易扩展性等要求，在自动化采集网络构建前必须对纳入统一监测系统平台的所有硬件设备提出统一标准，只有满足本标准的硬件设备才允许接入系统，对不能满足本标准的硬件设备必须进行相应改造或更新。

抽水蓄能电站埋设的所有电测式一次传感器均可通过加装相应的 MCU 以实现自动化观测。设计中的部分安全监测项目其本身就已实现了自动化观测（如：真空激光准直变形系统)，因此设计必须结合现有的自动化监测项目的设置，统一实施，做到经济实用、技术可靠。

**(一) 数据采集装置 (MCU) 技术要求**

要求采用扩展方便的智能分布式安全监测数据采集设备，具有高精度、高稳定性和可靠性、高抗干扰、高防潮性及防雷电感应能力。具有掉电自保护功能，具有对处理器、存储器、电源、测量线路、时钟、接口、传感器线路进行自诊断功能，测量数据应具有自校功能，对于每支接入传感器测点应具备≥5 次重复采集功能以保证测值的正确性。主要监测项目必须保证能进行人工测量。

**(二) 数据采集装置 (MCU) 主要技术指标**

(1) 通信控制方式：RS485 通讯总线及 GPRS 无线网络。

(2) 网络通讯速率：≥2400bps (RS485)。

(3) 传输距离：1000～10000m (采用光纤、无线或增加中继可使传输距离更远)。

(4) 测量方式：定时、单检、巡检、选测或任设测点群。

(5) 监测准确度：满足规范《混凝土大坝安全监测技术规范》(DL/T 5178) 或《土石坝安全监测技术规范》(DL/T 5259) 规定要求。

(6) 数据缺失率：≤3%。

(7) 定时间隔：1min～30d，可调。

(8) 采样时间：≤30s/点。

(9) 工作温度：－25～＋50℃。

(10) 工作湿度：≤95%。

(11) 工作电源：电压 220V±10%，50Hz。

(12) 平均无故障时间：≥8000h。

(13) 系统防雷电感应：≥5000W。

RS485 通讯协议约定：

(1) 通讯波特率：2400～115200bps 可调节。

(2) 地址编号：一个字节。

通讯控制命令：通讯控制命令必须采用寻址方式对 MCU 进行通讯控制，不得再占用其他地址编号资源。MCU 采用被动工作方式与上位机通讯，通讯命令及通讯回传数据必须具备校验功能。

**(三) 监测项目集成与统一**

1. 自动化监测系统结构模式

抽水蓄能电站自动化监测系统采用分布式体系结构，一次传感器就近接入 MCU，以缩短数字量与模拟量的转输距离，同时减少仪器电缆使用量。采用分布式体系结构能够保障整个系统的稳定性与可靠性，即使一个测控单元出现问题也不会影响整个系统的运行。

2. 自动化监测系统集成

在办公区设立现场监测管理站，安装 RS485 光纤集线器，通过光缆将上水库自动化采集网络、下水库自动化采集网络及地下厂房及输水系统自动化采集网络集中至现场监测管

理站。由安装在现场监测管理站的数据采集工作站完成现场实时自动化数据采集工作及远程控制数据采集工作。

3. 自动化监测系统通信控制

测控单元与采集工作站之间采用RS485通信总线进行通讯连接，RS485通讯采用数字传输方式，用电缆连接传输距离可超过1km，通过埋设光缆，传输距离可超过20km，同时也防止通讯总线过长及铺设范围过广产生的防雷问题。

考虑系统通讯数据流量较小，为保证系统通讯的可靠性，基于RS485通讯方式的通信波特率暂定为2400bps。

4. 监测管理站电源控制

监测管理站内实施统一电源管理（需强电驱动控制的设备除外），并设置供电线路安全防护及接地设施（如果办公区的房间没有防雷接地，则需要另行增补），并加装B级、C级和D级电源防雷保护装置（IEC1312中划分的等级）。

设计在监测管理站内安装大容量UPS（6K＋12V×20电池组）为站内计算机、服务器及其他外设供电。

蒲石河抽水蓄能电站监测管理站自动化采集网络构建所需的主要材料及设备清单见表64－1；监测管理站自动化采集网络结构拓扑图见图64－1。

**表64－1　蒲石河抽水蓄能电站监测管理站自动化采集网络主要材料及设备表**

| 设备名称 | 生产厂家 | 规格型号 | 单位 | 数量 | 备注 |
|---|---|---|---|---|---|
| 电源配电柜 | 中水东北公司 |  | 台 | 1 |  |
| 工业机柜 | 国产 |  | 台 | 1 |  |
| 串并式电源防雷器 | 德国OBO | V25－B+C/NPE | 套 | 1 |  |
| B级电源防雷器 | 德国OBO | MCD50－B | 套 | 1 |  |
| D级电源防雷器 | 德国OBO | CNS 3－D－PRC | 套 | 7 |  |
| 通信防雷器 | 德国OBO | FLD－12 | 套 | 1 |  |
| 防雷接地装置 | 自建 |  | 套 | 1 |  |
| RS485光纤集线器 | 迈威 | MWF4010 | 套 | 1 |  |
| 光缆终端盒 | 国产 |  | 套 | 3 |  |

注　数据采集工作站及不间断电源UPS列入工程安全监测管理网络设备清单中。

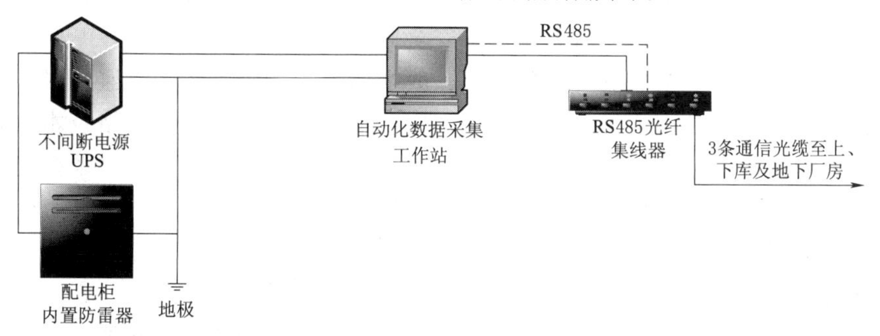


图64－1　蒲石河抽水蓄能电站监测管理站自动化采集网络结构拓扑图

**（四）监测系统备品备件**

为保障自动化监测系统实施完成后长期可靠与稳定的运行，防止因部分自动化监测项目硬件设备导致停测或人工补测无法满足数据连续性要求，系统实施完成后必须储备足够的备品备件。

可更换的一次传感器及测量控制单元（MCU）的备品备件可按正常安装的设备数量的10%～20%储备，对于部分测量控件单元可只储备其关键或易损部件。

易损件如：电源防雷器、通信防雷器及RS485光电转换器等设备可按21台储备。

## 二、管理网络构建

抽水蓄能电站工程安全监测管理网络基于Client/Server（客户端/服务器）工作方式搭建，枢纽现场设立现场监测管理站，在就近方便区域设立远程监测管理中心站，现场监测管理站与远程监测管理中心站之间通过电厂MIS系统相连接。现场监测管理站需放置现场数据采集工作站、激光工作站及服务器，完成现场数据采集与系统维护功能，工程安全监测管理网络设置在远程监测管理中心站，可完成远程控制数据采集、远程系统维护及枢纽的安全监测数据存储、管理及分析功能。

**（一）服务器**

根据安全监测管理网络功能及系统需求设立主域服务器、数据服务器（运行SQLSERVER及相应的数据存储、管理与备份）及Web服务器（工程安全监测数据网络发布及相关的Internet网络服务）。设计购置3台性能先进的服务器，以满足系统要求。

**（二）工作站**

工作站分为采集工作站及进行数据整编与分析工作站，要求工作站性能满足现场自动化数据采集、远程自动化数据采集与日常管理工作及多媒体和图形处理要求。

**（三）其他外设**

为满足安全监测管理网络的安全可靠运行及多方式观测数据的采集，系统还需要购买配套的相关网络产品及外设，诸如路由器、交换机、以太网光电转换器及不间断电源等。

## 三、软件系统开发设计

抽水蓄能电站工程安全监测自动化软件系统（简称系统）是一个基于自动化数据采集网络、计算机管理网络系统、分布式关系数据库、数学物理模型方法和综合分析推理为基础的，为抽水蓄能电站安全运行服务的工程安全监测系统。

抽水蓄能电站工程安全监测自动化系统一般规模较大、测点较多，监测对象具有多样性与复杂性，整个系统是一个集现代自动化测控技术、计算机技术、网络技术、软件工程技术、水工监测技术和综合分析推理等为一体的高科技的集成监测系统。系统应具有先进性、可靠性、实用性、易用性和可扩充性等先进特征。

**（一）系统开发目标**

软件系统开发的目标是：

（1）所开发的软件系统的总体功能应与自动化硬件系统相匹配，与抽水蓄能电站工程的地位和安全监测工程需要相适应，为功能完善、技术先进，使用灵活方便，具有我国水

利行业先进水平的、现代化的安全监测自动化软件系统。

(2) 软件系统应依托所建立的自动化安全监控硬件系统，着力提高系统的自动化程度，开发观测数据的自动化采集、传输和通信，自动化数据处理、分析评判，自动化在线检测和在线监控模块，建立一套快捷、高效、方便的工程安全监测自动化系统，从而降低现场工作人员工作强度，达到少人值守或无人值守的目的。

(3) 软件系统要结合安全监测工程实际，不仅可发现仪器和观测数据的异常，而且可对建筑物的安全稳定性进行分析评判，不但包括观测数据和数据库管理、图表常规分析、统计模型，而且还应具有自动化在线检测、包括正反分析及混合模型的多方法模型，以及依靠综合分析推理、知识工程（库）的综合分析推理，为实时监测枢纽安全运行状况，为解决建筑物安全稳定的关键技术，提供尽可能充分的信息、方法、分析评判服务。

(4) 将本系统开发成为安全监测的"决策支持系统"。即要求软件系统：第一，不仅要面向基层的系统操作和安全监测工程技术人员，而且考虑技术管理决策人员和机构的需求。第二，系统功能可向用户提供监测数据库管理，处理分析、异常测值检测、建筑物安全评判和综合推理分析，向有关机构人员提供数据、信息、方法、模型、评判等多方面支持服务。第三，软件本身和成果报告不但在基层单位和人员的安全监测工作中，而且可能在技术管理机构的其他技术决策活动中发挥作用。

**(二) 系统开发原则**

1. 面向安全监测工程实际的原则

系统开发应重点保证提高系统的可靠性，保障系统准确、快速地进行自动化数据采集、传输，并向有关单位和人员的技术决策提供可靠的数据、信息和分析评判成果。强化系统数据处理分析和预报反馈的能力，特别是解决安全监控实际问题的能力，提供更多辅助决策的支持。

2. 确保系统的先进性

系统应具备当前国内同类产品的有代表性软件的各种先进功能；要积极稳妥地引进当今安全监控系统领域的成熟、经过工程实践考验的先进技术，如土石坝安全监测分析评判技术、正反分析的模型化技术等，进一步提高系统层次和水平。

3. 系统的通用性要求

系统的开发应严格依据我国《土石坝安全监测技术规范》(DL/T 5259)、《混凝土面板堆石坝设计规范》(DL/T 5016)、《混凝土坝安全监测技术规范》(DL/T 5178)、《大坝安全监测自动化技术规范》(DL/T 5211)、《水电厂大坝安全监测自动化系统实用化验收细则》(SDJ 336) 等水工建筑安全管理、检查、监测有关规程、规范和条例的规定，参照国内外有关安全监控、管理的成果和经验，以保证系统的通用性。

4. 遵循软件工程开发的原则

做好系统物理和结构设计工作，统一规划，切实保证系统整体性能的先进性。同时，使系统具有可分解性，便于分工协作，共同开发。重视程序的测试和测试记录工作。充分考虑软件生命期规范和软件工程开发的特点，经过系统分析、设计、实施、调试、维护、完善等步骤完成开发工作。在系统设计和开发过程中，要为系统的扩充和进一步完善提高，留有充分的余地，以确保其先进性。

**（三）系统组成**

系统主要由以下子系统组成：

（1）数据库子系统——主要由原始数据库、整编数据库、分析数据库、系统配置库、模型库、方法库、工程资料库等组成。

（2）数据采集子系统——人工观测数据输入模块、自动化数据采集模块、远程控制数据采集模块。

（3）数据管理子系统——综合信息管理程序。

（4）数据分析子系统——综合分析推理程序。

（5）WEB子系统——观测数据Web浏览与查询系统。

数据库子系统是整个软件系统的核心，它为其他子系统提供底层数据服务支持。各子系统之间的关系见图64-2。

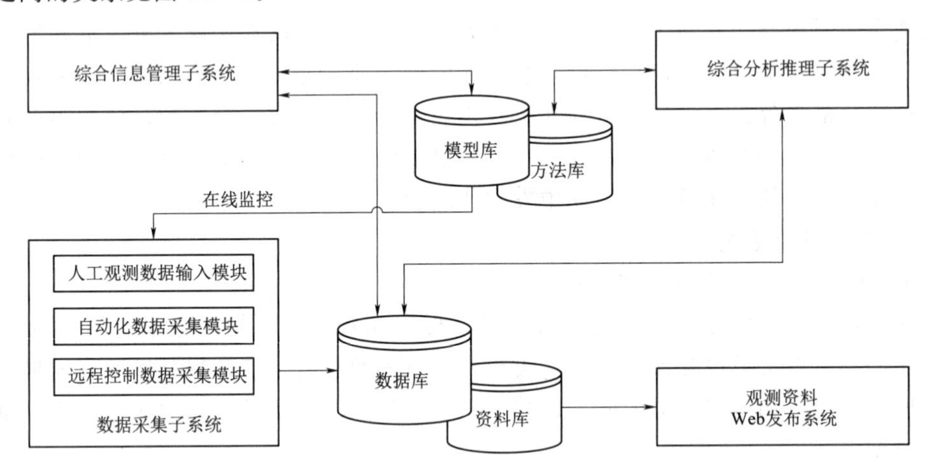


图64-2　安全监测自动化软件系统组成框图

**（四）数据库子系统**

系统的全部数据包括观测数据、数据模型、分析方法、工程资料等均以关系数据库方式统一存放在服务器上，客户机通过其上运行的相应功能模块对服务器上的数据进行调用及处理。

为了对系统各部分需要的类型复杂、数量庞大，操作方式和应用方法都有相当大区别的数据和信息进行有效的管理，满足安全监测工程的总体要求，必须对数据库表的设置和功能进行详细设计。

*1. 原始数据库*

原始观测数据库存放人工及自动采集来的原始观测数据和环境量观测数据（包括上下游水位、气温、水温、降雨量等）。原始数据库中的数据表划分及结构应根据仪器的不同类型、型号分别设计。

原始观测数据库的数据在采集或录入时，要进行初步检验，经检验不合格需要重测，并用重测的观测数据来代替原观测数据。该数据库录入功能的设计应满足系统重测机制的要求，除重测操作外，本库中的观测数据不得以任何方式进行修改。

2. 整编数据库

整编数据库存储经过整编计算后得到的成果观测数据，整编数据库中的数据表划分及结构应根据不同的监测项目分别设计。除重测的观测数据覆盖操作外，本库中的观测数据不允许任何性质的修改。

3. 分析数据库

分析数据库存储供分析用的成果观测数据，其支持数据由整编数据库获取。该库允许修改，用户可通过综合信息管理子系统对该库的成果数据进行数据删除、数据插补、粗差剔除等工作。

分析数据库的数据表内容与结构和整编数据库相同。

4. 模型管理库

模型管理库存储根据分析数据库中的成果数据生成的各类数学模型，以供其他模块调用。这些模型用来预报枢纽各建筑物不同部位的运行状况和识别测值的正常或异常性质。模型管理库需要对统计模型、一维分布模型、混合性模型分别建表，以便适应各类模型建立和使用环境，因子的分类和组成的具体特点。

5. 方法管理库

方法管理库存储各类分析推理方法所需的大量支持数据，该库主要供综合分析推理子系统提供数据支持。由于不同的工程具有不同的工程特点及特殊工程问题。该库存储的方法数据获取技术要求高，工作量庞大，不具有通用性。该库的建立也是本系统的重点与难点之一。

6. 系统配置库

系统配置库也是本软件系统的关键数据库，其主要存储：

（1）仪器的名称、类型、设计编号等基本信息。

（2）参数、属性和其他特性库表：包括埋设前仪器率定参数、仪器类型、仪器特性、测点、仪器公式等信息，在物理量转换、各种类型的计算、分析、评判均可能引用。

（3）仪器设计、安装埋设、率定、使用的有价值信息。

（4）仪器整编计算关联信息：如：应变计与无应力计、多点位移计、监测站、MCU与仪器测点关系等。

（5）自动化数据采集信息：包括每个MCU所处的监测站、联入的观测仪器、对观测数据要求、是否兼有中继功能等其他功能、网络的联接方式等。

系统配置库存储的仪器信息在系统进行观测数据的物理量转换，自动化数据采集、测量因素分析的综合分析推理过程中作为基础资料调用。该库应结合存储信息特点，根据以上各种调用的要求进行其管理功能的设计。

7. 工程资料库

工程资料库表主要存储工程基本信息、设计资料、施工资料及运行期的与安全监测相关的资料。该库的数据表划分及结构应按档案资料的性质、所属工程建筑物等进行设计。

**（五）数据采集子系统**

1. 自动化数据采集

抽水蓄能电站纳入可自动化监测仪器较多，因此一套能及时准确、功能可靠的现场实时自动化数据采集系统是整个自动化系统成功实施所必需的。

现场实时自动采集系统安装在现场监测管理站的数据采集工作站上，系统通过 RS485 通讯总线与枢纽安装的自动化测量控制单元（MCU）进行数据通讯完成数据采集工作。

现场实时自动采集模块主要功能：

（1）实时及定时自动化数据采集功能。

（2）根据模型法、指标法等方法进行数据可靠性检查，并生成报警信息，定时观测时可自动触发重复观测机制。

（3）原始观测数据整编计算。

（4）原始观测批量导入及整编计算。

（5）观测数据的存储及向数据服务器的提交。

（6）协助远程监测管理中心站完成远程控制自动采集任务。

（7）成果的标准图形及报表输出。

2. 远程控制自动采集

远程控制自动采集系统是目前国内及国际上自动化监测系统研发的重点，它是以计算机网络控制与 MCU 自动化控制为基础实施的一种自动化数据采集方式。

该系统实施后可极大地增强枢纽整体自动化监测系统的可控性，降低技术人员工作强度，提高枢纽自动化监测系统的技术水平，为枢纽自动化安全监测系统无人值守或少人执守创造了条件。

远程控制自动采集系统安装在远程监测管理中心站的工作站上，系统通过 TCP/IP 协议与现场监测管理站的采集工作站通讯，通过向现场监测管理站的采集工作站发送相应的控制命令完成远程数据采集工作。

远程控制自动采集模块主要功能：

（1）依照设置间隔时间和采集次数向现场监测管理站采集工作站发送观测命令，进行联网仪器观测数据的自动采集。

（2）根据模型法、指标法等方法进行数据可靠性检查，并生成报警信息，定时观测时可自动触发重复观测机制。

（3）原始观测数据整编计算。

（4）原始观测批量导入及整编计算。

（5）观测数据的存储及向数据服务器的提交。

（6）成果的标准图形及报表输出。

3. 人工观测数据输入

对于施工期人工采集的观测数据、运行期尚未实现自动采集的观测数据，以及无法实现自动观测的人工观测数据，提供人工键盘录入和脱机批量处理，并将原始观测数据存入原始数据库中。依照原始数据库的检验规则，对入库数据自动进行检验。

人工观测数据输入模块主要功能：

（1）提供合理的人机交互界面，方便用户快速准确的完成观测数据的人工输入工作，可完成不同数据格式的观测数据批量导入。

（2）根据模型法、指标法等方法进行数据可靠性检查，并生成报警信息。

（3）原始观测数据整编计算。

（4）观测数据的存储及向数据服务器的提交。

（5）成果的标准图形及报表输出。

4. 自动采集在线监控方法

（1）调用数据管理子系统中的报表及图形功能模块对采集回来的数据进行时序及相关性检验（需要人工交互）。

（2）调用数据分析子系统中的观测资料分析模块对采集回来的数据进行回归分析，根据该测点的监测指标评判准则对数据进行评判。

在线监控工作流程图见图 64－3。

**（六）综合信息管理子系**

1. 管理对象和管理功能

综合信息管理子系统是系统对各模块经常使用的各种类型基础数据和信息进行统一管理的子系统。该子系统的管理对象实际上就是存储在各类数据库中的基础性数据和信息，所以子系统与数据库联系在一起的，是数据库的外在表现形式。

2. 管理功能分类

由于综合信息管理子系统与数据库密切相关，该子系统可按常用数据库类型进行分类设计，即按原始观测数据、整编数据、分析数据、仪器（参数、特性和信息）信息、模型、指标知识库、工程资料等进行管理设计。子系统的管理功能，主要是一般数据库的常规管理功能，如：数据输入、排序、编辑、检索、查询、备份、输出等。本文对此不必进一步说明。

但是对于不同的数据库，由于其结构、存储内容和使用方法的不同，所需设置功能往往存在较大差异，需要分别处理；另外，为了用户方便，更好地满足方法模型推理或其他方面的需求，子系统加强或增加了与所管理的数据信息的具体内容、特性有关的部分操作功能。

3. 管理功能设计

（1）灵活的数据查询方式。数据管理子系统应提供灵活的查询方式、方便的操作方法和友好直观的查询界面。观测数据资料的查询应提供单项查询、组合查询、时段查询和模糊查询的方法。单项查询应包括按测点编号、观测日期、建筑物及工程部位、仪器类型、仪器名称等关键字进行的查询操作；组合查询提供所有单项查询项目的任意组合作为查询条件的查询操作；时段查询是针对某一特定时间段间隔内的观测数据的查询；模糊查询利用有关模糊算法，提供非精确条件值的查询。数据的检索和查询结果可通过调用报表及图形功能模块生成报表和相关图形。

（2）数据处理要求。在分析库内，用户可对库内数据修改、编辑，程序应提供对该库数据相应的修改、编辑、输出功能。分析库的数据补插、删除等数据操作一般也应有“恢复”“确认”等辅助操作，以保证不致造成数据的损坏。

（3）工程信息管理要求。由于建筑物、工程部位、工程断面、仪器类型、测点等工程对象是系统应用十分频繁的数据项，对它们的管理功能要求较高：

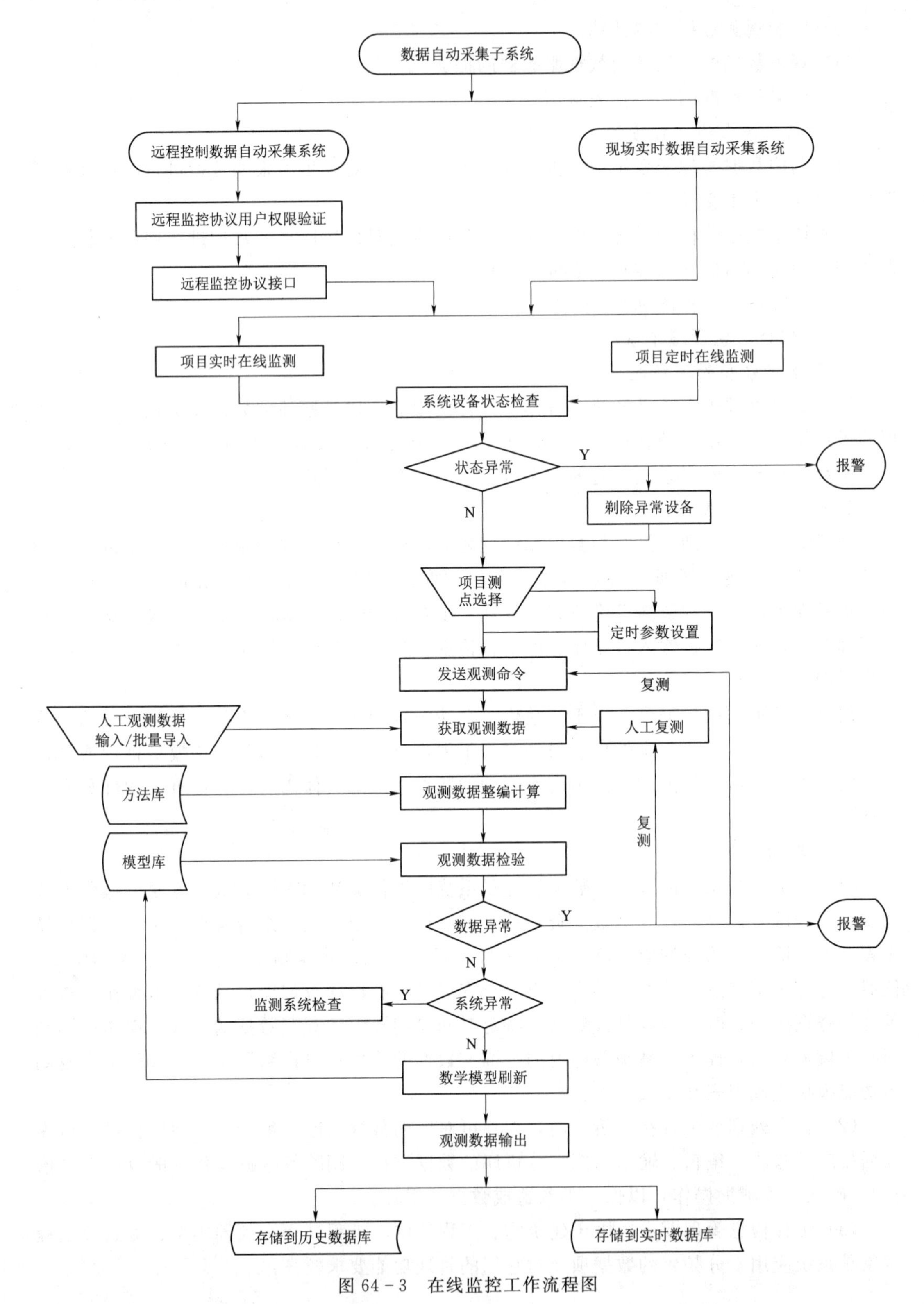


图 64－3　在线监控工作流程图

1）相互关联、隶属关系准确、调用方便。

2）有良好的操作窗口和界面，如：树状目录、示意图等。

3）工程对象的管理不但包括对应数据库表的管理，还应对示意图等进行管理。

4）与此相关的工程对象引导方式的方便调用。

（4）成果的标准图形及报表输出。

根据规程规范要求，结合工程实际，实现标准的各类图形及报表输出功能。

**（七）综合分析推理子系统**

1．系统概述

（1）基本功能。综合分析推理子系统是离线分析乃至整个分系统的核心。综合分析推理的主要目的是：

1）在在线分析发现的疑点的基础上，进行进一步的异常测值检测。

2）历史过程、关联因素和外因等相关因素分析。

3）测量因素分析。

4）物理成因分析。

5）建筑物安全稳定关键技术问题的分析评判。

系统据此进行仪器测值和建筑物工程部位两级安全预报，建筑物安全稳定评判和对支护加固技术措施的分析推荐，从而实现整体系统的辅助决策功能。该子系统主要是通过人工智能技术的引进解决以上安全监测工程问题的，特别是测量因素分析、物理成因分析、关键技术分析三个子问题。

（2）开发的技术要求。

1）快速、高效、可靠的检测和推理机制。

2）子系统中各基本模块界面的一致性。界面应设置：检测和推理情况选择控件、工程对象树状目录、示意图、基本成果表显示对话框、各类过程线显示窗口等基本组件。

3）具有方便地“单点推理结果和反馈”“单点综合评判”和“测值（测点）状态信息”对话框调用功能，能够显示单点检测推理的各种数据、成果和反馈信息，可采用人机对话方式进行单点检测、推理、评判的操作，具有修改分析条件、检验推理成果的良好人机对话界面环境。

4）具有推理规则追溯、规则库、事实库显示和编辑功能，满足综合分析推理系统“可视化”“透明化”的各种特殊要求。

5）通过控件、工具条、属性页等界面组件的设置，可方便地对子系统所需要的各类数据、方法、模型、图表的查询调用，实现安全监测工程和综合分析推理的各种功能要求。

（3）人机对话机制。离线分析的综合分析推理的重点是人机对话工作方式，力求把系统的方法、模型、专家知识与工程现场的实际条件以及现场技术人员的经验和认识有效结合，互相补充，以充分地发挥系统的“辅助决策”作用。在物理成因分析、安全稳定性综合评判、关键问题分析等重要综合分析推理过程中，人机对话机制是必不可少的，是得到符合工程实际、可靠成果的重要前提条件。

2. 综合分析推理技术

综合分析推理子系统开发的技术关键是综合分析推理技术。综合分析推理技术的实现可分解为：

(1) 综合分析推理机制。综合分析推理系统由推理机制、规则库（或知识库）及事实库（或动态数据库）三部分组成。

(2) 领域知识的提取和知识库。这是制约综合分析推理技术发展的“瓶颈”式关键技术问题。根据安全监测工作的实际需要，提取有关的领域知识，进行对专家个体的经验性知识的逻辑化工作，也称为结构化。所提取的领域知识不仅应有异常测值检测、测量因素分析和物理成因分析等通用性知识，而且还应针对不同工程特点的专门化知识。

知识库的建造包括各类指标库和推理规则库的建设两类。指标库的建造可按常规数据库建造方法进行，推理规则库的建造是对综合分析推理要分析评判的所有问题建立“推理规则集”，“推理规则集”需要按推理机的要求格式，采用产生式推理规则创建和存储，即构建了“规则库”。“规则库”的构建是知识库建造的最主要环节。

(3) 事实库。事实库是推理过程用到的各种条件、事实、方法模型的成果等，需要事先按推理机要求的格式，将其集中整理形成事实库。为了提高推理的自动化（结构化）程度，事实库和规则库都有完备性的要求，规则库的完备性是必要条件，否则综合分析推理系统将无法正常工作；事实库的完备性也是十分必需的，但是对于像本系统这样十分庞大的系统，要求事实库严格完备在技术上是极为困难的，一般采用人机对话的方式请求用户补充输入事实库未包括的数据、事实。综合分析推理系统的重要工作是尽力减少此类补充输入操作，规范和美化对应输入界面，使之既要实现推理目标，又能方便用户。

(4) 推理问题链。安全监控辅助决策系统的根本任务是，解决建筑物安全稳定性的评判、预报和应采取的工程措施等技术问题。参照国内外安全监控软件开发的成功经验，本系统将以上基本问题分解为由五个相互关联基本问题组成的问题链：

1) 进一步的异常测值检测。

2) 历史过程、关联因素和外因等相关因素分析。

3) 测量因素分析。

4) 物理成因分析。

5) 建筑物安全稳定关键技术问题的分析评判，通过按顺序逐一推理求解各基本问题的方法，求得最终问题的解答。

其中测量因素分析、物理成因分析和关键技术问题评判三个模块实际上都可认为是基本独立的问题诊断型专家系统。

3. 异常测值检测

基于在线检测成果，采用自动化检测和人机对话两种方法，进行异常测值的校核检测，并由此对测点状态做出初步综合分析评判，同时生成对工程断面、工程部位等的异常测值检测统计成果。

自动化检测主要采用指标法和统计回归分析方法，人机对话方式也可以引用一维分布模型、混合性模型，以及各种过程线、分布曲线等图表分析法，进行辅助分析评判。

经本模块检测的综合分析确认为异常的测值都要做异常级别的评判，进行一级技术报警，在示意图上对相应测点加以标识，之后将它们转入下面的相关因素、测量因素分析做进一步分析评价。

综合分析推理子系统的工作流程图如图 64-4 所示。

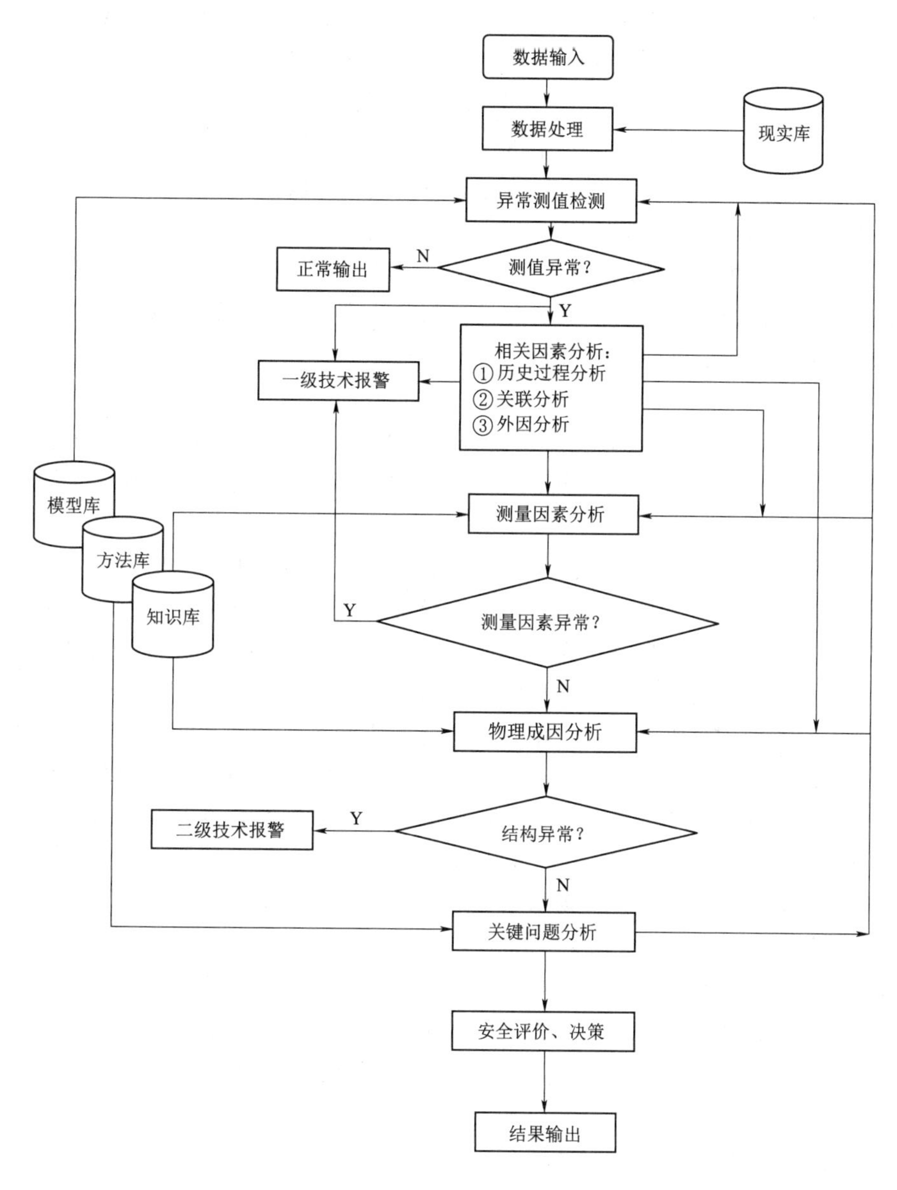


图 64-4　综合分析推理子系统工作流程图

4. 相关因素分析

它实际上是一个过渡性辅助分析模块，包括外因分析、关联分析和测点历史分析三部分。关联分析是对测点进行四种关联测点的信息统计，外因分析提供库水位、气温等因素突变对测值的影响，测点历史分析是对异常测点进行历史过程分析评判。

其中，历史过程分析可被异常测值检测和测量因素分析两模块调用，外因分析由测量因素分析和物理成因分析两模块调用，关联分析则由三个主要子模块都可调用，并分别为所调用模块提供分析成果和信息，供辅助分析评判使用。

5. 测量因素分析

该模块是子系统的核心模块之一，参考意大利 MISTRAL 子系统的经验，该系统开发相应的综合分析推理模块以测量系统工作不正常为推理目标，主要按产生式专家系统模式建立相应的知识库及推理机制。

测量因素分析主要根据仪器类型和型式，测值异常的类型和特征，可能测量异常因素，历史过程特征，以及关联分析、外因分析等方法，提取知识和规则，用于检测测点异常的原因是否是由测量因素引起。

本模块检测的分析评判结果在窗口中显示，无论评判结果是否为测量因素异常，其结果都要做进入一级报警内容。对本模块分析评判确认为非测量因素引起的异常，需要转入下面的物理成因分析模块做进一步分析评价。

6. 物理成因分析

参照了意大利 DAMSAFE 大坝安全监控专家系统的经验，物理成因分析模块采用综合分析推理技术中专家系统的构造模式，对建筑物的安全稳定状态及其转异特性的分析评判。

因此本模块与异常测值检测和测量因素分析对测值和测点进行分析评判不同，是以工程部位为单位进行的。它从对以测点为单位的异常测值检测和测量因素分析结果的统计开始，从关联分析、外因分析、分布模型和曲线分析、指标法、人工巡视、混合性模型、正反分析方法等方面，总结提取知识和规则，分析查找物理异常信息。

在分析推理中，该模块引进：①单个测点变形速率类型判别方法；②因果关系网络模型；③基于物理过程描述的推理模型，可定性模型描绘结构失稳过程及内外部因素之间的联系，对异常的物理成因按工程部位进行深入的研究分析和综合评判，以判断建筑物工程部位的安全稳定性。

本模块检测的分析评判结果在窗口中显示，对评判结果确认为物理成因异常的工程部位，进行二级技术报警。

7. 关键技术问题分析

在本模块中，系统在物理成因分析的基础上，继续应用人工智能推理技术，对系统已经判定的、有可能面临的以及抽水蓄能电站工程特有的关键性技术问题，进行综合推理分析。

(1) 关键问题分析事实库的组成：

1) 观测数据异常信息，特别是人工巡视的异常信息。

2) 物理成因分析的各类成果。

3) 关键问题分析所必需的地质、施工、设计、运行方面的资料信息。

4) 关键问题分析自身需要的规程规范、工程实例或其他工程参照信息、参数、资料等。

(2) 关键问题分析规则库的组成。关键问题分析依据的主要领域知识来源为：

1）针对关键问题开发的专用“统计分析模型”和检测成果。

2）关键问题对应的土石坝的稳定分析，渗流和应力应变有无正反分析及其模型化方法。

3）关键问题的混合性模型分析方法和成果。已逻辑化了的与关键问题有关的方法知识，如裂缝分析的：性质指标法，相对沉降率法，渗流分析的位势分析法，流网分析法，渗流量分析法，渗透系数分析法等。

4）本系统开发提取的其他有关逻辑化或未逻辑化的领域知识。

5）变形速率类型判别法，因果关系网络模型法，物理过程模型法等。

关键问题分析的规则库应基于以上由各方面提取和收集的领域知识，进行分析、分解和构建。

（3）关键问题分析的推理方式。由于关键问题分析的复杂性，关键问题分析的推理过程必然要遇到所建立的事实库不完备和无法提供推理所需要的信息资料的情况，也存在规则库自动化（结构化）程度不高的问题。在这些情况下，需要采用人机对话方式现场向用户索取部分信息或局部答案。因此，关键问题分析的推理方式较其他部分更多地采用人机对话方式。

（4）关键问题分析的推理结论。关键问题分析的推理在对所研究问题提供结论性意见的同时，还应该在可能的条件下，在综合分析评判的基础上，对结构异常原因、结构异常等级、技术报警内容和其他技术措施的确定等问题进行总结性分析评判，并最后负责形成综合分析推理的成果报告。

8. 观测资料的常规分析方法

从安全监测工程应用角度看，观测资料的常规分析方法主要有：①利用过程线、相关曲线、分布曲线等图表分析方法；②针对不同仪器类型常规计算分析方法；③分析推理需要的各种常规计算分析方法。

本处提供的三类图表常规分析方法都必须满足“标准化”和“模块化”的要求，是“标准化”的、基础性的方法，可在系统的其他部位任意的调用，或在其基础上再进行二次开发或使用。

（1）图表分析方法。图表分析方法包括过程线、相关曲线、分布曲线三大类图形。每一类还可针对各种不同类型仪器或其他要求制作多种专用图表，其中，过程线类包括测值过程线、内观仪器测值过程线、分析过程线、单图/双图/三图测值过程线；相关线可绘制直线、多项式相关，散点和曲线相关，不同年份与水位、气温相关等相关曲线；分布曲线可以绘制多测点仪器、沿某一断面、横向、竖向显示的分布曲线等。

各类图表均满足“标准化”和“完备性”的要求。每种图表均有完备的图形绘制、管理、输出功能，可以实现时段选择、指示线、图形和时段缩放、移动、旋转、位图存储、打印等安全监测分析评判常用各种操作；具有全面的动态绘制功能，可以针对不同仪器类型、时段选择、坐标刻度、线形字体等要求，快速“定制”所需要图表；所提出的图表界面美观、布置合理、线形、字体、刻度、主副标题单位等选择得体，质量好、满足标准化要求。

（2）计算分析方法。为了满足安全监测工程的实际需要，系统进一步提供针对不同仪器类型和型式的特定的图表形式和计算分析方法。对内观仪器，都应具备测点温度与测值直接对比的图表和相应的分析方法；对多测值仪器，应具有相对测值、相对速率等过程线，沿仪器的分布曲线，以及过程线和分布曲线互相调用的对比分析方法；应变计应提供进行基准值的选择、无应力计应变测值的剔除方法、应变计组的平差方法、应变应力计算和多向应力应变的计算分析方法。

(3) 其他常规计算分析方法。系统应设置在综合分析推理子系统，特别是综合分析推理部分引用的常规计算分析方法。如：裂缝分析的性质指标法、相对沉降率法；渗流分析的位势分析法、流网分析法、渗流量分析法、渗透系数分析法等。这些方法是设计、地质、安全监测等方面技术人员经常使用，经过工程实践检验的方法，具有方便简化的特点，是安全监测领域知识的一个组成部分。

9. 观测资料的模型分析方法

模型分析方法出现和广泛应用是安全监测工程的一个重要技术进展。这一分析方法的理论基础是统计分析中高效、完备的逐步回归方法。依据这一方法，在大坝安全监测领域，先后发展了统计（回归）分析模型、分布模型、确定性模型和混合性模型分析方法。从国内外监测实践来看，回归分析方法是大坝安全监测领域开展较早且应用范围最为广泛的分析方法。但是经过近十年来的科研和工程应用实践，基于同一理论基础的分布模型、确定性模型和混合性模型分析方法也已经趋于成熟。

(1) 统计（回归）分析模型。统计回归分析模型是目前安全监控工作中应用的最广泛的模型，在观测数据拟合、异常测值检测、因素分析和监测预报等方面均可发挥重要作用。为了满足系统的广泛要求，建立的数学模型应具有：

1) 快速、方便、开放式的模型建立功能。可根据仪器的特点，方便地进行时效、水位、温度等因子型式的选择，应用逐步回归方法，快速对任一仪器测点的测值序列进行分析或建立的统计模型。

2) 型式广泛、完备的因子集。如时效类因子中，包括多条对数曲线或折线型等因子，因子集还可按上、下游水位、温度、降雨量、时效等不同物理因素进行组织，可满足系统和分析人员的各种不同需要。

3) 完整的结果输出功能。包括方程显示、分量变幅统计、参数方差估计，以及各物理量测值、计算值、各分量值、残差过程线图等。各类过程线图应在标准过程线图形的基础上，结合统计模型要求和特点，二次开发形成，具有时段放缩和数值显示等特定的功能。以利于分析人员对所建模型进行评价。

4) 完备的数据回归检查功能。可运用已建的统计模型对测点的当前或以后测值进行异常检查的功能，包括对剩余量的检查、共线性检查等方面的内容，并输出残差过程线、统计相关线、回归方程、测值与计算值、时效与残差、剩余量趋势性分析等项信息。

5) 方便的因子选择和设置功能。设置任选因子、固定因子两种因子选择方式，并向用户提供根据已有经验或实际需要，设置自己选定因子的功能。

6)“模块化”处理。应按系统要求，对统计模型程序做进一步模块化处理，进行接口的规范化等工作，以便系统可方便、灵活地的在其他部分对该模型调用。

(2) 一维分布模型程序。

1）一维分布模型程序系统主要用于研究监测量沿空间某一方向分布规律和特征，应用在：

a. 对多测点仪器测值沿仪器测点布置方向上分布规律性的分析评判。

b. 沿建筑物的某些特征方向，如大坝的某一坝段的铅垂方向，渗压、位移等监测量的分布规律性的分析评判。

c. 综合分析推理子系统的物理成因分析、工程部位分析和综合评判。

2）一维分布模型属于统计分析类模型，采用逐步回归方法进行因子筛选和系数计算。并在时效、水位、气温因子类中，加入了考虑监测量沿空间坐标方向 $X$、$Y$ 影响的因子。

3）模块对于多测点仪器和沿空间某一方向多测点两种情况，都可建立和进行分布模型分析。建立分布模型时，可对所分析的测点进行选择，以结合建筑物的特点进行对比分析。

4）对分布模型中设置的温度、时效分量因子集，提供在一定范围内选择的功能，以方便用户选择使用。

5）一维分布模型有完备的结果输出功能，除模型结果参数外，还可提供模型结果的图形分析界面，包括某一时刻的实测值与模型计算值分布曲线比较、某一测点的测值与计算过程线比较等，以便于分析人员对同一观测项目进行综合分析。

**（八）观测资料 Web 发布子系统**

观测资料 Web 发布子系统其实质就是一个安全监测网站系统，主要功能为：

（1）工程基本信息的存储与网页发布。

（2）工程相关资料的存储与网页发布。

（3）工程安全监测介绍。

（4）工程安全监测成果数据的网页式浏览、查询及图表统计。

（5）工程安全监测成果资料的存储与发布。

## 四、系统开发和运行环境

**（一）网络环境和硬件配置**

系统的开发和运行环境，采用 Client/Server（客户端/服务器）结构的小规模企业级计算机局域网络系统，整个系统由 NT 模式下的服务器和工作站以及相应的网络设施构成。服务器操作系统采用 Microsoft Windows Server 2003 以上简体中文标准版，数据库以及图形库、图像库、方法库、模型库均采用 Microsoft SQL Server 2008 以上简体中文标准版建立在数据服务器上。

本网络系统是抽水蓄能电站工程安全监测系统的信息交换平台，网络系统可提供以下应用服务：工程安全监控信息的传输；监控信息、管理信息的访问和交换（信息类型基本上是数据和文本，也有少量的图形图像信息），以及用于枢纽安全的综合信息管理、综合推理分析和辅助决策的应用及跨广域网的系统互连。

考虑到今后系统功能还需不断完善的前瞻性设计要求和当前系统应用的工程实际需求，在方案设计中确定了以下目标为网络系统的基本出发点：

（1）采用 100Mbps 到桌面的交换技术，以满足工程安全监控应用方面的信息传输要求。

（2）网络系统具备良好的可管理性能。

（3）网络主干具备高带宽交换能力和扩展升级能力。

**（二）安全管理**

抽水蓄能电站工程安全监测系统的信息交换平台是基于 TCP/IP 协议的快速以太网络，它在保证用户完成正常的数据采集、管理及分析的同时，其内部服务器也储存着至关重要的信息。防止它们受到系统硬件损坏（如磁盘物理损坏）、病毒感染及其他恶意网络攻击（诸如低级协议攻击、服务器与桌面电脑入侵之类）而导致系统崩溃、重要数据丢失的威胁，保证用户正常业务的顺利进行是非常必要的。

1. 系统硬件级安全管理及防护

采用带网络监控功能的路由器本身配置有单网关防火墙，能够抵抗网络攻击行为，并且能够对目前的网络连接数量和负载情况进行实时监控。防火墙应具备安全策略向导功能，保证并指导管理员配置出一个专家级水平的防火墙，减少了由于防火墙配置的复杂性而导致的安全风险。防火墙设置在抽水蓄能电站工程安全监测系统的信息交换平台与企业内网之间，对进出网络的数据进行过滤，既可防止外部黑客的攻击，也可以防止内部人员的攻击行为，还能够对企业网络的利用状况进行有效的监控和审计，以保护整个信息交换平台的安全防护需求。

2. 系统软件级安全管理及防护

（1）服务器防护。在每台服务器上安装 ESET Smart Security 中小企业版，实现服务器的实时病毒防护，保护主域服务器、文件服务器及数据服务器上数据的安全。主域服务器配置为 ESET Smart Security 管理服务器，完成局域网内其他服务器与工作站的 ESET Smart Security 管理及升级工作。

（2）客户端防护。工程安全监测系统的信息交换平台内和每台客户端上安装 ESET Smart Security 中小企业版，实现客户端的实时病毒防护，保护平台内工作站自身不会被病毒感染，并且不会成为病毒源。

3. 用户安全管理

（1）建立有条件的访问控制列表。管理员能够控制一个用户的合法登录终端、合法登录时间等信息，这样即使口令泄密，黑客也很难经过信息交换平台的审查而对系统进行非法访问。

（2）口令质量保证。本系统信息交换平台要求安全管理人员结合 Windows Server 2003 及以上版本的密码策略必须实施下列口令质量控制的规范，强制用户按照规章制度的规定选择口令，从而消除非授权访问给系统带来的最大安全隐患。

1）口令的最大长度和最小长度。

2）禁止使用用户名、某些特定词做口令。

3）规定口令的组成，如至少几个字母、几个数字、几个特殊字符等。

4）口令的使用周期，多长时间用户必须改变口令。

5）口令的历史，在多长时间内口令不能重复，新旧口令差别等。

4. 保证系统的完整性

本系统信息交换平台要求系统管理员必须周期地备份文件系统及安全监测数据，在系统崩溃后应及时修复。当有新用户接入本系统时，系统管理员应检测该用户对网络访问的

合法性及其对本系统信息交换平台操作的安全性，以保持系统完整可靠的运行。

**（三）软件开发环境和工具软件配置**

网络操作系统采用服务器端使用 Windows Server 2003 以上版本简体中文标准版，客户机端使用 Windows XP 以上版本简体中文专业版。数据库管理系统使用 SQL Server 2008 以上版本简体中文标准版，客户机端开发工具建议使用 Visual Studio 98 以上版本和 Visual Studio. net。

**（四）运行环境**

系统运行的硬件和软件环境与系统开发环境相同，但开发使用的程序设计语言和工具软件在系统运行时可以不再需要，计算机网络环境和硬件配置不变，系统的计算机网络拓扑结构见图 64－5。

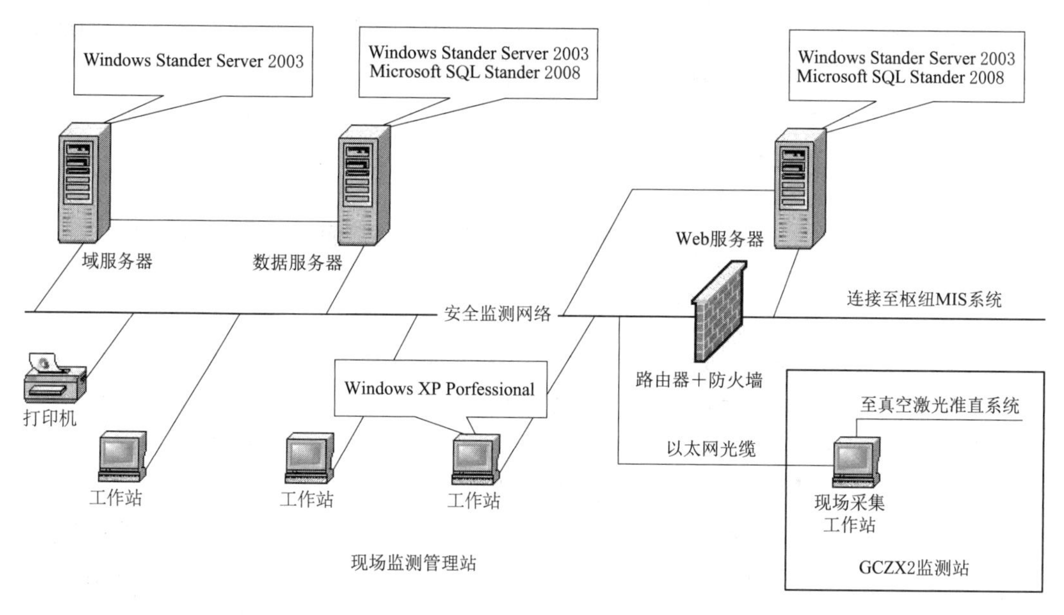


图 64－5　管理网络结构拓扑图

# 第六十五章　安全监测仪器设备

观测成果的可靠性和应用的及时性，取决于仪器的性能及其使用条件，同时也取决于工作人员的素质。负责监测设计、施工和运行管理的技术人员，必须有丰富的经验和明确的目的，懂得仪器设备布置的目的和重要性，并应能发现和检查不正常的仪器读数、记录任何可能对数据有影响的不正常的施工活动和运行条件的发生；对有疑问的数据产生原因能当场查明，确定数据是否反映仪器所在处的真实情况；设计、安装和测读人员能做到细心的程度和运用技巧等要求，都需要工作人员对仪器设备的用途、原理、结构、性能和使用条件熟悉和了解。本节主要就仪器设备的选型原则、技术性能和标准、适用范围和使用条件加以综述，希望在仪器方面给读者一个参考总则。

## 第一节　选择的基本原则

（1）选择仪器设备时，应事先对仪器的适用条件和使用历史有比较详细的了解。这些应包括仪器正常运行过的最长年限和使用环境、仪器事故率、准确度和精度的变化范围等性能记载资料，它比仪器出厂说明书和仪器的率定资料更能说明仪器真实性能。

（2）要有可靠的、能保证仪器工作性能的制造厂家。主要根据该厂仪器产品在各种使用条件下的完好率和完好率保证期两个条件来判别。

（3）仪器必须有足够的准确性，而且耐久性、可重复使用性和校正的一致性应具有足够的可靠性。不可过分注重仪器的外观，要看其内芯的好坏，如弦式仪器的关键是弦的质量、组装工艺水平和弦的密封；电阻式仪器的关键是电阻丝的质量和绝缘保证。

（4）仪器选择时，必须根据工程性态的预测结果、物理量的变化范围、使用条件和使用年限确定仪器类型和型号。

## 第二节　技术性能和质量标准

观测仪器设备最重要的特性是可靠性，仪器本身可靠可以减少许多麻烦。一般传感器可以按简易性和可靠性的递减排序，即光学的、机械式的、液压的、气动的和电力的。

值得注意的是，不应以仪器价格最低来支配仪器选定，而应全面比较仪器的采购、率定、埋设、维护、读数和资料后处理，确定其综合价格。最便宜的仪器其综合价不一定最低，因为它可能可靠性差。

可靠性和稳定性的评价标准：在观测过程中，其可靠性和稳定性对观测结果的影响应限定在设计所规定的限度以内。

准确度和精度是测量结果真值偏离的程度。系统误差是准确度的标志，其标准是：自身和外界影响引起的误差，均能通过检测或标定控制在允许误差之内。

灵敏度和分辨力，对传感器来说灵敏度愈高，分辨力愈强，其标准是：使其灵敏度控制在仪器本身所规定的范围内。

## 第三节 适用范围及使用条件

根据寒区抽水蓄能电站工程安全监测仪器的现状和以往的使用情况，现对一些常用仪器的适用范围和使用条件作一介绍。

**（一）变形监测仪器**

1. 钻孔多点位移计

在各种安全监测工程中均有应用，用得最多的是地下工程，主要用于岩土体内部位移的观测。所观测的是沿着埋设多点位移计钻孔的轴向位移。它可以提供围岩表面的绝对位移和围岩内部的位移分布，是当前围岩稳定分析的主要依据之一。目前在抽水蓄能电站地下厂房洞室观测中，已普遍应用，并取得了许多令人满意的成果。

在其他类型的岩土工程监测中，也有不同程度的应用。在边坡工程监测中，主要用在稳定性可能有问题的边坡稳定观测，考虑到费用和作业因素，通常在永久性边坡上安装这种仪器。在大坝监测中，一般用于坝基变形观测。法国在坝基观测中曾使用串联式多点位移计（有固定式和移动式两种）。

多点位移计曾用在各类岩土体内的各种方向的钻孔内。在水下岩土体中的多点位移计，有的在1MPa以上的水压力下工作。并联式多点位移计主要用在永久观测工程中。

2. 地表多点位移计和GPS

地表多点位移计主要用在边坡工程监测中。当已经确定了潜在的不稳定区时，布置地表多点位移计是为了进一步证实稳定情况；多点位移计是跨过一系列或单个不连续面布置。在建筑物表面或在基坑附近的地面上也曾使用过这种位移计。在垂直高边坡的观测隧洞中，如龙羊峡库区高边坡和三峡的永久船闸边坡都安装过这种位移计。

为了减少外界条件的影响，一般把系统装在廊道内或有支撑的钢套管内。

GPS则是直接监测边坡表面 $X$、$Y$、$Z$ 三个方向位移的传感器。

3. 滑动测微计

滑动测微计在水电工程中适用范围比较广。一般用在坝体和坝基的变形观测，在地下工程监测中，通过任一方向的钻孔测定岩土体的应变和位移，测定围岩松动范围和地中沉降等。在建筑工程监测中主要用在桩和挡墙的应变观测。

滑动测微计的使用条件比较简单，只要人能接近的工程部位都可以使用这种仪器。它需要在钻孔中装上带有测标的套管。

4. 钻孔三向位移计

钻孔三向位移计用在坝基和坝体之间的相互作用观测；地铁隧道施工时的地中沉降和水平位移；建筑物桩基和基坑边墙的沿垂直线的应变和水平偏位差。

这种仪器是通过探头在装有带测标的垂直套管中测定垂直向的应变和水平向的位移，

需要在人可以接近的垂直钻孔中观测。

5. 沉降仪

沉降仪在土石坝观测中应用最多。法国常用的是水管式沉降仪，一般用在能自由排水的材料内。横臂式沉降仪是传统的观测仪器，可测坝体的分层沉降，目前各国都还在使用。电磁式沉降仪在测地中沉降和坝体内部的沉降方面用得越来越多，因为使用灵活，又可利用测斜仪的导管同时安装。钢弦式沉降仪有固定式和移动式两种。

6. 收敛计

收敛计在地下洞室净空收敛位移观测中已经广泛使用，因为这种方法简易，可以快速获取资料，是地下工程施工安全监控和监控设计的主要观测手段。加拿大等国在边坡工程地表位移观测中，也比较多的使用收敛计，它能适应边坡位移较大时的量测。

收敛计在高度比较大（大于 10m）时，使用比较困难，需要有登高设备。在温度变化超过 2℃的环境中使用时，测值需要进行温度修正。

7. 应变计

应变计已经广泛地用于岩土体及混凝土结构的应力应变观测。加拿大在监测坝基的位移时，使用杆式应变计，将应变计从坝底伸入到岩石中。钢弦式或电感式长杆应变计（即土应变计或堤应变计）主要用在土坝大范围的水平应变观测，长杆水平应变计通常是锚固在坝一端的坝肩岩石或相邻混凝土建筑物上。应变计布置在潜在拉力裂缝区，例如较陡的坝肩和基岩高程急剧变化的部位。

差动电阻式应变计使用寿命可达 10 年以上，曾用在 6MPa 内水压力试验的混凝土衬砌中和具有 1.5MPa 水压力的混凝土衬砌长期观测中，仍可正常工作。这种应变计需要使用特制水工电缆，工作时的最低绝缘度不能小于 5MΩ。

钢弦式应变计，由于它对电缆的长度和绝缘情况没有严格要求，运输和安装时不易损坏，因此在环境恶劣的安全监测工程中，应用更加普及。

8. 测斜仪

钻孔测斜仪已经是岩土工程监测的主要观测仪器之一，被广泛地应用在各类工程中。在混凝土坝体内用其观测倾斜向移动，有的工程用其代替垂线。在土石坝观测中，用其观测分层水平位移、深层水平位移、垂直方向上的位移、斜向位移和混凝土面板的挠度。边坡工程一般用来观测不稳定边坡潜在滑动面的位置或已有滑动面的移动。地下工程监测用其观测洞室两侧围岩的位移。目前，测斜仪用以测量深基坑墙体和土体的水平位移，对监视墙体和基坑的稳定状态变化起着极为重要的作用。

测斜仪的观测方式，一般采用活动式的。固定式的仅在实现活动式观测有困难或进行在线自动采集时采用。

9. 倾角计

倾角计主要用以观测岩土体和建筑物表面的转动位移，使用条件比较简单，使用灵活、方便。

10. 挠度计

挠度计可安装在任意方向的钻孔里，可以做临时性观测，也可以做永久性观测。目前岩土工程监测用得比较少。

11. 静力水准

在大坝、高层建筑、矿山和边坡用静力水准观测两点或多点的高程变化，即垂直位移和倾斜。抽水蓄能电站工程在地下厂房水轮机层、顶拱和吊车梁高程、进水塔基础廊道内均可以布置安装多测点的静力水准，用以观测相对垂直位移，并与垂线联测确定绝对位移。

静力水准使用条件简单，可以目视观测，也容易实现自动观测。

12. 测缝计

测缝计是水电工程监测的主要观测仪器之一。较多的用来观测岩土体和混凝土内部的或表面的接缝和裂缝。许多坝基用测缝计组装成各式基岩变形计和位错计，埋在接缝或弱结构面处。在土石坝监测中，测缝计用处比较多。用在土石坝裂缝和混凝土面板接缝观测，一般在最大断面处的周边缝埋设测缝计测其挠曲和开合度；在两岸坡周边缝埋设三向测缝计；面板的接缝有时也用三向测缝计。

测缝计的使用条件和应变计基本相同。

13. 剪切位移计

剪切位移计也叫界面变位计，工程中主要用来观测两种材料或结构的沿界面相对移动形成的剪切位移。土石坝工程在两岸和坝肩、上砂接合面埋设这种位移计观测错动变位。

14. 垂线

垂线具有观测仪器应具备的所有性能，即可靠性、灵敏性、简易性，在任何气候条件下都可测，精度可达到0.1mm。各国一致认为，正倒垂线都很重要，是可以实现自动化的一种准确而简单的观测设备。许多工程在拱坝的数条廊道和竖井中安装正垂线，在坝基内装倒垂线，其锚点都有足够深度。常采用的有：光学遥测垂线坐标仪、电感遥测垂线坐标仪和激光垂线仪。

15. 大地测量仪器

加拿大在边坡工程监测中，采用经纬仪和电磁位移测量仪器进行位移测量，利用测量网和觇标监测边坡位移是一种基本布置形式。

在光电测距-经纬仪地表测点已经安装作为边坡上部边界线位移监测系统一部分的地方，又布置了水准测量，充实边坡垂直位移观测，确定滑动区的横向范围以及垂直位移量。

瑞士对大地测量很重视，将其视为发生异常事件的一种控制手段。这种方法的要点在于他们建立了一个测量大坝和坝基位移的三维系统，即将一垂直网（水准）与水平网（三角网、多边网）相连。

现在已有许多工程采用电子测距仪的精密测量大坝位移的系统，并且正在探讨用卫星进行大地测量。用电子测距仪测量的工程，以三边测量代替三角测量，测量误差受距离影响相对较小，于是在大坝影响范围以外较容易地找到稳定的参考点。

16. GPS测量系统

GPS测量系统主要接受GPS系统信号，采用载波相位信息，通过设置参考站，利用载波相位差分技术，再通过建立相关模型，将参考站和各个监测站数据进行差分处理，可以有效地消除或减弱卫星测距的各种误差，使得定位精度得以大大提高，可以使用于变形监测的静态变形测量精度达到亚毫米级。

GPS测量系统测点布置不受通视条件的限制，可实现全天候、快速地进行全自动的变形监测。但GPS测点布置一般应远离强电磁波发射区、高大障碍物和光滑的镜面物体。GPS测量系统采用24h实时在线采集，采集频率1～10Hz。

**（二）压力（应力）监测仪器**

1. 压应力计

压力或压应力测量装置的种类很多。常用的有差动电阻式压应力计和土压力计、钢弦式压力计和液压应力计。由于这种仪器的使用在理论上和技术上还需进一步探讨，所以使用时都十分谨慎，认为压应力与其邻近材料之间的阻抗匹配是重要的，为此应满足压应力计厚度与直径之比最小和压应力挠曲变形与其周围材料挠曲变形相当的要求。此外，在埋设回填料和校准压应力计的荷载过程中应该特别地谨慎。仪器埋设时，都特别注意减小埋设效应的影响，认真做仪器基床面的制备。有些工程为了慎重，在关键部位一般都安装两种不同类型压力计，其中一种为备用。

在澳大利亚的主要坝体上的混凝土内部应力测量系统，使用差动电阻应力计，取得了较好的效果。在土石坝观测中，一般都采用钢弦式土压力计。

在填筑坝工程中，均在其某些关键部位，例如陡坝肩、窄峡谷和填土与混凝土接触面等进行应力观测。土压力计直接给出接触区的应力分布情况，同时监测了由于材料内部应变而引起的材料强度变化，还用土压力计测定包括孔隙水压力在内的总压力。为了获得某个位置上的有效应力，均在土压力计附近安装一支测压管或渗压计。这些装置的观测结果可以指示坝体内部是否在发生水力劈裂或拱效应。

2. 锚杆应力计

锚杆应力计是将钢筋计串接在观测锚杆上测定锚杆轴力。钢筋计常用的有差动电阻式和钢弦式两种，锚杆应力计一般都使用钢弦式钢筋计。

20世纪70年代以来，在锚固工程和地下工程监测中，锚杆应力计是锚固效果观测、锚固结构的工作状态和围岩稳定观测的常用仪器。

锚杆应力使用条件简单，安装方便，敏感性强，效果良好。

3. 锚固荷载测力计

在使用预应力锚杆加固的工程监测中，锚固荷载观测仪器已经是加固系统不可少的组成部分。最初，用其提供预应力锚杆安装方法的有效性依据；在运行期，监测锚杆由于材料腐蚀产生断丝和锚固段损坏，而失去作用的情况发生；当设计将被锚固的破坏面土的剪切阻力估计得过高，测力计能尽早的指示出设计的不合理。因此，就为采取补救措施提供了时间。

测力计的使用所处的环境对其有特殊的技术要求是：耐腐蚀，耐振动，要有温度修正系数和便于遥测。

**（三）渗流监测仪器**

1. 渗压计

常用的渗压计有水力式和电测式，后者又有差动电阻式和钢弦式两种。水力渗压计使用效果一直很好，但目前人们却更愿意使用电测渗压计，因为它较易于安装和使用，而且

便于实现遥测和自动化。

渗压计在岩土工程监测中属不可少的仪器，广泛地用于渗流压力、土体孔隙水压力、基础扬压力和衬砌的外水压力观测。

渗压计的使用条件容易控制，但埋设时都十分谨慎，一方面严格做到渗压计对使用条件的要求，同时还要注意做到不能因为渗压计的埋入而改变所在位置的观测条件。

2. 测压管

测压管是一种渗流观测的传统仪器，用于观测地下水位、土坝的浸润线。封闭式测压管也可用来测孔隙水压力和渗透压力。一般均用在渗透系数大于 $10^{-4}$cm/s 的土中，渗透压力变幅小的部位和监视防渗裂缝等。

**（四）温度监测仪器**

温度监测也是水电工程监测中不可少的。凡是观测与外界温度或自身温度有关的物理量，均观测温度。此外，许多工程还根据温度观测了解由温度直接反应的工程性状。有些工程严格监视，在相同作用条件和温度周期性变化的条件下，变形特性应重复呈现，否则可认为出现了异常现象。为了监测施工期和正常运行期的温度分布，而进行混凝土坝内部温度监测，一般都采用网络布置温度计。

目前使用的温度计大多是电阻式温度计，使用差动电阻式仪器均可同时进行温度观测。

**（五）动态监测仪器**

水电工程中的动态观测，主要是观测由于地震和爆破等外界因素引起的岩土体结构的振动和冲击。通过振动速度、加速度、位移、动应变应力、功土压力、动水压力和动孔隙水压力观测，确定振动波衰减速度、峰值速度和冲击压力。

动态观测使用的传感器有：速度计、加速度计、动水压力计、动土压力计、动孔隙水压力计。

水电工程的动态观测，还包括使用声波速度和地震波速度测试手段测试岩体波速，来确定岩体松动范围和动态力学参数。用声波法圈定地下洞室围岩松动范围和人工边坡的松动范围已经普及。

# 第十七篇　寒冷地区抽水蓄能电站冬季上水库冰冻对电站运行影响分析研究

国内外对于寒冷地区水库静冰压力研究较多，而动冰压力尤其是抽水蓄能电站的冰冻危害研究甚少，目前鲜见相关工程经验可借鉴。抽水蓄能电站上水库的冰冻情况是热力和动力双方面因素共同作用的而产生。其中热力因素包括太阳辐射、气温、水面辐射、流量、库岸温度、水温；动力因素主要包括水位升降速率、流速、风速等。水库水体结冰过程中热力因素起关键作用，动力因素影响结冰形态。对于常规电站水库和水位变化频繁的抽水蓄能电站上水库，热力、动力等因素影响及结冰现象有较大的差异，由此产生的冰情与冰冻作用必然不同。因此，开展寒冷地区抽水蓄能电站上水库冰冻特性研究，分析抽蓄电站冬季运行时上库库区冰冻对建筑物和机组运行安全的影响，对制定电站冬季运行调度方案、保证安全运行具有重要的意义。

# 第六十六章　上水库冰层形成及动态特征

## 一、上水库冬季运行情况

抽水蓄能电站是为了解决电网高峰、低谷之间供需矛盾而产生的，是间接储存电能的一种方式。它利用下半夜过剩的电力驱动水泵，将水从下水库抽到上水库储存起来，然后在次日白天和前半夜将水放出发电，并流入下水库。运行期间一般为1～4台机组在24h内采取“两抽一发”“两抽两发”等运行方式。以辽宁省蒲石河抽水蓄能电站为例，据多年统计资料，冬季大多数情况下是2～4台机组运行，抽水时间多在午夜至第二天清晨，一般抽水5～11h，平均抽水时间约8.48h；冬季发电开机时间为8—9时和16—17时，以16—17时开始居多，一般发电5～12h，平均发电时间约8.17h，水位日变幅为3.1～21.0m，平均水位变幅13.5m，水库水位在高水位停留时间平均为10h左右。

## 二、上水库冰层的形成及动态

### （一）冰层形成及其发展

寒区抽蓄电站上水库冰层的形成与消融一般可分为四个阶段：

第一阶段为初冰阶段。初冰阶段是指日平均气温开始进入零度以下到进入稳定负温阶段。以蒲石河抽蓄电站观测数据为例（下同），年度初冰期的时间段为2012年11月12日至2012年11月25日，历时14d。这一阶段的特点，一是昼夜呈正负温交替，日平均气温在0～－4℃之间，瞬时气温在2～－6℃之间，整个时段的平均气温为－1.3℃，如图66－1所示；二是夜间气温较低时在库区靠近挡水建筑物附近形成一层薄（岸）冰，宽度约为3m。白天气温上升时，夜间形成的薄冰层受气温和日照影响夜间形成的薄冰又融化。

水库在形成表面冰之前，表层水将发生过冷。当有风力作用时，将形成混合层，水中产生冰花。冰花量的大小与混合层的厚度有关。如果无混合作用，则水面将很快被薄冰层覆盖。根据坝上自动气象观测站的观测记录，当年初冰期最大风速为4.9m/s，平均风速

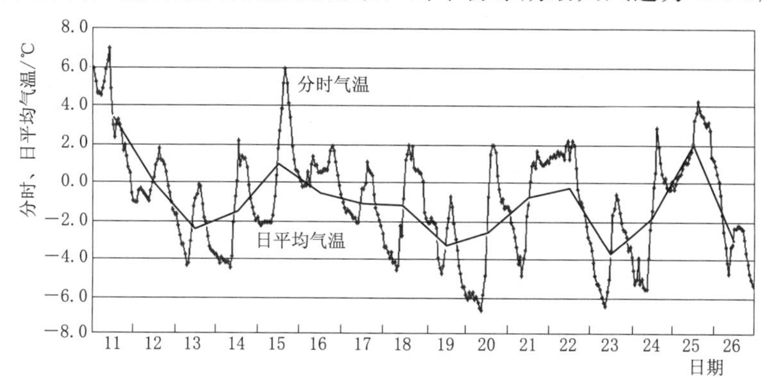


图66－1　2012年11月11—26日蒲石河抽蓄电站各时刻及日平均气温过程线

为 1.5m/s。在这种风速条件下，混合作用不大，加之抽水过程中水温的热力作用，特别是抽水时间在夜间气温最低期间，因而产生冰花的可能性较小，即使有冰花产生其数量也不会很大，况且在现场观测过程中也未发现水中有冰花。

第二阶段为冰盖形成阶段。从 2012 年 11 月 26 日开始，当昼夜气温达到稳定负温后，库面逐渐形成冰盖，直至冰层覆盖整个库面。这一阶段的时间段为 2012 年 11 月 26 日至 12 月 22 日左右，历时约 27d。这一阶段的特点表现为气温总体上逐步下降，平均气温为 −7.9℃；再是由于受到抽水、发电往复水流运动的影响，水面紊动会阻止库面冰盖形成，所以在冰盖形成之初只在靠近闸门井和上库坝面不受水流运动影响的位置形成小面积冰盖，见图 66-2。

第三阶段为封冻阶段。封冻阶段是指冰层全部或基本全部覆盖库面至冰层开始消融的时段。蒲石河上库由于 2012 年 12 月 23—26 日这段时间大幅度降温，4 天的平均气温达到 −16.3℃，上库水面形成完整冰盖（见图 66-3），直至 2013 年 1 月 29 日左右，封冻阶段历时约 38d。这一时段的特点，一是气温低，时段的平均气温为 −10.4℃，是气温最低的时段；二是即使库水位呈日循环升降，冰层依然覆盖整个库面，只是受水位涨落影响，冰盖在靠近岸边及挡水建筑物四周形成挤压破碎带。该阶段结冰形态由如下四部分构成：

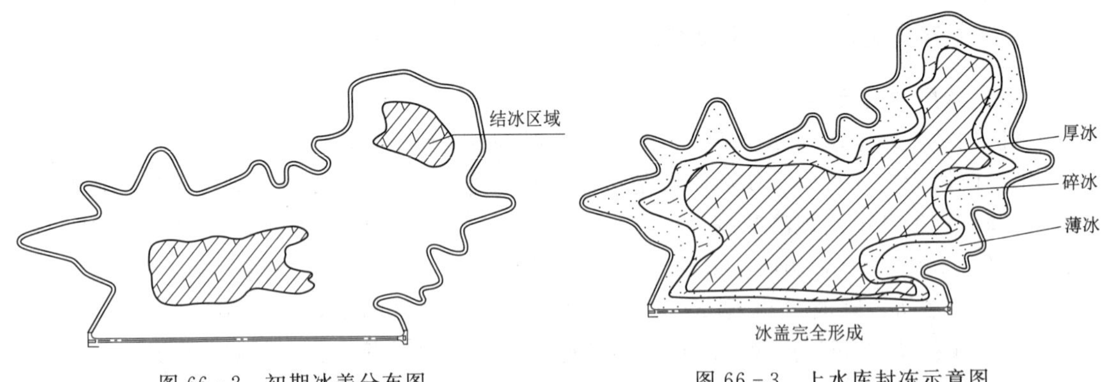


图 66-2　初期冰盖分布图　　　　图 66-3　上水库封冻示意图

（1）环库岸冰带。在累积冻结的过程中，沿水库冬季高运行水位所形成的闭合库岸将形成较稳定的环库岸冰，岸冰冻结于库岸上，不再随水位而升降。

（2）环库薄冰带。当电站停止发电时，上库水位静止，水面在短时间的负温作用下结成薄冰。

（3）环库碎冰带。随着蒲石河库水位的下降，库内浮冰盖将沿环库固定岸冰处断裂，并蹋落于库岸上形成分散的碎冰；风也会使库内的浮冰移向库岸，在挤压中也会产生大量的碎冰。环库碎冰带的宽度是不确定的。

（4）库内悬浮冰盖。这部分冰盖较为完整，并始终随库水位变化而周尔复始的升降。受抽水水温的影响，悬浮冰盖的冰厚增长缓慢，其厚度小于天然水库的冰厚。

第四阶段是冰盖融化阶段。受水流运动与气温升高的影响，引水洞前方靠近阳坡位置的冰盖开始融化，出现开敞水域，并呈线条状扩展，宽度达 8m，将整个冰盖分割成两块（见图 66-4）。尽管气温从 1 月下旬开始出现连日降温，并于 2 月上旬日平均气温达到最低值 −17.8℃，而开敞水域和冰盖分布基本无变化。这是冰层融化的第一阶段。

此后，日平均气温进入总体回升过程，2 月下旬库区冰盖开始变薄，密度减小，容易破碎。引水洞前方线条状融化带宽度扩大到 25m。此时测得引水洞附近冰盖厚度为 4cm，混凝土坝附近冰盖厚度为 12cm。3 月上旬引水洞附近冰盖全部融化，混凝土坝附近冰盖厚度减小至 8cm（见图 66－5）。至 3 月底，尽管日平均气温仍处于－1.5℃，由于有抽水水温的热力作用，全库水面已不存在任何形态的冰。

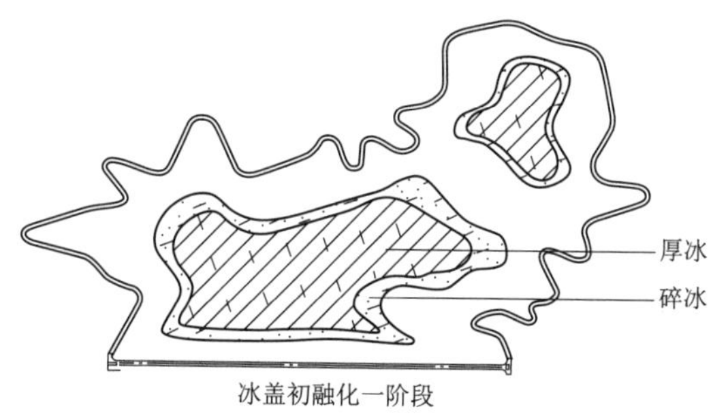

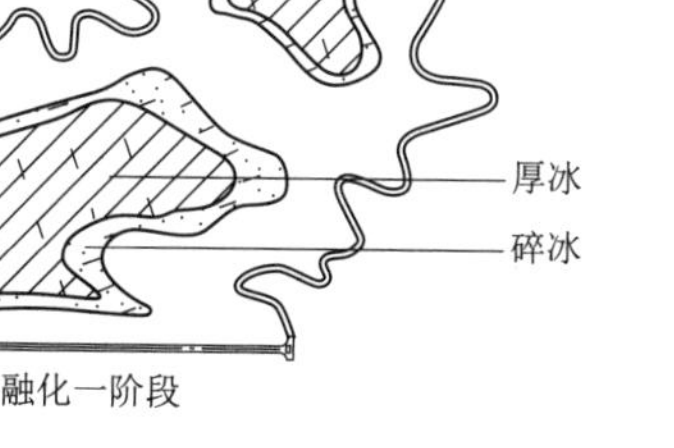

厚冰
碎冰
冰盖初融化二阶段

图 66－4　冰盖融化第一阶段融化区域图

图 66－5　冰盖融化第二阶段的融化区域图

从上述上水库冰冻过程可见，寒区抽水蓄能电站自身的气温条件和上水库独有的热力条件下，冰层的形成和长消过程具有与一般水库不同的特点，其主要表现为：

（1）冰层的形成过程历时长。一般水库从初冰到封冻的时间在半个月左右，而寒区抽蓄电站可达到 40d 甚至更久。这一时段的气温特点是日平均气温在－4℃之内。

（2）封冻期短。一般水库的封冻期长达数月，寒区抽蓄电站则持续 1～2 个月，蒲石河抽蓄电站从 2012 年 12 月 23 日到 2013 年 1 月 29 日出现开敞水域历时仅 38d。

（3）冰层消融具有明显的阶段性。一般水库在无强风或进库洪水的情况下，冰层均随气温升高逐渐减薄直至消失。观察可知蒲石河上水库于 2013 年 1 月 31 日即在进水口处出现宽 8m 左右的开敞水域，将冰层分隔成两大块。此后冰层逐步消融。

**（二）冰层动态**

上水库由于水位的循环升降以及特殊的热力条件和风力等作用，冰层的动态也具有其自身的特点。在整个冻结期内，冰层的活动总体上随水位升降而升降。冰层在下降的过程中，周边受岸坡约束而折断成大小不等的碎冰块，冰层上升时周边由冰水相混冻结形成的宽约 30～40m 的薄冰-碎冰带。尽管水位升降频繁，薄冰带的范围基本保持不变，即未见有明显的水平移动现象。上水库封冻后，库内的整体冰盖面积大约与最低库水位时的库面面积大致相当。水位升降过程中，整体冰盖随之升降，整体性未见明显变化，亦无破碎现象。

由于水位升降过程中的紊动和风力作用，冰块除了随水位升降而呈垂向运动外，水平方向亦有漂移现象，但位移量不大。从现场观察来看，漂移量在 10m 之内。漂移量小的原因一方面是库水位的升降比较平稳，另一方面是上水库库盆内的风力不大。

## 三、上水库进/出水口中心断面流速及其分布

电站运行并发电时，上水库进/出水口附近的流速最大，随高程的增加，向上观测流

速逐渐减小，接近水面处流速几乎为0，发电机组数量增加时流速增大。总体来说，观测期内上库实测水流流速较小，另据有关资料介绍，一般当冰盖前缘流速大于等于0.6m/s时，冰花即下潜；当水面流速达到及超过0.9～1.31m/s时，出现冰块下潜。而现场实测水面附近流速不满足卷入冰块的流速条件，冰块不会卷入水底，水下摄像仪拍摄的影像资料也证明了这一点。

# 第六十七章　上水库冰冻对水工建筑物的影响

## 一、冰冻对面板止水结构的影响

### （一）面板止水结构及其破坏现象

蒲石河抽水蓄能电站上水库面板止水结构如图 67－1 所示。槽底面板接缝处填塞氯丁橡胶棒，槽内用填料封堵，表面用 0.8cm 的三元乙丙橡胶板封顶，橡胶板两侧压不锈钢扁钢，并用沉头螺丝固定。三元乙丙橡胶板宽约 50cm，顺坡长度不等，因此顺坡纵向缝和顺坝轴线的水平缝的止水盖板有不少接缝。

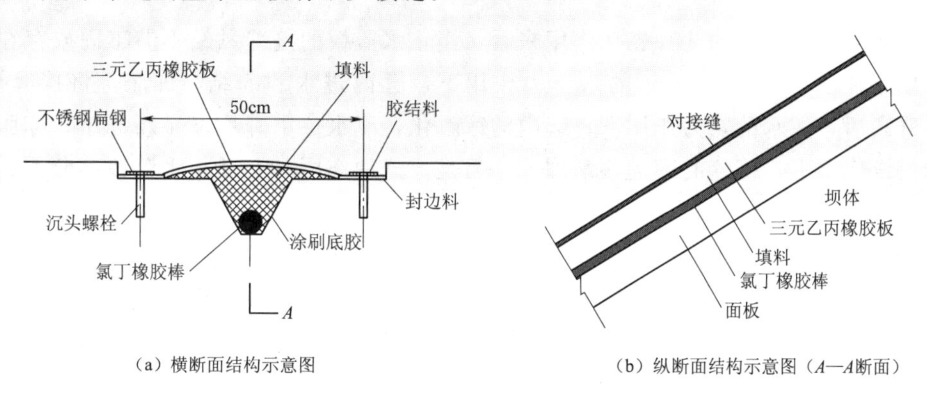


（a）横断面结构示意图　　（b）纵断面结构示意图（A—A断面）

图 67－1　蒲石河抽水蓄能电站上水库面板止水结构

据调查资料可知，面板止水结构的接缝处发生了较严重程度的破坏。接缝破坏的特征表现为：破坏的范围出现在库水位变化区内；破坏的部位出现在表面止水盖板的接缝处，而且均发生在下片止水盖板的上端端口，其他部位未见有破坏现象。顺坝轴线的水平缝的止水盖板除个别地方外未见有破坏现象；顺坡纵向缝的止水盖板接缝的破坏形式表现为三元乙丙橡胶板接缝脱开、翘起和表面的胶磨损严重。

### （二）面板止水结构破坏原因分析

止水盖板接缝的破坏必然是由于受外力的作用造成的。从前述破坏的范围和水库冬季冰情可以认为，冰冻是造成止水盖板接缝的破坏的作用力。如前所述，坝前是一个薄冰-碎冰带，并随库水位涨落而升降。这种冰清状态对止水盖板的冰冻破坏作用可以有如下几种：

（1）冰压力作用。为了测试冰块对止水结构的冰压力，在靠近止水结构附近的厚冰区布置了 2 支压力计，同时测量冰厚。实测冰压力为 5.66～11.36kPa，最大冰压力出现在气温上升过程中。

（2）冻胀力。止水盖板接缝进水冻结产生的冻胀力将搭接缝撑开。

（3）浮力和拖曳力。库水位下降时，部分冰块贴附在坝面上，部分冰块可能与止水盖板接缝冻结在一起（见图 67-2），产生一种拖曳力；库水位上升时，若冻结在止水板接缝处的冰块足够大，则可能在浮力的作用下将止水盖板在搭接处拔起。

（4）其他作用，如冰块对搭接缝端的撞击、摩擦作用等。

图 67-2　蒲石河抽水蓄能上水库 2012—2013 年冬季面板止水结构附近碎冰块状态

就上述对止水盖板的几种破坏作用来看，当止水盖板的接缝黏结不够牢固或存在缝隙时，特别是在最大水头达 10m 的水压力作用下，缝内进水和冻结、冻胀，将接缝撑开。库水位升高后，在水的热力作用下，缝内的冰融化，库水位下降后又重新冻结、冻胀，在如此的反复作用下，接缝的翘起逐渐增大。但是，这种作用对上部止水盖板部分不起多大作用，因为对它来说即使缝内进水，水位下降过程中也能流出。因此，也就只有下部止水盖板的接缝端可能因这种冻结作用产生脱缝和翘起的破坏现象。此外，浮力和拖曳力对缝端的拉拔力也可能对止水盖板接缝的破坏起到一定作用，特别是在接缝受冻脱缝或黏结力降低后对下部止水盖板接缝端部的翘起起到抑制加剧的作用。由此推断，止水盖板接缝的破坏可能是在这几种力的综合作用下造成的。

上述止水盖板接缝的破坏说明，抽水蓄能电站上水库的面板止水特别是冬季水位变化区内不宜分缝；当难于避免接缝时，接缝必须严密，不留缝隙，经硫化处理后接缝强度最低应与母材的强度基本相同。

## 二、冰冻对干砌石护坡的影响

### （一）冰对库岸护坡的破坏作用

现场调查发现，采用干砌石护坡的库岸护坡的破坏主要表现为块石从坡面被拔出，如图 67-3 所示。

被拔出的块石有的落入库中，有的落在坡面上。图 67-4 为被拔出的石块掉落到混凝土阻滑墩坎下平台上的情况。

干砌石护坡坡面块石被拔出情况有如下 4 个特点：

（1）块石拔出的分布范围广。沿整个库岸四周和顺坡坡长为 30～50m，几乎在水位变动区范围内均有块石被拔出。

（2）多数以单块块石拔出，少数呈小面积多块拔出。

（3）护面块石被拔出后，护坡形成凹坑，凹坑底部暴露的反滤层受损尚不太严重，如图 67-3 所示。

图 67-3　坡面块石被拔出情况

(4) 岸坡较为平缓的区域，块石拔出较多，岸坡较陡的区域块石拔出较少，如图 67-5 所示。

图 67-4　被拔出的石块掉落到混凝土阻滑墩坎下平台上的情况

**(二) 库岸护坡破坏机理分析**

寒冷地区块石护坡破坏的现象相当普遍。已有的调查和研究说明，在冬季库水位基本稳定的情况下，造成护坡块石破坏的主要原因是基土冻胀、冰推和风浪打击。基土的冻胀使得坡面局部隆起，加剧了冰压力的推力作用和石块的松动。开库时若遇有大风浪，块石下面的垫层将遭受严重淘刷，加之风浪对石块的打击，往往造成大面积的块石护面破坏。如前所述，由于库水位频繁涨落，本上水库周边形成一个碎冰-薄冰带。因此，可以认为，不存在厚冰层对护坡块石的推力和库水位涨落时冰层对坡面产生的力矩作用，以及由此产生的坡面块石被拔出的破坏现象。

图 67-5　缓坡（左）和陡坡（右）块石拔出情况

关于基土的冻胀对护坡的作用可做如下的估算：

护面块石下面为10～15cm的反滤层，其下为全风化岩，由此可认为均属粗粒土，冻结过程中不致发生水分迁移。设反滤层和全风化层均处于饱和条件下，此时可按式（67-1）和式（67-2）计算其冻胀量：

$$h=0.09n\alpha_p h_f \tag{67-1}$$

$$\alpha_p=e^{\beta p} \tag{67-2}$$

式中：$h$ 为基层的冻胀量，m；$n$ 为基层的孔隙率（体积含水率）以小数计；$h_f$ 为冻结深度，m；$\alpha_p$ 为荷载作用系数；$\beta$ 为系数，可取0.056；$p$ 为上部荷载，kPa。

块石厚度为0.3m，并视坡面为整体。

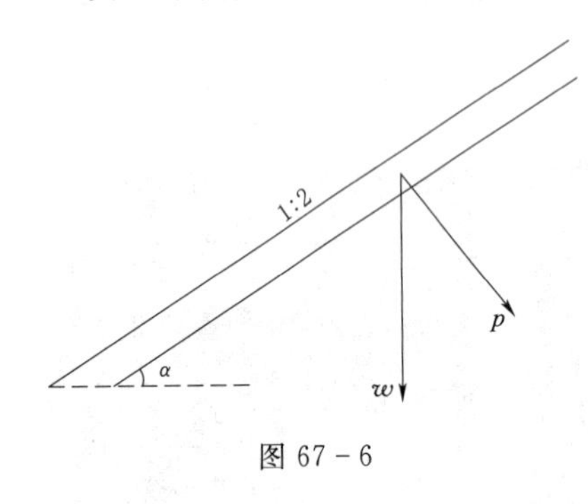

图67-6

岸坡的坡比为不一，计算中设为1∶2.0；块石护坡的密度设为1.8t/m³；由图67-6可得：

$$p=W\cos\alpha=18\times0.3\times\frac{2}{\sqrt{1+2^2}}=4.83(\text{kPa}) \tag{67-3}$$

计算可得上水库最高水位处垫层的冻结深度为1.06m，并随高程降低而冻结深度减小。由于冻深计算较为复杂，而面板垫层与块石护坡的反滤层和全风化层均属粗粒土，在同一地点的冻深不会相差太大，因此本计算中取冻结深度 $h_f=1.06$m。基层的孔隙率取 $n=0.35$。根据上述，可算得冻胀量为

$$h=0.09\times0.35\times\exp^{-0.056\times4.83}\times1.06=0.025\text{m} \tag{67-4}$$

由此可见，冻胀量很小，不致对护坡造成破坏。

现场调查发现，由于发电运行时水位下降时，初期形成的岸冰一部分未能随水位下降进入库内而黏附在干砌石护坡的石块上，并随水位的涨落和气温降低而厚度加大。护坡上堆积的冰块数量多且大小不一，形状各异，如图67-7所示。冰块的冻结状态也各不相同，如图67-8所示。经测量最大冰块体积为2.25m³，如图67-9所示。坡面上的这些冰块与块石冻结在一起。由于冰块大小和冻结状态不同，与冰块冻结在一起的块石数量可能是单个，也可能是多个，冰块与块石之间的冻结强度也不会相同。当水位上升时，部分与块石冻结不够牢固的冰块因水温作用使得冻结力消减，并在浮力作用下脱离块石和漂浮于水面，而那些与块石的冻结强度大的冰块则仍然与石块牢固结合在一起。由于冰块的密度小于水的密度，当冰块的体积达到一定大小后，库水位上升水的浮力就将把冰块和石块一起从坡面上拔出，冰漂浮于水中。经过一定时间，在库水的热力作用下，冰块与块石之间的冻结力将消减，石块也就掉落到坡面、库内或如图67-4所示的那样掉落到混凝土阻滑墩坎下平台上。

由上述可见，库水位上升时坡面块石被拔出是浮力的作用造成的，这也就是为什么平缓坡面上的护面块石能出现拔出现象的原因。

浮力对冰块和块石的作用如图67-10所示。

图 67-7　坡面上堆积的冰块

图 67-8　冰块与块石的冻结状态

图 67-9　缓坡上的巨大冰块

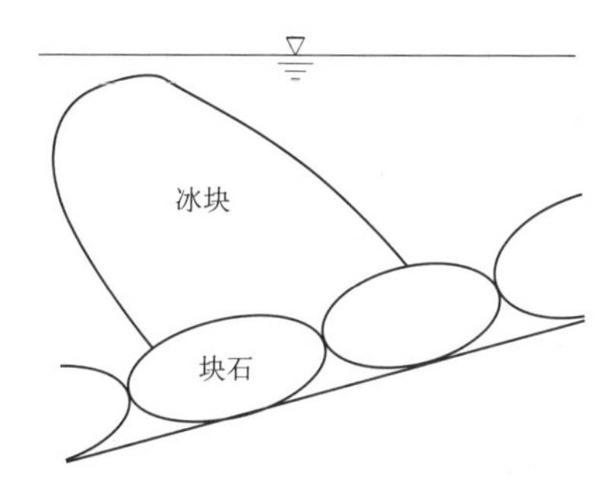


图 67-10　浮力对冰块和块石的作用示意图

设冰块的体积为 $V_t$，与冰块冻结在一起的块石体积为 $V_s$，冰块的密度为 $\rho_i$，水的密度为 $\rho_w$，块石的比重为 $G_s$。根据浮力原理可知，浮力为

$$F_u=(V_i+V_s)\rho_w g \tag{67-5}$$

冰块和石块的重力即抗浮力为

$$G=V_i\rho_i g+V_s G_s\rho_w g \tag{67-6}$$

由式（67-5）和式（67-6）可得抗浮安全系数为

$$k=\frac{G}{F_u}=\frac{V_i\rho_i+V_sG_s\rho_w}{(V_i+V_S)\rho_w} \tag{67-7}$$

当抗拔安全系数等于1.0时，相应的冰块体积为

$$V_i=\frac{(G_s-1)V_s\rho_w}{\rho_w-\rho_i} \tag{67-8}$$

根据式（67-7）或式（67-8），即可进行坡面块石拔出计算。为此，作如下假定：

（1）如前所述，根据现场观察，护面块石多数呈单块拔出，因此计算中按单个块石计算。

（2）为简化计算，取单个块石重量为30kg，即式（67-7）中的。

$$V_sG_s\rho_w=30\text{kg} \tag{67-9}$$

（3）设块石的比重$G_s=2.70$，水的密度$\rho_w=1000\text{kg/m}^3$，由式（67-9）算得单块块石的体积为$V_s=0.011\text{m}^3$。

（4）根据现场取样试验结果，冰的密度$\rho_i=840\sim860\text{kg/m}^3$，计算中取$\rho_i=860\text{kg/m}^3$。

将以上各项代入式（67-8）可得：

$$V_i=\frac{(2.7-1)\times0.011\times1000}{1000-860}=0.135(\text{m}^3)$$

从计算结果可见，当抗浮安全系数为1.0时，冰块的体积为$V_i=0.135\text{m}^3$，即当冰块的体积大于此值时，浮力的作用就有可能将坡面上的块石拔出。从现场观察和前面所示的照片可见，不少冰块的体积均大于此体积，最大达到$2.25\text{m}^3$。因此，可以认为，浮力作用是造成护面块石被拔出的主要原因。

需要说明的是，块石与基土之间可能存在冻结力，其有无和大小与基土的冻深、基土的性质、温度、接触状态等多种因素有关，而且在水位变动过程中随热力作用的改变而变化，实际上无法确定，因此在上述计算中，未计入块石与基土之间的冻结力。因此，拔出石块所需的冰块体积可能要比上述体积大些。此外，从现场观察发现，护面块石的砌筑不够紧密，相互之间的缝隙较大，使得块石间的咬合力较低，这也是单个块石易于被拔出的原因之一。也正因为如此，在计算中未考虑护面块石之间的咬合力。当坡面较陡和坡面上黏附有大体积冰块时，除库水位上升过程中的浮力作用之外，库水位降落后，冰块的下拉力也可能将坡面上的块石拔出，并滚落到水中或停留在坡面上。

## 三、冰冻对进/出水口闸门井的影响

闸门井的冰压力结果表明，最大冰压力出现在气温上升过程中，实测冰压力为14～21kPa，数值较小，由于闸门井内水位上下浮动，影响闸门井结冰，当电站停止发电时，上库水位静止，水面结成冰块，在水位升降期间闸门井内冰层能破碎，总体来说，冰压力对进/出水口闸门井影响较小。

# 第六十八章　上水库冰厚预报方法

江河、水库的冰厚大小是评价当地冻结状态的一个基本指标。对于工程建筑物来说，冰厚的大小及其分布对建筑物产生的作用不同。冰厚的大小主要与负气温的强弱、水深、水温以及朝向（遮阴程度）等因素有关，因而表现为冰厚随纬度和高度变化。因此，不同地区有不同的冰厚；水库的条件不同，冰厚亦不相同。即使是同一水库，不同年份的冰厚也会有所不同。

观测及调查结果表明，抽水蓄能电站上水库的冰厚远小于正常水库的冰厚。由于上水库水位呈周期性升降，因而具有冰层随水位升降而升降，而且从下库抽进来的水温相对较高和水温不均匀等特点，这些均对冰层的形成产生影响。目前对这种条件下的冰厚实际观测资料较少，更无相应的冰厚预报方法。因此对抽水蓄能电站水库冰厚的预报方法进行如下的探讨。

## 一、冰厚计算方程

一般水库冬季的水位基本不变或变化不大，冰厚的大小主要取决于气温。冰层下面水温的影响很小。因此，在现有的冰厚计算公式中常常不计这种影响，例如简化的斯蒂芬公式：

$$h_i=\sqrt{\frac{2\lambda t\tau}{L}} \tag{68-1}$$

式中：$h_i$ 为冰厚；$\lambda$ 为冰的热导率；$t$ 为表（冰）面温度；$\tau$ 为时间；$L$ 为水的体积结晶潜热。

式（68.1）中，$\lambda$ 和 $L$ 均为定值，$t\tau$ 是负温累计值即所谓的冻结指数。由此可见，冰厚与冻结指数的平方根成正比。黑龙江省音河水库曾根据历年的冰厚和气温观测资料统计分析得出如下的冰厚经验公式：

冰面无雪：　　$h_i=2.7\sqrt{I}$

冰面雪厚 10cm：　　$h_i=2.5\sqrt{I}$

冰面雪厚 20cm：　　$h_i=2.7\sqrt{I}$

式中：$h_i$ 为冰厚，cm；$I$ 为冻结指数，℃·d。

蒲石河抽水蓄能电站的水库与一般水库的情况不同。由于库水温日变幅大，特别是在抽水过程中，水流的紊动作用，以及从下库抽进来的水温度较高产生的热力作用均对冰层的厚度有较大影响，使得这类水库的冰厚比其他相同条件的一般水库的冰厚小。因此，对于抽水蓄能电站的水库，计算其冰厚时，必须计算水流的紊动和水温的热力作用。

水流的紊动和水温的热力对冰层的作用主要表现在从下库抽水和水位上升期间。就是说，这种作用不是连续的，在一天里只有几个小时，气温的连续作用不相一致。因此，难于把两种作用同时在一个计算方程中体现出来或过于复杂。

考虑到气温的作用使冰层增厚，而水流的紊动和水温的热力作用是使冰层融化（减薄），在建立冰厚计算模型时，采取分别建立计算方程，然后再统一为一个计算方程。

## 二、边界条件及其近似处理

在数学物理计算方法中，当已知表面温度时，称为第一类边界条件，即

$$t_0 = f(\tau) \tag{68-2}$$

此时，当表面放热系数很大时，可认为表面温度等于外界温度（气温），即

$$t_0 = t_a \tag{68-3}$$

式中：$t_0$ 为表面（冰面）温度；$\tau$ 为时间；$t_a$ 为气温。

当冰面的热流量为时间的已知函数时，称为第二类边界条件，即

$$-\lambda\left(\frac{\partial t}{\partial n}\right)_s = f(\tau) \tag{68-4}$$

当表面与空气接触，热量通过表面全部放出时，称为第三类边界条件，用牛顿方程表示：

$$-\lambda\left(\frac{\partial t}{\partial n}\right)_s = \alpha(t_s - t_a) \tag{68-5}$$

式中：$\alpha$ 为表面放热系数。

上述边界条件中，第三类边界条件适用范围最广，冰面的边界条件亦属于此类边界条件。由于计算时要有气温和冰面温度，为简化计算，采用虚拟冰厚的方法对边界条件进行近似处理。虚拟冰厚是指从实际冰面向外延伸一个厚度，这个厚度：

$$h_t = \lambda_i / \alpha_i \tag{68-6}$$

式中：$h_t$ 为虚拟冰厚，m；$\lambda_i$ 为冰的热导率，W/(m・℃)；$\alpha_i$ 为冰面放热系数，W/(m$^2$・℃)。

经此处理后，虚拟冰厚表面的温度等于外界温度（气温），如图 68-1 所示。

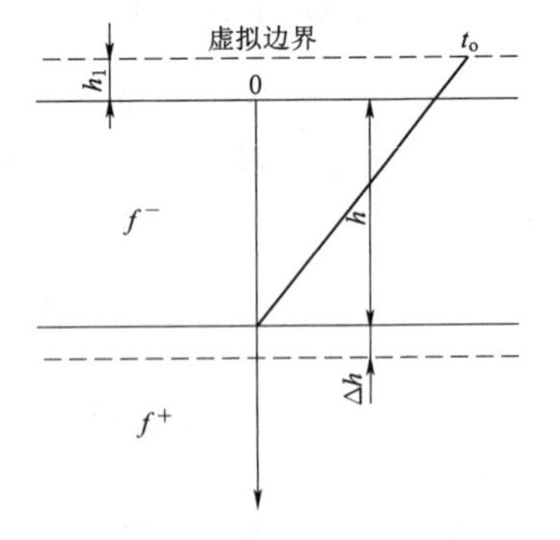

图 68-1　水层冻结示意图

## 三、无水下热源的冰厚计算方程

一般冰厚是指冰层下面水的热流强度很小，冰层厚度主要取决于气温情况下的冰厚。设时间 $\tau=0$ 时，冰厚 $h=0$，经过时间 $\tau$ 的冰厚为 $h$，则当时间增加到 $\tau+\Delta\tau$ 时的冰厚为 $h+\Delta h$。设时间增量 $\Delta\tau$ 时段内，单位面积水层在冻结过程中放出的热量为 $\Delta Q$。$\Delta Q$ 包括冰层增量 $\Delta h$ 内的相变潜热、已有冰层的内能变量和来自冰层下面的热流，并可写成：

$$\Delta Q = \Delta Q_L + \Delta Q_C + \Delta Q_d \tag{68-7}$$

$$\Delta Q_L = L\Delta h \tag{68-8}$$

$$\Delta Q_C = 0.5c\theta\Delta h \tag{68-9}$$

式中：$\Delta Q$ 为 $\Delta\tau$ 时段内，水体在冻结过程中放出的热量，kJ；$\Delta Q_L$ 为冰层增量 $\Delta h$ 内的

相变潜热，kJ；$\Delta Q_C$ 为已有冰层的内能变量，kJ；$L$ 为水的体积结晶潜热，kJ/m³；$\Delta h$ 为冰厚增量，m；$c$ 为水的体积热容量，kJ/(m³℃)；$\theta$ 为表面温度,℃；$\Delta\tau$ 为时间增量，s。

时间增量 $\Delta\tau$ 时段内，单位面积水层在冻结过程中吸热量 $\Delta Q'$ 为

$$\Delta Q' = -\lambda \frac{\Delta t}{\Delta h} \Delta\tau \tag{68-10}$$

式中：$\Delta Q'$为 $\Delta\tau$ 时段内，水体在冻结过程中的吸热量，kJ；$\lambda$ 为冰的热导率，W/(m·℃)；$t$ 为温度。

令 $\Delta Q = \Delta Q'$，取温度的绝对值，并写成微分形式，经移项、分离变量及整理合并后得：

$$\left(\lambda \frac{t_a}{h+h_t}\right) \mathrm{d}\tau = (Q_L + 0.5Ct_a)\mathrm{d}h \tag{68-11}$$

$$\mathrm{d}\tau = (Q_L + 0.5Ct_a) \frac{\mathrm{d}h}{\lambda \dfrac{t_a}{h+h_t}} \tag{68-12}$$

将式（68-12）积分，且 $t_a = \mathrm{cont}$ 时，则得到：

$$h = \sqrt{\frac{2\lambda t_a \tau}{L + \dfrac{ct_a}{2}} + h_t^2} - h_t \tag{68-13}$$

## 四、冰底热流融冰计算方程

（1）水向冰层底面的热流强度 $S$ 按下式计算。

$$S = k(t_{\mathrm{w}} - t_{\mathrm{i}}) \tag{68-14}$$

式中：$S$ 为水向冰层底面的热流强度，W/m²；$t_{\mathrm{w}}$ 为水温,℃；$t_{\mathrm{i}}$ 为冰温,℃，计算采用 $t_i = 0℃$；$k$ 为水向冰层底面的热传递系数，W/(m²·K)。

（2）水向冰层底面的热传递系数。水向冰层底面的热传递系数与水流流速等有关。艾斯顿（1986）对冰盖底面有效热传导的研究得出如下的纽塞数和雷诺数之间的如下关系：

$$Nu = 0.96Re^{0.62} \tag{68-15}$$

式中：$Nu$ 为努塞尔数，$Nu = kb/\lambda_{\mathrm{w}}$；$Re$ 为雷诺数，$Re = v_m b/\nu$；$b$ 为冲击圈半径，m。

可以得出：

$$\frac{bk}{\lambda_{\mathrm{w}}} = 0.96\left(\frac{v_m b}{\nu}\right)^{0.62} \tag{68-16}$$

式中：$k$ 为平均热传导系数，W/(m²·K)；$\lambda_{\mathrm{w}}$ 为水的导热系数，W/(m·K)；$v_{\mathrm{m}}$ 为冲击流速，m/s；$\nu$ 为水的运动黏滞系数。

取水的导热系数 $\lambda_{\mathrm{w}} = 0.56$W/(m·K)，水的运动黏滞系数 $\nu = 1.6\times10^{-6}$m²/s，得出：

$$k = 2100v^{0.62}b^{-0.38} \tag{68-17}$$

由式（68-16）和式（68-17）可得水向冰层底面的热流强度：

$$S = 2100v^{0.62}b^{-0.38}t_{\mathrm{w}} \tag{68-18}$$

（3）水向冰层底面的热流融冰度按下式计算：

$$h_{ir}=\frac{S}{L}\tau_r \tag{68-19}$$

式中：$h_{ir}$ 为融冰厚度，m；$L$ 为冰的体积结晶潜热，$L=307280\text{kJ/m}^3$；$\tau_r$ 为热流作用时间，s。

将式（68－18）和各项数值代入式（68－19），可得：

$$h_{ir}=6.8342\times10^{-6}v^{0.62}b^{-0.38}t_w\tau \quad (\text{m}) \tag{68-20}$$

## 五、抽水蓄能电站水库冰厚计算方程

将式（68－14）和式（68－20）合并，得出抽水蓄能电站水库冰厚的最终计算方程为：

$$h_i=\sqrt{\frac{2\lambda t_a\tau}{L+\frac{ct_a}{2}}+h_t^2}-h_t-6.8342\times10^{-6}v^{0.62}b^{-0.38}t_w\tau_r \tag{68-21}$$

## 六、上水库冰厚计算（以蒲石河抽蓄电站为例）

（1）放热系数 $\alpha$。放热系数表示对流换热的强度，其单位为 W/(m$^2$·℃)，旧单位为 cal/(cm$^2$·s·℃)。放热系数与风速有关。按《水工设计手册》第 5 卷，风速 1.0～2.0m/s 时，光滑固体表面的放热系数 $\alpha=8.54\sim11.80$cal/(cm$^2$·s·℃)。根据蒲石河上水库坝上自动气象站的观测结果，冻结期平均风速为 1.5m/s。据此，取 $\alpha=10.17\times1.163=11.8$W/(m$^2$·℃)。

（2）冰的热导率 $\lambda$。冰的热导率随温度升高减小，但减小的幅度很有限。一般情况下取 $\lambda=2.22$W/(m$^2$·℃)。

（3）冰的体积热容量 $c$。冰的体积热容量 $c$ 随温度升高有小幅度的增大，一般取 $c=1941$kJ/(m$^3$·K)。

（4）冰的体积结晶潜热 $L$。$L=334\times920=307280\text{kJ/m}^3$。

（5）冻结温度 $t_a$。气温和地温在年内呈正弦周期性变化，如图 68－2 所示。计算中采用的是整个冬季的平均温度，可按温度随时间的变化曲线积分求得或按气温观测资料计算求得。根据本年度自动气象站的观测资料算得上水库库区冻结期的平均气温为－6.4℃。

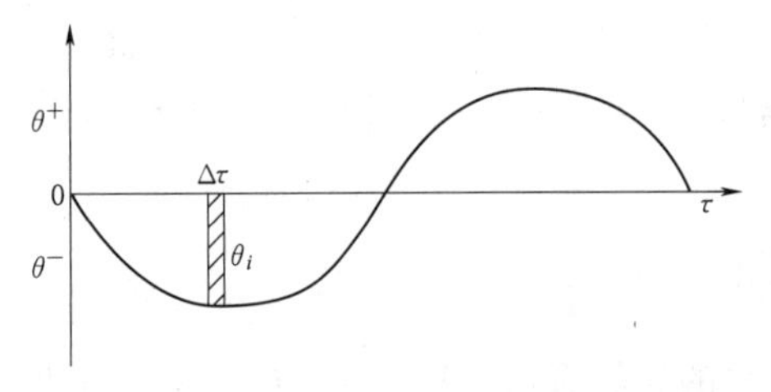

图 68－2　气温年内变化示意图

（6）虚拟冰厚 $h_t$。$h_t=\lambda_i/\alpha_i=2.22/11.8=0.19$m。

（7）冲击圈半径 $b$。由于抽水时库水位全面上升，因此取 $b=1$m。

（8）冲击流速 $v$(m/s)。冲击流速取等于抽水期间库水位上升时对冰层底面的冲击流速。本年度抽水期间不同高程的流速观测结果见表 68－1、表 68－2，算得高程 350～370m 的垂直平均流速为 0.086m/s。

表 68-1　抽水期间不同高程的流速　单位：m/s

| 时间（年.月.日 时） | 高程/m | | |
|---|---|---|---|
| | 350 | 360 | 370 |
| 2013.3.23 3：00 | 0.1885 | 0.1561 | 0.0458 |
| 2013.3.26 2：30 | 0.1791 | 0.0865 | — |
| 2013.3.30 2：30 | 0.1042 | 0.0617 | — |
| 平均 | 0.157243 | 0.101437 | — |

表 68-2　引水洞进水口不同高程的流速　单位：m/s

| 高程/m | 3 台机发电 | 2 台机发电流速 | 1 台机发电流速 | 备注 |
|---|---|---|---|---|
| 360 | 0.12330 | 0.0835 | 0.0645 | 死水位 |
| 375.5 | 0.03740 | 0.0263 | 0.0231 | 正常水位下 |
| 平均 | 0.08035 | 0.0549 | 0.0438 | |

（9）水温 $t_w$。本年度不同位置和高程水温观测结果见表 68-3。从表中可见，水温在 0.2～0.5℃之间，多数为 0.3～0.4℃。

表 68-3　不同位置和高程水温　单位：℃

| 日期 | 1 号洞口 高程 350m | 洞口上方 高程 375m | 1 号、2 号洞间 高程 360m | 2 号洞口 高程 350m | 1 号、2 号洞间 高程 375m |
|---|---|---|---|---|---|
| 1.19 | 0.3 | 0.3 | 0.4 | 0.4 | 0.3 |
| 1.2 | 0.3 | 0.2 | 0.4 | 0.4 | 0.3 |
| 1.24 | 0.3 | 0.3 | 0.4 | 0.4 | 0.3 |
| 1.3 | 0.3 | 0.2 | 0.3 | 0.3 | 0.2 |
| 2.2 | 0.3 | 0.3 | 0.4 | 0.4 | 0.3 |
| 2.5 | 0.3 | 0.3 | 0.4 | 0.4 | 0.3 |
| 2.7 | 0.3 | 0.3 | 0.4 | 0.4 | 0.3 |
| 2.14 | 0.3 | 0.2 | 0.2 | 0.4 | 0.1 |
| 2.21 | 0.3 | 0.3 | 0.4 | 0.4 | 0.2 |
| 2.25 | 0.4 | 0.3 | 0.5 | 0.4 | 0.3 |
| 2.27 | 0.4 | 0.5 | 0.5 | 0.4 | 0.4 |

（10）冻结时间 $\tau$。冻结时间为冻结期内的冻结小时数。蒲石河 2012—2013 年度自 2012 年 11 月 12 日开始冻结，至 2013 年 3 月 29 日结束，共 138d。

（11）热流作用时间 $\tau_r$。热流作用时间是指有水流冲击作用的相应时间。从表 68-1 的流速观测结果可见，水位上升至约 370m 高程时，流速已减小至零。水位从死水位高程 360m 上升至最高水位 392m，一般历时 5.5h，按此计算，水位升高 10m 的时间为 3h 左右，计算中取 3h。即水流对冰层底面的作用历时约 3h。

将上述各参数代入式（68-21）得出 $h_i=0.24$m，计算结果与实测数值基本一致，现场实测大坝附近冰厚 23cm。$h_i=0.23$m。

# 第六十九章　寒区抽水蓄能电站上水库运行建议

(1) 寒区抽蓄电站上水库冬季冰害的主要因素有气温、风向、风速、水温、流速流态及机组运行管理等，其中机组运行管理是由人力决定的，为可控制因素。因此，机组运行方案科学合理是保上水库乃至整个电站冬季安全运行的关键。

(2) 通过实际观测数据，冬季运行方案为抽水时间建议安排在23：30—次日5：00，发电时间在15：30—21：00，每天保证2～3台机组发电，至少1台机组发电运行，利用逐日往复水位升降、风和其他因素引起的水面紊动可以防止形成完整的冰盖。蒲石河抽水蓄能电站冬季运行经验证明，目前的运行方式对防止完整冰盖的形成是最经济有效的。

(3) 低流速场产生的热力作用是防止和减小上水库形成冰盖的关键，蒲石河抽水蓄能电站上下往复式的水流运动，2012—2013年期间，日最高水位在391.88～376.69m之间，低于或接近正常蓄水位；日最低运行水位在380.59～370.46m之间，日变幅为4.82～20.99m。随着库水位的变化和机组投运台数的不同（1～4台），水位升降速度均为0.7～3.4m/h，进/出水口附近实测流速均为0.11～0.24m/s，这样一个低流速场既有竖向升降流速，又有沿水流方向流速分布，观测结果说明，观测期内上库在冬季最低气温－21.5℃的条件下冰厚仅15～23cm，不形成完整冰盖。因此，建议寒区抽蓄电站每天2～3台机组发电，至少有1台机组运行，保持上述级别的低流速场。

(4) 根据各冬季运行观测结果，结合温度场和冰厚公式计算结果进行冰情预报：停一段时间后上水库冰厚会逐渐增加，根据以往经验此时静冰压力将大幅增加，对电站护坡及面板的影响较大。因此，如有长时间停机情况，需要采取防冰、破冰或其他措施。

(5) 采用干砌石护坡的库岸四周的干砌石护坡发生大范围以护面块石被拔出为主要形式的破坏。浮力是块石护面破坏的外因，而块石的砌筑不够紧密或块径小是破坏的内因。因此，冻结期结束后，需对受损的干砌石护坡进行修整。修复破坏的护面时应严格按有关规范施工，注意块石之间相互咬合紧密、使用块径尽可能大的块石和采取必要的措施，以提高整体抗浮抗拔能力。

(6) 上水库大坝面板位于水位波动区域的止水盖板搭接缝，在冰冻、浮力和冰块的拉拽力等的综合作用下造成近接缝的下片止水盖板端部翘起、脱空和表面的胶被磨没。其他部位的止水盖板基本良好。由此可见，抽水蓄能电站上水库的冰冻对面板止水结构的影响较大。因此，面板止水盖板特别是冬季水位变化区内不宜分缝，否则，接缝必须严密，不留缝隙，经硫化处理后接缝强度最低应与母材的强度基本相同。

(7) 寒冷地区抽水蓄能电站按照冬季运行规定运行，利用电站往复水流运动，上水库

形成薄冰盖和薄冰带，是减小冰盖厚度的最为经济和有效的措施，建议将冬季运行规定作为设计的技术文件提供给电网调度，以便做出合理检修和调度计划，一般抽水蓄能电站按照电网要求调度，基本可以满足冬季防冰的要求，但要保证电站冬季每天至少有 1 台机组投运，严冬季节每天往复水流运动不宜中断。

# 第十八篇　寒冷地区抽水蓄能电站面板堆石坝面板安全运行体系研究

混凝土面板堆石坝以其明显的经济安全性已成为当今坝工界广泛采用的一种坝型。混凝土面板作为大坝防渗体系的重要组成部分，其结构保持长期稳定状态对于大坝安全运行至关重要。混凝土面板为薄板结构，寒冷地区混凝土面板长期受到冰荷载的挤压、拉拔、冻胀、冻融等破坏作用，其运行环境极为恶劣。本篇从解决混凝土面板防裂问题、优化和改进面板止水结构、提高面板垫层料抗冻胀性能等三方面，对提高混凝土面板结构安全性能的研究与应用进行介绍。

# 第七十章　寒区混凝土面板可控补偿防裂技术研究与应用

面板堆石坝的面板是浇筑在上游坝坡上的薄板，施工期裸露，对环境温度和湿度的变化影响较敏感，特别是气温骤变和混凝土干缩，会使面板产生较大的拉应变，容易产生裂缝而影响混凝土的防渗效果。因此，对于以挡水为主要目的的混凝土面板，防裂就显得尤为重要，提高堆石坝面板抗裂能力的有效方法是采用膨胀剂或减缩剂配制补偿收缩混凝土。

减缩剂的机理是通过降低混凝土中毛细孔水的表面张力，降低混凝土的自身收缩，从而减少裂缝的产生。美国、日本等发达国家自 20 世纪 80 年代即开始减缩剂的研制和应用；我国开展相关研究始自 20 世纪 90 年代。

膨胀剂的机理与减缩剂不同。膨胀剂经水化反应生成膨胀性结晶物-水化硫铝酸钙，使混凝土产生适度膨胀，抵消混凝土的干缩，从而可防止或减少混凝土的收缩裂缝。我国采用膨胀剂作为混凝土的防裂抗渗材料以往主要应用于高层建筑地下室、特种混凝土结构、刚性防水屋面及预应力和自应力管道、构件等工业与民用建筑领域。近年来南方一些水利水电工程才开始应用混凝土膨胀剂作为防裂抗渗材料，如福建龙门滩一级电站大坝防渗面板、浙江珊溪水库堆石坝面板、贵州溪水电厂马沙沟堆石坝面板等，均取得了较好的抗裂效果。这主要是由于工程地处南方，气候温暖潮湿，温差变化幅度小，因此后期混凝土内外温差及降温所产生的冷缩对混凝土裂缝影响较小。

与之形成鲜明对比的是，我国寒区已建的面板堆石坝面板如吉林松山大坝、小山大坝面板、青海公伯峡面板等都存在着较严重裂缝。在寒区恶劣的气候条件下，面板混凝土仅仅满足强度、抗渗、抗冻指标是远远不够的，必须将混凝土的变形性能和力学性能结合起来，研究一种适合寒冷地区特点的新型防裂混凝土，从补偿收缩的角度，给出混凝土膨胀的合理范围。从已有资料看，我国对寒冷地区堆石坝面板混凝土补偿收缩技术尚未进行系统研究，国外也无相关技术的报道，因而开展该方面技术研究的必要性不言而喻。

本章有侧重的开展寒冷地区可控补偿防裂混凝土技术的研究，在解决东北寒区混凝土面板防裂、抗冻等耐久性问题的同时，指导地处寒冷地区、极端温差近 73℃的蒲石河抽水蓄能电站上库坝面板的设计及施工。

## 一、补偿收缩混凝土配合比研究

补偿收缩混凝土在满足设计要求的强度、抗冻、抗渗等级的前提下，必须达到工程要求的限制膨胀率的范围。因此，配合比设计时需要考虑的主要因素为骨料级配、砂率、水胶比、用水量、粉煤灰掺量、膨胀剂掺量。

### （一）混凝土配制强度的确定

依据《水工混凝土施工规范》（DL/T 5144—2001）和《水工混凝土试验规程》（DL/

T 5150—2001）进行混凝土配合比设计。由于趾板（面板）属薄壁混凝土结构，混凝土强度保证率取95%，其施工配制强度为

$$f_{配}=f_{设}+1.645\sigma \tag{70-1}$$

式中：$f_{配}$为混凝土配制强度，MPa；$f_{设}$为混凝土设计强度等级，MPa；$\sigma$为混凝土强度标准差，MPa。

需要注意的是，表70－1中所列$\sigma$值为90d混凝土强度标准差，而本课题面板混凝土设计龄期为28d，因此，其混凝土标准差值和配制强度按以下原则确定：

（1）参考《水工混凝土结构设计规范》（SL/T 191）附录A中不同龄期普硅水泥混凝土和火山灰水泥混凝土抗压强度的比值，考虑本课题所用胶凝材料为抚顺中热水泥、粉煤灰和膨胀剂复合掺用，确定本课题拟配制的混凝土90d和28d强度比值为1.2。

（2）根据设计要求的混凝土28d龄期强度，推算出C30混凝土90d龄期强度为$f_{设90}=1.2f_{设28}=36$MPa，据表1取$\sigma=4.5$MPa，据$f_{配}=f_{设}+1.645\sigma$，计算出C30混凝土90d龄期配制强度为43.4MPa。同理，C25混凝土90d龄期强度为36.6MPa。

（3）根据混凝土90d配制强度，反算出C30混凝土28d配制强度为$f_{配28}=f_{配90}/1.2=36.2$MPa；C25混凝土28d配制强度为30.5MPa。

（4）若不考虑龄期因素，直接采用表70－1中所列C30混凝土的标准差值（$\sigma=4.5$MPa）进行计算，得到C30混凝土配制强度为37.4MPa，C25混凝土28d配制强度为31.6MPa，均大于（3）中计算所得配制强度值。

**表70－1　不同混凝土强度标准差$\sigma$**

| 混凝土强度标准值 | ≤$C_{90}$15 | $C_{90}$20～$C_{90}$25 | $C_{90}$30～$C_{90}$35 | $C_{90}$40～$C_{90}$45 |
|---|---|---|---|---|
| $\sigma$(90d)/MPa | 3.5 | 4.0 | 4.5 | 5.0 |

慎重起见，本课题确定趾板（面板）C30混凝土配制强度为37.4MPa，C25混凝土配制强度为31.6MPa。

**（二）骨料最优级配及砂率选择**

骨料级配对混凝土的和易性、强度等都有较大的影响，合理的石子级配应是在相同体积条件下，混合料的比表面积小、空隙率小、密实度高的级配。一般采用最大容重法选择最优骨料级配比例。

砂率是砂子占砂石总体积的百分率。最佳砂率选择则是在选定的骨料级配比例和水胶比的前提条件下，固定水泥用量，变换砂率进行混凝土试拌，在满足混凝土和易性的前提下，用水量最小时所对应的砂率即为最佳砂率。

采用最大容重法测定并经混凝土试拌调整，确定5～20mm小石与20～40mm中石的骨料比例为40∶60，砂率为35%。

**（三）混凝土水胶比及最优用水量的选择**

混凝土水胶比的选择，应同时兼顾混凝土的各项性能指标，既要参考《水工混凝土施工规范》（DL/T 5144）对最大水灰比限值的规定，又要参考类似工程经验，本次试验选定的水胶比范围为0.31～0.35。

混凝土最优用水量的选择是指通过混凝土试拌，确定满足坍落度要求的最小用水量。

本次混凝土试验用水量为109～112kg/$m^3$。

**（四）补偿收缩混凝土配合比设计**

面板混凝土中膨胀剂掺量结合砂浆长期膨胀效能试验成果确定，均为生产厂家推荐范围的最大掺量，北京新中州HEA-1、北京中岩ZY膨胀剂掺量为8%；天津豹鸣膨胀剂掺量为12%，减缩剂掺量为1.5%，聚丙烯纤维为0.6kg/$m^3$。

MgO掺量分别为3%、5%，用以比较只掺MgO和MgO+膨胀剂复掺后的力学性能及限制膨胀率等方面的影响。

研究初期主要采用抚顺产粉煤灰，掺量分别为15%、25%、35%。考虑到粉煤灰质量受生产工艺、煤源等因素影响，极易产生质量波动，为保证工程质量，后期研究中增加了丹东产Ⅰ级灰和Ⅱ级灰（掺量为25%）混凝土的性能对比试验。

配合比设计时除MgO采用外掺法外，膨胀剂和粉煤灰均为内掺法。

其配合比详见表70-2。

**（五）混凝土的各项性能研究**

混凝土性能试验结果见表70-3。

## 二、补偿收缩混凝土限制膨胀率的确定

补偿收缩作用的大小，主要取决于混凝土的膨胀能大小和限制程度（在钢筋混凝土中即配筋率的大小）。膨胀剂在多种水化过程中产生的膨胀能，导致混凝土的体积膨胀。只有在配筋限制下的膨胀才能够起到补偿收缩和产生自应力的作用，这一部分膨胀能叫做有效膨胀能。国内外都是采用混凝土限制膨胀率（即钢筋伸长率）$e$值衡量有效膨胀能。所以，$e$值的选定是补偿收缩混凝土设计中的关键。

补偿收缩混凝土限制膨胀率及限制干缩率的试验结果见表70-4。

**（一）影响混凝土限制膨胀率的主要因素**

1. 膨胀剂种类对混凝土限制膨胀率的影响

从表70-4可知，随着膨胀剂、聚丙烯纤维的掺入，补偿收缩混凝土的水中限制膨胀率较基准混凝土增大，且限制干缩率相应减小。在水胶比相同情况下，使用不同品种膨胀剂拌制的补偿收缩混凝土膨胀率略有差别，豹鸣UEA膨胀剂只有在掺量为12%时才能与掺量为8%的中岩ZY、新中州HEA-1混凝土限制膨胀率值相当，说明膨胀剂的矿物成分对混凝土的膨胀效果存在影响。

2. 粉煤灰掺量、品种、减水剂对混凝土限制膨胀率的影响

表中可见，当膨胀剂掺量相同时，掺入25%粉煤灰的膨胀混凝土水中限制膨胀率普遍高于掺入15%、35%粉煤灰膨胀混凝土的限制膨胀率；掺入35%粉煤灰的膨胀混凝土限制干缩率最大。

当粉煤灰、膨胀剂掺量相同时，三种粉煤灰的限制膨胀率差异不大，但丹东Ⅰ级灰的限制干缩率较Ⅱ级灰低2%左右。

粉煤灰掺量25%时，SR3混凝土限制干缩率较KDF-1混凝土低20%左右。

3. 聚丙烯纤维对混凝土限制膨胀率的影响

在配合比相同的情况下，国产维克纤维+膨胀剂的混凝土，其限制膨胀率较进口格雷

**表 70-2　　混凝土配合比研究成果**

| 试验编号 | 水胶比 | 外加剂种类及掺量/% | 骨料级配 | 砂率/% | 粉煤灰产地及掺量/% | 膨胀剂品种及掺量/% | 含气量/% | 坍落度/cm | 混凝土材料用量/(kg/m³) | | | | | | | |
|---|---|---|---|---|---|---|---|---|---|---|---|---|---|---|---|---|
| | | | | | | | | | 水泥 | 膨胀剂 | 粉煤灰 | 胶凝材料总量 | 水 | 砂 | 石/mm | |
| | | | | | | | | | | | | | | | 5～20 | 20～40 |
| F-2 | 0.31 | SR3 0.50<br>DH9 0.002 | 二 | 35 | 抚顺<br>25（Ⅰ） | — | 5.5 | 7.0 | 280 | 0 | 70 | 350 | 109 | 650 | 487 | 730 |
| FZ-1 | 0.31 | SR3 0.65<br>DH9 0.002 | | 35 | 抚顺<br>15（Ⅰ） | 中岩 ZY<br>8 | 5.6 | 8.4 | 280 | 28 | 42 | 350 | 109 | 653 | 488 | 733 |
| FZ-2 | 0.31 | SR3 0.60<br>DH9 0.002 | | 35 | 抚顺<br>25（Ⅰ） | | 4.7 | 7.7 | 258 | 28 | 64 | 350 | 109 | 650 | 486 | 730 |
| FZ-3 | 0.32 | SR3 0.50<br>DH9 0.003 | | 35 | 抚顺<br>35（Ⅰ） | | 5.5 | 9.2 | 238 | 28 | 84 | 350 | 112 | 645 | 483 | 714 |
| H-2 | 0.31 | SR3 0.80<br>DH9 0.002 | | 35 | 0 | 新中州<br>HEA-1<br>8 | 5.2 | 7.2 | 322 | 28 | 0 | 350 | 109 | 658 | 492 | 739 |
| FH-1 | 0.31 | SR3 0.65<br>DH9 0.002 | | 35 | 抚顺<br>15（Ⅰ） | | 5.8 | 7.0 | 280 | 28 | 42 | 350 | 109 | 653 | 488 | 733 |
| FH-2 | 0.31 | SR3 0.60<br>DH9 0.002 | | 35 | 抚顺<br>25（Ⅰ） | | 5.5 | 7.0 | 258 | 28 | 64 | 350 | 109 | 650 | 486 | 730 |
| FH-3 | 0.32 | SR3 0.50<br>DH9 0.003 | | 35 | 抚顺<br>35（Ⅰ） | | 5.7 | 8.0 | 238 | 28 | 84 | 350 | 112 | 645 | 483 | 714 |
| FB-2 | 0.31 | SR3 0.75<br>DH9 0.002 | | 35 | 抚顺<br>25（Ⅰ） | 豹鸣<br>UEA 12 | 4.8 | 8.0 | 246 | 42 | 62 | 350 | 109 | 649 | 486 | 719 |
| KZ-1 | 0.31 | KDF-1 0.75<br>DH9 0.005 | | 35 | 抚顺<br>15（Ⅰ） | 中岩 ZY<br>8 | 5.7 | 8.5 | 280 | 28 | 41 | 350 | 109 | 653 | 488 | 733 |
| KZ-2 | 0.31 | KDF-1 0.70<br>DH9 0.004 | | 35 | 抚顺<br>25（Ⅰ） | | 4.3 | 8.8 | 258 | 28 | 64 | 350 | 109 | 650 | 486 | 730 |
| KH-1 | 0.31 | KDF-1 0.75<br>DH9 0.005 | | 35 | 抚顺<br>15（Ⅰ） | 新中州<br>HEA-1<br>8 | 5.2 | 7.8 | 280 | 28 | 42 | 350 | 109 | 652 | 488 | 733 |
| KH-2 | 0.31 | KDF-1 0.70<br>DH9 0.004 | | 35 | 抚顺<br>25（Ⅰ） | | 4.3 | 8.0 | 258 | 28 | 64 | 350 | 109 | 650 | 486 | 730 |

续表

| 试验编号 | 水胶比 | 外加剂种类及掺量/% | 骨料级配 | 砂率/% | 粉煤灰产地及掺量/% | 膨胀剂品种及掺量/% | 纤维名称及掺量/(kg/m³) | 含气量/% | 坍落度/cm | MgO/% | 减缩剂/% | 混凝土材料用量/(kg/m³) | | | | | | | |
|---|---|---|---|---|---|---|---|---|---|---|---|---|---|---|---|---|---|---|---|
| | | | | | | | | | | | | 水泥 | 膨胀剂 | 粉煤灰 | 胶凝材料总量 | 水 | MgO | 砂 | 石 |
| FH-0 | 0.35 | SR3 0.60 DH9 0.002 | 二 | 36 | 丹东 25（Ⅰ） | HEA-18 | — | 5.6 | 8.5 | — | — | 228 | 25 | 57 | 310 | 109 | — | 679 | 1216 |
| FHW-0 | 0.35 | SR3 0.65 DH9 0.002 | | 36 | 丹东 25（Ⅰ） | | 维克 0.6 | 5.9 | 7.0 | — | — | 228 | 25 | 57 | 310 | 109 | — | 679 | 1216 |
| J-2 | 0.31 | SR3 0.50 DH9 0.002 | | 35 | 抚顺 25（Ⅰ） | — | — | 4.8 | 8.0 | — | 1.5 | 280 | — | 70 | 350 | 109 | — | 650 | 1217 |
| FW-2 | 0.31 | SR3 0.65 DH9 0.002 | | 35 | 丹东 25（Ⅰ） | | 维克 0.6 | 4.7 | 7.5 | — | — | 280 | 0 | 70 | 350 | 109 | — | 648 | 1212 |
| FH-2-1 | 0.31 | SR3 0.60 DH9 0.002 | | 35 | 丹东 25（Ⅰ） | HEA-18 | — | 5.2 | 8.5 | — | — | 258 | 28 | 64 | 350 | 109 | — | 649 | 1215 |
| FH-2-2 | 0.31 | SR3 0.60 DH9 0.002 | | 35 | 丹东 25（Ⅱ） | | — | 5.3 | 8.8 | — | — | 258 | 28 | 64 | 350 | 109 | — | 649 | 1215 |
| FHW-2-1 | 0.31 | SR3 0.65 DH9 0.002 | | 35 | 丹东 25（Ⅰ） | | 维克 0.6 | 5.5 | 7.6 | — | — | 258 | 28 | 64 | 350 | 109 | — | 649 | 1215 |
| FHW-2-2 | 0.31 | SR3 0.65 DH9 0.002 | | 35 | 丹东 25（Ⅱ） | | 维克 0.6 | 5.3 | 8.0 | — | — | 258 | 28 | 64 | 350 | 109 | — | 648 | 1212 |
| FZW-2 | 0.31 | SR3 0.65 DH9 0.002 | | 35 | 抚顺 25（Ⅰ） | ZY8 | 维克 0.6 | 5.5 | 7.5 | — | — | 258 | 28 | 64 | 350 | 109 | — | 650 | 1216 |

续表

| 试验编号 | 水胶比 | 外加剂种类及掺量/% | 骨料级配 | 砂率/% | 粉煤灰产地及掺量/% | 膨胀剂品种及掺量/% | 纤维名称及掺量/(kg/m³) | 含气量/% | 坍落度/cm | MgO/% | 减缩剂/% | 混凝土材料用量/(kg/m³) | | | | | | | |
|---|---|---|---|---|---|---|---|---|---|---|---|---|---|---|---|---|---|---|---|
| | | | | | | | | | | | | 水泥 | 膨胀剂 | 粉煤灰 | 胶凝材料总量 | 水 | MgO | 砂 | 石 |
| FZG-2 | 0.31 | SR3 0.70 DH9 0.002 | 二 | 35 | 抚顺 25（Ⅰ） | ZY8 | 格雷斯 0.6 | 5.6 | 7.5 | — | — | 258 | 28 | 64 | 350 | 109 | — | 650 | 1216 |
| FHW-2 | 0.31 | SR3 0.65 DH9 0.002 | | 35 | 抚顺 25（Ⅰ） | HEA-18 | 维克 0.6 | 5.5 | 7.5 | — | — | 258 | 28 | 64 | 350 | 109 | — | 650 | 1216 |
| FHG-2 | 0.31 | SR3 0.70 DH9 0.002 | | 35 | 抚顺 25（Ⅰ） | | 格雷斯 0.6 | 5.5 | 7.5 | — | — | 258 | 28 | 64 | 350 | 109 | — | 650 | 1216 |
| FBW-2 | 0.31 | SR3 0.70 DH9 0.002 | | 35 | 抚顺 25（Ⅰ） | 豹鸣 UEA 12 | 维克 0.6 | 5.8 | 8.5 | — | — | 246 | 42 | 62 | 350 | 109 | — | 649 | 1215 |
| FBG-2 | 0.31 | SR3 0.75 DH9 0.002 | | 35 | 抚顺 25（Ⅰ） | | 格雷斯 0.6 | 5.5 | 8.5 | — | — | 246 | 42 | 62 | 350 | 109 | — | 649 | 1215 |
| HM5-2 | 0.31 | SR3 0.65 DH9 0.002 | | 35 | 抚顺 25（Ⅰ） | HEA-18 | — | 5.7 | 7.5 | 5 | — | 258 | 28 | 64 | 350 | 109 | 17.5 | 645 | 1207 |
| HM5-2-1 | 0.31 | SR3 0.60 DH9 0.002 | | 35 | 丹东 25（Ⅰ） | | — | 5.1 | 7.5 | 5 | — | 258 | 28 | 64 | 350 | 109 | 17.5 | 645 | 1207 |
| HM3-2-1 | 0.31 | SR3 0.65 DH9 0.002 | | 35 | 丹东 25（Ⅰ） | | — | 5.4 | 9.0 | 3 | — | 258 | 28 | 64 | 350 | 109 | 10.5 | 647 | 1211 |
| FM5-2-1 | 0.31 | SR3 0.65 DH9 0.002 | | 35 | 丹东 25（Ⅰ） | — | — | 5.5 | 7.0 | 5 | — | 280 | — | 70 | 350 | 109 | 17.5 | 645 | 1208 |

**注**　SR3 为减水剂，KDF-1 为减水剂，DH9 为引气剂，“SR30.65”的解释为 SR3 型外加剂的掺量为 0.65%，其他类似符号的解释与“SR30.65”相同。

表 70-3　　混凝土抗压强度、弹模、拉伸成果表

| 试验编号 | 膨胀剂品种及掺量/% | 外加剂种类 | 粉煤灰掺量/% | 水胶比 | 单位立方米胶凝材料用量/(kg/m³) | | | 静压弹模/(×10⁴ MPa) | | 抗压强度/MPa | | | 抗拉强度/MPa | | | 极限拉伸值/(×10⁻⁴) | | | 抗渗标号W | 抗冻标号F |
|---|---|---|---|---|---|---|---|---|---|---|---|---|---|---|---|---|---|---|---|---|
| | | | | | 水泥 | 膨胀剂 | 粉煤灰 | 28d | 90d | 7d | 28d | 90d | 7d | 28d | 90d | 7d | 28d | 90d | | |
| F-2 | 0 | SR3 DH9 | 抚顺 25(Ⅰ) | 0.31 | 280 | 0 | 70 | 2.84 | 3.21 | 27.7 | 39.8 | 47.3 | 2.54 | 3.34 | 3.54 | 0.95 | 1.08 | 1.14 | — | — |
| FZ-1 | ZY 8 | | 抚顺 15(Ⅰ) | 0.31 | 280 | 28 | 42 | 2.88 | 3.11 | 32.0 | 43.0 | 46.3 | 2.64 | 3.18 | 3.42 | 0.93 | 1.22 | 1.27 | — | — |
| FZ-2 | | | 抚顺 25(Ⅰ) | 0.31 | 258 | 28 | 64 | 2.94 | 3.34 | 34.3 | 42.7 | 56.1 | 2.32 | 3.34 | 3.90 | 0.96 | 1.22 | 1.30 | W10 | F300 |
| FZ-3 | | | 抚顺 35(Ⅰ) | 0.32 | 238 | 28 | 84 | 2.73 | 3.17 | 31.8 | 45.5 | 50.1 | 2.18 | 2.96 | 3.66 | 0.92 | 1.19 | 1.31 | W10 | F300 |
| H-2 | HEA -18 | | 0 | 0.31 | 322 | 28 | 0 | 2.86 | 2.97 | 37.2 | 43.7 | 49.0 | 2.98 | 3.02 | 3.55 | 1.10 | 1.29 | 1.30 | — | — |
| FH-1 | | | 抚顺 15(Ⅰ) | 0.31 | 280 | 28 | 42 | 2.67 | 2.83 | 35.3 | 45.4 | 47.5 | 2.58 | 3.44 | 3.30 | 1.05 | 1.18 | 1.24 | — | — |
| FH-2 | | | 抚顺 25(Ⅰ) | 0.31 | 258 | 28 | 64 | 2.78 | 3.38 | 34.0 | 46.5 | 52.5 | 2.27 | 2.93 | 3.80 | 1.01 | 1.21 | 1.28 | W10 | F300 |
| FH-3 | | | 抚顺 35(Ⅰ) | 0.32 | 238 | 28 | 84 | 2.83 | 3.33 | 27.7 | 39.2 | 47.3 | 2.02 | 3.08 | 3.53 | 0.83 | 1.10 | 1.14 | W10 | F300 |
| FB-2 | 豹鸣 12 | | 抚顺 25(Ⅰ) | 0.31 | 246 | 42 | 62 | 2.87 | 3.21 | 33.6 | 42.0 | 48.7 | 2.23 | 2.95 | 3.59 | 1.04 | 1.14 | 1.18 | W10 | F300 |
| KZ-1 | ZY 8 | KDF-1 DH9 | 抚顺 15(Ⅰ) | 0.31 | 280 | 28 | 41 | 2.81 | 3.43 | 33.8 | 43.9 | 48.4 | 2.31 | 2.86 | 3.48 | 0.93 | 1.13 | 1.20 | — | — |
| KZ-2 | | | 抚顺 25(Ⅰ) | 0.31 | 258 | 28 | 64 | 2.93 | 3.39 | 38.3 | 44.8 | 48.4 | 2.29 | 2.65 | 3.03 | 0.96 | 1.03 | 1.23 | W10 | F300 |
| KH-1 | HEA -18 | | 抚顺 15(Ⅰ) | 0.31 | 280 | 28 | 42 | 2.84 | 3.38 | 33.1 | 44.2 | 48.5 | 2.74 | 2.78 | 3.41 | 0.96 | 1.15 | 1.19 | — | — |
| KH-2 | | | 抚顺 25(Ⅰ) | 0.31 | 258 | 28 | 64 | 2.97 | 3.44 | 37.5 | 45.7 | 53.5 | 2.23 | 3.00 | 3.44 | 0.91 | 1.10 | 1.18 | W10 | F300 |

续表

| 试验编号 | 膨胀剂品种及掺量/% | 外加剂种类 | 粉煤灰掺量/% | 聚丙烯纤维名称 | MgO/% | 减缩剂/% | 单方胶凝材料用量/(kg/m³) | | | 静压弹模/(×10⁴ MPa) | | 抗压强度/MPa | | | 抗拉强度/MPa | | | 极限拉伸值/(×10⁻⁴) | | | 抗渗标号W | 抗冻标号F |
|---|---|---|---|---|---|---|---|---|---|---|---|---|---|---|---|---|---|---|---|---|---|---|
| | | | | | | | 水泥 | 膨胀剂 | 粉煤灰 | 28d | 90d | 7d | 28d | 90d | 7d | 28d | 90d | 7d | 28d | 90d | | |
| FZW-2 | ZY8 | SR3 DH9 | 抚顺 25 (Ⅰ) | 维克 | — | — | 258 | 28 | 64 | 2.60 | 2.92 | 35.5 | 42.7 | 51.5 | 2.59 | 2.91 | 3.69 | 1.15 | 1.30 | 1.38 | — | — |
| FZG-2 | | | 抚顺 25 (Ⅰ) | 格雷斯 | — | — | 258 | 28 | 64 | 2.05 | 3.14 | 36.1 | 45.6 | 53.9 | 2.36 | 2.57 | 3.84 | 1.06 | 1.26 | 1.35 | — | — |
| FHW-2 | HEA-18 | | 抚顺 25 (Ⅰ) | 维克 | — | — | 258 | 28 | 64 | 2.41 | 2.95 | 32.6 | 44.5 | 54.5 | 2.49 | 3.22 | 3.74 | 1.06 | 1.28 | 1.34 | W10 | F300 |
| FHG-2 | | | 抚顺 25 (Ⅰ) | 格雷斯 | — | — | 258 | 28 | 64 | 2.54 | 2.88 | 35.0 | 41.6 | 55.6 | 2.44 | 3.29 | 3.89 | 1.03 | 1.28 | 1.32 | W10 | F300 |
| FBW-2 | 豹鸣 12 | | 抚顺 25 (Ⅰ) | 维克 | — | — | 246 | 42 | 62 | 2.64 | 2.80 | 34.7 | 38.2 | 49.3 | 2.58 | 3.31 | 3.51 | 1.03 | 1.27 | 1.33 | — | — |
| FBG-2 | | | 抚顺 25 (Ⅰ) | 格雷斯 | — | — | 246 | 42 | 62 | 3.12 | 3.67 | 35.9 | 47.5 | 49.6 | 2.44 | 3.28 | 3.66 | 1.04 | 1.17 | 1.29 | — | — |
| HM5-2 | HEA-18 | | 抚顺 25 (Ⅰ) | — | 5 | — | 258 | 28 | 64 | 2.85 | 2.92 | 33.5 | 46.0 | 52.8 | 2.66 | 3.39 | 3.77 | 1.15 | 1.26 | 1.36 | W10 | F300 |
| HM5-2-1 | | | 丹东 25 (Ⅰ) | — | 5 | — | 258 | 28 | 64 | 2.71 | 3.04 | 35.7 | 42.1 | 50.3 | 2.19 | 2.94 | 3.22 | 1.11 | 1.29 | 1.36 | W10 | F300 |
| HM3-2-1 | | | 丹东 25 (Ⅰ) | — | 3 | — | 258 | 28 | 64 | 2.89 | 3.07 | 33.1 | 41.3 | 49.2 | 2.07 | 2.80 | 3.31 | 1.03 | 1.29 | 1.35 | W10 | F300 |

续表

| 试验编号 | 膨胀剂品种及掺量/% | 外加剂种类 | 粉煤灰掺量/% | 聚丙烯纤维名称 | MgO/% | 减缩剂/% | 单方胶凝材料用量/(kg/m³) | | | 静压弹模/(×10⁴MPa) | | 抗压强度/MPa | | | 抗拉强度/MPa | | | 极限拉伸值/(×10⁻⁴) | | | 抗渗标号W | 抗冻标号F |
|---|---|---|---|---|---|---|---|---|---|---|---|---|---|---|---|---|---|---|---|---|---|---|
| | | | | | | | 水泥 | 膨胀剂 | 粉煤灰 | 28d | 90d | 7d | 28d | 90d | 7d | 28d | 90d | 7d | 28d | 90d | | |
| FM5-2-1 | — | SR3 DH9 | 丹东 25 (Ⅰ) | — | 5 | — | 280 | — | 70 | 2.94 | 3.10 | 32.3 | 41.8 | 50.9 | 2.40 | 2.86 | 3.52 | 0.98 | 1.23 | 1.27 | — | — |
| J-2 | 0 | | 抚顺 25 (Ⅰ) | — | — | 1.5 | 280 | — | 70 | 2.70 | 3.07 | 26.0 | 35.7 | 46.6 | 2.49 | 3.09 | 3.70 | 1.00 | 1.22 | 1.26 | W10 | F300 |
| FW-2 | | | 丹东 25 (Ⅰ) | 维克 | — | — | 280 | — | 70 | 3.22 | 3.46 | 29.4 | 44.7 | 48.1 | 2.54 | 3.19 | 3.44 | 1.00 | 1.12 | 1.18 | W10 | F300 |
| FH-2-1 | HEA-18 | | 丹东 25 (Ⅰ) | — | — | — | 258 | 28 | 64 | 2.73 | 3.02 | 33.8 | 43.6 | 51.3 | 2.51 | 3.28 | 3.70 | 1.05 | 1.25 | 1.31 | W10 | F300 |
| FH-2-2 | | | 丹东 25 (Ⅱ) | — | — | — | 258 | 28 | 64 | 2.97 | 3.15 | 34.6 | 43.3 | 50.9 | 2.68 | 3.46 | 3.93 | 1.03 | 1.24 | 1.32 | W10 | F300 |
| FHW-2-1 | | | 丹东 25 (Ⅰ) | 维克 | — | — | 258 | 28 | 64 | 2.08 | 3.32 | 35.5 | 40.4 | 52.6 | 2.54 | 3.10 | 3.58 | 1.15 | 1.26 | 1.34 | W10 | F300 |
| FHW-2-2 | | | 丹东 25 (Ⅱ) | 维克 | — | — | 258 | 28 | 64 | 2.85 | 3.30 | 33.3 | 39.4 | 51.8 | 2.55 | 3.48 | 3.63 | 1.07 | 1.27 | 1.34 | W10 | F300 |
| FH-0 | | | 丹东 25 (Ⅰ) | — | — | — | 228 | 25 | 57 | 2.76 | 2.93 | 22.0 | 32.0 | 39.3 | 2.26 | 2.44 | 2.90 | 0.95 | 1.09 | 1.24 | W10 | F300 |
| FHW-0 | | | 丹东 25 (Ⅰ) | 维克 | — | — | 228 | 25 | 57 | 2.78 | 3.04 | 23.6 | 32.5 | 38.6 | 2.42 | 2.76 | 3.13 | 1.02 | 1.16 | 1.30 | W10 | F300 |

**注**　SR3 为减水剂，KDF-1 为减水剂，DH9 为引气剂。

表 70-4　　混凝土限制膨胀率与限制干缩率试验结果

| 试件编号 | 外加剂种类 | 配筋率/% | 膨胀剂品种及掺量/% | 粉煤灰掺量(等级)/% | 纤维掺量(品牌)/(kg/m³) | MgO掺量/% | 胶材总量/(kg/m³) | 水中限制膨胀率/(×10⁻⁴) | | | | 空气中限制干缩率/(×10⁻⁴) | | | |
|---|---|---|---|---|---|---|---|---|---|---|---|---|---|---|---|
| | | | | | | | | 3d | 7d | 14d | 28d | 3d | 7d | 14d | 28d |
| FH-0 | SR3 DH9 | 0.785 | HEA-1 8 | 丹东 25(Ⅰ) | — | — | 310 | 0.73 | 0.80 | 0.84 | 1.02 | −0.64 | −1.02 | −1.30 | −1.87 |
| FHW-0 | | | HEA-1 8 | 丹东 25(Ⅰ) | 0.6(维克) | — | | 0.88 | 1.10 | 1.17 | 1.26 | −0.52 | −0.99 | −1.28 | −1.69 |
| F-2 | | | — | 抚顺 25(Ⅰ) | — | — | 350 | 0.30 | 0.57 | 0.77 | 0.87 | −0.63 | −1.12 | −1.56 | −2.03 |
| FW-2 | | | — | 丹东 25(Ⅰ) | 0.6(维克) | — | | 0.51 | 0.69 | 0.82 | 0.88 | −0.50 | −1.08 | −1.30 | −1.86 |
| FZ-1 | | | ZY 8 | 抚顺 15(Ⅰ) | — | — | | 0.68 | 0.80 | 1.64 | 1.91 | −0.42 | −0.91 | −1.07 | −1.48 |
| FH-1 | | | HEA-1 8 | 抚顺 15(Ⅰ) | — | — | | 0.70 | 0.88 | 1.52 | 1.75 | −0.32 | −0.84 | −1.05 | −1.42 |
| FZ-2 | | | ZY 8 | 抚顺 25(Ⅰ) | — | — | | 0.92 | 1.22 | 1.84 | 2.08 | −0.52 | −0.88 | −1.10 | −1.53 |
| FH-2 | | | HEA-1 8 | 抚顺 25(Ⅰ) | — | — | | 0.90 | 1.26 | 1.76 | 1.92 | −0.32 | −0.79 | −0.99 | −1.33 |
| FB-2 | | | UEA 12 | 抚顺 25(Ⅰ) | — | — | | 0.96 | 1.24 | 1.64 | 1.71 | −0.50 | −0.91 | −1.22 | −1.49 |
| FHW-2 | | | HEA-1 8 | 抚顺 25(Ⅰ) | 0.6(维克) | — | | 0.98 | 1.31 | 1.80 | 1.96 | −0.23 | −0.63 | −0.94 | −1.23 |
| FHG-2 | | | | 抚顺 25(Ⅰ) | 0.6(格雷斯) | — | | 0.86 | 1.22 | 1.68 | 1.83 | −0.30 | −0.70 | −0.97 | −1.30 |
| HM5-2 | | | | 抚顺 25(Ⅰ) | — | 5 | | 1.52 | 2.05 | 2.32 | 2.52 | −0.28 | −0.68 | −1.05 | −1.26 |
| HM3-2-1 | | | | 丹东 25(Ⅰ) | — | 3 | | 1.00 | 1.68 | 2.04 | 2.30 | −0.30 | −0.70 | −1.03 | −1.30 |
| FM5-2-1 | | | — | 丹东 25(Ⅰ) | — | 5 | | 0.64 | 0.88 | 1.34 | 1.56 | −0.45 | −0.91 | −1.11 | −1.65 |
| FH-2-1 | | | HEA-1 8 | 丹东 25(Ⅰ) | — | — | | 0.91 | 1.22 | 1.75 | 1.88 | −0.34 | −0.81 | −1.00 | −1.34 |
| FH-2-2 | | | | 丹东 25(Ⅱ) | — | — | | 0.93 | 1.21 | 1.68 | 1.89 | −0.33 | −0.88 | −1.03 | −1.37 |
| FHW-2-1 | | | | 丹东 25(Ⅰ) | 0.6(维克) | — | | 0.95 | 1.33 | 1.76 | 1.94 | −0.25 | −0.65 | −0.93 | −1.24 |
| FHW-2-2 | | | | 丹东 25(Ⅱ) | 0.6(维克) | — | | 0.95 | 1.31 | 1.73 | 1.93 | −0.28 | −0.68 | −0.93 | −1.26 |
| FZ-3 | | | ZY 8 | 抚顺 35(Ⅰ) | — | — | | 0.70 | 0.94 | 1.51 | 1.71 | −0.55 | −0.98 | −1.15 | −1.62 |
| FH-3 | | | HEA-1 8 | 抚顺 35(Ⅰ) | — | — | | 0.55 | 1.00 | 1.53 | 1.74 | −0.67 | −1.01 | −1.21 | −1.65 |
| KZ-1 | KDF-1 DH9 | | ZY 8 | 抚顺 15(Ⅰ) | — | — | | 0.78 | 1.13 | 1.47 | 1.75 | −0.60 | −0.93 | −1.20 | −1.50 |
| KH-1 | | | HEA-1 8 | 抚顺 15(Ⅰ) | — | — | | 0.88 | 1.31 | 1.67 | 1.74 | −0.48 | −0.87 | −1.11 | −1.53 |
| KZ-2 | | | ZY 8 | 抚顺 25(Ⅰ) | — | — | | 0.90 | 1.29 | 1.61 | 1.86 | −0.55 | −0.91 | −1.31 | −1.70 |
| KH-2 | | | HEA-1 8 | 抚顺 25(Ⅰ) | — | — | | 0.49 | 0.98 | 1.83 | 2.00 | −0.53 | −0.88 | −1.18 | −1.68 |

斯纤维+膨胀剂混凝土高，而限制干缩率则更低一些。单掺维克纤维的混凝土，其限制膨胀率远低于上述两种混凝土，而限制干缩率则更大一些。

4. 外掺 MgO 对混凝土限制膨胀率的影响

当配合比相同时，MgO 混凝土的限制膨胀率随着 MgO 掺量的增加而增大，限制干缩率随着 MgO 掺量的增加而减小。当 MgO 掺量相同时，掺入 HEA－1 膨胀剂的混凝土限制膨胀率明显高于不掺 HEA－1 膨胀剂混凝土的限制膨胀率，且其限制干缩率较单掺 MgO 的混凝土略低。说明 MgO 与膨胀剂复掺以后，有利于提高混凝土的限制膨胀率，但混凝土在空气中的限制干缩率无明显降低，使得混凝土的膨胀落差增大，削弱了补偿收缩能力。

**（二）掺减缩剂混凝土的限制膨胀率**

减缩剂的主要化学成分包括小分子多元醇及非离子聚氧乙烯或聚氧丙烯两大类。根据资料介绍，掺入 1%～2%的减缩剂，能降低混凝土干缩 20%～40%。本次试验通过基准混凝土与减缩混凝土的限制干缩率的对比，验证减缩混凝土减缩率能否达到 35%。试验结果详见表 70－5、表 70－6、图 70－1。

**表 70－5　不同龄期减缩混凝土减缩率成果表**

| 项目 | 限制干缩率/($\times 10^{-4}$) | | | | | | | | |
|---|---|---|---|---|---|---|---|---|---|
| 龄期/d | 0 | 3 | 7 | 14 | 28 | 31 | 35 | 42 | 56 |
| F－2 | 0.00 | －0.63 | －1.12 | －1.56 | －2.03 | －2.45 | －2.46 | －2.57 | －2.79 |
| J－2 | 0.00 | －0.57 | －0.92 | －1.00 | －1.14 | －1.17 | －1.28 | －1.71 | －1.59 |

注　编号 J－2 的混凝土掺加了减缩剂，编号 F－2 的混凝土未掺加减缩剂。

试验结果显示，掺减缩剂的混凝土，3d 前减缩效果不明显，7d 后减缩效果开始凸显，14d 时减缩率已达 36%，此后混凝土限制干缩率逐渐趋于稳定。

**表 70－6　减缩混凝土减缩率成果表**

| 龄期/d | 0 | 3 | 7 | 14 | 28 | 31 | 35 | 42 | 56 |
|---|---|---|---|---|---|---|---|---|---|
| 减缩率/% | 0 | 9 | 18 | 36 | 44 | 48 | 48 | 33 | 43 |

**（三）混凝土限制膨胀率（$e$）的确定**

混凝土限制膨胀率能否补偿限制收缩而使结构不产生有害裂缝，取决于补偿收缩后混凝土的最终变形（$D$）不大于其极限拉伸值（$SK$），即 $D=|e-S2-ST|\leqslant|SK|$ 的条件下，确定混凝土的限制膨胀率（$e$）的合理范围（$e_{min}\sim e_{max}$）。$S2$ 为混凝土的限制干缩率（%）；$ST$ 为混凝土的冷缩率（%）。

蒲石河水电站地处寒冷地区，极端最高气温 35.0℃，极端最低气温－38.5℃，极端温差近 73.5℃，多年平均气温 6.6℃，多年平均降水量为 1134.6mm，各月平均相对湿度变化不大，一般在 60%～84%，平均相对湿度为 70%。

根据上述气象条件特点确定混凝土限制干缩率并计算出混凝土冷缩率。

1. 混凝土限制干缩率 $S2$ 的确定

混凝土的干缩是由于混凝土水分的散失和环境湿度的下降引起的，如能及时补充水

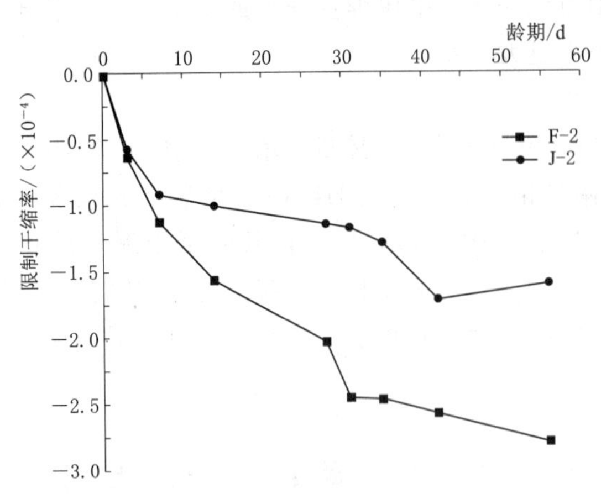


图 70-1　混凝土限制干缩率虽试验龄期的变化关系图

分，或增加环境湿度，则收缩补偿可逆性可以发挥，使混凝土由收缩转为微膨胀。根据现场气候条件及室内试验结果，确定混凝土的限制干缩率 $S2$ 为空气中养护 28d 龄期的限制干缩率。

2. 混凝土的冷缩率 $ST$ 的确定

混凝土冷缩率 $ST$ 值的确定取决于施工时段混凝土的实际浇筑温度、水化热温升和当地月平均最低温度。在混凝土冷缩率计算过程中，各相关温度参数会对计算结果产生本质影响，因此，温度参数的确定尤为重要。具体如下：

（1）混凝土中心温度计算。

$$T_{混凝土中心温度}=T_{混凝土浇筑温度}+T_{混凝土水化热温升}\times\xi(混凝土降温系数) \tag{70-2}$$

$$T_{混凝土水化热温升}(\tau)=WQ/C\rho(1-e^{-m\tau}) \tag{70-3}$$

式中：$W$ 为混凝土中水泥用量；$Q$ 为水泥水化热；$C$ 为混凝土比热；$\rho$ 为混凝土容重；$m$ 为系数，随水泥品种、比表面积及浇筑温度而异，一般为 0.3～0.5，此处取 0.4；$\tau$ 为混凝土龄期。

（2）降温系数。混凝土降温系数资料一般是针对大体积混凝土提出的，工程中对大体积混凝土的定义为最小断面宽度不小于 1m 的混凝土结构。在本工程中，面板混凝土的断面宽度为 0.30～0.55m，并不属于大体积混凝土，一般情况下不需要进行温度计算，因此也无与之相对应的降温系数资料。但由于混凝土内部温度是其防裂性能的重要影响因素，因此偏于安全考虑采用最小断面宽度为 1m 的混凝土结构的降温系数计算本工程面板混凝土中心温度。不同龄期的混凝土降温系数见表 70-7。

**表 70-7　　不同龄期的混凝土温降系数经验值**

| 浇筑块厚度 /m | 不同龄期（d）时的 $\xi(\tau)$ 值 | | | | | | | | | |
|---|---|---|---|---|---|---|---|---|---|---|
| | 3 | 6 | 9 | 12 | 15 | 18 | 21 | 24 | 27 | 30 |
| 1.00 | 0.36 | 0.29 | 0.170 | 0.090 | 0.050 | 0.03 | 0.010 | — | — | — |
| 1.25 | 0.42 | 0.31 | 0.190 | 0.110 | 0.070 | 0.04 | 0.030 | — | — | — |
| 1.50 | 0.49 | 0.46 | 0.380 | 0.290 | 0.210 | 0.15 | 0.120 | 0.080 | 0.050 | 0.040 |
| 2.00 | 0.57 | 0.54 | 0.485 | 0.385 | 0.295 | 0.22 | 0.175 | 0.135 | 0.105 | 0.095 |

（3）混凝土表面温度。计算冷缩率 $ST$ 值时，应考虑表面潮湿保温养护和表面不间断洒水养护两种条件下混凝土的表面温度。

1）采取保温措施时混凝土的表面温度。

$$T_{混凝土表面温度}=T_{大气温度}+4/H^2\times h'\times(H-h')\times\Delta T \tag{70-4}$$

式中：$\Delta T$ 为混凝土内最高温度与外界气温之差，℃；$H$ 为混凝土的计算厚度，$H=h+2h'$；$h$ 为混凝土的实际厚度；$h'$ 为混凝土的虚厚度，$h'=K\times\lambda/U$；$K$ 为常数，一般取

0.666；$\lambda$ 为混凝土导热系数，W/(m·K)；$U$ 为保温层的传热系数，$U=1/(\delta_i/\lambda_i+R_W)$；$\delta_i$ 为保温材料厚度；$\lambda_i$ 为保温材料导热系数，W/(m·K)；$R_W$ 为外表面散热阻，取 0.043。假定保温材料为 4cm 厚的草帘，则 $\lambda_i=0.14$，$\delta_i=0.04$。

$$H=1.62\text{m},\ h'=0.51\text{m}$$

2）洒水养护时混凝土的表面温度。根据统计，蒲石河上水库趾板面板施工阶段月平均浇筑温度为 15.8℃，月平均最低温度为 13.7℃。因此，表面不保温但不间断洒水养护时混凝土表面温度取为 13.7℃。

3. 限制膨胀率（$e$）的确定

依据式（70－2）～式（70－4）的计算结果，最后根据补偿收缩通式 $D=|e-S2-ST|\leqslant|SK|$，即可计算出现有配筋情况下混凝土限制膨胀率范围。

计算结果显示，编号为 F－2 的基准混凝土、FW－2 单掺纤维混凝土、FH－0 单掺膨胀剂混凝土 28d 限制膨胀率不能同时满足两种养护方式得出的有效限制膨胀率范围。其他组合的混凝土配合比 28d 限制膨胀率能够同时满足两种养护方式得出的有效限制膨胀率范围。

## 三、小结

（1）研究所采用辽宁省抚顺市能港实业有限公司生产的Ⅰ级粉煤灰和丹东华丹粉煤灰有限公司生产的Ⅰ、Ⅱ级粉煤灰，各项性能指标均满足工程要求。

（2）陶正化工（上海）有限公司生产的聚羧酸类 SR3 超塑化剂和山西凯迪建材有限公司生产的 KDNOF－1 型高效减水剂与试验用水泥适应性较好，但混凝土综合指标 SR3 优于 KDNOF－1。

（3）研究采用的中岩 ZY 膨胀剂、新中州 HEA－1 膨胀剂和天津豹鸣 UEA 膨胀剂各项性能指标满足规程要求。在混凝土配合比参数及原材料品种相同的前提下，使用不同品种的膨胀剂拌制的补偿收缩混凝土膨胀率略有差别。

（4）研究选用的辽宁省海城市江勒矿产品有限公司生产的轻烧氧化镁，品质满足《水工混凝土施工规范》（DL/T 5144）要求。

（5）在潮湿状态下，减缩剂对降低水泥砂浆的自由收缩具有比较明显的效果，但掺减缩剂的水泥砂浆一旦置于空气中即表现出不可恢复的收缩。而膨胀砂浆在空气中收缩后再次置于水中则会发生二次膨胀，因此，趾板（面板）混凝土的抗裂材料以选用对降低混凝土干缩作用更为显著的膨胀剂为宜。

（6）虽然用于研究的丹东Ⅱ级灰混凝土各项性能指标与Ⅰ级灰差异不大，但这是建立在仅细度一项指标略有超出Ⅰ级灰标准的前提条件下得出的结果。为了保证工程质量，建议现场施工时仍采用Ⅰ级粉煤灰，允许采用细度和需水量比与Ⅰ级粉煤灰相差较小的Ⅱ级粉煤灰。

（7）混凝土大板早期抗裂性能试验结果表明，掺入聚丙烯纤维可显著减少混凝土的早期裂缝。膨胀剂＋纤维的混凝土具有良好的早期抗裂性能。

（8）本次研究采用的混凝土配合比的抗渗等级均大于 W10、抗冻等级均大于 F300。在渗水压力为 1.0MPa、胶凝材料用量相同的情况下，与基准混凝土相比，只掺国产纤维

的混凝土渗水高度降低49%，只掺膨胀剂或MgO的混凝土渗透高度可降低67%～70%。由此表明，在混凝土中掺入适量的膨胀剂、MgO和聚丙烯纤维均可提高混凝土的抗渗性能。

(9) 抗冲耐磨试验结果表明，采用品质优良的聚丙烯纤维与性能良好的膨胀剂复合掺用可显著提高混凝土的抗冲磨强度，降低磨损率，本次研究中膨胀剂与国产纤维复合掺用后混凝土的抗冲磨强度提高了1.32倍。

(10) 掺入了膨胀剂的混凝土，自生体积变形均表现为膨胀，峰值出现在1～7d，50d后自生体积降低幅度趋缓，90d后自生体积变形值趋于稳定。

(11) MgO与膨胀剂复合掺配以后，提高了混凝土的限制膨胀率，但混凝土在空气中的限制干缩率并没有明显降低，反而导致混凝土膨胀落差增大，削弱了混凝土抗裂能力。

(12) 在混凝土中复掺聚丙烯纤维和膨胀剂可以有效地改善混凝土的和易性，对防止混凝土早期裂缝效果明显。

(13) 聚丙烯纤维与膨胀剂复掺可以有效提高混凝土的极限拉伸值，增加面板混凝土适应变形的能力。

(14) 设计的配合比大部分满足限制膨胀率范围要求。综合考虑混凝土各项性能研究成果，选择膨胀落差小、极限拉伸值大的配合比作为推荐配合比。推荐配合比采用的主要抗裂材料为SR3聚羧酸外加剂＋华丹粉煤灰＋新中州HEA－1膨胀剂＋维克聚丙烯纤维＋抚顺P·HM42.5级水泥。

本次抗裂研究的重点是混凝土材料本身的抗裂性，而裂缝的产生是多方面因素共同作用的结果。为了减少混凝土产生裂缝的几率，提出如下建议：

(1) 市场上膨胀剂、减水剂、聚丙烯纤维品种繁多，质量良莠不齐。本课题所选用的抗裂材料均经试验比选并择优确定，现场施工时不得随意更改，以确保混凝土材料自身具有良好的抗裂性能。

(2) 根据研究结果推荐的混凝土配合比不宜直接用作施工配合比，使用单位应根据现场骨料、水泥的检测结果进行适当调整并通过现场试验确定。

(3) 面板（趾板）混凝土用原材料质量应及时检验，避免产生较大的质量波动。

(4) 趾板受基岩约束作用明显。以往工程经验表明，基岩平整度较差时趾板易在基岩凸起部位产生裂缝。因此，趾板混凝土浇筑前应对基岩面进行处理，减小起伏差。

(5) 现场施工时应注意原材料的称量精度，尤其应控制外加剂、水泥、粉煤灰的称量精度。

(6) 施工后应及时养护，宜对混凝土表面采取覆盖措施，以防止水分散失。低温施工时混凝土表面覆盖保温材料，以减少内外温差、降低混凝土表面温度梯度，后期养护对成熟混凝土的防裂有一定影响，因此，混凝土的保湿养护应持续进行。

(7) 混凝土裂缝与其匀质性有直接关系。为防止出现裂缝，应加强施工质量管理，既要保证混凝土的匀质性，又要在面板混凝土浇筑时尽量做到短间歇、均匀上升。

(8) 鉴于补偿收缩混凝土首次应用于寒冷地区混凝土面板堆石坝，建议现场应埋设能够监测到面板早期膨胀和长期变形的观测设备。

# 第七十一章　寒区面板坝面板顶部止水结构改进及施工技术研究

混凝土面板堆石坝在运行过程中，面板接缝将产生张开、沉降、剪切三向变形。面板接缝止水作为面板坝防渗体系中的重要组成部分，若遭到破坏，将给整个防渗体系带来严重影响，甚至对大坝安全构成威胁。

莲花水电站、丰宁水电站的面板顶部止水结构受损情况调查结果表明，止水破坏位置多在水位变化区的顶部止水结构（由橡胶止水棒、表层柔性嵌缝材料、外覆防护盖板组成）。止水结构的破坏均表现为膨胀螺栓拔出；部分压板（扁钢或角钢）扭曲甚或脱落；外覆防护橡胶盖板撕裂、柔性嵌缝材料与缝面剥离，面板接缝完全裸露，图 71-1～图 71-4 为莲花和丰宁水电站面板顶部止水破坏状况典型图片。

图 71-1　莲花水电站面板顶部止水典型破坏状况

图 71-2　丰宁水电站面板顶部止水典型破坏状况

图 71-3　丰宁水电站面板顶部止水典型破坏状况

图 71-4　丰宁水电站面板顶部止水典型破坏状况

根据面板止水结构破坏情况并结合相关工程变形缝止水的设计形式进行分析，可知导致止水结构破坏的主要因素为：

（1）膨胀螺栓等锚固件锈蚀。

（2）冰拨和冰推等冰冻因素。

（3）橡胶防护盖板的抗撕裂、抗击穿性能和耐老化性能。

水库投入运行后，膨胀螺栓等锚固件在高湿度环境下，很快产生锈蚀并迅速劣化，使得膨胀螺栓的与混凝土间的锚固力严重降低甚至失去作用；冬季结冰后，受冰推力和冰拨力反复作用的影响，膨胀螺栓被拨出，压条角钢（扁钢）脱落；外覆防护的橡胶盖板被撕裂，柔性嵌缝材料失去防护并在冰冻的持续作用下逐渐破坏，最终形成图 71－1～图 71－4 所示破坏现象。

在止水结构受冰冻破坏过程中，膨胀螺栓上端头、角钢压板等凸起物，橡胶盖板与混凝土间存在的缝隙，橡胶盖板的耐老化性能低或力学性能差等诸多不利因素的共同作用加速了止水结构的破坏过程。

通过以上分析，可知止水结构的破坏是一个由表及里的过程，即：

（1）首先止水结构的表层防护体系（橡胶盖板、金属压板、锚固件等）遭到破坏。

（2）柔性嵌缝材料因缺乏保护而遭到破坏，进而失去止水功能。

因此，表层防护体系不被破坏是确保止水结构安全的关键。

寒区面板止水结构受冰冻破坏分析结果表明，面板分缝表层止水防护体系如能够抵御冰的破坏作用，则是确保止水结构安全的关键。若顶部止水受到破坏或丧失功用，底部（或中部）止水在水压力和冰冻影响下极易受损，坝体防渗性能降低，对大坝的安全运行和使用寿命产生不利影响。

因此，为了延长寒冷地区混凝土面板坝接缝止水结构使用寿命，保证止水结构充分发挥其整体止水效能，保证坝体长期安全有效运行，根据寒区面板顶部止水结构破坏机理，针对蒲石河抽水蓄能电站上库坝开展了：优选橡胶防护盖板、优化防护层结构形式，降低冰胀力、冰推力和冰拔力作用，提高面板顶部接缝止水防护体系的抗冰冻性能等方面试验研究工作。

（1）原材料优选。通过性能对比，优选嵌缝密封材料、橡胶盖板和橡胶止水棒。

（2）止水构件优化研究。构件优化的研究内容包括：

①压板表面处理。

②锚固件的形状优化。

（3）橡胶盖板的使用功能拓展研究。利用胶粘剂和嵌缝找平材料，实现表层防护盖板与面板混凝土的无缝、高强黏合，使橡胶盖板保护嵌缝材料的同时还兼具优良的止水功能，换言之，即在不改变结构的前提下增加一道性能优异的止水层。

（4）橡胶盖板的端头处理工艺研究。橡胶盖板端头的连接是影响止水结构防渗性能和耐久性的关键环节。通过对盖板端头处理工艺的研究，确定橡胶盖板端头处理材料及相关工艺。

（5）变形缝混凝土的憎冰措施研究。选择适当的憎冰材料，涂刷于变形缝两侧混凝土表面，对于提高止水结构附近混凝土的抗冰冻能力和耐久性，保证面板顶部止水的锚固件

不受影响，延长止水结构的安全运行年限具有实际意义。

（6）止水结构抗冰冻性能研究。结合工程所在地的冰情资料，计算止水结构在实际运行中可能遇到的极限冰推及冰拨力，采用1∶1模型，研究面板接缝止水结构的抗冰冻剪切性能。

## 一、顶部止水抗冰冻结构形式研究

### （一）蒲石河上库面板变形缝采用的顶部止水结构形式

蒲石河抽水蓄能电站上库面板伸缩缝止水采取了如下的结构形式：垂直缝采用两道止水结构的形式进行接缝止水，即底部采用"W"型止水铜片、上部采用氯丁橡胶棒＋柔性填料进行止水，外覆三元乙丙橡胶盖板，橡胶盖板表面用平头螺栓（$\phi$20mm@15cm）＋扁钢压条固定，见图71-5。

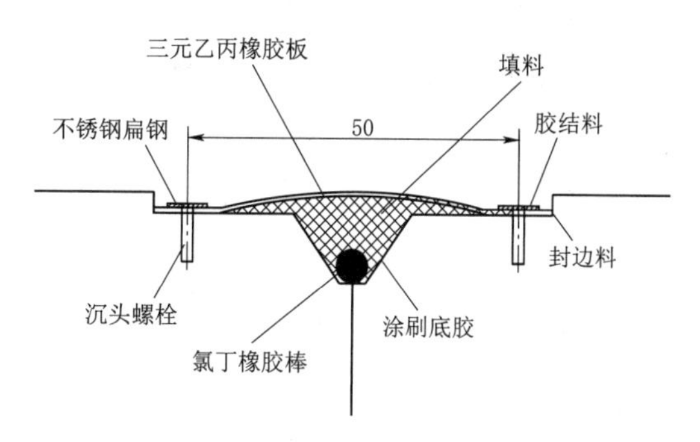


图71-5　蒲石河上库面板拟采用的止水结构形式（单位：cm）

### （二）对原止水结构形式的优化研究

1. 锚固螺栓结构优化

锚固螺栓分为螺套和螺杆两个组成部分（见图71-6）。在原止水结构中，螺套外表面棱台过多、螺孔设计深度过大，不仅加工难度大、生产成本高，而且在实际施工时螺杆不易完全拧入螺套对扁钢压板产生压实、锚固作用，因此通过试验研究及施工模拟，对锚固螺栓结构优化如下：

（1）缩短螺杆长度。

（2）简化螺套外表面棱台结构。

（3）减小螺套的螺孔深度。

锚固螺栓结构优化见图71-7。分别考虑了如下两种施工基础条件：

（1）正常浇筑面板混凝土采用图71-7（a）的锚固螺栓结构形式。

（2）浇筑面板混凝土时预留止水盖板下卧槽并预埋锚固螺母采用图71-7（b）的锚固螺栓结构形式。

2. 锚固螺栓拉拔试验

将优化后的锚固螺栓［见图71-7(a)］预埋于混凝土中，然后进行拉拔试验。

螺栓拉拔试验结果为：螺杆被拉断，而预埋螺套未被拨出（见图71-8），断裂时螺杆断裂拉拔力为56kN。由此表明：优化后锚固螺栓结构的螺杆长度、丝扣拧入深度及螺套表面棱台数量完全满足设计目标要求。

3. 锚固螺栓长度优化试验

为了验证螺杆长度优化对锚固螺栓结构的抗拉性能没有带来不利影响，针对图71-7（b）的锚固螺栓结构形式，进行锚固螺杆拧入不同深度情况下的抗拉性能测试，试验结果见表71-1及图71-9、图71-10。

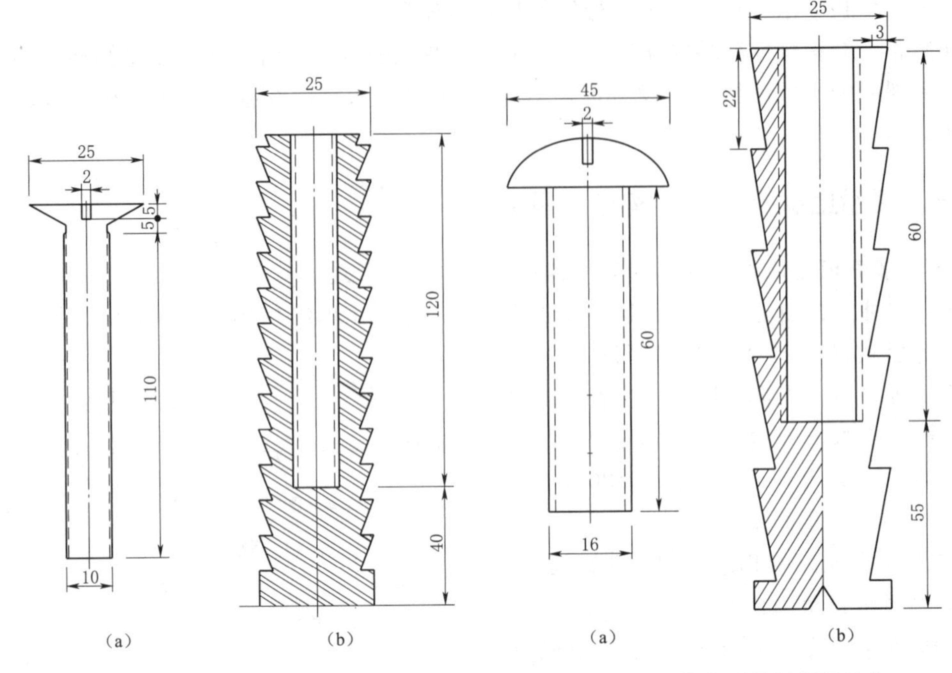


图 71-6　原锚固螺栓结构　　　图 71-7　优化后锚固螺栓结构

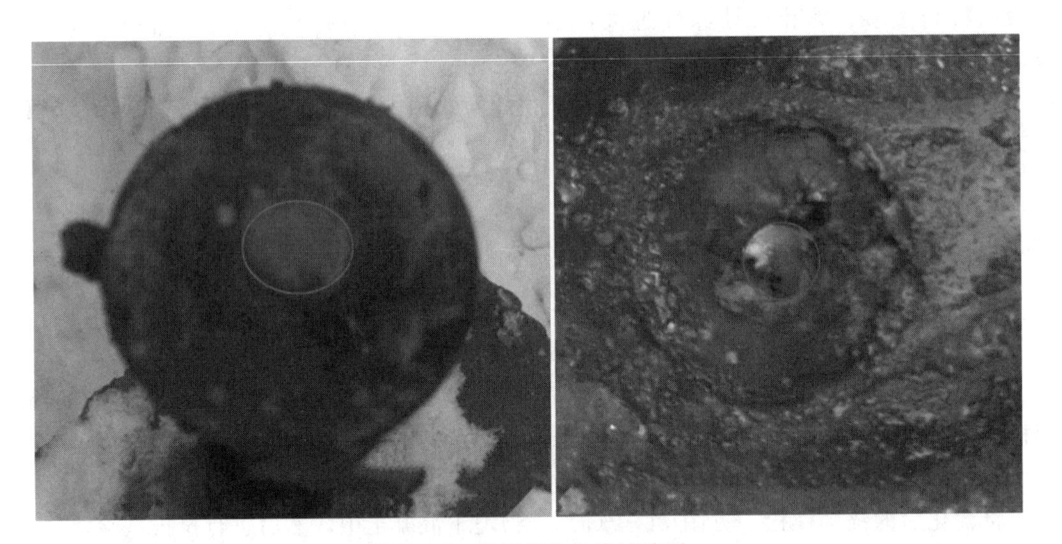

图 71-8　锚固螺栓拉拔试验图

**表 71-1　　　　螺杆拧入不同深度情况下的抗拉性能测试结果**

| 螺杆拧入深度/mm | 8 | 9 | 10 | 12 | 18 | 28 | 38 | 48 |
|---|---|---|---|---|---|---|---|---|
| 最大拉应力/kN | 37.0 | 37.0 | 37.2 | 37.5 | 37.0 | 37.0 | 37.0 | 38.5 |
| 试验状况描述 | 螺杆从螺母中拔出，螺杆丝扣破坏，抗拉曲线无颈缩阶段 | 拧入螺母的螺杆未被拔出，螺杆从未拧入螺母部位断裂，螺杆断裂部位距螺母上端面 1～5cm 不等，丝扣结构未破坏，抗拉曲线变化正常 | | | | | | |

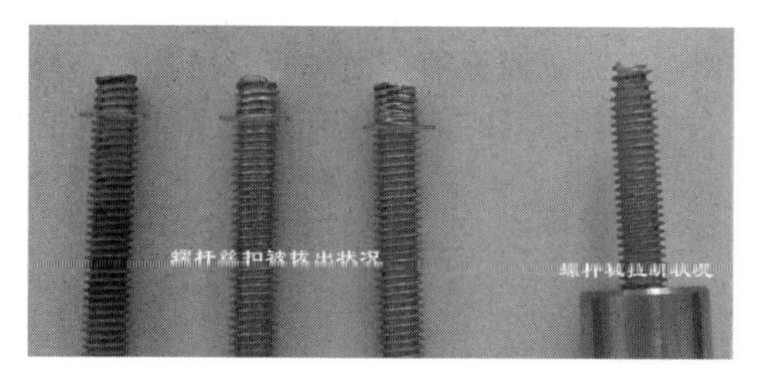


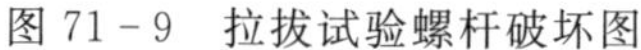
图 71－9　拉拔试验螺杆破坏图

图 71－10　螺母预留钢筋孔状况

表 71－1 中的试验数据表明，本次螺杆长度优化未对锚固螺栓结构的抗拉性能带来任何负面影响，螺杆拧入不同深度的抗拉强度值均大于 470MPa，远大于蒲石河地区有记载最大冰厚为 0.77m 时的静冰压力 0.27MPa，因此，图 71－7（b）的锚固螺栓结构形式可满足蒲石河地区使用要求。

4. 锚固螺栓间距及压条扁钢预留孔形状优化

在原止水结构中，锚固螺栓间距为 15cm，扁钢压板预留孔形状与平头螺栓顶部完全吻合，对螺套埋设具有较高的精度要求。考虑到止水施工混凝土面平整度差异，将锚固螺栓间距做适当调整，以降低加压钢板弹性形变恢复对锚固螺栓产生的拉拔力。

如果施工基础条件为：正常浇筑面板混凝土，采用图 71－7（a）的锚固螺栓结构优化形式。如果施工基础条件为：浇筑面板混凝土时预留止水盖板下卧槽并预埋锚固螺母，则采用图 71－7（b）的锚固螺栓结构优化形式，即施工时采用钢板固定预埋螺母位置，螺母位置可以精确固定，螺母下端孔内穿插钢筋。

但在实际施工中，锚固螺栓螺套的埋设位置常存在不同程度的偏移，难以达到预期效果。若与橡胶盖板结合部位的混凝土面平整度存在差异，在采用 60mm×6mm 扁钢压板进行加压固定时，如果锚固螺栓间距过小，锚固时加压钢板弹性形变恢复将对螺栓产生较大的拉拔力，影响止水结构的整体性能。根据上述分析结果，结合莲花、丰宁等水电站止水结构修补工程实际应用经验，对锚固螺栓间距及压条扁钢预留孔形状优化如下：

（1）将锚固螺栓间距由 15cm 调整为 20cm。

（2）将扁钢压板预留孔形状设计为椭圆形。具体尺寸及间距见图 71－11。

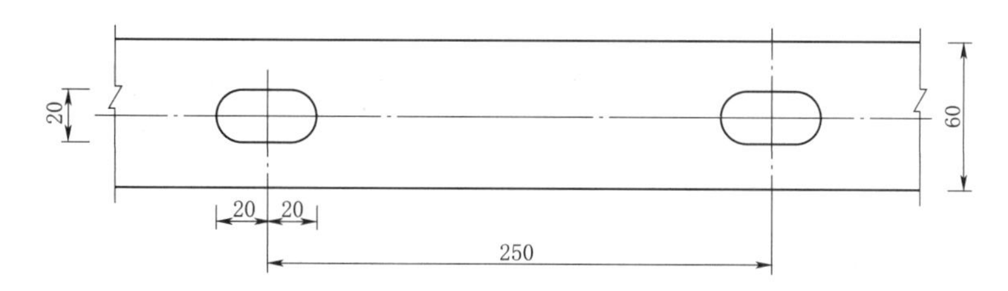


图 71－11　扁钢压板预留孔位置示意图（单位：mm）

5. 止水盖板与混凝土面板的结合方式优化

在进行面板顶部接缝止水结构设计时，受传统止水盖板功能定义设计思想的约束，很少对止水盖板与混凝土面板结合面进行黏结处理，止水盖板仅作为止水结构的外层防护措施存在。

本次研究中，采用高效胶粘材料对止水盖板与混凝土面板结合面进行黏结处理，确保两者的黏合高强、致密，使得止水盖板在原有防护功能的同时兼有优良的止水性能，有效提高面板接缝止水的整体性能。

6. 止水盖板优化选择

在本次试验研究中，对止水盖板性能提出了更高的要求，不仅要求其具有较高的强度、较大的延伸率，还需具有优良的耐老化、耐冻融、耐腐蚀、耐撕裂及耐冲击性能。结合橡胶止水盖板中试验结果，采用表面复合三元乙丙橡胶复合层（厚度>2mm）抗老化层的加筋橡胶板作为止水盖板。

7. 研究推荐的顶部止水结构形式

在实际施工中，推荐使用浇筑面板混凝土时预留止水盖板下卧槽并预埋锚固螺母的面板止水结构施工工艺，根据寒区面板顶部接缝止水破坏机理，本次研究从减小冰与止水结构黏结力、增强止水结构长期耐久性能等方面入手，综合考虑止水结构的施工可行性及经济成本，提出如图 71－12 所示的面板顶部接缝止水结构形式。

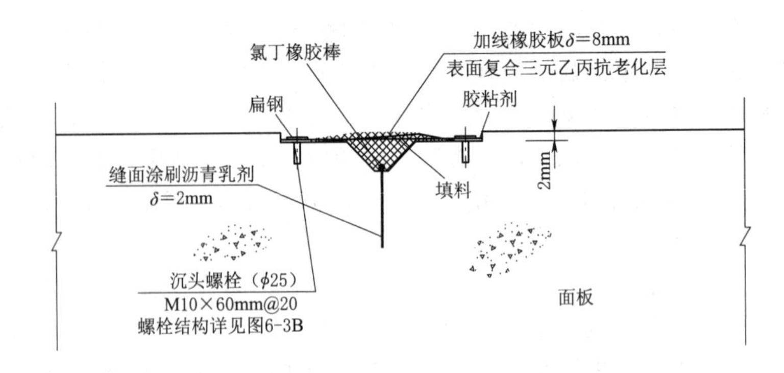


图 71－12　面板顶部接缝止水结构形式

与原面板接缝顶部止水结构相比，试验推荐的止水结构主要在锚固螺栓结构［见图 71－7（b）］、螺栓间距、止水盖板与混凝土面板的黏结方式及止水盖板材质方面进行了适当优化，对提高寒区面板顶部止水结构的耐久性能具有重要意义。

## 二、蒲石河抽水蓄能电站上库面板止水结构抗冰冻模拟试验

### （一）冰冻参数计算

根据对蒲石河抽水蓄能电站上库冰情分析，研究冰冻情况需要先确定以下参数：水库结冰厚度 $\delta_i$、静冰压力的临界厚度 $d_c$、冰静压力 $P$、冰盖板对坝坡的反弯矩 $M$。

1. 水库结冰厚度的估算

水库冰层厚度对冰与坝坡之间的静冰力的大小起着至关重要的作用，水库结冰厚度与满库即高水位的停留时间有关。因此，有必要根据满库时间对蒲石河抽水蓄能电站水库的冰层厚度加以估算。

水库结冰厚度的计算可采用斯蒂芬（Stefen）公式：

$$\delta_i=\sqrt{\frac{2\lambda_i I}{Q_w\rho_i}} \tag{71-1}$$

式中：$\delta_i$ 为冰厚，m；$\lambda_i$ 为冰的热导率，W/(m・℃)；$I$ 为冻结指数,℃・h；$Q_w$ 为水的结晶潜热，kJ/kg；$\rho_i$ 为冰的密度，kg/m$^3$。

取冬季平均温度－6.8℃，并由其计算冻结指数 $I=|-6.8|\times t$（$t$ 为满库时间）；取冰的热导率 $\lambda_i=2.32$W/(m・℃)；水的结晶潜热 $Q_w=335$kJ/kg；冰的密度 $\rho_i=912$kg/m$^3$。由此可算得不同满库时间的冰厚。

根据计算结果（见表 71－2）可知，在电站正常运行期间水库固定水位时间间隔短，库面难以形成很厚的冰盖；在电站因故检修，水位较高且稳定数天时间后，库面可以形成较厚冰盖。

**表 71－2　　不同满库时间的库面结冰厚度**

| 满库时间/h | 1 | 5 | 10 | 15 | 20 |
|---|---|---|---|---|---|
| 冰厚/m | 0.02 | 0.04 | 0.05 | 0.06 | 0.07 |
| 满库时间/h | 240（10d） | 360（15d） | 480（20d） | 600（25d） | 710（30d） |
| 冰厚/m | 0.25 | 0.31 | 0.36 | 0.40 | 0.44 |

2. 冰盖层产生静冰压力的临界厚度计算

当冰盖厚度很薄时，在温度应力作用下冰盖可能被自身应力破坏，随着气温的下降，当冰盖板厚度超过屈曲破坏的临界厚度，冰盖板不容易被自身应力剪断，与坝坡更牢固的冻结在一起。冰盖厚度小于临界厚度时，静冰力对坝坡难以造成很大冰推作用，冰盖厚度大于临界厚度时静冰力对坝坡的冰推力也随之增大，因此计算临界厚度对分析坝坡受力情况非常必要。

冰盖板产生静冰压力的临界厚度可按下式计算：

$$d_c=\frac{\delta_c^2(1-\nu^2)}{0.59\rho_w gE} \tag{71-2}$$

式中：$d_c$ 为冰盖层产生屈曲破坏的临界厚度，m；$\delta_c$ 为冰的压缩强度，MPa；$E$ 为冰的弹性模量，MPa；$\nu$ 为冰的泊松比；$\rho_w$ 为水的密度，kN/m$^3$。

若取 $\delta_c=3$MPa；$E=5$GPa；$\nu=0.3$；$\rho_w=1028$kN/m$^3$；$g=9.8$m/s$^2$ 则计算出 $d_c=0.27$m，说明冰厚度在小于 0.27m 时，会发生屈曲破坏。以上参数的确定对于各种具体情况可能会有差异，但是偏差不大，即冰厚 0.27m 左右为屈曲破坏的临界厚度，当冰厚大于临界厚度时冰的温升膨胀力不足以将冰盖板剪断，此时坝坡将承受很大的冰胀压力。

3. 静冰压力计算

影响冰压力值的因素很多：一方面是冰盖板自身的条件，如冰的初始温度、温升率、冰面大小、形状、裂缝状态、冰的结构状态、积雪厚度、风力、风向、冰盖板下面的水深情况。另一方面是约束条件，如库形状，护坡材质的强度、刚度、表面糙率等，使得问题变得复杂。

目前冰静压力的确定主要有三种方法：参照设计规范查表确定、采用经验公式计算及通过建立数学模型采用有限元分析方法进行计算。

（1）查表法。根据《水工建筑物抗冰冻设计规范》（SL 211—2006），静冰压力 $P_i$ 可根据冰层厚度，按水库冰层膨胀时水平方向作用于坝面或其他宽长建筑物上的静冰压力标准值从静冰压力表 71-3 中查出。

表 71-3　静冰压力标准值

| 冰厚 $\delta_i$/m | 0.4 | 0.6 | 0.8 | 1.0 | 1.2 |
| --- | --- | --- | --- | --- | --- |
| 静冰压力 $P_i$/(kN/m) | 85 | 180 | 215 | 245 | 280 |

表中静冰压力值可按冰厚度内插。

（2）经验公式法。

公式一：

原水电部东北勘测设计院科学研究所提出如下的冰层膨胀压力计算方法：

$$P=KK_sC_h\frac{(3-t_a)^{\frac{1}{2}}\Delta t_a^{\frac{1}{3}}}{-t_a^{\frac{3}{4}}}(T^{0.26}-0.6) \tag{71-3}$$

式中：$P$ 为冰层平均膨胀力，kg/cm$^2$；$t_a$ 为 8 时气温，℃；$\Delta t_a$ 为 8～14 时气温增值（连日升温时取第一天 8 时至第二天 14 时的气温增值），℃；$T$ 为升温持续时间，h；$K_s$ 为积雪影响系数，一般取无雪情况 $K_s=1$；$K$ 为综合影响系数，一般取 4～5（小型水库取 3.5～4）；$C_h$ 为冰厚度相关系数。

该公式比较全面地反映了冰层膨胀力的影响因素，但在实际工程设计中，需要正确选择其中的参数，是一件非常困难的事情。

公式二：

鉴于公式一参数确定的复杂性限制了其在工程设计中的应用，原水电部东北勘测设计院科学研究所提出冰厚与最大冰压力的计算关系式（公式一的简化公式）。如果气温起始值（8 时）不高于－10℃，负温升高值在 10～15℃，静冰压力可用下式计算：

$$P_i=134.6KhC_hm_t \tag{71-4}$$

式中：$P_i$ 为静冰压力，kN/m；$h$ 为冰厚，m；$K$ 为综合影响系数，一般取 4～5（小型水库取 3.5～4）；$C_h$ 为冰厚系数，查表 71-4；$m_t$ 为时间系数，一般天气取 1.0，2d 升温天气取 1.82。

表 71-4　冰　厚　系　数

| 冰厚/m | 0.4 | 0.6 | 0.8 | 1.0 | 1.2 |
| --- | --- | --- | --- | --- | --- |
| $C_h$ | 0.3832 | 0.3048 | 0.2685 | 0.2470 | 0.2313 |

公式三：

苏联《波浪、冰凌和船舶对水工建筑物的荷载与作用》规范中的公式：

$$P=h_{max}K_tp_t \tag{71-5}$$

式中：$h_{max}$ 为保证率为 1%的冰盖最大厚度，m；$K_t$ 为系数（与冰盖延伸长度相关），根据冰盖延伸长度取值，当 $L\leqslant50$ 时，取 1.0；当 $L=70$ 时，取 0.9；当 $L=90$ 时，取 0.8；当 $L=120$ 时，取 0.7；当 $L\geqslant150$ 时，取 0.6；$P_t$ 为冰在温度膨胀时，由于弹性和塑性变形引起的压力，MPa。

（3）有限元分析方法。天津大学建工学院海洋工程系的史庆增、徐阳等利用有限元计算方法对作用于该结构上的冰温胀力进行了估算。将层合板理论引入冰层温度应力的分析求解中，提出了一种全新的对边约束冰层温胀力的求解理论模型和计算方法。

所谓层合板是由多层很薄的单层板合成为整体的结构单元，相邻层之间粘接牢固，各层材料可以相同，也可以不同。在模拟计算中，首先在柯西霍夫假定的基础上建立冰层热弹性基本方程，即冰的几何方程、物理方程和内力方程。然后对各层分别采用有限元分析，再把各层综合起来，即得到应力场分布。

这种估算方法的应用非常灵活，如在建立冰层热弹性基本方程时改变边界几何条件为倾斜约束，则可解决冰层对斜坡结构的温胀力的计算。

对比求静冰力的几种方法：有限元分析方法与经验公式相比具有较高的精度水平但是该方法运算复杂，只有当给出通用程序后才具有实用价值。经验公式中的参数过于烦琐，应用上极不方便。在实际工程结构的设计阶段，很多环境因素的确定受到极大的限制，而通常这些环境因素又具有高度的多变性，难以确定，这就给这一估算方法的应用带来了很大的难度，甚至在一些情况下无法实现的。查表法是设计时初步确定冰胀力的方法，简单实用。综合上述分析，本次课题采用查表法。

根据静冰压力表采用内插法确定蒲石河水库冰厚 0.31m 时冰胀力为 66kN/m，换算成压强为 0.21MPa。蒲石河地区有记载最大冰厚为 0.77m，根据查表法，此时静冰压力值约为 210kN/m，换算成压强为 0.27MPa。

4. 冰盖板对坝坡的反弯矩（$M$）计算

如果水位下降，则冰盖板随水位下沉并产生弯曲变形，这时冰盖板对坝坡产生较大的反弯矩作用，可能使坝坡产生破坏。根据大连理工大学提出的公式，冰板对坝坡产生的弯矩为：

$$M=\frac{KBh^2}{3.5}\sqrt{\frac{\rho_i gE\Delta}{1-\nu^2}} \tag{71-6}$$

式中：$\rho_i$ 为冰的密度，kg/m$^3$；$\nu$ 为冰的泊松比；$B$ 为冰体宽度，m；$h$ 为冰体厚度，m；$K$ 为效率系数；$\Delta$ 为水位下降高度；m；$E$ 为变形模量，GPa。

采用以下参数值进行计算：$\rho_i=900$kg/m$^3$；$\nu=0.3$；$B=1$m；$h=0.31$m；$K=0.4$；$E=5$GPa；$g=9.8$m/s$^2$；$\Delta=0.5$m，可以算得 $M=51.57$kN・m。

这一计算结果表明，考虑库区检修，水位稳定不变 15d 的情况下，库区冰盖厚度约为 0.31m，此时考虑水位突然下降 0.5m，则冰盖对坝坡产生的最大反弯矩为 51.57kN・m。

**（二）止水结构抗冰冻试验**

发生冰剪时，冰棱埂作用在坝坡上的最大值即为冰-护坡的冻结力，超过这个值，冰与护坡就会分离，剪切力就会变为零。冰剪力值实际上是由冰棱埂与坝坡之间的冻结力控制。

发生冰推时，冰压力是通过坝坡前缘的冰盖板施加到坝坡上。冰盖板爬坡时，冻结界面必然被剪断。冰压力 $P_0$ 可能很大，但此时在数值上只表现出冻结力这么大，其余部分用于冰盖板爬坡位移作功，所以冻结力可以作为冰推力的等效值。冻结力越小则冰实际能够作用在护坡上的力越小，对坝坡的破坏也就会越小。

因此，可以通过选择与冰之间冻结力最弱的止水材料，设计与冰之间冻结力最弱的止水结构，来减少冰冻对止水结构的破坏。基于上述分析我们进行下面的试验模型设计。

1. 冰与各种材料冻结力试验

（1）试验目的。进行冰与各种材料的冻结强度试验，优选出冻结强度低的橡胶止水和压板，为选择止水结构提供参考。

（2）试验原理。冻结力是一种界面力，虽然影响因素很多，但主要取决于冰与基体材料两者的界面条件，如温度、糙率、冻结的紧密程度等。对于材质、糙度不同的材料，冰与其冻结力也不相同。冰与各种材料的冻结力就是剪断其联系的极限剪切力 $P$，冻结强度即为剪应力 $\tau=P/S$，$S$ 为剪切力作用的横截面积。

（3）试样制备。采用同批次成型混凝土试块作为基体，混凝土标号 C30，尺寸为 150mm×150mm×150mm，混凝土试块标准养护至 28d 龄期后备用。采用 HJ 胶将各种橡胶止水、压板材料分别黏结到基体上作为试验件。

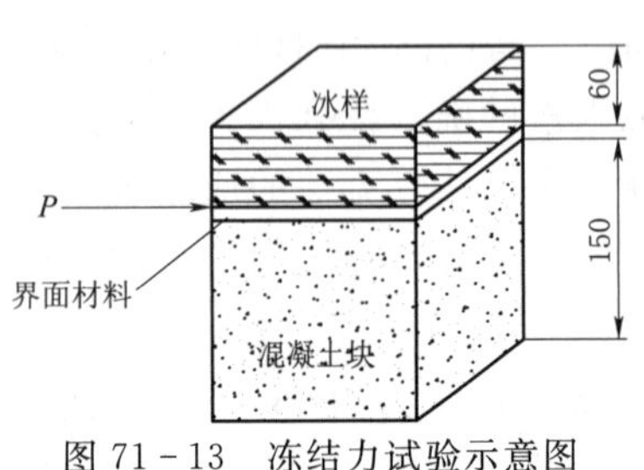

图 71-13　冻结力试验示意图
（单位：mm）

采取一次冻结的方式以橡胶止水（或压板材料）为接触面，依靠模具在上述试验件上浇注冰样，为便于比较，控制冰样厚度为 (6±1)cm，见图 71-13。采取冬季室外自然冻结，环境温度试验温度－15℃。

（4）试验装置。冻结力试验装置由钢性支架、加压装置、传力装置、测力装置等组成。试验时均匀施力，并严格保证施力方向与冰——材料的冻结面平行，在传力装置和冰的接触面之间垫入橡胶垫块，目的是减少应力集中，避免局部应力使冰样破碎。

2. 止水结构抗冰冻试验

（1）模拟水平冰胀力试验。

1）试验目的。模拟蒲石河电站因故检修，水位停止运行（假定 15d），根据冰冻参数计算结果，此时冰厚约 0.31m。研究冰的水平温胀力对橡胶止水结构的破坏情况，为优选出最佳的止水结构提供参考。

2）试验原理。冰压力值是由多种因素决定的，如气温、冰温、温升率、坝坡情况等。这些因素不断变化，致使冰压力沿冰盖厚度变化规律十分复杂，因此对坝坡的作用力（冰推力）也是很复杂的，这个复杂的冰推力在实验室内无法模拟。然而可以像处理其他非线性问题一样，将其简化为分段均匀分布，其中任意一微段冰推力作用如图 71-14（a），这一均匀分布的冰推力可以转化为集中力 $P$，如图 71-14（b），力 $P$ 又可分解为垂直于坝坡平面的分量 $P_V=P\times\sin\alpha$ 和平行于坝坡的切向分量 $P_H=P\times\cos\alpha$，如图 71-14（c），$\alpha$ 是坝坡与水平地面的夹角。蒲石河上水库大坝坡比为 1∶1.4，即 $\alpha$ 为 35.5°。在冰推护坡作用过程中，当冰推力沿坝坡面分力 $P_H$ 大于冰层与坝坡间的冻结力 $P_0$ 时，该冻结被剪断，冰层发生爬坡运动，冰层对坝坡的作用瞬时消失，$P_H=0$。只有当 $P_H\leqslant P_0$ 时，冰推力才作用于护坡上。

冰与坝坡的冻结力就是剪断其联系的极限剪切力 $P_H$，冻结强度即为剪切强 $\tau=P_H/S$，$S$ 为剪切力作用的横截面积。

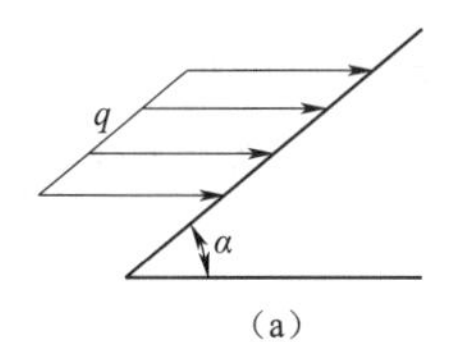


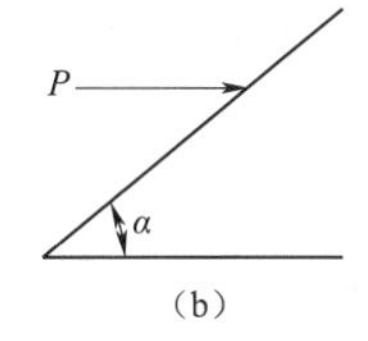


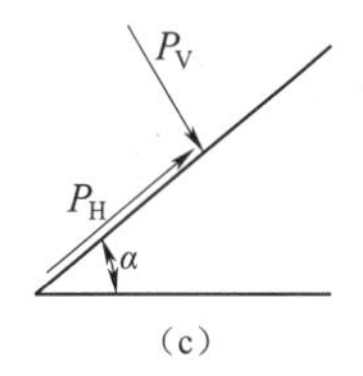


图 71-14 微段冰推力示意图

3）试样制备。采用上库面板混凝土推荐配合比成型两块混凝土大板模拟蒲石河上库面板，如图 71-16 所示，供平行试验使用。混凝土标号 C30，面板尺寸 150cm×100cm×30cm（长×宽×厚），混凝土面板上预先成型出仿现场面板伸缩缝，安装顶部止水带位置宽 60cm，见图 71-17、图 71-18。模拟蒲石河水库坝坡 1∶1.4 比例焊接刚性支架，将安装好止水结构的混凝土面板吊装到钢架斜坡上，依靠模具采用一次冻结的方式在止水结构上浇注冰样，冰体内预埋测温装置。

4）试验装置。试验装置由刚性支架、加压装置、传力装置、测力装置等组成，试验时要求均匀施力，并严格保证施力方向为水平方向，在传力装置和冰的接触面之间垫入橡胶垫块，目的是减少应力集中，避免局部应力使冰样破碎。图 71-15 为模拟水平冰胀力示意图。

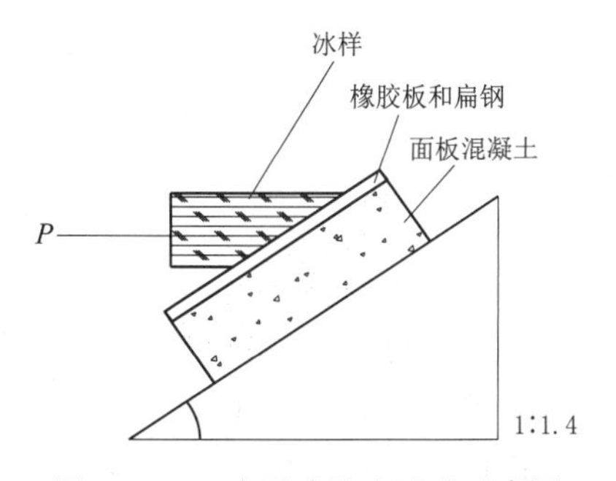


图 71-15 水平冰胀力试验示意图

图 71-16 预制混凝土面板

图 71-17 安装止水结构后的面板
（镀锌钢板压边）

图 71-18 安装止水结构后的面板
（挂胶钢板压边）

（2）剪切模拟试验。

1）试验目的。模拟蒲石河电站正常运行期间，冻结在坝坡止水结构上的冰棱梗在水位变化、自身重力等影响下，可能对止水结构的剪切力作用，为优选出最佳止水结构提供参考。

2）试验原理。剪切强度即为冻结强度 $\tau=P/S$，$P$ 为极限剪切力，$S$ 为剪切力作用的横截面积，即冰与止水结构的接触面积，图 71－19 为模拟剪切示意图。

3）试样制备。在模拟水平冰胀力试验的大板上进行冰样冻结，依靠模具采用一次冻结的方式在止水结构上浇注冰样，冰体内预埋测温装置，见图 71－20。

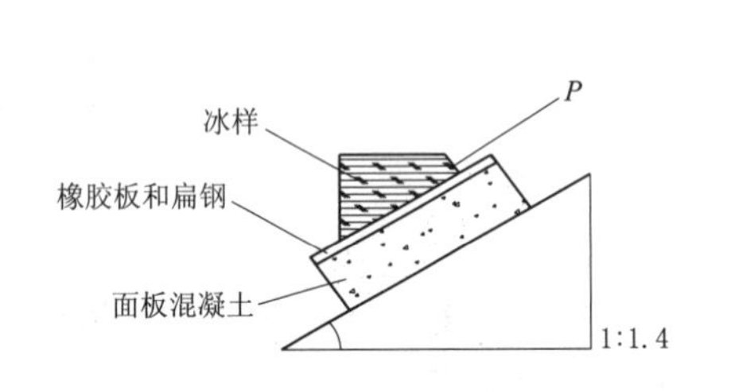


图 71－19　剪切示意图

图 71－20　坝坡冰冻试样

4）试验装置。试验装置由刚性支架、加压装置、传力装置、测力装置等组成。试验时要求均匀施力，并严格保证施力方向平行于面板向下，在传力装置和冰的接触面之间垫入橡胶垫块，目的是减少应力集中，避免局部应力使冰样破碎。

3. 试验结果

冰与界面的冻结强度不但与界面材料有关，而且与冻结过程温度和试验温度有关，因此所有的冰样冻结及剪切试验都是在室外完成，这样更贴近现实情况。

（1）冰与各种材料的冻结强度试验结果。分别进行冰与混凝土、橡胶板、不锈钢板、镀锌钢板、挂胶钢板的冻结强度试验。试验环境温度－15℃，试验后如图 71－21 所示。

图 71－21　冰-橡胶止水冻结强度试验后

均匀施加机械压力，直到剪断冰板与界面材料的联系，此时所施加的压力 $P$ 即为冰与该界面材料的冻结力，冻结强度 $\tau=P/S$，$S$ 为 $P$ 作用的横截面积。试验结果见表 71－5。

表 71－5 结果表明：冰与各种橡胶止水、压板的冻结强度有很大差别。冻结强度顺序：混凝土界面＞不锈钢板界面＞镀锌钢板界面＞挂胶钢板界面＞橡胶板界面，橡胶止水带中水科院加筋橡胶板冻结强度最小，压板中挂胶钢板的冻结强度略小于镀锌钢板。

表 71-5　　冰与不同材料的冻结强度试验结果

| 界面材料 | 冻结强度/MPa | 剪切后界面情况描述 | 界面材料 | 冻结强度/MPa | 剪切后界面情况描述 |
|---|---|---|---|---|---|
| 橡胶板（营口） | 0.23 | 少许冰附着 | 不锈钢板界面 | 0.37 | 少许冰附着 |
| 橡胶板（长春宏光） | 0.20 | 少许冰附着 | 镀锌钢板界面 | 0.38 | 少许冰附着 |
| 加筋橡胶板（水科院） | 0.08 | 少许冰附着 | 挂胶钢板 | 0.32 | 少许冰附着 |
| 混凝土 | 0.55 | 少许冰附着 | — | — | — |

（2）水平冰胀力试验。根据冰与止水结构原材料冻结强度试验结果，选取中水科院加筋橡胶板作为盖板，试验环境温度－15℃。

冰胀力模拟试验共进行 2 次：

试验一：橡胶盖板＋挂胶扁钢压板组合；

试验二：橡胶盖板＋镀锌扁钢压板组合。

沿水平方向均匀施加压力，直到剪断冰板与止水结构的联系，此时所施加的压力 $P$ 在沿护坡方向上的分力 $P_H=P\times\cos\alpha$ 即为冰与止水结构的冻结力，冻结强度 $\tau=P_H/S$，$S$ 为 $P_H$ 作用的横截面面积，试验结果见表 71-6。

表 71-6　　水平冰胀力试验结果

| 试验编号 | 试验一（压板为挂胶扁钢） | 试验二（压板为镀锌扁钢） |
|---|---|---|
| 冻结强度/MPa | 0.202 | 0.245 |

试验结果表明，在水平压力作用下，冰与止水结构之间的冻结力被剪断，其中橡胶板＋挂胶钢板的冻结强度小于橡胶板＋镀锌钢板的冻结强度。如图 71-22、图 71-23 所示，冰为整体脱离，并沿坡面向上运动，冰样未发生破碎，橡胶面板多数区域无冰附着，少部分有冰，整个橡胶止水结构外观形式无破坏。

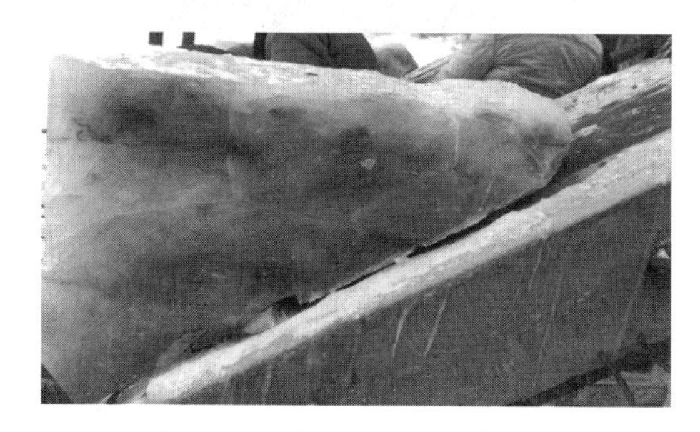

图 71-22　冰胀力试验后效果（冰样）

图 71-23　冰胀力试验后效果（压板为挂胶扁钢）

（3）止水结构抗剪试验。模拟电站正常运行期间坝坡止水结冰情况浇注冰样，进行剪切力试验。检验冰棱梗的剪切作用是否对止水结构产生破坏。试验环境温度－8.5℃。

冰体受力区域贴近坡面，试验时沿坡面向下均匀施加压力，直到剪断冰体与止水结构之间的联系，此时所施加的压力 $P$ 即为冰与止水结构的冻结力，冻结强度 $\tau=P/S$，$S$ 为 $P$ 作用的横截面积，如图 71－24、图 71－25 所示。

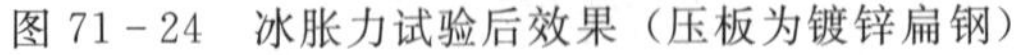

图 71－24　冰胀力试验后效果（压板为镀锌扁钢）

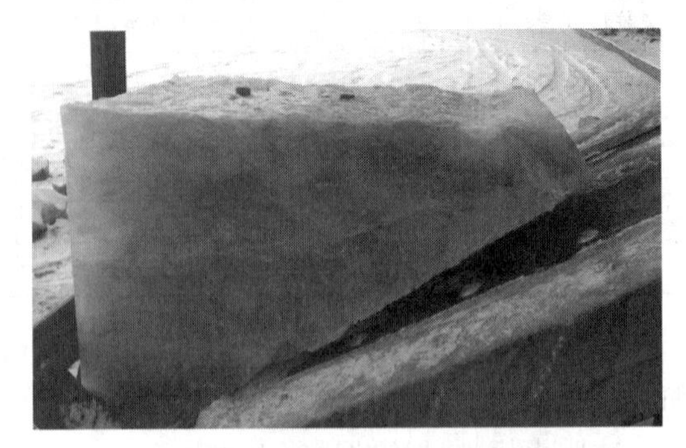

图 71－25　剪切试验后效果（冰样）

试验结果见表 71－7，结果表明：在平行于面板的剪切力作用下冰与止水结构之间的冻结力被剪断，剪切力对这两种止水形式均未构成破坏。橡胶板＋挂胶钢板止水形式的冻结强度低于橡胶板＋镀锌钢板冻结强度。剪切力试验所得到的冻结强度结果与水平冰胀力存在较大差异，分析认为，由于冰温对冻结强度有较大影响，随着冰温上升，冻结强度降低。图 71－26、图 71－27 为剪切试验后效果，冰为整体脱离，冰样未发生破碎，橡胶面板多数区域无冰附着，少部分有冰，整个橡胶止水结构外观形式无破坏。

**表 71－7　　剪切试验结果**

| 试验编号 | 试验一（压板为挂胶扁钢） | 试验二（压板为镀锌扁钢） |
|---|---|---|
| 冻结强度/MPa | 0.135 | 0.158 |

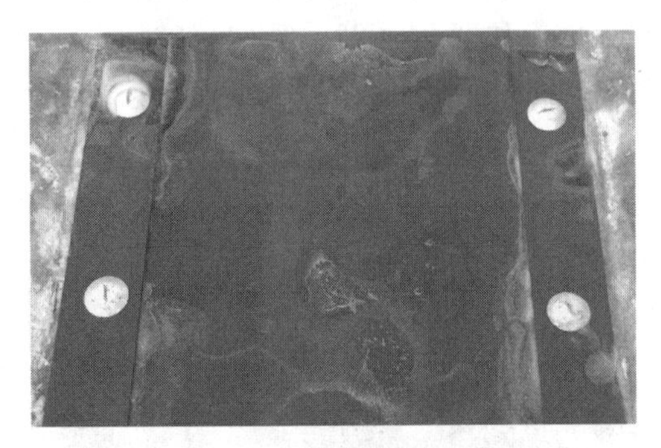

图 71－26　剪切试验后效果
（试验一，压板为挂胶扁钢）

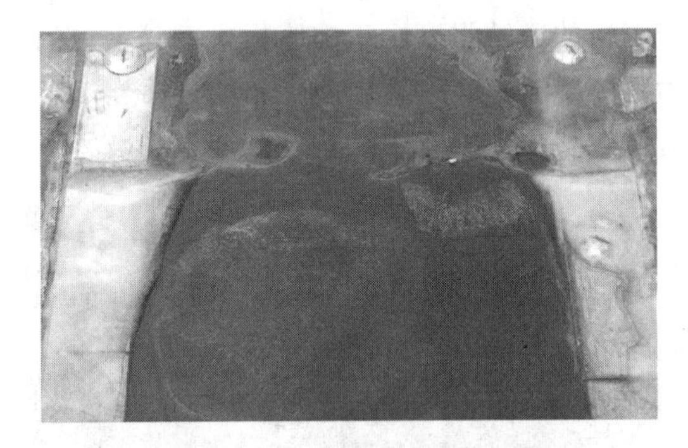

图 71－27　剪切试验后效果
（试验二，压板为镀锌扁钢）

**（三）试验结果分析**

（1）蒲石河电站水库在正常工作期间不会形成覆盖整个库区的厚冰盖，但在护坡沿线水位浮动范围内会形成一圈冰棱梗，伴随水位变化，受自身重力及其他因素影响，冰棱梗对护坡上的止水结构存在剪切力作用。

（2）考虑蒲石河电站存在冬季检修的可能，检修期间上库水位停止变化，水温下降。

若检修时间按 15d 计，库水冻结将形成覆盖整个库区的冰盖。计算出结冰厚度 0.31m，根据冰冻厚度估算水平冰胀力为 66kN/m，盖板对坝坡最大反弯矩值为 51.57kN·m。

（3）冰作用在止水结构上的极限应力取决于两者间的冻结强度。超过冻结强度，则冰与止水结构之间的联系被剪断。因此，可以通过选择冻结强度小的材料进行止水设计，以达到降低冰冻对止水结构破坏的目的。

（4）冰与各种材料之间的冻结强度顺序为：混凝土＞镀锌钢板≈不锈钢板＞挂胶钢板＞橡胶止水盖板。根据冻结强度试验结果选择加筋胶板＋镀锌压板、加筋胶板＋挂胶压板进行本次课题止水结构试验。

（5）考虑水库水位停止变化 15d 情况，模拟冰盖产生的冰胀力进行试验。试验结果表明：冰胀力不会对选定的两种止水结构（挂胶钢板＋橡胶止水盖板、镀锌钢板＋橡胶止水盖板）造成破坏，其中挂胶钢板＋橡胶止水盖板的形式止水结构冰冻力最小。

（6）模拟电站正常运行期间，坝坡形成的冰棱梗对止水结构的剪切力作用进行试验。试验结果表明：对于选定的两种止水结构，冰冻剪切均不能够对止水结构造成破坏，其中挂胶钢板＋橡胶止水盖板的形式止水结构冰冻力最小。

## 三、施工工艺集成析

### （一）正常浇筑情况下顶部接缝止水施工工艺

当面板顶部接缝止水施工基础条件为正常浇筑施工的混凝土面板时，其施工工序为：机械开槽→钻机打孔→螺母埋设→止水棒安装→嵌填密封材料→铺设止水盖板→螺栓锚固扁钢加压→边缝嵌填。

现将各施工工序及相关注意事项详解如下：

1. 机械开槽

在切割混凝土前，于面板接缝中心线向两侧外延 300mm，用木工墨斗弹出混凝土切割位置线，采用岩石切割锯从上向下进行切割，切缝深度 20mm，切缝垂直向偏差不超过 5mm，切缝深度允许偏差为 0～5mm，然后用风铲凿除面板接缝与切割缝之间的面板混凝土，凿除深度为 20mm。

2. 钻机打孔

首先制作孔间距 250mm、孔径 30mm 的钻孔定位器，然后采用金刚石水钻或冲击电锤钻钻孔，孔深 120mm。钻好的混凝土孔要测量深度，封堵孔口，防止杂物进入。

3. 螺母埋设

在埋设螺母前，先将螺母预埋孔清洗干净，确保螺母预埋孔孔壁干净、孔内无积水，然后向孔内注入锚固胶粘剂（注入剂量已达到孔内容积的 1/3 为宜），插入螺母并将其左右旋转，以促进胶粘剂同混凝土壁之间的浸润、结合，最后用腻刀刮除溢出的胶粘剂，并使螺母居于预埋孔中心位置。待锚固胶粘剂凝结固化后方可进行下一道施工工序。

4. 止水棒安装

在完成上述施工工序后，清理止水缝顶部接缝止水预留槽，如接缝止水预留槽表面有水泥浮浆或松动的混凝土骨料，应用钢刷将其完全清除。确保止水缝两侧混凝土的新鲜、清洁、干燥，然后铺设氯丁橡胶止水棒并在止水缝上方采取覆盖保护措施，确保止水缝两侧混凝土处于干燥、清洁状态。

5. 嵌填密封材料

在嵌填密封材料前，检查混凝土两侧施工基面，确保其处于干燥、清洁状态，然后在混凝土施工基面涂刷密封材料专用界面剂，最后嵌填密封材料（建议采用挤出机进行密封材料嵌填）。

需要特别说明的是：在进行密封材料嵌填施工时，混凝土施工基面的清洁、干燥尤为重要，这对混凝土基面与嵌缝密封材料的紧密黏结具有重要意义。在以往的面板止水修补工程中，拆除止水盖板后发现，接缝止水嵌缝密封材料与混凝土基面存在较多的薄弱黏结部位。

6. 铺设止水盖板

清除止水盖板下卧槽混凝土基面的杂物、浮尘及松动的骨料，确保混凝土基面清洁、干燥、结构完整，然后涂刷止水盖板黏结用胶粘剂专用基液，待基液表面状态达到使用要求后涂刮胶粘剂，然后铺设止水盖板。每次涂刮胶粘剂、铺设止水盖板的长度不宜过长，确保螺栓锚固扁钢加压工序能在胶粘剂凝结固化前完成。

胶粘剂基液涂于止水盖板下卧槽两边，从卧槽边缘开始涂刷，每边宽度不得低于120mm。胶粘剂涂刮宽度不应大于基液涂刷宽度，在涂刮时必须保持胶粘剂涂刮表面平整。

止水盖板在铺设前需预留螺钉安装孔并对其与混凝土粘结部位进行脱脂处理。预留螺钉安装孔位置与锚固螺母对应位置相对应，采用直径为20mm的圆孔；采用钢丝轮刷对止水盖板进行脱脂处理，沿胶板两侧打磨止水盖板下表面脱脂处理位置，脱脂宽度为150mm，上表面脱脂位置与加压扁钢位置相对应，脱脂宽度为80mm。脱脂后采用丙酮试剂搽拭清洗脱脂部位。

7. 螺栓锚固扁钢加压

在完成止水盖板铺设后，立即进行螺栓锚固扁钢加压工序，施工时首先在止水盖板上表面脱脂部位及加压扁钢下表面均匀涂刮一层胶粘剂，然后将扁钢置于止水盖板上并确保扁钢预留螺钉安装孔位置与锚固螺母位置一一对应，最后拧入锚固螺钉并确保螺帽下表面与扁钢上表面紧密结合。

在施工时，应特别注意扁钢预留螺钉安装孔与锚固螺母位置的对应关系，在实际工程中，由于锚固螺母埋设时存在一定的位置偏差，使得个别锚固螺母与扁钢预留螺钉安装孔的对应程度难以满足锚固螺钉的安装，当遇到上述问题时，结合实际情况上下左右轻微调整扁钢位置，确保每一个锚固螺钉均能顺利安装。

在安装锚固螺钉时，先在锚固螺钉的螺杆上均匀涂抹一层凡士林（其主要作用为防止锚固螺钉及螺母丝扣锈蚀，提高锚固螺栓结构耐久性），将螺钉拧入螺母2～3道丝扣，然后往扁钢预留螺钉安装孔内密实嵌填密封材料，嵌填厚度以高出扁钢上表面3～5mm为宜，拧紧锚固螺钉直至螺帽下表面与扁钢上表面紧密结合，最后用腻刀刮除被挤出的密封材料。

8. 边缝嵌填

在完成上述施工工序后，采用封边料将止水结构边缘嵌填密实。

**（二）预留槽并预埋锚固件情况下顶部接缝止水施工工艺**

当预留止水盖板下卧槽并且预埋锚固螺母时，面板顶部接缝止水施工工序为：止水棒安装→嵌填密封材料→铺设止水盖板→螺栓锚固扁钢加压→边缝嵌填。与正常浇筑的混凝土面板相比，减少了机械开槽→钻机打孔→螺母埋设三道施工工序，其余的施工工序及相关注意事项与正常浇筑混凝土面板的顶部接缝止水施工完全相同。

在实际混凝土面板顶部接缝止水施工中，推荐使用预留止水盖板下卧槽并且预埋锚固螺母的顶部接缝止水施工工艺。和正常浇筑混凝土面板的顶部接缝止水施工工艺相比，预留止水盖板下卧槽并且预埋锚固螺母的顶部接缝止水施工工艺具有止水盖板下卧槽混凝土面平整度高、锚固螺母与混凝土结合紧密、锚固螺母抗拉拨性能好的优点。在实际施工时具有施工便利、易于保证施工质量等优势。

**（三）混凝土面板坝GB填料Ⅱ型挤出机机械化施工工艺**

1. 挤出机工作原理及完善过程

挤出机是根据工业橡胶挤出机的原理，采用螺旋挤压挤出成形，同时利用挤出压力形成的反向推动力作为挤出机的驱动力。柔性填料被直接挤入满足设计要求的半圆形模具内，可以更好地保证填料与混凝土面的粘接。施工过程如图71-28、图71-29所示。

图71-28　台式车柔性填料挤出机在公伯峡面板坝施工图

图71-29　柔性填料挤出机施工效果图

国内最早应用于工程的柔性填料挤出机由中水科海利公司2002年与西安理工大学合作开发研制，可以实现周边缝和张拉缝填料的现场一次挤出成形。这种挤出机曾在青海公伯峡面板坝的垂直缝上试验应用，其断面为340cm$^2$。填缝质量好，但由于挤出机嵌填速度太慢，只有3～4m/h，不及人工嵌填速度。

此后，中水科海利公司为进一步提高挤出机嵌填效率，对原挤出机设计细节上作了改进和完善，开发了GB填料Ⅱ型挤出机，并在双沟面板坝应用。

GB填料Ⅱ型挤出机长约180cm，宽50cm，高50cm，重约250kg。配置的台车放料平台长270cm，宽190cm，高130cm，重约2100kg。操作方式是由施工人员通过投料口连续不断的投放塑性填料，挤出机电机功率为7.5kW，配有针摆式变速箱和交-直-交变频器调整电机运行速度。模具的压模方式是由机器重量并配以液压调整装置，确保模具排放整齐和压力均匀。

挤出机在坝面施工需要配备牵引台车和送料车。牵引台车由一台W120型履带式挖掘机改装而成，可沿坝顶行走；台车上配有两部功率为15kW的卷扬机，分别用于牵引挤出机和送料车；卷扬机配有变频器调整电机运行速度，实现牵引速度与挤出速度的同步控制。

2. GB填料Ⅱ型挤出机施工工序及注意事项

挤出时，将混凝土表面涂刷SK底胶，把橡胶棒放入槽底。然后机器底部放入槽中，并用机器重量压住固定好的挤出机外模板；通过进料口，放入GB柔性填料，机器螺旋杆挤压运送填料在机器前段的内模挤出，在外模板中成型。内模在反向作用力推动下带动挤出机上行，直至内模块即将从外模中退时，立刻安装下一块外模板（每台挤出机配有5块外模具），机器既可连续不断的嵌填。安装模具和拆除模具可在行进中完成，即可形成表面光滑，均匀一致的GB柔性填料形状。因GB柔性填料黏结力极强，容易造成黏模现象，挤出机外模具的内侧需涂刷专用的脱模剂，以确保顺利脱模。

挤出机的使用应满足一定的条件：①接缝两侧混凝土50cm宽、2m长范围内的混凝土表面起伏差应小于10mm。②由于挤出机是按照具体接缝断面设计的，现场施工的接缝断面尺寸应严格满足设计要求。如缝口尺寸相对设计偏小，则会造成挤出机底部无法卧在缝口槽中，致使挤出机无法运行。一旦发生这种情况，对缝口混凝土进行修正即可。

3. GB填料Ⅱ型挤出机在双沟面板坝应用

2008年9—10月，中水科海利公司结合双沟面板坝技术服务项目，见图71-30，在工程现场进行了GB填料Ⅱ型的试验性嵌填施工。施工包括整个面板D型缝，包括右岸6条缝，合计长258m；左岸8条缝，合计长429m。此次施工累计缝长687m，挤出断面面积为522cm$^2$，约耗用50t GB填料Ⅱ型。经过现场测试，现场挤出成形速度为15～25m/h。挤出断面均匀，嵌填量完全能够满足设计要求。

图71-30　GB填料Ⅱ型挤出机在双沟面板坝应用

# 第七十二章　寒区混凝土面板堆石坝垫层料排水及抗冻胀性能研究

抽水蓄能电站上库的运行特点是库水位变化频繁且变幅大，水位最大变化幅度为数十米。寒冷地区抽蓄电站库水位骤降时，垫层内是否会出现对面板的反向水压力，垫层冻结时能否产生对面板的冻胀力是值得研究的问题。影响垫层料排水性和冻胀性的主要因素是垫层料级配和细颗粒含量，本次研究采取在收集资料、调查寒冷地区混凝土面板坝运行状况的基础上，通过室内垫层料试验以及分析计算，确定满足各项物理力学指标和排水、抗冻胀要求的合理级配的技术路线，进行各项试验研究工作。

## 一、试验级配确定

### （一）垫层料级配范围曲线制定

根据已建混凝土面板坝垫层料级配曲线和谢腊德级配曲线，确定最大粒径和5mm、0.075mm含量。最大粒径100mm，5mm颗粒含量分别为10%、20%、25%、30%、35%、40%、45%和50%，0.075mm含量分别为0、3%、5%、8%、10%和15%。将5mm、0.075mm不同含量进行组合，具体组合见表72-1，共设计了27条级配曲线。具体细粒含量组合见表72-2。

表72-1　粒径5mm和0.075mm颗粒不同含量组合表

| 粒径/mm | 粒径含量/% | | | | | | | |
|---|---|---|---|---|---|---|---|---|
| 5 | 10 | 20 | 25 | 30 | 35 | 40 | 45 | 50 |
| 0.075 | 0、3 | 3、5、8、10 | 3、5、8、10 | 3、5、8、10 | 5、8、10 | 5、8、10 | 5、8、10 | 5、8、10、15 |

表72-2　垫层料级配范围曲线颗粒组成表

| 试样编号 | 颗粒组成/% | | | | | | | | | |
|---|---|---|---|---|---|---|---|---|---|---|
| | 100～80mm | 80～60mm | 60～40mm | 40～20mm | 20～10mm | 10～5mm | 5～0.075mm | <0.075mm | 不均匀系数($C_u$) | 曲率系数($C_c$) |
| 1-1 | — | 6.0 | 12.0 | 12.0 | 10.0 | 10.0 | 35.0 | 15.0 | — | — |
| 1-2 | — | 6.0 | 12.0 | 12.0 | 10.0 | 10.0 | 40.0 | 10.0 | — | — |
| 1-3 | — | 6.0 | 12.0 | 12.0 | 10.0 | 10.0 | 42.0 | 8.0 | 109.2 | 0.50 |
| 1-4 | — | 6.0 | 12.0 | 12.0 | 10.0 | 10.0 | 45.0 | 5.0 | 83.6 | 0.50 |
| 2-2 | — | 7.5 | 10.5 | 14.0 | 11.5 | 11.5 | 35.0 | 10.0 | — | — |
| 2-3 | — | 7.5 | 10.5 | 14.0 | 11.5 | 11.5 | 37.0 | 8.0 | 131.2 | 0.70 |
| 2-4 | — | 7.5 | 10.5 | 14.0 | 11.5 | 11.5 | 40.0 | 5.0 | 97.4 | 0.68 |
| 3-1 | — | 8.0 | 10.0 | 16.0 | 13.0 | 13.0 | 30.0 | 10.0 | — | — |

续表

| 试样编号 | 颗粒组成/% | | | | | | | | 不均匀系数($C_u$) | 曲率系数($C_c$) |
|---|---|---|---|---|---|---|---|---|---|---|
| | 100～80mm | 80～60mm | 60～40mm | 40～20mm | 20～10mm | 10～5mm | 5～0.075mm | <0.075mm | | |
| 3-2 | — | 8.0 | 10.0 | 16.0 | 13.0 | 13.0 | 32.0 | 8.0 | 148.9 | 1.28 |
| 3-3 | — | 8.0 | 10.0 | 16.0 | 13.0 | 13.0 | 35.0 | 5.0 | 106.3 | 1.14 |
| 4-1 | — | 12.0 | 12.0 | 16.0 | 14.0 | 11.0 | 25.0 | 10.0 | — | — |
| 4-2 | — | 12.0 | 12.0 | 16.0 | 14.0 | 11.0 | 27.0 | 8.0 | 195.4 | 2.58 |
| 4-3 | — | 12.0 | 12.0 | 16.0 | 14.0 | 11.0 | 30.0 | 5.0 | 132.4 | 2.04 |
| 5-1 | 5.0 | 9.0 | 13.0 | 18.0 | 13.0 | 12.0 | 20.0 | 10.0 | — | — |
| 5-2 | 5.0 | 9.0 | 13.0 | 18.0 | 13.0 | 12.0 | 22.0 | 8.0 | 220.7 | 9.38 |
| 5-3 | 5.0 | 9.0 | 13.0 | 18.0 | 13.0 | 12.0 | 25.0 | 5.0 | 139.6 | 5.94 |
| 5-4 | 5.0 | 9.0 | 13.0 | 18.0 | 13.0 | 12.0 | 27.0 | 3.0 | 108.8 | 4.63 |
| 6-1 | — | 12.0 | 14.0 | 21.0 | 17.0 | 11.0 | 15.0 | 10.0 | — | — |
| 6-2 | — | 12.0 | 14.0 | 21.0 | 17.0 | 11.0 | 17.0 | 8.0 | 205.0 | 15.16 |
| 6-3 | — | 12.0 | 14.0 | 21.0 | 17.0 | 11.0 | 20.0 | 5.0 | 117.6 | 8.69 |
| 6-4 | — | 12.0 | 14.0 | 21.0 | 17.0 | 11.0 | 22.0 | 3.0 | 88.3 | 6.53 |
| 7-1 | 7.5 | 13.5 | 15.0 | 21.5 | 15.5 | 7.0 | 10.0 | 10.0 | — | — |
| 7-2 | 7.5 | 13.5 | 15.0 | 21.5 | 15.5 | 7.0 | 12.0 | 8.0 | 232.8 | 24.63 |
| 7-3 | 7.5 | 13.5 | 15.0 | 21.5 | 15.5 | 7.0 | 15.0 | 5.0 | 115.6 | 12.23 |
| 7-4 | 7.5 | 13.5 | 15.0 | 21.5 | 15.5 | 7.0 | 17.0 | 3.0 | 83.2 | 8.80 |
| 8-1 | 15.0 | 15.0 | 16.0 | 22.0 | 14.0 | 8.0 | 5 | 5 | 9.3 | 1.41 |
| 8-2 | 15.0 | 15.0 | 16.0 | 22.0 | 14.0 | 8.0 | 10.0 | 0.0 | 9.3 | 1.41 |

根据表72-2，大于粒径5mm颗粒含量的曲线为8条，经与不同0.075mm颗粒含量组合，共设计了27条级配曲线。各曲线具体颗粒组成见表72-2。对27条级配曲线进行比重试验、相对密度试验和渗透试验，根据试验结果确定垫层料试验级配。

**（二）比重试验结果**

比重试验成果见表72-3。

**表72-3　　垫层料各粒组比重试验成果表**

| 粒径/mm | 100～80 | 80～60 | 60～40 | 40～20 | 20～10 | 10～5 | <5 |
|---|---|---|---|---|---|---|---|
| 比重 | 2.69 | 2.70 | 2.70 | 2.71 | 2.70 | 2.70 | 2.70 |

土粒比重的大小主要取决于土粒的矿物成分，是土的基本物理性质之一，是计算孔隙比、孔隙率、饱和度等的重要依据。由表72-3可见，不同粒组比重值介于2.69～2.71之间，说明蒲石河抽水蓄能电站输水洞开挖出的新鲜岩石材质均匀，表明各项试验指标间具有较强的可比性。根据试验所得结果，确定27条级配曲线垫层料的颗粒比重均为2.70。

**（三）相对密度试验**

本次主要研究垫层料的排水性和抗冻胀性，这两种特性和小于5mm粒径含量关系较为密切。已有的试验表明，超径颗粒含量小于40%的土石混合料较适用等量替代法，本工程垫层料超径颗粒含量最多为30%，最少为8%。因此，为了解0.075mm、5mm含量和缩制级配对相对密度结果产生的影响，用等量替代法将6号、7号试样级配缩制（$d<$ 0.075mm含量分别为5%、8%、10%、15%）并进行了相对密度试验。

原级配相对密度试验结果共27组，具体见表72-4。缩制级配曲线进行5组，见表72-5。

表72-4 级配范围垫层料相对密度试验成果表

| 试样编号 | 颗粒组成/% | | 干密度/(g/cm³) | |
|---|---|---|---|---|
| | 5～0.075mm | <0.075mm | 最大 | 最小 |
| 1-1 | 35.0 | 15.0 | 2.30 | 1.85 |
| 1-2 | 40.0 | 10.0 | 2.29 | 1.86 |
| 1-3 | 42.0 | 8.0 | 2.30 | 1.85 |
| 1-4 | 45.0 | 5.0 | 2.28 | 1.84 |
| 2-1 | 35.0 | 10.0 | 2.31 | 1.85 |
| 2-2 | 37.0 | 8.0 | 2.30 | 1.83 |
| 2-3 | 40.0 | 5.0 | 2.30 | 1.82 |
| 3-1 | 30.0 | 10.0 | 2.31 | 1.82 |
| 3-2 | 32.0 | 8.0 | 2.29 | 1.80 |
| 3-3 | 35.0 | 5.0 | 2.28 | 1.79 |
| 4-1 | 25.0 | 10.0 | 2.36 | 1.85 |
| 4-2 | 27.0 | 8.0 | 2.35 | 1.84 |
| 4-3 | 30.0 | 5.0 | 2.36 | 1.85 |
| 5-1 | 20.0 | 10.0 | 2.34 | 1.83 |
| 5-2 | 22.0 | 8.0 | 2.32 | 1.82 |
| 5-3 | 25.0 | 5.0 | 2.33 | 1.83 |
| 5-4 | 27.0 | 3.0 | 2.33 | 1.82 |
| 6-1 | 15.0 | 10.0 | 2.34 | 1.76 |
| 6-2 | 17.0 | 8.0 | 2.35 | 1.75 |
| 6-3 | 20.0 | 5.0 | 2.32 | 1.74 |
| 6-4 | 22.0 | 3.0 | 2.30 | 1.74 |
| 7-1 | 10.0 | 10.0 | 2.28 | 1.67 |
| 7-2 | 12.0 | 8.0 | 2.26 | 1.73 |
| 7-3 | 15.0 | 5.0 | 2.25 | 1.64 |
| 7-4 | 17.0 | 3.0 | 2.26 | 1.68 |
| 8-1 | 5.0 | 5.0 | 2.25 | 1.70 |
| 8-2 | 10.0 | 0.0 | 2.24 | 1.68 |

表 72-5　　级配范围部分级配曲线垫层料缩制级配相对密度试验成果表

| 试样编号 | 颗粒组成/% | | 干密度/(g/cm³) | | 相对密度 Dr |
|---|---|---|---|---|---|
| | 5～0.075mm | <0.075mm | 最大 | 最小 | |
| 6-1′ | 15.0 | 10.0 | 2.31 | 1.70 | 0.89 |
| 6-2′ | 17.0 | 8.0 | 2.32 | 1.71 | 0.87 |
| 6-3′ | 20.0 | 5.0 | 2.33 | 1.74 | 0.85 |
| 7-2′ | 12.0 | 8.0 | 2.26 | 1.70 | 0.95 |
| 7-3′ | 15.0 | 5.0 | 2.27 | 1.70 | 0.93 |

上述试验结果可知：

（1）最大干密度和最小干密度随 0.075mm 含量增加而增大的趋势不很明显，说明在 5mm 含量不变的条件下，0.075mm 含量在 0～15%之间变化时对干密度值影响不大。

（2）最大干密度随 5mm 含量增加而增大。在 5mm 含量增加至 25%时，最大干密度和最小干密度随 5mm 含量增加有增大的趋势；在 5mm 含量增加至 35%时，最大干密度和最小干密度随 5mm 含量增加有减小的趋势；5mm 颗粒含量在 25%～35%之间，压实效果最好。

（3）级配缩制后，最大干密度值有随 0.075mm、5mm 含量增加而增加的趋势；但增加幅度不大，增加值为 0.020g/cm³。缩制级配与原级配相比，最大干密度和最小干密度比原级配略小，但最大差值仅为 0.030g/cm³，可以忽略不计级配缩制对各项指标产生的影响。

根据上述试验结果可以得出如下结论：在 5mm 含量不变的条件下，0.075mm 含量对干密度值影响不大；5mm 粒径含量为 25%～35%左右时，最大干密度值最大。5mm 粒径含量小于 25%，最大干密度和最小干密度随 5mm 含量增加而增加；5mm 粒径含量大于 35%时，最大干密度和最小干密度随 5mm 含量增加而减小。缩制级配的干密度与原级配差别不大，可以认为用等量替代法缩制级配对于本工程的垫层料试验是适合的，由此进行渗透等力学试验结果基本可代表原级配的试验结果。

**（四）渗透试验**

与相对密度级配曲线相同，共进行了 27 组渗透试验，主要研究 5mm 粒径含量和 0.075mm 粒径含量对渗透系数的影响。具体研究了 5mm 粒径为 10%、20%、25%、30%、35%、40%、45%和 50%等不同含量的渗透系数的变化规律，以及 5mm 含量不变、0.075mm 粒径不同含量对渗透系数的影响。

由于各级配比重值相同，基于设计对垫层料控制孔隙率不大于 18%的要求，渗透试验制样密度均为 2.22g/cm³。试验成果见表 72-6。不同 5mm 颗粒含量渗透系数范围统计见表 72-7。

表 72-6　　级配范围垫层料渗透试验成果表

| 试样编号 | 颗粒组成/% | | 控制干密度 /(g/cm³) | 垂直渗透 | |
|---|---|---|---|---|---|
| | 5～0.075mm | <0.075mm | | 孔隙率 /% | 渗透系数 /(cm/s) |
| 1-1 | 35.0 | 15.0 | 2.22 | 18 | $5.93\times10^{-5}$ |
| 1-2 | 40.0 | 10.0 | 2.22 | 18 | $7.56\times10^{-5}$ |

续表

| 试样编号 | 颗粒组成/% | | 控制干密度/(g/cm³) | 垂直渗透 | |
|---|---|---|---|---|---|
| | 5～0.075mm | <0.075mm | | 孔隙率/% | 渗透系数/(cm/s) |
| 1-3 | 42.0 | 8.0 | 2.22 | 18 | $9.64\times10^{-5}$ |
| 1-4 | 45.0 | 5.0 | 2.22 | 18 | $2.07\times10^{-4}$ |
| 2-1 | 35.0 | 10.0 | 2.22 | 18 | $1.09\times10^{-4}$ |
| 2-2 | 37.0 | 8.0 | 2.22 | 18 | $3.21\times10^{-4}$ |
| 2-3 | 40.0 | 5.0 | 2.22 | 18 | $5.80\times10^{-4}$ |
| 3-1 | 30.0 | 10.0 | 2.22 | 18 | $8.22\times10^{-4}$ |
| 3-2 | 32.0 | 8.0 | 2.22 | 18 | $2.79\times10^{-4}$ |
| 3-3 | 35.0 | 5.0 | 2.22 | 18 | $1.84\times10^{-3}$ |
| 4-1 | 25.0 | 10.0 | 2.22 | 18 | $9.06\times10^{-3}$ |
| 4-2 | 27.0 | 8.0 | 2.22 | 18 | $5.98\times10^{-2}$ |
| 4-3 | 30.0 | 5.0 | 2.22 | 18 | $1.27\times10^{-2}$ |
| 5-1 | 20.0 | 10.0 | 2.22 | 18 | $2.11\times10^{-2}$ |
| 5-2 | 22.0 | 8.0 | 2.22 | 18 | $4.79\times10^{-2}$ |
| 5-3 | 25.0 | 5.0 | 2.22 | 18 | $6.85\times10^{-2}$ |
| 5-4 | 27.0 | 3.0 | 2.22 | 18 | $7.31\times10^{-2}$ |
| 6-1 | 15.0 | 10.0 | 2.22 | 18 | $5.22\times10^{-2}$ |
| 6-2 | 17.0 | 8.0 | 2.22 | 18 | $6.08\times10^{-2}$ |
| 6-3 | 20.0 | 5.0 | 2.22 | 18 | $7.53\times10^{-2}$ |
| 6-4 | 22.0 | 3.0 | 2.22 | 18 | $9.01\times10^{-2}$ |
| 7-1 | 10.0 | 10.0 | 2.22 | 18 | $4.43\times10^{-1}$ |
| 7-2 | 12.0 | 8.0 | 2.22 | 18 | $5.14\times10^{-1}$ |
| 7-3 | 15.0 | 5.0 | 2.22 | 18 | $6.23\times10^{-1}$ |
| 7-4 | 17.0 | 3.0 | 2.22 | 18 | $7.66\times10^{-1}$ |
| 8-1 | 5.0 | 5.0 | 2.22 | 18 | $1.09\times10^{-1}$ |
| 8-2 | 10.0 | 0.0 | 2.22 | 18 | $9.05\times10^{0}$ |

**表 72-7　　不同 5mm 颗粒含量渗透系数范围统计表**

| 粒径/mm | 粒径含量/% | | | | | | | |
|---|---|---|---|---|---|---|---|---|
| 5 | 10.0 | 20.0 | 25.0 | 30.0 | 35.0 | 40.0 | 45.0 | 50.0 |
| 0.075 | 0、3 | 3、5、8、10 | 3、5、8、10 | 3、5、8、10 | 5、8、10 | 5、8、10 | 5、8、10 | 5、8、10、15 |
| $K$/(cm/s) | $100\sim10^{-1}$ | $10^{-1}$ | $10^{-2}$ | $10^{-2}$ | $10^{-2}\sim10^{-3}$ | $10^{-3}\sim10^{-4}$ | $10^{-4}$ | $10^{-4}\sim10^{-5}$ |

### （五）试验级配范围的制定

由相对密度试验结果可以看出，垫层料 5mm 颗粒含量在 25%～35%之间，压实效果最好；5mm 颗粒含量小于 35%的级配满足排水要求。综合相对密度试验和渗透试验结果，既能满足压实性良好，又能满足排水条件的级配为4-3和6-4两条曲线，将其修正后，作为垫层料试验级配上、下包络线。垫层料的排水性和冻胀性将以试验级配曲线作为研究对象进行研究。试验级配上、下包络线颗粒组成见表72-8和图72-1。

**表72-8　初步拟定垫层料包络线颗粒组成表**

| 试样编号 | 颗粒组成/% | | | | | | | | | |
|---|---|---|---|---|---|---|---|---|---|---|
| | 100～80mm | 80～60mm | 60～40mm | 40～20mm | 20～10mm | 10～5mm | 5～0.075mm | <0.075mm | 不均匀系数($C_u$) | 曲率系数($C_c$) |
| 上包线 | — | 8.0 | 12.0 | 18.0 | 14.0 | 13.0 | 30 | 5.0 | 36.23 | 1.29 |
| 平均线 | 5.0 | 9.0 | 13.0 | 18.0 | 13.0 | 12.0 | 27.0 | 3.0 | 84.35 | 1.84 |
| 下包线 | 9.5 | 10.5 | 14.0 | 17.0 | 13.0 | 11.0 | 24.0 | 1.0 | 22.15 | 1.06 |

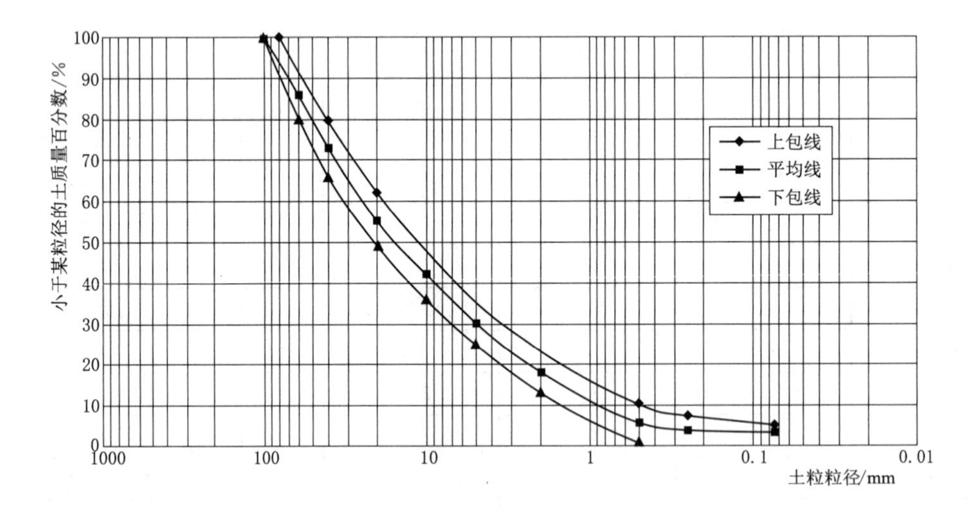


图72-1　初拟垫层料级配上、下包线

## 二、试验级配垫层料力学性质试验

为测定试验级配垫层料的力学性质，对试验级配上下包线和平均线进行了直接剪切、固结、三轴、渗透破坏等力学试验。力学试验所用设备为大型直剪仪、大型固结仪、大型三轴仪和大型渗透仪等。各种设备试样筒直径和高度尺寸见表72-9。

**表72-9　力学试验仪器设备名称和尺寸表**

| 设备名称 | 直剪仪 | 固结仪 | 三轴仪 | 渗透仪 |
|---|---|---|---|---|
| 直径/cm | 50.5 | 50.5 | 30.0 | 50.5 |
| 高度/cm | 41.0 | 26.0 | 70.0 | 40.2 |

直剪试验、固结试验、渗透试验等力学性试验结果见表72-10。

表 72-10　试验级配范围垫层料力学试验成果表

| 试样名称 | 抗剪强度 | | 固　结 | | 渗　透 | | 相对密度 | |
|---|---|---|---|---|---|---|---|---|
| | $C$ /kPa | $\varphi$ /(°) | $a_{v1-2}$ /mPa$^{-1}$ | $E_{s1-2}$ /mPa | $K$ /(cm/s) | $J$ | $\rho_{dmax}$ /(g/cm$^3$) | $\rho_{dmin}$ /(g/cm$^3$) |
| 上包线 | 124.8 | 43.7 | 0.019 | 63.87 | $5.48\times10^{-2}$ | 0.45 | 2.33 | 1.81 |
| 平均线 | 109.0 | 42.9 | 0.013 | 93.10 | $7.24\times10^{-2}$ | 0.44 | 2.32 | 1.80 |
| 下包线 | 117.0 | 42.0 | 0.009 | 134.14 | $9.67\times10^{-2}$ | 0.45 | 2.31 | 1.78 |

试验级配范围垫层料各项力学性指标符合粗粒土一般规律，渗透系数满足自由排水要求，压实性能良好。

三轴试验经计算和绘图得出 $E-\mu$ 模型和 $E-B$ 模型参数，见表 72-11。

表 72-11　抗剪强度试验成果表

| 试样编号 | 制样干密度 $\rho_d$ /(g/cm$^3$) | $E-\mu$、$E-B$ 模型参数 | | | | | | | | | | |
|---|---|---|---|---|---|---|---|---|---|---|---|---|
| | | $C$ /kPa | $\varphi_1$ /(°) | $\Delta\varphi$ /(°) | $R_f$ | $K$ | $n$ | $G$ | $F$ | $D$ | $K_b$ | $m$ |
| 上包线 | 2.22 | 137.5 | 50.3 | 7.71 | 0.82 | 370.5 | 0.68 | 0.48 | 0.35 | 3.55 | 203.5 | 0.26 |
| 平均线 | 2.22 | 114.3 | 48.6 | 6.36 | 0.81 | 515.3 | 0.47 | 0.33 | 0.13 | 3.53 | 199.9 | 0.22 |
| 下包线 | 2.22 | 99.5 | 46.9 | 5.55 | 0.79 | 459.9 | 0.47 | 0.34 | 0.15 | 2.98 | 202.0 | 0.17 |

从三轴试验结果可以看出：

(1) 试样在剪切时，应变随应力增大而增大，其应力应变关系曲线呈现应变硬化型。

(2) 对于粗粒土，试料在一定应力条件下开始破碎，其强度包线明显向下弯曲，呈非线性。这种非线性特征对于尖角状的碎石表现尤为突出。大量试验证明，这种非线性性质的抗剪强度 $\varphi$ 可用下式表达：

$$\varphi=\varphi_1-\Delta\varphi\log\left(\frac{\sigma_3}{p_a}\right) \tag{72-1}$$

式中：$\varphi_1$ 为$\frac{\sigma_3}{p_a}=1$ 为时的抗剪强度 $\varphi$ 值；$\Delta\varphi$ 为 $\varphi$ 的降低梯度。

该公式体现了随周围应力增加碎石料的粗颗粒产生破碎从而使强度降低的规律。

## 三、试验级配垫层料排水性能研究

### （一）面板堆石坝面板渗透量和垫层料排水量推算

1. 垫层内产生反向水压力的条件

水位骤降时垫层料对面板产生浮托力的条件是垫层料必须处于饱水状态，而且进入垫层的水量要大于垫层的排水能力。促使垫层料饱水的条件可作如下假定：

(1) 混凝土面板大面积渗漏，以致垫层内形成较高的浸润线。

(2) 面板局部出现大裂缝形成局部饱和。

(3) 岸坡地下水大量侵入垫层。

以蒲石河抽蓄电站为例进行计算分析，根据蒲石河面板坝的岸坡条件，地下水大量侵

入垫层的可能性不大，因此主要研究面板渗漏情况。

2. 面板渗流量与垫层料排水量的推算

（1）水位升降过程中面板的渗流量。蒲石河抽水蓄能电站的库水位日变化频繁。为估计垫层的渗流能力能否满足排除通过面板渗流量的要求和产生反向水压力的可能性，根据蒲石河库水位的变化条件进行如下的面板渗流量与垫层渗流量关系的计算。

计算假定：

1）设库水位随时间的变化过程如图 72-2 所示。

2）库水位最高时总水头为 32m。

3）库水位变化速率在 0—6 时和 15—20 时为

$$v=5.33\mathrm{m/h}$$

4）水位升高（降落）值为

$$y=5.33t$$

式中：$t$ 为水位升降时间，h。

5）5—14 时 8h 中库水位稳定在最高水位。

6）20—24 时 4h 中库水位处于最低水位。

（2）0—6 时（库水位上升）通过面板的渗流量。

如图 72-3 所示，$l=mvt$，$y=\dfrac{x}{m}$，0—6 时的渗流量为

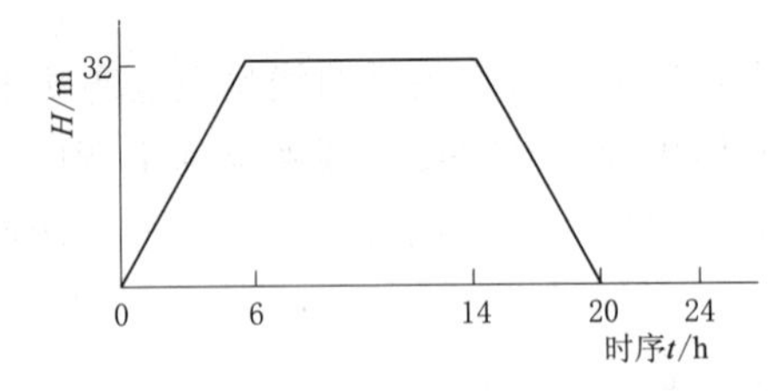


图 72-2　库水位变化过程示意图

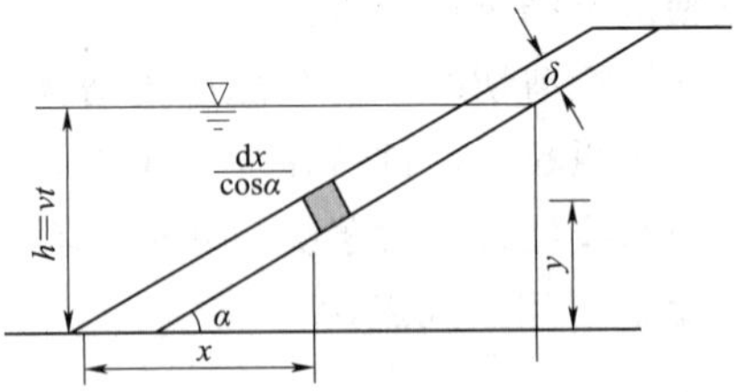

图 72-3　库水位上升期面板渗流计算示意图

$$\begin{aligned}
Q_{0\to6} &= \iint_D k_0\,\frac{vt-y}{\delta}\,\frac{\mathrm{d}x}{\cos\alpha}\mathrm{d}t=\frac{k_0}{\delta\cos\alpha}\int_0^T\left[vtx-\frac{x^2}{2m}\right]_0^{mvt}\mathrm{d}t \\
&= \frac{k_0}{\delta\cos\alpha}\int_0^T\left[m(vt)^2-\frac{(mvt)^2}{2m}\right]\mathrm{d}t=\int_0^T\frac{v^2k_0\sqrt{1+m^2}\,t^2}{2\delta}\mathrm{d}t \\
&= \frac{v^2k_0\sqrt{1+m^2}\,T^3}{6\delta}
\end{aligned} \qquad (72-2)$$

式中：$Q_{0\to6}$ 为 0—6 时的渗流量，$\mathrm{m}^2$；$k_0$ 为面板渗透系数，m/h；$\delta$ 为面板厚度，m；$v$ 为库水位变化速率，m/h；$m$ 为面板的坡率，$m=1.4$；$T$ 为库水位升高至最高水位的时间，h。

取蒲石河面板坝的面板厚度为 $\delta=0.3\mathrm{m}$，考虑面板裂缝的平均渗透系数为：$k_0=1\times10^{-6}\mathrm{cm/s}=1\times10^{-6}/100\times3600=3.6\times10^{-5}\mathrm{m/h}$，将以上数值代入式（72-2）可得库水位上升时的渗流量为

$$Q_{0\to6}=\frac{5.33^2\times3.6\times10^{-5}\times\sqrt{1+1.4^2}\times6^3}{6\times0.3}=0.211\text{m}^3$$

（3）6—14 时（最高库水位不变）

$$\begin{aligned}q&=k_0\int_0^l\frac{H-y}{\delta}\frac{\mathrm{d}x}{\cos\alpha}\\&=\frac{k_0\sqrt{1+m^2}}{\delta}\frac{H^2}{2}\end{aligned}\tag{72-3}$$

根据蒲石河的情况，$H=32\text{m}$，可得 $q=1.057\text{m}^2/\text{h}$。由此可得：

$$Q_{6\to14}=qT=1.057\times8=0.846\text{m}^3$$

式中：$q$ 为 6—14 时的单位渗流量，$\text{m}^3/\text{h}$；$T$ 为最高水位持续时间，$T=8\text{h}$。

（4）14—20 时（库水位下降）

水位下降时，$h=vt$，$y=h/m$。

$$\begin{aligned}Q_{14\to20}&=\iint\limits_D k_0\frac{H-vt-y}{\delta}\frac{\mathrm{d}x}{\cos\alpha}\mathrm{d}t=\frac{k_0}{\delta\cos\alpha}\int_T^0\left[Hx-vtx-\frac{x^2}{2m}\right]_{mH-mvt}^0\mathrm{d}t\\&=\frac{k_0}{\delta\cos\alpha}\left(mHv\frac{t^2}{2}-\frac{mH^2t}{2}-\frac{mv^2t^3}{6}\right)_T^0=\frac{k_0v^2\sqrt{1+m^2}T^3}{6\delta}\end{aligned}\tag{72-4}$$

从式（72-4）可见，由于水位下降时间和速度与水位上升时相同，因而与式（72-2）在形式上亦相同。

由式（72-4）可算得 14—20 时水位下降时的渗流量为 $0.211\text{m}^3$。

（5）通过面板的日总渗流量：

$$\sum Q=Q_{0\to6}+Q_{6\to14}+Q_{14\to20}=0.211+0.846+0.211=1.27\text{m}^3$$

3. 水位升降过程中垫层料排水量计算

根据渗透原理：

$$v_w=k_dJ\tag{72-5}$$

式中：$v_w$ 为渗透流速，m/h；$k_d$ 为垫层渗透系数，从偏于安全考虑，取 $k_d=3.6\times10^{-2}\text{m/h}$；$J$ 为水力坡降，取 $J=1.0$。

取渗透面积为垫层斜坡的水平投影，则当水位升高到任一高度 $y$ 时的渗透面积（长度）为

$$x=my\tag{72-6}$$

式中：$x$ 为渗透面积，$\text{m}^2$；$y$ 为水位升高值，m；$m$ 为坡率。

水位升高与时间的关系和各时段的渗流量为

0—6 时：$y=vt$

$$Q_{0\to6}=\int_0^6v_wmvt\,\mathrm{d}t=v_wmv\frac{6^2}{2}=3.6\times10^{-2}\times1.4\times5.33\times\frac{6^2}{2}=4.84\text{m}^3\tag{72-7}$$

6—14 时：
$$y=H=32\text{m}$$

$$Q_{6\to14}=v_wmHT=3.6\times10^{-2}\times1.4\times32\times8=12.90\text{m}^3\tag{72-8}$$

14—20 时：
$$y=H-vt$$

$$Q_{14\to20}=\int_0^6v_w(mH-mvt)\mathrm{d}t$$

$$=3.6\times10^{-2}\times1.4\times\left(32\times6-5.33\times\frac{6^2}{2}\right)=4.84\text{m}^3 \quad (72-9)$$

式中：$y$ 为水位升高值，m；$v$ 为水位升高速率，m/h；$v_w$ 为渗透流速，m/h；$t$ 为水位升降时间，h。

通过垫层的日总渗流量：

$$\sum Q=Q_{0\to6}+Q_{6\to14}+Q_{14\to20}=4.84+12.90+4.84=22.58\text{m}^3 \quad (72-10)$$

上述水位升降过程中面板的渗流量和垫层的排水量计算结果见表 72－12。

**表 72－12　水位升降过程中面板的渗流量和垫层的排水量**

| 时间/h | 0—20 时累计渗流量/[$m^3/(d\cdot m)$] | | 单位时间渗流量/[$m^3/(h\cdot m)$] | |
|---|---|---|---|---|
| | 面板 | 垫层 | 面板 | 垫层 |
| 1 | 0.001 | 0.13 | 0.001 | 0.13 |
| 2 | 0.008 | 0.54 | 0.007 | 0.40 |
| 3 | 0.026 | 1.21 | 0.019 | 0.67 |
| 4 | 0.063 | 2.15 | 0.036 | 0.94 |
| 5 | 0.122 | 3.36 | 0.060 | 1.21 |
| 6 | 0.211 | 4.84 | 0.089 | 1.48 |
| 7 | 0.317 | 6.45 | 0.106 | 1.61 |
| 8 | 0.423 | 8.06 | 0.106 | 1.61 |
| 9 | 0.528 | 9.67 | 0.106 | 1.61 |
| 10 | 0.634 | 11.29 | 0.106 | 1.61 |
| 11 | 0.740 | 12.90 | 0.106 | 1.61 |
| 12 | 0.846 | 14.51 | 0.106 | 1.61 |
| 13 | 0.951 | 16.13 | 0.106 | 1.61 |
| 14 | 1.057 | 17.74 | 0.106 | 1.61 |
| 15 | 1.146 | 19.22 | 0.089 | 1.48 |
| 16 | 1.206 | 20.43 | 0.060 | 1.21 |
| 17 | 1.242 | 21.37 | 0.036 | 0.94 |
| 18 | 1.261 | 22.04 | 0.019 | 0.67 |
| 19 | 1.267 | 22.44 | 0.007 | 0.40 |
| 20 | 1.268 | 22.58 | 0.001 | 0.13 |
| 21 | 0.00 | 0.00 | 0.00 | 0.00 |
| 24 | 0.00 | 0.00 | 0.00 | 0.00 |

水位升降过程中面板的渗流量和垫层的排水量的计算结果和比较说明，在面板的渗透系数 $k_0=1\times10^{-6}$cm/s，以及垫层的渗透系数 $k_d=1\times10^{-3}$cm/s 小于设计垫层料渗透系数

的情况下，垫层的排水能力仍然远大于面板正常情况下偏大的渗透量，因而不会构成对面板的有害反向水压力作用。

**（二）渗流模型试验**

工程渗流物理模拟方法是解决复杂渗流问题的一种模拟方法，具有在试验中直接观察到渗流现象的特点而且易于掌握，其缺点是除了要制作试验模型，工作量大外，有时测量困难，某些要素不易控制，因而给试验结果带来一定误差。

本试验采用渗流槽模拟法，亦称水工模型试验。其基本原理是将蒲石河抽水蓄能电站水库水位变化范围内的面板、垫层、过滤层和堆石体以及库水位按一定的比尺缩小，制作成模型槽，进行库水位升降过程中渗流要素变化和过程的观测。然后将试验结果按同一比尺放大，从而得出与原型相应的渗流运动要素。其中，主要是库水位是升降过程中面板的渗流量和垫层内的水位（浸润线位置），从而确定垫层的排水能力和对面板产生反向水压力的可能性。

（1）模型槽材料。模型槽为10号槽钢组成的框架结构，为便于观察和控制水位升降和观测垫层渗流，框架两内侧为厚1cm的透明有机玻璃板，底端为钢板。

（2）模型尺寸。试验模型形状和尺寸如图72-4、图72-5所示。

图72-4　渗流试验模型示意图

（3）试验方法和步骤。

1）在正式试验前往试验槽内缓慢充水，逐渐抬高槽内水位。当水位达到最高水位1.6m后，静置一天。由于黏土面板后部为粗粒料，可以排气，因此认为此时黏土面板层

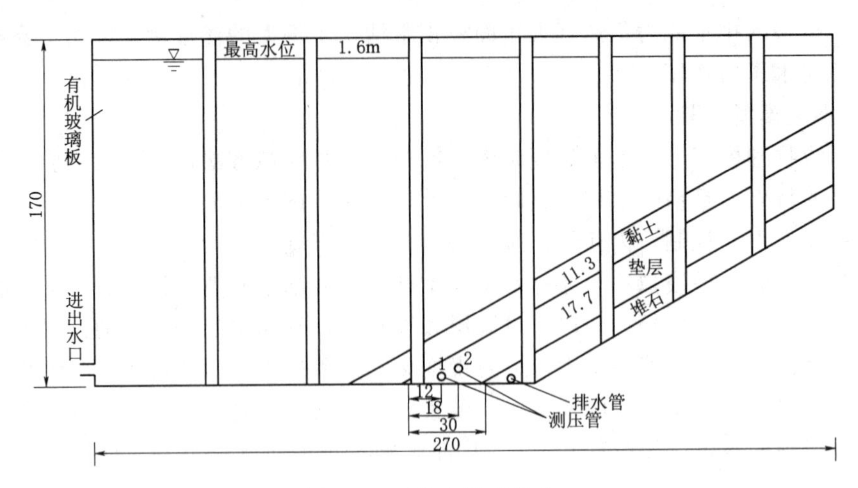


图 72-5　渗流模型尺寸

达到了饱和状态。

2）水槽内水位稳定在高水位 1.5m，反复测量渗透水量，直至渗透水量不变时认为渗流稳定，并以此计算出黏土面板的平均渗透系数（见表 72-13）为 $1.31\times10^{-4}$cm/s（$4.71\times10^{-3}$m/h）。

**表 72-13　　黏土面板平均渗透系数表**

| 日期 | 时间 | $H$ /cm | $Q$ /cm³ | $t$ /s | $q$ /(cm³/s) | $J$ | $A$ /cm² | $k\times10^{-4}$ /(cm/s) |
|---|---|---|---|---|---|---|---|---|
| 7-16 | 9：30 | 130 | 450 | 60 | 7.5 | 5.42 | 12902 | 1.07 |
| | 13：00 | 150 | 650 | 60 | 10.8 | 6.25 | 14887 | 1.16 |
| 7-17 | 17：00 | 150 | 730 | 60 | 12.2 | 6.25 | 14887 | 1.31 |
| | 9：30 | 150 | 730 | 60 | 12.2 | 6.25 | 14887 | 1.31 |

3）水位的升降过程。根据现在的设计，库水位由死水位升至最高水位 32.00m（假设死水位为 0.00m）和自最高水位降至死水位的时间是 6h，平均升降速率为 5.33m/h，但在最高水位和死水位时的停留时间未定。从偏于安全，即延长高水位停留时间增大日渗流量出发，本次试验中采用高水位停留时间 8h，死水位停留时间 4h。据此，按前述的几何比尺，确定相应于原型一天内水位升降和停留过程为：水位自 0.00m 升高至 1.60m，历时 18min；在 1.60m 水位处停留时间为 24min；水位自最高水位降至 0.00m 历时 18min；在 0.00m 水位处停留时间为 12min。一个试验过程共历时 71min，即相当于原型运行一天。

4）按上述水位和时间变化过程连续进行循环试验，同时观测渗透流量和垫层内的测压管水位。由于水位反复升降，渗流量处于非稳定状态，因此渗流量的观测采取分段测量总渗流量的方法，即分为测量水位上升、稳定高水位、下降、稳定低水位四个阶段的渗流量。

**（三）试验成果**

本试验的模型槽尺寸达到 270cm×170cm×60cm，这样大的面板渗流物理模拟试验目

前尚属首例。由于模型大，势必给试样制备和试验要素的控制带来诸多问题，而这次试验又在不得已的情况下使用了黏土替代混凝土作面板，更增加了试验的难度，例如在起初曾因为了保持渗透系数和渗透坡降比尺要求控制密度过小而出现裂缝甚至滑移问题。因此，模型槽几经修改和反复试验，最终得出了较为良好的试验结果。模型试验共进行4组，现将试验级配范围曲线模型试验结果按模型比尺换算成的原形状态的试验结果列入表72-14～表72-18。从表中可见：

（1）在面板渗透系数为$1.64\times10^{-5}$cm/s，远大于正常情况下并考虑一般裂缝时混凝土面板渗透系数的试验条件下，渗流量很小，最大仅21.6$m^3$/(d·m) [0.25L/(s·m)]。

（2）在相当于不透水地基的情况下，垫层内的水位仅约0.66m。

在模型槽水位升降过程中还同时观测了设在垫层内的两个测压管的水位及其变化。其中位于垫层后部的2号测压管始终未见有水位，位于垫层前部的1号测压管水位最高为3.3cm，相当于原型的66cm。

应该说明的是，蒲石河水库死水位以下还有数十米水深，死水位处不致出现浸润线，因此模型试验中测得的测压管水位也不会在实际工程中出现，而且即使出现，上述的测压管水位也不至于对面板产生多大的作用。

**表72-14　试验级配范围垫层料模型试验渗流量统计表**

| 名称 | 上升阶段 | | 高水位稳定阶段 | | 下降阶段 | | 日总渗流量/[$m^3$/(d·m)] |
|---|---|---|---|---|---|---|---|
| | 渗流量/[$m^3$/(d·m)] | 测压管水位/cm | 渗流量/[$m^3$/(d·m)] | 测压管水位/cm | 渗流量/[$m^3$/(d·m)] | 测压管水位/cm | |
| 上包线′ | 3.37 | 0 | 10.17 | 3.2 | 7.85 | 2.5 | 21.56 |
| 上包线 | 3.54 | 0 | 10.21 | 3.3 | 7.85 | 2.5 | 21.60 |
| 平均线 | 3.22 | 0 | 10.19 | 3.2 | 7.65 | 2.0 | 21.06 |
| 下包线 | 3.20 | 0 | 10.59 | 3.0 | 7.70 | 0 | 21.50 |

**表72-15　上包线′模型试验实测流量与换算原型单宽流量表**

| 测次 | 模型试验实测流量 | | | | | 换算原型单宽流量/($m^3$/h) | | | |
|---|---|---|---|---|---|---|---|---|---|
| | 水位/cm | 时段/min | 实测流量/$m^3$ | 平均单宽流量/($m^3$/min) | | | | | |
| | | | | 分段 | 日 | 水位/m | 时段/h | 分段 | 日 |
| 1 | 0～160 | 0～18 | 0.0044 | 0.0004 | — | 0～32 | 0～6 | 3.05 | — |
| | 160 | 18～42 | 0.0153 | 0.0013 | — | 32 | 6～14 | 10.61 | — |
| | 160～0 | 42～71 | 0.0103 | 0.0009 | 0.0026 | 32～0 | 14～24 | 7.14 | 20.80 |
| 2 | 0～160 | 0～18 | 0.0047 | 0.0004 | — | 0～32 | 0～6 | 3.26 | — |
| | 160 | 18～42 | 0.0145 | 0.0013 | — | 32 | 6～14 | 10.05 | — |
| | 160～0 | 42～71 | 0.0099 | 0.0009 | 0.0025 | 32～0 | 14～24 | 6.86 | 20.17 |
| 3 | 0～160 | 0～18 | 0.0042 | 0.0004 | — | 0～32 | 0～6 | 2.91 | — |
| | 160 | 18～42 | 0.0138 | 0.0012 | — | 32 | 6～14 | 9.57 | — |
| | 160～0 | 42～71 | 0.0109 | 0.0009 | 0.0025 | 32～0 | 14～24 | 7.56 | 20.03 |

续表

| 测次 | 模型试验实测流量 | | | | | 换算原型单宽流量/(m³/h) | | | |
|---|---|---|---|---|---|---|---|---|---|
| | 水位/cm | 时段/min | 实测流量/m³ | 平均单宽流量/(m³/min) | | | | | |
| | | | | 分段 | 日 | 水位/m | 时段/h | 分段 | 日 |
| 4 | 0～160 | 0～18 | 0.0045 | 0.0004 | — | 0～32 | 0～6 | 3.12 | — |
| | 160 | 18～42 | 0.0142 | 0.0012 | — | 32 | 6～14 | 9.84 | — |
| | 160～0 | 42～71 | 0.0117 | 0.0010 | 0.0026 | 32～0 | 14～24 | 8.11 | 21.07 |
| 5 | 0～160 | 0～18 | 0.0046 | 0.0004 | — | 0～32 | 0～6 | 3.19 | — |
| | 160 | 18～42 | 0.0152 | 0.0013 | — | 32 | 6～14 | 10.54 | — |
| | 160～0 | 42～71 | 0.0112 | 0.0010 | 0.0027 | 32～0 | 14～24 | 7.76 | 21.49 |
| 6 | 0～160 | 0～18 | 0.0043 | 0.0004 | — | 0～32 | 0～6 | 2.98 | — |
| | 160 | 18～42 | 0.0149 | 0.0013 | — | 32 | 6～14 | 10.33 | — |
| | 160～0 | 42～71 | 0.0110 | 0.0009 | 0.0026 | 32～0 | 14～24 | 7.59 | 20.90 |
| 7 | 0～160 | 0～18 | 0.0058 | 0.0005 | — | 0～32 | 0～6 | 4.02 | — |
| | 160 | 18～42 | 0.0149 | 0.0013 | — | 32 | 6～14 | 10.29 | — |
| | 160～0 | 42～71 | 0.0110 | 0.0010 | 0.0027 | 32～0 | 14～24 | 7.63 | 21.94 |
| 8 | 0～160 | 0～18 | 0.0058 | 0.0005 | — | 0～32 | 0～6 | 3.99 | — |
| | 160 | 18～42 | 0.0147 | 0.0013 | — | 32 | 6～14 | 10.19 | — |
| | 160～0 | 42～71 | 0.0118 | 0.0010 | 0.0028 | 32～0 | 14～24 | 8.15 | 22.32 |
| 9 | 0～160 | 0～18 | 0.0049 | 0.0004 | — | 0～32 | 0～6 | 3.40 | — |
| | 160 | 18～42 | 0.0149 | 0.0013 | — | 32 | 6～14 | 10.33 | — |
| | 160～0 | 42～71 | 0.0116 | 0.0010 | 0.0027 | 32～0 | 14～24 | 8.04 | 21.77 |
| 平　均 | | | | | | | | | 21.17 |

**表 72-16　　上包线模型试验实测流量与换算原型单宽流量表**

| 测次 | 模型试验实测流量 | | | | | 换算原型单宽流量/m³ | | | |
|---|---|---|---|---|---|---|---|---|---|
| | 水位/cm | 时段/min | 实测流量/m³ | 平均单宽流量/m³ | | | | | |
| | | | | 分段 | 日 | 水位/m | 时段/h | 分段 | 日 |
| 1 | 0～160 | 0～18 | 0.0045 | 0.0004 | — | 0～32 | 0～6 | 3.12 | — |
| | 160 | 18～42 | 0.0152 | 0.0013 | — | 32 | 6～14 | 10.54 | — |
| | 160～0 | 42～71 | 0.0101 | 0.0009 | 0.0026 | 32～0 | 14～24 | 7.02 | 20.68 |
| 2 | 0～160 | 0～18 | 0.0048 | 0.0004 | — | 0～32 | 0～6 | 3.33 | — |
| | 160 | 18～42 | 0.0148 | 0.0013 | — | 32 | 6～14 | 10.26 | — |
| | 160～0 | 42～71 | 0.0084 | 0.0007 | 0.0024 | 32～0 | 14～24 | 5.79 | 19.38 |
| 3 | 0～160 | 0～18 | 0.0037 | 0.0003 | — | 0～32 | 0～6 | 2.58 | — |
| | 160 | 18～42 | 0.0135 | 0.0012 | — | 32 | 6～14 | 9.32 | — |
| | 160～0 | 42～71 | 0.0112 | 0.0010 | 0.0025 | 32～0 | 14～24 | 7.76 | 19.67 |

续表

| 测次 | 模型试验实测流量 | | | | | 换算原型单宽流量/m³ | | | |
|---|---|---|---|---|---|---|---|---|---|
| | 水位/cm | 时段/min | 实测流量/m³ | 平均单宽流量/m³ | | | | | |
| | | | | 分段 | 日 | 水位/m | 时段/h | 分段 | 日 |
| 4 | 0～160 | 0～18 | 0.0043 | 0.0004 | — | 0～32 | 0～6 | 2.98 | — |
| | 160 | 18～42 | 0.0135 | 0.0012 | — | 32 | 6～14 | 9.32 | — |
| | 160～0 | 42～71 | 0.0113 | 0.0010 | 0.0025 | 32～0 | 14～24 | 7.80 | 20.10 |
| 5 | 0～160 | 0～18 | 0.0049 | 0.0004 | — | 0～32 | 0～6 | 3.40 | — |
| | 160 | 18～42 | 0.0163 | 0.0014 | — | 32 | 6～14 | 11.30 | — |
| | 160～0 | 42～71 | 0.0122 | 0.0011 | 0.0029 | 32～0 | 14～24 | 8.46 | 23.15 |
| 6 | 0～160 | 0～18 | 0.0066 | 0.0006 | — | 0～32 | 0～6 | 4.58 | — |
| | 160 | 18～42 | 0.0147 | 0.0013 | — | 32 | 6～14 | 10.19 | — |
| | 160～0 | 42～71 | 0.0122 | 0.0011 | 0.0029 | 32～0 | 14～24 | 8.42 | 23.19 |
| 7 | 0～160 | 0～18 | 0.0058 | 0.0005 | — | 0～32 | 0～6 | 4.02 | — |
| | 160 | 18～42 | 0.0149 | 0.0013 | — | 32 | 6～14 | 10.29 | — |
| | 160～0 | 42～71 | 0.0122 | 0.0011 | 0.0028 | 32～0 | 14～24 | 8.42 | 22.74 |
| 8 | 0～160 | 0～18 | 0.0065 | 0.0006 | — | 0～32 | 0～6 | 4.47 | — |
| | 160 | 18～42 | 0.0147 | 0.0013 | — | 32 | 6～14 | 10.19 | — |
| | 160～0 | 42～71 | 0.0122 | 0.0011 | 0.0029 | 32～0 | 14～24 | 8.42 | 23.08 |
| 9 | 0～160 | 0～18 | 0.0049 | 0.0004 | — | 0～32 | 0～6 | 3.40 | — |
| | 160 | 18～42 | 0.0151 | 0.0013 | — | 32 | 6～14 | 10.47 | — |
| | 160～0 | 42～71 | 0.0124 | 0.0011 | 0.0028 | 32～0 | 14～24 | 8.56 | 22.43 |
| 平　均 | | | | | | | | | 21.6 |

**表 72-17　　平均线模型试验实测流量与换算原型单宽流量表**

| 测次 | 模型试验实测流量 | | | | | 换算原型单宽流量/m³ | | | |
|---|---|---|---|---|---|---|---|---|---|
| | 水位/cm | 时段/min | 实测流量/m³ | 平均单宽流量/m³ | | | | | |
| | | | | 分段 | 日 | 水位/m | 时段/h | 分段 | 日 |
| 1 | 0～160 | 0～18 | 0.0044 | 0.0004 | — | 0-32 | 0～6 | 3.05 | — |
| | 160 | 18～42 | 0.0153 | 0.0013 | — | 32 | 6～14 | 10.61 | — |
| | 160～0 | 42～71 | 0.0112 | 0.0010 | 0.0026 | 32-0 | 14～24 | 7.76 | 21.42 |
| 2 | 0～160 | 0～18 | 0.0047 | 0.0004 | — | 0-32 | 0～6 | 3.26 | — |
| | 160 | 18～42 | 0.0151 | 0.0013 | — | 32 | 6～14 | 10.47 | — |
| | 160～0 | 42～71 | 0.0106 | 0.0009 | 0.0024 | 32-0 | 14～24 | 7.35 | 21.07 |
| 3 | 0～160 | 0～18 | 0.0037 | 0.0003 | — | 0-32 | 0～6 | 2.58 | — |
| | 160 | 18～42 | 0.0157 | 0.0014 | — | 32 | 6～14 | 10.88 | — |
| | 160～0 | 42～71 | 0.0113 | 0.0010 | 0.0025 | 32-0 | 14～24 | 7.83 | 21.30 |

续表

| 测次 | 模型试验实测流量 | | | | | 换算原型单宽流量/m³ | | | |
|---|---|---|---|---|---|---|---|---|---|
| | 水位/cm | 时段/min | 实测流量/m³ | 平均单宽流量/m³ | | | | | |
| | | | | 分段 | 日 | 水位/m | 时段/h | 分段 | 日 |
| 4 | 0～160 | 0～18 | 0.0048 | 0.0004 | — | 0-32 | 0～6 | 3.33 | — |
| | 160 | 18～42 | 0.0155 | 0.0013 | — | 32 | 6～14 | 10.75 | — |
| | 160～0 | 42～71 | 0.0114 | 0.0010 | 0.0025 | 32-0 | 14～24 | 7.90 | 21.98 |
| 5 | 0～160 | 0～18 | 0.0045 | 0.0004 | — | 0-32 | 0～6 | 3.12 | — |
| | 160 | 18～42 | 0.0152 | 0.0013 | — | 32 | 6～14 | 10.54 | — |
| | 160～0 | 42～71 | 0.0112 | 0.0010 | 0.0029 | 32-0 | 14～24 | 7.76 | 21.42 |
| 6 | 0～160 | 0～18 | 0.0041 | 0.0004 | — | 0-32 | 0～6 | 2.84 | — |
| | 160 | 18～42 | 0.0153 | 0.0013 | — | 32 | 6～14 | 10.61 | — |
| | 160～0 | 42～71 | 0.0113 | 0.0010 | 0.0029 | 32-0 | 14～24 | 7.83 | 21.28 |
| 7 | 0～160 | 0～18 | 0.0051 | 0.0004 | — | 0-32 | 0～6 | 3.54 | — |
| | 160 | 18～42 | 0.0157 | 0.0014 | — | 32 | 6～14 | 10.88 | — |
| | 160～0 | 42～71 | 0.0111 | 0.0010 | 0.0028 | 32-0 | 14～24 | 7.66 | 22.08 |
| 8 | 0～160 | 0～18 | 0.0053 | 0.0005 | — | 0-32 | 0～6 | 3.67 | — |
| | 160 | 18～42 | 0.0151 | 0.0013 | — | 32 | 6～14 | 10.47 | — |
| | 160～0 | 42～71 | 0.0110 | 0.0010 | 0.0029 | 32-0 | 14～24 | 7.64 | 21.78 |
| 9 | 0～160 | 0～18 | 0.0049 | 0.0004 | — | 0-32 | 0～6 | 3.40 | — |
| | 160 | 18～42 | 0.0146 | 0.0013 | — | 32 | 6～14 | 10.12 | — |
| | 160～0 | 42～71 | 0.0110 | 0.0010 | 0.0028 | 32-0 | 14～24 | 7.65 | 21.16 |
| 平　均 | | | | | | | | | 21.5 |

**表 72-18　下包线模型试验实测流量与换算原型单宽流量表**

| 测次 | 模型试验实测流量 | | | | | 换算原型单宽流量/(m³/h) | | | |
|---|---|---|---|---|---|---|---|---|---|
| | 水位/cm | 时段/min | 实测流量/m³ | 平均单宽流量/(m³/min) | | | | | |
| | | | | 分段 | 日 | 水位/m | 时段/h | 分段 | 日 |
| 1 | 0～160 | 0～18 | 0.0047 | 0.0004 | — | 0-32 | 0～6 | 3.05 | — |
| | 160 | 18～42 | 0.0150 | 0.0013 | — | 32 | 6～14 | 10.61 | — |
| | 160～0 | 42～71 | 0.0112 | 0.0010 | 0.0027 | 32-0 | 14～24 | 7.76 | 21.42 |
| 2 | 0～160 | 0～18 | 0.0047 | 0.0004 | — | 0-32 | 0～6 | 3.26 | — |
| | 160 | 18～42 | 0.0147 | 0.0013 | — | 32 | 6～14 | 10.19 | — |
| | 160～0 | 42～71 | 0.0110 | 0.0010 | 0.0026 | 32-0 | 14～24 | 7.63 | 21.08 |
| 3 | 0～160 | 0～18 | 0.0046 | 0.0004 | — | 0-32 | 0～6 | 3.19 | — |
| | 160 | 18～42 | 0.0148 | 0.0013 | — | 32 | 6～14 | 10.26 | — |
| | 160～0 | 42～71 | 0.0111 | 0.0010 | 0.0026 | 32-0 | 14～24 | 7.70 | 21.16 |

续表

| 测次 | 模型试验实测流量 | | | | | 换算原型单宽流量/($m^3$/h) | | | |
|---|---|---|---|---|---|---|---|---|---|
| | 水位/cm | 时段/min | 实测流量/$m^3$ | 平均单宽流量/($m^3$/min) | | | | | |
| | | | | 分段 | 日 | 水位/m | 时段/h | 分段 | 日 |
| 4 | 0～160 | 0～18 | 0.0045 | 0.0004 | — | 0～32 | 0～6 | 3.12 | — |
| | 160 | 18～42 | 0.0145 | 0.0013 | — | 32 | 6～14 | 10.05 | — |
| | 160～0 | 42～71 | 0.0114 | 0.0010 | 0.0026 | 32～0 | 14～24 | 7.90 | 21.07 |
| 5 | 0～160 | 0～18 | 0.0039 | 0.0003 | — | 0～32 | 0～6 | 2.70 | — |
| | 160 | 18～42 | 0.0152 | 0.0013 | — | 32 | 6～14 | 10.54 | — |
| | 160～0 | 42～71 | 0.0115 | 0.0010 | 0.0027 | 32～0 | 14～24 | 7.97 | 21.21 |
| 6 | 0～160 | 0～18 | 0.0045 | 0.0004 | — | 0～32 | 0～6 | 3.12 | — |
| | 160 | 18～42 | 0.0149 | 0.0013 | — | 32 | 6～14 | 10.33 | — |
| | 160～0 | 42～71 | 0.0112 | 0.0010 | 0.0027 | 32～0 | 14～24 | 7.76 | 21.21 |
| 7 | 0～160 | 0～18 | 0.0058 | 0.0005 | — | 0～32 | 0～6 | 4.02 | — |
| | 160 | 18～42 | 0.0143 | 0.0012 | — | 32 | 6～14 | 9.91 | — |
| | 160～0 | 42～71 | 0.0113 | 0.0010 | 0.0027 | 32～0 | 14～24 | 7.83 | 21.77 |
| 8 | 0～160 | 0～18 | 0.0065 | 0.0006 | — | 0～32 | 0～6 | 4.47 | — |
| | 160 | 18～42 | 0.0138 | 0.0012 | — | 32 | 6～14 | 9.57 | — |
| | 160～0 | 42～71 | 0.0115 | 0.0010 | 0.0028 | 32～0 | 14～24 | 7.97 | 22.01 |
| 9 | 0～160 | 0～18 | 0.0049 | 0.0004 | — | 0～32 | 0～6 | 3.40 | — |
| | 160 | 18～42 | 0.0145 | 0.0013 | — | 32 | 6～14 | 10.05 | — |
| | 160～0 | 42～71 | 0.0117 | 0.0010 | 0.0027 | 32～0 | 14～24 | 8.11 | 21.56 |
| 平　均 | | | | | | | | | 21.39 |

为了对计算结果和试验结果进行比较，表 72－19 列出根据模型试验相应的混凝土面板渗透系数计算的各时段和日渗流量计算结果。从表 72－19 可见，计算值 20.8$m^3$/(d·m) 与模型实测的换算平均值 21.3$m^3$/(d·m) 基本接近。

**表 72－19　　原型面板日流量计算结果**

| 水位/m | 时段/h | 混凝土/(m/h) | $\delta_m$/m | 渗流量/[$m^3$/(d·m)] | |
|---|---|---|---|---|---|
| | | | | 时段 | 日累计 |
| 0→32 | 0～6 | 5.3×$10^{-4}$ | 0.3 | 3.46 | 20.8 |
| 32 | 6～14 | | | 13.84 | |
| 32→0 | 14～24 | | | 3.46 | |

## 四、试验级配垫层料冻胀性能研究

试验用 XT5405B－D31COM－35C 高低温冻融循环试验箱和冻胀试验仪及其附属设备 DATATAKER－615 数据采集仪；$F_{xg}$ ±15mm 位移传感器和 T 型热电偶、Pt100 热敏电

阻。这种试验仪器可实现试验过程的自动控制、测量和数据采集，见图 72-6。

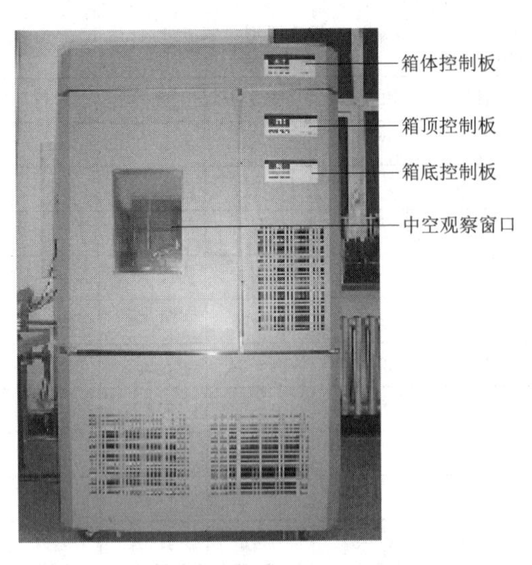


图 72-6　冻胀试验仪器

由于垫层料为粗粒土，而粗粒土属于非冻胀性土，同时为保持冻胀试验试样筒与最大粒径的比例 3～4，因此取最大粒径为 40mm。考虑到细砂仍可能对冻胀产生一定的影响，试样中保持小于 0.25mm 的颗粒含量不变。制样时剔除粒径大于 40mm 的颗粒，并按等量替代法制备。其余制样步骤按规程 SL 237-011—1999 进行。

土的冻胀受土质、水分和温度的影响，在一定的土质和水分条件下，温度起控制作用。温度主要是指冻结温度，包括环境温度和冻结速率即冻结锋面的下降速度。在自然条件下，气温呈周期性反复变化，而冻结速率相对比较稳定，因此试验中以控制冻结速率为主。由于缺少蒲石河抽水蓄能电站所在地区的冻深资料，根据辽中地区的部分观测资料，估计日冻结速度约为 1.0～1.5cm/d。考虑粗粒土冻结速度较快和缩短试验时间两个因素，取冻结速率为 2.0cm/d。

封闭系统冻胀试验共做 11 组，结果见表 72-20。

**表 72-20　　封闭系统冻胀试验结果表**

| 级配号 | 试样号 | 细粒含量/% | 含水率/% | 饱和度/% | 冻胀量/mm | 冻胀率/% |
|---|---|---|---|---|---|---|
| Ⅰ | 1 | 6 | 6.0 | 56 | 0.38 | 0.32 |
| | 6 | 6 | 7.5 | 70 | 0.47 | 0.39 |
| | 11 | 6 | 9.0 | 84 | 0.40 | 0.40 |
| Ⅱ | 12 | 8 | 6.0 | 56 | 0.40 | 0.33 |
| | 2 | 8 | 7.5 | 70 | 0.49 | 0.41 |
| | 7 | 8 | 9.0 | 84 | 0.45 | 0.65 |
| Ⅲ | 8 | 10 | 7.5 | 70 | 0.60 | 0.50 |
| | 3 | 10 | 6.0 | 56 | 0.42 | 0.35 |
| Ⅶ | 27 | 10 | 6.0 | 56 | 0.57 | 0.47 |
| | 25 | 10 | 7.5 | 70 | 0.50 | 0.70 |
| | 23 | 10 | 9.0 | 84 | 0.69 | 0.57 |

开敞系统进行了细粒（$d \leqslant 0.075$mm）含量 8%、10%、12%和 15%，含水率 7.5%和 9.0%共 8 组试验。冻胀试验结果见表 72-21。

表 72-21　　开敞系统冻胀试验结果表

| 级配号 | Ⅱ | Ⅲ | Ⅳ | Ⅴ | Ⅱ | Ⅳ | Ⅴ | Ⅶ |
|---|---|---|---|---|---|---|---|---|
| 试样号 | 12 | 13 | 14 | 15 | 7 | 9 | 10 | 26 |
| 细粒含量/% | 8.0 | 10.0 | 12.0 | 15.0 | 8.0 | 12.0 | 15.0 | 15.0 |
| 含水率/% | 9.0 | | | | 7.5 | | | |
| 饱和度/% | 84 | | | | 70 | | | |
| 冻胀量/mm | 1.0 | 0.8 | 1.1 | 2.7 | 1.2 | 1.2 | 1.0 | 1.5 |
| 冻胀率/% | 1.1 | 1.3 | 1.8 | 4.5 | 1.7 | 1.3 | 1.4 | 2.1 |

## 五、结论与建议

（1）在5mm含量不变的条件下，0.075mm含量对干密度值影响不大；5mm粒径含量为25%～35%左右时，最大干密度值最大。干密度为2.22g/cm$^3$时，相应的孔隙率为0.18，相对密度为0.82。根据试验结果，干密度可适当提高至2.25g/cm$^3$，相应孔隙率为0.17。

（2）27组垫层料的渗透系数值最大值为9.05×10$^0$cm/s，最小值为5.93×10$^{-3}$cm/s；5mm粒径含量小于35%时，渗透系数大于10$^3$cm/s。在5mm粒径含量不变的条件下，渗透系数随0.075mm粒径含量增加而减小，随着0.075mm粒径含量的减少而增大的趋势，但增减幅度均不大。试验级配范围内垫层料的渗透系数在5.48×10$^{-2}$～9.67×10$^{-2}$cm/s之间，具有良好的排水性能。

（3）力学试验给出了抗剪强度参数和渗透变形等参数。三轴试验垫层料的抗剪强度$\varphi_1$分别为50.3°和46.9°。上包线的各项指标大于下包线，呈现出随强度指标小于5mm颗粒含量增加而增大的趋势。

（4）在面板的渗透系数$k_0$=1×10$^{-6}$cm/s，以及垫层的渗透系数$k_d$=1×10$^{-3}$cm/s小于试验级配范围垫层料渗透系数的情况下，算得水位升降32m混凝土面板的单宽渗流量仅为1.27m$^3$/d/m，而垫层的单宽渗流量为22.58m$^3$/d/m。垫层的排水能力远大于面板正常情况下偏大的渗流量，因而也就不会构成对面板的有害反向水压力作用。

（5）渗流模型试验结果表明，即使面板渗透系数为1.46×10$^{-5}$cm/s，远大于混凝土面板可能的渗透系数，以及最高库水位持续时间达8h和死水位停留时间4h的库水位运行条件下，通过死水位以上水位变化区32m坝高范围内单位米宽度面板的最大日渗流量仅为21.6m$^3$/d，相当于0.25L/s。说明垫层有足够的排水能力排出来自面板的渗流量。因此，在正常运行情况下垫层内不致产生对面板不利的反向水压力。

（6）在封闭系统条件下冻胀率随时间的发展呈减小，随细粒含量增大而增大的趋势。起始冻胀含水率约为6%。含水率7.5%～9.0%，饱和度达70%～84%时，最大冻胀率亦仅0.7%，仍属于不冻胀土。因此，可以认为在封闭系统条件下，试验级配垫层料细粒含量小于10%时，不会使混凝土面板产生冻胀破坏。

（7）在开敞系统条件下，细粒含量在10%以下时，冻胀率也仅为1.0%左右，属于不冻胀土。除15＃试样细粒含量15%，含水率9%时，冻胀率达到4.5%外，其余均属于弱冻胀土。由此可见，在开敞系统条件下，只有当细粒含量达到一定程度后（在本试验条件下约为8.0%）细粒之间有可能形成良好的水分迁移机制，因而产生较大的冻胀量。由于蒲石河面板坝垫层料排水性能良好，冬季冻结过程中不会出现这种水分供给情况，上述开敞系统试验所得的结果只是说明垫层料的冻胀性质，而不表示对面板具有冻胀作用。

（8）在相同细粒含量和含水率情况下，开敞系统试验的冻胀量明显大于封闭系统下的冻胀量。

（9）上部有较小的荷载作用时，饱和垫层料冻结过程中具有良好的反向排水能力。垫层料细粒含量8%时的冻胀率为0.06%，在测量误差范围内；细粒含量15%时的冻胀率亦仅为0.59%，仍属于不冻胀土。因此，可以认为，在蒲石河抽水蓄能电站面板堆石坝的荷载条件下，即使垫层在特殊情况下万一出现完全饱和状态也不致因冻胀力作用而造成混凝土面板的破坏。

（10）给水度试验得出试验级配垫层料内的剩余含水率为4.9%～5.9%，小于起始冻胀含水率6%。因此，可以认为在蒲石河垫层料的条件下不致有冻胀破坏的可能。

（11）粗粒土的冻胀与其中$d \leqslant 0.075$mm的细粒土含量有关，而与$d \leqslant 5$mm的颗粒含量无关。在评价其冻胀性时不应以$d \leqslant 5$mm的颗粒作为细粒的划分标准，而应以0.075mm为划分标准。蒲石河抽水蓄能电站面板坝垫层料中$d \leqslant 0.075$mm的细粒含量可控制在8%以内，

（12）初步计算得出最高水位以上垫层的冻深约1.3m。水位变化区垫层料的冻深随空库时间（死水位停留时间）延长而增大，并随高程降低而减小。

（13）综合各项物理力学性、冻胀和渗透试验结果，并考虑设计提出的级配范围，蒲石河面板坝垫层料可采用如表72-22、图72-8的级配范围。

**表72-22　垫层料设计级配范围的建议表**

| 粒径/mm | 100～80 | 80～60 | 60～40 | 40～20 | 20～10 | 10～5 | 5～0.075 | <0.075 |
|---|---|---|---|---|---|---|---|---|
| 上包线/% | — | 8.0 | 12.0 | 18.0 | 14.0 | 13.0 | 27.0 | 8.0 |
| 下包线/% | 9.5 | 10.5 | 14 | 17 | 13 | 11 | 24 | 1 |

（14）寒冷地区面板堆石坝的冰冻作用和垫层内是否存在反向水压力问题一直受到关注。本课题对此作了深入和系统的研究，得出了相应的结论。从所得结果可以初步认为，当垫层料的渗透系数不小于$i \times 10^{-3}$cm/s，$d \leqslant 0.075$mm的颗粒含量在10%之内时无需过分考虑排水和冻胀对面板的作用。

（15）由于冰冻问题在时间和空间上具有的复杂性和多变性，加之试验研究工作中所需的实际资料如当地的气温和冰冻观测资料等有限，有关计算中所作的假定有待进一步确定。建议在垫层内埋设温度计、渗压计和湿度计等相关观测仪器，用以测量垫层内的冻结状态、渗透压力和水分状况。此外，一些有关问题例如水位频繁升降条件下库面结冰的可能性及其对水轮机组的正常运行有无影响等仍需今后通过室内外实验观测作进一步研究。这些问题的进一步深入研究对今后严寒地区的抽水蓄能电站的建设和冰冻学科的发展均将具有重要意义。

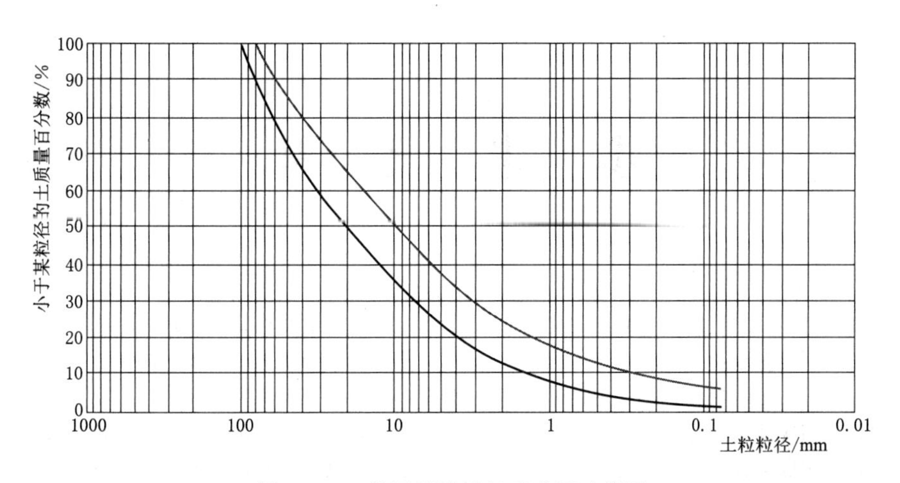


图 72-7　垫层料设计级配范围建议图

# 参　考　文　献


[1] 潘家铮，何璟．中国抽水蓄能电站建设［M］．北京：中国电力出版社，2000.

[2] 邱彬如，刘连希．抽水蓄能电站工程技术［M］．北京：中国电力出版社，2008.

[3] 张春生，姜忠见．抽水蓄能电站设计［M］．北京：中国电力出版社，2012.

[4] 苏加林．寒冷地区混合式抽水蓄能电站研究［M］．北京：中国水利水电出版社，2013.

[5] 王柏乐．中国当代土石坝工程［M］．北京：中国水利水电出版社，2004.

[6] 吕永航，方志勇．抽水蓄能电站施工技术［M］．北京：中国水利水电出版社，2014.

[7] 金正浩，马军．蒲石河抽水蓄能电站工程设计［M］．北京：中国水利水电出版社，2016.

[8] 金正浩，党连文，于振全，等．寒冷地区混凝土面板坝设计与施工［M］．北京：中国水利水电出版社，1998.

[9] 国际大坝委员会．混凝土面板堆石坝设计与施工概念［M］．北京：中国水利水电出版社，2010.

[10] 毛三军，白和平．内蒙古呼和浩特抽水蓄能电站建设与管理［M］．北京：中国水利水电出版社，2017.

[11] 龚前良．宜兴西龙池抽水蓄能电站工程施工技术［M］．北京：中国水利水电出版社，2008.

[12] 周建平，纽新强，贾金生．重力坝设计二十年［M］．北京：中国水利水电出版社，2008.

[13] 水电水利规划设计总院．水工设计手册［M］．2 版．北京：中国水利水电出版社，2011.

[14] 化建新，郑建国．工程地质手册［M］．5 版．北京：中国建筑工业出版社，2018.

[15] 中国水利电力物探科技信息网．工程物探手册［M］．北京：中国水利水电出版社，2011.

[16] 国家电力监管委员会大坝安全监察中心．岩土工程安全监测手册［M］．3 版．北京：中国水利水电出版社，2013.

[17] 张军．寒冷地区面板堆石坝混凝土面板垂直缝止水结构的最新改进［J］．水电与抽水蓄能，2015，1（1）：112－118.

[18] 景健伟，雷秀玲，李艳萍，等．寒冷地区混凝土面板堆石坝止水结构及配套施工技术研究［J］．水力发电，2012，38（5）：21－23.

[19] 苏萍，金正浩，金伟．寒冷地区面板堆石坝面板顶部止水研究［J］．水力发电，2002（7）：29－31.

[20] 赵贵生，丁凯，管耀东，陈立秋．法国大屋抽水蓄能电站［J］．东北水力水电，2000（2）：44－46.

[21] 彭军．日本神流川抽水蓄能电站［J］．水力水电快报，2004，35（12）：17－20.

[22] 朱安龙，冯仕能，李郁春．洪屏抽水蓄能电站上水库库盆防渗设计［J］．水力发电，2016，42（8）：30－33.

[23] 谢遵党，邵颖，杨顺群．宝泉抽水蓄能电站上水库防渗体系设计［J］．水力发电，2008，36（10）：27－30，41.

[24] 李作舟．陕西镇安抽水蓄能电站上水库库盆防渗型式比选研究［J］．西北水电，2014（6）：54－57.

[25] 苏虹，李岳军，万文功．泰安抽水蓄能电站上水库土工膜防渗设计［J］．水力发电，2001（4）：19－22.

[26] 姜忠见．天荒坪电站上水库沥青混凝土防渗护面设计［J］．水力发电，1998（8）：26－27.

[27] 张向前．张河湾抽水蓄能电站上水库沥青混凝土面板防渗结构［J］．水力发电，2011，37（4）：39－42.

[28] 鲁红凯，赵铁，陈建华．呼和浩特抽水蓄能电站拦沙库设计［J］．四川水力发电，2015，34（5）：

152-154，179.
[29] 宁永升，胡育林，胡旺兴，胡林江．溧阳抽水蓄能电站枢纽布置设计 [J]．水力发电，2013，39 (3)：29-31.
[30] 王贵军，万国红，符新阁．回龙电站下水库防渗方案选择及效果分析 [J]．人民黄河，2011，33 (11)：123-124，127.
[31] 符晓，张萍．绩溪抽水蓄能电站下水库软岩筑面板堆石坝优化设计 [J]．水利水电技术，2015，46 (10)：101-104，116.
[32] 郭建设．清远抽水蓄能电站下水库比选研究 [J]．吉林水利，2007 (2)：25-27.
[33] 王红霞．响水涧抽水蓄能电站的下水库库盆设计 [J]．东北水利水电，2014 (6)：7-9.
[34] 郭红永，李明凯，杨凯，等．蒲石河抽水蓄能电站水沙调度方案研究 [J]．水电与抽水蓄能，2017，3 (5)：83-88.
[35] 朱安龙，王红涛，章燕喃，等．周宁抽水蓄能电站下水库泄洪建筑物布置方案研究 [J]．水利水电技术，2017，48 (3)：12-18.
[36] 潘定才，章鹏，等．南方电网抽水蓄能电站泄洪建筑物优化设计研究 [J]．水利水电快报，2019，40 (11)：12-18.
[37] 于生波．蒲石河抽水蓄能电站地下厂房开挖支护设计 [J]．水力发电，2012，38 (5)：201-205.
[38] 于生波．蒲石河抽水蓄能电站地下厂房洞室排水设计 [J]．东北水利水电，2014，32 (355)：4-6.
[39] 国家能源局．抽水蓄能电站设计规范：NB/T 10072—2018 [S]．北京：中国水利水电出版社，2019.
[40] 国家能源局．混凝土面板堆石坝设计规范：NB/T 10871—2021 [S]．北京：中国水利水电出版社，2022.
[41] 中华人民共和国国家发展和改革委员会．碾压式土石坝设计规范：DL/T 5395—2007 [S]．北京：中国电力出版社，2008.
[42] 国家能源局．溢洪道设计规范：NB/T 10867—2021 [S]．北京：中国水利水电出版社，2022.
[43] 国家能源局．混凝土重力坝设计规范：NB/T 35026—2014 [S]．北京：中国水利水电出版社，2015.
[44] 国家能源局．碾压混凝土重力坝设计规范：NB/T 10332—2019 [S]．北京：中国水利水电出版社，2020.
[45] 中华人民共和国国家能源局．土石坝沥青混凝土面板和心墙设计规范：DL/T 5411—2009 [S]．北京：中国电力出版社，2009.
[46] 国家能源局．水电站进水口设计规范：NB/T 10858—2021 [S]．北京：中国水利水电出版社，2021.
[47] 国家能源局．水工隧洞设计规范：NB/T 10391—2020 [S]．北京：中国水利水电出版社，2020.
[48] 国家能源局．水电站压力钢管设计规范：NB/T 35056—2015 [S]．北京：中国电力出版社，2016.
[49] 国家能源局．水电站地下埋藏式钢岔管设计规范：NB/T 35110—2018 [S]．北京：中国电力出版社，2018.
[50] 国家能源局．水电站调压室设计规范：NB/T 35021—2014 [S]．北京：中国电力出版社，2014.
[51] 国家能源局．水电站厂房设计规范：NB 35011—2016 [S]．北京：中国电力出版社，2017.
[52] 国家能源局．水电站地下厂房设计规范：NB/T 35090—2016 [S]．北京：中国电力出版社，2017.
[53] 国家能源局．地下厂房岩壁吊车梁计规范：NB/T 35079—2016 [S]．北京：中国电力出版社，2016.
[54] 国家能源局．水电站调节保证设计导则：NB/T 10342—2019 [S]．北京：中国水利水电出版社，2020.

[55] 国家能源局. 抽水蓄能电站工程地质勘察规程：NB/T 10073—2018 [S]. 北京：中国水利水电出版社，2019.

[56] 国家能源局. 水电工程施工地质规程：NB/T 35007—2013 [S]. 北京：中国电力出版社，2013.

[57] 国家能源局. 水力发电厂过电压保护和绝缘配合设计技术：NB/T 35067—2015 [S]. 北京：新华出版社，2016.

[58] 国家能源局. 水力发电厂厂用电设计规程：NB/T 35044—2014 [S]. 北京：中国水利水电出版社，2015.

[59] 国家能源局. 水力发电厂接地设计技术导则：NB/T 35050—2015 [S]. 北京：新华出版社，2015.

[60] 国家能源局. 水工建筑物抗冰冻设计规范：NB/T 35024—2014 [S]. 北京：中国电力出版社，2015.

[61] 中华人民共和国住房和城乡建设部，中华人民共和国国家质量监督检验检疫总局. 水工建筑物抗冰冻设计规范：GB/T 50662—2011 [S]. 北京：中国计划出版社，2011.

[62] 中华人民共和国住房和城乡建设部. 建筑设计防火规范：GB 50016—2014（2018 版）[S]. 北京：中国计划出版社，2018.

[63] 中华人民共和国住房和城乡建设部. 建筑防烟排烟系统技术标准：GB 51251—2017 [S]. 北京：中国计划出版社，2018.

[64] 国家能源局. 水力发电厂供暖通风与空气调节设计规范：NB/T 35040—2014 [S]. 北京：中国电力出版社，2015.